Gesamtverzeichnis des deutschsprachigen Schrifttums (GV) 1700 – 1910

Bearbeitet unter der Leitung von
Hilmar Schmuck und Willi Gorzny
Bibliographische und redaktionelle Beratung:
Hans Popst und Rainer Schöller

123

San - Schaf

K · G · Saur München · New York · London · Paris 1984

CIP-Kurztitelaufnahme der Deutschen Bibliothek

Gesamtverzeichnis des deutschsprachigen Schrifttums :
(GV). – München, New York, London, Paris : Saur.
Bd. 1 – 6 bearb. unter d. Leitung von Peter Geils
u. Willi Gorzny.
ISBN 3-598-30000-X

1700 – 1910 / bearb. unter d. Leitung von Hilmar
Schmuck u. Willi Gorzny. Bibliograph. u. red.
Beratung: Hans Popst u. Rainer Schöller

NE: Schmuck, Hilmar [Bearb.]

123. San - Schaf. - 1984.

Techn. Realisierung und Druck: Norbert Gärtner, Mainz-Kastel
Binden: Karl Schaumann, Darmstadt
Printed in the Federal Republic of Germany
ISBN 3-598-30000-X (Gesamtwerk)

San, Ludov. de, S. J., tractatus de paenitentia. (Universa theologia scholastica.) gr. 8. (690 S.) Brugis 900. Regensburg, F. Pustet. n.n. 5. 60

San Antonio Zeitung: July 5, 1853—1856?
Radical abolitionist weekly. Subtitle: Ein sozial-demokratisches Blatt für die Deutschen in West-Texas, herausgegeben unter Mitwirkung tüchtiger Kräfte von Adolf Douai, July 5, 1853—June 24, 1854; 2) Ein belehrendes, unterhaltendes und Nachrichten-Blatt, [in Jan. 1856]. At first published by an "Aktiengesellschaft," and edited by Karl Daniel Adolf Douai, then purchased by Douai, and edited and published by him alone for a year longer; Douai then sold paper and equipment to the Oswald Brothers. This paper follows TEXAS STAATS-ZEITUNG.
San Antonio, TX

Sanatorium, das. Fachschrift f. Bade-, Heil-, Pflege-, Kranken-Anstalten u. Kliniken, sow. f. alle im Dienste d. Gesundheitspflege, Krankenwartg. etc. steh. Personen u. Institute: Sanitätsbeamte, Naturheilkundige, Masseure, Heilgehülfen, Bademeister, Krankenpfleger etc., vegetar. Speisehäuser u. s. w. Red.: R. Möckel. 1. Jahrg. Dezbr. 1896. 2 Nrn. (Bog. m. Abb.) gr. 4. Leipzig-Gohlis, Rösch & Co. n. — 20

— dasselbe. 2. Jahrg. 1897. 24 Nrn. (Bog. m. Abb.) gr. 4. Ebd. n. 2. —

— dasselbe. Halbmonats-Schrift f. d. Technik d. Hygiene u. Krankenpflege in Bade-, Heil- u. Pflege-Anstalten, Krankenhäusern u. Kliniken. Fach- u. Anzeigeblatt f. die Leiter von Sanatorien, Kurorten u. Badeanstalten, f. Sanitätsbeamte, Naturheilkundige, Masseure, approb. Bader, Heilgehülfen, Bademeister, Krankenpfleger etc. Offic. Organ mehr. Vereine. Red.: R. Möckel. 3. Jahrg. 1898. 24 Nrn. (à ca. 1 Bog. m. Abb.) gr. 4. Ebd. n. 2. —
Kann auch vierteljährlich bezogen werden.

Sanatorium, das. Allgemeine Rundschau üb. wissenschaftl. Naturheilkunde, Heilstättenbetrieb, Krankenpflege u. Badewesen. Heftausg. der vereinigten 3 Fachblätter: „Naturärztliche Zeitschrift", „Masseur- und Bademeister-Zeitg.", „Die Krankenpflegerpraxis". Centraloffertenblatt f. Käufe u. Verkäufe. Liste angebotener u. gesuchter Stellen. Offizielle Organe des „Deutschen Vereins der Naturheilkundigen", des „Verbandes deutscher Badeanstaltsbesitzer" etc. Unter Mitwirkg. v. Cramer, Maassen, Rossberg u. a. hrsg. v. H. Rösch. 7. Jahrg. 1902. 24 Nrn. Lex.-8. (à ca. 8 S. m. Abb.) Berlin, Gerdes & Hoedel. n. 6. —

Sanatorium, das. Gesamtausgabe der vereinigten Zeitschriften: „Das Sanatorium" (8.—11. Jahrg.). Fachblatt f. Einrichtg. u. Betrieb v. Bade-, Kur- u. Heil-Anstalten usw. „Naturärztliche Zeitschrift" (12.—15. Jahrg.). Offizielles Organ u. Eigentum des deutschen Vereins der Naturheilkundigen usw. Hrsg. u. verantwortlich: Paul Quack u. A. Scholta unter Mitwirkg. hervorrag. Fachmänner. 8.—11. bezw. 12.—15. Jahrg. 1903—1906. à 24 Nrn. (à ca. 8 u. 8 S. m. Abbildgn.) Lex.-8. Berlin, P. Quack. à Jhrg. n. 6. — ohne naturärztl. Zeitschrift n. 4. —

Sanatorium, das. Hrsg.: Rob. Hahn. Gesamtausgabe der vereinigten Zeitschriften: „Das Sanatorium" (12. u. 13. Jahrg.) Centralorgan f. Einrichtg. u. Betrieb v. Sanatorien, Kur-, Bade- u. Heil-Anstalten. Schriftleitung: Paul Quack. „Naturärztliche Zeitschrift" (16. u. 17. Jahrg.) Organ des deutschen Vereins der Naturheilkundigen usw. Schriftleitung: Karl Krause. 12. u. 13. bezw. 16. u. 17. Jahrg. 1907 u. 1908. à 24 Nrn. (à ca. 8 u. 16 S. m. Abb.) Lex. 8. Berlin, P. Quack. à Jahrg. 6.—; ohne Naturärztl. Zeitschrift 4. —

— dasselbe. Centralorgan f. Einrichtung u. Betrieb v. Sanatorien, Kur-, Bade- u. Heil-Anstalten. Hrsg.: L. Greger u. Hch. Müller. Verantwortlich: Paul Quack. 14. u. 15. Jahrg. 1909 u. 1910. à 24 Nrn. (à ca. 6 u. 12 S. m. Abb.) Lex. 8. Ebd. à Jahrg. 4.—; mit Naturärztl. Zeitschrift 6. —

[F.] Das Sanatorium der Invaliditäts- und Alters-Versicherungsanstalt Berlin zu Gütergotz. *Berlin: Dr. v. A. Knickmeyer (1895).* (24 S.) 1 Bd 4. [96. 334

Sanazaro, s. Malespina.

San-Blas [Schlagwort]

San-Blas — Isthmus von —. 750.000. G. M. 1862.

Sanborn, Herbert C[harles]: Über die Identität der Person bei William James. Leipzig-Eutritzsch 1909: Böhme & Lehmann. 123 S. 8° *(Teildruck; soll später vollst. erscheinen u. d. T.: Die Gesch. d. Selbstbewußtseins.)
München, Phil. Diss. v. 3. Juli 1908, Ref. Lipps, v. Hertling
[Geb. 18. Febr. 73 Winchester b. Boston, Mass.; Wohnort: Winchester; Staatsangeh.: Vereinigte Staaten; Vorbildung: Coll. d. Univ. Boston Prom. Juni 96, Graduate school d. Tufts Coll. M. A. Juli 97; Studium: Heidelberg 3, Berlin 1, Halle 1, München 4 S.; Rig. 3. Juli 08.] [U 09. 3512

San Callisto, M. di, s.a. Kaufmann, Karl Maria

San Callisto, M. di, das Dokument der Lady. Eine histor. Erzählg. aus der Zeit der jüngsten irischen Freiheitskämpfe. 8. (214 S.) Stuttgart 899. [J. Roth.] München, Allg. Verlags-Gesellschaft. n. 2. —; geb. n. 2.80

Ⓑ **San Callisto,** M. di, d. Dokument d. Lady. 899. (KVL 32.) Jetzt: Regensburg, J. Habbel.

San Callisto, M. di (Karl Maria Kaufmann), s.: Erzählungsbuch.

— die Wunder der Kirche der Katakomben u. Märtyrer. Ein Trostbuch, zur Belehrg. u. Erbaug. des christl. Volkes dargeboten. Eingeführt v. A. de Waal. Mit üb. 200 Textillustr. u. zahlreichen Vollbildern. Lex.-8. (XVI, 441 S.) Ebd. n. 9.80; geb. n. 12. —

Sancassani, Dionigi Andrea.
Untersuchung und Zergliederung des Wassers ... Langensalza 1771. Ü: *Braun, Johann Friedrich von.* (MGT) (Ky)

Sancassani Mogati v. Scandiano, Andr., Untersuch. u. Zergliederung des Wassers; aus d. Italien. v. J. v. B. (Jh. Fr. v. Braun). gr. 8. Langensalza 771. Schneider. 12 gr

Sance, Th., et M. Bondois, Médaillons, s.a. **Schulbibliothek französischer u. englischer Prosaschriften. I, 51.**

Médaillons. Biographies de quelques françaises d'autrefois. Éd. scolaire avec un commentaire et 1 carte. Par Th. Sance, Agrégée, et M. Bondois, Agrégée. *Berlin: Weidmann 1904.* (VI, 160 S.) 8°
= Schulbibliothek franz. u. engl. Prosaschriften aus der neueren Zeit. Abt. 1, Bdch. 51. [04. 7774

Médaillons. Biographies de quelques françaises d'autrefois. Ed. scolaire avec un commentaire et 1 carte. Par Th. **Sance**, Agrégée, et M. Bondois, Agrégée. [Text nebst] Wörterbuch. Berlin: Weidmann 1904. 2 Bde 8°
Wörterbuch. Zsgest. von Dr. F[riedrich] Benner.
= **Schulbibliothek** franz. u. engl. Prosaschriften aus d. neueren Zeit. Abt. 1, Bdch. 51. [06. 15597

Sancet, L., Stalles du choeur de la cathédrale d'Auch. Texte et dessins. 12 Livrs. Fol. (à Livr. 5 Kpfrt.) Leipzig 860, A. Dürr. à Livr. * 1 Thlr. 7½ Ngr. *

Sanche, C., de coelibatu rationali. Lips. 1727. 4.

Sanches, s. Sanchez

Sanchetz, Th., Compendium de matrimonio. 8. Grätz. Tusch.

— Disputationes de sacramento matrimonii. fol. Nnbg. 704.

Sanchez [Schlagwort]

Sanchez, Rhede von, s.: Seekarten.

Sanchez [Verfasser]

Sanchez, Antonio Nuñez Ribeiro

[SANCHEZ, ANTOINE-NUNÈS RIBEIRO], Abhandlung von dem Ursprung der Venusseuche, worinnen bewiesen wird, dasz dieses Uebel nicht aus America gekommen sey, sondern in Europa durch eine Epidemie seinen Anfang genommen habe. Eine Uebersetzung aus dem Französischen, herausgeg. von GEO. HEINR. WEBER. Bremen. 1775.

Sanchez, (Antonio Nuñez Ribeiro): Bemerkungen und Untersuchungen über den Gebrauch der Dampfbäder bey verschiedenen Völkern, insbesondere in Rußland. Deutscher Auszug der russischen Übersetzung nach der französischen Originalhandschrift. 160 S., gbd.

Memmingen: Seiler 1789
aus: St.Petersburger Journal, 1780

JB 2.708

Sanchez, A. N. R. Beobachtungen über die Lustseuche. Nürnberg 1788. II: *Hoffmann, Gfr. Steph.* (Verz. d. Büchersamml. d. Friedr.-Wilh.-Inst. Berlin 1890.)

Sanchez, Ant. N. R., Beobachtt. über die Lustseuche. (Oder medicin. Schriften, 16 Bdchn.) 8. Nürnb. 788. Felssecker. 12 gr.

Sanchez, A. R., die russ. Dampfbäder; aus d. Französ. übers. nebst d. Leben des Verfass. nach der Denkschrift des Vicq d'Azyr, v. K. Jochmus. 8. Berl. 819. Maurers B. 16 gr.

Sánchez, Ernesto, s. Sánchez-Rosal

Sánchez, Mariano. Der beredte Spanier. Kleines Handbuch der spanischen Sprache, enthaltend: Grammatik, Anwendung der gebräuchlichsten schwierigen Verben, Wörtersammlung, Gespräche, Lesestücke &c. Eine Anleitung, in sehr kurzer Zeit, ohne Hilfe eines Lehrers, leicht und richtig spanisch lesen, schreiben und sprechen zu lernen. Hrg. von Don M' S'. 2., verbesserte und vermehrte Aufl. IV + 192 S. 8. Bern, J. Heuberger, 1907. [fr. 1.50]

Sánchez y R., H., Konversationsunterricht im Spanischen. 1. Bd. Die vier Jahreszeiten, f. die span. Konversationsstunde nach Hölzels Bildertafeln bearb. — Las cuatro estaciones. Lecciones de conversatión española según los cuadros de Hölzel. 4 Hfte. gr. 8. Giessen, E. Roth. à n. — 40
1. Der Frühling (La primavera). (28 S. m. 1 Abbildg.) (900.)
2. Der Sommer (El verano). (23 S. m. 1 Abbildg.) (901.)
3. Der Herbst (El otoño). (32 S. m. 1 Abbildg.) (901.)
4. Der Winter (El invierno). (32 S. m. 1 Abbildg.) (901.)
(1—4 in 1 Bd. n. 1. 20; geb. n.n. 1. 40.)

Sánchez-Rosal, Ernesto, Deutsch-Spanisch, s.a. Goldschmidt's Sammlung praktischer Sprachführer. 9. Bd.

Deutsch-Spanisch. Kleines Handb. d. span. Sprache v. Dr. E. Sánchez-R. *Berlin: A. Goldschmidt 1899.* (122 S.) 8° [F. u. Ant.]
— Sammlung Goldschmidts prakt. Sprachführer f. Reisende Bd 9.

— Handbuch der spanischen Umgangssprache od. prakt. Anleitg., sich im Spanischen richtig u. geläufig auszudrücken. Enth. Grammatik u. Gespräche nebst durchgeh. Angabe der Aussprache u. e. span. u. deutschen Wörterbuch. Zugleich Vademecum f. Reisende nach Spanien. 12. (VIII, 155 S.) Berlin (900). Friedberg & Mode. Geb. in Leinw. 2. 50

Sánchez, E., Handbuch der spanischen Umgangssprache od. prakt. Anleitg., sich im Spanischen richtig u. geläufig auszudrücken. Enth. Grammatik u. Gespräche nebst durchgeh. Angabe der Aussprache u. e. span. u. deutschen Wörterbuch. Zugleich Vademecum für Reisende nach Spanien. 2. Aufl. (VIII, 155 S.) 12. Berlin (904). Friedberg & Mode. Geb. in Leinw. n. 2. 50

— Lehrbuch der spanischen Sprache, s.: Buhle, W.

[S.] Perfekt Spanisch sprechen. M. Aussprache. E. Hilfsbuch f. Deutsche auf span. Sprachgebiete. Von Dr. E. Sánchez-R. *Berlin: H. Steinitz (1898).* (64 S.) 8.

— perfekt Spanisch sprechen. Mit Aussprache. Ein Hilfsbuch f. Deutsche auf span. Sprachgebiete. 8. (64 S.) Berlin 899. H. Steinitz. n. 1. —

— kleines spanisches u. deutsches Reisewörterbuch. Mit durchgeh. Angabe der Aussprache des Spanischen. gr. 16. (II, 155 S.) Berlin (900). Friedberg & Mode. n. 1. —

— der kleine Spanier od. die Kunst, die span. Sprache in kurzer Zeit verstehen, lesen, schreiben u. sprechen zu lernen. Enth. e. kurzen Abriß der Grammatik, span. u. deutsche Gespräche, welche im tägl. Leben, im Geschäftsverkehr, auf der Reise, in Gesellschaft ꝛc. vorzukommen pflegen. Mit durchgeh. Angabe der Aussprache des Spanischen. Ein Hülfsbuch f. alle nach Spanien Reisende. 12. (VIII, 176 S.) Berlin (900). Friedberg & Mode. n. 1. 25; kart. 1. 50

— der perfekte Spanier od. prakt. Unterricht in der span. Umgangssprache, auch ohne Vorkenntnis des Spanischen. Enth. e. kurzen Abriß der Grammatik, span. u. deutsche Gespräche, welche im tägl. Leben, im Geschäftsverkehr, auf der Reise, in Gesellschaft ꝛc. vorzukommen pflegen, nebst e. span. u. deutschen Wörterbuche. Mit durchgeh. Angabe der Aussprache des Spanischen. 12. (VIII, 155 S.) Ebd. (900). Kart. 2. 25

— der perfekte Spanier oder prakt. Unterricht in der span. Umgangssprache, auch ohne Vorkenntnis des Spanischen. Enth. e. kurzen Abriß der Grammatik, span. u. deutsche Gespräche, welche im tägl. Leben, im Geschäftsverkehr, auf der Reise, in Gesellschaft etc. vorzukommen pflegen, nebst e. span. u. deutschen Wörterbuche. Mit durchgeh. Angabe der Aussprache des Spanischen. 2. Aufl. (VIII, 155 S.) 12. Ebd. (904). Kart. n. 2. 25

Sancho, Don, der Lichtscheue, oder der furchtbare nächtliche Abentheurer ꝛc.; aus dem Span. 2 Thle. 8. Quedlinb. 828. Basse. 2 ß

Sancho Pansa. Operette. 8. Halberstadt, Groß. (Sommer in Lpz.) 775.

Sancho Pansa. Operette; aus d. Französ. (von Fr. Wlh. Eichholtz). 8. Halberst. 775. (Leipz., Nauck). 5 gr.

Sancho Pansa, eine Oper aus d. Franz. Halberstadt 1776. Ü: *Eichholtz, Friedrich Wilhelm.* (GGr) (Ky) (MGT) (ML)

Sancho=Pansa, des, vormaligen Stallmeisters des Don Quixotte, Gesch. 8. Leipz. Crusius. (Vogel.) 754.

Der neu entdeckte Sanchuniathon. Ein Briefwechsel. Herausgegeben von Schmidt von Lübeck. Altona 1838.

Sanchoniathonis Berytii quae feruntur Fragmenta de Cosmogonia et Theologia Phönicum graece versa, a Philone Byblie servata, ab Eusebio Caesar. praeparat. evangel. libro I. Cap. VI et VII. Graece et latine recognovit, emendavit, notis selectis Scaligeri, Bocharti, G. J. Vossii, Cumberlandi, aliorumque permult. suisque animadvers. illustr. Joh. Conr. Orellius. 8 maj. Lips. 826, Hinrichs. 12 gr. Velin-P.

Sanchuniathon. Phönizische Geschichte. Lübeck 1837. V: *Wagenfeld, Frdr.* (ADB 40, 476)

—— phönizische Geschichte. N. d. griech. Bearbeit. d. Philo von Byblos ins Deutsche übers. Mit e. Vorr. gr. 8. (7⅛ B.) Lübeck 837, v. Rohdensche Buchh.

—Vergl. G. F. Grotefend.

Sanchuniathonis historiarum Phoeniciae libros novem graece versos a Philone Byblio, ed. latinaque versione donavit F. Wagenfeld. 8maj. (13¼ B.) Bremae 837, Schünemann. *

—— Urgeschichte d. Phönizier, in e. Auszuge aus d. wieder aufgefund. Handschrift v. Philo's vollständ. Uebersetz. Nebst Bemerkn. v. Fr. Wagenfeld. Mit e. Vorw. v. G. F. Grotefend. gr. 8. (8⅛ B. u. 1 Facs.) Hannover 836, Hahn'sche Hofbuchh.

Sancio Oder die Siegende Grossmuth. In einem Singspiel . . . vorgestellt. 1727. [A. d. Ital. d. Abts Franc. Silvani.] Ü: *König, Joh. Ulrich von.* (schr)

Sancio und Sinilde. Die Stärke der Mütterlichen Liebe. Ein Schauspiel in 5 Aufz. Wien 1753. Wien 1761. V: *Koch, Heinrich Gottfried.* (Zeitschr. f. Büch. N. F. 11, 251; 15, 121) (Gilhofer 103/1461) (BiblPort)

Sancio u. Sinilde, die Stärke d. mütterl. Liebe. Schspl. 8. Wien 753. 2 gl.

Sancii, Casp., comment. in Iobum c. paraphrasi et. vita auctoris. 4. Lips. Gleditsch. 712.

Sancke, Ch., vollst. Anweis. zu den Accenten d. Hebräer. 8. Ebend. 740.

Sanct (St.), s. Sainct.

Sanct, s. Saint.

Sanct [St.], s. Sankt.

Sancta Agnes. Provenzalisches geistliches Schauspiel hrsg. von Karl Bartsch. 8. (XXXII, 76 S.) Berlin 869, Weber. * 2 —

Sancta Elisabeth, s. Elisabeth, Sancta.

Sanct-Hilar

—— der Sünden Fluch und der Liebe Segen. Drama in 5 Aufzügen. 8. (III und 136 S.) Leipzig 859, Luppe. *

Sanct-Hilar, Christian Grabbe. Drama in 5 Aufzügen. 8. (III und 119 S.) Leipzig 859, Luppe. *

—— Charlotte Stieglitz. Drama in 5 Aufzügen. 8. (III und 128 S.) Leipzig 859, Luppe. *

Sanction à donner aux (* Arr.: des) résultats généraux du recensement fédéral du 1er décembre 1900. 8. [Berne, C.-J. Wyss,] 1901.
Message du Conseil fédéral. (Du 29 novembre 1901.) 23 p.
Arrêté fédéral. (Du 20 décembre 1901.) 3 p.

Sanctis, Minister Francesco de, die Wissenschaft und das Leben. Inauguralrede. Autoris. deutsche Ausg. Mit einem Vorwort von Carl Goldbeck. 8. (VI, 32 S.) Berlin 878, Friedberg und Mode. * — 80

Sanctis, G. de, Contributi alla storia Ateniese dalla guerra Lamiaca alla guerra Cremonidea. S.-A. s. a. 82 S. 1.20

Sanctis, L. de, Papstthum u. Jesuitismus. Briefe aus Rom. Aus dem Französ. übersetzt von Ph. W. Keller. Herausg. von dem Protestantischen Verein. Duisburg 859. Ewich. 8. (X, 222 S.) n. 15 ngr.

Die Mimik des Denkens. Von Dr. Sante de **Sanctis**, Prof. Autor. Übers. von Dr. Johannes Bresler, Lublinitz. Mit 44 Abb. Halle: C. Marhold 1906. (181 S.) 8° [06. 6640 3

Die Träume [I sogni]. Medizinisch-psychol. Untersuchungen von Sante de **Sanctis**. Autor. u. durch zahlr. Nachtr. des Verf. erw. Übers. von O. Schmidt nebst Einführung von P[aul] J[ulius] Möbius. *Halle a. S.: C. Marhold 1901.* (VII, 256 S.) 8° [01. 9187 3

Sanctii, Frz., **Minerva**, seu de causis linguae lat. comment. cui inserta sunt, uncis inclusa, quae addidit Scioppius et I. Perizonii illust. Schedius. gr. 8. Amsterdam (Ettinger, Gotha.) 809.

— — idem lib. comment. cui insert. sunt not. C. Scioppii et I. Perizonii recens. suis not. adj. C. L. Bauer. II Tom. gr. 8. Lips. Barth. 793—801. (I. 1 Rthlr. 20 gr. II. 2 Rthlr. 4 gr.)

Sancto Amando, Johannes de

s.: Johannes de Sancto Amando

Sanctorelli, emblematisch=verm. Gedanken üb. verschied. Sachen der alten und neuen Welt. 4. Hamburg. 723.

Sanctorius, Sanctorius

s.a. Santori, Santorio de'

Sanctuarium, Das, von Tersatt. Ein Kulturbild aus dem Mittelalter nach historischen Quellen und nach der heiligen Sage dargestellt von P. J. Zettin und P. H. Venedig. Wien: Mechith.-Congr.-Buchh. 1865. 42 S. 8°

Sand empfängt sein Todesurtheil, nebst Beschreib. sr. Hinrichtung. Mit 2 ill. Kpf. Bresl. 820. Buchhelster. 6 gr — Dass. mit 1 ill. Kpf. Ebd. 4 gr

Sand, Carl, im Frühling 1817 [Stuttg. 1819]. V: *Pahl, Joh. Gfr.* (MGT)

Karl Ludwig Sand, Leipzig 1857, 123 S., 8°.

Sand. Acten-Auszüge aus dem Untersuchungs-Process über Karl Ludwig ..... nebst andern Materialien zur Beurtheilung desselben und August's von Kotzebue. Mit 1 Titelkupfer. 8. Altenburg 1821.

Sand: Übungsstücke zum Übersetzen ins Griechische für die III.Klasse der Lateinschulen. 26 S.– Zweibrücken, Progr. 1864,68.

Sand, C. G., Geschichte der Stadt Colmar, von ihrer Gründung an bis 1850. 1—4. Lfg. gr. 8. (S. 1—80 mit 2 lithogr. Portr.) Colmar 854. (Leipzig, Gerhard.) à Lfg. * 3 Ngr. *

Sand, Charles: Kurze Winke für den Luxemburger Kaufmann in seinen Beziehungen zu den Eisenbahnen in Betreff des Güterverkehrs. Luxemburg: Leo Bück 1894. 47, 1 S. 8°

Sand, Ed. Wilh., Gedanken u. Gedichte. (102 S.) kl. 8. Leipzig 908. Verlag f. Literatur, Kunst u. Musik. 1. 50

Sand, Friedrich, prakt. Arzt in Kriegshaber: Ueber Pneunomie und Pleuritis im Anschluß an Kontusionen des Thorax. *München 1903: C. Wolf & Sohn.* (54 S.) 8°
München, Med. Diss. v. 1904

Sand G.: Mittheilungen aus der Praxis. [1893]. (18) S. (Sætr.). P.

Sand G.: Schleimdegeneration d. Nasenmuscheln beim Pferde. [Stuttg. 1893]. 15 S. (Sætr.). P.

† Sand, G., (J. Sandeau) Frau von Sommerville. A. d. Franz. v. E. Brinckmeier. gr. 12. (9 B.) Braunschweig 838, G. C. E. Meyer sen.

Sand G.: Ueber das infectiöse Verwerfen. (Vortr.). [Berl. 1895]. (17) S. (Sætr.). P.

Sand, G. W. Versuch einer Beschreibung der vorzüglichsten bey den seefahrenden Nationen gebräuchl. Schiffe. Mit Kpf. Erlangen 1812. 152 S.

Sand, G. W., Versuch e. Beschreibung d. vorzüglichst. bei den seefahrenden Nationen gebräuchl. Schiffe. Mit 4 Kpf. 8. Erlang. Palm. (in Comm.) 812.

Sand, G. W.: Versuch der vorzüglichsten bei den seefahrenden Nationen gebräuchlichen Schiffe. Erlangen 1812. 8°

Sand, Geo. Johann Ziska A. d. Französ. von Ludw. Meyer. 12. Leipzig 1844.

Sand, George (Pseud.), s.a. Dudevant, Lucile Aurore Amandine

† Sand, Geo., (Mme. Aurora Dudevant,) Andreas. Novelle. A. d. Franz., nebst e. Nachrede, v. Ludwig. 8. (20¼ B.) Coblenz 835, Hergt.

— Anicée und Morenita, s. Lese-Cabinet, neues belletristisches.

Sand, George, Antonia. 3 Vols. (Bibliothèque choisie. Vol. 553—555.) 16. (455 S.) Naumburg 863, Pätz.

Sand, George, Antonia. Roman. Aus dem Franz. von Maria Saphir. 2 Thle. Wien 865. Last. 8. (335 S.) n. 1 Thlr

— il barone assassino ovvero l'uomo di neve. 4 Vol. Triest 861. Coen. (701 S. mit 4 Holzschntaff.) 16. n. 1 Thlr 10 ngr.

— — Die Beichte eines jungen Mädchens. Roman. Ins Deutsche übertr. von Albine Leonhard. Berlin, o. J. 8°. (2 Mk. O. Rauthe, Berlin, 1909.)
Sämmtlich zahm.

Sand, George, die Bekenntnisse e. jungen Mädchens, s.: Collection Hartleben.

— die Bekenntnisse eines jungen Mädchens, s. Lese-Cabinet, neues belletristisches.

— Bernhard, siehe: Ausland, das belletristische, 1162—1168. Bdchn.

Sand, George, Claudia, s. a. Universal-Bibliothek Nr. 1249.

— — Claudia, Drama in 3 Akten. Aus dem Französ. übers. von Th. Hegener. gr. 16. (82 S.) Aachen 851, ter Meer. *

— Claudia, Drama in 3 Akten. Aus d. Franz. übers. von Th. Hegener. gr. 16. (82 S.) Aachen 852, ter Meer in Comm. n. ¼ Thlr

— Claudie, siehe: Théâtro Français publié par Schutz. Série XII. Livr. 2.

— la confession d'une jeune fille. 4 Vols. (Bibliothèque choisie. Vol. 731—734.) Naumburg 865. Pätz. 16. (637 S.) 1 Thlr 10 ngr.

— Consuelo. s.a. Ausland, Das belletristische. 431–445. Bdchn.

— Consuelo, s. a. Collection des meilleurs Auteurs franç., Vol. 7—9.

— Consuelo, s.: Collection Figaro.

— dasselbe, s.: Romane, die besten, der Weltlitteratur.

— Consuelo. Deutsch von G. Julius. 6 Theile. 2. Ausg. Leipzig 863. O. Wigand. 8. (1331 S.) 1 Thlr 15 ngr.

Sand, George, Consuelo. 5 Bde. [Aus: „Die besten Romane d. Weltliteratur".] 12. (91, 191, 190, 187 u. 224 S. m. Abb.) Teschen 895. K. Prochaska. In 4 Leinwbdn. 3. —

— la coupe. Féerie. (Bibliothèque choisie. Vol. 815.) 16. (136 S.) Naumburg 865, Pätz.

— les dames vertes. Naumbourg 857. Exped. d. Bibliothèque choisie. 16. (143 S.) 10 ngr.

— les dames vertes. (Bibliothèque choisie. Vol. 192.) 16. (143 S.) Paris 857. [Naumburg, Paetz.]

Sand, George, les dames vertes. gr. 12. (248 S.) Leipzig 859, A. Dürr. *

—— des Hauses Dämon, s. Universal-Bibliothek Nr. 2157.

—— Daniella, s.a. Lese-Cabinet, neues belletristisches.

—— la Daniella. 6 Vols. (Bibliothèque choisie. Vol. 164—167, 170 et 171.) 16. (972 S.) Paris 857. [Naumburg, Paetz.] à Vol. 10 Ngr.

Sand, George — La Daniella. Von —— Deutsch von W. Rogge. 1—4. Bändchen Pest, 1857. Buchdruckerei von Emil Müller. (S. 1—488. 8.)

— le démon du foyer, s. Répertoire du théâtre français.

— le démon du foyer, siehe: Théâtre Français publié par Schütz. Série XIII. Livr. 5.

— das Schloß Desertes, siehe: Bibliothek, Europäische, 482. Bd.

—— le diable aux champs. 1—3. Partie. 16. (S. 1—448.) Berlin 855—56, [Schneider.] à Partie 10 Ngr.

—— le même. 3 Tomes. 16. (471 S.) Paris 856. (Leipzig, Gerhard.)

—— Elle et Lui. 2 Vols. (Bibliothèque choisie. Vol. 289 et 290.) 16. (288 S. und Histoire quasi-fantastique d'une femme blanche et d'un chat noir par Adrien Paul. 23 S.) Paris 859. [Naumburg, Paetz.]

— ländliche Erzählungen, s.a. Bibliothek ausländischer Klassiker.

— ländliche Erzählungen. Aus dem Franz. v. Aug. Cornelius. 8. (267 S.) Leipzig 886. Bibliograph. Institut. geb. n. 1. —

—— Evenor et Leucippe. 2 Vols. 16. (319 S.) Paris 856. (Leipzig, Gerhard.)

— die kleine Fadette, s.a. Ausland, das belletristische, 1368—1370. Bdchn.

— die kleine Fadette (die Grille), s.a. Collection Hartleben.

- Dass., s.a. Lese-Cabinet. Belletristisches. 246 u. 247 Lfg.

- dasselbe, hrsg. v. E. Schild, s.a. Perthes' Schulausgaben englischer u. französischer Schriftsteller.

- Dass., s.a. Universal-Bibliothek.

—— la petite Fadette. Hrsg. und erläutert von C. Sachs. gr. 8. (VI, 139 S.) Berlin 877, Weidmann'sche Buchh. 1 20

Sand, George, la petite fadette, hrsg. v. M. Rosenthal, s.a. Prosateurs français, 163. Lfg.

La petite Fadette. Par George **Sand** [d. i. Aurore Dudevant]. Mit Anm. z. Schulgebr. hrsg. von Max Rosenthal, Sem.Oberl. [Nebst] Anh. [u.] Wörterbuch. Bielefeld & Leipzig: Velhagen & Klasing 1900. 3 Bde 8°
= **Sammlung**, Velhagen & Klasings, franz. u. engl. Schulausgaben. Prosateurs franç. Lfg 103 B. [06. 4118

La petite Fadette von George **Sand** [d. i. Aurore Dudevant]. Nach d. Pariser Ausg. der Oeuvres illustrées de George Sand. Michel Lévy Fr. 1869 hrsg. u. erl. von Prof. Dr. K[arl] Sachs, Brandenburg-Havel. 2. Aufl. [Text.] Anmerkungen. Berlin: Weidmann 1907. 2 Bde 8°
(Weidmannsche Sammlung franz. u. engl. Schriftsteller.) [07. 8123

Sand, George, la petite fadette. Nach der Pariser Ausg. der Oeuvres illustrées de George Sand. Michel Lévy Frères 1869. Hrsg. u. erläutert v. K. Sachs. 2. Aufl. (III, 173 u. 32 S.) 8. Berlin 907. Weidmann. Geb. u. geh. 1. 80

— dasselbe. Für d. Schulgebrauch hrsg. v. Emma Roth. (111 S.) 8. Leipzig 910. G. Freytag. — Wien, F. Tempsky. Geb. 1.20; Wörterbuch. (20 S.) Kart. — 30

— die Familie von Germandre, s.a. Salon, belletristischer.

— — s.a. Unterhaltungs-Bibliothek für Eisenbahn-Reisende.

—— die Familie von Germandre. Roman. Aus dem Französ. übers. von A. Scarneo. 2. Aufl. 8. (200 S.) Wien 862, Markgraf. *

—— la famille de Germandre. 2 Vols. (Bibliothèque choisie. Vol. 455 et 456.) 16. (304 S.) Naumburg 862, Pätz.

—— Maitre Favilla, s. Théâtre français publié par C. Schütz.

— der Findling, siehe: Theater des Auslandes, 27. Lfg.

—— Flavie. gr. 12. (189 S.) Leipzig 860, A. Dürr. *

— Lucrezia Floriani oder der Teufelssumpf, s.a. Ausland, das belletristische, 836—841. Bdchn.

—— Lukrezia Floriani. Deutsch von Wilh. Jordan. 2 Thle. 2. (Titel-)Ausg. 8. (346 S.) Leipzig (847)63, O. Wigand.

—— François le champi, s.a. Nouveautés françaises. No. I.

Sand, George, (Mde. Dudevant), François le champi, s.a. Théâtre Français publié par Schütz. Série XI. Livr. 2.

Sand, George, (Mde. Dudevant), François le champi. Comédie en 3 actes et en prose. [Nouveautés Françaises. Nr. 1.] 8. (95 S.) Leipzig 851, Avenarius & Mendelssohn. 1/4 ₰

— Franz de Champi, siehe: Lese-Cabinet, belletristisches, 181 u. 182. Lfg.

— Franz der Champi, s.: Meyer's Volksbücher.

——, Gabriel. Ein Roman in dialog. Form. A. d. Franz. übers. v. Ernst Susemihl. 8. (18 1/4 B.) Leipzig 840, Kollmann.

—— Garibaldi. 8. (28 S.) Leipzig 860, A. Dürr. *

—— der Geheimschreiber. Roman. Deutsch v. Louise Claudé, hrsg. v. Theod. Mundt. 2 Thle. 8. (31 B.) Bunzlau 838, Appun's Buchh.

Sand, George, Geschichte meines Lebens. Deutsch von Claire v. Glümer. Tl 1—9. Leipzig 18[illegible]
(Sand Sämmtl. Werke. N. Ausg. Bd 24—32)

—— Geschichte meines Lebens. Deutsch von Claire v. Glümer. 12 Thle. 2. (Titel-)Ausg. 8. (2041 S.) Leipzig (855)63, O. Wigand. *

— Gillert, ein Roman. s.a. Ausland. Das belletristische. 663–670 Bdchn.

Die Gräfin von Rudolstadt. s.a. Ausland. Das belletristische. 184–190. Bdchn.

—— die Gräfin von Rudolstadt. Deutsch von L. Meyer. 5 Thle. 2. (Titel-)Ausg. 8. (1076 S.) Leipzig (847)63, O. Wigand. *

Sand, Georg — Die Grille. Schauspiel in fünf Aufzügen. Mit theilweiser Benützung des Romans: „La petite fadette," von — —. Als Manuskript gedruckt, und Eigenthum der Theater-Agentur des Adalbert Prix in Wien. Wien, 1857. Druck von M. Lell. (46 S. 8)

Sand, George, die Grille od. Die kleine Fadette, s.a. Reclam's Unterhaltungs-Bibliothek.

Sand, George, die Grille, oder: die kleine Fadette. Französische Dorfgeschichte. Deutsch von Aug. Schrader. 2. (Titel-) Aufl. gr. 16. (170 S. mit 4 lithogr. Bildern.) Leipzig (859)63, Schrag's Verlag. [Zieger.] *

Sand, George
Die Grille oder Die kleine Fadette. Franz. Dorfgeschichte. Von George Sand [d.i. Aurore Dudevant]. Deutsch von August Schrader. 2. Aufl. Mit 4 Abb. Leipzig: Schrag (1860). 170 S. 8°

— die Grille, oder: die kleine Fadette. Französische Dorfgeschichte. Deutsch von Aug. Schrader. Mit 4 (lith.) Bildern. 860. — 2. Aufl. Leipzig 863. Schrag's Verlag. 16. (170 S.) 10 ngr.

— Die Grille. Erzählung f. junge Mädchen. Mit Berücksicht. der neuen Rechtschreibg. frei bearb. v. Vict. Wurm. Mit 6 schwarz. ganzseit. Bild. v. Eug. Hanetzog, sowie 5 farb. Bildern v. J. W. Sachs. (247 S.) 8. Berlin (909). Verlag Jugendhort. Geb. in Halbleinw. 3.– ; in Leinw. gr. 8. 4. 50

—— der französ. Handwerks-Bursche. A. d. Franz. v. Wilh. Ludw. Wesché. 2 Bde. 8. (54 B.) Leipzig 841, Kollmann.

—— Histoire de ma vie. 20 Vol. 16. (3389 S.) Berlin 855, [Schneider.]

— histoire de ma vie. 13 vols. Leipzig 855. Gerhard. 16. (162; 166; 147; 172; 164; 160; 160; 160; 164; 160; 160; 160; 154 S.) Jeder Bd. 10 ngr.

—— le même. — 13 Tomes. 16. (2089 S.) Paris 855. (Leipzig, Gerhard.)

—— Victorine's Hochzeit, s. Universal-Bibliothek Nr. 1101.

— l'homme de neige. 5 vols. Naumbourg 858. Exped. d. Bibliothèque choisie. 16. (160; 160; 160; 160; 188 S.) 1 ₰. 20 ngr.

Sand, George, l'homme de neige. 5 Vols. (Bibliothèque choisie. Vol. 271–275.) 16. (828 S.) Paris 858. [Naumburg, Paetz.] Thlr.

—— Horaz. A. d. Franz. v. Wilh. Ludw. Wesché. 2. Bde. 8. (48 B.) Leipzig 843, Kollmann.

——, Jacques. A. d. Franz. übers. v. J. L. K. 2 Thle. 8. (13¾ B.) Leipzig 837, Kollmann.

—— Jeanne, s. Echo des Feuilletons de Paris.

— Indiana. — André, s.a. Bibliothèque économique. Chefs-d'oeuvre des prosateurs, Vol. 1.

—— Indiana, s.a. Universal-Bibliothek Nr. 1022–1024.

——, Indiana. Uebers. v. Fanny Tarnow. 2 Thle. 8. (39 B.) Leipzig 836, Kollmann.

—— Indiana. gr. in-8. (19½ B.) Leipzig 845, Brockhaus u. Avenarius. *

— Indiana, s.a. Erzählungen, klassische, der Weltlitteratur.

(F) Sand, G., Indiana. Aus dem Französischen. [Klassische Erzählungen der Weltliteratur. Bd. 1. Sammlung Prochaska.] 8°. (188 S.) Teschen: Prochaska 1904. geb. K 1.–

—— Joanna. s. Biblioteka najnowszych.

Johanna. s.a. Ausland. Das belletristische. 215–218. Bdchn.

— Johanna, s.a. Bibliothek, Europäische, 39. Bd.

— Johanna, s.a. Europa, das belletristische, 1. Br. — auch Echo.

— Johanna. Roman. Uebers. von Frdr. Funck. 2 Bdchn. (Neue Titel-Ausg.) 8. (312 S.) Frankfurt a. M. (844) 849, Oehler. n. ⅓ ₰

— Johanna. Deutsch von Bruckbräu. 12. Augsburg 845, v. Jenisch u. Stage'sche Buchh. 1 ₰

—— dass. Novelle. In's Deutsche übertragen v. Adalb. v. Nordstern. (In 2 Bdn.) 1. Bd. 8. (15 Bd.) Berlin 845, Literatur- u. Kunst-Comptoir.
Vgl.: Ausland, das belletristische. – Bibliothek, europäische, 39. Bd. — Echo der neuesten pariser Feuilletons. — Europa, das belletristische, 1. Bd.

—— Johanna. Roman. Uebers. von Friedr. Funck. 2. Bdchn. (Neue Titel-Ausg.) 8. (312 S.) Frankfurt a. M. 849, Oehler. *

— Isidora. Tagebuch eines Einsiedlers in Paris. Nach dem Französ. frei bearb. durch Isidorus orientalis. gr. 8. Bautzen 846, Schlüssel. 18 ngl.

—— Isidora. Tagebuch eines Einsiedlers in Paris. Nach dem Franz. frei bearb. durch Isidorus Orientalis. gr. 8. (10¼ B.) Bautzen 846, Weller.
Vgl.: Ausland, das belletristische.

Isidora von Teverino. s. Ausland. Das belletristische. 659–662. Bdchn.

— Isolde, s.: Ausland, das belletrist., 1331–1338. Bdchn.

— Klein-Koboldchen, siehe: Novellen-Sammlung, 17.–19. Bdchn.

—— Konsuelo, s.a. Biblioteka najnowszych.

— Konsuelo. Roman. Překladem Zofie Podlipské. Sešit I–IX. Prag 864. Kober. 8. (1. u. 2. Thl.: 502 S.; 3. Thl. S. 1–60.) Jedes Heft n. 8 ngr.

—— Jean de La Roche. 2 Vols. (Bibliothèque choisie. Vol. 331 et 332.) 16. (304 S.) Naumburg 860, Paetz.

Sand, Georg, Laura. Ein Roman. Nach der Handschrift des Verf. aus dem Französ. übers. von Aug. Scheler. Mit einer Einleitung von E. M. Oettinger. Rechtmäß. deutsche Ausg. 2 Bde. 8. (X und 282 S.) Brüssel 854, Schnée. Thlr. *

—— dass. — s. Lese-Cabinet, neues belletristisches.

—— Laura. Voyage dans le cristal. (Bibliothèque choisie. Vol. 675.) 16. (152 S.) Naumburg 864, Pätz.

—— Lavinia; Pauline; Kora, s. Universal-Bibliothek Nr. 1348 und 1349.

— Meine Lebensbeichte. Nach dem Franz. (L'hist. de ma vie) v. Rud. Jolowicz. Mit Einleitung v. Ella Mensch. (152 S. m. 6 Bildnissen.) 8. Berlin (907). H. Seemann Nachf. 2. —

— Lelia, s.a. Meyer's Volksbücher.

†Sand, Geo., (Mme. Dudevant,) Lelia. A. d. Franz. v. Ad. Braun. 8. (16½ B.) Leipzig 834, Kayser.

— Leone Leoni, s.: Collection Figaro.

- Letzte Liebe, s. Collection Figaro.

— die letzte Liebe, s. Frankreich, belletristisches.

La mare au diable.

- dasselbe, hrsg. v. A. Mühlau, s.a. Klassiker-Bibliothek, französisch-englische.

— la mare au diable, hrsg. v. J. Haas, s.a. Perthes' Schulausgaben engl. u. franz. Schriftsteller.

—— la mare au diable. Nach der Pariser Ausg. [M. Lévy frères 1869] hrsg. und erläut. von C. Sachs. gr. 8. (126 S.) Berlin 882, Weidmann'sche Buchh. 1 20

— dasselbe. Für den Schulgebrauch hrsg. v. Geo. Keil. I. Tl.: Einleitung u. Text. II. Tl.: Anmerkungen und Wörterverzeichnis. 8. (VIII, 196 S. m. 2 Abbildgn. u. 1 Karte.) Leipzig 900. G. Freytag. Geb. in Leinw. u. geh. n. 1. 50

SAND, George

George Sand. La mare au diable. Für den Schulgebrauch herausgegeben von Georg Keil. I. Theil: Einleitung und Text. II. Theil: Anmerkungen und Wörterverzeichnis. Mit 2 Abbildungen und 1 Karte. (Freytags Sammlung französischer und englischer Schriftsteller.) Wien und Prag. 1900. Tempsky. 8°. VIII, 196 S. Geb. K 1.80

-- La mare au diable. Nach der Pariser Ausg. (M. Lévy Frères 1869) hrsg. u. erläutert v. C. Sachs. 2. Aufl. (137 u. 31 S.) 8. Berlin 908. Weidmann. Geb. u. geh. 1. 60

— le mariage de Victorine, siehe: Théâtre Français publié par Schutz. Série XIII. Livr. 7.

——, Mauprat. Uebers. v. Fanny Tarnow. Nebst zwei Zugaben. 2 Thle. 8. (51 B.) Leipzig 838, Kollmann.

— les beaux messieurs de Boix-Doré. 5 vols. Leipzig 857. A. Dürr. 32. (85; 179; 180; 199; 233 S.) 2 Thlr. 15 ngr.

—— les beaux messieurs de Bois-Doré. 5 Vols. 16. (967 S.) Leipzig 858, A. Dürr.

— — 5 vols. Naumbourg 858. Exped. d. Bibliothèque choisie. 16. (160; 160; 160; 160; 137 S.) 1 Thlr. 20 ngr.

—— les beaux messieurs de Bois-Doré. 5 Vols. (Bibliothèque choisie. Vol. 223—236 et 259.) 16. (777 S.) Paris 858. [Naumburg, Paetz.]

——, Metella, s. Blüthen, herrliche, d. franz. Romantik.

— Molière, siehe: Théâtre Français publié par Schütz. Série XII. Livr. 6.

—— Mont-Revêche, s. Lese-Cabinet, belletristisches.

—— die Mosaik-Arbeiter u. die letzte Aldini. A. d. Franz. von O. v. Czarnowsky. gr. 12. (12½ B.) Aachen 838, Mayer.

- Der Müller von Angibault, s.a. Ausland, Das belletristische. 500—506. Bdchn.

—— der Müller von Angibault. Uebertragen von Fenner v. Fenneberg. 2 Bde. 8. (30½ B.) Stuttgart 845, Hallberger'sche Vrlgsh.

Vgl.: Aula der schönen Literatur 26—31. Bdchn. — Ausland, das belletristische.

— die Musikanten-Zunft. Deutsch von Claire v. Glümer. 2 Thle. Leipzig 856. O. Wigand. 8. (234; 298 S.) 1 Thlr. 15 ngr.

— die Musikanten-Zunft. Deutsch von Claire v. Glümer. 2 Thle. 2. Ausg. Leipzig 863. O. Wigand. 8. (532 S.) 18 ngr.

— an Alfred de Musset, s.: Liebesbriefe berühmter Männer u. Frauen.

—— Narcisse. 2 Vols. (Bibliothèque choisie. Vol. 283 et 284.) 16. (294 S.) Paris 859. [Naumburg, Paetz.]

SAND, Georges (d. i. Mme. *Lucile Aurore Amandine Dudevant*). Nonne und Schauspielerinn oder Verirrungen der Liebe. Deutsch von L. v. Alvensleben. 2 Bde. Leipzig. Lit. Museum, 1836.

Engelmann I. p. 343.

— Nonne und Schauspielerin, oder Verirrungen der Liebe. Deutsch von L. v. Alvensleben. 2 Bde. 8. Leipzig 836. Literar. Museum; (jetzt Schreck.) 2 Thlr.

— Novellen, s.a. Ausland, das belletristische, 1220—1240. Bdchn.

—— Novellen. 8 Thle. 2. (Titel-)Ausg. 8. (XVI und 599 S.) Leipzig (851)63, O. Wigand.

——, Pauline u. die Mississippier. A. d. Franz. übers. v. Ernst Susemihl. 8. (21½ B.) Leipzig 840, Kollmann.

— der Piccinino, s.a. Ausland, das belletristische, 1000—1008. Bdchn. — Welt, die belletristische.

—— der Piccinino. Deutsch von Th. Althaus. 4 Thle. 2. (Titel-) Ausg. 8. (653 S.) Leipzig (847)63, O. Wigand.

Sand, George

s. Plouvier, E.: Erzählungen für Regentage. 1854.

—— le pressoir, s. Théâtre français publié par C. Schütz.

—— Promenades autour d'un village. gr. 12. (191 S.) Leipzig 860, A. Dürr. *

—— Mademoiselle la Quintinie. 3 Vols. (Bibliothèque choisie. Vol. 577—579.) 16. (470 S.) Naumburg 863, Pätz.

—— Reise-Novellen. A. d. Franz.: „Lettres d'un Voyageur" v. Emilie Wille. 2 Thle. 8. (36³/₄ B.) Berlin 838. [Gselius'sche Buchh.]

— Reise-Novellen. Aus d. Franz.: „Lettres d'un Voyageur" von Emilie Wille. 2 Thle. 8. Berlin 838, Natorff u. Comp. 2 ₰

— ausgewählte Romane. Deutsch von F. W. Bruckbräu. 1.—3. Liefg. Johanna. I. 12. Augsburg 846, v. Jenisch u. Stage. à 4 ngl

— ausgewählte Romane. Deutsch von F. W. Bruckbräu. 4—6. Lfg. Johanna. II. 12. (S. 241—502.) Augsburg 847, Jenisch & Stage. à 4 ngl (1—6: 24 ngl)

— ausgewählte Romane. 2 Bde. 8. (III, 144, 138, 168, 152, 156 u. III, 747 S.) Berlin 893. J. Gnadenfeld & Co. Geb. in Leinw. 7. 50

— — Rose und Blanche, oder Schauspielerin und Nonne. Ein Roman v — —. Aus d. Franzos. v. Adelbert Keller. (Auch tit.: Ausgewählte Schriften. Lfrg. 1—5.) Stuttgart 1836. 16°. (à Lfrg. 3 gl.)

—— der Sänger, od. Liebe u. Ehe. N. d. Franz. v. Aug. Diezmann. 8. (18½ B.) Leipzig 838, Kollmann.

— das Schloß v. Oedenweiler, siehe: Ausland, das belletristische, 1572—1574. Bdchn.

† Sand, Geo., (Mme. Aurora Dudevant,) ausgewählte Schriften. A. d. Franz. 6 Thle. (od. 20 Lfgn.) 16. (121¾ B.) Stuttgart 836, 37, Erhard. Zusamm. genomm. Thlr.
A. u. d. Ttln.:
Thl. 1. Rose u. Blanche, od. Schauspielerin u. Nonne. Ein Roman. Uebers. v. Adelb. Keller. 836. 21 Gr.
" 2. Leona Leoni. Uebers. v. Heinr. Elsner. 836. 10 Gr.
" 3. Indiana. Uebers. v. Heinr. Elsner. 836. 18 Gr.
" 4. Simon. Uebers. v. Frz. Demmler. 836. 12 Gr.
" 5. Andreas. Uebers. v. Adelb. Keller. 836. 14 Gr.
" 6. Valentine. Uebers. v. Adelb. Keller. 837. 18 Gr.

— s. Senancour, Obermann.

— ein Sommer im südl. Europa, siehe: Weltpanorama.

— Spiridion, s.a. Ausland, Das belletristische. 266–269. Bdchn.

— Spiridion, s.a. Collection Figaro.

——, Spiridion. Ein Roman. A. d. Franz. übers. v. Ernst Susemihl. 2 Bde. 8. (30½ B.) Leipzig 839, Kollmann.

— die Sünde des Herrn Antoine, s.a. Lese-Cabinet, belletristisches, 19—24. Lfg. oder Neue Folge 17—22. Lfg.

—– Herrn Anton's Sünde. Roman. 6 Bdchn. (2 Thle.) 8. (33⅞ B.) Stuttgart 846, Hallberger'sche Vrlgsh. Thlr.
Vgl.: Aula der schönen Literatur. 66—71. Bdchn.

—— Monsieur Sylvestre. 3 Vols. (Bibliothèque choisie. Vol. 824—826.) 16. (441 S.) Naumburg 865, Pätz.

—— Tamaris, s.a. Roman-Bibliothek, neue.

—— Tamaris. 2 Vols. (Bibliothèque choisie. Vol. 462 et 463.) 16. (315 S.) Naumburg 862, Pätz.

Sand, George
Die Teufels-Lache. 1846
s. Erzählungen, vier.

— Das Teufelsmoor, s.a. Verein f. Verbreitung guter Schriften, Zürich.

Sand, George. Das Teufelsmoor. Erzählung. Aus dem Französischen übersetzt von Josy Priems. 87 S. 8. Zürich, Jacques Bollmann, August 1908. fr. —. 15
Verein für Verbreitung guter Schriften. (Zürich) No. 71. 1908.

— die Teufelspfütze, siehe: Lese-Cabinet, belletristisches, 25 u. 26. Lfg. oder Neue Folge 23 u. 24. Lfg.

— der Teufelssumpf, s.a. Meyer's Volksbücher.

—— der Teufelssumpf. 8. (6½ B.) Stuttgart 846, Hallberger'sche Vrlgsh. *
Vgl.: Aula der schönen Literatur 76. Bdchn.

— der Teufelssumpf, s.a. Bibliothek der Gesamtliteratur.

Der Teufelsumpf [La mare au diable] von George Sand [d. i. Aurore Dudevant], übers. von Anna Puchta. Mit e. Vorbemerkung von Dr. Arthur Ploch u. d. Bilde d. Verf. Halle a. S.: O. Hendel [1906]. (IV, 76 S.) 8° [illegible]
(Bibliothek d. Gesamtliteratur des In- u. Auslandes. Nr. 1984.) [illegible]

— Teverino. Phantasie-Gemälde. Aus d. Franz. 8. (302 S.) Stolberg a. H. 847, Schwegler. 18 ngl

—— Théâtre. gr. 12. (381 S.) Leipzig 860, A. Dürr. *

— der Uskoke, s.a. Bibliothek, Europäische, 20. Bd.

—— der Uskoke. Roman. Uebers. v. Aug. Diezmann. 2 Thle. 8. (23¾ B.) Leipzig 838, Kollmann.

—— der Uskoke. Histor. Roman, übers. v. Theod. Hell. gr. 12. (14 B.) Grimma 839, Verlags-Comptoir.

— der Uskoke. Roman. Uebersetzt v. Aug. Diezmann. 2 Thle. 8. Leipzig 839. Kollmann. 1⅓ ₰

—— Valvèdre. 3 Vols. (Bibliothèque choisie. Vol. 396—398.) 16. (479 S.) Naumburg 861, Paetz.

—— Constance Verrier. 12. (248 S.) Leipzig 860, A. Dürr. *

—— Constance Verrier. 2 Vols. (Bibliothèque choisie. Vol. 338 et 339.) 16. (311 S.) Naumburg 860, Paetz.

—— la ville noire. 2 Vols. (Bibliothèque choisie. Vol. 340 et 341.) 16. (213 S. und: Le baril de poudre d'or par Léon Gozlan. 83 S.) Naumburg 860, Paetz.

– Der Marquis v. Villemer, s.a. Collection Figaro.

— d. Marquis v. Villemer, s.a. Collection Hartleben, IV.

— — s.a. Lese-Cabinet, neuestes belletristisches, — Theater, neues, des Auslandes.

—— der Marquis v. Villemer, s.a. Universal-Bibliothek Nr. 2188.

Sand, G., der Marquis v. Villemer. Nach dem Französischen. 8. (299 S.) Brünn, Buschak & Irrgang. [illegible] 1 fl. 20 kr.

—— le marquis de Villemer. 3 Vols. (Bibliothèque choisie. Vol. 356—358.) 16. (476 S.) Naumburg 860, Paetz.

—— der Marquis v. Villemer. Nach dem Französ. 8. (299 S.) Brünn 861, Buschak und Irrgang. *

— le marquis de Villemer. 3 Vols. (Bibliothèque choisie. Vol. 356—358.) Naumburg 865. Pätz. 16. (176 S.) 1 ℳ

—— Christian Waldo, s. Novellen-Sammlung.

– Des Nächsten Weib (Valvèdre), s. Collection Figaro.

Sand, George, Werke, s.: Collection Spemann.

— gesammelte Werke, s. Sammlung der neuern u. bessern Romane d. Franzosen.

† Sand, George, (Aurora Dudevant,) sämmtliche Werke. Mit Einleitg. v. Arn. Ruge, s.a. Classiker, französische.

† Sand, George, (Aurora Dudevant,) sämmtliche Werke. Neue Ausg. 1—23. Bd. 8. Leipzig, O. Wigand. à Bd. 15 Ngr.

Inhalt:

Bd. 1., 2. Lucrezia Floriani. Deutsch von W. Jordan. 2 Thle. (179 und 167 S.) 847. 1 Thlr.
 „ 3—8. Consuelo. Deutsch von G. Julius. 6 Thle. (1550 S.) 847. 3 Thlr.
 „ 9—12. Die Gräfin von Rudolstadt. Deutsch von L. Meyer. 4 Thle. (891 S.) 847. 2 Thlr.
 „ 13. Johan Ziska. Episode aus dem Husittenkriege. Deutsch von L. Meyer. (186 S.) 847.
 „ 14—17. Der Piccinino. Deutsch von Th. Althaus. 4 Thle. (653 S.) 847. 2 Thlr.
 „ 18., 19. Obermann von Senancour. Deutsch von L. Buhl. 2 Thle. (524 S.) 848. 1 Thlr.
 „ 20. Der Findling. Deutsch von C. v. Glümer. (XVI und 164 S.) 851.
 „ 21. Claudia. Schauspiel in 3 Akten. Deutsch von C. v. Glümer. (128 S.) 851.
 „ 22. Die kleine Fadette. Deutsch von Bodo Glümer. (220 S.) 851.
 „ 23. Das geheimnißvolle Schloß. Uebers. von Carl Gautsch. (215 S.) 851(52.)

† Sand's, George, (Aurora Dudevant,) sämmtliche Werke. 24—35. Thl. Geschichte meines Lebens. Deutsch von Claire v. Glümer. 1—12. (letzter) Thl. 8. (312 S.) Leipzig 851—56, O. Wigand. à Thl. 15 Ngr.

— u. Lemoine, zart u. grob, siehe: Theater des Auslandes, 34. Lfg.

Sand, Gottfried [Praes.], s.a. Stoltz, Georg Albert: Dissertatio medica qua fungus cerebri in generoso equitum Prussorum viro anno MDCXCVI. inventus et exstirpatus, et quaestionum circa transactionem hanc mobilium, succincte enodatarum quindena exponuntur.

Sand, God., resp. G. A. **Stoltz,** Diss. med., qua fungus cerebri, in generoso equitum Prussorum, anno 1696, inventus et exstirpatus, et quaestionum circa tractationem hanc mobilium, succincte enodatarum quindenae etc. exponuntur. c. tab. Regiom. 4°. *Haller*, Disp. chir. I, p. 169—199. *Haller*, Bibl. chir. I, 550. 1700

Sand, Gottfried [Praes.], s. Stoltz, Georg Albert: Dissertatio medica, qua rarus ventriculi abscessus, in plurimum reverendo viro hic Regiomontii anno MDCXCV. mense Julio observatus post beatum vero, viri hujus, obitum medice consideratus ... ventilationi subjucitur.

Sand, Gottfried Wilhelm. Versuch einer Beschreibung der vorzüglichsten bey den seefahrenden Stationen gebräuchlichen Schiffe. Aus den besten hierüber vorhandenen Schriften zusammengetragen. Mit 1 Titelkupfer und 3 Kupfertafeln. (Donation Liechtenstein) 8. Erlangen 1812.

Sand, H., das deutsche Spiritus-Monopol im Lichte der Zahlen. Volkswirtschaftliche Studie. Lex.-8. (II, 16 S.) Berlin 898. P. Parey. n. 1. —

Sand, Henry

Sand, *Julius Otto* Henry [app. Arzt in Stettin]: Zur Casuistik und Aetiologie des primären Vulvacarcinoms ... Kiel, Druck v. H. Fiencke, 1897; 39 S. 8°
Kiel, Med. Fak., Inaug.-Diss. v. [8. Apr.] 1897

Sand, Henry J. S. [aus Dundee (Schottland)]: Zur Kenntnis von Alphylnitrosokörpern. Zürich 1898. 78 S. 8°.
Zürich. Phil. Diss. 11. 8. 1897/98.

Sand, Hugo, sieh mich durch!! Ratgeber fürs allgemeine prakt. Wissen, in 8 Lehrbriefen hrsg. 1. Reihenfolge. 1. Brief. (S. 1—18 m. Fig.) 8. Leipzig (909). H. Dege. — 55

Sand, Johann Friedrich: Vorschläge zur Verbesserung der allgemeinen Polizeygesetze wodurch die Wuth der Hunde äusserst selten gemacht werden kann. Erlangen 1797. 44 S.

Sand, Jh. Fr., († d. 6. Nov. 1812.) Vorschläge zur Verbesserung der allgem. Polizeigesetze die Hundswuth betreff. 8. Erlang 797. Palm. 3 gr.

Sand, Joseph: Das Kind in Africa. Den Ehrw. Schwestern der christlichen Lehre in Diekirch gewidmet von ihrem dankbar ergebenen. Der Reinertrag ist für die Mission des P. Sand bestimmt. Luxemburg: St. Paul.-Ges. 1895. 42, 1 S. 8°

– Dass. Zweite Auflage. Ebd. 1895. 27, 1 S. 8°

– Dass. Siebente Auflage. Ebd. 1895. 31, 1 S. 8°

– Dass. Zehnte Auflage. Ebd. 1895. 31, 1 S. 8°

– Dass. Elfte Auflage. Ebd. 1895. 31, 1 S. 8°

Sand, Jos., die mechanische Wärmetheorie in ihrem Zusammenhange m. den Grundprincipien der neueren Physik. gr. 8. (104 S.) Eichstätt 876. (Krüll.) n. 2. 50

Sand, Jos., die mechanische Wärmetheorie in ihrem Zusammenhange mit den Grundprincipien der neueren Physik. gr. 8. (104 S.) Eichstätt 876, (Stillkrauth.) * 2 50

Sand, Julius, aus München: Anorganische Additionsverbindungen ungesättigter Substanzen. *München 1903: V. Höfling.* (68 S.) 8°
München, Phil. Hab.-Schr. v. 1903
(Nicht für den Austausch)

Sand, Julius, aus München: Organische Quecksilber-Verbindungen. *München 1900: Kastner & Lossen.* (79 S.) 8°
München, Phil. Diss. v. 1900

Sand, Julius Otto Henry, s. Sand, Henry

Sand, Karl Ludwig

Sand, C. L. Dargestellt durch seine Tagebücher u. Briefe. Altenburg 1821. H: *Wesselhöft, Robert.* (Staatsarchiv. Central-Untersuchung, Comm. Vortrag über Luden 1828)

Carl Ludwig Sand, dargest. durch s. Tagebücher u. Briefe, v. einigen s. Freunde, Altenburg 1821, XIV u. 224 S., 8°.

— — dargestellt durch seine Tagebücher und Briefe von einigen seiner Freunde. 8. Altenburg, Hahn. 821. weiß Druckpap.

— dargestellt durch seine Tagebücher u. Briefe von einigen seiner Freunde. 8. Altenb. 821. (Weber in Ronneb.) 18 gr. weiß Druckp. 21 gr.

Sand, (Carl Ludwig) dargestellt durch seine Tagebücher u. Briefe von e. seiner Freunde. 2e Aufl. 8. Zwickau 821, Literat.-Compt.

Tycho Brahe und seine Sternwarten auf Hven. Vortrag, geh. auf Hven 1903 ... von M. J. Sand, dän. Hauptm. Mit 6 Pl. Hrsg. von d. dän. Gradmessung. Kopenhagen 1904: B. Luno. (16 S.) 8°

Sand, Maur., Callirhoé. 3 Vols. (Bibliothèque choisie. Vol. 625—627.) 16. (457 S.) Naumburg 863, Pätz.

Sand, O., Speil for den anonyme Rec. etc. (Spiegel f. den ungenannten Beurtheiler, welcher in der Schilderung v. Kopenhagen des Pastor Harders Fragen üb. den beiderseit. Unterricht gemißhandelt hat). 8. Kopenh. 820. Höcke.

Sanda, Adalb., Fortschritt u. Konservatismus in der Kirche, s.: Volksaufklärung. Nr. 81.

Sanda, Alb., die Aramäer, s. Orient, der alte. IV. 3.

Die Aramäer. Von Dr. Albert Sanda. Leipzig: J. C. Hinrichs 1902. (32 S.) 8°
(Orient. Der alte. Jg. 4, H. 3.)

— Untersuchungen zur Kunde des alten Orients, s.: Mitteilungen der vorderasiat. Gesellschaft. 1902.

Untersuchungen zur Kunde des alten Orients von A. Sanda. 1. Berlin: W. Peiser 1902. 8°
(Mitteilungen d. Vorderasiat. Gesellschaft 1902. 2.)

Sanda, Frant., měřické a perspektivni rejsováni od ruky. Pro nižši realni školy. Se 192 vyobrazenimi. 861. 2., opravené vydani. Prag 862. Kober. gr. 8. (VIII, 156 S.) n. 20 ngr.

SANDA, HANS. Ueber Zersetzung der Galactose durch Kalkhydrat. (Basel) München, 1893.

ŠANDA, Johann: Freiherr Hans Kazianer und der Feldzug gegen Essegg im Jahre 1537. — 1903. XIII, 170 Bl. Diss. Graz, Univ.

Sanda Karl: Die Totendialoge bei Lucian Boileau Fontenelle.
1906 PN 2031 Diss. Wien Univ. 2268

Sandahl, H. P., Cosmogoniae antiquitatis primae lineae Particula I et II. Sive causae et effectus restitutionis partium mundi. 8. Hafniae, Gyldendalia in comm. 811 et 819. (I. 1 Rthlr. 16 Gr. II. 2 Rthlr. 12 Gr.)

Sandal, H. P., Cosmogeniae antiquitatis primae lineae. P. I. 8. Hafn. Bonnier. 811.

Sandau, der Freiherr von, s. Freiherr.

Sandau, Der Freiherr von, auf dem Richtplatze einer unbefangenen Kritik. Leipzig 1839. V: *Clarus, Ludwig* (= *Wilhelm Volk*). (Gla I, 2, 855)

v. Sandau, der Freiherr, auf d. Richtplatze einer unbefangenen Kritik. gr. 8. Leipzig 839. (G. Wigand.) 3 rt.

— dass. 2r Thl. A. u. d. T.: Anti-Bretschneider. Merkwürdige Nachrichten vom Selbstmordversuche eines bereits gerichteten Delinquenten; od.: Literarische Variazionen auf das Thema: O si tacuisses! Von dem Doppelgänger des Verfassers des Freiherrn v. Sandau auf dem Richtplatze. gr. 8. München 840. (Regensburg, Manz.) 1 rt.

Sandau, Jules, s. Sandeau

Sanday, W., the Apostolic Decree Acts XV. (20–29), s.: Studien, theologische.

Christology and personality. By William **Sanday** (1. 2.) Oxford: Clarendon Pr. 19(10–)11. 8°
1. Christologies ancient and modern. 1910.

Sandbach, F. E., commercial correspondence. Based on the German and French works of the same title by C. F. Findeisen and J. Forest. (X, 291 S.) kl. 8. Leipzig 908. J. J. Weber. Geb. in Leinw. 4. —

Sandbuch, Francis E., the Nibelungenlied and Gudrun in England and America. (VII, 200 S.) gr. 8. London 908. D. Nutt. Geb. n.n. 10. 50

Sandbach, Francis Edward, aus Ashtons-on-Mersey (bei Manchester): Handschriftliche Untersuchungen über Otto von Diemeringen's deutsche Bearbeitung der Reisebeschreibung Mandeville's. *Strassburg 1899: J. H. E. Heitz.* (56 S.) 8°
Strassburg, Phil. Diss. v. 1898

Sandbank, Heinr., Dion von Syrakus. Tragödie in 5 Akten. 8. (136 S.) Leipzig 864, Fries. *

Sandbank, Heinr., über Leidenschaft u. Versöhnung in der Tragödie. [Aus: Neue allgemeine Zeitschrift für Theater u. Musik.] Leipzig 867. Rhode. (Lucius.) gr. 16. (30 S.) n. 8 ngr.

Sandberg, Albert: Die spontane Uterus-Ruptur, ihre Aetiologie und Behandlung. Freiburg i. B.: Hammerschlag & Kahle 1909. 35 S. 8°
Freiburg i. B., Med. Diss. v. 1909, Ref. Krönig
[Geb. 9. März 83 Wilna; Wohnort: Freiburg i. B.; Staatsangeh.: Rußland; Vorbildung: Gymn. Wilna Reife O. 02; Studium: Berlin 2, Dorpat 3, Heidelberg 2, Freiburg i. B. 3 S.] [U 09. 970

Sandberg, Axel, empirische Gesangschule in Dialogform f. Lernende u. Lehrende. Populär-wissenschaftl. Untersuchgn. üb. die Naturgesetze f. die Funktion der Stimme. (VIII, 106 S. m. Abb.) Lex. 8. Stuttgart (Lindenstr. 51) 906. Gesangspädagog Sandberg. 6. —

Sandberg, Axel, eine natürl. u. vernünft. Tonbildungslehre f. Sänger u. Sängerinnen. Nach d. Schwed. d. Fritz Arlberg. 2. Aufl. gr. 8. (VIII, 64 S. m. Fig.) Köln 897. (A. Sauerwald.) n. 1. 50

Sandberg, Dina

Sandberg, D. Die Abnahme der Lungenschwindsucht in England während der drei letzten Dezennien nach Beruf und Geschlecht. Dissertation. Gr. in-8°. 14 S. Bern (Huber & Co.). -- 50
1891.

Sandberg, Dina, die Abnahme der Lungenschwindsucht in England während der drei letzten Decennien nach Beruf u. Geschlecht. Diss. gr. 8. (13 S.) St. Petersburg 891. (Bern, H. Körber.) n. — 40

Sandberg, Ernst, Geo. **Reinbach,** u. **Paul Ehrlich,** das israelitische Krankenhaus zu Breslau. Denkschrift, verf. im Auftrage d. Vorstandes d. israelit. Kranken-Verpflegungs-Anstalt. Mit 14 Grundrissplänen, 39 Autotyp. u. 15 Zeichngn. (57 S.) 4. Breslau 904. Schletter. Geb. in Leinw. n. 12. —

Sandberg, Georg, approb. Arzt aus Breslau: Aus d. pathol. Institut zu Freiburg i. B. Über die Bildung des Fibrins bei der Entzündung der Pleura und des Pericards. *Breslau 1900: Bresl. Genossenschafts-Buchdr.* (35 S.) 8°
Freiburg i. B., Med. Diss. v. 1900

Sandberg, J. G., s. Galleri af Utmärkta Svenska.

Sandberg, J(akob), a. Rußland: Über einen Fall von angeborenem partiellen Riesenwuchs. Berlin (1908): C. Siebert. (44 S.) 8°
Berlin, Med. Fak., Ref. Bier, Diss. v. 31. Juli 1908
[Geb. 17. Dez. 81 Kowna; Wohnort: Kowna; Staatsangeh.: Rußland; Vorbildung: Gymn. Kowna Reife M. 03; Studium: Berlin 10 S.; Rig. 27. Juli 08.]

Sandberg, Lisa, aus Wilna (Russland): Aus der Frauenklinik Zürich. Über die progressive perniciöse Anämie in der Schwangerschaft. Zürich 1905. 42 S. 8°. [3. VI. 05.]
Zürich. Med. Diss. 1904/1905.

Sandberg, Lisa. Über die progressive perniciöse Anämie in der Schwangerschaft. Diss. Med. Univ. Zürich. *Kopftitel:* Aus der Frauenklinik Zürich. 42 S. 8. Zürich, Buchdr. des Schweiz. Grütlivereins, 1905.

Sandberg, Richard [pract. Arzt]: Beiträge zur Charakteristik der Wahnideen der chronisch Verrückten .... Breslau, Druck v. S. Schottlaender, 1887; 78 S. 8°.
Breslau, Med. Fak., Inaug.-Diss. v. 28. Jul. 1887.

Sandberg, R., Beiträge zur Charakteristik der Wahnideen der chronisch Verrückten. Inaug.-Diss. gr. 8. (74 S.) Breslau 887. (Köhler.) n. 1. —

Sandberg, Rich., Betrachtgn. e. Irrenarztes üb. sein unehrl. Gewerbe. [Aus: „Medicin. Reform".] gr. 8. (43 S.) Berlin 895. (J. Goldschmidt.) n. — 80

Sandberg, Salo (geb. Tschempin in Pos. 12. II. 1849): Ueber die pathologische Ausscheidung von Blutfarbstoff. Breslau (1872). (30 S.) 8
Breslau. Med. Diss. v. 26. März 1872

Sandberger, Heliceen im Bernstein, s. Schriften der naturforschenden Gesellschaft in Danzig.

Sandberger, v., deutsches Sprachbuch, s.: Kühnle, H.

Sandberger, Adolf [Dr., Conservator d. musikal. Abtheilg d. Kgl. bayer. Hof- u. Staatsbibliothek zu München]: Beiträge zur Geschichte der bayerischen Hofkapelle unter Orlando di Lasso. In 3 Büchern. Buch 1. M. 4 Abb. Nebst e. krit. Analyse v. Lasso's »primo libro dove si contengono madrigali etc.« '(Antwerpen 1555)' ... (Ohne d. krit. Analyse ...) Leipzig, Breitkopf & Härtel. 1893 ([Umschlagt.:] 1894); XIV S., 1 Bl., 119 S., 1 kl. Bl., 4 Taf. 8.
München, Phil. Fak., Hab.-Schr. v. 1894

Sandberger, Adf., Beiträge zur Geschichte der bayerischen Hofkapelle unter Orlando di Lasso. In 3 Büchern. 1. Buch. gr. 8. (XV, 119 S. m. 4 Abbildgn.) Leipzig 894. Breitkopf & Härtel. n. 3. —

Sandberger, Adf., Beiträge zur Geschichte d. bayerischen Hofkapelle unter Orlando di Lasso. (In 3 Büchern.) 3. Buch: Dokumente. 1. Thl. gr. 8. (IX, 358 S. m. 2 Abb.) Leipzig 895. Breitkopf & Härtel. n. 7. — (I. u. III.: n. 10. —)
Das 2. Buch erscheint später.

– Peter Cornelius' Cid, s. Theater-Bibliothek, Münchener.

Sandberger, Adolf (Hrsg.), s. Denkmäler d. Tonkunst in Bayern.

Sandberger, Adolf. Zur Geschichte des Haydn'schen Streichquartetts. [S. A. aus: Altbayerische Monatsschrift 1899. Heft 2/3.]

Sandberger, Adf.: Emanuel Chabrier's Gwendoline, s. Theater-Bibliothek, Münchener.

Sandberger, Adolf: Leben und Werke des Dichtermusikers Peter Cornelius .... Leipzig, Druck v. Grimme & Trömel (1887); IV + 96 S. 8°
Würzburg, Phil. Fak., Inaug.-Diss. v. 1887

Sandberger, A., Leben u. Werke des Dichtermusikers Peter Cornelius. gr. 8. (96 S.) Leipzig 887. Kahnt Nachf. n. 1. 20

Ludwig der Springer. Oper in 3 Aufz. Dichtung u. Musik von Adolf **Sandberger**. Op. 12. [Textbuch.] 2. Aufl. Als Ms. gedr. Darmstadt 1897: (G. Otto). (32 S.) 8° [J.] [06. 6875

Sandberger, Adf., über e. Messe in Cmoll. angeblich v. W. A. Mozart. (S. 297—308.) gr. 8. München 904. (G. Franz' Verl.) n. — 40
Sonderabdruck aus: „Sitzungsber. d. bayer. Akad. d. Wiss."

Über zwei ehedem W. A. Mozart zugeschriebene Messen. Von A[dolf] **Sandberger**. München: H. Lukaschik [1906]. (15 S.) 8° [Umschlagt. J.] [07. 9567

Sandberger, A., über zwei ehedem W. A. Mozart zugeschriebene Messen. (15 S.) 8. München (907). H. Lukaschik. 2. —

Sandberger, C. L. Fridolin, s. Sandberger, Fridolin

Sandberger, Fridolin, über Ablagerungen der Glacialzeit u. ihre Fauna bei Würzburg. [Aus: „Verhandlungen der phys.-med. Ges. zu Würzburg".] gr. 8. (16 S.) Würzburg 879. Stahel. n. — 60

——— Ueber eine Alluvialablagerung im Wernthale bei Karlstadt in Unterfranken. (Sep.-Abdr. a. d. N. Jahrb. f. Mineralogie etc., Jahrg. 1882, Band 1.) (Ohne Druckort.) 8.

Sandberger, Friedrich und Gümbel W.: Das Alter der Tertiärgebilde in der oberen Donau-Hochebene am Nordrande der Ostalpen. S. 30. 212
Separatabdruck

Sandberger, Fridolin, Dr.: Über Anoplotheka, eine neue Brachiopoden-Gattung (mit 1 Taf.). S. 16. 5
Separatabdruck

– Ueber die officiellen geologischen Aufnahmen Baden'scher Bäder. (Aus Leonhard und Bronn's Jahrb.) Stuttgart 1859. 8°

Sandberger (F.). Beitrag zur Kenntniss des Graphits von Ceylon und seiner Begleiter. (Sep.-Abdr. aus dem N. Jahrbuch für Mineralogie etc. Jahrg. 1887, Band II.) (Ohne Druckort.) 8.

Sandberger (F. v.). Bemerkungen über die fossile Flora des Infralias-Sandsteins von Burgpreppach bei Hassfurt. (Aus d. Sitzungsber. d. Würzburger Physik.-med. Ges. 1889.) 8.

Sandberger, F. v., Bemerkgn. üb. e. Kalktuff-Ablagerung im Becken v. Wiesbaden. [Aus: „Jahrb. d. nass. Vereins f. Naturkde."] gr. 8. (2 S.) Wiesbaden 895. J. F. Bergmann. n. — 60

Sandberger, Fr. Bemerkungen über fossile Pflanzen aus dem Rothliegenden des badischen Schwarzwaldes. 1866.

Sandberger, Fr.: Geologische Beschreibung der Umgebungen von Badenweiler. (Aus den Beiträgen zur Statistik der inneren Verwaltung des Grossherzogthums Baden.) Karlsruhe 1858. 4°

– Geologische Beschreibung der Umgebungen von Ueberlingen. (Aus den Beiträgen zur Statistik der inneren Verwaltung des Grossherzogthums Baden.) Karlsruhe 1859. 4°

Sandberger, F., neue Beweise für die Abstammung der Erze aus dem Nebengestein. gr. 8. (10 S.) Würzburg 883, Stahel'sche Universitäts-Buchh. * — 80
Aus: Verhandlungen der physikalisch-medicinischen Gesellschaft in Würzburg, besonders abgedruckt.

Sandberger, Fried. und G.: Die Brachiopoden des rheinischen Schichtensystems in Nassau. (Aus dem Werke: Versteinerungen des rhein. Schichtensystems in Nassau.) Wiesbaden 1855. 4°

Sandberger, F. v., üb. die Entwickelung der unteren Abtheilung d. devonischen Systems in Nassau, verglichen m. jener in anderen Ländern. Nebst e. paläontolog. Anhang. [Aus: „Jahrbb. d. Nassauischen Vereins f. Naturkde."] gr. 8. (107 S. m. 1 Tab. u. 5 Taf.) Wiesbaden 889. Bergmann. n. 5. —

Sandberger (F.), Geologische Erscheinungen in nassen Jahren. (Separat-Abdruck aus Nummer 37—38 der „Gemeinnützigen Wochenschrift", Jahrgang 1881.) Ohne Druckort. 8.

Sandberger (F.), Die Flora der oberen Steinkohlenformation im Badischen Schwarzwald. (Abdr. a. d. Verhandl. d. Naturwiss. Vereins zu Karlsruhe. I, 1864.) 4. Carlsruhe. Mit 3 Tafeln.

Sandberger, F. v., zur Geologie der Gegenwart v. Homburg v. d. Höhe. Nebst e. (farb.) Kartenskizze v. F. Rolle. [Aus: „Jahrbb. d. Nass. Vereins f. Naturkunde".] gr. 8. (6 S.) Wiesbaden 893. J. F. Bergmann. n. — 80

Sandberger (F.), Ueber Glaukopyrit, ein neues Mineral. (Sep.-Abdr. ohne Ort und Jahr.) 8.

Sandberger, Fridolin, die Conchylien des Mainzer Tertiärbeckens. 1. u. 2. Heft. Wiesbaden 858. Kreidel u. Niedner. gr. 4. (S. 1—72 u. 10 lith. Taf.) Jedes Heft n. 3 ℛℊ.

Sandberger, Fridolin, die Conchylien des Mainzer Tertiärbeckens, 3—8. (letztes) Heft. Wiesbaden 861—53. Kreidel. gr. 4. (X, S. 73—468, 25 lith. Taf. u. 1 Tab. in Fol.) 3—7.: à n. 3 ℛℊ; 8.: n. 5 ℛℊ

— die Lagerung der Muschelkalk- u. Lettenkohlen-Gruppe in Unterfranken. An typ. Profilen erläutert. [Aus: „Verhandlgn. d. phys.-med. Gesellsch in Würzburg".] gr. 8. (24 S.) Würzburg 893. Stahel. n. — 60

Sandberger, Fridol., die Land- u. Süsswasser-Conchylien der Vorwelt. (In 6—8 Liefg.) 1. Liefg. Mit 4 Steintaff. auf chines. Papier. Wiesbaden 870. Kreidel. Imp.-4. (S. 1—32.) n. 2 ℛℊ 20 ngr.

Sandberger, Fridol., die Land- u. Süsswasser-Conchylien der Vorwelt. 2—10. Lfg. u. Schlusshft. Imp.-4. Wiesbaden 871—75. Kreidel. n. 112. — (cplt. n. 120. —)
2—10. (S. 33—352. m. 38 Steintaf.) à n. 8. —
Schlusshft. (VIII u. S. 353—1000. m. 1 Tab. in qu. Fol.) n. 40. —

Sandberger, Carl Ludwig Fridolin (Dillenburg)
Ueber die Mineralien des Laacher See's.
[In:N.Jahrbuch für Mineralogie... Heidelberg. 1845, S. 140-152.]
Dr. phil. Giessen 30.1.1846.

Sandberger, F., die Mollusken von Unterfranken diesseits des Spessarts. gr. 8. (21 S.) Würzburg 886, Stahel'sche Universitäts-Buchh. *

— Pupa [vortigo] parcedentata-Genesii u. ihre Varietäten-Reihe in der Eiszeit u. in der gegenwärtigen Periode. Mit 1 lith. Taf. [Aus: „Verhandlgn. d. physikal.-medicin. Gesellsch. zu Würzburg".] gr. 8. (7 S.) Würzburg 887. Stahel. n. 1. —

——— Ueber Steinkohlenformation und Rothliegendes im Schwarzwald und deren Floren. (Jahrbuch d. k. k. geolog. Reichsanstalt. 1890, 40. Band, 1. Heft.) Wien. 8.

Sandberger (F.). Die Triasformation im mittleren Maingebiete. Vortrag. (Sep.-Abdr. aus No. 1—6 d. „Gem. Wochenschrift". Jahrg. 1882.) (Ohne Druckort.) 8.

— Uebersicht der naturhist. Beschaffenheit des Herzogthums Nassau. Wiesbaden 1857. 8°

— Uebersicht der Mineralien d. Reg.-Bez. Unterfranken u. Aschaffenburg. [Aus: „Geognost. Jahreshefte".] Lex.-8. (34 S.) Cassel 892. Th. Fischer. n. 1.20

Sandberger, Fridol., Uebersicht der geolog. Verhältnisse des Herzogthums Nassau. Als Anh. eine Skizze des Berg- u. Hüttenbetriebs u. der Bergverwaltung, von Hugo Grandjean. Nebst 1 (lith. u. color.) geognost. Uebersichtskarte (in qr. 4.) gr. 8. (VIII u. 144 S.) Wiesbaden 847, Kreidel. n. 28 ngr

— Uebersicht der Versteinerungen der Trias-Formation Unterfrankens. [Aus: „Verhandlgn. d. phys.-med. Gesellsch. zu Würzburg".] gr. 8. (46 S.) Ebd. 890. n. 2. —

Sandberger (F.). Ueber die Umwandlung von Kalkspath in Aragonit. (Separat-Abdruck ohne Ort und Jahr.) 8.

Sandberger, Fridol., Untersuchungen über den inneren Bau einiger rheinischen Brachiopoden. Lex.-8. (10 S. mit 2 Stnt.) Wien 856, (Gerold's Sohn.) *
Aus: Sitzungsberichte der k. Akademie der Wissenschaften J. 1855, besonders abgedruckt.

— Untersuchungen über den inneren Bau einiger rheinischer Brachiopoden (mit 2 Taf.). S. 18 162 . . . . ngr
Separatabdruck

—— Untersuchungen über Erzgänge. 1. Heft. gr. 8. (IV, 159 S. mit 2 lithogr., z. Thl. color. Taf.) Wiesbaden 882, Kreidel's Verlag. * 3 60

—— Untersuchungen über Erzgänge. 2. Heft. gr. 8. (III, S. 159—431 mit 4 lithogr. Taf.) Wiesbaden 885, Kreidel. *
1. Heft. Ebendas. 1882. *ℳ 3.60.

—— über die von der k. k. österreichischen Regierung veranlassten Untersuchungen an den Erzgängen von Přibram in Böhmen. gr. 8. (6 S.) Würzburg 886, Stahel'sche Universitäts-Buchh.
Aus: Sitzungsberichte der physikalisch-medicin. Gesellschaft in Würzburg, besonders abgedruckt.

—— Untersuchungen über das mainzer Tertiärbecken und dessen Stellung im geolog. Systeme. Lex.-8. (VIII und 91 S. mit 1 Tab. in qu. gr. 4.) Wiesbaden 853, Kreidel und Niedner. *

—— die Verbreitung der Mollusken in den einzelnen natürlichen Bezirken Unterfrankens und ihre Beziehungen zu der pleistocänen Fauna. gr. 8. (24 S.) Ebendas. 886. *
Aus: Verhandlungen der physikalisch-medicin. Gesellschaft in Würzburg, besonders abgedruckt.

— u. G. **Sandberger**, Versteinerungen des Rhein. Schichtensystems in Nassau, siehe: Sandberger, G.

Sandberger, Friedrich, s. Sandberger, Fridolin

Sandberger, Guido, kurzer Abriss der allgemeinen Geologie. Ein übersichtl. Leitfaden für Schüler und Freunde der Wissenschaft. Nebst einer Einleitung über die Bedeutung der geolog. Wissenschaft. 2., umgearb. und verm. Aufl. gr. 8. (63 S. mit 1 Tab. in qu. 4., 5 Stnt., 1 chromolithogr. geolog. Uebersichtskarte von Mitteleuropa und 2 Holzschn. in gr. 8. und qu. gr. 4.) Mainz 861, Kunze. *

Sandberger, G. Aperçu des Minéraux les plus utiles aux entreprises industrielles et aux ouvrages commerciaux de l'art, qui se trouvent dans le Duché de Nassau. Wiesbade. 1855. 4.

Sandberger (G.), Beitrag zur vergleichenden Naturgeschichte lebender und vorweltlicher polythalamer Cephalopoden. Cassel 1856. 4. Mit 1 Tafel. SA, Palaeontographica Band 4.

Sandberger, Guido: Einige Bemerkungen über den Naut. umbilicatus Chemnitz, genabeltes Schiffsboot (lebende Art von den Molukken). S. 37. 286
Separatabdruck

—— und Fridolin Sandberger, systematische Beschreibung und Abbildung der Versteinerungen des rheinischen Schichtensystems in Nassau. Mit einer kurzgefassten Geognosie dieses Gebietes und mit steter Berücksicht. analoger Schichten anderer Länder. 1—4. Lfg. Imp.-4. (S. 1—136 und 20 Stnt. in Fol.) Wiesbaden 850—52, Kreidel. à Lfg. * 2 Thlr. 20 Ngr. *

— und Fridol. **Sandberger**, systematische Beschreibung u. Abbildung der Versteinerungen des Rheinischen Schichtensystems in Nassau. Mit einer kurzgefassten Geognosie dieses Gebietes u. mit steter Berücksichtigung analoger Schichten anderer Länder. 5—8. Liefg. Wiesbaden 852—56. Kreidel. Imp.-4. (S. 137—264 mit Holzschn.) Jede Liefg. mit 5 lith. Taf. n. 2 Thlr 20 ngr.

— — Text-Schlusslieferung. Ebend. 856. Imp.-4. (XV, S. 265—564 mit Holzschn. u. 1 geognostischen Karte.) n. 7 Thlr

Sandberger, Guido. Kurze Betrachtungen über Sipho und Siphonaldute, so wie über Eizelle und andere innere und äussere Merkmale des gemeinen Schiffsbootes (Nautilus Pompilius Linn.), nebst einigen Vergleichungen mit analogen Stücken der Gattungen Clymenia, Goniatites und Ammonites. (Aus d. Schriften der Oberh. Gesellsch. für Natur- und Heilkunde.)

Sandberger, Guido, die einfachen regelmäßigen Blattstellungen. Für den Schul- u. Selbstunterricht veranschaulicht u. erläutert. [Eine lith. Taf. in Fol. zum Aufziehen auf eine Walze m. (15 S.) erläut. Text (in gr. 8.)] Wiesbaden 848, Kreidel. n. 6 ngr; auf Holzcylinder n. 11/12 Thlr

— — Ueber Clymenien. (Aus Leonhard und Bronn's Jahrb. für Miner.) Stuttgart. 1853. 8.

Sandberger, Guido, der Erdkörper, ein kosmisches Ganzes. Für Gebildete in allgemeinfaßl. Umrissen geschildert. gr. 8. (VIII und 151 S. mit 29 naturgetreuen eingedr. Holzschn. und 5 angehängten lithogr. Täfelchen.) Hannover 856, Hahn'sche Hofbuchh.

—— das Linné'sche Pflanzensystem in bildl. Darstellungen für den Schulunterricht als Wandtafel bearb. Mit Erläuterungen. (8 S. in 8. und 9 lithogr. Bl. in gr. Fol.) Wiesbaden 848, Kreidel. *

—— Uebersicht der naturhistorischen Beschaffenheit des Herzogth. Nassau. gr. 8. (148 S. mit 7 Stnt. in gr. 8., 4. und qu. Fol. und 1 eingedr. Holzschn.) Wiesbaden 857, (Jurany und Hensel.) *

— **Uebersicht der naturhistorischen Beschaffenheit des Herzogthums Nassau. Mit mehreren (7) lith. Taf. (in 8. u. Fol.) u. 1 Holzschn. (im Text.) Wiesbaden 857. Kreidel'sche Buchhdlg. in Comm. gr. 8. (148 S.)** n. 27½ ngr.

(G. u. F.). Die Versteinerungen des Rheinischen Schichtensystems in Nassau. Mit einer kurzgefassten Geognosie dieses Gebietes und mit steter Berücksichtigung analoger Schichten anderer Länder. Wiesbaden 1850—1856. 4. Nebst Atlas von 41 Tafeln. Desgl. 1850—1855. Gr. 4.

—— über Wesen und Bedeutung der Paläontologie. Vortrag, gehalten bei der 29. Versammlung deutscher Naturforscher und Aerzte zu Wiesbaden. 12. (20 S.) Wiesbaden 852, [Kreidel und Niedner.] *

—— Wiesbaden und seine Thermen. Eine allgemein-verständliche Schilderung nach eigenen langjährigen Untersuchungen. gr. 8. (VIII und 80 S. mit eingedr. Holzschn. und 8 Stnt.) Wiesbaden 861, Schellenberg'sche Hofbuchh. *

Sandberger, Guido, de Zadriade, Armeniae minoris rege primo ejusque de stirpe ad numi inediti et scriptor. antiquor. fidem exposuit. 8maj. (2¾ B.) Francofurti a. M. 840, (libr. Jaeger.) *

Sandberger, K. J., das Menschenleben und seine Blüthe. Eine Darstellung aus den hehren Erscheinungen der Zeitalter. 8. (Wiesbaden, Schellenberg in Comm.) 818.

Sandberger, Karl Ludwig Fridolin, s. Sandberger, Fridolin

Sandbichler, Alois

— Abhandl. über die zweckmäß. Mittel, den hebräisch. u. griech. Grundtext dem Wortsinne nach richtig zu verstehen. gr. 8. Salzb. 791. Duyle. 1 fl 8 kr

Sandbichler, Aloys, Des Horus Anmerkungen über die Propheten, Jesum und seine Jünger, widerlegt in 31 Briefen. Augsburg, Kranzfelder, 1785, 8°, 524 S., 3 Mk.

Sandbichler, Aloys, Anmerkungen über die Propheten, Jesum u. seine Jünger von Horus, widerlegt in (31) Briefen. Augsburg, Kranzfelder, 1785, gr. 8°, 524 S., 3 Mk.
Gegen das berüchtigte Buch von Chr. E. Wünsch: Horus, oder astrognost. Endurteil über die Offenbarung Johannis u. über die Weissagungen über den Messias &c. Mit einem Anhange von Europens neuer Aufklärung &c. Ebenezer 1783, gr. 8°.

— freimüth. Betracht. über wichtige, von Obskuranten entstellte Religionsgegenstände nach d. Bedürfnissen unsr. Zeit. 8. Salzb. 792. Mayr. 16 kr

— Darstell. e. allgem. Einleit. in die Bücher des neuen Bundes. 8. Salzb. 813. Duyle.

Sandbüchler, (A.,) Darstell. u. Einleitung in d. Bücher d. alten Bundes. 2e Aufl. 8. Salzb. 822, Duyle.

— kurze Darstellung e. Einleitung in die Bücher des alten Bundes, nach Jahn. Zum Gebrauch f. Zuhörer. gr. 8. Salzb. Duyle. 813.

Sandbichler, Aloys, Kurze Darstellung einer Einleitung in die Bücher des Alten Bundes nach Jahn. Salzburg, Duyle, 1821, gr. 8°, 2. Aufl. (1. Aufl. 1813.)

Sandbüchler, Alops., Darstell. der Regeln e. allgem. Auslegungskunst von den Büchern des alten u. neuen Bundes, nach Jahn. gr. 8. Salzb. 813. Duyle. 9 kr

— besondere Einleit. in die Bücher des neuen Bundes. 3 Thle. gr. 8. Salzb. 817, 18. Duyle. 1 fl 12 kr

Sandbichler, Al., Entwicklung des Reiches Gottes nach der Offenbarung Johannis als Erläuterung und Bestätigung der Heßischen Gedanken vom Reiche Gottes. Salzburg, Mayr, 1794.

— Erläuterr. der bibl. Geschichte nach J. J. Heß, für kathol. Leser. 2 Thle. (2r Thl. A. u. d. T.: Entwickelung d. Reiches Gottes nach Joh. Offenbar. als Erläuter. u. Bestätigung der Heß. Gedanken v. Reich Gottes). 8. Salzb. 794. Mayr. (1r Thl. 16 kr, 2r Thl. 1 fl) 1 fl 16 kr

— Geist u. Verfahrungsart d. Augsb. Kritiker, als Anh. z. Zauner über d. unredliche Betragen d. Feinde d. Aufklär. 8. Ebend. 791.

— Geist u. Verfahrungsart d. Augsburg. Kritik, als Einleit. zur Revision ihrer Kritik. 8. Salzb. 791. Mayr. 4 kr

– s. Hess, Johann Jakob: Geschichte und Schriften der Apostel Jesu.

— introductio in historiam consil. divin. et ex Sacris Judaeorum et Christianorum libris. 8maj. Salzburg 801. Mayr. 4 kr

– s.a. Klub, An den, des Obscurationssystems.

Sandbüchler, A., an d. Club d. Obscurations-Systems &c. gr. 8. Salzb. Mayr. 792. Dtbl.

Sandbichler, Aloys, Lasen die ersten Christen die hl. Schrift und wie lasen sie dieselbe? Zum unmaßgeblichen Bedenken für übertriebene Feinde und Freunde des allgemeinen Bibellesens. Salzburg, Duyle, 1784, 8°, 164 S.

Gegen Thaddäus Surer gerichtet. Siehe oben S. 141. — Recens. Litterat. d. kath. Deutschl. Bd. VI, S. 122—127.

— lasen d. ersten Christen d. heil. Schrift und wie? gr. 8. Salzb. Waisenh. (Duyle.) 784.

— Revision d. Augsburg. Kritik, als Einleit. zur Revision ihrer Kritik. 1r u. 2r Jahrg. 1791, 92. 8. Salzb. 791. Mayr. 1 ℛ 2r Thl., s. Sandbichler: Freimüthige Betrachtungen ...

— Eine Stimme des Rufenden in der Wüste oder Bemerkungen zu Paulus, Kommentar über das Neue Testament (Lübeck, 1804—1805), 4 Hefte, 1805—1816. Linz, Haslinger (1. Heft); München, Giel (2. Heft); Salzburg, Duyle (3. u. 4. Heft). Zusammen 6 Mk.

— eine Stimme des Rufenden in d. Wüste, oder Bemerkk. zu Paulus Commentar üb. das N. Testam. 8. Linz 805. Haslinger. 14 gr. 2s Hft. 8. Münch. 811. Giel. 12 gr. 3s u. 4s Hft. 8. Salzb. 814, 16. Duyle. 1 ℛ 19 gr.

— Uebersicht d. altgriech. liter. Bildung nach Ast und Eichhorn, zum Gebrauche philosoph. Vorlesungen. gr. 8. Salzb. Mayr. 813.

Sandbichler, Aloys, Übersicht der Hauptgegenstände aus der Einleitung in die Schrift des Neuen Bundes nach dem Bedürfnis unserer Zeit. Salzburg, Duyle, 1813, 8°.

— Uebersicht d. Hauptgegenstände aus d. allgem. Einleit. in die Schriften des neuen Bundes, nach dem Bedürfniß uns. Zeit. gr. 8. Salzb. 814. Duyle. 9 Gr.

— philosoph. Uebersicht d. altgriech. literar. Bildung nach Ast u. Eichhorn. gr. 8. Salzb. 813. Mayr. 10 gr.

— Vertheidigung der Göttlichkeit des Mosaischen Gesetzes u. des alten Bundes rc. 4 Thle. gr. 8. (Salzb.) 787, 88. N. A. 797. Duyle. 2 ℛ 16 gr. (4r Thl. apart als Zusätze für die Besitzer d. Ausg. in 3 Thlen unt. d. T.: Untersuchung d. philosoph. u. krit. Untersuchungen rc. 785—88.) 14 Gr.

— Widerleg. d. Horns Anmerk. üb. d. Proph. Jesum u. s. Jünger. 8. Augsb. Wolf. 785.

Sandbichler, Aloys, Über die Zuverläßigkeit des Grundtextes, ein Fragment von mehrern Abhandlungen über verschiedene Gegenstände der Schriftkunde. Frankfurt u. Leipzig, 1788, gr. 8°, 18½ Bogen.

Sandbüchler, Aloys., über die Zuverlässigkeit des Grundtextes, e. Fragment v. mehrern Abhandll. rc. 8. (Salzb.) 788. Duyle. 11 Gr.

Sandbüchler, A., s. Sandbichler

Die Herrschaftlichen Sande in der Elbe und der Bullenfluss. 1846. Farbige Handzeichnung. 1 Bl. Quer-Fol., 48,7/82 cm.

Sande, D. F. G. van de, die Hanauer Revolution, von ihm als Augenzeugen beschrieben. 8. ... Hanau 831, (König.)

Sande, Daniel Frederic Georg van de
Nonnullae animadversiones de Sublimi.
MS. 30 Bl. 8°
Diss. phil. Giessen 23.7.1824. vorh. Univ.-Archiv.

Sande, Daniel Frederic Georg van de
Dissertatio inauguralis de nominis pignore.
Gissae: Schröder 1824. 24 S.
Diss. jur. 26.7.1824. vorh. 7. 11.

Sande, Godohilfus Gust. Adolph. (geb. Kreuzburg in Ostpr. 1817): De angina spasmodica. Berolini (1845). (29 S.) 8°
Berlin, Med. Diss. v. 28. Juli 1845

Sande, J(ean) B(aptiste) van den: Die Kennzeichen der Güte und Verfälschung der Arzneymittel. (La Falsification des médicaments dévoilée, ouvrage dans lequel on enseigne les moyens de découvrir les tromperies mises en usage pour falsifier les médicaments tant simples que composés et où on établit des règles pour s'assurer de leur bonté. Dt.) (Übers.u.bearb.) von Samuel (Friedrich Christian) Hahnemann. 371 S., gbd.

Dresden: Walther 1787

JB 1.438

Sande Bakhuyzen, W. H. van de, s.: Adamantius, der Dialog περὶ τῆς εἰς θεὸν ὀρθῆς πίστεως.

Sande Lacoste, C. M. van der, Synopsis Hepaticarum javanicarum, adjectis quibusdam speciebus Hepaticarum novis extra-javanicis. Partim descripsit iconibusque illustravit. gr. 4. (112 S. mit 22 Stnt.) Amsterdam 856(57). (Leipzig, Fr. Fleischer.) * *

Sandeau, Jules

— s.a. G. Sand.

Sandeau, J., die Charakterprobe, s.: Breitinger, H.

Sandeau, Jules, le colonel Evrard, s. Feuillet, Octave, le cas de conscience.

Sandeau, Jules, le gendre de Monsier Poirier, s.: Augier, Émile.

Sandeau, Jules. Le gendre de M. Poirier, s. Théâtre français.

—— die Goldprobe, s. Augier, E.

—— the House of Penarvan, s. Collection of British Authors.

— Katharina, s.a. Lese-Cabinet, belletristisches, Neue Folge, 31—34. Lfg.

—— Katharina. A. d. Franz. übers. v. Aug. Brusendorff. 2 Thle. 8. (30 B.) Berlin 846, (47,) Quien.
Vgl.: Museum, Bibliothek rc., Neue Folge.

Sandeau, Jul., Katharina. Uebers. von Jos. A. Moshamer. 2 Bde. 8. (294 S.) Pesth 847, Hartlebens Verlags-Expedition.

– Mademoiselle de la Seiglière

– dasselbe, ed. par Rahn et Henri Guillod, s.a. Bibliothéque française, einsprachige (Reform-)Ausg.

—— Mademoiselle de La Seiglière, s.a. Collection d'auteurs français.

—— Mademoiselle de la Seiglière, s.a. France, la, dramatique.

— Mademoiselle de la Seiglière, hrsg. v. K. A. Mart. Hartmann, s.a. Hartmann's, K. A. Mart., Schulausgaben. Nr. 1.

-- dasselbe, s.a. Hartmann's, M., Schulausgaben (französischer Schriftsteller).

— dasselbe, hrsg. v. K. Engelke, s.a. Perthes' Schulausgaben englischer u. französischer Schriftsteller. 40.

Sandeau, J., Mademoiselle de la Seiglière, s.a. Répertoire du Théâtre français etc.

— das Fräulein von Laseiglière, s.a. Roman- u. Novellen-Zeitung.

— dasselbe, hrsg. v. Jos. Vict. Sarrazin, s.a. Schulbibliothek, französische u. englische, B. 23.

— Mademoiselle de la Seiglière, s.a. Théâtre Français publié par Schütz. Série XIII. Livr. 1.

— dasselbe, s.a. Universal-Bibliothek.

— Fräulein v. La Seiglière. Lustspiel in 4 Akten. Zum Rückübersetzen aus dem Deutschen in das Französische bearb. v. H. Breitinger. gr. 8. (102 S.) Zürich 873. Schultheß 1. 30

— Mademoiselle de la Seiglière. Hrsg. u. erläutert v. Rud. Wilke. gr. 8. (XII, 119 S.) Berlin 877. Weidmann. 1. 20

— dasselbe. Wortgetreu aus dem Franz. in deutsche Prosa übers. nach H. R. Mecklenburg's Grundsätzen v. R. L. 1. u. 2. Hft. 32. (128 S.) Berlin 878—82. H. R. Mecklenburg. à n. — 25

—— Fräulein v. La Seiglière. Lustspiel in 4 Akten. Zum Rückübersetzen aus dem Deutschen in das Französische bearb. v. H. Breitinger. 2. durchgeseh. Aufl. gr. 8. (102 S.) Zür. 890, Schultheß. 1 30

— Mademoiselle de la Seiglière. Erklärt v. Rud. Wilcke. 2. Aufl., bearb. v. Kaphengst. gr. 8. (XV, 148 S.) Berlin 893. Weidmann. n. 1. —

Mademoiselle de la Seiglière p. Jules Sandeau. Nouv. éd. Revue et annot. p. F[riedr.] Fischer, ... Dir. ... à Strasbourg. (Text.) Anm. *Bielefeld & Leipzig: Velhagen & Klasing [1893].* 2 Bde 8.
(Text) (148 S.) Anm (20 S.)
= Sammlung, Velhagen & Klasings, französ. u. engl. Schulausgaben. Théâtre franç. Lfg 35. (Sér. 13. Livr. 1.) [96. 7392

— dasselbe, hrsg. von Krause u. René Riegel, s.a. Velhagen & Klasing's Sammlung französ. u. englischer Schulausgaben.

Mademoiselle de la Seiglière. Comédie en 4 actes p. Jules Sandeau. Im Ausz. m. Anm. z. Schulgebr. hrsg. v. Dr. Arnold Krause, Prof. ... zu Berlin. [Text.] (Anh.) *Bielefeld & Leipzig: Velhagen & Klasing 1896.* 2 Bde 8.
[Text:] (VIII S., 1 Bl., 59 S.) (Anh. ... Anmerkgn ...) (16 S.)
= Sammlung, Velhagen & Klasings, französ. u. engl. Schulausgaben. Théâtre franç. Lfg 35 B. [96. 7:00

— dasselbe. Comédie en 4 actes, en prose. Edition accompagnée d'un commentaire et dun questionnaire-répétiteur par Jos. Delâge. I. Texte et vocabulaire. — II. Notes et répétiteur. (X, 136 u. 76 S.) 8. Wien 903. K. Graeser & Co. — Leipzig, B. G. Teubner. Geb. u. geh. n. 1. 80

Mademoiselle de la Seiglière. Comédie en 4 actes par Jules Sandeau. Éd. à l'usage des classes, par [Arnold] Krause, Dr., Prof. à Berlin, augm. d'une introd. et de notes en franç. par René Riegel, lic. [Nebst] Commentaire. *Bielefeld & Leipzig: Velhagen & Klasing 1904* 2 Bde 8°
= Sammlung, Velhagen & Klasings, franz. u. engl. Schulausgaben. Reform-Ausgaben. No 2. [04. 8207

— Mademoiselle de la Seiglière. (Roman.) Für den Schulgebrauch hrsg. von O. F. Schmidt. (123 S.) 8. Leipzig 905. G. Freytag. — Wien, F. Tempsky. Geb. in Leinw. n. 1. 20; Wörterbuch (46 S.) n. — 50

— Mademoiselle de la Seiglière. Lustspiel in 4 Aufzüg. Für den Schulgebrauch hrsg. v. O. F. Schmidt. (9 u. 132 S.) 8. Leipzig 910. G. Freytag. — Wien, F. Tempsky. Geb. 1. 60; Wörterbuch (40 S.) 910. Geb. — 50

Sandeau, Jules, Madeleine, s.a. Bibliothèque Française. Tome 8. — Bibliothèque, petite, Française. Vol. 3.

— dasselbe, hrsg. v. Ziegler, s.a. Prosateurs français.

—— Madeleine. Ouvrage couronné. Mit sprachl. und sachl. Anmerkungen und vollständ. Wörterbuche für den Unterricht in höheren Töchterschulen und zum Privatstudium hrsg. von Ed. Hoche. gr. 16. (178 S.) Leipzig 871, E. Fleischer. 1 25

Madeleine. Par Jules Sandeau. Mit Anm. [= Anhang] z. Schulgebr. hrsg. von Dr. [Johannes] Ziegler, Oberl. zu Cöln. [Nebst] Wörterbuch. *Bielefeld & Leipzig: Velhagen & Klasing 1903[-04].* 3 Bde 8°
Text. Anhang. 1903. Wörterbuch. 1904
= Sammlung, Velhagen & Klasings, franz. u. engl. Schulausgaben. Prosateurs franç. Lfg 145 B. [04. 1169

— Madeleine. (Ouvrage couronné par l'académie française.) Für den Schulgebrauch hrsg. v. Geo. Gürke. (106 S.) 8. Leipzig 905. G. Freytag. — Wien, F. Tempsky. Geb. n. 1. 20; Wörterbuch (18 S.) n. — 30

— Magdalena, s.a. Lese-Cabinet, belletristisches, 72. Lfg.

—— Magdalena. Uebers. von Lud. Scheyrer. 8. (135 S.) Leipzig 847, Hartleben's Verlags-Expedition.

—— la maison de Penarvan. 2 Vols. 9. édit. (Bibliothèque choisie. Vol. 666 et 667.) 16. (287 S.) Naumburg 864, Pätz.

Sandeau, Jul., † (G. Sand,) Mariane. Roman, frei a. d. Franz. übers. v. Lida Müller. 2 Bde. 8. (21 1/8 B.) Nürnberg 839. [Bockenheim, Levy.] 2 Thlr., hrbgs. Pr. *

Sandeau, Jules, Mariane. Roman in zwei Bänden, frei aus d. Franz. übersetzt von Lida Müller. 8. Nürnberg 839. F. N. Campe. 2 ℳ

—— la pierre de touche, s. Augier, Émile.

— La pierre de touche, s. Théâtre français publié par C. Schütz.

— la roche aux mouettes, hrsg v. Karl Strüver, s.a. Prosateurs français, Lfg. 113.

La Roche aux Mouettes '(Der Mövenfels)' p. Jules Sandeau. Im Ausz. m. Anm. z. Schulgebr. hrsg. v. Dr. Karl Strüver, Oberl. ... zu Steglitz. (Text.) Wörterb. [&] Anm. *Bielefeld & Leipzig: Velhagen & Klasing 1897.* 3 Bde 8.
(Text.) (VIII, 60 S.) Wörterb. (37 S.) Anm (25 S.)
= Sammlung, Velhagen & Klasings, französ. u. engl. Schulausgaben. Prosateurs franç. Lfg 113. Ausg. B. [98. 3014

La roche aux mouettes '(Der Mövenfels)' p. Jules Sandeau. Im Ausz. m. Anm. z. Schulgebr. hrsg. v. Dr. Karl Strüver, Oberl. ... zu Steglitz. *Bielefeld & Leipzig: Velhagen & Klasing 1898.* (VIII, 84 S.) 1 Bd 8.
= Sammlung, Velhagen & Klasings, französ. u. engl. Schulausgaben. Prosateurs franç. Lfg 113. Ausg. A. [98. 7836

— la roche aux mouettes. Für den Schulgebrauch hrsg. v. Hanna Glinzer. (77 S.) 8. Leipzig 905. G. Freytag. — Wien, F. Tempsky. Geb. n. 1. —

— Fräulein v. Saint-Sauveur. Vielleicht mehr als Roman. Nach d. Französ. frei bearb. von Isidorus orientalis. gr. 8. Bautzen 846, Schlüssel. 3/4 ℳ

Sandeau, Jul. † (G. Sand), Fräulein v. Saint-Sauveur. Vielleicht mehr als Roman. Nach dem Franz. frei bearb. v. Isidorus Orientalis. gr. 8. (14 1/8 B.) Bautzen 846, Weller.

– u. E. Augier

—— —— mein Herr Schwiegersohn, s. Bühnen-Repertoir des Auslandes, von L. W. Both.

—— der Schwiegersohn des Herrn Poirier, s. Augier, E.

— das Fräulein von Seiglière, s.a. Bühnen-Repertoir, Nr. 157.

—— das Fräulein v. Seiglière. (Mademoiselle de la Seiglière.) Wortgetreu aus dem Französ. in deutsche Prosa übers. nach H. R. Mecklenburg's Grundsätzen von R. L. 32. (64 S.) Berlin 878, H. R. Mecklenburg. * — 25

—— dass. — s.a. Universal-Bibliothek Nr. 660.

Sandeau, Jules, das Fräulein v. Seiglière. [Mademoiselle de la Seiglière.] Wortgetreu in deutsche Prosa übers. nach H. R. Mecklenburg's Grundsätzen von R. L. 2. Heft. 32. (S. 65—96.) Berlin 882, H. R. Mecklenburg. * — 25
1. Heft. Ebendas. 1878. * 25 Pf.

— Valereuse, s.a. Collection Hartleben.

— Valereuse, s.a. Lese-Cabinet, belletristisches, 26. Bd. oder Neue Folge 153—156. Lfg.

Collection Hartleben. I. Jahrgang. 21. Band. Inhalt: Jules Sandeau, Valereuse. I. Band. 8. (174 S.) In Lwd. geb. —.40
Wien: Hartleben 1893.

Collection Hartleben. I. Jahrgang. 22. Band. Inhalt: Jules Sandeau, Valereuse. II. Band. 8. (176 S.) In Lwd. geb. —.40
Wien: Hartleben 1893.

Sandegren, C. J., vor 30 Jahren, s.: Sammlung von Missionsschriften. Nr. 12.

Sandegren, J., die Herrlichkeit d. Missionarsberufs. 8. (17 S.) Leipzig 898. Verl. d. ev.-luth. Mission. n. — 10

Sandel, August Friedrich (Eutin) A. S. 1150/52

Disputatio medica inauguralis de angina.
Utrecht (vande Water) 5. (korr.: 10.) VII. 1712. 12 S.

Gew.: Johann Philipp Förtsch. 29731

Sandel, August Friedrich (Eutin) A. S. 1150/52

Disputatio medica inauguralis de angina.
Utrecht (vande Water) 5. VII. 1712. 12 S.

Gew.: Johann Philipp Förtsch. 29732

Sandel, G. F., meditationes breviores ad tria naturae regna eorumque in pharmac. influxum spectant. 4. Manh. 780. Löffler. 4 gr.

Sandel, Karl, Handreichung f. den Gebrauch der Schreib-Lese-Fibel m. Bildern, s.: Bassompierre, V.

— mein Königreich. Aus der Mappe e. Schulmannes. (112 S.) 8. Straßburg 906. F. Bull. n. 1. 20

– 10 Lese-Wandtafeln, s. Bassompierre, V.

– Deutsche Schreib-Lese-Fibel, s. Bassompierre, V.

Sandel, Carl *Hermann Otto* [aus Kirchberg a/Jagst]: Ueber Umlagerung des α Benzilmonoxims ... Fürth, Druck v. J. Paulus, *1894;* 61 S., 1 Bl. 8.
Erlangen, Phil. Fak., Inaug.-Diss. v. 1894

Sandel, Car (geb. Angermünde 24. 8. 1810). De usu atque abusu fasciarum, quae ad vulnera sananda adhibentur. Berolini (1833) (32 S.) 8°
Berlin, Med. Diss. v. 12. Okt. 1833

— in der Wermelshütte. Eine Erzählg. aus der elsäss. Bergheimat. Mit 4 Bildern nach Orig.-Zeichngn. v. Wilh. Claudius. (114 S.) 8. Straßburg 905. F. Bull. n. 2.20; geb. in Leinw. n. 2. 80

Sandelin, A., Conseiller d'état, Répertoire général d'Economie Politique ancienne et moderne. 1. et 2. liv. roy.-8. La Haye 846, Noordendorp. n. 14 ngl

Sandelli, H. D., von dem verschied. Gebrauche des Abendmahls bei d. Griechen. 8. Wien 783. Hörling. 5 gr.

Sandelowsky, Isidor: Aus d. Königl. chirurg. Universitätsklinik zu Königsberg i. Pr. Direktor Prof. Dr. Lexer. Über die Beziehungen der carti-laginären Exostosen zu den multiplen Enchondromen. Königsberg i. Pr. 1907: O. Kümmel. (41 S.) 8°
Königsberg, Med. Fak., Ref. Lexer, Diss. v. 21. Juli 1908
[Geb. 22. Juni 82 Knöppelsdorf; Wohnort: Königsberg i. Pr.; Staatsangeh.: Preußen; Vorbildung: Realgymn. Insterburg Reife O. 02; Studium: Breslau 1, Freiburg i. B. 1, Berlin 3, Königsberg 5 S.; Coll. 19. Juni 07; Approb. 1. Juli 08.]

Sandemann, J. E. Reiseroute des indischen Punditen A—a im Gebiete des oberen Irawaddy. 1879/80. Nach dem Feldbuch des Erforschers zusammengestellt. 1 : 1 200 000. Gotha 1881. 1 Bl. c. A. Fl.

Sanden, A. v., 1870. Von Ems bis Wilhelmshöhe. Ein Stimmungsbild in epischer Form unter Zugrundelegung authent. Quellen. gr. 8. (22 S.) [Görlitz 885, Vierling.] Berlin, Selbstverlag des Verf. *

Sanden, A. v. Das Lied von der Glocke und der Spaziergang von Fr. v. Schiller. Für die Zwecke der Schule erläutert. I. Teil: Das Lied von der Glocke. 33 S. **Progr.** *Kempen Pos.* 1883.
Vgl. des Verf. Schillers lyrisch-didaktische Dichtungen f. die Schule ausgewählt und erläutert. 1 Tl. Das Lied v. d. Glocke. Der Spaziergang. (IV, 107 SS.) 8. Breslau 1886, Morgenstern. 1 Mk

—— König Wilhelm und Kaiser Napoleon III. Von Ems bis Wilhelmshöhe. 1870. Ein Kriegs- und Stimmungsbild in epischer Form, nach dem Generalstabs-Werk über den Krieg von 1870—71. Neu bearb. gr. 8. (26 S.) Berlin 887, (Funcke und Naeter.)

Sanden, Alfr. v., Lessing's Abhandlung: Wie die Alten den Tod gebildet, analysiert u. erweitert. Ein Beitrag zum deutschen Unterricht im Ober-Gymnasium. Progr. 4. (28 S.) Posen 894. (J. Jolowicz.) n. 1. —

von Sanden, Alfred [Prof.]: Lessings Abhandlung Wie die Alten den Tod gebildet, analysiert u. erweitert. E. Beitr. z. deutschen Unterr. im Ober-Gymnasium. Posen, Merzbach'sche Buchdr., 1894; 28 S. 4.
Posen, k. Friedrich-Wilhelms-G, OP 1894 (162)

Sanden, Alfr. v., Festrede zur 350jährigen Jubelfeier des kgl. Comenius-Gymnasiums zu Lissa, bei dem Festakt am 19. X. 1905 geh. (16 S. m. 2 Abbildgn.) 8. Lissa 905. F. Ebbecke. n. — 25

— zur Geschichte der Lissaer Schule 1555—1905. (Umschlag: Festschrift zur 350jähr. Jubelfeier des königl. Comenius-Gymnasiums zu Lissa.) (104 S. m. Abbildgn. u. 1 graph. Taf.) Lex.-8. Ebd. 905. n.n. 2. 50; geb. 4. —

—: [Die 350jährige Jubelfeier des Gymnasiums vom 18.—20. Oktober 1905.] S. 21—25. 4. Kgl. Comenius-Gymn. *Lissa* 1906 (201).
Progr.

v. Sanden, [Alfred]: Deutsche Sprachlehre für höhere Schulen. Aus den Lehrplänen des Königl. Comenius-Gymnasiums zu Lissa herausgegeben. 2 Bl., 44 S. 8. **Progr.** Kgl. Comenius-Gymn. *Lissa* 1902 (177).

Vgl. des Verf. Deutsche Sprachlehre für höhere Schulen. Zweite, verbesserte Aufl. *Lissa: F. Ebbecke* 1903. VII, 55 S. 8. M. —.50. Weitere Auflagen in 2 Ausgaben. *Breslau: F. Hirt.* M. 1.20 u. M. 1.—.

Sanden, v., deutsche Sprachlehre f. höhere Schulen. Aus den Lehrplänen des kgl. Comenius-Gymnasiums zu Lissa hrsg. gr. 8. (V, 44 S.) Lissa 902. F. Ebbecke. n. —40

Deutsche Sprachlehre für höhere Schulen von Prof. [Alfred] v. Sanden, Gymn.Dir. 4. Aufl. Lissa i. P.: F. Ebbecke 1905. (64 S.) 8° [F.] 05. 10456

Deutsche Sprachlehre für höhere Schulen von Prof. [Alfred] v. Sanden, Gymn.Dir. 5. Aufl. Lissa i. P.: F. Ebbecke 1905 (65 S.) 8° [F.] 07. 9568

— deutsche Sprachlehre für höhere Schulen. 6. Aufl. (16.—18. Taus.) (IV, 68 S.) 8. Ebd. 906. Geb. n. — 80

Deutsche Sprachlehre für höhere Schulen von Prof. [Alfred] v. Sanden, Gymn.Dir. 7. Aufl. Lissa i. P.: F. Ebbecke 1907. (80 S.) 8° [F.] 07. 9570

Sanden, (Alfr. v.), deutsche Sprachlehre f. höhere Schulen. 10. Aufl. (29.—33. Taus.) (IV, 92 S.) 8. Lissa 909. Breslau, F. Hirt. Geb. — 90

Sanden, Alwin, Gerichtsreferendar zu Cöln: Zulässigkeit und Wirkung der Pfändung eigener beweglichen Sachen. Borna-Leipzig 1907: R. Noske. (36 S.) 8°
Heidelberg, Jur. Fak., Ref. v. Lilienthal, Diss. v. 1907
[Geb. 9. Nov. 78 Berlin; Wohnort: Berlin; Staatsangeh.: Preußen; Vorbildung: Gymn. z. Grauen Kloster Berlin Reife O. 99; Studium: Lausanne, Straßburg, Berlin; Rig. 26. Okt. 04.]

Sanden, Bernh. v., Auslegung d. Evangelien d. ganze Jahr, als eine einfält. Kirchen- u. Hauspostille zu brauchen. 4. Lpz. 722.

Sanden, Bernhard von [Praes.], s. B e h n c k e, Christoph: De deo suscitante Christum mortuis.

S a n d e n, B. a., de χειροθεσία s. ordinatione ministrorum ecclesiae. I—II. Regiom. 1709—10. 4.

— C o n t r o v e r s a nova antiqua. 4. Königsb. 715.

S a n d e n, B. v., de decalogo primi hominis menti inscripto. Regiom. 1702. 4.

S a n d e n, B. v., de Deo suscitante Christum ex mortuis. I—II. Regiom. 1718. 1724. 4.

— t h e o l o g i a e positivae prima fundamenta, definitiones, distinctiones etc. 4. Königsb. 713.

S a n d e n, B. v., de nomine Christus. Regiom. 1702. 4.

Sanden, B. v.: De n o m i n e Jesu. – Regiom. 1702.

S a n d e n, B. a., de pulchritudine Christi. Regiom. 1711. 4.

Sanden, B. von: De r e s u r r e c t i o n e Christi. Regiom. 1696. rec. 1713. 4°

— Sammlung d. Leichenschriften. 8. Lpz. 721.

Sanden, Bernhard von [Praes.], s. S u c h l a n d, Johann Kaspar: Disputatio theologica super verba Christi ad Petrum, Simon, Simon, ecce Satanas expetivit vos, ut cribraret sicut triticum, sed ego ... opposita infallibilitati, sive non errandi privilegio Romani pontificis.

— t h e o l o g i a positiva. 4. 702.

S a n d e n, B., super verba Christi ad Petrum Matth. 26, 31. Regiom. 1697; rec. 1703. 4.

Sanden, Christian Bernhard von (Königsberg/Pr.)
A.S. 1117/12

De temperamentorum existentia, illorumque usu in medicina. Präs. Johann Heinrich Schulze. Halle (Hilliger) 14. VII. 1734. 48 S.

Gew.: Christoph Langhanss, Johann Jakob Quandt, Franz Albert Schultz, Balthasar Tilesius, Reinhold Friedrich Sahme, Melchior Philipp Hartmann, Christian Ludwig Charisius, Johann Behm, Jo. Samuel Strimesius, Jo. Bernhard Hahn.

29735

Sanden, Christian Bernhard von (Königsberg/Pr.)
A.S. 1323/41

Dissertatio inauguralis astronomica de systemate mundi vero, nunquam determinando Copernico et Seb. Clerico opposita. Präs. Konrad Theophil Marquardt. Königsberg/Pr. (Reusner) 7. XII. 1730. 36 S.

29734

Sanden, G. A. J. van der, ethnography and anthropology of nova Guinea, s.: G u i n e a, nova. Vol. III.

Sanden, Hans Frhr. v., schlafende Augen. Roman. 2 Thle. in 1 Bd. gr. 8. (188 u. 181 S.) Dresden 897. C. Reißner. n. 5. —; geb. n. 6. —

Sanden, Hans Frhr v., Brot u. Salz. Roman. 8. (306 S.) Dresden 899. C. Reißner. n. 4. —; geb. n. 5. —

— vor dem Feinde u. andere Geschichten, s.: Eckstein's 50 Pfg.-Bibliothek.

— Ulanengeschichten, s. a. Eckstein's Reise-Bibliothek.

U l a n e n g e s c h i c h t e n von Hans Frh. von Sanden. 1.–4. Taus. Berlin: R. Eckstein Nachf. [1899]. (126 S.) 8° (Reisebibliothek, Ecksteins. No 182.)

Sanden, Henricus von. Observatio de prolapsu uteri ... Von dem Ausfall der Gebährmutter ... Regiomonti et Lipsiae 1722. H: *Teichmeyer, Herm. Frdr.* (BrMm)

Heinrich von Sanden
1672 - 1728

Henricus von Sanden, Observatio de prolapsu uteri inversi ab excrescentia carneo fungosa, in fundo ejus interno ex potu infusi crepitus lupi enata, von dem Außfall der Gebährmutter,... communicata, et observationibus oppido raris de uteri inversionibus atque procidentiis, ex aliis causis obortis, illustr. Regiomonti & Lipsiae: Haasius 1722. 64 S. 8°

Sanden, Heinrich von A.S. 1155/17

Observatio de prolapsu uteri inversi ... Von dem Ausfall der Gebährmutter, ... communicata, et observationibus ... de uteri inversionibus ... illustrata.
Königsberg & Leipzig (Haas) 1723. 64 S., 1 Taf.

W. v.: Hermann Friedrich Teichmeyer. 29736

Sanden, Horst von, a. Göttingen: Die Bestimmung der Kernpunkte in der Photogrammetrie. Göttingen 1908: Dieterich. (40 S., 3 Taf.) 8°

Göttingen, Phil. Fak., Ref. Runge, Diss. v. 23. Juni 1908
[Geb. 26. Dez. 83 Gut Gielgudyszky, Gouv. Suwalki (Rußland); Staatsangeh.: Preußen; Vorbildung: Gymn. Tilsit Reife O. 03; Studium: Techn. Hochsch. München 1, Danzig 2, Univ. Göttingen 4 S.; Rig. 29. Jan. 08.]

—, Jo. Henr., praes. Fr. **Hoffmann**, Diss. sistens affectum spasmodico-hypochondriacum invetoratum. Von einer eingewurtzelten hypochondrischen Kranckheit. 32 pp. Hal. 4°. 1 7 3 4

Sanden, Marcella, Mädchenlieder aus d. Quartier Latin. (64 S.) 8. Leipzig-Gohlis 907. Raschwitz, B. Volger. 1.—

Sanden, Siegfried von

Sanden, S.v. (Red.), s. Armee-Zeitung, Deutsche.

Sanden, S. v., **Einfluss v. Dressur, Uebg. u. Erziehg. auf d. Kriegspferd, s.a. Pferde, unsere, Hft. 6.**

Sanden, v., Oberstlieut. der Kavallerie a. D. Einfluss von Dressur, Uebung und Erziehung auf das Kriegspferd. (Aus: „Unsere Pferde Sammlung zwangloser hippologischer Abhandlungen." 6 Hft.) 8. Stuttgart 1898.

Sanden, S. v., Geländereiten (Kriegs-, Jagd- u. Dauerreiten), s.a. **Bibliothek f. Sport u. Spiel.**

Sanden, S. von, Oberstleutnant a. D. Geländereiten. (Kriegs-, Jagd- und Dauerreiten.) (Aus: „Bibliothek für Sport und Spiel".) 8. Leipzig (1901).

— **verschiedene Meinungen üb. die Ausbildung v. Reitpferden, s. Pferde, unsere. 15. Hft.**

Sanden, Siegfr. v. Offizier-Reitstunden. Seinen ehemal. Schülern gewidmet. 1. u. 2. Aufl. gr. 8. (III, 70 S.) Rathenow 892, Babenzien. * 1 20; cart. * 1 50

-- Das rohe Pferd, s. **Bibliothek f. Sport u. Spiel.**

— unsere Pferde im Kriege, s.: **Pferde, unsere. 17.**

[F.] Hippologische Randbemerkungen. Von S[iegfried] v. Sanden, Oberstlieut. a. D. . . . *Berlin: K. Siegismund 1896.* (1 Bl., 41 S.) 1 Bd 8. 96.225

— der Reitsport, s. **Bibliothek f. Sport u. Spiel. I.**

Sander, Adelheid, Tochter eines würdigen Geistlichen im Elsaß, eine neuere wirkliche Geschichte, 2 Theile, 8. Leipzig, 797. Weygand. 1 Rthl. 20 gl.

Sander, Adolph. Ein politisches Gespräch aus den elysäischen Feldern über badische Zustände der Gegenwart. Karlsruhe 1850. V: *Schöchlin, Carl Frdr.* (Ky)

Sander, Adolph. Ein polit. Gespräch aus den elysäischen Feldern üb. badische Zustände der Gegenwart (v. Carl Friedr. Schöchlin). gr. 8. (38 S.) Karlsruhe 850, Bielefeld in Comm. 6 ngl.

Sander, Dem Br. Georg Heinrich, An seinem 70sten Geburtstage den 27. Oct. 1807 in der Loge P[forte] z[ur] E[wigkeit] in Hildesheim, begrüsst von sämmtlichen Brüdern. »Auf wackre Brüder, auf begrüsst ...« Hildesheim 1807. V: *Gerstenberg, J. D.* (wolfstieg I, 912)

Sander. – Heinrich Sander

— **Leben, herausgegeben von Götze.** gr. 8. Dessau, Gelehrt. Buchh. 786.

— — dass. gr. 8. Marb. Krieger. 786.

Sander, ..., s. Annalen d. Großherzogl.-Badischen Gerichte.

— Bericht über die Schießversuche gegen den gepanzerten Schumannschen Geschützstand. Mit Taf. Berlin 1867. 89 S.

Sander, fliegende Blätter aus Rheinpreussen u. Westfalen. 1. Samml. 8. (5¼ B.) Münster 833, (Wundermann.)

Sander, Hauptm. in der k. preuss. Artillerie c. b. d. Bundes-Militär-commission Zur Eisenpanzerungs-Frage. (Mit 5 lithogr. Taf.) 8. Frankfurt a. M. 1866.

Sander. Zur Eisenpanzerungs-Frage. Mit Taf. Frankfurt a/Main 1866. 45 S.

Sander: Entwicklung u. Bedeutung der spartanischen Verfassung. 27 S. 8° Feldkirch UR., Progr. 1865

Sander, Grünerdonnerstag, eine Skizze. 8. Copenh. Proft. (Barth in Leipz.) 801.

Sander, obergerichtärztl. **Gutachten üb. nicht-tödtliche u. tödliche Verletzungen. gr. 8. (21¾ B. u. Titvign.) Karlsruhe** 840, Holtzmann.

Sander, deutsche Sprachübungen, s.: Meyer, Johs.

Sander: Der Streit über das Nibelungenlied, seine Entwicklung und sein jetziger Standpunkt. 18 S. 8° – Feldkirch, R., Progr. 1864.

Sander, A., die Uniformen der Königl. Preussischen Hof- u. Staatsbeamten. Nach den neuesten allerhöchsten Bestimmungen u. Vorschriften systematisch zusammengestellt u. hersg. Berlin 864. (F. Schulze's Buchh.) qu. 4. (52 S. u. 38 Steintaff., wovon 15 color. u. lith. Titel in Tondr.) n. 3 ₰

Sander, A. H., Lehrbuch der englischen Sprache, s.: Cliffe, Arth.

Sander, Adolf

— **Handbuch f. Eheleute aller Stände. Eine Darstell. d. sämmtl. ehel. Vermögens-Verhältnisse, nach d. Landrecht. 8. Karlsr. 819. Müller. 1 ₰**

—— Handbuch f. Eheleute aller Stände. Eine Darstellung d. sämmtl. ehel. Vermögens-Verhältnisse nach d. Landrecht. 8. ... Carlsruhe 829, Müller.

Sanden, Ad.: **Handb. f. Ehelente aller Stände. Eine Darstell. d. sämmtl. ehel. Vermögens-Verhältuisse nach d. Landrecht.** *Ebend.* 859. 8. (1 Thl.)

—— die elterliche u. ehel. Nutznießung. Nach d. Landrecht. Lex.=8. (6 B.) Karlsruhe 829, Müller.

Sander, Ad., was dürfen wir Badener in d. peinl. Gesetzgebung erwarten? Eine vaterländ. Rede. gr. 8. (2½ B.) Karlsruhe 831, Müller.

Sander, Albert [approb. Arzt aus Gross-Varchow in Mecklenburg]: Ueber die Sterilität des Weibes. . . . Würzburg, Paul Scheiner's Buchdr., 1886; 30 S. 8°.
Würzburg, Med. Fak., Inaug.-Diss. v. 1886.

Sander, Albert, über die Sterilität des Weibes. Diss. Würzburg 1886, Stahelsche Univ.-Buchh. 8°. 39 S.

Sander, Alexander: Über das Äthylbenzol und seine Nitroderivate. 1909. 22 S. 8° ¶ Vgl. Berichte d. Deutschen Chem. Gesellschaft. Jg. 42.
München, Dr.-Ing.-Diss. v. 6. 8. 1909

Sander, Alexander, Gargenus, Beitrag zur Casuistik der Psychosen. Diss. Dorpat. 8°. 115 pp. 1876.

Sander, Alfred S. A. [aus San Francisco, Californien]: Ein casuistischer Beitrag zur Chirurgie der Gallenwege . . . Berlin, gedr. bei L. Schumacher, 1893; 29 S., 1 Bl. 8.
Berlin, Med. Fak., Inaug.-Diss. v. 11. Aug. 1893

Sander, Ambrosius

Sander, Ambros., die Entstehung d. Stadt Merseburg, d. Schlosses u. d. Domkirche, nebst verschied. Nachrichten aus alten Chroniken, besond. d. Gesch. d. Raben. 3., verb. u. verm. Aufl. 8. (6 B.) Merseburg 840. (Leipzig, Schreck.) •

—— die Krähe mit d. Nuß. Nebst d. Merkwürdigkeiten Merseburgs u. d. Umgegend. 8. (3¾ B.) Merseburg 837. (Leipzig, Schreck.) •

—— der Rabe zu Merseburg. Eine Sage d. Vorzeit. Nebst e. Auszg. d. Merkwürdigsten aus d. Chronik Merseburgs. 8. (4¼ B.) Merseburg 837. (Leipzig, Schreck.) •

— Lützens Vorzeit in Verbindung mit dem Heldentode Gustav Adolphs am 6. Nov. 1632, und Erinnerungen aus d. 30jahr. Kriege, sammt verschied. Nachrichten aus alten Chroniken. Zur Feier d. 6. Novbr 1837, als d. Tages der Enthüllung d. Denkmals des großen Schwedenkönigs 2c. Mit 1 Ansicht d. Monuments. 8. Merseburg 837. (Leipzig, Schreck.) n ¼ ℔

SANDER, ANDR. (autor), Theses inaug. med. de dysenteria maligna. Kiliæ. 1730. 4. [Præs. Wilh. Huld. Waldschmiedt].

Sander, Arnold Hans, a. Frankfurt a. M.: Die Reimsprache in William Stewarts Chronicle of Scotland und der mittelschottische Dialekt. (§§ 1—71.) (Berlin: Mayer & Müller 1906.) (VI, 80 S.) 8° ¶ (Erscheint vollst. als Palaestra H. 56.)
Berlin, Phil. Fak., Ref. Brandl, Diss. v. 28. Juli 1906
[Geb. 11. Juli 80 Frankfurt a. M.; Wohnort: Frankfurt a. M.; Staatsangeh.: Preußen; Vorbildung: Mustersch. Frankfurt a. M. Reife O. 99; Studium: Marburg 3, Berlin 8 S.; Rig. 17. Juli 05.]

Sander, August

— s. Aristophanes, Aves.

Sander, Aug. (I.), Beiträge z. Kritik u. Erklär. d. griech. Dramatiker. 1. u. 2. Hft. gr. 8. (6 B.) Hildesheim 837, Gerstenbergsche Buchh. à
Hft. 1. Sophocles u. Euripides. (6 B.) 837.
- 2. A. u. d. T.: Beiträge z. Kritik u. Erklär. d. Aeschylus, Sophocles, Euripides u. Aristophanes. (6¼ B.) 839.

Sander, Aug., Börsen-Handbuch f. Hannover u. Braunschweig, s.: Blanck, Jul.

Sander, Aug., Grundriss d. Geschichte d. Alterthums. Ein Leitfaden f. Gymnasien. gr. 8. (12 B.) Hildesheim 828, Gerstenberg. Thlr.

Sander, Aug., Heimatkunde des Reg.=Bez. Osnabrück. Als Anh.: Die Prov. Hannover. Für die Hand der Schüler bearb. Eine Ergänzg. zum Lese= u. Realienbuche. (56 S. m. Abbildgn. u. eingedr. Karten.) gr. 8. Osnabrück 905. G. Pillmeyer. n.n. — 50

Sander, Aug., Heimatkunde des Reg.-Bez. Osnabrück. Als Anh.: Die Prov. Hannover. Für die Hand der Schüler bearb. Eine Ergänzg. zum Lese- u. Realienbuche. Mit vielen Bildern u. Karten. 2. verm. Aufl. (64 S. m. Text auf d. Umschlage.) gr. 8. Osnabrück 909. G. Pillmeyer. nn — 60

Sander, August, a. Eschershausen (Brschwg.): Thomas Heywoods Historien King Edward IV. (Teil 1 und 2) und ihre Quellen. Jena 1907: G. Neuenhahn. (VIII, 60 S.) 8°
Jena, Phil. Fak., Ref. Keller, Diss. v. 1. Juli 1907
[Geb. 21. Juni 83 Eschershausen; Wohnort: Eschershausen; Staatsangeh.: Braunschweig; Vorbildung: Gymn. Holzminden Reife M. 03; Studium: Berlin 4, Heidelberg 1, Jena 4 S.; Rig. 23. Febr. 07.]

— s. Horatii, Opera.

Sander, Aug. (II.), Novellen u. Gedichte. 1. Thl. gr. 12. (6¼ B.) Göttingen 838, Dieterichsche Buchh. •

Sander, Bruno, [illegible] Tauern I. Bericht. mit 4 Taf. und 17 Textfig. [illegible] 6.90
Separatabdruck

Sander, C., histor. Erkenntn. d. Christenthums. 8. Königsb. Hartung. 722.

Sander, C., u. A. Reinstein, Kösen, siehe: Reinstein, A.

Sander, C. W., s. Sander, Karl Wilhelm

Sander, Carl, s. Sander, Karl

Sander, Chr. Fr., s. Sander, Christian Lävin

Sander, [illegible]
Berlin, Med. Diss. v. 11. Okt. [illegible]

Sander, Christian Lävin

— s.a. Bachmann, Christoph

— s.a. Dr. Eckstein

— (Übers.), s. Auswahl altdänischer Heldenlieder . . .

Sander, Auswahl dän. Heldenlieder, s. Taschenbuch f. Freunde altnord. Musik.

Sander, Chr. Fr., nachher Chr. Lävinus, Auswahl dänischer Lustspiele, s. a. K. L. Rahbeck.

— Auswahl dänischer Lustspiele, f. Deutsche bearb. 1r Th. 8. Zürich, Orell, Füßli u. C. 794.

— s. Blumenlese, Ästhetische.

Sander, Chr. Fr., s.a. B u r k h a r d u. Amadine.

BURKHARD u n d A m a d i n e. Eine Hexenballade vom Jahre 1775. (Vf.: *Chrn. Laevin* [Friedr.] *Sander).* Gedruckt im Jahr 1783. O. O. (Hamburg). 56 S. 8°. (4 Mk. 50 Pfg. Max Jaeckel, Potsdam, 1906; 10 Mk. B. Liebisch, Lpz., 1911.) Sehr selten!
Anon.-Lex. I. p. 290 (nach Kayser u. W. v. Maltzahn).

– s. D ä n e m a r k s Städte und Schlösser.

Sander, Chr. Fr., nachher Chr. Levin, prosaische Dichtungen. 8. Flensb. 783. (Hammerich in Altona). 14 gr.

Sander, C. F., prof. Dichtungen. 8. Flensb. Korte. (Christiani in Schlesw.) 783.

— Ebbesen v. Nörreriis. Trspl. in 5 A. 8. Kopenh. 798. Brummer. 10 gr.

— Eropolis; lyrisches Schspl. in 4 A. 8. Kopenh. 804. Schubothe. 8 gr.

– s. E r z ä h l u n g e n , Komische.

– s. F i s c h e r , Die.

RABELAIS. — (Sander, Chr. Levin.) Gargantua und Pantagruel. Umgearbeitet nach Rabelais und Fischart von Dr. Eckstein. 3 Bde. Hamburg, bey B. G. Hoffmann, 1785/87.
Goedeke IV, 240, 34, 6. Bei dieser Bearbeitung ist von beiden Originalen kaum etwas übrig geblieben. Der größte Teil des Werkes ist eine Satyre auf deutsche Zustände, Literatur, Philosophie und Pädagogik; viele Bemerkungen über Friedrich den Großen, Klopstock, Goethe, Schiller u. a.

– s. G o l d e r i c h und Tasso.

— der kleine Herzog. Lstspl. in 5 Aufz. 8. Leipz. 781. (W. Vogel). 4 gr.

– (Übers.), s. H o r n e m a n n , Christian: Philosophische Schriften.

— das Hospital zum Besten der Tollen. 8. Kopenh. 806. Verfasser. ...

– (Hrsg.), s. K l e e b a t t , Das.

– s. K n u d Laward, Herzog von Schleswig.

Sander, Chrn Laevinus. Critik verwandter Begriffe; oder Erklärung einiger ähnlich bedeutender Wörter. Gekr. Preisschrift. Mannheim 1794. 8.
Ist: Schr. d. kurf. deut. Ges. zu Mannheim Bd. 10.

– (Übers.), s. M ü l l e r , Peter Erasmus: Über die Aechtheit der Asallehre ...
– Dess. Über den Ursprung und Verfall der Isländ. Historiographie.

– s. N y e r u p , Rasmus: Biogr. Skizze des verstorbenen Staatsministers Graf Bernstorf.

– (Hrsg.), s. P r a m , Christen: Muntere Erzählungen.

— Pusillana. Schspl. in 4 A. 8. Dessau 783. (Leipz., W. Vogel). 8 gr.

– s. **Rabelais.**

– (Übers.), s. R a h b e c k , Knud Lyne: Moralische Erzählungen.

— Friedrich Robinson, ein Lesebuch f. Kinder. 8. Flensburg, Korte. (Christiani in Schleswig.) 784.

– s. **Salz,** Laune u. Mannichfaltigkeit.

– s. S c h l a f t r u n k , Der.

— der Sklav; Schspl. gr. 8. Berl. 786. Sander. 2 gr.

Sander, Nyerup und Lahde, Dänemarks Städte u. Schlösser, mit Kupf. von Brun. 10 Hefte. gr. 4. Copenh. Prost. 799—806.

Sander, Constantin, s. S a n d e r , Konstantin

Sander, David

Sander, D., s.a. Beantwortung der Frage: Wie geht's in Texas?

Sander, David Beantwortung der Frage: Wie geht's in Texas. Breslau 1849

Sander, David: Die Religionsphilosophie Moses Mendelssohns ... Breslau, Druck v. Th. Schatzky, 1894; 65 S., 1 Bl. 8.
Erlangen, Phil. Fak., Inaug.-Diss. v. 1894

Sander, C. D. F., das Ammenbüchlein, oder: was hat man zu beobachten, wenn man eine Amme wählen will, oder seine Kinder von einer solchen säugen lassen muß rc. fl. 8. Nordhausen 842, Fürst. 2/3 ₰

Sander, Ed., s. Bibliothek der neuern Geschichte.

Sander, Ed., Handbuch der mathematischen Erdkunde, ein Buch für Schule und Haus. gr. 8. (XXII und 288 S. mit vielen in den Text eingedr. Holzschn.) Wien 859, Gerold's Sohn. *

Sander, Edmund [aus Arnswalde (Prov. Brandenburg)]: Ueber E l e - phantiasis der Vulva. ... Würzburg, Anton Boegler'sche Buchdr., 1890; 27 S. 8°
Würzburg, Med. Fak., Inaug.-Diss. v. 1890

Sander, Egmont, Heimatkunde des Stadt- u. Landkreises Erfurt, s.: Boehme.

Sander, Enno: • De Philosophia de natura quam professus est Schellingius. 29 Bl. 4° (2°)
Halle-Wittenberg, Phil. Diss. v. 21. Apr. 1847
Geb. Trinum (Kr. Köthen) 28. 2. 1822. V.
Verf. erlebte die Diplomerneuerung 1897 in St. Louis (Mo., Nordamerika).

Sander, Ernst, Referendar am Landgericht Görlitz: Die Verwandlung einer anderen Schuld in eine Darlehnsschuld. Bearbeitet unter Berücksichtigung der geschichtlichen Entwicklung. Borna-Leipzig 1905: R. Noske. (X, 72 S.) 8° [F.]
Breslau, Jur. Fak., Ref. Beyerle-Leonhard, Diss. v. 14. Dez. 1905
[Geb. 3. Dez. 82 Guben; Wohnort: Görlitz; Staatsangeh.: Preußen; Vorbildung: Gymn. Guben Reife O. 01; Studium: Breslau 5, Prag 1 S.; Rig. 25. Juli 05.]

Sander, Eugen, Referendar aus Arnswalde: Ein B e i t r a g zur Lehre von der diligentia quam suis. Berlin 1898: C. Marschner. (31 S.) 8°
Erlangen, Jur. Diss. v. 16. Okt. 1898

Sander, Ewald, kleine Lustspiele f. Polterabend u. Hochzeit. 12. (48 S.) Styrum 898. A. Spaarmann. — 30

Sander, F., s.a. S a n d e r , Imman. Friedr. Emil

Sander, **F.**, de apoplexia. 8maj. Götting. 807. Brose. 4 gr.

Sander, F., Beiträge zur Geschichte des großherzogl. Seminars in Oldenburg; besonders aus den J. 1792—1811. gr. 8. (V, 68 S.) Oldenburg 877, Stalling. * —

Sander, F., üb. d. Bildung d. latein. Infinit. Praes. Pass. Stade. 4. 17 p.
Schul-/Univ.-Schrift 1864.

Sander, F., s.: Briefwechsel Friedrich Lückes m. den Brüdern Jacob u. Wilhelm Grimm.

Sander, Dante Alighieri, der Dichter der göttlichen Komödie. Vortrag, im evangel. Verein zu Hannover geh. 16. (80 S.) Hannover 872. Meyer. — 75

Sander, F., Dante Alighieri, der Dichter der göttlichen Komödie. Ein Lebensbild. 2. erweit. Aufl. 8. (VI, 261 S. mit Dantes Brustbild in Stahlst. nach Giotto.) Hannover 887, Meyer. *M 4.50.; geb. *

— Deo — Patriae — Litteris. Gesammelte Vorträge u. Aufsätze. 1. Reihe. gr. 8. (VII, 217 S.) Breslau 894. G. Sperber. n. 3.—

— Eleonore Desmier d'Olbreuse, Herzogin v. Braunschweig-Lüneburg-Celle. Vortrag, geh. auf der 2. General-Versammlg. des deutschen Hugenotten-Vereins in Berlin. (Nach den neuesten Forschgn. v. Köcher, Bodemann, Horric de Beaucaire, Mosen u. A.) [Aus: „Die französ. Colonie".] Lex.-8. (12 S.) Berlin 893. (E. S. Mittler & Sohn.) n n. — 50

Sander, F., Geschichte der Volksschule, besonders in Deutschland, s.: Schmid, K. A., Geschichte der Erziehung.

Sander, F., die Hugenotten u. das Edikt v. Nantes. Mit urkundl. Beigaben. Zum Gedächtnis an das Potsdamer Edikt d. Großen Kurfürsten vom 29. Oktbr. / 8. Novbr. 1685. gr. 8. (V, 333 S.) Breslau 885. Korn. n. 5. —

— Lexikon der Pädagogik. Handbuch f. Lehrer u. Erzieher, enth. das Ganze d. Unterrichts- u. Erziehungswesens in kurzer, alphabetisch geordneter Übersicht. 2., verm. Aufl. gr. 8. (729 S.) Breslau 889. F. Hirt. geb. n. 6. —

—— Lexikon der Pädagogik für Volksschullehrer; enthaltend das Ganze des Unterrichts- und Erziehungswesens, Didaktik, Methodik, Statistik, Biographien &c. 10 Lfgn. 8. (540 S.; bibliograph. Anhang XVI S.) Leipzig 883, Bibliograph. Institut. à Lfg. * 50 Pf. * 5 —
geb. * 5 50

— D. Friedrich Lücke, Abt zu Bursfelde u. Professor der Theologie zu Göttingen [1791—1855]. Lebens- u. Zeitbild aus der ersten Hälfte d. Jahrh. Mit Lücke's Bildnis nach dem Gemälde d. Prof. Karl Oesterley. gr. 8. (VIII, 240 S.) Hannover-Linden 891. Manz. n. 6. —

— Mahnworte aus ernster Zeit. Blätter der Erinnerg. an das glorreiche Kriegsjahr 1870 u. 1871. 8. (63 S.) Hannover 887. C. Meyer. n. 1. 20

Sander, F. S., kurze und gründl. Anweis. zur Fingersetzung b. Clavierspielen, mit Regeln u. Exempeln. 4. Bresl. Korn d. ält. 791.

Sander, F. S., kurze u. gründl. Anweis. zur Fingersetzung beim Clavierspielen, mit Regeln u. Exempeln. 4. Bresl. 791. Leukert. 12 gr.

Sander, *Ferdinand* Über die Platonische Insel Atlantis. 4 (40 S.) Kgl. Waisen- u. Schulanstalt. G. *Bunzlau* 1893 (182).
Vgl. des Verf. Die Insel Atlantis; ein litterargeschichtlicher Streifzug in: Deo-Patriae-Litteris. Gesammelte Vorträge und Aufsätze. 1. Reihe. Breslau 1894, Sperber. M 3. —
Progr.

Sander, *Ferdinand* [Dir. Reg.- u. Schulr.]: Über die Platonische Insel Atlantis. Bunzlau, C. A. Voigt's Buchdr., 1893; 1 Bl., 40 S. 4.
Bunzlau, k. Waisen- u. Schul-A (G), OP 1893 (182)

Sander, Ferd. [Dir. Reg.- u. Schulr.]: Drei Festreden geh. am Sedantage 1889, 1890, 1891. Bunzlau, C. A. Voigt's Buchdr., 1892; 1 Bl., 21 S. 4.
Bunzlau, k. Waisen- u. Schul-A (G), OP 1892 (179)

Sander, Fr.

—— Jehova Zidkenu: der Herr, unsre Gerechtigkeit! Das Losungswort der Reformatoren. 8. (4 B.) Elberfeld 830. (Iserlohn, Langewiesche.)

Sander, Fr., der Kampf d. evangel. Kirche mit d. Rationalismus. 8. (2¾ B.) Elberfeld 830. (Iserlohn, Langewiesche.)

— der Kampf d. evangel. Kirche mit d. Rationalismus. 8. Elberf. u. Barmen 830. Weise. 4 gr.

— üb. den eigenthüml. Plan, dem die 4 Evangelisten bei der Abfassung ihrer Evangel. gefolgt sind. 8. Essen 827. Bädeker. 6 gr.

— (Bearb.), s. Pusey, Edward Bouverie: Das Aufkommen und Sinken des Nationalismus in Deutschland.

— Versuch e. Erklärung der Offenbar. Johannis. gr. 8. Stuttg. 829. Steinkopf. 16 gr.

Sander, Franz

— 8 lateinische Gesänge f. vier gleiche Stimmen (Männer- u. teilweise auch Frauenchor) komponiert. Op. 6b. 8. (21 S.) Ebd. (902). n. — 45

Sander, Frz., Gesänge f. drei- u. vierstimmigen Frauenchor. schmal qu. gr. 8. (III, 36 S.) Straßburg 901. F. Bull. n. — 80

— Kirchliche Gesänge f. drei u. vier gleiche Stimmen (Männer- od. Frauenchor) teils harmonisiert, teils komponiert. Op. 6. 8. (VI, 49 u. 21 S.) Straßburg (902). F. X. Le Roux & Co. n. 1.—

Sander, Fredrik, d. Nibelungenlied, Siegfried d. Schlangentöter u. Hagen v. Tronje. E. mytholog. u. histor. Untersuchg. Lex.-8. (124 S.) Stockholm 895. (Berlin, R. Friedländer & Sohn.) n. 3. 60

Reichenbachia. Orchids ill. and described by F(rederik) **Sander**, with the assist. of scientif. authorithy. Vol. 1. 2. Ser. 2, Vol. 1. (In je 12 P.) [Mehr nicht erschienen.] St. Albans: F. Sander & Co.: Berlin: P. Parey 18(86–)1892. 3 Bde gr. 2°
1. 18(86–)88. 2. 1890. 3. 1892. [06. 1599

Sander, F., Reichenbachia. Orchids illustrated and described with the assistance of scientific authority. I. and II. series (4 vols. à 12 parts). gr. Fol. (à 48 farb. Taf. m. Text. [vol. II.: VI, 114 S.] in deutscher, engl. u. französ. Sprache.) Berlin 889–894. P. Parey. à Hft. n.n. 10. —

Sander, Fredrik, Rigveda u. Edda. Eine vergleich. Untersuchg. der alten arischen u. german. od. nord. Mythen. gr. 8. (III, 76 S.) Stockholm 893. (Berlin, R. Friedländer & Sohn.) n. 2. 50

Sander, Frdr., Blindenanstalten, s.: Henrici, Karl.

Sander, Frdr., üb. Geschichte, Statistik, Bau u. Einrichtung der Krankenhäuser. Nebst e. Bericht üb. das Krankenhaus der Stadt Barmen. Mit 3 (lith.) Taf. u. 1 Tab. (in gr. Fol.) Fol. (III, 32 S.) Köln 875. Du Mont-Schauberg. n. 2. 25

—— Handbuch der öffentlichen Gesundheitspflege. Im Auftrage des deutschen Vereins für öffentliche Gesundheitspflege verfasst. gr. 8. (VI, 503 S.) Leipzig 877, Hirzel. * 9 —

Sander's, Frdr., Handbuch der öffentlichen Gesundheitspflege, in 2. Aufl. bearb. u. hrsg. vom Vorstand d. niederrhein. Vereins f. öffentl. Gesundheitspflege, gr. 8. (VIII, 692 S.) Leipzig 885. Hirzel. n. 10.—; Einbd. n.n. 1. 50

Sander, Frdr., die englische Sanitäts-Gesetzgebung. Elberfeld 869. (Lucas.) gr. 8. (38 S.) n. 10 ngr.

— **vier Tage in Metz während u. nach der Uebergabe. Vortrag geh. in „Barmen" am 7. Novbr. 1870. gr. 8. (17 S.) Leipzig 870. Langewiesche's Verl.** n. — 50

— **Untersuchungen üb. die Cholera in ihren Beziehgn. zu Boden u. Grundwasser, zu socialen u. Bevölkerungs-Verhältnissen, sowie zu den Aufgaben der öffentl. Gesundheitspflege. Mit 2 (lith.) Taf. (in Fol. u. qu. gr. Fol.) Fol. (41 S.) Köln 873. Du Mont-Schauberg.** n. 2. 50

Sander, [illegible]

Sander, [illegible] Berlin [illegible] 1857 [illegible] 8°
Berlin, Med. Diss. [illegible] Jan 1857

Sander, [illegible] De contusionibus [illegible] earumque sequelis et curatione. Berolini 1842. 31 S. 8°
Berlin, Med. Diss. v. [illegible] Mai 1842

Sander, Frdr. Karl, die **Organisation der Reklame.** (324 S. m. z. Tl. farb. Abbildgn.) gr. 8. Leipzig (910). Benneckenstein (Harz). Selbstverlag. 6.—; geb. in Leinw. 8.—

Sander, Fritz, aus Hummelsthür i. Hann.: Die **Ergebnisse der Anbau- und Erntestatistik** in Deutschland seit 1878. *Halle a. S. 1899: H. John.* (219 S.) 8°
Halle, Phil. Diss. v. 1899

Sander, G., Beherzigungswerthes für die Schuljugend hinsichtlich des in Berlin am 26. Juli 1844 vollzogenen Attentats. Aus einem katechet. Mspt., welches in Beziehung auf Majestätsverbrecher steht. Nebst einem Vorwort von Wlh. Böhmer. 8. Breslau 845, Leuckart. n. 1/12 Rthlr.

Sander, G., über d. neue naturgemäße Obstbaumzucht zur Herstellung guter Obstbäume durch Edelkerne u. Kreisnarbe d. Aeste, ohne Impfung, u. von d. Veredlungsmethode durch Verstutzen u. Sporenschnitt. 8. (1¾ B.) Breslau 832, Aderholz.

Die Burg Ravensberg beschrieben u. in ihrer Geschichte kurz dargest. von G. H. **Sander**, Pfarrer. Halle i. W. 1900: Meyer & Beckmann. 35 S. 8°
[illegible]

Aus Schottlands Schulen. Von G. H. **Sander**. *Cassel: G. Klaunig 1901.* (30 S.) 8°
[illegible] 4

— aus Schottlands Schulen. gr. 8. (39 S.) Cassel 901. C. Victor. n. — 80

Sander, [illegible]
Berlin, Med. Diss. [illegible]

Sander, Georg [aus Uchte bei Hannover]: Beitrag zur Kenntniss der Strychnosdrogen ... Strassburg i. E., Buchdr. C. & J. Gœller, 1896; 43 S., 1 Bl., 2 Taf. 8.
Strassburg, Math.-naturw. Fak., Inaug.-Diss. v. 1896

Rede am Installationsfest in der Loge P[forte] z[ur] E[wigkeit] i. O[r.] v. Hildesheim gehalten vom Mstr. v. St. [d. i. Georg Heinr. **Sander**]. Im Jahre 1792. [Hildesheim 1792.] 15 S. 4° [Umschlagtit.]

Kl. 1105. Selten. Üb. d. Zweck d. Frmei u. Beantwort. d. Frage: Hat d. Frmrbund e. nachteiligen Einfluss auf d. Staat?

Sander, Georg Karl Heinrich

Sander, G. Carl H., Aphorismen üb. d. Natur d. Dinge. Eine Festgabe. gr. 8. (2 B.) Braunschweig 841, (G. C. E. Meyer sen.)

— Beschreibung eines neuen Diaphanometer und Kyanometer. Mit 1 Abbild. 4. Ebd. 827. ¼ Rthlr.

Sander, G(eorg) K(arl) H(einrich): Chronologische Nachweisung der geographischen Verbreitung der Nil-Pest; mit besonderer Hinsicht auf die Pestepidemien im Braunschweigischen Lande, zumal in der Stadt Braunschweig. 40 S., gbd.

Braunschweig: 1837
aus: Braunschweigisches Magazin, Jg.1837, 5 Stück: 7., 14., 21.u.28.Januar und 4.Februar.

JB 5.033

Sander, (G. C. H.,) Praelectionum et chirurgicarum et physicarum selectus quas in Societate physico-medica Brunsvicensi habuit anno 1821½. Societatis l. Acced. tabb. lithogr. III. 4. Braunschweig 827, Pluchart.
Hieraus besonders abgedruckt:
Sander, Beschreibung eines neuen Diaphonometers u. Kyanometers. 4. Mit 1 Steintaf. Ebd.

Sander, Geo. Karl Hnr., praelectionum chirurgicarum et physicarum selectus etc. Mit 3 Tafeln Abbildd. 4. Braunschweig 827. jetzt Leibrock ¾ Rthlr.

— die Wandflechte, ein Arzneimittel, welches die Peruvianische Rinde nicht nur entbehrl. macht, sond. sie auch an gleichartigen Heilkräften übertrifft. Mit 1 Kpf. gr. 4. Sondersh. 815. Voigt in Ilmenau. 1 Rthlr. 12 gr.

— Zerreißung, die, der Gebärmutter.
NB. Das unter Baudelocque aufgeführte ist unbeachtet zu lassen.

Sander, G. C. H., die Zerreißung d. Gebärmutter, ärztlich und geburtshülflich behandelt, e. Prozeß zwischen Baudelocque u. Sacombe, als Beytr. z. Gesch. d. Geburtshülfe überhaupt rc. a. d. Franz. 8. Götting. Dankwert in Commiss. 807.
Mtbl.

Sander, Georg Otto August, Referendar: Von der rechtlichen Natur des sog. Mundraubs St.-G.-B. § 370 Z. 5. *Bremen 1903: H. M. Hauschild.* (60 S.) 8°
Freiburg i. B., Rechts- u. staatswiss. Diss. v. 1903

Sander, Gustav H., aus Cassel: Das **Moment der letzten Spannung in der englischen Tragödie bis zu Shakespeare.** *Weimar (1902): R. Wagner Sohn.* (67 S.) 8°
Berlin, Phil. Diss. v. 8. Nov. 1902

Das Moment der letzten Spannung in der englischen Tragödie bis zu Shakespeare. Von G[ustav] H. **Sander**, Dr. phil. *Berlin: Mayer & Müller 1902.* (67 S.) 8°
[Erschien zuerst als Inaug.-Diss. Berlin 1902.]
[illegible]

Sander, H., wissenschaftliche Beweise f. e. zukünftiges Leben u. f. die Heilkraft der menschlichen Seele. (Gedanken u. Beobachtgn. e. Laien.) 8. (26 S.) Bielefeld (900). (E. Siedhoff.) n. — 50

Sander, H.: Alte Schützenketten und ihre Sprüche. Zschr. d. Vereins für rhein.-westf. Volkskunde 5 (1908), 61—66. 193

Sander, H.: Aus einem Vortrage über F. Freiligrath. Feldkirch. 1867.
Schul-/Univ.-Schrift

Sander, H. C., übersichtliche Eintheilung der metrischen Maße u. Gewichte. qu. 16. (1 Taf. in schmal. Fol.) (Kattowitz 871. Siwinna.) n. — 25

Sander, H. C., der Rechenknecht oder Kubik-Tabellen für die Stückzahl der Bretter u. Latten. Nebst einer Bruch- u. einer Reductions-Tabelle für das Metermaß. Kattowitz 869. (Siwinna.) 4. (IV, 104 S.) n. 1 ₰ 7½ ngr.

—— der Schnittholz-Berechner im Metermaß. Kubiktabellen für Latten, Bretter, Bohlen und Kantholz nebst prakt. Reductionstabellen. Ein nützl. Handbuch für Forst- und Rechnungsbeamte, Holzhändler und Bautechniker. 8. (V, 124 S.) Zabrze L. S. 871. (Kattowitz, Siwinna.) ⁎ 3 —
—— dass. — Neue Ausg. 16. (120 S.) Gleiwitz 871, Jäger. cart. ⁎ 2 —

— dasselbe. Neue Ausg. 16. (120 S.) Gleiwitz 874. Jäger. n. 2. —

Sander, Heinr., Athen u. seine Umgebungen, mit e. kurzen Ueberblicke seiner Gesch. u. mit Berücksichtigung seiner Alterthümer u. der darauf bezügl. Mythologie. 8. (10 B. u. 1 Plan v. Athen.) Mainz 841, v. Zabern. *

Sander, Hnr., († d. 5. Oct. 1782.) Progr. Von Aeliani Beitrr. zur Naturgesch. 8. Karlsr. 777.

— vaterländ. Bemerkk. über alle Theile der Naturgeschichte. 8. Karlsr. 780.

Sander, Heinrich. Beschreibung seiner Reisen durch Frankreich, die Niederlande, Holland, Deutschland und Italien. Leipzig 1783—84. H: *Sander, Nicolaus Christian.* (BrMm)

— Beschreib. fr. Reisen durch Frankreich, die Niederlande, Holland, Deutschland u. Italien. 1r u. 2r Thl. gr. 8. Leipz. 783. (Aue in Altona). 3 ₰

Sander, Heinrich, a. Klein-Freden (Prov. Hannover): Bestimmung der Gleichgewichtsänderungen der desmotropen Formen des Acetylacetons, Methylacetylacetons und Acetessigesters mit Hilfe der inneren Reibung und der Eisenchloridreaktion. Weida i. Th. 1908: Thomas & Hubert. (69 S.) 8°
Leipzig, Phil. Fak., Ref. Hantzsch-Beckmann, Diss. v. 23. April 1908
[Geb. 10. Juli 79 Kl. Freden; Wohnort: Kl. Freden; Staatsangeh.: Preußen; Vorbildung: Gymn. Goslar Reife M. 01; Studium: Tübingen 2, Göttingen 1, Leipzig 10 S.]

Sandor, Heinrich, aus Schweinfurt: Ueber den Einfluss der Witterung auf die Pneumonie-Mortalität in München in den Jahren 1881—1898. *München 1901: M. Ernst.* (53 S.) 8°
München, Med. Diss. v. 1901

— Progr. Vom Einhorn, besond. vom Einhorn in d. Bibel. 8. Karlsr. 779.

— [illegible] Erbauungsbuch zur Beförder. wahrer Gottseligkeit ꝛc.

Sander, Heinr., Erbauungsbuch z. Beförd. wahr. Gottseligkeit. gr. 8. Lpz. Jacobäer. 802.

—— Erinnerungen aus Hellas. 8. (11½ B.) Darmstadt 838, Pabst.

Sander, H., im Freien. Betrachtungen über die Güte und Weisheit Gottes in der Natur. Ein Buch für Alle, welche in der Natur Genuß, Belehrung und Erbauung suchen. 7. Aufl., gänzlich umgearb. und verm. von Wilh. Osterwald. Mit einem einleitenden Vorwort von Herm. Masius. 8. (IX und 806 S.) Leipzig (861)62, Geibel. * 1 Thlr. 10 Ngr.; geb. Thlr. *

— Progr. Natürl. Geschichte des Nußvölken. 8. Karlsr. 778.

— üb. das Große u. Schöne in d. Natur. 4 Stcke. gr. 8. Leipz. 781, 82. 2e Aufl. 4 Thle in 2 Bden. 784. 3e A. 790. Weygand. 1 ₰ 16 gr — Dass. im Ausz. f. Kinder. 8. Quedlinb. 798. Ernst. 5 gr

Heinrich <u>Sander</u>
1754-1782

Ueber das <u>Grosse</u> und Schöne in der Natur. Von Heinrich <u>Sander</u>. St. 3.4. Leipzig: Weygand 1782. 1 Bd 8°

— üb. d. Große u. Schöne in d. Natur. 2 Bde. gr. 8. Lpz. Weygand. 790.

— von d. Güte u. Weisheit Gottes in d. Natur. 8. Karlsr. 778. 2e A. Frkf. u. Leipz. 780. Neue Aufl. 8. Karlsr. 790. u. 8. Leipz. 800. 6e Aufl. 8. Ebd. 827. Lauffer. 21 gr

— von der Güte u. Weisheit Gottes in der Natur. 8. Leipz. Linke. 800.

Sander, H., von der Güte und Weisheit Gottes in der Natur. 5te Aufl. 8. Leipzig. Lauffer. 820.

— das Buch Hiob zum allgem. Gebrauche. gr. 8. Frankf. 780. (Weygand in Leipz.) 18 gr

— das Buch Hiob z. allgem. Gebrauche. gr. 8. Frkf. (Weygand in Lpz.) 784.

Sander, Hnr., üb. die Kunstsprache d. Naturforscher. 8. Basel 782. Serini. 3 gr

Sander, Heinr., Leben u. Nachlaß von Isaak Maus, Bauersmann aus Badenheim. 2 Thle. Nebst Bildniß u. Facs. des Dichters. 8. (19½ B.) Darmstadt 846, Papst.

Sander, Heinrich, appr. Nahrungsmittelchemiker u. Apotheker, Assist. am Inst. f. Pharm. u. Nahrungsmittelchemie d. Univ. Jena: Über Lorbeerfett. Quakenbrück (1908): Artländer Anzeiger. 41 S. 8°
Jena, Phil. Diss. v. 27. Jan. 1909, Ref. Matthes
[Geb. 11. Sept. 79 Quakenbrück; Wohnort: Essen a. R.; Staatsangeh.: Preußen; Vorbildung: Realgymn. Quakenbrück Einj.-Freiw.-Zeugn. O. 96; Studium: Jena 10 S.; Rig. 4. Juli 08.] [U 09. 2220

Sander, H. Oekonomische Nachrichten für den deutschen Landmann und die Jugend. Leipzig 1784—1803. V (Theil 4): *Fabricius, Joh. Chn.* (Theil 5): *Leonhardi, Frdr. Glieb.* (Engoec)

— über Natur u. Religion für Liebhaber u. Anbeter Gottes. 2 Stcke. gr. 8. Leipz. 779, 80. 2e A. 784. Weygand. 22 gr — Dass. im Auszuge unt. d. T.: der Naturbeobachter f. Kinder, (v. Chr. K. Plato). 8. Quedlinb. 791. N. A. 798. N. Aufl. 2 Bdchn. 824. Ernst. 12 gr

Sander H.: Oeconomische Naturgeschichte f. den deutschen Landmann u. die Jugend in den mittleren Schulen, fortges. v. [4] J. C. Fabricius, [5] F. G. Leonhardi. Leipz. 1782-1803.
[1-2. Mennesket. Zoologi. — 3. Botanik. — 4. Plantedyrkning. — 5. (o. m. Særtit.) Mineralogi. 1803].

— ökonom. Naturgeschichte für d. deutschen Landmann u. die Jugend. 5 Thle. (4r Thl. fortges. v. J. C. Fabricius. 5r Thl. von F. G. Leonhardi.) gr. 8. Leipz. 783—803. (Aue in Altona). 4 ₰ 5r Thl. A. u. d. T.: F. G. Leonhardi, ökonom. u. technolog. Geschichte d. Mineralreichs. 1 ₰ 16 gl.

— ökon. Naturgeschichte f. den Landmann u. d. Jugend. 5 Thle. gr. 8. Leipzig, Jacobäer. 784—805. (1r—4r 2 Rthl. 8 gr. 5r 1. 1 Rthl. 16 gr.)
(5r Th. hat a. d. Tit. Leonhardi ökonom. u. technol. Gesch. des Mineralreichs.)

— Predigten f. alle Stände. 2 Bde. gr. 8. Leipz. 783. N. Aufl. unt. d. T.: Predigten f. denkende Zuhörer in allen Ständen. 2 Bde. gr. 8. Ebd. 787. (Aue in Altona). 2 ₰

— Predigten f. denkende Zuhörer in allen Ständen. 2 Bde. gr. 8. Ebend. 787.

— Reisen d. Frankreich, d. Niederlande, Holland, Deutschland und Italien ꝛc. 2 Bde. gr. 8. Ebendas. 783.

— gesammelte kl. Schriften, n. s. Tode herausgeg. v. Götze. 2 Bde. 8. Dessau, Gelehrte Buchh. (Krieger in Marburg.) 784—85.

— gesammelte kl. Schriften, nach seinem Tode hrsgg. v. Geo. Fr. Götz. 2 Bde. 8. Leipz. u. Dessau 784 u. 85. (Krieger in Marb.) 2 ₰

SANDER, H., Ueber die Vorsehung. 2 Thle. Mit Titelvign. Leipzig 1780—81. 8⁰. (4 Mk. 50 Pfg. O. Rauthe, Berlin, 1909.)
Vortreffliches, reichhaltiges Werk. — Enth. u. a.: Vom Konkubinat. — Sinnlicher Gottesdienst. — Unglück in Klostern (besonders Nonnenklöstern). — Martyrer aus Spanien. — Sklaven in Amerika. — Schreckliche Züchtigungen.

— von der Vorsehung, od. Nichts v. Ohngefähr. 8. Leipz. 780. N. A. 796. 4e A. 5 Thle. 801. 5e A. 820. (Aue in Altona). 1 ₰ 8 gl. (Vergl. Nichts v. Ohngefähr; angefangen wurde es v. Herning u. von Andern fortgesetzt; blos d. 5e Thl. ist von Sander.)

— über die Vorsehung. 3 Theile. 8. Leipzig, Jacobäer. 801.

— — über die Vorsehung. 2 Thle. 5te unveränd. Ausg. 8. Leipzig, Jacobäer. 820.

Sander, Henriette

Sander, Henr., geb. Düwel, neues praktisches Kochbuch für die gewöhnliche und feinere Küche. gr. 8. (VIII, 612 S.) Hannover 874, Meyer. 3 —

Sander, Henriette, geb. Düwel, neues praktisches Kochbuch für die gewöhnliche und feinere Küche. 2. und 3. Aufl. gr. 8. (VIII, 624 S.) Hannover 877,78, Meyer. ℳ 3.; geb. * 4 20

Sander, H., neues praktisches Kochbuch für die gewöhnliche und feinere Küche. 3. Aufl. gr. 8. Hannover 878. Bielefeld, Belhagen und Klasing. ℳ 3,50.; geb. 4 50

Sander, Henriette, neues praktisches Kochbuch f. die gewöhnliche u. die feinere Küche. 4. Aufl. 8. (XXXII, 596 S.) Bielefeld 883. Velhagen & Klasing. n. 3. 50; geb. n. 4. 50

Sander, Hermann

— Einige Aktenstücke zur Geschichte Vorarlbergs im Zeitalter des deutschen Bauernkrieges. (24). ibd. 93.
Progr.

Sander, Herm., Johann Josef Batlogg, der Landammann v. Montafon. Ein Lebensbild. 12. (39 S.) Innsbruck 900. Wagner. n. — 50

Sander, Herm., üb. das Begnadigungsrecht der Stadt Feldkirch u. d. hintern Bregenzerwaldes. gr. 8. (72 S.) Innsbruck 883. Wagner. n. 1. 20

Sander, Herm., ein Beitrag zur Geschichte der Volksschule in Vorarlberg. 12. (76 S.) Innsbruck 879, (Wagner'sche Universitäts-Buchh.) * — 80
Aus: Bote für Tirol und Vorarlberg, besonders abgedruckt.

Sander, Herm., Beiträge zur Geschichte v. Bludenz, Montavon u. Sonnenberg in Vorarlberg. 1. u. 2. Hft. gr. 8. Innsbruck, Wagner. n. 2. 20
1. D. Erwerbg. d. vorarlberg. Grafsch. Sonnenberg durch Oesterreich. Progr. (81 S.) 888. n. 1. 20
2. D. Streit d. Montafoner m. d. Sonnenbergern um d. Besitz d. Ortschaft Stallehr u. um Besteuerungsrechte (1554—1587). M. Beiträgen zur Geschichte d. Walliser in Vorarlberg. (88 S.) 897. n. 1. —

— Beiträge zur Geschichte von Bludenz, Montafon u. Sonnenberg in Vorarlberg. 3. u. 4. Hft. gr. 8. Ebd. à n. 1. 20
3. Die österreich. Vögte v. Bludenz. (92 S.) 899.
4. Beiträge zur Geschichte des Frauenklosters St. Peter bei Bludenz. (111 S.) 901.
Hft. 1 u. 2. Ebd. 888. 897. n. 2, 20.

Sander, Herm., Beiträge zur Geschichte v. Bludenz, Montafon u. Sonnenberg in Vorarlberg. 5. u. 6. Heft. gr. 8. Innsbruck, Wagner. n. 1. 80
5. Beiträge zur Geschichte des Montafoner Wappens. Mit Anmerkgn. üb. die Familie Friz u. die Vorgesetzten v. Montafon u. m. 2 Abbildgn. des Montafoner Wappens. Progr. (34 S.) 903. n. — 80
6. Der Streit zwischen Bludenz u. Sonnenberg üb. die Besteuerg. des Klosters St. Peter u. andere Rechte von 1686—1695. Ein Beitrag zur Geschichte des Steuerwesens in Vorarlberg. (86 S.) 904. n. 1. —

Beiträge zur Geschichte des Frauenklosters St. Peter bei Bludenz. Von **Hermann Sander**. *Innsbruck: Wagner 1901.* (110 S.) 8°
= **Sander**: Beiträge z. Gesch. von Bludenz, Montafon u. Sonnenberg in Vorarlberg. H. 4. [01. 8747

Sander, Herm., Beiträge zur Geschichte d. vorarlbergischen Gerichtes Tannberg. 1. u. 2. Hft. Progr. gr. 8. Innsbruck, Wagner. n. 3. 60
1. Die Erwerbung d. vorarlbergischen Gerichtes Tannberg durch Österreich u. der Streit der Habsburger m. den Grafen v. Montfort-Rothenfels üb. Rechte u. Besitz in Tannberg u. den benachbarten Gebieten v. Lechthal, Tannheim, Lingenau u. Hohenegg. (125 S.) 886. n. 2. —
2. Beiträge zur Rechts- u. Culturgeschichte. (86 S.) 892. n. 1. 60

Beiträge zur Geschichte des Montafoner Wappens. Mit Anm. über d. Familie Friz u. d. Vorgesetzten von Montafon u. mit 2 Abb. d. Montafoner Wappens. Von **Hermann Sander**. *Innsbruck: Wagner 1903.* (34 S.) 8°
= **Sander**: Beiträge z. Geschichte von Bludenz, Montafon u. Sonnenberg in Vorarlberg. H. 5. [03. 5270

Beiträge zur Rechts- und Culturgeschichte des vorarlbergischen Gerichtes Tannberg. Von Hermann **Sander**. Innsbruck: Wagner 1892. 86 S. 8°
(Sander, Beiträge z. Geschichte d. vorarlberg. Gerichtes Tannberg. H. 2.) A 12. 12100

Sander, Herm., 22 bezifferte Choräle, als Uebungsstoff zur Harmonielehre zusammengestellt. Lex.-8. (11 S.) Leipzig 886. F. Kistner. n.n. — 50

— Dichterstimmen aus Vorarlberg. E. Dichterbüchlein, aus d. Werken heim. Sänger u. Erzähler d. 19. Jahrh. zusammengest. 8. (XVI, 312 S.) Ebd. 895. n. 3. 20

Zur Erinnerung an Jakob Jehly. Von Hermann **Sander**. Innsbruck: Wagner 1897. 31 S. 8°
Aus: Bote f. Tirol u. Vorarlberg. Jg 1897. A 12. 12101

[F.] Die Ermordung des vorarlbergischen Kreishauptmanns J. A. v. Indermauer '(am 10. Aug. 1796)' und ihre Folgen. Von **Hermann Sander**. *Innsbruck: Wagner 1896.* (X S., 1 Bl., 281 S.) 1 Bd 8. [97. 271

Sander: Franz Michael F e l d e r . 22 S. 8⁰ – Feldkirch, UR., Progr. 1869.

—— s. Feldkirchers, Jos., Gedichte in der Mundart von Andelsbuch.

Sander, Herm., der Gauenstein bei Schruns in Vorarlberg. (59 S.) 8. Innsbruck 905. Wagner. n. — 50

Sander, Herm., goldene Gesundheitsregeln, nebst kurzer Beschreibg. der Anwendungsformen der Naturheilkunde. 2., verm. u. verb. Aufl. gr. 16. (VI, 41 S.) Bielefeld 894. (A. Helmich.) n n. — 25

Sander, Herm., Hermann v. Gilm und seine Beziehungen zu Vorarlberg. 8. (74 S.) Innsbruck 887, Wagner'sche Universitäts-Buchh. *
Aus: Bote für Tirol und Vorarlberg, besonders abgedruckt.

Sander, Hermann. Das Leben (Franz Michael) Felders (1839–1869). des Bauers, Dichters und Volksmannes aus dem Bregenzerwalde. Ein biographischer Versuch. 2. vermehrte und verbesserte Aufl. [Mit Portrait-Tafel.] 8. Innsbruck 1876.

Sander, Herm., das Leben Felders, d. Bauers, Dichters u. Volksmannes aus dem Bregenzerwalde. Ein biograph. Versuch. 2. verm. u. verb. Aufl. 8. (XI, 343 S. m. Portr. in Tondr.) Innsbruck 876. Wagner. n. 2. 80

—— Franz Xaver Moosmann. Ein Blatt der Erinnerg. 12. (24 S.) Innsbr. 891, Wagner. * — 40

— Rede zur Moosmann-Feier in Schnepfau (3. Septbr. 1893). gr. 8. (16 S.) Dornbirn 893. F. Rusch. — 20

Rede zur Moosmann-Feier in Schneplau. (3. Sept. 1893.) Geh. von Hermann Sander. Dornbirn: Vorarlberger Volksfreund 1893. 16 S. 8°
A 12, 12103

—— Die Dornbirner Schützen-Compagnie im J. 1866. Zur Gedenkfeier d. vor 25 Jahren erfolgten Auszuges der Compagnie. Nach den Aufzeichngn. d. Landesschützen Heinr. Albrich bearb. gr. 16. (59 S.) Dornbirn 891, Rusch. * — 70

Der Streit zwischen Bludenz und Sonnenberg über die Besteuerung des Klosters St. Peter und andere Rechte von 1686 bis 1695. Ein Beitrag z. Geschichte d. Steuerwesens in Vorarlberg von Hermann Sander. Innsbruck: Wagner 1904. 86 S. 8°
Aus Programm d. K. k. Ober-Realschule in Innsbruck f. 1903/04.
(Sander: Beiträge z. Geschichte von Bludenz, Montafon u. Sonnenberg in Vorarlberg. H. 6.)
[11, 1044

Sander, Herm., die Syndikatsklage wegen d. v. richterlichen Beamten in Ausübung ihrer amtlichen Wirksamkeit zugefügten Rechtsverletzungen, unter besond. Berücksicht. d. österreich. Rechtes bearb. (147 S.) gr. 8. Wien 909. Manz. 3. —

—— die Feldkircher Unruhen von 1768. Mit dem (diemigr.) Bildnisse des Stadtammanns P. J. Leone. 8. (IX, 133 S.) Ebendas. 883. * 1 60

Sander, Herm., das zivilgerichtliche Verfahren ausser Streitsachen, nach dem österreich. Rechte systematisch dargestellt. (X, 440 S.) gr. 8. Wien 907. M. Perles. n. 8. —; geb. n. 9. 60

— Hans v. Vintler, e. Dichter aus Tirol. 12. (42 S.) Innsbruck 892. Wagner. n. — 50

Die österreichischen V ö g t e von Bludenz. Von Hermann Sander. Innsbruck: Wagner 1899. (92 S.) 8⁰
(Sander: Beiträge z. Gesch. von Bludenz, Montafon u. Sonnenberg in Vorarlberg. H. 3.)

— Vorarlberg. Land u. Leute, Geschichte u. Sage im Lichte deutscher Dichtg. Eine Blumenlese. 8. (XVI, 210 S.) Ebd. 891. n. 2. 40

Sander, (Car. Frid.) Hugo (geb. Trinum in Anh. 1824): Analecta ad vertebrarum colli luxationes. Berolini (1849). (31 S.) 8°
Berlin, Med. Diss. v. 31. März 1849

Sander, J. C., Anfangsgründe des vernünft. Christenthums. 8. Braunschw. 762. Schröder. 8 ℛ

Sander, J. C. F., s. S a n d e r , Imman. Friedr. Emil

Sander, J. D., Orpheus u. Eurydike, s.: Gluck, Ritter v.

Sander, J. D., s. Perrault d'Armancour, Contes de ma mère loye.

Sander, (J. F. G.) 2 Reformations-Predigten, gehalten in Wichlinghausen im Wupperthale. gr. 8. Leipz. 826, Tauchnitz.

Sander, J. J., Leitfaden zur Zentral-Buchführung. Kürzeste u. einfachste Art der doppelten Buchführg. f. alle Betriebe m. nur 1 Geschäftsbuche. Zum Selbstunterricht u. f. Fortbildungsschulen. gr. 8. (V, 113 S.) Breslau 894. Gräbschenerstr. 32. S. Sander. n. 1. —

Sander, J. J., **Leitfaden d. Zentral-Buchführung. Kürzeste u. einfachste Art der doppelten Buchführg. m. nur 2 Geschäftsbüchern. Verf. u. hrsg. in 2. verb. Aufl. (VII, 73 S.)** gr. 8. Kattowitz 907. (Gierth & Co.) nn 2.50; geb. nn 3. —

Leitfaden der Zentral-Buchführung. Kürzeste u. einfachste Art d. doppelten Buchführung mit nur 2 Geschäftsbüchern. Verf. u. hrsg. in 2. verb. Aufl. von J. J. **Sander**. Kattowitz, O.-S.: Selbstverl. 1907. (75 S.) 8° [F.]
[Umschlagt.:] Kurzer Lehrgang d. Vereinfachten Doppelten Buchführung. Von Sander.
107, 16013

Sander, J. J., doppelte deutsch-italienische Normal-Buchführung. Lehrbuch zum Selbstunterricht, zur Einrichtung und Führung der Geschäftsbücher für Kaufleute, Handeltreibende und Comptoiristen nach einem neuen kurzen und leichten System, welches in jedem Geschäft anwendbar ist. gr. 8. (63 S.) Beuthen O.-Schl. 887, (Freund.)

Sander, Imman. Friedrich Emil

Sander, (F.), die Abendmahlsgemeinschaft zwischen Lutherischen und Reformirten. Mit besonderer Beziehung auf die drei Bekenntnißparagraphen der Rhein.-Westphälischen Kirchen-Ordnung. Sendschreiben an die evangel.-lutherische Gemeinde in Elberfeld. Elberfeld 859. Hassel. gr. 8. (57 S.) n. 5 *ngr.*

Sander, F. (J. F. E.), Abschieds-Predigt gehalten zu Elberfeld am S. Cantate, den 14. Mai 1854, über 2. Cor. 1, 18—22, u. Nachruf an den Scheidenden in der Predigt des Abendgottesdienstes an diesem Sonntage über 1. Cor. 3, 4—15. von A. S. Jaspis. Elberfeld 854. Hassel. gr. 8. (30 S.) n. 4 *ngr.*

Sander, Imman. Friedr. Emil, Abschieds-Predigt, geh. in Wichlinghausen am 13. Mai 1838. Lex.-8. (1¼ B.) Barmen, Steinhaus. *

—— Antritts-Predigt (in Wittenberg gehalten). gr. 8. (16 S.) Elberfeld 854, Hassel. *

—— Beleuchtung d. wider d. theolog. Gutachten üb. d. Prediger-Bibel d. Pastor Ed. Hülsmann erhob. Anklagen. gr. 8. (6 B.) Barmen 836, Steinhaus.

Sander, J. C. F., s. Bericht, zweiter, über d. Hauptverein d. Gustav-Adolph-Stiftung.

—— der Beruf der Protestanten, Rom gegenüber, in dieser Zeit. Sendschreiben an die evangel. Gemeinden. gr. 8. (36 S.) Leipzig 853, Gebhardt und Reisland. *

Sander, Imman. Friedr. Emil, Bileam, der Sohn Beors. Vier Predigten. gr. 8. (XII und 47 S.) Elberfeld 851. [Iserlohn,] Bädeker.

— Bußtags-Predigt gehalten am 17. Mai 1848 zu Elberfeld. gr. 8. (16 S.) Elberfeld 848, Hassel in Comm. 1/12 ℛ

—— Christus, der einige Mittler. Erklär. zu Galater 3, 20. gr. 8. (1½ B.) Barmen 840, Steinhaus.

—— das Gespräch d. auferstand. Heilandes mit Petro am See Tiberias. Pred. üb. Evangel. Johannis 21, 15 — 19. geh. gr. 8. (1 B.) Barmen 835, Steinhaus.

Sander, Imman. Friedr. Emil, theolog. Gutachten üb. d. Prediger-Bibel d. Pastor Ed. Hülsmann. 2., mit e. Schlußwort verm. Aufl. gr. 8. (4½ B.) Barmen 836, Steinhaus. Thlr.

Sander, (J. F. E.), Johann Hus der Märtyrer. Kirchenhistorische Skizze. Ein Vortrag auf Veranstaltung des evangelischen Vereins für kirchliche Zwecke gehalten am 5. Febr. 1855. gr. 8. (38 S.) Berlin 855(57), W. Schultze.

— Israel in der Wüste. Zwölf Predigten. gr. 8. (X u. 146 S.) Elberfeld 850. (Iserlohn) Bädeker. ½ ℛ

—— Israel in der Wüste. Zwölf Predigten. gr. 8. (IX und 140 S.) Elberfeld 852, Bädeker.

—— die Katastrophe im Orient und ihre Rückwirkung auf den Occident. gr. 8. (XII und 136 S.) Berlin 855(59), W. Schultze. *

—— und W. Heuser, der kleine Catechismus Lutheri, s. Heuser, W.

—— der Kelch des Heils. Predigt beim Rückblicke auf eine 25jähr. Amtsführung. gr. 8. (16 S.) Elberfeld 847, Hassel.

— Commentar zu den Briefen Johannis. gr. 8. (VIII u. 328 S.) Elberfeld 851, Hassel. 1½ ℛ

—— die Lehre der Schrift von der Gnadenwahl. Eine Predigt. gr. 8. (17 S.) Elberfeld 854, Hassel. *.

—— die Lehre der heiligen Schrift vom Teufel. In der gnadauer Pastoral-Conferenz vorgetragen am 14. April 1858. gr. 8. (27 S.) Schönebeck 858, Berger. *

—— das Licht am Abend. Ein Wort über Israels Zukunft. gr. 8. (3¼ B.) Elberfeld 842, Hassel. Thlr.

Sander, J. F. E., der Menschenfreund; e. christl. Zeitschrift. Jahrgg. 1825 u. 26. Elberf., Hassel. (à 1 ℛ) 2 ℛ

—— das Papstthum in seiner heutigen Gestalt, in seinen Ursprüngen u. endlichen Ausgängen. Mit besond. Berücksichtig. der Streitschrift des Erzbischofs von Köln: „Ueber den Frieden zwischen Kirche u. Staat." gr. 8. (14 B.) Elberfeld 845, Hassel. *

— Predigt bei Eröffnung des vierten Kirchentags gehalten über Eph. III. Vers 13 bis 21 in Elberfeld am 16. Septbr. 1851. 2. Aufl. gr. 8. (15 S.) Ebd. 851. 1/12 ℛ

—— Predigten über die sieben Sendschreiben in der Offenbarung Johannis. gr. 12. (VIII und 115 S.) Elberfeld 853, Hassel. *

— Reformations-Predigt am 3. Novbr. 1844 gehalten. gr. 8. Ebend. 844. 1/12 ℛ

—— der Romanismus, seine Tendenzen u. seine Methodik. Mit besonderer Berücksichtig. des kölner Ereignisses. Eine Apologie der evangel. Kirche. gr. 8. (10½ B.) Essen 843, Bädeker.

—— die moderne Theologie und der uralte biblische Glaube in ihren Conflikten auf der berliner General-Synode. Mit besond. Berücksicht. der J. Müller'schen Schutzschrift für die Synode. gr. 8. (61 S.) (Elberfeld 847, Hassel.)

Sander's, J. F. E., „Thier in der Offenbarung Johannis", in's rechte Licht gestellt. Von einem Freunde der Wahrheit u. des Friedens. gr. 8. (29 S.) Köln u. Neuß 849, Schwann. 1/12 ℛ

— das Thier in der Offenbarung Johannis. [Aus den „Palmblättern" abgedr.] 2. Aufl. gr. 8. (20 S.) Elberfeld 849, Hassel. 1/12 ℛ — 3. unveränd. Aufl., nebst einem Vorworte u. einer literar. Zugabe. gr. 8. (54 S.) Ebd. 849. 1/6 ℛ

—— evangelische Warnung vor Schwärmerei. Predigt über 2. Timoth. 4, 1—7. gr. 8. (16 S.) Elberfeld 817, Hassel.

—— die zween Zeugen in der Offenbarung. Eine Reformations-Predigt. gr. 8. (1½ B.) Elberfeld 846, Hassel.

— evangel. Zeugnisse für die Enthaltsamkeits-Sache abgelegt, s. Jaspis, A. S.

Sander, Joh. v., die Anfangsgründe der russischen Sprache. Ein Leitfaden zur Erlernung der russ. Sprache. Für den Schul-, Privat- und Selbstunterricht mit besond. Berücksicht. der Aussprache nach der Interlinear-Methode bearb. 3 Thle. Lex.-8. Riga 869, Bruhns. * 9 50

Inhalt:

Thl. 1. Fibel. (VIII, 70 S.)
„ 2. Anthologie russischer Sprüchwörter und Russicismen für die deutsche Jugend. Lese-, Memorir-Uebungen und Vorschriften. (IV, 60 S.) *ℳ 4,50.
„ 3. Chrestomathie für die liebe Jugend. (VI, 198 S. mit 4 Tab. in 4., Fol. und qu. Fol.) *ℳ 5.

Sander, Jh. Dav., s. Iphigenie in Aulis.

Sander, Jh. Dav., (✝ ...) s. 1) C. W. Koch, Gemälde. 2) Lacretelle, Geschichte v. Frankreich.

Sander, Johann Ernst: De Trichomate .... s.a. Juch, Hermann Paul [Praes.]

Sander, Johann Ernst (Oderberg/Schl.) A. S. 1205/33

Dissertatio inauguralis medica, de trichomate sive plica Sarmatiae endemia, ejusque medicina domestica. Präs. Hermann Paul Juch.
Erfurt (Hering) 9. IX. 1737. 27 S.

W. v.: George Greupner, Jo. Nikolaus Heinrich Fuchs, George Wyhowsky, C. A. Adelung, Adam Marosch.

29739

Das hundertjährige Jubelfest unsers Merseburgischen Gymnasiums, welches am 19. Decbr. 1775. eintritt, suchet durch nachstehende Abhandlung von der Todtenbeschwerung festlich zu machen Joh. Fried. Sander, Collega IV. Merseb. 4.

Sander, [Joh. Konr. Heinr.]: Praktische Abhandlung von der Darmgicht der Pferde zum Nutzen und Gebrauch des Hochstift-Hildesheimischen Landmannes. Hildesheim 1784. 30 S.

Sander, Jh. Konr. Hnr., (✝ d. 17. Jan. 1813.) prakt. Abhandl. über die Darmgicht d. Pferde. 8. Hildesh. 789. Hahn in Hannov. 3 gr. (W. Nauck in Leipz.) 3 gr.

Sander, J. C. H., prakt. Abh. üb. d. Darmgicht d. Pferde. 8. Hannov. Hahn. 796.

Sander, Joh. Conr. Heinr.: Vermischte Beiträge zur praktischen und gerichtlichen Thierarzneykunde für Thierärzte, Juristen und Oekonomen. Berlin 1810. XXIV, 524 S.

— vermischte Beytr. z. prakt. u. gerichtl. Thierheilkunde rc. gr. 8. Berl. Realschulbuchh. 810.

— vermischte Beitr. z. prakt. u. gerichtl. Thierheilkunde rc. gr. 8. Berl. 810. Reimer. 2 ℛ 8 gr.

Sander J. C. H.: Praktische Bemerkungen üb. die Darmgicht u. Drüse d. Pferde u. die bewährtesten Heilmittel dagegen. Nebst einigen andern die Thierarzneykunde betreffenden Abhandlungen ... Th. 1. Hildesheim 1799. 134 S.

— prakt. Bemerkk. über die Darmgicht u. Druse d. Pferde. 1r Thl. gr. 8. Hildesh. 799. Gerstenberg. 10 gr.

Sander, [Johann Conrad Heinrich]: Gutachten über die jetzt an einigen Orten vorzüglich in Hannover unter den Pferden grassirende Brustseuche. Halberstadt u. Heiligenstadt 1805. 48 S.

Sander, Johann Wilhelm (Arnstadt) A. S. 725/3

Dissertatio juridica de excussione fenestrarum, Von Fenster=Einschmeissen. Johann Philipp Treiber. Jena (Müller) 5. II. 1701. 16 S. 29740

Sander, Johann Wilhelm (Arnstadt) A. S. 314/15

Dissertatio iuridica de excussione fenestrarum, Von Fenster=Einschmeissen. Präs. Jo. Philipp Treiber. Rec Jena 1715. 16 S.

Diss. 5. II. 1701. 29742

Sander, Johann Wilhelm (Arnstadt) A. S. 189/6

Dissertatio inauguralis iuridica de feudi in allodium praescriptione. Präs. Johann Bernhard Friese. Jena (Müller) 20. VII. 1711. 31 S. 29741

Sander, Jos., Gedanken über das jetztlaufende Zeitalter. 8. Wien 773. 2e Aufl. 775.

Sander, Julius: Alkmäon von Kroton. Wittenberg, *Druck v. C. H. Schulze & C. in Gräfenhainichen,* 1893; 32 S. 4. Wittenberg, G, OP 1893 (250)

Sander, Julius (geb. Potsdam [illegible] 1840): Analecta ad uteri prolapsum, imprimis ad amputationem portionis vaginalis ad illum sanandum constituendam. Berolini 1862. (32 S.) 8°
Berlin, Med. Diss. v. 18. März 1862

Sander, Jul. Bemerkungen zu Xenophons Berichten über Leben und Lehre des Sokrates. 44 S. Progr. Päd. *Magdeburg* 1884

Sander, Julius, Prof.: **Bemerkungen** zu den Cicero-Briefen. *Wittenberg (1901): F. Wattrodt.* (28 S.) 4°
Wittenberg, Melanchthon-G, OP 1901 (274)

Sander, Julius. [Direktor Heinrich Guhrauer † 14. März 1909.] S. 19—20. 4. **Progr.** Melanchthon-Gymn. *Wittenberg* 1909 (345)

Sander, Jul., die Redekunst. Eine Anleitung zum öffentl. Vortrage f. Volksvertreter, Stadtverordnete, Anwälte u. Geschäftsleute. Nebst Beispielen aus deutschen, franz. u. engl. Musterreden. 8. (7 B.) Pesth 845. [Leipzig, Händel.]

Sander, Jul., die Redekunst. Eine Anleitung zum öffentl. Vortrage für Volksvertreter, Stadtverordnete, Anwälte u. Geschäftsleute. Nebst Beispielen aus Deutschen, Französ. u. Engl. Musterreden. 8. Pesth 845, Verl.=Magazin. 1/2 ₰

Sander, Julius. Die Redekunst, eine Anleitung für Volksvertreter, Stadtverordnete u. s. w. Leipzig 1847. 104 S. 8.

Sander, Jul., die Redekunst. Eine Anleitung zum öffentlichen Vortrage für Volksvertreter, Stadtverordnete, Anwalte u. Geschäftsleute, nebst Beispielen aus Deutschen, Französ. u. Englischen Musterreden. 2. Aufl. Leipzig 860. Haendel. 8. (VIII, 104 S.) 15 ngr.

Sander, Jul., Schülerkommentar zu Virgils Aneis in Auswahl. Für den Schulgebrauch hrsg. 8. (171 S.) Leipzig 899. G. Freytag. n. 1. —

Sander, Jul., Schülerkommentar zu Vergils Aeneis in Auswahl. Für den Schulgebrauch hrsg. 1. Aufl. (2. Abdr.) (171 S.) kl. 8. Leipzig 903. G. Freytag. Geb. n. 1. 60

Der kleine Wegweiser, ein gesundes Leben und hohes Alter erreichen zu können. (Verf.: Julius **Sander**, Charlottenburg-Berlin.) *Berlin: M. Richter [1904].* (95 S.) 8° [F.] 04. 13664

Irmgard und Roland. Deutsche Gestalten d. natürl. Lebensweise. Ein Beitrag z. pos. monist. Selektion von Julius Max **Sander**. Leipzig: W. Besser 1906. (104 S.) 8° [F.] 07. 17370 7

Sander, K.: Zwei geognostische Uebersichtskarten von Theilen des Oberinnthaler Kreises. (Aus d. Ber. über die General-Versammlung des geogn.-mont. Vereins für Tirol u. Vorarlberg.) Fol.

Sander, Karl, Volontärarzt der Kgl. psych. Klinik München: Beiträge zum Ganser'schen Symptomen-Komplex. München 1905: C. Wolf. (38 S.) 8°
München, Med. Fak., Ref. Kraepelin, Diss. v. 21. Juli 1905
[Geb. 17. Juli 76 Guben; Wohnort: Breslau; Staatsangeh.: Preußen; Vorbildung: Friedr.-Gymn. Breslau Reife M. 97; Studium: Breslau 3, Berlin 4, Würzburg 1, München 2 S.; Coll. 21. Juli 05; Approb. 30. Juni 03.]

Sander, Carl, aus Opperhausen: Die **Franzosen** und ihre Literatur im Urteil der moralischen Zeitschriften Steeles und Addisons. *Straßburg i. E. 1903: M. DuMont-Schauberg.* (157 S.) 8°
Straßburg, Phil. Diss. v. 1902

Sander, Karl, Leitfaden der Haushaltungskunde. gr. 8. (167 S. m. eingedr. Holzschn.) Brünn 872. Buschak & Irrgang. n. 3. —

Sander, Karl. Über die Zeiteinteilung in den homerischen Gedichten. 26 S. **Progr.** G. *Stralsund* 1883.

Sander, Carolus Guilielmus: De dignitate methodorum praecipuarum lithotomiae magno exemplorum numero comprobata. Halae (1836): Ruff jun. 26 S. 8° (4°)
Halle-Wittenberg, Med. Diss. v. 19. März 1836
Geb. Gerbstedt (Seekr. Mansfeld) 18. 5. 1812. V.

Sander, Karl Wlh., Versuch e. Anleit. zur prakt. Kenntniß d. Kassen= u. Rechnungswesens u. der darauf Bezug habenden Gegenstände in d. königl. Preuß. Staaten. gr. 8. Bresl. 815. 2e A. 816. 3e A. 817. (Leukart; a. Sander in Berl.) 1 ₰ 12 gr. Nachtrag zur 2n Aufl. 8. Ebd. 817. 10 gr.

Sander, C. W., Versuch einer Anleitung zur praktischen Kenntniß des Kassen= und Rechnungswesens und der darauf Bezug habenden Gegenstände in den königl. preuß. Staaten. 3te Aufl. gr. 8 Breslau, Holäufer. 817.

Sander, Konstantin

Sander, Constant., der amerikanische Bürgerkrieg von seinem Beginn bis zum Schluß des J. 1862. Nebst einleit. Betrachtungen über seine socialen, ökonom. und polit. Ursachen. Nach den besten Quellen bearb. gr. 8. (VI und 121 S.) Frankfurt a. M. 863, Küchler. *

Sander's, Constantin, Geschichte des Bürgerkrieges in den Vereinigten Staaten von Amerika 1861—1865. 2. Aufl., vervollständigt und nach den neuesten Quellen umgearb. von F. Mangold. 1. Bd. Mit Uebersichtskarten und Operationsplänen in Farbendr. 2 Hälften. gr. 8. Frankfurt a. M. 876, Sauerländer's Verlag. [1. Hälfte. (VII, S. 1—384.) * ℳ 5.; 2. Hälfte. (XV, S. 385—792 mit 2 lithogr. Karten und 3 lithogr. Plänen in qu. 4. und Fol.) * ℳ 7.] * 12 —
Fortsetzung ist nicht erschienen.

Sander, Constant., Geschichte des vierjährigen Bürgerkrieges in den Vereinigten Staaten von Amerika. Frankfurt a. M. 865. Sauerländer's Verlag. gr. 8. (XV, 587 S.) mit 3 lith. Uebersichtskarten u. Operationsplänen (in Farbendruck in gr. Fol.). gr. 8. n. 3 Thlr 15 ngr.

Sander, L., lateinische poetische Blumenlese, f. die obern Classen d. Gymnasien. Mit e. Wörterbuche. 8. Hildesh. Gerstenberg. 815.

Sander, L: Geschichte der deutschen Kolonial-Gesellschaft für Südwest-Afrika von ihrer Gründung bis zum Jahre 1910. Bd 1. 2. Berlin 1912

Sander, L., die deutschen Kolonien in Wort u. Bild. Eine Schilderg. unserer Kolonien an der Hand v. Schriften bekannter u. hervorrag. Kenner d. deutschen Schutzgebiete. Mit 8 Orig.-Bildern v. R. Hellgrewe u. vielen Abbildgn. (XXIV, 737 S. m. 4 farb. Karten.) gr. 8. Leipzig (906). (Berlin, H. Hillger.) Geb. 3. 50

Sander, L., zur Lage in Südwestafrika. (Vortrag, am 8. II. 1904 geh. in der Abteilg. Berlin der deutschen Kolonial-Gesellschaft.) (20 S.) gr. 8. Berlin 904. E. Nagel. n. — 40

— die geographische Verbreitung einiger tierischer Schädlinge unserer kolonialen Landwirtschaft u. die Bedingungen ihres Vorkommens, s.a. Geographie, angewandte. I. 11.

Die geographische Verbreitung einiger tierischer Schädlinge unserer kolonialen Landwirtschaft u. die Bedingungen ihres Vorkommens. Von Dr. L. Sander. *Halle a. S.: Gebauer-Schwetschke 1903.* (90 S.) 8°
= Geographie, Angewandte. Ser. 1. H. 11. [04. 3698 3

Sander, L., die Wanderheuschrecken u. ihre Bekämpfg. in unseren afrikan. Kolonieen. Mit Unterstützg. der Wohlfahrtslotterie hrsg. Mit zahlreichen Abbildgn. im Text und 6 Uebersichtskarten. gr. 8. (VII, 544 S.) Berlin 902. D. Reimer. n. 9.—; geb. n. 10.—

Sander, Louis, zwei Fälle von Myomotomie. Inaugural-Dissertation. gr. 8. (41 S.) Jena 882, (Neuenhahn.) * 1 —

Sander, d. Rinderpest u. ihr Einfluß auf d. wirtschaftl. Verhältnisse in Deutsch-Südwestafrika, s.a. Sammlung geograph. u. kolonialpolit. Schriften Nr. 11.

Die Rinderpest und ihr Einfluß auf die wirtschaftlichen Verhaltnisse in Deutsch-Südwestafrika. Von Marine-Stabsarzt a. D. Dr. [Louis] Sander. Berlin: H. Paetel 1897. (44 S.) 8° [F.]
Aus: Aus allen Weltteilen.
= Sammlung geographischer u. kolonialpolit. Schriften. No 11. [03. 1911

Die Tsetsen (Glossinae Wiedemann). Von Dr. L[ouis] Sander, Marinestabsarzt a. D. Mit 1 Taf. u. 25 Abb. Leipzig: J. A. Barth 1905. (79 S.) 8°
Aus: Archiv f. Schiffs- u. Tropenhyg. Bd 9. [06. 943 8

Ein Vorschlag zur wirthschaftlichen Erschließung Deutsch-Südwestafrikas von Dr. [Louis] Sander, Marine-Stabsarzt a. D. Berlin: D. Reimer 1895. (16 S.) 4° (8°) [Umschlagt. F.] [05. 304

Sander, Ludw., Laienbrevier gegen den Tod oder die unübertroffenen Mittel der Alten zur Verlängerung des Lebens u. zur Bewahrung der Gesundheit. Enthaltend die auserlesensten Ueberlieferungen der größten Aerzte des Alterthums u. ihre Approbation durch die Grundsätze der neuesten Heilkunde; nebst ihren zum Theil durch Jahrhunderte bewährten Arcanis etc. Nach vieljährigem Sammeln, Suchen, Anwenden u. Erproben herausg. Weimar 854. Voigt. 12. (XVI, 344 S.) 25 ngr.

Sander, M., Quaestiones in Senecam rhetorem syntacticae. I. De particulis loci temporis, comparationis, finis, causae, concessionis. Diss. 1872. 46 S. 1.50

Sander, Max, Anklam. Beiträge zur Stadtgeschichte, gesammelt u. zusammengestellt. 1. Hft. 1763—1816. gr. 8. (VI, 156 S.) Anklam 900. E. Süssermann. n.n. 2.—

Sander, Max, dei Burmeister, s.: Sammlung plattdeutscher Dichtungen.

Sander, Max: Fest-Bericht nebst einigen statistischen Nachrichten. ([Umschlagt.:] Bericht über das am 14. und 15. Oktober 1897 gefeierte funfzigjährige Bestehen des Gymnasiums nebst statistischen Nachrichten.) *Anklam 1898: G. Kreese.* (3 — 26 S.) 4° [F. u. Ant.]
Anklam, G, OP 1898 (138)

[Ant. u. F.] Gymnasium Tanglimense. Nachträgliches u. Statistisches z. 50jähr. Stiftgs-Feier hrsg. v. Max Sander. *Anklam: Selbstv.: Dr. v. R. Poettcke Nachf. 1897.* (15 S., 4 Taf.) 1 Bd 8. [98 175

Sander, Max, hei kümmt doch. — Dei grot Prozeß, s.: Sammlung plattdeutscher Dichtungen.

[F.] Anklamer Jubeltage. Z. Erinnerg an d. 50jähr. Jubil. d. Gymnasiums zu Anklam am 14. bis 16. Okt. 1897 zsgest. v. Max Sander. *Anklam: Selbstv.; Dr. v. R. Poettcke Nachf. 1897.* (64 S.) 1 Bd 8. [98 176

Sander, Max [aus Haynau i. Schl.]: Über Mitbewegungen an gelähmten Körperteilen ... Halle a. S., Hofbuchdr. v. C. A. Kaemmerer & C., 1894; 39 S., 2 Bl., 2 Taf. 8.
Halle, Med. Fak., Inaug.-Diss. v. 22. Juni 1894

– Dei grot Prozeß, s. Sammlung plattdeutscher Dichtungen.

Sander, Max, Repetitionstabelle zu Georg Curtius' griechischer Schulgrammatik. A. Pensum der Quarta. gr. Fol. Berlin 878, Weidmann'sche Buchh. * — 60
—— dass. — B. Pensum der Tertia. gr. 8. (40 S.) Ebendas. 879. * — 80

Sander, Max, Untroffzier Schult in'n französchen Krieg. s.a. Sammlung plattdeutscher Dichtgn.

[F.] Untroffzier Schult in'n französchen Krieg. Von Dr. Max Sander. *Bielefeld: A. Helmich [1895].* (149 S.) 1 Bd 8.
= Sammlung plattdeutscher Dichtungen. Bd VII. [96 1126

—— der Sprachgebrauch des Rhetors Annaeus Seneca. I. gr. 4. (21 S.) Ebendas. 877. * 1 20

Sander, Max, der Sprachgebrauch des Rhetors Annaeus Seneca. II. 4. (25 S.) Berlin 880, Weidmann'sche Buchh. * 1 60
I. Ebendas. 1877. *ℳ 1,20.

— Stammbuch d. Anklamer Gymnasiums 1847—1897, zur 50jähr. Stiftungsfeier hrsg. gr. 8. (X, 194 S. m. 2 Abb. u. 6 Bildn.) Anklam 897. H. Wolter, Verl. n.n. 3. —

—— geographische Tabelle zum Gebrauch in den unteren Klassen höherer Lehranstalten. gr. Fol. Ebendas. 878. * — 60

Sander, Meta, einige Lebens-Erfahrungen, meinen jüngern Schwestern zur Beherzigung erzählt. — Die Neuvermählten. — Der Hausfreund. Zwei Novellen. gr. 12. (19 B.) Aarau 839, [Sauerländer, Vrlsb.]

Sander, Nikol., üb. Gymnasialbildung od. Auftrag, Inhalt u. Organismus der Mittelschule, in ihrem gesammten Umfange. gr. 8. Karlsr. 812. (Frkf. a. M., Hermann). 18 gr.

Sander, Nik. Cph., († d. 13. Febr. 1794.) Samml. verbess. u. neuer Gesänge, als e. Vorschlag zur Verbesser. d. Markgräfl. Badenschen Gesangbuchs. 8. Karlsr. 774.

Sander, O. Schulze-
s. Schulze-Sander. [11. 10137

Sander, P. F. E., Prüfet die Zeichen der Zeichen der Zeit. Eine evangel. Mahnung im Beginn des Jahres 1855. 8. (30 S.) Düsselthal 855, Rettungs-Anstalt.

—— Umschau und Rundschau im Beginn des J. 1854. 2. Aufl. 8. (71 S.) Düsselthal 855, Rettungs-Anstalt.

Sander, Paul: Das Ansteigen der Schallerregung bei Tönen verschiedener Höhe. Leipzig: W. Engelmann 1910. 42 S. 8° (Aus: Psychol. Studien hrsg. v. Wundt. Bd 6.)
Leipzig, Phil. Diss. v. 17. Febr. 1910, Ref. Wundt, Wiener
[Geb. 3. Jan. 80 Bingen a. Rh.; Wohnort: Leipzig; Staatsangeh.: Hessen; Vorbildung: Neues Gymn. Darmstadt Reife O. 04; Studium: Leipzig 5, München 2, Leipzig 5 S.; Rig. 7. Dez. 09.] [U 10. 3234

Sander, Paul, Feudalstaat u. bürgerliche Verfassung. Ein Versuch üb. das Grundproblem der deutschen Verfassungsgeschichte. (VIII, 196 S.) Lex.-8. Berlin 906. A. Bath. n. 4. —

Sander, Paul, die reichsstädtische Haushaltung Nürnbergs. Dargestellt auf Grund ihres Zustandes von 1431 bis 1440. 2 Halbbde. Mit zahlreich. Tab. gr. 8. (XXX, 938 S.) Leipzig 902. B. G. Teubner. n. 36.—

Sander, Paul *Georg*: Der Kampf Heinrichs IV. und Gregors VII. von der zweiten Exkommunikation des Königs bis zu seiner Kaiserkrönung. (März 1080 — März 1084.) ... Berlin, A. Bath, 1893; 224 S. 8.
Strassburg, Phil. Fak., Inaug.-Diss. v. 1893

Sander, Paul, d. Lage d. Barbier- u. Friseurgewerbes auf Grund e. in München veranstalt. Umfrage dargest. gr. 8. (80 S.) München 898. Dr. H. Lüneburg. n. 2. —

Sander, Paul: Zu XIX. Rede des Demosthenes. 13 S. G. *Stralsund* 1884
Progr.

Sander, Ph., Bericht über die Berliner Hauptversammlung des evangel. Vereins der Gust.-Ad.-Stiftung nebst geschichtl. Mittheilungen über Dr. Rupp's Stellung zum Verein u. über die Folgen seiner Nichtzulassung. gr. 8. (VIII u. 136 S.) Göttingen 847, Vandenhoeck & Ruprecht. n. 1/3 Thlr

Sander, Ph., die Landwirthschaft als Culturmoment. Ein im landwirthschaftl. Conservatorium zu Göttingen gehaltener Vortrag. gr. 8. (III und 69 S.) Göttingen 864, Dieterich'sche Buchh. *
Aus: Journal für Landwirthschaft, besonders abgedruckt.

— s. Statuten des Evangel. Vereins der Gustav-Adolph-Stiftung.

— die Synodal-Frage in Bezug auf die evangelisch-lutherische Landeskirche im Königreich Hannover nach Geschichte u. Recht. Ein Vortrag im Auftrage der größeren diesjährigen Lüneburger Pastoral-Conferenz gehalten. Göttingen 863. Vandenhoeck & Ruprecht. gr. 8. (50 S.) n. 6 ngr.

Sander, Ph., das Werk der evangel. Mission ein Werk der Kirche. Gastpredigt über Luc. 14, 16—24 den 1. Juni 1845 zu Celle gehalten. 8. Celle 845, Capaun. n. 1/6 Thlr

Sander, Phil., Predigt, am Sonntage nach d. Brande in Dransfeld, als auf's Fest d. Reinigung Mariä, od. der Darstell. Christi im Tempel, üb. d. Epistel d. Tages, Malcachi 3, 1—5, gehalt. gr. 8. (1½ B.) Göttingen 834, Vandenhoeck u. Ruprecht.

Sander, R. (Red.), s. Tapezierer-Zeitung.

Sander, Robert: Die Rinderpest ..., s. Sander, Louis

Sander, Dr. W., Beobachtt. u. Ansichten üb. die Cholera, im 3n Hfte der: Beobachtt. baier. Aerzte üb. die Cholera morbus.

Sander, W., u. A. Richter, die Beziehungen zwischen Geistesstörung u. Verbrechen. Nach Beobachtgn. in der Irrenanstalt Dalldorf. gr. 8. (III, 404 S.) Berlin 886. Fischer's medicin. Buchh. n. 7. —

Sander, W., Leben d. Malers Wilh. Ahlborn, dargestellt nach hinterlassenen Tagebüchern u. Briefen d. Künstlers. gr. 8. (IV, 117 S.) Lüneburg 892. (Hildesheim, L. Steffen.) n. 1. 80

Sander, W., Leben d. Malers Wilhelm Ahlborn, dargest. nach hinterlass. Tagebüchern u. Briefen d. Künstlers. 2., unveränd. Aufl. gr. 8. (IV, 117 S.) Nördlingen (894). Th. Reischle. n. 1. 50

Sander, W., Lichtfunken in d. geheimnissvolle Dunkel d. Cholera. Ein Nachtr. zu seinen Beobacht. u. Ansichten üb. diese Krankheit. gr. 8. (5¾ B.) Kandern 836. [Lörrach, Gutsch.]

Sander, Dr. W., Lichtfunken in das geheimnißvolle Dunkel der Cholera. Ein Nachtrag zu seinen Beobachtungen und Ansichten uber diese Krankheit. gr. 8. Kandern 836. Oberrhein. Comptoir. 5 sgr

Sander, Walther: Leben und Werke Alfred de Vignys. Magdeburg 1904: E. Baensch. (20 S.) 4°
Magdeburg, st. König Wilhelms-G OP 1904 (285)

Sander, Wilhelm, Praktische Anweisung für Freunde und Schüler der Turnkunst, m. Abb., Gera 1844, 73 S., 13 Taf., 8°.

Sander, Wilh., prakt. Anweisung für Freunde u. Schüler der Turnkunst. gr. 8. (5¼ B. u. 13 Stnt.) Gera 844, Schleiz, [Bockelmann's Hofbuchh.] *

Sander, Wlh., prakt. Anweisung für Freunde u. Schüler der Turnkunst. gr. 8. (Mit 13 lith. Taf.) Gera 844. Schleiz, Wagner'sche Buchh. n. 2/3 Thlr

Sander, Wilh., Elektrotechnik, s. a. Uhland's, W. H., Handbuch f. den prakt. Maschinen-Konstrukteur. III, 1.

Elektrotechnik von Ingen. Wilhelm **Sander**, Lehrer, Mittweida. Mit 439 Abb. u. 7 Taf. Berlin: W. & S. Loewenthal [1906]. (VII, 188 S.) 4°
= **Handbuch**, Uhland's, f. d. prakt. Maschinen-Konstrukteur. 2. Aufl. Bd 3, T. 1. [06. 1109]

Sander, Wilh., systematisches Lehrbuch der Gabelsbergerschen Stenographie für Schul- und Selbstunterricht. 1. Tl.: Korrespondenzschrift. gr. 8. (VI, 32 S. mit 24 autogr. Taf.) Hamburg 887, Temps. *M 1.—; geb. *

Sander, Guil. (geb. Haynau in Schles. 24. 6. 1838): De morborum hereditate nonnulla. Berolini (1866). (30 S.) 8°
Berlin, Med. Diss. v. 8. Okt. 1866

Sander, Guilielmus, Numburgensis: Quaestiones de Ciceronis libris quos scripsit de divinatione. Gottingae 1908 (Numburgi: H. Sieling). (47 S.) 8°
Göttingen, Phil. Fak., Ref. Leo-Schwartz, Diss. v. 31. Juli 1908
[Geb. 26. Sept. 81 Magdeburg; Wohnort: Magdeburg; Staatsangeh.: Preußen; Vorbildung: Gymn. Wittenberg Reife O. 99; Studium: Göttingen 4, Halle 2, Marburg 1, Göttingen 6 S.; Rig. 27. Mai 08.]

Sander, Wilhelm: Aus dem pathologischen Institut zu Giessen. Ueber das Rhabdomyom der Niere. *Giessen 1897: v. Münchow.* (34 S.) 8°
Giessen, Med. Diss. v. 1897

Sander, W., die Schule des Elektrochemikers, — die Schule des Elektrotechnikers, } s.: Holzt, Alfr.

Sander, Wilhelm, Turnbuch für die Söhne des Vaterlandes, m. Abb., Freiberg 1848, 86 S., 9 Taf., 8⁰.

Sander, Wilh., s.: Zeitschrift f. Medizinalbeamte.

Sander, William, Anfangsgründe der prakt. Arzneykunst, a. d. Engl. gr. 8. Leipz. Fritsch. 782.

Sander, William, Anfangsgründe d. prakt. Arzneikunst; aus d. Engl. gr. 8. Leipz. 782. (Hahn). 12 gr

— Beobachtt. über die vorzügl. Heilkräfte der rothen Peruvian. Rinde rc. gr. 8. Leipz. 784. (Hahn). 6 gr

Sander, Willy, aus Coburg: Ein Beitrag zur Kenntnis der Additionsreaktionen des Dicyans. *Berlin 1900: A. W. Schade.* (40 S.) 8°
Berlin, Phil. Diss. v. 4. Aug. 1900

Sanderberger, K. J., das Menschenleben u. seine Blüthe. Eine Darstell. aus den hehren Erscheinungen der Zeitalter. 8. Wiesb. 818. Ritter. (Schellenberg). 2 ℔ 8 gr

Sanders, August: „Bericht über den Entwurf zu einem Zolltarif für das vereinte Deutschland. Abgestattet in der General-Versammlung des Vereins für Handelsfreiheit am 12. December 1848 in Hamburg", (Hamburg 1848). — Vorh.: Bücherei der Industrie- und Handelskammer Leipzig.

Sanders, Bernard [aus Bork]: Ein Fall von Exostosis cartilaginea ... Würzburg, A. Boegler'sche Buchdr., 1891; 10 S. 8.
Würzburg, Med. Fak., Inaug.-Diss. v. 1891

Sanders, D. H., Gespräche. Eine Ergänzung zu allen Schul-Lesebüchern f. Kinder v. 8—14 Jahren. gr. 8. (7⅛ B.) Neustrelitz 845, (Barnewitz.) *

— das Volksleben der Neugriechen, dargestellt u. erklärt aus Liedern, Sprichwörtern, Kunstgedichten, nebst e. Anhange von Musikbeilagen u. zwei kritischen Abhandlungen. gr. 8. (23 B. u. ½ B. Musikbeil.) Mannheim 844, Bassermann.

Sanders, Daniel (Bearb.), s. Abernon, Edgar Vincent Lord d': Neugriechische Grammatik.

Sanders, Daniel (Bearb.), s. Abernon, Edgar Vincent Lord d': Die heutige griechische Sprache.

Sanders, Dan., Abriß der deutschen Silbenmessung und Verskunst. Lex.-8. (IV, 146 S.) Berlin 881, Langenscheidt'sche Verlagsh. * 2 50

— Abriß der deutschen Silbenmessung u. Verskunst. 2. Aufl. gr. 8. (III, 133, XIII S.) Berl. 891, Langenscheidt. * 2 50; geb. * 3 —

Sanders, Daniel, die großen Anfangsbuchstaben in der deutschen Rechtschreibung. Aus dem in Vorbereitg. begriffenen vollständ. orthograph. Wörterbuch f. Alldeutschland. gr. 8. (27 S.) Berlin 873. Guttentag. n. — 30

— die beiden Apostel. Ein Schwank von Hans Sachs dem Jüngern. 12. (8 S.) Zürich 881, Verlags-Magazin. — 30

Sanders, Dan. Bausteine zu e. Wörterbuch der sinnverwandten Ausdrücke im Deutschen. Ein Vermächtnis an das deutsche Volk. 8. (VII, 375 S.) Berl. 889, [Lüstenöder.] Felber. * 6 —; geb. * 7 —

— neue Beiträge zur deutschen Synonymik. 8. (IV, 230 S.) Berlin 881, Abenheim'sche Verlagsh. * 4 —

Sanders, Dan., neue Beiträge zur deutschen Synonymik. 8. Berlin 881, Lüstenöder. [ℳ 4.—.] * 3 —

Sanders, Dan., Ergänzungs-Wörterbuch der deutschen Sprache. Eine Vervollständigung und Erweiterung aller bisher erschienenen deutschsprachl. Wörterbücher [einschließlich des Grimm'schen]. Mit Belegen von Luther bis auf die neueste Gegenwart. (In ca. 24 Lfgn.) 1. und 2. Lfg. gr. 4. (S. 1—32.) Stuttgart 879, Abenheim'sche Verlagsh. à Lfg. * ℳ 1,25. *

— Ergänzungs-Wörterbuch der deutschen Sprache. Eine Vervollständigung und Erweiterung aller bisher erschienenen deutschsprachl. Wörterbücher [einschließl. des Grimm'schen]. Mit Belegen von Luther bis auf die neueste Gegenwart. 3.—40. (Schluß-)Lfg. gr. 4. (VI, S. 33—691.) Ebendas. 884. à Lfg. * ℳ 1,25. * 47 50
compl. * ℳ 50.; geb. ** 53 —
1. und 2. Lfg. Ebendas. 1879. à * ℳ 1,25.

Sanders, Dan. Ergänzungswörterbuch der Deutschen Sprache. gr. 4. Berl. 884, Felber. [* 50 —] * 30 —

Sanders, Dan., s.: Festschrift zu seinem 70. Geburtstag.

Sanders, Daniel, Fremdwörterbuch. 2 Bde. Lex.-8. (XI, 731 u. 616 S.) Leipzig 871. O. Wigand. 10. 50

— Fremdwörterbuch. 2. Aufl. 10 Lfgn. od. 2 Bde. gr. 8. (XVI, 730; 616 S.) Lpz. 891, O. Wigand. à Lfg. * 1 20; * 12 —
geb. * 15 —

Sanders, Dan., Geschichte der deutschen Literatur, rev. u. bearb. u. von Goethes Tode bis zur Gegenwart fortgeführt v. Jul. Dumcke. 21.—23. Taus. (III, 175 S.) Lex.-8. Berlin-Schöneberg 906. Langenscheidt's Verl. n. 2. —; geb. n. 2. 50

Sanders, Dan., Geschichte der neugriechischen Litteratur, s.: Rangabé, A. R.

— Geschichte der deutschen Sprache und Litteratur bis zu Goethe's Tod. gr. 8. (104, IX S.) Berlin 879, Langenscheidt'sche Verlagsh. * ℳ 2.; cart.

— Geschichte der deutschen Sprache und Litteratur bis zu Göthe's Tod. 2. durchges. und verb. Aufl. gr. 8. (XI, 142 S.) Berlin 880, Langenscheidt'sche Verlagsh. * 2 —

Sanders, Dan., Geschichte der deutschen Sprache und Litteratur bis zu Göthe's Tod. 3. durchgeseh. und verb. Aufl. gr. 8. (III, 151 S.) Berlin 886, Langenscheidt'sche Verlagsh. *
geb.

— neugriechische Grammatik, nebst Sprachproben für die Fortbildung und Umgestaltung des Griechischen von Homer bis auf die Gegenwart. Rechtmäßige deutsche Bearbeitung des Handbook to modern Greek by Edg. Vincent and T. G. Dickson. gr. 8. (XV, 296 S.) Leipzig 881, Breitkopf und Härtel. cart. * 6 —

Sanders, Dan., Handwörterbuch der deutschen Sprache. Leipzig 869. O. Wigand. Lex.-8. (IV, 1067 S.) 2 ℛ 15 ngr.

— Handwörterbuch der deutschen Sprache. 2. unveränd. Aufl. Lex.-8. (IV, 1070 S.) Leipzig 878, O. Wigand.

—— Handwörterbuch der deutschen Sprache. 3. Aufl. gr. 8. (IV, 1071 S.) Leipzig 883, O. Wigand. 7 50

Sanders, D., Handwörterbuch der deutschen Sprache. 4. Aufl. Lex.-8. (IV, 1071 S.) Leipzig 888. O. Wigand. 7. 50; geb. n.n. 9. —

— Handwörterbuch der deutschen Sprache. 5. Aufl. Lex.-8. (IV, 1070 S.) Ebd. 893. 7. 50; geb. n. 9. —

Sanders, Dan., Handwörterbuch der deutschen Sprache. 6. Aufl. gr. 8. (IV, 1071 S.) Leipzig 900. O. Wigand. 7.50; geb. n. 9. —

— Handwörterbuch der deutschen Sprache. 7. Aufl. (IV, 1071 S.) gr. 8. Leipzig 906. O. Wigand. n. 7. 50; geb. n. 9. —

Handwörterbuch der deutschen Sprache von Dr. Daniel Sanders. Neu bearb., erg. u. verm. von Dr. J[ohannes] Ernst Wülfing. 8. Aufl., 1. der Neubearb. (In 8 Lfg.) Leipzig: O. Wigand 19(09–) 10. X, 887 S. 4° [10 10181]

Sanders, Dan., Handwörterbuch d. deutschen Sprache. Neu bearb., ergänzt u. vermehrt v. J. Ernst Wülfing. 8. Aufl., 1. der Neubearbeitg. (XI, 887 S.) Lex. 8. Leipzig 910. O. Wigand. 8.—; geb. in Leinw. 10.—; auch in 8 Lfgn. à 1. —

Sanders, Dan., Handwörterbuch der deutschen Sprache. 8. Aufl. Jetzt; Leipzig, Bibliograph. Institut.

—— fürs deutsche Haus. Blüthenlese aus der Bibel und den mustergült. griech. und röm. Schriftstellern, als der Grundlage unserer Volks- und gelehrten Bildung. 8. (XIV, 434 S. mit 1 Titelbild in Lichtdr. von O. Wisniewski.) Berlin 886, Rosenbaum und Hart. geb. mit Goldschn. *

— fürs deutsche Haus. Blüthenlese aus d. Bibel u. d. mustergilt. griech. u. röm. Schriftstellern, als d. Grundlage uns. Volks- u. gelehrten Bildg. 2. [Titel-] Aufl. 8. (XIV, 434 S.) Berlin (886) 898. Rosenbaum & Hart. Geb. n. 4. —

—— kurzgefaßtes Hilfsbuch der Rechtschreibung. 8. (64 S.) Leipzig 880, Breitkopf und Härtel. cart. * — 50

—— kurzgefaßtes Hilfsbuch der Rechtschreibung für deutsche Schulen. 2.—4. um die abweichenden amtl. Feststellungen für die bair., die österreich., die preuß. und die württemberg. Schulen verm. Aufl. 8. (76 S.) Ebendas. 880. cart. * — 75

—— orthographisches Hilfsbuch als Norm für Schriftsetzer und Druckberichtiger. 8. (VII, 178 S.) Ebendas. 880. cart. * 1 —

— für die fröhliche Jugend. Gabe e. heiteren Kinderfreunds. Illustr. v. Hans Looschen. Mit 2 Musikbeilagen v. Emilie Meyer. 3. Aufl. gr. 4. (VI, 126 S. m. farb. Bildern.) Berlin 892. H. Lüstenöder. Kart. n. 6. —

—— Katechismus der deutschen Orthographie, s. a. Weber's, J. J., illustrirte Katechismen.

— Katechismus der deutschen Orthographie. 3. verb. Aufl. 8. (XVIII, 191 S.) Leipzig 878. Weber. n. 1. 20

— Katechismus der deutschen Orthografie. 4., verb. Aufl. 8. (XVI, 194 S.) Leipzig 878. Weber. cart. n. 1. 50

— heitere Kinderwelt. Mit 2 Musikbeilagen (in qu. 4.) von Emilie Mayer. Neustrelitz 868. Barnewitz. br. 8. (130 S.) cart. 15 ngr.

—— Konversations-Lexikon. 21.—30. Tausend. qu. 16. (465 S.) Berlin 887, Steinitz. geb. in Leinw. * Feine Ausg. in Lederbd. *
1.—20. Tausend u. d. T.: Sanders, D., Taschen-Lexikon.

— Konversations-Lexikon. Piccolo-Ausg. 2,5 × 3,1 cm. (465 S.) Berlin 896. H. Steinitz. M. Vergrösserungsglas in Kapsol n n. 1. —

Sanders, Daniel. Sein Leben u. seine Werke. Nebst Festgrüßen zu seinem 70. Geburtstage [12. Novbr. 1889]. Der Festschrift 2. (Titel-) Aufl. gr. 8. (44 S. m. Lichtdr.-Portr.) Strelitz 890. (Neustrelitz, (Jacoby.) * 1 60
1. Aufl., s. Festschrift.

— aus den besten Lebensstunden. Eigenes u. Angeeignetes. 8. (XVI, 333 S. m. Portr. in Lichtdr.) Berlin 878. Abenheim. n. 6. —

—— Lehrbuch der deutschen Sprache für Schulen. [Mit Beispielen und Uebungsaufgaben.] Nebst Anhang: Wörterbuch der Zeitwörter mit starker oder mit unregelmäß. Abwandlung in der heutigen deutschen Schriftsprache. 2. verm. und verb. Aufl. gr. 8. (VII, 172 S.) Berlin 877, Langenscheidt'sche Verlagsh. * geb. *
Die 1. Aufl. erschien u. d. T.: Deutsche Sprachlehre für Volks- und Bürgerschulen.

—— Lehrbuch der deutschen Sprache für Schulen. [Mit Beispielen und Uebungsaufgaben.] Nebst Anhang: Wörterbuch der Zeitwörter mit starker oder mit unregelmäßiger Abwandlung in der heutigen deutschen Schriftsprache. 3. und 4. verm. und verb. Aufl. gr. 8. (140, 37 S.) Berlin 880, 82, Langenscheidt'sche Verlagsh. * 1 —
—— dass. — 3 Stufen. 5. Aufl. gr. 8. Ebendas. 883. cart. * 1 70
Inhalt:
Stufe 1. Die Redeteile. (VII, 39 S.) * 40 Pf.
" 2. Flexion der Redeteile. (IV, 76 S.; Anhang 21 S.) * 80 Pf.
" 3. I. Rektion. II. Sätze und Satzverbindungen. (IV, 58 S.) * 50 Pf.

—— Lehrbuch der deutschen Sprache für Schulen. [Mit Beispielen und Übungsaufgaben.] [In 3 Stufen.] 1. und 2. Stufe. gr. 8. Berlin 888, Langenscheidt'sche Verlagsh. cart. *
Inhalt:
Stufe 1. Die Redeteile. 8. Aufl. (VII, 39 S.) * 30 Pf.; cart. * 40 Pf.
" 2. Flexion der Redeteile. 7. Aufl. (XXV, 76 S.) cart. * 80 Pf.
3. Stufe. 5. Aufl. Ebendas. 1883. * 50 Pf.

— Lehrbuch der deutschen Sprache f. Schulen. (Mit Beispielen u. Übungsaufgaben.) (In 3 Stufen.) 2. u. 3. Stufe. 8. Aufl. 8. Berlin, Langenscheidt. Kart. n. 1.30
2. Flexion der Redeteile. (IV, 76 u. Anh. XXI S.) 893. n. — 80
3. Stufe. I. Rektion. II. Sätze u. Satzverbindgn. (IV, 58 S.) 894. n. — 50

— Lehrbuch d. deutschen Sprache f. Schulen. (M. Beispielen u. Uebungsaufgaben.) (In 3 Stufen.) 1. u. 3. Stufe. gr. 8. Berlin, Langenscheidt. Kart. n. — 90
1. Die Redeteile. 13. Aufl. (VII, 39 S.) 898. n. — 40
3. I. Rektion. II. Sätze u. Satzverbindungen. 9. Aufl. (IV, 58 S.) 897. n. — 50

— Lehrbuch der deutschen Sprache f. Schulen. (Mit Beispielen und Übungsaufgaben.) (In 3 Stufen.) 2. Stufe. gr. 8. Berlin 899. Langenscheidt. Kart. n. — 80
2. Flexion der Redeteile. 9. Aufl. (IV, 76 u. XXI S.) n. — 80

— Leitfaden zur Grundlage der deutschen Grammatik. Die grammat. Grundbegriffe; die Redeteile im allgemeinen u. die Pronomina im besondern. gr. 8. (X, 157 S.) Halle 884. Abenheim. n. 1. 60

— Leitfaden zur Grundlage der deutschen Grammatik. Die grammat. Grundbegriffe; die Redeteile im allgemeinen u. die Pronomina im Besondern. 2., durchgeseh. Aufl. 8. (X, 157 S.) Weimar 894. E. Felber. Kart. n. 1. 80

— das hohe Lied Salomonis. Leipzig 866. O. Wigand. 8. (55 S.) 7½ ngr.

— das hohe Lied Salomonis. 8. (XIV, 46 S.) Hamburg 888. Verlagsanstalt u. Druckerei, A.-G. n. 1. 50; geb. n. 2. —

— Moment-Lexikon u. Fremdwörterbuch. 1.—4. Taus. 8. (VII, 424 S.) Berlin 897. H. Steinitz. Geb. in Leinw. n. 3. —

Daniel Sanders Moment-Lexikon und Fremdwörterbuch. 5. Taus. *Berlin: H. Steinitz 1897.* (4 Bl., 423 S.) 1 Bd 8. [97. 5114

— Moment-Lexikon u. Fremdwörterbuch. (Piccolo-Ausg.) (Neudruck.) (423 S.) 64. Berlin (904). H. Steinitz. In Blechkapsel m. Vergrösserungsglas n. 1. —

Sanders, Daniel: Moment-Lexikon und Fremdwörterbuch. Vollst. neu rev. u. bearb. Abgeschlossen Ende 1906. Berlin: Steinitz 1907. VIII, 391 S. 8°

— Moment-Lexikon u. Fremdwörterbuch. Vollständig neu rev. u. bearb. 1907 m. Suppl., abgeschlossen Ende 1908. (VIII, 392 u. 40 S.) kl. 8. Berlin (909). H. Steinitz. Geb. in Leinw. 3. —

Sanders, Daniel. s. Muret, Eduard

— Programm eines neuen Wörterbuches der deutschen Sprache. gr. 4. (87 S.) Leipzig 854, Weber. *

Sanders, Daniel. Siehe: „Sachs".

[F.] Daniel Sanders. E. Gedenkbuch. Hrsg. v. Anna Segert-Stein. *Neustrelitz: Barnewitz 1897.* (3 Bl., 68 S., 1 Bl., 1 Portr.) 1 Bd 8. [97. 7876

— Satzbau u. Wortfolge in der deutschen Sprache. Dargestellt u. durch Belege erläutert. gr. 8. (XVI, 243 S.) Ebend. 883. n. 2. 40

— Satzbau u. Wortfolge in d. deutschen Sprache. Dargest. u. durch Belege erläut. 2., um e. vollständ. abecel. Inhaltsverzeichnis verm. Aufl. 8. (XVI, 260 S.) Weimar 895. Berlin, E. Felber. n. 2. 40; kart. n. 2. 60

— orthographisches Schulwörterbuch. 8. (IV, 107 S.) Leipzig 875. Brockhaus. n. 1. —

— deutsche Sprachbriefe. Als Mskr. gedr. gr. 8. (488 u. 2 Register XII u. XLIV S.) Ebend. 879. In Carton. n. 20. —

— deutsche Sprachbriefe. 2.—4. Aufl. (660 S.) 1880—83; 5. verm. und vervollkommnete Aufl. gr. 8. (424 S.; Register 71 S.; deutsche Litteraturgeschichte 151 S.) Berlin 884, Langenscheidt'sche Verlagsh. In Leinw.-Decke * 20 —

— deutsche Sprachbriefe. 6. und 7. Aufl. gr. 8. (424 S.; Register 71 S.; deutsche Litteraturgeschichte 151 S.) Berlin 888, Langenscheidt'sche Verlagsh. In Carton *

— deutsche Sprachbriefe. 8. Aufl. gr. 8. (424, 71 u. 151 S.) Berlin 889. Langenscheidt. In Leinw.-Decke u. Carton. n. 20. —

— deutsche Sprachbriefe. 10. Aufl. gr. 8. (424, LXXI, 142 u. IX S.) Berlin 892. Langenscheidt. In Leinw.-Decke u. Karton. n. 20. —

— deutsche Sprachbriefe, rev. u. bearb. v. Jul. Dumcke. 18. Aufl. (Orig.-Methode Toussaint-Langenscheidt.) (431, III, 175 u. LXXII S.) Lex.-8. Berlin-Schöneberg 906. Langenscheidt's Verl. In Mappe n. 20. —

Deutsche Sprachbriefe von Prof. Dr. Daniel **Sanders**, rev. u. bearb. von Dr. Julius Dumcke. (Orig.-Methode Toussaint-Langenscheidt.) [Nebst] Geschichte d. Deutschen Literatur u. Sachreg. 19. Aufl. Berlin-Schöneberg: Langenscheidt 1906. (Getr. Pag.) 4°(8°) [F.]
[Sondert.:] Geschichte d. Deutschen Literatur von Prof. Dr. D. Sanders, rev. u. bearb. u. von Goethes Tode bis z. Gegenwart fortgeführt von Dr. J. Dumcke. 21.—26. Taus. 1906. [06. 10378 II

— Deutsche Sprachbriefe, rev. u. bearb. v. Jul. Dumcke. 21. Aufl. 20 Briefe u. 3 Beilagen. (431 S., S. LXV—LXXII, LXII u. 175 S.) Lex. 8. Berlin-Schöneberg 908. Langenscheidt's Verl. In Mappe 20. —

— Die heutige griechische Sprache. 1. Thl.: Neugriechische Grammatik. 2. Thl.: Neugriechisches Übungs- u. Lesebuch m. Sprachproben f. die Fortbildg. u. Umgestaltg. d. Griechischen v. Homer bis auf die Gegenwart. Rechtmäßige deutsche Bearbeitg. d.: Handbook to Modern Greek by Edg. Vincent and T. G. Dickson. 2. verb. u. stark verm. Aufl. in 2 Thln. gr. 8. (XVI, 434 S.) Lpz. 890, Breitkopf u. Härtel. geb. * 8 —

— deutsche Sprachlehre f. Volks- u. Bürgerschulen. [Mit Beispielen u. Uebungsaufgaben.] Nebst Anh.: Wörterbuch der Zeitwörter m. starker od. m. unregelmäß. Abwandlg. in der heut. deutschen Schriftsprache, gr. 8. (VI, 142 S.) Berlin 876. Langenscheidt. n. 1. —

— deutscher Sprachschatz geordnet nach Begriffen zur leichten Auffindung und Auswahl des passenden Ausdrucks. Ein stilist. Hülfsbuch für jeden Deutsch Schreibenden. 1.—8. Lfg. (XXXI, 1328 S.) Hamburg 873—75, Hoffmann und Campe. à Lfg. M. 2. 16 —

— deutscher Sprachschatz, geordnet nach Begriffen zur leichten Auffindung und Auswahl des passenden Ausdrucks. Ein stilist. Hülfsbuch für jeden Deutsch Schreibenden. 9.—11. (Schluss-)Lfg. gr. 8. Hamburg, Hoffmann und Campe. [9. und 10. Lfg. (S. 1329—1664.) 876. à * M. 2.; 11. Lfg. (VIII, S. 1665—2136.) 877. * M. 5.] * M. 9.; compl. *
1.—8. Lfg. Ebendas. 1873—75. à * M. 2.

— 366 Sprüche. 12. (192 S.) Leipzig 892. E. Keil's Nachf. n. 2. —; geb. in Leinw. m. Goldschn. 3. —

— deutsches Stil-Musterbuch m. Erläuterungen u. Anmerkungen. gr. 8. (X, 443 S.) Berlin 886. H. W. Müller. n. 6. —; geb. n. 7. 25

— deutsche Synonymen. Ges.-Ausg. d. Neuen Beiträge z. deutschen Synonymik u. d. Bausteine zu einem Wörterbuch d. sinnverwandten Ausdrücke im Deutschen. 8. (VII, 239 u. 375 S.) Ebd. (881. 889.) 896. n. 8. —; geb. in Leinw. n. 9. —

Sanders, Dan., Taschen-Lexikon des allgemeinen Wissens. 1.—20. Tausend. qu. 16. (437 S.) Berlin 887, Steinitz. geb. *
Luxus-Ausg. *
Vgl.: Sanders, D., Konversations-Lexikon.

— Verdeutschungswörterbuch. gr. 8. (XII, 255 S.) Leipzig 884. O. Wigand. n. 5. —

—— Vorschläge zur Feststellung einer einheitlichen Rechtschreibung für Alldeutschland. An das deutsche Volk, Deutschlands Vertreter und Schulmänner. 1. und 2. Heft. gr. 8. Berlin, Guttentag. [1. Heft. (XII, 145 S.) 872. *ℳ 1.; 2. Heft. (VIII, 242 S.) 874. *ℳ 2.] * 3 —

— Vorschläge zur Feststellg. e. einheitlichen Rechtschreibg. f. Alldeutschland. An das deutsche Volk, Deutschlands Vertreter u. Schulmänner. 1. u. 2. Hft. gr. 8. (XII, 145 u. VIII, 342 S.) Berlin 873. 74. Guttentag. n. 3. —

—— Aus der Werkstatt e. Wörterbuchschreibers. Plaudereien. 8. (XIX, 54 S.) Berl. 889, [Lilstenöder.] Felber. * 1 50; geb. * 1 80

—— das deutsche Wörterbuch von Jakob Grimm und Wilhelm Grimm, kritisch beleuchtet. 1. und 2. Heft. 8. (104 und 232 S.) Hamburg 852, 53, Hoffmann und Campe. [1. Heft. 12 Ngr., 2. Heft. 18 Ngr.]

— Enzyklopädisches englisch-deutsches u. deutsch-englisches Wörterbuch, s.: Muret, Eduard.

— encyklopäd. Wörterbuch d. englischen u. deutschen Sprache, s.: Muret, E.

—— Wörterbuch der Hauptschwierigkeiten in der deutschen Sprache. (12. Aufl.) Große Ausg. gr. 8. (VIII, 361 S.) Ebendas. 880. *ℳ 3.; geb. * 3 50

— Wörterbuch der Hauptschwierigkeiten in der deutschen Sprache. Große Ausg. 13., verm. Aufl. gr. 8. (VIII, 422 S.) Berlin 882. Langenscheidt. n. 3. —; geb. n. 3. 50

— Wörterbuch der Hauptschwierigkeiten in der deutschen Sprache. Große Ausg. 14. Aufl. gr. 8. (VIII, 422 S.) Berlin 885. Langenscheidt. n. 3. —; geb. 3. 50

—— Wörterbuch der Hauptschwierigkeiten in der deutschen Sprache. Große Ausg. 15.—18. Aufl. 8. (VIII, 422 S.) Berlin 887—89, Langenscheidt'sche Verlagsh. *
geb. *

—— Wörterbuch der Hauptschwierigkeiten in der deutschen Sprache. Große Ausgabe. 19.—22. Aufl. gr. 8. (VIII, 422 S.) Berl. 889—92, Langenscheidt. 19. u. 20. Aufl. * 3 —; geb. * 3 50
21. u. 22. Aufl. * 4 —; geb. * 4 50

[F.] Wörterbuch der Hauptschwierigkeiten in der deutschen Sprache. Von Prof. Dr. Daniel **Sanders**. Grosse Ausg. ... 27. Aufl. *Berlin: Langenscheidt 1897.* (VIII, 422 S.) 1 Bd 8. [97. 1352

— Wörterbuch der Hauptschwierigkeiten in d. deutschen Sprache. Neubearb. v. Jul. Dumcke. 31. Aufl. (VIII, 454 S.) 8. Ebd. (908). 4.—; geb. in Leinw. 5. —

—— kurzgefaßtes Wörterbuch der Hauptschwierigkeiten in der deutschen Sprache. 1.—9. fast unveränd. Aufl. gr. 8. (IV, 188 S.) Berlin 872—76, Langenscheidt. * 2 —
geb. * 2 50

—— kurzgefaßtes Wörterbuch der Hauptschwierigkeiten in der deutschen Sprache. 10. fast unveränd. Aufl. gr. 8. (IV, 188 S.) Berlin 877, Langenscheidt'sche Verlagsh. *ℳ 2.; geb. *

—— kurzgefaßtes Wörterbuch der Hauptschwierigkeiten in der deutschen Sprache. 11. Aufl. gr. 8. (196 S.) Berlin 879, Langenscheidt'sche Verlagsh. *ℳ 2.; geb. * 2 50
Daran schließt sich: Sanders: Wörterbuch der Hauptschwierigkeiten ...

—— orthographisches Wörterbuch oder alphabet. Verzeichnis aller deutschen oder im Deutschen eingebürgerten Wörter mit schwier. oder fragl. Schreibweise in endgült. Feststellung. gr. 8. (XV, 160 S.) Leipzig 875, Brockhaus. * 3 —
geb. * 4 —

— orthographisches Wörterbuch od. alphabet. Verzeichniß aller deutschen od. im Deutschen eingebürgerten Wörter m. schwier. od. fragl. Schreibweise in endgült. Feststellg. 2. durchgeseh. Aufl. Lex.-8. (XVIII, 160 S.) Leipzig 876. Brockhaus. n. 3. —

Sanders, Dan., Wörterbuch der deutschen Sprache. Mit Belegen von Luther bis auf die Gegenwart. 1—22. Lfg. gr. 4. (1. Bd. 1065 S., 2. Bd. S. 1—720.) Leipzig 859—62, O. Wigand. à Lfg. * 20 Ngr. *

—— Wörterbuch der deutschen Sprache. Mit Belegen von Luther bis auf die Gegenwart. 23.—34. (Schluß-)Lfg. gr. 4. (2. Bd. VIII und S. 721—1828.) Leipzig 863—65, O. Wigand. [23.—33. Lfg. à * 20 Ngr., 34. Lfg. * 2 Thlr.] *
Complet, 2 Bde. in 3 Thln., geb. in Leinwd. *
In Halbfranz *
1.—22. Lfg. Ebendas. 1859—62. * 14 Thlr. 20 Ngr.

—— Wörterbuch deutscher Synonymen. 5 Lfgn. 8. (IV, 743 S.) Hamburg 871,72, Hoffmann und Campe. à Lfg. ℳ 2. * 10 —

Sanders, Dan., Wörterbuch deutscher Synonymen. 2., genau durchgeseh. u. vervollständ. Aufl. gr. 8. (VI, 681 S.) Hamburg 882. Hoffmann & Campe Verl. n. 10. —

—— Wörterbuch der Zeitwörter mit starker oder mit unregelmäßiger Abwandlung in der heutigen deutschen Schriftsprache. gr. 8. (11 S.) Berlin 879, Langenscheidt'sche Verlagsh. *

— u. A. Glaßbrenner, Xenien der Gegenwart, siehe: Glaßbrenner, A.

— s.: Zeitschrift f. deutsche Sprache.

— das deutsche Zeitwort. Schema der Konjugation u. Wörterbuch der Zeitwörter, rev. u. bearb. v. Jul. Dumcke. (40 S.) kl. 8. Ebd. (906). n. — 60

— Zitatenlexikon, s. A. Weber's illustrierte Katechismen.

[F.] Citatenlexikon. Sammlg v. Citaten, Sprichwörtern, sprichwörtl. Redensarten u. Sentenzen v. Daniel **Sanders**. M. d. Bildn. d. Vfs. *Leipzig: J. J. Weber 1899.* (VI, 712 S., 1 Portr.) 1 Bd 8.
= **Katechismen**, Webers illustrierte. No 170. [98. 11440

Zitatenlexikon. Sammlung von Zitaten, Sprichwörtern, sprichwörtl. Redensarten u. Sentenzen von Daniel **Sanders**. 2., verm. u. verb. Aufl. *Leipzig: J. J. Weber 1905.* (VI, 712 S.) 8° [F.]
= **Katechismen**, Webers illustrierte. Bd 176. [04. 15593

— Zitatenlexikon. Eine Sammlg. v. üb. 12000 Zitaten, Sprichwörtern, sprichwörtl. Redensarten u. Sentenzen. 3., verb. Aufl. (VI, 712 S.) kl. 8. Leipzig 911. J. J. Weber. Geb. in Lw. 5.—; in Geschenkbd. m. Goldschn. 6. —

Sanders, D[aniel] H[endel]: *De quibusdam proprietatibus potestatum numerorum integrorum exponente numero integro. 34 S. 8° (4°)
Halle-Wittenberg, Phil. Diss. v. 12. Juli 1842
Geb. [Alt-Strelitz 12. 12. 1819]

Sanders, Henry A.: Die Quellencontamination im 21. und 22. Buche des Livius. T. 1. Berlin: Mayer & Müller 1897. (51 S.) 8° (Erscheint vollständig im gleichen Verlage.)
München, Phil. Diss. v. 1897

Sanders, Henry A., die Quellencontamination im 21. u. 22. Buche d. Livius. gr. 8. (XII, 149 S.) Berlin 898. Mayer & Müller. n. 3. 60

Sanders, J. H., die Pferdezucht unter Anwendung der allgemeinen Vererbungs-Gesetze auf die praktische Züchtung. Nebst Anleitg. zur Behandlg. v. Zuchthengsten, Zuchtstuten u. jungen Fohlen, sowie zur Auswahl d. Zuchtmaterials. Deutsche autoris. Bearbeitg., m. e. Einleitung von H. v. Nathusius-Althaldensleben. 8. (XIII, 290 S.) Breslau 888. Korn. n. 4. —; geb. n. 5. —

Sanders, Karl, s. Sander

Sanders, L. A., Normal I-Trägern von Nr. 8 bis Nr. 30 u. Nr. 30 bis Nr. 55. Deutsche Normalprofilen. Graphische Tabelle zur Bestimmg. der Normalprofilen bei 8 verschiedenen Belastungs- u. Auflagerungsarten u. f. S = 1000 K. G. pr. cM². grösste Biegungsspannung. Imp.-Fol. (2 Bl.) Amsterdam (900), J. H. de Bussy. n. n. 5. —

Sanders, Nicolaus Albertus Maria, aus Leiden (Holland): Ueber die **Producte** der Einwirkung von Brom auf Fettketone. *Leiden 1901: E. Ijdo.* (88 S.) 8°
Göttingen, Phil. Diss. v. [24. Juni] 1901

Sanders, Nic. Albertus Maria, über die Producte der Einwirkg. v. Brom auf Fettketone. Diss. gr. 8. (88 S.) Leiden 901. (Göttingen, Vandenhoeck & Ruprecht.) n. 2. 20

Sanders, Wilhelm, approb. Arzt aus Mitling (Ostfriesl.): Aus d. Kgl. Universitäts-Frauenklinik zu Berlin. (Geh.-Rat Prof. Dr. Olshausen.) **Dauerergebnisse** von Prolapsoperationen. *Berlin (1903): G. Schade.* (31 S.) 8°
Berlin, Med. Diss. v. 8. Dez. 1903

Sanders, William, die moderne Arbeiterbewegung in England. gr. 8. (32 S.) Frankfurt a/M. 901. Dr. E. Schnapper. n. 1. 20

Sanders, William, englische lokale Selbstverwaltung u. ihre Erfolge, s. a. Gemeindepolitik, sozialdemokratische. 8. Heft.

Englische lokale Selbstverwaltung und ihre Erfolge. Von William **Sanders**. Mit e. Einl. von Albert Südekum. Berlin: Vorwärts 1908. (42 S.) 8°
— **Gemeindepolitik**, Sozialdemokratische. H. 8. [08. 16698]

Sanderson u. die kleine Alice. Basel 868. Spittler. 16. (16 S.) n. 1 ngr.

Sanderson, Will, Verhütung und Heilung der Lungenschwindsucht, sowie Angabe der Vorbeugungsmittel, um die meisten Krankheiten zu vermeiden. Zuverlässiger Rathgeber nach den Regeln der naturgemäßen Lebens- und Heilweise. Zusammengestellt nach mehrjähr. prakt. Erfahrungen. 8. (99 S.) Leipzig 877, (Rohn.) *

—— dass. — sowie Angabe der Mittel gegen Asthma, Blutarmuth, Bleichsucht, Abmagerung, Rheumatismus und sonst. Beschwerden. Zuverlässiger Rathgeber nach den Regeln der naturgemäßen Lebens- und Heilweise. Zusammengestellt nach mehrjähr. prakt. Erfahrungen. 2. Aufl. 8. (99 S.) (Ebendas.) 878. *

Sanderson, W., Verhütung und Heilung der Lungenschwindsucht, sowie Angabe der Mittel gegen Asthma, Blutarmuth, Bleichsucht, Abmagerung, Rheumatismus und sonstige Beschwerden. Zuverlässiger Rathgeber nach den Regeln der naturgemäßen Lebens- und Heilweise. Zusammengestellt nach mehrjährigen prakt. Erfahrungen. 3. und 4. Aufl. 8. (68 S.) Leipzig 880, (Grieben's Verlag.) *

Angeworben [Enlisted]. Miß (Elise) **Sandes** und ihr Werk in der britischen Armee. Bericht. Uebers. von A(gnes) Hochstetter. Barmen: E. Müller 1907. (188 S.) 8° [F.] [08. 4742]

Sandford und Merton, eine Geschichte für Kinder erzählt; a. d. Engl. von J. H. Campe. Braunschweig 1788. Mit-Ü: *Grabenhorst, Joh. Georg.* (Ky)

— Dass., e. Geschichte f. Kinder erzählt; aus d. Engl. (v. ... Grabenhorst) u. J. H. Campe. 2 Thle. 12. Braunschw. 788. Schulbuchh. 2 ℔

— — e. Gesch. f. Kinder erzählt, a. d. Engl. herausgeg. von J. H. Campe. 3 Thle. 12. Braunschw. Schulbuchh. 788—809. (à 16 gr.)

— Dass., e. andere Ausgabe. 2 Thle. Mit Kpf. gr. 8. Augsb. ... Daisenberger. 1 ℔

— id. lib. trad. de l'angl. par Barquin. IV Tmi. 12. Leipz. 799. Griesharmmer. 1 ℔ 8 gr — id. lib. II Vols. avec fig. 12. Leipz. 796. Rabenhorst. 1 ℔ 8 gr

Sandford u. Merton, e. unterhalt. Geschichte nach Berquin, mit französ. Phraseologie versehen. 2 Thle. Mit 2 Kpf. gr. 8. Leipz. 802. (Liebeskind). 20 gr

Sandford, Mrs. John, die Frau in ihren häuslichen u. gesellschaftlichen Verhältnissen. Aus dem Engl. frei übersetzt von Mathilde Tobler. gr. 8. St. Gallen 843, Scheitlin u. Zollikofer. 1/8 ℔

Sandfort und Merton. 1788. N. A. 1809. III. (IV, 664.) V: *Day, Thom.* Vgl. Ersch, Hdb. II, 2 (1840), Nr. 3033a. (DARP)

Sandfort, einige Worte üb. d. gegenw. in d. Monaten Nivose u. Pluviose in der Gegend um Andernach herrschenden Krankheiten. Andernach, Lassaulx u. H.

Sandfort, C., Bezugsquellen-Nachweiser f. sämtl. Fabrikate d. Eisen-, Stahl- u Messingwaren-Branche, s.: Post, L.

Sandfort, C., neuer Bezugsquellen-Nachweiser für die gesammten Erzeugnisse der Metallindustrie Deutschlands. Adressbuch bewährter, leistungsfähiger u. empfehlenswerther Fabrikanten der Eisen-, Stahl- und Messingwaaren-Branche u. der m. dieser verwandten od. in Beziehg. steh. Geschäftszweige, unter Einschluss div. Exportartikel aus anderen Branchen. 1. Thl. 8. (88 S.) Hannover 885. (Hagen, Hammerschmidt.) n. 2. 50

Sandfort, Const., Deutschlands Metall-Industrie. 1. Bd. 1. u. 2. Abth., 2. Bd. 1. u. 2 Abth. u. 4. Bd. 2. Abth. 8. Hannover 883. (Leipzig, Hartmann.) n. 4. 25
I, 1. Die Prov. Westfalen. 1. Abth. (VIII, 104 S.) n. 1. —. — 2. Dasselbe. 2. Abth. (79 S. m. 1 lith. Stadtplan.) — 75
II, 1. Die Rheinlande. 1. Abth. (50 S.) n. — 50. — 2. Dasselbe. 2. Abth. (135 S.) n. 1. —
IV, Hannover. 2. Abth. (119 S.) n. 1. —

Sandfort, Peter Benedikt

Sandfort, P. B., kathol. Gebet- u. Gesangbuch f. alle Sonn- u. Festtage d. ganzen Jahres. Nebst Erklärn. üb. d. Zweck der heil. Zeiten, d. hohen Feste, so wie üb. d. h. Gebräuche bei d. h. Meßopfer 2c. 8. (37½ B.) Münster 828, Aschendorff.

—— dass. ohne d. Gesangbuch. 8. (18½ B. u. 1 Stndr.) Ebdf. 828.
Vgl. Sammlung alter u. neuer Melodien 2c.

Sandfort, Pet. Bened., kathol. Gebetbuch z. Gebr. bei d. öffentl. u. besond. Gottesverehrung. 18. (432 Seit.) Münster 837, Aschendorff'sche Buchh. 14 Gr., f. Blnp.

Sandfort, Pet. Bened., im Kreuze ist Heil! Vollständ. kathol. Gebetbuch. 8. Aufl. 12. (VIII u. 388 S. m. 1 Stahlst.) Münster 850, Aschendorff. n. 1/3 ₰

Sandfort, P. B., Samml. alter u. neuer Melodien zu dem von ihm herausgg. kathol. Gesangbuch. Zum Gebr. bei d. heil. Messen, beim öffentl. Gottesdienst ꝛc. Fol. Münst. 830. Aschendorff. 2 ₰

Sandgathe, Frz., die Wahrheit der Kriterien Epikurs. (83 S.) gr. 8. Berlin 908. R. Trenkel. 2. —

Sandgathe, Franz: Die Wahrheit der Kriterien Epikurs. Berlin: Trenkel 1909. 83 S. 8°
Bonn, Phil. Diss. v. 26. Mai 1909, Ref. Dyroff
[Geb. 12. Dez. 84 Koberstein; Wohnort: Wickrath; Staatsangeh.: Preußen; Vorbildung: Städt. Gymn. Düsseldorf Reife O. 04; Studium: München 1, Berlin 3, Göttingen 1, Bonn 3 S.; Rig. 27. Mai 08.] [U 09. 428

Sandhaas, G., Dr.: Zur Geschichte der Textgestaltung des Wiener Weichbildrechts. S. 41. 368
Separatabdruck

Sandhaas, G., zur Geschichte des Wiener Weichbildrechtes. Lex.-8. (13 S.) Wien 863, (Gerold's Sohn.)
Aus: Sitzungsberichte der k. Akademie der Wissenschaften, besonders abgedruckt.

Sandhaas, G., fränkisches eheliches Güterrecht. Giessen 866. Ricker. gr. 8. (XII, 808 S.) n. 4 ₰

Sandhaas, Ge.: Germanistische Abhandlungen. Giessen 1852.

1. Zur Lehre von der Uebertragung dinglicher Rechte an Grund u. Boden.
2. Ueber das Wesen der Gewere.
3. Ueber die Rechte des nächsten Erben bei Verfügungen über das Grundeigenthum nach älterem deutschem Sachenrechte.

Sandhaas, Geo., Germanistische Abhandlungen. gr. 8. (X u. 210 S.) Gießen 852, Ricker. n. 1 ₰

Sandhaas, Georg (Darmstadt)
Bemerkungen über das Recht des nächsten Erben bei Verfügungen über das Grundeigenthum nach älterem deutschem Rechte. Inauguraldiss.
Giessen: Keller 1849. 38 S. (in Δ mit „Thesen")
Diss. jur. 20.1.1849. vorh. 7.4. Δ.

Sandhage, Albin, Alleluja! Kleines Vesper-Büchlein f. Pfarrkirchen. Aus d. röm. Vesperbuche zusammengestellt. gr. 16. (80 S.) Hamm 902. Breer & Thiemann. n.n. — 25

Die kirchliche Feier des Gründonnerstags. Ein Hilfsbüchlein f. d. kath. Volk. Zsgest. von Albin **Sandhage**, Pfarrer in Hamm i. W. Dülmen: A. Laumann 1904. (80 S.) 8°

— der hl. Charfreitag. Ein Hilfsbüchlein f. das kathol. Volk. gr. 16. (48 S.) Ebd. 901. — 15

Der Heilige Charfreitag. Ein Hilfsbüchlein f. d. kath. Volk von Albin Sandhage, Pfarrer in Hamm. 2. Aufl. *Hamm i. W.: Breer & Thiemann 1902.* (48 S.) 8° [F.] [03. 4162

Sandhage, Albin, der hl. Charfreitag. Ein Hilfsbüchlein f. das kathol. Volk. 3., verb. u. verm. Aufl. (48 S.) 16. Hamm 908. Breer & Thiemann. nn — 15

Sandhage, Josefa [wirkl. Name], s. Dirkink, J. v. [Pseud.]

Sandhage, Paul, Petrus da Vinea, s.: Theater-Bibliothek.

Sandhagens, Daniel, Lehr- u. Reisejahre, e. komischer Roman. 4 Thle. m. K. 8. Leipz. Gräff. 805.

Sandhagens, Daniel, Lehr- u. Reisejahre. 4 Thle. 8. Leipz. 805. (Wienbrack). 4 ₰

Sandhagen, C. H.

— kurze Einleitung z. Harmonie d. 4 Evangelisten ꝛc. 8. Berlin, Haude. 731.

Sandhagen, C. H., auserlesene und gelehrt. Gedanken über schwere Stellen heil. Schrift, bes. N. Testam. 4. Jena, Cröcker. 725.

Sandhagen, C. H., theolog. Sendschreiben. 2 Thle. 12. Jena. 721. Rthlr.

Sandheim, Adf., die kaufm. Arbitrage, s.: **Swoboda**, Otto.

Die Börse und die Börsengeschäfte. Ein Handb. f. Bankiers, Juristen u. Kapitalisten. Bearb. von Adolf **Sandheim**. (7. neubearb. Aufl.) Berlin: Haude & Spener 1897. (XVI, 608 S.) 8°
(Börsen-Papiere, Saling's. 7. Aufl. T. 1.)

Die Börse und die Börsengeschäfte. Ein Handb. f. Bankiers, Juristen u. Kapitalisten. Bearb. v. Adolf **Sandheim**. (8. neubearb. Aufl.) Leipzig: Verl. f. Börsen- u. Finanzlit. 1899. (XII, 550 S.) 8°
(Börsen-Papiere, Saling's. 8. Aufl. T. 1.)

— Börsen-A-B-C. Wörterbuch des gesamten Bank- u. Börsenwesens, nebst e. Anh.: Die Usancen u. Fachausdrücke der Börsen v. Frankfurt a/M., London u. Paris. gr. 8. (VIII, 196 S.) Berlin 894. Haude & Spener. Geb. in Leinw. n. 3. —

Börsen-A-B-C. Wörterb. d. gesamten Bank- u. Börsenwesens nebst e. Anh.: D. Usancen u. Fachausdrücke d. Börsen v. Frankfurt a/M., London, Paris u. Wien v. Adolf **Sandheim**. 2. vollst. umgearb. u. verm. Auflage *Berlin: Haude & Spener 1898.* (2 Bl., 200 S.) 1 Bd 8. 98. 2560

Sandheim, Adf., s.: **Fondsmarkt, der.**

— s.: Saling's Börsen-Papiere.

Sandheim, Hugo, Gerichtsref. aus Insterburg: **Die unbefugte Offenbarung von Privatgeheimnissen nach § 300 St.G.B.** *Halle a. S. 1904: C. A. Kaemmerer & Co.* (58 S.) 8°
Halle, Jur. Diss. v. 21. Mai 1904

Sandherr, Ant., wie begründet Schelling die Naturphilosophie? d. Beantw. dieser Frage mit Bemerkk. begl. ꝛc. 8. Augsb. 805.

Sandhof, C. H., s. Sandhoff, C. Aug.

Sandhoff, C. Aug., Anweis. zur sichern Holzersparniß, aber nur f. Landwirthe. Mit Kpf. 8. Leipz. 791. Schwickert. 12 Gr.

(Sandhof C. A.): Anweisung z. sichern Holzersparnis, aber nur f. Landwirthe. Leipz. 1792. 136 S. 4 Tvl.

— Unterricht üb. den Anbau der nützl. zum Theil geschwind wachsenden Laub- u. Nadelhölzer. 8. Meiß. 798. Neuer Abdr. 809. Gödsche. 9 Gr.

SANDHOF, C.H.: Unterricht über den Anbau der nützlichsten, zum Theil geschwind wachsenden, Laub- und Nadelhölzer. Nebst einer Anweisung, was man das ganze Jahr hindurch zu verrichten haben. - Meissen, Leipzig 1798. 116 S. - Neuer Abdr. Meissen 1809. XVI, 116 S.

Sandhoff, (J. Fr.,) Worte des Ernstes u. des Trostes, nach dem im Dorfe Sitten bei Leißnig 1826 erlittenen Brandunglücke; gesprochen in der Predigt am 3n Sonntage nach Trinit. gr. 8. Leipz. 826, Cnobloch.

Sandhoff, Johann Eitel

Sandhoff, I. E., antistitum Osnabragensis ecclesiae qui per decem saec. primam episcopal. in Westphal. Carolinam sederunt, res gestae.. 2 Partes. 8. Münster, Coppenrath. 785.

Sandhoff, Jh. Eitel, († d. 23. April 1794.) antistitum Osnabrugensis ecclesiae, qui per decem saec. primam episcopal. sedem in Westphal. Carolin. tenuerunt, res gestae. II Pts. 8. Münst. 786. Coppenrath. 1 ß 8 ℊ (Aschendorff). 18 ℊ

Sandhoff, Willy, appr. Arzt a. Göttingen: Statistischer Beitrag zur Kenntnis über das Zusammentreffen von Erkrankungen des Ohres mit solchen der Nasen- und Rachenhöhle. Göttingen 1907: L. Hofer. (13 S., 7 Tab.) 8°

Göttingen, Med. Fak., Ref. Bürkner, Diss. v. 30. Mai 1907

[Geb. 20. Juni 68 Burzen, Kr. Neustettin; Wohnort: Göttingen; Staatsangeh.: Preußen; Vorbildung: Gymn. Schneidemuhl Reife O. 89; Studium: Göttingen 10 S.; Coll. 7. Mai 07; Approb. 20. Nov. 05.]

Sandholzer, Ferd., die soziale Bedeutung des katholischen Priestertums. Predigt, bei der Primizfeier des hochw. Hrn. Jakob Giesinger in der Pfarrkirche zu Altach geh. gr. 8. (18 S.) Bregenz 894. (J. N. Teutsch.) n. — 20

Sandholzer, Ferd., das Kreuz auf Golgatha ist unser Schatz u. unser Schutz. Predigt, geh. am Feste der Kreuzerhöhg. [14. Septbr. 1890] in der Kirche zum heiligen Kreuz in Donauwörth. 8. (30 S.) Donauwörth 890. Auer. — 15

Sandholzer, Ferd., d. Rosenkranz, d. v. Papst Leo XIII. d. Welt empfohl. Rettungsmittel in d. Gefahren unserer Zeit. Predigt, geh. am Heilig-Kreuz-Wallfahrtsfest (20. Septbr. 1896) in Donauwörth. gr. 8. (23 S.) Donauwörth 896. L. Auer. n. — 20

Sandholzer, Ferd., die Würde und die Bedeutung des Kindes. Vortrag, gehalten in Rankweil auf der 1. Generalversammlung des kathol. Erziehungsvereins [19. Novbr. 1884]. 2. Aufl. 8. (19 S.) Donauwörth 885, Auer. *

Aus: Katholische Schulzeitung, besonders abgedruckt.

Sandhop, Max [pr. Arzt aus Tremessen in Posen]: Ein Fall von congenitaler Dextrocardie ohne Situs viscerum transversus der übrigen Organe . . . Greifswald, Druck v. Julius Abel, 1890: 25 S. 8°

Greifswald, Med. Fak., Inaug.-Diss. v. 12. Marz 1890.

Sandhövel, Heinrich, Arzt, Köln-Lindenthal: Ueber den **Einfluss** von Traumen auf die Entstehung maligner Tumoren. *Bonn 1900: K. Drobnig.* (20 S.) 8°

Bonn, Med. Diss. v. [28.] Apr. 1900

Sandifort, Ed. Car. Alex., Animadversiones de vitiis congenitis et de fracturis articulationis coxae. 8maj. (6¾ B.) Rotterodami, van den Heuvell. (Lipsiae 836, libr. Weidmann.) •

Sandifort, Eduard

— anatome infantis cerebro destituti. 4. Leyd. 784. Luchtmans. 1 ß 12 ℊ

Sandifort E.: Beschreibung d. Viehseuche in Holland 1769. Und P. J. Bergius: Bedenklichkeiten bey der Einimpfung d. Viehseuche. Leipz. 1772. 32 S. P.

— Beschreib. der Viehseuche in Holland. 8. Leipz. 772. (Brockhaus). 2 ℊ

— Beschr. der Viehseuche in Holland. 8. Lpz. Heinsius. (Gleditsch.) 772.

— descriptio musculorum hominis. 4maj. Leyd. 781. Luchtmans. 2 ß 12 ℊ

— descriptio ossium hominis. 4maj. Leyd. 785. Luchtmans. 1 ß 8 ℊ

— descriptio ossium hominis. gr. 4. Lipsiae, Heinsius. 785.

Sandifort, Edm., exercitationes academicae. II Voll. c. fig. 4maj. Leyd. 783. Luchtmans. 5 ß 8 ℊ

Sandifort, Edm., exercitationes academicae. gr. 4. Lips. Heinsius. 783.

— icones herniae congenitae. 4. Leyd. 781. Luchtmans. 20 ℊ

— observationes anatomico-pathologicae, cum icon. III Tmi. 4maj. Leyd. 777—79. 9 ß

— Observationes anatomico-pathologicae, c. icon. 3 Tmi. gr. 4. Lips. Gleditsch. 777—79.

— opuscula anatomica selectiora. 8maj. Leyd. 788. Luchtmans. 20 ℊ

— oratio de circumspecto cadaverum examine, optimo practicae medicinae adminiculo. 4. Leyd. 772. Luchtmans.

— oratio de officio medici perquam difficili, a multis pessime neglecto. 4. Leyd. 783. Luchtmans.

— s. Schriften, anatom.

— tabulae intestini duodeni. 4. Leyd. 785. Luchtmans. 1 ß 8 ℊ

— Thesaurus dissertationum, programmatum aliorumque opusculorum selectissimorum ad omnem medicinae ambitum pertinentium. III Voll. c. fig. 4maj. Leyd. 769—778. Luchtmans. 10 ß 8 ℊ

— thesaurus dissert. programmat. aliorumq. opuscul. medic. III Tmi. c. fig. gr. 4. Lips. Gleditsch. 769—78.

Sandifort, Ger., museum anatomicum academiae Lugduno-Batavae. III Voll. Mit 136 Kpf. Roy.-Fol. Leyd. 789—827. Luchtmans. 92 ß 16 ℊ

Sandifort, Ger., Museum anatomicum academiae Lugduno-Batavae. Vol. III. Roy.-Fol. (113 B.) Lugduni-Batav. 827, Luchtmans. (Lipsiae, Weigel.)

Vol. I et II. m. 136 Kpfr. Ebendas. 1789 (n. 98?). 70 Thlr.

Sandifort, Ger., Museum anatomicum acad. Lugduno-Batavae. Vol. IV. Roy.-Fol. (27½ B. u. 70 Kpfrt.) Lugduni-Bat. 835, Luchtmans. (Lipsiae, T. O. Weigel; libr. Weidmann.) *
Vol. I—III. Ibid. 1789—1827. * 92 Thlr. 16 Gr.

—— Tabulae cranior. diversar. nationum. Fasc. I. II. Delin. et descrip. ½ Imp.-Fol. Lugduni-Bat. 839, Luchtmans. (Lipsiae, T. O. Weigel.) [I. (6 Kpfrt. u. 9 Blätt. Text.) 838., II. (6 Kpfrt. u. 6 Bl. Text.) 839. à * 7⅓ Thlr.] *

Sandifort, Gerard., tabulae Craniorum diversarum Nationum. Fasc. III. fol. Lugduni Bat. 843, Luchtmans. (Leipzig, T. O. Weigel.) Fasc. I—III. n. 13⅚ ℛ

Sandifort, Johs., Annotationes de vitiis nonnullis acquisitis articulationis coxae. Dissert. 8maj. (5¾ B.) Lugduni-Bat. 840, Luchtmans. (Lipsiae, T. O. Weigel.) *

Sandifort, P. Joa., deglutitionis mechanismus verticali sectione narium, oris, faucium illustratus, cum fig. 4maj. Leyd. 805. (Weidmann in Leipz.) 1 ℛ 21 gl

Sandig, Arth., s.: Recht, das österreichische.

Sandig, Rob., s.: Taschen-, Notiz- u. Adressbuch für Taubstumme.

Sandini v. Waldburg. Trsp. 8. Klagenfurt, Kleinmayer. 789. (Gräff in Lpz.)

Sandini von Waldburg; Trspl. in 5 A. 8. Klagenf. 789. Kleinmayer. (Leipz., Wienbrack). 6 gl

Sandini von Wallburg. Trauerspiel in 5 Aufz. Wien 1789. V: *Korompay, Joseph.* (GGr)

Sandini, Anton

— Diss. hist. ad vitas Pontific. Romanorum. 8. Ofen 767. Typ. Soc. 6 gl

Sandini, A., Historia apostolica. Würzburg, Stahel, 1768, 8°, 2 Mk.

— — apostolorum. 8. Budae, Typ. 765.

— historia apostolorum. 8. Ofen 765. Typ. Soc. 8 gl

— — familiae sacrae. 8. Würzb. Stahel. 768.

— — — id. lib. 4. Vien. Gerold. 750.

— — — id. lib. 8. Budae, Typ. 748.

Sandinus, Anton. Historia familiae sacrae. Clagenfurti, Kleinmayer. 1775—77. 2 Bde.

Sandini, A., compendiosae Grammatices Institutio in usum Seminarii Patarini. 8. Budae, Typ. 770.

Sandini, A., compendiosae grammatices institutio in usum seminarii Patarini. 8. Ofen 770. Typ. Soc. 9 gl

— vitae Romanorum Pontificum. II Ptes. 8. Ofen 756. Typ. Soc. 16 gl

Sandkaulen, Max, u. and., Zum 10jährigen Bestehen der Sportabteilung der Berliner Turnerschaft (Korpor.), Vortr.-Folge u. Festschr., m. Abb., Berlin, 90 S., 8°.

Sandkorn, das, oder der kleine Herenmeister von Altenburg. Eine Erzählung für die Jugend. 8. (79 S. und 8 ill. Stnt.) Guben 850. (Leipzig, E. Schäfer.) *

Sandkuhl, Ernst, Ergebnisse der meteorologischen und magnetischen Beobachtungen zu Clausthal vom 1. Januar 1876 bis 1. Januar 1886. Saarbrücken 1887.

Ergebnisse der meteorologischen und magnetischen Beobachtungen zu Clausthal vom 1. Januar 1886 bis 1. Januar 1896 bearb. im Auftr. d. Königl. Oberbergamts zu Clausthal von Ernst **Sandkuhl**, Kgl. Oberbergamtsmarkscheider. Hannover 1896: J. C. König & Ebhardt. (97 S.) 8°

Ergebnisse der meteorologischen und magnetischen Beobachtungen zu Clausthal vom 1. Jan. 1896 bis 1. Jan. 1906. Bearb. im Auftr. d. Kgl. Oberbergamts zu Clausthal von Ernst **Sandkuhl**. Saarbrücken 1906: Gebr. Hofer. (104 S.) 8° [F.] 107. 15172

Sandkuhl, Oskar, Assistenzarzt im 4. Inf.-Reg. No 103 zu Bautzen: Über cystische Erweiterung des Ductus thoracicus. *Leipzig (1900): A. Edelmann.* (22 S.) 8°
Leipzig, Med. Diss. v. (30. Juni) 1900

Sandleben, Albert, Medizinalprakt.: Aus d. Univ.-Frauenklinik zu München. Über weitere 11 Fälle von Hebosteotomie. München 1908: Wolf. 57 S. 8°
München, Med. Diss v. 14. Mai 1909, Ref. Döderlein
[Geb. 25. März 83 Magdeburg; Wohnort: Magdeburg; Staatsangeh.: Preußen; Vorbildung: Realgymn. Magdeburg Reife M. 02; Studium: Freiburg i. B. 3, Kiel 3, München 1, Breslau 1, München 2 S.; Coll. 14. Mai 09; Approb. 29. April 09.] [U 09. 3390

Sandler, Aron, aus Inowrazlaw: Ueber die Gasgangrän. (Spezieller Teil.) Jena: G. Fischer 1902. (14 S.) 8° (Aus: Zieglers Centralblatt f. Pathol. — Der allgem. Teil erschien ebenda u. d. T.: Zusammenfassendes Referat üb. Gasgangrän u. Schaumorgane.)
Würzburg, Med. Diss. v. 1902

Sandler, Christian [Dr. phil.]: Johann Baptista Homann. Ein Beitrag zur Geschichte der Kartographie ... (Sep.-Abdr. a. d. Zeitschr. d. Ges. f. Erdkunde 1886. H. 4. 5.) Berlin. Druck v. W. Pormetter 1886. 59 S. u. 1 Taf. 8°
München, Phil. Fak., Inaug.-Diss. v. 1886.

Sandler, Christian, die Reformation der Kartographie um 1700. Mit 4 tabellar. u. Text-Beilagen u. 6 Kartentaf. Imp.-Fol. (III, 30 S. Text.) 4. München 905. R. Oldenbourg. In Halbleinw.-Mappe n. 20. —

Sandler, Christian: Matthäus Seutter und seine Landkarten in: Mitteilungen des Vereins für Erdkunde zu Leipzig. 1894. S. 3--38. Leipzig 1895. 36 S. 8°.

Sandler, Christian: Zur Strandlinien- und Terrassen-Litteratur. 19 S. in: Wissenschaftliche Veröffentlichungen des Vereins für Erdkunde zu Leipzig. Bd 1. S. 295—313. Leipzig 1891. 8°

Volks-Karten. Karten über die Verteilung der Bevölkerung im Reg.-Bez. Oberfranken, Bezirksamt Garmisch. Herzogtum Oldenburg, in d. Lichtenfelser Gegend und im 9. Bezirk d. Stadt München nach neuer Methode gezeichnet u. erläut. v. Chr. Sandler. München: R. Oldenbourg (1898). (31 S.) 4° (8°)

Volks-Karten. Karten über die Verteilung der Bevölkerung im Regierungsbezirk Oberfranken, Bezirksamt Garmisch, Herzogtum Oldenburg, in der Lichtenfelser Gegend und im 9. Bezirk der Stadt München nach neuer Methode gez. u. erl. von Chr. **Sandler**. München: R. Oldenbourg [1899]. (31 S.) 4°

Sandler, Chrph., grosses Adressbuch des Handels-, Fabrik- u. Gewerbestandes von Nord-Deutschland, s. Adressbuch.

Sandler, Chrph., Adreßbuch des Handels-, Fabrik- und Gewerbstandes von Rheinland und Westphalen, s. Adreß-Buch, großes.

Sandler, Chr., Handbuch der Leistungsfähigkeit der gesammten Industrie Deutschlands, Oesterreichs und der Schweiz, vollständig in 8 Lfgn. Nach authent. Quellen aufgenommen, systemat. bearb. und hrsg. hoch 4. (1.—6. Lfg. CXXVIII, 1200 S.) Berlin [Leipzig] 871, Sandler. 18 —

—— dass. — der gesammten Industrie Deutschlands, Oesterreichs, Elsass-Lothringens und der Schweiz. Mit einem durch ein umfassendes Fabrikanten-Register zum integrir. Bestandtheile des Werkes bearb. Adressen-Anzeiger. Nach den zuverlässigsten und authentischsten Quellen aufgenommen, systemat. und sorgfält. bearb. und hrsg. 1. und 2. Bd. hoch 4. Leipzig, Wölfert. à Bd. * *M.* 20. * 40 —

Inhalt:

Bd. 1. Handbuch der Leistungsfähigkeit der gesammten Industrie des preuss. Staates. (492 S., Adress-Anzeiger 1414 S.) 873.

» 2. Handbuch der Leistungsfähigkeit der gesammten Industrie der Kleinstaaten Norddeutschlands, der süddeutschen Länder, Elsass-Lothringens und der Schweiz. (584 S., Adress-Anzeiger 178 S.) 874.

Sandler, Chr., Handbuch der Leistungsfähigkeit der gesammten Industrie Deutschlands, Oesterreichs, Elsass-Lothringens u. der Schweiz. Mit e. durch e. umfass. Fabrikanten-Register zum integrir. Bestandtheile d. Werkes bearb. Adressen-Anzeiger. Nach den zuverlässigsten u. authentischsten Quellen aufgenommen. systematisch u. sorgfältig bearb. u. hrsg. 1. u. 2. Bd. hoch 4. Leipzig 873. 74. Sandler. à n. 20. —

1. Handbuch der Leistungsfähigkeit der gesammten Industrie d. preuss. Staates (492 S. u. Adress-Anzeiger 1414 S.)

2. Handbuch der Leistungsfähigkeit der gesammten Industrie der Kleinstaaten orddeutschlands, der süddeutschen Länder, Elsass-Lothringens u. der Schweiz. (584 S. u. Adress-Anzeiger 178 S.)

— Handbuch der Leistungsfähigkeit der gesammten Industrie v. der Rheinprovinz u. Westphalen. [Aus: „Sandler's Handbuch der Leistungsfähigkeit der gesammten Industrie Deutschlands etc. I Bd."] Mit e. Ortsregister. hoch 4. (183 S.) Ebend. 875. n. 2. —

—— und F. Berggold, Deutschlands Handel und Industrie. Neuestes Repertorium des deutschen Handels-, Fabrik- und Gewerbestandes. Norddeutschland nach den Sandler'schen Principien und den amtl. aufgenommenen Materialien des J. 1866. 1. Abthl.: Königreich Preussen. 3 Bde. Lex.-8. Berlin, Berggold.

Inhalt:

Bd. 1. Rheinprovinz, Hohenzollern, Westphalen, Pommern und Posen. (IV und S. 1—364.) 866. * 2 Thlr. 15 Ngr.

» 2. Brandenburg, Schlesien, Ostpreussen. (III und S. 365—718.) 867. * 2 Thlr. 15 Ngr.

» 3. Westpreussen und Sachsen nebst Ortsregister und Sachregister über alle 3 Bde. (S. 719—961.) 867. * 1 Thlr. 20 Ngr.

Sandler, Chr., Industrie-Lexicon von Deutschland u. Oesterreich-Ungarn. Ein geographisch-mercantilisch-statist. Handbuch der Leistungsfähigkeit der gesammten Industrie dieser Länder. Nach amtl. u. authent. Quellen bis auf die neueste Zeit aufgenommen, systematisch u. sorgfältigst bearb. 2. Abth.: Die sämmtlichen Kleinstaaten Deutschlands. 4. Bd.: Das Königreich Sachsen, die sächs. Herzogthümer, die reuss. u. schwarzburg. Fürstenthümer. 1. Lfg. gr. 4. (32 S.) Leipzig 878. Sandler. n. 1. 50

Sandler, Chr., Industrie-Lexicon von Deutschland und Oesterreich-Ungarn. Ein geographisch-mercantilisch-statist. Handbuch der Leistungsfähigkeit der gesammten Industrie dieser Länder. Nach amtl. und authent. Quellen bis auf die neueste Zeit aufgenommen, systemat. und sorgfält. bearb. 2. Abthl.: Die sämmtlichen Kleinstaaten Deutschlands, 4.—6. Bd., und 3. Abthl.: Oesterreich-Ungarn, 7. Bd. gr. 4. Leipzig 878, [Sandler.] Starke. [4. und 5. Bd. Subscr.-Pr. à * *M.* 12., geb. à * *M.* 14.; 6. Bd. Subscr.-Pr. * *M.* 14., geb. * *M.* 16.; 7. Bd. Subscr.-Pr. * *M.* 30., geb * *M.* 33.] * *M.* 68.; geb. *

— Industrie-Lexicon v. Rheinland-Westphalen. Ein geographisch-mercantilisch-statist. Handbuch der Leistungsfähigkeit der gesammten Industrie v. der Rheinprovinz u. v. Westphalen. Nach amtl. u. authent. Quellen in der Zeit vom Nov. 1874 bis Jan. 1875 aufgenommen, systematisch u. sorgfältigst bearb. hoch 4. (218 S. u. Adressen-Anzeiger 42 S.) Ebend. 875. n. 10. —

Sandler, Jos., Predigt-Skizzen auf alle sonntägl. u. festlichen Evangelien rc. 2 Jahrgg. 1796 u. 1797. 8. Grätz, Verlag von Kienreich. 1 2/3 ℳ

Sandler, Jos., Predigtskizzen auf alle sonn- u. festtägl. Evangelien. 2 Jahrgg. in 3 Thlen. 8. Grätz 796—798. Tusch. 2 ℳ 8 𝔤𝔯

Sandler, Neumann [Dr.]: Das Problem der Prophetie in der jüdischen Religionsphilosophie von Saadia bis Maimûni in seiner geschichtlichen Entwickelung dargestellt. Breslau, Druck v. Th. Schatzky, 1891; 2 Bl., 88 S., 1 Bl. 8°

Leipzig, Phil. Fak., Inaug.-Diss. v. [6. Mai] 1891

Sandlos, Emil, approb. Arzt aus Vöhl: Aus d. Prosektur d. Krankenhauses r. I. in München. Ein eigenartiger Fall von Volvulus infolge eines Meckelschen Divertikels. *München 1903: C. Wolf & Sohn.* (28 S.) 8°

München, Med. Diss. v. 1903

[F.] Unter dem Kreuze. Nach Thomas v. Kempen Von d. 'Nachfolge Christi' zsgest. v. Agnes Sandmann (geb. Kuhnert) *Hannover & Leipzig. L. Ost [1895].* (2 Bl., 84 S., 1 Taf.) 1 Bd 8. [98 mo2 G0]

Sandmann, Bernhard, Dr., Kand. d. höh. Schulamtes: Das Klima der Walfischbai. *Paderborn 1901: Junfermann.* (30 S., 20 Bl. Taf.) 8°

Paderborn, K. G. Theodorianum, OP 1901 (392)

Sandmann, Bernhard, aus Münster i. W.: Das Klima der Walfischbai. Mit 29 Tab. u. 16 Diagrammen. *Paderborn 1901: Junfermann.* (36 S.) 8° [F.]

Münster, Phil. Diss. v. (15. März) 1901

Sandmann, Bernhard Schillers Macbeth und das englische Original 4 (XVI S.) Progr. *Rg. Tarnowitz* 1888 (209)

Sandmann, Carl. s. Sandmann, Karl

Sandmann, Chrn., Atomistik, und Wärme als Bewegungszustände der Massenatome, mit Rücksicht auf allgemeine Naturkunde populär behandelt. gr. 8. (XX und 78 S.) Stuttgart 855, Schweizerbart'sche Vrlgsh.

Sandmann, David

Sandmann, D., Obstbau u. Obstverwertung in Nordamerika, nebst Vorschlägen zum Ausban dieser Erwerbszweige in Deutschland. Bericht an das kgl. preuss. Ministerium f. Handel u. Gewerbe. (85 S.) gr. 8. Berlin (905). H. S. Hermann. n. 1. 60

Obstbau und Obstverwertung in Nordamerika, nebst Vorschlägen zum Ausbau dieser Erwerbszweige in Deutschland. Bericht an d. Kgl. Preuß. Min. f. Handel u. Gew. im März 1905 von D[avid] Sandmann. Berlin. 2. verb. Aufl. Berlin: H. S. Hermann 1907. (80 S.) 8° [F.] [07. 7300]

Sandmann, D.: Wie kann die heimische Cognacindustrie und der deutsche Weinbau gefördert werden? Berlin: Hermann 1905. 43 S. -- 121*

Sandmann, wie muß f. die Folge unsere Obstproduktion gefördert werden?, i. a. Schriften des volkswirtschaftlichen Vereins zur Förderung d. Obst- u. Gemüseverwertung in Deutschland. 12. Heft.

W i e muß für die Folge unsere Obstproduktion gefördert werden? Vortrag geh. 1910 in Berlin von D. **Sandmann**, Berlin. Berlin: Deutsche Landbuchh. (1910). 15 S. 8°
(Schriften d. Volkswirtschaftl. Vereins z. Förderung d. Obst- u. Gemüseverwertung in Deutschland. H. 12.)

Sandmann, E., Elementar-Geographie, ein Lern- und Wiederholungsbuch für die Volksschule, zunächst für Elementarschüler in Crossen und im Crossener **Kreise.** In 2 Cursen. 8. Crossen a. O., Appun's Buchh. *

Inhalt:
Cursus 1. Die Heimath und der preußische Staat. 1. Aufl. 1868, und 2. verb. Aufl. (32 S. mit 2 lithogr. Beilagen.) 872. * 30 Pf.
" 2. Deutschland nebst einer Uebersicht von Europa und der Erde überhaupt. (32 S.) 869. * 20 Pf.

Sandmann, E., Elementar-Geographie. Ein Lern- und Wiederholungsbuch für die Volksschule, zunächst für Elementarschüler in Crossen und im Crossener Kreise. 2 Kurse. 8. Crossen a. d. O. 879,82, Appun's Buchh. *

Inhalt:
Kursus 1. Die Heimat und der preußische Staat. 3. und 4. verb. Aufl. (36 S. mit 1 lithogr. Karte.) * 30 Pf.
" 2. Deutschland nebst einer Uebersicht von Europa und der Erde überhaupt. 2. Aufl. (32 S.) * 20 Pf.

Sandmann, F. X., die Eisenbahn über den Semmering. Album der interessantesten Ansichten. Nach der Natur gez. und lithogr. qu. 8. (12 Stnt. in Tondr.) Wien 855, Müller's Wwe.

—— die Umgebungen von Wien; Album der schönsten Ansichten. Nach der Natur gez. und lithogr. qu. 8. (16 Bl. in Tondr.) **Wien** 854, **Müller's Wwe.**

Böse Arbeiter am Werke oder die 'Erweckung' in Mülheim a. d. Ruhr im Jahre 1905. Eine Illustration zu den 'Heiligen' Lügenpropheten. Vom Verf. d. 'Heiligen' Lügenpropheten [d. i. Friedr. **Sandmann**]. Krefeld: Worms & Lüthgen 1908. (29 S.) 8° [F.] [08. 4364

Sandmann, Frdr., John Nelson Darby u. „Die Versammlung". Ein Bild aus der Kirchengeschichte der Gegenwart. (58 S.) gr. 8. Mülheim a/R. 902. Buchh. des ev. Vereinshauses. n. — 75

John Nelson Darby und 'Die Versammlung'. Ein Bild aus d. Kirchengeschichte d. Gegenwart. Von Friedrich **Sandmann**, Lehrer. (2. Aufl.) Mülheim a. d. Ruhr: Evang. Vereinshaus 1902. (58 S.) 8° [F.] [03. 4843

Sandmann, Frdr., die uralte Frage: Wo lag Ophir? gr. 8. (24 S. m. Abbildgn.) Mülheim a/R. (901). Buchh. des ev. Vereinshauses. n. — 20

— die christliche Heilsbotschaft und der Islam, s. **Missions-Traktate, rheinische. Nr. 107.**

Die christliche H e i l s b o t s c h a f t und der Islam. Von Friedrich Sandmann, Lehrer in Mühlheim a. d. Ruhr. Barmen: Missionshaus 1901. (24 S.) 8°
(Missionsschriften. Rheinische. No 107.)

'Heilige' Lügenpropheten der Gegenwart. Erfahrungen u. Beobachtungen von Friedrich **Sandmann**. 2. Aufl. Krefeld: Worms & Lüthgen [1908]. (30 S.) 8° [F.] [08. 4365

Der Schuhmacher von Bakenheim, ein Mann von Gottes Gnaden. Für d. gläubige Christenvolk deutscher Zunge bearb. von Friedrich **Sandmann**, Lehrer. Frei nach d. Amerikan. d. G. H. Hepworth. Mülheim a. d. Ruhr: Ev. Vereinshaus [1903]. (127 S.) 8° [F.] [03. 4843

Möllen'sche Sprükwoder un Kalleroten. Gesammelt in Mülheim a. d. Ruhr u. Umgegend von Friedrich **Sandmann**. Mülheim a. d. Ruhr: Blech 1910. 64 S. 8° A 14. 4105

Sandmann, Friedrich (Lauterbach)
Chemisch-mineralogische Untersuchung einiger Fahlerze und eines manganhaltigen Bleiglanzes.
[In: Liebigs Annalen Bd 89, 1854, S. 364-372.]
Dr. phil. Giessen 20.8.1853.

Sandmann, Fritz: Zur Formenlehre des Verbums im Neufranzösischen: 1. Das unorganische s in der Endung der ersten Person Singularis. Giessen 1909: v. Münchow. 79 S. 8°
Gießen, Phil. Diss. v. 23. April 1909, Ref. Behrens
[Geb. 10. April 85 Waldmichelbach; Wohnort: Darmstadt; Staatsangeh.: Hessen; Vorbildung: Gymn. Gießen Reife O. 03; Studium: Gießen 2, Münster 1, Gießen 1, Heidelberg 1, Gießen 3 S.; Rig. 2. März 08.] [U 09. 1232

Sandmann, G., Tafel d. menschlichen Gehörorgans in Farbendr. 81,5×110,5 cm. Auf Leinw. Mit erklär. Text. gr. 8. (21 S. m. 1 Taf.) Berlin 892. Boas & Hesse. n. 12. —

Sandmann, Gust. Rob. (geb. Leipzig 29. 9. 1809): De angina membranacea. Berolini (1840). (31 S.) 8°
Berlin, Med. Diss. v. 19. Okt. 1840

Sandmann, H., Lebenserinnerungen e. alten Seefahrers od. Erlebnisse u. Beobachtgn. v. frühester Jugend bis z. 78. Lebensjahre. gr. 8. (IV, 124 S.) Emden 896. Papenburg, Kapt. a. D. H. Sandmann. n. 2. —

Sandmann, J., s.: Taschenbuch f. d. Markt-Verkehr.

Sandmann, J. Alb., Uebersicht üb. die Seefischerei Finnlands, s.a. **Publications de circonstance du conseil permanent international pour l'exploration de la mer. 13c.**

Uebersicht ueber die Seefischerei Finnlands, ausgearb. von J. Alb. **Sandmann**. Taf. 13–22, 9 Tab. Copenhague: A. F. Høst & fils in Komm. 1906. (S. 141–188.) 8°
— Ostseefischerei, Die, in ihrer jetzigen Lage. T. 3.
— Conseil permanent internat. p. l'exploration de la mer. **Publications** de circonstance. No 13c. [06. 5018

Sandmann, Karl

Sandmann, Carl [aus Hannover]: Über einige Derivate des Piperonals ... Erlangen, k. b. Hofbuchdr. v. A. Vollrath, 1894; 21 S. 8.
Erlangen, Phil. Fak., Inaug.-Diss. v. Mai 1892

Sandmann, Max. Die Lustfeuerwerkerei, s. **Schauplatz,** neuer, der Künste u. Handwerke.

Sandmann, Max, die Lustfeuerwerkerei zur Verschönerung öffentlicher u. häuslicher Feste. Eine Anleitg. zur Anfertigg. sämtl. Feuerwerkskörper, nach dem heut. Stande der pyrotechn. Wissenschaft f. Dilettanten wie Feuerwerker v. Beruf übersichtlich u. leicht faßlich dargestellt. Mit 62 erläut. Abbildgn. 10., vollständig umgearb. u. namentlich durch die Beschreibg. der Feuerwerkballons verm. Aufl. gr. 8. (XII, 234 S.) Weimar 884. B. F. Voigt. 4. 50

Sandmann, M., die Lustfeuerwerkerei zur Verschönerung öffentlicher u. häuslicher Feste. Eine Anleitg. zur Anfertigg. sämmtl. Feuerwerkskörper. 11. Aufl. 8. (XII, 234 S. m. 62 erläut. Abbildgn.) Weimar 889. B. F. Voigt. 3. —

Sandmann, Otto *August* [aus Wülfel bei Hannover]: Ueber Stickstoff-Benzylcuminaldoxim und Stickstoff-Cuminylbenzaldoxim ... Erlangen, Druck d. Univ.-Buchdr. v. E. Th. Jacob, 1894; 30 S., 1 Bl. 8.
Erlangen, Phil. Fak., Inaug.-Diss. v. 25. Juli 1894

Sandmann, P.: Eine Experimentalstudie über die Wirkung des Alkohols und Äthers auf die Zirkulation. D. 8°. Greifswald. 1874.

Sandmann, Siegfried [pr. Arzt]: Aus d. anatom. Institut zu Königsberg. No. 13. Über das Verhältnis der Arteria mammaria interna zum Brustbein. '(M. e. Taf. u. 2 Tab.)' ... Königsberg i. Pr., Druck v. M. Liedtke, 1894; 2 Bl., 29 S., 2 Bl., 1 Taf., 2 Tab. 8.
Königsberg, Med. Fak., Inaug.-Diss. v. 10. Nov. 1894

Sandmann, Siegfr., üb. das Verhältnis der Arteria mammaria interna zum Brustbein. Diss. gr. 8. (29 S. m. 2 Tab. u. 1 Taf.) Königsberg 894. (W. Koch.) n. 1. —

Sandmeier, J. Von Genf nach Chamounix und die Einweihung des Saussure-Denkmals. In-8°, 14 S., mit Vignette von E. Jeanmaire. (Separat-Abdr. aus der Schweiz. Alpenzeitung, 1887.) Zürich, Buchdr. Fr. Schulthess. (Nicht im Handel.) 1887

Sandmeier, Karl

[Sandmeier, Carl.] Sichere Anleitung zur Selbsterlernung aller üblichen Rund-Tänze. Mit einem Anhang: Quadrille Française und Das gute Benehmen an Bällen und Tanzanlässen (*Umschlag: Leichtverständliche sichere A' zur sofortigen S' a' gebräuchlichen R'-T' ... ohne jede Hülfe eines Tanzlehrers. [Mit Figuren, Vignetten und] 100 photographische[n] Illustrationen. 4. Aufl. 14.—19. Tausend). Hrg. von Sandmeiers Tanz- & Turn-Schule Zürich. II + 96 S. 8. (Zürich, Kirsten & Zeisberg, 1907.) [fr. 2. 60]
[1. Aufl.] 1902; — 2. Aufl. 1904; — 3. Aufl. 1906.

[Sandmeier, Carl.] «Flegeljahre». Lehrbüchlein über die Regeln des Anstandes für Töchter und Söhne vom 10. Altersjahre an, sowie für das spätere Alter (*Umschlag: «Fl'». R' des A' für das schulpflichtige und spätere Alter). Hrg. von Sandmeiers Schule für Tanz- und Anstandsunterricht in Zürich. II + 80 S. 8. (Zürich, Kirsten & Zeisberg, 1906.) [fr. 1. 30]

Sandmeier, Karl, die Selbsterlernung aller gebräuchlichen Rund-Tänze. Mit e. Anh.: Quadrille française (Zweipaartanz) u.: Das gute Benehmen an Tanzanlässen. (96 S. m. Fig.) kl. 8. Zürich, Selbstverlag. (Frankfurt a/M., Postfach 176, Otto E. Schröder.) 2. 60

Sandmeier, M., gemeinfaßlich-rationelle Landwirthschaftslehre. Lex.-8. (X und 386 S.) Aarau 853, Sauerländer's Verlag. *

Sandmeier, M., Lehrbuch der Naturkunde, methodisch behandelt für die verschied. Stufen der Volksschule. In 2 Bdn. Mit zahlreichen Abbildungen. 1. Thl. A. u. d. T.: Methodisch-praktische Anleitung zum geist- und gemüthbildenden naturkundlichen Anschauungsunterricht für die untere und mittlere Stufe der Volksschule. 2., verm. und verb. Aufl. Lex.-8. (XVI und 476 S. mit Holzschn.) Aarau 850, Sauerländer's Verlag. *

—— dass. — 2. Thl. A. u. d. T.: Lehrbuch der Naturkunde, methodisch behandelt für die oberste Stufe der Volksschule, so wie zur weitern Fortbildung der Sonntagsschüler, Sekundarschüler und der erwachs. Jugend des Volkes überhaupt. 2., verm. und verb. Aufl. Lex.-8. (XVI und 384 S. mit 1 Sternkarte und Holzschn.) Aarau 851, Sauerländer's Verlag. *

Sandmeyer, Max, Advokat in Frauenfeld: Die Untersuchungshaft im schweizer. Strafprozessrecht. Bern 1909. IX + 201 S. 8°. Abhandlungen zum schweizerischen Recht, hg. von Max Gmür. Heft 35.
Bern. Jur. Diss. 1909/10.

Sandmeyer, Max, die Untersuchungshaft im schweizer. Strafprozessrecht, s. a. Abhandlungen zum schweizer. Recht. 35. Heft.

Sandmeyer, Max. Die Untersuchungshaft im schweizer. Strafprozessrecht. X + 201 S. 8. Bern, Stämpfli & Cie., 1909.
Ausg. A: Diss. Jur Bern....
Ausg. B: Von Dr. M' S', Advokat.... [fr. 4. —] — Abhandlungen zum schweizerischen Recht.... Heft 35.

Sandmeyer, W., klinische Erfahrungen über Diabetes mellitus, s.: Külz, E.

Sandmeyer, Wilhelm [Dr., I. Assist. am physiol. Inst. zu Marburg]: Secundäre Degeneration nach Exstirpation motorischer Centra ... Marburg, Druck v. J. Hamel, 1891; 1 Bl., 54 S., 3 Bl., 1 Taf. 8.
Marburg, Med. Fak., Hab.-Schr. v. [9. Nov.] 1891

Sandmeyer, Wilhelm [approb. Arzt aus Marten in Westfalen]: Ueber den Eiweissgehalt des Fruchtwassers . . . Marburg, Druck v. Georg Schirling, 1888; 27 + 1 S. 8°
Marburg, Med. Fak., Inaug.-Diss. v. [22. Mai] 1888

Sandmeyer, Wilhelm, über den Eiweissgehalt des Fruchtwassers. Diss. Marburg 1888, N. G. Elwert'sche Univ.-Buchh. 8°. 27 S.

Sandner, Chrph., die Arbeiterfrage kritisch untersucht behufs Erzielung sozialer Reform u. Entwaffnung der Sozialdemokratie. gr. 8. (44 S.) Nördlingen 879. Beck. n. 1. —

Sandner, Friedrich, aus Cadolzburg: Ein Fall von primärem Melanosarcom des Rectums. Ansbach 1904: C. Brügel & Sohn. (25 S.) 8°
Erlangen, Med. Fak., Ref. Hauser, Diss. v. 16. Nov. 1904
[Geb. 24. Juli 76 Cadolzburg; Staatsangeh.: Bayern; Vorbildung: Gymn. Regensburg und Erlangen Reife 97; Studium: Erlangen 12 S.; Approb. März 03.]

Sandner, Frdr., Handbuch der Heil- u. Pflegeanstalten Bayerns f. Psychisch-Kranke, Idioten, Schwachsinnige, Epileptiker, Blinde, Taubstumme u. Alkoholiker. Unter besond. Berücksicht. der Aufnahme- u. Verpflegungsbestimmgn. nebst den wichtigsten einschläg. gesetzl. Vorschriften, Verordngn. u. Entschliessgn., f. den Gebrauch bei Behörden, Ärzten u. Privaten bearb. (X, 519 S.) 8. Ansbach 908. C. Junge. Geb. in Leinw. 5. —

(Sandner, Geo. Friedr. Ernst,) s. † Norden, E.

Sandner, Hans, s.: Taschen-Kalender f. Lehrer.

Sandomierz [Schlagwort]

Sandomierz, s.: Europa. Liebenow.

San Domingo [Schlagwort]

San Domingo, s. a. Seekarten.

San Domingo — Charte von der Insel — oder Hispaniola Nach brauchbaren Charten und neueren Ortsbestimmungen neu gezeichnet von F. Goetze. Weimar im Verlage des Landes Industrie Comptoirs 1802. 1: 1,590,000. Auf demselben Blatte Guadaloupe u. Martinique. G. 1: 85000. M. 1: 53000. 1 Bl.

Sandor, Rozsa, der König der Zigeuner. Volksroman. 20 Bde. gr. 8. (2400 S. mit je 5 Vollbildern.) Berlin (901). Verlagshaus f. Volkslitteratur u. Kunst. à — 50; auch in 100 Hftn. à — 10

Indermauer. — Sandor, Herrmann. Die Ermordung des vorarlbergischen Kreishauptmanns J. A. von ..... (am 10. August 1796) und ihre Folgen. 8. Innsbruck 1896.

SANDOR, Johannes: Doctrina patrum apostolicorum de moribus christianis. — (1910) 179 Bl. 4° (Handschr.) Diss. 899
Diss. Wien, Univ.

Sandor, P., Gedichte. 8. (IV, 36 S.) Dresden 902. E. Pierson. n. 1. —; geb. n. 2. —

Sandor, P., bei Licht u. Lampenschein. Gedichte. (VII, 83 S.) 8. Dresden 903. E. Pierson. n. 1. 50; geb. n. 2. 50

Sandor-Gjalski, Xaver [Pseud.], s. B a b i ć, Ljubomir

Sandor-Gjalski, Xav., Erzählungen, s.: U n i v e r s a l-B i b l i o t h e k.

Sandor-Gjalski, Xaver, w a r u m?, s.: B i b l i o t h e k der fremden Zungen.

Sándor-Album. Reit- u. Fahr-Ereignisse aus dem Leben d. Grafen Moritz Sándor. Gemalt v. J. G. P r e s t e l, welcher den Grafen Sándor während 12 Jahren begleitet u. m. wenigen Ausnahmen sämmtl. Accidents beigewohnt. In Lichtdr. hergestellt v. Martin Rommel & Co. in Stuttgart. qu. Fol. (30 Taf.) Mainz 886. v. Zabern. In Leinw.-Mappe. 25. —

Sándor-Album. (II.) Reit- u. Fahr-Ereignisse aus dem Leben d. Grafen Moritz Sándor. Gemalt v. J. G. Prestel, welcher den Grafen Sándor während 12 Jahren begleitet u., m. wenigen Ausnahmen, sämmtl. Accidents beigewohnt. In Lichtdr. hergestellt v. Mart. Rommel & Co. in Stuttgart. qu. Fol. (30 Taf.) Mainz 892. V. v. Zabern. In Leinw.-Mappe. 25. —
(I. II.: n. 50. —)

Sandorfi, C. H. F., libellus acad. de Cholelithis ex ulcere abdom. elaps. 4. Helmst. 802. Fleckeisen. 4 gr

SANDORFI, FERDINAND. Bücher-Katalog über eine das Eigentum Sr. Hochwürden Herrn Johann Spáda, röm. kath. Pfarrer i. P. bildende Bibliothek. (Als Manuskript gedruckt) Tyrnau 1891. Druck v. Adolf Horovitz. 70 S. - 8°°

Sandoval oder der Freimaurer; aus der span. Geschichte. A. d. Engl. von Fr. Schott. Leipzig 1827. [London 1827.] V: *Trueba y Cosio, Telesforo de.* (EE)

Sandoval oder der Freimaurer. Aus d. spanischen Gesch. Vom Verf. des „Don Esteban." Aus d. Engl. v. Fr. Schott. 3 Thle. 8. Leipz. 827, Hartmann.

Sandoval, od. der Freimaurer; aus d. spanischen Geschichte. Vom Verf. des „Don Esteban"; aus d. Engl. v. Fr. Schott. 3 Thle. 8. Leipz. 827. (Lehnhold). 4 ₰

— Dass. aus d. Engl. 3 Thle. 8. London 827. (Basse in Quedlinb.) 2 ₰ 12 gr

Sandoval, Lodoiska von, oder das Nonnenkloster von St. Honoria. Aus dem Engl. Leipzig 1804. V: *Gerle, Wolfgang Adolph.* (GGr IX, 131)

v. Sandoval, Lodoiska, od. das Nonnenkloster St. Honoria. 2 Bde. 8. Leipz. 804. Joachim. 1 ₰ 16 gr

Sandow, E., Dr., Ueber den Hagelfall am 12. August 1875. (Brief an Dove.) Forst i. d. Lausitz 1875.

Sandow, Ernst, der moderne Brunnengeist. Ein Wort zur Aufklärung für Brunnentrinkende. 12. (63 S.) Hamburg 882. Jenichen. n. — 50

SANDOW, ERNST. Ueber die Einwirkung von Brom und Chlor auf die Chelidonsäure, und über die Aethylderivate derselben. Jena, 1872.

Sandow, Dr. Ernst. U e b e r F e u e r b e s t a t t u n g i n G o t h a u n d d i e F o r t s c h r i t t e d e r s e l b e n i n v e r s c h i e d e n e n L ä n d e r n. Hamburg. 1885.

Sandow, Ernst, Schutz f. Kinder u. Kranke! Ein Beitrag zur Lösg. der Frage der Diphtheritis u. anderer ansteck. Krankheiten. Mit 10 Holzschn. Eltern, Lungenkranken u. Aerzten gewidmet. gr. 8. (29 S.) Hamburg 884. (Jenichen.) — 75

K r a f t und wie man sie erlangt [Strength and how to obtain it]. Von Eugen Sandow. Mit 1 Übungstaf. u. zahlr. Orig.-Photogr. 1. deutsche Ausg. Übers. von Gustav Möckel, Berlin. Berlin: Kraft u. Schönheit [1904]. (157 S.) 8°

Sandow, Eug., Kraft u. wie man sie erlangt. Mit e. Uebungstaf. u. zahlr. Orig.-Photographien. 1. deutsche Ausg. Uebers. v. Gust. Möckel. (VIII, 157 S.) 8. Berlin (905). Steglitz, Verlag „Kraft u. Schönheit". 2. 50; geb. 3. —

— Leichtgewicht-System. Uebungstafel m. 12 tägl. Hantelübgn., zur Abhärtg., Gesundg. der Nerven u. Erzielg. hoher Körperkraft u. Formenschönheit. Ein Extrakt der weltberühmten Sandow'schen Kraftentwickelungs-Methode. 2. Aufl. (16 S. m. Abbildgn.) kl. 8. Leipzig (906). A. F. Schlöffel. n. — 60

Sandow, Gust., Steuer od. Reform? Ein aufricht. Wort üb. die Börse. gr. 8. (23 S.) Stuttgart 883. Bonz Erben. — 30

Sandow, L., Mechanik d. S t o t t e r n s. Gründl. Selbstheilg. ohne Atem-, Artikulations-, Stimmbildungs- u. Sprechübgn. Reformschrift. gr. 8. (154 S.) Nordhausen 898. Amtsger.-Sekr. E. Edler. n. 3. 30

[S.] Reformschrift. Mechanik des Stotterns. Gründliche Selbstheilg ohne Atem-, Artikulations-, Stimmbildgs- u. Sprechübgn v. Dr. L. Sandow. *Nordhausen: E. Edler 1898.* (154 S.) 1 Bd 8. 98 5664

SANDOZ, A.
Die Gesundheit für Alle ohne Unkosten. Sebastian Kneipp. Seine Behandlung durch kaltes Wasser und durch naturgemäße Lebensweise. Wissenschaftliche Betrachtungen, auf welchen seine Behandlung beruht, oder Versuch einer physiologischen Mechanik in Beziehung zu dem Blute, seinem Kreislauf und seinem dynamischen Zustande unter der Einwirkung des kalten Wassers und verschiedener anderer kalter und warmer Anwendungsformen. Autorisierte deutsche Übersetzung der 2. vermehrten französischen Auflage. 1892. Kurbuchhandlung Josef Muller, Worishofen und Turkheim (Schwaben).

Sandoz, A., die Gesundheit f. Alle ohne Unkosten. Sebast. Kneipp. Seine neue Behandlg. durch kaltes Wasser u. durch naturgemäße Lebensweise. Autoris. deutsche Uebersetzg. der 2., verm. franz. Aufl. Mit dem Portr. v. Kneipp. 8. (64 S.) Wörishofen u. Türkheim 892. Kurbuchh. v. Jos. Müller. — 80

S a n d o z, [Albert], und B o s s, [Friedrich]. Auszug aus dem Bericht der Herren Sandoz und Boss über den Giro- und Checkverkehr der Postverwaltungen von Deutschland und Österreich. ⟨Seite 68—77. Bern 1900, veröffentlicht Juni 1902 [durch den Vorort des Schweizer. Handels- und Industrie-Vereins].⟩ 8 S. 4. [Zürich, Berichthaus.]

S a n d o z, [Albert], et B o s s, [Friedrich]. Extrait du Rapport de Messieurs Sandoz et Boss concernant le Service des chèques et des virements des administrations postales en Allemagne et en Autriche. ⟨Pages 82—93. Berne 1900, publié Juin 1902 [par l'Union suisse du commerce et de l'industrie].⟩ 8 p. 4. [Zurich, Berichthaus.]

Sandoz, Aurèle: Das Handelsregister, mit Berücksichtigung anderer öffentlicher Bücher nach deutschem und schweizerischem Recht. Heidelberg 1908: Geisendörfer. 50 S. 8°
Heidelberg, Jur. Diss. v. 17. Nov. 1908, Ref. Schröder
[Geb. 15. Jan. 84 Basel; Wohnort: Lausanne; Staatsangeh.: Schweiz; Vorbildung: Gymn. Lausanne Reife O. 03; Studium: Lausanne 5, Heidelberg 1, Berlin 1, Heidelberg 4 S.; Rig. 15. Juli 08.] [U 09. 1888

Sandoz, Charles de, Correspondance française pour les maisons de banque. Französische Correspondenz für Bankhäuser. 8. (114 S.) Wien 878, Lechner's Verlag. *

Sandoz, Carl v., modernes Französisch. Ein Gesprächbuch in französischer u. deutscher Sprache für Alle, welche sich in der französischen Sprache vervollkommnen wollen. Wien 870. Lechner. 16. (VIII, 302 S.) 20 ngr.

Sandoz, Carl v., modernes Französich. Ein Gesprächbuch in französ. u. deutscher Sprache f. Alle, welche sich in der französ. Sprache vervollkommnen wollen. — Néologie française. 2. Ausg. 16. (VIII, 302 S.) Wien 876. Lechner's Verl. n. 2. 30

Sandoz, Charles, Assistenzarzt an der allgemeinen Poliklinik Basel; aus Le Locle (Neuenburg): Untersuchungen über die Bedeutung des Sternalwinkels bei Lungentuberkulose. Bern 1907. 32 S. 8°.
Basel. Med. Diss. 1906/1907.

Sandoz, Charles. Untersuchungen über die Bedeutung des Sternalwinkels bei Lungentuberkulose. Diss. Med. Basel. 32 S. 8. Bern, Lierow & Cie., 1907.

Sandoz, Ed, aus la Chaux-de-Fonds, Assistent an der Frauenklinik: Aus dem Berner pathologischen Institut. Über zwei Fälle von „fötaler Bronchektasie". [Mit 2 Tafeln.] Jena 1907. 26 S. 8°. [27. VII. 06.]
Bern. Med. Diss. 1906/1907.

Sandoz, Ed[ouard]. Über zwei Fälle von « fötaler Bronchektasie ». Diss. Med. Bern. [Mit 1 Tafel. Sep.-Abdr. aus: Beiträge zur pathologischen Anatomie und zur allgemeinen Pathologie. Band 41. Heft 3.] *Kopftitel:* Aus dem Berner pathologischen Institut. 26 S. 8. Jena, Gustav Fischer, 1907.

Sandoz, Franz (Neuchâtel) A. S. 825/33

Quaestiones juridicae.
Basel (Ludius) 13. VII. 1714. 18 S.

Gew.: Franciscus Chambrier. 29743

Sandoz, G., voir: *Schmid, F.*

[Sandoz. Jean-Abram-Samuel.] Mes réflexions. Ouvrage rélatif aux dissensions qui troublent le Comté de Neuchatel. Accompagné des pièces justificatives, pour la partie historique. Dédié aux vrais-patriotes. 8. *s. l.* 1761.

Sandoz, Jean Jacques: De mercatura Romanorum magnaria. Gallis: commerce en gros. 22 S. – Basel, Jur.Diss.v.16.Dez.1757.

Sandoz, Jean Jacques: Theses juridicae tumultuariae, s. Raillard, Jeremias (Praes.)

Sandoz, Marcel, aus La Chaux-de-Fonds und Le Locle: Ueber Vorbruchbutter und ihre Unterscheidung von der Rahmbutter. ⟨Aus dem Laboratorium für Lebensmittelchemie (Kantons-Laboratorium) in Bern.⟩ Bern 1909. 41 S. 8°. [23. VII. 09.]
Bern. Phil. Diss. 1909/10.

Sandoz, Marcel. Ueber Vorbruchbutter und ihre Unterscheidung von der Rahmbutter. Diss. Phil. Bern. 41 S. 8. Bern, W. Wälchli, 1909.

Sandoz, Paul, med. pract. in Chaux-de-fonds [v. Dombresson, Kt. Neuenburg]: Ueber Punctio pericardii und die tuberculöse Pericarditis. Zür. Zürcher u. Furrer Dr. 1881. 48 S. 8°.
Zürich. Med. Diss. [v. 3. März 1881].

Sandoz, Ulric: De obligatione vasalli erga seniorem. 45 S. – Basel, Jur.Diss.v. 4.Feb.1704.

[Sandoz-Rollin, Henri-Alphonse de.] Essai statistique sur le Canton de Neuchatel. [Avec 10 planches et 1 carte.] 8. Zurich 1818.

Sandoz-Rollin, Henri-Alphonse de s. Guillebert, Alphonse, et Sandoz-Rollin, Henri-Alphonse de.

Sandrani, Giuseppe, Deutschland u. die italienische Frage. Eine Stimme aus Italien. Breslau 859. Kern. gr. 8. (IV, 60 S.) 10 ngr.

de Sandrart, J. Accuratissima totius Africae tabula. Nurnberg. 1 Bl. c. K. v.

Sandrart, Jak., Totius fluminis Rheni novissima descriptio. Nürnberg o. J. Fol. 2 Bll. Kupf. . . . . (D.)

v. Sandrart, Joachim. Teutsche Academie der Bau-, Bildhauer- u. Malerkunst, worinn die Regeln u. Lehrsätze dieser Künste gegeben, nicht weniger zu mehrerer Erläuterung die besten [illegible] der alten u. neuen Künstler in Kupfer beygefüget worden, wie solche in Rom auf das genaueste abgezeichnet sind. Nebst den Lebensbeschreibungen der besten griechischen, römischen [illegible] Künstler [illegible] ihrer vornehmsten Werke. Neue Ausg. von Johann Jacob Volkmann. 8 Thle. Nürnberg 1768–75. 9 Bde. Fol.
Thl. 1. Von den Baumaterialien, den fünf Ordnungen u. deren Regeln u. der Vorstellung der römischen Kirchen.
Thl. 2. Die besten Muster der alten u. neuer Baukunst u. die römischen Altäre.
Thl. 3. Die römischen Palläste u. einige Städte des [illegible] venezianischen Gebiete u. die merkwürdigsten Springbrunnen in Rom.
Thl. 4. Regeln der Bildhauerkunst nebst alten Statüen als Muster derselben; die musikal. Instrumente [illegible]
Thl. 5. [illegible] römischen Gärten [illegible]
Thl. 6. Anleitung zur Malerkunst. [illegible] u. Salvator Rosa's Zeichenkunst [illegible]
Thl. 7 (in 2 Bde). Von den alten egyptischen, griechischen u. römischen Malern, den berühmten neueren italienischen Malern, Bildhauern u. Baumeistern u. Nachrichten von niederländischen u. teutschen Malern.
Thl. 8. Ikonologie der Götter u. Generalregister.

v. Sandrart, Joach., deutsche Akademie der Bau-, Bildhauer- u. Malerkunst, verbess. von J. J. Volckmann. 8 Thle. Mit Kpf. gr. Fol. Nürnb. 768—75. (Schmidmer). 40 ℳ

Sandrart, Jo. v., deutsche Akademie d. Bau- Bildhauer- u. Malerkunst, verb. von Volkmann. 8 Thle. m. K. gr. Fol. Nürnb. Schmidmer. (Endter.) 769—75.

Gantz neue Biblische Bilder-Ergötzung dem Alter und der Jugend zur Beschauung und Erbauung, aus dem alten Testament angestellet und mitgetheilet: 141 Bl. von Joh. Jacob von Sandrart gezeichnet, von Elias Porcelius in Holz geschnitten. Nürnberg. 4°.

de Sandrart, Joannes Jacobus. Insignium Romae templorum prospectus exteriores et interiores a celebrioribus architectis inventi. Norimbergae. Fol.

Sandrart, Lorenz von (Nürnberg) A. S. 357/29

Dissertatio inauguralis juridica de Noricorum causis adimendi legitimam. Präs. Christian Thomasius.
Halle (Salfeld) 23. VII. 1703. 48 S. 29746

Sandré, Emil, Schopenhauers Aesthetik. Eine Studie. gr. 8. (8 S.) Czernowitz 892. H. Pardini. n. 1. —

Sandré, Emil Camillo Walth. (der lange Doctor), der Drilling. 2. verm. Aufl. (VII, 68 S. m. Abbildgn.) gr. 8. München (902). J. Schön. n.n. 2.—

— Lehrbuch des Füllens der Zähne m. kohäsivem Gold. 3., vergrösserte Aufl. (VIII, 195 S. m. Abbildgn.) Lex.-8. Berlin (904). Berlin. Verlagsanstalt. n. 6.—

— s.: Schuss-Buch.

Sandré, Gust., manuel général de musique par demandes et par réponses à l'usage des professeurs, des élèves et des amateurs. Adaptation française du „Katechismus d. Musik" de Lobe (23. éd.). 9. éd. (VI, 160 S.) kl. 8. Leipzig 910. Breitkopf & Härtel.
Geb. in Leinw. 2.—

Das geistliche Leben in seinen Entwickelungsstufen von A. **Sandreau**, Angers. Nach d. 2. Aufl. aus d. Franz. übersetzt von P. A. Schwabe, Priester d. Ges. Jesu. Bd. 1. Trier: N. Disteldorf 1901. 8°

(F) **Sandreau, A.,** Das gottgeeinte beschauliche Leben und die dazu führenden Mittel nach den großen Geisteslehrern. 8°. (IV, 436 S.) K 3.—, geb. K 4.—
Graz: Verlagsbuchh. „Styria" 1907.

Sandreczki, Albrecht

Sandreczki, *Nikolaus Karl* Albrecht [aus Jerusalem in Palaest.]: Ueber die Verluste an Menschenleben im Kriege und die Entwicklung der Chirurgie des Schlachtfeldes ... Berlin, C. Vogts Buchdr., *1896;* 29 S., 1 Bl. 8.
Berlin, Med. Fak., Inaug.-Diss. v. 11. Aug. 1896

Die Anwesenheit Sr. Königl. Hoheit des Kronprinzen von Preußen in Palästina. Von einem Süddeutschen [d. i. C. Sandreczki]. Berlin 1870. 8°

Sandreczki, C., Ein kleiner Beitrag zum Studium der neugriech. Sprache in ihren Mundarten. Ak. 1872. 80 S. 1.20

Sandreczki, C., Reise nach Mosul und durch Kurdistan nach Urumia, unternommen im Auftrage der Church Missionary Society in London, 1850. In briefl. Mittheilungen aus dem Tagebuche rc. 4 Thle. Stuttgart 857. J. F. Steinkopf. 8. (1. Thl.: XII, 318 S.; 2. Thl.: XXIII, 297 S.; 3. u. 4. Thl.: XIV, 494 S.) 3 ℛ. 18 ngr

1. Thl.: Reise von Smyrna nach Mosul.
2. „ Bilder aus Mosul und Reise bis Urumia.
3. 4. „ Aus Urumia. Rückreise durch das Land der Berg-Nestorianer über Mosul nach Smyrna.

Sandreczki, Max. Theod., über die Exarticulatio pedis in tarso. Inaugural-Abhandlung. gr. 8. (31 S. mit 1 statist. Tab. und 1 Stnt. in gr. 8. und 4.) Würzburg 865, (Stuber.) *

Sandreiter, Johann David (Nürnberg) A. S. 725/9

Dissertatio inauguralis de declaratione honoris injuriato ab injuriante facta, Von versühnlicher Ehren-Erklärung.
Altdorf (Meyer) 25. VI. 1701. 36 S.

W. v.: Christoph Sonntag, Christoph Wegleiter, Heinrich Hildebrand, Georg Paul Rötenbeck. 29747

Sandretzki, Graf von: „Vorschlag zur Abwendung des Unglücks, das den Landwirthen durch den so unverhältnissmässig gesunkenen Werth der Producte so gewiss bevorsteht", Breslau 1824 (Korn).

Sandreuter, H., siehe: *Jugendthorheit.*

Sandreuter, Hans, Federzeichnungen. gr. 4. (28 S. Illustr.) Neuschâtel 891. Gebr. Attinger. n. 1.—

— Skizzen aus schweiz. Truppenzusammenzügen 1890 u. 1893. schmal qu. Fol. (30 Lichtdr.-Taf. m. 1 Bl. Text.) Basel 894. (B. Schwabe.) In Mappe. n. 3.20

Sandreuter, H. Skizzen aus Schweiz. Truppenzusammenzügen 1891 und 1893. 30 Taf. in-8° obl. Basel, B. Schwabe. 1894. In Mappe 4 —

Sandri, Giacomo: De naturali et praeternaturali sanguinis specimina medica; cum tractatu de ventriculo et emeticis. 300 S., gbd.

Francofurti ad Moenum: Andreae 1712

JB 1.984

Sandring, Aufruf an Israel u. an die Welt. gr. 8. (2 B.) Magdeburg 845, Falckenberg u. Comp. *

—— das Gewand des Erlösers. Enthüllung des Geheimnisses. gr. 8. (1¼ B.) Magdeburg 845, Falckenberg u. Comp. *

—— der letzte Prophet, oder der Wahn des 19. Jahrhunderts. gr. 8. (3 B.) Magdeburg 845, Falckenberg u. Comp. *

—— offenes Sendschreiben an den Papst Gregor XVI. gr. 8. (1¾ B.) Magdeburg 845, Falckenberg u. Comp. *

Sandrini, G. C. M., das Vorwort der italienischen Sprache. Vollständ. krit. Abhandlung dieses Redetheiles. gr. 8. (VI u. 52 S.) Wien 851, Gerold. n. 12 ngr

Sandrini, G. C. M., das Vorwort der italienischen Sprache. Vollständige kritische Abhandlung dieses Redetheiles. 2. (Titel-) Ausg. gr. 8. (VII und 52 S.) Wien (851)58, Lechner's Universitäts-Buchh. *

—— das Zeitwort der italienischen Sprache. Vollständige krit. Abhandlung dieses vorzügl. Redetheiles in 2 Thln. gr. 8. (VIII und 130 S.) Wien 851, Gerold, Verlag. *

—— das Zeitwort der italienischen Sprache. Vollständige kritische Abhandlung dieses vorzüglichen Redetheiles in 2 Thln. 2. (Titel-) Ausg. gr. 8. (VI und 130 S.) Wien (851)58, Lechner's Universitäts-Buchh. *

Sandris, s. Sandri

Sandrock, Heinrich: Über religiöse Erziehung. Cassel 1910: Weber & Weidemeyer. 20 S. 4°
Kassel, k. Wilhelms-G. OP 1910 (529) [S 10. 309

Sandrock, Hermanus Leonardus (*in d. Vita:* Leonardus Hermanus) [*im Diplom nur:* Leonardus] (*geb. Hundisburg bei Magdeburg 2. 4. 1832*): Prioris et posterioris Zachariae partis vaticinia ab uno eodemque auctore profecta. Vratislaviae (1856). (74 S.) 8°
Breslau, Ev.-theol. Liz.-Diss. v. 6. Dez. 1856

Sandrock, Wilhelm, appr. Arzt a. Reinhausen b. Göttingen: Zur Histologie und Genese der sogenannten Krukenberg-schen Ovarialtumoren. Leipzig 1906: B. Georgi. (64 S.) 8°
Göttingen, Med. Fak., Ref. Borst, Diss. v. 27. Aug. 1906
[Geb. 28. Nov. 82 Lauterhausen; Wohnort: Braunschweig; Staatsangeh.: Braunschweig; Vorbildung: Gymn. Göttingen Reife O. 01; Studium: Jena 4, München 1, K. W. A. Berlin 1, Univ. Berlin 1, Göttingen 3 S.; Coll. 30. Juli 06; Approb. 3. Mai 06.]

Sandrog, Arthur [aus Gerbstedt]: Zur Kenntnis der Symptomatologie und pathologischen Anatomie des Morphinismus ... Jena, G. Neuenhahn Univ.-Buchdr., 1893; 45 S. 8.
Jena, Med. Fak., Inaug.-Diss. v. [18. Nov.] 1893

Sandrub, L., Delitiae historicae et poeticae, s. Neudrucke deutscher Litteraturwerke des XVI. und XVII. Jahrh.

Sand's, K. L., wichtigste Lebensmomente. Mit dessen Bildniß. 2te verm. Aufl. gr. 8. Nürnberg, Bauer und Raspe. 819.

— Nachtrag zu den wichtigst. Lebensmomenten desselben, mit der vollständ. Erzählung sr. Hinrichtung am 20. Mai 1820. Mit 1 Titelkpf. gr. 8. Nürnb. 820. Bauer u. R. 12 gl.

— letzte Lebenstage, s. G. Courtin.

SANDSCHUSTER, ADAM: Erster Grund-Stein für das Gottes-Haus der Gesellschaft Jesu zu Hermann-Stadt in der Sachsischen Haupt-Stadt des Fürstenthums Siebenbürgen Bey hoher Anwesenheit Ihro Excellentze des Commandirenden Herrn Generalen Freyherrn Caroli de Tyge, von unzehligen zusehern nach gehaltener Predig mit gröster Hochfeyerlichkeit angeleget den 4 Heumonath im Jahr Chr. 1726 Hermannstadt 1726 Druckts Joh. Barth. 12 f. - kl. 4°

Aus der Biologischen Anstalt auf Helgoland. Die Flechten Helgolands. Von Heinrich **Sandstede**. Sonderabdruck aus: Wissenschaftliche Meeresuntersuchungen etc. Neue Folge. Bd. 1. Kiel und Leipzig. 1894. Fol.

(Aus der biologischen Anstalt auf Helgoland.)
Die Flechten Helgolands. II. Von Heinrich **Sandstede**. Oldenburg i. Gr. 1901. Fol.
Sonderabdruck aus: Wissenschaftl. Meeresuntersuchungen, N. F. Bd. 5, Abtl. Helgoland, H. 1.

Sandstein, Johann Paul [aus Berlin]: Über die laesio enormis .... Berlin, Druck v. Otto Drewitz, 1887; 87 S. 8°
Göttingen, Jur. Fak., Inaug.-Diss. v. 18. Aug. 1887

Sandstein, J. P., üb. die laesio enormis. Inaug.-Diss. gr. 8. (87 S.) Berlin 887. (Göttingen, Vandenhoeck & Ruprecht's Verl.) n. 2. —

Sandsteiner, K., Über das Carcinom der Leber. (Aus: Sitzungsber. d. k. Akad. d. Wissensch., mathem. naturw. Klasse.) Gr.-8°. (ill. 72 S. mit 1 Doppeltafel) † K 2.90
Wien: Alfred Hölder 1907.

Sandström, C. E., Emendationes in Propertium, Lucanum, Valerium Flaccum. gr. 8. (44 S.) Upsala 878, Akadem. Buchh. *

— Studia critica in Papinum Statium. gr. 8. (61 S.) Ebendas. 878. *

Sandström, C. E., de L. Annaei Senecae tragoediis commentatio. [Aus: „Universitets Arsskrift".] gr. 8. (112 S.) Upsala 872. akadem. Buchh. n. 2. 40

Ueber die Anwendung von Prof. v. Bjerknes' Theorie der Wirbelbewegungen in Gasen und Flüssigkeiten auf meteorologische Beobachtungen in den höheren Luftschichten von J. W. Sandström. Mit 10 Taf. Stockholm 1900: P. A. Norstedt & Söner (46 S.) 4°
(Handlingar, K. Svenska Vetenskaps-Akademiens. N. F. Bd 33, No 4.)

Über die Beziehung zwischen Luftdruck und Wind von J. W. Sandström. Mit 4 Taf. u. 9 Fig. Uppsala & Stockholm 1910: Almquist & Wiksell. 20 S. 4°
(K. Svenska Vetenskapsakademiens Handlingar Bd 45. Nr 10)

Sandström, J. W., über d. Beziehung zwischen Luftdruck u. Wind. (20 S. m. 9 Fig. u. 4 Taf.) 31,5×25 cm. Uppsala 910. Berlin, R. Friedländer & Sohn.
Sonderabdr. a.: nn 2. 40
„Kungl. svenska vetenskapsakademiens handlingar".

On the construction of isobaric charts for high levels in the earth's atmosphere and their dynamic significance. By J. W. **Sandström**. Straßburg: K. J. Trübner 1907. (S. 31–95.) 4°
= **Beiträge** z. Physik d. freien Atmosphäre. Bd 2, Beih.

Sandström, J. W., Einfluss des Windes auf die Dichte u. die Bewegung des Meereswassers, s.: Publications de circonstance du conseil permanent international pour l'exploration de la mer.

— Uber die Temperaturverteilung in den allerhöchsten Luftschichten. (6 S.) 8. Ebd. (907). nn — 70
Sonderabdr. a.: „Arkiv f. matematik, astronomi och fysik".

Sandt: Denkschrift zur Widerlegung des Cassations-Gesuches des Herrn. Jos. Hall u. Genossen, Cassationskläger, in Sachen derselben wider die Grafen Ernst und Carl zur **Lippe** Berlin 1829.

[Sandt, A. v.]: Begründung des von Josua **Abraham** gegen das Urtheil des Assisenhofes zu Cöln eingelegten Cassations-Gesuches. An den Königl. hohen Revisions- u. Cassationshof in Berlin. [Berlin um 1821.]

(Sandt, A. v.): Denkschrift in Sachen des Joh. Maria Farina in Paris Klägers, wider Joh. Jak. **Farina** in Düsseldorf Beklagten, zur Begründung des von Ersterem gegen das Urtheil des Appelhofes zu Düsseldorf eingelegten Cassations-Gesuches. Köln (1817).

Sandt, Emil, im Aether. Das Testament eines Einsamen. Roman. (317 S.) 8. Berlin-Ch. (910). Vita. 4.—; geb. 5. 50

Sandt, Emil, Cavete! Eine Geschichte, üb. deren Bizarrerien man nicht ihre Drohgn. vergessen soll. 1. u. 2. Aufl. (à 470 S.) 8. Minden (906). J. C. C. Bruns.
n. 5. —; geb. n. 6. —

Cavete! Eine Geschichte, über deren Bizarrerien man nicht ihre Drohungen vergessen soll. Von Emil **Sandt**. Volks-Ausg. 13. bis 17. Aufl. Mit e. Bildnis d. Verf. Minden: Bruns [1908]. 470 S. 8°

— Cavete! Eine Geschichte, üb. deren Bizarrerien man nicht ihre Drohgn. vergessen soll. Mit e. handschriftl. Wiedergabe d. Graf Zeppelinschen Geleitwortes u. m. e. Schilderg. e. großen Zeppelinschen Luftfluges (Aus der Vision ins Leben) v. Verf. dieses Buches, sowie m. dessen Bildnis. Volks-Ausg. 22. Aufl. (9 u. 470 S.) 8. Minden (909). [J. C. C. Bruns.] Berlin-Ch., Vita. 2.—; geb. 3.—

— s.: Luftschiffahrt, die.

v. Sandt, G., Einiges zur Würdigung des Lästerungs-Systems in d. Fonk'schen Criminal-Processe. 1s Hft. gr. 8. Cöln 822. Du-Mont-Schauberg. 14 gGr

— ist die rechtl. Beleuchtung e. Protestation gegen die zu Koblenz stattgefundenen Wahlen des 2n Standes d. Rhein. Provinzial-Landtags eine rechtliche? gr. 8. Berl. 826. (P. Schmitz in Cöln). 6 gGr

— Rechtfertigung u. Beleuchtung e. Protestation gegen die zu Koblenz stattgefundenen Wahlen d. 2n Standes des Rhein. Provinzial-Landtags. 2 Hfte. gr. 8. Cöln 827. P. Schmitz. 12 gGr

Sandt, Gf. von

— — und C. Zumbach, Archiv, niederrheinisches, für Gesetzgebung, Rechtswissenschaft. s. Archiv.

v. Sandt, Gf., s. Archiv für Preuß. Civil- u. Criminalrecht.

Sandt, H.: Fibel für Stadtkinder, s. Heinemann, Karl

Sandt, H., Lesebuch zu Pflege vaterl. Bildung, s.: Jütting, W. U.

Königin Luise. Von H. Sandt u. W. Schlegel. Charlottenburg: Schiller-Buchh. [1910]. 226 S. 8°

Dass., s.a. Sandt, S.

— Realienbuch, s.: Kahnmeyer, L., u. H. Schulze.

Sandt, Herm., Heimatkunde d. Prov. Brandenburg. Als Ergänzg. zu d. Lesebüchern v. Jütting u. Weber, sow. auch zu and. hrsg. gr. 8. (IV, 140 S.) Berlin 898. Leipzig, J. Klinkhardt. Kart. n.n. — 50

Sandt, Joh. Friedr. von, Neu eröffnetes Muster Buch ... in Gold und Silber zu sticken inventiret, gezeichnet u. in Kupffer ans Licht gestellt, verlegt durch Johann Friedrich von Sandt ... Zu finden bey D. U. Bocklin ... in Leipzig
... (in Nachbild.) 34 Bl. Kupferst. 8°
... nach französ. ... 2 Bl. (2 u. 3?) fehlen

Sandt, P. E. L. v. Petition um Recht des Königlich Preussischen Lieutenants a. D. und ehemaligen Polizei-Lieutenants bei der Schutzmannschaft zu Berlin Peter Eduard Leo von Sandt, gegenwärtig in Genf (Schweiz) wohnhaft, (Art. 32 der Verfassung für den preussischen Staat vom 31. Januar 1850) an das hohe Haus der Abgeordneten zu Berlin. Kl. in-8°, 310 S. Zürich, Verlagsmagazin (J. Schabelitz). 1888. 4 50

Sandt, S., s.a. Sandt, H.

— u. W. Schlegel, Königin Luise. (IV, 219 S. m. Bildnis.) 8. Charlottenburg (910). Schiller-Buchh. Geb. 1.80; Geschenkausg. in Leinw. 3. —

Sandtmann, J., s. Bericht, 5ter, über die Verwaltung des allgemeinen Krankenhauses in Hamburg.

Sandtmann, Joan. (geb. Hamburg 179..): Nonnulla de quibusdam remediis ad animi morbos curandos summo cum fructu adhibendis. Berolini: Maurer 1817. (XII, 116 S.) 8°
Berlin, Med. Diss. v. 3. Febr. 1817

Sandtner, Fr. Ed. (Hrsg.), s. A B C, neues, in 70 Bildern.

Sandtner, Fr. Ed., ABC in Volkstrachten, s. ABC.

—— der Bettler, s. Bettler.

– (Hrsg.), s. Damaschka, Wilh. Friedr.: Die Entdeckung von Amerika. – Dess. Der Günstling.

Sandtner, Fr. Ed., die Entdeckung von Amerika. — Ferdinand Cortez, oder die Eroberung von Mexiko. Nach den besten Quellen bearbeitet von G. Delhinor. 12 Liefg. Mit 24 Bildern. 12. Prag 843, Sandtner. à 3 Ngr — Thondruck à 1/6 Rthlr

— dass. vollständig. Mit 24 Bildern. 12. Ebend. 843. 1 1/3 Rthlr Thondruck mit Goldschn. 2 Rthlr

— dass. Franz Pizarro oder die Eroberung von Peru. Nach den Quellen bearb. Mit 16 Bildern. 16. Ebend. 843. geb. 24 Ngr Mit Bildern auf Thondr. geb. 1 1/3 Rthlr

—— kleine Kalligraphie. 1. u. 2. Hft. Vorlegeblätter zum Schönschreiben. — Alphabete. 1/2 qu. 8. (36 lith. Blä.) Prag 844, Sandtner. *

– (Hrsg.), s. Nowack, Franz Karl: Romantischer Erzählungen.

– s. Real-Lexikon der Naturgeschichte.

—— die Ritterzeit rc., s.a. Ritterzeit.

— die Ritterzeit, in Darstellungen ihrer Entstehung, ihres Waltens u. ihrer Dauer. Für die Jugend herausgeg. Mit 12 Bildern. 16. Ebend. 845. geb. 12 Ngr

Sandtner, F. Ed., der Selbstunterricht in d. Kalligraphie. qu. gr. 8. (40 lith. Bl.) Prag 841, (v. Mayregg'sche Bh.) *

— der Selbstunterricht in der Kalligraphie. qu. gr. 8. (40 sauber lith. Blätter.) Prag 841. (Sandtner.) n. 1 Rthlr

—— der Selbstunterricht in der Kalligraphie. qu. gr. 8. (40 lith. Blätter.) Prag 844, Sandtner.

Sandtner, J., Vorschriften für Schulen und zum Selbstunterrichte. Deutsch. 2 Hefte. qu. 4. (à 10 lithogr. Blatt.) Prag 865, (Satow.) à Heft * 7 Ngr. *

—— dass. — Lateinisch. (11 Blatt.) Ebendas. 865. *

—— dass. — Böhmisch. (12 Blatt.) Ebendas. 865. *

SANDTNER, Joseph (Gundremmingen): Zur Statistik, Aetiologie und Heilbarkeit des Krebses.- München: Wolf 1884. 30 S.
28.7.1884 - Urk (Titel: De carcinomatis aetiologia.); Chr 1884/85,19
Diss. Ingolst.-Landsh.-Mchn.

Sandtner, K., Wien, s. Grieben's Reiseführer.

Sandtrock, C., Führer durch Hildesheim. Kurze Beschreibung der Stadt und ihrer Sehenswürdigkeiten. Mit 9 Ansichtspostkarten u. 1 Plan der Stadt. gr. 16. (20 S.) Hildesheim (900). J. Gude. n. 1.—

Sandtrock, Carl, d. fachliche Zirkel- u. Projektionszeichnen f. Klempner bezw. Tischler, s. Gestaltung, die fachliche, des Zeichenunterrichts an gewerbl. Fortbildungs- u. Handwerkerschulen. 6. u. 8. Heft.

— u. F. **Ocker**, das fachliche Zirkel- u. Projektionszeichnen f. Maschinenbauer bezw. Schlosser, s. Gestaltung, die fachliche, des Zeichenunterrichts an gewerbl. Fortbildungs- u. Handwerkerschulen. 2. u. 1. Heft.

Das fachliche Zirkel- und Projektionszeichnen für Schlosser nach prakt. Berufs-Modellen in systemat. Folge, nebst e. umfangreichen prakt. Aufgabensammlung, bearb. von Dir. C. **Sandtrock** u. Fachl. F. O c k e r, Hildesheim. Wittenberg: R. Herrosé 1908. (22 Bl.) quer-8°
= **Gestaltung**, Die fachliche, d. Zeichenunterrichts. H. 1. [08. 12549

Sandu-Miclesco, Jean [aus Rumänien]: B e i t r a g zur Geschichte des Krebses und dessen Complicationen ... München, G. Franz'-sche h. b. Hof-Buchdr. (G. Emil Mayer), 1887, 24 S. 8°
München, Med. Fak., Inaug.-Diss. v. 1887.

S a n d u - M i s l e s c o, J e a n, Beitrag zur Geschichte des Krebses und dessen Complicationen. Diss. München 1887, A. Buchholz. 8°. 24 S.

Der Sandusky Demokrat: Aug. 1, 1856–1919?
Weekly. Democratic [Ayer states Independent, 1874–88]. Title varies: DER BAYSTADT DEMOKRAT, Aug. 1856–1873. For semi-weekly edition, see HALBWÖCHENTLICHER DEMOKRAT. Circulation: 1870, 900 (est.), 1880, 600, 1890, 650; 1900, 700; 1910, 700; 1915, 700; 1919, 700. Edited by Hermann Rau, & published by Louis Traub, Aug.–Oct. 1856; edited & published by Jacob Hertel, Oct. 10, 1856–1873; by Wilhelm Senn, [with J. Conrad Frost, 1873–76?; with his son, Wilhelm Ferdinand Senn, 1876?–1902], 1873–Oct. 1902, edited by Wilhelm A. Rümmele, & published by Wilhelm Ferdinand Senn, 1902?–1903?; published by Demokrat Publishing Co., 1903?–1919
Sundusky, OH

Sandusky Herold: 1867–? Sandusky, OH
Tri-weekly. Edited & published by Karl Förster.

Sandvig, B. C., lectionum theotiscarum specimen, carminis antiqui de S. Georgio fragmenta etc. 8maj. Kopenh. 783. (Brummer). 4 gr.

S a n d v i g, B. C., lectionum theotiscarum specimen, carminis antiqui de S. Georgio fragmenta etc. 8. maj. Copenh. Proft. 783.

Sandvoss, Der Mythus von Brunhild, Dornröschen und Siegfried. Friedland 1867. 4.
Progr. d. Gymn. Friedland.

Sandvoss, August Heinrich Wilhelm, appr. Arzt a. Holle: Aus der Chirurgischen Klinik in Marburg. Ungewöhnliche Lokalisationen des Echinococcus ⟨Vorderarmmuskeln, Schilddrüse, Gallenblase und Niere⟩. Marburg 1907: H. Bauer. (29 S.) 8°
Marburg, Med. Fak., Ref. Küster, Diss. v. 9. April 1907
[Geb. 23. März 80 Holle (Prov. Hannover); Wohnort: Cassel; Staatsangeh.: Preußen; Vorbildung: Gymn. Hildesheim Reife O. 01; Studium: Erlangen, Berlin, Marburg, zus. 9 S.; Coll. 18. Dez. 06; Approb. 21. März 06.]

Sandvosz, F.: Über d. V o r s t e l l u n g der Unterwelt in d. deutsch. Vorzeit. Friedland 1864. 4°
Schul-/Univ.-Schrift

Sandvoss, Franz, s.a. X a n t h i p p u s

Sandvoß, Frz., offener Brief an den Verfasser der Schrift: „Der ideale u. der geschichtliche Christus" Herrn Dr. J. R. Hanne Lic. Theol. 8. (32 S.) Berlin 871. Bohne. n. — 50

S a n d v o s s, Frz., s. **F r e i d a n k**.

Sandvoß, F., s.: **F r e u n d e s g a b e n** f. Carl August Hugo Burkhardt.

S a n d v o ß, Frz., s. Kalypso. — N e u j a h r s g a b e.

Sandvoss, Frz. (Xanthippos), Rede auf Petrarca, s.: C a r d u c c i, Giosuè.

S a n d v o s s, Frz., so spricht das Volk. Volksthümliche Redensarten. gr. 16. (VII und 70 S.) Berlin 860, Schotte und Comp.

—— dass. — Volksthümliche Redensarten und Sprichwörter. 2., billige Volks-(Titel-)Ausg. gr. 16. (VII und 70 S.) Ebendas. (860)61.

– s. S p r e u .

Sandvoss, Frz, Sprichwörterlese aus Burkhard Waldis mit einem Anhange: zur Kritik des Kurzischen B. Waldis und einem Verzeichniss von Melanchthon gebrauchter Sprichwörter. Friedland 1866. 8.

Sandvoß, Frz., s.a. S p r ü c h e, gute alte deutsche.

[F.] Gute alte deutsche Sprüche ausgelesen u. erläut. f. Schule u. Haus v. X a n t h i p p u s [d. i. F r a n z Sandvoss]. *Berlin: G. Stilke 1897.* (XVIII, 156 S.) 1 Bd 8. [96. 9214

– s. W a s dünket Euch um Heine?

– s. W o r t . Das, sie sollen lassen stahn.

– s. X e n i e n , Römische.

Sandvoß, Jh. F., († d. 30. Juni 1815.) span. Sprachlehre, nach den besten Hülfsmitteln bearbeitet. gr. 8. Berl. 804. (W. Nauck in Leipz.) 1 ℛ

S a n d v o ß, Rosalie, Briefe eines Malers an seine Schwester. gr. 16. (131 S.) Hamburg 854, Agentur des Rauhen Hauses. *

Sandvoß, Rosalie, f. praktisches C h r i s t e n t h u m. Gedichte. 8. (III, 103 S.) Wernigerode 891. B. Angerstein. Kart. n. 1. —

S a n d v o ß, Rosalie, die Cousinen. Eine Erzählung für junge Damen. 16. (148 S. mit ill. Titelbild in Stahlst.) Stuttgart 858, Chelius. geb. –

— **d a h e i m u. draußen.** Gedichte. gr. 8. (IV, 224 S.) Ebd. 891. n. 2. —; kart. m. Goldschn. n. 2. 60

Sandvoß, Rosalie, Eichenlaub u. Tannengrün. Dichtungen. gr. 8. (200 S.) Leipzig 891. Danz. geb. n. 3. —

—— die Pflegerin. gr. 16. (90 S.) Hamburg 864, Agentur des Rauhen Hauses. *

—— ein Tagebuch. Erzählungen für junge Damen. 16. (170 S.) Stuttgart (861)62, Chelius.

— **W a h r h e i t, Wahrheit!** Gedichte. gr. 8. (90 S.) Berlin 893. Bibliograph. Bureau. n. 1. —

S a n d v o ß, Rosalie, die Waisen. Eine Erzählung für Familienkreise. gr. 16. (160 S.) Stuttgart 856(57,) Chelius.

Sandwerk, Das. Eine Stadtneuigkeit vom Kaffeehause. Vom Verfasser der Edlen Griechen. Leipzig 1803. V: *Kellner, Gg. Christoph.* (C. G. Maassen in: Der grundgescheute Antiquarius, Jg. I, Heft 16 [März 1922], S. 188—190) (Allg. Lit.-Ztg. 1803, Int.-Bl. 931 f.) (Zeitschr. f. Büch. N. F. 15, 1923, S. 121)

S a n d w e r k, das, eine Stadtneuigkeit vom Kaffeehause, vom Verf. d. Edlen Griechen. 8. Elberfeld, Büschler. 803.

Sandwerk, das; eine Stadtneuigkeit vom Kaffeehause, vom Verf. der edlen Griechen. 8. Elberf. 803. (Schönian). 1 ß 8 gr

Sandwith, Humphry, Geschichte der Belagerung von Kars und des sechsmonatlichen Widerstandes der türkischen Garnison unter General Williams gegen die russische Armee nebst einer Beschreibung von Reisen und Abenteuern in Armenien und Lazistan mit Bemerkungen über den gegenwärt. Zustand der Türkei. Aus dem Engl. von Reinhard Otto. gr. 12. (XII und 336 S. mit 1 lithogr. Plane von Kars in qu. 4. und 2 Titelbildern in Holzschn.) Braunschweig 856, Vieweg und Sohn. *

Sandy oder die Unvermählten. Eine wahre Geschichte. Bern 867. Mann & Baeschly. 8. (221 S.) 12 ngr.

Sandy, L. [Pseudon.] s. Duperrex, Mlle Lina.

Saneg, A., kleine Regelsammlung in Reimen zur anregenden Erlernung der Anfänge der französischen Sprache m. Hinweisung auf den Lehrgang d. Plötz u. m. Anschluß daran. 8. (38 S.) Posen 886. (Merzbach.) n. — 60

SANER, EWALD. Ueber das α und β Dioxybenzophenon. Tübingen, 1879.

v. San Felipe, s. Phelippe.

San Francisco Abend Post: Dec. 1866 – Dec. 2?, 1903

Independent daily, evening except Sunday. Merged with CALIFORNIA DEMOKRAT. For weekly edition, see DIE WOCHENTLICHE SAN FRANCISCO ABENDPOST; for Sunday edition, see SONNTAGS-POST. Circulation: 1870, 3000 (est.); 1890, 6805; 1903, 6505. Edited by Willi Loewy, Dec. 1860 – Dec. 1861; by Leo Eloesser, Jan. 2, 1862 – May 19, 1868; by Max Columbeim, May 1868 – 1870; by M. F. R. Schwelle, & D. Klineworth, 1871; by A. Ebermayer, M. R. Schweller & D. Klineworth, 1872 – 73; by D. Klineworth, Schindler & F. Saccander, 1874 – 76; by Rudolf Thomann, 1878 – 82; by F. W. Lowenfels, 1883; by Hugo Herzer, 1884 – 88. Published by A. J. Lafontaine, Dec. 1860 – Mar. 17, 1862; by A. J. Lafontaine & Co. (A. J. Lafontaine, K. F. Wiemeyer, J. J. Humbert, Jacob Keller, V. C. Schmitt & Fr. G. Walther), Mar. 17, 1862 – Mar. 30, 1863; by Leo Eisasser & Co. (Wilh. Viereck), Mar. 30, 1863 – May 1868; by Ernst Lomler, Wilhelm Hutner & Max Columbeim, May 20, 1868 – 1870; by Hutner, Herzer & Schweller, 1871 – 72; by The Abend Post Co., 1873 – 1903.
San Francisco, CA

Die Wochentliche San Francisco Abend Post: Jan. 22, 1866 – Dec. 1903.

Weekly edition of SAN FRANCISCO ABEND POST. Title varies slightly. For supplement, see UNTERHALTUNGSBLATT. Circulation: 1870, 2000; 1885, 2380; 1903, 8742.
San Francisco, CA

Die San Francisco Abend-Zeitung: Sept. 25 – Dec. ?, 1854

Daily. Edited by C. Behrens & published by A. J. Lafontaine. Kemble's "The History of California Newspapers" in the SACRAMENTO DAILY UNION Dec. 25, 1858, states that the daily ABEND-ZEITUNG (EVENING GAZETTE) was established on the 25th of September, 1854 by A. J. Lafontaine & J. Behrens, the latter acting as editor . . . it lived only three months.
San Francisco, CA

San Francisco Journal: Feb. 20, 1855 – Oct. 1857.

Independent daily, issued each morning except Monday. "Die Steamer Ausgabe" published only local news of the situation in California for Easterners and for Germany, omitting all advertisements and foreign news, and appeared the day before a ship sailed. "The History of California Newspapers" (1858) states: "The Daily San Francisco JOURNAL, A German morning paper was founded in the beginning of 1855, by Ruehl & Co., Julius Froebel being the editor. Mr. Froebel made the paper a very valuable and instructive one – really one of the best in the city in its editorial department. About the beginning of '56, Mr. Froebel left, and Julius Korn took editorial charge." The paper died in the Fall of '57. Subscription rate, Sept. 1855, 20 dollars per year [5 dollars for 3 months, or 25 cents per copy]. Edited by Julius Froebel & R. Ruehl, & published by Ruehl & Co. in 1855.
San Francisco, CA

San Francisco Journalist und Humorist: June 17, 1871 – 1884?

Humorous weekly. Title varies: DER HUMORIST, 1881 – 82; SAN FRANCISCO HUMORIST, 1871 – 74. Merged with DER DEUTSCH-AMERIKANISCHE GROCER. Circulation: 1873, 1500; 1882, 1200. Edited & published by Max Burckhardt, 1871 – 83; by A. L. Thiele, 1884.
San Francisco, CA

San Francisco Steamer-Journal: 1855 – ? San Francisco, CA

San Francisco Tageblatt: 1893? – 1906?

Labor daily, evening except Sunday. For weekly edition, see WOCHENBLATT DES SAN FRANCISCO TAGEBLATT; for Sunday edition, see SONNTAGSBLATT DES SAN FRANCISCO TAGEBLATT, and VORWARTS. Circulation: 1895, 6000; 1903, 4011. Edited by Emil Liess, 1895-99; by E. Ebel, 1902 – 06?; published by Tageblatt Publishing Co., 1893 – 95; by Tageblatt Association, 1895 – 96; by Tageblatt Publishing Society, 1897 – 1906.
San Francisco, CA

Wochenblatt des San Francisco Tageblatt: Feb. 1893? – 1910?

Labor weekly, issued as weekly edition of SAN FRANCISCO TAGEBLATT. Continued as VORWARTS DER PACIFIC KÜSTE. Circulation: 1895, 4500; 1900, 4901; 1906, 2735.
San Francisco, CA

Sanfteleben, G., Dir wie mir s.: Kühling's.

Sanftenberg, G., das deutsche Gerichtskostenwesen, s.a. Universal-Bibliothek.

Sanftenberg, Das deutsche Gerichtskostenwesen, enth. das Gerichtskostengesetz, die Gebührenordnung f. Gerichtsvollzieher, f. Zeugen u. Sachverständige. Textausg. m. kurzen Anmerkgn. u. Sachregister. 3. Aufl. (101 S.) gr. 16. Leipzig, Ph. Reclam jun. 1902. Geb. —. 60.
(Universal-Bibliothek Nr. 3328.)

— Die deutsche Krankenversicherung, s.a. Universal-Bibliothek.

Sanftenberg, Die deutsche Krankenversicherung, enth. das Krankenversicherungsgesetz vom 15. VI. 1883 in der Fassg. der Novelle vom 10. IV. 1892 u. der Novelle vom 30. VI. 1900, nebst Ergänzungsgesetzen u. Anlagen, darunter das Gesetz üb. die eingeschriebenen Hülfskassen vom 1. VI. 1884. Textausg. m. kurzen Anmerkgn. u. Sachregister. 2. Aufl. (236 S.) Leipzig, Ph. Reclam jun. geb. —. 80. 1901. (Universal-Bibliothek No. 3564 u. 3565.)

Sanftenberg, Die deutsche Krankenversicherung, enth. das Krankenversicherungsgesetz vom 15. VI. 1883 in der Fassg. der Novelle vom 10. IV. 1892 u. der Novelle vom 30. VI. 1900, nebst Ergänzungsgesetzen u. Anlagen, darunter das Gesetz üb. die eingeschriebenen Hülfskassen vom 1. VI. 1884. Textausg. m. kurzen Anmerkgn. u. Sachregister. 3. Aufl. (236 S.) gr. 16. Leipzig, Ph. Reclam jun. 1902. geb. —. 80.
(Universalbibliothek 3564. 3565.)

— Deutsches Patentgesetz v. 7. IV. 1891, s.a. Universal-Bibliothek.

Sanftenberg, Deutsches Patentgesetz vom 7. IV. 1891 nebst der Verordnung, betr. das Berufungsverfahren bei dem Reichsgericht, dem Gesetz betr. die Patentanwälte u. den Reichsgesetzen, betr. den Schutz v. Gebrauchsmustern, Schutz der Waarenbezeichnungen, Schutz v. Erfindungen, Mustern u. Waarenzeichen auf Ausstellungen u. den Ausführungsbestimmungen dazu. Textausg. m. kurzen Anmerkgn. u. Sachregister. 6. Aufl. (80 S.) 16. Leipzig, Ph. Reclam jun. 1906. Geb. —. 60.
„Universal-Bibliothek" No. 3110.

Sanftenberg, Deutsches Patentgesetz vom 7. IV. 1791. 9. Aufl. (126 S.) Leipzig, P. Reclam. 19[illegible]. Geb. —. [illegible]

— **Die deutsche Rechtsanwaltsordnung in der Fassung der Novelle v. 22. V. 1910. Die deutsche Gebührenordnung f. Rechtsanwälte in der Fassung der Bekanntmachung des Reichskanzlers v. 20. V. 1898 u. der Novellen v. 1. VI. 1909 u. v. 22. V. 1910 nebst den landesgesetzlichen Ausführungsbestimmungen, s.a. Universal-Bibliothek.**

— Die deutsche Rechtsanwaltsordnung in der Fassung der Novelle vom 22. V. 1910. Die deutsche Gebührenordnung f. Rechtsanwälte in der Fassung der Bekanntmachung des Reichskanzlers vom 20. V. 1898 u. der Novellen vom 1. VI. 1909 u. vom 22. V. 1910 nebst den landesgesetzlichen Ausführungsbestimmungen. Textausg. m. kurzen Anmerkgn. u. Sachregister. 4. Aufl. (147 S.) 16. Leipzig, P. Reclam jun. 1910. Geb. in Leinw. —. 80

Sanftenberg, G. (Hrsg.), s.a. Reichsgesetze, Die deutschen, über das Bankwesen.

— **Die deutschen Reichsgesetze üb. das Bankwesen, s.a. Universal-Bibliothek.**

Sanftenberg, G, Die deutschen Reichsgesetze üb. das Bankwesen, enth. das Bankgesetz u. das Statut der Reichsbank m. den Nebengesetzen u. Verordngn., das Bankdepotgesetz, das Hypothekenbankgesetz, das Gesetz, betr. das Reichsschuldbuch, u. die Ausführsbestimmgn. dazu. u. e. Verzeichnis der Reichsbankanstalten. Textausg. m. kurzen Anmerkgn. u. Sachregister (144 S.) 16. Leipzig, Ph. Reclam jun 1905. Geb. —. 80.
Universal-Bibl. No. 4692/93. Je —. 20.

Sanftenberg, G., Die deutschen Reichsgesetze üb. das Bankwesen, enth. das Bankgesetz u. das Statut der Reichsbank m. den Nebengesetzen u. Verordngn., das Bankdepotgesetz, das Hypothekenbankgesetz, das Gesetz, betr. das Reichsschuldbuch, u. die Ausführungsbestimmgn. dazu, u. e. Verzeichnis der Reichsbankanstalten. Textausg. m. kurzen Anmerkgn. u. Sachregister. 3. Aufl. (140 S.) 16. Leipzig, P. Reclam jun. 1910. Geb. in Leinw. —. 80.

— das anhaltische Staats- u. Verfassungsrecht. Systematische Darstellung des gelt. Rechts. (VIII, 180 S.) 8. Dessau 906. C. Dünnhaupt. Geb. in Leinw. n. 3. 50

— u. W. **Knorr**, das Staats- u. Verwaltungsrecht d. Herzogt. Anhalt, s.: Bibliothek des öffentl. Rechts. 3. Bd.

— die deutschen Unfallversicherungsgesetze, s.a. Universalbibliothek.

Sanftenberg, Die deutschen Unfallversicherungsgesetze m. Ausnahme des Gewerbe-Unfallversicherungsgesetzes, enth.: das Unfallversicherungsgesetz f. Land- u. Forstwirtschaft, das Bau- u. das See-Unfallversicherungsgesetz, das Gesetz, betr. die Unfallfürsorge f. Gefangene, sowie das Gesetz, betr. die Abänderg. der Unfallversicherungsgesetze, die Verordngn., betr. das Verfahren vor den Schiedsgerichten f. Arbeiterversicherg, den Geschäftsgang u. das Verfahren des Reichsversicherungsamts. Textausg. m. kurzen Anmerkgn. u. Sachregister. (272 S.) gr. 16. Leipzig, Ph. Reclam jun. 1904. Geb. 1. — Universal-Bibliothek. Nr. 4531—4533.

Sanftenbruch, Ernst v., König Heinrich, s.a. Fastnachts-Bühne.

König Heinrich. Wildromant. Ritterschmöker mit Säbelgeklirre u. Schwertergerassel u. einigem Singsang in vier gewalt. Sensationen von Ernst von **Sanftenbruch**. Berlin: E. Bloch (1896). (22 S.) 8°
(Fastnachts-Bühne. H. 62.)

Erneute **Sänftenträger-Ordnung**. Nürnberg: Gedruckt bei Johann Georg Millbraut 1696. 8 S. m. Wappen in Holzschn. 8°

Sanftl, Koloman

— Beantwort. d. Preisfrage v. d. Land- u. Hoftagen in Baiern bis zum Ende des 13. Jahrh. Münch., (G. Franz). 16 gr.

Sanftl, Colomannus, Dissertatio in aureum ac pervetustum ss. evangeliorum codicem manuscr. monasterii s. Emmerami Ratisbonae. Regensburg, Englert, 1786, 1°, 252 S. (mit 3 Kupfern).

Sanftl, Kolom., († d. 25. Nov. 1809.) Diss. in aureum pervetust. S. S. Evangel. cod. Mss. Monasterii S. Emmeran. Mit 3 Kpf. 4maj. Regensb. 786. Montag u. W. 2 ℔ 16 gr.

Sanftleben. General-Plan der Eisenbahn von Stargardt nach Posen. 1 : 200 000. Berlin 1846. 1 Bl. 1..

Sanftleben, Alfred. Nachruf an Herrn Hans Fritz, Dr. phil., geboren ... 1866, gestorben am. 24. ... September 1893, zugleich Entgegnung auf die Leichenrede des Pfarrers Dr. A[lphons] Jansen ... 8. Zürich.

Sanftleben, G., u. E. Thalburg, Orpheus auf der Oberwelt, s. Bloch's, E., Dilettanten-Bühne.

Sanftleben, Johann Christian

† **KÜCHEN-ZETTEL**, Breßlauischer, Oder: Kurtze Erzehlung Deren meisten und vornehmsten Victualien, welche in Breslau durch öffentlichen Verkauff einem jeden, der Geld hat, den Appetit zu stillen dienen; Allen hungrigen Magen zu sonderem Trost und Erbauung Reymweise mitgetheilet: Von einem DIChter, dem Sein Vers bey Wein und guten Braten, Weit besser als bey Quarg und Brodt und Wasser will gerathen. (Vf.: *Joh. Christian Sanftleben.*) 1732. 4°. 4 Bll. Sehr rar!

† **SANFTLEBEN**, J. C. Mit Lügen vermischte Wahrheiten. Oder: Des Poetischen Zeitungs-Extracts, Worinnen die notablesten Vorfallenheiten derer Letzt abgewichenen Zwey Herbst-Monathe Septembris und Octobris . . . Reymweise wiederholet zu finden, Erstes Stück. Br. Selbstverlag. 4°. 4 Bll.

WEGWEISER, Breßlauischer, vor's Thor, oder Unterricht, wie es um Breßlau herum, an lustiger Compagnie von beyderley Geschlecht, niemahls zu **mangeln pflege.** (Vf.: ***Joh. Christian Senftleben.***) **Breßlau 1732. 4°. 4 Bll. (Besaß Univ.-Prof. Dr. Pfeiffer in Freiburg i. B.) Höchst selten!**
— — **Die 2. Auflage s.** bei Sincerus, Jocosus Candidus.

Sanftleben, Otto, appr. Arzt a. Niederröblingen: ⟨Aus der chirurgischen Klinik zu Jena.⟩ Über Hufschlagverletzungen, ihre Behandlung und Folgen. Jena 1905: A. Kämpfe. (56 S.) 8°
Jena, Med. Fak., Ref. Riedel, Diss. v. 31. Okt. 1905
[Geb. 11. Juni 79 Niederröblingen; Wohnort: Niederröblingen; Staatsangeh.: Sachsen-Weimar; Vorbildung: Gymn. Jena Reife O. 00; Studium: Jena 5, Erlangen 1, Jena 3 S.; Coll. 5. Okt. 05; Approb. 2. März 05.]

Sanftleben, Paul, a. Märkisch-Friedland ⟨Westpreußen⟩: Wordsworth's „Borderers“ und die Entwicklung der nationalen Tragödie in England im 18. Jhd. Rostock 1907: Adlers Erben. (56 S.) 8°
Rostock, Phil. Fak., Ref. Lindner, Diss. v. 22. Juni 1907
[Geb. 7. Febr. 84 Märkisch-Friedland; Wohnort: Berlin; Staatsangeb.: Preußen; Vorbildung: Königstädt. Gymn. Berlin Reife M. 02; Studium: Berlin 8 S.; Rig. 20. Juni 07.]

Sanftmüthige, die; Lstspl. 8. Leipz. 775. Dyck. ...

Sanfuentes, Salvator, Leyendas nacionales, s. Biblioteca chilena.

Sang, deutscher, s.a. Jungbrunnen.

Sang, deutscher. 100 unserer schönsten u. beliebtesten Volkslieder nach Text u. Anfang der Melodie. 16. (XIV, 97 S.) Leipzig 887. Breitkopf & Härtel. geb. n. — 50

Sang, deutscher. 33 ausgewählte Gesellschaftslieder nach bekannten Melodien. 3. Aufl. 8. (III, 36 S.) Duisburg 890. Ewich. n. — 20

Sang, deutscher. Sammlung der beliebtesten u. schönsten Volks- u. Gesellschafts-Lieder. 16. (108 S.) Styrum 893. A. Spaarmann. — 30

— dasselbe. Liederbuch f. die turn. Schuljugend. Hrsg. v. der Turnvereinigg. Berliner Lehrer. 16. (53 S.) Berlin 899. [R. Gaertner.] Weidmann. n. — 10

Dtschr. Sang, Liederbuch f. d. turnende Schuljugend, hrsg. v. d. Turnvereinigung Berliner Lehrer, 1. u. 2. verm. Aufl., Berlin 1899 u. 1903, 16°. 2 Bde.

Sang, deutscher. Liederbuch f. die turn. Schuljugend. Hrsg. v. der Turnvereinigg. Berliner Lehrer. 11. Zehntaus. (78 S.) 16. Berlin 906. Weidmann. n.n.n. — 10; 10 Stück n. 1. —

Sang, deutscher. Liederbuch f. d. turn. Schuljugend. Hrsg. v. der Turnvereinigg. Berliner Lehrer. 3. Aufl. 21. u. 22. Zehntaus. (79 S.) 16. Berlin 910. Weidmann. nnu — 10

Sang, deutscher. Liederbuch f. d. turn. Schuljugend. Hrsg. v. der Turnvereinigg. Berliner Lehrer. Ausg. m. Singweisen. (VII, 161 S.) kl. 8. Berlin 910. Weidmann. — 80

Schwesternfest 27. Mai 1894. Gemeinschaftlicher Sang im Tempel. [Krefeld 1894.] 1 Bl. 8⁰ [Kopftit.]
2 Lieder von G. Andriessen ohne Noten.

le Sang innocent vengé, ou discours sur les réparations dues aux accusés innocens. gr. 8. Leipz. 781. (W. Vogel). 8 *gl*

Sang u. Klang. Sammlung einfacher Gesänge f. Männerstimmen. Zum Gebrauche in Lehrer-Conferenzen, Fortbildungs-Schulen, kleinen Gesang-Vereinen u. andern Sängerkreisen hrsg. v. Friedr. v. Heydt. 1. u. 2. Hft. 8. Elberfeld, Schmachtenberg. [1. (5½ B.) 845. * 6 Ngr., 2. (6¼ B.) 46. * 7½ Ngr.] *

Sang und Klang. Sammlung einfacher Gesänge für Männerstimmen. Hrsg. von Friedr. v. d. Heydt. 3. Heft. 8. (III und 75 S.) Elberfeld 850, Schmachtenberg. *

—— dass. — 1. Heft. 2., verm. Aufl. gr. 12. (VIII und 84 S.) Ebds. 851. *
2. Heft. Ebendas. 1846. * 7½ Ngr.

Sang u. Klang. Liederbuch f. landwirthschaftl. Schulen. 8. (IV, 93 S.) Bautzen 886. (Weller.) cart. n.n. — 60

— u. **Klang.** Ein Hausschatz deutscher Lyrik. 8. (XII, 622 S. m. Titelbild u. eingedr. Initialen u. Ornamenten.) Leipzig 888. Grunow. n. 5. 50; geb. in Satin n.n. 7. —; in Atlas od. Ganzsaffian n.n. 12. —

— u. **Klang.** 60 Lieder f. Ausflüge v. Schulklassen. Nebst 12 Jugendspielen. Ausgew. v. e. prakt. Schulmanne. 11. bis 15. Taus. 64. (68 S.) Berlin 897. Wilmersdorf, E. Klingebeil. n. — 10

— — dasselbe. 62 Lieder nebst 10 Jugendspielen 16.—21. u. 22.—30. Taus. 64. (à 64 S.) Ebd. 898. n. — 10

— u. **Klang.** 62 Lieder f. Ausflüge v. Schulklassen. Nebst 10 Jugendspielen. Ausgewählt v. e. prakt. Schulmanne. 37. bis 46. Taus. 24. (64 S.) Berlin 900. Thormann & Goetsch. n. — 10

— u. **Klang.** 62 Lieder f. Ausflüge v. Schulklassen. Nebst 10 Jugendspielen. Ausgewählt v. e. prakt. Schulmanne. 47.—56. Taus. (64 S.) 16. Berlin (904). (G. Winckelmann & Peters.) n. — 10

— u. **Klang.** Liederbuch f. Feuerwehren. Ausg. A. Sammlung beliebter Lieder f. Feuerwehren. (102 S.) kl. 8. Leipzig (907). Rauh & Pohle. — 30

— — dasselbe. Ausg. B. Sammlung beliebter Lieder f. Feuerwehren. Volks- u. Kommerslieder. (176 S.) kl. 8. Ebd. (907). — 50

Sang und Klang aus Appenzell. Eine Sammlung älterer Lieder für vierstimmigen Männerchor. Hrsg. v. *Alfred Tobler.* 2. verm. Aufl. 8⁰. XX, 482 S. Zürich. Gebr. Hug & Co. 1899. Geb. 4 —

— — im XIX. Jahrh.: Ernstes u. Heiteres aus dem Reiche der Töne. Mit e. histor. Einleitg. v. Hans Merian. Hrsg. u. eingerichtet v. S. Steph. Epstein. gr. 4. (408 S. Musik m. Bildnissen.) Berlin 900. [Verlagsanstalt Pallas.] Neufeld & Henius. Geb. in Leinw. 12. —

— — im XIX. Jahrh.: Ernstes u. Heiteres aus dem Reiche der Töne. Neue Folge. Mit Vorwort, einer Anzahl Porträts nebst Biographien. Hrsg. v. F. Rehfeld. (XIV, 384 S.) gr. 4. Berlin (904). Neufeld & Henius. Geb. in Leinw. 12. —

— — dasselbe. Mit e. Anzahl Biographien u. Porträts hrsg. u. eingerichtet v. Vikt. Hollaender. (III. Bd.) (XIV, 384 S.) gr. 4. Ebd. (906). Geb. in Leinw. 12. —

— — im XIX. Jahrh., Ernstes u. Heiteres aus d. Reiche der Töne. Mit e. Anzahl Biographien u. Portraits. II. IV. u. V. Bd. 34×26,5 cm. Berlin, Neufeld & Henius. Geb. in Leinw. à 12. —
II. Hrsg. v. F. Rehfeld. (Neue Aufl.) (XIV, 384 S.) (907.)
IV. Hrsg. u. eingerichtet v. Osc. Straus. (XIV, 387 S.) (909.)
V. Hrsg. u. eingerichtet v. E. Humperdinck. (XIV, 399 S.) (909.)

— u. Klang f. Mädchenschulen, siehe: **Heidemann, Aug.**

Sang u. Klang f. dtsche. Turnerinnen, E. Liedersamml., hrsg. v. Martha Thurm, 1. u. 5. Aufl., Krefeld 1900 u. 1907, 16⁰. 2 Bde.

— und Klang für fröhliche Vereine. Ein Liederbuch, enthltd. die beliebtesten älteren u. neuesten Volksgesänge. Gesammelt u. herausg. von E. Wohlgemuth. 1—9. Aufl. Tangermünde (853—58.) Doeger. 16. (148 S.) n. 3 *ngr.*

Sang und Klang für fröhliche Vereine. Ein Liederbuch, enthaltend die beliebtesten älteren u. neuesten Volksgesänge. Gesammelt u. herausg. von Ernst Wohlgemuth. 10. Aufl. Osterburg 860. Doeger. 16. (148 S.) n. 3 *ngr.*

[J.] Rheinlands **Sang** und Sage. Die schönsten Rheinlieder m. e. Leitgedichte v. Emil Rittershaus u. 20 Originalradir. v. B. Mannfeld. 4. Aufl. *Bonn: E. Strauss 1898.* (3 Bl., 53 S., 1 Bl., 19 Taf.) 1 Bd 2⁰. [illegible]

— der, vom Rozberg. Epische Dichtg. v. Ernl am See. 12. (VII, 251 S.) Luzern 894. (Geschw. Doleschal.) Geb. in Leinw. n. 4. —

Sang, der, v. Sachsen-Krieg, hrsg. v. Wilh. Gundlach, s.: **Heldenlieder** d. deutschen Kaiserzeit.

Sang, Der, des fremden Sängers. Eine Phantasie. Hamburg 1835. V: *Slomann, Elise geb. Wille.* (DBiblGes IV, Sp. 94)

Sang, der, des fremden Sängers. Eine Phantasie. gr. 12. (2 B.) Hamburg 836, Hoffmann u. Campe.

— u. **Spiel.** Eine Sammlung v. 55 Liedern u. Spielen f. deutsche Schüler. Zusammengestellt v. e. prakt. Schulmanne. (72 S.) 32. Offenbach (905). J. P. Strauß. — 10

Sang, der, vom Vetterli, verfasst von Neptun. Zum Nutzen und Frommen des schweizer. Wehrmanns hrsg. vom Olymp. 16. (16 S.) Luzern 878, (Prell.) *

SANG, Antonius: De pontificatu Clementis XI. — (1881) 157 S. 8⁰ (Handschr.) Diss. 444
Diss. Wien, Univ.

Sang, Friedrich

Sang, F., s.a. **Recht oder gar nicht.**

(Sang, Friedrich). Recht oder gar nicht. Eine deutsche Stimme aus England. Offenbach, Th. Steinmetz, 1849. 11 S. 8⁰.

(Sang, Friedrich.) Recht oder gar nicht. Eine deutsche Stimme aus England. 2. Aufl. Offenbach. Th. Steinmetz (Heinemann) 1849. 11 S. 8.

Sang, Louis, die Schullehrertochter. Eine Geschichte aus der deutschen Revolutionszeit. gr. 16. (117 S.) Berlin 851, Brandis. n. 1/3 ℛ︀

Sangalli, Elisabeth, Arm u. Reich. Ein Arbeiter-Roman. 2 Bde. 8. (807 S.) Leipzig 849, Jurany (jetzt: Kittler). 3 ℛ︀ (Schw. Hall, Nitzschke. n. 1½ ℛ︀)

Sangalli, Elisabeth, Arm und Reich. Ein Arbeiter-Roman. 2 Bde. 8. (807 S.) Leipzig 849. [Hall, Nitzschke's Verlag.]

Sangalli, Elisabeth, Weimar. gr. 8. (82 S.) Leipzig 855, O. Wigand. *

San-Galli, Wolfgang A. Thomas-, s. Thomas-San-Galli.

Sangallo, Giuliano da, il libro, con introduzione e note di Cristiano Huelsen, s.: Codices e Vaticanis selecti.

Flensborg Avis's Sangbog for Born. Flensborg. 1889. 8°.

Sangbüchlein der Liebe für Handwerksleute. Göttingen 1824. V: *Peters.* (Russell IV, 926)

Sangbüchlein der Liebe für Handwerksleute. Göttingen 1824. V: *Spitta, Philipp,* nicht: *Peters.* (Dtsch. Rundschau 107, 44) (Brü VII, 6) (Zeitschr. f. Büch. N. F. 15, 1923, S. 121) Vgl. VI, 7393.

— der Liebe für Handwerksleute. 8. Götting. 824. Vandenhöck u. R. 8 gℊ

Sangbüchlein der Liebe für Jungfrauen. Göttingen 1825. V: *Peters, Adolph.* (Wolffs Encyklopädie VI, 45) (Zeitschr. f. Büch. N. F. 15, 1923, S. 121)

Sangbüchlein der Liebe für Jungfraun. 8. Göttingen 825, Vandenhöck u. R. Rthlr.

Sange, Fr., die Veranstaltung v. Jugendfesten im Freien an Landschulen, s.: Hinz, H.

Sange, G. Fr., praxis catechetica, oder deutlicher Unterricht und Zergliederung des Katechism. 8. Stettin, Kunkel. 750.

Sange, Walther, a. Schildau: Kant und Herder. Ueber das Angenehme, Gute und Schoene. Halle a. S. 1906: (H. Freise, Parchim). (66 S.) 8°
Halle, Phil. Fak., Ref. Riehl, Diss. v. 5. Juli 1906
[Geb. 31. Jan. 82 Schildau, Prov. Sachsen; Wohnort: Schildau; Staatsangeh.: Preußen; Vorbildung: Gymn. Torgau Reife M. 01; Studium: Jur. Leipzig 1, Phil. Freiburg i. B. 1, Berlin 4, Halle 4 S.; Rig. 8. Jan. 06.]

Sänge u. Klänge, akademisch-philosophische. Aus der Mappe eines fahr. Schülers des 19. Jahrh. Ohne Einleitung, aber mit etzlichen Anmerkungen versehen u. zusammengestellet von Klinsör dem Jüngeren, aus Ungerland. Mit 100—99 in den Text gedr. zierlichen Abbildungen (in Holzschn.). gr. 16. (31 S.) Leipzig 877. Mutze in Comm. n. — 50

Sangeorzanu, Basilius, rumänische Militär-Sprache. Ein Handbuch f. Officiere im Verkehre m. Untergebenen u. f. Cadetenschulen. 16. (IV, 198 S.) Wien 883. Seidel & Sohn. n. 1. 60

Sänger, der, s.a. Conversations-Bibliothek, XI. u. XII.

Sänger, der. Eine Auswahl deutscher Lieder zur Erweckung des Frohsinns in geselligen Kreisen, bei häuslichen Festen u. in der freien Natur. 2 Hfte. 16. Lissa ... Er. Günther. 1/3 ℛ︀

—— der, od. Lieder gesell. Freude. 1. Abthl. — 100 Lieder mit Melodien. Gesamm. u. hrsg. v. Joh. Friedr. Kayser. qu. 16. (12½ B.) Hamburg 835, Hoffmann u. Campe.

—— der, od. Liedersammlung mit Guitarrebegleit., d. Liebe u. Freude geweiht v. Künstlern u. Freunden d. Gesanges. 1 — 5. Bdchn. qu. gr. 8. (à 3⅛ B.) Prag 835, (Haase Söhne.) à

Sänger, der. Monatsschrift f. christl. Poesie. Für alle Volksschichten. Red. u. Hrsg.: Geo. Böhlje. 1. Jahrg. Juli—Dezbr. 1902. 6 Nrn. gr. 8. (à ca. 8 S.) Hannover. Neudietendorf, B. Eisert. 1. —

Sänger, der. Monatsschrift für christl. Poesie. Für alle Volksschichten. Red. u. Hrsg.: Geo. Böhlje. 3. Jahrg. Jan.—Mai 1904. 5 Nrn. (à ca. 8 S.) Lex.-8. Neudietendorf, B. Eisert & Scheibe. n. 1. —
Forts. s.: Psalmenklänge.

Sänger, der. (V, 30 S.) gr. 8. Berlin (908). Heilsarmee-Grundstücksgesellschaft. — 50

Der Sänger. (Vorw. von Kommandeur W. Elwin Oliphant.) 2. Aufl. Berlin: Heilsarmee [1908]. 29 S. 8° [10. 9743

Sänger, die christlichen, des 19. Jahrhunderts. Auswahl des Besten u. Schönsten aus d. Gebiete der rein-christl. Poesie unserer Zeit, als Morgen- u. Abendopfer f. häusl. Erbauung auf alle Tage im Jahre. Gesammelt u. hrsg. v. J. J. Schneider. 12 Hfte. Lex.-8. (... B.) Basel 845—47, Schneider.

Sänger, Der deutsche, oder das fünffache Liederbuch für frohe Gesellschaften. Helmstadt 1821. V: *Fiedler, F. Sigmund.* (Ky) (MGT)

— der deutsche, od. das fünffache Liederbuch f. frohe Gesellschaften, (v. F. Siegm. Fiedler). (5 Hfte, No. 1—5.) 8. Helmst. 821. Fleckeisen. 20 gℊ

Sänger, der deutsche. Eine Auswahl der schönsten Lieder u. Gesänge in größtentheils mehrstimm. Bearbeitung. Für Liedertafeln, Gesangvereine u. gesellige Kreise hrsg. v. F. Schneider. 2. Aufl. 16. (555 S.) Halle 852, Schmidt. n. 2/3 ℛ︀

Sänger, der deutsche. Eine Auswahl der schönsten Lieder und Gesänge in größtentheils mehrstimmiger Bearbeitung. Für Liedertafeln, Gesangvereine und gesellige Kreise hrsg. von F. Schneider. 7. (Titel-)Aufl. 16. (555 S.) Halle (854)59, Schmidt's Verlagsh. *

Sänger, der deutsche. Eine Auswahl der schönsten Lieder und Gesänge in größtentheils mehrstimm. Bearbeitung. Für Liedertafeln, Gesangvereine und gesellige Kreise hrsg. von F. Schneider. 4. (Titel-)Aufl. 1855. und 6. Aufl. 16. (555 S.) Halle 856, Schmidt. *

—— der deutsche, in froher Gesellschaft. Eine Samml. d. edelsten Volkslieder vom Harfner am Rhein. 2., ganz umgearb. u. verm. Aufl. 8. (6¼ B.) Crefeld 831, Schüller.

Sänger, der deutsche, im fröhlichen Kreise. Eine Sammlg. der schönsten u. beliebtesten deutschen Volkslieder. 6. Aufl. 16. (272 S.) Neuwied 873. Heuser. — 50

Sänger, der deutsche, im fröhlichen Kreise. Eine Sammlung der schönsten und beliebtesten deutschen Volkslieder. 7. Aufl. 16. (272 S.) [Neuwied 880, Heuser's Verlag.] Leipzig, G. Weigel. cart.

Sänger, der deutsche, im fröhlichen Kreise. Ein Liederbuch ꝛc. Gesammelt u. hrsg. v. H. Waldstein. 8. Aufl. 16. (272 S.) Lpz. 889, G. Weigel. cart. — 50

Sänger, der deutsche, vom Schwarzwald. Erstes Jahrbüchlein zur Hebung und Veredlung des Volksgesanges; unter Mitwirkung einiger edler Fachmänner hrsg. von F. Gantert. gr. 16. (52 S.) Mannheim 867, (Schneider.) *

Sänger, der, an der Donau. Neuestes Liederb. f. fröhl. Zirkel. 16. (8½ B.) Ulm 837, Nübling.

—— der fahrende. **Heitere Lieder für fröhliche Leute. 16. (III und 335 S.) Hannover 854, Rümpler.**
Bildet eine neue Titel-Ausg. von: Schwermuths-Trost und Lebens-Lust. 1853.

—— der festliche, in frohen Kreisen. Ein Liederbuch, in welchem sich 214 Gesellschafts-, Trinklieder ꝛc. befinden. 16. (86 S.) Crefeld 847, Klein.

Sänger, Der fröhliche. Pirna 1815. V: *Ziehnert, Joh. Gottlieb Amad.* (Zeitschr. f. Büch. N. F. 15, 1923, S. 120)

— der fröhl., e. Samml. d. beliebtesten Gesellschaftslieder. kl. 8. Pirna 815. Friese. 6 ℊ

Sänger, Der fröhliche. 2. Aufl. Peina 1817. H: *Ziehnert, Johann Gottlieb Amadeus.* (MGT) (OL)

— der fröhliche. Taschen-Liederbuch f. heitere Gesellschaften ꝛc. 18. (72 S.) Leipzig 848, Schmaltz. 1/12 ℛ

Sänger, der fröhliche. Ein Liederbuch für alle Stände und jedes Alter. 24. (144 S.) Neustadt in Holst. 853. (Altona, Lehmkuhl und Comp.) Thlr.

—— der fröhliche. 120 ausgewählte, ein- und zweistimm. Lieder für die Jugend. Zusammengestellt und hrsg. von praktischen Schulmännern. 12. (96 S.) Warburg 881, Schilp. *

— geistliche, der christlichen Kirche deutscher Nation. Nach den Originaltexten in Verbindung mit mehreren Hymnologen herausg. von Wilh. Schircks. Halle 854 — 58. Fricke. 16.

1. Heft: Dr. M. Luther's geistliche Lieder. Nach den Originaltexten herausg. u. mit kurzen erklärenden Bemerkungen vers. von W. Schircks. 854. (VIII, 98 S.) n. 5 ngr.
2. Heft: J. A. Freylinghausens geistliche Lieder. Nach dem Originaltexte herausg. u. mit einer biograph. Skizze begleitet von Ludw. Grote. 855. (XLII, 112 S.) n. 5 ngr.
3. Heft: Salomon Liscovius geistliche Lieder. Neu gesammelt u. unverändert herausg. von Jul. Leop. Pasig. 855. (XVI, 93 S.) n. 5 ngr.
4. Heft: N. Hermans und Johs. Mathesius geistliche Lieder in einer Auswahl nach dem Originaltext herausg. u. mit einer Einleitung versehen von Karl Friedr. Ledderhose. 855. (XXXVI, 164 S.) 7½ ngr.
5. Heft: Nikol. Selneccers geistliche Lieder in einer Auswahl ꝛc. herausg., zugleich mit einer kurzen Lebensbeschreibung des Verf. von Heinr. Thiele. 855. (VI, 66 S. u. Bildniß in Holzschn.) n. 5 ngr.
6. Heft: Salomo Francks geistliche Lieder in einer zeitgemäßen Auswahl treu nach dem Urtexte wiedergegeben, u. mit Anmerkungen, wie mit einer Lebensbeschreibung u. Charakteristik des Dichters begleitet von J. K. Schauer. 855. (XLVIII, 82 S.) n. 5 ngr.
7. Heft: Des Herzogs Anton Ulrich zu Braunschweig und Lüneburg geistliche Lieder. Nebst einigen Melodien nach den Originaltexten ausgewählt u. herausg. Biographie des Dichters. Herausg. von Ch. W. Stromberger. 857. (XXVIII, 52 S.) n. 5 ngr.
11. Heft: Bartholomäus Ringwaldt's geistliche Lieder, in einer Auswahl nach den Originaltexten herausg. von Herm. Wendebourg. 858. (XL, 96 S.) 7½ ngr.
von Herm. Wendebourg. 856. (XLVIII, 85 S.) n. 5 ngr.
8. Heft: Benj. Schmolcks geistliche Lieder in einer Auswahl nebst der Biographie des Dichters von K. F. Ledderhose. 857. (XXXVII, 186 S.) 7½ ngr.
9. Heft: Mart. Behemb's geistliche Lieder in einer Auswahl nach den Originaltexten herausg. von Wilh. Nöldeke. 857. (XXXII, 123 S.) 7½ ngr.
10. Heft: Erasmus Alberus geistliche Lieder nebst der

— der, am Grabe, eine Auswahl Lieder z. Gebrauch bei Leichen-Begängnissen, wie auch Trost-Lieder f. Solche, die um geliebte Todte trauern. 8. (223 S.) Allentown 849. (Philadelphia, Schäfer & Koradi.) n. 2/3 ℛ

— **der, am Grabe. Eine Auswahl Lieder zum Gebrauch bei Leichen-Begängnissen, wie auch Trost-Lieder f. Solche, die um geliebte Todte trauern.** Ster.-Ausg. gr. 16. (240 S.) Philadelphia 875. (Schäfer & Koradi.) geb. n. 1. —

— der heitere. Taschenliederbuch für das deutsche Volk. Eine reichhaltige Quelle von Vaterlands-, Liebes-, Handwerks- ꝛc. Liedern. Dresden 865. Breyer. (Titel.) 32. (256 S. mit 1 Holzschntaf.) 5 ngr.

— der heitere. Eine reiche Auswahl der beliebtesten Volks-, Turner-, Schützen-, Trink- u. Gesellschaftslieder, Opern-Arien, Couplets ꝛc. alter u. neuer Zeit. 3. verm. u. verb. Aufl. 32. (VI, 112 S.) Dresden 875. A. Wolf. — 35

—— der heitere. Eine reiche Auswahl der beliebtesten Volks-, Turner-, Schützen-, Trink- und Gesellschaftslieder, Opern-Arien, Couplets ꝛc. alter und neuer Zeit. 2. und 3. verm. und verb. Aufl. 32. (VI, 112 S.) Dresden 876, A. Wolf. *

Sänger: Der Sänger am Jura
(5) 6. 1. 1838 (mit Probeblatt vom 1. 5. 1838)—13. 10. 1838, zusammen 21 + 15 Nummern (6) 8° (Nr. 1 bis Nr. 21 vom 30. 6. 1838), 4° Nr. 1 bis Nr. 15 der Monate Juli bis Oktober 1838, (7) Wochenblatt (9) Solothurn Urs Josef Vogelsang, d. J. (10) Martin Affolter (1797—1853), Solothurn (11) der Herausgeber (12) liberal (13) BGSZ 1262 (14) So. Z (15) Der »Sänger am Jura« enthält vor allem die Gedichte des Herausgebers. Daneben bringt er aber auch politische Nachrichten und allerlei Anzeigen. Mit der Formatänderung beginnt die Zählung neu.

Sänger, der kirchliche. Sammlung beliebter religiös. Gesänge zu kirchl. Festen, bei Trauungen, an Gräbern ꝛc. für 4stimmigen Männergesang. In Verbindung m. viel. Liederkränzen hrsg. v. Carl Seiferheld. I. Bd. (4 Stimmen.) qu. 16. (21¼ B.) Schwäb. Hall 845, Expedit. des Schwäb.-Fränkischen Archivs. (Nitzschke.)

—— dass. I. Bd. Partitur. qu. 16. (10⅝ B.) Ebds. 845.

— der kirchliche. Sammlung beliebter religiöser Gesänge zu kirchlichen Festen, bei Trauungen ꝛc. f. vierstimm. Männergesang. In Verbindung mit vielen Liederkränzen hrsg. v. Carl Seiferheld. 4 Hfte. (Stimmen.) qu. gr. 16. (332 S.) Schw. Hall 849, Nitzschke. (à 1/6 ℛ) 2/3 ℛ

— dass. Partitur. qu. gr. 16. (163 S.) Ebd. 849. 1/3 ℛ

Sänger, der kleine. Eine Sammlung der besten u. angenehmsten ein- u. zweistimmigen Gesänge, besond. f. Schulen. I. Hft. 8. (4¼ B.) Posen 845, Cohn. Thlr. *

—— der kleine, am Claviere. 60 Lieder mit Begleitung des Claviers, in progressiver Anordnung. Der singlustigen Jugend gewidmet von P. J. Beumer. I. Hft. qu. 16. (6 B.) Wesel 815, Bagel.

—— dass. 2. Hft. 53 Lieder m. Begleitung des Claviers, in progressiver Anordnung. Der singlustigen Jugend gewidmet v. P. J. Beumer. qu. 16. (6 B.) Ebds. 846.

[F.] Der kleine lustige Sänger. E. Sammlg d. schönsten ... Volks-. Vaterlands- ... u. Trinklieder f. fröhl. Kreise. *M. Gladbach: A. Rissarth [1895].* (122 S., 3 Bl.) 1 Bd 8. [96 4733

— d. kleine lustige. Eine Sammlg. der schönsten, bekanntesten u. beliebtesten Volks-, Vaterlands-, Studenten-, Turner-, Jäger-, Soldaten-, Wander-, Gesellschafts- u. Trinklieder f. fröhl. Kreise. 16. (126 S. m. Vignetten.) Ebd. 895. — 30

— ein, hervorgegangen aus der Liedertafel v. Tiefenbrunn. Humoreske v. R. Th. 8. (36 S.) München 874. Hoepfner & Grammer. — 60

— der lustige, oder das beste Liederbuch. 2. verm. Aufl. 32. Hamburg 844, Berendsohn. 1/8 ℛ — Vergl. Liederbuch, das beste.

— der lustige, enthaltend eine Auswahl der besten Lieder u. Neujahrs-Sprüche. Nebst einem Anh. spaßhafter Anekdoten, für Leute die lieber lachen als weinen. Gesammelt durch eine Gesellschaft lustiger Freunde. 4. verb. Aufl. 12. (190 S. m. eingedr. Holzschn.) Allentaun 846. (Philadelphia, Schäfer & Koradi.) n. 1/3 ℛ

—— der lustige, oder das beste Liederbuch. 3. Aufl. 32. (VI und 122 S.) Hamburg 847, Berendsohn. *

Sänger, der lustige. E. Sammlg. der schönsten, bekanntesten u. beliebtesten Volks-, Vaterlands-, Studenten-, Turner-, Jäger-, Soldaten-, Wander-, Gesellschafts- u. Trink-Lieder f. fröhl. Kreise. 16. (192 S. m. Bildern.) M.-Gladbach 895. A. Rissarth. Kart. n. — 50

—— der, Lustwald. Sammlung mehrstimm. Gesänge für Gymnasien, Lyceen, latein. und Realschulen ɪc. 1. Buch, 60 Gesänge für 2 Tenore und 2 Bässe enthaltend. qu. gr. 8. (64 S.) Gütersloh 852, Bertelsmann. *

—— der, Lustwald. Sammlung mehrstimmiger Gesänge für Gymnasien, Lyceen, latein. und Realschulen ɪc. 1. Buch. 60 Gesänge für zwei Tenore und zwei Bässe enth. 2. Aufl. 1862. und 3. Aufl. qu. 4. (64 S.) Gütersloh 868, Bertelsmann. *

Sänger, Max, (Von A. Martin u. A. v. Rosthorn.) (S. 131—155 m. Bildnis.) gr. 8. Berlin (903) S. Karger. n. 1. 50
Sonderabdruck aus: „Monatsschrift f. Geburtshilfe u. Gynaekologie".

— der, am Neckar, oder kleines süddeutsches Lieder- u. Commersbuch, nebst einer Auswahl beliebter Volksgesänge für fröhliche Gesellschaften. 16. Aufl. 12. Heilbronn 840. Claß. 1/4 ℛ

— der, am Neckar, oder kleines süddeutsches Lieder- u. Commersbuch, nebst einer Auswahl beliebter Volksgesänge für fröhliche Gesellschaften. 2. unveränd. Aufl. 12. Heilbronn 842, Classische Buchh. 1/4 ℛ

—— der, am Neckar, od. kleines süddeutsches Lieder- u. Commersbuch, nebst e. Auswahl beliebter Volksgesänge f. fröhl. Gesellschaften. 1., u. 2., unveränd. Aufl. 12. (à 8½ B.) Heilbronn 840, 42, [Landherr.] ü

—— der, am Neckar, oder kleines süddeutsches Lieder- und Commersbuch, nebst einer Auswahl beliebter Volksgesänge für fröhliche Gesellschaften. 4., unveränd. (Titel-)Aufl. 12. (XII und 192 S.) Heilbronn 848, Landherr.

—— der, am Rhein, od. neuestes Taschenliederb. f. fröhl. Vereine. Eine Auswahl d. vorzüglichsten, am Rheine u. in ganz Deutschland beliebt. Gesellschaftslieder. 2., verb. u. verm. Aufl. 12. (6 B.) Mannheim 834, Löffler.

—— der, am Rhein, od. neuestes Taschenliederbuch f. fröhl. Vereine. Eine Auswahl d. vorzüglichsten, am Rheine u. in ganz Deutschland beliebtesten Gesellschaftslieder. 4. u. 5., verm. Aufl. 18. (162 u. 198 Seit.) Mannheim 837, 41, Löffler.

—— die, unserer Tage. Blätter aus d. deutschen Dichterwald der Gegenwart. Für Freunde vaterländ. Poesie u. zu Declamationsübungen f. d. gereiftere Jugend gesammelt v. Heinr. Ed. Apel. 1. Aufl. (22 B.) 842. u. 2., verm. Aufl. gr. 8. (23¾ B.) Altenburg 847, Pierer.

—— die, unserer Tage. Blätter aus dem deutschen Dichterwald der Gegenwart. Für Freunde vaterländ. Poesie und zu Declamationsübungen für die gereiftere Jugend gesammelt von Heinr. Ed. Apel. 1. Bd. 2. Aufl. (XIII und 362 S.) 1847. und 3., verm. Aufl. gr. 8. (XVI und 368 S.) Altenburg 851, Pierer.

—— dass. — Gesammelt von Dems. 2. Bd. gr. 8. (VIII und 496 S.) Ebds. 848.

— unsere gefiederten. 22 color. Abbildgn. m. beschreib. Text üb. Heimath u. Lebensweise der Vögel. gr. 4. (9 S. m. 11 color. Holzschntaf.) Halle 875. Schwetschke's Sep.-Cto. n. 2. 50

Saenger, s.: Landwirtschaft, die badische.

Sänger, 50 Lieder f. frohe Kreise. 16. (40 S.) Guben 892. A. Koenig. n. — 20

Sänger's Liederheft für Hochzeits- u. Grabgesang. Nr. 1—6. Trauungslieder, Nr. 6—10 Grablieder. (16 S.) kl. 8. Stuttgart (904). A. Auer. — 30

Sänger, K. C. Panzer u. Kappengeschoss. (31 S. m. Abb.) 8. Kattowitz (907). Phönix-Verlag. 1. —

K. C. Panzer und Kappengeschoß. Von Ingen. Sänger. Kattowitz: G. Siwinna [1907]. (31 S.) 8° [F. u. Ant.] [07.9558

Saenger, Rede am außerordentlichen Bettage vor dem deutsch-französischen Kriege den 27. Juli 1870 im israelit. Tempel zu Hamburg gehalten. Hamburg 870. Hoffmann & Campe. gr. 8. (13 S.) n. 4 ngr.

Saenger, A., Neues aus Byzanz u. Anderes. Die Zukunft des deutschen Studentenkorps. (40 S.) schmal gr. 8. Stuttgart (903). Litterar. Bureau ‚Der Lotse' n. 1. —

Sänger, A., Ratgeber f. die Hinterbliebenen bei Todesfällen nebst Belehrg. u. Anweisg. zur Errichtg. v. Testamenten u. letzwillig. Verfüggn., m. Beispielen. 7. verb. Aufl. (42 S.) kl. 8. Erfurt (Marktstr. 14), Gemeinnütz. Rechtsauskunftsstelle. 1909. —. 25.

Sänger, A., Ratgeber f. die Hinterbliebenen bei Todesfällen nebst Belehrg. u. Anweisg. zur Errichtg. v. Testamenten u. letztwill. Verfüggn., m. Beispielen. 15. verb. Aufl. (42 S.) kl. 8. Erfurt (Hütergasse 10) 909. Fritz Ellinger. — 25

— dasselbe, neue Aufl., s.: Ellinger, Wilh.

Sänger, A., Theorie der stationären electrischen Ströme auf Grundlage der Kirchhoff'schen Untersuchungen. gr. 8. (43 S. m. 1 Taf.) Innsbruck 885. (Wien, Pichler's Wwe. & Sohn.) n. 1. —

Sänger A.: Tacquet's Theorie der Cilinder. 39⁴. Graz I. 74.
Progr.

Sänger, Alfred [aus Wichmar (S. Meiningen)]: **Ueber einige Aether und eine neue Bildungsweise der Unterphosphorsäure** .... Jena, *Druck v. Wilhelm Keller i. Giessen*, 1886; 4 + 42 S. 8°.
Jena, Phil. Fak., Inaug.-Diss. v. 1886.

Sänger, Alfred, über einige Aether und eine neue Bildungsweise der Unterphosphorsäure. Diss. Jena 1886, G. Neuenhahn. 8°. 42 S.

— die Beurtheilg. der Nervenerkrankungen nach Unfall. Nach Beobachtgn. aus d. allgem. Krankenhause zu Hamburg-St. Georg. gr. 8. (VIII, 90 S.) Stuttgart 896. F. Enke. n. 2.40

Saenger, Alfr., Neurasthenie u. Hysterie bei Kindern. gr. 8. (32 S. m. 2 Abb.) Berlin 902. S. Karger. n. — 80

— die Neurologie des Auges, s.: Wilbrand, H.

Saenger, Alfr., üb. Sehstörungen bei functionellen Nervenleiden, s.: Wilbrand, Herm.
— Untersuchungen üb. e. Conjunctivitis-Epidemie, s.: Wilbrand, Herm.

Saenger, August, Referendar in Frankfurt a. Main: **Über die Rechtsnatur der Zinsscheine.** Frankfurt a. M. 1907 (Gebr. Knauer). (75 S.) 8°
Marburg, Jur. Fak., Ref. Leonhard, Diss. v. 17. Febr. 1908
[Geb. 27. Jan. 84 Frankfurt a. M.; Wohnort: Frankfurt a. M.; Staatsangeh.: Preußen; Vorbildung: Goethe-Gymn. Frankfurt a. M. Reife O. 02; Studium: Freiburg i. B. 1, München 2, Berlin 1, Marburg 2 S.; Rig. 9. Dez. 07.]

Sänger, Bertr. Eug., das Singspiel der Zarin. Operette in 3 Akten v. Max Trausil u. Ed. Jacobson. Musik v. B. E. S. Text der Gesänge. 12. (43 S.) Leipzig 892. Dresden, C. A. Koch. n. — 50

Sänger, Bertrand, s. Bernstein - Sawersky, A.: König Zipapek, der edle Zwerg.

Sänger, Bertrand, König Zipapek, der edle Zwerg, s.: Bernstein-Sawersky, A. u. Borbes-Milo.

Saenger, Bruno, Berlin, Gerichtsassessor: **Der Verzug beim Kaufe** nach heutigem Recht unter Vergleichung des alten Handelsrechts. *Borna-Leipzig 1902: R. Noske.* (X, 40 S.) 8°
Leipzig, Jur. Diss. v. 1902

Saenger, Bruno, der Verzug beim Kaufe nach heutigem Recht unt. Vergleichg. des alten Handelsrechts. gr. 8. (III, 40 S.) Berlin 902. Struppe & Winckler. n. 1.50

Saenger, C., s. Saenger, Karl

Saenger, David, appr. Arzt aus Berlin: **Über eine bisher** nicht beobachtete **Darmveränderung** bei **perniciöser Anämie.** *Greifswald 1901: H. Adler.* (38 S.) 8°
Greifswald, Med. Diss. v. 4. Apr. 1901

Sänger, Ernst, aus Liebenwerda: **Der Glaubensbegriff Kants** in seinen drei 'Kritiken'. *Halle a. S. 1902: Waisenhaus.* (VIII, 82 S.) 8° ¶ (Gekr. Preisschr. -- Erscheint vollst. bei Dürr in Leipzig u. d. T.: Kants Lehre vom Glauben.) *
Halle, Phil. Diss. v. 7. Juli 1902

* = Phs. I, 230 ar

Sänger, Ernst: Wallensteins Lager. Eine Erl. f. Schüler d. Oberklassen. Oels 1908: Ludwig. 35 S. 8°
Oels, G P 1908 (266) [S 08. 392

Sänger, Wallensteins Lager. Eine Erläuterg. f. Schüler der Oberklassen. (IV, 35 S.) 8. Leipzig 908. Buchh. G. Fock. 1. —

Sänger, Ernst, Kants Lehre vom Glauben. Eine Preisschrift der Krugstiftg. der Universität Halle-Wittenberg. Mit e. Geleitwort v. Hans Vaihinger. (XVIII, 170 S.) gr. 8. Leipzig 903. Dürr'sche Buchh. n. 3. —

Sänger's, Friedr., Manuscript über Wasserglas. Rationelle Anwendung in Fabriken, für Gewerbe u. volkswirthschaftliche Zwecke. Insbesondere für Bau-Unternehmer, Maurer, Tüncher, Tischler, Zimmerleute u. s. w. 857. (30 S. u. 1 lith Taf.) 3 ngr. — 2. verm. u. verb. Aufl. Erfurt 857. Hennings u. Hopf. (Leipzig, Lehmann.) 12. (54 S. u. 1 lith. Taf.) 5 ngr.

Sänger, Fritz, eine Frühlingsliebe. Eine Dichtg. 8. (IV, 65 S.) Dresden 901. E. Pierson. n. 1. —; geb. n. 2. —

— eine Sommerliebe. Eine Dichtg. 8. (V, 136 S.) Ebd. 901. n. 1.50; geb. n. 2.50

Sänger, Fritz [aus Buchenberg '(Baden)']: **Wasserstoffgasinfusion** in den Darm zur Diagnose von Darmperforationen bei penetrierenden Bauchwunden ... Gammertingen, Druck d. P. Bosch'schen Buchdr., *1891;* 27 S. 8.
Erlangen, Med. Fak., Inaug.-Diss. v. 6. März 1891

— **Willi.** 1. Tl. Ein Stück Jugend. Eine Dichtg. 8. (130 S.) München (899). (H. Hugendubel.) n. 1.50

Saenger, Gustav: Thesen [an Stelle der später zu veröffentlichenden Dissertation: De retroflexione gravidi uteri]. (Nebst Lebenslauf.) Halle (1870): Plötz. 2 Bl. 8°
Halle-Wittenberg, Med. Thesen v. 25. Juli 1870
Geb. Naumburg a. d. S. 8. 6. 1842. V.
Die Diss. ist nicht ersch.

Sänger, H., 6 Fest-Predigten f. Peßach u. Schowuos. gr. 8. (III, 35 S.) Frankfurt a/M. 894. J. Kauffmann. n. 1. —

Sänger, H., Rabbiner Samson Rafael Hirsch. Trauerrede, geh. am 4. Sch'wat 5649 (6. Jan. 1889) in der Synagoge der isr. Religionsgesellschaft zu Bingen. gr. 8. (8 S.) Frankfurt a/M. 889. Kauffmann. n. — 40

Sänger, H., Nächstenliebe. 8. (24 S.) Mainz 898. J. Wirth. n. — 20

Saenger, H., H. Wendt u. O. Most, zur inneren deutschen Politik. Verfassg. u. Verwaltg. Finanz- u. Steuerpolitik. Wirtschafts- u. Sozialpolitik. 3 Aufsätze, hrsg. von der Red. der Akadem. Blätter. (III, 89 S.) 8. München (906). (Berlin, G. Nauck.) n.n. 1.25

— zehn Predigten f. Rosch Haschanah, Jom-Kippur u. Sukkoth. gr. 8. (III, 68 S.) Ebd. 894. n. 1.20

Sänger, H., zehn Predigten (2. Serie) f. Rosch Haschonoh, Jom-Kippur u. Sukkoth. gr. 8. (III, 71 S.) Berlin 897. M. Poppelauer. n. 1.20

Sänger, J. G., die Obstbaumzucht. Ein Lehr- und Lesebüchlein für Schule und Haus. 8. (X, 72 S. mit eingedr. Fig. und 1 Taf.) Schopfheim 883, Uehlin. *

—— dass. — 2. verb. und verm. Aufl. 8. (X, 76 S. mit 1 Taf.) Ebendas. 884. *

Sänger, J. G., Obstbautafeln f. Schule u. Haus. Unter Benützg. der Obstbauschriften v. Ed. Lucas, Fr. Lucas u. Bach bearb. 2 Blatt in Holzschn. 72×84 cm. Mit Begleitwort. gr. 8. (3 S.) Stuttgart 891. E. Ulmer. In Mappe. n. 1. 60

Sänger, Obstbautafeln f. Schule u. Haus. (Mit untergedr. Text.) 2. Aufl. 2 Taf. à 64,5×79 cm. Stuttgart (903). E. Ulmer. In Mappe n. 1. 60

Saenger, Johann Georg (Leutenberg) A. S. 187/22

Commentatio de concursu actionum.
Präs. Achaz Ludwig Karl Schmid.
Jena (Fickelscherr) IX. 1753. 46 S. 29635

Sänger, Johannes [aus Ilmenau]: Ueber A. Meta-Xylylhydrazin... Würzburg, Druck d. Stahel'schen Buchdr., 1888; 21 S. 8°
Würzburg, Phil. Fak., Inaug.-Diss. v. 1888

Saenger, Karl, aus München: **Beitrag zur chemischen** Charakteristik der Samen der Kornrade, Agrostemma Cithago, im Hinblick auf die Bedeutung der Kornrade als Bestandteil der Mehlsorten des Handels. *München 1904: C. Wolf & Sohn.* (47 S.) 8°
München, Phil. Diss. v. 1904

Saenger, Carl, Fest-Predigt, geh. bei der Einweihg. d. neuen Andachts-Saales der deutsch-kathol. [freien religiösen] Gemeinde zu Frankfurt a. M. am Sonntag den 22. Mai 1892. Zur Aufklärg. üb. die Bestrebgn. der deutsch-kathol. [freien religiösen] Gemeinde. gr. 8. (20 S.) Frankfurt a/M. 892. Gebr. Knauer. n. — 20

Saenger, C., Geschichte d. freireligiösen Bewegung u. d. deutschkathol. (freien religiösen) Gemeinde zu Frankfurt a. M. 1845—1895. Festschrift zur Feier d. 50jähr. Bestehens d. Gemeinde. gr. 8. (36 S.) Frankfurt a/M. 895. Gebr. Knauer. n. — 50

Saenger, Carl, über die Harnstoff-Ausscheidung nach Electrisirung der Leber. Inaugural-Dissertation. gr. 8. (16 S.) Göttingen 881, (Vandenhoeck und Ruprecht's Verlag.) *

Saenger, C. v., der Klee und dessen Anbau. gr. 8. (49 S. mit 1 Stnt. in qu. gr. 4.) Bromberg 856, Levit. *

—— der Klee und dessen Anbau. 2. Aufl. gr. 8. (49 S. mit 1 Stnt. in 4.) Bromberg (861)62, Levit. *

—— die Reform des ländlichen Creditwesens. gr. 8. (67 S.) Bromberg 857, Levit. *

Saenger, Carl v., welchen Einfluß hat die Aufhebung der Wuchergesetze auf die Landwirthschaft? 8. (20 S.) Bromberg 859, Levit.

Saenger, Carl, s.: Wort, das freie.

Saenger, Konrad *Theodor* [aus Königswinter]: **Die englische Rentenschuld und die letzte Conversion derselben.** . . . Stuttgart, Druck d. Union Deutsche Verlagsges., 1891; 1 Bl., 56 S., 1 Bl. 8°
Leipzig, Phil. Fak., Inaug.-Diss. v. [28. Jul.] 1891

Saenger, Kurt, Referendar am Grh. Sächs. Amtsgericht Weimar: **Erläuterung des § 31 bürgerlichen Gesetzbuches.** *Weimar 1903: F. Koltsch.* (IV, 60 S.) 8°
Jena, Jur. Diss. v. (16. Dez.) 1902

Saenger, Léon, Referendar: Der **Konflikt zwischen den Entscheidungen des Reichsgerichts und des preußischen Gerichtshofs zur Entscheidung der Kompetenzkonflikte, und dessen Lösung durch das Gesetz vom 22. Mai 1902.** *Greifswald 1903: J. Abel.* (42 S.) 8°
Greifswald, Jur. Diss. v. [8. Mai] 1903

Saenger. Ludwig [prakt. Zahnarzt in Berlin]: Ueber die vena dorsalis penis. (Mit 2 Tafeln.) Berlin 1904. 29 S. 8°. [5. II. 04.]
Bern. Phil. Diss. 1903/1904.

Saenger, Ludwig. Über die Vena dorsalis penis. Diss. Phil. Bern. [Mit Figuren.] 31 S. 8. Berlin, Louis Borchardt, 1904.

Sänger, M., u. W. Odenthal, Asepsis in der Gynäkologie u. Geburtshülfe, s.: Bibliothek, medicinische, f. praktische Ärzte.

Saenger, M., Grundzüge d. Mechanik d. Consonantbildung, s.: Festschrift zur Feier d. 50jährigen Bestehens d. medicin. Gesellschaft zu Magdeburg.

— der Kaiser Franz Josef-Pavillon im k. k. allgemein. Krankenhause zu Prag, s.: Czermak, W.

Sänger, M., der Kaiserschnitt bei Uterusfibromen, nebst vergleichender Methodik der Sectio caesarea und der Porro-Operation. Kritiken, Studien und Vorschläge zur Verbesserung des Kaiserschnitts. gr. 8. (V, 202 S. mit 2 lithogr. Taf. Abbild.) Leipzig 882, Engelmann. *

Sänger, M.: Maleachi, eine exegetische Studie. Jena 1867. 87 S.
Schul Univ.-Schrift

— s.: Monatsschrift f. Geburtshülfe u. Gynaekologie.

— die Pathologie u. Therapie der Sterilität beider Geschlechter, s.: Finger, E.

Sänger, M., über Perineorrhaphie durch Spaltung des Septum recto-vaginale und Lappenbildung, s. Sammlung klinischer Vorträge.

—— die Rückbildung der Muscularis des puerperalen Uterus, s. Beiträge zur pathologischen Anatomie und klinischen Medicin.

— e. bestimmtes Zeichen f. angeborene Rückwärtslage des Uterus. [Aus: „Festschrift der Gesellsch. f. Geburtshilfe u. Gynäkol."] gr. 8. (8 S.) Wien 894. A. Hölder. n. — 40

Sänger, Max

Saenger, M., Aphorismen üb. mechanische Desinfection und Infectionsprophylaxe, s.a. Wander-Vorträge, medicinische. 55. Hft.

Aphorismen über mechanische Desinfection und Infectionsprophylaxe. Von Prof. Dr. M[ax] Saenger. *Berlin: Fischer 1900.* (33 S.) 8°
— Wander-Vorträge, Medizinische. H. 55. [00. 5959

Sänger, Max, die Behandlg. d. Beckeneiterungen, s.a. Sammlung klin. Vorträge.

Die Behandlung der Beckeneiterungen von Max Sänger (Leipzig). *Leipzig: Breitkopf & Hartel 1897.* (35 S.) 8.
== Sammlung Klinischer Vorträge. N. F. No 178. [97. 2833

Sänger, M., Carl Siegmund Franz Credé. Rede zu der v. der Gesellschaft f. Geburtshülfe zu Leipzig am 16/IV. 1892 veranstalteten Trauerfeier geh. gr. 8. (18 S. m. Lichtdr.-Bildnis.) Leipzig 892. G. Thieme. n. 1.20

Sänger, Max (Hrsg.), s. Encyklopädie der Geburtshülfe und Gynäkologie.

— Ueber Lappen-Trachelorraphie, s. Sammlung klinischer Vorträge.

— über Pessarien. Ein klin. Vortrag. 8. (68 S.) Leipzig 890. O. Wigand. n. 1.—

— die Tripperansteckung beim weiblichen Geschlecht. Ein klin. Vortrag. 8. (72 S.) Ebd. 889. n. 1.—

— Ueber die allgemeinen Ursachen der Frauenkrankheiten. Ein Versuch zu e. einheitl. aetiolog. Betrachtg. der Erkrankgn. d. Sexualorgans. Antritts-Vorlesg., am 26. Febr. 1892 in der Aula der Universität Leipzig geh. gr. 8. (55 S.) Lpz. 892, Veit u. Comp. * 1 20

Über Asthma und seine Behandlung. Von Dr. M[oritz] Saenger in Magdeburg. Berlin: Karger 1910. 82 S. 8°

Ueber Asthmabehandlung von Dr. M[oritz] Saenger in Magdeburg. Magdeburg: A. Rathke 1905. (24 S.) 8°
Aus: Deutsche Aerzte-Zeitung 1905, Juli [05. 11597

Saenger, M., üb. Asthmabehandlung. 1. u. 2 Aufl. (24 S. m. 2 Fig.) gr. 8. Magdeburg 905. 906. A. Rathke. n. —60

— Über Asthmabehandlung. 3. u. 4. Aufl. (24 S. m. 2 Abb.) 8. Magdeburg 907. A. Rathke. —60

Zur Behandlung von Katarrhen der Luftwege und der Lungen mit Arzneidämpfen. Von Dr. M[oritz] Saenger in Magdeburg. Anh.: Einige erprobte Vorschriften f. Arzneidampfinhalationen auf Grund neuer Erfahrungen. 60. bis 100. Taus. Magdeburg: O. Gentsch [1906]. (24 S.) 8°
Aus: Wiener Klinische Rundschau. 1904, No 34. 35 [07. 871

Saenger, M., über Inhalations-Therapie u. ihre gegenwärtig üblichen Anwendungsformen, s. a. Sammlung zwangloser Abhandlungen aus dem Gebiete der Nasen- usw. Krankheiten. VIII, 7.

Über Inhalations-Therapie und ihre gegenwärtig üblichen Anwendungsformen. Von Dr. M[oritz] Sänger, Magdeburg. Halle a. S.: C. Marhold 1906. (38 S.) 8°
= Sammlung zwangloser Abhandlungen aus d. Geb. d. Nasen-, Ohren-, Mund- u. Hals-Krankh. Bd 8, H. 7. [05. 14030 3

Sänger, Robert [aus Unter-Deufstetten (Württemb.)]: Beitrag zur Statistik über Aneurysmen an der Gehirnbasis ... Schwäb. Hall, Druck v. W. Burkhardt, 1895; 20 S. 8.
Erlangen, Med. Fak., Inaug.-Diss. v. 1895

Saenger, Rud., quatre morceaux de lectures, s.: Reuter's Bibliothek f. Gabelsberger-Stenographen.

Saenger, Sam., die wirtschaftl. Aussichten des britischen Imperialismus, s. a. Zeitfragen, volkswirtschaftliche.

Die wirtschaftlichen Aussichten des Britischen Imperialismus. Vortrag geh. zu Berlin 1907 von Dr. S[amuel] Saenger. Berlin: L. Simion Nf. 1907. (34 S.) 8°
= Zeitfragen, Volkswirtschaftliche. H. 226. [07. 7485 3

— s.: Carlyle, Thom., Goethe.

English Humanists of the Nineteenth Century. A selection from the works of John Stuart Mill, Thomas Carlyle, Ralph Waldo Emerson and John Ruskin. With biogr. introd. and a commentary by Dr. S[amuel] Saenger, Assist. Master, Berlin. P. 1. 2. *Berlin: Weidmann 1903.* 2 Bde 8°
1. Text. 2. Erläuterungen. [03.

Saenger, S., English humanists of the 19. century. A selection from the works of John Stuart Mill, Thomas Carlyle, Ralph Waldo Emerson and John Ruskin With biographical introductions and a commentary. 2 parts. (V, 272 u. 52 S.) gr. 8. Berlin 903. Weidmann. Geb. in Leinw. u. geh. n. 3.—

Saenger, Sam., John Stuart Mill, s. a. Frommann's Klassiker der Philosophie. XIV.

John Stuart Mill. Sein Leben u. Lebenswerk. Von Samuel Saenger. Mit Bildn. Stuttgart: F. Frommann 1901. (VI, 200 S.) 8°
(Klassiker, Frommanns, d. Philosophie. 14.)

— Commercial reading book. (V, 101 S.) 8. Berlin 908. Weidmann. Kart. 1.40

John Ruskin, sein Leben und Lebenswerk. Ein Essay von Sam. Saenger. Strassburg: J. H. E. Heitz (1900). (XVII, 222 S.) 8°

— John Ruskin. Sein Leben u. Lebenswerk. Ein Essay. 8. (XVII, 222 S.) Strassburg (901). J. H. E. Heitz. Geb. in Leinw. od. brosch. auf breitrand. imit. Büttenpap. n. 4.—

Saenger, Samuel [aus Berlin]: Syntaktische Untersuchungen zu Rabelais .... Halle a. S., *Druck v. G. Bernstein in Berlin* (1888); 68 S. + 1 Bl. 8°
Halle, Phil. Fak., Inaug.-Diss. v. 7. Jul. 1888

Saenger, Samuel, syntaktische Untersuchungen zu Rabelais. Inaugural-Dissertation. gr. 8. (68 S.) Halle 888. (Leipzig, Fock.) *

Sänger, Th., mathematische Wiederholungshefte, s.: Sonne, J.

Saenger, Thdr., eine Verallgemeinerung des zusammengesetzten Pendels. Inaugural-Dissertation. 8. (35 S.) Cassel 880. (Göttingen, Vandenhoeck und Ruprecht's Verlag.) *

Sänger, Wilhelm, aus Buchenberg (Baden): Ueber Condensationen von Formaldehyd mit 1,3-Diketonen. *Heidelberg 1903: K. Rößler.* (62 S.) 8°
Heidelberg, Naturw.-math. Diss. v. 1903

Sänger, Wilhelm: Der Vokal in der Kompositionsfuge in den ältesten althochdeutschen Sprachdenkmälern. Freiburg i. B. 1910: Wagner. VI, 96 S. 8°
Freiburg i. B., Phil. Diss. v. 1910, Ref. Kluge
[Geb. 25. März 85 Sulzburg; Wohnort: Lahr; Staatsangeh.: Baden; Vorbildung: Gymn. Lahr Reife Juli 03; Studium: Heidelberg 3, München 1, Freiburg i. B. 5 S.; Rig. 30. Juli 09.] [U 10. 1082

Sänger-Album. Blätter der Erinnerung an das am 2. 3. u. 4. August 1857 in Danzig gefeierte 5. Preuß. Sängerfest. In malerischen Ansichten der Umgegend von Danzig und einem poetischen Text von Rud. Genée. Danzig (857.) Bertling. qu. 4. (4 lith. Bl. in Farbendr. u. 7 S. Text.) n. 22⅓ ngr.

Sänger-Album. Blätter der Erinnerung an das am 2. 3. und 4. August 1857 in Danzig gefeierte fünfte preußische Sängerfest. In malerischen Ansichten der Umgegend von Danzig und einem poetischen Text von Rud. Genée. qu. 4. (4 Chromolithogr. mit 7 S. Text.) Danzig 858, Bertling.

Sängerblatt, schweizerisches. Organ des eidgenöss. Sängervereins. 1.—7. Jahrg. 1861—67. à Jahrg. 24 Nrn. (Bog.) Fol. Bern, (Huber und Comp.) à Jahrg. *

Sängerblatt, schweizerisches. Organ des eidgenöss. Sängervereins. Redact.: Joh. R. Weber. 8.—15. Jahrg. 1868—1875. à Jahrg. 24 Nrn. (Bog.) Fol. Bern, (Huber und Comp.)
1868—1874 à ·
1875 ·

Sängerblatt, schweizerisches. Musikzeitung für die Schweiz. Organ des eidgenöss. Sängervereins. Redact.: Gust. Weber. 16. und 17. Jahrg. 1876 und 1877. à Jahrg. 24 Nrn. (à 1—1½ Bog.) Fol. Zürich, Hug. à Jahrg. *

—— dass. — Redact.: Gust. Weber und Gabr. Weber. 18. und 19. Jahrg. 1878 und 1879. à Jahrg. 24 Nrn. (à 1—1½ Bog.) Fol. Ebendas. à Jahrg. *

cf.: Musik-Zeitung, schweizerische, u. Sängerblatt.

Sängerblümchen. Sammlung zweistimm. Lieder für Schule, Haus und Leben. Hrsg. von F. A. Schulz. 1. Heft. qu. 8. (16 lithogr. S.) Braunschweig 849, Wehrt. Thlr. *

Sängerbote, der. Gesangvereinszeitung f. Mitteldeutschland. Offizielles Organ der „Vereinigg. mitteldeutscher Sängerbunde". Hrsg. unter Verantwortlichkeit des Hauptausschusses des „Sängerbundes des Kreises Worms". Red.: Fr. Ludwig. 2.—4. Jahrg. Oktbr. 1898—Septbr. 1901. à 12 Nrn. gr. 8. (à ca. 16 S.) Worms (H. Kraeuter).
à Jahrg. n. 3. —

Sängerbote, hessischer. Offizielles Organ d. „Sängerbundes des Kreises Worms". Red.: Heinr. Diehl. 1. Jahrg. Oktbr. 1897—Septbr. 1898. 12 Nrn. (Bog.) gr. 8. Worms (H. Kraeuter). n. 3. —

Sängerbund, fränkischer. Gesänge für Männerchor. 1.—4. Hft. Stimmen u. Partitur. br. 8. Würzburg 845. (Stahelsche Buchh.) à n. ⅓ ℛ

Sängerbund, Fränkischer. Gesänge für Männerchor. 5 u. 6. Hft. [Von C. Becker op. 3 u. 5.] 7. Hft. [Componirt von J. G. Bartsch.] 8—10. Hft. br. 8. (5: 102 S. 6—10: à 80 S. Zinkdr.) Würzburg 846—49, Stahelsche Buchhandl. in Comm. à n. 12 ngl (1—10: n. 4 ℛ)

Sängerbund, der neue Märkische. Sammlung vierstimmiger Männergesänge von Abt, Becker, Kuntze u. A. 1. Hft. Lex. 8. (à Stimme 9 S. u. Partitur 14 S.) Neu-Ruppin 850, Oehmigke & Riemschneider. ¾ ℛ

Sängerbundesfest, das erste deutsche, zu Dresden, 22. bis 25. Juli 1865. Ein Gedenkbuch. Im Auftrage des Fest-Ausschusses herausgegeben. Dresden 865. (Friedel.) [Leipzig, Barth.] gr. Lex.-8. (III, 164 S. mit 2 Photogr. u. 43 Holzschntaff.)
n. 1 ℛ 10 ngr
Ermäßigter Preis n. 6 ngr

Sängerbundeszeitung, Deutsche, s.a. Sängerhalle.

Sängerbundeszeitung, deutsche. 1. u. 2. Jahrg. 1909 u. 1910. „Die Sängerhalle" 49 u. 50. Jahrg. „Die Lyra" 33. Jahrg. Eigentum des deutschen Sängerbundes. Schriftleitung: Gust. Wohlgemuth. à 50 Nrn. (XII, 868 u. XII, 948 S.) 31×23,5 cm. Leipzig, C. F. W. Siegel.
à Jahrg. 6. —

Die „Lyra" wurde 1910 hiermit vereinigt.

Sängerbundlieder. Einfache Orig.-Kompositionen für gemischten Chor, hrsg. vom christlichen Sängerbund deutscher Zunge. 1. Heft. (31 S.) 8. Bonn (905). J. Schergens. n. — 35

Sängerchor, der. Eine Sammlung vierstimmiger, geistlicher, weltlicher u. volksthümlicher Gesangstücke für Gesangvereine u. höhere Schulanstalten ausgewählt von (F.) Härzer. 1. Bd. 1. Hft. gr. 8. (IV u. 64 S.) Anclam 849, Dietze. n. 6 ngl

Sängerchor, der kirchliche. Blüthen heil. Tonkunst, von den vorzüglichsten Tonmeistern der Vergangenheit u. Gegenwart, für alle Feste u. festlichen Veranlassungen im kirchl. Leben. 1. Thl. Herausgeg. von F. A. L. Jacob. Op. 16. 4. Essen 845, Bädeker. 1⅔ ℛ

—— der kleine, Sammlung dreistimm. Gesänge, s. Dellith, G.

—— der kleine, Sammlung dreistimmiger Gesänge für Schule u. Haus. Herausgeg. von Geo. Dellith. 1. Heft. 2. Aufl. 16. Kassel 845. 3. Aufl. 846. Luckhardt'sche B. 3 ngl

—— das preußische. Eine Auswahl der beliebtesten Lieder für Preußens Krieger. 16. (4¼ B.) Erfurt 843, Knick. *

Die **Sängerfahrt**. Eine Neujahrsgabe für Freunde der Dichtkunst und Mahlerey, mit Beyträgen von Ludwig Tieck [u. a.] . . . Ges. v. Friedrich Förster . . . Mit Kupf. aus d. Danziger Gemälde: Das jüngste Gericht.
Berlin: Maurer 1818. 1 Bl., XX, 275 S., 1 Titelkupf., 16 Kupfertaf. 4°

Sängerfahrt, die, e. Neujahrsgabe f. Freunde der Dichtkunst u. Malerei, mit Beitrr. v. L. Tieck, W. v. Schütz, v. Ziebingen, v. Schenkendorf, Clemens Brentano ꝛc. Mit Kpf. kl. 4. Berl. 818. Maurers B. 3 ℛ

Sängerfahrt, Arions, durch Deutschland und Österreich . . . New York 1893. V: *Salzmann, Wilh.* (Ky)

Sängerfahrt der »Helvetia Zürich« nach Engelberg und Buochserhorn. 1902. [Zürich] 1902. V: *Hoppeler, Ferd.* (Zuwachsverz. d. Bibl. in Zürich 1898 ff., 7.)

Sängerfahrt des „Männerchor Zürich" nach Mailand, 7. — 11 April 1888, von *J. Hardmeyer*, und der Abstecher nach Genua, von *W. Bion*. In-8°, 141 S., mit Illustr. Zürich, Druck von Orell Füssli & Cie. [illegible] 2 —

Sängerfehde, e. humoristische, entschieden durch Gottfr. Aug. Bürger. [Marburg 1791.] 8. (31 S.) Berlin 874. Bahlen. — 75

Sängerfest, das eidgenössische, in Bern am 13. und 14. Aug. 1848. Beschrieben von einem Mitgliede des Central-Comité. gr. 4. (50 S. und 4 lithogr. Ansichten.) Bern 849, [Blom.]

Sängerfest, das eidgenössische, in Bern am 13. u. 14 August 1848. Beschrieben von einem Mitgliede des Central-Comité. Mit 4 lith. Ansichten. gr. 4. (50 S.) Bern 849, Jenni Vater. 14 ngl

Sängerfest, das eidgenössische, zu Zürich 1858. Hrsg. unter Mitwirkung der Fest-Comite's. gr. 8. (IV und 156 S.) Zürich 858, Meyer und Zeller's Verlag. *

Sängerfest, eidg., in Luzern d. 5.—7. Juli 1873. Programm u. Text. 120 Stn. 12. Luzern, C. F. Prell. 1873. —. 50

Sängerfest, eidg., in Luzern den 5.—7. Juli 1873. Photographie der Festhütte. Cabinet-Format. Luzern, C. F. Prell. 1873. . 80

Sängerfest, das erste deutsche, gefeiert in Würzburg in den Tagen des 3. bis 7. Aug. 1845. Ein Erinnerungs-Album für dessen Theilnehmer von M. R. Lex.-8. (Mit 2 Lithogr.) Würzburg 845, Voigt u. Mocker. n. 5/6 ₰

Sängerfest des IV. Gaues des Pfälzischen Sängerbundes in Kusel am 16. Juni 1907. Kusel (1907): J. Kleinschmidt. (16 S.) 8° [Fr.] [08. 9285

Sängerfest, das, zu Lübeck am 29. u. 30. Mai 1860. Zur Erinnerung für alle Theilnehmer am Feste. Mit 2 Lithogr. (in 4.) Lübeck 860. Aschenfeldt. gr. 8. (53 S.) n. 18 ngr.

Sängerfest, Das, auf Vögeliseck 1825. O. O. [1825]. V: *Krüsi, Hermann.* (Cat. d. Stadtbibl. Zürich. Zürich 1864—97.)

Sängerfest Almanach des nordöstlichen Sängerbundes von Amerika 1860 [illegible] Printed by [illegible] Philadelphia, PA

Sängerfest-Zeitung. St. Louis, MO

Sängerfest-Zeitung. Zur Erinnerung an die 50jähr. Jubelfeier der vereinigten Norddeutschen Liedertafeln in Bremen am 16., 17. und 18. Juli 1881. Redact.: Heinr. Helmers. 3 Nrn. Fol. (24 S.) [Bremen.] (Norden, Fischer Nachf.) *

Sängerfreund, der beliebte, oder „Singe mit" in fröhlicher Gesellschaft. 32. (104 S.) Hamburg 843, Hamburg-Altonaer Buchh.

Sängerfreund, kleiner. Enth. 55 der bekanntesten u. beliebtesten Lieder. gr. 16. (IV, 120 S.) Hildburghausen 887. Gadow & Sohn. cart. n. — 40

Sängerfreund, kleiner. Enth. 56 der bekanntesten u. beliebtesten Lieder. 4. Aufl. 16. (IV, 122 S.) Hildburghausen 894. F. W. Gadow & Sohn. Kart. n. — 40

— dasselbe. Neue Folge. gr. 16. (140 S.) Ebd. 896. Kart. n. — 50

Sängerfreund, kleiner. Enth. 56 d. bekanntesten u. beliebtesten Lieder. 6. Aufl. gr. 16. (IV, 122 S.) Hildburghausen 898. F. W. Gadow & Sohn. Kart. n. — 40

Sängerfreund, kleiner. Enth. 60 der bekanntesten u. beliebtesten Lieder. 8. Aufl. gr. 16. (IV, 128 S.) Hildburghausen 901. F. W. Gadow & Sohn. Kart. n. — 40

Sängerfreund, kleiner. Eine Sammlg. der bekanntesten u. beliebtesten Lieder. I. u. II. Bd. kl. 8. Hildburghausen, F. W. Gadow & Sohn. à — 40
I. Enth. 60 der bekanntesten u. beliebtesten Lieder f. 4stimm. Männerchor. 13. Aufl. (130 S.) 910.
II. Enth. 55 der bekanntesten u. beliebtesten Lieder f. 4stimm. Männerchor. 2. Aufl. (142 S.) (909.)

Sänger-Führer, illustrirter Dresdner. Ein Begleiter durch die schönsten Partieen der Stadt u. ihrer romantischen Umgebungen, sowie durch alle Kunstschätze, wissenschaftlichen Sammlungen u. Sehenswürdigkeiten. Hrsg. von einem Mitgliede des Wohnungsausschusses für das 1. deutsche Sängerbundesfest. Dresden 865. Schrag's Verlags-Anstalt. 16. (XVI, 106 S. mit einer neu aufgenommenen Ansicht Dresdens u. der Sängerhalle in Holzschn., sowie 1 lith. Orientirungsplane der Stadt in 4. u. eingedr. Holzschn.). n. 5 ngr.

Sängerglück. [Leipzig 1816.] V: *Lindau, Wilhelm Adolph.* (MGT)

Sänger-Gruß. Organ d. christl. Sänger-Bundes. [337 Vereine m. 8159 Mitgliedern.] Red.: E. Gebhardt. Jahrg. 1884/87. à 12 Nrn. (1/2 B.) hoch 4. Mit je 3 Notenbeilagen f. gemischten u. f. Männerchor. gr. 8. Bonn, Schergens. à Jahrg. n. 1. —

Sänger-Gruß. Organ des christl. Sänger-Bundes. Redact.: E. Gebhardt. Jahrg. 1884/85, 1885/86 und 1886/87. à Jahrg. 12 Nrn. (à Nr. 1/2 Bog.) hoch 4. Mit Notenbeilagen. gr. 8. Bonn, Schergens. à Jahrg. *

—— dass. — Jahrg. 1887/88 und 1888/89. à Jahrg. 12 Nrn. (à Nr. 1/2 Bog.) hoch 4. Mit Notenbeilagen. gr. 8. Ebendas. à Jahrg. *
Die Jahrgänge beginnen im September.

Sänger-Gruß. Organ d. allgemeinen christl. Sängerbundes. Redact.: E. Gebhardt. Jahrg. 1890—1892. à Jahrg. 12 Nrn. (Bog. m. Musikbeilage.) gr. 4. Bonn, (Schergens). à Jahrg. * 1 20

Sänger-Gruß. Organ d. allgemeinen christl. Sängerbundes. Red.: E. Gebhardt. 13. u. 14. Jahrg. 1891. 1892. à 12 Nrn. (Bog. m. Musikbeilage.) gr. 4. Bonn, (J. Schergens). à Jahrg. n. 1. 20

— **dasselbe. Red.: Rich. Schmitz. 15. u. 16. Jahrg. 1893. 1894. à 12 Nrn. (Bog. m. Musikbeilage.) gr. 4. Ebd. à Jahrg. n. 1. 20**

Sänger-Gruß. Organ d. allgem. christl. Sängerbundes. Red.: Rich. Schmitz. 17.—20. Jahrg. 1895—1898. à 12 Nrn. (Bog. m. Abb. u. Notenbeil.) gr. 4. Bonn. Frankfurt a/M. J. Schergens. à Jahrg. n. 1. 20

Sänger-Gruß. Organ des christl. Sängerbundes deutscher Zunge. Red.: Rich. Schmitz. 21.—24. Jahrg. 1899—1902. à 12 Nrn. gr. 4. (à ca. 8 S. m. Musikbeilagen in qu. gr. 8.) Frankfurt a/M. Bonn, J. Schergens. à Jahrg. n. 1. 20

Sänger-Gruß. Organ des christl. Sängerbundes deutscher Zunge. Red.: Rich. Schmitz, f. den musikal. Tl.: A. J. Bucher. 25.—28. Jahrg. 1903—1906. à 12 Nrn. (à 8 S. u. musikal. Beilage 4 S. in qu. kl. 8.) gr. 4. Bonn, J. Schergens. à Jahrg. n. 1. 20

Sängergruß. Monatschrift des christl. Sängerbundes deutscher Zunge. Red.: Rich. Schmitz, f. den musikal. Tl.: A. J. Bucher. 29. u. 30. Jahrg. 1907 u. 1908. à 12 Nrn. (à ca. 8 S.) 31,5×22,5 cm. Bonn, J. Schergens. à Jahrg. 1. 20

— dasselbe. 31. u. 32. Jahrg. 1909 u. 1910. à 12 Nrn. (à ca. 16 S. u. Musikbeilagen.) gr. 8. Ebd. à Jahrg. 1. 60

Sängergruss des Kieler Cäcilienvereins dem deutschen Sängerfeste in Nürnberg 1861. Kiel 1861. V: *Volbehr, Friedrich Ludwig Christian.* (A)

Sängergruß-Lieder für gemischten Chor. Hrsg. v. Christl. Sängerbund deutscher Zunge als Auswahl s. Darbietungen während 25 Jahre s. Bestehens. Bonn: J. Schergens 1904. (72 S.) quer-8°

— dasselbe f. Männerchor. (VI, 64 S.) qu. kl. 8. Ebd. 904. Kart. 1. —

— dasselbe f. Solostimmen m. Begleitung auf Klavier od. Harmonium, nebst e. Anh. v. Liedern f. Frauenchor. (VI, 66 S.) qu. kl. 8. Ebd. 904. Kart. 1. —

Sängerhalle. Lieder u. Gesänge, geistlich u. weltlich, f. Sopran, Alt, Tenor u. Baß, in deutschen Original-Compositionen, hrsg. v. Jul. Schladebach. 1. Bd. 1—5. Hft. No. 1—30. Partitur. schm. hoch 4. (... B.) Schleusingen 846, 47, Glaser. à Hft.

— dass. 1. B. 1—5. Hft. 4 Stimmen. schm. hoch 4. (... B.) Ebds. 846, 47. à Hft.
Einzelne Stimmen à 2½ Ngr.

Sängerhalle, Die. Jahrgang 1—6. 10—15. 18—23. 25—28. 30. 34—48. [Herausgeber: Müller von der Werra; H. Pfeil (Jahrg. 2—26), Carl Kipke (Jahrg. 27—46), von da ab: O. Wohlgemuth. Leipzig 1861—1866, Halle 1870, Leipzig 1871—1875, 1878—1883, 1885—1888, 1890, 1894—1908. [Fortgesetzt unter dem Titel:] Deutsche Sängerbundeszeitung. Jahrg. 1. (Die Sängerhalle. 49. Jahrg.) Schriftleitung: Gustav Wohlgemuth. Leipzig 1909.

Sängerhalle, die. Deutsche Gesangvereinszeitung für das In- und Ausland. Begründet und hrsg. von Müller v. der Werra. Jahrg. 1861. Juli—December. 26 Nrn. (Bog.) gr. 4. Leipzig 861, C. Schäfer. *

Sängerhalle, die. Allgemeine deutsche Gesangvereins-Zeitung für das In- und Ausland. Redig. von Heinr. Pfeil. 2.—7. Jahrg. 1862—67. à Jahrg. 52 Nrn. (Bog.) gr. 4. Leipzig, M. Schäfer. à Jahrg. *

Sängerhalle, die. Allgemeine deutsche Gesangvereins-Zeitung für das In- und Ausland. Redig. von Heinr. Pfeil. 8. Jahrg. 1868. 52 Nrn. (Bog.) gr. 4. Leipzig, M. Schäfer. *

— dass. — 9. Jahrg. 1869. 24 Nrn. (Bog.) gr. 4. Halle, Schmidt. *

— dass. — Officielles Organ des deutschen Sängerbundes. 10. und 11. Jahrg. 1870 und 1871. à Jahrg. 24 Nrn. (Bog.) gr. 4. Ebendas. à Jahrg. *

Sängerhalle, die. Allgemeine deutsche Gesangvereinszeitg. f. das In- u. Ausland. Red. v. Heinr. Pfeil. Officielles Organ d. deutschen Sängerbundes. 11. Jahrg. 1871. 1—3. Quartal. 18 Nrn. (B.) gr. 4. Halle, Schmidt. n. 3. —

— dass. — 12.—14. Jahrg. 1872—1874. à Jahrg. 24 Nrn. (Bog.) gr. 4. Leipzig, Siegel. à Jahrg. *

Sängerhalle, die. Allgemeine deutsche Gesangvereinszeitung für das In- und Ausland. Redig. von Heinr. Pfeil. Officielles Organ des deutschen Sängerbundes. 15.—19. Jahrg. 1875—1879. à Jahrg. 24 Nrn. (Bog.) gr. 4. Leipzig, Siegel's Musikalienh. à Jahrg. *

Sängerhalle, die. Allgemeine deutsche Gesangvereinszeitung für das In- und Ausland. Officielles Organ des deutschen Sängerbundes. Redig. von Heinr. Pfeil. 20.—22. Jahrg. 1880—1882. à Jahrg. 24 Nrn. (Bog.) gr. 4. Leipzig, Siegel's Musikalienhandlung. à Jahrg. *

— dass. — 23. und 24. Jahrg. 1883 und 1884. à Jahrg. 36 Nrn. (Bog.) gr. 4. Ebendas. à Jahrg. *

Sängerhalle, die. Allgemeine deutsche Gesangvereinszeitung für das In- und Ausland. Officielles Organ des deutschen Sängerbundes. Redig. von Heinr. Pfeil. 25. Jahrg. 1885. 40 Nrn. (Bog.) gr. 4. Leipzig, Siegel. *
— dass. — 26. Jahrg. 1886. 52 Nrn. (Bog.) gr. 4. Ebendas. *
— dass. — Redig. von Carl Kipke und Heinr. Pfeil. 27. Jahrg. 1887. 52 Nrn. (Bog.) gr. 4. Ebendas. *
— dass. — Redig. von Carl Kipke. 28. Jahrg. 1888. 52 Nrn. (Bog.) gr. 4. Ebendas. *

Sängerhalle, die. Allgemeine deutsche Gesangvereinszeitg. f. das In- u. Ausland m. den 3 Musikalbum-Gratisbeilagen „Sängerlust“, „Liederhain“ u. „Hausmusik“. Zugleich auch Organ f. die Veröffentlichgn. d. deutschen Sängerbundes etc. Redact.: Carl Kipke. 29.—32. Jahrg. 1889—1892. à Jahrg. 52 Nrn. m. ca. 25 Illustr. (à Nr. 1—2 Bog.) gr. 4. Lpz., C. F. W. Siegel. à Jahrg. * 5 —

Sängerhalle, die. Allgemeine deutsche Gesangvereinszeitg. f. das In- u. Ausland m. den 3 Musikalbum-Gratisbeilagen „Sängerlust“, „Liederhain“ u. „Hausmusik“. Zugleich auch Organ f. die Veröffentlichgn. des deutschen Sängerbundes etc. Red.: Carl Kipke. 31.—34. Jahrg. 1891—1894. à 52 Nrn. gr. 4. (à ca. 1½ Bog. m. Bildnis u. Musikbeilage 8 S. gr. 8.) Leipzig, C. F. W. Siegel. à Jahrg. n. 5. —

Sängerhalle, die. Allgem. deutsche Gesangvereinszeitg. f. d. In- u. Ausland m. d. 3 Musikalbum-Gratisbeilagen „Sängerlust“, „Liederhain“ u. „Hausmusik“. Zugl. auch Organ f. d. Veröffentlichgn. d. deutschen Sängerbundes etc. Red.: Carl Kipke. 35.—39. Jahrg. 1895—1899. à 52 Nrn. (à ca. 12 S. m. Bildn. u. Musikbeilage 8 S. in gr. 8.) gr. 4. Leipzig, C. F. W. Siegel. à Jahrg. n. 5. —
Kann auch vierteljährlich bezogen werden.

Sängerhalle, die. Allgemeine deutsche Gesangvereinszeitg. f. das In- u. Ausland m. den Musikalbum-Gratisbeilagen „Sängerlust“ u. „Liederhain“. Zugleich auch Organ für die Veröffentlichgn. des deutschen Sängerbundes etc. Red.: Carl Kipke. 40.—42. Jahrg. 1900—1902. à 52 Nrn. gr. 4. (à ca. 16 S. m. Bildnissen u. Musikbeilagen in gr. 8.) Leipzig, C. F. W. Siegel. à Jahrg. n. 6. —

Sängerhalle, die. Allgemeine deutsche Gesangvereinszeitg. f. das In- u. Ausland m. den Musikalbum-Beilagen „Sängerlust“ u. „Liederhain“. Zugleich auch Organ f. die Veröffentlichungen des deutschen Sängerbundes usw. Red.: Carl Kipke. 43.—46. Jahrg. 1903—1906. à 52 Nrn. (XII, 660; XII, 676; X, 630 u. X, 590 S. m. Bildnistaf. u. Musikbeilagen in gr. 8.) gr. 4. Leipzig, C. F. W. Siegel. à Jhrg. n. 6. —

Sängerhalle, die. Allgemeine deutsche Gesangvereinszeitg. f. das In- u. Ausland m. den Musikalbum-Beilagen „Sängerlust“ u. „Liederhain“. Offizielles Organ des deutschen Sängerbundes usw. Schriftleitg.: Gust. Wohlgemuth. 47. u. 48. Jahrg. 1907 u. 1908. à 52 Nrn. (XII, 880 u. XIII, 632 S. m. Musikbeilagen in gr. 8.) 32 × 23,5 cm. Leipzig, C. F. W. Siegel. à Jahrg. 6. —
Fortsetzg., s.: Sängerbundeszeitung, deutsche

— die neue. Deutsche Gesangvereinszeitung für das In- und Ausland. Begründet und unter Mitwirkung berühmter Liedercomponisten und Vertreter deutscher Liederkunst hrsg. von Müller von der Werra. 1. Jahrg. 1862. April bis Dezbr. 39 Nrn. (Bog.) gr. 4. Leipzig, Friese. *

— dass. — Begründet und im Verein mit A. Methfessel, Frz. Abt, W. E. Becker etc. hrsg. von Müller von der Werra. 2.—6. Jahrg. 1863—67. à Jahrg. 52 Nrn. (Bog.) gr. 4. Ebendas. à Jahrg. *

— die neue. Deutsche Gesangvereinszeitung für das In- und Ausland. Begründet und im Verein mit A. Methfessel, Frz. Abt, W. E. Becker etc. hrsg. von Müller von der Werra. 7. und 8. Jahrg. 1868 und 1869. à Jahrg. 52 Nrn. (Bog.) gr. 4. Leipzig, Klein's Kunsth. à Jahrg. *

Sängerhaus, Straßburger, Sammlung bisher ungedruckter musikal. und poet. Blätter in autograph. Darstellung mit vielen Orig.-Zeichnungen und Photogr. dem Straßburger Männer-Gesangverein gewidmet von hervorragenden deutschen Componisten und Dichtern. (105 S.) Straßburg i. E. 886, Männer-Gesangverein. **

Sangerhausen [Schlagwort]

Sangerhausen, s.a. Harz. Karte

— s. a.: **Merseburg.** — **Preussen.** Messtischblätter. — **Thüringen.** Neubert.

Sangerhausen, s.a. Thüringen. Gräf.

Sangerhausen, s.a. Woerl's Reisehandbücher.

Sangerhausen. Bomsdorff, O. v., Spezialkarte d. Kreises Sangerhausen u. Umgegend, nach den neuesten amtl. Quellen entworfen u. gezeichnet. 1 : 75,000. Farbendr. 55×80,5 cm. Sangerhausen 891. Sittig. n. 3. 50; auf Leinw. in Karton n.n. 5. —; m. Rollen n.n. 6. —

Sangerhausen. Meyer, Karl, Kreis Sangerhausen. Karte z. Heimatskunde. 5. Aufl. 17,5×21 cm. Farbdr. Nordhausen, F. Eberhardt. — 15

Sangerhausen [Verfasser]

Sangerhausen, Christoph Friedrich

Sangerhausen, Cph. Fr., († d. 22. Dec. 1802.) Briefe in Versen. 2 Stcke. 8. Halberst. 771 u. 772. Groß. (W. Rauck in Leipz.) 8 gr

Sangerhausen, Ch. F., Briefe in Versen. 2 Stck. 8. Halberstadt, Groß. (Sommer in Leipz.) 771. 72.

— Fridericus II. Jul. Caesari Rom. comparatus. 8. Halle 791. Schwetschke u. S. 2 gr

— Gedichte; (nach sm. Tode hrsgg.) 8. Halle 803. Schwetschke u. S. 1 ℳ

— gesammelte Gedichte. 8. Leipz. 782. Weygand. 5 gr

— s. Kurassier, der Kohlische.

— Minos, sive de rebus Friderici II. apud inferos gestis. II Ptes. 8. Leipz. 797 u. 99. (List in Berl.) 1 ℳ 14 gr

— Minos, od. That. u. Meln. Friedrichs II. in d. Unterwelt a. d. Latein. 1r Th. 8. Bremen, Willmanns. (Müller.) 798

— Minos, s. de rebus Friderici II. ap. inferos gestis. II Ptes 8. Lps. Sommer. 809. (I. 14 gr. II. 1 Rthlr.)

Sangerhausen, K. F. Moral für Krieger. Berlin 1793. 250 S.

— Moral f. Krieger. 8. Berl. 793. Vieweg in Braunschw. 16 gr (A. u. d. T.: Moral f. Preußens Krieger).

Cp. F. **Sangerhausen's** Moral für Preussens Krieger, in Vorless. (vor e. Offic.-Corps.) *Berl.*, Vieweg. 793. 8° 16 gr

— einige Reden f. Zuhörer v. Geschmack. 8. Halle 788. Schwetschke u. S. 6 gr

— heilige Reden. 8. Nordhausen, Groß. (Nitzsche.) 771.

— Seelhorst; e. Gedicht. 8. Quedlinb. 779.

— über den geistl. Stand. 8. Halle, Hemmerde. 789.

— über den geistl. Stand. 8. Halle 789. Schwetschke u. S. 2 gr

— Text zur Todtenfeier Friedrich Wilhelm II. 8. Halberst. (797.)

— über Verfinsterung u. Aufklärung. 8. Liebau 791. Friedrich. (Leipz., Rein). 6 gr

Sangerhausen, K. C., Gedichte. 8. Halle, Hemmerde u. Schw. 805.

Sängerin, die, nach d. Engl. v. Clara Himly. (Gedicht: — Deutsch u. Engl.) 8. ($8^1/_4$ B.) Frankfurt a. M. 830, [Schmerber.]

SÄNGERIN, Die, aus dem Alpenthale. Eine wahre Geschichte. 2 Bde. Erfurt, bey Beyer u. Maring, 1806. 8°. ($1^1/_2$ Rthl. Damköhler, Berlin, vor 1885.)
Tit., 286 u. 215 S. Übersetzung aus d. Französ.? Theilweise etwas frei.

— **die, aus dem Alpenthale.** 2 Thle. 8. Erf. 806. (Otto). 1 ℳ 12 gr

Die kleine Sängerin. Elberfeld: R. Brockhaus [1901]. (15 S.) 8°
(Schriften z. Ausbreitung d. Evangeliums. No 115.)

Sängerin, Die schöne, oder lesenswürdige Begebenheiten der Marquisin Justina. A. d. Wälschen. Augsburg und Leipzig 1770. V: *Chiari, Pietro.* (BGE)

Sängerin, die schöne, od. Begebenheiten der Marq. Justina. 2 Thle. 8. Augsb. 770. Rieger. 16 gr

SÄNGERIN, Die Schöne, aus Kaschmire (sic!). Mit (drast.) Titelvign. (C. Kinzl inv. et sc.). Budweis, Prag u. Leipzig. gedr. u. verlegt bei Joh. Diesbach. 1791. 8°.
78 S. (incl. gestoch. Tit. m. lat. Lett. u. Vign.), nebst 1 Bl. Druckf. Einiges ziemlich frei.

— **die schöne, von Kaschmire.** 8. Prag 791. (Hinrichs in Lpz.) 6 gr

Sängerinnen, geistliche, der christlichen Kirche deutscher Nation. Nach den Originaltexten in Verbindung mit mehreren Hymnologen herausg. von Wilh. Schircks. Halle 855, 56. Fricke. 16.
1. Heft: Der Gräfin Aemilie Juliane von Schwarzburg-Rudolstadt geistliche Lieder in einer Auswahl nach dem Originaltext herausg., zugleich mit einer kurzen Lebensbeschreibung der Verfasserin, von Jul. Leop. Pasig. (XXXIV, 176 S.) n. 10 ngr.
2. Heft: Der Landgräfin Anna Sophie von Hessen-Darmstadt, Aebtissin von Quedlinburg, Leben und Lieder. Herausg. von Ch. W. Stromberger. (XXVI, 111 S.) n. 5 ngr.
3. Heft: Der Gräfin Ludämilia Elisabeth von Schwarzburg-Rudolstadt geistliche Lieder in einer Auswahl nach dem Originaltexte mit einer kurzen Lebensbeschreibung der Verf. von J. D. Sarnighausen. (XXVIII, 176 S.) n. 10 ngr.

Sängerkalender. Allgemeiner S'-K' und Jahrbuch der deutschen Vokalkunst für das Jahr 1907. Jahrg. 1. [Mit 3 Porträt-Tafeln.] 134+144 S. 8. Zürich, Orell Füssli; ⟨Leipzig, C. Cnobloch⟩. [geb. fr. 2. 50]

Sängerkalender. Allgemeiner S'-K' und Jahrbuch der deutschen Vokalkunst für das Jahr 1908. Jahrg. 2. [Mit 4 Porträt-Tafeln.] 136 + 128 S. 8. Zürich, Orell Füssli; ⟨Leipzig, C. Cnobloch⟩. [geb. fr. 2. 50]

Sänger-Kalender, deutscher. Hrsg. von Heinr. Pfeil. 1. Jahrg. 1875. 16. (IV, 74 S. mit Frz. Abt's Portr., Holzschntaf.) Leipzig, Theile. *

Sänger-Kalender, deutscher. Hrsg. v. Heinr. Pfeil. 2. Jahrg. 1876. Mit Jul. Otto's Portr. (Holzschntaf.) 8. (V, 116 S.) Eichstätt, Krüll. n. — 80

—— dass. — 3. Jahrg. 1877. Mit Fel. Mendelssohn-Bartholdy's Portr. (in Holzschn.). gr. 16. (108 S.) Ebendas. *

—— dass. — 4. Jahrg. 1878. Mit Frz. Lachner's Portr. (in Holzschn.). gr. 16. (91 S.) Ebendas. *

—— dass. — 5. Jahrg. 1879. Mit Frz. Schubert's Portr. (in Holzschn.). gr. 16. (100 S. mit 1 Musikbeilage.) Ebendas. *

—— dass. — 6. Jahrg. 1880. Mit Methfessel's Portr. (in Holzschn.) gr. 16. (192 S.) Eichstätt, Stillkrauth. *

Sänger-Kalender, deutscher, für 1881. Zugleich ein Hand- und Nachschlagebuch für Gesangvereine, deren Vorstände und Direktoren, sowie für sonstige Freunde des Gesanges. 7. Jahrg. Bearb. von Karl Seitz. 12. (VIII, 155 S.) Eichstätt, Stillkrauth. cart. *
Nicht weiter erschienen.

Sängerkalender. Schweizerischer S'-K' für das Jahr 1908. Jahrg. 1. Redaktion: Rob[ert] Thomann, Zentralsekretär des Eidgen. Sängervereins. [Mit 1 Porträt-Tafel.] 176 [+ 32 leere] S. 8. Zürich, Orell Füssli. [geb. fr. 2.—]

Sängerkalender. Schweizerischer S'-K' für das Jahr 1909. Jahrg. 2. Redaktion: Rob[ert] Thomann, Zentralsekretär des Eidgen. Sängervereins. [Mit 1 Porträt-Tafel.] 160 [+ 32 leere] S. 8. Zürich, Orell Füssli. [geb. fr. 2.—]

Sängerkalender. Schweizerischer S'-K' für das Jahr 1910. Jahrg 3. Redaktion: Rob[ert] Thomann, Zentralsekretär des Eidgen. Sängervereins. [Mit 1 Porträt-Tafel.] 184 S. 8. Zürich, Orell Füssli. [geb. fr. 2. —]

Sänger-Kalender, schweizerischer, f. d. J. 1911. 4. Jahrg. Red.: Rob. Thomann. (168 S. m. 1 Bildnis.) kl. 8. Zürich, Art. Institut Orell Füßli. Geb. in Leinw. 2.—

„**Sänger-Kompaß**". Ratschläge u. Weisgn. f. den prakt. Dienst d. deutschen Chormeister, Gesangsvereinsdirigenten u. anderer Leiter gleichart. Singvereine, sowie auch zum Gebrauche u. Nutzen der Vorstände u. Mitglieder dieser Gesellschaften. Aus der Praxis für die Praxis, gesammelte Erfahrgn. u. Anderes. Ausgeführt u. mitgeteilt von e. Fachmanne. gr. 8. (VIII, 28 S.) Weimar 899. J. Cernan. n. — 50

Sängerkranz. Ein Archiv von Original-Compositionen aller Art für Männerchor (zwei Tenore und zwei Bässe). Von einem Vereine der besten Meister neuerer Zeit hrsg. und allen deutschen Männergesangvereinen, Liedertafeln etc. gewidmet und redig. von Gotth. Wilh. Körner. Partitur. 1. und 2. Heft. hoch 4. (à Heft 8 S.) Erfurt 857, Körner's Verlag. à Heft 3 Ngr.

Sängerkranz, ausgezeichneter, zur geselligen Freude. Eine Auswahl der neuesten, bekanntesten u. beliebtesten Lieder. N. Aufl. 8. Reutlingen ... Enßlin u. Laiblin. 1/6 *

Sängerkranz, deutscher. Auswahl der besten u. beliebtesten Kriegs- u. Vaterlandslieder. Schwiebus 870. Wagner. 32. (48 S.) n. 1 ngr.

Sängerkranz, deutscher. Auswahl der besten u. beliebtesten Kriegs- u. Vaterlandslieder. 2. Aufl. 16. (46 S.) Schwiebus 874. Wagner. n. — 10

Sängerkranz, deutscher. Auswahl der besten und beliebtesten Kriegs- und Vaterlandslieder. 3. Aufl. 16. (47 S.) Schwiebus 881, Wagner'sche Buchh. *

Sängerlaufbahn, e. Auch e. Beitrag zum Gesangsstudium. Zu Nutz u. Frommen aller Sänger u. derjenigen, die es werden wollen. Von Veritas. (32 S.) 8. Karlsruhe (909). H. Kuntz. 1. —

Sängerliebe, ein Roman, v. Fr. Bar. de la Motte Fouqué. 8. Tübing. Cotta. 814.

Sängerliebe. Eine provinzialische Sage in 3 Büchern von Friedr. de la Motte Fouqué. gr. 8. Tübingen, Cotta. 816.
Schreibpap.

Sängerlust. Neuestes Taschenliederbuch für das deutsche Volk. Eine vollständige Sammlung der bekanntesten, beliebtesten u. schönsten Volks-, Scherz- u. Ernst-, Studenten- etc. Lieder, als Klänge der Erinnerung an Freud' und Leid, zur Förderung des Gesanges etc. dem Munde des Volkes entnommen. Neustadt a. d. H. (858.) Gottschick. 32. (XVIII, 447 S.) 7½ ngr.

Sänger-Lust. Sammlung von 200 der schönsten u. beliebtesten vier- u. fünfstimmigen Männergesänge mit Angabe der Tonarten u. Componisten. Allen deutschen Gesangsgenossen gewidmet von einem frühern Mitgliede des Pauliner Sängervereins zu Leipzig. Dresden 860. Klemm. 32. (XII, 195 S.) 12 ngr.

Sängerlust. Eine Sammlg. ausgewählter Volkslieder ernsten u. heiteren Inhaltes. 16. (160 S.) Dresden 872. Tittel. — 50

Sängerlust. Eine Sammlung der beliebtesten Lieder für Männerchor. 16. (47 S.) Winterthur 880. Westfehling. n. — 80

Sängerlust. Sammlung der beliebtesten u. melodienreichsten deutschen Lieder f. alle Lebenslagen u. Gemütsverfassgn. 16. (112 S.) Berlin 891. M. Breitkreuz. n. — 40

Sängerlust. Vollständigstes Liederbuch. Sammlung der besten u. beliebtesten Volks-, Studenten-, Soldaten-, Turner-, Trink- u. Gesellschafts-Lieder f. fröhl. Sänger. 16. (250 u. VI S.) Wien 894. (Leipzig, Literar. Anstalt A. Schulze.) n. — 60

Männerchöre des Zunftverbandes Thalweil. Zunftfest Langnau a. A. 1901. Konzert Sonntag, den 5. Mai 1901. Sängerprogramm. 13 S. 8. Horgen, Schläpfer & Co.

Sängerrunde. Eine Sammlung vierstimmiger Männerchöre. gr. 16. (288 S.) Lahr 867, Schauenburg. cart. *

Sängerrunde. Liederbuch der badischen Lehrer. 2.—4. Aufl. gr. 16. (VII, 292 S.) Lahr 870—73, Schauenburg. cart. *

Sängerrunde. Eine Sammlung vierstimmiger Männerchöre. 6. Aufl. gr. 16. (V, 292 S.) Lahr 878, Schauenburg's Verlag. cart. *

Sängerrunde. Eine Sammlung vierstimm. Männerchöre. 7. und 8. Aufl. 12. (V, 292 S. mit chromolithogr. Titel.) Lahr 880,84, Schauenburg. *ℳ 2.; geb. *

Sängerrunde. Eine Sammlung vierstimm. Männerchöre. Neue Bearbeitg. 2. Aufl. 8. (V, 456 S.) Lahr (902). M. Schauenburg. Geb. n. 2. 50

Sängerrunde. Die Sängerrunde. Neue Sammlung volkstümlicher Gesänge für Männerchor. Heft 4: Neun Lieder komponiert von W[ilh[elm]] Decker, J[ohann Jacob] Rosenmund, A[ugust] Schmid. II + 32 S. 8. Zürich und Leipzig, Gebrüder Hug & Co., 1902. fr. —. 50

Sängerrunde, neue. Sammlung vierstimmiger Männerchöre. gr. 16. (IV, 328 S.) Lahr 879, Schauenburg's Verlag. cart. * 2 —

Sängerrunde, neue. Sammlung vierstimm. Männerchöre. 3. Aufl. 12. (VIII, 328 S.) Lahr 890. Schauenburg. cart. n. 2. —; geb. n. 2. 25

Sängerrunde, neue. Sammlung 4stimm. Männerchöre. 4. Aufl. 12. (V, 328 S.) Lahr 895. M. Schauenburg. Kart. n. 1. 40; geb. in Leinw. n. 1. 60

Sängers, des lustigen, neuestes Liederbuch. Sammlung der beliebtesten u. bekanntesten Volks-, Studenten-, Burschen- rc. Lieder nebst jenen der vorzüglichsten Wiener Volkssänger. Brünn 866. Karafiat's Verlag. 8. (291 S.) n. 8 ngr. cart. n. 10 ngr.

Sängers Reise, von Th. Hell. s. Hell, Th.

Sänger-Saal, deutscher, Auswahl von Gedichten zum Componiren. Gesammelt u. geordnet von Carl Gollmick. gr. 12. Darmstadt 842, Jonghaus. 1½ ℳ

Sänger'sch Fluch. De Leibz'ger Messe. Änne Begebenheet am Schtammdische. Mei Borschdorf, s.: Boesien, säk'sche.

Sängers-Lust. Deutsches Volks-Liederbuch für alle Stände. gr. 16. (XVI u. 272 S.) Frankfurt a/O. 850, Koscky & Co. n. ⅓ ℳ

Sängers-Lust. Deutsches Volks-Liederbuch für alle Stände. gr. 16. (XVI und 272 S.) Frankfurt a. O. 851, Koscky und Comp. *

Sängers-Lust, Dtschs. Volks-Liederbuch f. alle Stände, 2. stark verm. Aufl., Frankfurt a. Oder, 328 S., 16°.

Sängers Lust. Neuestes Taschen-Liederbuch. Eine Auswahl der schönsten u. beliebtesten Lieder d. deutschen Volkes. Mit Angabe der Dichter u. Componisten. 17. Aufl., m. e. Anh., enth. meistens Kriegs- u. Vaterlandslieder aus den J. 1870—71. 16. (IX, 218 S.) Wismar 876. Hinstorff. n. — 50

Sängers Lust! Allgemeines deutsches Liederbuch. Eine reiche Sammlung der besten und beliebtesten Volks-, Commers-, Soldaten-, Wander-, Gesellschafts- und vieler anderer Lieder. Mit Angabe der Dichter, Komponisten und Melodieen. Billige Ausg. [Auszug aus der großen vollständ. Ausg.] 1. und 2. Aufl. 16. (VIII, 184 S.) Leipzig 886, Kaufmann's Verlag. cart. *

Sänger's Lust! Allgemeines deutsches Liederbuch. Eine reiche Sammlung der besten und beliebtesten Volks-, Commers-, Soldaten-, Wander-, Gesellschafts- und vieler anderer Lieder. Mit Angabe der Dichter, Komponisten und Melodieen. Große vollständige Ausg. 1. und 2. Aufl. 16. (XVI, 368 S.) [Dresden 886,87.] Leipzig, Kaufmann's Verlag. geb. *

Sängers Lust! Allgemeines deutsches Liederbuch. Große vollständ. Ausg. 3.—8. verb. Aufl. 24. (XVI, 368 S.) Lpz. 889—91, Kaufmann. cart. * — 75; geb. * 1 —
—— dass. — im Auszuge. 3.—7. Aufl. 24. (VIII, 184 S.) Ebd. 889—91. cart. * — 50

Sängers Lust! Allgemeines deutsches Liederbuch. Eine reiche Sammlg. der besten u. beliebtesten Volks-, Commers-, Soldaten-, Wander-, Gesellschafts- u. vieler anderer Lieder. Mit Angabe der Dichter, Komponisten u. Melodieen. Große vollständ. Ausg. 10., verb. Aufl. 24. (XVI, 368 S.) Leipzig 893. G. A. Kaufmann. Kart. n. — 75; geb. n. 1. —

— dasselbe. Billige Ausg. [Auszug aus der großen vollständ. Ausg.] 10., verb. Aufl. 24. (VIII, 184 S.) Ebd. 893. Kart. n. — 50

Sängertag, der internationale, in Schwanden am 3. u. 4. Aug. 1879. Nach Biedermaier's Manier in Reime gesetzt und seiner lieben Harmonie gewidmet von ihrem Mitglied K. G(achnang). In-16°, 7 S. Zürich 1879, Schiller & Cie.

Sängertag, der vierte Coburger, am 22., 23. u. 24. Juni 1872. Ausführlicher Festbericht, enth. u. A.: sämmtliche Gesangsvorträge, Gedichte, Reden, Toaste, Telegramme, die Theilnehmerliste rc. Nach officiellen Mittheilgn. bearb. gr. 8. (48 S.) Coburg 872. Riemann'sche Hofbuchh. n. — 50

Sänger-Telegraph. Jg. 1 (H. 1–2). Dresden 1865.

Sänger-Zeitung, akademische. Zeitschrift f. d. Interessen akadem. Gesangvereine Deutschlands. Schriftleitg.: A. Leyn. 1. Jahrg. Febr. 1895—Jan. 1896. 12 Nrn. (à ca. 12 S.) gr. 4. Leipzig-Reudnitz, A. Hoffmann. n. 4. 50

— dasselbe. Schriftleitung: W. Külz. 2. Jahrg. Mai 1896—Apr. 1897. 12 Nrn. (à ca. 2 Bog.) gr. 4. Ebd. n. 4. 50

— dasselbe. Bundes-Organ d. deutsch-akadem. Sängerbundes. Schriftleitg.: Fliegel. 3. Jahrg. Aug. 1897—Juli 1898. 12 Nrn. (à ca. 20 S.) gr. 4. Leipzig-Reudnitz, A. Hoffmann. n. 4. —

Sänger-Zeitung, akademische. Bundes-Organ d. deutsch-akadem. Sänger-Bundes. Schriftleitung: Koch. 4. Jahrg. Oktbr. 1898—Septbr. 1899. 12 Nrn. (à ca. 20 S.) gr. 4. Ebd. n. 4. —

Sänger-Zeitung, akademische. Bundes-Organ des deutsch-akadem. Sängerbundes. Schriftleitg.: C. Starke. 6. Jahrg. Novbr. 1900—Oktbr. 1901. 12 Nrn. gr. 4. (à ca. 16 S.) Leipzig-Reudnitz, A. Hoffmann. n. 4. —

Sänger- u. Dirigenten-Zeitung, allgemeine. Hessische Musik- u. Sänger-Zeitg. Mitteldeutsche Sänger-Zeitg. Musik- u. Sängerzeitg. f. Mitteldeutschland. Offizielles Organ f. Dill-Sängerbund, Lahntal-Sängerbund, Vogelsberger Sängervereinigg. usw. Schriftleitung: Albin Klein. 5. u. 6. Jahrg. 1909 u. 1910. à 12 Nrn. (à ca. 8 S.) Lex. 8. Gießen (Seltersweg 83), Gießener Verlagsdruckerei (A. Klein). à Jahrg. 5. 60

Allgemeine Sänger- und Musik-Zeitung: Jahrgang 1–19, no. 1. Aug. 1892—Jan. 1911?
Monthly. Sub-title: Offizielles Organ des Verbandes Deutscher Chordirigenten von Amerika. Place of publication varies: Reading, Pa., Aug. 1892—July 1909; Buffalo, N.Y., Aug. 1909—Jan. 1911; date-line of issue for July 15, 1909: New York and Reading. Large quarto, each issue 12 pages. Edited & published by Dr. Hermann Schorcht, Aug. 1892—Sept. 1910; by Frau Dr. Herm. Schorcht, Oct. 1910–Jan. 1911.
Reading, PA

Sängerzeitung

— deutsche. Zeitschrift z. Pflege deutschen Sanges. Organ deutscher Sänger-Vereinigungen. Red.: Kurt Sachisthal. Oktbr. 1896—Septbr. 1897. 24 Nrn. Lex.-8. (à ca. 12 S. m. Bildn.) Berlin (sw. 42, Brandenburgerstr. 75), R. Janotzko. 3. —

— dasselbe. Organ zur Wahrg. d. Interessen d. deutschen Gesangvereine. Offiziell. Publikations-Organ d. „Dirigenten-Verbandes f. Berlin u. Umgegend" u. d. „märk. Central-Sängerbundes". 2. Jahrg. Oktbr. 1897—Dezbr. 1898. 30 Nrn. (à ca. 14 S.) hoch 4. Ebd. 3.75
Kann auch vierteljährlich bezogen werden.

— deutsche. Organ zur Wahrg. der Interessen der deutschen Gesangvereine. Offizielles Publikations-Organ des „Dirigenten-Verbandes f. Berlin u. Umgegend" u. des „märk. Central-Sängerbundes". 3. Jahrg. 1899. 24 Nrn. hoch 4. (à ca. 14 S.) Berlin (S., Brandenburgstr. 75), Ernst Janotzke. 3. —

Sänger-Zeitung, Frankfurter. Musik- u. Theater-Zeitg. Red.: Heinr. Crass. 5. Jahrg. 1910. 12 Nrn. (à ca. 16 S.) gr. 8. Frankfurt a/M.. H. Schlemüller. 2.50

Sänger-Zeitung, Mexico: 1842? 1918? Mexico City,

Sänger-Zeitung, rheinisch-westfälische. Zeitschrift f. Dirigenten, Sänger u. Gesangsfreunde. Hrsg.: Frz. Hanemann jr. 1. Jahrg. 1906. 12 Nrn. (à ca. 32 u. Musikbeilagen 4 S.) 8. Iserlohn, F. Hanemann. n. 2. —

— rheinisch-westfälische. Fachblatt f. das gesamte Männerchorwesen. Bundes-Organ des märk. Sängerkreis Polyhymnia, Kreissängerbund Altena-Iserlohn, Sängerbund der Bezz. Lünen, Derne u. Eving usw. Schriftleiter: Frz. Hanemann d. J. 2.—5. Jahrg. 1907—1910. à 12 Nrn. (à ca. 16 S.) 8. Iserlohn, F. Hanemann. à Jahrg. 2. —

— süddeutsche. Organ zur Unterstützg. aller Interessen der Sängerbünde u. Gesangvereine Süddeutschlands. 1. Jahrg. Aug. 1906—Juli 1907. 12 Nrn. (148 S. m. 2 Abbildgn.) 4. Heidelberg, K. Hochstein. n. 2. —

— süddeutsche. Organ zur Unterstützg. aller Interessen der Sängerbünde u. Gesangvereine Süddeutschlands. Offizielles Bundesorgan des Speyergau-Sängerbundes, des südwestdeutschen Sängerbundes, des bad. Pfalzgau-Sängerbundes usw. 2.—5. Jahrg. Aug. 1907—Juli 1911. à 12 Nrn. (à ca. 20 S.) Lex. 8. Heidelberg, K. Hochstein. à Jahrg. 2. —

Sangesblüthen. Aus den Papieren einer Dame vom Stande. Mit einer Vorrede von Wilh. Böhmer. gr. 16. (VIII und 185 S.) Breslau 855, Aland. *

Der Sangesbruder. Deutscher Sänger-Kalender. [Jg. 1.] 1908. (Berlin: O. Suchsdorf 1908.) 8° [07. 17371

— der fidele. Heitere Deklamationen, dramat. Scenen u. allerlei lust. Vortragsmaterial, sowie Reden u. Prologe f. Gesangvereine. (80 S.) 8. Mühlhausen i/Th. (909). G. Danner. — 60

Sangesbruder, der, 1910. Allgemeiner deutscher Sänger-Kalender des In- u. Auslandes. 3. Jahrg. Red.: O. Suchsdorf. (141 S. m. Bildnissen.) kl. 8. Berlin. (Leipzig, E. Grude.) Geb. nn — 60

Der Sangesfreund: 1900 -
Published as a supplement to Das Wochenblatt. Edited & published by Robert Penniger. Fredericksburg, TX

Sangeslust. Sammlung zweistimm. Lieder für Schule, Haus und Leben. Hrsg. von C. F. G. Langenbuch. 1. und 2. Heft. Stereot.-Ausg. 8. Kiel, Naeck. [1. (III und 26 S.) 848., 2. (26 S.) 850. à * 1½ Ngr.] *

Sangeslust. Sammlung zweistimmiger Lieder für Schule, Haus u. Leben. Hrsg. von C. F. G. Langenbuch. Ster.-Ausg. 1 u. 2. Hft. 8. (1: IV u. 26 S. 2: 26 S.) Kiel 848. 50, Schröder & Co. (à n. 1½ ngl) n. 3 ngl

Sangeslust. Sammlung v. Schulgesängen. 4. Aufl. 8. (IV, 102 S.) Bautzen 900. M. Schmaler. Kart. n. — 60

Sangeslust. Texte zu 160 der beliebtesten u. originellsten Volks-, Kommers- u. Wanderlieder. (81 S.) kl. 8. Bremen (904). (G. Winter.) n. — 50

[F.] Die Sangesweisen der Colmarer Handschrift und die Liederhandschrift Donaueschingen. Hrsg. v. Paul Runge '(Colmar)'. *Leipzig: Breitkopf & Härtel 1896.* (XX, 199 S., 7 Facs.) 1 Bd 4. [97. 138

Sanghfona. Plattdütske ostfreeske Rimen, vertelsels un Döenties. 8. Leipz. 828. Engelmann. 14 gl

San Giorgio [Schlagwort]

S. Giorgio, Hafen, s.: Adriatisches Meer.

San Giorgio [Verfasser]

San Giorgio, Barbaro di, s. San Giorgio, Ramiro Barbaro di

Sangiorgio, Paul, chem. u. pharmaceut., zum Theil die medicin. Polizei betreff. Abhandll.; aus d. Italien., mit Anmerkk. von J. A. Schmidt. Mit 2 Kpf. gr. 8. Leipz. 797. Schwickert. 20 gl

San Giorgio, Ramiro Barbaro di, angiolo d'oro. Tre atti per musica. Con introduzione e per cura di Umberto Paolini. (46 S.) gr. 8. Berlin 907. A. Unger. 2. —

San Giorgio, Ramiro Barbaro di, Deutsch-Italienisch, s. a. Goldschmidt's Sammlung praktischer Sprachführer f. Reisende.

[J. u. Ant.] Deutsch-Italienisch. Kleines Handb. d. Ital. Sprache, neu bearb. v. Barbaro di San Giorgio. 10. Aufl. *Berlin: A. Goldschmidt [1897].* (2 Bl., 129 S.) 1 Bd 8.
= Sammlung, Goldschmidt's, prakt. Sprachführer f. Reisende. Bd 2. [98. 7459

San-Giorgio, Ramiro Barbaro di, fiori d'autunno. Versi. — Herbstblumen. Gedichte. Uebers. von H. Michaëlis. (Italienisch und Deutsch.) 8. (184 S.) Berlin 887, Steinitz. * geb. *

— fiori d'autunno. Con traduzioni in tedesco. 2. edizione. 12. (184 S.) Berlin 891. Steinitz' Verl. n. 2. —

— praktische Grammatik der italienischen Sprache. Leichtfaßl. Leitfaden zur Erlernung derselben für Deutsche. gr. 8. (VIII, 200 S.) Leipzig 888, Th. Grieben. * geb. **

— **neuestes Taschen-Wörterbuch.** Italienisch-Deutsch u. Deutsch-Italienisch. Enthaltend alle im tägl. Verkehr, im Handel u. auf Reisen vorkommenden Wörter, nebst e. Sammlg. v. Gesprächen u. e. Verzeichniss der gebräuchlichsten Vor- u. geograph. Namen. 2 Thle. 16. (495 u. 373 S.) Berlin 890. Steinitz' Verl. geb. à n. 1.50; in 1 Bd. geb. n. 3.—

S. Giovanni di Medua [Schlagwort]

S. Giovanni di Medua, Hafen, s.: Adriatisches Meer.

Sangkohl, Wilhelm

Sangkohl, W., obligatorische od. fakultative Fortbildungsschule f. Berlin? (48 S.) gr. 8. Berlin 903. L. Oehmigke's Verl. n. — 60

— die Praxis des gewerbl. Rechnens, s.: Dageförde, H.

Sanglen, Jac. Iwanowitsch de, Memoiren, s.: Bibliothek russischer Denkwürdigkeiten.

Sangmeister, **Ezechiel:** Das Leben und Wandel des in Gott ruhenten und seligen Br. Ezechiel Sangmeisters; Weiland ein Einwohner von Ephrata. *Dessen höchst sonderbare, und bemerkungswürdige Laufbahn, unter der Leitung und Führung Göttlicher Vorsehung! Mit allen Merckwürdigkeiten, womit seine Laufbahn begleitet, bis zu seiner Seligen Vollendung; Von ihm selbst beschrieben. Bestehend in 6 Theile. Welchem vorangeht, ein kurzer Entwurf einer Chronick, von der Stiftung und Grundlegung des Ephrataner-Wercks; bis auf des seligen Autores Ankunft daselbst: Wo alsdann die Chronick nebst seiner Laufbahn, gelegentlich mit fortgeführt, und aus dem Grunde der Wahrheit, mit unverfälschter Treue, ohne einige Partheylichkeit; Frey und offen ans Licht gestellt wird. Ephrata: Joseph Bauman 1825. 96 S.*

Dieses Folgende ist der zweite Theil und der Anfang meiner armen Lebens-Beschreibung und nimmt seinen Anfang im Jahre 1752. *Erste treu nach dem Original bearbeitete Ausgabe. Zweiter Theil. Erste Auflage. Ephrata: Joseph Baumann 1825. 158, (2) S.*

Dieses Folgende ist der dritte Theil von meiner armen und elenden Lebens-Beschreibung im Jahr 1764. *Erste treu nach dem Original bearbeitete Ausgabe. Dritter Theil. Erste Auflage. Ephrata: Joseph Baumann 1826. 88 S.*

Folgendes ist der vierte Theil von meinem armen Lebens-Lauf; nimmt seinen Anfang im Jahr 1766. *Erste Auflage. Ephrata: Joseph Baumann 1827. 72 S.*

— Mystische Theologie, . . . *Bestehend in 3 Theilen. Erste Auflage. Ephrata, Pa.: Joseph Baumann 1819 und 20. 142 S. [Angefügt]:* Kurze Lebens-Beschreibung des seligen Ezechiel Sangmeister. *Worinnen zu sehen, wie ihn Gott durch die dunkle Leidens-Nacht, bis zum hellen Mittage der Frohen Ewigkeit, so wunderbarlich geführet! Zweite Auflage. Ephrata: Joseph Bauman 1820. S. 143—168.*

Sangrain, A. T. N. V., Récréations littéraires, ou choix de pensées ingénieuses et sublimes de dissertations et définitions extraites des plus célèbres Moralistes, Poètes et Savans, pour servir à former le coeur, orner l'esprit et nourrir la mémoire des jeunes gens de l'un et de l'autre sexe, qui peuvent souhaiter de se perfectionner dans la langue française. gr. in-8. (20 B.) Zurich 834, Orell, Fussli et Comp.

— Dass., s.a. Sangrin

Sangrain, C., plan méthodique ou manuel de la conjugaison des verbes Français. 1. partie. A. u. d. T.: Methodischer Grundriß oder Handbuch zur Conjugation der französ. Zeitwörter. 1. Thl. 8. (126 S.) Ulm 852. (J. Ebner'sche Buchhandlg.) n. 12 ngl

—— **Plan méthodique ou nouveau-manuel de la congugaison des verbes, neutres irréguliers et défectifs de la langue française. 8. (IV und 174 S.) Munich 854, Franz.**

Sangrin, A.T.N.V., Récréations littéraires, ou choix de pensées ingénieuses et sublimes de dissertations et définitions extraites des plus célèbres Moralistes, Poètes et Savans, pour servir à former le coeur, orner l'esprit et nourrir la mémoire des jeunes gens de l'un et de l'autre sexe, qui peuvent souhaiter de se perfectionner dans la langue française. gr. in-8. Zurich 834. Orell, Fussli et Comp. 5 gg

— Dass., s.a. Sangrain

Sanguin, Joh. Friedr., Auswahl d. schönsten Mährchen aus Tausend u. eine Nacht, 4 Thle., s. Jugendbibliothek d. Auslandes, 10—13. Bdchn.

— s. Barthélemy, Jean Jacques: Voyage du jeune Anacharsis ...

Sanguin, Jh. Fr., (J. H. Meynier), s. *Choix* des plus jolis contes arabes.

Sanguin, Jh. Fr., (J. H. Meynier,) Cours de Conversation, oder Handbuch zur Erlernung der französisch. Sprache, als e. Sprache, die gesprochen werden soll. 8. Cob. 815. Sinner. 1 ß 8 gl

— nouvelle Géographie à l'usage de la jeunesse; ouvrage rédigé sur les derniers traités de paix, Acte du Congrès de Vienne etc. 8. Nürnb. 818. Riegel u. W. 1 ß 16 gl

— Gespräche, Anekdoten u. Briefe, als Uebungsstücke zum Uebersetzen aus d. Deutschen ins Französ., e. Zugabe zu seiner französ. Grammatik. gr. 8. Cob. 808. 2e A. 821. Sinner. 16 gl

— Grammaire, s. Meidinger.

— franz. Grammatik, s. Meidinger.

— J. V. Meidingers prakt.-französ. Grammatik. Neue durchaus verbess. u. mit neuen Aufgaben verseh. Ausg. 1r Cursus. gr. 8. Cob. u. Leipz. 806 bis 828. 16 Aufl. unt. d. T.: prakt.-französ. Grammatik. 1r Curs. 17e Aufl. gr. 8. Cob. 830. 18e A. 832. Sinner. 16 gr. 2r Curs. gr. 8. Ebd. 809. 2e A. 814. 3e A. 821. 4e A. 830. 16 gr.

— — praktisch-französische Grammatik. Neue durchaus verbesserte und mit neuen Aufgaben versehene Ausg. 1r Cursus. 11te Aufl. gr. 8. Ebend. 821.

— prakt. französ. Grammatik. 1r Curs. 15e Aufl. gr. 8. Coburg 826, Sinner. 1 Rthl. — 2r Curs. 3e Aufl. 823.

—— prakt. franz. Grammatik. 1. Kursus. 16. u. 17. Aufl. (à $31\frac{1}{2}$ B.) 828, 30., 18. u. 19., verb. A. (à 32 B.) gr. 8. Coburg 832, 34, Sinner. à

—— dass. 2. Kursus. 4., verm. u. verb. Aufl. gr. 8. (20 B.) Ebds. 830.

—— dass. — Supplement, s. Ekkenstein, J.

Sanguin, Joh. Friedr., praktische französische Grammatik. 1r Cursus. 19e verb. Aufl. gr. 8. Coburg 834. Sinner'sche Hofbuchh. n. $\frac{2}{3}$ rf — 20e verb. Aufl. gr. 8. Ebd. 837. n. $\frac{2}{3}$ rf — Neuer Abdruck. 1839. $\frac{2}{3}$ rf

† Sanguin, Joh. Friedr., (Joh. Heinr. Meynier,) prakt. französ. Grammatik. 1. Kurs. 20., verb. u. neue Aufl. gr. 8. (à $32\frac{3}{4}$ B.) Koburg 837, 39. [Leipzig, Brauns.] *
2. Kurs. 4. Aufl. Ebendas. 1830. 16 Gr.

† Sanguin, Joh. Friedr. (Joh. Heinr. Meynier), prakt. französ. Grammatik. 1. Curs. 21. Aufl. ($32\frac{1}{2}$ B.), 22. Aufl. ($32\frac{3}{4}$ B.) Koburg 842, 45, u. 23. Aufl. gr. 8. (33 B.) Leipzig 846, Brauns. *

—— dass. 2. Curs. der franz. prakt. Sprachlehre. 5., verm. u. verb. Aufl. gr. 8. ($20\frac{1}{2}$ B.) Ebds. 846. *

— Uebersetzung der Aufgaben aus dessen Grammatik. Aufgaben in deutscher Sprache in die französische übersetzt. Aufgaben in französ. Sprache in die deutsche Sprache übersetzt. 3. verb. Aufl. gr. 8. Ebend. 847. $\frac{2}{3}$ rf

Sanguin's, Joh. Friedr., praktische französische Grammatik. 1. Kursus. 25. Aufl. Leipzig 857. Brauns. gr. 8. (XIV, 508 S.) n. 20 ngr.

— allgem. Handlungscorrespondent in deutsch. u. französ. Sprache. gr. 8. Coburg 815. Sinner. 1 rf 20 gr

— französische u. deutsche Kinderbriefe. 2 Thle. 1. Thl. Französ. Briefe rc. 2. Thl. Deutsche Briefe rc. gr. 8. Ebend. 825. $\frac{2}{3}$ rf

— französ. u. deutsche Kinderbriefe. Zur Uebung im Uebersetzen aus d. einen in die andere Sprache. Mit grammatikal. Anmerkk. 2 Thle. gr. 8. Coburg 825. Sinner. 16 gr

Sanguin, Joh. Frdr., französisch-deutsche Kinder-Gespräche zur Befördrg. der Fertigkeit im Sprechen der französischen Sprache. Aufs neue durchgesehen u. verb. von A. de Saules. 8. Aufl. 8. (VI, 138 S.) Leipzig 875. Brauns. n. 1. 60

— kleine französ.-deutsche Kindergespräche zur Beförder. der Fertigkeit in d. französ. Sprache. 8. Cob. 810. 2e A. 822. Sinner. 16 gr

—— kleine französ.-deutsche Kindergespräche z. Beförder. d. Fertigkeit im Sprechen d. französ. Sprache. 3., verb. Aufl. 8. ($11\frac{1}{4}$ B.) Koburg 838. [Leipzig, Brauns.]

† Sanguin, Joh. Friedr. (Joh. Heinr. Meynier), kleine französisch-deutsche Kindergespräche zur Beförderung der Fertigkeit im Sprechen der französ. Sprache. Im Anhange Kindergebete, das Vaterunser und die zehn Gebote. 3., verb. Aufl. 8. (IV und 172 S.) Leipzig 847, Brauns.

— kleine französisch-deutsche Kindergespräche zur Beförderung der Fertigkeit im Sprechen der französischen Sprache. Im Anhange Kindergebete, das Vaterunser u. die 10 Gebote. 5. Aufl. A. u. d. T.: Dialogues franç.-allemands à l'usage des commençants etc. Leipzig 857. Brauns. 8. (VII, 172 S.) 15 ngr.

Sanguin, (J. F.,) theoret.-prakt. Commentar über dessen prakt. französ. Grammatik. gr. 8. Coburg 822, Sinner.

Sanguin's, Jh. Fr., theoret.-prakt. Commentar über des Verf. französ. Grammatik. gr. 8. Coburg 823. Leipzig, G. Brauns. $\frac{2}{3}$ rf

Sanguin, Jh. Fr., theoret.-prakt. Commentar über seine prakt.-französ. Grammatik. gr. 8. Cob. 823. Sinner. 2 rf Hbg. Pr. 1 gr 8 gr

— Lectures à l'usage des jeunes allemands, qui se vouent au Commerce. 8. la même. 814.

— — neuer Leitfaden zum ersten Unterricht in der französischen Sprache, oder Uebersetzung sämmtlicher Uebungsstücke in dem 1sten und 2ten Cursus der Grammatik. Nebst beygefügten grammatikalischen Anmerkungen. 2te verb. Aufl. Ebend. 821.

—— neuer Leitfaden zum ersten Unterricht in der französ. Sprache oder Uebersetzung sämmtl. Uebungsstücke in dem 1. u. 2. Curs. der Sanguin'schen Grammatik. 3., verb. Aufl. gr. 8. ($18\frac{1}{4}$ B.) Koburg 843. [Leipzig, Brauns.]

— Leitfaden zum ersten Unterricht in d. französ. Sprache, oder Uebersetzung sämmtl. Uebungsstücke in dem 1n u. 2n Cursus der Grammatik. Nebst beigefügt. grammatikal. Anmerkk. 8. Coburg 814. 2e A. 821. Sinner. 22 gr

— kaufmänn. Lesebuch z. Beförder. d. Waarenkenntniß u. d. Fertigkeit sich französ. über Handlungsgegenstände richtig auszudrücken. 8. Cob. 814. Sinner. 1 rf 8 gr — Dass. französ.: Lectures à l'usage des jeunes allemands etc. 8. Ebd. 1 rf 8 gr

— kaufmännisches Lesebuch für junge Deutsche zur Beförderung der Waarenkenntniß rc. A. u. d. T.: Lectures à l'usage des jeunes Allemands. gr. 8. Ebend. 814. $\frac{2}{3}$ rf

– s. Lettres et epitres amoureuses ...

— nouvelle methode pour exercer la jeunesse à parler français. Neue Sprachübungen od. Fragebuch f. Französischlernende. gr. 8. Coburg 826. Sinner. 16 gr

— Uebungen in der Voltairischen Schreibart f. Französischlernende. 2 Thle. 1r Thl.: Französ. Lesebuch aus Voltaire's Schr. 2r Thl.: Uebersetzung d. französ. Lesebuchs. Mit grammatikal. Noten rc. gr. 8. Coburg 825. Sinner. 1 rf 12 gr

— leichte Uebungsstücke üb. d. ganze Vokabular d. Sanguinischen u. anderen französ. Sprachlehren. 8. St. Gallen 813. Huber. 1 rf 8 gr N. A. Cob. 828. Sinner. 18 gr

Sanguin, J. Fr., Uebungsstücke üb. das ganze Vokabular d. Sanguin'schen u. and. franz. Sprachlehren. 8. St. Gallen, Huber u. Comp. 813. Rthlr.

—— Uebungsstücke üb. das ganze Vokabular d. Sanguin'schen u. and. franz. Sprachlehren. Neue Aufl. 8. (26½ B.) Coburg 828, Sinner.

Sanguin, Xav., Uebungs-Aufgaben z. Uebersetzen ins Franz., u. z. Sprechen desselben, mit beigefügten Andeutn. vieler Worte, Gallizismen u. Synonymen. 8. (15 B.) Gotha 836, Müller.

Sanguineocholericus, Der, oder: Laster und gutes Herz, in der Geschichte Emanuel Sündbergs . . . Breslau u. Leipzig 1786. V: *Presser, S. G.* (BGE) »1788« (Ky)

Sanguineocholericus, der, od.: Laster und gutes Herz, in der Gesch. Sundbergs. 8. Breslau, Korn d. Ält. 786.

Sanguineocholericus, der, od. Laster u. gutes Herz, (von S. G. Presser). 8. Bresl. 788. J. F. Korn. 20 gr.

Sanguinet, Alb., wen soll ich engagieren? Nützliche Winke zur grapholog. Beurteilg. v. Stellenbewerbgn. (13 S.) gr. 8. Barmen (909). Selbstverlag. — 50

Sanguszki, Wład., księcia Lubartowicza. O chowie koni i polepszeniu rasy w Galicyi Roy. 8. Lwów 839. ... ½ rf

Sanguszko, W., s.: Oesterreichs gesetzgebender Reichstag.

SANGUTELLI, ANTONIUS, [ɔ: GEO. CHR. MATERNUS DE CILANO], De gigantibus nova disquisitio historica et critica. Edidit ac praefatus est GODOFREDUS SCHÜTZE. Altonae. 1756.

Sangutelli, de gigantum populis nova disquis. hist. et crit. bipartita ed. C. Schütze. 8. Altona, Iversen. 756.

Sangwitz, Adolar, aus jungen Tagen. Ein Strauß ernster u. heiterer Lieder. 12. (96 S.) Breslau 890. (Landeck, Bernhard.) cart. n.n. 1. 50

Sanhedrin u. **Makkot,** übers. v. Gust. Hölscher, s.: Mischnatraktate, ausgewählte, in deutscher Uebersetzung.

Sanhedrin-Makkoth. Die Mišnatraktate üb. Strafrecht u. Gerichtsverfahren, hrsg., übers. u. erläutert v. Herm. L. Strack, s.: Schriften des Institutum judaicum. Nr. 38.

Sanhedrin, s. Traktat.

Sanhedrin ... Ins Deutsche übertragen ... von M. Rawicz. Freiburg i. B. o. J.

Sanjana, Darab Dastur Peshotan, observations on M. J. Darmesteter's theory regarding Tansar's letter to the King of Tabaristan and the date of the Avesta. Published under the kind patronage of the Trustees of the Sir Jamshedjee Jeejeebhai Translation Fund. gr. 8. (32 u. 2 S.) Leipzig 898. O. Harrassowitz. n.n. 1.50

— Tansar's alleged Pahlavi letter to the King of Tabaristan, from the stand point of M. J. Darmesteter. Published under the kind patronage of the Trustees of the Sir Jamshedjee Jeejeebhai Translation Fund. gr. 8. (16 u. 2 S.) Ebd. 898. n.n. 1.50

de San Januario, Graf: Bericht über die geographischen, ökonomischen, commerziellen und politischen Verhältnisse der Argentinischen Republik. (Mission des Grafen San Januario bei den Republiken Südamerikas (1878 und 1879).) Buenos Aires 1881. 59 S. 8°.

Sanje v podobah. Nürnberg 866. Wagner. 12. (16 S. mit eingedr. Holzschn.) n. 2 ngr.

Sanjiens, Johanna d. Erste, Königin v. Neapel. Trspl. 8. Wien 798. Sammer. 8 gr.

Sanio: Ueber die periodischen Dezimalbrüche, ein Beitrag zur Zahlentheorie. 16 S. – Memel, Progr. 1866

Sanio, C., die Harpidien d. nördlichen Finnlands sammt Kola. [Aus: „Acta societatis pro fauna et flora fennica".] gr. 8. (89 S.) Helsingfors 890. (Berlin, R. Friedländer & Sohn.) n. 2. —

Sanio, Carl, s. Sanio, Karl

Sanio, Friedr. Dan.: Rechtshistorische Abhandlungen u. Studien. Bd 1, Abth. 1. Königsberg 1845.

1. Ueber die sog. Citirgesetze von Constantin d. Gr. u. Valentinian III.
2. Bemerkungen über die von Jul. Cäsar beabsichtigte Gesetzsammlung und über die jurist. Schriften des Aulus Ofilius.
3. Ueber den Begriff des Jus commenticium.
4. Beiträge zur Geschichte der regulae iuris.

Sanio, Friedr. Dan., rechtshistorische Abhandlungen u. Studien. 1. Bd. 1. Abthl. gr. 8. (9¾ B.) Königsberg 846, Gebr. Bornträger.

Sanio, Frdr. Dan., zur Erinnerung an Heinrich Eduard Dirksen. Mit dem Portr. Dirksen's in Stahlst. Leipzig 870. Teubner. gr. 8. (III, 160 S.) n. 1 rf

— das Fragment des Pomponius de origine juris. Ein Beitrag zur sachlich-historischen Kritik desselben. (In 2 Thln.) 1. Thl. A. u. d. T.: Varroniana in den Schriften der römischen Juristen vornemlich an dem Enchiridion des Pomponius nachzuweisen versucht. Leipzig 867. Hirzel. gr. 8. (XV, 269 S.) n. 1 rf 26 ngr.

Sanio, Friedr. Dan., zur Geschichte der römischen Rechtswissenschaft. Ein Prolegomenon. gr. 8. (116 S.) Königsberg 858, Gebr. Bornträger. *

Glückwunsch der juristischen Fakultät für Friedrich Daniel **Sanio** in Königsberg zum 50jährigen Dr.-Jubiläum am 15. März 1877. Halle-Wittenberg. 1 Bl.

—— de jurisprudentia Romanorum formularia in jure criminum haud negligenda specimen I. gr. 4. (20 S.) Königsberg 862, Gräfe und Unzer. *

Sanio, Frid. Dan., Specimen de notionibus ac praeceptis quibusdam juris criminalis Romanorum antiquitatem juris sacri redolentibus. 4maj. (12 S.) Regiomonti 853, (Gräfe und Unzer.) *

Sanio, Frider. Dav., Observationum ad legem Corneliam de sicariis Part. I. Dissertat. inaug. 8maj. (9 B.) Regiomonti Pruss. 827, (Unzer.)

—— de antiquis regulis juris originem atque progressum disciplinae ICtornm Romanorum optime declarantibus spec. I. et II. 8maj. (4½ B.) Regiomonti Pruss. 833, (Unzer.)

Sanio, Friedr. Dan.: **Varroniana** in den Schriften der römischen Juristen vorneml. an dem Enchiridion des Pomponius nachzuweisen versucht. Leipzig 1867.

Sanio, Friedrich David, s. Sanio, Friedrich Daniel

Sanio, Fritz, approb. Arzt aus Lyck (Ostpr.): **Magenblutungen nach Unterleibs-Operationen.** *München 1902: C. Wolf & Sohn.* (34 S.) 8°
München, Med. Diss. v. 1902

Sanio, Karl

Sanio, Carl, Untersuchungen über die im Winter Stärke führenden Zellen des Holzkörpers dicotyler Holzgewächse. gr. 8. (58 S. mit 1 Stnt. Abbildungen.) Halle 858, (Schmidt's Verlagsh.) *

Sanio, P., Ueber die Wirtschaftlichkeit moderner Trockenbagger und verwandter Bodenförderungsanlagen. Diss. Berlin, 1910. 164 S. mit 29 Abb.

Sanio, Paul Anatomie des Holzes einheimischer Waldbäume. 10, 5, 8 SS. u. Taf. **Progr.** Burg Rg. *Königsberg* 1877. 1878. 1880.

Sanio, Theodor: Die Abbildung des Aeusseren eines Kreisbogenpolygons auf eine Kreisfläche .... Greifswald, Druck v. F. W. Kunike (1885); 46 S. u. 1 Taf. 8°.
Königsberg, Phil. Fak., Inaug.-Diss. v. 14. Nov. 1885.

Sanio, Th., die Abbildung des Aeusseren eines Kreisbogenpolygons auf eine Kreisfläche. Inaugural-Dissertation. gr. 8. (46 S. mit 1 Taf.) Königsberg i. Pr. 885, (Koch's Antiqu.) **

San Joaquin Journal : 18??– Jan 23, 1915?
Independent weekly. Dated also at Stockton, at least for a time, for issues seen have date-line: Lodi Stockton. Merged with Californische Zeitung (Oakland, Calif.). Edited & published by J. A. Schilling, 1886?–1914.
Lodi, CA

San Jorioz, Alex. Bianco di, **Casernen-Erzählungen. Eine Sammlung interessanter Kriegsthaten. Aus den besten histor. Quellen der Kriege der neueren Zeit zusammengetragen u. geordnet. Aus dem Italien. von G. Baumgarten. 856.** 1 ₰. 10 ngr. — 2. (Titel-)Aufl. Leipzig 859. Schlicke. 8. (XVI, 295 S.) 25 ngr.

San Jose Beobachter : 18?8?–1895?
Independent weekly. Circulation 1895, 900. Edited & published by William Lenz
San Jose, CA

San Jose Courier : Sept 10?, 1876–1883?
Weekly. Circulation 1880, 670. Edited & published by Albert Hosing, 1876–79, by Alexander P. Murgotten, 1880–83
San Jose, CA

San Jose Journal : 1882?–1892?
Weekly. Circulation 1890, 670. Edited & published by William Lenz, 1882–92.
San Jose, CA

San José-Schildlaus, die (Aspidiotus perniciosus Comstock). Denkschrift, hrsg. vom kaiserl. Gesundheitsamt. Mit Abbildgn. im Text u. 2 Taf. 2. Abdr. gr. 8. (48 S.) Berlin 898. J. Springer. Kart. n.n. — 50

San Jose Volksblatt : May 6, 1870?–1871? San Jose, CA
Independent weekly. Edited & published by Charles G. Loeber.

Sanitas: Katalog über sanitäre Wasserleitungsgegenstände. Hamburg 1903.

Sanitas, s.: Ratgeber f. Lungenkranke.

Sanitäts-Angelegenheit, Eine, von der man fast gar nicht öffentlich spricht, doch aber nicht genug öffentlich sprechen kann. [Gersdorf 1804.] V: *Strieder, Friedrich Wilhelm.* (stri)

Sanitäts-Beamte, der österreichische. Zeitschrift für Sanitätswesen und öffentl. Gesundheitspflege. Unter Mitwirkung von Isidor Soyka, Jul. Kratter, Friedr. Presl, Aug. Netolitzky hrsg. und redig. von Ludw. Gschier. 1. Jahrg. Juli 1888—Juni 1889. 12 Nrn. (à Nr. 2 Bog.) gr. 8. Berlin, Fischer's medicin. Buchh. *

Sanitäts-Beamte, der österreichische. Zeitschrift f. Sanitätswesen u. öffentliche Gesundheitspflege. Unter Mitwirkg. v. Isidor Soyka, Jul. Kratter, Friedr. Presl, Aug. Netolitzky hrsg. u. redig. v. Ludw. Gschier. 2. u. 3. Jahrg. Juli 1889—Juni 1891. à Jahrg. 12 Nrn. (à Nr. 2 Bog.) gr. 8. Berl., Fischer's medicin. Buchh. à Jahrg. * 6 40
Nicht weiter erschienen.

Sanitäts-Bericht über die k. bayer. Armee für die Zeit 1874/79. Bearb. v. d. Mediz.-Abt. des k. b. Kriegsministeriums. Mit 2 Taf. u. 1 Krt. München 1881. 4°
— — Dasselbe je für die Zeit 1879/82, 1882/84, 1884/86, 1886/89, 1889/91, 1891/93, 1893/94, 1894/96, 1896/97 ff.—1909/10. Mit graph. Darst. München 1882—1912. 4°

Anhang zum Sanitäts-Bericht 1898/99 ff. — 1909/10 über die k. bayer. Armee. Beitrag zur „Internation. Mil.-San.-Statistik" f. d. Kalenderjahre 1899—1910. Bearb. v. d. Med.-Abt. des k. b. Kriegsmin.
München 1902—1912. 4°

Sanitäts-Bericht üb. die königl. preussische Armee, das XII. [königl. sächs.] u. das XIII. [königl. württemberg.] Armeekorps f. die Berichtsjahre vom 1. April 1882 bis 31. März 1884. Bearb. v. der Medizinal-Abthl. d. königl. preuss. Kriegsministeriums. gr. 4. (VI, 189; 193 S.) Berl. 889, Mittler u. Sohn. * 10 —
—— dass. — f. die Berichtsjahre vom 1. April 1884 bis 31. März 1888. gr. 4. (IV, 306; 259 S. m. 6 Karten u. 2 Taf. in Steindr.) Ebd. 890. * 15 —

Sanitäts-Bericht über die königl. preussische Armee, d. XII. [kgl. sächs.] u. d. XIII. [kgl. württemb.] Armeecorps f. d. Berichtsjahr vom 1. April 1888 bis 31. März 1889. gr. 4. (VI, 238; 139 S. m. 5 Karten u. 2 Taf. in Steindr.) Berl. 892, Mittler u. Sohn. * 10 —

— dasselbe f. d. Berichtsjahr vom 1. Apr. 1889 bis 31. März 1890. gr. 4. (IV, 307 u. 141 S. m. 7 Karten u. 4 Taf. in Steindr.) Ebd. 893. n. 12. —

Sanitäts-Bericht über d. kgl. preussische Armee, d. XII. (kgl. sächsische) u. d. XIII. (kgl. württemberg. Armeekorps f. d. Berichtszeitraum v. 1. April 1890 bis 31. März 1892. Bearb. v. d. Medizinal-Abtheilg. d. kgl. preuss. Kriegsministeriums. Mit 11 Karten, 2 Taf., graph. Darstellgn. u. e. Grundriss d. Garnison-Desinfektionsanstalt zu Thorn. gr. 4. (IV, 428 u. 199 S.) Berlin 895. E. S. Mittler & Sohn. n.n. 15. 25

— dasselbe, f. den Berichtszeitraum v. 1. IV. 1892 bis 31. III. 1894. Bearb. v. d. Medizinal-Abtheilg. d. kgl. preuss. Kriegsministeriums. M. 24 Karten u. 2 Taf. graph. Darstellgn. gr. 4. (IV, 352 u. 203 S.) Ebd. 897. n. 15. 60

— dasselbe, f. d. Berichtszeitraum v. 1. IV. 1894 bis 30. IX. 1896. Bearb. v. d. Medizinal-Abtheilg. d. kgl. preuss. Kriegsministeriums. Mit 28 Karten, 1 Taf. (graph. Darstellg.) u. e. Grundriss d. Feuer-Latrine zu Potsdam-Nedlitz. gr. 4. (VI, 256 u. 271 S.) Ebd. 898. n. 15. 40

Sanitäts-Bericht üb. die königl. preussische Armee, das XII. (königl. sächs.) u. das XIII. (königl. württemb.) Armeekorps f. den Berichtszeitraum v. 1. X. 1896 bis 30. IX. 1897. Bearb. v. der Medizinal-Abtheilg. des königl. preuss. Kriegsministeriums. Mit 20 Karten, 7 graph. Darstellgn. u. 2 Abbildgn. gr. 4. (VII, 192 u. 165 S.) Berlin 899. E. S. Mittler & Sohn. n. 10. 30

— dasselbe f. den Berichtszeitraum vom 1. X. 1897 bis 30. IX. 1898. Mit 25 Karten, 7 graph. Darstellgn. u. 1 Taf. gr. 4. (VI, 192 u. 165 S.) Ebd. 901. n. 9. —

— üb. die königl. preuss. Armee, des XII. u. XIX. (1. u. 2. königl. sächs.) u. das XIII. (königl. württemb.) Armeekorps f. den Berichtszeitraum vom 1. X. 1898 bis 30. IX. 1899. Bearb. v. der Medizinal-Abtheilg. des königl. preuss. Kriegsministeriums. Mit 31 Karten u. 8 graph. Darstellgn. gr. 4. (VI, 205 u. 167 S.) Ebd. 901. n. 9. 60

Sanitäts-Bericht üb. die königl. preuss. Armee, das XII. u. XIX. (1. u. 2. königl. sächs.) u. das XIII. (königl. württemb.) Armeekorps f. den Berichtszeitraum vom 1. X. 1899 bis 30. IX. 1903. Bearb. von der Medizinal-Abteilg. des königl. preuss. Kriegsministeriums. gr. 4. Berlin, E. S. Mittlor & Sohn. n. 43. 20

1899/1900. Mit 35 Karten u. 9 graph. Darstellgn. (VI, 206 u. 167 S.) 902. n. 9. 70
1900/1901. Mit 25 Karten u. 9 graph. Darstellgn. (VI, 203 u. 167 S.) 903. n. 10. 35
1901/1902. Mit 25 Karten u. 9 graph. Darstellgn. (VI, 203 u. 169 S.) 904. n. 10. 40
1902/1903. Mit 30 Karten u. 12 graph. Darstellgn. (VII, 226, 194 u. 37 S.) 905. n. 12. 75

Sanitäts-Bericht üb. die königl. preussische Armee, das XII. u. XIX. (1. u. 2. königl. sächsische) u. das XIII. (königl. württembergische) Armeekorps sowie üb. die kaiserl. ostasiatische Besatzungs-Brigade f. den Berichtszeitraum vom 1. X. 1903 bis 30. IX. 1908. Bearb. v. der Medizinal-Abteilg. des königl. preuss. Kriegsministeriums. Lex. 8. Berlin, E. S. Mittler & Sohn. 68. 80

1903/04. Mit 35 Karten u. 12 graph. Darstellgn. (VII, 220, 195 u. 31 S.) 906. 12. 80
1904/05. Mit 30 Karten u. 16 graph. Darstellgn. (VII, 250, 217 u. 18 S.) 907. 14. 30
1905/06. Mit 31 Karten, 9 graph. Darstellgn. u. 1 Zeichng. (VII, 213, 223 u. 16 S.) 908. 14. —
1906/07. Mit 31 Karten u. 10 graph. Darstellgn. (VII, 235, 221 u. 12 S.) 909. 13. 90
1907/08. Mit 31 Karten u. 10 graph. Darstellgn. (VII, 226, 219 u. 12 S.) (910.) 13. 80

Anhang zum Sanitäts-Bericht 1900/01 ff.—1909/10 über die k. preuß. Armee, das 12. u. 19. <1. u. 2. k. sächs.> u. das 13. <k. württemb.> Armeekorps. Als Beitrag z. d. „Internat. Mil.-Sanitäts-Statistik" für 1901 ff.—1910. Bearb. v. d. Mediz.-Abt. d. k. preuß. Kriegsmin. Mit Krt. Berlin 1903—1912. 4°

Sanitätsbericht d. Prov. Brandenburg v. 1830—43. Berlin 1832—47. 4 Bde.

— der **Bukowina** f. d. J. 1891. Verf. v. Basil Kluczenko. gr. 4. (III, 142 S.) Czernowitz 893. (R. Schally.) n.n. 5. —

— über das kaiserl. **ostasiatische Expeditionskorps** f. den Berichtszeitraum vom 1. VII. 1900 bis 30. VI. 1901 u. die kaiserl. ostasiatische Besatzungs-Brigade f. den Berichtszeitraum vom 10. VI. 1901 bis 30. IX. 1902. Bearb. von der Medizinal-Abteilg. des königl. preuss. Kriegsministeriums. Mit 1 Karte, 4 Plänen, 3 Abbildgn. u. 6 graph. Darstellgn. (VI, 97 u. 43 S.) Lex.-8. Ebd. 904. n. 3. 95

— über die **deutschen Heere im Kriege gegen Frankreich 1870/71**. Hrsg. von der Militär-Medizinal-Abtheilung des Königl. Preuss. Kriegsministeriums unter Mitwirkg. d. Militär-Medizinal-Abtheilung d. Königl. Bayer. Kriegsministeriums, der Königl. Sächs. Sanitäts-Direction u. der Militär-Medizinal-Abtheilung des Königl. Württemberg. Kriegsministeriums. 1.—7. Bd. in 9 Thln. gr. 4. Berlin, Mittler & Sohn. n.n. 332. —

1. Bd. Administrativer Theil. Sanitätsdienst bei den deutschen Heeren. (XX, 432, 282 S. m. 18 eingedr. Holzschn., nebst Atlas v. 64 Taf., 13 Karten u. 16 Skizzen.) 884.
2. Bd. Statistischer Theil. Morbidität u. Mortalität bei den deutschen Heeren u. bei den in Deutschland untergebrachten kriegsgefangenen Franzosen. (XVIII, 215, 475 S. m. 22 lith. Taf., 16 Zeichngn. im Text u. 1 Karte.) 886.
3. Bd. Chirurgischer Theil. A.: Verwundungen durch Kriegswaffen bei den deutschen Heeren unter Berücksicht. der in deutschen Sanitätsanstalten behandelten verwundeten Franzosen. [In 3 Thln.] 1. Thl.: Allgemeiner Theil. (X, 481 u. 181 S. m. 7 lith., 53 photochemigraph. Taf. u. 2 Zeichngn. im Text.) 890. — 2. u. 3. Thl.: Spezieller Theil in 2 Abthlgn. 1. Abthlg.: Verwundungen des Kopfes u. Rumpfes. (X u. S. 1—656 m. 3 Lichtdr.-Taf. u. 3 Zeichngn. im Text.) 888. — 2. Abthlg.: Verwundungen der Gliedmaassen. (VIII u. S. 657—1211 mit 4 Lichtdr.-Taf. u. 1 Zeichng. im Text.) 888.
4. Bd. Chirurgischer Theil. B.: Die physikal. Wirkung d. Geschosse, erläut. an den Präparaten der kriegs-chirurg. Sammlung des medizin.-chirurg. Friedrich-Wilhelms-Instituts zu Berlin, nebst dem Kataloge der Sammlung. (VIII, 151 S. m. 1 lith. Taf., 56 Taf. in Lichtdr. u. 2 eingedr. Holzschn.) 884.
5. Bd. Chirurgischer Theil. C.: Kasuistik der grösseren Operationen in tabellarischer Anordnung. (VIII, 672 S.) 884.
6. Bd. Medizinischer Theil. A.: Die Seuchen bei den deutschen Heeren unter Berücksicht. der entsprechenden Verhältnisse bei den französ. Armeen, bei den kriegsgefangenen Franzosen u. bei der Civilbevölkerung der kriegführenden Staaten. (XIII, 574, 274 S. m. 9 lith. Taf., 45 Zeichngn. im Text u. 2 Karten.) 886.
7. Bd. Medizinischer Theil. B.: Traumatische, idiopathische u. nach Infectionskrankheiten beobachtete Erkrankungen des Nervensystems bei den deutschen Heeren. (X, 481 S. m. 6 lith. Taf., 1 Taf. in Lichtdr. u. 33 Zeichngn. im Text.) 885.
8. (Schluss-)Bd., Literaturverzeichniss, Sachregister u. Nachträge enth., erschien noch nicht.

Einzelne Bände werden nicht abgegeben, hingegen erschienen als Sonderabdrücke u. sind einzeln zu haben:

Erkrankungen, traumatische, idiopath. u. nach Infektionskrankheiten beobachtete, des Nervensystems. 886. n. 36. —

Erkrankungen, typhöse, u. **Ruhr** bei den deutschen Heeren im Kriege gegen Frankreich 1870/71 unter Berücksicht. der entsprechenden Verhältnisse bei den französ. Armeen, bei den kriegsgefangenen Franzosen u. bei der Civilbevölkerung d. kriegführenden Staaten. [Sep.-Abdr. d. 2. u. 3. Kapitels aus dem VI. Bde. d. Sanitäts-Berichtes üb. die deutschen Heere im Kriege gegen Frankreich 1870/71.] Mit 8 lith. Taf. u. 45 Zeichngn. im Text. gr. 4. (VIII, S. 111—574 u. Beilagen S. 125—270.) 886. n. 30. —

Operationen, grössere, im Kriege 1870/71. Imp.-4. (III u. S. 193—347 u. S. 174—181 m. 7 Taf.) 890. n. 10. —

Pocken, die, bei den deutschen Heeren im Kriege gegen Frankreich 1870/71 unter Berücksicht. der entsprechenden Verhältnisse bei den französischen Armeen, bei den kriegsgefangenen Franzosen u. bei d. Civilbevölkerung d. kriegführenden Staaten. [Sep.-Abdr. des 1. Kapitels aus dem VI. Bde. d. Sanitäts-Berichtes üb. die deutschen Heere im Kriege gegen Frankreich 1870/71.] Mit 7 lith. Taf. u. 2 Karten. gr. 4. (IV, 109 u. Beilagen 125 S.) 885. n. 18. —

Sanitätszüge, die deutschen, im Kriege gegen Frankreich 1870/71. [Besondere Ausg. vom V. Kapitel d. I. Bds. d. Sanitäts-Berichtes üb. die deutschen Heere im Kriege gegen Frankreich 1870/71.] Mit 11 Taf. in Steindr. gr. 4. (10 S.) 886. n. 3. 60

Verwundungen, die, d. Augen bei d. deutschen Heeren im Kriege gegen Frankreich 1870/71. [Aus: „Spezieller Theil d. III. Bds. d. Sanitäts-Berichtes üb. die deutschen Heere im Kriege gegen Frankreich 1870/71".] gr. 4. (III, u. S. 157—271.) 888. n. 4. 50

von **Volkmann'sche** Sammlung kriegschirurgischer Präparate, Abbildungen u. Krankengeschichten aus d. Kriege 1870/71 [nebst einigen Präparaten u. s. w. aus früheren Feldzügen]. gr. 4. (III u. S. 351—481, darunter 53 photochemigraph. Taf.) 890. n. 12. —

Sanitäts-Bericht über die **Deutschen Heere** im Kriege gegen Frankreich 1870/71. Hrsg. von der Militär-Medizinal-Abtheilung des Königl. Preuss. Kriegsministeriums unter Mitwirkung der Militär-Medizinal-Abtheilung des Königl. Bayer. Kriegsministeriums, der Königl. Sächs. Sanitäts-Direktion und der Militär-Medizinal-Abtheilung des Königl. Württemberg. Kriegsministeriums. 1. und 2. Bd., 3. Bd. [in 3 Thln.] 2. und 3. Thl. und 4.—7. Bd. gr. 4. Berlin, Mittler und Sohn. **

Inhalt:

Bd. 1. Administrativer Theil. Sanitätsdienst bei den deutschen Heeren. (XX, 432, 282 S. mit 18 eingedr. Holzschn. nebst Atlas von 64 Taf., 13 Karten und 16 Skizzen.) 884.

Sanitäts-Bericht über die Deutschen Heere im Kriege gegen Frankreich 1870/71 etc.

Bd. 2. Statistischer Theil. Morbidität und Mortalität bei den deutschen Heeren und bei den in Deutschland untergebrachten kriegsgefangenen Franzosen. (215, 475 S. mit 22 lithogr. Taf., 16 Zeichnungen im Text und 1 Karte.) 886.

» 3. Chirurgischer Theil. A.: Verwundungen durch Kriegswaffen bei den deutschen Heeren unter Berücksichtigung der in deutschen Sanitätsanstalten behandelten verwundeten Franzosen. Spezieller [2. und 3.] Theil, oder 1. und 2. Abthl., und zwar:

Abthl. 1. Verwundungen des Kopfes und Rumpfes. (X, S. 1—656.) 888.

» 2. Verwundungen der Gliedmaassen. (VIII, S. 657—1211 mit 4 Lichtdr.-Taf. und 1 Zeichnung im Text.) 888.

Allgemeiner [1.] Theil — noch nicht erschienen.

Bd. 4. Chirurgischer Theil. B.: Die physikalische Wirkung der Geschosse, erläutert an den Präparaten der kriegs-chirurgischen Sammlung des medizinisch-chirurg. Friedrich-Wilhelms-Instituts zu Berlin, nebst dem Kataloge der Sammlung. (VI, 151 S. mit 1 lithogr. Taf., 56 Taf. in Lichtdr. und 2 eingedr. Holzschn.) 884.

» 5. Chirurgischer Theil. C.: Kasuistik der grösseren Operationen in tabellarischer Anordnung. (VIII, 672 S.) 884.

» 6. Medizinischer Theil. A.: Die Seuchen bei den deutschen Heeren unter Berücksichtigung der entsprechenden Verhältnisse bei den französischen Armeen, bei den kriegsgefangenen Franzosen und bei der Civilbevölkerung der kriegführenden Staaten. (XIII, 574, 274 S. mit 9 lithogr. Taf., 45 Zeichnungen im Text und 2 Karten.) 886.

» 7. Medizinischer Theil. B.: Traumatische, idiopathische und nach Infektionskrankheiten beobachtete Erkrankungen des Nervensystems bei den deutschen Heeren. (X, 481 S. mit 6 lithogr. Taf., 1 Taf. in Lichtdr. und 33 Zeichnungen im Text.) 885.

8. (Schluss-)Bd., Literaturverzeichniss, Sachregister und Nachträge enth., ist noch nicht erschienen.

Einzelne Bände des Gesammt-Werkes werden nicht abgegeben, dagegen sind nachstehende Sonderabdrucke einzeln zu haben:

Traumatische, idiopathische und nach Infektionskrankheiten beobachtete Erkrankungen des Nervensystems bei den deutschen Heeren im Kriege gegen Frankreich 1870/71. Hrsg. von der Militär-Medizinal-Abtl. des königl. preuss. Kriegsministeriums unter Mitwirkung der Militär-Medizinal-Abtl. des königl. bayer. Kriegsministeriums, der königl. sächs. Sanitäts-Direktion und der Militär-Medizinal-Abtl. des königl. württemberg. Kriegsministeriums. [Besondere Ausg. vom 7. Bde. des Sanitäts-Berichtes über die deutschen Heere im Kriege gegen Frankreich 1870/71.] (X, 481 S. mit 6 lithogr. und 1 Lichtdr.-Taf. und 33 Zeichnungen im Text.) 885. *ℳ 30.—.

Erkrankungen, typhöse, und Ruhr bei den deutschen Heeren im Kriege gegen Frankreich 1870/71 unter Berücksichtigung der entsprechenden Verhältnisse bei den französischen Armeen, bei den kriegsgefangenen Franzosen und bei der Civilbevölkerung der kriegführenden Staaten. Hrsg. von der Militär-Medizinal-Abtl. des königl. preuss. Kriegsministeriums unter Mitwirkung der Militär-Medizinal-Abtl. des königl. bayer. Kriegsministeriums, der königl. sächs. Sanitäts-Direktion und der Militär-Medizinal-Abtl. des königl. württemberg. Kriegsministeriums. [Besondere Ausg. vom 2. und 3. Kapitel des 7. Bd. des Sanitäts-Berichtes über die deutschen Heere im Kriege gegen Frankreich 1870/71.] (VI, S. 111—574; S. 126—270 mit 8 lithogr. Taf. und 45 Zeichnungen im Text.) 886. *ℳ 30.—.

Pocken, die, bei den deutschen Heeren im Kriege gegen Frankreich 1870/71 unter Berücksichtigung der entsprechenden Verhälthältnisse bei den französischen Armeen, bei den kriegsgefangenen Franzosen und bei der Civilbevölkerung der kriegführenden Staaten. Hrsg. von der Militär-Medizinal-Abtl. des königl. preuss. Kriegsministeriums unter Mitwirkung der Militär-Medizinal-Abtl. des königl. bayer. Kriegsministeriums, der königl. sächs. Sanitäts-Direktion und der Militär-Medizinal-Abtl. des königl. württemberg. Kriegsministeriums. [Besondere Ausg. vom 1. Kapitel des 6. Bds. des Sanitäts-Berichtes über die deutschen Heere im Kriege gegen Frankreich 1870/71.] (IV, 109, 125 S. mit 7 lithogr. Taf. und 2 Karten.) 885. *ℳ 18.—.

Sanitätszüge, die deutschen, im Kriege gegen Frankreich 1870/71. Hrsg. von der Militär-Medizinal-Abtl. des königl. preuss. Kriegsministeriums unter Mitwirkung der Militär-Medizinal-Abtl. des königl. bayer. Kriegsministeriums, der königl. sächs. Sanitäts-Direktion und der Militär-Medizinal-Abtl. des königl. württemberg Kriegsministeriums. [Besondere Ausg. vom 5. Kapitel des 1. Bds. des Sanitäts-Berichtes über die deutschen Heere im Kriege gegen Frankreich 1870/71.] (40 S. mit 11 Taf. in Steindr.) 886. *ℳ 3.60.

Verwundungen der Augen bei den deutschen Heeren im Kriege gegen Frankreich 1870/71. Hrsg. von der Militär-Medizinal-Abtl. des königl. preuss. Kriegsministeriums unter Mitwirkung der Militär-Medizinal-Abtl. des königl. bayer. Kriegsministeriums, der kgl. sächs. Sanitäts-Direktion und der Militär-Medizinal-Abtl. des königl. württemberg. Kriegsministeriums. [Besondere Ausg. (Auszug) vom 3. Bde. des Sanitäts-Berichtes über die deutschen Heere im Kriege gegen Frankreich 1870/71.] S. 157—268; 4 S.) 888. *ℳ 4.50.

—— über die deutschen Heere im Kriege gegen Frankreich 1870/71. Hrsg. v. der Militär-Medizinal-Abtheilg. d. königl. preuss. Kriegsministeriums, unter Mitwirkg. der Militär-Medizinal-Abtheilg. des königl. bayer. Kriegsministeriums, der königl. sächs. Sanitäts-Direktion u. der Militär-Medizinal-Abthlg. d. königl. württemberg. Kriegsministeriums. 3. Bd. 1. Thl. u. 8. (Schluss-)Bd. gr. 4. Ebd. ** 41 —

3. Verwundungen durch Kriegswaffen bei den Deutschen Heeren unter Berücksicht. der in Deutschen Sanitätsanstalten behandelten verwundeten Franzosen. 1. Thl.: Allgem. Theil. (X, 481, 181 S. m. 7 lithogr., 53 photochemigr. Taf. u. 2 Zeichngn. im Text.) 890. ** 36 —.

8. Register, Litteratur-Verzeichniss, Verzeichniss der Mitarbeiter, Ergänzgn., Nachträge u. Berichtiggn. zum Sanitäts-Bericht üb. die deutschen Heere im Kriege gegen Frankreich 1870/71. (V, 120 S.) 891. ** 5 —.

1., 2. Bd., 3. Bd. 2. u. 3. Thl., 4.—7. Bd. Ebd. 1884—88. [1. Bd. ** 50 —; 2. Bd. ** 45 —; 3. Bd. 2. Thl. ** 32 50; 3. Bd. 3. Thl. ** 36 —; 4. Bd. ** 42 50; 5. Bd. ** 40 —; 6. Bd. ** 38 —; 7. Bd. ** 36 —.] — Das ganze Werk auf einmal bezogen kostet ** 340 —.

Sanitätsbericht für die Landeshauptstadt Klgft., erstattet vom Stadtphysiker Dr. Max Schmid. Klgft., v. Kleinmayr, 1907—. Quart.

— d. österreichischen Küstenlandes f. d. J. 1890—1892. Verf. v. Adb. Bohata u. Aug. Hasenbichler. hoch 4. (V, 276 S. m. 5 graph. Taf. u. 1 Kartonskizze.) Triest 894. (F. H. Schimpff.) n. 6. —

— dasselbe, f. die J. 1893 u. 1894. Verf. v. Adb. Bohata u. Aug. Hasenbichler. hoch 4. (III, 261 S.) Ebd. 897. n. 2. 50

— des österreich. Küstenlandes für die J. 1895 bis 1897. Verf. v. Adb. Bohata u. Aug. Hasenbichler. hoch 4. (III, 265 S.) Triest 899. (F. H. Schimpff.) n.n. 6.—

— des österreichischen Küstenlandes f. die J. 1898 bis 1900. Verf. von Adalb. Bohata. (V, 247 S.) 4. Triest 902. (F. H. Schimpff.) n.n. 3. —

— dasselbe, f. die J. 1901 bis 1903. Verf. von Adalb. Bohata u. Joh. Tamaro. (IV, 197 S. m. 1 Karte.) 4. Ebd. 905. n.n. 3. —

—— des k. k. Landes-Sanitätsrathes für Mähren für das J. 1880. Unter Mitwirkung von Mor. Kuh, Karl Katholický und Wilh. Wolf bearb. und redig. von Eman. Kusý. gr. 4. (127 S. mit 1 lithogr. Sanitätskarte [in qu. gr. Fol.], 18 chromolithogr. Uebersichtskärtchen [6 Taf.], 8 lithogr. Curventab. [4 Taf.] und zahlreichen in den Text gedr. Tab.) Brünn 882, Winiker. * 8 —

—— dass. — für das J. 1881. 2. Jahrg. Imp.-4. (III, 144 S. mit 1 Tab.) Ebendas. 883. * 5 60

—— dass. — für das J. 1882. 3. Jahrg. gr. 4. (III, 142 S. mit 1 Tab.) Ebendas. 884. * 5 —

—— des k. k. Landes-Sanitätsrathes für Mähren für das J. 1883. Verf. von Eman. Kusý. 4. Jahrg. gr. 4. (III, 137 S. mit 1 Tab.) Brünn 885, Winiker. *

—— dass. — für das J. 1884. Verf. von Eman. Kusý. 5. Jahrg. gr. 8. (III, 132 S. mit 6 Tab.) Ebendas. 886. *

—— dass. — für das J. 1885. Verf. von Eman. Kusý. 6. Jahrg. gr. 8. (175 S. mit 1 Tab. und 7 graph. Stnt.) Ebendas. 887. *

—— dass. — für das J. 1886. Verf. von Rob. Schoefl. 7. Jahrg. gr. 8. (IV, 186 S. mit Tab.) Ebendas. 888. *

—— dass. — für das J. 1887. Verf. von Rob. Schoefl. 8. Jahrg. gr. 4. (176 S. mit 1 graph. Stnt.) Ebendas. 888. *

— dasselbe f. d. J. 1888. 9. Jahrg. (175 S.) Ebd. 890. n. 6. —

— des k. k. Landes-Sanitätsrathes f. Mähren f. d. J. 1889—1891. Verf. v. Rob. Schoefl. X.—XII. Jahrg. gr. 4. (160, 160, 168 S.) Brünn 891—893. C. Winiker. à Jahrg. n. 6. —

— dasselbe f. d. J. 1892. XIII. Jahrg. gr. 4. (192 S.) Ebd. 894. n. 7. —

— d. k. k. Landes-Sanitätsrathes f. Mähren f. die J. 1893, 1894, 1895 u. 1896. Verf. v. Rob. Schoefl. XIV.—XVII. Jahrg. gr. 4. (152, 202, 136 u. 140 S.) Brünn 895—898. C. Winiker. n. 24. —
XIV. n. 6. —. XV. n. 8. —. XVI. u. XVII. à n. 5. —.

— des k. k. Landes-Sanitätsrathes f. Mähren f. d. J. 1897—1900. Verf. v. Rob. Schoefl. XVIII.—XXI. Jahrg. gr. 4. Brünn, C. Winiker. n. 22.—
XVIII. (120 S.) 899. n. 5.—. — XIX. (140 S.) 899. n. 5.— XX. (140 S.) 900. n. 6.—. — XXI. (146 S.) 901. n. 6.—

—— des k. k. Landes-Sanitätsrathes für Tirol und Vorarlberg für das J. 1882. 1. Jahrg. gr. 4. (IV, 80 S. mit 7 lithogr. Taf. und 10 Tab.) Innsbruck 884, (Wagner'sche Universitäts-Buchh.) * 5 35

— über die kais. deutsche Marine für den Zeitraum von 1885/87 ff.—1899/1901 u. 1901/02 ff.—1909/10. Bearb. i. d. Med.-Abt. des Reichs-Mar.-Amts. Berlin 1888—1912.

— über die kaiserl. deutsche Marine f. den Zeitraum vom 1. IV. 1899 bis 30. IX. 1901. Bearb. v. der Medizinal-Abteilg. des Reichs-Marine-Amts. (IV, 455 S. m. graph. Darstellgn. u. Tab.) gr. 8. Berlin 903. E. S. Mittler & Sohn. n. 5.—

— dasselbe, f. den Zeitraum vom 1. X. 1901 bis 30. IX. 1902. (III, 269 S.) gr. 8. Ebd. 904. n. 8.—

— dasselbe, f. den Zeitraum vom 1. X. 1902 bis 30. IX. 1903. Bearb. in der Medizinal-Abtlg. des Reichs-Marine-Amts. (III, 201 S.) gr. 8. Ebd. 905. n. 2.—; geb. n. 3.—

— dasselbe, f. den Zeitraum vom 1. X. 1903 bis 30. IX. 1904. (III, 183 S.) gr. 8. Ebd. 906. 2.—; geb. 3.—

— über die kaiserl. deutsche Marine f. den Zeitraum vom 1. X. 1907—30. IX. 1908. Bearb. in der Medizinal-Abteilg. des Reichs-Marine-Amts. (IV, 194 S. m. Fig.) gr. 8. Berlin 910. E. S. Mittler & Sohn. 2.—; geb. 3.—

Sanitäts-Bericht über d. Marine-Expeditionskorps in Südwestafrika 1904/05 u. in Ostafrika 1905/06. Bearb. in der Medizinal-Abteilg. des Reichs-Marine-Amts. (89 S. m. 17 Taf.) gr. 8. Berlin 908. E. S. Mittler & Sohn. 2.—; geb. n 3.—

Sanitätsbericht des k. k. Sanitäts-Rathes für Mähren für das Jahr 1889. Verfasst von Dr. Robert Schoefl. X. Jahrg. 4. (160 S.) 3. - Brünn: Carl Winiker 1891.

— über die kaiserl. Schutztruppe f. Südwestafrika während des Herero- u. Hottentottenaufstandes f. die Zeit vom 1. I. 1904—31. III. 1907. Bearb. im Kommando der Schutztruppen im Reichs-Kolonialamt. I. Bd. I. Administrativer Tl. Mit 1 Kurve, 9 Karten u. Skizzen sowie 32 Abbildgn. auf 7 Taf. u. 46 Abb. im Text. (IX, 264 S.) Lex. 8. Ebd. 908. 12.—; geb. 13.50

Sanitäts-Bericht über die Kaiserliche Schutztruppe für Südwestafrika während des Herero- und Hottentottenaufstandes f. d. Zeit v. 1. Jan. 1904 bis 31. März 1907. Bearb. im Kommando der Schutztruppen im Reichs-Kolonialamt. Bd 1. T. 1. Berlin: Mittler 1909. 4° (8°)

Statistischer Sanitätsbericht üb. d. Königl. bayerische Armee Bearbeitet v. d. Milit.-Medizin.-Abteil. d. Kgl. bayer. Kriegsminist. München 1881—1904. Für d. Berichtsj.: 1874/79, 1879/82, 1882/84, 1884/86, 1886/89, 1889/91, 1891/93, 1893/94, 1894/96, 1896/97 (dopp.), 1897/98 (dopp.), 1898/99 (dopp.), 1899/1900 (dopp.). 17 Bde.

Statistischer Sanitätsbericht über die Königlich Bayerische Armee. München 1905 bis 1910. Berichtsjahr 1900/01 bis 1907/08. (Dopp.) Mit statistischem Anhang. 14 Bde.

Sanitätsbericht, statistischer, über die königlich preussische Armee für 1867. Bearbeitet von der Militär-Medicinalabtheilung des königl. preussischen Kriegsministeriums. Berlin 870. Verlag des statist. Bureau. gr. 4. (XXVII, 232 S. mit 3 Chromolith.) n. 1 ℛ 20 ngr.

Sanitätsbericht, statistischer, üb. die königl. preuss. Armee f. die J. 1868 u. 1869. Bearb. v. der Militär-Medicinalabtheilg. d. königl. preuss. Kriegsministeriums. gr. 4. (IV, 310 S. m. 2 Chromolith.) Berlin 873. Verl. d. statist. Bureau. n. 7. 50

Sanitäts-Bericht, statistischer, über die königl. preussische Armee und das 13. [königl. württembergische] Armee-Corps für die J. 1870, 1871, 1872 und das erste Vierteljahr 1873, ausschliesslich des Kriegsjahres 1870/71. Bearb. von der Militair-Medicinal-Abtheilung des königl. preuss. Kriegsministeriums. gr. 4. (IV, 306 S. mit 2 chromolithogr. Taf. in qu. gr. Fol.) Berlin 876, Mittler und Sohn. * 7 50

—— dass. — für den Zeitraum vom 1. Apr. 1873 bis 31. März 1874. Bearb. von der Militär-Medizinal-Abtheilung des königl. preuss. Kriegsministeriums. gr. 4. (VI, 185 S.) Ebendas. 877. * 6 —

Sanitäts-Bericht, statistischer, über die königl. preussische Armee und das XIII. [königl. württembergische] Armeekorps für die vier Rapportjahre vom 1. April 1874 bis 31. März 1878. Bearb. von der Militär-Medizinal-Abtheilung des königl. preuss. Kriegsministeriums. gr. 4. (IV, 273 S. mit 2 lithogr. Taf. in Farbendr.) Berlin 880, Mittler und Sohn. *

—— dass. — für das Rapportjahr vom 1. April 1878 bis 31. März 1879. Bearb. von der Militär-Medizinal-Abtheilung des königl. preuss. Kriegsministeriums. gr. 4. (IV, 127 S.) Ebendas. 881. *

—— dass. — für die Rapportjahre vom 1. April 1879 bis 31. März 1881. Bearb. von der Militär-Medizinal-Abtheilung des königl. preuss. Kriegsministeriums. gr. 4. (IV, 152 S. mit 7 lithogr. Taf. im Text und 127 S. Tab.) Ebendas. 882. *

—— dass. — für das Rapportjahr vom 1. April 1881 bis 31. März 1882. Bearb. von der Militär-Medizinal-Abtheilung des königl. preuss. Kriegsministeriums. gr. 4. (VI, 121 S. mit 22 bildl. Darstellungen und 83 S. Tab.) Ebendas. 884. *

Statist. Sanitätsbericht über d. russische Armee. F. d. Jahre 1872, 73, 73 u. 74, 85—91, 93. (In russ. Sprache.) St. Petersb. 1875—95. 7 Bde.

Sanitätsbericht, Statistischer, über die russische Armee im Jahre 1872. Unter Leitung des Generalinspectors für das Militär-Medicinalwesen Dr. N. Kosloff, bearbeitet von Dr. J. Schmulewitsch. (Separatabdruck aus dem Doppelheft I und II des Jahrganges 1876 der „Zeitschrift des k. preuss. statistischen Bureaus", redigirt von dessen Director Dr. Engel.) 4. Berlin 1876.

Statistischer Sanitätsbericht über die russische Armee. St. Petersburg. Jahrg. 1894/95. 1897 bis 1908. Das Supplement ist von 1902 an angebunden. 14 Bde.

— statistischer, üb. das k. u. k. Heer f. die J. 1883—1893. Mit vergleich. Berücksicht. der J. 1870—1882, dann 1894—1896, sowie der Sanitätsstatistik fremder Armeen. Nach den militärstatist. Jahrbüchern u. anderen authent. Quellen bearb. von Paul Myrdacz. Mit 21 Tab. als Beilagen. Lex.-8. (VIII, 253 S.) Wien 899. J. Šafář. n. 6. 50

Sanitäts-Bericht, Statistischer, Seiner Majestät Kriegs-Marine. Im Auftrage des k. k. Reichs-Kriegs-Ministeriums (Marine-Section). Für das Jahr 1870 verfasst von Dr. Robert Kolaczek, k. k. Linienschiffsarzt; für 1871, 1872, 1873, 1874 zusammengestellt von Dr. Adolf Altschul, k. k. Linienschiffsarzt. Statistischer Sanitäts-Bericht, der k. k. Kriegsmarine für 1875, 1876, 1877 zusammengestellt von Dr. Alexius Uhlik, k. k. Fregattenarzt; für 1878 zusammengestellt von Dr. Josef Potočnik, k. k. Linienschiffsarzt; für 1879 mit einem Anhange: Statistische Uebersicht der Sanitäts-Verhältnisse in der k. k. Kriegs-Marine während des Decenniums 1870—1879; für 1880 zusammengestellt von Dr. Hans Krumpholz, k. k. Fregattenarzt. Statistischer Sanitäts-Bericht über die k. k. Kriegs-Marine für 1881, zusammengestellt von Dr. Hans Krumpholz, k. k. Fregattenarzt; für 1882, zusammengestellt von Dr. Alexius Uhlik, k. k. Linienschiffsarzt; für 1883—1886 etc. (wie vor); für 1887—1889 zusammengestellt von Dr. Maximilian Brillant, k. k. Fregatten-Arzt. (20 Bde.) 8. Wien 1872—1888.

—— statistischer, Sr. Maj. Kriegs-Marine für das J. 1872. Im Auftrage des k. k. Reichs-Kriegs-Ministeriums [Marine-Section] zusammengestellt von Adf. Altschul. gr. 8. (107 S.) Wien 874, Braumüller.

—— statistischer, Sr. Majestät Kriegs-Marine für die J. 1873 und 1874. Im Auftrage des k. k. Reichs-Kriegs-Ministeriums [Marine-Section] zusammengestellt von Adf. Altschul. Lex.-8. (41; 46 S.) Wien 875,76, (Braumüller.) à * 2 —

—— dass. — für das J. 1876. Zusammengestellt von Alexius Uhlik. Lex.-8. (188 S.) (Ebendas.) 877. * 4 —

Sanitäts-Bericht für das J. 1875 war nicht im Handel.

—— statistischer, der k. k. Kriegs-Marine für das J. 1877. Im Auftrage des k. k. Reichs-Kriegs-Ministeriums [Marine-Section] zusammengestellt von Alexius Uhlik. Lex.-8. (169 S.) Wien 880, (Braumüller.) *

—— dass. — für das J. 1878. Im Auftrage des k. k. Reichs-Kriegsministeriums [Marine-Section] zusammengestellt von Jos. Potočnik. Lex.-8. (92 S.) (Ebendas.) 880. *

—— dass. — für das J. 1879. Mit einem Anhang: Statistische Uebersicht der Sanitäts-Verhältnisse in der k. k. Kriegs-Marine während des Dezenniums 1870—1879. Im Auftrage des k. k. Reichs-Kriegs-Ministeriums [Marine-Sektion] zusammengestellt von Hans Krumpholz. Lex.-8. (208 S.) (Ebendas.) 881. *

—— dass. — für das J. 1880. Im Auftrage des k. k. Reichs-Kriegs-Ministeriums [Marine-Sektion] zusammengestellt von Hans Krumpholz. Lex.-8. (142 S.) (Ebendas.) 881. *

—— dass. — für das J. 1881. Lex.-8. (140 S.) (Ebendas.) 882. *

—— dass. — für das J. 1882. Im Auftrage des k. k. Reichs-Kriegs-Ministeriums [Marine-Sektion] zusammengestellt von Alexius Uhlik. Lex. 8. (195 S.) (Ebendas.) 883. *

Sanitäts-Bericht, statistischer, der k. k. Kriegs-Marine für das J. 1883. Im Auftrage des k. k. Reichs-Kriegs-Ministeriums [Marine-Section] zusammengestellt von Alexius Uhlik. Lex.-8. (121 S.) Wien 884, (Braumüller.) * 4 —

Sanitäts-Bericht, statistischer, über die k. k. Kriegs-Marine für das J. 1884. Im Auftrage des k. k. Reichs-Kriegs-Ministeriums [Marine-Section] zusammengestellt von Alexius Uhlik. Lex.-8. (173 S.) Wien 885, (Braumüller.) *

—— dass. — für das J. 1885 und 1886. Im Auftrage des k. k. Reichs-Kriegs-Ministeriums [Marine-Section] zusammengestellt von Alexius Uhlik. Lex.-8. (181; 197 S.) (Ebendas.) 886,87. à Jahrg. *

—— dass. — für das J. 1887. Im Auftrage des k. k. Reichs-Kriegs-Ministeriums [Marine-Section] zusammengestellt von Max Brillant. Lex.-8. (144 S.) (Ebendas.) 888. *

—— statistischer, üb. die k. k. Kriegs-Marine f. d. J. 1888. Im Auftrage d. k. k. Reichs-Kriegs-Ministeriums [Marine-Section] zusammengestellt von Max. Brillant. Lex.-8. (187 S. m. Abbildgn.) Wien 889, (Braumüller). * * 6 —

—— dass. — für d. J. 1889. Im Auftrage d. k. k. Reichs-Kriegs-Ministeriums [Marine-Section] zusammengest. von Max. Brillant. Lex.-8. (137 S.) (Ebd.) 890. * * 3 60

—— dass. — f. die J. 1890 u. 1891. Im Auftrage d. k. k. Reichs-Kriegs-Ministeriums [Marine-Section] zusammengestellt von Arthur Plumert. 4. (177 S.) (Ebd.) 892. * * 7 —

— statistischer, üb. d. k. k. Kriegs-Marine f. d. J. 1892 u. 1893. Im Auftrage d. k. k. Reichs-Kriegs-Ministeriums (Marine-Section) zusammengest. v. Rud. Fischer. Lex.-8. (156 S.) Wien 894. (W. Braumüller.) n.n. 6. 20

— dasselbe f. d. J. 1894 u. 1895. Lex.-8. (155 S.) Ebd. 896. n.n. 6. 80

— dasselbe f. d. J. 1896 u. 1897. Im Auftr. d. k. k. Reichs-Kriegs-Ministeriums (Marine-Section) zusammengest. beim k. u. k. Marine-Sanitätsamte zu Pola. Lex.-8. (161 S.) Ebd. 898. n.n. 6. 60

— statistischer, der k. u. k. Kriegs-Marine f. die J. 1898 u. 1899. Im Auftrage des k. u. k. Reichs-Kriegs-Ministeriums (Marine-Section) zusammengest. vom k. u. k. Marine-Sanitäts-Amte in Pola. hoch 4. (180 S.) Wien 900. (W. Braumüller.) n.n. 5. 60

— statistischer, der k. u. k. Kriegs-Marine f. die J. 1900 u. 1901. Zusammengestellt v. der IX. Abteilg. des k. u. k. Reichs-Kriegsministerums Marine-Sektion. (238 S. m. graph. Darstellgn.) Lex.-8. Wien 902. (W. Braumüller.) n.n. 8. —

Sanitäts-Bericht, statistischer, der k. u. k. Kriegs-Marine f. die J. 1902 u. 1903. Zusammengestellt v. der IX. Abteilg. des k. u. k. Reichs-Kriegs-Ministeriums (Marine-Sektion). (71 S. m. graph. Darstellgn.) Lex.-8. Wien 904. (W. Braumüller.) n.n. 3. —

— statistischer, der k. u. k. Kriegsmarine f. die J. 1904 u. 1905; 1906 u. 1907; 1908 u. 1909. Zusammengestellt v. der IX. Abteilg. des k. u. k. Reichskriegsministeriums, Marinesektion. (76, 77 u. 82 S.) Lex. 8. Wien 906. 08. 10. W. Braumüller. à nn 3. 70

Sanitäts-Bericht, statistischer, der oesterr. Kriegs-Marine f. 1880, zusammengest. von **Krumpholz**. Wien 881.

Sanitätsbericht, Statistischer, über die Kaiserlich Deutsche Marine für den Zeitraum vom 1. April 1874—1. April 1875. Berlin 1876. gr. 8. — Für die Jahre 1876/77—1882/83. Zusammengestellt vom Generalarzt der Marine. Berlin. 8. (Beilage zum Marine-Verordnungsblatt.) . . . . (D.)

— statistischer, üb. die kaiserl. deutsche Marine f. den Zeitraum v. 1. IV. 1895 bis 31. III. 1897. Bearb. v. der Medizinal-Abtheilung des Reichs-Marine-Amts. gr. 8. (III, 227 S. m. graph. Darstellgn. u. Tab.) Berlin 899. E. S. Mittler & Sohn. n. 2. 50

— **dasselbe f. den Zeitraum v. 1. IV. 1897 bis 31. III. 1899. gr. 8. (III, 317 S. m. graph. Darstellgn. u. Tab.) Ebd. 900.** n. 3. —

—— über Tirol und Vorarlberg für die J. 1883 und 1884 mit Rückblicken auf die früheren Jahre, hrsg. vom k. k. Landes Sanitätsrathe für Tirol und Vorarlberg, verf. von J. Daimer. Imp.-4. (IV, 263 S.) Innsbruck 886, (Wagner'sche Universitäts-Buchh.) *

Sanitätsberichte

der oberschlesischen Knappschaftsvereine. Gebr. Böhm. Kattowitz O.-S. 1862 1900.

Sanitäts-Berichte, statistische, üb. das XII. [königl. sächs.] Armee-Corps f. die Jahre 1872 u. 1873. Bearb. v. der königl. Sanitäts-Direction. [Aus: „Zeitschrift d. kgl. sächs. statist. Bureaus."] gr. 4. (VI, 50 S. m. 4 color. Steintaf.) Dresden 875. Weiske. 3. —

Sanitätsdienst, der, in Berlin, Paris, London u. New-York. [Aus: „Wiener med. Wochenschrift".] gr. 8. (59 S.) Wien 895. M. Perles. n. 1. 20

Sanitäts-Dienst, freiwilliger, im Kriege. Hrsg. vom souveränen Malteser-Ritter-Orden, G. v. B. etc. Anhang: I. Die technische Beschreibung des 1. Sanitäts-Schulzuges vom souveränen Malteser-Ritter-Orden Grossprioraț von Böhmen etc. [Mit 9 (lithogr.) Taf.] II. Die Evacuationen im J. 1878 während der Occupation Bosniens und der Herzegowina. [Mit 4 tabellar. Uebersichten und 7 Formularien.] gr. 8. (VI, 217; 34 und XIII S.) Wien 879, (Seidel und Sohn.) * 8 —
Kleine Ausg. ohne Anhang I. * 6 —

Sanitätsdienst u. Gesundheitspflege im deutschen Heere. Ein Lehr- u. Handbuch f. Militärärzte des Friedens- u. des Beurlaubtenstandes. Unter Mitwirkg. v. Buttersack, Collin, Devin u. a. Hrsg. v. A. Villaret u. F. Paalzow. Mit 10 Abbildgn. (XXIV, 1032 S.) Lex. 8. Stuttgart 909. F. Enke. 26.—; geb. in Halbfrz. n 28.—; auch in 6 Lfgn.

Sanitäts-Dienst, Des souveränen Malteser-Ritter-Ordens ... freiwilliger, im Kriege ... Wien 1879. V: *Mundy, Jaromir Freih. v.* (EB)

Maltheser-Ritter-Ordens, Des souveränen, Grossprioraț von Böhmen etc., freiwilliger Sanitäts-Dienst im Kriege. Anhang: Die Evacuationen im Jahre 1878 während der Occupation Bosniens und der Hercegovina. (Mit 4 tabellarischen Uebersichten und 7 Formularien.) (2 Taf. mit einem Erklärungsblatt. 5 Tabellen auf 6 Blättern und 8 Beilagen.) 8. Wien 1879.

Sanitätsdienst, der öffentliche. [Beilage zum kärntner. Gemeinde-Blatt.] gr. 8. (24 S.) Klagenfurt 885. (Heyn.) n. — 60

Sanitätsdienstordnung, Abschnitt I bis 5, vom 15. Juni 1901. — 2. Aufl. 1904.

Sanitätsdienstordnung [für die] Schweizerische Armee. Abschnitt I—V. (Vom schweiz. Bundesrat genehmigt den 15. Juni 1901.) 1. Aufl. [Mit 11 Figuren und 1 Plan.] XVI + 172 S. 8. [Bern,] G[ebhardt], R[ösch] & S[chatzmann], VI. 1901.

D. **Sanitätsgesetze** i. Serbien. Amtl. Ausg. Belgrad 1881.

Sanitäts-Gesetze u. Verordnungen f. die im Reichsrathe vertretenen Länder u. speciell f. Nieder-Oesterreich. Hrsg. von Ludw. Ritter v. Karajan u. Leop. Wittelshöfer. Neue Folge. 1. Bd. Jahrgänge 1870 u. 1871. gr. 8. (391 S.) Wien 872. (Seidel & Sohn.) n. 8. —

Sanitäts-Gesetze und Verordnungen für die im Reichsrathe vertretenen Länder und speciell für Nieder-Oesterreich. Hrsg. von Ludw. Ritter v. Karajan und Leop. Wittelshöfer. Neue Folge. 2. Bd. Jahrg. 1872. 11 Nrn. gr. 8. Wien, (Seidel und Sohn.) * 6 —

Sanitäts-Haupt-Berichte vom Herzogthume Krain ... Laibach [1866]. H: *Gauster, Moritz.* (EB)

Sanitätshund, der. Von F. 8. (31 S. m. 2 Abbildgn. u. 8 Taf.) Hannover 900. Gebr. Jänecke. n. — 60

Sanitätskarte d. Königreiches Böhmen. Im Auftrage d. h. k. k. Statthalterei entworfen v. Karl Antony, Controlor etc. Gr.-Q.-Folio in Farbentondruck. Prag, J. G. Calve'sche Hof- u. Univ.-Buchhdlg. Cartonirt in hoch-gr.-8. 1 fl. 20 kr. 1881.

Oesterreichischen Monarchie — Sanitäts-Karte der —. 1858. 864,000. Wien. 9 Bl. mit Text.

Das **Sanitätskolonnenwesen** vom Roten Kreuz in Deutschland. Beiträge aus s. Geschichte u. s. Arbeitsgebiet. Von Mitgliedern d. Vereinsorganisation. Hrsg. von Prof. Dr. [Ludwig] Kimmle. Berlin: Heymann 1908. VIII, 355 S. 8°
Festschrift z. 70. Geburtstag d. I. stellvertr. Vorsitzenden d. Zentralkomitees d. deutschen Vereine v. Roten Kreuz Gen. d. Inf. z.D. v. Viebahn.

Die Sanitäts-Kompagnie der Kgl. Hannov. Armee. Hannover 1855. 8°.

D. Sanitätsmaterial d. schweiz. Armee. Vom 9. 3. 1870. Schaffhausen. Quer-Quart.

Sanitätspflege d. Armee im Feldzuge 1866. (S.-A.) Berlin 1867.

Sanitätspflege, Die freiwillige, des deutschen Ritter-Ordens im Kriege und im Frieden. 8. Wien 1874.

Die freiw. Sanitätspflege d. deutsch. Ritter-Ordens im Kriege u. im Frieden. Wien 1883.

— — Die freiwillige, des deutschen Ritter-Ordens im Kriege und im Frieden. kl. 8. Wien 1894.

Sanitätsposten, Der, am eidgenössischen Schützenfest in Winterthur 1895. Biel 1896. V: *Sommer, Ernst.* (Cat. d. Stadtbibl. Zürich. Zürich 1864—97.)

Sanitäts-Taschen-Kalender u. Taschenplan der ersten Hilfe. (32 S.) 16. München (905). Seitz & Schauer. — 20
Erscheint nicht mehr.

Sanitäts-Truppen, Preussische. Beihft. z. „Milit.-Wochenblatt". — Berlin 1851.

Sanitäts-Verhältnisse des k. k. Heeres. Januar 1876 bis Dezember 1885. Wien [1886]. V: *Strasser, Frdr.* (EB)

Sanitätsverhältnisse, Die, der Mannschaft des k.u.k. Heeres. („Militär-statistisches Jahrbuch.") Wien 1872—1896. 4°

Von 1895 ab: **Statistik d. Sanitätsverhältnisse** d. Mannschaft d. K. u. K. Heeres. F. d. Jahre 1895—1903 12 Bde.
Hierzu: Anhang. (Beitr. z. internat. Militärsanitätsstatistik.)

Sanitäts-Vorschriften f. Feuerwehren. 2. Aufl. gr. 16. (12 S. m. Abbildgn.) München 894. Ph. L. Jung. n. — 10

Sanitäts-Vorschriften f. Feuerwehren. 5. u. 6. Aufl. gr. 16. (12 S. m. Abb.) München 895. Ph. L. Jung. n. — 10

Bürgermeister u. Rat d. St. Basel: **Sanitätsvorschriften** geg. d. i. Niederösterreich usw. ausgebrochene Contagion. d. d. 4.IX.1713. Quer-Folio. 1 Mappe.

Sanitäts Vorschriften für die k. und k. Kriegs-Marine. (Genehmigt mit Allerhöchster Entschliessung vom 9. Mai 1891.) (Hinausgegeben mit M.-N.-V.-Bl. XV Stück vom 16. Mai 1891. P. K./M. S. Nr. 6510 ex 1891.) Statut für das k. u. k. Marine-Sanitäts-Amt. Vorschrift für das k. u. k. Marine Sanitäts Comité. Statut für die k. u. k. Marine-Sanitäts-Anstalten. Vorschrift für die Material-Verrechnung in den k. u. k. Marine-Sanitäts-Anstalten. Bestimmungen über ökonomisch administrative Uebergaben bei den k. u. k. Marine Sanitäts-Anstalten. Vorschrift für die Schiffs-Spitäler. Vorschrift für die Schiffs-Aerzte bei Ausrüstung von Booten auf Kriegsfuss. Vorschrift über die Gebarung mit dem Sanitäts-Material auf den Schiffen der k. u. k. Kriegs-Marine. Vorschrift zur Verfassung der ärztlich statistischen Eingaben. Beigeb.: Nachtrag 1–8.
4. Wien 1891–1894.

Sanitätsvorschriften, die wichtigsten, m. e. Anh. f. Ärzte, Wundärzte u. Hebammen in Oberösterreich. (IV, 155 S.) 8. Linz a. D. 908. Jos. Feichtinger's Erben. (Nur direkt.) 3. —

Sanitäts-Wachen, die Berliner. Ihre Entstehg., Einrichtg. u. Wirksamkeit. Hrsg. v. der Vereinigg. der Berliner Sanitäts-Wachen. gr. 8. (36 S.) Berlin 889. J. Springer. n. – 60

Sanitäts-Wachen, die Berliner. 2. Aufl., s.: Bernhard, Carl.

Sanitätswesen, das, in Bosnien u. der Hercegovina 1878—1901. Hrsg. v. der Landesregierg. f. Bosnien u. die Hercegovina. (VIII, 439 S. m. 2 Taf. u. 2 Karten.) Lex.-8. Sarajevo 903. (Wien, A. Holzhausen.) n. 5. —

Das Sanitätswesen in Bosnien und der Hercegovina 1878–1901. Mit 2 Abb. u. 2 Karten. Hrsg. von d. Landesregierung f. Bosnien u. d. Hercegovina. *Sarajevo 1903: Landesdr.* (VIII, 439 S.) 4°(8°)

Sanitäts- u. Medicinalwesen, das, im Reg.-Bez. Stade in den J. 1892—1894. 7. Generalbericht, erstattet v. Rusak. gr. 8. (III, 162 S.) Stade 897. (A. Pockwitz.) n. 3. —

Sanitätswesen, das österreichische. Organ f. die Publicationen d. k. k. obersten Sanitätsrathes. Red. v. J. Daimer, Schriftführer d. obersten Sanitätsrathes. [Beiblatt zur Wiener klin. Wochenschrift.] 1. Jahrg. 1889. 52 Nrn. ($1^1/_2$ B.) Lex.-8. Wien, Hölder. n. 10. —

— dasselbe. 2. Jahrg. 1890. 52 Nrn. (B.) Lex.-8. Ebd. n. 12. —; f. d. Abnehmer der Wiener klin. Wochenschrift n. 8. —
s.: Wochenschrift, Wiener klinische.

Sanitätswesen, das österreichische. Organ f. die Publicationen d. k. k. obersten Sanitätsrathes. Red. v. J. Daimer u. Ludw. Werner. 3.—5. Jahrg. 1891—1893. à 52 Nrn. (à 1–$1^1/_2$ Bog.) Lex.-8. Wien, A. Hölder. à Jahrg. n. 12. —

— dasselbe. Red. v. J. Daimer u. A. Netolitzky. 6. Jahrg. 1894. 52 Nrn. (à 1—$1^1/_2$ Bog.) Lex.-8. Ebd. n. 12. —

Sanitätswesen, das österreichische. Organ f. d. Publicationen d. k. obersten Sanitätsrathes. Red. von J. Daimer u. A. Netolitzky. 7.—10. Jahrg. 1895—1898. à 52 Nrn. (à ca. 12 S.) Lex.-8. Wien, A. Hölder. à Jahrg. n. 12. —

— dasselbe, Beilage, s.: Gutachten d. k. k. Obersten Sanitätsrathes, betr. d. Einrichtg. d. Schulhäuser etc.

Sanitätswesen, das österreichische. Organ f. die Publicationen des k. k. obersten Sanitätsrathes. Red. v. J. Daimer u. F. Stadler. Verantwortlich: Ludw. Werner. 11.—14. Jahrg. 1899—1902. à 52 Nrn Lex.-8. (à ca. 8 u. 4 S.) Wien, A. Hölder. à Jahrg. n. 12. —

— das österreichische. Organ f. die Publikationen des k. k. obersten Sanitätsrates. Red. im Sanitätsdepartement d. k. k. Ministeriums des Innern. Red.: Ludw. Werner. 15.—18. Jahrg. 1903—1906. à 52 Nrn. (524, 460, 528 u. 510 S. m. Beilagen.) Lex.-8. Wien, A. Hölder. à Jhrg. n. 12. —

Sanitätswesen, das österreichische. Organ f. die Publikationen des k. k. obersten Sanitätsrates. Red. im Sanitätsdepartement des k. k. Ministeriums des Innern. Red.: Ludw. Werner. 19.—22. Jahrg. 1907—1910. à 52 Nrn. (à ca. 8 u. 4 S.) Lex. 8. Wien, A. Hölder. à Jahrg. 12. —

Sanitätswesen, das, des preussischen Staates währ. der J. 1889, 1890 u. 1891. Im Auftr. Sr. Exc. des Hrn. Ministers d. geistl., Unterrichts- u. Medizinal-Angelegenheiten bearb. v. der Medizinal-Abteilg. des Ministeriums. gr. 8. (VIII, 499 u. 138 S.) Berlin 897. R. Schoetz. n. 12. —; geb. n. 14. —

— das, des preussischen Staates während der J. 1892, 1893 u. 1894. Im Auftrage Sr. Exc. des Hrn. Ministers der geistl., Unterrichts- u. Medizinal-Angelegenheiten bearb. v. der Medizinal-Abteilung des Ministeriums. gr. 8. (XII, 606 u. 193 S. m. 13 Karten.) Berlin 899. R. Schoetz. n. 18. —

— dasselbe während der J. 1895, 1896 u. 1897. gr. 8. (XI, 976 S.) Ebd. 902. n. 18. —

— das, des Preussischen Staates während der J. 1898, 1899 u. 1900. Im Auftrage Sr. Exz. des Hrn. Ministers der geistl., Unterrichts- u. Medizinal-Angelegenheiten bearb. v. der Medizinal-Abteilg. des Ministeriums. (XIV, 668 u. 199 S.) gr. 8. Berlin 903. R. Schoetz. n. 20. —
Fortsetzg., s.: Gesundheitswesen.

— das steiermärkische, im J. 1896 u. dessen Entwicklg. in d. letzten 25 Jahren. Verf. im Statthalterei-Sanitäts-Departement. Red. v. Aug. Schneditz u. Adf. Kutschera Ritter v. Aichbergen. M. 29 Taf. u. 104 Tab. gr. 4. (IX, 346 S.) Graz 898. (Leykam.) Kart. n. 10. —

Sanitätswesen, Unser, und dessen zeitgemässe Reorganisirung. Wien 1887. V: *Hausser, Alexander.* (EB)

Sanitäts-Zeitung. Organ des Sanitätsverbandes für München und Umgegend. München: Sanitätsverband 1887–(1902). 8°

Sanitätszüge, die deutschen, im Kriege gegen Frankreich 1870/71, s. a. Sanitätsbericht üb. die deutschen Heere im Kriege gegen Frankreich 1870/71.

Sanitätszüge, die deutschen, im Kriege gegen Frankreich 1870/71. Hrsg. von der Militär-Medizinal-Abtheilung des Königl. Preuss. Kriegsministeriums unter Mitwirkung der Militär-Medizinal-Abtheilung des Königl. Bayer. Kriegsministeriums, der Königl. Sächs. Sanitäts-Direktion und der Militär-Medizinal-Abtheilung des Königl. Württemberg. Kriegsministeriums. Berlin 1886, E. S. Mittler & Sohn. Gr. 4⁰. 40 S. mit 11 Taf. in Steindr. 3 M. 60 Pf.

Besondere Ausgabe des 5. Kapitels des 1. Bandes des Sanitäts-Berichtes über die deutschen Heere im Kriege gegen Frankreich 1870/71.

Sanitätszustände, die, in der Schweiz, mit einigen Worten beleuchtet, nebst dem Vorschlag zur Beschickung einer medizin. Konferenz u. zum Entwurf eines eidgenössischen Sanitätskonkordats. St. Gallen 855. Scheitlin u. Zollikofer. 8. (32 S.) 7½ ngr.

Saniter, Otto, Referendar in Rostock: Die Wirkungen der Ehescheidung und der Aufhebung der ehelichen Gemeinschaft nach dem Bürgerlichen Gesetzbuche. Berlin 1908: W. Pilz. (91 S.) 8°

Leipzig, Jur. Fak., Diss. v. 18. April 1908

[Geb. 30. Okt. 79 Rostock (Meckl.-Schwerin); Wohnort: Rostock; Staatsangeh.: Mecklenburg-Schwerin; Vorbildung: Gymn. Rostock Reife O. 98; Studium: Heidelberg 2, München 1, Berlin 1, Rostock 4 S.; Rig. 3. Dez. 04.]

Saniter, Robert [app. Arzt aus Rostock]: Hernia interna retrovesicalis, e. bisher nicht beobacht. Art v. incarcerierter innerer Hernie ... (Aus: Beitr. z. klin. Chir., Bd XVI Heft III.) Tübingen, H. Laupp, 1896; 2 Bl., 24 S., 1 Bl., 2 Taf. 8.

Rostock, Med. Fak., Inaug.-Diss. v. [13. Aug.] 1896

San Juan- oder Haro-Archipel 500,000. G. M. 1859.

Sankaracharya, Atma Bodha (Selbsterkenntnis.) Übers. von Frz. Hartmann, M. D. 8. (III, 19 S.) Leipzig 895. W. Friedrich. n. — 50

— das Palladium d. Weisheit (Viveka Chudamani). Aus d. Sanskrit übers. v. Mohini Chatterji. 8. (III, 98 S.) Ebd. 895. n. 2. —

— dasselbe, s.a. Bibliothek esoterischer Schriften. II.

Sankaracharya, das Palladium der Weisheit (Viveka Chudamani). Aus dem Sanskrit übers. v. Mohini Chatterji. 2. Aufl. (III, 68 S.) 8. Leipzig 909. M. Altmann. 1.—

Sankaracharya, Tattwa Bodha (Daseinserkenntnis). Aus dem Sanskrit übers. v. F. Hartmann. 8. (VI, 55 S.) Leipzig 894. W. Friedrich. n. 1. —

Sanke, Elise, od. d. Schicksal des Dr. Steinthal. Sensations-Roman aus d. Leben. 69 Hfte. gr. 8. (1656 S. m. 69 Bild.) Neu-Weißensee b. Berlin 896. E. Bartels. à Hft. — 10

SANKE, Elise, oder das Schicksal des Dr. Steinthal. Sensations-Roman aus dem Leben. Illustriert. 4 Bde (190*.) 8⁰. (Mk. 6,90.) (4 Mk. O. Rauthe, Berlin, ohne Orts- u. Jahrsangabe.)

Sankey, J. D., einige evangelische Hymnen, s. Bliß, P. P.

Sankey, Ira D., Evangeliums-Sänger, s.: Rauschenbusch, Walt.

Sankey, Ira D., fünf Lieder aus „Sacred Songs a. Solo's" frei aus dem Engl. übertragen. gr. 8. (8 S.) Basel 874. (Spittler.) n. — 16

Der mahavrata-Abschnitt des Çankhayana-Āraṇyaka [Śaṅkhayanaraṇyaka] hrsg., übers. u. m. Anm. versehen von Walter Friedlaender. *Berlin: Mayer & Müller 1900.* (81 S.) 8°

[S. 1–47 erschien als Berliner phil. Diss. 1900.]

Sankke, Christoph [Praes.], s. Wolff, Karl August: De caelibatu rationali, methodo mathematicis aemula conscripta.

Saukot, Jos. Jan., pomniky tisícileté památky v národu našem. Brünn 863. Nitsch in Komm. 8. (VIII, 199 S.) n. 10 ngr.

SANKOVICS, Ignatius: Doctrina moralis Patrum apostolicorum. — (1897) 135 S. 8⁰ (Handschr.) Diss. 548

Diss. Wien, Univ.

Sankowitz, A., das neue deutsche Reichsstempelabgaben-Gesetz vom 1. Juli 1881. Nebst Tarif. Stempel von Aktien, Renten, Schuldverschreibungen, Schlußnoten, Rechnungen, Lotterieloosen etc. mit Kommentar. 8. (28 S.) Leipzig 881, Verlags-Institut. * — 50

Sankt, (St.), s.a. Saint.

St. Johannes v. Nepomuk, bitte für uns. Andachtsübungen zu Ehren d. heil. Johannes v. Nepomuk. Nebst e. kurzen Lebensgeschichte d. Heiligen. 16. (64 S. m. 1 Holzschntaf.) Breslau 875. Görlich. n. — 20

St. Joseph hilft. Erzählung f. d. lieben Kleinen. *Münster i. W.: Alphonsus-Buchh. 1902.* (32 S.) 8° [F.]

St. Petrus war niemals Bischof v. Rom. 16. (38 S.) Heidelberg 885. Weiß' Verl. n. — 20

Sankt Adalberts-Kalender, s.: Haus-Kalender, ermländischer.

Sanct-Agatha-Büchlein enthaltend eine ausführliche Lebensbeschreibung der hl. Agatha nebst Betrachtungen, Gebeten und Liedern. Dülmen 1870. V: *Albers, Reinhold.* (RASS)

St. Agatha-Büchlein, enthld. eine ausführliche Lebensbeschreibung der heiligen Agathe, nebst Betrachtungen, Gebeten u. Liedern. Hrsg. von einem katholischen Curatpriester. Dülmen 870. Laumann. 8. (80 S.) n. 2½ ngr.

Sankt Agatha-Büchlein, enth. e. kurze Lebensbeschreibg. d. hl. Agatha nebst Betrachtgn., Gebeten u. Liedern. Hrsg. v. e. kathol. Curatpriester. 2. Aufl. 16. (280 S.) Dülmen 896. A. Laumann. n. - 50; geb. in Leinw. n. — 75

St. Aegyd [Schlagwort]

St. Aegyd, s.: Wiener Ausflugskarten.

St. Alban, Eugen von [Pseudon.] s.a. Baldamus, Carl.

v. St Alban, Eugen, s. Bern wie es ist.

Sanct Alexius Leben, s. **Bibliothek der deutschen National-Literatur.**

St. Aloysius Banner: 1890 →

Roman Catholic monthly. Organ of the Jünglings-Vereins-Bund. Edited by the Rev. Eduard Goldschmidt.

Chicago, IL

St. Aloysius-Büchlein. Andachtsübungen zu Ehren d. h. Aloysius Gonzaga, nebst e. kurzen Lebensbeschreibg. d. Heiligen. Von e. Priester der Diözese Breslau. 16. (107 S.) Breslau 873. Goerlich. n. — 30

St. Aloysius-Büchlein. Andachts-Uebgn. zur Verehrung d. Heiligen Aloysius Gonzaga aus der Gesellschaft Jesu. Unter besond. Berücksicht. der sechssonntäg. Andacht zu Ehren dieses Heiligen. Mit Morgen-, Abend- u. Meßgebet. 16. (191 S. m. 1 Bild.) München 888. J. Pfeiffer. geb. n.n. — 50

Sankt-Aloysius-Büchlein, enth. Lebensbeschreibg. des Heiligen, sowie Betrachtgn. u. Gebete f. die 6 Sonntage zu Ehren des engl. Jünglings u. Vorbildes der Jugend, des hl. Aloysius, nebst e. Gebetsanh. Von e. Priester der Diöcese Münster. 16. (158 S. m. 1 Farbendr.) Münster 894. Alphonsus Buchh. Geb. in Leinw. n. — 50

Sankt Aloysiusbüchlein. Andachts-Uebgn. zur Verehrg. d. hl. Aloysius Gonzaga aus der Gesellschaft Jesu. Unter bes. Berücksicht. d. 6 sonntäg. Andacht zu Ehren dieses Heiligen. M. Morgen-, Abend-, Meß-, Beicht- u. Kommunionandacht. 6. Aufl. 16. (176 S. m. Titelbild.) München 897. J. Pfeiffer. Geb. in Leinw. n. — 50

St. Aloysius-Büchlein enth. e. Lebensbeschreibg des Heil. nebst Morgen-, Abend-, Mess-, Beicht- u. Communionsgebeten, Feier d. sechs Aloysian Sonntage, Tagzeiten u. bes. Gebete z. Verehrg d. hl. Aloysius v. A. v. J., Ord. Carm. Disc. . . . Kevelar: J. Thum 1898. (160 S., 1 Taf.) 1 Bd 8⁰

— enth. Lebensbeschreibg. d. Heiligen, sow. Betrachtgn. u. Gebete f. d. 6 Sonntage zu Ehren des engl. Jünglings u. Vorbildes d. Jugend, d. hl. Aloysius, nebst e. Gebetsanhange. V. e. Priester d. Diöcese Münster. 6. Aufl. 16. (160 S. m. Bildn.) Münster 898. Alphonsus-Buchh. Geb. in Leinw. n. — 50

Sankt-Aloysius-Büchlein, enth. Lebensbeschreibg. des Heiligen sowie Betrachtgn. u. Gebete f. die 6 Sonntage zu Ehren des hl. Aloysius, des Vorbildes u. des Patrons der christl. Jugend nebst e. Gebetsanh. 8. Aufl. Bearb. v. Heinr. Samson. (160 S. m. farb. Titelbild.) 16. Münster 904. Alphonsus-Buchh. Geb. in Leinw. — 50

— **kleines, enth. Lebensbeschreibg. d. Heiligen, sow. Betrachtgn. u. Gebete f. d. 6 Sonntage zu Ehren d. engl. Jünglings u. Vorbildes d. Jugend, d. hl. Aloysius. V. e. Priester der Diöcese Münster. 16. (48 S.) Ebd. 898. — 15**

Sanct Aloisius-Gebetbüchlein. Von einem Priester der Diözese Brixen. 16. Aufl. Innsbruck 1891. V: *Schöpf, Johann Baptist.* (margr)

St. Aloisius-Gebetbüchlein. Von e. Priester der Diözese Brixen. 16., neu bearb. Aufl. gr. 16. (XII, 490 S. m. farb. Titelbild.) Innsbruck 891. F. Rauch. n. — 80; geb. in Leinw. n. 1.40; in Ldr. m. Goldschn. n. 2.40

St. Andreasberg [Sachliches OW]

St. Andreasberg, der Kurort. (IV und 96 S. mit 1 lithogr. Karte in gr. Fol.) Clausthal 863, (Grosse'sche Buchh.) *

St. Andreasberg [Schlagwort]

St. Andreasberg. Jacubasch, Karte v. St. Andreasberg u. Umgegend. 1:12,500. Nebst 2 Nebenkarten 1:100,000. Farbendr. 44×58 cm. Clausthal 891. H. Uppenborn. n. 1.25

Die St. **Andreas-Grade** der Gr. Landes-Loge der Freimaurer von Deutschland in ausgewählten Vorträgen, Forschungen und Instruktionen. [Bd. 1]—10. H. 1 bis 40. Hrsg. von F[el.] Possart, [Bd. 3, H. 11—12:] von Alexis Schmidt, [Bd 4—8:] von Carl Gartz, [Bd. 9:] als Hs. gedr. u. hrsg., von Carl Gartz u. Fel. Seckt. Berlin: Mittler [1877—1902]. 8⁰

[1.] H. 1—4. 385 S. [1878]; [2.] H. 5—8. 357 S. [1880]; 3. H. 9—12. 353 S. 2 Taf. 1882; 4. H. 13—16. 1884: 13. 88 S. 1883; 14. 93 S. 1884; 15. 102 S. 1884; 16. 71 S. 1884.
5. H. 17—20. 356 S. 4 Taf. 1887; 6. H. 21—24. 365 S. 6 Taf. 1889; 7. H. 25—28. 358 S. 1 Taf. [1891]; 8. H. 29—32. IV, 348 S. [1895]; 9. H. 33—36. 309 S. 1 Taf. [1898]; 10. H. 37—40. IV, 340 S. 1 Taf. 1902. 23.

Sankt-Angela-Blatt, s.a. Apostolat, das, d. christl. Tochter.

St. Angela-Blatt. Das Apostolat d. christl. Tochter. Hrsg. u. Red.: A. Schöpfleuthner. 1. Jahrg. Juni 1889—Mai 1890. 12 Nrn. (à 1—1½ B. m. Illustr.) gr. 4. Wien 889. („St. Norbertus", Buch- u. Kunstdruckerei.) n. 1.50

— dasselbe. 2. Jahrg. Juni 1890—Mai 1891. 12 Nrn. (à 1—2 B. m. Illustr.) gr. 4. Mit der Gratis-Beilage: Echo aus Afrika. 12 Nrn. (½ B.) gr. 8. Ebd. n.n. 1.50

St. Angela-Blatt. Das Apostolat der christl. Tochter. Hrsg. u. Red.: Ant. Schöpfleuthner. 3. Jahrg. Juni 1891—Mai 1892. 12 Nrn. (à 1—2 Bog. m. Illustr.) gr. 4. Mit der Gratis-Beilage: Echo aus Afrika. 12 Nrn. (½ Bog.) gr. 8. Wien, (Verlag „St. Norbertus"). n.n. 1.50
s.: Apostolat, das, der christl. Tochter.

St. Angela-Blatt. (Das Apostolat der christlichen Tochter.) Illustrirte Monatsschrift für Töchter und Frauen, besonders gebildeter Stände. Herausgegeben und redigirt von Anton Schöpfleuthner. IV. Jahrg. 1892. (Juni 1892 bis Mai 1893.) 12 Nummern. 4. —.76
Wien: Verlagsbuchhandlung „St. Norbertus" 1892.

St. Angela-Blatt. (Das Apostolat der christlichen Tochter.) Illustrirte Monatsschrift für Töchter und Frauen, besonders gebildeter Stände. Herausgegeben und redigirt von Anton Schöpfleuthner. V. Jahrg. 1893. (Juni 1893 bis Mai 1894.) 12 Nummern. 4. Ebd. 1. -

St. Angela-Blatt. (Das Apostolat der christlichen Tochter.) Illustr. Monatsschrift für Töchter und Frauen, besonders gebildeter Stände. Herausgeber und Redacteur: Anton Schöpfleuthner. VI. Jahrg. 1894. 12 Nrn. 4. In Comm. 1. |
Ebd.

St. Angela-Blatt. (Das Apostolat der christlichen Tochter.) Illustr. Monatsschrift für Töchter und Frauen, besonders gebildeter Stände. Herausgeber und Redacteur: Anton Schöpfleuthner. VII. Jahrg. 1895. 12. Nrn. 4. In Comm. 1.—
Ebd.

St. Angela-Blatt. (Das Apostolat der christlichen Tochter.) Illustr. Monatsschrift für Töchter und Frauen, besonders gebildeter Stände. Herausgeber und Redacteur: Anton Schöpfleuthner. VIII. Jahrg. 1896. 12 Nrn. 4. In Comm. 1—
Ebd.

Sankt Anna, Vorbilder der Frauenwelt. Lesungen f. die neun Dienstage zu Ehren der hl. Mutter Anna. Nebst Gebets-Anh. Von e. Mitglied e. geistl. Genossenschaft. (68 S. m. Titelbild.) 16. Frankfurt a/M. (904). P. Kreuer. — 20

St Ann's Roman Cath Ch. Buff. St Anna Bote. Festausgabe ... goldenes Jub. Juni 1908. Von J. Ehnes. Buff. 1908

Sankt Anna-Büchlein. Gebete u. Anrufgn. f. Verehrer der hl. Mutter Anna. Besonders zum Gebrauche der Mitglieder der St. Anna-Bruderschaft zu Wien, I. Annakirche. gr. 16. (120 S. m. 1 Stahlst.) Wien 900. Mayer & Co. Geb. in Leinw. n. 1. —

Sankt Anna-Büchlein. Ein Gebet- u. Erbauungsbuch zur frommen Verehrg. d. hl. Mutter Anna. (158 S. m. Titelbild.) 16. Essen 908. Fredebeul & Koenen. Geb. in Leinw. — 50

Sankt Anna-Kalender. Illustrierter kathol. Volkskalender auf d. J. 1899. 4. (75 S.) Wiesbaden, G. Quiel. — 30

SCT. ANNA-LIED. Auf! auf! mein Seel', und singe. Sct. Anna Lob erklinge. Ungarisch-Altenburg 1844: Alexander Czéh.

St. Annen Kinder-Spital, das, und die k. k. Kinder-Klinik. Geschichtlich und statistisch dargestellt. 8. (35 S. mit 1 zinkograph. Taf. in 4.) Wien 856, Gerold's Sohn. **

Sanct Anton am Arlberge Tirol ... als Sommeraufenthalt. Innsbruck 1901. V: *Bischof, Edmund.* (Margr)

Sankt Antonius od. Gott ist wunderbar in seinen Heiligen. Drama in 4 Acten v. e. Ordensfrau. 12. (46 S.) Warnsdorf (899). (A. Opitz.) n. — 50

(F) St. Antonius oder Gott ist wunderbar in seinen Heilig... Drama in 4 Acten von einer Ordensfrau. Warnsdorf. [1900.] Selbstverlag. [In Comm. Opitz.] 8°. 42 S. —.60

SANCT-ANTONIUS Blätter. Monatschrift. Schriftl. Alfred Buday. Budapest 1903 bis 1911.
Fortsetzung von: Antonius-Blätter 1898-1902.
- Vgl. Antonius-Blätter. J. 1898. T. 2766.

Sankt Antonius-Büchlein. Andachtsbüchlein zur Verehrg. u. Anrufg. des hl. Antonius v. Padua. Enth.: Lebensbeschreibg. des glorreichen Heiligen, nebst Morgen-, Abend-, Meß-, Beicht- u. Kommunion-Andacht, 9täg. Andacht u. andere Gebete. 16. (171 S. m. 1 Stahlst.) München 893. J. Pfeiffer. Geb. in Leinw. n. — 50

Sankt Antonius-Büchlein. Gebet- u. Andachtsbüchlein zur Verehrg. u. Anrufg. des hl. Antonius v. Padua. Von e. Priester der Erzdiözese Köln. gr. 16. (VI, 230 S. m. 1 Farbdr.) M. Gladbach (895). A. Riffarth. Geb. in Leinw. — 65

Sankt Antonius-Büchlein. Geistl. Wallfahrt z. großen hl. Wundermanne v. Padua, besteh. aus der Andacht der 9 Dienstage, der Responsorium u. vielen and. Gebeten zur Ehre u. Anrufg. d. Heiligen. 2. Aufl. 16. (108 S. m. Abb. u. 1 Farbdr.) M.-Gladbach 897. B. Kühlen. — 30; geb. — 50

— Enth. Gebete u. Andachtsübgn. zur Verehrg. u. Anrufg. d. hl. Antonius v. Padua, sow. Morgen-, Abend-, Meß-, Beicht- u. Kommunion-Gebete u. d. allgem. Gebetsverein zu Ehren d. hl. Antonius v. Padua. V. e. Priester d. Diöcese Münster. 5. Aufl. (20.—30. Tauf.) 16. (176 S. m. 1 Farbdr.) Münster 897. Alphonsus-Buchh. Geb. in Leinw. n. — 50

St. Antonius-Büchlein. Andachtsbüchl. z. Verehrg d. hl. Antonius v. Padua nebst Morgen-, Abend-, Mess-, Beicht- u. Communionsgebeten v. A. v. J., Ord. Carm. Disc. ... Kevelaer: J. Thum 1898. (198 S., 1 Taf.) 1 Bd 8°

Sankt Antonius-Büchlein. Andachtsbüchlein zur Verehrg. des hl. Antonius v. Padua, nebst Morgen-, Abend-, Meß-, Beicht- u. Communiongebeten, von A. v. J., Ord. Carm. Dis. 2. Aufl. 16. (169 S. m. Titelbild.) Kevelaer 900. J. Thum. Geb. in Leinw. n. — 50

Sankt Antonius-Büchlein, v. e. Priester des Franziskanerordens aus der Provinz der hl. Elisabeth v. Thüringen. 3., verb. Aufl. (120 S. m. Titelbild.) 16. Limburg (903). A. Hötte. Geb. in Leinw. n. — 50

Kleines St. Antonius-Büchlein. Enthaltend Lebensbeschreibung u. Andachtsübungen zur Verehrung u. Anrufung des hl. Antonius v. Padua. Von e. Priester d. Diöcese Münster. Münster i. W.: Alphonsus-Buchh. 1898. (47 S.) 8°

St. Antonius Eremita. Andacht zu Ehren d. h. Einsiedlers u. Abtes Antonius u. kurzer Lebensabriß dieses Heiligen. Von e. Priester der Erzdiözese Köln. 16. (VI, 24 S.) Bonn 891. Hauptmann. n. — 10

Sankt Antonius-Glöcklein. Zeitschrift f. alle Verehrer des großen Heiligen. Red.: Karl Burtscher. 5. Jahrg. Oktbr. 1902—Septbr. 1903. 12 Nrn. gr. 8. (à ca. 16 S.) Aschaffenburg (C. Krebs). n. 1. —

Sankt Antonius-Glöcklein. Zeitschrift f. alle Verehrer des großen Heiligen. Red.: Karl Burtscher. 6.—9. Jahrg. Oktbr. 1903—Septbr. 1907. à 12 Nrn. (à ca. 16 S.) gr. 8. Aschaffenburg (C. Krebs). à Jhrg. n. 1. —

Sankt Antonius-Glöcklein. Zeitschr. f. alle Verehrer d. groß. Heiligen. Red.: Karl Burtscher. 10. Jahrg. Oktbr. 1907—Septbr. 1908. 12 Nrn. (à ca. 16 S.) gr. 8. Aschaffenburg, (C. Krebs). 1. —

Sankt Antonius-Glöckleins-Kalender f. d. J. 1903. gr. 4. (104 u. XVIII S. m. Abbildgn., 1 Farbdr. u. Wandkalender.) Ebd. n.n. — 50

Sankt Antonius-Glöckleins-Kalender f. d. J. 1904. (104 u. XVIII S. m. Abbildgn., 1 Farbdr. u. Wandkalender.) gr. 4. Ebd. n.n. — 50
Erscheint nicht mehr.

Sankt Antonius-Kalender f. d. J. 1911. (Zugleich) Jahrbuch f. die Terziaren des hl. Franziskus u. die Mitglieder des allgem. Gebetvereins zu Ehren des hl. Antonius. Hrsg. unter Mitwirkg. der Franziskaner v. der Ordensprovinz der hl. Elisabeth. 16. Jahrg. (73 u. VI S. m. Abbildgn. u. 1 Farbdr.) Lex. 8. Fulda, Fuldaer Actiendruckerei. — 40

Sankt Antonius-Kalender, Fuldaer, f. d. J. 1898. Hrsg. v. d. Franziskanern v. d. Ordensprovinz d. hl. Elisabeth. 3. Jahrg. 4. (72 u. VI S. m. Abb. u. 1 Farbdr.) Fulda, Fuldaer Actiendruckerei. n. — 40

Sankt Antonius-Kalender, Fuldaer, 1903. Zugleich Jahrbuch f. die Terziaren des hl. Franziskus u. die Mitglieder des allg. Gebetsvereins zu Ehren des hl. Antonius. Hrsg. unter Mitwirkg. der Franziskaner v. der Ordensprovinz der hl. Elisabeth. 8. Jahrg. 4. (78 u. IX S. m. Abbildgn. u. 1 Farbdr.) Fulda, Fuldaer Actiendruckerei. n. — 40

Sankt Antonius-Kalender, Fuldaer, 1907. Zugleich Jahrbuch f. die Terziaren des hl. Franziskus u. die Mitglieder des allg. Gebetsvereins zu Ehren des hl. Antonius. Hrsg. unter Mitwirkg. der Franziskaner v. der Ordensprovinz der hl. Elisabeth. 12. Jahrg. (78 u. VI S. m. Abbildgn. u. 1 Farbdr.) Lex.-8. Fulda, Fuldaer Actiendruckerei. n. — 40

Sankt Barbara in Breslau. (Gedenkblätter zur Erinnerg. an d. Einweihg. dieser Kirche am 27. II. 1898 [nach d. 1897/8 erfolgten Zustandsetzg. der inn. Räume u. d. Orgel].) 2., verm. Aufl. gr. 8. (121 S.) Breslau 898. Evang. Buchhandlung. 1. —

St. Barbara in Breslau. (Festschrift. Gedenkblätter z. Erinnerung an d. Einweihung dieser Kirche am 27. Febr. 1898.) 2. verm. Aufl. (Vorr.: Dr. [Paul] Menzel.) [Nebst] Nachträge enth.: Bericht über d. Wiederherstellungsarbeiten am Äußeren d. Kirche, Beschreibung d. Wandgemälde im Innern u. Verz. d. Epitaphien an d. Außenwänden. Von Pastor [Paul] Wackernagel. Breslau: Ev. Buchh. (Nachtr.: Graß, Barth & Co.) 1898–1901. 2 Bde 8° [F.] (07. 8552

Sanct Beatenberg. St. Beatenberg (1150 m. ü. M. — Berner Oberland. [Illustrierter Führer].) IV + 36 S. 8. Bern, A. Benteli, [1902]. fr. —. 50

St. Beatenberg, 1150 m. ü. M., Berner Oberland. (Bümpliz-Bern) s.a.[Hauswirth, Hans].

Sanct Beatenberg, 1150 m ü. M., Berner Oberland (Schweiz). Bümpliz-Bern [1910]. V: *Hauswirth, Hans.* (BBullschw 11, S. 191)

St. Benedicti-Leben. Ein christlich Heldenlied von K. v. W. 8. (280 S.) Augsburg 888. (Literar. Institut v. Dr. M. Huttler.) n. 1. 50

Sanct-Benedictus-Büchlein oder die Medaille des heil. Benedict nebst einem Anhange von Gebeten. Münster 1876. 2. Aufl. 1879. H: *Bierbaum, Ewald.* (RASS)

Sanct-Benedikt-Kreuz, Das. [Salzburg] 1890. V: *Hager, Edmund.* (HR)

St. Benedikts-Panier: Jahrgang 1–6, Jan. 1889 – Dec. 1894.
Roman Catholic monthly. Sub-title: Monatsschrift für das katholische Volk. Organ der Andacht. Mit der eucharistischen Beilage „Paradieses-Früchte". Herausgegeben von der Benediktiner-Abtei St. Meinrad. Merged with PARADIESESFRÜCHTE. Octavo, ca. 16 p. Published by St. Meinrad's College and Seminary.
St. Meinrad, IN

St. Benedikts-Panier. Monatsschrift d. Benediktiner Amerikas f. d. kathol. Volk. Hrsg. v. der Benediktiner-Abtei St. Meinrad, St. Meinrad, Indiana. 1. Jahrg. 1889. 12 Nrn. (2 B.) 4. St. Meinrad, Ind. (Regensburg, Verlags-Anstalt.) n. 6. —

— dasselbe. 2. Jahrg. 1890. 12 Nrn. (2 B.) 4. Ebd. n. 6. 50

Sankt Benedikts-Panier. Organ der Erzbruderschaft u. des Sühnungswerkes vom heil. Antlitze. Monatsschrift der Benediktiner Amerikas. Hrsg. v. der Benediktiner-Abtei St. Meinrad, St. Meinrad, Indiana. 3.–5. Jahrg. 1891—1893. Nebst Beilage zu 1892 u. 1893: „Paradieses-früchte". Monatsblätter z. Preise d. allerh. Altarssakramentes. 1. u. 2. Jahrg. à 12 Nrn. (à 2—3 Bog.) gr. 8. St. Meinrad, Ind. (Freiburg i/B., Herder.) à Jahrg. n.n. 3. —

— dasselbe. 6. Jahrg. 1894. Nebst Beilage: „Paradieses-früchte". Monatsblätter zum Preise des allerheiligsten Altarssakramentes. 3. Jahrg. u.: St. Meinrads-Raben. 7. Jahrg. 12 Nrn. gr. 8. (Nr. 1. 16, 4 u. 4 S. m. Illustr.) Ebd. n.n. 3. —

Sankt Benedikts-Panier, Fortsetzg., s.: Paradieses-Früchte.

St. Benedikts-Stimmen, Tabernakel und Fegefeuer. Monats-Schrift der ewigen Anbetung des allerheiligsten Sakramentes unter dem Schutze des heil. Benedikt zur Rettung der armen Seelen im Fegefeuer. Im Vereine mit mehreren Mitgliedern des Benediktiner-Ordens hrsg. und revid. von Anselm Hohenegger. 1.—3. Jahrg. 1877—1879. à Jahrg. 12 Hefte. (à 2 Bog.) gr. 8. Lambach. (Würzburg, Woerl.) Jahrg. 1877 *
Jahrg. 1878 und 1879 à *

St. Benedikts-Stimmen. Tabernakel und Fegefeuer. Monats-Schrift. Im Vereine mit mehreren Mitgliedern des Benediktiner-Ordens hrsg. und redig. von Anselm Hohenegger. 4.—6. Jahrg. 1880—1882. à Jahrg. 12 Hefte. (à Heft 2 Bog.) gr. 8. Lambach. (Würzburg, Woerl.) à Jahrg. * * 1 80
—— dass. — 7. und 8. Jahrg. 1883 und 1884. à Jahrg. 12 Hefte. (à Heft 2 Bog.) gr. 8. Lambach. (Leipzig, H. Lorenz.) à Jahrg. * 1 80

St. Benedicts-Stimmen. Tabernakel und Fegfeuer. Monats-Schrift. Hrsg. von der Abtei Emaus in Prag. Redig. von Odilo Wolf. 9. und 10. Jahrg. 1885 und 1886. à Jahrg. 12 Hefte. (à Heft 2 Bog.) gr. 8. Prag. (Würzburg, Woerl.) à Jahrg. *

—— Monats-Schrift. Hrsg. von der Abtei Emaus in Prag. Redig. von Odilo Wolf. 11. und 12. Jahrg. 1887 und 1888. à Jahrg. 12 Hefte. (à Heft 2 Bog.) gr. 8. (Ebendas.) à Jahrg. *

Sankt-Benedicts-Stimmen. Hrsg. v. der Abtei Emaus in Prag. Redig. v. Odilo Wolff. 13.—16. Jahrg. 1889—1892. à Jahrg. 12 Hefte. (à Heft 2 Bog.) gr. 8. Prag. (Würzb., Woerl.) à Jahrg. * 2 —

St. Benno-Kalender oder katholischer Kirchen- und Volks-Kalender zunächst für Sachsen auf die J. 1865—68. 15.—18. Jahrg. 8. (à Jahrg. ca. 188 S.) Leipzig, (Jackowitz.) à Jahrg. * *
Vgl.: Kirchen- und Volks-Kalender, katholischer.

St. Benno-Kalender oder katholischer Kirchen- und Volks-Kalender zunächst für Sachsen auf die J. 1869—1875. 19—25. Jahrg. gr. 8. (208; 208; 216; 156; 190; 174 S.) Dresden. (Leipzig, Jakowitz.) 19.—23. Jahrg, à ** 24. und 25. Jahrg. à *

St.-Benno-Kalender oder katholischer Kirchen- und Volks-Kalender zunächst für Sachsen auf die J. 1876—1880. 26.—30. Jahrg. 8. (162; 216; 176; 184; 208 S.) Dresden. (Leipzig, Jackowitz.) à Jahrg.

St. Benno-Kalender od. kathol. Kirchen- u. Volks-Kalender zunächst f. Sachsen auf d. J. 1877. 27. Jahrg. 8. (216 S.) Dresden, (Burdach.) — 75

St.-Benno-Kalender oder katholischer Kirchen- und Volks-Kalender zunächst für Sachsen auf die J. 1881—1885. 31.—35. Jahrg. 8. (216; 248; 240; 216; 240 S.) Dresden. (Leipzig, Jackowitz. — Dresden, Burdach.) à Jahrg. ** — 75

St. Benno-Kalender oder katholischer Kirchen- und Volks-Kalender, zunächst für Sachsen auf das J. 1886. 36. Jahrg. 8. (224 S.) Dresden. (Leipzig, Jackowitz.) **

—— dass. — auf das J. 1887. 37. Jahrg. 8. (272 S. mit eingedr. Illustr. und 1 Lichtdr.-Bild.) Dresden, (Warnatz und Lehmann.) **

—— dass. — auf das J. 1888. 38. Jahrg. 8. (248 S. mit 1 Karte.) (Ebendas.) **

—— dass. — auf das J. 1889. 39. Jahrg. 8. (232 S. mit 1 Bild.) (Ebendas.) **

St.-Benno-Kalender od. kathol. Kirchen- u. Volkskalender zunächst f. Sachsen auf d. J. 1890—98. 40.—48. Jahrg. 8. (à Jahrg. 190—240 S. m. 1 Abbild.) Dresd., (Warnatz u. Lehmann). à Jahrg. ** — 70

Sankt-Benno-Kalender od. katholischer Kirchen- u. Volks-Kalender zunächst f. Sachsen auf d. J. 1895. 45. Jahrg. gr. 8. (236 S. m. 2 Taf.) Dresden, (Warnatz & Lehmann). n.n. — 70

Sankt Benno-Kalender od. katholischer Kirchen- u. Volks-Kalender zun. f. Sachsen auf d. J. 1899. 49. Jahrg. 8. (256 S. m. 1 Taf.) Dresden (H. Burdach). n. — 80

Sankt-Benno-Kalender od. katholischer Kirchen- u. Volks-Kalender zunächst f. Sachsen auf d. J. 1903. 53. Jahrg. 8. (228 S. m. Titelbild.) Dresden. (Dresden, H. Burdach. — Leipzig, X. Pflugmacher.) n. 1.—

Sankt Benno-Kalender, Fortsetzg., s.: Benno-Kalender.

Sanct Bernhard, Die Priorei;

a. d. Engl. Gera 1791. Ü: *Behr, Chn Andreas.* (MGT)

St. Bernard's von Clairvaux Lieder, übers. von Paul Merath. Ein Beitrag zur Hymnologie. 8. (VIII, 103 S.) Rottenburg 877, Bader. * *M* 1.; cart. *

Der St. Bernhard's Bote: 1909 ?
Wegweiser für die Mitglieder der St. Bernhard's Gemeinde von St. Louis, Mo. St. Louis: St. Bernhard's Gemeinde. Zu beziehen: Central Bureau, Catholic Central Verein of America
St.Louis, MO

Sankt-Bernhardshund, (Der) Zur Belehrung, angeh. Liebhaber u. Freunde dieser Rasse. Hrsg. vom St. Bernhardsklub. (144 S. m. Abb.) gr. 8°. München. 1909. M. —.50

Sankt Bernwards-Kalender f. das Bist. Hildesheim auf d. J. 1895. 9. Jahrg. 4. (80 S. m. Abbildgn. u. 1 Wandkalender.) Hildesheim, F. Borgmeyer. n.n. — 50
s.: Bernwards-Kalender, Hildesheimer.

Sankt Bernward-Kalender f. d. Bist. Hildesheim auf das J. 1899. 13. Jahrg. 4. (88 S. m. Abb. u. 1 Wandkal.) Hildesheim, F. Borgmeyer. n. — 50

Sankt Bernward-Kalender f. das Bist. Hildesheim auf d. J. 1903. 17. Jahrg. 4. (88 S. m. Abbildgn. u. Wandkalender.) Hildesheim, F. Borgmeyer. n. — 50

Sankt Bernward-Kalender f. das Bist. Hildesheim auf d. Jahr 1907. 21. Jahrg. (81 S. m. Abbildgn., 1 Bildnis u. Wandkal.) gr. 8. Hildesheim, F. Borgmeyer. n. — 50

Sankt Bernward-Kalender f. das Bist. Hildesheim auf d. J. 1911. 25. Jahrg., (86 S. m. Abbild., 3 Taf. u. Wandkalender.) gr. 8. Hildesheim, F. Borgmeyer. — 50

St. Blasien. Hotel und Kurhaus St. Bl. im südlichen badischen Schwarzwald ... [Mit Illustrationen und 1 Plan.] 8. [Zürich] *o. J.* [1893/98].
Ausg. A: 27 S. — Ausg. B: 32 S.

St. Blasien im Schwarzwald. Sommer- u. Winterkurort. Hrsg. vom Kurverein St. Blasien. (Frankfurt a. M. [um 1910]: Kornsand.) 47 S. 8° (1r. 4183

St. Blasiuskirche, die, zu Mühlhausen i. Th. Reise-Aufnahme von Studirenden der Architectur an der technischen Hochschule zu Hannover, unter Leitung von C. W. Hase. gr. Fol. (11 autogr. Taf. m. 8 S. Text.) Hannover 881. Schmorl & v. Seefeld. n. 8. —

Sankt Bonifacius-Kalender, s. Sankt Bonifatius-Kalender

Sankt Bonifatius. Ein geistl. Spiel m. Chören. 12. (58 S.) Paderborn 895. B. Kleine. — 75

Sankt Bonifatius. Kathol. Monatsschrift, zunächst f. die Mitglieder des Bonifatius-Vereines. Hrsg. v. Aktionskomitee d. Bonifatius-Vereine Österreichs. Red. v. Leop. Broll, O. S. B. 4.—7. Jahrg. 1907—1910. à 12 Nrn. (à Jahrg. IV, 192 S.) Lex. 8. Prag (II, Dreifaltigkeitsgasse 18), Bonifatius-Verein f. die Erzdiözese Prag. à Jahrg. — 75; auf besserem Pap. 1.75

Sankt Bonifatius-Büchlein od. Andachtübungen zu Ehren des hl. Martyrers Bonifatius, Erzbischofs v. Mainz u. Apostels der Deutschen. Von e. dankbaren Verehrer des hl. Bonifatius. (IV, 168 S. m. Titelbild.) 16. Mainz 905. Druckerei Lehrlingshaus. Geb. in Leinw. n. 1.—

Sankt Bonifacius-Kalender f. d. J. 1910. Treu zu Christus! Treu zu Rom! Hrsg. v. Leop. Broll, O. S. B. 1. Jahrg. (112 u. XVI S. m. Abbild. u. 4 Taf.) gr. 8. Winterberg, J. Steinbrener. — 50

St. Bonifacius-Kalender, Berliner, für 1863—68. Hrsg. von E. Müller. 1.—6. Jahrg. 8. (à Jahrg. ca. L und 160 S. mit eingedr. Holzschn. und Stnt.) Berlin, (Jansen.) à Jahrg. *
Ohne Kalendarium. *

St. Bonifacius-Kalender, Berliner, für die J. 1869—1873. Hrsg. von E. Müller. 8. (à 160 S. mit eingedr. Holzschn.) Berlin, Jansen. à Jahrg. * *M* 1.; ohne Kalendarium *

St. Bonifacius-Kalender, Berliner, für die J. 1874—1880. Hrsg. von E. Müller. 12.—18. Jahrg. 8. (à Jahrg. ca. 180—200.) Berlin, Verlag der „Germania". à Jahrg.

St. Bonifacius-Kalender, Berliner, für die J. 1881—1883. Hrsg. von E. Müller. 8. (184; 207; XXII, 183 S. mit eingedr. Holzschn.) Berlin, Germania. à Jahrg. — 75
—— dass. — für die J. 1884 und 1885. Hrsg. von E. Müller. Neue Folge. 1. und 2. Jahrg. 8. (160; 96 S.) Ebendas. à Jahrg. * — 50

St. Bonifacius-Kalender, Berliner, für die J. 1886—1889. Hrsg. von E. Müller. 8. (à Jahrg. 136 S. mit Abbild.) Berlin, Germania. à Jahrg. *

St. Bonifacius-Kalender, Berliner, f. d. J. 1890—1893. 28.—31. Jahrg. Hrsg. v. E. Müller. 8. (à Jahrg. ca. 140 S. m. Abbildgn.) Berl., (Germania). à Jahrg. * — 50

Sankt Bonifatius-Kalender, Berliner, f. d. 1895. Begründet v. Müller. 33. Jahrg. 12. (XVII, 26 u. 106 S. m. Abbildgn. u. Titelbild.) Berlin, Germania. n. — 50

Sankt Bonifatius-Kalender, Berliner, f. das J. 1897. Begründet v. Müller. 35. Jahrg. 12. (154 S. m. Abb. u. Titelbild.) Berlin, Germania. n. — 50

— dasselbe. 37. Jahrg. Zugleich Märk. Almanach, Führer f. d. Katholiken Berlins u. d. Delegatur. 12. (120 S. m. Abb. u. Titelbild.) Ebd. — 25

Sankt Bonifatius-Kalender, Berliner, f. das J. 1902. Begründet von Ed. Müller. 40. Jahrg. Zugleich Märk. Almanach, Führer f. die Kathol. Berlins u. d. Delegatur. 8. (144 S. m. Abb. u. Titelbild.) Berlin, Germania. — 25
Erscheint nicht mehr.

Sanct Brandan. Ein latein. u. 3 deutsche Texte hrsg. v. Carl Schröder. gr. 8. (XIX, 196 S.) Erlangen 871. Besold. n. 4. —

St. Cäcilia. Monatsschrift f. kathol. Kirchenmusik. Redact.: Jak. Gruber. 1. Jahrg. Oktbr. 1891—Septbr. 1892. Ausg. A. 12 Nrn. (Bog.) gr. 4. Lpz., Klinner. * 3 20
Ausg. B. 12 Hefte. (Bog. m. Musikbeilage 4 S.) * 6 —
Bildet die Fortsetzung der: Orgel, kathol. Ausg. u. erscheint v. d. 8. Nr. ab wieder u. d. T.: Die Orgel.

Sankt Elisabeth. Gebet- u. Betrachtungs-Büchlein z. Verehrg. u. Anrufg. d. hl. Elisabeth. Von e. Priester der Erzdiöcese Köln. 1.—10. Taus. 16. (160 S. m. farb. Titelbild.) Essen 897. Fredebeul & Koenen. Geb. in Leinw. n. — 50

Sankt Elisabeth-Büchlein. Enth. Lebensbeschreibg. der Heiligen, sowie Betrachtgn., Gebete u. Andachtsübgn. zur Verehrg. der hl. Elisabeth, nebst Morgen-, Abend-, Meß-, Beicht- u. Kommuniongebeten. Von e. Priester der Diöcese Münster. 32. (160 S. m. 1 Farbendr.) Münster 894. Alphonsus-Buchh. Geb. in Leinw. n. — 50

Sankt Elisabeth-Büchlein. Enth. Lebensbeschreibung der Heiligen, sow. Betrachtgn., Gebete u. Andachtsübgn. zur Verehrg. d. hl. Elisabeth, nebst Morgen-, Abend-, Meß-, Beicht- u. Kommuniongebete. V. e. Priester d. Diöcese Münster. 2. Aufl. 16. (160 S. m. 1 Farbdr.) Münster 897. Alphonsus-Buchh. Geb. in Leinw. n. — 50

Sankt Elisabeth-Büchlein. Enth. Lebensbeschreibung der Heiligen, sowie Betrachtgn., Gebete, Andachtsübgn. u. Statuten des Elisabethenvereins zur Verehrg. u. Nachfolge der hl. Elisabeth. Nebst Morgen-, Abend-, Meß-, Beicht- u. Kommuniongebeten. Erweitert u. neu hrsg. v. Bern. Schmitz. 3. Aufl. 16. (160 S. m. 1 Farbdr.) Münster (900). Alphonsus-Buchh. Geb. in Leinw. n. — 50

Das **Sankt-Elisabeth-Büchlein** der Wartburg. Lebensgeschichte d. heil. Elisabeth Landgräfin von Thüringen. Mit 18 Bild.: Moritz v. Schwinds Gemälden aus d. Leben d. heil. Elisabeth u. a. Abb. aus d. Wartburg. Hrsg. von Max Baumgärtel. Berlin: Baumgärtel [1910]. 79 S. 8° [11. 4669

St. Elisabet-Kirche, die, zu Breslau u. ihre Denkmäler. Nebst e. Abbild. d. Elisabet-Thurmes in seiner früh. Gestalt. Hrsg. v. J. G. Kunisch. gr. 8. (3½ B.) Breslau 841, Graß, Barth u. Comp. *

Sankt Elisabeths-Rosen. Monatsschrift f. d. christl. Frauenwelt. Zugleich Organ des schweizer. kathol. Frauenbds. Der „Kathol. Frauenzeitg." neue Folge. Red.: Anna Winistörfer. Jahrg. 1908—1910. à 12 Hefte. (à ca. 40 S.) 8. Luzern, Räber & Co. à Jahrg. 1. 85

St. Emmeram [Schlagwort]

St. Emmeram — Heiliger Marter-Berg, auf welchem das Uhralte Kayserl. freye u. dem H. Röm. Stuhl ohnmittlbar zugethane Reichsstift u. Closter Ord. S. Bened. zu — in Regensburg, samt dessen Grund und Stadt-Pfarr-District eigentlich entworfener zu ersehen 1721. A. Geyer f. Ohne M. 1 Bl.

Sanct Fiden. Durch St. F", Langgasse, Rotmonten, St. Georgen und Umgebung. Praktischer Wegweiser für Ortseinwohner, sowie für alle Personen, welche in und mit Tablat verkehren. 2. verbesserte Aufl. Hrg. Ende Mai 1905. Inhalt: Verzeichnis der Aerzte, Amtsstellen, ... Ausflugspunkte und Fahrplan. IV + 24 [+ *Anzeigen* 10] S. 8. Langgasse(-Tablat), J. Bruder-Halter. fr. —. 25

Sankt Francisci-Glöcklein. Monatschrift für die Mitglieder des III. Ordens des heil. Franziskus. Red. u. hrsg. von Arsenius Niedrist. 1—5. Jahrg. 1878—83. à 12 Hfte. (2 B.) gr. 8. Innsbruck, F. Rauch. à Jahrg. n. 1. 20

Sankt Francisci-Glöcklein. Monatsschrift f. die Mitglieder d. III. Ordens d. heil. Franciscus. Red. u. hrsg. v. Arsenius Niedrist. 6—8. Jahrg. 1883/86. à 12 Hfte. (2 B.) gr. 8. Innsbruck, F. Rauch. à Jahrg. n. 1. 20

Sankt Francisci-Glöcklein. Monatschrift f. die Mitglieder d. III. Ordens d. heil. Franziskus. Red. u. hrsg. von Barnabas Ortner. 9.—13. Jahrg. Oktbr. 1886—Sept. 1891. à 12 Hfte. (2 B.) gr. 8. Innsbruck, F. Rauch. à Jahrg. n. 1. 20

Sankt Francisci-Glöcklein. Monatsschrift f. die Mitglieder des III. Ordens des hl. Franziskus. Red. u. hrsg. v. Barnabas Ortner. 14.—17. Jahrg. Oktbr. 1891—Septbr. 1895. à 12 Hfte. (2 Bog. m. Abbildgn.) gr. 8. Innsbruck, F. Rauch. à Jahrg. n. 1. 20

Sankt Francisci-Glöcklein. Monatsschrift f. d. Mitglieder des III. Ordens des hl. Franziskus. Red. u. hrsg. v. Melchior Lechner, O. S. Fr. 18. Jahrg. Oktbr. 1895 bis Septbr. 1896. 12 Hfte. (à ca. 32 S. m. Abb.) gr. 8. Innsbruck, F. Rauch. n. 1. 20

— dasselbe. Zugl. Organ des in d. Franciscanerkirche zu Innsbruck erricht. Zweigvereines d. „Frommen Vereines zu Ehren d. hl. Antonius v. Padua in Rom". Red. u. hrsg. v. Melchior Lechner, O. S. Fr. 19.—21. Jahrg. Oktbr. 1896—Septbr. 1899. à 12 Hfte. (à ca. 2 Bog. m. Abb.) gr. 8. Ebd. à Jahrg. n. 1. 20

Sankt-Francisci-Glöcklein. Monatschrift f. die Mitglieder des III. Ordens des hl. Franziskus. Zugleich Organ des in der Franziskanerkirche zu Innsbruck errichteten Zweigvereines des „Frommen Vereines zu Ehren des hl. Antonius v. Padua in Rom". Red. u. hrsg. v. Pirminus Hasenöhrl, O. F. M. 22.—25. Jahrg. Oktbr. 1899—Septbr. 1903. à 12 Hfte. gr. 8. (à ca. 32 S. m. Abbildgn.) Innsbruck, F. Rauch. à Jahrg. n. 1. 20

Sankt-Franziszi-Glöcklein. Monatschrift f. Mitglieder des III. Ordens vom hl. Franziskus. Zugleich Organ des Frommen Vereines zu Ehren des hl. Antonius v. Padua. Red. u. hrsg. v. Pirminus Hasenöhrl, O. F. M. 26. bis 29. Jahrg. Oktr. 1903—Septbr. 1907. à 12 Hefte. (à Jahrg. VIII, 384 S. m. Abbildgn. u. Taf.) gr. 8. Innsbruck, F. Rauch. à Jhrg. n. 1. 20

Sankt Franziszi-Glöcklein. Illustr. Monatsschrift f. d. Mitglieder des III. Ordens vom hl. Franziskus. Zugleich Organ des frommen Vereines zu Ehren d. hl. Antonius v. Padua. Hrsg. v. der nordtirol. Franziskanerprovinz. Red.: Ambros Thaler, O. F. M. 30.—33. Jahrg. Oktbr. 1907—Septbr. 1911. à 12 Hefte. (30.—32. Jahrg. VIII, 384; VIII, 384 u. VIII, 400 S. m. Abbild. u. je 2 Taf.) gr. 8. Innsbruck, F. Rauch. à Jahrg. 1. 40

St. Francisci Glocklein : 1883 1900 Cincinnati, OH

Roman Catholic monthly

St. Franzisci Blütengärtlein, d. i. wundersame Thaten und erbauliche Reden des lieben Herrn Sanct Franciscus und etwelcher seiner heil. Gesellen. Zu deutsch an's Licht gestellt durch Frz. Kaulen. gr. 8. (XIX und 349 S.) Mainz 860, Kirchheim.

St. Franzisci Blütengärtlein. Deutsch von Frz. Kaulen. 2. Aufl. 8. (XVIII, 349 S.) Mainz 880, Kirchheim. 3 —

St. Franziscus-Blatt. Monatschrift für Mitglieder des dritten Ordens des heil. Franziscus. Redact.: Müller. 1.—4. Jahrg. 1879—1882. à Jahrg. 12 Nrn. (Bog.) 8. Hachenburg, (Dietrich.) à Jahrg. * 1 —

—— dass. — 5. und 6. Jahrg. 1883 und 1884. à Jahrg. 12 Nrn. (Bog.) 8. Montabaur. (Hachenburg, Dietrich.) à Jahrg. * 1 —

St. Franziscus-Blatt. Monatsschrift für Mitglieder des III. Ordens des hl. Franziscus. Redact.: M. Müller. 7. und 8. Jahrg. 1885 und 1886. à Jahrg. 12 Nrn. (Bog.) 8. Montabaur. (Hachenburg, Dietrich.) à Jahrg. *

—— dass. — 9. und 10. Jahrg. 1887 und 1888. à Jahrg. 12 Nrn. (Bog.) 8. Limburg a. L. (Gläßer.) à Jahrg. *

St. Franziscus-Blatt. Monatsschrift f. Mitglieder d. III. Ordens d. hl. Franziscus. Redact.: M. Müller. 11.—14. Jahrg. 1889—1892. à Jahrg. 12 Nrn. (Bog.) 8. Limburg a. L., (Gläßer). à Jahrg. * 1 —

Sankt Franziscus-Blatt. Monatsschrift f. Mitglieder d. III. Ordens d. hl. Franziscus. Hrsg. u. red. v. M. Müller. 13.—16. Jahrg. 1891—1894. à 12 Nrn. (Bog.) 12. Limburg a/L., (Ph. J. Glaesser). à Jahrg. n. 1. —

Sankt Franziskus-Blatt. Monatsschrift f. Mitglieder des III. Ordens des hl. Franziskus. Hrsg. u. red. v. M. Müller. 17.—20. Jahrg. 1895—1898. à 12 Nrn. (à 16 S.) 12. Limburg a/L. (Gläßer). à Jahrg. 1. —

Sankt Franziskus-Blatt. Monatsschrift f. Mitglieder des III. Ordens des hl. Franziskus. Hrsg. u. red. v. M. Müller. 21.—24. Jahrg. 1899—1902. à 12 Nrn. 12. (à ca. 16 S.) Ebd. à Jahrg. 1. —

Sankt Franziskus-Blatt. Monatsschrift f. Mitglieder des III. Ordens des hl. Franziskus. Hrsg. u. red. v. M. Müller. 25.—28. Jahrg. 1903—1906. à 12 Nrn. (à ca. 16 S.) kl. 8. Limburg (A. Hötte). à Jhrg. 1. —

Sankt Franziskus-Blatt. Monatsschrift f. Mitglieder des III. Ordens des hl. Franziskus. Red. v. Johs. Maria, O. Cap. 29.—32. Jahrg. 1907—1910. à 12 Nrn. (à ca. 16 S.) kl. 8. Limburg, (A. Hötte). à Jahrg. 1. —

St. Franziskus Bote : Jahrgang 1 25, 1892 1917?

Monthly. Sub-title: 1) Monatsschrift für katholische Christen und Organ des III. Ordens in Amerika, 2) Organ des III. Ordens, sowie der frommen Vereine des heiligen Antonius und gewidmet der Verehrung des heiligsten Herzens Mariens. Octavo, each issue ca. 36 pages, illustrated, title page and contents, 4 pages. Published by Franziskaner-Vätern, Cincinnati

Cincinnati, OH

St. Franciscus-Büchlein oder kurzgefaßte Lebensbeschreibung des heil. Franciscus von Assisi. Nach dem Italien. 16. (200 S. mit 1 Stahlst.) Steyl 882, Missionsdruckerei. * — 50

—— dass. — Nebst einem Anhang über die gegenwärtige Regel des dritten Ordens des heil. Franziskus. 2. Aufl. 12. (233 S. mit 8 Bildern [eingedr. Holzschn. und 1 Lichtdr.].) Ebendas. 882. ** — 70

St. Franziscus-Kalender für Mitglieder des dritten Ordens, sowie aller anderen frommen Bruderschaften und Vereine zur religiösen Erbauung und Belehrung für die J. 1881—1885. (1.—5. Jahrg.) Von M. Müller. 8. (à Jahrg. 50 S.) Montabaur. (Hachenburg, Dietrich.) à Jahrg. * — 20

St. Franziscus-Kalender für Mitglieder des 3. Ordens, sowie aller anderer frommen Bruderschaften und Vereine zur religiösen Erbauung und Belehrung für die J. 1886 und 1887. Von M. Müller. 8. (à Jahrg. 50 S.) Limburg. (Hachenburg, Dietrich.) à Jahrg. *

St. Franziscus-Kalender f. Mitglieder d. 3. Ordens, sowie vieler anderer frommen Bruderschaften u. Vereine zur religiösen Erbauung u. Belehrung f. d. J. 1890—1893. Von M. Müller. 12. (à Jahrg. 50 S.) Limburg, Glaeßer. à Jahrg. * — 20

Sankt Franziscus-Kalender f. Mitglieder des 3. Ordens, des seraphischen Liebeswerkes, sowie vieler anderer frommen Bruderschaften u. Vereine zur religiösen Erbauung u. Belehrung f. d. J. 1894. Von M. Müller. 8. (50 S.) Limburg, (Ph. J. Glaesser). n. — 20

Sankt Franziscus-Kalender für Mitglieder d. 3. Ordens, d. seraph. Liebeswerkes, sow. anderer frommen Bruderschaften u. Vereine zur religiösen Erbauung u. Belehrg. f. d. J. 1899. Von M. Müller. 8. (50 S.) Ebd. n. — 20

Sankt Franziscus-Kalender f. Mitglieder des 3. Ordens, des seraphischen Liebeswerkes, sowie anderer frommen Bruderschaften u. Vereine zur religiösen Erbauung u. Belehrung f. d. J. 1903. Von M. Müller. 8. (60 S.) Limburg (A. Hötte). n. — 20

Sankt Franziscus-Kalender f. Mitglieder des 3. Ordens, des seraphischen Liebeswerkes, sowie anderer frommen Bruderschaften u. Vereine zur religiösen Erbauung u. Belehrung f. d. J. 1906. Von M. Müller. (50 S.) kl. 8. Ebd. n. — 20

Sankt Franziscus-Kalender f. Mitglieder des 3. Ordens, des seraphischen Liebeswerkes, sowie anderer frommen Bruderschaften u. Vereine zur religiösen Erbauung u. Belehrg. f. d. J. 1911. Von M. Müller. (50 S.) 8. Limburg, Gläßer. — 20

St. Franziskus-Monat, enth. 31 Erwägungen nebst Gebeten auf die einzelnen Tage des, der Verehrung des hl. Franziskus von Assisi geweihten Monats Oktober. Zunächst für die Mitglieder des 3. Ordens. 12. (270 S. mit 1 Titelbild.) Steyl 885, Missionsdruckerei. ** 70 Pf.; geb. **

St. Franziskus-Monat, enth. 31 Erwägungen nebst Gebeten auf die einzelnen Tage d., der Verehrung d. heil. Franziskus v. Assisi geweihten Monats Oktober. Zunächst f. die Mitglieder d. 3. Ordens. 3. Aufl. 12. (267 S. m. Bild.) Steyl 889. Missionsdruckerei. n. — 70

Sankt Franziskus Xaverius-Büchlein, altes, v. e. Priester d. Gesellschaft Jesu. Neue Aufl. 16. (248 S. m. 1 Stahlst.) Köln 895. H. Theissing. Geb in Leinw. n. 1. —

St. Gallen [Sachliches OW]

St. Gallen. [Waffenplatz. Lithographischer Überdruck aus den Blättern 74, 77, 78, 76, 79, 80, 219, 222, 223 des Topographischen Atlas Siegfried.] Massstab 1:25000. [Hrg. vom] Eidg. topogr. Bureau. 562/722 mm. 1 Bl. quer-fol. [Ausgegeben im Herbst 1903.] fr. 2. — [aufgezogen 3. —]

St. Gallen. [Waffenplatz. Lithographischer Ueberdruck aus den Blättern IV, V, IX, X der Dufour-Karte.] Massstab 1 : 100000. [Hrg. durch die] Schweizerische Landestopographie, Bern. Ueberdruck 1906. 757/547 mm. 1 Bl. fol.
Ausg. A: offen. fr. 2. —
Ausg. B: auf Lwd. aufgezogen, 8; *Titelblatt (mit Kartenskizze):* Topographische Karte der Schweiz. Überdruck. St. Gallen. 1:100,000. Bern, Schweiz. Landestopographie, *Aufdruck:* 1906. aufgezogen fr. 3.—

St. Gallen. Das alte St. G. Njbl. St. Gallen 1867 s.a.[Wartmann, Hermann].

Sanct Gallen, Das alte. St. Gallen 1867. V: *Wartmann, Hermann.* (Cat. d. Stadtbibl. Zürich. Zürich 1864—97.)

S[t]. Gallen. Der Bezirk S. G. Njbl. S. Gallen s.a.[Bernet, Johann Jacob].

St. Gallen, Der Bezirk. St. Gallen [1827]. V: *Bernet, Johann Jac.* (Cat. d. Stadtbibl. Zürich. Zürich 1864—97.)

St. Gallen-Herisau. [Waffenplatz. Lithographischer Überdruck aus den Blättern IV, V, IX, X der Topographischen Karte Dufour.] Massstab 1 : 100000. [Hrg. durch die] Schweizerische Landestopographie, Bern. Ueberdruck 1903. 361/492 mm. 1 Bl. quer-fol. [fr. 1. —, aufgezogen 1. 70]

St. Gallen vor hundert Jahren. Njbl. St. Gallen 1869 s.a.[Schelling, Johannes].

Sanct Gallen vor hundert Jahren, hsg. vom historischen Verein in St. Gallen. St. Gallen 1869. V: *Schelling, Johann.* (Cat. d. Stadtbibl. Zürich. Zürich 1864—97.)

Sanct Gallen. Der Kanton St. Gallen 1803—1903. Denkschrift zur Feier seines hundertjährigen Bestandes. Hrg. von der Regierung des Kantons St. Gallen. Mit 52 Beilagen [wovon 46 Tafeln] und 275 Illustrationen im Text. VIII + VIII + 726 + XXXII S. 8. St. Gallen, Verlags-Eigentum des Kantons (Zollikofer'sche Buchdr.), 1903. [geb. fr. 17. 50] N 1918—Lesesaal

St. Gallen. Der leibhaftige Kanton St. G. Eine lehrreiche Unterhaltung am Most-Tisch. Gedruckt im Jahr 1855 und mit einem neuen Deckel versehen im Jahr 1857. 8. *o. O.*

St. Gallen. Der Kanton St. G in der Mediationszeit. Njbl. St. Gallen 1877 s.a.(D[ierauer], J[ohannes]).

Sanct Gallen, Der Kanton, in der Mediationszeit . . . St. Gallen 1877. V: *Dierauer, Joh.* (Cat. d. Stadtbibl. Zürich. Zürich 1864—97.)

St. Gallen, der Kanton, in der Mediationszeit. Hrsg. vom histor. Verein in St. Gallen. gr. 4. (23 S. mit 1 lithogr. Portr.) St. Gallen 877, Huber und Comp. *

St. Gallen. Der Kanton St. G in der Restaurationszeit. Njbl. St. Gallen 1878 s.a.(D[ierauer], J[ohannes]).

Sanct Gallen, Der Kanton, in der Restaurationszeit . . . St. Gallen 1878. V: *Dierauer, Joh.* (Cat. d. Stadtbibl. Zürich. Zürich 1864—97.)

St. Gallen, der Kanton, in der Restaurationszeit. Hrsg. vom histor. Verein in St. Gallen. gr. 4. (24 S. mit 1 lithogr. Taf.) St. Gallen 878, Huber und Comp. 1 60

St. Gallen. Kantone St. Gallen & Appenzell. Lith. Ueberdruck aus den Blättern IV, V, IX, X, XIV, XV der top. Karte der Schweiz [Dufour]. [Massstab] 1 : 100.000. [Hrg. durch die] Schweizerische Landestopographie, Bern. Ueberdruck 1903. *je* 430-431/780 mm. 2 Bl. quer-fol. [*zus.* fr. 3. 50, aufgez. in Taschenformat 5. —]

St. Gallen. Das Kloster St. G. Njbl. St. Gallen 1863-1864 s.a. [Wartmann, Hermann].

Sanct Gallen, Das Kloster. St. Gallen 1863—64. V: *Wartmann, Hermann.* (Cat. d. Stadtbibl. Zürich. Zürich 1864—97.)

Sanct Gallen, sortes, s. Winnefeld, Hermannus.

St. Gallen und seine Umgebungen. St. Gallen 1859 s.a.[Berlepsch, Hermann Alexander].

St. Gallen und seine Umgebungen. Für Einheimische und Fremde. St. Gallen 859. Scheitlin & Zollikofer. 16. (2 Bl., 225 S.) 20 *ngr.*

St. Gallen in der Westentasche. Fahrplan f. d. Sommersaison 1887. Mit 8 Abbildgn. 16. (56 S.) St. Gallen 887. Kreutzmann. n. — 20

St. Gallen [Schlagwort]

St. Gallen und Appenzell — Karte der Kantone —. 125,000. Reducirt u. bearb. von J. M. Ziegler. St. Gallen u. Bern bei Huber. 1854, erg. 1857. 1 Bl.

St. Gallen — Die zwey erste zugewandte Orte der Eidgnossenschaft nemlich: der Fürstliche Abt von — und die Stadt St. Gallen etc. Gezeichnet von Gabriel Walser, reform. Pfarrer zu Berneck im Rheinthal. Im Verlag der Homannischen Erben in Nürnberg 1768. 1 : 150,000. 1 Bl.

St. Gallen. Plan, neuester, der Stadt St. Gallen. Chromolith. gr. 4. St. Gallen 889. Hasselbrink. n. — 50

St. Gallen — Top.-Karte des Kantons — mit Einschl. des K. Appenzell (unter Leit. v. J. M. Ziegler). 25,000. Winterthur u. Berlin. 1852—55. Nebst 1 Hft. 16 Bl.

St. Gallen. Wandkarte, neue, der Kantone St. Gallen u. Appenzell. 1 : 50,000. 178×152 cm. Farbendr. St. Gallen 894. Huber & Co. Auf Leinw. n. 20. —

St. Gallens Antheil an den Burgunderkriegen. Hrsg. vom histor. Verein in St. Gallen. Mit e. (chromolith.) Taf. Imp.-4. (24 S.) St. Gallen 876. Huber & Co. n. 1. 60

St. Galler. Der katholische St. G' am Schlusse des Jahres 1834. 8. St. Gallen *o. J.* [1834/35].

St. Galler-Blätter
v. **Tagblatt** der Stadt St. Gallen und der Cantone St. Gallen und Appenzell.

St. Galler-Blätter für häusliche Unterhaltung und literarische Mittheilungen. Jahrg. 1853—56. à Jahrg. 52 Nrn. (Bog.) Fol. St. Gallen, Scheitlin und Zollikofer. [Jahrg. 1853. • 1 Thlr., 1854—1856. à Jahrg. 24 Ngr.]

St. Galler Blätter für häusliche Unterhaltung und literarische Mittheilungen. Jahrg. 1857—62. à Jahrg. 52 Nrn. (Bog.) Fol. St. Gallen, Scheitlin und Zollikofer. à Jahrg.

St. Galler-Bote (I)
① (St. Galler-Zeitung) [nur auf dem Jahres-Titelblatt von 1847—1850] ③ St. Galler Zeitung (I) ④ St. Galler-Zeitung (II) ⑤ 7. 1. 1846—30. 6. 1851 ⑥ 4° ⑦ Wochenblatt; wöchentlich 2× (ab 2. 1. 1850) ⑧ St. Gallen: F. D. Kälin ⑩ F. D. Kälin ⑪ Ferdinand Basil Curti (zeitweise) ⑫ freisinnig ⑬ BGSZ: 1045—1047 ⑭ SG: Va, Kb; Be: L.

St. Galler-Bote: Der St. Galler-Bote
⑤ 26. 4. 1870—31. 12. 1870 ⑥ 2° ⑦ wöchentlich 3× ⑨ St. Gallen: M. Kälin ⑩ M. Kälin ⑫ freisinnig ⑬ BGSZ: 1045—1047 ⑭ SG: Va

Sankt Galler-Kalender f. d. J. 1894. 11. Jahrg. 4. (83 S. m. Abbildgn. u. Wandkalender.) St. Gallen, (F. B. Müller). n. — 40

Sanctgallerkalender. St. Galler Kalender für das Jahr 1901. Jahrg. 18. [Illustriert. Gratisbeilage: Wandkalenderchen auf 1901.] IV + 98 S. 4. St. Gallen. Wiser & Frey. fr. —. 40

Sanctgallerkalender. St. Galler Kalender für das Jahr 1902. Jahrg. 19. [Illustriert. Gratisbeilage: Wandkalender für das Jahr 1902.] IV + 98 S. 4. St. Gallen, Wiser & Frey. fr. —. 40

Sanctgallerkalender. St. Galler Kalender für das Jahr 1903. Jahrg. 20. [Illustriert. Gratisbeilage: Wandkalender für das Jahr 1903.] IV + 102 S. 4. St. Gallen, Wiser & Frey. fr. —. 40

Sanctgallerkalender. St. Galler Kalender für das Jahr 1904. Jahrg. 21. ([Illustriert.] Beilage: [Wand-]Kalender 1904.) IV + IV + 100 S. 4. St. Gallen, Wiser & Frey. fr. —. 40

Sanctgallerkalender. St. Galler K' für das Jahr 1905. Jahrg. 22. ([Illustriert.] Beilage: [Wand-]Kalender 1905.) IV + 104 S. 4. St. Gallen, Buchdr. und Verlagsanstalt Merkur. fr. —. 40

Sanctgallerkalender. St. Galler K' für das Jahr 1906. Jahrg. 23. ([Illustriert.] Beilage: [Wand-]Kalender 1906.) IV + 100 S. 4. St. Gallen, Buchdr. Merkur. fr. —. 40

Sanctgallerkalender. St. Galler K' für das Jahr 1907. Jahrg. 24. [Illustriert.] IV + 102 S. 4. St. Gallen, Buchdr. Merkur. fr. —. 40

Sanctgallerkalender. St. Galler K' für das Jahr 1908. Jahrg. 25. ([Illustriert. Mit] Gratis-Beilage: Wandkalender 1908.) IV + 96 S. 4. St. Gallen, Buchdr. Merkur. fr. —. 50

Sanctgallerkalender. St. Galler K' für das Jahr 1909. Jahrg. 26. ([Illustriert.] Gratis-Beilage: Wand-Kalender 1909.) IV + IV + 96 S. 4. St. Gallen, Buchdr. Merkur. fr. —. 50

Sanctgallerkalender. St. Galler K' für das Jahr 1910. Jahrg. 27. ([Illustriert. Mit] Gratis-Beilage: Wandkalender 1910.) IV + 106 S. 4. St. Gallen, Buchdr. Merkur. fr. —. 50

St. Galler Kalender für das Jahr 1911. Jahrg. 28. [Mit Illustrationen und Wandkalender.] IV + 108 S. 4. St. Gallen, Buchdr. Merkur. fr. —. 50

Sanctgallerrundschau. St. Galler-Rundschau. [Für 4stimmigen Männerchor.] Componirt unbekannt. Neu hrg. vom Musik-Verlag Zweifel-Weber ... in St. Gallen. Partitur. 4 S. 4. Hamburg, Autogr. u. Dr. v. M. Dreissig, [1903]. fr. —. 25

St. Galler Sonntagsblatt
v. Neues **Tagblatt** aus der östlichen Schweiz.

St. Galler Stadt-Anzeiger
① Allgemeines und amtliches Publikationsmittel der Stadt und des Bezirkes St. Gallen sowie der umliegenden Gemeinden (8. 4. 1882). Tagblatt für die Kantone St. Gallen, Appenzell und Thurgau. Amtliches Publikationsorgan für die Stadt St. Gallen und die benachbarten Gemeinden (29. 6. 1930). Publikationsorgan der Stadt St. Gallen und Umgebung (3. 10. und 9. 10. 1930) ⑤ 8. 4. 1882—29. 6. 1930. 3. 10. und 9. 10. 1930 ⑥ 4°, dann 2° (ab 11. 10. 1882) ⑦ wöchentlich 2×; wöchentlich 3× (ab 1882); Tagblatt (ab 1885); täglich 2× (ab 1903); Tagblatt (ab 1923) ⑧ St. Gallen: Theodor Wirth'sche Buchdruckerei (1882—29. 12. 1883), Th. Wirth & Cie. (3. 1. 1884—30. 6. 1894), Wirth AG (2. 7. 1894—23. 9. 1896), Wiser & Frey (24. 9. 1896—31. 12. 1902), Gebr. Wildhaber (2. 1. 1903—31. 12. 1929), C. Thoma (2. 1. 1930—29. 6. 1930; 3. 10., 9. 10. 1930) ⑨ Illustriertes Sonntags-Blatt. Der Spaßvogel. Für die Familie. Der Frohmütige. Der Hausarzt ⑩ Theodor Wirth (1882—1892), Stadt-Anzeiger AG (1893—1922); St. Galler Zeitungsverlag AG (1923—1930); C. Thoma (3. 10., 9. 10. 1930) ⑫ demokratisch ⑬ BGSZ: 385. 1045—1047 ⑭ SG: Va ⑮ Von 1888 bis 1897 erschien ein »Wochenblatt des St. Galler Stadt-Anzeigers«, welches sich aus einzelnen Stücken der Tagesausgabe sowie einer Wochenschau zusammensetzte.

St. Galler-Stimmen
① Zur Bundesrevision ⑤ 7. 5. 1872—11. 5. 1872 (4 Nummern) ⑥ 4° ⑧ St. Gallen: J. Sonderegger ⑫ antirevisionistisch ⑭ Be: L. ⑮ Auch als Beilage der Zeitung »Neues Tagblatt aus der östlichen Schweiz« erschienen.

Sanctgallervolk. St. Galler Volk, Du stehst vor einer folgenschweren Entscheidung! Ein ernstes Wort zum 22. Juli 1906. II + 12 S. 8. St. Gallen, Honegger, 1906.
([Gegen] den Proporz.) — *In grünem Umschlag.*

St. Galler-Volksblatt
v. **Volksblatt**, zunächst für Sargans, Gaster und Seebezirk.

St. Galler-Zeitung (II)
③ St. Galler-Bote (I) ⑤ 1. 7. 1851—31. 12. 1881 ⑥ 4°, dann 2° (ab 1. 10. 1866) ⑦ Tagblatt ⑧ St. Gallen: F. D. Kälin (1. 7. 1851—13. 2. 1867), M. Kälin (14. 2. 1867—16. 4. 1870), Bernet & Niederer (19. 4. 1870—14. 1. 1871), M. Kälin (16. 1. 1871—31. 12. 1878), M. Kälin'sche Buchdruckerei (2. 1. 1879—31. 12. 1881) ⑩ die Drucker, dann eine Garantie-Gesellschaft (1879—1881) ⑪ Huldreich Seifert, Friedrich Bernet, Theodor Curti, Hermann Seifert ⑫ freisinnig ⑬ BGSZ: 1045—1047 ⑭ SG: Kb, Va (unvollst.); Be: L (1856—1861, 1868, 1870).

St. Galler-Zeitung: Neue St. Galler-Zeitung (III)
① Zentral-Organ der liberalen Partei des Kantons St. Gallen ⑤ 24. 12. 1884 (1. Probe-Nr.)—29. 12. 1888 ⑥ 2° ⑦ wöchentlich 2×; wöchentlich 3× (ab 3. 1. 1888) ⑧ St. Gallen: M. Kälin'sche Buchdruckerei (24. 12. 1884—31. 12. 1887), A. Tagmann (3. 1. 1888—29. 12. 1888) ⑪ Zentral-Komitee der liberalen Partei ⑫ freisinnig ⑬ BGSZ: 1045—1047 ⑭ SG: Va, Kb; Be: L.

Sankt Gebhardus-Kalender f. d. J. 1894. Red. v. Joh. Ammann. 3. Jahrg. 4. (67 S. m. Bildern.) Dornbirn, F. Rusch. n. — 60

Sankt Georg. Illustrirte Zeitschrift f. Sport u. Gesellschaft. Officielles Organ des deutschen Sport-Vereins. Verantwortlich: Fed. Freund. 1. Jahrg. April 1900—März 1901. 52 Nrn. hoch 4. (à ca. 32 S.) Berlin, Verlag Sankt Georg. n. 24. —

— dasselbe. 2. Jahrg. April 1901—März 1902. 52 Nrn. hoch 4. (à ca. 32 S.) Ebd. n. 12. —; Luxusausg. n. 24. —

— dasselbe. 3. Jahrg. April 1902—März 1903. 24 Nrn. hoch 4. (à ca. 24 S.) Ebd. n. 12. —

Sankt Georg. Illustrierte Zeitschrift f. Sport u. Gesellschaft. Offizielles Organ des deutschen Sport-Vereins. Red.: O. v. Funcke. 4.—7. Jahrg. April 1903—März 1907. 24, 36, 36 u. 52 Hefte. (à ca. 16 S.) hoch 4. Berlin, Verlag Sankt Georg. à Jhrg. n. 10.—

Sankt Georg. Deutsche Sport-Zeitg. Sport u. Gesellschaft. Offizielles Organ des Kartells f. Reit- u. Fahrsport usw. Chefred. u. Red.: Alfr. M. Zeller. 11. Jahrg. April 1910—März 1911. 52 Hefte. (1860 S. m. Abb.) 35×25 cm. Berlin. Leipzig, Grethlein & Co. 20.—; geb. 25.—

St. Georg, Ritter, der Drachentödter. Chur 859. Grubenmann. 16. (16 S. u. 5 Lithogr.) 2½ ngr.

St. Georg, Ritter, der Drachentödter. gr. 16. (16 S. mit 5 Stnt. und lithogr. Titel.) Chur 859, [Gsell.]

St. Georg. Das Kloster St. G' in Stein am Rhein *s.a.*[Vetter, Ferdinand *II*].

Sanct Georg, Das Kloster, in Stein am Rhein; Führer und Gedenkblatt. O. O. [1875]. V: *Vetter, Ferdinand.* (Cat. d. Stadtbibl. Zürich. Zürich 1864—97.)

St. Georgen [Schlagwort]

St. Georgen, s.: Bayreuth.

Sanct Georgenberg, Abtei und Wallfahrt, in Tyrol. Innsbruck 1843. V: *Pockstaller, Pirmin.* (EngG)

St. Georgenberg, Abtei u. Wallfahrt, in Tirol. (Nach Urkunden des Stifts-Archives. 12. (2⅚ B. u. 1 Stahlst.) Innsbruck 843, (Wagner'sche Buchh.)

Sanct Georgenberg, Der Wallfahrtsort, bey Schwaz in Tirol. Innsbruck 1839. V: *Fune, Carl.* (Margr)

Sanctgeorgener-Prediger. Der sogenannte St. G' Pr', (eine Überlieferung von deutschen Klosterpredigten Bertholds von Regensburg) aus der Freiburger und der Karlsruher Handschrift hrg. von Karl Rieder. Mit zwei Tafeln in Lichtdruck. XXVI + 384 S. gr.-8. Berlin, Weidmann, 1908. (M. 15.—)
Deutsche Texte des Mittelalters, hrg. von der Königlich Preussischen Akademie der Wissenschaften. Band 10: Der sog. St. Georgener Prediger.

Unter der St. Georgs-Standarte v. ... Vf. v.: 'Die Völker Russlands in Waffen.' *Berlin: F. v. Schimmelpfennig 1898.* (4 Bl., 125 S.) 1 Bd 8. [98.12230

St. Georgs-Statue, die, im Burggewölbe, od.: Die Begebenheiten d. jungen Gräfin v. Hallwig. Sage der Vorzeit. Ein Bildungsb. f. reif. Mädchen, welche tugendhaft leben u. glücklich seyn wollen. Als Gegenstück zu d. Erzähl. d. Chr. Schmid: Das hölzerne Kreuz. Vom Verf. der „tugendhaften Mädchen", ꝛc. gr. 12. (6 B. u. Ttlkpfr.) Wien 834, [Schmidt u. Leo.]

St. George-Statue, die, im Burggewölbe, oder: Die Begebenheiten der jungen Gräfin von Hallwig. Sage der Vorzeit. Ein Bildungsbuch für reifere Mädchen, welche tugendhaft leben u. glücklich seyn wollen. Als Gegenstück zu der Erzählung des Chr. Schmid: „Das hölzerne Kreuz." Mit Titelkpfr. gr. 12. Wien 834. Wimmer. 7 gl

St. Georgs-Statue, die, im Burggewölbe, oder die Begebenheiten der jungen Gräfin Hallwig. Ein Bildungsbuch für Mädchen. 8. Aufl. 8. (136 S. mit 1 Titelkpfr.) Wien 860, Leo's Verlags-Expedition.

SANCT Gerardusblatt. Wochenblatt für religiöses Leben. Schriftl. Paul Magyari. Temeswar 1893(-1898): Diöc.-Druckerei.

Sankt Gilgen am Abersee u. Umgebung. Ein Begleiter f. Besucher der Sommerfrischen am Aber- od. Wolfgangsee im Salzkammergut. (Illustr. v. Frz. Kulstrunk.) (41 S. m. 1 Karte.) 8. St. Gilgen (905). (München, J. Lindauer.) n. — 40

St. Goar [Schlagwort]

St. Goar, s.: Woerl's Reisehandbücher.

St. Gotthard [Schlagwort]

St. Gotthard, s.: **Schweiz. Atlas. Volksatlas.**

St. Gotthard-Pass, der, einst und jetzt. Ein Bild aus der Schweizer Geschichte von J. D. Zusammengestellt als Erläuterung zur neuen Generalkarte der Gotthardbahn [Project 1878] ausgestellt im Wissenschaftl. Club am 13. Novbr. 1879. gr. 8. (31 S.) Wien 879, (Schlieper.) * 1 30

St. Gotthardsberg — Der — mit den angrenzenden Gebirgen und Thälern. Nach einem Relief von Exchaquet, von der Südseite gezeichnet. Bei D. B. Rätzer in Bern. Ohne M. 1 Bl.

Sanct-Hedwigs-Blatt, s.a. Hedwigs-Blatt.

St. Hedwigs-Blatt. Altes und Neues aus dem Schatz der Kanzelberedsamkeit. Hrsg. von mehreren Geistlichen. Redig. von C. Brunn. 1—3. Jahrg. 1860—62. à Jahrg. 12 Hefte. (à 6 Bog.) Mit dem Ergänzungsblatt: Paterfamilias. 12 Nrn. (¼ Bog.) gr. 8. Schaffhausen, Hurter'sche Buchh. à Jahrg. *

St. Hedwigs-Blatt. Monatsschrift mit Altem und Neuem aus dem Schatz der Kanzelberedtsamkeit. Unter Mitwirkung von Burger, Bestlin, Montanus ꝛc. Hrsg. von C. Brunn. 4. Jahrg. 1863. 12 Hefte. (à 6 Bog.) Mit dem Ergänzungsblatt: Paterfamilias. 12 Nrn. (à ¼—½ Bog.) gr. 8. Berlin, (Jansen.) *

—— dass. — Zeitschrift mit Altem und Neuem aus dem Schatz der kathol. Kanzelberedtsamkeit. Hrsg. von C. Brunn. 5.—8. Jahrg. 1865—67. à Jahrg. 12 Hefte (à 6 Bog.) Mit dem Ergänzungsblatt: Paterfamilias. 12 Nrn. (à ¼—½ Bog.) gr. 8. (Ebendas.) à Jahrg. *

St. Hedwigs-Blatt. Monatsschrift mit Altem und Neuem aus dem Schatz der Kanzelberedsamkeit. Hrsg. von C. Brunn. 9.—12. Jahrg. 1868—1871. à Jahrg. 12 Hefte. (à 6 Bog.) Mit dem Ergänzungsblatt: Paterfamilias. 12 Nrn. (à ¼—½ Bog.) gr. 8. Berlin, (Jansen.) à Jahrg. *

—— dass. — Hrsg. von C. Brunn und A. Swientek. 13. Jahrg. 1872. 12 Hefte. (à ca. 6 Bog.) Mit dem Ergänzungsblatt: Paterfamilias. 12 Nrn. (à ca. ½ Bog.) gr. 8. Breslau, Goerlich und Coch. *

—— neues. Monatsschrift für Kanzel und Katechese. Hrsg. von Mattner und Krawutzcky. 14.—16. Jahrg. 1873—1875. à Jahrg. 12 Hefte. (à ca. 6 Bog.) gr. 8. Breslau, Goerlich. 1873. * ℳ 5.; 1874 und 1875 à *

St. Hedwigsblatt, neues. Monatsschrift für Kanzel und Katechese. Hrsg. von Mattner. 17.—19. Jahrg. 1876—1878. à Jahrg. 12 Hefte. gr. 8. (à Heft ca. 80—90 S.) Breslau, Görlich's Verlag. à Jahrg. * 6 —
—— dass. — Homiletische Monatsschrift. Hrsg. von Mattner. 20. Jahrg. 1879. 12 Hefte. gr. 8. (à Heft ca. 80—90 S.) Ebendas. * 6 —

St. Hedwigs-Blatt, neues. Homilet. Monatsschrift. Hrsg. von C. Mattner. 21.—23. Jahrg. 1880—1882. à Jahrg. 12 Hefte. gr. 8. (à Heft ca. 96 S.) Breslau, Goerlich's Verlag. à Jahrg. * 6 —
—— dass. — Hrsg. von Jul. Hirschberger. 24. Jahrg. 1883. 12 Hefte. gr. 8. (à Heft ca. 100 S.) Ebendas. * 6 —
Fortsetzung u. d. T.: Kanzelredner, der katholische.

St. Hedwigsbüchlein. Andachtsübungen zu Ehren der heil. Hedwig. Nebst e. kurzen Lebensgeschichte der Heiligen v. e. Priester der Diöcese Breslau. 16. (80 S. m. 1 Holzschntaf.) Breslau 874. Görlich. n. — 20

St. Hedwigs-Kalender für 1881—1884. 8.—11. Jahrg. des Volksfreund-Kalenders. 8. (128; 136; XXXII, 110; XXXII, 160 S. mit eingedr. Holzschn.) Breslau, Goerlich's Verlag. à Jahrg. — 50

St. Hedwigs-Kalender für 1886. 13. Jahrg. des Volksfreund-Kalenders. Nebst einem Wandkalender als Gratisprämie. 8. (192 S. mit Illustr.) Breslau, Goerlich.

St. Hedwigs-Kalender f. 1887. 14. Jahrg. d. Breslauer Volks-Kalenders. Mit Titelbild (in Lichtdr.): Raphaels Sixtinische Madonna u. e. Wandkalender. 4. (78 S. m. Illustr.) Breslau, Goerlich. — 50

—— dass. — für 1887—1889. 14.—16. Jahrg. des Breslauer Volks-Kalenders. 4. (à Jahrg. 80—90 S. mit Titelbild, Illustr. und 1 Wandkalender.) Ebendas. à Jahrg.

St. Hedwigs-Kalender f. 1890 u. 1891. 17. u. 18. Jahrg. d. Breslauer Volks-Kalenders. Mit e. Wandkalender. 4. (à Jahrg. ca. 90 S. m. eingedr. Bildern u. 1 Taf.) Bresl., Goerlich. à Jahrg. — 50
Nicht weiter erschienen.

St. Hedwigs-Kalender für das katholische Volk. 1875. Mit Beiträgen von A. Franz, A. König, Marie Lenzen, W. Herchenbach u. A. Hrsg. von F. J. Reise. 16. (136 S.) Neisse 874. Huch's Buchh.

St. Hedwigs-Kalender für das katholische Volk. 2. und 3. Jahrg. 1876 und 1877. Hrsg. von F. J. Reise. 16. (112; 136 S. mit eingedr. Holzschn. und Holzschntaf.) Neiße, Huch's Buchh. à Jahrg. * — 50
—— dass. — 4. und 5. Jahrg. 1878 und 1879. Hrsg. von Friedr. Wilh. Helle. 8. (XXXII, 112; 166 S. mit eingedr. Holzschn. und Holzschntaf.) Ebendas. à Jahrg. * — 50

St. Hedwigs-Stimme. Organ f. das kathol. Volk. Redact.: Jul. W. A. Berger. 1. Jahrg. 1889. 52 Nrn. (Bog.) Mit Monatsbeilage: Lasset die Kindlein zu mir kommen! gr. 4. Trebnitz i. Schl. (Bresl., Schubert). * 3 20

St. Heinrichsblatt. Bistumsblatt für die Erzdiözese Bamberg. Jg. 1 ff. Bamberg: Erzdiözese 1884 ff. 8°

Sanct Helena, Die Insel. Wien 1815. V: *Kittig von Flammenstern, Andreas.* (WBL)

Sanct-Helena-Teppiche, Die, angefertigt von Frauen und Jungfrauen Triers. Trier 1893. V: *Bock, Frz.* (Berl)

Sankt Hieronymus-Kloster-Schematismus, s.: Adressenbuch der gesammten katholischen Ordenswelt.

Sanct Hubert Oder Ausführliche Nachricht von dem Hochfürstlich Würtembergischen Jagd-Orden ... O. O. 1728. V: *Meyer, Joh. David.* (Heyd)

St. Hubert
St. Hubert und andere Erzählungen. Von der Verfasserin der Erna, Felicitas, Amanda. 1828
s.o. Ahlefeld, Charlotte von [Verf.]

Sanct Hubert und andere Erzählungen ... Leipzig 1828. V: *Ahlefeld, Charlotte Sophie Luise Wilh. von geb. von Seebach.* (Ky) »1826« (LS)

Sankt Hubertus. Wöchentlich erscheinende illustrirte Zeitschrift für Jagd, Fischerei und Naturkunde. - Cöthen, Leipzig, Berlin. Jg. 1-48, Nr. 13. 1883-1930. - (Ab 1930 vereinigt mit "Wild und Hund")

St. Hubertus. Red.: P. Lassig. 3. Jahrg. 1885. 24 Nrn. (B.) gr. 4. Berlin. (Leipzig, Bauer.) n. 5. —
Erscheint nicht mehr.

St. Hubertus. Organ des „St. Hubertus-Verein". Hrsg. unter Mitwirkung hervorrag. Fachschriftsteller u. prakt. Jäger d. In- u. Auslandes. Red.: v. Bierbrauer-Brennstein. 4.—8. Jahrg. 1886—1890. à 24 Nrn. (à 1—1½ B.) gr. 4. Berlin, Verlag d. St. Hubertus. à Jahrg. n. 5. —

—— Vereinsblatt des „St. Hubertus-Verein zur Unterstützung hilfsbedürftiger Wittwen und Waisen von Forst- und Jagdbeamten". Hrsg. unter Mitwirkung hervorragender Fachschriftsteller und pract. Jäger des In- und Auslandes. Redact.: P. Lassig. 6. Jahrg. 1888. 24 Nrn. (à Nr. 1—1½ Bog.) Nebst Beilage: Der Sonntagsjäger. 12 Nrn. (à Nr. ½ Bog.) gr. 4. Berlin. (Leipzig, Möller.) *

St. Hubertus. Wöchentlich erschein. illustr. Zeitschrift f. Jagd, Fischerei u. Naturkunde. Organ d. „St. Hubertus-Verein" u. d. Klub „Kurzhaar". Offizielles Anzeigeblatt f. Jagdverpachtgn. d. Teltower, d. Niederbarnimer u. d. Osthavelländ. Kreises. Red.: C. G. L. Quensell. 9. u. 10. Jahrg. 1891. 1892. à 52 Nrn. (2½ Bog.) gr. 4. Cöthen, Verl. d. St. Hubertus (Paul Schettler's Erben). à Jahrg. n. 5. —

St. Hubertus. Wöchentlich erscheinende illustr. Zeitschrift f. Jagd, Fischerei u. Naturkunde. Organ d. „St. Hubertus-Verein" u. d. Klub „Kurzhaar". Offizielles Anzeigeblatt f. Jagdverpachtgn. d. Teltower, d. Niederbarnimer u. d. Osthavelländ. Kreises. Redact.: C. G. L. Quensell. 10. Jahrg. 1892. 52 Nrn. (à Nr. 2½ Bog.) gr. 4. Cöthen, Verlag d. St. Hubertus (Paul Schettler's Erben). * 5 —
7. Jahrg. erschien bei Möller in Leipzig u. 8. Jahrg. im Verlage d. St. Hubertus in Berlin.

— dasselbe. Red.: Paul Schettler u. Erwin Stahlecker. 11. Jahrg. 1893. 52 Nrn. (2½ Bog.) gr. 4. Ebd. n. 5. —

Sankt Hubertus. Wöchentl. erschein. illustr. Zeitschrift f. Jagd u. Hundezucht, Fischerei u. Naturkunde. Organ vieler jagdl. u. kynolog. Vereine. Red.: Paul Schettler. 13.—16. Jahrg. 1895—1898. à 52 Nrn. (à ca. 16 S.) gr. 4. Cöthen, Paul Schettler's Erben. à Jahrg. n. 5. 60
Kann auch vierteljährlich bezogen werden.

Sankt Hubertus. Wöchentlich erschein. illustr. Zeitschrift f. Jagd, Hundezucht, Fischerei u. Naturkunde. Red.: Paul Schettler. 17. u. 18. Jahrg. 1899 u. 1900. à 52 Nrn. gr. 4. (à ca. 14 S.) Cöthen, P. Schettler's Erben. à Jahrg. 6. —

— dasselbe. Ill. Jagdztg. Red.: Paul Schettler. 19. u. 20. Jahrg. 1901 u. 1902. à 52 Nrn. gr. 4. (à ca. 14 S.) Ebd. à Jahrg. 8. —

Sankt Hubertus. Ill. Jagdztg. Wöchentlich erschein. illustr. Zeitschrift f. Jagd, Hundezucht, Forstwirtschaft, Fischerei u. Naturkunde. Red.: Paul Schettler. 21.—24. Jahrg. 1903—1906. à 52 Nrn. (à Jahrg. ca. 1400 S. m. Abbildgn. u. Taf.) 4. Cöthen, P. Schettler's Erben. à Jhrg. n. 8. —

Sankt Hubertus. Illustr. Jagd-Zeitschrift. Red.: Paul Schettler, f. Österreich-Ungarn: M. Patkiewicz. 25.—28. Jahrg. 1907—1910. à 52 Nrn. (XIV, 686 u. 708 S.; XV, 714 u. 748 S.; XII, 770 u. 760 S.; X, 832 u. 1040 S. m. Abb. u. 15, 17, 15 u. 20 Taf.) 31×23 cm. Cöthen, P. Schettler's Erben. 25.—27. Jahrg. à 8.—; geb. 12.—; 28. Jahrg. 10.—; geb. 14.—

Sanct Jakob an der Sihl 1443; dramatische Szenen. Zürich [1863]. V: *Schneebeli, Joh. Jac.* **(Zuwachsverz. d. Bibliotheken in Zürich 1898 ff.)**

Sankt Jakobi als Hinterhaus. Ballade v. Miriquidius, dem aesthet. Kapuziner. Ein Vorspiel zu seinen Predigten. (8 S.) 16. Chemnitz 908. (A. Becker.) — 20

Sanct Jacobifest, das, u. and. Erzählungen v. d. Verfin. der „Erna" ꝛc. (Charl. Soph. Luise Wilh. v. Ahlefeld.) 8. (14½ B.) Leipzig 829, Kollmann.

St. Jakobi-Glocklein. Monatsblatt f. d. Mitglieder d. Kath. Arbeitervereins St. Jakobus f. d. Kirchspiel Allenstein. Jg. 1. 2. Allenstein: (Kath. Arbeiterver. St. Jakobus) 1902—03. 2 Bde 4° [Kopft.] [illegible] 10

Sankt Jacobsfest, Das, und andere Erzählungen. s. Jacobsfest. — Das Sankt Jacobsfest und andere Erzählungen.

[F.] Das **St. Ignatius-Wasser**. Sein Gebr. u. s. heilsamen Wirkgn f. Leib u. Seele. Nebst Gebeten zu Ehren d. hl. Ignatius v. Loyola ... Als Anh.: Die Gnaden-Novene zu Ehren d. hl. Franziscus Xaverius. V. e. Priester d. Diöc. Mainz (P. B. in E.) ... *Dülmen: A. Laumann* (1896). (76 S.) 1 Bd 8. [illegible]

Sankt Ignatius-Wasser, das, e. Segensquelle, aus dem Engl. übers. v. Jos. Conrath, S. J., s.: Sendboten-Broschüren. I, 1.

St. Joachims-Büchlein oder das Leben u. die Nachfolge des heil. Vaters Joachim nebst einer Auswahl von Gebeten u. Übungen zu Ehren desselben. Von einem Priester der Diöcese Münster. 16. (240 S. mit 1 Stahlst.) Paderborn 882. Bonifaciusdr. — 50

Die Wunderstadt **St. Joachimsthal.** Eine Monographie hrsg. v. Karl Knopf. Bd. 1. 6. Weipert & Lpz. ['09—10].

Sankt Jodern-Glocken v. Walliser Bote (II).

St. Johann [Sachliches OW]

St. Johann im Pongau, die Liechtensteinklamm u. das Hochgründeck, s.: Woerl's Reisehandbücher.

St. Johann in Tirol und Umgebung. Schi-Karte 1 : 50 000. St. Johann.

St. Johann [Schlagwort]

St. Johann, s. a. Saarbrücken.

St. Johann u. Tamsweg. Adrian, K., Karte der Bezirke St. Johann u. Tamsweg. 1:250,000. 36,5×30,5 cm. Farbdr. Wien (898). G. Freytag & Berndt. n. — 20

Sanct Johanneskirche, Die, zu Schaffhausen. [Schaffhausen 1905.] V: *Henking, Carl.* (BBullschw 13, S. 90)

St. Johanneskirche, die, in Stuttgart. Ein Gedenkblatt, hrsg. auf den ersten Jahrestag ihrer Einweihung, den 30. April 1877, vom Stuttgarter Kirchenbau-Verein. gr. 8. (55 S. mit 2 Holzschntaf. in gr. 4.) Stuttgart 877, (J. F. Steinkopf.) * 1 —

St. Johannes-Liebe. Ein dramat. Gedicht in 3 Aufzügen v. Minnegast. 8. (106 S.) Dingolfing 876. Russy. n. 1. 40

Sanct Johannes-Loge, Die, zur Ceder. Eine Festgabe zum 100jährigen Stiftungsfeste am 20. Sept. 1877. Hannover 1877. V: *Müller, Hermann.* (wolfstieg I, 552)

Die drei **St. Johannisgrade** der Grossen National-Mutter-Loge zu den drei Weltkugeln. Leipzig: Lauffer in Comm. 1825. 214 S. 8°

cf. LCBl. 1826 Nr 76; AZ. 1826 S. 113—114; Schuetz, W. v.: Mrische Ansichten. 2 (1827) S. 19—31, 110—113.

Kl. 2037, Tt. 1352. Ritual der drei Grade nebst den Zöllnerschen Instruktionen, sowie Ritual der Tafelloge.

Die Evangel.-Augsburgische **St. Johannis-Kirche** zu Lodz, ihre Entstehung und Einweihung. — Lodz 1884: Zoner. 50 S.

St. Johannis-Kloster, das, in Hamburg. Grundrisse und Abbild. mit erläut. Texte von C. F. Gaedechens, Mart. Gensler und Karl Koppmann. Hrsg. von der „Bürgermeister Kellinghusen's Stiftung". gr. 4. (IX, 218 S. mit Titel in Lichtdr. und 21 lithogr. Lichtdr.- und Kpfrt.) Hamburg 881, (Gräfe.) cart. in Leinw.-Mappe. * 20 —

St. Johannis-Lied im Or. zu Tilse. 1820. [Tilsit 1820.] 2 Bl. 8° [Umschlagtit.]

Ohne Noten: „Umglänze o Geist, des heiligen Mannes, . . ."

Sanct-Johanns-Spital, Das, zu Salzburg . . . Salzburg 1895. V: *Greinz, Christian.* (Hr)

Sankt Joseph. Betrachtungen über das Leben, die Tugenden u. die Ehrenvorzüge des heiligen Gemahles der jungfräulichen Gottesmutter u. Pflegevaters des Gottmenschen. Aus dem Französ. von Carl Prosp. Clasen. Mit einem Anhang entsprechender Gebete u. Gesänge. Mit Titelstahlst. Regensburg 868. Pustet. 16. (XVI, 520 S.) 15 ngr.

Sankt Joseph! Katholisches Sonntagsblatt zur Erbauung, Belehrung u. Aufmunterung. Unter Mitwirkg. mehrerer Geistlichen hrsg. v. L. Leopold. 1.—4. Jahrg. 1887—1890. à 52 Nrn. (1/2 B.) Lex.-8. Warendorf, Schnell. à Jahrg. n. 1. 40

Sankt Joseph! Katholisches Sonntagsblatt zur Erbaug., Belehrg. u. Aufmunterg. Unter Mitwirkg. mehrerer Geistlichen hrsg. v. Ludw. Leopold. 5.—8. Jahrg. 1891—1894. à 52 Nrn. (Bog.) gr. 4. Warendorf, Schnell. à Jahrg. n. 2. —

Sankt Joseph! Kathol. Sonntagsblatt zur Erbaug., Belehrg. u. Aufmunterg. Unt. Mitwirkg. mehr. Geistlichen hrsg. v. Ludw. Leopold. 9.—12. Jahrg. 1895—1898. à 52 Nrn. (Bog.) gr. 4. Warendorf (J. Schnell). Kann auch vierteljährlich bezogen werden. à Jahrg. n. 2. —

Sankt Joseph! Kathol. Sonntagsblatt zur Erbaug., Belehrg. u. Aufmunterg. Unter Mitwirkg. mehrerer Geistlichen hrsg. v. Ludw. Leopold. 13.—16. Jahrg. 1899—1902. à 52 Nrn. gr. 4. (à ca. 8 S.) Warendorf (J. Schnell). à Jahrg. n. 2. —

Sankt Joseph. Kathol. Sonntagsblatt zur Erbauung, Belehrg. u. Aufmunterg. Mit den Beilagen: Christliche Erholungsstunden u. St. Josephs Weckruf. Organ f. Volkswohl. Unter Mitwirkg. mehrerer Geistlichen hrsg. u. red v. Ludw. Leopold. 17.—20. Jahrg. 1903—1906. à 52 Nrn. (416, 420, 416 u. 416 S.) gr. 4. Warendorf (J. Schnell.) 1903—1905 à n. 2. —; 1906 n. 2. 40

Sankt Joseph. Kathol. Sonntagsblatt zur Erbauung, Belehrg. u. Aufmunterg. Mit den Beilagen: Christl. Erholungsstunden u. St. Josephs Weckruf. Organ f. Volkswohl. Unter Mitwirkg. mehrerer Geistlichen hrsg. u. red. v. Ludw. Leopold. 21.—24. Jahrg. 1907—1910. à 52 Nrn. (414, 414, 414 u. 418 S.) 31,5×23 cm. Warendorf, (J. Schnell). à Jahrg. 2. 40

Sankt Josef, unser Vorbild u. Fürsprecher. Andachtsbüchlein zur Verehrg. d. hl. Josef, m. e. Anleitg. z. frommen Feier des Monats März. Hrsg. v. e. Mitgliede des Kapuziner-Ordens. Mit e. Vorwort v. Clem. Schlecht. (160 S. m. Titelbild.) 16. Saarlouis 910. F. Stein Nachf. Geb. in Leinw. — 50

St. Joseph-Blatt, s. St. Josephs-Blatt

St. Joseph Deutsche Zeitung : 1865–1869 St. Joseph, MO
Weekly. Edited & published by Leopold Fr. Marks

St. Joseph-Hospital in Elberfeld. Festschrift z. Feier d. 50jähr. Bestehens am 1. Jan. 1900 u. d. Eröffnung d. Erweiterungs-Neubaues ... 1907. 1850–1900–1907. Elberfeld (1907: Wuppert. Akt.-Dr.). (30 S.) 8° [F.] 108. 3231 5

St. Joseph-Kalender, s. St. Josephs-Kalender

St. Joseph Post : 1901?–1910
Independent Democratic weekly. Edited by John Nieser, & published by St. Joseph Post Publishing & Printing Co., 1904–10.
St. Joseph, MO

St. Josephs-Blatt, s. Josephs-Blatt.

St. Josephsblatt. Illustrirte Monatsschrift für Belehrung und Unterhaltung des christl. Volkes. Redact.: L. Lang. Jahrg. 1865—67. à Jahrg. 12 Nrn. (Bog. mit eingedr. Holzschn.) 8. München, Expedition. 1865. 4 Ngr., 1866 und 1867. à

St. Josephblatt. Illustrirte Monatsschrift für Belehrung und Unterhaltung des christl. Volkes. Redact.: Lang. Jahrg. 1868 und 1869. à Jahrg. 12 Nrn. (Bog. mit eingedr. Holzschn.) 8. München, Expedition. à Jahrg.

St. Josephs-Blatt : Jahrgang 1–?, 1887–1954?
Roman Catholic. At first issued monthly, then weekly. Sub-title: Zur Förderung und Verehrung des heiligen Joseph. Circulation: 1912, 24,800; 1930, 15,445; 1944, 11,500; 1950, 8500.
Edited & published by Dr. Alois Sommer, 1887; edited by Br. Cölestin Muller, & published by Die Benediktiner Presse, Mt. Angel, Ore., 1888–1938; published by The Benedictine Press, 1938–54. After the death of Br. Cölestin Muller, edited by Fr. Johann von Weiss. [Ayer gives editors as follows: the Rev. Raphael Bluemmel, 1930–32; Marc Schmid, 1933–35; Francis Burger, 1936–38; Johann von Weiss, 1939–40; the Rev. Francis Burger, 1941–49; the Rev. Romuald Edenhofer, 1950–54.]
St. Benedict, OR

Sankt Josephsblatt. Monatsschrift f. Belehrg. u. Unterhaltg. des christl. Volkes. Red.: L. Lang. Jahrg. 1893. 12 Nrn. (Bog.) 8. München, Exped. n. — 60

Sankt Josephs-Blatt. Monatsschrift f. Belehrg. u. Unterhaltg. d. christl. Volkes. Red.: L. Lang. Jahrg. 1895 u. 1896. à 12 Nrn. (Bog.) 8. München, Expedition. à Jahrg. n. — 60

— — Kathol. Wochenschrift z. Förderg. d. christl. Familienlebens. Unt. Mitwirkg. v. Geistlichen hrsg. v. L. Leopold. Red.: Ludw. Leopold. 4. u. 5. Jahrg. 1897—1898. à 52 Nrn. (Bog.) gr. 4. M. d. Beilage: Christl. Erholungsstunden. Wochenschrift zur Unterhaltg. u. Belehrg. à 52 Nrn. (Bog. m. Abb.) gr. 8. Warendorf. Bonn, L. Leopold. à Jahrg. n. 2. 40
Kann auch vierteljährlich bezogen werden.

Sankt Josephsblatt. Kathol. Wochenschrift zur Förderung des christl. Familienlebens. Unter Mitwirkg. v. Geistlichen hrsg. v. L. Leopold. Red.: Ludw. Leopold. 6. bis 9. Jahrg. 1899—1902. à 52 Nrn. gr. 4. (à ca. 8 S.) Mit der Beilage: Christliche Erholungsstunden. Wochenschrift zur Unterhaltg. u. Belehrg. 52 Nrn. gr. 8. (à ca. 8 S.) Warendorf. Bonn, L. Leopold. à Jahrg. 2. 40

Sankt Josephsblatt. Kathol. Wochenschrift zur Förderg des christl. Familienlebens. Unter Mitwirkg. v. Geistlichen hrsg. v. L. Leopold. Red.: Ludw. Leopold. 10. bis 13. Jahrg. 1903—1906. à 52 Nrn. (à Jahrg. 416 S.) gr. 4. Mit der Beilage: Christliche Erholungsstunden. Wochenschrift zur Unterhaltung u. Belehrung. 52 Nrn. (à ca. 8 S.) gr. 8. Warendorf. Bonn, L. Leopold. à Jhrg 2. 40

— Kathol. Wochenschr. zur Förderg. des christl. Familienlebens. Mit den Beilagen: „Christl. Erholungsstunden" u. „St. Josephs Weckruf". Organ f. Volkswohl. Unter Mitwirkung v. Geistlichen hrsg. v. L. Leopold. Red.: Ludw. Leopold. 14.—17. Jahrg. 1907—1910. à 52 Nrn. (à Jahrg. IV, 418 S.) 31,5×23 cm. Warendorf. Bonn, L. Leopold. à Jahrg. 2. 40

Sankt Josephsblatt. Monatsschr. f. Belehrg. u. Unterhaltg. des christlichen Volkes. Gründer: Ludw. Lang u. Jos. Nutzinger. Red.: Jos. Lottner. 46. u. 47. Jahrg. 1909 u. 1910. à 12 Nrn. (à ca. 16 S.) kl. 8. München, Expedition. à Jahrg. — 60

Sankt-Josephsblatt zur Belehrung u. Erbauung im häuslichen Kreise. Hrsg. von v. Essen. 1. Jahrg. 1875. 13 Nrn. (1/2 B.) gr. 8. M.-Gladbach, Blank. n. — 80

St. Josephsbüchlein. Andachtsübungen zu Ehren d. heil. Joseph. Von e. Priester der Diöcese Breslau. 16. (77 S.) Breslau 873. Goerlich. n. — 20

— — oder kurze Gebetsübungen zu Ehren des heil. Vaters Joseph. 1. und 2. Aufl. 16. (24 S. mit 1 Holzschn.) Steyl 882,84, Missionsdruckerei. * — 10

Sankt Josephs-Büchlein, Andachts-Uebungen zur Verehrung des heil. Joseph für alle kathol. Christen. Nebst den gewöhnl. Gebeten. Mit Autorisation des Verf. aus dem Französ. übers. von einem Mitgliede des Kapuziner-Ordens. 16. (288 S. mit 1 Holzschn.) Einsiedeln 884, Gebr. Benziger. — 75

St. Josephs-Büchlein, od. kurze Gebetsübgn. zu Ehren d. hl. Vaters Joseph. 5. Aufl. 16. (28 S. m. Bild.) Steyl 890. Missionsdruckerei. n. — 10

Sankt Josephsbüchlein. Eine Sammlg. v. Andachtsübgn. u. Gebeten zur Verehrg. d. hl. Joseph, nebst Betrachtgn. f. jeden Tag des Monats März, u. e. Anh.: Der allgemeine Verein der christl. Familien. Von e. Priester der Diözese Münster. 16. (159 S. m. 1 Stahlst.) Münster 894. Alphonsus-Buchh. Geb. in Leinw. n. — 50

Sankt-Josephs-Büchlein. Verehrg. d. hl. Patriarchen Joseph, Nährvater Jesu Christi u. Schutzpatron der hl. kathol. Kirche. Ablaß-Gebete. 16. (16 S.) Feldkirch 896. Lindau, J. Lutz. n. — 10

— E. Sammlg. v. Andachtsübgn. u. Gebeten z. Verehrg. d. hl. Joseph, nebst Betrachtgn. f. jeden Tag d. Monats März u. e. Anh.: D. allgem. Verein d. christl. Familien. V. e. Priester d. Diözese Münster. 3. Aufl. (10. bis 15. Taus.) 16. (159 S. m. 1 Farbdr.) Münster 897. Alphonsus-Buchh. Geb. in Leinw. n. — 50

Sanct Josephs-Büchlein. Andachts-Uebungen z. Verehrung d. heil. Joseph f. alle kath. Christen. Nebst d. gewöhnlichen Gebeten. Aus d. Franz. übers. von e. Mitgl. d. Kapuziner-Ordens. Einsiedeln. Köln: Benziger & Co. [um 1902]. (288 S.) 8°

Kleines St. Josephsbüchlein. Betrachtungen f. jeden Tag d. Monats März sowie Andachtsübungen u. Gebete zur Verehrung des heil. Joseph von e. Priester d. Diöcese Münster. Münster i. W.: Alphonsus-Buchh. 1898. (48 S.) 8°

St. Josephs-Büchlein, vollständiges, enthaltend Andachtsübungen für jeden Tag der Woche, St. Joseph's Rosenkranz, Litanei 2c., der katholischen Jugend gewidmet von einem katholischen Priester. Münster 861. Brunn. 16. (143 S.) 6 ngr.

St. Josephs-Büchlein, vollständigstes, enthaltend Andachtsübungen für jeden Tag der Woche, St. Joseph's Rosenkranz, Litanei 2c., der kathol. Jugend gewidmet von einem kathol. Priester. 16. (143 S.) Münster 861, Brunn'sche Buchdruckerei.

St. Joseph's-Büchlein, vollständigstes, enthld.: Andachtsübungen für jeden Tag der Woche, St. Joseph's Rosenkranz, Litanei, Gebete für eine Novene 2c. Der katholischen Jugend gewidmet von einem katholischen Priester. 2 Aufl. Regensburg 868. Coppenrath. 16. (143 S.) 5 ngr.

— vollständigstes, enth. Andachtsübgn. für jeden Tag d. Woche, St. Josephs-Rosenkranz, Litanei, Gebete f. e. Novene, die 7 Schmerzen u. Freuden u. s. w., sow. d. hl. Messe, Gebete, Betrachtgn. u. s. w. f. d. Fest d. Vermählg., d. St. Josephsfest u. Schutzfest, nebst e. Anh., d. kathol. Jugend gewidmet v. e. Ordenspriester. (3. Aufl.) 16. (VII, 160 S.) Regensburg 895. A. Coppenrath's Verlag. Geb. in Leinw. n. — 80

St. Joseph-Sendboten-Kalender, 1880—1885. Hrsg. und redig. von Jos. Deckert. 1.—6. Jahrg. 12. (à Jahrg. ca. 100 S. mit Holzschn.) Wien, (Kirsch.) à Jahrg. * — 50

Sankt Josefs-Gürtel od. Gründung, Zweck, Ablässe 2c. des Bündnisses vom Gürtel des hl. Josef kanonisch errichtet in der Serviten-Ordenskirche zum hl. Josef in Innsbruck. gr. 16. (32 S. m. 1 Abbildg.) Innsbruck 899. Vereinsbuchh. n. — 12

St. Joseph(s)-Kalender

St. Joseps-Kalender [früher u. d. T.: Kathol. Festkalender] für die J. 1873 und 1874. 4. und 5. Jahrg. Hrsg. von Herm. Jos. Koch. 16. (à 160 S. mit eingedr. Holzschn.) Bonn, Henry. à Jahrg. *

St. Josephs-Kalender für 1878—1880. 5.—7. Jahrg. des Volksfreund-Kalenders. 8. (à Jahrg. ca. 100 S. mit eingedr. Holzschn.) Breslau, Görlich's Verlag. à Jahrg. * — 50

St. Josephs-Kalender für 1881—1884. 8.—11. Jahrg. des Volksfreund-Kalenders. 8. (128; 136; XXXII, 110; XXXII, 160 S. mit Illustr.) Breslau, Goerlich's Verlag. à Jahrg. * — 50

—— für 1886. 13. Jahrg. des Volksfreund-Kalenders. Nebst einem Wandkalender als Gratisprämie. 8. (192 S. mit Illustr.) Breslau, Goerlich.

Die folgenden Jahrgänge u. d. T.:
Breslauer St. Joseph-Kalender.

—— Katholischer illustr. Haus- und Schreibkalender für 1883—1885, mit astronom. Angaben verf. von St. Stengel. 4. (à Jahrg. ca. 60 S. mit eingedr. Holzschn.) Augsburg, Schmid'sche Verlagsh. à Jahrg. — 30

—— Katholischer illustrierter Haus- und Schreibkalender für 1886, mit astronom. Angaben versehen von St. Stengel. 4. (59 S. mit Illustr. und 1 Wandkalender.) Augsburg, Schmid's Verlag.

—— dass. — für 1887, hrsg. von Herm. Koneberg. 4. (58 S. mit 1 Wandkalender.) Ebendas.

Die folgenden Jahrgänge u. d. T.:
Augsburger St. Joseph-Kalender.

St. Joseph-Kalender 1885—1889. 15.—19. Jahrg. des Steir. Volks-Kalenders. 4. (à Jahrg. ca. 150 S. mit Abbild.) Graz, Styria. à Jahrg. *

St. Josephs-Kalender. 20.—23. Jahrg. d. steir. Volks-Kalender f. d. J. 1890—1893. 4. (à Jahrg. ca. 160 S. m. Text-Bildern u. 1 Farbendr.) Graz, Styria. cart. à Jahrg. — 70

Sanct-Josef-Kalender. XXIV. Jahrgang des steirischen Volks-Kalenders für d. Jahr 1894. Mit Abbildungen. Kl.-4. (212 S.) Steif geb. Ebd.

Sankt Josephs-Kalender. 25. Jahrg. des steir. Volks-Kalenders f. das J. 1895. 4. (166 S. m. Bildern u. 1 Farbendr.) Graz, Styria. Kart. n. — 80

Sanct Joseph-Kalender pro 1895. Jubiläums-Ausgabe. XXV. Jahrgang des Steirischen Volks-Kalenders mit Abbildungen. Lex.-8. (214 S.) Cartonnirt Ebd. —.40

Sanct-Josef-Kalender. XXVI. Jahrgang. Oesterreichischer Volkskalender für das Jahr 1896. 4. (178 S.) Cart. Ebd. —.40

Sanct Joseph-Kalender pro 1897. XXVII. Jahrgang des Steirischen Volks-Kalenders mit Abbildungen. Lex.-8. (218 S.) Cart. Ebd. —.40

— — XXVII. Jahrgang. Oesterreichischer Volks-Kalender für das Jahr 1897. 4. (210 S.) Cart. Ebd. —.40

Sanct Joseph-Kalender für 1898. XXVIII. Jahrgang des Steirischen Volks-Kalenders mit Abbildungen. Lex.-8. (218 S.) Cart. Ebd. —.40

— XXIX. Jahrg. Steirischer Volks-Kalender f. d. J. 1899. gr. 8. (I, 163 S. m. Abb. u. 1 Farbdr.) Graz, Styria. Kart. n. — 70; Ausg. f. Österreich (I, 158 S.) — 70

Sankt Joseph-Kalender. XXXI. Jahrg. Österreichischer Volkskalender. 1901. gr. 8. (I, 184 S. m. Abbildgn. u. 1 Farbdr.) Graz, Styria. Kart. n. — 70

(F) **St. Joseph-Kalender.** XXXI. Jahrgang. 1901. Steir. Volks-Kalender mit Abbildungen. Graz. Styria. Gr.-8°. 251 S. Cart K —.80

— XXXIII. Jahrg. Steir. Volks-Kalender. 1903. (I, 193 S. m. Abbildgn., 1 Farbdr. u. Wandkalender.) gr. 8. Ebd. Kart. n. — 70

(F) **St. Joseph-Kalender.** XXXIV. Jahrg. des Steirischen Volks-Kalenders. Gr.-8°. (ill. 254 S.) kart. K —.80
Graz: Styria 1903.

St. Joseph-Kalender. Steirischer Volkskalender. 35. Jahrg. Gr. 8°. (ill. 250 S.) Graz: Styria 1904. K —.80

Sankt Joseph-Kalender. XXXVII. Jahrg. Steir. Volks-Kalender m. Abbildgn. 1907. (I, 203 S. m. 1 Farbdr. u. Wandkalender.) gr. 8. Graz, Styria. Kart. n. — 70

(F) **St. Joseph-Kalender.** XXXIX. Jahrg. des steirischen Volkskalenders. Gr.-8°. (ill. 274 S.) Graz: Styria 1908. K —.80

(F) **St. Josephkalender** 1910. Gr.-8°. (266 S.) kart. K —.80
Graz: Styria 1909.

Sankt Joseph-Kalender. 41. Jahrg. Steir. Volks-Kalender m. Abb. 1911. (I, 202 S. m. Vollbildern, 1 Farbdr. u. Wandkalender.) gr. 8. Graz, Styria. Geb. — 70

St. Josephs-Kalender 1910?–1951
Published by the Benedictines of Mt. Angel, Oregon. Imprint St. Benedict, Ore.
St.Benedict, OR

St. Joseph-Kalender

—— Aachener, für christliche Familien. 1. Jahrg. 1885. gr. 8. (108 S. mit eingedr. Holzschn.) Aachen, Schweitzer. * — 40

—— Aachener, für christliche Familien. 2. und 3. Jahrg. 1886 und 1887. gr. 8. (112; 115 S. mit Illustr. und je 1 Wandkalender.) Aachen, Schweitzer. à Jahrg. * 40 Pf.; geb. *

—— dass. — 4. und 5. Jahrg. 1888 und 1889. gr. 8. (204 S. mit Illustr. und 1 Wandkalender; 212 Sp. mit Illustr. und 1 Portr.) Ebendas. à Jahrg. * 40 Pf.; geb. *

—— Aachener, f. christliche Familien. 6.—9. Jahrg. 1890—1893. Hrsg. v. e. Vereinigg. kathol. Journalisten geistl. u. weltl. Standes. gr. 8. (à Jahrg. ca. 200 Sp. u. 10 S. m. Abbildgn. u. Wandkal.) Aachen, Schweitzer. à Jahrg. * — 40

—— Augsburger. Kathol. illustrierter Haus- und Schreibkalender für 1888 und 1889, hrsg. von Herm. Koneberg. 4. (53 S. mit 1 Taf. und 1 Wandkalender; 60 S.) Ebendas. à Jahrg.

—— Augsburger. Katholischer illustr. Haus- u. Schreibkalender f. 1890—1893. 9.—12. Jahrg. 4. (à Jahrg. ca. 60 S. m. Wandkal.) Augsb., Schmid's Verlag. à Jahrg. — 30

Sankt Josephs-Kalender, Augsburger. Katholischer illustr. Haus- u. Schreibkalender f. 1896. 14. Jahrg. 4. (64 S. m. Wandkalender.) Augsburg, B. Schmidt's Verl. — 30

Sankt Josephs-Kalender, Augsburger. Kathol. illustr. Haus- u. Schreibkalender f. 1899. 18. Jahrg. 4. (48 u. 19 S. m. 1 Farbdr. u. 1 Wandkal.) Augsburg, B. Schmid's Verl. — 30

Sankt Josef's-Kalender, Augsburger. Katholisch. illustr. Haus- u. Schreibkalender für 1903. 22. Jahrg. 4. (48 u. 16 S. m. 1 Farbdr. u. Wandkalender.) Augsburg, B. Schmid's Verl. — 30

Sankt Josef's-Kalender, Augsburger. Katholischer illustr. Haus- u. Schreibkalender f. 1907. 26. Jahrg. (48 u. 21 S. m. 1 Farbdr. u. Wandkalender.) Lex.-8. Augsburg, B. Schmid. — 30

Sankt Josef's-Kalender, Augsburger. Kathol. illustr. Haus- u. Schreibkldr. f. 1911. 30. Jahrg. Hrsg. v. G. Wagner. Den astronom. Tl. lieferte Adalb. Eckerlein, O. S. B. (57 u. 15 S. m. 1 Taf. u. Wandkalender.) Lex. 8. Augsburg, B. Schmid. — 30

— Breslauer, f. 1887. 14. Jahrg. d. Breslauer Volks-Kalenders. Mit Titelbild (in Lichtdr.): Raphaels Sixtinische Madonna u. e. Wandkalender. 4. (78 S. m. Illustr.) Breslau, Goerlich. — 50

— f. 1889. 16. Jahrg. des Breslauer Volkskalenders. Mit e. Wandkalender. 4. (91 S. m. eingedr. Bildern u. 1 Taf.) Breslau, Goerlich. — 50

St Joseph-Kalender

—— für die christliche Familie auf die J. 1888 und 1889. [Große Ausg.] (128; 132 S. mit je 1 Farbendr.-Bild und vielen Illustr.) Winterberg, Steinbrener. à Jahrg. *

Sankt Josef-Kalender. Grosser, pro 1888. Winterberg: Steinbrenner 1887. 128 S. 4°

– Großer, für die christliche Familie. Winterberg: Steinbrenner 1890. 128 S. 4°

— großer, f. die christliche Familie auf d. J. 1891. 4. (98 u. 32 S. m. Text-Abbildgn. u. 2 Farbendr.) Winterberg, Steinbrener. n. — 80

Sanct Josef-Kalender, Großer, für die christliche Familie auf das Schaltjahr 1892. 4. (94 S. u. Jahrmärkte-Verzeichniß) Ebd. —.40

Sanct Josef-Kalender, Großer, für die christliche Familie auf das Jahr 1893. 4. (95 S. und Jahrmärkte-Verzeichniß) Ebd. —.40

Sanct Josef-Kalender, Großer, für die christliche Familie auf das Jahr 1894. 4. (95 S. und Jahrmärkte-Verzeichniß) Ebd. —.40

Sanct Josef-Kalender, Großer, für die christliche Familie auf das Jahr 1895. 4. (96 S. und Jahrmärkte-Verzeichniß) Ebd. —.40

St. Joseph-Kalender, kleiner, für die christliche Familie auf die J. 1888 und 1889. 1. und 2. Jahrg. (64; 100 S.) Breslau, Goerlich. à Jahrg. *

St. Josefs-Kalender, Kleiner, für die christliche Familie auf das gemeine Jahr 1890. 4. (96 S.) Winterberg: Steinbrenner. —.30

— kleiner, f. die christliche Familie auf d. J. 1891. 4. (64 u. 32 S. m. Text-Abbildgn. u. 2 Farbendr.) Ebd. n. — 60

— — Kleiner, auf das Schaltjahr 1892. 4. (64 S. u. Jahrmärkte-Verzeichniß) —.30
Winterberg: Steinbrenner.

— — Kleiner, auf das Jahr 1893. 4. (64 S. und Jahrmärkte-Verzeichniß) Ebd. —.30

— — Kleiner, auf das Jahr 1894. 4. (64 S. und Jahrmärkte-Verzeichniß) Ebd. —.30

— — Kleiner, auf das Jahr 1895. 4. (64 S. und Jahrmärkte-Verzeichniß) Ebd. —.30

St. Josephs-Kalender

—— Regensburger, 1891—1893. 1.—3. Jahrg. 4. (à Jahrg. ca. 200 Sp. m. Text-Abbildgn., 1 Öldruckbild u. 1 Wandkalender.) Regensb., Verlags-Anstalt. à Jahrg. * — 40

St. Joseph's Post: March 1896–1898 Dayton, OH

St. Joseph Volksblatt: Oct 1858–1924.

Weekly, 1861–67?; daily, evening except Sunday, 1868?–1911?; weekly, 1912–24. Republican in 1861; later Independent. Subtitle: Ein Organ für Politik, Literatur und gemeinnütziges Wissen. Title varies: DAS WESTLICHE VOLKSBLATT, 1858–1879? Part of KANSAS CITY PRESSE (Kansas City, MO) printed as the ST. JOSEPH VOLKSBLATT, 1924–41. For weekly edition, see WÖCHENTLICHES ST. JOSEPH VOLKSBLATT. For Sunday edition, see SONNTAGSBLATT DES ST. JOSEPH VOLKSBLATT. Circulation: 1870, 800 (est.); 1880, 500; 1890, 1250; 1900, 1200; 1910, 1750. Edited & published by Gustav Heinrichs, 1861?–1867?; by C. Fichler & Co., 1868?–1870; edited by Hermann W. Kastor, 1871–96; by G. L. H. Muehe, 1897–1901; by J. E. Manshardt, 1902–03; published by C. Fichler & Co., 1871–75; by Hermann Bronsing & Hermann W. Kastor, 1876–82; by German Publishing & Printing Co., 1883–1901; by Volksblatt Publishing Co., 1902–03; edited & published by Mathias Heckel, 1904–14; edited by Fred Lorenz & published by Volksblatt Publishing Co., 1915–24.
St. Joseph, MO

Wochentliches St Joseph Volksblatt: 1868?–1912?

Weekly edition of ST. JOSEPH VOLKSBLATT. Title varies: DAS WESTLICHE VOLKSBLATT, 1868–79; other slight variations. Circulation: 1870, 1200 (est.); 1880, 2000; 1890, 3700; 1900, 3800.
St. Joseph, MO

Sankt-Kamillus-Blatt. Zur Belehrg., Erbaug. u. Unterhaltg. d. Kranken u. ihrer Pfleger. Hrsg. unt. Leitg. v. Vido. 1. Jahrg. 1898. 12 Nrn. (Bog. m. Abb.) gr. 4. Vals, postlagernd Aachen, Expedition. Postfrei n. 1. 50; einz. Nrn. n. — 16

Sankt-Kamillus-Blatt. Zur Belehrg., Erbaug. u. Unterhaltg. der Kranken u. ihrer Pfleger. Hrsg. v. den Kamillianerpatres. Red.: Adf. Stegt. 2.–5. Jahrg. 1899 bis 1902. à 12 Nrn. gr. 4. (à ca. 16 S. m. Abbildgn.) Vaals postlag. Aachen, Expedition. Postfrei à Jhrg. 1.50

Sankt-Kamillus-Blatt. Monatsschrift f. das kathol. Volk unter besond. Berücksicht. der Kranken u. ihrer Pfleger. Hrsg. v. den deutschen Kamillianer-Patres. Red.: Adf. Stegt. 6.—9. Jahrg. 1903—1906. à 12 Nrn. (192, 192, 288 u. IV, 288 S. m. Abb.) Lex.-8. Vaals postlagernd Aachen, Expedition. Postfrei à Jhrg. 1. 50; geb. n. 2. —

St. Karolus-Büchlein. Verschiedene Andachtsübgn. zu Ehren d. hl. Karl Borromäus f. die Schwestern der unter seinem Schutze steh. Kongregation. 16. (180 S.) Dülmen 892. A. Laumann. n. — 50

Sankt Karolus-Büchlein. Verschiedene Andachtsübgn. zu Ehren d. hl. Karl Borromäus f. die Schwestern d. unter seinem Schutze steh. Kongregation. 3. Aufl. (180 S.) 16. Dülmen (909). A. Laumann. Geb. in Leinw. — 75

Sankt Kassian-Kalender (früher: Brixener Sankt Kassian-Kalender). [Jg 1 ff.] — Brixen: Weger 1748 ff.

St. Kassian-Kalender, illustrierter, für das J. 1885. 1. Jahrg. [Des Brixner Schreibkalender 64. Jahrg.] 4. (72 S.) Brixen, Weger's Buchh. ** — 50

St. Kassian-Kalender, illustrierter, für das J. 1886—1889. 2.—5. Jahrg. [Des Brixner Schreibkalender 65.—68. Jahrg.] 4. (à Jahrg. 70—80 S.) Brixen, Weger's Buchh. à Jahrg. **

St. Kassian-Kalender, illustrierter, auf d. J. 1890—1893. 6.—9. Jahrg. [Des Brixener Schreibkalenders 69.—72. Jahrg.] Lex.-8. (à Jahrg. ca. 80 S. m. 1 Farbendr.) Brixen, Weger. à Jahrg. ** — 50

Sankt-Kassian-Kalender, illustr., f. d. J. 1895. 11. Jahrg. (Des Brixener Schreibkalender 74. Jahrg.) 4. (86 S. m. Abbildgn. u. 1 Farbendr.) Brixen, A. Weger. n.n. — 50

Sanct Kassian-Kalender, Illustrirter, für das Gemeinjahr nach der gnadenreichen Geburt unseres Herrn Jesu Christi 1897. 13. Jahrg. Gr.-8 (86 S.) Ebd. —.25

Sankt-Kassian-Kalender, illustr., f. d. J. 1899. 15. Jahrg. (Des Brixener Schreibkal. 78. Jahrg.) gr. 8. (82 S. m. 1 Farbdr.) Brixen, A. Weger. n.n. — 50

(F) Illustrierter **St. Kassian-Kalender** für das Gemein-Jahr nach der gnadenreichen Geburt unseres Herrn Jesu Christi 1900. XVI. Jahrgang. Brixen. Weger. Gr.-8°. 77. fl. —.25

(F) Illustrierter St. Kassian-Kalender für das Gemein-Jahr nach der gnadenreichen Geburt unseres Herrn Jesu Christi 1901. XVII. Jahrgang. (Des Brixener Schreibkalenders LXXX. Jahrgang.) Brixen. Weger. Gr. 8° 80 S. mit 1 Tafel. K —.50

(F) Illustrirter St. Kassian-Kalender für das Gemein-Jahr nach der gnadenreichen Geburt unseres Herrn Jesu Christi 1902. XVIII. Jahrgang. (Des Brixener Schreibkalenders LXXXI. Jahrg.) Brixen. Weger. Gr.-8°. 78 S. mit 1 Tafel. K —.40

Sankt-Kassian-Kalender, illustr., f. d. J. 1903. 19. Jahrg. (Des Brixener Schreibkalenders 82. Jahrg.) gr. 8. (82 S. m. 1 Farbdr.) Brixen, A. Weger. n. — 40

(F) **Illustrierter St. Kassian-Kalender** für das Schaltjahr nach der gnadenreichen Geburt unseres Herrn Jesu Christi 1904. 20. Jahrg. Lex.-8°. (ill. 90 S.) Brixen: Weger 1903. K —.40

(F) **Illustrierter St. Kassian-Kalender** für das Gemeinjahr nach der gnadenreichen Geburt unseres Herrn Jesu Christi 1905. 21. Jahrg. Gr.-8°. (82 S.) Brixen: Weger 1904. K —.40

(F) **Illustrierter St. Kassiankalender** für das Jahr 1906. Gr.-8°. (77 S.) Brixen: Weger 1905. K —.40

Sankt-Kassian-Kalender, illustr., f. d. J. 1907. 23. Jahrg. (Des Brixener Schreibkalenders 86. Jahrg.) (80 S. m. 1 Farbdr.) Lex.-8. Brixen, A. Weger. n. — 40

(F) **Illustrierter St. Kassian-Kalender** für das Jahr 1908. 24. Jahrg. Brixen: Weger 1907. K —.40

(F) **Illustrierter St. Kassian-Kalender** für das Jahr 1909. 25. Jahrg. Brixen: Weger 1908. K —.40

(F) **Illustrierter St. Kassiankalender** für das Gemeinjahr nach der gnadenreichen Geburt unseres Herrn Jesu Christi. 1910. Gr.-8°. (82 S.) Brixen: Weger 1909. K —.40

Sankt-Kassian-Kalender, illustr., f. d. J. 1911. 27. Jahrg. (Des Brixener Schreibkalenders 90. Jahrg.) (86 S. m. 1 Taf.) gr. 8. Brixen, A. Weger. — 40

Sankt Katharina-Büchlein. Vollständiges Andachtsbuch f. alle frommen Verehrer der heil. Jungfrau u. Martyrin Katharina. Von e. kathol. Priester. 16. (120 S. m. 1 Stahlst.) Paderborn 886. Junfermann. n. — 60

Sankt Katharina-Büchlein. Vollständ. Andachtsbuch f. alle frommen Verehrer der hl. Jungfrau u. Märtyrin Katharina. Von e. kathol. Priester. 2. Aufl. gr. 16. (120 S. m. 1 Stahlst.) Paderborn 901. Junfermann. n. — 60; geb. in Leinw. n.n. — 85

St. Kilianus-Büchlein. Kurze Beschreibung des heil. Franken-Apostels Kilian und seiner heil. Gefährten, nebst einer Sammlung der gewöhnlichsten Gebete und der in der Diöcese Würzburg gebräuchlichsten Lieder. Von einem Priester der Diöcese Würzburg. 16. (172 S. mit 1 Stahlst.) Würzburg 877. Woerl. * — 80

St. Kilianus-Büchlein. Kurze Beschreibung des heiligen Franken-Apostels Kilian u. seiner heil. Gefährten, nebst einer Sammlung der gewöhnlichsten Gebete u. der in der Diöcese Würzburg gebräuchlichsten Lieder. Von einem Priester der Diöcese Würzburg. 16. (172 S. mit 1 Stahlst.) Würzburg 879. Woerl. n. — 80

Sankt Kunigund u. ihr hl. Gemahl. 2 Predigten als Weihegabe zu ihrem Jubiläum, v. e. Priester der Diözese Bamberg. 8. (16 S.) Bamberg (901). Schmidt. n. — 40

Sanct Laurenz, Die Pfarre und Kirche, im Schottenfelde . . . 3. Aufl. Wien 1826. V: *Kraus, Honorius Ludw.* (Feil)

St. Laurenzenbad. Das St. L. bei Aarau und seine Heilwirkungen . . . [Mit 2 Tafeln.] 8. Aarau 1885.

Sanct Laurenz-Platz, Der, in Köln. O. O. ca. 1820. V: *Fuchs, J. P.* (StBKöln I, 197)

Sanct Leopold, Österreichs Fürsprecher im Himmel. Ein Bild von dem frommen Wandel Leopolds III., Markgrafen und Landespatrones Österreichs . . . Wien 1901. V: *Černik, Berthold Otto.* (EB)

Sankt Leopold, Österreichs Fürsprecher im Himmel. Ein Bild v. dem frommen Wandel Leopolds III., Markgrafen u. Landespatrones Österreichs (Nieder- u. Oberösterreichs), als Vorbild f. unser eigenes Leben. Im Anh. e. kleine Andachtsübg. zum hl. Leopold. Von e. Cleriker des Stiftes Klosterneuburg. gr. 16. (104 S. m. Abbildgn. u. 1 Farbdr.) Wien 901. St. Norbertus. n. — 40

Sanct - Libori - Jubiläum. Leben, Reliquien und Verehrung des heiligen Liborius . . . Paderborn 1897. H: *Kuhlmann, Bernh.* (Berl)

Sankt Libori-Jubiläum. Leben, Reliquien u. Verehrg. d. hl. Liborius samt e. Anh. v. Gebeten. Zur 1000jähr. Gedächtnisfeier f. Todes hrsg. v. e. Priester d. Diöcese Paderborn. gr. 16. (40 S. m. Abb.) Paderborn 897. Bonifacius-Druckerei. n. — 10

Sankt Liguori-Bote. Red.: Jgn. Kutschera u. Frl. Marie Heinzel. 1 Jahrg. April 1901—März 1902. 24 Nrn. gr. 4. (à ca. 4 S.) München, Jgn. Kutschera & Co. n. 4. — Erscheint nicht mehr. Firma erloschen.

Sankt Lioba-Blatt zur Erbauung u. Belehrg. f. d. kathol. **Volk.** Sonntags- u. Familien-Blatt d. Erzdiözese Freiburg. Jahrg. 1897—1898. à 52 Nrn. (Bog.) gr. 4. Tauberbischofsheim, M. Zöller. à Jahrg. n.n. 1. — Kann auch vierteljährlich bezogen werden. — Erschien bisher u. d. Titel: Familienblatt, christliches.

Sanct-Lüdiger. [Göttingen 1787.] V: *Österley, Georg Heinrich.* (MGT)

Sanct - Lux - und Logen - Brüderschaft, Die, von Zürich; mit Nachtrag. [Bern] 1884. V: *Schweizer, Paul.* (Cat. d. Stadtbibl. Zürich. Zürich 1864—97.)

Sankt Maria- u. Sankt Josef-Kalender zur Förderung christlichen Lebens f. d. J. 1903. 15. Jahrg. Reich illustr., m. vielen Erzählgn., Beschreibgn., gemeinnützig. Notizen 2c., nebst e. Verzeichnis der Jahrmärkte u. anderen statistisch. Daten. Hrsg. von der St. Josef-Bücher-Bruderschaft in Klagenfurt. Red.: Rob. Klimsch. 4. (208 u. 64 S.) Klagenfurt, Buch- u. Kunsthdlg. d. St Josef-Vereins. n.n. — 80 Vergl.: Maria- u. Josef-Kalender.

St. Maria- und St. Josef-Kalender zur Förderung christlichen Lebens für das Jahr 1904. 16. Jahrg. Gr.-8°. (144, 64 S.) Klagenfurt: St. Josef Vereins Buchhandlung 1903. K —.80

(F) **St. Maria- und St. Josef-Kalender** zur Förderung christlichen Lebens für das Jahr 1905. 17. Jahrg. Gr.-8°. (144, 32, 64, 32 S.) K —.80 Klagenfurt: Buchhandlung des St. Josef-Vereines 1904.

Sankt Maria- u. Sankt Josef-Kalender zur Förderung christlichen Lebens f. d. J. 1907. 19. Jahrg. Reich illustr., m. viel. Erzählgn., Beschreibgn., gemeinnütz. Notizen etc., nebst e. Verzeichnis der Jahrmärkte u. anderen statist. Daten. Hrsg. v. der St. Josef-Bücher-Bruderschaft in Klagenfurt. Red.: Rob. Klimsch. (143, 32 u. 80 S.) gr. 8. Klagenfurt, Buch- u. Kunsth. des St. Josef-Vereines. n. — 70

Sankt Maria- u. Sankt-Josef-Kalender zur Förderg. christl. Lebens f. d. J. 1911. 23. Jahrg. Mit sehr vielen Orig.-Bildern, Orig.-Erzählgn. hervorrag. Schriftsteller, Aufsätzen verschiedenster Art, prakt. Ratschlägen, Jahrmarktsverzeichnis, statist. Daten etc. etc. Hrsg. v. d. St. Josef-Bücherbruderschaft in Klagenfurt. Red.: Rob. Klimsch. (32, 128 u. 16 S.) gr. 8. Klagenfurt, Buch- u. Kunsthandlg. des St. Josef-Vereines. — 80

St. Marie, L. v., der Blinde, s. Vorträge und Abhandlungen, pädagogische.

Sanct-Marienburg, Die. Ein historisch-episches Gedicht ... Berlin 1823. II: *Symanski, Johann Daniel.* (Ky) (GGr)

St. Marienstern [Schlagwort]

St. Marienstern, s.: Geologische Karten (Sachsen).

St. Marino (d. i. Breslau) 1777—79. 8°.

v. St. Martin, der Dienst des Geist-Menschen, s. Sammlung wichtiger philosoph. Werke ꝛc.

v. St. Martin, L. C., der Dienst des Geist-Menschen. Aus dem Französ. von dem Uebers. des Werkes „Dante und die kathol. Philosophie des 13. Jahrhunderts." gr. 8. Münster 845, Deiters. 1⅚ ₰

Stimme eines Heimgegangenen. Auszug aus den Werken von Louis-Claude St.-Martin. Frankfurt a. M.: Schmerber o. J. 87 S. 8°
[Nebentit.:] Louis-Claude St.-Martin. Extraits tirés de son ouvrage intitulé L'Homme de désir.
Deutsch u. franz. ca 1775 traten die Martinisten auf und vereinigten sich 1778 auf dem Convent des Gaules mit der franz. Strikten Observanz.

St. Maximilians-Kalender. Neuer Linzer Kalender für das Bisthum Linz 1868. Hrsg. vom Central-Katholiken-Verein in Linz. gr. 8. (94 S.) Linz 867, Danner's Verlag. *

Maximilians-Kalender, St. Neuer Linzer Kalender für das Bisthum Linz 1869. Herausgegeben vom Central-Katholiken-Verein in Linz. 8. (88 S.) Linz, Ebenhöch'sche B. (M. Quirein.) 1868. **40 kr.**

St. Meinard's Raben: Jahrgang 1–[illegible] Jan 1883–1918?
Roman Catholic monthly. Issued as "Beilage zu St. Benedict's-Panier." Octavo, each issue 4 pages. Published by St. Meinrad's College and Seminary.
St. Meinrad, IN

St. Michaels-Glocklein: 1908–1911? Cottonwood, ID
Roman Catholic

St. Miachels Kalender: Jahrgang 1, 1880?
Annual almanac, which was probably printed in Germany as a preprint almanac. Published by the Missionare vom Göttlichen Wort zur Unterstützung des Missionswerkes. Printed by the Editorial Guadalupe, Buenos Aires.
Buenos Aires

St. Michaels-Kalender für christliche Familien auf die J. 1886—1889. Hrsg. von Kolbe. 4. (à Jahrg. 160—170 S. mit Illustr. und 1 Wandkalender.) Steyl, Missionsdruckerei. à Jahrg. *

St. Michaels-Kalender für d. J. 1890—93. 11.—14. Jahrg. gr. 8. (à Jahrg. ca. 200 S. m. Abbildgn.) Steyl, Missionsdruckerei. à Jahrg. * — 50

Sankt Michaels-Kalender f. d. J. 1895. 16. Jahrg. 4. (200 Sp. u. 11 S. m. Abbildgn., 1 Farbendr. u. Wandkalender.) Steyl, Missionsdruckerei. n. — 50

Sankt-Michaels-Kalender f. d. J. 1899. 20. Jahrg. 4. (224 Sp. u. 10 S. m. Abb., 1 Farbdr., 1 Taf. u. Wandkal.) Steyl, Missionsdruckerei. n. — 50

Sankt Michaels-Kalender f. d. J. 1903. 24. Jahrg. 4. (240 Sp., III u. 7 S. m. Abbildgn., 1 Farbdr. u. Wandkalender.) Steyl, Missionsdruckerei. n. — 50

Sankt Michaels-Kalender f. d. J. 1906. 27. Jahrg. Hrsg. v. W. Abel. (256 Sp. u. 8 S. m. Abbildgn., 1 Farbdr. u. Wandkal.) Lex.-8. Steyl, Missionsdruckerei. n. — 50

Sankt-Michaelis-Kalender f. d. J. 1911. 32. Jahrg. Hrsg. v. Herm. Fischer. (128 u. 12 S. m. Abb., 1 Farbdr. u. Wandkalender.) gr. 8. Steyl, Missionsdruckerei. — 50

St. Michelsbote
v. Anzeiger für das Michelsamt.

Sankt Morandus-Kalender, der. Ein bewährter Freund in Freud u. Leid auf d. J. 1900. Hrsg. v. Sb. Em. Joder. 4. (90 S. m. Abbildgn.) Stoßweiler. (Leipzig, Schäfer & Schönfelder.) n. — 30

St. Moritz. [Prospetto illustrato, pubblicato da:] Hôtel & Pension Engadiner-Kulm .... [Con 1 carta topografica ed un panorama.] 8. Zurich *s. a.* [1880/90].

St. Moritz. [Illustrierter Prospect, hrg. von:] Hôtel & Pension Engadiner-Kulm .... [Mit 1 Karte und 1 Panorama.] 8. Zürich *o. J.* [1880/90].

St. Moritz. Festschrift gewidmet von St. M' [dem] Verein [der] schweiz. Presse .... (Samaden 1910) *s.* (Heer, J[acob] C[hristoph]).

St. Moritz. Bad St. M' im Engadin. 1775 M. ü. M. Eisenquellen — Kohlensäure-Bäder — Hydrotherapie — Elektrische und Licht-Bäder — Hochalpines Klima. Saison 15. Juni—15. September. [Prospekt, mit 5 Tafeln.] II + 24 S. quer-8. ([Samaden, Engadin Press Co.,] 1910.)

St. Moritz. Bad St. M', Ober-Engadin, Schweiz. [Umschlag illustriert.] 8. (Zürich) *o. J.* [1890/99].

St. Moritz. Bad St. M', Ober-Engadin, Schweiz. (Zur Erinnerung an das Engadin.) [Umschlag illustriert.] 8. (Samaden) *o. J.* [1892/99].

St. Moritz im Engadin (Schweiz). Das „Neue Stahlbad St. Moritz" und seine Heilquelle, die „Funtauna Surpunt" (*Nachtitel: Das Stahlwasser der „Funt' Surpunt" ...). 8. (Zürich 1894.)

St. Moritz, Engadin (*Umschlag: Obereng'). Ein Führer für Kurgäste. Mit [Textillustrationen und] Exkursionskarte. 56 S. 8. Chur und St. Moritz, Manatschal Ebner & Cie, (1906). [fr. 1.—]

Sankt Moritz, Engadin. Ein Führer f. Kurgäste. (56 S. m. Abb. u. 1 farb. Karte.) 8. Chur (906). (J. Rich.) n. 1.—

Sanct Moritz im Sommer. (Ein Mekka für Vergnügungssuchende und Erholungsbedürftige. [Lausanne 1910.] V: *Brautingham, Francis E.* (BBullschw 12, S. 235)

St. Moritz im Winter. (Der Winter-Kurverein St. M' den geehrten Gästen.) [Illustriert.] 8. Samaden 1896.

St. Moritz im Winter. Souvenir. Den w. Gästen gewidmet vom Winterkurverein. [Mit Illustrationen und 1 doppelten Plan.] II + 20 S. 8. [Samaden, Engadin Press Co., 1905.]

St. Moritz im Winter. Souvenir. Den w. Gästen gewidmet vom Winterkurverein. [Mit 1 Plan und illustriertem Umschlag.] II + 28 S. 8. Samaden, Engadin Press Co., (1908).

St. Moritz im Winter. Souvenir. Den werten Gästen gewidmet vom Kur- und Verkehrsverein. [Mit 1 Plan und illustriertem Umschlag.] II + 24 S. 8. Samaden, Engadin Press Co., (1910).

St. Moritz-Bad, Engadin. Schweiz. Hochalpiner Kurort mit Eisensäuerlingen und Stahlbädern.... [Illustriert.] 4. Samaden *o. J.* [1892 99].

St Moritz-Bad, Engadin, Schweiz. Hochalpiner Kurort mit Eisensäuerlingen und Stahlbädern; Saison: 15. Juni bis 15. September. ([Illustrierter Prospekt, hrg. vom] Engadiner Verkehrsbureau in St. Moritz....) [12 S.] 4. Samaden, Simon Tanner, (1901).

St. Moritz. St. M'(-Bad, Engadin, Schweiz). [Illustrierter Führer, hrg. vom Reklame-Consortium St. M'-Bad.] II + 32 S. 8. [Samaden, Engadin Press Co., 1910.]

St. Nelly, Blüthen aus Tetschens goldenen Auen. 3 Thle. 8. Leipzig 843, Wienbrack. 3 1/3 ₰

— das Haus der Nichte. Novelle. 2 Bde. 8. Ebd. 845. 2 1/2 ₰

— Schloß Lilienhof, oder: Die nordischen Flüchtlinge. 2 Bde. 8. Ebend. 844. 2 1/2 ₰

— Lucilie oder der Ring des Kaisers. 2 Bde. 8. Ebend. 846. 2 7/12 ₰

— die Rückkehr ins Vaterhaus. 2 Bde. 8. Ebd. 844. 2 1/2 ₰

St. Nicolai-Stiftes, des, Feierlieder. 8. (32 S.) Hamburg 862, (J. G. Oncken.)

Sankt Niklaus der Jugendfreund. Red.: Jul. Gava. 15.—18. Jahrg. 1907—1910. à 24 Nrn. (à ca. 16 S. m. Abb.) 8. Straßburg, F. X. Le Roux & Co. à Jahrg. p nn 1. 60

St. Niklaus-Glocken, s. Nachrichten, Freiburger.

St. Nikolas-Geschenk, ein. Zunächst f. fleißige u. brave Schüler u. Schülerinnen. 12. (2 B. u. 1 Stnt.) Emmerich 845, Romen. *

Sankt Nikolaus bei den Gesellen, s.: Vereinstheater, neues.

Sankt Nikolaus-Büchlein. Eine Erzählg. f. brave Kinder. 16. (32 S.) Münster 902, Alphonsus-Buch.h. — 10

St. Norbertus-Blatt. Zeitschrift zur Förderg. katholischen Lebens. Red.: J. Dörfler. Hrsg.: J. Roller. 1. u. 2. Jahrg. 1889. 1890. à 24 Nrn. (2 B. m. Illustr.) gr. 4. Wien, „St. Norbertus"-Buchdr. à Jahrg. n. 2. —

St. Norbertus-Blatt. Zeitschrift zur Förderg. kathol. Lebens, zugleich Organ der eucharist. u. charitativen Vereine, Bruderschaften u. Werke in Oesterreich. Red.: Joh. Dörfler. Hrsg.: Jos. Roller. 3. u. 4. Jahrg. 1891. 1892. à 26 Nrn. (2 Bog. m. Illustr.) gr. 4. Wien, Verlag „St. Norbertus". à Jahrg. n. 2. 40

— dasselbe. Red.: Math. Eisterer. Hrsg.: Jos. Roller. 5. u. 6. Jahrg. 1893. 1894. à 26 Nrn. (2 Bog. m. Illustr.) gr. 4. Ebd. à Jahrg. n. 2. 40

Sankt Norbertus-Blatt. Zeitschrift zur Förderg. kathol. Lebens, zugl. Organ d. eucharist. u. charitativen Vereine, Bruderschaften u. Werke in Oesterreich. Red.: Math. Eisterer. Hrsg.: Jos. Roller. 7.—10. Jahrg. 1895—1898. à 26 Nrn. (à ca. 20 S. m. Abb.) gr. 4. Wien, „St. Norbertus". à Jahrg. n. 2. 40

Sankt Norbertus-Blatt. Zeitschrift zur Förderung kathol. Lebens, zugleich Organ der euchazist. u. charitativen Vereine, Bruderschaften u. Werke in Österreich. Red.: Matth. Eisterer. Hrsg.: Jos. Roller. 11.—14. Jahrg. 1899—1902. à 26 Nrn. gr. 4. (à ca. 16 S.) Wien, „St. Norbertus". à Jahrg. n. 2. 40

Sankt Norbertus-Blatt. Zeitschrift zur Förderg. kathol. Lebens. Red.: Joh. Dörfler. Hrsg.: Jos. Roller. 15. bis 18. Jahrg. 1903—1906. à 26 Nrn. (à Jhrg. IV, 416 S. m. Abb.) gr. 4. Wien, „St. Norbertus". à Jhrg. n. 2. 40; geb. n. 4. —

Sankt Norbertus-Blatt. Zeitschrift zur Förderung kathol. Lebens. Red.: Johs. Dörfler. Hrsg.: St. Josefverein in Klagenfurt. 19. Jahrg. Jan.—März 1907. 8 Nrn. (à ca. 16 S.) Lex. 8. Wien, „St. Norbertus". — 60
Erscheint nicht mehr.

St. Norbertus-Kalender pro 1888. III. Jahrgang. Wien, Norbertus-Buchdruckerei. Quer-Fol. Aufgezogen. fl. —.75.

„St. Norbertus" Kanzlei-(Sacristei-) Kalender für 1890. II. Jahrg. Quer-Format 84 × 62 *cm*, unaufgezogen Wien: St. Norbertus 1889. —.30

„Sanct Norbertus" - Kanzlei - Kalender für 1891. Sacristei-Kalender. Grosses Querfolio 84 × 62 *cm*, unaufgezogen Ebd. —.30

Sanct Norbertus - Kanzlei - Kalender für das Jahr 1892. Großes Querformat. 84 × 62 *cm*. Zweifärbiger Druck. Unaufgezogen Ebd. —.30

„St. Norbertus" Kanzlei- und Sacristeikalender 1894. 62 × 84 *cm* Ebd. * —.30

„St. Norbertus"-Kanzlei- u. Sacristei-Kalender für das Jahr 1895. Quer-Format. 62 × 84 *cm*. Großer, zweifarbiger Druck. Mit Verzeichniß der gebotenen Festtage, Postbestimmungen, Tabellen und Tarifen 2c. Unaufgezogen Ebd. —.30

„St. Norbertus"-Kanzlei- u. Sacristei-Kalender für das Jahr 1896. Quer-Format, 62 × 84 *cm*. Großer, zweifarbiger Druck. Mit Verzeichniß der gebotenen Fasttage, Postbestimmungen, Tabellen und Tarifen 2c. Unaufgezogen Ebd. —.30

„St. Norbertus" Kanzlei- und Sacristei-Kalender. für das Jahr 1897. Quer-Format 62 × 84 *cm*. Großer zweifarbiger Druck. Mit Verzeichniß der gebotenen Fasttage, Postbestimmungen, Tabellen und Tarifen 2c. Unaufgezogen Ebd. —.30

„St. Norbertus" - Kanzlei- und Sacristei-Kalender für das Jahr 1899. Querformat 62 × 84 *cm*. Großer, zweifarbiger Druck. Mit Verzeichniß der gebotenen Fasttage, Postbestimmungen, Tabellen und Tarifen 2c. Unaufgezogen Ebd. —.30

„St. Norbertus" Wand-Kalender für 1890. V. Jahrg. Quer-Format 41 × 29 *cm*, aufgezogen Ebd. —.50

„Sanct Norbertus“ - Wandkalender für 1891. Format 41 × 29 *cm*, aufgezogen Ebd. —.50

„St. Norbertus“ - Wandkalender 1893. Mit Farbendruckbild: Madonna von Fra Angelico. 41 × 29 *cm* Aufgezogen Ebd. —.50

— Wandkalender 1894. Mit Farbendr.: Herz Jesu (Brustbild) nach Kupelwieser. 28 × 41 *cm* * —.50 Ebd.

„St. Norbertus“-Wand-Kalender für das Jahr 1895. Format 29×41 *cm*, elegante Ausstattung in vielfarbigem Drucke, stilvolle Randzeichnung mit den Sinnbildern der zwölf Monate, im Mittelfelde das feine Farbenbild „Heiliges Herz Jesu“ (nach Kupelwieser). Auf Carton gespannt Ebd. —.50

„St. Norbertus“-Wand-Kalender für das Jahr 1896. Auf Carton, Format 29×41 *cm*, elegante Ausstattung in vielfarbigem Drucke, im Mittelfelde ein religiöses Farbenbild Ebd. —.40

„St. Norbertus“-Wand-Kalender für das Jahr 1897. Auf Carton, Format 29×41 *cm*, elegante Ausstattung in vielfarbigem Drucke, im Mittelfelde ein religiöses Farbenbild Ebd. —.40

„St. Norbertus“-Wand-Kalender für das Jahr 1898. Auf Carton, Format 29×41 *cm*, elegante Ausstattung in vielfarbigem Drucke, im Mittelfelde ein religiöses Farbenbild Ebd. —.40

„St. Norbertus“-Wand-Kalender für das Jahr 1899. Auf Carton, Format 29×41 *cm*, elegante Ausstattung in vielfarbigem Druck, im Mittelfelde ein religiöses Farbenbild Ebd. —.40

Das **St. Notburga-Heim** zu Ratibor. Ein Rückblick auf d. Entstehen u. d. Entwickelung d. St. Notburga-Vereins u. vorgenannter Anstalt. Ratibor 1899. (19 S.) 8° [F.] [05. 8897 2

Sankt Oswald, die Sommerfrische, u. das Bad Maria Bründl bei Freistadt in Oberösterreich. 8. (23 S. m. 3 Abbildgn.) Freistadt 893. (Linz, F. I. Ebenhoech.) n. — 40

Sankt Ottilien-Missions-Kalender f. d. J. 1903. Hrsg. v. der St. Benediktus-Missionsgenossenschaft in St. Ottilien. gr. 8. (136 u. XXVI S. mit Abbildgn., Wandkalender u. 1 Farbdr.) St. Ottilien. (Augsburg, Literar. Institut v. Dr. M. Huttler.) n. — 40

Sankt Ottilien-Missions-Kalender f. d. J. 1907. Hrsg. v. der St. Benediktus-Missionsgenossenschaft in St. Ottilien. (144 u. VIII S. m. Abbildgn., Wandkal. u. 1 Farbdr.) Lex.-8. St. Ottilien, Missions-Verlag. n. — 40

Sankt Ottilien-Missions-Kalender f. d. J. 1911. Hrsg. v. den Benedikt.-Missionären in St. Ottilien, Post Geltendorf (Oberbayern). (144 u. XVI S. m. Abbild., Wandkalender u. 1 Farbdr.) Lex. 8. St. Ottilien, Missions-Verlag. —40

St. Ottilien's Missions-Kalender f. d. J. 1890 u. 1891. Hrsg. im Missionshaus St. Ottilien. 3. u. 4. Jahrg. 4. (à Jahrg. ca. 225 Sp. m. Abbildgn.) Augsb., Literar. Institut v. Huttler. à Jahrg. * — 50
Nicht weiter erschienen.

St. Otto-Blatt. Bamberg: C. Franke 1899–1901. 8°
(Red.: Rudolf Bremauer.)

Sanct Ottocar, Bischof von Bamberg. Eine historische Mittheilung. Augsburg 1824. V: *Wilhelm*, *August Benedict.* (MGT)

St. Paul, Wilh. v., kurze Uebersicht der Geschichte Altpreußens. 8. (70 S. mit 1 Tab. in qu. 4.) Königsberg i. Pr. 870, Meyer und Comp. *

St. Pauli-Kirche, die, ehemals und jetzt. Der St. Pauli-Gemeinde am Gedenktage ihres 200jähr. Bestehens als Festgabe gewidmet von J. L. gr. 8. (VIII, 60 S. mit 2 lithogr. Illustr.) Hamburg 882, Nolte. * 1 20

St. Pauls-Bote 1889–1940? Carlinville, IL.

Sankt Paulus. Ein Andachtsbuch f. Verehrer des hl. Apostels. (176 S.) 16. Regensburg (905). J. Habbel. Geb. in Leinw. n. — 50

Sankt Paulus u. die heutigen Christen. Legende aus der neuesten Zeit. gr. 8. (1 B.) Leipzig 845, (Pönicke u. Sohn.) *
Vgl.: Saint.

St. Paul Volksfreund: Jahrgang 1, no. 1–36. Sept. 22, 1894–May 25, 1895?
Democratic weekly. Sub-title: Sonntags-Blatt. Editor and publisher not reported.
St. Paul, MN

St. Peter [Schlagwort]

St. Peter, s.: Geologische Karten. Spezialkarte (Baden.)

St. Peters-Bote: 1900–1912?
Monthly. Subscription held by Harmony Society. Published by Evangelisch Lutherische St. Peter's Gemeinde, Pittsburgh.
Pittsburgh, PA

St. Peters Bote. Feb. 11, 1904–July 31, 1947.
Roman Catholic weekly. Sub-title: Ein Familienblatt zur Erbauung und Belehrung. Circulation 1912, 1752; 1925, 1825; 1930, 1500; 1940, 1021; 1947, 850. Established in Winnipeg, Manitoba, removed to Münster, Sask., about 1911. Editors: Peter Windschiegel, 1913–1916; Bruno Doerfler, 1917–1918; Peter Windschiegel, 1910–Dec. 1, 1922; Joseph Sittenauer, Dec. 1922–1932; J. Sittenauer & M. Hilfiker, 1933–Nov. 17, 1936; J. Sittenauer & P. Windschiegel, 1936–1945 (or 1946); P. Windschiegel, 1947. Publisher: The Benedictine Fathers; from 1939, St. Peter's Press.
Münster, Sask.

St. Petersburg [Sachliches OW]

Sanct Petersburg am Ende seines ersten Jahrhunderts ... St. Petersburg u. Penig 1805. V: *Reimers*, *Heinrich Christoph von.* (MGT) (Ky) (CBH)

St. Petersburg und **Umgebungen**. Prakt. Reisehandb. 12. Aufl., neu bearb. v. Paul Röhll in St. Petersburg. *Berlin: A. Goldschmidt 1897.* (VII, 150 S., 1 Bl., 2 Kt., 2 Pl.) 1 Bd 8.
= **Reisebücher, Griebens.** Bd 27. [97. 4363

St. Petersburg und **Umgebungen.** Prakt. Reisehandbuch. 13. Aufl., neu bearb. von A. Wernekinck in St. Petersburg. Mit 4 Karten. *Berlin: A. Goldschmidt 1901.* (IV, 139 S.) 8° [F. u. Ant.]
= **Reisebücher, Griebens.** Bd 27. [01. 321?

St. Petersburg und Umgebung. Prakt. Reiseführer. Mit 4 Kt. 14. Aufl. neu bearb. von A. Wernekinck, in St. Petersburg. Berlin: Goldschmidt 1910. 142 S. 8°
(Griebens Reiseführer. Bd 27.)

St. Petersburg [Schlagwort]

St. Petersburg — Grundriss der Festung, Stadt und Situation — Georg Paulus Busch sculpsit. 1 : 21,600. 1 Bl.

St. Petersburg — Ein Panorama von — von dem Observatorium auf dem Gebäude der k. k. Akademie der Wissenschaften aus gesehen. Ohne Titel. Ohne M. 1 Bl.

St. Petersburg. Plan, neuester, v. St. Petersburg u. ausführliche Karte der Umgebung. 21×26 u. 13,5×21,5 cm. Farbendr. Nebst Namen-Register. (2 S. in gr. 8.) St. Petersburg 894. H. Schmitzdorff. n. — 75

St. Petersburg — Plan der Kaiserlichen Residenzstadt — Berlin bey Simon Schropp et Comp. 1810. C. Jaettnig sculps. 1 : 35,000. 1 Bl.

St. Petersburg — Topographische Vorstellung der Neuen Russischen Haupt- Residenz- und Seestadt — samt ihrer zuerst aufgerichten Vestung etc. Herausgegeben von Joh. Bapt. Homann in Nurnberg. 1 : 20,000. 1 Bl.

Sanct Petersinsel, Die, in dem Bieler See. Bern 1796. V: *Wagner, Siegmund.* (MGT) (Ky)

Die **St. Petri-Gemeinde.** Zwei Jahrhunderte evang. Gemeindelebens in St. Petersburg. 1710–1910. St. Petersburg 1910: (Ehrlich) 346, 152 Sp. 4° III. 5006

Sankt Petrus. Ein geistl. Spiel m. Chören v. F. W. H. 12. (52 S.) Paderborn 887. Kleine. — 50; 8 Gesänge f. 4stimm. Männerchor, komp. v. K. K. Op. 16. (32 S.) — 50

St. Petrus' Ermahnung, die Heilige Schrift zu lesen. 8. (16 S.) Gernsbach 882, Christl. Colportage-Verein. * — 4

— an der Himmelsthüre. Festspiel in 1 Act. Zur Jubelfeier einer Oberin. 8. (30 S.) Bonn 888. Hauptmann. n. — 25

Sankt Philumena-Büchlein. Nach d. Ital. d. hochw. Don Francesco de Lucia v. Didacus Reinhold. 16. (47 S. m. Bildn.) Wien 894. (H. Kirsch.) n. — 20

St. Pölten [Sachliches OW]

Sanct Pölten und seine Umgegend, mit besonderer Rücksicht auf Pfarren, Stifte, Klöster . . . Wien 1828. V: *Frast, Johann von.* (EngG)

St. Pölten [Schlagwort]

St. Pölten, s. a. Europa. Liebenow.

St. Pölten, s. a. Radfahrerkarten.

— s. a. Wien.

— s. a.: Wien, Umgebung.

St. Pölten-Krems-Retz-Znaim-Brünn, s.: Radfahrerkarten. Grumm.

St. Pölten — Mariazell — Mürzzuschlag, s.: Radfahrerkarten, Grumm.

St. Pölten. Karte der Diözese St. Pölten. Hrsg. unter Johannes Rössler. 1 : 200,000. 78,5×72,5 cm. Farbdr. Wien, G. Freytag & Berndt. Auf Lw. m. Stäben 10.—

St. Pölten. Pany, L., Plan v. St. Pölten. 1 : 5000. 42×31,5 cm. Farbendr. Wien 895. G. Freytag & Berndt. n. — 40

— Plan von St. Pölten. 1 : 7,500. 42,5×31,5 cm. Farbdr. Ebd. (909). nn — 20

St. Pölten-Scheibbs. Umgebungskarte v. St. Pölten-Scheibbs. 1 : 75,000. Hrsg. v. k. k. militär-geograph. Institut in Wien m. Bezeichnung der markirten Wege. Chromolith. gr. Fol. Wien 887. (Lechner's Sort.) n. 3. 40

St. Quintin, Graf, siehe: Unserer Armee.

St. Quirinus-Jubiläums-Büchelchen, vollständiges, für die Neußer Bürger u. auswärt. Pilger nach Neuß, enthaltend die Geschichte der Bekehrung u. des Märterthums des heil. Quirinus 2c.; so wie die Jubiläumsbulle nebst den am 5. Mai u. den 7 folgenden Tagen zu haltenden Andachten zum heil. Quirinus u. beim Gebrauche des Quirinus-Wassers. 2. verb. Aufl. 16. (32 S.) Düsseldorf 850, Engels & Lensch. 1 1/2 ngr

St. Raphaelsblatt. Monatsschr. fur dt. Wanderung und Siedelung und fur das kathol. Dtm im Ausl. Nachrichtenblatt des St. Raphaelsvereins zum Schutze kathol. dt. Auswanderer und des Reichsverb. fur die kathol. Auslanddtn Jg 1–33 — Hbg. (fruher Freiburg): St. Raphaelsverein 1890–1923
Aufgegangen in: Die Getreuen.

Sanct-Regis-Vereinigungen zur unentgeltlichen Beschaffung von Verehelichungspapieren . . . Köln 1900. V: *Bremer, Herm. Jos.* (Berl)

Sanct-Ruperti-Jubiläums-Büchlein. Salzburg 1882. V: *Reitlechner, Georg.* (Hr)

Sankt Salvator, der. Entstehg., Geschichte u. Beschreibg. 6., verm. u. verb. Aufl. 8. (12 S. m. 2 Abb.) Schwäb. Gmünd (896). Scharpf & Kraus. n. — 20

Das St. Sebald Kirchenblatt : 1870– Dubuque, IA

St. Sebastianus-Schützenbr. Köln-Dünnwald. 50 Jahre St. Sebastianus Schützenbruderschaft Köln-Dünnwald. Gegr. 1906. Festschrift. Köln-Dünnwald, 1906, 56 S. 1603

Sanct Siegfriedskirche, Die heilige, nach der 12. Ausgabe a. d. Engl. übersetzt. Leipzig 1801—2. Ü: *Kleffel, Gustav.* (MGT) (GGr)

Sanct-Siegfriedskirche, die heilige, nach der 12ten Ausgabe, a. d. Engl. übersetzt, m. K. 5 Bde. 8. Leipzig, Rein. 801—2.

Sanct Stephan's Bulle, Goldene, des Königs Stephan Urosch II. Milutin († 1321). Aus dem alten Serail veröffentlicht von der Landes-Regierung von Bosnien und der Herzegowina. Mit 4 Facsimile. (In serbischer Sprache.) 8. Wien 1890.

St. Thomasblätter. Zeitschrift für die Verbreitung der Lehre des heil. Thomas. Hrsg. von Ceslaus Maria Schneider. 1. Jahrg. 1888/89. 24 Hefte. (à Heft 2 Bog.) gr. 8. Regensburg, Verlags-Anstalt. *

St. Thomasblätter. Zeitschrift f. die Verbreitg. der Lehre d. hl. Thomas. Hrsg. v. Ceslaus Maria Schneider. 2. Jahrg. 1889/90. 24 Hefte. (à Heft 2 Bog.) gr. 8. Regensb., Verlags-Anstalt. * 8 —
Nicht weiter erschienen.

—— dass. — Ergänzungsheft, s. Schneider, Ceslaus Maria. Das apostolische Jahrhundert.

St. Trinitas Bote: 1901—1918.

Organ of Trinity Lutheran Evangelical Church, Rochester, now Trinity United Church of Christ, Evangelical & Reformed, Child and Wilder Streets.
Rochester, NY

Sankt Ulrichsblatt. Ein religiöses Wochenblatt für das kathol. Volk, besonders in der Diöcese Augsburg. Redact.: L. Hörmann. 1. Jahrg. 1869. 52 Nrn. (Bog.) gr. 8. Augsburg, Rieger'sche Buchh. *

Sanct Ulrichs-Büchlein. Eine kurze u. erbaul. Darstellung über das Leben u. Wirken des heil. Ulrichs. Mit einer Zugabe von Morgen-, Abend-, Meß- ꝛc. u. anderen Gebeten. 16. (Mit Titelkupf.) Augsburg 846, Schlosser. 1/24 *ß*

St. Ulrichs-Büchlein. Eine kurze und erbaul. Darstellung von dem Leben und Wirken des heil. Ulrich. Mit einer Zugabe von Morgen-, Abend-, Meß- ꝛc. Andachten, Litanei und andern Gebeten. 32. (62 S.) Augsburg 865, Schlosser's Buchh.

St. Ursen-Glocken
v. Solothurner Anzeiger.

St. Ursen-Kalender. Hrsg. vom Verein zur Verbreitung guter Bücher. 1880—1885. 4. (à Jahrg. ca. 56 S. mit Illustr.) Solothurn, Schwendimann. Jahrg. 1880—1883 à — 30
Jahrg. 1884 und 1885 à * — 35

St. Ursen-Kalender. Hrsg. vom Verein zur Verbreitung guter Bücher. 33.—36. Jahrg. 1886—1889. 4. (56; 80; 80; 80 S. mit Illustr.) Solothurn, Burkard und Frölicher. à Jahrg. *

St. Ursen-Kalender. Hrsg. vom Verein zur Verbreitung guter Bücher. 38. Jahrg. 1891. Mit Illustr. In-4°. 80 S. Solothurn, Burkard & Fröhlicher. — 40

Sanctursenkalender. St. Ursen-Kalender. Hrg. vom Verein zur Verbreitung guter Bücher. Jahrg. 48. [Illustriert.] 80 [+ 32] S. 4. Solothurn, Buch- und Kunst-Druckerei Union. fr. —.40

Sanctursenkalender. St. Ursen-Kalender. Hrg. vom Verein zur Verbreitung guter Bücher. Jahrg. 49. 1902. [Mit Illustrationen und 1 Tafel.] 88 [+ 36] S. 4. Solothurn, Buch- und Kunst-Druckerei Union. fr. —. 40

Sanctursenkalender. St. Ursen-Kalender. Hrg. vom Verein zur Verbreitung guter Schriften. Jahrg. 50. 1903. Jubiläumsausgabe. [Mit Illustrationen und 2 Tafeln.] VI + 94 [+ 36] S. 4. Solothurn, Buch- und Kunstdruckerei Union. fr. —. 40

Sanctursenkalender. St. Ursen-Kalender. Hrg. vom Verein für Verbreitung guter Schriften. Jahrg. 51. 1904. [Mit Illustrationen und 1 Tafel.] X + 90 [+ 40] S. 4. Solothurn, Buch- und Kunstdr. Union. fr. —. 40

Sanctursenkalender. St. Ursen-K'. Hrg. vom Verein zur Verbreitung guter Schriften. Jahrg. 52. 1905. [Illustriert.] IV + 90 [+ 38] S. 4. Solothurn, Union. fr. —. 40

Sanctursenkalender. St. Ursen-K'. Hrg. vom Verein zur Verbreitung guter Bücher. Jahrg. 53. 1906. [Illustriert.] IV + 90 [+ 38] S. 4. Solothurn, Union. fr. —. 40

Sanctursenkalender. St. Ursen-K'. Hrg. vom Verein zur Verbreitung guter Bücher. Jahrg. 54. 1907. [Mit Illustrationen und 1 Tafel.] IV + 92 [+ 44] S. 4. Solothurn, Union. fr. —. 40

Sanctursenkalender. St. Ursen-K'. Hrg. vom Verein zur Verbreitung guter Bücher. Jahrg. 55. 1908. [Mit Illustrationen und 1 Tafel.] IV + 90 [+ 42] S. 4. Solothurn, Union. fr. —. 40

Sanctursenkalender. St. Ursen-K'. Hrg. vom Verein zur Verbreitung guter Bücher. Jahrg. 56 *u.* 57. 1909 *u.* 1910. [*je* Mit Illustrationen und 1 Tafel.] IV + 90 [+ 46] *u.* IV + 88 [+ 48] S. 4. Solothurn, Union. *je* fr. —. 40

St. Veit a. d. Triesting [Schlagwort]

St. Veit a. d. Triesting, s.: Wiener Ausflugskarten.

Sankt Viktor, Hugo v., s.: Hugo v. St. Viktor.

St. Viktorskirche, die, zu Xanten. Geschichtliches und Beschreibendes. 8. (83 S. mit einer lithogr. Ansicht der Stadt und Kirche von der Nordseite.) Xanten 851. (Wesel, Bagel.) *

Sankt-Vitus-Kalender f. d. kathol. Volk. 7. Jahrg. 1899. 4. (192 Sp. m. Abb. u. 1 Farbdr.) M.-Gladbach, J. Rixen. n. — 50

Sankt-Vitus-Kalender f. das katholische Volk. 11. Jahrg. 1903. 4. (194 Sp. m. Abbildgn. u. 1 Farbdr.) M.-Gladbach, J. Rixen. n. — 50

Sankt-Vitus-Kalender f. das kathol. Volk. 15. Jahrg. 1907. (192 Sp. u. 6 S. m. Abbildgn., 1 Farbdr. u. Wandkal.) Lex.-8. M. Gladbach, J. Rixen. n. — 50

Sankt-Vitus-Kalender f. das kathol. Volk. 19. Jahrg. 1911. (140 Sp. m. Abb., 1 Farbdr. u. Wandkalender.) Lex. 8. M. Gladbach, J. Rixen. — 50

Sanct Walbo, Graf von Alikanta, oder die Geheimnisse des Klosters St. Sebastian. Lübben 1799. V: *Bornschein, Joh. Ernst Dan.* (NN)

Sankt Walburga-Büchlein. Lebensgeschichte u. Andachtsübgn. Von e. Mitgliede des Benediktinerordens. (VI, 180 S. m. Titelbild.) 16. Eichstätt 906. (Ph. Brönner.) Geb. n.n. — 85

St. Wendel [Schlagwort]

St. Wendel. Schmitt, Phpp. Frdr., Wandkarte d. Kreises Sankt Wendel. 1 : 25,000. 6 Blatt à 81,5 × 56 cm. Farbendr. u. kolor. Kreuznach, F. Harrach. Auf Leinw. n. 20. —

Sanct Wendelinsbuch. St. Wendelinsbuch. Gebet- und Erbauungsbuch zur Verehrung des hl. Wendelin für das Landvolk. Hrg. von Jos[eph] B[erchmans] Zürcher. Mit Erlaubnis des Bischofs von Chur. [Mit 7 Illustrationen.] 287 S. 8. Menzingen, Kt. Zug, Depot kath. Volksschriften, 1903. [geb. fr. 1. —]

Sanct Wendelinus. Ein Andachtsbüchlein, dem christl. Landvolk gewidmet von einem Priester der Diöcese Mainz. 1. und 2. Aufl. gr. 16. (VIII, 80 S. mit 1 Holzschntaf.) Donauwörth 876,77, Buchh des kathol. Erziehungsvereins. * — 35

Sankt Wendelinus, Schutzpatron bei Krankheiten u. Viehseuchen. Lebensbeschreibung u. Gebete. (14 S.) 16. Riedlingen 904. Ulrich. n. — 10

Sankt Wendelinus, Schutzpatron bei Krankheiten u. Viehseuchen. Lebensbeschreibg. u. Gebete. (14 S.) 16. Riedlingen 908. Ulrich. — 10

St. Wenzels-Kalender, Prager — auf das gemeine Jahr 1854, oder (Sammlung) des Gemeinnützigsten, Neuesten und Unentbehrlichsten für das Berufs- und Familienleben u. s. w. 21. Jahrgang. 4. Prag. Druck und Verlag von Johann Spurny.

St. Wenzels-Kalender, Prager — auf das Schaltjahr 1856, oder Jahrbuch des Gemeinnützigsten, Neuesten und Unentbehrlichsten für das Berufs- und Familienleben des Bürgers und Landmannes ꝛc. Vier und zwanzigster Jahrgang. Mit dem Bildnisse des heil. Landespatrons St. Wenzels und 11 Illustrationen. Druck und Verlag von Johann Spurny. (34 Bl. 4.)

St. Wenzels-Kalender, Prager — auf das Schaltjahr 1856, oder Jahrbuch des Gemeinnützigsten, Neuesten und Unentbehrlichsten für das Berufs- und Familienleben des Bürgers und Landmannes, des Gewerbtreibenden, Markthändlers und Arbeiters ꝛc., nebst einem praktischen Hausadvokaten für das Volk, einer Sammlung nützlicher, unterhaltender Kunststücke und einem neu regulirten Jahrmarktsverzeichnisse. Vier und zwanzigster Jahrgang. Druck und Verlag von Johann Spurny. Mit dem Bildnisse des heil. Landespatrons St. Wenzels und 11 Illustrationen. (61 Bl. 4.)

St. Wenzels-Kalender, Prager — auf das gemeine Jahr 1857, oder Jahrbuch des Gemeinnützigsten, Neuesten und Unentbehrlichsten für das Berufs- und Familienleben des Bürgers, Landmannes, und des Gewerbtreibenden, nebst einem neu regulirten Jahrmarktsverzeichnisse. 25. Jahrgang. Mit dem Bildnisse des heil. Landespatrons St. Wenzels und Illustrationen. Druck und Verlag von Johann Spurny. (33 Bl. 4.)

Sanct Wenzels-Capelle, Die, auf der Wiese unter Znaim ... Znaim 1840. V: *Gollinger.* (Haidinger)

Sankt Willibrordus-Buch. Vollständiges Wallfahrtsbuch f. alle frommen Verehrer d. hl. Willibrord, Apostels der Friesen u. Gründer der Abtei Echternach. 16. (204 S.) Trier 886. Paulinus-Druckerei. cart. n. — 70

Sankt Wolfgangs-Blatt. Fest-Chronik des 900jähr. Wolfgang-Jubiläums 994—1894. Hrsg. v. J. B. Mehler. 21 Nrn. Fol. (II, 82 S. m. Abbildgn.) Regensburg 894. J. Habbel. Geb. in Leinw. n. 1. —

Sankt Wolfgangs-Büchlein f. d. Jugend. Festgabe zum 900jähr. Jubiläum d. Hauptpatrones der Diözese Regensburg. Von e. Priester desselben Bistums. 8. (23 S. m. Bildnis.) Regensburg 894. A. Coppenrath's Verl. n. — 20

San Marte, s.a. Schulz, A.

San Marte, (A. Schulz), die Arthur-Sage, s. Bibliothek d. gesammt. deutsch. National-Literatur, 11. Bd.

† San-Marte (A. Schulz,) die Arthur-Sage u. die Mährchen des rothen Buchs von Hergest, s. Bibliothek der gesammt. deutschen Nationalliteratur. II. Abthl. 2. Bd.

— Beiträge zur bretonischen u. celtisch-germanischen Heldensage, siehe: Bibliothek der National-Literatur. II. Abth. 3. Bd.

San-Marte, (A. Schulz), s. W. Eschenbach, Leben und Dichten; — dessen Parcival.

† San-Marte, (A. Schulz,) Gudrun ꝛc., s. Gudrun.

—— die polnische Königssage. Nach den Quellen dargestellt und kritisch erörtert. gr. 8. (87 S.) Berlin 848. [Leipzig,] Herm. Schultze.

Aus: Neues Jahrbuch für deutsche Sprache und Alterthumskunde. 8. Bd., besonders abgedruckt.

—— Leben u. Dichten Wolframs v. Eschenbenbach, s. Eschenbach.

— Groß-Polens Nationalsagen, Mährchen u. Legenden u. Lokalsagen des Großherzogthums Posen. 4 Hfte. 8. Bromberg 842—44, Levit. (à n. ⅓ Thlr.) n. 1⅓ Thlr.

– s. Nennius und Gildas.

San-Marte, [A. Schulz], Parcival-Studien. 1—3. Heft. Halle 861, 62. Buchhdlg. des Waisenhauses. gr. 8. n. 6 Thlr. 10 ngr.

1. Heft: Des Guiot von Provins bis jetzt bekannte Dichtungen, altfranzösisch u. in deutscher metrischer Uebersetzung mit Einleitung, Anmerkungen u. vollständigem erklärenden Wörterbuche herausg. von Joh. Frdr. Wolfart u. San-Marte [A. Schulz.] (XII, 402 S.) n. 3 Thlr.
2. Heft: Ueber das Religiöse in den Werken Wolframs von Eschenbach u. die Bedeutung des heiligen Grals in dessen „Parcival." (XVI, 278 S.) n. 2 Thlr.
3. Heft: Die Gegensätze des heiligen Grales u. von Ritters-Orden. (VIII, 244 S.) n. 1 Thlr. 10 ngr.

— des Kreuzes Prüfung. Glaubens-Tragödie. 12. Magdeburg 845, Heinrichshofen. ½ Thlr.

– Rückblicke auf Dichtungen u. Sagen d. deutschen Mittelalters. s. Bibliothek der gesammten deutschen National-Literatur.

† San-Marte, (A. Schulz,) die Sagen von Merlin, s. Sagen, die, von Merlin.

San-Marte, [A. Schulz], Polens Vorzeit in Dichtung und Wahrheit. Bromberg 859. Levit. 8. (182 S.) 22½ ngr.

San-Marte, zur Waffenkunde des älteren deutschen Mittelalters, s. a. Bibliothek der gesammten deutschen National-Literatur.

San Marte (Schulze, A.) Zur Waffenkunde des älteren deutschen Mittelalters. (355) 8. M. 13 Abbild. Quedlinburg 1867. 8,00.

San-Marte (A. Schulz). Zur Waffenkunde des ältesten deutschen Mittelalters. Quedlinburg 1867. 8°. (Bibliothek der gesamten deutschen National-Literatur, Abt. 2, 4.)

—— **Walther von Aquitanien, s. Walther von Aquitanien.**

San-Marte, über d. Werth v. Provinzialgesetzen; mit besond. Beziehung auf Preussen. Ein Wort zur Feier d. 3. Aug. 1830. gr. 8. (4 B.) Quedlinburg, Basse.

– Über Wolfram's v. Eschenbach Rittergedicht Wilhelm v. Orange, s. Bibliothek der gesammten deutschen National-Literatur.

San Martino di Castrozza [Schlagwort]

S. Martino di Castrozza, s.: Alpen, Artaria.

Sann, Hans v. der (Joh. Krainz), Gedenkschrift zur Enthüllung des Kriegerdenkmales in Graz. gr. 8. (38 S. m. Abbildgn.) Graz 902. (P. Cieslar.) n. — 70

Sann, Hans von der, (Johann **Krainz.**) Geschichte des k. u. k. Infanterie-Regimentes, FZM Friedrich von Beck **Nr. 47.** Mit 6 Illustrationen. 8. Graz 1902

(F) **Sann,** Hans von der, Lorbeerblätter aus der Ruhmesgeschichte steirischer Truppenkörper. I. Theil. Gr.-8°. (184 S.) † Graz: Styria 1902.

Sann, Hans v. d., mit Gott f. Kaiser u. Vaterland. Lorbeerblätter aus der Ruhmesgeschichte steir. Truppenkörper. gr. 8. (XLV, 331 S. m. Abbildgn. u. Kartenskizzen.) Graz 894. Styria. Kart. n. 3. 50

— mit Gott f. Kaiser u. Vaterland. Lorbeerblätter aus der Ruhmesgeschichte steir. Truppenkörper. 1. Thl.: Das k. u. k. 27. Infanterie-Regiment Leopold II. König der Belgier. gr. 8. (184 S. m. Abbildungen.) Graz 901. (Styria.) n.n. — 70

— dasselbe. 2. Bd. gr. 8. (XIV, 467 S. m. Abbildgn. u. 1 Farbdr.) Ebd. 899. Kart. n. 5. —

Sann, Hans v. der (Joh. Krainz), Feldmarschall Graf Radetzky, s.a. Geschichtsbibliothek, illustrierte, f. jung u. alt.

(F) **Sann,** H. v. d., Feldmarschall Graf Radetzky. [Illustrierte Geschichtsbibliothek für jung und alt.] 8°. (ill. XII, 180 S.) Graz: „Styria" 1906. K 1.20, geb. K 1.80

Sann, Hans v. der, Sagen aus der grünen Mark, illustr. von Geo. Weineiß. gr. 4. (VIII, 176 S.) Graz 890. Leykam. n. 7. —

Sann, H. von der, die Schlacht bei St. Gotthard, s. Jugendbibliothek.

—— Altsteirische Trachten. Eine Studie. gr. 16. (39 S.) Graz 891, (Cieslar). * — 50
Aus: Grazer Wochenblatt, besonders abgedruckt.

Sann, Hans von der. Altsteirische Trachten. Eine Studie. Graz. Selbstverlag des Verfassers 1891.
39 S. 8°.

— treu dem Kaiser, treu dem Vaterlande, s.a. Erzählungen f. Jugend u. Volk. 6. Bd.

SANN, Hans von der
(F) Treu dem Kaiser, treu dem Vaterlande. Erzählungen aus dem Türkenkriegen. Von Hans von der Sann. Mit 4 Bildern. (Erzählungen für Jugend und Volk. Bd. VI.) Graz. [1901.] Moser. 8°. 160 S. Geb. K 2.—

Sann, Hans von der. (**Krainz,** Johann.) Treu dem Kaiser, treu dem Vaterlande. Erzählungen aus den Türkenkriegen. Mit 4 Bildern. (Aus:) „Erzählungen für Jugend und Volk." VI Bd. 8. Graz (1902).

Sann, W. R., Themata zu deutschen Aufsätzen. Sentenzen von Göthe und Jean Paul. 2. (Titel-)Aufl. 12. (36 S.) Halle (846)62, Schmidt's Verlag. *

Sannazar, Joseph. Eine Novelle. Stralsund 1837. V: *Schwarz, Theodor.* (GGr)

Sannazaro, Actius Sincerus, s. Sannazaro, Iacopo

Sannazaro's, Jacopo, Arcadia. Aus dem Ital. übers. v. Kasp. Brunhuber. 1. Tl. (VII, 23 S.) gr. 8. Neumarkt Ob.-Pf. 904. Wasserburg a/Inn, Reallehr. Kasp. Brunhuber. n. 1. —

Sannazaro, J. Zwei Elegien a. d. Lat. Altdorf 1786. Ü: *Maier, Georg Wilhelm.* (Will)

Sannazaro, Jacopo. Gedicht de partu Virginis Libri III ins Teutsche übersetzt. Augsb. 1757. Ü: *Sedlezki, Joh. Balthasar.* (ML)

– Nänie auf Christi Leiden, s. Perlen, Drei, der neulatein. Poesie.

Sannazarii, Actii Synceri, Opera omnia, s. Poetae latini medii etc.

— Opera omnia. Venet. 535. 8. Ib. 570. 8. Lugd. 549. 12. Colon. 587. 8. (Unrichtig steht hier auf d. Titel: Jacobi Sann., wiewohl alle Gedichte von unserm Sannazar sind.) Francof. 709. 8.

– Parthenias, s. Perlen, Drei, der neulatein. Poesie.

Sannazarii de partu Virginis carmen, s.a. Jacobi.

Sannazarii, Act. Sinc., de partu virginis carmen tripartitum. Latein. u. deutsch von Fr. L. Becher. gr. 8. Leipz. 826. Lehnhold. 16 gr.

Sannazarii, Jac., de partu virginis carmen. Accedit M. H. Vidae hymnus in D. virginem. Edidit Aug. Hübner. 12. (83 S.) Nissae 848. (Hennings.) n. 1/6 Thlr

Sanne, das preußische Ausführungsgesetz zum deutschen Gerichtsverfassungsgesetz und die Verordnung, betr. die Bildung der Amtsgerichtsbezirke. Mit alphabet. Register der Amtsgerichte hrsg. 8. (135 S.) Berlin 879, (Lorenz.) * 1 —

Sanne, L., u. Erich Schröder, Dilletantismus u. Amateurphotographie. Eine Sammlg. v. Aufsätzen, Studien u. Skizzen. (91 S. m. 24 Taf.) gr. 8. Hamburg 907. (Berlin, G. Schmidt.) 5. —

Sanneck, Rich. (Rich. Watzlawek), steirische G'schicht'n. 2., verb. Aufl. (22 S.) 8. Leoben 907. Graz (VI, Wielandgasse 11), Rich. Watzlawek. nn 1.—

Sanneck, Rich. (Rich. Watzlawek), Reinhilde v. Brinborg. Novelle. (40 S.) kl. 8. Graz 905. (Leykam.) n. 1.20

— kleine Steine. Vorwort v. Heinr. Schrottenbach. (70 S. m. Bildnis.) 8. Dresden (905). O. & R. Becker. n. 1.50

Sanneg: Begründendes und erläuterndes Vorwort zu einer noch erscheinenden lateinischen Elementargrammatik. I. Th. 31, II. Th. 15 S. – Luckau, Progr. 1870, 71.

Sanneg, Iosephus: De vocabulorum compositione Graeca, praecipue Aeschylea. Halis Saxonum (1865): Heynemann. 31 S. 8°
Halle-Wittenberg, Phil. Diss. v. 23. Sept. 1865
Geb. [Schimischow (Kr. Großstrehlitz; Schles.) 15. 5. 1840]
Im Buchhandel Halle: Anton 1867. 32 S. 8°

Sanneg, Jos., de vocabulorum compositione graeca praecipue Aeschylea. Dissertatio inauguralis. Halle 867. Anton. gr. 8. (32 S.) n. 6 ngr.

Sanneg, Jos., dictionnaire étymologique de la langue française, rimé par ordre alphabétique rétrospectif. Französisch-deutsches Wörter- u. Namenbuch nach den Endgn. rückläufig-alphabetisch geordnet. Reim- u. Ableitungs-Wörterbuch der französ. Sprache. 1. u 2. Heft. (Sp. 1—256.) gr. 8. Hannover 909. C. Meyer. à Heft 1.25

Sanneg, Jos., die deutschen Kosenamen mit ihren Vollnamen. Ein Ratgeber bei der Wahl e. Taufnamens. 8. (36 S.) Berlin (902). Deutscher Verlag. n. —50

Die deutschen Kosenamen mit ihren Vollnamen. Ein Ratgeber bei d. Wahl e. Taufnamens. Von Dr. Joseph Sannog, Prof., Luckau. *Berlin. Deutscher Verl. [1903].* (36 S.) 8° [J.] [04. 1349

Sanneg, Jos., die deutschen Kosenamen m. ihren Vollnamen. Ein Ratgeber bei der Wahl e. Taufnamens. (36 S.) 8. Berlin 904. Deutscher Verlag. —50

Sanneg, Jos., grammatische Vorschule der lateinischen Sprache u. d. Sprachunterrichts überhaupt. Ein Versuch, die grammat. Begriffe einzeln in den Unterricht einzuführen u. Grammatik, Lesebuch u. Vocabularium im Anfange zu verbinden. gr. 8. (160 S.) Leipzig 875. Teubner. 1.50

Sanneg, *Joseph Johannes Adolf* Sophokles' Antigone ins Deutsche übertragen. 8 (60 S.). **Progr.** *G. Luckau* 1888 (80)

Sanneg, Paulus: De schola Isocratea. P. prior. Halae Saxonum (1867): Kirchner in Nordhausen. 60 S. 8°
Halle-Wittenberg, Phil. Diss. v. 16. Apr. 1867
Geb. Schimischow (Kr. Großstrehlitz (Schles.) 26. 10. 1843. V.
Im Buchhandel Halle: Anton 1867.

Sanneg, Paul., de schola Isocratea. Dissertationis philologicae pars 1. Halle 867. Anton. gr. 8. (60 S.) n. 12 ngr.

Sannemann, E. A. Th., einige Worte über die Mängel des heutigen Strafvollzugs und die Mittel zu deren Abhülfe. gr. 8. (24 S.) Hamburg 870, (Mauke Söhne.) *

Sannemann, Friedrich, Pastor aus Roßla (Harz): Die **Musik als Unterrichtsgegenstand** in den Evangelischen Lateinschulen des 16. Jahrhunderts. Ein Beitrag zur Geschichte d. Schulgesangs. *Berlin (1903): E. Ebering.* (45 S.) 8°
¶ (Erscheint vollst. in: Musikwiss. Studien.)
Berlin, Phil. Diss. v. 7. Aug. 1903

Sannemann, Frdr., die Musik als Unterrichtsgegenstand in der evangelischen Lateinschule des 16. Jahrh., s.a. Studien, musikwissenschaftliche. 4. Hft.

Die Musik als Unterrichtsgegenstand in den Evangelischen Lateinschulen des 16. Jahrhunderts. Ein Beitrag z. Geschichte d. Schulgesanges. Von P. Dr. Friedrich Sannemann. Berlin: E. Ebering 1904. (166 S.) 8°
(Studien, Musikwissenschaftliche. H. 4.)

Sannemann, Karl *Heinrich* [app. Arzt aus Hamburg]: Aus d. kgl. Universitätsfrauenklinik zu Kiel. Über die Beckenhochlage bei Operationen in der Bauchhöhle ... Kiel, Druck v. L. Handorff, 1896; 27 S. 8.
Kiel, Med. Fak., Inaug.-Diss. v. [17. Juli] 1896

Sannens, Fr. Karl, poet. Launen. Mit 1 Kpf. 8. Leipz. 816. (Weygand). 1 ℛ

Sanner, Karl Fr., s. Feier des Todes.

Sanner, Rudolf *Hermann August* [pr. Arzt aus Hanau]: Der Verlauf der Nachgeburtsperiode bei Zwillingsschwangerschaft und das Verhalten der Secundinae ... Marburg, *Buchdr. v. G. Schade Berlin,* 1894; 32 S., 1 Bl. 8.
Marburg, Med. Fak., Inaug.-Diss. v. 10. Juni 1894

Sanner, Bal. Gli., († d. 1. Juni 1790.) Gedanken von der Sterblichkeit der beiden ersten Menschen im Stande der Unschuld. 8. Marb. 786.

Sannig, Bern., Rituale ecclesiasticum continens varias absolutiones, benedictiones, conjurationes, exorcismos, ritus, ac alias caeremonias ecclesiasticas, modum administrandi sacramenta baptismi, poenitentiae, eucharistiae, extremae unctionis et matrimonii; introducendi mulierem post partum, visitandi et adjuvandi infirmos, sepeliendi mortuos. Edit. sexta, cui accessit modus agendi cum sagis et magis, confortandi captivos, eosque ad extremum supplicium patienter perferendum animandi. 615 pp. Colon. 1733. 12°.

Sannig, Bernh., Rituale ecclesiasticum. 8. Cöln. (Wolf, Augsb.) 756.

— Schola canonica, seu universum jus canonicum. fol. Prag. 727.

Sannig, Thdr., das Försterhaus od. Friede den Menschen auf Erden. Schauspiel in 5 Akten. (70 S.) 8. M. Gladbach 910. Centralstelle f. Bühnenwerke. 1.50
(7 Rollenexemplare 7. —)

Sannow, Ch. L., prakt. Anleitung z. Teltower Rübenbau. 8. Berlin. (Vieweg in Brschw.) 788.

Sannow, Cph. Ldw., Versuch e. prakt. Anleit. zum Teltower Rübenbau. 8. Berl. 788. 2e Aufl. 801. (Duncker u. H.) 6 gl.

— Vers. e. prakt. Anl. d. Teltower Rübenbaues. 8. Berlin, Frölich. (Dunker u. H.) 801.

Sannwald, Geo., neuer Briefsteller f. Kinder auf alle Fälle d. Lebens. Enth. Neujahrs-, Geburtstags-, Namenstags-Gratulationen an Großeltern, Eltern, Geschwister &c., e. Anzahl Pathenbriefe f. Confirmanden, nebst Anstandsregeln. 16. (48 S.) Stuttgart 873. Rupfer. n. — 20

Sano, Kichisaku, aus Tokio (Japan): Beiträge zur Kenntnis der Oxydasen insbesondere bei Bacterion. *Würzburg 1902: V. N. Seubert.* (40 S.) 8°
Würzburg, Med. Diss. v. 1902

Sanoi's, M. [Pseud.], s.a. Jonas, S. F.

† Sanoi, (S. F. Jonas,) der schwarze Karl, od. d. Rache d. Todesjagd. Histor.-romant. Räubergeschichte. 2 Bde. 8. (19 B. u. 1 Kpfr.) Leipzig 838, Schreck. Thlr.

—— des gefürcht. Räuberhauptmanns Schinbermichel Leben u. schreckl. Thaten in Deutschland u. Ungarn. Schauderhafte histor. Criminalerzähl. 8. (11½ B. u. 1 Kpfr.) Leipzig 838, Schreck.

SANOI'S (!), M. (d. i. *S. F. Jonas*) („Vf. des schwarzen Karl, des Rupert etc."), Magnus Scelus, das ist der größte Bösewicht, der je gelebt, oder: Der Bluthund. Ein Buch f. Criminal- u. Räubergeschichten-Leser. 2 Bde. Nordhausen, bei Ernst Friedr. Fürst. 1839. 8°.
Ordinair u. stellenw. cynisch. — I: 176 S. (incl. Tit. u. 2 Bll. Vorw.). II: 159 S. (incl. Tit.).

† Sanoi, (S. F. Jonas,) Magnus Scelus, das ist d. größte Bösewicht, der je gelebt, od.: Der Bluthund. Ein Buch f. Criminal- u. Räubergeschichten-Leser. 2 Bde. 8. (21 B.) Nordhausen 839. [Literar. Museum.]

Sanok [Schlagwort]

Sanok, s.: Europa. Liebenow.

Sanoh, J., physikalisch-ökonomische Studien. Die Bedeutg. der Elektrizität f. das soziale Leben. gr. 8. (61 S. m. 1 Tab.) Konstanz 892. E. Ackermann. n. 1. 50

San Pietro di Nembi [Schlagwort]

S. Pietro di Nembi, Hafen, s.: Adriatisches Meer.

San Remo [Schlagwort]

San Remo-Berlin, s.: Automobilkarten. Automobil-Tourenkarte.

San Roberto, Graf di, Major der sard. Artillerie. Ueber Bereitung des Schiesspulvers. Betrachtungen und Vorschläge. Aus dem Italienischen übersetzt von Teuchert, k. preuss. Oberstlieut. der Artillerie. 8. Berlin 1853.

San Roberto, Graf di, über Bereitung des Schiesspulvers. Betrachtungen u. Vorschlage. Aus d. Italien. übers. von Teichert. Berlin 853. Behr. gr. 8. (55 S.) n. 10 ngr

San Rocco. Breve compendio della vita del Santo, patrono contro la peste, il cholera e le altre malattie contagiose, aggiuntavi una novena con altre preghiere in suo onore. Con una prefazione del canonico Gius. Castelli. 16. (40 S. mit Illustr.) Einsiedeln 887, Benziger und Comp. cart.

Sans Merci, s. Collection of British Authors.

Sans v. Santa Katharina, Don, das goldene Büchlein od. Anleitung, durch Ausübg. der Demuth zur christl. Vollkommenheit zu gelangen. 6. Aufl. 16. (112 S.) Aachen 893. Cremer. n. — 50

[Abbé] de Sans

Abbé de Sans, [Guérison de la paralysie par l'électricité. Deutsch:] Neue und durch die Erfahrung vollkommen bestättigte Anweisung, wie die von e. Schlagfluß gelämte Kranke vermittelst der Electricität sicher und vollkommen geheilet werden können. Aus d. Franz. übers. [Übers.: Johann Christoph Thenn.] Augsburg: Klett 1780. 251 S. 8°

de San Sacramento, P., nova plantarum genera e Brasilia. Mit 4 Steindr. gr. 4. Münch. 820. (Franz). 6 gl

San Salvatore. Monte San S', Lugano, Schweiz.... [Umschlag illustriert.] 8. Aarau & Lausanne *o. J.* [1890/1900].

Sansäne-Mañgu [Schlagwort]

Sansäne-Mañgu, s.: Kolonialkarten.

sans Chagrin, Jean, siehe Johann Christian Troemer.

Sansculotte, der, eine Episode aus der ersten Hälfte der neunziger Jahre des vorigen Jahrhunderts. Nach Mortonval's „Maurice Pierret" ins Deutsche übertragen von L. Kruse. 4 Thle. 8. Leipz. 832. Kollmann. Schrbp. 4 ₰ 12 gl

San Severino, s. Biographien, italien.

Sanseverino, Giulio Roberto di. Das Leben der Bianka Capello, a. d. Ital. Berlin 1776. Ü: *Campe, Joh. Heinrich.* (Jl.) (Ky) (StAt) (MGT)

Sanseverino. — Leben und trauriges Ende der Bianca Capello einer vornehmen Venezianischen Dame und nachherigen Grossherzoginn von Toscana: aus dem Italienischen des Herrn *von Sanseverino*. Mit Titelkupfer (D. Chodowiecki inv. & sc.). Berlin, bey August Mylius 1776. 134 S. 12°. (3 Mk. Leo Liepmannssohn, Berlin, 1907.)
Engelmann, Chodowiecki Nr. 150.

v. San-Severino, Jul. Rob., (†...) Storia della Vita e tragica morte di Bianca Capella. 8. Berl. 776. Mylius. 14 gl
— Dass. deutsch: Leben u. trauriges Ende der Bianca Capella; aus d. Italien. (v. J. H. Campe). 8. Ebd. 776. 10 gl

Sanseverino, Cajet., Philosophia christiana cum antiqua et nova comparata. Logicae pars I. 2 Vol. et Dynamilogiae Vol. 1—3. gr. 8. (XVI und 2332 S.) Neapoli 862. (Tübingen, Fues'sche Sortimentsh.) **

Bibliothek Sans-Gêne. [Jg.] 1, [Bd] 1. Berlin-Gr.Lichterfelde: P. Langenscheidt 1904. 8°
[07. 13139

Sansgêne, Marie, Jugenderinnerungen e. armen Dienstmädchens. 1. u. 2. Aufl. (187 S.) 8. Berlin 908. F. Fontane & Co. 2.—; geb. 3. —

Sanskrit-Chrestomathie. Zunächst zum Gebrauch bei Vorlesungen herausgegeben von Otto Böhtlingk. St. Petersburg 1845.

Sanskrit-Drucke. Eine Sammlung ind. Texte, begründet v. Karl F. Geldner. I. gr. 8. Greifswald, J. Abel. n. 5.—
I. Halâyudha's Kavirahasya, in beiden Recensionen hrsg. v. Ludw. Heller. (VIII, 101 S.) 900.

Sanskrit-Texte mit Vocabular; für Anfänger. Breslau 1867. V: *Stenzler, Adolph Frdr.* (Zuwachsverz. d. Bibliotheken in Zürich 1898 ff., 8.) (KatDMG)

Sanskrit-Texte mit Vocabular. Für Anfänger hersg. von A. F. Stenzler. 1. Aufl. 1867. n. 10 *ngr.*, (2. Aufl.) Breslau 868. (Mälzer.) gr. 8. (40 S.) n. 12⅙ *ngr.*

Sansküloten-Zeitung: Zehndersche Sansküloten-Zeitung
⑮ Vom »Echo vom Jura« gebrauchter Ausdruck für die »Schweizerische Dorfzeitung« in Baden. Er findet sich beispielsweise in Nr. 91 des Jahrganges 1842 und wird von der »Stimme von der Limmat« (Baden) in Nr. 68. 1842 mit »Zehndersche Ohne-Hosen-Zeitung« wiedergegeben.

Sanson, ..., s. Civiale, die Krankheiten der Harn- u. Geschlechtsorgane.

Sanson u. Vacca Berlinghieri, üb. den Steinschnitt durch den Mastdarm. Aus d. Französ. übers. u. mit einigen Anmerkk. versehen von L. Cerutti. Mit 1 lithogr. Tafel. 8. Leipz. 822, Hartmann.

Sanson u. Vacca Berlinghieri, üb. den Steinschnitt durch den Mastdarm; aus d. Französ. übers. mit einigen Anmerkk. versehen von L. Cerutti. Mit 1 lith. Tafel. 8. Leipz. 822. (Lehnhold.) 18 *gl*

Sanson, A., Denkschrift über die Verwaltung in den activen Divisionen während der Kriege im Orient und in Italien. Aus dem Französ. von A. v. Gaisberg. Für Geschichtsfreunde, besonders aber für Offiziere, Militär- und Civilbeamte und Ärzte. Ein Suppl. zu jedem Werke über Verpflegung. gr. 8. (48 S.) Stuttgart 862, Lindemann. *

Sanson, H., Geheimnisse des Schaffots. Memoiren der Scharfrichterfamilie Sanson (1685—1847). 1.—12. Heft. 8. (1. Bd. 199 S., 2. Bd. 190 S., 3. Bd. 184 S., 4. Bd. 180 S.) Berlin 862—63, Hasselberg'sche Verlagsh. à Heft 4 Ngr.

—— dass. — Memoiren von sieben Scharfrichter-Generationen (1685—1847). Aus dem Französ. 7 Bde. in 27 Heften. 8. (1. Bd. 199 S., 2. Bd. 280 S., 3. Bd. 183 S., 4. Bd. 184 S., 5. Bd. 252 S., 6. Bd. 256 S. und 7. Bd. 352 S.) Berlin 862—64, Sacco Nachfolger. à Lfg. 4 Ngr.

—— dass. — Memoiren der Familie Sanson, Scharfrichter von Paris, seit sieben Generationen. Deutsch von L. v. Alvensleben. 6 Bde. in 25 Heften. 8. (1. Bd. 246 S., 2. Bd. 290 S., 3. Bd. 325 S., 4. Bd. 224 S., 5. Bd. 192 S., 6. Bd. 268 S.) Brünn 862—64, Karafiat's Verlag. à Lfg. 4 Ngr.

—— dass. — Denkwürdigkeiten der Scharfrichterfamilie Sanson seit sieben Generationen von 1688—1847. Aus dem Französ. In das Deutsche übertragen von G. Berthold. 3 Bde. in 24 Lfgn. 8. (1. Bd. 377 S., 2. Bd. 203 S., 3. Bd. 171 S., mit 24 ill. Stnt.) Dresden 863—65, Breyer. [Tittel.] à Lfg. 2½ Ngr.
Für Sachsen à Lfg. 2 Ngr.

—— **Mémoires des Sanson.** 15 Vols. (Bibliothèque choisie. Vol. 511. 512. 526. 527. 560. 561. 574—576. 630—635.) 16. (2286 S.) Naumburg 862—64, Pätz. à Vol. 10 Ngr.

— Mysterien vom Schaffot, s. Ausland, das belletristische.

Sanson, L. J., s. Dupuytren, über Steinoperation u. dessen über den Steinschnitt.

Sanson, Wolfg., Anweisung zu e. neuen Schnellräucherungs-Methode, jede Gattung Fleisches ohne Feuer u. Rauch in wenig Stunden auf nassem Wege äußerst wohlfeil zu räuchern. 8. Augsburg ... (Kollmann.) ⅓ *rß* — 2e Aufl. gr. 12. München 838. Hofbuchh. von Bayer. ⅜ *rß*

Sanson, Wolfgang: Anweisung zu einer neuen Schnellräucherungs-Methode, jede Gattung Fleisches, ohne Feuer und Rauch, in wenigen Stunden, auf nassem Wege äusserst wohlfeil zu räuchern. Ein nützliches, dem deutschen Hausvater und Oekonomen unentbehrliches Hilfsbüchlein. 43 S., gbd.

München: typ. Lentner 1824

JB 2.878

Sanson, W., Anweis. zu e. neuen Schnellräucherungs-Methode, jede Gattung Fleisches ohne Feuer u. Rauch, in wenigen Stunden auf nassem Wege äußerst wohlfeil zu räuchern. 8. Münch. 824. Lentner. (Münch., Weber); (a. Pustet in Regensb.) 8 *gl*

Sanson, Wolfg., Anweisung zu e. neuen Schnellräucherungs-Methode, jede Gattung Fleisches ohne Feuer u. Rauch in wenig Stunden auf nassem Wege äußerst wohlfeil zu räuchern. 2. Aufl. gr. 12. (2 B.) München 838, Bayer. (Leipzig, J. Müller.)

Sansone, Antonio, Bericht üb. d. Fortschritte d. Zeugdrucks u. verwandter Industrien, s.: Lauber, Ed., prakt. Handbuch des Zeugdrucks.

Sansone, A., der Zeugdruck. Bleicherei, Färberei, Druckerei u. Appretur baumwollener Gewebe. Deutsche Ausg. v. B. Pick. Mit Text-Abbildgn., 23 Fig.-Taf. u. 12 Musterkarten. gr. 8. (VIII, 291 S.) Berlin 890. Springer. geb. n. 10. —

Sansovino, Andrea u. Jacopo, s.: Rosenberg, A.

Sansovino, Andrea, und seine Schule, s. Schönfeld, Paul.

Sansprendre-Spiel, das, in Regeln z. richt. Auffassung u. Ausführung dess. nach seinen verschied. Nuancen dargestellt. 12. (2 1/12 B.) Bayreuth 839, Grau'sche Buchh.

Sansprendre-Spiel, das, in Regeln zur richtigen Auffassung u. Ausführung desselben nach seinen verschiedenen Nuancen dargestellt. 2. Ausg. 12. (50 S.) Bayreuth 848, Grau. n. 4 *ngl*

Sanssouci in seinen Architecturen unter der Regierung Sr. Maj. Friedrich Wilhelm IV. König von Preussen. Auf Allerh. Befehl herausg. von L. Hesse. 1. u. 2. Liefg. Berlin 854. F. Riegel. gr. Fol. (12 lith. u. in Farben gedr. u. in Kpfr. gest. Taf. u. 4 Bl. Text.) Jede Liefg. n. 3 *rß*.;
Prachtausg. n. 6 *rß*.

Sanssouci in seinen Architekturen. 3. Lfg. Enthaltend: Die Friedenskirche in Sanssouci. Auf allerh. Befehl Sr. Maj. Friedrich Wilhelm IV. König von Preussen erbaut von Persius, Stüler, Hesse, v. Arnim. gr. Fol. (4 in Kpfr. gest. und 2 lithochrom. Taf. mit 6 S. Text.) Berlin 855(56,) Riegel's Verlag. *
Prachtausg. in Imp.-Fol. *
Vgl.: Hesse, L., Sanssouci.

Sans-Souci, die Bilder-Gallerie, das neue Schloß und der Antiken-Tempel, erbaut von Friedrich dem Ilten. gr. 8. Potsdam, Horvath u. S. 819.

Sans-Souci, Das neue, beschrieben von Herrn G. M. Sz. Übersetzt ... O. O. 1777. V: *Sztáray, Mich. Graf.* (Pk)

Santa Catarina, Dom Sans de, das goldene Büchlein, oder praktische Anleitung zur Demuth, um die christliche Vollkommenheit zu erlangen. Aus dem span. Original übers. von J. Hoppe. Freiburg im Br. 861. Herder. 16. (XIV, 142 S.) n. 4 ngr.

Santa Catarina, Dom Sans de, das goldene Büchlein, oder prakt. Anleitung zur Demuth, um die christl. Vollkommenheit zu erlangen. Aus dem span. Orig. übers. von J. Hoppe. 2. Aufl. 32. (XIV und 142 S.) Freiburg im Br. 866, Herder'sche Verlagsh. *

Santa Catarina, Sans de, das goldene Büchlein, oder prakt. Anleitung zur Demuth um die christl. Vollkommenheit zu erlangen. Aus dem span. Orig. übers. von J. Hoppe. 3. Aufl. 32. (XIV, 142 S.) Freiburg i. Br. 870, Herder'sche Verlagsh. *

Santa Catharina [Schlagwort]

— s. a.: **Brasilien.**

Santa Catharina. Jannasch, R., Karte von Santa Catharina u. Paraná, nach d. neuesten Quellen bearb. 1 : 1,000,000. 63×29 cm. Lith. Berlin (898). Verlag d. Export. n.n. 1. —

Santa Catharina. Jannasch, R., Spezialkarte von Santa Catharina, Rio Grande do Sul u. Uruguay. Nach den neuesten Quellen bearb. Ausg. 1907. 1 : 1,000,000. 102×98,5 cm. Farbdr. Berlin. (Leipzig, R. Friese.) 15. —

Santa Clara, Abraham a, s. Abraham a Santa Clara

Santa-Croce, Rudolpho de, u. Blandine v. Rietberg, od. d. Alpenfräulein; e. Gesch. a. d. östl. Schweiz, v. H. L. Lehmann. 2 Thle. 8. Cöthen, Aue. 800.

Santa Cruz, de Nino, oder die Engländer in Spanien. Ein Roman aus dem gegenwärtigen Kriege, v. Julius v. Voß. 2 Bde. Anhang Charlotte Bixier. Schauspiel in 1 Akt. 8. Berl. Schmidt. 811. 2Rtblr.

Santa Cruz, Alonso de, s.a. Karten, die, v. Amerika in dem Islario general.

Die Karten von Amerika in dem Islario general des Alonso de Santa Cruz, Cosmografo mayor des Kaisers Karl V. Mit d. span. Originaltexte u. e. krit. Einl. hrsg. von Franz R[r.] v. Wieser. Innsbruck: Wagner 1908. XX, 59 S., 15 Taf. 2° (4°)
Festgabe d. K. u. K. Oberstkämmer-Amtes f. d. 16. Internat. Amerikanisten-Kongress.

Santa Cruz-Marzenado, Marquis v. Gedanken von Kriegs- und Staats-Geschäften. Aus dem Französischen übersetzt. Mit einer Vorrede des Herrn P. F. v. Bohn. 8. Wien 1753.

Santa-Cruz-Marzenado, ..., Gedanken von Kriegs- u. Staatsgeschäften; aus d. Französ. 12 Thle. 8. Wien 753. Kraus. 6 rf

— Dass. im Auszuge v. F. W. v. Zanthier. gr. 8. Götting. 775. Dieterich. 1 rf 12 gl

Santallier, F., die Friedens-Union zwischen allen civilisirten Völkern. Ein Wort an alle Welt. In das Deutsche übers. nach der 2. französischen Orig.-Ausg. von Hegenwald. Havre 867. (Carlsruhe, Bielefeld's Hofbuchh.) 4. (16 S.) n. 2 ngr.

Die Friedens-Union zwischen allen civilisirten Völkern. Ein Wort an alle Welt von F. Santallier. In das Deutsche übers. nach d. 2. franz. Orig.-Ausg. von Hegewald. Havre: Friedens-Union 1867. 16 S. 8° [Umschlagtit.]

Santallier, F., L'Union de la Paix. oder Verein zur Erreichung ewigen Friedens. Vorschlag des Brs. F. Santallier, Or. Hävre, Maerz 1867. Uebersetzt Mai 1867 von Br. Berthold Cohnheim, Or. Hamburg. Druck von Nobiling. 8. 16 S.

Santalmir, e. Mährchen a. d. Riesengebirge, v. Peter Blau. 8. Leipz. Kühn. 805.

Santamar, Guido, Gedichte. 12. (176 S.) Hirschberg 883, Heilig. geb. mit Goldschn. * 3 —

Santamar, Guido, Glückwunsch-Strauß für's deutsche Haus. 12. (88 S.) Hirschberg 888, Heilig. *

—— der Hausberg und die Hausberg-Sage. 16. (15 S.) Ebendas. 885.

Santa Maria in ihrer Herrlichkeit als Kind, Mägdlein, Jungfrau, Gottesbraut, Christusmutter u. Himmelskönigin. (Gedichte. Hrsg. v. Moritz Henrici.) 8. (8½ B. u. 1 Stahlst.) Leipzig 845, Jackowitz.

Santa Maria Maggiore, Die Kirche, und das Konzil von Trient. Trient 1883. V: *Well, A.* (EB)

Śāntanava. Çāntanava's Phiṭsūtra ... Herausgegeben von Franz Kielhorn. (= AKM. IV. Band. Nr. 2.) Leipzig 1866.

Sant' Andrea [Schlagwort]

S. Andrea, s.: Adriatisches Meer.

Santanelli, F., geheime Philosophie, s. Wunder-Schauplatz, kleiner.

Santanelli's, Ferd., geheime Philosophie od. magisch-magnetische Wissenschaft, s.: Talisman-Bibliothek. 22. Bd.

Santanellus, Frd., Philosophiae reconditae s. magicae magneticae mumialis scientiae explanatio. Colon. 4°. 1723

Santanino. Red.: Ed. Maria Oettinger. Jahrg. 1862. 13 Nrn. (à 1 Bgn.) Dresden 862. Grimm. gr. 8. n. 20 ngr.

Santarelli, A., Leben des Sohnes Gottes. 8. Augsburg, Rieger. 776.

de Santarem II. Viscondo, s. Notizen über d. Form &c. der Portug. Cortes.

Santarem II., Visconde de. Einige Notizen über die Form und das Wesen der portugiesischen Cortes. Berlin 1828. Ü: *Brassier de St. Simon, Jos. von.* (Russell XVI, I, 2, 1866)

Santarini, s. S a n t o r i n i

Santaroc, s. S a n t o r o c

S a n t a r o s a, [Santorre] di. Ueber die piemontesische Revolution. Von einem Hauptheilnehmer. ⟨Dem Grafen von Santa Rosa.⟩ Aus dem Französischen übersetzt von G[ottlieb] Hagnauer. 8. Glarus 1822.

S a n t a = B e c c h i a, Graf von,. Gemälde v. Noller. 8. Berl. Franke. 792.

Santbergen, Johann Engelbert van (Zutphen) A. S. 1202/11

Dissertatio inauguralis medica, de manuluvii usu me-medico, Vom Nutzen der Hände=Bäder.
Präs. Michael Alberti.
Halle (Hendel) XII. 1736. 36 S.

Gew.: Guilielmus Theodorus van Santbergen.

29752

Santel, A.: Die G e s e t z e der Lichtbrechung in einem Systeme kugelförmig begrenzter Medien. 20 S. 8° – Cilli, OG., Progr. 1872.

S a n t e l, *Anton* Über die wechselseitige Abhängigkeit zwischen den räumlichen Dimensionen der Naturkörper und den an ihnen vorkommenden Erscheinungen. 8 (S. 3–27). Staats-G. *Görz* 1888 **Progr.**

S a n t e l, Anton Allgemeines und Specielles zur Methodik des Gymnasialunterrichtes. 8 (S. 3–16) **Progr.** K. k. Staatsg. *Görz* 1892

Š a n t e l, A[nton]. Bemerkungen zur Didaktik einiger Kapitel der Mechanik. S. 28–41. 8. **Progr.** K. k. Staatsgymn. *Görz* 1902.
I. Die logische Angliederung der Lehre von den Maschinen an die vorausgehenden Kapitel. II. Welche Rolle spielt die „Rolle" unter den Maschinen? III. Die Behandlung der Rotationsbewegung. IV. Die Ableitung der Formel $t = \pi \sqrt{\frac{l}{g}}$.

S a n t e l, Anton Physikalische Kleinigkeiten. S. 23–49. 8. G. *Görz* 1883. **Progr.**

Santeler, Polycarpus, O. S. F., das w u n d e r t h ä t i g e Jesukind v. Prag. Histor. Bericht m. e. vollständ. Gebetbüchlein. 16. (159 S. m. 1 Farbdr.) Landshut 897. J. Hochneder. Geb. in Leinw. n. — 50

Santeler, Polycarpus, O. S. F., St. A n t o n i u s = B ü c h l e i n. Enth. Gebete u. Andachtsübgn. zur Verehrg. u. Anrufg. d. hl. Antonius v. Padua; Morgen=, Abend=, Meß=, Beicht=, Communion= u. Ablaßgebete; Kreuzwegandacht; Litaneien; allgem. Bruderschaft d. hl. Antonius in Padua u. Gebetsverein in Rom. 2. Aufl. 16. (157 S. m. 1 Farbdr.) Landshut 896. J. Hochneder.
Geb. in Leinw. n. — 50

Santelmann, Th(eodor): Die Beziehungen zwischen Bayern und Preussen 1799–1805. Göttingen 1906: Dieterich. (127 S.) 8°
München, Phil. Fak., Ref. v. Heigel, Diss. v. 26. Febr. 1906
[Geb. 10. Jan. 82 Bröckel b. Celle; Wohnort: Bröckel; Staatsangeh.: Preußen; Vorbildung: Gymn. Celle Reife M. 02; Studium: Göttingen 2, Berlin 1, München 4 S.; Rig. 26. Febr. 06.]

S a n t e n, v., Entwurf einer Apotheken=Ordnung, s. K r ü g e r.

Santen, Eduard Scharrer-
s. Scharrer-Santen. A 11. 10440

Santen, Gust. v., der Freischärler. Roman aus d. deutsch-französ. Kriege. (510 S.) 8. Erfurt (907). Berlin, F. Kirchner. 4. –

v. Santen, H. L., chemische Analysen antiker Metalle aus heidnischen Gräbern Meklenburgs. Mit antiquar. Einleitungen u. Forschungen begleitet von G. C. F. Lisch. Mit 10 Holzschn. Aus den Jahrbüchern des Vereins für meklenb. Geschichte rc. abgedruckt. gr. 8. Schwerin 844. (Rostock, Stiller'sche Hofbuchh.) n. 1/3 ℛ

v. Santen, Hnr. Thdr. Fr., kurze Geschichte der Reformation bis z. neuesten Religionsfrieden 1555, in vorzügl. Beziehung auf Mecklenburg. 8. Güstrow 817. (Stiller in Rostock). 12 gℓ

v. **S a n t e n**, (H. Th. Fr.,) kurze Geschichte der Reformation bis z. neuesten Religionsfrieden 1855, in vorzügl. Beziehung auf Meklenburg. 8 Güstrow 817 u. 19, (Stiller in R.)

— Versuch die Größe u. Gesetzwidrigkeiten gegen die Person u. das Eigenthum, um das Strafmaaß nach sichern Verhältnissen zu bestimmen. Neue Aufl. gr. 8. Rostock 826, Stiller.

– Dass., s.a. S a n t e n, J. Joach. Chr.

S a n t e n, J. van, zur Beurteilung Wolframs v. Eschenbach. gr. 8. (27 S.) Wesel 882, Fincke und Mallinckrodt. * — 50

v. Santen, J. Joach. Chr.: Versuch, die Grösse der Gesetzwidrigkeiten gegen die Person u. das Eigenthum, und das Strafmaass nach sichern Verhältnissen zu bestimmen. Neue veränd. u. verm. Ausg. Mit e. Gesetzesentwurf. *Rostock*, (Adler. 817.) Stiller. 826. gr. 8. (12 Gr.)

- Dass., s.a. S a n t e n, Hnr. Thdr. Fr.

v. Santen, Jh. Joach. Chr., Versuch, die Größe der Criminalverbrechen u. das Strafmaaß in jedem Falle nach einem sichern Verhältnisse zu bestimmen. 8. Rostock 817. Neue Aufl. Ebd. 826. (Stiller). 12 gℓ

Santenius. L., Sexti Aurelii Propertii elegiarum libri IV. Gel. 1780. 80 S. 4°.

Santerelli, Gio(vanni) Geremè: Lettera intorno ad un nuovo forceps d'ostetricia all' illustrissimo, ed eccellentissimo Signore Don Giuseppe Flajani... 8 S., gbd., 1 Taf.

Vienna: Schmidt 1794

JB 4.148

Santerelli, Gio(vanni) Geremè: Ricerche per facilitare il cateterismo e la estrazione della cateratta. 87 S., gbd., 2 Taf.

Vienna: 1795

JB 3.756

S a n t e r e r, J. F. W., Leben u. Anecdoten. 8. Ansbach, Gassert. 815.

Santesson, C. G., s.: Archiv, nordisches medizin.

Santi, Comte, Tableau statistique et topographique du grandduché de Finlande. gr. 8. Kopenhag. 810. Brummer. 8 ℛ

Santi, A. A., kritische Glossen auf's Gymnasium Chur und auf's Gymnasialwesen überhaupt. gr. 8. (28 S.) Chur 880, (Kellenberger'sche Buchh.) * — 80

Santi, Angelo de, die lauretanische Litanei. Historisch-krit. Studie. Aus dem Ital. v. Joh. Nörpel. gr. 8. (VI, 134 S.) Paderborn 900. F. Schöningh. n. 3. 60

Santi, A(ugust). Bergell, Maloja, Engadin als Kurorte. Skizze von Dr. A. Santi.... II + 23 S. 8. Chur, F. Schuler, 1903. [fr. —. 80]

Santi, A., enthält das menschliche Hautfett Lanolin? Aus Dr. Unna's dermatolog. Laboratorium in Hamburg. Inaug.-Diss. gr. 8. (19 S.) Hamburg 889. (Bern, Huber & Co.) n. — 40

Santi, Aug. Enthält das menschliche Hautfett Lanolin? Aus Dr. Unna's dermatolog. Laboratorium in Hamburg. Diss. gr. 8. (19 S.) Hamb. 889. (Bern, Körber.) * — 40

Santi, Franc., praelectiones juris canonici, quas juxta ordinem decretalium Gregorii IX tradebat in scholis pont. seminarii romani F. S. Liber I—V. gr. 8. Regensburg 886, Pustet. [Liber I. (IV, 438 S.) *ℳ 4.—; Liber II. (296 S.) *ℳ 3.—; Liber III. (398 S.) *ℳ 3.60.; Liber IV. (248 S.) *ℳ 2.40.; Liber V. (151 S.) *ℳ 1.40.] *

Santi, Franciscus, praelectiones juris canonici, quas juxta ordinem decretalium Gregorii IX. tradebat in scholis pont. seminarii romani. Ed. II. 5 voll. gr. 8. (IV, 436, 296, 396, 248 u. 151 S.) Regensburg 892. F. Pustet. n. 14. 40

Santi, Franc., praelectiones juris canonici, quas juxta ordinem decretalium Gregorii IX. tradebat in scholis pont. seminarii romani S. Ed. III. emendata et recentissimis decretis accommodata cura Mart. Leitner. V libri., et Index rerum generalis. gr. 8. Regensburg, F. Pustet. n. 17. —
I. (V, 470 S.) 898. n. 4. —. — II. (296 S.) 898. n. 3. —. III. (III, 492 S.) 898. n. 4. —. — IV. (III, 463 S.) 899. n. 3.60. V. (III, 262 S.) 899. n. 2.40. — Index. (27 S.) (899.)

Santi, Praelectiones juris canonici. Ed. III., cura **Leitner**. Liber IV/V. Regensburg 900

Santi, Giorgio

— naturhistor. Reise durch einen Theil v. Toskana; aus d. Italien. v. G. C. v. Gregorini; mit e. Vorrede v. Kurt Sprengel. 8. Halle 797. Gebauer. 1 ℛ

Santi, G., chem. Untersuchung der Bäder in Pisa, a. d. Ital. gr. 8. Wien, Pazowsky. (Sammer.) 793.

Santi, G., chemische Untersuchung d. Bäder von Pisa; aus d. Italien. v. J. Eyerel. gr. 8. Wien 794. Pazowsky. 12 ℊ

Santi, Giovanni, Federigo di Montefeltro, duca di Urbino. Cronaca. Nach dem Cod. Vat. Ottob. 1305 zum ersten Male hrsg. v. Heinr. Holtzinger. Lex.-8. (IV, 230 S.) Stuttgart 894. W. Kohlhammer. n. 18. —

Santiago de Cuba [Schlagwort]

Santiago de Cuba, s.: Kriegsschauplatzkarten

Santiago [Verfasser]

Santiago, L., s.a. Amerikaner, die beiden.

Die beiden Amerikaner oder Ein Abenteuer in einem spanischen Hotel. Schwank in 1 Aufzug. Aus d. Span. übers. von L. **Santiago**. Paderborn: J. Esser [1904]. (64 S.) 8° [F.]
= **Sammlung**, J. Esser's, leicht aufführb. Theaterstücke. H. 87. [05. 4190]

— die beiden Entgegengesetzten, } s.: **Heidelmann's, A.**, Theater-
— die drei Ohnefurcht, } bibliothek.

Santiago, L., der Photograph in der Klemme, s.a. Heidelmann's, A., Theaterbibliothek.

Der Photograph in der Klemme. Schwank in 1 Aufz. von L. Santiago. *Bonn: A. Heidelmann [1902].* (16 S.) 8° [F.]
= Theaterbibliothek, A. Heidelmann's. H. 56. [04. 9747]

Santiago-Fuentes Soto, Magdalena, El tesoro de Abigaíl. Narración de tierra santa. 12. (V, 110 S. m. Abb.) Freiburg i/B. 898. Herder. n. — 80; geb. in Halbleinw. n. 1. —

Santini, Giov., Elementi di Astronomia con le applicazioni della Geografia, Nautica, Gnomonica, e Cronologia, vol. I. in 4. Padova. 819. (Vienna, Volke.)

Santini, Johann Ritter von: Über den neu entdeckten Planeten Hygea. S. 4. 3
Separatabdruck

— Über den Bielaschen Komet. S. 6. 430
Separatabdruck

— [illegible] ver
Separatabdruck

Santini, Johann Ritter von: Schreiben desselben an den Generalsekretär der Kais. Akademie. S. 48. II. 590
Separatabdruck

Santini, Ludw., das Leben der heil. Agnes, Jungfrau u. Märtyrin. Nach dem Ital. bearb. Mit 1 Stahlst. gr. 8. (XII, 187 S.) Regensburg 884. Verlags-Anstalt. 2. 20

Santis, Tom. de, Storia del tumulto di Napoli. 2 Voll. 8. (VIII und 474 S.) Triest 858, Coen.

Säntis [Sachliches OW]

Säntis
v. auch **Sentis**.

Säntis (SG)
③ Rorschacher Anzeiger ⑤ 1865—25. 9. 1867 ⑥ 2° ⑦ wöchentlich 3× ⑧ Rorschach: Matthias Egger (1865—Mitte 1866); St. Gallen: Matthias Egger (Mitte 1866—25. 9. 1867) ⑩ der Drucker ⑪ freisinnig ⑬ BGSZ: 1045—1047 ⑭ SG: Va (unvollst.) ⑮ Der »Säntis« zählt seine Jahrgänge vom Jahr 1863 an, rechnet also den »Rorschacher Anzeiger« hinzu.

Säntis (AR)
① Volksblatt des Kantons Appenzell und Umgebung - Amtliches Publikationsorgan der Gemeinde Teufen ⑤ 1865 (cont.) ⑥ 2° ⑦ wöchentlich 2× ⑧ Teufen: Gottwald & Benoni Niederer, aus Speicher; Burgermeister; Bolliger (1885), Heinrich Stadelmann (1926), H. Stadelmann & Sohn, Paul Kunz (September 1953) ⑨ Gründer: Lehrer Burgermeister ⑪ Hauptmitarbeiter Dr. jur. H. K. Sonderegger, Heiden (vom November 1924 - November 1935) ⑫ neutral; während der Mitarbeiterzeit von Sonderegger »unabhängig demokratisch« ⑬ BGSZ: 1872a. 942—944; Säntis 1953, Nr. 72 und 1954, Beilage zur Nr. 99; Helvetische Typographia 1885, Nr. 30 ⑭ Tr. K; Be. L (1896 Nr. 40, 3. 10. 1933 cont.).

Säntis [Schlagwort]

Säntis, s.: Alpen. Panorama.

Säntis-Album. 8. (10 Lichtdr.-Taf. auf Carton m. Goldschn.) St. Gallen 889. Hasselbrink. In Leinw.-Mappe. n.n. 12. —; grosse Ausg. 4. (12 Photogr.) n.n. 32. 50

Santiśataka, das. Mit Einleitg., krit. Apparat, Übersetzg. u. Anmerkgn. hrsg. v. Karl Schönfeld. (137 S.) Lex. 8. Leipzig 910. O. Harrassowitz. 4. —

Säntisgebiet [Sachliches OW]

Säntisgebiet. [Exkursionskarte. Lithographischer Ueberdruck aus den Blättern 235, 238, 239, 237, 240, 241, 251, 254, 255 des Topographischen Atlas Siegfried.] Massstab 1 : 25000. [Hrg. durch die] Schweizerische Landestopographie, Bern. Ueberdruck 1905. 501 755 mm. 1 Bl. quer-fol.
Ausg. A: offen. fr. 2. —
Ausg. B: auf Lwd. aufgezogen, 8; *Titelblatt (mit Kartenskizze):* Topographischer Atlas der Schweiz. Überdruck. Säntisgebiet. 1 : 25,000. Bern, Schweiz. Landestopographie. *Aufdruck:* 1905. aufgezogen fr. 3. —

Säntisgebiet [Schlagwort]

Säntisgebiet, s.: Bodensee. — Schweiz. Atlas.

Santkin, Albert [prakt. Arzt aus Büderich b. Wesel]: Die operative Behandlung der Hydrocele .... Bonn, Univ.-Buchdr. v. Carl Georgi, 1886; 35 + 1 S. 8°.
Bonn, Med. Fak., Inaug.-Diss. v. 30. Dez. 1886.

Santkin, Albert, die operative Behandlung der Hydrocele. Diss. Bonn 1886, Emil Strauss. 8°. 35 S.

Santlus, J. C., Notizen über die psychischen Folgen der Kopfverletzungen, insbesondere der Läsionen der vorderen Gehirnlappen u. die dadurch hervorgerufenen Sprachdefecte. Neuwied 865. Heuser's Verlag. gr. 8. (29 S.) 5 *ngr.*

—— zur Psychologie der menschlichen Triebe. gr. 8. (III und 144 S.) Neuwied 864, Heuser's Verlag.

—— über verkehrte Willensäusserungen bei vollem Bewusstsein und ihr Verhalten zur Imputation. gr. 8. (134 S.) Erlangen 862, Palm und Enke. *
Aus: A. Henke's Zeitschrift für die Staatsarzneikunde, besonders abgedruckt.

— über die Zunahme der Geisteskrankheiten und ihren Zusammenhang mit den Geschlechtsfunktionen und Geschlechtskrankheiten. (Abdr. aus Henke's Zeitschrift für die Staatsarzneikunde.) Ebend. 859. gr. 8. (114 S.) n. 12 *ngr.*

Santlus, Theodor, approb. Arzt aus Hochheim a. M.: Über **Pseudomyxoma** peritonaei. *Berlin (1902): G. Schade.* (31 S.) 8°
Berlin, Med. Diss. v. 16. Mai 1902

Santner, Karl — Musikalisches Gedenkbuch. Mit Originalbeiträgen von J. Haucleutner, Julius, K. A. Kaltenbrunner, C. E. Kauteczky, F. Hilarius Proschko, Dr. Isidor Proschko, Gustav Schilling, Dr. J. N. Vogl und dem Herausgeber. Herausgegeben von — —. Mit 2 Illustrationen und 2 Musikbeilagen. 1. Jahrg. Steyr, 1856. Druck von Michael Haas. Wien und Leipzig. Expedition der deutschen Liedertafel. (VI. 226 S. u. 1 Bl. 8.)

Santner, Carl, Handbuch der Tonsetzkunst. Kurzgefasster Unterricht im Generalbass, der Harmonielehre u. des Contrapunktes. Nebst einem Anhang: Bemerkungen über die alten Kirchentonarten u. ihren Gebrauch. Mit vielen erläuternden Notenbeispielen. Für Schulen u. zum Selbst-Unterrichte verfasst. Leipzig 866. M. Schäfer. gr. 8. (VIII, 191 S.) n. 1 *ℛ*

Santner, Carl, acht Motetten für 2—8 Stimmen und Orgel. Partitur. hoch 4. (32 S.) Regensburg 878, Pustet. * 1 60

Santner, Carl, der spuckende Musikant. Eine wahrhafte Trauer- und Schauergeschichte, allen Musikanten und Dilettanten zur Lehre und Warnung erzählt u. in Reime gebracht. Steyr 861. Gilhofer. 8. (6 S.) 2 *ngr.*

Santner, Carl, der spuckende Musikant. Eine wahrhafte Trauer- und Schauergeschichte, allen Musikanten und Dilettanten zur Lehre und Warnung erzählt und in Reime gebracht. 8. (6 S.) Steyr 861. [Wien, Neidl.]

— Vocal-Messe für Sopran, Alt, Tenor u. Bass. Op. 126. Partitur u. Stimmen. hoch 4. (26 u. Stimmen à 8 S.) Regensburg 877. Coppenrath. n. 2. 40; Partitur ap. n. 1. 40; Stimmen à n. — 25

Santner, Carl, Winke üb. die Figuration der Violinen insbesondere bei den Redarbations-Accorden. Ein Beitrag zur Tonsetzkunst. qu. gr. 8. (43 S.) Leipzig 871. M. Schäfer. 1. —

Santo, Cesare di, s.: Beiträge zur Trachom-Forschung.

Santo, G. M., kurze Grammatik der deutschen Sprache. gr. 8. (VIII u. 145 S.) Dorpat 851. (Reval, Kluge.) ½ *ℛ*

— Vorschläge zu einer übereinstimm., einfachen u. leicht übersichtlichen Bezeichnung der deutschen Declinationen u. Conjugationen. [Zuerst erschienen als Einladungsschrift zu den Prüfungen des Dorpat'schen Gouvernements-Gymnasii im Decbr. 1847.] gr. 8. (42 S.) Dorpat 848, Model. (Leipzig, Hartknoch.) ⅙ *ℛ*

Santo, Karl

Santo, Carl, Crassinello d. verkappte Dirnenräuber, s. Bibliothek d. Ritter-, Räuber- u. Criminal-Geschichten rc., 3. Bd.

SANTO, Carl. Crassinello der verkappte Dirnenräuber, oder: Der Teufel in Menschengestalt. Eine (pikante) Schaudergeschichte. Leipzig, Schreck, 1841. 8°. (4 Mk. Paul Neubner, Cöln, 1892.)
199 SS. Zieml. selten.

Santo, Pietro, die Pastilles de l'Orient als bestes u. sicherstes Heilmittel gegen übelriechenden Athem. Eine gründliche Belehrung über die verschiedenen Ursachen des übelriechenden Athems, sowie über die allein mögliche Art der Heilung desselben. Leipzig 865. Poenicke. 16. (16 S.) 5 *ngr.*

Santo Domingo [Schlagwort]

Santo Domingo. Moya, Casimiro N. de, mapa de la isla de Santo Domingo y Haiti. Officialmente adoptado por resolucion del Congreso nacional Dominicano fecha 18. V. 1905. 1 : 400,000. 108×165,5 cm. Farbdruck. Chicago 906. (Hamburg, L. Friederichsen & Co.) Auf Leinw. in Mappe od. m. Stäben 45. —

Santo Domingo [Verfasser]

Santo Domingo, s. Taschenbuch der Handelskorrespondenz.

§ * SANTO Domingo (Hippolyte Comte de), Geist der Päpste. Aus d. Französ. (Auch titulo: Rom, wie es ist, Bd. 3.) Quedlinburg und Leipzig 1839. Kl. 8⁰. 16 Bogen. (In Berlin: Ce 3440; in München: H. eccl. 1024 o.)
Cfr. A. G. Schmidt, Gallerie etc., S. 171.
Orig.: Santo Domingo. Esprit des Papes. Paris 1839. 8⁰. (3 Mk., d.-veau, E. v. Masars, Bremen 1898: „L'auteur dépeint en mots précis l'exigence croissante de la cour de Rome.")

Santo Domingo, Geist d. Päpste. A. d. Franz. gr. 8. (14¼ B.) Quedlinburg 839, Basse.

Santo Domingo, Geist des Papstthums u. Jesuitismus. 2. Aufl. 8. (15⅞ B.) Leipzig 845, Otto Aug. Schulz.

Santo-Domingo, Joseph Hippolyte Comte de. Hamburg, wie es ist. 1838. Ü: *Lehmann, Ed.* (Mitth. d. Ver. f. Hamb. Gesch. XXIII. Bd., 8.) (Gustav Fock-Leipzig. Antiqu. Kat. 351, S. 49, Nr. 1548.)

— Hamburg, wie es ist. gr. 12. Leipz. 838. Reclam jun. 1½ ℳ

— — Hamburg, wie es ist. gr. 12. (10 B.) Leipzig 838, [O. A. Schulz.]

— d. Jesuitenspiegel. Auszüge d. gefährl. u. lasterhaftesten Stellen der dogmat. Werke d. Jesuiten. 2 Thle. Stuttgart 827, Franckh.

— — Der Jesuiten-Spiegel. Mit *Anhang* von einem Jesuiten-Calender, den päpstlichen Bullen Unigenitus etc. und andern urkundlichen Belegen. Herausg. von —. 2 Thle. Stuttgart 1828. 8⁰. (4 Mk. Mart. Breslauer's Berliner Oct.-Auct. 1910, no. 2354; 15 Kr. Halm & Goldmann, Wien, 1907.)
Vergl. Rob. F. Arnold: „Die Tablettes Autrich." in der Glossy-Festschrift „Ein Wiener Stammbuch" (1898) u. denselben „Zur Bibliographie d. deutsch. Restaurationszeit" in „Zeitschr. f. Bücherfr." Jahrg. V, Heft 4, wo auch das einzige authent. Portrat des Grafen St. Domingo reproduziert ist.

Santo Domingo, der Jesuitenspiegel. Mit Anh. v. e. Jesuiten-Kalender, den päpstl. Bullen Unigenitus etc. u. andern urkundl. Belegen. 2 Bde. gr. 8. Stuttg. 828. (Brodhag). 2 ℳ 12 ℊ

SANTO-DOMINGO (Hippol. Comte de), Cardinäle, Bischöfe und Priester als Liebes-Abenteurer durch Cölibatgebot und jesuitische Grundsätze. Historisch geschildert von —. Aus d. Französ. Leipzig, Verlags-Expedition, Stuttgart, J. Scheible, 1833. (Nebst dem Vortitel: Liebesabenteuer der katholischen Geistlichen.) 8⁰. X u. 203 S. (4 Mk. Frdr. Klüber, c. 1902.)
Einiges pikant. Handelt auch von dem Skandalprozess betreffs des Jesuitenpaters Girard und der von ihm verführten Mlle. Catharina Cadière.

Santo Domingo (Josef-Hippolyte Comte de), Cardinäle, Bischöfe und Priester als Liebes-Abentheurer durch Cölibatgebot und jesuitische Grundsätze. Historisch geschildert von —. Aus d. Französ. Leipzig, Verlags-Exped., Stuttgart, J. Scheible. 1833. (Nebst Vortitel: Liebesabentheuer der katholischen Geistlichen.) Kl. 8⁰. X u. 203 S. (4 Mk. Friedr. Klüber, 1905.)
Handelt auch über Girard und Cadière.

SANTO-DOMINGO (*Joseph-Hippolyte* Comte *de*), Cardinäle, Bischöfe und Priester als Liebesabenteurer durch Cölibatgebote und jesuitische Grundsätze. Historisch geschildert v. —. Aus d. Französ. Leipzig, Verlags-Exped., Stuttgart, J. Scheible. 1833. (Nebst Vortit.: Liebesabenteuer der katholischen Geistlichen.) Kl. 8⁰. (4 Mk. Friedr. Klüber, 1905.)
X u. 203 SS. Einiges pikant. Handelt auch von dem Jesuiten Girard und Mlle. Cadière.

Santo Domingo, Krähwinkel wie es ist; e. Sittengemälde; aus d. Franzöſ. von C. Niedmann. 8. Wolfenb. 827. Verlags-Compt. 1 ℳ 4 ℊ

— — Krähwinkel wie es ist. Ein Sittengemälde. v. —. Frei nach dem Französ. bearb. von Niemand (d. i. Carl Christian Friedr. Niedmann). Wolfenb. 1828. 8⁰. (4 Mk. Paul Neubner, 1892.)
„Krähwinkel liegt überall in der Welt; ist es etwas anderes als das Miasma von Krähwinkel, wenn in Paris einem Talma und andern im Leben hochgefeierten Schauspielern ein Begräbniss in geweihter Erde versagt wird, welches jede declam. Schimpfrednerin unter den Damen der Halle, jedes in Gift und Schlamm ihres schändl. Gewerbes abgestandene Freudenmädchen empfängt? Nebst e. Satyre gegen die Clauren-Manie."

† Santo-Domingo (I.), Krähwinkel wie es ist. Ein Sittengemälde. Frei n. d. Franz. bearb. (verfaßt) v. † Niemand. 8. (16½ B.) Wolfenbüttel 828. [Braunschweig, Horneyer.] 1 Thlr. 6 Gr., hrbgſ. Pr. Thlr.

— Krähwinkel wie es ist. Ein Sittengemälde. Frei nach d. Französ. bearb. von Niemand: (Niemann). 8. Wolfenbüttel 828. Verlags-Compt. 1 ℳ 6 ℊ

— Krähwinkel, wie es ist. Nach dem Franz. von C. Niedmann. kl. 8. Braunschw..., jetzt Th. Fischer in Cassel. 1¼ ℳ

§ SANTO-DOMINGO (Jos. Hippolyte Comte de), London wie es ist, oder Gemälde der Sitten, Gebräuche und Charakterzüge der Engländer, Anekdoten und Bemerkungen, diese Nation und ihre Regierung betreffend. Eine Fortsetzung der Sitten-Gemälde „Rom und Paris wie es ist." Frey übersetzt (aus d. Französ.) von M—r (Gottfr. Wilhelm Becker?). Leipzig 1826. 8⁰. (2 Mk. Franz Teubner, Düsseldorf, 1898; 4 Mk. Adolf Weigel, c. 1905.)
Orig.: Santo-Domingo, Tablettes Anglaises, faisant suites aux tablettes Romains. Av. frontisp. (Bourse de Londres.) Bruxelles 1825. 8⁰. (10 Kr., d.-veau, A. H. Huber, Salzb., 1908.)

— London wie es ist, od. Gemälde d. Sitten, Gebräuche u. Charakterzüge d. Engländer; Anekdoten u. Bemerkk., diese Nation u. ihre Regierung betreff. Eine Fortsetz. d. Sittengemälde „Rom" u. „Paris wie es ist." Frei übers. v. M—r. 8. Leipz. 826. Magaz. f. Ind. 1 ℳ

Santo Domingo (Hippolyte Comte de). Madrid wie es ist(.) oder Bemerkungen über die Sitten und Gebräuche der Spanier im Anfange des neunzehnten Jahrhunderts. Aus dem Französ. frei übersetzt von Gustav Sellen (d. i. Ludw. v. Alvensleben). Leipzig. 1826. Magazin für Industrie und Literatur. 8⁰. (Gleichen Inhalts mit „Madrid wie es ist".)
VIII (Vortitel, Haupttit., 1 Bl. Vorwort d. Uebersetzers), 270 S., 1 Bl. Verlagsbücher.

Santo Domingo (Joseph Hippolyte Comte de). — Neapel wie es ist. Aus d. Französ. des *Santo Domingo* von *r. (d. i. Gottfr. Wilh. Becker). Ächt von S. Domingo; nicht nachgeahmt. Mit Titelkpfr. (Steindruck.) Leipzig 1828. 12⁰. 218 S. (2 Mk. 25 Pfg., Friedr. Kluber, c. 1905; 3 Kr. 60 H., Franz Malota, Wien, 1908.)

— Neapel wie es ist. A. d. Franz. v. *r. (G. W. Becker.) 12. (9½ B. u. 1 Stndr.) Leipzig 828, Fest.

SANTO Domingo (Hippolyte Comte de), Paris wie es jetzt ist. Deutsch durch Dr. Philippi. Dresden 1826. 8°. XII, 262 S. (4 Mk. O. Rauthe, 1908.)

U. A.: Von dem Anwachs der Bevölkerung u. den Hebammen. — Die Landstädterinnen. — Die Pariserinnen. — Classification der Frauen nach dem Linnéischen System u. s. w.

— Paris wie es ist. Für deutsche Leser bearbeitet von F. Philippi. 8. Dresden 825, Hilscher.

— Rom wie es ist. Nach d. 3n Ausg. aus d. Französ. übers. von *r (G. W. Becker). 2 Thle. Mit 1 Kpf. 8. Leipz. 825. 3e A. 828. Voß. (Braunschw., Vieweg). 1 ß

— Paris wie es ist. Für deutsche Leser bearbeit. v. F. Philippi. 8. Dresd. 826. Hilscher. (Gerold in Wien). 1 ß 8 gl. Hbg. Pr. 16 gl.

Santo Domingo (Joseph Hippolyte Comte de), Rom wie es ist; oder Sitten, Gebräuche, Ceremonien, Religion und Regierung in Rom. Aus d. Französ. (von Gottfr. Wilh. Becker). Leipzig 1828.

Antirömisch. — Anon.-Lex. IV p. 23 (nach Kayser u. Engelmann). Zuerst gedr. ebd. 1825. 8°. (Expl. in Schaffhausen.) — 2. Aufl. Braunschweig 1825. 8°. (3 Mk. Expl. im Orig.-Umschl., Max Jaeckel, Potsdam, 1906.)

Orig. (anon.): „Tablettes Romaines, conten. des faits, des anecdotes et des observations sur les moeurs, les usages, les ceremonies, le gouvernement de Rome." Avec 2 vues lith. Paris 1824. 8°. (2 Kr. Jos. Grunfeld, Wien, c. 1905. 5 Mk., titre fatigué, Sudd. Antiqu., München, 1907.)

—— Rom wie es ist; od. Sitten, Gebräuche, Ceremonien, Religion u. Regierung in Rom. A. d. Franz v. *r. (G. W. Becker.) 2 Thle. 3., umgearb. Aufl. 12. (18 B. u. d. Verf. Bildn.) Leipzig 828, Voß.

— Rom, wie es ist. 3r Bd. A. u. d. T.: Geist des Papstthums. kl. 8. Leipzig 839. Reclam jun. 1 ß

—— Rom wie es ist. 3. Bd. — A. u. d. T.: Geist des Papstthums. 8. (16 B.) Leipzig 839, [O. A. Schulz.]
1. u. 2. Bd. Leipzig 828, Voß. 1 Thlr.

Santo-Domingo, Rom wie es ist oder Sitten, Gebräuche, Ceremonien, Religion und Regierung in Rom. Aus dem Französ. 4. Aufl. Leipzig 860. O. Wigand. gr. 8. (164 S.) 21 ngr.

— röm. Schreibtafel. Züge z. Schilderung d. Volksgeistes, d. Sitten, Glaubensgebräuche u. der öffentl. Verwaltung in Rom. Aus d. Französ. von M. Hall. 8. Dresd. 825. Arnold. 1 ß 12 gl.

— Tablettes Romaines. Nouv. Ed. revue et augm. II Vols. 18. Bruxelles 827. (Leipz., Zuges). 2 ß 20 gl.

Santo Domingo, Luis *Felice* [aus Mompos]: Ueber angeborene Hornhauttrübungen ... Berlin, gedr. bei Goedecke & Gallinek, *1894*; 63 S., 4 Bl. 8.
Berlin, Med. Fak., Inaug.-Diss. v. 4. Dez. 1894

Santon, J., denkwürd. Gespräch zwischen Franklin u. Washington. 8. Königsb. 815. Nicolovius. 4 gl.

Santori, Santorio de'

Sanctorii, S., aphorismi de medicina statica c. schol. A. Ridiger. 8. Lips. Crusius. (F. C. W. Vogel.) 762.

Santori, Santorio de': Aphorismi de medicina statica cum scholiis Andreae Ridigeri. 122 S. gbd.

Lipsiae: Teubner 1762

JB 942

Santorio Santorio

Joh[annis] Timmii [Timm] Transpiratio Sanctoriana, oder des Sanctorii á Sanctorio [Santorio Santorio: De Statica medicina. Deutsch:] Tractat [Traktat] von der unempfindlichen Ausdünstung aus d.Lat. ins Teutsche übers. u. durchgehends mit Anm. verm.u. erl. ... Bremen: Saurmann 1736. 199 S. 8°

Santorini, I. Do.

— Observationes anatomicae. 4. Venedig. 724.

— de structura et motu fibrae nutritione animali haemorhoïdibus et de catameniis. 8. Rotterdam. 790.

Santorini, I. Do., tabulae anatomicae adject. tab. de structura mammar. etc. fig. fol. Lps. Gleditsch. 779.

Santorini, Risorius

Santorini, s.a. Evoe Mikrokokkus.

— Evoe Mikrokokkus! Vollständiger Steckbrief der bis dato in homine attrapierten pathogenen Wegelagerer, in sangbaren Burschenweisen affichieret. Auch mit 21 fürtrefflichen Illustrationibus gar sauber verzieret von Dr. Carrugator Supercilii. In-8°. Ebendas. *1888*. 2 50

— s.a. Macte Lister triumphator.

Santarini, Dr. Macte Lister triumphator! Feucht-fröhlich-antiseptisches Vademecum der innern Chirurgie. 2. Auflage. In-12°. Luzern, Schweiz. Verlagsanstalt. *1888*. 1 25

Santorini, Risorius, s.: Zur Naturgeschichte d. Medicus.

Santorio, Santorio, s. Santori, Santorio de'

Santoroc, Johann Kaspar

Santoroc, J. C., Antiquitates Graecorum et Romanorum. Francof. 730. 8. 6 gr.

Santoroc, Jo. Casp., Breviarium antiquitatum romanar. universale, emendatius editum. Acc. Descriptio antiquitatum graecar. brevis et Gronoviani et Graeviani operis conspectus. Francof. 730. 12.

Santoroc, I. C., Breviarium antiquitatum romanorum. 12 Frft. Kochendörfer. 730.

Santoroccius, J. C.: De stupendo linguarum miraculo. Marburg 1708. 4°

Santoroccius, J. C., de apostolo Pauli ad jus civitatis Romanae provocatione. Marb. 1717. 4.

Santos e Silva, Joaquim dos, Factoren-Tabellen zur Ausführung chemischer Rechnungen mittels der von L. Meyer und K. Seubert gegebenen Atomgewichte. 8. (XXII, 102 S.) Braunschweig 888, Vieweg und Sohn. cart. *

Santos-Dumont, A., im Reich der Lüfte, s.a. Naturwissenschaft u. Technik. 8. Bd.

Santos-Dumont (A.). Im Reich der Lüfte, n. d. franz. von Hollhof. m. Ill. Stuttgart. 1908. geb. M. 4.—

de Santo Vito, C., s. Allgaier's, Jh., Anweis. z. Schachspiele.

Santsch, der Brandstifter, s.: Lang, Arnold.

San-Tseu-King ou le livre des trois mots, s.: Ban-Zai-Sau.

SANTZ, C. G. W.: Die agrarischen Gesetze des Preuss. Staats seit d. J. 1806, mit d. betreff. Rechtsbestimmungen d. Allgem. Landrechts, d. Process- u. Hypotheken-Ordnung u. mit den dazu ergangen. Erläuterungen u. Vorschriften d. Behörden bis auf d. heut. Zeit. Zum Gebrauch sowohl f. d. Behörden als f. d. Partheien, bei Dismembrationen, Gemeinheits-Theilungen u. Ablösungen, bei Regulirung der gutsherrl.-bäuerl. Verhältnisse u. bei Hypothek-Regulirungen. In 4 Abth. systemat. zusammengest. u. bearbeitet. 1r—4r Bd. *Leipzig*, Barth. 836—38. gr. 8. (10 Thl.)

Santz, Karl, Gerichtsref. zu Altena i. W.: **Bestandteile einer Sache und Zubehör nach gemeinem Recht und Bürgerlichem Gesetzbuch.** *Altena i. W. 1902: Kord-Rueisch & Co.* (98 S.) 8°
Freiburg i. B., Rechts- u. staatswiss. Diss. v. 1902

Sanns, Morgentoilette. (20 S.) 16. Hamburg 910. Gebr. Lüdeking. — 50

— **Similismus. Grundriss e. neuen Weltanschauung. I. Tl. Positive Darstellung des Similismus. II. Tl. Kritik christl. Lehren.** (IV, 172 S.) gr. 8. Dresden (907). E. Pierson. 3.—; geb. n 4.—

Sanuto, Marino. Diarien, s. Luther, Martin, u. die Reformationsbewegung.

Sanuto, Marino, Diarien, s.: Thomas, Geo. Mart., Martin Luther u. die Reformationsbewegung in Deutschland.

Sanzenbacher, G. F., unentbehrlicher Rathgeber, sich beim Ankaufe v. Klavierinstrumenten vor Schaden zu bewahren ꝛc. 8. (18 S.) Heilbronn 847, Drechsler. n. 1/6

Sanzio, Raf., die Kunst Maler zu werden. Eine auf Erfahrg. **gegründete Anleitg.**, sämmtl. Zweige der Malerkunst, **als: Aquarell-, Gouache-**, Miniatur-, Pastell-, Oel-**Malerei u. s. w. durch** Selbstunterricht auch ohne **Vorkenntnisse der Zeichenkunst** sich anzueignen, nebst einigen **enthüllten Geheimnissen zur** Restaurirg. od. Auffrischg. **alter od. schadhafter** Gemälde, e. Entwicklg. der Grund**linien der Perspective u. e. alphab.** geordnete Erklärg. **der gebräuchlichsten** Kunstausdrücke. 8. (IV, 188 S.) Wien 874. Hartleben. 1. 75

Sanzio, Rafael, die Kunst, Maler zu werden. Eine auf Erfahrung begründete Anleitung, sämmtl. Zweige der Malerkunst, als: Aquarell-, Gouache-, Miniatur-, Pastell-, Oel-Malerei ꝛc. durch Selbstunterricht auch ohne Vorkenntnisse der Zeichenkunst sich anzueignen, nebst einigen Anleitungen zur Restaurirung und Auffrischung alter oder schadhafter Gemälde, einer Entwicklung der Grundlinien der Perspective und einer alphabetisch geordneten Erklärung der gebräuchlichsten Kunstausdrücke. 2. gänzlich umgearb. und verm. Aufl. 8. (XI, 228 S. mit 20 Abbild.) Wien 886, Hartleben. *

Sanzio, Raf., die Kunst, Maler zu werden. Eine auf Erfahrg. begründete Anleitg., sämmtl. Zweige der Malerkunst, als Aquarell-, Gouache-, Miniatur-, Pastell-, Oel-Malerei ꝛc. durch Selbstunterricht auch ohne Vorkenntnisse der Zeichnenkunst sich anzueignen, nebst einigen Anleitgn. zur Restaurirg. u. Auffrischg. alter od. schadhafter Gemälde, e. Entwickelg. der Grundlinien der Perspective u. e. alphabet. geordneten Erklärg. der gebräuchl. Kunstausdrücke. 3., gänzl. umgearb. u. verm. Aufl. 12. (X, 235 S. m. 35 Abbildgn.) Wien (900). A. Hartleben. n. 2. —

Sanzio, Raffaello
s.a. **Raffaello** Sanzio. (10. 17617

Sanzio, Raphael, Werke, siehe: Landon, G. A., Gemälde-Gallerie.

Sao Bento Anzeiger: 1887–1889. Sao Bento
Weekly. Published by Dr. Wolf

São Francisco, Hafen von, s: Seekarten.

Chronik der evangelischen Kirchengemeinde Rhein i. Ostpr. zum 300jähr. Jubiläum ihrer Kirche 1604–1904 verf. von Albert **Sapatka**, Pfarrer. Königsberg i. Pr.: Ostpr. Dr. & Verlagsanst. 1904. (124 S.) 8° [ ] 10

Sapere e fede o d'una futura migliore dottrina. Saggio di filosofia pratico-sociale autore un moderno credente. gr. 8. (V, 49 S.) Torino 878. (Berlin, Mitscher und Röstell.) *

Sapetza: Ein Ausflug nach Ozalj. (Höhle.) Beschreibung der daselbst vorkommenden Pflanzen u. Thiere. 2 S. Rakovač OR., Progr. 1866.

Saphir, M. G., und Berlin . . . Berlin 1828. H: *Foerster, Friedrich.* (WBI. 28, 223)

—— und Berlin. 8. (1¼ B.) Berlin 828, [Krause.]
Aus dem „Berl. Conversations-Blatt" abgedruckt.

—— der getödtete u. dennoch lebende M. G. Saphir, od.: Dreizehn Bühnendichter u. e. Taschenspieler gegen e. einzelnen Redakteur. Ein Schwank voll Wahrheit, in phlegmat. Laune erzählt. 2. Aufl. 8. (2 B.) Berlin 828. (Leipzig, Focke.)

— der getödtete u. dennoch lebende M. G. Saphir, od.: dreizehn Bühnendichter u. ein Taschenspieler gegen einen einzelnen Redakteur. Ein Schwank voll Wahrheit, in phlegmat. Laune erzählt. ... 3e Aufl. 8. Berl. 828. (Krause). 2 gr

Saphir, der lebende u. dennoch maustodte, s. Curtius, C. J.

Saphir am Plaudertische. Ein launiges Potpourri von Wortspielen, Anekdoten, Calembourgs, Räthseln u. Impromptus des berühmten Humoristen. 1. u. 2. Hft. 12. (4 B.) Berlin 843, Plahn'sche Buchh. à

Saphir, Adolph

Saphir, Adph., Christus und die Schrift. Bevorwortet von Kögel. Aus dem Engl. 8. (VIII, 118 S.) Berlin 877, Verlag des Goßner'schen Missions-Vereins. *
—— **dass. — Aus dem Engl. von J. v. Lancizolle. Bevorwortet von Kögel und Delitzsch. 2. verm. und autoris. Ausg. 8. (XIV, 187 S.) Leipzig 879, Hinrichs'sche Buchh. ***
geb. *

Saphir, Abph., Christus und die Schrift. Aus dem Engl. von J. v. Lancizolle. Bevorwortet von Kögel und Delitzsch. 3. Ausg. 8. (XIV, 137 S.) Leipzig 882, Hinrichs'sche Buchh. *M 1. 20.; geb. **

Saphir, Abph., Christus u. die Schrift, s.a. Schriften des Institutum judaicum in Berlin.

Saphir, Adolph: Christus und die Schrift. Von D. th. Adolph Saphir, Pastor, London. Aus dem Engl. von J. v. Lancizolle. Bevorw. v. Ober-Consistorialr. D. [Rudolph] Kögel u. Prof. D. Frz. Delitzsch. 4. Aufl. M. e. Skizze seines Lebens. Leipzig: J. C. Hinrichs 1894. (XIV, 137 S.) 8°
= Schriften des Institutum Judaicum in Berlin. No 19.

— Declamations-Soirée f. Ernst u. Scherz, Geist u. Herz. 3. Aufl. 8. (XV, 261 S.) Wien 885. Hartleben. n. 3. —; geb. n. 4. 25

—— das Erbarmen des Heilands unser Trost und unser Vorbild. Nach dem Engl. 16. (32 S). Calw 883, Vereinsbuchhandlung. *

—— Ganz Israel wird selig werden, s. Schriften des Institutum judaicum in Leipzig.

Saphir, Abf. Wer ist der Apostat?, s. Schriften d. Institutum Judaicum in Leipzig.

SAPHIR, ALEXANDER (S. J.): Ansprache an die Anwesenden bei Gelegenheit seiner Taufe. Pest 1843. Gedr. bei Landerer u. Heckenast. 29 S. - kl. 8°

SAPHIR, C. W., s. Lyna. 1831 ff.

Saphir, Eliahu, u. Nathan Birnbaum, brieflicher Sprach- u. Sprech-Unterricht zur Erlernung der hebräischen Sprache. 1. u. 2. Brief. gr. 8. (18 S.) Wien 893. (Ch. D. Lippe.) n. — 80

Saphir, J. B. (Hrsg.), s. Punsch, Wiener.

Saphir's, Lg., Polterabendscherze. Tafellieder u. Toaste. Humoristisch u. ernst f. e. od. mehrere Personen. 3. Aufl. 16. (IV, 60 S.) Leipzig 871. Fr. Voigt. n. — 50

Saphir, M. S., s. Saphir, Moritz Gottlieb

Saphir, Moritz Gottlieb

— humoristische Abende, s.a. In rosiger Laune.

Saphir, Mor. G., humorist. Abende. Ein Cyclus Vorlesn. gehalt. im Museum zu München. 16. (18 B.) Augsburg 830, Kranzfelder.

Saphir, M. G., humoristische Abende. Ein Cyclus Vorlesungen gehalten im Museum zu München. 2., unveränd. Aufl. gr. 16. (231 S.) Leipzig 853, Voigt.

Saphir, M. G., humoristische Abende. Ein Cyclus Vorlesungen gehalten im Museum zu München. 3, unveränd. Aufl. gr. 16. (232 S.) Leipzig (861)62, Fr. Voigt. *

Saphir, M. G., humoristische Abende. Ein Cyclus Vorlesungen gehalten im Museum zu München. 3. unveränd. Aufl. Leipzig 862. Fr. Voigt. 16. (232 S.) n. 20 ngr.

—— humoristische Abende. Ein Cyclus Vorlesungen gehalten im Museum zu München. 4. unveränd. Aufl. gr. 16. (232 S.) Leipzig 871, Fr. Voigt. [Dresden, Kaufmann.] * geb. *

—— der eiserne Abschiedsbrief, od. Abdications-Acte e. gepeinigten u. gequält. Rezensenten u. Märtyrers d. Wahrheit; nebst e. Generalpardon an alle Schauspieler u. Künstler rc. 12. (2 B.) Hamburg 828, Hoffmann u. Campe.

— Album ernster u. heiterer Deklamationsgedichte, s.: Universal-Bibliothek.

Saphir, M. G., fliegendes Album f. Ernst, Scherz, Humor u. lebensfrohe Laune. 2 Bde. Declamations-Saal in 2 Abth. — Schwänke u. Erzählungen in 2 Abth. 8. (45 B. m. d. Bildn. des Verf. u. 1 Facsim.) Leipzig 846, Jackowitz. *
Einzeln 1. Bd. * 1 Thlr. 15 Ngr., 2. Bd. * 1 Thlr. 5 Ngr.

—— fliegendes Album für ernste und heitere Declamation. In 2 Abthlgn. 2. Min.-Aufl. 8. (VI und 378 S. mit dem lithogr. Bildnisse und Facs. des Verf.) Leipzig 854, Jackowitz.

— fliegendes Album für ernste u. heitere Declamation. Ausgewählte Sammlung aus dessen Dichtungen. 2. Miniatur-Aufl. 854. (VI, 378 S.) — 3. Miniatur-Aufl. Mit dem (lith.) Bildnisse des Dichters. Leipzig 858. Wöller. 16. (XV, 441 S.) 1 thl. 20 ngr.

—— fliegendes Album für ernste und heitere Declamation. Ausgewählte Sammlung aus dessen früheren Dichtungen. 4. Min.-Aufl. 16. (XV und 441 S. mit Bildniß in Stahlst. und biograph. Skizze des Dichters.) Leipzig 863, Wöller. geb. mit Goldschn. *

—— fliegendes Album für ernste und heitere Declamation. Ausgewählte Sammlung aus dessen früheren Dichtungen. 5. Min.-Aufl. Mit Bildniß (in Stahlst.) und biograph. Skizze des Dichters. gr. 16. (XVI, 441 S.) Leipzig 875, Wöller. geb. *

—— humoristisches Album, s. Album.

— humoristisches Album für den Weihnachtsbaum. 2. wohlf. (Titel-)Ausg. Wien (854.) Hügel. 16. (2 Bl., 181 S.) 15 ngr.

—— Album geselliger Thorheiten, s. Meyer's Volksbücher.

— humoristisches Allerlei, s.: Universal-Bibliothek, jüdische.

—— der Bazar, s. Bazar.

— s. Bazar, der, für München u. Baiern.

Saphir's, M. G., Bibliothek gegen Langeweile. 11 Bde. (Einzel-Ausg. der ausgewählten Schriften.) 8. Brünn 893. Karafiat & Sohn. à n. 1. 20
1. Romane, Novellen. (256 S.) — 2. Bluetten. (248 S.) — 3. Humoristisches Allerlei. (262 S.) — 4. Humoristische Blätter. (252 S.) — 5. Humoristische Vorlesungen. (253 S.) — 6. Humoristische Plaudereien. (252 S.) — 7. Ernste Declamations-Gedichte. (235 S.) — 8. Heitere Declamations-Gedichte. (316 S.) — 9. Literarisch-artistische Plaudereien. (252 S.) — 10. Aphoristisches, Memoiren. (234 S.) — 11. Wilde Rosen. (Liebesgedichte an Hertha u. Mathilde.) (127 S.)

—— blaue Blätter für Humor, Laune, Witz und Satyre. Aus seinen Schriften gepflückt. 1—6. Lfg. 8. (479 S.) Wien 855—56, Hartleben's Verlagsexpedition. à Lfg. 12 Ngr.

Saphir's, M. G., blaue Blätter für Humor, Laune, Witz u. Satyre. Volks-Ausg. Wien 865. Hartleben's Verlag. 8. (482 S. mit dem Bildniß des Verf. in Stahlst.) 24 ngr.; cart. 1 Thlr.

—— blaue Blätter für Humor, Laune, Witz und Satyre, aus seinen Schriften gepflückt. 3. Volksausg. 8. (X und 304 S. mit dem Bildniß des Verf. in Stahlst.) Wien 868, Hartleben's Verlag.

— blaue Blätter f. Humor, Laune, Witz u. Satyre aus seinen Schriften gepflückt. 4. Volksausg. Mit dem Bildniß d. Verf. (in Stahlst.) 8. (VIII, 304 S.) Wien 873. Hartleben. 2. 25

— blaue Blätter für Humor, Laune, Witz u. Satire, aus seinen Schriften gepflückt. 5. Volksausg. Mit dem Bildnisse des Verf. (in Holzschn.). 8. (XVI, 320 S.) Wien 882. Hartleben. 2. 25

— blaue Blätter f. Humor, Laune, Witz u. Satyre, aus seinen Schriften gepflückt. 5. Volksausg. Mit dem Bildniß d. Verf. 8. (XVI, 320 S.) Wien 891. A. Hartleben. n. 2. 25; geb. n. 3. 25

—— dumme Briefe, Bilder u. Chargen, Cypressen, Literatur- u. Humoral-Briefe. gr. 12. (9 1/3 B.) München 834, Jaquet.

—— pariser Briefe über Leben, Kunst, Gesellschaft und Industrie zur Zeit der Weltausstellung im J. 1855. 8. (III und 271 S.) Wien 856, Hartleben's Verlagsexpedition.

— s. Carneval- u. Maskenalmanach.

— s. Courir, Berliner.

— humoristische Damen-Bibliothek. 2 Bde. 12. Wien 838. Mausberger. (Leipzig, Hunger.) 2 1/6 Thlr.

Saphir, M. G., humorist. Damen-Bibliothek. 3r u. 4r Bd. (Der 3e Bd. a. u. d. T.: Wilde Rosen an Hertha. 1s Bdchn.) 12. Wien 838. Mausberger. (Leipz., Hunger.) 2 1/6 Thlr.

— humoristische Damen-Bibliothek. 5. u. 6. Bd. 12. Wien 841, Mausberger; Lpz., Hunger. 2 1/6 Thlr. (1—6: 6 1/2 Thlr.)

— ernster u. humoristischer Declamations-Saal nebst Goldfischleins Roman oder: die Zeit der wilden Rosen. Ein Märchen. Brünn 866. Karafiat's Verlag. 8. (160 S.) n. 20 ngr.

—— Declamations-Soirée für Ernst und Scherz, Geist und Herz. 16. (XIII und 314 S.) Wien 858, Hartleben's Verlag.

— Declamations-Soirée f. Ernst u. Scherz, Geist u. Herz. 2. Aufl. 16. (VI, 262 S.) Ebend. 873. 3. —; geb. m. Goldschn. n. 4. 25

—— Declamations-Soirée für Ernst und Scherz, Geist und Herz. 3. durchgeseh. Aufl. 8. (XV, 264 S.) Wien 885, Hartleben. *ℳ 3.—; geb. *

— poet. Erstlinge. 8. Pesth 821. (Gerold in Wien). 1 Thlr.

Saphir, M. G., humorist. Erzähll. u. Devisen, 8. Stuttg. 832. Hallberger. 1 Thlr. 12 gr.

Saphir, M. G. — Der Genius als Pilger. Ein Festspiel zum Empfang des Allerhöchsten Kaiserpaares im Pester deutschen Theater. Von — —. Mit Musik von F. A. Doppler. Pest, 1857. Druck von Johann Herz. (22 S. 1 Bl. 8.)

— Genrebilder, Jokoses u. Sentimentales, s.: Meyer's Volksbücher.

— humorist. Glasperlen. Eine Vorlesung zum Besten der verwundeten Polen. Im Odeonsaale zu München gehalten. 12. Münch. 831. M. Lindauer. (Jaquet). 6 gr.

—— humorist. Glasperlen. Eine Vorles. Im Odeonsaale zu München gehalt. 1. Aufl. 12. (2 B.) 831. 8 Gr., 2. A. gr. 12. (2 1/4 B.) München 833, [Jaquet.]

— s. Goldschmied, Ign., epigrammatisch jokose Kleinigkeiten.

— humoristische Haus- u. Reisebibliothek. 26 Bde. 8. Brünn 888. Karafiat & Sohn. à n. 1. —

1. Salaterien u. Romane. (262 S.)
2. Humoristische Bilder u. Arabesken. (240 S.)
3. Humoristisch-ernstes Quodlibet. (223 S.)
4. Theatersalon. (244 S.)
5. Jokoses. (223 S.)
6. Humoristisch-satirischer Bilderkasten. (212 S.)
7. Humoristisches Allerlei. (298 S.)
8. Ernster u. heiterer Conversationssaal. (280 S.)
9. Wilde Rosen. 1. Bd. [An Hertha.] (250 S.)
10. Goldfischleins Roman. (156 S.)
11. Humoristische Vorlesungen. (288 S.)
12. Ernste u. heitere Erzählungen. (255 S.)
13. Pariser Briefe. (256 S.)
14. Ernste u. heitere Declamationen. (255 S.)
15. Humoristische Abende. (240 S.)
16. Wilde Rosen. 2. Bd. [An Mathilde.] (288 S.)
17. Humoristische Mixed-Pickles. (256 S.)
18. Humoristische Blätter. (256 S.)
19. Humoristische Seifenblasen. (255 S.)
20. Humoristische Plaudereien. (256 S.)
21. Ernste u. heitere Gedichte. (247 S.)
22. Zeit-Cavalcade. (240 S.)
23. Memoiren. [Humoristisches Potpourri.] (256 S.)
24. Ernst u. Scherz. (256 S.)
25. Bilder u. Chargen. (256 S.)
26. Bagatellen. (259 S.)

— Heiterer, immer heiterer. Jahrbuch des Witzes und der Satyre. Neue wohlfeile Ausg. von dessen humoristischem Volkskalender 1856—1859. Mit 300 Holzschn. Wien 861. Hügel. 8. (488 S.) n. 8 ngr.

—— der deutsche Horizont, s. Horizont.

— s. V. Hugo, Angelo.

—— Ausgewählte Humoresken. In stenograph. Schrift übertr. u. autogr. v. Adf. Schöttner. 12. (47 S.) Dresd. 891, Reuter. * — 60
Vgl.: Reuter's Bibliothek für Gabelsberger Stenographen.

—— der Humorist ꝛc., s. Humorist.

— s. Iris.

(——) Carneval- u. Masken-Almanach, s. Carneval ꝛc.-Almanach.

— Kommt her! oder: Liebes Publikum, schau, trau, wem. Ein humorist. Holzschnitt mit Melodien. 2e Aufl. 8. Berl. 828. Krause. 4 gr.

—— kommt her! od.: Liebes Publikum, schau, trau, wem. Ein humorist. Holzschn., mit Melodien. 2. Aufl. 8. (2 B.) Berlin 828. (Leipzig, Focke.)

—— Conditorei d. Jokus, s.a. Conditorei.

— Conditorei des Jokus, od. scherzhafte Benbons, Früchte u. Confitüren f. spaßliebende Näscher u. lustige Leckermäuler. Eine Auswahl jokoser Aufsätze, Einfälle 2c. aus d. Berliner Courier u. d. Schnellpost. gr. 12. Leipz. 828. Focke. 1 Rthl. 8 gl.

— und A. Glaßbrenner, Conversations-Lexikon, s. Conversations-Lexikon.

Saphir, M. G., Conversations-Lexikon für Geist, Witz und Humor, s.a. Conversations-Lexikon.

Saphir, M. G. und Glasbrenner, Adolf, Conversations-Lexicon für Geist, Witz und Humor. 1. Band. 1. Lfg. 2. veränderte und reichverm. Aufl. kl. 8. (VIII. 96 S.) Ebds. 1861. 25 kr.

— — Conversations-Lexikon für Geist, Witz und Humor. In 2. Aufl. herausg. von A. Glasbrenner. Classiker-Ausg. 1. Lfg. 12. (1. Bd. S. 1—50.) Wien, Markgraf. 1865 20 kr.

—— Conversations-Lexikon für Geist, Witz und Humor. In 2. Aufl. hrsg. von A. Glasbrenner. Classiker-Ausg. 5 Bde. und Supplementband. 12. (à Bd. 576 S.) Wien 866—69. [C. A. Müller.] *

— Konversations-Lexikon f. Geist, Witz u. Humor. Neu bearb. v. Paul Jocosus. 4 Bde. 8. (à 320 S.) Berlin 889. [Fried & Co.] Gnadenfeld & Co. In 2 Bde. geb. n. 5. —

—— Konversations-Lexikon f. Geist, Witz u. Humor. Neu bearb. v. Paul Jocosus. 4 Bde. 1. u. 2. Aufl. 8. (à Bd. 320 S.) Berl. 889,91, Gnadenfeld u. Comp. geb. in 2 Bde. * 5 —
1. Aufl. erschien ursprünglich bei Fried u. Comp. in Berlin.

— Konversations-Lexikon f. Geist, Witz u. Humor in 4 Bdn. Hrsg. v. M. G. Saphir u. Adf. Glaßbrenner. 3. Aufl. 8. (à 320 S.) Berlin 893. J. Gnadenfeld & Co. In 2 Leinw.-Bdn. n. 5. —

—— der Berl. Courir, s. Courir.

Saphir, M. G. Meine Memoiren und anderes, s. Universal-Bibliothek.

Saphir, M. G. (Red.), s. Montagsblatt.

— ein Myrthenblatt. Zur glorreichen Vermählung S. K. Hoheit des Herzogs von Brabant mit J. K. Hoheit Maria Henrika, Erzherzogin von Oesterreich. Brüssel, am 20. Aug. 1853. (Brüssel, Kießling u. Co.) gr. Fol. (2 Bl.) n. 4 ngr.

—— Nachfeier d. Nachdrucker zum Guttenbergsfeste. Eine dramatisch-episch-drastisch-komisch-literarisch-typographische Jubel- und Triumphscene in abgerissenen Bildern. Und literar. Tag- u. Nacht-Wächter. Redakteur Schuhu od. die reisenden Kunst-Vögel. 8. (3 B.) Leipzig 846, Jackowitz.
Aus Saphir's fliegendem Album besond. abgedruckt.

—. *Nachtschatten der Zeit u. des Lebens.* Humoristisches. (Auch sub tit.: Neueste Schriften. Bd. 2.) München, Mich. Lindauer, 1832. 8°. Cart.
2 Bll., 156 S. (incl. 2 S. Inh.) Darin u. a.: Die 5 W (Weh) des menschl. Lebens. E. Vorlesung, gehalten im Odeons-Saale zu München, im J. 1831. — Philosoph. Spaziergang des Boeufgras durch die Strassen von Paris in den 3 letzten [illegible] (Pariser Vorlesung.) — Das Fest der Gräber zu München am Allerheiligen-Tage. — Ausflug nach Berchtesgaden. — Lineamente weibl. Schönheit u. Anmuth. — Csikós u. Tambura, od.: die geistige Abendmusik. (E. ungar. Novelle.) — Deutschlands Einheit (komisch). — Gedichte etc.

—. *Nesselblätter der Zeit u. des Lebens.* Satyrisches. (Auch sub tit.: Neueste Schriften. Bd. 3.) Ebd. 1832. 8°. Einiges ausgebess. Ppb.
Tit., 210 S., 1 Bl. Inh.

— kleine Novellen, s.: Reuter's Bibliothek f. Gabelsberger-Stenographen.

—— Humoristisch-satirische Novelletten u. Bluetten, s. Universal-Bibliothek.

— das Picknick auf dem Strozzischen Grund, „bloß beim Klavier", s.: Gabelsberger-Bibliothek.

— am Plaudertische. Ein launiges Potpourri von Wortspielen, Anekdoten, Calembourgs, Räthseln u. Impromptus des berühmten Humoristen. 1. u. 2. Heft. 12. Berlin 843, Plahn'sche Buchh. à 1/4 Rthl.

Saphir, (Sam.) Poesien. gr. 12. Wien 824, Tendler u. v. Manstein.

— Goldfischlein's Roman od. die Zeit der wilden Rosen. Ernster u. heiterer Deklamations-Saal. 8. (160 S.) Brünn 876. Karafiat. n. 2. —

— wilde Rosen, s.a. Bibliothek der Gesamt-Litteratur d. In- u. Auslandes.

—— wilde Rosen. Illustrirte, verm. und verb. Aufl. Mit Holzschn. nach C. Schnorr v. Carolsfeld. 16. (263 S. mit des Verf. Portr. in Stahlst.) Wien 847, Haas.

—— wilde Rosen. Neue Auswahl. 16. (VII und 407 S.) Wien 855(56,) Expedition von Saphir's Kalender. *

—— dass. — Prachtausg. gr. 8. (III und 407 S.) Ebds. 855(56.) *

— wilde Rosen. Neue Auswahl. 856. n. 2 Rthl. — 2. Aufl. Wien 857. Expedition von Saphir's Kalender. 16. (4 Bl., 407 S.) n. 2 Rthl. 20 ngr.

—— wilde Rosen. Neue Auswahl. 8. Aufl. gr. 16. (407 S.) Leipzig 863, Kell. 2 Thlr.; geb. mit Goldschn. *

—— wilde Rosen. 8. Aufl. gr. 16. (302 S.) Brünn 865, Karafiat's Verlag. geb. mit Goldschn.

—— wilde Rosen. (1. Bd.) 5. Aufl. und 2. Bd. gr. 16. Brünn 871, Karafiat's Verlag.
geb. mit Goldschn. à * M 5. *
Inhalt:
Bd. 1. An Hertha. (303 S.)
„ 2. An Mathilde. (X, 288 S.)

— dasselbe. 2. Bd. gr. 16. (X, 288 S.) Ebend. 873. geb. m. Goldschn. n. 5. —

— „wilde Rosen", in die Weltsprache ubertr. (Rosats foetik) von O. Kausch. 1. Hft. 12. (46 S.) Dresden (Lutherplatz 2) 896. (Osk. Kausch). — 50

—— die Runde d. großen steinernen Apoll's, aus d. Thiergarten, in d. ersten Carnevals-Nacht, durch d. Straßen Berlins. Eine Horrende in drei Currenden. 6. u. 1. Aufl. 8. (4 B.) Berlin 829, Krause.

—— Berl. Schnellpost, s. Schnellpost.

— Schriften. 10 Bde. Wien 862, 63. — Leipzig, Haessel. 8. (2547 S.) 8 Rthl.

— — 10 Bde. 2. Aufl. Brünn 863. Karafiat. 8. (2547 S.) 8 Rthl.

Saphir's, M. G., Schriften. 8. Aufl. 1. Serie. 40 Lfgn. 8. (à 4—5. B.) Brünn 875. Karafiat. à n. — 50

— dasselbe. 2. Serie. 25 Lfgn. [41—65. Lfg.] gr. 16. (à 4—5 B.) Ebend. 875. à n. — 50

— dasselbe. 3. Serie. 24 Lfgn. [66—89. Lfg.] 8. (à 4—5 B.) Ebend. 874—76. à n. — 50

Saphir's, M. G., Schriften. Gesammt-Ausg. (Neue) Ster.-Aufl. 26 Bde. 8. (262; 288; 256; 240; 255; 256; 223; 256; 255; 244; 255; 256; 223; 240; 247; 212; 350; 240; 298; 280; 288; 156; 256; 256; 256; 259 S. mit Portr. in Holzschn.) Brünn 880, Karafiat. *
geb. in 13 Bde. **

Saphir's, M. G., Schriften. Volks-Ausg. 26 Bde. oder 85 Lfgn. 8. (à Lfg. 5 Bog.) Brünn 887,88, Karafiat.
à Lfg. * 35 Pf.; 13 Bde. geb. *

Inhalt:
Bd. 1. Salaterien und Romane. (262 S.)
" 2. Humoristische Bilder und Arabesken. (240 S.)
" 3. Humoristisch-ernstes Quodlibet. (223 S.)
" 4. Theatersalon. (214 S.)
" 5. Jokoses. (223 S.)
" 6. Humoristisch satirischer Bilderkasten. (212 S.)
" 7. Humoristisches Allerlei. (298 S.)
" 8. Ernster und heiterer Conversationssaal. (240 S.)
" 9. Wilde Rosen. I. Bd.: [An Hertha]. (250 S.)
" 10. Goldfischlein's Roman. (156 S.)
" 11. Humoristische Vorlesungen. (288 S.)
" 12. Ernste und heitere Erzählungen. (255 S.)
" 13. Pariser Briefe. (256 S.)
" 14. Ernste und heitere Declamationen. (255 S.)
" 15. Humoristische Abende. (240 S.)
" 16. Wilde Rosen. II. Bd.: [An Mathilde]. (288 S.)
" 17. Humoristische Mixed-Pickles. (256 S.)
" 18. Humoristische Blätter. (256 S.)
" 19. Humoristische Seifenblasen. (255 S.)
" 20. Humoristische Plaudereien. (256 S.)
" 21. Ernste und heitere Gedichte. (217 S.)
" 22. Zeit-Cavalcade. (240 S.)
" 23. Memoiren. [Humoristisches Potpourri.] (256 S.)
" 24. Ernst und Scherz. (256 S.)
" 25. Bilder und Chargen. (256 S.)
" 26. Bagatellen. (259 S.)

Saphir's, M. G., Schriften. Volks-Ausg. 85 Lfgn. od. 26 Bde. 8. (à 5 B.) Brünn 887—889. Karafiat & Sohn. à n. — 35 (26 Bde. in 13 Bde. geb.: n n. 25. —)

— dasselbe. Classiker-Orig.-Ausg. (26 Bde. in 85 Lfgn.) 1.—44. Lfg. 8. (à 5 B.) Ebd. 890. à — 25

Saphir's, M. G., Schriften. Classiker-Orig.-Ausg. 45.—85. (Schluß-)Lfg. 8. (à 5 Bog.) Brünn 891. Karafiat & Sohn. à — 25

Saphir's, M. G., (ausgewählte) Schriften. 10 Bde. in 40 Lfgn. 8. (2665 S.) Wien 862,63. Leipzig, Haessel. à Lfg. 6 Ngr.

—— dass. — 10 Bde. 2. Aufl. 8. (2547 S.) Brünn 863, Karafiat's Verlag.

Saphir's, M. G., (ausgewählte) Schriften. 3. Aufl. (Cabinets-Ausg.) 10 Bde. in 40 Lfgn. Brünn 865—67, Karafiat's Verlag. à Lfg. 6 Ngr. *
geb. in 5 Bdn. *

Inhalt:
Bd. 1. Romane und Novellen. Salaterien mit Essig und Oel nebst humoristischen Vorlesungen. (284 S.)
" 2. Humoristische Bilder und Arabesken. Album geselliger Thorheiten und Lächerlichkeiten. Humoristisch-satirischer Bilderkasten. (252 S.)
" 3. Humoristischer Declamations- und Theater-Salon. (240 S.)
" 4. Humoristisches Salon-Album. (256 S.)
" 5. Humoristische Vorlesungen. — Kokettir-Novellen. — Volksthümliche Reden und Aushängschilder. — Genrebilder, Jokoses und Sentimentales. (235 S.)
" 6. Humoristisch-satyrischer Bilderkasten. — Jokoses und Sentimentales. (220 S.)
" 7. 8. Ernster und heiterer Conversations-Saal. 2 Bde. (304 und 284 S.)
" 9. Wilde Rosen. An Hertha. (302 S.)
" 10. Ernster und humoristischer Declamations-Saal, nebst Goldfischleins Roman oder: die Zeit der wilden Rosen. Ein Märchen. (160 S.)

Saphir's, M. G., ausgewählte Schriften. 4. Aufl. 10 Bde. in 40 Lfgn. 8. (284; 254; 240; 256; 239; 222; 304; 286; 319; 160 S.) Brünn 869, Karafiat's Verlag.
à Lfg. * 40 Pf. *

Saphir's, M. G., ausgewählte Schriften. 5. Aufl. 10 Bde. in 40 Lfgn. 8. Brünn 871,72, Karafiat's Verlag. à Lfg. 50 Pf.
—— dass. — 6. Aufl. 10 Bde. in 40 Lfgn. [Classikerausg.] 8. Ebendas. 871. à Lfg. 30 Pf.
geb. in 5 Bde. *
—— dass. — 7. Aufl. 1872,73, und 8. Aufl. 10 Bde. in 40 Lfgn. [Cabinetausg.] 8. Ebendas. 874,75. à Lfg. 50 Pf.
geb. in 5 Bde. *
—— dass. — 2. Serie. 6 Bde. in 25 Lfgn. [41.—65. Lfg.] gr. 16. (à 4—5 Bog.) Ebendas. 875. à Lfg. * 50 Pf. *
geb. in 3 Bde. *
—— dass. — 3. Serie. 1.—16. Lfg. [66.—81. Lfg.] gr. 16. (à 4—5 Bog.) Ebendas. 875. à Lfg. * 50 Pf. *

Saphir's, M. G., ausgewählte Schriften. 8. Aufl. 3. Serie. 17.—24. (Schluß-)Lfg. [82.—89. Lfg.] 8. (5. Bd. 244 S.; 6. Bd. 240 S.) Brünn 876, Karafiat. à Lfg. * 50 Pf. *
3. Serie compl. geb. in 3 Bde. *
—— dass. — 3. Serie. [Nachtrag.] 7.—10. Bd. 13 Lfgn. 8. (256; 256; 256; 259 S.) Ebendas. 879.
à Lfg. * 50 Pf.; geb. in 2 Bde. *
compl. 3 Serien und Nachtrag 26 Bde.; geb. in 13 Bde. *

—— ausgewählte Schriften Redig. von M. A. Grandjean. 12 Bde. 8. (VII, 255; 248; 252; 252; 252; 252; 235; 316; 252; 234; 127; 127 S.) Ebendas. 884.
geb. in 5 Bde. *

—— gesammelte Schriften. 1—4. Bd. Mit d. Bildn. d. Verf. 8. (70 B.) Stuttgart 832, Hallberger. à 1 Thlr. 12 Gr.
A. u. d. Tln.:
Bd. 1. Humorist. Erzählungen u. Devisen.
" 2. Klatschblätter u. Mimosen, od. zufäll. Gedanken in zufäll. Formen.
" 3. Lyrisches. Humorist.-satyrischer Bilderkasten.
" 4. Humorist.-Deklamatorisches. Jocoses. Geselliges, Epigrammatisches u. Parodistisches. Papillotten. Magister Zickzack.

— humoristische Schriften in 4 Bdn. Ausgewählt u. hrsg. v. K. Meyerstein. 1. u. 2. Aufl. 8. (398, 399, 400 u. 400 S.) Berlin 889. [Fried & Co.] Gnadenfeld & Co. In 2 Bde. geb. n. 4. —

—— Humoristische Schriften in 4 Bdn. Ausgewählt u. hrsg. v. Karl Meyerstein. 1.—4. Aufl. 8. (398; 399; 400; 400 S.) Berl. 889—91, Gnadenfeld u. Comp. geb. in 2 Bde. * 4 —
1. u. 2. Aufl. erschien ursprünglich im Verlage von Fried u. Comp. in Berlin.

— humoristische Schriften. Ausgewählt u. hrsg. v. Karl Meyerstein. 4 Tle. in 2 Bdn. 5. Aufl. 12. (398, 399, 400 u. 400 S.) Berlin 893. J. Gnadenfeld & Co. Geb. in Leinw. n. 4. —

Saphir's, M. G., humoristische Schriften. Ausgew. u. hrsg. v. Karl Meyerstein. 4 Bde. 6. Aufl. 12. (398, 399, 400 u. 400 S.) Berlin 895. J. Gnadenfeld & Co. In 2 Leinwbdn. n. 4. —

Saphir's, M. G., humorist. Schriften in 2 Bdn. Neu ausgewählte u. durchgeseh. Ausg. 8. (IV, 393 u. IV, 344 S.) Berlin (902). A. Weichert. In 1 Leinw.-Bd. 1.75

—— neueste Schriften. 1—3. Bd. gr. 12. (27 B.) München 832, [Jaquet.]
A. u. d. Tln.:
Bd. 1. Violen. Lyrische u. humorist. Gedichte.
" 2. Nachtschatten d. Zeit u. d. Lebens. Humoristisches.
" 3. Nesselblätter d. Zeit u. d. Lebens. Satyrisches.

— das Solo-Lustspiel, s.: Theater, neues Wiener.

—— Sonntagsblatt, s. Sonntagsblatt.

— herz-, scherz- u. schmerzhafter Sylvester-Nachtwächter für die Neujahrsnacht 1849—50, oder: „Der Humorist" u. „der teutsche Michel" gießen Blei, „Wer Lust hat, der komm' u. steh' dabei!" Mit vielen Illustrat. 8. (88 S. m. Holzschn.) Wien 849, (Jasper, Hügel &) Manz. n. 1/3 ℛℊ

—— drei Tage in Nürnberg, am achten großen Nationalfeste, d. 25., 26. u. 27. Aug. 1833. 8. (4 B.) Nürnberg, Riegel u. Wießner.

Saphir, (M. G.,) Theater-Almanach, s. Theater-Almanach.

—— Trauer-Kleeblatt, den Napoleoniden geweiht. (Gedicht.) 16. (1½ B.) München 832, Jaquet.

— Trauer-Kleeblatt den Napoleoniden geweiht. 2. Aufl. — Napoleons Rückkehr von St. Helena, von J. Scharpf. (Gedichte.) 8. (32 S.) Augsburg 847, Jaquet. 6 ngr

—— der Bayerische Volksfreund, s. Volksfreund.

—— humoristischer Volks-Kalender nach Vor- und Rückwärts für das J. 1850. 1. und 2. Aufl. 8. (128 S. mit vielen Illustrat. in Holzschn.) Wien 849, [Manz.] *

—— dass. — für das J. 1851. 3. Aufl. 2. Jahrg. 8. (136 S. mit vielen Illustrat. in Holzschn.) Ebds. 850. *

—— dass. — für das J. 1852. 3. Jahrg. 8. (124 S. mit vielen Illustrat. in Holzschn.) Ebds. 851. *

—— humoristisch-satyrischer Volkskalender, s. Volkskalender.

— humoristisch-satyrischer Volks-Kalender für das Jahr 1854—58. Mit Illustrationen (Holzschn. im Text). 4—8. Jahrg. Wien, (Hügel.) 16. Jeder Jahrg. (à 8 Bgn.) n. 12 ngr

—— humoristisch-satyrischer Volks-Kalender für die J. 1854 und 1855. Mit vielen Illustr. (in eingedr. Holzschn. von Zampis, Cajetan rc.) [4. Jahrg. 1—3. Aufl. und 5. Jahrg. 1. und 2. Aufl.] 8. Wien 853—54, [Hügel.] à Jahrg. *

Saphir, M. G. — Humoristisch-satyrischer Volkskalender für das Jahr 1854. Von — —. Mit vielen Illustrationen von Zampis, Cajetan rc. Vierter Jahrgang 8. (118 S.) Wien Druck von Keck und Pierer. Verlag von Jasper's Witwe und Hügel.

Saphir, M. G. Humoristisch-satyrischer Volkskalender für das Jahr 1855. Mit Illustrationen von Cajetan und Zampis. 5. Jahrgang. kl. 8 (112 et XXVIII S.) Wien. Verlag von Jasper's Witwe und Hügel. Druck von Keck und Pierer.

Saphir, M. G. — Humoristisch-satyrischer Volkskalender für das Jahr 1856. Von — —. Mit Illustrationen von Borkowski, Kajetan, König und Zampis. Sechster Jahrgang. Wien. Druck von Keck und Pierer in Wien. Verlag von Eduard Hügel. (Jaspers Wwe. und Hügel.) (128 S. XLVIII. 8.)

—— humorist.-satyrischer Volkskalender f. 1861. Fortges. und herausgeg. von A. Brennglas. 13. Jahrg. Illustr. von A. de Bauz. 8. (128 S.) Wien, Kober & Markgraf. 70 kr.

— humoristisch-satyrischer Volks-Kalender für 1862 u. 63. Fortgesetzt u. herausg. von Märzroth und Oettinger. 14. u. 15. Jahrg. Wien, Markgraf & Co. 8. (XII, 117 S.; XLVI, 105 S. m. Holzschn.) Jeder Jahrg. n. 12 ngr
Fortsetzung von: Volkskalender, lustiger, herausg. von Brennglas.

—— dass. — für 1864—66. 16.—18. Jahrg. Hrsg. von Adolf Brennglas (Glasbrenner). Illustrirt von Gustav Heil. 8. (à ca. 160 S.) Ebendas. à Jahrg. *

—— komischer Volks-Kalender. 19. Jahrg. gr. 16. (122 S. mit zahlreichen Illustr. in Holzschn.) Wien 867, Markgraf. *

—— Humoristische Vorlesungen. 16. (104 S.) Lpz. 892, Versandt-Bureau (W. Fiedler). geb. m. Goldschn. * — 75
—— dass. — Hrsg. v. Karl Meyerstein. 12. (220, 125 S.) Berl. 889, [Fried u. Comp.] Gnadenfeld u. Comp. * 1 —
—— dass. — s.a. Meyer's Volksbücher. — Universal-Bibliothek.

s. Welt, die Hamburger.

Saphir, R., Marie, die verfolgte Unschuld, oder Engel und Teufel. Historisch-romantische Erzählung aus dem siebentäg. Kriege, unter Zugrundelegung wahrer Begebenheiten. 19 Hefte. gr. 8. (911 S.) Berlin 869, Köppen. à Heft 30 Pf.

Saphir, Samuel, s. Saphir, Moritz Gottlieb

Saphiriana. Anecdoten, Witze und Charakterzüge aus dem Leben M. G. Saphir's. 8. (103 S.) Brünn 874, Karafiat's Verlag. * ℳ 1,60.; geb. *

Saphiriana. Anekdoten, Witze u. Charakterzüge aus dem Leben M. G. Saphir's. 2., verm. Aufl. 8. (159 S.) Brünn 877. Karafiat. n. 1.60; geb. m. Goldschn. n. n. 2.60

Saphiriana. Anekdoten, Witze u. Charakterzüge aus dem Leben M. G. Saphir's. 3. Aufl. 8. (168 S.) Brünn 884. Karafiat. n. 1. 60; geb. n. 2. 60

Sapho, s. Sappho.

Saphrain, J. M., de clysteribus eorumq. affect. 4maj. Halle 781. Waisenhaus-B. 3 gl.

Sapientia od. die bewiesene Wahrheit in der Welt. Von e. Apostel der heil. Liebe. 16. (112 S.) Amberg 875. Habbel. n. — 35

Sapientia, Felicioris saeculi, ex primaevis Philosophiae principiis deducta. . . . Bartfae 1715. V: *Robustel, Anton.* (Jes)

Sapientia, Secundior, illustribus tum sacrarum tum politicarum virtutum exemplis illustrata. Claudiopoli 1714. V: *Dirner, Tobias.* (Jes)

Saplatz: Wie gestaltet sich die Unterstützung des Hauses am zweckmässigsten für d. Kind, welches d. Schule besucht. Berlin 1864.
Schul-/Univ.-Schrift

Sapojok [Schlagwort]

Sapojok, s.: Geologische Karten. Karte (Russland).

Sapolsky, Ljubowj, aus Russland: Ueber die **Theorie der** Relativ-Abel'schen-cubischen Zahlkörper. *Göttingen 1902: Dieterich.* (VII, 481, VI S.) 8°
Göttingen, Phil. Diss. v. [27. Mai] 1902

Sapolsky, Ljubowj, über die Theorie der relativ-Abel-schen-cubischen Zahlkörper. Diss. gr. 8. (VII, 481 u. VI S. m. 35 Tab.) Leipzig 902. (B. G. Teubner.) n. 6. —

Saporiti, Rachele = Fulvia [Autorname].

Saporta, G. de, u. A. F. **Marion,** die paläontologische Entwickelung d. Pflanzenreiches: die Kryptogamen, s.a. Bibliothek, internationale wissenschaftliche.

Saporta und Marion, die paläontologische Entwicklung des Pflanzenreichs. (Bibliothek. Internationale wissenschaftliche 54) Leipzig 1883

Saporta, Graf G. v., die Pflanzenwelt vor dem Erscheinen des Menschen. Übers. von Carl Vogt. gr. 8. (XVI, 397 S. mit 118 in den Text eingedr. Holzst., 13 Taf., wovon 5 in Farbendr.) Braunschweig 881, Vieweg und Sohn. *

Saporta, Cte. G. de, et A. F. Marion, Recherches sur les végétaux fossiles de Maximieux. gr. 4. Basel, Georg. 1876 25. —

Sapountzis, Demetrius, baco. iur.: Das Polizeiverordnungsrecht in Griechenland. Leipzig 1909: Gressner & Schramm. 40 S. 8°
Leipzig, Jur. Diss. v. 18. Sept. 1909
[Geb. 15. Aug. 77 Volo; Wohnort: Volo; Staatsangeh.: Griechenland; Vorbildung: Gymn. Athen Reife M. 95; Studium: Athen 6, Leipzig 6 S.; Rig. 17. Jan. 03.] [U 10. 2857

Sappel, Hieronymus

SAPPL [-- Sappel], HIER., S. J. Handfuhrung Zu den Gebrauch deren Geistlichen Übungnen Deß Heiligen Vatters Ignatii Stiffter der Societet Jesu, Herauß gezogen, vnd zusammen getragen Auß R. R. P. P. Joanne Grosset, Francisco Nepveu, Sebastiano Isquierdo, M. S. Henrici Hording &c., Graz, Widmanstätterische Erben, 1712. 12°. 12 Bl., erstes leer, 324 S. *Sehr hubscher blindgepr. Ldbd. d. Z.* 40.—
De B.-S. VII, 620

Sappel, Ladislaus [Praes.], s. Beuerlein, Odoric: Ichnographia conclusionum ex universo jure publ. disput.

Sappel, Ladisl., († ...) Geschichte der fortgepflanzten Religion von Erschaffung der Welt bis zum Ende des J. 1782. 3 Bde. 8. Augsb. 783. Doll. (Ladsh., Krüll), 1 *ß* 8 *gl*

Sappel, L., d. fortgepflanzte Religion von Erscheinung d. Welt bis 1782. 3 Bde. 8. Augsb. Doll. (auch Wolf.) 783.

— liber singularis de potestate summi pontificis et ecclesiast. contra Febronium. IV Ptes. 4. Augsb. 767—775. (Kranzfelder). 3 *ß* 20 *gl*

Sappel, Ladisl., Liber singularis ad formandum genuinum conceptum de statu Ecclesiae et S. Pontificis potestate contra I. Febronium huius aliorumque appendices et scripta hucusque edita ex s. Scriptura, patribus, conciliis ac perpetua maiorum traditione in lucem datus etc. Innsbruck 1767, 4°; Augsburg, Lampart, 1773, 4°. Daselbst von 1771—5 3 weitere Bde, 4°.
Von Papst Clemens XIII. in einem besonderen Schreiben an den Verf. belobt. Über eine frühere Schrift des Minoriten Sappel gegen Febronius s. Hurter a. a. O. III, 351.

Sappelli, Lad., lib. singularis de potestate summi pontificis et ecclesiast. contra Febronium. IV Pts. 4. Augsb. Wolf, 777 - 75.

Sappel, Lad., Diss. dogmatica, utrum ex ratione probari possit, quod omnes ecclesiae christianae ab ecclesia Rom. separatae eidem denuo implantatae refloreant. Salzburg 1759, 4°.

Sappelli, Ladislaus, s. Sappel, Ladislaus

Sapper, Ad., die Pietisten. Eine Skizze. 8. Berlin 845, Reichardt u. Comp. ½ *ß*

Sapper, Adolph, die Pietisten. Eine Skizze. 8. (8¾ B.) Berlin 845, [Leop. Schlesinger.]

—— Ulrich. Ein dramat. Gedicht. 8. (21¾ B.) Stuttgart 843, Becher's Verl.

— Ulrich. Ein dramat. Gedicht. 8. Stuttgart 843, Rieger-sche Buchh. (A. Becher.) 1 *ß* 3 *ngl*

Frau Pauline Brater. Lebensbild e. deutschen Frau. Von Agnes **Sapper**. Mit 2 Bildn. München: C. H. Beck 1908. (VIII, 312 S.) 8° [F.] [08. 10519

Sapper, Agnes, Frau Pauline Brater. Lebensbild e. deutschen Frau. 3. u. 4., unveränd. Aufl. (VIII, 313 S. m. 2 Bildnissen.) 8. München 910. C. H. Beck.
Geb. in Leinw. 4. —

Sapper, Agnes, das kleine Dummerle u. andere Erzählungen. Zum Vorlesen im Familienkreise. (307 S.) kl. 8. Stuttgart (904). D. Gundert. Geb. in Leinw. n. 3.—

Sapper, Agnes, drei Erzählungen f. junge Mädchen, s.: Wirbleben, M. v., kleine russische Lehrbibliothek.

— Gruß v. Rigi d. Kindern daheim. Erzählungen f. d. Jugend. 8. (77 S.) Zürich 896. Art. Institut Orell Füßli, Verl. n. 1. 20

Sapper, Agnes, nach Hamburg, s.: Immergrün.

— Kuoni, s.: Immergrün, Nr. 85.

Sapper, Agnes, für kleine Mädchen, s.a. Kinderbibliothek.

Sapper, Agnes. Für kleine Mädchen. Zehn Erzählgn. 12. (127 S.) Stuttg. 892, Gundert. cart. * 1 20

— d. Mutter unter ihren Kindern. E. Büchlein f. Mütter. 12. (208 S.) Stuttgart 895. D. Gundert.
Geb. in Leinw. n. 2. 40

**— die Familie Pfäffling. Eine deutsche Wintergeschichte. (288 S.) kl. 8. Stuttgart 907. D. Gundert.
Geb. in Leinw. n. 3. —**

— Die Familie Pfäffling. Eine deutsche Wintergeschichte. 2. Aufl. 5.—8. Taus. (286 S.) kl. 8. Ebd. 909.
Geb. in Leinw. 3. —

— Gretchen Reinwald. Erlebnisse eines Schulmädchens. 2 Tle. in 1 Bd. 8. (128 u. 272 S. m. 1 Farbdr.) Stuttgart (901). D. Gundert. Geb. in Leinw. n. 4. —

— das erste Schuljahr, s.a. **Kinderbibliothek**, Nr. 5.

— das erste Schuljahr. Eine Erzählg. f. Kinder von 7—12 Jahren. 12. (128 S.) Stuttgart 894. D. Gundert. Kart. n. 1. 20

— Gretchen Reinwalds erstes u. letztes Schuljahr. 2. Aufl. (150 u. 284 S. m. 1 Farbdr.) kl. 8. Ebd. (908).
Geb. in Leinw. 4. —

— Gretchen Reinwald's letztes Schuljahr. Eine Erzählg. f. Mädchen von 13—16 Jahren. [Aus: „Gretchen Reinwald".] 8. (272 S. m. 1 Farbdr.) Ebd. (901).
Geb. in Leinw. n. 2.60

— Gretchen Reinwalds letztes Schuljahr. Eine Erzählg. f. Mädchen von 13—16 Jahren. 2. Aufl. (284 S. m. 1 Farbdr.) kl. 8. Ebd. (908). Geb. in Leinw. 3. —

— Lieschens Streiche u. andere Erzählungen. Mit Bildern v. Gertr. Caspari. (251 S.) 8. Stuttgart (907). D. Gundert. Geb. in Leinw. 3. 60

— Werden u. Wachsen. Erlebnisse der großen Pfäfflingskinder. 1.—5. Tausf. (388 S.) 8. Ebd. 910.
Geb. in Leinw. 4. —

Sapper, Carl, s. Sapper, Karl

SAPPER, EUGEN. Ueber die Einwirkung der Halogenwasserstoffe auf zusammengesetzte Aether. (Tübingen) Stuttgart, *n. d.* [1882].

Sapper, Gustav [aus Havelberg]: Beiträge zur Geschichte der preussischen Politik und Strategie im Jahre 1744 ... Marburg, Univ.-Buchdr. '(R. Friedrich)', 1891; 64 S., 1 Bl. 8.
Marburg, Phil. Fak., Inaug.-Diss. v. [18. Nov.] 1891

Sapper, Io. Georg (Ulm) Altd. Thl. 15/12

De variantium lectionum Scripturae N. T. usu et abusu. Präs. Johann Wilhelm Baier.
Altdorf (Kohles) XII. 1712. 56 S.

W. v.: Präs., Gustav Georg Zeltner. 29753

Sapper, Karl

Sapper, Carl: Ueber die räumliche Anordnung der mittelamerikanischen Vulcane. (Zeitschrift der Deutschen Geologischen Gesellschaft. Jahrg 1897 S 672-682) Berlin 1897. 11 S., 1 Krt. 8°.

Sapper, Carl: Über die geologische Bedeutung der tropischen Vegetationsformationen in Mittelamerica und Südmexico. *Leipzig 1900: A. Edelmann.* (37 S.) 8°
Leipzig, Phil. Hab.-Schr. v. 8. Nov. 1900

Sapper, Karl: Beiträge zu Landeskunde von Neu-Mecklenburg und seinen Nachbarinseln. Von Dr. Karl Sapper. Prof. Mit e. Beitr. von Dr. C. Lauterbach in Stabelwitz. Berlin: Mittler 1910. 63 S. 4°
(Wissenschaftl. Ergebnisse e. amtl. Forschungsreise nach d. Bismarck-Archipel im J. 1908. 1.)
(Mitteilungen aus d. Deutschen Schutzgebieten. Erg. H. 3.)
(Deutsches Kolonialblatt. Wiss. Beihefte. 1910.)

Sapper, Carl: Dampfquellen und Schlammvulkane in S. Salvador. (Zeitschrift der Deutschen Geologischen Gesellschaft. Jahrg. 1896. S. 13–26) (Berlin 1896) 14 S. 8°

Wissenschaftliche Ergebnisse einer amtlichen Forschungsreise nach d. Bismarck-Archipel im Jahre 1908. Von Dr. Karl **Sapper**, Prof. 1. Berlin: Mittler 1910. 4°
(Mitteilungen aus d. deutschen Schutzgebieten. Erg. H. Nr 3.)
(Deutsches Kolonialblatt. Wiss. Beih. 1910.) [11. 1511]

— über Gebirgsbau u. Boden des nördl. Mittelamerika, s.a. Petermann's, A., Mitteilgn. 127. Ergänzungsheft.

Sapper, Karl: Über Gebirgsbau und Boden des nördlichen Mittelamerika. Von Dr. –. M. 3 Kt. u. 25 Profilen. Gotha: J. Perthes 1899. (VI, 119 S., 5 Kt., 2 Taf.) 1 Bd 4°
= Mitteilungen, Petermanns, aus J. Perthes' Geogr. Anstalt. Ergzgsh. No 127.

Sapper, Karl, über Gebirgsbau u. Boden des südl. Mittelamerika, s.a. Petermann's, A., Mitteilungen. Erg.-Hft. 151.

Über Gebirgsbau und Boden des südlichen Mittelamerika. Von Karl **Sapper**. Mit 2 Karten u. 2 Profiltaf. Gotha: J. Perthes 1905. (IV, 82 S.) 4°
= **Mitteilungen**, Petermanns, aus J. Perthes' Geogr. Anst. Erg. H. 151. [06. 33]

Sapper, Carl, Grundzüge der physikalischen Geographie v. Guatemala, s.a. Petermann's, A., Mitteilungen aus Just. Perthes' geographischer Anstalt.

Grundzüge der physikalischen Geographie von **Guatemala** v. Carl **Sapper.** Mit 4 Karten. = Petermanns Mitteilungen aus Perthes' geogr. Anst. Ergänzungsbd. 24. Nr 113. Gotha. 1894. 4°.

Sapper, Dr. K. Kartenskizze von Süd-Guatemala. 1 : 1 300 000. 1 Bl. c. A. Fl.

Das Nördliche **Mittel-Amerika** nebst e. Ausflug nach d. Hochland v. Anahuac. Reisen u. Studien aus d. Jahren 1888—1895 v. Dr. Carl **Sapper**. M. 1 Bildn. d. Vfs, 17 in d. Texteingedr. Abb., sowie 8 Kt. *Braunschweig: F. Vieweg & Sohn 1897.* (XII, 430 S., 1 Portr., 8 Kt.) 1 Bd 8. [97. 360]

Sapper, Karl, das moderne u. das christliche Persönlichkeitsideal, s.: Persönlichkeit u. Erziehung.

Sapper, Karl, Mittelamerikanische Reisen und Studien aus d. J. 1888 bis 1900. Mit 1 Titelbilde, 60 Abbildgn. u. 4 Karten. gr. 8. (XIII, 426 S.) Braunschweig 902. F. Vieweg & Sohn. n. 10. —; geb. n. 11. —

Sapper, Carl: Die Ruinen von Mixco (Guatemala). (S.-A.) Internationales Archiv für Ethnographie. Bd 11. (1898) (Leiden 1898) 6 S. 1 Tf. 4°

Sapper, K., der 1. Sieger. Turner-Schauspiel m. Gesang, Reigen u. Stabübgn. in 1 Akt. gr. 8. (57 S.) Hof (900). R. Lion. n. 1. —

Sapper, Karl, die Alta Verapez (Guatemala). Eine landeskundliche Skizze m. 6 Orig.-Karten. gr. 8. (III, 146 S.) Hamburg 902. L. Friederichsen & Co. n. 12.—
Sonderabdruck aus: „Mitth. der geograph. Gesellschaft in Hamburg".

Sapper, Carl [aus Heidenheim a./Br.]: Über die geologischen Verhältnisse des Juifen und seiner Umgebung mit besonderer Berücksichtigung der Lissablagerungen. ... Stuttgart, Druck v. A. Bonz' Erben, 1888; 84 S. u. 1 Taf. 8°
München, Phil. Fak., Inaug.-Diss. v. 1888

Sapper, Carl: Die südlichsten Vulkane Mittel Amerikas. (S.-A.) Zeitschrift der Deutschen Geologischen Gesellschaft. Jahrg. 1901. S 24–51. Berlin 1901. 28 S. 8°.

— in den Vulcangebieten Mittelamerikas u. Westindiens. Reiseschilderungen u. Studien über die Vulcanausbrüche der J. 1902 bis 1903, ihre geolog., wirthschaftl. u. socialen Folgen. Mit 76 Abbildgn. im Text u. auf 28 Taf., 2 Lichtdr.-Taf. u. 3 lith. Taf. (VI, 334 S.) gr. 8. Stuttgart 905. E. Schweizerbart. n. 6. 50; geb. in Leinw. n. 8. —

Sapper, Karl, Wirtschaftsgeographie v. Mexico, s.a. Geographie, angewandte. III, 5.

Wirtschaftsgeographie von Mexico von Prof. Dr. Karl **Sapper**. Mit zahlr. Diagrammen. Halle: Gebauer-Schwetschke 1908. (114 S.) 8°
= **Geographie**, Angewandte. Reihe 3. Bd 5. [08. 8105 3]

Taschenbuch der Baupreise für Süddeutschland. Bearb. von M. Sapper. Jhg. 1—3. 1886—88. Zürich. gr. 16.

Sapper, M. Taschenbuch der Baupreise für Süddeutschland. 2. Jahrgang, 1887. In-16°, 247 S. Zürich, Cäsar Schmidt. 3 75

Sapper, M. Taschenbuch der Baupreise für Süddeutschland. 3. Jahrgang, 1888. In-12⁰, III u. 383 S. Zürich, Cäsar Schmidt. Geb. 4 —

Sappeur-Reglement. München 1875.

Sappeur-Reglement. Entw. Mit 1 Anh. Berlin 1883.

Sappeur-Exerzier- und Dienst-Reglement, k. preußisches. 1. Abschnitt: Ausführung der verschiedenen Sappeur-Arbeiten. Berlin 1867. 8.

Sappeur-Exercir- u. Dienst-Reglement, königl. preußisches. 1. Abschn. Ausführung der verschiedenen Sappeurarbeiten. Mit 54 in den Text gedr. Holzschn. u. 2 Lith. (in qu. 4.) Nebst 2 Anh. (mit 3 Chromolith. in qu. 4.) Berlin 868. Bath. gr. 8. (VI, 161 S.) n. 1 ₰

Sappeur-Reglement, königl. preußisches. Entwurf. Mit 36 in den Text gedr. Holzschn. u. 1 lith. Taf. (in 4.) nebst e. Anh. m. 10 (eingedr.) Holzschn. gr. 8. (73 S.) Berlin 873. Bath. n. 1. —

Sappho [Sachliches OW]

Sappho. Μέλη. Gedichte übersetzt von Jak. Stähelin. Leipzig 1734. V (Einleitung): *Lotter, Joh. Georg.* (Waniek, Gottsched. Leipzig 1897. S. 223.)

SAPHO (= *Sappho Lesbia* aus Mitylene auf Lesbos, lebte in der 44. Olympiade. c. 600 v. Chr.). — § * ΣΑΠΦΟΥΣ ΜΕΛΗ Gedichte der *Sappho*, übersetzt von Jacob Stählin. Mit TVign. (vom Uebersetzer). Leipzig 1734. Gedruckt bey Bernhard Christoph Breitkopf. 8⁰. (In Berlin: an Vh 9260; in München 2 Expll.: A. gr. a. 2033; P. o. germ. 1664 m, 6; auch in Zürich, Stadtbibl.) (54 xr., Dedic.-Expl. d. Uebersetzers an s. Vater, mit Unterschrift dat. Leipz. 1. Dec. 1734, L. Rosenthal, 1873; jetzt mindestens 10 Mk. werth.)

32 S. (incl. 15 S. Vorst.). ·Mit dem griech. Text links. Alte Textausgabe: *Sapphus*, Poetriae Lesbiae, fragmenta et elogia .... cura et studio Jo. Christ. Wolfii .... Londini (aut Hamburgi) apud Abr. Vandenhoeck. 1733. 4⁰ u. ö. Mit Anakreon schon im XVII. Jh.)

Uebersetzungen in fremde Sprachen s. Graesse. trésor VI. p. 270—71, mit Anakreon I. p. 110—113.

Sappho, Monodrama von F. W. Gubitz. 8. Berlin, Maurersche Buchhdl. 816. Rthlr.

— Trauerspiel in 5 Aufzügen von Fr. Grillparzer. 2te Aufl. 8. Wien, Wallishauser. 819. Velinpap. mit 1 Portrait

Sappho oder die Regeln der deutschen Dichtkunst in Briefen ... Glogau 1826. V: *Förster, Wilhelm Adolph Ferdinand.* (GGr)

Sappho, ein romantisches Gemälde. Nach d. Italien. von Alexis dem Wanderer (Lebr. Günther Förster.) 8. Gera 835. Schumann. 2/3 ₰

„Sapho". Orientierungs-Tafel f. die Claviaturen von Clavier u. Harmonium. 16,5×100 cm. Gleiwitz (907). (Neumann's Stadtbuchdr.) Auf Pappe 1. —

Sappho und Alkaios, ein altgriech. Vasengemälde. Wien 1822. V(Text): *Steinbüchel Edl. v. Rheinwall, Anton.* (Hormayrs Arch. f. Gesch. 1827, 15, I.) (Cat. d. Stadtbibl. Zürich. Zürich 1864—97.)

Sappho u. Alkaios. Ein altgriech. Vasengemälde. Mit 5 Kpft. Fol. Wien 822. (Schaumburg). 4 ₰

Sappho und die anderen Dichterinnen, s. Lyriker, die griechischen.

— die moderne, ein musikal dramat. Durcheinander, ohne Sinn und ohne Verstand, bestehend aus 2 Akten und einem monodramat. Finale, von Ad. v. Schaden, mit 1 Karrikaturgemälde. gr. 8. Berlin, Petri. 819.

Sappho und Phaon. Ein Roman ... Aschaffenburg 1806. Ü: *Brentano, Sophie geb. Mereau.* (GGr) (EE)

Sappho u. Phaon, od. d. Sturz v. Leukate. 2te unveränderte Aufl. 8. Bamberg, Göbhardt. 811.

Sappho und Phaon, oder der Sturz von Leukate. Aus d. Engl. von S. Mereau. 2te Ausg. 8. Bamberg, Göbhardt. 817.

Sappho u. Phaon, od. der Sturz von Leucate; aus d. Engl. von S. Mereau. 2 Bde. 8. Aschaffenb. 811. Neue unveränd. Ausg. 8. Würzb. 823. Etlinger. 1 ₰

Sapho u. Phaon, oder: der Sturz v. Leukate. Nach der 3ten engl. Orig.-Ausg. v. Sophie Mereau. Neue unveränd. Ausg. 8. Würzb. 824, Etlinger.

Sappho u. Sokrates, oder Wie erklärt sich die Liebe der Männer und Frauen zu Personen des eigenen Geschlechts? Leipzig 1896. 8⁰.
R. Zinke's Dresd. Novbr.-Auct. 1905 no. 146.

Sappho [Verfasser]

Sapphus Lesbiae Carmina et Fragmenta (gr. et lat.), rec., comment. illustr., schemata musica adjec. et indd. confecit H. F. M. Volger. 8. Leipz. 810. Weidmann. 1 ₰ Schrbp. 1 ₰ 6 gr Velinp. 1 ₰ 16 gr

Sappho, fragmenta ed. E. A. Moebius, s. Bibliotheca Graeca Poetae Vol. XIX.

— Fragmenta colleg. C. F. Neue. 4. Berl. 827. Nauck. 16 gr

— — Die Fragmente der *Sappho*, übersetzt von G(eorg Ch(ristian) B(raun). Wetzlar 1809. 8⁰.

Sappho. Die Fragmente, übersetzt ... Wetzlar 1815. Ü: *Braun, Georg Chn.* (Hoff) »1809« (Ky) (Ebert)

Sappho's Gedichte, übersetzt von Kannegiesser. Prenzlau 1827. 8⁰.

— Hymni, 18. Lps. Ind. Comt.

—— Lieder, s.a. Anakreon.

Sappho, d., u. d. Anakreons Lieder d. Liebe, a. d. Griech. v. Wahl. 8. Erf. Keyser. 783.

Sapphus, *Odae et fragm.* Gr. et lat. cum varior. suisq. notis cura J. Chr. Wolfii. Lond. et Hamb. 733. 4. 3 rthl.
— — Graece. Rec. et commentariis illustravit Volger. Lips. 810. 8. 1 rthlr.

* — — Die Oden der *Sappho*, griechisch und deutsch mit erklärenden Anmerkungen von E. Anton L. Möbius Hannover, b. den Gebrüdern Hahn. 1815. 8°. 63 S. (In Berlin. V 5698.)
Allg. Lit.-Ztg. 1815. Nr. 181. Sp. 670—72. — Goedeke VII, 597, 91, 14.

§ — — Oden, griech., lat. u. deutsch, mit Anmerk. bekleidet (sic!) von Mich. Heckner. Dilingen 1821. 8°. (In München: A. gr. a. 2566.)

— — *Sappho's* Oden, nebst mehreren Fragmenten derselben. Uebersetzt, erklärt und mit lateinischer Paraphrase versehen von J. G. Weidmann. Würzburg 1822. 8°. (1 Mk. 20 Pfg. Scheible, 1879.)

— — Poésies de *Sappho*. Français et allemand. Die Gedichte der *Sappho*. Frz. u. dtsch. Uebers. von W. Jager. Berlin 1836. 8°.

Sapho, Poésies. Français et Allemand. — Die Gedichte der Sapho. Französisch u. deutsch. Uebers. von Wilh. Jaeger. 8. (67 S.) Berlin 852. (Stuhr'sche Sort.-Buchhandlung.) n. ½ ₰

Sappho

—— und Erinna, übers. u. erklärt, s. a. Richter, F. W.

* — — *Sappho* und Erinna nach ihrem Leben beschrieben, und in ihren poetischen Ueberresten übersetzt und erklärt von F. W. Richter. Ebd. 1833. 8°. (½ Rthl.) (In Berlin: Vf 5890.) (60 Pfg. J. E. Mueller, Halle, 1909.)

— — *Sappho* und Erinna, übersetzt mit Lebensbeschreibung und Erklärungen von F. W. Richter. Ebd. 1834. 8°. (1 Mk. 50 Pfg. Paul Graupe, Berlin, 1910.)

Sappholt aus Westfalens Dichterhain oder Mirza Schaffy in Holstein. Neue humorist. plattdeutsche Gedichte von Tonius Happentlang. 8. (131 S. mit Illustr.) Leipzig 885, Lenz. *

Säppl, Hieronymus, s. Sappel

Sappuhn, Georg Heinrich, COMMENTATIO // PHILOLOGICA, // QUA // NOBILIS LINGUAE // CARCHEDONICAE // RELIQUIA AB ACCIO // PLAUTO SARSINATE, // ACTU V. SCENA I. ET II. // FABULAE, // QUAE INSCRIBITUR POENU- //LUS, ADSERVATA EXPLICATUR, ET// AD DIALECTUM ARAMAEAM // REFERTUR // A // GEORGIO HENRICO // SAPPUHNIO. // LIPSIAE, // Apud JOH. CHRISTIANUM MARTINI,// MDCCXIII. - 48 S. und 2 Blatt (nicht paginiert) mit der Widmung zwischen dem Titelblatt und der Praefatio.
B. S. T. 8°.612d.

Sapruk, F. F., Dr., Die Erde steht, die Sonne geht. Lobrets-Marche-Italien 1896.

Saptaçatakam, das, d. Hâla, s.: Abhandlungen für die Kunde des Morgenlandes.

Sar, ..., manieres allemandes de parler français. 8. Heidelb. 808. Mohr. 16 ℊℊ

Sara Reinert. Eine Geschichte in Briefen, (v. Jh. Gttw. Müller). 4 Bde. N. A. 8. Berl. 806. Nicolai. 4 ₰ 8 ℊℊ

Sara das wunderbare Schicksalskind, od.: die sterb. Fürstenbraut am Traualtare. Napoleons Freundin bis in den Tod. 8. (13½ B.) Sondershausen 835, (Eupel.)

Sara das wunderbare Schicksalskind oder: die sterbende Fürstenbraut am Traualtare. (!) Napoleons Freundin bis in Tod (so!). (2 Zeilen poet. Motto aus Fouqué.) Nordhausen (o. Adresse), 1839. 8°. — *A. E.:* Gedruckt in der Crusen'schen Buchdruckerei. 8°. (6 Mk. A. Bielefeld, Carlsruhe, 1909.)
216 S. (incl. Tit.). Selten!

Sara Th**; e. Erzählung; aus d. Französ. (v. G. u. H. K. G. Walz). 8. Leipz. 767. Cramer in Bremen. 3 ℊℊ

Sara, Th***, eine Erzähl. a. d. Engl. 8. Bremen, Cramer. 768.

Sara von Uriz oder das Ruinengespenst, eine Kunde aus der Vorwelt. Hof 1793. V: *Durach, Johann Bapt.* (Hr) (MGT) (Ky) (GGr) (Kn) »Hara von Uritz« (Ky)

— von Uritz, od. das Ruinengespenst, (von J. B. Durach). 8. Hof 793. Grau. 1 ₰ 4 ℊℊ

Sarabon Vinzenz: Die Verschiebung der Bevölkerung von Europa im 19. Jahrhundert.
II. 1905 PN 1949 Diss. Wien, Univ. 2385

v. **Saracaga**, Geo., vollständ. Darstellung der Streitsache zwischen Freiherrn Julius Goeler v. Ravensburg und Herrn Moriz v. Haber, so wie des daraus entstandenen Duells des erstern mit Herrn v. Wereskin, wie sie vor Gericht niedergelegt wurde. (Mit erläut. Dokumenten.) 4. Aufl. gr. 8. Karlsruhe 843, Macklot. ¼ ₰

—— Précis du différend entre Mr. le baron Jules Goeler de Ravensburg et Mr. Maurice de Haber, et du duel né de ce différend entre Mr. de Goeler et Mr. de Vereskine etc. gr. in-8. (4 B.) Carlsruhe 843, Macklot. –

— Vermächtniß oder Neue Folgen in der Göler-Haber'schen Sache. A. u. d. T.: Mein letztes Wort in der Sache gegen Herrn Moriz v. Haber. Von Geo. v. Saracaga. (Mit erläut. Dokumenten.) Der ersten Broschüre 2. Theil. gr. 8. (Mit 1 Steindrucktaf.) Stuttgart 843, Rieger'sche Buchh. (Becher.) n. $^5/_{12}$ ₰

Saracini-Belfort, Luisa Gräfin, kein Roman. — Der Freiplatz. 2 Erzählungen. (VII, 187 S.) 8. Wien 904. C. Konegen. n. 2.—; geb. n. 3.—

Saracini-Belfort, Luisa Gräfin, wenn es licht wird u. andere Novellen. (III, 279 S.) 8. Wien 908. C. Konegen. 3.—

Saradeth, Josef [aus München]: Ueber den Verlauf des Fiebers bei Influenza. Beobachtungen auf der II. medicinischen Abtheilung des städt. allgem. Krankenhauses l/I. . . . München, *Druck v. H. Wegrather*, 1891; 2 Bl., 26 S., 1 Bl., 1 Taf. 8°
München, Med. Fak., Inaug.-Diss. v. 1891

Sarafow, K(onstantin) M., a. Sofia: Die Volksvertretung in Bulgarien. Halle a. S. 1905: C. Nietschmann. (111 S.) 8°
Halle, Jur. Fak., Ref. Loening, Diss. v. 25. Mai 1905
[Geb. 25. Apr. 83 Sofia; Wohnort: Sofia; Staatsangeh.: Bulgarien; Vorbildung: Gymn. Sofia Reife O. 01; Studium: Halle 7 S.; Rig. 8. Mai 05.]

Sarah u. Clara, vom elektrotechnischen Standpunkt aus betrachtet, ein dramat. Struwwelpeter. gr. 8. (48 S. m. Illustr.) Münch. 891. (Oswald). 1 —

Sarah Martin und Elisab. Inchbald, s. Frauenspiegel.

Sarah's Reisebriefe aus drei Welttheilen [Amerika, Europa und — Skobeleffia.] 8. (VII, 177 S.) Würzburg 882, Kreßner. *

Sarai, A.

Sarai, Nachricht üb. d. Entsteh., Fortdauer u. d. gegenwärt. Zustand d. evangel.-luther. Gemeinde zu Bukarest, im Fürstenth. d. Walachei. gr. 8. (5¼ B.) St. Petersburg 834. (Berlin, Eichler.) *

Sarai, A., Nachricht über die Entstehung, Fortdauer und den gegenwärtigen Zustand der evangelisch-lutherischen Gemeinde zu Bukarest, im Fürstenthum der Walachei. gr. 8. St. Petersburg 834. (Berlin, Thome.) n. 1 ℳ

Sarai, Tatsusaburo, aus Japan: Untersuchungen über die Lage der Bogengänge des Labyrinthes im Schädel und über die Flüssigkeitsverschiebung in den Bogengängen bei Kopfbewegungen. Mit 4 Abb. im Texte. *Wiesbaden: J. F. Bergmann 1903.* (14 S.) 8°
Rostock, Med. Diss. v. [5. Okt.] 1903

Sarajevo [Schlagwort]

Sarajevo, s.a. Geologische Karten. Übersichtskarte (Bosnien).

Sarajevo. Piffl, Hugo, Entwicklung d. Landeshauptstadt Sarajevo unter d. Regierung S. M. des Kaisers u. Königs Franz Josef I. Auf Grundlage e. von der Landes-Regierg. f. Bosnien u. die Herzegowina hrsg. Planes reambuliert. 26 × 48 cm. Farbdr. Wien 898. G. Freytag & Berndt. n. — 70

Sarajewo. Plan von. Reduction der Katastral-Aufnahme aus dem Jahre 1882. Massstab 1 : 3125. 15 Bl. Farbendruck. Kl.-Q.-Folio. Photolithogr. u. Verlag des k. k. milit.-geogr. Institutes in Wien Depôt Rud. Lechner's Hof- u. Univ.-Buchh. 15 fl.

Saran, August

Saran, die Aufgaben der Kirche u. Schule gegenüber der Flußschiffer-Bevölkerung. Referat, erstattet in der Jahresversammlung der kurmärk. Conferenz für innere Mission zu Potsdam, am 2. Mai 1877, nebst der daran geschlossenen Discussion. [Aus: „Flieg. Blätter d. Rauhen Hauses".] gr. 8. (19 S.) Hamburg 877. Agentur des Rauhen Hauses. — 30

Saran, Aug., Robert Franz u. das deutsche Volks- u. Kirchenlied. Mit Notenbeilagen, enth.: 6 Choräle f. gemischten Chor u. 6 altdeutsche Lieder f. e. Singstimme m. Begleitg. d. Pianoforte. Bearb. v. Rob. Franz. hoch 4. (57 S. u. Notenbeilagen 43 S.) Leipzig 875. Leuckart. n. 5. —

Musikalisches Handbuch zur Erneuerten Agende vornehml. z. Gebr. f. Kantoren u. Organisten hrsg. von A[ugust] **Saran**, Superint. in Bromberg. (Vorr.: P[aul] Kleinert.) *Berlin: Trowitzsch & Sohn 1901.* (V, 80 S.) 8° [F.] [01 4244

Saran, A., kleines Religionsbuch f. evangelische Kinder. 8. (36 S.) Bromberg 889. Mittler. n. — 20;
Ausg. f. Bromberg n. — 25

Saran, A., kleines Religionsbuch f. evang. Kinder. 5. u. 6. Aufl. gr. 8. (à II, 41 S.) Bromberg 896. 97. Mittler. n.n. — 20

— kleines Religionsbuch f. evangelische Kinder. 7. Aufl. gr. 8. (40 S.) Bromberg 899. Mittler. n.n. — 20;
geb. n.n. — 30

Saran, A., kleines Religionsbuch f. evangelische Kinder. 13. Aufl. (II, 45 S.) 8. Bromberg 910. Mittler.
Geb. nn — 30

Saran, Ernst [aus Alt-Ranstaedt]: Zur Kenntniss der Isoborneole ... Halle a. S., Buchdr. O. Thiele, 1897; 36 S., 1 Bl. 8.
Erlangen, Phil. Fak., Inaug.-Diss. v. 5. Mai 1897

Saran, F. (Hrsg.), s. Aristoxenus: Melik und Rhytmik des classischen Hellenenthums.

Saran, Franz [aus Altranstaedt]: Hartmann von Aue als Lyriker. ... Halle a. S., Druck v. Ehrhardt Karras, 1889; 2 Bl. + 38 S. + 1 Bl. 8°
Halle, Phil. Fak., Inaug.-Diss. v. 31. Jul. 1889

Saran, F., Hartmann v. Aue als Lyriker. Eine literarhistor. Untersuchg. gr. 8. (111 S.) Halle a/S. 889. Niemeyer. n. 2. 40

Saran, Frz., s.: Bausteine zur Geschichte der neueren deutschen Literatur.

Saran, Frz., s.: Liederhandschrift, die Jenaer.

Saran, Frz., Melodik u. Rhythmik der ‚Zueignung' Goethes, s. Studien zur deutschen Philologie.

— der Rhythmus des französischen Verses. (VI, 465 S.) gr. 8. Halle 904. M. Niemeyer. n. 12. -

— deutsche Verslehre, s.a. Handbuch des deutschen Unterrichts an höheren Schulen.

Deutsche Verslehre von Franz **Saran**, Prof. München: C. H. Beck 1907. (XV, 355 S.) 4°
= **Handbuch** d. deutschen Unterrichts an höh. Schulen. Bd 3, T. 3. [06. 13760

Saran, Franz [Dr. phil.]: Über Vortragsweise und Zweck des Evangelienbuches Otfrieds von Weissenburg ... Halle a. S., Druck v. E. Karras, 1896; 32 S. 8.
Halle, Phil. Fak., Hab.-Schr. v. 24. Apr. 1896

Saran, Frz., üb. Vortragsweise u. Zweck d. Evangelienbuches Otfrieds v. Weissenburg. Einladungsschrift zur Antritts-Vorlesg. üb. Lessing u. d. Faustproblem. gr. 8. (32 S.) Halle 896. (M. Niemeyer.) n. 1. —

[F.] Die Auflösung des bisherigen und die Errichtung eines neuen Parochialverbandes zu Halle a. S. nach Massgabe des Kirchengesetzes v. 17. Mai 1895 u. des dazu gehörigen Staatsges. v. 18. Mai 1895. Von G[ustav] **Saran**, Oberpred. zu St. Moritz. M. e. Anh., enth.: A. Vorschläge zu Gemeindebeschlüssen. B. Den Entwurf e. Verbandsregulativs. *(Halle: Dr. v. O. Hendel [1896].)* (16 S.) 1 Bd 8. [58 6933

Gedächtnisworte am Sarge des Fräulein Ernestine Röser, gestorben am 24. Juni 1904 ... zu Halle gesprochen ... von G[ustav] **Saran**, Superint. ([Halle] 1904.) (2 Bl.) 4° [Umschlagt. F.] [06. 10031 S

Saran, Gust., die schwedische Invasion in Kursachsen u. der Friede zu Altranstädt. Vortrag, geh. im thüringisch-sächs. Geschichts- u. Alterthums-Verein zu Halle a/S. 8. (32 S.) Halle 878. Buchh. d. Waisenh. n. — 36

Rede am Sarge der ... entschlafenen Frau Bertha Julie Herrfurth, geb. Stephann, am 20. Dez. 1898 geh. von ... G[ustav] **Saran**, Oberpred. (Halle 1898: O. Hendel.) (8 S.) 8° [Umschlagt. F.] [06. 1039 S

Saran, Gustav: R e d e am Sarge des am 27. Dez. 1896 entschlafenen Rittergutsbesitzers Herrn Ernst Herrfurth auf Wehlitz ..., geh. von ... Gustav Saran, Oberpred. ([Halle:] 1896.) (8 S.) 8° [Umschlagt.]

Saran, Gustav: R e d e am Sarge des am 3. Mai 1902 verstorbenen Geh. Justizrats Herrn Franz Ludwig Herrfurth auf Wehlitz bei Schkeuditz ... geh. von ... G[ustav] Saran, Stadtsuperint. Halle (1902) : Wischan & Wettengel. (8 S.) 8° [Umschlagt.]

Saran, Walter, aus Zehdenick i. M.: **Der grobe Unfug, insbesondere der sogenannte Pressunfug. Ein Versuch zur Rechtfertigung d. Anwendung d. § 360 Ziffer 11 auf d. Presse.** *Bromberg 1898: Gruenauer.* (78 S.) 8°
Erlangen, Jur. Diss. v. 22. Juni 1898

Saranski, M.: Die operative und sanitätstaktische T ä t i g - k e i t des Armeefacharztes, s. H ö n , Maximilian von

[Russ.] S(ergěj) F[edorovič] **Šarapov**. O russko-finskom primirenii. Pis'mo k Knjazju M(ichailu) M(ichailoviču) Andronikovu. Izd. M(ich Mich.) A(n d r o n i k o v a). Berlin: (F. Gottheiner) 1905. (39 S.) 8°
[Auf d. Umschl.:] S. Scharapoff. Ueber d. russ.-finn. Versöhnung. [06. 8127

Sarasa, Alphonse Antoine de

— ars semper g a u d e n d i. II Pts. 4. Francft. (Weygand, Lps.) 741.

— — id. lib. c. praef. Reusch c. I. C. Fischer. Ienae, Cröcker. 750.

v. Sarasa, **At. At.**, ars semper gaudendi, cum praef. **J. P. Reusch, c. J. C. Fischer.** 8maj. Jena 750. Cröker. 1 ß 16 gl

Sarasa, Alfons Anton von, S. J. Kunst Sich immer zu freuen und stets vergnügt zu seyn aus den Grundsätzen der göttlichen Vorsehung und eines guten Gewissens hergeleitet mit berühmter Männer und eigenen Anmerckungen fast durchgehends erläutert, Mit dem Leben des Verfassers ... aus dem Lateinischen ins Deutsche übersetzet und herausgegeben von Johann Christian Fischer. 2 Bände. Jena, J. H. Schultze, 1748. 4°. *Titelkupfer*, 9 Bl. 576 S. 4 Bl.; LIX S. 2 Bl. 620 S. mit 2 Zwischenbl. 8 Bl. Schöne Kalbldbde. d. Z. mit reicher Rv., Innenkantenvergoldung, Goldbordüren a. d. Deckeln u. Goldschnitt.
De B.-S. VII, 625. Kästner, Gesch. d. Mathem. III, 254. Die gegenüber einigen früheren Übertragungen beste, lesbarste deutsche Ausgabe, mit guten Anmerkungen und Registern bereichert

Sarasa, A. A. de. Kunst allzeit lustig zu leben und ruhig zu sterben ... übersetzet ... Coblenz 1741. V: *Schäffer, Paul.* (JES)

— die Kunst, allezeit lustig zu leben u. selig zu sterben, sammt Bouhours Gedanken auf jeden Tag des Monats. 8. Cöln 801. Rommerskirchen. 4 gl

Sarasa, Ant. Alf., Die Kunst stets frölich zu seyn. Aus dessen berühmten lat. Buche gleichen Namens verfaßt v. Chr. Ernst v. *Windheim* 3. Ausg. 358 S. Helmst. 1752. 8°.

Sarasa, Alphonse Antoine de. Kunst allezeit fröhlich zu seyn; a. d. Franz. Augsb. 1777. Ü: *Baratti, Edler von.* (ML)

— die Kunst, allezeit fröhl. zu seyn; aus d. Französ. v. Barati. 8. Augsb. 777. 2e A. 784. Rieger. 8 gl

— Dass. aus d. Französ. von ... v. Windheim. 8. Leipz. ... N. A. 779. Weygand. 8 gl

SARASA, ALFONSUS ANTONIUS: Die Kunst bei allen Vorfallen des Lebens stets heiter zu sein. (Aus dem Spanischen übersetzt). Neue Ausg. Pesth 1807: K. A. Hartleben. - 8°

Sarasa, A. de, die Kunst immer zufrieden zu sein. 32. (XVI, 127 S.) Regensburg 871, Pustet.

— Kunst und Weise, eine wahre Gemüthsruhe durch Betracht. der göttl. Weisheit u. s. w. sich zu verschaffen. 8. Wien, Gerold. 5 gl

Sarasa, A. A. de. Sittenlehre oder Kunst, sich immer zu freuen und stets vergnügt zu seyn ... Magdeburg 1764. II (2. Th.): *Reichard, Elias Caspar.* (KY)

— Sittenlehre, od. Kunst, sich immer zu freuen u. stets vergnügt zu seyn, aus d. Grundsätzen d. göttl. Vorsehung u. e. guten Gewissens. 2 Thle. (2r Thl. mit Anmerkk. v. El. Ksp. Reichard). 4. Magdeb. 764. (Dyck in Leipz.) 3 ß

Sarasa, At. Af., Sittenlehre, oder Kunst sich immer zu freuen und stets vergnügt zu seyn, a. den Grundsätzen der göttlichen Vorsehung und e. guten Gewissens. 2 Theile. 4. Magdeburg, Hechtel. (Dyk in Lpz.) 764.

Sarasate, Pablo de. Wien 1877. H: *Kugel, Ignaz.* (EB)

Airs écossais pour Violon avec accompagnement de Piano par Pablo de Sarasate. Oeuvre 34. *Berlin. N. Simrock 1892.* (7, 12 S.) 4° [04 1808

Danse espagnole. Introduction et Fandango varié pour Violon avec accompagnement de Piano par Pablo de Sarasate. Op. 40. *Berlin: N. Simrock 1898.* (15, 8 S.) 4° [04 1807

Jota de San Fermin pour Violon avec accompagnement de Piano par Pablo de Sarasate. Op. 36. *Berlin: N. Simrock 1894.* (15, 7 S.) 4° [04 1808

Viva Sevilla! Danse espagnole pour Violon avec accompagnement d'Orchestre par Pablo de Sarasate. Op. 38. Ed. pour Violon avec accomp. de Piano. *Berlin: N. Simrock 1896.* (18, 7 S.) 4° [04 1809

Zortzico (d'Iparaguirre). Danse espagnole pour Violon avec accompagnement de Piano par Pablo de Sarasate. Op. 39. *Berlin: N. Simrock 1898.* (3, 3 S.) 4° [04 1810

S a r a s i n , Adolf. Die Barfüsser Klosterkirche in Basel. ‹Mit eilf lithographirten Tafeln›. Mittheil. Ges. Vaterl. Alterth. Basel. (Heft 3. 4. (Basel) 1845.

[S a r a s i n , Adolf.] Von dem Leben und den vorzüglichsten Werken des berühmten Meisters Albrecht Dürer von Nürnberg. [Mit 1 Abbildung und 2 Tafeln.] Neujahrsgabe für die Besucher des Handwerksaales zu Safran. 4. Basel 1855.

(S a r a s i n , Adolf.) Theophil Passavant (1787–1864). Abriss seines Lebens. Aus dem Volksboten zusammengestellt und erweitert ([von] A' S'), nebst Sieben Predigten aus des Verewigten hinterlassenen Papieren ausgewählt. Mit einem photographischen Portrait [Tafel]. 8. Basel 1865.

Sarasin, A., s. V o l k s b o t e , christlicher.

S a r a s i n , Alfred. Ein Tag in Indien. Vortrag von A' S', gehalten ... in Basel. 8. Basel 1892.

Sarasin, Carl, s. S a r a s i n , Karl

Sarasin, Charles [aus Genf]: **Die Conglomerate und Breccien des Flysch in der Schweiz ... (Aus: N. Jahrb. f. Mineral. etc. Beilagebd VIII.) Stuttgart, E. Schweizerbart, 1892; 2 Bl., 180–215 S. 8.**
Strassburg, Math.-naturw. Fak., Inaug.-Diss. v. 1892

Sarasin, Edouard s. Fol, Hermann, & Sarasin, Edouard.

Sarasin, Edouard, voir: *Mémoires.*

Sarasin, Sohn, Fel., Rückblick auf d. Geschichte d. allgem. Lesegesellschaft in Basel. Eröffnungsrede, gehalt. bei d. Einweihungsfeierlichkeit d. neuen Gebäudes d. Lesegesellschaft am Jahrestage ihrer Stiftung d. 26. Oct. 1832. 8. (1¾ B.) Basel 833, Schweighauser. Thlr.

Sarasin, Felix. Bürgermeister Hans Bernhard Sarasin. ⟨1731–1822.⟩ Von Bürgermeister F. S. ⟨Aus dem Sarasin'schen Familienbuche.⟩ [Mit 2 Illustrationen. S.A.] 8. [Basel 1892.]

Sarasin, Fritz. Bericht über den Stand der Museumsbau-Angelegenheit [in Basel]. Erstattet an das Initiativ-Komitee für die Museumsbauten am 6. Juni 1910. 20 S. 8. Basel, Basler Berichthaus, 1910.

Sarasin, Fritz: Über die geologische Geschichte des Malayischen Archipels auf Grund der Thierverbreitung von – . Chur: Casanova 1900. 19 S. 8°

Sarasin, Fritz, über die Geschichte der Tierwelt v. Ceylon, s.a. Jahrbücher, zoologische. 12. Suppl.

Sarasin, Fritz. Über die Geschichte der Tierwelt von Ceylon. Mit 6 Karten ⟨Tafel 1—3⟩. II + 160 S. 8. Jena, Gustav Fischer, 1910. [M. 7. —]

Zoologische Jahrbücher. Hrg. von Prof. Dr J[ohann] W[ilhelm] Spengel... . Supplement 12, Heft 1... .

Reisen in Celebes, ausgeführt in d. J. 1893–1896 u. 1902–1903 von Paul u. Fritz Sarasin. Mit 240 Abb., 12 Taf., 11 Karten. Bd 1. 2. Wiesbaden: C. W. Kreidel 1905. 2 Bde 8° [05. 1867]

Sarasin, Fritz s. Sarasin, Paul, und Sarasin, Fritz.

Sarasin, F., siehe: *Verhandlungen.*

Sarasin, Jak., Lavater u. Klinger, Plimplamplasko, der hohe Geist, s.: Langmesser, Aug., Jakob Sarasin.

Sarasin, J. Bernhard (Basel) A. S. 1366/16

Disputatio inauguralis de renunciationibus filiarum illustrium in Germania.
Basel (Thurneysen) 7. V. 1754. 26 S. 29754

Sarasin, Joh. Bernhard: De Helveticorum legatorum singulari specie qui vulgo repraesentantes vocantur. s. Falkner, Joh. Heinrich (Praes.)

Sarasin, Karl

Sarasin, C., von einer Reise nach Italien, s.a. Von einer Reise etc.

(Sarasin, C[arl].) Von einer Reise nach Italien. In Briefen. ([Von] K. S.) 8. Basel 1867.

Sarasin, Paul = Wiegand, F. [Autorname].

Sarasin, Paul. Ein Blütenzweig aus dem Reiche der Ideen. Gedanken und Gedichte. [Mit 1 Vignette.] 132 S. 8. Basel, Helbing & Lichtenhahn, 1908. [fr. 2.50, geb. 3.75]

Sarasin, Paul, zur Einführung in das prähistorische Kabinett der Sammlung für Völkerkunde im Basler Museum. (52 S. m. Abbildgn.) gr. 8. Basel 906. Helbing & Lichtenhahn. n. 1. —

Entwurf einer geographisch-geologischen Beschreibung der Insel Celebes. Von Dr. Paul Sarasin u. Dr. Fritz Sarasin. Mit Abb., 11 Taf. u. 3 Karten. *Wiesbaden: C. W. Kreidel 1901.* (XI, 344, 28 S.) 4°
— Sarasin. Materialien z. Naturgesch. d. Insel Celebes. Bd 4. [02. 193]

Sarasin, Paul, u. Fritz **Sarasin,** Ergebnisse naturwissenschaftlicher Forschungen auf Ceylon in den J. 1884—1886. I. Bd. 1.—3. Hft., II. Bd. 1.—4. Hft. gr. 4. Wiesbaden, Kreidel. n. 106. —

I. 1. Die Augen u. das Integument der Diadematiden. Ueber zwei parasitische Schnecken. Mit 5 Taf. (31 S. m. 5 Bl. Erklärgn.) 887. n. 14. —
2. Aus der Entwickelungsgeschichte der Helix Waltoni Reeve. Knospenbildung bei Linckia multifora Lamarck. Mit 4 Taf. (S. 33—79 m. 5 Bl. Erklärgn.) 888. n. 14. —
3. Ueber die Anatomie der Echinothuriden u. die Phylogenie der Echinodermen. Mit 8 Taf. (S. 81—154 m. 8 Bl. Erklärgn.) 888. n. 18. —

II. 1. Zur Entwicklungsgeschichte u. Anatomie der ceylonesischen Blindwühle Ichthyophis glutinosus. 1. Thl.: Einleitung, das Ei, Befruchtg. u. Brutpflege, Entwicklg. der Körperform, Historisches, Systematisches u. Vergleichendes. Mit 5 Taf. (40 S. m. 5 Bl. Erklärgn.) 887. n. 14. —
2. — dasselbe. 2. Thl. Die Seitenorgane der Larve, die letzten Endigungen der Blutcapillaren in den Intercellularräumen der Epidermis, Becherzellen u. Cuticularborsten, Körperringel u. Schuppen, Bau u. Entwicklg. der Cutisdrüsen. (S. 41–94 m. 6 Taf. u. 6 Bl. Erklärgn.) 887. n. 14. —
3. — dasselbe. 3. Thl.: Das Schicksal d. Dotters; üb. die Homologie der Keimblätter im Thierreiche auf Grund d. Satzes, dass die beiden Keimschichten der Gastrula nicht dem Ektoderm u. Entoderm, sondern dem Blastoderm u. Dotter der Vertebrae entsprechen; der Enddarm der Embryonen. (S. 95—150 m. 3 Taf. u. 3 Bl. Erklärgn.) 889. n. 10. —
4. — dasselbe. 4. Thl. Der Schädel; Nase, Jacobson'sches Organ u. Thränennasengang; der Tentakel; das Gehörorgan; e. Notiz üb. das Gehirn v. Ichthyophis; Drüsen der Mundhöhle; Bemerkgn. über das Gefässsystem; Kiemenkorb, Zunge, äussere Kiemen, Kiemenspalten; die Spermatozoen; Schlussbemerkgn., Nachtrag, Verzeichniss der Orig.-Literatur üb. die Caeciliiden. (S. 151—263 m. Abbildgn. im Text, 10 Taf. u. 10 Bl. Erklärgn.) 890. n. 22. —

Sarasin, Paul, und Sarasin, Fritz. Ergebnisse naturwissenschaftlicher Forschungen auf Ceylon. (4 Bände.) gr.-4. Wiesbaden, C. W. Kreidel, 1887—1893 und 1908. [*cpl.* M. 270.—]

Ursprünglicher Gesamttitel: Ergebnisse — — Ceylon (*Umschläge:* in den Jahren 1884—1886). (Band 1—3.) Wiesbaden ... 1887—1893.

Band 1: Die Augen und das Integument der Diadematiden — Ueber zwei parasitische Schnecken — Aus der Entwicklungsgeschichte der Helix waltoni, Reeve — Knospenbildung bei Linckia multifora, Lamarck — Ueber die Anatomie der Echinothuriden und die Phylogenie der Echinodermen. Mit [Textfiguren und] 17 Tafeln [nebst Tafelerklärungen]. (3 Hefte.) X + 154 S. 1887—1888. [*zus.* M. 46. —]

Band 2: Zur Entwicklungsgeschichte und Anatomie der ceylonesischen Blindwühle Ichthyophis glutinosus, L. Mit [1 Illustration, Textfiguren und] 24 Tafeln [nebst Tafelerkl']. (4 Hefte.) VI + 263 S. 1887—1890. [*zus.* M. 60. —]

Band 3: Die Weddas von Ceylon und die sie umgebenden Völkerschaften. (6 Lieferungen.) [2 Abteilungen.] 1892—1893. [*zus.* M. 144. —]

[Abteilung 1:] Die Weddas — — Völk', ein Versuch, die in der Phylogenie des Menschen ruhenden Räthsel der Lösung näher zu bringen. [Text.] Mit Atlas von 84 Tafeln (sowie in den Text gedruckten [Figuren,] Heliogravüren, Holzschnitten und Tabellen). X + 599 S. [+ *Tabellen-Anhang* 9 S. + 5 Bl.]. — [Abt' 2:] Atlas. 84 Tafeln in Heliogravüre und Lithographie [mit Tafelerkl']. IV S. + 84 Tafeln + *Tafelerkl'* 84 Bl.

Band 4: Die Steinzeit auf Ceylon. Mit [Textabbildungen,] 10 Tafeln in Lichtdruck [nebst Tafelerkl'] und einer Texttafel. VIII + 93 S. 1908. [in Mappe M. 20. —]

— u. Fritz Sarasin, Ergebnisse naturwissenschaftlicher Forschungen auf Ceylon in den J. 1884—1886. 3. Bd. 6 Lfgn. gr. 4. Ebd. 892. 893. In Mappe à Lfg. n. 24. — (I, 1—3; II, 1—4 u. III n. 250. —)

Die Weddas v. Ceylon u. die sie umgebenden Völkerschaften, e. Versuch, die in der Phylogenie d. Menschen beruh. Räthsel der Lösg. näher zu bringen. 6 Lfgn. Mit 64 Taf., sowie in den Text gedr. Heliograv., Holzschn. u. 12 Tab. (X, 599 S. m. 64 Bl. Erklärgn.)

— u. Fritz **Sarasin,** Ergebnisse naturwissenschaftlicher Forschungen auf Ceylon. IV. Bd.: Die Steinzeit auf Ceylon. Mit 10 Taf. in Lichtdr. u. 1 Texttaf. (VII, 93 S. m. Abbildgn. u. 10 Bl. Erklärgn.) 37 × 29 cm. Wiesbaden 908. C. W. Kreidel. In Mappe 20. —

Sarasin, Paul, Gedichte. 8. (150 S.) Wiesbaden 898. C. W. Kreidel. Geb. in Leinw. n. 4. —

Sarasin, Paul, und Sarasin, Fritz. Ueber die geologische Geschichte der Insel Celebes auf Grund der Thierverbreitung. Mit 15 Tafeln in Lithographie [und Legende zu jeder Tafel]. — *A. u. d. T.:* Materialien zur Naturgeschichte der Insel Celebes. Von Dr. Paul Sarasin und Dr. Fritz Sarasin. Band 3: Ueber — — Lithographie. — VI + 169 S. 4. Wiesbaden, C. W. Kreidel, 1901. [M. 40. —]

Sarasin, Paul: Die Land-Mollusken von Celebes. Von Dr. Paul Sarasin u. Dr. Fritz Sarasin. Mit 31 Taf. Wiesbaden: C. W. Kreidel 1899. (VIII, 248 S.) 4⁰
Sarasin, P.: Materialien z. Naturgesch. d. Insel Celebes. Bd. 2.

— Lebens- u. Charakterbild Rütimeyers, s.: Iselin, L. E.

Sarasin, Paul, und Sarasin, Fritz. Materialien zur Naturgeschichte der Insel Celebes. 4 Bände.... Mit... Tafeln... [und Legenden zu jeder Tafel]. 4. Wiesbaden, C. W. Kreidel, 1898—1901.

Band 1 *a. u. d. T.:* Die Süsswasser-Mollusken von Celebes. Mit dreizehn Tafeln in Heliogravure und Lithographie. VIII + 104 S. 1898. ([In Mappe] M. 32. —)
Band 2 *a. u. d. T.:* Die Land-Mollusken von Celebes. Mit einunddreissig Tafeln in Lithographie und Heliogravure. VIII + 248 S. 1899. ([In Mappe] M. 60. —)
Band 3 *a. u. d. T.:* Ueber die geologische Geschichte der Insel Celebes auf Grund der Thierverbreitung. Mit 15 Tafeln in Lithographie. VI + 169 S. 1901. ([In Mappe] M. 40. —)
Band 4 *a. u. d. T.:* Entwurf einer geographisch-geologischen Beschreibung der Insel Celebes. Mit Abbildungen und 1 Lichtdrucktafel im Text, 10 Tafeln in Heliogravure und 3 Karten in Lithographie. ([Nebst einem] Anhang: Untersuchung einiger Gesteinssuiten, gesammelt in Celebes von P. und F. Sarasin, von C[arl] Schmidt.) XII + 344 + *Anhang* 28 S. 1901. [In Mappe M. 50. —]

Sarasin, Paul, und Sarasin, Fritz. Materialien zur Naturgeschichte der Insel Celebes. Band 5 .... Teil 1 .... — *A. u. d. T.:* Versuch einer Anthropologie der I' C'. Teil 1: Die Toála-Höhlen von Lamontjong.... Mit [Abbildungen und] 6 Tafeln in Lithographie und Lichtdruck. VI + 63 [+ *Tafel-Erklärungen* 12] S. 4. Wiesbaden, C. W. Kreidel, 1905. [in Mappe M. 18. —]
Band 1—4. Wiesb'... 1898—1901, *s. bulletin 1902, S. 48:* № 880

Sarasin, Paul, und Sarasin, Fritz. Materialien zur Naturgeschichte der Insel Celebes. Band 5.... 2 Teile.... — *A. u. d. T.:* Versuch einer Anthropologie der J' C'. 2 Teile.... 4. Wiesbaden, C. W. Kreidel, 1905—1906.

Teil 1: Die Toála-Höhlen von Lamontjong. Von Dr. P' S' und Dr. F' S'.... Mit [Abbildungen und] 6 Tafeln in Lithographie und Lichtdruck VI + 63 [+ *Tafel-Erklärungen* 12] S. 1905. [in Mappe M. 18. —]
Teil 2: Die Varietäten des Menschen auf Celebes. Verfasst von Dr. Fritz Sarasin.... Mit [Abbildungen und] 22 Tafeln in Lithographie und Lichtdruck. VIII + 163 [+ *Tafel-Erklärungen* 44] S. 1906. [in Mappe M. 50. —]
s. Bulletin 1902, S. 48: Band 1-4. Wiesb'... 1898—1901.

Sarasin, Paul, und Sarasin, Fritz. Reisen in Celebes, ausgeführt in den Jahren 1893—1896 und 1902—1903 von P' und F' S'. Mit 240 Abbildungen im Text, 12 Tafeln in Heliogravüre und Farbendruck, 11 Karten. 2 Bände. XVIII + 383 *u.* X + 391 S. 8. Wiesbaden, C. W. Kreidel, 1905. [geb. *zus.* M. 24. —]

Die Süsswasser-Mollusken von Celebes. Von Dr. Paul Sarasin u. Dr. Fritz Sarasin. M. 13 Taf. in Heliogr. u. Lithogr. *Wiesbaden: C. W. Kreidel 1898.* (VIII, 104 S., 13 Taf. m. je 1 Erl.-Bl.) 1 Bd 4.
= **Sarasin,** Paul & Fritz: Materialien z. Naturgesch. d. Insel Celebes. Bd 1. 98. 8645

Versuch einer Anthropologie der Insel Celebes. Von Dr. Paul Sarasin u. Dr. Fritz Sarasin. T. 1. Wiesbaden: C. W. Kreidel 1905. 4°
= **Sarasin,** Paul: Materialien z. Naturgesch. d. Insel Celebes. Bd 5, T. 1. 06. 864

Sarasin, P. u. F. Völkervertheilungskarte der Insel Ceylon. Berlin 1887. 1 Bl. c. I..

Sarasin, Paul und Fritz **Sarasin:** Die Weddas von Ceylon und die sie umgebenden Völkerschaften, ein Versuch, die in der Phylogenie des Menschen ruhenden Räthsel der Lösung näher zu bringen. Mit Atlas von 84 Tafeln. Wiesbaden 1892—1893. 2 Bde. VI. 609 S., 5 Th.
= Sarasin: Ergebnisse naturwissenschaftlicher Forschungen auf Ceylon. Bd. 3. Text Atlas 4⁰.

Sarasin, Paul. Weltnaturschutz. (Vortrag gehalten am VIII. Internationalen Zoologenkongress in Graz am 16. August und an der 93. Versammlung der Schweizerischen Naturforschenden Gesellschaft in Basel am 5. September 1910.) [SA. aus: Verhandlungen der Schw' Nat' Ges', 93. Jahresversammlung.... Band 1.] II + 24 S. 8. Basel, Buchdr. Emil Birkhäuser, 1910 — **Aufdruck:* [Verlag] Helbing & Lichtenhahn, 1911 —. [fr. 1. —]

Sarasin, Pet., über die Verwendung der berittenen Maschinengewehr-Schützen-Kompagnien. Ihr Einfluss auf die Taktik der Kavallerie, s. a. Militärzeitung, allgemeine schweizerische. 1901. Beilage 1.

Über die Verwendung der berittenen Maschinengewehrschützen-Kompagnien. Ihr Einfluss auf d. Taktik d. Kavallerie (Verf.: [Peter] Sarasin, [Hauptmann].) [Basel: B. Schwabe 1901.] (23 S.) 8° [Kopft.]
= [**Militärzeitung,** Schweizerische. 1901, No 1, Beil.] 01. 3994

Sarasin, Wilhelm. Das Bild Alis bei den Historikern der Sunna. Diss. Phil. Basel. 70 S. 8. Basel, M. Werner-Riehm, 1907.

Sarasin-Bischoff, Th., siehe: *Volksbote.*

Sarasin-Iselin, W., Hausindustrie u. Elektrizität in der Basler Bandweberei. Vortrag, geh. in der statist. Gesellschaft Basel am 11. IV. 1904. (53 S.) kl. 8. Basel 904. (Leipzig, C. Beck.) n. 1. —

Sarasin-Iselin, W[ilhelm]. Hausindustrie und Elektrizität in der Basler Bandweberei. Vortrag, gehalten in der Statistischen Gesellschaft Basel am 11. April 1904. 55 S. 8. Basel, Verlag der Basler Nachrichten, 1904. [fr. 1. —]

S[arasin-Thurneysen], H[ans]. Sollen wir eine freie Kirche gründen? Referat gehalten im V[erein] C[hristlicher] G[emeinschaft] den 20. Oktober 1903. 16 S. 8. ([Basel,] M. Werner-Riehm, 1903.)

Sarasohn, David [aus Schubin]: Ueber die Funktionen der Haut.... Berlin, Druck v. Emil Streisand, 1890; 63 + 1 S. 8°
Berlin, Med. Fak., Inaug.-Diss. v. 13. Jun. 1890

Sarasohn, Leopold: Untersuchungen der Nasenhöhle und des Nasenrachenraumes an Epileptikern und Idioten ... Königsberg, Hartungsche Buchdr., *1895;* 28 S., 1 Bl. 8.
Königsberg, Med. Fak., Inaug.-Diss. v. 9. März 1895

Sarasohn, Leop., Untersuchgn. d. Nasenhöhle u. d. Nasenrachenraumes an Epileptikern u. Idioten. Diss. gr. 8. (28 S.) Königsberg 895. (W. Koch.) n. — 80

Sarason, D., über Wasserkuren im Rahmen der wissenschaftlichen Heilkunde. Zeitgemässe Betrachtungen. gr. 8. (VIII, 42 S.) Leipzig 899. O. Borggold. n. 1.20

— dasselbe. 3. u. 4. Taus. gr. 8. (VIII, 40 S.) Berlin 901. Vogel & Kreienbrink. n. 1.20

Saratustricae Gatae posteriores tres latine vertit et explicavit textum Archetypi adhibitis Brockhausii Westergaardii et Spiegelii editionibus recensuit E. Kossowicz. gr. 8. (XX, 113 S.) Petropoli 871. (Leipzig, Brockhaus' Sortiment und Antiq.) *

Sarau, die Aufgaben der Kirche und Schule gegenüber der Flußschiffer-Bevölkerung. Referat, erstattet in der Jahresversammlung der kurmärk. Conferenz für innere Mission zu Potsdam, am 2. Mai 1877, nebst der daran geschlossenen Discussion. gr. 8. (19 S.) Hamburg 877, Agentur des Rauhen Hauses.
Aus: Fliegende Blätter des Rauhen Hauses, besonders abgedruckt.

Sarauw, Alfred, aus St. Gallen: Einwirkung des Phosgens auf Methyl-diphenylamin und auf Diazoamidokörper. Zür. Genossenschafts-Buchdr. Dr. 1881. 43 S. 8°.
Zürich. Phil. Diss. [v. 20. Dec. 1881].

Sarauw, Carl Friedrich, s. Sarauw, Karl Friedrich

Sarauw, Christian von

(Sarauw, Ch. v.,) Europa nach dem letzten Kriege. Berlin 1871. 8.

Sarauw, Chrn. v., die Feldzüge Karl's XII. Ein quellenmässiger Beitrag zur Kriegsgeschichte und Kabinetspolitik Europa's im XVIII. Jahrh. Mit 1 (lithogr.) Karte des nord. Kriegstheaters und 6 lithogr. Taf. gr. 8. (XII, 328 S.) Leipzig 881, [Schlicke.] Elischer. *

Sarauw, Chr. v., die russische Heeresmacht auf Grund offizieller Quellen u. eigner Anschauung dargestellt gr. 8. (X, 235 S.) Leipzig 875. Schlicke. n. 7. —

Die **Heeresmacht** Rußlands, ihre Neugestaltung u. politische Bedeutung. (Von Ch. v. Sarauw.) Berlin 1870. 125 S.
(s. auch Sarauw, Ch. v.)

(Sarauw, Christian v., k. dän. Capitän der Inft.) Der Krieg des Jahres 1870. Vom militärischen Standpunkt dargestellt. Von *** (Verfasser der „Heeresmacht Russlands".) 8. Berlin 1871.

Sarauw, Chrn. v., der russisch-türkische Krieg 1877—1878. Auf Grundlage der veröffentlichten officiellen russischen Rapporte dargestellt. 1878. * M 13,50.; 2. Ausg. gr. 8. (VIII, 345 S. mit 2 lithogr. Uebersichtskarten in 4. und Fol. und 8 takt. eingedr. Plänen in Holzschn.) Leipzig 879, Schlicke. *

Sarauw, Chrn. v., **Russlands** kommerzielle Mission in Mittelasien. gr. 8. (46 S. mit 1 lithogr. Uebersichtskarte in gr. 4.) Leipzig 871, Schlicke. *

— das russische Reich in seiner finanziellen u. ökonomischen Entwickelung seit dem Krimkriege. Nach offiziellen Quellen dargestellt. gr. 8. (XVI, 334 S.) Ebend. 873. n. 11. 25

Sarauw, C. v. Das russische Reich in seiner finanziellen und ökonomischen Entwickelung seit dem Krimkriege. Nach offiziellen Quellen dargestellt. 8°. Leipzig 1875.

Sarauw, Eduard, aus St. Gallen: Untersuchungen über das Benzol-chinon und einige Derivate desselben. [Erweiterter S. A. aus: Vierteljahrsschrift der Naturforsch. Ges. in Zür., Bd 26. S. 1—40; auch in: Liebig's Annalen der Chemie u. Pharm., Bd 209. S. 93—131. Zür. Zürcher u. Furrer Dr. 1881. 52 S. 8°.
Zürich. Phil. Diss. [v. 21. Jan. 1881].

Sarauw, Friedrich Heinrich Wilhelm

Geschichtliche Forschung über die Gültigkeit des Römisch-Justinianischen Rechts im Herzogthume Schleswig v. [Friedrich Heinrich Wilhelm] **Sarauw.** Kiel. 1842. 8°.

Sarauw, (Kammerrath,) geschichtliche Forschung über d. Gültigkeit des Römisch-Justinianischen Rechts im Herzogthume Schleswig. gr. 8. Kiel 842, Schwers'sche Buchh. 1/8 rf

Sarauw, F. H. W., s. J. F. W. Schlegel, Staatsrecht.

Sarauw G. F. L.: Versuche üb. die Verzweigungs-Bedingungen d. Stützwurzeln v. *Selaginella.* 1891. [Rostr. Saml.].

Sarauw, Georg

SARAUW, Georg: Beytrag zur Bewirthschaftung buchener Holzwaldungen. - Göttingen 1801. 136 S. - Weitere Aufl. ebd. 1818 u. 1820. 136 S. - Nachtrag Kopenhagen 1845. 50 S.

— Beitr. z. Bewirthschaftung buchener Hochwaldungen. 8. Götting. 801. Schröder. (Brose). 8 gr. Hbg. Pr. 818. 6 gr. 820. 3 gr.

Sarauw, (Forst- u. Justizr., Ritter rc.,) Nachtrag zu der vom Vers. im Jahre 1801 herausgeg. Schrift: Beytrag zur Bewirthschaftung buchener Hochwaldungen. Göttingen bei Schröder. gr. 8. Kopenhagen 845, Schubothe. 1/3 rf

Sarauw, Geo., üb. die Eichensaat. 8. Kiel 802. Hesse. 8 gr.

Sarauw, Johan [aus Visby '(Nord-Schleswig.)']: Beiträge zur Kenntnis des Glykogens ... Würzburg, P. Scheiner's Buchdr., 1896; 15 S. 8.
Würzburg, Med. Fak., Inaug.-Diss. v. 1896

Sarauw, Karl Friedrich

Sarauw, Carl Friedrich: Als Sr. Magnificenz ... [Glückwunsch zur Rektoratswahl auf Amand Christian Dorn, Prof. d. Rechtswissenschaft. 1758.] — Kiel 1758: Bartsch. 4 Bl. 4°

Sarauw, P., der grosse Tote, s.: Magnussen, Jul.

Saraval, Bened., il capitano marittimo mercantile istruito nella medicina, s. a. **Capitano.**

(**Saraval**), il capitano marittimo mercantile istruito nella medicina per utilità del suo equipaggio. Lex.-8. (72 S.) Trieste 847, (Favarger.) *

Saravello, Is., Compendio geografico di Commerci con Indici. 4 Vol. 8. gr. Venezia. (Wien, Volke.) 817.

—— Compendio d'igiene navale. Lex.-8. (110 S.) Trieste 850, (Coën.) *

Saravus, German vom, der Hansl' vo' Finsterwald, s.: Schmidt- v. Ekensteen, Marie.

Sarazenenschwerdt, das, Ritterroman. 2 Thle. 8. Quedlinb. 819. Basse. 1 rf 14 gr.

Sarazin, J. V., De Theodoro Lectore Theophanis fonte praecipuo. Diss. 1881. 35 S.

Sarbach, Jules. Das Verhalten der Schilddrüse bei Infektionen und Intoxikationen. Diss. Med. Bern. [Sep.-Abdr. aus: Mitteilungen aus den Grenzgebieten der Medizin und Chirurgie. Band 15, Heft 3.] *Kopftitel:* Aus der chirurgischen Abteilung des Spitals zu Chaux-de-Fonds. Oberarzt: Dr. F[ritz] de Quervain. II + 34 S. 8. Jena, Gustav Fischer, 1905.
Pflicht-Ex. ohne die zugehörige Tafel.

Sarbievius, Matth. Kasp., s. Sarbiewski, Maciej Kasimierz

Sarbievsky, s. Sarbiewski, Maciej Kasimierz

Sarbiewski, Maciej Kazimierz

Sarbievii, Matth. Kasp., Carmina. 8. Biponti 803. Treuttel u. W. in Strassb. 1 rf 4 gr.

Sarbievsky's, Lyrische Gedichte. Lat. u. Deutsch von A. J. Rathsmann. Bresl. 800. Theil I. 8. 12 gr.

— lyr. Gedichte; aus d. Latein. v. A. J. Rathsmann. 8. Bresl. 802. Schall. 8 gr.

— Lobgesang auf die Ehre, e. Geschenk f. Freunde; nach d. Latein. v. Chr. Gli. Wernsdorf. gr. 8. Helmst. 808.

— auserles. Oden des I. u. II. Buches im Metro des Originals verdeutscht, u. mit nöthigen Erläuterr. versehen von Ph. J. Rechfeld. 8. Grätz 831. (Damian u. S.) 1 ß

Sarbiewski, Maciej Kazimierz. Opera poetica, quae innotuerunt omnia. Wratislaviae 1753. H: *Leissner, Gottfried Maximilian.* (ML)

— opera poëtica, quae innotuerunt omnia. 12. Bresl. 753. (Gosohorsky). 8 gr.

— opera poëtica, quae innotuerunt omnia. 12. Breslau, Meyer. 753.

Sarbievius, Matth. Casim., Poemata omnia. Cur. F. T. Friedemann, s. Bibliotheca, scriptor. ac poetar. lat.

Sarbind, C. G., das große Loos, od. unfehlbare, auf mehrfache Prüfungen gegründ. Berechnung, wodurch diejen. Nummer zu erforschen ist, auf welche in ein. od. d. and., einer solchen Berechn. z. Grunde gelegten Lotterie, das große Loos fällt. Zum Beweis, daß in d. Natur alle Ereignisse als Bestimmung u. nicht als bloßer Zufall anzusehen sind. 8. (3 B.) Leipzig 837, Schreck.

Sarbó, Arth. v., der Achillessehnenreflex u. seine klinische Bedeutung. Beitrag zur Frühdiagnose der Tabes u. der progressiven Paralyse. gr. 8. (44 S.) Berlin 903. S. Karger. n. 1. —

Sarbó, Arthur, der heutige Stand der Pathologie u. Therapie der Epilepsie. (64 S.) gr. 8. Wien 905. Urban & Schwarzenberg. n. 2. —
Sonderabdruck aus: „Wiener Klinik".

— dasselbe, s. a. Klinik, Wiener. 1905. V. VI.

Sarburg, Carl, s. Sarburg, Karl

Sarburg [illegible]

Sarburg, Karl

Sarburg, Carl: Aus der königl. chirurgischen Universitäts-Klinik zu Bonn. Blutige Reposition veralteter Luxationen. *Bonn 1898: Hauptmann.* (29 S.) 8°
Bonn, Med. Diss. v. [12. März] 1898

§ * **SARCANDER.** — AMOR Auf Universitäten, In unterschiedlichen Liebes-Intriguen, Zu vergönnter Gemüths-Ergötzung vorgestellet von SARCANDERN. Mit Titelkpfr. Cöln, Anno M DCC X. (1710.) Kl. 8°. (In Berlin: Yv 651.) (4 Mk. 50 Pfg., Titelbl. defekt, Adolf Weigel, 1905; 18 Mk. J. Halle, München, c. 1905.)
4 Bll. Vorst. u. 136 SS. Sehr rar! Galante Studentenabenteuer aus Leipzig, Halle u. Jena.

Sarcerius, E., Die sittlichen Zustände in der Grafschaft Mansfeld um das Jahr 1555. (S.-A.) 8°. 14 S.

Sarcey, Francisque, die Belagerung v. Paris, s. a. Bibliothek der Gesamtlitteratur des In- u. Auslandes.

Sarcey, Francisque, die Belagerung v. Paris 1870—1871. Ereignisse u. Eindrücke. Aus dem Französ. übers. Mit e. (chromolith.) Plane der Fortificationen v. Paris (in qu. Fol.) 8. (346 S.) Wien 871. Gerold's Sohn. 3. 60

— dasselbe. 2. Aufl. 1—7. Lfg. 8. (S. 1—224.) Ebend. 871. à — 40

— — Die Belagerung von Paris 1870—1871. Aus dem Franz. übs. Mit 1 Pl. Wien 1872. 345 S.

Sarcey, Francisque, le siège de Paris, s. a. Auteurs français. (Claretie.)

Sarcey, Francisque, le siège de Paris, hrsg. v. Erich Meyer, s. a. Porthes' Schulausgaben englischer u. französ. Schriftsteller, Nr. 5.

Sarcey, Francisque, le siège de Paris, hrsg. v. Arnold Krause. s. a. Prosateurs français.

— dasselbe, hrsg. v. Ulr. Cosack, s. a. Schulbibliothek, französische u. englische, A.

— dasselbe, hrsg. v. J. Hengesbach, s. a. Textausgaben französischer u. englischer Schriftsteller.

— dasselbe, s. a. Universal-Bibliothek.

— dasselbe, hrsg. v. A. Krause u. E. Montaubric, s. a. Velhagen & Klasing's Sammlung französ. u. engl. Schulausgaben. Nr. 5.

Sarcey, Francisque: Le siège de Paris. Par F(rancisque) Sarcey. Ed. a l'usage des écoles ann. par A[rnold] Krause, + Prof. à Berlin, et E. Montaubric, Assist., Berlin. [Nebst] Commentaire. Bielefeld & Leipzig: Velhagen & Klasing 1904. 2 Bde 8°
= Sammlung, Velhagen & Klasings, franz. u. engl. Schulausgaben. Reform-Ausgaben. No 5.

Sarcey de Sutieres, agriculture expérimentale à l'usage des agriculteurs 8. Berne, Societé Typogr. 765.

Sarchi, F. Ph., l'ape poetica, od. Auswahl d. besten italien. Gedichte. 8. Wien 797. Schmidt. 13 gr.

— theoret.-prakt. italien. Sprachlehre. 8. Wien 795. 3e A. 805. Auter. (Gerold). 1 ß (Wallishauser). 12 gr.

— Versuch einer ital. Sprachlehre. 8. Wien, Frister. 795.

— — dass. 8. Wien, Doll. 795.

Särchinger, Ernst

Särchinger, E., u. V. **Estel,** Aufgabensammlung für den Rechenunterricht in den Unterklassen der Gymnasien. 1.—3. Hft. gr. 8. Leipzig 889. Teubner. cart. n. 2. 60
1. Sexta. (81 S.) n. — 80. — 2. Quinta. (65 S.) n. — 80. 3. Quarta. (100 S.) n. 1. —.

Sürchinger, E., u. V. Estel, Aufgabensammlung f. den Rechenunterricht in den Unterklassen der Gymnasien. Resultate. 3 Hfte. 8. Leipzig 893. B. G. Teubner. à n.n. 1. —
1. Sexta. (31 autogr. S.) — 2. Quinta. (28 autogr. S.) — 3. Quarta. (38 autogr. S.)
Werden nur direkt an Lehrer geliefert.

Särchinger, E., u. V. Estel, Aufgabensammlung f. den Rechenunterricht in den Unterklassen der Gymnasien, Realgymnasien u. Realschulen. 3 Hfte. 2., verb. Aufl. gr. 8. Leipzig, B. G. Teubner. Kart. n. 3. —
1. Die 4 Grundrechnungsarten m. ganzen, einfach u. mehrfach benannten Zahlen. (IV, 91 S.) 899. n. 1. —
2. Bruchrechnung. (104 S.) 899. n. 1. 20
3. Schlußrechnung. Prozent-, Zins- u. Diskontrechnung. (71 S.) 899. n. — 80

Särchinger, E., u. V. Estel, Aufgabensammlung für den Rechenunterricht in den Unterklassen der Gymnasien, Realgymnasien u. Realschulen. 1.—3. Heft. gr. 8. Leipzig, B. G. Teubner. Kart. n. 3. —
1. Die 4 Grundrechnungsarten m. ganzen, einfach u. mehrfach benannten Zahlen. 3. Aufl. (VI, 92 S.) 904. n. 1. —
2. Bruchrechnung. 3. Aufl. (100 S.) 904. n. 1. 20
3. Schlußrechnung. Prozent-, Zins- u. Diskontrechnung. 3. Aufl. (72 S.) 904. n. — 80

Särchinger, E., u. V. Estel, Aufgabensammlung f. den Rechenunterricht in den Unterklassen der Gymnasien, Realgymnasien u. Realschulen. 2. u. 3. Heft. 8. Leipzig, B. G. Teubner. Kart. 2. 10
2. Bruchrechnung. 4. Aufl. (100 S.) 909. Kart. 1. 20
3. Schlußrechnung. Prozent-, Zins- u. Diskontrechnung. 4. Aufl. (72 S.) 910. Kart. — 90

Särchinger, Ernst *Emil* [Oberl. am Kgl. Gymn. zu Chemnitz]: Beitrag zur Theorie der Funktionen des elliptischen Cylinders ... [= Progr. v. Chemnitz, Gymn. 1894.] Chemnitz, Druck v. J. C. F. Pickenhahn & Sohn, 1894; 28 S., 1 Bl. 4.
Leipzig, Phil. Fak., Inaug.-Diss. v. [17. Aug.] 1894

Sarcilly, T. E. de, mnemonische Grammatik. Deutsch und französisch. 8. (IV und 212 S.) Wien 864, (Gerold's Sohn.) *

Sarcodis, ein Gedicht des Masenius, lat. und deutsch, s. Masenius.

Sarcone, Mich., Gesch. d. Krankh. v. Neapel. Zürch 1764. 1770.

Sarcone, Michaele. Geschichte der Krankheiten, die im Jahre 1764 in Neapel sind beobachtet worden. Zürich 1770—72. Ü(1. Th.): *Schmid von Bellikon, Jos. Thadd.* (2. u. 3. Th.): *Füssly, Johann Rudolf.* (EngM)

Sarcone, Michele: Geschichte der Krankheiten, die durch das ganze Jahr 1764 in Neapel sind beobachtet worden. (Istoria ragionata dei mali osservati in Napoli nel corso dell'anno 1764. Dt.) Th.1 übers.von J(ohann) Th(eodor) Schmid von Bellikon, Th.2-3 übers.von Joh(ann) Rudolf Füeßlin. Th.1-3, gbd.

Zürich: Orell, Geßner & Füeßlin 1770 - 1772

JB 2.135

— von den Kinderpocken, u. der Nothwendigkeit, die Ausrottung derselben zu versuchen; aus d. Italien. mit Anmerkk. v. L. F. B. Lentin. 8. Götting. 782. Dieterich. 20 gr.

Sardà y Salvany, F., der Liberalismus ist Sünde. Brennende Fragen. Nach der 7. Aufl. d. span. Originales m. Erlaubnis d. Verf. ins Deutsche übertr. v. U. Lampert. Mit e. Einbegleitg. v. J. Scheicher. gr. 8. (XVI, 152 S.) Salzburg 889. Mittermüller. n. 2. —

Sardagna, Carol., († d. 22. Aug. 1775.) theologia dogmatico-polemica. VIII Tmi. 8maj. Regensb. 770—71. Montag u. W. 10 ℛ Ed. nova. IX Tmi. 12maj. Rom 819—820. (Wien, Volke). 12 ℛ

Sardeau, Marcel, s. Theater, neues Wiener.

Sardemann, E. Die Lebensversicherung im Kriegsfalle. Leipzig 1907. S. A. der Dtsch. Medizin. Wochenschrift 1907 36. 37.

Sardemann, E., wer soll u. wer darf Arzt werden?, s.: Weinbaum.

Sardemann, Emil [approb. Arzt aus Wesel]: Beiträge zur Anatomie der Thränendrüse .... (Gekrönte Preisschr.) (Aus d. „Berichten d. Naturforsch. Ges." zu Freiburg i. B. Bd. III.) Freiburg i. B., Verl. v. J. C. B. Mohr (Paul Siebeck), 1887; 2 Bl., 34 S. 8°
Freiburg i. B., Med. Fak., Inaug.-Diss. v. 1887

Sardemann, E., Beiträge zur Anatomie der Thränendrüse. [Aus: „Berichte d. naturforsch. Gesellsch. zu Freiburg i/Br."] gr. 8. (34 S.) Freiburg i/Br. 887. J. C. B. Mohr. n. 1. 20

Sardemann, Frz., die Begründung des Amtes der dienenden Liebe in der Urgemeinde zu Jerusalem. 3 Predigten üb. Apostelgeschichte Kapitel 6, 1—7. 8. (36 S.) Kassel (900). E. Röttger. n. — 60; geb. n. 1. —

Sardemann, Frz., Berufs-Ordnung f. die Schwestern d. hessischen Diakonissenhauses. gr. 8. (231 S.) Kassel 897. E. Röttger. Geb. n.n. 3. 50

Denkschrift über die Erneuerung des Amtes der kirchlichen Diakonie in der evangelischen Kirche nebst e. Bitte, betr. d. Vertretung d. inneren Mission im Gottesdienst u. auf d. Gesamtsynode ... Von D. [Franz] Sardemann, Pfarrer zu Cassel. Cassel 1906. Weber & Weidemeyer. (16 S.) 8° [J.]
[06. 535 4

Sardemann, Franz, Dr. phil., a. Treysa: Das steuerfreie Existenzminimum als Beneficium Competentiae. Borna-Leipzig 1905: R. Noske. (47 S.) 8°
Würzburg, Jur. Fak., Ref. Schanz, Diss. v. 8. März 1905
[Geb. 11. Apr. 79 Treysa; Wohnort: Kassel; Staatsangeh.: Preußen; Vorbildung: Wilhelmsgymn. Kassel Reife O. 98; Studium: Straßburg 1, Berlin 3, München 2, Leipzig 1, Heidelberg 2, Zürich 1, Grenoble 1 S.; Rig. 7. Dez. 04.]

Sardemann, Frz, das steuerfreie Existenzminimum als Beneficium Competentiae u. Armutsprophylaxe. (IV, 58 S.) gr. 8. Leipzig 905. C. L. Hirschfeld. n. 1. 80

— **D. Theodor Fliedner u. die Diakonissensache.** Ein Gedenkblatt zur 100jähr. Geburtstagsfeier des Begründers der evangel. Diakonissensache, am 21. 1. 1900 ihren Freunden in Hessen dargeboten v. dem Diakonissen-Mutterhaus zu Cassel. gr. 8. (32 S.) Ebd. 900. n. — 20

Sardemann, Geschichte d. hessischen Diakonissenhauses bei Cassel u. seiner Arbeitsgebiete. Eine Festgabe zur 25jähr. Jubelfeier der Anstalt. gr. 8. (89 S. m. Bildern.) Cassel 889. (Röttger.) n. 1. 50

— laß' Dir dienen u. diene! Drei Predigten, üb. Evangelium Lucas: Cap. 4, Vers 38 u. 39 geh. 12. (43 S.) Ebd. 889. n. — 30; geb. n. — 90

Sardemann, Schwester Lenchen. Lebensbild e. Schwester, welche, ihrer Arme u. Füße beraubt, in fast 12jähr. schwerer Leidenszeit dem Herrn freudig gedient hat. (30 S. m. Abb.) 8. Cassel 907. (F. Lometsch.) — 20

— Trost im Leiden. 52 bibl. Betrachtgn. f. Leidende. 8. (X, 208 S.) Ebd. 896. n. 1. 75; geb. n. 2. 75; Blattausg. (jede Betrachtg. einz. auf 4seit. Blatt) 3 Hfte. à n. — 60; in Leinw.-Mappe n. 2. 40

— Uebersicht üb. die Geschichte u. den derzeitigen Bestand der Inneren Mission im Consistorialbez. Cassel u. Gesichtspunkte f. ihre weitere Entwickelung. Vortrag. [Aus: „Monatsschrift f. innere Mission".] gr. 8. (20 S.) Ebd. 889. n. — 50

Sardemann, Franz, aus Treysa: Ursprung und Entwicklung der Lehre von lumen rationis aeternae, lumen divinum, lumen naturale, rationes seminales, veritates aeternae bis Descartes. *Kassel: E. Röttger in Comm. 1902.* (76 S.) 8°
Leipzig, Phil. Diss. v. [20. Okt.] 1902

— Ursprung u. Entwicklung der Lehre v. lumen rationis aeternae, lumen divinum, lumen naturale, rationes seminales, veritates aeternae bis Descartes. Diss. gr. 8. (76 S.) Ebd. 902. n. 2. —

Sardemann, welche Bedeutung hat die Auferstehung Jesu Christi f. den Glauben? Predigt, geh. am Sonntag nach Ostern 1894. gr. 8. (11 S.) Cassel 894. E. Röttger. — 20

Sardemann, Gerh. (I.). Ein Beitrag zur Arbeiterwohnungsfrage. Bearb. im Auftrage d. evangel. Arbeiter-Vereins Cöln. gr. 8. (8 S.) Köln 891, (Roemke u. Comp.). * — 20

Sardemann, Gerh., Geschichte der Ersten Weseler Classe, oder der Reformirten Gemeinden des ehemal. Herzogthums Cleve, besonders ihres presbyterialen Lebens, gegen das Ende des XVI. Jahrhunderts. Wesel 859. Bagel in Comm. 8. (IV, 72 S.) n. 10 ngr.

Sardemann, Gerhard: G e s c h i c h t e der Ersten Weseler Classe oder der reformierten Gemeinden des ehemaligen Herzogtums Cleve ... Von – . Festgabe z. Jubelfeier d. Landes von Cleve im J. 1859. Verm. u. berichtigt z. 300 j. Jubelfeier im J. 1909. Hrsg. von Heinrich Müller, ev. Pfarrer, Emmerich. 1. Aufl. Rees: Bonert in Komm. 1909. 92 S. 8° [Umschlagt.]

Sardemann, Gerh., Leben, Lieben, Glauben. Ausgewählte Gedichte. Hrsg. v. Frz. Sardemann. 8. (128 S.) Gütersloh 891. (C. Bertelsmann.) n. 1. —; geb. n. 1. 50

Sardemann, Gerh., Predigten. gr. 8. (132 S.) Wesel 871, Bagel's Sortiment. *M.* 1,25.; geb. geb. mit Goldschn. und Photogr. des Verf.

Sardemann, Gerh., die Steuer vom Grundbesitz. Ein Beitrag zur Lösung der Wohnungsfrage. (18 S.) 8. Marburg 904. N. G. Elwert's Verl. n. — 30

Sardemann, J. G., Geschichte d. Reformation d. Stadt Wesel, von d. Anfange d. Kirchenverbesserung bis zu Ostern 1540 od. bis z. ersten Austheil. d. h. Abendmahls unt. beiderlei Gestalt. gr. 12. (2 B.) Wesel 840, Prinz. (Klönne.)

Sardenheim, ..., Phantasiebüchlein f. Mißvergnügte u. Traurige, in Prosa u. Gedichten. 8. Manh. 782. Löffler. 5 gr.

— f. Schachspiel, das.

Sardeson, *Frederik* W. [aus Minneapolis]: Ueber die Beziehungen der fossilen Tabulaten zu den Alcyonarien ... (Aus: N. Jahrb. f. Mineral., Geol. u. Palaeontol., Beil.-Bd. X.) Stuttgart, E. Schweizerbart, 1896; IV, 249—362 S. 8.
Freiburg i. B., Phil. Fak., Inaug.-Diss. v. 1896

SÁRDI, EMERICH: Einfältige, das ist aufrichtige und wohl gegründete Kanzelrede, wodurch der gegen Gott, König und Vaterland, gut gesinnte Seelsorger in Moschendorf Emericus Sárdi ein Priester aus dem H. Predigerorden, die seinen theils zum himmlischen Abendmahl, theils in das grosse Schauspiel des fränkischen Kriegs eifrig einladet. Am anderen Sonntage nach Pfingsten 1799. Steinamanger 1799: Bey Jos. Ant. Sieß. 18 S. - 4°

Sardi, Vinzenz, Leben des seligen Kaspar del Bufalo, Kanonikers der Basilika S. Marco, Gründers der Kongregation der Missionäre vom kostbaren Blute unseres Herrn Jesu Christi, beschrieben nach den Akten des Seligsprechungsprozesses. Deutsch bearb. u. hrsg. v. „Konradi" u. Greg. M. Jussel, C. PP. S. (III, 223 S. m. 1 eingedr. Bildnis u. 1 Taf.) 8. Feldkirch 908. F. Unterberger. nn 1.70; geb. in Leinw. 2. 20

Sardinien [Sachliches OW]

Sardinien, das Königreich, f. Lorck's Zeithefte.

Sardinien [Schlagwort]

S a r d i n i a e — Jnsula et Regnum — etc. per Matthaeum Seutter. August. Vindel. 1: 620.000. 1 Bl.

S a r d i n i a e Regnum et Jnsula etc. Aucta insuper et edita studio Homannianorum Heredum Norib. Ao. 1734. 1: 620.000. 1 Bl.

S a r d o u, Viktor, die Aepfel des Nachbars, f. Theater-Repertoir, Wiener.

S a r d o u, V., die Familie B e n o i t o n, ⎫ f. Universal-Biblio-
—— der letzte B r i e f, ⎭ thek Nr. 689; 606.

—— Prinz C o n t i, f. T h e a t e r, neues Wiener.

—— und E. de N a j a c, Cyprienne, f. Universal-Bibliothek Nr. 2331.

Sardou, Vict., le donne forti, s. Emporeo drammatico.

Sardou, Victorien, Dora, s. Universal-Bibliothek Nr. 2366.

Sardou, Victorien. Fedora, f. Universal-Bibliothek.

S a r d o u, V., F e r n a n d e, f. Theater, neues Wiener.

Sardou, Victorien, F e r n a n d e, f. Universal-Bibliothek Nr. 1306.

—— Ferréol, s. Universal-Bibliothek Nr.2209.

—— F l a t t e r s u c h t, f. Theater-Repertoir, Wiener.

—— die falschen guten Freunde, f. Both's, L. W., Bühnen-Repertoir.

—— die guten F r e u n d e, f. Universal-Bibliothek Nr. 708

— Georgette, s. Universal-Bibliothek.

—— die alten Junggesellen, } s. Universal-Bibliothek
—— unsere guten Landleute, } Nr. 936; 1007.

—— der letzte Liebesbrief, s. Both's, L. W., Bühnen-Repertoir.

—— e T. Barrière, il mal di nervi, s. Emporeo drammatico.

—— Marguerite, s. Universal-Bibliothek Nr. 2193.

– Odette, s. Universal-Bibliothek.

—— les pattes de mouche. Comédie en 3 actes, en prose. 16. (93 S.) Berlin 861, Lassar's Buchh. *

—— die schwarze Perle. Einzig autoris. Uebersetzung. 1. und 2. Aufl. 8. (139 S. mit Holzschn.-Portr. des Verf.) Dresden 884, Minden. * ℳ 2,50.; geb. *

—— die schwarze Perle. Einzig autoris. Uebersetzung. 3.—6. Aufl. 8. (139 S.) Dresden 886, Minden. *

Sardou, Victorien, d. Schwarze Perle. Novelle. Einz. berecht. Uebersetzung. 7. Aufl. 8. (139 S.) Dresden-Blasewitz 896. H. Minden. n. 1.—

— u. F. Morreau, Madame Sans Gêne, als Roman bearb., s.: Lepelletier, Edm.

— Scenen aus seinen Lustspielen, s.: Breitinger, H.

— Theodora, s.: Universal-Bibliothek.

—— Vaterland, s. Universal-Bibliothek Nr. 1357.

— Vernande, s.: Universal-Bibliothek.

—— nos bons villageois, s. Théâtre français.

—— Yankeestreiche, s. Universal-Bibliothek Nr. 1409.

Sardus, F. [Pseud.], s. Spengel, Simon

Sardus, P., Stacheln u. Blätter. 16. Münch. 827. (Jaquet). 6 gr.

Sardus, (P.,) Stacheln u. Blätter. 16. München 827, Michaelis.

Saremba, Gottfried: Die Dresdner Heide. Karte und Führer zu 22 Wanderungen v. –. 7. verb. Aufl. Hrsg. v. J. C. Flegel. (Massst. 1 : 15600). Dresden: C. Weiske 1899. (1 Kartenbl. 52x65 cm) 8⁰ [Umschlagt.]

v. Sarenbach, s. Rinna.

Sarenk, Johann

— — physisch-medizinische Abhandlung über die im Markte Mödling neu entdeckte Mineralquelle. (Aus der Topographie einzeln abgedruckt.) 8. Ebend. 818.

Sarenk, D. J., Geschichte und Topographie des Marktes Mödling und seiner reizenden Umgebungen. 8. Wien, Aloys Doll. 817.

Sarenk, D. Jh., Geschichte u. Topographie des Marktes Mödling u. seiner reizenden Umgebungen. 8. Wien 818. Al. Doll. 16 kr. Daraus apart: physisch-medicin. Abhandl. üb. die im Markte Mödling neu entdeckte Mineralquelle. 8. Ebd. 818. 3 kr.

Sarepta [Schlagwort]

Sarepta, Anstalt, s.: Bethel.

Sarfass, Frid. Guil. (geb. Ragnit 11. 6. 1791): De methodis atque medicaminibus antisyphiliticis. Berolini (1816). (32 S.) 4°
Berlin, Med. Diss. v. 31. Aug. 1816

Sarfert, Benno, Referendar: Wann geht nach geltendem Rechte beim Versendungsverkaufe das Eigentum an den versendeten Sachen auf den Empfänger über? Borna-Leipzig 1909: Noske. VIII, 40 S. 8°
Leipzig, Jur. Diss. v. 21. Juli 1909
[Geb. 20. Okt. 79 Pölbitz; Wohnort: Leipzig; Staatsangeh: Sachsen; Vorbildung: Gymn. Zwickau Reife O. 99; Studium: Leipzig 1, Berlin 1, Leipzig 8 S.; Rig. 29. Jan. 04.] [U 09. 2656

Sarfert, Ernst, a. Zwickau i. Sachsen: Haus und Dorf bei den Eingeborenen Nordamerikas. Mit 84 Abb. u. 3 Karten. Braunschweig: F. Vieweg & Sohn 1908. (VI, 97 S.) 4° ¶ [Aus: Archiv f. Anthropologie.]
Leipzig, Phil. Fak., Ref. Weule-Partsch, Diss. v. 8. Aug. 1908
[Geb. 4. Nov. 82 Schönau (Sachsen); Wohnort: Zwickau; Staatsangeh.: Sachsen; Vorbildung: Realgymn. Zwickau Reife O. 03; Studium: Jena 3, Leipzig 5 S.]

Sarfert, Gottfried Reinhard, Referendar in Dresden: Die Einreden aus § 986 BGB. Borna-Leipzig 1906: R. Noske. (X, 81 S.) 8° [J.]
Leipzig, Jur. Fak., Diss. v. 2. Nov. 1906
[Geb. 1. Febr. 82 Zwickau i. S.; Wohnort: Dresden; Staatsangeh.: Sachsen; Vorbildung: Gymn. Zwickau Reife O. 01; Studium: München 2, Berlin 1, Leipzig 4 S.; Rig. 7. Juli 04.]

Sarfert, Hugo

Sarfert, H., die operative Behandlung der Lungenschwindsucht. gr. 8. (68 u. 8 S. m. 6 Taf.) Berlin (901). (Leipzig, J. A. Barth.) n. 4.—

Sarfert, Otto, a. Dresden: Ueber β-Halogen-ω-Benzylacetophenone und einige Pyrimidinderivate. Rostock 1904: C. Hinstorff. (48 S.) 8°
Rostock, Phil. Fak., Ref. Michaelis, Diss. v. 2. Dez. 1904
[Geb. 16. Nov. 73 Zwickau; Wohnort: Dresden; Staatsangeh.: Sachsen; Vorbildung: Annenrealgymn. Dresden Reife f. Obersekunda O. 91; Studium: München 1, Rostock 5 S.; Rig. 9. Juni 04.]

Sarfert, William

Sarfert, W., über das Schwingen der Wechselstrommaschinen im Parallelbetrieb, s. a. Mitteilungen üb. Forschungsarbeiten auf dem Gebiete des Ingenieurwesens. 61. Heft.

Sarfert, W[illiam]: Ueber das Schwingen der Wechselstrommaschinen im Parallelbetrieb. 1908. 60 S. 4⁰ ¶ Auch als: Mitteilungen über Forschungsarbeiten auf d. Gebiete d. Ingenieurwesens. H. 61.
Dresden, Dr.-Ing.-Diss. v. 24. 7. 1907

Sarg, d., od. d. Zwillingsschwestern v. Sievers. 3 Bde. 8. Hamb. Vollmer.

Sarg, der, oder die Zwillingsschwestern [Roman]. Hamburg 1805—7. V: *Sievers, Georg Ludwig Peter.* (GGr)

Sarg, der, oder die Zwillingsschwestern, v. Sievers. 4 Thle. neue wohlf. Ausg. 8. Hamb. Vollmer. 814.
(Jeder Theil einzeln 1 Rthlr.)

Sarg, der, od. die Ungeweihten im Kreuzkloster zu St. Equi-dola. Eine Geschichte aus Spaniens neuester Zeit. 2 Thle. 8. Quedlinb. 823. Basse. 1 ₰ 16 gr

— der steinerne im Ulmthale, s.a. *Leibrock*.

Sarg, Der steinere, im Ulmthale oder der wandelnde Geist Erichs von Dreieichen . . . Leipzig 1821. V: *Leibrock, Aug.* (MGT)

Sarg, der steinerne, im Ulmthale rc. Ritter- und Geister-geschichte. Vom Verf. des Aranjo. 2 Thle. 8. Leipzig, Kollmann. 821.

Bausteine, eine Sammlung maurerischer Vorträge und Festreden. Hrsg. von Adolph Sarg. Mit Genehmigung des Hochw. Bundes-Dir. der Gr. National-Mutter-Loge zu den 3 Weltkugeln in Berlin. Posen 1867: Decker & Co. 93 S. 8⁰

[Dasselbe.] 2. Aufl. Ebendas. 1868. 88 S. 8⁰.
Tt. 1910. 14 Vorträge u. Ansprachen.

Sarg, Adolf Materialien zu einer Geschichte der Stadt Meseritz. II. Beitrag. Kirche und Schule. S. 33—66. III. Beitrag. Die finanziellen Verhältnisse. S. 69—93. Forts. S. 95—124. [I: 1875.] **Progr.** *Tremessen* 1877. 1881. 1882.

Sarg, Adolph. Die Piaristenschulen im ehemaligen Polen und ihre Reform durch Konarski. (Meienzig 1864.) 1⁰ 8⁰).

Sarg, A.: Geschichtliche Uebersicht über die Entwickelung des höheren Schulwesens in Trzemeszno bis auf die neueste Zeit. Trzemeszno. 4. 4 S. 1867.
Schul-/Univ.-Schrift

Sarganeck, Georg

Sarganek, Geo., Geometrie in Tabellen. 4. Halle, Waisenh. 739.

* Die Geometrie in Tabellen also verfasset, dass die Theorie nach mathematischer Lehrart vorgetragen, und die Praxis auf dem Papier und im Felde in deutlichen Exempeln gezeiget wird, mit XVI Kupfer-Tafeln, nebst *Georg Sarganeck's*, weiland Paed. Reg. Insp. Adj. zu Halle, Vorschläge und Anmerkungen von der leichtesten und nützlichsten Lehrart in der Geometrie, wie auch vom Gebrauch des Proportional-Zirkels. Berlin, im Verlag des Buchladens der Realschule. 8. 1754.
— ibid. 459 S. 8. 1759.
— ibid. 8. (22 gr.) 1767.

Sarganeck, Geo., verbess. französ. Langius, in 3 Thlen. (1r Thl. unt. d. T.: Grammaire raisonnée, od. erleichterte französ. Sprachlehre. 16 gr 2r Thl. unt. d. T.: Grammaire pratique. 12 gr 3r Thl. unt. d. T.: nouveau Dictionn. en abrégé, od. französ.-deutsches u. deutsch-französ. Wörterbuch. 14 gr) gr. 8. Halle 768—92. Waisenhaus-B. 1 ₰ 18 gr

— Warnung v. allen Sünden der Unreinigkeit und heimlichen Unzucht aus medicinisch-theologischen Gründen. 8. Züllichau, Waisenh. (Frommann in Jena.) 746.

— Zeugniß für die göttliche Wahrheit. gr. 8. Ebendas. 740.

Sarganek, Alfr., Knospen u. Blüten. Gedichte. Gesammelt u. hrsg. 3 Bdchn. (64 S.) 12. Berlin 903. Christl. Versandbuchh. (Nur direkt.) — 90; geb. in Leinw. 1. 25

Sarganek, Georg, s. Sarganeck.

Sarganek, Paul (Georg) geb. Fürstenstein in Schles. 23. 12. 1856. Ein Beitrag zur Oxalsäureintoxication. Berlin (1883). (31 S.) 8°
Berlin, Med. Diss. v. 28. Juni 1883

Sargans [Sachliches OW]

Sargans. Die Bezirke S. und Werdenberg. Njbl. S. Gallen s.a. [Bernet, Daniel].

Sargans und Werdenberg, Die Bezirke. St. Gallen [1835]. V: *Bernet, Dan.* (Cat. d. Stadtbibl. Zürich. Zürich 1864—97.)

Sargans-Chur. [Lithographischer Ueberdruck aus den Blättern 270bis, 273, 402, 415, 406 und 418 des Topographischen Atlas Siegfried.] Massstab 1 : 50000. [Hrg. durch die] Schweizerische Landestopographie, Bern. Ueberdruck 1904. 592/712 mm. 1 Bl. quer-fol. fr. 2. — [aufgezogen 3. —]

Sargans u. Uznach. 8. Zürich 814. (St. Gallen, Huber u. C.) 12 gr Hbz. Pr. 2 gr

Sargans [Schlagwort]

Sargans, s.a. **Schweiz. Atlas.**

Sarganserland
Sarganserländer
v. Der **Sarganserländer.**

Sarganserländer: Der Sarganserländer
① Amtliches Publikationsorgan für den Bezirk Sargans (31. 12. 1951) ② Sarganserländer (24. 6. 1905—31. 5. 1948) Sarganserländer und Seeztal- und Flumserbote (seit 2. 6. 1948) ⑤ Ende März 1873 (cont.) ⑥ 2° ⑦ wöchentlich 2×; wöchentlich 3× (ab 24. 6. 1905) ⑧ Mels: A. Huber (?). J. B. Gemperle (?—1877). J. O. Broder (1876—?). Witwe Broder-Gemperle; Chur (Ende April 1879—17. 6. 1879); Mels: Konsortium (18. 6. 1879—?). E. Perret und O. Hidber. O. Hidber & Cie.. O. Hidber (4. 1. 1896—21. 6. 1905). Buchdruckerei Mels [F. Hidber] (24. 6. 1905—31. 12. 1908) Buchdruckerei Mels [A. Hiltebrand] (2. 1. 1909—4. 2. 1913). Sarganserländische Buchdruckerei AG Mels (seit 5. 2. 1913) ⑨ Unterhaltungsblatt: Illustriertes Sonntagsblatt. Abendruhe. Heimatblätter aus dem Sarganserland. Sarganserland (seit 1953) ⑩ die Drucker ⑪ G. Good. J. K. F. Hidber. Nationalrat ⑫ konservativ-demokratisch ⑬ BGSZ: 1045-1047 ⑭ SG: Va (unvollst.); Be: L (Mai 1953 cont.) ⑮ **Als Samstag-Beilage zum «Sarganserländer» und «Seeztal- und Flumser-Bote» erschien von 1911—1918 der «Anzeiger für den Bezirk Sargans und Umgebung». Von 1891—31. 5. 1948 erschien der «Seeztal- und Flumser-Bote» als Kopfblatt des «Sarganserländer». Im Jahre 1890 ging der «St. Galler Landbote (I)» im «Sarganserländer» auf.**

Sarganserländer und Seeztal- und Flumserbote
v. Der **Sarganserländer.**

Sargar, P. F. Elit., conferentiae theologico - morales, c. Katzenberger suppl. 4 Pts. 8. Augsb. 755.

Unter dem **Sargdeckel.** Fragmentarische Enthüllungen aus dem grossen *** Nichts *** genannt: □ vulgo „Freimaurerlogen". Nebst einer kurzen Blumenlese aus „Tant de bruit pour une omelette" genannt Encyklika des Papstes Leo XIII. gegen die Freimaurer. Von „Bruder" Narrenfeind. Zürich: Verlags-Magazin 1884. 50 S. 8°
Recens: BrL. 3 (1884—1885) S. 24; L. 7 (1884) S. 128 (B. Cramer); Bh. 27 (1884) S. 205 bis 206 (M. G. Conrad).
Tt. 1767a. Eine gegen die Frmrei gerichtete Schmähschrift eines gewesenen Mrs. Verf. versichert, dass er „nie u. nirgends etwas Geistloseres, Alberneres u. Kinderhafteres" gefunden habe, als in den „Tempeln" der „Brüder".

Unter dem Sargdeckel. Fragmentar. Enthüllungen aus dem grossen „Nichts" genannt: □ vulgo „Frmrloge." Von „Bruder" Narrenfeind. Gr. in-8°. Zürich, Verlags-Magazin. 1893. 1 25

Am **Sarge** des Herrn Joh. Kaspar Bluntschli. Geboren den 7. März 1808. Gestorben den 21. Oktober 1881. o. O. [1881]. 48 S. 8°.

Am Sarge von Professor K. Jansen 18. Juli 1894. [Liedertexte.] (Kiel. 1894.) 8°, geb. in 4°

Sargeant, H., s. G. Saubert, Beschreib.

Sargent, C. S. Vertheilung der Vegetations-Formationen Nord-Amerikas. 1 : 25 000 000. Gotha 1886. 1 Bl. c. L. Ff.

Sargent, G. E., Geschichte einer Bibel. Von ihr selbst erzählt. Frei nach dem Engl. 3. Aufl. 8. (203 S. mit 10 Holzschn.-Bildern.) Basel 882, Spittler. *

Sarggott, Edm., aus dem Leben eines Atheisten. gr. 8. (54 S.) Posen 868, Lißner.

Sarghel, Ion, aus Bukarest: Über die Elektrolyse der Bromide der Erdalkalien. *(Halle a. S. 1899: W. Knapp.)* (61 S.) 8°
(Aus: Zeitschrift f. Elektrochemie, Jg. 1899.)
Berlin, Phil. Diss. v. 26. Juli 1899

Sargines. Eine Rittergeschichte aus d. 14n Jahrh. 8. Berl. 794. Schöne. 12 ℋ

Sargino l'Allievo dell'Amore. Drama in 2 A. 8. Wien, Wallishäuser.

Sargino, s.a. Rinaldo.

Sargino, Rinaldo di, oder die Geheimnisse der Todtengruft, mit 1 K. neue Ausg. 8. Leipz. Bruder. (in Commiss.) 813.

Sargmacher, Der, und sein Kind. 2. Aufl. Salzburg 1854. 3. Aufl. 1859. V: *Marek, Joseph.* (HR)

Sargo, G., Lehr-Buch der doppelten italienischen Buchhaltung oder gründliche Anweisung, sich diese Wissenschaft durch Selbstunterricht in kürzester Zeit eigen zu machen. Hierbei: Sämmtliche Bücher-Formulare, die zu dieser Buchführung erforderlich sind 2c. Hamburg 857. (Altona, Mentzel.) gr. 8. (1 Bl., 43 S.) n. 10 *ngr.*

Sargon-Inschriften, s. Winkler, Hugo.

Saring, Benno: Versuche über eine Methode zur Bestimmung des Sauerstoffes in organischen Körpern und Zersetzung organischer Körper bei bestimmter konstanter Temperatur. 1907. 36 S. 8°
Dresden, Dr.-Ing.-Diss. v. 12. 12. 1906

Saring, Georg: Versuche über den Aufschluß von Phosphaten durch Kieselsäure bei hohen Temperaturen. [1906.] 42 S. 8°
Dresden, Dr.-Ing.-Diss. v. 16. 3. 1906

Sáringer, Joh., s.a. Resultate der wissenschaftlichen Erforschung des Balatonsees.

Resultate der wissenschaftlichen Erforschung des Balatonsees. Mit Unterstützung der hohen kön. ung. Ministerien für Ackerbau und für Cultus und Unterricht. Herausgegeben von der Balatonsee-Commission der ung. geographischen Gesellschaft. I. Bd. Physische Geographie des Balatonsees und seiner Umgebung. V. Theil. Physikalische Verhältnisse des Wassers des Balatonsees. I. Section. Temperaturverhältnisse des Balaton-Wassers. Von Dr. Johann Sáringer. Übersetzt aus dem ung. Originale. Mit 27 Tabellen und 15 Textfiguren. Wien. 1901. In Comm. Hölzel. 4°. 53 S. K 3.—

Saringer, Johann: Temperaturverhältnisse des Balaton-Wassers. Von Dr. Johann Saringer, Gymn. Prof. (Übers. aus d. ung. Orig.) Mit 27 Tab. u. 15 Textfig. (Wien: Hölzel in Comm. 1901.) 53 S. 4° (8°)
(Resultate d. wissenschaftl. Erforschung d. Balatonsees. Bd 1, Th. 5, Section 1.)

Saripolos, M. N. J., le passé, le présent et l'avenir de la Grèce. Triest 866. Schubart. gr. 8. (186 S.) n.n. 1 ₰

Saripolos, Nikol. N., das Staatsrecht des Königr. Griechenland, s.a. Recht, das öffentliche, der Gegenwart. VIII.

Das Staatsrecht des Königreichs Griechenland. Von Dr. Nikolaus N. Saripolos, Privatd. Tubingen: Mohr 1909. IV, 191 S. 4°(8°)
(Das oeffentliche Recht d. Gegenwart. Bd 8.) 109. 1060c

Sarkamm, Bruno, Kammergerichtsrefer.: Rechtsbehelfe gegen die Zwangsvollstreckung aus abgetretenen, vorläufig vollstreckbaren Ansprüchen, insbesondere bei Konkurs des Zedenten. Friedenau-Berlin 1908: Brücker. VII, 50 S. 8°
Heidelberg, Jur. Diss. v. 1908, Ref. Heinsheimer
[Geb. 31. Dez. 83 Berlin; Wohnort: Jüterbog; Staatsangeh.: Preußen; Vorbildung: Gymn. Schleusingen Reife M. 03; Studium: Heidelberg 1, Berlin 6 S.; Rig. 22. Mai 08.] [U 09. 1889

Sarkan, Dav., analytica exegesis primae epistolae Joannis. 4. Zürich 757. Orell. 1 ₰ 8 ℋ

Sarkasmen . . . Aus einer dän. Originalhandschrift, übers. Adrianopel. [Schleswig] 1792. V: *Bie, Jacob Christian.* (GGr) Ü: *Lempelius, Gerhard Wilh. Amand.* (wr) V: *Lempelius, G. W. A.* (Kordes, Schlesw.-Holst. u. eutin. Schriftst. Schleswig 1797.)

Sarkasmen; aus e. dän. Originalschrift, (v. Jak. Chr. Bie). 8. Schleswig 792. (Altona, Hammerich). 8 gr.

Sarkasmen, a. d. Dän. 8. Schlesw. Röhß. 793.

Sarkophag, od. d. Geheimnisse des Schlosses Verby, von G. Bertrand. 2 Thle. Luneb. Herold u. W. 805.

Sarkophage, die römischen. S.-A. 1869. 13 S.

Sarkotić, Stef., das russische Kriegstheater. Strategische u. geograph. Studie. Aus dem Russ. v. S. 2. u. 3. durchgeseh. Aufl. [Aus: „Streffleur's österr. militär. Zeitschr."] gr. 8. (95 S.) Wien 894. W. Braumüller. n. 2. —

Sarkusa oder das Land der Freiheit. Ein Märchen aus dem Monde anpassend für unsere Zeiten. Wien 1791. V: *Huber, Franz Xaver* (I). (BiblPort)

Sarlandiere, Jean Baptiste

Sarlandiere, Dr., Beschreib. e. neuen Blutsaugers; aus d. Französ. von Ed. Ad. Gräfe. Mit 2 Kpf. gr. 8. Berl. 820. Reimer. 12 gr.

Exegese über L. 28 D. De vulg. et pup. subst. 28,6 als Beispiel f. Studierende u. Prüfungskandidaten. Von Dr. Oscar **Sarling**. Leipzig: A. Deichert 1903. (41 S.) 8° [F. u. Ant.] 07. 1648 6

Sarling, Oscar: Die Schenkung mit Auflage nach gemeinem Rechte. Leipzig 1898. 104 S. 8°.
Bern Jur. Diss 1898/99.

Sarling, Oscar, aus Hamburg, Dr. jur. utr.: Die Wirkungen eines Domizilvermerkes, welcher dem gezogenen Wechsel nach seiner Begebung ohne Wissen des Ausstellers durch einen Dritten beigefügt worden ist. *Erlangen 1900: F. Junge.* (41 S.) 8°
Erlangen, Jur. Diss. v. 6. Febr. 1900

Sarmann, *Carl Ludwig* Ernst [cand. med. aus Hasenfelde, Prov. Brandenb.]: Beiträge zur Behandlung des Epyems [sic!]. . . . Greifswald, Druck v. J. Abel, 1890; 31 S. 8°
Greifswald, Med. Fak., Inaug.-Diss. v. 10. Dez. 1890

Sarmaticus [Pseud.], s.a. Liebert, Eduard von

Sarmaticus, s.a. Kriegsschauplatz, der polnische.

Sarmaticus. Der polnische Kriegsschauplatz. B. 1. 2. Hannover 1880.
B. 1. Nordpolnisch. Kriegsschauplatz.
B. 2. Südpolnisch. Kriegsschauplatz. Operationsstudien.

Sarmaticus, s.a. Von der Weichsel zum Dnjepr.

Sarmaticus. Von der Weichsel zum Dnjepr. Geographische, kriegsgeschichtliche und operative Studie. Mit 1 Uebersichtskarte und 14 Skizzen. 8. Hannover 1886.

Sarmatus, s.a. Russland u. Finland.

Rußland und Finland. Vom russ. Standpunkte aus betrachtet. Von Sarmatus. *Berlin: F. Siemenroth 1903.* (35 S.) 8° 04 1891

Sármezey, Andr., Motorwagen im Eisenbahn-Betriebe. Uebersetzung aus dem ung. Originale. (42 S. m. Abbildgn. u. 12 Taf.) Lex.-8. Budapest (IX, Üllöi-ut 25), 904. Pátria, Buchdruckerei-Actien-Gesellschaft. n. 2. —
Sonderabdruck aus: „Ztschr. d. ung. Ingenieur- u. Architecten-Ver."

Sarmiento, D. F., Deutsche Auswanderung nach Süd-Amerika, s.: Auswanderung u. Colonisation, Deutsche, 1. Fortsetzung.

Sarmiento de Gamboa, Pedro, Geschichte des Inkareiches, hrsg. v. Rich. Pietschmann, s.a. Abhandlungen der königl. Gesellschaft der Wiss. zu Göttingen. Phil.-hist. Klasse. VI. 4.

Geschichte des Inkareiches (Segunda parte della Historia general llamada Indica) von Pedro **Sarmiento** de Gamboa. Hrsg. von Richard Pietschmann. Berlin: Weidmann 1906. (CXVIII, 161 S.) 4°
= **Abhandlungen** d. Kgl. Gesellschaft d. Wissensch. zu Göttingen. Phil.-hist. Kl. N. F. Bd 6, No 4. 06. 196.5

Sarmunds Führungen, ein Roman aus der Geschichte der freien Maurer, v. J. A. Kanne. gr. 8. Nürnb. Riegel u. W. 816.

Sarna, Stanislaus Plucer. Ueber einige halogensubstituirte Phen-β-Alkylmiazin-α-Carbonsäuren. Bern, 1895.

Sarna, S. P. Über einige halogensubstituierte Phen-β-Alkylmiazin-α-Carbonsäuren. In-8°. 64 S. Bern. Those. 1896

Särnblom, Thdr., die v. Liebe träumen. Proben. Titelzeichng. v. C. Höckner. (19 S.) 22,5×12,5 cm. Berlin (907). C. Hause. — 80

Särnblom, Theodor (Red.), s. Kleinbahnzeitung, Allgemeine.

Sarnelli's, J. M., Lebensbild, s. Wiggermann, G.

Sarnelli, Januarius Maria, das betrachtende Gebet in der ihm gebührenden Verbreitung. Nebst einer ausführl. Lebensskizze des Verf. Nach dem italien. Orig. bearb. von J. P. Toussaint. 16. (VIII, 163 S.) Mainz 881, Kirchheim.

Sarner, Helene, s.a. Buch, e., f. Kinder.

Ein Buch für Kinder. Märchen, Fabeln u. Gedichte von Joh. Trojan [u. a.] Ill. von Paul Haase [u. a.] Umschlagszeichnung von Käthe Münzer. Hrsg. von Helene **Sarner**. Berlin: H. Sarner [1905]. (140 S.) 4°(8°) [F.]
Auswahl aus: Der Junge. Ill. Jugendzeitschrift. 08. 6306

Sarnes, Anton [aus Schreibersdorf (Schles.)]: Witold und Polen in den Jahren 1427—1430. Nebst e. Anh. Zur Kritik d. 11. Buches d. Historia Poloniae d. Johannes Długosz. 1. Tl . . . (Erscheint vollst. in: Altpreuss. Monatsschr., Jg. 1893.) Königsberg in Pr., Buchdr. v. R. Leupold, 1893; 2 Bl., 67 S., 1 Bl. 8.
Berlin, Phil. Fak., Inaug.-Diss. v. 11. März 1893

Sarnetzki, Dettmar Heinr.; rheinisches Dichterbuch. Ein Spiegelbild der zeitgenöss. rhein. Dichtung. Hrsg. v. S. Mit e. Einführg., e. biograph. Uebersicht u. 6 Portr. (XVI, 345 S.) 8. Köln 909. Hoursch & Bechstedt. 4.—; geb. 5. 50

Sarnighausen, H. L., „Gott die Ehre für Sieg und Frieden und für des Sieges Frucht: für Deutschlands Einheit!" Predigt gehalten am Friedensdankfeste, den 18. Juni 1871 über 1. Chron. 30, 9—15. gr. 8. (14 S.) Güstrow 871. (Schwerin, Stiller'sche Hofbuchh.) **

Sarnighausen, J., und Jul. Grote, der betende Bergmann, s. Grote, Jul.

Sarnighausen, J. D., das allgemeine deutsch-lutherische Kirchengesangbuch, s.a. Kirchengesangbuch, das allgemeine deutsch-lutherische.

Sarnighausen, J. D., das allgemeine deutsch-lutherische Kirchengesangbuch. Vorschlag zur Herstellung desselben aus der Hannoverschen Landeskirche. Mit einer Vergleichung des s. g. Eisenacher Entwurfes. Hannover 854. Rümpler. gr. 8. (XX, 613 S.) n. 1 ₰. 20 ngr.

Sarnighausen, Johann Friedrich (Lüneburg) A. S. 601/1

De poena concubitus intra annum luctus privata, per cap. pen. et ult. X. de sec. nupt. non abrogata, dissertatio inauguralis.
Göttingen (Dieterich) 25.VII. 1775. 40 S.

Gew.: Friedrich Ludwig August Lueder. 29756

Sarninghausen, Paul, die Briefe des Apostels Paulus. Übersetzung u. Erläuterung. 1. u. 10. Heft. 8. Schwerin, F. Bahn. — 60
1. Der Galaterbrief. Im Anschluß an Zahns Kommentar zum Neuen Testament, Bd. IX, ausgelegt v. Thdr. Zahn. (24 S.) 909. — 30
10. Der Philipperbrief. Im Anschluß an Zahns Kommentar zum Neuen Testament, Bd. XI, ausgelegt v. Paul Ewald. (24 S.) 909. — 30
Heft 2 - 9 sind noch nicht erschienen.

Sarnow, Emil

Sarnow, Emil *Heinrich Ludolf Hermann* [aus Schwerin i/M.]: Die cyklischen Darstellungen aus der Theseussage in der antiken Kunst und ihre literarische Quelle . . . (Erscheint vollst. im gl. Verl.) Leipzig, W. Engelmann, 1894; 1 Bl., 78 S., 1 Bl. 8.
Leipzig, Phil. Fak., Inaug.-Diss. v. [23. Febr.] 1894

Katalog der Bibliothek der Handelskammer zu Frankfurt a. M. Bestand vom 1. Oktober 1906. Bearb. von E. Sarnow. Frankfurt a. M., 1906. 591 S.

Sarnow, Emil, s.: Mundus novus.

Sarnow, Gustav [aus Salzwedel]: Zur Kenntnis der Anthrachinonfarbstoffe . . . Heidelberg, Univ.-Buchdr. v. J. Hörning, 1892; 41 S., 1 Taf. 8.
Heidelberg, Naturw.-math. Fak., Inaug.-Diss. v. [28. Juli] 1893

Sarnow, H., Sestri Levante, s.: Woerl's Reisehandbücher.

Sarnthein, Ludwig Graf v. [Bearb.], s. Dalla Torre, Karl Wilh. v.: Die Algen von Tirol . . .

Sarntheim, Ludw. Graf v., Flora der gefürsteten Grafschaft Tirol etc., s.: Dalla Torre, K. W. v.

Sáró, s.: Szabó v. Sáró.

Saro, B., prakt. Geometrie, s.: Kehr, C.

Saro, B., das neue Postgesetz des norddeutschen Bundes nebst Porto-Taxe für die ord. Brief-, Geld-Brief-, Packet- und Kreuzband-Sendungen für alle Entfernungen des norddeutschen Bundes, sowie im Wechselverkehr nach Baiern, Baden, Oesterreich 2c. Zum prakt. Gebrauch für das Publikum zusammengestellt und erläut. 1.—5. Abdr. 8. (16 S.) Elbing 868, Neumann-Hartmann's Verlag.

Saro, B., Posthandbuch f. Comptoire u. Bureaus. Nach amtl. Quellen zum prakt. Gebrauch f. das Publikum zusammengestellt u. erläutert. 6. Abdr. 8. (26 S. m. 1 Tab. in Fol.) Elbing 873. Neumann-Hartmann's Verl. — 50

—— Posthandbuch für Comptoire und Bureaus. Nach amtl. Quellen zum prakt. Gebrauch für das Publikum zusammengestellt und erläut. 6. Abdr. 8. (26 S. mit 1 Tab. in Fol.) Ebendas. 874.

Saro, Gust. (Henr. Gottlob) (geb. Pr.-Holland 4. 7. 1821): De gangraena nosocomiali. Berolini (1844). (31 S.) 8°
Berlin, Med. Diss. v. 10. Aug. 1844

Saro, H., Instrumentations-Lehre f. Militair-Musik [Infanterie-, Jäger- u. Cavallerie-Musik], nebst Anweisg. zur Aufstellg. der Musikcorps bei Massenaufführgn. [Zapfenstreich etc.], Verwendung der Tambourcorps zum Wirbel, Stimmenbesetzg. u. Aufstellg. e. Militair-Riesen-Orchesters f. Concerte u. Anweisg. zum Dirigiren. gr. 4. (IV, 208 S.) Berlin 883. Weinholtz. n. 6. —

Saro, (B.), praktische Geometrie, s.: Kehr, C.

Sarolhandy, J., Grammatik der katalanischen Sprache, s.: Morel-Fatio, A.

Sarons-Rosen. Eine Maurer-Gabe a. d. J. . . . Hrsg.: Bruder * G. Friedrich.**
1825.
Frankfurt/Main. Goed. VIII, 116, 281.

Sarow, Wilfried, a. Petersdorf b. Woldegk i. M.: Über die Konstitution der schwefligen Säure und ihrer Derivate. Versuche über das Sulfanid. (Berlin 1905: E. Ebering.) (66 S.) 8°
Berlin, Phil. Fak., Ref. Landolt, Gabriel, Diss. v. 12. Aug. 1905
[Geb. 22. Aug. 79 Petersdorf bei Woldegk i. M.; Heimatsort: Berlin; Staatsangeh.: Mecklenburg; Vorbildung: Realgymn. Malchin i. M. Reife O. 00; Studium: Rostock 1, Berlin 6 S.; Rig. 21. Juli 04.]

Sarowy, Walther, Kand. d. höh. Schulamts: Quellenkritische **Untersuchungen** zur Geschichte König Salomos. *Königsberg i. Pr. 1900: R. Leupold.* (55 S.) 8° ¶ (Teil 1 d. eingereichten Abh.: Salomo König v. Israel.)
Königsberg, Phil. Diss. v. 20. Juli 1900

Sarowy [Walther], Dr.: Vorbereitung und Begründung des städtischen Volksschulwesens in Frankfurt am Main. Frankfurt a. M. 1907: C. Adelmann. (S. 5—44.) 4°
Frankfurt a. M., Adlerflycht-S OP 1907 (510)

Sarpe, Andreas: Ueber den Nabelschnurbruch. Halle (1868): Lipke. 30 S. 8°
Halle-Wittenberg, Med. Diss. v. 20. Febr. 1868
Geb. Altenhausen (Kr. Neuhaldensleben) 7. 4. 1842. V.

SARPE, Eugen Theodor (Rostock): De iniuriarum actionibus earumque exceptionibus. (Titel nach der Urkunde)
2.5.1837 - Urk; F 48
Diss. Ingolst.-Landsh.-Mchn.

Sarpe, Gustav, analectorum ad G. L. Spaldingii M. Fab. Quinctilianum Specimen. 8maj. Halle 815. Kümmel. 8 gr.

— epistolae ad nuperrimum Quinctiliani edit. 8maj. Rostock 816. Stiller. 3 gr

— nomina virorum eruditione ac meritis excellentium, quo inter quarta academiae secularia summis in philosophia ornamentis augebit ordo philosophorum Rostochiensis, indicantur. 4maj. Rostock 819. Stiller. 14 gr

Sarpe, G., Prolegomena ad tachygraphiam Romanam. I. Pr. 1829. 30 S. 4°.

— Progr. Quaestiones philologicae. 4maj. Rostock 819. Stiller. 14 gr

— — Quaestiones philologicae. 4maj. Ibid. 820.

Sarpi, Paolo, neue Briefe (1608—1616). Nach den im fürstl. Dohna'schen Archiv aufgefundenen Originalen v. Karl Benrath. (104 S. m. 1 Fksm.) gr. 8. Leipzig 909. R. Haupt. 6.—

Sarpi's, Paul, Geschichte des Konziliums von Trident. Ins Deutsche übersetzt von W. Winterer. 1r—4r Bd. 2 Abthll. gr. 8. Mergentheim 839—41. Neue Buch- u. Kunsthandl. (Augsburg, Schlosser.) 5 7/12 ℛ

Sarpi's, Paul, Geschichte des Konziliums von Trident. Ins Deutsche übers. von W. Winterer. 4 Bde. 2. Ausg. gr. 8. Mergentheim u. Leipzig 844. (Herbig.) (Augsburg, Schlosser.) 2 2/3 ℛ

Sarpi, Paul, Historie des Trident. Conciliums, mit Conrayers Anmerkk. herausgg. von F. E. Rambach I. 6 Thle. gr. 8. Halle 761—65. Hahn in Hannov. 6 ℛ

Sarpi, Pa., Historie des Trident. Conciliums, m. Conrayers Anmerk. herausg. von J. E. Rambach. 6 Thle. gr. 8. Halle, Trampe. (Hahn in Hannover.) 761—784. Bibl.

— vom Kirchengut; aus d. Italien. von J. G. Steeb. Mit e. Vorrede von J. G. F. Pabst. 8. Bamb. 786. N. Aufl. 802. Wesché in Frankf. a. M. 6 gr

Sarpi, P.: Von d. Kirchengut; a. d. Ital. v. J. Glo. Steeb, m. Vorr. v. J. G. F. Papst. *Frkf. a. M.*, u. *Lpz.*, (*Bamb.*) Göbhardt. (Wesché in *Frkf.*) (786.) 804. 8. (16 Gr.)

Sarpi, P., Paul V. und die Republik Venedig. s. Paul, V.

Sarrans, d. Jüngern, B., Lafayette u. die Revolution v. 1830. Geschichte der Dinge u. der Menschen des Julius; aus d. Französ. 2 Bde in 5 Lieferr. gr. 8. Stuttg. 832. Metzler. 2 ℛ 8 gr

—— (dass. u. d. T.:) Lafayette u. d. Revolution v. 1830. Geschichte d. Ereignisse u. Männer vom Juli. A. d. Franz. 2 Bde. gr. 12. (42 B.) Hamburg 832, Hoffmann u. Campe.

Sarrasins, Les, en France. Poëme en XV. chants . . . Nuremberg 1815. V: *Masson, Pierre Conrad.* (BrMm) (Ky)

les Sarrassins en France, poeme en XV chants, avec des notes historiques par Colonel de (Mascon). II Vols. gr. 8. Nürnb. 816. Campe. 3 ℛ

de Sarrauton, ..., Enigmes, Charades et Logogriphes. 12. Berl. 785. Rellstab. 12 gr

Sarrazin, Adrien de

NAPOLEONS Beichte vor dem Kardinal Maury. Nach dem Französischen des General Sarrazin. St. Petersburg, gedruckt bey Pluchart und Comp., 1813. 8°. VIII, 148 S.
Hayn V/306. Unbekannte erste Ausgabe. Original: Confessions de Bonaparte à l'abbé Maury. Londres 1811.

— **Napoleons Beichte v. dem Cardinal Maury. 8. Braunschw. 814. Pluchart. 1 ℛ 8 gr**

— le Caravanserail, ou recueil des contes orientaux, ouvrage traduit sur un manuscript persan. III Vol. 18. Paris Schoell. 811.

— Geschichte des Kriegs in Spanien u. Portugal, s. Kriegsbibliothek, 1r Bd.

Sarrazin, Adrien de. Buonaparte's Sündenbekenntniss vor dem Cardinal Maury . . . a. d. Franz. Leipzig 1814. Ü: *Bergk, Joh. Adam.* (Ky)

de Sarrazin, Adrien, Buonaparte's Sündenbekenntniß vor dem Cardinal Maury; nebst e. Unterredung des Generals Berthier mit d. Card. Maury; aus d. Französ. (v. J. A. Bergk). gr. 8. Leipz. 814. Baumgärtner. 1 ℛ

Sarrazin, Albert, Assistenzarzt am St. Bernwardskrankenhause zu Hildesheim: Aus d. chirurg. Abt. d. St. Bernwardskrankenhauses in Hildesheim. (Oberarzt: Dr. Hölscher.) Ein Fall von Echinococcus der rechten Niere und seine Heilung durch Nephrectomie. Hildesheim 1904: A. Lax. (23 S.) 8°
Göttingen, Med. Fak., Ref. Braun, Diss. v. 4. Sept. 1904
[Geb. 21. Aug. 76 Woerth, Reg. Bez. Bromberg; Wohnort: Hildesheim; Staatsangeh.: Preußen; Vorbildung: Gymn. Josephinum Hildesheim Reife O. 98; Studium: München 1, Marburg 4, Würzburg 1, München 4 S.; Coll. 22. Juli 04; Approb. 30. Mai 03.]

Sarrazin, Alb., ein Fall von Echinococcus der rechten Niere u. seine Heilung durch Nephrectomie. Diss. (23 S.) 8. Hildesheim 904. (A. Lax.) n. 1.50

Sarrazin, Ant. Aug., Erzähll. u. Novellen; aus d. Französ. von Frhrn. von Thumb. 2 Bde. 8. Nürnb., Riegel u. W. 1 ℛ 20 gr

— Nänie, am Grabe der verewigten Professoren Heyne, Göde, Richter. Der Georgia Augusta geweiht. 4. Götting. 812.

Sarrazin, Ant. Aug., Ramiro. Ein romant. Epos. 2 Thle. gr. 16. Hannov. 831. (Hahn). 1 ℛ 16 gr

Sarrazin, Ant. Aug., Ramiro. Ein romant. Gedicht. 2. (Titel-) Aufl. 2 Thle. 8. (503 S.) Gifhorn 853, Schulze.

— Romanzen, Balladen u. Erzähll. 8. Bremen 809. Heyse. 1 ℛ 4 gr

— Scherz u. Ernst. Dichtungen. 8. Braunschw. 819. Meyer. 1 ℛ
la Sarre, s. Lasarre.

Sarrazin, E., Das Führerideal des Polybius. Diss. 1934. XI, 163 S.

Sarrazin, Eduard: Die dos aestimata. Halle (1883): Hendel. 45 S. 8°
Halle-Wittenberg, Jur. Diss. v. 16 März 1883
Geb. Münster i. W. 14. 8. 1859. V.

Sarrazin, Ferd., 8 Jahre Hagelstatistik d. kgl. preuß. statistischen Bureaus unter Berücksicht. der Naturgesetze d. Hagels. 8. (26 S.) Breslau 892. (Morgenstern's Sort.) n.n. 1. 20

Sarrazin, F., die Naturgesetze d. Hagels u. die Hagelversicherung. Ein Versuch. Nebst e. Regenkarte u. drei Hagelkarten. 8. (50 S.) Gr. Lichterfelde 890. (Leipzig, Wagner.) n.n. 2. —

Sarrazin, Ferd. Die Naturgesetze d. Hagels u. die Hagelversicherung. Ein Versuch. Nebst e. Regenkarte u. drei Hagelkarten. 8. (50 S.) Gr. Lichterfelde 890, Wallmann. ** 2 —

Sarrazin, Ferdinand, Wandkarte zur Darstellung der Hagelstatistik (1880—92) von Norddeutschland, östlicher Theil, von der russischen Grenze bis zum Flussgebiet der Weser. Berlin 1893

Sarrazin, Franz [app. Arzt aus Sake '(Prov. Posen)', Assistenzarzt d. Kgl. chir. Universitätsklinik zu Königsberg i. Pr.]: Über die doppelseitige Hüftgelenkresektion ... Königsberg i. Pr., Druck v. M. Liedtke, 1892; 2 Bl., 60 S. 8.
Jena, Med. Fak., Inaug.-Diss. v. [25. Okt.] 1892

Sarrazin, Gregor

Sarrazin, Greg., s.: Beiträge, Breslauer, zur Litteraturgeschichte.

Sarrazin, G., Beowulf-Studien. Ein Beitrag zur Geschichte altgerman. Sage u. Dichtg. gr. 8. (VII, 220 S.) Berlin 888. Mayer & Müller. n. 6. —

—— s. Bibliothek, altenglische. Bd. 3.

Sarrazin, Greg., Thomas Kyd u. sein Kreis. Eine litterarhistor. Untersuchg. gr. 8. (V, 126 S.) Berlin 892. Weimar, E. Felber. n. 3. —

Sarrazin, Greg., William Shakespeares Lehrjahre, s.a. Forschungen, litterarhistor., V.

William Shakespeares Lehrjahre. E. litterarhist. Studie v. Gregor Sarrazin. *Weimar: E. Felber 1897.* (XII S., 1 Bl., 232 S.) 1 Bd 8.
= Forschungen, Litterarhistorische. H. V. [97. 6734

— aus Shakespeares Meisterwerkstatt. Stilgeschichtliche Studien. (IX, 226 S.) gr. 8. Berlin 906. G. Reimer. n. 5. —

Sarrazin, G. Ueber die Quellen des Ormulum. Diss. Marburg 1882. 26 S.

Sarrazin, Greg., Shakespeare-Lexicon, s.: Schmidt, A.

Sarrazin, Gregor. John Gay's Singspiele. (Englische Textbibliothek. Vol. 2.) [The Beggar's Opera, Polly.] Weimar 1898.

— der verfasser von Soliman and Perseda, s.: Studien, englische. 15. Bd.

Sarrazin, G., Wigamur, s.a. Quellen und Forschungen zur Sprach- und Culturgeschichte der germanischen Völker.

Sarrazin, Gregor (Ign.) (geb. Grätz in Posen 13. 5. 1857): Wigamur. Eine litterarhistorische Untersuchung. Strassburg: K. J. Trübner 1879. (53 S.) 8° * Erschien auch als: Quellen u. Forschungen zur Sprach- u. Culturgeschichte der germanischen Völker Heft 35 1879.
Berlin, Phil. Diss. v. 2. Mai 1879
[Verf. wurde laut Diplom u. Fakultäts-Album am 5. Mai promoviert.]

Sarrazin, Hermann: Die Entwickelung der Preise des Grund und Bodens in der Provinz Posen. *Halle a. S. 1897: (F. Stollberg in Merseburg).* (78 S.) 8°
Halle, Phil. Diss. v. [14. Dez.] 1897

Sarrazin, Josef Viktor

Sarrazin, Joseph, weiland Professor an der Oberrealschule zu Freiburg i. B. Die Dauphine ..... in Freiburg vom 4. bis 6. Mai 1770. (Aus:) „Schau ins Land." 26. Jahrlauf.
4. Freiburg i. B. 1899.

Sarrazin, Jos. Vict., s. Conteurs modernes.

Sarrazin, J. V., das französische Drama in unserem Jahrhundert, s.a Sammlung gemeinverständlicher wissenschaftlicher Vorträge.

Sarrazin J. das französische Drama in unserem Jahrhundert. (Sammlung gemeinverständlicher wissenschaftlicher Vorträge 429) Berlin 1884

Sarrazin, J., das moderne Drama der Franzosen in seinen Hauptvertretern. Mit zahlr. Textproben aus hervorrag. Werken von Augier, Dumas, Sardou u. Pailleron. gr. 8. (VIII, 325 S.) Stuttgart 888. F. Frommann. n. 4. 50; geb. n. 5. 50

Sarrazin, Jos. Vict., das moderne Drama der Franzosen in seinen Hauptvertretern. Mit Textproben aus Dramen v. Augier, Dumas, Sardou u. Pailleron. 2. (Titel-)Aufl. gr. 8. (VIII, 325 S.) Stuttgart 893. F. Frommann. 2. —

— Frankreich. Seine Geschichte, Verfassg. u. staatl. Einrichtgn. Aus d. Nachlass hrsg., bearb., vervollst. v. Rich. Mahrenholtz. gr. 8. (VIII, 348 S.) Leipzig 897. O. R. Reisland. n. 5. 50

Sarrazin, Jos., neue französische Grammatik f. Kaufleute u. Gewerbtreibende, s.: Thum, R.

— Kommentar zu poésies françaises, s.: Textausgaben französischer u. englischer Schriftsteller.

— französisch-deutsche Konversations- s.: Thum, Rud. schule f. d. jungen Kaufmann,

Sarrazin, J. V., Victor Hugos Lyrik u. ihr Entwickelungsgang. Ein krit. Versuch. 4. (40 S.) Baden-Baden 885. Sommermeyer. n. 1. 40

— Mirabeau-Tonneau. Ein Condottiere aus der Revolutionszeit. 8. (85 S. m. 2 Bildern.) Leipzig 893. Renger. n. 1. 50

— poésies françaises, s.: Textausgaben französischer u. englischer Schriftsteller.

Sarrazin, Ludwig [aus Istrup '(Westf.)']: Ein Fall von Chylösem Ascites ... Göttingen, Druck d. Dieterichschen Univ.-Buchdr., 1896; 22 S. 8.
Göttingen, Med. Fak., Inaug.-Diss. v. [8. Juli] 1896

Sarrazin, Ludw., ein Fall v. chylösem Ascites. Diss. gr. 8. (22 S.) Göttingen 896. (Vandenhoeck & Ruprecht.) n. — 40

Sarrazin, Max: Die absolute und relative Häufigkeit der Frauenkrankheiten und ihre Aetiologie. Bearbeitet nach den poliklinischen Journalen der Universitätsfrauenklinik zu Tübingen von 1891—1897. *Tübingen: F. Pietzcker 1898.* (53 S.) 8°
Tübingen, Med. Diss. v. 1898

Sarrazin, Max (geb. am 22 März 1846 in Bocholt Westf.): Ueber Periproctitis ... Bonn, gedr. bei J. F. Carthaus (1869). 23 S., 1 Bl. 8.
Bonn, Med. Fak., Diss. v. 12 Juni 1869

Sarrazin, Otto

Sarrazin, O., Beiträge zur Fremdwortfrage. Gesammelte Aufsätze. 8. (IV, 122 S.) Berlin 887. Ernst & Korn. n. 1. 60

Sarrazin, Otto, das Fremdwort in der Amtssprache und in Baukunst und Bauwissenschaft. gr. 8. (15 S.) Berlin 884, Ernst und Korn. *
Aus: Centralblatt der Bauverwaltung, besonders abgedruckt.

Sarrazin, O., Johann Wilhelm Schwedler. Gedächtnissrede, geh. bei d. Gedenkfeier im Architektenhause am 19. Novbr. 1894. gr. 8. (36 S. m. Bildn.) Berlin 894. W. Ernst & Sohn. n. 1. —

Sarrazin, O., und H. Oberbeck, Taschenbuch zum Abstecken von Kreisbögen für Strassen und Eisenbahnen sowie zum Abstecken von Kreisbögen mit den an dieselben angeschlossenen Uebergangs-Kurven für Eisenbahnen nebst Tabellen zum Einschalten von Uebergangskurven zwischen die Geraden und Kreisbögen bei bestehenden Eisenbahngleisen. gr. 16. (176 S. mit eingedr. Holzschn.) Berlin 874, Beelitz. geb. *

Sarrazin, O., u. H. Oberbeck, Taschenbuch zum Abstecken von Kreisbögen m. u. ohne Uebergangskurven für Eisenbahnen u. Strassen. Mit besond. Berücksicht. der Eisenbahnen untergeordneter Bedeutung. 2., verm. Aufl. 12. (X, 68 u. Tab. 198 S. m. eingedr. Fig.) Berlin 881. Springer. geb. n. 3. —

— u. H. **Oberbeck,** Taschenbuch zum Abstecken v. Kreisbögen m. u. ohne Uebergangskurven f. Eisenbahnen u. Strassen. Mit besond. Berücksicht. der Eisenbahnen untergeordneter Bedeutg. bearb. 3. durchgesch. Aufl. 12. (X, 68 u. Tab. 198 S. m. eingedr. Fig.) Berlin 884. Springer. geb. n. 3. —

—— und H. Oberbeck, Taschenbuch zum Abstecken von Kreisbögen mit und ohne Uebergangskurven für Eisenbahnen, Strassen und Kanäle. Mit besond. Berücksicht. der Eisenbahnen untergeordneter Bedeutung bearb. 4. erweit. Aufl. 12. (X, 73, Tab. 198 S. mit 19 in den Text gedr. Abbild.) Berlin 888, Springer. geb. *

— u. H. **Oberbeck,** Taschenbuch zum Abstecken von Kreisbögen m. u. ohne Uebergangskurven f. Eisenbahnen, Strassen u. Kanäle. Mit besond. Berücksicht. der Eisenbahnen untergeordneter Bedeutg. bearb. 5. Aufl. 12. (X, 73 S. u. 198 S. Tab. m. 19 in den Text gedr. Abbildgn.) Berlin 890. Springer. geb. n. 3. —

— u. H. **Oberbeck,** Taschenbuch zum Abstecken v. Kreisbögen m. u. ohne Uebergangskurven f. Eisenbahnen, Strassen u. Kanäle. M. besond. Berücksicht. der Eisenbahnen untergeordn. Bedeutg. 7. Aufl. 12. (X, 198 S. m. 19 Abb.) Berlin 896. J. Springer. Geb. in Leinw. n. 3. —

Sarrazin, O., u. H. Oberbeck, Taschenbuch zum Abstecken v. Kreisbögen m. u. ohne Uebergangskurven f. Eisenbahnen, Strassen u. Kanäle. Mit besond. Berücksicht. der Eisenbahnen untergeordneter Bedeutg. bearb. 12. Aufl. 12. (X, 73 u. 198 S. m. 19 Abbildgn.) Berlin 901. J. Springer. Geb. in Leinw. n. 3. —

Sarrazin, Otto: Taschenbuch zum Abstecken von Kreisbögen mit und ohne Uebergangskurven für Eisenbahnen, Strassen u. Kanäle. Mit bes. Berücks. d. Eisenbahnen untergeordneter Bedeutung bearb. von O[tto] Sarrazin u. H. Oberbeck. 13. Aufl. Mit 19 Abb. Berlin: J. Springer 1902. (X, 73, 197 S.) 8°

Taschenbuch zum Abstecken von Kreisbögen mit und ohne Übergangskurven für Eisenbahnen, Straßen und Kanäle. Mit besond. Berücks. d. Eisenbahnen untergeordneter Bedeutung, bearb. von O[tto] **Sarrazin** u. H. Oberbeck. 15. Aufl. Mit 19 Abb. Berlin: J. Springer 1905. (X, 73, 197 S.) 8°
[Umschlagt.:] Kurven-Tabellen von Sarrazin u. Oberbeck. [05. 071

Taschenbuch zum Abstecken von Kreisbögen mit und ohne Übergangskurven für Eisenbahnen, Straßen und Kanäle. Mit besond. Berücks. d. Eisenbahnen untergeordn. Bedeutung bearb. von O[tto] **Sarrazin** u. H. Oberbeck. 16. Aufl. Mit 19 Abb. Berlin: J. Springer 1906. (X, 73 S., 9 Taf.) 8°
[Umschlagt.:] Kurven-Tabellen von Sarrazin u. Oberbeck. [06. 3381

— u. H. **Overbeck,** Taschenbuch zum Abstecken von Kreisbögen m. u. ohne Uebergangskurven f. Eisenbahnen, Strassen u. Kanäle. Mit besond. Berücksicht. der Eisenbahnen untergeordneter Bedeutung bearb. 17. Aufl. (X, 73 u. 198 S. m. 19 Abbildgn.) kl. 8. Berlin 907. J. Springer. Geb. in Leinw. n. 3. —

Sarrazin, (Otto) u. H. **Oberbeck,** Taschenbuch zum Abstecken v. Kreisbögen mit u. ohne Übergangskurven f. Eisenbahnen, Strassen u. Kanäle. Mit besond. Berücksicht. der Eisenbahnen untergeordneter Bedeutg. bearb. 22. u. 23. Aufl. (X, 74 u. 200 S. m. 19 Abbild.) kl. 8. Berlin 909. 10. J. Springer. Geb. in Leinw. 3. —

— Verdeutschungs-Wörterbuch. gr. 8. (VI, 214 S.) Ebend. 886. n. 4. 60; geb. n. 5. 60

— **Verdeutschungs-Wörterbuch.** 2., verm. Aufl. gr. 8. (XXI, 293 S.) Ebd. 889. n. 5. —

Sarrazin, Otto, Verdeutschungs-Wörterbuch. 3. verm. Aufl. (7. u. 8. Tausend.) (XVII, 313 S.) gr. 8. Berlin 906. W. Ernst & Sohn. n. 5. —; geb. n. 6. —

Wörterbuch für eine deutsche Einheitsschreibung. 2. verm. Aufl. Nach d. Beschlüssen d. Kgl. Preuß. Staatsminist. v. 11. Juni 1903 bearb. von Otto Sarrazin. *Berlin: W. Ernst & Sohn 1903.* (120 S.) 8° [F.] [03. 11607

— **Wörterbuch f. e. deutsche Einheitsschreibung.** Nach den Beschlüssen des königl. preuß. Staatsministerium vom 11. VI. 1903 bearb. 3. verm. Aufl. (17. u. 18. Tausend.) (128 S.) 8. Ebd. 906. Kart. n. — 80

— s.: Zeitschrift f. Bauwesen.

Sarrazin, Richard, appr. Arzt, a. Friedenau b. Berlin: Aus dem Pathologischen Institut zu Bonn. (Prof. Dr. Ribbert.) Über die Altersniere. Berlin 1907: Gebr. Ernst. (44 S.) 8°
Bonn, Med. Fak., Ref. Ribbert, Diss. v. 13. Mai 1907
[Geb. 20. Juli 83 Berlin; Wohnort: Düsseldorf; Staatsangeh.: Preußen; Vorbildung: Gymn. Steglitz Reife O. 01; Studium: Heidelberg 1, Berlin 1, Bonn 2, Berlin 4, Bonn 1 S.; Coll. 12. Dez. 06; Approb. 1. Mai 07.]

Sarrazin, Ricardus: De infanticidio. Halae (1870): Hendel. 2 Bl. 8°
Halle-Wittenberg, Jur. Diss. [vielmehr nur Tit. & Thesen] v. 23. Juli 1870

Sarrazin, Ricardus: De partu vivo non vitali. Berlin: Puttkammer & Mühlbrecht 1870. 30 S. 8°
Halle-Wittenberg, Jur. Diss. v. 23. Juli [nachgeliefert am 7. Sept.] 1870
Geb. Bocholt 21. 11. 1847. V.
Im Buchhandel ebda 1871. 31 S.

Sarrazin, Ricard., de partu vivo non vitali. Dissertatio inauguralis. gr. 8. (31 S.) Berlin 871, Puttkammer und Mühlbrecht. *

Sarrazin, Guil. (geb. Bocholt in Westf. 9. 10. 1829): De febri puerperali nonnulla. Berolini (1851). (24 S.) 8°
Berlin, Med. Diss. v. 21. Aug. 1851

Sarre, Friedrich: Beiträge zur mecklenburgischen Kunstgeschichte.... Berlin, Druck v. Trowitzsch u. Sohn, 1890; 100 + 1 S. 8°
Leipzig, Phil. Fak., Inaug.-Diss. v. 27. Jun. 1890

Sarre, Frdr., Denkmäler persischer Baukunst. Geschichtliche Untersuchg. u. Aufnahme muhamedan. Backsteinbauten in Vorderasien und Persien. Unter Mitwirkg. v. Bruno Schulz u. Geo. Krecker. (In 5 Lfgn.) 1.—3. Lfg. gr. Fol. (27 Lichtdr.- und 12 farb. Taf. m. 11 S. Text.) Berlin 901. E. Wasmuth.
In Mappe à n. 45. —

Sarre, Frdr., Denkmäler persischer Baukunst. Geschichtliche Untersuchg. u. Aufnahme muhammedan. Backsteinbauten in Vorderasien u. Persien. Unter Mitwirkg. v. Bruno Schulz u. Geo. Krecker. 4.—6. Lfg. (28 Lichtdr.- u. 11 farb. Taf. m. 10 S. Text.) gr. Fol. Berlin (903. 904). E. Wasmuth. à n. 45. —

Sarre, Frdr., Denkmäler persischer Baukunst. Geschichtliche Untersuchg. u. Aufnahme muhammedan. Backsteinbauten in Vorderasien u. Persien. Unter Mitwirkg. v. Bruno Schulz u. Geo. Eichler. 7. Lfg. u. Textbd. (9 Lichtdr.- u. 5 farb. Taf. m. 4 u. X, 166 S. illustr. Text.) 54×36 cm. Berlin 910. E. Wasmuth.
In Mappe 45. —

— Erzeugnisse islamischer Kunst. II. Tl. Seldschukische Kleinkunst. (VIII, 53 S. m. 38 Abbildgn. u. 25 Taf.) 30,5×23,5 cm. Leipzig 909. K.W. Hiersemann. 20. —
I. Tl. Ebd. 906. 12.—.

Sarre, Friedrich. Die altorientalischen Feldzeichen mit besonderer Berücksichtigung eines unveröffentlichten Stückes. Leipzig: Dieterich'sche Verlagsbuchhandlung 1901.
(II. 171 S. m. 26 Abb. 4°
Aus: Beiträge zur alten Geschichte. Bd. 3. H. 2.

— Iranische Felsreliefs u. Altertümer. (51 Lichtdr.-Taf.) 64,5×48,5 cm. Berlin 907. E. Wasmuth.
In Mappe 175. —

— u. Ernst **Herzfeld**, iranische Felsreliefs. Aufnahmen u. Untersuchgn. v. Denkmälern aus alt- u. mittelpers. Zeit. (51 Taf. m. V S. Text.) 65,5×49 cm. Nebst Text. (VIII, 277 S. m. Abbildgn., 1 Taf. u. 2 Karten.) 36×25,5 cm. Ebd. 910.
In Halbleinw.-Mappe u. geb. in Halbleinw. 175. —

Sarre, Fritz, der Fürstenhof zu Wismar u. die norddeutsche Terrakotta-Architektur im Zeitalter der Renaissance. Mit e. Anh. [Künstler u. Werkmeister in Mecklenburg von 1550—1600], urkundl. Belegen u. 17 Taf. Fol. (53 S.) Berlin 890. Trowitzsch & Sohn. cart. n. 10. —

Sarre, Frdr., die Berliner Goldschmiede-Zunft von ihrem Entstehen bis zum J. 1800. Ein Beitrag zur Kunst- u. Gewerbe-Geschichte Berlins. Mit e. Titelblatt v. Jos. Sattler, 4 Portraits, 10 Lichtdr.-Taf. u. mehreren Text-Abb. gr. 4. (VIII, 213 S.) Berlin 895. J. A. Stargardt. n. 20. —

Sarre, preussische schwarze Husaren in zeitgenössischen Darstellungen. 1741—1891. 4. (13 Taf. m. 8 S. Text.) Berlin 891. E. S. Mittler & Sohn. In Leinw.-Mappe. n. 6. —

Persisch-islamische Kunst von Friedrich **Sarre**. Berlin: [B. Cassirer] 1904. (20 S.) 4°
Aus: Kunst u. Künstler. Illustr. Monatsschrift [fol. 6078]

— Reise in Kleinasien — Sommer 1895. Forschgn. zur seldjuk. Kunst u. Geographie des Landes. Mit 76 Lichtdr.-Taf., zahlr., v. O. Geerke u. G. Rehlender gezeichn. Text-Illustr. nach d. Orig.-Photographien u. m. e. Karte v. R. Kiepert nach d. Routen-Aufnahmen d. Verf. gr. 8. (XV, 210 S.) Berlin 896. D. Reimer. n. 16. —; geb. n. 18. —

— Sammlung F. Sarre. Erzeugnisse islam. Kunst. Mit epigraph. Beiträgen v. Eug. Mittwoch. (1. Tl. Metall.) (X, 82 S. m. 54 Abb. u. 10 Taf.) Lex.-8. Berlin 906. (Leipzig, K. W. Hiersemann.) n. 12. —

— Transkaukasien — Persien — Mesopotamien — Transkaspien. Land u. Leute. 85 photograph. Aufnahmen u. Uebersichtskarte e. in den J. 1897/1898 unternommenen Reise. Mit Text. qu. 4. (VII S.) Berlin 899. D. Reimer.
Mit Goldschn., in Leinw.-Mappe n. 18. —

Sarreiter, Jos., Ludwig Aurbacher [1784—1847]. Ein Beitrag zur deutschen Literaturgeschichte. gr. 8. (54 S.) München 880. Lindauer in Comm. n. — 50

Die klassischen Schriftsteller des Altertums müssen die Grundlage des höheren literarischen Unterrichts bleiben. — Von Jos. Sarreiter, Stdl. — 1875. Speyer, L. Gilardone. — S. 5—55°.
Progr. Edenkoben (Pfalz), Isol. lat. Schule

Sarres, J.

Sarres: Geometrische Untersuchungen über Curven höherer Ordnungen und Klassen. 20 S. Berlin, Fr., Progr. 1862.

Sarres, J., geometrische Untersuchungen über Curven höherer Ordnungen und Klassen. gr. 4. (20 S.) Wittenberg 862, (Herrosé.) *

Sarres, J., geometrische Untersuchungen über Kegelschnitts- und Kreisbüschel und deren Anwendung auf Erzeugung von Curven 3. und 4. Ordnung. gr. 4. (26 S.) Wittenberg 864, Herrosé.

Sarres, [illegible]

Sarron, A., Compendium der Ohrenheilkunde. Zum Gebrauche für Studierende und Aerzte. 8. (VIII, 179 S. mit 19 Holzschn.) Leipzig 885, Abel. *ℳ 4.—; geb. **

Sarrus, M. F.

—Eléments d'arithmétique **décimale. gr. in-12. le même 838.** 3 fr. 50 c.

Sarrus, M. F., Méthode d'élimination par le plus grand commun diviseur. gr. in-8. Paris et Strasb. 834. Levrault. 5 fr.

— nouvelle méthode pour la résolution des équations numériques. gr. in-8. le même 833. 3 fr. 50 c.

Sars, G. O., on a new (plaktonic) species of the genus Apherusa, s.: Publications de circonstance du conseil permanent international pour l'exploration de la mer No. 10.

Sars, Mich.

Sars, M., Fauna littoralis Norvegiae oder Beschreibungen und Abbild. neuer oder wenig bekannter Seethiere, nebst Beobachtungen über d. Organisation, Lebensweise u. Entwickelung derselben. 1. Heft. Mit 10 Kupfertafeln. gr. Fol. Christiania 846, Dahl. n. 4 ß illum. n. 6 ß

Sars, M., J. Kören, D. C. Danielssen, Fauna littoralis Norvegiae. 2. Livr. gr. Fol. (VII und 101 S. mit norweg. und französ. Text und 12 Stnt.) Bergen 856(58). (Leipzig, Hinrichs'sche Sortimentsbuchh.) Thlr. * *

Sars, Mich., Mémoires pour servir à la connaissance des crinoïdes vivants. gr. 4. (65 S. mit 6 Kpfrt.) Christiania 868. (Leipzig, Brockhaus' Sortiment und Antiq.) *

Historia ([Äthiop.] Tārik) regis Sarṣa Dengel (**Šarṣa-Dengel**) ⟨Malak Sagad⟩ ed. (2: interpretatus est) K[arolus] Conti Rossini. Acc. historia gentis Galla ([Äthiop.] Zēnā Gāllā), curante (2: interprete) I[gnatio] Guidi. [1. 2.] Parisus: C. Poussielgue; Lipsiae: O. Harrassowitz 1907. 2 Bde 8°
[1.] Textus. [2.] Versio.
= **Corpus** scriptorum christian. oriental. Script. aeth. Ser. 2. T. 3. 07. 13'07

Sarsen, Frida, Gedichte u. Skizzen. (70 S.) kl. 8. Hamburg (906). Hoffmann & Campe, Verl. n. 2. —

Sarsena oder der vollkommene Baumeister, enthaltend die Geschichte u. Entstehung des Freimaurer-Ordens und die verschiedenen Meinungen darüber was er in unsern Zeiten seyn könnte, was eine Loge ist, die Art der Aufnahme, Oeffnung u. Schliessung derselben, in dem ersten, u. die Beförderung in dem zweiten u. dritten der St. Johannisgrade, sowie auch die höheren Schottengrade u. Andreasritter. Treu u. wahr niedergeschrieben von einem [illegible] Freimaur. Aus dessen hinterlassenen Papieren gezogen und [illegible] zum Druck übergeben. Bamberg, Kunz. [illegible] 1816. 8. VI 234 S.

Sarsena oder der vollkommene Baumeister, enthaltend die Geschichte und Entstehung des Freimaurer-Ordens und die verschiedenen Meinungen darüber, was er in unsern Zeiten seyn könnte; was eine Loge ist, die Art der Aufnahme, Oeffnung und Schliessung derselben, in dem ersten und die Beförderung in dem zweiten und dritten der St. Johannisgrade; so wie auch die höhern Schottengrade und andre Meister. Treu u. wahr niedergeschrieben von einem wahren u. vollkommenen Bruder Freimaurer, aus den hinterlassenen Papieren gezogen u. unverändert zum Druck übergeben. Bamberg 1816. 2. Aufl. 1817. 3. Aufl. 1817. 4. Aufl. 1820. 5. Aufl. 1835. 6. Aufl. 1851. 7. Aufl. 1859. 8. Aufl. 1866. 9. Aufl. 1874. 10. Aufl. 1882. V: *Ebers, Karl Friedrich.* (wolfstieg II, 410) Vgl. IV, 702.

Sarsena, od. der vollkomm. Baumeister, enthalt. die Geschichte u. Entstehung des Freimaurer-Ordens rc. 4e A. gr. 8. Bamb. 820. Kunz. (Brockhaus in Leipz.) 1 ß 12 gr 2r Thl. Der beleuchtete Sarsena, od. freimüth. Bemerkk. üb. den bei Kunz in Bamberg erschien. Sarsena rc., von e. noch lebenden Freimaurer (J. Chr. F. Gerlach). 8. Frberg 817. Craz u. G. 18 gr

Sarsena, oder der vollkommene Baumeister, enthaltend die Geschichte und Entstehung des Freymaurer-Ordens rc. 4te Aufl. gr. 8. Bamberg, Kunz. 820.

— — 2r Th. oder freymüthige Bemerkungen über den bey Kunz in Bamberg erschienenen Sarsena u. s. w., von einem noch lebenden Freymaurer J. Chr. F. Gerlach. 8. Freiberg, Craz und G. 819.

Sarsena, od. d. vollkomm. Baumeister. Treu u. wahr niedergeschrieben v. ein. wahren u. vollkomm. Bruder Freimaurer. Aus dess. hinterlass. Papieren gezogen, u. unveränd. z. Drucke übergeben. 5. Aufl. gr. 8. (16½ B.) Leipzig 835, Brockhaus.

Sarsena, od. der vollkommene Baumeister. Enthaltend die Geschichte u. Entstehung des Freimaurerordens u. die verschiedenen Meinungen darüber, was er in unsern Zeiten sein könnte; was eine Loge ist; die Oeffnung u. Schließung derselben; die Art der Aufnahme in den ersten u. die Beförderung in den zweiten u. dritten der St.-Johannesgrade, sowie in die höhern Schottengrade u. zum Andreasritter. Treu u. wahr niedergeschrieben v. einem wahren u. vollkommenen Bruder Freimaurer. 6. Aufl. gr. 8. (VI u. 234 S.) Leipzig 851, Brockhaus. n. 1⅓ ß

Sarsena oder der vollkommene Baumeister. Enthaltend die Geschichte und Entstehung des Freimaurerordens und die verschiedenen Meinungen darüber, was er in unsern Zeiten sein könnte, was eine Loge ist rc. Treu und wahr niedergeschrieben von einem wahren und vollkommenen Bruder Freimaurer. 7. Aufl. Leipzig 859. Brockhaus. gr. 8. (VIII. 223 S.) n. 1 ß 10 ngr.

Sarsena, oder der vollkommene Baumeister. Enthltd.: die Geschichte u. Entstehung des Freimaurerordens u. die verschiedenen Meinungen darüber, was er in unsern Zeiten sein könnte; was eine Loge ist, die Oeffnung u. Schließung derselben rc. Treu u. wahr niedergeschrieben von einem wahren u. vollkommenen Bruder Freimaurer. 8. Aufl. Leipzig 866. Brockhaus. gr. 8. (VIII, 288 S.) n. 1 ß 10 ngr.; geb. n. 1 ß 20 ngr.

Sarsena, od. der vollkommene Baumeister. Enth. die Geschichte u. Entstehg. d. Freimaurerordens u. die verschiedenen Meingn. darüber, was er in unsern Zeiten sein könnte; was e. Loge ist; die Oeffng. u. Schließg. derselben; die Art der Aufnahme in den ersten u. die Beförderung in den zweiten u. dritten der St. Johannesgrade, sowie in die höheren Schottengrade u. zum Andreasritter. Treu u. wahr niedergeschrieben v. e. vollkommenen Bruder Freimaurer. 9. Aufl. gr. 8. (VIII, 222 S.) Leipzig 873. Brockhaus. n. 4. —; geb. n. 5. —

Sarsena, oder der vollkommene Baumeister. Enthaltend die Geschichte und Entstehung des Freimaurerordens und die verschiedenen Meinungen darüber, was er in unsern Zeiten sein könnte; was eine Loge ist; die Oeffnung und Schließung derselben; die Art der Aufnahme in den ersten und die Beförderung in den zweiten und dritten der St. Johannesgrade, sowie in die höheren Schottengrade und zum Andreasritter. Treu und wahr niedergeschrieben von einem wahren und vollkommenen Bruder Freimaurer. 10. Aufl. gr. 8. (VIII, 223 S.) Leipzig 882, Brockhaus. * ℳ 4.; geb. *

Sarsena, Der beleuchtete, oder freimüthige Bemerkungen über den ... Sarsena. Freiberg 1817. V: *Gerlach, Joh. Chph Frdr.* (Ky)

Sarsowsky, Abraham, aus Druisk: Die ethisch-religiöse **Bedeutung** der alttestamentlichen Namen nach Talmud, Targum und Midraš. *Kirchhain N.-L. 1904: M. Schmersow.* (90 S.) 8°
Königsberg, Phil. Diss. v. 29. Febr. 1904

Sarter, Adolf, Gerichts-Referendar in Aachen: Idealkonkurrenz und Gesetzeskonkurrenz. Rostock 1904: C. Hinstorff. (117 S.) 8°
Rostock, Jur. Fak., Ref. Wachenfeld, Diss. v. 27. Sept. 1904
[Geb. 1. Jan. 81 Koblscheidt, Landkreis Aachen; Wohnort: Aachen; Staatsangeh.: Preußen; Vorbildung: Kaiser Karls-Gymn. Aachen Reife O. 99; Studium: Marburg 3, Berlin 1, Bonn 2 S.; Rig. 22. Febr. 04.]

Sarter, [illegible] De leucaemia. Berolini (1861) [illegible] 8°
Berlin, Med. Diss. v. 24. Juli 1861

Sarti, Em., s. Beschreib. d. Statt Rom.

SARTIG, JOHANNES. Ueber einiger Derivate der Orthoamidometaxylolsulfonsäure. Greifswald, 1885.

Sartisson, Friedrich. Ein Beitrag zur Kenntniss der Jodkalium-Wirkung. Diss. Dorpat. 8°. 46 pp 1866.

Sartisson, Friedrich, aus St. Petersburg: **Beiträge zur Geschichte und Statistik des russischen Bergbau- und Hüttenwesens.** *Heidelberg 1900: J. Hörning.* (245 S.) 8°
Heidelberg, Phil. Diss. v. 1901

Sarto's, Andrea del, Biographie und Charakteristik, s. Janitschek, H.

Sarto, Andrea del, der hl. Johannes, s.: Meisterbilder 168.

— Madonna, s.: Meisterbilder 161.

Sarto, Andrea del, Meisterbilder, s.: Weicher's Kunstbücher.

Sarto, Gertr., Schönheitspflege, s.: Grethlein's praktische Hausbibliothek 14. Bd.

Sarto, Giuseppe, s.a. Pius X. Papa

Sarto, Joseph, s.a. Pius X. Papa

Sarto, Jos. (jetzt Papst Pius X.), drei Ansprachen f. Ordenspersonen, auch f. Weltleute dienlich. Mit Genehmigg. des hl. Vaters in deutscher Sprache hrsg. (32 S. m. Bildnis.) 16. Dülmen 908. A. Laumann. — 20

— Drei Einladungen zur Verehrung des hl. Sakramentes. Mit Genehmigg. des hl. Vaters in deutscher Sprache hrsg. (30 S. m. Titelbild.) 16. Ebd. 908. — 20

— Lobrede auf den hl. Franz v. Sales. Mit Genehmigg. des hl. Vaters in deutscher Sprache hrsg. (58 S. m. 1 Bildnis.) 16. Ebd. 908. nn — 25

Sartor, Eug. Frhr. v., das bayerische Vereinsgesetz vom 26. Febr. 1850 in seiner nunmehrigen Geltung samt Vollzugsinstruktion vom 3. März 1850. Mit Einleitg. u. Anmerkgn., nebst e. Anh., enth. das Gesetz üb das Einschreiten der bewaffneten Macht vom 4. Mai 1851, sowie die Bestimmgn. üb. die Polizeistunde, Veranstaltg. öffentl. Lustbarkeiten u. Sammlgn. hrsg. gr. 16. (VI, 92 S.) München 891. C. H. Beck. Kart. n. 1. —

Sartor, Eug. Frhr. v., das bayerische Vereinsgesetz v. 26. II. 1850 in d. Fassg. nach d. Gesetze v. 15. VI. 1898 samt Vollzugsinstruktion. Mit Einleitung u. Anmerkgn., nebst e. Anh., enth. d. Gesetz üb. d. Einschreiten d. bewaffn. Macht v. 4. V. 1851, d. Bestimmgn. üb. d. Polizeistunde, Veranstaltg. v. öffentl. Lustbarkeiten u. v. Sammlgn., insoweit sie Vereine u. geschloss. Gesellschaften betreffen, das bayer. Gesetz v. 29. IV. 1869, die privatrechtl. Stellg. v. Vereinen betr., sow. d. Bestimmgn. d. bürgerl. Gesetzbuches vom 18. VIII. 1896 u. des Einführungsgesetzes hiezu v. gleichen Tage üb. die Vereine, hrsg. 2., neubearb. Aufl. gr. 16. (VII, 187 S.) München 898. C. H. Beck. Kart. n. 1. 80

Sartor, Eug. Frhr. v., das bayerische Vereinsgesetz v. 26. II. 1850 in der Fassung nach dem Gesetze v. 16. VI. 1898 samt Vollzugsinstruktion u. e. Anh., enth. das Gesetz üb. das Einschreiten der bewaffneten Macht, die Bestimmgn. üb. die Polizeistunde, Veranstaltg. v. öffentl. Lustbarkeiten u. Sammlgn., sowie die Vorschriften des bürgerl. Gesetzbuches u. seiner Nebengesetze üb. die Vereine. Textausg. m. Einleitg., Anmerkgn. u. Sachregister. 3. neubearb. Aufl. 12. (VIII, 250 S.) München 903. C. H. Beck. Geb. in Leinw. n. 2. 50

Sartor, Eug. Frhr. v., Vereinsgesetz f. das Deutsche Reich v. 19. IV. 1908. Textausg. m. Einleitg., Anmerkgn. u. e. Anh., enth. die Vorschriften des bürgerl. Gesetzbuches u. seiner Nebengesetze üb. Vereine, ferner die Ausführungsbestimmgn. f. Preußen u. Bayern zum Reichs-Vereinsgesetz u. sonst. einschläg. landesrechtl. Vorschriften, sowie e. Sachregister. (X, 350 S.) kl. 8. München 908. C. H. Beck. Geb. in Leinw. 3. —

Unterm Pantoffel. Zukunftsskizze in 2 Akten von H. **Sartor**. Bonn: A. Heidelmann [1904]. (7 S.) 8° [F.]
— **Theaterbibliothek**, A. Heidelmann's. H. 128. 106. 1178

Sartor, H., unterm Pantoffel, — Verwechslung, } s. a. Heidelmann's, A., Theaterbibliothek.

Verwechslung. Posse in 2 Akten von H. **Sartor**. Bonn: A. Heidelmann [1904]. (7 S.) 8° [F.]
— **Theaterbibliothek**, A. Heidelmann's. H. 127. 106. 2671

Sartor, Oskar, approb. Arzt aus Trarbach: **Aus d. psychiatr. u. Nervenklinik zu Kiel. Beiträge zur Lehre von der männlichen Hysterie.** *Kiel 1904: Schmidt & Klaunig.* (37 S.) 8°
Kiel, Med. Diss. v. [2. Apr.] 1904

Sartore, Placid., üb. die Flucht u. Rückkehr d. Kirchenhirten; veranlaßt durch die franzöſ. Staatsumwälzung. 3 Thlr. gr. 8. Augsb. 804. Doll. 2 *ℳ* 16 *℘*

— die constitutionelle Kirche seit d. neufränk. Staatsverfass. u. Eidesformeln in u. außer Frankreich. gr. 8. Augsb. 799. Doll. 1 *ℳ* 12 *℘*

Sartore, Plac., Die konstitutionelle Kirche samt den neufränkischen Staatsverfassungen u. Eidesformeln in u. außer Frankreich, oder: Unterricht in Fragen u. Antworten über die einzig wahre Kirche Jesu, als ein sicheres Verwahrungsmittel wider die Spaltung, den Unglauben u. Abfall jetziger Zeiten für Hirten u. Volk. Augsburg 1800. 8°.

(v. SARTORI): Bedenken üb. d. Frage: ob der retractus equestris sich sowohl auf verkaufte, als apert gewordene Lehngüter erstrecke? *Frankf. u. Nürnb.* 776. 4.

Sartori, A., Leitfaden der christl. Religions- und Kirchengeschichte zum Gebrauche für kathol. Schüler an höheren Bürgerschulen u. Gymnasien. Nebst e. Anhange: Abriß d. christl. kirchl. Archäologie. gr. 8. Karlsruhe 841, Braun. n. $8\frac{3}{4}$ *n℘*

Sartori, A., Tabellen zur Berechnung quantitativer chemischer Analysen (unter Zugrundelegg. der von Landolt, Ostwald u. Seubert f. die Praxis empfohlenen Atomgewichtszahlen). gr. 8. (S. 201—376 u. Bl. A—E.) Wiesbaden 901. C. W. Kreidel. n. 4. —
Sonderabdruck aus: „Zeitschr. f. analyt. Chemie".

v. Sartori, Ans., († vor 1802.) s. 1) Abriß d. allgem. Kirchengesch. 2) Christenlehre, die ganze.

Sartori, Arth., über das Strömen des Wassers durch beliebig gebogene Röhren. Inaugural-Dissertation. gr. 8. (29 S. mit 2 Stnt.) Breslau 883, (Köhler.) *

Sartori, August

Ansprache an die Schwestern zur Eröffnung des 6. Schwestern-Festes der Loge zur Weltkugel. Lübeck, den 22. Febr. 1896. [Unterz.:] Aug. **Sartori.** [Lübeck 1896: Rathgens.] 2 Bl. 8°
[Kopftit.]
In Versen.

Bemerkungen zu dem Berichte der Hafen-Kommission vom 25. Sept. 1898, betr. einen Hafen-Ausbau, und den damit veröffentlichten „Grundzügen für den Ausbau des inneren Hafens" vom 13. Sept. 1898 v. [August] Sartori. Mit 1 Anlage. Kiel. 1898. 8°.

Sartori, Aug. Einige Bemerkungen über den Gebrauch des Relativpronomens im Deutschen. 23 S. Progr. G. Lübeck 1882.

Die Betheiligung der Interessenten an dem Zustandekommen des Elbe-Kiel-Kanals (v. August Sartori). Hierzu 4 Uebersichts-Tafeln als Anhang. Kiel. 1898. 8°.

The Development of Traffic in the Kaiser Wilhelm Canal. Compiled by A[ugust] Sartori, Geh. Kommerzienrath. Kiel 1901: Nord-Ostsee-Zeitung. (15 S.) 8° [05. 1135 8]

[S.] Der Elbe-Kiel-Kanal. Von August Sartori, Geh. Kommerzienrath. M. 3 Anl. *Berlin: E. S. Mittler & Sohn 1898.* (48 S., 2 Kt., 1 Taf.) 1 Bd 8. [98. 665]

Die Entwickelung des Verkehrs im Kaiser-Wilhelm-Kanal. Mitgetheilt von [August] Sartori, Geh. Kommerzienrath. Kiel 1901: Nord-Ostsee-Zeitung. (15 S.) 8° [S.] [05. 1136 8]

Sartori, August, Zur Geschichte des deutschen Nautischen Vereins 1869—98. Mit 5 Anlagen. Kiel 1898.

Sartori, Aug., Kiel u. der Nord-Ostsee-Kanal. gr. 8. (64 S. m. 1 Tab. u. 2 Karten) Berlin 891. E. S. Mittler & Sohn. n. 2. —

Sartori, Aug., über den Laodicenserbrief. Eine exegetisch-krit. Abhandlung. gr. 8. (55 S.) Lübeck 853, Dittmer'sche Buchh. Thlr.

Sartori, Aug., s.: Mitteilungen d. geograph. Gesellschaft u. d. naturhistor. Museums in Lübeck.

Der Nord-Ostsee-Kanal. Vortrag des Geheimen Kommerzienraths August Sartori am 29. Januar 1893 im Gesellschaftshause junger Kaufleute in Kiel. Kiel. 1893. 8°.

— der Nord-Ostsee-Kanal u. die deutschen Seehäfen. Mit 6 Anlagen. gr. 8. (68 S.) Ebd. 894. n. 3. —

Sartori, Aug[ust]: Die Psychologie als Unterrichtsgegenstand in der Prima. *Lübeck 1898: Gebr. Borchers.* (1—41 S.) 4° Lübeck, Katharineum, OP 1898 (783)

Für Schleswig-Holstein. Gedichte v. August Sartori. Lübeck. 1864. 8°

Sartori, Aug. (H.). Das Lübeckische Schullehrerseminar. 1807—1889. gr. 8. (26 S.) Lübeck 889, (Quitzow). * — 60

— die christlichen und mit der christlichen Kirche zusammenhängenden Secten. Lübeck 855. Boldemann. (Dittmer.) qu. gr. 4. (2 Bl., 232 S.) n. 2 ℛ.

Sartori, Aug., die Stellung Jesu zu den Parteien seiner Zeit. gr. 4. (28 S.) Lübeck 868, (Aschenfeldt'sche Buchh.) *

Om Udviklingen af Trafikken i Kejser-Wilhelm-Kanalen. Meddelt af [August] Sartori, Geheime-Kommerceraad. Kiel 1901: Nord-Ostsee-Zeitung. (15 S.) 8° [05. 1137 8]

Sartori (Hrsg.), s. Verzeichnis der Kieler Seeschiffe.

Sartori, Dom., Ruf des Glaubens an unsere Zeit. Eine Reihe römisch-katholischer Kanzelvorträge. 2 Hefte. (1—5. Vortrag und 6. und 7. Vortrag.) gr. 8. (132 S.) Gratz 849, (Kienreich's Verlags-Comptoir.)

Sartori, Fr. D., s. Dominicus a Jesu Maria.

Sartori, Franz

— s. Badeörter, die besuchtesten, d. östreich. Kaiserstaaten.

— — Beleuchtung der neuesten Reise durch Oesterreich ob und unter der Enns, Salzburg, Berchtesgaden, Kärnthen und Steyermark. 8. Klagenfurt 1812.

Sartori, Frz., authent. Beschreib. der unerhörten Ueberschwemmung d. Donau im Erzherzogth. Oestreich unter d. Enns im J. 1830. 1r Thl. A. u. d. T.: Wiens Tage der Gefahr u. die Retter aus d. Noth 2c. Mit 1 Stahlstich u. 1 Abbild. gr. 8. Wien 830. Gerold. 1 ℛ 8 gr

— dass. 2. Thl. — A. u. d. T.: Wien's Tage d. Gefahr u. die Retter aus d. Noth. Größten Theils aus amtl. Quellen entnommen. gr. 8. (14½ B., 1 Stahlst. u. 1 lith. Abbild.: Plan d. Donaustroms, qu. gr. Fol.) Ebds. 832.

s. Bildersaal, romant.

Sartori, Fr. (Hrsg.), s. Blätter, Vaterländische, für den österr. Kaiserstaat.

s. Burgvesten u. Ritterschlösser d. östreich. Monarchie.

— skizzirte Darstellung der physischen Beschaffenheiten und der Naturgeschichte des Herzogthums Steiermark. gr. 8. Grätz 806. Verlag von Kienreich. ½ ℛ

— Gemälde d. östreich. Schweiz, od. Schilderung des Salzkammergutes in Oestreich ob d. Enns. Mit 1 Kpf. 8. Wien 813. Doll. 20 gr

— neueste Geographie von Steyermark, mit ihren Merkwürdigkeiten, nebst Regist. mit K. u. Chart. gr. 8. Grätz, Ferstl. 815.

— neueste Geographie v. Steyermark, mit ihren Merkwürdigkk., nebst Registen. Mit 1 Kpf. u. 1 Karte. gr. 8. Grätz 816. Ferstl. 1 ℛ Hbg. Pr. 10 gr

s. Gesch. d. merkwürd. Gotteshäuser 2c.

(SARTORI, FRANZ:) Neueste Geschichten und Beschreibungen der merkwürdigsten Gotteshäuser, Stifte und Klöster, Wallfahrtskirchen, Gnadenörter, Calvarienberge, Grabmähler und Gottesäcker in der Österreichischen Monarchie. Mit allem Wissenswürdigem und seltenen Beschreibungen. Brünn 1821. Trassler. - 190 mm
1. Bd. 1821. (2) 280 S. 1 t.
2. Bd. 1821. (2) 286 S. 1 t.

— Grundzüge e. Fauna d. Steyermark. In deutscher, latein. u. französ. Sprache. 8. Grätz 809. Ferstl. 10 gr

— Länder- u. Völkermerkwürdigk. des östreich. Kaiserthums. 4 Bde. Mit 8 Kpf. 8. Wien 809. Ant. Doll. 4 ℛ

s. Naturgemälde d. Polar- 2c. Länder.

— Naturwunder des östreich. Kaiserthums. 4 Thle. Mit 12 Kpf. 8. Wien 807, 8. N. Aufl. 809, 10. Ant. Doll. 4 ℛ

— Naturwunder und außerordentl. Naturerscheinungen unserer Zeit in d. Oesterr. Kaiserthume. Eine Fortsetzung der Oesterr. Naturwunder. 2 Thle. 8. Gratz 821. Kienreich. 1⅔ ℛ

— Pantheon denkwürdig. Wunderthaten volksthüml. Heroen u. furchtbarer Empörer des östreich. Reiches. 3 Bde in 9 Heften. Mit Kpf. gr. 8. Prag u. Wien 816. Haas. (à 20 gr) 7 ℛ 12 gr Hbg. Pr. 2 ℛ

Sartori, Dr. Franz. Neueste Reise durch Oesterreich ob und unter der Enns, Salzburg, Berchtesgaden, Kärnthen und Steyermark. (3 Bde.) 8. Wien 1811.

— neueste Reise durch Oestreich ob u. unt. d. Ens, Salzburg, Berchtesgaden, Kärnthen u. Steyermark, in statistischer, geograph., naturhistor. u. pittoresker Hinsicht. 3 Bde. Wien, Doll d. j. (Leipz. Gerh. Fleischer.) 812.

— neueste Reisen durch Oestreich ob u. unter d. Enns, Salzburg, Berchtesgaden, Kärnthen u. Steyermark rc. 3 Bde. Mit Kpf. 8. Wien 810. Ant. Doll. (Er. Fleischer in Leipz.) 4 ℛ

— Specimen nomenclatoris plantarum phaenogamarum in Styria sponte crescentium etc. 8. Wien 808. Ant. Doll. 6 ℊ

— Wiens Tage der Gefahr rc., s. oben: **Beschreib.**, authent.

— Taschenbuch f. Karlsbads Kurgäste, wie auch f. Liebhaber von dessen Naturschönheiten. Mit 1 Kpf. u. 1 Pl. 8. Wien 817. Haas. 2 ℛ 12 ℊ Hbg. Pr. 1 ℛ 12 ℊ Velinp. 4 ℛ

— — **malerisches Taschenbuch für Freunde interessanter Gegenden** rc. d. österreich. Monarchie. 5r 6r Jahrg. Mit Kupf. 8. Wien, Ant. Doll. 817. 818. à 2 Rthlr.

— Taschenbuch f. Marienbads Kurgäste, od. vollständ. Beschreib. dieses Heilorts u. seiner Umgebungen. Mit 1 Vign. 8. Wien 819. Haas. 1 ℛ 8 ℊ Hbg. Pr. 1 ℛ

— malerisch. Taschenbuch f. Freunde interess. Gegenstände. 6 Jahrgg. Mit Kpf. 8. Wien 812—18. Ant. Doll. (à 2 ℛ) 12 ℛ

— Oestreichs Tibur, od. Natur- u. Kunstgemälde aus d. östreich. Kaiserthume, seiner Alpen, Ströme, Seen, seiner Heilquellen u. ihrer Wunder rc. Mit Beitrr. von v. Hammer, Schultes, Trattinick, Vercevizy u. A. Mit 4 Kpf. 8. Wien 819. Ant. Doll. (Schaumburg u. C.) 1 ℛ 12 ℊ Postp. 2 ℛ

— s. **Ueberlieferungen aus d. neuen Welt.**

— histor.-ethnograph. Uebersicht d. wissenschaftl. Kultur, Geistesthätigkeit u. Literatur des östreich. Kaiserthums nach sn. mannichfaltigen Sprachen u. deren Bildungsstufen. In skizzirten Umrissen bearb. 1r Thl. Mit e. Anh.: Das Vaterunser in den Sprachen u. Typen der verschied. in d. östreich. Monarchie einheim. Nationen darstellend. gr. 8. Wien 830. Gerold. 2 ℛ 8 ℊ

— Verzeichniß der gegenwärtig in u. um Wien lebenden Schriftsteller, nebst d. Wissenschaftsfächern, in welchen sie sich vorzügl. bemerkbar gemacht haben. 8. Wien 820. Gerold. 15 ℊ Hbg. Pr. 8 ℊ

Sartori, Josef Edler von

— statistische Abhandl. üb. Mängel, s. **Abhandlung.**

s.a. **Annalen, Leopold.**

Sartori, Jos. v., Leopoldin. Annalen, ein Beytrag zur Regierungsgesch. Leopolds II. 2 Thle. gr. 8. Augsb. Doll. 792.

— — dass. 2 Thle. gr. 8. Wien, Anton, Doll. 792.

v. Sartori, Jos. E., († 1812.) Anweis. der kaiserl. Landesverordn., wie es mit d. Asylo zu halten sey. 4. Wien 777. Trattner. 6 ℊ

— histor.-rechtl. Bedenken über die Frage: Ob der Retractus equestris od. Einstandsrecht d. Reichsritterschaft sich auf erkaufte Lehengüter erstrecke? 4. Elwang. 776.

— auserles. Beitrr. in reichsständ. Sachen. 2 Thle. 4. Frankf. 777—79. Eichenberg. 3 ℛ 4 ℊ (Löffler in Manh.) 1 ℛ 14 ℊ

— s. **Catalogus bibliographicus librorum.**

s. **Cramerianа posthuma.**

s.a. **Darstell. der Ausschließung** rc.

(v. Sartori, Jos.): **Darstellung der unrechtmässigen Ausschliessung Augsburg. Patricier- und Bürgersöhne von dem dortigen hohen Domstifte.** *Frcf. u. Lpz.* 1789. 8.

s. **Z. B. v. Espen, comment.**

s. **Eugen, Prinz, Schriften.**

Sartori, Jos, Gedenkschrift zur Feier der vor 700 Jahren erfolgten Vereinigung der Steiermark m. Österreich. Lex.-8. (31 S. m. 14 Illustr.) Graz 892. H. Wagner. n. 1. 20

— Geschichte d. Stadt Donauwerth, auch Reichs- u. Kriegshandlungen. 4. Frankf. 779. Eichenberg. 9 ℊ

s. **Gesch. v. Ursprung des** rc. **Lehnrechts.**

Sartori, Joseph von (Wallerstein) A. S. 183/16

Dissertatio juris publici Germanici historica historiam legum imperii fundamentalium praecipuarum ordine chronologico sistens. Präs. Benedikt Schmidt. Ingolstadt (Lutzenberger) VIII. 1770. 67 S.

Gew.: Gfin Karoline Juliane von und zu Öttingen-Wallerstein.
29757

Sartori, J. E. v., K. K. Landesverordn. w. es m. d. Asylo zu halten. 4. Wien, Trattner. 777.

Sartori, J., deutsches Lesebuch für die unteren und mittleren Klassen höherer Schulen, s. **Lüning, H.**

— Memoiren üb. die wichtigst. Staatsmaterien unserer Zeit. 1r Thl. gr. 8. (Zürich) 795. Orell. 1 ℛ 14 ℊ 2r Thl. gr. 8. (Nürnb.) 797. (Lauffer in Lpz.) 1 ℛ 8 ℊ

Sartori, J. Pantheon denkwürdiger Wunderthaten, volksthümlicher Heroen und furchtbarer Empörer des österreichischen Reiches. 3 Bde. 8. Prag und Wien 1816 22,50.

— Reichsvicariats-Staatsrecht. gr. 8. Augsb. 790. (Eichhorn in Nürnb.) 1 ℛ

— Reichsvicariats-Staatsrecht. gr. 8. Augsb. (Grattenauer in Nrnb.) 790.

Sartori, J. v., Staatsgeschichte der Markgrafschaft Burgau in Bezug auf die zwischen Oesterreich und den Burghausenschen Insassen obwaltenden Streitigkeiten. Nürnberg 1788. 8.

v. Sartori, Jos. E., Staatsgeschichte d. Markgrafschaft Burgau in Rücksicht auf die Streitigkeiten zwisch. Oestreich. gr. 8. Frankf. 789. (Eichhorn in Nürnb.) 1 ℛ 16 ℊ

— geistl. u. weltl. kathol. Staatsrecht. 2 Bde in 4 Thlen. gr. 8. Nürnb. 788—91. Eichhorn. (Lauffer in Leipz.) 10 ℛ 16 ℊ

s. **System d. Lautzehendrechts.**

— üb. d. Verhältnisse d. Seelsorgers zu seiner Gemeinde, eine Vorlesung. Ebend. 794.

D. H. B. (v. Sartori, Jos.: Versuch e. pragmat. Geschichte d. Lehen, a. d. Zeiten vor d. Erricht. d. Fränk. Monarchie bis z. Erlösch. d. Caroling. Stammes in Deutschl. *Augsb.*, (*Frkf. a. M.*), Fleischer. 785. gr. 8. (16 Gr.)

— üb. christl. Volksunterricht. 8. Ebend. 795.

Sartori, Karl *Johann Georg:* Das Kottabos-Spiel der alten Griechen ... M. 6 Taf. München, A. Buchholz, 1893; 4 Bl., 116 S., 6 Taf. 8.
München, Phil. Fak., Inaug.-Diss. v. 1893

Sartori, Karl, Studien aus dem Gebiete der griechischen Privataltertümer. I. Das Kottabos-Spiel der alten Griechen. gr. 8. (VI, 116 S. m. 6 Taf.) München 893. A. Buchholz. n. 2. 40

Nicolai Sartorii tentamen novae solutionis quorundam problematum mechanicorum. Francofurti ad Moenum. 4. 1737.

Sartori, Paul, Sitte u. Brauch. I. Tl.: Die Hauptstufen des Menschendaseins, s.a. Handbücher zur Volkskunde. 5. Bd.

Sitte und Brauch. Von Paul **Sartori**. T. 1—3. — Leipzig: Heims 1910—14. 8°
(Handbücher zur Volkskunde. Bd. 5—7 S.)
1. Die Hauptstufen des Menschendaseins. 1910.
2. Leben u. Arbeit daheim u. draußen. 1911
3. Zeiten u. Feste des Jahres. 1914.

Sartori, (Paul), Prof.: Die **Speisung** der Toten. *Dortmund 1903: C. L. Krüger.* (S. 1—70.) 4°
Dortmund, G. P 1903 (400)

Sartori, Sebastian Franz Xaver (Ettenheim/B.) A. S. 187/20

Dissertatio inauguralis juridica, quaedam regalia jus gentium modo restringentia sistens.
Strassburg (Kürsner) 14. I. 1764. 44 S.

Gew.: Ludwig Renatus Eduard von Rohan. 29758

Sartori, Siegm., († 1776.) kleiner Katechismus Lutheri, für die Schulen zu Landau eingerichtet. 8. Mannh. 768. Löffler. 3 gr.

Sartori, Th., Lübeck, s. Renaissance, deutsche.

Sartori (Schneider), Tiber., Canones critico-analytico-hermeneutici Novi Testam. 1779.

Sartori (Schneider), Tiberius, De praecipuis Novi Testamenti dialectis. (Zwischen 1780—1790.)

Sartori (Schneider), Tiberius, Hermeneutica harmonia utrique Testamento seu litteraliter seu mystice interpretando accommodata unacum historia linguae sanctae, Talmudis et Masorae. Augsburg, Rieger. 1783. 8°. 80 Pf.

Sartori, T., kl. Katechismus Lutheri. 8. Mannh. Löffler. 769.

Sartori, Tiber., († d. 13. Dec. 1798.) der Theolog nach dem Geiste d. neuesten Literatur u. den Bedürfn. der gegenwärt. Zeit. 8. Salzb. 796. Duyle. 6 gr.

— üb. die Verhältnisse des Seelsorgers zu seiner Gemeinde; eine Vorlesung. 8. Salzb. 794. Duyle. 4 gr.

— über christl. Volksunterricht. gr. 8. Salzb. 793. Duyle. 3 gr.

Sartori-Montecroce, Tullius R. v., Beiträge zur österreichischen Reichs- u. Rechts-Geschichte. Über d. Reception d. fremden Rechte in Tirol u. d. Tiroler Landes-Ordngn. gr. 8. (VII, 91 S.) Innsbruck 895. Wagner. n. 2. —

Sartori-Montecroce, Tullius R. v., Beiträge zur österreich. Reichs- u. Rechts-Geschichte. II. Geschichte des landschaftl. Steuerwesen in Tirol. Von K. Maximilian I. bis Maria Theresia. gr. 8. (VII, 334 S.) Innsbruck 902. Wagner. n. 6. 40

Sartori-Montecroce, Tullius R. v.: Geschichte des landschaftlichen Steuerwesens in Tirol. Von K. Maximilian I. bis Maria Theresia. Von Tullius Sartori-Montecroce, Prof. in Innsbruck. Innsbruck: Wagner 1902. (V, 334 S.) 8°
Sartori-Montecroce: Beiträge z. österr. Reichs- u. Rechts-Gesch. 2.

Sartori-Montecroce, Tullius R. v.: Über die Reception der fremden Rechte in Tirol und die Tiroler Landes-Ordnungen. Von Univ.-Doc. —. Innsbruck: Wagner 1895. (V, 91 S.) 8°
Sartori-Montecroce: Beiträge z. österr. Reichs- u. Rechts-Gesch. 1.

Der Prozess **Sartorius.** Stenogr. Bericht über d. neuntägige Gerichtsverhandlung gegen Otto Sartorius-Mussbach, Gutsbesitzer u. Weinhändler ... v. 19. bis 31. Dez. 1905 zu Frankenthal. Anh.: Aus d. Vergangenheit ... Neustadt a. d. Haardt: D. Meininger (1906). (260 S.) 4° [F.]
16 1906

Sartorius Episcopus, s. Grundzüge der Missionswissenschaft rc.

Sartorius, Max, 22 Jahre kgl. preuß. Oberlehrer. Ein Kulturbild aus der Gegenwart. (IV, 270 S.) gr. 8. Berlin 907. Herm. Walther. 4. —

Sartorius, 3. Oster-Philadelphia-Konferenz zu Kassel vom 10.—18. IV. 1899. 12. (111 S.) Kassel 899. E. Röttger. n. 1. —

Sartorius und Herkel, J. Zwei Reden gehalten bei der Einweihung der neuen Gebäude des Friedrichs-Collegiums am 17. October 1855. 11 S.
Königsberg. F.-C. Progr. 1856

Sartorius, f.: Reich, das ewige, unseres Herrn Jesu Christi.

— **Beata Sturm, die württemb. Tabea,** s.: **Für Feste u. Freunde der inneren Mission.**

Sartorius, A., compendium annalium ecclesiast. Cardinalis Baronii. XII Tmi. 8. Prag. 723.

v. Sartorius, A., (Frau Marg. Auguste v. Griesheim), Erzählungen. **Die Werber.** — Der Student. — Die Harfenspielerin. gr. 16. Leipz. 828. Brockhaus. 1 rf 16 gr

† **Sartorius,** A. v., (Marg. Auguste v. Griesheim,) Friedrich d. Große als Begründer d. Familienglück, s. **Bertram.**

Sartorius, A., aus der Geschichte und dem Familienleben. Wahre Begebenheiten in Erzählungen. Berlin 853. Vereins-Buchhandlung. 8. (2 Bl., 348 S.) 1 rf 15 ngr

v. Sartorius, A., Johanna, siehe: **Volksbücher, neue.**

—— Zeichnungen aus d. Leben u. d. Vergangenheit. (4 Erzähln.) 8. (18½ B.) Gotha 832. [Leipzig, Gebr. Reichenbach.]

Adamus Sartorius. Theses ex logica et metaphysica, quas praeside Adamo Sartorio aa. ll. et philosophiae magistro et eiusdem in principali Athenaeo Marchio-Badensi professore publico et ordinario defendent ingenui et eruditi: I. Joannes Adamus Brandmayer, Bruchsaliensis, II. Antonius Ruch, Badensis, III. Antonius Stang, Bruchsaliensis. IV. Josephus Begert, Altheimensis, logicae et metaphysicae auditores.
Badenae anno MDCCLXIV. die 27. Aug.
Rastadii, typis C. A. Schell, Typogr. Aul. 4°. 6 S. Rastatt, P 1764

SARTORIUS, August (Regensburg): Ueber die Therapie der Blennorrhoea urethrae und Harnröhrenverengungen.- München: Weiss 1867. 16 S.
13.6.1866 - Urk (Titel: De blennorhoea et stricturis urethrae.); F 71
Diss. Ingolst.-Landsh.-Mchn.

Sartorius, B. J., Geschichte von Löwenberg a. Urkunden und Handschriften. 2 Thle. 8. Jauer, (Meyer in Breslau.) 790.

Sartorius, Benvenuto. Dmitri. — Die Narowanixe. — Helga-Laub. — Ein Fragment, s. **Novellen,** moderne.

Sartorius, Benvenuto (M. Willkomm-Schneider), Schattenbilder aus d. Reiche d. Sonnenscheins. 12. (62 S.) Dresden 896. E. Pierson. n. 1. —; geb. in Leinw. m. Goldschn. n. 2. —

Sartorius, Benvenuto (Frau Martha Willkomm-Schneider), Verirrt. Dornröschen, s.: Kürschner's, Jos., Bücherschatz

— ein letzter Wille, s.: Kürschner's, Jos., Bücherschatz.

Sartorius, C., Erzählungen u. Charakterzüge ernsten u. kom. Inhalts. 8. (9¼ B.) Leipzig 833, [Gebr. Reichenbach.]

Sartorius, C., die Industrieausstellung in London. br. 8. (IV u. 80 S.) Darmstadt 851. (Frankfurt a. M., Meidinger.) n. 8 ngl

—— Mexico. Landscapes and popular sketches. Edited by Gaspey. With steel engravings by distinguished artists, from original sketches by Mor. Rugendas. Part. I. and 2. (à 3 Stahlst. und 2 Bog. Text.) gr. 4. Darmstadt 855, Lange. à Part. * 10 Ngr. *
chines. Pap. à Part. 20 Ngr. *

—— Mexico. Landscapes and popular sketches. Edited by Gaspey. With steel engravings by distinguished artists, from original sketches by Mor. Rugendas. Part 3—5. gr. 4. (6 Stahlst. und Text S. 25—58.) Darmstadt 858, Lange. à Lfg. * 10 Ngr.; chines. Pap. à Lfg. *
Ausg. in 4. à Lfg. * 20 Ngr.; chines. Pap. à Lfg. *
Part 1 und 2. Ebendas. 1855. * 20 Ngr.; chines. Pap. * 1 Thlr. 10 Ngr.

Sartorius, C., Mexiko. Landschaftsbilder und Skizzen aus dem Volksleben. Mit Stahlstichen vorzüglicher Meister nach Orig.-Aufnahmen von Mor. Rugendas. 1—4. Lfg. (à 3 Stahlst. und 1 Bog. Text.) Lex.-8. Darmstadt 855—56, Lange. à Heft * 10 Ngr. *
chines. Pap. à Heft * 20 Ngr. *

Sartorius, C., Mexiko. Landschaftsbilder und Skizzen aus dem Volksleben. Mit Stahlst. vorzüglicher Meister nach Orig.-Aufnahmen von Mor. Rugendas. 5. und 6. Lfg. und Supplementheft. Lex.-8. (6 Stahlst. mit 294 S. Text.) Darmstadt 858, Lange. [5. und 6. Lfg. à * 10 Ngr., Suppl.-Heft * 1 Thlr.] *
chines. Pap. [5. und 6. Lfg. à * 20 Ngr., Suppl.-Heft * 2 Thlr.] *
1—4. Lfg. Ebendas. 1855,56. * 1 Thlr. 10 Ngr.; chines. Pap. * 2 Thlr. 20 Ngr.

— Mexico als Ziel für deutsche Auswanderung. [Bearb. f. den hess. Zweigverein des Nationalvereins für deutsche Auswanderung u. Ansiedelung.] gr. 8. (74 S. m. 1 lith. Karte in Fol.) Darmstadt 850, v. Auw. n. 12 ngl

Sartorius, Carl, s. Sartorius, Karl

Sartorius, Chr. Fr.

— de animo magno et excelso ex graecae et roman. antiquitates studiis percipiendo. Comment. gr. 8. Basel 827, Schweighäuser.

Sartorius, (Chr. Fr.,) Rhachitidis congenitae observationes. Cum tabb. III. aeri incisis. 4 maj. Lips. 826, Reclam. Rthlr.

Sartorius, Christoph Friedrich [Praes.], s. Bardili, Andr. Aug.: Vindicias cantici canticorum adversus novississimam quanc m obtrectationem.

— Compendium Theologiae dogmaticae. 8. maj. ibidem, (Metzler, Stuttg.) 782.

— s. G. C. Enslin, Harmonie.

Sartorius, Christoph Friedrich [Praes.], s. Kesler, Christian David: Historia excidii Babylonis collata cum vaticiniis v. testamenti.

— positiones generaliores de libro Geneseos. Pars I—III. 4. Tübing. 756.

Sartorius, Cph. Fr., († d. 9. Dec. 1785.) positiones theologicae in usum praelect. dogmatic. editae. 8. Tüb. 764. Ed. II. 767. v. Cotta. 20 gl Ed. III. sub titulo: compendium theologiae dogmaticae. 8maj. ibid. 777. Ed. nova. 782. (Metzler in Stuttg.) 1 ꝑ 8 gl

Sartorius, C. F., admiranda religionis christ. propagatio, veritatem ejus probans. Tub. 1768. 4.

Sartorius, Christoph Friedrich (Dresden) A. S. 1202/27

De usu hydrargyri interno.
Präs. Johann Ernst Hebenstreit.
Leipzig (Langenheim) 21. X. 1735. 58 S., 1 Taf.

Gew.: Christoph Heinrich Vogler.
W. v.: Präs. 29759

Sartorius, E., Ernstes u. Heiteres in Prosa u. Versen. 8. (215 S.) Leipzig 882. Buchh. des Vereinshauses. n. 2. —; geb. n. 3. —

—— das Gespenst des Zaren. Erlebtes und Erträumtes aus dem Reisetagebuche eines Buchhändlers. Zusammengestellt während einer Schlittenfahrt von Moskau nach Warschau im Jan. 1860. 2. vollständ. umgearb. Aufl. 8. (287 S.) Ebendas. 882. * M 3.; geb. *

Sartorius, E., Handbuch für den deutschen Zollverein. Sammlung der auf diesen Verein bezügl. Verträge, Gesetze und Verordnungen. 8. (III, 175 S.) Altona 868, Verlags-Bureau. cart. *

—— dass. — 2. Thl. enth. die aus der ersten Session des Zollparlaments hervorgegangenen Verträge und Gesetze nebst dem neuen Zollvereins-Tarif. 8. (179 S.) Ebendas. 868. geb. *

— aus den Jugenderinnerungen eines alten Holzpantoffels. Eine vernagelte Geschichte, nach eigenen u. fremden Mittheilungen berichtigt u. ergänzt. 8. (72 S.) Ebend. 882. n. 1. —

† Sartorius, E. [H. Emil Schneider], Memoiren eines Kosmopoliten. Denkwürdigkeiten eines heimwehbangen Weltwanderers. 1. Bd. gr. 8. (XIII, 187 S.) Leipzig 887, [Frohberg.] Baldamus. *

- Regulative des deutschen Zoll-Vereins, enthltd. Vorschriften über Begleitschein-, Eisenbahn-, Post-, Niederlags-Verkehr u. Zoll-Begünstigungen des Großhandels. Ebend. 868. gr. 8. (IV, 255 S.) n. 1 ꝑ

die Stempel-Steuer-Gesetzgebung in Preußen mit dem Wechselstempel-Steuergesetz für den norddeutschen Bund. Ebend. 870. 8. (160 S.) n. 10 ngr.

— die Tabaks-, Bier-, Branntwein-, Zucker-, u. Salzsteuer-Gesetzgebung im Zoll-Verein. Nebst Vergleichen mit anderen Ländern. Ebend. 868. 8. (80 S.) n. 10 ngr.

—— Ulfila. Dramatische Dichtung. 12. (IV, 59 S.) Stuttgart 882, Metzler'sche Buchh. *

— das Vereins-Zoll-Gesetz nach den Beschlüssen des Zoll-Parlaments, in Kraft tretend am 1. Januar 870. Ebend. 869. 8. (VIII, 66 S.) n. 4 ngr.

Sartorius, E., Waldpot v. Bassenheim. Epische Dichtg. 8. (VI, 78 S.) Leipzig 884. Hucke. geb. m. Goldschn. n. 2. —

Sartorius, M. C. B. J., von dem vortheilhaft. Einfluß d. Religion Jesu auf den glückl. Zustand e. Landes; e. Predigt. gr. 8. Meißen 795. Goedsche. 4 gl

Sartorius, Erich, das Buch der Spiele und Unterhaltungen [im Freien und im Zimmer] für Knaben und Mädchen. 12. (48 S.) Oberhausen (Styrum) 887, Spaarmann.

Sartorius, Erich, d. Buch d. Spiele u. Unterhaltgn. (im Freien u. im Zimmer) f. Knaben u. Mädchen. 2. Aufl. 12. (48 S.) Styrum 895. A. Spaarmann. — 30

Sartorius, Ernst, s.a. Sartorius, Ernst Wilhelm Christian

Sartorius, E., Aenderung der Konfirmationspraxis oder Organisation der kirchlichen Erziehung? Ein Wort zur Konfirmationsfrage. (59 S.) 8. Leipzig 906. G. Strübig. n. — 80

— die Bundeslade und die Bundeshauptstücke. Eine öffentliche Vorlesung gehalten und als Scherflein für ein in Wittenberg zu errichtendes Denkmal Melanchthons herausg. Gotha 857. F. A. Perthes. gr. 8. (24 S.) n. 6 ngr.

— neue deutsche Heldenbücher. 1740—1880. Mit 26 Bildnissen auf 6 (Holzschn.-) Taf. gr.8. (VI, 170 S.) Ebend. 883. n. 5. —; geb. n. 6. —

Sartorius, E., neue deutsche Heldenbücher, Fortsetzg., s.: Schneider, Emil, deutsch-amerikanisches Jahrbuch.

Sartorius, Ernst, über den alt- u. neutestamentlichen Cultus, insbesondere Sabbath, Priesterthum, Sacrament u. Opfer. gr 8. (XII u. 273 S.) Stuttgart 852, S. G. Liesching. n. 1 Thlr 8 ngr

—— Meditationen über die Offenbarungen der Herrlichkeit Gottes in seiner Kirche und besonders über die Gegenwart des verklärten Leibes und Blutes Christi im heil. Abendmahl. 8 (XVI und 296 S.) Stuttgart 855, S. G. Liesching. *

Sartorius, Ernst, üb. die Nothwendigkeit u. Verbindlichkeit der kirchlichen Glaubensbekenntnisse. 2. unveränd. Aufl. besorgt u. befürwortet v. A. v. Harleß. gr. 8. (62 S.) Gotha 873. Schloeßmann. n. 1. 20

—— die Psalmen. Liederbuch des alten und neuen Gottesvolkes. In Nachdichtungen. Mit (eingedr.) Holzschn. nach Orig.-Zeichnungen von Jos. Ritter v. Führich. gr. 4. (VI, 200 S.) Leipzig 881, A. Dürr. geb. mit Goldschn. *

Sartorius, Ernst, Soli Deo gloria. Vergleich. Würdigg. evang.-luther. u. römisch-kathol. Lehren, s. a. Reuter's theolog. Klassikerbibliothek, Bd. 7.

—— Soli Deo gloria! Vergleichende Würdigung evangelisch-lutherischer und römisch-katholischer Lehre nach augsburgischem und tridentinischem Bekenntniß, mit besonderer Hinsicht auf Möhler's Symbolik. gr. 8. (VIII und 240 S.) Stuttgart 859, S. G. Liesching. *

Sartorius, E., das Wort der Wahrheit. Heilsgeschichte alten und neuen Bundes im Gewande der Dichtung. Eine Poetenbibel als Begleiterin auf der Wanderung durch das Leben. gr. 8. (X, 293 S.) Leipzig 879, Böhme. *

— das Wort der Wahrheit. Heilsgeschichte alten u. neuen Bundes im Gewande der Dichtung. Eine Poetenbibel als Begleiterin auf der Wanderung durch das Leben. gr.8. (X, 293 S.) Leipzig 879. Moltke. n. 4. —; geb. 5.50

Sartorius, Ernst Wilhelm Christian

Sartorius, Er. Wilh. Chr., drei Abhandll. üb. wichtige Gegenstände der exeget. u. systemat. Theologie. 8. Götting. 820. Dieterich. 16 gr.

Sartorius, Ernst, Antrittspredigt üb. Matth. 20, 25—28. Geh. in d. Schloßkirche zu Königsberg. gr. 8. (1 B.) Königsberg 836, (Gräfe u. Unzer.) Thlr.

Sartorius, Ernst, Apologie d. ersten Artikels d. Augsburg. Confession gegen alte u. neue Gegner. 8. (5 B.) Dorpat 829, Hamburg, Fr. Perthes.

—— Apologie d. zweiten Artikels d. Augsburg. Confession gegen alte u. neue Gegner. gr. 8. (6¼ B.) Dorpat 830. Hamburg, Fr. Perthes.

Sartorius, Ernst, Beiträge zur Apologie der augsburgischen Confession gegen alte und neue Gegner. 2. Aufl. gr. 12. (XIX und 190 S.) Hamburg 853. [Gotha, F. A. Perthes.] *

Sartorius, (Ernst,) Beiträge zur Vertheid. d. evangel. Rechtgläubigkeit. 1e Abtheilg. A. u. d. T.: die Unwissenschaftlichkeit u. innere Verwandtschaft d. Rationalismus u. Romanismus rc. 825. 18 gr. 2e Abthlg. v. d. religiös. Erkenntnißprincip rc. 826. 16 gr. gr. 8. Heidelb., Mohr.

Sartorius, Ernst, Bemerkungen über die jüngst erschien. Vertheidigung des Rigaischen Gesangbuches. gr. 8. Riga u. Dorpat 833. Frantzen. 1/8 Thlr

— zur Feier d. Krönung Sr. Maj. d. Kaisers Nikolaus I. Pawlowitsch. Rede, gehalten im großen Hörsale d. kaiserl. Universität Dorpat am 12. Sept. 1826. 8. Dorpat. (21 S.)

s. Glaubensbekenntniß, das Augsburgische.

Sartorius, Ernst, die christl. Glaubenslehre im Gegensatze der modernen Gewissenlosigkeit. Ein Beitrag z. wissenschaftl. Beurtheilung der Strauß'schen Dogmatik. gr. 8. (3 B.) Königsberg 842, Bon. Thlr.

— Gutachten über das jetzige deutsche Gesangbuch in Livland. gr.8. St. Petersburg 833. (Riga u. Dorpat, Frantzen.) 1/4 Thlr

— Hauptartikel d. Glaubens d. Protestanten aus d. Augsburg. Bekenntnisse v. J. 1530, nach d. latein. Originale herausgg. 8. Dorpat 829. (24 S.)

— die Herrlichkeit d. Augsburg. Confession. Jubelrede bei d. 3n Säcularfeier derselben. gr. 8. Dorpat 830. Fr. Perthes in Hamb. 4 gr.

— Progr. Leontii Presbyteri Constantinopolitani homilia in Jobum adhuc inedita. Fol. Dorpat 827. (14 S.)

— Ist Christus auch zu uns gekommen? Eine Advents-Predigt, gehalten in d. Johanniskirche zu Dorpat. 8. Riga u. Dorpat 832. Frantzen. 3 gr.

——) von der Kindertaufe. Ein Gespräch. gr. 8. (1½ B.) Königsberg o. J., (Bon.)

—— die Lehre v. d. heil. Liebe, od. Grundzüge d. evangel.-kirchl. Moraltheologie. 1. Abthl. Von d. ursprüngl. Liebe u. ihrem Gegensatz. gr. 8. (13 B.) Stuttgart 840, S. G. Liesching. *

—— die Lehre von der heil. Liebe od. Grundzüge der evangelisch-kirchl. Moraltheologie. 1. Abthl. Von der ursprünglichen Liebe u. ihrem Gegensatz. 2. Aufl. gr. 8. (13½ B.) Stuttgart 843, S. G. Liesching, Verl. * —

—— dass. 2. Abthl. Von der versöhnenden Liebe. gr. 8. (12¼ B.) Ebds. 844. *

Sartorius, Ernst, die Lehre von der heiligen Liebe oder Grundzüge der evangelisch-kirchl. Moraltheologie. 1. Abthl.: Von der ursprüngl. Liebe und ihrem Gegensatz. 3. Aufl. gr. 8. (XII und 204 S.) Stuttgart 851, S. G. Liesching. *

—— dass. — 3. Abthl.: Von der heiligenden und erneuernden Liebe. 1. Hälfte: Von der einigenden, reinigenden, thätigen und gehorchenden Liebe. gr. 8. (XI und 327 S.) Ebds. 851. *

— die Lehre von der heiligen Liebe oder Grundzüge der evangelisch-kirchlichen Moraltheologie. 2. Abthl.: Von der versöhnenden Liebe. 2. Aufl. gr. 8. (XX und 175 S.) Stuttgart 854(55,) S. G. Liesching. *

— dass. — 3. Abthl. 2. (letzte) Hälfte: Von der heilig gehorchenden und vollendenden Liebe. gr. 8. (XIV und 280 S.) Ebds. 856. *

— die Lehre von der heiligen Liebe oder Grundzüge der evangelisch-kirchlichen Moraltheologie. Neue Aufl. in 1 Bde. Wohlfeiler Druck. Stuttgart 861. S. G. Liesching. gr. 8. (XXVIII, 586 S.) n. 1 Thlr. 24 ngr.

— die luther. Lehre vom Unvermögen des freien Willens zur höhern Sittlichkeit, in Briefen, nebst e. Anh. über Schleiermachers Abhandl. üb. die Lehre von d. Erwählung. 8. Götting 821. Vandenhöck u. R. 16 gr.

— die Lehre von Christi Person u. Wort in populären Vorlesungen vorgetragen. 8. Dorpat 831. (168 S.)

— die Lehre von Christi Person u. Werk, in populairen Vorlesungen vorgetragen. gr. 8. Dorpat 831. (Hamburg, Fr. Perthes.) 1 1/12 Thlr. — 2e Aufl. 8. Hamb. 834. Fr. Perthes. 7/8 Thlr. — 3e Aufl. gr. 12. Ebd. 837. 7/8 Thlr.

Sartorius, Er., die Lehre v. Christi Person u. Werk, in populären Vorlesungen vorgetragen. 4. Aufl. — A. m. d. Umschlags-T.: Christolog. Vorlesungen. 4. Aufl. gr. 12. Hamb. 841, Fr. Perthes. 7/8 Thlr. — 5. Aufl. 12. Ebend. 845. 27 ngr.

— die Lehre von Christi Person und Werk in populairen Vorlesungen. 6. Aufl. 12. (XIV und 180 S.) Hamburg 853. [Gotha, F. A. Perthes.] *

— die Lehre von Christi Person und Werk in populairen Vorlesungen. 7. Aufl. 8. (XII und 180 S.) Gotha 860, F. A. Perthes. * 1 Thlr.; geb. *

— die Lehre der Protestanten von der heil. Würde der weltl. Obrigkeit; gegen die Beschuldigung revolutionairer Principien. 8. Marburg 822, Krieger.

— die Lehre von d. Rechtfertigung. Eine Gastpred. gr. 8. (1 B.) Berlin 836, (Eichler.) *

— s. Luther, Martin, im Tode.

— s. Ph. Melanchthon, Responsiones.

— memoria R. T. S. Henzi. 4. Dorpat 829. (12 S.)

— die wahre Mitte d. streitenden Gegensätze in d. Theologie. 8 Dorpat 828. (52 S.)

— über die Nothwendigkeit u. Verbindlichkeit der kirchl. Glaubensbekenntnisse. gr. 8. (4 1/2 B.) Stuttgart 845, S. G. Liesching, Verl.

Sartorius, Ernst, über die Nothwendigkeit und Verbindlichkeit der kirchlichen Glaubensbekenntnisse. 2. Aufl. gr. 8. Gotha 873. Leipzig, Lehmann. *

— Passionspredigt, gehalten am Sonntage Judica. 8. Dorpat 830. (16 S.)

— Predigt über die Epistel am 13. n. Trin. Gal. 3, 15—22. am Tage nach dem Universitäts-Jubiläum den 1. Sept. 1844 gehalten. gr. 8. (1 B.) Königsberg, Bon.

— Predigt über das Evangelium des 1. Advents Matth. 21, 1—9 bei Eröffnung der preuß. Provinzialsynode den 1. Decbr. 1844 gehalten. gr. 8. (1 B.) Königsberg 845, Bon. *

— Predigt üb. die Offenbarung d. Herrlichkeit Christi nach Joh. 2, 1—11. 8. Dorpat 829.

— Predigt am Tage der Enthüllung des Standbildes unseres in Gott ruhenden Königs Friedrich Wilhelms III., den 3. Aug. 1851, zu Königsberg gehalten. gr. 8. (16 S.) Königsberg 851. (Berlin, J. A. Wohlgemuth.) baar 1/8 Thlr.

— eine Predigt v. der Wiederkunft Christi zum jüngsten Gericht. 8. Dorpat 829. (Fr. Perthes in Hamb.) 3 gr.

Sartorius, Er. Wilh. Chr., vom höchsten Princip d. Wissenschaft. Rede zur Krönungsfeier d. Kaisers am 22. Aug. 1829. 8. Dorpat 829. (18 S.)

— Rede am Krönungs-Feste den 22. Aug. 1835, geh. im großen Hörsaale d. Universität. gr. 8. (1 1/4 B.) Riga, [Kymmel.]

— die Religion außerhalb der Grenzen der bloßen Vernunft, nach den Grundsätzen des wahren Protestantismus, gegen die eines falschen Rationalismus. 8. Marb. 822, Krieger.

— Rußlands Sieg über die Ottoman. Pforte. Festrede zur Feier d. Friedens am 6. Oct. 1829. 8. Dorpat 829. (16 S.)

— Symbola ad promovendam unionem ecclesiar. evangel. una cum egregio Calvini pro Melanchthone testimonio, e rariss. Locc. th. vers. gallica depromto, hucusque fero incognito. 8. Marb. 822, Krieger.

— Synodal-Predigt üb. Apostelgesch. 2, 37—42. gr. 8. (1 B.) Danzig 838, (Anhuth.)

— von d. Wiederkunft Christi zum jüngsten Gericht. Eine Predigt. 8. (1 B.) Hamburg 829, Fr. Perthes.

— ein Wort über die Streitschrift des Pastor Boubrig. gr. 8. Dorpat u. Riga 835. Frantzen. 1 1/2 gr.

— ein Wort üb. d. Streitschrift d. Pastor Boubrig. gr. 8. (1 B.) Riga 835, [Kymmel.]

Anmerkungen zu Oedipus Coloneus für Schüler. — Von F. Sartorius, Stdr. — 1874. Erlangen, Junge et Sohn. — S. 3—24°.
Progr. Erlangen, K. Gymn.

Quaestiones Livianae. Scrips. Fr. Sartorius, G. R. — 1860. B., Hoereth. — S. 3–20.
Progr. Bayreuth

Sartorius, Fr. Wilhelm

— s. Hiob, übers. v. Kesler.

Sartorius, Fr. Wlh., (✝ 1784.) Comment. critico-sacra de Metempsychosi Pythagorica a discipulis Christi et gente Judiaca ante excidium Hierosolym. secundum non recepta. 4. Wittenb. 760. Kühne. 6 gr.

— Stunden d. Andacht, aus d. allerheil. Reden u. Handlungen unsers Erlösers Jesu Christi, nach Anleit. d. Sonntags-Evangelien. 4. Wittenb. 761. 2e A. 764.

Sartorius, Fr. Wlh. Janson, Comment. de grammatica interpretatione loci Genes. IV. 7. 4. Wittenb. 778.

Sartorius, Franz [pr. Arzt aus Bielefeld]: Ueber die operative Behandlung der perforierten Pyosalpinx ... Strassburg i. E., Universitätsbuchdr. v. J. H. E. Heitz, 1896; 28 S. 8.
Strassburg, Med. Fak., Inaug.-Diss. v. 1896

Sartorius, Franz: Über Omphalocele congenita. *Würzburg 1897: Becker.* (60 S. mit Taf.) 8°
Würzburg, Med. Diss. v. 1897

Sartorius, Franz Gallus Heinrich (Würzburg)
A. S. 159/13

Dissertatio inauguralis publico-juridica de formato principis dicasterio non recusabili.
Präs. Johann Jakob Joseph Sündermahler.
Würzburg (Kleyer) 11. IX. (1743). 51 S. 29760

Friedrich Sartorius

De Hygrothoractomia. Berolini (1820:) Brüschcke. 47 S. 8°

Berlin, Med. Diss. v. 1820

Sartorius, Friedrich (Dresden) A. S. 1177/29

Dissertatio inauguralis medica de mentagra, ad loc. Plinii Secundi hist. nat. lib. XXVI. cap. I.
Präs. Konrad Johren.
Frankfurt/O. (Zeitler) 24. IX. o. J. (nach 1668) 49 S.
29761

Sartorius, Friedrich Wilhelm (Danzig) A. S. 1353/48

Ruina superstitionis paganae variis observationibus ex historiis ecclesiae saec. IV. et V. illustrata.
Präs. Johann Wilhelm Hoffmann.
Wittenberg (Eichsfeld) 20. XII. 1738. 43 S.
29762

Sartorius, Georg. s. Sartorius, Georg Christian

Sartorius, Georg. s. Sartorius von Waltershausen, Georg Friedrich Christoph

Sartorius, Georg Christian

Sartorius, Geo. Chr., Beitrr. zur nähern Kenntniß des Flöz-Sandsteins. 8. Eisenach 809. (Bärecke). 6 gl

Sartorius, G. C., Beyträge zur näheren Kenntniß des Flöz-Sandsteins. 8. Eisenach, Wittekind. Bog.

Sartorius, G. Ch., geognostische Beobachtungen und Erfahrungen, vorzüglich in Hinsicht des Basaltes. 8. Eisenach, Bärecke. 821.

Georg Christian Sartorius

Geognostische Beobachtungen und Erfahrungen. Von G[eorg] Chr[istian] Sartorius. [Nur] Nachtr. Eisenach: Bäreke 1823. 8°

Nachtr.: 1823.

— s. Kalender, histor.-genealog., f. 1799, 1800.

Sartorius, (G. Ch.,) Nachtrag zu seinen geognost. Beobachtungen u. Erfahrungen, mit 1 Höhenkarte. 8. Eisenach 822, Bärecke.

Sartorius, Kubische Tabellen. Eisenach 1827. 8.

SARTORIUS: Kubische Tabellen - enthaltend den kubischen Gehalt der beim Bauwesen vorkommenden Hölzer. - Eisenach 1828

— Taschenbuch z. Behuf d. Straßenbaues. 8. Eisenach 827, Bärecke.

Aus Obig. apart:
Sartorius, cubische Tabellen. 8. Ebd.

— dies., medizin.-chem. Untersuch. zweier Zinkvergiftungen. gr. 8. Köln 826, Du-Mont-Schauberg.

v. Sartorius, Geo., u. Jh. Pet. Jos. Monheim, medicin.-chem. Untersuchung einer an dreien Personen verübten Arsenik-Vergiftung, in deren Verlaufe d. Art u. Weise, wie einige Reagenzien auf Arsenik zweckmäß. benutzt werden können, angeg., eine neue Untersuchungsmethode angezeigt, u. mehrere neue auf Arseniksäure mitgetheilt werden. gr. 8. Cöln 826. Du-Mont-Schauberg. 12 gl

Sartorius, Dr. H., Der Kronprinz. Verlag der Schweizer'schen Colportage-Buchhandlung (G. Klötsch) in Bern, 1889.

Verboten v. K.-G. Leitmeritz, 18. März 1889. § 64; L.-G. Wien, 5. April 1889. § 64.

Sartorius, H., Kronprinz Rudolf v. Oesterreich u. d. Geheimniss v. Meyerling. Nach authent. Quellen bearb. 8. (56 S.) Bern 889. Leipzig, G. Klötzsch. n. — 50
Vergriffen.

Sartorius, H., christliches Vergißmeinnicht. Trost u. Ermahng., Dank u. Bitte in Bibelsprüchen u. Liederversen f. jeden Tag d. Jahres. 32. (370 S. m. Holzschn.) Leipzig 886. Siegismund & Volkening. n. — 75; geb. n. 1. —; m. Goldschn. n. 1. 25

Sartorius, Heinr., Anleitung zur deutschen Kurzschrift [einzeiliges System]. gr. 8. (16 S. m. 7 autogr. Taf.) Bochum 884. (Stumpf.) n. 1. 50

Sartorius, Hermann, weitere Beiträge zur Kniegelenkresektion. Diss. Würzburg 1886, Stahelsche Univ.-Buchh. 8°. 30 S.

Sartorius, Hermann Christian (Oldenburg)
U. S. Göttingen 1744/6

Dissertatio inauguralis medica de scorbuto.
Präs. Georg Gottlob Richter.
Göttingen (Hager) 9. V. 1744. 32 S.

Gew.: Gebhard Ulrich von Perckentin. 29764

Sartorius, J., De clypeo schediasma literarium. Ged. 1724. 48 S. 4°.

Sartorius, J. Ub Schußwunden. Würzburg 1872

Sartorius, Jo.

Sartorius, J., de hypocrisi gentilium circa preces. Ged. 1711. 4.

Sartorius, Io., de Hypocrisi gent. circa cult. Deorum Schediasma liber. 4. Lps. Weidmann. 713.

— Cistercienser Ordens historie, m. Kupf. 4. Nrnb. 708.

Sartorius, Jo. D. Ch., praes. Ern. Ant. Nicolai, De natura phrenitidis ac paraphrenitidis. 30 pp. Jen. 4°. 1772

Sartorius, Joh. Epanorthosis Annibalis in publico fletu ridentis. 4. Gedani 1708.

Sartorius, Johann. Des // Staats-klugen // PLINII // Hoff- und // Bürgerliche Briefe /// in die Teutsche // Helden-Sprache // übersetzt /// Auch mit nützlichen Anmerckungen // und Registern versehen // von // JOANNE SARTORIO, Eloqu. & Poes. // Prof. Publ. in Dantzig. // LEIPZIG /// Im Verlag Johann Ludewig Gleditsch // und Moritz Georg Weidmanns. // Anno Christi 1712. - 16 Blatt (nicht paginiert) Titelkupfer, Titelblatt, Widmung, Vorrede, Plinii vita, und Register. - 810 S. und noch 19 Blatt (nicht paginiert) Register.

B. S. T. 8°.531.

Sartorius, Johann (Rosnau/Ung.) A. S. 1342/57

De suffragio pulchritudinis in electione principum.
Präs. Hermann Bordewisch.
Wittenberg (Gerdes) 20. V. 1722. 43 S. 29765

Sartorius, Johann Baptist

—— Elia und Elisa, s. Vorträge über die Propheten.

Sartorius, J. B., Führer durch Hersbruck u. Umgegend, s.: Elbinger, Th.

Sartorius, Joh. Bapt., üb. d. Glaubwürdigkeit u. Beweiskraft d. Zeugen, nach d. Rechte d. Kantons Zürich, vorzügl. z. Verständniß d. Stadt- u. Landrechtes, S. 50—52, §§. 21 — 27. gr. 8. (1¼ B.) Zürich 839, Orell, Füßli u. Comp.

Sartorius, Joannes Baptista. Wirceburgensis Bavarus. juris utriusque doctor: De litispendentiae vero initio programma. Tur. apud Franc. Hoffmann. 1837. 14 S.. 1 Bl. 4°.
Zürich. Jur. Fac.. Antrittsprogramm [v. 6. Mai 1837].

—— die Lehre v. d. Wiederklage, nach d. gem. teutschen Civilprozesse. gr. 8. (28 B.) Erlangen 838, Palm u. Enke.

Sartorius, Joh. Bapt., die Mundart der Stadt Würzburg. 2 Lfgn. gr. 8. Würzburg 862, Stahel'sche Buchh. [1. Lfg. (V und S. 1—138.) * 16 Ngr., 2. Lfg. (S. 139—235 S.) * 14 Ngr.] *

—— Organon d. vollkomm. Friedens. Gekr. Preisschr. Lex.-8. (19¾ B.) Zürich 837, Höhr.

Sartorius, Jh. Bapt., gesammelte Rechtsfälle für die Civil-Praxis an deutschen Universitäten. gr. 8. Erlangen 844, Palm u. Enke. n. 5/6 ₰

Sartorius, Joh. Bapt., Teutschlands Rechtspflege durch Kollegial-Gerichte, ihre Natur u. ihre Verhältnisse. gr. 8. (17 B.) Würzburg 832, Stahel.

—— Samml. merkwürd. Rechtsfälle Bayerns, s. Sammlung.

Sartorius, Johann Georg

Sartorius, J. G., 2 Predigten u. e. Vorles. b. feyerl. Gelegenh. m. 1 K. 8. Cassel, Cramer. (Krieger in Marburg.) 788.

Sartorius, Jh. Geo., († d. 9. Mai 1798.) zwei Predigten u. e. Vorlesung bei feierl. Gelegenheiten. Mit 1 Kpf. 8. Cassel 788. (Krieger). 5 gr

Sartorius, Jh. Jak., († d. 27. Sept. 1790.) s. Kśp. J. Huth, Unterricht ꝛc.

Sartorius, Johann Jakob (Erlangen) Erlg. F, n:5

Disputationum symbolic. III. de reformatione ecclesiae theses selectas exhibens.
Präs. Kaspar Jakob Huth.
Erlangen (Camerarius) 5. XII. 1750. 24 S.

29767

Sartorius, Jh. Mch. Ant. Br. Meditationes politicae circa vectigalium ad commercia relationem. 4°. Herbipoli 1786.

Sartorius, Jh. Mch. Ant. Br., († d. 8. Febr. 1794.) Progr. De justa in distribuendis bonis communibus inter singulos servanda propositione. 8maj. Würzb. 791. Rienner. 3 gr

Sartorius, Josef: Die Bürgermeisterei Rellinghausen. Ihre Entstehung, Entwickelung u. Verwaltung. Als Verwaltungsbericht hrsg. von Bürgermeister —. Rellinghausen (1909) : Spengler & Unterschemmann. VII, 532 S. 4°

Sartorius, Karl

Sartorius, Carl, der Einfluß des Familienstandes auf die Staatsangehörigkeit nach d. Reichsgesetze v. 1. VI. 1870 in der Fassung des Einführungsgesetzes zum bürgerl. Gesetzbuche. gr. 8. (III, 105 S.) Berlin 899. C. Heymann's Verl. n. 2.—
Sonderabdruck aus: „Verwaltungsarchiv".

Sartorius, Karl (Pfarrer in Basel). Zur Erinnerung an Herrn Daniel Burckhardt-Forcart, Personalien und Leichenrede, Montag, den 3. Nov. vorgetragen in der Elisabethenkirche. In-8°, 16 S. Basel, Druck von Schultze. 1879.

Sartorius, C[arl]. Erinnerung an Sophie Lysinka Dürselen..., geboren ... 1872, gestorben am 5. März 1891. Personalien und Leichenrede gesprochen ... den 8. März 1891 ... in Basel von R. S'.... 8. (Basel.)

Sartorius, Carl. Zur Erinnerung an Herrn Th(eophil) La Roche-Burckhardt. Leichenrede und Personalien gesprochen ... den 22. August 1880 ... in Basel von K' S'.... 8. Basel 1880.

Sartorius, Carl: Die religiöse Erziehung der Kinder aus gemischten Ehen nach bayerischem Recht .... Nördlingen, Druck d. C. H. Beck'schen Buchdr., 1887; IV S. + 1 Bl. + 92 S. 8°
Erlangen, Jur. Fak., Inaug.-Diss. v. 1888

Sartorius, Carl, die religiöse Erziehung der Kinder aus gemischten Ehen nach bayerischem Recht. gr. 8. (V, 92 S.) [Nördlingen 887.] München, Beck'sche Verlagsh. *

Sartorius, Karl, der feste Grund Gottes. Confirmationsrede am Palmsonntag den 1. April 1860 gehalten. Basel 860. (Schneider.) gr. 8. (8 S.) 1½ ngr.

Sartorius, Carl. M. Johann Jakob Huber (1731–1800), weiland Pfarrer... in Sissach, und seine Sammlungen zur Geschichte der Stadt und Landschaft Basel. Von K' S'-Burckhardt. SA. 8. Basel [1893].

— Kanzelreden an gebild. Christen. gr. 8. Basel 818. Schweighäuser. 12 gr

— Kommentar zum Personenstandsgesetz in der v. 1. I. 1900 an geltenden Fassung sowie zu den auf die Eheschließung bezügl. Bestimmungen des bürgerl. Gesetzbuchs unter Berücksicht. der Ausführungsbestimmungen sämmtl. Bundesstaaten. gr. 8. (XXII, 548 S.) München 902. C. H. Beck. n. 9.—; geb. in Leinw. n. 10.—

Sartorius, Carl. Leichenrede bei der Beerdigung von Herrn Achilles-Gnöpff, ... den 11. Februar 1853 ... [zu Basel] gehalten von K' S' .... 8. Basel.

Sartorius, Carl. Leichenrede bei der Beerdigung von Herrn Alt-Rathsherrn Em(anuel) Hübscher... [zu Basel] den 24. November 1854 ... gehalten von K' S'.... 8. Basel 1854.

Sartorius, C[arl]. Leichenrede bei der Beerdigung von Herrn Wilhelm Joneli-Wallner, ... den 15. Januar 1887 ... [zu Basel] gehalten von K. S'.... 8. Basel 1887.

Sartorius, Carl. Leichenrede bei der Beerdigung von Herrn Oberst J(oh[ann]) Merian-Forcart, ... den 14. Mai 1856 ... [zu Basel] gehalten von K' S'.... 8. Basel.

Sartorius, C[arl]. Leichenrede bei der Beerdigung von Frau Julie Paravicini-Vischer ..., den 3. Januar 1888 ... [zu Basel] gehalten von R. S'.... 8. Basel 1888.

Sartorius, Carl. Leichenrede bei der Beerdigung von Herrn Johannes Riggenbach-Huber ... den 17. October 1859 ... [zu Basel] gehalten von K' S'.... 8. Basel.

Sartorius, Carl. Leichenrede bei der Beerdigung von Frau Valeria Charlotte Riggenbach geb. Huber. ... den 31. August 1865 ... [zu Basel] gehalten von K' S'.... 8. Basel.

Sartorius, Carl. Leichen-Rede bei der Beerdigung von Herrn Andreas Werthemann, Oberstlieutenant. ... den 11. Dec. 1854 ... [zu Basel] gehalten von K' S'.... 8. Basel.

Sartorius, Carl. Leichenrede bei der Bestattung von Frau Margaretha Merian geb. Burckhardt, ... den 6. Mai 1886 ... [zu Basel] gehalten von K' S'... (*Umschlag: Leichenfeier von Frau M' Merian geb. B'). 8. (Basel.)

Sartorius, Karl, die Leichenverbrennung innerhalb der christlichen Kirche. Eine historisch-theolog. Studie. gr. 8. (III, 55 S.) Basel 886. Detloff. n. — 80

Sartorius, Carl. Personalien und Gebet bei der Beerdigung von Frau Judith Oppermann geb. Landerer, ... den 27. Januar 1880 ... [zu Basel] gehalten von K' S'.... 8. Basel.

Sartorius, Carl, Sammlung v. Reichsgesetzen u. Verordnungen staats- u. verwaltungsrechtlichen Inhalts. Textausg. m. alphabet. Sachregister. 3. neubearb. u. verm. Aufl. (VIII, 591 S.) kl. 8. München 910. C. H. Beck. Geb. in Leinw. 3. 50

— die öffentl. milden Stiftungen zu Frankfurt a. M. u. ihr rechtliches Verhältniss zur Stadtgemeinde. Ein Rechtsgutachten. gr. 8. (VII, 98 S.) Marburg 899. N. G. Elwert's Verl. n. 1. 50

Sartorius, Carl, die staatliche Verwaltungsgerichtsbarkeit auf dem Gebiete d. Kirchenrechts. Mit besond. Berücksicht. der preuß., bayer., württemberg., bad. u. hess. Gesetzgebg. gr. 8. (IX, 151 S.) München 891. C. H. Beck. n. 3. —

Sartorivs, Carolvs (geb. am 17 Jan. 1842 in Oberkassel bei Bonn): De vi et effectv caloris et frigoris ad vasa sangvifera ... Bonnae, typ. F. Krvegeri (1864). 28 S., 2 Bl. 8.
Bonn, Med. Fak., Diss. v. 13 Aug. 1864

Sartorius, Carl, was unsere Glocken uns sagen. Predigt zur Begrüßung des neuen Kirchengeläutes bei St. Elisabeth Sonntags den 2. Juli 1865 gehalten. Basel 865. Schneider. gr. 8. (16 S.) n. 4 ngr.

Sartorius, Karl Fr., üb. vorzüglichere Bildungsgeschichte d. deutschen Sprache. gr. 8. Basel 818. Schweighäuser. 3 ℛ

Sartorius, C. F., causarum cur Chr. scripti nihil reliquerit disquisitio. Lips. 1815. 8.

— causae, cur Christus scripti nihil reliquerit. 8maj. Basel 817. Schweighäuser. 5 ℛ

— Einleitungsrede zu seinen Vorlesungen üb. deutsche Sprache u. Literatur. gr. 8. Basel 819. Schweighäuser. 3 ℛ

— über das Wesen der schönen Literatur, u. ihr Verhältniß zu den höhern Wissenschaften wie zum Leben. gr. 8. Basel 818. Schweighäuser. 3 ℛ

Sartorius, Karl Friedrich (Danzig) A. S. 317/21

Dissertatio iuridica de rationum decidendi utilitate et effectibus. Präs. Paul Wilhelm Schmid. Jena (Schill) 11. IV. 1750. 30 S.

W. v.: Präs., Achaz Ludwig Karl Schmid (Opp.), Johann Ludewig Schmid (Opp.), Melchior Egenolph Sayler von Pfersheim (Opp.). 29769

Sartorius, L., s. Tarif zur Erhebung.

Sartorius, Max (in d. Vita: Maximilian Alexander) (geb. Neumarkt in Schles. 21. 3. 1854): Die Entwicklung der Astronomie bei den Griechen bis Anaxagoras und Empedokles, in besonderem Anschluss an Theophrast. Halle 1883. (39 S.) 8° [F. u. Ant.]
(Vollst. in: Zeitschr. f. Philos. u. philos. Kritik N. F. Bd 82. 83. [1883.]) [Sonderabdr. im Buchhandel 1883 bei Koebner in Breslau.]
Breslau, Phil. Diss. v. 2. Apr. 1883

Sartorius, Max, die Entwicklung der Astronomie bei den Griechen bis Anaxagoras und Empedokles, in besond. Anschluß an Theophrast dargestellt. gr. 8. (66 S.) Halle 883. (Breslau, Koebner — Köhler.) *
Aus: Zeitschrift für Philosophie, besonders abgedruckt.

Sartorius, Mich. Anton

Sartorius, M. A., de justa in distribuendis bonis communibus inter singulos servanda propositione. 8. maj. Würzb. Rienner. 1791.

Sartorius, Otto, Beiträge zur Statistik des Herzogth. Nassau. Unter vielfacher Benutzung officieller Quellen bearb. 2 Thle. 2. Aufl. Lex.-8. Wiesbaden 863, Limbarth. *
Inhalt:
Thl. 1. Allgemeine Landesstatistik. (IV und 82 S.) * 15 Ngr.
- 2. Specialstatistik sämmtlicher Gemeinden. Geschäftliches Adreßbuch für das Herzogth. Nassau. (117 S.) * 10 Ngr.

Sartorius, Otto, s.: Bericht üb. die 10. allgemeine deutsche Gemeinschaftskonferenz — Gnadauer-Pfingstkonferenz.

Sartorius, Otto, die Briefe des Apostels Paulus an die Thessalonicher, s.: Bibelerklärung, praktische.

Sartorius, O., Gedenkblätter an den Kaisertag auf dem Niederwald. Mit 6 Photogr. v. J. B. Hilsdorf in Bingen; in Lichtdr. ausgeführt v. Gebr. Weisbrodt, Frankfurt a. M. 8. (20 S. m. 1 lith. Plan.) Bingen 883. (Wiesbaden, Moritz & Münzel.) geb. n.n. 2. —

Sartorius, O., die öffentlichen Korporationen im Regierungs-Bezirk und dessen Belastung mit directen Steuern, s. Beschreibung, statistische, des Reg.-Bez. Wiesbaden.

—— nassauische Kunst- und Gewerbe-Ausstellung in Wiesbaden. 1863. Im Auftrag der Central-Ausstellungs-Commission und unter vielfacher Benutzung officieller Quellen bearb. 2., verb. Aufl. Lex.-8. (VII und 239 S.) Wiesbaden 863, (Limbarth.) *

Sartorius, O., die Mineralquellen im Reg.-Bez. Wiesbaden, s. Beschreibung, statistische, des Reg.-Bez. Wiesbaden.

—— Ortschafts-Verzeichniß, s. Beschreibung, statistische, des Reg.-Bez. Wiesbaden.

— s.: Seelsorge, die, in den Gemeinschaften.

— s.: Verhandlungen der 12., bezw. 13. allgemeinen deutschen Gnadauer Pfingstkonferenz.

Sartorius, Otto, der Weinbau in Nassau. [Aus: „Zeitschrift d. k. preuss. statist. Bureaus."] gr. 8. (49 S.) Wiesbaden 871. Feller & Gecks. n. 1. —

Sartorius, Otto: Der Weinbau in Nassau. Berlin: Verl. des Königlichen Statistischen Bureaus 1871. 49 S. Aus: Zeitschrift des Königlich Preussischen Statistischen Bureaus. 11.1871. -- Cei 1*

— Wie entsteht e. Gemeinschaft? Wer soll dazu gehören? Aus den Verhandlgn. des 3. deutschen Gemeinschaftstages zu Wernigerode (3. u. 4. VI. 1909). Hrsg. im Auftrage des Vorstandes des deutschen Verbandes f. Evangelisation u. Gemeinschaftspflege. (67 S.) 8. Stuttgart 909. Buchh. des deutschen Philadelphia-Vereins. — 60

Sartorius, P., hermeneutica harmonia utriq. testam. s. literaliter s. mystice interpret. accomod. etc. 8. maj. Augsb. Rieger. 783.

Sartorius, R., Lebensspiegel. Ein deutsches Lesebuch für Schule u. Haus. Abthl. I. Mittelklassen. 8. Breslau 843, Leuckart. n. 1/4 Thlr.

— dass. II. Das Buch der Natur. Lex.-8. Ebend. 843. 7/12 Thlr.

— dass. III. Das Buch des Menschen. Lex.-8. Ebd. 846. 24 ngr.

Sartorius, R., Lebensspiegel. Ein deutsches Lesebuch f. Schule u. Haus. 2 Abthlgn. 1. Abth.: Für Mittelklassen. 2. verb. Aufl. 8. (X u. 302 S.) 2. Abth.: Das Buch der Natur. 2. Ausg. Lex. 8. (IV u. 330 S.) Breslau 851. 52, Leuckart. (1: n. 8 ngr. 2: n. 5/12 Thlr.) n. 20 1/2 ngr.

Sartorius, R., (C. F. Rob. Schneider), Lebensspiegel. Ein deutsches Lesebuch für Schule und Haus. 1. Abthl.: Für Mittelklassen. 3., verm. Aufl. 8. (VIII und 294 S.) Breslau 859, Leuckart. *

—— dass. — 3. Abthl.: Das Buch der Menschen. Lebensbilder für Jung und Alt. 2., verm. Ausg. Lex.-8. (VIII und 534 S.) Ebendas. 859. *

Sartorius, Richard, approb. Arzt aus Gießen: Aus d. Universitäts-Augenklinik zu Gießen. Bericht über 10 Fälle von Iristuberkulose. *Gießen 1903: v. Münchow.* (49 S.) 8°
Gießen, Med. Diss. v. 1903

Sartorius, S., der Frauenarzt. Ein unentbehrl. Ratgeber in gesunden u. kranken Tagen f. das Leben der Frau u. der Familie. Mit besond. Berücksicht. gesundheitsförd. Lebensweise, der Frauen- u. Kinderkrankheiten, sowie der Wochenbett- u. Säuglingspflege. (144 S. m. Abb.) 8. Reutlingen (907). Enßlin & Laiblin. 1. —

Sartorius, S., der allzeit bewährte Haus-Arzt. Ein ärztl. Ratgeber f. Gesunde u. Kranke, unter Mitwirkg. mehrerer Aerzte hrsg. 8. (III, 351 S.) Eßlingen 886. Langguth. geb. 2. —

Sartorius, S., der allzeit bewährte Haus-Arzt. Ein ärztl. Ratgeber f. Gesunde u. Kranke, unter Mitwirkg. mehrerer Aerzte hrsg. 2. zeitgemäß umgearb. u. ergänzte Aufl. (320 S. m. Abbildgn.) gr. 8. Reutlingen (904). Enßlin & Laiblin. Geb. in Leinw. 3. —

Sartorius, Th. C. K., d. zuverläss. Wetterprophet. E. nützl. Handbuch f. Landwirte, Gärtner, sow. f. Alle, deren Berufsleben mehr od. minder v. d. Witterungsverhältnissen abhängt. Nach vieljähr. Beobachtgn. zusammengest. u. vers. m. volkstüml. Witterungs-Sprüchwörtern. 8. (80 S.) Berlin 898. A. Weichert. — 50

Sartorius, W., Kreuzwegandacht, oder Besuchungen des schmerzhaften Kreuzwegs unseres lieben Herrn u. Heilandes Jesu Christi in 14 Stationen, nebst einer Geschichte der Kreuzwegandacht. 3., durchgeseh. Aufl. Aachen 865. [Jacobi & Co.] 16. (48 S.) 1 ngr.

— die Quellen des Heils im heiligsten Herzen Jesu. Für Verehrer desselben insbesond. für die Schwestern vom armen Kinde Jesu. Freiburg im Br. 867. Herder'sche Verlagsh. 12. (VI, 232 S.) 14 ngr.

Sartorius, Wilhelm A. S. 626/4

Discursus politico-canonicus autoritatem sacerdotii in temporalia ecclesiae canone et lege perpetuo tutam imperio innoxam sistens.
Präs. Johann Nepomuk Endres.
Würzburg (Nitribitt) (25.) V. 1789. 84 S. 29770

Sartorius, Wilh. [app. Arzt aus Lauterbach]: Zur Casuistik der Geburt beim schräg verengten Becken ... Giessen, C. v. Münchow, Univ.-Buch- u. Steindr., 1892; 37 S., 1 Bl. 8.
Giessen, Med. Fak., Inaug.-Diss. v. 1892

Sartorius Frh. von Waltershausen, August

Sartorius Frhr. v. **Waltershausen,** A., die Arbeits-Verfassung der englischen Kolonien in Nordamerika. gr. 8. (XI, 232 S.) Strassburg 894. K. J. Trübner, Verl. n. 6. —

Sartorius, Frhr. v. Waltershausen, A., die wirthschaftlich-sociale Bedeutung des obligatorischen Zuschusses der Unternehmer zu den Arbeiterversicherungskassen. Ein Beitrag zur Kritik der Arbeiterfrage. Inaugural-Dissertation. gr. 8. (34 S.) Göttingen 880, (Vandenhoeck und Ruprecht's Verlag.) *

Sartorius Frhr. v. **Waltershausen,** A., Deutschland u. d. Handelspolitik der Verein. Staaten v. Amerika, s.a. Schriften d. Centralstelle f. Vorbereitg. v. Handelsverträgen.

Sartorius Frh. v. Waltershausen, August: Deutschland und die Handelspolitik der Vereinigten Staaten von Amerika. Von –, o. Prof. ... an d. Univ. Strassburg. Berlin: Siemenroth & Troschel 1898. (XI, 84 S.) 1 Bd 8°
= Schriften d. Centralstelle f. Vorbereitg v. Handelsverträgen. H. 2.

—— das deutsche Einfuhrverbot amerikanischen Schweinefleisches. gr. 8. (84 S.) Jena 884, Fischer. *

Sartorius Frhr. v. Waltershausen, A., die Germanisierung der Rätoromanen in der Schweiz, s.a. Forschungen zur deutschen Landes- u. Volkskunde.

Sartorius Frh. v. Waltershausen, August: Die Germanisierung der Rätoromanen in der Schweiz. Volkswirtschaftl. u. national-polit. Studien von –. Prof., Strassburg. Mit 1 Karte. Stuttgart: J. Engelhorn 1900. (110 S.) 8°
= Forschungen z. deutschen Landes- u. Volkskunde. Bd. 12, H. 5.

Sartorius Frhr. v. Waltershausen, A., die nordamerikanischen Gewerkschaften unter dem Einfluss der fortschreitenden Produktionstechnik. gr. 8. (XV, 352 S.) Berlin 886, Bahr. *M 7.60.; geb. *

— die Handelsbilanz der Vereinigten Staaten v. Amerika, s.a. Schriften der Centralstelle f. Vorbereitung von Handelsverträgen. 17. Hft.

Sartorius Frh. v. Waltershausen, August: Die Handelsbilanz der Vereinigten Staaten von Amerika. Von –. Prof., Strassburg. Berlin: J. Guttentag 1901. (VI, 71 S.) 8°
= Schriften d. Centralstelle f. Vorbereitung v. Handelsverträgen. H. 17.

Sartorius Frhr. v. Waltershausen, A., der moderne Socialismus in den Vereinigten Staaten v. Amerika. gr. 8. (XII, 422 S.) Berlin 890. Bahr. n. 8. —; geb. n. 10. —

—— die Stellung des Staates zu der Alters- und Invalidenversorgung für Lohnarbeiter. gr. 8. (III, 96 S.) Berlin 880, Weidmann'sche Buchh. *

Sartorius Frh. v. Waltershausen, A., das volkswirtschaftliche System der Kapitalanlagen im Auslande. (III, 442 S.) gr. 8. Berlin 907. G. Reimer. 10. —

Sartorius Freiherr von **Waltershausen**, A[ugust]. Die Italienischen Wanderarbeiter. 44 S. 8. Leipzig, C. L. Hirschfeld, 1903. [M. 1. 40]

—— die Zukunft des Deutschthums in den Vereinigten Staaten von Amerika, s.a. Zeit- und Streitfragen; deutsche.

Sartorius, Aug., Frh. von Waltershausen, Die Zukunft des Deutschthums in den Vereinigten Staaten von Amerika. Berlin 1885. 8.
1-t Deut. Zeit- u. Str.-Fr. Jhg. 11. Nr. 212. . . . .

Sartorius Frh. von Waltershausen, Georg Friedrich,
s. Sartorius Frh. von Waltershausen, Georg Friedrich Christoph

Sartorius Frh. von Waltershausen, Georg Friedrich Christoph

Sartorius, Geo. Fr. Cph. Abhandlungen die Elemente des Nationalreichthums und die Staatswirthschaft betreffend. 1. Thl. 8°. Göttingen, Röwer, 1806.

Sartorius, Geo. Fr. Cph., Anzeige e. Vorlesung üb. die Geschichte d. 18. Jahrh. f. das Sommerhalbjahr 1792. 8. Götting. 792.

Sartorius, Georg Friedrich (Freiherr v. Waltershausen): „Ueber die gleiche Besteuerung der verschiedenen Landestheile des Königreichs Hannover", Hannover 1815 (Hahn). Nachtrag dazu, ebenda 1817. — Beide vorh.: Com. Bibl. Hamburg und Preuß. Staatsbibl. Berlin.

— Nachtrag zu der Abhandl. üb. die gleiche Besteuerung Hannovers. 8. Hannov. 817. Hahn. 8 ℊℊ

Sartorius, Georg Friedrich (seit 1827 Freiherr v. Waltershausen): „Einladungsblätter zu Vorlesungen über die Politik", Göttingen 1793.

Sartorius, Georg Friedrich Freiherr von Waltershausen: „Von den Elementen des National-Reichthums und von der Staatswirthschaft nach Adam Smith; zum Gebrauch akademischer Vorlesungen und zum Privatstudio", Göttingen 1806 (= 2. Auflage des „Handbuches der Staatswirthschaft", s. Nr. 12761). — Vorh.: UB Köln — Hs. 29 — und Com. Bibl. Hamburg.

Sartorius, Georg Friedrich Christoph (seit 1827 Freiherr von Waltershausen): „Ueber die Gefahren, welche Deutschland bedrohen und die Mittel, ihnen mit Glück zu begegnen", Göttingen 1820 (Dieterich).

Sartorius, Georg Friedrich Christoph (seit 1827 Freiherr von Waltershausen): „Geschichte des Hanseatischen Bundes und Handels", 3 Bände, Göttingen 1802 bis 1808 (Dieterich).

Sartorius Frh. v. Waltershausen, G. F., urkundl. Geschichte d. Ursprunges d. deutschen Hanse. Hrsg. v. J. M. Lappenberg. 2 Bde. gr. 4. (140 B. u. 2 Stnt. Hamburg 830, Fr. Perthes. Drckp. 12 Thlr., Vlnp. Thlr.

Sartorius, Georg Friedrich (seit 1827 Freiherr von Waltershausen): „Grundriss der Politik", Göttingen 1801 (Dieterich). — Vorh.: UB Göttingen.

Sartorius, Georg Friedrich (seit 1827 Freiherr von Waltershausen): „Handbuch der Staatswirthschaft zum Gebrauch bey academischen Vorlesungen; nach Adam Smith's Grundriss", Berlin 1796 (bei Joh. Friedrich Meyer). — Vorh.: UB Bonn

— **Handbuch d. Staatswirthschaft n. A. Smith. 8. Berlin, Unger. 796.** (Cosmar u. Krause)

Sartorius, Geo. Fr. Cph.: **De libera Rheni navigatione in congr. Rastadiensi etc.** *Gott.*, Dieterich. 798. 8. (2 Gr.)

Sartorius, Georg Friedrich Christoph (seit 1827 Freiherr von Waltershausen): „Versuch einer Geschichte des deutschen Bauernkrieges zu Anfang des 16. Jahrhunderts", Berlin 1795 (Cosmar und Krause). — Vorh.: Bibl. des German. Museums Nürnberg.

Sartorius, G. F. C., Versuch einer Geschichte des deutsch. Bauernkriegs z. Anf. d. 16. Jahrh. 8. Berlin, Unger. 795. Rthlr.

— **Versuch über die Regierung der Ostgothen während ihrer Herrschaft in Italien, und über die Verhältnisse der Sieger zu den Besiegten im Lande. gr. 8. Hamburg, Perthes. 811.**

Sartorius von Waltershausen, Wolfgang

Sartorius v. Waltershausen, W., über den sicilianischen Ackerbau. Ein Vortrag gehalten im landwirthschaftl. Conversatorium zu Göttingen im Winter von 1861—1862. gr. 8. (42 S.) Göttingen 863, Dieterich'sche Buchh. *
Aus: Journal für Landwirthschaft, besonders abgedruckt.

Sartorius v. Waltershausen, W., Atlas des Aetna, s.a. Atlas.

Sartorius v. Waltershausen, W., Atlas des Aetna. Mit Beihülfe v. S. Cavallari, C. F. Peters u. C. Roos. 1. Liefg. Roy.-Fol. (Mit 5 Kpfrtaf., 2 Karten u. Text.) Berlin 845, Schropp u. Comp. baar 9 ℊ

—— Atlas des Aetna. Mit Beihülfe von S. Cavallari, C. F. Peters und C. Roos. Göttingen 1845—61. Fol.

Sartorius v. Waltershausen, W., Atlas des Aetna. Mit Beihülfe von S. Cavallari, C. F. Peters und C. Roos. 1—3. Lfg. qu. Imp.-Fol. (à 7 in Kpfr. gest. Karten und Taf. und 3 Bl. Text.) Göttingen 848, (Vandenhoeck und Ruprecht.) à Lfg. **

Sartorius v. Waltershausen, W., Atlas des Aetna. Mit Beihülfe von S. Cavallari, I. B. Listing, C. F. Peters und C. Roos. 4. Lfg. qu. Imp.-Fol. (7 in Kpfr. gest. Karten und 6 S. Text.) Göttingen 853, (Vandenhoeck und Ruprecht's Vrlgsh.) **

Sartorius v. Waltershausen, W., Atlas des Aetna. Mit Beihülfe von S. Cavallari, C. F. Peters und C. Roos. 5—7. Lfg. qu. Imp.-Fol. (22 in Kpfr. gest. und theilweise ill. Karten und 14 S. Text.) Weimar 857—59, Geographisches Institut. à Lfg. ** 10 Thlr. **

—— **Atlas des Aetna. Mit Beihülfe von S. Cavallari, C. F. Peters, C. Roos und J. Hey. 8. Lfg.** qu. Imp.-Fol. (7 in Kpfr. gest. und theilweise ill. Karten und 4 S. Text.) Weimar 861, Geographisches Institut. **

—— **Atlas de l'Etna. Assisté de C. Cavallari, C. F. Peters et C. Roos.** Livr. 1—3. qu. Imp.-Fol. (à 7 in Kpfr. gest. Karten und Taf. und 3 Bl. Text.) Le même. à Livr. **

— Atlas de l'Etna. **Assisté de C. Cavallari, C. F. Peters et C. Roos.** Livr. 1—3. qu. Imp. Fol. (à 7 in Kpfr. gest. Karten u. Taf. u. 3 Bl. Text.) Ebd. 848 (à n. n. 10 ℊ) n. n. 30 ℊ

—— **Atlas de l'Etna. Assisté de C. Cavallari, I. B. Listing, C. F. Peters et C. Roos. Livr. 4.** qu. Imp.-Fol. (7 in Kpfr. gest. Karten und 6 S. Text.) Göttingen 853, (Vandenhoeck und Ruprecht's Vrlgsh.) **

—— **geologischer Atlas von Island. qu. Fol. (25 Kpfrt.) Mit Text. (VII und 60 S. in 4.) Göttingen 853, Dieterich'sche Buchh.** *

– Der Aetna, s.a. Lasaulx, A. v.

Sartorius, Frhr. v. Waltershausen, Wolfg., der Aetna. Nach den Manuscripten des Verstorbenen hrsg., selbständig bearb. und vollendet von Arnold v. Lasaulx. 2 Bde. gr. 4. Leipzig 880, Engelmann. cart. *
Inhalt:
Bd. 1. Sartorius' Reisebeschreibung und die Geschichte der Eruptionen. Mit dem (photo-typ.) Bildniss von Sartorius, 1 Karte in Lichtdr., 14 Kpfrt. und verschiedenen (eingedr.) Holzschn. (XX, 371 S.) *ℳ 40.
» 2. Topographisch-geognostische Beschreibung, Entwickelungsgeschichte und Producte des Aetna. Mit 1 Farbendr.-Bild, 1 (lithogr.) Karte der Valle del Bove, 22 Kpfrt. und zahlreichen (eingedr.) Holzschn. (VIII, 548 S.) *ℳ 60.

—— **über die submarinen vulkanischen Ausbrüche in d. Tertiär-Formation des Val di Noto im Vergleich mit verwandten Erscheinungen am Aetna.** gr. 8. (4 B.) Göttingen 846, Vandenhöck u. Ruprecht. -
Aus: Göttinger Studien 1845 besond. abgedruckt.

—— über die **Berechnung** der quantitativen mineralogischen Zusammensetzung der krystallinischen Gesteine vornehmlich der Laven. gr. 4. (45 S.) Göttingen 862, Dieterich'sche Buchh. *
Aus: Abhandlungen der k. Gesellschaft der Wissenschaften zu Göttingen, besonders abgedruckt.

—— **Gauss zum Gedächtniss.** gr. Lex.-8. (108 S.) Leipzig 856, Hirzel. *

—— über die vulkanischen **Gesteine** in Sicilien und Island und ihre submarine Umbildung. gr. 8. (XVI und 532 S. mit 1 Stnt.) Göttingen 853, Dieterichsche Buchh. *

Sartorius v. Waltershausen, W. Ueber die Klimate der Gegenwart und Vorwelt. Harlem 1865. 4.

—— über die **Krystallformen** des Bors. gr. 4. (32 S. mit 2 Kpfrt.) Göttingen 857, Dieterich'sche Buchh. *
Aus: Abhandlungen der k. Gesellschaft der Wissenschaften zu Göttingen, 7. Bd., besonders abgedruckt.

—— physisch-geographische Skizze von Island mit besond. Rücksicht auf vulkanische Erscheinungen. gr. 8. (142 S.) Göttingen 847. Vandenhoeck und Ruprecht.
Aus: Göttinger Studien, Jahrg. 1847, besonders abgedruckt.

Sartorius von Waltershausen, W., Untersuchungen über die Klimate der Gegenwart und der Vorwelt, mit besonderer Berucksichtigung der Gletscher-Erscheinungen in der Diluvialzeit. (Natuurkundige Verhandelingen van de Hollandsche Maatschappij der Wetenschappen te Haarlem. XXIII. deel). Haarlem 1865.

—— ein **Vortrag** über den Aetna und seine Ausbrüche gehalten in der ersten allgemeinen Sitzung der XXXII. Versammlung der deutschen Naturforscher zu Wien am 16. Sept. 1856. gr. 8. (23 S.) Leipzig 857, Hirzel. *

Sartory, Verfasserin der Großmama ꝛc., J. Fidelitas, oder neue Erzählungen für Kinder zur Belehrung u. Unterhaltung. Mit (6) ill. Kpfrn. 8. Berlin 836. Hasselberg. $1\frac{1}{4}$ ßf

Gaßners Lehre ohne Vorurtheil, oder Beweis, daß die Lehre Gaßners der heil. Schrift, den Satzungen der Kirche, den Meinungen der heil. Väter, und anderer heiliger, frommer und gelehrter Männer von verschiedenem Zeitalter gemäß sey. Mit Anmerkungen verbessert. 775. 8. (Verf. Herr von Sartory.)

Sartory, Anna. Judith, die Heldin von Bethulia. Drama in vier Akten. [Mit illustriertem Umschlag.] 97 S. 8. Einsiedeln *etc.*, Benziger & Co. A. G., 1907. (fr. 2. —)

Sartory, Anna, Katharina v. Alexandrien, s.: Dilettantenbühne, katholische. 183. Hft.

Sartory, Frz., graphische Tabellen f. d. statische Berechng. einf. Hochbauconstructionen. 4. (V, 66 S. m. 45 Holzschn. u. 12 Taf.) Wien 898. Spielhagen & Schurich. n. 4. —

Sartory, J. G., neuestes Augsburger Kochbuch oder die schwäb.-bayerische Küche. Enth. über 900 Speisezubereitungen, als: Fleisch- und Fasten-Speisen, der feinen Kunstbäckereien und Mehlspeisen, der Gelées ꝛc. nebst Vorkehrungsgerichten, Speisezetteln und Erklärungen der in der Küche am häufigsten vorkommenden Kunstausdrücke. 4. mit Berücksicht. des neuen Maaß- und Gewichtes verb. Aufl. 8. (VI, 540 S.) Augsburg 868, Rieger'sche Buchh. cart.

Sartory, J. G., neuestes Augsburger Kochbuch od. die schwäbisch-bayer. Küche. Enth. üb. 900 Speisezubereitgn., als: Fleisch- u. Fasten-Speisen, der feinen Kunstbäckereien u. Mehlspeisen, der Gelées ꝛc. nebst Vorkehrungsgerichten, Speisezetteln u. Erklärgn. der in der Küche am häufigsten vorkomm. Kunstausdrücke. 4. m. Berücksicht. d. neuen Maaß- u. Gewichtes verb. Aufl. 8. (VI, 540 S.) Augsburg 873. Rieger. 2. 10

— **dasselbe. 4., m. Berücksicht. d. neuen Maß u. Gewichtes verb Aufl. (In 7 Lfgn.) 1. Lfg. gr. 8. (VI, 80 S.) Ebend. 876.** — 45

Sartory, J. G., neuestes Augsburger Kochbuch oder die schwäbisch-bayer. Küche. Enthaltend über 900 Speisezubereitungen, als: Fleisch- und Fasten-Speisen, der feinen Kunstbäckereien ꝛc., nebst Voressen, Speisezetteln und Erklärungen der in der Küche am häufigsten vorkommenden Kunstausdrücke. 5. Aufl. 8. (VI, 540 S.) Augsburg 882, Rieger'sche Buchh. geb.

Sartory, J. G., die schwäbisch-bayerische Küche oder: Neuestes augsburger Kochbuch. Enthaltend über 800 Speisezubereitungen. 8. ($28\frac{1}{2}$ B. u. 1 Kpfr.) Augsburg 846, Rieger'sche Buchh. -

Sartory, J. G., die Schwäbisch-Bayerische Küche od. neuestes Augsburger Kochbuch. Enthaltend über 900 Speisezubereitungen, als: Fleisch- u. Fasten-Speisen, der feinen Kunstbäckereien u. Mehlspeisen, der Gelees ꝛc., nebst Vorkehrungsgerichten, Speisezetteln u. Erklärungen der in der Küche am häufigsten vorkommenden Kunstausdrücke. 2. verm. u. verb. Aufl. 8. (VI u. 520 S. m. 1 Kpfrst.) Augsburg 847, Rieger. $\frac{3}{4}$ ßf

Sartory, J. G., die schwäbisch-bayerische Küche oder neuestes augsburger Kochbuch. Enthaltend über 900 Speisezubereitungen, als: Fleisch- und Fasten-Speisen, der feinen Kunstbäckereien und Mehlspeisen, der Gelees ꝛc., nebst Vorkehrungsgerichten, Speisezetteln und Erklärungen der in der Küche am häufigsten vorkomm. Kunstausdrücke. 2., verm. und verb. Aufl. 8. (VI und 520 S. mit 1 Kpfrt.) Augsburg 851, Rieger'sche Buchh. Thlr. -

SARTORY, Johann Baptist von (Rorschach): De pupillae vicariae institutione.- Landshut: Thomann 1810. 39 S.
7.4.1810 - Pe 312: F 57
Diss. Ingolst-Landsh.-Mchn.

Sartowitz [Schlagwort]

Sartowitz, s.: Preussen. Messtischblätter.

Sarugensis, s.: Mar-Jacobus Sarugensis.

Sarvasammata-Çikshâ, s. Franke, A. O.

Sarwey, v. (Der russ.-türk. Kieg 1877—78.) **Magdeburg 1890. 8°.**

Sarwey, von den Vogesen zum Balkan, s.: Bühler.

v. Sarwey, A., Geschichte der die Rechtsordnung betreff. ꝛc. organ. Einrichtungen in Württemberg ꝛc., s. Festschrift zu d. Jubelfeier d. 25jähr. Regierung des Königs Wilhelm von Württemberg.

Sarwey, A., über Liquidation u. Location der Forderungen d. Gemeinden im Concurse der Gläubiger, nach dem jetzt geltend. Würtemberg. Recht. gr. 8. ($7\frac{1}{2}$ B. u. 1 B. Tab.) Stuttgart 831, Steinkopf.

Sarwey, A. v., Monatsschrift f. d. Justiz-Pflege in Württemberg, s. Monatsschrift.

Sarwey, A., das Würtemberg. Schäferei-Gesetz v. 9. April 1828, in seinen Folgen f. den Besitzstand ꝛc. Münch. 830. v. Gotta. 4 Kr Ist eine unentgeltl. Beilage zur Justiz-Fama, 1830. gr. 8.

Sarwey, Bertha = Ulmen, B. [Autorname].

Sarwey, Dore, eh' Mutter wiederkam. Die Geschichte e. kleinen Mädchens. (V, 166 S. m. Abb. u. 4 farb. Vollbildern.) 8. Stuttgart (910). Union. Geb. in Leinw. 4. —

Sarwey, Helmut, Kolonialpolitik, s.: Plehn, Hans.

Sarwey, Osc. v., s.: Limes, der obergermanisch-raetische, des Römerreiches.

– s.: Limesblatt.

Sarwey, Otto

Sarwey, O. v., über das Absonderungsrecht der in der württembergisch-rechtlichen Errungenschaftsgesellschaft lebenden Ehefrau nach § 44 der Konkursordnung. gr. 8. (58 S.) Tübingen 884, **Fues.** *
Aus: Württembergisches Archiv für Recht und Rechtsverwaltung, besonders abgedruckt.

Sarwey, Otto, d. künstl. Frühgeburt bei Beckenenge. Auf Grund von 60 Fällen aus der kgl. Universitäts-Frauenklinik zu Tübingen dargest. gr. 8. (IX, 177 S. m. 7 Abb. u. 3 Taf.) Berlin 896. A. Hirschwald. n. 6.

Sarwey, zur Genossenschaftsgesetzgebung mit besond. Bezugnahme auf die Schrift von Schulze-Delitzsch, die Gesetzgebung über die privatrechtliche Stellung der Erwerbs- u. Wirthschaftsgenossenschaften. [Aus dem württemberg. Archiv für Recht u. Rechtsverwaltung.] Stuttgart 869. (Lindemann.) gr. 8. (38 S.). n. 5 ngr.

— u. G. **Thilo**, die Justizgesetzgebung des Deutschen Reichs. 1. Abthlg. 4 Bde. u. 2. Abthlg. 3 Bde. gr. 8. Berlin 877—79. C. Heymann's Verl. n. 65. —; in 4 Bde. geb. n. 72. 50
I. 1. Die Konkursordnung vom 10. Febr. 1877. Bearb. von v. Sarwey. (806 S.)
2. Die Strafprozeß-Ordnung vom 1. Febr. 1877. Bearb. von G. Thilo. (605 S.)
3. Die Civilprozeß-Ordnung vom 30. Jan. 1877. Bearb. von v. Sarwey. 2 Thle. (1201 S.)
4. Das Gerichtsverfassungsgesetz, nebst Einführungsgesetz vom 27. Jan. 1877. Erläutert von G. Thilo. (312 S.)
II. 1. Die Rechtsanwalts-Ordnung vom 1. Juli 1878. Erläutert von F. Meyer. (150 S.)
2. Das deutsche Gerichtskostenwesen, enthaltend: das Gerichtskostengesetz vom 18. Juni 1878, die Gebührenordnung für Zeugen u. Sachverständige vom 30. Juni 1878, die Gebührenordnung für Gerichtsvollzieher vom 24. Juni 1878. Für den praktischen Gebrauch bearb. von Carl Pfafferoth. (185 S.)
3. Die Gebührenordnung für Rechts-Anwälte vom 7. Juli 1879. Erläutert von F. Meyer. (127 S.)

Sarwey, O., Carcinom u. Schwangerschaft, s.: Handbuch der Gynäkologie. III. II. 1.

Sarwey, Otto [app. Arzt aus Stuttgart]: Über die Kastration der Frauen. . . . Tübingen, Druck v. Heinrich Laupp jr., 1890; 28 S. 8°
Tübingen, Med. Fak., Inaug.-Diss. v. 1890

Sarwey, O., die Kastration der Frauen. Inaug.-Diss. gr. 8. (28 S.) Tübingen 890. (Fues.) n. 1. —

Sarwey, Otto, das Württembergische Concordat. Bericht für die Minderheit der staatsrechtlichen Commission der Kammer der Abgeordneten verfaßt u. eingeleitet. Stuttgart 860. Metzler. gr. 8. (192 S.) n. 16 ngr.

Sarwey, der Konkurs nach den dem deutschen Reichstag vorgelegten Entwürfen e. Konkurs-Ordnung u. e. Einführungsgesetzes. gr. 8. (181 S.) Stuttgart 876. C. Heymann's Verl. n. 4. —

Sarwey, Otto v., die Konkursordnung f. das Deutsche Reich, 4. Aufl. v. G. Boßert, s. a. Kommentar zum bürgerl. Gesetzbuche u. seinen Nebengesetzen.

—— die Konkurs-Ordnung für das Deutsche Reich vom 10. Febr. 1877. gr. 8. (LVI, 806 S.) Ebendas. 879. * geb. *
Vgl.: Justizgesetzgebung, die, des Deutschen Reichs.

—— die Konkurs-Ordnung für das deutsche Reich vom 10. Febr. 1877. 2. verm. und verb. Aufl. 2 Abthlgn. gr. 8. (LIX, 980 S.) Berlin 881,82, C. Heymann's Verlag. à Abthl. * ℳ 10. *

Sarwey, v., die Konkurs-Ordnung f. das Deutsche Reich vom 10. **Febr. 1877.** Erläutert von v. S. 3. Aufl. Bearb. v. G. Boßert. 1.–4. Lfg. gr. 8. (S. 1–432.) Berlin 893. 894. C. Heymanns Verl. à n. 2. —

Sarwey, v., d. Konkurs-Ordnung f. d. Deutsche Reich v. 10. Febr. 1877. Erläutert v. S. 3. Aufl. Bearb. v. G. Boßert. 5.—10. Lfg. gr. 8. (XX u. S. 433—968.) Berlin 895. C. Heymann's Verl. à Lfg. n. 2. — (kplt. geb. in Halbfrz.: n n. 22. 50)

Die Konkursordnung für das Deutsche Reich von [Otto] v. **Sarwey**. 4. Aufl. nach d. Stande der vom 1. Jan 1900 an geltenden Gesetzgebung bearb. von G[ustav] Bossert. Th. 1. *Berlin: C. Heymann 1900.* 8° [F.] = **Kommentar** z. Bürgerl. Gesetzbuche u. s. Nebengesetzen. [2, 3] (... 185, 3

— üb. d. in klin. Lehranst. besteh. Nothwendigkeit e. geburtshilfl. Abstinenzzeit f. „inficirte" Studenten, s.: Sammlung klin. Vorträge.

—— zur Lehre von der Zwangsenteignung, mit besond. Berücksicht. des württembergischen Rechts. gr. 8. (58 S.) Tübingen 884, **Fues.** *
Aus: Württembergisches Archiv für Recht und Rechtsverwaltung, besonders abgedruckt.

—— das öffentliche Recht und die Verwaltungsrechtspflege. gr. 8. (XVI, 760 S.) Tübingen 880, Laupp'sche Buchh. *

— das Staatsrecht d. Königr. Württemberg. 2 Bde. gr. 8. (XII, 360 u. IX, 583 S.) Tübingen 883. Laupp. n. 18. —

Sarwey, O. v., das Staatsrecht des Königreichs Württemberg, bearb. von L. Gaupp, besprochen. gr. 8. (44 S.) Tübingen 885, Frz. Fues. *

—— dass. — 2. Abdr. gr. 8. (44 S.) Ebendas. 885. *
Aus: Württembergisches Archiv für Recht rc., besonders abgedruckt.

Sarwey, O., bakteriologische Untersuchgn. üb. Hände-Desinfektion u. ihre Endergebnisse f. die Praxis. (III, 91 S. m. 4 Lichtdr.-Taf.) 8. Berlin 905. A. Hirschwald. n 2. 40

—— allgemeines Verwaltungsrecht, s. Handbuch des öffentlichen Rechts.

— Allgemeines Verwaltungsrecht. (Handbuch des offentl. Rechts I, 2) Freiburg 1884

Sarwey, O. v., allgemeines Verwaltungsrecht. [Aus: „Marquardsen's Handbuch d. öffentl. Rechts".] Lex.-8. (IV, 177 S.) Freiburg i/Br. 887. J. C. B. Mohr. n. 5. —

Sarwey, Civil-Practicum oder Anleitung zu Entscheidung von Civil-Rechts-Streitsachen in Uebungsfällen mit Anweisung zu deren Bearbeitung und mit Auflösung der Aufgaben. In 4 Abthlgn. gr. 8. (XXXII und 516 S. mit 2 Stnt. in gr. 4 und Fol.) Stuttgart 856, Cotta'sche Buchh. *

Sarwey, O. v., die Civilprozeß-Ordnung für das Deutsche Reich vom 30. Jan. 1877. 2 Bde. gr. 8. (XXXVIII, 739 u. IV, 462 S.) Berlin 879. C. Heymann's Verl. n. 22. 50

Sarytschew, Gawr.

Sarytschew G.: Achtjährige Reise im nordöstlichen Sibirien, auf dem Eismeere u. dem nordöstlichen Ozean. Aus d. Russ. übers. v. J. H. Busse. Th. 1. Leipz. 1805. (18) 190 S. 11 Tvl. (3 kol.).

Sarytschew, G., achtjährige Reise im nordöstlichen Sibirien, auf dem Eismeere u. dem östl. Ocean; aus d. Russ. übersezt von J. H. Buße. 3r Thl. gr. 8. Leipz. Rein u. Comp. 815.

Sarytschew, Gawr, Reise durch die nördlichsten Theil Siberiens, des; Eismeers und d. nordöstlichen Ocean, 1785–93. a. d. Ruß. v. Buße, m. K. u. Chart. 2 Bde. gr. 8. Leipzig, Rein. 805–806. (1r 4 Rthlr. 12 gr. 2r 1 Rthlr. 12 gr.)

Sarytschew, Gawr., Reise durch die nördl. Theile Sibiriens, des Eismeers u. den nördl. Ocean 1785—93; aus d. Russ. v. J. H. Busse. 2 Thle. Mit Kart. u. Kpf. gr. 8. Leipz. 805—815. Rein. 7 ⁄/ (3r Thl. A. u. d. T.: Halls u. Billings Reisen im nördl. Ocean rc. 1 ⁄f)

Sarzin, David [aus Nicolajew '(Russl.)']: Ueber Nukleoalbuminausscheidung im Harn ... Berlin, C. Vogt's Buchdr., *1894*; 32 S., 2 Bl. 8.
Berlin, Med. Fak., Inaug.-Diss. v. 16. März 1894

Sasaki, H(iroshi), approb. Arzt aus Japan: Ueber die Sauerstoffinhalationen. *München 1902: C. Wolf & Sohn.* (83 S.) 8°
München, Med. Diss. v. 1902

Sasao, Kumetaro, aus Schimonoseki, Japan: Prolegomena zur Bestimmung des Gottesbegriffes bei Kant. *Bonn 1899: K. Drobnig.* (2 Bl.) 8° [Nur Titelblatt, Vita u. Thesen.]
Bonn, Phil. Diss. v. 12. Aug. 1899
(Nicht für den Austausch)

Sasao, Kumetaro, aus Schimonoseki, Japan: Prolegomena zur Bestimmung des Gottesbegriffes bei Kant. *Halle a. S. 1900: E. Karras.* (28 S.) 8° [Erschien vollst. 1900 als H. 13 d. Abhandlungen zur Philosophie u. ihrer Gesch.] — [Vgl. 1898/99 Bonn No 61.]
Bonn, Phil. Diss. v. 12. Aug. 1899

Sasoo, Kumetaro, Prolegomena zur Bestimmung des Gottesbegriffes bei Kant, s. a. Abhandlungen zur Philosophie u. ihrer Geschichte. 13.

Sasao, Kumetaro: Prolegomena zur Bestimmung des Gottesbegriffes bei Kant von . Halle: M. Niemeyer 1900. (71 S.) 8°
= Abhandlungen z. Philosophie u. ihrer Geschichte. H. 13

Sasawsky, s. Sazawsky.

Saschyn, Nikolaus [aus Russland]: Beitrag zur Behandlung des Kropfes. ... München, k. Hof- u. Univ.-Buchdr. v. Dr. C. Wolf & Sohn, 1888; 55 S. 8°
München, Med. Fak., Inaug.-Diss. v. 1888

Sascke. [illegible]

Saški, Thdr., der Hülfs-Verein der landwirthschaftlichen Beamten; beleuchtet. 8. (IV und 31 S.) Berlin 856, Bosselmann. Thlr. *

—— Leitfaden zur Führung und Selbsterlernung der landwirthschaftlichen doppelten Buchhaltung. Bevorwortet von A. P. Thaer. gr. 8. (VIII und 125 S.) Breslau 856(57,) [Trewendt.] -

Šašelj, Martin. Gospa Sveta. V Celovci. St. Hermagoras-Druck., 1886. 16 S. — 2. pomnoženi natis. 1896. 23 S.

Sasinek, Frz. V., die Slowaken. Eine ethnograph. Skizze. gr. 8. (33 S.) Turec Sct. Martin 875. (Prag, Gregr & Dattel.) n. — 40

— dasselbe. 2., rev. Aufl. 8. (50 S.) Prag 875. Urbánek. n. — 50

Sasinek, P. Vikt.: Fabiola. s. Biblioteka Prostonárodná.

Saska, F.

Saska: Der 2. Ges. der Aeneis. Böhm. Uebersetzungsprobe. 17 S. –Klattau, Progr. 1864

Saska, F.: Aeneidy zpěv druhy. Klottau. 4. 27 S. 1864.
Schul-, Univ.-Schrift

Saski, C., s.: Zeitschrift, Saski'sche, f. das Versicherungswesen.

Saski, Geo., tabellar. Vergleichung der Versicherungs- u. Aufnahme-Bedingungen sowie der Prämien der in der Oesterreichisch-Ungarischen Monarchie arbeitenden in- u. ausländ. Lebensversicherungs-Gesellschaften. (55 S. m. 8 Tab.) 8. Leipzig 905. (E. Kempe.) Geb. in Leinw. 1. 70

— s.: Zeitschrift, Saski'sche, f. das Versicherungswesen.

Saskl, Thdr., die volkswirthschaftliche Bedeutung des Versicherungswesens u. der Nutzen der einzelnen Versicherungszweige. 1. Aufl. 865. n. 10 *ngr.* u. 2. verm. u. verb. Aufl. Leipzig 866. Fritsch. gr. 8. (V, 60 S.) n. 12 *ngr.*

— Die volkswirtschaftl. Bedeutung des Versicherungswesens. 3. Aufl. Leipzig 1869

—— Flugschriften über Versicherungswesen. 1. Heft: Das ländliche Versicherungswesen. Controverse gegen die Historisch-polit. Blätter in München. gr. 8. (22 S.) Leipzig 867, (Fritsch.) *

—— Jahrbuch für das gesammte Versicherungswesen in Deutschland. 1. Jahrg. Geschichtliche und statistische Notizen über die Versicherungs-Gesellschaften aller Zweige und deren Resultate im J. 1862. Lex.-8. (VII und 247 S.) Frankfurt a. M. 864, Sauerländer's Verlag. *

Saski, Thdr., Jahrbuch für das gesammte Versicherungswesen in Deutschland. 2. und 3. Jahrg. Lex.-8. [2. Jahrg. (VII und 304 S. mit 2 Tab. in qu. gr. Fol.) 3. Jahrg. (VI und 279 S. mit 4 Tab. in qu. gr. Fol.) Frankfurt a. M. 865, 67, Sauerländer's Verlag. à Jahrg. *

—— dass. — 4. Jahrg. Lex.-8. (216 S. mit 10 Tab. in qu. gr. Fol.) Leipzig 867, Fritsch. *

Saski, Thdr., Jahrbuch für das gesammte Versicherungswesen in Deutschland. 5. Jahrg. 4 Hefte. Lex.-8. Leipzig 868, (Wartig.) .

Saski, Th. Die Kapitalvers. auf den Todesfall. 2. Aufl. Leipzig 1869.

-- der Versicherungsfreund. Rathgeber für die, welche versichert haben oder versichern wollen. 1. Heft: Die Capitalversicherung auf den Todesfall. Leipzig 867. Fritsch. 8. (44 S. mit 2 Tabb. in qu. Fol.) 7½ *ngr.*

•*Saski, Th.* Das ländliche Versicherungswesen. Leipzig 1867.

- (Hrsg.), s. Zeitschrift, Saskische.

Sasoo, Kumetaro: Prolegomena zur Bestimmung des Gottesbegriffes bei Kant, s. Sasao

Sass, Albert von

Sass, A. v., experimentelle Untersuchungen über die Beziehung der motorischen Ganglienzellen der Medulla spinalis zu peripheren Nerven. Inaug.-Diss. gr. 8. (34 S. m. 1 lith. Curventaf.) Dorpat 888. (Karow.) n. 1. 50

Sass, Arthur Baron v., die Phanerogamen-Flora Oesel's und der benachbarten Eilande und Beitrag zur Flora der Insel Runoe. Lex.-8. (84 S.) Dorpat 860, (Glaeser's Verlag.) *
Aus: Archiv für die Naturkunde Liv-, Ehst- und Kurlands, besonders abgedruckt.

von **Sass**, Arthur Ferdinand Baron: Untersuchungen über die Eisbedeckung des Meeres an den Küsten der Inseln Ösel und Moon. (Mélanges physiques et chimiques tirés du Bulletin de l'Académie Impériale des Sciences de St.-Pétersbourg T. 6. p. 477—530.) St.-Pétersbourg 1865. 54 S. 8°.

von **Sass**, Arthur Ferd. Baron: Untersuchungen über die Niveauverschiedenheit des Wasserspiegels der Ostsee. Artikel I—III. (Mélanges physiques et chimiques tirés du Bulletin de l'Académie Impériale des Sciences de St.-Pétersbourg. T. 5. p. 543—598. T. 6. p. 135—158. 274—318.) St.-Petersburg 1863—1865. 2 Bde. 56; 24, 35 S. 8°.

Sass, Aug. Leop., fifty rhythmical thrumming exercises for the fingers, requiring no instrument to prepare beginners on the violin and piano, and to increase and preserve the independence and strength of the muscles of the fingers and hands, for advanced pupils. Translated by John Bernhoff. Ed.: 1—5000. (36 S. m. Fig.) 8. Berlin-Gross-Lichterfelde (910). Ch. F. Vieweg. 1. —

— Das Geheimnis, in kurzer Zeit e. schönen, blühend., das Orchester beherrschenden Ton u. e. unfehlbares, rhythmisches Stakkato, durch direkte Ausbildung der betr. Muskelpartien zu bekommen. (24 u. 11 S. m. Fig.) 8. Leipzig (907). Bosworth & Co. — 60

Sass, Béla, Kindergottesdienste. gr. 8. (7 S.) Budapest 902. (L. Kókai.) n. — 10

Sass, C., De Heronis Alexandrini quae feruntur definitionibus geometricis. Diss. 1913. 68 S. 2.50

Sass, Carl, s. Sass, Karl

Saß, Daniel, Ed. J. O. Dürkops Übersetzungen derer heiligen Psalmen Davids, Hamburg (1715) siehe Johann Otto Dürkop.

Sass, Ernst, s. a. l'Estoire, Joseph.

Sass, Ernst, a. Koldenbüttel: L'Estoire Joseph. (Halle a. S. 1906: Waisenhaus.) (118 S.) 8°
Berlin, Phil. Fak., Ref. Tobler, Diss. v. 19. Mai 1906
[Geb. 28. Jan. 80 Koldenbüttel; Wohnort: Schleswig; Staatsangeh.: Preußen; Vorbildung: Domgymn. Schleswig Reife O. 98; Studium: Leipzig 4, München 2, Kiel 1, Berlin 8 S.; Rig. 29. Jan. 06.]

Sass, Friedrich

Saß, Friedr., s. a. † Soltwedel, Alex.

Sass, Friedr. Plutarchs Apophthegmata regum et imperatorum. 1. Teil. 21 S. **Progr.** *Plön* 1881.

Saß, Friedr. († Alex. Soltwedel), Berlin in seiner neusten Zeit u. Entwicklung. gr. 8. (21¾ B.) Leipzig 846, Koffka. *

Saß, Friedr., Berlin in seiner neuesten Zeit u. Entwicklung. gr. 8. (VIII u. 339 S.) Leipzig 847, Koffka. n. 1⅔ ngr

—— Deutschlands Flotte. Ein Ruf in's deutsche Volk. gr. 8. (1½ B.) Hamburg 842, Bödecker.

—— Geschichte des hamburger Brandes, mit Wünschen f. das neue Hamburg. gr. 8. (6½ B. u. 1 Plan der Stadt.) Leipzig 842, Phil. Reclam jun. **

Sass, Frid., de numero plurali. gr. 8. (62 S.) Kiel 873, Haeseler. [v. Wechmar.]

Sass, F., de numero plurali. gr. 8. Kiel 873. Leipzig, Licht und Meyer.

Saß, Frdr., d. Schauspiel-Director, s.: Theater, neues Wiener.

— meine Stellung in Lübeck. gr. 8. Hamburg 842, Berendsohn. n. ⅙ ngr

— über das preuß. Verfassungs-Patent vom 3. Februar 1847. gr. 8. (47 S.) Schkeuditz 847, v. Blomberg. n. 4 ngr

Saß, Johann (Hrsg.), s. Eckermann, Christian: As ik so'n Jung weer.

SASS, JOAN., De staphylomatis indole atque natura nonnulla. Diss. inaug. Kiliæ. 1838. 4. P.

Sass, Johann [aus Koldenbüttel]: Zur Kultur- und Sittengeschichte der sächsischen Kaiserzeit. Ein Beitr. z. d. deutschen Privataltertümern ... Berlin, *Druck v. E. Buchbinder in Neu-Ruppin*, 1892; XII, 80 S., 2 Bl. 8.
Berlin, Phil. Fak., Inaug.-Diss. v. 30. Juni 1892

Sass, Joh., deutsches Leben zur Zeit der sächsischen Kaiser. Ein Beitrag zu den deutschen Privataltertümern. gr. 8. (XII, 81 S.) Berlin 892. J. Springer. n. 2. —

[Kopft.:] Vier Lieder (Mondlicht, Gode Nacht, Im Volkston 1, 2) v. Theodor Storm, kompon. f. e. Singst. m. Klavierbegl. [Von Dr. Johann Sass.] *Kiel: Dr. v. Schmidt & Klaunig 1896.]* (3 Bl.) 1 Bd 4. [Autogr.]
[97. 8699 Ki

Saß, Johann Barthold

Saß, J. B., Arbeiter-Versicherungen. [Aus: „Rechenbuch in Hftn., IV."] 8. (S. 66—86.) Altona 902. (Schlüter.) n. — 10

Saß, J. B., Beitrag zu einem zweckmäßigen Rechenunterricht. gr. 8. Altona 841, Schlüter. n. 1⅙ ngr

Saß, J. B., **Buchstaben-Rechnung** u. Algebra. 2. Abth. der Fortsetzung des „Rechenbuchs für Volksschulen." gr. 8. (15½ B.) Altona 843, Schlüter. *
Rechenbuch f. Volksschulen rc. Ebendas. 1840. * 20 Ngr.

—— Resultate hierzu. gr. 8. (3 B.) Ebds. 843. *

Saß, J. B., Buchstabenrechnung u. Algebra nebst einer Sammlung algebraisch-geometr. u. trigonometr. Aufgaben, sowie den zu letzteren erforderlichen Sinustabellen u. einer Tafel der 5stelligen Logarithmen von 1 bis 10000. 2. durchweg verb. u. verm. Aufl. gr. 8. (VI u. 250 S.) Altona 850, Schlüter in Comm. n. ⅚ ngr

— Resultate dazu. gr. 8. (40 S.) Ebd. 850, in Comm. n. ⅛ ngr

Saß, J. B., Buchstabenrechnung und Algebra. 3., neu bearb. Aufl. A. u. d. T.: Uebungsbuch im Rechnen mit allgemeinen Zahlzeichen, nebst einem Anhang, enthaltend die brigg. Logarithmen der Zahlen von 1—10000 und die brigg. trigonometr. Logarithmen. Mit besond. Berücksicht. einer Anwendung desselben auf Geometrie, Trigonometrie und Physik bearb. gr. 8. (X und 294 S. mit eingedr. Holzschn.) Altona 860, Schlüter. *

Saß, J. B., **Buchstabenrechnung** und Algebra oder Übungsbuch im Rechnen mit allgemeinen Zahlzeichen, nebst einem Anh. enth. die brigg. Logarithmen der Zahlen von 1—10000 und die brigg. Logarithmen der trigonometr. Zahlen. Mit Berücksichtigung einer Anwendung desselben auf Geometrie, Trigonometrie und Physik bearb. 1. Thl. 4. Aufl. gr. 8. (IV und 250 S. mit eingedr. Holzschn.) Altona 867, Schlüter. *
Resultate dazu. (48 S.)

Saß, J. B., Buchstabenrechnung u. Algebra od. Uebungsbuch im Rechnen m. allgemeinen Zahlzeichen, nebst e. Anh. enth. die Briggischen Logarithmen der Zahlen 1 bis 10000 u. die briggischen Logarithmen der trigonometr. Zahlen. Mit besond. Berücksicht. e. Anwendg. derselben auf Geometrie, Trigonometrie u. Physik. 1. Thl. 5. Aufl. gr. 8. (XLVI, 204 S.) Altona 874. Schlüter. n. 2. 40; Resultate (44 S.) n. — 60

Saß, J. B., elementarische Einleitung in die allgemeine Arithmetik. Zugleich ein Wegweiser durch dessen „Buchstabenrechnung und Algebra." 1. Thl. gr. 8. (IV und 210 S.) Altona 854, Schlüter.

Saß, J. B., Proportionen u. Kettenbrüche. Aufgaben zur theoret. u. practischen Einführung in die Lehre v. den geometr. Verhältnissen u. Proportionen, so wie zur Uebung in der annähernden Verkleinerung dieser Verhältnisse mittelst Kettenbrüche. gr. 8. (II u. 44 S.) Altona 852, Schlüter. n. 1/4 ₰

—— Proportionen u. kaufmännisches Rechnen. I. Abthl. der Fortsetzung des „Rechenbuchs f. Volksschulen." gr. 8. (12 B.) Altona 843, Schlüter. *

—— Proportionen u. kaufmänn. Rechnen. Resultate. gr. 8. (2³/₄ B.) Altona 844, Schlüter. *

Saß, J. B., Rechenbuch in Heften. 1—5. Hft. 8. Altona 882. Schlüter in Comm. n. 2. 20
1. 108. Aufl. (64 S.) n. — 40. — 2. 108. Aufl. (88 S.) n. — 50. — 3. 4. 63. Aufl. (à 64 S.) à n. — 40. — 5. 63. Aufl. (80 S.) n. — 50

Saß', J. B., Rechenbuch. 5 Hefte. 8. Altona 883—85, (Schlüter'sche Buchh.) [1. Heft. 1.—6. unveränd. Aufl. (64 S.) * 40 Pf.; 2. Heft. 1.—4. unveränd. Aufl. (88 S.) * 60 Pf.; 3. und 4. Heft. 1.—3. Aufl. (à 64 S.) à * 40 Pf.; 5. Heft. 1. und 2. Aufl. (80 S.) * 60 Pf.] *
—— dass. — Uebungsbuch. 5 Hefte. 8. (Ebendas.) 882. [1. Heft. (64 S.) * 40 Pf.; 2. Heft. (88 S.) * 50 Pf.; 3. und 4. Heft. (à 64 S.) à * 40 Pf.; 5. Heft. (80 S.) * 50 Pf.] *

Saß', J. B., Rechenbuch. 6 Hefte. 8. Altona 885—88, (Schlüter'sche Buchh.) [1. Heft. 7.—13. unveränd. Aufl. (64 S.) * 40 Pf.; 2. Heft. 5.—7. unveränd. Aufl. (88 S.) * 60 Pf.; 3. Heft. 4.—9. Aufl. (64 S.) * 40 Pf.; 4. Heft. 4.—7. Aufl. (64 S.) * 40 Pf.; 5. Heft. 3. Aufl. (94 S.) * 60 Pf.; 6. Heft. (144 S. mit Fig.) * 80 Pf.] *

—— dass. — Resultate zum 3.—6. Heft. 8. (Ebendas.) 885. [3. Heft. (14 S.) * 10 Pf.; 4. Heft. (15 S.) * 10 Pf.; 5. Heft. (13 S.) * 15 Pf.; 6. Heft. (19 S.) * 20 Pf.] *

Saß', J. B., Rechenbuch in Heften. 6 Hfte. 8. Altona, (Schlüter). cart. n. 3. 20
1. 3. Aufl. (64 S.) 886. n. — 40. — 2. 2. Aufl. (88 S.) 886. n. — 60. — 3. 4. 2. Aufl. (à 64 S.) 886. à n. — 40. — 5. 2. Aufl. (80 S.) 885. n. — 60. — 6. (111 S. m. Fig.) 886. n. — 80

Saß, J. B., Rechenbuch in Heften. 1.—4. Hft. 8. Altona 890. (Schlüter.) cart. n. 2. 40
1. 19., unveränd. Aufl. (64 S.) n. — 40. — 2. 13., unveränd. Aufl. (88 S.) n. — 60. — 3. 11., unveränd. Aufl. (64 S.) n. — 40. — 4. 9., unveränd. Aufl. (64 S.) n. — 40. — 5. 4., unveränd. Aufl. (94 S.) n. — 60.

Saß', J. B., Rechenbuch in Heften. 1.—6. Heft. 12. Altona 892, (Schlüter). cart. * 3 20
1. Heft. 27. Aufl. (64 S.) * — 40. — 2. Heft. 19. Aufl. (88 S.) * — 60. — 3. Heft. 15. Aufl. (64 S.) * — 40. — 4. Heft. 12. Aufl. (64 S.) * — 40. — 5. Heft. 6. Aufl. (II, 94 S.) * — 60. — 6. Heft. 2., bericht. Aufl. (144 S.) * — 80.

Saß', J. B., Rechenbuch in Heften. 1.—6. Hft. 12. Altona, (Schlüter). Kart. n. 3. 20
1. 36. Aufl. (73 S.) 894. n. — 40. — 2. 25. Aufl. (II, 88 S.) 894. n. — 60. — 3. 19. Aufl. (64 S.) 891. n. — 40. — 4. 15. Aufl. (64 S.) 894. n. — 40. — 5. 7. Aufl. (II, 94 S.) 893. n. — 60. — 6. 2. Aufl. (144 S.) 892. n. — 80.

Saß', J. B., Rechenbuch in Hftn. 1.—6. Hft. 12. Altona (Schlüter). Kart. n. 3. 30
1. 54. u. 56. Aufl. (à II, 72 S.) 898. n. — 40
2. 36. u. 37. Aufl. (à II, 88 S.) 898. n. — 60
3. 25. Aufl. (64 S.) 897. n. — 40
4. 20. Aufl. (II, 64 u. 20 S.) 898. n. — 50
5. 9., unveränd. Aufl. (II, 94 S.) 898. n. — 60
6. 3. Aufl. (144 S. m. Fig.) 898. n. — 80

— Rechenbuch in Heften. I.—V. Hft. 8. Ebd. Kart. n. 2. 60
1. 78. Aufl. (70 S.) 902. n. — 40. — II. 54. Aufl. (II, 88 S.) 902. n. — 60. — III. 33. Aufl. (II, 64 S.) 902. n. — 40. — IV. 28. Aufl. (II, 86 S.) 903. n. — 50. — V. 13. Aufl. (94 S.) 902. n. — 60.

— dasselbe. Resultate III u. IV. 8. Ebd. 902. n. — 25
III. 33. u. folgende Aufl. (16 S.)
IV. 26. u. folgende Aufl. (19 S.)

— dasselbe. Ergänzungsheft z. IV. Hft., s.: Dücker, J. Fr., Aufgaben üb. d. Arbeiter-Versichergn.

Saß', J. B., Rechenbuch in Heften. 6 Hefte. kl. 8. Altona, Schlüter. Kart. n. 3. 20
I. 103.–105. unveränd. Aufl. (Je 70 S.) 906. 907. — 40
II. 26. u. 27. unveränd. Aufl. (Je II, 82 S.) 907. — 50
III. 46. unveränd. Aufl. (64 S.) 906. — 40
IV. 36. unveränderte Aufl. (II, 88 S.) 907. — 50
V. 16. Aufl. (94 S.) 906. — 60
VI. 4. Aufl. (144 S. m. Fig.) 905. — 80

Saß', J. B., Rechenbuch in Heften. I.—VI. Heft. kl. 8. Altona 910. Schlüter. Geb. 3. 20
I. 127., unveränd. Aufl. (70 S.) Geb. — 40
II. 93., unveränd. Aufl. (II, 82 S.) Geb. — 50
III. 55., unveränd. Aufl. (II, 64 S.) Geb. — 40
IV. 43., unveränd. Aufl. (II, 88 S.) Geb. — 50
V. 20., veränd. Aufl. (96 S.) Geb. — 60
VI. 5., unveränd. Aufl. (144 S. m. Fig.) Geb. — 80

—— Hamburger Rechenbuch oder zweites Übungsbuch im schriftl. Rechnen. Neue Ausgabe in Hamburger und Lübecker Courant. 2., unveränd. Aufl. gr. 12. (IV und 320 S.) Altona 862, Schlüter. *
Resultate dazu. Neuer berichtigter Abdr. (38 S.) 862. *

—— Rechenbuch für Mädchen. gr. 12. (IV und 324 S.) Altona 838, Schlüter. *

—— Resultate dazu. gr. 12. (25 S.) Ebds. 848.

—— Rechenbuch für Mädchen. 2. Aufl. (IV und 329 S.) 1852. * 15 Ngr. und 3., nach dem Münzgesetz vom 10. Febr. 1854 veränd. Aufl. gr. 12. (II und 238 S.) Altona 854, Schlüter. *

—— Resultate dazu. gr. 12. (20 S.) Altona 854, Schlüter.

Rechenbuch für Mädchen. Bearb. v. Johann Barthold Saß. 7. verm. Aufl. Neue Ausg. in schlesw.-holstein. Courant. Altona 1864. 8°

—— Rechenbuch für Mädchen. 8. Aufl. 1865. und 9. Aufl. (2. und 3. Aufl. der neuen Ausg. in Schlesw.-Holst. Courant.) 8. (III und 284 S.) Altona 866, Schlüter. *
Resultate dazu. 12. (24 S.) *

—— dass. — 10. Aufl. Ausg. in preuß. Courant. 8. (284 S.) Ebendas. 868. *
Resultate dazu. (24 S.) *

—— Rechenbuch für Mädchen. 12. und 13. Aufl. 3. und 4. Ausg. in preuß. Cour. gr. 8. (III, 284 S.) Ebendas. 870,71. *
Resultate (24 S.) *

—— dass. — 14. und 15. Aufl. 1. und 2. Ausg. in deutschem Reichsgelde. gr. 8. (254 S.) Ebendas. 873,74. *
Resultate (22 S.) *

—— Rechenbuch für Mädchen. 17. nach den Vorschlägen der Administration der Saß-Stiftung umgearb. und in Kurse zerlegte Aufl. 3 Kurse. 8. Altona, (Schlüter'sche Buchh.) [1. und 2. Kursus. (à 64 S.) 880. à * 40 Pf.; 3. Kursus. (80 S.) 881. * 50 Pf.] *

Saß', J. B., Rechenbuch für Mädchen. Resultate. 3 Kurse. 8. (Ebendas.) 880,81. [1. und 2. Kursus. (à 14 S.) à * 10 Pf.; 3. Kursus. (11 S.) * 15 Pf.] *

— Rechenbuch f. Mädchen. 1. u. 2. Kurs. 1., neubearb. Aufl. 8. Ebd. 894. Kart. à n. — 60
1. Anschließend an das II. Hft. des Rechenbuchs in Heften. (104 S.) — 2. (90 S. m. Fig.)

— Rechenbuch f. Mädchen. 1. Kurs., anschließ. an das II. Hft d. Rechenbuchs in Hftn. 3. Aufl. 8. (104 S. m. 4 Fig.) Altona 897. (Schlüter.) Kart. n. — 60

— Rechenbuch f. Mädchen. 1. Kurs., anschließend an das II. Hft. des Rechenbuchs in Heften. 5. Aufl. 12. (104 S. m. Fig.) Ebd. 902. Kart. n. — 60

— Rechenbuch f. Mädchen, 2 Kurse. kl. 8. Ebd. Kart. à n. — 50
1. Kursus, anschließend an das II. Heft des Rechenbuches in Heften. 8. Aufl. (II, 104 S. m. Fig.) 905.
2. (letzter) Kursus. 4. Aufl. (II, 96 S.) 902.

— Rechenbuch f. Mädchen. 19. Aufl. (III, 212 S.) kl. 8. Ebd. 910. Geb. — 90

— dasselbe. 2 Kurse. kl. 8. Ebd. Kart. à — 60
1. Anschließend an das II. Heft des Rechenbuchs in Heften. 10. unveränd. Aufl. (II, 104 S. m. Fig.) 907.
2. 5., unveränd. Aufl. (II, 96 S.) 908.

Saß, J. B., Rechenbuch für Volksschulen zur Erlernung u. Uebung des im gewöhnlichen bürgerl. Leben vorkomm. Rechnens. (Fortsetzung der Eckernförder Tabellen.) 8. Altona (Deßau) 840. (Aue.) n. 2/3 ℛ — Resultate hierzu. 8. Ebd. 840. 1/8 ℛ

Saß, J. B., Rechenbuch f. Volksschulen z. Erlern. u. Uebung des im gewöhnl. bürgerl. Leben vorkomm. Rechnens. (Fortsetz. d. Eckernförder Tabn.) Mit besond. Berücksichtig. e. naturgemäßen Verbind. d. sogen. Kopf- u. Tafelrechnens bearb. 8. (29 B.) Altona 840, (Schlüter.) *
Resultate hierzu. (3¼ B.) Ebendas. 1840. 3 Gr.

— erstes Uebungsbuch im schriftl. Rechnen. A. u. d. T.: Rechenbuch f. Volksschulen. 1s Uebungsbuch. gr. 12. Ebd 841. n. 1/4 ℛ

—— dass. 1. u. 2. Uebungsbuch. — A. u. d. T.: Erstes u. zweites Uebungsbuch für's schriftl. Rechnen in Volksschulen. 2., verb. u. verm. Aufl. gr. 12. Ebds. 842. [1. (7 B.) * 1/4 Thlr., 2. (20 B.) * 2/3 Thlr.] *

—— Rechenbuch f. Volksschulen. Mit besond. Berücksichtigung einer naturgemäßen Verbindung des mündl. u. schriftl. Rechnens. 1. Uebungsbuch. 3., verb. u. verm. Aufl. A. u. d. Ttl.: Erstes Uebungsbuch für's schriftl. Rechnen in Volksschulen. 12. (7 B.) Altona 844, Schlüter. *

—— dass. 2. Uebungsbuch. A. u. d. Ttl.: Zweites Uebungsbuch für's schriftliche Rechnen in Volksschulen. 3., verb. Aufl. 12. (20 B.) Altona 844, Schlüter. *

—— 1. Uebungsbuch für's schriftliche Rechnen. Mit besond. Berücksichtig. einer naturgemäßen Verbindung des mündl. u. schriftl. Rechnens. (2. u. 3. Aufl.?) 4., verm. Aufl. 12. (8 B.) Altona 845, (Schlüter.) *

—— dass. 2. Uebungsb. 4., verm. Aufl. 12. (20 B.) Ebds. 845. *

Saß, J. B., Resultate zur (2—) 4. Aufl. des Uebungsbuches im schriftl. Rechnen. 12. (2½ B.) Altona (843, 44.) 846, Schlüter. Thlr. à

—— erstes Uebungsbuch für's schriftliche Rechnen. Mit besond. Berücksicht. einer naturgemäßen Verbindung des mündl. und schriftl. Rechnens bearb. 8. Aufl. 1850. und 9. Aufl. gr. 12. (190 S.) Altona 851, Schlüter. *

—— dass. — Resultate dazu. gr. 12. (44 S.) Ebds. 850.

—— Uebungsbuch im kaufmännischen Rechnen. 2., neu bearb. Aufl. 1. Thl., die Gold- und Silber-, Geld-, Wechsel-, Staatspapiere- und Actien-Rechnungen enthaltend. gr. 8. (IV und 244 S.) Altona 853, Schlüter. *

— — Resultate dazu. Ebend. 853. gr. 8. (50 S.) n. 10 ngr.

—— erstes Uebungsbuch fürs schriftliche Rechnen. Mit besonderer Berücksichtigung einer naturgemäßen Verbindung des mündlichen und schriftlichen Rechnens. 11. Aufl. 1853. 12. und 13., in Uebereinstimmung mit dem Münzgesetz vom 10. Febr. d. J. veränd. Aufl. gr. 12. (II und 210 S.) Altona 854, Schlüter. *

—— erstes Übungsbuch fürs schriftliche Rechnen. Mit besond. Berücksichtigung einer naturgemäßen Verbindung des mündl. und schriftl. Rechnens bearb. 29.—42. Aufl. (1.—14. Aufl. der neuen Ausg. in Schlesw.-Holst. Courant.) 8. (II und 142 S.) Altona 864—67, Schlüter. *
Resultate dazu. (34 S.) 1864. *

— — 43—53. Aufl. 1—11. Ausg. in preuß. Courant. Ebend. 867—70. 8. (142 S.) n. 6 ngr.

— — 34. Aufl. 2. Ausg. der 7. Aufl. in preuß. Courant, mit hinzugefügten zahlreichen Uebungsaufgaben zur Einführung in das Rechnen mit den neuen Maßen u. zur Uebung im Rechnen mit denselben. Ebend. 870. 8. (VIII, 280 S.) n. 10 ngr.
Resultate dazu (36 S.) n. 2 ngr.

—— erstes Uebungsbuch fürs schriftliche Rechnen. Mit besond. Berücksicht. einer naturgemäßen Verbindung des mündl. und schriftl. Rechnens. 48.—65. Aufl. Ausg. in preuß. Cour. 8. (142 S.) Ebendas. 868—72. *

—— dass. — 66.—77. Aufl. 1.—11. Ausg. in deutschem Reichsgeld. 8. (142 S.) Ebendas. 873—75. *
Resultate (37 S.) *

Saß, J. B., erstes Uebungsbuch für's schriftliche Rechnen. Mit besond. Berücksicht. einer naturgemäßen Verbindung des mündl. und schriftl. Rechnens. 78.—89. Aufl. 12.—23. Ausg. in deutschem Reichsgeld. 8. (II, 142 S.) Altona 877, 78, (Schlüter's Verlag.) *

—— erstes und zweites Übungsbuch fürs schriftliche Rechnen. Mit besond. Berücksicht. einer naturgemäßen Verbindung des mündl. und schriftl. Rechnens bearb. In Übereinstimmung mit den Regierungserlassen vom 20. März 1878 und vom 2. Febr. 1880. 2 Hefte. 8. (Ebendas.) 879—84. [1. Heft. 90.—115. Aufl. (142 S.) * 60 Pf.; 2. Heft. 55.—66. Aufl. (244 S.) * ℳ 1.] *

—— dass. — Resultate. 2 Hefte. 8. (Ebendas.) 880. [1. Heft. (39 S.) * 40 Pf.; 2. Heft. (29 S.) * 20 Pf.] *

— 1—3. Übungsbuch fürs schriftliche Rechnen. Mit besonderer Berücksichtigung einer naturgemäßen Verbindung des mündlichen u. schriftlichen Rechnens. 8. Ebend. 881. 82. n. 2. 80
1. 108. Aufl. (142 S.) n. — 60. — 2. 60. Aufl. (XIV, 231 S.) n. 1. —. — 3. 7. Aufl. (190 S.) n. 1. 20

— dasselbe. Resultate. I. u. II. 8. Ebend. 879. n. — 60
1. (39 S.) n. — 40. — 2. (29 S.) n. — 20

—— 1. und 2. Übungsbuch fürs schriftliche Rechnen. Mit besond. Berücksicht. einer naturgemäßen Verbindung des mündl. und schriftl. Rechnens bearb. In Übereinstimmung mit den Regierungserlassen vom 20. März 1878 und vom 2. Febr. 1888. 8. (Ebendas.) 885—88. [1. Übungsbuch. 116.—126. Aufl. (II, 142 S.) * 60 Pf.; geb. ** 90 Pf.; 2. Übungsbuch. 67.—71. Aufl. (VIII, 230 und Anhang 14 S.) * ℳ 1.—.; geb. ** ℳ 1.30.] * ℳ 1.60.; geb. **

—— dass. — Resultate zum 2. Übungsbuche. 8. (29 S.) (Ebendas.) 886. *

— Übungsbuch fürs schriftliche Rechnen. Mit besond. Berücksicht. e. naturgemäßen Verbindung des mündl. u. schriftl. Rechnens. 1. u. 2. Hft. gr. 8. Ebd. 890. n. 1. 60; geb. n. 2. 20
1. 128. Aufl. (142 S.) n. — 60; geb. n. — 90. — 2. 74. Aufl. (XIV, 230 S.) n. 1. —; geb. n. 1. 30.

— 1. Übungsbuch f. schriftl. Rechnen. Mit besond. Berücksicht. einer naturgem. Verbindung d. mündl. u. schriftl. Rechnens bearb. In Übereinstimmung m. d. Regierungserlassen v. 20. März 1878 u. 2. Febr. 1888. 130. Aufl. 8. (II, 142 S.) Ebd. 891. * — 60
geb. ** — 90

— dass. — Resultate. 8. (39 S.) Ebd. o. J.

— 1. Übungsbuch fürs schriftliche Rechnen. Mit besond. Berücksicht. e. naturgemäßen Verbindg. d. mündl. u. schriftl. Rechnens. 132. Aufl. 8. (II, 160 S.) Altona 893. (Schlüter.) n. — 60

— 1. Uebungsbuch fürs schriftl. Rechnen. M. bes. Berücksicht. e. naturgem. Verbindung d. mündl. u. schriftl. Rechnens bearb. 137. Aufl. gr. 8. (IV, 160 S.) Ebd. 898. n. — 60

— 1. u. 2. Übungsbuch fürs schriftliche Rechnen. Mit besond. Berücksicht. e. naturgemäßen Verbindg. des mündl. u. schriftl. Rechnens bearb. Ebd. n. 1. 60
1. 138. Aufl. 8. (VII, 160 S.) 899. n. — 60
2. 79. Aufl. 12. (XIV, 250 S.) 900. n. 1. —

Saß', J. B., erstes u. zweites Übungsbuch. 8. Altona 910. Schlüter. 1. 60
1. 141., unveränd. Aufl. (IV, 144 S.) 908. — 60
2. (Fürs schriftliche Rechnen.) 81. Aufl. (III, 232 S.) 907. Geb. 1. —

— zweites Uebungsbuch fürs schriftliche Rechnen. Mit besond. Berücksicht. einer naturgemäßen Verbindung des mündlichen u. schriftl. Rechnens bearb. 6. verb. Aufl. gr. 12. (IV u. 500 S.) Ebd. 850. — 7. Aufl. gr. 16. (478 S.) Ebd. 852. n. 2/3 ℔

— Resultate zur 5. u. 6. Aufl. des Obigen. gr. 12. (II u. 66 S.) Ebd. 850. — zur 7. Aufl. gr. 12. (68 S.) Ebd. 852. 1/8 ℔

— zweites Uebungsbuch fürs schriftliche Rechnen. 9., in Uebereinstimmung mit dem Münzgesetz vom 10. Febr. d. J. neu bearb. Aufl. gr. 12. (IV und 248 S.) Altona 854, Schlüter. *

— Resutate dazu. gr. 12. (28 S.) Altona 854, Schlüter.

— zweites Übungsbuch. 17.—26. Aufl. (1.—10. Aufl. der neuen Ausg. in Schlesw.-Holst. Courant.) 8. (II und 238 S.) Ebendas. 863—66. *
Resultate dazu. Neuer, bericht. Abdr. (II und 30 S.) 865. *

— dass. — 27.—29. Aufl. 1.—3. Ausg. in preuß. Courant. 8. (238 S.) Ebendas. 867,68. *
Resultate dazu. (30 S.) *

— zweites Uebungsbuch fürs schriftliche Rechnen. Mit besond. Berücksicht. einer naturgemäßen Verbindung des mündl. und schriftl. Rechnens. 30.—41. Aufl. Ausg. in preuß. Cour., mit hinzugefügten zahlreichen Uebungsaufgaben zur Einführung in das Rechnen mit den neuen Maßen und zur Uebung im Rechnen mit denselben. 8. (VIII, 280 S.) Ebendas. 870—72. *
Resultate (36 S.) *

Saß, J. B., zweites Uebungsbuch fürs schriftliche Rechnen. 42.—47. Aufl. 1.—6. Ausg. in deutschem Reichsgeld. gr. 8. (XIV, 238 S.) Altona 873, Schlüter. *
Resultate (30 S.) *

— 2. Uebungsbuch für's schriftliche Rechnen. Mit besond. Berücksicht. e. naturgemäßen Verbindg. d. mündl. u. schriftl. Rechnens. 47. Aufl. 6. Ausg. in deutschem Reichsgeld. 8. (XIV, 238 S.) Ebend. 875. n. 1. —;
Resultate (30 S.) n. — 20

— zweites Uebungsbuch für's schriftliche Rechnen. Mit besond. Berücksicht. einer naturgemäßen Verbindung des mündl. und schriftl. Rechnens bearb. 48.—54. Aufl. 7.—13. Ausg. in deutschem Reichsgeld. 8. (XIV, 238 S.) (Ebendas.) 877. *
Resultate (30 S.) *

— 2. Übungsbuch f. schriftl. Rechnen. 76. Aufl. 8. (VIII, 230 S. u. Anh. 14 S.) Ebd. 891. * 1 —; geb. ** 1 30

— dass. — Resultate. 8. (29 S.) Ebd. o. J. * — 20
3. Übungsbuch. Ebd. 882. * 1 20.

— 2. Uebungsbuch fürs schriftl. Rechnen. M. bes. Berücksicht. e. naturgem. Verbindung d. mündl. u. schriftl. Rechnens bearb. 78. Aufl. gr. 8. (VI, 230 u. XIV S.) Ebd. 898. n. 1. —

— 2. Uebungsbuch. 80. Aufl. (III, 231 S. m. Fig.) 8. Ebd. 904. n. 1. —

— drittes Uebungsbuch für's schriftliche Rechnen. 8. (334 S.) Altona 855, Schlüter. *

— Resultate dazu. gr. 12. (48 S.) Ebds. 856.

— drittes Uebungsbuch fürs schriftliche Rechnen. 2., verb. Aufl. Ebend. 862. 12. (274 S. m. Holzschn.) n. 12 ngr.

— drittes Uebungsbuch für's schriftliche Rechnen. 2. Aufl. 1862. und 3. Aufl. (Neue Ausg. in Schlesw.-Holst. Courant.) 12. (II und 274 S.) Altona 864, Schlüter. *
Resultate dazu. (38 S.) *

— dass. — Neue Ausg. in Hamburger und Lübecker Courant, sowie in Lauenburger L. M. 7., unveränd. Aufl. gr. 12. (II und 154 S.) Ebendas. 866. *

— dass. — 43.—47. Aufl. 1.—5. Ausg. in preuß. Courant. 8. (142 S.) (Ebendas.) 867,68. *

— dass. — 4. Aufl. Ausg. in preuß. Courant. 8. (222 S.) Ebendas. 868. *
Resultate dazu. 8. (29 S.) *

— drittes Uebungsbuch fürs schriftliche Rechnen. 4. und 5. Aufl. Ausg. in preuß. Cour. 8. (222 S. mit eingedr. Holzschn.) Ebendas. 869,72. *
Resultate (16 S.) *

— dass. — 6. Aufl. Ausg. in deutschem Reichsgeld. 8. (190 S. mit eingedr. Holzschn.) Ebendas. 875. *
Resultate (20 S.) *

— drittes Uebungsbuch für's schriftliche Rechnen. 7. Aufl. 8. (190 S.) (Ebendas.) 878. *

— drittes Uebungsbuch für's schriftliche Rechnen. 8. Aufl. 8. (190 S.) (Ebendas.) 882. *
— dass. — Resultate. 8. (22 S.) (Ebendas.) 882. *

— Wegweiser durch das dritte Uebungsbuch fürs schriftliche Rechnen. gr. 8. (II und 158 S.) Altona 856, Schlüter. *

— Winke für einen zweckmäßigen Elementarunterricht im Rechnen, zunächst für angehende Lehrer und Lehrerinen, mit besonderer Beziehung auf das „erste Uebungsbuch" desselben. gr. 8. (II und 85 S.) Altona 855, Schlüter. *

Verzeichnis der Lesesaal- und Handbibliothek der Königlichen Universitäts-Bibliothek zu Berlin. 4. Ausg. (Bearb.: Dr. [Johannes] Sass; Vorr.: Dr. [Johannes] Franke, Dir.) *Berlin: W. Weber in Komm. 1903.* (IX, 208 S.) 8° [03. 6350]

Sass, Karl

Saß, Carl, preußisches Baupolizeirecht. Mit Kommentar der Baupolizeiverordng. f. die Vororte v. Berlin vom 28. V. 1907. (VIII, 396 S. m. Fig. u. 1 Tab.) kl. 8. Berlin 909. J. Guttentag. Geb. in Leinw. 6. —

Saß, C., die Schwankungen des Grundwassers in Mecklenburg, s.a. Mitteilungen aus der großherzogl. mecklenburg. geologischen Landesanstalt. XII.

Sass, Carl, aus Krakow: Die Schwankungen des Grundwassers in Mecklenburg. Mit 6 Taf. *Rostock 1901: Adler's Erben.* (20 S.) 4° [J.] ¶ = Mittheilungen aus d. Grossh. Mecklenb. Geol. Landesanst., 12.
Rostock, Phil. Diss. v. [8. Nov.] 1900

— Straßen- u. Baufluchtliniengesetz. Kommentar f. den prakt. Gebrauch m. zeichner. Darstellgn. (VI, 166 S.) 8. Ebd. 910. Kart. 3. —

Die Bauklassen der Bauordnung für die Berliner Vororte. Kritik u. Vorschläge. [Konrad] **Sass**, Gemeinde-Baurat, Mariendorf. Berlin: A. Seydel in Komm. 1906. (36 S.) 8° [06. 1310]

Saß, L., Konkordanz zum evangelisch-lutherischen Gesangbuch der Prov. Schleswig-Holstein. gr. 8. (III, 448 S.) Schleswig 902. J. Bergas Verl. n. 10. —; geb. n. 12. —

Saß, M. J., s. Grundsätze d. Staatshaushaltung.

Saß, W., die Seebade-Anstalt bey Travemünde in ihrem gegenwärt. Zustande. Ein Handb. zur richt. Kenntniß u. Benutzung ders. gr. 8. (9 B. u. 2 lith. Ansichten, Fol.) Lübeck 823, Aschenfeldt.

Sassadius, Carl, s. Sassadius, Karl

Sassadius, J. W., Predigt bei Einweihung der wieder neu erbauten Kirche zu Kanzen im Gr. Polen. 8. Bresl. 796. W. G. Korn. 4 gr

Sassadius, Karl

Sassadius, Carolus (Augustus Eduardus Georgius) (*geb. Schleise in Schles. 17. 9. 1836*): Momenta nonnulla ad dysenteriae nosologiam. Vratislaviae 1864. (26 S.) 8°
Breslau, Med. Diss. v. 27. Juli 1864

SASSAFRAS, Dr. (ps.), Zehn Jahre aus dem Leben einer schonen Frau, oder: so kommt man unter die Haube. Eine lehrreiche (zahme) Geschichte. Mit TKpf. u. illustr. Umschl. Leipzig, Verlag des Literatur-Bureau (W. Rohl), o. J. (1873). Kl. 8°. 112 S. (1/3 Rthl. Scheible; 1 Mk. 50 Pfg. A. Bielefeld.)
Die Jahrzahl nennt Weller, fing. Dr. p. 502.

— — Zehn Jahre aus dem Leben eines jungen Mannes, oder: So kommt man zu einer schonen Frau. Zurich, Literatur-Bureau (187*.) 8°.

Sassaruth, Reiner., († ...) cursus theologiae moralis. IV Partes. 4. Augsb. 788. Rieger. 2 rf 8 gr

Sasse, Alfred: Aus d. Psychiatr. u. Nervenklinik d. Univ. Kiel. Ueber die bei Arteriosklerose vorkommenden Herdsymptome, besonders die Aphasie. Hildesheim 1910: Gerstenberg. 29 S. 8°
Kiel, Med. Diss. v. 15. Juli 1910, Ref. Siemerling
[Geb. 18. Juni 83 Nordstemmen; Wohnort: Königslutter; Staatsangeh.: Preußen; Vorbildung: Neues Gymn. Braunschweig Reife O. 04; Studium: Heidelberg 1, Leipzig 2, München 1, Berlin 1, Kiel 5 S.; Coll. 28. Mai 09; Approb. 1. Juli 10.] [U 10. 2470

Sasse, Bhrd. Hnr., († 1788.) geistl. Lieder. 1e u. 2e Samml. Nach dess. Tode hrsgg. von seinen Freunden. 8. Aurich 788.

Sasse, Bernh. Henr., geistl. Lieder. 1. u. 2. Samml., nach dess. Tode hrsg. v. seinen Freunden. Neue unveränd. Ausg. 12. (4 1/6 B.) Berlin 840, [J. A. Wohlgemuth.] *

Sasse, Bernh. Henrich, († 1779), geistliche Lieder. Nach dessen Tode hrsg. v. seinen Freunden. 6. unveränd. Aufl. 12. (VIII u. 112 S.) Berlin 852, J. A. Wohlgemuth. n. n. 1/6 rf

Sasse, Bruno, Barthel. Ein dramat. Gedicht. (160 S.) 8. Straßburg 904. J. Singer. n. 3. —

Sasse, Bruno, Hedwig u. Herfried. Ein ländl. Gedicht. (204 S.) kl. 8. Leipzig 907. Verlag f. Literatur, Kunst u. Musik. 2.50; geb. n 3.50

— Die Sage vom Frauenberg. Ein Gedicht. (143 S.) 8. Sondershausen 910. F. A. Eupel. 2. —; geb. 3. —

— Sehnen u. Hoffen. (179 S.) 8. Leipzig-Gohlis 909. B. Volger. 2.50

Sasse, C. I. Franciscus, Prolegomena in Aphraatis Sapientis Persae sermones homileticos. [Diss.] Lipsiae 1878.

Sasse, C. J. Franc., prolegomena in Aphraatis Sapientis Persae sermones homileticos. gr. 8. (40 S.) Leipzig 879. Stauffer. n. 1. —

Sasse, Carl, s. Sasse, Karl

Sasse, E., die Erhaltung der Empfindungs-Energie. Ableitung der Hauptsätze der Nervenmechanik aus den ellipsoidischen Schraubenbahnen der Atome. [Aus: „Deutsche Chemiker-Zeitg."] gr. 8. (28 S.) Berlin 887. Grosser. n. 1. —

Sasse, Erich, a. Sperenberg ⟨Kreis Teltow⟩: Zur Kenntnis der Oxdiazine. (Berlin 1907: G. Schade.) (36 S.) 8°
Berlin, Phil. Fak., Ref. Fischer, Diss. v. 16. Febr. 1907
[Geb. 16. Mai 79 Sperenberg (Kr. Teltow); Wohnort: Gießen; Staatsangeh.: Preußen; Vorbildung: Friedrichs-Werdersche Oberrealsch. Berlin Reife M. 01; Studium: Berlin 10 S.; Rig. 31. Jan. 07.]

Sasse, Ernst (I.), Kalender der Handels- und Börsenkrisen seit 1800. gr. 8. (4 S. in Schreibschrift.) [Brandenburg 885, Lunitz.] Berlin, Hugo Spamer. *

SASSE, ERNST.
Die ellipsoidischen Schraubenbahnen der Atome und die Auferstehung der Alchymie. Dingler's Polytechnisches Journal, vol. 216, p. 181. 1875.

Sasse, Ernst, das Zahlengesetz in der Völker-Reizbarkeit. Eine Anregung zur mathematischen Behandlung der Weltgeschichte. I. Statistik der neueren Geschichte von Frankreich. Tabelle in Stein- u. Buchdr. gr. Fol. Brandenburg 877. Müller. n. 1. —

— das Zahlengesetz in der Weltgeschichte. Eine Anregg. zur mathemat. Behandlg. der Weltgeschichte. I. Statistik der neueren Geschichte v. Frankreich. 2., unveränd. (Titel-)Aufl. Tabelle gr. Fol. Berlin 889. Eisenschmidt. n. 1. —

Sasse, Franz [aus Schöppingen (Westf.)]: Über den Einfluss der Castration auf das Wesen der Osteomalacie. . . . Würzburg, Becker's Univ.-Buchdr., 1891; 36 S., 1 Bl. 8°
Würzburg, Med. Fak., Inaug.-Diss. v. 1891

Sasse, Hermann: Geschichte der Apotheken Fraustadts und die Apothekenreformfrage. Beitrag z. Wirtschaftsgeschichte d. deutschen Apotheken. Von –. Fraustadt: Selbstverl. 1909. 88 S. 8°

Sassen. Hubert, Tierarzt aus Linz am Rhein: Vergleichende Untersuchungen über die Wirkung einiger Kampferarten (Laurineenkampfer, synthetischer Kampfer, Borneol und Isoborneol.) ⟨Aus dem Physiologischen Institute der Königl. Tierärztlichen Hochschule zu Hannover. Professor Tereg.⟩ Linz a. Rh. 1909. 82 S. und eine Tafel. 8°. [11. III. 09.]

Bern. Vet.-med. Diss. 1909/10.

[F.] Instruktion über Korporalschaftsführung für junge Unteroffiziere u. Reserve-Unteroffizier-Aspiranten. Von [Hugo] Sasse, Major ... 4. verm. u. verb. Aufl. ... *Berlin: Liebel 1896.* (28 S.) 1 Bd 8. 96. 179

Sasse, Hugo: Instruktion über Korpolalschaftsführung für junge Unteroffiziere und Reserve-Unteroffizier-Aspiranten. Von [Hugo] Sasse, Oberst't. 5. verm. u. verb. Aufl. Berlin: Liebel 1900. (28 S.) 8°

Instruktion über Korporalschaftsführung für junge Unteroffiziere, Reserve-Unteroffiziere und Reserve-Unteroffizier-Aspiranten. Von H[ugo] **Sasse.** 6. verm. Aufl. von Nick, Hauptm. Berlin: Liebel 1904. (32 S.) 8° [F.] 05. 520

Sasse, J. F., üb. d. schwere Zahnen der Kinder, eine Tafel, groß Fol. Lübben, Gotsch. 802.

Sasse, J. W., einfache u. zusammengesetzte Aufgaben auf viele Weisen aufzulösen, nebst Abkürzgn. u. Erleichtergn. beim Kopf- u. Tafelrechnen. Ei Beitrag zur Methodik d. Rechenunterrichts. 8. (IV, 52 S.) Langensalza 886. Schulbuchh. — 50

Sasse, J. W., **die wichtigsten Futtergräser** zu Feld- u. Wiesenkulturen. gr. 16. (32 S.) Hannover 872. Meyer. n. — 50

Sasse, J. W., **Lebensspiegel.** Ein Lese- u. Sprachbuch für Schüler in Stadt- u. Landschulen. Eine Auswahl von Prosastücken aus dem reichen Schatze der deutschen Literatur nach unterrichtl. Grundsätzen. Hannover 867. Meyer. gr. 8. (VIII, 328 S.) n. 15 *ngr.*

—— vollständige Rectionslehre oder das Regieren der Haupt-, Verhältniß-, Eigenschafts- und Zeitwörter. Ein Hülfsbuch beim Unterrichte in der deutschen Sprache für Kinder in Bürger- und Volksschulen. 1. Aufl. 1866. und 2., verm. Aufl. gr. 8. (80 S.) Hannover 867, Meyer. ⁴

— vollständige Rectionslehre od. das Regieren der Haupt-, Verhältniß-, Eigenschafts- u. Zeitwörter. Ein Hülfsbuch beim Unterricht in der deutschen Sprache f. Kinder in Bürger- u. Volksschulen. 3. verm. Aufl. gr. 8. (80 S.) Ebend. 873. n. — 60

Sasse, J. W., vollständige Rektionslehre od. das Regieren der Haupt-, Verhältnis-, Eigenschafts- u. Zeitwörter. Ein Hülfsbuch beim Unterrichte in der deutschen Sprache f. Kinder in Bürger- u. Volksschulen. 4. Aufl. gr. 8. (80 S.) Hannover 884. Meyer. n. — 60

Sasse, Joa Bapt., S. J., Institutiones theologicae de sacramentis ecclesiae. Vol. I u. II. gr. 8. Freiburg i/B. Herder. n. 15. 20; geb. in Halbfrz. n. 19. 20

I. De sacramentis in genere. — De baptismo. — De confirmatione. — De ss. eucharistia. (XVI, 560 S.) 897. n. 8. —; geb. in Halbfrz. n. 10. —

II. Opus posthumum cura Aug. Lehmkuhl, S. J. De poenitentia cum appendice de indulgentiis. — De extrema unctione. — De ordine. — De matrimonio. (XX, 491 S.) 898. n. 7. 20; geb. in Halbfrz. n. 9. 20

Sasse, Iosephus [Attendornensis]: De numero plurali qui vocatur maiestatis. ... Lipsiae, typ. Max. Hoffmanni, 1889; 70 S. + 1 Bl. 8°

Leipzig, Phil. Fak., Inaug.-Diss. v. 29. Mai 1889

Sasse, J., de numero plurali qui vocatur maiestatis. Diss. inaug. gr. 8. (70 S.) Leipzig 889. (Fock.) n. 1. 20

Sasse, Karl

Sasse, Car. (geb. Buren 6. 12. 1808): De causis functionem cordis turbantibus, nec non de hypertrophiae cordis pathogenia. Berolini (1842). (40 S.) 8°

Berlin, Med. Diss. v. 10. Aug. 1842

Sasse, Carl [aus Bilme in Westf.]: Aus d. medizin. Klinik zu Bonn. Ein neuer Fall von hereditärem Diabetes insipidus ... Bonn, Buchdr. J. Bach Wwe, 1893; 29 S., 1 Bl. 8.

Bonn, Med. Fak., Inaug.-Diss. v. [10. Febr.] 1894

Sasse, K., Sultan Großmanns unglückl. Liebe; ein histor. romant. Gemälde aus der Vorzeit der Türkei. 8. Nordhaus. 829. Köhne. 1 ₰

Sasse, L., die Lehre vom ersten u. größten Gebote d. Christentums, nach seiner dreifachen Beziehung. Ein Beitrag zur Darstellg. der christl. Sittenlehre. 8. (VIII, 426 S.) Paderborn 885. Bonifacius-Druckerei. 2. —

Sasse, L., Paradies der Seele, s.: Albertus Magnus.

Sasse, Max: Die Handelspolitik der Vereinigten Staaten von Amerika nach ihrer Unabhängigkeitserklärung gegenüber England und Frankreich (1776—1830). Kap. 1 bis 2. o. O. (1908). 41 S. 8° ¶ (Der Rest, Kap. 3—7, wird in Jahresfrist erscheinen.)

Berlin, Phil. Diss. v. 14. Okt. 1908, Ref. Sering

[Geb. 7. Apr. 81 Berlin; Wohnort: Berlin; Staatsangeh.: Preußen; Vorbildung: Königstädt. Realgymn. Berlin Reife O. 00; Studium: Berlin 8 S.; Rig. 20. Dez. 06.] [U 09. 264

Sasse, Nazarius, O. F. M., polnisch-deutscher Beichtspiegel, m. Anh. Ein Hilfsbüchlein f. Geistliche. (29 S.) kl. 8. Paderborn 905. Bonifacius-Druckerei. n. — 50

Sasse, Nazarius, O. F. M., poln.-deutscher Beichtspiegel m. Erklärung der Aussprache. Ein Hilfsbüchlein f. Geistliche. 4. Aufl. (35 S.) kl. 8. Paderborn 909. Bonifacius-Druckerei. — 60

Sasse, Nazarius, O. F. M., kurze polnische Grammatik f. Geistliche. Nebst Anh., enth. Schlüssel zu den deutschen Aufgaben — poln. Beichte — lateinisch-poln. Ritualgebete. 8. (VIII, 95 S.) Paderborn 902. Bonifacius-Druckerei. Kart. n. 1. 50

Kurze polnische Grammatik für Geistliche. Nebst Anh. enth. Schlüssel zu d. deutschen Aufgaben – poln. Beichte – latein.-poln. Ritualgebete von P. Nazarius Sasse, O. F. M. *Paderborn: Bonifacius-Dr. 1903.* (VIII, 95 S.) 8° [F.] 03. 3827

— kurze polnische Grammatik f. Geistliche. Nebst Anh., enth. Schlüssel zu den deutschen Ausgaben — poln. Beichte — lateinisch-poln. Ritualgebete. 2. Aufl. (VIII, 110 S.) kl. 8. Ebd. 905. n. 1. 20

— Kurze polnische Grammatik f. Geistliche. Nebst Anh., enth. Schlüssel zu den deutschen Aufgaben — poln. Beichtspiegel — lateinisch-poln. Ritualgebete. 3. Aufl. (VIII, 120 S.) 8. Ebd. 909. 1. 20

Sasse, Nazarius, O. F. M., polnisch-deutscher Notbeichtspiegel. M. Bezeichng. d. Aussprache. Ein Hülfsbüchlein f. den Klerus d. Industriegegend. gr. 16. (24 S.) Neviges 898. (Gnesen, J. B. Lange.) n. — 60

Sasse, P. Nazarius: Polnisch-deutscher Notbeichtspiegel. M. Bezeichng. d. Aussprache. E. Hülfsbüchl. f. d. Klerus d. Industriegegend. M. Erlaubnis der Ordensobern hrsg. v. P. Nazarius Sasse, O. F. M. Neviges: Selbstv.: (Buchdr. W. Polski in Bochum) 1898. (24. S.) 1 Bd 8°

Sasse, O., über die Wasserabnahme in den Bächen u. Strömen Deutschlands. Eine Entgegnung. gr. 8. (28 S.) Halle 880. Schwetschke. n. — 50

Sasse, O., über die Wasser-Abnahme in den Bächen und Strömen Deutschlands. Eine Entgegnung. gr. 8. (28 S.) Halle 883, Schwetschke'scher Verlag. *

Sasse, Peter Christoph (Harburg) A. S. 1329/26

Discursuum mathematicorum II. de perfectioni onibus punctorum. Präs. Friedrich Weise. Helmstedt (Hamm) 3. V. 1719. 14 S. 29772

Sasse, Theodor: Das Verlöbnis im Bürgerlichen Gesetzbuch. Seine Geschichte, juristische Konstruktion, und rechtliche Bedeutung. Heidelberg 1906: H. John, Halle a. S. (IX, 71 S.) 8°
Heidelberg, Jur. Fak., Ref. Endemann, Diss. v. 23. Juni 1906
[Geb. 18. Sept. 81 Berlin; Wohnort: Berlin; Staatsangeh.: Preußen; Vorbildung: Luisenstädt. Gymn. Berlin Reife M. 00; Studium: Berlin 2, Marburg 3, Berlin 3 S.; Rig. 11. Dez. 05.]

Sasse, Wilhelm, Medizinalpraktikant a. Byfang, Kr. Essen: Über die Entfernung von Fremdkörpern aus der Speiseröhre durch Oesophagotomie. Leipzig [1907]: A. Edelmann. (29 S.) 8°
Leipzig, Med. Fak., Ref. Trendelenburg, Diss. v. 23. Sept. 1907
[Geb. 29. Sept. 79 Byfang; Wohnort: Leipzig; Staatsangeh.: Preußen; Vorbildung: Paulinisches Gymn. Münster Reife O. 02; Studium: Würzburg 1, Kiel 1, Straßburg 1, Leipzig 4 S.; Coll. 9. Okt. 07; Approb. 3. Juni 07.]

v. Sassen, Julius; Trspl. (von H. Zschokke). 8. Zürich 798. Orell. 16 kr

Sassen, Alfr., die Beichte der ersten Liebhaberin, s.: Bibliothek, interessante. Nr. 4.

— dasselbe, s.: Engelin's Roman- u. Novellenschatz. 44. Bd.

Sassen, Alfred s. Familienbibliothek, Schweizer. Nr. 108.

Sassen, Alfr., Komteß Klementine, s.a. Auswahl v. Werken zeitgenössischer Schriftsteller.

Komtess Klementine. Roman von Alfred Sassen. *Berlin-Leipzig: W. Vobach & Co. [1902].* (275 S.) 8° [F.]
= Auswahl von Werken zeitgenössischer Schriftsteller. Bd 10. [02. 11

Sassen, Alfr., Rolfs Maifahrten. Eine Geschichte in Versen. 12. (98 S.) Berlin 897. Concordia, Deutsche Verlags-Anstalt. n. 2. —; geb. in Leinw. n. 3. —

— weisse Nelken, s.a. Eckstein's Miniatur-Bibliothek.

Sassen, Alfred. Weisse Nelken. Ein Roman aus Davos. [Mit illustriertem Umschlag.] 176 S. 8. Leipzig, G. Müller-Mann, [1904]. [M. 1. 50]
(Ecksteins Miniaturbibliothek No. 86.)

— der Schritt in Freiheit, s.a. Kürschner's, Jos., Bücherschatz.

Der Schritt in Freiheit. Roman von Alfred Sassen. Mit Ill. von R. A. Jaumann. *Berlin, Eisenach, Leipzig: H. Hillger [1902].* (124 S.) 8° [F.]
= Bücherschatz, Kürschners. No 302. [03. 601

Sassen, Alfr., doppelter Sieg. Bluette in 1 Aufz. 16. (42 S.) München (898). Rubinverlag. n. 1. —

Sassen, Engelb., Orig.-Couplets u. Vorträge. Mit e. Vorwort des Verf. 1.—3. Bd. (39, 39 u. 38 S.) 8. Coblenz (904—07). (Berlin, R. Meißner.) à — 50

— dasselbe. 4. Bd. (48 S.) 8. Berlin (909). R. Meißner. — 60

Sassen, F., Charakterdeutung nach Form u. Linien der Hand, s.: Lehrmeisterbibliothek.

— Charakterdeutung nach Form u. Zügen des Gesichts, s.: Lehrmeisterbibliothek.

Sassen, Franz Josef, Referendar: Das Gesetzgebungs- und Verordnungsrecht in den deutschen Kolonien. Tübingen 1909: Laupp. VIII, 64 S. 8° ¶ (Ersch. vollst. als: Abhandlungen aus d. Staats-, Verwaltungs- u. Völkerrecht. Bd 5, H. 2.)
Erlangen, Jur. Diss. v. 8. Juli 1909, Ref. Rieker
[Geb. 10. Dez. 82 Odenkirchen; Wohnort: Bonn; Staatsangeh.: Preußen; Vorbildung: Städt. Gymn. Bonn Reife O. 02; Studium: München 1, Bonn 5 S.; Rig. 22. Juni 09.] [U 10. 751

Sassen, Frz. Jos., das Gesetzgebungs- u. Verordnungsrecht in den deutschen Kolonien, s.a. Abhandlungen aus dem Staats-, Verwaltungs- u. Völkerrecht. V, 2.

Das Gesetzgebungs- und Verordnungsrecht in den deutschen Kolonien. Von Dr. jur. Franz Josef Sassen in Bonn. Tübingen: Mohr 1909. X, 146 S. 8°
(Abhandlungen aus d. Staats-, Verwaltungs- u. Völkerrecht. 5, 2.) [09. 1016

Sassen, Hubert. Vergleichende Untersuchungen über die Wirkung einiger Kampferarten ⟨Laurineenkampfer, synthetischer Kampfer, Borneol und Isoborneol⟩. Aus dem Physiologischen Institute der Königl. Tierärztlichen Hochschule zu Hannover.... Diss. Vet.-Med. Bern. Mit 1 Kurventafel. 82 S. 8. Linz a. Rh., Rhein- u. Wied-Druckerei, 1909.

Sassen, J[ohann] H[ ] H[ ]. Hugo von St. Cher. Seine Tätigkeit als Kardinal, 1244—1263. Von J. H. H. Sassen [aus Holland]. Diss. Phil. Freiburg in der Schweiz. XVI + 169 S. 8. Bonn, Peter Hanstein, 1908. [im Buchh. M. 2. 50]

Sassen, Marie Charlotte Alexandrine von [Pseud.], s.a. Gerle, Wolfg. Adolf

v. Sassen, Marie Charl. Alex., Alexis u. Nabine, od. die Engländer in Amerika. 8. Prag 803. Polt. 16 kr

— Korally, od. die Liebe in heißern Zonen. 8. Neust. 802. (Joachim in Leipz.) 22 kr

von Sassen, Otto (geb. Genthin 3. 5. 1850): Ueber Verletzungen des Kindes durch die Wendung und Extraction oder Expression bei Beckenendlagen. Berlin (1874). (32 S.) 8°
Berlin, Med. Diss. v. 20. Mai 1874

(de Sassenage.) La Guerre d'Espagne, de Bavière et de Flandre ou Mémoires du Marquis D***, dep. le commencement de cette guerre jusqu'à la fin de la campagne de 1706. (654.) 8. av. 13 cartes et pls. Cologne 1707. — nouv. éd. ib. 1710.

Die Freimaurerei. Ihre Geschichte, Thätigkeit und innere Einrichtung von Joh. Sassenbach. Berlin: Selbstverl. [1896]. 62 S. 8°

[Dasselbe.] 2. Aufl. Ebendas. [1896]. 62 S. 8°

[Dasselbe.] 3. verb. Aufl. Ebendas. [1896]. 64 S. 8°

Sassenbach, Joh., die Freimaurerei. Ihre Geschichte, Thätigkeit u. inn. Einrichtung. 4., verb. Aufl. gr. 8. (63 S.) Berlin 897. J. Sassenbach. n. — 40

[Dasselbe.] 5. verb. Aufl. Ebendas. 1897. 63 S. 8°

Sassenbach, Jos., die Freimaurerei, s. a. Sammlung Sassenbach. 5/6.

Die Freimaurerei, ihre Geschichte, Thätigkeit u. innere Einrichtung von Johann Sassenbach. 20. bis 30. Taus. *Berlin, Paris: J. Sassenbach [1899].* (71 S.) 8° [F.]
= Sassenbach, Sammlung. No 5. 6. [01. 8748

[Dasselbe.] Ebendas. 1905. 61. S. 8°
Auszug (d. Aufnahme z. Frmr betr.) in: Berliner Tagebl. 38 (1909) Nr 179, abgedr. in °Ill. Wiener Extrabl. 1909 Nr 102 u. °Altonaer Tagebl. u. Ottenser Nachrichten. 1909 Nr 104; BstUJ. 11 (1909) S. 85—86; FZ. 63 (1909) S. 142—143.
Recens: H. 15 (1904) Nr 45.
cf. Bbl. 10 (1896) S. 262—265 (A. W. Sellin); BstF. 18 (1909) S. 70—71 (L. Müffelmann); BstUJ. 11 (1909) S. 91—92 (H. Blumenreich); H. 20 (1909) Nr 17 (O. Neumann); °Kölner Volksztg. 1909 Nr 488 (H. Brauweiler), i. Auszug abgedr. in: L. 32 (1909) S. 218.
Will gute u. schlechte Seiten d. Frmrei objektiv darstellen. Entstehung, Entwicklung, Ritualien, Zweck, Tätigkeit d. Frmrei.

Die Freimaurerei. Ihre Geschichte, Tätigkeit und innere Einrichtung von Joh. Sassenbach. 8. Aufl. Berlin: Sassenbach 1909. 75 S. 1 Bl. 8°.
Vgl. W. 1531.

Sassenbach, Joh., die hl. Inquisition. Ein Beitrag zur Geschichte der christl. Religion. 4 Lfgn. 8. (191 S.) Berlin 893. J. Sassenbach. à — 15

— die hl. Inquisition, s. a. Sammlung Sassenbach. 9—12.

Die heilige Inquisition. Ein Beitrag z. Gesch. d. christl. Religion von Joh. Sassenbach. 9. bis 12. Taus. *Berlin: J. Sassenbach [1901].* (134 S.) 8° [F.]
= Sassenbach, Sammlung. No 9—12. [01. 8751

— s.: Nouland.

Sassenbach, J., Verzeichnis der in deutscher Sprache vorhandenen gewerkschaftlichen Literatur. Zsgest. im Auftrage der Generalkommission der Gewerkschaften Deutschlands. Ausg. 1, Sept. 1906. Berlin, 1906. 30 S.

Dasselbe. Ausg. 2, Januar 1907. Ebd., 1907. 60 S.

Verzeichnis der in deutscher Sprache vorhandenen Gewerkschaftlichen Literatur. Im Auftr. d. Generalkomm. d. Gewerkschaften Deutschlands zsgest. von Johann Sassenbach. 2. Ausg. Berlin: Generalkommission 1907. (60 S.) 8° [F.] [07. 2615

Sassenbach, Johann: Verzeichnis der in deutscher Sprache vorhandenen gewerkschaftlichen Literatur. Im Auftrage d. Generalkommission d. Gewerkschaften Deutschlands zsgest. von —. 3. Ausg. April 1908. [Nebst] Nachtrag, hrsg. im Juni 1909. Berlin: Generalkommission 1908–1909. 8°

— Verzeichnis der in deutscher Sprache vorhandenen gewerkschaftlichen Literatur. Im Auftrage der Generalkommission der Gewerkschaften Deutschlands zusammengestellt. 4. Ausg. Ausg. 1910. (213 S.) 8. Berlin 910. (Buchh. Vorwärts.) — 60

Sassenbach, Josef, s. Sassenfeld.

Sassenburg, Elsbeth Gräfin von, oder die Räuber von Kingrätz ... Leipzig 1800. V: *Brückner, Johann Jacob.* (MGT) »1802« (Ky)

Sassenburg, Elsbeth Gräfin v., od. d. Weiber v. Kingrätz; e. Geistergesch. m. K. 2 Bde. 8. Lpz. Joachim. 802.

Sassenfeld, Josef

Sassenfeld, Iosephus ⟨geb. am 18 März 1839 in Odenkirchen⟩: De diffusione ... Bonnae, form. Carthausianis (1864). 22 S., 1 Bl. 8.
Bonn, Phil. Fak., Diss. v. 13 Aug. 1864

Elementar-Mathematik für das Gymnasium. Nach d. neuen Lehrplänen bearb. von Prof. Dr. J(osef) Sassenfeld, Oberl. zu Trier. Planimetrie, Trigonometrie, Stereometrie u. Einl. in d. analyt. Geometrie d. Ebene. [Nebst] Vorschule. Mit 130 Fig. *Trier: Löwenberg (1898–99).* 2 Bde 8° [F.]
Vorschule. Planimetrie Einl. (1899.) [01. 9592

Sassenfeld, J., Flora der Rheinprovinz. Anleitung zum Bestimmen der Blütenpflanzen u. der Gefässcryptogamen, sowohl der wildwachs. als der häufig angepflanzten. Zum Gebrauch in Schulen, beim Selbstunterricht und auf Ausflügen. 12. (VIII, 272 S. m. 110 Holzschn.) Trier 888. Lintz. n. 3. 50; geb. n. n. 4. 20

Sassenfeld, Josef Flora von Trier. I. Teil. 16 S. G. Trier 1883
Progr.

Sassenfeld, J., trierische Flora. Anleitung zum Bestimmen der Gefässpflanzen im Reg.-Bez. Trier. Zum Gebrauche in Schulen, beim Selbstunterricht und auf Excursionen bearb. 8. (IV, 164 S. mit zahlreichen in den Text gedr. Holzschn.) Trier 884, Lintz'sche Buchh. cart. *

Sassenfeld, J., trierische Flora. Anleitung zum Bestimmen der Gefässpflanzen im Reg.-Bez. Trier. Zum Gebrauche in Schulen, beim Selbstunterricht u. auf Ausflügen bearb. 2., verb. Aufl. 8. (VIII, 232 S. m. Holzschn.) Trier 892. F. Lintz. Geb. in Halbleinw. n. 2. 50

Sassenbach, Jos., Trierische Flora. Anleitung zum Bestimmen der Gefässpflanzen im Reg.-Bez. Trier. Zum Gebrauche in Schulen, beim Selbstunterricht u. auf Ausflügen. 3. vollst. umgearb. Aufl. (VIII, 231 S. m. Abbildgn.) 8. Trier 903. H. Stephanus. n. 2. 40; geb. n. n. 2. 80

Sassenfeld, J., die Hauptsätze der Elementar-Mathematik f. das Gymnasium. Nach den neuen Lehrplänen bearb. 6 Lehrgänge. gr. 8. Trier (899). Löwenberg. n.n. 3. 70; in 1 Bd. geb. u. d. T.: Elementar-Mathematik f. d. Gymnasium, nebst Vorschule. (VIII, 14 S.) n.n. 3. 60
1. Planimetrie. (Quarta.) (20 S. m. 20 Fig.) n.n. — 60
2. Dasselbe. (Unter-Tertia.) (20 S. m. 26 Fig.) n.n. — 60
3. Dasselbe. (Ober-Tertia.) (20 S. m. 19 Fig.) n.n. — 60
4. Dasselbe. Einleitung in die Trigonometrie u. Stereometrie. Anh.: Die Logarithmen. (Unter-Secunda.) (24 S. m. 13 Fig.) n.n. — 70
5. 6. Abschluß der Planimetrie, Trigonometrie und Stereometrie. Einleitung in die analyt. Geometrie der Ebene. (Ober-Secunda u. Prima.) (64 S. m. 45 Fig.) n.n. 1. 20

Sassenfeld, Jos., Hauptsätze der Elementar-Mathematik f. das Gymnasium, m. Aufgaben-Sammlung in der Algebra. 2. Aufl. Unterstufe. (VIII, 188 S. m. Fig.) gr. 8. Trier 906. F. Lintz. n. 2. 60; geb. in Leinw. n. 3. 20

— dasselbe 2. Aufl. Oberstufe m. den Lehraufgaben f. Sekunda u. Prima, nebst 98 Fig. (VIII, 232 S.) gr. 8. Ebd. 906. n. 3. 10; geb. n. 3. 80

Sassenfeld, J., Lehrbuch der Mathematik, s.: Weiterbildung, die, des Lehrers im Amte. VIII. (Klaute, P.)

Lehr- und Übungsbuch der Arithmetik und Algreba für das Gymnasium. Bearb. von Prof. Dr. J[osef] Sassenfeld, Oberl. zu Trier. *Trier: Löwenberg (1899).* (VII, 111 S.) 8° [Š.] [01. 771]

Sassenhagen, Max. Über die biologischen Eigenschaften der Colostral- und Mastitismilch. Aus der Akademischen Klinik für Kinderheilkunde in Düsseldorf .... Diss. Vet.-Med. Bern. Mit 12 Tabellen. 57 S. 8. Stuttgart, Union Deutsche Verlagsgesellschaft, 1910.

Sassenfeld, Max: Die Erforschung des Luftmeeres mittels Ballons und Drachen. Sigmaringen 1908: Liehner. S. 1—15. 4°
Sigmaringen, k. kath. G P 1908 (608) [S 08. 393

Sassenfeld, Maximilian: Zur Kenntnis der täglichen Periode der Temperatur in der untersten Luftschicht. Sigmaringen: 1904: M. Liehner. (S. 1—12.) 4°
Sigmaringen, k. kathol. G P 1904 (544)

SASSENHEIMER, Franz v., und Adelheid von Barr, oder Argwohn und Liebe. Eine Geschichte. Lübeck, Bohn, 1797. 8°.
Geschichts- u. Romanen-Litt. (Cat.) Breslau 1798 — Karl

Sasser, Maximilian

De aequationibus differentialibus ordinis primi et conditionibus integrabilitatis. Scrips. P. Maximilianus Sasser, Math. in L. P. — 1839. Ibid. — 2. I—LIX.
Progr. Augsburg

Sasserath, Edw[ard] A[lbert], aus Berlin: **Beiträge zur Kenntnis des Osmiums.** *Berlin (1901): G. Schade.* (71 S.) 8°
Berlin, Phil. Diss. v. 27. Febr. 1901

Sasserath, Edw. A., mikroskopische Warenprüfung. Eine Anleitg. zum Untersuchen strukturzeig. Waren. Mit 70 Mikrophotographien nach Präparaten des Verf. auf 46 Taf. (VIII, 52 S.) gr. 8. Leipzig 910. S. Hirzel. Geb. in Leinw. 6. —

Sasserath, Friedrich, aus Berlin, Assistenzarzt im Ulanen-Reg. Kais. Alex. II. v. Rußl. (1. Brandenb.) No 3: **Phlebitis gonorrhoica.** *Berlin (1904): G. Schade.* (34 S.) 8°
Berlin, Med. Diss. v. 12. März 1904

Sasserath, R., cursus theologiae moralis. IV Part. 4. Augsb. Rieger. 788.

Sassi, Mor., Procavia slatini n. sp. (8 S. m. 2 [1 farb.] Taf.) gr. 8. Wien 906. (A. Hölder.) n. — 90
Sonderabdruck aus: „Sitzungsber. d. k. Akad. d. Wiss."

Sassi, Mor., eine Sudanreise. (133 S. m. Abb.) gr. 8. Berlin 911. W. Süsserott. 2. 50

Saßmann, Arthur, approb. Arzt aus Wiesbaden: Ein **Fall** von **Stieldrehung einer Parovarialcyste.** *(Dresden 1902: O. Siegel.)* (25 S.) 8°
Erlangen, Med. Diss. v. 23. Juli 1902

Sassnitz [Schlagwort]

Sassnitz, s.: Deutschland. Kürschner-Peip.

Sassnitz, s.: Jasmund. — Rügen. Müller. G.

Sassnitz—Berlin, s.: Automobilkarten. Automobil-Tourenkarte.

Sassnitz-Stubbenkammer, s.: **Stubnitz.**

Sassulitsch, s. Morgenröte.

Sastaes, Saggi, sulla gran Bretagna. T. I. 8. maj. London. (Sammer, Vien.) 793. m. schw. Chart.
Velinpap. m. illum. Chart.

Sastrow, Bartholomäus

— — Deutsches Burgerthum u. deutscher Adel im 16. Jahrhundert. Lebenserinnerungen des Burgermeisters Bartholomäus Sastrow u. des Ritters Hans von Schweinichen. Bearb. v. D. M. Goos. Hamburg 1907. 8°. (Kr. 6—.) (4 Kr. Gilhofer & Ranschburg. 1908; 4 Mk. 75 Pfg. B. Liebisch. 1907.)

Sastrowen, Barth., Herkommen, Geburt u. Lauf seines ganzen Lebens ꝛc., aus d. Handschrift hrsgg. u. erläut. v. G. Chr. F. Mohnicke. 3 Thle. gr. 8. Greifsw. 823—24. Koch. 6 ₰ 8 gr.

Sastrow, Barthol., Lebens-Erinnerungen, s.: Bibliothek wertvoller Memoiren.

Sastrowen, Barth., s. Sastrow, Bartholomäus

Sasum, Frz., Katechismus der Gesundheitspflege. Ein Handbuch f. jung u. alt. (2. umgearb. Aufl.) gr. 8. (48 S.) Charlottenbrunn (902). (Hirschberg, H. Springer.) Kart. n. — 60

Das Luft-, Licht- und Sonnenbad und sein Wert für Gesunde und Kranke. Von Fr. Sasum, Charlottenbrunn, als Vortrag geh. in Zürich. Selbstverl. *(Grünberg i. Schl. [1903]: Lobney & Co.)* (24 S.) 8° [Š.] [04. 5.6] 2

Das Wie, Warum und Wann der Anwendungsformen des Naturheilverfahrens. 5 Vorträge geh. gelegentlich e. Lehrkursus von Franz **Sasum.** (2. neu durchgearb. Aufl. *Charlottenbrunn: Selbstverl.; [Hirschberg: H. Springer in Komm. 1903].)* (60 S.) 8° [Š.] [03. 580]

Sat, S., Bilder aus der Geschichte d. 20. Jahrhunderts, in Zeitungsausschnitten zusammengestellt. 1. Thl. D. M. Samuolis de Pufendorf. gr. 8. (225 S.) Berlin 890. F. Luckhardt. n. 3. —

Sata, A., über die Bedeutung der Mischinfection bei der Lungenschwindsucht, s. a. Beiträge zur patholog. Anatomie. 3. Suppl.-Hft.

Sata, A.: Ueber die Bedeutung der Mischinfection bei der Lungenschwindsucht. Pathol.-anat., bakteriol. u. experiment. Untersuchungen von Prof. A. Sata, aus Osaka. Mit 14 Fig. im Text u. 2 Taf. Jena: G. Fischer 1899. (179 S.) 4° (8°)
= Beiträge z. pathol. Anatomie u. z. allg. Pathologie. Suppl. H. 3.

Satan. Berliner Charivari. Verlag von Louis Hirschfeld. 1848. Nr. 5.

Satan. 5 H. Wien 1848. Hrsg. A. Silberstein.

Satan. Red.: J. Lazarus. April—Juni 1905. 9 Nrn. (à ca. 16 S. m. Abbildgn.) Lex.-8. Charlottenburg, Satan-Verlag. à Nr. — 10
Erscheint nicht mehr. — Firma erloschen.

Satan, ein böser, als Onkel u. Vormund, oder das gräßliche Ende eines Bösewichts. Lebensbild aus Rußlands Vergangenheit für Jung u. Alt erzählt von Anton. 8. (62 S.) Urfahr-Linz 878. Kraußlich. — 20

Satan und die Revolution. Ein Gegenstück zu den Paroles d'un croyant. Luzern 1834. V: *Haller, Carl Ludwig von.* (GGr)

Satan im Verhör. Ein Sylvester-Mysterium. Aufgeführt in einer Stadt Oesterreichs am 31. Decbr. 1869. Leipzig 870. Priber. 16. (39 S.) 7½ ngr.

Satan, (psdn.,) s. Historia, erbaul. u. seltsame, von Rothschild I. — Krieg den Schelmen.

SATANAS oder der Teufel wie er seyn soll. (Zahmer Roman.) O. O. 1801. 8⁰.
Tit. gestoch. m. Vign., IV u. 123 S. — Fehlt bei Kayser im Roman-Verz. p. 108.

Onkel Satanas. Zukunftstädtische Narren-Zeitung. Tolleriertes Organ sämtlicher Humbugianer des Seelandes und der übrigen unkultivierten Weltteile. I. Aufl. Jahrg. 1901. [Illustriert.] [4 S.] fol. (Biel, Gebr. Würsten & Schurter.) fr. —. 20

Satanas in New-York. Nach dem amerikanischen Original. Hersg. von Adalb. v. Wildenfels. Berlin 870. Deutsches Verlags-Institut. gr. 16. (IV, 320 S.) n. 20 ngr.

Satanas in New-York. Nach dem amerikan. Original. Hrsg. von Adalb. v. Wildenfels. gr. 16. (IV, 320 S.) Berlin 870, Langmann und Comp. [Posen, Jolowicz.] (*M. 2.) *

Satanella
① Humoristisch-satyrisches Wochenblatt ⑤ nach BGSZ 12: 15. 7. 1861—28. 9. 1861 ⑥ 4⁰ ⑦ Wochenblatt ⑧ Luzern: Eduard Hägi ⑩ A. J. Hänel. Luzern ⑫ satirisches Blatt mit politischem Einschlag ⑬ BGSZ: 1028 ⑭ Lu: Z (unvollständig); Be: L (Prospekt und undatierte Probe-Nr.).

Satanella. [Fastnachtzeitung. Illustriert.] (1901.) 4 S. fol. (Biel, Louis Heer.) fr. —. 20

Satanella. [Fastnachtzeitung. Illustriert.] 1902. 2 Nummern. 4 + 4 S. fol. (Biel, Louis Heer.) *je* fr. —. 20

Satanelli, Diavolo [Pseud.], s. Kászony, Daniel von

Satanello [Pseud.], s.a. Márkus, Josef

Satanello: Auf Irrwegen. Skizzen aus dem Leben. Aus dem Ungarischen übersetzt. 8⁰. (132 S. mit Illustrationen.) Budapest: Grimm 1886.

– Exotische Pflanzen. 8⁰. (120 S. mit Illustrationen.) 1886.

Satanello (Jos. Márkus), wenn Amor lacht. Leichte Geschichten. 8. (141 S. m. Abbildgn.) Budapest 890. G. Grimm. n. 2. 50

Sataniuo. Red. von Ed. Maria Oettinger. Jahrg. 1862. 52 Nrn. (Bog.) gr. 8. Dresden, Grimm'sche Buchh. Vierteljährl. * *
Ist nicht weiter erschienen.

Satanow, Isaak ben Mose (Hrsg.), s. Immanuel ben Salomo: Machberot 'Immānūēl.

Satans Bastard. Eine Reihe von dramatischen Scenen aus der Zeitgeschichte der Jahre 1812 — 1814, von J. F. Schinck. 8. Berlin, Rücker. 816. Rthlr.

Satans Theater-Perspectiv. Humoristisch-satyrischer Almanach für das J. 1850. Mit Beiträgen von: Bauernfeld, Saphir, A. Glasbrenner, Frdr. Hebbel u. A. m. Herausg. von Gust. Schönstein. 8. (222 S.) Wien, Wallishausser. 27 ngr

Satansrede auf dem Blocksberge an die Unholde Deutschlands. Brockenhaus [Halberstadt] 1817. V: *Körte, Wilh.* (Wr)

SATANSSTREICHE, Entschleierte, oder die Beschämung der Ungläubigen durch eine rothe Eminenz. (Aus d. Französ. des *F. P. Wicherski.*) Mit 4 Photogr. (Reprod. der Kupfer des Originals). Rom, Luigi Carnieri (Berlin), 1874. 8⁰. VI u. 58 S. (2 Rthl. Scheible, vor 1885.)
Orig.: Les Supercheries de Satan Dévoilées ou la Confession des Incrédules par Une Éminence Rouge (par un savant polonais). Rome, De L'imprimerie de Sa Sainteté MDCCCLXVII. (1867.) (Bruxelles, A. Poulet-Malassis.) 8⁰. 70 pp., avec 4 grav. sacriléges sur acier, en rouge et en noir (par un peintre polonais). (2½ Rthl. Scheible, vor 1885; 15 frcs., pap. rayé, doubles épreuves des grav. sur chine, rouge et noir, H. Bukowski, Stockholm. 1884.)

Satava, Joh., über geschwefelte Mälze, s.: Berichte der Versuchsanstalt f. Brauindustrie in Böhmen.

— Zwei Studien üb. das Saccharometer, s.a. Berichte der Versuchsanstalt f. Brauindustrie in Böhmen.

Šatava, J., Zwei Studien über das Saccharimeter. [Berichte der Versuchsanstalt für Brauindustrie in Böhmen. 12. Heft.] Gr.-8⁰. (58 S.) † Prag: Calve 1909. * K 1.20

— Chemische Untersuchungen üb. die Hopfen des J. 1904, s.a. Berichte der Versuchsanstalt f. Brauindustrie in Böhmen.

Šatava, J., Chemische Untersuchungen über die Hopfen des Jahres 1904. [Berichte der Versuchsanstalt für Brauindustrie in Böhmen. 11. Heft.] Gr.-8⁰. (40 S) † Prag: Calve 1909. * K 1..0

Satellit. Conversationsblatt zur Kronstädter Zeitung. Unter Verantw. des Verl. und Druckers *Joh. Gött* in *Kronstadt.*
Erscheint in **Kronstadt**, Montag, Mittwoch und Freitag ½ Bogen in 4⁰. 2-spalt. Pran.-Pr. Mit der Kronstädter Zeitung ½-jähr. 5 fl.; pr. Post 6 fl. Ins Ausland 6 fl. 36 kr.

Satellit, der — Druck und verantwortlicher Verlag Johann Gött. 4. 2spaltig. Wöchentlich 2mal, 4 fl. für ein halbes Jahr. 1853

Satellit, Der —. Verantwortlicher Verleger Johann Gött. Druck in Joh. Gött's Buchdruckerei. 4. 2spaltig. Dinstag und Samstag. Mit Kronstädter Zeitung 4 fl., 5 fl. und 6 fl. 36 kr. jährlich.
Kronstadt 1854

Satellit, der —. Konversationsblatt zur Kronstädter Zeitung 16. Jahrgang. Unter Verantwortung des Verlegers. Gedruckt und im Verlage in Joh. Gött's Druckerei. 4. 2spaltig. Jeden Samstag. Kann darauf nur mit der Kronstädter Zeitung pränumerirt werden. Kronstadt 1855

Satellit, Der —. Konversationsblatt zur Kronstädter Zeitung. (XVII. Jahrg.) Unter der Verantwortung des Verlegers. Gedr. und im Verlag in Joh. Gött's Buchdruckerei. 4. 2spaltig. Erscheint jeden Montag. Kronstadt 1856

Satellit, Der —. (Beiblatt der Kronstädter Zeitung.) Druck, Verlag und Verantw. von Joh. Gött's Druckerei in Kronstadt. Erscheint jeden Montag. 4. 2spaltig. 1857

Satellit des Siebenbürger Wochenblatt's, s.: Wochenblatt, Siebenbürger.

Die Ehrlichsche Seitenkettentheorie erl. u. bildlich dargest. von Dr. P[etr Ivanovič] Schatiloff [Šatilov]. Mit 6 Taf. Jena: G. Fischer 1908. (40 S.) 8° 08. 11,11

Satir, Der träumende, über die Sitten und Geschäften der jetzigen Welt. Aus dem Spanischen des Ritters Don Franciscus von Guevedo Villegas in das Franz. durch Herrn Rachlots in das Wälsche durch Hrn. Innoc. Maranaviti und endlisch ins Deutsche übersetzet von P. J. D. P. M. Augsb. u. Innsbr. 1762. V: *Moscherosch, Hans Michael.* (BGE VI³, 332/3)

Satira, s.a. Satura

Satira dissertationum, orationum, epistolarum et observationum ... Tiguri 1741—43. H: *Rahnius, Joh. Rud.* (Cat. d. Stadtbibl. Zürich. Zürich 1864—97.)

Satira in pedantismum, thrasonismum etc., s. Laudatio funebralis

Satirae, Medicorum Silesiacorum, quae varias observationes, casus ... exhibent. Wratislaviae et Lips. 1736—38. H: *Burghard, Gottfried Heinrich.* (Nent)

Medicorum Silesiacorum Satyrae [Satirae], quae observationes, casus, experimenta, tentamina ex omni medicinae ambitu petita exhibent specimen 1-8. Wratislaviae & Lipsiae: Korn 1736-42. 1 Bd 8°

Specimen 1: 1736.
Specimen 2-5: 1737.
Specimen 6: 1738.
Specimen 7: 1741.
Specimen 8: 1742.

Satirae, Tres, Menippeae: L. Ann. Senecae Ἀποκολοκύντωσις, Justi Lipsii Somnium et Petri Cunaei Sardi venales ... Lipsiae 1720. H: *Korte (Cortius), Gottlieb.* (Myl) (Barbier)

Satire, s.a. Satyre.

Satire, Hrn. Lic. Feinds, Aus dem Holländ. übersetzte ausbündige, Vom Leben der Geldsucht ... Hamburg 1709. V: *Decker, van.* (Wr)

Satire, Eine, aus der Geniezeit. [Weimar 1892]. V: *Waser, Hedwig.* (Cat. d. Stadtbibl. Zürich. Zürich 1864—97.)

Satire auf die Schnürbrüste. 4°. (So kurz ohne nähere Angabe für 75 Pfg. offerirt von J. Heberle, Cöln, c. 1875.)

Satiren. Franckfurth u. Leipzig [= Helmstädt] [1762]. V: *Bünemann, A. R.* (BGE VII², 91)

Satiren. Magdeburg 1763. V: *Naumann, Chn Nic.* (Ky)

Satiren. Helmstedt u. Magdeburg 1768. V: *Campe, Joachim Heinrich.* (GGr) (StAt) V: *Giseke, Nicolaus Dietrich.* (Ky)

Satiren. Leipzig 1771. V: *Lucius, Georg Ignaz.* (Ky)

Satiren, Charakteristische, nach den Temperamenten gesammelt. Dessau u. Leipzig 1784. V: *Weidmann, Paul.* (BGE VIII²/350) (Ky 6/178) (WBL 53/273) (BiblPort)

SATIREN nach dem Geschmacke des Rabeners. Wien, Trattner, 1778. 8°. 8 u. 200 S. (36 xr.)
Cat. Monath. III. Nurnb. 1784. 8. p. 572, Goedeke IV, 30, 28. — Rar!

Satiren und Glossen eines Weltmannes. Stuttgart 1874. V: *Oertzen, Georg von.* (Russell X, 39)

Satiren und Pasquille aus der Reformationszeit, s.a. Schade.

Satiren und Pasquille aus der Reformationszeit; hrsg. von Osk. Schade. 2 Bde. gr. 8. Hannover 856, Rümpler. [1. (XIII und 245 S.) * 1 Thlr. 20 Ngr., 2. (VII und 380 S.) 2 Thlr. 10 Ngr.] *

Satiren und Pasquille aus der Reformationszeit hrsg. von Osk. Schade. 3. Bd. Mit einem Register über alle 3 Bde. gr. 8. (VIII und 351 S.) Hannover 858, C. Rümpler. *
1. und 2. Bd. Ebendas. 1856. * 4 Thlr.

Satiren und Scherzgespräche zweier Nähtermädchen unter der Leipziger Lindenallee. O. O. 1764. V: *Kritzinger, Frdr. Adolph.* (BGE)

Satiren, Sieben, nebst drei Anhängen . . . [Jena] 1765. V: *Riedel, Frdr. Just.* (Ky) (ML) (Mn) (ADB) (BrMm) (Verz. d. v. Meusebachschen Bibl. Berl. 1855. S. 78.)

Satiren und poetische Spiele . . . Leipzig 1800. V: *Brentano, Clemens.* (MGT) (Haydinger)

Satiren, Zwo, über den Geschmack und die Göttin der Gerechtigkeit. Bremen 1782. V: *Hempel, Chn Glob.* (MGT) (GGr)

Satiricus, s. Also sprach — ?

Satiricus, Der kurtzweilige, welcher die Sitten der heutigen Welt auf eine lächerliche Art . . . vor Augen gestellt . . . Cosmopoli 1728. V: *Stranitzky, Jos. Anton.* (BGE) (Wr) (Bz)

SATIRICUS, Jocosus (ps.). — Labe-Becher für Fahrlustige. Die launige Locomotive oder der lustige Gesellschafter auf der Eisenbahn . . . . von JoCosuS SatIriCuS. Mit Skizzen (2 Lithogr.) von O. Rahfeld. Meissen, F. W. Goedsche. O. J. (1842). 8⁰. 190 S. (In Berlin: Magistratsbibl.) (2 Mk. P. Neubner, Cöln, 1892.)

Satiriker, die römischen. Für gebildete Leser übertr. u. m. den nöthigen Erläuterungen versehen v. Heinr. Düntzer. (2 Lfgn.) Lex.-8. (26 B.) Braunschweig 846, G. C. E. Meyer sen.

Satisfaction und Religion oder zwei Aperçus über die Stellung eines Teils der Berliner Presse zu einem »unerquicklichen Vorfall« . . . Berlin 1888. V: *Herra, Carlo de.* (Erman und Horn, Bibliogr. d. dtsch Univ. 1. Leipz. und Berl. 1904.)

Satisfaction u. Religion od. zwei Aperçus üb. d. Stellung e. Teils der Berliner Presse zu e. „unerquicklichen Vorfall". Denkschrift aus dem Leben. Von H. 8. (14 S.) Berlin 888. (Friedrich Nachf.) n. — 20

Satke, Leopold

Satke, L., üb. den täglichen Gang der Windgeschwindigkeit und der Windrichtung in Tarnopol. [Mit 1 Tabelle.] [Aus: „Sitzungsber. d. k. Akad. d. Wiss."] Lex.-8. (11 S.) Wien 887. (Tempsky.) n. — 40

Satke, Ladisl., die tägliche Periode u. Veränderlichkeit der relativen Feuchtigkeit in Tarnopol. (31 S.) gr. 8. Wien 903. (A. Hölder.) n. — 60
Sonderabdruck aus: „Sitzungsber. d. k. Akad. d. Wiss."

Satke, Ladisl., über d. Zusammenhang d. Temperatur aufeinander folg. Monate u. Jahreszeiten, s. a. Acta, nova, academiae caesareae Leopoldino-Carolinae etc., LXXI. 4.

Satke, Ladislaus: Ueber den Zusammenhang der Temperatur aufeinander folgender Monate und Jahreszeiten v. Ladislaus Satke in Tarnopol ... Halle: Dr. v. E. Karras; In Comm. bei W. Engelmann in Leipzig 1897. (103 S.) 4⁰
= Acta, Nova, Academiae Caes. Leopoldino-Carolinae Germ. naturae curiosorum. T. 71. No 4.

Satlow, Paul Gerh., aus der Werdezeit der evangelischen Gemeinde Obersedlitz-Krammel 1899—1910. Predigten u. Reden ihres ersten Pfarrers S. (45 S.) 8. Leipzig (910). A. Strauch. — 50

Satmari, Ludw. (geb. Galatz [22. 10. 1849]): Die Entstehungsweise, Ursachen und Behandlung der Geschwüre des Unterschenkels. Berlin (1872). (32 S.) 8°
Berlin, Med. Diss. v. 30. März 1872

Sato, Kakuo, a. Japan: Beitrag zur Casuistik der Cystenbildung in der Leber. ⟨Mit einer Tafel.⟩ München 1905: Kastner & Callwey. (31 S.) 8°
München, Med. Fak., Ref. v. Bollinger, Diss. v. 15. Dez. 1905
[Geb. 27. Jan. 79 Oita; Wohnort: Oita; Staatsangeh.: Japan; Vorbildung: Gymn. Oita Reife 96; Studium: Nagasaki 8, Jena 2, München 2 S.; Rig. 15. Dez. 05; Approb. Nagasaki Juli 01.]

Sato, Susum (geb. Sakura in Japan) 25. 11. 1848): Ueber Durchfälle bei Kindern. Berlin (1874). (32 S.) 8°
Berlin, Med. Diss. v. 10. Aug. 1874

Sato, Tadao, approb. Arzt aus Japan: Ueber die Verletzungen der Leber. *München 1903: C. Wolf & Sohn.* (75 S.) 8°
München, Med. Diss. v. 1903

Sato, Toshio, Arzt aus Niigata i. Japan: Aus d. Laboratorium d. Ohren- u. Kehlkopfklinik in Rostock. Vergleichende Untersuchungen über die Bogengänge des Labyrinthes beim neugeborenen und beim erwachsenen Menschen. Mit 1 Taf. *Wiesbaden: J. F. Bergmann 1902.* (22 S.) 8°
(Aus: Zeitschr. f. Ohrenheilk., 42.)
Rostock, Med. Diss. v. [30. Dez.] 1902

Sato, Tsuneji, aus Sakura ⟨Japan⟩: Ueber einen Fall von Rückenmarks-Degeneration mit seltenen und eigenartigen Veränderungen der Ganglienzellen bei einem 4jährigen Kinde. *Würzburg 1903: A. Boegl.* (44 S.) 8°
Würzburg, Med. Diss. v. 1903

Sator, Friedrich Heinrich (Aschaffenburg) A. S. 569/5a

Dissertatio inauguralis iuridica de pignorum praerogativa generatim, et speciatim de pignore publico, pignori legali non indistincte anteponendo.
Erfurt (Nonne) 10. VIII. 1772. 26 S.

Gew.: Franz Philipp Valentin Fhr. von Franckenstein.

29782

Sator, Ludwig (Aschaffenburg) U. S. Erfurt 1771, 1

Dissertatio inauguralis iuridica de novationibus.
Erfurt (Nonne) 9. IX. 1771. 24 S.

Gew.: Friedrich Karl Fhr. von Groschlag.
W. v.: Hermann Ernst Rumpel, Christian Wilhelm Wehrn. 29783

Satori, J. [Pseud.], s.a. Neumann, Johanna

Satori-Neumann, J., geb. Hiepe, Agraffia u. Fatime, od.: die Folgen der Schuld. Historisch-romant. Erzählung aus der Zeit Königs Siegmund III. v. Polen. 3 Thle. 8. (290. 296 u. 322 S.) Braunschweig 847, Leibrock. 3¾ Thlr.

† Satori, J., (Joha. Neumann, geb. Hiepe,) Armand, Marquis von Autremont. Eine romantisch-histor. Erzählung aus den höchsten Kreisen der Gesellschaft Frankreichs u. Englands. 3 Thle. 8. (61½ B.) Braunschweig 844, Leibrock.

—— Benoni. Roman. 8. (16¾ B.) Wien 846, 47, Stöckholzer v. Hirschfeld.

— der Bischof, s.: Bibliothek, Europäische. 753–755. Bd.

Satori, J., (Joh. Neumann, geb. Hiepe), Blanka v. Castilien, oder d. Opfer der Politik. 2 Bde. 8. Leipz. 831. Rein. 1 Thlr. 12 Gr.

— Bleibe im Lande u. nähre dich redlich! Eine Robinsonade für die reifere Jugend. Mit 6 color. Kpfrn. breit 16. Leipzig 841, Krappe. geb. ⅞ Thlr.

† Satori, J., (Joha. Neumann, geb. Hiepe,) die Brüder. Eine histor. Erzähl. aus d. Zeiten d. schottischen Königin Maria. 8. (14½ B.) Leipzig 839, [Berger's Buchh.] 1 Thlr. 8 Gr., hrbgs. Pr.

— Buch für Kinder. Mit 3 Stahlst. (Neue Titel-Ausg.) 8. (VI u. 226 S.) Leipzig (840) 849, Baensch. 1 Thlr.

† Satori, J. (Neumann, geb. Hiepe), Buch für Kinder. 16. (146 S. mit 3 ill. Stnt.) Zerbst 854. [Leipzig,] Wallerstein.

—— Buch f. Töchter gebild. Stände. gr. 8. (14½ B. u. 3 Kpfrt.) Berlin 840, Rubach.

—— Camilla, Prinzessin von Bissignano, od.: Die Rache. Roman. 3 Thle. 8. (48 B.) Danzig 844, [Gerhard, Vrlgsexpdit.]

—— die Charade. Novelle. 8. (17 B.) Berlin 831, Schüppel.

— die Charade, Novelle. 8. Berlin 839. A. Förstner. 1½ Thlr.

——, Diana v. Cinq Mars, od. der Eid. Eine histor. Erzähl. 8. (18 B.) Leipzig 836, Engelmann.

—— der Doppeleid, od. die Wallfahrt nach Jerusalem. 2 Bde. 8. (30 B.) Leipzig 830, Rein.

—— Dorothea Sibilla, Herzogin von Liegnitz u. Brieg. Eine histor. Erzählung. 2 Thle. 8. (38½ B.) Leipzig 843, Kollmann.

— das Ebenbild, oder das Pfarrhaus zu Lindenwalde. 8. Leipz. 827. Rein. 1 Thlr.

——, Elisabeth, Prinzessin v. Böhmen. Eine histor. Erzähl. 8. (12 B.) Leipzig 841, [Berger's Buchh.] 1 Thlr., hrbgs. Pr.

— Elisabeth, Prinzessin von Böhmen. Eine histor. Erzählung. kl. 8. Leipzig 841. Meißner. 1 Thlr.

—— Elisabeth von Cedernström. Eine Geschichte aus der vornehmen Welt. 2 Thle. 8. (481 S.) Berlin 851(52,) Grobe. *

—— Elisabeth, ein weiblicher Robinson, s. Volks- und Jugendbibliothek, belehrende und unterhaltende.

—— die Enttäuschung. Ein Roman aus der Zeit Peter III. von Rußland. 8. (274 S.) Berlin 851(52,) Grobe. *

——, Erik, König v. Schweden. Ein histor. Gemälde. 2 Bde. 8. (27¾ B.) Danzig 833, Gerhard.

— Erzähle, liebes Großmütterchen! Nützliche Schilderungen und Unterhaltungen für die Kreise der Jugend. 8. Berlin 835. Vereins-Buchh. 1 Thlr.

— die Erzählerin. Eine Samml. v. nützl., lehrreichen u. unterhaltenden Geschichten ꝛc. für das Alter v. 10—15 Jahren. Mit col. Kpfr. 8. Berlin ... Leipz., Brauns. geb. 1½ Thlr.

—— die Erzählerin. Eine Samml. von nützl., lehrr. u. unterhalt. Geschichten, Sagen, Beschreibn. u. Naturmerkwürdigkeiten, u. von d. Sitten and. Völker. Für d. Alter v. 10—15 Jahren. gr. 12. (14¼ B. u. 4 col. Kpfrt.) Berlin 838. [Leipzig, Brauns.] Thlr.

— die Erzählerin. Eine Sammlung von nützl., lehrreichen u. unterhalt. Geschichten, Sagen, Beschreibungen u. Naturmerkwürdigkeiten, und von den Sitten anderer Völker. Für das Alter von 10 bis 15 Jahren. Mit (4) color. Kpfrn. gr. 12. Berlin 838. Morin. 1½ Thlr.

—— zwei Erzählungen. (Es ist gewiß der schwerste Kampf, dem, was wir lieben, zu entsagen, und die Belagerung von Marienburg.) 8. (III und 188 S.) Leipzig 850(57,) Kollmann.

— Feldblumen, s.a. Feldblumen.

— Feldblumen; e. Taschenbuch f. d. J. 1826. Mit 1 Portr. u. 6 Abbild. in Steindr. 12. Danzig 825. Ewert. 1 Thlr. f. 1826. Leipz., (Rein). 1 Thlr. 12 Gr.

† Satori, J., (Joha. Neumann, geb. Hiepe,) der kleine Fischerknabe. Eine Erzähl. f. Knaben u. Mädchen. 8. (4⅛ B.) Berlin 839, Vereins-Buchh.

—— der kleine Fischerknabe. Eine Erzählung f. Knaben u. Mädchen. 2. Aufl. 8. (4½ B.) Berlin 844, Vereins-Buchh.

— Franzesko u. Roderigo, oder die Gewalt der Leidenschaft. — Das Testament. Zwei Erzähll. 8. Leipz. 828. Rein. 18 Gr.

—— die heil. zehn Gebote. Bildl. dargestellt, durch d. Leben u. die Thaten d. Pet. Poltermann, einstigen Waffenschmieds zu Jüterbogk. Eine Sage. Erzählt f. d. Jugend beiderlei Geschlechts. 8. (1¾ B. u. 1 Holzschn.) Berlin 837, Vereins-Bh.

— der Großmutter Geburtstag. Ein Familiengemälde in 1 Aufzuge. Mit 1 (lith. u.) color. Titelbilde. Zerbst 854. (Leipzig,) Wallerstein. 16. (32 S.) 5 ngr.

— das Geheimniß. Ein histor. Roman aus der Zeit Carl I. von England. 3 Bde. 8. (798 S.) Danzig 847, Gerhard'sche Buchhandlung. 3½ Thlr.

—— das Geheimniß. Ein histor. Roman aus der Zeit Carl I. von England. 3 Bde. 8. (798 S.) Danzig 847. [Berlin, Grobe.]

—— die Geheimnisse von Benebridge Hall, s. Bibliothek, europäische.

— Geschichte der Gräfin von Morfeld. 8. Leipz. 826. Rein. 1 ꝶ 16 gr

—— Geschichtenbibliothek, s. Geschichtenbibliothek.

Satori, J. *Gott lebt noch!* oder Die gute und fromme Tochter. Eine moralische Erzählung für die reifere Jugend von J. Satori (Neumann). Mit [3] Kupfern [= handholor. Lithogr., H. Gelhaar fec.]. Leipzig, Fischer und Fuchs, [c. 1830]. Gestochener Titel, 120 (statt 124) S. 12°. Abgenützter, einfacher Hldr. d. Z. 15.—

Etwas phantastischer Jugendroman, hübsch illustr. 4 Textss. fehlen, 3 Bll. sind in der Mitte löcherig, eine Blattecke fehlt, einige SS. eingeklebt, Titel gestempelt. Etwas fleckig.

— Gott lebet noch! Oder die gute Tochter. Eine moralische Erzählung für die reifere Jugend. Mit (3 ill.) Kpfrn. 8. Leipzig 837. G. Fischer. 3/4 ꝶ

—— Gott lebet noch! Od. d. gute Tochter. Eine moral. Erzähl. f. d. reif. Jugend. 8. (8 B. u. 3 ill. Kpfr.) Leipzig 837, [Serig'sche Buchh.]

— Gott thut noch täglich Wunder, s.: Geschichtenbibliothek, 2. Bd.

Satori, (J.,) die Großmama. Eine Sammlung v. Mährchen für die Jugend. Mit 7 illum. Kpfrn. u. Vign. 12. Leipz. 826, Rein.

—— Hof-Intriguen. Ein histor. Roman aus der Zeit der Catharina von Medicis. 2 Thle. gr. 8. (35¾ B.) Danzig 843, [Gerhard, Vrlgsexpedit.]

—— Katharina Howard, oder das Altarblatt in Kensington. Eine histor. Erzählung. 2 Thle. 8. (45½ B.) Danzig 843, [Gerhard, Vrlgsexpedit.]

—— der Invalide. Eine Samml. v. Charakterzügen edler Menschen, größtentheils bekannt durch d. Geschichte, f. d. Jugend beiderlei Geschlechts. 8. (11 B. u. 3 ill. Kpfr.) Leipzig 836. [Serig'sche Buchh.]

——, Johann Casimir v. Polen. Histor. Roman. 3 Thle. 8. (45½ B.) Danzig 839, [Gerhard'sche Buchh.]

——, Johann I. König v. Neapel. Eine histor. Erzähl. 2 Thle. 8. (26 B.) Leipzig 835, [Geuther.]

— Johanna I., Königin von Neapel. Eine histor. Erzählung. 2 Thle. 8. Leipzig 835. Böhme. 1½ ꝶ

——, Johannes IV. v. Rußland u. seine Gemahlin Anastasia Okolnitschy. Eine histor. Erzähl. 2 Thle. 8. (32 B.) Leipzig 840, [Berger's Buchh.] 2 Thlr. 6 Gr., hrbgs. Pr.

——, Kain, od. Wenzl u. Boleslaw, Prinzen v. Böhmen. Eine histor. Erzähl. 8. (18 B.) Leipzig 836, Engelmann.

— die Kinderfreundin. Wirklichkeit u. Dichtung in Erzähll., Mährchen u. belehr. Andeutungen zur Stärkung des Geistes u. Gemüths. 8. Berl. 831. Vereinsbuchh. 18 gr

— „Kommt her, meine Kinder, ich will Euch Etwas erzählen." Erzählungen u. nutzl. Unterhaltungen für die reifere Jugend. (Mit 3 ill. Kpfrn.) 8. Leipzig 837. G. Fischer. 7/8 ꝶ

—— „Kommt her meine Kinder, ich will euch Etwas erzählen." Erzähln. u. nützl. Unterhaltn. f. d. reif. Jugend. 8. (10¼ B. u. 3 ill. Kpfr.) Leipzig 837, [Serig'sche Buchh.]

——, Konradin v. Schwaben, der letzte Hohenstaufen. Eine histor. Erzähl. 2 Thle. 8. (23¼ B.) Leipzig 831, Rein.

—— das Kreuz im Walde, od. der Doppelmord. Eine Erzähl. 2 Bde. 8. (25¼ B.) Leipzig 830, (Rein.)

— Madame Leander im Kreise ihrer Zöglinge. Eine Sammlung von Mährchen, moral. Erzählungen u. Unterhaltungen für die Jugend beiderlei Geschlechts. Mit (4 ill.) Kpfrn. 8. Leipzig 837. Engelmann. 1¼ ꝶ

—— Madame Leander im Kreise ihrer Zöglinge. Eine Samml. v. Mährchen, moral. Erzähln. u. Unterhaltn. f. d. Jugend beiderlei Geschlechts. 8. (16 B. u. 4 ill. Kpfr.) Leipzig 837, [Serig'sche Buchh.]

—— Licht und Schatten. Ein histor. Roman aus den Zeiten Peters des Großen von Rußland. 3 Bde. 8. (760 S.) Nordhausen 847, [Büchting.]

— Licht u. Schatten. Ein histor. Roman aus den Zeiten Peters des Großen von Rußland. 3 Bde. 8. (760 S.) Nordhausen 847, Fürst. 2 ꝶ

— List gegen List. Ein Gemälde aus dem Gebiete der feineren Welt. 2 Thle. 8. Leipz. 826, Rein.

— List gegen List. Ein Gemälde aus d. Gebiete der feinern Welt. 2 Thle. 8. Leipz. 827. Rein. 2 ꝶ

—— Lohn des Fleißes. Eine Samml. v. Mährchen u. Erzähln. moral. Inhalts. Für d. Jugend beiderlei Geschlechts v. 10—14 Jahren. 8. (12¾ B. u. 4 ill. Bild.) Leipzig 837, Hinrichs'sche Buchh.

—— Louise, Prinzessin von Montpensier, s. Bibliothek, europäische.

—— Mährchen u. moral. Erzähln. f. d. Jugend beiderlei Geschlechts. — Fortsetz. d. Großmutter. 12. (10⅓ B., 7 ill. Kpfr. u. ill. Titvign.) Mohrungen 831. (Leipzig, Rein.)

—— mein Herz bleibt bei Dir! Ein histor. Roman aus der Zeit Jacob IV. von Schottland. 2 Thle. 8. (40¾ B.) Danzig 844, [Gerhard, Vrlgsexpedit.]

——, Mießchen u. Moorchen, od. Frau Barbara Simpel u. ihre Zöglinge. 16. (8 B. u. 8 Bild., incl. 2 ill.) Berlin 840, Hasselberg'sche Verlh. 18 Gr., ganz ill.

† Satori, J. (Neumann, geb. Hiepe), die Mohrin. Roman. 3 Thle. 8. (500 S.) Leipzig 854, C. L. Fritzsche. Thlr.

—— Franz Monnier, oder: Die Bewohner des Klosters St. Johann von Gott in Paris. Eine Erzählung aus dem 16. u. 17. Jahrhundert. 2 Bde. 8. (26 B.) Nordhausen 842, Fürst.

— Lady Elisabeth Mowbray, oder: Der heilige Aloysius. Eine Erzählung aus der Zeit Heinrich's I., Königs von England. 2 Bde. 8. Nordhausen 839. Fürst. 2½ ꝶ

—— Lady Elisabeth Mowbray, od.: Der heil. Aloysius. Eine Erzähl. aus d. Zeit Heinrich's I., Königs v. England. 2 Bde. 8. (27 B.) Nordhausen 839. [Leipzig, Literar. Museum.]

Satori. *Madame Neander* im Kreise ihrer Zöglinge. Eine Sammlung von Mährchen, moralischen Erzählungen und Unterhaltungen für die Jugend beiderlei Geschlechts von J. Satori (Neumann). Mit Kupfern, Leipzig, Fischer & Fuchs, o. J. [1836]. Lithogr. Titel, 1 Bl. 252 (statt 254) S. und 3 handkolor. Lithogr., A. Schule fec. 8°. Einfacher Hlwd. d. Z. 30.—

Spannende, wenn auch etw. sentimentale Erzählungen, davon spielt eine in Solothurn. Sehr interess. Bilder. — Teilw. etw. fleckig, SS. 241/242 fehlen.

— der Neujahrsabend, siehe: Jugendtheater, 4. Bdchn.

— s. Neumond. Ein Hausfreund für Kinder.

— die Nonne, Roman. 2 Thle. 8. Danzig 846, Gerhard. 3 ℛ

— die Nonne. Roman. 2 Thle. 8. (278 u. 295 S.) Danzig 847, Gerhard. 3 ℛ

—— die Nonne. Roman. 2 Thle. 8. (278 und 295 S.) Danzig 847. [Berlin, Grobe.]

—— Novellen. 3 Bdchn.: Für Gott, König u. Vaterland! — Louise, Herzogin v. Savoyen. — Boja, d. schöne Hirtenmädchen. — Kampf u. Glaube. 8. ($28\frac{1}{2}$ B.) Leipzig 832, Engelmann. 2 Thlr. 9 Gr., hrbgs. Pr.

—— Novellenkranz. 4 Bde. 8. Leipzig 835, Rein'sche Buchh. [1., 2. ($32\frac{3}{4}$ B.) 835. $2\frac{1}{4}$ Thlr., 3. ($15\frac{1}{4}$ B.) 836., 4. ($15\frac{1}{4}$ B.) 837. à $1\frac{1}{8}$ Thlr.]

3. Bd. a. u. d. T.: Elisabeth, Gräfin v. Swebenbrock. Eine Erzähl. a. d. schwed. Geschichte.

—— Oberon, s. a. Oberon.

— Oberon, oder das Reich der Phantasie. Eine Sammlung schöner Mährchen u. Erzählungen für artige u. fleißige Kinder z. Weihnachts- oder Geburtstags-Geschenk. 3. Samml. 12. (Mit Titelk.) Mohrungen 844. (Leipzig, Brauns.) geb. $\frac{2}{3}$ ℛ Alle 3 Thle. 2 ℛ

ELBING, Julius (d. i. *Johanna Satori-Neumann*), Clara von Pappenheim oder die nächtlichen Erscheinungen im Schlosse Waldburg. 2 Bde. Leipzig 1828. 8⁰. Zahm. (Ldpr. 2 Rthl. 18 Sgr.) (1 Mk. 50 Pfg. Franz Teubner, Düsseldorf, c. 1898.)

—— Petermännchen. Eine Erzähl. f. Knaben u. Mädchen. 8. ($7\frac{1}{8}$ B.) Berlin 839, Vereins-Buchh.

—— Eugenie du Plessy. Historische Novelle. 8. (234 S.) Leipzig 856, Kollmann.

— Pulawsky u. Kosinsky, od. böse Mittel entweihen gute Zwecke. Eine histor. Erzählung aus d. Poln. Revolution. 2 Thle. 8. Leipz. 826. Rein. 1 ℛ 16 ℊ

— Rachel, siehe: Bibliothek, Europäische, 756—758. Bd.

—— der Riese v. Livorno, od. d. Geheimnisse d. Schlosses Varmontell. Eine histor. Erzähl. 8. ($17\frac{1}{4}$ B.) Berlin 837, [Schroeder's Verl.]

— die weißen Rosen, siehe: Bibliothek, Europäische, 771 u. 772. Bd.

— Rheinländische Sagen u. Legenden. Gesammelt u. bearb. für die Jugend beiderlei Geschlechts von 10 bis 13 Jahren. Mit 4 (sauber) color. Kpfrn. 8. Leipzig 842, Hinrichs'sche Buchh. 1 ℛ

— der Savoyardenknabe, od. das Pathengeschenk. Eine lehrreiche Gesch. f. Kinder. Berl. ... Vereinsbuchh. 4 ℊ

— der Savoyarden-Knabe, oder d. Pathengeschenk. Eine lehrreiche Geschichte, die allen Kindern lieb sein wird. 8. Berlin u. Königsberg in d. Neum. 834. Vereins-Buchh. $\frac{1}{6}$ ℛ

— das Schloß in Marienburg, siehe: Bibliothek, Europäische, 791. Bd.

— sämmtl. Schriften. 1r Bd. Valerie. 1 ℛ — 2r Bd. A. u. d. T.: Vier Erzählungen: der Himmel führt die Seinen wunderbar zum Ziele. — Der Schein trügt. — Biandetta. — Selbstbetrug. 20 ℊ 8. Danzig 825. (Leipz., Rein). 1 ℛ 20 ℊ — 3r Bd. A. u. d. T.: Erzählungen: Der Weiberfeind. — Des Geschickes Fügungen. 8. Lpz. 826. (Engelmann). 1 ℛ 4 ℊ

— sämmtl. Schriften. 1r u. 2r Bd. 8. Danzig 825, 26. Ewert. 1 ℛ 20 ℊ

—— Schuld u. Buße, od. d. St. Magdalenenkloster zu Debreczin u. seine Bewohnerinnen. Wahrheit u. Dichtung. 2 Thle. 8. (33 B.) Leipzig 840, Kollmann.

——, Seraphine, od.: der Uebel größtes ist d. Schuld. Eine Erzähl. a. d. 17. Jahrh. 8. ($15\frac{1}{2}$ B.) Leipzig 830, (Rein.)

—— die Stieftochter. Eine Familiengeschichte. 2 Thle. 8. (30 B.) Danzig 845, [Gerhard, Vrlgsexpedit.]

— die Stunden der Andacht, s.: Jugendtheater, 2. Bdchn.

—— der Sylvesterabend. Roman. 3 Thle. 8. (734 S.) Danzig 848. [Berlin, Grobe.]

— Lieb' Tantchen aus Marienburg. Eine Sammlung von moral. Erzählungen aus Preußens Vorzeit, für Kinder beiderlei Geschlechts von 10 bis 14 Jahren. Mit 7 ill. Steindrücken. breit 12. Danzig 833, auch 838. Anhuth. $1\frac{1}{2}$ ℛ, mit schwarzen Abbildungen $1\frac{1}{2}$ ℛ

——, Ubaldo od. die Empörer. Eine Novelle. 8. ($17\frac{1}{2}$ B.) Leipzig 837, [Berger's Buchh.] 1 Thlr. 8 Gr., hrbgs. Pr.

— Ubaldo, oder die Empörer. Eine Novelle. 8. Leipzig 837. Meißner. $1\frac{1}{3}$ ℛ

— Valerie, od. die Gemälde. 8. Danzig 825. Lohde. 1 ℛ

† Satori, J., (Joha. Neumann, geb. Hiepe,) Ballon de Noses u. seine Bewohnerinnen. Od. d. Brüder Moraves. Eine Erzähl. gr. 12. (12 B.) Elbing 811, Neumann-Hartmann. Thlr.

—— das Verbrechen. Originalroman aus den höheren Kreisen Englands. Nach einer wahren Begebenheit. 2 Thle. 8. (387 S.) Grimma 851. [Wurzen,] Verlags-Comptoir.

Satori, J., das enthüllte Verbrechen, oder der vereitelte Königsmord Ludwig XVIII. 2 Thle. 8. Leipz. 827. Rein. 2 ℛ 12 ℊ

— Verliebt sein und lieben. Eine Familiengeschichte. 2 Bde. 8. Nordhausen 838. Fürst. $2\frac{1}{6}$ ℛ

—— verliebt sein u. lieben. Eine Familiengesch. 2 Bde. 8. (28 B.) Nordhausen 838. [Leipzig, Literar. Museum.]

— die sicilianische Vesper, oder: Rache ist süß, vergeben aber göttlich. Ein Roman aus dem 13n Jahrh. 2 Bde. 8. Nordhausen 840. Fürst. $2\frac{1}{8}$ ℛ

—— die sicilian. Vesper, od. Rache ist süß, vergeben aber göttlich. Ein Roman a. d. 13. Jahrh. 2 Bde. 8. (25 B.) Nordhausen 840. [Leipzig, Literar. Museum.]

—— Preußens Vorzeit. Eine Samml. v. histor. Erzähln. f. d. reif. Jugend beiderlei Geschlechts. 8. (9 B. u. 5 ill. Stnt.) Berlin 836, [Danz.] * 1 Thlr. 8 Gr., hrbgs. Pr.

— Preußens Vorzeit. Eine Sammlung von histor. Erzählungen für die reifere Jugend beiderlei Geschlechts. (Mit 5 ill. Steindrucken.) breit 8. Berlin 836. Gropius. n. $1^{1}/_{3}$ ℛ

—— Preußens Vorzeit. Ein Buch für jeden Gebildeten, besonders für das weibliche Geschlecht. 3 Thle. 8. (600 S. mit Ansicht von Marienburg in Holzschn. und qu. 4.) Leipzig 854, C. L. Fritzsche.

—— Wahre Liebe scheut kein Opfer. Eine Erzählung aus der neueren Zeit. 2 Thle. 8. (35 B.) Danzig 842, [Gerhard, Vrlgsexpedit.]

—— das Weihnachtsfest zu Marienburg. Eine Samml. v. Erzähln. u. Komödien moral. Inhaltes. Für d. reif. Jugend beiderlei Geschlechts. 16. ($19^{1}/_{2}$ B. u. 1 ill. Ttlbild.) Leipzig 838, [Lorck.]

— das Weihnachtsfest zu Marienburg. Eine Sammlung von Erzählungen u. Komödien moralischen Inhaltes. Für die reifere Jugend beiderlei Geschlechts. (Mit ill. Titelbild u. verziertem lithogr. Titel.) 16. Leipzig 838. Weber. $^{3}/_{4}$ ℛ

—— die Weintraube. — Der gelbe Zwerg. Zwei Erzählungen u. ein Mährchen f. die Jugend. 8. ($6^{3}/_{8}$ B.) Berlin 846, Vereinsbuchhdlg.

— König Wenzl II. von Böhmen, s. Geschichtenbibliothek ꝛc.

—— König Wenzl III. von Böhmen, s. Geschichtenbibliothek für das reifere Alter.

— Wer büßt, hat gefehlt. Eine Familiengeschichte. 8. Nordhausen 838. Fürst. $1^{1}/_{4}$ ℛ

—— wer büßt, hat gefehlt. Eine Familiengesch. 8. (16 B.) Nordhausen 838. [Leipzig, Literar. Museum.]

— willst du ein Mährchen hören? VIII anmuth. Erzählungen, der lieben Jugend dargebracht. Mit 8 ill. Steinzeichnungen von Hosemann. 8. Berlin 837. Enslin'sche Buchh. (Ferd. Müller.) $1^{1}/_{4}$ ℛ

—— willst du ein Mährchen hören? Acht anmuth. Erzähln. d. lieben Jugend dargebracht. 8. (13 B. u. 8 ill. Stnt.) Berlin 840, Enslin'sche Buchh.

—— Winterabende der Mme. Neander im Kreise ihrer Enkel. Eine Samml. v. Erzähln. u. Sagen moral. Inhalts. Für d. Jugend beiderlei Geschlechts v. 12—15 Jahren. 8. (..B. u. 8 ill. Bilder.) Chur ..., Grubenmann'sche Buchh.

— die Winterabende der Madame Neander im Kreise ihrer Enkel. Eine Sammlung von Erzählungen für die Jugend von 12 bis 15 Jahren. Mit 8 color. Bildern. gr. 12. Chur 840. Grubenmann. $^{5}/_{6}$ ℛ

—— die Winterabende der Madame Neander im Kreise ihrer Enkel. Eine Sammlung von Erzählungen u. Sagen moralischen Inhalts. Für die Jugend beiderlei Geschlechts von 12 bis 15 Jahren. gr. 12. ($6^{1}/_{6}$ B. u. 8 ill. Bild.) Chur 842, Grubenmann'sche Buchh.

—— Winterfreuden, e. Lesebuch f. gute Kinder. gr. 8. ($6^{1}/_{2}$ B. u. 6 ill. Stnt.) Berlin 837, (Gropius'sche Buchh.)

— die Fürstin Womotschin und ihre Söhne, oder die Verbannten nach Sibirien. Dichtung und Wahrheit. 3 Bde. 8. Danzig 833. Gerhard. $4^{1}/_{2}$ ℛ

—— Xenia, Tochter des Großfürsten Boris Gudunow von Rußland. Ein histor. Roman. 8. ($20^{1}/_{8}$ B.) Danzig 842, [Gerhard, Vrlgsexpedit.]

—— die Zwillingsschwestern in der Straße Rue St. Honoré No. 17 in Paris. Ein Roman aus den höhern Kreisen v. Paris. 3 Thle. 8. ($52^{3}/_{4}$ B.) Danzig 846, [Gerhard, Vrlgsexpedit.]

Satori, (Jos.,) Gallerie bildlich. Darstellungen d. interessantensten Gegenstände des Wiener Conversat.-Lexicons. 16, 25 Hefte. gr. Real. 8. Wien 827, Ludwig. à 1 Rthl.

SATORIUS, Max. Aus meinem Privatleben. Auch ein Kulturbild aus der Gegenwart. 1908, Im Selbstverlag des Verfassers, z. Zt. Spindelmühle. 8°.
Verb. Breslau v. 28. 10. 09, u. z. die Seiten 45—64.

The Jesuit Mission Press in Japan. By Sir Ernest Satow. *Yokohama. Kelly & Walsh; Leipzig: O. Harrassowitz 1899.* (12 S., 58 Bl.) 8°
— Transactions of the Asiatic Society of Japan. Vol. 27, P. 2. (02. 3046

The Jesuit Mission Press in Japan. By Sir Ernest **Satow**. Yokohama: Kelly & Walsh; Leipzig: O. Harrassowitz 1899. (12 S., 58 Bl.) 8° [Sondert.] Doctrina christan. [!] 1600 [Neudr.]
= **Transactions** of the Asiatic Society of Japan. Vol. 27, P. 2. (06. 19026

Satow, Hans, s. a.: Heinz, Karl.

Satow, Hans, Bewegungs- u. Unterhaltungsspiele im Freien, s. a. Möller's, Wilh., Bibliothek f. Gesundheitspflege. 48. Hft.

Bewegungs- und Unterhaltungsspiele im Freien. Von Hans **Satow**. Oranienburg-Berlin: W. Möller [1906]. (25 S.) 8° [F. u. Ant.]
= **Bibliothek**, Möller's, f. Gesundheitspflege, Erziehung u. Volksaufklärung. H. 48. (07. 4416

— Die beste Gymnastik f. Berufstätige, s. a. Bibliothek f. Körperkultur.

Satow, H.: Die beste Gymnastik für Berufstätige. Wie man in der Familie Gymnastik treiben soll und kann. Berlin 1907. 31 S. (Bibliothek für Körperkultur. 4.)

Satow, (H.): Die beste Gymnastik für Berufstätige. Berlin: Corania 1909. 31 S. 8°

— Das Licht-Luftbad in seinem Wert f. die Gesundheit. Pläne u. Winke f. die Errichtung u. Benutzg. v. Luft- u. Sonnenbädern. (36 S. m. Abbildgn.) 8. Berlin, Bundesvorstand der Vereine f. naturgemäße Lebens- u. Heilweise. nn — 30

Literaturverzeichnis für Logenbibliotheken bearbeitet von Louis Satow. Für Brr. Frmr. aller Grade und Lehrarten. Hamburg: Kliefoth i. Komm. o. J. 32 S. 8°. [Umschlagtit.]
(Bausteine. Schriftenreihe des Freimaurerbundes zur aufgehenden Sonne. 5a.)
Recens: Lt. 14 (1923) S. 44 (Fr. Rackhorst).

— s.: Von de Waterkant.

Literarischer Wegweiser für freie Menschen bearbeitet von Louis Satow. Hamburg: Kliefoth i. Komm. o. J. 28 S. 8°. [Umschlagtit.]
(Bausteine. Schriftenreihe des Freimaurerbundes zur aufgehenden Sonne. 5b.)

Satsuma-Dekoration, Japanische. Original-Aquarelle. 55 Bl. 4°. In 2 Mappen.

Sattel, der. Eine beurtheilende Zusammenstellung älterer und neuerer Konstruktionen mit besond. Rücksicht auf die militär. Ausrüstung. Von einem Stabsoffizier der Königl. Württemberg. Armee. Mit einem Anh. über die Pferdezucht in Württemberg. 8. (VIII und 121 S. mit 15 Stnt.) Stuttgart 862, Roth. *

Sattel, der alte, s.: Groschen-Bibliothek für's deutsche Volk.

Sattel, Georg, Doktor d. Philosophie: Martin Deutinger als Ethiker, e. Beitrag z. Gesch. d. christl. Ethik im 19. Jahrh. Paderborn 1908: F. Schöningh. (VI, 304 S.) 8°
Würzburg, Theol. Fak., Ref. Kiefl, Diss. v. 18. Febr. 1908
[Geb. 30. Juli 72 Schifferstadt; Wohnort: Busenberg; Staatsangeh.: Bayern; Vorbildung: Gymn. Speyer Reife Juli 92; Studium: München 2, Innsbruck 2, Würzburg 2 S.; Rig. 28. Febr. 07.]

Sattel, Geo., Martin Deutinger als Ethiker, s.a. Studien zur Philosophie u. Religion. 1. Heft.

Sattel. Georg: Martin Deutinger als Ethiker. Ein Beitrag z. Geschichte d. christl. Ethik im 19. Jh. Von –. Paderborn: Schöningh 1908. VIII, 304 S. 8°
[Erschien auch als theol. Inaug.-Diss. Würzburg 1908.]
(Studien z. Philosophie u. Religion. H. 1.)

Sattel, Georg, a. Schifferstadt: Martin Deutinger's Gotteslehre. Regensburg 1905: Buch- u. Kunstdruckerei A. G. (VII, 224 S.) 8°
Würzburg, Phil. Fak., Ref. Stölzle, Diss. v. 22. März 1905
[Geb. 30. Juli 72 Schifferstadt; Wohnort: Winnweiler; Staatsangeh.: Bayern; Vorbildung: Gymn. Speyer Reife Juli 92; Studium: München 2, Innsbruck 2, Würzburg 2 S.; Rig. 26. Juli 04.]

Sattel, Geo., Martin Deutingers Gotteslehre. (VII, 224 S.) gr. 8. Regensburg 905. Verlagsanstalt vorm. G. J. Manz. n. 4. —

Sattel, Jos., der Freundschaftsbund zwischen Goethe u. Schiller, s.a. Broschüren, Frankfurter zeitgemäße. XIX. 3.

Sattel, Joseph: Der Freundschaftsbund zwischen Goethe und Schiller. Von Joseph Sattel, Lehrer. Frankfurt a. M.: P. Kreuer 1899. (40 S.) 8°
= Broschüren. Frankfurter zeitgemässe. N. F. Bd 19. H. 3.

Sattel, Jos., was soll d. katholische Lehrer v. Immanuel Kant wissen, s.: Vorträge u. Abhandlungen, pädagogische.

Sattelberger. Henricus, Sepher thehilim sive liber psalmorum, quem in publica exercitatione Hebraico-scripturistica exponet et concordiam praeprimis Vulgatae cum textu Hebraico ostendet. Mainz, 1748 (?). 4°. 25 S. (Academ. Schrift.)

Sattelberger, J. Michael „Ueber einen Satz vom Krümmungskreise der Ellipse. pg. 3—9. 4°. Mit 2 Tafeln. Josef Bucher.
Passau, Progr. 1862/63

Sattelhülfe, kleine, od. kurze Reit-Anweisung f. alle Laien in d. Kunst, die wohl Lust, aber keine Gelegenheit od. Mittel haben e. Manège zu besuchen, vorzügl. also f. junge künftige Cavalleristen, wie f. Studirende ꝛc. 12. (8½ B.) Halle 830, (Kümmel.)

Sattelhülfe, kleine, oder kurze Reitanweisung für alle Laien in der Kunst, die wohl Lust, aber keine Gelegenheit oder Mittel haben eine Reitschule zu besuchen, vorzüglich aber für junge künftige Cavalleristen, wie für Studirende ꝛc. 2. Aufl. 12. Halle 842, Lippert. n. ⅙ ℛ

Sattelhülfe, kleine, oder kurze Reitanweisung für alle Laien in der Kunst, die wohl Lust, aber keine Gelegenheit oder Mittel haben, eine Reitschule zu besuchen, vorzügl. aber f. junge künftige Cavalleristen, wie f. Studirende ꝛc. 2. Aufl. 12. (3 B.) Halle 842, [Schmidt's Verl.] *

Sattelhülfe, kleine, oder kurze Reitanweisung sowie prakt. Regeln für die Behandlung der Pferde. Für alle Laien in der Kunst, die wohl Lust, aber keine Gelegenheit oder Mittel haben, eine Reitschule zu besuchen; vorzüglich aber für junge künftige Cavalleristen, Studirende ꝛc. 3. Aufl. 12. (VI und 50 S.) Halle 851, Schmidt. Thlr. *

Sattelmacher, Paul, Referendar in Unna i. W., (geb. zu Osnabrück): Über die Gültigkeit und Bedeutung der gemeinrechtlichen Processregel: Affirmanti non neganti incumbit probatio. *Hannover 1902: Berenberg.* (82 S.) 8° [J. u. Ant.]
Freiburg i. B., Rechts- u. staatswiss. Diss. v. 1902

Sattelmayer, Richard, Referendar: Die unerlaubte Entfernung im Sinn der §§ 64 ff. M.Str.GB. und ihre historische Entwicklung. Tübingen: Fues 1909. VII, 63 S.
Erlangen, Jur. Diss. v. 13. Jan. 1910, Ref. Allfeld
[Geb. 26. Febr. 82 Stuttgart; Wohnort: Tübingen; Staatsangeh.: Württemberg; Vorbildung: Gymn. Reutlingen Reife 00; Studium: Tübingen 7, Berlin 2 S.; Rig. 7. Dez. 09.] [U 10. 752

Satter, Hans, Beiträge zur Entwicklungsgeschichte des Lebermoosantheridiums. [Aus dem botan. Institute der Universität in Graz.] Lex.-8. (14 S. mit 1 lithogr. Taf.) Wien 882, (Gerold's Sohn.) **
Aus: Sitzungsberichte der k. Akademie der Wissenschaften, besonders abgedruckt.

Sattes, J. L. V., üb. die Verbesserung d. Statistik mit d. Staatswirthschaft. gr. 4. Bamb. Gebhardt. 812.

Sattes, J. L. V., üb. die Verbindung d. Statistik mit d. Staatswirthschaft. gr. 4. Bamb. 812. (Frkf. a. M., Wesché). 6 ℛ

Satter, Joh., volksthümliche Pflanzennamen aus Gottschee. Progr. gr. 8. (21 S.) Gottschee 898. (Klagenfurt, A. Raunecker.) n.n. — 60

SATTER, Joh.
Volktshümliche Pflanzennamen aus Gottschee. Von Joh. Satter. Sonderabdruck aus dem Jahresberichte des k. k. Staats-Untergymnasiums zu Gottschee 1898. Gottschee 1898. [Klagenfurt 1899. In Comm. Raunecker.] Gr.-8°. 21 S. fl. —.30

SATTER, Joh.
Volksthümliche Thiernamen aus Gottschee von Joh. Satter. Der Reinertrag dieses Schriftchens fallt dem geplanten Studentenheim in der Stadt Gottschee zu. Gottschee. 1899. [Klagenfurt. 1899. In Comm. Raunecker.] Gr.-8°. 22 S. fl. —.30

Satter, Dr. Joh. Nep. — Die Cholera und ihre Heilung. Von — —. Wien, 1856. Druck von L. C. Zamarski. (43 S 4)

Sattes, Joannes Leonardus Valentinus (Buchbrunn)
Finiti ratio ad infinitum.
MS. 12 Bl.
Diss. phil. Giessen 1812. vorh. Univ.-Archiv.

[S.] Kamala. Eine Geschichte aus d. Hinduleben von Krupabai Satthianadhan. Autor. Übs. (Vorr.: H. B. Grigg.) *Leipzig: H. G. Wallmann 1898.* (1 Bl., 287 S., 1 Portr.) 1 Bd 8. 193. 5328

Satthianadhan, Krupabai, Saguna. Aus dem Leben e. ind. Christin. Mit e. Vorwort v. Mrs. R. S. Benson. Autoris. Übersetzg. 8. (VIII, 336 S. m. Bildnis.) Leipzig 900. H. G. Wallmann. n. 2. 80; geb. n. 3. 80

Satthlanadhan, Krupabei, wie der HErr e. Starken findet u. zieht, s.: Missionsschriften, kleine Hermannsburger. Nr. 43.

Sattig, Ueber die Arbeiterwohnungsverhältnisse im oberschlesischen Industriebezirke. 4⁰. Kattow 1892.

Sattig, C. G., Tabellen üb. das Verhältniß d. neuen Preuß. Gewichts u. Maaßes zu d. schlesisch. rc. 8. Glogau 818. Neue Güntersche B. 4 gr.

— Vergleichungen der gegenwärtig in den Preuß. Staaten einzuführenden Maaße und Gewichte mit d. Berliner und Breslauer Maaße und Gewichte rc. 8. Ebend. 818.

— Vergleichungstafeln d. Geldpreise einer Waare, die nach dem bisher. schles. Gewicht od. Maaß gewogen od. gemessen, gegen den Preis e. Waare, die nach d. neuen preuß. Gewicht od. Maaß verkauft werden soll. 8. Glogau 820. N. Güntersche B. 2 gr.

Sattig, Fritz: Andachten für alle Tage des Schuljahrs. ([Umschlagt.:] Eine Zusammenstellung von Morgenandachten für alle Tage des Schuljahres.) *Bunzlau 1898: C. A. Voigt.* (24—28 S.) 4
Bunzlau, k. Waisen- u. Schul-A (G), OP 1898 (190)

Sattig, Fritz [Dr.]: Zur Behandlung des Alten Testaments auf der Mittelstufe des Gymnasiums. Bunzlau, C. A. Voigts Buchdr., 1897; 1 Bl., 29 S. 4.
Bunzlau, k. Waisen- u. Schul-A (G), OP 1897 (187)

Sattig, Fritz *(gb. Glogau [?] 10 1863).* Darstellung und Kritik des protagoreischen Sensualismus und seiner Um- und Fortbildung durch die sokratische Begriffsphilosophie. 1. Darstellung des protagoreischen Sensualismus, insbesondere an der Hand des platonischen Theaetet. Halle 1885. (49 S. 8. [F. u. Ant.] *[Im Buchhandel 1885 bei Köhler in Breslau.] (Vollst. in Zeitschr. f. Phil. u. phil. Kritik [Bd. 86. 1885, 87. 1886].)*
Breslau, Phil. Diss. v. 21. Apr. 1885

Sattig, [Fritz], Direktor Dr.: Gesichtspunkte für die Behandlung apologetischer Fragen im evangelischen Religionsunterrichte. Goldberg 1905: O. Collmar. (S. 3—27.) 4°
Goldberg in Schles., Schwabe-Priesemuth-Stiftung (st. PG) P 1905 (235)

Sattig, Julius Konrad

De Deglutitione difficili. Berolini (1826:) Petsch. 26 S. 8⁰
Berlin, Med. Diss. v. 24. Nov. 1826

Sattlegger, Flor., und Jak. Schmidhammer, Leitfaden bei dem Unterrichte in den einzelnen Lehrgegenständen der deutschen Volksschule, den berechtigten Forderungen der Zeit gemäß bearb. Linz 860. Danner. 8. (XIX, 208 S.) n. 20 ngr.

Der ostdeutsche Sattler & Wagenbauer. Fachzeitschr. f. Wagenbauer, Sattler, Stellmacher, Schmiede, Lackierer, etc. [Jg. 1.] 1904. Königsberg i. Pr.: L. Beerwald 1904. 4° [F.] [06. 4980]

Sattler, der vollkommene, od. deutl., auf Erfahrung gegründ. Anweis., alle in dieses Fach einschlagende Arbeiten in allen mögl. Mustern anzufertigen. Dargestellt auf 15 Tafeln, mit genauem Maaßstab versehen, durch beigefügt. Text gehörig erläutert, nebst e. Anh., welcher 14 neue Wagen v. verschied. Bauart enthält. Fol. Gotha 826. Ettinger. 1 rf 12 gr.

Sattler, der vollkommene, oder deutl., auf Erfahrung gegründ. Anweisung, alle in dieses Fach einschlagende Arbeiten anzufertigen. Dargestellt auf 15 Tafeln, mit genauem Maßstab versehen, durch beigefügten Text gehörig erläut.; nebst einem Anhang, welcher 14 neue Wagen von verschied. Bauart enthalt. 2e Aufl. kl. Fol. Halle 839. (Heynemann.) 1¼ rf

Sattler und Wagenbauer: 1891?–1904?

Monthly trade journal. Organ of Carriage and Wagon Workers' International Union of North America. Title varies: Sattler Journal, 1891–92. Continued as Carriage and Wagon Workers' Journal. Quarto, each issue 16–32 pages. Edited by Maurice Weber, & published by The Trade Publishing Co.
Chicago, IL

BRIEFE, Freymüthige, an Herrn Grafen v. V. über den gegenwärtigen Zustand der Gelehrsamkeit der Universität und der Schulen zu Wien. (Vf.: *Sattler, Mieg* u. *Afsprung.*) Frankf. 1774. 8⁰. (5 Kr. Carl Greif. 1914.)

Sattler's interessante Bibliothek. Nr. 1—13. 16—18. 21. 22. 25. 26. 29—31. 41. 44—49. 51. 54—56 u. 58. Leipzig, R. Sattler. à Nr. — 10
Conradin, Paul, Bilder aus dem Tippamt. (30 S.) (908.) (Nr. 8.)
Gimtnne, A., kleine Ido-Grammatik. (Verbessertes Esperanto.) (Linguo internaciona di la delegitaro.) Zum Gebrauch f. Deutsche übertr. v. K. A. Janotta. (38 S.) 16. (910.) (Nr. 58.)
Göthling, Paul, das deutsche Hiebfechten. Seine Gesetze u. Geschichte. (21 S.) (910.) (Nr. 55.)
Im dicken Nebel. (Seegeschichten Bd. II.) Von e. alten Seefahrer. (25 S.) (910.) (Nr. 54.)
Kind, L., Grillparzer's Ahnfrau, nacherzählt, erläutert u. m. e. Biographie Grillparzer's versehen. (32 S.) (910.) (Nr. 30.)
Kringel, Ferd., der Merkur, zur Zeit e. zweite Erde. Phantastisch-naturwissenschaftl. Plauderei. (48 S.) (909.) (Nr. 17. 18.
— Mister Petearsons Expreßzug. Eine launig-satyr. Erzählg.) (70 S.) (909.) (Nr. 12. 13.)
— Die Mondanzünder. Eine phantast. Erzählg. (67 S.) (908.) (Nr. 5. 6.)
— Das Radium. Eine populär-wissenschaftl. Besprechg. (31 S.) (909.) (Nr. 2.)
Mahler, Emil, heiteres vom Flügelrade. Geschichten aus dem Eisenbahnleben. (76 S.) (909.) (Nr. 44. 45.)
Martens, B. Chr., praktischer Ratgeber f. Jedermann. (70 S.) (909.) (Nr. 21. 22.)
Pekar, ungarische Novellen. (157 S.) (909.) (Nr. 46—49.)
Renz, Mary, Polterabendgedichte. (40 S.) (909.) (Nr. 41.)
Riedel, Wern., der Postscheckverkehr. (38 S.) (909.) (Nr. 51.)
Stephan, Fritz, vivat Academia! Heitere u. ernste Erzählgn. aus dem deutschen Studentenleben. (45 S.) (908.) (Nr. 1.)
— dasselbe aus dem Leben deutscher Studenten. II. Bd. Fuchs Pietsch's erste Liebe. Fips, der Couleur- u. Renommierhund. (27 S.) (909.) (Nr. 10.)
— Gendarm Schlaumeyer od. Der falsche Raubmörder. Schwank in 2 Aufzügen. (27 S.) (908.) (Nr. 3.)
— Goethe's Götz v. Berlichingen. Nacherzählt, erläutert u. m. e. Biographie Goethes versehen. (38 S.) (910.) (Nr. 31.)
— Erste Hilfe bei Unglücksfällen. (20 S.) (909.) (Nr. 11.)
— Das goldene Kreuz. Roman. (45 S.) (909.) (Nr. 9.)
— Kurzgefaßtes Lehrbuch der Weltsprache Esperanto. 22.–27. Taus. (23 S.) (910.) (Nr. 16.)
— Schiller, Die Jungfrau v. Orleans, nacherzählt, erläutert u. mit e. Biographie Schillers versehen. (44 S.) 8. (910.) (Nr. 29.)
— Schiller, Wilhelm Tell. Nacherzählt, erläutert u. m. e. Biographie Schiller's versehen. (36 S.) (910.) (Nr. 26.)
— Die Verbreitung des Esperanto od. Eine Reise um die Erde in 1 Stunde. Eine Plauderei. (19 S.) (908.) (Nr. 7.)
— Wie jeder schon heute die Weltsprache Esperanto verwenden kann. (15 S.) (908.) (Nr. 25.)
— Weltsprachliche Zeitfragen. (40 S.) (908.) (Nr. 4.)
Trajt, Armin, abseits vom Wege der Pflicht u. Roter Mohn. (24 S.) (910.) (Nr. 56.)
Die fehlenden Nrn. sind noch nicht erschienen.

Sattler, das Ende eines Branntweintrinkers. Eine wahre Geschichte aus dem Leben. gr. 8. (2 B.) Eigenthum der württemb Volksschr.-Vereins. Ulm 845, Heerbrandt u. Thämel.

Sattler, die Thätigkeit des Reichstages seit 1887. Zur Wahlbewegung in Hannover, s.: Flugschriften der nationalliberalen Partei.

Sattler, Ad., d. christl. Lehr- und Glaubensgrund. 8. Freyburg. 724.

Sattler, Albert

Sattler, A., Aufgaben aus der Physik u. Chemie. Ein Wiederholungs- u. Uebungsbuch. Zum Gebr. f. Lehrer u. Schüler d. ob. Klassen v. Bürgerschulen, höh. Töchterschulen u. and. höh. Lehranst. in 2 Kursen bearb. gr. 8. (IV, 200 S. m. 160 Holzst.) Braunschweig 895. F. Vieweg & Sohn. Kart. n. 1. 60

— dasselbe. Auflösungen. gr. 8. (20 S.) Ebd. 895. n.n.n. — 50
Wird nur direkt an Lehrer geliefert.

Führer durch Braunschweig mit Stadtkarte und Theaterplänen. Bearb. von A[lbert] **Sattler**, Schulinsp., u. O. Bütow, Obering. Braunschweig (1906): Krampe. 167 S. 8° [11. 13301 7

— u. O. **Bütow**, Führer durch Braunschweig m. Stadtkarte u. Theaterplänen. Hrsg. vom Verkehrs-Verein Braunschweig. (168 S. m. Abbildgn.) 8. Braunschweig (906). (Leipzig, Woerl's Reisebücher-Verl.) n. 1. —

Führer durch Braunschweig mit Stadtkarte u. Theaterplänen bearb. von A. **Sattler**, Schulinsp. & O. Bütow, Obering. 2. verb. u. verm. Aufl. bearb. von A. Sattler. Braunschweig: Verkehrs-Verein [1910]. 208 S. 8° [11. 10265 7

Sattler, Albert. Geschichte und Goldgulden der Reichsmünzstätte zu Basel. [Mit 1 Tafel.] ‹S.A.› 8. Bulle 1882.

Sattler, A., Lehrplan f. den Deutsch-Unterricht in einfachen Volksschulen. (31 S.) 8. Flöha 906. A. Peitz & Sohn. n. — 75

Sattler, A., Lehrplan f. die einfachen Fortbildungsschulen im Schulinspektionsbez. Flöha. (31 S.) 8. Flöha 907. A. Peitz & Sohn. — 75

— **Lehr-Plan** f. den Religionsunterricht in zwei-, vier-, sechs- u. siebenklassigen Volks-Schulen. (44 S.) 8. Ebd. 904. n. 1. —

Sattler, A., Leitfaden der Geometrie. 3 Kurse. 8. Braunschweig 881, Bruhn's Verlag. *
Inhalt:
Kursus 1. Geometrischer Anschauungsunterricht. (40 S. mit 50 in den Text eingedr. Fig.) * 40 Pf.
" 2. 3. Geometrischer Elementarunterricht. (84 S. mit 181 in den Text eingedr. Fig.) * 60 Pf.

Sattler, A., Leitfaden der Geometrie. Für Volks-, Bürger- u. Fortbildungsschulen, höhere Mädchenschulen u. die unteren Klassen anderer höherer Lehranstalten in 3 Stufen bearb. 3., verb. u. verm. Aufl. 8. Braunschweig 893. Appelhans & Pfenningstorff. n. 1. —
1. Geometrischer Anschauungsunterricht. (56 S. m. 65 Fig.) n. — 40
2. 3. Geometrischer Elementarunterricht. (IV, 136 S. m. 225 Fig.) n. — 60

— Leitfaden der Geometrie. Für Volks-, Bürger- u. Fortbildungsschulen, höh. Mädchenschulen u. d. unteren Klassen and. höh. Lehranst. in 3 Stufen bearb. 2. u. 3. Stufe. gr. 8. Braunschweig 895. E. Appelhans & Co. n. — 60
(Geometr. Elementarunterr. 4., verb. Aufl. M. 225 in d. Text eingedr. Fig. u. e. umfangr. Aufgabensammlg. (IV, 136 S.)

Sattler, A., Leitfaden der Geometrie. Für Volks-, Bürger- u. Fortbildungsschulen, höhere Mädchenschulen u. die unteren Klassen anderer höh. Lehranstalten in 3 Stufen bearb. 2. u. 3. Stufe. Geometr. Elementarunterricht. 6. verb. Aufl. Mit 225 in den Text eingedr. Fig. u. e. umfangreich. Aufgabensammlg. gr. 8. (IV, 136 S.) Braunschweig 900. E. Appelhans & Co. Kart. n. — 80

Sattler, A., Leitfaden der Physik und Chemie. Für die oberen Klassen von Bürgerschulen in 2 Kursen bearb. 1. und 2. unveränd. Aufl. gr. 8. (IV, 88 S.) Braunschweig 878,79, Vieweg und Sohn. *

—— Leitfaden der Physik und Chemie. Für die oberen Klassen von Bürgerschulen in zwei Kursen bearb. 3. verm. und verb. Aufl. gr. 8. (IV, 100 S. mit 180 in den Text eingedr. Holzst.) Braunschweig 883, Vieweg und Sohn. *

Sattler, A., Leitfaden der Physik und Chemie. Für die oberen Klassen von Bürger- und höheren Mädchenschulen in 2 Kursen bearb. 4.—6. verb. Aufl. gr. 8. (IV, 100 S. mit 180 eingedr. Holzst.) Braunschweig 885—88, Vieweg und Sohn. *

Sattler, A., Leitfaden der Physik u. Chemie. Für die oberen Klassen v. Bürger- u. höheren Mädchenschulen in 2 Kursen bearb. 7., verb. Aufl. Mit 180 eingedr. Holzst. gr. 8. (IV, 100 S.) Braunschweig 890. Vieweg & Sohn. n. — 80

Sattler, A. Leitfaden der Physik u. Chemie m. Berücksicht. der Mineralogie. Für die oberen Klassen v. Bürgerschulen, höheren Töchterschulen u. anderen höheren Lehranstalten in 2 Kursen bearb. 10. verb. u. verm. Aufl. Mit 236 eingedr. Holzst. gr. 8. (VIII, 144 S.) Braunschw. 892, Vieweg u. Sohn. cart. * — 80

— Leitfaden der Physik u. Chemie m. Berücksicht. der Mineralogie. Für die oberen Klassen v. Bürgerschulen, höheren Töchterschulen u. anderen höheren Lehranstalten in 2 Kursen bearb. 11., verb. Aufl. gr. 8. (VIII, 144 S. m. 236 Holzst.) Braunschweig 893. F. Vieweg & Sohn. n. — 80

— Leitfaden der Physik u. Chemie mit Berücksicht der Mineralogie. F. d. ob. Klassen v. Bürgerschulen, höh. Töchterschulen u. and. höh. Lehranst. in 2 Kursen bearb. 15. Aufl. gr. 8. (VIII, 144 S. m. 236 Holzst.) Braunschweig 895. F. Vieweg & Sohn. n. — 80

— dasselbe, m. Berücksicht. d. Mineralogie u. d. Lehre v. Menschen. F. d. oberen Klassen v. Bürgerschulen, höh. Töchterschulen u. and. höh. Lehranst. in 2 Kursen bearb. 18., verb. u. verm. Aufl. gr. 8. (VIII, 163 S. m. 251 Holzst.) Ebd. 897. n. 1. —

Sattler, A.: Leitfaden der Physik und Chemie mit Berücks. d. Mineralogie u. d. Lehre vom Menschen. Für d. oberen Klassen v. Bürgerschulen ... in 2 Kursen bearb. von A. Sattler, Schulinsp. 21. verb. u. verm. Aufl. Mit 267 in d. Text eingedr. Holzst. Braunschweig: F. Vieweg & Sohn 1899. (VIII, 181 S.) 8°

— Leitfaden der Physik u. Chemie m. Berücksicht. der Mineralogie u. der Lehre vom Menschen. Für d. oberen Klassen v. Bürgerschulen, höh. Töchterschulen u. anderen höh. Lehranstalten in 2 Kursen bearb. 26. verb. u. verm. Aufl. gr. 8. (VIII, 181 S. m. 267 Abbildgn.) Braunschweig 902. F. Vieweg & Sohn. n. 1. —

— **Leitfaden der Physik u. Chemie m. Berücksicht. der Mineralogie u. der Lehre vom Menschen.** Für die oberen Klassen v. Bürgerschulen, höheren Töchterschulen u. anderen höh. Lehranstalten in 2 Kursen bearb. 27. verb. u. verm. Aufl. (X, 253 S. m. 289 Abbildgn.) gr. 8. Braunschweig 904. F. Vieweg & Sohn. n. 1. 35; kart. n. 1. 50

Sattler, A., Leitfaden der Physik u. Chemie m. Berücksicht. der Mineralogie u. der Lehre vom Menschen. Für die oberen Klassen v. Bürgerschulen, höheren Töchterschulen u. anderen höheren Lehranstalten in 2 Kursen bearb. 31. verb. u. verm. Aufl. (X, 255 S. m. 291 Abb.) gr. 8. Braunschweig 906. F. Vieweg & Sohn. 1.35; geb. 1. 50

Sattler, Albert s. Liebenau, Theodor von, und Sattler, Albert

Sattler, A. Die Münzen des Kantons Appenzell. Mit 2 Tafeln (25 Fig.). In-8°. 20 S. Basel, Buchdr. E. Birkhäuser, 1889. 1 —
*** Sonder-Abdr. aus dem „Bulletin de la Soc. suisse de numismatique. Vol. VIII"

Sattler, Albert. Die Münzen der Grafen von Genf. (Mit einer Tafel.) (S.A.) 8. Wien 1871.

Sattler, Alb[ert]. Die Münzen und Medaillen der fürstlichen Abtei St. Gallen. [Mit 2 Tafeln.] S.A. 8. Basel 1887.

Sattler, Albert. Die Münzen der freien Reichsstadt Rottweil. [Mit 1 Tafel.] (S.A.) 8. Fribourg 1882.

— kleine Naturlehre u. Chemie m. Berücksicht. der Mineralogie u. der Lehre vom Menschen. Für einfache Schulverhältnisse bearb. gr. 8. (IV, 72 S. m. 127 Holzst.) Ebd. 892. n.n. — 50

Sattler, A., kleine Naturlehre u. Chemie m. Berücksicht. der Mineralogie u. der Lehre vom Menschen. Für einfache Schulverhältnisse, insbesond. f. Mädchenschulen bearb. 2. verm. u. verb. Aufl. (VII, 116 S. m. Abbildgn.) gr. 8. Braunschweig 904. F. Vieweg & Sohn. n. — 80

— kleine Raumlehre. Ein Merk- u. Wiederholungsbuch. Für die Hand der Schüler in Volks- u. Bürgerschulen in 2 Stufen bearb. [Aus: „Leitf. d. Geometrie".] 8. (II, 54 S. m. 189 Fig.) Braunschweig 893. Appelhans & Pfenningstorff. n. — 30

— kleine Raumlehre. Ein Merk- u. Wiederholungsbuch. Für die Hand der Schüler in Volks- u. Bürgerschulen in 2 Stufen bearb. 2. verb. u. verm. Aufl. gr. 8. (IV, 72 S. m. 189 Fig.) Braunschweig 900. E. Appelhans & Co. n. — 40

— Raumlehre f. Volks-, Bürger- u. Fortbildungsschulen, höh. Mädchenschulen u. die unteren Klassen anderer höh. Lehranstalten, in 3 Stufen bearb. 2. u. 3. Stufe. Geometrischer Elementarunterricht. 7. verb. Aufl. Mit 233 in den Text eingedr. Fig. u. e. umfangreichen Aufgabensammlg. (IV, 143 S.) gr. 8. Braunschweig 903. E. Appelhans & Co. n. — 80

— Technologie u. Naturkunde. Ein Lehr- u. Lernbuch f. Haus u. Schule, besonders zum Gebrauche beim Unterricht in Wirtschaftskunde u. Handelsgeographie in kaufmänn. Fortbildungsschulen, Handelsschulen u. verwandten Lehranstalten. gr. 8. (XI, 376 S. m. 176 Abbildgn.) Braunschweig 900. F. Vieweg & Sohn. n. 3. 50; geb. in Leinw. n. 4. —

Sattler, Orts-Register, s.: Urkundenbuch zur Geschichte der Herzöge v. Braunschweig u. Lüneburg u. ihrer Lande.

Sattler, Register, — chronologisches Verzeichniss der Urkunden, | s.: Urkundenbuch zur Geschichte der Herzöge von Braunschweig u. Lüneurbg u. ihrer Lande.

Sattler, Alb[ert]. Verzeichniss verkäuflicher Münzen und Medaillen von Alb. S' in Basel = Catalogue de monnaies et médailles en vente ... chez Alb. S'.... 8. (Darmstadt) 1870.

Sattler, Ant., die religiösen Anschauungen Wolframs v. Eschenbach, s.a. Studien, Grazer, zur deutschen Philologie.

SATTLER, Anton: Die religiösen Anschauungen Wolframs von Eschenbach, wie sie vornehmlich im „Parzifal" zutage treten. — 1891. 134 S. Diss. Graz, Univ.

(Sattler, Anton): Aussicht von der Madelegabel (2643 m) gegen Süden (Radius 0.38 m.) Aufgenommen und gezeichnet von Anton Sattler. (S-A.) Zeitschrift des Deutschen und Oesterreichischen Alpenvereins. Bd. 11 (1880.) München 1880. 2 Blatt. 8°.

Panorama vom Gaisberg bei Salzburg (1286 m.) gezeichnet von Dr. Anton Sattler. Panorama-Format gefalzt u. geh. 80 kr. Wien: Hölder 1881.

Sattler, Ant., s.a. Soliloquien, die pseudo-augustin.

Sattler Dr. Anton: Die pseudo-augustinischen Soliloquien in der Übersetzung des Bischofs Johannes von Neumarkt. 32. 48. 35. Graz Priv. G. 00. 02.
Progr.

Sattler, A., Die Pseudo-Augustinischen Soliloquien in der Übersetzung des Bischofs Johannes von Neumarkt. Gr.-8°. (XIV 102 S.) Graz: Styria 1904. K 3.

Sattler Dr. Anton: Welche landschaftlichen Bilder begegnen uns in Lenaus lyrischen Gedichten und welche Stimmungen drückt er damit aus? 32. Graz Priv. G. 03.
Progr.

Sattler, Bruno, Zinstafeln, s.: Stapf, C. F.

Sattler, C., Reichsfreiherr Dodo zu Innhausen u. Knyphausen, königl. schwedischer Feldmarschall. Seine Lebensgeschichte. Im Auftrage d. Grafen Edzard zu Innhausen u. Knyphausen bearb. Mit dem Bildniß d. Feldmarschalls (in Photograv.). gr. 8. (VII, 680 S.) Norden 891. D. Soltau. n. 12. —; geb. n. 16. —

Sattler, C., Handelsrechnungen d. Deutschen Ordens. Im Auftrage d. Vereins f. die Geschichte v. Ost- u. Westpreussen hrsg. [Publication des Vereins für die Geschichte v. Ost- u. Westpreussen.] gr. 8. (XLVI, 629 S.) Leipzig 887. Duncker & Humblot. n. 12. —

Sattler, C., das Schuldenwesen d. preussischen Staates u. d. Deutschen Reiches. 8. (X, 414 S.) Stuttgart 893. J. G. Cotta Nachf. n. 6. —

Sattler, C., die flandrisch-holländischen Verwickelungen unter Wilhelm v. Holland 1248–1256. gr. 8. (94 S.) Göttingen 872. Peppmüller. n. 1 60

Sattler, C. Die flandrisch-holländischen Verwickelungen unter Wilhelm v. Holland 1248—1256. (94) S. 8. Göttingen 1872. 1,60

SATTLER, C. C. H.: Staatsrechtl. Abhandl. üb. das Recht der evangel. Reichsstände, die Mitglieder zu wählen und zu benennen. *Frankfurt*, Gebhard und Körber. 798. 4. (1 Thl. 8 Gr.)

Sattler, Christian (Bischweiler/E.) A. S. 770/5

Dissertatio juridica de jure postliminii. Präs. Johann Heinrich Boecler. Strassburg (Maag) (18.) IX. 1713. 30 S. 29784

Sattler, Christian Friedrich

— Abhandl. v. den Rural-Kapiteln, sowohl überhaupt als auch d. Herzogthums u. der chemal. Grafschaft Würtemberg. 4. Stuttg. 767.

Sattler, Chr. Fr., († d. 16. Mai 1785.) histor. Beschreib. des Herzogth. Würtemberg, u. aller Städte, Klöster u. Aemter desselben. Mit (10) Kupferst. 4. Eßling. 752. Stuttg., Metzler. 1 ₰ 12 ℊ

Sattler, C. F., allgem. Geschichte von Würtemberg unt. d. Regierung d. Grafen. 5 Thle. 4. Ulm, Stettin. (auch Metzler in Stuttg.) 764–68.

— allgem. Geschichte v. Würtemberg u. dessen angränz. Gebiete ꝛc. unter der Regier. der Graven. 5 Thle. 4. Ulm 764—68. 2e A. 775—78. Stettin. (Metzler in Stuttg.) 9 ₰

— allgem. Gesch. v. Würtemberg unter d. Regier. der Herzöge. 13 Thle. Mit Urkunden. 4. Ulm 769—784. Stettin. 32 ₰ 12 ℊ; bei Metzler in Stuttg. 27 ₰

— neuere Geschichte v. Würtemberg unter d. Regierung d. Herzoge. 18 Thle. 4. Ebend. 769–84. (à 2 Rthlr. 12 gr.)

— topograph. Geschichte d. Herzogth. Würtemberg u. aller demselben einverleibt. Herrschaften. Mit vielen Kpf. 4. Stuttg. 784. Steinkopf. 2 ₰

— Geschichte d. Herzogth. Würtemberg u. dessen angränz. Gebiete u. Gegenden, nach den merkwürd. Veränderungen in Staats-, Kirchen- u. bürgerl. Wesen v. den ältest. Zeiten bis auf das J. Christi 1260. Mit vielen Kpf. u. Beill. 4. Tübing. 757.

Sattler, Chr. F.: „Vom Kessler- oder Kaltschmids-Schutze älterer Zeiten, mit archivalischen Urkunden erläutert, als ein Beytrag zum deutschen Staats-Rechte", Tübingen 1781 (Heerbrandt).

— vom Keßler- od. Kaltschmidtsschutze älterer Zeiten, e. Beitr. zum deutschen Staatsrecht. 8. Tübing. 781. (Osiander). 6 ℊ

Sattler, D. Ch., Handbuch des östreich. Eherechts nach d. darüber erlass. Gesetzen u. Verordnn. ꝛc. 2 Thle. gr. 8. Wien 802. (v. Mösle, Wwe). 2 ₰ 16 ℊ

vgl. Sattler, K. Ch.

Sattler, D. Ch.: Handb. d. österr. Eherechts, nach den darüber erlass. Gesetzen u. Verordnn., u. mit Bemerkung d. Abweichungen d. bürgerl. Gesetzb. f. Westgalizien, in system. Ordnung bearb. 2 Thle. *Wien*, (v. Mösle u. Braumüller.) 803. gr. 8. (2 Thl. 16 Gr.)

Sattler, Eduard: Algernon Charles Swinburne als Naturdichter. Bonn 1910: Foppen. 298 S. 8°

München, Phil. Diss. v. 25. Febr. 1910, Ref. Schick, H. Paul

[Geb. 29. Sept. 86 Frankfurt a. M.; Wohnort: Frankfurt; Staatsangeh.: Preußen; Vorbildung: Lessing-Gymn. Frankfurt Reife O. 06; Studium: Freiburg i. B. 2, Kiel 1, München 5 S.; Rig. 25. Febr. 10.] [U 11. 3845

Sattler, Enrique [Volontärassist. d. chir. Klinik zu Heidelberg]: Ueber die Resultate der Tracheotomie bei Croup und Diphtherie — Statistik aus der Heidelberger chirurgischen Klinik vom 1. Juli 1880 bis 31. Dezember 1889. . . . Heidelberg, Univ.-Buchdr. v. J. Hörning, 1891; 65 S., 1 Taf. 8°

Heidelberg, Med. Fak., Inaug.-Diss. v. [29. Jul.] 1890

Sattler, Enrique, üb. die Resultate der Tracheotomie bei Croup u. Diphtherie. Statistik aus der Heidelberger chirurg. Klinik vom 1. Juli 1880 bis 31. Dezbr. 1889. Diss. gr. 8. (65 S. m. 1 Taf.) Heidelberg 891. (Hörning.) n. 3. –

Sattler, Ernst, y Gomeryd, d. i.: Grammatik d. Kymraeg od. der keltowälischen Sprache. 8. (XVI, 418 S.) Zürich 886. Alb. Müller. n. 10. —

Sattler, *Hermann* Ernst [aus Gera]: Über die Condensation von Chloral mit Acetophenon ... Leipzig, Druck v. Müller & Georgi, 1892; 27 S., 2 Bl. 8.

Leipzig, Phil. Fak., Inaug.-Diss. v. [3. Aug.] 1892

Sattler, F. W., die Königsberg-Eydtkuhner Eisenbahn. Ein Beitrag zur Geschichte der preußischen Eisenbahnen insbesondere der königl. preußischen Ostbahn. gr. 8. (58 S.) Königsberg 861, Theile'sche Buchh.

Sattler, Feodor. Memoiren uber Truppen-Verpflegung in Kriegszeiten 1. und 2. Th. (2 Bde.) 8. St. Petersburg 1860.

Sattler, Fr., e. Ende m. Schrecken. Eine wahre Geschichte. 8. (23 S.) Stuttgart 885. Buchh. der Evang. Gesellschaft. n. – 10

Sattler, Friedr., der Prozeßkrämer. Eine Geschichte aus dem Volksleben. gr. 16. (59 S.) Ulm 847, Wohler'sche Buchh.

Sattler, G., Projektierung u. Bau elektr. Maschinen- u. Schaltanlagen. Praktisches Handbuch f. Techniker, Betriebsleiter, Maschinisten u. Projekteure elektr. Anlagen. Gemeinverständlich bearb. (IV, 190 S. m. Fig.) Lex. 8. Leipzig 908. Hachmeister & Thal. Geb. in Leinw. 5. 50

Sattler, G., elektrische Traktion, s. a. Repetitorien der Elektrotechnik. XI.

Sattler G. Elektrische Traktion. (158 S 1 T) Hannover 1905

Sattler, Geo., kurze und leichtfaßliche Christenlehrpredigten auf alle Sonn- und Festtage des kathol. Kirchenjahres, seiner Pfarrgemeinde vorgetragen. Nach dessen Tode zum Druck befördert und mit einer kurzen Biographie versehen von Einem seiner Freunde. 5 Bde. gr. 8. Regensburg, Manz.

Inhalt:

Bd. 1. Von dem Glauben. (XII und 339 S.) 847. 25 Ngr.
„ 2. Von der Hoffnung. (142 S.) 847. $11\frac{1}{4}$ Ngr.
„ 3. Von der Liebe. (421 S.) 847. 1 Thlr.
„ 4. Von den heil. Sakramenten. (286 S.) 848. $22\frac{1}{2}$ Ngr.
„ 5. Von der christl. Gerechtigkeit. (357 S.) 848. $26\frac{1}{4}$ Ngr.

Sattler, Georg, Referendar in Frankenhausen: Die Eigentümerhypothek des B.G.Bs. (Frankenhausen 1905: E. Krebs.) (46 S.) 8° [F.]

Jena, Jur. Fak., Ref. Danz, Diss. v. 12. Dez. 1905

[Geb. 16. Okt. 79 Blankenburg i. Th.; Wohnort: Blankenburg; Staatsangeh.: Schwarzburg-Rudolstadt; Vorbildung: Gymn. Rudolstadt Reife O. 99; Studium: Jena 4, Leipzig 3, Jena 1 S.; Rig. 12. Dez. 05.]

Sattler, Gustav: De Eudociae Homerocentonibus. Bayreuth 1904: L. Ellwanger. (42 S.) 8°

Bayreuth, k. humanist. G. P. 1904.

Sattler, Hans, Führer durch den Steigerwald. Im Auftrage des Steigerwald-Clubs hrsg. Nebst e. Anh.: „Der Steigerwald in der Vergangenheit" v. J. L. Klarmann. Mit 17 Illustr., 1 Uebersichts- u. 1 Spezialkarte. (XVI, 128 u. 27 S.) 8. Schweinfurt 903. E. Stoer. n. 1. 70; ohne Spezialkarte n. 1. —

Sattler, Heinr., theoretisch-praktische Anleitung zum Gesangunterrichte in Schulen. 8. ($4\frac{1}{2}$ B.) Quedlinburg 845, Ernst'sche Buchh. Thlr.

Sattler, Heinr., theoretisch-practische Anleitung zum Gesangunterrichte in Schulen. Oder über Gehör- und Stimmbildung, Unterricht über Tonzeichen ꝛc. und dem Vortrage eines mehrstimmigen Gesanges. 2. (Titel-)Aufl. 8. (VIII und 61 S.) Quedlinburg 852, Ernst'sche Buchh.

Sattler, Heinr., Choralbuch zu dem oldenburgischen neuen Gesangbuche. Vierstimmig für Orgel, Harmonium, Pianoforte u. Gesang bearb. Oldenburg 869. Schmidt. qu. 4. (99 S.) n. 2 ℛ 20 ngr.

Sattler, Heinr., Choralbuch. Vierstimmig f. Orgel, Harmonium, Pianoforte u. Gesang bearb. qu. 4. (99 S.) Oldenburg 873. Schmidt's Verl. 3. —

Sattler, Heinr. Die Effektenbanken. Mit e. Vorwort v. Adph. Wagner. gr. 8. (XI, 135 S.) Lpz. 890, Winter. * 2 40

Sattler, Heinr., zwei- und dreistimmige Gesänge religiösen und weltlichen Inhalts für kleinere Kirchenchöre, Seminare, höhere Töchterschulen, Lehrerinnen-Seminare und Singkränzchen. Mit Begleitung des Pianoforte, Harmoniums oder der Orgel. 1. und 2. Heft. gr. 8. Quedlinburg 885, Vieweg. *
Inhalt:
Heft 1. Religiöse Gesänge. Op. 44. (48 S.) * 90 Pf.
„ 2. Weltliche Lieder. Op. 44. (20 S.) * 60 Pf.

Sattler, Heinr., kurze Gesanglehre für die Schüler der Volksschulen. gr. 8. (16 S.) Leipzig 879. Peter. — 15

Sattler, Heinr., Harmonielehre nebst Musik- und Choral-lehre. Für Seminarien, Musikschulen u. angehende Tonkünstler bearb. Oldenburg 862. Schmidt. gr. 8. (VI, 124 S.) n. 20 ngr.

— **Harmonielehre nebst Musik- u. Chorallehre. Für Seminarien, Musikschulen u. angeh. Tonkünstler bearb. 2. Aufl. 8. (VI, 124 S.) Ebend. 873.** 1. 50

Sattler, Heinr., praktischer Lehrgang für den Gesangunterricht in Volksschulen. gr. 8. (40 S.) Leipzig 879. Peter. cart. n. — 40

— **Mozart, Erinnerung an sein Leben und Wirken nebst Bemerkungen über dessen Bedeutung für die Tonkunst. 8. (III und 56 S.) Langensalza 856, Schulbuchhandlung des thüringer Lehrer-Vereins.**

Sattler, Heinr., die Orgel. Nach den Grundsätzen der neuesten Orgelbaukunst dargestellt und den Organistenschulen, Seminarien, Präparanden-Anstalten so wie allen Freunden der Orgel und des Orgelbaues gewidmet. 1. Aufl. 1857. und 2., verb. Aufl. 8. (96 S. mit 7 Stnt. in 8. und qu. 4.) Langensalza 858, [Schulbuchh. von Greßler.]

— die Orgel. Nach den Grundsätzen der neuesten Orgelbaukunst dargestellt u. den Organistenschulen, Seminarien, Präparanden-Anstalten, sowie allen Freunden der Orgel und des Orgelbaues gewidmet. 3. verb. Aufl. Langensalza 863. Greßler. 8. (96 S. u. 7 lith. Taf. in 8. u. 4.) 12 ngr.

— die Orgel. Nach den Grundsätzen der neuesten Orgelbaukunst dargestellt und den Organistenschulen, Seminarien, Präparanden-Anstalten, sowie allen Freunden der Orgel und des Orgelbaues gewidmet. 3., verb. Aufl. 1863. und 4., verm. und verb. Aufl. 8. (100 S. mit 6 Stnt. in 4.) Langensalza 868, Schulbuchh. von Greßler.

— **die Orgel. Nach den Grundsätzen der neuesten Orgelbaukunst dargestellt u. den Organistenschulen, Seminarien, Präparanden-Anstalten sowie allen Freunden der Orgel u. d. Orgelbaues gewidmet. Mit 6 lith. Taf. 5. verm. u. verb. Aufl. 8. (100 S.) Langensalza 873. Schulbuchh.** 1. 20

— theoretisch-praktische Orgelschule. Zum Gebrauch in Seminarien, Präparanden-Anstalten, Orgelinstituten u. s. w., sowie zum Privatgebrauche. 2 Abthlgn. qu. gr. 4. (XVI und 87 S.) Erfurt 859, Körner's Verlag. à Abthl. * 1 Thlr. *

— Pianoforte- und Musikbildungs-Schule für Kinder. Nebst Methodenbüchlein für Praxis und Theorie. 2 Thle. hoch 4. (104 S.) Erfurt 862, Körner's Verlag. *

Sattler, Heinr., die Revision bei Gründung v. Actiengesellschaften. Nach der Praxis dargestellt. gr. 8. (XI, 191 S.) Berlin 893, F. Vahlen. n. 4. —

— der jugendliche Sängerchor für Schule und Kirche. 8. (IV und 108 S.) Blankenburg a. H. 853, Brüggemann. *

Sattler, Heinr., Schul-Choralbuch, enthaltend sämtl. oberlich festgestellte Choral-Melodieen für die evangelisch-luther. Gemeinden des Herzogt. Oldenburg, nebst 24 rhythm. Gesängen. Zum Gebrauch in der Kirche, in Schule und Haus. Zwei- und dreistimmig bearb. 8. (63 S.) Oldenburg 883, Schmidt's Buchh. geb. *

Sattler, Hermann Ernst, s. Sattler, Ernst

Sattler, Hubert

Sattler, H. Über Augenverletzungen. — Üb. die Beziehungen d. Sehorgans zu den allgemeinen Erkrankungen d. Organismus, s. Wandervorträge, medicinische.

Sattler, Hub., üb. die sogenannten Cylindrome u. deren Stellung im onkolog. Systeme. Mit 5 Kpfrtaf. Lex.-8. (VI, 100 S.) Berlin 874. G. Reimer. n. 14. —

Sattler, Hubert, appr. Arzt a. Erlangen: Aus der medizinischen Klinik zu Kiel. Über Eisenresorption und Ausscheidung im Darmkanal bei Hunden und Katzen. Kiel 1904: A. F. Jensen. (31 S.) 8°
Kiel, Med. Fak., Ref. Quincke, Diss. v. 19. Dez. 1904
[Geb. 4. Juli 80 Erlangen; Wohnort: Erlangen; Staatsangeh.: Bayern; Vorbildung: Gymn. Gießen Reife O. 99; Studium: Leipzig 7. München 1, Kiel 2 S.; Coll. 5. Nov. 04; Approb. 16. Sept. 04.]

Sattler, H., s.: Graefe's, Albr. v., Archiv für Ophthalmologie.

Sattler, (Hugo), die Basedow'sche Krankheit. 2 Tle. gr. 8. Leipzig, W. Engelmann. 27. —
1. (X, 523 S. m. 5 Abbildgn. u. 1 farb. Taf.) 909. 21. —; geb. in Halbfrz. 23. 50
2. Die verschied. Formen, Verlauf, Dauer, Ausgang der Basedow'schen Krankheit, Reihenfolge der Symptome, Geschlecht, Alter, die Basedow'sche Krankheit im Kindesalter, Verbreitg. der Krankheit M. Basedowii bei Tieren. (IV u. S. 513—667.) gr. 8. 910. 6. —
Sonderabdruck aus: „Graefe-Saemisch, Hdb. d. ges. Augenheilkde."

— dasselbe, s.: Graefe, Alfr., u. Thdr. Saemisch, Handbuch der gesamten Augenheilkunde.

Sattler, Hubert: Die Basedow'sche Krankheit von Dr. H[ubert] Sattler, Prof. (2. Aufl.) T. 1. Leipzig: W. Engelmann 1909. 8°
Aus: Handbuch d. Augenheilkunde. 2. Aufl. Bd 9, Kap. 14.

Sattler, H., die Krankheiten der Orbita, s. Berlin, R.

Sattler, H., die Trachombehandlung einst u. jetzt m. besond. Berücksicht. der an der Augenklinik der deutschen Universität in Prag geübten Therapie. [Aus: „Festschrift zur Centennalfeier d. k. k. allgem. Krankenhauses in Prag".] gr. 8. (44 S.) Berlin 891. Fischer's medicin. Buchhandlg. n. 1. 20

Sattler, Hugo, s. Sattler, Hubert

Sattler, J., s.: Leitsterne f. Jung u. Alt.

Sattler, Jens

Sattler, J., Schloss Mainberg, s.: Mainberg, Schloss.

(Sattler, Jens.) Schloss Mainberg bei Schweinfurt. Histor. Skizze. (47) 8. M. 2 Taf. Nördlingen 1871. 0,80.

Sattler, Joachim: Über experimentell erzeugte, allgemeine Resistenzerhöhung der roten Blutkörperchen. Leipzig 1910: Klinkhardt. 17 S. 8° ¶ (Aus: Folia haematologica. I. Archiv. Bd 9, H. 3.)
München, Med. Diss. v. 6. April 1910, Ref. v. Bauer
[Geb. 9. Juli 84 Brody, Galizien; Wohnort: Brody; Staatsangeh.: Osterreich; Vorbildung: Rudolfs-Gymn. Brody Reife Juli 04; Studium: Bern 5, München 5 S.; Rig. 6. April 10.] [U 10. 3572

Sattler, Johann Paul

— Beobacht. und Erfahrungen e. Schullehrers. 8. Nrnb. Grattenauer. 800.

Sattler, Jh. Paul, († d. 14. Oct. 1804.) Briefe e. Lehrers an s. jungen Freunde. 2 Thle. 8. Nürnb. 778—80. (Eichhorn). 1 ℔ 16 gl

Sattler, J. P., Briefe e. Lehrers an s. jungen Freunde. 2 Thle. 8. Nrnb. Grattenauer. 778–80.
Schre.bp.

Sattler, Jh. Paul, s.a. Friederike, od. die Husarenbeute.

FRIEDERIKE oder die Husarenbeute. Eine deutsche Geschichte (von *Johann Paul Sattler*, Conrector in Nürnberg, Dichter des bekannten Liedes „Der Tod der Grasmücke", geb. 1747, † 1804). 2 Bde. Nürnberg, b. Chr. Gotthold Hauffen. 1774. 8°. (4 Mk. v. Zahn & Jaensch, Dresden, 1904; 3 Mk. M. Edelmann, Nürnb., 1903.)
Zahme Entführungsgeschichte — Lichtenberg, Briefe I. Lpz. 1901, S. 409.
— — Dasselbe. Mit 4 Kpfrn. Ebd. 1775. 8°. (5 Kr. Jos. Grünfeld, Wien, 1906.)
Koch, Compend. II. p. 283.
— — Dasselbe. Neue verbesserte Auflage. Mit Kpfrn. Ebd. 8°. O. M. V. 1776. S. 27.

— Gedanken u. Erfahrr. e. vieljähr. Schullehrers. 8. Nürnb. 800. (Eichhorn). 20 gl

s. Gognet, Untersuchung vom Ursprung d. Gesetze.

s. W. Jäger, Lobrede.

s.a. Morgenstunden e. Einsiedlers.

MORGENSTUNDEN eines Einsiedlers (von *Johann Paul Sattler*). Nürnberg 1799.
Anon.-Lex. III. p. 163 (nach Kayser, Meusel, Will).

s. Phädrus, Aesop. Fabeln.

REINHOLD und Sophie, eine Geschichte vom Verfasser der Henriette (von *Joh. Paul Sattler*). Berlin, Rottmann, 1783. 8°. (½ Rthl.) Zahm.
Koch II. p. 283; Anon.-Lex. III. p. 357 (nach Meusel).

s. Schicksale reisender Personen.

– s. Charl. Soph. Sid. Seidel, Schriften.

– s. J. G. Seybold, latein. Grammatik.

— v. Urspr. d. Gesetze, s. Gognet.

– s. Wochenblatt f. rechtschaff. Aeltern.

Sattler, J[ohann] R[udolf]: Das große Freischießen zu Basel i. J. 1605. o. O. u. J. [18 . .]. 539

Sattler, Johann Tobias

— Bemerkk. üb. die neue deutsche Kritik. 8. Wien 773. Ghelen. 10 gl

— philosoph. Bibliothek. 2 Bde oder 8 Stcke. 8. Leipz. 771 u. 772. Langenheim. 1 ℔

— s. Aler. v. Fren.

Sattler, Jh. Tob., († d. 19. Dec. 1774.) Gedanken über die Ahndungen. 8. Leipz. 771.

— Grundriß d. Kunst, wie ein Gelehrter berühmt werden könne, mit zwei prakt. Regeln erläutert. 8. Schleusing. 770. Hanisch. 6 gl

— kurze Nachr. von den Ursachen, warum er zeither nichts geschrieben, u. von dem, was er nächstens herauszugeben gesonnen ist. 8. Schleusing. 770.

— Diss. de notione metaphysices antiqua. 4. Leipz. 769.

[J. u. Ant.] J(oseph) Sattler. Bilder vom internationalen Kunstkrieg. La guerre des peintres. Artists on the war-path. À Paris chez Paul Ollendorff ... *Berlin: J. A. Stargardt [1895].* (1 Bl., 30 Bl. Taf., 1 Bl.) 1 Bd quer-8. [96. 5444

Sattler, Jos., Bilder aus der Zeit d. Bauernkrieges. gr. 4. (30 Bl. in Lichtdr. m. 1 Bl. Text.) Kehl 893. (Berlin, J. A. Stargardt.) n.n. 20. —

— Elsässer Bilderbogen, s.a. Spindler, Carl.

— u. Charles Spindler, Elsaesser Bilderbogen. — Images alsaciennes. 1. Jahrg. 1893 – 1894. Fol. (24 Taf. in Phototypie m. 1 Bl. Text.) Strassburg (F. X. Le Roux & Co.) n. 12. —; in Mappe n. 15. —

— dasselbe, 2. Serie, s.: Spindler, C., u. Jos. Sattler.

[J.] Durcheinander. Allerlei Zeichngn u. Skizzen v. Ex-libris, Titelbl., Zierleisten, Vignetten u. s. w., im Laufe d. letzten Jahre gefertigt v. Joseph Sattler. Hrsg. v. d. Verlagshandlg J. A. Stargardt. *Berlin: J. A. Stargardt 1897.* (2 Bl., 106 gez. Bl.) 1 Bd 4. [97. 8103

— Ex libris. Vorwort v. F Warnecke. (10 S 42 T) 4° In Mappe Berlin 1895

Sattler, Joseph: Meine Harmonie. Berlin: Stargardt [1896]. 16 Taf. quer- 4° [Umschlagt.]

— deutsche Kleinkunst in 42 (schwarzen u. farb.) Bücherzeichen. Mit e. Vorwort v. Frdr. Warnecke. gr. 4. (10 S. Text.) Berlin 895. J. A. Stargardt. In Mappe. n. 40. —

Sattler, Jos., s.: Nibelunge, die.

— ein moderner Todtentanz. gr. 4. (13 z. Tl. farb. Taf. in Photograv. m. 1 Bl. Text.) Ebd. (894). In Mappe n. 40. —; Extra-Ausg. n. 100. —

— die Wiedertäufer. Fol. (30 Bl. m. 1 Bl. Text.) Ebd. 896. n. 20. —; große Ausg. auf Japan-Pap. n. 100. —

Sattler, K. Ch., Handbuch des österr. Eherechts nach den darüber erlass. Gesetzen und Verordn. ec. 2 Thle. gr. 8. Wien, Gaßler. 805.
vgl. Sattler, D. Ch.

Sattler, Karl Alexander: De d i v o r t i i s eorumque jure. 14 S.– Basel, Jur.Diss.v. 28.Nov.1777.

Sattler, Karl Friedrich (Mgft. Baden) A. S. 968/16

Dissertatio medica inauguralis de mechanismi in corpore humano existentia et veritate.
Altdorf (Hessel) 18. VI. 1740. 24 S. 29791

Sattler, Leo, O. S. B., Schwester Maria vom göttlichen Herzen Droste zu Vischering, s.: Chasle, Louis.

Sattler, Leo, O. S. B., Widukind, s. a. Esser's, J., Sammlung leicht aufführbarer Theaterstücke. 82. Hft.

Sattler, Leo, Widukind. Ein Weihnachts-Spiel in 3 Akten. 8. (80 S.) Saulgau 893. H. Kitz. n. — 80

Sattler, Leo., O. S. B., Widukind. Ein Weihnachts-Spiel in 3 Akten. 2., verb. Aufl. 8. (80 S.) Ravensburg 900. [H. Kitz.] München (Mariahilfplatz 32), A. Miller.
n. — 80; geb. n. 1. 80

Widukind. Ein Weihnachts-Spiel in 3 Akten von P. Leo Sattler, O.S.B. 3. verb. Aufl. *Paderborn: J. Esser [1903].* (90 S.) 8° [F.]
— Sammlung, J. Esser's, leicht aufführb. Theaterstücke. II. 82. (o3. 13775

Sattler, Lor., Stempel-Strafschützer. Unentbehrlicher, klare u. richt. Auskunft geb. Ratgeber in allen Stempelsachen f. alle Behörden, Gemeinde- u. Pfarrämter, Schulleitgn., Beamten, Advokaten, Notare, größere Steuerträger, insbesondere Geschäftsleute ec. ec. (IV, 204 S.) 8. Mödling 903. (Linz, Zentraldruckerei vorm. E. Mareis.) n. 3. —

Sattler, Lor., Stempelstrafschützer. Unentbehrlicher, klare u. richt. Auskunft geb. Ratgeber in allen Stempelsachen f. alle Behörden, Gemeinde- u. Pfarrämter, Schulleitgn., Beamten, Advokaten, Notare, größere Steuerträger, insbesonders Geschäftsleute ec. ec. 2., verb. u. ergänzte Aufl. (IV, 203 S.) kl. 8. Wien 908. Manz. 2. 60

Sattler, Magnus, das Büchlein vom heiligen Berge Andechs. [Auszug aus des Verfassers Chronik.] Mit 33 (eingedr.) Holzschn. gr. 16. (IV, 120 S.) Donauwörth 876. Buchh. d. kath. Erziehungsvereins in Comm.
n. 1. —

Sattler, Magnus, das Büchlein vom heil. Berge Andechs. Auszug aus der Chronik d. M. S. Mit 34 Holzschn. 3. Aufl. 12. (100 S.) Donauwörth 886. (Auer.) n. 1.

Sattler, Magnus, O. S. B., das Büchlein vom hl. Berge Andechs. Auszug aus der Chronik. Mit 36 Holzschn. u. 2 Autotypiebeilagen. 8., verb. Aufl. Mit e. neuen Verzeichnisse der Reliquien u. Ergänzgn. zur Chronik versehen v. Augustin Engl, O. S. B. (VII, 122 S.) kl. 8. Andechs 908. (München, W. Foth Nachf.) — 55

Sattler, Magnus, Chronik von Andechs. gr. 8. Donauwörth 877. Augsburg, Haugg. *

Sattler, Magnus, Chronik von Andechs. gr. 8. (IV, 871 S. mit 1 Stammtaf. in qu. Fol. und 36 eingedr. Holzschn.) Donauwörth 877. (Buchh. des kathol. Erziehungsvereins.) *

Sattler, Magn., Collectaneen-Blätter zur Geschichte der ehemaligen Benedictiner-Universität Salzburg. gr. 8. (VII, 710 S.) Kempten 890. (Kösel.) n. 7. —

Sattler, Magn., ein Mönchsleben aus der Hälfte des 18. Jahrh. Nach dem Tagebuche des Placid Scharl von Andechs dargestellt. Regensburg 868. Manz. gr. 8. (VIII, 464 S.)
1 *ℛ* 21 *ngr.*

Sattler, Maxim. Vinc., Dogmatisch-historische Abhandlung über das Wesen u. die Unterscheidung der Religion. München 1858, 4°, Programm des Ludwigs-Gymnasiums.

Sattler, M. V., Abriß der bayerischen Geschichte f. den ersten Unterricht in den Mittelschulen. Mit 14 Stamm-, 3 Herrscher- u. 16 Zeittafeln, 1 Karte Bayerns und 2 Auflegeblättern. gr. 8. (IV, 102 S.) München 889. Lindauer. n. 1. 20; geb. n.n. 1. 50

Sattler, M. V., Abriß der Geschichte u. Geographie f. höhere Lehranstalten m. den einschläg. Landkarten u. histor. Taf. 2 Bde. gr. 8. München 870—73. Lindauer.
n. 8. 40; ohne Karten n. 6. 40
1. Bd. Die alte Welt. (XII, 102 S. m. 4 lith. u. color. Karten in qu. 4.) n. 3. —; ohne Karten n. 2. —
2. Bd. Die mittlere u. neue Welt. (XII, 392 S. m. 4 lith. u. color. Karten in qu. gr. 4.) n. 5. 40. ohne Karten n. 4. 40

Sattler, Max Vinc., Abriß der Kirchengeschichte f. die katholische Jugend u. f. alle gebildete Christen. 8. (VIII, 176 S.) München 884. Lindauer. n. 1. 80

— Abriß der Kirchengeschichte für die katholische Jugend u. f. alle gebildete Christen. 2. Aufl. gr. 8. (IV, 217 u. VI S. m. 1 Stammtaf.) Ebd. 890. n. 2. —

Sattler, Max. Vinc., Abriß d. Kirchengeschichte f. die kathol. Jugend u. f. alle gebild. Christen. 3. Aufl. gr. 8. (X, 218 S. m. 1 Stammtaf.) München 896. J. Lindauer. n. 2. —; geb. n. 2. 40

Sattler, Maxim. Vinc., Die Apostelgeschichte des hl. Lukas durch die Berichte des hl. Apostels Paulus im Briefe an die Galater vervollständigt. München, Lindauer, 1880, 8°.

Sattler, Max. Vinc., Auszug aus der Kirchengeschichte. 8. (VIII, 61 S.) München 886, Lindauer'sche Buchh. *

Die Kreuzigung Christi, gemalt von *Bruno Piglhein* (mit Portr. u. Facsim. auf d. Umschl.). – *Sattler*, M. V., Führer durch das Panorama . . . . (München 1886). Gr. 8°. Cart.*)
16 S. u. 2 Bll. Mit 2 Plänen.

—— Geschichte der Stadt Jerusalem und ihrer merkwürdigsten Gebäude nach den Berichten des jüd. Geschichtsschreibers Flavius Josephus. Mit 3 Plänen zu den Tempeln und 1 separat zu bezieh. Kunstblatte in Lichtdr., „die Stadt Jerusalem zur Zeit Christi darstellend". gr. 8. (34 S.) München 884, Piloty und Loehle. *
Das Kunstbl. *

Sattler, Max. Vinc., Geschichte der marianischen Congregationen in Bayern. 12. (XII und 438 S.) München 864, Lentner'sche Buchh.

Sattler, Maxim. Vinc., Jesu Gleichnisreden in chronologischer Ordnung. München, Lindauer. 1889.

—— Grundriß der deutschen Geschichte nebst einer Specialgeschichte Bayerns mit der einschläg. Regententaf. und (4) histor. (lithogr. und color.) Karten. 1. Aufl. 1870, und 2. durchgeseh. Aufl. gr. 8. (VIII, 252 S. und synchronist. Taf. in gr. 4. XVI S. mit 4 Chromolithogr.) Ebendas. 872.
Ausg. ohne Karten *
Karten apart *

Sattler, Max. Vinc., Grundriß der deutschen Geschichte, nebst einer Specialgeschichte Bayerns mit den einschläg. Regententafeln. Mit 4 (lithogr. und color.) Karten. 3. Aufl. (XXVII, 267 S.) 1875; 4. verb. Aufl. gr. 8. (VIII, 291 S.) München 882, Lindauer'sche Buchh. *

— Grundriß der deutschen Geschichte nebst e. Specialgeschichte Bayerns mit genealog. Tafeln, (4) Landkarten, Charakterbildern u. 1 Bildertaf. 5., verb. Aufl. gr. 8. (XII, 423 S.) Ebd. 887. n. 3. 60

— Grundriß d. deutschen Geschichte, nebst e. Specialgeschichte Bayerns, m. genealog. Taf., Landkarten, Charakterbild. u. 1 Bildertaf. 6., verb. Aufl. gr. 8. (XII, 446 S.) Ebd. 896. n. 3. 60; geb. n. 4. —

Sattler, Max. Vinc., Lehrbuch der bayerischen Geschichte für Gymnasien u. zum Selbstunterrichte bearb. (Statt einer neuen Aufl. der Freudensprung'schen „Geschichte des Königr. Bayern.") München 868. Lindauer'sche Buchh. gr. 8. (XVI, 483 S. mit 50 Stamm- u. Regententaff. in qu. 4. u. gr. Fol.) n. 1 ℛ 12 ngr.

— Lehrbuch der bayerischen Geschichte zum Selbstunterrichte u. f. humanistische u. Real-Gymnasien. Mit 20 Stamm-, 3 Herrscher- u. 16 Zeittafeln, 1 Karte Bayerns samt 2 Auflegeblättern u. e. großen genealog. Tafel d. Hauses Scheyern-Wittelsbach. gr. 8. (XVI, 198 S.) Ebd. 889. n. 2. 50; geb. n.n. 2. 80; die Karte Bayerns mit Auflegblatt I/II auf Pauspapier ap. n. — 18; auf Schreibpap. n. — 20

Sattler, Mar., Jesu Lehrworte, Großthaten und Leiden mit den Worten der heil. Schrift und in chronolog. Ordnung dargestellt in 7 Büchern. 8. (28 und 274 S. mit 1 Geschlechtstaf. in Fol.) München 877, Lindauer'sche Buchh. *

— Leitfaden zur bayerischen Geschichte in engster Verbindung m. der Geschichte d. deutschen Volkes f. die niederen Mittelschulen bearb. Mit 22 Stamm- u. Regententaf. gr. 8. (XI, 198 S.) Ebend. 868. n. 1. 80

— Litaneien-Kranz. Vollständige Sammlung der in der kathol. Kirche gebräuchl. Litaneien in Verbindung mit den wichtigsten Haus- u. Kirchenandachten. München 866. J. A. Finsterlin. gr. 16. (VIII, 416 S.) n. 12 ngr.; geb. n. 18 ngr.

— genealogische Tafel der Luitpoldinger od. des Hauses Scheyern-Wittelsbach. qu. gr. Fol. Ebd. 889. n. — 50; auf Leinw. m. Stäben n. 1. 50

Ueber das Wesen und die Unterscheidung der Religion. Von Max. Vincenz Sattler, P. u. Praics.
— 1858 ebend. — S. 3—46.
Progr. München.

Brüderlich Vereinigung etzlicher Kinder Gottes sieben Artikel betreffend. Item ein Sendbrief Michael **Sattlers** an eine Gemeine Gottes samt seinem Martyrium ⟨1527⟩. Hrsg. von Walther Köhler. Leipzig: R. Haupt 1908. (61 S.) 8° [J.]
= **Flugschriften** aus d. ersten Jahren d. Reformation. Bd 2, H. 3. 08. 4081 3

Sattler, Oskar [pr. Arzt in Cannstatt]: Ein Fall von Tetanus nach kriminellem Abortus . . . Tübingen, Druck v. Heinrich Laupp jr., 1890; 18 S. 8°
Tübingen, Med. Fak., Inaug.-Diss. v. 1890

Sattler, O., e. Fall v. Tetanus nach kriminellem Abortus. Inaug.-Diss. gr. 8. (13 S. m. 1 Abbildg.) Tübingen 890. (Moser.) n.n. — 60

Sattler, Otto, Stille u. Sturm. Gedichte. (154 S.) kl. 8. New York 910. L. Didion & Co. 2. 50

Sattler, Vinz. Mar., die Diözesan-Synoden: ihr Ursprung, Wachsthum und Zweck, die gesetzl. Bestimmungen über dieselben und die Ursachen ihrer Unterlassung in neuerer Zeit, nebst einer vollständ. Praxis und einem Anhange der üblichen Formularien. Eine im J. 1849 von der k. theolog. Fakultät der Universität zu München einstimmig mit dem Accessit belohnte Preisschrift, nach den Quellen bearb. gr. 8. (XVI und 391 S.) Regensburg 849, Manz.

Sattler, Wilhelm

Sattler, W., Beiträge zur englischen Grammatik. I. Die adverbialen Zeitverhältnisse. Durch Beispiele erläutert. gr. 8. (51 S.) Halle 876. Gesenius. n. 1. —; cart. n. 1. 20

Sattler, W., zur Frage des Nachmittags-Unterrichtes. 4. (15 S.) Bremen [Halle] 871, Gesenius. *

Sattler, W., zur englischen Grammatik, s. Studien, englische. 10. Bd. 2. Heft.

Sattler, W., engl. Plural, s.: Studien, englische. 12. Bd.

Sattler, W., Proben e. deutsch-engl. Wörterbuches, s.a. Festschrift d. 46. Versammlg. deutsch. Philologen etc.

Sattler, *Wilhelm Ferdinand*: Proben eines deutsch-englischen Wörterbuchs. S. 235—290.
Fest-Schrift der 45. Vers. d. Philol. u. Schulmänner dargeboten v. d. öffentl. höh. Lehranstalten *Bremens* 1899.
Nicht im Tauschverkehr
Progr.

Sattler, W., deutsch-englisches Sachwörterbuch. Mit besond. Berücksicht. der Grammatik, Synonymik u. der Realien. Mit Zitaten u. alphabet. Verzeichnis der engl. Wörter. 11 Lfgn. (XX, 1035 S.) gr. 8. Leipzig 903. 904. Renger. n. 22. —; geb. in Halbfrz. n. 26. —

— dasselbe. 12. (Schluss-)Lfg. Alphabetisches Verzeichnis der engl. Wörter. (III, 89 S.) gr. 8. Ebd. 905. n. 2. —

Sattler, W. F.: Die Nothwendigkeit der körperlichen Ausbildung der Jugend und einer Beschränkung der Arbeitszeit. Bremen 1865. 18 S.
Bremen, Hauptschule P 1865.

Sattler, Wilhelm [aus Schonungen]: Über die Vereinigung von Oxalester mit Aniliden. . . . Würzburg, Becker's Univ.-Buchdr., 1890; 27 S. 8°
Würzburg, Phil. Fak., Inaug.-Diss. v. 1890

Sattler, Wilhelm Ferdinand. s. Sattler, Wilhelm

Sättler, Franz: Der arabische Dialekt von Hadramût.
Phil. Diss., Prag 1908/1909

Saettler, J. C.

Saettleri monita ad parochos etc. 12. Strasb. Levrault. 779. Rthlr.

Saettler, J. C., Monita ad parochos, aliosque sacerdotes animarum curam habentes. Juxta edit. Romanam Cardinalis Morozzo denuo edid. Jo. Jac. Blattau. 8. (19¾ B.) Augustae Trevir. 831, (Troschel.)

Saettler, J. C., Monita ad Parochos aliosque Sacerdotes animar. curam habentes. Juxta edit. Romanam cardinalis Morozzo denuo ed. Jo. Jac. Blattau. Edit. nova. 8. (19¾ B.) Augustae Trevir. 841, libr. Lintz.

— theologia moralis universalis. IV Voll. 8. Strassb. 776. Levrault. 3 ℛ 8 gr.

Sattler-Zeitung. Berlin: Sassenbach 1889–? 8⁰
Red.: J. Sassenbach.

Sattler-Zeitung, allgemeine deutsche. Organ f. die Interessen der Sattler, Riemer, Täschner u. verw. Fachgenossen, sowie der Central-Kranken- u. Begräbnißcasse der Sattler u. Berufsgenossen Deutschlands „Hoffnung", E. H. Nr. 64 zu Berlin. Red.: W. Giese. 1. Jahrg. April–Decbr. 1887. 9 Nrn. (1½ B. m. Taf.) gr. 4. Hamburg, Jensen & Co. n. 2. 40

— dasselbe. 2. 3. Jahrg. 1888. 1889. à 12 Nrn. (½ B. m. Taf.) gr. 4. Ebd. à Jahrg. n. 3. 20

Sattler-Zeitung, deutsche. Organ für Sattlerei, Wagenbauerei, Tapezierung ꝛc. Redig. unter Mitwirkung intelligenter Praktiker auf dem Gebiete der gesammten Lederwaarenindustrie von F. A. Günther. 1. und 2. Jahrg. 1870 und 1871. à Jahrg. 52 Nrn. (Bog.) Mit Beilagen, Abbildungen und Mustern. Fol. Berlin, Günther. à Jahrg. *

—— dass. — und Leder-Waaren-Zeitung. Organ für Sattlerei, Tapezirung, Decorirung, Riemen- und Lederwaaren-Fabrikation. Hrsg. unter Mitwirkung theoret. und prakt. Sachverständiger von F. A. Günther. 3.—5. Jahrg. 1872—1874. à Jahrg. 52 Nrn. (Bog.) Mit Beilagen, Abbildungen und Mustern. Fol. Ebendas. à Jahrg.

Sattler-Zeitung, deutsche, und Leder-Waaren-Zeitung. Organ für Sattler, Decorateure, Tapezierer und Polsterer. Hrsg. von F. A. Günther, unter Mitwirkung intelligenter Fachgenossen. 6. und 7. Jahrg. 1875 und 1876. à Jahrg. 52 Nrn. (Bog.) Fol. Berlin, Günther's Zeitungs-Verlag. à Jahrg. *
Nicht weiter erschienen.

Sattler-Zeitung. – D e u t s c h e Sattler-Zeitung. Illustriertes Fachzeitschrift und Handelsblatt für Sattler, Riemer, Täschner etc. Jg. 1. Berlin: Berg 1882.
Red.: Richard Schoch, sp. Alfred Werner.

—— deutsche. Illustr. Fachzeitschrift und Handelsblatt für Sattler, Riemer, Täschner, Wagenbauer, Leder-, Lederriemen-, Lederwaaren-, Koffer- und Peitschenfabrikanten und verwandte Berufszweige. Organ der Lederindustrie-Berufsgenossenschaften, Sectionen I und VI. Mit 24 Zeichnungen und der Gratisbeilage: Mode und Handarbeit. 6. Jahrg. 1888. gr. 4. Berlin, Expedition. *
Mit der Deutschen Tapezierer-Zeitung (s. d.) zusammen *

Sattler-Zeitung, deutsche. Illustrirte Fachzeitschrift u. Handelsblatt für Sattler, Riemer ꝛc. Organ d. Lederindustrie-Berufsgenossenschaft Sectionen I u. VI. Red. v. Rich. Schoch. 8.—10. Jahrg. 1890—1892. 8. Jahrg. 12 Nrn., 9. Jahrg. 20 Nrn., 10. Jahrg. 24 Nrn. (à Nr. 1¼ Bog.) gr. 4. Mit 4 Beilage-Mappen enth. je 6 Taf. in qu. gr. 8. u. qu. 4. Berl., Berg. à Jahrg. * 9 —
Zusammen m. Tapezierer-Zeitg. kleine Ausg. * 10 —
Große Ausg. * 13 —

— dasselbe. 10.—12. Jahrg. 1892—1894. à 24 Nrn. (à ca. 1¼ Bog.) gr. 4. Mit je 4 Beilage-Mappen enth. je 6 Taf. in qu. gr. 8 u. qu. 4. Ebd. à Jahrg. n. 9. —; zusammen m. Tapezierer-Zeitg. kleine Ausg. n. 10. —; große Ausg. n. 13. —

Sattler-Zeitung, d e u t s c h e. Illustr. Fachzeitschrift u. Handelsblatt f. Sattler, Riemer, Täschner, Wagenbauer, Leder-, Lederriemen-, Lederwaaren-, Koffer- u. Peitschenfabrikanten u. verw. Berufszweige. Organ der Lederindustrie-Berufsgenossenschaft Sectionen I u. VI. Mit Unterstützg. v. Fachleuten red. v. Rich. Schoch. 13.–15. Jahrg. 1895—1897. à 24 Nrn. (à ca. 8 S. m. Abb. u. Taf.) gr. 4. Mit 4 Beilage-Mappen enth. je 6—8 Taf. in qu. gr. 8. u. qu. 4. Berlin, Berg & Schoch. à Jahrg. n. 6. —; zusammen m. Tapezierer-Zeitg. kleine Ausg. n. 10. —; große Ausg. n. 15. —

— dasselbe. 16. Jahrg. 1898. 24 Nrn. (à ca. 12 S. m. Abb.) gr. 4. M. 4 Beilage-Mappen enth. 48 Taf. in qu. gr. 8. u. qu. 4. Ebd. n. 8. —; zusammen m. Tapezierer-Zeitg. kleine Ausg. n. 12. —; große Ausg. n. 16. —

Sattler-Zeitung, deutsche. Illustrierte Fachzeitschrift für Sattler, Riemer, Täschner, Wagenbauer, Leder-, Lederriemen-, Lederwaren-, Koffer- u. Peitschenfabrikanten u. verwandte Berufszweige. Organ der Lederindustrie-Berufsgenossenschaft Sektionen I, II, V u. VI. Verbands-Organ des Innungs-Verbandes „Bund deutscher Sattler- [Sattler- u. Tapezier-], Riemer- u. Täschner-Inngn." Mit Unterstützg. von Fachleuten red. von Rich. Schoch. 17.—20. Jahrg. 1899—1902. à 24 Nrn. gr. 4. (à ca. 16 S. m. Abbildgn. u. Taf.) Mit 4 Beilage-Mappen, enth. 24 Taf. in qu. gr. 8. u. qu. 4. Berlin, Berg & Schoch. à Jahrg. n. 8. —; zusammen m. Tapezierer-Zeitg. kleine Ausg. n. 14. —; große Ausg. n. 17. —

Sattler-Zeitung, deutsche. Wagenbau-Kunst. Illustrierte Fachzeitschrift f. Sattler, Riemer, Täschner, Wagenbauer, Leder-, Lederriemen-, Lederwaren-, Koffer- u. Peitschenfabrikanten u. verwandte Berufszweige. Offizielles Organ d. Innungs-Verbandes „Bund deutscher Sattler- (Sattler- u. Tapezierer-), Riemer- u. Täschner-Inngn." usw. Mit Unterstützg. v. Fachleuten red. v. Rich. Schoch. 21. bis 24. Jahrg. 1903—1906. à 24 Hefte. (à ca. 24 S. m. Taf.) gr. 4. Mit 4 Beilage-Mappen, enth. 24 Taf. in qu. gr. 8 u. qu. gr. 4. Berlin, Berg & Schoch. à Jhrg. n. 8. —; zusammen m. Tapezierer-Zeitg. kleine Ausg. n. 14. —; große Ausg. n. 17. —

Sattler-Zeitung, deutsche. Wagenbau-Kunst. Illustrierte Wochenschrift f. Intelligenz u. Fortschritt im Gewerbe der Sattler, Riemer, Täschner, Wagenbauer, Leder-, Lederriemen-, Lederwaren-, Koffer- u. Peitschen-Fabrikanten u. verwandten Berufszweige. Offizielles Organ d. Innungs-Verbandes „Bund deutscher Sattler- (Sattler- u. Tapezierer-), Riemer- u. Täschner-Inngn". Organ der Lederindustrie-Berufsgenossenschaft Sektionen I—VI. Mit Unterstützg. v. Fachleuten red. v. Rich. Schoch. 25.—28. Jahrg. 1907—1910. à 52 Hefte. (884, 1150, 1164 u. 1296 S. m. Abbildgn. u. Taf.) 32×24,5 cm. Mit 4 Beilage-Mappen, enth. 24 Taf. in qu. 8 u. qu. 4. Berlin, Berg & Schoch. à Jahrg. 8.—; m. der Tapezierer-Zeitg. zusammen, kleine Ausg. 14.—; große Ausg. 17. —

Sattlerzeitung. – O e s t e r r e i c h - u n g a r i s c h e Sattler- und Riemerzeitung. Berlin: Expedition 1890– (1902). 8⁰

Sattmann, A l e x a n d e r. Martiniren bei Verwendung weichen Roheisens. (Klgft., Bertschinger. 1895.) 13 S.

Satura, s.a. S a t i r a

Satura, dissert. orationum, epistolarum et observ. theologico - historico - philologicarum. IV Pts. 8. maj. Zürich, Orell, F. et Comp. 741 - 42.

Satura Dissertationum orationum, epistularum et observationum Theologico-, Historico-, Philologicarum
⑤ 1742—1743 ⑥ 8⁰ ⑦ als Vierteljahrsschrift geplant; Jahrbuch (1742); halbjährig (1743) ⑧ Zürich: Heidegger & Co. ⑩ Heidegger & Co. ⑪ Johann Caspar Ulrich ⑬ BGSZ: 99 (p. 58, Nr. 25) ⑭ Be: L; Zh: Z.

Satura philologa Hermanno Sauppio obtulit amicorum conlegarum decas. gr. 8. (V, 180 S.) Berlin 879, Weidmann'sche Buchh. *

Satura Viadrina. Festschrift zum 25jähr. Bestehen d. philolog. Vereins zu Breslau. gr. 8. (V, 160 S.) Breslau 896. Schles. Buchdruckerei etc. n. 5. —

Satura Viadrina. Festschrift z. fünfundzwanzigjähr. Bestehen des philolog. Ver. zu Breslau. *Breslau: S. Schottlaender 1896.* (3 Bl., 159 S., 1 Bl.) 1 Bd 8. [97. 6463

Saturin, Urs, s. Saturnin

Saturn, Merkur und Herkules, drey morgenländ. Allegor. a. d. Frz. d. Court de Guebelin. gr. 8. Regensb. Montag. 789.

SATURNIN und Suzon, oder Die geilen Geschwister. Von *A. M.* 2 Bde. (Zus. 260 S.) (6 Mk., eine böhmische Firma, 1901, ohne nähere Angabe.)
Vergriffen oder gar nicht erschienen?

Saturnin, Urs. Kilian Kesselring. Eine schweizergeschichtliche Begebenheit a. d. Zeit des dreissigjährigen Krieges. Historischer Roman. In-8°, 198 S. Bern, B. F. Haller. 1880 2 50

Saturnin, Urs, die Freiherren von Weißenburg. Eine histor. Erzählung aus der Geschichte Berns im 14. Jahrh. 8. (165 S.) Thun 882, Christen. *

Saturns Geburtsfeier, ein allegor. Vorspl. mit Gesang u. Tanz in 1 Aufz. (v. G. K. Claudius). 8. Leipz. 791.

Saturnus redivivus

Saturnus redivivus. Eine neue Betrachtung über die Bleymittel, besonders über das Bleyextrakt. 94 S., gbd.

Wien: Sonnleithner & Hörling 1785

JB 1.564

Saturnus S:⁚:J:⁚: 14, s.: Jatrochemie u. Electrohomöopathie.

Saturny, Berta, Akkorde in Moll. 6 Novellen. (110 S.) 8. Graz 905. F. Pechel. n. 1. 60

Am Glück vorbei! Novellen von Bertha **Saturny** [d. i. Berta Thomann]. Berlin: Bermühler [1910]. 217 S. 8° (11. 1824?

— der Armendoktor. Eine Erzählg. aus dem Leben. (94 S.) 8. Ebd. 906. n. 1. 80

Saturny, Berta (Frau Berta Thomann), die Einzelnen. Roman. (175 S.) 8. Berlin (910). H. Bermühler. 2. —

Saturny, Bertha, das Ganserl. Eine Wienergeschichte. kl. 4. (43 S.) Leipzig (902). H. Seemann Nachf. n. 1.—

In verglimmende Gluten. Roman von B[erta] **Saturny** [d. i. Berta Thomann]. Berlin: Bermühler [1910]. 183 S. 8° (11. 9084

— des Künstlers Golgatha. Roman. (210 S.) 8. Dresden (906). E. Pierson. n. 2. 50; geb. n. 3. 50

— sein Wille. Eine Erzählg. im Zeitalter d. Suggestion. 2. Aufl. 8. (194 S.) Ebd. (902). n. 2. 50; geb. n. 3. 50

— der Zauber der Aphrodite, s.a. Seemann's kleine Unterhaltungsbibliothek. Nr. 33. 34.

Der Zauber der Aphrodite. Roman von Berta Saturny. Berlin & Leipzig: H. Seemann Nachf. [1904]. (303 S.) 8° [F.]
(Seemanns Kleine Unterhaltungs-Bibliothek.) (05. 4194

Satyr. – Der Satyr. Nr. 1. Berlin 1848.
Red.: M. Cohnheim u. A. Reich.

Satyr, der, lose Blätter aus dem deutschen Reiche. Redig. von C. G. May. 1. Bd. 12 Nrn. (à ½ Bog. mit 2 Stnt.) gr. 4. Frankfurt a. M. 848, Schmerber.

Satyr, der launige. 8. Brandenb. ..., Wiesike. 16 gr.

SATYR, Der launige. Brandenburg 1812. 8.
Bibl. Günther. III. Dresd. 1834. no. 4418. — Selten!

Satyr, der, in engl. Uniform. 8. Leipz. 787. Müller. (Joachim). 12 gr.

Satyr [Pseud.], s.a. Dietrich, Richard

Satyr, s.a. Lebeweltnächte der Friedrichstadt.

LEBEWELTNACHTE der Friedrichstadt (in Berlin) von Satyr. 6. Auflage. Berlin, o. J. 8°. (80 Heller A. L. Huber, Salzburg, 1908.)
Großstadt-Dokumente, Bdchn. 30.

Satyra, s. Satira

SATYR-BIBLIOTHEK. 7 Bdchn. Mit Illustrationen. Berlin, Satyr-Verlag (189*), à 32 S., Kunstdruckpap. (à 50 Pfg.). (W. A. Gabriel, Berlin, c. 1900.)
Das erzliederliche Wochenblatt „der Satyr", seit länger als 1 Dezennium erscheinend, ist laut Reklame des Verlages 17 mal verboten gewesen und „heute das gelesenste (?) satir.-humorist. Blatt von Berlin".
Die „Satyr-Bibliothek" enth. (soweit bis ca. 1900 erschienen): Susanna im Bade. — Amor auf der Pariser Weltausstellung. — Flirt, ein Bilderbuch für Lebemänner. — Liebesgötter, neues Bilderbuch für Lebemänner. — Coulissenzauber. — Leda mit dem Schwan. — Frau Potiphar.

Satyre, s.a. Satire.

Satyre, neue Menippische, von Gegnern des Obskurantenorden 1s Hft. 8. Altona 798. (Fr. Fleischer in Leipz.) 12 gr.

Satyre, neue Menippische, v. Gegnern d. Obscurantenorden. 1s Heft. 8. Altona, Kaven. 798.

Satyren, s.a. Vexirte, die.

Satyren. 8. Hannov. Schmidt. 762.

Satyren, (v. Chr. N. Naumann). 8. Magdeb. 763. (Hamb., Schmidt). 12 gr.

SATYREN, oder Scherzgespräche zweier Nähermädchen unter der Leipziger Lindenallee. O. O. (Lpz., Kritzinger) 1764. 8°. (In Dresden: H. Sax. H. 1322, Beibd. 1.) 23 S. (incl. Titel). Höchst selten!

— (v. Nik. Dict. Gisecke, eigentl. Kőszeghi). 8. Helmst. u. Magdeb. 768. Hechtel.

— (v. J. G. G. Lucius). 8. Leipz. 771.

SATYREN, Auserlesene (4) des XVIII. Jahrhunderts. Franckfurth u. Leipzig (Halberstadt, Gross) 1771. (Tit in Kpf. gest.) 8°. (6 Mk. A. Bielefeld, 1892; 7 Mk. Frdr. Klüber, 1905.)
I. Hutten, Ulr. v. Spottschrift: Niemand betitelt. — II. Schutzschrift vor Heinrich dem Vierten. — III. Die satyrische Ehescheidung od. die Liebesbegebenheiten (Ausschweifungen) der Koniginn Margarethe (s. d.) v. Navarra. A. d. Franz. (Unfläthige Skandalschrift.) — De la Motte le Vayer, Unterredung von den seltenen u. vortreffl. Eigenschaften der Esel dieser Zeit, zwischen dem Philonius u. Paleologus. Aus d. Französ. — Rarl

— auserlesene, d. 18. Jahrh. 8. Lpz. (Groß in Nordhausen.) 771.

— d. Deutschen, herausgegeben v. K. Müchler. s. Liscovs Schriften.

Satyren und Glossen eines Weltmannes. gr. 16. (131 S.) Stuttgart 874, Metzler's Verlag.

— eines Kapuziners, üb. sein Zeitalter. 8. Basel, Flick. 789.

SATYREN eines Kapuziners, über sein Zeitalter. Vor seinem Eintritt in den Orden niedergeschrieben. Wörtlich abgedruckt. (Vignette.) Wien (Basel, Neukirch), 1789. 8°. 184 S. (2 Mk. Völcker, 1876; 9 Mk. Max Perl's Berliner März-Auction 1909, no. 936.)
Pikant und rar! — Weller, fing. Druckorte.

Satyren u. Launen, die Zeit beachtend, s. Voß, Jul. v., im Alphabet.

* Satyren, Oden u. Briefe, einige, s. Horaz.

— ein Päcktchen, aus Oberdeutschland, (von Beda Mayr). 8. Münch. 770. Fritz. 6 gr

— sechs, nebst Anhang. 8. Jena, Cuno. 765.

— sieben, nebst 3 Anhängen, (v. Fr. Just. Riedel). 8. Jena 765. Cuno. 16 gr

— u. poetische Spiele, v. Maria. 16 Bdchen Gustav Wasa. 8. Lpz. Rein. 800.

SATYREN über Verstorbene. (Motto aus Gellert.) Deutschland, gedruckt auf weiß Papier, mit leserlichen Schriften. 1783. 8°. Selten!
Jocose Nekrologe auf Männer u. Weiber, oft ziemlich derb. Die Namen der Verstorbenen sind groteske Fiktionen: Almarus v. Krimsthal, Brunus v. Eichsberg, Calinus v. Pisterhelft, Dorothea Rittmeisterin, Gertrude Lachnassin, Henriette Fixsternin etc. etc. — 72 S. (incl. „Nachschrift, die gar nicht satyrisch ist". S. 65 ff.).

Satyriker, Der deutsche, vor der lateinischen Inquisition. Ein dramatischer Roman. Aufgeführt in Wien den 7. Oktober 1779. Freyenthal 1780. V: *Heinze, Wenzel Sigismund.* (Provinc.-Nachrichten 1783, S. 1438) (BiblPort)

SATYRIKUS, Witzmagazin. 3 Hefte. Mit Bildern. Leipzig, o. J. 8. (75 Pfg. Riemann, Coburg, vor 1890; jetzt höher!)
Nicht in Weller's Lex. Ps.

Satyros. Satyros als Prolog. Gestern und heute. Elysische Scenen. Dresden 860. Geh. gr. 8. (32 S.) n. 5 ngr

Satyrspiel, ein, in Sicilien, oder der Cyklops des Euripides, [auch eine Tragicomödie,] übers. v. J. Bendixen. Gedenkblätter an die gegenwärtig obschwebenden Verhandlungen üb. die Vertreibung des Altonaer Gymnasiums von Haus u. Hof. gr. 8. (50 S.) Altona 850, Lehmkuhl in Comm. n. 8 ngr

Satz, Der 28., des XI. Buchs der Elemente. Aschaffenb. 1817. H: *Creizenach, M.*[?]. (BSCE)

Satz — Druck — Papier. Ein Gang durch Schriftgießerei, Buchdruckerei und Papierfabrik. Zur Belehrung für Autoren und Buchhändler. 16. (IV, 90 S.) Reudnitz 869, Pfeil's Selbstverlag.

Satz, der einfache, u. d. Geographie v. Landgerichtsbezirke Bayreuth u. v. Oberfranken. Zur leichteren Auffass. f. deutsche Schüler. 8. (2 B.) Bayreuth 840, (Grau'sche Buchh.)

Satz, Der: Teuflische Magie existirt, bestehet noch ... Augsburg 1791. V: *Schmid, Franz Joseph.* (MGT)

Satz, Unrichtiger, auf grundfalschen Wahn: Nemlichen nach Hochst-betrübten, doch Hochseeligen Hinscheiden weiland Karl dess VI. glorwürdigster Bedächtnuss als des letzten männlich-Habspurgischen Zweigs, müssen Seine Churfürstliche Durchlaucht auss Bayrn Karl Albert, als ein vom Kayser Ferdinand I. ein- und nachgesetzter rechtmässiger Erb, in allen Oesterreichischen Königreichen und Erb-Landen ohnmittelbar nachfolgen: etc.
Fol. Im Jahr 1742.

Satz, Siegmund: Die Politik der deutschen Staaten vom Herbst 1805 bis zum Herbst 1806 im Lichte der gleichzeitigen deutschen Publizistik. (Berlin: Trenkel 1908.) 93 S. 8°
Berlin, Phil. Diss. v. 30. Nov. 1908, Ref. Lenz
[Geb. 13. Nov. 80 Flensburg; Wohnort: Berlin; Staatsangeh.: Preußen; Vorbildung: Gymn. Flensburg Reife O. 02; Studium: München 1, Berlin 11 S.; Rig. 30. Juli 08.] [U 09. 205

Die Politik der deutschen Staaten vom Herbst 1805 bis zum Herbst 1806 im Lichte der gleichzeitigen deutschen Publizistik. Von Dr. Siegmund **Satz.** Berlin: Trenkel 1908. 93 S. 8°
[Ersch. auch als Inaug.-Diss. Berlin 1908.] [10. 13131

Satzbildungen u. Anfertigung kleiner Aufsätze m. Lesestücken in fortschreitender Stufenfolge für Mittelschüler u. Oberschüler deutscher Elementarschulen. 8. (96 S.) Karlsruhe 852, Groos. n. 4 ngr

Satzbildungen und Anfertigung kleiner Aufsätze mit Lesestücken in fortschreit. Stufenfolge für Mittelschüler und Oberschüler deutscher Elementarschulen. (Von Stern.) 5. Aufl. 1864. und 6. Aufl. gr. 8. (96 S.) Carlsruhe 866, Groos. *

Sätze zur nähern Begründung einer allgem. Einheitslehre. Ein erläuternder Nachtrag zu der Schrift: „Die Einheit als Urwesen." 8. (2¾ B.) Berlin 843, Heymann.

SÄTZE, Dreyhundert, aus der weiblichen Naturlehre. Mit Anmerkungen u. Beyspielen erläutert. Aus d. Engl. von W. Reinhard. Wien 1785. 8°.
300 zum Theil sehr verfängliche Sentenzen. Bibl. Bülov. II. 2. p. 304. (1 Rthlr. Scheible 34. p. 163.)
Zuerst gedr. Leipzig 1776. 8°. (Bibl. Günther. III. no. 6362.)

— — Dasselbe. 2. Aufl. Mit kom. TVign. Wien 1787. 8°. (2 Mk. Kühl, Berlin, c. 1882.)

Sätze, 73, vom Einfluß der Aenderung in der Lehre e. Religions-Gesellschaft auf deren äußere Rechtsverhältnisse. 8. (20 S.) Nürnberg 872. Löhe. n. — 30

Sätze, einfache und zusammengesetzte, für den ersten Lese- und Sprach-Unterricht. 8. (Jugendfreund für Schule und Haus S. 3—50.) Gütersloh 847, Bertelsmann.

Sätze aus der Einleitung in die Bücher des neuen Bundes, und der biblischen Hermeneutik ... Innsbruck 1804. V: *Feilmoser, Andreas Benedikt.* (Margr)

Sätze und Fragen aus der Cöllnischen Kirchen- und Staatshistorie, aufgestellt zu akademischen Vorlesungen ... Cöln 1791. V: *Hillesheim, F. C.* (StBKöln I, 55)

Sätze und Fragestücke, Unpartheyische, ... auf Veranlassung und Verlangen mitgetheilte. O. O. 1750. V: *Wölkern, Lazarus Carl von.* (ML)

Sätze, 95, gegen das Schachspiel. Von e. Theologen. 8. Leipzig 827, (Serig.)

Sätze aus allen Gegenständen des philosophischen Studiums ... Luzern 1807. V: *Widmer, Joseph.* (Cat. d. Stadtbibl. Zürich. Zürich 1864—97.)

Sätze, Gemeinnützige, zu Vorschriften für Stadt- und Landschulen ... zu gebrauchen. München 1802. V: *Bacher, Barth.* (Ky)

— gemeinnütz., zu Vorschriften f. Stadt- u. Landschulen; wohl auch zu Lese- u. Denkübungen f. die untern Klassen zu gebrauchen, (von ... Bacher). 8. Münch. 802. 8e Aufl. 818. N. A. 831. (Landsh., Krüll; a. Thomann). 3 gr.

Sätze, gemeinnütz., zu Vorschriften f. Stadt- u. Landschulen: wohl auch zu Lese- u. Denkübungen f. d. untern Classen zu gebrauchen. (Von Bacher.) 8. (8 B.) München 830. (Landshut, Thomann; Regensburg, Manz.) Thlr

Sätze, hundert u. vierzehn, od. einige nach Wimpina u. Tetzel, noch alle gegen Harms, v. e. Stadtpfarrer, der nicht vor leeren Stühlen predigt. gr. 8. Leipz. 818. Franz. (Taubert). 3 gr.

Sätze, Einige, über Idealität in plastischen Kunstwerken. Cassel 1875. V: *Ruhl, S. L.* (ZürKL)

Sätze, Einige, über Identität in plastischen Kunstwerken, aus den Gesprächen der Werkstätte ... Cassel 1875. V: *Ruhl.* (Bibl. d. archäol. Instituts in Rom. Rom 1901—02.)

Sätze, Kurze, vom heutigen Beichtwesen ... Kiel 1734. V: *Ottens, Joachim Georg.* (Myl)

Sätze, Kurze, aus der christlichen Religionslehre zur Vorbereitung der Konfirmanden. O. O. 1801. V: *Bus, Philipp Heinrich.* (MGT)

Sätze, Kurtze, der theologiae mysticae. O. O. 1707. V: *Josephi, Jeremias.* (Adel) (Verz. d. v. Meusebachschen Bibl. Berlin 1855. II, 124.)

Sätze, Leichte Lateinische, zum Übersetzen für die ersten Anfänger ... Weingarten 1800. V: *Eben, Joh. Philipp.* (Ky) (MGT)

— in Rochefoucaultscher Manier. Aus dem Taschenbuche eines Cosmopoliten. 8. Bamberg, Göbhardt. 821.

— in Rochefoucaultscher Manier; aus d. Tagebuche eines Cosmopoliten. 12. Bamb. 821. (Frankf. a. M., Wesché). 10 gr.

Saetze aus der Mathematik, Logik, Geographie, Historie, deutschen, lateinischen Sprache, Kalligraphie u. Musik, welche die Zöglinge der herzogl. marianischen Landakademie unter der Direktion des Ingenieurobersten Chev. v. Ancillon zu beantworten sich erbiethen pro 1779. 1780. 1781. München 1779—1781.

Maurerische **Sätze.** Heidelberg: 1865.
Abgedr. in: FZ. 19 (1865) S. 181—182; Bh. 8 (1865) S. 193—194.
Allgem. Grundsätze u. Sätze zur Verfassung von der Loge Ruprecht zu den fünf Rosen in Heidelberg entworfen.

Heidelberg: Maurerische **Sätze** [der Loge Ruprecht zu den fünf Rosen in Heidelberg.] [Heidelberg 1865.] 2 Bl. 8°. [Kopftit.]
Den Logenmitgliedern als „unmassgeblicher Vorschlag" unterbreitet.

Sätze aus der Moralphilosophie und Metaphysik. Luzern 1801. V: *Geiger, Emeran.* (Bibliogr. d. Schweiz. Landeskunde. Bern 1892 ff. V. 10c.)

Sätze, 99, über den Untergang der Erde. Nebst Angabe eines unfehlbaren Rettungsmittels für den schlimmsten Fall. Testament einer alten Schnecke, welche schon dreimal weltuntergegangen ist. 8. (31 S.) Stuttgart 857, Heinr. Köhler.

Sätze, Ohnverneinliche, mit den Acten übereinstimmende, woraus Sonnenklärlich erhellet, dass, ohnedem in der Hauptsache sub rubro: Oettingen-Wallerstein contra Praelaten und Closter Neresheim ... noch kein Urtheil erfolgen könne ... Wetzlar 1761. V: *König von Königsthal, Gustav Georg.* (Will) (ML) (Holz)

Sätze, Politische, über Gemeindebildung mit besonderer Rücksicht auf Mecklenburg. [Schwerin?] 186? V: *Schröder, Franz Wilhelm Ferdinand.* (ADB)

Sätze aus der Polizey. Handlungs- und Finanz-Wissenschaft zum Leitfaden der akademischen Vorlesungen. Wien 1765. V: *Sonnenfels, Joseph von.* (BIBLPORT) Vgl. GGr IV³/525, Nr. 24/12.

— protestantische, im Jahre der Reformation 330. Abgedr. aus den Blättern für christl. Erbauung von protest. Freunden. 12. (36 S.) Leipzig 847, (O. Klemm.) *

Sätze aus den Rechts- und Staatswissenschaften, welche Karl Mandelblüh, im Kollegium juridicum öffentlich zu vertheidigen bereit ist. Krakau, 1856. In der k. k. Universitäts-Buchdr. (8 S. 4.)

Sätze über Religion und Sekten, mit Erläuterungen zur Beförderung der Toleranz. Stendal 1785. V: *Kläden, Friedrich Wilhelm.* (MGT) »1786« (KY)

—über Religion u. Sekten, (von F. W. Kläden). 8, Stendal 786. Franzen u. Gr. 6 gr

— aus d. Religionslehre, s. Leitfaden zur Katechisation.

Säze a. d. Religionslehre z. Vorbereit. d. Confirmanden. 8. Frst. Hermann. 801.

Einige Sätze aus der Statik und Mechanik auf eine neue Art und Weise dargestellt, von einem der Mathematik Beflissenen. Ulm. 4. 1731.

Sätze, 40, des katholischen Katechismus u. die hl. Schrift. 8. (20 S.) Leipzig (899). Dörffling & Franke. n. — 20

Sätze, Einige zerstreute, über den Luxus. [Berlin 1792.] V: *Struensee von Carlsbach, Carl August.* (MGT)

Satzenhofen, M. Freiherr v., k. bayer. Major etc. Zur Taktik der Reiterei. 3. sehr verm. Auflage. (Mit 16 Taf.) 8. München 1875.

Satzenhofer. Staatswehr. 8°. Wien 1881.

Satzger, L., d. Schuldentilgungs-Versicherung od. Hypothekar-Lebensversicherg. als wirksamstes Mittel geg. d. zunehm. Ueberschuldg. v. Landwirtschaft u. Gewerbe. E. Vorschlag z. Organisation d. neugegründ. bayer. Landwirtschaftsbank u. zur Reorganisation aller Credit- u. Darlehenskassen. gr. 8. (17 S.) Ansbach 897. C. Brügel & Sohn. n. — 20

Satzinger, Geo., Wirkungskreis der Gemeinde-Bevollmächtigten im Königr. Baiern. 8. Regensb. 823. Daisenberger. 12 gr

Satzlehre, deutsche. Nach den Autoren zusammengestellt und mit klass. Musterbeispielen versehen. Mit Berücksicht. der neuen Rechtschreibung. gr. 8. (19 S.) Ingolstadt 880, Ganghofer. *

Satzlehre, deutsche. Nach den besten Autoren zusammengestellt u. m. klass. Musterbeispielen versehen. 3. Aufl. 8. (28 S.) Ingolstadt 891. A. Ganghofer. n. — 35

Satzlehre, kurze, der deutschen Sprache. Elbing 867. Meissner. gr. 16. (23 S.) n. 4 ngr.

Satzlehre, kurzgefaßte — als Ergänzung der in Volksschulen eingeführten Sprachlehren. Vierte Auflage. Brünn, 1857. Dr. von Karl Winiker. (28 S. 1 Bl. 8.)

Satzlehre, kurzgefaßte griechische. 8. (19 S.) Pleß O/S., 888. Krummer. cart. n. — 50

Satzlehre, die, nach R. J. Wurst. Ein Versuch f. Stadt- u. Landschulen v. ein. Schulfreunde Badens. 2. u. 3., verb. Aufl. 12. (à 2 B.) Villingen 841, 42, Förderer. à

Satz- u. Druckmuster, 50 Blatt aus d. V. u. VI. Bde. der graphischen Monatsschrift Deutscher Buch- u. Steindrucker, Jahr 1899/1900. 1. Hft. gr. 4. (4 S. Text.) Berlin (900). E. Morgenstern. n.n. 2. 50

— — dasselbe. II. Hft. gr. 4. (50 Bl.) Ebd. (902). n. 2.50

Satz- u. Druckmuster aus der graphischen Monatsschrift Deutscher Buch- u. Steindrucker. 3.—5. Heft. (à 50 Bl.) gr. 4. Berlin (902—904). E. Morgenstern. à n. 2. 50

Abgeänderte **Satzung** der Pensionskasse für Beamte der Königs- und Laurahütte. (Gültig v. 1. Aug. 1904 ab an Stelle d. Rev. Statuts dieser Kasse v. 18. Febr. 1879.) Königshütte (1904): R. Giebler. (25 S.) 8° [F.] [05. 2613 2

Allgemeine Sazung (!) (des Kurfürsten *Karl Theodor*, de dato Schwezingen, 16. Sept. 1776), die *Wechsel sowohl, als andere Schulden des Kriegs-Standes* betreffend. Fol. 10 S. Beibd. Cart.

Satzung. Allgemeine Sazung die Wechsel sowohl, als andere Schulden des Kriegs-Standes betreffend. Schwezingen den 16. September 1776. o. O. u. J. Fol.

SATZUNG des Mannheimer Alterthumsvereins (Eingetragener Verein), errichtet am 11. März 1901. Mannheim 1901. Hofbuchdruckerei Max Hahn & Comp. 8°.

Satzung des Alumnatvereins. (Verein zur Gründung von Schülerheimen.) o. O. u. J. 2 Bl. 8°. [Kopftit.]

Satzung des Armenpflege- und Wohltätigkeits-Verbandes zu Halle a. S. (Halle 1906.) (5 S.) 8° [Kopft. F.] [06. 14170 3

Satzung des Ärzte-Vereins des Regierungsbezirks Stralsund. (Stralsund 1904: Kgl. Reg.-Buchdr.) (2 Bl.) 8° [Kopft. F.] [05. 8461 8

Satzung des Ermländischen Bauern-Vereins (bisher: Ost- u. Westpreuß. Bauern-Verein). (Genehmigt in d. Generalversamml. 1903.) (*Heilsberg 1903: 'Warmia'.*) (4 S.) 8° [Kopft. F.] [04. 806 10

SATZUNG DES BEAMTENVERSICHERUNGSVEREINS des Deutschen Bank- und Bankiergewerbes (a. G.) zu Berlin. Berlin 1910. Druck von der Verlagsdruckerei Merkur. 8°.

Satzung der Bergschule des Vereins der Steinkohlenwerke des Aachener Bezirks. Aachen 1901.

Bergedorf: **Satzung,** Bestimmungen, Instruktionen und Verordnungen für die Mitglieder der Johannisloge zum grossen Christoph in Bergedorf. Bergedorf 1909: Denker. 29 S. 8°

Satzung und Bezirks-Eintheilung des Vaterländischen Frauen-vereins, Orts-Verein zu Königsberg. *Königsberg i. Pr. 1901: Ostpr. Dr.* (32 S.) 8° [𝔉.] [04. 7781 10

Satzung der *Ritterschaftlichen* Brandversicherungs-Gesellschaft zu Rostock aus dem Jahre 1781.

Satzung für den Deutschen Buchgewerbeverein. Gegründet am 29. Okt. 1884 zu Leipzig unter d. Namen Central-verein f. d. gesamte Buchgewerbe. ([Leipzig] 1899.) 14 S. 8°

Satzung für den Deutschen Buchgewerbeverein. Gegründet am 29. Oktober 1884 zu Leipzig unter dem Namen Centralverein f. d. gesamte Buchgewerbe. Angenommen in d. Hauptversammlung d. Vereins am 27. Febr. 1910 ... ([Leipzig] 1910.) 14 S. 8° [10. 15726 7

Deutscher Bund für Mutterschutz. **Satzung.** (Berlin [1909]: Starcke.) 8 S. 8°

SATZUNG der Comenius-Gesellschaft zur Pflege der Wissenschaft und der Volkserziehung. Gestiftet zu Berlin am 10. Oktober 1891. Gültig vom 1. Januar 1902. (Münster i. W., Buchdruckerei von Johannes Bredt.) 8°.

Satzung der Gemeinde-Sparkasse Eidelstedt. Eidelstedt. (1908) 8°

Satzung des Eisenbahn-Alkoholgegner-Verbandes (E. A. V.), Landesgruppe Deutschland. (Marburg 1906: Bauer.) (7 S.) 8° [Kopft. 𝔉.] [06. 9364 4

SATZUNG des Erziehungs- und Fürsorge-Vereins für geistig zurückgebliebene (schwachsinnige) Kinder. Eingetragener Verein. (o. O. o. Dr.) (Ohne bes. Titelblatt.) 8°.

Satzung des Feuer-Assecuranz-Vereins in Altona auf Gegenseitigkeit. *[Altona 1902]: (H. W. Köbner & Co.).* (11 S.) 8° [𝔉.] [03. 12348

Satzung des Feuer-Assecuranz-Vereins in Altona auf Gegenseitigkeit. Gegründet 1830. ([Altona um 1903]: H. W. Köbner & Co.) (11 S.) 8° [𝔉.] [07. 17374 8

Satzung der ostpreussischen Feuersozietät vom 8. Aug. 1900. *Königsberg i. Pr.: Ostpr. Dr. u. Verl.-Anst. 1901.* (43 S.) 8° [𝔉.] Aus: Amtsblatt d. Kgl. Reg. zu Königsberg 1900. [01. 8006 10

Satzung des Deutschen Fischerei-Vereins. Beschlossen in d. Hauptversamml. d. Deutschen Fischerei-Ver. in Lindau im Bodensee am 9. Juli 1906. Berlin 1907. 8°.

Satzung für die Königlich Preußischen Forstlehrlingsschulen vom 31. August 1910. Anl. 1. Hausordnung f. diese Schulen. 2. Vorschriften z. Verhütung d. Verbreitung ansteckender Krankheiten in d. Forstlehrlingsschulen. (Neudamm: Neumann 1910.) 15 S. 8° [11. 4435

Satzung des Vereins Frauenhülfe fürs Ausland. (Bln '08.) 2 Bl.

Satzung des Vaterländischen Frauen-Vereins (Hauptvereins). (Vom 3. Mai 1900.) *Berlin (1900): 'Die Post'.* (10 S.) 8° [Kopft. 𝔉.] [03. 154

Satzung des Vaterländischen Frauen-Vereins, Altona II. *Altona 1902: H. W. Köbner & Co.* (9 S.) 8° [𝔉.] [03. 7717

Satzung der Freimaurerloge zur Einigkeit, eingetragener Verein in Frankfurt a. M. [Frankfurt a. M.] o. J. 4 S. 8° [Kopftit.]

Satzung der Freimaurerloge „Zur Goldenen Kugel" in Hamburg einer Tochterloge der „Grossen Landesloge der Freimaurer von Deutschland" in Berlin. Hs. f. Brr. 5. veränd. Ausg. Hamburg 1905: J. H. Meyer. 37 S. 8°

Satzungen [1900:] Satzung der Freimaurer-Loge „Zu den drei Cedern" in Stuttgart. Beschlossen in der Logen-Versammlung vom [1ten Mai 1886]. Stuttgart [1886]: Metzler. 8 S. 8° [Umschlagtit.]

[Dasselbe.] Beschlossen in den Logen-Versammlungen vom 20. Nov. 1886 und 9. April 1887, genehmigt durch Entschliessung des k. Ministeriums des Innern vom 13. Mai 1887. Ebendas. [1887]. 8 S. 8°

[Dasselbe.] Beschlossen in der Logen-Versammlung vom 9. Juni 1900, genehmigt durch Entschliessung des K. Ministeriums des Innern vom 13. Aug. 1900 Nr. 12935. Ebendas. 1900. 8 S. 8° [Umschlagtit.]

Satzung des anhaltischen Freimaurer-Sterbekassen-Vereins zu Cöthen. Cöthen 1904: Schettler. 14 S. 8° [Umschlagtit.]

Satzung des anhaltischen Freimaurer-Sterbekassen-Vereins zu Cöthen vom 25. Spet. 1904, erg. durch Einfügung der durch die Nachtr. vom 10. Jan. 1910 und 13. Mai 1910 getroffenen Abänderungen. Cöthen-Anhalt 1910: Schettler. 14 S. 8° [Umschlagtit.]

Satzung der Freimaurerloge Friedrich zur Gerechtigkeit in Berlin. [Berlin 1904: Denter & Nicolas.] 6 S. 8° [Kopftit.]

— u. **Geschäftsordnung** der Jungmannschaften (des altkatholischen Reichsverbandes), s. a. Broschüre des Reichsverbandes altkatholischer Jungmannschaften. 5.

Satzung und G e s c h ä f t s o r d n u n g der Jungmannschaften. Hrsg. v. Verbandsvorstande. München 1907: Bach. 15 S. 8°
(Reichsverband altkath. Jungmannschaften. Broschure Nr 5.)

Satzung und Geschäftsordnung des Kieler Reiter-Vereins 1901. Kiel 1902: Schmidt & Klaunig. (14 S.) 8° [o5. 9495 8

Satzung und G e s c h ä f t s o r d n u n g des Vereins Deutscher Studenten a. d. Alb(ertina). Königsberg 1905: Ostpr. Dr. (82 S.) 8°

Hannover: **Satzung und Geschäftsordnung des von den 5 Logen im Oriente Hannover Friedrich zum weissen Pferde, zum schwarzen Bär, zur Ceder, Wilhelm zur deutschen Treue, Baldur am 30. März eingesetzten gemeinschaftlichen Wohlfahrtsausschusses. 3 S. 8°. [Umschlagtit.]**

Satzung der Geographischen Gesellschaft für Thüringen zu Jena. (E. V.) *(Jena [1902]: H. Costenoble.)* (2 Bl.) [Kopft. ℨ.] [o3. 1106

SATZUNG der Naturhistorischen Gesellschaft zu Nürnberg. Eingetragener Verein. (Gegründet 1801). Nürnberg 1913. Gedruckt bei K. Beisswanger. 8°.

Satzung und G e s e l l s c h a f t s o r d n u n g der Gesellschaft Börsenhalle zu Königsberg i. Pr. Beschlossen am 29. Jan. 1904. *Königsberg i. Pr. 1904: Hartung.* (16 S.) 8° [Umschlagt. ℨ.] [o4. 15875 10

Satzung der Loge „Glocke am Fusse der Alb" in Reutlingen. Eingetragener Verein. [Reutlingen 1903: Bofinger.] 7 S. 8°

Schlachtensee: **Satzung** des freimaurerischen Vereins „Goethe" zu Schlachtensee. o. O. u. J. 1 Bl. 8° [Kopftit.]

[**Satzung** der Grunewaldstiftung.] *Glatz 1903: L. Schirmer.* (S. 22—23.) 4°
Glatz, k. kath. G. P. 1903 (217)

Satzung der Gutenberg-Gesellschaft. *(Mainz 1901: J. Falk.)* (2 Bl.) 8° [o1. 12831 4

Satzung [illegible] Landwirt- [illegible] 1. Jan. 1911 [illegible] 1910.) 4° *[Kopftit.]*

Satzung der Haftpflicht-Versicherungs-Anstalt der land- und forstwirtschaftlichen Berufsgenossenschaft d. Fürstentums Reuss j. L. Dat.: 6. Mai 1908. 8°

Satzung der Haftpflichtversicherungsanstalt der Ostpreussischen landwirtschaftlichen Berufsgenossenschaft. Dat. 20. Jan. 1905. 8°.
[illegible] 1905

Satzung des Landwirtschaftlichen Haftpflicht-Versicherungsvereins für die Provinz Schleswig-Holstein auf Gegenseitigkeit in Kiel. Kiel. 1907. 8°
—— (2. Aufl.) Glückstadt. 1909. 8°

SATZUNG des Hansa-Bundes für Gewerbe, Handel und Industrie. Druck von Alfred Unger. 8°.

Satzung d. Hausfrauen-Vereins zu Magdeburg. (25. Sept. 1900. — Magdeburg 1900: Faber.) 2 Bl. 8° (eingebd. in: Jahresbericht d. Hausfrauen-Vereins. 1900–1915; hinter S. 16.)

Satzung des Altonaer H ü l f s v e r e i n s. (28. Okt. 1901.) (2 Bl.) 8° [Kopft. ℨ.] [o3. 12348

Satzung der Freimaurer-Loge Hohenzollern, treu und beständig zu Magdeburg, einer Tochter-Loge der Grossen Landes - Loge der Freimaurer von Deutschland. [Dat. v. 26. Okt. 1902.] o. O. u. J. 4 S. 8° [Kopftit.]

Satzung des Idstedt-Vereins. (Beschlossen in der Generalversammlung des Idstedt-Vereins zu Kiel am 5. Juni 1901.) o. O. (1901.) 1 Bl. 8°

Satzung des Illuminaten-Ordens eingetragener Verein in Berlin. [Meerane o. J.: Otto.] 12 S. 8°. [Umschlagtit.]

Satzung der Jul. und Therese Kade-Stiftung der Johannisloge zur Verschwiegenheit im Or. Berlin. [Berlin 1908: Wucherpfennig.] 6 S. 8° [Kopftit.]

Schleswig: **Satzung** der Freimaurer-Loge Carl zur Treue in Schleswig, einer Tochterloge der Grossen Landes-Loge der Freimaurer von Deutschland [in Berlin]. [Dat.:] Schleswig 1901. 2 Bl. 8° [Kopftit.]

Satzung der Freimaurerloge „Karl zu den drei Ulmen" in Ulm. Eingetragener Verein. Vom 25. Mai 1899. Giengen a. Br. 1900: Meisenburg. 8 S. 8° [Umschlagtit.]

Klub der Landwirte, e. V. zu Kiel.
Satzung. Beschlossen am 12. Januar 1906. Kiel. 1906. 8°
Geschäftsordnung. [Kiel. 1906.] 8° [Kopft.]
Erstes **Mitglieder-Verzeichnis** (vom 12. Jan. 1906). o. O. (1906.) 1 Bl. 4°, geb. in 8° [Kopft.]
Mitglieder-Verzeichnis, abgeschlossen am 31. Dez. 1906. [Kiel. 1907.] 8° [Kopft.]
—— abgeschlossen am 1. Januar 1910. o. O. (1910.) 8° [Kopft.]

Satzung für den Allgemeinen Knappschaftsverein zu Bochum. Vom 21. Februar/1. April 1859. Dortmund, 1859. 64 S.

Dasselbe. Vom 1. Januar 1900. Ebd., 1900. 80 S.

Dasselbe. Vom 1. Januar 1908. [1. Ausg.] Ebd., 1907. 123 S. mit 1 Anl.

Dasselbe. Vom 1. Januar 1908. [2. Ausg.] Ebd., 1908. 123 S. mit 1 Anl.

Dasselbe. Entwurf der vom 1. Juli 1908 ab gültigen Satzung. Ebd., 1908. 58 S.

Satzung des Mansfelder Knappschafts-Vereins zu Eisleben vom 1. Jan. 1908 in d. Fass. d. Nachtr. v. 28. Okt. 1909 u. v. 14. Juli 1910. Eisleben 1910. 8°

Satzung für den Niederschlesischen Knappschaftsverein zu Waldenburg (Schlesien) — beschl. in d. Generalversamml. v. 28. Okt. 1907 [Nebst] Nachtr. 1. (Breslau) 1907. 1911. 8°

Satzung für den Saarbrücker Knappschaftsverein vom 21. März 1907. Saarbrücken 1907. 8°

Satzung der Historischen Kommission für Nassau. *Wiesbaden 1902. R. Bechtold & Co.* (7 S.) 8° [illegible]

Satzung für die Ortsgruppe Königsberg i. Pr. der Berufsgenossenschaft Deutschnationaler Handlungsgehilfen-Verband (Jur. Person). Hamburg. Genehmigt in d. Satzung am 7. Mai 1901, von d. Verwaltung am 24. Mai 1901. *(Königsberg i. Pr. 1901: E. Masuhr.)* (3 Bl.) 8° [F.] [illegible] 10

Satzung der Krankenhilfskasse für die Studentenschaft der Kgl. Technischen Hochschule zu Danzig (v. 11. 9. 1905, Änderungen v. 18. 12. 1906 u. 15. 4. 1907). ¶ Abgedr. in: Damm 1909. S. 255 ff.

Satzung der Krankenhilfskasse für die Studentenschaft der Königlichen Technischen Hochschule zu Danzig. (Danzig 1907: Schwital & Rohrbeck.) (5 S.) 8° [Kopft.] [07. 11425 10

Satzung der Krankenhilfskasse für die Studentenschaft der Kgl. Technischen Hochschule Danzig (v. 5. 4. 1910. 1910).

Satzung der allgemeinen studentischen Kranken-Kasse für die Landes-Universität zu Rostock. *Rostock 1903: Adlers Erben.* (8 S.) 4°
[Nicht für den Austausch]

Satzung für die Kranken-Kasse der Königlichen Schutzmannschaft in Königsberg i. Pr. Königsberg i. Pr. 1904: Ostpr. Dr. (11 S.) 8° [F.] [05. [illegible] 10

Satzung des Calenberg-Göttingen-Grubenhagen-Hildesheim'schen Ritterschaftlichen Kreditvereins. (Fass. v. 14. Okt. 1909.) Hannover 1910. 8°

— der freiwilligen / Krieger- Sanitätskolonne vom Roten Kreuz. (15 S.) 8. Berlin 909. Trowitzsch & Sohn. 10 Stück nn 1. 40

Satzung der Landfeuersozietät der Provinz Brandenburg in Berlin. Gültig vom 1. Juli 1901 ab. [Nebst] Nachtr. 1—5. Berlin (1901—09).

Satzung des Naturwissenschaftlichen (vormals botanischen) Vereins Landshut. (Eingetr. Ver.) (Beschlossen in d. außerord. Mitgliedervers. v. 21. Febr. 1902.) *Landshut 1903: J. Thomann.* (7 S.) 8° [Umschlagt. F.] [04. 6275

Satzung der Gothaer Lebensversicherungsbank auf Gegenseitigkeit. Gültig v. 1. Jan. 1904 ab. *((Gotha [1903]: Engelhard-Reyher.)* (32 S.) 8° [Umschlagt. F.] [04. 807 4

Satzung der Logenhaus-Bauvereinigung [der Prov. Loge von Niedersachsen in Hamburg]. Eingetragener Verein. [Hamburg] o. J. 12 S. 8° [Umschlagtit.]
Rekt. Kneisner, Hamburg.

Satzung der Markus Herm. Petersen Stiftung der Loge zu den drei Rosen Hamburg. Hamburg [1907]: Krüger & Nienstedt. 10 S. 8°
Rekt. Kneisner, Hamburg.

Satzung der Milchversorgungs-Aktiengesellschaft zu Königsberg i. Pr. Königsberg i. Pr. 1905: Ostpr. Dr. (19 S.) 8° [F.] [06. 11370 10

Satzung für den Militär-Hilfsverein im Bereiche des I. Armeekorps. (M. H. I.) Festgest. in d. Mitgliederversamml. 1904. *Königsberg i. Pr. (1904): Ostpr. Dr.* (8 S.) 8° [F. u. Ant.] [illegible] 10

Satzung des Museum von Meisterwerken der Naturwissenschaft und Technik, München. München 1903. 12 S.

Satzung des Allgemeinen Deutschen Musikvereins. Beschlossen in d. Hauptversamml. zu Basel 1903 ... (Charlottenburg 1903: 'Gutenberg'.) 17 S. 8°

Neue Satzung des Evangel. Arbeitervereins zu Königsberg i. Pr. (im Anh.: Satzung d. Verbandssterbekasse). Königsberg i. Pr. 1905: E. Berneick. (14 S.) 8° [F.] [05. 9354 10

Neue **Satzung** des Landschaftlichen Kredit-Verbandes für die Provinz Schleswig-Holstein. Kiel 1903: Vollbehr & Riepen. (23 S.) 8° [Umschlagt. F.] [05. 14740 8

Satz- und Ordnung Der Jurisdiction Zwischen gesambten Churfürstlichen Landes- und Kriegs-Gerichts-Stellen. Am Schlusss: Mannheim den 22. Decembris des 1761. Jahres. Carl Theodor Churfürst. o. O. u. J.

Satz- und Ordnung Der Jurisdiction Zwischen gesambten Churfürstlichen Landes- und Kriegs-Gerichts-Stellen. [Am Ende:] Mannheim, den 22. Decembris des 1761. Jahrs. Carl Theodor Churfürst. 2°.

Satzung der Pensions-(Witwen- u. Waisen-)Kasse zu —. (16 S.) Fol. Berlin (903). E. S. Mittler & Sohn. — 30

— der Pensions-(Witwen- u. Waisen-)Kasse. Ausg. 1910. (16 S.) 33,5×21,5 cm. Berlin 910. E. S. Mittler & Sohn. p — 30

Satzung des Provinzial-Verbandes der Vaterländischen Frauen-Vereine in Schleswig-Holstein (E. V.). Vom 30. Mai 1901. Schleswig 1901: (F. Johannsen). (15 S.) 8°

Frankfurt a. M.: **Satzung** der Freimaurer-Vereinigung „Rat und Tat", E. V. in Frankfurt am Main. [Frankfurt a. M. o. J.: Voigt & Gleiber.] 6 S. 8° [Umschlagtit.]

Satzung und Reglements des Preußischen Beamten-Vereins zu Hannover, Lebensversicherungsverein auf Gegenseitigkeit... Ausg. Okt. 1905. Hannover 1905: J. C. König & Ebhardt. (30 S.) 8° [F.] [06. 3038

Satzung des Reichsverbandes altkatholischer Jungmannschaften, s. Schriften des Reichsverbandes altkatholischer Jungmannschaften. 1. Heft.

Satzung des Vereins Reichs-Wohnungsgesetz (Eingetr. Verein) in Frankfurt a. M. (*Frankfurt a. M.: Verein 1900.*) (4 S.) 8° [F.] [01. 12833 10

Lübeck: **Satzung** der Rentenkasse der Loge zur Weltkugel [in Lübeck] für die Witwen und Waisen ihrer dienenden Brüder. [Lübeck 1908.] 3 S. 8° [Kopftit.]

Revidierte **Satzung** der Physikalisch-ökonomischen Gesellschaft zu Königsberg i. Pr. Angenommen in d. ordentl. Generalversamml. am 7. März 1907. Königsberg i. Pr. 1907: R. Leupold. (10 S.) 8° [07. 9371 10

Satzung der St. Adalbert-Stiftung (am Königl. Katholischen Gymnasium zu Glatz vom 18. Febr. 1900). *Glatz 1901: L. Schirmer.* (S. 19.) 4°
Glatz, k. kath. G., OP 1901 (107)

Satzung der St. Johannis-Freimaurerloge „Zu den drei Gleichen“ in Arnstadt. Arnstadt [1899]: Bussjaeger. 11 S. 8°

Satzung der Landgesellschaft „Eigene Scholle“ zu Frankfurt a. O. G. m. b. H. Frankfurt a. O. (1910). 8°

Badischer Schwarzwaldverein Eingetragener Verein. — SATZUNG. Beschlossen in den Hauptversammlungen v. 11. Juni 1899, 6. Juni 1909 und 19. Mai 1912. Freiburg im Breisgau 1912. Freiburger Druck- und Verlags-Gesellschaft m. b. H. 8°.

Satzung der Schleswig-Holsteinischen Gemeinnützigen Siedlungs-Genossenschaft zu Kiel. Süderbrarup. 1909. 8°

Satzung für die Bramstedter Kommunale Sparkasse. (Bramstedt. 1909.) 8°

Satzung der Sparkasse der Stadt Coesfeld (v. 8. Nov. 1905). [Coesfeld 1905.] (15 S.) 8° [Kopft. F.] [06. 3383 6

Satzung für die Sparkasse der Stadt Insterburg. (Insterburg: Ostdeutsche Volkszeitung 1905.) (15 S.) 8° [Kopft. F.]
Extra-Beil. z. Ostdeutschen Volkszeitung [05. 7301 10

Satzung für die Sparkasse der Stadt Marne. Marne 1905: L. Altmüller. (17 S.) 8° [F.] [07. 17737

Satzung für die öffentliche Sparkasse des Kreises Randow. (*Stettin 1902: L. Pasenow.*) (9 S.) 4° [Kopft. F.] [03. 2201 9

— der Sterbekasse. Ausg. 1910. (12 S.) 33,5×21,5 cm. Berlin 910. E. S. Mittler & Sohn. p — 20

Satzung des Vereins. Stiftung der Loge Ferdinand zum Felsen in Hamburg, gegründet am 26. Oct. 1868. [Genehmigt in der Mitgl.-Versamml. am 20. Nov. 1899.] [Hamburg 1899]: Altschwager. 8 S. 8° [Umschlagtit.]

Satzung der Stiftung der Johannisloge „Zur Eintracht“ im Or. Berlin, betreffend die Unterstützung besonders hilfsbedürftiger Wöchnerinnen. [Berlin 1897]: Denter & Nicolas. 2 Bl. 8° [Umschlagtit.]

Satzung des Stettiner Tierschutz-Vereins. E. V. Begründet am 16. März 1853. Stettin (1904): L. Pasenow. (2 Bl.) 8°

Satzung des Soester Turnvereins (eingetragener Verein) zu Soest. *Soest 1902: Rochol.* (14 S.) 8° [F.] [03. 12179

Satzung der laut Beschluß des Kreisturntages in Straßburg vom 7. 10. 1906 gegründeten Unfallkasse des X. deutschen Turnkreises (Oberrhein). 2 Bl., 8°.

Naumburg: **Satzung** der Unterstützungskasse der Freimaurerloge zu den 3 Hammern im Or. Naumburg a. S. [Naumburg a. S. 1907: Sieling.] 8 S. 8° [Kopftit.]

Satzung der Unterstützungskasse am Askanischen Gymnasium zu Berlin (Robbeckstiftung). S. 21–25 der Schuln. 4
Progr. Askanisches Gymn. *Berlin* 1905 (55)

Satzung des Vereins 'Aerztliche Unterstützungskasse für Ostpreußen.' E.V. (*Königsberg Pr. 1902.*) (2 Bl.) 8° [Kopft. Ant. u. F.] [03 15060 10

Satzung für den Verband ländlicher Genossenschaften der Provinz Ostpreußen E. V. zu Königsberg i. Pr. Königsberg i. Pr. 1905: Ostpr. Dr. (18 S.) 8° [F.] 05. 7723 10

SATZUNG des Verbandes der Deutschen Juden. (Ohne bes. Titelblatt.) 8°.

Satzung des Vereins deutscher Feimaurer. o. O. u. J. 2 Bl. 8° [Kopftit.]

Satzung des Vereins deutscher Freimaurer. (Entwurf.) o. O. u. J. 2 Bl. 8° [Kopftit.]

Satzung des Vereins deutscher Freimaurer. (Entwurf.) o. O. [1905]. 4 S. 8° [Kopftit.]

Satzung des Vereins für mecklenburgische Geschichte und Altertumskunde. <Nach d. Allerh. Bestätigungen v. 24. Jan. 1885 u. 25. Juni 1896.> Schwerin 1907: Bärensprung. 8 S. 8° [Umschlagt.]

Satzung für den Verein der Familie Lamp. (Beschlossen am 18. Jan. 1907.) o. O. (1907.) 8°, geb. in 4° Kopft.

Satzung des Vereins zur Unterstützung hülfsbedürftiger und verwaister Predigertöchter in Schleswig-Holstein-Lauenburg. Flensburg. 1910. 8°

Satzung der freien Vereinigung der fünf unabhängigen Logen Deutschlands. (Leipzig, am 30. Juni 1901.) [Leipzig 1901: Leiner.] 2 Bl. 8° [Umschlagtit.]

Satzung der freundschaftlichen Vereinigung vorsitzender Meister von Freimaurerlogen in Hamburg und Umgegend. [Hamburg 1908: Rademacher.] 4 Bl. 8° [Umschlagtit.]

Satzung der freundschaftlichen Vereinigung vorsitzender und zug. (abgeordneter) Meister von Freimaurerlogen in Hamburg und Umgegend 1910. [Hamburg 1910]: Rademacher. 4 Bl. 8° [Umschlagltit.] **Rekt. Kneisner, Hamburg.**

Satzung des Vereins für nassauische Altertumskunde und Geschichtsforschung. Eingetrag. Verein. *Wiesbaden 1901: R. Bechtold.* (8 S.) 8° (01. 11170 4

Satzung des Bonner Vereins für Körperpflege in Volk und Schule, Bonn, 4 S., 8°.

Satzung des Vereins für das Deutschtum im Ausland ⟨Allg. Dt. Schulver.⟩ E. V. Bln ('14). 14 S. 1.

Satzung des Vereins für die Geschichte von Ost- und Westpreußen. [Königsberg 1906: R. Leupold.] (2 Bl.) 8° [Kopft.] (07. 909 10

Satzung des Vereines der Herberge zur Heimat in Greifswald. *Greifswald (1901): J. Abel.* (8 S.) 8° [F.] (01. 469 9

Satzung des Vereins der alten Herren des Corps 'Hansea' zu Königsberg i. Pr. Festgest. durch Beschluß d. konstituierenden Versamml. 1903. *Königsberg i. Pr. 1903: Ostpr. Dr. u. Verlagsanst.* (11 S.) 8° (04. 808 10

Satzung des Vereins für das Altonaer Kinder-Hospital. Altona, grosse Bergstr. 129. *Altona (1900): H. W. Kohner & Co.* (9 S.) 8° [F.] 01. 2886

Satzung des Vereins für Körperkultur, Ortsgruppe Berlin, E. V., gegr. 10. 5. 1902, Berlin 1907, 8 S., 8°.

Satzung des Vereins für das Märkische Provinzial-Museum ⟨E. V.⟩ zu Berlin. Berlin 1906: H. S. Hermann. (8 S.) 8° [F.] (07. 4544

Satzung des Vereins für ländliche Volkshochschulen in Schleswig-Holstein (v. 14. Juni 1905). Heide i. H. 1905. 8°.

Satzung für die Verwaltung der Volksschulen in der Stadt Itzehoe. (Itzehoe. 1909.) 8°

Volksheim. **Satzung.** Hamburg, Juli 1906. (Hamburg: H. Beu 1906.) (11 S.) 8° [F.] (06. 11718 9

Satzung der Witwenkasse der Johannisloge Friderica Ludovica zur Treue in Parchim. [Parchim 1905.] 2 Bl. 8° [Kopftit.]

Salzwedel: **Satzung** der Witwen- u. Waisen-Stiftung der Loge Johannes zum Wohle der Menschheit im Or. Salzwedel. Salzwedel 1908: Menzel. 7 S. 8° [Umschlagtit.]

Satzung der Ostpreußischen Zentral-Genossenschaft zum An- und Verkauf landwirtschaftlicher Maschinen und Geräte. E. G. m. b. H. *Königsberg i. Pr. 1903: Ostpr. Dr.* (24 S.) 8° [F.] (04. 6674 10

Satzung. – Deutsches Central-Komite zur Errichtung von Heilstätten f. Lungenkranke. (Berlin 1899: Raves & Co.) (2 Bl.) 4° [Kopft. F.]

Satzung des Deutschen Zentralvereins zur Fürsorge für die schulentlassene Jugend ⟨Zentrale z. Begründ. von Lehrstellen-Nachweisen u. Jugendklubs.⟩ Berlin 1909. 8°.

Auszug aus den **Satzungen** der A. B. L. [d. h. Allgemeine Bürger Loge.] o. O. u. J. 1 Bl. 4°.

Allgemeine Bürgerloge: **Satzungen der A. B. L. (d. h. Allgemeinen Bürger-Loge.) (Berlin.) [Nebst Einladung zum Anschluß.] o. O. u. J. 1 Bl. 2°.**

Satzungen des A. H. V. der Turnerschaft Baltia zu Rostock. ⟨Nach d. Beschlüssen v. 12. Juli 1905.⟩ ([Rostock] 1905.) (8 S.) 8° [F.] (06. 7649 11

Abgeänderte **Satzungen** des Eckernförder Gesangvereins. Eckernförde. 1891. 8°

Satzungen des Klagenfurter Rudervereines „Albatros". Klgft., Bertschinger, 1895. 12 S.

Entwurf. **Satzungen** der Albert Blom-Stiftung. Hilfskasse der Loge zu den drei Rosen in Hamburg. [Hamburg] o. J. 9 S. 8° [Umschlagtit.]

Nachtrag zu den **Satzungen** der Alexis Schmidt-Stiftung [der Loge zu den drei goldenen Schlüsseln in Berlin.] (Berlin 1903.) 1 Bl. 8°. [Kopftit.]

[F.] **Satzungen** der Alfred-Stiftung *für das Lyceum II zu Hannover.* Hannover, Druck v. A. Grimpe, 1895; 31–32 S. 4.
Hannover, st. G L II, OP 1895 (311)

Satzungen des Vereins „Altersheim" Plön. (Plön. 1902.) 8° [Kopft.]

SATZUNGEN des Freiberger Altertumsverein E. V. Freiberg 1904. Gerlachsche Buchdruckerei. 8°.

SATZUNGEN des unter dem Protektorate Seiner Kgl. Hoheit des Prinzregenten Luitpold von Bayern stehenden Altertumsvereins München. (Gegründet am 12. Dezember 1864.) Eingetragen in das Verzeichnis des K. Amtsgerichts München I. Beschlossen in der Generalversammlung vom 11. Januar 1904. München 1904. Druck von Knorr & Hirth, G. m. b. H. 8⁰.

Amateur-Photographen-Verein in Basel (konstituiert am 1. Januar 1901). Satzungen. [3 S.] 8.

Statuten [seit 1905: Satzungen] für die gemeinsamen Angelegenheiten der Berliner Tochterlogen der Grossen National-Mutterloge in den preussischen Staaten, gen. Zu den drei Weltkugeln. Berlin 1891: Büxenstein. 24 S. 8⁰

[Dasselbe.] Als Hs: gedr. Berlin [1905]: Denter & Nicolas. 23 S. 8⁰

Satzungen des Arbeiter-Bauvereins für Ascheberg und Umgegend, eingetragene Genossenschaft mit beschränkter Haftpflicht. Plön. 1906. 8⁰

Satzungen des Arbeiterbundes in Plön. Plön. o. J. 8⁰ [Kopft.]

Satzungen des Arbeiter-Fortbildungs-Vereins zu Cassel. Gegr. am 18. Jan. 1859. Cassel 1900: Weber & Weidemeyer. (12 S.) 8⁰

Kgl. Bergwerksdirektion zu Saarbrücken. **Satzungen** für die Arbeiter-Unterstützungskasse des Königlichen Steinkohlenbergwerks Gerhard. St. Johann-Saarbrücken 1905: Saardr. (7 S.) 8° [F.] [07. 17786

Satzungen des Evangelischen Arbeiter-Vereins zu Berlin. [Berlin 1899.] (11 S.) 8⁰ [Kopft. F.]

Satzungen des Evangelischen Arbeiter-Vereins zu Hanau a. M. *Hanau (1901): Waisenhaus-Buchdr.* (8 S.) 8° [F.] [03. 7994 4

Satzungen für den 'Arbeitgeber-Verband' in Schleswig. Schleswig 1901: Schlesw. Nachrichten. (4 Bl.) 8° [F.] [03. 14783 8

Satzungen der Arbeitsgruppen der Loge Ferdinand zum Felsen. Vom Beamtenrath der Loge am 17. März 1899 genehmigt. [Hamburg 1899.] 2 Bl. 8⁰ [Umschlagtit.]

Satzungen für die Armenkasse der Loge Ernst für Wahrheit, Freundschaft und Recht in Coburg. (Beschlossen in der Logen-Versammlung vom 9. Mai 1892.) [Koburg 1892.] 4 S. 8⁰ [Kopftit.]

Satzungen des Deutschen Aerztevereinsbundes u. Geschäftsordnung f. d. Aerztetage. *Leipzig 1901: Ackermann & Glaser.* (8 S.) 8° [03. 191 10

Satzungen des Ärztevereins-Verbandes des Regierungsbezirks Cassel. Marburg a. L. 1904: H. Bauer. (10 S.) 8⁰ [Umschlagt.]

Freimaurerbund zur aufgehenden Sonne Sitz Nürnberg. Satzungen [nebst] Aufnahmeantrag. o. O. u. J. [1905.] 2 Bl. 4⁰. [Kopftit.]

Satzungen der Aug. Schultze-Stiftung bei der Freimaurerloge zu den fünf Thürmen am Salzquell i. O. Halle a. S. [Dat.: Halle a. S.] 1900. 1 Bl. 8⁰ [Kopftit.]

Satzungen des Ausschusses für Bruderhilfe der Loge zum aufgehenden Licht an der Isar in München. München [1906]: Franz. 4 Bl. 8⁰ [Umschlagtit.]

Satzungen des Ausschusses der Studierenden der Großherzogl. Technischen Hochschule zu Darmstadt. Genehmigt 3. 3. 1909.

Satzungen des Allgemeinen Beamten-Vereins zu Kiel. (Beschlossen in den Versammlungen zu Kiel, am 19. April 1890, 20. März 1891, 27. April 1891 und 17. März 1893.) Schwedt a. O. 1893. Bei: Geschäftsbericht d. Allgem. Beamten-Vereins. 8⁰.

Satzungen des Beamten-Vereins zu Münster (Westf.). Vom 4. Dez. 1902. *Münster i. W.: Der Westfale (1902).* (15 S.) 8° [F.] [03. 1733 6

Satzungen (Statut) des Beamten-Wohnungs-Vereins zu Halle a. Saale. Eingetragene Genossenschaft mit beschr. Haftpflicht. Vom 17. Mai 1901. *Halle a. S. 1901: Gebauer Schwetschke.* (32 S.) 8° [F.] [01. 6641 3

Satzungen und Bedingungen für die Erwerbung des Doktorgrades bei den Juristischen Fakultäten der Universitäten des deutschen Reiches. Nebst e. Anh. enth. d. Promotionsordngn d. staatswirtschaftl. Fak. München u. d. staatswiss. Fak. Tübingen. Nach amtl. Unterlagen zsgest. u. hrsg. v. Dr. R. Hoffmann. (7. Aufl.) *Leipzig-Reudnitz: M. Hoffmann [1898?].* (2 Bl., 44 S.) 1 Bd 8. [8. 8264 11

— u. **Bedingungen** f. die Erwerbung des Doktorgrades bei den philosophischen Fakultäten der Universitaten des deutschen Reiches. Nebst e. Anh., enth. die Promotionsordngn. d. naturwissenschaftlich-mathemat. Fakultät Heidelberg, der mathemat. u. naturwissenschaftl. Fakultät Strassburg u. der naturwissenschaftl. Fakultät Tübingen. Nach amtl. Unterlagen zusammengestellt. (10. [Umschlag-]Aufl.) gr. 8. (68 S.) Leipzig-Reudnitz 901. A. Hoffmann. n. 1. —

Satzungen und Bedingungen für die Erwerbung des Doktorgrades bei den Philosophischen Fakultäten der Universitäten des deutschen Reiches. Nebst e. Anh. enth. d. Promotionsordnungen d. naturw.-math. Fak. Heidelberg ... Nach amtl. Unterlagen zsgest. (12. Aufl.) Leipzig-Reudnitz: A. Hoffmann 1905. (89 S.) 8° [06. 3333 11

Satzungen des Vereins Beethoven-Haus in Bonn. Festgest. in der Generalversammlg v. 13. Januar 1895. *Bonn: Univ.-Buchdr. v. C. Georgi (1895).* (32 S.) 1 Bd 8. [95. 2313

Chemnitz: Loge zur Harmonie in Chemnitz. **Satzungen** des Beirats. [Nebst Beilagen.] o. O. [1910]. 2 Bl. 8⁰.

Satzungen des Familienverbandes Die Benkendorpe. (Papiermühle, S.-A. 1907: Gebr. Vogt.) (8 S.) 8° [Kopft.] [07. 5145

Satzungen des Nationalliberalen **Vereins 'Bennigsen'** (in Greifswald). *(Greifswald: H. Adler 1903.)* (2 Bl.) 8° [Kopft. F.] [04. 478 B

Satzungen des Nationalliberalen Vereins 'Bennigsen' zu Greifswald vom 1. Nov. 1907. Greifswald 1907: H. Adler. (9 S.) 8° [Umschlagt. F.] [07. 18910 B

Satzungen der Bergschule in Klgft. (Klgft., Leon. 1904.) 16 S.

Satzungen des **Vereins Berg-Schule**, eingetragener Verein zu Dillenburg. *Dillenburg 1901: E. Weidenbach.* (7 S.) 8° [F.] [01. 10345

Satzungen der Central-Afrikanischen Bergwerks-Gesellschaft in **Berlin**. (Berlin 1905: E. S. Mittler & Sohn.) (11 S.) 8° [Kopft.] = **Kolonialblatt**, Deutsches. Jg. 16, No 22. Beil. [06. 10647

Satzungen der Ortsgruppe Berlin des Deutschen Bundes für Mutterschutz. — (Berlin [1909]: Starcke.) 4 S. 8°

Satzungen und Bestandsverzeichnis des Fechterverbandes d. D. T., 6 S., 4°.

Satzungen und Bestimmungen für die Wohltätigkeits-Uebungen und die Verwaltung der dafür bei der Loge Carl zu den 3 Adlern i. Or. Erfurt vorhandenen Anstalten und Stiftungen. Festgesetzt durch Beschluß der hierzu gesetzmässig berufenen Meisterkonferenz vom 1. Aug., 12. Dez. 1888 und vom 4. Jan. 1889. Genehmigt durch Erlass des Bundes-Directoriums der Gr. N[ational]-M[utter]-L[oge] z. d. 3 Weltkugeln vom 21. Nov. 1888. Zur Einführung gelangt mit dem 5. Jan. 1889. [Nebst] Nachtr. 1. Erfurt [1889]: Koenig. 17 S. 8°

Nachtr. 1 (genehmigt am 24. April 1889). 4 S. [Kopftit.]

[Dasselbe.] 2. Aufl. Hrsg. am 4. Febr. 1898. Ebendas. [1898]. 28 S. 8° [Umschlagtit.]

Eisenbahn-Direktionsbez. Kattowitz. **Satzungen** der Betriebs-Krankenkasse für den Eisenbahn-Direktionsbezirk Kattowitz. Kattowitz 1908: Gebr. Böhm. (59 S.) 8° [F.] [08. 13132

Satzungen des Berliner Bezirks-Vereines deutscher Jngenieure. Berlin 1892

Satzungen des Niederrheinisch-Westfälischen Bezirksvereins des Deutschen Turnerbundes v. 10. 6. 1850, Crefeld 1850, 4 S., 8°.

Satzungen für die Bibliothek der polytechnischen Schule. Hannover 1849. 4.

Satzungen und **Bibliotheks-Katalog** des Vereins für Naturkunde an der Unterweser. *(Geestemünde 1902: (Remmler & v. Vangerow).* (22 S. 8° [03. 1157 B

Satzungen für die Bibliotheks-Kommission der Königlichen Universität zu Bonn (genehmigt durch Ministerialerlaß vom 31. März 1908). (Bonn 1908: C. Georgi.) (2 Bl.) 8° [Kopft.]
(Nicht für den Austausch)

Satzungen für die Johannisloge „Blücher von Wahlstadt" Or. Charlottenburg. [Dat. v. 1. April 1908.] [Charlottenburg] o. J.: Gertz. 9 S. 8° [Kopftit.]

SATZUNGEN DES BÖRSENVEREINS DER DEUTSCHEN BUCHHÄNDLER ZU LEIPZIG. Angenommen in der ausserordentlichen Hauptversammlung zu Frankfurt a. M. am 25. September 1887, eingetragen in das Genossenschaftsregister zu Leipzig am 29. Oktober 1887. Leipzig 1887. Druck von B. G. Teubner. 8°.

Satzungen des Börsenvereins der Deutschen Buchhändler zu Leipzig. Angenommen in d. ausserordentl. Hauptversammlg d. Börsenver. d. Deutschen Buchhändler zu Frankfurt a. M. am 25. Sept. 1887, ... Leipzig: Geschäftsstelle d. Börsenver. d. Buchhändler ... 1894. (36 S.) 1 Bd 8°

Satzungen der Turnerschaft 'Borussia' zu **Berlin**. Gegr. am 22. Nov. 1882. Mitglied des V.C. (d. Verbandes d. Turnerschaften auf deutschen Hochschulen). Berlin (1902): Denter & Nicolas. (32 S.) 8° [F.] [06. 7648 11

Satzungen für die Schleswig-Holsteinische Adelige Brandgilde. Neudruck (tritt den 1. Jan. 1911 in Kraft). Kiel (1910.) 8°

[**Satzungen** der] [Jul. Herm.] Brey-[Karl] Wiebe-Stiftung. (Eiserner Fonds der Gr. Loge von Hamburg.) [Hamburg o. J.] 1 Bl. 2° [Kopftit.]

Steglitz: **Satzungen** der Loge Bruderbund am Fichtenberg im Or. Steglitz. Berlin [1891]: Hönig. 7 S. 8° [Umschlagtit.]

Satzungen der Br. Hermann Settegast-Stiftung. Vereinigte Berliner St. Johannis-Logen der Grossen Freimaurer-Loge von Preussen genannt Kaiser Friedrich zur Bundestreue Or. Berlin. Genehmigt am 9. Juni 1894. [Berlin 1894: Unger.] 8 S. 8°.

Satzungen der Br. Hermann Settegast-Stiftung der unter der Ermächtigung der Grossen Freimaurer-Loge von Preussen genannt Kaiser Friedrich zur Bundestreue im Or. Berlin und Charlottenburg arbeitenden Johannislogen. Genehmigt am 9. Juni 1894. Abgeändert laut Beschluss der Meisterconferenz am 29. Dezember 1898. [Berlin 1898: Unger.] 8 S. 8°.

Satzungen des Vereins „Bruderhilfe" [in Leipzig]. Eingetragener Verein. [Leipzig 1902: Reusche.] 8 S. 8° [Kopftit.]

Leipzig: **Satzungen** des Vereins „Bruderhilfe" in Leipzig. (Beschlossen in der Mitglieder-Versammlung vom 17. April 1902, abgeändert am 29. April 1909.] o. O. u. J. 1 Bl. 4°. [Kopftit.]

Satzungen, die, der Brüderschaft d. heil. Rosenkranzes. 8. Rottweil 826. Herder. (Barth in Leipz.) 2 gr

Gross-Lichterfelde: **Satzungen** des Bruder-Vereins zu Gross-Lichterfelde nach dem Beschluss der Vereins-Versammlung vom 10. Jan. 1894. Berlin [1894]: Denter & Nicolas. 3 Bl. 8° [Umschlagtit.]

Satzungen der *Buchdrucker*-Gehilfen-Wittwen-Kasse in München. O. O. u. J. (München 18[illegible].) 8°. 8 S. Cart.

Satzungen der *Buchdrucker*-Unterstützungs-Kassen in München. (München 1870.) 8°. 1 Bl. 18 S. Cart.

Satzungen der Münchener *Buchdrucker*-Unterstützungskassen. O. O. u. J. (München 18[illegible].) 8°. 12 S. Polizei-Exed. m. [illegible] Aenderungen. C[illegible]

SATZUNGEN UND BÜCHER-VERZEICHNIS des Breisgauvereins Schauinsland. Freiburg i. Br. 1898. Joseph Dilger'sche Buchdruckerei. 8°.

Satzungen für den Deutschen Buchgewerbeverein. Gegründet am 29. Okt. 1884 zu Leipzig unter d. Namen Centralverein f. d. gesamte Buchgewerbe. Aufgenommen in d. Hauptversammlung d. Vereins am 16. Jan. 1899. Leipzig (1902): Breitkopf & Härtel. (13 S.) 8° [F.] [07. 11424 8

SATZUNGEN des Deutschen Bundes zur Bekämpfung der Frauenemanzipation. Berlin. Druck: Buchdruckerei Gutenberg (Fr. Zillessen). (Ohne bes. Titelblatt.) 8°.

Satzungen des Bundes der Deutschen in Böhmen, genehm. 30. 5. 1894, Prag, 14 S., Kl.-8°.

Satzungen des Deutschen Bundes für Sport, Spiel und Turnen, Hauptsitz Berlin, Berlin, 7 S., 8°.

SATZUNGEN des Bundes der Landwirthe. Gedruckt bei Wilhelm Möller, Berlin. (1. 7. 96.) 8°.

SATZUNGEN des Bundes der Landwirthe. Berlin. Wilhelm Issleib (Inhaber: Gustav Schuhr). 8°.

Dasselbe (mit Aenderungen von 1897). ib. Gedruckt bei Wilhelm Möller. 8°.

SATZUNGEN des Bundes der Landwirte. 12. II. 1900 mit den durch die Generalversammlung am 12./II. 1900 beschlossenen Aenderungen. 8°.

SATZUNGEN des Vereins „Bund der Industriellen" (angenommen in der Generalversammlung vom 5. Oktober 1897). (Berlin. Druck von J. Harrwitz Nachfolger.) (Ohne bes. Titelbl.) 8°.

Satzungen der Allgemeinen Bürger-Loge. s. Satzungen der A. B. L.

Satzungen *der Höheren Bürgerschule in Schwetzingen.* Schwetzingen, M. Pichler'sche Buchdr., 1894; 3—6 S. 4. Schwetzingen, grossh. HB m. d. Lehrpl. d. RG. MP 1894**

Satzungen des Liberalen Bürger-Vereins zu Bonn. [Nebst] Liste d. Mitglieder 1900. *Bonn (1900): C. Georgi.* (10 S.) 8° [Kopftit. F.] [illegible] 5

Satzungen der Comenius-Gesellschaft zur Pflege der Wissenschaft und der Volkserziehung. Gestiftet zu Berlin am 10. Okt. 1891. Gültig vom 1. Jan. 1902. *Berlin: R. Gaertner 1902.* (8 S.) 8. [Umschlagt.] [07. 3[illegible]

Satzungen des Coppernicus-Vereins für Wissenschaft und Kunst in Thorn. [Mit Nachtr.] Thorn 1890(–1906): E. Lambeck. (11 S.) 8° [07. 11117 10

Satzungen der Bruderschaft Corporis Christi oder des allerheiligsten Sakraments des Altars, nebst einer nachmittäg. Andacht an den Monats- und Quatember-Sonntagen. 8. (32 S.) Sulzbach 851, v. Seidel'sche Buchh.

SATZUNGEN — für das kaiserl. königl. adeliche Damenstift zu Graz. Widmannstätten, Graz 1785. 1 vol. 15 S.

Satzungen des Dampfkessel-Ueberwachungs-Vereins zu Cassel. Eingetr. Ver. *Cassel [1903?]: W. Schlemming.* (19 S.) 8° [Umschlagt. F.] [03. 15777 4

Satzungen für den Darlehensfonds der Loge zu den 3 Cedern Stuttgart. Genehmigt vom Beamtenrat in der Sitzung vom 23. Februar 1905. Stuttgart 1905: Lauser. 7 S. 8°. [Umschlagtit.]

Satzungen des Dilettanten-Orchester-Vereins zu Halle (Saale.) (Halle [1899].) (2 Bl.) 8° [F.] [05. 1554 3

Satzungen des A. T. V. Ditmarsia zu Kiel. In 2. Lesg angen. am 25. II. 1890. [Nebst Anhang:] Ehrengerichts-Satzungen, in 2. Lesg angen. am 27. VII. 1890. *(Hamburg-Eilbeck: E. Mehler Nachf. Buch- & Steindr.) [1896?].* (24, 4 S.) 1 Bd 8. [98. 11659 Ke

Satzungen des evang.-lutherischen Jünglingsvereins 'Eben-Ezer' zu Stettin. Beraten u. festges. am 1. Mai 1892 erg. am 2. Okt. 1898 u. am 18. Febr. 1906. Stettin 1907: L. Pasenow. (7 S.) 8° [F. u. Ant.] [illegible] 0

Satzungen des Club „Die Brüderliche Einigkeit", gegründet am 14. Okt. 1859. Rev. und eingetragen in das amtliche Vereins-Register am 1. Dez. 1899. Hamburg [1899]: Pape. 8 S. 8° [Umschlagtit.] **Rekt. Kneisner, Hamburg.**

Blankenese: **Satzungen** der Fr. Vereinigung „Eintracht" in Blankenese. Diese Vereinigung untersteht dem Schutze und der Aufsicht der Ehrw. Loge „Carl zum Felsen" in Altona. Blankenese [1903]: Kröger. 8 S. 8⁰ [Umschlagtit.]

Satzungen des Eisenbahnvereins zu Hanau. *(Hanau 1900: Waisenhausbuchdr.)* (2 Bl.) 8° [Kopft. F.] [00. 8820 4

Satzungen der Emanuel-Stiftung in Hamburg. Festgestellt in der Mitgliederversammlung am 12. Febr. 1900. [Hamburg 1900.] 4 Bl. 8⁰ [Umschlagtit.]

Satzungen des Engbundes der Loge Balduin zur Linde in Leipzig. [Beschlossen am 14. Jan. und genehmigt am 1. Mai 1902.] [Leipzig 1902.] 2 Bl. 8⁰ [Kopftit.]
Abgedr. in: Schauerhammer, G.: D. Engbund d. L. Balduin z. Linde, Leipzig. [1910] S. 93—94.

Satzungen des Engbundes deutscher Johannis-Freimaurer [in Hamburg. Hamburg 1901.] 2 Bl. 2⁰ [Kopftit.]

Entwurf. Erneuerte Satzungen der am 1. Dezember 1767 in Hanau errichteten Fünfzig-Gulden-Begräbnis-Kasse. (Hanau: Waisenhaus [1899].) (8 S.) 8⁰ [Kopft.] [F.]

Satzungen der Ernst Haassengier-Stiftung bei der Freimaurerloge zu den fünf Türmen am Salzquell im Or. von Halle a. S. [Dat.:] Halle a. S. 1904. 2 Bl. 8⁰ [Kopftit.]

Satzungen der unter der Constitution der Grossen National-Mutterloge der preussischen Staaten, gen. „Zu den drei Weltkugeln" im Or. zu Berlin arbeitenden und unter dem Protectorat Seiner Hoheit des Herzogs Ernst II. von Sachsen-Coburg und Gotha stehenden Johannis-Freimaurer-Loge Ernst zum Compass im Or. zu Gotha. Gotha 1885. 20 S. 8⁰ [Umschlagtit.]
Hierzu sind einige Abänderungen, Nachtr. und Zusätze erschienen.

Satzungen der Ersparniss-Anstalt zu Schwerin 1902. *(Schwerin 1902.)* (12 S.) 4°

Satzungen der Ersparnis-Anstalt in Schwerin 1904. *Schwerin (1904): Bärensprung.* (14 S.) 4° [F.]
= [Regierungsblatt f. d. Großherzogtum Mecklenburg-Schwerin. 1904, Beil. 42.] [04. 12187

Neisse: **Satzungen** der Ewald-Stiftung im Or. zu Neisse. Neisse [1905]: Sponer. 2 Bl. 8⁰ [Umschlagtit.]

Satzungen der Ewaldus-Schützengilde zu Düren. Düren, 1906, 24 S. 884

Satzungen des Ritterbundes „Ewlenhorst" in Klgft. Klgft., Leon, 1894 57 S

Satzungen der Dr. Dassow'schen **Familienstiftung** (vom 21. Nov. 1899). *Köslin 1901: C. G. Hendess.* (S. 27.) 4°
Köslin, k. G, OP 1901 (140)

Schleswig-Holsteinischer Verein „Feierabendhaus". (Satzungen.) Altona. 1902. 8⁰

Kattowitz: **Satzungen** der Loge „Fels im Osten" im Or. Kattowitz, zugehörig der Symbolischen Grossloge des Schottischen Ritus in Deutschland. 24. Juni 1908. o. O. u. J. 35 S. 8⁰. [Umschlagtit.]

Satzungen der Vereinigung „Felsenfest" [in Hamburg] (Eingetragener Verein). Hamburg [1902]: J. H. Meyer. 20 S. 8⁰

Satzungen der Johannis-Loge Ferdinand zur Glückseligkeit im Or. Magdeburg 1903. Magdeburg [1903]: Pansa. 30 S. 8⁰

Satzungen des Feuer-Assecuranz-Vereins in Altona a. G. [Entwurf.] [Altona um 1902: H. W. Köbner & Co.] (13 Bl.) 8° [F.] [07. 17375 8

[Satzungen] für Feuerbestattung in Hagen in Westfalen. Vereinsangelegenheiten. Vereinssatzungen. Anh.: Kurze allg. Bemerkungen üb. Feuerbestattung. Hagen i. W. 1908. 8⁰.

Satzungen der Leipziger Finkenschaft. *Leipzig 1898: (Borna: R. Noske).* (16 S.) 8° [Umschlagt. F.] [02. 8545

Satzungen der Leipziger Finkenschaft ⟨Freien Studentenschaft⟩. *Leipzig 1902: (F. A. Kouner).* (16 S.) 8° [Umschlagt. F.] [02. 8546

Satzungen des Sport-Vereins Flensburg. Laut Beschluß der Generalversammlung vom 5. Febr. 1894. Flensburg. 1894. 8⁰

Deutscher Flotten-Verein. Provinz-Ausschuß Ostpreußen. **Satzungen.** (Königsberg 1899.) (1 Bl.) 8° [Kopft. F.] [03. 6018 10

Satzungen für die Königlich Preußischen Forstlehrlingschulen vom 23. Aug. 1906. Anl.: Hausordnung f. diese Schulen. (Neudamm: J. Neumann 1906.) (11 S.) 4° [F.] [07. 8125

Satzungen d. deutschen Forstvereins. Czarnikau [1899]. 15 S. P.

Satzungen des kärntnerischen Forstvereines. St. Veit a. d. Glau, Schlick, (1901). 14 S.

Satzungen des Vereins 'Frauenbewegung' zu Königsberg in Pr. *(Königsberg i. Pr. [1903]: Hartung.)* (2 Bl.) 8° [Kopft. F. u. Ant.] [04. 5690 10

Satzungen des Frauenbildungsvereins zu Cassel. Unter Aufhebung d. Statuten d. Frauenbildungsver. in Cassel v. 2. Mai 1874 neu beschlossen am 31. Mai 1893. Cassel 1893: F. Scheel. (12 S.) 8°

Satzungen des deutschen abstinenten Frauenbundes. Bremen (Frl. Ottilie Hoffmann) 1900. 4 S.

Satzungen des Allgemeinen Deutschen Frauenvereins. Gegründet zu Leipzig 1865. Genossenschaft zu Leipzig seit 1885. Zuletzt revidiert auf d. außerordentlichen Generalversammlung zu Leipzig am 12. März 1900. (Leipzig 1900: Schmidt & Baumann.) 2 Bl. 8° (Eingebunden in: Neue Bahnen. 35. 1900. Zwischen S. 244 u. 245.)

Freiburg i. B.: **Satzungen** des Frauen-Vereins „Zur Edlen Aussicht" in Freiburg i. B. (Neue Fassung nach den Beschlüssen der Generalversammlung vom 10: Mai 1877.) [Freiburg i. Br. 1877: Poppen & S.] 4 S. 8° [Kopftit.]

[Dasselbe.]
(Mitt. Frb. B. 29.)
(Neue Fassung nach den Beschlüssen der Generalversammlung vom 8. Dez. 1906.) Ebendas. 4 S. 8°

(Neue Fassung nach den Beschlüssen der Generalversammlungen vom 8. Dez. 1906 und 4. Febr. 1908.) Ebendas. 4 S. 8°

Satzungen des Vaterländischen Frauen-Vereins für Stettin-Grabow, -Bredow, -Nemitz. Beschlossen am 13. Nov. 1900. *Stettin 1900: L. Pasenow.* (8 S.) 8° [𝔉.] [01. 2309 9

Satzungen des Vereins 'Frauenwohl' zu Königsberg in Pr. *Königsberg in Pr. 1893: A. Hausbrand's Nachf.* (2 Bl.) 8° [𝔉.] [02. 13158 10

Satzungen des Vereins 'Frauenwohl' zu Königsberg in Pr. *(Königsberg [um 1900]: E. Rautenberg.)* (2 Bl.) 8° [Kopft. 𝔉.] [02. 13159 10

Satzungen des Freimaurer-Bundes der Allgemeinen Bürger-Loge. Leipzig 1871: Findel. 7 S. 8°. [Umschlagtit.]
[Ebenso] o. O. [1899]. 20 S. 8°. [Umschlagtit.]

Oschatz: **Satzungen** des Freimaurer-Clubs zu Oschatz. [Dat. v. 18. März 1907.] Oschatz o. J.: Oldecop. 68 S. 8° [Kopftit.]

Oeynhausen: **Satzungen** des Freimaurer-Kränzchens zur heilbringenden Quelle zu Bad Oeynhausen. Oeynhausen [1902]: J. & C. Meyer. 10 S. 8° [Umschlagtit.]

Satzungen der Freimaurerloge „Zur Sonnenrose". [Augsburg ca 1906]: Lampert. 4 S. 8° [Kopftit.]

Satzungen des eingetragenen Vereins Freimaurerloge zur edlen Aussicht Freiburg i. Br. Gültig ab 1. Jan. 1908. Freiburg i. Br. 1907: Poppen & S. 7 S. 8° [Umschlagtit.]

Satzungen [1900:] Satzung der Freimaurer-Loge „Zu den drei Cedern" in Stuttgart. Beschlossen in der Logen-Versammlung vom [1ten Mai 1886]. Stuttgart [1886]: Metzler. 8 S. 8° [Umschlagtit.]

[Dasselbe.] Beschlossen in den Logen-Versammlungen vom 20. Nov. 1886 und 9. April 1887, genehmigt durch Entschliessung des k. Ministeriums des Innern vom 13. Mai 1887. Ebendas. [1887]. 8 S. 8°

[Dasselbe.] Beschlossen in der Logen-Versammlung vom 9. Juni 1900, genehmigt durch Entschliessung des K. Ministeriums des Innern vom 13. Aug. 1900 Nr. 12935. Ebendas. 1900. 8 S. 8° [Umschlagtit.]

– Frühere Ausg. u. d. Tit.: Statuten ...

Satzungen des Kölner Freimaurer-Sterbekassen-Vereins Köln am Rh. 1906. [Köln 1906: Walbeck.] 10 S. 8° [Umschlagtit.]

Misdroy: **Satzungen** der Freimaurer-Vereinigung „Zum Compass" in Misdroy an der Ostsee. [Wollin-Misdroy 1889: Lipski.] 2 Bl. 8° [Kopftit.]

Freiburg i. B.: **Satzungen** des Freimaurervereins zur edlen Aussicht in Freiburg im Breisgau. Gegründet den 16. Februar 1876. (Neue Fassung nach den Beschlüssen der Generalversammlungen vom 8. Dezember 1906 und 4. Februar 1908.) (Freiburg o. J.: Poppen & Sohn.) 4 S. 8⁰. [Kopftit.]

Satzungen der ger.·. und vollk.·. Johannis-Loge Friedrich zur Vaterlandsliebe im Or.·. Coblenz 1897. Neuwied 1897: Heuser. 38 S. 8⁰

[Dasselbe.] 1911. Bonn: Georgi 1910. 37 S. 8⁰

Satzungen der Johannis-Loge Friedrich zur aufgehenden Sonne im Or. zu Brieg nebst den Satzungen der milden Stiftungen dieser Loge und des Hilfsvereins zur Bestreitung der Beerdigungskosten seiner zum e. O. eingegangenen Mitglieder nach der Revision vom Jahre 1898. Brieg [1898]: Heinze. 43 S. 8⁰

Frühere Ausg. u. d. Tit.: Statuten.

Satzungen der Johannisloge Friedrich Wilhelm zur Gerechtigkeit zu Ratibor 1907. Ratibor [1907]: Lindner. 24 S. 8⁰

Satzungen der Johannisloge Friedrich Wilhelm zu den drei Kränzen im Or. Torgau. Hrsg. 1905. [Torgau 1905: Torgauer Bank.] 10 S. 8⁰ [Umschlagtit.]

Satzung des Vereins „Friedr. Ludw. Schröder-Stiftung der Loge Emanuel". [Hamburg] o. J.: Drexel. 8 S. 8⁰ [Umschlagtit.]

Satzungen der Friedr. Ludw. Schroeder-Stiftung für Witwen und Waisen verstorbener Mitglieder der vereinigten Berliner Johannis-Logen Hammonia zur Treue und Friedrich Ludwig Schroeder. [Berlin 1898.] 1 Bl. 8⁰ [Kopftit.]

Satzungen der Friedrich Siemens-Stiftung an der Kgl. Sächs. Technischen Hochschule. 1905.

Satzungen des Freimaurer-Kränzchens „Furchtlos und Treu" im Or.·. Heilbronn a. N. Heilbronn 1906: Wulle. 7 S. 8⁰ [Umschlagtit.]

Satzungen der Genossenschaft „Fürsorge" zu Dresden. (Nach den Beschlüssen vom 1./VI. 98 abgeändert.) Dresden-N. [1899]: Ulrich. 8 S. 8⁰ [Umschlagtit.]

[Dasselbe.] (Nach den Beschlüssen vom 1. Juni 1898 und 21. Febr. 1906 abgeändert.) [Ebendas. 1906.] 8 S. 8⁰

Satzungen des Fürsorgeamtes der Johannisloge zur Eintracht. Or. Berlin 1919. Berlin 1919: Riefenstahl, Zumpe & Co. 8 S. 8⁰. [Umschlagtit.]

Satzungen des Garde-Vereins zu Hanau a. M. Gegründet am 23. Apr. 1900. *Hanau 1900: Waisenh. Buchdr.* (8 S.) 8° [Umschlagt. F.]

Satzungen für die Gauvorturnerschaft des südösterreichischen Turngaues v. 26. 2. 1883, Graz, 2 S., 8°.

Satzungen der Münsterschen Gefängnisgesellschaft (v. 29. Nov. 1905). [Münster 1905.] (8 S.) 8° [Kopft. F.]

Satzungen des Geflügelzucht-Vereins Kreis Marburg. *Marburg (1901): J. Hamel.* (12 S.) 8° [F.]

Satzungen d. Generalverbandes ländlicher Genossenschaften f. *Deutschland.* Frankf. a. M. 1899. 16 S. P.

Satzungen der unter dem Namen Freimaurerloge Bruderkette zu den drei Schwanen in Zwickau bestehenden Genossenschaft. [Nebst] Nachtr. 1. 2. [Zwickau 1886: Förster & Borries.] 7 S. 8⁰ [Umschlagtit.]
Nachtr. 1. 2. Ausgegeben im Sept. 1900. 1. 2 S.; 2. 5 S.
Ohne Nachtr. abgedr. in: Gesetzbuch d. L. Bruderkette z. d. drei Schwanen, Zwickau. 1910 S. 48—51.

Satzungen der Genossenschaft der *Lohnkutscher* u. Besitzer öffentlicher Fuhrwerke in München 1869. 12⁰. 14 S. Cart.

Satzungen des deutschen Geometer-Vereins. (Cassel [1898]: C. Richartz.) (16 S.) 8⁰

Satzungen der [Karl] Georgi-Stiftung der Loge Friedrich Wilhelm zum eisernen Kreuz zu Bonn. [Bonn 1889: Georgi.] 6 S. 8⁰ [Kopftit.]

Satzungen des Frmr Erziehungs-Vereins „Gerlach-Stiftung" [der □ „Zu den drei eisernen Bergen] zu Siegen. Genehmigt in der Hauptversammlung vom 2. Mai 1898. Siegen 1899: Buchholz. 18 S. 8⁰
[Umschlagtit.:] Gerlach-Stiftung in Siegen.
Nebst Geschäftsordnung u. Anweisung für Pfleger des Erziehungs-Vereins.

Satzungen und Geschäftsordnung für den Deutschen Eisenbahn-Verkehrsverband. 5. Ausg. Ausgeg. am 1. April 1906. [Hrsg. vom] Deutsch. Eisenbahn-Verkehrsverband. Hannover 1906. 8⁰.

Satzungen und Geschäftsordnung des im Jahre 1869 gegründeten freimaurerischen Erziehungs-Vereins zu Halle (Saale). (Als Hs. gedruckt.) Halle a. S. 1897: Karras. 12 S. 8⁰ [Umschlagtit.]

Fachverband f. d. wirtschaftl. Interessen d. Kunstgewerbes. **Satzungen** und Geschäftsordnung. Festgest. in d. General-Versammlung v. 12. Jan. 1904. *Berlin 1904: J. Sittenfeld.* (7 S.) 8° [04. 3091

Satzungen und Geschäftsordnung des Rudelsburger Kartell-Verbandes. (Lichtenhain 1898: F. L. Seifert.) (10 S.) 8⁰

Satzungen und Geschäfts-Ordnung des Freimaurer-Vereins „Rat und Tat" in Nürnberg. [Nürnberg 1906.] 8 Bl. 8⁰ [Umschlagtit.]

Satzungen und Geschäftsordnung d. Deutschen Schwimmerschaft, 31 S., 8⁰.

Satzungen und Geschäftsordnung des Allgemeinen deutschen Sprachvereins. Beschlossen von d. Hauptversammlung zu Berlin 1893. (Halle a. S. 1893: Waisenhaus.) (18 S.) 8° [F.] [06. 6.18 10

Satzungen und Geschäftsordnung des Allgemeinen Deutschen Sprachvereins ⟨E. V.⟩. Beschl. von d. Hauptversammlung in Straßburg i. E. am 4. Aug. 1901. (Halle a. d. S. 1901: Waisenhaus.) 15 S. 8° [11. 7131 3

Satzungen und Geschäfts-Ordnung des Landwirthschaftlichen Central-Vereins für Littauen und Masuren. Insterburg 1899: A. Bittner. (28 S.) 8⁰

SATZUNGEN UND GESCHÄFTSORDNUNGEN des Bundes deutscher Frauenvereine. Dresden. 1901. Buchdruckerei von Arthur Schönfeld. 8⁰.

Satzungen und Geschäftsordnungen des Deutschen Gruben- und Fabrik-Beamten-Verbandes und seiner Sterbekasse. Bochum, 1904. 80 S.

Verein deutscher Chemiker ⟨eingetr. Ver.⟩. **Satzungen**, Geschäftsordnungen, Verträge. Leipzig 1907: Spamer. (24 S.) 8° [08. 4082

Satzungen der Geschäftsstelle für den Austausch der Logenlisten (früher maur. Korrespondenz-Bureau) gegründet 1831. [Leipzig 1907.] 1 Bl. 4⁰ [Kopftit.]

Satzungen der Sozialen Geschäftsstelle für das evangelische Deutschland. ⟨Gegründet 3. Febr. 1904.⟩ [Berlin: Geschäftsstelle um 1905.] (2 Bl.) 8° [Kopft. F.] [07. 10053

Satzungen des Oberhessischen Geschichtsvereins ⟨E. V.⟩ ⟨Gegründet am 30. Juni 1878⟩ vom Jahre 1900. Gießen (1900): v. Münchow. (5 S.) 8° [07. 310

Satzungen des kathol. Gesellenvereines zu Brixen. Brixen, 1857. Schnellpressendruck von A. Weger. (VI. 18 S. 8.)

Satzungen des katholischen Gesellen-Vereines zu Innsbruck. 8. (20 S.) Innsbruck. Gedruckt bei Felizian Rauch. 1854.

Satzungen des katholischen Gesellen-Vereines zu Meran. 8. (VI, 18 S.) Innsbruck. Gedruckt bei Felic. Rauch. 1854.

Satzungen der Gesellschaft freiwilliger Armenfreunde in Kiel. Kiel 1899: A. F. Jensen. (15 S.) 8° [F.] [07. 13737

SATZUNGEN der Berliner Mathematischen Gesellschaft. (Ohne bes. Titelbl. o. O. o. J.) 8⁰.

Satzungen der Gesellschaft der Bibliophilen. (München: Dr. Nat. Verlagsanst. [1898].) 2 Bl. 8⁰

Satzungen der Gesellschaft der Bibliophilen. Weimar: Sekretariat d. Ges. d. Bibliophilen [1907]. (XIV S.) 8° [08. 10540 10

Deutsche Gesellschaft für Kunst und Wissenschaft in Bromberg. (Eingetragener Verein.) SATZUNGEN. (Neue Fassung.) Bromberg. 1909. Gruenauersche Buchdruckerei. Richard Krahl. 8⁰.

Deutsche Gesellschaft zur Rettung Schiffbrüchiger. **Satzungen.** Beschlossen zu Kiel am 29. Mai 1865: revidirt zu Hamburg am 27. Januar 1866. Siehe in: Mittheilungen über das Deutsche Rettungswesen. Heft 1. Bremen. 1867. 8⁰.
—— Etwas verändert. Daselbst Heft 19. Bremen. 1885. u. Heft 20. ebd. 1886. 8⁰.

Satzungen der Deutschen Elektrochemischen Gesellschaft. Leipzig (1895?)

Satzungen der Deutschen Gesellschaft für ethische Kultur. Nach d. Beschlüssen d. 8. ordentl. Gesellschaftstages festgest. am 10. Juni 1905. Berlin 1905: (O. Hensel, Gottesberg i. Schl.). (16 S.) 8° [08. 284 11

Satzung(en) d. deutschen Gesellschaft f. Züchtungskunde ... 1906, 1914. Berl. 8, 12 S. P.

Satzungen der Deutsch-Ostafrikanischen Gesellschaft. Neue Fassung vom 27. April 1889. Berlin 1889. 14 S. 4⁰.

Satzungen der Geographischen Gesellschaft in München. ⟨Genehmigt 2. Dez. 1899 (u. 9. Febr. 1900).⟩ *München 1900: F. Straub.* (8 S.) 8° [00. 339

SATZUNGEN der Geographischen Gesellschaft in München. Ergänzende Bestimmungen, genehmigt in der Versammlung vom 9. Februar 1900. (Ohne bes. Titelbl. o. O. o. Dr.) 8⁰.

Satzungen der Gesellschaft für fränkische Geschichte ⟨Eingetr. Verein⟩. [Würzburg 1905: H. Stürtz.] (8 S.) 8° [Kopft. F.] [05. 9619

Pittsburgh [Pa]. Gnische Gesell. Satzungen, angenommen 1905, Ber vom Jan 1908; Mitglieder-liste, Stand v Januar, 1908. Pittsb, 1909.

Satzungen der Literarischen Gesellschaft in Königsberg in Pr. (Königsberg i. Pr. [1901]: R. Leupold.) (2 Bl.) 8° [F.] [05. 6019 10

Satzungen einer loblichen Gesellschaft der Kunst-Buchdruckerei in Basel vom 20. August 1661. Aus der Originalhandschrift abgedruckt von J. Forrer. In-8°, 15 S. Basel, Buchdruckerei J. G. Baur. 1879 — 50

Satzungen d. Gesellschaft f. Natur- u. Heilkunde in Dresden. (Dresden) 1905. 16 S. P.

SATZUNGEN der Niederlausitzer Gesellschaft für Anthropologie und Altertumskunde. (Albert Koenig-Guben.) (Ohne bes. Titelblatt.) 8°.

Satzungen der Photographischen Gesellschaft zu Königsberg i. Pr. *(Königsberg i. Pr. [um 1900]: L. Krause & Ewerlien.)* (8 S.) 8° [F.] [03. 15914 10

SATZUNGEN der „Gesellschaft für Soziale Reform". (O. O. o. Dr.) (Ohne bes. Titelblatt.) 8°.

Satzungen der „Gesellschaft für soziale Reform" nebst Satzungen der Internat. Vereinigung für gesetzlichen Arbeiterschutz. Naumburg, o. J. 8 S.

Satzungen der Schiffbautechnischen Gesellschaft. Berlin 1889

Satzungen der Schlesischen Gesellschaft für vaterländische Cultur. Breslau 1902: Grass, Barth & Co. 1902. (7 S.) 4° [06. 17037

Satzungen der unter besonderm Schutze Sr. Kgl. Maj. von Bayern bestehenden Gesellschaft des *Museums* in der Haupt- u. Residenzstadt München. München 1867. 12°. 24 S. u. 1 Bl. Progr. d. Carnevals-Unterhaltungen i. J. 1868. Cart.

Satzungen der unter besonderm Schutze Sr. Kgl. Maj. von Bayern bestehenden Gesellschaft des *Museums* in . . . . München. (Abdr. der Satzungen vom J. 1867, nebst den Abändergn. bis z. 22. Dezbr. 1872.) München 1873. Kl. 8°. 29 S. Cart.

Satzungen der Schweizerischen Gesellschaft für Volkskunde. o. O. (1909). 4 S. 8° [Kopft.]

Satzungen des Vereins 'Deutsche Morgenländische Gesellschaft' (in der am 8. Okt. 1903 von d. allg. Versammlung zu Halle a. S. angenommenen ... Gestalt). (Leipzig 1904: G. Kreysing.) (7 S.) 8° [Kopft.] [05 2436 3

Satzungen des Vereins „Gesellschaft zur Förderung der Wissenschaft des Judentums." Berlin [1909.] 8°.

Satzungen und Gesellschaftsvertrag der Vereinsbrauerei Göttingen, G. m. b. H. *Göttingen 1897: W. F. Kästner.* (19 S.) 8° [F.] [03. 8477 7

Satzungen für den Gesuchs-Ausschuss der Hamburg-Altona-Wandsbeker Logen. Genehmigt in der Conferenz der Logenmeister am 3. Febr. 1900. [Hamburg 1900.] 2 Bl. 8° [Umschlagtit.]

Satzungen des deutschen Gewerbemuseums zu Berlin. Berlin

Gewerkverein der Heimarbeiterinnen Deutschlands f. Kleider- u. Wäschekonfektion u. verwandte Berufe. **Satzungen.** — Berlin: Gewerkverein 1902. 12 S. 8°

Satzungen der Universität Gießen. Nachtrag 4 zu d. Ausg. von 1899. Vorschriften über die Beurlaubung der Dozenten und Beamten der Universität Gießen und der Technischen Hochschule zu Darmstadt. Erlassen vom Grh. Ministerium d. Innern am 22. Jan. 1903. *(Gießen 1903): [v. Münchow].* (1 Bl.) 8° [Kopft.] [F.] ¶ [Vgl. 1901/1902 Gießen No 1.]

Satzungen der Universität Gießen. T. 1. *Gießen 1904: v. Münchow.* (47 S.) 8° [F.]

Satzungen der Universität Gießen. T. 2. Satzungen für die Studierenden. *Gießen 1904: v. Münchow.* (35 S.) 8° [F. u. Ant.]

Satzungen der Universität Gießen, erster Teil, Ausgabe von 1904. Nachtrag: Neufassung von Nr. 7. Ordnung für die Verwaltung der Großherzoglichen Universitäts-Bibliothek zu Gießen. Erlassen vom Großherzoglichen Ministerium des Innern am 29. August 1906. [Gießen] 1906: [v. Münchow.] (2 Bl.) 8° [Kopft. F.]

Satzungen der Universität Gießen. T. 2. Satzungen für die Studierenden. Nachtrag. Gießen 1906: v. Münchow. (11 S.) 8° [F.]

Satzungen der Universität Gießen, zweiter Teil, Ausgabe von 1904. Nachtrag: Neufassung von Nr. 2. Ordnung für die Benutzung der Großherzoglichen Universitäts-Bibliothek zu Gießen. Erlassen vom Großherzoglichen Ministerium des Innern am 13. Mai 1907. [Gießen] 1907: [v. Münchow.] (10 S.) 8° [Kopft. F.]

Satzungen der Universität Gießen, zweiter Teil, Ausgabe von 1904. Nachtrag: Neufassung von Nr. 6. Statut der Unfallversicherung für Studierende der Universität Gießen. Erlassen vom Großherzoglichen Ministerium des Innern am 16. Mai 1907. [Gießen] 1907: [v. Münchow.] (1 Bl.) 8° [Kopft. F.]

Satzungen der Universität Gießen. T. 1. (Gießen 1908) v. Münchow. (22 Bl.) 8° [Umschlagt. F.]

Satzungen der Universität Gießen. T. 1, Nr. 10. ⟨Gedruckt im Mai 1909.⟩ [Nachtrag:] Satzungen des Witwen- und Waisenfonds der Universität Gießen. Erlassen vom Gesamtsenat am 8. Mai 1909. [Gießen] (1909): [v. Münchow]. 2 Bl. 8° [Kopft.] [U 09. 1072

[Kopft.:] [F.] Satzungen des Dresdner Goethevereins. *(Dresden 1896.)* 2 Bl. 8. [98. 5665 Go

SATZUNGEN der Gottsched-Gesellschaft in Berlin. Berlin 1901, 12. Dezember. (Ohne bes. Titelblatt.) 8°.

Satzungen der Gottsched-Gesellschaft in Berlin. (Berlin 1901.) (2 Bl.) 8° [Kopft. F.] [07. 12145 10

Neuer Gral-Orden. (Gral-Brüderschaft.) [Satzungen.] [Unterz.:] Ch. Martens, Otto Burggraf, F. E. Baumann. [Schmiedeberg: Baumann o. J.] 8 S. 8°. [Umschlagtit.]

Satzungen des Kriegervereins Großauheim. *Hanau (1903): Waisenhaus.* (10 S.) 8° [𝔉] [03. 10116 4

Satzungen des Radfahrer-Vereins 1892 Groß-Auheim. Genehmigt ... 1904. Hanau (1904): Waisenhaus. (8 S.) 8°

Satzungen der Symbolischen Grossloge des Schottischen Ritus in Deutschland. o. O. [1904]. 12 S. 8°. [Umschlagtit.]

Satzungen des deutschen Grosslogenbundes. Eingetragener Verein. [Angenommen in der Sitzung der deutschen Grossmeister vom 19. Nov. 1900 zu Berlin.] 10 S. 2°
in: Kreisschreiben des deutsch. Grlogenbundes. 1900—1901 Nr 1, Anl. 2; BayrBbl. 1 (1900—1901) S. 219—233; 6 (1905—1906) S. 240 bis 253; Bh. 44 (1901) S. 157—162; Bbl. 15 (1901) S. 15—28; 20 (1906) S. 13—24; L. 24 (1901) S. 18—21, 28.

Satzungen, früher Grundgesetz der Deutschen Turnerschaft, 1868, 8°. Vom Aussch. d. D. T., 1875. 4 Bde.

Satzungen der Gust. Heimendahl-Jubiläums-Stiftung der Loge Eos zu Krefeld. [Dat.:] Krefeld 1897. 5 Bl. 8° [Umschlagtit.]

Satzungen der Haftpflicht-Versicherungsanstalt der Hessen-Nassauischen landwirtschaftlichen Berufsgenossenschaft. o. O. (1905). (22 S.) 4° [Kopft. 𝔉.] [05. 6020

Satzungen der Haftpflicht-Versicherungsanstalt der Hessen-Nassauischen landwirtschaftlichen Berufsgenossenschaft. ([Kassel] 1905.) (22 S.) 4° [Kopft. 𝔉.] [06. 8431

Satzungen des Zweigvereins Hamburg-Altona des Vereins zum Schutz der Kinder vor Ausnutzung und Mißhandlung. 1902. *Altona [1902]: H. W. Kölner & Co.* (2 Bl.) 8° [𝔉.] [03. 10200

Satzungen der Ortsgruppe Hanau des deutschen Vereins für Volkshygiene. *Hanau [1901]: Waisenhaus-Buchdr.* (7 S.) 8° [𝔉.] [01. 7721 8

Entwurf. **Satzungen** der Handelshochschule zu Halle a. S. *(Halle a. S. 1898: Waisenhaus.)* (16 S.) 8° [𝔉.] [03. 6303 3

Satzungen der Handelshochschule zu Halle a. S. (v. 7. Juli 1898). *(Halle a. S. 1898: Waisenhaus.)* (14 S.) 8° [𝔉.] [03. 5894 3

Satzungen f. die v. der Handelskammer unterhaltene öffentliche Handels-Lehranstalt zu Leipzig. Gültig v. Ostern 1888 an. Anlagen: A. Uebersicht d. Lehrganges in den einzelnen Abtheilgn. B. Ordnung f. die Reife-Prüfgn. bei der II. [höheren] Abtheilg. gr. 8. (40 S.) Leipzig 888. (Hinrichs' Verl.) n. — 50

Satzungen des Deutschen Handwerker-Vereins zu Constantinopel ⟨Gründungsj. 1861⟩ angenommen in d. Hauptversamml. v. 23. Okt. 1909. Konstantinopel '09. 18 S.

SATZUNGEN DES HARZKLUBS. Gegründet zu Seesen am 8. August 1886, constituirt zu Goslar am 3. April 1887. Fassung nach den Beschlüssen der 10. Hauptversammlung am 16. September 1894 zu Harzburg und der 14. Hauptversammlung am 4. September 1898 zu Quedlinburg. (Magdeburg 1898; Faber'sche Buchdruckerei. Ohne bes. Titelbl.) 8°.

Satzungen der Kriegerkameradschaft 'Hassia' ⟨Landes-Krieger-Verband im Grossh. Hessen⟩ unter dem Allerh. Protekt. Sr. K. H. d. Grossherzogs. 1899. 4. Aufl., enth. alle bis z. Delegirtentag 1899 beschloss. Abänderungen. *Butzbach [1899]: Butzb. Zeitung.* (39 S.) 8° [𝔉.] [00. 4288 8

Satzungen des Hauptvereins der evangelischen Gustav-Adolf-Stiftung für Pommern. Stettin 1898: Herrcke & Lebeling. (7 S.) 8° [06. 14171 9

Satzungen sowie Haus- und Gesellschafts-Ordnung der Johannis-Loge Janus im Or. Bromberg. Bromberg [1891]: Gruenauer. 16 S. 8° [Umschlagtit.]
Vorhergehende Ausg. u.d.T.: Local-Statut und Gesellschafts-/Geselligkeits-Gesetz . . .

[Dasselbe.] [Dat. v. 25. April 1893.] Bromberg o. J.: Grunwald. 20 S. 8°

Satzungen der Heckmann-Stiftung (betr. Gewährung von Stipendien an Studierende der Abteilung für Schiff- und Schiffsmaschinenbau der Kgl. Technischen Hochschule in Danzig v. 21. 6. 1905). 1905.

Satzungen der Henrietten-Stiftung (betr. die Unterstützung von Studierenden der Technischen Hochschule in Danzig v. 14. 7. 1905). 1905.

***Satzungen** der Hermann-Grofse-Stiftung des Friedrichs-Gymnasiums.* Berlin, Buchdr. O. Lange, 1894; 23—24 S. 4.
Berlin, Friedrichs-G, P 1894 (54)

Satzungen der Herm. Settegast-Stiftung der unter der Ermächtigung der Gr. Freimaurer-Loge von Preussen gen. Kaiser Friedrich zur Bundestreue im Or.˙. Berlin und Charlottenburg arbeitenden Johannislogen. Genehmigt am 9. Juni 1894. Abgeändert laut Beschluss der Meisterconferenz vom 29. Dez. 1898. [Berlin 1898: Unger.] 8 S. 8° [Umschlagtit.]

Satzungen der Herrmann Salomon-Stiftung [der Loge Friedrich zur Gerechtigkeit in Berlin]. (Errichtet zur dauernden Erinnerung an den 27. Nov. 1895.) [Berlin 1895]: Denter & Nicolas. 2 Bl. 8° [Umschlagtit.]

Satzungen der Herzog Ferdinand-Stiftung der Loge Carl zur gekrönten Säule in Braunschweig. [Braunschweig 1892: J. H. Meyer.] 7 S. 8° [Umschlagtit.]
Ohne Vorw. abgedr. in: BrL. 10 (1892—1893) S. 47.

Satzungen des bei der Johannisloge „Zu den drei Goldenen Schlüsseln" zu Berlin gegründeten [Ernst] Müller'schen Hilfsfonds. [Dat.:] Berlin, den 3. Okt. 1903. 2 Bl. 8° [Umschlagtit.]

Satzungen der Hilfskasse der Freimaurer-Loge „Zur Kette" in München. Genehmigt in der Hauptversammlung vom 26. März 1892. München 1892: Knorr & Hirth. 8 S. 8° [Umschlagtit.]

Satzungen der **Hilfskasse** an dem Königlichen **Gymnasium** zu Quedlinburg (vom 5. Jan. 1899). *Quedlinburg 1900: C. Voges.* (S. 12—14.) 4° [F.]
Quedlinburg, k. G, OP 1900 (262)

Satzungen der Hülfskasse der Kgl. Technischen Hochschule zu Aachen (v. 15. 1. u. 10. 4. 1907).

Satzungen für die Hilfskasse der Kgl Technischen Hochschule zu Berlin (v. 27. 10. 1900).

Satzungen für die Hilfskasse der Kgl. Technischen Hochschule zu Hannover (v. 16. 9. 1902).

[Kopft.:] **Satzungen der Hilfskasse** bei der Kgl. Universität **zu Breslau.** *Breslau, Druck v. Grass, Barth & C., 1893;* 6 S. 8.
(Nicht für den Austausch)

Satzungen der Hilfskasse bei der Königlichen Universität zu Breslau. (Breslau 1893: Grass, Barth & Co.) (6 S.) 8° [Kopft.] [06. 11098]

Satzungen der Hülfspensions-Kasse bei der Kgl. Technischen Hochschule zu Dresden (v. 11. 5. 1900). 1900.

Satzungen des Deutschen Hilfsvereins in *Havre.* Tuttlingen '08. 8 S.

Satzungen des Deutschen Hilfsvereins in Marseille. Tuttlingen '06. 8 S.

Deutscher Hülfsverein in Paris. **Satzungen.** Ps '02. 8 S.

Satzungen der Königlichen Landwirthschaftlichen Hochschule in Berlin. Berlin 1897

Satzungen der Hochschulstiftung der Drei-König-Schule zu Dresden-Neustadt. Dresden, Druck v. C. Heinrich, *1894;* 33—34 S. 4.
Dresden-Neustadt, Drei-König-S '(RG)', OP 1894 (555)

SATZUNGEN des Freien Deutschen Hochstiftes für Wissenschaft, Kunst und höhere Bildung zu Frankfurt am Main. Frankfurt am Main 1884. Druck von Kumpf & Reis. 8°.

Satzungen des Freien Deutschen Hochstiftes für Wissenschaft, Kunst und höhere Bildung in Frankfurt am Main. Frankfurt a. M. 1898: Gebr. Knauer. (31 S.) 8° [F.] [S. 16733 θ]

SATZUNGEN des Freien Deutschen Hochstiftes für Wissenschaften, Künste und allgemeine Bildung im Goethe-Hause zu Frankfurt am Main. 2. verb. Ausgabe. Frankfurt a. M. 1863. Verlag des Freien Deutschen Hochstiftes. Druck von J. A. Fleisch. 8°.

SATZUNGEN des Freien Deutschen Hochstiftes für Wissenschaften, Künste und allgemeine Bildung in Goethe's Vaterhause zu Frankfurt am Main. 3., nach der zweiten unveränderte Ausgabe. Frankfurt am Main 1865. Verlag des Freien Deutschen Hochstiftes. (Buchdruckerei von Chr. Friedr. Wille in Darmstadt.) 8°.

SATZUNGEN des Hochstiftes für Wissenschaften, Künste und allgemeine Bildung zu Frankfurt am Main. Ausgegeben zum hundertjährigen Jubelfeste der Geburt Schillers. Frankfurt am Main. Druck von C. Naumann's Druckerei. 8°.

Satzungen des Hochstiftes für Wissenschaften, Künste und allgemeine Bildung zu Frankfurt a. M. 10. Nov. 1859.

— der kön. Hof- u. Staatsbibliothek. Münch. 829. (G. Franz). 2 Pf.

Satzungen der [Theod.] Hötzkestiftung [in Halle]. o. O. [1899]. 2 S. 8° [Kopftit.]

Die **Humboldt-Stiftung** (am **Humboldt-Gymnasium** zu Berlin). **Satzungen** (vom 21. Nov. 1900). *Berlin 1901: A. Hauck.* (S. 20—28.) 4°
Berlin, Humboldt-G, OP 1901 (50)

Satzungen des **Schüler-Turnvereins 'Jahn'** am Realgymnasium zu Dortmund (vom Oktober 1900). *Dortmund 1901: C. L. Krüger.* (S. 22—23.) 4° [F.]
Dortmund, st. RG, P 1901 (401)

Satzungen des Schüler-Turnvereins „Jahn" am **Real**gymnasium zu Dortmund. S. 28—29. 4.
Progr. Städt. Realgymn. *Dortmund* 1902 (413).

Satzungen der Zimmerstutzen-Schützengesellschaft „Innzipfel" in Rosenheim. (mit Schießordnung) Rosenheim, 1906. 2377

Satzungen der von der Freimaurerloge „Zur Brudertreue an der Elbe" in Hamburg im Juni 1880 gegründeten Joh. Friedr. Hoffmann-Stiftung. (Umgeändert und vervollständigt im Febr. 1907.) [Hamburg 1907: Preilipper.] 2 Bl. 8° [Umschlagtit.]

Satzungen **der Johannes-Stiftung der** Loge Amalia [in Weimar]. **Nach neuer** Fassung, **gültig vom 1. Jan. 1898 ab.** [Weimar 1898: Wagner.] 8 S. 8° [Kopftit.]

Satzungen der unter dem Schutze der Ehrw. Grossen National-Mutterloge gen. „Zu den drei Weltkugeln" [in Berlin] arbeitenden Johannis-Freimaurerloge „Zum Leoparden" im Or.·. Luckau (Lausitz). (Gestiftet am 20. April 1809.) Luckau 1901: Entleutner. 8 S. 8°

Berlin-Schöneberg: **Satzungen für die Johannisloge „Am Berge der Schönheit"** Or. Schoeneberg bei Berlin. (§ 26 der Bundesstatuten.) **Friedenau (1908): Schultz. 10 S. 8°.**

Aschersleben: **Satzungen** der Johannisloge zu den drei Kleeblättern von 1901. o. O. u. J. 8 S. 8°

Satzungen des Johannisstifts, Altersheim für bejahrte Brüder Freimaurer (eingetragener Verein) in Einbeck. [Einbeck] o. J.: [Boden & Schumann]. 2 Bl. 8° [Kopftit.]

Satzungen des Altersheim für bejahrte Brüder Freimaurer „Johannisstift" (eingetragener Verein) in Einbeck. [Einbeck] o. J. [Schroedter]. 2 Bl. 8° [Kopftit.]

[Dasselbe.] [Einbeck 1900.] 2 Bl. 8°

Satzungen *der Jubiläumsstiftung der Höheren Bürgerschule in Schwetzingen.* Schwetzingen, M. Pichler'sche Buchdr., 1894; S. 15. 4.
Schwetzingen, grossh. HB m. d. Lehrpl. d. RG, MP 1894**

Die **Jubiläums-Stiftung** (ehemaliger **Schüler** des Friedrichs-Gymnasiums zu Berlin. **Satzungen** vom 16. Aug. 1900). *Berlin 1901: O. Lange.* (S. 26—27.) 4°
Berlin, Friedrichs-G, OP 1901 (53)

Satzungen der Jubiläumsstiftung für Schüler des Gymnasiums zu Anklam 4 (S. 14—15 der Schuln.). G. *Anklam* 1900
Progr.

[F.] ***Satzungen*** *des Jubiläumsstipendiums am Progymnasium und Realprogymnasium zu Neumünster.* Neumünster, R. Hieronymus' Buchdr., 1896; 10—11 S. 4.
Neumünster, PG u. RPG, P 1896 (288)**

Johannis-Loge „Tempel des Friedens" zu Stettin. **Satzungen** der Jul. Fillié- und der Rich. Wolkenhauer-Stiftung. Stettin [1905]: Rosenkranz & S. 7 Bl. 8° [Umschlagtit.]

Satzungen des Bundes „Jungdeutschland", Berlin, 2 S., 4°.

SATZUNGEN. Kaiserlich-konigliche – und Freyheiten fur die freyen Markte der Stadt Botzen. Weiss, Botzen 1787.

[F.] Satzungen des 'Kaiser-Wilhelm-Dank', Verein der Soldatenfreunde, zu Berlin v. 22. März 1897. *Berlin: F. v. Perbandt & C. (1897)* (12 S.) 1 Bd 8.

[F.] ***Satzungen*** *der Carl Sölling-Stiftung für die Fortbildungsschule in Essen.* Essen, Druck v. H. L. Geck, 1893; 13—14 S. 4.
Essen, Fortbildungs-S, OP 1893**

Satzungen, betreffend die Karl Sölling-Stiftung für das Realgymnasium in der Stadt Essen. Essen, Druck v. G. D. Baedeker, 1894; 38—39 S. 4.
Essen, RG, OP 1894 (470)

[Neueste] **Satzungen** des **Karnöffel-Bürger-Unterstützungs-Vereins,** Landeshut i. Schl. *Landeshut i. Schl. (1903): Th. Schimoneck's Nachf.* (8 S.) 8° [F.]

Satzungen des Kartell-Verbandes klassisch-philologischer Vereine an deutschen Hochschulen, beschlossen auf d. Karteltag zu Weimar 1905. Heidelberg 1905: E. Geisendörfer. (11 S.) 8° 2

Satzungen des Vereines „Kasino in Klgft.". Klgft., Leon, (1907). 13 S.

Düsseldorf: **Satzungen für die bei der □ z. d. 3 V[erbündeten] im Or. Düsseldorf bestehende Kasse zur Förderung freimaurerischer Zwecke, insbesondere zur Unterstützung von Brrn. und derer Angehörigen. [Düsseldorf o. J.: Dietz.] 2 Bl. 8°. [Kopftit.]**

Satzungen des **Kaufmannsheims** zu **Altona.** Angenommen d. 22. Juni 1902. *Altona (1902): H. W. Köbner & Co.* (8 S.) 8° [F.]

1896. **Satzungen** der Stiftung „Kinderfürsorge“ des Rheinisch-Westfälischen Logen-Verbandes begründet durch [Theod.] Mengelbier 1894. [Düsseldorf 1896.] 4 S. 8⁰ [Kopftit.]

1900. **Satzungen** des Vereins „Kinderfürsorge“ eingetragener Verein. [Düsseldorf 1900.] 4 Bl. 8⁰ [Umschlagtit.]
Errichtet von Logen des rhein.-westfälischen Verbandes.

Satzungen des Vereins „Kinderfürsorge“ Eingetr. Verein in Düsseldorf. Beschlossen in der Mitglieder-Versammlung des Vereins am 9. Okt. 1909 in Crefeld. o. O. u. J. 2 Bl. 8⁰. [Kopftit.]
21.

Satzungen *der Klotz-Stiftung am Königl. Gymnasium in Leipzig.* Leipzig, Druck v. A. Edelmann, Univ.-Buchdr., 1896; 5—6 S. 4.
Leipzig, k. G, OP 1896 (550)

Satzungen des Klubs bayerischer Landwirte. München 1909.

Satzungen für den Allgemeinen Knappschafts-Verein zu Bochum. Gültig v. 1. Jan. 1900 ab. Bochum 1906. 8⁰
[Dasselbe.] Gültig v. 1. Juli 1908 ab. [Nebst] Nachtr. Dortmund 1908. 8⁰

Satzungen der Kollekten-Kommission für die Diözese Hanau. (Genehmigt v. Kgl. Konsist. in Cassel.) *(Hanau [1903]: Waisenhaus.)* (2 Bl.) 8⁰ [Kopft. ℑ.] [illegible] 4

Satzungen der Deutschen Kolonialgesellschaft. *Berlin: Selbstverl. 1898.* (18 S.) 8⁰ [Umschlagt. ℑ.] [illegible] 9

Satzungen der Kommerzienrat Adalbert Colsman-Stiftung für Schülerreisen und -Wanderungen. S. 13–14. 4.
Progr. Realprogymn. i. E. *Langenberg, Rhld.* 1909 (661)

Satzungen des Kunstgewerbe-Vereins Königsberg i. Pr. *(Königsberg 1900.)* (11 S.) 8⁰ [Umschlagt.] [illegible] 10

Satzungen der König-Wilhelm-Stiftung zur Unterstützung hülfsbedürftiger Studirender. [Bonn 1885: Georgi.] 4 Bl. 8⁰ [Umschlagtit.]

[Dasselbe.] gegründet von Herm. Graf v. Salm-Hoogstraeten. Ebendas. [1899]. 4 S. 8⁰
Die Stiftung wurde 1840 von den Logen in Bonn, Düsseldorf, Koblenz und Solingen gegründet; das Kuratorium hat seinen Sitz in Bonn.

Satzungen des Akademischen Concertvereins zu Marburg. Gegründet am 31. Oct. 1881 ... *Marburg 1901: R. Friedrich.* (10 S.) 8⁰ [illegible] 4

Satzungen der Krankenhilfskasse für die Studentenschaft der Kgl. Technischen Hochschule zu Danzig. [Entwurf. 1905.] — [Dasselbe] (v. 11. 9. 1905). 1905.

Satzungen der Akademischen Krankenkasse. *(Bonn 1903: C. Georgi.)* (7 S.) 8⁰ [Kopft.] [ℑ.]
(Nicht für den Austausch)

Satzungen für die akademische Krankenkasse der Königlichen Christian-Albrechts-Universität zu Kiel. (Kiel 1909: Schmidt & Klaunig.) 2 Bl. 8⁰ [Kopft.] [U 10. 2408
(Nicht für den Austausch)

Satzungen der akademischen Krankenkasse (der Handels-Hochschule in Köln). *Köln: Kölner Verl.-Anst. & Dr. 1901.* (7 S.) 8⁰ [ℑ.] [illegible] 5

Satzungen der Akademischen Kranken-Kasse der Kgl. Technischen Hochschule zu Berlin. [Entwurf.] — [Dasselbe] v. 21. 6. 1904. 1904.

Satzungen der Krankenkasse für die Kgl. Pulverfabrik bei Hanau. Gültig v. 1. Jan. 1905. Hanau (1905): Waisenhaus. (34 S.) 8⁰ [ℑ.] [illegible] 4

Satzungen der Krankencasse für die Studentenschaft der Herzogl. technischen Hochschule zu Braunschweig (v. 10. 10. 1889).

Satzungen der Krankencasse für die Studentenschaft der Herzogl. technischen Hochschule zu Braunschweig. Vom 29. 3. 1893.

Satzungen der Krankencasse für die Studentenschaft der Herzogl. technischen Hochschule zu Braunschweig. Vom 26. 2. u. 18. 3. 1895. *Br*

Satzungen der Krankencasse für die Studentenschaft der Herzogl. technischen Hochschule zu Braunschweig. Vom 1. 7. 1897. *Br*

Satzungen der Krankencasse für die Studentenschaft der Herzogl. technischen Hochschule zu Braunschweig. Vom 27. 3. 1899 (nebst Nachtrag zu § 8 v. 8. 7. 1902). — [Neudr. mit in den Text aufgenommenem Nachtr.]

Satzungen der Krankenkasse für die Studentenschaft der Herzogl. Technischen Hochschule zu Braunschweig (v. 27. 6. 1906). 1906.

Satzungen der Krankenkasse für die Studentenschaft der Herzogl. Technischen Hochschule zu Braunschweig. Vom 23. 3. 1909. 1909.

Satzungen der Krankenkasse der Studentenschaft der Kgl. Technischen Hochschule zu Hannover (v. 8. 8. 1894).

Satzungen der studentischen Krankenkasse der Königlichen vereinigten Friedrichs-Universität Halle-Wittenberg. *Halle a. S. 1900: Waisenhaus.* (8 S.) 8° [𝔉.] [01. 3119 3

Satzungen für die Krankenkasse der Studierenden und Hörer der Kgl. Technischen Hochschule (v. 22. 3. 1906).

Satzungen für die Krankenkasse der Studierenden der K. Technischen Hochschule Stuttgart (v. 11. 1. bezw. 8. 2. 1901). 1901.

2771. [Dasselbe] (v. 19. 9. u. 24. 10. 1902). 1902. *S LB*

2772. [Dasselbe] (v. 23. 9. 1903). 1903. *S LB*

Satzungen für die Krankenkasse der Studierenden der K. Technischen Hochschule Stuttgart (v. 19. 3. 1906). 1906. — [Dasselbe.] 1908. — [Dasselbe mit kleinen Änderungen.] 1912. *1906: S LB*

Satzungen d. freiw. Krankenträger-Korps d. Karlsruher Männer-Hilfsvereins. Karlsruhe 1882.

Satzungen des Kranken-Vereins der Studierenden der Kgl. Technischen Hochschule zu Berlin (v. 1. 10. 1893). *Be*

[Dasselbe] (v. 1. 10. 1894). [Nebst] Nachtraegliche Aenderungen (v. 1. 4. 1895). *Be**

„Satzungen für den Credit-Verein der Baierischen Guthsbesitzer" (Aus dem Regierungsblatt abgedruckt), München 1826 (Lenthner).

„Dess Ritter-Raths Fränckischen Crayses Satzungen und Ordnungen . . . ., anno 1590", Würzburg 1714. — Vorh.: Bibl. des German. Museums Nürnberg.

Satzungen für den Kreislehrerverband des Kreises Plön. (Preetz. 1907.) 8°

Satzungen des Hanauer Kreis-Obstbauvereins. *Hanau [1901]: Waisenhaus Buchdr.* (8 S.) 8° [𝔉.] [03. 10,4 4

Satzungen des Vereins „Eisernes Kreuz" im Kgr. Bayern. München 1898. 14 S.

Satzungen für den Krieger-Verband des Regierungsbezirks Gumbinnen. *Königsberg i. Pr. 1903: Ostpr. Dr.* (2 Bl.) 8° [𝔉.] [04. 3393 10

[𝔉.] **Satzungen** des Hanauer Krieger-Vereins. Gegr. am 28. Oktober 1873. *Hanau: Waisenhaus-Buchdr. (1898).* (12 S.) 1 Bd 8. [98. 12231 M.

Satzungen des Patriotischen Kriegervereins zu Stettin. *Stettin 1903: L. Pasenow.* (36 S.) 8° [𝔉.] [04. 5,1 9

Satzungen der [Rud.] Kühne- [Alfred] Schrobsdorff-Stiftung in Charlottenburg. [Dat.:] Charlottenburg 1908. 2 Bl. 8° [Kopftit.]

Satzungen des Kunstvereines für Kärnten. Klgft., v. Kleinmayr, 1910. 15 S.

Satzungen des Kunst-Vereins in München. München 1824. 4°.

Satzungen des Kunst-Vereines München. ‹Anerkannter Verein.› München [um 1903]: J. Gotteswinter. (16 S.) 8° [𝔉.] [03. 11, 3 8

— für die k. k. Kupferstecher-Akademie in Wien. Fol. Wien ... Trattner. 3 Bg.

Satzungen für das Kuratorium der Realschule in Barth. Barth 1910: Anthony. S. 14—16. 4°
Barth, R i. E. OP 1910 (210) [S 10. 370

Satzungen des Preussischen Landes-Kriegerverbandes in der auf dem Abgeordnetentage zu Weissenfels am 8./9. Juli 1898 beschlossenen Fassung. Genehm. durch Allerh. Kabinetsordre v. 21. Dez. 1898. Berlin: Selbstv. d. Preuss. Landes-Kriegerverbandes; (W. Moeser Hofbuchdr.) 1899. (18 S.) 1 Bd 8°

Satzungen für die Landesuniversität zu Rostock. Amtlicher Abdruck. *Rostock i. M. 1904: Adlers Erben.* (51 S.) 4° [Nicht für den Austausch]

Satzungen des Landes-Verbandes der landwirtschaftlichen Genossenschaften in Kärnten. Klgft., v. Kleinmayr, 1900. 17 S.

Satzungen des Ost- und Westpreußischen Landes-Verbandes der Arbeitgeber im Baugewerbe zu Danzig. Danzig [1904]: F. H. Boenig. (10 S.) 8° [𝔉.]
= **Gewerksblatt**, Westpreußisches. 1904. No 28, Beil. [05. 4303

⊙ **Satzungen** des Oldenburger Landesvereins für Altertumskunde und Landesgeschichte. Oldenburg. 1890. 8°. Bei: Schriften des Oldenburger Vereins für Altertumskunde etc. Tl. 1—6. 8°.

[𝔉.] Satzung des Preussischen Landes-Vereins vom Rothen Kreuz nebst der Satzg f. dessen Zweig-Vereine ... *Berlin: Dr. d. Norddeutschen Buchdr. 1898.* (70 S.) 1 Bd 8. [99. 412

Satzungen des Schleswig-Holsteinischen Landesvereins für Heimatschutz. E. V. Angenommen in der Gründungsversammlung am 15. Okt. 1908. Kiel. (1908.) 8°

Satzungen der Landwirtschaftskammer für die Provinz Brandenburg. Potsdam d. 3. Aug. 1895. 2°. *[Kopftit.]*

Satzungen für die bergmännischen Lehranstalten der Westfälischen Berggewerkschaftskasse zu Bochum. [1. Aufl.] Bochum, 1894. 8 S.
Dasselbe [2. Aufl.] Ebd. 1905. 9 S.

Satzungen für die bergmännischen Lehranstalten der Westfälischen Berggewerkschaftskasse zu Bochum. *Bochum 1894. Hoppstädter & Cie.* (9 S.) 8° [𝔉.] [06. 2468 6

Satzungen des Allgem. Schleswig-Holsteinischen Lehrer-Vereins und seiner Abteilungen sowie des Preußischen und Deutschen Lehrer-Vereins. (Glückstadt. 1908.) 8°

Breslauer Lehrerverein. 1. **Satzungen.** 2. Geschäftsordnung. (Breslau 1899): Breslauer Genossensch.-Buchdr. (20 S.) 8° [𝔉. u. Aut.] [16. 10434

Breslauer Lehrerverein. A. **Satzungen** des 'Breslauer Lehrerverein, E. V.' (Auf S. 8: B. Geschäftsordnung.) (Breslau 1904.) (10 S.) 8° [Kopft.] [07. 4645

Satzungen der Lehrer-Witwen- und Waisenkasse an dem Gymnasium zu Groß-Lichterfelde. *Groß-Lichterfelde (1902): J. Unverdorben.* (S. 41—47.) 4°
Groß-Lichterfelde. G, P 1902 (81)

Satzungen der Lehrer-Witwen- und Waisenkasse an dem Gymnasium zu Steglitz. *Steglitz 1902: E. Werner.* (6 S.) 4°
Steglitz, G. P. 1902 (90)

Satzungen der Akademischen Lesehalle zu Berlin. Berlin 1904: Buchdr. d. 'Gemeinnützigen', Gr.-Lichterfelde. (8 S.) 8° [F.] [07. 870 11

Satzungen der Akademischen Lesehalle zu Berlin. Berlin 1907: Gr.-Lichterfelder Zeitung. (8 S.) 8° [F.] [07. 6310

Satzungen der Lese- und Redehalle der deutschen Studenten in Prag. '(Abgeändert in den Vollversammlgn am 5. Juli 1893 und 6. Juli 1896.)' Prag: Lese- u. Redehalle d. deutsch. Stud. 1896. (8 S.) 1 Bd 8°

Satzungen der Innsbrucker Liedertafel, welche mit hohem Erlaß des k. k. Statthalterei-Präsidiums vom 13. Februar 1856 Nr. 694 genehmiget wurden. Innsbruck, 1856. Gedr. bei Felician Rauch. (14 S. 8.)

Satzungen der Kieler Liedertafel. Kiel. 1882. 8°

Satzungen der Liedertafel zu Ried. Ried. Druck von Josef Krän l. (8 S. 8)

SATZUNGEN (des Wissenschaftlichen Vereins Literaria, Blankenburg am Harz). (Blankenburg: Harz-Zeitung.) 8°.

Satzungen der Litteraturarchiv-Gesellschaft zu Berlin. Berlin 1892: Marschner & Stephan. (8 S.) 8°

Satzungen der Litteraturarchiv-Gesellschaft in Berlin. *Berlin: Litteraturarchiv-Ges. 1903.* (8 S.) 8° [03. 2303

Satzungen der Vollkommenen Schottischen Loge genannt: Grosse Freimaurer-Loge von Deutschland. [Leipzig 1904: Böhme & Lehmann.] 11 S. 8°. [Umschlagtit.]

Internationale Logen-Union: **Satzungen der Internationalen Logen-Union. (Niederschönhausen-Berlin.) [Nebst Einladung zum Anschluss.] o. O. u. J. 1 Bl. 2°.**

Satzungen der an der Rheinischen Friedrich-Wilhelms-Universität bestehenden Lorentz-Engels-Stiftung. *(Bonn 1903: C. Georgi.)* (3 S.) 8° [Kopft.]
(Nicht für den Austausch)

Satzungen der [Siegfr. Aug.] Mahlmann-Stiftung. [Leipzig 1896: Leiner.] 2 Bl. 8° [Kopftit.]

Satzungen der Martha Kahn-Stiftung [der Loge Friedrich zur Gerechtigkeit in Berlin]. (Errichtet zur dauernden Erinnerung an die am 5. März 1908 verstorbene Schwester Martha Kahn.) [Berlin 1908]: Denter & Nicolas. 2 Bl. 8° [Umschlagtit.]

Satzungen zu der [Friedr.] Marx-Stiftung in der Loge zu den drei eisernen Bergen in Siegen. Gegründet am Stiftungsfest den 28. Juni 1904. Siegen 1905: Vorländer. 7 S. 8°

Maschinenprüfungsamt d. Landwirtschaftskammer f. die Provinz Brandenburg. Satzungen. U. St. o. A. 3 S. P.

Satzungen des Maschinensetzer-Vereins für Ost-Deutschland. *(Königsberg i. Pr. [1902: A. Schwarz].)* (1 Bl.) 8° [Kopft.] [03. 9000 10

Satzungen, menschliche, u. göttliche Wahrheiten in Gegenüberstellung. Von e. Prediger. gr. 8. (198 S.) Tübingen 876. Lindenmaier. — 90

Satzungen des löblichen Messenbündnisses auf der Gleif oder St. Michael in Eppan Innsbruck, 1855. Druck der Wagner'schen Buchdruckerei. (16 S. 8.)

Satzungen des Militär-Hülfsvereins zu Münster i. W. Münster i. W. [1906]: G. A. Hülswitt. (8 S.) 8°

Satzungen u. Mitglieder-Verzeichnis der Ortsgruppe München des deutschen Flottenvereins. München 1903. 8 S.

Satzungen und Mitgliederverzeichnis des Vereins rheinischer Binnenschiffahrtsinteressenten. Düsseldorf, 1905. 13 S.

Verein „Rat und Tat" eingetragener Verein im Or. Hamburg. Satzungen und Mitglieder-Verzeichnis 1905. [Hamburg 1905: Krüger.] 16 S. 8° [Umschlagtit.]

[Dasselbe.] [Hamburg 1906: Hartung & Co.] 16 S. 8°

Satzungen des Straßburger Münster-Vereins. Statuts du Straßburger Münster-Verein. *Straßburg 1904: Elsäß. Dr.* (15 S.) 8° [F.] [04 ...

Satzungen der Namslau-Stiftung der Loge „Zur Treue" im Or. Berlin. [Berlin 1906: Denter & Nicolas.] 2 Bl. 8° [Kopftit.]

Satzungen des Ruder- u. Segelklub Nautilus in Klgft. Klgft., Röschnar, (1908). 8 S.

Neue **Satzungen** der Ritterschaftlichen Brand-Versicherungs-Gesellschaft zu Rostock. *Rostock 1903: C. Boldt.* (19 S.) 4° [F.] [03. 7093 2

Neue Satzungen der bei der Johannis-Freimaurerloge zu den drei Balken im Or. Münster i. W. im Jahre 1862 gegründeten Buch- und von Olfers-Stiftung zur Unterstützung von Witwen und Waisen heimgegangener Brüder vom 10. Jan. 1905. Berlin 1905: Denter & Nicolas. 5 S. 8° [Umschlagtit.]

Neue Satzungen für die Stadt-Spar-Kasse zu Rastenburg. *Rastenburg (1900): E. Ahl.* (12 S.) 8° [𝔉.] [01. 10099 10

Verein für deutsche Seeleute in Antwerpen. Neue **Satzungen.** Antwerpen [nach '07]. 4 S.

Die neuen Satzungen unsrer Witwen- und Waisenkasse. S. 59 bis 61. 4 **Progr.** Stadtgymn ehemal Ratslyceum *Stettin* 1908 (197)

Satzungen des Oratorien-Vereins in Hanau a. M. Gegründet am 12. Sept. 1848. (Hanau 1905: Waisenhaus.) (6 S.) 8° [𝔉.] [06. 4129 4

DER SCHWÄBISCHE ALBVEREIN. SATZUNGEN UND ORDNUNGEN. Geschichte und Bestand. Netz- und Gaukärtchen. Verlag. Tübingen. 1905. Druck der Buchdruckerei von Gg. Schnürlen. 8°.

Satzungen und Ordnungen des Ev. Diakonievereins, e. V., und seiner Zweiganstalten. Juli 1901. *Berlin-Zehlendorf: Ev. Diakonieverein. (1901).* (53 S.) 8° [Umschlagt. 𝔉.] [01. 8753 3

Satzungen und Ordnungen des Ev. Diakonievereins, e. V. 2. Abdr. *Berlin-Zehlendorf: Ev. Diakonieverein. 1902.* (49 S.) 8° [𝔉.] [03. 13445

SATZ- UND ORDNUNGEN einer löblichen Versamnilung Unter dem Glorreichen Nahmen Deß Heiligen Joannis, Allmosen-Gebers, und Patriarchen zu Alexandria, Welche zu Preßburg in der seinem heiligen Nahmen geweyhten, und mit dessen, allda in GOtt ruhenden Leichnam gezierten Capellen der Dom- und Collegiat-Kirchen deß Heil. Bischoffs Martini. In dem Jahr 1732, den 28. Tag Monaths Octobris, als dem Festtag der Erhöhung seines heiligen Leichnams aufgerichtet und von dem Apostolischen Stuhl bestättiget, mit beygesetztem Register aller denen Brüdern und Schwestern dieser Versammlung verlihenen Ablässen. Preßburg 1732. Gedr. b. Johann Paul Royer. (7 f.) - 150 mm

Satzungen der Deutschen Orient-Gesellschaft. *(Berlin 1902: H. S. Hermann.)* (8 S.) 8° [Kopft. 𝔉.] [03. 1354 7

[Umschlagt.:] [𝔉.] Deutscher Mässigkeitsverein des 'Blauen Kreuzes'. **Satzungen** des Ortsvereins zu ... *(Barmen. Dr. v. D. B. Wiemann [1898?].)* 2 Bl. 8. 98. 12519 B.

Satzungen der [Edm.] Ottenbruch-Stiftung [der Loge Hermann zum Lande der Berge in Elberfeld]. [Elberfeld 1891: Fastenrath.] 1 Bl. 8° [Kopftit.]

— — für die K. B. Pagerie. München 1847. 23 S. 8°

Satzungen des Vereins Lehrlingsheim Pankow. Berlin (1897): H. S. Hermann. (15 S.) 8°

Satzungen d. allgem. Pensionsanstalt d. evang. Landeskirche A. B. in Siebenbürgen. (Nach d. Beschlüssen d. VI., VIII. u. IX. Landeskirchenversammlg.) gr. 8. (II, 18 u. Zusatzbestimmgn. 6 S.) Hermannstadt 877. 92. (L. Michaelis.) n. — 30

Eckernförde: **Satzungen** der Pensionskasse für Witwen und Waisen verstorbener Mitglieder der Loge „Leuchte am Strande“ in Eckernförde. Eckernförde 1900: Schwensen. 7 S. 8° [Umschlagtit.]

Landau: **Satzungen** des Freimaurer-Kränzchens „Philipp zur Wiedervereinigung“ im Or. Landau-Pirmasens. Bayreuth 1902: Mühl. 8 S. 8° [Umschlagtit.]

[𝔉.] **Satzungen** der Turnerschaft Philippina zu Marburg. Gegründet am 6. Juni 1880. ... *Cassel: Druck v. Drewjs & Schönhoven 1897.* (1 Bl., 50 S.) 1 Bd 8. 98. 4288 R.

SATZUNGEN der Philomathie zu Reichenbach in Schlesien. 4. vervollständigte und umgearbeitete Ausgabe. Reichenbach in Schlesien 1904. Druck von C. Salzburg. 8°.

Satzungen des Krieger-Vereins Pillkallen. Pillkallen: E. Morgenroth 1905. (13 S.) 8° [𝔉.] [05. 6736 10

Satzungen der Postkrankenkasse für den Bezirk der Kaiserl. Ober-Postdirektion in Gumbinnen. Ausg. v. Jan. 1904. *Königsberg i. Pr.: Ostpr. Dr. & Verlag-anst. 1904.* (40 S.) 8° [𝔉.] [04. 3131 10

Satzungen des Prüfungsausschusses für Jugendschriften in Kiel. Kiel. 1894. 8°.

Satzungen der Alterthumsgesellschaft Prussia zu Königsberg i. Pr. *(Königsberg i. Pr. 1899: Ostpreuss. Zeitungsdruck.)* (8 S.) 8° [Kopft. 𝔉.] [00. 7335 9

Satzungen des Vereins „Rat und Tat“ [in Hamburg] eingetragener Verein. [Hamburg 1903: Garbers & Co.] 8 S. 8° [Umschlagtit.]

Nachtrag zu den **Satzungen** für das Realgymnasium zu Karlsruhe vom 12. 24. Februar 1894. *Karlsruhe 1898: Malsch & Vogel.* (S. 8.) 4° ¶ (Nachtrag zu P-Beilage 1894.)
Karlsruhe, RG (m. Kl. VI u. V eines sog. Reform-G), P 1898 (652)

Nachtrag zu den **Satzungen** des **Realgymnasiums** zu Karlsruhe vom 12. 24. Februar 1894 bezw. 24./29. Juli 1897. *Karlsruhe 1900: Malsch & Vogel.* (S. 8.) 4° ¶ [Nachtrag zur P-Beil. 1894 u. 98.]
Karlsruhe, RG ⟨m. Kl. VI—U. III e. Reform-G⟩, P 1900 (667)

Nachtrag zu den **Satzungen** des **Realgymnasiums** [zu] Karlsruhe vom 15. 22. November 1899. *Karlsruhe 1902: Malsch & Vogel.* (S. 9.) 4° ¶ [Nachtr. zu Progr. 1894. 98. 1900.]
Karlsruhe, RG (m. 6 Reformkl.), P 1902 (695)

Satzungen für das Realgymnasium in Karlsruhe. Karlsruhe, Buchdr. v. Malsch & Vogel, 1894; 9—13 S. 4.
Karlsruhe, RG, MP 1894 (621)

Satzungen für das Realprogymnasium in Ettenheim. Ettenheim, Druck v. F. X. Leibold, 1895; 3—7 S. 4.
Ettenheim, grossh. RPG, P 1895 (632)

Satzungen für die **Realschule** zu **Gevelsberg** (vom 13. Juli 1898). *Gevelsberg (1899): Ph. Baltin.* (S. 3—4.) 4° [F.]
Gevelsberg i. W., st. R, P 1899 (401)

Satzungen für die Realschule zu Gevelsberg. 4 (S. 3—4). 4 (S. 22—23).
Progr. Städt. Rsch. *Gevelsberg i. W.* 1899 (401). 1900 (406).

Satzungen der **Rebeling-Stiftung** (der **Unterrichts-Anstalten** des Klosters St. Johannis zu Hamburg). *Hamburg 1900: Lütcke & Wulff.* (S. 48—49.) 4°
Hamburg, Unterrichts-Anstalten d. Klosters St. Johannis, HM u. Sm f. Lehrerinnen an HM, OP 1900**

Satzungen des Grossdeutschen Reform-Vereines in Mün[illegible] dato München, d. 15. Novbr. 1862). 2 Bll. 8°. [illegible]

Satzungen für das **Regimentshaus** Infanterie-Regiments **Hessen-Homburg** No 106. *(Hanau 1902: Waisenhaus-Buchdr.)* (16 S.) 8° [F.] [03. 7296 4

Satzungen u. **Reglements** des **internationalen Luftschiffer-Verbandes** I. L.-V. (**Fédération aéronautique internationale**) (F.A.I.), **begründet** am 14. X. 1905. Aus dem Franz. übertr. von Eberh. v. Selasinsky u. Herm. Stade. Mit e. Nachtrag: Reglement für den Gordon-Bennett-Preis. (153 S.) kl. 8. **Strassburg** 908. K. J. Trübner. 2. —

Satzung des Reichsverbandes altkatholischer Jungmannschaften. Hrsg. v. Verbandsvorstande. München 1906: Bach. 13 S. 8°
(Reichsverband altkath. Jungmannschaften. Broschure Nr 1.)

Satzung des Reichsverbandes altkatholischer Jungmannschaften. 2. Ausg. Kempten & München: Reichsverband alt-kath. Jungmannschaften 1909. 15 S. 8°
(Schriften d. Reichsverbandes alt-kath. Jungmannschaften. H. 1.)

Satzungen des Reichsvereins f. vaterländische Festspiele, Dresden, 11 S., 8°.

Revidirte Satzungen der von der Loge Carl zum Lindenberg in Frankfurt am Main gegründeten Unterstützungs-Anstalt. Frankfurt a. M. [1893]: Weisbrod. 8 S. 8° [Umschlagtit.]

Satzungen f. e. kleineren Rindviehversicherungsverein auf Gegenseitigkeit, s. **Veröffentlichungen** der Landwirtschaftskammer f. die Rheinprovinz. 1904, Nr. 1.

Satzungen für einen kleineren Rindviehversicherungsverein auf Gegenseitigkeit. ⟨Gemäß d. Vorschriften d. Reichsgesetzes über d. privaten Versicherungsunternehmungen v. 12. Mai 1901.⟩ Bonn: Landwirtschaftskammer f. d. Rheinprov. 1904. (15 S.) 8° [F.]
= **Veröffentlichungen** d. Landwirtschaftskammer f. d. Rheinprovinz. 1904, No 1. [06. 3777

SATZUNGEN der Rosenkranzbruderschaft. In: Der kath. Christ. Jg. 12. 1859. Bd. 2. Nr. 12 v. 23. IX. 1859, S. 92-94.

Satzungen des „Rosen Quartett". Entw. im Febr. 1897; rev. im Febr. 1898. [Hamburg 1898]: Krüger & Nienstedt. 6 S. 8° Rekt. Kneisner, Hamburg.

Satzungen und Ruderordnung der Ruderriege der Turngemeinde in Berlin, u. kurzer Anleit. z. Rudern, v. 1. 1. 1897, Berlin, 15 S., 16°.

Ruder-Verein des **Realgymnasiums** zu Dortmund. **Satzungen.** *Dortmund 1900: W. Crüwell.* (S. 23.) 4° [F.]
Dortmund, st. RG, P 1900 (395)

Satzungen des Nationalfest-Vereins Rüdesheim, Rüdesheim, 4 S., 8°.

Satzungen des Ruhr-Turnerbundes in Winz bei Hattingen vom 9. 12. 1863, revid. 22. 10. 1864, Essen 1865, 8 S., Kl.-8°.

Satzungen der Safata-Samoa-Gesellschaft. o. O. (1904). 18 S. 8° [Kopft.]

Satzungen des Märkischen Sängerbundes (vom 3. 9. 1899. Nachtrag 1901). (Berlin 1901.) (8 S.) 8° [07. 6311

Satzungen der Pfälzischen Sanitäts-Colonne, Speyer 1875, 14 S., Kl.-8°.

Satzungen der freiwilligen Sanitätskompagnien der Pfalz, Kirchheimbolanden 1872, 10 S., 8°.

Bautzen: **Satzungen** der St. Johannis-Loge zur goldenen Mauer in Bautzen. [Dat. v. 31. Dez. 1888.] [Bautzen 1889: Monse.] 20 S. 8°
Nebst den Satzungen der Witwen- u. Waisen-Kasse der Loge.

— u. **Schießregeln** des Schießvereins deutscher Jäger nebst e. Entwurf zu Sonderbestimmungen u. kurzen Winken bei Anlage v. Schießständen. 2. Aufl. (68 S. m. Abbildgn.) kl. 8. Neudamm 904. J. Neumann. n. — 60

Satzungen der Schlachtvieh-Versicherungsgesellschaft. [Aus: „Strauch, die Schlachtversicherg."] gr. 8. (16 S.) Bremen 895. M. Heinsius Nachf.) n. — 20

Satzungen des Club **Schlaraffia** zu Hanau a. M. *Hanau 1902: Waisenhaus-Buchdr.* (6 S.) 8° [F.] [03. 7297 4

Satzungen des Fideikommißvereins Schleswig-Holstein. (Kiel 1910.) 8°

Satzungen der Landes-Versicherungsanstalt Schleswig-Holstein. Kiel. (1899.) 8°

SATZUNGEN des Heidelberger Schloss-Vereins. Heidelberg, Juli 1892. (Ohne bes.

Satzungen für die Schülerabteilung des Ruderklubs „Dessau". ([Unterzeichnet:] Die Direktion des Herzogl. Friedrichs-Gymnasiums ...) Dessau, Hofbuchdr. v. C. Dünnhaupt, 1896; 14—15 S. 4.
Dessau, herz. Friedrichs-G, OP 1896 (698)

Satzungen des Allgemeinen Deutschen **Schul-Vereins** zur Erhaltung des Deutschthums im Auslande. ⟨Nach d. Beschlüssen d. Vertretertages in Jena am 14. Juli 1897.⟩ *(Berlin 1897: P. Stankiewicz.)* (8 S.) 8° [F.] [03. 4163

Satzungen des Allgemeinen Deutschen **Schul-Vereins** zur Erhaltung des Deutschthums im Auslande. ⟨Eingetr. Ver.⟩ ⟨Nach d. Beschlüssen d. Vertretertages in Darmstadt vom 5. Juni u. d. Hauptvorstandes vom 24. Nov. 1900.⟩ *(Berlin 1901: C. Salewski.)* (8 S.) 8° [F.] [03. 4164

Satzungen des Deutschen Schulvereins u. der deutschen Schule in Caracas. Caracas '01. 8 S.

*Satzungen des Deutschen Schützenbundes, gegr. 11. 7. 1861, Gotha 1861, 16 S., 8°.

Satzungen der Schützengesellschaft zu Bielefeld. Bielefeld, 1909. 646

Satzungen der Schützen-Gesellschaft in Pforzheim. Pforzheim, Klemm, 1895, 29 S. 2217

Satzungen der Schützengilde zu Vetschau i. J. 1651 [Niederlausitz]. Gubener Tageblatt, 1899, Nr. 57. 2784

Satzungen des bayerischen Schützenvereins, gegründet am 9. Oktober 1862. München, 1862, 16 S. 1968

Satzungen des Schützen-Vereins zu Cassel. Festgest. in d. General-Versammł. vom 7. Febr. 1890. *Cassel [1903?]: (W. Schlemming).* (14 S.) 8° [Umschlagt.] [03. 1106] 4

Satzungen des Akademischen Schutzvereins. *Leipzig [1903]: A. Edelmann.* (2 Bl.) 8° [Kopft.] [03. 1135] 7

Satzungen des Württembergischen Schwarzwald-Vereins. Gegründet am 23. Nov. 1884. 3. Ausg. Revid. 1895 u. 1897. *Stuttgart: A. Bonz [1900?].* (12 S.) 8° [F.] [01. 3450

Satzungen der Genossenschaft Schwerter-Heim zu Dresden. [Dresden 1894: Ramming.] 6 S. 8⁰ [Kopftit.]

Satzungen des Schwesternkränzchens der Loge Reuchlin. [Pforzheim 1889: Bode.] 3 S. 8⁰ [Kopftit.]

Iserlohn: **Satzungen** für die Stiftung „Schwesterntrost" der Freimaurerloge „Zur Deutschen Redlichkeit" Or.·. Iserlohn. [Dat.:] Iserlohn 1888. 7 S. 8⁰ [Umschlagtit.]

Mülhausen i. Els.: **Satzungen** des Schwesternvereins der Loge „Zur Säule an den Vogesen" in Mülhausen i. Els. [Mülhausen 1889: Brinkmann.] 1 Bl. 8⁰ [Kopftit.]

[Kopft.:] [F.] Satzungen für den Christlichen Soldatenbund. *[Elberfeld: Westdeutscher Jünglingsbund 1895.]* (7 S.) 1 Bd 8. [96. 3:0

Burg: **Satzungen** der mit der Freimaurerloge Adamas zur heiligen Burg im Or. Burg verbundenen Sparkasse nebst Witwen- und Waisenkasse. Burg b. M. 1903. [Fischer.] 10 S. 8⁰ [Umschlagtit.]

Satzungen für die Sparkasse der Residenzstadt Bückeburg. Bückeburg (1905). 8⁰.

Satzungen der kärntnerischen Sparkasse in Klgft. Klgft., v. Kleinmayr, 1909. 31 S.

Satzungen für die Meinser Sparkasse, Kreissparkasse des Kreises Bückeburg. (Bückeburg 1905.) 8⁰. *[Kopftit.]*

Satzungen für die Nordsehler Sparkasse, Kreissparkasse des Kreises Stadthagen. O. O. (1906). 8⁰. *[Kopftit.]*

Satzungen der Preetzer Spar- und Leihkasse. Preetz 1900: J. M. Hansen. (16 S.) 8° [F.] [07. 17788

Satzungen für die Sparkasse der Stadt Stadthagen. (Stadthagen 1907.) 8⁰.

Satzungen der Städtischen Sparkasse zu Cassel. *Cassel 1902: Gebr. Landsiedel.* (24 S.) 8° [F.] [03. 58;6

Satzungen für die Sülbecker Sparkasse, Kreissparkasse des Kreises Bückeburg. (Bückeburg 1905.) 8⁰. *[Kopftit.]*

Satzungen des Mittelrheinischen Spielverbands, 1 Bl., 8⁰.

Satzungen des Sport-Vereins zu Groß-Flottbek. E. V. Altona (1903): H. W. Köbner & Co. (8 S.) 8° [F.] [07. 17376 8

SATZUNGEN des allgemeinen deutschen Sprachvereins. 1886. (Druck von Joh. Heinr. Meyer in Braunschweig.) 8⁰.

SATZUNGEN des allgemeinen deutschen Sprachvereins. Genehmigt von der zweiten Hauptversammlung zu Kassel, am 29. September 1888. (Braunschweig, Druck von Joh. Heinr. Meyer.) 8⁰.
Titelbl.) 8⁰.

Satzungen des Deutschen Städtetages. (Dresden [1905]: Dr. Güntzsche-Stiftung.) (8 S.) 4⁰

Mannheim: **Satzungen** des Wittwen- & Waisen-Unterstützungs-Vereins „Stärke durch Eintracht" in Mannheim. Mannheim 1867: Schneider. 14 S. 8⁰ [Umschlagtit.]

[Dasselbe.] [Dat.:] Mannheim 1908. 12 S. 8⁰

[Umschlagt.:] **Satzungen** des Gabelsbergerschen Stenographen-Vereins zu Crefeld nebst Bücher-Verz. u. Bücherei-Ordng. *Crefeld: G. A. Hohns 1897.* (16 S.) 1 Bd 8. [97. 7:01

Prenzlau: **Satzungen** der bei der St. Johannis-Loge „Zur Wahrheit" im Or. zu Prenzlau bestehenden Sterbekasse. Prenzlau 1904: Mieck. 10 S. 8⁰ [Umschlagtit.]

Satzungen der Sterbe-Kasse der im Or. zu Berlin arbeitenden Johannis-Logen der Gr. National-Mutter-Loge in den preussischen Staaten, gen. Zu den drei Weltkugeln. Berlin 1901: Hoenig. 16 S. 8⁰ [Umschlagtit.]

Sonderburg: **Satzungen** der Sterbekasse der Loge „Zur Festen Burg am Alsensund [in Sonderburg]. [Sonderburg 1890.] 2 Bl. 8⁰ [Kopftit.]

Satzungen der Sterbe-, Wittwen- und Waisenkasse bei der Freimaurerloge Ferdinand zum roten Adler im Or. Neu-Ruppin. Neu-Ruppin 1903: Buchbinder. 11 S. 8⁰ [Umschlagtit.]

Satzungen des Sterbekassen-Vereins der Johannis-Loge „Hermann zum Lande der Berge" im Or. Elberfeld. [Elberfeld 1893: Fastenrath.] 4 S. 8⁰ [Kopftit.]

Satzungen des Sterbekasse-Vereins der Logen Karl zum Rautenkranz in Hildburghausen und Charlotte zu den drei Nelken in Meiningen. [Hildburghausen 1898: Gadow & S.] 3 S. 8⁰ [Kopftit.]

Satzungen für den Sterbekasse-Verein der Loge Ludewig zur Treue zu Giessen. Beschlossen in der Generalversammlung vom 8. Juni 1906. Giessen 1906: Weinert. 7 S. 8⁰ [Umschlagtit.]

Satzungen des Sterbekassen-Vereins der Joh. Loge „Minerva-Rhenana" zu Cöln am Rh. [Köln a. Rh.] 1906: Walbeck]. 10 S. 8⁰ [Umschlagtit.]

Satzungen des Sterbe-Kassen-Vereins von Mitgliedern der Freimaurer-Logen in Dresden. Hrsg. vom Verwaltungs-Ausschuss auf Grund der Genehmigung der General-Versammlung vom 26. Sept. 1897. Dresden [1897]: Heinrich. 8 S. 8⁰ [Umschlagtit.]

Satzungen des erweiterten Kreis-Kriegerverbandes Stettin-Randow. Gemäß d. Beschluß d. Verbandstages v. 7. Mai 1905. Stettin (1905): L. Pasenow. (12 S.) 8° [Ü.] 06. 338: 9

Satzungen für die von der Loge zum wiedererbauten Tempel der Bruderliebe in Worms ins Leben gerufene Stiftung zur Weckung und Förderung geistigen Strebens. [Worms 1875: Boeninger.] 2 Bl. 8⁰ [Kopftit.]

Barmen: **Satzungen** der mit der □ Lessing in Barmen in Verbindung stehenden milden Stiftung. Barmen [1897]: Hoesch. 7 S. 8⁰ [Umschlagtit.]

Satzungen *der Stiftung früherer Schüler am kgl. Gymnasium zu Marburg.* Marburg, Univ.-Buchdr. (R. Friedrich), 1895; 35—36 S. 4.
Marburg, k. G, P 1895 (403)

Satzungen der „Stiftung früherer Schüler" [am Königlichen Gymnasium zu Weilburg]. *Weilburg (1898): A. Cramer.* (32—33 S.) 4°
Weilburg, k. G, P 1898 (410)

Satzungen der Stiftung zur Unterstützung von Brüdern der Freimaurerloge zum „Morgenstern" eingetragener Verein in Hof. [Hof 1905: Mintzel.] 7 S. 8⁰ [Umschlagtit.]

Satzungen der milden Stiftungen der Freimaurerloge zu den drei Degen in Halle a. S. Halle a. S. 1904: Gebauer-Schwetschke. 47 S. 8⁰

Satzungen der Stiftungen der St. Johannisloge „Zum Flammenden Stern" Or. Berlin. [Berlin 1904: H. Schmidt.] 42 S. 8⁰

Satzungen *des Stipendienfonds für Abiturienten des Realgymnasiums und der Oberrealschule in Charlottenburg.* Charlottenburg, Druck v. R. Münch, 1896; S. 18. 4.
Charlottenburg, st. RG, P 1896 (100)

Satzungen des Stipendienfonds für Abiturienten des Realgymnasiums und der Oberrealschule in Charlottenburg. 4 (S. 18)
Progr. Stadt. Rg. Charlottenburg 1896

Satzungen des Stipendienfonds des Lehrerinnenseminars der Unterrichtsanstalten des Klosters St. Johannis zu Hamburg. *Hamburg 1900: Lütcke & Wulff.* (S. 50—52.) 4°
Hamburg, Unterrichts-Anstalten d. Klosters St. Johannis, HM u. Sm f. Lehrerinnen an HM, OP 1900**

Satzungen für den Studenten-Ausschuss der Königlichen Universität zu Greifswald. Greifswald 1896: C. Sell. (6 S.) 8⁰

Satzungen der Studentenschaft der Herzogl. Technischen Hochschule „Carolo-Wilhelmina" zu Braunschweig (v. 28. 2. 1907). 1907. — [Neudr.] 1909. *1907: Br*

Satzungen der Königsberger Freien Studentenschaft Königsberg i. Pr. 1904: Hartung. 8 S. 8⁰

Satzungen der Leipziger Freien Studentenschaft ⟨Finkenschaft⟩ Leipzig 1907: Günther, Kirstein & Wendler. 15 S. 8° [Umschlagt.]
II. 7716

Satzungen des Studenten-Verbandes an der Kgl. Techn. Hochschule zu Hannover. [Folgt: 1.] Geschäfts-Ordnung. [2.] Satzungen des Arbeitsamtes. 1905.

— **Studienpläne, Prüfungsvorschriften u. Stipendien der Universität Würzburg. Ergänzung zum Würzburger akadem. Taschenbuche. 16. (S. 19—106.) Würzburg 894. Ballhorn & Cramer. — 45**

Satzungen für die Studirenden der Herzogl. Techn. Hochschule Carolo Wilhelmina zu Braunschweig (v. Nov. 1894). 1895. (Enth.: A. Satzungen für die Studenten-Versammlungen. B. Satzungen für den Ausschuß der Studirenden. [C.] Lesezimmer-Ordnung.) *Br*

Satzungen für die Studirenden der Herzogl. Techn. Hochschule Carolo Wilhelmina zu Braunschweig (v. Dez. 1899). *Br*

Satzungen der Studierenden der Kgl. Technischen Hochschule zu Berlin (v. 6. 10. 1893). *Be**

Satzungen der Studierenden der Kgl. Technischen Hochschule zu Berlin (v. 28. 2. 1896). *Be**

Satzungen für die Studirenden der (8., 16., 17. Abdr.: K. bayer.) Technischen Hochschule zu München (v. 3. 10. 1877). ⟨6. rev. Abdr.⟩ 1877. [Folgt:] Allgemeine Gebührenordnung v. 3. 10. 1877. Inscriptions-Ordnung. — ⟨7. Abdr.⟩ 1878. — ⟨8. Abdr.⟩ 1880. — ⟨10. Abdr.⟩ 1883. — ⟨12. Abdr.⟩ 1889. — ⟨15. Abdr.⟩ 1895. — ⟨16. Abdr.⟩ 1896. — [17. Abdr. mit Änderungen.] 1897. [1.—5. Abdr. s. Nr 2293.]

Satzungen für die Studierenden an den Hochschulen des Kgr. Bayern. Würzburg 1827. 28 S.

— **f. die Studierenden an den königl. bayerischen Lyceen. 12. (24 S.) München 891. R. Oldenbourg, Abteilg. f. Schulbücher.** n.n. — 20

— **f. die Studierenden an den königl. bayerischen Universitäten. 12. (32 S.) Ebd. 891.** n.n. — 25

— f. d. Studierenden an d. kgl. bayer. Universitäten. 12. (32 S.) München 895. R. Oldenbourg, Abteilg. f. Schulbücher. n.n. — 25

Satzungen für die Studierenden und Zuhörer der K. bayer. technischen Hochschule zu München nebst Gebühren- und Inskriptions-Ordnung. Vom 14. 9. 1899. 1899. — [Dasselbe.] Vom 14. 9. 1899 u. 7. 10. 1901. 1901. — [Neudr.] 1903. 1907.

Satzungen für die Studierenden und Zuhörer d. K. Bayer. Technischen Hochschule zu München nebst Gebühren- und Inskriptions-Ordnung. [Entwurf.] — [Endgültige Fassung] (v. 25. 9. 1907). 1907. — [Neudr.] (Gebühren-Ordnung v. 20. 8. 1909.) 1909. — [Rev. Ausg.] (Gebühren-Ordnung v. 16. 10. 1911.) 1911. *Entwurf: M*; 1907: M*

Württembergischer Schwarzwaldverein. **Satzungen** des Bezirksvereins Stuttgart. 2. Ausg. Festgestellt in d. Hauptversammlung vom 20. Febr. 1900. *Stuttgart: A. Bonz 1900.* (9 S.) 8° [F.]

Satzungen der Turnerschaft Teutonia. Gegründet am 6. Juli 1884 zu Greifswald. Greifswald 1901: J. Abel. (51 S.) 8° [F.]

Satzungen des Hanauer Thierschutzvereins. *Hanau [1901]: Waisenhaus Buchdr.* (7 S.) 8° [F.]

Satzungen von Turnbezirken und Gauen, Statuten des Braunschweigischen Turnbezirks, Satzungen für den Gauverband der Turnvereine im nördlichen Oberfranken, Grundgesetz des pommerschen Oberturngaues, Elbgauverband der M. T. V. Schmiedeberg, Kemberg u. Wittenberg, Statuten des Westreicher Gauverbandes u. der T. V. Baumholder, Merzig, Neunkirchen, Saarbrücken, St. Wendel u. Trier am 22. 9. 1862 gegründet, Statuten für den Unter-Elb-Bezirk, Statuten des Hellweg-Märkischen Gau-Verbandes, Statut für den Neupommerschen Turngauverband, Geschäftsordnung des pfälzischen Turnerbundes, Hs., 4°.

Satzungen des Oberrheinischen Turnerbundes, 1. — für die Vereine des Oberrheinischen Turnerbundes nach Beschluß des Turntages v. 28. 12. 1862, 14. 9. 1863 u. 1873, Pforzheim u. Heidelberg, 8°. 2 Bde.

Satzungen des schwäbischen Turnerbundes, 1 S., 16°.

Satzungen der Berliner Turnerschaft. ⟨Korporation durch Kgl. Verleihung.⟩ Angenommen durch Beschluß d. Hauptversammlung v. 30. Mai 1870 u. geändert durch d. Beschlüsse v. 15. Dez. 1884, 13. Juli 1892 u. 18. Mai 1904. Berlin 1905: P. Lenz. (24 S.) 8° [F.]

Satzungen des Nordwestdeutschen Turnlehrer-Vereins, 1 S., 8°.

Satzungen des Turnspiel-Vereins zu Leipzig, 1 Bl., 8°.

Satzungen der Turnstiftung *am Gymnasium in Mühlhausen i. Thür.* Mühlhausen i. Th., Druck v. E. W. Röbling, *1896*; 21 22 S. 4.

Mühlhausen i. Thür., G u. RPG, OP 1896 (246)

Satzungen des Turn-Vereins der Marburger Ober-Realschule. *(Marburg [1901 ?]: J. Hamel.)* (2 Bl.) 8° [Kopft. F.] 4

Schweizerischer Buchhändler-Verein: Satzungen und Uebereinkunft. — Der schweizerische Buchhandel. (Von Dr. phil. h. c. J[acques] Huber in Frauenfeld.) — Chronik des Buchhändlervereins. (1849—1900.) Ausgabe vom Jahr 1901. II + 70 S. 8. (Frauenfeld, Huber & Co.)

Satzungen der freiwilligen Unfallkasse für den Wuppertaler Turngau vom 10. 3. 1907, 4 S., 8°.

Satzungen der Unfallkasse des Kreises IIIc der D. T. vom 10. 10. 1910 u. 7. 10. 1917, 4 S., 16°.

Satzungen der Unfallkasse der Berliner Turnerschaft, 2 S., 8°.

Satzungen der Unfallkasse der Pfälzischen Turngaue von 1883 u. 1903, 8°. 2 Bde.

Satzungen der Unfallkasse des Weiße-Elster-Gaues, Schleiz 1907, 8 S., 8°.

Heilbronn: **Satzungen** des Vereins Unterstützungs-Anstalt zur „Humanität“ Freimaurerloge Karl zum Brunnen des Heils in Heilbronn. [Heilbronn] 1900: Weber. 8 S. 8° [Umschlagtit.]

Bayreuth: **Satzungen** der Unterstützungs-Anstalt für Wittwen und Waisen heimgegangener Brüder der ger. u. vollk. St. Johannis-Loge Eleusis zur Verschwiegenheit im Or. Bayreuth. 2. Redaction am 24. Sept. 1875. [Bayreuth 1875:] Burger. 12 S. 8° [Umschlagtit.]

Satzungen des von der Loge Carl zum aufgehenden Licht in Frankfurt a. M. errichteten Unterstützungs-Fonds. (Nebst einem Anh., die Satzungen der Kreusser-Stiftung enthaltend.) Frankfurt a. M. 1888: Mahlau & Waldschmidt. 17 S. 8° [Umschlagtit.]
[Dasselbe.] Satzung . . . Frankfurt a. M. 1905: Baumbach. 20 S. 8°

[Kopft.:] [F.] **Satzungen** für die academische **Unterstützungs-Kasse** der Universität Greifswald. [= Vorschriften f. d. Studirenden, 39–41 S.] *Greifswald, Buch- u. Steindr. J. Abel, 1893;* 38a–38d S. 8.

Altona: **Satzungen** der Unterstützungskasse der St. Andreas ⊠ Concordia zu Altona. [Altona 1890.] 2 Bl. 8°. [Kopftit.] [Lith.]

Blankenese: Unterstützungs-Kasse der Joh.-Loge Eintracht an der Elbe in Blankenese. [**Satzungen**] [Dat.:] Blankenese 18. Febr. 1909. 2 Bl. 8° [Umschlagtit.]

Satzungen für die Unterstützungs-Kasse der Loge „Friedrich zur Gerechtigkeit“ im Or. Berlin. Beschlossen in der Logen-Versammlung vom 1. Nov. 1893. [Berlin 1893:] Denter & Nicolas. 2 Bl. 8° [Umschlagtit.]

Concepcion: Loge „Glück-auf“ [in Concepcion]. **Satzungen** der Unterstützungskasse der Loge „Glück-auf“ gegründet am 7. April 1904. Concepcion (Chile) [1904]. 7 S. 8° [Umschlagtit.]

Satzungen der Unterstützungs-Kasse der Johannis-Loge „Zur Eintracht“ Or. Berlin. Berlin [1900]: Denter & Nicolas. 6 S. 8° [Umschlagtit.]

Regensburg: **Satzungen** der Unterstützungs-Kasse für Schwestern, Wittwen u. Waisen heimgegangener Brüder der ger. und vollk. Johannisloge „Walhalla zum Aufgehenden Licht“ im Or. Regensburg. Genehmigt am 18. Dez. 1907. [Bayreuth 1908: Handelsdr.] 14 S. 8°
in: Haus-Gesetze d. L. Walhalla, Regensburg. [1908.]

Satzungen für eine Unterstützungskasse auf Todesfall der Brüder der Loge zum Pilgrim [in Berlin]. Laut Logenbeschluss vom 5. Febr. 1906. 3. Veränderung. [Nebst] Nachtr. Berlin 1906–[1910]. 7. S 8°
Nachtr. 1910.

Satzungen der Unterstützungskasse für verunglückte schlesische Turner vom 30. 9. 1883, Schweidnitz, 9 S., 8°.
— Turner und Turnerinnen d. II. dtsch. Turnkr. (Schlesien) v. 8. 5. 1907, Breslau 1907, 14 S. 2 Bde.

Satzungen der Unterstützungskasse des Henneberger Turngaues, 3 S., 8°.

Satzungen der Unterstützungskasse, früher Unfallkasse im Nordostthüringischen Turngau vom 25. 4. 1880, Halle 1880, 8°.
— in: D. Unfallkasse u. Unfälle d. Turnbetrieb im —, S. 7, Anl. A, Leipzig 1896.
— Mitt. a. d. Nordostthüring. Turngau v. 7. 4. 1901, S. 2, Merseburg.
— m. Zusatz v. 1909. 4 Bde.

Satzungen des Unterstützungs-Vereins der *herrschaftlichen Diener* in . . . . München. 1853. Druck von J. Deschler in der Vorstadt Au. 8°. Polizei-Expl. m. Roth- u. Bleistiftstrichen. 30 S. Cart.

Satzungen d. Unterstützungsvereins f. d. Hinterbliebenen d. Offiz., Sanit.-Offiz. u. ob. Beamten. München 1899.

SATZUNGEN des Verbandes von Arbeitgebern im bergischen Industriebezirk. Sitz Elberfeld. (o. O. o. J. o. Dr.) 8°

Satzungen des Verbandes rheinisch-westfälischer Betriebskrankenkassen zu Essen-Ruhr. Essen-Ruhr, 1905. 8 S.

Satzungen des engeren Verbandes der 4 Oberlausitzer Johannis-Logen: a) zur goldenen Mauer in Bautzen, b) zur gekrönten Schlange in Görlitz, c) Isis in Lauban, d) Friedrich August zu den 3 Zirkeln in Zittau. Gültig vom 1. Okt. 1904. Görlitz: Görlitzer Nachrichten u. Anzeiger 1904. 11 S. 8° [Umschlagtit.]

Satzungen des Verbandes der Geflügelzüchter-Vereine in der Provinz Ostpreußen. Königsberg i. Pr. 1905: Ostpr. Dr. (7 S.) 8° [F.] 05. 9996 10

Satzungen des Verbandes der Geflügelzuchtvereine des Münsterlandes (vom 29. Sept. 1901). Münster (1901): Der Westfale. (8 S.) 8°

Satzungen des Internationalen ständigen Verbandes der Schiffahrts-Kongresse, revidiert im Jahre 1906. [Brüssel, 1906.] 10 S.

Dasselbe. Ausg. 1907. Ebd., 1907. 10 S.

Satzungen für den Nordelbischen Verband der christlich gesinnten Arbeitervereine. Wandsbeck. (1900.) 8°

Angeb.: **Satzungen** des Verbandes Schleswigscher Ostseebäder und Verkehrsvereine. Flensburg. 1902. 8°

Satzungen für den Verband deutscher Studenten-Gesang-Vereine. *(Freiburg i. B. [1903?]: Ch. Lehmann.)* (10 S.) 8° [Kopft.] 03. 16135 2

Satzungen des Verbandes Deutscher Studenten-Gesangvereine. ⟨Sondershäuser Verband.⟩ *Marburg a. L. 1903: H. Bauer.* (11 S.) 8° [F.] 03. 3844 4

Satzungen für den Verband der Studentenschaft an der Kgl. Technischen Hochschule zu Dresden. Genehmigt 21. 2. 1896. [Folgt:] Geschäftsordnung. — Neu aufgelegt S.-S. 1900. ***1900: M***

Satzungen für den Verband der Studentenschaft an der Kgl. Technischen Hochschule zu Dresden. Vom 2. 1. 1905. [Folgt:] Geschäftsordnung.

Satzungen des Verbandes Aachener Turnvereine (D. T.), gegr. August 1903, Aachen, 7 S., Kl.-8°.

SATZUNGEN des Verbandes Historischer Vereine an deutschen Hochschulen und Verzeichnis der Mitglieder der zu ihm verbundenen Vereine, im Auftrage des Verbandes herausgegeben vom Verein für Geschichte und geschichtliche Hilfswissenschaften an der Universität Leipzig Roter Löwe. (Hrsg. ALBRECHT PHILIPP.) Leipzig 1908. (Druck von Oswald Schmidt.) 8°. 48 S.

Satzungen des Akadem. Vereins für Naturwissenschaft und Medicin zu Berlin. Ausgeg. am 31. Juli 1897. (Nebst Satzungen des Alte-Herren-Bundes des Akad. Vereins ... v. 8. VI. 98.) *(Friedenau-Berlin 1897–98: H. Brucker.)* (7 Bl.) 8° 00. 481 11

Satzungen des Akademisch-Mathematischen Vereins zu Jena gegr. Mai 1882. 24. Januar 1897. *(Jena 1897: B. Vopelius.)* (10 S.) 8° 00. 333 11

Satzungen des Vereins für die Berliner Arbeiter-Kolonie zu Berlin. (Berlin 1904: Reichsbote.) (8 S.) 8° [Kopft. F.] 05. 1555

VEREIN DER ANHALTISCHEN ARBEITGEBER. Begründet am 6. December 1887. Vorwort (von OECHELHÄUSER). —. Satzungen des Vereins. — Normal-Satzungen des Aeltesten-Collegiums. — Normal-Satzungen der Hülfskasse. (Dessau 1888. Weniger & Co.) 8°.

Satzungen des Vereins zur Bekämpfung von Sprachstörungen unter der Schuljugend. (Kiel. 1894.) 8°

SATZUNGEN des Vereins deutscher Bibliothekare (o. O. o. Dr.). 8°.

Satzungen des Vereins deutscher Bibliothekare. (Burg b. M. [1901]: A. Hopfer.) (2 Bl.) 8° 06. 10233

Satzungen des Vereins der *Buchdrucker* in München. (München 1868.) 15 S. Polizei-Expl. m. vielen Bleistift-Aenderungen. Cart.

Satzungen des Vereins der *Buchdrucker* in München. (München 1869.) 8°. 16 S. Cart.

Satzungen des demokratisch-socialen Vereins zu Kassel. Kassel, A. Gotthelft 1848. 8 S. 8.

SATZUNGEN des Deutschen Vereins für Gasthaus-Reform, Eingetragenen Vereins. (Leipzig 1903. Druck von Oscar Brandstetter.) 8°.

Satzungen des Deutschen Vereins für das nördliche Schleswig. Hadersleben. (1890.) 8°

Satzungen des Deutschen Vereins für Schulgesundheitspflege, Angen. auf d. 10. Jahresversammlung, 1.–2. 6. 1909, 4 S., 8°.

Deutscher Verein für Versicherungs-Wissenschaft ⟨E. V.⟩ zu Berlin. **Satzungen**. Bericht über d. Jahr 1905. Mitglieder-Verz. Ausgegeben im Jan. 1906. Berlin: E. S. Mittler & Sohn 1906. (74 S.) 8° 06. 2295

Deutscher Verein für Versicherungs-Wissenschaft ⟨E. V.⟩ zu Berlin. **Satzungen**. Bericht über d. J. 1906. Mitglieder-Verzeichnis. Ausgegeben im Jan. 1907. Berlin: E. S. Mittler & Sohn 1907. (87 S.) 8° 07. 3471

Satzungen des Vereins ehem. Einj.-Freiwilliger Füsilier-Regiments Prinz Heinrich v. Preussen ⟨Brandenburg.⟩ Nr. 35. Eingetr. Verein. *Berlin 1901: H. S. Hermann.* (10 S.) 8° [F.] 03. 774 8

Satzungen des Vereins für Erbauung und Unterhaltung eines Logenhauses in Augsburg. [Anerkannter Verein.] [Dat.:] Ausgburg 1896. 4 S. 8°

Satzungen des Vereins für Erdkunde zu Dresden. *Dresden 1903: J. Päßler.* (10 S.) 8° 04. 479

Satzungen des Vereins für Feuerbestattung in Kiel ⟨E. V.⟩. (Kiel 1900: Vollbehr & Riepen.) (4 S.) 8° [Kopft. F.] 05. 14784 8

Satzungen d. V. z. Förderung d. Damenturnens in Berlin v. 4. 6. 1893 u. v. 17. 5. 1897, Berlin 1893 u. Osterwieck a. Harz 1897, Kl.-8°. 2 Bde.

SATZUNGEN des Vereins zur Förderung des Deutschthums in den Ostmarken. Posen 1894. Merzbach'sche Buchdruckerei. 8°.

Satzungen des Vereins zur Förderung der Jugend- und Volksspiele in der Stadt Kiel. (Kiel 1898: E. Uebermuth.) (4 S.) 8° [Kopft. 𝔉.] [03. 18.. 8

Satzungen des Vereins zur Förderung der Kunstarbeit in Schleswig-Holstein. Schleswig. 1901. 8°

Oschersleben: **Satzungen** des der Johannis-Freimaurerloge „Zu den drei Hammern" im Or. Halberstadt angeschlossenen freimaurerischen Vereins zu Oschersleben. Halberstadt 1903: Doelle. 7 S. 8° [Umschlagtit.]

Satzungen des Vereins zur Fürsorge für die schulentlassene Jugend in Cassel. *Cassel (1898): W. Schlemming.* (7 S.) 8° [𝔉.] [03. 1106, 4

Satzungen des Vereins ehemaliger Fürstenschüler (vom 29. Dec. 1886). (Neudruck 1897.) (Dresden-A. 1897: Philipp.) (1 Bl.) 4° [Kopft. F.]

Verein ehemaliger Fürstenschüler. **Satzungen** vom 3. Juni 1898. *(Chemnitz 1898: J. C. F. Pickenhahn & Sohn.)* (1 Bl.) 4° [Kopft. 𝔉.] [..: ..08

Satzungen des Vereines für *Geflügelzucht* in München. München 1873. 12°. 14 S. Cart.
Dasselbe. Ibid. 1875. 8°. 15 S. Cart.

Satzungen des Vereines für *Geflügelzucht* in München unter dem Protektorate Ihr. Kgl. Hoheit Frau Prinzessin *Maria Theresia* von Bayern, Erzherzogin von Oesterreich-Este etc. München 1877. 8°. 12 S. Cart.

Satzungen des Vereins für Geschichte und Alterthümer der Herzogthümer Bremen und Verden und des Landes Hadeln. *Stade 1902: A. Pockwitz.* (10 S.) 8° [Umschlagt. 𝔉.] [03. 11598 7

SATZUNGEN des Vereins für Geschichte und Altertümer der Grafschaft Mansfeld zu Eisleben. Eisleben 1897. Druck von Ed. Winkler. 8°.

Satzungen des Vereins für die Geschichte Berlins vom 27. Februar 1904. *Berlin 1904: (E. S. Mittler & Sohn).* (13 S.) 8° [𝔉.] [04. 13956

Satzungen des Vereins für Geschichte des Bodensees und seiner Umgebung. (Lindau i. B. 1899: J. B. Thoma.) (7 S.) 8°

SATZUNGEN des Vereins für die Geschichte von Ost- und Westpreussen. (Ohne bes. Titelbl., o. O. o. Dr.) 8°.

Satzungen des Vereins zur Gründung eines Mädchen-Gymnasiums. München 1895: C. Wolf & Sohn. (10 S.) 8° [𝔉.] [06. 8450 10

Satzungen des Vereins zur Gründung und Unterhaltung lischer Alumnate in Schleswig-Holstein. Ploen. 1899. 8°

Satzungen des Vereins zur Hebung des Fremdenverkehrs von Eckernförde-Borby. Eckernförde. 1897. 8°

Satzungen des Historischen Vereins für Niedersachsen. ⟨Vereinbart in d. Allgem. Mitgliederversammlungen 1907.⟩ (Hannover 1907: Jänecke.) (7 S.) 8° [Kopft. 𝔉.] [08. 9953 7

DIE SATZUNGEN des historischen Vereins von Oberbayern (o. O. o. Dr. ohne bes. Titelbl.) 8°.

Verein für volkstümliche Hochschulkurse. **Satzungen**. (Entwurf.) *[Königsberg i. Pr. 1902.]* (2 Bl.) 8° [Kopft. Ant. u. 𝔉.] [03. 15778 10

Satzungen des Konservativen Vereins für Kiel und Umgegend (v. 21. Januar und 25. Febr. 1897.) (Kiel. 1897.) 8°.

Satzungen des Vereins für Kunde der Aachener Vorzeit. *Aachen 1901: H. Kaatzer.* (2 Bl.) 8° [03. 10321 5

Satzungen des Vereins akademisch gebildeter Lehrer in Kiel. (Gegründet am 25. Juni 1897.) (Kiel. 1897.) 8°.

Verein Deutscher Lehrer. Gegr. in Antwerpen am 28. November 1900. (Satzungen.) Antwerpen ('00). 4 S.

SATZUNGEN **des Vereins für das Historische Museum zu Frankfurt am Main. (Frankfurt am Main.) Druck von C. Adelmann. 8°.**

SATZUNGEN **des Vereins für das Historische Museum zu Frankfurt am Main. 1878. Druck von C. Adelmann, 8°.**

SATZUNGEN **des Vereins für das Historische Museum zu Frankfurt am Main laut Beschluss der ordentlichen Generalversammlung vom 3. Dezember 1898. Frankfurt am Main. 1899. Druck von Reinhold Mahlau (Fa. Mahlau & Waldschmidt). 8°.**

SATZUNGEN DES NATURWISSENSCHAFTLICHEN VEREINS ZU DARMSTADT. Festgestellt in den Sitzungen vom 10. Januar und 8. Februar 1900. (Darmstadt 1900.) 8°.

[Kopft.:] [F.] **Satzungen** des Naturwissenschaftlichen Vereins in Hamburg. (Hamburg 1899.) (4 Bl.) 1 Bd 8°

SATZUNGEN DES NATURWISSENSCHAFTLICHEN VEREINS FÜR DAS FÜRSTENTHUM LIPPE. Detmold 1891. Gedruckt in F. Böger's Buchdruckerei. 8°.

Satzungen des Naturwissenschaftl. Vereins Studierender der Universität Jena. *o. O. 1898.* (4 S.) 8° [Kopft.] [00. 5695 11

— — des Vereins inakt. Offiziere der deutschen Armee u. Marine. Berlin 1905. 10 S.

Satzungen des Osmanisch-Deutschen Vereins zu *Damaskus.* (Damaskus [um '10].) 16 S.

Satzungen des österreichischen Vereines für Bibliothekswesen 8. (Wien 1896.)
— — (Andere Ausgabe.) 8. (Wien 1898.)

Satzungen des Pädagogischen Vereins für Altona und Umgegend. (Altona 1901: H. W. Köbner.) (8 S.) 8° [Kopft.]

Satzungen des Philologischen Vereins zu Breslau. Breslau 1903: A. Stenzel. (8 S.) 8° [06. 945 2

Satzungen des polytechnischen Vereins in Karlsruhe. 1875.

SATZUNGEN des Vereins für Säuglingsfürsorge im Regierungsbezirk Düsseldorf. (E. V.) (Düsseldorf, Kgl. Hofbuchdr. L. Voss & Cie.) 8°.

Satzungen des Vereins ehemaliger Schüler der Reallehranstalt zu Altona. Eingetr. Ver. (Altona 1901: H. W. Köbner & Co.) (8 S.) 8°

Satzungen. Verein ehemaliger Schüler der Reallehranstalt zu Altona. E. V. (Altona 1903: H. W. Köbner & Co.) (8 S.) 8° [𝔉.] [07. 17378 8

SATZUNGEN **des Vereins zum Schutz der Kinder vor Ausnutzung und Misshandlung. Eingetragener Verein. 1900. Berlin. Buchdruckerei Wilhelm R. Saling & Co. 8°.**

Satzungen des Vereines der deutschen Staatsangestellten in Kärnten. Klgft., Gutenberghaus. 1909. 18 S.

Satzungen des Vereins zur Unterstützung von Hinterlassenen der Brr der Loge „Balduin zur Linde" in Leipzig. [Leipzig 1905.] IV S. 8° [Kopftit.]

Satzungen des Vereins zur Unterstützung unverschuldet in Noth gekommener *Künstler* u. ihrer Relikten zu München. 1880. 8°. Cart. 8 S., 4 Bll leeres Papier, 6 S.

Satzungen des **Vereins** zur **Unterstützung** unbemittelter Schüler des Königl. Fürstin-Hedwig-Gymnasiums. (Neue Fassung vom 28. Aug. 1900.) *Neustettin 1901: R. G. Hertzberg.* (S. 26–28.) 4°
Neustettin, k. Fürstin-Hedwig-G, P 1901 (151)

Satzungen des **Vereins** zur **Versicherung** gegen **Verluste** und **Schäden** im Rindviehbestande zu … *(Merseburg [1900]: F. Stollberg.)* (6 Bl.) 4° [Kopft. 𝔉.] [01. 5769

Satzungen des **Vereins** zur **Versicherung** gegen **Verluste** und **Schäden** im Schweinebestande zu … *(Merseburg [1900]: F. Stollberg.)* (6 Bl.) 4° [Kopft. 𝔉.] [01. 5770

SATZUNGEN **des Vereins für Sächsische Volkskunde (Dat.: Dresden, den 14. Februar 1897. — Dresden 1897. Lehmann'sche Buchdr. Ohne bes. Titelbl.) 8°.**

Satzungen **des Vereins für Volks- und Jugendspiele in Aachen-Burtscheid, Aachen, 2 S., 8°.**

Satzungen des unter dem allerhöchsten Protektorate Sr. Maj. des Königs stehenden Vereins zur Vorsorge für entlassene *Sträflinge* der kgl. Haupt- u. Residenzstadt München. München 1870. 8°. 8 S. Cart.
Dasselbe. Ibid. 1876. 8°. 8 S. — Angeb.: 15. Jahresbericht . . . . pro 1875 (incl. Mitglieder-Verz.). 42 S. Cart.
— . . . . 16. Jahresbericht . . . . pro 1876. 8°. 14 S., 1 Bl. Cart.
— . . . . 18. Jahresbericht . . . . pro 1878. 1 Bl., 43 S. (incl. Mitglieder-Verz.). 8°. Cart.
— . . . . 19. Jahresbericht . . . . pro 1879. Ibid. 1880. 8°. 1 Bl. 20 S. Cart.
— Festschrift z. Feier d. 25jähr. Jubiläums. (Mit d. 25. Jahresbericht.) Ibid. 1886. 8°. 55 + XV S.

Satzungen des Vereins für freimaurerische Werktätigkeit [in Leipzig]. [Leipzig 1904.] 8 S. 8° [Kopftit.]

Verein gegen den Wucher, Satzungen des — im Saargebiete. Merzig (1886?)

o. N., **Satzungen** für die Vereinigung der Butter-Produzenten und -Händler Kemptens. Kempten 1890.

[𝔉.] **Satzungen** der **Vereinigung** ehemaliger **Einjährig-Freiwilliger,** Kampfgenossen v. 1864, 1866, 1870/71. *Berlin: Buchdr. Wilhelma (1896).* (8 S.) 1 Bd 8. [98. 878

Satzungen der freien Vereinigung oberrheinischer Stuhlmeister. Beschluss vom 4. Dez. 1904. o. O. [1904]. 2 Bl. 8° [Kopftit.]
Abgedr. in: Bh. 47 (1904) S. 391; Bbl. 19 (1905) S. 68–69.

Berlin-Lichterfelde: **Satzungen der Freimaurerischen Vereinigung zu Gross-Lichterfelde (West). [Dat.:] 27. November 1896. 2 Bl. 4°. [Kopftit.]**

Satzungen d. Vereinigung *deutscher* landwirtschaftlicher Genossenschaften. Darmst. (1885). 10 S. P.

Satzungen der Internationalen Vereinigung für Krebsforschung. Statuts de l'Association internat. pour l'etude du cancer. Statutes of the Internat. Association for Cancer Research. Berlin (1908): Mosse. 11 S. 8°

SATZUNGEN der Internationalen Vereinigung für vergleichende Rechtswissenschaft und Volkswirthschaftslehre zu Berlin. (o. O. o. Dr.) (Ohne bes. Titelblatt.) kl. 8°

Satzungen der Internationalen Vereinigung für Vergleichende Rechtswissenschaft und Volkswirthschaftslehre zu Berlin. Berlin 1894: Regenhardt. (7 S.) 8°

Satzungen der Internationalen Vereinigung für Vergleichende Rechtswissenschaft und Volkswirthschaftslehre zu Berlin. (Berlin 1897.) (4 S.) 8° [Kopft.]

SATZUNGEN der Sächsischen Evangelisch-Sozialen Vereinigung. Leipzig, Karl Vogel. (Ohne bes. Titelbl.) 8°.

[Satzungen der] Vereinigung in Sterbefällen [der Loge Globus in Hamburg]. 2 Bl. 8°. [Kopftit.]

Satzungen der Vereinigung der Studierenden und des Bücher-Ausschusses der Kgl. Technischen Hochschule zu Berlin (v. 15. 7. 1904).

Satzungen der Vereinigung der Studierenden, des Kranken-Vereins der Studierenden und des Bücher-Ausschusses der Kgl. Technischen Hochschule zu Berlin (v. 14. 3. 1902).

Satzungen der Vereinigung der Studierenden (v. 23. 6. 1899) und des Krankenvereins der Studierenden der Technischen Hochschule zu Berlin (v. 14. 7. 1899). *Be*

Satzungen für die Vereinigung freimaurerischer Werktätigkeitsvereine (angenommen am 16. Okt. 1910 in Frankfurt a. M.) o. O. [1910?] 1 Bl. 8⁰. [Kopftit.]

Satzungen und Vereins-Ordnungen des Samariter-Vereins zu Leipzig, Jurist. Person, Leipzig 1893, V u. 68 S., 8⁰.

Satzungen für das im Gau Unter-Elsaß zu den Wetturnen der einzelnen hinzugefügte Vereinswetturnen v. 10. 3. 1884, Straßburg 1884, 4 S., 8⁰.

— — über Verfassung u. Einrichtung des Max-Joseph-Stiftes. München 1856. 34 S.
— — Dass. 1863.

Satzungen des Verkehrs-Vereins für Münster und das Münsterland. Nach d. Beschlüssen d. konstituirenden Versammlg am 6. Juli 1897. Münster i. W.: 'Der Westfale' (1897). (8 S.) 1 Bd 8⁰

Satzungen des Breslauer Verschönerungs-Vereins. (Breslau 1892: Graß, Barth & Co.) (2 Bl.) 8° [Kopft. F.] 2

Satzungen der Vorturnerschaft des Düsseldorfer Turnvereins, gegr. 1847, v. 26. 10. 1887 (Autogr.), 12 S., 8⁰.

Satzungen der Vorturnerschaft des Frankfurter Turnvereins v. 28. 11. 1883, 8⁰.

Satzungen der Wald-Loge. o. O. u. J. [Umschlagtit.]

Mainz: **Satzungen** der [Karl] Weichelt-Stiftung [der Loge zum goldnen Rad am Rhein in Mainz. [Dat.:] Mainz, 23. Febr. 1910. 2 Bl. 8⁰ [Kopftit.]

— — der landwirtschaftlichen Zentralschule Weihenstephan. Freising 1865. 20 S.
(s. auch Bericht.)

Weihenstephan. Satzungen d. ... landwirtschaftlichen Zentralschule ... Freising 1885. 15 S. P.

Satzungen der kgl. bayer. *landwirthschaftl. Zentralschule* Weihenstephan. Freising, Datterer, 1885. 8⁰ Illustr. Orig.-Cart. (15 S. Auf Umschl. Rücks. Ansicht von Weihe. Freising)

Entwurf. Satzungen des Deutschen Weinbau-Vereins, Verband Deutscher Weinbaugebiete. Mainz o.J. [um 1905?]: Theyer. 11 S. -- 121*

Satzungen des Weinbauvereins für Elsaß-Lothringen. Colmar 1900: Decker. 7 S. -- Bibliothèque Nationale et Universitaire de Strasbourg*

Satzungen, Wettkampf-Bestimmungen, Geschäfts-Ordnung der Deutschen Sportbehörde für Athletik v. Febr. 1905 u. Neubr. d. Ausg. 1912 u. Ausg. 1920, 16⁰ u. 8⁰. 3 Bde.

Satzungen der Zimmerstutzen-Schützengesellschaft „Wildschützen" in Rosenheim (Bayern). Rosenheim, 1905. 2376

Satzungen der Wilh. Krause-Stiftung bei der Freimaurerloge zu den fünf Türmen am Salzquell im Or. von Halle a. S. [Dat.:] Halle a. S. 1906. 1 Bl. 8⁰ [Kopftit.]

Satzungen der Wilhelmstiftung für Gelehrte, jetzt: Friedrich Althoff-Stiftung. ([dat.] Elberfeld 11. Juni 1908.) 4 Bl. 4°

Satzungen der Winzer-Genossenschaft für das elsässische Weinland. Colmar 1897: Jung. 45 S. -- Bibliothèque Nationale et Universitaire de Strasbourg*

Satzungen des Wirtschaftsverbandes der Beamten W. d. B. 1903. Königsberg i. Pr. Königsberg i. Pr. (1904): G. Kemsies. (16 S.) 8° [F. u. Ant.] 10

SATZUNGEN des Mitteleuropäischen Wirtschaftsvereins in Deutschland (Verein zur Förderung der gemeinsamen wirtschaftlichen Interessen der mitteleuropäischen Staaten). (Berlin 1904. Druck von Georg Reimer. Ohne bes. Titelbl.) 8⁰.

Satzungen der Witwenkasse des Arbeiter-Fortbildungs-Vereins zu Cassel. Cassel 1900: Weber & Weidemeyer. (8 S.) 8⁰

Satzungen der Witwenkasse bei der ger. und vollk. St. Johannisloge Friedrich August zu den 3 Zirkeln im Or. Zittau. IV. Aufstellung. Zittau 1905: Mönch. 14 S. 8⁰ [Umschlagtit.]

Osnabrück: **Satzungen** der Witwenkasse der Loge zum goldenen Rade in Osnabrück. Melle i. Hann. [1905]: Haag. 8 S. 8⁰ [Umschlagtit.] [Dasselbe.] [Osnabrück 1908.] 7 S. 8⁰ [Kopftit.]

Satzungen für die Wittwen- und Waisen-Kasse der Loge Ernst für Wahrheit, Freundschaft und Recht in Coburg nach den Beschlüssen der Loge vom 13. Mai 1889, 20. April 1891, 5. Oct. 1891, 25. Jan. 1892 und 9. Mai 1892. Ausgegeben im Juni 1892. [Koburg 1892.] 12 S. 8⁰ [Umschlagtit.]

Satzungen für die Wittwen- und Waisen-Kasse der Loge Ernst für Wahrheit, Freundschaft und Recht zu Coburg. Ausgegeben 1895. [Koburg 1895.] 12 S. 8⁰ [Umschlagtit.]

Satzungen für die Wittwen- und Waisenkasse der Freimaurer-Loge Ernst für Wahrheit, Freundschaft und Recht zu Coburg. Genehmigt in der Hauptversammlung vom 19. Nov. 1902. Bestätigt durch die Behörden am 13. Jan. 1903. Coburg [1903]: Rossteutscher. 12 S. 8⁰ [Umschlagtit.]

Satzungen der Witwen- und Waisen-Kasse der Loge Horus [in Breslau]. Mit Gültigkeit vom 1. Juli 1905. Breslau 1905: [Korn]. 12 S. 8⁰ [Umschlagtit.]

Satzungen der Witwen- und Waisen-Kasse der Lehrer an der Realschule vor dem Holstenthore in Hamburg. Hamburg, gedr. bei Lütcke & Wulff, 1893; 28—30 S. 4.
Hamburg, R vor d. Holstenthore, OP 1893 (732)

Glauchau: **Satzungen** des Wittwenkassenvereins der Freimaurerloge zur Verschwisterung der Menschheit zu Glauchau. [Nebst Nachtr.] Chemnitz 1870—[1884]: Pabst & S. 8 S. 8⁰ [Umschlagtit.]
[Nachtr.:] Abänderung des § 8 des Witwenkassenstatuts. 1 Bl. [1884.] [Kopftit.]

Satzungen der Witwen- und Waisen-Stiftung der Loge Alexius zur Beständigkeit im Or. Bernburg. [Bernburg 1902: Dornblüth.] 10 S. 8⁰ [Umschlagtit.]

Strassburg i. E.: **Satzungen vom 7. Dezember 1889 der Wittwen- und Waisen-Stiftung der Freimaurer-Loge „An Erwins Dom" in Strassburg i. E. Strassburg 1890: Schultz & Comp. 16 S., 1 Tarif. 8⁰.**

Satzungen für die von der Freimaurer-Loge Friedrich Wilhelm zum eisernen Kreuz in Bonn gegründete Witwen- und Waisen-Stiftung. Bonn 1908: Georgi. 11 S. 8⁰ [Umschlagtit.]

Luckau: **Satzungen** der Wittwen- und Waisen-Stiftung der Loge „Zum Leoparden" im Or. Luckau (Lausitz). (Gegründet 1901.) Berlin 1901: Denter & Nicolas. 12 S. 8⁰ [Umschlagtit.]

Limburg: **Satzungen** der Wittwen- und Waisen-Stiftung der Loge zu den drei Thürmen a. d. L. im Or. Limburg (Lahn). Wetzlar 1902: Imgardt. 10 S. 8⁰

Köln: **Satzungen** der Wittwen- und Waisen-Stiftung der Loge Minerva-Rhenana zu Köln. [Köln 1897.] 6 Bl. 8⁰
[Dasselbe.] [Bonn 1901: Georgi.] 2 Bl. 8⁰ [Umschlagtit.]

Satzungen der Wittwen- und Waisen-Stiftung des Provinzial-Verbandes der Kampfgenossen-Vereine von 1870/71 in Schleswig-Holstein. Kiel. 1893. 8⁰

Satzungen der Witwen- und Waisen-Stiftung der Loge „Vorwärts" im Or. M. Gladbach-Rheydt. 1904. [Odenkirchen 1904: Rummel.] 16 S. 8⁰

Hof: **Satzungen** der Witwen- und Waisenstütze nebst Verlassenschaftspflege der Freimaurer-Loge zum Morgenstern, Anerkannter Verein, in Hof. 1889. Hof [1889]: Mintzel. 8 S. 8⁰. [Umschlagtit.]

Satzungen der Wittwen-Unterstützungs-Kasse des *Buchdrucker*-Vereins in München. O. O. u. J. (München 18**). 8⁰. 6 S. Polizei-Expl. m. sehr vielen Bleistift-Aenderungen. Cart.

Mannheim: **Satzungen** des Wittwen- und Waisen-Unterstützungs-Vereins „Stärke durch Eintracht" in Mannheim. Nach den Beschlüssen der ausserordentlichen General-Versammlung vom 17. März 1898. Frankenthal 1898: Göhring & Co. 12 S. 8⁰. [Umschlagtit.]

[Satzungen der] **Wohlfahrtskasse** des Plöner Arbeiterbundes. (Plön.) o. J. [1908?] 8⁰ [Kopft.]

Deutscher Bühnenverein. — SATZUNGEN DER WOHLFAHRTSKASSE für deutsche Bühnenmitglieder. 1909. (Berlin. Druck von Hermann Kuhz.) 8⁰.

Offenbach: **Satzungen** der Wohlfahrtskasse [der Loge Karl und Charlotte zur Treue in Offenbach a. M.] o. O. u. J. 2 Bl. 8⁰ [Kopftit.]

Satzungen der Wohlthätigkeitsanstalt zur Standhaftigkeit in Frankfurt a. M. Frankfurt a. M. 1896: Werner & Winter. 19 S. 8⁰ [Umschlagtit.]
Mit kurzer Geschichte der Anstalt.

Joh.-Loge Ernst zum Compass i. O. Gotha. **Satzungen** für die Wohlthätigkeitsanstalten. Festgesetzt durch Beschluss der Meisterschaft vom 7. und 28. März und 2. und 13. Mai 1899. Genehmigt durch Erlass des Bundes-Direktoriums vom 21. Juni 1899. Eingeführt am Johannisfeste 1899. Gotha 1899: Engelhard-Reyher. 24 S. 8⁰

Satzungen der Wohlthätigkeits-Stiftungen der Johannisloge zur Verschwiegenheit im Or. Berlin. [Berlin 1898.] 18 S. 8⁰
Enth. Satzungen der Marot-Stiftung, Unterstützungskasse, u. der Mätzner-Stiftung.

Satzungen des Allgemeinen Wohnungs-Bauvereins zu Königsberg i. Pr. (E. G. m. b. H.) *(Königsberg i. Pr. 1903: R. Leupold.)* (26 S.) 8° [Kopft. F.] [03. 1377] 10

Satzungen d. Brandenburgischen landwirtschaftlichen Central-Bezugs- u. Absatzgenossenschaft . . . Berl. 1900. 16 S. P.

Satzungen der Centralstelle für Jugendfürsorge in Berlin. [Berlin um 1901.] (2 Bl.) 8° [F.] [07. 873]

Satzungen d. k. bayer. Central-Thierarzneischule in München. 1876. 16 S. P.

SATZUNGEN des Centralverbands des Deutschen Bank- und Bankiergewerbes (Eingetragener Verein) in Berlin (in Gemässheit der Generalversammlungsbeschlüsse vom 1. Oktober 1901 und 4. Dezember 1902). Berlin. Druckerei der Berliner Börsen-Zeitung (L. Metzoldt). 8⁰.

Satzungen der Gesellschaft 'Civilclub' in Münster 1904. (Münster i. W. 1904: Der Westfale.) (8 S.) 8° [Umschlagt.] [06. 19476] 8

Satzungen des Greifswalder Zweigvereins des Akademischen Schutzvereins. *(Greifswald [1904]): H. Adler.* (2 Bl.) 8° [Kopft. F.] [04. 5055] 6

Satzungen für den Kieler Zweigverein des Vaterländischen Frauenvereins zu Berlin. Kiel, (den 16. Januar 1868) 1892. Kiel. 1892. Bei: Jahres-Bericht des Vorstandes des Kieler Zweigvereins etc. für 1880 etc. 8⁰.

Satzungen für den Kieler Zweigverein des Vaterländischen Frauenvereins zu Berlin. Kiel 1899: Schmidt & Klaunig. (2 Bl.) 8° [F.] [01. 31] 8

Satzungen des Zweigvereins der deutschen Lutherstiftung für die Diözese Hanau. (Hanau: Waisenhaus [1899].) (1 Bl.) 8⁰ [Kopft.] [F.]

F. Z. A. S. Kranzspende. Satzungsentwurf und Begründungen. o. O. u. J. 16 S. 8⁰. [Umschlagtit.]

Satzungsentwurf f. d. Jugendabt. d. D. S. V. (Dtsch. Stiverband), 8 S., Kl.-8⁰.

Satzungsrodel u. Artikul-Brieff der Pappenheimber Schwadronej. Im Lager so gegeben u. außgericht new Anno dominj Achtzechenhundert Sechzig Sechs jahr, Sunnabend vor Lätare daz war 1866). 12⁰. Starkes Pap. Cart.
Frontisp., Titelwapp. (m. d. Aufschr.: München 1877. Knorr & Hirth.) u. 6 Bll. m. roth. Linien-Einf.

SAU-ALLOTRIA. Schmieralien zur Erbauung großer Kinder. Verfaßt von Schwanz von Votzendorf, Profeſſor ſämmtlicher unentdeckten Wiſſenſchaften am Univerſitätsbordell zu Trippersheim, Saufspiel- und Bordelldichter Sr. Majeſtät des rothen Königs, Inhaber des großen Schwanzordens etc. etc. Rom und Paris. Gedruckt auf Koſten guter Freunde. O. J. (vor 1890). Kl. 8⁰. 77 S.

SAU-ALLOTRIA für grosse Kinder . . . . (2 Mk. 50 Pfg. ein anon. Händler. 190*. ohne nähere Angabe.)

Sauber, Georg Philipp (Rothenburg o. d. T.)
A. S. 1157/29a

Dissertatio inauguralis medico-chirurgica. Observationes chirurgicae medico practicae.
Präs. Martin Loescher.
Wittenberg (Gerdes) 13. VII. 1723. 20 S.

29796

Sauber, Georg Philipp (Rothenburg o. d. T.)
A. S. 1115/7

Dissertatio anatomico-pathologica de steatomatibus in principio arteriae aortae repertis et horum occasione de cysticis in genere excrescentiis.
Präs. Christian Gottfried Stentzel.
Wittenberg (Gerdes) 2. III. 1723. 64 S., 1 Taf.

29795

Sauber, Lina, Heimweh, s. a. Osterglocken. 12. Hft.

Sauber, Lina: Heimweh. Eine Erzählung (nach Thatsachen aus e. Sonntagsschule von –. Berlin: Ostdeutscher Jünglingsbund [1901]. (16 S.) 8⁰
= Osterglocken. H. 12.

Sauber, Martha, draußen u. drinnen. Ein Buch f. Kinder. Illustriert v. Louise Preußer u. Olga Gräfin zu Eulenburg. gr. 8. (39 S. m. farb. Abbildgn.) Leipzig (900). (J. Klinkhardt.) Kart. n. 3. —

Sauber, W., über die Entwickelung der Krystall-Kunde. gr. 8. (58 S.) München 862, (Lindauer'sche Buchh.) *

Sauberg, Friedr., die Kartoffelkrankheit im Jahre 1845. 8. (2¼ B.) Cleve 845, (Char.)

—— die Lungenseuche des Rindviehes u. ihre Geschichte, besond. in Rheinpreussen u. Holland, seit dem Jahre 1830. Für Medicinal-Behörden, Thierärzte u. Oekonomen. gr. 8. (9½ B.) Cleve 846, Char. *

Sauberg, Gust. Albert. (geb. Heiligenhaus im Rheinl. 3. 1. 1839): De diabete mellito. Berolini (1865). (32 S.) 8°
Berlin, Med. Diss. v. 5. Aug. 1865

Saeuberlich, durch welche Mittel wird bei der fortschreitenden Intensität von Düngung u. Bodenbearbeitung dem immer stärker hervortretenden ertragsschädigenden Lagern unserer Halmfrüchte entgegen zu treten sein? Vortrag, geh. in der ökonom. Gesellschaft im Königreich Sachsen, Dresden, am 30. XI. 1900. gr. 8. (11 S.) Dresden 901. Leipzig, G. Schönfeld. n. — 60

Saeuberlich, A., Verbände ländlicher Arbeitgeber, s.: Suchsland, H.

Säuberlich, Balduin. Die Bibel od. die sogenannten heil. Schriften der Juden u. Christen. Eine gemeinfaßl. Darstellg. ihrer Entstehg., sowie Erklärg. der Bedeutg. ihres Inhalts nach den neuesten welt-, kultur- u. sprachgeschichtl. Forschgn. (In etwa 25 Heften.) 1.—4. Heft. gr. 8. (S. 1—64.) Berl. 892, Harnisch. à Heft — 10; — 40

Säuberlich, Balduin (Bruno Sommer), die Bibel od. die sogenannten heil. Schriften der Juden u. Christen. Eine gemeinfaßl. Darstellg. ihrer Entstehg., sowie Erklärg. der Bedeutg. ihres Inhalts nach den neuesten welt-, kultur- u. sprachgeschichtl. Forschgn. 33 Hfte. gr. 8. (VII, 620 S.) Berlin 894. Magazin f. Volkslitteratur, F. Harnisch & Co. n.n. 3. 60; geb. in Leinw. n.n. 4. 60
s. a.: Bibel, die, od. die sogenannten hl. Schriften der Juden u. Christen.

Säuberlich, Balduin (Bruno Sommer), die Bibel als absichtsvolles Menschenwerk durch sich selbst, die babylonischen Keilinschriften, sowie die sonstigen theologischen u. kulturgeschichtlichen Forschungen erklärt! Zugleich e. Geschichte aller Religion, insbesondere des Juden- u. Christentums. 2. stark verm. Aufl. 2 Bde. (VIII, 511 u. VIII, 584 S.) 8. Dresden (904—906). E. Sommer. n. 6.60; geb. in Leinw. n. 9.—
Erschien auch in 22 Lfgn. à n. — 30.

Säuberlich, Balduin, Jesus d. Nazarener u. d. Schriften d. Neuen Testamentes. Nach d. Standpunkte d. neuesten wissenschaftl. Forschungen volksverständl. dargest. Nebst 2 einleit. Abhandlgn. üb. d. Wesen aller Religion u. d. Entstehg. d. Christenthums. 4 Lfgn. gr. 8. (176 S.) Dresden 896. 97. A. Herrmann & Co. à Lfg. — 25

Säuberlich, Hans, s.: Jahrbuch der Wirkwaren-Industrie.

Säuberlich, Hans, s.: Saxonia.

— s.: Welt-Adressbuch der Wirkwaren-Industrie.

Säuberlich, M., Turnübungen, Turnerscherze und einige erheiternde Turnspiele, namentlich für Lehrer und Schüler solcher Schulen und Unterrichts-Anstalten, welche eine mangelhafte oder gar keine Gerät-Einrichtung besitzen. Nach einem von der königl. Regierung zu Magdeburg gestellten Konferenz-Thema bearb. und gesammelt. 16. (52 S.) Staßfurt 887, (Foerster's Buchh.) *

Säuberlich, M., Turnübungen, Turnerscherze u. einige erheiternde Turnspiele, namentlich f. Lehrer u. Schüler solcher Schulen u. Unterrichts-Anstalten, welche e. mangelhafte od. gar keine Gerät-Einrichtg. besitzen. Nach e. v. der königl. Regierung zu Magdeburg gestellten Konferenz-Thema bearb. u. gesammelt. 2. (Titel-) Aufl. gr. 16. (52 S.) Staßfurt 893. R. Weicke. — 40

Saeuberlich, Paul [aus Geyerswalde bei Hohenbocka (Schlesien)]: Über die Methoden der Decapitation .... Würzburg, Becker's Univ.-Buchdr., 1888; 31 S. 8°
Würzburg, Med. Fak., Inaug.-Diss. v. 1888

Saeuberlich, Paul, über die Methoden der Decapitation. Diss. Würzburg 1888, Stahelsche Univ.-Buchh. 8⁰. 34 S.

Säuberlich, Rodmar Agathon Über den lateinischen Unterricht in der Sexta. 4 (15 S.) Progr. Rprg. Frankenhausen 1891 (708).

Säuberlich, R.: Über den lateinischen Unterricht in der Sexta. Frankenhausen, Druck v. E. Krebs, *1891*; 15 S. 4°
Frankenhausen, st. RPG, OP 1891 (708)

Säuberlin, Ludwig s. Stammbaum der Familie Burckhardt.... Basel 1893.

Sauberschwarz, Handbuch f. die gesamte Amtsführung der evangelischen Geistlichen Württemberg's, s.: Kapff-Sauberschwarz.

Sauberschwarz, Alfr., Schönenberg in Württemberg, s.: Geschichtsblätter des deutschen Hugenotten-Vereins. IX. 1.

Sauberschwarz, C., Berichtigungen, Zusätze u. Erläuterungen zu Kapff's Handbuch der gesammten Amtsführung, s.: Kapff, F. G., Handbuch.

Sauberschwarz, Ed. [app. Arzt]: Interferenz-Versuche mit Vocalklängen ... (Aus: Arch. f. d. ges. Physiol., Bd. 61.) Bonn, E. Strauss, 1895; 1 Bl., 31 S. 8.
Tübingen, Med. Fak., Inaug.-Diss. v. 1895

Saubert

— epitome Examinis Philippi Melanchtonis in bonum studiosae juventutis etc. 8. ibid.

Saubert, memorabilia augustanae confessionis. 8. Nrnb. 750.

Der Erdmagnetismus nach seiner Ursache, sowie nach seiner Bedeutung für die Wetterprognose erläut. v. Dr. B. Saubert. M. 3 Taf. u. 1 Fig. im Text. *Hannover: Helwing 1895.* (44 S., 2 Taf.) 1 Bd 8. [96. 1736

Saubert, B., Germanische Welt- und Gott-Anschauung in Märchen, Sagen, Festgebräuchen und Liedern, eine zum Verständnis der Märchen etc. gebotene Erläuterung. Hannover 1895. 8.

Saubert, E., der großherzogl. Schloßgarten zu Ludwigslust. In seinen Anlagen u. Sehenswürdigkeiten nach alten Quellen dargestellt. 8. (115 S.) Ludwigslust 899. Hinstorff. n. 1.—

Saubert, E., Sprachbuch für die Mittelklassen städtischer Bürgerschulen. Malchin 866. Wendt. 8. (36 S.) n. 3¾ ngr.

Saubert, Ernst, Lern- u. Uebungsbuch f. den deutschen Sprach-Unterricht. 1. Hft. Die 1. Klasse der Vorschule höherer Schulen. gr. 16. (51 S.) Schwerin 876. Schmale. n. — 50

Saubert, G., und H. Sargeant, Beschr. und Abbild. zwey nützl. Maschinen, 1) e. Wässerungs- und Entwässerungsmaschine, 2) e. Wasserhebemaschine, rc. m. K. gr. 4. Lpz. Baumgärtner. 805.

Saubert, Jh., († ...) theolog. Fragstücke heil. Glaubenswahrheiten; aus d. Latein. übers. v. R. E. Zobel. 8. ... 754.

— geistliche Gemählde-Postille üb. die sonn- u. festtäglichen Evangelien. Fol. Ebend.

Saubert, J., Wunderwerk d. Augsburgischen Confession, m. K. 8. Nrnb. Endter.

Saubert, Magnus: Ein Fall von Morbus Addisonii. *Ludwigslust 1897: C. Kober.* (26 S.) 8°
Rostock, Med. Diss. v. [13. Sept.] 1897

Gesundheitspflege in der Kinderstube. Von Dr. med. M[agnus] Saubert, Arzt in Brodenbach. *Berlin: Berl. Verlagsanst. [1900].* (55 S.) 8° [J.] [03. 4481

Saubert, W., Dr., Der Erdmagnetismus nach seiner Ursache, sowie nach seiner Bedeutung für die Wetterprognose. Hannover 1895

Schloß Glücksburg v. Prof. Sauberzweig. Hierzu 9 Spezialaufnahmen für die Woche. (Berlin. 1908.) 4° Ausschnitt aus: Die Woche. 1908, II. 28.

Sauberzweig, Joachim [aus Stendel]: Ueber Atropinvergiftung m. bes. Berücks. e. neuen Falles ... Halle a. S., Hofbuchdr. v. C. A. Kaemmerer & C., 1892; 25 S., 1 Bl., 1 Taf. 8.
Halle, Med. Fak., Inaug.-Diss. v. 6. Febr. 1892

Sauberzweig Schmidt
s.a. Schmidt, Sauberzweig. (09. 5830

Sauberzweig-Schmidt, der Aethiopismus. Die kirchl. Selbständigkeitsbewegg. unter den Eingeborenen Südafrikas. (32 S.) kl. 8. Berlin (906). Buchh. der Berliner ev. Missionsgesellschaft. n. — 20
Sonderabdruck aus: „Reformation".

— Durch Deutsch-Kiautschou. Aus den Aufzeichngn. des S.-Schm. üb. seine Visitation in Nordchina im J. 1905. 3. Heft seines literar. Nachlasses. Hrsg. v. Mart. Schlunk. (100 S. m. Abbildgn.) 8. Ebd. 909. 1.—; geb. in Leinw. 1.50

Sauberzweig-Schmidt, die Festwoche zu Waterberg-Modimulle, — Freuden u. Leiden d. Chinamissionars Hanspach, s.. Missionsschriften, neue.

— Georgenholz im Lande der Bawenda, s. Missionsschriften. Neue.

Georgenholtz w kraju narodu Bawenda. Napisal: **Sauberzweig-Schmidt.** (Berlin: Buchh. d. Berl. ev. Missionsgesellsch. [1901].) (19 S.) 8° [F.]
[Georgenholtz im Lande d. Volkes Bawenda.]
— **Missionschriften**, Polnische. No 1. (05. 3066

— Ha Schewasse, e. Hütte Gottes unter den Bawenda, s. Missionsschriften. Neue.

Drei Jahrzehnte deutscher Pioniermissionsarbeit in Süd-China 1852–1881. Dargest. von **Sauberzweig** Schmidt, Missionsinsp. 1. Heft s. literar. Nachlasses. Berlin: Berl. ev. Missionsgesellsch. 1908. (129 S.) 8° [F.] (04. 5703

Sauberzweig-Schmidt, Medingen, e. Missionsstation im Lande der Heidenkönigin, s.: Missionsschriften, neue.

– Schulgrammatik der hebräischen Sprache. Nebst Uebungsbuch. (X, 220 u. III, 74 S.) 8. Ebd. 903 Geb. in Leinw. n. 4. —

Sauberzweig-Schmidt, durch Chinas Südprovinz. Bericht üb. die Visitation in Südchina 1904—1906. 2. Heft seines literar. Nachlasses. Hrsg. v. Mart. Schlunk. (170 S.) gr. 8. Berlin 908. Buchh. der Berliner ev. Missionsgesellschaft. 1.50; geb. 2. —

— Wallmann u. Wallmannsthal, s.: Missionsschriften, neue.

Sauce, die holländische, eine lauchstädtische Badegeschichte, 8. Halle, (Leipzig) 782. (Hilscher) 7 ggl.

Sauce, Die holländische, eine lauchstädtische Badegeschichte .... als Lustspiel fürs Theater bearbeitet in 4 Acten von *K. F. Mr.* (von *Frdr. Wilh. Ludw. Schilling*). Leipzig und Zerbst 1796.
Anon.-Lex. IV. p. 25 (nach Goedeke). — Rar!

Sauce, die holländ., - Lustsp. 8. Zerbst, Füchsel. 796.

Sauce, die holländische. Lstspl. v. S. 8. Zerbst 796. (Kummer). 5 gr

Sauce zu Priaps Pomadenbüchschen. Rom, o. J. (c. 1868). 8°. 36 S. Ungemein rar! (In Wien, Stadtbibl.: an Secr. A 74.) (7 Mk. 25 Pfg. Auction Salomon, Dresden 1875. no. 444.)

Sauce, E. de la, Stoff u. Bewegung. Philosophische Betrachtgn. vom Standpunkte e. Ingenieurs. (75 S.) gr. 8. Berlin 903. Schall & Rentel. n. 1.50

— das Wesen des Weltäthers u. der Naturkräfte, nach e. rein mechan. Theorie erklärt. Bearb. 1904—1905. (52 S.) gr. 8. Berlin 905. C. Berg. n. 1. —

Sauceret, Paul, Mariakapelle oder die Verehrung der ohne Erbsünde empfangenen, allerseligsten Jungfrau und Gottesmutter Maria in den Festen, Gebräuchen, Andachten und Congregationen, sowie in dem Volksleben der katholischen Kirche. In der deutschen Bearbeitung durchgesehen und verb. von einem Priester der Gesellschaft Jesu. Mit vollständ. Marian. Gebet-, Prozessions- und Wallfahrts-Buche, enthaltend Meß-, Beicht-, Communion- 2c. Gebete und -Gesänge 2c. Sehr verm. neue Aufl. 8. (VIII und 704 S. mit 1 Stahlst.) Münster 860, [Aschendorff'sche Buchh.]

Sauceret, Paul, Mariakapelle oder die Verehrung der ohne Erbsünde empfangenen, allerseligsten Jungfrau u. Gottesmutter Maria in den Festen, Gebräuchen, Andachten und Congregationen, sowie in dem Volksleben der katholischen Kirche. In der deutschen Bearbeitung durchgesehen und verb. von einem Priester der Gesellschaft Jesu. Mit vollständigem Marianischen Gebet-, Prozessions- und Wallfahrts-Buche, enth. Meß-, Beicht-, Communion- 2c. Gebete u. -Gesänge 2c. Sehr verm. neue Aufl. Münster 860. Cartin. 8. (VIII. 704 S. u. 1 Stahlst.) 1 rß

Sauceret, Paul. Die Verehrung der ohne Erbsünde empfangenen allerseligsten Jungfrau und Gottesmutter Maria in den Festen . . . der katholischen Kirche. A. d. Franz. Münster 1858. Ü: *Giese, Carl.* (Rass I, 125)

—— die Verehrung der ohne Erbsünde empfangenen allerseligsten Jungfrau und Gottesmutter Maria, in den Festen, Andachten und Gebräuchen der katholischen Kirche, sowie in den kirchlichen Congregationen und im christlichen Volksleben dargestellt. Aus dem Französ. Von einem Priester der Gesellschaft Jesu vor dem Abdruck durchgesehen und verb. 8. (XVI und 533 S.) Münster 858, [Aschendorff'sche Buchh.]
Vgl.: Sausieret, Paul.

Sauceret, Paul, die Verehrung der ohne Erbsunde empfangenen allerseligsten Jungfrau und Gottesmutter Maria, in den Festen, Andachten u. Gebräuchen der kathol. Kirche, sowie in den kirchl. Congregationen u. im christlichen Volksleben dargestellt. Aus dem Französ. Von einem Priester der Gesellschaft Jesu vor dem Abdruck durchges. u. verb. Münster 858. Cartin. 16. (XVI, 533 S. u. 1 Stahlst.) 25 ngr

Saucerotte, Ed., Uebersichts-Tafel d. Pferdekenntniß, enth. d. nützlichsten Puncte üb. d. Naturgesch. d. Pferdes, seine Anatomie, seine Vollkommenheiten u. Fehler 2c. A. d. Franz. übers. u. mit vielen Zusätzen verm. v. Lentin. gr. Imp.-Fol. (M. 3 Abbild.) Weimar 839, Voigt.

Saucerotte, Louis Sebastian

Saucerotte, Avant d'entrer dans le monde. gr. in-8. (17 B.) Paris 844, Renouard et Comp. *

— üb. die Erhaltung d. Kinder während d. Schwangerschaft; aus d. Französ. 8. Leipz. 798. Graffe. 8 gr

[Louis Sébastien] Saucerotte [Examen de plusieurs préjugés et usages abusifs concernant les femmes enceintes. Deutsch:] Untersuchung vieler Vorurtheile und Mißbräuche, welche die Schwangern, Kindbetterinnen,... betr.,...nebst denen dargegen anzuwendenden Hülfsmitteln. ... Aus d. Franz. übers. u. mit Anm. erl. Erfurt: Keyser 1780. 84 S. 8°

Chronik von Glückstadt, ausgezogen aus der Stormarschen und Hardesbörnischen Chronica Hieronymi **Sauckij** (durch Detlef Detlefsen). Glückstadt. 1886. 12°.

Saucke, August, aus Uelzen: Die Vollziehung der Auflage bei Schenkungen und Verfügungen von Todeswegen. *Rostock 1903: H. Winterberg.* (131 S.) 8°
Rostock, Jur. Diss. v. [29. Juni] 1904

Saucken, Erich v., Führer durch d. neue Kommunalabgaben-Gesetz im Rahmen d. Landgemeindeordng. f. Gemeindeangehörige u. Gemeindevorsteher. Allgem. verständl. Darstellg. gr. 8. (39 S.) Frankfurt a/O. 896. Trowitzsch & Sohn. n. — 60

Saucken, Erich v., Führer durch die neue Landgemeindeordnung f. Gemeindevorsteher u. Gemeindeangehörige. Allgemein verständlich dargestellt. 2. Aufl. gr. 8. (31 S.) Frankfurt a/O. 892. Trowitzsch & Sohn. n. — 50

Saucken, Otto v., die jetzigen Börsen-Zustände und der Credit des Landmanns. Geschrieben Anfang April 1856. 8. (40 S.) Berlin 856, Schneider und Comp. *

—— Gesetz-Sammlung für den preußischen Staatsbürger, s. Gesetz-Sammlung.

Saucken, O. v., die Handelsinteressen im Orient und ein Russisch-Französischer Bund. Geschrieben Mitte Dezember 1856. Berlin 857. Besser's Verlhdlg. 8. (56 S.) n. 10 ngr.

Saucken, Otto v., die Handelsinteressen im Orient und ein russisch-französischer Bund. Geschrieben Mitte Dezember 1856. 8. (56 S.) Berlin 857, [Franz Duncker.] *

Sauclières, de, la divinité de Jésus-Christ démontrée par M. Renan, ses erreurs, ses contradictions, ses aveux. 8 Livr. Lex.-8. Wien 864, Mayer und Comp. [1.—7. Livr. à * 10 Ngr., 8. Livr. * 20 Ngr.] *

— la divinité de Jésus-Christ démontrée par M. Rénan, ses erreurs, ses contradictions, ses aveux. (2 livrs.) Wien 864. Mayer & Co. Lex.-8. (168 S.) Jede Liefg. n. 10 ngr.

Sauclières, de, les intrigues, les mensonges, le brigandage piémontaises en Italie. Wien 862. Braumüller & Sohn. Lex.-8. (131 S.) n. 20 ngr.

— — u. Glaßbrenner, Ad., Conversations-Lexikon, s.: Conversations-Lexikon.

Sauclières, de, Napoléon III. et sa politique. Réponse à la brochure M. de la Guéronnière: La France, Rome et l'Italie. Lex.-8. (265 S.) Wien 861, Braumüller's Sortiment. Thlr.

Sauclières, de: A Rome!!! en réponse à S. A. J. le Prince Napoléon. [Wien] 1862.
cf. MW. Ser. 2. Jg. 1 (1864) No 26 (S. H. ten Cate).
Greift auch die Frmrei an.

—— A Rome!!! En réponse à S. A. J. le prince Napoléon. Lex.-8. (54 S.) Wien 862, Braumüller und Sohn. *

—— humoristisch-satyrlicher Volkskalender für 1863. Fortgesetzt u. herausg. von Dr. Märzroth. 15. Jahrg. Mit Illustrationen in Holzschnitt. 8. (XLVIII. 100 S.) Wien, Markgraf & Comp. 70 kr.

Saudé, Emil, a. Potsdam: Die Grundlagen der literarischen Kritik bei Joseph Addison. (Weimar 1906: R. Wagner Sohn.) (VII, 67 S.) 8°
Berlin, Phil. Fak., Ref. Brandl, Diss. v. 3. März 1906
[Geb. 2. Juni 79 Potsdam; Wohnort: Berlin; Staatsangeh.: Preußen; Vorbildung: Kaiser Wilh.-Gymn. Berlin Reife M. 99; Studium: Berlin 12 S.; Rig. 3. Juli 05.]

Die Grundlagen der literarischen Kritik bei Joseph Addison. Von Emil **Saudé**, Dr. phil. Berlin: Mayer & Müller 1906. (65 S.) 8°
[Erschien auch als Inaug.-Diss. Berlin 1906.] [06. 5700

SAUDECK, Rob. (in Berlin, geb. 21. April 1880 in Kolin in Böhmen), Dämon Berlin. Roman. Berlin, Concordia, Deutsche Verlags-Anstalt (Herm. Ehbock), 1907. 8°. (Mk. 4, gebd. 5.—.)

Saudek, Rob., Dämon Berlin. Roman. (337 S.) 8. Berlin (907). Concordia. 4.—; geb. 5. —

Dämon Berlin. Roman von Robert **Saudek**. 2. Aufl. Berlin: Concordia [1907]. (337 S.) 8° [F.] [07. 10902

— dasselbe. 5.—10. Aufl. Volksausg. (337 S.) 8. Ebd. (908). 2.—; geb. 3. —

Saudek, Rob., drei Bühnendichtungen der Kinderseele. (117 S.) gr. 8. Berlin 903. Verlag Deutsche Bühne. n. 3. —

Robert **Saudek**. Das 'Drama der Kinderseele' in bühnentechnischer Beleuchtung. Berlin: Deutsche Bühne 1903. (16 S.) 8° [Ant. u. F.] [06. 10969

— Dramen der Kinderseele (Das Schuldbewußtsein. Ein Wunderkind. Die Judenjungens), s.: Universal-Bibliothek.

— Eine Gymnasiasten-Tragödie in 4 Aufzügen. (143 S.) 8. Ebd. (907). 2. —

— Hanns. Drama der Kinderseele (in 4 Stimmungsbildern). [Aus: „Dramen d. Kinderseele".] 2. Ausg. (S. 47—117.) gr. 8. Berlin (907). E. Bloch. 1. 20

Saudek, Rob., Kavaliere, s.: Lothar, Rud.

— Der Mikado. Ein Seeroman. (372 S.) 8. Berlin 909. Concordia. 4.—; geb. 5. —

Saudek, Robert: Der Mikado. Ein Seeroman. 2. Aufl. Berlin: Concordia 1909. 372 S. 8°

Saudek, Robert: Der Mikado. Ein Seeroman. 3. Aufl. Berlin: Concordia 1909. 372 S. 8°

— Der entfesselte Riese. Roman. 1.—5. Aufl. (292 S.) 8. Berlin 910. Schuster & Loeffler. 3. —

— Die Spielerin. Roman. 1.—4. Taus. (348 S.) 8. Dresden 910. C. Reißner. 4.—; geb. n 5. —

— Und üb. uns leuchtende Sterne. Roman. 2. Aufl. (308 S.) 8. Berlin (907). Verlag Continent. 4. —

Und über uns leuchtende Sterne. Roman von Robert **Saudek**. 3. Aufl. Berlin: Continent [1907]. (308 S.) 8° [F.] [07. 12459

Billige Weisheiten. Eine Essaysammlung von Robert **Saudek**. Berlin: Continent [1907]. (110 S.) 8° [F.] [07. 12460

Saudreau, A.: Das geistliche L e b e n in seinen Entwickelungsstufen von –. Angers. Nach d. 2. Aufl. aus d. Franz. übers. Bd 1. 2. Trier: N. Disteldorf 1901. 2 Bde 8°
1. Übers. von P. A. Schwabe, Pr. d. Ges. Jesu.
2. Übers. von e. Priester d. Diözese Trier.

Saudreau, A., das gottgeeinte beschauliche Leben u. die dazu führenden Mittel nach den großen Geisteslehrern. Mit Genehmigg. des Verf. übers. v. e. Benediktiner der Beuroner Kongregation. (XII, 436 S.) 8. Graz 908. Styria. 2.60; geb. 3.60

— **Der Weg zu Gott. Praktische Ratschläge f. alle, die nach wahrer Frömmigkeit streben. Autoris. deutsche Bearbeitg. v. Disteldorf.** (XVI, 501 S. m. 1 Stahlst.) kl. 8. Trier 907. Loewenberg. 3.60; geb. in Leinw. n 4.50

Sauer, s.a. S a u r .

Sauer. Dissertation sur la place des adjectifs en français.
Wipperfurth, Progr. 1860

Sauer, Geschäftsgänge f. einfache u. doppelte Buchhaltung, s.: Oberbach.

Sauer, Dr., s. Jugendbildner, der katholische.

Sauer, Plan der Umgegend von Brandenburg a. d. H., auf Befehl des königl. Brandenburg. Füselier-Regiments Nr. 35 unter Zugrundelegung des Isenberg'schen Plans von 1870 nach Kataster-Karten, nach der Generalstabskarte von 1879, sowie im Terrain revid. und bis zum Umfang von 2 Meilen erweitert. 1 : 25,000. 6 Bl. Lithogr. und color. gr. Fol. Brandenburg 880, Koch's Hofbuchh. * Auf Leinw. in 6 Bl. * ℳ 9,50.; auf Leinw. mit Stäben *

Sauer. Commentatio de Q. Horatii Flacci satir. VIII. libr. I.
Wipperfurth, Progr. 1859

Sauer. Uebersetzung und Erklärung der Hymne „An Christus" von Lamartine.
Wipperfurth, Progr. 1857

Sauer, s.: **Weinbaukarten.**

Sauer, A.: Die deutschen M i l c h w e r k e und ihre Stellung zur Kinderernährung. Anlagen z. Herstellung von Milchpräparaten f. d. Kinderernährung auf wissenschaftl. Grundlage. (Verf.: Dr. A. Sauer.) Zwingenberg: (Deutsche Milchwerke 1906.) 40 S. 8°

Sauer, A. (Frl. Anna Sauerhering), englisch-schottische Reisebilder. (222 S.) 8. Berlin 908. Herm. Walther. 3. —

Sauer, Adam (geb. Schwetzingen 1808): De oedemate glottidis. Berolini (1834). (27 S.) 8.
Berlin, Med. Diss. v. 4. Okt. 1834

Sauer, Adolf

Sauer, A., geologische Beobachtungen im Aarmassiv. gr. 8. (13 S. m. Fig.) Berlin 900. (G. Reimer.) n. — 50
Sonderabdruck aus: „Sitzungsber. d. preuss. Akad. d. Wiss."

Sauer, Adf., Berichte üb. die Ausflüge des oberrheinischen geologischen Vereines in die Umgebung v. Heidelberg, s.: F r e u d e n b e r g , Wilh.

Einladung zur öffentlichen Probe-Vorlesung, welche der Landesgeologe Herr Dr. A. Sauer zur Erlangung der Venia legendi **bei der naturwissenschaftlich-mathematischen Facultät der Ruprecht-Carls-Universität zu Heidelberg Sonnabend, d. 14. Juli ... abhalten wird.** Thema: Gesteinsverwitterung und Bodenbildung. *Heidelberg*, Druck v. J. Hörning, *1891*; 1 Bl. 8.

Sauer (A.), Ueber die Aeolische Entstehung des Löss am Rande der norddeutschen Tiefebene. (Sep.-Abdr. a. d. Zeitschrift f. Naturwissensch. Band LXII. 1889.) Halle a. S. 1889. 8.

Sauer (A.), Ueber Conglomerate in der Glimmerschieferformation des sächsischen Erzgebirges. (Sep.-Abdr. a. d. Zeitschr. f. d. ges. Naturwissensch. Band 52.) Halle 1879. 8.

— — (A.), Die Krakatoa-Aschen des Jahres 1883. (Bes. Abdr. a. d. Berichten d. Naturforschend. Ges. zu Leipzig. Jahrg. 1883.) 8.

Ueber die Krossteinsgrusfacies des Geschiebelehms von Otterwisch. (Bes. Abdr. a. d. Ber. der Naturforsch. Ges. zu Leipzig. Jahrg. 1881.) 8.

Sauer (A.), Zur Lössfrage. (Sep.-Abdr. a. d. N. Jahrb. f. Mineralogie etc. 1890. Band 2.) (Ohne Druckort.) 8.

Sauer, A., Mineralkunde als Einführung in die Lehre vom Stoff der Erdrinde. Ein Abriß der reinen u. angewandten Mineralogie. Mit 26 farb. Taf. u. mehreren hundert Textbildern. (In 6 Abtlgn.) 1.—6. Abtlg. (S. 1 bis 160 m. 22 Taf. u. 22 Bl. Erklärgn.) 4. Stuttgart 905. (Franckh.) à n. 1.85

Sauer, A., Mineralkunde als Einführung in die Lehre vom Stoff der Erdrinde. Ein Abriß der reinen u. angewandten Mineralogie. Mit 26 farb. Taf. u. mehreren hundert Textbildern. 6. u. 7. Abtlg. (S. 161—250 m. 5 Taf. u. 5 Bl. Erklärgn.) 32,5×23 cm. Stuttgart (907). Franckh. 2.95 (Vollst.: 12.20; geb. in Leinw. 13.60)

Mineralkunde als Einführung in die Lehre vom Stoff der Erdrinde. Ein Abriß d. reinen u. angewandten Mineralogie von Dr. A[dolf] **Sauer**, Prof. in Stuttgart. Mit 26 Taf. [mit je 1 Erl.-Bl.] u. mehreren hundert Textbild. Stuttgart: Kosmos [1907]. (240 S.) 4° [J.] 07. 16903

— **petrographische Wandtafeln. Mikroskopische Strukturbilder wicht. Gesteinstypen in 12 Taf. Je 98× 74,5 cm. Mit Text. (31 S. m. Abbildgn.) gr. 8. Stuttgart 900. K. G. Lutz. n. 20. —; auf Leinw. m. Stäben n. 38. —; einz. Taf. 2. —; bezw. 3. 50; Text allein n. 1. —**

Sauer, Alfred, a. Stuttgart: Untersuchungen über Zonarstruktur mit besonderer Berücksichtigung der Feldspate. Stuttgart 1908: Glaser & Sulz. (32 S., 7 Taf.) 8°
Tübingen, Naturw. Fak., Ref. v. Koken, Diss. v. 29. Mai 1908
[Geb. 21. Febr. 83 Stuttgart; Wohnort: Tübingen; Staatsangeh.: Württemberg; Vorbildung: Wilhelms-Realsch. Stuttgart Reife M. 02; Studium: Tübingen 9 S.; Coll. 29. Mai 08.]

Sauer, Anton Über Aöden und Rhapsoden. Eine literatur-historische Studie. 8 (S. 3—63). K. k. Ober-G. zu den Schotten *Wien* 1891.
Progr.

Sauer, Anton: Direktor Dr. Andreas Borschke. Nekrolog. S. 29 bis 33. 8. **Progr.** K. k. Ober-Gymn. zu den Schotten *Wien* 1902.

—: Zur Erinnerung an die † Professoren Niederhofer und Welleba. S. 38—44. 8. **Progr.** K. k. Ober-Gymn. zu den Schotten *Wien* 1903.

—: Professor Stephan Fellner †. (Umschlagtitel: ... Nachruf.) S. 26—33. 8. **Progr.** K. k. Ober-Gymn. zu den Schotten *Wien* 1904.

[Sauer, Anton]: Festfeier anläßlich des 60jährigen Regierungsjubiläums Sr. Majestät des Kaisers Franz Joseph I. (2. Dezember 1908.) S. 53—58. 8. K. k. Ober-Gymn. zu den Schotten *Wien* 1909.
Progr.

. Sauer, A[nton]: Katalog der Lehrerbibliothek des k. k. Staats-Gymnasiums in Linz. III. Theil: Gruppe VIII, IX und X. Fortsetzung. (Umschlagtitel: . . . Theil.) 44 S. 8.
Progr.

Sauer, Anton: Katalog der Lehrerbibliothek. 45 S. Linz, St. G., Progr. 1901

Sauer, Anton: Die Lyrik in Sparta und deren Hauptvertreter 8. 88 S. **Progr.** K. K. Ober-G. zu den Schotten *Wien* 1896.
1 Terpandros 2 Thaletas 3 Polymnastos 4 Tyrtaios 5 Alkman

Sauer, Anton Die ΣΩΦΡΟΣΥΝΗ in Platons Charmides. 8. (S.3-45.) **Progr.** K. k. Ober-G. z. d. Schotten *Wien* 1891.

Sauer, Anton: Die sogenannten angeborenen **Verschlüsse** des **einfachen weiblichen** Genitalcanales auf Grund der **gesammten einschlägigen** Literatur. *Freiburg i. B.: J. Waibel 1897.* (113 S.) 8°
Freiburg i. B., Med. Diss. v. 1897

Aeroplan. System Haw-Sauer. Neueste Erfindung auf d. Gebiete d. Luftschiffahrt. Aeroplan kombiniert mit Luftballon. Von Arthur **Sauer,** Architekt, Jakob Haw, Flugtechn. Trier: Lintz 1910. 24 S. 8° (11. 1329

Sauer, Arthur [aus Bromberg]: Ein Beitrag zur Lehre von der Perspiratio insensibilis . . . . Greifswald, Druck v. Carl Soll, 1887; 37 + 1 S. 8°.
Greifswald, Med. Fak., Inaug.-Diss. v. 11. Jul. 1887.

Sauer, Arthur, ein Beitrag zur Lehre von der Perspiratio insensibilis. Diss. Greifswald 1887. Jul. Bindewald. 8°. 37 S.

Sauer, Arth., das **Christentum** in seinem Verhältniß zur arischen Mythologie. 2. Tl. der Trilogie: „Götter- od. Menschendienst?" gr. 8. (III, 62 S.) Leipzig 902. M. Sängewald. n. 2. —

— **die Christuslegende in ihrem Verhältnis zur arischen Mythologie. 1. Tl der Trilogie: „Götter- od. Menschendienst?" gr. 8. (III, 88 S.) Ebd. 901. n. 2. —**

— der **alte u. der neue Glaube.** 3. Tl. der Trilogie: „Götter- od. Menschendienst?" gr. 8. (III, 51 S.) Ebd. 902. n. 1. 60: (vollständig n. 5. 50)

Sauer, Arthur: **Über Isonitramine** und deren Spaltung in **untersalpetrige** Säure. *Würzburg 1897: Stahel.* (48 S.) 8°
Würzburg, Phil. Diss. v. 1897

Sauer, Arth., üb. den Mechanismus der Lebensvorgänge im tierischen Organismus. Populär-wissenschaftl. Betrachtgn. gr. 8. (41 S.) Mittweida 893. A. Leipner. — 75

Sauer, August (Hrsg.). s. Abraham a Santa Clara: Auf, auf ihr Christen.

Sauer, Aug., über die Ramlerische Bearbeitung der Gedichte E. C. v. Kleist's. Eine textkrit. Untersuchung. Lex.-8. (35 S.) Wien 880, (Gerold's Sohn.) *
Aus: Sitzungsberichte der k. Akademie der Wissenschaften, besonders abgedruckt.

Sauer, August: Neue Beiträge z. Verständnis u. z. Würdigg einiger Gedichte Grillparzers. *Weimar 1898.*
in: Forschungen z. neueren Litteraturgeschichte. Festgabe f. R. Heinzel. (98 1537

Sauer, Aug., s.: Bibliothek älterer deutscher Übersetzungen.

Sauer, Aug., Joachim Wilhelm v. Brawe, der Schüler Lessings, s.a. Quellen und Forschungen zur Sprach- und Culturgeschichte der germanischen Völker.

Sauer August: Joachim Wilhelm von Brawe und seine Beziehungen zu G. E. Lessing.
1877 PN 73 **Diss.** Wien, **Univ.** 3

— **s.: Briefe an Ewald v. Kleist.**

— **der Göttinger Dichterbund, s.a. National-Litteratur, deutsche.**

Der Göttinger Dichterbund. Hrsg. von Prof. Dr. August **Sauer.** T. 1–3. Berlin & Stuttgart: Union [1887–95]. 3 Bde 8° [F.]
1 — Voß, Johann Heinrich. [1887.]
2. L. H. Chr. Hölty u. J. W. Miller. [1893.]
3. Friedrich Leopold Graf zu Stolberg. Matthias Claudius. [1895.]
= **National-Litteratur,** Deutsche. Bd 49. 50, 1. 2. (07. 1411)

Sauer, August (Hrsg.), s. Eichendorff, Joseph von: Sämtliche Werke.

— **s.: Euphorion.**

Sauer, Aug., akademische Festrede zu Grillparzers hundertstem Geburtstage. Geh. in der Aula d. Carolinums. gr. 8. (32 S.) Prag 891. Calve. n. — 80

Sauer, Aug., Frauenbilder aus der Blütezeit der deutschen Litteratur. Mit 15 Orig.-Portraits (in Lichtdr.). 4. (XI, 106 S.) Leipzig 885. Titze. geb. m. Goldschn. n. 10. —

— s.: **Freundesgaben f. Carl August Hugo Burkhardt.**

s. Grillparzer, Franz: Briefe u. Tagebücher.

— s.: **Grillparzer's, Frz., Gespräche.**

— s.: **Goethe, J. W. v., u. Kasp. Graf v. Sternberg, Briefwechsel.**

— **s.: Goethe u. Oesterreich.**

— **Die Prager Hochschulen.** Eine notgedrungene Abwehr. (24 S.) kl. 8. Prag (910). (C. Bellmann.) — 60
Sonderabdruck aus: „Deutsche Arbeit".

— **Friedrich Hölderlin, s.: Sammlung gemeinnütziger Vorträge.**

— über den fünffüssigen Jambus vor Lessing's Nathan. [Aus: „Sitzungsber. d. k. Akad. d. Wiss."] Lex.-8. (95 S.) Wien 878. Gerold's Sohn in Comm. n. 1. 50

— s.: **Litteraturdenkmale,** deutsche, des 18. u. 19. Jahrh.

— **Literaturgeschichte** u. Volkskunde. Rektoratsrede, geh. in der Aula der k. k. deutschen Karl-Ferdinands-Universität in Prag am 18. XI. 1907. (42 S.) Lex. 8. Prag 907. J. G. Calve. 1. 20

— **Otto Ludwig, s.: Sammlung gemeinnütziger Vorträge.**

— **gesammelte Reden** u. Aufsätze zur Geschichte der Literatur in Österreich u. Deutschland. gr. 8. (VIII, 400 S.) Wien 903. C. Fromme. n. 6. —

— die deutschen Säculardichtungen an der Wende des 18. u. 19. Jahrh., s.a. Litteraturdenkmale, deutsche, des 18. u. 19. Jahrh. Nr. 91—104.

Sauer, August. Die deutschen Säculardichtungen an der Wende des 18. und 19. Jahrhunderts hrg. und eingeleitet. CLXXII + 654 S. 8. Berlin, B. Behr, 1901. [M. 8. 40]
(Deutsche Litteraturdenkmale des 18. und 19. Jahrhunderts hrg. von August Sauer. Nummer 91/100.)

— Johann Gottfried Seume, s.: Sammlung gemeinnütz. Vorträge.

— Adalbert Stifter, s.: Sammlung gemeinnütziger Vorträge.

— Studien zur Goethe-Philologie, s.: Minor, J.

— s.: Studien, Prager deutsche.

— Kleists Todeslitanei, s.a. Studien, Prager deutsche.

Kleists Todeslitanei von August Sauer. Prag: C. Bellmann 1907. (35 S.) 8°
— Studien, Prager Deutsche. H. 7. 07. 10059

(F) Sauer, A., Ausgewählte Werke des Grafen Kaspar von Sternberg. 1. Bd. [Bibliothek Deutscher Schriftsteller aus Böhmen. 13. Bd.] 8°. (LI, 434 S. mit 3 Tafeln) K 4.—
Prag: Calve (Koch) 1903.

Sauer, Augustin, Rom u. Wien im J. 1683. Ausgewählte Actenstücke aus röm. Archiven, zur II. Säcularfeier der Befreig. Wiens als Festgabe d. unter allerhöchstem Protectorate steh. Priestercollegiums v. Campo Santo zu Rom hrsg. Lex.-8. (VIII, 195 S.) Wien 883. Hof- u. Staatsdruckerei. n. 6. —

Sauer, Bertha, aus der Fremde, } s. Jugend-Bibliothek, christliche.
—— Hütte-Hannes, }
—— die schwarze Stutzuhr, }

Sauer, Bruno, Dr., Prof. d. Archäol. u. Kunstwiss. an d. Landes-univ.: Der Weber-Laborde'sche Kopf und die Giebelgruppen des Parthenon. *Gießen 1903: v. Münchow.* (117 S.) 4°
Gießen, Progr. zum Ludwigstage 1903

Sauer, Bruno, der Weber-Laborde'sche Kopf u. die Giebelgruppen des Parthenon. (117 S. m. 8 Abbildgn. u. 3 Taf.) gr. 4. Berlin 903. G. Reimer. n. 4. —

Sauer, Bruno: Altnaxische Marmorkunst ... (Aus: Mitth. d. Kais. Deutschen archäol. Inst., Athen. Abth., Bd. XVII. 1892.) Athen, Druck v. Gebr. Perris, 1892; 1 Bl., 43 S., 1 Taf. 8.
Giessen, Phil. Fak., Hab.-Schr. v. 1892

Sauer, Bruno, die Pokale u. Szepter der Universität Giessen, s.a. Giessen, die Universität, von 1607—1907.

Sauer B, die Pokale u Szepter der Univers. Giessen. (22 S 1 T) 4° Giessen 1907

Sauer B, d. Pokale u Szepter d. Universität Giessen. (22 S 1 T) 4° Giessen 1908

Sauer, Bruno, das sogenannte Theseion u. sein plastischer Schmuck. Imp.-4. (XIII, 274 S. m. 36 Abbildgn., 6 Taf. u. 5 Pauson.) Leipzig 899. Giesecke & Devrient. n. 30. —; geb. n. 32. —

Sauer, Bruno, der Torso v. Belvedere. 4. (VII, 116 S. m. Abbildgn. u. 2 Lichtdr.-Taf.) Giessen 894. J. Ricker. n. 4. —; geb. n. 5. —

Sauer, Bruno, u. Carl Ebel, d. Cistercienserabtei Arnsburg in d. Wetterau. Geschichte u. Beschreibg. d. Klosters, zugl. Führer durch d. Ruine. 8. (61 S. m. 3 Abb. u. 1 Grundriss.) Giessen 895. J. Ricker. n. 1. —

Sauer, Bruno Wilhelm [aus Leipzig]: Die Anfänge der statuarischen Gruppe. Ein Beitrag zur Geschichte der griechischen Plastik ... *Leipzig, Druck v. Ramm & Seemann* (1887); 2 Bl. + 82 S. + 1 Bl. 8°
Leipzig, Phil. Fak., Inaug.-Diss. v. 22. Okt. 1887

— Die Metopen des Apollontempels von Phigalia. Ak. 1896. 44 S. m. 3 Fig. u. 4 Taf.

Sauer, C., 140 Lieder-Texte für den Schulgebrauch ausgewählt. 8. (47 S.) Creuzburg 878, Thielmann's Buchh. *

Sauer, C. v., über die Manöverschule der Feld-Artillerie. München 1875. 8.

Sauer, C., über das günstigste Steigungs-Verhältniss bei Gebirgs-Bahnen. Lex.-8. (38 S. mit 1 lithogr. Taf.) Wien 880, [Lehmann und Wentzel.] Spielhagen und Schurich. *

C. SAUER, Ueber die klimatischen Verhältnisse Frankfurts a. O. resp. des Frankfurter Regierungs-Bezirks. Besonderer Abdruck für die Mitglieder des hist.-stat. Vereins zu Frankfurt a. O. Frankfurt a. O. 1862. Druck der Hofbuchdruckerei von Trowitzsch und Sohn. 8 0.

Sauer, (C. G.,) Aufsätze aus dem Gebiete der Analysis. gr. 8. Leipz. 825, (Hinrichs.)

— Potenzirung, Multiplication u. Division der Reihen aller Ordnungen, nebst einigen andern Sätzen. gr. 4. Halle 823, Kümmel.

Sauer, Carl Cl., s. Sauer, Karl Kl.

Sauer, Carl Marquard, s. Sauer, Karl Marquard

Sauer, Charles Marquard, s. Sauer, Karl Marquard

Sauer, Daniel Friedrich (Gransee) Halle 1751/10

Meditationes de quibusdam cultum dei externum concernentibus. Präs. Gottlob Samuel Nicolai. Halle (Hilliger) XI. 1751. 20 S. 29811

Sauer, Ed., Verzeichnis der Lehnsbriefe des Metzer Bezirks-Archivs, m. e. Vorbemerkg. üb. die Gründg. der Reunionskammer. — Inventaire des aveux et dénombrements déposés aux archives départementales à Metz, précédé d'une notice sur la création de la chambre royale. gr. 8. (XVIII, 232 S.) Metz 894. G. Scriba. n. 6. —

Sauer, Ed. Ludw., die conventionellen Formen des Anstandes im Ball-Saal, mit einem Anhang moderner Tänze. Ein Leitfaden zum Selbstunterricht. 24. (16 S.) Kassel 881, (Hühn.) **

Sauer, Ed. Ludw., kleiner Katechismus über Anstand und Sitte für die liebe Schul-Jugend. Ein Leitfaden zum Selbstunterricht. 2. verb. Aufl. 16. (31 S.) Cassel 879. (Leipzig, Haendel.) **

Sauer, Ed. Ludw., kleiner Katechismus über Anstand und Sitte für die liebe Schul-Jugend. Ein Leitfaden zum Selbstunterricht. 2. verb. Aufl. 16. (31 S.) Kassel 881, (Hühn.) **

— kleiner Katechismus über Anstand u. Sitte für die liebe Schul-Jugend. Ein Leitfaden zum Selbstunterricht. 2., verb. Aufl. 16. (31 S.) Ebend. 882. n.n. — 30

Sauer, Emil, aus Hesserode b. Nordhausen, Unterarzt im 4. Magdeb. Inf.-Reg. No 67: **Die Entwickelung** und der jetzige Stand **der Serum-Therapie der Pneumonie.** *Berlin (1902): G. Schade.* (38 S.) 8°
Berlin, Med. Diss. v. 5. Apr. 1902

Sauer, Aemilius: *Commentationis de Ciceronis studiis grammaticis particulam offert. 118 S. 4° (2°)
Halle-Wittenberg. Phil. Diss. v. 9. Nov. 1869
Geb. [Nordhausen 18. 4. 1844]

Sauer, Emil Wahl und Erblichkeit der deutschen Könige von den ältesten Zeiten bis zum Ausgang des 13. Jahrhunderts. 48 S. **Progr.** *Stendal* 1882.

Sauer, Emil, meine Welt. Bilder aus dem Geheimfache meiner Kunst u. meines Lebens. gr. 8. (292 S.) Stuttgart 901. W. Spemann. n. 8. —; geb. n. 10. —

Sauer, Eugen. Können ohne veterinär-polizeiliche Bedenken die Häute rauschbrandkranker Tiere zu Gerbereizwecken verwendet werden? Diss. Vet.-Med. Bern. (Sonderabdruck aus der Zeitschrift für Tiermedizin [Bd. 11,] 1907.) 42 S. 8. Jena, Gustav Fischer, 1907.

Sauer, F. A., der Bombardier im Feuer, s.: Album f. Liebhaber-Bühnen.

Sauer, F. A., weibliche Consequenz, — eine Mordgeschichte, } **s.: Kühling's, A., Album f. Liebhaber-Bühnen.**

Sauer, F. A., e. Toiletten-Geheimnis, od. Du bist blaß Louise. s.a. Bloch's Ed., Theater-Korrespondenz.

— **ein Toiletten-Geheimniß,**
s.a. Kühling's, A.: Album für Liebhaber-Bühnen

Sauer, F. A., ein Toiletten-Geheimnis od.: Du bist blaß, Luise?, s.a. Thalia.

Ein Toiletten-Geheimnis oder Du bist blass, Luise? Lustspiel in 1 Akt von F. A. Sauer. 2. Aufl. *Mühlhausen i. Th.: G. Danner [1900].* (39 S.) 8° [5.] = Thalia. 60.

— **Unglücks-Rabe,**
s. Kühling's, A.: Album für Liebhaber-Bühnen

Sauer, Fel., dio Art u. Woise der Wirkg. dor Stahl-Bäder. gr. 8. (19 S.) München 902. Seitz & Schauer. n. — 60

Sauer, Franz, appr. Arzt aus Ansbach: Die **Dauererfolge** der operativen Behandlung der Uterusmyome. *Würzburg 1900: N. Seamoni Wwe.* (41 S.) 8°
Würzburg, Med. Diss. v. 1900

Sauer, Franz, Kammergerichts-Referendar a. Frankfurt a. O.: Macht Gläubigeranfechtung streitbefangen? (Frankfurt, Oder, 1906: Vogel & Neuber.) (IX, 35 S.) 8° [F.]
Rostock, Jur. Fak., Ref. Wachenfeld, Diss. v. 31. März 1906
[Geb. 29. Juni 83 Frankfurt a. O.; Wohnort: Reppen b. Frankfurt a. O.; Staatsangeh.: Preußen; Vorbildung: Gymn. Frankfurt a. O. Reife M. 01; Studium: Heidelberg 1, Marburg 3, Berlin 2 S.; Rig. 22. Sept. 05.]

Sauer, Frz., Orthographie-Willkür u. Orthographie-Reform, e. Schulkreuz des 19., e. Volkshoffnung des 20. Jahrh. gr. 8. (VII, 235 S.) Bonn 901. P. Hanstein. n. 4. —

Sauer, Franz Emanuel Hugo, s. Sauer, Hugo

Sauer, Frz. Xav., die Anfangsgründe der Pflanzenkunde. Wien 859. (Sallmayer & Co.) 8. (IV, 183 S.) n. 20 *ngr.*

— s. Geo. Fr. Sailer, kl. bibl. Erbauungsbuch u. dess. Lesebuch.

Sauer, Frz. Xav., Samml. religiöser Lieder für die Gemeinde Erlangené. 8. Erlang. 178..

Sauer, Frdr., English conversation oder practisches Lesebuch zur Uebung in der englischen Sprache, enthaltend 2 Theaterstücke, George Barnwell v. Lillo, u. the Gamester v. Moore, nebst Wörter-Verzeichniss, grammat. Erklärungen, u. einer Sammlung kaufmann. Phrasen aus Briefen, Rechnungen etc. Lex. 8. (IV u. 125 S.) Stettin 851, Grassmann. 3/4 *ß*

Sauer, Frdr., Führer in u. um Adelholzen, Wildbad in Oberbayern, an der München Salzburger Eisenbahnstrecke gelegen. 8. (IV, 48 S.) München 874. (L. Finsterlin.) n. — 60

Sauer, Friedr., Führer in und um Adelholzen, Wildbad in Oberbayern, an der München-Salzburger Eisenbahnstrecke gelegen. 8. (IV, 48 S.) München 878, (L. Finsterlin.) *

Sauer, Friedrich: Über die Verwendung der Geschichte und Altertumskunde in Ciceros Reden. T. 1. Ludwigshafen a. Rh.: Dr. u. Verlagsanst. 1910. 32 S. 8°
Ludwigshafen a. Rh., k. G. P 1910* [S 10. 371

Sauer, Friedrich Adolf

Sauer, Fr. Ad., der ABC-Schüler, der gern bald lesen u. das Gelesene auch gern behalten will. 8. Arnsb 799.

—Begriff d. Normallehrart, mit Anwend. auf alle Lehrfächer in Elementarschulen. 8. Arnsb. 800.

Sauer, Fr. Ad., s. Christus, der Weg, die Wahrheit u. das Leben.

Sauer, F. A., zwei Predigten. Mit e. Vorw. v. Bäumer. 8. (3 B.) Arnsberg 839, Ritter. *

—die Versuchungsgeschichte Christi, erklärt u. v. d. Widersprüchen gerettet. Eine bibl. Abhandl. üb. Matth. 4, 1—11. 4. Bonn 789.

Sauer, Fridericus Guilielmus: De perforatione capitis foetus in partu difficili. Halae (1821): Grunert. 35 S. 8°
Halle-Wittenberg. Med. Diss. v. 12. Sept. 1821
Geb. Gräbschen bei Breslau 1789. V.

Sauer, Fritz: Beiträge zur entwicklungsgeschichtlichen Betrachtung des Heidelberger Schlosses. Heidelberg: Winter 1910. V, 46 S. 8° (Ersch. vollst. u. d. T.: Das Heidelberger Schloß im Spiegel d. Liter., als: Heidelberger Abhandlungen z. mittl. u. neueren Gesch. H. 27.) = Hist.
Heidelberg, Phil. Diss. v. 2. Mai 1910, Ref. Oncken
[Geb. 17. Sept. 84 Heidelberg; Wohnort: Heidelberg; Staatsangeh.: Baden; Vorbildung: Oberrealsch. Heidelberg Reife M. 03, Erg. Realgymn. Karlsruhe Sommer 04; Studium: Heidelberg 11 S.; Rig. 9. Febr. 09.] [U 10. 2103

Sauer, Fritz: Catalogus plantarum in Canariensibus insulis sponte et subsponte crescentium. Halis Saxonum 1880: Ploetz. 78 S. 8°
Halle-Wittenberg, Phil. Diss. v. [8. Okt.] 1880
Geb. Potsdam 24. 11. 1852. V.

Sauer, Fritz, catalogus plantarum in Canariensibus insulis sponte et subsponte crescentium. gr. 8. (78 S.) Halis Sax. 880. (Berlin, Schleiermacher.) (?) n. 2. —

Sauer, Fritz, approb. Arzt aus Forst i. L.: **Aus d. chirurg. Klinik in Kiel.** Ueber einen eigentümlichen **Fall** von Luxatio patellae lateralis. (Absprengung eines Stückes von d. Patella u. Verhakung derselben an d. Kante d. Condylus externus femoris.) *Kiel 1902: P. Peters.* (16 S.) 8°
Kiel, Med. Diss. v. [4. Juli] 1902

Sauer, Fritz, das Heidelberger Schloß im Spiegel der Litteratur, s.a. Abhandlungen, Heidelberger, zur mittleren u. neueren Geschichte. 27. Heft.

Das Heidelberger Schloß im Spiegel der Literatur. Eine Studie über d. entwicklungsgeschichtl. Phasen seiner Betrachtungsweise. Von Fritz **Sauer**. Heidelberg: Winter 1910. IV, 80 S. 8°
Ein Teil erschien als Inaug.-Diss. Heidelberg 1909.
(Heidelberger Abhandlungen z. mittleren u. neueren Geschichte. H. 27.) [10.8114

Sauer, G., üb. die Vorurtheile, welche dem Brachabstellen noch im Wege sind. 8. Grätz 798. Tusch. 5 K

Frieden. Lustspiel in 3 Aufz. von Georg **Sauer**. Martinhagen: G. Sauer (1905). (26 S.) 8° [F.] [06. 8777 4

Sauer, Geo., Frieden. Lustspiel in 3 Aufzügen. Pilatus. Ein Trauerspiel in 3 Aufzügen. (26 u. 32 S.) 8. Martinhagen (906). (Eschwege, O. Carius Nachf.) n. 1. —

Sauer, Georg, appr. Arzt a. Cham im bayer. Wald: Mastitis und Bier'sche Stauung. Erlangen 1907: Junge & Sohn. (45 S.) 8°
Erlangen, Med. Fak., Ref. Menge, Diss. v. 20. März 1907
[Geb. 30. April 81 Cham; Wohnort: Erlangen; Staatsangeh.: Bayern; Vorbildung: St. Anna-Gymn. Augsburg Reife 00; Studium: Erlangen 10 S.; Coll. 20. Dez. 06; Approb. 21. Aug. 05.]

Sauer, Georg: Philosophie eines Schulmeisters über manches, was mit der Schule zusammenhangt. Aufsätze von —. Bd 1. Eschwege: R. Himmelreich (1906). 8°

Sauer, Geo., Philosophie e. Schulmeisters. 4 Bde. 8. Eschwege, O. Vollprecht. 4. 55
1. Aufsätze üb. manches, was m. der Schule zusammenhängt. (48 S.) (906.) 1. —
2. Philosophie e. Schulmeisters üb. Manches, was m. dem Himmel zusammenhängt. (VII, 93 S.) 906. 1. 50
3. Lehrplan e. Kinderfreundes an alle Kinderfreunde in Staat, Haus u. Schule. (63 S.) 907. 1. 25
4. Die Weltreligion v. Nazareth. (47 S.) 906. — 80

Sauer, George, the Telegraph in Europe. A complete statement of the rise and progress of telegraphy in Europe, showing the cost of construction and working expenses of telegraphic communications in the principal countries etc. Collected from the official returns. gr. 8. (VII, 179 S. und 25 Tab., wovon 3 in qu. 4. und mit Anhang: The International Telegraph Treaty. Paris, 18th 1865. Translated from the French by Geo. Sauer; IV, 28 S. London 1868.) Paris 869. (Aachen, Benrath und Vogelgesang.) *

Sauer, Gerhard, Assistenzarzt am Stadtkrankenh. zu Chemnitz, aus Stendal (Prov. Sachs.): Über Perforationen des Darms oberhalb von Stricturen. *Halle a. S. 1902: C. A. Kaemmerer & Co.* (83 S.) 8°
Halle, Med. Diss. v. 19. Dez. 1902

Sauer, Gustavus Adolfus: Untersuchungen über Phonolithische Gesteine der Canarischen Inseln. Halis Saxonum (1876): Gebauer-Schwetschke. 64 S., 1 Taf. 8°
Halle-Wittenberg, Phil. Diss. v. 14. Juni 1876
Geb. Weissenfels 10. 7. 1852. V.
Aus: Zeitschrift f. d. ges. Naturwissenschaften Bd 47. Berlin 1876. S. 301—63, Taf. 5. — Verf. erlebte die Diplomerneuerung des Dr. sc. nat. 1926 als Dr.-Ing. h. c., em. ordentlicher Professor der Mineralogie und Geologie an der Technischen Hochschule in Stuttgart, vgl. Anh. Nr. 776.

Sauer, H., der Brief St. Pauli an die Galater, übersetzt und erklärt für evang. Religionslehrer und bibelforsch. Christen. 8. (V, 194 S.) Gotha 884, Schloeßmann. **

— selig sind, die Gottes Wort hören u. bewahren. Predigten f. d. 2. Hälfte d. Kirchenjahres. gr. 8. (VIII, 328 S.) Cottbus 885. Differt. n. 3. —; geb. n. 4. —

Sauer, H., vier Vorlagen f. Brandmalerei, s.: Universal-Malvorlagen. Nr. 75.

Sauer, Hans, kunstgeschichtliche Beiträge. (9 S.) gr. 8. Rom 910. Loescher & Co. — 80
Sonderabdruck aus: „Quellen u. Forschgn. a. italien. Archiven u. Biblioth."

Sauer, Hans, Bilder aus dem Natur- u. Volksleben in den oberösterreichischen Alpen, s.a. Schosser, Ant.

(F) **Sauer,** H. und **Fraungruber,** H., Anton Schosser: Bilder aus dem Natur- und Volksleben in den oberösterreichischen Alpen. Gr.-8°. (VIII, 142 S. und 1 Tafel) geb. K 3.—
Linz: Zentraldruckerei 1909.

Sauer, Hans, bacc. jur., Referendar: Das Recht, eine Einrichtung wegzunehmen. Marburg a. L. 1909: Bauer. 88 S. 8°
Leipzig, Jur. Diss. v. 18. Okt. 1909
[Geb. 24. März 85 Marburg a. L.; Wohnort: Marburg; Staatsangeh.: Preußen; Vorbildung: Gymn. Marburg Reife O. 03; Studium: Marburg 4, München 1, Marburg 1 S.; Rig. 27. Juli 06.] [U 10. 2858

Sauer, Hans, a. Blankenburg am Harz: Die Schrift des Guillielmus Valla Rhegiensis über den Exarchat von Italien. Göttingen 1905: Goldschmidt & Hubert. (63 S.) 8°
Göttingen, Phil. Fak., Ref. Brandi, Diss. v. 2. Juni 1905
[Geb. 11. Dez. 80 Berlin; Wohnort: Blankenburg am Harz; Staatsangeh.: Braunschweig; Vorbildung: Gymn. Blankenburg Reife O. 99; Studium: Göttingen 10 S.; Rig. 2. Juni 04.]

Sauer, Hedda, ins Land der Liebe. Gedichte. 8. (64 S.) Prag 900. J. G. Calve. n. 2. —

Sauer, Hedda, „Wenn es rote Rosen schneit". Gedichte. Mit (5 farb.) Bildern v. Rich. Teschner. (62 S.) gr. 8. Prag 904. C. Bellmann. n. 2. —

Sauer, Herm., Belehrungen üb. die Viehseuchen, welche gesetzlich anzeigepflichtig sind, u. die Maßnahmen zur Bekämpfung derselben. Aus behördl. Anordngn. u. Bekanntmachgn., aus den Reichs- u. preuß. Landesgesetzen zusammengestellt. Für Magisträte, Amts-, Guts- u. Gemeinde-Vorstände, sowie f. Besitzer v. Haustieren. gr. 8. (VIII, 128 S.) Tarnowitz 890. Sauer & Co. cart. n. 1. 50

Sauer, Hugo: Beitrag zur Casuistik der Irissarkome. Halle a. S. 1883: Plötz. 24 S. 8°
Halle-Wittenberg, Med. Diss. v. 2. Febr. 1883
Geb. Görlitz 12. 5. 1858. V.

Sauer, Hugo: Die ravensbergischen Gogerichte und ihre Reform im 16. Jahrhundert. Münster i. W. 1909: (Velhagen & Klasing, Bielefeld). 83 S. 8° [Umschlagt.] ¶(Aus: Jahresbericht d. Histor. Ver. f. d. Grafsch. Ravensberg. 24. 1910.)
Münster, Phil. Diss. v. 23. Nov. 1909, Ref. Spannagel
[Geb. 15. Febr. 85 Lippstadt; Wohnort: Lippstadt; Staatsangeh.: Preußen; Vorbildung: Realgymn. Bielefeld Reife O. 05; Studium: Munster 2, Berlin 2, München 2, Munster 3 S.; Rig. 23. Juli 09.] [U 10. 3800

Sauer, (Franciscus Emanuelus) Hugo *(geb. Neumarkt in Schles. 26. 9. 1831)*: Quonam mechanismo vesicae urinariae efficiatur clausura, quaeritur. Neofori (1860). (22 S., 1 Taf.) 8°
[Deutsche Bearb. in: Archiv f. Anat. u. Physiol. 1861.]
Breslau, Med. Diss. v. 17. [vielmehr 18.] Sept. 1860

Sauer, Hugo: Der Streit unter Forderungs-Prätendenten und andere Fälle einer 'Gegengläubigerschaft'. Parchim 1910: Freise. 82 S. 8°
Heidelberg, Jur. Diss. v. 19. März 1910, Ref. Heinsheimer
[Geb. 10. Okt. 83 Kassel; Wohnort: Kassel; Staatsangeh.: Preußen; Vorbildung: Gymn. Weilburg Reife O. 03; Studium: Marburg, München, Berlin, Heidelberg; Rig. 20. Dez. 09.] [U 10. 2001

Sauer, Hugo: ⟨Aus dem physiologischen Institut zu Breslau.⟩ Untersuchungen über die Ausscheidung der Harnsäure durch die Nieren. *Bonn 1898: C. Georgi.* (18 S.) 8° ¶(Aus: Archiv für mikroskopische Anatomie und Entwicklungsgeschichte, Bd 52.)
Breslau, Med. Diss. v. 18. Juli 1898

Sauer, J., nützliches Rechenbuch. 8. Jena. 715.

Sauer, J., 18 Wandlese-Tafeln. Friedberg 852. Bindernagel. gr. Fol. n. 28 ngr.

Sauer, J., zwölf Wandlese-Tafeln nach dem Schreib- und Leseschüler bearb. Imp.-Fol. Friedberg 857, Bindernagel und Schimpff. *

Sauer, J. G., die Verbreitung und Einführung der Kirchenreformation in der gefürsteten Grafschaft Henneberg. 8. Schleusingen 843. (Meiningen, Blum.) n. 2/3 ₰

Sauer, J. H., s.a. Saur, J. Heinrich

Sauer, J. H., Wegweiser durch Bayern. Ausschließl. d. Rheinkreises. gr. 12. (4¼ B. u. 1 Karte.) Nürnberg 838, Riegel u. Wießner. *

Sauer, K. L. Wilh., Hallelujah, s.: Meyer, Wilh.

Sauer, Ign., Doctrina de percussione et auscultatione, quam juxta principia Scoda concinn. 8maj. (9 B.) Vindobonae 842, [Braumüller.]

Sauer, Ign., Doctrina de percussione et auscultatione, quam juxta principia cel. D. Skoda concinnavit. Editio nova. 8maj. (XII und 128 S.) Vindobonae 853, Braumüller. *

Sauer, Ign., der Typhus in vier Cardinalformen dargestellt. gr. 8. (8 B.) Wien 841, Braumüller u. Seidel. *

Sauer, Ignaz: Der Typhus in vier Cardinalformen dargestellt. 124 S., gbd.

Wien: typ.PP.Mechitaristen 1841

JB 5.102

Sauer, Johann Christian (Boitzenburg) A.S. 1211/10

Dissertatio inauguralis medica, de proportione humorum motus. Präs. Georg Ernst Stahl. Halle (Henckel) VI. 1711. 38 S.

Gew.: Johann Nikolaus Schoff. 29818

Sauer, Joh. Flor., Gebete f. kathol. Elementarschulen; zu sprechen vor u. nach d. Lehrstunden, u. bei besond. feierlichen Veranlassungen. 16. (8 B.) Breslau 838, G. P. Aderholz.

—— die christkathol. Glaubens- u. Sittenlehre in Form von Gebeten, (nebst beigefügten gereimten Denksprüchen;) gewid. zunächst d. Katecheten u. Katechumenen. 8. (7¼ B.) Breslau 839, G. P. Aderholz.

Sauer, Jh. Geo., († im April 1814.) kurze Reden bei verschied. Gelegenheiten. 8. Augsb. 802. Doll. 6 gr.

Sauer, Jh. Gf., krit. Erörterungen üb. mancherlei Gegenstände, aus dem Gebiete d. Schul- u. Kirchenwesens. 8. o. O. (Schneeberg) 805. Verlagshandl. 1 ₰

Sauer, J. G., Religionsvorträge. 8. Coburg, Sinner. 801. *

— s. H. Stephani, d. baier. Schulfreund.

Sauer, Jh. Gf. († d. 31. Oct. 1812.) Untersuchungen üb. den Antheil d. Einbildungskraft auf die Werke d. Dicht- u. Redekunst; ein Beitr. zur Philosophie d. Aesthetik. 8. Penig 803. Dienemann; (a. Leich in Leipz.) 18 gr.

— u. G. A. Neuhoffer, Vorlesungen üb. deutsche Classiker, für Gebildete u. z. Gebrauch in d. höhern Lehranstalten. 1r Cursus, mit Excursen. 8. Tübing. 810. v. Cotta. 1 ₰ 12 gr.

SAUER, Johann Julius
Englisches Lesebuch für Handelslehranstalten von Johann Julius Sauer. Wien. 1900. Hölder. Gr.-8°. V, 353 S. Geb. K 4.50

Sauer, J. J., Specimens of commercial correspondence. (XI, 396 S. m. 15 Formularen.) gr. 8. Wien 903. A. Hölder. Geb. in Leinw. n. 4.40

Sauer, Johs., Geschichtsstoff f. die drei oberen Klassen der Volksschule, m. e. Anh.: „Aus der alten Geschichte". 2. Aufl. (VI, 20 S. m. 1 Bildnis.) 16. Nürnberg (906) C. Koch. n. — 10

Sauer, Johs., Geschichtsstoff f. die 3 oberen Klassen d. Volksschule mit e. Anh. „Aus der alten Geschichte". II. u. III. Tl. 16. Nürnberg, C. Koch. — 35
II. Von Rudolf v. Habsburg bis auf d. Zeit Ludwigs XIV. 2. Aufl. (S. 19—54.) (907.) — 15
III. Von Friedrich dem Grossen bis auf die Gegenwart. 2. Aufl. (S. 55—90.) (907.) — 20

Sauer, J., Geschichtszahlen für Volksschüler. Nach Massgabe des mittelfränk. Lehrplanes zusammengestellt. 3 Serien. 32. Nürnberg 884, Büching. *
Inhalt:
Serie 1. Für die vierte und fünfte Klasse. (8 S.) * 6 Pf.
» 2. Für die sechste Klasse. (8 S.) * 6 Pf.
» 3. Für die siebente Klasse. (24 S.) * 15 Pf.

Sauer, Johs., Wegweiser f. die Berufswahl, s.: Sommerfeld, Th.

Sauer, Josef

s. W. Christ, Betrachtungen.

Sauer, Josephus: Christus, Praestantissimum Verae Tolerantiae Exemplum. Vratislaviae: G. Ph. Aderholz 1829. (30 S.) 8 *[Erschien erst nach der Habilitation]*
Breslau, Kath.-theol. Fak. Hab.-Schr. v. [30 Okt.] 1829

Sauer, Jos., die Elisabethinerinnen in Breslau. Denkschrift z. 100jähr. Jubelfeier d. Stiftung ihres Klosters. gr. 8. (18 B. u. 1 Stnt.) Breslau 837, G. P. Aderholz. *

Sauer, Joseph (geb. Barge in Westf. [illegible] 18[illegible]): De [illegible] Berolini (1864). (31 S.) 8°
Berlin, Med. Diss. v. 5. Aug. 1864

Sauer, Josephus Amandus Andreas (*geb. Spurwitz in Schles. 27. 11. 1803*): De Essenis et Therapeutis. Vratislaviae: G. Ph. Aderholz 1829. (38 S.) 8° *[Ebenda auch im Buchhandel]*
Breslau, Kath.-theol. Dr.-Diss. v. 21. Jan 1829

Sauer, Joseph [approb. Arzt aus Wendelstein in Bayern]: Ein Fall von traumatischer Hypoglossus- und Accessoriuslähmung . . . Aschaffenburg, Buchdr. J. W. Schippner We., 1885; 65 S. 8°.
Göttingen, Med. Fak., Inaug.-Diss. v. 1885.

Sauer, Jos., e. Fall v. traumatischer Hypoglossus- u. Accessoriuslähmung. gr. 8. (65 S.) Aschaffenburg 885. (Göttingen, Vandenhoeck & Ruprecht.) n. 1. 60

Sauer, Jos., pfarramtliche Geschäfts-Verwaltung. 1. Aufl. 1865. u. 2., verb. u. verm. Aufl. Breslau 868. Aderholz' Buchh. 8. (XII, 267 S.) n. 20 ngr.

Sauer, Jos., Geschichte der christlichen Kunst, s.: Kraus, Frz. Xav.

—— Katechismus f. d. kathol. Jugend, welche zum Erstenmale d. heil. Sakrament d. Altars empfangen soll. 1. Aufl. (4½ B.) 833. 4 Gr., 2., verm. A. (7⅝ B.) 8. Breslau 834, Aderholz.

Sauer, Jos., schlesisches Kirchenblatt, s. Kirchenblatt.

— s.: Kunstdenkmäler, die, des Grossherzogt. Baden.

s. Oberon.

—— Predigt z. 50jähr. Ordens-Professions-Jubelfeier d. Oberin d. Elisabethiner-Klosters zu Breslau, Frau Antonia Sauer, u. ihrer geistl. Mitschwester Agnes Ziepold, d. 21. Januar 1839. gr. 8. (1 B.) Breslau, G. P. Aderholz.

— s.: Rundschau, literarische, f. das kathol. Deutschland.

Sauer, Jos., Symbolik des Kirchengebäudes u. seiner Ausstattung in der Auffassung des Mittelalters. Mit Berücksicht. v. Honorius Augustodunensis, Sicardus u. Durandus. gr. 8. (XXIII, 410 S.) Freiburg i/B. 902. Herder. n. 6. 50; geb. in Halbfrz. n. 8. 40

Sauer, K. Wilhelm, s. Sauer, Wilhelm

Sauer, Karl, Das deutsche Eheschliessungs- und Ehescheidungsrecht unter Berücks. d. Haager internat. Privatrechtsabkommen vom 12. Juni 1902. Lfg 1. München u. Berlin 1908. 8°.

Sauer, Karl, das dtsche. Eheschließungs- u. Ehescheidungsrecht unter Berücksichtigung der Haager internationalen Privatrechtsabkommen v. 12. VI. 1902. 4 Lfgn. (XII, 778 S.) gr. 8. München 909. J. Schweitzer Verlag. 14.50; geb. n 16. —

Sauer, Karl, a. Breslau: Zur Funktionentheorie auf dem algebraischen Gebilde $S = \sqrt[3]{f_{3n}(z)}$. Leipzig 1906: B. G. Teubner. (39 S.) 4°
Straßburg, Math.-naturw. Fak., Ref. Weber, Diss. v. 1906
[Geb. 23. Mai 83 Breslau; Wohnort: Breslau; Staatsangeh.: Preußen; Vorbildung: St. Matthias-Gymn. Breslau Reife O. 02; Studium: Breslau 4, Straßburg 5 S.]

Sauer, K., Gesetz üb. den Versicherungsvertrag, s. Handbibliothek, Jurist., Bd. 278.

Sauer, Karl, die Gewährleistg. bei Viehveräußergn., s. a. Reuter, Mart.

Sauer, K. u. M. Reuter, Die Gewährleistung bei Viehveräusserungen nach dem bürgerlichen Gesetzbuch. Berlin 1900. Parey. M. 6.—

— der Landwirt u. das neue Prozeßverfahren. Erläuterg. des gesamten Civil- u. Strafprozesses in Beispielen aus dem tägl. Leben, m. Mustern f. Klagen, Anträge, Gesuche u. dgl. Für Landwirte bearb. 8. (VIII, 318 S.) Berlin 902. P. Parey. Geb. in Leinw. n. 4. —

— der Landwirt u. das neue bürgerliche Recht. Erläuterg. des bürgerl. Gesetzbuches in Beispielen aus dem tägl. Leben. Für Landwirte bearb. Mit Anh., enth. Muster f. Klagen, Verträge, Testamente usw. 8. (VI, 232 S.) Ebd. 900. Geb. in Leinw. n. 3. 50

— recherches tactiques sur les formes nouvelles de la fortification. gr. 8. (III, 34 S.) Ebend. 886. n. 1. —

Sauer, Karl: Rechtskunde für den praktischen Landwirt, s. Heidenreich, Rob.

Sauer, Karl, Testamente u. Erbverträge in Bayern, nebst e. kurzen Darstellg. des gesetzl. Erbrechtes, des Pflichtteilrechtes u. Nachlaßverfahrens, sowie e. Anh., enth. Muster f. Testamente u. Erbverträge. 1. u. 2. Lfg. gr. 8. (S. 1—160.) München 902. J. Schweitzer Verl. à n. 1. 80

— Testamente u. Erbverträge in Bayern, nebst e. kurzen Darstellg. des gesetzl. Erbrechtes, des Pflichtteilrechtes u. Nachlaßverfahrens, sowie e. Anh., enth. Muster f. Testamente u. Erbverträge. 3. u. 4. Lfg. (XII u. S. 161 bis 447.) gr. 8. München 903. J. Schweitzer Verl. n. 5. — (Vollst.: n. 9. 80)

— taktische Untersuchungen üb. neue Formen der Befestigungskunst. 2. Aufl. gr. 8. (VII, 40 S.) Ebend. 886. n. 1. —

— Viehkauf u. Viehgewährschaft, s.: Reuter, Mart.

Sauer, Karl, aus stürmischer Zeit. Badische Kulturkampfsbilder, naturgetreu vorgezeichnet. 8. (VII, 82 S.) Tauberbischofsheim 899. F. X. Bott. n. — 75

Sauer, Karl Kl.

Sauer, K. C., s. a. Briefmarken-Album, permanentes.

Sauer, Carl Cl., permanentes Briefmarken-Album. 1. Lfg. Imp.-4. (6 Bl. mit 7 S. Text in 8.) Mähr.-Ostrau 888, Kittl. *

Sauer, Carl Marquard [Pseud.], s. a. Alland, M.

Sauer, Carl Marquard, aufwärts! Roman. 3 Bde. 8. (257, 234 u. 296 S.) Görlitz 877. Vierling. 12. —

Sauer, Carl Marquard, italian conversation-grammar. A new and practical method of learning the italian language. 8. (IX und 411 S.) Heidelberg 858, J. Groos. geb. *

— italian conversation-grammar. A new and practical method of learning the Italian language. 2. edit. Ebend. 870. gr. 8. (VIII, 381 S.) In engl. Einb. n. 1 ℳ 20 ngr.
Key. gr. 8. (III, 56 S.) n. 16 ngr.

Sauer, Charles Marquard, Italian Conversation-Grammar. A new and practical method of learning the Italian Language. 2d edit. (VIII, 381 S.) 1870, and 3d edit. gr. 8. (XII, 426 S.) Heidelberg 874, J. Groos. geb. *
Key. (III, 56 S.) *

—— dass. — Key. 2d edit. gr. 8. (IV, 60 S.) Ebendas. 875. cart. *

—— Italian Conversation-Grammar. A new and practical method of learning the Italian language. 4th edit. gr. 8. (XIV, 426 S.) Heldelberg 879, J. Groos. geb. *

Sauer, Carl Marquard, Italian Conversation-Grammar. Key. 3d edit. gr. 8. (IV, 60 S.) Heidelberg 883, J. Groos. cart. *

Sauer, Charles Marquard, **Italian conversation-grammar**, a new and practical method of learning the Italian language. 5th edit. gr. 8. (X, 432 S.) Heidelberg 886, J. Groos. geb. *

—— dass. — Key. 4th edit. 8. (IV, 64 S.) Ebendas. 887. cart. *

—— Italian conversation grammar. A new and practical method of learning the Italian language. 6. ed. gr. 8. (VIII, 432 S.) Ebd. 891. geb. * 5 —; key. 5. ed. (IV, 63 S.) cart. * 1 60

Sauer, Carl Marquard, Italian conversation-grammar. A new and practical method of learning the Italian language. (Method Gaspey-Otto-Sauer.) 8. ed. Rev. by Pietro Motti. (VIII, 435 S. m. 1 Karte u. 1 Plan.) gr. 8. Heidelberg 903. J. Gross. Geb. in Leinw. n. 5. —; key. 7. ed. (III, 91 S.) Kart. n. 1. 60

— and Pietro **Motti, Italian conversation-grammar.** A new and practical method of learning the Italian language. (Method Gaspey-Otto-Sauer.) 9. ed. rev. by Fernando de Arteaga y Pereira and José Ma Arteaga y Pereira. (VIII, 426 S. m. 1 farb. Karte u. 1 farb. Plan.) 8. Ebd. 910. Geb. in Leinw. 4.—; key, 8. ed. (92 S.) geb. in Halbleinw. 1. 60

— **spanish conversation-grammar.** Ebend. 868. gr. 8. (IX, 370 S.) In engl. Einb. n. 1 ℳ 20 ₰.

—— Spanish Conversation-Grammar. gr. 8. (IX 370 S.) Ebendas. 870. geb. *

—— Spanish Conversation-Grammar. 2d edit. gr. 8. (XI, 388 S.) Ebendas. 875. geb. *

—— **dass. — Key.** 2d edit. (III, 56 S.); 3d edit. gr. 8. (56 S.) Ebendas. 880. cart. *

— Spanish conversation-grammar. 4. ed. 8. (XII 396 S.) Ebd. 888. geb. n. 5. —

—— **Spanish** conversation grammar. 5. ed. gr. 8. (VIII, 396 S.) Ebd. 891. geb. * 5 —; key. 3. ed. (III, 56 S.) cart. * 1 60

— **Spanish conversation-grammar.** Thoroughly revised and enlarged by Fernando de Arteaga. 7. ed. (Method Gaspey-Otto-Sauer.) (XI, 427 S. m. 2 Karten.) 8. Ebd. 904. Geb. in Leinw. n. 4. —; key. (62 S.) Kart. n. 1. 60

—— Corrigé des thèmes et versions contenus dans la grammaire espagnole. gr. 8. (III, 51 S.) Ebendas. 876. cart. *

— corrigé des thèmes et versions contenus dans la grammaire italienne. 3. éd. revue et corrigée. 8. (IV. 56 S.) Ebd. 888. cart. n. 1. 60

—— Dialoghi italiani. Eine methodische Anleitung zum Italienisch-Sprechen. 8. (VII und 173 S.) Heidelberg 866, J. Groos' Verlag. *

—— **Dialoghi italiani.** Eine methodische Anleitung zum Italienisch-Sprechen. 2. Aufl. gr. 8. (VIII, 156 S.) Ebendas. 877. *

—— und Wilh. Ad. Röhrich, dialogos castellanos. Spanische Gespräche. Ein Hilfsbuch zur Übung in der span. Umgangssprache. 2. Aufl. gr. 8. (VIII, 174 S.) Ebendas. 885. geb. *

— and Sutton F. **Corkran,** Spanish dialogues. An aid to practical conversation. gr. 8. (V, 178 S.) Ebd. 890. geb. n. 1. 80

Sauer, Charles Marquard, e Giuseppe Ferrari, nuova grammatica tedesca con temi, letture e dialoghi. 1a ediz. (X, 411 S.) 1871, e 2a ediz. gr. 8. (X, 421 S.) Heidelberg 874, J. Groos. geb. *

—— **e Giuseppe Ferrari, nuova grammatica tedesca con temi, letture e dialoghi.** Ediz. 3a. gr. 8. (XI, 440 S. mit 2 Stnt.) Ebendas. 881. geb. *

— Freunde u. Gönner. Mit dem (phototyp.) Bildniß d. Verf. 3 Bde. 8. (VII, 249; 232 u. 229 S.) Görlitz 879. Bierling. 12. —

—— **Geschichte der italienischen Litteratur,** s. a. **Geschichte der Weltlitteratur in Einzeldarstellungen.**

— Geschichte der italienischen Litteratur von ihren Anfängen bis auf die neueste Zeit. gr. 8. (VII, 629 S.) Leipzig 883. Friedrich. n. 9. —; Einbd. n.n. 1.

Sauer, Carl Marquard. Italienische Gespräche (dialoghi italiani) od. italienische Konversations-Schule. Eine method. Anleitg. zum Italienisch-Sprechen. 3., gänzlich neubearb. Aufl. v. Pietro Motti. gr. 8. (VI, 154 S.) Heidelb. 890, Jul. Groos. geb. * 1 80

Sauer, C. M., italienische Gespräche (Dialoghi italiani) od. italien. Konversations-Schule. E. method. Anleitg. z. Italienisch-Sprechen. 4., gänzl. neubearb. Aufl. v. Pietro Motti. gr. 8. (VI, 174 S.) Heidelberg 897. J. Groos. Geb. in Leinw. n. 1. 80

— **italienische Gespräche (Dialoghi italiani) od. italien. Konversations-Schule. Eine method. Anleitg. zum Italienisch-Sprechen. (Methode Gaspey-Otto-Sauer.) 5., neubearb. Aufl. v. Pietro Motti. (IV, 171 S.) 8. Ebd. 905.** Geb. n. 1. 80

— u. Wilh. Ad. **Röhrich,** spanische Gespräche. (Diálogos castellanos) E. Hilfsbuch zur Uebg. in d. span. Umgangssprache. 3. Aufl. Durchgesehen v. H. Runge. gr. 8. (VIII, 174 S.) Ebd. 896. Geb. in Leinw. n. 1. 80

— **grammaire espagnole,** corrigé des thèmes et versions. 2. éd. gr. 8. (III, 53 S.) Ebd. 891. Kart. n. 1. 60

— **Grammaire espagnole.** (Méthode Gaspey-Otto-Sauer.) 5. éd. Revue, corigée et considérablement augmentée par R. Serrano. (X, 388 S. m. 2 Karten.) gr. 8. Ebd. 903. Geb. in Leinw 4. —; corrigé. (99 S.) Kart. 1. 60

— **grammaire italienne,** corrigé de thèmes et versions. 4. éd., revue et corrigée. gr. 8. (IV, 56 S.) Ebd. 891. Kart. n. 1. 60

— **nouvelle grammaire espagnole. — Nueva gramática de la lengua Castellana.** gr. 8. (IX, 363 S.) Ebend. 871. geb. n. 4. —; Corrigé des thèmes. (III, 51 S.) n. 1. 60

—— **nouvelle grammaire espagnole.** 2e édit. gr. 8. (XII, 388 S.) Heidelberg 882, J. Groos. geb. *

—— nouvelle grammaire espagnole. 12me édit. gr. 8. (XII, 391 S.) Ebendas. 888. geb. *

—— nouvelle grammaire espagnole. 3. éd. gr. 8. (VIII, 411 S.) Ebd. 896. Geb. in Leinw. n. 4. 60

Sauer, Carl Marquard, Nouvelle grammaire espagnole. (Méthode Gaspey-Otto-Sauer.) 4. éd. gr. 8. (VIII, 411 S. m. 2 Karten.) Heidelberg 901. J. Groos. Geb. in Leinw. n. 4. —

—— nouvelle grammaire italienne avec des dialogues. — Nuova grammatica italiana con dialoghi. 8. (XIV und 367 S.) Heidelberg 859, J. Groos. geb. *

—— nouvelle grammaire italienne avec des dialogues. 2. édit. 1866. und 3. édit. 8. (XII und 354 S.) Heidelberg 868, J. Groos' Verlag. *

—— nouvelle grammaire italienne avec des dialogues. 4e édit. gr. 8. (XIV, 384 S.) Ebendas. 873. geb. *

—— nouvelle grammaire italienne avec des dialogues. 5e édit. gr. 8. (XIV, 380 S.) Heidelberg 875, J. Groos. geb. *

—— dass. — Corrigé des thèmes. 2e édit. gr. 8. (56 S.) Ebendas. 878. cart. *

—— nouvelle grammaire italienne avec des dialogues. 6e édit. gr. 8. (XV, 394 S.) Ebendas. 882. geb. *

— nouvelle grammaire italienne, avec nombreux exercices et dialogues. 7. éd. gr. 8. (VIII, 384 S.) Ebd. 890. geb. n. 4. —

— nouvelle grammaire italienne avec de nombreux exercices et dialogues. 8 éd. gr. 8. (VIII, 387 S.) Ebd. 896. Geb. in Leinw. n. 4. —; Corrigé des versions et thèmes. 5. éd., revue et corrigée. gr. 8. (IV, 56 S.) 896. Geb. in Leinw. n. 1. 60

— Nouvelle grammaire italienne. Avec de nombreux exercices de traduction, lecture et conversation. 10. éd. Revue par Ch. Vulliomin. (Méthode Gaspey-Otto-Sauer.) gr. 8. (VIII, 370 S. m. 1 Karte u. 1 Plan.) Ebd. 902. Geb. in Leinw. n. 3. 60; corrigé des versions et thèmes. 6. éd. (III, 57 S.) Kart. n. 1. 60

Sauer, Carl Marquard (M. Alland), Nouvelle grammaire italienne, avec de nombreux exercices de traduction, lecture et conversation. (Méthode Gaspey-Otto-Sauer.) 11. éd. Revue par Alb. Tozza. (VIII, 412 S. m. 1 Karte u. 1 Plan.) 8. Heidelberg 908. J. Groos. Geb. in Leinw. 3.60; corrigé. 7. éd. (51 S.) Kart. 1. 60

— Grammatica elementare della lingua francese, s.: Motti, Pietro.

— grammatica inglese della lingua parlata con temi, letture a dialoghi. 3. ed. migliorata e rinnovata quanto alla fonologia da Luigi Pavia. gr. 8. (VIII, 392 S.) Ebd. 891. Geb. in Leinw. n. 3. 60; chiave (III, 60 S.) kart. n. 1. 60

— Grammatica della lingua inglese, 4. ed., s.: Pavia, Luigi.

— e **Ferrari**, Grammatica della lingua tedesca, con temi, letture e dialoghi. Nuovamente corretta e accresciuta da Pietro Motti. 6. ed. (Metodo Gaspey-Otto-Sauer.) gr. 8. (VIII, 432 S. m. 2 Schrifttaf.) Heidelberg 900. J. Groos. Geb. in Leinw. n. 3. 60

— e **Ferrari**, Grammatica della lingua tedesca, con temi, letture et dialoghi. Nuovamente corretta e accresciuta da Pietro Motti. 7. ed. (Metodo Gaspey-Otto-Sauer.) (VIII, 426 S. m. 2 Schrifttaf., 1 Karte u. 1 Plan.) 8. Ebd. 906. Geb. in Leinw. n. 3. 60 chiave dei temi. 3. ed. (III, 60 S.) Kart. n. 1. 60

—— nuova grammatica inglese con temi, letture e dialoghi compilata sulle tracce della grammatica francese-inglese di Gaspey e Mauron. 8. (VIII, 362 S.) Ebendas. 878. geb. *

— nuova grammatica inglese con temi, letture e dialoghi, compilata sulle tracce della grammatica francese-inglese dei Gaspey e Mauron. 2. ed. (tit.). gr. 8. (VII, 362 S.) Ebd. 887. geb. n. 4. —

—— nuova grammatica italiana (con dialoghi). Compilata sulle tracce della grammatica francese del Emilio Otto. — Neue italienische Conversations-Grammatik. 8. (XVI und 418 S.) Heidelberg 867, J. Groos. *

— e. Giuseppe **Ferrari**, nuova grammatica tedesca con temi, letture e dialoghi. 2. ed. gr. 8. (X, 421 S.) Heidelberg 874. J. Groos. geb. n. 4. —

— e Giuseppe **Ferrari**, nuova grammatica tedesca con temi, letture e dialoghi. Ed. 3. gr. 8. (XI, 440 S. mit 2 Steintaf.) Ebend. 881. geb. n. 4. —

— e Ferrari. Grammatica tedesca, chiave dei temi per cura del Pietro Motti. gr. 8. (III, 63 S.) Ebd. 890. cart. * 1 60

— e **Ferrari**, Grammatica tedesca. (Metodo Gaspey-Otto-Sauer.) Chiave dei temi per cura del Pietro Motti. 2. éd. gr. 8. (III, 60 S.) Ebd. 898. Kart. n. 1. 60

— e G. **Ferrari**, grammatica tedesca della lingua parlata. 4. ed., diligentemente riveduta ed in parte rifatta da P. Motti. gr. 8. (VI, 426 S. m. 1 lith. Schrifttaf.) Ebd. 889. geb. n. 3. 60; Schlüssel dazu (III, 63 S.) cart. n. 1. 60

— e. Gius. **Ferrari**, grammatica tedesca della lingua parlata. 5. ed., diligentemente riveduta ed accresciuta d'un vocabolario da Pietro Motti. 8. (VI, 487 S. m. 2 Schrifttaf.) Ebd. 894. Geb. in Leinw. n. 3. 60

— Korporal Hilscher. Ein Dichterleben. Leipzig 867. Grunow. 8. (IV, 245 S.) 1 ℛ 10 ngr.

—— Intermezzo. Neue Erzählungen. [Allan und Ellen. Eine Novelle. Zwei Weihnachten. Eine Studentengeschichte.] 1. und 2. Aufl. 1877. * ℳ 4.; 3. (Titel-)Aufl. gr. 8. (143, und 52 S.) Breslau 879, Schottländer. *

— Kinder der Zeit. Roman. 3 Bde. Hannover 870. Rümpler. 8. (III, 233; III, 256 u. III, 212 S.) 4 ℛ

Sauer, Carl Marquard, italienische Conversations-Grammatik. 3. Aufl. Heidelberg 868. J. Groos. gr. 8. (XVI, 372 S.) n. 1 ℛ

— u. G. **Cattaneo**, italienische Konversations-Grammatik. Schlüssel. 8. (62 S.) Ebd. 888. cart. n. 1. 60
Wird nur an Lehrer abgegeben.

— italienische Konversations-Grammatik zum Schul- u. Privatunterricht. Durchgesehen von G. Cattaneo. 9., verb. Aufl. gr. 8. (VIII, 406 S.) Ebd. 891. geb. n. 3. 60

— italienische Konversations-Grammatik zum Schul- u. Privatunterricht. Neu bearb. v. G. Cattaneo. 10. Aufl. gr. 8. (VIII, 440 S.) Heidelberg 898. J. Groos. Geb. in Leinw. n. 3. 60

— italienische Konversations-Grammatik zum Schul- u. Privatunterricht. Neu bearb. v. G. Cattaneo. (Methode Gaspey-Otto-Sauer.) 11. Aufl. gr. 8. (VIII, 440 S. m. 1 Karte u. 1 Plan.) Heidelberg 901. J. Groos. Geb. in Leinw. n. 3. 60; Schlüssel. 3. Aufl. (56 S.) 898. Kart. n. 1. 60

— italienische Konversations-Grammatik zum Schul- u. Privatunterricht. (Methode Gaspey-Otto-Sauer.) 12. Aufl. Neu bearb. v. Eugenia Levi. (VIII, 418 S.) 8. Ebd. 906. Geb. n. 3. 60; Schlüssel. 4. Aufl. (55 S.) 906. Kart. n. 1. 60

Sauer, Carl Marquard, neue italienische Conversations-Grammatik. — Nuova grammatica italiana (con dialoghi). 2., gänzlich umgearb. Aufl. 8. (XV und 386 S.) Heidelberg, J. Groos' Verlag. *

— neue italienische Conversations-Grammatik. Nach Dr. Em. Otto's französ. Conversations-Gramm. bearb. A. u. d. T.: Nuova Grammatica italiana (con dialoghi). Heidelberg (857.) J. Groos. 8. (XVI, 418 S.) n. 1 ℛ.

Sauer, Carl Marquard, neue italienische Conversations-Grammatik. — Nuova grammatica italiana con dialoghi. 2. gänzlich umgearb. Aufl. Heidelberg 864. J. Groos. 8. (XV, 386 S.) n. 1 ℛ

—— neue italienische Conversations-Grammatik. — Nuova grammatica italiana. 4. Aufl. 1872, und 5. Doppel-Aufl. gr. 8. (XVI, 396 S.) Ebendas. 874. *

— u. G. C. Kordgien, portugiesische Konversations-Grammatik. gr. 8. (VIII, 347 S.) Ebd. 887. geb. n. 4. 60; Schlüssel dazu (III, 88 S.) cart. n. 1. 60

—— spanische Conversations-Grammatik. 8. (VIII, 406 S.) Ebendas. 868.
—— dass. — 2. verb. und verm. Aufl. [Revid. von A. v. Frantzius.] gr. 8. (X, 400 S.) Ebendas. 874.

—— spanische Conversations-Grammatik. 3. verb. und verm. Aufl. 8. (XII, 400 S.) Ebendas. 878. *

— spanische Konversations-Grammatik. Durchgesehen v. Wilh. Ad. Röhrich. 4. Aufl. gr. 8. (XI, 410 S.) Heidelberg 885. J. Groos. n. 4. —; geb. n. 4. 60

Sauer, Ch. M., u. W. A. Röhrich, spanische Konversations-Grammatik. Schlüssel. 8. (56 S.) Heidelberg 888. J. Groos. cart. n. 1. 60
Wird nur an Lehrer abgegeben.

— spanische Konversations-Grammatik. Durchgesehen v. Wilh. Ad. Röhrich. 6. unveränd. Aufl. gr. 8. (X, 410 S.) Ebd. 894. Geb. in Leinw. n. 4. 60

— spanische Konversations-Grammatik z. Schul- u. Privatunterr. 7. Aufl. Neu bearb. v. Heinr. Ruppert. gr. 8. (VI, 529 S.) Heidelberg 896. J. Groos. Geb. in Leinw. n. 4. 80; Schlüssel. 2. Aufl. Neu bearb. v. Heinr. Ruppert. (III, 80 S.) Kart. n. 1. 60

— spanische Konversations-Grammatik zum Schul- u. Privatunterricht. Neu bearb. von Heinr. Ruppert. (Methode Gaspey-Otto-Sauer.) 8. Aufl. gr. 8. (VI, 529 S.) Ebd. 901. Geb. in Leinw. n. 4. —

— Spanische Konversations-Grammatik zum Schul- u. Privatunterricht. (Methode Gaspey-Otto-Sauer.) Neu bearb. v. Heinr. Ruppert. 9. Aufl. (VIII, 524 S. m. 2 Karten.) 8. Heidelberg 907. J. Groos. Geb. in Leinw. 4.—; Schlüssel. 3. Aufl. (V, 69 S.) Kart. 1. 60

— italienisches Konversations-Lesebuch f. den Schul- u. Privatunterricht m. Anmerkungen u. e. vollständigen Wörterbuche. 4., durchgesch. Aufl. gr. 8. (XII, 400 S.) Ebd. 891. Geb. in Leinw. n. 3. 60

— italienisches Konversations-Lesebuch für den Schul- u. Privatunterricht. Mit Anmerkgn. u. e. ausführl. Wörterbuche. 5. Aufl., vollst. neubearb. von Romeo Lovera. (Metodo Gaspey-Otto-Sauer.) (X, 400 S. m. 1 Karte u. 1 Plan.) 8. Heidelberg 904. J. Groos. Geb. in Leinw. n. 3. 60

—— neues italienisches Conversations-Lesebuch für den Schul- und Privatunterricht. Mit Anmerkungen und einem vollständ. Wörterbuche. — Nuovo crestomatia italiana. 8. (XII und 502 S.) Heidelberg 862, J. Groos' Verlag. *

—— neues italienisches Conversations-Lesebuch für den Schul- und Privatunterricht. Mit Anmerkungen und einem vollständigen Wörterbuche. 2. und 3. Aufl. gr. 8. (XVI, 424 S.) Ebendas. 869,75. *

— italien. kaufmänn. Korrespondenz-Grammatik, s.: Tanheisser, Carl.

— und Wilhelm Ad. Röhrich

—— —— lectures espagnoles avec notes. gr. 8. (VIII, 292 S.) Ebendas. 887. geb. *

Sauer, Carl Marquard, et W. A. Roehrich. Lectures espagnoles avec notes. 2. éd. avec vocabulaire. gr. 8. (VIII, 292; vocabulaire 74 S.) Heidelb. 890, Jul. Groos. geb. * 3 60

— und W. A. Roehrich

— — neues spanisches Lesebuch m. Anmerkungen. 2. Ausg. m. Wörterbuch. gr. 8. (VIII, 292 u. Wörterbuch 81 S.) Ebd. 890. geb. n. 3. 60

— die Loge zur brennenden Fackel. Roman. 2 Bde. 8. (IV, 306 u. 220 S.) Görlitz 876. Bierling. 7. —

— Die Loge zur brennenden Fackel. Roman. (272 S.) 8. Görlitz (901). R. Worbs & Co. 2. —

—— Alessandro Manzoni. Eine Studie. 1. Aufl. 1871, und 2. Aufl. gr. 8. (82 S.) Prag 872, Ehrlich's Buchh. *

Sauer, Karl Marquard
Monsû Max. Erzählung. Berlin 1878.
In: Roman-Zeitung, Deutsche. Bd 3.

—— Novellen. 1. Bd. A. u. d. T.: Magnolia. Episode des amerikan. Bürgerkrieges. 8. (251 S.) Ebendas. 878.

—— Novellen. 2. Bd.: Monsu Max. 8. (258 S.) Görlitz 880. Bierling.

– und Wilh. Ad. Röhrich

—— —— new Spanish reader with notes. gr. 8. (VIII, 292 S.) Ebendas. 887. geb. *

— — new Spanish reader with notes. 2. ed. with vocabulary. gr. 8. (VIII, 292 u. vocabulary 76 S.) Ebd. 890. geb. n. 3. 60

—— Reclame. Roman. 3 Bde. 8. (223; 218; 241 S.) Görlitz 875, Vierling.

— u. G. C. **Kordgien,** Rections-Liste der gebräuchlichsten spanischen Zeitwörter, Bei- u. Hauptwörter. Ein Hilfsbuch zur span. Grammatik. gr. 8. (IV, 60 S.) Ebend. 887. cart. n. 1. 60

— am Rhein u. an der Adria. Eine Geschichte aus halbvergangenen Tagen. 8. (VII, 352 S.) Hannover 871. Rümpler. 3. 75

Sauer, Carl Marquard, im blauen Ritter. Roman. 2 Bde. 8. (227 u. 239 S.) Hannover 874. Rümpler. 6. —

—— italienische Schul- und Conversations-Grammatik. Gänzlich durchgesehen von G. Cattaneo. 6. Aufl. gr. 8. (XVII, 398 S.) Heidelberg 876, J. Groos. *

—— italienische Schul- und Conversations-Grammatik. Gänzlich durchges. von G. Cattaneo. 7. Aufl. gr. 8. (XX, 398 S.) Heidelberg 880, J. Groos. *

—— italienische Schul- und Konversations-Grammatik. Gänzlich durchges. von G. Cattaneo. 8. verb. Aufl. gr. 8. (XIX, 406 S.) Ebendas. 885. *ℳ 3.—; geb. *

—— dass. — Schlüssel dazu, s. Sauer, C. M., und G. Cattaneo: Konversations-Grammatik.

— die Spiritisten. Roman. 3 Bde. 8. (III, 226; III, 267 u. III, 262 S.) Ebend. 871. 12. —

— kleine italienische Sprachlehre, bearb. nach dem Plane der italien. Conversations-Grammatik. Heidelberg 866. J. Groos' Verlag. 8. (VIII, 221 S.) n. 16 ngr.

— kleine italienische Sprachlehre, bearb. nach dem Plane der italien. Conversations-Grammatik. 2. verb. Aufl gr. 8. (VII, 206 S.) Heidelberg 875. J. Groos. n. 1. 60

—— kleine italienische Sprachlehre, bearb. nach dem Plane der italien. Konversations-Grammatik. 3. verb. Aufl. gr. 8. (VII, 208 S.) Ebendas. 882. *

— kleine italienische Sprachlehre, bearb. nach dem Plane der italien. Konversations-Grammatik. 3. Aufl. gr. 8. (VII, 208 S.) Ebend. 883. n. 1. 60

—— kleine italienische Sprachlehre für den Gebrauch in Schulen und zum Selbstunterrichte. 4. Aufl. gr. 8. (VII, 208 S.) Ebendas. 888. geb. *

— kleine italienische Sprachlehre für den Gebrauch in Schulen u. zum Selbstunterricht. 5. Aufl. gr. 8. (VII, 216 S.) Ebd. 892. Geb. n. 1. 80

— kleine italienische Sprachlehre f. d. Gebrauch in Schulen u. z. Selbstunterr. 6., durchgeseh. Aufl. gr. 8. (VII, 220 S.) Ebd. 897. Geb. in Leinw. n. 1. 80

— kleine italienische Sprachlehre für den Gebrauch in Schulen u. zum Selbstunterricht. Neu bearb. von G. Cattaneo. (Methode Gaspey-Otto-Sauer.) 8. Aufl. gr. 8. (VIII, 235 S. m. 1 Karte u. 1 Plan.) Ebd. 902. Geb. in Leinw. n. 1. 80

— Kleine italienische Sprachlehre f. den Gebrauch in Schulen u. zum Selbstunterricht. (Methode Gaspey-Otto-Sauer.) Neu bearb. v. G. Cattaneo. 10. Aufl. (VIII, 231 S. m. 2 Tab., 1 farb. Karte u. 1 farb. Plan.) 8. Heidelberg 910. J. Groos. Geb. in Leinw. 1.80; Schlüssel. 2. Aufl. (45 S.) Kart. — 80

Sauer, Charles Marquard, und H. Runge, kleine spanische Sprachlehre für den Gebrauch in Schulen und zum Selbstunterricht. gr. 8. (IV, 165 S.) Heidelberg 888, J. Groos. geb. *

— u. H. Runge, kleine spanische Sprachlehre f. den Gebrauch in Schulen u. z. Selbstunterr. 2., verb Aufl. gr. 8. (VII, 181 S.) Ebd. 897. Geb. in Leinw. n. 2. —

Sauer, Carl Marquard, u. H. **Runge,** kleine spanische Sprachlehre f. den Gebrauch in Schulen u. zum Selbstunterricht. (Methode Gaspey-Otto-Sauer.) 3. Aufl. gr. 8. (VII, 181 S. m. 2 Karten.) Ebd. 901. Geb. in Leinw. n. 2. —

— u. H. Runge, kleine spanische Sprachlehre f. den Gebrauch in Schulen u. zum Selbstunterricht. (Methode Gaspey-Otto-Sauer.) 4. Aufl. (VII, 192 S. m. 2 Karten.) gr. 8. Ebd. 903. Geb. in Leinw. n. 2. —

Sauer, Carl Marquard, kleine spanische Sprachlehre f. den Gebrauch in Schulen u. zum Selbstunterricht. (Methode Gaspey-Otto-Sauer.) 5. Aufl. Bearb. v. Frz. Langeheldt. (IV, 213 S. m. 2 Karten.) 8. Heidelberg 904. J. Groß. Geb. in Leinw. n. 2. —

Sauer, Carl Marquard (M. Alland), kleine spanische Sprachlehre f. den Gebrauch in Schulen u. zum Selbstunterricht. (Methode Gaspey-Otto-Sauer.) 6. Aufl. (VII, 241 S.) 8. Heidelberg 908. J. Groos. Geb. 2.—; Schlüssel v. H. Runge. (15 S.) 907. Kart. — 80

Sauer, C. M. Monographische Studie über Alesandro Manzoni. Leipzig, Handels-Lehranstalt, 1861. Progr.

— ein Wort über den Unterricht in den neueren Sprachen an österreichischen Mittelschulen u. Hochschulen. Prag 869. Ehrlich. gr. 8. (16 S.) n. 2⅓ ngr.

Sauer, Worttafeln zur Aussprache des Englischen f. die Hand des Schülers. (4 Taf.) kl. 8. Aalen (Württbg.) (910). Stierlin'sche Buchdr. — 25

— Worttafeln f. Englisch. 4 Taf. (a u. b Vokallaute I u. II, c u. d Konsonantenlaute I u. II). à 121,5×137 cm. Ebd. (910). Auf Leinw. m. Stäben nn 40.—; 2 Taf. doppels. m. Text beklebt auf Pappe nn 25. —

— die unregelmäßigen u. mangelhaften Zeitwörter der französischen Sprache nach Gruppen geordnet, nebst e. Anh., enth. die Zeitwörter der 1. Conjugation, deren orthograph. Veränderg. in gewissen Personen u. Zeiten durch die Aussprache od. den Gebrauch bedingt ist. [Ein Suppl. zu Grammatik u. Wörterbuch.] Lex.-8. (IV, 49 S.) Prag 875. Ehrlich. n. 1. 20

Sauer, Karl Theodor v.

Sauer, K. Th. v., üb. den abgekürzten Angriff gegen feste Plätze u. seine Abwehr. Vier Vorträge, geh. vor Offizieren aller Waffen der Festg. Ingolstadt. gr. 8. (VII, 82 S.) Berlin 889. Mittler & Sohn. n. 1. 60

Sauer, Karl Thdr. v., über Angriff und Vertheidigung fester Plätze. gr. 8. (VI, 357 S. mit 8 Tab.) Berlin 885, Wilhelmi. *

Sauer, Karl Thdr. v., üb. Angriff u. Vertheidigung fester Plätze. M. 8 Tab. (Neue [Titel-] Ausg.) gr. 8. (VI, 357 S.) Leipzig (885) 897. A. Strauch. n. 8. --

Sauer, K. Th. v. Die Artillerie im Festungskriege. Berlin 1880. 43 S.

— — „Die Befestigungskunst der Gegenwart von Genlt Brialmont." Besprechung. Berlin 1886. 78 S.

Sauer, K. v., Beiträge zur Taktik des Festungskrieges. gr. 8. (V, 94 S.) Berlin 882. Wilhelmi. n. 2. --

— — über die Entwickelung der Waffen. München 1869. 13 S.

— — Einige Gedanken über den heutigen Festungskrieg. Berlin 1880. 36 S.

Sauer, Gefechtslehre u. Wurffeuer, s.a. Beiheft zum Militär-Wochenblatt.

Sauer, K. Th. v. Gefechtslehre u. Wurffeuer. Berlin 1890. 20 S.

Sauer, K. Th. v. Grundriß der Waffenlehre. T. 5. 7. Mit Taf. u. Abb. (Lith.) München 1863.

Sauer, Carl Thdr. v., Grundriss der Waffenlehre. 7 Liefgn. München 866—69. Literarisch-artistische Anstalt. gr. 8. (XVII, 576 S. mit 26 Steintaff. u. 20 Tabb.) n. 3 *ℛ* 20 *ngr.*

Sauer, Karl Thdr. v., Grundriss der Waffenlehre. 3 Abthlgn. 2. vielfach umgearb. und verm. Aufl. gr. 8. München, Literar-artist. Anstalt. [1. Abthl. (XII, S. 1—224 mit 10 lithogr. Taf.: I—VIII, XIII und XIV, und VIII S. Tafelerklärungen.) 873. *ℳ 5,25.; 2. Abthl. (S. 225—352 mit 10 lithogr. Taf.: IX—XII, XV—XVIII, XXVII und XXVIII, und S. XI—XVI Tafelerklärungen.) 874. *ℳ 4,80.; 3. Abthl. (S. 353—566, mit 10 lithogr. Taf.: XIX—XXVI, XXIX, XXX, und S. XVII—XXXI Tafelerklärungen.) 876. *ℳ 5,95.] *

Sauer, Karl Thdr. v., neue Kriegswaffen besprochen. Suppl. zu des Verf. Grundriss der Waffenlehre. gr. 8. (81 S. mit 2 lithogr. Taf. in qu. 4. und 14 Tab.) München 878, Literar.-artist. Anstalt. *

— „Die gegenwärtige Lage der Befestigung. Antwort d. Generals Brialmont." Besprechung. o. O. 1890. 18 S.

— über die Manöver-Schule der Feldbatterie. Eine Studie. 8. (32 S.) Ebend. 875. n. — 60

—— recherches tactiques sur les formes nouvelles de la fortification. gr. 8. (III, 34 S.) Ebendas. 886. *

Sauer, K. Th. v. Taktische Untersuchungen über neue Formen der Befestigungskunst. Berlin 1885. 41 S.

— — Dass. in franz. Spr. 1886. 34 S.

—— taktische Untersuchungen über neue Formen der Befestigungskunst. 2. Aufl. gr. 8. (VII, 40 S.) Ebendas. 886. *
Aus: Jahrbücher für die deutsche Armee und Marine, besonders abgedruckt.

Sauer, Karl Wilhelm, a. Frankfurt a. M.: Studien an der Wasserstoff- Sauerstoffkette. Göttingen 1906: Dieterich. (47 S.) 8°
Göttingen, Phil. Fak., Ref. Dolezalek, Diss. v. 19. Mai 1906
[Geb. 16. Okt. 79 Frankfurt a. Main; Wohnort: Göttingen; Staatsangeh.: Preußen; Vorbildung: Realgymn. „Musterschule" Frankfurt a. M. Reife O. 99; Studium: Göttingen 4, Heidelberg 2, Göttingen 8 S.; Rig. 14. Febr. 06.]

Sauer, Kurt, Gesetz über d. Versicherungsvertrag, s.: Handbibliothek, juristische. (Kuhfahl, G. A.)

Sauer, Kurt, appr. Arzt: Ueber Stauungshyperaemie der Lungen bei Herzfehlern und Lungentuberkulose. Berlin 1909: Ebering. 44 S. 8°
Berlin, Med. Diss. v. 11. Juni 1909, Ref. Orth
[Geb. 12. Febr. 85 Cöln; Wohnort: Mannheim; Staatsangeh.: Preußen; Vorbildung: Gymn. Königsberg i. P. Reife O. 03; Studium: Berlin K. W. A. 10 S.; Coll. 8. Juni 09; Approb. 9. Juni 09.] [U 09. 99

Sauer, L., Chemie u. Mineralogie. (IX, 108 S. m. Abbildgn.) gr. 8. Frankfurt a/M. (903). Kesselring. Kart. n. — 80

— Pflanzenkunde, s.: Grundriß der Naturgeschichte für Volks- u. Mittelschulen. 2. Tl.

— Stoffverteilung f. den Rechtschreibe-Unterricht in Bürger- u. Mittelschulen. 2. Aufl. (32 S.) 8. Frankfurt a/M. (905). Kesselring. n. — 20

Sauer, L., die unregelmässigen Verbalformen im Französischen. (III, 16 S.) 8. Frankfurt a/M. (907). Kesselring. — 35

Sauer: Vergleichung der spartanischen und römischen Staatsverfassung nach Gleichstellung d. Stände. Wipperfürth. 4. 8 S. 1864
Schul-/Univ.-Schrift.

Sauer, Ludwig, aus Kriegshaber: Bezugselektroden. *Leipzig: W. Engelmann 1904.* (41 S.) 8° ¶(Aus: Zeitschr. f. physikal. Chemie Bd 47, H. 2.)
Leipzig, Phil. Diss. v. 1904

Sauer, L[udwig], Prof.: Die Erdpyramiden in den Alpen und verwandte Bildungen. Stettin 1904: R. Graßmann. (13 S.) 4°
Stettin, Friedrich-Wilhelms-RG P 1904 (179)

Sauer, Ludwig, Referendar a. Zellerfeld im Harz: Ist das Verlöbnis ein Vertrag im Sinne des 1. Buchs des B.G.B. und welche praktische Bedeutung hat die Entscheidung dieser Frage? Borna-Leipzig 1907: R. Noske. (VIII, 52 S.) 8°
Jena, Jur. Fak., Ref. Danz, Diss. v. 20. Febr. 1907
[Geb. 24. Sept. 83 Göttingen; Wohnort: Zellerfeld a. Harz; Staatsangeh.: Preußen; Vorbildung: Gymn. Klausthal Reife O. 02; Studium: Göttingen 1, Berlin 2, München 1, Münster 2 S.; Rig. 4. Dez. 06.]

Sauer, (Lud.,) Versuch, d. Wesen d. Krankheiten im menschl. Organismus zu erklären u. deren rationelle Heilung zu bestimmen. 8. Leipz. 824, Hartmann.

Sauer, Ldw., Versuch, das Wesen d. Krankheiten im menschl. Organismus zu erklären u. deren rationelle Heilung zu bestimmen. 8. Leipz. 824. (Lehnhold). 12 gl

Sauer, Ludw. Thdr., die Wupper, in Liedern u. Sagen. Barmen 866. Langewiesche's Verlag. gr. 16. (X, 103 S.) 15 ngr.

Sauer, Luise, die schwarze Afra, s.a. Thalia. Nr. 115.

Die schwarze Afra. Oberbeyrisches Volksstück mit Gesang in 2 Abt. von Luise Sauer, Musik von Georg Sauer. *Mühlhausen i. Th.: G. Danner [1904].* (30 S.) 8° [F.]
= Thalia. 115. [04. 16160 3

— der Jäger-Franz, s: Teich's Vereinstheater. Nr. 9.

— Stadt u. Land paßt net z'samm'! s.a. Thalia. Nr. 116.

Stadt und Land paßt net z'samm'! Oberbayr. Singspiel in 1 Akt von Luise Sauer. Musik von Georg Sauer. Mühlhausen i. Th.: G. Danner [1905]. (24 S.) 8° [F.]
= Thalia. 116. [05. 1,234 3

— ein Tag auf der Alm,
— die schöne Ungarin,
— Walpurgiszauber,
} s.: Teich's Vereinstheater.

Sauer, M., s. Sauer, Karl Marquard

Sauer, Martin: Ueber compensatorische Hypertrophie des Nierenparenchyms bei Hydronephrose durch spitzwinkligen Abgang des Ureters. *Göttingen 1898: Dieterich.* (42 S.) 8°
Göttingen, Med. Diss. v. [15. Juni] 1898

Sauer, M., Reise in die nördl. Gegenden von Rußland, s.a. Bibliothek d. n. Reisebeschreibb. 8r Bd.

Sauer, M., Reise n. d. nördl. Gegenden v. Rußland, Asien u. Amerika unter Commod. Billings 1785–94. a. d. Engl. v. M. C. Sprengel, m. 1. Charte. gr. 8. Weim. Landes-Ind. Compt. 803. (a. der Bibliothek d. Reisebeschreibungen 8r Bd.)

Sauer, Otto, prakt. Arzt: Pneumonie und Gravidität. Heidelberg 1908: K. Rössler. (18 S.) 8°
Heidelberg, Med. Fak., Ref. v. Rosthorn, Diss. v. 1908
[Geb. 11. Dez. 71 Michelbach i. O.; Wohnort: Neckarau; Staatsangeh.: Baden; Vorbildung: Gymn. Mannheim Reife M. 02; Studium: Heidelberg 3, Erlangen 3, Gießen 6 S.; Coll. 27. März 08; Approb. 6. Juni 99.]

Sauer, P. A., acht Capitel Taredl-Knittel. 8. (32 S.) Wien 884. Rosner. n. — 60

Sauer, Philipp

Sauer, P., Über den wohltätigen Einfluß des Studiums der hl. Schrift auf den christl. Religionsunterricht überhaupt und auf das Predigtamt insbesondere. Eine Pastoral-Konferenzschrift. Sulzbach, von Seidel, 1834, gr. 8°, 34 S., 35 Pf.
Katholik 1836, Bd. 60, S. 201—204.

Sauer, P., das göttliche Leben des wahren Christen in Christus dem göttlichen Heilande, in 5 Reden. 8. Bamberg, Kunz. 818.

— das göttliche Leben des wahren Christen in Christus, dem göttlichen Heilande. Fastenpredigten. ... 1818. Jetzt Dresch in Bamberg. 2/3 rß

Sauer, Philipp (geb. Scheidingen 1813): Mollitiei medullae spinalis pathologia. Berolini (1837). (28 S.) 8°
Berlin, Med. Diss. v. 6. Okt. 1837

SAUER, Philipp (Hirschaid): Religion und Tugend. Mehr Linien zu einer Abhandlung als Abhandlung.- Landshut: Thomann 1811. 19,12 S.
7.9.1811 - Kal 1812
Diss.Ingolst.-Landsh.-Mchn.

Sauer, Philippe: Rede gehalten bei der Schlußfeierlichkeit (des Progymnasiums von Echternach, im Jahre 1844): Die Anforderungen der Gegenwart an die Jugend. S. 3–8. Echternach, Progymn., Progr. 1843/44

Sauer, Philippe: Rede gehalten bei der Schlußfeierlichkeit (der Mittel- und Gewerbschule von Echternach im Jahre 1851): Bildung S. I–XII. Echternach, Progymn., Progr. 1850/51

Sauer, Philippe: Die vorzüglichsten Ursachen der Zerstreuung und der Unaufmerksamkeit in der Schule, erörtert unter Angabe der Mittel zur Abhilfe. S. I–VIII. Echternach, Progymn., Progr. 1857/58

Sauer, Richard, a. Lewin: Eine polynomische Verallgemeinerung des Fermatschen Satzes. Gießen 1905: v. Münchow. (18 S.) 8°
Gießen, Phil. Fak., Ref. Netto, Diss. v. 23. Aug. 1905
[Geb. 16. Nov. 58 Lewin; Wohnort: Glatz; Staatsangeh.: Preußen; Vorbildung: Realgymn. Landeshut Reife M. 79; Studium: Berlin 7 S.; Rig. 8. Mai 05.]

Sauer, Robert [Gerichts-Ass. a. D.]: Zur Lehre von den Rechten des Hypothekengläubigers an dem Wirthschaftsinventar. . . . Göttingen, Druck d. Univ.-Buchdr. v. W. Fr. Kästner, 1890; 33 S. 8°
Göttingen, Jur. Fak., Inaug.-Diss. v. 20. Mai 1890

Sauer, Rob., zur Lehre v. den Rechten d. Hypothekengläubigers an dem Wirthschaftsinventar. Inaug.-Diss. gr. 8. (33 S.) Göttingen 890. (Vandenhoeck & Ruprecht's Verl.) n. — 80

Sauer, Rudolf [approb. Arzt aus Bunzlau (Schlesien)]: Beitrag zur Luxatio lentis in cameram anteriorem . . . . Kiel, Druck v. Schmidt & Klaunig, 1888; 20 S. + 2 Bl. 8°
Kiel, Med. Fak., Inaug.-Diss. v. 6. Aug. 1888

Sauer, Rud., Beitrag zur Luxatio lentis in cameram anteriorem. Inaug.-Diss. gr. 8. (20 S.) Kiel 888. (Cnevkow & v. Gellhorn.) n. — 60

Sauer, Rudolf: Nördlicher Sternhimmel von –. Mit 2 Sternkarten. Langensalza: Greßler 1909. 24 S. 8°

Sauer, Rud., nördlicher Sternhimmel. Mit 2 (farb.) Sternkarten des nördl. Himmels. (24 S.) gr. 8. Langensalza 909. Schulbuchh. — 60

Sauer, Th[eodor]: Aus der geburtshülflichen Klinik zu Bonn. Ueber Blennorrhoea neonatorum. *Bonn 1898: A. Henry.* (89 S.) 8°
Bonn, Med. Diss. v. [19. Febr.] 1898

Sauer, Thdr., Geschichte der christlichen Kirche für Schule und Haus. Dresden 859. Kuntze. gr. 8. (VIII, 540 S.) 1 ₰ 15 ngr.

Sauer, Thdr., Geschichte der christlichen Kirche f. Schule u. Haus. 2. verm. u. verb. Aufl. gr. 8. (VIII, 554 S.) Dresden 872. R. Kuntze. 4. 5

Sauer, Thdr., Geschichte der christlichen Kirche für Schule und Haus. 3. verm. und verb. Aufl. gr. 8. (VIII, 551 S.) [Dresden 882, Kuntze.] Leipzig, Fues's Verlag.

—— Leitfaden zur Geschichte der christlichen Kirche. gr. 8. (84 S.) Dresden 859, Kuntze. *

Sauer, Thdr., Leitfaden zur Geschichte der christlichen Kirche. 2., verb. Aufl. gr. 8. (IV und 75 S.) Dresden 863, Kuntze. *

—— Leitfaden zur Geschichte der christl. Kirche. 4. durchges. Aufl. (75 S.) 1870, und 5. und 6. verm. und verb. Aufl. gr. 8. (82 S.) Ebendas. 873.75. *

Sauer, Thdr., Leitfaden zur Geschichte der christlichen Kirche. 7. verm. und verb. Aufl. gr. 8. (82 S.) Dresden 877, Kuntze. *

—— Leitfaden zur Geschichte der christlichen Kirche. 8. durchges. Aufl. gr. 8. (IV, 78 S.) Ebendas. 880. cart.

Sauer, Thdr., Leitfaden zur Geschichte der christl. Kirche. 12., m. der 11. gleichlaut. Aufl. gr. 8. (77 S.) Leipzig 892. O. R. Reisland. Geb. n.n. — 90

Sauer, Thdr., Leitfaden zur Geschichte der christl. Kirche. 14. m. der 13. gleichlaut. Aufl. gr. 8. (77 S.) O. R. Reisland. Geb. n.n. — 90

Sauer, Thdr., Leitfaden der Geschichte der christl. Kirche. 16. Aufl. (77 S.) 8. Leipzig 909. O. R. Reisland. Geb. nn — 90

— was können wir thun, damit Gott der Liebe u. d. Friedens m. uns bleibe? Friedenspredigt am Montag Reminiscere d. 6. März 1871 üb. 2 Korinth. 13, 11. geh. in der Annenkirche zu Dresden. 8. (12 S.) Dresden 871. Türk's Verl. — 30

Sauer, W., Kindesdank. E. Auswahl v. Gelegenheits-Gedichten f. d. Jugend. 6. Aufl. gr. 8. (IV, 144 S.) Berlin 895. J. M. Spaeth. n. 1. —

Sauer, W., Kindesdank. Eine Auswahl v. Gelegenheits-Gedichten f. die Jugend. 6. Aufl. (IV, 144 S.) 8. Berlin (905). J. M. Spaeth. n. 1. —

Sauer, die ältesten Lehnsbücher der Herrschaft Bolanden. gr. 8. Wiesbaden 882. Stuttgart, Greiner und Pfeiffer. *

Sauer, W., und C. W. Hertzsprung, Raumlehre und Zeichnen in Verbindung dargestellt auf 64 (lithogr.) Blättern in 4 Heften. gr. 8. (28 S.) Berlin 858, C. Heymann's Verlag.
Einzelne Hefte der Vorlegeblätter *

Sauer, W., und C. W. Hertzsprung, Raumlehre und Zeichnen in Verbindung dargestellt auf 64 (lith.) Blättern in 4 Heften. 2., unveränd. Aufl. Berlin 863. C. Heymann. qu. 4. (30 S. Text in gr. 8.) 15 ngr.

Sauer, W., Blücher's Übergang üb. den Rhein bei Caub. Nebst Mittheilgn. üb. den Aufenthalt d. York'schen Corps im Herzogt. Nassau v. Ende Octbr. 1813 bis zum Jan. 1814. Mit dem Fcsm. e. Briefes Blücher's. gr. 8. (V, 88 S.) Wiesbaden 892. C. W. Kreidel. n. 3. 20

Sauer: Über die klimatischen Verhältnisse Frankfurts a. O. resp. des Frankfurter Regierungs-Bezirkes. Frankfurt a./O. 1867.
Schul-/Univ.-Schrift

Verzeichnis einer grossen Anzahl hervorragender Orgelwerke aus d. im J. 1857 gegründeten Orgelbau-Anstalt von W. Sauer in Frankfurt a. O. *Frankfurt a. O. 1901: Vogel & Neuber.* (23 S.) 8° [Umschlagt.] [Ot. 8549

Sauer, Wilhelm

Sauer, W., die schlesische Armee in Nassau vom Anfang Novbr. 1813 bis zum 1. Jan. 1814. [Aus: „Annalen d. Vereins f. nass. Altertumskunde u. Geschichtsforschg."] gr. 8. (S. 198—258.) Wiesbaden 889. (Bechtold & Co.) n. 1. —

— s.: Codex diplomaticus Nassoicus.

Sauer, Wilhelm Das Daimonion des Sokrates und seine Deutungen. 18 S. Progr. *Heilbronn* 1883.

Sauer, W., drei Festgesänge f. gemischten Chor. 1. Weihnachtsmotette. 2. Ostermotette. 3. Pfingstmotette. [Op. 28.] gr. 8. (15 S.) Langensalza 888. Schulbuchhandlg. — 40

Sauer, Wilh., drei Festgesänge f. gemischten Chor. 1. Weihnachtsmotette. 2. Ostermotette. 3. Pfingstmotette. Op. 28. 4. Aufl. (15 S.) gr. 8. Langensalza 906. Schulbuchh. n. — 40

Sauer, Wilh., Forschungen zur Geschichte der Münsterischen Stiftsfehde. 1450—1457. 1. Heft: Die ersten Jahre der Münsterischen Stiftsfehde. 1450—1452 und die Stellung des Cardinals Nicolaus von Cues zu derselben während seiner gleichzeit. Legation nach Deutschland. gr. 8. (96 S.) Münster 873, Regensberg. *
Aus: Zeitschrift für Geschichte und Alterthumskunde Westfalens, besonders abgedruckt.

Sauer, Wilhelm (Hrsg.), s. Freudenfeldt, Hermann: Das Buch der Kindheit.

Sauer, *K. Wilh.* [Prof.]: Mahabhárata und Wate. (Umschlagt.: ... e. indogerman. Studie.) Stuttgart, k. Hofbuchdr. C. Liebich, 1893; 1—73 S. 4.
Stuttgart, Eberhard-Ludwigs-G, P 1893 (590)

Sauer, W., Mahabhárata u. Wate. Eine indogerm. Studie. gr. 8. (74 S.) Stuttgart 893. (Wildt'sche Buchh. [Prechter].) n. 2.—

— das Herzogt. Nassau in den J. 1813—1820. Ein Beitrag zur Geschichte der gleichzeit. polit. Beweggn. in Deutschland. gr. 8. (VII, 186 S.) Ebd. 893. n. 6. —

— dasselbe, s.a. Annalen d. Vereins f. nassauische Alterthumskunde u. Geschichtsforschg.

Sauer, Wilhelm, Gerichtsassessor a. Frankfurt <Oder>: Schliessen sich Diebstahl und Sachbeschädigung begrifflich aus? Halle a. S. 1908: C. A. Kaemmerer & Co. (122 S.) 8°
Halle, Jur. Fak., Ref. Finger, Diss. v. 8. Mai 1908
[Geb. 24. Juni 79 Frankfurt a. O.; Wohnort: Frankfurt a. O.; Staatsangeh.: Preußen; Vorbildung: Friedrichs-Gymn. Frankfurt a. O. Reife O. 98; Studium: Marburg 2, Kiel 1, Berlin 3 S.; Rig. 10. März 08.]

Sauer, Wilh., schliessen sich Diebstahl u. Sachbeschädigung begrifflich aus? Ein Beitrag zur psycholog. Erklärung der Vermögensverbrechen. (120 S.) gr. 8. Halle 908. C. A. Kaemmerer & Co. 1. 80

Sauer & Göckel, Prüfungsanstalt für Apparate und Reagentien: Preis-Verzeichniß. Berlin 1902

Saueracker, Erhard Andreas

Saueracker, nordgauische Staatengeschichte. 4 Bde. 8. Fürth. (Lübeck, Bayreuth.) 790.

Saueracker, Erh. Andr., Versuch e. chronolog.-diplomat. Geschichte des Hofmarks Fürth u. seiner zwölf einverleibten Ortschaften. 4 Thle. 8. Nürnb. u. Leipz. 786—90. ...

Saueracker, Frdr., der Obstbau u. die Verwertg. des Obstes im intensiven Kleinbetriebe, s.a. Bücherschatz, der, des Lehrers. 3. Bd.

Der Obstbau und die Verwertung des Obstes im intensiven Kleinbetriebe. Ein Hülfs- u. Nachschlagebuch f. alle Freunde d. Obstbaues, besond. f. Volksschullehrer u. Seminaristen. Mit vielen Ill. Dargest. von Frdr. Saueracker. *Osterwieck: A. W. Zickfeldt 1901.* (xx, 288 S.) 8°
= Bücherschatz d. Lehrers. Bd 3. [01. 10971 3

Saueracker, Heinrich Wilhelm

— Abhandl. v. d. Eintheilung, Bespannung u. Transport d. Geschützes u. anderer Fahrzeuge rc. Mit 4 Kpf. gr. 8. Breda 792. (Walther in Dresd.) 1 ℛ 12 gℊ

Saueracker, Hnr. Wlh., Anweis. u. Unterricht in dem, was e. Anfänger d. Artillerie-Metiers zu wissen nöthig hat. gr. 8. Mastricht 787. Mit neuem Tit.: Handbuch d. prakt. Artilleriewissenschaft. Mit Kpf. gr. 8. Breda 792. (Walther in Dresd.) 1 ℛ 12 gℊ

Saueracker, H. W., Handbuch d. prakt. Artilleriewissenschaft, m. K. gr. 8. Dresden, Walther. 792.

Saueracker, J. G., Feld- u. Friedhofsblumen. Ansbach 865. Junge. 16. (IV, 111 S.) cart. 12 ngr

Sauerampfer, B., s. Privatdocent, der.

Sauerbeck, Ernst, eine Gehirnmissbildung bei Hatteria punctata (Sphenodon punctatus), s.a. Acta, nova, academiae etc. naturae curiosorum. 85. I.

Sauerbeck, Ernst. Eine Gehirnmissbildung bei Hatteria punctata ⟨Sphenodon punctatus⟩. ⟨Eversio encephali e neuroporo, Transgressus persistens laminae nervosae in epidermidem. Anophthalmia duplex partialis ⟨Defectus oculi nervosi et lentis⟩⟩. Kritische Monographie als Beitrag zu einer rationellen Teratologie des Gehirns. Von E' S', Basel. Mit 2 Tafeln Nr. I—II und 12 Figuren im Text. Eingegangen bei der Akademie am 14. März 1905. 120 S. 4. Halle a. S., Druck Ehrhardt Karras; Komm. Wilh. Engelmann, Leipzig, 1905. [M. 10.—]
Nova Acta. Abh. der Kaiserl. Leop.-Carol. Deutschen Akademie der Naturforscher. Band 85. Nr. 1.

Sauerbeck, Ernst, die Krise in der Immunitätsforschung. s.a. Bibliothek medizinischer Monographien. VI.

Sauerbeck, Ernst. Die Krise in der Immunitätsforschung. Von E' S' [von Basel]. (Sonderdruck der unter dem gleichen Titel in Folia serologica Bd. 2, Heft 1, Januar 1909 erschienenen Arbeit.) IV + IV + 92 S. 8. Leipzig, Dr. Werner Klinkhardt, 1909. [M. 1.80]
Bibliothek medizinischer Monographien. Band 6.

— L. W. Ssobolew, C. Gutmann, Herm. M. Adler, zur Pathologie des Pankreas, s.: Virchow's Archiv. 177. Bd. Suppl.-Hft.

Sauerbeck, Ernst. Neue Tatsachen und Theorien in der Immunitätsforschung. Von Dr. E' S' in Basel. [Mit 5 Tafeln.] Sonder-Abdruck aus Lubarsch-Ostertag, Ergebnisse (der allgemeinen Pathologie und pathologischen Anatomie), Jahrg. 11. V S. + S. 690—1014. gr.-8. Wiesbaden, J. F. Bergmann, 1907. [M. 7.60]

Sauerbeck, Ernst. Ueber die Verkürzung der Hirnhöhlenhörner, ihr Vorkommen und ihre Entstehung. Diss. Med. Basel. IV + 36 S. 8. Berlin 1901.

Sauerbeck, Fr., Genera et species muscorum, s.: Jaeger, Aug.

Sauerbeck, Paul, Einleitg. in die analyt. Geometrie d. höh. algebr. Kurven nach den Methoden v. Jean Paul de Gua de Malves, s.a. Abhandlungen zur Geschichte der mathemat. Wissensch. 15.

Einleitung in die analytische Geometrie der höheren algebraischen Kurven nach den Methoden von Jean Paul de Gua de Malves. Ein Beitrag z. Kurvendiskussion von Dr. Paul Sauerbeck, Prof., Reutlingen. Mit 76 Abb. *Leipzig: B. G. Teubner 1902.* (vi, 166 S.) 8°
= Abhandlungen z. Geschichte d. math. Wissenschaften. H. 15

— Lehrbuch der Stereometrie, nebst zahlr. Uebungen u. e. Abschnitt üb. Krystallographie. Zum Gebrauch an höh. Lehranstalten sowie f. den Selbstunterricht bearb. gr. 8. (VII, 291 S. m. 222 Abb.) Stuttgart 900. A. Bergsträßer. n. 5. 40; geb. in Leinw. n. 6.—

Sauerbeck, Paul J. [aus Reutlingen (Württemberg)]: Über die Raumkurve VI. Ordnung mit vier wirklichen Doppelpunkten. . . . Tübingen, L. Fr. Fues'sche Buchdr. (W. Armbruster & O. Riecker), 1889; 36 S. 8°
Freiburg i. B., Phil. Fak., Inaug.-Diss. v. 1889

Sauerbeck, P. J., üb. die Raumkurve VI. Ordnung m. 4 wirklichen Doppelpunkten. Inaug.-Diss. gr. 8. (36 S.) Tübingen 889. (Fues.) n. 1. 20

Sauerbeck, [Paul]: Der Satz von de Gua über die Wendepunkte der Kurven dritter Ordnung. Sonderabdruck aus dem gleichzeitig erschienenen Werk: Einleitung in die analytische Geometrie der höheren algebraischen Kurven nach den Methoden von Jean Paul de Gua de Malves. Ein Beitrag zur Kurvendiskussion von S. Mit 76 Abbildungen [= Abhandlungen zur Geschichte der mathematischen Wissenschaften. XV. Heft.] *Leipzig: B. G. Teubner* 1902. 8 S. 8.
Progr. Kgl. Gymn. *Reutlingen* 1901 (644).

Sauerbeck, [Paul], Prof. Dr.: Der Satz von de Gua über die Wendepunkte der Kurven dritter Ordnung. (Umschlagt.: Über die Wendepunkte ...) *Leipzig 1902: B. G. Teubner.* (8 S.) 8° ¶ Aus des Vfs: Einl. in d. analyt. Geom. d. höh. algebr. Kurven ... [= Abh. zur Gesch. d. math. Wiss., H. 15.]
Reutlingen, k. G, P 1901 (644)

Sauerborn, der schmerzhafte Kreuzweg. Katholisches Gebet- und Erbauungsbuch enth.: Andachtsübungen bei der Feier der heil. Messe, die 14 Stationen nebst Betrachtungen über das Leiden und Sterben Jesu Christi mit einem Anhange von Abend- und Morgen-, Beicht- und Communiongebeten rc. 12. (XXXIII und 218 S. mit 10 Lithochrom.) Coblenz 849, (Hölscher.) *

—— O Maria, Jungfrau rein, Laß mich dir empfohlen sein! Ein Gebet- und Andachtsbüchlein zur würdigen Verehrung der unbefleckten Jungfrau Maria. 8. (142 S. mit 1 Tit.-Vign. in Holzschn.) Neuwied 855, Heuser.

Sauerborn, Heinr., Geschichte der Pfalzgräfin Genovefa und der Kapelle Frauenkirchen. Zugleich ein Beitrag zur Geschichte des Bisthums Trier. Nach Urkunden bearb. und hrsg. gr. 8. (XVI und 164 S. mit 4 Stnt.) Regensburg 856, Manz.

— das heil. Meßopfer. Kathol. Gebet- u. Erbauungsbuch enth.: Andachtübungen bei der Feier der heil. Messe, die 14 Stationen nebst Betrachtungen über das Leiden u. Sterben Jesu Christi mit einem Anhang von Abend- u. Morgen-, Beicht- u. Communiongebeten. Mit einer Vorrede über das heil. Meßopfer versehen. 6 Lfgn. 12. (XXXIV u. 248 S. m. 48 Lithochrom.) Ebd. 848. (à n. 16 ngr) n. 3 ℛ 6 ngr — Mit 36 Lithochrom. n. 1 5/6 ℛ

—— das heil. Meßopfer. Kathol. Gebet- und Erbauungsbuch enth.: Andachtsübungen bei der Feier der heil. Messe, die 14 Stationen nebst Betrachtungen über das Leiden und Sterben Jesu Christi mit einem Anhange von Abend- und Morgen-, Beicht- und Communiongebeten. Mit einer Vorrede über das heil. Meßopfer versehen. 12. (XXXIII und 248 S. mit 66 Lithochrom.) Coblenz 849, (Hölscher.) *
Ausg. mit 36 Lithochrom. *

Sauerborn, [Johannes], Prof.: Die Anwendung der Photographie in der Astronomie. Geisenheim 1906: L. Jander. (S. 3—16.) 4°
Geisenheim, R P 1906 (517)

Sauerborn, Jsf, Neueste Eisenbahn- und Postkarte von Deutschland und den angrenzenden Ländern ... entw. u. gez. Coblenz [1860?] . . . . (Br. Mus.)

Sauerborn, Jsf, Panorama des Rheins von Strassburg bis Düsseldorf. Panorama du Rhin ... Nach der Natur gez. ... Coblenz [1860?] . . . . (Br. Mus.)

Sauerborn, P., s. v. Kempen, Thom., 4 Bücher v. d. Nachfolge Christi. — Jugend-Spiegel, Marianischer.

Sauerbrei, Guido, Turnbuch f. Schulen. Kurzgefaßte Anleitg. f. den Turnunterricht. Mit 42 in den Text gedr. Holzschn. 8. (144 S.) Gera 886. Th. Hoffmann. n. 1. 20; geb. n. 1. 40

Sauerbrei, Moritz [aus Liebenstein]: Die italienische Politik König Sigmunds bis zum Beginn des Constanzer Concils 1410—1415 ... Halle a. S., Hofbuchdr. v. C. A. Kaemmerer & C., 1893; 63 S. 8.
Halle, Phil. Fak., Inaug.-Diss. v. [7. Febr.] 1894

Sauerbrei, P., De fontibus Zonarae quaest. selectae. Diss. 1881. 81 S.

*Sauerbrei, Paul: König Jazdegerd, der Sünder, der Vormund des byzantinischen Kaisers Theodosius des Kleinen. S. 90—108. 8.
In: Festschrift Albert von Bamberg zum 1. Oktober 1905 gewidmet vom Lehrerkollegium des Gymnasium Ernestinum *Gotha* 1905
Progr.

Sauerbrey, Ludwig, prakt. Arzt aus Großbreitenbach: ⟨Aus d. chirurg. Klinik zu Jena.⟩ Ein kasuistischer Beitrag zur Torsion des Leistenhodens. *Jena 1904: G. Neuenhahn.* (50 S.) 8°
Jena, Med. Diss. v. (19. März) 1904

Sauerbronn, Johann Philipp

DENKMALER und Ehrensäulen, den Franzosen gesetzt bey ihrem Rückzug über den Rhein im December 1799 ..., (von *Johann Philipp Sauerbronn*). O. O. 1800.
Anon.-Lex. I. p. 392 (nach Meusel)

Sauerbruch, Ferd(inand), aus Barmen: Ein Beitrag zum Stoffwechsel des Kalks und der Phosphorsäure bei infantiler Osteomalacie. *Leipzig 1902: B. Georgi.* (50 S.) 8°
Leipzig, Med. Diss. v. (28. Juli) 1902

Sauerbruch, Ferdinand, Dr. med., aus Elberfeld: Experimentelles zur Chirurgie des Brustteils der Speiseröhre. Breslau 1905: Schles. Druck.-Genoss. (55 S.) 8°
Breslau, Med. Fak., Hab.-Schr. v. 8. Juni 1905
(Nicht für den Austausch)

SAUERBRUNN, Karl Georg Heinrich: Forst-Rügen. Ein Beitrag zur Forstwirthschaft, insonderheit denjenigen gewidmet, welche Macht haben, nützliche Anstalten zu treffen. - Mannheim 1798. 87 S.

Sauerbrunn, Karl Geo. Hnr., Forstrügen; e. Beitr. z. Forstwissenschaft. 8. Manh. 798. Schwan u. G. 5 gr

Sauerbrunnen, Der, von Gießhübel in Böhmen, die König Otto's-Quelle genannt. Karlsbad 1853. V: *Löschner, Joh. Wenzel.* (Kat. d. stat. Bureaus. Dresden 1890.)

* **SAUER-BRUNNEN,** Der Neu-entsprungene, Zur Aufmunterung der Gemüther Wieder (!) die gefährliche und höchst schädliche MELANCOLIE so!), Oder Fünftzig auserlesene CONTES Mit hin und wieder beygefügten (8 unsign.) Kupfern (wobei einige freie). Strassburg, gedruckt im Jahr 1720. 8°. (In Berlin: Yk 2911; auch in Carlsruhe: Qb 1204.) Aeusserst selten! (5½ Rthl. Scheible, vor 1885; jetzt theurer!)
In Versen. Titel (roth u. schwarz), 11 Bl. Vorr., 240 S. u. Reg.

Sauerbrunnen, Der, zu Obladis ... 2. Aufl. Innsbruck 1848. V: *Albaneder, Joseph Theodor.* (Margr)

Sauerbrunnen, Der, zu Radein bei Radkersburg in Steiermark ... therapeutisch beschrieben. 3. Aufl. Wien 1874. 5. Aufl. Graz 1880. V: *Henn, Carl Frdr.* (JoanStyrA)

Sauerbrunnen, der, zu Radein bei Radkersburg in Steiermark. [Das steirische Vichy.] 3. Aufl. 16. (48 S.) Wien 874. Braumüller. n. — 60

Saueressig, Albert: Die Definitionslehre bei Plato. 20 S. *Oberehnheim* 1884
Progr.

Saueressig, Albert: De epigrammatis sepulcralibus Atheniensibus ... 17 S. Progr. *Oberehnheim* 1882.

Jo. Paul. Sauerheimer diss. inaug. historia sarcocelotomiae cum animadversionibus. Erlang. 1807. 8.

Sauerhering, Frl. Anna, s.: Sauer, A.

Sauerhering, E., Anweisung z. zweckmäß. Wartung u. Pflege d. Kinder im ersten Lebensjahr vom Augenblick d. Geburt an. Ein Inbegriff d. Wissenswerthesten f. gebild. Frauen, denen d. Wohl ihrer Kinder am Herzen liegt. Nebst d. wichtigsten Verhaltungsregeln während e. Schwangerschaft. 8. (7½ B.) Berlin 838, [Schröder's Verl.]

—— üb. d. Art u. Weise, wie man sich bei syphylit. Krankheiten u. and. krankhaften Erscheinungen an d. männl. Geschlechtstheilen zu benehmen hat, wenn man sich nicht gleich eines Arztes bedienen kann, um nachtheil. Folgen zu verhüten. 8. (4¼ B.) Berlin 836, [Krause'sche Verlh.] Thlr.

Sauerhering, E., was hat man bei d. herrschenden Brechdurchfall od. ein. Cholera-Anfalle selbst augenblickl. zu thun, wenn man sich nicht gleich e. Arztes bedienen kann. gr. 12. (1 B.) Berlin 837, [Krause'sche Verlh.]

Sauerhering, E, was hat man beim Brechdurchfall oder einem Cholera-Anfalle selbst augenblicklich zu thun, wenn man sich nicht gleich eines Arztes bedienen kann. Nebst Angabe der in dieser Zeit vortheilhaften, so wie schädlichen Speisen und Getränke. 1—3. Aufl. 12. (23 S.) Berlin 848, Littfaß. Thlr. *

Sauerhering, [illegible]
Berlin, Med. Diss. v. [illegible]

Sauerhering, Friedrich

Sauerhering, F., Bildnisse v. Meisterhand. Ein systematisch geordnetes Verzeichnis der bedeutendsten Schöpfgn. der Porträtmalerei aller Zeiten. 3. Tl. des Vademecum f. Künstler u. Kunstfreunde. (Einbd.: 2. Aufl.) (VIII, 145 S.) gr. 8. Stuttgart 904. Esslingen, P. Neff Verl. n. 3. 50; geb. in Leinw. n. 4. —

Sauerhering, Friedrich [aus Berlin]: Die Entstehung des Friedens zu Schönbrunn, im Jahre 1809. . . . Berlin, Buchdr. v. Gustav Schade (Otto Francke) (1889); 71 + 1 S. 8°
Göttingen, Phil. Fak., Inaug.-Diss. v. 4. Dez. 1889

Sauerhering, F., die Entstehung d. Friedens zu Schönbrunn im J. 1809. Inaug.-Diss. gr. 8. (71 S.) Göttingen 889. (Leipzig, Fock.) n. 1. 20

— Genrebilder v. Meisterhand. Ein systematisch geordnetes Verzeichnis der bedeutendsten Schöpfgn. der Genremalerei aller Zeiten. 2. Tl. des Vademecum f. Künstler u. Kunstfreunde. 2. [Titel-]Aufl. (VIII, 110 S.) gr. 8. Ebd. [897] 904. n. 3. —; geb. in Leinw. n. 4. —

— Geschichtsbilder aller Zeiten u. Schulen. Ein systematisch geordnetes Verzeichnis der bedeutendsten Schöpfgn. der Historienmalerei aller Zeiten. 1. Tl. des Vademecum f. Künstler u. Kunstfreunde. 2. [Titel-] Aufl. (VIII, 82 S.) gr. 8. Stuttgart [896] 904. Esslingen, P. Neff Verl. n. 2. 40; geb. in Leinw. n. 2. 80

Sauerhering, F., Vademecum f. Künstler u. Kunstfreunde. E. systemat. nach Stoffen geordn. Verzeichnis d. bedeutendsten Malerwerke aller Zeiten. 1. u. 2. Tl. gr. 8. Stuttgart, P. Neff, Verl. n. 5. 40; geb. n. 6. 20
1. Geschichtsbilder. (VIII, 82 S.) 896. n. 2. 40; geb. n. 2. 80
2. Genrebilder. (VIII, 110 S.) 897 n. 3. —; geb. n. 5. 40

Sauerhering, F(riedrich). Vademecum für Künstler und Kunstfreunde. Teile 1—3. 8. Stuttgart, Paul Neff, 1904.
Teil 1: Geschichtsbilder aller Zeiten und Schulen. Ein systematisch geordnetes Verzeichnis der bedeutendsten Schöpfungen der Historienmalerei aller Zeiten. 2. [Titel-]Aufl. VIII + 82 S. (M. 2. 40, geb. 2. 80)
Teil 2: Genrebilder von Meisterhand. Ein — — der Genremalerei a. Z. 2. [Titel-]Aufl. VIII + 110 S. (M. 3. —, geb. 3. 40)
Teil 3: Bildnisse von Meisterhand. Ein — — der Porträtmalerei a. Z. VIII + 145 S. (M. 3. 50, geb. 4. —)
Darin Teil 1, S. 13. 15. 20/3. 25/8. 30 f. 35. 39. 41. 43 f. 53. 57. 61 f. 66/9 schweizer. Geschichte betr.; Teil 2, S. 7/10: Schweiz, Tirol, Alpengebiet u. s. w., *s. auch S. 36 ff. passim; Teil 3, S. 35. 40. 42. 51 f. 56 f. 60. 74. 76. 80. 82. 88/90. 93 f. 101. 104 f. 123. 125 f. 129. 139 Porträts von Schweizern. In allen 3 Teilen auch Werke schweizerischer Künstler, bes. in Teil 3.*

Sauerhering, [illegible]
Berlin, Med. Diss. v. 23. März 18[illegible]

Sauerhering, Hans, approb. Arzt aus Elbing: Über die Infectionstheorie der Eclampsia puerperalis. *Rudolstadt [1902]: F. Mitzlaff.* (26 S.) 8° ¶ (Nach d. Tode d. Vfs hrsg. von [Paul v.] Baumgarten.)
Tübingen, Med. Diss. v. 1902

Geschichte der Freimaurerei im Or. zu Stargard in Pommern und der dortigen ger. und vollk. Loge Julius zur Eintracht zu der am 3. April 1855 stattfindenden Feier des 50jährigen Bestehens dieser Loge verf. von [Leop.] Sauerhering. Gedr. f. Logen u. Brr. Stargard 1855: Hendess. 30 S. 8⁰

Sauerland [Sachliches OW]

Sauerland, das, im Bilde. 2. Aufl. (III, 51 S.) 23×30 cm. Dortmund (907). F. W. Ruhfus. Kart. (urspr. Pr. 2. —)

Sauerland, Siegerland und Wittgenstein. Hrsg. v. Zentral-Vorst. d. Sauerländ. Gebirgsvereins in Arnsberg. Jg. 1. [Mehr nicht erschienen.] (Arnsberg: J. Stahl 1904.) (28 S.) 8° [o8. 927 6

Sauerland [Schlagwort]

Sauerland. Höhenschichtenkarte vom Sauerland, Siegerland u. Wittgenstein in Schichten von 50 zu 50 m. 1 : 100,000. Blatt 1—3. Arnsberg. Siegen. Brilon à 37,5×48 cm. Farbdr. Eisenach (904—906.) Hofbuchdruckerei Eisenach, H. Kahle. à n. 1. 50; auf Leinw.-Pap. à n. 2. —

Sauerland. Höhenschichtenkarte v. Sauerland, Siegerland u. Wittgenstein in Schichten von 50 zu 50 m. 1 : 100,000. Blatt 4. (Schluss.) Biedenkopf. 37,5×48 cm. Farbdr. Eisenach (907). Hofbuchdruckerei Eisenach, H. Kahle. 1.50; auf Leinw.-Pap. 2. —

Sauerland. Karte des Sauerlandes m. eingezeichneten Hauptwanderstrecken, bearb. v. der Hauptwegekommission d. S. G. V. (Umschlag: Hornung, Sauerland-Karte.) 1 : 50,000. 55×69 cm. Farbdr. Dortmund (910). Koeppen. 2. —

Wanderkarte durch das Sauerland u. benachbarte Gebiete. Eine Übersichtskarte des (vom sauerl. Gebirgs-Verein aufgestellten) Hauptwegenetzes (u. der Zugangs- u. Verbindungs-Wege). Nach e. Entwurf v. H. Kracht. 1 : 300,000. 35×55,5 cm. Farbdr. Essen 908. O. Radke's Nachf. — 50

Sauerland [Verfasser]

Sauerland. Welche Trugmittel wenden die Götter in der Ilias an um die Menschen zu täuschen?
Prüm, Progr. 1859

Sauerland, Alb., s. a. Schletter, A.

Sauerland, Albert. Zur Flora von Sigmaringen, insbesondere von den hier vorkommenden eßbaren und giftigen Schwämmen. 4 (16 S.). **Progr.** Kath. G. *Sigmaringen* 1888 (429).

Sauerland, Albert. Ueber den Obelisken und seine Aufnahme in die Schulbücher. 11 S. und Figurent.
Hedingen, Progr. 1859

Sauerland: Die klimatischen Verhältnisse v. Sigmaringen. Sigmaringen 4. 26 S. 1864.
Schul- Univ.-Schrift

Sauerland, Ernst

Sauerland, E., Ganelon u. sein Geschlecht im altfranzösischen Epos, s. a. Ausgaben u. Abhandlungen aus dem Gebiete der romanischen Philologie.

Sauerland, Ernst [aus Iserlohn]: Ganelon und sein Geschlecht im altfranzösischen Epos . . . . (Ausg. u. Abh. a. d. Geb. d. roman. Philol.) Marburg, Univ.-Buchdr. (R. Friedrich), 1886: 61 S. 8°.
Marburg, Phil. Fak., Inaug.-Diss. v. 10. Febr. 1886.

Sauerland, Heinrich Volpert

Sauerland, H. V., Abailard und Heloise. Eine historische Charakterstudie. gr. 8. (VII, 55 S.) Frankfurt a. M. 879, Mahlau und Waldschmidt. *

Sauerland, Heinr. Volbert, s.: Clementis, Sancti, primi Mettensis episcopi, vita, translatio ac miracula.

—— Wernher v. Elmendorf. gr. 8. (58 S.) Berlin 885. (Frankfurt a. M. [Boselli.]) *
Aus: Zeitschrift für deutsches Alterthum, besonders abgedruckt.

Festschrift d. Gesellschaft f. nützl. Forschungen zu Trier z. Feier ihres 100jähr. Bestehens hrsg. am 10. April 1901. Der Psalter Erzbischof Egberts von Trier, Codex Gertrudianus, in Cividale. Hist.-krit. Untersuchung von H(einrich) V(olbert) Sauerland. Kunstgeschichtl. Unters. von A(rthur) Haseloff. (Vorr.: Max Keuffer.) Mit 62 Lichtdr.-Taf. [Text. Taf.] *Trier: Selbstverl. d. Gesellsch. 1901.* 2 Bde. 4° (01. 8,06

Sauerland, H. V., Triorer Geschichtsquellen d. XI. Jahrh. Untersucht u. hrsg. Mit 1 Lichtdr.-Taf. gr. 8. (VIII, 212 S.) Trier 889. Paulinus-Druckerei. n. 5. —

—— die Immunität von Metz von ihren Anfängen bis zum Ende des 11. Jahrhunderts. gr. 8. (158 S.) Metz 877, Deutsche Buchh. *

Sauerland. Heinr. Volbert, s.: Rahlan, der rote.

Sauerland, Heinr. Volbert, zu den Mailänder Privilegien f. die deutschen Kaufleute. (7 S.) gr. 8. Rom 903. Loescher & Co. n.n. — 60

— u. A. **Haseloff,** der Psalter Erzbischof Egberts v. Trier. Codex Gertrudianus, in Cividale. Historisch-krit. Untersuchg. v. S., kunstgeschichtl. Untersuchg. v. H. (Festschrift der Gesellschaft f. nützl. Forschgn. zu Trier, zur Feier ihres 100jähr. Bestehens hrsg. am 10. IV. 1901.) gr. 4. (VII, 214 S. m. 62 Lichtdr.-Taf. [in Mappe].) Trier 901. (F. Lintz.) n.n. 75. —

Sauerland, H. V., Rechtsgeschichte d. Trierer Bantus-seminars. gr. 8. (III, 127 S.) Trier 892. Paulinus-Druckerei. n. 2. —

— drei Urkunden zur Geschichte der Heirat des Herzogs Otto v. Braunschweig u. der Königin Johanna I. v. Neapel. (11 S.) Lex.-8. Ebd. 905. n.n. — 80
2 Sonderabdr. aus: „Quellen u. Forschgn. a. ital. Archiven u. Bibliotheken".

— s.: Urkunden u. Regesten zur Geschichte der Rheinlande aus vatikanischen Archiven.

Sauerland, Heinr. Volbert, s.: Urkunden u. Regesten, vatikanische, zur Geschichte Lothringens.

— s.: Urkunden, vatikanische, des XIV. Jahrh. zur Geschichte des Hauses Hohenzollern.

Sauerland, J., die Eroberung Konstantinopels, s. a. Schulze's Zehnpfennigbücher. Nr. 42.

Die Eroberung Konstantinopels. Von Dr. J. Sauerland. Vom Wasser. Von Hans Dominik. (Berlin: F. Schulze [1900].) (16 S.) 8° [Umschlagt. Text stenogr.]
= Zehnpfennigbücher, Schulzes. No 42. (06. 3868

Sauerland, J., französische Justizmorde im 17. u. 18. Jahrh. gr. 8. (69 S.) Berlin 898. Fussinger. n 1. —

Weltall und Leben. Eine populäre Schilderung d. Weltgebäudes. Die Schöpfungsperioden d. Erdballs ... Unter Benutzung d. neuesten Forschungen hrsg. von Dr. J. Sauerland. Mit vielen Ill. Berlin: Berliner Central-Verl. 1909. 424 S. 8°
(Wissen. Jg. 3, Beil.) (10. 18321

Sauerland, M., O. Cap., St. Paschalis Baylon, Ord. S. Francisci. Patron aller eucharist. Vereine. Sein Leben u. s. Verehrg. f. d. Mitglieder d. sakramental. Bündnisse u. alle Verehrer d. heiligsten Altarsakraments. 16. (VIII, 72 S.) Dülmen 898. A. Laumann. n. 20

Sauerländer, das neue Zahlungs-Gesetz nach der Justizreform vom 1. Oktbr. 1879 ab oder: Wie man säumigen Schuldnern gegenüber ohne Advokaten auf schnelle, leichte und billige Weise zu seinem Gelde gelangen kann. 22. Aufl. 8. (24 S.) Chemnitz 880, Hager.

Sauerländer, Ernst, Goethe's Faust u. die Schopenhauer'sche Philosophie. Eine kritisch-philosophische Abhandlung. Frankfurt a. M. 865. (Sauerländer's Verlag.) gr. 8. (17 S.) n. 5

Sauerländer, Ernst, Julian. Trauerspiel in 5 Acten. 8. (IV, 104 S.) Frankfurt a. M. 880, Diesterweg. *

Sauerländer, Ernst, Tagebuch-Blätter einer italienischen Reise. Kunst- und Natur-Schilderungen. gr. 8. (XVI, 211 S.) Frankfurt a. M. 878, Diesterweg. *

Sauerländer, Ernst, Welt-Betrachtgn. Philosophisch-fragmentarisches. gr. 8. (13 S.) Frankfurt a/M. 902. Gebr. Knauer. n. — 60

Sauerländer, H., Fibel für das anschauliche Elementar-Rechnen. Zum Gebrauche für Lehrer und Schüler bearb. gr. 8. (VIII und 151 S.) Rinteln 850, (Bösendahl.) *

Sauerländer, H., ein Fremdenführer durch Detmold u. den Teutoburger-Wald nebst einer gedrängten Uebersicht über die geschichtlichen u. statistischen Verhältnisse des Fürstenthums Lippe. Lemgo u. Detmold 865. Meyer'sche Hofbuchh. 12. (IV, 168 S.) n. 10 *ngr.*

Catalog. Katalog des Theater-Verlages von H. R. Sauerländer & Co. 1. Dialektstücke: 2. Theaterstücke im Allgemeinen; 3. Vaterländische Schauspiele. (*3 Theile mit bes. Titeln:* Nr. 49—51. Theaterkatalog Nr. 1—3.... Oktober 1901.) II + 10 + 10 + 20 S. 8. Aarau, H. R. Sauerländer & Co.

Catalog. Katalog des Theater-Verlages von H. R. Sauerländer & Co. 2. Aufl. ⟨1902⟩. 1. Dialektstücke; 2. Theaterstücke im allgemeinen; 3. Vaterländische Schauspiele; 4. Nova. (*4 Theile mit bes. Titeln:* Nr. 66, 85, 81 *u.* 86. Theaterkatalog Nr. 1.... Februar 1902; Nr. 2—4.... September 1902.) II + 10 + 12 + 23 + 4 S. 8. Aarau, H. R. Sauerländer & Co.

Catalog. Katalog des Theater-Verlages von H. R. Sauerländer & Co. 3. Aufl. ⟨1903⟩. 1. Dialektstücke; 2. Theaterstücke im Allgemeinen; 3. Vaterländische Schauspiele. (*3 Teile mit bes. Titeln:* Nr. 122, 126 *u.* 121. — Theaterkatalog: Nr. 1.... 4. Aufl. September 1903; Nr. 2. ... 3. Aufl. September 1903; Nr. 3. ... 3. Aufl. Herbst 1903.) II + 12 + 16 + 20 S. 8. Aarau, H. R Sauerländer & Co.

Theaterkatalog (von H. R. Sauerländer & Co.). No 1. *Aarau: H. R. Sauerländer & Co. 1901.* 8° [5]

Sauerländer's, H. R., Unterhaltungs-Bibliothek. 1. Bd.: Die Rose von Disentis. Eine Erzählung von Heinr. Zschokke. 12. (292 S.) Aarau 879, Sauerländer's Verlagsh.

Sauerländer's, H. R., Unterhaltungs-Bibliothek. 2.—5. Bd. Heinr. Zschokke's humoristische Novellen. 1.—4. Bd. 12. (324; 416; 396; 404 S.) Aarau 880—82, Sauerländer's Verlagsh. à Bd. 90 Pf.
1. Bd. Ebendas. 1879. 90 Pf.

H. R. Sauerländer & Co., Verlag in Aarau. Nr. 97. Spezial-Katalog Nr. 1: Verzeichnis der Schweizerischen Nationalbibliothek. November 1902. 8 S. 8. Aarau, H. R. Sauerländer & Co.

(S[auerländer], R[emigius].) Zur Erinnerung an Dr. med. Adolf Frey von Aarau. Geboren 22. April 1828. Gestorben 30. November 1904. [Mit Porträt-Tafel.] II + 20 S. 8. (Aarau, Typ. Sauerländer, [1905].)

Sauerländer, R. Pfarrer Emil Zschokke. Nachruf. In-8°. 8 S. Aarau, H. R Sauerländer. 1890.
*** Sonderdr. aus dem „Aargauer Tagblatt."

Sauerländer, R., Heinrich Zschokke-Ausstellung zu Ehren der Jahresversammlung der Schweiz. Gemeinnützigen Gesellschaft in Aarau 1884. Catalog. 8. (31 S.) Aarau 884. Sauerländer. n. — 50

Sauerländer, W., Originalbericht üb. die Erweckungszeit in Lippe, s.: Erinnerungen an W. Sauerländer.

Sauerlandt, Ernst, Medizinalprakt.: 235 Kropffälle der Münchener chirurgischen Klinik von 1902 bis 1908. München 1908: Kastner & Callwey. 62 S. 8°
München, Med. Diss. v. 12. Juni 1909, Ref. v. Angerer
[Geb. 3. Nov. 83 Berlin; Wohnort: Viezen; Staatsangeh.: Preußen; Vorbildung: Gymn. Wandsbek Reife O. 02; Studium: Göttingen 5, Rostock 1, Leipzig 1, München 4 S.; Coll. 12. Juni 09; Approb. 31. Mai 09.] [U 09. 3391

Sauerlandt, F., s.: Führer durch das kirchliche Hamburg.

Sauerlandt, Max: Griechische Bildwerke. Mit 120 Abb. 1.–20. Taus. Düsseldorf & Leipzig: Langewiesche 1907. XV, 117, X S. 4°
(Die Welt des Schönen. 1.)

Sauerlandt, M., griechische Bildwerke. (26 und 118 S.) Düsseldorf 1908

Sauerlandt, M.: Griechische Bildwerke. 4. Aufl. Düsseldorf & Leipzig 1909. 112 S. Abb. 4°

Sauerlandt, Max: Über die Bildwerke des Giovanni Pisano. (T. 1.) *Düsseldorf: K. R. Langewiesche 1903.* (29 S.) 8°
¶ [Erschien vollst. 1904 im gleichen Verl.]
Berlin, Phil. Diss. v. 12. Dez. 1903

Sauerlandt, Max., über die Bildwerke des Giovanni Pisano. (VI, 112 S. m. 31 Abbildgn.) gr. 8. Düsseldorf 904. K. R. Langewiesche. n. 3. 60

Sauerlandt, Max: Deutsche Plastik des Mittelalters. 1. bis 20. Taus. Düsseldorf & Leipzig: Langewiesche (1909). XXXII S., 96 S. Taf., XIV S. 4° (8°)
(Die Welt des Schönen. [4.])

Sauerlandt, Paul [Gerichts-Ref.]: Der Irrtum des Stellvertreters nach gemeinem Recht und nach dem Recht des bürgerlichen Gesetzbuches ... Brandenburg a. H., J. Wiesikes Buchdr., 1897; 78 S., 1 Bl. 8.
Erlangen, Jur. Fak., Inaug.-Diss. v. 1897

Säuerling, Der Andersdorfer eisenhältige, nach dem neuesten Standpunkte der Chemie analysirt. Olmütz 1847. V: *Sirsch, Florian.* (EB)

TEUFEL, Der, in Wien vor den Linien in merkwürdigen Gegenden (von *Sauermann*). Wien 1783.
Anon.-Lex. IV. p. 163. (Eigenbericht.) — Rar!

Sauermann, Carl Borromaeus,
s. Sauermann, Karl Borromaeus

Sauermann, Eduardus Ferdinandus *(geb. Crossen a O. 1795)*: De medicina populari. Vratislaviae (1825). (16 S.) 4°
Breslau, Med. Diss. v. 9. Nov. 1825

Apenrade. (Verf.: E[rnst] **S[auermann]**.) Flensburg: Schmidt 1909. 3 Bl., 40 Taf. quer-8°
(Kleinstadtbilder. Aus Schleswig-Holstein. [1.]) [11. 9244 8

Sauermann, Ernst, schleswig'sche Beiderwand. Eine Sammlg. v. Geweben zeitloser u. zeitgeist. Art des XVIII. Jahrh. aus dem Bestande des Flensburger Kunstgewerbe-Museums u. aus dem Besitze d. Herrn E. Kallsen in Flensburg. (45 Taf. m. 16 S. Text.) 33,5×25 cm. Frankfurt a/M. 909. H. Keller. In Leinw.-Mappe 20. —

— Handwerkliche Schnitzereien des XVI. u. XVII. Jahrh. aus Schleswig-Holstein. (49 Taf. m. 10 S. Text.) 42×31 cm. Ebd. 910. In Mappe 40. —

Aus Flensburgs alten Tagen. Hrsg. von Dr. Ernst **Sauermann**, Dir. Altona-Ottensen: Adolff 1910. XVI S., 160 Taf. quer-8°
(Sauermann: Kleinstadtbilder aus Schleswig-Holstein. H. 2.) [11. 3188 8

Sauermann, Ernst: Die mittelalterlichen Taufsteine der Provinz Schleswig-Holstein. *Flensburg 1904: E. Schmidt.* (31 S.) 8°
Heidelberg, Phil. Diss. v. 1904

Sauermann, Ernst, die mittelalterl. Taufsteine der Prov. Schleswig-Holstein. (VIII, 72 S. m. 52 Abbildgn. u. 1 Karte.) Lex.-8. Lübeck 904. B. Nöhring. Kart. n. 10. —

Der Nordschleswigsche Verein für Hausweberei. Ein Rückblick und Ausblick (v. Ernst **Sauermann.** Mit Schwarzweiß-Zeichnungen v. Käte Lassen. Flensburg 1908). 4° Bei: Louise Hamkens, Der Hamkens'sche Webstuhl. Flensburg. 1908. 4°

Verwaltungs-Bericht des Kunstgewerbe-Museums der Stadt Flensburg über die Zeit v. 1. April 1901—1905. Erstattet v. Ernst Sauermann. (Flensburg. 1906.) 4°.

Sauermann, Ernst F. W., Anweisung zum Unterr. im Rechnen in Stadt- u. Landschulen, f. Lehrer, besond. f. seine Schüler. 8. (16½ B.) Breslau 828, Graß, Barth u. Comp.

—— Aufgaben f. d. Kopfrechnen, u. Vorlegeblätter mit Aufgaben f. d. Tafelrechnen in Stadt- u. Landschulen. 1. Lfg. 8. (3½ B. u. 7 B. qu. 8. nur auf e. Seite bedr.) Breslau 834, (Graß, Barth u. Comp.)

—— Formenlehre, od. Anleit. zu Anschauungs-, Denk- u. Sprach-Uebungen, angestellt mit mathemat. Formen, verbund. mi Zeichenübn.; f. Stadt- u. Landschulen. 1. Bdchn. Die Körper M. 10 Stnt. (qu. gr. Fol.) 8. (3¾ B.) Breslau 833 Leuckart.

— s. Rathschläge f. Eltern u. Hauslehrer ꝛc.

Sauermann, Franz: Geschichte der Malteserkommende Glatz (1183—1627). T. 1. Von der Gründung bis zur Husitenzeit. Glatz 1909: Schirmer. 57 S. 8° ¶ [Ersch. auch als Phil. Diss. Breslau 1909.]
Glatz, k. kath. G OP 1909 (261) [S 09. 393

Sauermann, Franz, Subregens a. Kgl. Konvikt z. Glatz: Geschichte der Malteserkommende Glatz. Glatz 1909: Schirmer. 57 S. 8° ¶(Zugleich Progr. d. Gymn. Glatz 1909. T. 2. ersch. als Progr. 1910.)
Breslau, Phil. Diss. v. 20. März 1909, Ref. Kampers
[Geb. 7. Okt. 77 Josephthal, Kr. Neurode; Wohnort: Glatz; Staatsangeh.: Preußen; Vorbildung: Gymn. Glatz Reife O. 98; Studium: Breslau 7 S.; Rig. 24. Febr. 09.] [U 09. 623

Sauermann, Hans Martin: Die gotische Bildnerei und Tafelmalerei in der Dorfkirche zu Kalchreuth. Erlangen 1910: Jacob. XII, 109 S. 8° ¶(Vollst. als: Beiträge z. fränk. Kunstgesch. H. 1. 1911.) = Kst.508(1) 4
Erlangen, Phil. Diss. v. 20. Nov. 1910, Ref. Haack
[Geb. 22. Mai 85 Kulmbach; Wohnort: Erlangen; Staatsangeh.: Bayern; Vorbildung: Realgymn. München Reife 04; Studium: München 5, Freiburg i. B. 1, Erlangen 6 S.; Rig. 20. Juli 10.] [U 11. 995

*2.Ex.: Kst.A 1461 (1)

Sauermann, Heinrich: Bericht über Verwaltung und Ankäufe des Städtischen Kunst-Gewerbe-Museums in Flensburg v. — (Flensburg. 1890 u. 91). 8°

Führer durch das Kunstgewerbe-Museum der Stadt Flensburg. Vom Direktor der Sammlung Heinrich Sauermann. Flensburg. 1903. 8°.

Sauermann, Heinrich: Führer durch die Sammlung des Gewerbe-Museums in Flensburg v. —. Flensburg. o. J. 8°

Sauermann, J.W. Von der Bildung und Rechtschreibung zusammengesetzter deutscher Wörter. 17 S. . . . .
Brieg, Progr. 1827

Sauermann, J.W. (Ueb. d. Ursprung des Nebels, des Regens u. der Wolken.) 14 S.
Brieg. Progr. 1829

SAUERMANN, JOHANN. Ueber Monochlornaphtaline. (Bern) Neustadt a. d. A. [1883].

Sauermann, Jh. Wlh., der Brieger Bürgerfreund; e. Zeitschrift. 1r Jahrg. 8. Brieg 809.

Sauermann, Joseph (geb. Wehrden an d. Weser [illegible] 1816): De versione flexurae sigmoideae [illegible] axem. Morbi historia cum epicrisi. Berolini (1842) [illegible] S. 8°
Berlin, Med. Diss. v. 19. Okt. 1842

Sauermann, Karl Borromaeus

Sauermann, Car. Borromaeus (geb. Rehagen [illegible]): De [illegible] Adjecta morbi historia. Berolini 1837 [illegible] S. 8
Berlin, Med. Diss. v. [illegible] Dez. 1837

Sauermann, M., Dienst- und Lohn-Buch, s. a. Dienst- und Lohn-Buch.

Sauermann, M., Dienst- und Lohn-Buch, enthaltend die vollständige Preußische Gesinde-Ordnung mit den dazu erschienenen Erläuterungen, zur Vermeidung von oft vorkommenden falschen Auslegungen, aus denen Streitigkeiten zu entstehen pflegen; ferner: Rubriken zum Einschreiben der hauptsächlichsten Punkte des Dienst-Vertrages; Quittungs-Buch ꝛc. Zusammengestellt für Herrschaften wie für Dienstboten. Freistadt in N.-Schl. 859. (Glogau, Reisner.) 8. (36 S.) n. 5 ngr.

Sauermilch, Christoph (Zerbst) A. S. 751/40

Dissertatio iuridica de repetita die.
Präs. Simon Peter Gasser.
Halle (Gruner) 1. X. 1706. 32 S.

Gew.: Johann Sperlette, Jakob Bernhard Aeplin.

29824

Sauermilch, Christoph (Zerbst) A. S. 99/9

Dissertatio iuridica de repetita die.
Präs. Simon Peter Gasser.
Halle 1746. 29 S.

Diss. Halle 1. X. 1706. 29825

Sauernheimer, J. Paul, Beiträge zur Charakteristik des Landvolkes in der Umgegend v. Bayreuth. gr. 8. ($2\frac{1}{2}$ B.) Bayreuth 846, (Buchner'sche Buchh.)

Sauernheimer, J. P., Beiträge zur Characteristik des Landvolkes in der Umgegend von Bayreuth. gr. 8. (38 S.) Bayreuth 847. (Buchner.) 1/4 ngr

Sauerstein, Paul [aus Borna]: Ueber Lydgate's Aesopübersetzung . . . . Halle a./S., Druck v. E. Karras, 1885; 2 + 40 + 1 S. 8°.
Leipzig, Phil. Fak., Inaug.-Diss. v. 23. Jan. 1886.

Sauerstein, Paul, Dr.: Charles d'Orléans und die englische Übersetzung seiner Dichtungen. *Halle a. S. 1899: E. Karras.* (68 S.) 8°
Reichenbach i. V., R. m. PG, Festschr. 1899 (613)

Sauerstoff und Ozon-Sauerstoff, ihre Bedeutung für die Diätetik und Heilkunde. Berlin 1874. V: *Lender, Constantin.* (Kat. d. Bibl. d. Techn. Hochsch. Berl. 1900.)

Sauerstoff-Ernährungsmethode durch Magnesiumsuperoxyd. D. R.-P. No. 107231. 'Vitafer' G. m. b. H. Chem. Fabrik ... verbunden mit e. Institut f. Sauerstoff-Ernährung nach Dr. Oppermann's Patenten Berlin W. Potsdamerstr. 31 a. 6. Aufl. *(Berlin): Selbstverl. [1902].* (103 S.) 8°
[illegible]

Sauerstoff-Fabrik Berlin: Sauerstoff-Inhalationsapparate und Sauerstoff-Rettungsapparate. Berlin 1900

Sauerteig, Albert [aus Hildburghausen]: Ueber das Aneurysma der Arteria hepatica . . . Jena, Frommannsche Hof-Buchdr., 1893; 35 S. 8.
Jena, Med. Fak., Inaug.-Diss. v. [20. Juni] 1893

Sauerteig, Alb., üb. das Aneurysma der Arteria hepatica. Diss. gr. 8. (35 S.) Jena 893. (H. Pohle.) — 75

Sauerteig, Alb., Fest-Predigt, geh. am Tage der 100jähr. Jubelfeier in der Stadtkirche zu Hildburghausen, am 24. Novbr. 1885. gr. 8. (12 S.) Hildburghausen 885. Gadow & Sohn. n.n. — 20

Sauerteig, Alfr., Coburger Bürgerbuch. Sammlung der Ortsstatute, Polizeiverordnungen u. sonst. behördl. Vorschriften u. Bekanntmachgn. f. die herzogl. Residenzstadt Coburg. Bearb., sowie m. Erläutergn. und Hinweisen versehen. Mit Genehmigg. d. Magistrats hrsg. (III, VIII u. S. 3—460.) 24,5×20 cm. Coburg 908. (J. F. Albrecht.) Geb. in Leinw. nn 5. —

Sauerteig, Belial [Pseudon.] s. a. Memminger, Anton.

Sauerteig, Belial, De Züri-Herrgott oder die Kunst ein reicher, hochangesehener Mann zu werden. 48 St. 8. St. Gallen, Osk. F. Weiss & Co. Druck von G. Moosberger. 1, 25

Sauerwald, Bad Oeynhausen f. Curgäste bearb. Mit e. (lith.) Karte (in 4.) 8. (IV, 72 S.) Berlin 873. Enslin. n. 1. 50

Sauerwald, Bad Oeynhausen, für Curgäste bearb. 2. Aufl. 8. (VI, 65 S.) Oeynhausen 878, Eßmann's Verlag. *

Sauerwald, Bad Oeynhausen u. Umgegend. 4., umgearb. u. verm. Aufl. 8. (VIII, 85 S. m. Karte) Oeynhausen 893. G. Ibershoff. n. 2.–

Sauerwald, s.: Oeynhausen u. s. Indicationen.

Sauerwald, Hans: Aus d. Psychiatr. u. Nervenklinik zu Kiel. Über einen Fall von Chorea minor ⟨Sydenham⟩ mit Psychose. Kiel 1910: Schmidt & Klaunig. 22 S. 8°
Kiel, Med. Diss. v. 2. Juli 1910, Ref. Siemerling
[Geb. 9. Aug. 82 Oeynhausen; Wohnort: Oeynhausen; Staatsangeh.: Preußen; Vorbildung: Realgymn. Quakenbrück Reife M. 01; Studium: Marburg 3, Kiel 2, München 5 S.; Coll. 10. Nov. 09; Approb. 14. Mai 08.] [U 10. 2471

Sauerweid, Alexander

Sauerweid, A. Abbildungen der sächs. Armee. o. O. (1808–1813?) 30 farb. Bl. 4°

Sauerweid. Die sächsische Armee, dargestellt in 29 col. Taf., gest. von Grancher. fol. 1830.

Sauerweid. Königl. Sächsische Armee nach der neuen Organisation von 1810. Herausg. von Rittner. 4. Dresden [1811].

Sauerweid, Alex., 30 Blätter für Pferdezeichner u. Schlachtenmaler. gr. 4. Dresd. 814. Arnold. 3 ℔ — Dies. nach der Natur ausgemalt. 10 ℔

[Sauerweid, Alexander Uniformen der Königlich Sächsischen Armee. Gezeichnet von Alexander Sauerweid 1820?
12 Taf. in Kupferst. davon 10 kol.

[Sauerweid, Alexander Uniformen der Königlich Westfälischen Armee. Gezeichnet von Alexander Sauerweid. Um 1810.]
19 Taf. in kol. Kupferst. 4

Sauerwein. Ueber die im Jahre 1862 ausgeführten Heizversuche mit Hannoverschen und Westfälischen Steinkohlen. Hannover, 1862.

Sauerwein, A., die Vierziger in Frankreich. Geschichte d. deutsch-französ. Krieges vom J. 1870/71 m. besond. Berücksicht. d. Hohenzollern'schen Füsilier-Regimentes Nr. 40, namentlich d. 2. Bataillons dieses Regiments, populär u. anschaulich erzählt. 1. u. 2. Abschnitt. gr. 8. (223 S.) Trier 874. Lintz. n. 3. —

Sauerwein, Chr., l'ami du premier âge, s. Ami, l'.

Sauerwein, Friedrich

Sauerwein, F., s. Bauwerke, die klassischen, des Mittelalters und der Renaissance in Deutschland.

Sauerwein, F., s. a. Neubauten zu Frankfurt a/M.

Sauerwein, Fr. Neubauten zu Frankfurt am Main. Hrsg. unter Mitwirkung des Frankfurter Architekten- u. Ingenieur-Vereins. Frankfurt a. M. 1879-91. 3 vols. Fol.

Sauerwein Fr. Neubauten zu Frankfurt a. M. 3 Ser. (132 T) fol Frankfurt a. M. 1880-91

Sauerwein, Frdr. Neubauten zu Frankfurt am Main. 3. Serie. 6 Lfgn. gr. Fol. (à Lfg. 6 Lichtdr.-Taf.) Frankf. a. M. 891,92, Keller. à Lfg. * 6 —; in Mappe * 36 —
1. u. 2. Serie, s. XVII. Bd. 2. Abth. S. 232: Neubauten zu Frankf. a. M.

—— s. Portale und Gitterwerke vom 15. bis 18. Jahrh. in Frankfurt a. M.

-- s. a. Schloss, das, zu Heidelberg.

Sauerwein, Friedrich. Das Schloss zu Heidelberg. Mit Text von Marc Rosenberg. Nach photographischen Aufnahmen in Lichtdruck ausgeführt. Frankfurt am Main. Fol.

Sauerwein Fr, das Schloss zu Heidelberg. Text v. M Rosenberg. (6 S 100 T) fol Frankfurt a. M. 1883

Sauerwein, Georg

Sauerwein, Gg. Lehrplan des Gymnasiums zu Neubrandenburg 8 S. **Progr.** *Neubrandenburg* 1878.

Sauerwein, G., ostenditur, qui loci in superstite Nubium [*Νεφελῶν*] comoedia e priore earundem Nubium recensione, quae in attico theatro commissa erat, adhuc servati sint. Praemittuntur nonnulla et de tempore et de consilio utrarumque Nubium et de Socratis persona apud Aristophanem. 8. (44 S.) Rostock 872. (Stiller.) n. — 80

[N.] **Sauerwein,** *Georg* [Dr., Dir.]: *Professor Friedrich Wilhelm Heinrich Paul, gest. am 23. Sept. 1896.* Neubrandenburg, Druck d. Hofbuchdr. v. B. Ahrendt, *1897;* S. 4. 4.
Neubrandenburg, G. P. 1897 (690)

Sauerwein, G.: Rede, geh. am Turnfeste des Leine-Aller-Bezirkes zu Gronau, 1865. Alfeld 1865. 15 S.

Sauerwein, G. (Girenas), 3 patriotische Reden aus d. schönen J. 1871, geh. an Kaisers Geburtstag, am Friedensfest u. b. Einzug d. Krieger zu Gronau a. d. Leine. Bei Gelegenheit d. 25jähr. Erinnerungsfeier u. zur Feier d. 25jähr. Friedens neu hrsg. (2. Aufl.) 8. (VII, 32 S.) Hildesheim 896. Gerstenberg. 25

Sauerwein, Gustav

The nations' undiplomatic Concert of languages. Polyglot peace album in memory of the 80th birth-day of ... Queen Victoria ... Le Congrès de paix des langues. Souvenir du 80me anniversaire de la naissance de ... la reine Victoria ... par Pacificus [d. i. Gustav **Sauerwein**]. Leipzig 1899: Drugulin. VIII, 80 S. 8°
[Umschlagt.:] From Arya to Eire, from Mánu to man. The Queen Victoria Birth-day Polyglot Peace Album. [11. 3277 7

Je te salue, oh mon Paris: Introd. franç. à l'album de paix anglais et polyglotte composé à l'occasion du Congrès de paix de 1899 ... par Pacificus [d. i. Gustav **Sauerwein**]. 2. tir. Goettingue 1900. 10 S. 8° [11. 3273 7

Sauerwein, G., a pocket dictionary of the english and turkish languages. 16. (XIII und 298 S.) London 855. (Leipzig, Brockhaus' Sortiment und Antiquarium.) *

Pourquoi nous haïr?! Et d'autres extraits ⟨en prose et en vers⟩ du livre des salutations par Pacificus ⟨G.⟩ [d. i. Gustav **Sauerwein**]. Goettingue 1900. 8 S. 8° [11. 3279 7

SAUERWEIN, Johann: Des Försters Rechenknecht. Tabellen zur Bestimmung der Hauerlöhne ..., ferner fassliche Anleitung zur Erlernung der Decimalrechnung und Uebersicht der alten und neuen Masse. - Metz 1872. IV, 132 S.

Sauerwein, Joh., d. Försters Rechenknecht. Tabellen zur Bestimmung der Hauerlöhne f. die Kubikmeter Nutzholz u. die Bruchtheile d. Meters, der Tage- u. sonstigen Löhne, sowie zur Umwandlung der Festmeter in Raummeter u. Bestimmg. der Festholzmasse der Stangen u. Gerten, ferner faßl. Anleitg. zur Erlerng. der Decimalrechng. u. Uebersicht der alten u. neuen Maße, Reductions-Tabellen 2c. 2. Aufl. 8. (IV, 132 S.) Metz 873. deutsche Buchhandlung. 1. —; geb. 1. 50

Sauerwein, Wilh., ABC-Buch der Freiheit f. Landeskinder gr. 12. (3½ B.) Hanau 832, König.

Sauerwein, Wilhelm. ABC-Buch der Freiheit für Landeskinder. 3. Aufl. 8. Biel. Buchdruckerei der Jungen Schweiz. 1835.

— L'ami du premier age ou nouveau syllabair instr. et amus. II. ed. Mit illum. Kpf. 8. Hanau 830. Edler. 8 gr ohne Kpf. 5 gr

FRANKFURT wie es leibt und lebt .... (von *Wilh. Sauerwein*). Frankfurt a. M. 1838—40.
Anon.-Lex. II. no. 3320 (nach Engelmann).

Sauerwein, Wlh., s. Méry, der Krieg d. Nizam. — Scott, W., ausgewählte Werke, 36.—45. Thl.

Sauerwein, Wilhelm. Pfeffernüsse. Offenbach, Selbstverlag 1834. 16 S. 8.

—— viertelstünd. Wirthstischreden, gehalt. im Saal d. goldner Rosses in Frankfurt a. M. gr. 8. (1 B.) Offenbach 834 (Frankfurt a. M., Körner.)

Saufaus, Fastnachtsgespräch zwischen Hansel und Kratel. Herausgegeben von —. (Gedicht.) O. J. (Nurnberg 1790.)
Weller, Lex. Ps. p. 502.

Saufhannes u. Meister Peterhans. Die zerbrochene Flasche. Moralischer Mut, s. a. **Volksschriften des Arbeiterfreundes. Nr. 6.**

Saufhannes und Meister Peterhans. Die zerbrochene Flasche. Moralischer Mut. *Bern, Barmen: Blaues Kreuz [1900].* (15 S.) 8° [F.]
= **Volksschriften** d. Arbeiterfreundes. 6. [01. 8063 6]

Sauf- und Branntenwein-Predigt, Schwäbische, vorgetragen v. einem Klostermönch bei einer Versammlung schwäb. Erzsaufschläuchen, in der Manier Pater Abraham a Santa Clara's; vom Verf. der Schwabenpredigt; mit 1 Zeichnung. gr. 8. Thun 841. (Christen.) 3 gr

Säugen, üb. das, der Ammen, ein diätetischer Versuch, vom Verfass. d. Kunst „gesunde Kinder zu haben" (G. Fr. Cpo. Greiner). gr. 8. Altenb. 811 auch 820. Litt.-Compt. 4 gr

Säugen, über das, der Ammen. Ein diätet. Versuch. gr. 8. Altenburg, Hahn. 820.

Säugethiere, die, ein naturhistor. Bilderbuch f. die Jugend. Mit Kpf. gr. 4. Glogau 813. N. Günthersche B. 1 ₰ 8 gr illum. 2 ₰ (Ir A. 797, unt. d. T.: J. P. Voit, das Thierreich in Reimen, vergl. Voit. Dann unt. d. T.: getreue Abbildd. d. Natur, als ein Hülfsmittel b. Erklär. uns. vorzügl. Handbücher d. Naturgeschichte etc.)

Säugethiere. Neues ABC- und Bilderbuch zur angenehmen und belehr. Unterhaltung für Kinder. 8. (8 S. mit 25 lithogr. und ill. Abbildungen.) Nürnberg 849, Renner und Comp.

Säugethiere, Die, in Abbildungen nach der Natur mit Beschreibungen. Erlangen 1775. V: *Schreber, Johann Chn Daniel.* (Kat. d. Bibl. d. Techn. Hochsch. Berlin 1900.)

Säugethiere m. 24 Bildern. 4. (12 col. Taf.) Wien 845, Müller.

Säugetiere-Atlas, s. a. Mück's prakt. Taschenbücher. 14. Bd.

Säugetiereatlas. [Mücks praktische Taschenbücher. Bd. 14.]
8° Wien: Szelinski 1906. K —.80

Säugethiere, die, und der Mensch. Mit 70 Abbildd. (in Holzschnitt). 16. Leipzig 838. Weber. 1¼ ₰ (A. u. d. T.: Naturgeschichte des Thierreichs. 36 Bdchn.)

Säugling, der, seine Ernährung in gesunden u. kranken Tagen. Führer f. jede Mutter, welche ihr Kind gesundheitsgemäß ernähren u. pflegen will. Von e. Kinderarzt. (1. u. 2. Aufl.) 8. (38 S.) Hamburg 888. Herold'sche Buchh., Verl. — 50

Charlottenburger **Säuglings-Fürsorge**. Merkblatt f. Mütter u. Pflegemütter. ([Charlottenburg 1907]: Gertz.) (6 Bl.) 8° [F.] [07. 13712]

Die **städtische Säuglingsfürsorge** in Magdeburg im Halbjahre April—Oktober 1908. I. Allgemeiner Verwaltungsbericht. II. Ärztlicher Bericht. [Ergebnisse der Säuglingsfürsorge. 3. Heft.] Gr.-8°. (54 S.) Wien: Deuticke 1909. K 1.80

Säuglingsheim und Milchküchenbetrieb der Königl. Mediz. Poliklinik der Universität Marburg a. L. Marburg 1905. V: *Brauer, Ludolf.* (Berl)

Säuglings-Milchküchen, die, der patriotischen Gesellschaft in Hamburg. 1. Jahresbericht 1904/5, erstattet v. Sieveking. (33 S. m. Abbildgn.) gr. 8. Hamburg 906. C. Boysen. n. — 60

Säuglings-Milchküchen, die, der patriotischen Gesellschaft in Hamburg. 2. Jahresbericht 1906, erstattet v. Sieveking. (23 S. m. Abbildgn. u. 1 Taf.) Lex. 8. Hamburg 907. C. Boysen. — 60

— dasselbe. 3. Jahresbericht üb. die J. 1907—1909, erstattet v. Sieveking, mit Beiträgen v. Meyer-Delius u. v. Ohlen. (45 S. mit 2 Taf.) gr. 8. Ebd. 910. 2. —

Säuglingspflege. 3. Abdr. Potsdam: Stiftungsverl. [1907]. (16 S.) 8° [F.]
= **Ratgeber**, Kurzer, f. Gesunde u. Kranke. No 2. [07. 11706]

Die **Säuglingssterblichkeit**, ihre Ursachen und Bekämpfung. Denkschrift bearb. in d. Medizinalabt. d. Minist. d. geistl. ... Angelegenheiten. Als Ms. gedr. Berlin 1905: Die Post. (VI, 62, 67 S.) 8° [F.] [05. 14931]

SAUGLOCKE, Die. O. O. u. J. (c. 1840?). 8°. 23+23 beziff. S., ganz mit lithogr. Schreiberschrift, cursiv.
Sotadische Parodie von Schiller's Glocke und einige andere erot. Gedichte. (Räthsel [vulva]. — Scene aus der Oper Schlande und Lumpella. — Parodie auf Theod. Körner's Gedicht „Die Wunde brennt, die blassen Lippen beben" etc. — An meinen Spitz (penis).) Mit 7 stark erot. lithogr. Vollbildern u. höchst originellem illustr. Carton-Umschlag (Rebus). 3 Rthl. Scheible, Cat. 34; 10 fr., mit nur 6 Lithogr. u. lithogr. Umschl., H. Bukowski, Stockholm. 1887; jetzt viel theurer!

SAUGLOCKENGELÄUTE. Erotische Gedichte u. saftige Schnurren. O. O. u. J. (ca. 1895). 8°. Lat. Lett. (1 Mk. 50 Pfg., eine böhm. Firma, c. 1901.)
Alles in elenden Reimen. — 16 S. (incl. Tit. u. 1 Bl. Inh.). 1. Das hat kein Schiller geschrieben. (Parodie.) 2. Meine einzige Freud ist eine Hurl (Parodie auf: Meine einzige Freud ist mein Bua.) 3. Gebärmutterliebe. (Parodie auf: Die Mutterliebe.) 4. Fischerin, du kleinel (Parodie.) 5. Saftige Schnadahüpfeln. 6. An Robert. (Parodie.)

SAUGLÖCKLEIN oder wunderschöne Märchen, aber nicht für Kinder. 7 Hefte. Mit (sehr obscoenen) Bildchen. O. O. u. J. (187*?). 12°.
Ungemein selten! (7 Rthlr. Scheible, Cat. 49.)

Saugmann, üb. dauernde Heilung der Lungen-Tuberkulose, s.: Wolff, Fel.

Saugy, Louis. Tous les yeux au Gothard! Garde à vous! Lettre à Messieurs les Députés aux Chambres fédérales. Par L' S'..., Laufenbourg ⟨Argovie⟩. 16 p. 8. Ed. de l'auteur (Impr. Emile Birkhæuser, Bâle, 1910). [fr. —. 40]

Sauk City Pionier-Presse : Jahrgang 1–39, no. 16, Nov. 23, 1853–Sept. 12, 1929.

Weekly, 1853–91; semi-weekly, 1892–93; weekly, 1895–1929. Abolitionist, 1853–55; Republican, 1856–80; Independent, 1881–1929. [Ayer, however, gives varying "Tendenz": Ayer, 1880–81 and 1901–13, Republican; 1882–1900 and 1914–29, Independent.] Suspended: 1854–Apr. 1855. For supplement, see Der Erzähler. Absorbed Sauk City Presse. Title varies: Pionier am Wisconsin, Nov. 23, 1853–1898. Irregularities in numbering: Up to merger with Sauk City Presse, as Jahrgang 1–43, 1853–98; then, evidently, numbering of the Presse was assumed, for June 7, 1917 is numbered Jahrgang 27, no. 1. Continued as English language paper, The Pioneer Press, Sept. 17, 1929. Circulation: 1870, 800 (est.); 1880, 870; 1890, 700; 1900, 650; 1903, 960; 1910, 900; 1920, 890; 1929, 850. Edited & published by Carl Duerr & L. Joachim, 1853–1855?, by C. C. Kuntz, Apr. 1855–1857; by Julius Kohn, 1857–Sept. 1858; by L. Crusius & H. Klumpell, Oct. 1858–Mar. 8, 1878; by L. Crusius & H. Muhlberg, Mar. 15, 1878–Dec. 1880; by L. Crusius & C. C. Kuntz, Jan. 7, 1881–Jan. 7, 1886; by C. C. Kuntz, Jan. 14, 1886–1898, edited by C. F. Nunnan, 1898–1904, by Max H. Nunnan, 1904–Sept. 12, 1929, published by Sauk City Publishing Co., 1898–1910, by Max H. Nunnan, 1911–29.

Sauk City, WI

Sauk City Presse : 1890–1898

Independent weekly. Merged with Pionier am Wisconsin, to form Sauk City Pionier-Presse. Circulation: 1895, 650. Edited & published by C. F. Nunnan, 1890–92; edited by C. F. Nunnan, & published by Sauk City Publishing Co., 1893–98.

Sauk City, WI

Der Sauk County Herold : 1876– Reedsburg, WI

Edited by W. Ratzmann

Saukey, J. D., fünf Lieder aus „Sacred songs a solo's." gr. 8. Basel, C. F. Spittler. 1875

Saukräutler, Der. Komisches Intermezzo. Wien [1885]. V: *Bartl, Hans.* (EB)

Saul, eine Tragödie in 5 Akten, von E. A. v. Gruber. gr. 8. Wien. Beck. 820.

Saul, König. Tragödie in 5 Aufzügen. Stuttg. 1858. V: *Kiedersich, Fch.* & *Chn. Kiedersich.* (Rudolph Krauss, Schwäbische Literaturgeschichte II, 315) (Hdschr. Mitth. von Friedrich Müller, München)

Saul, König in Jerusalem. Melodrama in 3 A. 8. Augsb. 815. v. Jenisch u. St. 4 gr.

— König in Israel, Melodram in 3 Aufzügen. Aus dem Franz. von J. R. v. Seyfried. 8. Wien, Wallishauser. 811.

Saul der Zweite, genannt der dicke König von Kanonenland. (Friedr. Wilh. II.) Berl. u. Potsdam [Erfurt] 1798. V: *Albrecht, Johann Frdr. Ernst.* (GGr) (Wr) (Zeitschr. f. Bücherfr. I, 58.)

Saul II., genannt der dicke König vom Kanonenlande. 8. Erfurt (u. Gotha) 800. Hennings. 1 ₰ 10 gr

Saul, Längeprofil durch das Saarkohlenrevier. 1:75000 u. 1:12000. St. Johann, 1901.

Saul, Daniel

Saul, D., ein Beitrag zum hessischen Idiotikon. gr. 8. (17 S.) Marburg 901. N. G. Elwert's Verl. n. — 50

Saul, D., Gedichte. 12. (VII, 206 S.) Stuttgart 893. Deutsche Verlags-Anstalt. Geb. in Leinw. m. Goldschn. n. 3. —

Saul, D., Schiller im Dichtermund. 8. (71 S.) Stuttgart 896. F. Frommann. n. 1. —

— die Verfassungsrevision in Württemberg, s.: Flugschriften der deutschen Volkspartei. 1. Hft.

Saul, Lily, s.: Jahrbuch f. d. deutsche Frauenwelt.

Saul, Ephraim [pr. Arzt aus Birnbaum]: Untersuchungen über Catgut-Desinfektion. '(Aus d. Kgl. Chir. Univ.-Klinik.)' ... Berlin, C. Vogts Buchdr., *1894;* 26 S., 3 Bl. 8.
Berlin, Med. Fak., Inaug.-Diss. v. 10. Juli 1894

Saul, Erich [aus Braunschweig]: Ueber einige Verbindungen der Di- und Triphenylmethanreihe ... Rostock, C. Boldt'sche Hof-Buchdr., 1894; 48 S. 8.
Rostock, Phil. Fak., Inaug.-Diss. v. [5. März] 1894

Saul, Friedrich

— ist die Kindertaufe die Wiedergeburt? (32 S.) gr. 8. Dresden 905. C. L. Ungelenk. n. — 40

Saul, Frdr., ein Jubiläum der Bibel, s.: Bausteine, kleine. 6.

Saul, Frdr., Pastor Bernhard Rudert, s.: Bausteine, kleine.

Saul, Gottfried (Thüringen) A. S. 760/34

Disputatio inauguralis juridica, de dispositione ultimarum voluntatum ad pias causas.
Präs. Ernst Tentzel.
Erfurt (Grosch) 13. V. 1709. 16 Bl.

Gew.: Bodo Ludwig Saul. 29827

Saul, Karl Ludwig A. S. 65/30

De citatione principis commissarii immediata.
Präs. Gottfried Ludwig Mencken.
Wittenberg (Gerdes) 8. X. 1726. 24 S.

Gew.: Bodo Ludwig Saul (Vater).
W. v.: Präs 29829

Saul, Rudolf, Med.-Prakt.: Säuglingssterblichkeit im Großherzogtum Mecklenburg-Schwerin. Rostock 1909: Adler. 39 S. 8°
Rostock, Med. Diss. v. 21. Febr. 1910, Ref. Brüning, Martius
[Geb. 8. Mai 84 Schwerin i. M.; Wohnort: Rostock; Staatsangeh.: Mecklenburg-Schwerin; Vorbildung: Gymn. Schwerin Reife O. 03; Studium: Berlin 3, Rostock 2, Straßburg 1, Berlin 1, Rostock 5 S.; Coll. 18. Jan. 09; Approb. 4. Febr. 10.] [U 10. 3926

Saul, Rud., Säuglingssterblichkeit im Grossherzogtum Mecklenburg-Schwerin. (41 S. m. 6 Taf.) 8. Rostock 909. (Schwerin, Stiller.) 1. —

de Saulcy, ein Ausflug an die Ufer des Todten Meeres, siehe; Jahrbuch, geographisches, IV.

Saulcy, F. de, Nekrolog, s. Fröhner, W.

Sauldorf. Praktische Zahnlehre zur Altersbestimmung der Pferde. Nach der Natur gezeichnet von Karl Schwab. 3. Auflage. (Mit 19 Blättern Abbildungen.) 12. (Salzburg 1891.)

Säule, Die, des Pflügers. Wien 1771. V: *Denis, Joh. Nep. Cosmas Michael.* (Auct. Schüddekopf 303) (Paul Hofmann-Wellenhof: Michael Denis, Innsbruck 1881, S. 45) (GGr IV²/195, Nr. 9/14) (WBL III/240) (BiblPort)

Säulen, Die drey, der Unbekannten im Lande. Reval u. Leipzig 1780. V: *Schumacher, Balth. Gerhard.* (Kl) (SJL)

Säulen, die drey, d. Unbekannten im Lande. 8. Reval, Albrecht. 780.

Säulen-Kalender, deutsch	1.60
ungarisch	1.60
böhmisch	1.60
italienisch	1.60

Wien: Engel 1890.

Säulen-Kalender-Blätter. Wien: Engel 1890. —.20

Säulenordnungen. 5 Phot. von Keuffel und Esser. In 1 Bdchen. New-York.

Saules Israelitarum ex-rex ... [Salisburgi 1708.] V: *Bader, Carl von.* (Hr)

Saules, Frz., vollständ. Geschichte d. Revolution in Nord-Amerika; aus d. Französ. v. K. Hammerdörfer. 2 Thle. gr. 8. Zürich 788.

Saulgau [Schlagwort]

Saulgau, s.: **Deutschland. Kürschner-Pelp.**

Saulgau, s.: Geognostische Karten (Württemberg).

Saullich, Angelo. [Salzburg 1892.] V: *Freisauff, Rud. von.* (Hr)

Saulmann, Carl, s. Saulmann, Karl

Saulmann, Fritz, aus Berlin: Ueber einige Thiazoline und Oxazoline. *Berlin 1899: A. W. Schade.* (27 S.) 8°
Erlangen, Phil. Diss. v. 17. Mai 1899

Saulmann, Karl

Saulmann, Carl [aus Märkisch Friedland]: Zur patologischen Anatomie der Invaginatio ileocoecalis .... Halle a. S., Buchdr. v. S. Schlesinger, 1886; 36 S. u. 2 Taf. 8°.
Halle, Med. Fak., Inaug.-Diss. v. 25. März 1886.

Saulmann, Carl, zur pathologischen Anatomie der Invaginatio ileocoevalis. Diss. Halle 1886, Lippertsche Buchh. 8°. 36 S. mit 2 Taf.

Saulmann, Rud. (geb. Usedom 13. 4. 1837): De discriminibus inter scrofulosin et tuberculosin quaedam. Berolini (1860). (32 S.) 8°
Berlin, Med. Diss. v. 1. Aug. 1860

Saulmann, Willy [aus Berlin]: Ueber Athyliden- [!] und Propylidenamidoazobenzol und einige Abkömmlinge desselben ... München, Buchdr. v. J. Fuller, 1895; 43 S. 8.
Erlangen, Phil. Fak., Inaug.-Diss. v. 19. Juni 1895

***Saulnier,* C., Statuta candidi et canonici ordinis Praemonstratensis renovata. Edit. IIIa. 4. Luxemburg. 776. (Wien, Heubner). 3 ₰**

Saulsohn, Sigism., de urethrae stricturis omnibusque tractandi eas methodis. Commentat. med.-chirurg. Ps. I.: Pathologia. 4maj. (7½ B. u. 2 Stnt. Fol.) Berolini 833. Hirschwald.

Sault, Heloise von, od. d. päbstl. Hof im 14. Jahrh. Frei n. d. Franz. v. Fanny Tarnow. 3 Thle. 8. (49¼ B.) Bunzlau 838, Appun's Buchh.

Sault, Nicol. du, das Buch vom Gottvertrauen. Eine Anleitg. in allen Widerwärtigkeiten die Ruhe d. Herzens zu bewahren u. die Leiden d. Lebens m. großem Trost u. Segen zu ertragen. Ins Deutsche übertragen v. e. Priester der Erzdiöcese Köln. gr. 16. (528 S.) Paderborn 871. Junfermann. 1. 50

Sault, Nic. du, das Buch vom Gottvertrauen. Eine Anleitung, in allen Widerwärtigkeiten die Ruhe des Herzens zu bewahren und die Leiden des Lebens mit großem Trost und Segen zu ertragen. Nach dem Latein. bearb. von H. M. Ludwigs. 2. Aufl. 16. (480 S.) Paderborn 886, Junfermann'sche Buchh. *

Saulus (Wurm?), neue Epistel an die „Ebräer". Pressburg u. Leipzig, G. Heckenast's Nachf. (R. Drodtleff), 1884. 8°. Cart.*)
Jude gegen Juden! 1 Bl., 103 S. Der Name Wurm auf S. 1 unt. beim Custos.

Sausus, Der Protestantismus als Weltmacht. Ein Begleitwort zur Palästinafahrt des deutschen Kaisers. 8. (24 S.) Pressburg: Heckenast 1898. —.20

Saumĕry, Pierre Lambert de (Mutmaßl. Verf.): Anmuthige, seltsame, doch wahrhafte Begebenheiten ....
s.a. Mirone, de

PIERRE LAMBERT DE SAUMÉRY (?), *ca.* 1690–*ca.* 1767
or JEAN BAPTISTE DE BOYER, *Marquis d'Argens* (?), 1704–71

Anmuthige, Seltsame, doch wahrhafte Begebenheiten der Frau Herzogin von Vaujour, Durch Herrn von Mirone zusammen getragen und Aus dem Französischen in das Deutsche übersetzt von C.G.J. Frankfurt und Leipzig, im Knochischen Buchladen. 1742.

17 cm. 3 leaves, 735 pages.

Saumery, Pierre Lambert de [Angebl. Verf.]: Der glückliche Betrüger, s. Mirone, de

* **TEUFEL,** Der, ein Einsiedler, Oder: Begebenheiten Des aus der Hölle verbannten Astaroths. (Aus d. Französ. des *de Saumery.*) 2 Thle. in 1 Bde. O. O. Anno 1741. 8°. (In Berlin: Yv 3421.) (⁵⁄₆ Rthl. Steinkopf, Stuttgart, 1875; 7 Mk. Bernh. Liebisch, Lpz., 1907.)
548 fortl. gez. Seiten (5 Bücher). Th. 2 beg. mit S. 285.

Saumüller [Pseud.], s. Müller, Karl

Śaunaka. Rig-Veda-Pratisakhya, das älteste Lehrbuch der vedischen Phonetik. Sanskrittext mit Übersetzung und Anmerkungen herausgegeben von Max Müller. [Ein zweites Exemplar s. Eb 1538. 4°.] Leipzig 1869. 4°.

Saundby, R., Vorlesungen üb. die Bright'sche Krankheit. Autoris. deutsche Ausg. v. W. Lewin. gr. 8. (V, 274 S. m. 55 Abbildgn.) Berlin 890. Hirschwald. n. 7. —

Saunder, J., Israel Mort, Overman, } s.: Collection
— the shipowner's daughter, } of brit. authors.

Saunder's, Robert, mineralog. u. botan. Reise nach Butan, s. Magazin v. merkwürd. n. Reisebeschreibb. 5r Bd.

Saunder, W., s. Saunders, William

Saunders, A. P, Untersuchgn. üb. d. Bildungsverhältnisse d. ocean. Salzablagergn., s.: Hoff, J. H. van't.

Saunders, Edwin, kurze Anweisung z. Pflege d. Zähne, u. Angabe d. besten Mittel, sie gesund zu erhalten, wieder gesund zu machen u. nöthigenfalls zu ersetzen. Ein Buch f. Jedermann. Nach d. 16. engl. Origaufl. übers. v. W. L. J. Kiderlen. 12. (1½ B.) Luzern 836, Meyer.

—— der Haus-Zahnarzt, od. faßl. Anweis. d. Zähne gesund zu erhalten u. alle Krankheiten ders. leicht zu heilen. Deutsche, von e. Arzte besorgte u. mit dess. Anmerkn. bereich. Bearbeit. n. d. 13. engl. Aufl. Lex.-8. (5 B. u. 1 Kpfrt.) Hildburghausen 840, Bibliogr. Institut.

Saunders, H., Kinderköpfe, s.: Welby, E.

Saunders, H., Kinderstudien. 1. Hft. Fol. (2 Farbendr.) Leipzig 892. E. Baldamus, Sep-Cto. n. 2. –

Saunders, H., Sebastian, s: Collection of british authors.

Saunders, John

s. Asher's continental library.

—— the Shipowner's Daughter, s. Collection of British Authors.

Saunders, John, Jasper Deane, s. Asher's Collection of English Authors.

Saunders, John, Hirell, die Tochter des Calvinisten. Roman. Aus dem Engl. von A. Kretzschmar. Autorisirte Ausgabe. 3 Bde. Leipzig 870. C. J. Günther. 8. (208, 211 u. 213 S.) n. 2 ₰ 15 ngr.

— Israel Mort, Overman, s.: Collection of british authors.

—— the Plague-stone of Aberford, s. Dürr's Collection of standard American authors.

—— Guy Waterman, s. Dürr's Collection of standard American authors.

Saunders, J., Abel Drake's wife, s. Dürr's Collection of standard American authors.

Saunders, J., a noble wife, s.: Collection of British authors.

Saunders, Katherine, the high Mills, } s. Collection of British Authors.
—— Sebastian, }

Saunders, Marshall, der schöne Sepp. E. Selbstbiographie. Aus d. Engl. übertr. v. A. Henrich, V. D. M. E. preisgekrönte Schrift. 8. (XII, 340 S. m. Abb. u. Bildn.) Hamburg (895). Cassel, Verlagshaus d. deutsch. Baptisten J. G. Oncken Nachf. 2. —; geb. 3. —

Saunders, Marshall: Der schöne Sepp. – E. Selbstbiographie. Aus d. Engl. der Miss Marshall Saunders übertr. v. A. Henrich V. D. M. Mit Vorw. v. S. Melnec. – E. preisgekr. Schrift. Hamburg: J. G. Oncken Nachf. 1896. (XVI, 340 S., 6 Taf.) 1 Bd 8°

Saunders, R., Gideon's rock, } s.: Collection
— Joan Merryweather a. other tales, } of brit. authors.
— the high mills, }

Saunders, William

— Abhandl. von d. Spießglase u. seinem Nutzen in d. Arzneiwissenschaft; aus d. Latein. 8. Altenb. 775. (Hennings in Neisse). 16 ℊℊ

— Abhdl. v. d. Spießglase u. s. Nutzen in d. Arzneywissenschaft, a. d. Latein. 8. Altenburg, Richter. (Akad. Hdl. in Jena.) 775.

Saunders, William: Abhandlung über die Struktur, die Oekonomie und die Krankheiten der Leber, wie auch über die Eigenschaften und Bestandtheile der Galle und der Gallensteine. (A Treatise on the structure, economy and diseases of the liver, together with an enquiry into the properties and component parts of the bile and biliary concretions... Dt.) 159 S., gbd.

Dresden u.Leipzig: Richter 1795

JB 2.330

Saunders, William: Abhandlung über die Struktur, die Oekonomie und die Krankheiten der Leber, wie auch über die Eigenschaften und Bestandtheile der Galle und der Gallensteine. (A Treatise on the structure, economy and diseases of the liver, together with an enquiry into the properties and component parts of the bile and biliary concretions...Dt.) Neue Aufl. 159 S., gbd.

Leipzig: Hinrich 1805

JB 2.331

Saunders, William. Anfangsgründe der praktischen Arzneikunst. A. d. Engl. Leipzig 1782. Ü: *Ludwig, Christian Friedrich.* (Ky) (EngM) (MGT)

Saunder, W., Anfangsgründe der prakt. Arzneykunst, a. d. Engl. 8. Lpz. Fritsch. 782.

Saunder, W., Anfangsgründe d. prakt. Arzneikunst; aus d. Engl. (v. Chr. Fr. Ludwig). 8. Leipz. 782. (Hahn). 14 ℊℊ

Saunders, William: Beobachtungen über die vorzüglichen Heilkräfte der rothen peruvianischen Rinde. (Observations on the superior efficacy of the red Peruvian bark in the cure of agues and other fevers. Dt.) Übers.von Christian Friedrich Ludwig. 112 S., gbd.

Leipzig: Fritsch 1783

JB 1.538

— Beobacht. üb. d. vorzügl. Heilkräfte d. rothen Peruvianischen Rinde, a. d. Engl. 8. Lpz. Fritsch. 784.

— Beobachtt. üb. die vorzügl. Heilkräfte d. rothen Peruvianischen Rinde; aus d. Engl. (von Chr. Fr. Ludwig). 8. Leip 784 (Hahn). 6 gr. — Dass. aus d. Engl. von J. H. Grevelt. 8 Cöln 788. Metternich. 12 gr.

Saunders, William: Pharmacopaea in usum studiosorum. Accesserunt nonnullae formulae medicinales medicorum Vindobonensium. 126 S., gbd.

Lipsiae: Boehm 1790

JB 1.610

Saunder, W., Pharmacopoea in usum studiosorum. 8. Leipz. 790. (Cnobloch). 16 gr.

Saunderson, ..., Algebra; aus d. Engl mit Zusätzen v. J. P. Grüson. 2 Thle. Mit 4 Kpf. gr. 8. Halle 798—805. Hendel. 3 rf 8 gr.

Saunier, Claudius, die Geschichte der Zeitmesskunst von den ältesten Zeiten bis zur Gegenwart. Ins Deutsche übers. u. neu bearb. von Gust. Speckhart. (In 20—25 Lfgn.) 1. Lfg. gr. 8. (III u. S. 1—48 m. Abbildgn.) Bautzen (902). E. Hübner. n. 1. —

Saunier, Claudius, die Geschichte der Zeitmesskunst von den ältesten Zeiten bis zur Gegenwart. Ins Deutsche übers. u. neu bearb. von Gust. Speckhart. 2.—25. Lfg. (S. 49—1066 u. XVI S. m. Abbildgn.) gr. 8. Bautzen (902—904). E. Hübner. à n. 1. — (Vollst. in 2 Leinw.-Bdn. n. 28. —)

Saunier, Claudius, praktisches Handbuch f. Uhrmacher. Mit Genehmigg. d. Verf. in's Deutsche übertr. v. M. Loeske. 5 Lfgn. gr. 8. (314 S. m. Abbildgn. u. Atlas v. 8 Taf. in qu. 4.) Bautzen 892. E. Hübner. à n. 1. — (kplt. geb.: n. 6.50)

Saunier, Claudius. Praktisches Handbuch f. Uhrmacher. Deutsch v. M. Loeske. 5 Lfgn. gr. 8. (314 S. m. Abbildgn. u. Atlas v. 8 Taf. in qu. 4.) Bautzen 892, Rühl. à Lfg. * 1 —; * 5 — geb. in 2 Bde. * 6 50

— das praktische Handbuch f. Uhrmacher u. die Sammlg. praktischer Arbeitsmethoden. Mit Genehmigg. d. Verf. in's Deutsche übertr. v. M. Loeske. 2. unveränd. Aufl. 10 Lfgn. u. Atlas, 2 Lfgn. gr. 8. (XVI, 629 S. u. Atlas in qu. 4. 14 Taf.) Ebd. 894. à n. 1. — (kplt.: n. 12. —; geb. n.n. 13. 50)

Saunier, Claudius, Lehrbuch der Uhrmacherei in Theorie und Praxis. Mit Bewilligung des Verf. ins Deutsche übers. von M. Grossmann. 3 Bde. Mit 1 Atlas enth. 21 Kpfrtaf. (in qu. Fol.) gr. 8. (XVII, 392; VII, 79; VIII, 417 S. mit eingedr. Holzschn.) Glashütte 878,79. (Bautzen, Rühl.) **

—— Lehrbuch der Uhrmacherei in Theorie u. Praxis. Deutsch v. M. Grossmann. 3 Bde. m. Atlas u. Ergänzungsbd. 2. Aufl., durchgesehen von L. Strasser. gr. 8. Ebd. * 40 —; geb. * 45 —
1. Bd. (XVI, 404 S. m. Abbildgn.) 891. * 9 —; geb. * 9 75. — 2. Bd. (VI, 288 S.) 891. geb. * 6 75. — 3. Bd. (VIII, 438 S.) 891. geb. * 9 75. — Atlas. (24 lith. Taf. m. 2 S. Text.) 891. geb. * 8 75. — Ergänzungsbd. (187 S. m. Fig. u. Taf.) 892. geb. * 10 —.

Preisgekrönt. Lehrbuch der Uhrmacherei in Theorie und Praxis v. Claudius Saunier, früh. Dir. d. Uhrmacherschule zu Mâcon ... M. Bewilligung d. Vfs ins Deutsche übs. v. M(oritz) Grossmann, Uhrenfabrikant in Glashütte in Sachsen. 2. bis auf die Neuzeit fortgef. (stark verm.) Aufl. 2. Ausg. Durchges. v. L. Strasser, Dir. d. deutschen Uhrmacherschule in Glashütte ... Bd 1—4. [nebst] Atlas. *Bautzen: E. Hübner* (Atlas: *E. Rühl) 1891—94.* 4 Bde 8. 1 Bd quer-4.
1. 1894. (1 Bl., IV, 404 S.) 2. 1894 (VII, 288 S.) 3. 1894. (VIII, 438 S., 1 Taf.) 4. 1894. (187 S.) Atlas ... Enth. 21 Taf. 1891. (1 Bl., 21 Taf.) [96.3035

— Lehrbuch der Uhrmacherei in Theorie u. Praxis. Mit Bewilligg. des Verf. ins Deutsche übers. von M. Grossmann. In 4 Bdn. m. mehr als 100 Textabbildgn. u. e. Atlas. 3. Aufl., nach der letzten Aufl. des Orig.-Werks durchgesehen u. hrsg. von M. Loeske. (XII, 420; VIII, 290; 304 u. 187 S.) gr. 8. Ebd. (903—905). n. 32. —; geb. n. 36. —

— dasselbe. Atlas. 3. Aufl. Nach der letzten Aufl. des Orig.-Werks durchgesehen u. hrsg. von M. Loeske. (21 Taf. m. II S. Text.) gr. 8. Ebd. (903). Geb. in Leinw. n. 9. —

— Sammlung praktischer Arbeitsmethoden der Uhrmacherei. Mit Genehmigg. d. Verf. ins Deutsche übertr. v. M. Loeske. (2. Thl. d. „Praktischen Handbuchs f. Uhrmacher".) 6 Lfgn. gr. 8. (S. 315—629 m. Abbildgn. u. 6 Taf.) Ebd. 892. 893. à n. 1. — (kplt.: n. 6. —; geb. in 2 Bde. n. 7. 50)

Saunier, Gaspard de. L'Art de la cavalerie ou la maniere de devenir bon ecuyer. A Amsterdam & à Berlin, chez Jean Neaume M. D CC LVI [1756].
Tit., 6 Bl., 216 S., 27 Taf. in Kupferst. 2°
Im gleichen Jahr Ausg. in Paris bei Jombert
Groesse VI, 1, 276

Saunier, Gaspard de, Vollständige Erkenntnis von Pferden, ihre Eigenschaften, Krankheiten etc. Aus dem Franz. v. C. H. Wilken. Mit 62 Kpfrn. Fol. Glogau 767. C. F. Günther. M. 16.

Saunier, Hnr., üb. die Quellen d. Evangeliums des Marcus. Ein Beitr. zu d. Untersuchungen üb. die Entstehung unserer kanonischen Evangelien. 8. Berl. 825. Dümmler. 12 gr.

— revolutions de la Principauté d'Orange. Pour le premier Jubilé séculaire de la Maison d'Orange fondée le 16. Juillet 1705 à Berlin. 8. Berl. 805.

Saunier, J. L. Vie littéraire de Laurent de Medicis. P. I. 17 S. Berlin, C. F., Progr. 1828

Saunier, Jean de

de Saunier, J., la parfaite connoissance de Chevaux, avec 60 planch. gr. Fol. Glogau 763. C. F. Günther. 10 rf

Saunier, J. de, la parfaite connoissance de Chevaux av. 62 planch. gr. fol. Glogau, F. Günther. 764.

[La parfaite Connaissance des chevaux. Deutsch:] Vollständige Erkenntniß [Erkenntnis] von Pferden, deren Zergliederung,... Krankheiten u. darwider dienlichen Mitteln durch J[ean] von Saunier,... durch Caspar von Saunier nachher aber hrsg. Aus d. Franz. übers. u. mit e. Vorr. u. Anh., welcher die nützlichsten u. neuesten Entdeckungen... enth., verm. von Christian Heinrich Wilcken [Wilke]. Leipzig & Großglogau: Günther 1767. 272 S. 4°

Verlags-Verzeichnis von L. Sauniers Buchhandlung, Danzig. Weihnachten 1902. (Nebst Nachtr.) *(Danzig: L. Saunier 1902.)* (3 Bl.) 4° [Kopft. Ant. u. F.] [04. 9011 10

Saunier, Louis Baudry de, s. Baudry de Saunier

Saunier, M. Oraison funèbre de très-haut, très-puissant et très-excellent prince, Frédéric Second, roi de Prusse, prononcée dans le Temple de la Dorothéenstadt, Le 10. Septembre 1786. A Berlin 1786. 8.

Saunwald, E., Zeichen-Kunst, s.: Hoffmann, C.

Saupe's Adreßbuch der Stadt Hartha u. der zur Parochie gehörigen Landgemeinden. Als Anh.: Geschäfts-Anzeiger f. Handel u. Gewerbe. Auf Grund amtl. Unterlagen bearb. gr. 8. (IV, 52 S.) Hartha (899). B. Saupe. Kart. n. 2. 50

Saupe, A., Glück im Haus. Ein Haushaltungsbüchlein f. christl. Hausfrauen. Im Auftrage des Vereins zur Verbreitg. christl. Schriften im Königr. Sachsen verf. (X, 198 S.) gr. 16. Dresden (903). Niederlage des Vereins zur Verbreitg. christl. Schriften. Kart. n 1. —; geb. in Leinw. m. Goldschn. 1. 50

Saupe, Alfred, approb. Arzt aus Freiberg i. S.: Ein **Fall** von basaler Lues. *Leipzig 1902: A. Edelmann.* (25 S.) 8°
Leipzig, Med. Diss. v. (10. März) 1902

Saupe, Ernst Christian Heinrich

Saupe, E. C. H., Blicke übers Grab hinaus. 8. Gera 816. Heinsius. 1 ₰

Saupe, Ernst Chrn. Heinr., sechzig Sargreden. Zwickau 860. Buchhdlg. des Volksschriften-Vereins. gr. 8. (XII, 180 S.) 1 ₰

Saupe, Ernst Julius

Saupe, Jul., Album des Gymnasiums zu Gera umfassend I. die wesentlichsten Veränderungen im Laufe von 262 Jahren; II. sämmtliche Classen-, Fach- u. Hülfslehrer von 1608—1870; III. die Primaner dieses Jahrhunderts. Gera 870. Kanitz' Verl. 8. (IV, 122 S.) n. 10 ngr.

— Goethe's und Schiller's Balladen und Romanzen. Erläutert. Leipzig 853. Fr. Fleischer. 8. (VIII, 256 S.) n. 1 ₰. 10 ngr.

Saupe, Jul., Bilder aus Luther's Leben. 8. (140 S.) Zwickau 861, Buchh. des Volksschriften-Vereins.

Saupe, Jul., Dichterpforte. 2., verm. Aufl. der Gedächtnißschule. Eine Auswahl deutscher Gedichte zum Rezitiren für Kinder von 8—12 Jahren nebst Anleitung zum method. Verfahren beim Memorirunterricht. 8. (215 S.) Gera 863, Kanitz' Verlag. *

Saupe, Ernst Jul., das Evangelium Christi in Worten der heil. Schrift. Ein bibl. Leitfaden für den Konfirmandenunterricht. 8. (VIII u. 56 S.) Gera 852, Kanitz. n. 4 ngr

Saupe, Ernst Jul., das Evangelium Christi in Worten der heil. Schrift. Ein bibl. Leitfaden für den Konfirmandenunterricht. 1. Aufl. (VII und 56 S.) 1852. und 2., verb. Aufl. Im Anhang die sechs Hauptstücke des Luther'schen Katechismus. 8. (VII und 70 S.) Gera 853, Kanitz. *

Saupe, Ernst Jul., Goethe's Faust. Erläutert. Leipzig 856. Fr. Fleischer. 8. (VIII, 202 S.) 1 ₰.

— **Feierabend protestantischer Glaubenshelden und treuer Vorkämpfer der evangelischen Kirche.** Zwickau 863. Buchhdlg. des Volksschriften-Vereins. 8. (IV, 60 S.) n. 4 ngr.

—— die Gattungen der deutschen Dichtkunst. Eine Poetik für obere Gymnasialklassen. 8. (VIII und 111 S.) Gera 863, Kanitz' Verlag. *

Saupe, Ernst Jul., Gedächtnißschule für Kinder von 9—12 Jahren. Eine Auswahl deutscher Gedichte nebst einleitender Abhandlung über das methodische Verfahren beim Memorirunterrichte. 8. (146 S.) Gera 849, Kanitz. *

— Gedächtnißschule für Kinder von 9—12 Jahren. Eine Auswahl deutscher Gedichte nebst einleitender Abhandlung über d. methodische Verfahren beim Memorirunterrichte. 8. (146 S.) Leipzig 849, O. Wigand. n. 8 ngr

Saupe, J. Shakespeare's Hamlet für obere Gymnasialklassen erläutert. Gera, G., 1868. 40 S. 4. **Progr.**

—— Handbuch der poet. Literatur der Deutschen von Haller bis auf die neueste Zeit. Für den höh. Schulunterricht und die häusl. Fortbildung des weibl. Geschlechts. 8. (VIII und 592 S.) Leipzig 848, O. Wigand. *

—— **Handbuch der poetischen Literatur der Deutschen von Haller bis auf die neueste Zeit. Für den höhern Schulunterricht und die häusliche Fortbildung des weiblichen Geschlechts. 3. (Titel-)Aufl. 8. (VIII und 592 S.) Leipzig 856, O. Wigand.** *

Saupe's, Jul., Hauptregeln der griech. Syntax, s. Frohwein, Eug.

—— Hauptregeln der griechischen Syntax für mittlere Gymnasialklassen. gr. 8. (43 S.) Gera 867, Kanitz' Verlag.

Saupe, Jul., Hauptregeln der griechischen Syntax f. mittlere Gymnasialclassen. 2., nach d. Verf. Tode bearb. Aufl. v. Eug. Frohwein. gr. 8. (VIII, 39 S.) Gera 873. Kanitz. — 75

— der altdeutsche Heldensang in drei Proben: — Nibelungen — Gudrun — Parzival für Schule u. Haus. Ebend. 866. 8. (VIII, 136 S.) n. 10 ngr.

—— Göthe's Leben und Werke in chronologischen Tafeln für gebildete Verehrer des Dichters bearb. Supplement zu sämmtl. Ausg. v. Göthe's Werken. gr. 16. (VIII und 155 S. mit 3 Tab. in qu. gr. 8.) Gera 854, Kanitz.

—— Göthe's Leben und Werke in chronologischen Tafeln für gebildete Verehrer des Dichters bearb. 2. (Titel-)Aufl. 8. (VIII und 155 S. mit 3 Tab. in 4.) Gera (854)66, Kanitz' Verlag.

Saupe, Ernst Jul., Schiller's Leben und Werke in chronologischen Tafeln für gebildete Verehrer des Dichters bearb. (Supplementbd. zu sämmtl. Ausgg. von Schiller's Werken.) gr. 16. (VI und 100 S. mit 1 Stammt. in 4.) Leipzig 855, Fr. Fleischer. Thlr. *

— Shakespeare's Lebens- u. Entwickelungsgang für den weiteren Kreis gebildeter Verehrer des großen Dichters dargestellt. Gera 867. Griesbach. 8. (VII, 63 S.) 7½ ngr.

— Licht- und Schattenbilder aus der Geschichte der christlichen Kirche bis Luther. 1. Bdchn. Zwickau 864. Buchhdlg. des Volksschriften-Vereins. 8. (119 S.) 6 ngr

— Licht- u. Schattenbilder aus der Geschichte der christlichen Kirche bis Luther. 2. Bdchn. Zwickau 866. Döhner. 8. (145 S.) 6 ngr.

—— die Macht des deutschen Kirchengesanges in der Geschichte evangelischer Kernlieder dargelegt. 8. (112 S.) Zwickau 860, Buchh. des Volksschriften-Vereins.

—— die Macht des deutschen Kirchengesanges in der Geschichte evangelischer Kernlieder dargelegt. 2. Bdchn. 8. (IV und 104 S.) Zwickau 862, Buchh. des Volksschriften-Vereins.

—— Schiller und sein väterliches Haus. 8. (VII und 155 S.) Leipzig 851, Weber. *

—— die Schiller-Goethe'schen Xenien, erläutert. 8. (XIII und 328 S.) Leipzig 852, Weber. *

Saupe, Eugen, Referendar: Das Erbscheinverfahren nach dem Bürgerlichen Gesetzbuche. Leipzig 1908: Hirschfeld. VII, 101 S. 8°
Leipzig, Jur. Diss. v. 14. Okt. 1908
[Geb. 29. Febr. 80 Leipzig; Wohnort: Leipzig; Staatsangeh.: Sachsen; Vorbildung: Kgl. Gymn. Leipzig Reife O. 99; Studium: München 1, Berlin 1, Bonn 1, Leipzig 4 S.; Rig. 29. Jan. 03.] [U 09. 2657

Saupe, Eug., das Erbscheinverfahren nach dem bürgerlichen Gesetzbuche. (VII, 101 S.) Lex. 8. Leipzig 908. C. L. Hirschfeld. 2. 60

Saupe, Friedr. Hermann Die Spektralanalyse und ihre Anwendung in der Astronomie. 22 S. Progr. Rsch. *Grimma* 1880.

Saupe, Heinrich Albin [Oberl.]: Der Indiculus superstitionum et paganiarum, ein Verzeichnis heidn. u. abergläub. Gebräuche u. Meinungen aus d. Zeit Karls d. Grofsen, aus zumeist gleichzeit. Schriften erl. Leipzig, in Komm. d. J. C. Hinrichsschen Buchh., 1891; S. 3–34; 1°
Leipzig, st. RG, OP 1891 (551)

Saupe, Julius, s. Saupe, Ernst Julius

Saupe, Karl Alwin [aus Langenleuba-Niederhain]: Der anatomische Bau des Holzes der Leguminosen und sein systematischer Werth.... (Sep.-Abdr. aus „Flora". Jahrg. 1887.) Regensburg, Druck d. F. H. Neubauer'schen Buchdr., 1887; 32 S. + 1 Bl. 8°.
Leipzig, Phil. Fak., Inaug.-Diss. v. 17. Jul. 1887.

Saupe, Martin

Saupe, M., s.: **Jahrbuch, kirchliches, f. das Herzogt. Sachsen-Altenburg.**

Saupe, M., s.: **Jahrbuch,** Thüringer kirchliches.

Saupe, [Martin]: Gedächtnisrede [auf S. Hoheit den verstorbenen Herzog Ernst]. S. 3–6. 4.
Herz. Ernst-Realgymn. mit Realschule u. Vorschule *Altenburg*
Progr. 1908 (896).

Unsere Zentralheizungen. Preisschrift von Ing. Paul **Saupe.** München & Berlin: Oldenbourg 1910. 40 S. 8° [U. 11799

Saupe, W. C., Arbeitsheft f. den Unterricht in ländlichen Fortbildungsschulen. (Umschlag: Arbeits- u. Formularheft.) I—III. Lex.-8. Meissen 905. Sächs. Schulbuchh. n.n. 1. 30
I. Zusammengestellt nach dem 1. Tle. der „Stoffe f. die ländl. Fortbildungsschule". 2. Aufl. (V S. u. Formulare.) — 40
II. Zusammengestellt nach dem II. Tle. der „Stoffe f. die ländl. Fortbildungsschule". (IV S. u. Formulare.) — 40
III. Zusammengestellt nach dem 3. Tle. der „Stoffe f. die ländl. Fortbildungsschule". 2. Aufl. (VI S. u. Formulare.) — 50

Saupe, W. C., Landwirtschaft u. Handwerk, s.: **Polack,** Frdr.

— Schriftliche Rechenaufgaben für die landwirtschaftlichen Fortbildungsschüler. Aus dem Buche „Das mündliche Rechnen" f. die Schüler zusammengestellt. Schülerheft. (19 S.) 8. Wittenberg 910. R. Herrosé. — 25

— **Rechenübungen in der ländlichen Fortbildungsschule. 2. Aufl. Lösungen. (27 S.) 8. Wittenberg 905. R. Herrosé.** n. — 40

— Das mündliche Rechnen in der ländlichen Fortbildungsschule. (Lehrerausg.) (VIII, 96 S.) 8. Ebd. 909. 1.—; geb. 1. 30

Saupe, W. C., das schriftliche Rechnen in der ländlichen Fortbildungsschule. In 3 Kursen bearb. f. die Hand der Schüler. gr. 8. (III, 87 S.) Wittenberg 902. R. Herrosé. n. — 60

— **das schriftliche Rechnen in der ländlichen Fortbildungsschule. In 3 Abtlgn. f. 3 Schuljahre bearb. f. die Hand der Schüler. 2. Aufl. (VIII, 96 S. m. Fig.) 8. Ebd. 905.** n. — 60

Saupe, W. C., das schriftliche Rechnen in der ländlichen Fortbildungsschule. In 3 Heften f. 3 Schuljahre bearb. f. die Hand der Schüler. (2. Aufl.) (44, 31 u. 27 S. m. Fig. u. 1 Taf.) gr. 8. Wittenberg 905. R. Herrosé. à n. — 30

— das schriftliche Rechnen in der ländl. Fortbildungsschule. In 3 Abtlgn. f. 3 Schuljahre bearb. f. die Hand der Schüler. 4. Aufl. (III, 103 S. m. Fig.) 8. Ebd. 910. — 60; geb. — 90

— Deutsche Reichs- u. sächsische Staatsverfassung. Wandtafel. 104×104 cm. Farbdr. Mit Erläuterg. (19 S.) gr. 8. Meissen (908). Sächs. Schulbuchh. Auf Leinw. m. Stäben 6.—; Erläuterg. allein — 30

— **Stoffe f. die ländl. Fortbildungsschule. Methodisches Handbuch f. den Unterricht in der einfachen Fortbildungsschule. Bearb. in 3 Tln. (3 Schuljahre.) gr. 8. Ebd.** à n. 1. 50; geb. à n. 1. 75
1. (XII, 147 S.) 899. — 2. (VIII, 143 S. m. Abbildgn.) 901. — 3. (VIII, 140 S. m. Abbildgn. u. 1 Taf.) 901.

— **Stoffe f. die ländliche Fortbildungsschule. Methodisches Handbuch f. den Unterricht in der einfachen Fortbildungsschule. Bearb. in 3 Tln. (3 Schuljahre). I. Schulj. 2. Aufl. (XV, 151 S.) gr. 8. Ebd. 905.** n. 1. 50; geb. n. 1. 75

— Stoffe für die ländliche Fortbildungsschule. Method. Handbuch f. d. Unterricht in d. einfachen Fortbildungsschule m. gemischten Berufen. Bearb. in 3 Tln. (3 Schuljahre.) gr. 8. Wittenberg, R. Herrosé. 5.—; geb. 5. 90
1. I. Aufl. (X, 160 S.) (I. Schulj.) 911. 1.75; geb. 2. 15
2. II. Schulj. 2. Aufl. (X, 141 S. m. Abb.) 907. 1.50; geb. 1. 75
3. III. Schulj. 2. Aufl. (VII, 192 S.) 908. 1.75; geb. 2. —

Sauppe, Herm. [**Festschrift z. 80. Geburtstage**], s. **Geffcken, Joh. De Stephano Byzantio.**

Sauppe, der Bienenvater. Anleitg. zur Bienenzucht. Gekrönte Preisschrift. 3. verb. u. verm. Aufl. 12. (96 S. m. Abb.) Leipzig (895). Leipziger Bienenzeitung. Kart. n. — 60

Sauppe, d. Bienenvater. Anleitg. zur Bienenzucht. Gekrönte Preisschrift. 8., verb. u. verm. Aufl. 12. (96 S. m. 17 Fig.) Leipzig-Reudnitz (896). Leipziger Bienenzeitung. Kart. n.n. — 70

Sauppe, Fr. Glo.

— von d. christl. Freude eines biedern Volkes, üb. die Rückkehr eines edlen Fürsten. Eine Predigt am Dankfeste wegen der glückl. Rückkunft Sr. Maj. d. Königs v. Sachsen, am 2. Juli 1815 gehalten, üb. Psalm 21, V. 8. gr. 8. Dresd. 815. Arnold. 3 gr.

Sauppe, F. G., obss. super historia Lazari in vitam revocati. Viteb. 1807. 8.

— observationes super historia Lazari in vitam per Jesum revocati. 8maj. Dresd. 808.

Sauppe, Fr. Glo., († d. 9. Juli 1820.) von d. Tendenz unsers Zeitalters z. Materialismus ꝛc. gr. 8. Leipz. 819. Barth. 1 ₰ 3 gr.

Sauppe, Gustav, s. Sauppe, Gustav Albert

Sauppe, Gustav Albert

Sauppe, Gust., appendicula ad Xenophontis editionem stereotypam continens annotationem criticam in scripta minora. Leipzig 869. B. Tauchnitz. 8. (71 S.) 12 ngr.

Sauppe, G. A. Beitrag zur Geschichte des Gymnasiums in Torgau. 12 S.
Torgau, Progr. 1850

— Bilder des Alterthums. Vorträge für gebildete Zuhörerschaft. Halle 868. Schwabe. gr. 8. (IV, 193 S.) 21 ngr.

Sauppe, Gust. Alb., Grundlage bei d. Unterr. in d. allgem. Geschichte f. Gymnasien u. a. höh. Lehranstalten. 8. (12 B.) Leipzig 832, Wienbrack.

— lexilogus Xenophontis sive index Xenophontis grammaticus. Leipzig 869. Teubner. gr. 8. (IV, 146 S.) n. 1 ₰

—— Lexilogus Xenophontis sive index Xenophontis grammaticus. gr. 8. (IV, 146 S.) Leipzig 873, Teubner. *

Sauppe, G. A. Quaest. Xenoph. part. I. (Comment. ad Memor. I. 5, 1; II. 1, 1; 24; 3, 9.) 12 S. . . . .
Torgau, Progr. 1827

Ders. Earund. part. II. (De rep. Athen. libellus in disceptationem vocatur) 12 S. . . . .
Torgau, Progr. 1832

Ders. Earund. Part. III. (Brevis de Vindobonensi Symposii Xenophontei codice narratio, ejusdemq. collatio, facta ad Bornemanni ed. a. 1824) 14 S. .
Torgau, Progr. 1841

— — Part. IV. Pr. 1861. 20 S. 4°.

—— Tarpeja. Dramation. Lex.-8. (III, 40 S.) Halle 869, Schwabe. *M 1.; Velinp. *

Sauppe, Gust., Themen zu lateinischen Aufsätzen für die oberen Klassen höherer Lehranstalten, meistentheils aus altklass. Schriften zusammengestellt. Breslau 858. Hirt. gr. 8. (XII, 252 S.) n. 1 ₰. 5 ngr.

—— Themen zu lateinischen Aufsätzen für die oberen Klassen höherer Lehranstalten, meistentheils aus altklassischen Schriften zusammengestellt. 2. durch eine Nachlese von 200 Themen erweit. Ausg. gr. 8. (VIII, 299 S.) Breslau 868, Hirt's Verlag. *

—— Nachlese zu den Themen zu lateinischen Aufsätzen für die oberen Klassen höherer Lehranstalten, meistentheils aus altklass. Schriften zusammengestellt. gr. 8. (III, 47 S.) Ebendas. 869. *

—— Wanderungen auf dem Gebiete der Sprache und Litera[tur]. Vorträge vor gebildeter Zuhörerschaft gehalten. gr. 8. (1 . 233 S.) Halle 868, Schwabe.

Sauppe, G. A. Worte der Erinnerung an Friedr. Müller. 4 S.
Torgau, Progr. 1850

Sauppe, Gust. Alb., s. Xenophontis Convivium, Hiero, Agesilaus.

Sauppe, Gust. Alb., s. **Xenophon** Opera. — ejusd. Commentarii.

Sauppe, H. E. Uebersetzung des 22. Gesanges der Homerischen Ilias, nebst einem Vorworte. 22 S. . . . .
Magdeburg, D., Progr. 1841

Sauppe, Herm., commentatio de amphictionia delphica et hieromnemone attico. 4. (16 S.) Göttingen 873. Dieterich's Verl. in Comm. n. — 80

— s. **Andocides.**

— s. **Antiphon.**

Sauppe, Herm., Commentatio de Antiphonte sophista. Göttingen 867. Dieterich'sche Buchh. gr. 4. (18 S.) n. 8 ngr.

— commentatio de arte critica in Flori bellis recte facienda. Ebend. 870. gr. 4. (21 S.) n. 8 ngr.

— commentatio de arte critica in Flori bellis recte facienda. 4. (21 S.) Ebend. 871. n. — 80

— Festrede, geh. am 4. Juni 1875 (Athen u. Athener). Gel. 1875. 19 S. 4°.

Sauppe, Herm., Attica et Eleusinia. gr. 4. (16 S.) Göttingen 880. Dieterich's Verl. n. — 80

— Bedeut. d. Anführungen aus Aristoteles' Rhetorik bei Dionysius f. d. Krit. d. Aristoteles. 1863.

Sauppe, H[ermann]: De causis magnitudinis iisdem et labis Athenarum commentationis pars prior. [Abgedruckt in: H. Sauppes ausgewählte Schriften. Berl. 1896. S. 16—39]. Zür. Ulrich Dr. 1836 1 Bl., 24 S. 4°.
Programm der zürcher. Cantonsschule 1836.

Sauppe, H., Commentatio de T. Lucretii codice Victorino. Pr. 1864. 16 S. 4°. 1.20

Sauppe, Herm., Commentatio de collegio artificum scaenicorum atticorum. gr. 4. (15 S.) Göttingen 876, (Dieterich'sche Verlagsh.) *

— Conjecturae tullianae. gr. 4. (11 S.) Göttingen 857, (Dieterich'sche Buchh.)

Sauppe, commentatio de creatione archontum atticorum. Gott. 4. 30 p.
Schul-/Univ.-Schrift 1864.

Sauppe, Herm., de demis urbanis Athenarum. 4 maj. (3 B.) Lipsiae 846, libr. Weidmann.

— Dionysios und Aristoteles. gr. 8. (IV und 36 S.) Göttingen 863, Dieterich'sche Buchh.
Aus: Nachrichten der Königl. Gesellschaft der Wissenschaften, besonders abgedruckt.

Sauppe, H., Festrede (4. Juni 1872). (Ueber den Einfluss der Poesie auf das Leben der Völker und die Entwicklung des Menschengeschlechts.) Gel. 1872. 17 S. 4°. 1.—

— emendationes plutarcheae. 4. (15 S.) Ebend. 883. n. — 80

— Emendationes Plutarcheae. Pr. 1884. 15 S. 4°.

— Emendationes Plutarcheae. Pr. 1898. 15 S. 4°.

Sauppe, H., Ueber e. Epigramm d. Domitius Marsus. S.-A. 1852. 6 S.

— Epistola critica ad Godofredum Hermannum Philologorum principem ante hos quinquaginta annos Magisterii honorem rite adeptum. A. D. XIV. kal. Ianuar. A. MDCCCXLI. 8maj. ibid. 841. 3/4 ℔

Sauppe, H., Rec. Dionysii Halic. epistolae criticae tres ed. H. v. Herwerden. S.-A. 1868. 18 S. 1.—

— zur Erinnerung an Meineke u. Bekker. [Aus: „Abhandlgn. d. k. Ges. d. Wiss. zu Göttingen."] gr. 4. (24 S.) Ebend. 872. n. — 80

Sauppe, H. Ueber Johann Matthias Gesner. Pr. 1856. 14 S. 4°.

— Goethiana. 4. (19 S.) Ebendas. 870. *

— s. Hermann, Alex., Elementargrammatik d. latein. Sprache.

– s. Ὕμνος εἰς Ἶσιν. Hymnus in Isim.

Sauppe, H., Idealstaaten. 4°. Göttingen 1878.

— Inschrift aus dem Tempel des Zeno Agoraios in Selinus. Ak. 1871. 16 S. m. 1 Taf.

Sauppe, H., Sophokleische Inschriften. S.-A. 1865. 11 S.

— Ueber zwei attische Inschriften über die thrakische Kolonie Brea. S.-A. 1858. 17 S.

Sauppe, Herm., commentatio de inscriptione eleusinia. Gottingen 861. (Vandenhoeck & Ruprecht.) 4. (12 S.) u. 6 ngr.

— De inscriptione panathenaica. Pr. 1858. 19 S. 4°.

Sauppe, H., Inscriptiones Macedonicae quatuor. Pr. 1847. 18 S. 4°.

— Commentatio de duabus inscriptionibus Lesbiacis. Pr. 1870. 32 S. 4°.

– s. Leake, W. M., Topographie Athen's.

— Festrede geh. am 15. Juni 1881. (Das religiöse u. staatliche Leben in Athen). Gel. 1881. 15 S. 4°. 1.—

Index scholarum . . . per sem. aest. a d. XV. m. Apr. usque ad d. XV. m. Aug. a. 1890 hab. — Hermanni Sauppii Variae lectiones praemissae sunt. Gottingae . . . (1890): 30 S. + 1 Bl. 4°

Sauppe, Herm., variae lectiones. gr. 4. (20 S.) Göttingen 890. (Dieterich's Verl.) n. — 80

Sauppe, H., Philodemi de vitiis liber decimus. Pr. 1853. 34 S. 4°. 1.20

— Commentatio de Philodemi libro, qui fuit de pietate. gr. 4. (17 S.) Göttingen 864, (Dieterich'sche Buchh.) *

– s. Lycurgi oratoris Attici reliquiae.

— die Mysterieninschrift aus Andania. gr. 4. (58 S.) Göttingen 860, Dieterich'sche Buchh. *
Aus: Abhandlungen der k. Gesellschaft der Wissenschaften zu Göttingen, besonders abgedruckt.

– s. Oratores Attici.

Index scholarum publice et privatim in academia Georgia Augusta per sem. hib. a d. XV. m. Oct. a. 1886 usque ad d. XV. m. Mart. a. 1887 hab. — Hermanni Sauppii commentatio de phratriis atticis addita est. Gottingae, offic. acad. Dieterichiana typ. expr. Wilh. Fr. Kaestner (1886); 24 S. + 1 Bl. 4°.

Sauppe, Herm., commentatio de phratriis atticis. gr. 4. (13 S.) Göttingen 886, (Dieterich'sche Verlagsh.) *

Index scholarum publice et privatim in academia Georgia Augusta per sem. hiem. a d. XV. m. Oct. a. 1890 usque ad XIV. m. Mart. a. 1891 habendarum. — Hermanni Sauppii Commentatio de phratriis atticis altera praemissa est. (Comm. 1: Ind. schol. 1886/87.) Gottingae, offic. acad. Dieterichiana typ. expr., *1890;* 21 S., 1 Bl. 4°

Sauppe, Herm., commentatio de phratriis atticis altera. gr. 4. (11 S.) Göttingen 890. (Dieterich's Verl.) n. — 80

— Commentatio de proxenis Atheniensium addita est. Pr. 1874. 15 S. 4°.

— Commentatio de proxenis Atheniensium. gr. 4. (15 S.) (Ebendas.) 877. *

— quaestiones antiphonteae. 4. (18 S.) Göttingen 861, (Vandenhoeck und Ruprecht's Verlagsh.) **

Index scholarum . . . per semestre aestivum a. d. XXVIII. m. Apr. usque ad d. XV. m. Aug. a. 1886 hab. Hermanni Sauppii quaestiones criticae praemissae sunt. Gottingae . . . (1886); 32 S. + 1 Bl. 4°.

— quaestiones criticae. 4. (21 S.) Ebend. 886. n. — 80

— Quaestiones Lucretianae. 4. (14 S.) (Ebendas.) 880. *

— Quaestiones plautinae. gr. 4. (18 S.) Göttingen 858, (Dieterich'sche Buchh.) *

— die Quellen Plutarch's für das Leben des Perikles. [Aus: Abhandlungen der königlichen Gesellschaft der Wissenschaften zu Göttingen.] Ebend. 867. gr. 4. (38 S.) n. 12 ngr.

Sauppe, Herm., commentatio de Atheniensium ratione suffragia in iudiciis ferendi. gr. 4. (13 S.) Göttingen 883. (Dieterich's Verl.) n. — 80

Sauppe, Hermann. Ausgewählte Schriften. Berlin 1896. H: *Trieber, Conrad.* (Verlags-Kat. d. Weidmannschen Buchh. Berl. 1900.) (Berl)

Sauppe's, Herm., ausgew. Schriften. gr. 8. (VII, 862 S. m. Bildn.) Berlin 896. Weidmann. n. 26. —

Sauppe, Herm., weimarische Schulreden. gr. 8. (135 S.) Weimar 856, Böhlau. *

— Skizzen aus der Geschichte der Krim. Vortrag, gehalten im Stadthaus zu Weimar den 20. März 1855. Weimar 855. Böhlau. 16. (71 S.) n. 10 ngr.

— symbolae ad emendandos oratores atticos. 4. (14 S.) Ebend. 873. n. — 80

Sauppe, H., Symbolae ad emendandos oratores atticos. Pr. 1874. 14 S. 4°.

— commentatio de titulis tegeaticis. gr. 4. (12 S.) Ebend. 876. n. — 80

Sauppe, Herm., Tulliana. gr. 4. (16 S.) Göttingen 867, (Dieterich'sche Buchh.) *

Sauppe. H., Die Wahl der Richter in d. musischen Wettkämpfen an den Dionysien. Ak. 1855. 22 S. 1.—

— Festrede (4. Juni 1878). (Ueber das goldne Zeitalter). Gel. 1878. 16 S. 4°.

Sauppe. Johann Gottlieb

Zwey Arien, als der Rektor Strodtmann nebst vier Primanern Wedel, Hinrichsen, Merkatus u. Sorensen, in der hiesigen lateinischen Schule ihre Abschiedsreden den 5. Sept. 1785 hielten v. Johann Gottlieb Sauppe. Hadersleben. 1785. 8°

Sauppe, M. O., s.: Kirchengalerie, neue sächsische. Die Diöcese Zittau.

Saur. s.a. Sauer.

Saur, Abr.: Fascicnlns judiciarii ordinis singularis, d. i. ein schöner Ausbund etlicher Chur- u. Fürsten Gerichts-Ober- u. Unter- auch Grafen u. Herren Landordnungen, desgl. vornehmer Reichsstädte erneuerten Reformationen, II. Voll. *Frkf.* 589. fol.

Saur (Sawr) Abr.: „Güldiner Fluss vnd Ausszug von Erbschafften dero Erbeigen vnnd Lehen-Güter", Franckfurt 1593 fol. (N. Bassee). — Vorh.: Bibl. des German. Museums Nürnberg.

Saur, Albert, gepr. Lehramtskand., Leutn. a. D.: Shakspeares König Lear in Frankreich bis zum Jahre 1827. Ansbach 1910: Brügel. VIII, 48 S. 8° ¶ (Soll bis z. Gegenwart fortges. werden.)

München, Phil. Diss. v. 23. Juli 1910, Ref. Schick

[Geb. 13. Juni 85 Bellngries; Wohnort: Ansbach; Staatsangeh.: Bayern; Vorbildung: Gymn. Ansbach Reife Juli 03; Studium: München 3, Paris 1, München 4 S.; Rig. 23. Juli 10.] [U 11. 3846

Saur, Bernard

Saur, B., Abhandlung üb. d. Fragen: Ist d. Band der Ehe bei e. gerichtl. entschied. Ehebruche aufgelöst? — Kann in dies. Falle d. kathol. Ehemann bei Lebzeiten sein. geschied. Ehefrau, ohne sein Gewissen zu beschweren, e. andere Ehe eingehen? — Kann er d. kirchl. Einsegnung mit Recht verlangen — mit Recht erhalten? gr. 8. (3 B.) Mannheim 830, Schwan u. Götz.

Saur, Bernard, Abhandlung üb. d. Frage: ist die Ehe, wenn d. Ehemann seine Gattin nach d. Verehelichung von ein. and. schwanger findet, auch in geistl. Hinsicht ungültig zu erklären? gr. 8. (1½ B.) Mannheim 839, Bensheimer. *

Saur, Christoph

-(ed). Nützliche Anweisung, oder Beyhulfe vor die Teutschen um Englisch zu lernen, nebst einer Grammatic . . . Germantown, 1751.

Saur, Christoph. Biblia, Das ist, Die Heilige Schrift . . . Nach d dten Übers Dr. M. Luthers. Germant 1743; 2d ed. 1763; 3d ed. 1776.

--(ed). Geistliches Blumen-Gärtlein. Gedruckt von C. Saur. Germant, 1791.

--(ed). Das ewige Evangelium. Gedruckt v C. Saur. Germant, 1768.

--(ed). Gesangbuch für Ev Ref Gemeinen in den VS v A. Gedruckt von C. Saur. Germantown, 1799.

--(ed). Vollständiges Marburger Gesangbuch. Gedruckt von Chr. Saur. Germantown, 1770.

--(ed). Erbauliche Lieder-Smlg f Ev Luth Gemeinen in Pennsylvanien. Gedruckt von C. Saur. Germantown, 1795.

— (Hrsg.), s. Zeitung, Germantowner.

Saur, Hugo, Gedächtnisverse zur deutschen Geschichte. [Gereimte Weltcasus vaterländ. Generis.] 2., durchaus umgearb. u. verm. Aufl. 8. (368 S.) Mannheim 873. Bensheimer. n. 2. 80

— Grundzüge der deutschen Rechtschreibung. Mit Rücksicht auf die „Verhandlgn. der zur Herstellg. größerer Einigg. in der deutschen Rechtschreibg. berufenen Conferenz zu Berlin" vom 4—15. Jan. 1876. Nebst e. Anh. gr. 16. (51 S.) Heidelberg 877. C. Winter. n. 1. —

Saur, Hugo (geb. am 26 Nov. 1839 in Koblenz): De statuto Nicolai II . . . Bonnae, typ. Carthausianis (1866). 2 Bl., 42 S., 1 Bl. 8. ¶ Erschien 1867 selbständig bei Marcus in Bonn m. d. Zusatz: De electione papae.

Bonn, Phil. Fak., Diss. v. 8 Aug. 1866

Saur, Hugo, de statuto Nicolai II. De electione papae. Bonn 867. Marcus. 8. (44 S.) n. 10 ngr.

Saur, J. A. J., s. W. Withering, Beschreibung.

Saur, J. Heinrich

Sauer (J. H.), Aufsätze aus dem Gebiete der Analysis. Leipzig 1825. 8.

— — Potentiirung, Multiplication und Division der Reihen aller Ordnungen. Halle 1822. 4.

Saur, J. H., neue Zinsen-Berechnungsmethode, wonach die kaufmänn. Zinsen-Rechnung im Laufe des Jahrs nach Muse so vorbereitet werden kann, daß d. Abschluß jedes Conto-Currents, an jedem beliebigen Tage in wenigen Minuten vollendet wird. Mit e. Anh. v. J. M. Leuchs. gr. 4. Nürnb. 824. Compt. d. Handl.-Zeitg. 12 gr.

Saur, J. Heinr., einfache Zinsen-Berechnungs-Methode, welche gestattet, Zinsen-Rechnungen an jedem Tage des Jahres, in wenigen Minuten zu vollenden. M. ein. Anhange, die Factoren aller Zahlen von 1 bis 10,000 u. ihre Anwendung enthaltend. 2. Ausg. gr. 4. (4½ B.) Nürnberg 845, Leuchs u. Comp.

Saur, K., Volt—Ampère—Watt—Pferdestärken. 12 graph. Tab. üb. die in der Praxis zumeist vorkomm. Werte u. Wirkungsgrade. Entworfen u. berechnet. Mit erläut. Text u. 7 Fig. qu. 4. (XIII S.) Leipzig (900). O. Leiner. Kart. n. 2. 75

Sauer, Karl v., s.a. Sauer, Karl Theodor v.

Saur, Karl, die deutsche Wehrsteuerfrage im Zusammenhange m. der neuen Militärvorlage vom Novbr. 1892. gr. 8. (III, 43 S.) Berlin 893. Liebel. n. —60

Saur, Dr. L., Betrachtt. üb. die Electricität. 8. Berl. 832. (L. Oehmigke). 8 gr

Saur, L., daß die Entstehung u. Heilung der Krankheiten hauptsächlich nur von der modificirten electrischen Thätigkeit in unserem Organismus abhängig sind, eine physikalisch-medicinische Abhandlung. 8. Landsberg u. Schwedt 833. Ende. n. $^1/_2$ rf

—— daß die Entstehung u. Heilung d. Krankheiten hauptsächl. nur v. d. modificirten elektr. Thätigkeit in uns. Organismus abhängig sind, e. physikal.-medicin. Abhandl. 8. ($4^1/_2$ B.) Landsberg a. d. W. 833, [Wilmsen.]

Saur, Rudolph. Gedichte. Washington, D.C.: Selbstverlag, 1898. GSP

Saur, Samuel. Verschiedene alte u neuere Geschichten v Erscheinungen der Geister u etwas von dem Zustand der Seelen nach dem Tode. Gedruckt von S. Saur. Chestnut Hill, Pa, 1792.

Saurau, Franz Graf von: Zirkulare der k.k. Landesregierung im Erzherzogthume Oesterreich unter der Enns. Die Verpflegungsbeiträge in dem hiesigen allgemeinen Krankenhause werden bestimmt von F.Graf von Saurau, Augustin Reichmann von Hochkirchen und Andreas Pichler. 3 S., gbd.

Wien: 1811

JB 5.854

Saurbier, Anton (geb. am 19 März 1846 in Köln): Ueber die vortheilhaften und nachtheiligen Wirkungen der Pressarien [!] ... Bonn, Buchdr. v. P. Neusser 1871. 30 S., 1 Bl. 8.

Bonn, Med. Fak., nachträgl. erschienene Diss. v. 18 Juli 1870

Saurborn, Jos., Special-Karte d. Ober- u. Mittel-Rheins. Maasstab 1 : 200000. 1. Sect. Strasburg. 2. Sect. Carlsruhe. 3. Sect. Mainz. 4. Sect. Herzogth. Nassau. gr. Fol. 4 lith. u. color. Bl. Coblenz 850, Müller. (à n. $^7/_{12}$ ßf) n. $2^1/_3$ ßf

— die Vereinigten Staaten von Nord-Amerika nach den neusten erweiterten Grenzbestimmungen nebst genauer Angabe der Eisenbahnen u. Canale. Fol. Lith. u. color. Ebd. 850. 16 ngl

Saurborn, Wilhelm: Ueber feuchte und trockene Asepsis bei Laparotomien. Freiburg i. B.: Ragoczy 1908. 23 S. 8°

Freiburg i. B., Med. Diss. v. 1908, Ref. Krönig

[Geb. 15. März 84 Koblenz; Wohnort: Freiburg i. B.; Staatsangeh.: Preußen; Vorbildung: Gymn. Koblenz Reife O. 03; Studium: Straßburg 4, Bonn 1, Freiburg i. B. 5 S.; Coll. 17. Juli 08.] [U 09. 971 11

Saurbrey, Max (Heinr. Rud.) (geb. Gotha 1. 1. 1859): Ueber acute infectiöse Osteomyelitis. Berlin (1883). (30 S.) 8°

Berlin, Med. Diss. v. 21. Juni 1883

Saure, Heinr., Abriss der französischen und englischen Litteratur für höhere Lehranstalten. 8. (VI, 22 S.) Kassel 882, Kay. cart. *

Saure, Heinr., Adventures by sea and land. Edited with explanatory notes and a vocabulary. 2 vols. 8. (IV, 97 u. III, 98 S.) Leipzig (901). Dieterich. Geb. in Leinw. à n. 1. 10; Wörterbücher (18 u. 20 S.) à n. —20

—— 200 englische Anekdoten und Charakterzüge. Zur Förderung des mündl. Ausdrucks für den Schul- und Privatgebrauch zusammengestellt und bearb. 8. (IX, 79 S.) Ebendas. 882. cart. *

—— 200 französische Anekdoten und Charakterzüge. Zur Förderung des mündl. Ausdrucks für den Schul- und Privatgebrauch zusammengestellt und bearb. 8. (IX, 64 S.) Ebendas. 882. cart. *

Saure, Heinr., anecdotes, historiettes et traits de caractère tirés de l'histoire moderne. Ein Hilfsbuch zur Einführg. in die Lektüre, sowie zur Förderg. d. mündl. u. schriftl. Ausdrucks f. den Schul- u. Privat-Gebrauch. 2. Aufl. (Zugleich e. Suppl. zu des Verf. französ. Lesebüchern.) gr. 8. (XII, 128 S.) Frankfurt a/M. 894. Kesselring. Geb. in Leinw. n.n. 1. 30

— dasselbe. 2. Aufl. Wörterverzeichnis. gr. 8. (40 S.) Ebd. 894. n. —40

— anecdotes, stories and traits of character chiefly from modern history. Ein Hilfsbuch zur Einführg. in die Lecture, sowie zur Förderg. d. mündl. u. schriftl. Ausdrucks f. den Schul- u. Privatgebrauch. 2. Aufl. gr. 8. (104 S.) Ebd. 890. Geb. n. 1. 20

— dasselbe. 2. Aufl. Wörterverzeichnis. gr. 8. (38 S.) Ebd. 894. n. —40

Saure, Heinr., anecdotes, stories and traits of character chiefly from modern history. E. Hilfsbuch zur Einführg. in d. Lektüre, sow. zur Förderg. d. mündl. u. schriftl. Ausdrucks f. d. Schul- u. Privatgebrauch. 2. Aufl. Zugl. m. Supplement zu d. Verf. engl. Lesebüchern. gr. 8. (XI, 104 S.) Frankfurt a/M. (890) 895. Kesselring. Geb. in Leinw. n.n. 1. 20

—— Auswahl englischer Gedichte für Schule und Haus. gr. 8. (VIII, 160 S.) [Köln 885, A. Ahn.] Berlin, Herbig. (* M 1.80.) *

— Auswahl englischer Gedichte f. höh. Lehranst. 2., verb. Aufl. gr. 8. (VIII, 219 S.) Berlin 895. F. A. Herbig. n. 1. 80; geb. n. 2. 20

Auswahl englischer Gedichte für höhere Lehranstalten. Zsgest. von Dr. Heinrich Saure. 2. verb. Aufl. [Nebst] Anm. *Berlin: F. A. Herbig 1895–99.* 2 Bde 8°

Anm. bearb. von Prof. Dr. [G.] Jaep. 189[illegible] [illegible] 1528

— Auswahl französischer Gedichte f. Schule u. Haus. gr. 8. (VIII, 142 S.) Ebend. 885. n. 1. 50; Einbd. n.n. —20

Saure, Heinr., Auswahl französischer Gedichte f. Schule u. Haus. 2. Aufl. gr. 8. (VIII, 143 S.) Berlin 890. Herbig. n. 1. 50; geb. n. 1. 70

Auswahl französischer Gedichte für Schule und Haus. Zsgest. von Dr. Heinrich Saure. 2. Aufl. [Nebst] Anm. *Berlin: F. A. Herbig 1890–99.* 2 Bde 8°

Anm. bearb. von Prof. Dr. [G.] Jaep. 189[illegible] [illegible]

Saure, Heinr., Auswahl französischer Gedichte f. Schule u. Haus. 3. Aufl. (VIII, 143 S.) 8. Berlin 905. F. A. Herbig. n. 1. 60; geb. n. 2. —

— s.: Auteurs français modernes.

— s.: Authors, modern English.

- biographies of modern English novelists and essayists. For school, college, and home. A supplement to the Editor's selections from modern English novelists and essayists, junior and senior part. gr. 8. (28 S.) Berlin 894. F. A. Herbig. n. — 50

—— und Weischer, Biographies of English Poets. Bilder aus der engl. Literaturgeschichte zur Ergänzung des literaturhistor. Unterrichts, zugleich Lesebuch für obere Klassen höherer Lehranstalten, zusammengestellt und mit Anmerkungen und Bezeichnung der Aussprache der Eigennamen und der schwierigeren Wörter versehen. gr. 8. (VI, 281 S.) Leipzig 880, Reissner. *

— Erzählungen nach Dramen deutscher Klassiker zur Einführung in Lessing, Schiller, Goethe, unter Mitwirkg. v. Wolfg. Kirchbach u. Marie L. Becker. (XXX, 218 S. m. 1 Bildnistaf.) 8. Leipzig 904. Dieterich. Geb. in Leinw. n. 1. 80

— englische, bezw. französische Gedichtsammlg., Anmerkgn., s.: Jaep.

— histoire grecque et romaine par époques, tirée des meilleurs historiens français. Ein Beitrag zur Lektüre der mittleren Klassen, zugleich e. Hilfsbuch f. die mündl. Vorträge der Schüler der oberen Klassen. gr. 8. (VIII, 136 S.) Ebend. 886. n. 1. —

—— zur Konzentration des Unterrichts in der höheren Mädchenschule. Begleitschrift zum deutschen Lesebuch für höhere Mädchenschulen. gr. 8. (35 S.) Ebendas.
Nur für Lehrer, gratis.

— deutsches Lesebuch f. höhere Mädchenschulen. 1—4. Tl. Ausg. A. (Für höhere Mädchenschulen evangel. Bekenntnisses.) gr. 8. Ebend. 886. geb. n. 10. 50; Ausg. B. (Für höhere Mädchenschulen gemischten Bekenntnisses.) Zu gleichen Preisen.
1. II. Schulj. (XII, 160 S.) n. 1. 40
2. III. u. IV. Schulj. (XXIII, 320 S.) n. 2. 40
3. V. u. VI. Schulj. (XVII, 482 S.) n. 3. —
4. VII. u. VIII. Schulj. (XXVII, 649 S.) n. 3. 70

— deutsches Lesebuch f. höhere Mädchenschulen. 5. Tl. 9. bezw. 9. u. 10. Schulj. Literaturkunde. Ausg. A: Für Schulen evangel. Bekenntnisses. gr. 8. (XXIII, 690 S.) Ebd. 887. n. 4. —; geb. n.n. 4. 40

— dasselbe. Ausg. B: Für Schulen gemischten Bekenntnisses. gr. 8. (XXIII, 690 S.) Ebd. 887. n. 4. —; geb. n.n. 4. 40

Saure, Heinr., englisches Lesebuch für höhere Lehranstalten. 3 Tle. gr. 8. [Köln, A. Ahn.] Berlin, Herbig. [1. Thl. (IX, 138 S.) 883. (*ℳ 1,60.) *ℳ 1,50.; 2. und 3. Thl. (VII, 446; V, 126 S.) 884. (*ℳ 3,60.) *ℳ 3,20.] (*ℳ 5,20.) *

— englisches Lesebuch f. höhere Lehranstalten. 3 Tle. gr. 8. Ebend. 885. n. 4. 70; Einbde. n.n. — 55
1. (IX, 138 S.) 883. n. 1. 50; Einbd. n.n. — 20
2. 3. (VII, 446 u. V, 126 S.) 884. n. 3. 20; Einbd. in 1 Bd. n.n. — 35

—— englisches Lesebuch für höhere Mädchenschulen. Nebst Unterlagen zur Konversation. 2 Thle. in 1 Bd. gr. 8. (X, 144; 384 S.) Kassel 882, Kay. *

—— englisches Lesebuch für höhere Mädchenschulen, nebst Stoffen zur Übung im mündl. Ausdruck. 2 Tle. 2. Doppel-Aufl. gr. 8. Cassel 886, Kay. [1. Tl. (X, 224 S.) geb. *ℳ 1.80.; 2. Tl. (IX, 544 S.) geb. *ℳ 3.60.] geb. *

— englisches Lesebuch f. höhere Mädchenschulen. Nebst Stoffen zur Übg. im mündl. Ausdr. 2. Thl. 3. Doppel-Aufl. gr. 8. (IX, 546 S.) Frankfurt a/M. 892. Kesselring. Geb. in Leinw. n.n. 3. 60

— englisches Lesebuch f. höh. Mädchenschulen. II. Tl. Wörterbuch. M. Aussprache-Bezeichng. vers. v. Rob. Philippsthal. gr. 8. (IV, 149 S.) Frankfurt a/M. 898. Kesselring. Kart. n. 1. 20

— Englisches Lesebuch f. höh. Mädchenschulen u. Lehrerinnen-Bildungsanstalten. Nebst Stoffen zur Übung im mündl. Ausdruck. 2. Tl. 4. Doppel-Aufl. (XV, 574 S.) 8. Frankfurt a/M. (907). Kesselring. Geb. nn 4. —

— englisches Lesebuch f. Realgymnasien, Oberrealschulen u. verwandte Anstalten. Nebst Stoffen zur Übg. im mündl. Ausdruck. 1. Tl. 2. verm. Aufl. gr. 8. (XV, 288 S.) Berlin 894. F. A. Herbig. n. 2. 30; geb. in Kaliko n. 2. 70

— französisches Lesebuch f. höhere Lehranstalten. 3 Tle. gr. 8. (X, 145 S.) Berlin, Herbig. n. 4. 70
1. (X, 145 S.) 883. n. 1. 50
2. 3. (VII, 478 u. 108 S.) n. 3. 20

—— französisches Lesebuch für höhere Mädchenschulen. Nebst Unterlagen zur Konversation. 2 Thle. in 1 Bd. gr. 8. (XII, 135; 413 S.) Kassel 882, Kay. *

—— französisches Lesebuch für höhere Mädchenschulen, nebst Stoffen zur Übung im mündl. Ausdruck. 1. und 2. Tl. 2. Doppel-Aufl. gr. 8. Ebendas. [1. Tl. (VII, 125 und Lesestoffe IV, 145 S.) 885. geb. *ℳ 2.—.; 2. Tl. (X, 556 S.) 886. geb. *ℳ 3.60.] geb. *

Saure, Heinr., französisches Lesebuch f. höhere Mädchenschulen. Wörterbuch. 4. Doppel-Aufl. I. Thl. gr. 8. (104 S.) Frankfurt a/M. 893. Kesselring. Kart. n. — 80

— französisches Lesebuch f. höh. Mädchenschulen u. Lehrerinnen-Bildungsanst., nebst Stoffen zur Uebg. im mündl. Ausdruck. 2. Tl. 4. Doppel-Aufl. gr. 8. (XVI, 582 S.) Ebd. 898. Geb. in Leinw. n.n. 3. 60

— französisches Lesebuch f. höhere Mädchenschulen. 2. Tl. Wörterbuch. gr. 8. (IV, 141 S.) Frankfurt a/M. 899. Kesselring. Kart. n. 1. 20

— französisches Lesebuch f. höhere Mädchenschulen, nebst Stoffen zur Uebung im mündl. Ausdruck. 1. Tl. 6. Doppel-Aufl. (XVIII, 284 S.) gr. 8. Frankfurt a/M. (903). Kesselring. Geb. in Leinw. n.n. 2. —

— Französisches Lesebuch für höhere Mädchenschulen und Lehrerinnen-Bildungsanstalten, nebst Stoffen zur Übung im mündlichen Ausdruck. 2. Tl. 5. Doppel-Aufl. (XVI, 582 S.) gr. 8. Ebd. (907). Geb. nn 3. 60

—— französisches Lesebuch für Realgymnasien, Oberrealschulen und verwandte Anstalten. 2. und 3. (Schluss-)Thl. (VII, 478; 108 S.) Berlin 885, Herbig. *

—— Französisches Lesebuch f. Realgymnasien, Oberrealschulen u. verwandte Anstalten. Nebst Stoffen zur Übg. im mündl. Ausdruck. 3 Tle. gr. 8. Berl., Herbig. [1. Tl. 2. verm. Aufl. (XVI, 251 S.) 892. * 2 —; geb. * 2 30; 2. u. 3. Tl. (VII, 478; 108 S.) 885. * 3 20; geb. * 3 60.] * 4 30; geb. * 5 90

— englische Lesestoffe insbesondere zur Übung im mündlichen Ausdruck. 2. Aufl. gr. 8. (IX, 158 S.) Berlin 886. Herbig. geb. n. 1. 40

—— französische Lesestoffe insbesondere zur Übung im mündlichen Ausdruck. 2. Aufl. gr. 8. (IX, 145 S.) Ebendas. 886. geb. *
Vorstehende zwei Schriften sind aus des Verfassers Lesebüchern, besonders abgedruckt.

— französische Lesestoffe als Unterlagen z. Uebg. im mündl. Ausdruck. Sep.-Abdr. aus d. Verf. Lesebüchern. 3. Aufl. gr. 8. (X, 152 S.) Ebd. 898. Geb. in Leinw. n. 1. 40

— deutsche Litteraturkunde f. die weibliche Jugend in Schule u. Haus. gr. 8. (XXIII, 690 S.) Ebd. 887. n. 4. —; geb. n.n. 5. —

— Lives of eminent men, British and American. Edited with explanatory notes and a vocabulary. 8. (X, 184 S.) Leipzig (899). Dieterich. Geb. in Leinw. n. 1. 60; Wörterbuch. (28 S.) n. — 20

— pictures from English history. Selections from English historians with notes and introductions. For class-reading and private study. gr. 8. (VIII, 268 S.) Halle 894. H Gesenius. n. 2. 25

— s.: Seamer, M., Shakespeare's stories.

— selections from modern English novelists and essayists. For school, college, and home. Junior part. gr. 8. (X, 169 S.) Berlin 894. F. A. Herbig. n. 1. 60; geb. in Kaliko n.n. 1. 90

— dasselbe. Senior part. gr. 8. (VIII, 250 S.) Ebd. 894. n. 2. 25; geb. in Kaliko n. 2. 65

— selections from modern English novelists and essayists. For ladies' colleges and private study. Junior part. gr. 8. (VIII, 159 S.) Ebd. 895. Geb. in Leinw. n. 1. 50

— dasselbe. Senior part. gr. 8. (VIII, 196 S.) Ebd. 895. Geb. in Leinw. n. 1. 80

— Shakespeare's stories, s.: Seamer, M.

— Chronological table of the English literature for school, college, and home. 2. ed gr. 8. (IX, 94 S.) Frankfurt a/M. 897. Kesselring. Kart. n. 1. -

— tableau chronologique de la littérature française destiné à l'instruction publique et particulière. 2. ed. gr. 8. (VIII, 51 S.) Ebd. 896. Kart. n. — 75

—— le Théâtre français classique. Das klass. Drama der Franzosen. Für Schulen bearb. und mit Anmerkungen versehen. 2 Thle. gr. 8. [Köln 884, A. Ahn.] Berlin, Herbig. à Thl. *ℳ 1,25.

Inhalt:
Thl. 1. Le Cid, Horace, Britannicus, Phèdre, Athalie, Le Misanthrope, Les Femmes savantes, Zaïre. (VI, 135 S.)
» 2. Cinna, Polyeucte, Andromaque, Mithridate, Iphigénie, Esther, Le Tartuffe, L'Avare, Le Bourgeois gentilhomme. (170 S.)

— le théâtre français classique. Das class. Drama der Franzosen. Für Schulen bearb. u. m. Anmerkgn versehen. 1. Tl. 2. verb. Aufl. gr. 8. (VIII, 185 S.) Berlin 902. F. A. Herbig. n. 1. 50; geb. n. 1. 90

— Vorstufe zur englischen Lektüre u. Konversation. Insbesondere f. höhere Mädchenschulen, Mädchen-Mittelschulen, Institute u. den Unterricht in der Familie. gr. 8. (X, 213 S.) Frankfurt a/M. 894. Kesselring. Geb. in Leinw. n.n. 1. 60

—— Vorstufe zur französischen Lektüre und Konversation. Für höhere Mädchenschulen, Mädchen-Mittelschulen, Institute und den Unterricht in der Familie. 8. (X, 136 S.) Kassel 882, Kay. geb. *

—— Vorstufe zur französischen Lektüre und Konversation. Insbesondere für höhere Mädchenschulen, Institute und den Unterricht in der Familie. 2. Doppelaufl. gr. 8. (224 S.) Cassel 886, Kay. geb. *

Saure, Heinr. Vorstufe zur französischen Lektüre u. Konversation. 2. Aufl. gr. 8. Kassel 886. Frankf. a. M., Kesselring. geb. ** 1 60

— Wörterverzeichnis zum französischen Lesebuch f. Realgymnasien, Oberrealschulen u. verwandte Anstalten. 1. Tl. gr. 8. (67 S.) Berlin 888. Herbig. n. — 60

Säure, die schweflige, u. ihre Verbindungen m. Aldehyden u. Ketonen. Chemische u. pharmakolog. Untersuchgn. I. Tl. (III, 236 S. m. Fig. u. 5 Taf.) Lex.-8. Berlin 904. J. Springer. n. 10. —
Sonderabdruck aus: „Arbeiten a. d. kais. Gesundheitsamte".

Sauren, A., kleiner Jugendtempel. Ein Gebetbüchlein für die katholische Jugend beiderlei Geschlechts. Prüm 861. (Aachen, Benrath & Vogelgesang.) 24. (239 S.) 3 ngr.

Sauren, Josef

Sauren, J., Alleluja! Gebet- u. Andachtsbüchlein, enth. die notwend. Gebete, Lehrstücke u. Lebensregeln für römisch-kathol. Christen. 3. Aufl. 24. (240 S. m. Titelbild.) Kevelaer 900. Butzon & Bercker. Geb. in Ldr. m. Goldschn. — 75

Sauren, Jos., des Kindes erstes Gebetbuch. 2. Aufl. 16. (140 S. m. Titelbild.) Kevelaer 897. Butzon & Bercker Geb. in Leinw. — 40

Sauren, J., des Kindes erstes Gebetbuch. Ausg. II. (192 S. m. farb. Abbildgn.) 16. Kevelaer (906). Butzon & Bercker. Geb. in Leinw. n. — 60; in Ldr. m. Goldschn. n. 1. 20

Sauren, J., Gewitterbüchlein. Enth. Belehrgn., Schutzmittel u. Gebete. 16. (94 S.) Salzburg 887. Pustet. cart. — 40

—— dass. — [Neue Aufl.] 16. (94 S.) Ebendas. 887. cart.

Sauren, J, Gewitterbüchlein, enth. Belehrungen, Schutzmittel u. Gebete. 3. Aufl. (94 S.) gr. 16. Salzburg (903). A. Pustet. In Leinw. kart. n. — 40

Sauren, J., das Hl. Haus zu Loreto u. die Einsprüche seiner neuesten Gegner. (VI, 100 S.) gr. 8. Bonn 909. P. Hanstein. 2. —

— das hl. Haus zu Loreto u. die lauretanischen Gnadenorte in deutschen Landen. Historisch bearb. 2., gänzlich umgearb. Aufl. Mit 14 Illustr. u. 2 Plänen. 16. (XVI, 255 S.) Einsiedeln 883. Benziger & Co. cart. 2. —; geb. m. Goldschn. 2. 80

— die laurotanische Litanei, nach Ursprung, Geschichte u. Inhalt dargest. Zum 600jähr. Jubiläum der Uebertragg. des h. Hauses. gr. 8. (VI, 79 S.) Kempten 895. J. Kösel. n. 1. 20

Sauren, Jos., Pilgerbüchlein zum hl. Rock in Trier. Belehrungen, Andachtsübgn. u. Lieder. Nebst e. Anh.: Das hl. Trier, seine Denkmäler, Kirchen u. Reliquien. 8. (56 S. m. 14 Abbildgn. u. 1 Plan.) Köln 891. H. Theissing. — 30

— Vademecum. Taschengebetbüchlein f. kath. Christen. Ausg. in Gabelsbergerscher Stenographie. (176 S. mit 1 Stahlst.) 12,1×7,3 cm. Kevelaer (907). Butzon & Bercker. Geb. von 1.50 bis 5. —

— katechetische Vorbereitung der Kinder auf die erste Beichte, s.: Handbibliothek, katechetische.

— wachet u. betet. Gebet- u. Andachtsbüchlein, enth. die notwend. Gebete, Lehrstücke u. Lebensregeln für römisch-kathol. Christen. 16. (288 S. m. 1 Stahlst.) Ebd. 897. Geb. in Ldr. m. Goldschn. 1. 50

Sauren, Wilhelm Joseph

Sauren, W. J., die Praxis des ersten Schuljahrs in kathol. Volksschulen. Unterweisgn. üb. die Methode der bibl. Geschichte, des Rechnens, der Anschauung, des Schreibens, Lesens, Singens, Memorierens u. Zeichnens. Mit 8 Taf. Schriftproben u. 14 Taf. Zeichenvorlagen. gr. 8. (VIII, 200 S.) Köln (900). J. P. Bachem. n. 2. 40

Die Praxis des ersten Schuljahres in katholischen Volksschulen. Unterweisungen über d. Methode d. bibl. Geschichte, des Deutschen, d. Anschauung, d. Rechnens, Singens, Memorierens u. Zeichnens. Von W[ilhelm] J[osef] Sauren, Rektor. 2., verb. Aufl. Mit 8 Taf. Schriftproben u. 14 Taf. Zeichenvorlagen. Cöln: J. P. Bachem [1904]. (VIII, 215, XIV S.) 8° [δ] [(4: 15938]

Sauren, W. J., die Praxis des ersten Schuljahres in kathol. Volksschulen. Unterweisungen über die Methode der bibl. Geschichte, des Deutschen, der Anschaug., des Rechnens, Singens, Memorierens u. Zeichnens. 3., verb. Aufl. Mit 8 Taf. Schriftproben u. 14 Taf. Zeichenvorlagen. (VIII, 232 S.) 8. Köln (908). J. P. Bachem. 2.40; geb. n 3.—; erh. Pr. 2.60; geb. 3. 20

Die Praxis des ersten Schuljahres in katholischen Volksschulen. Unterweisungen über d. Methode d. bibl. Geschichte, d. Deutschen … Von W[ilhelm] J[oseph] Sauren, Rektor. 4. u. 5. Aufl. Mit 8 Taf. Schriftproben u. 14 Taf. Zeichenvorlagen. Cöln: Bachem (1910). VIII, 234 S. 8° [10: 1229]

Sauren, W. J., die Praxis des ersten u. zweiten Schuljahres in kathol. Volksschulen. gr. 8. Köln, J. P. Bachem. à n. 2. 40; geb. à n. 3. —

1. Unterweisungen üb. die Methode der bibl. Geschichte des Deutschen, der Anschaug., des Rechnens, Singens, Memorierens u. Zeichnens. 2., verb. Aufl. Mit 8 Taf., Schriftproben u. 14 Taf. Zeichenvorlagen. (VIII, 215 S.) (904.)
2. Unterweisungen üb. die Methode der bibl. Geschichte, des Deutschen, Rechnens, Zeichnens, Singens u. Turnens. Mit e. Anh.: Kurze Biographie der bedeutendsten Jugendschriftsteller u. e. Verzeichnis empfehlenswerter Schriften. (VII, 208 S.) (903.)

Die Praxis des zweiten Schuljahres in katholischen Volksschulen. Unterweisungen über d. Methode d. bibl. Geschichte, d. Deutschen, Rechnens, Zeichnens, Singens u. Turnens. Von W[ilh.] J[os.] Sauren, Lehrer. Cöln. Mit e. Anh.: Kurze Biogr. d. bedeutendsten Jugendschriftsteller u. e. Verz. empfehlenswerter Schriften. *Cöln: J. P. Bachem (1903).* VII, 208 S.) 8° [δ] [04: 3:5

Sauren, W[ilhelm] J[oseph]: Die Praxis des zweiten Schuljahres in katholischen Volksschulen. Unterweisungen über d. Methode d. bibl. Geschichte ... von –. 2. verb. Aufl. Mit e. Anh.: Kurze Biographie d. bedeutendsten Jugendschriftsteller, u. e. Verzeichnis empfehlenswerter Schriften. Cöln: Bachem [1908]. 234 S. 8°

— dasselbe des zweiten Schuljahres. Unterweisungen über die Methode der bibl. Geschichte, des Deutschen, Rechnens, Zeichnens, Singens u. Turnens. Mit e. Anh.: Kurze Biographie der bedeutendsten Jugendschriftsteller u. e. Verzeichnis empfehlenswerter Schriften. 2., verb. Aufl. (234 S.) gr. 8. Ebd. (909). 2.60; geb. 3. 20

Sauri, s. Saury

Säurich, Paul, Biologie der Pflanzen. Im Walde. Bilder aus der Pflanzenwelt. Unter Berücksicht. des Lebens, der Verwendg. u. der Geschichte der Pflanzen f. Schule u. Haus bearb. gr. 8. (VII, 321 S.) Leipzig 902. E. Wunderlich. n. 3. —; geb. n. 3. 60

Säurich, Paul, das Leben der Pflanzen. II., III. u. VII. Bd. gr. 8. Leipzig, E. Wunderlich. n. 7. 20; geb. in Leinw. n. 8. 60

II. Das Feld. Bilder aus der Pflanzenwelt. Unter Berücksicht. des Lebens, der Verwertg. u. der Geschichte der Pflanzen f. Schule u. Haus bearb. 1. Heft. (XII, 137 S.) 904. n. 1. 60; geb 2. —
III. Auf dem Felde. II. Tl. Bilder aus der Pflanzenwelt. Unter Berücksicht. des Lebens, der Verwendg. u. der Geschichte der Pflanzen bearb. (XIII, 426 S.) 906. n. 4. —; geb. n. 4. 60
VII. In vorgeschichtl. Zeit. Bilder aus der Pflanzenwelt, f. Schule u. Haus bearb. (XIV, 96 S. m. 106 Abbildgn.) 905. n. 1. 60; geb. n. 2. —

Säurich, Paul, das Leben der Pflanzen. I., IV. u. V. Bd. gr. 8. Leipzig, E. Wunderlich. 8.—; geb. 9. 60

I. Im Walde. Bilder aus der Pflanzenwelt. Unter Berücksicht. des Lebens, der Verwendg. u. der Geschichte der Pflanzen für Schule u. Haus bearb. 2., umgearb. Aufl. (VIII, 410 S.) 908. 4.—; geb. 4. 60
IV. Im Gewässer. Bilder aus der Pflanzenwelt. Unter Berücksicht. des Lebens, der Verwendg. u. d. Geschichte d. Pflanzen bearb. (VIII, 173 S.) 907. 2.—; geb. n 2. 50
V. Auf Wiese u. Hang. Bilder aus der Pflanzenwelt. Unter Berücksicht. des Lebens, der Verwendg. u. der Geschichte der Pflanzen bearb. (IV, 195 S. m. 116 Fig.) 909. 2.—; geb. n 2.50

SAURICH, Paul: Im Walde. Bilder aus der Pflanzenwelt. Unter Berücksichtigung des Lebens, der Verwendung und der Geschichte der Pflanzen für Schule und Haus bearbeitet. - Leipzig 1902. VII, 321 S. - (Das Leben der Pflanzen Bd. 1) - 2. Aufl. ebd. 1908. 410 S., m. Abb.

Saurier, die. Lust u. Leid aus alter Zeit. Freiberg 870. Engelhardt. qu. 4. (6 Steintaff. mit Text.) n. 10 *ngr.*

Saurin, Beverley. Tragédie bourgeoise. 8. Frankf. 768. Esslinger. 5 *gr*

— Beverley; e. bürgerl. Trspl. in 5 Aufz. Nach d. Französ. von D. L. v. H. 8. Frankf. 776. Andreä. 4 *gr*

— Blanka u. Guelkard; Trspl. nach d. Engl. des Hrn. Thomson. 8. Frankf. 764. Andreä. 4 *gr*

Saurin, Julchens Heirath. Schspl. 8. Frankf. 772. Andreä. 4 *gr*

— Orpheline léguée. Coméd. en 3 A. 8. Dresd. 766. Walther. 4 *gr*

Saurin, Jacques

Saurin, Jak., Betrachtt. üb. die wichtigsten Begebenheiten d. Alten u. N. Testaments. Uebers. v. F. E. Rambach u. e. Vorr. v. S. J. Baumgarten, fortges. v. Beausobre. Mit Kpf. 4 Thle. 8. Rostock 745—49. (Stiller). 14 ℳ 16 𝔤𝔤

Herrn Jacob Saurin ... Betrachtungen über die Wichtigsten Begebenheiten des Alten und Neuen Testaments. Zweyter Theil. Fortgesetzt von Herrn PETER ROQUES ... übersetzet, mit einigen Anmerkungen vermehret, und mit einer Vorrede ... von Friedrich Eberhard Rambach. Rostock, J. C. Koppe, 1746. 4°. *Frontispizporträt Roques' von M. Bernigeroth.* 31 Bl. 1424 S. 16 Bl.

— geistvolle Gedanken z. Gebr. rechtschaffner Haushaltungen. 8. Zürich 770. Orell. 20 𝔤𝔤

Saurin, Jacques. Geist oder Auszüge aus seinen Predigten; a. d. Franz. Bamberg 1778. Ü: *Heyde, Joh. Dan.* (ML)

Saurin, Geist, oder zergliederte Auszüge aus seinen sämmtlichen Predigten, a. d. Franz. 2 Thle. 8. Bamb. Göbhard. 778.

— Geist, od. zergliederte Auszüge aus seinen sämmtl. Predigten; aus d. Französ. 2 Thle. 8. Bamb. 778. Wesché in Frkf. 1 ℳ 12 𝔤𝔤

Saurin, J. Glaubens- und Sittenlehre, in Form eines Katechismus: a. d. Franz. Chemnitz 1763. Ü: *Gellert, Chn Fürchtegott.* (JL)

— kurzer Inbegriff d. christl. Glaubens- u. Sittenlehre, übers. v. C. Fr. Gellert. 8. Chemnitz 769. (W. Nauck in Lpz.) 18 𝔤𝔤

— kurzer Inbegriff der christlichen Glaubens- u. Sittenlehr. übersetzt v. C. F. Gellert. 8. Chemnitz, Stößel, (Sommer in Leipz.) 769.

Saurin, Oeuvres choisies. 1 vol. in-18. (Didot.) (Leipz. Fr. Fleischer.)
(Pap. fin, 12 Gr. pap. vélin, 1 Rthlr. format in-12 pap. vélin, 1 Rthlr. 8 Gr.)

Saurin, Jak., Predigt über Micha 6, 1—3. vom Rechtsstreite Gottes mit seinem Volke. Uebersetzt und durch einen Versuch über Saurin eingeleitet von Carl Heinr. Sack. gr. 8. (V und 80 S.) Gotha 858, F. A. Perthes. *

Saurin, Jaques, ausgew. Predigten, s.: Predigt, die, d. Kirche, Bd. 31.

— Predigten üb. d. Leidensgesch. Jesu u. and. damit verw. Materien übers. v. G. L. Heyer. 2 Thle. gr. 8. Leipz. Crusius. (F. C. W. Vogel.) 772.

— Predigten üb. Texte d. heil. Schrift; aus d. Französ. v. A. G. Rosenberg. 10 Thle. 8. Liegn. 766—67. Siegert. (Glogau, Heymann). 5 ℳ 8 𝔤𝔤

Saurin, J. Reden über die Geschichte von dem Leiden unsers Herrn Jesu Christi . . . a. d. Franz. Leipzig 1734. Ü: *Steinmüller, Johann David.* (ML)

— Reden üb. die Geschichte v. d. Leiden unsers Herrn Jesu Christ u. andern dahin gehörigen Materien; aus d. Französ. (v. Jb. Dav. Steinmüller). 2 Thle. 8. Leipz. 734. 2e Aufl. . . . 3e A. 761. 4e Aufl. 2 Thle. neu übers. v. G. H. Heyer. gr. 8. Ebd. 772. (W. Vogel). 1 ℳ

— Sermons sur divers Textes de l'Ecriture S. XII Vols. 8. Basel 761. Schweighäuser. 12 ℳ

Saurius, G[eorg] C[hristoph]: Das betrübte Scheiden ... [Sonnet auf **Bernhard Erici,** Student, † 31. März 1709. beerdigt am 7. April 1709.] — Kiel (1709): Reuther. 1 Bl. 2°

Saurma-Jeltsch, Hugo Frh. v.: Catalog der berühmten Münzsammlung deutscher, schweizerischer u. polnischer Gepräge von etwa dem Beginn der Groschenperiode bis zur Kipperzeit des ... Herrn Hugo Freiherrn v. Saurma-Jeltsch in Jürtsch (Schles.). Auction ... 1898 ... Mit 4 Lichtdrucktaf.
Frankfurt a. M. 1898: Golde. 190 S. 8°

HUGO FREIHERR von SAURMA-JELTSCH, Schlesische Münzen und Medaillen. Namens des Vereins für das Museum Schlesischer Alterthümer herausgegeben. (I. II. Mit 55 Tafeln.) Breslau 1883. Druck von Robert Nischkowsky. 4°.

Saurma-Jeltsch, Hugo Frhr. v., schlesische Münzen u. Medaillen. Namens d. Vereins f. das Museum schles. Altorthümer hrsg. 2 Thle. gr. 4. (IV, 79 S. m. 55 Holzschntaf.) Breslau 883. (Woywod.) n.n. 10. —

Saurma-Jeltsch, Hugo Frhr. v., die Saurmasche Münzsammlung deutscher, schweizerischer u. polnischer Gepräge von etwa dem Beginn der Groschenzeit bis zur Kipperperiode. Imp.-4. (III S. u. 151 Sp. m. e. Atlas v. 104 Lichtdr.-Taf.) Berlin 892. A. Woyl. n. 40. —

Saurma, Frh. v. u. zu d. Jeltsch, H., Stammtafeln des Geschlechts der Grafen und Freiherren von Saurma Jeltsch. Berlin 1869. 2 Bll. fol

Saurma, Frhr. v. u. z. d. Jeltsch, Hugo, Wappenbuch der schlesischen Städte u. Städtel. Illustrirt von L. Clericus. Mit eingedr. Holzschn. u. 11 Steintaff. Berlin. Breslau 870. (Goerlich & Coch.) gr. 4. (VI, 426 S.) n. 4 ℳ

Saurmann, Johann Fr.

Saurmann, Io. Fr., de iure circa sepulcra et homin. et mortuorum cadavera c. dissert. prooem. I. W. de Göbel. 4 Bremen, Saurmann. 737.

Saurug, Joh., Waldnutzung u. Waldpflege. Kleiner Rathgeber in Forstangelegenheiten. (78 S.) gr. 8. Graz 903. Styria. n. — 60

Saurwald, Friedrich (Blankenburg) A.S. 1414/1

Disputatio inauguralis medica, de tussi epidemici maligna, in variis locis nunc grassante.
Präs. Johann Philipp Eysel.
Erfurt (Grosch) 27. III. 1715. 24 S. 29834

Saury. Natürliche Geschichte des Erdbodens für junge Leute; a. d. Franz. Nürnb. 1779. Ü: *Lederer, Johann Georg.* (ML) (will)

Saury, ..., natürl. Geschichte d. Erdbodens; aus d. Französ. mit Anmerkk. 2 Bde. u. 3r Bd. 1r Thl. gr. 8. Nürnb. 779—82. Bauer u. W. 3 ₰

Sauri, natürl. Geschichte d. Erdbodens, a. d. Franz. m. Anm. 2 Thle. u. 3r Bd. 1r Thl. gr. 8. Nrnb. Bauer und W. (Schmidmer.) 779-82.

Saury, ..., physikal.-medicin.-moral. Mittel, nach Willkühr Knaben u. Mädchen zu zeugen; aus d. Französ. ... 782. (Barth in Leipz.) 3 gr.

— précis d'Histoire naturelle. VII Vols. 12. Basel 779. (W. Vogel in Leipz.) 4 ₰ 10 gr.

— précis d'Histoire naturelle. 7 Vol. gr. 12. Winterthur, Steiner. 779.

— — le même livre. 7 Vol. 12. Basle, Flick. (F. C. W Vogel, Leipz.) 779.

— precis d'Histoire naturelle et de la géographie physiq. VII Vol. 12. Winterthur, Steiner.

Sause, Heinrich Wilhelm

Sause, W., Anfangsgründe d. gemein. Arithmetik u. d. Planimetrie. Ein Leitfaden zum Gebr. beim ersten wissenschaftl. Unterr. in d. Größenlehre. (1. Thl.) M. 8 Stnt. 8. (15¼ B. incl. 1 Tab.) Guben 832, Meyer.

—— dass. 2. Thl. — A. u. d. T.: Anfangsgründe der Auflösung d. Zahlengleichungen, d. Buchstabenrechnung u. d. ebenen Trigonometrie. M. 2 Figurent. Stndr. 8. (13¼ B.) Ebds. 834.

—— dass. 3. Thl. — A. u. d. T.: Anfangsgründe der Lehre v. d. Fortschreitungen u. d. gleichgilt. Reihen, so wie der Stereometrie u. d. sphär. Trigonometrie. M. 8 Figt. 8. (12⅛ B.) Ebds. 834.

—— dass. 4. Thl. — A. u. d. T.: Anfangsgründe der Kombinationslehre, d. Algebra, u. d. höh. Geometrie. M. 4 Figt. u. 2 Anhn. 8. (16 B.) Ebds. 835.

Sause, H. W., Anfangsgründe der Größenlehre. Ein Leitfaden zum Gebrauche beim mathemat. Unterrichte auf den Gymnasien. 1. Thl. 2. Aufl. A. u. d. T: Anfangsgründe der gemeinen Arithmetik u. der Epipedometrie. 2. theilweise umgearb. u. mit einem Anh. verseh. Aufl. 8. (XVI u. 253 S. m. 8 lith. Taf.) Guben 852, Berger. ⅚ ₰

Sausse: Beiträge z. Geschichte d. Stadt Guben. 56 S. – Guben. Progr. 1860. 1863. 1864.

Sause, W. Dr., Bemerkungen über die Witterung zu Guben vom Januar 1823 bis zum Juni 1829. Ein Beitrag zur Ortskunde. (Programm Abhandlung.) Crossen 1836

Die Freimaurerei und Professor P. O. Dr. theol. S. S. [Ernst Wilh. v.] Hengstenberg. Offene Antwort auf dessen Angriffe gegen den Orden der Freimaurer von [Heinr. Wilh.] **Sausse.** Leipzig: Deckmann 1855. 47 S. 8⁰ [Umschlagtit.]
Recens: FZ. 9 (1855) S. 286—288.
cf. FZ. 10 (1856) S. 108—109.
Tt. 1768. Verf. bekämpft namentlich den Satz Hengstenbergs, dass die Grundlage des Frmrwesens der Deismus, die Antipathie gegen das spezifisch Christliche sei.
23. 25. 193.

Sauße. Urkundliche Nachrichten über den Zustand des Schulwesens in Guben von 1669—1748. 25 S.
Guben, Progr. 1851

Sause, W., Randbemerkungen zu d. Hrn. v. H. Sendschreiben üb. einige Mängel d. preuß. Schulverwaltung an d. Nachfolger d. Staatsministers Frhrn. v. Stein zum Altenstein. gr. 8. (3 B.) Halle 811, Mühlmann.

Sauße, die Rechtsbücher der Stadt Guben, s.a. **Rechtsbücher, die.**

— die Rechtsbücher der Stadt Guben. Guben 858. (Berger.) gr. 4. (49 S.) n. 10 ngr.

Sause, W. Ueber M. Sigismund Eeemanns Schulschriften. 33 S. .
Guben, Progr. 1845

Saußе, W.: Statuten der Schützengilde zu Guben (Niederlausitz). Mit einer geschichtlichen Einleitung. Guben, 1853. 1210

Sause, Henricus Guilelmus: *De numerorum systemate e formula generali construendo. 20 S. 4°
Halle-Wittenberg, Phil. Diss. v. 11. Febr. 1819
Geb. [Naumburg a. d. Saale 19. 11. 1796]
Des Verf. Namen schreibt M. Hoffmann, Pförtner Stammbuch. 1893. Nr. 8535: Sau(s)se, er lautete seit 1846 Sauße (s. H. Jentsch, Gymn.-Progr. Guben 1910 S. 180), und unt. dieser Namensform ersch. von ihm in Guben 1838/64 Gymn.-Programme.

Sause, W. Ueber den Unterricht in der Mathematik und Physik auf dem Gymn. zu Guben. 15 S. . . . .
Progr. Guben 1829

Sause, Wilhelm: Über das Verhältnis der Mathematik zu der Natur u. den schönen Künsten, s.a. Richter, Wilh.: Ankündigungsschrift, ...

Sause, W. Ueber das Verhältniß der Mathematik zu der Natur und den schönen Künsten. 12 S. . . . .
Guben, Progr. 1826

Sause, W., Versuch e. Einrichtung der Schulen aus d. Gesichtspunkte d. Lebens im Staate. 1. Thl. Vom Unterrichte. gr. 8. (17 B.) Halle 831, [Grunert.] Thlr.

Sause, Konrektor Dr. W., Versuch e. Einrichtung d. Schulen aus d. Gesichtspunkte d. Lebens im Staate. 1r Thl. Vom Unterrichte gr. 8. Halle 831. Fr. Ruff. 1 ₰

—— Versuch e. Einrichtung d. Schulen, aus d. Gesichtspunkte v. Lebens im Staate. 2—4. (letzt.) Thl. gr. 8. Halle, Mühlmann.
A. u. d. Ttln.:
Thl. 2. Die Lehre v. d. öffentl. Erziehung. (10¼ B.) 841. * 20 Gr., hrbgs. Pr. 12 Gr.
: 3. Die Lehre v. d. Verwaltung d. Schulen. (33¼ B.) 843. * 2 Thlr. 8 Gr., hrbgs. Pr. 1 Thlr.
: 4. Grundzüge d. Kunst eine Schule zu leiten. (10 B.) 841. * 20 Gr., hrbgs. Pr. 12 Gr.
1. Thl. Die Lehre v. öffentl. Unterr. Ebendas. 1831. * 1 Thlr., hrbgs. Pr. 12 Gr.

— das Vierschachspiel. Nebst einer Zeichnung. gr. 12. Halle 841, Ed. Anton. ½ ₰

Sause, W. Ueber die Witterung zu Guben vom Januar 1823 bis Juni 1829. 1r Th. 11 S. Forts. 16 S. . . . . . .
Guben. Progr. 1836, 1840

Sause, Wilhelm, s. Sause, Heinrich Wilhelm

Sausele, H., Walther, der Scholar. Ein Sang aus Franken. 8. (173 S.) Schwäb. Hall 896. (W. German's Verl.) n. 1. 50

Sausen, Franc., s. Bellarmini, R., Disputationes de controversiis christianae fidei adversus hujus temporis haereticos. — Est, Wlh., in omnes B. Pauli epistolas comment. — Katholik, der. — Maldonati, Jh., Commentarii in IV Evangelistas. — Nachrichten aus d. kathol. Missionen. — Sion. Eine Stimme in d. Kirche f. uns. Zeit.

Sausen, Frz., Universalregister zur Geschichte der Religion Jesu Christi von Friedrich Leopold Grafen zu Stolberg, s. zu Stolberg, Fr. Leop. Graf.

[illegible] Progr. [illegible]

Sausewind, Bruder, Roman von K. Stein. 8. Berlin, Stuhr. 819.

Sausgruber, Johann Ev. — Zwei Predigten. Von — —. Mit Approbation des hochwürdigsten fürsterzbischöflichen Ordinariates Salzburg. Salzburg, 1856. Oberer'sche (Endl & Penter) Buchdruckerei. (24 S. 8.)

Sausgruber, Johann Ev. — Zwei Predigten. Von — —. Mit Approbation des hochwürdigsten fürsterzbischöflichen Ordinariates Salzburg. Salzburg, 1856. Oberer'sche (Endl & Penter) Buchdruckerei. (24 S. 8.)

SAUSKA VON SOMBERG, JOSEPH Misericordia prodigiosa, oder Wunderthätige Barmhertzigkeit in dem Geheimnus Göttlicher Drey-Einigen GOttheit des Allergrössten Monarchen Himmels und der Erden, GOtt dem Vater, GOtt dem Sohn, GOtt dem Heiligen Geist, Durch Schuldigst-gewidmete Ehren-Rede Entworffen. Und am hohen Titular-Fest des Parfüsser-Ordens Der Allerheiligsten Dreyfalltigkeit, in eigener Kloster-Kirchen zu Preßburg von Joseph Sauska de Somberg abgeredet Preßburg 1729 Gedr. bey Joh Paul Royer 4 f - kl 4

Saussay, Vict. de, blühendes Fleisch, glühende Schönheiten. Einzig autoris. vollständ. Uebersetzg. aus dem Franz. v. Geo. Reinberg. (512 S.) 8. Budapest 900. F. Sachs. 5. —

SAUSSAY, Victorien de. Frauenärzte. Pariser Sittenroman. Autorisierte Übersetzung aus dem Französischen. Budapest, Gustav Grimm, 1908. 8°.
Verb. d. Ldg. Flensburg, 1. Strafkammer v. 1. 4. 1914 (3 J. 880/12)

Saussay, Victorien du, Frauenärzte. Pariser Sittenroman. Autoris. Übersetzg. aus dem Franz. (268 S.) 8. Budapest 908. G. Grimm. 3. —

SAUSSY, Victorien de. Junges Mädchen mit Makel. Ein Passionsdrama der Liebe. Aus dem Französischen von Arthur Sieger-Ehenthal. Wien, Leipzig, Verlag Sachs & Pollack, 1903. 8°. [B. VII, 96.]
Verb. Düsseldorf 12. 2. 08: 12 J. 788/07; Rostock 13. 11. 09. M. 34/09.

(8) — Junges Mädchen mit Makel. 903. Im Deutschen Reiche verboten.

— Schönheit. Roman e. Kurtisane. Autoris. Uebersetzg. aus dem Franz. (235 S.) 8. Budapest 906. G. Grimm.
Im Deutschen Reiche verboten. n. 2. —

Saussaye, s. a. Chantepie de la Saussaye, D.

Saussaye, P. D. Chantepie de la, s. a. Lehrbuch der Religionsgeschichte.

Saussaye, P. D. Chantepie de la, Lehrbuch der Religionsgeschichte. 1. Bd. 8. (X, 465 S.) Freiburg i. Br. 887, Mohr. * ℳ 9.—; geb. * *

Saussaye, P. D. Chantepie de la. Lehrbuch der Religionsgeschichte. 2. Bd. gr. 8. (XVI, 406 S.) Freib. i. Br. 889, J. C. B. Mohr. * 9 —; geb. * * 11

— Lehrbuch d. Religionsgeschichte. In Verbindg. m. Edm. Buckley, H. O. Lange, Frdr. Jeremias, J. J. P. Valeton jr., M. Th. Houtsma, Edv. Lehmann bearb. u. hrsg. (Sammlg. theolog. Lehrbücher.) 2., völlig neu gearb. Aufl. Subskr.-Ausg. 2 Bde. gr. 8. Ebd. 897. n. 20. —; Einbde. in Halbfrz. à n.n. 2. 50
1. (XII, 389 S.) n. 9. —. — 2. (XVII, 612 S.) n. 11. —.
Erschien auch in 18 Lfgn. à n. 1. —.

Saussaye, P. D. Chantepie de la, d. vergleich. Religionsforschung u. d. religiöse Glaube. Vortrag, geh. auf dem 1. religionswissenschaftl. Kongresse in Stockholm am 31. VIII. 1897. gr. 8. (III, 36 S.) Freiburg i/B. 898. Tübingen, J. C. B. Mohr. n. — 60

Saussaye's, D. Chantepie de la, ausgewählte kleinere Schriften. Ins Hochdeutsche übertr. v. R. Greeven. Mit e. Nekrolog als Vorw. v. Frdr. Fabri. 2 Bde. gr. 8. (XXXVI, 393 u. 295 S.) Gotha 876. F. A. Perthes. n. 10. —

Sausse, Heinrich Wilhelm, s. Sause.

Denkschrift über die Wiederherstellung der Schiffbarkeit der Nogat, eines wichtigen Bindegliedes im Netze der deutschen Binnenwasserstraßen. Verf.: Bürgermeister [Rudolf] Sausse in Elbing. (Elbing 1900: R. Kühn.) (12 Bl.) 4° [Kopft. F.] 106. 13419

Sausse, Wilhelm, s. Sause, Heinrich Wilhelm

Sausseret, Paul, Erscheinungen und Offenbarungen der allerseligsten Jungfrau Maria vom Beginne des Christenthums bis zu unsern Tagen. Nach dem Französ. Deutsch hrsg von Jos. Chowanetz. 2 Bde. 8. (XLIX und 711 S.) Schaffhausen 858, Hurter'sche Buchh. Thlr.
Vgl.: Sauceret, Paul.

Sausseret, Paul, Erscheinungen und Offenbarungen der allerseligsten Jungfrau Maria vom Beginne des Christenthums bis zu unsern Tagen. Nach dem Französ. Deutsch hrsg. von einem Curatpriester. 2. sehr verm. und verb. Aufl. 2 Bde. 8. (XXXII, 368; VIII, 313 S.) Regensburg 878, Manz.

[Saussure, César, de.] Lettres de Turquie (1730—39) et notices (1740) de César de Saussure, gentilhomme de la cour de S. A. S. le Prince François Rákóczi II., concernant les dernières années, la mort, le testament et les mémoires de ce prince. Communiqués en texte original français et en traduction hongroise avec une préface et des remarques historiques par Coloman de Thaly. Éd. de la commission historique de la l'académie hongroise des sciences. (380 S. m. Bildn.) gr. 8. Budapest 909. Verlagsbureau der ungar. Akademie der Wissenschaften. 8. —

Saussure, Ferd. de, Mémoire sur le système primitif des voyelles dans les langues indo-européennes. gr. 8. (III, 302 S.) Leipzig 879, Teubner. *

Saussure, Henri de

Saussure, H. de, additamenta ad prodromum Oedipodiorum insectorum ex ordine Orthopterorum. 4. (180 S. m. 1 Taf.) Basel 888. Georg, Vorl. n.n. 9. 60

—— et Jul. Sickel, Catalogus specierum generis Scolia (sensu latiori) continens specierum diagnoses, descriptiones synonymiamque, additis annotationibus explanatoriis criticisque. — Catalogue des espèces de l'ancien genre Scolia. gr. 8. (352 S. mit 2 ill. Kpfrt.) Basel 864, Georg. *

Saussure, H. de, voir: *Humbert, Al.*

Saussure, Henr. de, Hymenoptera, s. a. Reise der österreichischen Fregatte Novara.

Saussure, Henri de, Hymenoptera. Vespidae. gr. 4. (S. 203—240 m. 4 Abbildgn.) Frankfurt a/M. 900. (M. Diesterweg.) n. 6. —

Saussure, Henri de, Mélanges orthoptérologiques. T. I. 1.—3. Fasc. et Supplément. [Extrait des „Mémoires de la Société de physique et d'histoire naturelle de Genève."] gr. 4. Basel, Georg. **

Inhalt:

Fasc. 1. Blattides. (S. 1—44 mit 1 color. Kpfrt.) 863. ** ℳ 5,40.
» 2. Blattides et Phasmides. (S. 45—148 mit 2 Stnt.) 869. ** ℳ 4.
» 3. Mantides. (S. 149—362 mit 3 Stnt.) 871. ** ℳ 6,40.
Suppl. au 3e fasc.: Mantides. (S. 363—460 mit 1 Stnt.) 871. ** ℳ 4.80.

Saussure, Henri de, Mélanges orthoptérologiques. 4. Fasc. [Tome II.]: Mantides et Blattides. gr. 4. Ebendas. 872. *

Saussure, Henri de, Mélanges orthoptérologiques Ve fasc: Gryllides. pages 169 à 504 pl. 11 à 15. 4. Genève et Bâle, H. Georg. 1877. 10. —

Saussure, Henri de. Mélanges orthoptérologiques. VIe fasc.: Gryllides, 2e partie. p. 509 à 836 et pl. 16 à 19. In-8⁰. Genève et Bâle, Georg 1878.
Prix de l'ouvrage maintenant complet 55 —

Saussure, Henri de, mémoires (IVme mémoire) pour servir à l'histoire naturelle du Mexique, des Antilles et des Etats-Unis. Tome II. 1re partie. Synopsis des Mantides Américains. 186 pp. et 2 planches in-4. Genève et Bâle, H. Georg. 1871. 8. —
— Prix du Tome I (1858 à 60) 496 pp. et 15 planches in-4. Fr. 45. —

Saussure, Henri de, und Zehntner, Leo. Myriopoden aus Madagaskar und Zanzibar, gesammelt von Dr. A[lfred] Voeltzkow, bearb. von Henri de Saussure und Leo Zehntner. Mit zwei Tafeln. Sonderabdruck [d. i. Ausschnitt] aus den Abhandlungen der Senckenbergischen naturforschenden Gesellschaft, Band 26, Heft 4. (Voeltzkow, Wissenschaftliche Ergebnisse der Reisen in Madagaskar und Ost-Afrika i. d. Jahren 1889—1895, Bd. 2). IV S. + S. 425—460. 4. Frankfurt a. M., Komm. Moritz Diesterweg, 1901. [M. 4. —]

Saussure, H. de, Notice biographique sur Eduard-René Claparède. Avec portrait. 28 pp. in-4. Genève & Bâle, H. Georg 1873 2. —

— Orthoptera. gr. 4. (S. 569—664 m. 2 Taf. u. 2 Bl. Erklärgn.) Ebd. 899. n. 7. —

Saussure, H. de. Prodromus Oedipodiorum insectorum ex ordine orthopterorum. In-4⁰, 255 p. Genève, Bâle, Georg 1893. 15 —

Saussure, Henri. Die Reblaus. Baden 1871. Ü: *Erismann, Ad.* (BSchwLk V, 9 a b)

Saussure, Henricus de. Spicilegia entomologica genavensia. I. Genre Hemimerus. In-4⁰. 26 p. avec pl. Genève et Bâle, H. Georg 1879. 2 50

Saussure, H. de. Spicilegia entomologica genavensis. 2. Tribu des Pamphagiens. In-4⁰, 94 p., avec 2 planches. Genève et Bâle, H. Georg. 1887

Saussure, Horace Benoit de

— kurzer Bericht von e. Reise auf d. Gipfel des Montblanc. 8. Straßb. 788. Akadem. B. 3 gr.

v. Saussure, Horat. Bdkt., Essais sur l'Hygrométrie, avec fig. 8. Bern 783. Haller. 1 ∲ 16 gr.

— manière de provigner la Vigne sans engrais. 8. Bern 775. Typogr. Soc. 3 gr.

Saussure, de: Eine Methode, den Weinstock ohne Dünger fortzupflanzen. In Abhandlungen und Beobachtungen durch die ökonomische Gesellschaft zu Bern gesammelt. 14. Bern 1773. -- 17°
Bibliotheca oenologica: Bern 1775. -- Dochnahl: Bern 1775. -- Gatterer: Saussure. Bern 1775. -- Thienemann: Saussure. Bern 1775. In: Sammlung der Berner ökonomischen Gesellschaft. Jg. 4. Stück 1. -- Weber: Saussure. Bern 1775.

— Methode, d. Weinstock ohne Dünger fortzupflanzen. 8. Bern 775. Typograph. Soc. 2 gr.

Saussure, H.-B. de, le Montblanc et sa première ascension, s.: Schulbibliothek französischer u. englischer Prosaschriften aus der neueren Zeit.

— Nachr. v. einer Alpenreise. 8. Berl. 780. Lange. 2 gr.

— Recherches chymiques sur la végitation. 8. Strassb. ... Treuttel u. W. 2 ∲

— — s.a. Saussure, Nicolas Théodore de

Saussure, Horace Benoit de. Reisen durch die Alpen ... A. d. Franz. Leipzig 1781—87. Ü: *Wyttenbach, Jacob Samuel.* (EngG) (Gatterer, Repert. d. minerol. Litt. Giessen 1798—99. I, 177.) »1781—88« (Ky)

— Reisen durch die Alpen; nebst e. Versuch üb. die Naturgeschichte d. Gegend um Genf; aus d. Französ. (v. J. S. Wyttenbach). 4 Thle. Mit Kpf. gr. 8. Leipz. 781—88. (Gleditsch). (Brockhaus). 4 ℔ 16 gr

— chem. Untersuchung von d. Vegetation; aus d. Französ. mit Anh. v. F. S. Voigt. Mit Kpf. gr. 8. Lpz. 805. Reclam. 2 ℔

— — s.a. Saussure, Nicolas Théodore de

Saussure, Horace Bénédicte de. Versuch üb. die Hygrometrie, s.a. Ostwald's, W.. Klassiker d. exacten Wiss.

Saussure, H. B. de. Versuch über die Hygrometrie; A. d. Franz. Leipz. 1784. Ü: *Tietz (Titius), Joh. Dan.* (ML)

— Versuch üb. die Hygrometrie; aus d. Französ. 8. Leipz. 784. (Brockhaus). 1 ℔ 4 gr

— Versuch üb. d. Hygrometrie, a. d. Franz. 8. Leipz. Junius. (Gleditsch.) 784.

Saussure, Horace Bénédicte de. Versuch über die Hygrometrie. Von Horace Bénédicte de Saussure, Professorn ... zu Genf. Neuchatel, 1783. Mit ... [Illustrationen] hrg. von A[rthur] J[oachim] von Oettingen. 2 Hefte. 8. Leipzig, Wilhelm Engelmann, 1900.

Heft 1: I. Versuch. Beschreibung eines neuen vergleichbaren Hygrometers. — II. Versuch. Theorie der Hygrometrie. Mit einer Tafel und Vignette hrg. .... 168 S. 1900. (M. 2.60)
Heft 2: III. Versuch. Theorie der Ausdünstung. — IV. Versuch. Anwendung der vorhergehenden Theorie auf einige Phänomene der Meteorologie. Mit zwei Figuren hrg. .... 170 S. 1900 [*d. i.* October 1901]. (M. 2.40)

(Ostwald's Klassiker der exakten Wissenschaften. Nr. 115 *u.* 119.)

— Voyage dans les Alpes, précédé d'un essai sur l'histoire naturelle des environs de Génève, av. fig. 2 Vol. 4. Basle, Flick. 779.

— le II et IIIme Voyage aux Alpes. 2 Vol. gr. 8. Berne 776.

— — le même. 4. Berne. 776.

— Voyages dans les Alpes, précédée d'un essai sur l'histoire naturelle des environs de Génève, avec fig. II Vols. 4. Basel 779. (Neukirch). 10 ℔ 16 gr gr. 4. IV Vols. av. fig. 796. (Leipz., Nauck). 20 ℔ gr. 8. VIII Vols. av. fig. 796. (le même). 14 ℔

• **Saussure, H. B. de,** Voyages dans les Alpes, précédé d'un essai sur l'histoire naturelle des environs de Génève. IV Vol. av. fig. gr. 4. Leips. Sommer. 796. a

— — le même. VIII Vol. av. fig. gr. 8. la même. a

Saussure: Über die Weingährung. Augsburg 1841. [Zit. nach BJ]

Saussure, Nicolas Théodore de

Saussure, Thdr. de, chemische Untersuchungen über die Vegetation, s.a. Ostwald's Klassiker der exakten Wissenschaften. •

Saussure, (Nicolas) Théodore de: Chemische Untersuchungen über die Vegetation. (Recherches chimiques sur la végétation. Dt.) Übers. von F(riedrich) S(iegmund) Voigt. 102 S., gbd., 1 Taf.

Leipzig: Reclam 1805

JB 341

SAUSSURE, NICOLAS THÉODORE DE.
Recherches chimiques sur la végétation. Paris, 1804. 8vo.
Chemische Untersuchung über die Vegetation. Uebersetzt von Wieler. Leipzig, 1890. 8vo.

— — s.a. Saussure, Horace Benoit de

Saussure, Théodore de, s.a. Saussure, Nicolas Théodore de

Saussure, Th. de, Beaux-Arts, s. Weltausstellung, internationale, 1878 in Paris.

(S[aussure], Th[éodore] de.) James Fazy (geb. 1794). Sein Leben und Treiben. SA. 8. Zürich 1865.

Saussure, Thdr. v., Jenatsch od. Graubünden während d. 30jährigen Krieges. Ein historisch-dramatisches Gedicht in 5 Aufzügen. 8. (VI, 90 S.) Chur 886. (Hitz.) n. 2. —

Saussure, Thdr. v., Jenatsch od. Graubünden während d. 30jähr. Krieges. Ein histor. Schauspiel in 5 Aufzügen. 2. Aufl. 8. (VIII, 92 S.) Chur 893. (Hitz.) n. 2. —

Saussure, T. de, Rapport sur de beaux-arts, s.: Welt-Ausstellung, Wiener.

Saussure, Théod. de, le siége de Musso. Drame historique en 5 actes en vers. VI et 112 pp. in-12. Genève et Bâle, H. Georg 1872. 2. —

Saussy, Victorien de, s. Saussay.

Saust, Heinr., Tabellen zur schnellsten Zinsenberechnung. D. R-G.-M. No. 312042. (In deutscher, französ. u. engl. Sprache.) (54 S.) 30,5×21 cm. Dresden (908). G. Kühtmann. 4.—; geb. in Leinw. 5. —

— Tabellen zur schnellsten Zinsenermittelung aus Zinszahlen. (D.R.G.M. 336961.) (11 S.) gr. 8. Eilsleben (910). (Stuttgart, F. Leupoldt.) 1. —

Sautel, Just., Lusus poët. allegorici. 12. Basle, Thourneyson. 772.

Sautelet, N. B., Analyse synthétique et théorie de la langue française. Exposition de la méthode. 8. (20½ B.) Cologne 833, DuMont-Schauberg.

***Sautelet,* N. B.,** s. *Cologne* et Bonn.

— s. M. J. De Noel, la Cathedrale de Cologne.

Sauter's Annalen f. Gesundheitspflege. Monatsschrift des Sauter'schen Institutes in Genf, hrsg. in deutscher, französ., span. u. portugies. Sprache unter Mitwirkg. v. Aerzten, Praktikern u. geheilten Kranken. 15. u. 16. Jahrg. der deutschen Ausg. 1905 u. 1906. à 12 Nrn. (à Jhrg. 144 S.) gr. 8. Genf (R. Burkhardt).
Vergl.: Annalen f. Sauter's Homöopathie. à Jhrg. n. n. 1. —

Sauter's Annalen f. Gesundheitspflege. Monatsschrift des Sauter'schen Institutes in Genf, hrsg. in deutscher, französischer, span. u. portugies. Sprache unter Mitwirkg. v. Aerzten, Praktikern u. geheilten Kranken. 17.—20. Jahrg. der deutschen Ausg. 1907—1910. à 12 Nrn. (à Jahrg. IV, 144 S.) gr. 8. Genf, (R. Burkhardt). à Jahrg. nn 1. —

Sauter (Oberbaurat) Beschreibung des neuen Realgymnasiums. 7 S. u. 2 Taf. Progr. Rg. *Stuttgart* 1883.

Sauter, der neueste u. zuverlässigste Launenbändiger f. Jung u. Alt. Ein Büchlein voll interessanter Anekdoten, Witze rc. 2. Aufl. 16. (7 B.) 843. 3¾ Ngr. u. 3., verb. u. verm. Aufl. 8. (6 B.) Ulm 844. [Adorf, Müller.]

Sauter, A., der Einsiedler im Atlas-Gebirge. Eine seltsame Lebensgeschichte eines Deutschen f. die reifere Jugend. Mit 8 Kpfrn. Stuttgart 853. Erhard. 8. (VIII, 314 S.) 1 ₰. 10 ngr.

Sauter, A., die Gewerbefreiheit in der Pharmacie. gr. 8. (51 S.) Genf 881. Müller. *

Sauter, A., Graf Mattei v. Bologna, sein Thun u. sein Ruhm. Beilage zu den „Annalen der Electro-Homöopathie u. Gesundheitspflege". gr. 8. (22 S.) Genf 892. (R. Burkhardt.) n. — 50

Sauter, Anton

Sauter, A., s.: Berichte d. Forstvereines f. Nordtirol.

Sauter, Ant., Flora der Gefässpflanzen des Herzogthums Salzburg. Verzeichniss der im Herzogthum Salzburg aufgefundenen wilden, verwilderten und häufig kultivirten Gefässpflanzen, geordnet nach De Candolle's und Endlicher's natürl. Systeme, mit Angabe der Vorkommens-Verhältnisse und bei nicht gemeinen der Standorte zum Behufe botan. Ausflüge. 2. verm. Aufl. 8. (X, 155 S.) Salzburg 879, Mayrische Buchh. *

Sauter, Anton E., Flora d. Herzogth. Salzburg. 1—5. Thl. [Aus: „Mittheilgn. f. salzburg. Landeskunde."] gr. 8. Salzburg 866—72. (Mayr.) n. 5. 60
1. Allgemeiner Thl. (68 S.) 2. Die Gefäßpflanzen. (203 S.) n. 2. 70
3. Die Laubmoose. (83 S.) n. — 80
4. Die Lebermoose. (37 S.) n. — 60
5. Die Flechten. (116 S.) n. 1. 50

Sauter, Arsen., († ...) der das Leiden Jesu Christi mit Andacht betrachtende u. Gott anbetende Christ. 8. Augsb. 790. Rieger. 9 xr.

— convenientia, utilitas et necessitas philosophiae ad hominem religiosum comparatae. 8. Bamb. 767.

Sauter, Bened., O. S. B., der hl. Vater Benediktus nach St. Gregor dem Großen. Zum 13. Zentenarium des hl. Gregor hrsg. v. seinen Mönchen. (X, 282 S.) gr. 8. Freiburg i/B. 904. Herder. n. 3. —; geb. in Leinw. n. 4. 50

— der liturgische Choral. Hrsg. v. seinen Mönchen. (VII, 86 S.) gr. 8. Ebd. 903. n. 1. —; geb. in Leinw. n. 1. 50

— die Evangelien der Fastenzeit im Anschluß an die „Sonntagsschule des Herrn". Hrsg. von seinen Mönchen. (VIII, 538 S.) gr. 8. Ebd. 903. n. 4. —; geb. in Leinw. n. 5. —

Sauter, Benediktus, O. S. B., die Feiertagsepisteln im Anschluß an die „Sonntagsschule des Herrn". Hrsg. v. seinen Mönchen. (VIII, 5[illegible] S.) 8. Freiburg i/B. 909. Herder. [illegible]40; geb. in Leinw. 6. 40

Sauter, Benedikt, O. S. B., Kolloquien üb. die hl. Regel. Dem Druck übergeben v. seinen Mönchen. 2. Aufl. gr. 8. (VII, 409 S.) Freiburg i/B. 901. Herder. n. 4. —; geb. in Leinw. n. 5. 40

— Kolloquien üb. die hl. Regel. Dem Druck übergeben v. seinen Mönchen. 3., verb. Aufl. (IX, 384 S.) gr. 8. Ebd. 907. 4.—; geb. in Leinw. 5. 40

Sauter, Benedikt, das hl. Meßopfer od. die liturgische Feier der hl. Messe, erklärt. gr. 8. (VII, 352 S.) Paderborn 894. F. Schöningh. n. 2. 40

— das hl. Meßopfer od. die liturgische Feier der hl. Messe, erklärt. 2. Aufl. gr. 8. (VII, 352 S.) Paderborn 902. F. Schöningh. n. 2. 40; geb. n. 3. 40

— Das hl. Meßopfer od. die liturg. Feier der hl. Messe nach röm. Ritus, erklärt. 3. Aufl. (VII, 452 S.) 8. Paderborn 909. F. Schöningh. 3. —

— des hl. Papstes Gregorius des Großen Pastoral-Regel. Zum 13. Zentenarium des hl. Gregor, hrsg. v. seinen Mönchen. (XIV, 486 S.) 8. Ebd. 904. n. 4. —; geb. in Leinw. n. 5. 60

— Die Sonntagsepisteln im Anschluß an die „Sonntagsschule des Herrn". Hrsg. v. seinen Mönchen. (VIII, 583 S.) 8. Freiburg i/B. 907. Herder. 4.—; geb. in Leinw. 5. —

— die Sonntagsschule des Herrn od. die Sonn- u. Feiertagsevangelien des Kirchenjahrs. Dem Druck übergeben v. seinen Mönchen. 2 Bde. gr. 8. Freiburg i/B. Herder. n. 6. —; geb. in Leinw. n. 8. —
1. Die Sonntagsevangelien. (VIII, 471 S.) 901. n. 3. 20; geb. n. 4. 20
2. Die Feiertagsevangelien. (IV, 388 S.) 902. n. 2. 80; geb. n. 3. 80

— Die Sonntagsschule des Herrn od. die Sonn- u. Feiertagsevangelien des Kirchenjahrs. Dem Druck übergeben v. seinen Mönchen. 1. Bd. 8. Freiburg i/B. 909. Herder. 3.80; geb. in Leinw. 4. 70
1. Die Sonntagsevangelien. 2., verb. Aufl. (VIII, 441 S.)

Sauter, Cornelie, s. Sauter, Kornelie

Sautter, E.: Wenn's am besten schmeckt. Von —. Breslau: S. Schottlaender 1902. (130 S.) 8°

Sauter, Eduard Gustav Friedrich, s. Sauter, Friedrich

Sauter, Eugen. Herder und Buffon. Diss. Phil. Basel. IV + 95 S. 8. Rixheim, F. Sutter & Cie., 1910.

Sauter, Ferd., Gedichte. Mit des Dichters Lebensskizze aus dessen Nachlasse herausg. von Jul. von der Traun. Wien 855. Tendler u. Co. 8. (XXX, 196 S.) n. 1 ₰.

Sauter, Ferd., Gedichte aus d. Nachlaß. M. e. Vorwort von Karl v. Thaler. M. 2 Porträts, wovon e. Jugendbild nach Mor. v. Schwind. 8. (IV, 76 S.) Wien 895. C. Teufen. n. 2. 60

SAUTER, Fidelis (Grafertshofen): De natura contra morbos luctante.- Monachii: Wolf 1834. 16 S. 4.6.1834 - Urk; F 61
Diss. Ingolst.-Landsh.-**Mchn.**

Sauter, Frz., **diplomatisches A. B. C. Schlüssel zum Verständniss u. Lesen alter Handschriften,** Urkunden, Stein-Inschriften, Glocken-Inschriften, Münzen, Siegel, Wappen etc. Fol. (13 theilw. color. Steintaf.) Stuttgart 874. Bruchmann. In Mappe. n. 15. —

Sauter F, Alphabete, Zahlzeichen, Abbreviaturen und Textproben von Manuskripten etc. vom 6.-16. Jahrhundert. (13 T) fol Ravensburg 1870

Sauter, Frz., Teutschland zur Zeit der größten Schmach oder wie zur Zeit, da Teutschland seine Selbstständigkeit verloren, Görres, Arnim und Brentano die Nation durch Hinweisung auf die glorreiche Vergangenheit für die höchsten Güter des irdischen Lebens: für Vaterland, Recht u. Ehre zu entflammen suchten. 1. Thl. Ulm 861. (Ravensburg, Dorn.) 8. (2 Bl., 106 S.) n. 16 ngr.

Sauter, Franz, Lieut. im 18. Inft.-Reg. Die Entstehung des topographischen Bureaus des k. bayer. Generalstabes. Mit einem Bildniss und einer Karte. 8. München **1882.**

— **aesthetische Excursionen.** 8. (255 S.) Leipzig 874. E. J. Günther. n. 3. —

Sauter, Frz., **die Klöster Württembergs.** Alphabetische Uebersicht der Abteien, Chorherrnstifte, Probsteien etc. Theilweise nach archival. Quellen. gr. 8. (64 S.) Stuttgart 879, Lemppenau. *

—— der Vielwisser. Kleinstes Auskunfts-Lerikon. Praktisches Merk- und Nachschlagebüchlein über Natur-, Erd-, Länder- und Völkerkunde, sowie über allgemein Wissenswerthes. 16. (VII, 191 S.) Stuttgart 873, Galler. *

—— dass. — Neuestes kleinstes Auskunfts-Lerikon rc. 16. (VII, 148 S.) Bremen 875, Nordwest-Deutscher Volksschriften-Verlag. *

— **der Vielwisser. Kleinstes Auskunfts-Lexikon.** Praktisches Merk- u. Nachschlage-Büchlein üb. Natur-, Erd-, Länder- u. Völkerkunde, sowie üb. allgemein Wissenswerthes. 2. Aufl. 16. (VII, 191 S.) Stuttgart 876. Gutzkow. — 60

Sauter, Frdr., Kartenkunde, s.: Gelcich, Eug.

Sauter, F., Kartenkunde, s.: Sammlung Göschen. (Gelcich, Eug.)

— üb. Kugelblitze, s.a Sammlung gemeinverständlicher wissenschaftl. Vorträge.

Sauter, *Friedrich* Ueber Kugelblitze. I. Teil: Theorie der Kugelblitze. 4 (16 S., 1 S. Berichtigungen).
Progr. Rg. u. Realanstalt *Ulm* 1890 (zu 587).

Sauter, *Eduard Gustav Fr.* [Prof.]: Ueber Kugelblitze. II. Tl: Beispiele v. Kugelblitzen. (Forts. d. P-Beil. 1890.) Ulm, gedr. bei Gebr. Nübling, 1892; 1 Bl., 37 S. 4.
Ulm, k. RG u. k. RA, P 1892 (595)

Sauter F. über Kugelblitze. (Sammlg wissensch. Vortr. NF 220) Hamburg 1895

Sauter, Friedrich Johann, a. Wengen, Rechtsprakt. am Kgl. Landgerichte München I: Die Exemption ausländischer Staaten von der inländischen Zivilgerichtsbarkeit. Freising 1907: A. Wartnuth. (V, 59 S.) 8° [F.]
Erlangen, Jur. Fak., Ref. Oertmann, Diss. v. 27. Febr. 1908
[Geb. 28. Mai 82 Wengen (Bez. Neuburg a. D.); Wohnort: München; Staatsangeh.: Bayern; Vorbildung: Gymn. Neuburg Reife M. 01; Studium: München 8 S.; Rig. 3. Dez. 07.]

Sauter, Fritz, das Berufsgeheimnis u. sein strafrechtlicher Schutz, s.a. **Abhandlungen,** strafrechtliche. Heft 123.

Das Berufsgeheimnis und sein strafrechtlicher Schutz. (§ 300 R.St.G.B.) Von Dr. jur. Fritz **Sauter.** Breslau: Schletter 1910. XVI, 318 S. 8°
(Strafrechtliche Abhandlungen. H. 123.) [10. 10513 2

Sauter, Fritz, Rechtsprakt.: Geschichte und Zweck des Berufsgeheimnisses. Breslau: Schletter 1910. XIV, 52 S. 8°
¶ (Ersch. vollst. u. d. T.: Das Berufsgeheimnis u. s. strafrechtl. Schutz, als: Strafrechtliche Abhandlungen. H. 115.)
München, Jur. Diss. v. 4. Juli 1910, Ref. v. Ullmann
[Geb. 14. Juli 84 Markt Neuhof; Wohnort: München; Staatsangeh.: Bayern; Vorbildung: Maximilians-Gymn. München Reife Juli 03; Studium: München 8 S.; Rig. 4. Juli 10.] [U 10. 3433

Sauter, G., Dolmetscher f. Reisende u. Laden-Personal. Deutsch, Englisch, Französisch, Italienisch. 2. Aufl. gr. 16. (80 S.) München 890. Ebentheuer. geb. n. 1. 50

Sauter, Gottlieb, appr. Tierarzt: Aus d. pharmakol. Inst. d. Univ. Gießen. Zur Kritik der Fettbestimmung im Blute. Gießen 1909: Brühl. 21 S. 8°
Gießen, Veterinär-Med. Diss. v. 14. Juli 1909, Ref. Geppert
[Geb. 15. Juli 84 Sulzfeld; Wohnort: Gießen; Staatsangeh.: Baden; Vorbildung: Oberrealsch. Karlsruhe Reife Juli 04; Studium: Tierärztl. Hochschulen Stuttgart 4, Hannover 1, Stuttgart 2 S.; Rig. 18. Juni 09.] [U 09. 1167

Sauter, H., Preis-Calculationen, s.: **Krumsieg,** L.

Sauter, J. L., s. Volksschulfreund, der, eine Zeitschrift.

Sauter, Johann G.

Sauter, zur Hexenbulle **1484.** Die Hexerei m. besond. Berücksicht. Oberschwabens. Eine culturhistor. Studie. gr. 8. (82 S.) Ulm 884. Ebner. 1. 50

Sauter, Dr., Die Hexerei mit besonderer Berücksichtigung Oberschwabens. Zur Hexenbulle 1484. Eine kulturhistorische Studie. Ulm 1884. 8°. (1 Mk. 50 Pfg. E. Frensdorff, c. 1907.)

Sauter, (Joh. G.), **Kirchengeschichte Schwabens bis zur Zeit der Hohenstaufen.** Nördlingen 864. Beck. Lex.-8. (VI, 239 S.) 1 ℛ

Sauter, Kirchengeschichte Schwabens bis zur Zeit der Hohenstaufen. Lex.-8. (VI und 239 S.) Nördlingen 866, Beck'sche Buchh.

Sauter, Joh. G., Leben und Wirken des königl. Missionärs P. Jacob Brydaine. Ein Musterbild für Priester, zugleich ein kleiner Beitrag zur Pastoral und Homiletik. Nach Abbé Carron. 16. (VIII und 63 S. mit Titelkpfr. in Holzschn.) Ulm 860, Ebner'sche Buchh.

—— Opfertod der 700 Schwaben für die Sache des heil. Stuhles unter Papst Leo IX. bei Civitella den 18. Juni 1053. Ein Peterspfennig. 8. (40 S.) Schw.-Gmünd 863, Schmid.

Sauter, Jh. Lhrd., Conseillier d'état, od. dessen gründl. u. vollkommener Staatsermesser üb. Alles, was zu einer Stadt, Republik, Fürstenth., Königr. Verfassung, Befestigung, Erweiterung u. Beglückung erforderl. wird, gezog. aus d. Cardinal Richelieu u. Mazarin rc. Denk- u. Staatsschriften. 8. Leipz. 784. Weidmann. 12 ℊ

Sauter, Joh(ann) Nep(omuk): Anweisung, die Beinbrüche der Gliedmaßen, vorzüglich die complicirten und den Schenkelbeinhalsbruch nach einer neuen, leichten, einfachen und wohlfeilen Methode ohne Schienen sicher und bequem zu heilen. 350 S., gbd., 5 Taf.

Konstanz: Selbstverlag 1812

JB 3.074

Sauter, Jh. Nep., Anweis., die Beinbrüche nach e. neuen einfachen u. wohlfeil. Methode ohne Schienen sicher u. bequem zu heilen. Mit 5 Kpf. 8. Konstanz 812. (Winterth., Steiner). 2 ƒ

Sauter, Joh(ann) Nepomuk: Die Behandlung der Hundswuth in polizeilicher, prophylaktischer und therapeutischer Hinsicht. 180 S., gbd.

Konstanz: Huber 1838

JB 5.199

Sauter, Joh(ann) Nepomuk: Die Behandlung der Hundswuth in polizeilicher, prophylaktischer und therapeutischer Hinsicht. 180 S., gbd.

Konstanz: Bannhard 1845

JB 5.200

Sauter, Joh. Nep., die Behandlung der Hundswuth in polizeilicher, prophylaktischer u. therapeut. Hinsicht. gr. 8. (11⅞ B.) Konstanz 845, [Meck.] –

— Beitrr. zur Kenntniß u. Heilung d. Rindviehseuche. 8. Ulm 803. Stettin. 12 gl.

Sauter J. N.: Beyträge z. Kenntniss u. Heilung d. Rindviehseuche. Ulm 1804. 175 S.

— Beschreib. d. Getreideschänders (Tipula curculio), eines dem Getreide höchst schädl. Insekts. gr. 8. Winterth. 817. Steiner. 5 gl.

Sauter, J[ohann Nepomuk]. Beschreibung des Bad- und Molkenkurorts Gonten im Kanton Appenzell Innerrhoden und gesammelte Erfahrungen von Krankheiten seit 8 Jahren. Mit einer lithographirten Tafel. 2. vermehrte Aufl. 8. Konstanz 1847.

Sauter, J[ohann Nepomuk]. Beschreibung vom Gonten-Bad ... im Kanton Appenzell Innerrhoden. Mit einer Ansicht [Tafel]. 3. Aufl. 8. Konstanz 1856.

Sauter, Joh[ann] Nepomuk. Beschreibung der Mineral-Quelle zu Ueberlingen am Bodensee, ihrer grossen heilkraftigen Wirkungen .... [Mit 2 Tafeln.] 8. Konstanz 1836.

Sauter, Joh(ann) Nep(omuk): Die gänzliche Exstirpation der carcinomatösen Gebärmutter ohne selbst entstandenen oder künstlich bewirkten Vorfall vorgenommen und glücklich vollführt; mit näherer Anleitung, wie diese Operation gemacht werden kann. 190 S., gbd., 2 Taf.

Constanz: Wallis 1822

JB 3.836

—— die Lungenseuche d. Rindviehes, ihr Wesen u. die Beweise zu ihrer gänzl. Verbannung aus uns. Gauen. gr. 8. (12 B.) Winterthur 835, Steiner'sche Buchh.

Sauter, Josef

— libellus precum pro literarum studiosis. 8. Regensb. 792.

Sauter, Joseph [von Genf]: Die Magnetisirung eines Ringes durch eine teilweise Bewickelung. Uster-Zürich 1898. 26 S. (Mit 1 Tabelle.) 8⁰.
Zürich. Phil. Diss. II. S. 1897/98.

Sauter, Jos., nimm mich mit! Kleiner Ratgeber f. die nach dem neuen Einkommensteuergesetz steuerpflicht. Personen. 2., verm. u. verb. Aufl. (63 S.) kl. 8. Stuttgart (904). (P. Mähler.) n. — 50

Sauter, Jos., latein. Sprachlehre, nebst e. Anh. v. d. Schreibart. 8. ... 781.

SAUTER, Josef Alois (Kirchhaslach): An lumen arteriae in continuitate ligatae sua sponte recludatur ligatura per suppurationem remota.- Augsburg 1845. 72 S.
5.7.1843 - Urk; F 66
Diss. Ingolst.-Landsh.-München.

Sauter, Josef Anton

— fundamenta juris ecclesiastici Catholicorum; in usus scholasticos conscripsit. 8. Freiburg 805.

Sauter, Jos. Ant., († d. 6. April 1817.) fundamenta juris ecclesiastici catholicorum. VI Ptes. 8maj. Freiburg. 809—16. (Ed. II. p. 1 et 2. 810.) Ed. III. II Voll. (VI Ptes.) 8. ibid. 825, 26. Herder. 3 ƒ 14 gl.

Sauter, J. A., Fundamenta juris ecclesiast. Catholicorum. IV Tomi. Ed. IIda. 8maj. Freiburgae, Herder. 814. Rthlr.

Sauter, J. A., fundamenta juris ecclesiastici catholicorum. Pars V. Edit. 2da emend. et aucta. 8maj. Friburgi, Herder. 816.

Sauter, J. A., Fundamenta juris ecclesiastici catholicorum. II Vol. (s. VI Pts.) Edit. III. 8. (62 B.) Rotwilae 825, 26, Herder.

— institut. logicae. 8. Freiburg 792. Wagner. 15 gl.

s. Maltheserorden, üb. den.

— positiones logicae, exercitationum scholasticarum materia. 8. Freiburg 778. Wagner. 7 gl.

s. Positiones de summo Pontifice.

— über die Religiosität des Maltheserordens. 8. Freiburg 797. Wagner. 6 gl.

— üb. d. patriot. Wort zu seiner Zeit, welches Dr. H., ein kathol. Canonist, z. baldigen Wiederherstellung e. kathol. Kirchenverfassung in d. rhein. Bundesstaaten ausgesprochen hat. 8. Freiburg 812. Herder. 6 gl.

Sauter, Karl, Betrachtungen üb. das Verfahren in bürgerlichen Rechtsstreitigkeiten u. Vorschläge zu dessen Änderung. (38 S.) 8. Karlsruhe (908). F. Gutsch. — 60

— Badisches bürgerliches Recht. Eine übersichtl. Darstellg. des Landesrechts. (VIII, 90 S.) gr. 8. Ebd. (909). 2. —

— Das Recht des Bundesrats besonders nach Artikel 7 der Reichsverfassung. Anh.: Die wichtigsten Verfassungsbestimmgn. (VI, 33 S.) gr. 8. Karlsruhe. 909. J. Lang. — 70

— Die Verantwortlichkeit des Reichskanzlers als Aufgabe des Verfassungsrechts. Anh.: Das Recht der Beschwerde u. Ministeranklage in verschiedenen Bundesstaaten. (IV, 31 S.) gr. 8. Ebd. 909. — 70

Sauter, Kornelie

Sauter, Cornelie. Kindergeschichten. Unsern Knaben u. Mädchen erzählt. Mit 4 Farbendr.-Bildern. gr. 8. (175 S.) Stuttg. 892, Thienemann. geb. * 3 —

Sauter, Cornelie, Kindergeschichten. Unsern Knaben u. Mädchen erzählt. Mit 4 Farbendr.-Bildern nach Aquarellen v. M. Flashar. gr. 8. (175 S.) Stuttgart 894. K. Thienemann. Geb. in Leinw. n. 3. —

SAUTER, CORNELIE. *Kindergeschichten.* Mit 4 Farbendruckbildern v. M. FLASHAR. Stuttgart, Thienemann [c. 1895]. 8°. Orlwd. m. farb. Deckelbild. 8.—

Sauter, Kornelie, Kindergeschichten. Unsern Knaben und Mädchen erzählt. Mit 4 Farbendr.-Bildern nach Aquarellen v. M. Flashar. 4. Aufl. (175 S.) 8. Stuttgart (909). K. Thienemann. Geb. in Leinw. 3. —

Sauter, Cornelie, d. Maikönigin, s.: Jugendbühne. Ernste u. heit. Theaterstücke, 2. Bdchn.

Sauter, Richard: Ein Fall von Gallertcarcinom der Harnblase. *München 1898: Kastner & Lossen.* (31 S.) 8°
München, Med. Diss. v. 1898

Sauter, Rich. (geb. Konstanz 2. 2. 1851): Zwei Fälle von Carcinom des Pancreas. Berlin (1874). (32 S.) 8°
Berlin, Med. Diss. v. 4. Aug. 1874

Sauter, Sam. Frdr., ausgew. Gedichte, s. a. Neujahrsblätter der badischen histor. Kommission. N. F. 5.

Sauter, Samuel Friedrich: Ausgewählte Gedichte. Eingeleitet u. hrsg. von Eugen Kilian. Mit 2 Bild. Heidelberg: C. Winter 1902. (XXXI, 78 S.) 8°
= Neujahrsblätter d. Badischen Hist. Kommission. N. F. 5.

Sauter, Sam. Frdr. (geb. zu Flehingen in Baden, am 10. Novbr. 1766, als Sohn eines Gastwirths u. Bäckermeisters, † das. 14. Juli 1846), die sämmtlichen Gedichte des alten Dorfschulmeisters — — —, welcher anfänglich in Flehingen, dann in Zaisenhausen war und als Pensionär wieder in Flehingen wohnt. Mit 2 lithogr. Abbild. (Portr. d. Vf. u. die neue Kirche in Zaisenhausen). Auf Kosten d. Vf. Karlsruhe, in Commiss. bei Creuzbauer u. Hasper. 1845. Kl. 8°. Hlwdb., wie neu, aber oben etw. kurzrandig.
VIII–477 S., 1 Bl. Err. Vergriffen! Enth. u. a. 11 Bau- u. Zunftsprüche, 46 „Volkslieder", 15 jüdische Stücke (S. 358–379), die gesammten Kegelregeln in Reimen etc.

Sauter's, Sam. Fr., des alten Dorfschulmeisters, welcher anfänglich in Flehingen, dann in Zaisenhausen war u. als Pensionair wieder in Flehingen wohnt, sämmtliche Gedichte. 8. (31½ B. u. 2 Abbild.) Karlsruhe 845. (Leipzig, Wilh. Engelmann.) *

Sautter, Sam. Fr., s. Krämer Michel.

— s.a. Volkslieder u. and. Reime.

* **SAUTER,** Sam. Friedr., Volkslieder und andere Reimer (so!). Mit Vignetten u. Musikbeilagen. Heidelberg 1811. 8°.
Haydinger's Bibl. I. 1. no. 1795; Anon.-Lex. IV. p. 334

SAUTER, Theodor (Mindelheim): (Titel nicht festgestellt)
22.7.1872 - Chr 1871/72,20
Diss. Ingolst.-Landsh.-Mchn.

Sauter, B., vollständige Katechesen f. die Kinder d. ersten u. zweiten Schuljahres. gr. 8. (VII, 77 S.) Spaichingen 874. Kupferschmid. n. — 60

Sautermeister, Anton, a. Rottweil a. N.: I. Einwirkung von Kalkhydrat auf Milchzucker. II. Derivate der Meta- und Parasaccharopentose. Freiburg i. Br. 1907: U. Hochreuther. (41 S.) 8°
Freiburg i. B., Phil. Fak., Ref. Gattermann, Diss. v. 1907
[Geb. 15. Juni 80 Rottweil; Wohnort: Rottweil; Staatsangeh.: Württemberg; Vorbildung: Gymn. Rottweil Reife Juli 99; Studium: Freiburg i. B. 7 S.; Rig. 8. Nov. 07.]

Sautermeister, Constantin, s. Sautermeister, Konstantin

Sautermeister, Franz Xaver

— s. Hiesel, die baierische.

Sautermeister, Frz. Xav., 7 geistl. Reden in d. heil. Fastenzeit vorgetragen. 8. Augsb. 783. Rieger. 7 gr.

— Samml. auserles. Lob- u. Ehrenreden. 1r Bd. 8. Kempt. 782.

Sautermeister, Konstantin

Sautermeister, Constantin, aus Tübingen: **Condensation** mehrwertiger Phenole mit 2.4-Diaethoxybenzoylaceton zu 1.4-Benzopyranolen und Synthese des Resaceteïns. *Tübingen 1904: G. Schnürlen.* (86 S.) 8°
Tübingen, Naturw. Diss. v. 1904

Sautermeister, Const., Condensation mehrwertiger Phenole m. 2. 4. Diaethoxybenzoylaceton zu 1. 4. Benzopyranolen u. Synthese des Resacteïns. Diss. (86 S.) gr. 8. Tübingen 904. G. Schnürlen. n. 2. —

Sautermeister, Otto, Taxe für den pharmaceutischen Handverkauf. 2. völlig umgearb. Aufl. gr. 8. (IV, 128 S.) Spaichingen 877. Rottweil, Selbstverlag. *

Sautermeister, Otto, Taxe f. den pharmaceutischen Handverkauf. 3., völlig umgearb. Aufl. Lex.-8. (VII, 96 S.) Heilbronn 891. Verlag der süddeutschen Apotheker-Zeitung. 3. —; geb. in Leinw. 3. 50; u. durchsch. 4. —

Sautier, Alfr., die Familienfideikommisse der Stadt u. Republik Luzern, s. a. Abhandlungen zum schweizerischen Recht. 39. Heft.

Sautier, Alfred. Die Familienfideikommisse der Stadt und Republik Luzern. [Mit Figuren.] VIII + 566 S. 8. Bern, Stämpfli & Cie., 1909.
Ausg. A: Diss. Jur. Bern....
Ausg. B: Von Dr. A' S', Luzern. [fr. 12. —.] — Abhandlungen zum schweizerischen Recht.... Heft 39.

Sautier, Heinrich

— s. Erich Servati.

Bruchstücke zur Geschichte der deutschen Freymåurerey, gesamm. von Erich Servati [d. i. Heinr. Sautier], an seinen Freund in W... Mit einem symbol. Kpfr. Basel: Flick 1787. 525, XIII S. 8⁰

Recens: Goué, A. S. v.: Notuma. 2 (1788) S. 158—172.
cf. D. neuesten Religionsbegebenheiten. 12 (1789) S. 336—337.
Kl 29, 32. Beantw. d. 2. Frage: „Und wollt ich einer werden, wo sind die åchten Meister zu Hause?"

§ UEBER die Folgen des geistlichen Cölibats auf das Wohl Katholischer Staaten (von *Henr. Sautier*). Freyburg 1786. 8⁰. (In München: J. can. p. 392.) 79 S. (1 Mk. 60 Pfg. L. Rosenthal, c. 1880: o. O. u. J.)
Anon.-Lex. IV. p. 218. — Gradmann's gelehrtes Schwaben nennt Maxim. Rüth als Verfasser.
— — Dasselbe. Augsburg 1786. 8⁰. 79 S. (1 Mk. Conr. Skopnik, Berlin. 1909.)

s. Glaube des Selbstdenkers.

s. Horaz, Dichtkunst v. Ramler.

— Katechismus z. Ausbild. u. Ausstattung dürft. Bürgerstöchter. Mit 5 Kpf. gr. 8. Freiburg 800. Wagner. 12 Xr

KURZWEILE in Sinngedichten von *Heinrich Sautier*, geb. zu Freiburg i. Br. 10. April 1740. Freyburg i. Br., gedr. u. zu finden bey Joh. Andr. Satron 1774. 8⁰. Titel u. 134 SS. (S. 101 sq. „Appendicula latina".) Selten!
Ueber den Verfasser s. Gradmann's gelehrtes Schwaben (Tub.) 1802. p. 537.

— Kurzweile in Sinngedichten. 8. Freiburg ... Wagner. 6 Xr

— die arme brave Marie, od. d. Bild eines vollkommenen Dienstboten. 6 Thle. Mit Kpf. 8. Freiburg 801. (Wagner). 2 fl 6 Xr

Wider den Freymaurer [Karl Jos.] M[ichaeler] und sein Nötchen von 36 Seiten. Anhang zur Vertheidigung der påpstlichen Bullen gegen die Maurerey. [Von Erich Servati d. i. Heinrich Sautier.] Osbor [Augsburg: Rieger] 1784. 86 S. 8⁰

[Dasselbe.] Ebendas. 123 S. 8⁰ [Zwischentit].
in: Neueste Sammlung jener Schriften, die vor einigen Jahren her üb. verschiedene wichtige Gegenstånde z. Steuer d. Wahrheit im Dr. ersch. sind. 17 (1786) 1. Pag.
cf. D. neuesten Religionsbegebenheiten. 9 (1786) S. 233—234.
Kl. 442. Nach Sommervogel: Bibl. de la Comp. de T. ist auch hier J. A. v. Zallinger zum Thurn Verf. Das Buch: „Ein unbedeutendes Nötchen" von Michaeler lag nicht vor, wird aber von Tt. 1769 erwähnt.

Sautier, Hnr., († d. 31. Mai 1810.) Nachr. üb. Ausbildung u. Ausstattung dürftiger Bürgerstöchter. gr. 8. Freiburg 800.

— die Philantropen v. Freiburg, od. die Stifter u. Wohlthåter d. Hauptst. Freiburg im Breisgau u. d. Albertin. hohen Schule. Mit 1 Grundr. d. Freiburg. Chronik u. 1 Kpf. 8. Freiburg 798. (Wagner). 18 Xr

— der Reim, meist mit d. eigenen Worten d. vornehmsten Kunstrichter beschrieben u. beurtheilt. 8. Freiburg ... Wagner. 6 Xr

Sautier, Hnr., die Stiftung zur Ausstattung u. Ausbildung dürftiger Bürgerstöchter v. 16—21 Jahren. Mit 1 Kpf. gr. 8. Freiburg 800.

Sautier, H., v. Verdienste z. Erlangung e. Schulprämiums. 8. Basel, Flick. 776.

— v. Verdienste z. Erlangung e. Schulprämiums. 8. Basel 776. (Neukirch). 3 Xr

Vertheidigung zwoer påpstlichen Bullen wider den Freymaurer [Karl Jos.] M[ichaeler. Von Erich Servati d. i. Heinr. Sautier.] Osbor [Augsburg]: Rieger 1783. 102 S. 8⁰

[Dasselbe.] Ebendas. 1783. 107 S. 8⁰ (Neueste Sammlung jener Schriften, die vor einigen Jahren her üb. verschiedene wichtige Gegenstånde z. Steuer d. Wahrheit im Dr. ersch. sind. 1785. 16, 4.)
cf. Michaeler, K. J.: Nachtrag einiger Beruhigungen. 1783 S. 50—84.
Kl. 441, Tt. 1769. Gegen Michaelers: „Beruhigung eines Katholiken üb. die påpstl. Bullen" 1782. Nach Sommervogel: Bibl. de la Comp. de T. ist J. A. v. Zallinger zum Thurn Verf.

Warum soll ich ein Freymåurer werden? von Erich Servati [d. i. Heinr. Sautier] an seinen Freund in W... [Nebst] Nachtr. 1. 2. Basel: Flick 1786. XIV, 256 S. 1 Taf. 8⁰ [Kupfertit.]
Nachtr. 1. Nicanor oder d. Aufnahme eines Brůderdieners. S. 105—182; 2. Mak-Benak, oder d. Aufnahme eines Mstr. S. 183—244.
Recens: WJ. 3, 3 (1786) S. 183—184.
cf. D. neuesten Religionsbegebenheiten. 9 (1786) S. 397; FZ. (Neuwied) 1787 S. 161—163.
Kl. 1925, 2031. In Gesprächform greift Verf. die Frmrei von Seiten des Staates u. d. Moralität an.
[Forts. u. d. Tit.:]
Sautier: Bruchstücke ...

Sautner, Jos., Handbuch der Obstbaumzucht od. gründliche Anleitung zur Anlegung u. Behandlung der Obstbäume u. Obstbaumgärten. 8. (6¾ B., 17 Stnt. u. 6 Tab.) Grätz 844, Ferstl'sche Buchh. (Leipzig, Kummer.)

Sautner, M., s. Landpfarrer.

Sautner, Matth., s. Bernhard, d. heil., sämmtl. ächte Reden.

Sautter, A., und E. **Dobel**, die Abfuhr und Verwerthung der Fäkalstoffe in Stuttgart. Mit 14 (lithogr.) Bl. Zeichnungen, worunter die neu errichtete städt. Eisenbahn-Verladestation für Fäkalstoffe. gr. 8. (VII, 136 S. mit 1 Tab.) Stuttgart 880, Kohlhammer. *

Sautter, A., d. h. Leiden Jesu Christi m. Andacht betracht. Christ. 8. Augsb. Rieger. 790.

Sautter, C. E., kleine Geographie für die Hand der Kinder in Landschulen. Mit e. Vorworte v. M. Desaga. 3e verb. u. verm. Aufl. 8. Heidelberg 835. Oßwald. 1 s. ℔

Sautter, C. L., s. Sautter, K. L.

Sautter, E., wenn's am besten schmeckt. schmal 8. (130 S.) Breslau 902. Schles. Buchdruckerei usw. Geb. n. 2. —

Sautter, Guido, die französische Post am Niederrhein bis zu ihrer Unterordng. unt. d. General-Postdirektion in Paris 1794—1799. Nach archival. Quellen bearb. [Aus: „Annalen d. histor. Vereins f. d. Niederrhein".] gr. 8. (92 S.) Köln 898. (K. Goerling.) n. 2. —

Sautter, Julius, Gerichtsref. zu Düsseldorf: Die Natur des Stiftungsgeschäftes von Todeswegen nach dem B. G. B. Düsseldorf [1902]: F. Richter. (57 S.) 8°
Rostock, Jur. Diss. v. [10. Aug.] 1902

Sautter, K. L.

Sautter, C. L., kleine Geographie f. d. Hand d. Kinder. Mit e. Vorw. v. M. Desaga. 1. Aufl. (2⅓ B.) 830., 2., u. 3., verb. u. verm. A. (à 2⅓ B.) gr. 12. Heidelberg 832, 35, A. Oßwald. à

Sautter, C. L., kleine Geographie f. die Hand der Kinder in Volksschulen. 4., verm. u. verb. Aufl. 12. (2 B.) Mannheim 844, Bensheimer.

Sautter, K. L., kleine Geographie für die Hand der Kinder in Volksschulen. 5. verb. Aufl. 12. (48 S.) Mannheim 852, Bensheimer. ⅛ ℔

Sautter, Richard Albert, a. Nagold ⟨Württemberg⟩: Ueber optisch aktive Benzolkohlenwasserstoffe. Heidelberg 1904: K. Rössler. (47 S.) 8°
Heidelberg, Naturw.-math. Fak., Ref. Curtius, Diss. v. 28. Febr. 1905
[Geb. 6. Mai 78 Nagold; Wohnort: Heidelberg; Staatsangeh.: Baden; Vorbildung: Gymn. Heidelberg Reife Juli 96; Studium: Genf 1, Heidelberg 15 S.; Rig. 14. Dez. 04.]

Sautter, Samuel Friedrich, s. Sauter.

Sautter de Blonay, D., in Sachen der Heilsarmee! Antwortschreiben an die Frau Gräfin Gasparin. Autoris. Uebersetzung nach der 3. Aufl. des Französ. von Hans Tharau. 12. (30 S.) Bonn 883, Schergens. *

le Sauvage en contradiction etc. conte moral. 8. Leipz. 764. Jacobäer. 3 gr.

Sauvage, Claude, les guêpes gauloises. Petite encyclopédie des meilleures épigrammes, quatrains, épitaphes etc. depuis Clément Marot jusqu'aux poëtes de nos jours. gr. 12. (356 S.) Leipzig 859, A. Dürr. *

Sauvage, F., Flachornamente der Tyroler Gothik, s.: Koch, A.

Sauvage, F., Holz-Architektur. Entwürfe v. Gebäuden, Lauben, Pavillons, Veranden, Balkonen, Gartenbänken, Zäunen, Giebeln, Loggien, Gebäudeteilen usw. (In 5 Lfgn.) 1.—3. Lfg. (30 Taf. m. III S. Text.) gr. Fol. Berlin 905. 906. E. Wasmuth. Mit Mappe à n. 8. —

Sauvage, F., Holz-Architektur. Entwürfe v. Gebäuden, Lauben, Pavillons, Veranden, Balkonen, Gartenbänken, Zäunen, Giebeln, Loggien, Gebäudeteilen usw. 4. u. 5. (Schluss-)Lfg. (à 10 Taf.) 50×32,5 cm. Berlin (907. 08). E. Wasmuth. à Lfg. 8. —

— u. Ad. **Eckardt**, die Tapezierkunst. (In 5 Lfgn.) 1. Lfg. (10 farb. Taf. m. III S. Text.) gr. Fol. Ebd. (906). Mit Mappe n. 20. —

— u. Ad. **Eckardt**, die Tapezierkunst. 2. u. 3. Lfg. (à 10 farb. Taf.) 48,5×32,5 cm. Ebd. (907. 08). à Lfg. 20. —

Sauvage, Jean: Eine **Reise** nach Paris. *Berlin: R. Gaertner 1900.* (44 S.) 4°
Berlin, Siebente R ⟨HB⟩, OP 1900 (123)

Sauvage, Jean, eine Reise nach Paris. Progr. 4. (44 S.) Berlin 900. [R. Gaertner.] Weidmann. n. 1. —

Sauvage, T., der Cadi. Komische Oper in 2 Akten. Nach dem Franz. von Carl Gollmick. Lex. 8. (22 S.) Mainz 849, Schott's Söhne. ¼ ℔

— et **Bayard**, le gant et l'éventail, siehe: Théâtre Français publié par Schütz. Série VIII. Livr. 7.

Sauvage und Bayard, der Handschuh und der Fächer, s. Bühnen-Repertoir.

— et **Scribe**, l'image, siehe: Répertoire du théâtre Français. Nr. 344.

Sauvage, T., et G. de Lurieu, une Matelot, comédie, s. 8. Bd.: Repertoire du Théâtre fr.

—— das Wunderwasser. Komische Oper in 2 Akten und Versen. Frei nach dem Französ. von Ferd. Marckwort. Lex. 8. (15 S.) Mainz 849, Schott's Söhne.

Sauvagère, de la, Recueil d'Antiquités dans les Gaules av. fig. gr. 4. Paris. (Walther, Dresden.) 770.

Sauvages, Les, de l'Europe. Seconde éd. Berlin 1762. V: *Lesuire, Robert Martin Louvel.* (BrMm) (Barbier)

Sauvages de la Croix, François Boissier de: Abhandlungen von den Entzündungen im menschlichen Körper. 1748.

in: Hales, Stephen: Statik des Geblüts. 1748.

—, Betrachtungen üb. d. Seele in d. Erstarrung u. Schlafwanderung. Hamb. 8°.

1751

[Dissertation sur les médicamens qui affectent certaines parties du corps humain plutôt que d'autres. Lat.:] Dissertatio de medicamentis, quae certas quasdam partes corporis humani prae aliis afficiunt, atque de causa huius effectus. Autore [François] Boissier de Sauvages de La Croix. Ex Gall. in Lat. sermonem transl. Lipsiae 1755: Langenheim. 56 S. 8°

de Sauvages, Frz. Boiss., Nosologia methodica. II Voll. 4maj. Amsterd. 768. (Wolff in Augsb.) 6 ℔

Sauvages de la Croix, François Boissier de: Nosologia methodica sistens aegritudines, morbos, passiones ordine artificiali ac naturali. Castigavit, emendavit, auxit, icones etiam ad naturam pictas adiecit C(hristian) F(riedrich) Daniel (junior). Tom.1 - 5, gbd., Abb.

Lipsiae: Schwickert 1790 - 1797

JB 1.163

— — — sive classes morborum. V. Vol. Genf. (Gleditsch Lips.) 763.

— Nosologie methodique, trad. du lat. p. Niclas. III Vol. 8 Lips. (Pott.) 771.

— — le même. liv. III Vol. av. fig. gr. 8. Paris. (Varrentrapp et W., Francf.) 770.

— Pathologia methodica s. de cognosc. morbis. 12. Genf 752. 12 gl.

Sauvages (de la Croix), (François Boissier) de: Sendschreiben an Herrn Dr.(Jean Jacques) Bruhier (d'Ablaincourt), von den Versuchen, so an einigen Lahmen unter seiner Aufsicht gemacht worden. (Dissertatio de hemiplegia per electricitatem curanda. Dt.) 16 S.(S.297-312), gbd.

Basel: Im Hof 1750
in: Jallabert, (Louis): Experimenta electrica usibus medicis applicata, oder Versuche über die Electricität... (Expériences sur l'électricité... Dt.) 1750

JB 2.664

Sauvagnac, Marcel, Doctor juris der Universität Paris, Advokat in Paris: Die Bekanntmachungen der französischen Handels-Gesellschaften — Gesetz vom 24. Juli 1867, Gesetzentwürfe vom 3. April und 4. Juli 1903, Gesetz vom 30. Januar 1907, Verordnung vom 27. Februar 1907 — mit Rücksicht auf die deutsche Gesetzgebung. Heidelberg 1907: J. Hörning. (149 S.) 8°
Heidelberg, Jur. Fak., Ref. Schroeder, Diss. v. 14. Sept. 1907
[Geb. 5. April 72 Paris; Wohnort: Paris; Staatsangeh.: Frankreich; Vorbildung: Cantorbéry (Coll. d. Jésuites) bach. ès sc. 92, bach. ès lettres 93; Studium: Paris 10 S.; Rig. 15. Juli 07.]

Sauvagnac, Marcel, die **Bekanntmachungen** der französischen Handels-Gesellschaften, Gesetz vom 24. VII. 1867, Gesetzentwürfe vom 3. IV. u. 4. VII. 1903, Gesetz vom 30. I. 1907, Verordnung vom 27. II. 1907 mit Rücksicht auf die deutsche Gesetzgebung. (Diss.) (149 S.) gr.8. Heidelberg 907. (J. Hörning.) 3. 60

— Praktischer **Wegweiser** f. die Naturalisation in Frankreich. Erwerb, Verlust u. Wiedererlangg. der französ. Staatsangehörigkeit m. Einschluss der Bestimmgn. üb. den Aufenthalt v. Ausländern in Frankreich u. ihre Zulassg. zum Wohnsitz in Frankreich. (IX, 106 S.) gr. 8. Berlin 910. Puttkammer & Mühlbrecht. 2. —

LIEBSCHAFTEN der Könige von Frankreich. (Aus d. Französ. des *Henri Sauval.*) Glogau 1754. 8°.

Sauvan, Louis, Darstellung d. wissenschaftl. Principien d. Wasserheilkunst od. d. sogen. Gräfenberger Heilmethode. A. d. Franz. übers. u. mit Zusätzen verm. v. Carl Munde. 8. (4 B.) Neiße 840, Hennings.

Sauveboeuf. s. a. ***Ferrières.***

Sauvebouf, Graf v. Ferrieres, Reisen in d. Türkey, Persien u. Arabien in d. Jahren 1782–89. a. d. Franz. v. Forster. gr. 8. Berlin, Voß. 791.

— — dasselbe in e. and. Uebers, 2 Thle, 8. Leipz. Crusius. (F. C. W. Vogel.) 790.

Sauveur, Alb., die **Mikrostructur** d. Stahles u. die current Härtungstheorien. Uebers. v. Hanns Frhrn. v. Jüptner. (Trans.: Am Inst. Ming. Eng., Colorado Meeting, Septbr. 1896.) [Aus: „Österr. Ztschr. f. Berg- u. Hüttenwesen".] gr. 8. (94 S. m. 1 Taf.) Leipzig 898. A. Felix. n. 1. 80

Sauveur, Grosset St., Reise d. d. Balearischen u. Pitiusischen Inseln in d. Jahren 1801–5, frey nach d. Franz. bearbeitet v. Fischer. 8. Leipz. Gräff. 809. Rthlr.

Sauveur, Grosset. St., Reise nach d. Balearischen u. Pitiusischen Inseln in d. J. 1801—5. Frei nach d. Französ. bearb v. Chr. A. Fischer. 8. Leipz. 809. (Wienbrack). 1 ℔

v. Sauvigny, s. **Erzählungen,** morgenländische.

Sauvigny, histoire amoureuse de Pierre le Long et de Blanche Bazu. Le taureau blanc. Nouvelle éd. 12. (136 S.) Berlin 890. Neufeld & Henius. n. 1. 20

Sauvin, Frédéric, aus Metz: Ueber das Hydrazid der Citronensäure. *Heidelberg 1904: K. Rößler.* (36 S.) 8°
Heidelberg, Naturw.-math. Diss. v. 1904

Sauvin, Paul Augustus (geb. Neufchâtel 2. 2. 1835) De renum degeneratione amyloidea. Berolini (1859) (30 S.) 8°
Berlin, Med. Diss. v. 14. Okt. 1859

Sauzet, P., die Civilehe u. die kirchliche Ehe. gr. 8. (IV, 64 S.) Mainz 879. Kirchheim. — 90

Sava, Karl v., die mittelalterlichen Siegel der Abteien u. Regularstifte im Erzherzogth. Österreich ob u. unter der Enns. (54 S. m. 26 Holzschn.) 4. Wien 859. (A. Schroll & Co.) nn 2. 80
Sonderabdruck aus: „Jahrb. d. k. k. Central-Comm. z. Erforschg. u. Erhaltung der Baudenkmale".

Sava, Karl v., die Siegel der österreichischen Regenten. 3 Hefte. gr. 4. (169 S. mit 117 eingedr. Holzschn. und 5 Holzschntaf.) Wien 869—71, (Gerold's Sohn.) à Heft *M 3. *
Aus: Mittheilungen der k. k. Central-Commission, besonders abgedruckt.

Savaëte, Florent, petit manuel du Chrétien ou recueil de prières choisies. — Kleines Handbuch d. Christen od. Sammlung ausgewählter Gebete. (Französisch u. deutsch. 16. (415 S.) Augsburg 884. Schmid. 2. —; geb. n. 3. —

Die Hofdame der Königin. Nach Tagebuchblättern d. Gräfin Julie du Chesnil, Hofdame d. Königin Marie Antoinette, von Charles Woodcock-**Savage**. Deutsch von E. Vely [d. i. Emma Simon]. Leipzig: H. Hillger [1907]. (230 S.) 8° [F.] Berlin-lod. 1919

Savage, George H., klinisches Lehrbuch der Geisteskrankheiten und der Psychoneurosen. Ein Handbuch für Ärzte und Studierende. Deutsche autoris. Ausg., bearb. und durch Zusätze erweitert von Adf. Knecht. 12. (XIV, 591 S.) Leipzig 887, Arnoldische Buchh. geb.

Savage, H., klinisches Lehrbuch d. Geisteskrankheiten u. der Psychoneurosen. Deutsche autoris. Ausg., bearb. u. durch Zusätze erweitert v. A. Knecht. 12. (XIV, 591 S.) Leipzig 887. Arnold. geb. n. 6.—

Savage, J. A., auf Wogen u. Wellen. Die e. große Reise üb. das Meer des Lebens. Eine Allegorie. Deutsch v. Anna Steen. 8. (251 S. m. 19 Vollbild.) Cassel 902. J. G. Oncken Nachf. Kart. 2.—; geb. in Leinw. 2.40; m. Goldschn. 2.80

Savage, M. J., die Religion im Lichte der Darwin'schen Lehre. In deutscher Uebersetzung mit Genehmigung des Verf. hrsg. von R. Schramm. gr. 8. (VII, 190 S.) Leipzig 886, O. Wigand.

Savage, M. J., die Religion im Lichte der Darwinschen Lehre. In deutscher Uebersetzg. m. Genehmigg. des Verf. hrsg. v. R. Schramm. 2. Aufl. (VII, 190 S.) gr. 8. Leipzig 905. O. Wigand. n. 3.—

Savage, Richard Henry

– The anarchist, s.a. Collection of British authors.

The Anarchist. A story of to-day. By Richard Henry **Savage**. Copyright ed. In 2 vol. Vol. 1. 2. Leipzig: Tauchnitz 1894. 8°
(Collection of British authors. Tauchnitz Ed. Vol. 2986/7.) [11. 8008

— Prinz Schamyl's Brautwerbung, s: Engelhorn's Romanbibliothek.

Savage, Rich. Henry: In the old chateau, s.a. Collection of British authors.

In the old chateau. A story of Russian Poland. By Richard Henry **Savage**. Leipzig: B. Tauchnitz 1895. (375 S.) 8°
(Collection of Brit. Authors. Tauchnitz Ed. Vol. 3073.) 03 1.287 8

– Checked through, missing, trunk no. 17580, s.a. Collection of British authors.

Checked through. Missing, trunk No 17580. A story of New York city life. By Richard Henry **Savage**. Copyright ed. In 2 vol. Vol. 1. 2. Leipzig: Tauchnitz 1896. 8°
(Collection of British authors. Tauchnitz Ed. Vol. 3161/2.) [11. 8124

— a Monte Cristo in khaki, s.a. Collection of British authors.

A Monte Christo in khaki. The story of a self-made nobleman. By Richard Henry **Savage**. Copyright ed. Leipzig: Tauchnitz 1904. 294 S. 8°
(Collection of British authors. Tauchnitz Ed. Vol. 3724.) [11. 8348

– A modern corsair, s.a. Collection of British authors.

A modern Corsair. A story of the Levant. By Richard Henry **Savage**. Copyright ed. In 2 vol. Vol. 1. 2. Leipzig: Tauchnitz 1897. 8°
(Collection of British authors. Tauchnitz Ed. Vol. 3214/15.) [11. 8171

– A daughter of Judas, s.a. Collection of British authors.

The Daughter of Judas. A tale of New York City fin-de-siècle life. By Richard Henry **Savage**. Copyright ed. Leipzig: Tauchnitz 1895. 336 S. 8°
(Collection of British authors. Tauchnitz Ed. Vol. 3045.) [11. 8051

– Delilah of Harlem, s.a. Collection of British authors.

Delilah of Harlem. A story of the New-York City of to-day. By Richard Henry **Savage**. Copyright ed. In 2 vol. Vol. 1. 2. Leipzig: Tauchnitz 1893. 8°
(Collection of British authors. Tauchnitz Ed. Vol. 2931/5.) [11. 7971

– Miss Devereux of the Mariquita, s.a. Collection of British authors.

Miss Devereux of the Mariquita. A story of Bonanza days in Nevada. By Richard Henry **Savage**. Copyright ed. In 2 vol. Vol. 1. 2. Leipzig: Tauchnitz 1896. 8°
(Collection of British authors. Tauchnitz Ed. Vol. 3108/9.) [11. 8100

Savage, Rich. Henry. Meine offizielle Frau, s.a. Engelhorn's allgemeine Romanbibliothek.

— meine offizielle Frau. Roman. Autor. Uebers. aus d. Engl. v. Natalie Rümelin. (Engelhorns allg. Romanbibliothek, Salon-Ausg.) 8. (160 S.) Stuttgart 896, J. Engelhorn. Geb. in Halbleinw. n. 2.–

Meine offizielle Frau [My official Wife]. Roman von Col. Richard Henry **Savage**. Autor. Uebers. aus d. Engl. von Natalie Rümelin. Stuttgart: Engelhorn [1909]. 159 S. 8°
(Engelhorns Allgemeine Romanbibliothek. Jg. 9, Bd 3.)
(Bibliothek August Scherl. Bd 534, [2.]) [10. 13919

— meine officielle Gattin. Roman. In die Stenotachygraphie übertr. v. Frdr. Jaeger. gr. 8. (77 S.) Tetschen a/E. 897. Friedr. Jaeger. n. 1.—

— die Hexe v. Harlem, s.a. Engelhorn's allgem. Romanbibliothek, 13. Jahrg.

[S.] Die Hexe von Harlem. Von Richard Henry Savage ... Autoris. Uebs. a. d. Engl. v. F. Mangold. Bd 1. 2. *Stuttgart: J. Engelhorn 1897.* 2 Bde 8.
1. (152 S.) 2. (159 S.)
= Romanbibliothek, Engelhorns Allgemeine. Jg. 13. Bd 17. [98. 10492 Gr

– In the house of his friends, s.a. Collection of British authors.

In the House of his friends. A novel. By Richard Henry **Savage**. Copyright ed. In 2 vol. Vol. 1. 2. Leipzig: Tauchnitz 1901. 8°
(Collection of British authors. Tauchnitz Ed. Vol. 3519/20.) [11. 8393

— the little lady of Lagunitas, s.a. Collection of British authors.

The little Lady of Lagunitas. A Franco-Californian romance. By Richard Henry **Savage**. Copyright ed. In 2 vol. Vol. 1. 2. With portr. of the author. Leipzig: Tauchnitz 1892. 8°
(Collection of British authors. Tauchnitz Ed. Vol. 2834/5.) [11. 7896

– The white lady of Khaminavatka, s.a. Collection of British authors.

The white Lady of Khaminavatka. A story of the Ukraine. By Richard Henry **Savage**. Copyright ed. In 2 vol. Vol. 1. 2. Leipzig: Tauchnitz 1899. 8°
(Collection of British authors. Tauchnitz Ed. Vol. 3362/3.) [11. 8278

– The mystery of a shipyard, s.a. Collection of British authors.

The Mystery of a shipyard. A novel. By Richard Henry **Savage**. Copyright ed. In 2 vol. Vol. 1. 2. Leipzig: Tauchnitz 1902. 8°
(Collection of British authors. Tauchnitz Ed. Vol. 3579/80.) [11. 8438

— die Prinzeß v. Alaska, s.a. Kürschner's Bücherschatz.

[S.] Die Prinzess von Alaska. Von Richard Henry **Savage**. Autoris. Uebs. v. Gertrude Hildebrandt-Eggert. M. Ill. v. A. v. Schrötter. *Berlin, Eisenach, Leipzig: H. Hillger [1898].* (125 S.) 1 Bd 8.
= Bücherschatz, Kürschners. No 73. [98. 4705

— die gefangene Prinzessin, s.: Collection Hartleben. 8. Jahrg. 5. u. 6. Bd.

– In the swim, s.a. Collection of British authors.

In the Swim. A story of currents and under-currents in gaiest New-York. By Richard Henry **Savage**. Copyright ed. In 2 vol. Vol. 1. 2. Leipzig: Tauchnitz 1898. 8°
(Collection of British authors. Tauchnitz Ed. Vol. 3304/5.) [11. 8217

– The masked Venus, s.a. Collection of British authors.

The masked Venus. A story of many lands. By Richard Henry **Savage**. Copyright ed. In 2 vol. Vol. 1. 2. Leipzig: Tauchnitz 1893. 8°
(Collection of British authors. Tauchnitz Ed. Vol. 2911/12.) [11. 7958

— die maskierte Venus. Ein Roman aus vielen Ländern. Autoris. Uebertragg. v. Herm. Limbach. (530 S.) 8. Berlin (905). D. Dreyer & Co. 2. —
Ladenpreis aufgehoben.

Savage, Rich. Henry, von Havanna nach Peking. Autoris. Uebersetzg. aus dem Engl. von Emil Ritter v. Lepkowski. (III, 377 S.) 8. Wien 905. K. Mitschke. n. 4. —; geb. n. 5. —

— Wandelbilder, s.a Engelhorn's allgem. Roman-bibliothek, 12. Jahrg.

[S.] Wandelbilder. Von Richard Henry **Savage**. Autoris. Uebs. a. d. Engl. v. F. Mangold. *Stuttgart: J. Engelhorn 1896.* (160 S.) 1 Bd 8.
= Romanbibliothek, Engelhorns Allgemeine. Jg. 12. Bd 16. [68 10814 Gr

– My official wife, s. Collection of British authors.

– Prince Schamyl's wooing, s.a. Collection of British authors.

Prince Schamyl's Wooing. A story of the Caucasus-Russo-Turkish war. By Richard Henry **Savage**. Copyright ed. Leipzig: Tauchnitz 1892. 317 S. 8°
(Collection of British authors. Tauchnitz Ed. Vol. 2862.) [11. 7921

Savageri, Joh. Nep. Edler v., chronolog.-geschichtl. Samml. aller besteh. Stiftungen, Institute, — öffentl. Erzieh.- u. Unterr.-Anstalten d. k. k. österr. Monarchie mit Ausnahme v. Italien, in d. faßlichsten Kürze u. nach ihrem wesentl. Inhalte, v. d. ältesten Zeiten bis auf gegenwärt. Jahr. 1. Bd. gr. 8. (49¼ B.) Brünn 832. (Wien, Beck.)

Savannah Abendzeitung. See GASAP vol. 1. Savannah, GA
Herausgeber J. Stern. Red. Prof. C. F. Hausener.
... Jg. 1, no 21 ... no 177, Sept. 16, 1871.

Savannah Abend Zeitung: Apr. 1871 – 1887
Democratic weekly, supported Tilden. Circulation 1875, 840 (est.); 1880, 800; 1885, 900. Edited by C. F. Hausener, & published by J. Stern, 1871 – 76; edited & published by J. Stern, 1876 – 87
Savannah, GA

Savannah Deutsche Zeitung: July 15, 1906 – July 7, 1917
Democratic weekly. Edited by Fritz W. Neumann, & published by ... 1906 – 07; edited & published by Fritz W. Neumann, 1908 – 15; by Mrs. Franz Haisner, 1916; by ... Apr. 16, 1916 – 17. Editor's announcement ... publication, in July 7, 1917.
Savannah, GA

Savart. Ueber den Bau der Geige und anderer Saiteninstrumente. Leipzig 1844.

Savarus, Etienne, der weibliche Busen, dessen Schönheit u. Erhaltung in den vier Epochen des Weibes, als Kind, Jungfrau, Mutter u. Matrone. Nach d. Französ. 8. (7 B.) Nordhausen 844, Fürst. —

SAVARY, Liebesgeschichte des Anas Eloujoud und der Ouardi. Eine arabische Erzählung. (Aus d. Französ.) Eisenach 1790. 8⁰. (60 Pfg. Heckenhauer, Tüb., 1879; 2 Mk. 40 Pfg. Conr. Skopnik, Berlin, 1909.)
Orig.: Les Amours d'Anas-Eloujoud et de Ouardi, conte trad. de l'Arabe par M. *Savary*. A Bagdad, se trouve à Paris chez Onfroy, 1789. 16⁰. (1 Mk. 20 Pfg. Scheible, 1875.)

Savary, Anne Jean Marie René, Herzog von Rovigo

(— —), Herzog von Rovigo. Ueber die Hinrichtung des Herzogs von Enghien. Nach der 4. Auflage aus dem Französischen übersetzt, und vermehrt mit 11 den Tod des Herzogs von Enghien betreffenden Actenstücken und der Erklärung des General Grafen Hullin, über denselben Gegenstand. 8. Leipzig 1821.

(——) Memoiren, s. Memoiren d. Hrzg. v. Rovigo.

(Savary, Anne Jean Marie René,) Duc de Rovigo, Mémoires, s. Mémoires.

Savary, Claude Etienne

Savary, Claude: Briefe über Candia, und einige Inseln des Archipelagus; im Auszuge von H. A. O. Reichard.
in: Beiträge zur Völker- und Länderkunde. Th. 10. S. 1–150. Leipzig 1789. 8⁰.

— Briefe üb. Griechenland u. Bemerkk. üb. die Türkei. gr. 8. Leipz. 789. Göschen. 20 gr. (Auch als 4r Thl. des „Zustandes d. alten u. neuen Aegyptens.")

— Lettres sur la Grèce, avec fig. 8. Berne, Haller. 788.

— morale du Mahomet ou recueil des plus pures maximes du Coran. 8. Dresde, Walther. 786.

— Reise nach Griechenland; aus d. Französ. gr. 8. Nürnb. 789. Schneider u. W. 12 gr. (A. u. d. T.: Bibliothek d. n. Reisebeschreibb. 12r Bd.)

— Reise nach Griechenland. gr. 8. Nürnberg, Weigel. 789.

Savary. Zustand des alten und neuen Egyptens etc. Aus dem Französischen. Mit Zusätzen und Verbesserungen von Johann Gottlob Schneider. Mit einem Kupfer und einer Landkarte. Berlin 1786. 8⁰.

Savary, Claude. Zustand des alten und neuen Ägyptens in Ansehung seiner Einwohner . . . A. d. Franz. Berlin 1786—88. Ü: *Wittenberg, Albrecht.* (KY) (MGT)

Savary, N., Zustand des alten u. neuen Aegyptens; aus d. Französ. (v. A. Wittenberg). Mit Zusätzen u. Verbesserr. von J. G. Schneider. 3 Thle. Mit 1 Karte. gr. 8. Berl. 786, 88. N. A. 799. (Reimer). 2 ℳ 12 gr.

Savary, Zustand d. alten u. neuen Aegyptens, a. d. Frz. v. Schneider. 3 Thle. gr. 8. Berlin, Unger. 799.

Savary, N., s. Savary, Claude Etienne

Savary des Bruslons, Jacques: „Dictionnaire universel de commerce, d'histoire naturelle et des arts et métiers . . . .", Ouvrage posthume. Continué sur les mémoires de l'auteur et donné au public par Philémon-Louis Savary, 3 Vol., Paris 1723—1730. Nouv. Edit., exactement revue, corrigée et considérablement augmentée, Copenhagen 1759—1765. — Vorh.: Com. Bibl. Hamburg, Bücherei der Industrie- und Handelskammer Leipzig, Bücherei des Oberlandesgerichts Celle — fol. Tc. 667.

Savary, Jacques et Louis Philémon: „Dictionnaire universel de commerce, d'histoire naturelle, d'arts et métiers", 3 Bände, 1723, letzte Auflage 1759, 5 Bände.

— Universal-Lexikon, siehe Universal-Lexikon.

Шавченко, Новые Стихотворения, s. Библiотека, Руская, (Schawtschenko, neue Gedichte.)

Säve, H., De areopago et iudiciis heliasticis apud Athenienses quaestiones. Diss. 1862. 62 S. 1.80

Säve, Karl

Säve, Carl, zur Nibelungensage. Siegfriedbilder beschrieben und erklärt. Aus dem Schwed. übers. und mit Nachträgen versehen von J. Mestorf. gr. 8. (88 S. mit 4 lithogr. Taf. Abbildungen in 8. und 4.) Hamburg 870, O. Meissner. *

Savel, Jan, vybraná kazaní. 3 Díly. Budweis 861—63. F. Zdarsso. gr. 8. (480 S.) n. 1 ₰ 22 ngr

Savelberg, Johann Matthias

Kurze Darstellung einiger Organisationsfehler des menschlichen Körpers. Würzburg 1818: Nitribitt. 56 S. 8°

Würzburg, Med. Diss. 1818

Savélieff, Paul, Lettre à M. de Köhne sur quelques médailles et monnaies modernes de l'Asie. gr. 8. (10 S. mit eingedr. Holzschn.) St. Pétersbourg 849. (Leipzig, Hartmann.) **

Savello, Vict., s. Münchhausen, der fahrende.

SAVELLO, Victor (ps.), Der fahrende Münchhausen oder neue Reisebilder zu Wasser und zu Lande etc. Aus d. Franzos. von Hyronimus (!) Frhrn. v. Münchhausen. 1840.

Weller, Lex. Ps. p. 373 u. 593

Savels, August: Aus d. pathol. Inst. d. Univ. Bonn. Ein Cholesteatom im Ovarium und seine Histogenese. Bonn 1909: Eisele. 35 S. 8°

Bonn, Med. Diss. v. 9. Juni 1909, Ref. Ribbert

[Geb. 24. Juli 83 Gangelt; Wohnort: Cöln; Staatsangeh.: Preußen; Vorbildung: Gymn. Münstereifel Reife O. 03; Studium: Freiburg i. B. 2, Würzburg 3, Berlin 3, Bonn 2 S.; Coll. 8. März 08; Approb. 20. März 09.] [U 09. 306

Savels, C. A., der Dom zu Münster in Westfalen. Geschichte u. Beschreibg. des Baues u. seiner bildner. Ausstattg. Mit 2 Karten u. 87 Abbildgn. auf 17 Lichtdr.-Taf. u. im Text. (72 S.) gr. 4. Münster 904. Regensberg. n. 6.—; geb. n. 7.50

Savels, Johann August

Savels, J. A. Grundriß d. vergleichenden Lehre von d. Gebrauch der Modi in der deutsch., franz., lat. und griech. Sprache. 1r Th. 27 S.

Essen, Progr. 1836

Savels, J. A., Grundriss d. vergleich. Lehre v. Gebr. d. Modi in d. deutsch., franz., lat. u. griech. Sprache. gr. 8. (8 B.) Essen 837, Bädeker.

Savels, J. A. Comment. de M. T. Cicer. orat. pro domo sua ad Pontif. 20 S. . . . .

Essen, Progr. 1833

Savels, J. A. De vindicandis M. T. Ciceronis quinque orat., post redit. in Sen., ad Quirit. post redit., p. domo sua ad pontif., de haruspic. responsis, p. M. Marcello. 34 S. . . . .

Aachen, Progr. 1828

Savels, Io[annes] Aug[ustus]. Als die Inaug.-Schrift vertretend wurde angenommen des Verf. Druckschrift: Disputatio de vindicandis M. Tull. Ciceronis quinque orationibus, post reditum in senatu, ad quirites post reditum, pro domo sua ad pontifices, de haruspicum responsis, pro M. Marcello. Coloniae 1828: Dumont-Schauberg. XXXVI S. 4° Im Buchhandel ebda.

[Halle-Wittenberg, Phil. Diss. v. 11. April 1829]

Geb. [Aachen 22. 4. 1798]

Ersch. zugleich als: Aachen, Gymn.-Progr. 1828. — Verf. veröffentlichte noch: Comment. de M. T. Cicer. orat. pro domo sua ad Pontif. Essen 1833 20 S. Gymn.-Progr.

—— Uebersicht d. vergleich. Lehre v. Gebr. d. Casus in d. deutsch., franz., lat. u. griech. Sprache. 4 Abthln. gr. 8. (32 B.) Essen 838—40, Bädeker.

Savels, Philipp Richard

De Consensu organismi humani partium inprimis ventriculi et intestinorum. Berolini (1829:) Brandes & Kleeert. 32 S. 8°

Berlin, Med. Diss. v. 3. Okt. 1829

Savelsberg, Carl, s. Savelsberg, Karl

Savelsberg, Heinr., s.: Aachen u. Umgebung.

Savelsberg, Heinr., kleiner Aachener Führer f. Kurgäste u. Touristen. Nach der letzten Aufl. des „Neuesten Führers f. Aachen u. Umgebg. v. Lersch-Savelsberg" bearb. 8. (78 S. m. Abbildgn. u. Plan.) Aachen 902. A. Jacobi & Co. n. —50

— neuester Führer f. Aachen, s. Lersch, B. M.

Savelsberg, Heinr., die keramischen Funde u. Pfahlbauten in der Korneliusstrasse. (21 S. m. 1 Taf. und 1 Plan.) gr. 8. Aachen 906. (Cremer.) —75

Sonderabdruck aus: „Aachens Vorzeit".

Savelsberg, Heinrich, Prof. Dr.: Aachener Gelehrte in älterer und neuerer Zeit. Aachen 1906: Aachener Verlags- u. Druckerei-Ges. (S. 3—66.) 4°

Aachen, k. Kaiser-Wilhelms-G. P. 1906 (520)

Register, s.: Aus Aachens Vorzeit.

Savelsberg, H., De modorum usu Hesiodeo. Diss. 1886. 58 S. 2.—

Savelsberg, J., s. Savelsberg, Martin Joseph

Savelsberg, Karl, Opfer der Liebe. Roman. (VI, 219 S.) 8. Mülheim-Rhein (906). K. Glitscher. n. 3.—; geb. n. 4.—

Savelsberg, Karl, Opfer der Liebe. Roman. (VI, 219 S.) 8. Mülheim-Rhein (907). K. Glitscher. 3.—; geb. 4.—

Savelsberg, Carl, der Reiseonkel. Roman. 6. u. 7. Aufl. 8. (252 S.) Köln 892. J. G. Schmitz. n. 1.—

Savelsberg, Carl, der Reiseonkel. Roman. 8. Aufl. 8. (233 S.) Köln 894. Kölner Verlags-Anstalt u. Druckerei. 1.—

— der Troubadour. Roman. 8. (325 S.) Köln 892. J. G. Schmitz. 2. —

— dasselbe. 2. Aufl. 8. (325 S.) Ebd. 894. 1. —

Der Troubadour. Roman von Carl Savelsberg. 3. Aufl. *Köln a. Rh.: J. G. Schmitz [1894].* (325 S.) 8° [A]

Savelsberg, Martin Joseph

Savelsberg, J., Beiträge zur Entzifferung der lykischen Sprachdenkmäler. 1. Thl. Die lykisch-griech. Inschriften. gr. 8. (VII, 64 S.) Bonn 874. Weber's Verl. n. 1. 80

Savelsberg, J., Beiträge zur Entzifferung der lykischen Sprachdenkmäler. 2. Thl.: Erklärung von 55 lykischen Inschriften. Gedruckt mit Unterstützung der kaiserl. Akademie der Wissenschaften in Wien. gr. 8. (VIII, 232 S. mit 3 Taf.) Bonn 878, Weber's Verlag. *

Savelsberg: De digammo eiusque immutationibus dissertationes. Zs. 56 S. u. 2 Taf. Aachen, Progr. 1854, 66, 67.

De Digammo ejusque immutationibus dissertatio. [Martin Joseph] Savelsberg. Aquisgrani 1854- : Beaufort. 4°
([Progr. Aachen, Gymn. 1854.]
1854 P. 1. De Digammo sive vau Graeco. 1854.

Savelsberg, J., de digammo ejusque immutationibus dissertatio. **Pars I.:** De digammo s. Vau graeco. 4maj. (16 S.) Aquisgrani 854. (Bonnae, Marcus.) *

Savelsberg, Dr. J., de digammo ejusque immutationibus dissertatio. Duae tabulae adnexae vocabula digammo praedita exhibent, quae ex titulis vasis numis transcripta sunt. Berlin 868. Dümmler's Verl. gr. 4. (56 S. mit autograph. Taff.) n. 20 *ngr.*

— lateinische Partikeln auf d u. m durch Apokope entstanden. [Aus: „rhein. Museum f. Philologie."] gr. 8. (67 S.) Frankfurt a. M. 871. Sauerländer. n. 1. 50

Savelsberg, J., Quaestiones lexilogicae de epithetis Homericis αἴδηλος ἐπηετανός, ἀσπάσιος, ἀάατος. gr. 4. (16 S.) Aachen 861, Benrath und Vogelgesang. *

—— umbrische Studien. Mit neugewonnenen Aufschlüssen über latein. Nominalsuffixe und die abgeleiteten Conjugationen auf — (A) O, — EO, — IO. gr. 8. (141 S.) Berlin 873, Dümmler's Verlag. *
Aus: Zeitschrift für vergleichende Sprachforschung, besonders abdruckt.

Frau S. A. Sawenkow [Savenkova] Jahre des Grams. Erinnerungen e. Mutter. ... Berlin: Ledermann 1908. (113 S.) 8°
("Aus fremden Zungen" Bibliothek Bd. 7) Kgl.

Sawenkow, Frau S. A., Jahre des Grams, s. a Aus fremden Zungen Bibliothek.

Savescu, Michael, aus Jassy: Die Gefühlslehre in der neuesten französischen Psychologie. *Leipzig 1900: O. Schmidt.* (97 S.) 8°
Leipzig, Phil. Diss. v. [26. Jan.] 1900

Savi, Caj., Botanicon Etruscum sistens plantas in Etruria sponte crescentes. Vol. I. 8. Paris. (Gleditsch, Lips.) 808.

Savi-Lopez, Maria, Alpensagen. Illustriert v. Carlo Chessa. Deutsch v. Alfr. Ruhemann. 8. (VII, 384 S.) Stuttgart 893. A. Bonz & Co. n. 4. 50; geb. in Leinw. n. 5. 60

Savj-Lopez, Paolo, u. Matteo Bartoli, altitalienische Chrestomathie. Mit e. grammat. Uebersicht u. e. Glossar. (VIII, 214 S. m. 1 Tab.) 8. Strassburg 903. K. J. Trübner. n. 4. 50; geb. in Leinw. n. 5. —

Savj-Lopez, Paolo: Dantes Einfluss auf spanische Dichter des XV. Jahrhunderts. Ein Vortrag von Dr. Paolo Savj-Lopez, Privatd., Strassburg i. E. Neapel [1901]: A. Tessitore & Sohn. (12 S.) 4° (8°)

Savj-Lopez, Paolo, Dantes Einfluss auf spanische Dichter des XV. Jahrh. Ein Vortrag. gr. 8. (12 S.) Neapel (902). (Strassburg, E. d'Oleire.) n. — 80

Savić, Milan, blau-rot-gold. Erinnerungen e. Wiener Korpsphilisters. 2., erweit. u. illustr. Aufl. (VI, 165 S.) gr. 8. Wien 903. C. W. Stern. n. 2. 50

Savignac, Alida v., der Affe als Hofmeister. Ergötzl. Scenen aus d. Erziehungsgesch. d. jungen Hrn. Mumu u. d. kleinen Fräuleins Coco. N. d. Franz. Mit deutsch. u. franz. Texte. qu. gr. 8. (4¼ B. u. 50 Bild.) Stuttgart 836, Erhard. Thlr.

de Savigny, les contes de la bonne maman, s.: Bibliothèque, petite, Française, vol. 5.

— les petits contes de l'oncle Robert, siehe: Bibliothèque, petite, Française, vol. 9.

Savigny, [Friedr. Karl] v.: Abhandlungen in der Berliner Akademie vorgelesen in den J. 1814 u. 1815. Berlin 1817.

1. Ueber das Jus Italicum. 1814.
2. Ueber die Unzialeintheilung der röm. Fundi. 1815.
3. Ueber die erste Ehescheidung in Rom. 1814.
4. Erklärung e. Urkunde des 6. Jahrh., nebst e. Abdr. des Textes dieser Urkunde. 1815.

— Abhandl. der Lehre v. Besitz. gr. 8. Gießen 803. Heyer. 1 ₰ 20 ℊ 2e Aufl. A. u. d. T.: das Recht d. Besitzes. gr. 8. Gießen 806. Heyer. 2 ₰ 12 ℊ — Zusätze f. die Besitzer d. 1n Ausg., od. die Abhandl. d. Lehre v. Besitz. gr. 8. Ebd. 806. 10 ℊ 3e A. gr. 8. Ebd. 818. 4e A. 822. 5e A. 827. 3 ₰

— Beitrag zur Rechtsgeschichte des Adels im neuern Europa. Eine in der K. Akademie d. Wissenschaften am 21. Januar gelesene Abhandlung. gr. 4. Berlin 836. (Dümmler.) n.

Savigny, Friedrich Carl von: „Vom Berufe unserer Zeit für Gesetzgebung und Rechtswissenschaft", Heidelberg 1814. — 3. Auflage Heidelberg 1840, vorh.: Büch. der Industrie- und Handelskammer Leipzig.

— vom Beruf unserer Zeit f. Gesetzgebung u. Rechtswissenschaft. gr. 8. Heidelb. 815. Mohr. 1 ₰ 2e verb. Aufl. gr. 8. Ebd. 828. 1 ₰ 4 ℊ

Savigny, Friedr. Carl v., vom Beruf uns. Zeit f. Gesetzgebung u. Rechtswissenschaft. 2., verm. Aufl. gr. 8. (13 B.) Heidelberg 828, Mohr.

—— vom Beruf uns. Zeit f. Gesetzgeb. u. Rechtswissenschaft. 3. Aufl. gr. 8. (13 B.) Heidelberg 840, J. C. B. Mohr.

Savigny, Frdr. Carl v. Vom Beruf unserer Zeit f. Gesetzgebung u. Rechtswissenschaft. Neudr. nach der 3. Aufl. [1840]. 8. (VIII, 181 S.) Freib. i. B. 892, J. C. B. Mohr. * 1 —

v. *Savigny*, Ritter Fr. Karl, de concursu delictorum formali. Kmsj. Marb. 800. Göthe in Leipz. 7 *gl*

DE SAVIGNY. F. K.: De concursu delictorum formali. *Marb.* 801. gr. 8. (16 Gr.)

SAVIGNY, K. H.: Ueb. d. Entsteh. u. Fortbild. d. Latinität als e. eignen Standes im röm. Staate. *Berl.* 816. 4.

— Geschichte d. röm. Rechts im Mittelalter. 6 Bde. gr. 8. Heidelb. 815—31. Mohr. 20 *ß*

Savigny, C. F. v. Geschichte d. röm. Rechts im Mittelalter. 2r Theil. gr. 8. Heidelberg, Mohr und W. 817.

v. Savigny, (Fr. C.,) Geschichte des röm. Rechts im Mittelalter. 3r u. 4r Bd. gr. 8. Heidelb. 822—26, Mohr. 3r Bd. 4 Rthl. 4r Bd. 3 Rthl.

—— Geschichte d. röm. Rechts im Mittelalter. 1—3., 5. u. 6. Bd. gr. 8. Heidelberg, Mohr.
Bd. 1—3. Das 11. Jahrh. 2. Ausg. (82¼ B.) 834. 9 Thlr. 8 Gr.
" 5. Das 13. Jahrh. (36½ B.) 829. 3 Thlr. 16 Gr.
" 6. Das 14. u. 15. Jahrh. (Mit Autoren- u. Quellen-Register üb. alle 6 Bde.) (48½ B.) 831. 4 Thlr.
4. Bd. Ebendas. 1826. 3 Thlr.

Savigny, Friedr. Carl v., Geschichte des römischen Rechts im Mittelalter. 4—6. (letzter) Bd. 2. Ausg. gr. 8. Heidelberg 850, J. C. B. Mohr. *
Inhalt:
Bd. 4. Das 12. Jahrhundert. (XX und 588 S.)
" 5. Das 13. Jahrhundert. (XII und 646 S.)
" 6. Das 14. und 15. Jahrhundert. (XVI und 528 S.)

—— dass. — 7. Bd. Verbesserungen und Zusätze. Register. 2. Ausg. gr. 8. (VII und 419 S.) Heidelberg 851, J. C. B. Mohr. *

Glückwunsch der juristischen Fakultät für Friedrich Karl v. **Savigny** in Berlin zum 50jährigen Dr.-Jubiläum am 31. Okt. 1850. In Leipzig bei Teubner gedruckt. — Exemplar lag nicht vor.

Savigny, F. C. v. Ueber den römischen Colonat und die römische Steuerverfassung. 8°. Stuttgart 1835.

Savigny, [Friedr. Karl] v.: Ueber den Literalcontract der Römer. (Vorgel. 14. 11. 1816.)

(S.-A. a.: Sitzungsberichte d. Akad. d. Wiss. zu Berlin. Hist.-Phil. Cl. 1816—17.)

v. SAVIGNY, Friedr. Carl: Ueb. d. Literalcontract d. Römer. 4. (o. O. u. J.) (Goethe in *Leipzig*) (8 Gr.)

—— der 10. Mai 1788. Beytrag z. Gesch. d. Rechtswissenschaft. gr. 8. (1 B.) Berlin 838, Nicolaische Buchh.

—— das Obligationenrecht als Theil des heutigen römischen Rechts. 1. Bd. gr. 8. (VII und 520 S.) Berlin 851, Veit und Comp. *

Savigny, Friedr. Carl v., das Obligationenrecht als Theil des heutigen römischen Rechts. 2. Bd. gr. 8. (IV und 331 S.) Berlin 853, Veit und Comp. *

Quod bonum faustum felixque sit. Pro salute Frid. Caroli de Savigny ... die 31. Oct. a. 1850 quo die ante hos L annos doctoris gradum Marburgi ascendit ... Icti Berolinenses optimos ei ... fructus ab deo ... precati votum solverunt. [Berolini 1850.] (1 Bl.) 2°
* Mit 6 lithogr. Ansichten.

v. SAVIGNY, F. K.: Das Recht d. Besitzes; e. civilist. Abhandl. *Giess.*, Heyer. (1—2e A. 803—6.) 3e A. 818. 4e A. 822. 5e A. 827. 6e A. 837. gr. 8. (3 Thl. 8 Gr.)

Savigny, Friedr. Carl v., das Recht des Besitzes. Eine civilist. Abhandlung. 7., aus dem Nachlasse des Verf. und durch Zusätze des Herausgebers verm. Aufl. von Adf. Friedr. Rudorff. 8. (VIII und 765 S.) Wien 865, Gerold's Sohn.

— Samml. v. Beweisstellen aus dem Corpus juris. Neue Aufl. gr. 8. Berlin 822, Reimer.

— vermischte Schriften. 5 Bde. gr. 8. (1: XVI u. 446 S. 2: IV u. 460 S. 3: IV u. 427 S. 4: IV u. 442 S. 5: IV u. 414 S.) Berlin 850, Veit & Co. n. 6 *ß*

—— über d. altröm. Schuldrecht. Eine in d. Kgl. Akad. d. Wissenschn. am 28. Nov. 1833 geles. Abhandl. gr. 4. (5 B.) Berlin 834, (Dümmler.)

—— von d. Schutz der Minderjährigen im Röm. Recht, u. insbesond. von d. Lex Plaetoria. Eine in d. Kgl. Akad. d. Wissenschn. am 27. Oct. 1831 u. 23. Mai 1833 geles. Abhandl. gr. 4. (5¼ B.) Berlin 833, (Dümmler.)

Savigny, Fried. Karl. v. Die römische Steuerverfassung unter den Kaisern. 8°. Berlin 1822—23. (Berlin, Akademie.)

—— System des heutigen römischen Rechts. Register, s. a. Heuser, O. L.

—— System d. heutigen röm. Rechts. 1 — 5. Bd. gr. 8. Berlin, Veit u. Comp. [1. (30 B.) * 1⅔ Thlr., 2. (35 B.) * 2 Thlr., 3. (30½ B.) 840. * 1⅔ Thlr., 4. (39 B.), 5. (41 B.) 841. à * 2⅙ Thlr.] *

Savigny, Friedr. Carl v., System des heutigen Röm. Rechts. 6. Bd. 1. u. 2. Abthl. gr. 8. Berlin, Veit u. Comp. [1. Abthl. (16½ B.) 846., 2. (18½ B. u. 2 Cartonbl.) 47. à 1 Thlr.] *

—— System des heutigen römischen Rechts. 6—8. (letzter) Bd. gr. 8. Berlin, Veit und Comp. [6. (XI und 535 S.) 847. * 2 Thlr., 7. (XV und 309 S.) 848. * 1 Thlr. 10 Ngr., 8. (XIV und 510 S.) 849. * 2 Thlr.] *

Viro illvstri et excellentissimo Carolo Friderico **de Savigny** diem quo ante decem lustra summis in utroque iure honoribus ornatus ... erat celebranti ordinis iureconsultorum in lit. uniuersitate Fridericia Guilelmia Rhenana professores ... hunc diem felicem faustumque esse Deum O. M. precantur. Dabamus Bonnae ad Rh. m. Oct. a. 1850 ... [Bonnae, typ. C. Georgii 1850.] 1 Bl. 2.

Viro illustrissimo ... Frid. Car. de Savigny [illegible] ... gratulatur [illegible]

—— Zeitschrift f. geschichtl. Rechtswissenschaft, s. a. Zeitschrift.

— — Eichhorn u. Göschen, Zeitschrift für geschichtliche Rechtswissenschaft. I — IV. 1s 2s 3s Stück. gr. 8. Berlin, Nicolai. 815 — 20.
(1r Bd. in 3 Stücken 815. 1 Rthlr. 12 Gr. 2r Band 3r Bd. in 3 Stücken à 2 Rthlr. 4r Bd. 1s 2s à 16 Gr. 3s Stück 1 Rthlr. 8 Gr.)

— Eichhorn u. Göschen, Zeitschrift f. Rechtswissenschaft. V. 1s — 3s Hft. gr. 8. Berlin 824—25, Nicolai. à 16 gr.

Savigny, J. B. Heinr., und Al. Correard, Schiffbruch der Fregatte Medusa, auf ihrer Fahrt nach dem Senegal im Jahre 1816. Aus d. Franz. Mit 1 Kupf. gr. 8. Leipzig, Kummer. 819.

Savigny, Karl Friedrich, s. Savigny, Friedrich Karl Ritter v.

Savigny, Leo v., s.: Abhandlungen aus dem staatswissenschaftlichen Seminar zu Münster i.W.

Savigny, Leo v., die französischen Rechtsfakultäten im Rahmen der neueren Entwickelung d. französischen Hochschulwesens. gr. 8. (VIII, 223 S.) Berlin 891. Puttkammer & Mühlbrecht. n. 3.—

— Die Reichstagsauflösung, das Zentrum u. die nationalen Parteien. (22 S.) gr. 8. Berlin 907. Herm. Walther. —60

s.: Tätigkeit, die, der Zentrumsfraktion des preuss. Abgeordnetenhauses.

— Das parlamentarische Wahlrecht im Reiche und in Preußen u. seine Reform. (VII, 109 S.) gr. 8. Berlin 907. C. Heymann. 3.—

— Des Zentrums Wandlung u. Ende. (56 S.) 8. Berlin 907. Herm. Walther. 1.—

Savile, George, Marquis von Halifax
s.a. Halifax. [illegible]

Savile, George. The Lady's New-Year's Gift . . . Berlin 1752. H: *Formey, Joh. Hnr. Sam.* (BrMm)

Saville, L. v., der Advokat seiner Ehre, s.: Kühling's, A., Volks-Schaubühne.

— die Dienstboden od. am häusl. Heerd, s.: Bloch's. E., Theater-Correspondenz.

—— an der Grenze,
—— Herr Dr. Grünberg empfiehlt sich, } s. Kühling's, A., Album für Liebhaber-Bühnen.

Saville, L. v., Ihr guter Engel erwartet Sie, s.: Theater-Mappe.

— Lilie und Lilienknicker, s. Kühling's A.: Album für Liebhaber-Bühnen

Saville, L., ein ganzer Mann, s. Kühling's, A., Volks-Schaubühne.

—— die Neujahrsnacht eines deutschen Schullehrers,
—— nur eine einzige Tochter, } s. Bloch's, E., Theater-Gartenlaube.

Savini, Hannibal Frz., († d. 8. März 1805.) s. Clem. Romani, ital. Grammatik.

Savioli Corbelli, Graf Ludwig Alexander von

— die Ahnensucht; e. Lstspl. 8. Münch. 774. N. A. 776., s. Ahnensucht.

v. **Savioli Corbelli,** Graf Ldw. Alex., der bescheidene Ehemann; e. Lstspl. 8. Münch. 772.

— von d. Einfluß d. Feldbaues auf das Wohl d. Völker. 4. Münch. 776.

— üb. den Einfluß d. Topographie auf die Wissenschaften. 4. Münch. 779.

v. **Savioli Corbelli,** Graf Ldw. Alex., von d. Einfluß d. Tugend auf d. Wohl d. Staats, u. von d. Nothwendigkeit, sie zu belohnen. 4. Münch. 775.

Savitri, od. der Triumph ehelicher Treue, hrsg. v. Herm. Camillo Kellner, s.: Universal-Bibliothek.

Savits, Jocza, von der Absicht des Dramas. Dramaturgische Betrachtgn. üb. die Reform der Szene, namentlich im Hinblick auf die Shakespearebühne in München. I. Innere Regie. II. Über Akteinteilg. (XI, 397 S.) 8. München 908. Etzold & Co. 5.—; geb. 6.—

Savits, Jocza, das Naturtheater. Eine Studie. Mit besond. Berücksicht. der Naturtheater in Thale am Harz u. in Hertenstein bei Luzern. (44 S. m. 6 Abb. auf 5 Taf.) 8. München (910). R. Piper & Co. 1.—

Savognin. Der Höhenkurort S' im Oberhalbstein, Kanton Graubünden ‹Schweiz› .... [Illustriert.] 8. Samaden 1896.

Savognin, Luftkurort 1215 Meter ü. M. im Oberhalbstein, Graubünden. [Illustrierter Führer, hrg. von] Hôtel und Pension Pianta ‹Post› .... 16 S. 8. St. Gallen, Zollikofer & Cie., [1908]. [fr. —. 30]

Savoie [Schlagwort]

Savoie, s.: Schweiz. Müllhaupt, F.

Savoie-Dauphiné. (Frankreich.) Illustr. Fremdenführer. Hrsg. vom Verkehrs- u. Verschönerungs-Verein de Dauphiné zu Grenoble. Syndikat d'initiative au Dauphiné à Grenoble. (30 S. m. Abb.) 8. Grenoble 906. Comité de patronage des étudiants étrangers. —25

Savoie [Verfasser]

Savoie, C(harles). Gold- und Silberwaren. [Mit Figuren.] Sonderabdruck [aus:] Handwörterbuch der Schweizerischen Volkswirtschaft, Socialpolitik und Verwaltung. Hrg. von Dr. jur. N[aum] Reichesberg .... Band 2. IV S. + S. 391—397. 8. Bern, Verlag Encyklopädie, 1904.

Savoien, s. Savoyen.

Savoierfrage, s. Savoyer-Frage.

Savoir-vivre, du, en France au dix-neuvième siècle, ou instruction d'un père à ses enfants. Par Mme. la Comtesse de B.... 12. Paris et Strasbourg 838 Levrault. 1 [illegible]

SAVOLY, FRANZ X(AVER): Christkatholisches Handbuch. Gebete, Belehrungen und Lieder zum religiösen Gebrauche in Kirche und Haus. Für die Angehörigen der römisch-katholischen Kirchengemeinde gesammelt und erklärt von Rel. Prof. Franz X. Sávoly. Versecz (Werschetz) 1906. Druck von Wettel & Veronits. 2, 332, 4 S. - 150 mm

Savona [Schlagwort]

Savona, s.: Europa. Generalkarte.

Savonarola, Girolamo, s. a. Flugschriften, katholische.

[F.] Girolamo Savonarola. *Berlin: Germania (1898).* (97 S.) 1 Bd 8. = **Flugschriften,** Kathol., z. Wehr u. Lehr'. No 130/31. 98. 11344

Savonarola, der Märtyrer in Florenz. Eine Wundergeschichte aus dem 15. Jahrh. Leipz. 1801. V: *Benkowitz, Carl Friedrich.* (Ky) (EE)

Savonarola, der Märtyrer in Florenz, (von K. F. Benkowitz). 8. Leipz. 801. (Wienbrack). 18 gr

Savonarola, Girolamo

Savonarola, Hieron., ettliche beschauliche Betrachtungen des bitteren Leidens Jesu, gepredigt u. practicirt durch den andächt. Vater Bruder S., aus Ferrara, Prediger-Ordens, als er predigt mit großer Gnaden Gottes in Florenz. Darnach übertr. aus d. Welschen in das Latein, u. zu dem letzten v. dem Latein gemacht zu Deutsch im (MCCCC) LXXXXVIII. Jahr. Aufs neue hrsg. von Jos. Schnitzer. gr. 16. (XVI, 87 S.) Augsburg 902. Literar. Institut v. Dr. M. Huttler. n. —40

Savonarola's, Girolamo, letzte Betrachtungen. Uebersetzt und mit Anmerkungen von Geo. Liebusch. gr. 8. (84 S.) Erlangen 871, Deichert. *
Vgl.: Card, P. M. R. de. — Villari, Pasq.

Savonarola, Girolamo, s. Für die Feste und Freunde des Gustav-Adolf-Vereins.

Savonarolae meditatt. in Psalmos etc., s. Aurora s. Bibliotheca selecta etc.

— **Predigten.** Ausgewählt u. übers. v. Hiltgart Schottmüller. Mit dem Bildnisse Savonarolas nach dem Gemälde des Fra Bartolomeo della Porta gr. 8. (XII, 132 S.) Berlin 901. B. Behr's Verl. n. 3. —

Savonarola, Hieronymus, ausgewählte Predigten, s.: Predigt, die, der Kirche.

Savonarola, Hieronym., erweckliche Schriften. Zur Belebung christl. u. kirchl. Sinnes übertr. v. Geo. Rapp. 8. (22 B.) Stuttgart 839, S. G. Liesching.

[F.] Des Fr. Hieronymus **Savonarola,** Ord. P., Triumph des Kreuzes. Z. Verherrlichg d. christl. Religion an d. Neige d. 19. Jhs aus d. Latein. übs. v. Dr. C[arl] Seltmann, Domcapitular in Breslau. *Breslau: G. P. Aderholz 1898.* (212 S.) 1 Bd 8. 98. 7410

Savonarola, Hieronymus, s. Savonarola, Girolamo

Savonith, F. Die Hebung der Landwirtschaft durch die Lebensversicherung. 1880.

Savonith, F. Die Selbsthilfe durch die Lebensversicherung. Wien 1872.

Savonnerie, la. Revue spéciale de l'huilerie, la savonnerie et la stéarinerie. Réd.: Alwin Engelhardt. 1. Année. Octbr. 1883—Septbr. 1884. 24 nrs. (2 B.) gr. 4. Leipzig, (Stauffer). n. 40. —

Savonnerie, la. Revue spéciale de l'huilerie, la savonnerie, la parfumerie et la stéarinerie. Réd. en chef: A. Engelhardt. 3. année. Juin 1889—Mai 1890. 24 nrs. (2 B. m. Illustr.) gr. 4. Zürich, Schröter & Meyer. n. 40. —

Savor, Rud., d. Geburt bei engem Becken, s.: Ludwig, Heinr.

Savor, Rud., Leitfaden f. die Schwangeren-Untersuchg. gr. 8. (IV, 57 S. m. Abb.) Wien 901. F. Deuticke. n. 1.80

Savorgnan, Franco, soziologische Fragmente. (106 S.) 8. Innbruck 909. Wagner. 2.—

Savornin Lohman, Anna de, Fragensmüde. Einzig autoris. Uebertragg. aus dem Holl. v. Else Otten. (230 S. m. Bildnis.) 8. Leipzig (907). Maas & van Suchtelen. 4.—; geb. 5.—

Savoy, Emile. Le régime électoral de la Belgique. ⟨Extrait des Monat-Rosen [Jahrg. 48 u. 49, 1903—1904 u. 1904—1905].⟩ II + 61 p. 8. Bâle, Impr. du «Basler Volksblatt», 1905. [fr. —.50]

Savoy, F., Schreiben an d. Verfasser d. krit. Anmerkung. üb. d. so genannte Brüderschaft Maria v. Trost rc. 8. Ingolst. (Mayr in Salzb.) 784.

Savoy, Hubert P. C. Essai de flore romande. Glossaire romand fribourgeois contenant: le nom patois des fleurs, le nom botanique..., l'étymologie, quelques-unes des propriétés des plantes, les usages superstitieux qui s'y rattachent. Contribution à l'étude de la Flore fribourgeoise et romande. ⟨Publication parue d'abord dans le Messager. Fribourg....⟩ 8. Fribourg 1900.

Savoy, Hubert. Guide de Fribourg. Édité par la Société pour le développement de F. [Avec des illustrations, 2 cartes sur la couverture et 1 plan.] IV + 80 p. 8. (Fribourg,) Fragnières frères, 1905. [fr. —.50]

SAVOY, PAUL S. J.: Leich-Predig Ihrer Gnaden Francisco Sigray, Erb-Herrn von Ober-Surán ... von hinterlassener Gemahlin Theresia Angrano, und gesambter adelichen Bluts-Verwantnuss angeordnet, da ihre Gnaden Leich-Besingnuss in dem Löbl. Gotteshauß PP. Paulinern zu Maria Thall ... den 5. Martii dieses lauffenden 1727sten Jahrs gehalten wurde. Preßburg 1727. Gedruckt bey Joh. Paul Royer. 10 f. - 4°

Savoyard, der kleine, od. die Kunst, nicht nur die echte engl. Stiefel- u. Schuhwichse, sond. mehr. neuerfund. Glanzwichsen selbst zu verfert. Nebst Vorschriften u. Nachweisn. beim Putzen d. Stiefeln rc. A. d. Franz. 1. u. 2. Aufl. (à 2 B.) 8. Quedlinburg 828, 29, Basse. à

Der kleine | Savoyarde | oder | aufgedeckte Rezepte | aller englischen Stiefelwichsen, Klappenpoli- | turen und Klappen-Reinigungsmittel, | für | die Liebhaber | blanker Stiefeln und Klappen. | *(Druckermonogramm:* M B) | Reutlingen, | in der J. J. Mäcken'schen Buchhandlung. | (Preis 24 Kreuzer rheinisch.).

o. J. (1812). 34 S., 142 × 95.
St. A. Ludwigsburg D 54 | 42.
Schenda VoB S. 405.

Savoyarde, der kleine, od. aufgedeckte Recepte aller engl. Stiefelwichsen, Klappen-, Polituren- u. Reinigungsmittel. 8. Berl. 812. Salfeld. 9 gr (Karl Haas in Wien). 4 gr

Savoyarden, die beyden,. Sgsp. v. Schmieder. 12. Mannh. Kaufmann. (Joachim in Lpz.) 795.

— die zween,. Singsp. in 1 A. v. Perinet. 8. Wien, Wallishäußer. 792.

Savoye, A. E., De tussi convulsiva. 50 pp. Vienn. 8°. *Eyerel,* Diss. 8°. Vienn. 1789, II, 208—39.

Savoye, J., Garantien d. freien Presse im baier. Mainkreise. gr. 8. Zweybr. 832. Ritter. 12 gr

[F.] **von Savoye,** Ludwig [k. Sekr. am Amtsger. München ◻]: Ueber die Zuständigkeit in gewerblichen Streitsachen und das Verfahren vor den Gewerbegerichten ... München, *Druck v. A. Huber,* 1892; 1 Bl., 16 S. 4. (2.)
Erlangen, Jur. Fak., Inaug.-Diss. v. 1892

Savoyen [Schlagwort]

Savoyen, s.a. Schweiz. Müllhaupt. F.

Savoyen — Karte vom ehemaligen Herzogthum — jetzt den Departements des Leman und des Mont-Blanc, nebst den angrenzenden Gegenden von Piemont. Nach der gegenw. Eintheilung in Arrondissements mit Verbesserungen herausgegeben. Nürnberg bey Homanns Erben 1808. 1 : 520,000. 1 Bl.

Sabaudiae — Ducatus — Princip. Pedemontium ut et Ducatus Montisferrati etc. Cura manu et sumtibus M. Seutteri. Anjezo im Verlag bey Tobias Conrad Lotter, Geogr. in Augsburg. F. C. Lotter sculpsit. 1 : 1,800,000. 1 Bl.

Sabaudiae — Regio Celsitudinis — Status in quo Ducatus Sabaudiae Principat. Pedemontium ut et Ducatus Montisferrati in suas ditiones et Territoria determinata cum finitimis Provinciis. Mappa Geographica oculis sistuntur cura manu et sumtibus M. Seutteri. August. 1 : 650,000. 1 Bl.

Savoyen [Sachliches OW]

Savoyen, Prinz Eugen von, s. Eugen.

Savoien. Savoyen, Nizza und der Rhein. Berlin 1860 s.a. [Engels, Friedrich].

Savoyen, Nizza und der Rhein. Berlin 1860. V: *Engels, Frdr.* (stams)

Savoyen, Nizza und der Rhein. Vom Verf. von „Po und Rhein." gr. 8. (48 S.) Berlin 860, [Behrend.]

Savoyen, Nizza und der Rhein. Vom Verf. von „Po und Rhein." Berlin 860. Falckenberg. gr. 8. (48 S.) 7½ ngr.

Savoien. Von Savoyen für die Schweiz. Zürich 1885 s. [Becker, Jacob].

Savoyen [Verfasser]

Savoyen, Prinz Eugen v., Urteil üb. d. Jesuitenorden, s.: Aktenstücke, kirchliche.

Ludwig Amadeus von Savoyen, Herzog d. Abruzzen, Der Ruwenzori. Erforschung u. erste Ersteigung seiner höchsten Gipfel. Hrsg. von F[ilippo] de *Filippi.* Leipzig 1909. 8°.

Savoyerfrage

Savoierfrage. Die Savoyer Frage. Denkschrift an Preussens Staatsmänner von einem deutschen Patrioten. 4. Weimar 1860.

Savoierfrage. Die Savoyer Fr' rechtlich ... beleuchtet. Zürich 1860 s.a. D[ubs], J[acob].

Savoyerfrage, Die, rechtlich und politisch beleuchtet. Zürich 1860. V: *Dubs, Jac.* (Cat. der Stadtbibl. Zürich. Zürich 1864—97.)

Savoierfrage. Die Savoyerfr' vor dem Grossen Rathe des Kantons Bern. SA. 8. Bern 1860.

Savreux, Paul, s.: Schickele, René.

Savtschenko, P., atlas des poissons vénéneux, descriptions de ravages produits par eux sur l'organisme humain, et des contrepoisons à employer. (Russisch und französisch.) gr. 4. (VIII, 55 S. mit 10 farb. Taf.) St. Petersburg 886, (Ricker.) cart. *

Sawaki, Iju, aus Shidzuoka (Japan): Zur klinischen **Bedeutung** des Capillarpulses. *Rostock 1903: Adler's Erben.* (40 S.) 8°
Rostock, Med. Diss. v. [28. Febr.] 1903

Sawalischin, D. I., Memoiren. (In russ. Sprache.) 2 Bde. (380 u. 446 S. m. 4 Bildnissen.) 8. München 904. [Dr. J. Marchlewski & Co.] Etzold & Co. n. 10. —

Sawalischin, Katharina, a. Moskau in Rußland: Aus d. pathol. Institut d. Univ. Bonn. Ueber angeborene Stenose des Aorten- und Mitralostiums infolge foetaler Endocarditis. Bonn 1908: E. Eisele. (52 S.) 8°
Bonn, Med. Fak., Ref. Ribbert, Diss. v. 27. März 1908
[Geb. 18. Juni 83 Moskau; Wohnort: Bonn; Staatsangeh.: Rußland; Vorbildung: Gymn. Moskau Reife O. 01; Studium: Moskau 2, Zürich 4, Berlin 2, Bonn 3 S.; Rig. 18. März 08.]

Sawall, Ottomar [cand. med. aus Heinsberg (Rheinl.)]: Ein Beitrag zur Laparatomie bei acuter diffuser Peritonitis ... Strassburg i. E., Buchdr. C. Goeller, 1894; 46 S. 8.
Strassburg, Med. Fak., Inaug.-Diss. v. 1894

Sawallisch, Wilh., Dr. Martin Luthers kleiner Katechismus, erklärt f. evangel. Volksschulen u. Taubstummen-Anstalten. 8. (175 S.) Gera 899. Leipzig, Th. Hofmann. Kart. n. — 80

Sawamura, S., experimentelle Studien zur Pathogenese u. Serumtherapie des Tetanus, s.: Arbeiten aus dem Institut zur Erforschung der Infektionskrankheiten in Bern. 4. Heft.

Sa-Wart, Johann Philipp (Lüneburg) 4°Thl. XV, 270/21a

Dissertatio historico-theologica de philtris enthusiasticis Anglico Patavis h. e. Von dem Englisch- und Holländischen Quaker-Pulver. Präs. Peter Zorn. Rec.
Wittenberg (Scheffler) 1745. 44 S.

Diss. 19. I. 1707. 29837

Sawatski, Martin, approb. Arzt aus Pollnitz, Westpr.: **Beitrag zur Rectoperineoplastik.** *Greifswald 1904: J. Abel.* (36 S.) 8°
Greifswald, Med. Diss. v. 28. März 1904

Sawczynski: Die neuburgundischen Reiche von ihrer Entstehung bis zur Vereinigung unter Rudolf II. Zs.
79 S.--Krakau St.An., Progr. 1857, 1860

Saweljeff, Paul, Zweiter Beitrag zur Topographie der Ausgrabungen von altem arabischen Gelde in Russland. [Tiré du BAP. T. IV. No. 13.] St. Petersburg 1847.

Saweljeff, Paul, Notiz über funfzehn neue Ausgrabungen kufischer Münzen in Russland, als Ergänzung zu Ch. M. Fraehn's Topographischer Uebersicht der Ausgrabungen von altem arabischen Gelde in Russland. [Tiré du BAP. Tome I. No. 22.] St. Petersburg 1844.

— — Unedirte Samanidon-Münzen. [Aus den Mélanges Asiatiques T. II.] St. Petersburg 1855.

Sawenkow, S. A. [Russin]
s. Savenkova.

Sawersky, Bernstein-, s. Bernstein-Sawersky.

Sawersky, C., der Pfennigreiter, s.: Wald-Zedtwitz, C. (E.) v.

Sawicki, Frz., katholische Kirche u. sittliche Persönlichkeit. (116 S.) gr. 8. Köln 907. J. P. Bachem. 1. 80

Sawicki, Frz., der Prediger, Schopenhauer u. Ed. v. Hartmann oder Biblischer u. moderner Pessimismus. (IV, 108 S.) gr. 8. Fulda 903. Fuldaer Actiendruckerei. n. 1. 50

— Das Problem der Persönlichkeit u. des Übermenschen, s.a. Studien zur Philosophie u. Religion. 4. Heft.

Das Problem der Persönlichkeit und des Übermenschen. Von Dr. Franz **Sawicki**, Prof. Paderborn: Schöningh 1909 VIII, 446 S. 8°
(Studien z. Philosophie u. Religion. H. 4.) [10. 2391]

Wert und Würde der Persönlichkeit im Christentum. Von Dr. Franz **Sawicki**, Pelplin. Köln: J. P. Bachem in Komm. 1906. (105 S.) 8° [F.]
— Görres-Gesellsch. z. Pflege d. Wissensch. **Vereinsschrift**. 1906, 1. [06. 7630]

Sawicki Ludomir Ritter von: Physiographische Studien aus den Westkarparthen.
II. 1907 PN 2338 **Diss.** Wien, Univ. 2399

SAWICZEWSKI, Julian Josef von (Krakau): De ferro.- Landishuti: Storno 1818. 54 S.
30.7.1818 - Pe 366; F 58
Diss. Ingolst.-Landsh.-Mchn.

Sawinow, A. Tabellen über Daten und Vergleichung von Mass und Gewicht der Proviant-Verpflegs-Gegenstände. Fol. Petersburg 1859.

Sawitri. Eine indische Dichtung. A. d. Sanskrit übers. v. Jos. Merkel. gr. 12. (4⅓ B.) Aschaffenburg 839, Pergay. *

Sawitsch, A., Abriss der practischen Astronomie, vorzüglich in ihrer Anwendung auf geograph. Ortsbestimmung. Aus d. Russ. übers. von W. C. Goetze. Mit mehreren im Originalwerke nicht vorhandenen vom Hrn. Verf. nachgelieferten Zusätzen u. Erweiterungen. 2 Bde. Lex. 8. (1. Bd. XVI u. 409 S. m. 6 lith. Taf. in Lex. 8. u. Fol.) Hamburg 850, Perthes-Besser & Mauke. n. 4½ ß

Sawitsch, A., Abriss der praktischen Astronomie vorzüglich in ihrer Anwendung auf geographische Ortsbestimmung. Nach der 2. russ. Orig.-Ausg., unter Mitwirkung des Verf. neu hrsg. von C. F. W. Peters. gr. 8. (XVI, 848 S. mit 6 lithogr. Taf.) Leipzig 879, Mauke. *

Sawitsch, A., die Anwendung der Wahrscheinlichkeitstheorie auf die Berechnung der Beobachtungen und geodätischen Messungen oder die Methode der kleinsten Quadrate. Deutsch bearb. von C. G. Lais. gr. 8. (IX und 338 S. mit 3 Tab. in qu. gr. Fol.) Mitau 863, Reyher'sche Verlagsh. 2

— Beschreibung der zur Ermittelung des Höhenunterschiedes zwischen dem schwarzen und caspischen Meere ausgeführten Messungen, s. Fuss, G.

— Opposition des Mars im J. 1862, s.a. Mémoires de l'académie impér. des sciences de St.-Pétersbourg. 7. Série, Tome VI. Nr. 11.

Sawitsch, A., Opposition d. Mars i. J. 1862, beobacht. auf d. kais. akad. Sternwarte z. St. Petersb. Petersb. 4. 12 S. 1864
Schul-/Univ.-Schrift

Sawitz, Hugo, Referendar a. Rostock: Der Inhalt des Grundbuches nach § 892 BGB. Berlin 1908: C. Heymann. (VIII, 124 S.) 8° [F.]
(Nicht für den Austausch, lag nicht vor.)
Rostock, Jur. Fak., Ref. Lehmann, Diss. v. 15. Febr. 1908
[Geb. 2. Dez. 85 Rostock; Wohnort: Rostock; Staatsangeh.: Mecklenburg-Schwerin; Vorbildung: Gymn. Rostock Reife O. 03; Studium: Rostock 1, Berlin 2, Rostock 3 S.; Rig. 27. Juli 07.]

Sawitz, Hugo, der Inhalt d. Grundbuches nach § 892 BGB. (VIII. 124 S.) gr. 8. Berlin 908. C. Heymann. 4. —

Sawka, Mich., Herbst . . Eine Geschichte aus der Bukowina. (III, 142 S.) gr. 8. Czernowitz 906. (H. Pardini.) n. 3. —

Sawka, Mich., die Künstler-Arche. Skizzen aus der Leipziger Bohême. Illustriert v. Fritz Kleinhempel u. Alb. Fiebiger. 8. (83 S.) Linz 900. Wien, Oesterreich. Verlagsanstalt. n. 1. 50

— nach freier Wahl. Lustspiel in 1 Akte. 8. (25 S.) Wien (III, Hauptstr. 66) (901). Verlag der „Blauen Donau". n. 1. —

Sawka, Mich., warum bist Du so blaß? u. and. kleine Geschichten. 8. (III, 110 S.) Amsterdam 896. Leipzig, C. F. Tiefenbach. n. 1. —

Saworra, B., ein Opfer, s.: Weber's moderne Bibliothek.

Sawory, s.: Fragen des modernen Geisteslebens.

Sawr, Abr., s. Saur

Sawrey, S(alomon) (Ed.):

s.: Marshall, Andrew: Untersuchungen des Gehirns im Wahnsinn und in der Wasserscheu, nebst einigen Abhandlungen über die Pathologie dieser Krankheiten. Aus den hinterlassenen Schriften... (The morbid Anatomy of the brain in mania and hydrophobia, with the pathology of these two diseases, as collected from the papers...and edited by S.Sawrey. Dt.) Übers.und mit Anmerkungen begleitet von M(oritz Heinrich) Romberg. Berlin: 1820

JB 4.513

Sawrey, Sh., üb. die Wirkung d. vener. Giftes auf d. menschl. Körper, nebst Bemerkk. üb. Hunters u. Bells Theorie; aus d. Engl. von G. W. Töpelmann. gr. 8. Leipz. 802. (Knobloch). 18 gr

Sawrey, Sh, üb. d. Wirkung. d. vener. Giftes a. d. menschlichen Körper, nebst Bemerk. über Hunters u. Bells Theorie, a. d. Engl. v. G. W. Töpelmann. gr. 8. Leipz. Böhme. 803.

Sawrey, William (England) A. S. 1186/20

Dissertatio medica inauguralis de liene.
Leiden (Boutestein) 11. VII. 1719. 18 S.

Gew.: William Gilpin (Grossonkel), Richard Gilpin Sawrey (Bruder). 29838

Sawtschenko, J. Ueber Parasitismus bei Carcinomen, s.a. Podwyssozki jun., W.

Sawtschenko, J., Sporozoen in Geschwülsten (Carcinomen u. Sarcomen), s.: Bibliotheca medica, Abtlg. D, 2.

Sawwin, N. N., über den Schneidwiderstand der Metalle beim Hobeln u. Drehen. Experimentelle Untersuchg. der Abhängigkeit des Druckes auf das Werkzeug v. d. Spannmasse. (VI, 54 S. m. 37 Abb. im Text u. auf 6 Taf.) Lex. 8. Leipzig 909. A. Felix. 8. —

Sawyer, A. R., Stein- u. Kohlenfall-Verunglückungen in Nord-Staffordshire u. die Mittel zu ihrer Verminderung. Eine Monographie aus dem J. 1886. Zur Nutzanwendg f. unseren Steinkohlenbergbau deutsch bearb. u. m. Vor-, Rand- u. Schlussbemerkgn. versehen v. Leybold. Mit 11 z. Thl. farb. Taf. u. zahlr. Textabbildgn. Imp.-4. (71 S.) Berlin 900. W. Ernst & Sohn. Kart. n. 8. —
Sonderabdr. aus: „Ztschr. f. Berg-, Hütten- u. Salinenwesen".

Sawyer, J. R., das photographische Pigment-Verfahren, s. Vogel, H.

Sax, Carl, s. Sax, Karl

Sax, Ch., s. Saxe, Christoph

Sax, Emanuel: Die Hausindustrie in Thüringen, s. Sax, Emil

Sax, Emanuel Hans

Sax, Eman. Hans, Gedichte. gr. 16. (XII, 288 S.) Meran 892. F. W. Ellmenreich. n. 2. 80

Sax, Eman. Hans, Mädchenlieder. 8. (128 S.) Berlin 895. Freund & Jeckel. n. 2. —

Im Volkston. Allerhand Verse u. G'stanzln von Emanuel Hans **Sax**. *Meran: F. W. Ellmenreich 1892.* (VII, 201 S.) 8° [F.] 01. 3021

Sax, Emil, Anregungen. Eine Sammlg. wirtschaftspolit. Aufsätze. (IV, 108 S.) gr. 8. Wien 910. Manz. 1. 70

Sax, Emil, Bericht üb. die Verhandlungen d. 1. Congresses österreich. Volkswirthe zu Wien am 5., 6. u. 7. April 1875. Im Auftrage d. ständ. Ausschusses hrsg. gr. 8. (IV, 235 S.) Wien 875. Manz. n. 6. —

Sax, Emil, die neuesten Fortschritte der nationalökonomischen Theorie. Vortrag, gehalten für die Gehe-Stiftung in Dresden am 10. März 1888. gr. 8. (VI, 32 S.) Leipzig 889, Duncker und Humblot. *

—— Grundlegung der theoretischen Staatswirthschaft. gr. 8. (XXIV, 575 S.) Wien 887, Hölder. *

Sax, Emil, die Hausindustrie in Thüringen, s. Sammlung nationalökonomischer u. statistischer Abhandlungen d. staatswissenschaftlichen Seminars zu Halle a/S.

SAX, Emanuel: Die Hausindustrie in Thüringen. Wirtschaftsgeschichtliche Studien. 1. Tl.: Das Meininger Oberland. - Jena 1882. V, 135 S. - 2. Aufl. ebd. 1885. XII, 164 S. - 2. Tl.: Ruhla und das Eisenacher Oberland. ebd. 1884. IX, 100 S. - 3. Tl.: Die Korbflechterei in Oberfranken und Coburg. Hausindustrien in Neustadt a. R. und Bürgel. ebd. 1888. VII, 152 S. - (Samml. nationalökon. u. statist. Abh. d. staatswiss. Seminars z. Halle a. d. S. Bd. II, H. 7-9)

Sax, Emil, über **Lagerhäuser** u. **Lagerscheine mit Rücksicht auf deren Einführung in Oesterreich.** [Aus dem „Oesterr. Oekonomist."] Wien 869. (Beck's Univ.-Buchh.) gr. 8. (23 S.) n. 8 ngr.

Sax, Emil, die Nationalitätenfrage in Oesterreich in ihrer politischen und socialen Bedeutung. Rede, gehalten in der Wählerversammlung in Troppau am 15. Septbr. 1881. 8. (30 S.) Wien 881, (Hölder.) *
Aus: Freie schlesische Presse, besonders abgedruckt.

—— den Neubau Wiens im Zusammenhange mit der Donau-Regulirung. Ein Vorschlag zur gründl. Behebung der Wohnungsnoth. gr. 8. (39 S.) Wien 870, Pichler's Wwe. und Sohn.

— die Oekonomik der Eisenbahnen. Begründung e. systemat. Lehre vom Eisenbahnwesen in wirthschaftl. Hinsicht. gr. 8. (30 S.) Wien 871. Lehmann & Wentzel. n. 1. —

Sax, E. Die Progressivsteuer. Leipzig 1892.

—— die Verkehrsmittel in Volks- und Staatswirthschaft. 2 Bde. gr. 8. Wien, Hölder. *
Inhalt:
Bd. 1. Allgemeiner Theil. — Land- und Wasserwege. — Post und Telegraph. (X, 372 S.) 878. * M. 9.
» 2. Die Eisenbahnen. (VIII, 552 S.) 879. * M. 14.

— das Wesen u. die Aufgaben der Nationalökonomie. Ein Beitrag zu den Grundproblemen dieser Wissenschaft. gr. 8. (VII, 104 S.) Wien 884. Hölder. n. 3. —

—— die Wohnungszustände der arbeitenden Classen und ihre Reform. gr. 8. (V, 207 S.) Wien 869, Pichler's Wwe. und Sohn. *

Sax, Franz

— vollständ. Anleit. z. Holzsparkunst, besond. f. die k. k. Staaten, nebst Beschreib. d. Lebonschen Thermolampe. Mit 13 Kpst. 2 Thle. gr. 8. Wien 804. Ant. Doll. 2 fl 8 kr

— Bautechnologie u. Bauökonomie, od. faßl. Belehrung üb. alle bei einem Gebäude nothwendigen Materialien, d. prakt. Handgriffe, Werkzeuge 2c. 4 Bde. m. K. gr. 4. Ebend. 814.

Sax, Franz. Bau-Technologie und Bau-Oekonomie. 2. Ausg. von J. M. Jäckel. Wien 1833. 4 Bde. 4.

— prakt. Unterricht z. Berechnung aller Bestandtheile eines jeden Gebäudes. 1r Thl. Mit 5 Kpf. gr. 8. Wien 808. 2e A. 813. 3e A. . . . 4e A. 817. Ant. Doll. 1 fl 2r Thl. A. u. d. T.: prakt. Unterricht z. Verfassung eines richtigen Bauanschlags. gr. 8. Ebd. 811. 2e A. 818. 1 fl

Sax, J. E., Einleit. in d. Gesch. d. Markgrafschaft u. des Fürstlichen Hauses Baden. 1r Thl. 8. Stuttgart, Metzler 764.

Sax, Jean Pierre: Beitrag zur Geschichte der Abtei und Stadt Echternach. S. 3–28. Echternach, Progymn., Progr. 1873/74

Sax, J. P., Beitrag zur Geschichte der Abtei u. Stadt Echternach. 8. (77 S.) Luxemburg 874. Brück. — 90

Sax, Jos., s.: Handlexikon der katholischen Theologie.

Sax, Jul., die Bischöfe und Reichsfürsten von Eichstätt 745–1806. Versuch einer Deutung ihres Waltens und Wirkens, nach den neuesten Quellen zusammengestellt. 1. Bd.: Von 745–1535. gr. 8. (IV, 423 S.) Landshut 884, Krüll'sche Universitäts-Buchh. *

Sax, Jul., die Bischöfe und Reichsfürsten von Eichstädt 745—1806. Versuch einer Deutung ihres Waltens und Wirkens, nach den neuesten Quellen zusammengestellt. 2. Bd.: von 1535—1806. gr. 8. (S. 425—781 und Register 34 S.) Landshut 885, Krüll'sche Universitäts-Buchh. *

Sax, Jul., Geschichte des Hochstiftes und der Stadt Eichstädt. Ein Versuch. 1—4. Liefg. Nürnberg 857. J. L. Schmid. gr. 8. (XII, S. 1—384.) Jede Liefg. n. 10 ngr.

Sax, J. Versuch einer Geschichte des Hochstifts u. der Stadt Eichstadt. (384) 8 Nürnberg 1857 58 4.00

Sax, Karl A. S. 165/31

Disputatio iuridica ad legem Mamiliam finium regundorum. Ed. 2.
Leipzig (Klaubarth) 1782. 24 S.

Diss. Utrecht 30. IX. 1779. 29841

Sax, Carl Ritter v., Geschichte des Machtverfalls der Türkei bis Ende des 19. Jahrh. u. die Phasen der „orientalischen Frage" bis auf die Gegenwart. (XX, 543 S.) gr. 8. Wien 908. Manz. 8.50; geb. n 10. 60

Sax, Carl, ethnographische Karte der Europäischen Türkei und ihrer Dependenzen zur Zeit des Kriegsausbruches im J. 1877. Hrsg. von der k. k. Geograph. Gesellschaft. gr. Fol. (Chromolithogr. mit 16 S. Text.) Wien 878, (Gerold und Comp.) *

Sax, Carl v., bosnische Musik. [Aus: „Wissenschaftl. Mittheilgn. aus Bosnien u. der Hercegovina" 2. Bd.] Lex.-8. (4 S.) Wien 894. (C. Gerold's Sohn.) n. — 40

Sax, Karl, Ostern. Gedichte. (79 S.) kl. 8. Zürich 906. **A. Bopp.** n. 1. 60; geb. n. 2. 50

Sax, Carl, Türkei, s.: Ausstellungs-Bericht, officieller.

— Die Wahrheit üb. die serbische Frage u. das Serbentum in Bosnien. (32 S.) gr. 8. Wien, Manz. — Leipzig (909). J. Klinkhardt. — 50

Sax, Max, s.a. Gemüthliches aus Sachsen.

Sax, Max, Gemüthliches aus Sachsen. 1. Hft.: Schnurren. gr. 16. (IV, 95 S. m. eingedr. Illustr.) Dresden 878. Axt. n. 1. —

Saxa loquuntur. Ein Wort für die Erhaltung des gegenwärtigen Bestandes des Riesenthores von St. Stephan. Wien 1882. V: *Bergmann, Hermann.* (EB)

Saxe, la, galante, s.a. Sachsen.

Saxe, La, galante. S. l. 1734. V: *Pöllnitz, Carl Ludw. Wilh. Freih. von.* (ADB)

Saxe, la galante, n. Edition. 8. Amsterd. 763. (Frankf. a. M., Varrentrapp). 12 ℊ

Saxe, Krieger-Gräber u. Denksteine auf Sundewitt u. Alsen. Zusammengestellt unter Benutzung der von Rickert u. Plothe gesammelten Notizen. Lex.-8. (67 S. m. 1 Karte.) Flensburg 890. Huwald. n. 1. 80

Saxe, L'Officier interprète, s.: Beyer.

Saxe, Christoph

— diatriba acad, de Dea Angerona. Utrecht 766.

Saxe, Cph., († d. 3. Mai 1806.) Antwort auf D. C. W. Küstners Schreiben an d. Herausgg. d. unpartheiischen Kritik üb. jurist. Schriften. 8. Leipz. 758.

— justa depulsio immanis calumniarum atrocitatis, qua in se ab aliquot annis, inprimis scripta ad fratrem Theologum Epistola, grassatus est Pet. Burmann minor, alias secundus, mansuetudinis olim disciplinae indocilis tiro, nunc litterar, human. Professor. 4. Utrecht 761.

— diatribe ad Leg. II. Cod. de aedificiis privatis. 4. Leyd. 751.

— lapidum vetustorum epigrammata. 4. Lipsiae. 746.

— epistola de veteris medici ocularii gemma sphragide, prope Trajectum ad Mosam nuper eruta. 8maj. Utrecht 774. Schonhoven. 9 ℊ

— epistola ad Baronem Santhorstianum, hoc est, Pet. Burmannum minorem. 4. Utrecht 762.

— de Henr. Eppendorpio commentarius. 4. Lips. 745.

— Diss. de jure rei monetariae apud Batavos. 4. Leyd. 754.

— laudatio C. A. Dukeri in solemni panegyri peracta. 8. Utr. 788. (Weidmann in Leipz.) 5 ℊ

— monogrammata hist. Batavae a vetutissimis inde tempor. usque ad seculi XVIII an. tert. decim. gr. 8. Francf. (Weidmann, Lips.) 784.

— monogrammata hist. Batavae a vetustissimis inde tempor. usque ad seculi XVIII. an. tert. decim. 8maj. Utrecht 784. (Weidmann in Leipz.) 2 ℱ 4 ℊ

— onomasticon literarium sive nomenclator historico-crit. praestantiss. omnis aevi scriptorum. 8. Utrecht 760. E recognitione longe auctiori et emend., ita ut non tam Edit. altera etc. ibid. VIII Voll. 8maj. ibid. 775—804. (Weidmann in Leipz.) 18 ℱ 20 ℊ (Vol. VIII. onomastici litterarii Mantissa recentior, sive Prs. VIII. 804.)

— onomastici litterarii epitome. 8maj. Utrecht 792. (Weidmann in Leipz.) 1 ℱ

— quaestiones litterariae, ex bonarum artium, historiae potissimum universae, rhetorices, poet. etc. 8. Utrecht 767.

— tabulae genealogicae s. stemmata deorum, regum, principum etc. fol. Francf. (Weidmann, Lips.) 792.

— tabulae genealogicae, sive stemmata Deorum, Regum, Principum etc. Fol. Utrecht 792. (Weidmann in Leipz.) 1 ℱ

— s. J. v. Voorst, animadvers.

Saxe, Maurice Comte de

Saxe, Comte de, s.a. Moritz Graf von Sachsen.

— — Mémoirés sur l'art de la guerre. Nouv. édition, augmentée du traité des légions, ainsi que de quelques lettres sur ses opérations militaires 8. Dresde 1757.

Saxen-Hausen (Carl Heinz), Herzensklänge. 8. (VIII, 167 S. m. Bildn.) Stuttgart 897. Greiner & Pfeiffer. Geb. in Leinw. n. 3. 60

Saxen-Hausen, Wandergrüße. 8. (VIII, 176 S.) Stuttgart 888. Greiner & Pfeiffer. geb. n. 4. —

Saxenberger, Otto, Dr.: Dr. M. **Luther,** ein Freund der belebten Natur. *Breslau (1900): Bresl. Genossenschafts-Buchdr.* (16 S.) 4°
Breslau, st. ev. R 1, OP 1900 (235)

Saxenberger, Otto [aus Radogast]: Johannes Rivius, sein Leben und seine Schriften .... Breslau, Breslauer Genossenschafts-Buchdr., E. G., 1886; 1 Bl. + 53 + 1 S. 8°.
Leipzig, Phil. Fak., Inaug.-Diss. v. 24. Aug. 1886.

Saxer, Alex.(Red.), s. Abendschule, Illustrierte.

Saxer, Carl, s. Saxer, Karl

Saxer, Fr., Pneumonomykosis aspergillina. Anatomische u. experimentelle Untersuchgn. gr. 8. (V, 169 S. m. 4 Taf.) Jena 900. G. Fischer. n. 11. —

Saxer, Franz [Assist. am pathol. Inst. in Marburg]: Anatomische Beiträge zur Kenntniss der sogenannten Syringomyelie ... '(Aus Prof. Chiari's patholog. Institute an d. deutschen Univ. in Prag.)' Jena, G. Fischer, 1896; 1 Bl., 67 S., 2 Taf. 8.
Marburg, Med. Fak., Hab.-Schr. v. [21. Okt.] 1896

Saxer, Franz *Carl* [app. Arzt aus Goslar]: Ueber das papilläre Kystom und seine Beziehungen zu andern Ovarialgeschwülsten ... Marburg, Buchdr. F. Sömmering, 1891; 30 S., 1 Bl., 1 Taf. 8.
Marburg, Med. Fak., Inaug.-Diss. v. [30. Sept.] 1891

Saxer, Hermann, aus Carlsburg b. Arnswalde N.-M.: Einwirkung des Kupfer- und Eisensulfats auf landwirtschaftliche Kulturpflanzen. *Berlin: G. Burkhardt 1903.* (44 S.) 8°
Rostock, Phil. Diss. v. [14. Apr.] 1903

Saxer, J. A., über den wiedererwachten Confessions-Streit, mit besond. Beziehung auf die Angelegenheiten der norddeutschen Missions-Gesellschaft. Ein Wort der Liebe an seine Freunde. gr. 8. Stade 843, Schaumburg. 3/8 ℔

Saxer, J[ohann] U[lrich]. Vom Jura zum Montblanc. Schilderung einer Ferienreise. [Umschlag illustriert.] 8. Frauenfeld 1882.

Saxer, Karl

Saxer, Carl, Ironie des Lebens. Roman. (XI, 250 S.) 8. Dresden (906). E. Pierson. n. 3. —; geb. n. 4. —

Saxer, Lud. Jo. Georg (Wursten) A. S. 1337/8

De prensatione, osculo, fascium et signorum in navibus submissione. Präs. Johann Matthias Gesner. Göttingen (Hager) 11. IX. 1745. 16 S.

Gew.: Meinhard Plesken.
W. v.: Samuel Christian Hollmann. 29843

Saxer, Ph., Gedichte, s. Huber, J.

Saxesen, Wilhelm

Der Bahnhof in Kiel. Wilhelm Saxesen del. Kiel. o. J. Lithogr. 1 Bl. 4°, 28/36,5 cm.

Bellevue bei Kiel. Wilhelm Saxesen del. Kiel. o. J. Lithogr. 1 Bl. Fol., 28/36,5 cm.

Saxesen, W., Brocken-Panorama, od. die Aussicht v. d. Spitze d. Brockens. Mit erläut. Texte vers. M. 4 Stnt. (qu. ½ gr. Fol.) u. einer Scala. gr. 8. (2½ B.) Darmstadt 834, Leske.

Saxesen, W., erste Grundlage f. d. Unterr. im freien Handzeichnen. Zum Gebr. in d. verschied. Unterrichts-Anstalten, an welchen freies Handzeichnen gelehrt wird. 1. u. 2. Hft. gr. 4. Clausthal, Schweiger'sche Buchh.
Hft. 1. Geradlinige Figuren. (12 Kpfrt. u. ½ B. Text.) 839. 12 Gr.
= 2. Figuren mit gebogenen Linien. (10 Kpfrt.) 840. 10 Gr.

— erste Grundlage für den Unterricht im freien Handzeichnen. Zum Gebrauch in den verschied. Unterrichts-Anstalten, an welchen freies Handzeichnen gelehrt wird. 1s Hft. Mit 12 Kpfrtaf. gr. 4 Clausthal 839. Schweiger. (Leipzig, Hinrichs.) 1/2 ℔ (Parthiepreis für 6 Exemplare n. 2 1/4 ℔)

s. Harz-Panorama.

Asyl Hornheim bei Kiel. Wilhelm Saxesen del. Kiel. o. J. Lithogr. 1 Bl. 4°, 28/36.5 cm.

Kiel. Wilhelm Saxesen del. Kiel. o. J. Lithogr. 1 Bl. Fol. 36.5/55.5 cm.

Saxesen. Plan von Clausthal. Clausthal. 1830.

Tivoli zu Düsternbroock bei Kiel. Wilhelm Saxesen del. Kiel. o. J. Lithogr. 1 Bl. 4°. 28/36.5 cm.

SAXINGER, Robert: Beiträge zur Gefühlspsychologie. — 1900. 185 S. Diss. Graz, Univ.

Saexinger, J. v., Gefrierdurchschnitt e. Kreissenden. 3 (chromolith.) Taf. m. Text. gr. Fol. (1 Bl.) Tübingen 888. Laupp. In Mappe. n. 10. —

Säxinger, Joh., über die Entwicklung des medizinischen Unterrichts an der Tübinger Hochschule. Rede zum Geburtsfest Sr. Maj. des Königs, am 6. März 1883 im Namen der Eberhard-Karls-Universität gehalten. gr. 8. (33 S.) Tübingen 883, Fues. *

—— s. Handbuch der gerichtlichen Medicin.

Saxii, C., Vindiciae secundum libertatem pro Maronis Aeneide, cui manum J. Harduinus nuperus assertor injecerat. Lips. 737. 4.

Saxius, Friedrich Ehregott (Eppendorf) A. S. 1329/43

De murrinis veterum disquisitio.
Präs. Johann Friedrich Christ.
Leipzig (Langenheim) 4. V. 1743. 56 S., 1 Taf.

W. v.: Präs. 29845

Saxius, Johann Friedrich (Weissenfels) A. S. 565/52

Vindiciae 1. 1. $. 1. D. de iustitia et iure.
Präs. Georg Stephan Wiesand.
Leipzig (Langenheim) 3. V. 1764. 16 S.

Gew.: Christian Friedrich Meyer. 29846

Saxl, Ferdinand: De pronominis iste eiusque derivatorum apud comicos mensure.
Phil. Diss., Prag, 1886/87

Saxl Ferdinand: Zur Verdeutschung lateinischer Dichter, insb. Vergils. 10. Czernowitz UG. (II. St. G). 99.
Progr.

Saxl, Ign., üb. die Beziehungen d. preußischen Landrechts zur Codification unseres Civilrechts. Vortrag, geh. im niederösterr. Concipienten-Verein in Wien am 17. Decbr. 1892. gr. 8. (33 S.) Wien 893. A. Hölder. n. — 60

Saxl, Ign., u. Fel. Kornfeld, Quellenausgabe des allgem. bürgerl. Gesetzbuches samt vollständigem amtl. Register. (XXXI, 681 S.) 16. Wien 906. Szelinski & Co. Geb. in Leinw. n. 4. —

Saxl, Max., zur Duplik des Herrn Professor Schücking. Streiflichter. (65 S.) gr. 8. Berlin 905. R. L. Prager. n. 1.50

— Materialien u. Gesetz. Eine staatsrechtl. Abhandlg. (76 S.) gr. 8. Ebd. 905. n. 1.50

Saxl, Max, Materialien u. Gesetz. Eine staatsrechtl. Abhandlg. 2. verm. Aufl. (150 S.) gr. 8. Berlin 907. R. L. Prager. 3. —

— die Thronfolgeberechtigung des aus der im J. 1875 abgeschlossenen Ehe weil. Sr. Hoh. des Herzogs Anton Friedrich Günther Elimar v. Oldenburg m. dem hochwohlgeborenen Fräulein Natalie Vogel Freiin v. Friesenhof am 29. VIII. 1878 entsprossenen Sohnes Alexander u. dessen Zugehörigkeit zum großherzogl. oldenburgischen Hause. Denkschrift. (58 S.) Lex.-8. Wien 904. Gerlach & Wiedling. n. 3. —

Saxl, Paul, s.: Biologie des Menschen.

— Über e. Harnbefund bei Carcinomatösen, s.: Beiträge z. Carcinomforschg. 2. Heft. (Salomon, Hugo.)

— Zur Kenntnis der spezifischen Eigenschaften d. Carcinomzelle, s.: Beiträge z. Carcinomforschg. 1. Heft. (Hess, Leo.)

Saxo Chronographus

Saxo. Die Jahrbücher von Magdeburg ⟨Chronographus S⟩. Nach der Ausgabe der Monumenta Germaniae übersetzt von Dr. Eduard Winkelmann.... 8. Berlin 1863.
Die Geschichtschreiber der deutschen Vorzeit..., XII. Jahrhundert Band 12.

Saxo Grammaticus, die ersten neun Bücher der dänischen Geschichte. Uebers. u. erläutert von Herm. Jantzen. 2 Hfte. gr. 8. (XIX, 533 S.) Berlin 899. 900. E. Felber. n. 12. —

Erläuterungen zu den ersten neun Büchern der dänischen Geschichte [Historia Daniae] des Saxo Grammaticus von Paul Herrmann. T. 1. *Leipzig: W. Engelmann 1901.* 8° [01. 10346

Saxonis, Grammatici, gesta Danorum, hrsg. v. Alfr. Holder. gr. 8. (LXXXVIII, 724 S.) Strassburg 886. Trübner. n. 12. —

Saxonis **Grammatici, historiae Danicae Libri XVI. e recens. Jh. Stephani; c. Prolegomenis et lectionis varietate, ed. Chr. A. Klotz. 4maj. Leipz. 772. Heinsius. 3 ℛ**

Saxonis Grammatici Historia Danica. Recens. et commentariis illustr. Petr. Eras. Müller, Opus morte Mülleri interrupt. absolvit Jos. Matth. Velschow. Ps. I. Text. et notas breviores complect. II Vol. Lex.-8. (65½ B. u. Bischof Müller's Bildn.) Havniae 839, [Deichmann's Verl.] •

Saxonis Grammatici Historia Danica. Recens. et commentt. illustr. Petrus Erasmus Müller. Opus morte Mülleri interruptum absolvit Mag. Joannes Matthias Velschow. Partis I. Textum et notas breviores complect. II Vol. (Mit Bischof Müller's Bildn.) Lex.-8. Havniae 839. Gyldendal. n. 6⅔ ℛ

Saxonis Grammatici historia Danica. Recensuit et commentariis illustravit Petrus Erasm. Müller. Opus morte Mülleri interruptum absolvit Joh. Matth. Velschow. Pars II., prolegomena et notas uberiores complectens, cum 5 tabulis aeneis (in gr. 4. und qu. Fol.) Lex.-8. (CIII und 388 S.) Kopenhagen 858, Gyldendal'sche Buchh.
Der Preis von Pars I. (Ebendas.) 1839, ist auf 3 Thlr. 18 Ngr. ermässigt.

— ſ. Sagen, betreff. Othin.

Saxo, Arnoldus, s. Stange, Emil.

Saxo, Germ., ſ. Sachsens Vereinigung.

Saxo's, Mich., Arcana annuli pronubi oder Geheimnisse u. Bedeutung des ehelichen Traurings. Aufs neue ans Licht gestellt von Wilh. Löhe. Nürnberg 867. Löhe. 8. (XII, 113 S.) n. 15 ngr.

Saxo, W., d. hl. Katharina v. Siena, } ſ.: Kinderlegende, Laumann'ſche.
— Ludwig IX., der Heilige, König von Frankreich, } ſ.: Kinderlegende, Laumann'ſche.

Saxo, W., die hl. Roſa v. Lima, ſ.: Kinderlegende, Laumann'ſche.

Saxonia [Sachliches OW]

Saxonia. Museum für sächs. Vaterlandskunde. Vollständig in 5 Bdn mit 363 lithogr. Beilagen. (Jeder Bd. in 24 Lfrgn. mit 72 lithogr. Beilagen.) gr. 4. Dresden 835—40. (Ed. Pietzsch u. Comp. (à 3 ℛ) n. 15 ℛ

Saxonia. Museum f. sächsische Vaterlandskunde. 5 Bde. (à 24 Lfgn.) (1. u. 2 Bd., hrsg. v. Ed. Sommer.) M. 254 Stnt. kl. Fol. Dresden 837—40, [Adler u. Dietze.] à * 3 Thlr. •

Saxonia. Museum für sächs. Vaterlandskunde. 5 Bde. à 8 Hfte. Mit vielen lith. Beilagen. Neue wohlf. Ausg. schmal gr. 4. Dresden 845—47, Adler u. Dietze. (à Hft. 7½ Ngr.)

Saxonia. Museum für sächsische Vaterlandskunde. Neue wohlf. Ausg. 5 Bde. (à 8 Hefte.) gr. 4. (jedes Heft à 16 S. Text und 9 Stnt.) Dresden 847, Adler und Dietze.

Saxonia. Ein Magazin für Unterhaltung und Förderung praktischer Wissenschaften in Handel, Industrie und Verkehr. Mit besonderer Rücksicht auf Sachsen. 1. Bd. 12 Hefte. gr. 8. (1—6. Heft 240 S.) Mit lithochrom. Prämie in Fol. Leipzig 850, Ruhl.

Saxonia. Ein Magazin für Unterhaltung und Förderung praktischer Kenntnisse in Wissenschaft, Handel, Industrie und Verkehr. 2. Bd. 12 Hefte. gr. 8. (IV und S. 481—934 mit chromolithogr. Prämie in Fol.) Leipzig 857, Ruhl. à Heft 3 Ngr.

Saxonia. Zeitschrift für Geschichts-, Alterthums- und Landeskunde des Königr. Sachsen. Unter Mitwirkung mehrerer Geschichtsforscher hrsg. von Alfr. Moschkau. 2. Jahrg. April 1876 — März 1877. 12 Nrn. (à 1—2 Bog. mit Illustr.) gr. 4. Leipzig, L. Senf. *

—— dass. — 3. und 4. Jahrg. 1877 und 1878. à Jahrg. 12 Nrn. (à 1 Bog. mit Illustr.) gr. 4. Ebendas. à Jahrg. *

—— daſ. — Organ des „ortsgeſchichtl. Muſeums“ zu Oybin bei Zittau. Mit einem Beiblatt: Blätter für Autographen- und Portrait-Sammler. Hrsgbr. und Redact.: Alfr. Moſchkau. 5. Jahrg. 1879. 12 Nrn. (Bog.) gr. 4. Ebendaſ. *

Saxonia. Patriotiſche Unterhaltungs-Blätter für die Armee, ſowie Militärvereine und deren Freunde. Redact.: F. Kießling. 1. Jahrg. 28 Hefte. gr. 8. (à Heft 64 S. mit je 2 Chromolithogr.) Leipzig 883,84, Bergmann. **
Nicht weiter erſchienen.

Saxonia. Rundſchau des geſamten Kultur- u. Geiſteslebens der Sachſen. Hrsg. v. Hans Säuberlich. 1. Jahrg. April 1903—März 1904. 24. Nrn. (à ca. 16 S. m. Abb.) gr. 8. Chemnitz-Markersdorf, Verl. „Saxonia“. à Nr. —20

Saxonia aurea oder historisch-chronologisch-kritisches Verzeichnis aller Dukaten, Goldmünzen . . . des uralten Sächsischen Hauses der Albertinischen Linie. Dresden 1811. V: *Baumgarten, Jos. Gerhard.* H: *Erbstein, Carl Friedrich Wilhelm.* (MGT)

Saxonia Syperior, cvm Lysatia et Misnia. M. Merian ex. 1: 1.200,000. 1 Bl.

Saxonia Syperior, cvm Lysatia et Misnia. 1: 800,000. 1 Bl.

Saxonia [Schlagwort]

Saxoniae, Misniae, Thvringiae, nova exactissimaque Descriptio. 1: 900,000. 1 Bl.

Saxonici Inferioris — Repraesentationem hancee Circuli — ad mentem Domini D. Busching, et ex novissimis ac praestantissimis Observationibus delineavit F. L. Gusseféld, impensis Homanniorum Heredum. Noribergae. 1784. 1 : 770,000. 1 Bl.

Saxoniae inferioris — Circulus — in omnes suos Status et Principatus accurate divisus, ex conatibus Joh. Bapt. Homanni. Norimbergae 1712? 1: 850,000. 1 Bl.

Saxoniae — Circuli Sup. — Pars Meridionalis sive Ducatus, Electoratus et Principatus Ducum Saxoniae ex Zollmanianis et Zürnerianis subsidiis designata et edita. Per Homannianos Heredes 1734. 1: 650,000. 1 Bl.

Saxo-Hildburghusiani — Principatus — Novam et exactam tabulam. Joannes Bapt. Homann. Norimbergae. 1 : 140,000. 1 Bl.

Saxoniae Tractus Ducatum Magdeburgensem etc. editus a Joh. Baptista Homanni S. C. M. Geogr. Filio Noribergae. 1: 580,000. 1 Bl.

Saxoniae Superioris praesertim Electoralis Circulus cum adjacentibus Ducatibus etc. annotatis Postarum Cursus et Stationes etc. per Tob. Conradum Lotter. Aug. Vindel. 1 : 500,000. 1 Bl.

Saxoniae Superioris Lusatiae Misniaeque Descriptio. Per Gerardum Mercatorem. 1: 780,000. 1 Bl.

Saxoniae — Intervalla Viaeque publicae Electoratus — cursorum publicorum distantiis definitae suisque mensuris descripta ALB. C. A. B. Seuttero. Aug. Vind. 1 : 410,000. 1 Bl.

Saxoniae Inferioris Circulus juxta Principatus et Status suos accurate delineatus cura et stilo Matth. Seutteri. Aug. Vind. 1723? 1 : 850,000. 1 Bl.

Saxoniae Superioris Circulus ob oculos sistens Ducatum et Electoratum Saxoniae, Marchionatum Misniae, Landgraviatum Thuringiae, Principatum Anhaltinum, Schwarzenburg, Hallensem, Comitat. Mansfeld, Voitland etc. cum aliis insertis et adjacentibus Provinciis accurata delineatus per Matth. Seutter S. C. M. G. Augustanum. 1: 530,000. 1 Bl.

Saxoniae — Mappa Geographica Circuli Metalliferi Electoratus — etc. Matth. Seutter. Aug. Vind. 1: 175,000. 2 Bl.

Saxoniae — Ducatus — Superioris prout ipsius conditio fuit ab Anno 1090 usque ad A. 1400 sive intra Seculum XIII et XVIII ex historia maxime mediae aetatis erutus, ac Geographice designatus per Fried. Zollmann A. C. S. U. S. in lucem prolatus ab Homann. Heredib. Norib. A. 1732. 1 : 700,000. 1 Bl.

Saxoniae — Ducatus — Superioris ut status ipsius antiquissimus fuit per secula X priora, sc. post Chr. nat. ad Anno 1000 usque ex historiae Sax. monumentis compilatus, et geographice designatus per Friedericum Zollmannum in publicum emissus ab Homannianis Heredibus. Norib. A. 1732. 1 : 550,000. 1 Bl.

Saxonia-Thuringia. Blätter f. sächs.-thüring. Heimatpflege. Organ der sächs.-thüring. Landsmannschaften. Red.: Hans Säuberlich u. Rud. Zimmermann. 1. Jahrg. April—Juli 1904. 9 Nrn. (à ca. 8 S. m. Abbildgn.) 4. Chemnitz. (Leipzig, Bomboes & Laute.) n. 1.—

Saxonicus, ſ. a. Umbildung, die, d. Heeres zum zweitenmal das Schickſal Deutſchlands.

Saxonicus. Die Umbildung des Heeres zum zweitenmal das Schickſal Deutſchlands. Leipzig 1893. 32 S.

Saxo-Saxonen, die, v. Samar Gregorow, ſ. a. Eckſtein's 50 Pfennig-Bibliothek.

Saxo-Saxonen, die. Roman von Samar Gregorow. 1.—5. Aufl. 8. (63 S.) Berlin 884, Eckſtein Nachf. *

Saxo-Saxonen, die, von Samar Gregorow. 14.—23. mit einem beſonderen Vorwort verſeh. Aufl. 8. (63 S.) Berlin 885—88, Eckſtein Nachf. *

Saxl, Dr. Ignaz, Ueber die Beziehungen des preußiſchen Landrechts zur Codification unſeres Civilrechts. Gr.-8. (33 S.) In Comm. —.36
Wien: Hölder 1893.

Saxtorph, Fr.

Saxtorph, Darstellung der gesammten. auf Erfahrung und Versuche gegründeten Electricitätslehre. Aus dem Dänischen von Fangel. Theil 1 und 2. Kopenhagen 1803 4. 8.

Saxtorph, Fr., Elektricitätslehre, auf Erfahrr. u. Verſuche gegründet ꝛc. 2 Thle. Mit Kpf. gr. 8. Lpz. 803, 4. Barth. 4 ℛ 12 ℊ

Saxtorph, Johann Sylv.

— ſ. M. Saxtorph, Entbindungswiſſenſchaft.

Saxtorph, Jh. Sylv., examen armament. lucinae dissertat. inaug. instit. 8. Kopenh. 795. (Dieterich in Götting.) 12 gr.

Saxtorph, Matthias

— Auszug d. Entbindungskunst z. Gebr. f. Hebammen; aus d. Dän. übers. v. Jh. Chr. Kerstens. 8. Leipz. u. Kopenh. 792. Hinrichs. 20 gr.

Saxtorph, Matthias: Auszug der Entbindungskunst zum Gebrauch für Hebammen. (Kort Inhold af de nyeste Udtog af Foedselsvidenskaben. Dt.) Übers. von Johann Christian Kerstens. 352 S., gbd., 4 Taf.

Leipzig u. Kopenhagen: Pelt 1792

JB 3.928

— neuester Auszug a. d. Geburtshülfe. 8. Copenh. Pelt. 792.

— Erfahrungen in der Hebammenkunst. 8. Copenhagen. 766.

Matth. Saxtorph (resp. Jo. Sylv. Saxtorph) examen armamentarii Lucinae, diss. inaug. Havn. (et Götting.) 1795. 8.

— de diverso partu ob diversam capitis ad peluim relationem mutuam. c. fig. Copenh. Pelt. 772.

Schreibp.

— gesammelte Schriften, geburtshülfl. prakt. u. physiolog. Inhalts hersgg. v. P. Scheel. Mit Kpf. gr. 8. Kopenh. 803. Brummer. 2 Rthl.

— anatom. Tabellen f. die Hebammen; als Anhang z. Entbindungswissenschaft; aus d. Dän. von J. C. Tode. 8. Kopenh. 802. Schubothe. 8 gr.

Saxtorph, Matth., Umriß d. Entbindungswissenschaft f. Wehmütter; aus d. Dän. zuerst übers. v. K. F. Schröder, jetzt umgearb. v. J. Cl. Tode. 8. Kopenh. 792. 3e A. hrsgg. v. J. S. Saxtorph. u. Tode. 801. 4e A. 8. Ebd. 811. Schubothe. 20 gr.

Saxtorph, J. C., dissertatio obstetricica inauguralis de prolapsu funiculi umbilicalis. Cum tab. 8. Copenhagen 841, Höst. baar 5/6 Rthl.

Saxum Augusto nomine inscriptum, quum ... Carolus VI., Augustus, saxum Augustum magnum ad ostium monumenti advolveret magnoque ritu dedicaret in augusta basilica palatina Augustianorum fratrum eremitarum ... 1733. [Viennae 1733.] V: *Newen, Johann Carl.* (Bem I, 1, S. 375)

Say and seal, s. Collection of british authors.

Say: Chemische Untersuchung von fünfzehn vorzüglicheren ungarischen Weizensorten. (Eine mit dem Schuster'schen Preis gekrönte Schrift). 23 S. 8°. - Ofen OR., Progr. 1867.

Say, Jean Baptiste

— Abhandl. üb. die National-Oekonomie etc.; aus d. Franzöf. mit Anmerkk. u. Zusätzen von L. H. v. Jakob. 2 Bde. gr. 8. Halle 807. (Reinicke u. C.) 5 Rthl.

Say J. B.: Abhandlung üb. die National-Oekonomie ... Aus d. Franz. übers. m. Anmerk. u. Zusätzen vers. v. L. H. Jacob. 2 Bd. Wien 1814.

Say, Jean Bapt., ausführl. Darstellung d. Nationalökonomie od. d. Staatswirthschaft. A. d. Franz. d. 5. Ausg. übers., u., theils krit., theils erläut., glossirt, sowie mit e. vollständ. Real-Auszuge v. Say's „Cours d'économie politique pratique" begl. v. C. Ed. Morstadt. 3 Bde. 3., äusserst stark verm. Ausg. gr. 8. (... B. u. 1 Stnt.) Heidelberg 830, Engelmann.

— Ausführliche Darstellung der Nationalökonomie oder Staatswirtschaft. Übersetzt und glossiert von K E Morstadt. 3. Ausgabe. 3 Bde Stuttgart 1833

— Darstell. d. National-Oekonomie od. d. Staatswirthschaft; aus d. Französ. übers. mit Anmerkk. begleit. v. K. Ed. Morstadt. 2 Bde. gr. 8. Heidelb. 818, 19. Oswald. 5 Rthl. 18 gr. 2e Aufl. 2 Bde in 3 Abtheil. 827. Ebd. 4 Rthl. 16 gr. Erweiterungen u. Verbesserr. dazu. gr. 8. Ebd. 827. 1 Rthl. 3e verm. Aufl. 3 Bde. gr. 8. Ebd. 831, 32. Engelmann. 8 Rthl. 12 gr.

Say, J. B. Darstellung der Nationalökonomie. Nach der 5. A. übers. v. C. E. Morstadt. 3. A. Stuttgart 1833. 3 Bde.

— (dass. u. d. T.:) Handbuch d. pract. National-Oeconomie od. d. gesammten Staatswirthschaft f. Staatsmänner, Gutsherren, Gelehrte etc. u. alle denk. Staatsbürger. A. d. Franz. übertr. u. mit vielen Anmerkn. vers. 6 Bde. gr. 8. (111¼ B.) Leipzig 829—31, Lehnhold. à 1 Thlr.
1—4. Bd. übers. v. F. A. Rüder, 5. u. 6. Bd. v. J. Sporschil.

— (dass. u. d. T.:) vollständ. Handbuch d. prakt. National-Oekonomie f. Staatsmänner, Grund-Besitzer, Gelehrte etc., u. überh. f. jeden denk. Bürger. A. d. Franz. v. J. v. Th. 6 Bde. gr. 8. (132¼ B.) Stuttgart 829, 30, Metzler. à 1 Thlr.
Zus. genomm.

Say, Jean Baptiste. Katechismus der National-Ökonomie ... 5. Aufl. Stuttgart 1827. Ü: *Theobald, Jos. von.* (Ky)

— Katechismus d. National-Oekonomie, od. Unterricht üb. die Art u. Weise, wie in d. bürgerl. Gesellschaft Reichthümer entstehen etc. 5e Aufl. Aus d. Französ. übers. v. J. v. Th. (Theobald). gr. 8. Stuttg. 827. (Brodhag). 21 gr.

— Katechismus d. National-Oekonomie, oder Unterr. üb. die Art u. Weise, wie in d. bürgerl. Gesellschaft Reichthümer entstehen etc. 3e Aufl. Aus d. Französ. übers. von J. v. Th. gr. 8. Stuttg. 827, Frankh.

Say, Jean. Bapt., († d. 14. Nov. 1832.) Katechismus d. Nationalwirthschaft, od. Unterricht üb. die Art u. Weise, wie in d. bürgerl. Gesellschaft Reichthümer entstehen, vertheilt u. benutzt werden; aus d. Französ. übers. mit e. Vorrede u. Anmerkk. v. K. H. v. Fahnenberg. 8. Karlsr. 816. Braun. 16 gr.

Say, J. B., ausführl. Lehrbuch der prakt. u. polit. Oekonomie, s. National-Oekonomen.

Say, Jean Bapt.: „Letters to Mr. Malthus on various subjects, particularly on the causes of the general stagnation of commerce", London 1820. — Ins Deutsche übersetzt von Karl Heinrich **Rau** u. d. T.: „Malthus und Say, über die Ursachen der jetzigen Handelsstockung", Hamburg 1821.

— über den Menschen und die Gesellschaft. Ueberf. v. C. Ludwig. 8. Altenburg, Hahn. 821.

— über d. Menschen u. d. Gesellschaft, übers. v. C. Ludwig. 12. Altenb. 821, Hartmann in Leipzig.

— üb. d. Menschen u. die Gesellschaft. Uebers. v. C. Ludwig. 12. Altenb. 821. 18 gr. (Lehnhold in Leipz.) 12 gr.

— Olbien, od. Versuch üb. d. Mittel z. Umbildung d. Sitten einer ganzen Nation; aus d. Französ. v. C. Mohr. gr. 8. Andernach 800. (Hölscher in Cobl.) 12 gr

— mein Taschenbuch, übers. v. X. Y. Z. 12. Cöln 819. Cäsario

Say, Léon, Bericht vom 5. VIII. 1874 an die französ. Nationalversammlung „über die Zahlung der Kriegsentschädigung, s.: Gieseke, Ludw., die Abnahme der französ. Kriegsentschädigung 1870/71.

Say, Léon, Die Zahlung der Kriegsentschädigung und die von ihr verursachten Bewegungen auf dem Geld- und Wertpapiermarkt. Bericht an d. Nationalversammlung. 8⁰
In: Gieseke, Ludw., D. Abnahme d. franz. Kriegsentschädig. 1886.

Say, Moriz —. Analyse der Bitterwasser-Quelle des Herrn Franz Neuwerth in Ofen, von — —. Ofen. 1855. Gedr. mit M. Bagó'schen Schriften. (16 S. 8.)

Say, Mor., Analyse des Hildegarde-Brunnens zu Ofen. (Aus d. Sitzungsberichten d. k. Akad. d. W.) Wien 854. (Gerold.) gr. 8. (10 S.) n. 2 ngr.

Say, Moritz —. Analyse des Mineralwassers zu Lippa im Temescher Banate. Von — —. kl. 8. (16 S.) Arad. Gedruckt bei Heinrich Goldscheider. 1854.

Say, Th., conchyliologie Américaine, s.: Chenu, J. C., bibliothèque conchyologique, 1. série, tome III.

Sayaur, A., Pestalozzis Lehrart u. Anstalt m. Bemerk. u. 4 Tabell. 8. Leipz. W. Fleischer.

Saybusch [Schlagwort]

Saybusch, s.: Oesterreich-Ungarn. Spezialkarte.

Sayce, A. H. Alte Denkmäler im Lichte neuer Forschungen. gr. 8. Lpz. 886. Berl., Felber. cart. * 2 50

Sayce, A. H., alte Denkmäler im Lichte neuer Forschungen. Ein Ueberblick üb. die durch die jüngsten Entdeckgn. in Egypten, Assyrien, Babylonien, Palästina u. Kleinasien erhaltenen Bestätiggn. bibl. Tatsachen. Deutsche vom Verf. rev. Ausg. gr. 8. (VIII, 232 S.) Leipzig 886. O. Schulze. cart. n. 2. 50

Sayce, A. H., babylonische Literatur. Vorträge, gehalten in der Royal Institution, London. Mit Genehmigung des Verf. in's Deutsche übertr. von Karl Friederici. gr. 8. (56 S.) Leipzig 878, O. Schulze.

Sayce, A. H., über die Sprache der homerischen Gedichte, s. Mahaffy, J. P., über den Ursprung der homerischen Gedichte.

Sayda [Schlagwort]

Sayda, s.: Deutschland. Grundkarte.

Sayda, s.: Deutschland. Karte. (Abt. Sachsen.)

Sayda, s.: Freiberg.

— s. Sachsen Karte. Messtischblätter.

Sayer, Cosmas, s. Sayer, Kosmas

Sayer, Kosmas

Sayer, C., die Wassermengen der fliessenden Gewässer im Grossherzogth. Baden, s.: Beiträge zur Hydrographie des Grossherzogth. Baden.

Sayer, Cosmas: Die Wassermengen der fliessenden Gewässer im Grossherzogthum Baden. Auf Grund d. durch d. Grossh. Rheinbau-, Wasser- u. Strassenbau- u. Kultur-Inspektionen vorgenommenen Ermittelungen bearb. von C[osmas] Sayer, Prof. (Vorr.: [Max] Honsell.) (Karlsruhe: G. Braun 1893.) (IX, 100 S.) 4⁰
= Beiträge z. Hydrographie d. Grossh. Baden. H. 8.

Sayer, F., dramatische Skizzen d. alten Nord. Mythologie, a. d. Engl. 8. Leipz. Schwickert. 793.
vgl. Sayers

Sayer, Robert

Sayer, (R., u. G. Ch.) Kilian, Athens Ruinen, nebst andern merkwürd. Alterthümern Griechenlands. Mit 12 Kupf. Neue Ausg. gr. Fol. Augsb. 823, v. Jenisch u. St.

Sayer, Robert. Ruinen und Ueberbleibsel von Athen . . . a. d. Engl. Augsb. 1764. Ü: *Brucker, Carl Hnr.* (ML)

Sayer, Rob., Ruinen u. Ueberbleibsel v. Athen, nebst andern Alterthümern Griechenlands; aus d. Engl. v. K. H. Brucker. Mit 12 Kpf. gr. Fol. Augsb. 764. 2e A. 782. v. Jenisch u. St. 1 rf 8 gr

Sayers, F., dramat. Skizzen d. alten nordischen Mythologie aus d. Engl. v. B. W. Neudeck. 8. Lpz. 793. Schwickert. 6 gr
vgl. Sayer

Sayfferth, Gust., der Ueberfall bei Hochkirch, s.: Novellen-Sammlung, 73 u. 74. Bdchn.

Sayger, C., et A. Desarnod, Album d'un voyage en Turquie, fait par ordre de Sa Majesté l'Empereur Nicolas Ier. en 1829 et 1830. VIII Livraisons. Lithographié à Paris, chez Engelmann et Comp. Imp.-Fol. (51 Blätter, wovon 4 illum. sind, u. 8 Blätt. Text.) (Berlin 833. G. Gropius.) n. 33⅓ rf

Sayler, Hugo, approb. Arzt aus Cannstatt: Über einen Fall von Schrumpfniere combiniert mit totalem Mangel einer Niere ohne Herzveränderung. *Tübingen: F. Pietzcker 1899.* (14 S.) 8°
Tübingen, Med. Diss. v. 1899

Sayler, Hugo, über e. Fall v. Schrumpfniere, combiniert m. totalem Mangel e. Niere ohne Herzveränderung. Diss. gr. 8. (15 S.) Tübingen 899. F. Pietzcker. n.n. —60

Sayler, Johann Wilhelm von (Memmingen) A. S. 183/10

De libera venatione speciatim Suevo-Memmingensi. Präs. Gottfried Daniel Hoffmann. Tübingen (Erhardt) 5. V. 1753. 70, 20 S., 1 Kt.

W. v.: Präs. 29848

Sayler, Wilhelm, s. Sayler, Johann Wilhelm von

Sayler von Pfersheim, Melchior Egenolph (Memmingen) A. S. 322/27

Dissertatio iuridica de Austregis ordinum S. R. I. aliorumque imperii membrorum praecipue liberae S. R. I. civitat. Memmingensis.
Präs. Johann Andreas Hoffmann.
Jena (Tennemann) 7. XI. 1750. 44 S.

W. v.: Präs., Karl Friedrich Sartorius, Johann Sigismund Kiesling, Jakob Fels, Johann Wilhelm Sayler von Pfershein (Bruder).

29849

Sayler von Pfersheim, Melchior Engenolph von (Memmingen) A. S. 574/37a
Dissertatio inauguralis iuridica de bonorum inter coniuges Suevos speciatim Memmingenses communione.
Präs. Johann Rudolph Engau.
Jena (Tennemann) 15. V. 1751. 48 S.
W. v.: Jo. A. Hoffmann, Jakob Fels (Opp.), Johann Wilhelm von Sayler von Pfersheim (Bruder, Opp.), Johann Konrad Krafft von Delmensingen, Johann Daniel von Braunendahl, Johann Melchior Sturm, Johann Konrad Zangmeister, Johann Matthäus Unold, D. F. Stang, Karl Ernst Schmid.

29850

Saylor, John E., s.: Pilot-Reise-Führer.

Sayn, O. (Hrsg.), s. Düssell, Hermann: Rechtskarte d. Oberlandesgerichtsbezirks Frankfurt a. M.

Sayn, O., die **Leibzucht** d. überleb. Ehegatten nach d. Rechten d. vormal. Justizsenats Ehrenbreitstein u. d. Rechte d. vormal. Herzogt. Nassau. gr. 8. (VII, 143 S.) Neuwied 898. Heuser's Verl. n. 3. —

Sayn-Wittgenstein, Caroline Fürstin von.
s. Sayn-Wittgenstein, Karoline Fürstin von

Sayn-Wittgenstein, Chlodwig Graf, Saga. Dichtung. gr. 16. (16 S.) Salzburg 893. (H. Dieter.) n. — 40

Sayn Wittgenstein, Prinz Emil zu, der Schutz der Christen im Orient. Lex.-8. (16 S.) Frankfurt a. M. 860, Literarische Anstalt.

Sayn-Wittgenstein, Friedrich Ernst Gf. zu A. S. 186/29

Commentatio iuris publici de superioritate territoriali in allodiis imperii. Ed. 2.
Leipzig (Langenheim) 1733. 48 S.

Diss. Jena V. 1733. 29851

Sayn-Wittgenstein, Karoline Fürstin von

Sayn Wittgenstein, Caroline Fürstin v., das christliche Leben im Verkehr m. der modernen Welt. Das Leben m. Gott, das Leben m. sich selbst, das Leben m. dem Nächsten. Practische Erwäggn., geordnet, durchgesehen u. veröffentlicht v. Heinr. Lasserre. Autoris. Uebersetzg. von S. v. Malsór. 8. (XIV, 448 S.) Mainz 899. F. Kirchheim. n. 3. 20; geb n. 4. —

Sayn-Wittgenstein-Berleburg, Frdr. Graf zu, Reisebilder aus Sizilien u. Korfu. gr. 8. (55 S.) Wiesbaden 901. W. Bröcking, Verl. n. 1.

Sayn-Wittgenstein-Berleburg, Frdr. Graf zu, Reisebilder aus Sicilien u. Korfu. (Neue [Titel-]Ausg.) (58 S.) gr. 8. Leipzig [901] 909. O. Klemm. 1. 50

Saynisch, Otto, appr. Arzt: Aus d. Univ.-Augenklinik zu Giessen. Bericht über die Wirksamkeit der Universitäts-Augenklinik zu Giessen vom 1. April 1905 bis zum 31. März 1906. Elberfeld 1910: Fastenrath. 40 S. 8°
Gießen, Med. Diss. v. 19. Mai 1910, Ref. Vossius
[Geb. 8. Juni 75 Altenkirchen Rhpr.; Wohnort: Remscheid; Staatsangeh.: Preußen; Vorbildung: Gymn. Weilburg Reife O. 97; Studium: Gießen 6, Straßburg 1, Bonn 2, Tübingen 1, Gießen 8 S.; Coll. 28. Jan. 10; Approb. 13. April 08.] [U 10. 1165

Sayons, Edouard, s. Sayous.

Sayous, A., Recueil de morceaux choisies, s.a. Recueil.

Sayous, A., recueil de morceaux choisis pour servir à l'étude de la langue française et aux exercices de traduction. 3. édit., revue et arrangée sur un nouveau plan. Genève 853. Kessmann. 8. (222 S.) 15 ngr.

Sayous, André-E.: La Crise Allemande de 1900–1902. Le charbon, le fer & l'acier. Suivi d'un index des principaux cartels miniers et sidérurgiques d'Allemagne. Paris: L. Larose; Berlin: Puttkammer & Mühlbrecht 1903. (XV, 377 S.) 8°
(Bibliotheque du musée social.)

Étude économique et juridique sur les bourses allemandes de valeurs et de commerce. Par André-E. Sayous, avocat à la cour d'appel de Paris ... *Paris: A. Rousseau; Berlin: Puttkammer & Mühlbrecht 1898.* (3 Bl., 654 S., 1 Bl.) 1 Bd 8.
98 . 1032

Sayous, Ed., histoire générale des Hongrois. (Ouvrage couronné par l'académie française.) 2. éd. rev. par André E. Sayous et J. Dolenecz. Ornée de 27 planches hors texte et de 253 illustrations dans le texte. Lex.-8. (563 S.) Budapest 900. Wien, A. Hölder. n. 12. 80

Sayous, Ed., Jésus-Christ d'après Mahomet ou les notions et les doctrines musulmanes sur le christianisme. gr. 8. (92 S.) Leipzig 880, O. Schulze. *

Sayre, Lewis A., die **Spondylitis** u. die seitlichen Verkrümmungen der Wirbelsäule u. deren Behandlung durch Suspension u. Gypsverband. Deutsch hrsg. v. J. H. Gelbke. Mit 62 Abbildgn. im Text u. 4 (Lichtdr.-)Taf. gr. 8. (VII, 116 S.) Leipzig 883. F. C. W. Vogel. n. 4. —

Sayre, Lewis A., **Vorlesungen** üb. orthopädische Chirurgie u. Gelenk-Krankheiten. 2. Aufl. Autoris. deutsche Ausg. v. F. Dumont. Mit 265 Holzschn. gr. 8. (XVI, 395 S.) Wiesbaden 886. Bergmann. n. 12. —

SAYTZEFF, MICHAEL. Ueber die Einwirkung des vom Palladium absorbirten Wasserstoffs auf einige organische Verbindungen. Leipzig, 1872.

Sayur, Michele: Grundzüge des egyptischen Staatsrechtes. Trebnitz i. S. 1909: Maretzke & Märtin. VIII, 56 S. 8°
¶(Aus: Zeitschr. f. Völkerrecht u. Bundesstaatsrecht. Bd 3. Ersch. auch als Buch b. Kern, Breslau.)
Jena, Jur. Diss. v. 20. Juli 1909, Ref. Niedner
[Geb. 15. Febr. 85 Beirut i. Syrien; Wohnort: Charlottenburg; Staatsangeh.: Lübeck; Vorbildung: Sophien-Gymn. Berlin Reife O. 04; Studium: Berlin 2, Freiburg i. B. 1, Berlin 4 S.; Rig. 6. Febr. 08.] [U 09. 3117

Sayur, Michele, Grundzüge d. egyptischen Staatsrechtes. (VIII, 56 S.) Lex. 8. Breslau 909. J. U. Kern. 2. —
Sonderabdr. a.: „Ztschr. f. Bundesstaatsrecht u. Völkerrecht".

Sayyambhava. The Daśavaikâlika-Sûtra and the Daśavaikâlika-Niryukti by Bhadrabâhu . . . [Leipzig 1892.] H: *Leumann, Ernst.* (KatDMG)

Śayyambhava. The Daśavaikālika-Sūtra by, and the Daśavaikālika-Niryukti by Bhadrabāhu published in Roman Characters . . . with a German Introduction . . . by Ernst Leumann. Abstract from vol. XLVI of the Journal of the German . . . Society. [Leipzig 1892.]

Sazanami Sanjin (Iwaya), Briefe e. Japaners a. Deutschland. Uebers. v. A. Gramatzky. Mit e. Begleitwort u. Anmerkgn. hrsg. v. H. Haas. (VII, 77 S.) 8. Bremen 904. M. Nössler. n. 1. —

— dasselbe. (Japanisch u. deutsch.) Uebers. v. A. Gramatzky. Mit e. Begleitwort u. Anmerkgn. hrsg. v. H. Haas. (VII, 77 u. japan. Text 23, 19 u. 47 S.) 8. Tokyo (904). (Berlin, Mayer & Müller.) n. 2. 40

Sazawsky, Jh. Greg., († b. 5. April 1815.) gründl. Anweis. Nadelbäume nach der mathemat. Richtigkeit zu berechnen. 4 Brünn 807. Gastl. 4 gl.

— Maaßstab, d. Inhalt d. Klötzer zu finden. Brünn ... Gastl. 1 gl.

— Unterricht über d. Gebrauch d. erfundenen Baummessers. Jr 2 Tabellen. 8. Brünn 807. Gastl. 2 gl.

Sazba pro advokati. 16. (16 S.) [Taschenf.] Orl. .20, fest mit 25%, baar mit 33⅓%. Brünn: Rohrer 1890.

Sazenhofen, Anna Freifrau v., geb. Freiin v. Roman, Kriegs- u. Liebesflammen! Roman. (436 S.) 8. Dresden (908). E. Pierson. 4.—; geb. n 5. —

— Märtyrer Rußlands. Roman. (381 S.) 8. Ebd. (909). 4.—; geb. 5. —

— Wider die Natur! Roman. (279 S.) kl. 8. Leipzig-Gohlis 910. Raschwitz, B. Volger. 4. —

Sazenhofen, M. Frh. v. Bericht über die besonderen Kavallerie-Übungen 1891 bei Erding. Mit Krt. (Autogr.) München 1891. 48 S. 4°

Feuergefecht der Kavallerie. Ansichten eines alten Kavalleristen (M. Frh. v. Sazenhofen). München 1877. 30 S. (i. a. Sazenhofen. M. Frh. v. Zur Taktik der Reiterei.)

Sazenhofen, M. Frhr v. Zur Taktik der Reiterei. 3. Aufl. München 1875. 8°. (1. Aufl. 1867.)

Sazenhofen, Maj. M. Frhr. v., zur Taktik der Reiterei. 3. sehr verm. Aufl. gr. 8. (58 S. mit 16 Stnt.) München 875, Th. Ackermann.

Sazenhofen, Frhr. v., zwei Vorträge über Kavallerie, s. a. Beiheft zum Militär-Wochenblatt.

Sazenhofen. Zwei Vorträge über Kavallerie. Beihft. z. „Milit.-Wochenblatt". — Berlin 1881.

Sazepin, Basil., über den histologischen Bau und die Vertheilung der nervösen Endorgane auf den Fühlern der Myriopoden, s. Mémoires de l'Académie des sciences de St. Pétersbourg.

Säzler, [Matthäus], Prof.: **Sprachreinheit und Unterricht.** *Schwäb. Hall 1902: E. Schwend.* (S. 3—10.) 4°
Schwäb. Hall, k. RA, P 1902 (668)

Sazung, s. Satzung.

Giovanni Girolamo Sbaraglia
Entelechia seu Anima sensitiva brutorum demonstrata contra Cartesium. Auctore Joanne Hieronymo Sbaragli [Giovanni Girolamo Sbaraglia]. Opus posthumum. Bononiae: Michaelis 1716. 588 S. 8°

Sbaralea, J. H., germana Cypriani opinio de haereticorum baptismate. Bonn. 1741. 4.

***Sbér,** Löpih, vkov sa slovensko mladino. Is nemškiga. Od U. J. (Urban Jarnik). V Zelovzu, Leon, 1814. Duodez. 119 S.

Sbiera, Joh.: Die Orthographie im Romanischen in ihrer historischen Entwicklung. 33 S. 8°. Czernowitz. Progr. 1867.

Sbiera, Radu I., die prosodischen Functionen inlautender muta cum liquida bei Vergil. Seminararbeit. gr. 8. (60 S.) Czernowitz 898. (H. Pardini.) n.n. 2. —

Sbjrka křestansko-katolických kázanj. Djl I. Kázanj na neděle celého roku. gr. 8. (384 S.) Olmütz 850, Neugebauer.

Sbjrka křestansko-katolických kázanj. Djl. 1. Wydánj 2. i Djl 2—4. gr. 8. Olmütz 852. 54 und 57, Neugebauer.
Inhalt:
Djl 1. Kázanj na neděle celého roku. Wyňaté a přeložené z Mart. Königsdorfera. 2. Wydánj. (396 S.) 27 Ngr.
„ 2. Kázanj na swátky celého roku. Wyňal z Mart. Königsdorfera, a přeložil Karel Sicha. (VI und 159 S.) 15 Ngr.
„ 3., 4. Kázanj na wšecky neděle a swátky celého roku. Djl 1. i 2. Kázanj od slawnosti Božjho Těla až ku 1. neděli adwentnj atd. Wyňal z Königsdorfera, z Jaiса, z Westermayera a z Kuhna, a přeložil Karel Sicha. (648 S.) à 22½ Ngr.

Sbirka, Ceskych Narodnich Pisni. — Sammlung böhmischer National-Lieder. Prag 1845. H: *Swoboda, Wenzel Alois.* (Ky)

Sbirka Ceskych Narodnich Pisni. — Sammlung böhmischer National-Lieder. (Hrsg. v. W. A. Swoboda. Mit Illustrationen, deutscher Uebersetzung u. Musikbeilagen.) Fol. (15 B.) Prag 845, Haase Söhne, Verlags-Expedition.

Sbírka kostelních písní. K ranním a odpoledním službám Božím potřebných. 8. (70 S.) Olmütz 856, (Neugebauer.) *

— kostelních písní. K ranním a odpoledním, službám Božím potřebných. 856. — 2. wydání. Olmütz 858. (Neugebauer.) 8. (72 S.) 2½ ngr.

Sbírka románů „Z naší doby". Sešit 1., 2. Deera odsouzencova. (Sammlung v. Romanen.) Gr. 4. (S. 1—32) Wien: Rubinstein 1894. à —.15

—— poucnych; zabawnych spisu pro rolnyka a remeslnjka Cjslo 1., 2. 16. Znaim 844, Fournier.
A. u. d. Ttl.:
Cjslo 1. Zlj nasledkowe z pitj koralky. Powjdka pro lid ꝛc. (¾ B.) 3¾ Ngr.
„ 2. Pawel Kleuba, ſſtastny sedlak. Prawdiwa a welmi poucugjcj powjdka. Sepsana od neho sameho. (7 B.) 6¼ Ngr.

Sbogar, Johannes. (Eine istrische Geschichte.) Morgenblatt 1818, Nr. 180/86. V: *Nodier, Charles* (»Jean Sbogar«. 1818). B: *Huber, Ther.* (?). (DARP)

Sbornik. Ručnik V. (Der Sammler. 6. Jahrg.) Verantw. Redakteur und Verleger: Basil Zborowski. Druck der Mechitharisten in Wien. Erscheint einmal in der Woche, ½ Bog. stark. 8. (Ruthen.) 1857.

Sbornik. Russische Geschichten u. Satiren. Uebers. u. hrsg. v. Wilh. Henckel. 4 Bde. 8. Berlin, J. Räde. à n. 1.50; geb. à n. 2.—
1. (XIX, 211 S.) m. 1 Bildn.) 899. — 2. (XV, 246 S. m. 1 Bildn.) 899. — 3. (III, 154 S. m. 1 Bildn.) 899. — 4. (III, 277 S.) m. 1 Bildn.) 902.

[Russ. u. Ant.] **Sbornik** karikatur velikoj russkoj revoljucii. Gesammelte Karrikaturen d. grossen russischen Revolution. Collection de carricatures de la grande révolution russe. (Berlin [1906]: Rosenthal & Co.) (126 S.) quer-8° [06. 11961]

Sbornyk otecestvennyj. (Vaterländischer Sammler.) IV. Jahrg Redakteur und Verleger: Basil Zborowski. Druck der Mechitharisten. 4. 2spaltig. Erscheint jeden Samstag. (Ist ein Beiblatt des „Wistnyk" und wird mit demselben herausgegeben.)
Wien: 1856

[Russ.] **Sbornik** Revoljucionnych pěsen i stichotvorenij. Berlin: G. Stejnic (1906). (130 S.) 8°
[Auf d. Umschl.:] Revolutionäre Lieder.
(Sobranie lučšich russkich proizvedenij. Č. 130.) [07. 3629]

Sbornik otecestvennyj powistok, skazok, istoryczeskich wospomynanyj, rozlicnych obscepoleznych widomostej. u np. (Vaterländischer Sammler von Erzählungen, Novellen, historischer Erinnerungen, verschiedener gemeinnütziger Notizen u. s w.) Redakteur: Basil Zborowski. Druck der Mechitharisten in Wien. 4. 2spaltig. Erscheint jeden Samstag.
Wien: 1855

[Russ.] **Sbornik** svědenij po istorii i statistike vnešnej torgovli Rossii. Pod red. V[asilija] I[vanoviča] Pokrovskago. Izd. Departamenta tamožennych sborov. T. 1. S. *Peterburg 1902: M. P. Frolova.* 4°
[Zusammenstellung v. Nachrichten z. Gesch. u. Statistik d. Aussenhandels Russland. Hrsg. v. Departem. d. Zolleinnahmen.] [03. 1235]

[Sboronos] Svoronos. J[oannes] N.: Das Athener National-museum von –. Deutsche Ausg. von Dr. W. Barth. Text-band 1. Athen: Beck & Barth 1908. 4°

Sbue[illegible], Carlo: *[illegible]* [illegible]
[illegible] [illegible] 1900
Progr.

S. C.! die Korps u. ihre Stellungnahme zur deutschen Studentenschaft, s.a. **Cyklus akademischer Broschüren.**

S. C.! Die Korps u. ihre Stellungnahme zur deutschen Studentenschaft. Ein offenes Wort üb. die korpsstudent. Bestrebgn. unserer Zeit u. ihre Gefahren f. das deutsche Studententum. 8. (16 S.) Leipzig 890. Bouman. —30

Scabell, C. L., das Feuerlöschwesen Berlins. Nach officiellen Quellen bearb. gr. 8. (X und 80 S.) Berlin 853, [Springer's Verlag.] *

— — 2. Abth. A. u. d. T.: Instructions-Buch u. Exercier-Reglement für die Mannschaften der Feuerwehr von Berlin. Nach offiziellen Quellen bearb. Ebend. 854. gr. 8. (XVIII, 149 S.) n. 26 ngr.

Scabell, C. L., k. Brand-Director von Berlin, Ritter des rothen Adler-Ordens 4. Cl. etc. Instructions-Buch und Exercir-Reglement für die Mannschaften der Feuerwehr von Berlin. Nach officiellen Quellen bearbeitet. 8. Berlin 1854.

Scabell, Wilhelm

Scabell, Guil. (geb. Magdeburg 2. 8. 1837): De intoxicatione saturnina chronica. Berolini (1861). (32 S.) 8°
Berlin, Med. Diss. v. 21. Dez. 1861

Scaccabarozzi's, Origo, liber officiorum, s.: Analecta hymnica medii aevi.

Scacchi, A., Catalogus conchyliorum regni Neapolitani quae usque adhuc reperit. gr. 8. (19 S. mit 1 Stnt.) Neapel 857, (Detken.) *

Scaccia, Sigismund

Scaccia, S., tractatus de applicationibus in duas partes divisus. fol. Cöln, Metternich.

Scaccia, Sigism.: Tract. de commerciis et cambiis. *Colon.* 619. *Francof.* 648. *Venet.* 650. *Genev.* 664. *Colon.* 738.

Scaccia, S., tract de judiciis caussarum civilium, criminalium, et hered. II Tom. Fol. Cöln 765. Metternich. 3 ß

— de sententia et re judicata. fol. ibid. 738.

Die Scadenz (ultimo Februar) im Contocorrent. Von einem alten Saldacontisten. Wien 1884.

Scaduto, Francesco, s.: Festschrift, Emil Friedberg z. 70. Geburtstage gewidmet.

Scaife Walter: The Development of the American National and State Boundaries.
II. 1887 PN 472 **Diss.** Wien. Univ. 714

Scala algebraica, oeconomica oder das Anti-Saint-Nicaise dritter und letzter Theil. Leipzig 1787. V: *Kessler von Sprengseisen, Christian Friedrich.* (Kl) (Adel) (SJL)

Scala divini amoris. Mystischer Traktat in provenzalischer Sprache aus d. XIV. Jh. Hrsg. von De La Motte. *Halle a. S.: M. Niemeyer 1902.* (XVIII, 21 S.) 8° [03. 3131]

Scala zum Drehen und Bohren der äußeren sowie inneren Gewinde. [Halle 1897.] V: *Loss, Aug.* (Berl)

Scala, P. Ferdinand von. Der Patriot und Dichter im Franziskuskleide. Bozen 1906. V: ***Rudigier, Constantius.*** (Margr)

Scala, P. Ferdinand v. Der Patriot u. Dichter im Franziskuskleide. (III, 134 S. m. Bildnis.) 8. Bozen 906. „Tyrolia". n. 1. 50

Scala, A., üb. d. chemische Durchlässigkeit lebender Algen- u. Protozoenzellen usw., s.: Traube-Mengarini, Margh.

Scala, A. von (Hrsg.), s. Kunst und Kunsthandwerke.

Scala, Ferd. v., O. Cap., Gertraud Angerer v. Tulfes, die Märtyrerin der Keuschheit. Ein kurzes Lebensbild, dem christl. Volke, besonders aber den lieben Bewohnern der Gemeinden Tulfes u. Rinn gewidmet. (55 S. m. 9 Abbildgn.) 16. Innsbruck 905. F. Rauch. — 25

Scala, Ferd. v., O. Cap., Andreas Hofer, Volksschauspiel in 5 Aufzügen u. e. Schlußbild. 8. (124 u. Musikbeilage 8 S. m. Titelbild.) Brixen 902. Buchh. des kath.-polit. Preßvereins. n. 1. —; geb. n. 1. 60

Scala, Ferd. v., Andreas Hofer. Volksschauspiel in 5 Aufzügen u. 1 Schlußbild. 2. Aufl. (124 u. Musikbeilage 8 S.) kl. 8. Brixen (909). Buchh. d. Verlagsanst. Tyrolia. 1.—

Scala, F. v., Kriegserlebnisse des Bauersmannes und Patrioten Lorenz Rangger, genannt Stubacher. 8°. (VIII, 105 S.) K 1.50 Innsbruck: Wagner 1902.

— die selige Maria Magdalena von Martinengo aus dem Orden der Kapuzinerinnen. Ein Gedenkblatt fürs christl. Volk zur Feier ihrer Seligsprechg. 3. Aufl. 16. (80 S. m. 1 Bildnis.) Innsbruck 901. F. Rauch. n. — 25

— Peter Mayr, d. Wirt an d. Mahr. Volksbild aus d. Tiroler Freiheitskämpfen im J. 1809. In 4 Aufzgn. m. 4 leb. Bild. Für Männerrollen bearb. gr. 8. (48 S.) Brixen 896. Buchh. d. kath.-polit. Preßvereins. n. — 80

— Peter Mayr, der Wirt an der Mahr. Volksbild aus den Tiroler Freiheitskämpfen im J. 1809. In 4 Aufzügen m. 4 leb. Bildern. Für Männerrollen bearb. 2. Aufl. 12. (83 u. Musikbeilage 8 S.) Brixen 902. Buchh. d. kath.-polit. Preßvereins. n. — 80; geb. n. 1.60

— Peter Mayr, der Wirt an der Mahr. Volksbild aus den Tiroler Freiheitskämpfen im J. 1809. In 4 Aufzügen m. 4 leb. Bildern. Für Männerrollen bearb. 3. Aufl. (83 u. Musikbeilage 8 S.) kl. 8. Ebd. (908). 1. —

— s.: Rangger, Lor., Kriegserlebnisse.

— Josef Franz v. Sales Huter, Stadtbaumeister in Innsbruck, e. vergessener Patriot aus der Franzosenzeit. (VIII, 150 S. m. 1 Bildnis.) 8. Innsbruck 903. Wagner. n. 1. 80

Scala, Ferd. v., O. Cap., St. Fidelis v. Sigmaringen. Trauersp. in 4 Akten m. e. Vorspiel: „D. Muttergottes v. Seewis". Nach Motiven v. Vigilius Angerer u. anläßl. d. 150. Jubiläums d. Heiligsprechg. d. hl. Fidelis bearb. 8. (151 S.) Lindau 897. J. Lutz. n. 1. —

— St.-Fidelisbüchlein zum Nutzen u. Gebrauch aller Verehrer dieses Heiligen. 16. (48 S. m. Titelbild.) Stuttgart 901. Kathol. Vereinsbuchh. n. — 15

— Josef Speckbacher, der Mann v. Rinn. Volksschauspiel in 4 Aufzügen. (122 S. m. 1 Bildnis.) kl. 8. Brixen 905. Preßvereins-Buchh. n. 1. —; geb. n. 1. 60

— Uebungen seraphischer Frömmigkeit, s.a. Fidelis v. Sigmaringen.

(F) **Scala, P. F. v.,** Übungen seraphischer Frömmigkeit. 16°. (312 S.) Feldkirch: Unterberger 1904. geb. K 1.20

Scala, Joh., neu erfundenes Eisenbahn-System, welches nebst der Beseitigung aller bisher gefühlten Mängel u. Hindernisse auch das mystische Räthsel der Bergfahrten m. gewöhnl. Locomotiven in beliebigen Steigerungen bis zur mathematisch möglichen Gränze von 1 : 4, sammt größerer Last, als bis jetzt an der Ebene möglich gewesen, vollständig, einfach u. natürlich löset. 1. u. 2. Hft. gr. 8. (7⅞ B.) Wien 843, (Gerold, Verl.) à * 15 Ngr. *

Scala, Jh., neu erfundenes Eisenbahn-System, welches nebst der Beseitigung aller bisher gefühlten Mängel u. Hindernisse auch das mystische Räthsel der Bergfahrten mit gewöhnl. Locomotiven ꝛc. vollständig, einfach u. natürlich löset. 1. u. 2. Heft. gr. 8. Wien 843, 44. (Gerold u. Sohn.) à n. ½ ₰

Scala, Rud. v., s.: Fleimstalbahn, die deutsche, Neumarkt-Predazzo.

Scala, Rud. v., Rom's Garnisonsystem im J. 281. Situationskarte zum Werke: Der pyrrhische Krieg. Autogr. qu. gr. 4. Berlin 884, Parrisius.

Scala, Rud. v., Geschichte u. Dichtung. Ein Vortrag. Hrsg. vom Deutschen Club in Linz. gr. 8. (30 S.) Linz 885. (Leipzig, Fock.) n. — 80

Isokrates und die Geschichtschreibung. Vortrag geh. zu München 1891 in d. 41. Vers. deutscher Philol. u. Schulmänner von Rudolf v. **Scala.** **Leipzig:** B. G. Teubner 1892. (22 S.) 4° (os. 8680 9

Scala Rudolf von: Der pyrrhische Krieg der Römer, unter kritischer Verwendung der neuesten Untersuchungen, insbesonders der Schuberts, quellenmäßig dargestellt.
1882 PN 259 **Diss.** Wien, Univ. 677

Scala, Rud. v., der pyrrhische Krieg. Als Dissertation verf. gr. 8. (VIII, 183 S.) Berlin 884, Parrisius. *
Karte dazu: Roms Garnisonssystem im J. 281. Autogr. Fol.

— Friedrich List. Gedächtnisrede zum 50. Todestage Lists. 1896 geh. auf dem Friedhofe zu Kufstein. Neudr. zum 9. IX. 1906. (15 S.) kl. 8. Leipzig 906. C. L. Hirschfeld. n. — 40

Scala, R. v., Doxographische und stoische Reste bei Ammianus Marcellinus. S.-A. 1898. 34 S.

Doxographische und stoische Reste bei Ammianus Marcellinus. Ein Beitrag z. Gesch. d. allg. Bildung d. 4. Jhs n. Chr. Von Rudolf v. **Scala.** **Innsbruck:** Selbstverl. 1898. (34 S.) 8°
Aus: Festgaben f. Büdinger. (os. 8679 9

Scala, Rud. v., dio Staatsvorträgo dos Altortums. 1. Tl. gr. 8. (XV, 226 S.) Leipzig 898. B. G. Teubnor. n. 8. —

Scala, R. v., die Studien d. Polybios. I. gr. 8. (XVI, 344 S.) Stuttgart 890. Kohlhammer. n. 5.—

Scala, R. v., Römische Studien. I. Die Darstellung d. I. pun. Krieges bei Naevius. II. Alte Sagen u. e. junge Legende. Gel. 1893. 32 S. u. 1 Taf.

—— Vortrag über die wichtigsten Beziehungen des Orientes zum Occidente im Alterthum. Gehalten im Oriental. Museum am 9. Decbr. 1885. gr. 8. (35 S.) Wien 886. (Leipzig, Fock.) *

— Vortrag üb. d. wichtigston Beziohungen d. Oriontos zum Occidente in Mittelalter u. Nouzeit. Geh. im oriental. Museum am 26. Jänner 1887. 8. (46 S.) Wien 887. (Leipzig, Fock.) n. 1. —

Scala, Rud. v., „Was uns noth thut!" Ein Weg zur Besserg. der österreich. Verhältnisse. gr. 8. (31 S.) Leipzig 903. C. L. Hirschfeld. n. — 80

— s.: Weltgeschichte.

Scalen zu dem geänderten Gebührengesetze vom 13. Dec. 1862. 32. (4 S.) Prag, Calve'sche Univ.-B. (Fr. Becke.) 1863 10 kr.

— — Dieselben. 4. (1 Blatt.) Ebds. 1863

Scalichiana das ist Merkwürdige Umbstände von Pauli Scalichii Leben und Händeln. [Königsberg u. Leipzig 1730.] V: *Lilienthal, Michael.* (Petz)

Scaliger, Jos., († d. 21. Jan. 1609), Ὀλυμπιάδων ἀναγραφή. Prolegomena de Olympiadum, recensu universo et de auctore ejus Jos. Scaligero scripta praemisit, notas tum Mauricii Dittrichii tum suas, veterum scriptorum locis, et Scaligeriani hujus opusculi et totius fere historiae antiquae fontibus, instructas subjecit, denique indices Olympionicarum, Archontum, scriptorum locupletissimos addidit Evald. Scheibel. gr. 4. (LXXXVIII u. 232 S.) Berolini 852, G. Reimer. 3 ₰

Scaliger, Jos., poemata omnia ex museio Petri Scriverii. Editio II. Berlin 864. Mittler's Sortbdlg. (Bath.) 8. (412 S.) n. 1 ₰ 10 ngr.

Scalpellino: Lo Scalpellino
① Ufficiale dei Lavoratori occupati nell'industria della Pietra nella Svizzera. Obligatorio per i membri della Federazione (14. 7. 1900—12. 12. 1903). Organo per l'interesse dei Lavoranti in pietra nella Svizzera (Obligatorio per i Soci federati) (16. 1. 1904—27. 6. 1908) ⑤ 14. 7. 1900—27. 6. 1908 ⑥ 4° (14. 7. 1900—12. 12. 1903); 2° (16. 1. 1904—27. 6. 1908) ⑦ mensile (14. 7. 1900—12. 12. 1903); ogni 15 giorni (16. 1. 1904—27. 6. 1908) ⑧ Zurigo »Volksrecht« (Kirsten & Zeisberg) ⑩ Federazione degli Scalpellini ⑪ Comitato Centrale della Federazione ⑫ movimento sindicale, socialista ⑭ Zh: SA ⑮ v. anche »Steinarbeiter«

Scamnalo, seu diurnale Monasticum pro omnib. sub regula S. P. Benedicti militantibus ad horas diurnas decantandas accommod. gr. fol. Venedig. (Göbhard, Bamb.) 757.

Scamoni G, die russische Abteilung in der nordischen Kunst-, Landwirtschaft- und Industrie-Ausstellung in Kopenhagen 1888. (44 S 13 T) St. Petersburg 1888

Scamoni, Geo., Handbuch der Heliographie nebst prakt. Wegweiser im Gebiete der bezügl. Gravirkunst, Metall-Aetzg. u. Vergoldg., Galvanoplastik, Photosculptur etc. gr. 8. (VIII, 185 S. m. eingedr. Holzschn. u. 2 Kpfrtaf.) Berlin 872. Friedländer & Sohn. n. 9. —

Scamoni, Geo., Alois Senefelder u. sein Werk. Zur 100jähr. Feier der Erfindung der Lithographie verf. (62 S. m. Abbildgn. u. 15 Taf.) Lex.-8. St. Petersburg 896. (Berlin, R. Friedländer & Sohn) n. 6. —

Scanavin, Adolph August (Jena) A. S. 123/3
De feudis poenae Von Straf=Lehnen.
Präs. Ernst Martin Chladen.
Wittenberg (Schlomach) 16. III. 1754. 24 S.
Gew.: Karl Gotthelf von Hund und Alten-Grotkau.
W. v.: Präs. 29853

Scandal-Geschichten Europäischer Höfe. Nach den hinterlassenen Papieren eines alten Diplomaten. 10 Bde. Leipzig 1871. V: *Kászony, Daniel von.* (BGE VII², 102)

Scandal-Geschichten europäischer Höfe. Nach den hinterlassenen Papieren e. alten Diplomaten. 1—10. Bd. gr. 16. Leipzig 871 72. Verlagsanstalt. à 1. 50
1. Oesterreich-Ungarn. (160 S.)
2. u. 3. England-Schottland. 2 Thle. (158 u. 160 S.)
4. Italien. (160 S.)
5. Spanien-Portugal. (160 S.)
6. 7. Frankreich. 1. u. 2. Thl. (158 u. 160 S.)
8. Frankreich [Schluß.] — Dänemark. — Schweden. (160 S.)
9. Türkei. — Polen. — Rußland. (159 S.)
10. Niederlande. — Deutschland. (156 S.)

Scandalla, Cajet., Leben der weisen u. tugendhaften Jungfrau Bartholommäa Capitanio von Lovere. Aus dem Italien. 8. (24 B.) Innsbruck 843, Rauch. —

Scandella, Cajet., Leben der Schwester Vicenza Gerosa mit der Bartolomäa Capitanio, Stifterin der Schwestern der Liebe in Lovere. Uebersetzt aus dem Italienischen. Brixen 868. Theolog. Verlags-Anst. 8. (X, 165 S.) n. 10 ngr.

Scanderberg. Georg

Scanderbeg, G., glücklicher Vorgänger des Ali Pascha von Janina. Leipz. 1821. V: *Becker, Gfr. Wilh.* (MGT) (Ky)

Scanderbeg, Georg, glücklicher Vorgänger d. Ali Pascha v. Janina (v. G. W. Becker). 8. Leipz. 821. C. Klein. 12 gr.

SCANDERBEG, Herman v. (ps.). Pillen aus meiner Hausapotheke. Ein Geschenk für Freunde des Scherzes und der Satyre, zunächst für Badegäste bestimmt. Gondar. bei Lokmans Erben (Rudolstadt. Hofbuchhandlg.). 1819. 8°. 4 Bll. u. 136 S. Zahm. (3 Mk., unbeschn., im jokosen Orig.-Umschl., Adolf Weigel, c. 1908.)
Inh.: Scaramuz als Finanzminister. — Meiner Schicksals-Geschichten am Hofe von Samosata erstes bis letztes Capitel. — Der Bokkowarische Finessenseppel, e. antiquarische Untersuchung. (Sämmtl. dramatisirt u. z. Theil in Versen.) Nachschrift. — Weller, fing. Dr.

Scanderholm, Gustav, (Dr. G. Kerner) über Sendschreiben u. Antwort. 8. Deutschland. (Bran, a. Hoffmann in Hamb.) 805.

Scanderholm, Gust., (G. Kerner,) üb. Sendschreiben u. Antwort. 8. Deutschland 805. (Bran in Jena). 3 gr (Schmid das.) 6 gr.

Scandinavien [Sachliches OW]

Scandinavien, s. a. Skandinavien.

Scandinavien, od. Dänemark, Norwegen, Schweden, e. geographisches Spiel, mit e. histor.-geographischen Gemälde d. Reiche und illum. Charte. Leipzig, Benj. Fleischer.

Scandinavien [Schlagwort]

Scandinavien, s.: Europa. Kiepert, R.

Scanferlato, A., leziono italiane, s. a. Teubner's kleine Sprachbücher. III.

Lezioni Italiane. Kurze prakt. Anleitung z. raschen u. sicheren Erlernen d. Ital. Sprache f. d. mündl. u. schriftl. freien Gebr. Von A. Scanferlato. T. [1.] 2 [nebst] ⟨Beibuch⟩. *Leipzig: B. G. Teubner 1903–04.* 3 Bde 8° [Ant. u. J.]
1. 2. Aufl. 1903.
2. Anleitung z. Vervollkommnung in d. Ital. Sprache ... 1904.
= Sprachbücher, Teubners kleine. 3.

— dasselbe. II. Tl. Schlüssel. (27 S.) kl. 8. Leipzig 908. B. G. Teubner. 2. —

Scaenicae Romanorum poesis fragmenta, s. Fragmenta.

Scanzoni, der kleine. Repetitorium gynaekologicum hysteropoeticum von Campolongo. 1. und 2. Aufl. 8. (VIII, 42 S.) Bern 879, [Frobeen und Comp.] Frobeen's Verlag. *

Scanzoni, der kleine. Repetitorium gynaekologicum hysteropoeticum von Campolongo, Dr. med. 3. und 4. Aufl. 8. (VIII, 42 S.) Leipzig 882, [Glaser und Garte.] Garte. *

Scanzoni, der kleine. Repetitorium gynaecologium hysteropoeticum v. Campolongo. 7. Aufl. 8. (VIII, 42 S.) Leipzig 886. G. Fock. 1. —

Scanzoni, der kleine. Repetitorium gynaecologicum hysteropoeticum v. Campolongo, Dr. med. 8. Aufl. 8. (VI, 42 S.) Leipzig 896. Buchh. G. Fock. n. 1. —

Scanzoni, Carl von, s. Scanzoni, Karl von

Scanzoni, F(riedr.) W(ilh.) v., Beiträge zur Geburtskunde und Gynaekologie, s. Beiträge.

Scanzoni, F. v., 198 Fälle von Beckenenge, s. Festschrift zur dritten Saecularfeier der Alma Julia Maximiliana.

Scanzoni, Friedr. Wilh. v., Compendium der Geburtshilfe. Wien 854. Seidel. 8. (XII, 513 S. mit Holzschn. im Text.) n. 1 ₰. 24 ngr.

—— Compendium der Geburtshilfe. 2. Aufl. gr. 8. (VII und 452 S. mit eingedr. Holzschn.) Wien 861, Seidel und Sohn. *

—— die Krankheiten der weiblichen Brüste, s. a. Kiwisch v. Rotterau, F. A., klinische Vorträge.

—— die Krankheiten der weiblichen Brüste und Harnwerkzeuge, so wie die dem Weibe eigenthümlichen Nerven- und Geisteskrankheiten. gr. 8. (XVI und 511 S.) Prag 855, [Tempsky.]

Bildet auch den 3. Bd. von Kiwisch's klinischen Vorträgen etc.

Scanzoni, Friedr. W., Lehrbuch der Geburtshülfe. 1—3. Bd. Mit in den Text eingeschalteten Holzschn. gr. 8. Wien, Seidel. [1. (XXII und 400 S.) 849., 2. (XXIV und 482 S.) 850., 3. (1. Abthl. S. 1—256.) 852. à Bd. * 2 Thlr.] Thlr. *

— Lehrbuch der Geburtshilfe. Mit 200 Holzschn. (im Text), grosstentheils nach Originalzeichnungen. 2. verm. u. verb. Aufl. 853. — 3. Aufl. Wien 855. Seidel. Lex.-8. (XXIV, 1084 S.) n. 5 ₰.

Scanzoni, F. W. v., Lehrbuch der Geburtshilfe. 3 Bde. 4., umgearb. Aufl. Lex.-8. (IV und 1482 S. mit eingedr. Holzschn.) Wien 867, Seidel und Sohn. *

—— Lehrbuch der Krankheiten der weiblichen Sexualorgane. Lex.-8. (XX und 570 S. mit 37 in den Text eingedr. Holzschn.) Wien 856(57,) Braumüller. *

— Lehrbuch der Krankheiten der weiblichen Sexualorgane. Mit 37 in den Text eingedr. Holzschn. Wien 857. Braumuller. gr. 8. (XX, 570 S.) n. 4 ₰.

—— Lehrbuch der Krankheiten der weiblichen Sexualorgane. 2., verm. Aufl. gr. 8. (XX und 576 S. mit 39 in den Text gedr. Holzschn.) Wien 859, Braumüller's Verlags-Conto. *

—— Lehrbuch der Krankheiten der weiblichen Sexualorgane. 3., verm. Aufl. Lex.-8. (XXII und 655 S. mit 37 in den Text gedr. Holzschn.) Wien 863, Braumüller. *

— Lehrbuch der Krankheiten der weiblichen Sexualorgane. 2 Bde. 4., umgearb. Aufl. Wien 867. Braumüller. gr. 8. (XXIII, 786 S. mit 49 in den Text eingedr. Holzschn.) n. 4 ₰ 20 ngr.

— Lehrbuch der Krankheiten der weiblichen Sexual-Organe. 5. umgearb. Aufl. Mit 62 (eingedr.) Holzschn. gr. 8. (XVI, 829 S.) Wien 875. Braumüller. n. 18. —

—— die chronische Metritis. Lex.-8. (VIII und 335 S.) Wien 863, Seidel und Sohn. *

—— die geburtshilflichen Operationen. Mit (eingedr.) Holzschn. (Mit Veränderungen versehener Abdr. aus dem 3. Bd. des Lehrbuchs der Geburtshilfe.) gr. 8. (XXIV und 331 S.) Wien 852, Seidel. *

—— klinische Vorträge über specielle Pathologie und Therapie der Krankheiten des weiblichen Geschlechtes, s. a. Kiwisch v. Rotterau.

Scanzoni, Friedr. Wilh. *Dr., kön. bayer. Hofrath etc.* Klinische Vorträge über specielle Pathologie u. Therapie der Krankheiten des weiblichen Geschlechtes. Von *Franz A. Kiwisch, Ritter v. Rotterau*, weil. Dr. d. Med. u. Chir., k. bayerischer Hofrath etc. Nach dessen Tode fortgesetzt. *Prag* 1858. *F. Tempsky* Verl. III. Bd. 1. u. 2. Hft. 2., verm. u. verb. Aufl. S. 1—320, 8°.

Der ganze Band 4 fl. 48 kr.

INHALT. a) Die Krankheiten der weiblichen Brüste (S. 1—256, §. 1—159). b) Die Krankheiten der Harnblase und der Urethra des Weibes (S. 257—320, §. 160—201).

Scanzoni, Gustav von, a. Schloß Zinneberg, Rechtsprakt. am Kgl. Amtsgericht Rosenheim: Zur Entwicklung und Theorie des Rechtes am eigenen Bilde. (Rosenheim 1908: M. Niedermayr.) (79, II S.) 8° [J.]

Erlangen, Jur. Fak., Ref. Sehling, Diss. v. 4. Juni 1908

[Geb. 3. Okt. 85 Schloß Zinneberg; Wohnort: Rosenheim; Staatsangeh.: Bayern; Vorbildung: Gymn. Rosenheim Reife 03; Studium: München 6, Erlangen 2 S.; Rig. 12. Dez. 07.]

Scanzoni, Karl von

von Scanzoni, Carl [aus Würzburg]: Ein Fall von Cyklopie in Verbindung mit anderen Missbildungen ... M. 1 Taf. München, kgl. Hof- u. Univ.-Buchdr. v. Dr. C. Wolf & Sohn, 1896; 32 S., 1 Taf. 8.

München, Med. Fak., Inaug.-Diss. v. 1896

Scanzoni v. Lichtenfels, Friedr. Wilh. Gedächtniss-Rede auf ihn, s. Nieberding, Wilh.

Scanzoni von Lichtenfels, Friedrich [app. Arzt aus Würzburg]: Ueber Harnstoff-Ausscheidung bei Anämischen. . . . Würzburg, k. Universitätsdr. v. H. Stürtz, 1889; 22 S. 8°

Würzburg, Med. Fak., Inaug.-Diss. v. 1889

le Scaphandre, od. die Kunst im Wasser zu gehen; aus d. Franzöf. 8. Warschau 775. Gröll. 16 gr.

Scapinelli, Karl

Scapinelli, Carl Conte, Bezirkshauptmann v. Lerchberg. Roman. (340 S.) 8. München 903. [Allgemeine Verlags-Gesellschaft.] Regensburg, J. Habbel. n. 3. —; geb. n. 4. —

Scapinelli, Carl Conte, Ballast. Roman. 1. u. 2. Aufl. (Je 352 S.) 8. Dresden (910). H. Minden. 4.—; geb. n 5.—

Scapinelli, Paul Conte, der Harzer Edelroller, sein Gesang, seine Behandlung u. Zucht. (VII, 72 S. m. 8 Abbildgn.) 8. Ilmenau (905). A. Schröter. 1.—

— Gipfelstürmer. Roman. (334 S.) 8. Leipzig (910). Grethlein & Co. 3.50; geb. in Leinw. 4.50

— die Heimatgesetz-Novelle vom 5. XII. 1896, R. G. B. Nr. 222 u. die herrschende Spruchpraxis. (VI, 246 S.) gr. 8. Wien 903. Manz. n. 4.40; kart. n. 4.80

— Heimatgift. Roman. 2. Aufl. (307 S.) 8. Dresden (909). H. Minden. 4.—; geb. n 5.—

(F) Scapinelli, P. C., Das oberösterreichische Jagdgesetz vom 13. Juli 1895, LG. u. VB. Nr. 8 ex 1896 und die herrschende Spruchpraxis. (Gr.-8°. (171 S.) K 3.40, geb. K 3.80
Wien: Manz'sche K. u. K. Hof- Verlags- u. Univ.- Buchhadlg. 1905.

— „Otterbräu". Münchener Romane. (348 S.) 8. Berlin (908). Verlag Continent. 4.—; geb. 5.—

— Phäaken. Roman. (417 S.) kl. 8. Leipzig 907. L. Staackmann. 5.—; geb. in Leinw. 6.—

— Prater. Roman. (332 S.) 8. Ebd. 909. 4.—; geb. in Leinw. 5.—

Scapinelli, Paul Conte, das allgemeine, gleiche u. direkte Wahlrecht. Eine Erläuterg. u. Zusammenstellg. d. Gesetze üb. die Reichsratswahl. (IX, 103 S.) gr. 8. Wien 907. Manz. 1.70; kart. n 2.20

— dasselbe. Nachtrag, enth. e. Instruktion f. Wahlkommissäre u. die neuen Wahlpflichtgesetze. (III, 31 S.) gr. 8. Ebd. 907. —50

SCAPPIN (ps.), Der Verreist-gewesene und nun wieder angekommene Kilian Brustfleck, Mit sich bringend allerhand rare Historien, kurtzweilige Geschichten, Schertz-Reden, etc. Zum Druck befördert (verfaßt) von —. Mit Titelkupfer. Gedruckt zu Haraenberg 1769. 8°. Selten! ($2^1/_2$ fl. Gilhofer & Ranschburg, Wien, 1889, aus Jul. Krone's Bibl.; jetzt theurer!)
Frühere Drucke von 1729 und 1730 in Weller's Lex. (s. p. 503 citirt, wo obige Ausgabe fehlt.

Scapulae, Joannis, Lexicon graeco-Latin. e probat. auct. Locuplet. c. indicibus auct. et corr. Item Lexicon Etymolog. c. thematib. investig. difficil. et anom., et Is. Morusii Glossar. contract. Indici graeco inseruntur aliquot verbor. millia e Scotto, Basto, aliisque acced. Prisciani Libr. XVIII. Pars posterior. edit. Valckenaerii. Fol. Oxonii. Typogr. Clarendoniana. 820.

Scapulier

—— das fünffache, in der heil. römisch-katholischen Kirche. Eine reiche Quelle vieler Gnaden und Abläße. Kurzgefaßter Unterricht für die Mitglieder der vier Scapulier-Bruderschaften und die Inhaber des vom Papst Pius IX. im J. 1847 gutgeheißenen und mit Ablässen versehenen rothen oder Passionsscapuliers. Von einem Pfarrer der Erzdiöcese Köln. 3.—5. Aufl. 24. (32 S.) Ebendas. 881—84. *

Scapulier, das fünffache, in der hl. römisch-katholischen Kirche, eine reiche Quelle vieler Gnaden u. Ablässe. Kurzgefaßter Unterricht für die Mitglieder der 4 Scapulier-Bruderschaften u. die Inhaber d. v. Papst Pius IX. im J. 1847 gutgeheißenen u. mit Ablässen versehenen rothen oder Passionsscapuliers. Von einem Pfarrer der Erzdiöcese Köln. 4. Aufl. 24. (32 S.) Dülmen 882. Laumann. n. — 10

Scapulier, das fünffache, in der heil. römisch-katholischen Kirche, eine reiche Quelle vieler Gnaden und Abläße. Kurzgefaßter Unterricht für die Mitglieder der vier Scapulier-Bruderschaften und die Inhaber der vom Papst Pius IX. im J. 1847 gutgeheißenen und mit Ablässen versehenen rothen oder Passionsscapuliers. Von einem Pfarrer der Erzdiöcese Köln. 7.—9. Aufl. 16. (24 S.) Dülmen 885—87, Laumann'sche Verlagsh. *

Scapulier, das heilige. Ein Erbauungs- u. Andachtsbuch f. die Mitglieder der Scapulier-Bruderschaft. Mit einer Meßandacht u. mehr. Andachten zur heil. Jungfrau. Nach dem Französ. 1. Aufl. ($4^1/_2$ B. u. 1 Stahlst.) 845. u. 2. Aufl. 12. ($3^2/_3$ B. u. 1 Stahlst.) Augsburg 846, Kollmann'sche Buchh. a

Scapulier, das heilige. Ein Erbauungs- und Andachtsbuch für die Mitglieder der Scapulier-Bruderschaft, und für Jene, die diesem Vereine beitreten wollen. Mit einer Meßandacht und mehren Andachten zur heiligsten Jungfrau. Nach dem Französ. 3., stereotyp. Aufl. 12. (84 S. und 1 Stahlst.) Augsburg 847, Kollmann'sche Buchh. *

— das Marianische, das ist: das geweihte Kleid der Allerseligsten Jungfrau Maria vom Berge Carmel im gelobten Lande, nebst Anweisung zur Theilnahme an der Bruderschaft des heil. Scapuliers. 8. (16 S.) Dülmen 850. (Coesfeld, Wittneven Sohn.) $^1/_{24}$ ℳ

Scapulier, das Marianische, das ist: das geweihte Kleid der allerseligsten Jungfrau Maria vom Berge Carmel im gelobten Lande, nebst Anweisung zur Theilnahme an der Bruderschaft des Scapuliers von den sieben Schmerzen Marias, der unbefleckten Empfängniß und der allerheiligsten Dreifaltigkeit. 14. Aufl. 8. (20 S.) Dülmen 880, Laumann'sche Verlagsh. *

—— das Marianische, das ist: das geweihte Kleid der allerseligsten Jungfrau Maria vom Berge Carmel im gelobten Lande, nebst Anweisung zur Theilnahme an der Bruderschaft des Scapuliers von den sieben Schmerzen Marias, der unbefleckten Empfängniß und der allerheiligsten Dreifaltigkeit. 15. Aufl. 8. (20 S.) Dülmen 884, Laumann'sche Verlagsh. *

Das SCAPULIER, ein besonderer Schutz Mariens. Aus dem Ungarischen. Perjamos (Perjamosch) 1895. 21 S. - 145 mm

Scapulier, das vierfache, in der heil. römisch-katholischen Kirche, eine reiche Quelle vieler Gnaden und Abläße; sowie das von Papst Pius IX. im J. 1847 gutgeheißene und mit Ablässen versehene rothe oder Passionsscapulier. Ein kurzgefaßter Unterricht für die Mitglieder der vier Scapulier-Bruderschaften und die Inhaber des Passionsscapuliers. Von einem Pfarrer der Erzdiöcese Köln. 16. (32 S.) Dülmen 879, Laumann'sche Verlagsh.

Scapulier, das vierfache, in der heil. römisch-kathol. Kirche. Eine reiche Quelle vieler Gnaden und Abläße; sowie das von Papst Pius IX. im J. 1847 gutgeheißene und mit Ablässen versehene rothe oder Passionsscapulier. Ein kurzgefaßter Unterricht für die Mitglieder der vier Scapulier-Bruderschaften und die Inhaber des Passionsscapuliers. Von einem Pfarrer der Erzdiöcese Köln. 2. Aufl. 16. (28 S.) Dülmen 880, Laumann'sche Verlagsh. *
Die neue Aufl. u. d. T.:

Scapuliere, die fünf hh. Von einem Priester der Diöcese Paderborn. Dem Verf. der Belehrung über das Scapulier vom Berge Carmel. Soest 854. Nasse. 16. (VII, 151 S.) n. 5 ngr

Scapuliere, die fünf heiligen. Von einem Priester der Diöcese Paderborn, dem Verfasser der Belehrung über das Scapulier vom Berge Carmel. 2. Aufl. Soest 862. Nasse's Verlag. 16. (160 S.) n. 5 ngr.

Scapuliere, die fünf hh. Von einem Priester der Diöcese Paderborn, dem Verf. der Belehrung über das Scapulier vom Berge Carmel. 3. Aufl. 16. (117 S.) Münster 879. Nasse. n. — 48

Scapuliere, die fünf heil. Von einem Priester der Diöcese Paderborn, dem Verf. der Belehrung über das Scapulier vom Berge Carmel. 4. Aufl. 8. (117 S.) Paderborn 885, F. Schöningh. *

Scarabées égyptiens figurés du musée des antiques de Sa Majesté l'Empereur. Vienne 1824. V: *Steinbüchel von Rheinwall, Anton.* (EB)

Scarabées Égyptiens figurés du Musée des Antiques de l'Empereur. gr. 4. (in 4 Kpft. u. 1 Vign.) Wien 824. (Gerold). 1 ₰ 8 gr.

Scarabelli, Luciano, doveri civili, discorsi a giovani educati. gr. 12. (292 S.) Milano e Vienna 847, Tendler und Comp.

Scarabelli, Luc., Novelle morali, s. Biblioteca giovanile.

Scaramelli, Johann Baptist

Scaramelli, Giovanni Battiste. Anleitung zur Ascese. A. d. Ital. Nebst einem Anhange von Predigtentwürfen. Regensburg 1853—55. 2. verbesserte Aufl. 1867. Ü: *Lierheimer, Bernhard Maria.* (Jes)

Scaramelli, Anleitung zur Ascese. Aus dem Ital. 1—3. Thl. gr. 8. Regensburg, Manz. [1. und 2. (XVI und 972 S.) 1. 1 Thlr. 10 Ngr., 2. 1 Thlr. 7½ Ngr. 853., 3. (VIII und 549 S.) 854. 1 Thlr. 15 Ngr.]

—— dass. — Aus dem Ital. 4. Thl. Nebst einem Anhange von Predigtentwürfen. gr. 8. (VI und 474 S.) Ebds. 855.

Scaramelli, Anleitung zur Ascese. Aus dem Italien. 4 Thle. 2., verb. Aufl. Regensburg 867. Manz. gr. 8. [1. Thl. (VIII, 506 S.) 1 ₰ 10 ngr., 2. Thl. (VIII, 432 S.) 1 ₰ 7½ ngr., 3. Thl. (VIII, 530 S.) 1 ₰ 15 ngr., 4. Thl. (VI, 450 S.) 1 ₰ 10 ngr.] n. 5 ₰ 12½ ngr.

Scaramelli, Anleitung zur Ascese. Inhaltsverzeichniß. gr. 8. (81 S.) Regensburg 880, Manz. *
Vgl. XIV. Bd. 2. Abthl. S. 369. 4 Bde. und Inhaltsverzeichniß. *ℳ 16,75.

—— Anleitung in der mystischen Theologie. Aus dem Ital. 2 Thle. gr. 8. Regensburg, Manz. [1. (XVI und 682 S.) 855. 1 Thlr. 28½ Ngr., 2. (VIII und 453 S.) 856. 1 Thlr. 7½ Ngr.]

Scaramelli, J. Bapt., directorium asceticum sive norma dirigendi animas ad perfect. christ. IV Ptes. 8. Augsb. 770. Rieger. 2 ₰ 16 gr.

Scaramelli, Joh. Bapt., S. J., geistlicher Führer auf dem christlichen Tugendwege. „Anleitung zur Ascese", in 3., verkürzter Aufl. bearb. v. B. M. Winkler. 1. Bd. gr. 8. (XII, 310 S.) Regensburg 901. Verlagsanstalt vorm. G. J. Manz. n. 5. 40; geb. in Halbfrz. n. 7. —

Scaramelli, Joh. Bapt., S. J., geistlicher Führer auf dem christl. Tugendwege. „Anleitung zur Ascese", in 4. unveränd. Aufl. bearb. v. B. M. Winkler, S. J. 2 Bde. (XVI, 506 u. VIII, 452 S.) 8. Regensburg 905. Verlagsanstalt vorm. G. J. Manz. n. 5. 40; geb. in Halbfrz. n. 8. 40

Scaramelli, Giovanni Battista. Geistlehre, oder Anleitung zur Christlichen Vollkommenheit ... Augsburg 1778. Ü: *Natterer, Agapit.* (Jes) (Ky; (MGT)

— Geistlehre, od. Anleit. z. christl. Vollkommenheit, übers. u. mit e. Register versehen (v. A. Natterer). 4 Thle. 8. Augsb. 778, (Wolff). 2 ₰ 16 gr.

Scaramelli, J. B. Die Unterscheidung der Geister ... Aus dem Italienischen übersetzt ... Regensburg 1861. Ü: *Oberkofler, Anton.* (Margr)

Scaramelli, J. B., die Unterscheidung der Geister zu eigener und fremder Seelenleitung. Ein Handbuch für alle Seelenführer. Aus dem Italien. übers. Mit Beigabe einer Abhandlung des Cardinal Bona über Unterscheidung der Geister und anderweit. Anhang nebst Sachregister verm. von einem kathol. Priester. gr. 8. (VIII und 300 S.) Regenburg 861, Manz.

Scaramelli, J. B., die Unterscheidung der Geister zu eigener u. fremder Seelenleitung, ein Handbuch f. alle Seelenführer. Nebst e. kurzen Auszug aus dem Buche d. Kardinals Johs. Bona, üb. Unterscheidg. der Geister. 2., umgearb. Aufl. v. B. M. Lierheimer. gr. 8. (VIII, 316 S.) Regensburg 888. Verlags-Anstalt. 3. —

— die Unterscheidung der Geister zu eigener u. fremder Seelenleitung. Ein Handbuch f. alle Seelenführer. Nebst e. kurzen Auszug aus dem Buche des Kardinals Johannes Bona. Cist. Ord., über Unterscheidg. der Geister. Gänzlich umgearb. v. Bernard Maria Lierheimer, O. S. B. 3., unveränd. Aufl. (VIII, 316 S.) gr. 8. Ebd. 904. n. 8. —

Scaramuzza

Geburth, Leben und Todt, des berühmten Scaramuzza, Neapolitanischen Comödianten. Ins Teutsche übersetzet, auf Begehren des Oratio Romantino, Sprach-Meistern. Zu finden auf Franckfurt- und Leipziger Messen. A. 1728. (Italian title page:) Nascita Vita e Morte Del Famoso Scaramuzza, Comico Napolitano. Tradotta in Tedesco dall' Italiano da Guilio Carofani d'Ofenmerche. In Roma, 1728. Appresso Giovanni Stampa.

H. Scarban diss. de serpentis aenei significatione mystica. Lubec. 1714. (t fr. pag. 33.)

SCARDOVELLI, Josephus: De jeiunio. — (1858) 44 S. 8° (Handschr.) Diss. Wien, Univ. Diss. 185

Scardovi, Ludwig U. S. Erfurt 1785, 1

Dissertatio inauguralis medica de dentibus anatomice ac physiologice consideratis. Erfurt (Nonnius) 2. V. 1785. 19 S. 29854

Scarella, Jh. Bapt., physicae generalis methodo mathematica tractatae III Tom. 4. Brixen 754. (Augsb., Klauzfelder). 12 ₰

Scarfo, Gio. Griss., delle poesie varie. 4. Verona. 737.

Scari zu Cronhof, Hieronimus

Scari, Hier., einige Betrachtungen über Mäßigkeitsvereine. 8. Ollmütz ... (Wien, Braumüller u. Seidel.) 1/4 ₰

— systemat. Darstellung der in Betreff der Juden in Mähren und in Schlesien erlassenen Gesetze u. Verordnungen. gr. 8. Brünn 835. (Wien, Braumuller u. Seidel.) n. 1 2/3 ₰

Scari, Hieron. v., systemat. Darstellung der in Betreff d. Juden in Mähren u. im k. k. Antheil Schlesiens erlass. Gesetze u. Verordnn. gr. 8. (17 5/8 B.) Brünn 835, [Winiker.]

—— dass. — Zusätze hierzu. gr. 8. (4 1/2 B.) Ebds. 841.

H.. **Scari zu Cronhof**: philos. Untersuch. üb. d. Rechtswidrigkeit d. Lüge. *Wien*, Sollinger. (*Lpz.*, Liebeskind in C.) 827. gr 8° 10 ₰

Scaria-Bänkel zum 16. März 1878 für den literarischen Geselligkeits-Club verfasst. [Wien 1878: Fischer & Co.] 1 Bl. 2°. [Kopftit.]
„Ich kenn einen Meister vom Stuhle ..."

Scartazzini, A. Novissimo manuale di conversazione. Italiano e Francese. Sec. ediz. Kl. 8°. 184 S. Davos, Hugo Richter. 1899 2 50

Scarins, Algothi. Diss. de expositione veterum ejusque moralitate. *Aboae.* 1729

Scarizza, R., J canti corali nelle tragedie di Sofocle. Pr. 1902. 69 S.

Scarlat, Georg, aus Rumänien: Über die **Einwirkung** von Guanidin auf die Ester ungesättigter Säuren. *(Berlin 1904: G. Schade.)* (35 S.) 8°
Berlin, Phil. Diss. v. 23. März 1904

Scarpa, Antonio

Scarpa, (A.,) Abhandl. über d. Augenkrankheiten. Nach d. französ. Ausg. des J. B. Leveillé, übers. v. F. H. Martens. 2 Thle. mit 3 Kupfr. Neue Ausg. 8. Leipzig 822, Hinrichs.

Antonio Scarpa
[Memoria chirurgica sui piedi torti congeniti dei fanciulli. Deutsch:] Chirurgische Abhandlung über die angebornen krummen Füsse der Kinder, u. über die Art diese Ungestaltheit zu verbessern. Von A[ntonio] Scarpa. Aus d. Ital. übers. u. mit e. Vorr. begleitet von [Giovanni] Malfatti [Edler von Monteregio]. Wien: Camesianische Buchh. 1804. IV, 38 S. 8°

— chirurg. Abhandl. üb. die angeborenen krummen Füße d. Kinder u. üb. die Art deren Ungestalt zu verbessern; aus d. Italien. v. ... Malfatti. Mit 5 Kpf. gr. 4. Wien 804. (Volke). 1 ₰ 12 ₰

— praktische Abhandl. üb. d. Augenkrankheiten, oder Erfahr. u. Beobacht. üb. d. Organ. n. d. franz. Ausgabe d. Leveillé mit Anmerk. u. Zusätzen von J. H. Martens, mit K. 2 Thle. 8. Leipzig. (Graffs in Weißenfels.) 803.

— prakt. Abhandl. üb. die Augenkrankheiten, od. Erfahrr. u. Beobachtt. üb. diese Organe; nach d. französ. Ausg. d. J. B. Leveillé mit Anmerkk. u. Zusätzen v. F. H. Martens. Mit 3 Kpf. 8. Leipz. 803. (Taubert). 3 ₰ N. Aufl. 8. Ebd. 823. Hinrichs 2 ₰

— prakt. Abhandlung üb. die Augenkrankheiten, ist jetzt Verlag von Franz in Leipzig.

— Abhandl. üb. die Unterbindung der bedeutenden Schlagadern d. Gliedmaßen etc.; aus d. Italien übers. v. J. J. Fr. W. v. Parrot. 8. Berl. 821. Reimer. 14 ₰.

— anatom.-chirurg. Abhandl. von d. Brüchen; aus d. Italien. übers. u. mit Zusätzen versehen v. B. W. Seiler. Mit 16 Kpf. in Fol. gr. 8. Halle 813. Renger. 5 ₰ engl. Druckp. 5 ₰ 8 ₰ 2e durch e. Nachtr. verm. Ausg. mit 21 Kpfr. in gr. Fol. gr. 8. Leipz. 823. (Engelmann). 5 ₰ Schrbp. 6 ₰ — Der Nachtr. apart auch unt. d. T.: neue Abhandl. üb. die Schenkel- u. Mittelbrüche, nebst Zusätzen zu d. Abhandll. üb. die Leisten- u. Nabelbrüche etc. Nach d. 2n Aufl. d. Originals, bearb. v. B. W. Seiler. Mit 7 gr. Fol. Kpft. gr. 8. Leipz. 823. (Engelmann). 3 ₰ Schreibp. 4 ₰

Scarpa, Antonio: Anatomisch-chirurgische Abhandlungen über die Brüche. (Sull'Ernie. Memorie anatomico-chirurgiche. Dt.) Übers. und mit Zusätzen versehen von Burkhard Wilhelm Seiler. 2.durch einen Nachtrag vermehrte Ausg. (Nebst) Abbildungen, gbd., Abb.

Leipzig: Engelmann 1822

JB 6.323

Scarpa, Antonio: Neue Abhandlungen über die Schenkel- und Mittelfleischbrüche nebst Zusätzen zu den Abhandlungen über die Leisten- und Nabelbrüche... (Memorie sull'ernie del perineo e del femore. Seconda edizione. Dt.) (Übers., mit Zusätzen und) mit einer Anleitung zu der Zergliederung der Leistengegend und einer Erläuterung der Entwickelungsgeschichte der Hoden von Burkhard Wilhelm Seiler. (Nebst) Abbildungen, gbd., Abb.

Leipzig: Engelmann 1822

JB 6.324

— de anatome et pathologia ossium commentarii. Cum VII tabb. aeneis. 4maj. Ticini. 827. (Voss in Leipz.) 7 ₰

— sull' Aneurisma riflessioni et osservazioni anat. chirurg. con 15 Tab. gr. fol. Pavia. (Gleditsch, Leipzig.) , 805.

— anatomicarum annotationum libri II. gr. 4. ibidem. 791.

Scarpa, Ant., anatomicae disquis. de Auditu et olfactu, c. fig. fol. Mediolani. (Gleditsch, Lips.) 795.

Anton Scarpa.[De penitiori ossium Structura commentarius. Deutsch:] Vom inneren Baue der Knochen. Verdeutscht, mit e.Vorr. u.einigen Anm. begleitet von Theodor Georg August Roose. Leipzig: Hartknoch 1800. 64 S. 8°

Scarpa, Antonio: Beobachtungen über den Blasenschnitt durch den Mastdarm, zur Ausziehung des Steins aus der Harnblase. (Saggio di osservazioni sul taglio retto-vescicale... Dt.) 26 S., gbd., 1 Taf.

Weimar: Landes-Industrie-Comptoir 1824

JB 4.134

Scarpa, Ant., über d. Expansion der Knochen u. den Callus nach Fracturen. A. d. Latein. M. 3 Kpfrt. gr. 4. (9 B.) Weimar 828, Indust.-Compt. Thlr.

— Index rerum Musei anatomici Ticinensis. 8maj. Ticini 804. (Wien, Volke). 12 gl

— — memoria sulla Legatura delle principali arterie degli arti con una appendice all' Opera sull' Aneurisma. 4. gr. Ibid. 817. (Ibid.)

Scarpa, Ant., memorie anatomico-chirurgiche sull Ernie. Fasc. I. et II. cum fig. fol. max. Milano. (Gleditsch, Lpz.) 810. Rthlr.

Scarpa, Ant., Memorie anatomico-chirurgiche. Ediz. IIda in Fol. c. tavole in rame le quali formano un Vol. apparte in forma atlantica. Pavia. 819. (Vienna, Volke.)

Scarpa, Antonio: Ueber den Mittelfleisch-Bruch (Hernia perinei). (Memoria sull'ernie del perineo. Dt.) 16 S., gbd., 2 Taf.

Weimar: Landes-Industrie-Comptoir 1822

JB 3.152

Scarpa, Cav. Antonio. Opere, prima edizione completa in cinque parti divisa, colla traduzione dell' opere latine e francesi e con aggiunte e annotazioni tratte Dai Vaccà, Betti, Laenec, Ollivier, Manec, ed altri per cura del D. Pietro Vannoni. Parte I. Distribut. 1—3. (Mit 3 Kupfertaf.) Lex.-8. Firenze 836. (Vienna, Volke.) n. 2 ß

— üb. die Pulsadergeschwülste; aus d. Italien. mit Anmerkk. u. Zusätzen v. Ch. Fr. Harles. Mit 10 Kpfr. gr. 4. Zürich 808. Orell. 10 ß Velinp. 13 ß 8 gl

— oratio de promovendis anatomicarum administr. rationibus. 8maj. Leipz. 785. (W. Vogel). 3 gl

— saggio di osservazioni e d'esperienze sulle principali malattie degli Occhi col ritratto del auctore et fig. Pavia. (Gleditsch, Lips.) 801.

s. Samml. v. Abhandll. v. Scarpa.

— neueste Schriften aus d. Gebiete d. Chirurgie. Aus d. Italien. übersetzt. 1r Thl. Mit Steindr. gr. 8. Leipz. 822, Magazin f. Ind.

—— neueste chirurg. Schriften. A. d. Italien. v. E. Thieme. 1. u. 2. Thl. gr. 8. Leipzig, Magazin f. Industrie. [1. (16½ B. u. 8 Stnt.) 828., 2. (17 B. u. 4 Stnt.) 831. à 2 Thlr.]

— de penitiori Ossium structura comment., cum III tabb. aen. 4maj. Lpz. 799. Hartknoch. 1 ß 12 gl Velinp. 2 ß 16 gl

— tabulae neurologicae, cum fig. Pavia 794. 30 ß

Scarpa, Antonio. Anatomische Untersuchungen des Gehörs und Geruchs; a. d. Lat. Nürnberg 1800. Ü: *Schreger, Heinrich Christian Theophilus.* (Ky) (MGT) (EngM)

Antonio Scarpa
Anton Scarpa's [Anatomicae Disquisitiones de auditu et olfactu. Deutsch:] anatomische Untersuchungen des Gehörs und Geruchs. Aus d. Lat. [Übers.: Christian Heinrich Theodor Schreger.] Nürnberg: Raspe 1800. VIII, 176 S. 8°

Topographische Tafeln von D. E. **Scarpalésos**, Griech. Oberlt. 2. Aufl. Berlin: J. Zalachowski, Charlottenburg 1907. (XXIX, 55 S.) 8°
[Nebent.:] Tables topographiques par D. E. Scarpalésos. [07. 16904

Scarpatetti, [Jacob]. Die Passugger Entfettungskur und die Behandlung der Gicht in Passugg. Sonderabdruck aus der Zeitschrift für Balneologie, Klimatologie und Kurort-Hygiene... . Jahrg. 2. (1909—1910.) Nummer 6. II + 5 S. 4. (Berlin, Allgemeine Medizinische Verlagsanstalt.)

(Scarpatetti, J[acob].) Mineralquellen, Bad und Kurhaus Passugg. (*Innentitel:* Der Kurort P' bei Chur und seine Heilquellen. Sonderabdruck aus »Illustr. Bade-Blatt«, 1903 Nr. 7 u. 8.) [Mit Illustrationen und 1 Tafel.] II + 23 S. 8. Chur, H. Fiebig, [1904].

(Scarpatetti, J[acob].) Passugg. Mineralquellen, Bad- und Kurhaus mit Dépendance, im Besitze der Passugger Heilquellen A.-G. in Passugg. (2. Aufl.) [Mit Illustrationen und 1 Tafel.] IV + 95 S. 8. Chur, Manatschal, Ebner & Cie., (1905).
S. 20—93: Teil 2. Die Min' von P' balneo-therapeutisch behandelt von Kurarzt J. Sc' in Chur.
Bibliograph. Bulletin 1906.

Scarpellini Caterina. Capo d'occhio sopra i terremoti avvenuti in Roma negli anni 1858, 1859, 1860, 1861, 1862, relativamente alla influenza della luna. S. 47. II. 137 vgr.
Separatabdruck

Scarriophlebasophibalsamosimoidon oder ein Räthsel mit einer Vorrede versehen. Uchusahoanchtitomalakitopolis [Schnepfenthal] 1792. V: *Salzmann, Chn Gotthelf.* (Wr)

Scarriophlebasophibalsamosimoidon, od. ein Räthsel mit e. Vorrede. 8. Schnepfenthal 792. Erzieh.-Anst. 4 gl

Scarron, s. a. Hellgrewe, Wilhelm.

— Ehebruch

— —, Der unschuldige. Aus d. Frantzös. u. Spanischen übergesetzet. (Aus d. Franzos. des *Paul Scarron* von Georg Greflinger.) Hamburg 1662.
Anon.-Lex. II. p. 4 (nach Goedeke u. Zeitschr. f. deutsches Alterth. 31, 107). Höchst selten!

Scarron, Novellen, a. d. Franz. 8. Hamburg, Herold. (Ernst in Quedlinb.) 779.

— — *P. Scarron's* tragisch-komische Novellen. Hamburg 1779. 8°.

— — dieselben siehe auch Bibliothek, angenehme, 1s u. 2s Bdchen.

§ — — Tragisch-komische Novellen. Deutsch und mit biograph. Einleitung von J. v. Retzer. 2 Thle. Mit Titelvign. Wien 1790. 8°. (2 Mk. 50 Pfg. H. Hugendubel, c. 1906.)

— Dass. in einer andern Uebersetzung. Mit Kupf. 2 Thle. 8. Wien 790. (K. Haas.) 1 ß

— — dasselbe in einer andern Uebers. m. K. 2 Thle. 8. Wien, Kaiserer. 790.

— — Dasselbe (andre Uebers.). Eisenach 1791. 8°. (⅔ Rthl.)
Die vergebliche Vorsicht. — Die Scheinheiligen. — Der unverschuldete Ehebruch. — Mehr Thaten als Worte. — Der bestrafte Geiz.
Ersch. II. 2. 1840. Sp. 289. no. 2275.

— tragisch-kom. Novellen. 8. Eisenach 791. (Bärecke); (a. W. Nauck in Leipz.) 16 gl

— tragisch = komische Novellen. 8. Eisenach, Wittekind. 791.

— — Dasselbe. O. O. 1804. 8⁰. (1 Mk. 50 Pfg., unaufgeschn., H. Hugendubel, c. 1906.)

Von französ. Ausgaben sind in Wolfenbüttel: Les novvelles tragi-comiqves. Trad. d'Espagnol en François, par Mr [Paul] *Scarron*. Iouxte la Copie, A Paris, 1678. 12⁰. — Nouv. edition. T. 1. Paris, Est. Loyson, 1694. 12⁰. (Fehlt tome 2.) — Paris, David père, Durand, Pissot, 1752. 12⁰. II.
In München befinden sich: Les nouvelles tragi-comiques de *Scarron*. Paris 1730. II; Londres 1786. II. 8⁰.

Scarron, der korsarische Prinz. Trspl. 8. Berl. 757. 2 gl

Scarron. Der Corsarische Prinz, Tragödie a. d Französ. Berlin & Leipzig, Rüdiger, 1758. 85 S. = G. III, 367: 35

— — Des Herrn (Paul) *Scarron* Comischer Roman. (2 Thle., übersetzt von B., d. i. Friedr. Imman. Bierling.) Mit Titelvign. von Haas (Büste Scarrons). Hamburg, bey Joh. Carl Bohn. 1752. 8⁰. 14 Bll. u. 239 S. (In Wolfenb.) (10 Mk., Hprgt., E. Frensdorff, 1904.)

Erste deutsche Ausgabe. — Anon.-Lex. IV. p. 26 (nach Schröder).

— — Dasselbe. Zweiter Druck. Mit schönem Titelkpfr., gest. von C. Fritsch, u. Titelvign. (Scarron's Portrait). Ebd. 1752. — Th. 3. Ebd. 1753. 8⁰. (1—2 in Wolfenb.) (1—3: 3 Mk. 50 Pfg. W. H. Kühl, Berlin, c. 1882; 4 Mk. 50 Pfg., ohne Titelkpfr., Adolf Weigel, 1893.)

260, 239 u. 175 S.
Orig. von 1—2: Le Romant (!) Comique. Paris, Toussainct et Quinet, 1651. 8⁰. — Paris, Guillaume de Luynes, 1657. 8⁰. u. sehr oft.
Holländ. Uebersetzg.: De kluchtige romant, Of de Edelmoedige Comedianten, ... In het Fransch gestelt, door (Paul) *Scarron*; En nu vertaelt door N. Heins. 2 deel. t'Amsterdam, Jan Bouman, 1678. 12⁰. (In Wolfenb. fehlt Th. 1.)
Zwei englische Uebersetzgn. citirt Graesse, trésor VI, 1. p. 292.

— — Des Hn. *Scarron* Fortgesetzter Comischer Roman. Oder Dritter Theil. Hamburg u. Leipzig, Jo. Sam. Heinsii sel. Erben. 1753. 8⁰. 175 S. (In Wolfenbüttel.)

Das Orig. erschien nach Scarron's Tode: Lyon 1678. 12⁰. Vf. angeblich *Antoine Offray* (nach Dunlop-Liebrecht, S. 341. ein Pseud.). Nach dem Inhalt der Vorrede erscheint Offray's Verfasserschaft zweifelhaft.

§ — — Dasselbe. Ebd. 1763. 8⁰.

Folgende Ausgab. des französ. Originals sind in München: *Scarron, P.*, Le roman comique. Lyon 1678. III; Paris 1727—30. II; ibid. 1733. III; Amsterd. 1762. III; Paris 1796. III. 8⁰. — Roman comique, par *Paul Scarron*. Nouv. éd. avec la suite par *A. Offray*. Avec les illustrations par Porret. 4 tom. en 1 vol. Paris, Corbet aîné, 1839. 8⁰.

— — Dasselbe. (2 Thle.) Dritter Druck. Ebd. 1764. 8⁰. 13 Bll. u. 239 S. (3 Mk. Paul Neubner, 1892; 4 Mk. 50 Pfg., unbeschn., Max Jaeckel, 1909.)

— — Dasselbe, neu übersetzt. 3 Bde. Reval und Leipzig, Albrecht, 1782—84. 8⁰. (2 Rthl.)

— — Dasselbe, tit.: Der Komödianten-Roman. Uebersetzt, eingeleitet und mit Anmerkgn. versehen von Karl Saar (d. i. Charles Claud). 3 Thle. Stuttgart, Spemann, o. J. (1887). 8⁰. (Mk. 13,20.) (3 Mk. 50 Pfg. H. Hugendubel, München, c. 1906; 5 Mk. P. Neubner, Cöln, 1892.)

— — Dasselbe. Aus d. Französ. frey übersetzt. 3 Thle. Mit 3 TKpfrn. Wien, Alberti, 1793. 16⁰. (3 Kr. 60 H. Bernh. Stern, Wien, 1901.)

— — Dasselbe, tit.: *Scarrons* komischer Roman. Aus dem Französischen frey übersetzt. 3 Bde. Mit 3 reizenden Titelkpf., gest. von J. Gerstner. Breslau und Leipzig, bey Wilhelm Gottlieb Korn, 1794. 12⁰. (25 Mk., Expl. aus d. Besitze Heinr. Laube's, Adolf Weigel, 1907:)

Sehr hübsche, den Bibliographen anscheinend durchaus unbekannte Ausgabe.

— — Dasselbe, tit.: *Paul Scarron*, Der Komödianten-roman. Aus d. Französ. übertragen u. eingeleitet von Franz Blei. München, Georg Müller, 1908. 8⁰. (Geh. Mk. 8—; in Hldr. geb. 11—; Luxusausgabe Nr. 1—100 auf Bütten in Ganzldr. 20—.) (4 Mk. 50 Pfg., br. in Orig.-Umschl., Paul Graupe, Berlin, 1909.)

Einmalige Auflage von 1600 numer. Expll. — „Wenn der kleine Abbé *Paul Scarron* in die Weltliteratur eingegangen ist, so verdankt er dies nur dem einen Werk, das hier in neuer deutscher Uebersetzung erscheint und das ein köstlicher Spiegel der Provinzsitten und des französischen Schauspielerlebens im 17. Jahrhundert ist. Das Buch ist echt gallischen Geistes, voll Rabelaisischer Derbheiten und Rüpeleien und zugleich von einer bunten, farbigen Fülle, die ganz das Gepräge des Erlebten hat." (Königsberger Blätter.)

— komische Romane; aus dem Französ. 3 Bde. 8. Leipz. 782. Sommer. (Nauck). 2 rß

— Dass. aus d. Französ. 3 Thle. 8. Wien 794. Alberti. 1 rß 6 gl

— neue Schrifften v. lust. Begebenh. a. d. Franz. v. Schumann. 8. Frankf. Grießbach. 742.

— — Neue Schrifften Des Hn. [Paul] *Scarron*, Vor. Durch angenehme Erzehlung geheimer und lustiger Begebenheiten, Die vergebl. Fürsichtigkeit, Die scheinheil. Gesellschafft, Der unschuld. Ehebruch, Das gute Bezeigen mehr in Thaten als in Worten, Zum nützl. Zeitvertreib vorgestellt w. A. d. Frantz. übers. von J. G. Schumann, ... Franckfurt u. Leipzig 1742. Mich. Glb. Grießbach, 8⁰. (In Wolfenbüttel; vgl. Cat. Milchsack.) Rar!

Die einzelnen Erzählungen aus folg. Orig.: Les Nouvelles tragi-comiques, trad. d'espagnol en franç. Paris, Sommaville, 1656. 12⁰. u. öfter. Enth.: La Précaution inutile. — L'Adultère innocent. — Les Hypocrites. — Plus d'effet que de paroles. (Span. Quelle s. Gay V, 260.)

Scarron's, Paul, Typhon oder der Gigantenkrieg. Burleskes Heldengedicht deutsch von Gust. Schwetschke. Halle 856. G. Schwetschke. 32. (3 Bl., 112 S.) n. 10 ngr.

Scartazzini, Johann Andreas

Scartazzini, Joh. Andr., Abhandlungen über Dante Alighieri. gr. 8. (IV, 243 S.) Frankfurt a/M. 880. Literar. Anstalt. n. 5. —

— Amore sessuale ossia mali e rimedi della eccessiva e pervertita sessualità. Avvertenze e consigli ai maritati ed ai giovanni. Desunto da opere americane. 8. (60 S.) Davos-Platz 898. Selbstverlag. — 80

Scartazzini, J. A., s.a. Biblioteca italiana.

Scartazzini, A. Biblioteca italiana. Für den Unterricht im Italienischen, mit Anmerkungen in deutscher, französischer und englischer Sprache. In-8⁰, 112 S. Davos, Hugo Richter, Verlagsbuchhandlung. 1885 1 60

1. Bändchen: Adelchi Tragedia di *A. Manzoni*.

Scartazzini, A., ecco Bregagliotto. Storielle—Bozzeti—Novelle. 12. (115 S.) Chiavenna 887. (Davos, Richter.) n. 1. —

Scartazzini, Joh. Andr., Giordano Bruno, ein Blutzeuge des Wissens. Vortrag gehalten vor einem gemischten Auditorium zu Biel. Biel 867. Steinheil. 8. (51 S.) 9 ngr.

Scartazzini, J. A., Concordanza della divina commedia di Dante Alighieri. Estratta dalla 2. ed. del volume primo della divina commedia riveduta nel testo e commentata da S. 8. (168 S.) Leipzig 901. F. A. Brockhaus. n. 3. —

— Dante, s.a. Geisteshelden, Bd. 21.

[F.] Dante. Von J[ohann] A[ndreas] Scartazzini (Pfarrer) ... *Berlin: E. Hofmann & C. 1896.* (3 Bl., 236 S., 1 Portr.) 1 Bd 8.
= Geisteshelden. Bd 21. (Sammlg IV. Bd 3.) [96. 7838

Scartazzini, Joh. And., Dante Alighieri, seine Zeit, sein Leben und seine Werke. br. 8. (XIV, 542 S.) Biel 869, Steinheil. *
Vgl.: Dante. — Tasso.

Scartazzini, Joh. Andr., Dante Alighieri, seine Zeit, sein Leben und seine Werke. 2., mit Nachträgen verseh. Ausg. 8. (XIV, 563 S.) Frankfurt a. M. 879, Literar. Anstalt. geb. *

— **Dante-Handbuch.** Einführg. in das Studium d. **Lebens u.** der Schriften Dante Alighieris. gr. 8. (X, 511 S.) Leipzig 892. F. A. Brockhaus. n. 9. —; geb. n. 10. —

— **florilegio di poesie italiane,** s. a. Biblioteca italiana.

Scartazzini, A. Fiorilegio di poesie italiane. Scelto in ogni secolo della letteratura italiana. Gr. in-8°. 248 p. Davos, Hugo Richter. 1892. 3 60
*** Biblioteca italiana. Für den Unterricht im Italienischen mit Anmerkungen in deutscher, französ. u. englischer Sprache hrsg. von A. Scartazzini. 6 Bdchen.

— Grammaire italienne. Nouvelle méthode. 8. (IX, 185 S.) Davos-Platz 895. Selbstverlag. Kart. 2. —

— **Italienisch,** s.: **Loewe's,** Heinr., Unterrichtsbriefe zur schnellen u. leichten Erlernung fremder Sprachen.

Scartazzini, A., Conversationsbuch. Deutsch u. Französisch. 12. (VII, 180 S.) Davos 895. H. Richter. Geb. in Leinw. 2. —

— dasselbe. Deutsch u. Italienisch. 12. (VII, 180 S.) Ebd. 895. Geb. in Leinw. 2. —

— dasselbe. Englisch u. Deutsch. 12. (VII, 180 S.) Ebd. 895. Geb. in Leinw. 2. —

— dasselbe. Englisch, Deutsch, Französisch, Italienisch. 12. (XV, 360 S.) Ebd. 895. Geb. in Leinw. 3. —

— dasselbe. Englisch u. Französisch. 12. (VII, 180 S.) Ebd. 895. Geb. in Leinw. 2. —

— dasselbe. Englisch u. Italienisch. 12. (VII, 180 S.) Ebd. 895. Geb. in Leinw. 2. —

— dasselbe. Französisch u. Italienisch. 12. (VII, 180 S.) Ebd. 895. Geb. in Leinw. 2. —

— dasselbe. Deutsch u. Italienisch. 2. Aufl. 12. (VII, 180 S.) Ebd. 899. Geb. in Leinw. 2. —

— **Conversation-book** in English and French. 2. ed. 12. (VII, 180 S.) Davos 900. H. Richter. Geb. in Leinw. 2. —

— dasselbe in English and Italian. 2. ed. 12. (VII, 180 S.) Ebd. 900. Geb. in Leinw. 2. —

Scartazzini. A[ndrea]. Conversationsbuch. Deutsch und Französisch. 2. Aufl. = Nouveau manuel de Conversation. Français et Allemand. 2me Éd. VIII + 180 S. 8. Davos, Hugo Richter, 1901. [geb. fr. 2. 50]

— dasselbe. Englisch u. Deutsch. 2. Aufl. 12. (VII, 180 S.) Ebd. 901. Geb. in Leinw. 2. —

— dasselbe in Englisch, Deutsch, Französisch, Italienisch. 2. Aufl. 12. (XV, 360 S.) Ebd. 901. Geb. in Leinw. 3. —

—— die theologisch-religiöse **Krisis** in der Bernischen Kirche. Ein Beitrag zur Kirchen- und Ketzergeschichte des 19. Jahrh. 8. (305 S.) Biel 867, Steinheil.

Scartazzini, A. Novissimo manuale di conversazione. Italiano e Tedesco. Sec. ediz. Kl. 8°. 184 S. Davos, Hugo Richter. 1899. Geb. 2 50

— Manualetto della letteratura italiana con un sommario degli autori o loro opere dalle origini ai giorni nostri, compresi i viventi. 12. (IV, 123 S.) Ebd. 898. 1. 60

— nouveau manuel de conversation. Français et italien. 2. éd. 12. (VII, 180 S.) Ebd. 899. Geb. in Leinw. 2. —

— prolegomeni della divina commedia, s.: Dante Alighieri, la divina commedia.

— der Stabio-Prozeß! Im Zusammenhange geschichtlich dargestellt. gr. 8. (73 S.) Zürich 880. Orell, Füßli & Co. 1 50

—— **Streitblätter zum Frieden. Ein Wort an die Gegner der freien Richtung in der kirchlich-pädagog. Streitfrage.** gr. 8. (111 S.) **Biel 866, Steinheil.**

Scartazzini, J. A., Unterrichtsbriefe zur schnellen u. leichten Erlernung der italienischen Sprache, s. a. Löwe, Heinr.

Dr. H. Loewes Unterrichtsbriefe zur schnellen und leichten Erlernung fremder Sprachen nach neuer, natürl. Methode. Italienisch. Nach d. besten Hilfsmitt. bearb. von Dr. J. A. [Giovanni Andrea] **Scartazzini.** 3. verb. Aufl. *Berlin: C. Regenhardt 1898.* (Getr. Pag.) 8° [F.]
= Loewe, H.: Unterrichtsbriefe. [3.] [01. 8007

Scat ..., s. a. Skat ...

Scat, der, in seiner culturgeschichtlichen Bedeutung vom carnevalistischen Standpunkte aus beleuchtet. Ein Faschingsscherz, verübt in der Eröffnungs-Sitzg. der Metzer Carnevals-Gesellschaft „Graoulli" am 1. Januar 1875 vom Narren Lumicos dem Jüngeren. 8. (14 S.) Metz 875. deutsche Buchh. — 40

Scatabrechnung, verkürzte, f. Freunde d. Scatspiels, entworfen v. H. J. 16. (15 S.) Berne 892. (B. Bessin.) n. — 40

Scatspiel, das, von J. F. L. H. Nebst 2 Liedern. 8. (16 S.) Altenburg 848, Schnuphase'sche Buchh. *

Scatspiel, das. Anleitung zur Erlernung desselben nach Form und Geist. 32. (48 S.) Leipzig 855, Naumburg. *

Scatspiel, das. Anleitung zur Erlernung desselben nach Form und Geist. 2., vielfach verm. und verb. Aufl. 8. (VII und 40 S.) Leipzig 858, Naumburg. Thlr.

Scatspiel, das. Anleitung zur Erlernung desselben nach Form u. Geist. Mit Berücksichtigung des Vierscats. 3. Aufl. 8. (VI, 52 S.) Leipzig 878. Naumburg. 1. —

Scatspiel, das, Anleitung zur Erlernung desselben nach Form und Geist. Mit Berücksicht. des Bierscats. 3. Aufl. 8. (VI, 52 S.) Leipzig 879, Naumburg.

Scatspiel, das deutsche. Anleitung zum Scatspiel für heitere und gemüthl. Seelen. In zierl. Knittelverse gebracht von C. Kl. Mit einem Anhang: Heitere Scatlieder und Gedichte. br. 8. (72 S.) Berlin 873, Plahn'sche Buchh.

Scatspieler, der regelrechte. Eine Anweisung, in kurzer Zeit regelrecht Scat spielen zu lernen. Nach den bewährtesten Regeln bearb. von S. v. F. 2. Aufl. (35 S.) 1881; 3. und 4. Aufl. 12. (IV, 52 S.) Quedlinburg 882,84, Ernst'sche Buchh.

Die 1. Aufl. erschien u. d. T.: Die Grundzüge des Scatspieles. Bgl. XII. Bd. 1. Abthl. S. 369.

Scatspieler, der regelrechte. Eine Anweisg., in kurzer Zeit recht Scat spielen zu lernen. Nach den bewährtesten Regeln bearb. von S. v. F. 5. Aufl. 12. (IV, 39 S.) Halberstadt 893. Ernst. — 60

Scavini, Petr., novum manuale compendium juris canonici universi tum publici cum privati methodo scholasticae accomodatum in usum clericorum studiis theologicis proludentium. Mediolani 865. (Innsbruck, Wagner'sche Universitäts-Buchh.) gr. 8. (258 S.) n.n. 2 4 ngr.

Scavini, Petr., Theologia moralis universa in usum clericorum dioecesis Novariensis prolatis proprio loco tum concordatorum et synodi dioecesanae tum codicis Albertini cum codice Austriaco generali collati constitutionibus. Edit. III. revisa, emend. et aucta. Accedit rerum index generalis alphabeticus. Tom. I. et II. Smaj. (616 S. mit Pius' IX. Portr. in Stahlst.) Novariae 847. (Monachi, Franz.) *

Scavini, P., theologia moralis universa ad mentem s. Alph. M. de Ligorio. Edit. VII. omnium absolutissima. Accedit collatio codicum civilium Pedemontani, Austriaci, Galliarum, Parmensis, Status Ecclesiastici, Mutinensis atque Etruriae. 3 tomi. Mediolani 858. (Munchen, Franz.) gr. 8. (662; 730; 756 S. u. 1 Kpfrtaf.) nn. 6 ℛ.

Inhalt: Tom. I.: De Actibus humanis et de Conscientia; de Legibus; de Obligationibus ac de Peccatis. — Tom. II.: De Virtute Religionis; de Justitia et Jure; de Restitutione, ac de Virtutibus Theologicis. — Tom. III.: De Sacramentis tum in genere tum in specie.

Scavini, Pet., theologia moralis universa ad mentem S. Alphonsi M. de Ligorio. 3 Tomi. Editio XVIII. omnium absolutissima. Mailand 860. (Munchen, Franz.) Lex.-8. (2407 S. u. 1 Stahlst.) nn. 6 ℛ

Scavini, Petr., Theologia moralis universa ad mentem S. Alph. M. de Ligorio. 3 tomi. Editio IX. omnium absolutissima. Accedit collatio codicum civilium Pedemontani, austriaci, Galliarum etc. gr. 8. (2786 S. mit 1 Stahlst.) Mediolani 862. (München, Franz'sche Buchh.) ✝ *

— dass. — 4 tomi. Edit. X. 8. (680 S., 800 S., 804 S. und 729 S.) Innsbruck 866, Wagner'sche Universitäts-Buchh. * *

Scävola, C. M., nasse Augen, blasse Lippen u. andere rothe Lieder. 8. (16 S.) Berlin, (Buchh. d. „Vorwärts"). n. — 10

Scävola, C. M., Nasse Augen, blasse Lippen und andere rothe Lieder. 8⁰. Berlin, Gumpel, 1893.

C. M. Scävola. [Dichtungen.] H. 1–4. 6. [Mehr nicht erschienen.] *Berlin: H. Gumpel 1893.* 5 Bde 8° [F.]
1 = 12 Jahre d. Verbannung.
2 = Rothe Wolken, rothe Wipfel u. and. Rothe Lieder.
3 = Nasse Augen, blasse Lippen u. and. Rothe Lieder.
4 = Die franz. Revolution.
6 = Die erste Reichstagssitzung im Zukunftsstaat. Frei nach Richter. [04. 13665]

— 12 Jahre der Verbannung od. des Ausgewiesenen Heimkehr. Episch-dramat. Dichtg. in 12 leb. Bildern. 8. (16 S.) Ebd. 893. n. — 10; 12 Lichtdr.-Bilder dazu m. Text in Mappe n. 1. 50

— 12 Jahre der Verbannung oder Des Ausgewiesenen Heimkehr. Episch-dramatische Dichtung in 12 lebenden Bildern. 8⁰. Berlin, Gumbel, 1893.

— Die erste Reichstagssitzung im Zukunftsstaat. Frei nach Richter. Komödie in einem Akte. 8⁰. Berlin, Gumpel, 1893.

— Die französische Revolution. Episch-dramatische Dichtung in 12 lebenden Bildern. 8⁰. Berlin, Gumpel, 1893.

Scävola, C. M., s.: Rotdeutschlands Aufstieg.

— Der Schneiderstreik, oder Durchlaucht als „Aujust". Humorist.-satyr. Zeitbild in 1 Akte. 8⁰. Berlin, Maurer u. Dimmick, 1894.

— Der entlarvte Spitzel, s.a. Theaterstücke, sozialistische. 3. Heft.

Scävola, C. M., der entlarvte Spitzel. Komödie in 2 Akten. 12. (48 S.) Berlin 895. Buchh. Vorwärts. n. — 50

— **rothe Wolken, rothe Wipfel u. andere rothe Lieder.** 8. (16 S.) Ebd. 893. n. — 10

— Rothe Wolken, rothe Wipfel und andere rothe Lieder. 8⁰. Berlin, Gumpel, 1893.

Scävola, C. M., aus dunkler Zeit, s.a. Hoffmann, Adolph.

Scävola, C. M.: Aus dunkler Zeit. Lebende Bilder arrangirt von A. Hoffmann u. B. Schröder. Dichtung von —. Berlin: A. Hoffmann [1900]. (15 S.) 8⁰

SCAVOLA, Emerentius (angebl. der ehemal. preuss. Offizier, spätere Postdirektor *von der Heyden* zu Königsberg in der Neumark. — Schrieb zwischen 1825—40 eine Menge bändereicher Romane, meist liederlichen Inhalts. Stehen niedrig im Preise.) — Adolar, der Weiberverächter. Novelle. 2 Thle. Berlin, Schlesinger, 1833. 8⁰. 44½ Bog. (3 Rthl. 12 Sgr.) (3 Mk., Lesespuren. Südd. Antiqu., München. c. 1808.)

Wolfg. Menzel III. p. 472: Adolar verführt alle Weiber, bis ihn einmal Eine um beide Augen bringt. Blind und ohne Mittel setzt er dennoch seine Lüderlichkeit fort, indem er sich, immer noch ein schöner Mann und wegen seiner Blindheit um so gewisser diskret, an vornehme Frauen verkauft und nunmehr Geld für das einnimmt, wofür er es sonst ausgab. Eine Hetäre männlichen Geschlechts.

† **Scävola, Emerentius, (v. d. Heyden,) Adolar der Weiberverächter.** Novelle. 2 Thle. 2. Ausg. 8. (44½ B.) Güstrow 836. [Leipzig, Kößling'sche Buchh.]

— — Dasselbe. 2. Ausgabe. Güstrow, Opitz u. Frege, 1836. 8⁰.

— Adelar der Weiberverächter. Novelle. 2 Thle. 2e Ausg. 8. (Güstrow 836, Leipzig 840 Krappe. 3½ ℛ

—, Andronika. Roman. 3 Thle. 1. Aufl. Güstrow 836. 5¾ Thlr., u. 2. Ausg. 8. (à 69¾ B.) Leipzig 840, [Kößling'sche Buchh.]

— Briefe eines Flüchtlings. 4 Bde. 8. (63½ B.) Bunzlau 838, Appun's Buchh.

— Cameraobscura-Bilder. Novellen. (1. Thl.) 1. Aufl. 832. 1 Thlr. 16 Gr., u. neue Ausg. (à 25¼ B.) 8. Berlin 836, Schlesinger.

— — Die Erbsünde. 2 Thle. (1: Die Erblasser. 2: Die Erben.) Berlin u. Königsberg in der Neumark, Vereins-Buchhandlung, 1834. 8⁰. (2½ Rthl.) 25½ Bog. (3 Mk. 50 Pfg., unbeschn., Adolf Weigel. c. 1906.)

§ — — Genossen der Mitternacht. Novellen. 2 Thle. Berlin, Schlesinger, 1832. 8⁰. (3 Rthl.) 18 Bog.

I: Die Mumie. — Der Sunderin Engel. — Der Todtenbote. — Va banque. — Der Todtenerwecker. — Der Gruß aus dem Grabe. — II: Zwangeid und Eidzwang oder Glaube und Aberglaube. — Der Theezirkel auf dem Schlosse Aarweiler. — Der selig gesprochene Verdammte.

— die Kreolin u. der Neger. Galerien romant. Bildwerke. 1. u. 2. Galerie. (od. 6 Thle.) gr. 16. Frankfurt a. M. 836, [Sauerländer's Verl.] à Gal. 4½ Thlr.

A. u. d. Ttln.:
• 1. Galerie od. 1—3 Thl. (61¼ B.)
Thl. 1. Der Königsenkel.
" 2. Die Kreolin.
" 3. Dessalines.
2. Galerie od. 4—6. Thl. (54 B.)
Thl. 4. Die Blutsfreunde.
" 5. Die Kaperbeute.
" 6. Hayti.

§ — — Learosa, die Männerfeindin. Ein Roman. 3 Bde. Leipzig, Brockhaus, 1835. 8⁰. (Mk. 20.50.) 138 Bog. (3 Mk. Adolf Weigel, c. 1906; 5 Kr. 40 H. A. H. Huber, Salzburg, c. 1905; 6 Mk. F. Waldau, 1707.)

Wolfg. Menzel III. p. 472—73: Die Heldin „Learosa", ein unschuldiges Mädchen, fällt in die Arme mehrerer Verführer, bleibt aber unschuldig, heirathet einen Greis u. bleibt unschuldig, bis ein Traum zum erstenmal sie darüber belehrt, wo die Unschuld aufhört. Nun glüht sie, den Traum zu verwirklichen, verliebt sich, geräth aber im Dunkeln in die Arme eines Scheusals. Außer sich vor Aerger will sie sich auf andre Art entschädigen, wird aber nochmals im Dunkeln betrogen durch — ihren eigenen Bedienten. Das Ende ist im Bordell.

§ — — Leonide. Ein Roman. 4 Thle. Leipzig, Brockhaus, 1835. 8⁰. (5 Rthl.) 69¾ Bog. (3 Mk. Adolf Weigel, c. 1906; 3 Mk. 50 Pfg., Gebrauchssp., Südd. Antiqu., München, c. 1908.)

Wolfg. Menzel III. p. 473: In diesem Roman bricht die Heldin als Nonne ihr Gelübde, um zwei Männer zu heirathen, denen sie sich abwechselnd hingibt. — Genug, die Analyse der noch übrigen Romane dieses Scävola wollen wir uns ersparen.

— — Der Veteran und sein Sohn. Novelle. 2 Thle. Bunzlau, Appun, 1837. Kl. 8⁰. 28½ Bog. (1 Mk. Riemann, Coburg, vor 1890.)

A. G. Schmidt, Gallerie etc. Grimma 1840. Kl. 4⁰. bringt Näheres über den Verfasser: Der Postdirector *von der Heyden* zu Königsberg in der Neumark, wie man bisher mit ziemlicher Bestimmtheit angenommen hat [s. u. andern Convers. Lexik. der Gegenwart, wo es S. 991 heißt: „*Em. Scävola*, wie man vermuthet ein angesehener Postbeamter in der Neumark, ein ehemal. preuß. Militär in vorgerückten Jahren mit ehrenvollen Wunden bedeckt"], der es aber nach einer mir (Schmidt) brieflich gegebenen Versicherung nicht sein will, und wahrscheinlich deßwegen dafür gehalten wird, weil er die Mittelsperson zwischen Em. Scäv. u. dessen Verlegern gewesen ist. — Das sehr entfernte Asyl im Auslande, in welches sich unser Pseudonymus zurückgezogen hat, darf Hr. etc. v. d. Heyden nicht verrathen. Em. Scäv. will von seinen Verhältnissen und Erlebnissen nicht mehr veröffentlicht wissen, als von ihm selbst in seiner letzten Schrift „Briefe eines Flüchtlings" (s. oben) mitgetheilt ist. In diesen erzählt er als Flüchtling, daß er aus adeligem Geschlecht stamme, früher preußischer Officier, und zwar ein sehr tapferer und unterrichteter. Rittergutsbesitzer und reich gewesen sei, gegenwärtig aber als preuß. Landrath, u. zwar als ein sehr brauchbarer und wohlverdienter fungire, ohne Rittergut u. Vermögen lebe, den Orden des eisernen Kreuzes trage, daß er sein Vaterland Preußen unendlich liebe, durch dauerndes Uebelbefinden (durch den Schmerz über den Sieg, welchen die Macht der pietistischen Coalition über ihn errungen, wie eine andere Nachricht meldet) genöthigt worden sei, seine nördliche Heimat mit den südlicher gelegenen Gegenden Sachsens, Böhmens und Tirols zu vertauschen.

S. C.-Bier-Comment, revidierter allgemeiner Berliner. Offizielle Ausg. Neu rev. u. angenommen W.-S. 1886/87. Eigenthum v. C. H. Leopold. S. C. Beschluß vom 10/12. 74 u. 11/1. 78. 4. Aufl. gr. 16. (24 S.) Berlin 894. (O. Rothacker.) — 60

חחהכדון. Le Sceau rompu ou La loge ouverte aux profânes par un franc maçon. A Cosmopolis. 1745. 69 S. 8⁰
cf. Schiffmann, G. A.: D. Frmrei in Frankreich. 1881 S. 11.
Kl. 1858, Tt. 1409. Selten. Nach Taute erschien eine spätere Ausg. u. d. Tit.: Le Secret violé, ou La loge ouverte aux profanes par un f. m. Amsterdam 1757. 45 S. 8⁰

Scelette v. Döhnel. 8. Zwickau, Schumann. 806.

Scelta dei migliori autori italiani. Parte I. — A. u. d. T.: Scelta di Commedie di Carlo Goldoni, preceduta da notizie biografiche e con note di G. B. Ghezzi. 8. Lipsia 841, Barth. 1 ℛ

Scelta dei migliori autori italiani. Parte II. — A. u. d. T.: Scelta di Commedie di Camillo Federici, preceduta da notizie biografiche e con note di G. B. Ghezzi. 8. Lipsia 841, Barth. 24 *ngl*

— dass. Parte III. — A. u. d. T.: Scelta di Commedie di Alb. Nota, preceduta da notizie biografiche e con note G. B. Ghezzi. 8. Ebend. 842. 24 *ngl*

— d'alcune Commedie d. Carlo Goldoni corr. da L. Pio. 12. Prag. (Tourneysen, Cassel.)

Scelta d'alcune Commedie d. Carlo Goldoni. 8. maj. Dresd. Walther. 763.

— delle Commedie unitinsieme da J. G. di Fraporta. IV Tom. 8. Lpz. Breitkopf. 801.

Scelta delle più moderne Commedie Italienne. Tom. I. contenente quattro commedie di Camillo Federici. 8. Nürnb. 817. 20 *gl* T. II. cont. 4 commedie di C. Federici. 8. Ebd. 819 20 *gl* T. III. cont. 5 commedie di A. Nota. 8. Ebd. 823. 20 *gl* Riegel u. W. 2 ℛ 12 *gl*

Scelta di Lettere familiari degli Autori più celebri etc. 8. Lpz. Sommer. 804.

Scelta di lettere familiari degli autori più celebri, con note ed accenti che indicano la pronunzia. 2a ed. 8. Torino. (Wien, Volke.) 821.

Scelta di Novelli e d'Istorie morali e dilettevoli, per trattener e renderjo studio della lingua Ital. aggradevole e facile. Con l'Esplicaz. de Vocaboli da G. E. Emmert. 8. Tübing. 824. Laupp. 18 *gl*

Scelta di Poesie moderne italiane per uso degli studiosi, compilata e arricchita di note da Luigi Carrara. 24. (324 S.) Monaco 845, Franz.

— di prose Italiane d'autori moderni. — Udvalg af italieske Læsestykker af upere forfattere. Udgivet af N. C. L. Abrahams. 1. Levering. gr. 8. Kopenhag. 843, Philipsen. 1/2 ℛ

Scelta di prose e poesie tedesche, s. a. Filippi.

Scelta di prose e poesie tedesche ad uso degli studiosi italiani. (Colla dichiarazione dei vocaboli.) Vienna 1847. V (Dichiarazione): *Volke*, *L.* (Ky)

Scelta di Storie morali per i Tedeschi che imparano la lingua italiana. Con note e vocabolaria. 8. Manh. 824, Schwan u. G. Rthlr.

—— di Tragedie di Aless. Manzoni, Vinc. Monti, Silvio Pellico, con una Prefazione del Barone Camillo Ugoni ed alcune prose illustrative di Goethe e altri, su la teorica del dramma tragico. Premessevi le biografie degli autori. Mit grammatikal. Erläuterungen u. e. Wörterbuche. Zum Schul- u. Privatgebr. Hrsg. v. G. B. Ghezzi. 8. (27 3/4 B.) Leipzig 842, Baumgärtners Buchh. —

Scelto fior di memoria pei fanciulli. gr. 8. (X und 200 S. mit 1 Holzschnt.) Triest 860, Coen. *

Scene, Merkwürdige, aus dem Leben Josephs II. und Pius VI. den Freunden der Wahrheit gewidmet. O. O. 1782. V: *Wende*, *J. Ch.* (Behrisch, Wiener Autoren. 1784.)

Scenen, s. a. Szenen.

Scenen. 2 Thle, s. a. Befreiung Roms.

— von A. Lafontaine. (a. u. d. Titel: Befreyung Roms in Dialogen) 8. Lpz. Göschen. 788.

Scenen aus der Euripideischen Alceftis, s. Meisterwerke hellenischer Dichtkunst.

Scenen aus der Belagerung Wiens 1848. 16. (84 S.) Butzbach 850. (Gießen, Ricker.)

Scenen und Bemerkungen aus meinem Feldpredigerleben ... Liegnitz u. Leipzig 1802. V: *Wehrhan (Werhan), Chph Frdr.* (GGr)

— und Bemerkungen aus meinen Feldpredigerleben im Feldzuge der Preußen nach d. Champagne im Jahre 1792. 8. 802. Jetzt Heymann in Berlin.

— u. Bemerkk. aus meinem Feldpredigerleben, im Feldzuge der Preußen nach Champagne 1792. 8. Liegnitz 802. (Heymann in Glogau). 14 gl. Auch mit neuem Tit. bei Hinrichs in Leipz. 12 gl.

— und Bemerkungen aus mein. Feldpredigerleben, im Feldzuge d. Preußen nach Champagne 1792. 8. Liegnitz, Siegert. 802.

— a. d. Benehmen d. Franzosen am Oberrhein. 8. Leipzig, Müller. 797.

— u. Bilder oder Lehrerleiden u. Lehrerfreuden, aus d. Leben eines Schulmeisters. 8. Leipzig 844, J. Fr. Glück. 1/4 ℛ

— Bukolische. kl. 8. Halle 777. Hendel. 4 gl

Scenen, bunte. qu. 4. (6 farb. Bl. m. eingedr. Text.) Stuttgart 890. G. Weise. n. — 25; auf Pappdeckel cart. n. — 50; auf Leinw. — 75

— dasselbe. qu. 4. (12 farb. Bl. m. eingedr. Text.) Ebd. 890. n. — 50; auf Pappdeckel cart. 1. —; auf Leinw. 1.50

Scenen, Dramatische, und historisch-romantische Gemälde. Breslau 1794. 2. Aufl. 1804. V: *Salice Contessa, Christian Jacob.* (MGT) (Kn) »Leipzig 1807« (Ky)

— dramatische und historische, romantische Gemählde, 8. Breslau, 794. Gutsch. (Jetzt Leipzig Sommer) 20 ggl.

— dramatisch u. histor. romant. Gemälde, (von Chr. J. Sal. Contessa). 2 Bde. Mit Kpf. 8. Leipz. 807. (Nauck). 1 ℛ 12 gl

— dramatische u. historisch-romantische Gemälde. v. Verf. d. Ruinen, 2 Bde. m. K. 8. Lpz. Sommer. 807.

— — dass. s. auch Novellen, dramatisirte, d. Vorzeit. 2 Bde

Scenen, dramat., z. gesell. Vergnüg. v. A. v. Thümmel. 1r Thl. 8. Coburg, Sinner. 804.

— der Erhörung, od. die Mannichfaltigkeiten der bekennenden Liebe. 8. Altenb. 800. Lit.-Compt. 1 ℛ

SCENEN der Erhörung, oder die Mannigfaltigkeiten der bekennenden Liebe, mit pragmatischen Bemerkungen. Altenburg, in der Seidlerischen Buchh. 1800. 8°. (4 Mk. Koebner, Breslau, vor 1885; 6 Mk. Max Harrwitz, Berlin, c. 1903; 10 Mk. Südd. Antiqu., München, 1907.)

Enth. Abdruck erot. Stellen älterer Romane &c. (von c. 1790 an) und pikante Erört. darüber. 390 SS. (incl. VI SS. Vorr. u. Tit.). Interessantes Buch, nicht häufig.

— aus der Feenwelt, (v. Karl Wlh. Rehkopf). 8. Hamb. 794—796. (Campe). 1 ℛ 8 gl

— aus meinem Feldpredigerleben im Feldzuge d. Preußen nach Champagne im J. 1792. Neue Ausgabe. 8. Leipzig 823, Hinrichs.

Scenen aus dem Geisterreiche. Frankfurt a. M. 1795. V: ***Jung, Johann Heinrich genannt Stilling.*** (schstr S. 77)

SCENEN aus dem Geisterreiche. (14 Erzählgn. in Dialogform.) In meines Vaters Haus giebts viele Wohnungen. Ffkft. a. M., Varrentrapp u. Wenner. 1795. 8°. VI—274 S. (In Darmstadt: E 3593.) (1 Mk. 50 Pfg. Kühl, Berlin, c. 1882; jetzt höher!)

Scenen aus der Brandenburgischen Geschichte. Breslau 1797. V: *Sturm, Phil.* (Ky) (Kat. d. Bibl. Frz. Schnitzer. Münch. 1902. S. 73.)

— aus d. Brandenburg. Geschichte (v. Ph. Sturm). 8. Bresl. 797. Gehr. 16 gr.

—— aus d. Geschichte d. franz. Revolution. 6 Stahlstiche. Zu den Werken v. Thiers, Mignet u. s. w. gr. 8. Tübingen 846, Osiander'sche Buchh. * 10 Ngr. In 4. auf chines. Pap. *

— aus der Gesch. der alten Nord. Völker, v. Mühlenpfordt. 1r Thl. 8. Copenh. Proft. 793.

— aus der Geschichte der Vorwelt, 4 Theile mit Kupf. 8. Leipzig, 791-94. Böhme. 4 Rthl.

— aus der Geschichte der Vorwelt, (v. J. K. Volkhardt). 4 Bde. 8. Leipz. 791—94. (Cnobloch). 4 ℛ

—— und Geschichten aus Schleswig-Holstein. Hrsg. von Carl Biernatzki. 2 Bde. 8. (731 S. mit Holzschn. und Stnt.) Altona 850, Lehmkuhl.

Hat gleichen Inhalt mit: Volksbuch für Schleswig, Holstein und Lauenburg. 1—5. Jahrg.

Scenen und Gespräche. Zur lehrreichen Unterhaltung für die reifere Jugend. Von dem Verf. der Beatushöhle. (W. Bauberger.) 3. Aufl. 8. (184 S. mit 1 Stahlst.) Regensburg 870, Manz.

Scenen und Gespräche. Zur lehrreichen Unterhaltung für die reifere Jugend. Von dem Verf. der Beatushöhle. 4. und 5. Aufl. 8. (183 S. mit 2 Stahlst.) Regensburg 872,74, Manz.

Scenen und Gespräche. Zur lehrreichen Unterhaltung für die reifere Jugend. Von dem Verfasser der Beatushöhle. 5. Aufl. Regensburg 1880. V: *Bauberger, Wilhelm.* (Russell IX, 719)

Scenen und Gespräche. Zur lehrreichen Unterhaltung für die reifere Jugend. Von dem Verf. der Beatushöhle. 6. Aufl. 8. (184 S. mit 1 Stahlst.) Regensburg 880, Manz.

— u. Gespräche. Zur lehrreichen Unterhaltung für die reifere Jugend. Von dem Verf. der Beatushöhle (W. Bauberger). 7. Aufl. 8. (184 S. m. 1 Stahlst.) Regensburg 887. Verlags-Anstalt. 1. 15; cart. 1. 35

— häusliche. 2 Bde. 8. Halberstadt, s. Familienscenen, vom Verfass. der „Augusta du Port."

SCENEN, Häusliche, vom Verfasser der Auguste du Port. 2 Thle. Halberstadt, Groß, 1811. 8°.

Enth. den Roman: Benjamin Reinhold. — Der andere auf dem Titel erwähnte Roman fehlt Kayser.

— aus Aug. v. Kotzebue merkwürdigstem Jahre seines Lebens, deutscher u. französ. Text. Mit ill. Kpf. qu. Fol. Leipz. 803. (Brockhaus). 2 ℛ 12 gr.

— a. Aug. v. Kotzebue merkwürdigst. Jahre seines Lebens, deutscher u. franz. Text, m. illum. K. Quer-Fol. Leipzig, Gleditsch. 803.

— unsers Jahrhunderts, für biedere Seelen, in Briefen abgefaßt. 2 Bdch. 8. Lpz. Hilscher. (Comt. f. Lit.) 785.

— unsers Jahrhunderts, für biedere Seelen in Briefen gesammelt, 2 Theile, 8. Daselbst, 785-87. Hilscher. 1 Rthl.

SCENEN aus dem XVII. Jahrhundert. Mit Titelvignette. Leipzig, bey K. F. Köhler, 1793. 8°. ($1^1/_3$ Rthl.) 1 Bl., Titel, 460 S. (3 Mk. Frz. Teubner, Bonn, c. 1895; 3 Kr. 60 H. Halm & Goldmann, 1907.)

I. Donna Emmanuela. II. Die Maskerade. III. Lasselie. Nichte d. Frau v. Montespan, am Hofe Ludwig XIV. IV. Die Gewalt der Natur; oder die Richterversammlung in Valladolid.

— aus dem vorigen od. 17en Jahrhundert. 8. Lpz. Köhler. 793.

— des 12en Jahrhunderts. 2 Thle. v. R. Waldenburg. 8. Klagenf. (Kaulfuß in Wien.)

— interessante, aus d. Feldzügen 1812 u. 13, romant. dargest. in Briefen e. deutschen Officiers. (A. u. d. T.: Briefe e. deutschen Officiers, während d. Feldzüge 1812 u. 13.) 8. Ludwigsb. 819. Nast. 1 ℛ Dass. (Stuttg., Hoffmann). 21 gr.

Scenen, interessante, aus den Feldzügen v. 1812 u. 813. Romantisch dargestellt v. einem deutschen Officier in Briefen an seinen Freund. 8. Ludwigsburg. (Stuttgart, Sattler.) 819.

Scenen, Interessante, und historische Gemälde der Vorzeit. Leipzig 1799. V: *Pott, Degenhard.* (EB)

— interessante u. histor. Gemälde d. Vorzeit, vom Verf. d. Marius Flaminius. 1r Bd. m. 4 K. gr. 8. Leipz. Sommer. 799.

SCENEN, Interessante, aus der Geschichte der Menschheit. Bdchn. 1—3 (hrsg. v. Geo. Frdr. Palm, geb. 1760, † 1798); Bdchn. 4 (hrsg. v. D***). Hannover, in der Administration der Ritscher'schen Buchhdlg. 8°. (2⅔ Rthl.) 1793 (zuerst 1796), 97, 98, 1802 (Bdchn. 1 in 2ter Aufl.).

Anon.-Lex. IV p. 27 (nach Kayser).

I: VIII—278 S., 1 leeres Bl. — U. a.: Joh. Huss; Leben u. Thaten d. jüdischen Abentheurers Sabatai Sevi (geb. 1625 zu Smyrna, † als Thürsteher des Serails (Capigi) u. guter Muselmann, S. 182—195); Hinrichtung des Franz Damien.

2: VIII—280 S. — U. a.: Don Carlos; Joh. Ludw. Fiesko, Graf v. Lavagna; (Baron) Pless (Räuber, S. 190-200); William Maro (Räuber, S. 201—10); die Rheingauer Kinderschlacht (von Ober- u. Nieder-Walluß, Ende Jan. 1796); Louvet u. seine Lodoiska (S. 216—23); Johann Calas; einige Lebensumstände von C. Risbeck, d. Vf. der Briefe eines reisenden Franzosen (geb. 1750 [1749?] zu Höchst bei Mainz, † zu Aarau 5. Febr. 1786, S. 264—71).

III: 278 S., 1 Bl. Inh. — U. a.: Johanne von Ark, od. das Mädchen v. Orleans; das Lyoner Blutbad im J. 1572; die Schlacht bei Zorndorf; Kaiser Siegmund in Bern (S. 248—53), etc. etc.

IV: Tit., 1 Bl. Vorw. („D" unterz.), 1 Bl. Inh. 224 S. — U. a.: Eva Trottin (Nebengeliebte Herzog Heinrich's v. Wolfenb., S. 17—24); Marie, Konigin v. Schottland (Maria Stuart); Kunz v. Kauffingen (S. 53—64); der Bauernaufruhr in Salzburg (von 1520—26) (S. 148—63); Anna Bauermeisterinn (eine Bauerin), od. die Hexe zu Hasede (im Hildesheimischen, mit d. Schwerte hinger. 18. Febr. 1648) (S. 212—22), etc. etc.

— interessante, a. d. Geschichte d. Menschheit. (v. G. F. Palm.) 4 Thle. 8. Hannov. Ritscher. (Hahn.) 796-99. (I-III. à 18 gr. IV. 14 gr.)

Scenen auf Ischia. Görlitz 1807. V: *Lindau, Wilh. Adolph.* (NN) (MGT) (Ky)

— aus Ischia, (von W. A. Lindau). 8. Görlitz 807. Anton in Halle. 8 gr.

Scenen aus Immanuel Schwänkendiecks Candidatenleben . . . Berlin 1822. V: *Sprengel, Carl Friedrich Adolph.* (GGr) (Hitzig)

— a. d. Kinderwelt, e. neues Lesebuch f. Kinder zum Geburtstagsgeschenk, v. F. W. v. B 8. Weißenfels, Böse. (Baumgärtner in Leipz.) 803.

Scenen, kindliche, in Bildern. Nürnberg 865. Koenecke. qu. 16. (12 color. Steintaff.) cart. 5 ngr.
Auf Leinwand 10 ngr.

SCENEN, Kleine romantische, aus der Vor- und Nachzeit. Helvetien (Göttingen, Dietrich) 1792. 8°.
Weller, fing. Dr.

Scenen, komische, aus d. akadem. Welt, s. Marianus.

— tapferer Krieger in bildl. ausgemalten Darstellungen. Fol. Wien, Geistinger. (Leipz. Bruder.) 811.

Scenen, kurze, f. 2 oder mehr Personen. Nr. 1—8. 8. Mühlhausen i/Th., G. Danner. à n. — 75
1. Der schlaue Peter. Komische Szene (nach Fritz Reuter) f. 2 Herren u. 1 Dame. Von Paul R. Lehnhard. (16 S.) (900.)
2. Ansichtskarten. Zwiegespräch f. 1 Herrn u. 1 Dame. Von Edm. Braune. (15 S.) (900.)
3. Tante Wiedehopf. Zwiegespräch f. 1 Herrn u. 1 Dame. Von Edm. Braune. (16 S.) (900.)
4. 4 Uhr Bahnhof! Dreigespräch f. 1 Dame u. 2 Herren. Von Edm. Braune. (16 S.) (900.)
5. Die 10 Gebote der Ehe od.: Flitterwochen. Zwiegespräch f. 1 Herrn u. 1 Dame. Von Edm. Braune. (15 S.) (900.)
6. Er hält um sie an! Zwiegespräch f. 1 Herrn u. 1 Dame. Von Edm. Braune. (16 S.) (900.)
7. Ein verbotener Genuß. Zwiegespräch f. 1 Dame u. 1 Herrn Von Paul Blitz. (10 S.) (901.)
8. Ein Wiedersehen. Zwiegespräch f. 1 Herrn u. 1 Dame. Von Paul Blitz. (8 S.) (901.)

Scenen, kurze, f. 2 oder mehr Personen. Nr. 9 u. 10. 8. Mühlhausen i/Th., G. Danner. à n. — 75
9. Im Sünden-Babel. Zwiegespräch f. Herren. Von P. Rahnheld. (12 S.) (906.)
10. Betrogene Betrüger. Zwiegespräch f. Herren. Von P. Rahnheld. (11 S.) (906.)

Scenen aus fremden Landen. 8 (chromolith.) Bilder m. Verschen. qu. 4. Leipzig 871. Opetz. — 40

Scenen, Ländliche, von J. A. C. Th. Halle 1782. V: *Thon, Johann Adam Christian.* (MGT) (Ky)

— ländliche, v. J. A. C. Th(on). 8. Halle 782. Gebauer. 9 gr.

— aus dem akadem. Leben, s. a. H. Stello.

— a. d. akadem. Leben. 2 Bde. 8. Jena, Stahl. (Göthe in Lpz.) 802-4. (I. 1 Rthlr. II. 20 gr.)

Scenen aus dem akademischen Leben. Jena 1803—04. V: *Salchow, Joh. Chn Daniel.* (Erman & Horn, Bibl. d. dtsch. Universitäten. 1. Leipz. u. Berl. 1904.)

SCENEN aus Amors Leben. Mit 5 Kpfrn. Mannheim, o. J. (c. 1800). 8°. (1/3 Rthl.) Zahm. (18 xr. F. König, Hanau, vor 1865; jetzt höher!)
Kayser p. 108 (Roman-Verz.), ohne Jahresangabe.

Scenen aus Amors Leben. m. K. 8. Mannh. Kaufmann. -
Schw. Pap. -
Velinpap. -

Scenen aus dem bürgerlichen Leben, in Briefen und Erzählungen . . . Basel 1782. V: *Weber, Daniel.* (Ky) (MGT)

— aus d. bürgerl. Leben, in Briefen u. Erzähll. zum Nutzen u. Vergnügen junger Handwerker, (von Dn. Weber). 8. Basel 782. Schweighäuser. 12 gr.

— a. d. ehel. Leben. 8. Gera. Rothe. (Haller.) 797.

SCENEN aus dem ehelichen Leben für Kandidaten des Ehestands. (3 zahme Geschichten.) Gera, 1797, bey Heinr. Gli. Rothe. 8°. (1 1/3 Rthl.) (2 Mk. 50 Pfg. Friedr. Klüber, München, c. 1905.)
Tit. u. 132 S. — 1 ohne besond. Ueberschrift. 2. Es ist nicht rathsam, eine ganz unbekannte Person zu ehelichen. 3. Durch allzu großes Mitleiden verliert ein Prediger seine Hosen — Frau u. Pfarre.

— aus Fausts Leben, s. a. W. A. Schreiber, Gemälde im sanftern Colorit.

Scenen aus Fausts Leben . . . Offenbach 1792. V: *Schreiber, Alois Wilhelm.* (Engel, Bibliotheca Faustiana. 2. Aufl. Oldenb. 1885.) (GGr) (Mn) (Ky) (MGT) (ABJP)

— aus Fausts Leben, (von A. W. Schreiber). 8. Offenb. 792. Mit neuem T.: Gemälde in sanfterem Colorit 2c. 8. Ebd. 792. Wrede. 10 gr.

Scenen aus dem Leben Friedrich's des Großen, dramatisch bearbeitet. Halle a. S. 1795. V: *Albrecht, Carl.* (Russell V, 217)

— a. d. Leben Friedrichs d. Großen, dramat. bearb. (von K. Albrecht.) 2 Thle. 8. Halle, Hendel. 795-97. (I. 14 gr. II. 20 gr.)

— a. d. Leben Johann Friedrichs d. Großmüthigen, letzten Churfürsten Ernestinischer Linie, ist Kalender d. sächs. Geschichte v. K. G. Cramer f. 1792-93.

Scenen aus dem Leben Jesu, s.a. Ch. F. Sintenis.

Scenen aus dem Leben Jesu zur Bildung eines edlen und grossen Charakters. Zerbst 1800—01. V: *Sintenis, Christian Friedrich.* (Winer) (Cat. der Stadtbibl. Zürich. Zürich 1864—97.) (StAt)

— aus d. Leben Karls u. seiner Freunde, eine Erzählung in Briefen. 2 Thle. 8. Dresd. Hilscher. 786.

Scenen aus dem Leben Ludwigs XIII. von Frankreich. s. Genlis, Frau v., im Alphabet.

Scenen aus dem menschlichen Leben; oder die Geschichte einer Spröden. Ein Roman f. Liebende (in Briefen, aus d. Engl. von Conr. Fr. Köhler). (Motto: 1 lat. Versz. aus Virgil. Mit Titelvign. (Die mediceische Venus in Ornament-Rahmen, oval, G[eyser?] f.). Leipzig, in der Weygandschen Buchh. 1777. 8. (1 Mk. 50 Pfg. Scheible; jetzt theurer!)
398 S. (incl. 4 Bll. Vorst.). In der Vorrede „an die Liebenden" heißt es: . . . . „So ist dieses Büchlein entstanden, das vielleicht so uneigentlich Roman für Liebe (sic!) heißt, als Göthens Stella Schauspiel für Liebende." (Fehlt bei Kayser.) Bibl. J. J. Schwabii. — Rar!

Scenen aus dem menschlichen Leben. Wien 1796. V: *Gleich*, *Joseph Alois*. (NN) (Ky) (MGT) (WBL)

— a. d. menschlichen Leben. 8. Krems. (Schaumburg, W. in Comm.) 796.

*SCENEN aus dem Leben u. Treiben der Mönche u. Pfaffen. Verlag v. J. Zehnder b. Baden. 1841. 8⁰. (160 SS. Selten!

Scenen aus dem Leben eines Vicars . . . Tübingen 1835. V: *Märklin*, *Joh. C. A.* (Tübz 7, 58.)

SCENEN aus dem Leben eines Vicars. (Komisches Gedicht.) Nach den Zeichnungen eines verstorbenen Vicars hrsg. v. L. Helvig. 2. Aufl. Mit 12 lith. Blättern. Tübingen 1842. Qu-8⁰. (1 Mk. Bielefeld, Carlsruhe, 1892; jetzt höher!) Zahm.

Scenen aus dem Leben eines (württemberg. Pfarr-) Vicars. Nach den Zeichn. eines versterb. Vicars lith. u. herausgeg. von Louis Helvig. (Komisches Gedicht.) 2. Aufl. kl. qu. 4. (12 Blätter u. Text.) Tübingen 842, Fues. n. 1/2 ℛ

Scenen aus dem Leben der großen Welt, v. Miß Edgeworth; enth. Vivian oder der Mann ohne Charakter. 1r u. 2r Bd. 8. Leipz. Joachim. 815.

SCENEN aus Gustav Wallo's Lebenstagen (pikanter Roman) von *R. E. S. C. H.* 2 Thle. Zwickau u. Leipzig, 1807, in der Verlagsbuchh. 8⁰. (6 Mk. Lehmann u. Lutz, c. 1884; 4 Kr. Halm & Goldmann, Wien, 1907.)
282 u. 259 SS. Besonders in Th. 1 verfängl. Passagen.

— a. Gust. Wallos Lebenstagen. 2 Thle. 8. Zwickau, Schumann. 807.

— der Liebe; ein Roman nach dem Leben. Mit Kpf. 8. Leipz. 816. (Nauck). 1 ℛ

— der Liebe; ein Roman nach dem Leben, mit K. 8. Leipz. Sommer. 816.

Scenen der Liebe aus Amerikas heissen Zonen . . . Hamburg 1809. V: *Albrecht*, *Johann Friedrich Ernst*. (MGT) (LS) »1810« (Ky)

— der Liebe, aus Amerikas heißen Zonen, (v. J. F. E. Albrecht). 8. Hamb. 810. Vollmer. (Herold jun.) 1 ℛ 8 ℊ

— aus d. Menschenleben, von F. E. S. 8. Wien 812. Pichler. (Leipz., Liebeskind). 1 ℛ 4 ℊ

Scenen, Neue, in Paris und Versailles. Bayreuth 1792—93. V: *Vulpius*, *Christian August*. (MGT) (Ky)

— neue, in Paris u. Versailles, (v. Chr. A. Vulpius). 3 Thle. 8. Leipz. 792 u. 93. (Wienbrack). 1 ℛ 13 ℊ

— neueste, aus dem Leben d. berüchtigten Räuberhauptmanns Joh. Bückler, Schinderhannes genannt, m. ill. K. gr. 8. Lpz. Joachim.

— aus dem Nibelungenlied zum gebrauch bei dem unterricht in d. mittelhochdeutschen sprache m. anmerkungen u. wörterbuch versehen v. Jos. Kehrein. gr. 8. (7⅛ B.) Wiesbaden 846, Ritter'sche Buchh. *

Scenen in Paris, während und nach der Belagerung der Bastille. Erlangen 1789—91. V: *Vulpius*, *Christian August*. (MGT) »Zerstörung der Bastille« (Ky)

— in Paris währ. u. nach d. Zerstör. d. Bastille. 5 Samml. 8. Leipz. Gräff. 789–91.

— in Paris während u. nach d. Zerstörung der Bastille, (v. Chr. A. Vulpius). 5 Samml. 8. Leipz. 789—791. (Wienbrack). 3 ℛ 4 ℊ

Scenen aus Paris während und nach der Zerstörung der Bastille . . . Leipz. 1790—91. V: *Vulpius*, *Chn Aug*. (BGE)

— in Paris, während, und nach Zerstörung der Bastille, nach franz. und engl. Schriften und Kupferstichen, 5 Theile mit Kupf. 8. Leipzig 790. 91. Gräff. 3 Rthl. 5 gl.

SCENEN, Pikante, aus dem üppigen Leben der Völker Indiens. 3 Bde. (6 Mk. Gust. Klötzsch, Lpz., 1885, ohne Orts- und Jahrsangabe.)

— aus d. Reiche der Abentheuer. 8. Quedl. 793. Ernst. 10 ℊ

— auf einer Reise von Erlangen nach Muggendorf und d. Rosenmüllers Höhle. 8. Leipzig, Schäfer. (Kühn.) 804.

Scenen aus der Französischen Revolution poetisch geschildert. Wien 1793. V: *Frohn*, *Conrad*. (ADB) (Ky) (MGT)

— aus d. französ. Revolution, poet. geschildert (v. K. Frohn). 8. Wien 793.

SCENEN [illegible]

— aus d. Ritterzeiten, (v. G. Mühlenpfordt). Mit Kpf. 8. Kopenh. 791. (Brummer). 20 ℊ

— a. d. Ritterzeiten. m. K. 8. Copenh. Proft. 791.

— a. d. Ritterzeiten, oder romant. Erzählungen, v. J. C. Krause. 8. Halle, Hendel. 795.

— aus Rom. (h. a. d. Titel: Gemälde aus Rom u. Scenen aus Roms golden. Zeitalter. (v. W. Fink.) d. Verf. d. Otto v. Schwarzburg. 8. Cothen, Aue. 797.

Scenen zu Rom während der Jubelfeyer im J. 1825. Leipz. 1825. V: *Vulpius*, *Christian August*. (MGT) (Ky)

— zu Rom während der Jubelfeier im Jahr 1825. Mit 1 Vign. gr. 12. Leipz. 825, Klein.

* **SCENEN**, Romantische, aus Algier, Spanien und der Morlachei. Drei Novelletten. Leipzig 1839. 8⁰. (In Berlin: Yx 3991.)

Scenen, romant., aus Algier, Spanien u. d. Morlachei. Drei Novelletten. 8. (9 B.) Leipzig 839, Fr. Fleischer. Thlr.

— romantische, a. e. Reise d. Deutschland, d. Schweiz, Italien u. Frankr. 2 Bde. herausg. v. K. Witte. 8. Hamburg, Vollmer. 805–6. (I. 1 Rthlr. II. 1 Rthlr. 4 gr.)

— romantische, am Rhein. 2 Lstsple. 8. Marb. 806. Krieger. 8 gr

Scenen, romantische, am Rhein. Zwei Lustspiele. gr. 8. Marburg, Krieger. 816.

Scenen, Romantische, der Wirklichkeit ... Dresden 1794. V: *Gersdorf, Charlotte Eleonore Wilhelmine von.* (MGT) (OL) (Schl) (Ky)

— romantische, der Wirklichkeit, (von Charl. E. W. v. Gersdorf). 8. Dresd. 794. Leipz., Sommer. 1 ß

— rührende, a. d. Menschenleben. 8. Leipzig, (Graffé in Weißenfels.) 801.

—— und Sagen aus deutscher Vorzeit in Stahlstichen v. berühmten Künstlern nach Orig.-Gemälden u. Zeichn. bekannter Maler, poet. erklärt durch neue Balladen, Romanzen u. Epopeen beliebter Dichter. II Hfte. qu. gr. 4. (2 B. u. 6 Stahlst.) Berlin 837, Heymann. à 2/3 Thlr.

— des höchsten Schmerzes, v. A. v. Seckendorf. 8. Leipz. Comt. f. Lit. 801.

Scenen, 26, aus dem Leben u. d. Zeitalter Friedrichs des Großen. Gestochen von Bollinger, Bolt rc. gr. F. Leipz. Sommer. 816. 1

Scenen aus den letzten Tagen Marien Antoinettens von Frankreich. Offenbach 1794. V: *Schreiber, Alois Wilhelm.* (MGT) (GGr) (Kn) (Ky) (NN)

— aus d. letzten Tagen Marien Antoinettens, Königin v. Frankreich, (v. A. W. Schreiber). 12. Offenbach 794. Brede. 6 gr Mit ill. Kpf. 12 gr

— a. d. Theater d. Welt, s. Schönau u. Rosamunde.

— z. angenehm. Unterhaltung, s. Ragotzky.

— zur angenehmen und nützlichen Unterhaltung, von C. A. R...y. 8. Berlin, 793. Schöne. 13 sgl.

Scenen der Vermählungsfeyer Franzens mit Elisabeth am 6. u. 7. Jänner. Wien 1788. V: *Rautenstrauch, Joh.* (wrztg 1788, S. 101) (BiblPort)

— der Vermählungsfeyer Franzens mit Elisabeth. 8. Wien. Stahel. 788.

— aus d. Tyroler Volksleben, 6 Bl. col. auf Carton aufgezog. u. in Umschl. gr. 4. Münch., v. Cotta. 1 ß 16 gr

SCENEN, Einige, der Fürsehung. O. O. u. J. (c. 1800). 4⁰. (90 Pfg. Isaak St. Goar, Frf. a. M., 1877.)

— d. Vorwelt aus Griechenland, Germanien u. Rom von Buchholz. 8. Hamb. Vollmer. 810.

— d. Vorzeit d. D. Deutschen, v. J. A. Bremecke. 8. Magdeburg, Gieseke. 793.

Scenen aus der neuesten Welt. Halle 1784. V: *Schmieder, Heinrich Gottlieb.* (MGT) (Ky) (Schr)

— aus der neuesten Welt. 8. Halle, Hemmerde. 784.

— aus der neuesten Welt, (v. H. Gph. Schmieder). 1s Hft. 8. Halle 784. Schwetschke u. S. 12 gr

— aus der wirkl. Welt. 1r Bd. 8. Weißenf. 811. Merr.

— — dass. v. C. M. Meißner. 8. Berl. Neue Societätsbuchh. 811.

Scenen aus Roms goldnen Zeitalter ... Köthen 1796. V: *Finck, Wilhelm.* (ML) ›1797‹ (Ky)

— aus Roms goldenem Zeitalter, vom Verf. des Otto v. Schwarzburg (Wlh. Finck). 8. Cöthen 797. Aue. 16 gr (A. u. d. T.: Gemälde aus d. alten Rom. Ebd. 794.)

Scenen aus den Zeiten der Reformation. O. O. 1805. V: *Cramer, Carl Gottlob.* (MGT)

— aus der Zukunft, od. d. Schwelle des goldenen Zeitalters. 8. Görlitz 795. Anton in Halle. 18 gr

— aus der Zukunft, oder die Schwelle des goldnen Zeitalters, 8. Görlitz, 795. Hermsdorf. 23 sgl.

— 12, aus Shakespeare's Schauspiel. m. Portr. 8. Zürich, Orell, F. u. C. 808.

Scenerien, bunte, für große u. kleine Kinder. Mit 24 (lith.) Farbendruckbildern. Wien 867. Literarisch-artistische Anstalt. gr. 4. geb. 1 ß

Scènes enfantines. 6 dessins originaux avec de jolies poésies. qu. 4. (6 Holzschntaf. in Buntdr.) Stuttgart 871. G. Weise. geb. 1. 20

Scenicae Romanorum poesis fragmenta; recensuit Otto Ribbeck. Vol. II. E. s. t.: Comicorum latinorum praeter Plautum et Terentium reliquiae; recensuit Otto Ribbeck. 8maj. (XX und 413 S.) Lipsiae 855, Teubner. *
Vgl.: Tragicorum latinorum reliquiae, welche jetzt den I. Bd. bilden.

Scenicus, F., s.: Bühnen-Unwesen, Wiener.

Scenicus, F., Wiener Bühnen-Unwesen. Offener Brief an den Vereinsausschuß des „Deutschen Volkstheaters". 8. (40 S.) Wien: Deuticke 1890. -.20

(Scepseophilus, V.), Christus in Gethsemane precans, non deprecans. Essl. 1743. 8.

Über das Haihayendracarita des Harikavi von Th. v. Schtscherbatskoi [Fedor Ippolitovič Ščerbatzkij], Privatd., St. Petersburg. *St. Pétersbourg: Acad. Imp. d. Sciences 1900.* (112 S.) 4°
— Mémoires de l'Académie Impériale d. sciences de St. Pétersbourg. Sér. 8, Cl. hist.-philol. Vol. 4, No 9. (03. 8714

Schaab, A., u. A. Schmitz, d. wahre Glück, s.: Volksbücher.

Schaab, A., Pontius Pilatus. Ein Zeitbild. 8. (III, 118 S.) Karlsruhe 892. J. J. Reiff. n. 1. 20; geb. in Leinw. n. 1. 80

Schaab, A., zu spät, s.: Immergrün. Nr. 113.

Schaab, Anna, im Amt. Roman. (373 S.) 8. Halle 909. R. Mühlmann's Verl. 4.—; geb. 5.—

Schaab, Anna, Heimgefunden, s.: Sonntagsbibliothek. Nr. 32.

— schlichte Menschen, s.: Sonntagsbibliothek. Nr. 36.

— Die Sonne kommt, s.: Sonntagsbibliothek. Nr. 40.

— Durch Stillesein u. Hoffen, s.: Sonntagsbibliothek. Nr. 44.

Schaab, Ant., Anna-Büchlein. Andachtsbüchlein für Frauen zur Verehrung u. Anrufg. der hl Anna. 16. (VIII, 260 S. m. farb. Titel u. 1 Farbdr.) Dülmen 898. A. Laumann. Geb. in Leinw. n. — 75

Anna-Büchlein. Andachtsbüchlein f. Frauen z. Verehrung u. Anrufung d. heil. Anna. Von Anton **Schaab**, Priester. 2. Aufl. Dülmen: A. Laumann 1905. (272 S.) 8° [F.] (06. 10970

[F.] Die Lauretanische Litanei in Betrachtungen v. Anton **Schaab**, Priester d. Diöc. Würzburg *Dülmen i. W.: A. Laumann (1895).* (XI, 292 S., 1 Taf.) 1 Bd 8. (96. 1127

— die lauretanische Litanei in Betrachtungen. 16. (XI, 292 S. m. farb. Titelbild.) Ebd 896. Geb. in Leinw. n. — 75

Schaab, Ant., die Mutter des guten Rates. Andachtsbüchlein zur Verehrg. u. Anrufg. Mariä der Mutter des guten Rates. (VIII, 240 S. m. farb. Titelbild.) 16. Dülmen 905. A. Laumann. Geb. in Leinw. n. — 75

Schaab, C. A., s. Schaab, Karl Anton

Schaab, Carl Anton, s. Schaab, Karl Anton

Schaab, Christophor, Zur Geschichte der deutschen Kolonisten im Saratowschen und Samarschen Gouvernement. 79 S. Aberdeen: Freie Presse Printing Co, S. D. IfA, HJM

Schaab, K(arl). A(nt)., kritische Bemerkungen üb. Dahls neueste Schrift: Pet. Schöffer, Miterfinder d. Buchdruckerkunst. (Mainz 1832.) gr. 8. (1 B.) Mainz 833, Verf.
Wurde unentgeltlich vertheilt.

Schaab, Karl Anton (Main) A. S. 166/1

Dissertatio inauguralis juridica de fideiussore, qui ut debitorem principalem se obligavit, beneficio ordinis gaudente.
Mainz (Alef) IV. 1786. 40 S. 29856

— diplomatische Geschichte der Juden zu Mainz und dessen Umgebung, mit Berücksichtigung ihres Rechtszustandes in den verschiedenen Epochen. Aus größtentheils ungedr. Urkunden bearb. gr. 8. (XV und 480 S.) Mainz 855, v. Zabern.

— die Geschichte der Erfindung d. Buchdruckerkunst durch Johann Gensfleisch gen. Gutenberg zu Mainz, pragmat. aus d. Quellen bearb., mit mehr als dritthalb Hundert noch ungedr. Urkunden, welche d. Genealogie Gutenberg's, Fust's u. Schöffer's in e. neues Licht stellen. 3 Bde. gr. 8. Mainz, Verf. (Kupferberg.) [1. ($40\frac{1}{4}$ B. u. Gutenbergs lith. Bildn.), 2. (37 B., 2 Tab. u. Fust's lith. Bildn.) 830., 3. ($35\frac{1}{4}$ B. u. Schöffer's lith. Bildn.) 831. à 2 Thlr. 6 Gr.]

Schaab, K. A., die Geschichte der Erfindung der Buchdruckerkunst durch Johann Gensfleisch gen. Gutenberg zu Mainz, pragmatisch aus den Quellen bearb., mit mehr als dritthalb Hundert noch ungedr. Urkunden, welche die Genealogie Gutenberg's, Fust's u. Schöffer's in ein neues Licht stellen. 3 Bde. 2. (Titel-)Ausg. Mainz (831.) 855. v. Zabern. gr. 8. (XII, 631; VI, 582; XV, 548 S., 3 Lithogr. u. 3 Tab. in 4. u. Fol.) n. 4 Thlr. 20 ngr.

Schaab, C(arl). A(nt)., die Geschichte d. Bundesfestung Mainz, histor. u. militär. nach d. Quellen bearb. gr. 8. (38 B.) Mainz 835, (Kupferberg.) *

Schaab, C. A., die Geschichte der Bundesfestung Mainz, historisch und militärisch nach den Quellen bearb. 2. (Titel-) Ausg. gr. 8. (600 S.) Mainz 855, v. Zabern. Thlr.

— Geschichte d. Stadt Mainz. 2 Bde. gr. 8. ($72\frac{7}{8}$ B.) Mainz 841, 44, (Kupferberg.)

— Geschichte der Stadt Mainz. 3. u. 4. Bd. Enthltd.: Die Geschichte der Großherzogl. Hessischen Rheinprovinz. 1. u. 2. Abth. Ebend. 847, 51. 8. (XII, 528; XXXII, 444 S.) n. 3 Thlr. 6 ngr.

Schaab, C(arl) A(nt)., Geschichte d. großen rheinischen Städtebundes, gestiftet zu Mainz 1254 durch Arnold Walpod. 1. Bd. gr. 8. (34 B.) Mainz 843, (Kupferberg.)

— Geschichte des großen rheinischen Städtebundes, gestiftet zu Mainz im J. 1254 durch Arnold Walpod. 2 Bde. 2. Ausg. gr. 8. (XLII und 1061 S.) Mainz 855, v. Zabern. *

— das Jahr 1436, Erfindungsjahr der Buchdruckerkunst; und die Bildung einer Jury über das Säkularjahr. Mainz 837. (v. Zabern.) 8. (16 S.) 3 ngr.

— Randglossen zu d. Phantasien u. Träumereien d. Pseudogeistes Joh. Gensfleisch, gen. Gutenberg, an Dr. C. A. Schaab u. d. Ausschuß z. Errichtung d. Denkmals zu seiner Ehre zu Mainz, Utrecht 2c. 1835. Mit 2 Anh.: I. Histor. Beweis, daß die 4. Jubelfeier d. Erfind. d. Buchdruckerkunst in d. lauf. J. 1836 eintrete u. nicht im J. 1840, od. ein. and. könne gefeiert werden. II. Ueber die Monumentssache u. was seit dreißig Jahren darin geschehen ist. gr. 8. ($9\frac{1}{4}$ B.) Mainz, 836, Verf. (Leipzig, O. A. Schulz.) *

Schaab, C. A., Randglossen zu den Phantasien u. Träumereien des Pseudogeistes Johann Gensfleisch, genannt Gutenberg, an Dr. C. A. Schaab u. den Ausschuß zur Errichtung d. Denkmals zu seiner Ehre zu Mainz, Utrecht 2c. 1835. Mit 2 Anhangen: I. Historischer Beweis, daß die vierte Jubelfeier der Erfindung der Buchdruckerkunst in dem laufenden Jahre 1836 eintrete und nicht im Jahre 1840, oder einem andern könne gefeiert werden. II. Ueber die Monumentssache u. was seit dreißig Jahren darin geschehen ist. gr. 8. Mainz 836. (Leipzig, Wuttig.) n. $\frac{3}{4}$ Thlr.

Schaab, H. Robert, s. Schaab, Robert

Schaab, Rob., Führer durch die Literatur des Männergesanges. Zum Gebrauch für Directoren der Männergesang-Vereine. 1. Aufl. 1863. 6 Ngr. und 2., verm. Aufl. 8. (V und 74 S.) Leipzig 867, Forberg.

Schaab, H. Rob., Führer durch die Literatur d. Männergesanges. Zum Gebrauche f. Directoren der Männergesang-Vereine. 3. verm. Aufl. 8. (IV, 78 S.) Leipzig 873. Forberg. n. 1. 60

Schaab, H. Rob., kleines musikalisches Lexikon enthltd. die kürzeste Erklärung der in der Musikwissenschaft vorkommenden Kunstausdrücke. Leipzig 855. Siegel. 32. (80 S.) 6 ngr.

Schaab, H. Rob., u. Ad. **Klauwell,** 76 zweistimmige Melodien zu den Liedern in „Lebensbilder III." gr. 8. (32 S.) Leipzig 852, Klinkhardt. n. 2 ngr.

— und Adf. **Klauwell,** 76 zweistimmige Melodien zu den Liedern in „Lebensbilder III." 2. Stereot.-Aufl. Leipzig 858. Klinkhardt. gr. 8. (32 S.) n. 2 ngr.
Vgl.: Lieder, 76, aus Lebensbilder III.

Schaab, H. R., und Adph. Klauwell, 76 Melodieen zu den Liedern in Lebensbilder III. 5. Ster.-Aufl. gr. 8. Leipzig 870, Klinckhardt.

— u. Adph. **Klauwell,** 76 zweistimmige Melodien zu den Liedern in „Lebensbilder III." 6. Ster.-Aufl. gr. 8. (32 S.) Leipzig 876. Klinkhardt. n. — 20

—— **W. Bartmuß und Carl Seiz,** Sangesblüthen für deutsche Mädchen. 250 ausgewählte ein- und mehrstimmige Lieder für Schule und Haus. 3 Hefte. 8. Leipzig 879, Klinkhardt. *
Inhalt:
Heft 1. 80 ein- und zweistimmige Lieder für Elementar- und Unterklassen in Mädchenschulen und höheren Töchterinstituten. (56 S.) * 30 Pf.
" 2. 100 zweistimmige Lieder für Mittel- und Oberklassen in Mädchenschulen und höheren Töchterinstituten. (110 S.) * 50 Pf.
" 3. 70 zwei-, drei- und vierstimmige Lieder für Oberklassen in Mädchenschulen und höheren Töchterinstituten. (110 S.) * 50 Pf.

Schaab, Rob., W. Bartmuß und Carl Seiz, Sangesblüthen für deutsche Mädchen. 250 ausgewählte ein- und mehrstimmige Lieder für Schule und Haus. 3 Hefte. 2. Aufl. 8. Leipzig, Klinkhardt. *
Inhalt:
Heft 1. 80 ein- und zweistimmige Lieder für Elementar- und Unterklassen in Mädchenschulen und höheren Töchterinstituten. (56 S.) 886. * 30 Pf.
" 2. 100 zweistimmige Lieder für Mittel- und Oberklassen in Mädchenschulen und höheren Töchterinstituten. (100 S.) 882. * 50 Pf.
" 3. 70 zwei-, drei- und vierstimmige Lieder für Oberklassen in Mädchenschulen und höheren Töchterinstituten. (110 S.) 885. * 50 Pf.

Schaab, Rob., W. Bartmuß, Karl Seitz, Sangesblüten f. deutsche Mädchen. 250 ausgewählte ein- u. mehrstimm. Lieder f. Schule u. Haus. In 3 Hftn. geordnet u. hrsg. 8. Leipzig, J. Klinkhardt. n. 1. 30
1. 3. Aufl. (56 S.) 892. n. — 30. — 2. 100 2stimmige Lieder f. Mittel- u. Oberklassen in Mädchenschulen u. höheren Töchterinstituten. 6. Aufl. (100 S.) 894. n. — 50. — 3. 3. Aufl. (110 S.) 893. n. — 50.

Schaab, Rob., W. **Bartmuß,** u. Karl **Seitz,** Sangesblüten f. deutsche Mädchen. 250 ausgew. ein- u. mehrstimm. Lieder f. Schule u. Haus. In 3 Hftn. 2. Hft.: 100 zweistimm. Lieder f. Mittel- u. Oberklassen in Mädchenschulen u. höh. Töchterinstituten. 6. Aufl. 8. (100 S.) Leipzig 898. J. Klinkhardt. n. — 50

Schaab, Rob., W. Bartmuß, u. Karl **Seitz,** Sangesblüten f. deutsche Mädchen. 250 ausgewählte ein- u. mehrstimm. Lieder f. Schule u. Haus. (In 3 Hftn.) 1. u. 3. Hft. 8. Leipzig, J. Klinkhardt. n. — 80
1. 80 ein- u. zweistimm. Lieder f. Elementar- u. Unterklassen in Mädchenschulen u. höh. Töchterinstituten. 4. Aufl. (56 S.) 901. n. — 30
3. 70 zwei-, drei- u. vierstimm. Lieder f. Oberklassen in Mädchenschulen u. höheren Töchterinstituten. 4. Aufl. (110 S.) 902. n. — 50

Schaab, Rob., W. **Bartmuß,** u. **Karl Seitz,** Sangesblüten f. deutsche Mädchen. 250 ausgewählte ein- u. mehrstimm. Lieder f. Schule u. Haus. (In 3 Heften.) 2. u. 3. Heft. 8. Leipzig, J. Klinkhardt. n. 1. —
2. 100 zweistimm. Lieder f. Mittel- u. Oberklassen in Mädchenschulen u. höheren Töchterinstituten. 7. Aufl. Nach der neuesten Rechtschreibg. (100 S.) 903. n. — 50
3. 70 zwei-, drei- u. vierstimm. Lieder f. Oberklassen in Mädchenschulen u. höheren Töchterinstituten. 5. Aufl. (110 S.) 906. n. — 50

Schaab, Rob., W. Bartmuß u. Karl **Seitz,** Sangesblüten f. deutsche Mädchen. 250 ausgewählte ein- u. mehrstimm. Lieder f. Schule u. Haus. In 3 Heften geordnet u. hrsg. I. u. II. Heft. 8. Leipzig, J. Klinkhardt. — 80
I. 80 ein- u. zweistimmige Lieder f. Elementar- u. Unterklassen in Mädchenschulen u. höh. Töchterinstituten. 5. Aufl. (56 S.) 907. — 30
II. 8. Aufl. (100 S.) (907.) — 50

Schaab's, Rob., Zwei Tafeln der deutschen, englischen, französischen und italienischen Musikgeschichte. Für den Schul- und Selbstunterricht. gr. 8. Leipzig 878, Violet. à Taf. * 50 Pf. *
Inhalt:
1. Tafel der deutschen Musikgeschichte. (40 S.)
2. Tafel der englischen, französischen und italienischen Musikgeschichte. (32 S.)

Schaab, Otto: Studien über den Teil der beiden Valenciennner Passion-Mysterien, welcher über die Auferstehung Christi handelt. Greifswald 1909: Adler. 86 S. 8°
Greifswald, Phil. Diss. v. 23. Juli 1909, Ref. Stengel
[Geb. 14. Juni 84 Hamburg; Wohnort: Hamburg; Staatsangeh.: Preußen; Vorbildung: Oberrealsch. Hamburg Reife M. 04, Latein-Vorprüfung Greifswald; Studium: Heidelberg 2, München 1, Berlin 1, Greifswald 4 S.; Rig. 19. Dez. 08.] [U 09. 1560

Schaack u. **Genin,** deutsche Schreib-Lesefibel u. erstes Lesebuch f. Schulen französisch sprechender Gemeinden in Elsaß-Lothringen. 2. Aufl. 8. (64 S.) Metz 882. Gebr. Even. geb. n. — 50

Schaack und Genin, deutsche Schreiblesefibel und erstes Lesebuch für Schulen französisch sprechender Gemeinden in Elsaß-Lothringen. 4. Aufl. 8. (70 S.) Metz 887, Gebr. Even. *

Schaack, Charles: Theses philosophicae, quas Praeside Valentino Trausch, in Athenaeo Luxemburgensi Philosophiae Professore; Die 14 Augusti 1819 ab hora nona in Aula Athenaei majore defendent ornati ac eruditi Logices et Methaphysices alumni, quorum nomina . . . sequenti pagina indicantur. Luxemburgi: Schmit-Brück [1819]. 12 S. 4°

Schaack, Charles: Theses scholastico-dogmaticae de Incarnatione, quas in Aula publica theologica die . . Aprilis 1774 defendent ornatissimi ac pereruditi Domini D. Carolus Schaack, ex Merscheid ... Ss.Theologiae auditores.Opponent ... Ss.Theologiae auditores. Augustae Trevirorum [1774]. 10 S. 4°

Schaack, Edouard: Geschichte der Grabstätte des hl. Willibrord. Vortrag gehalten in der Sitzung des Akademischen Bonifatius-Vereins im Luxemburger Priesterseminar, bei Gelegenheit der Säkular-Sühnefeier am 7. November 1894. Luxemburg: St. Paul-Ges. 1895. 38 S. 8°

Schaack, F., die elektrische Telegraphie auf den preußischen Telegraphen-Linien. Als Instruktion für diejenigen Avancirten der Armee, welche beabsichtigen, dereinst bei der Telegraphie angestellt zu werden. Hierbei 1 (lith.) Bl. Zeichngn. (in qu. Fol.). Köln 857. (Lengfeld.) gr. 8. (16 S.) 5 ngr.

Schaack, Hubert: Essai historique et archéologique sur le village de Moestroff et le château. (Extrait des „Publications de la Société archéologique du Grand-Duché de Luxembourg", XXIX année.) Luxemburg: V. Bück 1875. 28 S. 4°

Schaack, Hyacinthe: Bericht des örtlichen Verwaltungsrathes zu Luxemburg über das Wirken des Vereins vom h. Vincenz von Paul, im Jahre 1860. Luxemburg: Peter Brück 1861. 21 S. 8°

Schaack, Hyacinthe: B e r i c h t über den Vincenz-Verein zu Luxemburg, 1873. Luxemburg: Peter Brück 1874. 14 S. 16°

Schaack, Hyacinthe, u. Antoine Godart: C o u r s théorique et pratique de langue française. I. partie. Premières lectures. 1 cahier. Ouvrage approuvé par la Commission R. G.-D. d'instruction. Deuxième édition. Leipzig 1865. 22 S. 12°

– Dass. Quatrième édition. Leipzig 1870. 23, 1 S. 12°

– Dass. Sixième édition. Leipzig 1877. 23, 1 S. 12°

Schaack, Hyacinthe, u. Antoine Godart: C o u r s théorique et pratique de langue française. Deuxième partie. Grammaire élémentaire. Ouvrage approuvé par la Commission R. G.-D. d'instruction. Luxemburg: P. Brück 1864. 4, 135 S. 12°

– Dass. Deuxième édition. Leipzig 1865. IV, 135 S. 12°

– Dass. Troisième édition. Leipzig 1866. 141, 1 S. 12°

– Dass. Cinquième édition. Leipzig 1870. 141, 1 S. 12°

– Dass. Sixième édition. Luxemburg: J. Joris 1872. 138 S. 12°

– Dass. Septième édition. Leipzig 1874. 136 S. 12°

– Dass. Huitième édition. Leipzig 1876. 136 S. 12°

Schaack, Hyacinthe: Die G e s c h i c h t e des Luxemburger Landes, fasslich dargestellt zum Gebrauche der Primärschulen. Zweite Auflage. Zum Gebrauche der Primärschulen genehmigt von der K. G.-H. Unterrichts-Commission. Luxemburg: V. Bück 1856. VI, 118 S. 12°
In Zusammenarbeit mit Joseph Paquet.

– Dass. Dritte Auflage. Luxemburg: V. Bück 1872. VI, 118 S. 12°

Schaack, Jean Pierre: T h e s e s S. Scripturae & Theologiae dogmaticae de Poenitentia quas Jesu Christo Messiae et Sacramentorum Institutori devotissime dedicatas Praeside secundarum plurimum reverendo amplissimo Domino D. Alexandro Melior Ord. S. Benedicti in exempta Abbatia ad S. Maximinum professore, AA. LL. ac.Phil. Magistro SS. Litt. & Theologiae Doctore, Theologiae dogmatico-moralis publico & ordinario Professore, Sacrae Facultatis Theologicae Assessore, & h. t. A. Decano, Praeside primarum eximio viro ac Domino D. Antonio Oehmbs SS. Litt. publ. Professore & ad S. Paulinum prope Treviros Canonico capitulari praevio examine pro consequendo utroque biblici et formati Baccalaureatus gradu in antiquissima et celeberrima Universitate Trevirorum publice propugnabunt ... Joannes Petrus Schaack, ex Heiderscheit. SS. Litterarum et Theologiae Candidati. Die 29 Augusti primus mane ab 8 ad 10: secundus a prandio a 2. ad 4. Anno 1772. Augustae Trevirorum [1772]. 15 S. 4°

Schaack, Michel: Der A n a r c h i s t e n p r o z e s s von Chicago, im Jahre 1886. Chicago 1889. 500 S. 8°

Schaack, Théodore Jules Maximilien: Sankt A m a l i a . Luxemburg: V. Bück [1870]. 7 S. 8°

Schaacke, A. (Bearb.), s. D ü m s : Comptoir- u. Reisekarte von Mitteleuropa.

Schaacke, A., u. F. Schäfer. Lehrbuch der deutschen Sprache zum Selbstunterricht für Militäranwärter. Mühlheim a. d. Ruhr. 1884. 247 S.

Schaacke, Alb., Geographie f. d. Verkehrsbeamten. Neue (Titel=)Ausg. 8. (III, IV, 178 S.) Hannover (891) 895. L. Ost. Geb. in Halbleinw. n. 2. —

Schaad, Ernst, aus Oberhallau: Die J u r a n a g e l f l u h. [Mit 15 Figuren im Text.] Bern 1908. 51 S., eine Tafel und eine Karte. 4°. S.-A. aus den Beiträgen zur geologischen Karte der Schweiz. N. F. Lieferung 22. [25. VI. 08.]
Zürich. Phil. Diss. II. S. 1907/08.

Schaad, Ernst. Die Juranagelfluh. 51 S. 4. Bern, Komm. A. Francke, Buchdr. Stämpfli & Cie., 1908.
Ausg. A: Von Dr. E' Sch'. Mit 14 [*d. i.* 15] Textfiguren, 1 Profiltafel und 1 Karte in 1:200,000. (fr. 6. —.) — B e i t r ä g e zur geologischen Karte der Schweiz.... Neue Folge, Liefg. 22; des ganzen Werkes Liefg. 52.
Ausg. B: Diss. Phil. [II.] Univ. Zürich. [Mit Figuren, 1 Profil-Tafel und 1 Karte.] Separatabdruck von Liefg. 22, Neue Folge, der » Beiträge zur g' K' der Sch' «.

Schaad, Fritz, prakt. Arzt zu Lich: Aus d. Universitäts-Augenklinik zu Gießen. Zur Prognose der Cataracta traumatica. Gießen 1906: v. Münchow. (42 S.) 8°
Gießen, Med. Fak., Ref. Vossius, Diss. v. 10. März 1906
[Geb. 6. März 67 Kaulstoß; Wohnort: Lich; Staatsangeh.: Hessen; Vorbildung: Gymn. Büdingen Reife O. 89; Studium: Gießen 10 S.; Coll. 17. Dez. 03; Approb. 26. März 96.]

Schaad, Georg

Von den Logarithmen. Von G. Schaad, G. P. — 1846. Bamberg, Reindl. — S. 3—26.
Progr. Bamberg

Schaad, Hans, Assistenzarzt an der chirurgischen Abteilung des Bürgerspitals Basel: Über zwei F ä l l e von Adhäsions-Ileus nach Perityphlitis. Basel 1906. 38 + 2 S. 8°.
Basel, Med. Diss. 1905-1906.

Schaad, Hans. Über zwei Fälle von Adhäsions-Ileus nach Perityphlitis Diss. Med. Basel. 39 S. 8. Basel, Froese & Co., 1906.

Schaad, Konrad [pract. Arzt aus Erlangen]: Ein Fall von Gliom des corpus callosum .... Erlangen, Druck d. Univ. Buchdr. v. E. Th. Jacob, 1888; 27 S. 8°
Erlangen. Med. Fak., Inaug.-Diss. v. 29. Apr. 1887

Schaade, Arth., s.: E n c y k l o p ä d i e des Islām.

Schaade, Arthur, a. Thorn ⟨Wpr.⟩: Die Kommentare des Suhailī und des Abū Ḏarr zu den Uḥud-Gedichten in der Sīra des Ibn Hišām ⟨Ed. Wüstenfeld I, 611—638⟩. Nach d. Handschriften zu Berlin, Straßburg, Paris u. Leipzig hrsg. u. bearb. Leipzig 1908: A. Pries. (VII, 62 S.) 8° ¶ (Aus: Leipziger semitistische Studien Bd 3 H. 2.)
Leipzig, Phil. Fak., Ref. Fischer-Zimmern, Diss. v. 7. Juli 1908
[Geb. 19. Aug. 83 Thorn; Wohnort: Leipzig; Staatsangeh.: Preußen; Vorbildung: Gymn. Thorn Reife O. 02; Studium: Leipzig 5, München 1, Berlin 1 S.]

Schaaf, s. auch Schaf.

Schaaf, das, seine Zucht, Behandlung rc., s. Viehzucht.

Schaaf, A. S., De salubritate haemorrhagiarum in mitigandis deliriis. 21 pp. · Hal. 4°.

1756

Schaaf, Anton (Frankfurt/M.) A. S. 144/18

Dissertatio inauguralis iuridica ad legem Pompeiam de parricidii crimine ejusque poena.
Giessen (Vulpius) 21. VII. 1714. 52 S.

Gew.: Joachim Bravve. 29858

Schaaf, C., Geschäftsgänge zum Unterricht in d. gewerblichen Buchführung, s.: Möllen, Th., u. H. Zwiesele.

Schaaf, C. H., die fünf Hauptstücke des Kleinen Katechismus Lutheri. Durch Spruch u. Lied, biblische Geschichten u. kurze Sätze erläutert. 5. Aufl. kl. 8. (120 S.) Aurich 885. (Dunkmann.) geb. n.n. — 50

Schaaf, C. H. Die 5 Hauptstücke d. kleinen Katechismus Lutheri. Durch Spruch u. Lied, bibl. Geschichten u. kurze Sätze erläutert. 7. Aufl. 12. (128 S.) Aurich 891, Dunkmann. * — 40; geb. ** — 50

Schaaf, C. H., d. fünf **Hauptstücke** d. kleinen Katechismus Lutheri. Durch Spruch u. Lied, bibl. Geschichten u. kurze Sätze erläut. 9. Aufl. 12. (128 S.) Aurich 896. (A. H. F. Dunkmann.) Geb. n.n. — 50

Schaaf, Carl, s. Schaaf, Karl

Schaaf, Ch. Bruchstücke aus d. frühern Gesch. des Gymn. zu B. 19 S. Progr. Bielefeld 1828

Schaaf, Edm., Betrachtungen u. kritische Bemerkungen üb. unsere Mästung, s.a. **Preisschriften u. Sonderabdrücke** der Deutschen landwirtschaftlichen Presse.

[F.] Betrachtungen und kritische Bemerkungen über unsere Mästung. Von Edmund Schaaf, Oberinsp. in Schwoitsch. *Berlin: P. Parey 1894.* (24 S., 1 Tab.) 1 Bd 8.
= Preisschriften u. Sonderabdr. d. Deutschen Landw. Presse. No 12.
[96. 1118

Schaaf, Georg, approb. Arzt aus Leipzig: Einige Fälle von Lebersyphilis. *Leipzig 1903: B. Georgi.* (33 S.) 8°
Leipzig, Med. Diss. v. (20. Sept.) 1903

Schaaf, Gustav, approb. Arzt aus Gießen: Aus d. Universitäts-Augenklinik zu Gießen. Zur Kasuistik der Orbitalgeschwülste. Mit 4 Abb. *Gießen 1903: v. Münchow.* (30 S.) 8°
Gießen, Med. Diss. v. 1903

Schaaf, Heinrich [aus Bedburg]: Aus d. Poliklinik f. Ohrenkranke zu Bonn. Ueber primäre Erkrankungen des Warzenfortsatzes. . . . Bonn, Druck v. J. Trapp, 1891; 1 Bl., 35 S. 8°
Bonn, Med. Fak., Inaug.-Diss. v. [1. Aug.] 1891

Schaaf, Heinrich, a. Gießen: Zur Kenntnis der Kopfanlage der Cysticerken, insbesondere des Cysticercus der Taenia solium. Jena: G. Fischer 1905. (40 S.) 8° ¶(Aus: Zoologische Jahrbücher Bd 22 Abt. f. Anatomie, 1905.)
Gießen, Phil. Fak., Ref. Spengel, Diss. v. 7. Nov. 1905
[Geb. 31. März 83 Gießen; Wohnort: Gießen; Staatsangeh.: Hessen; Vorbildung: Gymn. Gießen Reife O. 01; Studium: Gießen 4, München 1, Gießen 3 S.; Rig. 25. Jan. 05.]

Schaaf, Hugo, appr. Arzt a. Gießen, Volontär-Assistent an d. Universitäts-Ohrenklinik zu Gießen: Aus d. Universitäts-Ohrenklinik zu Gießen. Casuistische Mitteilungen über Sinusthrombose. Gießen 1906: v. Münchow. (100 S.) 8°
Gießen, Med. Fak., Ref. Bostroem, Diss. v. 29. März 1906
[Geb. 7. Jan. 81 Rainrod; Wohnort: Gießen; Staatsangeh.: Hessen; Vorbildung: Gymn. Büdingen Reife M. 99; Studium: Gießen 10 S.; Coll. 29. Juli 05; Approb. 12. Aug. 04.]

Schaaf, J. C. L., Encyklopädie der klassischen Alterthumskunde. Ausg. 2. verm. Magd. 819. 20. 2 B. 8. 2 rthl. 12 gr.

Schaaf, J. Henr., De organo tactus. 45 pp. Duisb. 4°. *Haller,* Bibl. anat. II, 275.

1734

Schaaf, Johannes, aus Chemnitz: Richard Glover. Leben u. Werke. *Leipzig 1900: E. Fretr.* (70 S.) 8°
Leipzig, Phil. Diss. v. [8. Apr.] 1900

Schaaf, Johs., Richard Glover. Leben u. Werke. Diss. gr. 8. (71 S.) Leipzig 900. (E. Gräfe.) n. 1. 60

Schaaf, Johannes, städt. Tierarzt in Berlin: Ueber Häufigkeit und Bau der Schilddrüsentumoren des Hundes. ⟨Aus dem pathologisch-anatomischen Institut des städtischen Krankenhauses „Am Urban" zu Berlin. Leiter: Dr. Koch.⟩ [Mit zwei Figuren im Text.] Hannover, M. & H. Schaper, 1910. IV, 36 S. 8°. [19. V. 10.]
Bern. Vet.-Med. Diss. 1910 11.

Schaaf, Jul., die Harfe. Sammlung ausgewählter religiöser Gesänge m. u. ohne Begleitg. der Orgel f. gemischte kirchl. Sing-Chöre. qu. 4. (95 S.) Philadelphia 871. Schäfer & Koradi. geb. 3. —

Schaaf, Jul., die Harfe. Sammlung ausgewählter religiöser Gesänge mit und ohne Begleitung der Orgel, für gemischte kirchl. Sing-Chöre. Nr. 4. qu. 4. (S. 97—128.) Philadelphia 877, Schäfer und Koradi.

Schaaf, Jul., die Harfe. Sammlung ausgewählter religiöser Gesänge, mit und ohne Begleitung der Orgel, für gemischte kirchl. Sing-Chöre. Nr. 5—8 (Schluß). qu. 4. (S. 129—256.) Philadelphia 882, Schäfer und Korabi. à Nr.
compl. geb. in 1 Bd.
Nr. 1—4. Ebendas. 1871—77. à ℳ 1.

Schaaf, Julius, pract. Arzt in Morbach ⟨Bez. Trier⟩: Aus d. Universitäts-Frauenklinik zu Gießen ⟨Direktor: Prof. Dr. Pfannenstiel.⟩ Über die Complicationen der Schwangerschaft, der Geburt und des Wochenbettes durch Herzfehler. *Wetzlar 1903: L. Scharfe.* (60 S.) 8°
Gießen, Med. Diss. v. 1903

Schaaf, Karl

Schaaf, Carl, Referendar: Die sogenannten Zwischendeputationen des § 114 der Sächsischen Verfassungsurkunde. *Leipzig: Veit & Co. 1904.* (61 S.) 8°
Leipzig, Jur. Diss. v. 1904

Schaaf, Marc. Christ. De jure fisci ad civitates mediatas s. municipales non pertinentes. 8°. Gotting. 1757.

Schaaf, P. S.

— Elementa metaphysicae eclectica in sex partes divisa. 8. Frankf. a. M. 769. (Varrentrapp), 18 gr.

Schaaf, P. S., praelectiones de locis theologicis. II Tomi 8maj. Frkf. a. M. 774. (Varrentrapp); (a. Stenz in Mainz) 1 ₰ 14 gr.

Schaaf, Richard [aus Bedburg]: Aus d. psychiatr. Klinik zu Bonn. Die Monomanien im Geiste der modernen Anschauung . . . Bonn, Druck v. E. Heydorn, *1893;* 32 S., 1 Bl. 8.
Bonn, Med. Fak., Inaug.-Diss. v. [15. Aug.] 1893

Schaaf, W., wie erlerne ich praktisch u. sicher die doppelte Buchführung? Leitfaden der doppelten Buchführg., zum Schul- u. Selbstunterricht bearb. (Dr. Huberti's mod. kaufmänn. Bibliothek.) gr. 8. (VII, 91 S.) Leipzig (900). Dr. L. Huberti.
Geb. in Leinw. n. 2. 75

Schaaf, Willy: Wie erfülle ich meine Pflicht als Aufsichtsratsmitglied? Revisionslehre für Aufsichtsratsmitglieder eingetragener Genossenschaften. Halle: Selbstverl. des Verf. 1905.

Schaaf-Regelmann, Ida, aus den Erinnerungsblättern eines Typewriting-Girl, s.: Frauen-Bibliothek, moderne. Nr. 3.

Von den **Schaafen**, von ihrer Natur, ihren Krankheiten und den Heilmitteln dagegen. Nebst e. Anh. von d. Krankheiten u. Seuchen d. Hornviehes u. d. Schweine. Leipzig 1799. 203 S.

Schaafen, v. d., v. ihrer Natur, Krankheiten und Heilmitteln dagegen. 8. Ansbach, Haueisen. (Gassert.) 799.

[J.] **Schaaff**, Albin [Dr.]: Die Kunstausdrücke im Unterrichte in den klassischen Sprachen, 1. Tl. Magdeburg, kgl. Hofbuchdr. v. C. Friese, 1897; 1 Bl., 34 S. 4.
Magdeburg, k. Dom-G, OP 1897 (245)

Schaaff, Albinus: De genetivi usu Plautino. Halis Saxonum 1881: Karras. 44 S. 8°
Halle-Wittenberg, Phil. Diss. v. 14. Juni 1881
Geb. Zörbig (Kr. Bitterfeld) 23. 7. 1856. V.

Schaaff, Anton (Frankfurt a. M.)
Dissertatio inauguralis juridica quam ad legem Pompeiam de parricidii crimine eiusque poena.
Gissae 12. ante Kal. Sextil. 1714: Joh. Reinh. Vulpius. 52 S. 4°
pro licentia summos in utroque jure honores rite capessendi.

Schaaff, Chr. Fr. Ludwig, s. Schaaff, Ludwig

Schaaff, Ernst, approb. Arzt u. Assist. an d. Univ.-Augenklinik zu Strassburg: **Die Methoden der Behandlung des Keratoconus.** *Strassburg 1902: Strassb. Neueste Nachrichten.* (31 S.) 8°
Strassburg, Med. Diss. v. 1902

Schaaff, F. W., Abhandlungen aus dem Pandektenrecht. 1. Bd. 1. und 2. Heft. gr. 8. Heidelberg, Bangel und Schmitt. *
Inhalt:
Heft 1. Zur Lehre von der Culpa. (211 S.) 857. * 1 Thlr.
„ 2. Ueber die rückwirkende Kraft neuer Gesetze. (S. 212—516.) 860. * 1 Thlr. 18 Ngr.

— der deutsche Nationalverein und seine Zukunft. Leipzig 861. C. F. Winter. gr. 8. (31 S.) 3 ngr.

— Preußen und die Uebereinkunft von Villafranca. Ein zweites Wort über Preußens Politik. Heidelberg 859. J. Groos. gr. 8. (31 S.) n. 4 ngr.

— ein Wort über Preußens Politik. Heidelberg 859. Bangel & Schmitt. gr. 8. (23 S.) n. 4 ngr.

Schaaff, Fr., Gans' Kritik gegen Herrn v. Savigny, die Grundlage des Besitzes betreffend, erörtert. gr. 8. Berlin 839. Enslinsche Buchh. (Ferd. Müller.) 1/4 ℛ

Schaaff, Johann Christian Ludwig, s. Schaaff, Ludwig

Schaaff, Ludwig

Schaaff, (J. Ch. L.,) die evangelische Brüdergemeine. Geschichtlich dargestellt. gr. 8. Leipzig 825, Glebitsch.

Schaaff, Chr. Fr. Ldw., nicht J. C. L., die evangel. Brüdergemeine, Geschichtl. dargestellt. gr. 8. Leipz. 825. (Brockhaus). 1 ℛ 12 gr

Schaaff, J. Ch. L., Encyklopädie d. class. Alterthumskunde, e. Lehrb. f. ob. Class. gel. Schul. 2 Thle. gr. 8. Magdeb. Keil. (Heinrichshofen.) 806-8. (à 1 Rthlr. 4 gr.)
(dessen 1r Thl. u. d. Tit.: Literaturgesch. u. Mythologie d. Gr. u. Römer.)
(2r Thl. u. d. Tit.: Antiquitäten u. Archäologie d. Gr. u. Römer.)

Schaaf, Ludw., Encyclopädie d. classischen Alterthumskunde. 2 Thle. 2te verb. Aufl. gr. 8. Magdeburg, Heinrichshofen. 820.
Velinpap.
1r Theil auch unter dem Titel:
Literaturgeschichte und Mythologie der Griechen und Römer.
2r Thl. auch unter dem Titel:
Antiquitäten und Archäologie der Griechen und Römer.

— Encyklopädie d. class. Alterthumskunde, ein Lehrbuch f. d. obern Klassen d. gelehrten Schulen. 2 Thle. 3e Aufl. gr. 8. Magdeb. 827, Heinrichshofen.

Schaaff, Ludw., Encyclopädie d. klass. Alterthumskunde, e. Lehrb. f. d. oberen Klassen gelehrter Schulen. 4. Ausg., hrsg. v. J. Ch. G. Schincke. 2 Thle. à 3 Abthln., nebst Register. gr. 8. Magdeburg, Heinrichshofen.
A. u. d. Tteln.:
Thl. 1. Abthl. 1. Geschichte d. griech. Literatur. Bearb. v. Ed. Horrmann. (11 B.) 837. 16 Gr.
„ 2. Geschichte d. röm. Literatur. Bearb. v. Dems. (8½ B.) 837. 12 Gr.
„ 3. Mythologie d. Griechen u. Römer. (20 B.) 839. 1 Thlr. 8 Gr.
„ 2. Abthl. 1. Antiquitäten d. Griechen. Von L. Schaaff. (8⅛ B.) 837. 12 Gr.
„ 2. Antiquitäten d. Römer. Bearb. v. Ed. Horrmann. (9 B.) 837. 12 Gr.
„ 3. Archäologie d. Griechen u. Römer. (10½ B.) 839. 16 Gr.
Namen- u. Sachregister hierzu. gr. 8. (4 B. u. Tit. z. 1. u. 2. Thl.) 839. 8 Gr.

Schaaff, Ludw., Encyclopädie der klassischen Alterthumskunde, ein Lehrbuch für die oberen Klassen gelehrter Schulen. 5. umgearb. Ausg. 1. Thl. 2 Abthlgn. gr. 8. 1. Abth. Leitfaden zur Geschichte der griech. Literatur von E. Horrmann. (XIV u. 188 S.) 2. Abth. Leitfaden zur Geschichte der röm. Literatur v. E. Horrmann. (X u. 143 S.) Magdeburg 849. 51, Heinrichshofen. (1: 2/3 ℛ 2: 1/2 ℛ) 1 1/6 ℛ

Schaaff, Ludw., Encyclopädie der klassischen Alterthumskunde, ein Lehrbuch für die oberen Klassen gelehrter Schulen. 5., umgearb. Ausg. Magdeburg, Heinrichshofen. gr. 8.
2. Thl. 1. Abth.: Handbuch der Griechischen Antiquitäten von K. F. H. Schwalbe. Umarbeitung der 1. Abth. des 2. Bds. der „Schaaff'schen Encyklopädie der klassischen Alterthumskunde." 854. (VIII, 236 S.) 1 ℛ.
2. Thl. 2. Abth.: Römische Antiquitäten von Leop. Krahner. 1. Hälfte. 857. (XII, 251 S. u. 1 lith. Plan der Stadt Rom in Fol.) 1 ℛ. 10 ngr.

— Ideen z. Synodalverfass. d. evangel. Geistlichkeit in d. preuß. Staate. 8. Magdeb. 819. Heinrichshofen. 14 gr

— die Kirchen-Agendensache im preuß. Staate. Eine geschichtl. Mittheilung z. bessern Einsicht in d. streitigen Umstände. gr. 8. Leipz. 824, Hartmann.

— die Kirchen-Agendensache im preuß. Staate. Eine geschichtl. Mittheilung z. bessern Einsicht in d. streitigen Umstände. gr. 8. Leipz. 824. (Lehnhold). 10 gr

— Methodik d. deutschen Stylübungen f. Lehrer an Gymnasien. gr. 8. Magdeb. 813. Heinrichshofen. 10 gr

Schaaff, J. C. L., Methodik des histor. Unterrichts für Lehrer an Gymnasien. Magdeb. 803. 8. 10 gr.

— Methodik d. histor. Unterrichts f. Lehrer an Gymnasien. gr. 8. Magdeb. 812. Heinrichshofen. 10 gr

— üb. die Pflichten u. Verhältnisse d. evangel. Presbyterien in d. preuß. Staate. 8. Magdeb. 818. Heinrichshofen. 12 gr

— wie Esther Gottschalk in die Gemeinschaft der Gläubigen überging. 8. Magdeb. 823, Heinrichshofen.

Schaaffhausen, H[erm.], der Neanderthaler Fund. gr. 4. (50 S. mit eingedr. Fig. und 3 Taf.) Bonn 888, Marcus. *

Schaafhausen, H., Ein römischer Fund in Bandorf bei Oberwinter. S.-A. 1873. 42 S. u. 2 Taf. 4°.

Schaafhausen, H., Die 50jährige Jubelfeier des Vereins von Altertumsfreunden im Rheinlande. (Aufgaben der Altertumsforschung und ihr Ergebnis). S.-A. 1882. 26 S. 4°.

— Der Onyx von St. Castor in Koblenz. S.-A. 1885. 18 S. u. 2 Taf. 4°.

Schaaffhausen, H., die anthropologische Sammlung des anatomischen Museums der Universität Bonn, s: Sammlungen, die anthropologischen, Deutschlands.

Schaaffhausen, Herm., der Schädel Raphaels. Zur 400jähr. Geburtstagsfeier Raphael Santi's. gr. 4. (31 S. m. 2 Steintaf.) Bonn 883. Cohen & Sohn. n. 3. —

— Eine römische Statuette von Eisen. S. A. 1886. 22 S. u. 1 Taf. 4°.

— anthropologische Studien. gr. 8. (IX, 677 S.) Bonn 885. Marcus. n. 12. —

Schaaffhausen, Prof. Dr. Herm., über die Urform des menschlichen Schädels, ein im anthropolog. Congresse in Paris am 30. Aug. 1867 gehaltener Vortrag. Bonn 869. (Weber.) gr. 4. (26 S.) n. 15 ngr.

Schaaffhausen, Herm. (geb. Coblenz 18.. – 18..): De vitae viribus. Berolini (1830). (32 S.) 8°
Berlin, Med. Diss. v. 31. Aug. 1830

Schaaffhausen, Herm., de vitae viribus. Dissert. inaug. 8 maj. Berolini 839. (Burmeister et Stange.) n. 1/6 Rthlr

Schaaffhausen, Rudolph (geb. am 25 Jan. 1848 in Bonn): Ueber den Geburtsverlauf und über die Wendung auf die Füsse bei engem Becken ... Bonn, Buchdr. v. P. Neusser 1870. 36 S., 1 Bl. 8.
Bonn, Med. Fak., Diss. v. 18 Juli 1870

Schaaffs, Albert, a. Eschwege, Referendar: Die Todeserklärung im bürgerlichen Recht. Eschwege (o. J.): A. Rossbach. (80 S.) [J.]
Marburg, Jur. Fak., Ref. André, Diss. v. 10. März 1905
[Geb. 27. Mai 82 Eschwege; Wohnort: Eschwege; Staatsangeh.: Preußen; Vorbildung: Gymn. Göttingen Reife O. 00; Studium: Göttingen 4, Berlin 1, Göttingen 1 S.; Rig. 7. Okt. 03.]

Schaaffs, Georg, aus Eschwege: Syndetische und asyndetische parataxe im gotischen. *Göttingen 1904: E. A. Huth.* (99 S.) 8°
Göttingen, Phil. Diss. v. [15. Juli] 1904

Schaaffs, Geo., syndetische u. asyndetische parataxe im gotischen. Diss. (99 S.) 8. Göttingen 904. (Vandenhoeck & Ruprecht.) n. 2. 40

Schaafhausen, Karl

Schaafhausen, Carl *Ernst* [aus Ratingen]: Aus d. chirurg. Klinik d. Univ. Bonn. Ein Fall von Elephantiasis fibromatosa (Pachydermatocele). . . . Bonn, Buchdr. J. Bach Wwe., 1891; 31 S. 8°
Bonn, Med. Fak., Inaug.-Diss. v. [21.] Jun. 1891

Schaafhausen, Wilhelm, a. Borbeck: Ueber Fehlerquellen bei Gasdruckmessungen mit Stauchapparaten in Geschützrohren. Essen-Ruhr 1906: H. L. Geck. (62 S.) 8°
Freiburg i. B., Phil. Fak., Ref. Himstedt, Diss. v. 20. Okt. 1906
[Geb. 9. Sept. 69 Essen; Wohnort: Borbeck; Staatsangeh.: Preußen; Vorbildung: Oberrealsch. M.-Gladbach Reife M. 03; Studium: Hat nicht auf Hochschulen studiert; Rig. 30. Juli 06.]

Schaafheim [Schlagwort]

Schaafheim, s.: Hessen, Grossherzogtum.

Schaafheim - Aschaffenburg, s.: Geolog. Karten (Hessen).

Schaaf=Schur, die, eine Pfälzische Idylle vom Mahler Müller, 8. Manheim, 775. Schwan. 5 Sgr

Schaafshausii, P., Diss. de insignibus Taylori in Lysiam meritis. Hamb 741. 4.

Schaafskopf, F. E. v., hinterlassene Papiere, (von A. F. v. Knigge; ist dess. Schriften 10r Bd.) 8. Breslau. (Hahn in Hannover.) 796.

Schaafzucht, s.a. Schafzucht

— üb. die, (v. J. A. Wefeld). 18. Wien 770.

— die, od. Unterricht üb. die Schaafe, deren Zucht, Wartung u. Benutzung; nebst Angabe ihrer Krankheiten u. den sichersten Mitteln ihrer Heilung. 8. Ulm, Ebner. 16 Sgr

— über die, in Preußen. gr. 8. Leipzig, Gerhard Fleischer. 800.

Schaafzucht, die, in ihrem ganzen Umfange, od. ökonom.=prakt. Anweis. z. Erziehung, Behandlung u. vortheilhaft. Benutzung d. Schaafe, wie auch von d. Krankheiten derselben u. die Mittel dagegen. 8. Ulm 808. Stettin. 8 Sgr

Schaak, Milton Franklin [aus Lebanon, Penn. U. S. A.]: Über die α-Oxypentensäure und ihre Umlagerung in Lävulinsäure ... Strassburg i. E., Buchdr. C. & J. Gœller, 1897; 29 S., 1 Bl. 8.
Strassburg, Math.-naturw. Fak., Inaug.-Diss. v. 1897

Schaake, Julius, Referendar: Die Befriedigung des Klägers im Prozeß in ihrer Wirkung auf das Verfahren. Borna-Leipzig 1908: Noske. VIII, 65 S. 8°
Würzburg, Jur. Diss. v. 11. Jan. 1909, Ref. Mendelssohn-Bartholdy
[Geb. 22. April 85 Harburg a. E.; Wohnort: Hanau; Staatsangeh.: Preußen; Vorbildung: Gymn. Kassel Reife O. 03; Studium: Berlin 2, Kiel 1, München 1, Marburg 2 S.; Rig. 21. Dez. 08.] [U 09. 4085

Schaake, Lbrd., Cellische Nachr. f. Landwirthe, v. 3n Hefte an herausgg., s. Nachrichten.

Schaake W, üb. Einführ. e. neuen Goldmünze statt d. z. beseit. Goldkrone. Hildesheim 1864

Schaaken [Schlagwort]

Schaaken, s.: Preussen. Messtischblätter.

Schaal, Adi., unterm roten Kreuz 1870/71. Selbsterlebtes. Als Jubiläumsschrift zur 25jähr. Wiederkehr der denkwürd. Tage gr. 8. (VIII, 92 S. m. 5 Illustr.) Stuttgart 895. W. Kohlhammer. n. 2. 80; geb. n. 3. 50

SCHAAL, EUGEN. Ueber einige aus Asparaginsäure entstehenden Producte. Tübingen, 1870.

Schaal, Johann Wilhelm

Schaal, Ioan. Guil. (geb. Stargard i. P. 1790): De tetano. Berolini (1820). (42 S.) 8°
Berlin, Med. Diss. v. 3. März 1820

Als ich noch zur Schule ging. Von Johannes **Schaal**, Rektor. Hamm i.W.: Breer & Thiemann [1906]. (155 S.) 8° [ℌ.] [07. 4648 6

Pädagogisches Bilderbuch von einem Schulmanne.(Verf.: Schaal, Rektor.) T. 1. 2. *Trier: F. Lintz 1902–03.* 2 Bde 8° [ℌ.] [04. 1333

Schaal, Johs., pädagogisches Bilderbuch. Selbstbeobachtung! Selbsterkenntnis! Fortschritt! 2. Tl. (V, 88 S.) gr. 8. Trier 903. F. Lintz. n. 1. 35
1. Tl. u. b. T.: Bilderbuch, pädagog. Ebd. 902. 1. 50.

Schaal, Johannes, appr. Arzt: Über einen Fall von puerperaler Gangrän durch paradoxe Embolie. Halle a.S. 1910: John. 27 S. 8°
Halle, Med. Diss. v. 23. Dez. 1910, Ref. Veit
[Geb. 12. Febr. 84 Halle a. S.; Wohnort: Cöln; Staatsangeh.: Preußen; Vorbildung: Gymn. Klausthal Reife O. 04; Studium: Königsberg 2, Halle 8 S.; Coll. 13. Jan. 10; Approb. 16. Dez. 10.] [U 11. 1788

Vaterländische Geschichte von **Schaal**, Rektor. Trier: F. Lintz 1904. (40 S.) 8° [ℌ.] [05. 1045?

— Durch die Wüste „Heimatlos", s.: **Aus Welt u. Leben.**

Schaal, Johs., Wenzel Rost, s.: **Jugendbücherei.**

(F) **Schaal, J.,** Wenzel Rost. [Jugendbücherei. Nr. 25.] 8°. (47 S.) Graz: Styria 1909. K —.30, geb. K —.70

Schaal, Lydia

Schaal, L., Dankam. Die Geschichte e. Waisenkindes. (19 S. m. Abb.) 8. Basel 910. Basler Missionsbuchh. — 10

Schaal, [Frau] L[ydia]. Freud und Leid unter dem Zeichen des Kreuzes. Bilder aus dem Leben von Missionaren. 80 S. 8. Basel, Missionsbuchh., 1903. [geb. fr. 1. 50]

Schaal, L., Gnanamma, e. treue u. gesegnete Magd. 8. (24 S. m. Abb.) Basel 902. Missionsbuchh. n. — 10

Schaal, L[ydia]. Licht in der Finsternis. Erlebnisse in der südindischen Mission. Mit Aquarellbild [Tafel]: Weihnachten, von W Eissel, sowie 6 Illustrationen und Originalzeichnungen von C Schmauk. 32 S. 8. Basel, Missions-Buchh., [1902]. [fr. —. 15]
([Aus:] Christrosen. [Erzählungen für unsere Jugend.] Stuttgart, Dr. von Carl Ulshöfer [Comm. Holland & Josenhans].)

Schaal, [Frau] L[ydia]. Eine heidnische Mutter. [Illustriert.] 12 S. 8. Basel, Basler Missionsbuchh., [1906]. [fr. —.10]
B[asler] M[issions-]K[inderschriften Heft] 5.

Schaal, [Frau] L[ydia]. Magdalenens Weihnachten. [Illustriert.] 16 S. 8. Basel, Basler Missionsbuchh., [1906]. [fr. —.10]
B[asler M[issions-]K[inderschriften Heft] 1.

Schaal, Max, aus Esslingen: **Über basische Cumarine.** *Strassburg i. E. 1898: C. & J. Goeller.* (38 S.) 8°
Tübingen, Naturw. Diss. v. 1898

Schaal, Oscar: Über die Verwendung von Cyclohexylmagnesiumjodid zur Synthese von Verbindungen der alicyklischen Reihe. Beiträge zur Kenntnis der Grignard'schen Reaktion. 1909. 58 S. 8°
¶ Vgl. Berichte d. Deutschen Chem. Gesellschaft. Jg. 42.
Stuttgart, Dr.-Ing.-Diss. v. 4. 11. 1908

Schaal, Rich., die Indicationen f. das Anlegen der Zange nach der Prager Schule. Inaugural-Dissertation. gr. 8. (17 S.) Tübingen 872. (Fues). n. — 4

Schaal, Richard, a. Leutkirch: Ueber Nonadecylmethylendicarbonsäure COOH.C 19 H 38.COOH und Homologe derselben aus Japanwachs. Heidelberg 1907: **Heidelberger Verlagsanstalt u. Druckerei.** (46 S.) 8°
Heidelberg, Naturw.-math.Fak., Ref. Curtius, Diss. v. 30. Sept. 1907
[Geb. 28. Dez. 82 Leutkirch; Wohnort: Leutkirch; Staatsangeh.: Württemberg; Vorbildung: Gymn. Ravensburg Reife M. 01; Studium: München 3, Berlin 1, Heidelberg 6 S.; Rig. 1. Aug. 07.]

Schaap. L. B. Catalog der werthvollen Sammlung hebräischer und jüdischer Bücher und Handschriften, nachgelassen von Herrn L. B. Schaap. Amsterdam 1868.

Schaar, Ed. Eis, Schnee u. kalte Luft, deren Bedeutung u. Anwendung im gewerblichen u. bürgerlichen Leben. Ein Wegweiser f. Brauer, Gastwirte, Hopfeninteressenten, Landwirte, Haushaltgn. u. das biertrink. Publikum. 8. (V, 164 S.) Jena 892, Mauke. * 1 80

Schaar, Ferd., über den Bau des Thallus v. Rafflesia Rochussonii Teysm. Binn. gr. 8. (18 S. m. 3 Taf.) Wien 898. (C. Gerold's Sohn.) n. 1. 20
Sonderabdruck aus: „Sitzungsber. d. k. Akad. d. Wiss."

— Naturgeschichte f. die erste Klasse der Mädchen-Lyzeen. A u. B gr. 8. Wien 902. F. Deuticke. Geb. n. 2. 40
A. Tierkunde. (VII, 82 S. m. 94 Abbildgn.) n. 1. 40
B. Pflanzenkunde. (VI, 48 S. m. 57 Abbildgn.) n. 1. —

— dasselbe, für die 2. u. 3. Klasse der Mädchen-Lyzeen. B. Pflanzenkunde. 8. Ebd. Geb. n. 4. 80
2. (XVII, 135 S. m. Abb.) 905. n. 3. —
3. (VIII, 76 S. m. 88 Abb. u. 2 lith. Taf.) 906. n. 1. 80

Schaar, Ferd., Naturgeschichte für die 1.—3. Klasse der Mädchen-Lyzeen. A. Tierkunde. 8. Wien 906. F. Deuticke. Geb. n. 5. 60
1. 2. Aufl. (VII, 77 S. m. 94 Abb.) Geb. n. 1. 40
2. 2. Aufl. (VIII, 102 S. m. 126 Abb.) Geb. n. 2. —
3. (IX, 128 S. m. 210 Abb.) Geb. n. 2. 20

Schaar Ferdinand: Die Reservestoffbehälter der Knospen von *Fraxinus excelsior* (mit 1 Taf., S. 99 [illegible]
Separatabdruck

Schaar, F., die Reservestoffbehälter der Knospen von Fraxinus excelsior. [Aus: „Sitzungsber. d. k. Akad. d. Wiss."] Lex.-8. (10 S. m. 1 Taf.) Wien 890. (Tempsky.) n. — 50

Schaar, [illegible]
Bern, Med. Diss. v. [illegible] Sept. 1910

Schaar, G., Rede bei der 50. Jahres-Feier der Altonaer Sonntagsschule, gehalten am 2. März 1851. Nebst einem Anhang. gr. 8. (29 S.) Altona 851. (Schlüter.) n. 1/6 ₰

Schaar, Georg (Hamburg) Altd. Thl. 22/12

Dissertatio historico-theologica de monogrammate Pauli in II. Thess. III, 17 adhibito.
Präs. Gustav Georg Zeltner.
Altdorf (Meyer) 26. V. 1721. 29 S.

W. v.: Präs. 29859

Schaar, Georg (Hamburg) Altd. Thl. 15/9

Dissertatio de phantasia matre enthusiasmi.
Präs. Johann Wilhelm Baier.
Altdorf (Meyer) 28. VI. 1721. 32 S.

W. v.: Präs. 29860

Schaar, Geo. F., kurzer Abriss üb. die Fortschritte in der Construction der Apparate f. die Gasfabrikation. 4. (III, 26 S. m. eingedr. Fig.) Halle 884. Knapp. n. 2. —

Schaar, G. F., s.a. Kalender f. Gas- u. Wasserfach-Techniker.

Schaar's, G. F., Kalender f. das Gas- u. Wasserfach. Hrsg. v. E. Schilling. Bearbeitung des wassertechn. Tles. v. G. Anklam. 26. Jahrg. 1903. 2 Tle. 12. (VIII, 204 S., Schreibkalender, 48 u. 186 S. m. Fig.) München, R. Oldenbourg. Geb. in Ldr. u. geh. n. 5. 50
Vergl.: Kalender f. Gas- u. Wasserfach-Techniker.

Schaar's, G. F., Kalender f. das Gas- u. Wasserfach. Hrsg. v. E. Schilling. Bearbeitung des wassertechn. Teiles v. G. Anklam. 30. Jahrg. 1907. 2 Tle. (XVII, 254 S., Schreibkalender u. 122 S. m. 16 Abbildgn. u. VII, 209 S. m. Fig. u. 1 Taf.) kl. 8. München, R. Oldenbourg. Geb. in Ldr. u. geh. n. 5. 50

Schaar, G. F., Kalender für das Gas- und Wasserfach. Hrsg. von E. Schilling. Jg. 31 (1908). München, 1907.

Schaar's, G. F., Kalender f. das Gas- u. Wasserfach. Hrsg. v. E. Schilling. Bearbeitung des wassertechn. Teiles v. G. Anklam. 34. Jahrg. 1911. 2 Tle. (XXIII, 276 S., Schreibkalender, 152 u. VII, 232 S. m. Fig. u. u. 1 Taf.) kl. 8. München, R. Oldenbourg. Geb. in Ldr. u. geh. 5. 50

Schaar, Geo. F., das Liegel'sche Sparfeuerungs-System. Deutsches Reichs-Patent. 4. (12 S. mit 14 Fig.) Halle 885, Knapp. *

Schaar, G. F., die Steinkohlengasbereitung, mit einem Anhang: Die Darstellung des Leuchtgases aus Petroleumrückständen. gr. 8. (157 S. mit 16 in den Text gedr. Holzschn. und 1 Atlas von 18 autogr. Taf. in Imp.-Fol.) Leipzig 877, Baumgärtner's Buchh. *
Aus: Der practische Maschinen-Constructeur, besonders abgedruckt.

—— die Steinkohlengasbereitung, mit einem Anhang: Die Darstellung des Leuchtgases aus Petroleumrückständen. Mit einem Atlas von 18 autogr. Taf. (in Imp.-4.). 2. (Titel-)Aufl. gr. 8. (158 S. mit 16 in den Text gedr. Holzschn.) Leipzig 880, Baumgärtner's Buchh. *

Schaar, G. F., Vademecum f. Gasconsumenten, s.a. Brown.

Schaar, G. F.: Brown's Vademecum für Gas-Consumenten. 3. Aufl. Stuttgart 1890

Schaar, Henricus: De comparativi apud Homerum significatione. Halis Saxonum 1884: Ploetz. 82 S. 8°
Halle-Wittenberg, Phil. Diss. v. [30. Aug.] 1884
Geb. Strodehne (Kr. Westhavelland) 20. 4. 1859. V.

Schaar, J. G. C., Introductions-Rede des Herrn Oberconsistorialraths u. Propsten Paulus, Ritter u. D. M., u. Antritts-Predigt, gehalten über 1. Kor. 4, v. 1 u. 2, am 1. Advent, den 28. Nov. 1841. gr. 8. Altona 842, Aue's Buchh. (Schlüter.) n. 1/4 ₰

Schaar, W., Freuden u. Leiden auf e. Missionsstation in Deutsch-Südwestafrika, s.a. Missions-Traktate, rhein.

Freuden und Leiden auf einer Missionsstation in Deutsch-Südwestafrika. Von W. Schaar, Missionar. *Barmen: Rhein. Missionshaus 1900.* (41 S.) 8° [F.]
— Missions-Traktate, Rheinische. No 99. (01. 3713 B

Schaar, Wilh., Ratgeber f. junge Kaufleute, d. in England od. Frankreich Stellg. nehmen u. Sprachen lernen wollen. (52 S.) 8. Castrop (909). (Dortmund, R. Keßler.) 1.25

Schaar, Wilhelmine, neue Musterblätter zu jeder Art v. Stickerei, prakt. entworfen. 2 Hfte. qu. gr. Fol. Hamb. 832, 33. (Herold). 3 ₰ 16 g

Schaar-Rosenberg, Fr[iedrich]: I. Zur Kenntnis der Jodosobenzoësäure. II. Ueber die Einwirkung von aromatischen Senfölen und von Thiophosgen auf Phenoläther bei Gegenwart von Aluminiumchlorid. *Heidelberg 1898: J. Hörning.* (43 S.) 8°
Heidelberg, Naturw.-math. Diss. v. [24. März] 1898

Schaare, Herbert. Ueber die Einwirkung von Phosphorpentachlorid auf Benzoyldiphenylamin. Freiburg im Breisgau, 1882.

Schaare, Walt., u. Karl Blasse, die Bilderschriftmethode Eine neue Anleitg. zur Einführg. der Laute u. Lautzeichen im ersten Leseunterricht. Nebst e. Tabelle, das Prinzip d. Bilderfibel darstellend. gr. 8. (114 S.) Leipzig 903. Dürr'sche Buchh. n. 1. 60

Schaarschmidt. Beiträge zur Erziehung d. Unteroffiziers f. seinen Beruf. Zur Instruktion u. Selbstbelehrg. Auf Veranlassg. d. königl. Kommandos Infanterie-Regiments v. d. Goltz bearb. Zusammengestellg. e. Reihe v. inhaltlich erweit. Aufsätzen aus der Unteroffizier-Zeitg. gr. 8. (VII, 68 S.) Berl. 892, Liebel. cart. ** — 95; geb. ** 1 15

Schaarschmidt's Erziehung des Unteroffiziers für seinen Beruf. Zum Dienstunterricht u. zur Selbstbelehrung. 2. Aufl. Neubearb. von Boysen, Hauptm. im Inf.-Regt Nr. 72. Berlin: Liebel 1906. (67 S.) 8°
1. Aufl. u. d. T.: Beiträge z. Erziehung d. Unteroff. ... von Schaarschmidt, Hauptm.

Schaarschmidt's, Erziehung des Unteroffiziers f. seinen Beruf. Zum Dienstunterricht u. zur Selbstbelehrg. 2. Aufl. Neubearb. v. Boysen. (IV, 67 S.) 8. Berlin 906. Liebel. n. — 90

Schaarschmidt, s.: Jahrbuch f. Fähnriche u. Fahnenjunker.

— s.: Jahrbuch f. Kadetten.

— s.: Jahrbuch f. die Offizierfrau.

Schaarschmidt, Rede zur Feier der Einweihung des neuen Realschulgebäudes zu Chemnitz am 9. Oktbr. 1893. gr. 8. (14 S.) Chemnitz 893. M. Bülz. n. — 30

— s.: Taschenbuch f. Fähnriche u. Fahnenjunker.

Schaarschmidt, A., Kleines Handbuch f. Standesbeamte. Für den prakt. tägl. Gebrauch zusammengestellt. (150 S.) 8. Berlin, E. Weber. 3. —; 1909. geb. 3. 50; durchsch. 5. —

Schaarschmidt, Alfred, aus Jahnsbach bei Thum in Sachsen, Assistent am chemischen Universitäts-Laboratorium: Über den wechselnden Affinitätswert einfacher Bindungen. Borna-Leipzig 1907. 47 S. 8°. [27. VII. 07.]
Zürich. Phil. Diss. II. S. 1906/1907.

Schaarschmidt, Alfred. Über den wechselnden Affinitätswert einfacher Bindungen. Diss. Phil. [II.] Univ. Zürich. 47 S. 8. Borna-Leipzig, Robert Noske, 1907.

Schaarschmidt, August, s.a. Schaarschmidt, Samuel

— kurzer Begriff d. allgem. Curmethode, in d. prakt Medicin. 8. Ebend. 770.

Schaarschmidt, A., kleines Handbuch f. Standesbeamte. Für den prakt. tägl. Gebrauch zusammengestellt. (150 S.) 8. Berlin 909. E. Weber. 3.—; geb. 3.50; durchsch. 5.—

— Nachr. v. d. Gegenden u. d. Gesundbrunnen bei Freienwalde. 8. Berl. 761. Voß. 4 gl.

— Nachr. v. d. Krankheiten d. mit d. goldn. Ader verbunden sind. 8. Ebend. 771.

— nützl. Nachr. v. d. Natur u. Kur d. Krankheiten die mit der goldnen Ader verbunden zu sein pflegen. 8. Berl. 756. N. A. 771. Voß. 4 gl.

— chirurg. Operationen, s. Operationen.

Schaarschmidt, August (Hrsg.):

s.: Schaarschmidt, Samuel: Medicinische und chirurgische Nachrichten. Th.4 – 6. Berlin: 1748

JB 3.215

Schaarschmidt, August: Adenologische Tabellen. 36 S., gbd.

Berlin: Schütz 1751

JB 594

Adenologische Tabellen, entworfen von August Schaarschmidt. Frankfurt & Leipzig 1754. 36 S. 8°

Angeb.an: Schaarschmidt: Splanchnologische Tabellen. Frankfurt & Leipzig 1754.

Schaarschmidt, August: Adenologische Tabellen. Andere Ausg. 36 S., gbd.

Berlin: Schütz 1754

JB 596

Adenologische Tabellen, entworfen von August Schaarschmidt. Frankfurt & Leipzig 1759. 36 S. 8°

— adenolog. Tabellen. 8. N. A. 765. Lange. 2 gl.

[Teils.] August Schaarschmidts [Schaarschmidt] anatomische Tabellen. 1-7. Berlin: Lange 1759. 1 Bd 8°

[Sondert.1:] Osteologische Tabellen. 3.Ausg. Berlin Schütz 1754.
[Sondert.2:] Splanchnologische Tabellen. Andere Ausg. Berlin:Schütz 1752.
[Sondert.3:] Nevrologische Tabellen. Andere Ausg. Berlin: Schütz 1753.
[Sondert.4:] Myologische Tabellen. 3.Ausg. 1759.
[Sondert.5:] Angiologische Tabellen. Andere Ausg. Berlin: Schütz 1753.

— anatom. Tabellen. Mit Zusätzen verm. u. mit Registern versehene Aufl. von S. Th. Sömmerring u. J. J. Hartenkeil. gr. 8. Frankf. a. M. 803. (Schäfer). 2 rthl 8 gl

Schaarschmidt, August: Angiologische Tabellen. 96 S., gbd.

Berlin: Schütz 1749

JB 596

Angiologische Tabellen, entworfen von August Schaarschmidt. Frankfurt & Leipzig 1754. 96 S. 8°

Angiologische Tabellen, entworfen von August Schaarschmidt. Frankfurt & Leipzig 1759. 96 S. 8°

— angiologische Tabellen. 8. Berl. 771. Lange.

— angiologische Tabellen. 8. Berlin, Lange. 781.

— Myologische Tabellen. 8. Halle 747.

Schaarschmidt, August: Myologische Tabellen. Andere Ausg. 120 S., gbd.

Berlin: Schütz 1751

JB 596

Myologische Tabellen entworfen von August Schaarschmidt. Frankfurt & Leipzig 1754. 120 S. 8°

Myologische Tabellen, entworfen von August Schaarschmidt. Frankfurt & Leipzig 1759. 120 S. 8°

— 4e Aufl. Berl. 783. Ebd.

Schaarschmidt, August: Nevrologische Tabellen. 99 S., gbd.

Berlin: Schütz 1750

JB 593

Neurologische Tabellen, entworfen von August Schaarschmidt. Frankfurt & Leipzig 1754. 96 S. 8°

Neurologische Tabellen, entworfen von August Schaarschmidt. Frankfurt & Leipzig 1759. 96 S. 8°

Schaarschmidt, A., Neurologische Tabellen. 86 pp. Brl. 8°.
Zu 2. Aufl. der „Verbess. anat. Tabellen mit gr. Zusätzen vermehrt. 2. Th." in Bd. 2 „die Lehre v. d. Eingeweiden, Drüsen, Gefäßen u. Nerven".
1762

Schaarschmidt, August: Nevrologische Tabellen. 86 S., gbd.

Berlin: Lange 1762

JB 596

— neurologische Tabellen. 8. Ebend. 3e A. 777.

— Osteolog. Tabellen. 8. Halle 746.

Schaarschmidt, August: Osteologische Tabellen.Andere Ausgabe. 175 S., gbd.

Berlin: Schütz 1749

JB 592

Osteologische Tabellen, entworfen von August Schaarschmidt. Frankfurt & Leipzig 1754. 175 S.8°

Beigeb.: Schaarschmidt: Syndesmologische Tabellen. Frankfurt & Leipzig 1754.

Osteologische Tabellen, entworfen von August Schaarschmidt. Frankfurt & Leipzig 1759. 175 S.8°

Schaarschmidt, August: Osteologische Tabellen. 4.Ausg. 184 S., gbd.

Berlin u.Stralsund: Lange 1764

JB 596

– N. A. Berl. 779. Ebd. 6 gl. –

Schaarschmidt, August: Sämtliche anatomische Tabellen, enthaltend die
1.) Osteologie, nebst der dazu gehörigen Syndesmologie,
2.) Myologie,
3.) Angiologie,
4.) Nevrologie,
5.) Adenologie,
6.) Splanchnologie.
Insges.807 S., gbd.

Frankfurt und Leipzig: 1759 - 1765

JB 595

– sämmtl. anatom. Tabellen. 8. Berl. 765 u. 782. (Reimer). 1 rl 6 gl.

– – dieselben. 2 Thle. gr. 8. Frankfurt, Eßlinger. 803.

– Splanchnolog. Tabellen. 8. Halle 748.

Schaarschmidt, August: Splanchnologische Tabellen. Andere Ausg. 208 S., gbd.

Berlin: Schüz 1752

JB 596

Splanchnologische Tabellen, entworfen von August Schaarschmidt. Frankfurt & Leipzig 1754. 208 S. 8°

Beigeb.: Schaarschmidt: Adenologische Tabellen. Frankfurt & Leipzig 1754.

Splanchnologische Tabellen, entworfen von August Schaarschmidt. Frankfurt & Leipzig 1759. 208 S. 8°

– splanchnologische Tabellen. N. Aufl. 8. Berl. 764 u. 772. Ebd. 8 gl.

Schaarschmidt, August: Syndesmologische Tabellen. 80 S., gbd.

Berlin: Schüz 1752

JB 594

Syndesmologische Tabellen, entworfen von August Schaarschmidt. Frankfurt & Leipzig 1754. 80 S. 8°

Angeb.an: Schaarschmidt: Osteologische Tabellen. Frankfurt & Leipzig 1754.

– syndesmologische Tabellen. 8. Ebend. 767–59.

Syndesmologische Tabellen, entworfen von August Schaarschmidt. Frankfurt & Leipzig 1759. 80 S. 8°

Schaarschmidt, August: Syndesmologische Tabellen. 3.Ausg. 70 S., gbd.

Berlin u.Stralsund: Lange 1765

JB 596

Schaarschmidt, A., Verbesserte anatom. Tabellen. Neue Aufl. 2 B. 732 S. Im 2. Theile die Lehre v. d. Eingeweiden, Drüsen, Gefäßen u. Nerven. Frkf. a. M. 8°.

1788

– verbess. anatom. Tabellen v. S. Th. Sömmering. gr. 8. Frankf. Eßlinger. 803.

– tabulae anatomicae ex germ. in latin. traduct. et auct. a Wasserberg. 8. Vien. Ghelen. 777.

– Unterricht v. d. Krankheiten d. Knochen. 8. Halle 749. N. A. 8. Berl. 768. (Reimer). 4 gl.

– Unterr. von d. venerischen Krankheiten. 8. Berlin, Voß. 770.

Schaarschmidt A.: Kurzer Unterricht v. den Krankheiten d. Knochen. Berl. 1749. (14) 110 S.

– kurzer Unterricht von d. Krankheiten d. menschl. Körpers. 8. Berl. 775. Voß. 10 gl.

– kurzer Unterricht v. d. venerischen Krankheiten. 8. Berl. 770. Voß. 5 gl.

– anatom. Untersuchungen. Mit Kpf. 4. Berl. 750.

Schaarschmidt, A., Verzeichn. d. Arzneymittel zur allgem. Curmethode. 8. Berlin, Voß. 773.

Schaarschmidt, Carl. s. Schaarschmidt, Karl

Schaarschmidt, E., das Abendmahl der ersten Christen od. kann e. Vegetarier zum Tische des Herrn gehen? Nach e. Vortrage, geh. am 27. Juli 1894 in der Versammlg. Leipziger Spiritualisten. gr. 8. (15 S.) Leipzig 895. (L. Wiegand.) — 15

Schaarschmidt, E., das Abendmahl der ersten Christen od. Kann e. Vegetarier zum Tische des Herrn gehen? Nach e. Vortrag, geh. am 27. VII. 1894 in der Versammlg. Leipziger Spiritualisten. 2. Aufl. gr. 8. (150 S.) Leipzig (-Neudnitz, Gabelsbergerstr. 1) 900. Selbstverl. — 15

– Blut u. Nerven. Ein Schlüssel zum Verständnis des menschl. Körpers. Mit 19 in den Text gedr., teils farb. Abb. u. e. Nahrungsmittel-Taf. gr. 8. (53 S.) Leipzig (902). E. Fiedler. n. 1. 20

Schaarschmidt, E., Blut u. Nerven. Ein Schlüssel zum Verständnis des menschl. Körpers. Mit 22 in den Text gedr., teils farb. Abbildgn. u. e. Nahrungsmittel-Taf. 2. verm. u. verb. Aufl. (55 S.) 8. Leipzig (906). E. Fiedler. n. 1. 20

– sociales Evangelium. 2. Aufl. gr. 8. (12 S.) Leipzig (-Neudnitz, Gabelsbergerstr. 1) 897. Selbstverlag. — 15

– zur Kirchenreform! od.: Wie muß das Konfirmations-Bekenntnis der Zukunft lauten? (76 S.) gr. 8. Gera 904. [J. Becker.] Leipzig, E. Fiedler. n. 1. —

– s.: Leben, wahres.

– wahre Schöpfungslehre. 3. Aufl. gr. 8. (16 S. m. Fig.) Dresden 893. (Leipzig, L. Wiegand.) — 15

– wahre Schöpfungslehre. 10. Aufl. gr. 8. (16 S. m. Abb.) Leipzig (Gabelsbergerstr. 1). Selbstverl. — 15

— über **Spiritualismus**. Eine Vertheidigungsschrift gegen pastorale Angriffe. Geschrieben im Auftrage des spiritual. Vereins in Pforzheim. 4. Aufl. gr. 8. (8 S.) Ebd. 901. n. — 10

— **112 Thesen** Religion u. Wissenschaft betr. 1. u. 2. Aufl. gr. 8. (16 S.) Ebd. 894. — 15

— 112 **Thesen**, Religion u. Wissenschaft betr. 9. Aufl. gr. 8. (16 S.) Ebd. 903. — 15

— die **Unsterblichkeit** der Menschenseele. gr. 8. (34 S.) Leipzig 892. M. Spohr. n. — 60

— die **Unsterblichkeit** der Menschenseele. (Eine neue Beweisführg.) 2. Aufl. gr. 8. (32 S.) Leipzig (900). E. Fiedler. — 50

Schaarschmidt, Eduard, s. Schaarschmidt, Friedrich

Schaarschmidt, Erich, Referendar: Die Schlüsselgewalt der Ehefrau nach dem Rechte des deutschen bürgerlichen Gesetzbuchs. Aue i. Erzgeb. 1908: Auer Druck- u. Verl.-Ges. 50 S. 8°

Leipzig, Jur. Diss. v. 30. Sept. 1908

[Geb. 13. Aug. 82 Zittau; Wohnort: Aue; Staatsangeh.: Sachsen; Vorbildung: Gymn. Zittau Reife O. 02; Studium: Lausanne 1, Leipzig 6 S.; Rig. 20. Febr. 06.] [U 09. 3658

Schaarschmidt, Friedrich

Schaarschmidt, F., Gabriel Ritter v. Grupello u. seine Broncestatuette des Kurfürsten Johann Wilhelm im Jägerhof zu Düsseldorf. Hrsg. vom Düsseldorfer Geschichtsverein zum 14. VIII. 1896. gr. 8. (16 S. m. 1 Abb. u. 1 Lichtdr.-Taf.) Düsseldorf 896. E. Lintz. n. 2.—

Schaarschmidt, Frdr., Eduard v. Gebhardt. (S. 91 bis 114 m. Abb. u. 12 Taf.) 36×27 cm. München (898). F. Hanfstaengl. 8.—

Schaarschmidt, Ed., Eduard v. Gebhardt. Eine Künstlerbiographie. Mit 10 Bilderbeilagen in Photogr. u. 12 Textillustr. gr. Fol. (8 S.) München (899). (Verlagsanstalt F. Bruckmann.) In Mappe 30.—

Schaarschmidt, Frdr., zur Geschichte der Düsseldorfer Kunst insbes. im XIX. Jahrh. Mit 1 Titelgravüre, 100 Vollbildern u. 150 Textbildern. Hrsg. vom Kunstverein f. die Rheinlande u. Westfalen, seinen Mitgliedern als Prämiengabe zur Jahrhundertwende u. zur Feier der Düsseldorfer Ausstellg. gewidmet. (XVI, 384 S.) 4. Düsseldorf 902. Kunstverein f. die Rheinlande u. Westf. Geb. in Leinw. n. 15.—

Schaarschmidt, Frdr., aus Kunst u. Leben. Studien u. Reisebilder. gr. 8. (225 S.) München 901. Verlagsanstalt F. Bruckmann. n. 4.—; geb. n. 5.50

— Zwei Düsseldorfer **Künstler**. Peter Janssen. Eduard v. Gebhardt. (VI u. S. 57—80 u. 91—114 m. Abb. u. 18 Taf.) 36×27 cm. Ebd. (897. 98). 12.—
2 Sonderabdrucke aus: „Die Kunst unserer Zeit".

Kgl. Kunstakademie zu Düsseldorf. Verzeichnis der Gemälde. (Verf.: Friedr. Schaarschmidt.) Düsseldorf: Bismeyer & Kraus 1901. (VI, 57 S.) 8°
[01. 6351 5

Schaarschmidt, Friedrich Reinhold

Schaarschmidt, Fr. Reinh., kleiner histor.-geograph. Atlas in 26 Karten als Grundlage f. d. Geschichtsunterricht bearb. u. mit erläut. Texte vers. gr. 8. Meißen 846, Goedsche. $1^2/_3$ ℳ

Schaarschmidt, Friedr. Reinhold, kleiner historisch-geographischer Atlas als Grundlage für den Geschichtsunterricht bearb. und mit erläut. Texte versehen. 2., berichtigte, durch 2 die neuesten Ereignisse betreff. Karten, sowie durch ein Register verm. Aufl. gr. 8. (IV und 96 S. mit 28 lithogr. und ill. Karten in gr. 4.) Meißen 851(52,) Goedsche'sche Buchh.

Schaarschmidt, Frdr. Reinhold, kleiner historisch-geographischer Atlas als Grundlage für den Geschichtsunterricht bearb. u. mit erläut. Texte versehen. 2. berichtigte, durch 2 die neuesten Ereignisse betreff. Karten, sowie durch ein Register verm. Aufl. gr. 8. (IV u. 96 S. m. 28 lith. u. col. Karten in gr. 4.) Meißen 852, Goedsche. 2 ℳ; in Engl. Einb. n. $2^1/_3$ ℳ

—— Supplement zur 1. Aufl. des kleinen historisch-geographischen Atlas als Grundlage für den Geschichtsunterricht bearb. und mit erläut. Texte versehen und zugleich zu allen Geschichtslehrbüchern und historisch-geograph. Atlanten enth. die neueste Geschichte seit dem J. 1847. gr. 8. (48 S. mit 2 lithogr. und ill. Karten.) Meißen 851(52,) Goedsche'sche Buchh.

Schaarschmidt, Frdr. Reinhold, Supplement zur 1. Aufl. des kleinen historisch-geographischen Atlas u. zugleich zu allen Geschichtslehrbüchern u. historisch-geograph. Atlanten enth. die neueste Geschichte seit dem J. 1847. gr. 8. (48 S. m. 2 lith. u. color. Karten.) Meißen 852, Goedsche. $^1/_2$ ℳ

Schaarschmidt, G., aus welchen Gründen unterhält die Stadt Braunschweig untere u. mittlere Bürgerschulen? Im Einverständnis m. den Schulinspektoren der städt. Bürgerschulen hrsg. (17 S.) gr. 8. Braunschweig 904. Ramdohr. n. — 30

Schaarschmidt, G., die mittleren Bürgerschulen zu Braunschweig. In Verbindg. m. d. Schulinspektoren d. mittl. Bürgerschulen hrsg. gr. 8. (IV, 108 S.) Braunschweig 897. (E. Appelhans & Co.) n. 1.60

Schaarschmidt, G., biblische Geschichten im Zusammenhange mit dem Bibellesen, zu Lebens- und Geschichtsbildern zusammengestellt. Nebst Anhang. 1. und 2. Aufl. 8. (170 S.) Braunschweig 882,83, Bruhn's Verlag. geb. *

Schaarschmidt, G., biblische Geschichten im Zusammenhange mit dem Bibellesen zu Lebens- und Geschichtsbildern zusammengestellt. Nebst Anhang. 3. Aufl. (134, 36 S.) 885; 4. Aufl. 8. (134, 38 S.) Braunschweig 888, Bruhn's Verlag. geb. *

Schaarschmidt, G. Biblische Geschichten, im Zusammenhange m. dem Bibellesen zu Lebens- u. Geschichtsbildern zusammengestellt. Nebst e. Anh. 6. umgearb. Aufl. 8. (VIII, 156 S.) Braunschw. 892, Appelhans u. Pfenningstorff. geb. * 1 —

Schaarschmidt, G., biblische **Geschichten** im Zusammenhange m. dem Bibellesen, zu Lebens- u. Geschichtsbildern zusammengestellt. Nebst e. Anh. 7., umgearb. Aufl. 8. (VIII, 166 S.) Braunschweig 894. Appelhans & Pfenningstorff. Geb. n. 1.—

— biblische **Geschichten** im Zusammenhange m. dem Bibellesen, zu Lebens- u. Geschichtsbild. zusammengest. 2. Tl. Aus d. alten Testamente. 8. (96 S.) Ebd. 896. n. — 50 (kplt.: n. 1.50)

Schaarschmidt, G., biblische Geschichten im Zusammenhange m. dem Bibellesen, zu Lebens- u. Geschichtsbildern zusammengestellt. 10. verb. Aufl. 8. (VIII, 188 S.) Braunschweig 900. E. Appelhans & Co. Geb. n. 1.—

— vaterländische Geschichtsbilder f. die mittleren Bürgerschulen des Herzogt. Braunschweig, s.: Tahn, E.

Schaarschmidt, G., deutsche Grammatik, s. Sommer, O.

Schaarschmidt, G., der Katechismus-Unterricht auf der Mittelstufe der Volksschule. gr. 8. (47 S.) Leipzig 887. Klinkhardt. n. — 60

— deutsche Sprachschule, s. die Braunschweiger Schulen bearb., s.: Baron, M.

Schaarschmidt, Gabr., (†...) Worte des Trostes f. Traurige zu Zion. 8. Bresl. 752. (Gosohorsky). 4 gr.

Schaarschmidt, Ga., Worte des Trostes f. Traurige zu Zion. 8. Bresl. Meyer. 752.

Schaarschmidt, J. F., Progr. de loco Herodoti L. I, 23. 24. Guben. 795. 8.

Schaarschmidt, J. F., († d. 17. April 1813.) quid Plutarchus vitis illustrium virorum comparandis spectaverit, quaestio, qua ad lustrationem juventutis publicam in schola Schneebergensi celebr. invitat. 8maj. Schneeberg 808.

Schaarschmidt, Karl

Schaarschmidt, C., der Atheismus, s. Sammlung von Vorträgen.

Schaarschmidt, C., J. Bernays geb. 1824, gest. 1881. S.-A. 1882. 19 S.

Schaarschmidt, C., Des Cartes und Spinoza. Urkundliche Darstellung der Philosophie Beider. gr. 8. (VIII und 205 S.) Bonn 850, Marcus.

Schaarschmidt, C., Einleitung zu Leibnitz' neue Abhandlungen üb. den menschlichen Verstand, s.: Bibliothek, philosophische.

Schaarschmidt, C., der Entwicklungsgang der neueren Speculation als Einleitung in die Philosophie der Geschichte kritisch dargestellt. gr. 8. (VI und 234 S.) Bonn 857, Marcus. *

— Erläuterungen zu Leibnitz' neue Abhandlungen üb. den menschlichen Verstand, s.a. Bibliothek, Philosophische.

Erläuterungen zu den Neuen Abhandlungen über den menschlichen Verstand von G. W. v. Leibniz. Hrsg. von C[arl] **Schaarschmidt**. 2. Aufl. Leipzig: Dürr 1908. (122 S.) 8°
-- **Bibliothek**, Philosophische. [Neue Ausg.] Bd 70. [illegible]

—— Johannes Saresberiensis nach Leben und Studien, Schriften und Philosophie. Lex.-8. (VIII und 359 S.) Leipzig 862, Teubner. *

Schaarschmidt, Car. (Maximil. Guil.) (geb. Berlin 3. 11. 1822): [illegible] et Spinoza philosophi inter se comparati. Berolini (1845). (52 S.) 8°
Berlin, Phil. Diss. v. 8. Dez. 1845

Schaarschmidt, C., die Religion. Einführung in ihre Entwicklungsgeschichte. (VII, 258 S.) gr. 8. Leipzig 907. [Dürr'sche Buchh.] Fel. Meiner. 4.40; geb. 5.40

Schaarschmidt, C., die Sammlung der Platonischen Schriften zur Scheidung der echten von den unechten untersucht. Bonn 867. Marcus. gr. 8. (IV, 434 S.) n. 2 ℳ

—— die angebliche Schriftstellerei des Philolaus und die Bruchstücke der ihm zugeschrieb. Bücher untersucht. gr. 8. (86 S.) Bonn 864, Marcus. *

Schaarschmidt, C., üb. den Unsterblichkeitsglauben, s.: Sammlung v. Vorträgen.

—— über den Werth des Lebens, s. Sammlung von Vorträgen.

Schaarschmidt, Karl Emil, Demetrius. Trauerspiel in 5 Akten. Unter Benutzg. des Schillerschen Fragments. Zur 150. Wiederkehr des 10. XI. 1759—1909. (VII, 163 S.) 8. Leipzig (909). H. Zieger. 2.50; geb. 3.50

Schaarschmidt, O.: Die angebl. Schriftstellerei d. Philolaus u. d. Bruchstücke d. ihm zugeschrieb. Bücher untersucht. Bonn. 86 S. 1864.
Schul-/Univ.-Schrift

Schaarschmidt, Rich., der Vigogne- u. Streichgarnspinner, nebst e. prakt. Darstellg. der Haar-, Woll- u. Baumwollzwirnerei u. -Spulerei. (VI, 156 S. m. 51 Abbildgn. u. 8 Taf.) gr. 8. Leipzig 907. B. F. Voigt. 5.—; geb. 6.50

Schaarschmidt, Samuel, s.a. Schaarschmidt, August

Samuel Schaarschmidts [Schaarschmidt] Abhandlung von Feldkrankheiten, hrsg. von Ernst Gottfried Kurella. Th. [1.] 2. Berlin: Lange 1758 - 59. 512 S. 1 Bd 8°

[Th. 1:] 1758.
Th. 2: Darinnen von denen im Felde am gewöhnlichsten und öftersten vorkommenden innerlichen Krankheiten gehandelt wird. 1759.
Beigeb.: Kruecer, Johann Gottlob: Unterricht wie e. Soldat ohne Artzneyen seine Gesundheit erhalten und sich curiren könne. Halle & Helmstädt 1758.

—Abhandl. v. d. Feldkrankheiten, hrsg. v. E. G. Kurella. 2 Thle. 8. Berl. 758 u. 63. (Reimer). 15 gr.

—Abhandl. v. venerischen Krankheiten. Zum 2n mal heregg. v. G. Kurella. 8. Berl. 759. N. A. 765. (Reimer). 12 gr.

—Abhandl. v. Receptschreiben. 8. Berl. ... 2e verm. Ausg. v. E. G. Kurella. 772. (Reimer). 8 gr.

Samuel Schaarschmidts [Schaarschmidt], Theoretisch- und practische Abhandlung von venerischen Kranckheiten. Nebst vollst. Reg. hrsg. u. verm. von Ernst Gottfr[ied] Kurella. Berlin: Schütze 1750. 422 S. 8°

Samuel Schaarschmidts [Schaarschmidt] Abhandlung von Wunden, verm. hrsg. von Ernst Gottfried Kurella. Berlin & Stralsund: G.A. Lange 1763. 448 S. 8°

Schaarschmidt, Samuel: Anweisung zu dem Studio medico-chirurgico, welche die Pathologie, Chirurgie und Praxis, das ist die Lehre von den äußerlichen und innerlichen Kranckheiten des menschlichen Körpers und der Cur derselben in sich hält, mit Zusätzen vermehret herausgeg. von Ernst Anton Nicolai. Th. 1 - 3, gbd.

Berlin: Schütz 1752 - 1754

JB 2.024

— Anweis. z. Studio medico-chirurgico. 3 Thle. 8. Ebend. 773.

Schaarschmid, Sam., Med. u. chir. Brl. wöch. Berichte. Brl. 1742.

1742 1. Ausg. 1738. *Haller*, Bibl. chir. II, 205.

Schaarschmidt, Sam., († . . .) Diätetik od. Lehre von d. Lebensordnung, mit Zusätzen hersgg. v. E. A. Nicolai. 8. Berl. 755. (Reimer). 1 ∮

Schaarschmidt, Samuel: Diaetetik oder Lehre von der Lebensordnung für Gesunde und Krancke zur Erhaltung und Wiederherstellung der Gesundheit. Mit Zusätzen vermehret herausgeg.von Ernst Anton Nicolai. 1034 S., gbd.

Berlin: Schütz 1755

JB 2.921

— von d. Geburtshülfe, mit Zusätzen hrsgg. v. E. A. Nicolai. 8. Berl. 751. 2e A. 762. (Reimer). 8 gl.

Schaarschmidt, Sam., v. d. Geburtshülfe. 8. Berl. Lange. 762. Rthlr.

Schaarschmidt, Samuel (Ed.):

s.: Gohl, Johann Daniel: Medicina practica, clinica et forensis, sive collectio casuum rariorum et notabiliorum... Lipsiae 1735

JB 1.794

Schaarschmidt, Sam., Merkwürdigk. d. berlin. anatomischen Theaters. 8. Berlin, Lange. 750.

— medicinische u. chir. Nachrichten. 6 Jahrg. m. Kpfrn. 4. Ebend. 742-48.

Schaarschmidt, Samuel: Medicinische und chirurgische Nachrichten, hrsg.von August Schaarschmidt. Th.4 - 6, gbd.

Berlin: Schütz 1748

JB 3.215

Schaarschmidt, Sam., Physiologie, mit Zusätzen hrsgg. v. E. A. Nicolai. 2 Thle. 8. Berl. 751. (Reimer). 1 ∮ 12 gl.

Schaarschmidt, Samuel: Physiologie, das ist Betrachtung der Veränderungen des menschlichen Körpers in dem gesunden Zustande, mit Zusätzen verm.von Ernst Anton Nicolai. Th.1 - 2, gbd.

Berlin: Schütz (1751)

JB 961

Schaarschmidt, Samuel: Semiotik, oder Lehre von den Kennzeichen des innerlichen Zustandes des menschlichen Körpers. Mit Zusätzen vermehret hrsg.von Ernst Anton Nicolai. 522 S., gbd.

Berlin: Lange 1756

JB 1.089

— Semiotik; mit Zusätzen von E. A. Nicolai. 8. Berl. 756. (Reimer). 14 gl.

Schaarschmidt, Samuel: Therapia generalis. Abth.1: Abhandlung von denen üblichen Artzneien, nach ihren wahren Eigenschaften und Würckungen... Abth.2: Von denen evacuirenden Mitteln. Abth.3: Von denen Fürschriften oder Formeln derer Arzeney-Mitteln.Hrsg.und mit...Zusätzen vermehrt von J(ohann) K(arl) W(ilhelm) Moehsen. Abth.1, 2-3, gbd.

Berlin: Schütz 1749 - 1750

JB 1.351

Schaarschmidt, Samuel: Therapia generalis. Abth.1: Abhandlung von denen üblichen Artzneien, nach ihren wahren Eigenschaften und Würckungen... Hrsg.und mit...Zusätzen vermehrt von J(ohann) K(arl) W(ilhelm) Moehsen. 2....verm.Aufl. 328 S., gbd.

Berlin: Schütz 1755

JB 1.352

— Therapia generalis. 2 Thle. 8. Berl. 757—59. Lange. 20 gl.

— Unterweis. zu d. studio medico-chirurgico. mit Zusätzen von E. A. Nicolai. 3 Thle. 8. Berl. 753, 54, 60 u. 73. (Reimer). 3 ∮ 8 gl.

Schaarschmidt, T., s. Begräbnißlieder.

Schaarschmidt, T., die ursprüngliche Gottesdienstordnung der evangelisch lutherischen Kirche. Mit erläut. u. geschichtl. Bemerkungen. 8. (III, 50 S.) Leipzig 879. Böhme. n. — 80

Schaarschmidt, *Ulrich Konstantin Antrittsrede.* 4 (S. 8—11).
Progr. Rsch. mit Prg. *Glauchau* 1891 (560)

Schaarschmidt, *Ulrich Konstantin* [Dir. Dr.]: *Bericht uber die Einführung als Direktor.* Glauchau, Druck v. R. Dulce, *1891;* S. 7—11; 4
Glauchau, R m. PG, OP 1891 (560)

[F.] **Schaarschmidt,** *Ulrich Constantin* [Dr., Dir.]: *Bericht über die Eröffnung und Einweihung der Realschule.* Chemnitz, Druck v. J. C. F. Pickenhahn & Sohn, 1894; 3—7 S. 4.
Chemnitz, st. R, OP 1894 (561)

Schaarschmidt, U(lrich): Bericht über das Realgymnasium ⟨früher Realschule I. O.⟩ zu Chemnitz während der ersten fünfzig Jahre seines Bestehens 1857—1907. Zur fünfzigjährigen Jubelfeier d. Anstalt am 10. u. 11. Okt. 1907. Chemnitz (1908): Pickenhahn. S. 19—44. 4°
Chemnitz, RG P 1908 (723)** [S 08. 394

Schaarschmidt, *Ulrich Konstantin* [Dir. Dr.]: *Bericht uber den Rucktritt des Direktors Prof. Acker.* (Nach d. Glauchauer Tagebl.) Glauchau, Druck v. R. Dulce, *1891;* S. 4—6; 4°
Glauchau, R m. PG, OP 1891 (560)

[F.] ***Schaarschmidt,*** *Ulrich Constantin [Dr., Dir.]:* Beschreibung des Realschulhauses (Umschlagt.: . . . des neuen Schulhauses). (Darin enth. ein Bericht des Architekten Eckardt.) Chemnitz, Druck v. J. C. F. Pickenhahn & Sohn, 1894; 3—5 S., 1 Taf. 4.
Chemnitz, st. R, OP 1894 (552 [vielm. 561])

Schaarschmidt, U(lrich): Über die Entwicklung der Deutschen Höheren Schule. Festrede z. 50j. Jubelfeier d. Realgymn. zu Chemnitz am 10. Okt. 1907. Chemnitz: Ernesti (1908). 16 S. 8°
Chemnitz, RG P 1908** [S 08. 395

[F.] **Schaarschmidt,** *Ulrich Constantin* [Dr., Dir.]: Festrede *bei der Einweihung der Realschule.* (Umschlagt.: Die bei der Einweihung des Hauses gehaltenen Reden . . . 2. . . .) Chemnitz, Druck v. J. C. F. Pickenhahn & Sohn, 1894; 7—12 S. 4.
Chemnitz, st. R, OP 1894 (552 [vielm. 561])

[F.] **Schaarschmidt,** *Ulrich Constantin* [Dr., Dir.]: **Christl Lehrthätigkeit nach den Evangelienberichten für Schulzwecke dargestellt.** Chemnitz, Druck v. J. C. F. Pickenhahn & Sohn, 1895; 31 S. 4.
Chemnitz, st. R, OP 1895 (571)

Schaarschmidt, Ulrich, Prof. Dr., Rekt.: [**Rede** bei seiner Einführung als Rektor der Anstalt.] *Chemnitz 1902: J. C. F. Pickenhahn & Sohn.* (S. 30–36.) 4°
Chemnitz, RG, OP 1902 (611)

Schaarschmidt, Ulricus, de *ἐπί* praepositionis apud Pausaniam periegetam vi et usu. Dissertatio inauguralis. gr. 8. (49 S.) Leipzig 873. Abel. n. 1. —

Schaarschmidt, Wilhelm

Schaarschmidt, [illegible] De calii formatione [illegible]
Berlin, Med. Diss. v. 11. Juli [illegible]

Schaarschmidt, Wilhelm, Referendar in Chemnitz: **Die Geschäftsschulden** bei Veräußerung des Handelsgeschäfts. *Borna-Leipzig 1902: R. Noske.* (70 S.) 8°
Leipzig, Jur. Diss. v. 1902

Schaarwächter, Hermann R., Arzt aus Berlin: Ueber bakterielle Darmauswanderung unter dem Einflusse von Curarin. *(Berlin) 1903: Paß & Garleb.* (47 S.) 8°
Heidelberg, Med. Diss. v. 1903

Schab, Ant. v., Anleitung zum Vollzuge der Gesetze u. Verordnungen über Aufschlags-Defraudationen in Bayern. Für Richter, Anwälte, Aufschläger, Müller u. Aufschlagspflichtige. 2. verm. u. verb. Aufl. München 858. Finsterlin. 8. (XII, 100 S.) n. 15 ngr.

von **Schab,** Oscar [app. Arzt]: Drei Fälle von congenitaler Ichthyose. . . . München, akad. Buchdr. v. F. Straub, 1880; 28 S. 8°
München, Med. Fak., Inaug.-Diss. v. 1889

Schab, R., Herbarts Ethik u. das moderne Drama, s. a. **Magazin, pädagogisches.**

Schab, R.: Herbarts Ethik und das moderne Drama. Von –. Langensalza: H. Beyer & Söhne 1899. (16 S.) 8°
= Magazin, Pädagogisches. H. 129.

Schab, Sigm. v., die Pfahlbauten im Würmsee. Mit 16 (lith.) Taf. u. einem (lith.) Plane. [Aus: „Beiträge zur Anthropologie u. Urgeschichte Bayerns".] Lex.-8. (IV, 90 S.) München 876. (Lit.-artist. Anstalt.) n. 20.—

Schabad, Cäcilie, a. Minsk (Rußland): **Ein Beitrag zur Kenntnis der mongoloiden Idiotie.** Emmendingen: Druck- u. Verlags-Ges. vorm. Dölter 1908. (26 S.) 8°
Freiburg i. B., Med. Fak., Ref. Hoche, Diss. v. 1908
[Geb. 25. Dez. 80 Minsk; Wohnort: Minsk; Staatsangeh.: Rußland; Vorbildung: Mädchengymn.; Studium: Berlin 3, Heidelberg 1, Bern 1, Halle 3, Freiburg i. B. 4 S.; Rig. 20. Dez. 07.]

Schabad, J. A., die klinische Bacteriologie der Diphtherie. **Beitrag zur Differentialdiagnose des Diphtherie- u. Pseudodiphtheriebacillus. Mit Tab., 3 graph. Taf. u. 3 Abbildgn. im Text. gr. 8. (S. 381—502.)** Berlin 902. S. Karger. n. 4.—
Sonderabdruck aus: „Jahrbuch f. Kinderheilkunde".

Schabad, Towba, aus Homel (Russland): **Die Ursachen der Kindersterblichkeit im ersten Lebensjahre gestützt auf die Sektionsbefunde des Zürcher Kinderspitals 1884—1908.** (Aus dem Kinderspital Zürich.) Zürich 1909. 28 S. 8°. [29. VII. 09.]
Zürich, Med. Diss. 1908/09.

Schabad, Towba. Die Ursachen der Kindersterblichkeit im ersten Lebensjahre, gestützt auf die Sektionsbefunde des Zürcher Kinderspitals 1884—1908. Aus dem Kinderspital Zürich. Diss. Med. Univ. Zürich. 28 S. 8. Zürich, Gebr. Leemann & Co., 1909.

Schabalie, Johann Phil.

Schabalie, J. P., d. wandelnde Seele, d. i., Gespr. der wandelnd. Seelen mit Adam. 8. Frankfurt, Fleischer. 770.

Schabalie, Jon. Philip. Die wandelnde Seele ... Germant. 1794.

Schabalie, Joh. Phil., die wandelnde Seele, d. i.: Gespräche der wandelnden Seele mit Adam, Noah u. Simon Cleophas: enthaltend die Geschichte von Erschaffung der Welt an, bis zu u. nach der Verwüstung Jerusalems. In niederländ. Sprache geschrieben, anjetzo aber in die hochdeutsche Sprache übersetzt. gr. 12. (442 S.) Philadelphia 850. (Schäfer & Koradi.) n. 1 ℛ

Schabalie, Joh. Phil., die wandelnde Seele, das ist: Gespräche der wandelnden Seele mit Adam, Noah u. Sim. Cleophas: enthltd. die Geschichte von Erschaffung der Welt an, bis zu u. nach der Verwüstung Jerusalems. In niederländ. Sprache geschrieben, anjetzo aber in die hochdeutsche Sprache übers. Neue (12.) Aufl. Philadelphia 865. Schäfer & Koradi. 8. (442 S.) In Leder geb. 1 ℛ

Schabat, C. A. Dissertatio sistens introductionem in Mineralogiam cum adnexo Halotrichi examine. Vindobonae 1781. 8.

Schabbath [**Šabbat**]. Der Mischnatractat Sabbat ins Deutsche übers. u. unter besond. Berücks. d. Verhältnisses z. Neuen Testament mit Anm. versehen von Dr. Georg Beer. Tübingen: J. C. B. Mohr 1908. (XII, 120 S.) 8°
— **Mischnatractate,** Ausgewählte, in deutscher Übersetzung. s. [illegible]

Schabbel, Charles E. [app. Arzt aus Hamburg]: Ueber die Mercurialbehandlung gewisser puerperaler Entzündungsformen des Uterus und seiner Adnexa. . . . Heidelberg, Univ.-Buchdr. v. J. Hörning, 1889; 38 S. + 65 Bl. 8°
Heidelberg, Med. Fak., Inaug.-Diss. v. 27. Febr. 1889

Schabbel, Otto. Das Theater in Zürich. (Illustr.) gr.-8.
In: Bühne und Welt. Zeitschrift für Theaterwesen, Litteratur u. Musik.... Hrg. von E. und G[eorg] Elsner. Jahrg. 9, No. 24. 1907. September-Heft 2. Berlin-Leipzig-Wien, Otto Elsner. M. —.60. S. 505—514

Schabbes-Gärtle, Das, vunn unnere Leut . . . Meissen 1832. 2. Aufl. 1835. 4. Aufl. 1851. V: *Holzschuher, H.* (GGr)

Schabbes-Lampe, Die, vun pollische Messing mit ächt koschere Schimen ahngezündt. Meissen 1835. V: *Holzschuher, H.* (GGr)

E. G. Schabe diss. de diversis quae innotuerunt fistulae lacrymalis curandae methodis. Trajecti ad Viadr. 1803. 8.

Schabehorn, A. (Hrsg.), s. Unsere Zeit und Kansas City

Schabehorn, F. A., sieh: Die deut. Bäder. Zeitschrift. 1859.

Schabel, A., Flora von Ellwangen. gr. 16. Stuttgart 837. Balz'sche Buchh. ½ ℛ

Schabel, A., Flora von Ellwangen. gr. 16. (7 B.) Stuttgart 837. [Becher's Verl.]

Schabel, A., üb. Hagel-Gewitter u. Hagelableitung. Einlad.-Schrift zu d. öffentl. Prüfungen d. Gymnasiums zu Ellwangen. 4. Ellwang. 826. Schönbrod. 6 ℳ

Schabel, Wilh., über die Einleitung der künstlichen Frühgeburt durch Pilocarpinum muriaticum. Inaugural-Dissertation. gr. 8. (21 S.) Tübingen 879. (Fues.) n. 1. —

Schabelsky, Elsa v., Harem u. Moschee. Reiseskizzen aus Marokko. 8. (203 S.) Berlin 896. S. Cronbach. n. 2. —

— d. berühmte Mann, s. a. Theater-Bibliothek, Berliner.

Schabelsky, E. v., der berühmte Mann. Lustspiel in 4 Akten. 8. (134 S.) Berlin 890. Brachvogel & Ranft. n. 2. —

Schabelsky, E. v., der berühmte Mann. Lustspiel in 4 Akten. 2. Aufl. 8. (134 S.) Berlin 891. Brachvogel & Ranft. n. 2. —

— Nothwehr. Volksstück in 4 Akten. 8. (VII, 120 S.) Berlin 894. Freund & Jeckel. n. 2. —

Schabelsky, Elsa v., Wahrheit. Ein Märchendrama in 7 Bild. 8. (136 S. m. Bildnis.) Berlin (899). H. Lazarus. n. 2. —

Schaeben, Leopold Peter: Der Feldzug um Ulm im Jahre 1805. Bonn: Georgi 1910. 146 S. 8°
Bonn, Phil. Diss. v. 8. Juni 1910, Ref. Schulte
[Geb. 6. Dez. 82 Gut Birkhof b. Brühl; Wohnort: Dirmerzheim; Staatsangeh.: Preußen; Vorbildung: Gymn. Euskirchen Reife O. 05; Studium: Marburg 1, Bonn 8 S.; Rig. 16. Febr. 10.] [U 10. 413

Schabenberger, Joh., das Wesen des Heilmagnetismus und dessen Anwendung in seinem ganzen Umfange. Wissenschaftlich begründet zur Aufklärg. gegen irrige Ansichten üb. Magnetismus u. dessen Verfahren. gr. 8. (VII, 138 S.) München 900. (J. A. Finsterlin.) n. 2.50

Schabenberger, Joh., das Wesen des Heilmagnetismus. Theorie u. Praxis. 2. vollst. umgearb. Aufl. (155 S. m. Bildis.) 8. München 906. (J. J. Lentner.) n. 3. —

Schaber

s. Blumauer, Aeneas.

Schaber, d. Brief Pauli an die Thessalonicher und Philipper, frey übersetzt. 8. Stuttgart, Erhard. (Löflund.) 787.

- s. Ovid's Werke d. Liebe.

- s. Theresia, Elisabeth u. Joseph.

Schaber, ..., s. Virgil's Aeneis, travestirt.

Schaber, G. A. Plan der Stadt **Konstanz.** 1 Bl. L.

Schaber, J., Mord od. Justizmord? Der Fall Schaber vor d. Schwurgericht Ludwigsburg 1859 u. vor d. Strafkammer d. Landgerichts Stuttgart 1894. Im Auftr. d. Sch. dargest. gr. 8. (101 S.) Zürich 896. (Buchh. d. schweiz. Grütlivereins.) n. 1. 20

Schaber, Karl Wlh. Fr., († im April 1794.) mein Tagebuch d. Belagerung d. Mainz. 8. Frankf. a. M. 794. Klimbt. 16 ℳ

Schaber, M. Ueber die französische Sprache als Lehrgegenstand in Gelehrtenschulen. Donaueschingen, G., 1855. 39 S. **Progr.**

Martin Schaber. Über das Gemälde des Kebes mit beigefügter Inhaltsangabe. 46 S. Konstanz. P 1862

Martin Schaber. Über Sitten, Ausdrücke und Symbole des Grusses civilisierter Völker alter und neuer Zeit. I. Abt. 56 S.
Derselbe. Über Sitten, Ausdrücke und Symbole des Grusses. II. Abt. 54 S.
Donaueschingen. P 1857. 1858

Schaber, W., Skizzen zu Metallarbeiten. (14 [1 Doppel-] Taf. in Photozinkogr.) gr. 4. Pforzheim (904). (Leipzig, Frankenstein & Wagner.) n. 8. —

Schaber, W., u. K. **Kipphan,** das Zeichnen in der Volksschule in Übungen u. Zeichnungen m. erläut. Text. IV.—VIII. Schulj. (21 Taf. m. 9 S. Text.) Lex. 8. Mannheim (909). J. Bensheimer's Verl. 2. —

Schäber, J. Beschreibung der berühmten Adelsberger Grotte in Krain. Nach der vom k. k. Kreis-Ingenieur Alois Schaffenrath im J. 1834 verfassten Beschreibung neuerlich bearbeitet und mit Zusätzen vermehrt. *Adelsberg* 1858. Druck u. Verl. v. *Max Schäber.* 28 S., 8°. 18 kr.

Schaberg, Henricus (geb. am 8 Dez. 1833 in Hagen Westf.): De urethrotomia ... Bonnae, typ. Carthausianis 1857. 2 Bl., 40 S., 1 Bl. 8.
Bonn, Med. Fak., Diss. v. 12 Aug. 1857

Schabert, A., die chirurgische Behandlung d. Hydrops anasarka. Inaug.-Diss. gr. 8. (77 S.) Dorpat 889. (Karow.) n. 1. 50

Schabert, A.: Zur Beteiligung der Kommune an der Bekämpfung der Tuberkulose in Riga. Vortrag geh. 1909 in Riga von Dr. med. –. Als Ms. gedr. Riga 1909: Häcker. S. 20-32. 8°
(Hefte d. Gesellschaft f. kommunale Sozialpolitik in Riga. No 11.)

Schabert, David: Vollständiges Wapenbuch des Kurlaendischen Adels unter Aufsicht der für die Bearbeitung der ritterschaftl. Genealogien niedergesetzten Kommission. (Red. und handschriftl. vervollst. von Georg Engel.) T. 1.2. — Mitau 1840. XXXII S., 128 Taf. und 179 S.

Schabert, Osk., Menschen fangen! Predigt üb. Matth. 4, 18—22. (8 S.) 8. Riga 907. Jonck & Poliewsky. — 40

Schabert, Osk., die innere Mission u. d. ihr verw. Bestrebgn. in Riga. E. Skizze. gr. 8. (34 S.) Riga 898. A. Stieda. n. 1. 20

Schabert, Osk., das Traugelübde, was es enthält u. wie wir es halten können. gr. 16. (46 S.) Riga 901. [L. Hoerschelmann.] Jonck & Poliewsky. n. — 60

Schabert, Osk., was die Sozialdemokraten wollen, u. was die Christen sollen. Ein Vortrag zum Jahresfest der Rigaer Stadtdiakonie am 3. XII. 1905 im Saale der Großen Gilde. (16 S.) 8. Riga 906. Jonck & Poliewsky. n. — 40

Schabert, Oskar. Vom Wege. Beschauliches und Erbauliches. 88 S. 8. [Berlin,] Buchh. der Berliner Stadtmission, 1903. [geb. M. 1. —]

(Vom Wege nach Lugano, Mailand, Interlaken.)

— vom Wege. Beschauliches u. Erbauliches. (86 S.) 8. Berlin 903. Vaterländ. Verlags- u. Kunstanstalt. Geb. n. 1. —

SCHABES, Leo: Die musikalischen und liturgischen Noten der Psalmenaufschriften. — (1910) VII, 103 Bl. 4° (Handschr.) Diss. 989
Diss. Wien, Univ.

Schabet, Matth., die Andacht zu Jesus d. Gekreuzigten u. seinem heil. Kreuze. 8. Augsb. 796.

— Enthauptungsgeschichte d. heil. Täufers Johannes nach d. 14n Hauptstücke d. heil. Matthäus, mit d. evangel. Parallelstellen, als Homilie. 8. Augsb. 794.

— kurze Erklär. d. heil. sonn- u. festtägl. Episteln u. Evangelien nach dem Sinne d. christkathol. Kirche, nebst einer deutl. Auslegung d. vornemsten Kirchengebräuche. Mit 1 Kpf. gr. 8. Augsb. 825. Kranzfelder. 12 gl.

Schabet, Matth., Die sonn- und festtäglichen Evangelien nach der Vulgata und den Grundsprachen. Augsburg, Kranzfelder, 1795, 8°, 1 Bd., 2 Mk.

— Jesus Messias, einziges u. wörtl. Evangelien, aus d. 4 Evangelisten mit Erklär. gr. 8. Augsb. 796. (Rieger). 2 ℳ

— Jesus des Gottmessias Leben u. evangel. Lehren nach d. Matthäus. 2 Bde. gr. 8. Augsb. 795. Rieger. 3 ℳ — Dass. im Auszuge. gr. 8. Ebd. 795. 4 gl.

— Lebensgeschichte d. heil. Bischofs Nicolaus, mit krit. Erläuter. 8. Bregenz 794.

Schabet, Matth., Jesus des Gottmessias vollständige Lebensgeschichte und Evangelium nach dem hl. Matthäus samt den einschlagenden Parallelstellen der übrigen Evangelisten. Augsburg, 1795, 8°, 2 Bde.

Schabet, Matth, Die Offenbarung des hl. Johannes, der Schlüssel zu den Schicksalen der Kirche und der Staaten. Augsburg, 1798, 8°

s. Sendschreiben üb. die Kompt.-Brentanoische Bibel.

Schabet, M., d. Sonn- u. Festtags-Evangelien mit Ergänz. f. Anmerk. Erklär. d. Weise ꝛc. 1r. gr. 8. Augsb. Rieger. 795.

s. Thurm zu Babel.

SCHABHANTIUS, Scharreus. De Floia, magna humani generis plaga. S. a.
Weller, Lex. Ps. p. 504 — Rares Maccaronicum!

Schabinger, Ludw., Abälard und Heloise. Eine Geschichte aus dem 12. Jahrh. 8. (VII, 257 S.) Karlsruhe 887, Reiff. *ℳ 2.—; geb. *

Schabitz, Alfred, a. Cöthen i. A.: Die Entwicklung der Vortonvokale im Anglonormannischen. Halle 1904: L. Bechstein. (102 S.) 8°
Halle, Phil. Fak., Ref. Suchier, Diss. v. 4. Nov. 1904
[Geb. 11. Aug. 78 Cöthen i. A.; Wohnort: Cöthen; Staatsangeh.: Anhalt; Vorbildung: Gymn. Cöthen Reife O. 97; Studium: Theol. Leipzig 1, Halle 1, Philol. Leipzig 6, Halle 5 S.; Rig. 18. Dez. 03.]

Schaeble, Otto „Gleichungen für die Wendepunkte und Doppeltangenten der Kurven vierter Ordnung mit Doppelpunkten". pg. 3—32. 8°. Jos. Kösel'sche B.
Neu-Ulm, Progr. 1903/04

Schäblen, Geo. Jak., († d. 30. April 1802.) Anmerkk. üb. d. neue Testam. z. Gebr. f. Bibelleser. 1s Bdchen. 8. Detting. 779.

— Blätter, monatl., 2 Bde. 8. Detting.

— Blätter, wöchentl., z. Unterricht u. Erbauung gemeiner Christen. 6 Bde. 8. Detting. 770, 72.

— Briefe, offene, an gemeine Christen. 8. Detting. 772.

s. Briefe, offene, an Kirchenräthe.

— Briefe, offene, an Prediger. 1e Samml. 8. Schwabach 777. Nachgedr. zu Tübing.

Schäblen, G. Ja., offene Briefe an Prediger, Consistorien, Kirchenräthe u. Superint. 1r Br. 8. Nürn.. Zeh. (Graff in Leipz.) 788.

— Entwürfe wirklich gehalt. Predigten. 1s Bdchn. 8. Detting. 778. (Zeh in Nürnb.) 6 gl.

— Etwas z. Geistesgeschenk f. Kinder. 8. Detting. 779.

— Gebetbuch f. evangel. gemeine Christen. 8. Detting. 772.

— freimüthige Gedanken üb. eine zweckmäßige Einrichtung d. sonn- u. festtägl. Texte. 8. Detting. 784.

s. Geschichtsalmanach, Detting.

s. Communionbuch f. evangel. Christen.

Schäblen, Jos. Jud. Thdd., Arithmetik u. Algebra. 4. Dillingen 785. (Wolff in Augsb.) 1 ℳ

— kurze, jedoch hinreichende Theorie d. Geometrie u. Trigonometrie. Mit 2 Kpft. 8. Landsh. 796. Weber in Münch. 6 gl.

Schäbler, Johann Jakob

Perspectivae Geometricae Practicae Erster Theil. Welcher nach unterschiedenen Methoden lehret, wie aus sichern Gründen die Militairischen Werke, Theoretisch und Practisch, können proportioniret, und alle Fortification und Artillerie-Risse, perspectivisch vorgestellt, und die würcklich erbaute Vestungen, Scenographice — nachgezeichnet werden — von *Johann Jacob Schäbler.* Math. Archit. P. et S. wie auch der Königl. Preussischen Societaet der Wissenschaften Mitglied. Nürnberg, in Verlag Christoph Weigels des Jüngern, Kunsthändlers. Gedruckt bey Lorenz Bieling. In Folio. 1 Titelblatt, 196 Seiten, 34 Kupfertafeln. 1735.

Schäbler, Pauline, neues u. vollständiges auf Sparsamkeit u. Wohlgeschmack berechnetes Kochbuch, enth. üb. 600 Koch-Recepte m. Anwendg. d. neuen Maaßes u. Gewichtes. gr. 16. (XIV, 144 S.) Berlin 872. Weiß. 1. —

Schäbler, Pauline, neues u. vollständiges auf Sparsamkeit u. Wohlgeschmack berechnetes Kochbuch, enth. üb. 600 Koch-Recepte. 12. Aufl. 55. u. 56 Tauf. 12. (160 S.) Berlin 891. Gebr. Radetzki. 1. —

Schablonen-Malerei, die, m. waschbaren Farben auf Stoff u. Holz. (46 S. m. Abbildgn.) Lex. 8. Dresden (909). Internationale Schnittmanufaktur. 1. —

Schablonen-Malerei, moderne. Hrsg. vom Heidelberger Mal- u. Zeichen-Institut. 1. Lfg. (10 farb. Taf.) Fol. Berlin (903). M. Spielmeyer. n. 4. —

Schablowski, Gustav, Arzt: Aus d. Kgl. pathol. Institut zu Königsberg i. Pr. Die Veränderungen des Knorpels bei tuberkulöser Gelenkentzündung und ein Fall von Gonitis syphilitica. Mit 1 Taf. *Königsberg i. Pr. 1902: R. Leupold.* (39 S.) 8°
Königsberg, Med. Diss. v. 8. Nov. 1902

Schabol, Rüd., theoret. u. prakt. Abhandl. v. Gartenbau, nach Grundsätzen u. d. Naturlehre d. Pflanzenreichs erwiesen. Aus d. Französ. 3 Bde. Mit Kpf. 8. (Frankfurt) 1775. 2. Aufl. 1778. (Bockenheim, Hess.) 2. 20

Schabol, Rüdiger, theoret. u. prakt. Abhandl. v. Gartenbau; aus d. Französ. 3 Bde. Mit Kpf. 8. Mannh. 775. N. A. 778. (Varrentrapp; a. Hermann in Frankf. a. M.) 2 ℳ 16 gr.

Schabol, Rüdiger: Theoretische u. praktische Abhandlung v. Gartenbau nach Grundsätzen u. der Naturlehre d. Pflanzenreiches erwiesen. Aus d. Franz. übers. 3 Bd. (2 Vol.). Frankf. a. M. 1778. 18 Tvl.
(1. Wörterbuch [terminologisk]. (62) 559 S. — 2-3 væsentlig om Frugthavedyrkning, særlig om Pomerans- og Ferskentræet og Vin).

Schabol, Rüdiger, v. Gartenbaue, a. d. Franz. 3 Bde. m. K. 8. Mannh. Löffler. 775.

— — dasselbe. 3 Bde. m. K. 8. Leipzig, Gräff. 778.

Schabort, I(saac) P(etrus), a. Durbanville (Kapland): Aus der geburtshülflich-gynäkologischen Klinik zu Heidelberg. (Direktor: Geh. Hofrat Prof. Dr. Edler von Rosthorn.) Beiträge zur Kenntnis der Darmstörungen der Säuglinge und der Säuglingssterblichkeit. Berlin: S. Karger 1906. (18 S.) 8° ¶ (Aus: Monatsschrift f. Geburtshülfe und Gynäkologie Bd 24.)
Heidelberg, Med. Fak., Ref. v. Rosthorn, Diss. v. 1906
[Geb. 3. April 80 Durbanville, Kapland; Wohnort: Durbanville; Staatsangeh.: England; Vorbildung: Gymn. Stellenbosch, Kapland Reife Juni 00; Studium: Straßburg 4, Leipzig 2, Heidelberg 4 S.; Rig 1. März 06.]

Schabtai Donolo, der Mensch als Gottes Ebenbild. Nach einer Handschrift der kaiserl. Bibliothek in Paris hrsg. und dargestellt von Adph. Jellinek. 8. (XIV und 16 S.) Leipzig 854, (C. L. Fritzsche.) *

Schabus, Jakob

Schabus, Jak., leichtfaßliche Anfangsgründe der Naturlehre. Zum Gebrauche an Unter-Realschulen und Unter-Gymnasien. 1. und 2. Aufl. 1853. 54., 3. Aufl. (VIII und 224 S.) 855. und 4., verm. und verb. Aufl. gr. 8. (VIII und 224 S. mit 240 in den Text eingedr. Holzschn.) Wien 856(57,) Gerold's Sohn.

Schabus, Jakob —. Leichtfaßliche Anfangsgründe der Naturlehre. Zum Gebrauche an Unter-Realschulen und Unter-Gymnasien von — —. 2. Auflage. Zweiter Abdruck mit 183 in den Text eingedruckten Holzschnitten. 8. (VIII, 212 S.) Wien. Verlag und Druck von Karl Gerold und Sohn. 1854.

Schabus, Dr. Jakob — Leichtfaßliche Anfangsgründe der Naturlehre. Zum Gebrauche an Unterrealschulen und Untergymnasien von — —. Vierte vermehrte und verbesserte Auflage. Mit 240 in den Text eingedruckten Holzschnitten. Wien, 1857. Verlag und Druck von Karl Gerolds Sohn. (228 S. 8.)

—— leichtfaßliche Anfangsgründe der Naturlehre. Zum Gebrauche an Unter-Realschulen und Unter-Gymnasien. 5—8., verm. und verb. Aufl. gr. 8. (VIII und 216 S. mit 324 in den Text gedr. Holzschn.) Wien 857—60, Gerold's Sohn. *

— leichtfaßliche Anfangsgründe der Naturlehre. Zum Gebrauche an Unter-Realschulen und Unter-Gymnasien. 7. Aufl. 859. — 8. Aufl. 860. — 9. verm. u. verb. Aufl. Mit 338 in den Text gedr. Holzschn. Wien 863. Gerold. gr. 8. (VIII, 216 S.) n. 24 ngr.

Schabus, Jak., leichtfaßliche Anfangsgründe der Naturlehre. Zum Gebrauche an Unter-Realschulen u. Unter-Gymnasien. 10. u. 11. verb. Aufl. Wien 865,69. Gerold's Sohn. gr. 8. (VIII, 196 S. mit 349 in den Text eingedr. Holzschn.) n. 24 ngr.

Schabus, Jak., leichtfaßliche Anfangsgründe der Naturlehre. Zum Gebrauche an Unter-Realschulen u. Unter-Gymnasien. 12. verb. Aufl. Mit 349 in den Text eingedr. Holzschn. gr. 8. (175 S.) Wien 872. Gerold's Sohn. n. 2. 40

— dasselbe. 13. verb. Aufl. Mit 349 in den Text eingedr. Holzschn. gr. 8. (175 S.) Ebend. 874. n. 2. 70

Schabus, J., Anfangsgründe der Mineralogie mit einem kurzen Abrisse der Geognosie. Zum Gebrauche an Ober-Realschulen und Ober-Gymnasien. gr. 8. (VI und 210 S. mit in den Text gedr. Holzschn.) Wien 859, Braumüller's Verlags-Conto. *

Schabus' Anfangsgründe der Naturlehre. Zum Gebrauche an den unteren Classen der Mittelschulen. 14. Aufl., neu bearb. und mit Übungen versehen von Alois Höfler. gr. 8. (VIII, 256 S. mit eingedr. Holzschn.) Wien 881. Gerold's Sohn. *

Schabus, J., über die Anwendung des zweifach chromsauren Kali's zur Eisen-, Braunstein- u. Chlorkalk-Probe. [Aus den Sitzungsberichten der mathemat.-naturw. Cl. der K. Akad. der Wiss. 1851 abgedr.] gr. 8. (15 S.) (Wien 851, Braumüller.) n. 4 ngr.

— Bestimmung der Krystallgestalten in chemischen Laboratorien erzeugter Producte. Eine von d. k. Akad. d. W. in Wien gekrönte Preisschrift. Mit 30 (lith.) Taf. Wien 854. (Gerold.) gr. 8. (XV, 208 S. mit Holzschn. im Text.) n. 2 ℛ 20 ngr.

—— Bestimmung der Krystallgestalten in chemischen Laboratorien erzeugter Producte. Eine von der kaiserl. Akademie der Wissenschaften in Wien gekrönte Preisschrift. Lex.-8. (XV und 208 S. mit 30 Stnt.) Wien 855, (Gerold's Sohn.) *

—— Grundzüge der Physik als Lehrbuch für die obern Klassen der Realschulen und Gymnasien. Mit vielen in den Text eingedr. Holzschn. gr. 8. Wien 855(56,) Gerold's Sohn. pr. compl.

— Grundzüge der Physik als Lehrbuch für die obern Klassen der Realschulen u. Gymnasien. Mit vielen in den Text eingedr. Holzschn. Wien 856. Gerold. gr. 8. (X, 570 S.) 2 ℛ 12 ngr.

—— Grundzüge der Physik, als Lehrbuch für die oberen Klassen der Realschulen und Gymnasien. 2., umgearb. Aufl. gr. 8. (VIII und 435 S. mit vielen in den Text gedr. Holzschn.) Wien 860, Gerold's Sohn.

—— Grundzüge der Physik, als Lehrbuch für die oberen Klassen der Realschulen und Gymnasien. 3. Aufl. 1862. und 4., verb. Aufl. gr. 8. (VIII und 439 S. mit vielen in den Text eingedr. Holzschn.) Wien 866, Gerold's Sohn.

—— Grundzüge der Physik, als Lehrbuch für die oberen Klassen der Realschulen und Gymnasien. 5. Aufl. 1869. ℳ 7,20., und 6. verm. und verb. Aufl. gr. 8. (444 S. mit vielen in den Text eingedr. Holzschn.) Ebendas. 873. *

— über das bei der Quecksilbergewinnung aus Fahlerzen gebildete Kalomel, nebst einem Berichte Winkler's über die Gewinnung des Quecksilbers aus Fahlerzen. Mit 2 (lith.) Taf. [Aus d. Sitzungsberichten 1852 der kaiserl. Akademie d.Wiss. abgedr.] Lex. 8. (14 S.) Ebd. 852. n. 8 ngl

—— über das bei der Quecksilbergewinnung aus Fahlerzen gebildete Kalomel, nebst einem Berichte Winkler's über die Gewinnung des Quecksilbers aus Fahlerzen. Lex.-8. (14 S. mit 2 Stnt.) Wien 853, (Gerold's Sohn.) *

Aus: Sitzungsberichte der k. Akademie der Wissenschaften J. 1852, besonders abgedruckt.

— Kristallformen des Barium-Platin-Zyanürs Ba_6 Pt_5 Cy_{11}, 22 HO und des Kalium-Eisen-Zyanides K_3 Fe_2 Cy_6, sowie auch über den Pleochroismus des letzteren (mit 1 Taf.). S. 4. 369 . . . .
Separatabdruck

— die Krystallformen des Baryum-Platin-Cyanürs Ba_6 Pt_5 Cy_{11}, 22HO u. d. Kalium-Eisen-Cyanides K_3 Fe_2 Cy_6, so wie auch über den Pleochroismus des letzteren. [Aus dem Mai-Heft des Jahrg. 1850 der Sitzungsberichte der mathem.-naturw. Classe d. kaiserl. Akad. d. Wiss. abgedr.] Lex. 8. (26 S. m. 1 lith. Taf. in Fol.) Ebd. 850. n. 8 ngl

—— über die Krystallformen des Baryum-Platin-Cyanürs Ba_6 Pt_5 Cy_{11}, 22HO und des Kalium-Eisen-Cyanides K_3 Fe_2 Cy_6, so wie auch über den Pleochroismus des letzteren. Lex.-8. (26 S. und 1 Stnt. in Fol.) (Wien 850, Braumüller.) *

— Über die Kristallformen des Bleichlorides PbCl, des Eisenchlorürs FeCl, 4 HO und des Eisenchlorür-Kaliumchlorides KCl, FeCl, 2HO (mit 2 Taf.). S. 4. 466 . . . vgr.
Separatabdruck

Schabus Jakob: Über die Kristallform des Bleizyanosulfürs PbCyS. (mit 1 Taf.). S. 4. 108 . . . vgr.
Separatabdruck

— Über die Kristallformen des zweifach chromsauren und des pikrinsalpetersauren Kalis (mit 1 Taf.). S. 5. 370 . . . .
Separatabdruck

— Über die Kristallformen des zweifach weinsauren Kalis KO, HO, $C_8H_4O_{10}$ und des essigsauren Kupferoxyd-Kalkes CaO, CuO, $2C_4H_3O_3$, 8HO. S. 5. 48 . . . .
Separatabdruck

— über die Krystallformen der Zimmtsäure HO, C_{18} H_7 O_3, der Hippursäure HO, C_{18} H_8 NO_5, u. d. hippursauren Kalkes CaO, C_{18} H_8 NO_5, 3HO. [Mit 1 (lith.) Taf. (in qu. Imp. 4)] [Aus d. Juli-Heft des Jahrg. 1850 der Sitzungsberichte der mathem.-naturw. Classe d. kaiserl. Akad. d. Wiss. abgedr.] Lex. 8. (18 S.) Ebd. 850. n. 6 ngl

—— über die Krystallformen der Zimmtsäure HO, C_{18} H_7 O_3, der Hippursäure HO, C_{18} H_8 NO_5, und des hippursauren Kalkes CaO, C_{18} H_8 NO_5, 3HO. Lex.-8. (18 S. mit 1 Stnt. in qu. Imp.-4.) (Wien 850, Braumüller.) *

Letztere drei Schriften wurden aus: Sitzungsberichte der mathemat.-naturwissenschaftl. Classe der kaiserl. Akademie der Wissenschaften, Jahrg. 1850, besonders abgedruckt.

Kristallformen des Zinkoxydes. S. 11. 9 . . . .
Separatabdruck

Schabus J. Ueber die Krystallformen des Zinnobers. (Aus den Sitzungsb. d. k. Akad.) Wien. 1851. 8.

Schabus. J. Monographie des Euklases. (Aus den Denkschr. d. k. Akademie.) Wien 1854. 4.

—— Principii fondamentali di fisica ad uso delle scuole reali e dei ginnasi inferiori. Prima traduzione italiana fatta sulla 3. edizione tedesca da Mich. Girolama Marini. Con 227 incisioni in legno intercalate nel testo. gr. 8. (XII und 240 S.) Wien 856(57,) Gerold's Sohn.

— principii fondamentali di fisica ad uso delle scuole reali e dei ginnasi inferiori. Prima traduzione italiana fatta sulla 3. ediz. tedesca da Mich. Girolamo Marini. Con 227 incisioni in legno intercalate nel testo. Wien 857. Gerold. gr. 8. (XII, 240 S.) 1 ₰.

—— Principii elementari di fisica ad uso delle scuole reali e dei ginnasii inferiori. Traduzione italiana rifatta sulla 10. ediz. tedesca. gr. 8. (III und 192 S. mit eingedr. Holzschn.) Wien 866, Gerold's Sohn. *

—— Principii elementari di fisica ad uso delle scuole reali e dei ginnasii inferiori. Traduzione italiana riffatta sulla tredicesima ediz. tedesca da F. Rossetti. Con 349 incisioni (Holzschn.). 8. (207 S.) Ebendas. 874. *

—— und J. J. Pohl, Tafel zur Bestimmung der Capillardepression in Barometern, s. Pohl, J. J.

—— und J. J. Pohl, Tafeln zur barometrischen Höhenmessung, s. Pohl, J. J.

— u. J. J. Pohl, Tafeln zur Reduction der in Millimetern abgelesenen Barometerstände auf die Normaltemperatur v. 0° Celsius berechnet. [Aus den Sitzungsberichten 1852 der kaiserl. Akademie der Wissensch. abgedr.] Lex. 8. (43 S.) Ebd. 852. n. 8 ngl

—— —— Tafeln zur Reduction der in Millimetern abgelesenen Barometerstände auf die Normaltemperatur von 0° Celsius berechnet. Lex.8. (43 S.) Wien 852, (Gerold's Sohn.) *

Aus: Sitzungsberichte der k. Akademie der Wissenschaften J. 1852, besonders abgedruckt.

– Kristallologische Untersuchungen. 1. Mitteilung. S. 15.
Separatabdruck

– Kristallologische Untersuchungen. 2. Mitteilung S. 29.
Separatabdruck

— krystallologische Untersuchungen. (Aus d. Sitzungsberichten d. k. Akad. d. W.) Wien 858. Gerold in Comm. gr. 8. (11 S. mit Holzschn. im Text.) n. 4 ngr

Schach Hussein, s.a. Hussein.

Schach Hussein, ein Urbild ohne Nachbild. Prof. Mährchen in 2 A. 8. Wien 773. Gerold. 4 K

Schach der Medizinheilkunde! Ein interessanter Briefwechsel zwischen einem Universitätsprofessor und einem Naturheilanhänger. Warnsdorf [1900]. V: *Schnitzer, Moriz & Max Kassowitz.* (EB)

Schach: Über den thierischen Magnetismus. 3 S. – Zengg. Progr. 1854

Schach: Stellung der Mathematik zu den Naturwissenschaften und zur Philosophie. – Zengg. Progr. 1858

[Schach, B. C.,] Reise-Gebirgskarte vom bayerischen Hochland, Nord-Tyrol und Salzburg. M. 1:866000. München (1866?) . . . . (Br. Mus.)

Schach, Fabius, e. auferstandene Sprache (Neuhebräisch). Litterarische Skizze. 1. u. 2. Aufl. gr. 8. (20 S.) Berlin 892. H. Schildberger. n. — 40

Schach, Fabius, über die Zukunft Israels. Eine krit. Betrachtg. (24 S.) gr. 8. Berlin 904. M. Poppelauer. n. — 50

Schach, Fr. M.

Schach, F. M., Anleitung zum Unterricht in der Erdbeschreibung, Naturgeschichte u. Naturlehre. Für Volksschullehrer bearb. 1. Abthl. Heimatkunde. Mit 58 Holzschn. u. 5 Bl. Lithogr. gr. 8. Karlsruhe 843, Artist. Institut, Gutsch u. Rupp. 1/2 ℛ

Schach, Fr. M., Anleitung zum Unterricht in der Erdbeschreibung, Naturgeschichte u. Naturlehre. Für Volksschullehrer bearb. 1. Abthl. Heimatkunde. gr. 8. (11 B. mit 58 Holzschn. u. 5 Stnt.) [Mannheim 846, Bassermann.] à

Schach, J. M., Anleitung zum Unterricht in der Erdbeschreibung, Naturgeschichte u. Naturlehre. Für Volksschullehrer bearb. Der 1. Abth.: Heimatkunde, 2., verm. u. verb. Aufl. Mit 58 (eingedr.) Holzschn. u. 5 Lithogr. gr. 8 (XIV u. 159 S.) Mannheim 847, Bassermann. 1/2 ℛ

— s. Hermann, R., Lesebuch f. Volksschulen.

— der Naturfreund. Eine vergleichende Naturgeschichte für Schule u. Haus. Mit 36 color. naturgetreuen Abbild. Säugethiere. 4. Karlsruhe 845, Gutsch u. Rupp. (Leipzig, Hermann.) n. 1 ℛ 1 ngr

Schach, Fr. M., der Naturfreund. Eine vergleichende Naturgeschichte für Schule und Haus. Mit 36 naturgetreuen Abbild. Säugethiere. 4. (142 S. mit ill. Stnt.) Karlsruhe 845. (Leipzig, Hermann.) *

Schach, J. M., s. Schach, Fr. M.

Schach, Nic., Descriptio theriacae coelestis, wie solcher in Presence des ganzen Collegii Medici verfertigt worden. Rost. 8°.
1706

Schach, R., siehe: *Idiotikon.*

Schach-Almanach. Schachnovellen. Schach-Aufgaben. Correspondenzspiele. Miscellen. 1. Jahrg. (1846.) 8. (14 B. mit eingedr. Holzschn. u. Andersen's Portr.) Leipzig, Weber. *

Schachbasian, Johann [aus Tiflis]: Untersuchungen über die Adhäsion und Reibung der Bodenarten an Holz und Eisen. . . . (Aus: „Forsch. auf d. Geb. d. Agrikulturphysik". . . . Hrsg. v. Wollny.) Heidelberg, C. Winter's Universitätsbuchh., 1890; 2 Bl., 33 S., 1 Taf. 8°
Jena, Phil. Fak., Inaug.-Diss. v. 1890

Schachblätter, baltische. Hrsg. v. F. Amelung. 4 Hefte. gr. 8. Berl., Springer. [1. Heft. (II, S. 1—54.) 889. * 1 40; 2. Heft. (II, S. 55—134.) 890. * 1 80; 3. Heft. (III, S. 135—233.) 891. * 2 40; 4. Heft. (III, S. 235 - 378 m. 2 Lichtdr.-Taf.) 893. * 4 40.] * 10 —

Schachblätter, baltische. Hrsg. v. F. Amelung. 5. u. 6. Hft. gr. 8. (IV, III u. S. 1—254 m. Diagr.) Berlin 898. J. Springer. n. 10. — (1.—6.: n. 20. —)

Schachblätter, baltische. Hrsg. v. F. Amelung. 7. Hft. gr. 8. (III u. S. 255—437 m. Diagr. u. 1 Lichtdr.-Taf.) Berlin 900. J. Springer. n. 8. —

— dasselbe. 8. Hft. gr. 8. (III u. S. 439—606 m. Diagr.) Ebd. 901. n. 4. —; Suppl. dazu. (III, 73 S. m. Diagr.) 902. n. 3. —

— Dresdner. Hrsg. vom Dresdner Schachverein. Red. v. Paul Schellenberg u. Rob. Wuttke. 1. u. 2. Jahrg. 1893. 1894. à 4 Nrn. (à ca. 1 Bog. m. Diagrammen.) gr. 8. Dresden, (O. Schönfeld). à Jahrg. n. 2. —

Schachbret, d. Zeit., od. Art s. selb. Ste a. deins. zu unterhalt. 8. Regensb. Bader. 765. *

Schach-Congress, s. a. Schach-Kongress

— der erste Wiener internationale, im J. 1873. Hrsg. von H. Lehner und C. Schwede. 8. (VIII, 256 S.) Ebendas. 874. *

Schachcongress, Der neunte Rheinische, abgehalten zu Crefeld vom 4. bis 7. August 1871. Leipzig 1874. V: *Minckwitz, Johannes.* (Katalog Veit & Co. Leipzig 1891. S. 66.)

Schachcongress, der 9. rheinische, abgehalten zu Crefeld am 4. bis 7. August 1871. Hrsg. vom Red. der deutschen Schachzeitg. gr. 8. (50 S.) Leipzig 874. Veit & Co. n. 1. 50

Schache, Julius, Tierarzt, aus Hummelshain (Sa.-Altenburg): Vergleichende histologische Untersuchungen über den Bau der Gallengänge und Beiträge zur vergleichenden Histologie der Leber der Haussäugetiere. (Aus dem physiolog. und histolog. Institut der Tierärztlichen Hochschule zu Dresden. Direktor Geh. Med.-Rat Prof. Ellenberger.) Zürich 1908. 105 S. und 27 Abbildungen. 8°. [25. X. 07.]
Zürich, Vet.-med. Diss. 1907/08.

Schache, Julius. Vergleichende histologische Untersuchungen über den Bau der Gallengänge und Beiträge zur vergleichenden Histologie der Leber der Haussäugetiere. Diss. Vet.-Med. Univ. Zürich. Mit 27 Abbildungen. *Kopftitel:* Aus dem physiolog. und histolog. Institut der Tierärztlichen Hochschule zu Dresden. Direktor: Prof. Dr. (W[ilhelm]) Ellenberger. 105 S. 8. Zürich (Buchdr. Arthur Schönfeld in Dresden) 1907.

Schaeche, Hermann [pr. Arzt aus Frankfurt a. O.]: Über eitrige Panophthalmitis nach Kalkverletzung des Auges. . . . Freiburg i. B., Buchdr. v. C. A. Wagner, 1889; 21 S. 8°
Freiburg i. B., Med. Fak., Inaug.-Diss. v. 1889

Schachel, Jos., Gesangbuch f. die österreichischen Volks- u. Bürgerschulen. A. Für Knabenschulen. 1. u. 2. Hft. 8. (à 38 S.) Wien 874. C. A. Müller. à n.n. — 30

— über den Gesangunterricht in den österreichischen Volks- u. Bürgerschulen. 8. (24 S.) Ebend. 874. n. — 25

Schachenmann, Herm., Jugendschutz gegen Detektivromane u. Kinematographen. — Muggli, Hans, Volk u. Jugend in Gefahr! Ein Beitrag zur Bekämpfg. verderbl. Literatur. (68 S.) 8. Bern 909. A. Francke. — 50

Schachenmeier, Wilh., über mehrfache elastische Gewölbe, s. a. Fortschritte der Ingenieurwissenschaften. 23. Heft.

Schachenmeier, Wilhelm: Über mehrfache elastische Gewölbe. Eine theoretische Untersuchung über die statische Wirkungsweise der Übermauerung bei weitgespannten Gewölben, ein Beitrag zur Theorie der Nebenspannungen gewölbter Brücken. Leipzig: W. Engelmann 1910. 84 S. 4°
¶ Auch als: Fortschritte d. Ingenieurwissenschaften. Gruppe 2, H. 23.
Karlsruhe, Dr.-Ing.-Diss. v. 17. 7. 1909

Schächen-Thal [Schlagwort]

Schächen-Thal, s.: Westentaschen-Sammlung.

Schacher, Diss. de ossificatione praeternaturali. Lps. 4°. 1726

Schacher, C., Studienköpfe in Umrissen nach verschiedenen Meistern gez. u. lith. Stuttgart (858.) Ebner. Fol. (12 Bl.) 2 ℛ.

Schacher, Christian Sigismund A. S. 115/6

Tractatio juridica de judiciali delictorum denunciatione.
Frankfurt, Leipzig 1724. 72 S. 29865

Schacher, Christoph Hartmann [Praes.], s. Heidenreich, Tobias: De legitima parentum.

Schacher, J. C., De hominibus propriis et glebae adscriptis Lusatiae superioribus. 8°. Lipsiae 1715.

Schacher, Johann Christoph [Praes.], s. Dinckler, Gottlieb Wilhelm: De restricta testatoris potestate.

Schacher, Johann Christoph [Praes.], s. Kübel, Joh. Ludwig: De restricta testatoris potestate.

Schacher, Johann Christoph (Leipzig) A. S. 809/7

Disputatio inauguralis, de portione statutaria, quatenus illi praeiudicium inferri possit, a conjugibus.
O. O. 1718. 80 S.

Diss. Leipzig 1692. 29871

Schacher, Johann Christoph (Leipzig) A. S. 38/14

Disputatio inauguralis, de portione statutaria, quatenus illi praeiudicium inferri possit, a coniugibus, Wie ferne Eheleute einander an der Statuarischen Portion verkürtzen können?
Wittenberg 1740. 102 S.

Diss. Leipzig 1692. 29872

Schacher, Johann Christoph [Praes.], s. Rasch, Rudolph Joseph Leonhard: De restricta testatoris potestate.

Schacher, Johann Christoph [Praes.], s. Schamberg, Kaspar Friedrich: De restricta testatoris potestate.

Schacher, Johann Christoph [Praes.], s. Wild, Johann Jakob: Dissertatio juridica exhibens differentias juris communis et statutarii liberae S. R. I. reipublicae Francofurtensis ad Moenum circa alienationem.

Schacher, Matth., praktischer Rathgeber über sämmtl. Theile der deutschen Rechtschreibung, mit besond. Rücksicht auf alles Schwierige und Schwankende. Zum Schul- und Hausgebrauch für Jung und Alt. Nebst einer kurzen Wort- und Satzlehre und zwölf Wörterverzeichnissen. gr. 8. (XVI und 186 S.) Stuttgart 849, Erhard.

—— neun Wörterverzeichnisse, aus des Verf. prakt. Rathgeber über sämmtl. Theile der deutschen Rechtschreibung. Für die Hand jüngerer Schüler besonders abgedr. gr. 16. (136 S.) Stuttgart 849, Erhard.

Schacher, P. F., Diss. de cranio sinistro in athoroma pilosum mutato. Lps. 4°.

1735

Polycarp. F. Schacher (resp. J. H. Schmid) diss. de feminis ex arte medica claris. Lips. 1738. 4. (Alphabetico ordine mythologicae et historicae mulieres recensentur; cfr. L. Choulant *die Weiber von Salerno, ein Beitrag zur Geschichte der Medicin im Mittelalter* in Haeser Archiv f. d. gesammte Med. Bd. II. 1841. S. 301 fg.)

Schacher, Polycarp Friedrich (Leipzig) A. S. 1406/23

Dissertatio medica de aeris efficacitate in corpore humano.
Leipzig (Langenheim) 7. V. 1738. 60 S.

Gew.: Ludwig Adolph Fhr. von Zech. 29875

Schacher, Polykarp Friedrich (Leipzig) A. S. 1322/3

Dissertatio historico critica de honoribus medicorum apud veteres. Präs. Christoph Wolle.
Leipzig (Langenheim) 9. IV. 1732. 48 S. 29873

Schacher, Polycarp Friedrich (Leipzig) A. S. 7/24

Iustinianus manumissionum fautor.
Präs. Quirinus Gottfried Schacher.
Leipzig (Langenheim) 12. II. 1735. 32 S. 29874

Schacher, Polykarp Friedrich [Praes.], s. Schmid, Johann Heinrich: De feminis ex arte medica claris.

Schacher, Polykarp Gottlieb [Praes.], s. Albrecht, Jakob Hermann: De anatomica praecipuarum partium administratione.

Schacher, Pol. Gttl., De anima rationali an sit corporis vitale principium? Lps. 4°.

1715

Schacher, P. G., resp. G. F. **Jaeschke**, Diss. de cataracta. Lps. 4°.
1705.

Schacher, Polycarpus Gttl., De centro rationis et comparationis usu in praxi clinico-forensi. Lps. 4°.
1723.

Polykarp Gottlieb Schacher

Consideratio animae rationalis medica. [Resp.:] Rudolphus Augustus Behrens. ([Leipzig] 1720:) Titius. 40 [vielm. 64] S. 8°

Leipzig, Med. Disp. v. 19. Apr. 1720

Schacher, Polykarp Gottlieb [Praes.], s. Crell, Johann Friedrich: De melancholia hysterica.

Schacher, Polyc. Gttl., resp. Chr. **Lischwitz**, De depressione cranii, maxime innocua. 3 l. Lps. 4°. 1720

Schacher, Polykarp Gottlieb [Praes.], s. Doering, Gottlieb: De fonticulo.

Polykarp Gottlieb Schacher

Facultatis medicae in Academia Lipsiensi...
[Einladungsschrift zur Dr. med.- Promotion von Johann Ferdinand Simsen, Leipzig, 13. Jan. 1730.]
(Lipsiae 1730: Ex Officina Titania.) 6 Bl. 8°

Schacher, Polyc. Gttl., Diss. de epilepsia simulata. Lps. 4°. 1732

Polykarp Gottlieb Schacher

De Fonticulo. [Resp.:] Gottlieb Döringius [Doering]. Lipsiae (1722:) Schniebes. 24 S. 8°

Leipzig, Med. Diss. v. 16. März 1722

Schacher, Polykarp Gottlieb [Praes.], s. F r i d e r i c i, Gottlieb: De morbis a situ intestinorum praeternaturali.

Schacher, Polykarp Gottlieb [Praes.], s. F r i d e r i c i, Gottlieb: De sanitate.

--, De impraegnatione pene non immisso. Consideratio animae medica et *Behrens* contra sensum vitalem partium: de erroribus animae etc. Lps. 4°. *Haller*, Bibl. anat. II, 786. 1720

Polykarp Gottlieb Schacher

De eruditorum Morbis. [Resp.:] Johannes Friedericus Ortlob [^{1341}]. Lipsiae (1719:) Titius. 27 S. 8°

Leipzig, Med. Diss. v. 29. Apr. 1719

Schacher, P. G., Diss. de thermarum Carolinarium usu in praecipuis ventriculi intestinorumque morbis. Lps. 4°. 1716

SCHACHER, Quir.: Colleg. practicum, juxta titt. Pand. conceptum, revisum et edit. a Chr. SCHACHERO. (*Lips.* 678.) auctum a Goth. BARTHIO. *ib.* 725. 4.

Schacher, Quirinus Gottfried (Leipzig) A. S. 47/39

Singularia M. Aurelii Antonini philosophi iurisprudentiae capita. Präs. Andreas Florens Rivinus. Leipzig (Langenheim) 8. IV. 1732. 38 S.

Gew.: Adrian Steger. 29880

Schacher, Quirin Gottfried [Praes.], s. S c h a c h e r, Polycarp Friedrich: Iustinianus manumissionum fautor.

Schacher, Quirinus Gottfried (Leipzig) A. S. 47/43

Specimen historiae iuris civilis vicissitudines successionis ab intestato apud Romanos exponens. Leipzig (Langenheim) 9. XII. 1762. 55 S.

Gew.: Gottfried Wilhelm Küstner. 29881

Der Schächer am K r e u t z; eine erbauliche Monatsschrift. Bd. 1 (= St. 1–12), Bd. 2 (= St. 1–4). Budissin u. Görlitz 1753–61. 8°
Hrsgeg. von Ernst Gottl. Woltersdorf.

Schächer, W., Karte des politischen Bezirkes Freudental. 1:150.000. 28 × 27 *cm* Sternberg: Hitschfeld 1904. K —.20

Karte des politischen Bezirkes Römerstadt, für d. Hand d. Schüler an Volksschulen gez. von W. Schächer. Maßst. 1:105,000. *Sternberg, Mähren: A. R. Hitschfeld [1903]; Graph. Kunstanst. E. Strache, Warnsdorf & Haida.* (1 Kartenbl. 24×27 cm.) 4° [kol.] [04. 430

Karte des politischen Bezirkes Sternberg für d. Hand d. Schüler an Volksschulen gez. von W. Schächer. *Sternberg i/M.: A. R. Hitschfeld [1903]; Lith. J. Kopp.* (1 Kartenbl. 27×24 cm.) quer-8° [kol.] [04. 430

Schächer, W., neuer Lehrgang f. das freie Zeichnen im 4.–8. Schulj. an minderorganisierten (ein- bis dreiklassigen) Volksschulen, besond. geeignet f den direkten Unterricht zweier Abteilungen. gr. 4. (58 Bl. m. 5 Bl. Text.) Sternberg (902). A. R. Hitschfeld. n. 1. 70

Schächer, W., Lehrgang f. das Zeichnen im 2. u. 3. Schulj. an minderorganisierten Volksschulen, besonders geeignet f. den direkten Unterricht beider Schuljahre. (24 S.) 20×30 cm. Sternberg (904). (A. R. Hirschfeld.) n. — 85

Schächer, W., Lehrgang f. das freie Zeichnen an der österreichischen Volksschule. 3 Tle. Sternberg (909). A. R. Hitschfeld. 5. 05
I. (Unterstufe) f. d. 2. u. 3. Schulj. (20 u. 22 S.) 18×25 cm. 1. 25
II. (Mittelstufe) f. d. 4. u. 5. Schulj. (24 u. 22 z. Tl. farb. Bl. m. 2 S. Text.) 20,5×30,5 cm. 1. 50
III. (Oberstufe) f. d. 6., 7. u. 8. Schulj. (25 u. 23 z. Tl. farb. Bl. m. 12 S. Text.) 21,5×30,5 cm. 2. 30

Plan von Sternberg, im Maße von 1:12,500 gezeichnet von Fachlehrer W. Schächer. *Sternberg i. M.: J. Kramphel: in Komm. [1903]; Lith. J. Kopp.* (1 Kartenbl. 36×49 cm.) gr. 2° [kol.] [04. 43

— das Wichtigste aus der geometrischen Formenlehre. Merkbüchlein f. Bürgerschülerinnen u. Volksschüler. 8. (40 S. m. Fig.) Ebd. 902. n. — 50

(F) Schächer, W., Das Wichtigste aus der geometrischen Formenlehre. 8°. (39 S.) Sternberg: Hitschfeld 1902. K —.60

(F) Schächer, W., Das Wichtigste aus der geometrischen Formenlehre. 2. Aufl. 8°. (38 S.) K —.40
Sternberg: Hitschfeld 1906.

Schach-Erinnerungen, Berliner, s. a. v. d. Lasa.

Schach-Erinnerungen, Berliner, nebst den Spielen des Greco und Lucena . . . Leipzig 1859. V: *Lasa von der [= Tassilo von Heydebrand & der Lasa].* (Katalog Veit & Co. Leipzig 1891. S. 65.) (Ky)

Schach-Erinnerungen, berliner, nebst den Spielen des Greco und Lucena vom Hrsgbr. des v. Bilguerischen Handbuches (v. d. Lasa). gr. 8. (VI und 226 S. mit 9 Tab. in qu. 4.) Leipzig 859, Veit und Comp. *

Schacherl, Ant., Universal-Handbuch f. den österreichischen Handwerker od.: Was muß e. jeder Handwerker wissen? Sammlg. aller das handwerksmäß. Gewerbe betr. gesetzl. Bestimmgn. u. Entscheidgn. in Fragen u. Antworten. (288 S.) gr. 8. Budweis 908. Verlagsanstalt „Moldavia". 2. 50

Schacherl, G.: Mirchvand's G e s c h i c h t e der Sasaniden aus dem Persischen übersetzt u. mit Anmerkungen versehen. 33 S.– W.-Neustadt, OG., Progr. 1870, 71.

SCHACHERL, Gustav: Über die Einwirkung von Brom auf Bernsteinsäureäthyläther. (Nebst) zwei kleinen gedruckten Abhandlungen auf dem Gebiete der Chlorchemie. — 1883. Getr. Pag. Diss. Graz, Univ.

Schacherl, Gust., Versuche zur Bestimmung des Siedepunktes der Unterchlorsäure. Inaugural-Dissertation. gr. 8. (11 S. mit 1 Stnt.) Graz 877, Leuschner und Lubensky. **

Schacherl, Mich., nach Feierabend, s.a. Lichtstrahlen. 1.

(F) Nach Feierabend. Sieben Gespräche zwischen dem Kogelbauer-Poldl und dem Steinhofer-Seppl. Nach einer Idee des Enrico Malatesta von Michael Schacherl. (Lichtstrahlen Nr. 1.) Wien, 1899. Volksbuchhandlung Brand. 16°. 32 S. fl. —.50

Schacherl, Mich., nach Feierabend. 7 Gespräche (üb. die Schwarzen u. die Rothen), s.: Lichtstrahlen. Nr. 1.

— Schützt die Kinder vor den geistigen Getränken! Ein Aufruf an die Frauen aus dem Volke. 2. Aufl. Mit e. Vorwort v. Holitscher. (45 S.) 8. Wien 908. Brüder Suschitzky. — 15

Schachermayer, F. Vide: Burger, Jh.

Schachermayr Augustin: Die politischen Beziehungen Erzbischofs Friedrich II. von Salzburg zu König Rudolf von Habsburg, König Ottokar von Böhmen und den Herzogen von Baiern.
H. 1901 PN 1383 Diss. Wien. Univ. 831

Schächersgnade. 5. Aufl. 32. (16 S.) Nonnenweier 871. (Barmen, Klein.) — 15

Schachert, Fr. Hnr., Peter v. Amiens u. Gottfried v. Bouillon, od. Geschichte d. Eroberung d. heil. Grabes. Herausgg. von C. W. Spieker. Mit 6 ill. Kpf. 8. Berl. 819. Lüderitz. 1 ⁄ 12 gl

Schachert, J. F., Peter von Amiens und Gottfried von Bouillon, oder Geschichte der Eroberung des heiligen Grabes. Herausgegeben von C. W. Spieker. Mit illumin. Kupf. 8. Berlin, Lüderitz. (Leipzig, Enobloch in Comm.) 819. Rthlr.

Schachert, Paul, die überseeische Kohlenausfuhr Deutschlands. gr. 8. (31 S.) Köln 885, Du Mont-Schauberg'sche Buchh. *

Schachfigur, die, oder d. Sonderling. Lstspl. nach d. Engl. 8. Leipz. 797. Köhler. 8 gl

— die, Lspsp. in 4 A. v. H. Beck. 8. Berl. Unger. (Schade.) 798.

Schachfreund, der. Monatsschrift für das gesammte Schachwesen. Unter Mitwirkg. der Berliner Schachgesellschaft, gegr. 1827, hrsg. u. red. von S. Alapin. 1. Jahrg. April 1898—März 1899. 12 Nrn. gr. 8. (à ca. 16 S. m. Diagr.) Berlin (M. Günther). n. 8. —

Der Schachfreund. Monatsschrift f. d. gesammte Schachwesen. Unter Mitw. d. Berl. Schachgesellschaft, gegr. 1827, hrsg. u. red. von S. Alapin. (Jg. 2. 3: ... von S. Alapin, Th. v. Scheve u. R. Steinweg). Jg. 1–3. Berlin 1898–1900: (Rieger; Jg. 2. 3: Dreyer). 8° [n. 7728

Schachgedichte, alter und neuer Zeit, s. a. Dühr.

Schachgedichte alter und neuer Zeit. Zusammengestellt von Aug. Dühr. 8. (XII und 52 S.) Friedland 860, Richter. *

Schachgeheimnisse, Die, des Arabers Ph. Stamma. Erläutert von einem Schachfreunde. Leipzig 1840. V: *Oppen, O. von.* (Russell XVI, II, 2, 2851)

Schachgeheimnisse, die, d. Arabers Phil. Stamma, wie sie d. Meister gab. Erläut. v. ein. Schachfreunde. 8. (8 B.) Berlin 840, Dümmler.

Schachgrammatik, die, od. kurze u. doch vollständige, f. Jedermann faßl. Anleit., dies edle Spiel bald zu erlernen; aus d. Engl. Mit 10 Kpf. kl. 8. Lpz. 821. Baumgärtner. 1 ⁄ 12 gl

Schachhuber, Pauline, bürgerliches Kochbuch. Ein prakt. u. unentbehrl. Handbuch f. Alle, welche das Kochen gründlich, rasch u. ohne besondere weitere Beihilfe erlernen wollen. 462 erprobte Recepte. gr. 8. (108 S.) Wien (901). Szelinski & Co. Kart. 1. —

Schach-Jahrbuch. 1. Jahrg. Ein Unterhaltungsbuch f. Schachfreunde v. L. Bachmann. Lex.-8. (VII, 107 S.) Passau 891. Waldbauer. n. 4. —

— f. 1892/93. Auf Veranlassg. der Verlagsbuchhandlg. Veit & Comp. hrsg. v. Joh. Berger. 8. (V, 280 S. m. Diagrammen.) Leipzig, Veit & Co. Geb. in Leinw. n. 6. —

Schach-Jahrbuch f. 1899/1900. (Fortsetzung d. Schach-Jahrbuches f. 1892/93.) Auf Veranlassg. der Verlagsbuchhandlg. Veit & Co. hrsg. v. Joh. Berger. 8. (IV, 356 S. m. Diagr.) Leipzig 899. Veit & Co. Geb. in Leinw. n. 9. —

— f. 1900—1902. XI.—XIII. Fortsetzg. der Sammlg. geistreicher Schachpartien. Zusammengestellt u. m. eingeh. Erläutergn. versehen v. Ludw. Bachmann 12. (VIII, 224; IX, 250 u. VII, 176 S. m. Diagrammen.) Ansbach 901. 902. C. Brügel & Sohn. Geb. in Leinw. à n 2. —
Vergl.: Bachmann, Ludw.

Schachjahrbuch f. 1903, 1904 u. 1905. 2 Tle. 14.—17. Fortsetzg. der Sammlg. geistreicher Schachpartien. Zusammengestellt u. m. Erläutergn. versehen v. Ludw. Bachmann. 12. Ansbach, C. Brügel & Sohn, Geb. in Leinw. à n. 2. —
1903. (VII, 196 S. m. Diagr. u. 1 Bildnis.) 904. — 1904. (VI, 224 S. m. Diagr.) 904. — 1905. I. Mit e. Anh., enth. 224 Preisaufgaben aus den J. 1902—1904. (VII, 122 u. 59 S. m. Diagr.) 905. — 1905. II. (XII, 248 S. m. Diagr.) 906.

Schachjahrbuch f. 1906 u. 1907 à 2 Tle. 1907 Anh., 1908 u. 1909. 18.—23. Fortsetzg. der Sammlg. geistreicher Schachpartien. Aufgaben u. Endspiele. Zusammengestellt u. m. Erläutergn. versehen v. Ludw. Bachmann. kl. 8. Ansbach, C. Brügel & Sohn. Geb. in Leinw. 12. 80
1906. I. (VIII, 172 S. m. Diagr.) 906. Geb. 2. —
1906. II. u. 1907. I. (VIII, 175 S. m. Diagr.) 907. Geb. 2. —
1907. II. (XII, 208 S. m. Diagr.) 908. Geb. 2. —
1907. Anh., enth. die Preisaufgaben u. ausgewählte Endspiele sowie die Totenliste des J. 1907. (136 S. m. Diagr.) 908. Geb. 2. —
1908. (VIII, 219 S. m. Diagr. u. 1 Taf.) 909. Geb. 2. 40
1909. (XI, 215 S. m. Diagr.) 909. Geb. 2. 40

Schachian, Herbert, Kammergerichtsrefer.: Die relative Unwirksamkeit der Rechtsgeschäfte. Berlin 1910: Ebering. XVI, 232 S. 8°
Berlin, Jur. Diss. v. 18. Juli 1910, Ref. Kipp
[Geb. 5. Mai 88 Berlin; Wohnort: Berlin; Staatsangeh.: Preußen; Vorbildung: Friedrichs-Werdersches Gymn. Berlin Reife O. 06; Studium: Freiburg i. B. 1, Berlin 5 S.; Rig. 5. Juli 10.] [U 10. 10

Schachian, Julian, z. Z. Referendar in Wittstock: Wird nach gemeinem Recht und B.G.B. die Condictio indebiti begründet durch eine in entschuldbarer Unkenntnis der Aufrechnungsbefugnis bewirkte Zahlung? *Berlin 1903: A. Seydel & Co.* (90 S.) 8°
Rostock, Jur. Diss. v. [17. Juni] 1903

Schachtjing, Otto v. (Otto Dent), s. a.: Dent, B. M. Otto.

Schaching, Otto v. (Otto B. M. Denk), Bayerntreue. Histor. Erzählg. aus d. 18. Jahrh. f. d. Volk u. d. gereifte Jugend. M. 2 Photograv. gr. 8. (VIII, 320 S.) Regensburg 896. Verlagsanstalt vorm. G. J. Manz. n. 3. —; geb. in Leinw. n. 4. —; m. Goldschn. n. 4. 50

— Bayerntreue. Historische Volkserzählg. aus dem 18. Jahrh. 2., umgearb. Aufl. (XI, 462 S. m. Abbildgn. u. 3 Taf.) 8. Regensburg 909. Verlagsanstalt vorm. G. J. Manz. 3.60; geb. in Leinw. 4. 60

— d. Bildnis d. Mutter. E. geschichtl. Erzählg. aus d. Zeit d. griech. Bilderstreites. 12. (127 S. m. Titelbild.) Ebd. 895. 1. —; geb. 1. 35

Schaching, Otto v. [B. M. Otto Denk] e. gefangener Bischof, s.: Zeitgeist, der.

Schaching, Otto v. (Otto Denk), geweihtes Blei, s.: Schulze's Zehnpfennigbücher.

† Schaching, Otto v. [B. M. Otto Denk], Blumen und Disteln. Religiös-polit. Gedichte für die Gegenwart. gr. 16. (75 S.) Kempten 875, Kösel'sche Buchh.

— auf Rußlands Eisfeldern. Vaterländ. Geschichtserzählg. aus d. J. 1812 f. Jugend u. Volk. M. 1 Titelbilde. 8. (159 S.) Ebd. 898. 1. —; geb. in Leinw. 1. 35

— s.: Epheuranken.

—— englische Fräulein und liberale Logik. Erzählung für besorgte Eltern und für alle diejenigen, welche das Denken lernen wollen. 8. (51 S.) Eichstätt 873, (Krüll'sche Buchh.)

— liberale Freunde. Zeitgemäße Erzählg. f. Ultramontane u. Liberale. 16. (62 S.) Deggendorf 872. Krüll. — 30

— s.: Führer, illustrierter, im Gebiete der k. b. Staatseisenbahnen.

— der Geächtete. Eine Erzählg. aus der schott. Geschichte. Für das Volk u. die reifere Jugend. 8. (160 S. m. Titelbild.) Regensburg 894. Nationale Verlagsanstalt. 1. —

— d. Geigenmacher v. Mittenwald. E. lebensgeschichtl. Erzählung f. die Jugend. 12. (154 S. m. Titelbild.) Regensburg 896. Verlagsanstalt vorm. G. J. Manz. 1 —; geb. in Leinw. 1. 35

— Geschichten aus d. Volke. Für d. Volk u. d. erwachs. Jugend erzählt. gr. 8. (278 S. m. 2 Photograv.) Ebd. 896. n. 3. —; geb. in Leinw. n. 4. —; m. Goldschn. n. 4. 50

— Geschichten aus alter Zeit. — Meier Helmbrecht. — Peter Buchwald, der Hussit. — Leben u. Abenteuer des Simplicius. 3 Erzählgn., d. Volke u. d. reif. Jugend dargereicht. gr. 8. (VIII, 278 S. m. 2 Bildern.) Ebd. 896. n. 3. —; geb. in Leinw. n. 4. —; m. Goldschn. n. 4. 50

Schaching, Otto v. (Otto Denk), Ida Gräfin Hahn-Hahn. Eine biographisch-literar. Skizze. (31 S. m. Abbildgn.) 8. Regensburg 903. J. Habbel. n. — 20
Sonderabdruck aus: „Ida Gräfin Hahn-Hahn, ges. Werke".

Schaching, O. v., der Hirmonhopfer von Bischofsmais. Volkserzählung aus dem bayer. Walde. 8. (256 S.) Passau 890. Waldbauer. n. 1. 50

— Immergrün. Ein Cyclus lyrisch-ep. Gedichte f. Deutschland's Mütter. 16. (X, 88 S.) Eichstätt 873. Krüll. — 75; geb. m. Goldschn. 1. 50

— der ewige Jude. E. Geschichte aus d. Bergen. Für Jugend u. Volk erzählt. 8. (152 S m. Titelbild.) Ebd. 895. 1. —

— der verrückte Junker. E. heit. Geschichte f. d. Volk u. d. reif. Jugend. D. Span. nacherzählt. 12. (156 S. m. Titelbild.) Ebd. 895. 1. —; geb. 1. 35

— aus Deutschlands Kaiserzeit. Geschichtl. Erzählgn. v. d. Zeit Karls d. Großen bis auf uns. Tage. 1. Bd. Widukind, d. Sachsenheld. Geschichtl. Erzählung aus d. 8. Jahrh. gr. 8. (440 S.) Osnabrück 899. B. Wehberg. n. 3. 50; geb. n. 4. 50

Schaching, Otto v. Vom Karwendel u. Wendelstein. Drei Hochlandgeschichten. Mit 10 Bildern und dem Portr. d. Verf. 8. (III, 272 S.) Münch. 892, Münchner Handelsdruckerei u. Verlagsanstalt. * 4 —; geb. ** 5 —

— dasselbe. Mit 10 Bildern u. dem Portr. des Verf. 2. (Titel-)Aufl. 8. (III, 272 S.) Ebd. 895. n. 3. —; in Elfenbeinbd. m. Goldschn. n. 4. 50

Schaching, Otto v. [B. M. Otto Denk], ein Kirchthurmknopf. Eine Erzählg. f. liberale Lehrer, besonders jenen zu empfehlen, welche der Münchner Lehrer-Versammlg. beigewohnt haben. 16. (50 S.) Augsburg 872. Kranzfelder. n. — 20

— d. Klammgeist, s.: Hochlandgeschichten, bayerische.

— Kloster u. Töchterschule. Erziehungsgemälde aus unserer Zeit. 8. (239 S.) Kempten 874. Kösel. n. 1. 30; geb. n. 2. —

Schaching, O. v., die Königstochter v. Kippen, s.: Unterhaltungs-Bibliothek.

— die Lehrer u. die Parteiströmung unserer Tage. Ein freies Wort in ernster Zeit an den Lehrerstand u. e. Memorandum an die Regiergn. gr. 8. (24 S.) Deggendorf 872. Krüll. — 40

— der Lindwurm, s.a. Compaß f. das katholische Volk.

—— Der moderne Lindwurm.
I. Teil: Blutbedeckte Blätter aus der Weltgeschichte, dem bekannten Trifolium Liberale, Freimaurer u. Socialdemokraten gewidmet. Ebendas. 1874, 28 S., 20 Pf. (Kompaß ꝛc. Bd. 3 Nr. 6.) Würzburg: Woerl
II. Teil: Giftige Saat, blutige Ernte, dem bekannten Trifolium Liberale, Freimaurer u. Socialdemokraten gewidmet. 28 S., 20 Pf. (Kompaß ꝛc. Nr. 8.)

— d. Mädchen v. Domremy. Eine geschichtl. Erzählg. aus d. 15. Jahrh. 12. (184 S. m. Titelbild.) Regensburg 895. Verlagsanstalt vorm. G. J. Manz 1. —; geb. 1. 35

— d'Marei vom Brandstätterhof, s. Hochlandgeschichten, Bayerische.

— der Materialismus in der Erziehung u. die Revolution. Vom wissenschaftl. Standpunkte aus beleuchtet. Ein Beitrag zur Erziehungs- u. Schulfrage. gr. 8. (132 S.) Kempten 874. Kösel. 1. 50

— **Maximilian I., der Große, Kurfürst v. Bayern,** s.a. **Sammlung historischer Bildnisse.**

Schaching, Otto v. (d. i. Victor Mart. Otto *Denk*, geb. 23. März 1848 zu Schaching bei Deggendorf), Maximilian I., der Grosse, Kurfürst von Bayern. (Auch m. d. Tit.: Sammlung histor. Bildnisse. 3. Serie. IX.) Freiburg i. Br., Herder, 1876. 8⁰. Eleg. dunkelblau Srsb. XII–300 S.

— Naturbilder, s.: Forstenetchner, A.

— **Neuheidnisches,** s.a. Compaß f. das katholische Volk.

Schaching, Otto von (Otto Denk), Neuheidnisches. Würzburg, Woerl, 1873, 8°, 28 S., 10 Pf. (Kompaß für d. kath. Volk 1873 [Bd. 2] Nr. 8.)

— Oberammergau im J. 1900. Beschreibung u. Geschichte Oberammergaus u. seines Passionsspieles. Zugleich Führer in die Umgegend. 12. (86 S. m. Abbildgn. u. 1 Karte.) Oberammergau 900. K. Rutz & Sohn. 1. —

— die Pestsalbe. Eine Florentiner Geschichte aus dem 16. Jahrh. Für d. Volk u. d. reif. Jugend erzählt. 12. (158 S. m. Titelbild.) Ebd. 896. 1. —; geb. 1. 35

— Stasi. Eine Geschichte aus dem bayr. Walde. 8. (IX, 270 S.) Stuttgart 891. Deutsche Verlags-Anstalt. n. 3. —

— Stasi. Eine Geschichte aus d. bayer. Walde. (Wohlf. [Titel-] Ausg.) 8. (270 S.) Stuttgart (891) 896. Deutsche Verlags-Anstalt. n. 1. —; geb. n. 1. 25

— die Teufelsgrethl. Bauernroman aus den oberbayer. Bergen. 8. (313 S.) Jena 894. H. Costenoble. n. 5. —; geb. n.n. 6. —

— Volks-Erzählungen. 1. u. 2. Bdchn. 8. Regensburg, J. Habbel. Geb. in Leinw. à 1. 50

1. Der Bauernkönig. Geschichtliche Erzählg. aus der Zeit des Bauernkrieges. — Der Judas v Oberammergau. Eine Geschichte aus der Zeit des Schwedenkrieges. — Zweierlei Leute. Nach e. wahren Begebenheit. 2. Aufl. M. Bildrn. (210 S.) (901.)
2. Der Klammgeist. Eine Hochlandsgeschichte. — D'Miarel vom Brandstätterhof. Eine oberbayer. Geschichte, nach e. wahren Begebenheit erzählt. 2. Aufl. (288 S. m. Bildern.) (902.)

— **Volkserzählungen. 3.—5. Bdchn. 2. Aufl. (Mit Bildern.) 8. Regensburg, J. Habbel. Geb. in Leinw. à 1.50**

3. **Die letzte Kugel. Afra. Der hl. Judas u. andere Erzählgn. (251 S.) (903.)**
4. **Der Hirmonhopfer v. Bischofsmais. Volkserzählung aus dem bayer. Walde. (298 S.) (903.)**
5. **Stasi. Eine Geschichte aus dem bayer. Walde. (VII, 240 S.) (903.)**

— zwei Waffenbrüder. Ein histor. Gemälde aus dem 14. Jahrh. Für die Jugend entworfen. 8. (156 S. m. Titelbild.) Regensburg 894. Nationale Verlags-Anstalt. 1. —

— Waldesrauschen. Geschichten aus dem Volke. Mit 2 Photograv. u. d. Bildnis d. Verf. gr. 8. (303 S.) Regensburg 897. Verlagsanstalt vorm. G. J. Manz. n. 3. —; geb. n. 4. —; m. Goldschn. n. 4. 50

— Wucher u. Sozialdemokratie, s.a. Dasbach's Volksbibliothek.

Schaching, Otto von, Wucher und Sozialdemokratie. Eine zeitgemässe Erzählung fürs Volk. 8⁰. Trier, Paulinus-Druckerei, 1891. (Dasbach's Volksbibl., 2. Folge, Heft 13/15.)

— Zarenkrone u. Sklavenkette. E. Stück Weltgeschichte aus d. Bulgarenreiche. 12. (164 S. m. Titelbild.) Ebd. 895. 1. —; geb. 1. 35

Schachinger, C. M., die Bienenzucht. Kurze Anleitg. zur angenehmen u. ertragreichen Pflege der Bienen im Stocke m. bewegl. Wabenbau. 3., umgearb. Aufl. 8. (31 S. m. 14 Abbildgn.) Zeutendorf 890. (Wien, Frick.) n. — 60

Schachinger, Cajetan, Beicht-Andacht f. Kinder. 16. (15 S.) Linz-Urfahr (899). Verlag d. kathol. Preßvereines. — 05

Schachinger, Coelest. M., Führer durch d. Ruine Aggstein, m. e. kurzen Geschichte dieser Veste, illustr. v. Carl B. Kratochwil. 8. (39 S. m. 1 Taf.) Schönbühel 896. (Krems, F. Oesterreicher.) n. — 50

Schachinger, Coelestin, Führer durch die Ruine Aggstein. Mit e. kurzen Geschichte der Veste. 2. Aufl. (32 S. m. 1 Taf.) 8. Krems 905. F. Oesterreicher. n. — 40

Schachinger, Cölest. M., Reise durch Italien nach Aegypten u. Palaestina. Lex.-8. (VI, 146 S. m. 45 Abbildgn.) Wien 892. A. Hartleben. n. 2. —

Schachinger, Gabr., unsere Lieblinge. 12 Kinderköpfchen in Photogravure nach Originalen v. G. S. gr. 4. München 893. Jos. Albert. In Leinw.-Mappe. 15. —; Fol.-Ausg. in Mappe 30. —

Schachinger, Karl, durch Oberösterreich. Wegweiser durch das Land Oesterreich ob des Enns, hrsg. vom Landesverbande f. Fremdenverkehr in Oberösterreich. 66 S. m. Abbildgn. u. 1 Karte.) 8. Linz 904. (R. Pirngruber.) n. 1. —

Schachinger, Mich., lustig ist's Soldatenleben! Lichtbilder aus Oesterreich. 12. (64 S.) Wien 896. Wiener Volksbuchh. n. — 20

Schachinger, Rudolf

Schachinger Dr. R.: Die Bemühungen des Benedictiners P. Placidus Amon um die deutsche Sprache und Literatur. 46. Melk. 88.
Progr.

Schachinger, Rud., s.: Briefwechsel zwischen Michael Enk v. der Burg u. Eligius Frhr. v. Münch-Bellinghausen [Friedrich Halm].

Schachinger, Rud., Geschichte u. Beschreibung des Stiftes u. der Stadt Melk. Mit e. Anh.: Spaziergänge u. Ausflüge in der Umgebg. (100 S. m. 1 Taf.) 8. Wien 905. (A. Hölder.) n.n. — 50

Schachinger, Rud., Geschichte u. Beschreibung des Stiftes u. der Stadt Melk. Mit e. Anh.: Spaziergänge u. Ausflüge in die Umgebg. 2., verb. Aufl. (100 S. m. 1 Taf.) 8. Melk 909. H. Aigner. — 50

Schachinger, R.: C o n g r u e n z des Numerus zwischen Subject und Verbum bei Wolfram von Eschenbach. 51 Melk 86.
Progr.

— die Congruenz in d. mittelhochdeutschen Sprache. Lex.-8. (VIII, 114 S.) Wien 889. Hölder. n. 3. 20

Schachinger Dr. Rudolf: Die Wiegendrucke der Stiftsbibliothek in Melk. 62. 50. (60). Melk 99 · 01.
Progr.

Die Wiegendrucke der Stiftsbibliothek in Melk, beschrieben von Prof. P. Dr. Rudolf **Schachinger**, Stiftsbibliothekar. *Melk: Selbstverl. 1901.* (175 S.) 8° (01. 7727

Schach-Journal, internationales. Hrsg. u. red. v. C. A. Walbrodt. 1. Jahrg. April 1897—März 1898. 24 Nrn. (Bog. m. Diagrammen.) gr. 8. Berlin (Oehmigke's Sort.). n. 6. —

— dasselbe. 2. Jahrg. 1898. 24 Nrn. (à ca. 1 Bog. m. Diagrammen.) gr. 8. Ebd. n. 6. —

Schachkalender für 1909. 8°. (40 S.) † Wien: Grünfeld 1909

Schachkalender f. 1910 v. B. Kagan. (40 S.) 16. Wien, (J. Grünfeld). — 50
Erscheint nicht mehr.

(H[einrich]) Rannetorth's **Schach-Kalender** [1.] 1907. Potsdam: A. Stein 1907. (77 S.) 8° [ℌ.] (08 931

Schach-Katechismus, enthaltend die üblichen Spiel-Eröffnungen, von Hugo. gr. 16. (29 S.) Berlin 885, (R. Kühn.) *

Schach-Kongress, s.a. S c h a c h - C o n g r e s s

Schach-Kongress, der internationale, des Barmer Schach-Vereins 1905. Enth. die Entstehungs-Geschichte u. den Verlauf des Kongresses m. seinen schachl. u. gesell. Veranstaltgn. Die Partien sind bearb. v. Geo. Marco, unter Mitwirkg. der Schachmeister W. John u. Loerbroks, die Probleme v. Rich. Schulder, Ad. Keller u. J. Miesos. Red. v. F. Malthan unter Mitwirkg. v. Paul Schellenberg, Ad. Keller, Fritz Döpper u. a. Mit vielen Portr. der Kongress-Teilnehmer. Hrsg. vom Barmer Schach-Verein. 3 Tle. (628 S. m. eingedr. Bildnissen u. Diagr. u. 3 Taf. u. Musikbeilage 12 u. 12 S.) gr. 8. Barmen (905. 906.) (A. Graeper.) n. 9. —; geb. n. 10. —

(B) **Schach-Kongress,** d. internat., der Barmer Schachvereins. 905. 906. Jetzt: Leipzig, Veit & Co. Erm. Pr. geb. 6. 50

Schachkuriositäten, 150. Gesammelt v. Problematicus. (IV, 80 S. m. 151 Diagr.) 8. Leipzig 910. Veit & Co. 1. 60

Schachleiter, Alban, O. s. B., die Sicherheit u. Festigkeit des katholischen Glaubens. Eine Erinnerg. an den „Diskussionsabend" auf dem Freidenkerkongreß in Prag, 11. IX. 1907. (28 S.) gr. 8. Prag (Dreifaltigkeitsgasse 18), 907. Bonifatius-Verein der Erzdiözese Prag. — 35

Schachleiter, Nikolaus (geb. am 12 Sept. 1858 in Mainz): Ueber Fremdkörper in der vorderen Augenkammer . . . Mainz, Druck v. J. Falk III 1881. 44 S., 1 Bl. 8.
Bonn, Med. Fak., Diss. v. 13 Aug. 1881

Schachlieder, Berliner, hrsg. v. der Berliner Schach-Gesellschaft (gegründet 1827) aus Anlass ihres 75 jähr. Bestehens. (53 S.) kl. 8. Berlin 902. O. Dreyer. — 75

Schachmann, s.a. B e o b a c h t u n g e n über die Gebirge ...

Schachmann, v., Beobacht. üb. d. Gebirge b. Königshain u. d. das. gefund. Alterthümer, m. K. u. V. gr. 4. Dresd. Walther. 780.

S c h a c h m a n n, C. G. A. d e, Catalogue raisonné d'une collection de médailles (antiques). Avec figures. Leipsic 774. 4. 3 rthl.

v. Schachmann, Karl Ad., († d. 28. Jan. 1789.) Nachr. v. einem am 23. Aug. 1782 zu Königshain bei Görlitz erfolgtem Wetterschlage. Mit Kpf. 4. . . . 782.

Schachmaschine, die, oder Geniestreich über Geniestreich. Lstspl. nach d. Engl. 8. Warschau 797. Wilke. 12 ℛ

Schachmaschine, Die, s.a. B e c k , Heinrich

Schachmaschine, Die. Lustspiel in vier Aufzügen. Nach d. Engl. frey bearbeitet. Berl. 1798. V: *Beck, Hnr.* (GGr)

Schachne, Frau Clara, s.a. **Schott, Clara.**

[ℑ.] Im goldenen Märchenhain. E. Auswahl reizender Märchen v. Klara Schott [d. i.: Klara **Schachne**], Vf. v.: 'Die Märchentante', 'Osterhäschen' u. a. M. zahlr. Text-Ill. nach Orig.-Zeichngn d. Malers H. G. Herrmann. *Köln: P. Gehly [1894].* (142 S., 1 Bl.) 1 Bd 8.

Schachner Alois: Über die Kondensation von Formisobutyraldol mit Azetaldehyd. S. 113. II b. 1906 Vgr.
Separatabdruck

Schachner, Heinr., das Benediktinerstift Kremsmünster. Seine Geschichte u. seine Sehenswürdigkeiten. (79 S. m. Abbild.) 8. Steyr (909). (K. Lintl.) Kart. nn 2. —

Das Benediktinerstift Kremsmünster. Seine Geschichte u. s. Sehenswürdigkeiten. Zsgest. von Prof. P[ater] Heinrich **Schachner**. Steyr: Prietzel 1910. 79 S. 8° (10. 5578

Schachner, Paul: Aus d. Pharmakol. Inst. zu Giessen. Über die Absorption und Bestimmung von Chloroform in Fetten. Giessen 1909: v. Münchow. 25 S. 8°
Gießen, Veterinär-Med. Diss. v. 3. Aug. 1909, Ref. Geppert
[Geb. 4. März 87 Mainz; Wohnort: Gießen; Staatsangeh.: Hessen; Vorbildung: Realgymn. Mainz Reife O. 05; Studium: Gießen 4, Berlin Tierärztl. Hochsch. 1, Gießen 2 S.; Rig. 5. März 09.] [U 09. 1168

Schachner, Rob., Australien in Politik, Wirtschaft, Kultur. (VIII, 464 S.) gr. 8. Jena 909. G. Fischer. 10.—

Australien in Politik, Wirtschaft, Kultur von Dr. Robert **Schachner**, Prof. Bd [1.] 2. Jena: Fischer 1909–11. 8°
2 [u. d. T.:] Die soziale Frage in Australien u. Neuseeland von R. Schachner. (11. 2016

Schachner, R., u. G. **Wimmer,** Münchens öffentliche Bade-Anstalten. Kurzgefasste Übersicht üb. d. öffentl. städt. u. privaten Badeanstalten. Im Auftrage des Stadtmagistrates zusammengestellt. (24 u. XXIV S. m. Abbildgn. u. Plänen.) Lex. 8. München 908. (J. Lindauer.) 2. —

— Gemeindebetriebe in der Schweiz, in Belgien u. in Australien, s.: S c h r i f t e n des Vereins f. Socialpolitik. (Großmann, Eug.)

Schachner, Robert, Die kommunale Socialpolitik in Australasien. (Australien und Neuseeland.) Schriften des Vereins f. Socialpolitik, Bd. 130, Tl. 3. 8⁰. Leipzig, Duncker u. Humblot, 1909.

Schachner, Rob., das bayrische Sparkassenwesen, s.a. Wirtschafts- u. Verwaltungsstudien. VI.

Schachner, Robert, Rechtspraktikant aus München: Das bayrische Sparkassenwesen. *Naumburg a. S. 1898: Lippert & Co.* (63 S.) 8° [F.] ¶ [Erschien vollst. 1900 als H. 6 d. Wirtschafts- u. Verwaltungsstudien m. bes. Berücks. Bayerns.]
Würzburg, Jur. Diss. v. 1899

Schachner, Robert: Das bayrische S p a r k a s s e n w e s e n. Von Dr. —. Erlangen & Leipzig: A. Deichert 1900. (X, 132 S.) 8⁰
= Wirtschafts- u. Verwaltungsstudien m. bes. Berücks. Bayerns. 6.

Schachner, Rob., die Störungen im deutschen Schiffsbaugewerbe während der J. 1900 ff., s.: **Schriften des Vereins f. Socialpolitik.** 107. Bd.

— das Tarifwesen in der Personenbeförderung der transozean. Dampfschiffahrt, s.a. **Abhandlungen, volkswirtschaftliche, der bad. Hochschulen.** VII. 2.

Schachner, Robert, Dr.: Das Tarifwesen in der Personenbeförderung der transozeanischen Dampfschiffahrt. *Karlsruhe: G. Braun 1904.* (174 S.) 8° ¶ = Volkswirtsch. Abhandl. d. Bad. Hochsch., Bd 7, H. 2.
Heidelberg, Phil. Hab.-Schr. v. 1903

Schachner, Theodor, a. Klein-Krotzenburg a. M.: Das Zeitwort sein in den hochdeutschen Mundarten. Darmstadt 1908: H. Uhde. (VIII, 52 S.) 8° [F.]
Gießen, Phil. Fak., Ref. Behaghel, Diss. v. 31. Juli 1908
[Geb. 7. Jan. 83 Klein-Krotzenburg; Wohnort: Löhrbach; Staatsangeh.: Hessen; Vorbildung: Gymn. Bensheim Reife O. 03; Studium: Gießen 8 S.; Rig. 1. Juni 08.]

Schachnow, Julian, Referendar, Berlin: Der Anspruch als Voraussetzung der Verjährung ⟨nach gemeinem und bürgerlichem Recht⟩. *(Berlin) 1901: (L. Hirschberg).* (39 S.) 8°
Rostock, Jur. Diss. v. [15. Okt.] 1901

Schachofskoi, ..., russische Geschichten, s. Geschichten.

Schach-Problem-Turnierbuch; eine Auswahl von 64 der besten für das von der londoner Zeitschrift „the Era" ausgeschriebene Problemturnier eingesendeten Aufgaben, deren Lösungen und den Urtheilen der Preisrichter. Mit einem Vorwort von J. Löwenthal. 8. (VII und 127 S. mit eingedr. Holzschn.) Leipzig 857, Weber.

Schachspiel, Das. Ein Heldengedicht. ... O. O. 1753. V: *Ramler, Carl Wilhelm.* (Gleim-Uz, Briefwechsel. Tübing. 1899. S. 482.) »Berlin 1754« (ML) (Ky)

Schachspiel, Das; (nach einem Romancier der Tafelrunde). Stralsund [18??]. V: *Könneritz, v.* (Zuwachsverz. d. Bibliotheken in Zürich 1898 ff.)

Schachspiel, Das, historisch erläutert, mit einer kurzen Anleitung versehen ... Halle 1812. V: *Buhle, Christian Adam Adolph.* (Ky)

— das, histor. erläutert, mit e. kurzen Anleit. versehen (v. Chr. A. A. Buhle), nebst Figuren von Zinn. Halle 812. (Renger). 1 ℳ 8 gr.

Schachspiel, das, in seiner eigenthüml. u. höh. Bedeutung. Ein Fragment. 4. (13 B.) Nürnberg 837, [Renner u. Comp.]
Aus: Fragmente aus Flammhorst's Propyläen zu ein. Imperatorik, besond. abgedruckt.

Schachspiel, Das, ein Bild des menschlichen Lebens ... Dessau 1784. V: *Sardenheim.* (Ky)

Schachspiel, d., ein Bild d. menschl. Lebens in 30 philos. Skizzen. 8. Dessau. (Barth. Leipz.) 784.

(F) Das Schachspiel nach einfacher, leichter Methode. 6. Aufl. [Mickl's Spielbücher. Nr. 30.] 8⁰. (80 S.) K —.60

Schach- u. Tokategli-Spiel, das, nach geprüften Regeln, z. Selbstunterricht. 8. Berl. 810. Hann. 18 gr.

— d. m. Würfeln, z. Belustig. freundschaftl. Zirkel. Leipz. Benj. Fleischer.

Schachspieler, der, . Schsp. v. Meißner. 8. Lpz. Breitkopf. 782.

Schachspieler, üb. den, des Hrn. v. Kempelen. Nebst e. Abbild. u. Beschreib. seiner Sprachmaschine. gr. 8. Leipz. 784. Müller. (Joachim). ...

— üb. den, des Hrn. v. Kempelen u. dessen Nachbildung (v. J. F. v. Racknitz). Mit 7 Kpft. gr. 8. Leipz. u. Dresd. 790. Breitkopf u. H. 1 ℳ

Schachspieler, d. kleine, od. selbstlehrender Unterricht im Schachspiele. Mit e. Holzschnitte. 8. Elberfeld, Mannes. (Leipz. Bruder in Comm.) 811.

Schachspielgeheimnisse, Neuentdeckte, oder Sammlung der schönsten meist noch unbekannten Züge beim Schachspiel. In einer bequemen Bezeichnungsart zum Selbstunterricht entworfen von einem Liebhaber. Strassburg 1802. V: *Montigny.* (T. u. H. Lasa, Verzeichnis einer Samml. d. Schriften über Schachspiel. Wiesb. 1887) (Hdschr. Mitth. von Friedrich Müller, München)

Schachspiel-Geheimnisse, neu entdeckte, od. Samml. der schönsten meist noch unbekannten Züge beim Schachspiel, zum Selbstunterricht. 2 Thle. 16. Straßb. 802. König. 18 gr. 2e Ausg. 2 Thle. gr. 12. Linz. 818. (Schmidt in Lpz.) 1 ℳ 8 gr.

Schacht, A., geächtet, s.a. Weichert's Wochen-Bibliothek.

[F.] Geächtet. Erzählg a. d. Engl. v. A. Schacht. M. 3 Vollbild. *Berlin: A. Weichert 1897.* (94 S., 1 Bl., 3 Taf.) 1 Bd 8.
= Wochen-Bibliothek, Weichert's. Bd 29. 99. 48.

Weichert's Illustrirter Familienschatz. 29. Band. Inh: A. Schacht, Geächtet. Roman. 8. (94 S.)
Wien: Derflinger & Fischer 1898. —.15

Schacht, A., der gesammte Geschäftsverkehr m. der Reichsbank, s.: Telschow, R.

Schacht, Adf., u. Ed. **Schmitt,** verglaste Decken u. Deckenlichter, s.: Fortschritte auf dem Gebiete der Architektur.

Schacht, Ad. (Resp.): De iis, quae spasmis rigidis particularibus communia sunt, agit, s. Baumer, So.W. (Praes.)

Schacht, Alex. v., Feyerabende f. Gendarmen, Unteroffiziere u. Soldaten. Zur Unterhalt. u. Belehr. in Erzähln. e. Veteranen an seine Untergebene. 2. Aufl. 8. (12¼ B.) Augsburg 841, (Kollmann'sche Buchh.) *

Schacht, Al. v., die Taktik u. ihre Anwendung. Ein Beitr. zum Unterr. f. höh. Kriegs-Schulen. 8. (9¼ B.) Bamberg 828, Dresch.

Schacht, Aug. Die Hauptquelle Plutarchs in der vita Luculli. XI S. *Lemgo* 1883.
Progr.

Schacht, Aug., drei Jahrhunderte der Geschichte d. Gymnasiums zu Lemgo. 8. (22 S.) Lemgo 883. F. L. Wagener. n. — 50

Schacht, Aug., 160 Postkartengrüsse f. Unterwegs u. Daheim in poetischer Form. 21.—24. Taus. gr. 16. (32 S.) Bunzlau (900). A. Neudecker. — 10

Schacht, Ratgeber u. Wegweiser f. die Teilnehmer an ärztlichen Fortbildungskursen, unter ganz besond. Berücksicht. der Berlinischen, nebst e. Zusammenstellg. aller ärztl. Kurse Berlins. 2. umgearb. u. verb. Aufl. (VIII, 95 S.) 8. Culm i/Westpr. Dr. Schacht. 1. —

— hansische Sagen. Erzählungen aus Alt-Hamburg, sowie aus der Vergangenheit der Hansestädte Lübeck u. Bremen. Gesammelt u. bearb. 8. (IV, 166 S.) Hamburg 894. C. Kloß. 2. —; kart. 2. 50

Schacht, *August* Die Lemgoer Schulgesetze vom Jahre 1597.
4 (S. 3—9 **Progr.** G. *Lemgo* 1886 (646)

Schacht, die Lemgoer Schulgesetze vom J. 1597. 4. (9 S.) Lemgo 886, Ohle. *
Aus: Jahresbericht des Gymnasiums zu Lemgo, 1885/86, besonders abgedruckt.

Schacht, Aug., Harms Söhne. Roman. 8. (223 S.) Mannheim (901). J. Bensheimer's Verl. n. 3. 50

Schacht, Aug. Verzeichnis der vor dem Jahre 1500 erschienenen Druckwerke der Lemgoer Gymnasialbibliothek 4 S. *Lemgo* 1880
Progr.

Verzeichnis der gesamten ärztlichen und zahnärztlichen Kurse Berlins nebst prakt. Wegweiser u. Ratgeber f. d. Teilnehmer (speziell auch f. Physikatskandidaten). Hrsg. von Dr. A[ugust] Schacht, Arzt. [1. 2.] Berlin: O. Rothacker (1904–05). 2 Bde 8°
[1.] Frühjahr u. Sommer 1904. 1904.
[2.] Herbst 1904 u. Winter 1904/05. 1905. [05. 15959

Schacht, B.

Die **Armeen** u. ihre Zukunft. (Von B. Schacht.) Augsburg 1851. 76 S.

Schacht, Bernh., großer Nebengewinn für Branntweinbrennereien jeden Umfanges. Eine ausführl. u. prakt. Anweisung, aus der Korn- od. Kartoffelmaische, ohne Beeinträchtigung der Spiritusausbeute, noch einen beträchtl. Nebengewinn zu ziehen. Mit 3 (lith.) Taf. Abbildgn. (in 4.) 8. (50 S.) Quedlinburg 850, Basse. ½ ℔

Schacht, Carl, s. Schacht, Karl

Schacht, Cph. (autor), Schediasma acad. de propagatione veteris philosophiæ ac variis doctrinarum mutationibus. Kilonii. 1704. 4. P. [Præs. Matth. Lobetantz].

Schacht, Eddy *Charles* [app. Arzt aus Brooklyn]: Aus d. anatom. Institute zu Kiel. Zur Kenntnis des Baues der secernierenden Zellen in den v. Ebner'schen Drüsen ... Kiel, Druck v. P. Peters, 1896; 13 S., 1 Bl. 8.
Kiel, Med. Fak., Inaug.-Diss. v. [20. Okt.] 1896

Schacht, Eduard

Schacht, Ed., eingeschneit!, s.a. Bloch's, Ed., Theater-Korrespondenz.

[F.] Eingeschneit! Lustspiel in 1 Akt v. Eduard Schacht. *Berlin: E. Bloch (1894).* (34 S.) 1 Bd 8.
= Theater-Korrespondenz, Eduard Blochs. No 260. [96. 1129

— in Todesangst, s.a. Universal-Bibliothek.

In Todesangst. Schwank in 1 Aufzug v. Eduard **Schacht.** Leipzig o. J. 8°
(Reclams Universal-Bibliothek. Nr. 2898.)

Schacht, Fr., Die landwirtschaftlichen Arbeiterverhältnisse in den holsteinischen Elbmarschen. 8°. Berlin 1884.

Schacht, F., die Ausbildung des Landwirts in Lehre und Studium, wie sie ist und wie sie sein sollte. Zwei Fragen von hoher fach- und volkswirtschaftl. Bedeutung. Mit einer Tab. als Führer für die Studirenden auf deutschen Hochschulen. gr. 8. (64 S.) Kiel 884, Biernatzki. *

Schacht, F., Bericht üb. die Wiesenneggen-Konkurrenz an der landwirtschaftl. Lehranstalt zu Kappeln a. d. Schlei im Frühjahr 1887. Mit 20 Abbildgn. gr. 8. (46 S.) Kappeln a. d. Schlei 888. (Kock.) n. 1. —
Bildet das 1. Hft. des nächsten Titels:

Schacht, F. Berichte der praktischen Prüfungs-Station f. Maschinen u. Geräthe an der landwirthschaftlichen Lehranstalt zu Kappeln an der Schlei. 2. Heft. 8. (72 S. m. eingedr. Holzschn.) Kappeln 889, (Kock). * 1 —
Aus: Allg. Zeitg. f. deutsche Land- u. Forstwirthe, besonders abgedruckt.
Das 1. Heft s. XVIII. Bd. 2. Abthl. S. 455: Schacht, F. Bericht üb. die Wiesenneggen-Konkurrenz.

— die landwirtschaftliche Lehrwirtschaft. Ein Versuch zur Beantwortg. der Frage, wie die prakt. Ausbildg. des Landwirts, die sich entsprechend den Fortschritten der Wissenschaft der Reform bedürftig erweist, demgemäss zu lösen ist. gr. 8. (VIII, 104 S.) Hannover 887. C. Meyer. n. 2. 40

Schacht, Frz., die sexuelle Ethik. (468.) gr. 8. Leipzig 907. Verlag der Monatsschr. f. Harnkrankh. 1. 60
Sonderabdruck aus: „Monatschr. f. Harnkrankh. usw."

Die Familie Schacht von Dr. phil. Franz **Schacht.** Frankfurt a. M.: Frankf. Blätter f. Familiengeschichte 1908. 67 S. 8°
([Frankfurter Blätter für Familiengeschichte. Jg. 1, H. 12, Beilage.])

Schacht, G. A., De tetano. 44 pp. Giss. 4°.

Schacht, **Gl. Jh., J. J. H.** *Schacht*, animadversiones.

Schacht, Gust, s.: **Handlexikon f. die Papierindustrie** u. das Buchgewerbe.

Schacht, Hans

Geschichte des Kirchspiels Albersdorf bis zum Jahre 1906. Von Hauptpastor H(ans Hinrich Nikolaus) **Schacht**. Schleswig 1908: Bergas. 133 S. 8° [07. 12532

Schacht, H., Inwiefern gefährden die gegenwärtigen Verhältnisse für die Geistlichen die Pflege des verborgenen Lebens in Gott und das theologische Studium? Und wie ist diese Gefahr zu überwinden? Conferenz-Vortrag. 8. (20 S.) Breklum 882, Christliche Buchhandlung. *
Aus: Kirchen- und Schulblatt, besonders abgedruckt.

Schacht, H., deutsches Sprachbüchlein. nach den Grundzügen der Anschauungsmethode f. die Primarschulen bearb. 8. (80 S.) Lausanne 901. Payot & Co. Kart. n.n. 1.—

Schacht, Hans [Helvetius]: De Xenophontis studiis rhetoricis.... Berolini, typ. expr. Gustavus Schade (Otto Francke) (1890); 57 + 1 S. + 1 Bl. 8°
Berlin, Phil. Fak., Inaug.-Diss. v. 14. Aug. 1890

Schacht, **Hans.** Deutsche Stunden. Nouvelle méthode d'allemand basée sur l'enseignement intuitif. In-8°. 194 p. Lausanne. F. Payot. 1899 2 25

Schacht. Hans. Deutsche Stunden. Nouvelle methode d'allemand. Cours inférieur. 2me édition. In-12°. 256 p. Lausanne, F. Payot & Co. 1900 2 50

Schacht, Hans. Deutsche Stunden. Nouvelle méthode d'allemand basée sur l'enseignement intuitif. [II.] Cours supérieur. Troisième et quatrième années. ([1ère partie:] Troisième année.) [Mit 5 Illustrationen.] 148 S. 8. Lausanne, Payot & Cie, 1901. [cart. fr. 2. —]

Schacht, Hans. Deutsche Stunden. Nouvelle méthode d'allemand basée sur l'enseignement intuitif. [1re Partie:] Cours inférieur. Première et seconde années. 3e éd. revue. Ornée de gravures. II + XVI + 256 p. 8. Lausanne, Payot & Cie, 1903. [relié fr. 2.50]
[2de Partie:] Cours supérieur.... [1re éd.] 1901 ...: N 1251

Schacht, Hans. Deutsche Stunden. Nouvelle méthode d'allemand basée sur l'enseignement intuitif. [2 Parties.] 8. Lausanne, Payot & Cie, 1906.
[1re Partie:] Unterstufe ⟨Cours inférieur⟩. Première et seconde années. 4e éd, ornée de gravures. XVI + 264 p. (relié fr. 2.50)
[2de Partie:] Oberstufe ⟨Cours supérieur⟩. Troisième et quatrième années. 2me éd. revue. [Avec 7 illustrations.] 299 p. (relié fr. 3.75)

Schacht, H., <u>wie</u> ist der äußeren Mission am besten mehr Eingang in den Gemeinden zu verschaffen? Referat auf der 3. ordentlichen Süderdithmarscher Propsteisynode, 23. Juni 1881, im Auftrage der Kommission erstattet. 8. (16 S.) Breklum 881. Christl. Buchh. n. — 7

Schacht, Heinr., **Bilder aus Hamburg's Volksleben. Hamburg 855. J. F. Richter. 8. (XV, 240 S. u. 1 Holzschn.)** **15 ngr.**

Schacht, Heinr., plattdeutsche Gedichte, zum Vortrag in geselligen Kreisen. 8. (86 S.) Hamburg 874. Richter.

Schacht, Heinr., plattdeutsche Gedichte, zum Vortrag in geselligen Kreisen. 2. und 3. Aufl. 8. (86 S.) Hamburg 876,77, J. F. Richter. *

—— Seemann's Liedertafel. 32. (181 S.) Hamburg 860, Schultheiß. *

—— Seemannn's Liedertafel. 7. Aufl. 1873, und 8. Aufl. 32. (208 S.) Ebendas. 875. cart.

— Seemann's <u>Liedertafel</u>. 8. Aufl. 32. (208 S.) Hamburg 875. Kramer. — 60

Schacht, Heinr., Seemann's Liedertafel. 9. Aufl. 16. (218 S.) Hamburg 880, Kramer. cart.

Schacht, Heinr. (II.), Seemanns Liedertafel. 10. Aufl. 16. (202 S.) Hamburg 885, Kramer. cart.

Schacht, Heinr., Seemanns Liedertafel. 11. Aufl. 16. (214 S.) Hamburg 893. G. Kramer, Verl. Kart. — 60

— Seemanns Liedertafel. 12. Aufl. (192 S.) 16. Hamburg (903). G. Kramer Verl. Kart. n. — 60

Schacht, Heinrich, aus Bromberg: Der gute **Pfarrer** in der englischen Literatur bis zu Goldsmiths Vicar of Wakefield. *Berlin: Mayer & Müller 1904.* (VII, 46 S.) 8°
Berlin, Phil. Diss. v. 3. Febr. 1904

Schacht, Heinr., Hamburger Polterabend-Gedichte. Neue Orig.-Gedichte u. Scherze in platt- und hochdeutsch. Für eine und mehre Personen, wie auch für Kinder. Hamburg 861. Schultheiß. 16. (VIII, 103 S.) n. 9 ngr.

—— Hamburger Polterabend-Gedichte. Neue Original-Gedichte und Scherze in platt- und hochdeutscher Sprache. Für eine und mehrere Personen, wie auch für Kinder. Nebst einem Anhang, enth. kleine Polterabend-Verse und Toaste. 3. Aufl. 8. (90 S.) Hamburg 873, Kramer.

—— Hamburger Polterabend-Gedichte. Neue Orig.-Gedichte und Scherze in platt- und hochdeutsch. Für eine und mehrere Personen, wie auch für Kinder. 4. Aufl. 8. (VI, 90 S.) Hamburg 878, Kramer. *

Schacht, Heinr., Hamburger Polterabend-Gedichte. Neue Orig.-Gedichte u. Scherze in platt- u. hochdeutsch. Für eine u. mehrere Personen, wie auch für Kinder. 4. Aufl. 8. (VI, 90 S.) Hamburg 878. J. F. Richter. n. 1. —

Hamburger Polterabend-Gedichte. Neue Orig.-Gedichte u. Scherze in Platt- u. Hochdeutsch. Für eine u. mehrere Personen ... Von Heinrich **Schacht**. 5. Aufl. Hamburg: G. Kramer [1892]. (94 S.) 8° [F.] [07. 16,87 9

Schacht, Hein (Heinr.), plattdütsche Schipperleeder, s.: Volksböker, Hamburger. Nr. 3.

Schacht, Heinrich, der Vogelkundige. Eine biograph. Beigabe zu dessen neuer Aufl.: „Die Vogelwelt des Teutoburger Waldes", zugleich als Festgabe zu seinem 50jähr. Amtsjubiläum als öffentlich angestellter Lehrer in Lippe am 1. XI. 1907. (Von Schelling.) (55 S. m. Bildnis.) 8. Ebd. 907. — 80

Schacht, Heinr. (I.), aus dem Vogelleben der Heimat. Ornitholog. Vorträge. 8. (II, 303 S.) Detmold 885, Hinrichs'sche Hofbuchh. *M 3.—.; geb. *

—— die Vogelwelt des Teutoburger Waldes. Nach eigenen Beobachtungen und Erfahrungen dargestellt und geschildert. Mit 92 Zeichnungen von Fr. Specht (in eingedr. Holzschn.). 8. (XII, 268 S.) Detmold 877, Meyer'sche Hofbuchh. *
geb. *

Schacht, Heinr., die Vogelwelt des Teutoburger Waldes. Nach eigenen Beobachtgn. u. Erfahrgn. dargestellt u. geschildert. 2. verb. u. verm. Aufl. Mit 30 (farb.) Bildertaf. v. Köhler-Gera. (VIII, 269 S.) 8. Lemgo 907. Wagner. Geb. in Leinw. 4. 50

Schacht, Hermann

SCHACHT (H.). Anatomie und Physiologie der Gewaechse. Berlin, 1854. 8°.

Schacht, Herm., der Baum. Studien über Bau und Leben der höheren Gewächse. Mit 8 Lithogr. (wovon 4 in Farbendruck) u. vielen in den Text eingedr. Holzschn. Berlin 853. G. W. F. Müller. gr. 8. (XVI, 401 S.) n. 3 ₰. 20 ngr.

Schacht, Herm., der Baum. Studien über Bau und Leben der höheren Gewächse. 2., umgearb. und verm. Aufl. Lex.-8. (VIII und 378 S. mit 575 Abbild. auf 4 Stnt. in gr. 4. und 227 in den Text gedr. Holzschn.) Berlin 860, G. W. Otto Müller's Verlag. *

Schacht, Herm., Beiträge zur Anatomie und Physiologie der Gewächse. gr. 8. (VIII und 328 S. mit 9 Stnt. in qu. 4. und eingedr. Holzschn.) Berlin 854, G. W. F. Müller's Verlag. Thlr. *

— Bericht an das Königl. Landes-Oekonomie-Collegium über die Kartoffelpflanze und deren Krankheiten. Nach Untersuchungen, welche im Auftrage des K. Ministerii f. Landwirthschaftl. Angelegenheiten im J. 1854 unternommen wurden. Mit 32 color. u. 80 schwarzen nach der Natur gez. Abbildgn. auf 10 (lith.) Taf. Berlin 856. Bosselmann. gr. 4. (2 Bl., 40 S.) n. 3 ₰.

—— Bericht an das königl. Landes-Oekonomie-Collegium über die Kartoffelpflanze und deren Krankheiten. Nach Untersuchungen, welche im Auftrage des königl. Ministerii für landwirthschaftliche Angelegenheiten im J. 1854 unternommen wurden. Imp.-4. (III und 40 S. mit 32 ill. und 80 schwarzen nach der Natur gez. Abbild. auf 10 Stnt.) Berlin 856, K. Wiegandt. *

—— physiologische Botanik. Die Pflanzenzelle, der innere Bau und das Leben der Gewächse. Für Botaniker, Anatomen, Chemiker etc., sowie für Naturkundige überhaupt. Nach eigenen vergleichenden, mikroskopisch-chem., Untersuchungen bearb. Mit 390 mikroskop. Abbild. gr. Lex.-8. (XVI und 472 S. mit 20 Stnt., wovon 9 in Farbendr.) Berlin 852, G. W. F. Müller's Verlag. *

— Dr., Ueber die Entstehung des Pflanzenkeims. 1855

—— Grundriss der Anatomie und Physiologie der Gewächse. Zum Gebrauch beim Unterricht und zum Selbststudium für Mediciner, Pharmaceuten, Land- und Forstwirthe, sowie für Studirende der Naturwissenschaften überhaupt. gr. 8. (VIII und 208 S. mit 349 mikroskop. Abbild. auf 159 in den Text gedr. Holzschn.) Berlin 859, G. W. Otto Müller's Verlag. *

SCHACHT, (H.). Kartoffelpflanze und deren Krankheiten. Berl. 1856. 4°.

SCHACHT (H.). Zur Kenntniss der Visnea mocanera, Linn. fil. Regensb. 1859. 4°.

—— Lehrbuch der Anatomie und Physiologie der Gewächse. Als 2., vollständig umgearb. und stark verm. Aufl. der Pflanzenzelle. (In 2 Thln.) 1. Thl.: Die Pflanzenzelle und ihre Lebenserscheinungen. 1. und 2. Abthl. gr. 8. (VIII und S. 1—446.) Berlin 855, G. W. F. Müller's Verlag. à Abthl. * 1 Thlr. 20 Ngr. *

— Lehrbuch der Anatomie und Physiologie der Gewachse. Als 2., vollstandig umgearb. u. stark verm. Aufl. der Pflanzenzelle. 1. Thl. Die Pflanzenzelle u. ihre Lebenserscheinungen. Mit 83 Holzschn. (im Text) u. 5 zum Theil farbigen Taf. in Steindr. 2 Abthlgn. Berlin 856. G. W. F. Muller. gr. 8. (VIII, 446 S. u. 5 lith., theilw. color. Taf. in 4.) Jede Abth. n. 1 ₰. 20 ngr.

—— Lehrbuch der Anatomie und Physiologie der Gewächse. 2. Thl.: Die aus Zellen zusammengesetzten Organe der Pflanze und ihre Lebenserscheinungen. gr. 8. (VIII und 623 S. mit 223 eingedr. Holzschn. und 6 Stndrt. in qu. gr. 4.) Berlin 859, G. W. Otto Müller's Verlag.

De maculis '(Tüpfel)' in plantarum vasis cellulisque lignosis obviis. Programma, quo pro munere prof. ... ord. in ordine phil. universitatis litt. Fridericae Guilelmae Rhenanae ... suscipiendo ad audiendam orationem ... de silvis in insulis Atlanticis obviis d. VI m. Iun. ... habendam ... invitat Hermannus **Schacht** ... Bonnae, A. Marcus 1860. 15 S. 4.

— Madeira und Tenerife mit ihrer Vegetation. Ein Bericht an das Königl. Preuß. Ministerium für die landwirthschaftlichen Angelegenheiten nebst einem Anhang: Eine kurze Schilderung meiner Reise und meines Aufenthaltes auf den Inseln. Mit 6 lith. Taf. u. 10 Holzschn. Berlin 859. G. W. F. Müller. gr. 8. (VII, 176 S.) n. 1 ₰ 20 ngr.

Schacht, Herm., le microscope et son application spéciale à l'étude de l'anatomie végétale. Traduction française publiée d'après la 3. édit. allemande par Jules Dalimier. Avec 100 fig. intercalées dans le texte, et 2 planches (lith. in 4.). Berlin 865. G. F. O. Müller. gr. 8. (XX, 270 S.) n. 2 ₰ 4 ngr.

Schacht, Herm., das Mikroskop und seine Anwendung, insbesondere für Pflanzen-Anatomie und Physiologie. gr. 8. (XV und 198 S. und 6 Stnt.) Berlin 851, Müller's Verlag. *

—— das Mikroskop und seine Anwendung, insbesondere für Pflanzen-Anatomie. Zugleich ein einleitender Unterricht in die Physiologie der Gewächse. 2., verb. und verm. Aufl. gr. 8. (XI und 206 S. mit 51 in den Text gedr. Holzschn. und 111 Abbild. auf 5 Stnt.) Berlin 855, G. W. F. Müller's Verlag. *

—— das Mikroskop und seine Anwendung, insbesondere für Pflanzen-Anatomie. Mit über 100 in den Text gedr. Holzschn. und 2 Fig.-Taf. in 4. 2 Abthlgn. 3., durchaus umgearb. und stark verm. Aufl. gr. 8. (1. Abthl. 160 S.) Berlin (861)62, G. W. Otto Müller's Verlag. *

SCHACHT, Hermann: Die Pflanzenzelle, der innere Bau und das Leben der Gewächse. - Berlin 1852. 472 S., 20 Taf. - 2. vollst. umgearb. Aufl. u. d. T.: Lehrbuch der Anatomie und Physiologie der Gewächse. ebd. 1856 u. 1859. 2 Tl. - Tl. 1: Die Pflanzenzelle und ihre Lebenserscheinungen. 446 S., 5 Taf. - Tl. 2: Die aus Zellen zusammengesetzten Organe der Pflanze und ihre Lebenserscheinungen. 622 S., 6 Taf.

Schacht, H., Der Polarisations-Apparat in seiner mikroskopischen Anwendung auf die Pflanzenzellen. (Anhang von Schacht, die Pflanzenzelle.)

Schacht, Herm., die Prüfung der im Handel vorkommenden Gewebe durch das Mikroskop und durch chemische Reagentien. Mit 8 Taf. lith. Abbildgn. Berlin 853. G. W. F. Muller. gr. 8. (VIII, 64 S.) n. 1 ₰. 7½ ngr.

[Schacht, Hermann], Ueber Schmarotzer-Gewächse und deren Verhalten zur Nahrpflanze. Berlin [1853]

—— die Spermatozoiden im Pflanzenreich. Ein Beitrag zur Kenntniss derselben. Lex.-8. (V und 54 S. mit 6 Stnt.) Braunschweig 864, Vieweg und Sohn. *

— kurze Zusammenstellung der in diesem und dem vergangenen Jahre gesammelten Erfahrungen über Kultur der Zuckerrübe rc. sowie über Krankheiten und Feinde dieser Pflanze. Mit 3 Abbildgn. (Abdr. aus den Annalen für Landwirthschaft.) Berlin 859. Bosselmann. (Wiegandt & Hempel.) gr. 8. (22 S. u. 1 Holzschntaf.) n. 6 ngr.

Schacht, Hjalmar, jungliberale Abhandlungen, s.: Dix, Arth.

Schacht, Hjalmar, aus Tinglef: Der theoretische **Gehalt** des englischen Merkantilismus. *Berlin 1900: Gebr. Mann.* (106 S.) 8°
Kiel, Phil. Diss. v. [2. Juni] 1900

Schacht, Hjalmar, s.: Hammacher-Festschrift, Berliner jungliberale.

Schacht, Hjalmar, Inhalt u. Kritik des Zolltarifentwurfs vom Standpunkte der deutschen Industrie. gr. 8. (46 S.) Leipzig 902. Duncker & Humblot. n. 1. —
Sonderabdruck aus: „Schmoller's Jahrb. f. Gesetzgebg. ꝛc."

Schacht, J. E., Appendix et index ad praeparata chemica et pharmaca composita quae quasi supplementum pharmacopoeae Borussicae ed. VI. etc. 8maj. (S. 85—97.) Berolini 850, libraria Amelangiana. *

Schacht, J. E., appendix et index ad praeparata chemica et pharmaca composita quae quasi supplementum Pharmacopoeae Borussicae ed. VI. edidit. Editio II., multis aucta. Berolini 853. Gaertner. gr. 8. (1 Bl., S. 87—125.) n. 6 *ngr.*

— — J., Appendix et index ad praeparata chemica et pharmaca composita quae quasi supplementum Pharmacopoeae Borussicae ed. VII. non recepta sunt. II. Editio 1864. 1.50

—— und F. Lucanus, Entwurf einer Apotheker-Ordnung, s. Lucanus.

—— Praeparata chemica et pharmaca composita in pharmacopoeae Borussicae editionem sextam non recepta, quae in officinis Borussicis usitata sunt. 8maj. (84 S.) Berlin 847, Amelangsche Sortimentsh. *

Schacht, J. E., Praeparata chemica et pharmaca composita in pharmacopoeae borussicae editionem VII. non recepta, quae in officinis borussicis usitata sunt. Supplementum pharmacopoeae borussicae. Edit. I. 1863. et edit. II. non mutata. Lex.-8. (VI und 144 S.) Berlin 864, Gaertner. *

—— und Voigt, Preise von Arzneimitteln, welche in der 6. Ausg. der preussischen Landes-Pharmacopoe nicht enthalten sind, zusammengestellt mit den Arzneimittel-Preisen der königl. preuss. Arznei-Taxe und für das Jahr 1857 nach den Prinzipien derselben berechnet. Anhang zur amtl. Ausg. der königl. preuss. Arznei-Taxe für 1857. gr. 8. (64 S.) Berlin 856, Gaertner. **

— und **Voigt,** Preise von Arzneimitteln, welche in der 6. Ausg. der Preuss. Landes-Pharmacopoe nicht enthalten sind, zusammengestellt mit den Arzneimittel-Preisen der K. Preuss. Arznei-Taxe u. für das J. 1857 nach den Principien derselben berechnet. Anhang zur amtl. Ausg. der K. Preuss. Arznei-Taxe für 1857. Berlin 857. Gaertner. gr. 8. (64 S.) n. 10 *ngr.*

Schacht, (J. E.), und Voigt, Preise von Arzneimitteln, welche in der 6. Ausg. der preussischen Landes-Pharmacopoe nicht enthalten sind, zusammengestellt mit den Arzneimittel-Preisen der königl. preussischen Arznei-Taxe für die J. 1858—1861 nach den Principien derselben berechnet. Anhang zur amtl. Ausg. der königl. preussischen Arznei-Taxe für 1858—1861. gr. 8. (à Jahrg. 64 S.) Berlin, Gaertner. à Jahrg. Thlr. **
Vgl.: Arznei-Taxe, königl. preussische. — Veränderungen der königl. preussischen Arznei-Taxe.

Schacht, J. E., und E. Blell, Preise von Arzneimitteln, welche in der 6. Ausg. der preussischen Landes-Pharmacopoe nicht enthalten sind, zusammengestellt mit den Arzneimittel-Preisen der königl. preussischen Arznei-Taxe für das J. 1862 nach den Prinzipien derselben berechnet. Anhang zur amtl. Ausg. der königl. preussischen Arznei-Taxe für 1862. gr. 8. (64 S.) Berlin (861)62, Gaertner. **

Schacht, J. E., und E. Blell, Preise von Arzneimitteln, welche in der 6. Ausg. der preussischen Landes-Pharmacopoe nicht enthalten sind, zusammengestellt mit den Arzneimittel-Preisen der königl. preuss. Arznei-Taxe und für das J. 1863 nach den Prinzipien derselben berechnet. Anh. zur amtl. Ausg. der königl. preuss. Arzneitaxe für 1862 und der Veränderungen derselben für 1863. gr. 8. (64 S.) Berlin, Gaertner. *

Schacht, J. E. u. F. W. **Laux,** Preise von Arzneimitteln, welche in der 7. Ausg. der preussischen Landes-Pharmacopöe nicht enthalten sind, zusammengestellt mit den Arzneimittel-Preisen der königl. preuss. Arznei-Taxe u. für die Jahre 1863—70 nach den Prinzipien derselben berechnet. Anhang zur amtlichen Ausg. der königl. preuss. Arznei-Taxe für 1865—68. Berlin, Gaertner. gr. 8. (à Jahrg. 64 S.) Jahrg. 1865—66 à n. 10 *ngr.*, Jahrg. 1867 n. 15 *ngr.*, Jahrg. 1868—70 à n. 10 *ngr.*
Vgl.: Arznei-Taxe u. Veränderungen der königl. preuss. Arzneitaxe.

Schacht, J. E., und F. W. Laux, Preise von Arzneimitteln, welche in der 7. Ausg. der preussischen Landes-Pharmacopöe nicht enthalten sind, zusammengestellt mit den Arzneimittel-Preisen der königl. preussischen Arznei-Taxe und für das J. 1869 nach den Prinzipien derselben berechnet. [Anhang zur amtl. Ausg. der königl. preussischen Arznei-Taxe.] gr. 8. (74 S.) Berlin 869, Gaertner. cart. *

—— dass. — für die J. 1870 und 1871. gr. 8. (à Jahrg. 64 S.) Ebendas. à Jahrg. *

Schacht, J. E., u. F. W. Laux, Preise v. Arzneimitteln, welche in der 7. Ausg. der preussischen Landes-Pharmacopöe nicht enthalten sind, zusammengestellt m. Arzneimittel-Preisen der königl. preuss. Arznei-Taxe u. f. das Jahr 1871 nach den Principien derselben berechnet. Anh. zur amtl. Ausg. der königl. preuss. Arznei-Taxe. gr. 8. (64 S.) Berlin 871. Gärtner. n. 1. —

—— und Link, Tabelle über die Veränderungen des specifischen Gewichtes der officinellen Flüssigkeiten zwischen 10 und 20° Réaumur. (Durch Versuche festgestellt.) gr. 4. (1 Bl.) Berlin 851, Amelangsche Sortimentsh. *

Schacht, J. E., u. **Link,** Tabelle über die Veränderungen des specifischen Gewichtes der officinellen Flüssigkeiten zwischen 10 u. 20° Réaumur. [Durch Versuche festgestellt.] gr. 4. (1 Bl.) Berlin 851, Gaertner. n. 2 *ngr.*

—— Veränderungen der Preise von Arzneimitteln, s. Veränderungen.

Schacht, Jh. Herm., († d. 16. Febr. 1805.) animadversiones in antiquitates hebr., olim delineat. a Conr. Ikenio, patre mortuo ed. Gf. Jh. Schacht. 8maj. Utrecht. 810. (Weidmann, Lips.)

— s. Konr. Iken, Diss. u. dessen harmonica.

— die Nothwendigkeit e. schleunigen Bekehrung. Aus d. Niederdeutschen mit e. Anh. v. Gebr. d. Gnadenzeit v. G. G. Otterbein. 8. Frankf. a. M. 788. Fleischer. 18 *gr.* Der Anh. apart, s. **Otterbein.**

Schacht, Jh. Ost., institutiones medicinae practicae. 4. Wien 765. Kraus. (List in Berl.) 1 *ß*

Schacht, Io. Ost., institutiones medicinae practicae. 4. Vien. Kraus. (Sommer, Lips.) 765.

Schacht, Johann, s. Almanach, Stapelholmer Astronomischer.

Schacht, Johannes, Prof.: Zur Energielehre im physikalischen Unterricht. Berlin 1907: Weidmann. (37 S., 2 Taf.) 4°
Berlin, IV. R OP 1907 (139)

Schacht, Julius, Prof.: Die Ausbildung des räumlichen Anschauungsvermögens im mathematischen Unterricht des Gymnasiums. *Posen 1903: Merzbach.* (12 S.) 4°
Posen, k. Marien-G. P 1903 (104)

Schacht, Julius, Prof.: Ein neuer Lehrgang für den Unterricht in der Raumlehre d. höh. Lehranstalten. T. 1. Die geradlinigen Figuren u. die v. Ebenen begrenzten Körper. Posen 1906: Merzbach. (12 S.) 4°
Posen, k. Marien-G P 1906 (206)

Schacht, Julius. Reduzierbarkeit elliptischer und hyperelliptischer Integrale auf Logarithmen nach der Methode von Abel. 4 (S. 3—27). **Progr.** Marien-G. *Posen* 1886 (117).

Schacht, Julius: Die methodische Verbindung der Planimetrie, Stereometrie und Trigonometrie zu einer einheitlichen Raumlehre. Ein skizzierter Leitfaden f. d. Unterr. d. höh. Lehranstalten. Posen 1908: Merzbach. 16 S. 4°
Posen, k. Marien-G P 1908 (221) [S 08. 396

Schacht, Karl

Schacht, [illegible]

Schacht, [illegible]

Schacht, Karl, das fahrlässige Zusammenwirken mehrerer Personen, s.a. **Abhandlungen, strafrechtliche.** 108. Heft.

Schacht, Karl: Das fahrlässige Zusammenwirken mehrerer Personen. Breslau: Schletter 1909. 45 S. 8° ¶(Ersch. auch als: Strafrechtl. Abhandlungen. H. 106.)
. Göttingen, Jur. Diss. v. 2. Aug. 1909, Ref. v. Hippel
[Geb. 21. Aug. 79 Berlin; Wohnort: Berlin; Staatsangeh.: Preußen; Vorbildung: Gymn. Oppeln Reife O. 98; Studium: Berlin 4, Göttingen 3 S.; Rig. 5. Juni 08.] [U 09. 1287

Schacht, [illegible]

Schacht, Ludwig: Antrittsrede u. 2 and. Schulreden. Elberfeld 1863.
Schul- Univ.-Schrift

Schacht, Ludw. Über die häuslichen Arbeiten der Schüler. S. 3—22. **Progr.** Rg. *Elberfeld* 1876

Schacht, Ludov., de elementis germanicis potissimum linguae franco-gallicae. 8maj. (III und 88 S.) Berlin 853, Dümmler's Verlag. *

Schacht, Ludw., Festrede zur 50jährigen Gedächtnißfeier des 17. März 1813, gehalten bei der öffentlichen Schulfeier hiesiger Realschule 1. Ordnung am 17. März 1863. Elberfeld, Mebus & Co. in Comm. gr. 8. (18 S.) n. 4 ngr.

— Über Geschichte der deutschen Sprache vom Mittelhochdeutschen bis zur Entstehung des Neuhochdeutschen. Ebda 1873. 4.
Progr. Realsch. Elberfeld.

Schacht: Ueber die Geschichte der deutschen Sprache von den ältesten Zeiten bis zum Althochdeutschen 39 S.- Elberfeld R., Progr. 1868

Schacht, Ludw. Über die Gleichberechtigung der Realschule I. O. mit dem Gymnasium. 67 S. 8. **Progr.** Rg. *Elberfeld* 1878.

Schacht, Ludw., über die Gleichberechtigung der Realschule I. O. mit dem Gymnasium. gr. 8. (67 S.) Berlin 878, H. W. Müller. n. — 75

Schacht: Über den Kampf der deutschen Sprache gegen fremde Elemente. 27 S.- Elberfeld R., Progr. 1866.

Schacht: Lehrplan der Anstalt (aus umfangreichen und eingehenden Fach-Conferenzen hervorgegangen.) S 21-43. – Elberfeld R., Progr. 1864.

Schacht, Ludw. Ausführlicher Lehrplan der Realschule I. O. zu Elberfeld. S. 23—64; 16 S. **Progr.** Rg. *Elberfeld* 1876. 1880.

Schacht, Ludw. Mitteilungen über Einrichtung und Eröffnung des neuen Realschulgebäudes. 11 S. u. 3 Taf. Rg. *Elberfeld* 1879. **Progr.**

Schacht, Ludovicus: De origine atque progressu linguae franco-gallicae
Halle-Wittenberg, Phil. Diss. v. 30. Juli 1853
Geb [Rohr (Pomm.) 1. 8. 1826]
Ms. fehlt. — Teildr. ersch. im Buchhandel u. d. T.: De elementis Germanicis potissimum linguae Franco-Gallicae. Berolini: Dümmler 1853. 88 S. 8° Verf. sandte der Fakultät 20. 12. 1853 ein Exemplar nebst Vita u. den Theses, über die er hatte disputieren wollen; beide lagen nicht vor.

Schacht, Ludw., **die Realschule zu Elberfeld von ihrer Gründung bis zur Gegenwart. Festschrift zur Feier des 50jähr. Bestehens der Realschule 1. Ordnung zu Elberfeld am 21. Mai 1880. 4. (170 S.) Elberfeld 880, (Faßbender's Buchh.)** *

Schacht: Rede zur 50jährigen Jubelfeier der Vereinigung der Rheinprovinz mit der Krone Preussen. Elberfeld. 1865.
Schul-/Univ.-Schrift

Schacht, L. Ueber die Reform der Realschule. Ebd. 1874. 26 S. 4. **Progr.**

Schacht, L., über das Schulwesen England's. 4. (32 S.) Brandenburg 859, Wiesike.
Aus: Programm der Realschule zu Wittstock, besonders abgedruckt.

Schacht, L. Ueber den Ursprung der Schrift und deren orthographische Verwendung besonders im Deutschen. Elberfeld, R., 1867. 21 S. 4. **Progr.**

Über Vorschulen an höheren Schulen. 10 S. Rg. *Elberfeld* 1881. **Progr.**

Schacht, L., Weltmonarchie u. Geistesmacht. Rede zur Feier d. Geburtsfestes Sr. Maj. d. deutschen Kaisers u. Königs Wilhelm in der Aula der Realschule zu Elberfeld, Mittwoch, den 22. März 1871 geh. gr. 8. (16 S.) Elberfeld 871. Mebus in Comm. n. — 50

Schacht, L.: Ueber das Wesen und die Aufgabe der Realschule 1. Ordn. 21 S. 4° –Elberfeld R. 1. Ordn.. Progr. 1871.

— Wie weit lässt sich der Einfluss des germanischen Elements auf das Französische nachweisen? Brandenburg, R., 1856. **Progr.**

Ein wunder Fleck. Denkschrift für Kaiser und Reich. Hrgg. v. Martin **Schacht.** (Kiel. 1879.) 8°.

Schacht, Max. Der Herr Direktor. Schauspiel in 4 Aufzügen. 8. (59 S.) Lpz. 892, Literar. Anstalt Aug. Schulze. * 1 —

Schacht, M. Sociologische Studien. I. Das Mysterium der Zweiheit. Studien üb. Liebe und geschlechtl. Moral. II. Versittlichung der Ehe. Gr. in-8⁰. V. 64 S. Zürich, Verlags-Magazin (J. Schabelitz). 1895 1 20

— wie sie fielen. Frauenbilder. 8. (III, 92 S.) Zürich 895. Verlags-Magazin. n. 1. 60

Schacht, Paul, Beiträge zur Kenntnis der auf den Seychellen lebenden Elefanten-Schildkröten, s.a. Ergebnisse. wissenschaftl. der deutsch. Tiefsee-Expedition.

Beiträge zur Kenntnis der auf den Seychellen lebenden Elefanten-Schildkröten. Von Dr. phil. Paul Schacht. Mit Taf 15–21. (Taf. 1–7.) (*Jena: G. Fischer 1902.*) (S. 103–129.) 4°
= Ergebnisse, Wissenschaftl., d. deutschen Tiefsee-Expedition auf d. Dampfer Valdivia 1898–1899. Bd 3, Lfg 3.

Schacht, Peter, Magister der Pharmacie, aus Radauts (Österreich): **Beiträge zur Synthese der Fette. Symmetrische Glyceride.** Zürich 1908. 60 S. 8°. [21. VII. 08.]
Zürich. Phil. Diss. II. 8. 1907/08.

Schacht, Peter. Beiträge zur Synthese der Fette: Symmetrische Glyceride. Diss. Phil. [II.] Univ. Zürich. 60 S. 8. Zürich. J. J. Meier, 1908.

Schacht, Roland: Die Entwicklung der Tragödie in Theorie und Praxis von Gottsched bis Lessing. (Teildr.) Göttingen 1910: Hubert. 84 S. 8°
München, Phil. Diss. v. 10. März 1910, Ref. Muncker, H. Paul
[Geb. 13. Febr. 88 Reichenberg, Böhmen; Wohnort: Hannover; Staatsangeh.: Preußen; Vorbildung: Realgymn. I Hannover Reife O. 06; Studium: Göttingen 2, Paris 1, Berlin 1, München 1, Berlin 1, München 2 S.; Rig. 10. März 10.] [U 10. 3693

Schacht, Thdr., über die Tragödie Antigone, nebst einem vergleichenden Blick auf Sofokles und Shakspeare. gr. 12. Darmstadt 842, Leske. 2/3 ℔

Schacht, Theod., Beleuchtung d. Diltheyschen Schrift üb. d. Verhältniß d. Real- u. Gewerbschulen zu d. Gymnasien, Universitäten ꝛc. gr. 12. (3⅓ B.) Darmstadt 839, Pabst.

Schacht, Theod., Lehrbuch d. Geografie alter u. neuer Zeit, mit besond. Rücksicht auf polit. u. Kulturgeschichte. Nebst 2 lith. Charten (gr. 4. u. qu. Fol.) u. 3 lith. Taf. (gr. 4.) 1. Aufl. (32 B.) 831. 1 Thlr. 4 Gr., 2., verm. u. verb. A. (32¼ B.) gr. 8. Mainz 836, Kunze.

Schacht, Thdr., Lehrbuch der Geografie alter u. neuer Zeit, mit besond. Rücksicht auf politische u. Kulturgeschichte. 3. verm., verb. u. theilweis umgearb. Aufl., nebst 2 Karten u. 3 lith. Taf. gr. 8. Mainz 841, Kunze. n. 1⅓ ℔ — 4. verm. Aufl. 846. n. 1 ℔ 16 ngl

Schacht, Thdr., Lehrbuch der Geographie alter u. neuer Zeit m. besond. Rücksicht auf politische u. Kulturgeschichte. 5. Aufl., verm. u. theilweis neu gearb., nebst 3 (lith.) Karten (in 4. u. Fol.) u. 3 (lith.) Figurentaf. (in 4.) gr. 8. (XII u. 758 S. m. Portr. in Stahlst.) Mainz 851, Kunze. n. 2¼ ℔

Schacht, Thdr., Lehrbuch der Geographie alter und neuer Zeit mit besonderer Rücksicht auf politische und Kulturgeschichte. 6. Aufl., verb. und theilweis neu gearb. gr. 8. (X und 794 S. mit Portr. in Stahlst., 3 lithogr. und lithochrom. Karten und 3 lithogr. Figurent. in 4. und Fol.) Mainz 855, Kunze. *

— Lehrbuch der Geographie alter und neuer Zeit mit besond. Rücksicht auf polit. und Kulturgeschichte. 7. Aufl., verm. und größtentheils umgearb. gr. 8. (XII und 939 S. mit 4 lithogr. Karten, wovon 3 in Buntdr., und 3 lithogr. Fig.-Taf. in 4. und Fol. und Portr. in Stahlst.) Mainz 863, Kunze's Nachfolger. *

Schacht, Thdr., Lehrbuch der Geographie alter und neuer Zeit mit besond. Rücksicht auf polit. und Kulturgeschichte. 8. vollständig neu bearb. Aufl. von Wilh. Rohmeder. 14 Lfgn. gr. 8. (XV, 1164 S. mit 4 lithogr. und chromolithogr. Karten in 4. und qu. Fol., 3 lithogr. Figurentaf. in 4. und dem Portr. des Verf.) Mainz 873,74, Kunze's Nachf. à Lfg. * 75 Pf. *

— s. Liberalismus, der.

— s. Luther, vor Kaiser Karl V.

Fernere Nachrichten über die Großherzogl. höhere Gewerb- und Realschule zu Darmstadt, als Einladung zum Examen in den vier Klassen der Realschule den 10. und 11. April 1838. (Verf.: [**Theodor**] **Schacht.**) 16 S. 8⁰

— die Realbildung u. das jetzige Zeitalter, eine Festrede geh. am 19. Decbr. 1844 bei Einweihung des neuen Gebäudes der höheren Gewerb- u. Realschule zu Darmstadt. gr. 8. (2½ B.) Darmstadt 845, Pabst. *

— der Reichstag zu Worms, s. Luther vor Kaiser Karl V.

Schacht, Th., aus und über Ottokar's von Hornek Reimchronik oder Denkwürdigkeiten seiner Zeit. gr. 8. Mainz, Kupferberg. 821.

— Schulgeographie. 4. verb. Aufl. 8. (VIII u. 122 S.) Ebd. 847. 9 ngl — 5. Aufl., verb. u. m. 1 (lith.) Karte (in qu. Fol.) versehen. 8. (VIII u. 124 S.) Ebd. 850. 11 ngl

— Schulgeographie. 12.—14. vollständig umgearb. Aufl. von Wilh. Rohmeder. gr. 8. (VIII, 232 S.) Ebendas. 871—76. *

Schacht's, Thdr., Schulgeographie. 15. Aufl. Bearb. von Wilh. Rohmeder. gr. 8. (VIII, 266 S.) Mainz 878, Kunze's Nachf. *

Schacht's, Thdr., Schulgeographie. 16. Aufl. Bearb. v. Wilh. Rohmeder. 8. (VIII, 280 S.) Wiesbaden 883. Kunze's Nachf. n. 1. 35

Schacht's, Thdr., Schulgeographie. 17. Aufl. Neu bearb. v. Wilh. Rohmeder. gr. 8. (VIII, 235 S.) Wiesbaden 888. C. G. Kunze's Nachf. 1. 50

Schacht's, Thdr., Schulgeographie. 18. Aufl. Neu bearb. v. Wilh. Rohmeder. gr. 8. (VIII, 294 S. m. Fig.) Wiesbaden 897. C. G. Kunze's Nachf. n.n. 1. 75

— kleine Schulgeografie. 1. Aufl. gr. 8. (9 B.) 838., 2., verb. A. 8. (8 B.) Mainz 841, Kunze. à

— kleine Schulgeografie. 3. u. 4., verb. Aufl. gr. 8. (à 8½ B.) Mainz 844, 46, Kunze. à

Schacht, Thdr., kleine Schulgeographie. 4. Aufl. (VIII und 122 S.) 1847. 9 Ngr. und 5., verb. Aufl. 8. (VIII und 124 S. mit 1 lithogr. Karte in qu. Fol.) Mainz 850, Kunze.

— **kleine Schulgeographie. 6. Aufl. 1853. und 7., verb. Aufl. 8. (X und 124 S. mit 1 lithogr. Karte in Fol.) Mainz 856, Kunze.**

Schacht, Thdr., kleine Schulgeographie. 8., verb. Aufl. 8. (VIII und 144 S. mit 1 lithogr. Karte in qu. Fol.) Mainz 859, Kunze.

—— kleine Schulgeographie. 9.—11., verb. Aufl. 8. (VIII und 158 S. mit 1 chromolithogr. Karte in qu. Fol.) Mainz 862—68, Kunze's Nachfolger. *

SCHACHT, Dr. Th. (Prof. d. Gesch. zu Mainz), Ueber Unsinn u. Barbarei in der heutigen deutschen Literatur. Ein gelegentliches Wort. Mainz, 1828. Bei Florian Kupferberg. 8°. (3 Mk. 50 Pfg. Gust. Fock, Lpz., 1909.)
Streitschrift gegen Wolfgang Menzel. Tit., 1 Bl. Widm. (an d. k. preuß. Gen.-Lieut. v. Krausseneck, Exc.), 193 S., 1 Bl. Druckanz.

Schacht, Thdr., was ist aus Deutschland geworden? Zugleich Nachtrag zu des Verf. Geographie. Mainz 867. Kunze's Nachfolger. gr. 8. (24 S.) 6 ngr.

s.a. Zweck, über, und Einrichtung der neugegründeten Gewerbschule in Darmstadt.

—— über Zweck u. Einrichtung der höhern Gewerbschule des Großh. Hessen u. der damit verbundenen Realschule zu Darmstadt. Lex.-8. (4½ B. u. 1 Stnt.) Darmstadt 843, Pabst. *

Schacht, Theodor Philipp (Dillenburg)
Dissertatio inauguralis medica exhibens aegrum Febri continua a vermibus exorta laborantem.
Gissae Hass. März 1703: Joh. Reinh. Vulpius. 32 S u. 1 Falttaf. m. 2 Abb. 4°
pro obtinendis doctoratus medici honoribus
auch in: Valentini, Mich. Bernh.: Praxis medicinae infallibilis. 1711 und 1721 (S. 548 - 564).

Schacht, T. P., exercit. med. de icteritia, phthisi etc. 4. Würzburg. 724.

Schacht, Diss. de vulneribus capitis externis. Gött. 4°.
1719

Schacht, Th. Phil., Diss. de vulneribus capitis interioribus. Giss. 4°. 1721

Schacht, W., Fürsprecher, Interlaken: Die gesetzlichen Beschränkungen des Grundeigentums nach dem im Kanton Bern geltenden Rechte. Interlaken, H. Balmer, 1910. IV, 76 S. 8°.
Bern. Jur. Diss. 1910/11.

Schacht, Walter *Carl Gustav* [Apotheker aus Berlin]: Beiträge zur Kenntnis des Aethylen- und des Trimethylenthioharnstoffes ... Marburg a. L., O. Ehrhardt's Buchdr., 1897; 49 S. 8.
Marburg, Phil. Fak., Inaug.-Diss. v. [7. Mai] 1897

Schacht, Wilh., kritisch-philosophische Aufsätze. 1. Heft. Herbart u. Trendelenburg. Aarau 868. Christen. gr. 8. (47 S.) n. 10 ngr.

Schacht, W[ilhelm]. Die gesetzlichen Beschränkungen des Grundeigentums nach dem im Kanton Bern geltenden Rechte. Diss. Rechtsw. Bern. IV + 75 S. 8. Interlaken, H. Balmer, 1910.

Schacht, Wilhelm: Zur Geschichte des Rostocker Theaters ⟨1750—1791⟩. Rostock 1908: Adler. 76 S. 8° ¶ (Aus: Beiträge z. Gesch. d. Stadt Rostock. Bd 5, H. 1/2.)
Rostock, Phil. Diss. v. 21. März 1908, Ref. Golther
[Geb. 26. Nov. 78 Sigmaringen; Wohnort: Rostock; Staatsangeh.: Preußen; Vorbildung: Gymn. Oppeln Reife M. 99; Studium: München 2, Berlin 1, Göttingen 9, Rostock 1 S.; Rig. 19. März 08.] [U 09. 3767

Nietzsche. Eine psychiatr.-philosoph. Untersuchung von Wilhelm Schacht. *Bern: Schmid & Francke 1901.* (161 S.) 8° [Ŝ.] [01. 7465

Schacht, Wilh., was muß man v. der Parfümerie-Fabrikation wissen? Allgemeinverständliche Anleitg. zur Herstellg. v. Essenzen, Ölen, Pomaden u. v. a. Verschönerungsmitteln. gr. 8. (79 S.) Berlin (902). H. Steinitz. n. 1.—

Schacht, Wilh., Wissenschaft und Mystik. Erwiderung auf die im „Bund" erschienenen Mittheilungen über das Werk: „Die mystischen Erscheinungen der menschlichen Natur von Perty." Aarau 862. Christen. gr. 8. (19 S.) n. 4 ngr.

Schacht, Wilh. Adolf: De tetano, s. Baumer, Joh. Wilh. [Praes.]

Die Schachtanlage Rhein-Elbe III der Gelsenkirchener Bergwerks-Aktien-Gesellschaft. Essen, 1901. 7 S. mit 4 Taf.

Schachtebeck, Ferdinand [aus Göttingen]: Ueber einige Derivate des Metanitrotoluols. — Einwirkung von alkalischer Ferricyankaliumlösung auf Meta- und Orthomethyltolylketon. ... Göttingen, Druck d. Univ.-Buchdr. v. E. A. Huth, 1889; 38 S. + 1 Bl. 8°
Göttingen, Phil. Fak., Inaug.-Diss. v. 20. Jul. 1889

Schachtebeck, F., über einige Derivate d. Metanitrotoluols. — Einwirkung v. alkalischer Ferricyankaliumlösung auf Meta- u. Orthomethyltolylketon. Inaug.-Diss. gr. 8. (38 S.) Göttingen 889. (Vandenhoeck & Ruprecht's Verl.) n. — 80

Schachtel, d. zerbrochene, e. Gesch. d. neuern Zeit, v. Ehregott Meyer. 8. Lpz. Hinrichs. 810.

Schachtelin, Matthias: Über Pflanzenformen der Steinkohlenepoche und Bildung der Steinkohle. 11 S. u. 4 Taf. *Mosbach* 1878 Progr.

Schaechtelin, Paul: Das Passé défini und Imparfait im Altfranzösischen. Halle a. S. 1911: Karras. 83 S. 8° ¶ (Auch als: Zeitschrift f. roman. Philol. Beihefte. 30.)
Straßburg, Phil. Diss. v. 30. Juli 1910, Ref. Gröber
[Geb. 1. April 87 Markirch; Wohnort: Markirch; Staatsangeh.: Elsaß-Lothringen; Vorbildung: Lyz. Metz Reife M. 06; Studium: Straßburg 8 S.] [U 11. 4309

Schachtelmann, Heinrich, od. d. Findelkind, e. zu Ende d. 7jährig. Krieges entdeckte wahre Gesch. 8. Lpz. Solbrig. (Benj. Fleischer.) 794.
m. Kpfrn.

* SCHACHTELMANN, Heinrich, oder das Findelkind. Eine, zu Ende des siebenjährigen Kriegs entdeckte, wahre Geschichte. Mit 1 Kpfr. (bei S. 101). Leipzig, 1794. Bey Christian Friedrich Solbrig. 8°. (In Berlin: Yt 3753.) (2 Mk. 50 Pfg. Jul. Neumann, Magdeb., 1909.)
127 S. (incl. Titelkpfr. u. Tit.), 1 S. Verlags-Bücher der Firma. — Weniges etwas frei.

Schachtelmann

— Simon, des Wanderers, Leben, Thaten und Schicksale. 2 Thle. 8. Tübing. (Magazin f. Lit. in Stuttgart.) 798.

Schachtelmann, Simon, des Wanderers Leben, Thaten ꝛc. 2 Thle. 8. Stuttg. 798. (Sonnewald). 16 gr.

Schächten, das. Streitschrift gegen den jüd. Schlachtritus. Ein Mahnwort an d. deutschen Tierschutzvereine. Von e. Juden. 2. (Titel-)Aufl. gr. 8. (VI, 23 S.) Leipzig 891. Levien. — 25

Schlächter, Adf., der Commentar zu Esra u. Nehemia v. Jesaja di Trani, nach Handschriften der Angelica in Rom u. der Bodlejana in Oxford hrsg. u. kritisch bearb., nebst Einleitg. üb. die Anfänge der jüd. Exegese in Italien. I. Thl. Diss. gr. 8. (66 S.) Königsberg i/Pr. 892. (W. Koch.) n. 1. —

Schaechter, M., Anleitung zur Wundbehandlung. gr. 8. (XVI, 348 S.) Wiesbaden 887. Bergmann. n. 6. —

Schaechterle, Karl Wilhelm: Beiträge zur Theorie und Berechnung der im Eisenbetonbau üblichen elastischen Bogen, Bogenstellungen und mehrstieligen Rahmen. Diss. Stuttgart. Berlin 1910

Schächtfrage, Die, in der Schweiz; ein Wort zur Aufklärung . . . vom aargauischen Thierschutzverein. Aarau 1888. V: *Näf, Emil.* (Cat. d. Stadtbibl. Zürich. Zürich 1864—97.) (BSchwLk V, 8, 2)

Geweihtes Blei. Von Otto **Schachting**. (Berlin: F. Schulze [1900].) (16 S.) 8° [Umschlagt. Text stenogr.]
= Zehnpfennigbücher, Schulzes. No 16.

Schachtler, Eugen, prakt. Arzt, von Altstätten (St. Gallen): Beiträge zur Embolie der Lungenarterie. Zür. Orell Füssli Dr. 1895. 40 S., 7 Tab. 8°.
Zürich, Med. Diss. [v. 10. Juni 1895].

Schachtler, J.

— Ueber den Geschichtsunterricht (mit besonderer Berücksichtigung der aarg. Bezirksschulen). Aarau, städt. Schulen 1889.
Progr.

Schachtler, J., die Haushaltungskunde in den Töchterschulen. Pädagog. Skizze. 8. (32 S.) Aarau 885. Sauerländer. n. — 70

Schachtler, J., Die Reorganisation der städtischen Gemeindeschulen in Aarau. Aarau, städt. Schulen 1887.
Progr.

Schachtler, Rektor. Die Reorganisation der städtischen Gemeindeschulen in Aarau. In-8°, 28 S. Aarau, H. R. Sauerländer. 887.

Schachtler, J., Albert Richard. Ein schweizerischer Nationaldichter. Aarau, städt. Schulen 1883.
Progr.

Schachtler, J., Albert Richard. Ein schweizer. Nationaldichter. Biographisch-litterar. Studie. gr. 8. (68 S.) Aarau 883. Sauerländer. n. 1. —

Schachtler, J., Der Schulgarten im Organismus der Volksschule. Aarau, städt. Schulen 1881.
Progr.

Schachtmeyer, F. A. E., Organik der Volkswirthschaft. I. Die wahre Gemeinde-Verfassung auf Grund der Statik u. Dynamik des Landbaus. Mit 1 Lith. (in gr. 4.) gr. 8. (96 S.) Berlin 847. (Mittler & Sohn.) n. 1/2 ℛ︁

Schachtmeyer, Ferd. v., das Exerciren und die Vorposten der Turner und Schüler. Eine Vorbereitung zur Wehrhaftmachung der männlichen Jugend, behufs Abkürzung der Militair-Dienstpflicht, für Schüler und Lehrer aller Schulklassen. Mit einer Vorrede und Sacheinleitung nebst vielen (9) Lithogr. (in 8. u. 4.) u. 1 (lith.) Signaltaf. für das Flügelhorn. Berlin 861. (Th. Grieben.) gr. 8. (XII, 198 S.) n. 1 ℛ︁ 15 *ngr.*

Schachtmeyer, Ferd. v., die Organisation u. die Exercitien der deutschen Bürgerschützen u. Wehrvereine oder die Exercitien der Bürgerschützen zu Fuß. Berlin 867. (Akademische Buchh.) 8. (X, 58 S. mit 2 lith. Illustr.) 10 *ngr.*

—— die Schlacht bei Preußisch-Eylau und das Gefecht bei Waltersdorf im J. 1807, sowie meine Theilnahme an den beiden Actionen. Nach noch unbekannten Thatsachen und hinterbliebenen Orig.-Handschriften. Ein Beitrag zur 50jähr. Gedächtnißfeier dargestellt und hrsg. gr. 8. (V und 75 S.) Berlin 857, (Geelhaar.) * *

Schachtmeyer, Ferdinand v., Das Turnwesen im Hinblick auf Dresden und Baden oder das Exerzieren und die Vorposten der Turner, m. zahlr. Fig., Berlin 1850, 29 S., 8°.

Schachtmeyer, F. v. Das sprungweise Vorgehen. (Celle c. 1870.) 8°.

Schachtmeyer, Ferd. v., die Vorposten und ihre Verrichtungen. Ein Taschenbuch zum Gebrauch im Kriege für Landwehr-Offiziere und Landwehrmänner aller Waffen, sowie für den Landsturm. Faßlich vorgetragen und durch Fig. erläutert. gr. 8. (XII und 67 S. mit 7 Stnt.) Berlin 854, C. Heymann. *

Schachtner, Jh. Andr., († d. 20. Juli 1795) poet. Versuch in verschied. Gedichten. Mit Gottsched's Vorr. gr. 8. Augsb. 765. (Kranzfelder). 20 𝔤𝔯.

Schachtner, J. A., Versuch in verschied. Gedichten. gr. 8. Augsb. Wolf. 765.

SCHACHTNER, J. A., Poetischer Versuch in zerschiedenen (sic!) Arten von Gedichten. Augsburg 1765. 8°. (1 Mk. F. Butsch. Augsb., 1878; jetzt theurer!) Rar!

Schachtner, Jh. Andr., die menschliche Wanderschaft in 3 Theilen. Ein geistl. Singspl. 4. Salzb. 770.

Schachtquerschnitte der königl. Steinkohlengruben bei Saarbrücken. Mit 11 (lith.) Taf. Zeichngn. (in gr. Fol.) gr. 4. (17 S.) Saarbrücken 876. (Möllinger.) n. 4. —

Schachtrupp, Albert [aus Landsberg, Kr. Delitzsch]: Beobachtungen über die Häufigkeit der Aufnahme von Gurgelstoffen in den Körper ... Halle a. S., Druck v. Wischan & Wettengel, 1896; 2 Bl., 23 S., 2 Bl. 8.
Halle, Med. Fak., Inaug.-Diss. v. 13. Juni 1896.

Schachtrupp, L.: Über die Anwendung des Amylalkohols. Hannover. 1867. 55 S.
Schul- Univ.-Schrift

Schachtschabel, Arthur, Tierarzt: Aus d. Anatom. Inst. d. Tierärztl. Hochsch. zu Dresden. Der Nervus facialis und trigeminus des Rindes unter vergleichsweiser Berücksichtigung der gleichnamigen Nerven des Menschen und der Haussäugetiere. Mit 16 Abb. Leipzig (1908): Gerhardt. 68 S. 8°
Leipzig, Veterinär-Med. Diss. v. 3. Aug. 1908, Ref. Baum
[Geb. 11. Okt. 77 Dresden; Wohnort: Leipzig; Staatsangeh.: Sachsen; Vorbildung: Annen-Realgymn. Dresden Reife M. 97; Studium: Dresden Tierärztl. Hochsch. 12, Erlangen 3 S.; Coll. 8. Aug. 08; Approb. 28. Juli 03.] [U 09. 2866

Schachtschabel, Otto: Die Mundart von Kranichfeld in Thüringen. Straßburg 1910: DuMont Schauberg. X, 97 S. 8°
Straßburg, Phil. Diss. v. 26. Febr. 1910, Ref. Martin
[Geb. 30. April 86 Kranichfeld; Wohnort: Kranichfeld; Staatsangeh.: Sachsen-Meiningen; Vorbildung: Gymn. Hildburghausen Reife O. 05; Studium: München 3, Straßburg 5 S.] [U 10. 4093

Das internationale **Schachturnier** d. Schachclubs Nürnberg im Juli—August 1896. Sammlg sämtl. Partieen. Hrsg. v. Dr. S[iegbert] Tarrasch u. Chr. Schröder, Vorsitzende d. Schachclubs Nürnberg. M. d. Bildn. v. E. Lasker. *Leipzig: Veit & C. 1897.* (XXX, 294 S., 1 Portr.) 1 Bd 8. (97. 691

Schach-Turnier, internationales, Wien 1908. Mit Genehmigg. des Turnierkomitees hrsg. v. Geo. Marco. (XI, 171 S. m. Diagr.) gr. 8. Wien (908). (W. Braumüller.) 8.50

Schach-Turnier, das, zu London im J. 1851. Nach Staunton's chess tournament. gr. 8. (XVI u. 152 S. m. lith. Portr. u. eingedr. Holzschn.) Berlin 852, Veit & Co. n. 1 ₰

Schachtzabel, E., illustriertes Prachtwerk sämtlicher Tauben-Rassen. 100 farb. Bildertaf. m. üb. 400 nach der Natur aufgenommenen Darstellgn. nebst Musterbeschreibgn. (auf der Rückseite). (Mit 13 S. u. 1 Bl. Text.) 16×23 cm. Würzburg (910). H. Stürtz. Geb. 12. —

Schachwettkampf, der, Lasker-Tarrasch um die Weltmeisterschaft (Aug.—Septbr. 1908) im Lichte Laskerscher Analyse. Zugl. Suppl.-Heft zum Jahrg. 1908 der „Wiener Schachzeitg." (40 S. m. Diagr.) gr. 8. Wien 909. (Leipzig, H. Hedewig's Nachf.) 1.70; geb. 2.50

Das **Schachzabelbuch** Kunrats von Ammenhausen, Mönchs und Leutpriesters zu Stein a. Rh. Nebst den Schachbüchern des Jakob von Cessole und des Jakob Mennel. Hrsg. von *F. Vetter*. Mit einem Exkurs über das mittelalterliche Schachspiel von *v. Heydebrand und der Lasa*. In-8⁰. XX, LXXIV S. u. Sp. 433—870. Frauenfeld, J. Huber's Verlag. 1892. 10 —
*** Bibliothek älterer Schriftwerke der deutschen Schweiz, hrsg. von *J. Baechtold* und *F. Vetter*. Ergänzungsband zur 1. Serie, 3. (Schluss-)Liefg.

— — Complet. In-8⁰. XX, LXXIV S. u. 870 Sp. Ebd. 16 —

Schachzeitung. In monatl. Heften hrsg. von der berliner Schachgesellschaft, redig. v. L. Bledow. 1. u. 2. Jahrg. 1846 u. 1847. gr. 8. Berlin, Veit u. Comp. [1. J. * 1 Thlr. 20 Ngr., 2. J. 12 Hfte. * 2 Thlr. 10 Ngr.] *

Schachzeitung. Hrsg. von der berliner Schachgesellschaft. (3—7. Jahrg.) 1848—52. à 12 Hefte. (à ca. 3 Bog.) Mit eingedr. Holzschn. (Der 7. Jahrg. wurde von Anderssen und Nathan hrsg.) Berlin, Veit und Comp. à Jahrg. *
1. und 2. Jahrg. 1846 und 1847. Ebendas. * 4 Thlr.

Schach-Zeitung der Berliner Schachgesellschaft. Herausg. von A. Anderssen u. E. Kossak. 8—12. Jahrg. 1853—57. u. 13. Jahrg. 1858. Herausg. von A. Anderssen u. M. Lange. à 12 Hefte (à 2—3 Bgn.). Berlin. (Leipzig,) Veit u. Co. gr. 8. n. 3 ₰.; einzelne Hefte à n. 10 ngr

Schachzeitung der berliner Schachgesellschaft hrsg. von A. Anderssen und M. Lange. 13—15. Jahrg. 1858—60. à Jahrg. 12 Hefte. gr. 8. (à Heft 35—45 S. mit eingedr. Holzschn.) Leipzig, Veit und Comp. à Jahrg. *
Einzelne Hefte *

— — Organ für das gesammte Schachleben herausg. in monatlichen Heften von M. Lange, B. Suhle und P. Hirschfeld. 16. Jahrg. 1861. 12 Hefte (à 3 Bgn.). Ebend. gr. 8. n. 3 ₰

— — herausg. von M. Lange und P. Hirschfeld. 17. Jahrg. 1862. 12 Hefte (à 2—3 Bgn.). Ebend. gr. 8. n. 3 ₰

— — 18. u. 19. Jahrg. 1863 u. 64. à 12 Hefte (à 2—3 Bgn.) Ebend. gr. 8. Jeder Jahrg. n. 3 ₰

Schachzeitung gegründet von der Berliner Schachgesellschaft. Organ für das gesammte Schachleben. 20—25. Jahrg. 1865—70. à Jahrg. 12 Hefte (à 32 S.). Leipzig, Veit & Co. gr. 8. Jeder Jahrgang n. 3 ₰
Jahrg. 1869 u. 1870 hat J. Minckwitz hersg.

—— dass. — Hrsg. von J. Minckwitz. 24.—26. Jahrg. 1869—1871. à Jahrg. 12 Hefte. gr. 8. (à Heft 32 S., mit Stnt. und eingedr. Holzschn.) Ebendas. à Jahrg. *

Schachzeitung, Berliner, hrsg. u. red. v. C. A. Walbrodt. 1. Jahrg. Apr. 1896—März 1897. 24 Nrn. (Bog. m. Diagr.) gr. 8. Berlin, M. Günther. n. 6.

— dasselbe. Halbmonatsschrift f. die ges. deutschen Schachinteressen. Red.: Hauser, J. Berger, F. Gutmayer. 2. Jahrg. April 1897—März 1898. 24 Nrn. (à ca. 1 Bog. m. Diagr.) gr. 8. Ebd. n. 6.—

— deutsche, redig. v. Herm. Hirschbach. 1. Jahrg. 1846. 1.—5. Hft. gr. 8. Leipzig 846, Brauns. (à n. 1/3 ₰) n. 1 2/3 ₰

— Deutsche, redig. v. Herm. Hirschbach. 2. Jahrg. 1847. 6 Hfte. 3. Jahrg. 1848. 1—3. Hft. gr. 8. Leipzig, Brauns. 1847: n. 2 ₰ 1848: n. 1 ₰ (Neue Ausg. siehe: Beiträge zur Theorie u. Praxis des Schachspiels.)

— **deutsche.** Organ f. das gesammte Schachleben. Unter Mitwirkung v. A. Anderssen hrsg. v. J. Minckwitz. 26—31. Jahrg. 1871—1876 à 12 Hfte. (2 B.) gr. 8. Leipzig, Veit & Co. à Jahrg. n. 9. —

—— dass. — Organ für das gesammte Schachwesen. Unter Mitwirkung von A. Anderssen hrsg. von C. Schwede. 32. und 33. Jahrg. 1877 und 1878. à Jahrg. 12 Hefte (à 2 Bog. mit eingedr. Holzschn.) gr. 8. Ebendas. à Jahrg. *

Schachzeitung, deutsche. Organ für das gesammte Schachwesen. Unter Mitwirkung von A. Anderssen hrsg. von C. Schwede u. J. Minckwitz. 32—37. Jahrg. 1877—1882. à 12 Hfte. (2 B.) gr. 8. Leipzig, Veit & Co. à Jahrg. n. 9. —

Schachzeitung, deutsche. Organ f. das gesammte Schachleben. Hrsg. v. J. Minckwitz. 38—41. Jahrg. 1883—1886. à 12 Hfte. (2 B.) gr. 8. Leipzig, Veit & Co. à Jahrg. n. 9. —

Schachzeitung, deutsche. Organ für das gesammte Schachleben. Hrsg. von C. v. Bardeleben u. H. v. Gottschall. 42.—45. Jahrg. 1887—1890. à 12 Hfte. (2 B.) gr. 8. Leipzig, Veit & Co à Jahrg. n. 9. —

Schachzeitung, deutsche. Organ f. das gesammte Schachleben. Hrsg. von H. v. Gottschall. 44.—47. Jahrg. 1889—1892. à Jahrg. 12 Hefte. (à Heft 2 Bog.) gr. 8. Lpz., Veit u. Comp. à Jahrg. n. 9 —

— dasselbe. Hrsg. v. H. v. Gottschall. 47.—49. Jahrg. 1892—1894. à 12 Hfte. (2 Bog.) gr. 8. Ebd. à Jahrg. n. 9. —

— deutsche. Organ f. d. ges. Schachleben. Hrsg. von H. v. Gottschall. 50.—53. Jahrg. 1895—1898. à 12 Hfte. gr. 8. (à Hft. 32 S. m. Diagrammen.) Leipzig, Veit & Co. à Jahrg. n. 9. —
Hrsg. des 52. Jahrg. war Siegb. Tarrasch, des 53. Joh. Berger u. Paul Lipke

Schachzeitung, deutsche. Organ für das gesammte Schachleben. Unter Mitwirkg. v. Eman. Lasker hrsg. von Joh. Berger u. Carl Schlechter. 54.—57. Jahrg. 1899—1902. à 12 Hfte. gr. 8. (VIII, 384; VIII, 388; VIII, 384 u. VIII, 392 S. m. Diagr. u. je 1 Bildnis.) Leipzig, Veit & Co. à Jahrg. n. 9. —

Schachzeitung, deutsche. Organ f. das gesamte Schachleben. Hrsg. v. Joh. Berger u. Carl Schlechter. Red.: H. Credner. 58.—61. Jahrg. 1903—1906. à 12 Nrn. (VIII, 388; VIII, 392; VIII, 392 u. VIII, 392 S. m. je 1 Bildnis.) gr. 8. Leipzig, Veit & Co. à Jhrg. n. 9. —

Schachzeitung, deutsche. Organ f. das gesamte Schachleben. Unter Mitwirkg. v. Carl Schlechter hrsg. v. Joh. Berger. Verantwortlicher Red.: H. Credner. 62.—65. Jahrg. 1907—1910. à 12 Nrn. (VIII, 392; VIII, 396; VIII, 392 u. VIII, 392 S. m. Diagr. u. Bildnissen.) gr. 8. Leipzig, Veit & Co. à Jahrg. 9. —

— Magdeburger. Hrsg. von der Schachgesellschaft Sophrosyne; red. von Max Lange. I. Bd. 12 Hfte. br. 8. (B. m. eingedr. Holzschn.) Magdeburg 849, Baensch. n. 1½ ₰; einzelne Hfte. n. ⅙ ₰

— neue Berliner. Hrsg. von A. Anderssen und G. R. Neumann. 1.—4. Jahrg. 1864—67. à Jahrg. 12 Hefte. gr. 8. (à Heft 32 S.) Berlin, Springer's Verlag. à Jahrg. *

Schachzeitung, neue Berliner. Hrsg. von A. Anderssen und J. H. Zukertort. 5.—8. Jahrg. 1868—1871. à Jahrg. 12 Hefte. gr. 8. (à Heft 32 S. mit eingedr. Holzschn.) Berlin, Springer's Verlag. à Heft *M 1.; à Jahrg. *

— oesterreichische. Hrsg. und unter Mitwirkung zahlreicher Schachfreunde redig. von Herm. Lehner. 1.—3. Jahrg. 1871—1873. à Jahrg. 24 Nrn. (Bog.) Wien, (Gerold's Sohn.) à Jahrg. *

— österreichische. Hrsg. und unter Mitwirkung zahlreicher Schachfreunde redig. von Herm. Lehner. 4. Jahrg. 1875. 12 Hefte (à 2 Bog. mit eingedr. Holzschn.) gr. 8. Wien, (Gerold's Sohn.) *
Nicht weiter erschienen.

— schweizerische. Red.: Frdr. Capraez. 1—3. Jahrg. 1858—60. à 26 Nrn. (à ½ Bgn.) Chur, Hitz. gr. 8. Jeder Jahrg. n. 2 ₰

Schachzeitung, wiener. Redig. von Ernest Falkbeer. 1. Jahrg. 1855. (à 2—3 Bog. mit eingedr. Holzschn. und Stnt.) gr. 8. Wien. (Leipzig, R. Hoffmann.) *

— Wiener. Redig. von Ernest Falkbeer. 1. Jahrg. 1855. 12 Nrn. (à 2—3 Bgn. mit Holzschn. im Text.) Wien, Wenedikt. gr. 8. n. 3 ₰.

— Wiener. Hrsg. und unter Mitwirkung zahlreicher Schachfreunde red. v. S. Gold. 1. Jahrg. Juli 1887—Juni 1888. 12 Nrn. (1½ B. m. eingedr. Diagrammen.) gr. 8. Wien, (Sallmayer & Co.). [n.n. 12.—]
Es erschienen nur 9 Nrn.

— Wiener. Organ des Wiener Schach-Club. Red. v. H. Fähndrich, A. Halprin, G. Marco. Red.: Geo. Marco. 1. Jahrg. 1898. 12 Nrn. (à ca. 1 Bog.) gr. 8. Wien (I, Schotteng. 7), Wiener Schachclub. n. 7. —; Luxus-Ausg. 12. —

— Wiener. Organ des Wiener Schach-Club. Red. u. hrsg. v. Geo. Marco. 2.—5. Jahrg. 1899—1902. à 12 Nrn. gr. 8. (à ca. 24 S. m. Diagr.) Wien (W. Braumüller). à Jahrg. n. 7. —

— Wiener. Organ der internationalen Schachmeister-Vereinigg. Red. u. hrsg. v. Geo. Marco. 6.—9. Jahrg. 1903—1906. à 12 Nrn. (VIII, 292; VIII, 380; VIII, 376 u. VIII, 416 S. m. Diagr.) gr. 8. Wien (W. Braumüller). 1903 n. 7. —; 1904—06 à n. 8. 50

— Wiener. (Allgemeine Schach-Rundschau.) Organ der internationalen Schachmeister-Vereinigg. Red. u. hrsg. v. Geo. Marco. 10. u. 11. Jahrg. 1907 u. 1908. à 12 Nrn. (VII, 420 u. VII, 416 S. m. Diagr.) gr. 8. Wien, (W. Braumüller). à Jahrg. 8. 50

— dasselbe. 12. u. 13. Jahrg. 1907 u. 1910. à 24 Nrn. (VIII, 424 u. VIII, 424 S. m. Diagr.) gr. 8. Ebd. à Jahrg. 10. —

Schack's, Adf. Frdr. Graf v., poetisches Charakterbild, s.: Manssen, W. J.

Schack, Adolf Friedrich Graf v., ein literarisches Portrait desselben, s. Zabel, E.

Schack, v., der Angriff der Garde auf St. Privat, s.: Beiheft zum Militär-Wochenblatt. 1901. Hft. 6/7.

Schack, v. Der Kriegszug des deutschen Ordens nach der Insel Gothland und die Vernichtung der Vitalienbrüder 1398. Insterburg 1885. 8°
(Aus: Deutsches Adelsblatt.)

SCHACK, A., Schmutzpresse, Kinder und Gemeinde. Predigt über Luc. 14, 25—35. v. A. Schack. Dresden 1908. Gr. 8°. 12 S. (30 Pfg.)

„Die Lukas-Stelle handelt nach Ausweis meiner Bibel von der wahren Nachfolge Christi, d. h. eigentlich handelt sie davon, daß man seine nächsten Anverwandten hassen, kein Bauspekulant sein und das Salz nicht muchlig werden lassen solle. Verfasser, ein Pfarrer in Kopenhagen, verwendet diese Stelle mit einiger Gewandtheit zu einem Ausfall gegen Skandalzeitungen, Ansichtskarten und Kinematographen" (Dr. Kind.) Bibliographie zur Sexualwissenschaft. 1908

Schack, Adolf Friedrich Graf von

— s. Brenning, E.

Schack, Adf. Frdr. Graf v., Anthologie abendländischer u. morgenländischer Dichtungen in deutschen Nachbildungen. 2 Bde. 8. (XX, 346 u. VI, 335 S.) Stuttgart 893. J. G. Cotta Nachf. n. 10. —; geb. n. 12. —

Schack, Adf. Friedr. Graf v., dramatische Dichtungen. 1. und 2. Bdchn. 8. Stuttgart 879, Cotta'sche Buchh. à Bdchn. *M 3. * geb. à Bdchn. *M 4. *
Inhalt:
Bdchn. 1. Timandra. Trauerspiel in 5 Acten. (VII, 119 S.)
" 2. Atlantis. Trauerspiel in 5 Acten. (III, 155 S.)

— nachgelassene Dichtungen. Hrsg. v. Geo. Winkler. 8. (VI, 276 S.) Ebd. 896. n. 3. —; geb. in Leinw. n. 4. —

— die englischen Dramatiker vor, neben u. nach Shakespeare. 8. (XII, 500 S.) Ebd. 893. n. 7. —; geb. n. 8. —

Schack, Adf. Frdr. v., Ebenbürtig. Roman in Versen. 8. (269 S.) Stuttgart 876. Cotta. n. 3. —; geb. n. 4. —

Schack, Adf. Friedr. v., Episoden. Erzählende Dichtungen. 1. Aufl. (IV, 230 S.) 1869. M 3., und 2. stark verm. Aufl. 8. (318 S.) Berlin 874, Hertz. *

Schack, Adf. Frdr. v., Episoden. Erzählende Dichtgn. 3. Aufl. 16. (V, 334 S.) Stuttgart 876. Cotta. n. 3. —; geb. n. 4. 50

— Episteln u. Elegieen. 8. (VIII, 233 S.) Ebd. 894. n. 3. —; geb. in Leinw. n. 4. —

— s. Firdusi, Heldensagen.

— Gaston. Trauerspiel in 5 Acten u. e. Vorspiel. 8. (III, 148 S.) Ebend. 883. n. 3. —; geb. n. 4. —

Schack, Adf. Friedr. v., Gedichte. 1. und 2., verm. Aufl. 16. (VIII und 416 S.) Berlin 867, Hertz. * geb. mit Goldschn. *

— Gedichte. 3. Aufl. 16. (VIII, 366 S.) Ebend. 874. geb. m. Goldschn. n. 4. 50

— Gedichte. 6., verm. Aufl. 8. (X, 381 S.) Stuttgart 888. Deutsche Verlags-Anstalt. n. 4. 50; geb. n. 6. —

— Gedichte. Für Schule u. Haus ausgewählt u. erläutert v. Karl Halling. gr. 8. (XVI, 204 S.) Dresd. 890, Ehlermann. * 1 30 geb. * 1 80

— Gedichte. Für Schule u. Haus ausgewählt u. erläutert v. Karl Halling. 2. unveränd. Aufl. gr. 8. (XV, 204 S.) Dresden 894. L. Ehlermann. n.n. 1. 30; kart. n. 1. 80; geb. in Halbfrz. n. 2. 80

— beste Gedichte. Nach des Dichters eigenen Angaben. [Aus: „Unsere Dichter in Wort u. Bild".] gr. 8. (16 S. m. Bildnis.) Leipzig 894. R. Claußner. n. — 60

— s.: Gemälde-Galerie, die, des Grafen A. F. v. Schack in München.

von Schack, Adolf Friedrich. Meine Gemäldesammlung. Stuttgart 1881. 8°.

— meine Gemäldesammlung. (VIII, 338 S.) 1881; 2. durchges. Aufl. 8. (VIII, 341 S.) Ebendas. 882. * geb. *

— meine Gemäldesammlung. 3. veränd. Aufl. Nebst e. Anh., enth. e. vollständ. Verzeichnis der Gemäldesammlg. nach Nummern. 8. (VIII, 371 S.) Ebend. 884. n. 3. —; geb. n. 4. —

— meine Gemäldesammlung. 5. Aufl. Nebst e. Anh., enth. e. vollständ. Verzeichnis der Gemäldesammlg. nach Nummern. 8. (VIII, 374 S.) Stuttgart 889. Cotta Nachf. n. 3. —; geb. n. 4. —

— meine Gemäldesammlung. 6. u. 7. Aufl. Nebst e. Anh., enth. e. vollständ. Verzeichnis der Gemäldesammlg. nach Nummern. 8. (VIII, 384 S.) Stuttgart 891. 894. J. G. Cotta Nachf. n. 3. —; geb. n. 4. —

Schack, Adolph Friedr. v., Geschichte der dramatischen Literatur u. Kunst in Spanien. 1. u. 2. Bd. gr. 8. (71½ B.) Berlin 845, Duncker u. Humblot. *

Schack, Adph. Friedr. v., Geschichte der dramat. Literatur und Kunst in Spanien. 3. Bd. gr. 8. (XXXII und 555 S.) Berlin 846. [Frankfurt a. M., Jos. Baer.] *

v. Schack, Adph. Frdr., Geschichte der dramatischen Literatur u. Kunst in Spanien. 3. Bd. gr. 8. (XXXII u. 555 S.) Berlin 846, Duncker & Humblot. n. 3 ₰ (cmplt. n. 8½ ₰)

Schack, Adph. Friedr. v., Geschichte der dramatischen Literatur und Kunst in Spanien. 2., mit Nachträgen verm., Ausg. 3 Bde. Frankfurt a. M. 854. J. Baer. 8. (1. Bd.: XXVI, 404 S.; 2. Bd.: VIII, 706 S.; 3. Bd.: XXXII, 554 S. u. Nachträge 108 S.) n. 4 ₰. 20 ngr.; die Nachträge allein n. 20 ngr.

— Geschichte der Normannen in Sicilien. 2 Bde. gr. 8. (XVI, 322 u. 378 S.) Stuttgart 889. Deutsche Verlags-Anstalt. n. 10. —; geb. n. 12. —

— Heliodor. Dramatisches Gedicht. 8. (III, 159 S.) Ebendas. 878. * ℳ 3.; geb. *

— Das Jahr Eintausend. Ein dramat. Gedicht. 8. (132 S.) Stuttg. 892, Cotta Nachf. * 2 —; geb. * 3 —

— ein halbes Jahrhundert. Erinnerungen und Aufzeichnungen. 3 Bde. gr. 8. (VIII, 431; IV, 443; IV, 400 S. mit dem Holzschn.-Portr. des Verf.) Ebendas. 888. * geb. *

— Ein halbes Jahrhundert. Erinnerungen u. Aufzeichngn. 2. durchgeseh. Aufl. 3 Bde. gr. 8. (VIII, 432; IV, 443; VI, 400 S. m. Portr. d. Verf.) Stuttg. 889, Deutsche Verlags-Anstalt. * 15 — geb. * 18 —

— ein halbes Jahrhundert. Erinnerungen u. Aufzeichngn. 3 Bde. 3, durchgeseh. Aufl. gr. 8. (VIII, 432; IV, 443 u. VI, 400 S. m. Bildnis.) Stuttgart 894. Deutsche Verlags-Anstalt. n. 15. —; geb. in Leinw. n.n. 18. —

— Iris. Erzählungen u. Dichtgn. 8. (224 S.) Stuttgart 891. J. G. Cotta Nachf. n. 3. —; geb. n. 4. —

— der Kaiserbote. Cancan. Zwei polit. Lustspiele. 8. (VII, 276 S.) Leipzig 873, Brockhaus. [Stuttgart, Cotta'sche Buchh.] *

— Lothar. Ein Gedicht in zehn Gesängen. 8. (IV, 289 S.) Berlin 872. Hertz. n. 3. 60

— dasselbe. 2. Aufl. 16. (301 S.) Stuttgart 874. Cotta. geb. m. Goldschn. n. 4. —

— Lotosblätter. Neue Gedichte. 2. Aufl. 8. (V, 258 S.) Ebend. 883. n. 3. —; geb. n. 4. —

— Lustspiele. [I. Ein Hofstaat. — II. Ein Volksfest am Aetna. — III. Der Magier. — IV. Willy. — V. Menschen u. Affen. — VI. Modernes Satyrspiel.] 8. (223 S.) Ebd. 891. n. 3. —; geb. n. 4. —

Schack, Adolf Friedr. Graf von, Joseph Mazzini und die italienische Einheit. 8°. Stuttgart, Union, Deutsche Verlagsgesellschaft, 1891.

— Memnon. Eine Mythe. 8. (IV, 163 S.) Stuttgart 885, Cotta'sche Buchh. Nachf. * ℳ 3.—.; geb. *

— Mosaik. Vermischte Schriften. gr. 8. (III, 373 S.) Ebd. 891. n. 6. —; geb. n. 7. —

— Nächte d. Orients. 8. (268 S.) Ebend. 874. n. 2. 80

— Nächte des Orients oder die Weltalter. 2. Aufl. Min.-Ausg. Mit einem Nachwort. 16. (VIII, 277 S.) Ebendas. 878. * ℳ 3.; geb. *

— Nächte d. Orients od. d. Weltalter. 6. Aufl. 8. (208 S.) Ebd. 897. n. 2. 50; geb. n. 3. 50

— s.: Omar Chijam, Strophen.

— Orient u. Occident. 3 Bde. 8. Stuttgart 890. Cotta Nachf. à n. 3. —; geb. à n. 4. —
1. Medschnun u. Leila. Morgenländ. Liebesroman v. Dschami. In deutscher Nachbildg. (XVII, 206 S.)
2. Camoens. Gedicht in 10 Gesängen von J. B. Almeida-Garret. Nach dem Portugies. (XVI, 172 S.)
3. Raghuphansa. Ein ind. Gedicht v. Kalidasa. In deutscher Nachbildg. (VI, 167 S.)

— Pandora. Vermischte Schriften. gr. 8. (V, 491 S.) Stuttgart 889. Deutsche Verlags-Anstalt. n. 6. —; geb. n.n. 7. —

— Perspektiven. Vermischte Schriften. 1. u. 2. Bd. gr. 8. (V, 312; V, 330 S.) Stuttgart 894. Deutsche Verlags-Anstalt. à n. 5. —; in Leinw. geb. n.n. 6. —

— die Pisaner. Trauerspiel in 5 Akten. 8. (114 S.) Berlin 872. Hertz. n. 2. 50

— dasselbe. 2. verb. Aufl. 16. (144 S.) Stuttgart 876. Cotta. n. 1. —; geb. n. 3. —

Schack, Adf. Frdr. Graf v., die Plejaden, s.a. Handbibliothek, Cotta'sche.

— die Plejaden. Ein Gedicht in 10 Gesängen. Mit einem (photolith.) Titelbilde von Jul. Naue, darstellend die Rückkehr von Kallias u. Arete aus der Schlacht von Salamis. 8. (219 S.) Ebend. 881. n. 3. —; geb. n. 4. —

Schack, Adf. Friedr. Graf v., die Plejaden. Ein Gedicht in 10 Gesängen. Mit 1 Titelbilde von Jul. Naue (in Lichtdr.), darstellend die Rückkehr von Kallias und Arete aus der Schlacht von Salamis. (219 S.) 1881; 2.–4. Aufl. 8. (221 S.) Stuttgart 882,83, Cotta'sche Buchh. * geb. *

Die Plejaden. Ein Gedicht in 10 Gesängen von Adolf Friedrich Grafen v. Schack. *Stuttgart & Berlin: J. G. Cotta Nachf.* [1903]. (128 S.) 8° [F.]
— Handbibliothek, Cotta'sche. No 59. [03. 14378]

— Poesie und Kunst der Araber in Spanien und Sicilien. 2 Bde. 8. (XVI und 733 S.) Berlin 865, Hertz.

Schack, Adolf Frdr. Graf v., *Poesie u. Kunst der Araber in Spanien u. Sicilien.* 2. vermehrte Aufl. Stuttgart, J. G. Cotta'sche Buchhdlg., 1877. 8⁰. Eleg. Orig.-Srsb. m. Goldtit. auf Deckel.
„Ein mit gründlicher Sachkenntniss u. Geschmack geschrieb. Buch, das einen weiten Leserkreis verdient." (Klüpfel.)

Schack, Adf. Friedr. v., und Emanuel Geibel, Romanzero der Spanier und Portugiesen, s. Geibel, Emanuel.

— politische Schauspiele. 2. Aufl. 16. (V, 330 S.) Stuttgart 876, Cotta'sche Buchh. geb. mit Goldschn. *

— Sirius. Ein Mysterium. 8. (122 S.) Stuttg. 892, Cotta Nachf. * 2 —; geb. * 3 —

— literarische Skizze ihn betr., s.: Rogg, F. W.

— Stimmen vom Ganges. Eine Sammlung indischer Sagen. 16. (III und 266 S.) Berlin 856(57,) Hertz.]

— Stimmen vom Ganges. Eine Sammlung Indischer Sagen. Berlin 857. Hertz. 16. (2 Bl., 266 S.) 1 Rthlr. 22½ ngr.

— Stimmen vom Ganges. Eine Sammlung indischer Sagen. 2. Aufl. Mit einem Anhang: Nalodaya. Ein indisches Gedicht in deutscher Nachbildung. 8. (280 S.) Ebendas. 877. * geb. *

— Strophen des Omar Chijam. 8. (124 S.) Ebendas. 878. * M 3.; geb. *

— Tag- und Nachtstücke. gr. 8. (IV, 322 S.) Ebendas. 884. * M 4.; geb. *

— s. Theater, spanisches.

— beste Uebersetzungen. Nach des Dichters eigenen Angaben. [Aus: „Unsere Dichter in Wort u. Bild".] gr. 8. (32 S. m. Bildnis.) Leipzig 894. R. Claußner. n. 1. —

Schack, Adf. Frdr. Graf v., Walpurga. Der Johanniter. Zwei Trauerspiele. 8. (195 S.) Stuttgart 887. Cotta Nachf. n. 2. 25; geb. n. 3. —

— Weihgesänge. 1. Aufl. 8. (VI, 203 S.) Ebendas. 878. geb.

— dass. — 2. Aufl. 12. (VIII, 229 S.) Ebendas. 879. geb.

— aus zwei Welten. Erzählungen u. Bilder. 8. (III, 433 S.) Ebd. 887. n. 4. —; geb. n. 5. —

— Weltmorgen. Ein Gedicht. 8. (VI, 279 S.) Stuttgart 891. J. G. Cotta Nachf. n. 4. —; geb. n. 5. —

Schack, Adf. Friedr. Graf v., gesammelte Werke. 30 Lfgn. oder 6 Bde. 8. Stuttgart, Cotta'sche Buchh. à Lfg. * à Bd. * M 2,50. * geb. à Bd. * M 3,35. *

Inhalt:
Bd. 1. Nächte des Orients. — Episoden. (466 S.) 882; 2. verb. Aufl. (468 S. mit 1 Lichtdr.-Portr. des Dichters.) 884.
" 2. Weihgesänge. — Gedichte. — Lotosblätter. (500 S.) 883; 2. verb. Aufl. (XI, 580 S.) 884.
" 3. Die Plejaden. — Lothar. — Tag- und Nachtstücke. (457 S.) 883; 2. verb. Aufl. (IV, 591 S.) 884.
" 4. Drei Erzählungen. — Durch alle Wetter. — Ebenbürtig. (VII, 486 S.) 883; 2. verb. Aufl. (520 S.) 885.
" 5. Die Pisaner. — Gaston. — Timandra. — Atlantis. (540 S. mit 1 Lichtdr.-Portr. des Dichters.) 883; 2. verb. Aufl. (540 S.) 885.
" 6. Heliodor. — Kaiser Balduin. — Der Kaiserbote. — Cancan. (557 S.) 883; 2. verb. Aufl. (557 S.) 885.

Schack, Graf Adf. Frdr. v., gesammelte Werke in 6 Bdn. 1—3. Lfg. 8. (1. Bd. S. 1—304.) Stuttgart 882. Cotta. à n. — 50

Schack, Graf Adf. Frdr. v., gesammelte Werke. 4—30. [Schluß-]Lfg. 8. (1. Bd. S. 305—466; 2. Bd. 500, 3. Bd. 457, 4. Bd. VII, 486, 5. Bd. 540 u. 6. Bd. 570 S. m. Lichtdr.-Portr.) Stuttgart 883. Cotta. à n. — 50

— dasselbe. [In 6 Bdn.] 2. Aufl. 8. (468, XI, 580; IV, 591; 520, 504 u. 557 S.) Ebend. 884. 85. à n. 2. 50; geb. à n. 3. 35

Schack, Adf. Frdr. Graf v., gesammelte Werke. In 8 Bdn. 2., verb. u. verm. Aufl. 7. u. 8. Bd. 8. (IV, 550 u. IV, 490 S.) Stuttgart 891. Cotta Nachf. n. 5. —; geb. n. 6. 75 (8 Bde. cplt.: n. 20. —; geb. n. 26. 75)

Gesammelte Werke des Grafen Adolf Friedrich v. Schack. In 10 Bden. 3. verb. u. verm. Aufl. Bd 1–10. Stuttgart: J. G. Cotta 1897–99. 10 Bde 8° [F.]
1. Mit d. Bildn. d. Dichters. Nächte d. Orients oder d. Weltalter. Episoden. 1897.
2. Weihgesänge. Gedichte. Lotosblätter. 1897.
3. Die Plejaden. Lothar. Tag- u. Nachtstücke. 1897.
4. 3 Erzählungen. Durch alle Wetter. Ebenbürtig. 1898.
5. Die Pisaner. Gaston. Timandra. Atlantis. 1898.
6. Heliodor. Kaiser Balduin. Der Kaiserbote. Cancan. 1898.
7. Memnon. Aus 2 Welten. Gerbert u. Walpurga. 1898.
8. 1.-Lustspiele. 2. Der Johanniter. 3. Erzählungen u. Dichtungen. 1899.
9. Weltmorgen. Sirius. Das Jahr Eintausend. 1899.
10. Episteln u. Elegieen. Nachgelassene Dichtungen. 1899. [06. 3316 B]

— durch alle Wetter. Roman in Versen. 1. und 2. verb. Aufl. 8. (III, 351 S.) Berlin 870, Hertz. *

— durch alle Wetter. Roman in Versen. 2. verb. Aufl. 8. (III, 351 S.) Berlin 871. Hertz. n. 4. —

— dasselbe. 3. verb. Aufl. 16. (351 S.) Stuttgart 875. Cotta. n. 3. —; geb. n. 4. 50

Schack, And., Abhandl. v. d. Einfl. d. Polizey a. d. allgemeine Glückseligkeit eines Staates rc. 4. München, Lentner. 77³. *

Schack, Andreas Gottlieb von(Mecklenburg)A. S. 579/12

De fideicommissi familiae qualitate, feudo superaddita. Präs. Ernst Johann Friedrich Mantzel. Rostock (Adler) 4. VII. 1742. 32 S.

Gew.: Gf. Christian Günther von Schulenburg, Friedrich von Steinberg, Philipp Adam von Hardenberg. 29885

Schack, [illegible] De senilis pe[illegible] Berlin, Med. Diss. v. 20. Febr. [illegible]

Schack, E. v., über Nitromesitylene, Nitromesidine und die Nitrirung von Parabenztoluid. Inaugural-Dissertation. gr. 8. (31 S.) Göttingen 876, (Vandenhoeck und Ruprecht's Verlag.) *

Schack, E. G., feuilletonistische Karrikaturen, s. Schlafwagen-Bibliothek.

Schack, Eberh. Gust., nach berühmten Schablonen. Feuilletonistische Karrikaturen. 1.—3. Aufl. 8. (VIII, 104 S.) München 879, Adf. Ackermann. *

Schack, Eckhard von, Referendar in Hamburg: Das Inkassomandatindossament unter besonderer Berücksichtigung der §§ 43, 46 KO. Borna-Leipzig 1906: R. Noske. (IX, 55 S.) 8°
Leipzig, Jur. Fak., Diss. v. 13. Dez. 1906
[Geb. 6. März 80 Stendal; Wohnort: Hamburg; Staatsangeh.: Preußen u. Hamburg; Vorbildung: Gymn. Guben N.-L. Reife O. 00; Studium: Heidelberg 3, Berlin 4 S.; Rig. 26. Juli 05.]

Schack, Fr. Otto, Predigt beim Trauergottesdienst für Seine kaiserliche Hoheit Kronprinz Rudolf gehalten am 3. Februar 1889 in der evangelischen Kirche Helv. Conf. zu Wien. 8. (12 S.) Wien: Fromme 1889. * —.30

Schack, Fr. Otto, Rede beim Trauer-Gottesdienst f. weil. Ihre kais. kön. Maj. Kaiserin Elisabeth, geh. am Sonntag den 18. IX. 1898 in d. evang. Kirche helvet. Confession zu Wien. gr. 8. (8 S.) Wien 898. (Leipzig, Literar. Anstalt, A. Schulze.) — 30

Schack, F. O., Rede beim Trauergottesdienst f. weil. Se. Maj. Kaiser Wilhelm I., geh. am 18. März 1888 in der evangel. Kirche Helv. Conf. zu Wien. gr. 8. (10 S.) Wien 888. Fromme. — 60

— Weihe-Rede, bei der feierl. Wiedereröffnung der evangel. Kirche H. C. in Wien geh. am Sonntag, d. 4. Decbr. 1887. gr. 8. (12 S.) Wien 887. (Klagenfurt, Heyn.) n. — 30

Schack, Friedrich: Die Entwicklung der landwirtschaftlichen Düngung. T. 1. Die empirische Düngung. Hamburg 1910: Hirt. 48 S. 8°
Hamburg, R an d. Bismarckstraße OP 1910 (1014) [S 10. 372

Schack, Friedrich von (Hrsg.), s. Film-Industrie, Internationale, und Kinematographen-Industrie.

Schack, Friedrich [aus Celle]: Aus dem Zoologischen Institut zu Kiel. Anatomisch-histologische Untersuchung von Nephthys coeca Fabricius. Ein Beitrag zur Kenntniss der Fauna der Kieler Bucht . . . Kiel, Verl. v. Lipsius & Tischer, 1886; 38 + 2 S. u. 1 Taf. 8°.
Kiel, Phil. Fak., Inaug.-Diss. v. 16. Apr. 1886.

Schack, Gr. v., die Unterweisung d. Königs Amenemhat I. 1. Hälfte. hoch 4. (21 autogr. S.) Paris 883. Vieweg. n. 4. —

Schack, Gr. v., die Unterweisung des Königs Amenembat I. 2. Hälfte. hoch 4. (21 autogr. S.) Paris 884, Vieweg. *

Schack, H., Festschrift zur Feier des 25jährigen Bestehens der ersten evangelischen Arbeitervereine Gelsenkirchen und Schalke und zu dem damit verbundenen Bundesfest des Evangelischen Arbeiterbundes Bochum. Gelsenkirchen, 1907. 40 S. mit 2 Taf.

Schack, Hans v., Beiträge zur Geschichte der Grafen u. Herren v. Schack. I. 300 Schack-Estorff'sche Urkunden aus der Zeit von 1162—1303. Lex.-8. (IX, 193 S. m. 8 Lichtdr.-Taf. u. 1 genealog. Tab.) Berlin 884. Baensch. n. 10. —

Schack, Hans v., u. Max **Bär,** Beiträge z. Geschichte d. Grafen u. Herren v. Schack. II. Die Prillwitzer Linie. gr. 8. (VII, 200 S. m. 1 Siegel- u. 4 Stammtaf.) Schwerin 896. Stiller. n. 6. —

Schack, Hans, Referendar a. Neustadt im Herzogtum Coburg: Die Haftung der Vorstandsmitglieder der Aktiengesellschaft. Borna-Leipzig 1907: R. Noske. (VIII, 44 S.) 8° [J.]
Jena, Jur. Fak., Ref. Rosenthal, Diss. v. 16. April 1907
[Geb. 3. Juli 78 Neustadt b. Coburg; Wohnort: Neustadt; Staatsangeh.: Sachsen-Coburg-Gotha; Vorbildung: Gymn. Meiningen Reife O. 99; Studium: Jena 6 S.; Rig. 12. Febr. 07.]

Schack, J., de sancto tempore quadragesimae. Gryph. 1710. 4.

Schack, Johann [Praes.], s. Blieske, Pet.: De verborum obligationibus et de duobus reis constituendis.

Schack, Johann [Praes.], s. Brückner, Wilhelm Hieronymus: De magicis personis et artibus. 1750.

Schack, Johann A. S. 821/50

Connexio institutionum juris, una cum earundem brevi, sed distincta explicatione, adornata. Greifswald (Starck) 1700. 92 S. 29886

Schack, Johann [Praes.], s. Hertzberg, Erich: De oppignoratione rei alienae.

Schack, Johann A. S. 299/8

Dissertatio iuridica de iure in platea paganica vulgo Dort=Strassen=Gerechtigkeit. Ed. novissima. Jena (Krebs) 1744. 32 S. 29887

Schack, Johann [Praes.], s. Martini, Joh. Georg: De venditione rei alienae, Occasione legis 28. ff. d. Contrah. empt.

Schack, Johann [Praes.], s. Palthen, Samuel: De utilitate praesentiae principum in comitiis imperii Romano-Germanici.

Schack, Johann: De Probatione criminis magiae, in: Brückner, Wilh. Hieronymus: Comm. de magicis Personis ...

Schack, J., resp. M. v. Normann, de probatione criminis magiae. Gryphisw. 706. 717. 4.

Schack, Johann [Praes.], s. Schradern, Magnus Johann von: De simplici querela.

Schack, Johann [Praes.], s. Wineke, Johann Heinrich: De affirmatione contractuum unilateralium.

Schack, Josef von

Mayland und Mantua — Neueste vollstaendige Situations und Postkarte von denen Herzogthümern — denen Gebieten Verona, Vicenza und dem Bisthum Trient etc. von Jos. von Schack, und Radobeyl K.K. Grenadier Oberlieut. von Kerpen Inf. Augsburg 1799. bej Joh. Michael Probst. 1 : 700,000. 1 Bl.

Schack, N.

— de Libro εις Μακκαβαιους, qui Flavio Josepho vulgo tribuitur, tentam. histor.-criticum scripsit. 8maj. Kopenh. 814. (Schubothe). 7 gl.

Schack, N., de Valeriano Seculi V. homil. christiano scripsit. 8. Hafniae, Bonnier. 814.

Schack, N., de Valeriano seculi Vti homileta christiano. 8. Kopenh. 814. (Schubothe). 6 gl.

Schack, Oscar (Giessen)
Die Galle in ihrer Einwirkung auf die Herzthätigkeit.
Giessen: Brühl 1868. 23 S. u. 1 Taf.
Diss. med. 26.8.1868. vorh. 26. 7.

Schack, Otto, Huldreich Zwingli. Vortrag, am 5. Jänner 1884 in der festl. Versammlung der Gemeinde-Vertreter H. C. zu Wien gehalten zur Feier des 400jähr. Geburtstages des Reformators. gr. 8. (16 S.) Klagenfurt 884, Heyn. *

Schack, Sophus, physiognomische Studien. Aus dem Dän. Autoris. deutsche Ausg. von Eug. Liebich. 2 Thle. in 1 Bde. gr. 8. (VI, 257 S. mit 127 eingedr. Illustr.) Jena 881, Costenoble. *

von Schack, Waldemar [aus Berlin]: Unter welchen Voraussetzungen haftet nach gemeinem Rechte der Mandant für Schaden, welcher dem Mandatar bei Ausführung seines Mandats erwächst? ... Berlin, Buchdr. v. G. Schade, 1895; 62 S. 8.
Erlangen, Jur. Fak., Inaug.-Diss. v. 1895

Schack, (Wilh.), s.: Bericht der XIX. Kommission üb. den Entwurf e. Gesetzes, betr. Änderung des § 63 des Handelsgesetzbuchs.

Schack, Wilh., die Nationalsozialen u. der neue Liberalismus. Vortrag, geh. auf dem Parteitage der deutschsozialen Partei, Hamburg. Oktbr. 1903. (42 S.) gr. 8. Hamburg 903. Hanseat. Druck- u. Verlags-Anstalt. n. — 50

— die Rechtsfähigkeit der Berufsvereine. Vortrag, geh. auf dem Leipziger Parteitage der deutsch-sozialen Partei am 7., 8. u. 9. X. 1905. (15 S.) 8. Hamburg 906. Deutschnationale Buchh. u. Verlagsanstalt. n. — 30

— wie u. was wir geworden sind, s.a. Schriften, hrsg. von der Berufsgenossenschaft Deutschnationaler Handlungsgehilfen-Verband.

Wie und was wir geworden sind. 1893–1903. Festschrift z. 2. Sept. 1903 von Wilhelm Schack. 3. Aufl. *Hamburg: Deutschnat. Handlungsgehilfen-Verband 1903.* (62 S.) 8° [F.]
— **Schriften** hrsg. von d. Berufsgenossenschaft Deutschnationaler Handlungsgehilfen-Verband. Bd 16. [c4. 8227

Schack von Igar, El.

—— verwirrte Fäden. Roman. 8. (286 S.) Leipzig 882, Schulze und Comp. *

Schack v. Igar (Elfriede Jaksch), Herzensirrlichter, s.: Bibliothek kleiner Novellen u. Erzählgn., Nr. 4. 5.

Schack v. Igar, El., Conflicte. Roman. 2 Bde. 8. (272 u. 263 S.) Stuttgart 881. 82. Metzler's Verl. 8. —

Schack v. Igar, El. [Elfriede Jaksch], Conflicte. Roman. 2 Bde. 2. Aufl. 8. (272 u. 263 S.) Stuttgart 884. Metzler's Verl. 4. —

— Licht, mehr Licht! Ein livländ. Roman in 3 Bdn. 8. (298, 285 u. 347 S.) Breslau 885. Schottländer. n. 12. —; geb. n. 15. —

Schack v. Igar, El., Pyramide u. Oelberg. Erinnerungsblätter an e. Orientreise. 8. (III, 316 S.) Berlin 876. Grieben. n. 4. —; geb. n. 5. 50

Schack v. Igar (Elfriede Jaksch), e. Schweizerreise, s.: Haus- u. Reisebibliothek.

— der Schwur auf d. Oelberg, s.: Collection Moos.

—— Vorurtheile. Roman. 12. (318 S.) Stuttgart 882, Franckh'sche Verlagsh. *

Schack-Schackenburg, H. (Hrsg.), s.a. Buch, Das, von den zwei Wegen des seligen Toten.

Schack-Schackenburg, H., das Buch von den zwei Wegen des seligen Toten (Zweiwegebuch). Texte aus der Pyramidenzeit nach e. im Berliner Museum bewahrten Sargboden des mittleren Reiches. 1. Thl. Text nebst Einleitg. (15 S. m. Fig. u. S. 17—52 in Autogr. m. 12 Taf. in qu. gr. Fol. u. Fol.) Fol. Leipzig 903. J. C. Hinrichs' Verl. n. 48. —

Schack-Schackenburg, H., aegyptologische Studien. 1. u. 2. Hft. gr. 4. Leipzig, J. C. Hinrichs' Verl. n. 9. —
1. Zur Grammatik der Pyramidentexte. I. (56 autogr. S.) 893. n. 4.
2. Die Sternnetzabscissen u. die somatischen Relationen der thebanischen Stundentafeln. (S. 57–128.) 894. n. 5.

Schack-Schackenburg, H., aegyptologische Studien. 3. Hft. Index zu den Pyramidentexten. 1. u. 2. Lfg. gr. 4. Leipzig, J. C. Hinrichs' Verl. n. 13. — (1—3: n. 22. —)
1. (40 u. 21 autogr. S.) 895. n. 5. —
2. (S. 25–136 in Autogr.) 896. n. 8.

Schack-Schackenburg, H., ägyptologische Studien. 5. Hft. Zur Grammatik der Pyramidentexte II. Die formbild. Elemente der altägypt. Grammatik. gr. 4. (1. Bd. II u. S. 129—216 in Autogr.) Leipzig 902. J. C. Hinrichs' Verl. n. 7. —

Schack Staffeldt, s. Staffeldt, Adolf Vilhelm Schack von

Schacck-Jaquet, C., la sépulture, particulièrement les cimetières et nécropoles. gr. 8. (16 S. m. 2 Steintaf.) Genf 876. Menz. n. 1. —

Schäcker, Georg, approb. Arzt aus Gießen: Aus d. pathol. Institut zu Gießen. Zur Kasuistik der Pankreashaemorrhagie und Fettgewebsnekrose. *Gießen 1902: v. Münchow.* (44 S.) 8°
Gießen, Med. Diss. v. 1902

Schackert, P. J. Plan der Stadt Crefeld. 1:3125. Crefeld 1844. 1 Bl. c. L.

Schack-Galerie, s. Gemälde, auserlesene.

Schack-Galerie in München im Besitz Sr. Maj. des deutschen Kaisers, Königs von Preußen. München 1895. V: *Seidel, Paul.* (Berl)

Schack-Galerie in München im Besitz Sr. Maj. d. Deutschen Kaisers, Königs von Preussen. (Vorr.: [Paul] Seidel; Einl.: Prof. R[ichard] Muther.) Mit 50 Abb. 9. Aufl. München: (Hirth) 1905. X, 108 S. 8°

Schacki, s. Schaki.

Schacko, Carl, s. Schacko, Karl

Schacko, G., Beitrag üb. Foraminiferen aus d. Cenoman-Kreide v. Moltzow in Mecklenburg. [Aus: „Archiv d. Ver. d. Freunde d. Naturgesch. in Meckl."] gr. 8. (8 S. m. 1 Taf.) Güstrow 896. (Opitz & Co.) n. — 50

Schacko, G., Foraminiferen u. Ostracoden aus der Kreide v. Moltzow. [Aus: „Archiv d. Vereins d. Freunde d. Naturgeschichte in Meckl."] gr. 8. (6 S. m. 1 Taf.) Güstrow 893. (Opitz & Co.) n. — 40

Schacko, G., das Kreidevorkommniss v. Kalkberg bei Rehna, s.: Geinitz, E.

Schacko, Karl

Schacko, Carl, das Darniederliegen der deutschen Landwirthschaft und die Mittel zur Abhilfe. Von der Illustrirten Landwirthschaftlichen Zeitung gekrönte Preisschrift. 8. (32 S.) Leipzig 879, Reichenbach'sche Buchh.

Schackwitz, Frz., Leitfaden bei der Erlernung der modernen Gesellschafts-Tänze nebst Regeln zur Erlangung körperl. Bildung im gesellschaftl. Leben. 1.—4. Aufl. 32. (47 S.) Berlin 868—72, Albrecht. cart. *

—— Tanz-Album. Leitfaden bei der Erlernung der Gesellschafts-Tänze, nebst einer Anleitung zum Tanz-Arrangement. 5. verm. und verb. Aufl. 16. (VI, 60 S.) Ebendas. 874.

Schackwitz, Frz., Tanz-Album. Leitfaden bei der Erlernung der Gesellschafts-Tänze, nebst einer Anleitung zum Tanz-Arrangement. 6. und 7. verm. Aufl. 16. (VI, 68 S.) Berlin 876,79, Neuenhahn.

Schachy, Karl v., leichtfaßlicher Unterricht der Landwirthschaft für landwirthschaftliche Fortbildungsschulen und zum Selbstunterricht. Landshut 861. Krüll. gr. 8. (VIII, 321 S.) 21 ngr.

v. Schad, ..., kurzer Leitfaden, ein Hülfsmittel beim Ein- u. Verkauf aller Getreidearten, nach d. königl. baier. Getreidemaße in Scheffel u. Metzen, v. 3 Gulden bis 60 Gulden 58 Kreutzer Einkaufspreises berechnet. gr. 8. Nürnb. 814. Zeh. 6 gr.

Schad, A., praktische Anleitung zur Berechnung der Flächen und Körper nebst Aufgabensammlung für Handwerker u. niedere Forstbeamte desgl. für Knabenfortbildungsschulen. Mit 30 in den Text gedr. Fig. (in Holzschn.) Schaffhausen 863. Brodtmann. 8. (IV, 52 S.) 7½ ngr.

Schad, Adolf [Apoth. a. Pforzheim]: Entwicklungsgeschichtliche Untersuchungen über den Malabar Cardamomen und vergleichend anatomische Studien über die Samen einiger anderer Amomum- und Elettariaarten. Bern 1897. 61 S. 2 Tafeln. 8°.
Bern. Phil. Diss. 1897/98.

Schad, Ab., Zionsharfe, oder: Geistliche Chorlieder für Kirchengesangvereine. Gesammelt u. herausg. zum Gebrauch bei kirchlichen Festen u. sonstigen Feierlichkeiten. Schaffhausen 857. Brodtmann. qu. 4. (2 Bl., 120 S.) 12 ngr.

Schad, Carl, s. Schad, Karl

Schad, Christian

Schad, Chrn., die Braut der Hochalpen oder Flora's Abschied von der Welt. Kitzingen 865. Fick. gr. 8. (7 S.) n. 10 ngr.

Schad, Chr., s. Fischart, Jh., der Jesu-Widder.

Schad, Chrn., Klänge vom Main. 16. (57 S.) Berlin 870. Lipperheide. — 50

Schad, Christoph Friedrich Theodor

— erprobte Anweis., die gefärbte Folie fabrikmäßig nach ihrem wahren Ursprung zu verfertigen gr. 8. Erlang. 805.

v. Schad, Cph. Fr. Theodos., prakt. Handbuch für Zeichner, Kupferstecher, Illumin., Kupferdrucker u. Kunstliebhaber. gr. 8. Augsb. 801. (Mittler in Leipz.) 16 gr. (a. Joachim). 12 gr.

Schad, Chrstph. Friedr. Theodos. v., Ursprung d. jetzt glorwürdigst regier. hoh., kur- u. hochfürstl. Hauses Brandenburg, nebst d. Leben u. Thaten d. Stammvaters. A. d. besten Quellen entworfen. gr. 8. (2½ B., Albert Achilles Portr., gest., u. Ttlvign.) Nürnberg 805, Verf.
Kam nicht in den Buchhandel.

Schad, F., ein Festbesuch in Pallieri, s.: Palmzweige vom ostindischen Missionsfelde. Kl. Ser. 14.

— die Marawer-Aufstände in Madura u. Tinneweli, s.: Sammlung v. Missionsschriften. Nr. 10.

Schad, F., e. Sonntag im Distrikt, s.: Palmzweige v. dem ostindischen Missionsfelde.

Schad, Ferdinand (Darmstadt)
Geschichte der Forschungen über den Geburtsmechanismus während des vierten Jahrzehnd's des 18. Jahrhunderts.
Giessen: Kratz 1855. 64 S. (in Δ mit „Thesen")
Diss. med. 12.12.1855. vorh. 26. 11. Δ.

Schad, Fr. „Geschichte der Realschule in Ansbach". pg. 3—34. 8°.
C. Brügel & Sohn.
Ansbach, Progr. 1882/83

Schad, Georg Fr. Cas.

Schad, Geo. Frdr. Cas. Dreyhundertjähriges Ehrengedächtniss Kuhrfürst Albrechts von Brandenburg, Achilles genannt. 8. Nürnberg u. Leipzig 1786.

— 300jähr. Ehrengedächtniß Kurfürst Albrechts v. Brandenburg, genannt Alcibiades. 8. Nürnb. 786.

— Entwurf einer histor. Pinacothek, od. Portraitsamml. d. beiden Brandenburg. Fürstenthüm. in Franken, Ansbach u. Bayreuth, nebst Verzeichniß der vorhand. Karten u. s. w. 8. Nürnb. 786.

– s. Fourmont, Beschreib.

– s. J. H. Groß, Reise nach Ostindien.

– s. J. B. Labat, Reisen, u. Abhandl. v. Zucker.

– s. F. P. Lacroix, Gesch. d. Kriegs.

v. Schad, Geo. Fr. Cas., († d. 29. Dec. 1795.) Literatur der Reisen. 1r Bd. 1s Stck. 8. Nürnb. 784. Autor. 8 gr.

– s. J. Muttner, Relation.

– s. Otters Reisen.

– s. Reise ins Südmeer.

– s. Reisen d. Portugiesen.

— Versuch einer Brandenburg. Pinacothek, od. Bildergallerie d. beiden k. preuß. Fürstenth. in Franken, Ansbach u. Bayreuth. Mit Kpf. gr. 8. Frankf. u. Lpz. 793. (v. Seidel in Sulzb). 1 Thlr.

Schad, H., Anleitung zur Liniir-Kunst, siehe: Schauplatz, neuer, der Künste u. Handwerke, 41. Bd.

Schad, Hans, (Dr. med.), aus Weitnau i. Allgäu: Kritisch historischer Bericht über 'Varicocele und deren Behandlung'. *Kempten 1896 [vielm. 1901/02]: J. Kösel.* (31 S.) 8°
Würzburg, Med. Diss. v. 1896

Schad, J. F. „Die Reichsstadt Dinkelsbühl im Bauernkrieg". pg. 3–16. 8°. C. Fritz.
Dinkelsbühl, Progr. 1879/80

Schad, J. F. „Die Einführung des gregorianischen Kalenders in Dinkelsbühl". pg. 3—6. 4°. C. Fritz.
Dinkelsbühl, Progr. 1873/74

Schad, J. F. „Die Dinkelsbühler Familiennamen". pg. 3–28. 8°. C. Fritz.
Dinkelsbühl, Progr. 1877/78

Schad, J. F. „Schicksale der Stadt Dinkelsbühl während des 30jährigen Krieges". Unter Berücksichtigung verschiedener bis jetzt nicht benützter Quellen bearbeitet". pg. 3—23. 4°. C. Fritz.
Dinkelsbühl, Progr. 1874/75

Schad, J. F. „Schicksale der Stadt Dinkelsbühl" etc. (Forts. vom Jahre 1874/75.) pg. 3—13. 4°. C. Fritz.
Dinkelsbühl, Progr. 1875/76

Schad, Joh. Bapt., Beruhigungsgründe f. d. gemeln. Mann rc. gr. 8. Augsb. Kranzfelder. 802.

Schad, Jh. Bapt. (Roman), († d. 14. Jan. 1834.) deutsche Chrestomathie, z. Gebrauch f. Vorlesungen. 1r Bd. ... 813.

— gemeinfaßl. Darstell. d. Fichteschen Systems u. der daraus hervorgehenden Religionstheorie. 3 Bde. gr. 8. Jena u. Erfurt 800–801. Hennings in Gotha. 4 Thlr. 6 gr.

— Diss. de existentia supremi numinis. Charkov 812.

— de fine hominis supremo. Oratio publice habita. Charcov 807.

— Geist der Philosophie unsrer Zeit. 8. Jena, Cröcker. 800.

— neuer Grundriß d. transcendentalen Logik u. d. Metaphysik nach d. Principien d. Wissenschaftslehre. gr. 8. Jena (Coburg). 801. Sinner. 1 Thlr. 12 gr.

— Grundr. d. Wissenschaftslehre. gr. 8. Jena, Akadem. Buchh. 800.

— Grundriß d. Wissenschaftslehre. gr. 8. Jena 800. (Hennings in Neisse). 1 Thlr.

— absolute Harmonie d. Fichteschen Systems mit der Religion. gr. 8. Erfurt 802. Hennings in Gotha. 1 Thlr. 18 gr.

JESUIT, Der, auf dem Thron (sol), oder das Neue Felsenburg. Ein komisch-politisch-satyrischer (oft frivoler) Roman (von *Joh. Bapt. Schad*, Prof. in Jena). Mit TKpf. u. großer TVign. (G. Boettger fec.). Berlin und Leipzig (Görlitz, Anton) 1794. 8°. (3 fl. ÖW. Gilhofer & Ranschburg, c. 1890.)

4 Bll. (incl. 2 Bll. Inh.) u. 322 S. Abgesehen von vielen Laszivitäten, sehr ergötzliches humorvolles Buch. Hier einige Kapitelüberschriften: Scena amorosa; Titelsucht der Felsenburger, Pressfreyheit, Landes-Lotterie, Postwesen etc.; Felsenburgisches Nationaltheater: das Fürstliche Cabinet; ein griechisches Soupée-Fin (sic!). Madame Dolf; Mirzamanda (Prinzessin) sinkt, und wird nur durch eine Rebellion vom gänzlichen Fall errettet; eine Badescene etc.; fürstliche Vermählung; noch eine Vermählung u. eine Menge Hochzeiten; der Autor empfielt (so!) sich.

Zuerst gedr. St. Helena (Görlitz?) 1789. (Citirt Kippenberg, Robinson . . . ., S. 121.) — Neue Aufl. erschien Berlin u. Leipzig (Görlitz. Anton) 1795. (Vgl. Weller, fingirte Druckorte, I. p. 158.)

— de immortalitate animorum. Charkov 814.

— institutiones juris natural. T. I. . . . 814.

— institutiones philos. univers. Tom. I. Logica. 8maj. Charkov 812. (Halle, Schwetschke u. S.) 2 Thlr. 4 gr.

— mein Klosterleben mit freyen Zügen, f. kathol. u. luther. Leser. 8. Ebend. 802.

LEBEN und Schicksale des ehrwürdigen Vaters Sincerus, hrsg. von seinem Freunde. (Verfaßt von *Joh. Baptist Schad.*) Mit 1 Kpfr. Gedruckt auf Kosten der heiligen Inquisition. O. O. (Koburg) 1798. 8°. (1 Rthl. Eman. Mai, Berlin, 1854; 2/3 Rthl. Scheible, c. 1872.)

Anon.-Lex. III. p. 20 (nach Kayser u. der Allg. Dtsch. Biogr.): „Coburg 1798", dagegen war im Cat. der ehemal. Schlesinger'schen Leihbibl. in Berlin, 1827, S. 9: „1791". (?)

Schad's, (J. B.,) Lebensgeschichte, von ihm selbst beschrieben. 2 Thle. Neue Aufl. gr. 8. Altenb. 827, Hofbuchdruckerei. (Leipz., Hartmann.)

Schad's, Joh. Bapt., Lebensgeschichte, von ihm selbst beschrieben. Fürsten, Staatsmännern, Religionslehrern u. Erziehern vorzügl. gewidmet. 3. Bd. Neue, durchaus umgearb., mit Reflexionen üb. die, in uns. Tagen besond. interessante Gegenstände begl. Aufl. gr. 8. (37¼ B.) Altenburg 828, Hofbuchdruckerei.
1. u. 2. Bd Ebendas. 1827. 8 Thlr. 12 Gr. — 3 Bde. hrbgs. Pr 5 Thlr. 18 Gr.

— Lebens- u. Klostergeschichte, v. ihm selbst beschrieben. 2 Bde. 8. Erfurt 803—4. Hennings in Gotha. 2 Thlr. 20 gr. Hbg. Pr. 1 Thlr. 12 gr. Neue Aufl. 3 Thle. gr. 8. Altenb. 828. (Leipz., Lehnhold). 5 Thlr. 18 gr. (2r Thl. A. u. d. T.: die Mönche d. 18n Jahrhund.)

— Diss. de libertate mentis humanae. Charkov 815.

SCHAD, Joh. Bapt. (Doktor der Philos. zu Jena, ehem. Mönch [Benediktiner] zu Kloster Banz, von wo er 1798 entfloh, geb. 1758, † 1834), Die Mönche am Ende des XVIII. Jahrhunderts, oder Gefahren des Staats und der Religion von Seiten des Mönchthums. (Ist Bd. 2 der weiter unter citirten „Lebens- u. Klostergeschichte".) Erfurt 1804. 8°. Zahm. (1 Mk. 60 Pfg. Scheible, vor 1885: jetzt höher!)

Ueber Schad vgl. Meusel's gel. Teutschl. 1798. VII. p. 4[illegible]. 1805. XI. p. 659.

— Diss. exhibens nexum intimum inter philosophiam theoreticam et practicam. 4. Jena 800.

Schad, Joh. Bapt., das Paradies der Liebe, s. a. Bibliothek, fränkische. 5. Bd.

SCHAD, J. B. Das Paradies der Liebe. Ein Klofter-Roman. Herausgegeben von — —, Doktor der Philofophie zu Jena, ehemaligem Mönch zu Klofter Banz. Erftes Bändchen [Zweytes und letztes Bändchen]. Erfurt 1804. Kl. 8°. 268 + 254 S.

Schad, Jh. Bapt., das Paradies der Liebe; e. Klosterroman. 2 Thle. 8. Gotha 813. Hennings. 2 ₰ 16 gr.

Das Paradies der Liebe. Von Dr. Johann Baptist Schad. Aus d. hinterlass. Schriften nebst e. Biographie d. Verf. Würzburg: Memminger 1919. 256 S. 8°
(Fränkische Bibliothek. Bd 5.) [illegible]

— s. le Maistre de Sacy, Erklär. d. heil. Schrift.

— s. Ild. Schwarz, Religionshandbuch.

— Diss. de studio philosophiae, ejusque genuina natura. Charkov 815.

— System d. Natur- u. Transcendental-Philosophie, in Verbind. dargestellt. 2 Thle. gr. 8. Landsh. 803, 4. Krüll. 2 ₰ 16 gr.

— de viris illustribus urbis Romae a Romulo usque ad Romam, liber ex auctoribus classicis excerptus et auctoritate senatus acad. in us. gymnas. editus. Charkov 815.

— s. M. Vogel, Lebensbeschreibb.

Schad, Jo. Nep.

— Concordia delectionis victricis vere Augustinianae cum libertate indifferentiae 8. Gunzb. 770.

Schad, Io. Nep., de gratia efficaci systema. 8. Francof. (Stettin, Ulm.) 772. •

Schad, Joseph, a. Kolbingen: Beitrag zur Kenntnis des Tertiärs am Landgericht und Hochsträß. Stuttgart 1908 (C. Grüninger). (S. 250—304 u. 2 Taf.) 8° ¶ (Aus: Jahreshefte d. Vereins f. vaterl. Naturkunde in Württemberg, 1908.)
Tübingen, Naturw. Fak., Ref. v. Koken, Diss. v. 2. März 1907
[Geb. 15. Aug. 77 Kolbingen; Wohnort: Ehingen; Staatsangeh.: Württemberg; Vorbildung: Gymn. Rottweil Reife M. 97; Studium: Tübingen 5, Freiburg i. B. 1, Techn. Hochsch. Stuttgart 4 S.; Coll. 2. März 07.]

Schad, Karl

Schad, Carl, Dr. jur., in München: Der Gemeinschuldner der Reichskonkursordnung. *München-Pasing 1902: A. Meindl.* (V, 100 S.) 8°
Tübingen, Jur. Diss. v. 1902

Schad, Karl, Gesetz, betr. das Nachlaßwesen vom 9. VIII. 1902, nebst den §§ 86—99 des Reichsgesetzes üb. die Angelegenheiten der freiwilligen Gerichtsbarkeit vom 17. V. 1898, erläutert. (X, 364 S.) gr. 8. München 904. J. Schweitzer Verl. Geb. in Leinw. n. 6. —

Schad, Ludwig (Kassel)
Ueber einige aus Brucin und Bromäthylen entstehende Verbindungen.
[In: Annalen d. Chemie u. Pharmacie Bd 118 (1861) 207.]
Dr. phil. Giessen 8.6.1860.

Schad, M., das Lahnthal mit seinen Heilquellen Geilnau, Fachingen, Ems, besungen. 2te umgearb. und verm. Aufl. 8. Erlangen, (Monath und K.) 819. -

Schad, M., das Lahnthal mit seinen Heilquellen Geilnau, Fachingen, Ems, besungen. 2e umgearb. u. verm. Aufl. 8. Erlang. 820. Palm u. E. 16 gr.

Schad, Philipp, aus Berlin: Synthese ringförmiger Verbindungen aus Benzolderivaten mit offenen Seitenketten. Berl. A. W. Schade Dr. [1892.] 36 S. 8°.
Zürich, Phil. Diss. v. 19. Dec. 1892].

Schad, W., das Turnier zu Darmstadt im J. 1403. Eine histor. Episode aus Darmstadts Vergangenheit. Buchumschlag v. Paul Rippert. (28 S. m. 2 Fig u. 1 Taf.) Lex. 8. Darmstadt 908. A. Bergstraeßer. 2. —

SCHAD, WILHELM. Ueber die aus gewöhnlichem Amylen zu erhaltende Pimelinsäure. (Bern) Cannstatt, 1886.

Schadbey, Ignaz, Florenz's Befreyung. Ein Trauerspiel in 5 Aufzügen. gr. 12. Paris 839. (Leipzig, Lehnhold.) n. 1¼ ₰

Schadäus, Elias, Judenmissions-Tractate, s.: Schriften d. Institutum. Judaicum in Leipzig.

Schabbey, Ign., Florenz's Befreyung. Ein Trauerspiel in 5 Aufz. gr. 12. (6$^{1}/_{12}$ B.) Paris 839. (Leipzig, Wöller.) Thlr. •

— Hannibals Tod. Ein Trauerspiel in 5 Aufzügen. gr. 12. Paris 839. (Leipzig, Lehnhold.) n. 1¼ ₰

—— Hannibals Tod. Ein Trauersp. in 5 Aufz. gr. 12. (5$^{1}/_{12}$ B.) Paris 839. (Leipzig, Wöller.) •

— Sophonisbe. Ein Trauerspiel in fünf Aufzügen. gr. 12. Paris 838. (Remmelmann.) (Leipzig, Lehnhold.) n. 1¼ ₰

—— Sophonisbe. Ein Trauersp. in 5 Aufz. gr. 12. (5½ B.) Paris 838. (Leipzig, Wöller.) •

Schade, Anleitung zur ersten Hilfeleistung bei äußeren u. inneren Erkrankungen (einschließlich der wichtigsten Vergiftungen) der Haustiere. (128 S. m. Abbildgn.) 8. Leipzig (905). H. Dege. Kart. n. 2. —

Schade, vollständ. Ellipsograph, womit nicht wie bisher nur einfache Ellipsen-Linien, sond. auch d. verschiedensten Arten gedrückter Spiral-Linien, Schnecken-Linien, Eier-Linien, Eier-Spiralen, sowie mehre Arten ellipt. Quadrate ohne alle Konstruktion zu formiren sind. Lex.-8. (1⅛ B. u. 1 Stnt.) Breslau 838. [Leipzig, Literar. Museum.] •

Schade. Von den öffentlichen Gerichten der Römer zur Zeit der Republik. 15 S.
Anclam, Progr. 1850

Schade, Geschichtskalender. 8. (III, 49 S.) Anklam 869, Dietze's Verlag. [Wriezen, Riemschneider.]

Toast auf die Schwestern ausgebracht von Schade am Neujahrfest 1909 in der Loge „Ruprecht zu den 5 Rosen" (Orient Heidelberg). [Wiesloch 1909: Buhler.] 1 Bl. 4°. [Kopftit.]
„Vor etlichen Wochen . . ."

Schabe, Alois, Andacht zu Ehren Unserer lieben Frau von der immerwährenden Hilfe. 3. verm. Aufl. 16. (72 S.) Breslau 885, Goerlich's Verlagsh.
Mit Stahlst.

Schade, A., die Blutvergießungen d. Herrn. Sechs Fastenpredigten. gr. 8. (50 S.) Breslau 873. Goerlich. — 90

Schade, A., Geschichte d. Kirche z. allerheil. Namen Jesu in Breslau, ehemaligen Jesuiten- u. Universitätskirche, jetz. Pfarrkirche d. St. Matthias-Gemeinde. E. Gedenkblatt z. 200jähr. Jubiläum ihrer Einweihg. M. 1 Bilde d. Kirche. 8. (48 S.) Breslau 898. G. P. Aderholz n. — 40

Schade, A., Geschichte der ritterlichen Johanniter-Kirche und Comthurei von St. Peter und Paul in Striegau und ihrer vier Nebenkirchen daselbst. Ein Beitrag zur Diöcesan- und Kunstgeschichte Schlesiens. Mit 1 Abbildg. der Kirche (in Holzschn.). Breslau 864. (Aderholz.) gr. 16. (IV, 90 S.) n. 10 ngr.

Schade, Aloys., Augustin Knoblich. Ein Lebensbild. 8. (32 S. mit phototyp. Portr.) Breslau 877, Aderholz' Buchh.

Schade, Arno: Zur Lehre vom Polizeibegriff und dem Verhältnis von Eigentum und Polizei insbesondere nach sächsischem Recht. Tübingen 1909: Laupp. S. 266—389. 8° ¶(Aus: Archiv f. öffentl. Recht. Bd 25.)
Tübingen, Staatswiss. Diss. v. 13. Aug. 1909, Ref. Sartorius
[Geb. 17. Juli 83 Krummenhennersdorf; Wohnort: Tübingen; Staatsangeh.: Sachsen; Vorbildung: Guericke-Oberrealsch. Magdeburg bis M. 05; Studium: Leipzig Univ. 1, Handelshochsch. 2, Tübingen 3, Leipzig Handelshochsch. 1 S.; Rig. 3. März 09.] [U 10. 4220

Schade, Arthur: Über das verhältniss von Pope's 'January and May und 'The Wife of Bath, Her Prologue' zu den entsprechenden abschnitten von Chaucer's Canterbury Tales. 1. *Darmstadt 1897: G. Otto.* (41 S.) 8° ¶(Aus: Englische Studien, Bd 25. — Erscheint ebenda vollständig.)
Breslau, Phil. Diss. v. 22. Dez. 1897

Schade, August, appr. Arzt a. Exten (Hessen-Nassau): Aus der Kgl. chirurg. Universitäts-Klinik zu Kiel. Casuistischer Beitrag zu den Luxationen im Handgelenk auf Grund pathologischer Zustände. Kiel 1906: H. Fiencke. (12 S.) 8°
Kiel, Med. Fak., Ref. Helferich, Diss. v. 19. März 1906
[Geb. 14. Okt. 79 Exten, Hessen-Nassau; Wohnort: Exten; Staatsangeh.: Preußen; Vorbildung: Gymn. Rinteln Reife M. 98; Studium: Marburg 3, Würzburg 5, Kiel 3 S.; Coll. 29. März 06; Approb. 1. März 06]

Schade, B., die Satzlehre nach unterrichtlichen Grundsätzen f. Volks- u. Bürgerschulen [m. vielen Aufgaben.] 8. (40 S.) Halle 874. Schroedel & Simon. n. — 30

Schade, Bernhard Friedrich von (Bremen) A. S. 331/35

Dissertatio iuridica de reatu non omnem dignitatem excludente, ad l. I. c. ubi senator, vel clarissimi et c. Präs. Johann Tobias Carrach, Rec.
Halle (Grunert) 1749. 45 S.

Diss. IV. 1732.
W. v.: Präs. 29888

Schade, C., Bericht üb. die in den J. 1902—1904 im Auftrage der Byggnadsnämnd ausgeführte Vermessung der Stadt Malmö. (32 S. m. 9 Fig. u. 3 Taf.) gr. 8. Stockholm 905. (Aktie-Bolaget Nordiska Bokhandeln) n. 1. 75

Schade, Carl, s. Schade, Karl

Schade, Carl Eduard, s. Schade, Karl Eduard

Schade, Charles Benjamin, s. Schade, Karl Benjamin

Schade, Cl. (resp. C. Juulstrup.) Diss. de behemoth. Havn. 704. 4.

Schade, E. F. F., über helikloidische Verzahnung und ihre Anwendbarkeit auf den Uhrenbau. Mit Abbildungen. 4. (11 S. und 7 Stnt.) Breslau 847, (Verlags-Comptoir.) *

Schade, Emil, Böhm-Bawerks Zinstheorie und seine Stellung zur Produktivitätstheorie. München: J. Schweitzer 1905. (40 S.) 8° [F.] ¶[Nachträglich erschienen.]
Breslau, Phil. Fak., Ref. Wolf, Diss. v. 30. Juni 1905
[Geb. 9. März 60 Liebichau, Kr. Sprottau; Staatsangeh.: Preußen; Vorbildung: Gymn. Sagan Reife O. 82; Studium: Breslau ev. Theologie 8, Nation.-Ök. 8 S.]

Schade, Ernst Gottlob (Dresden) A. S. 577/87

De exceptione nonnumeratae pecuniae.
Präs. Roman Teller.
Leipzig (Langenheim) 13. X. 1773. 11 S.

W. v.: Präs. 29892

Schade, Felix [aus Ershausen]: Klinischer Beitrag zur Behandlung der Cystitis. . . . Halle a. S., Gebauer-Schwetschke'sche Buchdr., 1889; 23 + 1 S. + 1 Bl. 8°
Halle, Med. Fak., Inaug.-Diss. v. 8. März 1889

Schade, Fel., klinischer Beitrag zur Behandlung der Cystitis. Diss. gr. 8. (23 S.) Halle a S. 889. (Leipzig, A. Lorentz.) n. — 80

Schade, Ferd., Uhrmacher-Lexikon oder Zusammenstellung und Charakteristik aller bis jetzt bekannten Uhren, nebst einer Uebersicht der in der Uhrmacherkunst bisher erschienenen Schriften, verbunden mit andern, die Zeitmeßkunde betreffenden Mittheilungen. gr. 8. (VI und 191 S. mit 2¼ lithogr. Foliotaf. Abbildungen.) Weimar 855, Voigt.

Schade, Franz Henning

Schade, F. H., († ...) der auf eine neue Manier abgefaßte Actuarius od. Gerichtsschreiber. 8. Erfurt 750. 6e Aufl. 8. Erfurt 773. Ettinger in Gotha. 12 gl.

Schade, Fr. H., (sonst **Salander**): **Der auf neue Manier abgefasste und expedirte Advocatus.** ***Frankf. u. Leipzig.*** **726. 8.**

SALANDER (d. i. *Franz Henning Schade*), Gründlicher Auszug aller geist- und weltlicher Rechte, welche meist dem noch unverehelichten Frauen-Zimmer nach seinen herrlichen Privilegiis eigentlich zustehen. Franckf. a. M. 1725. 8°.
Vorgebunden ist dem Marburger Expl. (XVIII f C 1047) ein anderes Curiosum desselben Verf.: Der Kern unterschiedener Rechte, absonderlich das Tauben-, Bienen- oder Immen-Recht, geliefert von *Salandern*. Franckf. u. Lpz. 1724. 8°. — Beides rar!
Den wahren Namen des Verf. nennt die Bibl. Hintz. I. Hamb. 1757. p. 422.

— — Ergötzlichkeiten, Juristische, vom Jung-Gesellen-Rechte, bestehend in Nutz- u. Lehr-reichen Gesetzen, Exempeln u. Begebnüßen, wie solche ehemahls von Herrn D. Schöpffern, u. Herrn Schützen, auf dem jurist. Catheder zu Franckfurth a. d. Oder defendiret, voritzo aber den Gelehrten u. Ungelehrten, Künstlern u. Handwercks-Leuten, etc. zu beliebiger Ergötzlichkeit .... in teutscher Sprache etwas vermehret an den Tag gelegt worden. Mit TKpf. (3 Darstell. m. 8 Reimzeilen.) Franckfurth u. Leipzig (Erfurt, Ritschel), 1723. 8°.
62 S. Daran m. fortlauf. Seitenz. (m. Ueberspringung von 63—68) 69—226: 2ter u. 3ter Theil m. Specialtiteln: Kern unterschiedlicher Rechte, absonderlich des Jungfern-Rechts, geliefert von SALANDERN. Ebd., verlegts Hieronym. Philipp. Ritschel, Universitäts-Buchhändler. 1724. 8°.

— — Jungfern-Recht. Leipzig 1724. 8°.
Multifarii generis libr. cat. Lips. 1750. p. 640.

Schade, Frantz Henn.: Jus censiticum oder das Erbzinß-Recht. Franckfurth u. Leipzig 1737.

— — Kern des Jungfern Rechts. Franckfurt u. Leipzig 1725. 8⁰.
Rüdiger, Berlin, cat. univ.

Salander [d. i. **Schade**, Franz Henn.]: Kern unterschiedener Rechte, absonderlich das Tauben- wie auch Bienen- oder Immen-Recht. Franckfurth u. Leipzig 1723.

Salander [d. i. **Schade**, Franz Henn.]: Der auff neue Manier abgefaste u. expedite Notarius. Franckfurth u. Leipzig 1716.

Schade, Franz Hnr.,] Salanders Titularbuch. Frankfurt u. Leipzig 1724. 8. . . . .

S— — Vorrath, Allerneuester, von auserlesenen (auch Liebes-) Briefen. Frkft. u. Lpz. 1751. 8⁰. (In München: Epist. 778.)

Schade, G. F. Cs. v., Versuch e. brandenburg. Pinakothek od. Bildergallerie d. beyd. Fürstenth. in Franken, Ansbach und Bayreuth, m. K. gr. 8. Nürnberg, Pech. (Seidel in Sulzb.) 795. Rthlr.

Schade, Georg (Hrsg.). s.a. Auszug, Kurzer aber doch zulänglicher, aus dem Plane zu der . . . Verbindung. . .

— Kurzer aber doch zulänglicher Auszug aus dem Plane zu der angenehmsten und vortheilhaftesten Verbindung des vernünftigen Theiles des ganzen menschlichen Geschlechtes oder der allg. Gesellschaft der Wissenschaften und der Tugend, wie auch die Art und Weise, wie die künftige Schriften und Systeme derselben den Mitgliedern mitgetheilt werden sollen. Altona d. 11. Oct. 1758. 4. P.

[SCHADE, GEORG], Einleitung in die höhere Weltweisheit, zum Gebrauch der Allgem. Gesellschaft der Wissenschaften. 1. St. U. St. o. A. — 2. Stück vor das J. 1753. U. St. — 1. St. (und »Nachricht bey dem ersten Stücke der höheren Weltweisheit«).

— Einleitung in die höhere Weltweisheit der Allg. Gesellschaft der Wissenschaften. 1. Versuch oder 1. Stück mit einer sehr merkwürdigen Zueignungsschrift an S. K. M. zu Dännemark, Norwegen etc. nebst einem Anhange von den boshaften Bemühungen des Secr. Dreyers zu Hamburg den Fortgang dieser Gesellschaft zu unterdrücken . . . aufs neue herausgeg. und verbessert. Altona. 1760. — 2. St. Sm. St. o. A. Herold.

Schade, Georg, aus Essen i. Oldenb.: Vier seltene Fälle von Magenkrebs. *Würzburg 1899: P. Scheiner.* (27 S.) 8°
Würzburg, Med. Diss. v. 1899

Schade, Geo., der deutsche Männergesang. Seine geschichtl. Entwicklg., den deutschen Sängern erzählt. (1. u. 2. Tl.) 8. Cassel 903. A. Freyschmidt. n. 1. 75
1. Die deutschen Männer-Gesangvereine. (III, 144 S.) n. 1. —
2. I. Das deutsche Sängerwesen bis zu den Meistersängern. II. Die kunstgeschichtl. Entwicklg. des mehrstimm. Männergesanges. (III, 80 S.) n. — 75

— die unwandelbare u. ewige Religion d. ältesten Naturforscher u. sogenannten Adepten, od. geometr. Beweis, daß die Metaphysik die wahre theoretische u. die Moral die wahre prakt. Gottesgelahrtheit sey ꝛc. 8. Berl. u. Leipz. 760. (Anonym).

Die Bedeutung der Katalyse für die Medicin. Beiträge z. Pathologie u. Therapie d. Stoffwechselvorgänge von Dr. med. H[einrich] **Schade**, Privatd. Kiel: W. G. Mühlau 1907. (VI, 171 S.) 8° [e7. 13637 II

Schade (Heinr.), die Bedeutung der Katalyse f. die Medicin. Beiträge zur Pathologie u. Therapie der Stoffwechselvorgänge. (Neue [Titel-]Ausg.) (VI, 171 S.) gr. 8. Leipzig [907] 908. F. C. W. Vogel. 4.50; geb. 5.75

Ueber die katalytische Beeinflussung der Zuckerverbrennung von Heinrich **Schade**. Mitteil. 1—2. Separatabdruck aus der Münchener medizinischen Wochenschrift, Nr. 23 u. 36. 1905. München. 1905. 8⁰.

Schade, Heinrich, approb. Arzt aus Kiel: Aus d. medicin. Universitäts-Poliklinik zu Kiel. Ein Beitrag zur Behandlung der Brucheinklemmung im Kindesalter. *Kiel 1899: P. Peters.* (19 S.) 8°
Kiel, Med. Diss. v. [7. Juni] 1899

Schade, H., die elektro-katalytische Kraft der Metalle. Eine neu gewonnene experim. Grundlage f. die Erklärg. der Quecksilber-, Silber- u. Eisen-Therapie. (26 S.) gr. 8. Leipzig 904. F. C. W. Vogel. n. 1. —

Schade, H., Schulflora v. Nord- u. Mitteldeutschland. Die Gefäßpflanzen. gr. 8. (188 S.) Flensburg 892. A. Westphalen. n. 3. —

Schade, Heinrich, Dr. med., Prakt. Arzt in Kiel: Medizinisch-Katalytische Studien. Kiel: W. G. Mühlau. (86 S.) 8°
Kiel, Med. Fak., Hab.-Schrift v. 1907 *Nicht für den Austausch.*

Schade, Herm., die Missionstexte des Neuen Testaments in missionsgeschichtlichen Beispielen. Ein Hilfsbuch zu Lic. Dr. G. Mayers Meditationen u. Predigtdispositionen. 2. Abtlg.: Missionsgeschichtl. Beispiele zu den Texten der Apostelgeschichte. (XVI, 276 S.) gr. 8. Gütersloh 906. C. Bertelsmann. n. 3. —; geb. n. 3. 60
Die 1. Abtlg. ist noch nicht erschienen.

Schade, Herm., die Missionstexte des Neuen Testaments in missionsgeschichtlichen Beispielen. Ein Hilfsbuch zu G. Mayers Meditationen u. Predigtdispositionen. 1. Abtlg. 3. Abtlg. 2 Hälften u. 4. Abtlg. gr. 8. Gütersloh, C. Bertelsmann. 8.—; geb. 10. —
1. Missionsgeschichtl. Beispiele zu den Texten in den Evangelien. (XV, 199 S.) 906. 2.—; geb. 2. 50
3. I. Die Missionstexte in den paulin. Briefen. 1. Hälfte: Römer- u. Epheserbrief. (XII, 173 S.) 907. 2.—; geb. 2. 50
3. II. Missionsgeschichtliche Beispiele zu den Texten der paulin. Briefe. 2. Hälfte: Philipper- bis Philemonbrief. (XIII, 182.) 908. 2.—; geb. n 2. 50
4. Missionsgeschichtliche Beispiele zu den Texten vom 1. Petrusbrief bis zur Offenbarg. Johannis. (VIII, 144 S.) 904. 2.—; geb. n 2. 50

Schade, Herm., handelswissenschaftliche Vorlesungen als Uebergang zu e. Handelshochschule in Hamburg. (21 S.) gr. 8. Hamburg (903.) G. W. Seitz Nachf. n. — 50

Schade, J. A. F., die Marmorir-Kunst, oder Anweisung, den Kamm u. türkischen Marmor anzufertigen, f. Buchbinder. 8. Berlin 845, (Nicolaische Buchh.) *

Schade, J. G., 16 vierstimm. Gesänge ohne Begleitung. Zum Gebrauch bei kirchl. u. Schul-Festlichkeiten. schmal qu. 4. Meißen 828. Gödsche. 10 gr.

Schade, J. P. C., wesentl. Unterricht z. Erlernung d. großbrittan. Sprache. 8. Jena, d. Verf. 765.

Schade, Joh., Führer durch das Adlergebirge, s.: Langer, Ed.

— kurzer Führer v. Braunau u. Umgebung. Im Auftrage d. Section Braunau d. öst. Riesengebirgs-Vereines zusammengest. gr. 16. (16 S.) Braunau 896. F. Bocksch. n. — 20

Schade, Joh., was sich unsere Väter erzählten. Sagen aus dem Braunauer Ländchen. Für Freunde deutscher Volkskunde gesammelt. Hrsg. vom Braunauer Lehrervereine. (VII, 68 S.) gr. 8. Braunau 903. F. Bocksch. n. — 50

Schade, Johann Christoph (Bad Schandau) 4° Misc. 180k/8

De tabula Peutingeriana. Präs. Johann Georg Lotter. Leipzig (Breitkopf) 4.X.1732. 30 S. 29894

Schade, Johann Christoph (Bad Schandau) A.S. 1353/5

Exercitatio philologica de theologis Graecorum. Präs. Georg Sigismund Green. Leipzig (Langenheim) 22.XII. 1733. 56 S.

29895

Schade, Johann Daniel A.S. 835/18

Dissertatio inauguralis, qua differentias iuris Romani et Germanici in dote mariti, 1) morgengaba, 2) dotalitio, 3) vidualitio, 4) melioratione ... respondit ... Präs. Johann Peter von Ludewig. Halle (Krottendorff) 8.XI. 1721. 46 S. 29896

Schade, Johann David (Dresden) A.S. 11/17

Dissertatio inauguralis qua differentias iuris Romani et Germanici in dote mariti, 1) morgengaba, 2) dotalitio, 3) vidualitio, 4) melioratione ... respondit. Präs. Johann Peter von Ludewig. Halle (Krottendorff) 1736. 46 S.

Diss. 8.XI. 1721.
Gew.: Heinrich von Bünau. 29897

Schade, Jo. Immanuel (Schleusingen) A.S. 1356/16

De A. Persio Flacco poeta satirico. Präs. Ge. Nikolaus Kriegk. Jena (Nies) 12.I. 1701. 28 Bl.

Gew.: Georg Kaspar Zimmermann. 29899

Schade, Jh. Csp., Beichtbüchlein. 8. Frankf. a. M. 771. Keßler. 4 gl.

— Fragen, was fehlt mir noch? u. was muß ich thun, daß ich selig werde. 8. Leipzig, Heinsius. (Gleditsch.) 758.

— Fragen, was fehlt mir noch? u. was muß ich thun, daß ich selig werde? 8. Leipz. ... N. A. 758. Heinsius. 10 gl.

— geistr. Predigten üb. die Evangelien. Mit e. Vorr. v. Ruhrd. Hnr. Rell († 1768.) 8. (Gießen) 754. (Krieger). 1 ß 8 gl.

— geistr. u. erbaul. Schriften. 5 Thle. 8. Leipz. Heinsius. (Gleditsch.) 758.

Schade, Joh. Caspar. 5 Werke in 1 Band. Graitz, Abr. Gottl. Ludewig, 1732 (Nr. 4 = 1731). 8°. 88; 88; 56; 144; 168 S. Neuerer Pergaminband.

Nicht bei FdF., Mannheimer etc. G. III, 192 erwähnt nur ein anderes Werk. Schade, 1666—1698, „war ein eifriger Prediger" [an der Nicolai-Kirche in Berlin] „... und verfertigte viel erbauliche Bücher, welche er auf eigene Unkosten drucken ließ, und die hernach an arme oder junge Leute verschenkte ..." (Jöcher IV, 207). Nach Goed. war er Stubengenosse H. A. Franckes in Leipzig. — In dieser Sammlung sind enthalten: Nützliche Anweisung zu Fruchtbarer Betrachtung der Sechs Tage-Wercke ...; Christl. Haus-Kirche ...; Christlicher Unterricht ...; Die Frage: Was fehlet mir noch?; Gespräch eines Hertzens ... Es handelt sich um geistl. Dialoge und Gespräche (z. B. zwischen dem Gekreuzigten und der gläubigen Seele), um Gebete und liedartige Reimereien.

Schade, Johannes, Gryphiswaldensis: De correptione Attica. Gryphiae 1908: J. Abel. (58 S.) 8°
Greifswald, Phil. Fak., Ref. Gercke, Diss. v. 8. April 1908
[Geb. 26. Juni 85 Greifswald; Wohnort: Greifswald; Staatsangeh.: Preußer; Vorbildung: Gymn. Greifswald Reife O. 03; Studium: Greifswald 2, München 1, Greifswald 5 S.; Rig. 13. Febr. 08.]

Schade, Karl

Schade, K., Darstellung e. Reihenfolge melod., rhytm. u. dynam. Uebungen, als Beitr. z. Förderung d. Gesanges in Volksschulen. 8. (2¼ B.) Halberstadt 828, Helm.

—— kurze u. gründl. Elementargesang-Bildungslehre, f. Schulen bearb. u. in d. Ziffern- u. Noten-Bezeichnung unterrichtlich dargest. 4. (9 B.) Halberstadt 831. [Leipzig, Weinedel.]

— die Erkennung der Hauptmängel (Gewährfehler) der Pferde, nebst Erläutergn. zu den Paragraphen des bürgerl. Gesetzbuches u. der Zivilprozeßordng., welche auf den Pferdehandel Bezug haben. Zum prakt. Gebrauch für Pferdebesitzer. (Eine Anleitg. zur Untersuchg. der Pferde auf Hauptmängel.) (IV, 76 S.) 8. Metz 906. P. Müller. n. 1. 50

Schade, K., die Gestüt-, Stutbuch, Provinzialkontroll- u. Prämiierungsbrände Deutschlands u. die Brandzeichen der wichtigsten österr.-ungarischen Gestüte. 136 Abb. m. kurzem erläut. Text. (16 S.) kl. 8. Dresden 910. H. Hackarath. - 60

Schade, Karl, aus Göttingen: Ueber Ileus nach Laparotomie. Göttingen 1899: Dieterich. (124 S.) 8°
Göttingen, Med. Diss. v. [20. Apr.] 1899

Schade, Karl, über Ileus nach Laparotomie. Diss. gr. 8. (124 S.) Göttingen 899. (Vandenhoeck & Ruprecht.) n. 2.80

— Hippologisches Orientierungsbuch. Erläutergn. der alphabetisch geordneten techn. Bezeichngn. u. Fremdwörter, welche in der Pferdekunde, in der Pferdezucht, in der Reit- u. Fahrkunst u. auf der Rennbahn Anwendg. finden, Angaben üb. Gestüte u. üb. hervorrag. Pferde der Vergangenheit u. der Gegenwart. Mit 50 Abb. Als Anh.: Zusammenstellung der Gestüt- u. Stutbuchbrände Deutschlands u. Österreich-Ungarns. Die Altersbestimmg. der Pferde (m. 15 Abb.). (54 S.) gr. 8. (910). 1. —
Dresden

—— Singebuch f. Schulen, e. Sammlung 2-, 3- u. 4 stimm. Lieder v. verschied. Componisten, nebst d. nothwend. Sing-Vorübungen. — A. u. d. T.: Handb f. d. Gesangunterr. in Schulanstalten, e. Samml. ꝛc. 1. Aufl. Halberstadt 829., u. 2. A. (à 18 B.) qu. 4. Leipzig 835, Weinedel. à

— Singebuch f. deutsche Volksschulen, enthaltend die nothwendigsten Treff- u. Taktübungen; nebst e. Auswahl von 90 ein- zwei- u. dreistimmigen Liedern u. 10 Kanons, mit der einfachsten u. leichtesten Zifferbezeichnung d. Melodien. 4. Halberst 828. Helm. 8 gl.

— Übersicht der Pferderassen. (46 S. m. 93 Abb.) 8. Ebd. (910). Dresden 1. —

Schade, Carl: Biologische Untersuchungen über die Lebensfähigkeit von ganzen Organismen und einzelnen Zellen. *Greifswald 1898: J. Abel.* (32 S.) 8°
Greifswald, Med. Diss. v. 18. März 1898

Schade, K., und E. Hauer, wie der Lehrer N. seine Schule, d. erste Klasse e. Dorfschule, f. den Gesang ausbildete. Od. kurzer u. gründl., nicht allein gangbarer, sond. auch gegangener Unterrichts-Weg e. pract. Elementarlehrers im Gesange. 1. Aufl. Halberstadt 831., u. neue A. (à 5 B.) Leipzig 835, Weinedel. à Thlr.

Schade, Karl Benjamin

– s. A d e l u n g , Jh. Cph.: Kleines Wörterbuch.

Schade, C. B., Andachtsbuch. Religiöse Morgen-, Abend- und Festgesänge, nebst einigen anderen erbaulichen Gedichten und dem Liede von der Orgel, für evangel. Christen. 3., verm. und sehr verb. (Titel-)Aufl. 8. (IV und 342 S.) Sagan (857)60, [Crüsemann.] geb.

Schade, Karl Benj., nouv. Dictionnaire portatif français-allem. et allem.-français, od. neues vollständ. französ.-deutsches u. deutsch-französ. Hand- u. Taschenwörterbuch. 2 Bde. 8. Leipz. 797. N. A. 807, 9 u. 12. Hinrichs. 2 ß

Schade, C. B., nouv. Dictionnaire portatif. françois-allem. et allem.-françois., oder neues vollständiges franz.-deutsches u. deutsch-französisches Hand- u. Taschenwörterbuch. 2 Vol. 8. Leipz. Hinrichs. 810.
Velinp.

Schade, Carlo Benj., Dizionario manuale ital. tedesco e tedesco-ital. Composto colla più gran diligenza. II Ti., nel quale non solamente si trovano tutti i vocaboli, che appartengono alla vita sociale, ma ancora moltissimi termini delle scienze ed arti. — A. u. d. T.: Vollständ. ital.-deutsch. u. deutsch-ital. Handwörterbuch. 2 Thle. Wohlf. Ausg. 8. (125½ B.) Leipzig 837, Hinrichssche Buchh.

— nuovo Dizionario manuale Italiano-Tedesco e Tedesco-Italiano. Neues vollständ. italien.-deutsches u. deutsch-italien. Handwörterbuch. Mit hinzugefügter Betonung jedes deutschen Wortes. 2 Bde. 8. Leipz. 820. Hinrichs. 3 ß 16 gr. Schrbp. 4 ß 12 gr.

— Gespräche für das gesellschaftliche Leben zur Erlernung der Umgangssprache im Deutschen und Italiänischen, oder vollständ. Anleitung für Deutsche, welche sich im Italiänischen, u. für Italiäner, welche sich im Deutschen richtig u. geläufig ausdrücken wollen. Nebst e. Anhange nach bekannten Melodien gedichteter italien. Gesellschaftslieder. III Bdchen. gr. 16. Leipzig 842, Gebhardt u. Reisland. 1 ß

—— Grammaire allemande, à l'usage des Français et de ceux qui possedent la langue française, ou méthode pratique pour apprendre facilement et à fond la langue allemande. 11. édit., entièrem. refondue et considérablem. augmentée. 8. (30½ B.) Leipzig 841, Hinrichs.

— grammaire allemande de poche, ou abrégé etc. Extr. de 6e Edit. de la grammaire allemande. 12. Lpz. 812. Hinrichs. 6 gr.

— nouvelle grammaire allemande à l'usage des Français et de ceux qui possèdent la langue française. 8. Leipz. 797. 10e Aufl. 8. Ebd. 827. Hinrichs. 1 ß Schrbp. 1 ß 8 gr.

— nouvelle Grammaire allemande, od. prakt. Anleit. zur leichten und gründl. Erlern. d. Deutschen Sprache f. Franzos. 8. Ebend. 809.
Velinp.

— Nouv. Grammaire allemande à l'usage des Français et de ceux, qui possédent la langue français, ou méthode pratique pour apprendre facilement et a font la langue allemande. VII Edit. 8. la même. (et à Paris, Treuttel et W.) 814.

— — nouvelle grammaire allemande à l'usage des François et de ceux qui possèdent la langue française, 9ème edition refondue et augmentee. 8. le même. 820.

Schade, Charles Benj., complete practical Grammar of the German language. 4. edit., thoroughly altered and improved in every part of speech by many additions. 8. (85½ B.) Leipsic 828, Hinrichs.

—— a compl. pract. grammar of the german language. 5 edit., thoroughly altered and improved in every part of speech, by many additions. 8. (32⅛ B.) Leipsic 837, Hinrichs.

Schade, Charles Benj., a complete practical grammar of the german language. 6. Edition, carefully revised and improved in every part of speech by many additions. 8. (VIII und 532 S.) Leipzig 853, Hinrichs'sche Buchh.
London, Black and Armstrong.

— a new german Grammar or a short introduction to the german language. 8. Leipz. 806. Hinrichs. 6 gr.

— a new Grammar of the german language for the Englishmen containing a compl. syntax of all the parts of speech. 8. Leipz. 805. Ed. II. 816. Ed. III. 822. Hinrichs. 1 ß Ed. IV. 8. Ebd. 828. 1 ß 8 gr.

– neue französische Handgrammatik, od. kurze Anweis. z. Erlernung d. französ. Sprache, nach Pestalozzi's Lehrart. 8. Lpz. 812. Hinrichs. 6 gr.

— neues vollständ. englisch-deutsches u. deutsch-englisches Handwörterbuch. 2 Thle. 4te Aufl. 8. Ebend. 815.

Schade, Hülfsbüchlein für den ersten Unterricht in der französischen Sprache. gr. 8. (IV und 66 S.) Anclam 851, Dietze. *

Schade, die Lehre von der französ. Aussprache faßlich u. übersichtlich dargestellt. gr. 8. (3½ B.) Anclam 844, Dietze.

—— Morgen-, Abend-, Fest- u. Passionsandachten in Gesängen, nebst einigen and. religiös. Gedichten u. einem Liede üb. d. Orgel. 8. (19½ B.) Sorau 831, Julien.

— Morgen-, Abend-, Fest- u. Passionsandachten, nebst einigen anderen relig. Gedichten. Neue unveränd. Ausg. 8. Sorau 846, Julien. n. ⅔ ß

—— religiöse Morgen-, Abend- und Festgesänge, nebst einigen anderen erbaulichen Gedichten, und dem Liede von der Orgel, für evangel. Christen. 2., verm. und sehr verb. Aufl. 8. (IV und 342 S.) Sagan 857, [Crüsemann.] 22½ Ngr.; geb.

Schade, K. B., religiöse Morgen-, Abend- und Festgesänge, nebst einigen anderen erbaulichen Gedichten, und dem Liede von der Orgel, für evangel. Christen. 2. verm. u. sehr verb. Aufl. Sagan 857. Julien. 8. (IV, 342 S.) 22½ ngr.

— a new and complete Pocket-Dictionary of the english and german languages etc. od. n. engl.-deutsches u. deutsch-englisches Taschenwörterbuch. 1 Vol. 8. ibid. 805.

Schade, C. B., new and compl. Pocket Dictionary of the English and German languages, oder: neues vollständiges Englisches Hand- und Taschenworterbuch. Mit hinzugefügter Aussprache, Accentuation rc. und einer englischen und deutschen Sprachlehre. 2 Thle. 4te umgearbeit. und verm. Aufl. 8. Leipzig, Hinrichs. 816.

s. A. Pope, Schreiben an Heloise.

— Predigten auf d. Sonn- u. Festtage d. Jahres üb. d. Evangelien u. mehrere Episteln. 2 Bde. gr. 8. Leipz., 822 u. 24, Fr. Fleischer.

— s. Schiller, Fr., la pucelle d'Orleans.

— und Fr. Herrmann, lateinische Sprachlehre, siehe Herrmann.

— vollständ. deutsche Sprachlehre, zum Gebrauch d. Schulen, u. aller derer, welche die deutsche Sprache z. Gegenstand eines Studiums machen. 8. Leipz. 822, Hinrichs.

—— kleines Wörterbuch d. deutschen Sprache, s. Adelung, J. Chr.

Schade, Karl Eduard

[Schade, Carolus Eduardus:] • De natura Apollinis Homerici. 36 S. 4°
Halle-Wittenberg, Phil. Diss. v. 3. Febr. 1831
Geb. [Sorau 24. 11. 1800].

Schade, Ludw., die Inspirationslehre des hl. Hieronymus, s.a. Studien, biblische. XV. 4. 5.

Die Inspirationslehre des heiligen Hieronymus. Eine bibl.-geschichtl. Studie von Dr. theol. Ludwig **Schade**. Freiburg i. B.: Herder 1910. XV, 223 S. 8°
(Biblische Studien. Bd 15. H. 4, 5) (10. 6904

Schade, Maria, Arbeit. Roman. (168 S.) 8. Berlin 904. Concordia. n. 2. —

— ihre Madonna. Roman. (105 S.) 8. München-Schwabing 906. E. W. Bonsels & Co. n. 2. 40; geb. in Leinw. n. 3. 60

— Osterbrief e. Malerin an ihren Freund u. andere Novellen. (197 S.) 8. Berlin 904. Concordia. n. 2. 50; geb. in Leinw. n. 3. 50

Schade, Maria, Wetterwolken. Roman aus gärender Zeit. (VIII, 738 S. m. 1 farb. Bildnis.) 8. Berlin (910). K. Curtius. 5.—; geb. 6. —

Schade, Osk., Bergreihen. Eine Liedersammlung des 16. Jahrhunderts. Nach dem Exemplare der grhzgl. Bibliothek zu Weimar herausg. Weimar 1854. 8. . . . (b.)

Schade, Oskar: Daz buochlin von der tohter Syon. Carmen Theotiscum mysticum emendavit et explicavit. Pars 1. Berolini (1849): G. Schade. 62 S. 8°
Halle-Wittenberg, Phil. Diss. v. 12. Juni 1849
Geb. Erfurt 25. 5. 1826. V.
Ms.: 400 S. 8° (4°) Abgedruckt wurden nur S. 1—115, enthaltend Vorwort, Text und Anm. zu Vers 1—57; S. 115—398 = Anm. zu V. 59—585 blieben ungedruckt. — Verf. erlebte die Diplomerneuerung 1899 als Geheimer Regierungsrat, ordentlicher Professor der deutschen Philologie in Königsberg. vgl. Anh. Nr. 619.

Schade, Oskar: Veterum monumentorum theotiscorum decas. Vimariae (1860): Officina aulica. 66 S. 8°
Halle-Wittenberg, Phil. Hab.-Schr. v. 23. Apr. 1860
Im Buchhandel Weimar: Böhlau 1860.

Die kleineren poetischen althochdeutschen Denkmäler und Proben aus Otfried. [Hrsg.: Oskar **Schade**.] 2. Druck. Königsberg i. Pr.: Gräfe & Unzer [1904]. (31 S.) 8° .. 96 10

Schade, Oskar, Weimarische Didaskalien, s. Didaskalien.

—— das **Puppenspiel Doctor Faust**. gr. 8. (88 S.) Weimar 856(60), (Kühn.) * *
Aus: Weimarisches Jahrbuch, besonders abgedruckt.

Schade, O., Fercula macaronica. 2 Teile, S.-A. 1855. 58 S. u. 30 S.

Schade, Osc., Fercula macaronica. I. (Hft.) gr. 8. (58 S.) Hannover 855, Rümpler. *
Aus: Weimar. Jahrbuch. 2. Bd., besonders abgedruckt.

—— **geistliche gedichte des XIV. und XV. jarhunderts vom Niderrhein, s. Gedichte, geistliche.**

—— Geschichte der Septemberfeste in Weimar 1857, s. Geschichte.

— zu Gothe's Götz. (Abdr. aus dem Weimarischen Jahrbuche) Weimar 856. (Kuhn.) gr. 8. (35 S.) n. 15 ngr.

—— zu Goethe's Götz. gr. 8. (35 S.) Weimar 856(60), (Kühn.) * *

— Jörg Graff und Hans Witzstat, zwei Liederdichter aus der ersten Hälfte des 16. Jahrhunderts. (Abdr. aus dem Weimarischen Jahrbuche.) Ebend. 856. gr. 8. (56 S.) n. 10 ngr.

—— Jörg Graff und Hans Witzstat, zwei Liederdichter aus der ersten Hälfte des 16. Jahrhunderts. gr. 8. (56 S.) Weimar 856(60), (Kühn.) * *

Schade, Osc., deutsche Handwerkslieder, s. a. Handwerkslieder.

— — Deutsche Handwerkslieder. Leipzig 1865.
O. Schell p. 189.

Schade, Osk., über Jünglingsweihen. gr. 8. (III und 176 S.) Weimar 857(60), (Kühn.) Thlr. * * -
Vorstehende drei Schriften des Verf. wurden aus: Weimarisches Jahrbuch, besonders abgedruckt.

— **Klopfan.** Ein Beitrag zur Geschichte der Neujahrsfeier. Abdr. aus d. Weimar. Jahrbuche. Hannover 855. Rümpler. gr. 8. (75 S.) n. 15 ngr.

—— **Klopfan; ein Beitrag zur Geschichte der Neujahrsfeier. gr. 8. (75 S.) Weimar 855, Voigt.** *
Aus: Weimar. Jahrbuch. 2. Bd., besonders abgedruckt.

—— s. Koberstein, Aug., Laut- und Flexionslehre.

—— altdeutsches Lesebuch. Gothisch, altsächsisch, alt- und mittelhochdeutsch. Mit literarischen Nachweisen und einem Wörterbuche. (In 2 Tln.) 1. Tl.: Lesebuch. gr. 8. (XVI und 368 S.) Halle (861)62, Buchh. des Waisenhauses. *

—— altdeutsches Lesebuch. Gothisch, altsächsisch, alt- und mittelhochdeutsch. Mit literar. Nachweisen und einem Wörterbuche. 2. Thl.: Altdeutsches Wörterbuch. gr. 8. (XVIII und 765 S.) Halle 866, Buchh. des Waisenhauses. *
1. Thl. Ebendas. 1862. * 1 Thlr. 15 Ngr.

— **Peter Lewe, der andre Kalenberger. (Abdr. aus dem Weimarischen Jahrbuche.) Weimar 857. (Kuhn.) gr. 8. (60 S.) n. 10 ngr.**

—— Paradigmen zur deutschen Grammatik. Gothisch, althochdeutsch, mittelhochdeutsch, neuhochdeutsch. Für Vorlesungen. gr. 8. (VI und 98 S.) Halle 860, Buchh. des Waisenhauses. *

Schade, Osk., Paradigmen zur deutschen Grammatik, gotisch, althochdeutsch, mittelhochdeutsch, neuhochdeutsch. Für Vorlesungen. 2. Aufl. 1868. *M 1,20., und 3. Aufl. gr. 8. (IV, 98 S.) Halle 873, Buchh. des Waisenhauses.

Schade, Osk., Paradigmen zur deutschen Grammatik, gotisch, althochdeutsch, mittelhochdeutsch, neuhochdeutsch, für Vorlesungen. 4. Aufl. gr. 8. (101 S.) Halle 884, Buchh. des Waisenhauses.

Schade, Osk., Bruder Rausch. gr. 8. (58 S.) Weimar 856(60), (Kühn.) * *
Aus: Weimarisches Jahrbuch, besonders abgedruckt.

—— die **Sage von der heiligen Ursula und den elftausend Jungfrauen. Ein Beitrag zur Sagenforschung. 1—3. Aufl. gr. 8. (132 S.) Hannover 854, Rümpler.** -

—— **Satiren und Pasquille aus der Reformationszeit, s.a. Satiren und Pasquille.**

— Satiren und Pasquille aus der Reformationszeit. 3 Bde. Mit einem Register über alle drei Bände. Hannover 856—58. Rumpler. gr. 8. (1. Bd.: XIII, 245 S. n. 1 rf. 20 ngr.; 2. Bd.: VIII, 380 S. n. 2 rf. 10 ngr.; 3. Bd.: 4 Bl., 351 S. n. 2 rf.) u. 6 rf.

Sigenot nach dem alten Nurnberger Drucke von Friderich Gutknecht herausgegeben von Oskar Schade. Nur in 150 Exemplaren gedruckt. Hannover 1854. 8°.
G. G. S. 70 Nr. 1.

—— **Volkslieder aus Thüringen in und um Weimar gesammelt. gr. 8. (88 S.) Weimar 860, (Kühn.)** * *
Aus: Weimarisches Jahrbuch, besonders abgedruckt.

—— altdeutsches Wörterbuch. 2. umgearb. und verm. Aufl. 1. und 2. Lfg. gr. 8. (S. 1—320.) Ebendas. 873,75.
à Lfg. *M 3. *

Schade, Osk., altdeutsches Wörterbuch. 2. umgearb. und verm. Aufl. 3.—6. Heft. Lex.-8. (S. 321—960.) Halle 876—78, Buchh. des Waisenhauses. à Heft * ℳ 3. *

—— altdeutsches Wörterbuch. 2. verb. und verm. Aufl. 7.—9. (Schluss-)Heft. gr. 8. (CXV, S. 961—1446.) Ebendas. 880—82. à Heft * ℳ 3. *

Schade, Otto Heinrich von (Hundlosen/W.) A. S. 15/2

Dissertationis juridicae de operarum debitarum mutatione, Von Veränderung der schuldigen Dienste pars prior. Präs. Melchior Dethmar Grolmann. Giessen (Vulpius) 22. XII. 1707. 64 S.

W. v.: H. F. von Stockhausen, J. P. Scipio. 29901

Schade, Ph. Engelb. Adm.

— Abschiedsschreiben an d. Hrn. Domprediger Merz. 8. Schwabach 773.

— Antwort auf Pater Merz wider sein uraltes Lutherthum u. ganz neues Papstthum rc. 8. Schwabach 772. Mizler. 6 gr. Fernere Antwort rc. wider d. ersten Abschnitt seines uralten Lutherthums rc. 8. Ebd. 772.

— der achte u. letzte Auftritt d. redenden Advocaten. 8. Schwabach 773.

— uraltes Lutherthum u. ganz neues Papstthum. 8. Erlang. 767. Palm. 12 gr.

Schade, P. C. A., histor. Nachr. a. d. Kirchenreformation rc. 8. Neustadt. (Riedel in Schweinfurt.) 790.

Schade, Ph. Engelb. Adm., († d. 15. März 1795.) kurzgefaßte histor. Nachr. aus d. Kirchenrevolution, d. symbol. Büchern d. luther. Kirche u. d. dreifachen Religionsfrieden f. die Jugend. 8. Neustadt an d. Aisch. 790. . . . 12 gr.

— zwo Predigten üb. d. totalen Wetterschlag am 4. Juli 1774. 8. Schwabach 774.

Schade, Rudolf, prakt. Arzt a. Winsen a. d. Luhe: Diabetes als Komplikation der Schwangerschaft. Marburg 1906: J. Hamel. (31 S.) 8°

Marburg, Med. Fak., Ref. Ahlfeld, Diss. v. 16. Aug. 1906

[Geb. 12. Juli 75 Marburg a. L.; Wohnort: Winsen a. L.; Staatsangeh.: Preußen; Vorbildung: Gymn. Rinteln Reife O. 95; Studium: Bonn 1, Marburg 8 S.; Coll. 9. Juni 06; Approb. 27. März 06.]

Schade, Rudolf: Kants Raumtheorie und die Physiologie. *Königsberg in Pr. 1898: R. Leupold.* (48 S.) 8°
Königsberg, Phil. Diss. v. 25. März 1898

Schade, Rud., Kants Raumtheorie u. die Physiologie. Diss. gr. 8. (48 S.) Königsberg 898. (W. Koch.) n. 1.—

Schade, S., s.: Polizei-Kalender, österreichischer.

Schade, Theodor

Schade, Th., Atlas zur Geschichte d. preussischen Staats in 12 (lith. u. color.) Blättern (in qu. Fol.) gr. 4. (1 S. Text.) Glogau 876. Flemming. n. 3. —

—— dass. — 12 Bl. Chromolithogr. qu. gr. Fol. (Mit 1 Bl. Text.) Ebendas. 877. In gr. 4. cart. *

Schade, Th., Atlas zur Geschichte des Preussischen Staates. Umgearb. im kartograph. Institut der Verlagshandlg. 12 (chromolith.) Blätter m. (II, 16 S.) Text. 2., verb. Aufl. qu. Fol. Glogau 881. Flemming. n. 3. —

Schade, Theod., und Ehrenfried Leeder, illustrirter Handatlas, s. Handatlas, illustrirter.

Schade, Th., Karte der Regenhöhen Deutschlands. Görlitz [1860?]. . . . (Br. Mus.)

— Schul-Atlas. 33 Karten (in Stahlst. u. Farbendr.) Leipzig 864. Payne. Fol. n. 1 ₰ 15 ngr.; geb. n. 1 ₰ 25 ngr.

— Schul-Atlas. Neue Aufl. Leipzig 868. Payne. Fol. (33 Karten in Stahlst. u. in Buntdr.) n. 1 ₰ 15 ngr.

Schade, Thdr., Schul-Wandkarte von Europa in 12 Bl. Fol. Glogau 874, Flemming. * ℳ 5.; aufgez. *
Mit rohen Holzrollen * ℳ 11,50.; mit polirten Holzrollen *

Schade, Th., Schul-Wandkarte von Europa. 1:3,600,000. 12 Bl. 3. Aufl. Chromolithogr. qu. gr. Fol. Glogau 884, Flemming. * ℳ 5.; auf Leinw. in Mappe *
Mit rohen Stäben * ℳ 11,50.; mit polirten Stäben *

Schade, Thdr., Schul-Wandkarte von Palästina in 6 Bl. Fol. Glogau 874, Flemming. *
aufgez. * ℳ 6.; mit rohen Holzrollen *
Mit polirten Holzrollen *

Schade, Th., Schul-Wandkarte von Palästina. 6 Bl. Chromolithogr. qu. gr. Fol. Glogau 884, Flemming. *
Auf Leinw. in Mappe *
Mit rohen Stäben * ℳ 7,50.; mit polirten Stäben *

Schade, Th. Schulwandkarte v. Palästina. 6 Blatt. 4. Aufl. Farbendr. u. kolor. 44×52 cm. Glogau 891, C. Flemming. * 3 —
Auf Leinw. in Mappe * 6 —; m. rohen Holzrollen * 7 50
Mit polierten Holzrollen * 8 50

Schade, Thdr., Schul-Wandkarte der Staaten Süd-Deutschland's, Bayern, Württemberg und Baden. 1:320,000. 9 Bl. Chromolithogr. und color. Berlin 877, D. Reimer. *
Auf Leinw. in Mappe **
Mit Stäben **

—— dass. — Neue Ausg. 1878. 9 Bl. Chromolithogr. und Imp.-Fol. Ebendas. *
Auf Leinw. in Mappe **
Mit Stäben **

Schade, Thdr., Schul-Wandkarte der Staaten Süd-Deutschlands: Bayern, Württemberg und Baden. 1:320,000. 3. bericht. Aufl. 9 Bl. Chromolithogr. gr. Fol. Berlin 888, D. Reimer. *
Auf Leinw. in Mappe * ℳ 18.—; mit Stäben *

Schade, Th., Schul-Wandkarte von Süd-Amerika. 1:5,200,000. 9 Bl. Chromolithogr. qu. gr. Fol. Glogau 883, Flemming.
Auf Leinw.
Mit Stäben * ℳ 10.; mit polirten Stäben

Schade, Th. Schul-Wandkarte v. Südamerika. 1:5,200,000. 6 Blatt. 2. Aufl. Farbendr. u. kolor. 49×41,5 cm. Glogau 891, Flemming. 4 50; auf Leinw. in Mappe * 9 —
Mit rohen Holzrollen * 10 —
Mit polierten Holzrollen * 11 —

Schade, Thdr., Spezial-Karte zur Statistik der norddeutschen Garnisonen und Landwehr-Bezirke. Reductionsverhältniss 1:1,600,000. Fol. Gera 870, Issleib und Rietzschel. *
Mit Colorit der Militair-Unterabtheilungs-Grenzen *

Schade, Thdr., praktische Zeichenschule f. Volks-, Bürger-, Handwerker- u. Gewerbeschulen, zugleich als Mustersammlg. f. Gewerbtreibende entworfen u. gezeichnet. 2. Aufl. qu. hoch 4. (40 Blatt u. 1 Farbendr.) Görlitz 880. C. A. Starke. n. 2. —

Schade, W. A., Mittheilungen aus d. Arbeiten rc., s. Mittheilungen.

Schade, Walther, Referendar aus Sorau N.-L.: Über den Aufrechnungsvertrag. *Sorau N.-L. 1904: Rauert & Pittius.* (68 S.) 8°
Rostock, Jur. Diss. v. [16. Mai] 1904

Schaede, Gust., Reform des Gewerbewesens durch Berufs-Parlamente u. Beseitigung der sozialen und wirthschaftlichen Uebelstände in demselben. 12°. St. Johann a. d. Saar, Bock u. Seip, 1893.

Schaede, Max [app. Arzt aus Strassburg i/E.]: Ueber Athetose ... St. Johann a. d. Saar, Druck v. Gustav Schaede, 1890; 40 S. 8°
Strassburg, Med. Fak., Inaug.-Diss. v. 1889

Schaede, W., Liste der königl. preuss. Marine. 8. (IV und 20 lithogr. S.) (Berlin 854, Schneider.)

— — (Alter u. Dienstzeit sind bis 1. Jan. 1855 berechnet.) (Berlin, F. Schneider.) gr. 8. (23 lith. S.) n. 5 ngr.

Schadeberg, Jul., Anleitung z. Rechnen mit Decimalbrüchen f. Bürger-, Sonntags- u. Landschulen. gr. 8. (2¼ B.) Halle 846, Schwetschke u. Sohn. *

— f. Gewerbe-Blatt f. die Provinz Sachsen.

Schadeberg, Jul., Gewerbs-Geometrie. Anleitung zum Selbstunterricht für alte und junge Gewerbtreibende. gr. 8. (VIII und 100 S. mit 17 Stnt.) Halle 853, G. Schwetschke. *

—— technisches Hülfs- u. Handbuch f. Gewerbtreibende. Mit in den Text gedr. Holzschn. gr. 8. (20⅛ B.) Halle 846, Schwetschke u. Sohn. *

Schadeberg, Jul., technisches Hilfs- u. Handbuch für Gewerbtreibende. Mit in d. Text eingedr. Holzschn. 1. Thl. 2. (Titel-) Aufl. A. u. d. T.: Technische Hilfsmittel. Eine Sammlung der Maß- u. Gewichtstafeln; Gewerbsgeometrie; mathemat. u. physikal. Taf. mit Erläuterungen für die gewerbl. Anwendung u. der Elemente der Mechanik. 2. Aufl. gr. 8. (VIII u. 305 S.) Halle (846) 851, (Braunschweig) Schwetschke & Sohn. — 2. Thl. A. u. d. T.: Der praktische Mechaniker. Eine Sammlung geometr. u. trigonometr. Hilfstafeln u. der Erfahrungen über die Festigkeit der techn. Materialien, sowie über die Berechnung der Wasserkräfte. gr. 8. (XII u. 323 S.) Ebd. 851. (1: 1 Thlr 2: 1½ Thlr) 2½ Thlr

—— Hülfsbüchlein für Kaufleute und Fabrikanten sowie für jeden Geschäftsmann. 8. (VIII und 119 S.) Halle 850, Pfeffer. *

Schadeberg, Jul., Holztabellen. Taschenbuch für Holzhändler, Forstbeamte, Zimmerleute und Holzarbeiter überhaupt. 1. Aufl. 1850. und 2. Aufl. 12. (VII und 153 S.) Halle 852. [Braunschweig,] Schwetschke und Sohn.

—— erster Jahresbericht des landwirthschaftl. Bauernvereins im Mansfelder Seekreise. gr. 8. (9⅛ B. u. 1 Tab.) Halle 845, Schwetschke u. Sohn. * —

—— dass. 2. Jahresbericht des landwirthschaftl. Bauernvereins im Mansfelder Seekreise. gr. 8. (11¼ B.) Ebds. 846. *

—— dritter Jahresbericht des landwirthschaftl. Bauernvereins im mansfelder Seekreise. gr. 8. (84 S.) Halle 848. [Braunschweig,] Schwetschke und Sohn. *

Schadeberg, J., Sozialistische Irrthümer und soziale Wahrheiten. 8°. Berlin 1876.

—— der Maisbau. Erfahrungen prakt. Landwirthe. gr. 8. (IV und 72 S.) Halle 851, Pfeffer. *

Schadeberg, Julius: „Die Silos. Für Gemeinden, gewerbliche Corporationen, Vereine, grosse Fabriken und grosse Landgüther; ein durch die Erfahrung bewährtes Mittel, den Arbeitern und Armen wohlfeiles Brod in theurer Zeit, ohne Geldopfer zu verschaffen", Halle 1849. 2. verm. Auflage, mit Abbildungen. Halle 1854, vorh.: Büch. der Industrie- und Handelskammer Leipzig.

—— die Silos. Für Gemeinden, gewerbl. Korporationen, Vereine, große Fabriken und große Landgüter eine durch die Erfahrung bewährtes Mittel, den Arbeitern und Armen wohlfeiles Brod in theurer Zeit ohne Geldopfer zu verschaffen. 1. und 2., verm. Ausg. gr. 8. (III und 108 S. mit Abbildgn. in eingedr. Holzschn.) Halle 854, G. Schwetschke. *

—— Skizzen über den Kulturzustand des Regierungsbezirks Merseburg. 1. und 2. Abthl. gr. 8. Halle, G. Schwetschke. [1. (VI und 194 S.) 852. * 20 Ngr., 2. (VIII und 203 S.) 856. * 10 Ngr.] *

Aus der hallischen Zeitung im Schwetschke'schen Verlage, besonders abgedruckt.

— Skizzen über den Kulturzustand des Regierungsbezirks Merseburg. 2—4. Abth. (Abdr. aus der Hallischen Zeitung.) Halle 856—58. G. Schwetschke. gr. 8. (2. Abth.: VIII, 103 S. n. 10 ngr.; 3. Abth.: V, 161 S. n. 15 ngr.; 4. Abth.: 3 Bl., 108 S. n. 10 ngr.) n. 1 Thlr. 5 ngr.

Schadeberg, Jul., Studien zu ein. geschichtl. Staatswissenschaft d. Römer, nebst Beurtheil. d. neuesten Leistungen auf dies. Gebiete. (Neue wohlf. Ausg.) gr. 8. (9¾ B.) Leipzig 838, (Whistling.)

Schadeberg, Jul., krit. Würdigung der v. dem Hrn. Geh. Ober-Regierungsr. Ch. L. Friedr. Schultz verfasst. Schrift: Grundlegung zu e. geschichtl. Staatswissenschaft d. Römer. 1. Hft. gr. 8. (9¾ B.) Halle 834. [Leipzig, Reimann.]

— kritische Würdigung der von dem Hrn. Geh. Ober-Regierungsrath Ch. L. Friedr. Schultz verfaßten Schrift: Grundlegung zu einer geschichtl. Staatswissenschaft der Römer. 1s Hft. gr. 8. Halle 834. Scharre ¾ Thlr

Schadeberg, Jul., der Zollverein, Oesterreich und die Sonderbündler. gr. 8. (IV und 84 S.) Halle 864, G. Schwetschke'scher Verlag. *

—— der Zuckerrübenbau. Anleitung zum zweckmäßigen, einträgl. Betriebe desselben. Nebst Kostenanschlägen zu kleinern Zuckersiedereien auf Bauergütern. 8. (VI und 154 S.) Halle 850, Pfeffer. *

Schadeck, d. letzte. E. Liebesgeschichte aus d. Sagenkreis d. Neckarthales. Von Mir (Hch. Brenner). 8. (XVI, 125 S.) Heidelberg 897. (M. Wolff.) n. 1. 50

Schadek, Mor., a bisserl was. Gedichte in niederösterreich. Mundart. 8. (109 S.) Wien 887. Konegen. n. 1. 20

Schadek, Mor., a bisserl was. Gedichte in niederösterreich. Mundart. 2., veränd. u. verm. Aufl. 8. (111 S.) Wien 895. C. Konegen. n. 1. 20

Schadeck, Mor., a bisserl was. Gedichte in niederösterreich. Mundart. 3., veränd. u. verm. Aufl. (111 S.) 8. Wien 905. C. Konegen. n. 1. 20; geb. n. 2. —

Schadek, Moriz, Dass d' Zeit vergeht. Gedichte in niederösterr. Mundart (95 S.) Wien, Konegen. fl. –.60. 1887

—— daß d' Zeit vergeht. Gedichte in niederösterreich. Mundart. 8. (98 S.) Ebendas. 888. *

Schadek, Moritz, Daß d'Zeit vergeht. Gedichte in niederösterreichischer Mundart. 2. vermehrte Auflage. 8. (96 S.) Wien: Konegen 1897. —.60

Eig'nbau. Gedichte in niederösterr. Mundart von Moriz Schadek. Wien: C. Konegen 1906. (93 S.) 8° [F]
[05. 15590]

Schadek, Mor., Fort nachanand! Gedichte in niederösterreich. Mundart. 8. (96 S.) Wien 902. C. Konegen. n. 1. 20

Schadek, M., Funkelnagelneuch! Gedichte in niederösterreichischer Mundart. 8°. (94 S.) K 1.20, geb. K 2.—
Wien: Konegen 1903.

Gedichte in niederösterreichischer Mundart von **Moriz Schadek**. Bd 1–4 [mit Sondertiteln]. *Wien: C. Konegen (1891–1904).* 4 Bde 8° [F.]
1. A bisserl was. Daß d'Zeit vergeht. Hausmannskost. 2. Aufl. 1895–99.
2. Mit Verlaub. 1891. Was Heurigs. 2. Aufl. 1901. In der Muatersprach'. 2. Aufl. 1902
3. Aus meiner Werkstatt. G'segn's Gott! In der G'schwindigkeit. 1894–98.
4. Nach der Natur. Fort nachanand'! Funkelnagelneuch! 1900–04. [03. 10131

Schadeck, Mor., in der G'schwindigkeit. Gedichte in niederösterreich. Mundart. 8. (96 S.) Wien 898. C. Konegen. n. 1. 20

— g'segn's Gott! Gedichte in niederösterreich. Mundart. 8. (94 S.) Ebd. 896. Wien: Konegen 1896 n. 1. 20

— G'segn's Gott! Gedichte in niederösterreich. Mundart. 2., veränd. Aufl. (92 S.) 8. Ebd. 905. n. 1.20; geb. n. 2.—
Wien: Konegen 1905

Schadek, Mor. Hausmannskost. Gedichte in niederösterr. Mundart. [3. Folge.] 12. (105 S.) Wien 889, Konegen. * 1 —
1. Folge. A bisserl was. — 2. Folge. Daß d' Zeit vergeht. Ebd. 1887,88. à * 1 20. — 1.—3. Folge geb. in 1 Bd. * 4 —.

— Hausmannskost. Gedichte in niederösterreich. Mundart 2, verm. Aufl. 8. (112 S.) Ebd. 899. n. 1. 20

— was Heurig's. Gedichte in niederösterreich. Mundart. 8. (102 S.) Ebd. 802. n. 1. 20

SCHADEK, Moriz
(F) Was Heurig's. Gedichte in niederösterreichischer Mundart von Moriz Schadek., 2. Auflage. Wien. 1901. Konegen. 8°. 102 S. K 1.20

Schadek, M. An des lieben Kärntens Laudvolk. Villach, Hoffmann. (1848). Quart. 4 S.

— in der Muatersprach'. Gedichte in niederösterreich. Mundart. 8. (100 S.) Ebd. 893. n. 1. 20

In der Muatersprach'. Gedichte in niederösterreichischer Mundart von Moriz Schadek. 2. veränd. Aufl. *Wien: C. Konegen 1902.* (98 S.) 8° [F.] [02. 8517

SCHADEK, Moriz
(F) Nach der Natur. Gedichte in niederösterreichischer Mundart von Moriz Schadek. Wien. 1900. Konegen. 8°. 105 S. fl. —.60

Schadek, Moriz, Mit Verlaub. Gedichte in niederösterreichischer Mundart. 8. (79 S.) —.60
Wien: Konegen 1890.

— mit Verlaub. Gedichte in niederösterreich. Mundart. 2. Aufl. 8. (79 S.) Ebd. 899. n. 1. 20

Schadek, Mor., frische Waar'. Gedichte in niederösterreich. Mundart. (104 S.) kl. 8. Wien 909. C. Konegen. 1.—; geb. 1. 70

Schadek, Moritz, Aus meiner Werkstatt. Gedichte in niederösterreichischer Mundart. 8. (89 S.) —.60
Wien: Konegen 1893.

— aus meiner Werkstatt. Gedichte in niederösterreich. Mundart. 2. Aufl. (96 S.) 8. Ebd. 904. n. 1. 20; geb. n. 2.—
Wien: Konegen 1904.

Schadek, Ost., Anleitung zur Militär-Gymnastik. Mit 246 in den Text gedr. (Holzschn.-)Fig. erläutert. gr. 8. (VII, 151 S.) Wien 876, Seidel und Sohn.

Schädel, Lessings. Original-Lustspiel in drei Acten. Hamburg 1807. V: *Sievers, Georg Ludwig Peter.* (Ky) (EE)

[F.] **Schädel**, Bernhard [Prof. Dr.]: Die Königsstühle bei Mainz und die Wahl König Konrads II. Mainz, Buchdr. v. H. Prickarts, 1896; 36 S. 8.
Mainz, grossh. RG u. R, P 1896 (659)

Schädel, B., Manual de fouètica catalana. (VIII, 88 S.) kl. 8. Cöthen 908. O. Schulze Verl. 1. 60

Schädel, Bernh., die **Mundart** v. Ormea. Beiträge zur Laut- u. Konjugationslehre der nordwestitalien. Sprachgruppe. Mit Dialektproben, Glossar u. Karte. (138 S.) gr. 8. Halle 903. M. Niemeyer. n. 4. —

— **Mundartliches aus Mallorca.** (43 S.) gr. 8. Halle 905. Leipzig, Haupt & Hammon. n. 2. —

Schädel, Bernh., über den Namen u. das Rad der Stadt Mainz. gr. 8. (39 S. m. 1 Taf.) Mainz 899. L. Wilckens. n. — 80

Schädel, Bernhard, Dr. phil.: **Untersuchungen zur katalanischen Lautentwicklung.** Ausgew. Abschnitte. *Halle a. S. 1904: E. Karras.* (23 S.) 8° ¶ (Erscheint vollst. in: Roman. Forschungen.)
Halle, Phil. Hab.-Schr. v. 1. März 1904
(Nicht für den Austausch)

Schädel, Carl, s. Schädel, Karl

Schädel, E., Spiritus-Preis-Berechnungs-Tabelle od. Nachweisg., welchen Werth e. beliebig große Quantität Spiritus bis zur Höhe v. 100,000 Liter-% u. darüber hat rc. gr. 8. (VIII, 120 S.) Grünberg 871. Weiß. n. 1. 50

Schädel, E., das Sprechenlernen unserer Kinder. Nach seiner Entwicklg. dargestellt u. m. pädagog. Winken u. Ratschlägen Eltern, Lehrern, Kindergärtnerinnen u. überhaupt allen, die es m. Erziehg. der Kleinen zu tun haben, gewidmet. (XII, 132 S.) 8. Leipzig 905. F. Brandstetter. n. 1. 50

Schädel, Tabelle zur Bestimmung des Quartinhalts der Fässer, s. Atzler und Schädel, Tabelle.

Schaedel, Gust. (geb. Frankfurt a. M. 7. 2. 1867 [vielmehr 1847]): Ueber Kryptorchidie. Berlin (1869). (35 S.) 8°
Berlin, Med. Diss. v. 6. März 1869

Schaedel, Hans Heinrich, a. Dt.-Eylau: **Ueber Cystitis typhosa.** Weida i. Thür. 1906: Thomas & Hubert. (26 S.) 8°
Leipzig, Med. Fak., Ref. Curschmann, Diss. v. 27. Febr. 1906
[Geb. 6. Nov. 81 Deutsch-Eylau; Wohnort: Leipzig; Staatsangeh.: Preußen; Vorbildung: Gymn. Liegnitz O. 01; Studium: Leipzig 10 S.; Coll. 9. März 06; Approb. 23. Dez. 05.]

Schädel, Johann Wilhelm

Schädel, J. Wilh.: **Fragmente z. wissenschaftl. Erklärung d. Kriegs-Artikel f. d. Unteroffiziere u. gemeinen Soldaten d. k. preuss. Armee, d. d. Königsberg, d. 3. Aug. 1808, u. der damit in Verbind. stehenden Verordnn. neuerer Zeiten.** *Berlin,* Mittler. 818. 8. (12 Gr.)

Schädel, Joh. Wilh., Fragmente zur wissenschaftlichen Erklärung der Kriegs-Artikel für die Unteroffiziere und gemeinen Soldaten der königl. preuß. Armee. d. d. Königsberg den 3ten August 1808, und der damit in Verbindung stehenden Verordnungen neuerer Zeit. 8. Berlin, Mittler. 821.

— Grundsätze d. bei d. königl. preuß. Armee jetzt üblichen Verfahrens bei Ausübung d. Strafrechts. 8. Berl. 818. 2e Aufl. 819. Mittler. 1 ß

— Handb. f. Militärpersonen in d. k. preuß. Staaten, enthalt. diejen. Gesetze 2c., wodurch d. Strafbestimmungen in d. Kriegsartikeln v. 3. Aug. 1808, sowie d. Vorschriften der diesen Kriegsartik. hinzugefügten Verordnn. wegen d. Militärstrafen erläut. u. ergänzt, od. abgeänd. werden. gr. 8. Berl. 820. Mittler. 20 gr

Schädel, Karl,

Schädel, Carl, und Friedr. Kohlrausch, mittelhochdeutsches Elementarbuch. gr. 12. (XII und 456 S.) Lüneburg 850, Engel.

Schädel, Karl, u. Friedr. Kohlrausch, mittelhochdeutsches Elementarbuch. Hannover 866. Hahn'sche Hofbuchh. 2., verm. u. verb. Aufl. gr. 12. (X, 456 S.) n. 24 ngr.

s. Gedichte, mittelhochdeutsche.

Schädel, Karl, appr. Arzt a. Karlsruhe: Ueber die Häufigkeit des runden Magengeschwürs in München. München 1904: C. Wolf & Sohn. (18 S.) 8°
München, Med. Fak., Ref. v. Bollinger, Diss. v. 24. Jan. 1905
[Geb. 27. März 80 Karlsruhe; Wohnort: Mainau im Bodensee; Staatsangeh.: Baden; Vorbildung: Gymn. Pforzheim Reife Juli 99; Studium: Erlangen 4, Freiburg i. B. 1, Berlin 1, Erlangen 1, München 2 S.; Coll. 13. März 05; Approb. 13. März 05.]

Schädel, K., Römische Kriegsaltertümer (Jahresbericht). S.-A. 1871. 54 S.

s. Mervart, der Wiener.

Schaedel, C., Fasciculus observationum in Luciani Gallum. Pr. 1838. 19 S. 4°.

Schaedel, Carol., Fasciculus observationum criticar. in Luciani Gallum. 4. (2½ B.) Clausthaliae 838, libr. Schweiger.

Schädel, Kurt, a. Berlin: Über die Einwirkung von Natriumamid auf Naphtalin und einige Substitutionsprodukte. (Berlin 1907: G. Schade.) (59 S.) 8°
Berlin, Phil. Fak., Ref. Fischer, Diss. v. 9. März 1907
[Geb. 2. Sept. 79 Berlin; Wohnort: Berlin; Staatsangeh.: Preußen; Vorbildung: Falk-Realgymn. Berlin Reife M. 98; Studium: T.H. Berlin 4, Univ. Lausanne 2, Berlin 10 S.; Rig. 21. Febr. 07.]

Schädel, Ludw., kurzer Abriß der deutschen Interpunktionslehre. gr. 8. (23 S.) Straßburg 877, Schmidt's Universitäts-Buchh.

Schädel, Ludwig, Geh. Schulrat Direktor Dr.: Beiträge zur Geschichte des Großh. Gymnasiums zu Gießen für die Dreijahrhundertfeier am 10. Oktober 1905 auf Grund von Mag. Franz Rambachs Sammlungen bearbeitet und herausgegeben. Gießen 1905: v. Münchow. (56 S.) 4° [F.]
Gießen, großh. G OP 1905 (705)

Schädel, Ludw. Deutsches Klosterleben im 13. Jahrh. nach Cäsarius v. Heisterbach, s. a. Zeitfragen d. christlichen Volkslebens.

Schädel, Ldwg. Deutsches Klosterleben im 13. Jahrhundert nach Caesarius von Heisterberg. Stuttgart 1892. 8
(= Zeitfragen d. christl. Volkslebens. Bd 17. H. 1. (126.)

—— Das Martyrium Philipps d. Großmütigen in seiner belgischen Haft, s. Flugschriften d. Evangelischen Bundes.

Schädel, Ludwig, Dr.: Immanente Parallelbehandlung des Goethe- und Schiller-Stoffes in Oberprima. *Giessen 1901: O. Kindt.* (S. 11—27.) 4° [F.]
Giessen, grossh. G, P 1901 (683 [vielm. 693])

Schaedel, Ludwig Plinius der Jüngere und Cassiodorius Senator. Kritische Beiträge zum 10. Buche der Briefe und zu den Varien. (Umschlagtitel: Plinius ... Senator.) 4 (S. 3—36).
Progr. Ludwig-Georgs-G. *Darmstadt* 1887 (581).

Schaedel, L., Plinius der Jüngere und Cassiodorius Senator. Kritische Beiträge zum 10. Buch der Briefe u. zu d. Briefen. gr. 4. (36 S.) Darmstadt 887. Winter'sche Buchdr. n. — 80

Schädel, Ludw., W. H. v. Riehl, der Poet der deutschen Novelle, s. a. Zeitfragen d. christl. Volkslebens.

[F.] W. H. von Riehl, der Poet der deutschen Novelle. M. e. Nachw. üb. s. Relig. Studien eines Weltkindes. Von Prof. Dr. Ludwig Schädel, Gymndir. *Stuttgart: Ch. Belser 1896.* (56 S.) 8.
= Zeitfragen d. christl. Volkslebens. Bd 21. H. 7. [96. 1601]

— höhere Schule u. soziale Frage od. Welche Aufgaben werden der höheren Schule durch die augenblickl. sozialen Zustände gestellt?, s. a. Zeitfragen d. christlichen Volkslebens.

Schädel, Ludw., Höhere Schule und soziale Frage oder welche Aufgaben werden der höheren Schule durch die augenblicklichen sozialen Zustände gestellt? (Zeitfragen des christl. Volkslebens, Heft 140.) gr. 8°. Stuttgart 1894.

Schädel, Ludwig [Prof. Dr., Dir.]: Das epische Thema der Odyssee und die Tiresiasweissagung. Offenbach a. M., Buchdr. v. C. Forger, 1890; 1 Bl., 25 S. 4°
Offenbach a. M., großh. RG u. R, OP 1890

— das epische Thema d. Odyssee u. die Tiresiasweissagg. gr. 4. (25 S.) Offenbach a/M. 890. (Leipzig, Fock.) n. 1. —

Schädel, L. Der Unterricht in der Heimatskunde an der städtischen Realschule zu Strassburg. S. 11—50. Rsch. J.-h. *Strassburg* 1878.
Progr.

Schädel, O., Edmund Burke. 8. (103 S.) Leipzig 898. F. W. Grunow. n. 1. 50

[F.] Schädel, *Otto:* Ein Beitrag zur Don Juan-Litteratur. *Bensheim, G. Beger, Buchdr., 1891;* 20 S. 4°
Bensheim, grossh. G, OP 1891 (619)

(Schädel, Otto,) Direktor: Ein Wort über Frauenfrage und Vorurteil. Worms 1905: Kranzbühler. (S. 3—8.) 4°
Worms, HM OP 1905 [109]

Schädel-Abbildungen

(Schädel-Abbildungen.) 35 Taf., gbd.

O.O.: o.J.

JB 790

Schädelin, E., Jeremia, der Prophet, s. Volksschriften, Berner.

Schädelin, Johann Jakob

Schädelin, J. J., Julia Alpinula, s. a. Bibliothek vaterländischer Schauspiele.

Schädelin, Joh. Jak., Julia Alpinula. Trauerspiel in 3 Akten. Bern 859. (Huber & Co.) 8. (51 S.) n. 8 ngr.

Schädelin, J. J., Julia Alpinula. Trauerspiel in 3 Akten. Neue (Titel-)Ausg. gr. 16. (51 S.) Aarau (859) 77, Sauerländer's Verlagsb.

Schädelin, Joh. Jak., von und mit den Armen, nebst einer Zugabe. 8. (107 S.) Bern 859, (Heuberger's Buchh.)

Schädelin, P. J. J., Julie Bondeli, die Freundin Rousseaus u. Wielands. Ein Beitr. z. Kunde bernischer Kulturzustände. 8. (7½ B.) Bern 838, Jenni, Sohn.

[Schädelin, Johann Jacob.] Die Leitartikel des Oberländer Anzeigers. 3 Bändchen. 8. Thun 1852–1853.

——, Claus Leuenberger. Histor. Drama in 4 Abthl. 8. (10⅞ B. u. L's. Bildn.) Bern 837, (Jenni, Sohn.)

— s. Pellico v. S., Franziska v. Rimini.

Schädelin, K. F. Edm., der moderne Pessimismus. Referat, vorgetragen in der Jahresversammlung des bern. Kantonal-Pfarrvereins, Burgdorf den 19. Sept. 1877. gr. 8. (65 S.) Bern 878, Wyß.

Schädelin, P. J. J., s. Schädelin, Johann Jakob

Schädelin, Walth., Gedichte. Buchschmuck v. Burkh. Mangold. (V, 97 S.) 8. Bern 905. A. Francke. Geb. in Leinw. n. 2. 50

Schädellehre, die; Lstspl. in 1 A. (v. Karl Stein). 8. Berl. 805. Maurers B. 6 gl.

Schädellehre, die, oder die geheimnißreiche Brieftasche, ein Lustspiel in 2 Akten von K. Loose. 8. Landshut, Thomann (in Comm.) 821.

Schädelmuster, die, 8. Basel, Klick. 803.

Schädelmuster, die, 8. Basel 803. (Neukirch). 2 gl.

Schadelock, Gustav

Progr. occasione recens inventae Quadraturae Circuli pauca praemittit *G. Schadelock.* Rostock, Adler. 1789. 18 S. 4. 1789.

Schadeloock, G., v. d. Zeiten der Zeitwörter und ihr. Gebr. im lat. Geschäftsstyl. gr. 8. Rostock, Adler. (Stiller.) 797.

Schadeloock, Johann Siegismund (Nürnberg)
Altd. lose Med.

Dissertatio inauguralis medica de usu signorum anamnesticorum in diiudicandis et curandis morbis ex casu quodam practico illustrato.
Altdorf (Meyer) II. 1774. 30 S.

Gew.: Stadt Nürnberg. 29902

Schaden, durch, wird man klug. 1r 2r ist Schule d. Erfahrung 3r Jr.; d. 3te h. auch: Werden, glücklich, d. m. Unglück.

Schaden, C. A. v., Erinnerungen an C. A. v. Schaden, s. Erinnerungen.

Schaden, v. dem, u. Mißbrauch d. Klystiere f. Aerzte und Kranke, ein Gegenstück zu Kämpfs Methode. gr. 8. Leipz. Jacobäer. 788.

Schaden und Missbrauch der Klystiere. Ein Gegenstück zu des Herrn Leibarztes Kämpfs Abhandlung für Ärzte und Kranke ... Leipzig 1789. V: *Michaelis, Christian Friedrich.* (OL) (Adel) (MGT) S. a. Von dem Schaden ...

Schaden, von dem, u. Mißbrauch d. Klystiere, für Aerzte u. Kranke, ein Gegenstück zu Kampfs Methode, (von Chr. Fr. Michaelis II.) gr. 8. Leipz. 798. (Aue in Altona). 6 gl. (Uebersetzung d. Disp. de noxa et abusu clysmatum. 788.)

Schaden des Tabackrauchens bei jungen Leuten. 2. Aufl. [Salzb. 1877.] V: *Hager, Edmund.* (Hr)

§ SCHADEN, (Joh. Nepom.) Adolf v. (1791—1840), Die Ahnenprobe. Humorist. Orig.-Feenmährchen aus d. 19. Jahrhundert. Mit 1 Kupfer. München 1825. Kl. 8⁰. (In München: P. o. germ. 1251 d.) (2 Mk. 50 Pfg. Isaak St. Goar, Frf. a. M., 1909.)

v. Schaden, (Jh. Nep.) Ad., die Ahnenprobe. Humorist. Original-Feenmährchen aus d. 19n Jahrhundert. Mit 1 Steindr. 8. Münch. 825. J. Lindauer. 1 ₰

Schaden, A. v., s. a. Ahnenfrau, Die.

— — Die Ahnfrau. Ein musikalisches Quodlibet tragikomischer Natur. (3 fl. 6 gr.)
Harpf's (Königsb.) Leihbibl. no. 13976.

v. Schaden, Ad., (Jh. Nep. Thdr. Ad.), Aurelius Commodus u. d. Königin von Saba. Originalposse in 2 Aufz. Mit 1 Kpf. 8. Augsb. 824. v. Jenisch u. St. 9 gl.

— — Aurelius Commodus (Gastwirth) u. die Königin von Saba. Originalposse in 2 Aufz. Mit drast. Titelkpf. (unsign.). Augsburg u. Leipzig, v. Jenisch u. Stage, o. J. (c. 1830). 8⁰.
78 S. (incl. Tit. u. 2 Bll. doppeltes Vorwort). 1 Bl. Verlag d. Firma. — „Die Handlung spielt im Gasthofe einer Provinzialstadt, unfern der Granze"

— die europ. Auswanderer. Dramat. Skizze. Berl. 820. Rücker. 12 gl.

— Europas Auswanderer, eine verwilderte Skizze z. Charakteristik d. verwilderten Zeit, in e. freien Versart, als Gegenstück zu d. deutschen Emigranten. 8. Boston 819. (Berl., Rücker). 12 gl.

— — Europa's Auswanderung, eine verwilderte Skizze zur Charakteristik einer verwilderten Zeit. Boston 1819.
Weller, fing. Dr. — Selten!

v. Schaden, (Jh. Nep.) Ad., der Baier in Griechenland, ein Handbuch f. Alle, welche nach Griechenland zu ziehen gedenken od. dasselbe näher kennen lernen wollen. 2 Bdchn. Mit 1 Kpf. gr. 8. Münch. 832, 33. Jaquet. 1 ₰

Schaden, (Joh. Nep.) Adv. v., der Bayer in Griechenland, e. Handb. f. Alle, welche nach Hellas zu ziehen gedenken, od. dass. in jeder Beziehung näher kennen zu lernen wünschen. Nebst d. Uebertragung bayer.-militär. Kommandowörter u. vieler deutscher Gespräche ins Neugriech., einer Anleit. zur Aussprache ꝛc. 1. u. 2. Bdchn. Mit Titkpfr. (König Otto I. Bildn. u. 1 Ansicht.) 8. (5½ u. 6¼ B.) München 833, Jaquet. à

—— die Belagerung von Leyden. Histor.-romant. Gemälde aus d. letzten Hälfte d. 16. Jahrh. 3 Bde. 8. (33¼ B.) Danzig 834, Gerhard.

—— neueste histor.-topograph.-statist. Beschreibung d. Haupt- u. Residenzstadt München u. deren Umgebungen, f. Fremde u. Einheimische. 2., nach e. neuen Plane gänzlich umgearb., sehr verm. u. verb., dann mit vollständ. Registern verseh. Aufl. Nebst ganz neu aufgenomm., durchaus richtig. Grundrisse (gr. Fol.), u. vielen ebenfalls neuen Kpfrn. gr. 12. (10 B.) München 835, Lindauer.

— —, Neueste humoristisch-topographisch-statistische Beschreibung der Haupt- u. Residenzstadt München und deren Umgebungen. 2. Aufl. Mit 10 Stichen mit 30 Ansichten u. 1 Plan. München 1833. 8⁰. (10 Kr. Gilhofer & Ranschburg, 1909.)
Zuerst gedr. ibid. eod. a. 8⁰. (1 Mk. J. Kitzinger, München, 1908.)

Schaden, (Joh. Nep.) Adv. v., neueste Beschreibung d. Haupt- u. Residenzstadt München u. deren Umgegend. 3., gänzl. umgearb. Aufl. gr. 12. (10 B., 4 Bl. Stahlst. u. 1 Plan.) München 838, Lindauer'sche Buchh. *

—— neueste, topograph.-statist. Beschreibung d. Tegern- u. Schlier-Sees; des Wildbades Kreuth u. dess. Umgebn. 2. Ausg. gr. 8. (7½ B., 1 Kpfrt. u. 1 Karte.) München 838, Lindauer'sche Buchh. *

— neueste topograph.-statist.-humorist. Beschreib. d. Würm- od. Starnberger-Sees, seiner Ufer u. interessanten Umgebungen rc. Nach e. längern Aufenthalte am See hrsgg. Mit 6 Ansichten u. 1 Plan. 8. Münch. 832. Fleischmann. 16 gr

SCHADEN, Das Blumenmädchen, oder seltsame Schicksale und Liebschaften einer reizenden Berlinerin der neuesten Zeit. Berlin, J. W. Schmidts Wittwe u. Sohn, 1821. 8°. 206 S. Stellenweise frei.

— das Blumenmädchen. 8. Berl. 821. (Curths). 20 gr

— — Blutverwandtschaften. Ein Seitenstück zu Goethe's Wahlverwandtschaften. Romantisches Zeitgemälde. Nebst einem *Anhange* Die Pagodenburg vom seligen Berliner *E. T. A. Hoffmann.* München 1831. Verlag von Johann Palm. 8°. VII S., 2 Bll. u. 244 S. (1 Rthl. 3 Sgr.) (7 Mk. 50 Pfg., unbeschn., aber stark gebraucht, Südd. Antiqu., München, 1905; 35 Mk., bis auf wenige Stockfl. schönes, ganz unbeschn. Expl., Max Perl's Berliner Octob.-Auct. 1907.)

Interessante Nachahmung des Goethe'schen Romans. Ueber die „Pagodenburg" bemerkt der Verfasser im Vorwort, dass sein „väterlicher Freund" *E. T. A. Hoffmann* ihm den Stoff dazu einst nach einem lustigen Abend bei Lutter und Wegner auf dem Heimwege mitgeteilt habe, mit der Aufforderung, die Idee gelegentlich zu benutzen. — Goedeke IV. 702. 30b: VIII. 503.98.

— Blutverwandtschaften. Ein Seitenstück zu Göthe's Wahlverwandtschaften. 8. 831. (Leipz., Fr. Fleischer.) 1 1 gr

— kritischer Bocksprung von Dresden nach Prag; ein neues Capriccio als Gegenstück d. Katersprungs. 8. Schneeberg 822, (Leipz., Hartmann.)

— krit. Bocksprung v. Dresden nach Prag; ein neues Capriccio als Gegenstück d. Katersprungs. 8. Schneeberg 822. (Leipz., Lehnhold). 1 ß 8 gr

Schaden, Adolph v. (1791— nach 1840). Kritischer Bockssprung von Dresden nach Prag; ein neues Capriccio, als Gegenstück des Katersprunges. Mit gestoch. Titel u. großer Titelvign. (der zum Sprung aufgerichtete Bock auf einem Felsen am Flussufer, J. J. Wagner fec.). Schneeberg, 1822, im Verlag bei Chr. Fried. Müller. 242 S. Kl. 8°. (6 Mk. Max Jaeckel, Potsdam, c. 1906; 15 Mk. Leo Liepmannssohn, Berlin, 1907.)

VI, 242 S. Pendant zum „Katersprung von Berlin über Leipzig nach Dresden" (über diesen S. 20—28).

— die Brieftaube, oder d. Sturm auf Wittenberg im Jahre 1814. Origin.-Lstspl. in 1 Akt. 8. Leipz. 825. Kollmann. 6 gr

—— 20 Darstellungen d. Residenzstadt München rc., s. Darstellungen.

— die beiden Dorotheen. Origin.-Lstspl. in 2 Abtheill. Mit 1 Musikbeil. 8. Münch. 825. J. Lindauer. 8 gr

— Düster u. Munter, s. Jul. v. Voß.

EMIGRANTEN, Die deutschen. Skizze zur Charakteristik der Zeit (von *Adolf v. Schaden*). Germanien (Rücker in Berlin). 1818. Rar!

Weller, fing. Druckorte.

— die deutschen Emigranten. Skizze z. Charakteristik d. Zeit rc. 8. Berl. 819. Rücker. 10 gr

— Erinnerungen. 1r Bd., enth.: Licht u. Schatten; Tücke des Schicksals. 8. Glogau 822. Heymann. 18 gr — 2r Bd., enth.: Licht u. Schatten. 2r Thl.; der verhängnißvolle Tag in der alten Herzogsburg zu C.....e, od. Treue, Liebe u. Hoffnung. 8. Ebd. 822. Ebd. 18 gr

— — Erzählungen. 2 Thle. Gera, Heinsius, 1831. 8°. (1⅓ Rthl.)

I: Die Vielgeprüfte. — Die unglückliche Verwechslung. — Die sechsjährige Fortuna. — Die gebesserten Galeerensklaven. (Sämmtlich von *Ludw. v. Alvensleben.)*

II: Der Rebell. — Des Schwiegersohnes Prüfung. — Blanche de Tollin. — Der Doppelgänger.

— kurzgefaßte Erzähll. e. Großvaters aus d. baier. Geschichte, als Preisbuch u. Leitfaden beim Elementarunterricht d. vaterl. Jugend. Mit 2 Titelkpf. 2 Bde. gr. 12. Münch. 831. M. Lindauer. 1 ß 4 gr, Jaquet. 20 gr ill. 1 ß

— — Neueste gesammelte Erzählungen. 2 Thle. Leipzig, Focke, 1829. Kl. 8°. (3¼ Rthl.)

I: An die Leserinnen. — Johannes Buckovalles, oder die Räuber im Gebirge. — Die Bekanntschaften aus dem Olymp. — Die Kunst-Ausstellung zu Fiedelwitz.

II: Leiden und Freuden eines armen Geometers. — Triumph der Kunst. — Die Geheimen der Erleburg.

— — Neueste gesammelte Erzählungen. 2 Bände. Danzig, Gerhard, 1834. 8°. (2⅚ Rthl.) (1 Rthl. Fischhaber. Reutlingen, vor 1875; jetzt theurer!)

Einiges pikant. — I: Die Liebe ist blind. — Anna's Hochzeitsfeier oder Oginsky's Polonaise.

II: Die Rache oder das Hamburger Abenteuer (Forts. von „Die Liebe ist blind"). — Die Sensenmänner.

— — Neueste Erzählungen u. Novellen. 4 Bde. (Neue Ausg. Mit 3 Titelkupf.) Augsburg 838. v. Jenisch u. Stage'sche Verlagsh. 8°. (4 Rthl.)

Engelmann II. 1846. S. 267.

SCHADEN, Das Fischermädchen, oder Kreuz- und Querzüge zu Wasser und zu Lande einer B****** rinn (Berlinerin). Romantisches Gemälde. Berlin, Petri, 1822. 8°. (1 Mk. Heinr. Lesser, Breslau, c. 1875.)

Zahmen Inhalts. 215 S. (incl. Tit. u. 1 Bl. Vorr.).

—— die Franzosen in Algier u. d. Pariser Revolution im J. 1830. Histor.-romant. Orig.-Gemälde. Mit Titkpfr. 8. (15 B.) München 831, [Jaquet.]

—— die histor. Fresken unt. den Arkaden d. Hofgartens zu München, erläut. Nebst d. 16 Abbild. d. geschichtl. Fresken. gr. 12. (1 B.) München 832, Lindauer.

— die neuen landschaftl. Fresken unter d. Arkaden d. Hofgartens zu München. In artist. Beziehung gewürdiget, dann mit histor., geograph., statist. u. a. Notizen versehen. gr. 8. Münch. 832. J. Lindauer. 4 gr

— — Feindliche Freunde, und freundliche Feinde. Roman. Mit e. Vorwort von Julius v. Voß. Berlin, Petri, 1820. 8°. (1⅙ Rthl.)

Theilweise freien Inhalts. — Fehlt Kayser im Roman-Verz. von 1827.

— Freundschaft, Edelmuth u. Liebe. gr. 12. Glogau 822. Heymann. 16 gr

— — Meister Fuchs; oder humoristischer Spatziergang (!) von Prag über Wien u. Linz nach Passau. Allerneuestes Capriccio, als drittes Tableau in die Gallerie der Kater- u. Bocksprünge. Mit Titelvignette in Kpfrst. (Fuchs den Gänsen predigend). Dessau, o. J. (1822). 8°. (1⅔ Rthl.) (3 Mk. 50 Pfg. Frdr. Klüber, c. 1905; 7 Mk. 50 Pfg., eleg. Lwdbd., Jos. Baer & Co., 1895:)

Giebt ein interessantes Bild der Culturverhältnisse in Deutschland und Oesterreich zu Anfang des Jahrhunderts.

SCHADEN, Adolph v., Meister Fuchs, oder humoristischer Spaziergang von Prag über Wien und Linz nach Passau. Allerneuestes Cappriccio, als drittes Tableau in der Gallerie der Kater- und Bocksprünge. Mit satyr. Titelvignette. Dessau, o. J. (Leipzig, Hartmann, 1823). 8⁰. (1⅔ Rthl.) (6 Kr. Josef Grünfeld, Wien, 1909.)

Kayser V. 1835. p. 52; Haydinger's Bibl. I. 2. no. 317.

Schaden, Adolph v., Gedenkbuchlein an dem Maximiliansstag (12. October 1839), oder: Genaue Beschreibung u. Entstehungsgeschichte der Reiterstatue Maximilians I., auf dem Wittelsbacher Platze zu Munchen, nebst einer kurzgefassten Biographie dieses Kurfursten. Mit Titelbild. Munchen, J. Deschler, 1839. Kl. 8⁰. 24 S. Cart.

—— Geschichte v. Bayern, s. a. Cabinets-Bibliothek d. Geschichte, II. Abthl. 1. Bd.

— Geschichte v. Baiern, fortgesetzt v. Dr. M. Fritzsch. 1s u. 2e Bdchn. 12. Gotha 830, 31. Flinzer. 8 gl. (A. u. d. T.: Kabinetsbibliothek d. Geschichte. 2e Abtheil.)

Schaden, Adolph v. (1791—1840), Geschichte der Erbauung, Vollendung, Ausschmückung u. Einweihung der *neuen Pfarrkirche* in der Vorstadt Au (am 25. Aug. 1839), nebst e. histor. Abrisse u. vielen interess. statist., topogr., biogr. u. anderen Notizen, Festgesängen etc. etc. (Wappen.) Verlags-Eigenthum der J. Deschler'schen Buchdr. (1839). 8⁰. Blau Hsrs.

Titel (mit Gold u. Schwarzdruck), 112 u. 47 S. Mit Titelbild der Kirche (in qu.-Fol., Steindr. von J. B. Dilger).

Schaden, A. v., der Gröditzberg. Erzählungen aus der ersten Hälfte des 17. Jahrhunderts. Nach alten Urkunden bearb. gr. 16. (125 S.) Waldenburg 849, Kühn.

—— nouveau guide des étrangers dans Munich et ses environs. gr. in-12. (4 B. u. 1 Plan.) Munich 835, Lindauer.

—— Handbuch f. alle Stände, od. Abrisse d. Natur-, Welt- u. Göttergeschichte, dann d. Geographie, Statistik u. Technologie. N. d. besten Quellen d. In- u. Auslandes, im Vereine m. mehr. Gelehrten bearb. 2 Bde. gr. 8. (35½ B. u. 8 Ansichten.) München 837, Lindauer'sche Buchh.

— vollstand. Handbuch für Reisende durch die gesammte Schweiz, oder: Rhatiens u. Helvetiens 22 Kantone. Nach den neuesten Ansichten u. besten Quellen historisch, statistisch, topo- u. ethnographisch bearbeitet. Mit 14 Kpfrstichen, 1 Karte u. Register. gr. 8. Munchen 834, Lindauer. n. 2⅔ Rthlr. (Die Karte ist einzeln fur n. 1 Rthlr. – auf Leinwand n. 1⅓ Rthlr. zu haben.)

§ **SCHADEN**, Adolf v., Jäckele u. Jakobine; oder: Die Reise nach München zur Eröffnung des neuerbauten Hof- u. National-Theaters. Humorist.-romant. Original-Gemalde. Augsburg 1826. 8⁰. (In München: P. o. germ. 1826.) (2 Mk. W. H. Kühl, Berlin, c. 1883; jetzt höher.)

324 SS. mit hubschem figurenreich. TKpf.

— Jäckele u. Jakobine; oder: Die Reise nach München, zur Eröffnung des neuerbauten Hof- u. National-Theaters; humorist.-romant. Original-Gemälde. Mit 1 Kpf. 8. Augsb. 826. v. Jenisch u. St. 1 Rthlr. 12 gl.

— die spanische Johanna. Ein Orig.-Roman, als Gegenstück zum deutschen Don Juan. 8. Berlin 820. (A. Forstner.) 1⅓ Rthlr.

—— Die Spanische Johanna. Ein Original-Roman, als Gegenstück zum deutschen Don Juan. Berlin, 1820. In der Schüppelschen Buchhandlung. XIV, 1 Bl. u. 311 S. 8⁰. (1⅓ Rthl.) (In Berlin, Magistratsbibl.) (3 Mk. Heinr. Lesser, Breslau, 1875; jetzt höher.)

— der deutsche Don Juan. Ein Original-Roman. 8. Berlin 820. (A. Forstner.) 1⅓ Rthlr.

* —— Der deutsche Don Juan. Original-Roman. Berlin, 1820. In der Schüppelschen Buchhandlung. 8⁰. X u. 405 S. (1⅓ Rthl.) (In Berlin, Magistratsbibl.) (3 Mk. Heinr. Lesser, Breslau, 1875.)

Schaden, (Joh. Nep.) Ado. v., Jussuph-Pascha, od. Geschichte der an sein. vermeintl. Todestage erfolgten Flucht Napoleon's aus Sanct Helena, dann der geheim. Aufnahme d. Ex-Kaisers am constantinop. Hofe, sein. Glaubensübertrittes u. fernern höchst merkwürd. u. seltsam. Schicksale zu Wasser u. zu Lande. Nebst charakterist. Anekdoten aus d. Geschichte d. gegenwärt. Kampfes Rußlands mit d. Pforte, u. wichtig. Weissagungen Napoleons. Romant. Orig.-Gemälde. 3 Bde. gr. 12. (50 B.) Stuttgart 829, [Brodhag.] Thlr.

SCHADEN, Adolph v. (1791—1840), Katersprung von Berlin über Leipzig nach Dresden. Mit curioser Titelvign. (Ansicht von Dresden, in der Luft ein die Geissel schwingender Schalksnarr, auf einem Kater reitend). Dessau, gedr. u. im Verlag bei G. Schlieber, Leipzig, in Commiss. bei Christian Ernst Kollmann. 1821. 8⁰. (1 Rthl.)

1 Bl., 204 S., 1 Bl. Druckf. — S. 49ff.: Dresden (u. a.: August's II. Bild- u. Pferdesaule; Carlo Chiappone (renommirter Traiteur); Bucklige u. Kropfige; Damen; Venus vulgivaga (S. 97—99); der Silberwagen (von Freiberg alle 14 Tage). Dresdener Carlsbad; Linke's Bad, Racknitz; Weinberge; der Mordgrund, eine alte Dresdener Volkssage (S. 127—157); Theater (S. 161—178); Fiacres, Gondelfahrer etc. — S. 201—3: „Entwurf (satyr.) einer Rezension über den Katersprung. Dem gestrengen u. hochedeln Hofrath B. (öttiger) als archaolog. Faßbinder et Cie. in tiefster Ehrfurcht zu beliebigem Gebrauch überreicht." (Selbstironie d. Vf.)

— der letzte König von Polen. Geschichtl. Erzählung. 8. (310 S.) Berlin 847, A. v. Schröter (jetzt: Gury). 1½ Rthlr.

—— Der schwäbische Landjunker in Bavariens Haupt- und Residenzstadt. Humoristisch-romantisches Original-Sitten-Gemälde unserer Zeit. Augsburg u. Leipzig, v. Jenisch u. Stage'sche Verlagsh., 1830. 8⁰.

—— Dasselbe. Neue Auflage. Mit Titelkpfr. Ibid. eod. a. 8⁰. (1½ Rthl.)

Engelmann II. 1846. S. 267. — Bereits ziemlich rar.

—— Lebensbilder. Humorist.-satyr. Gemalde unserer Zeit. 2 Thle. Bunzlau, Appun, 1838. Kl. 8⁰. (1¾ Rthl.)

Engelmann II. 1846. p. 267.

— Lebensgemälde üppiger gekrönter Frauen, s. Jul. v. Voß.

v. Schaden, (A.,) Berlins Licht- u. Schattenseiten, nach einem mehrjährigen Aufenthalte an Ort u. Stelle skizirt. Mit 1 Titelplan. 8. Dessau 822, (Leipz., Hartmann.)

— Berlins Licht- u. Schattenseiten, nach einem mehrjähr. Aufenthalte an Ort u. Stelle skizzirt. Mit 1 Titelvign. 8. Dessau 822. (Leipz., Lehnhold). 21 gl.

SCHADEN, Adolf v. (1791—1840), Berlins Licht und Schattenseiten. Nach einem mehrjährigen Aufenthalte an Ort und Stelle skizzirt. Mit Titelvign. (Schauspielhaus). Dessau, im Verlag bei C. Schlieder, 1822. 159 S. 8⁰. (In Berlin: Magistratsbibl., u. in d. Bibl. d. Vereins f. d. Geschichte Berlins.) (10 Mk. Max Jaeckel, Potsdam, 1906; 12 Mk. 50 Pfg. Leo Liepmannssohn, Berlin, 1907.)

—— Des Postmeisters Hempel Liebes- und gastronomische Leiden. Schwank. Waldenburg, Kühnsche Buchh., o. J. (c. 1830?). 8⁰.

Goedeke IV, 657, 66a, unter Werther-Litt. — Rar!

— des Postmeisters Himpel Liebes- u. gastronomische Leiden u. Freuden. Schwank. gr. 16. (88 S. m. 1 Stahlst.) Waldenburg 849, Kühn. 6 ngl.

——, Don Miguel, d. furchtbare Kronenräuber; od.: das polit. Opferfest. Romant. Orig.-Blutgemälde neuester Zeit. 3 Bde. 8. (34 B. u. Don Miguel's Bildn.) Stuttgart 830, Brodhag.

Schaden, (Joh. Nep.) Ado. v., artistisches München im Jahre 1835; od.: Verzeichniß gegenwärtig in Bayerns Hauptstadt lebender Architekten, Bildhauer, Tondichter, Maler, Kupferstecher, Lithographen, Mechaniker ꝛc. gr. 8. (12½ B.) München 835, (Königl. Hofbuchh.) Thlr. *

—, *artistisches München im Jahre 1835;* oder: Verzeichniss gegenwärtig in Bayerns Hauptstadt lebender Architekten, Bildhauer, Tondichter, Maler, Kupferstecher, Lithographen, Mechaniker etc. Aus den von ihnen selbst entworfenen od. revidirten Artikeln zusammengestellt .... München (A. Weber in Commiss.), 1836. Gedr. bei J. G. Fleischmann .... 8⁰. Saub. Ppb. Tit. beschr.
XII–188 S.

Schaden, Adolph v. (1791—1840), *gelehrtes München im J. 1834,* oder: Verzeichniss mehrerer zur Zeit in Bayerns Hauptstadt lebenden Schriftsteller u. ihrer Werke. Aus denen von ihnen selbst entworf. od. revidirten Artikeln .... hrsg. von —. München 1834. Druck von Joseph Rösl. Gr. 8⁰. Ppb.
1 Bl., IV–174 S., 1 Bl. Err. — S. 100—104 Verzeichniss d. zahlr. Schriften Schaden's selbst.

— gelehrtes München im Jahre 1834; oder: Verzeichniß mehrerer zur Zeit in Bayerns Hauptstadt lebenden Schriftsteller und ihrer Werke. Aus den von ihnen selbst entworfenen od. revidirten Artikeln zusammengestellt u. herausgeg. gr. 8. München 834. (Weber.) n. 1 ℛ

—— München wie es trinkt u. ißt, wie es lacht u. küßt. 1. Hft. 8. (2 B. u. 1 Kpfr.) München 835, Franz.
2. Hft., s. Bruckbräu, F. W.

— die geheimnißvolle Nacht in d. alten Königsburg zu B******; der Jäger, die Zweiflerin, drei kleine Originalromane. Neue Ausg. 8. Leipz. 823, Kollmann.

— – Die verhängnißvolle Nacht in der alten Königsburg zu B*****. Der Jäger. Die Zweiflerin. Drei kleine Originalromane. Leipzig, Kollmann, 1823. 8⁰. 264 S.

— — Dasselbe. Neue Auflage. Ebd. 8⁰.
Kayser, Roman-Verz. p. 109, ohne Jahrsangabe.

— (u. H. v. Waldenroth,) Original-Fresko-Schwänke. 8. Leipz. 822, Hartmann.

—u. Herm. v. Waldenroth, Original-Fresko-Schwänke. 8. Lpz. 823. Lehnhold. 1 ℛ 8 gr.

—— geograph.-statist.-comparat. Original-Tableau d. gesammt. europ. Staaten. Nach e. eigenthüml. Plane, den neuesten Veränderungen u. zuverlässigst. Quellen, insbesond. f. Lehrer, Studierende, Reisende ꝛc. entworfen. Nebst e. besond. kurzgefaßten Beschreib. Europas u. Erläuterung d. Verhältnisse d. deutschen Bundes ꝛc. ꝛc. qu. 8. (6¼ B.) München 834, Lindauer.

—— geograph.-statist.-comparat. Orig.-Tableau d. gesammten europä. Staaten. (Wohlf. Ausg.) qu. 8. (6¾ B.) München 836, Lindauer'sche Buchh.

— — Phantasiestücke und Schwänke in des sammetnen und drolligen Breughels Manier. Leipzig 1825, bei Christian Ernst Kollmann. Kl. 8⁰. VII, 244 S. (3 Mk. Taussig, Prag, 1907; 6 Mk. Leo Liepmannssohn, Berlin, 1907; 15 Mk. Oskar Rauthe, Friedenau-Berlin, 1908.)
Parodistisches Gegenstück zu Hoffmann's Phantasiestücken in Callots Manier. In der Vorrede deutet der Autor an: „Ein und derselbe Genius begeistert den Sänger und den Maler; in derselben Art muss dieser mit jenem arbeiten ..... und darum erkannten wir auch so gern in dem Verfasser der Phantasiestücke in Ballots (!) Manier den genialen Maler Jakob in der That wieder." Die Novellen und Schwänke, sehr abenteuerlichen Inhalts, sind: Die stille Musik oder der Gasthof bei Dresden. — Leiden und Freuden der Eichkronischen Familie oder: Jeder Topf findet seinen Deckel. — Die Querteufels. Humoristisches Phantasiestück. — Die Brieftaube oder: Der Sturm auf Wittenberg im Jahr 1814.

— neuestes Post- u. Reisebuch, oder: Zuverlässiger Geleitsmann auf der großen Tour durch sämmtl. deutsche Länder, nach Mailand, Venedig, Amsterdam, Paris, London, Warschau, St. Petersburg ꝛc. ꝛc. Nebst Aufführung der vorzügl. Badeörter, auch Notizen üb. Schweizer- u. Harzreisen u. Beschreibungen d. Donau- u. Rheinfahrt. Mit Karte u. vollständ. Registern. gr. 8. München 835. Lindauer. geb. in Futteral 2⅔ ℛ — fein Pap. 3⅓ ℛ (Die Karte ist auch einzeln, auf Leinwand gezogen, für 1⅓ ℛ zu haben.)

— neue Reisebilder in H. Heine's Manier. Aufgenommen im baier. Hochlande. A. u. d. T.: Neueste topograph.-statist.-humorist. Beschreib. d. Tegern- u. Schlier-Sees; d. Schlosses zu Tegernsee; d. Wildbades Kreuth; der großen u. merkwürd. Schleuße, genannt „Kaiserklause," dann mehrerer der interessant. Wasserfälle, Gegenden u. dergl. im baier. Hochlande. Nach längerm Verweilen an d. Ufern d. Tegern- u. Schlier-Sees herausgg. Mit 1 Kärtchen, 17 maler. Ansichten (sauber gestoch., in gr. 4. u. auf Leinwand) u. d. Grundrisse d. merkwürd. Ruinen v. Hohenwaldeck am Schlier-See. (lithogr.) gr. 8. Münch. 832. J. Lindauer. 20 gr.

——, Mart. Luthers geheimnißvolle Reisen v. Augsburg in's Augustiner-Kloster nach Mindelheim im J. 1518. Histor. Orig.-Novelle nach authent. Quellen bearb. gr. 12. (8⅔ B.) Stuttgart 830, Brodhag.

—— sentiment. u. humorist. Rückblicke auf mein viel bewegtes Leben. 8. (14¾ B.) Leipzig 838, (Engelmann.)

— — Sentimentale und humoristische Rückblicke auf mein vielbewegtes Leben. Leipzig (o. Adresse). (München, Lindauer.) 1838. 8⁰. (1 Rthl.) (2 Mk. Julius Neumann, Magdeb., 1906.)

— — Die moderne Sappho, ein musikalisch-dramatisches Durcheinander ohne Sinn und ohne Verstand, bestehend aus 2 Akten u. e. monodramat. Finale. Mit 1 grossen satyrischen kolorierten Kupfer von den Gebr. Henschel. Leipzig 1819. 8⁰. (3 Mk. Baer & Co., 1894: 30 Mk. (!), unbeschn., Gust. Fock, Lpz., 1905.)

— die moderne Sappho. gr. 8. Berl. 819. Petri. 1 ℛ

— F. Schill, oder die Bestürmung Stralsunds. gr. 8. Berl. 818. Krause. 10 gr.

v. Schaden, Ad., Schill oder die Bestürmung Stralsund's. Ein Gedicht in 2 Acten. In einer freien Versart u. in dramatischer Form bearb. Mit Schill's wohlgetroffenem Bildn. gr. 8. 818. Halle, Gelditz'sche Buchh. ⅔ ℛ

Schaden, A. v., Schneeglöckchen. Taschenbuch zur Aufheiterung in düstren Stunden f. das J. 1844. 16. (15 B.) Glogau 843, (Wagner.) Thlr. *

—— dass. 2. Jahrg. 1845. 8. (18⅜ B., 1 Ttlkpfr. u. Ttl. in Farbendr.) Breslau, Kühn'sche Vrlgsh. *

— — Skizzen in der Manier des seligen A. G. Meissner. 1. Sammlung. Mit des Verfass. Bildnis. Augsburg u. Leipzig 1827. 8⁰. (1⅔ Rthl.) (2 Mk. 50 Pfg. Isaak St. Goar, Frf. a. M., 1909.)
Die Familiengruft des Grafen v. Tr. . . t . . lf . . gen. — Das Henkermahl; oder das Mädchen aus der Fremde. — Der falsche Thaler. — Die verkehrte Welt, oder der Herr als Diener und der Diener als Herr. — Kleines und größeres Dessert.

—— Skizzen in d. Manier d. sel. A. G. Meißner. 2—4. (letzt.) Samml. Jede m. 1 Kpfr. 8. (24½, 24 u. 24 B.) Augsburg 828, v. Jenisch u. Stage'sche Vrls.-Buchh. à
3. Samml., nebst d. Lebens- u. Bildungs-Gesch. d. Wiedererfinders d. Glasmalerkunst, M. S. Frank. — 4. Samml., nebst literar. Nachlasse d. Dr. W. Hauff.

— — Skizzen in der Manier des seligen Meißners, nebst der Lebens- und Bildungsgeschichte des Wiederherstellers der Glasmalerkunst, M. S. Frank. 3 Bde. Mit 3 Titelkpfrn. nach Rottmann. Ebd. 1829. 8⁰. (à 1⅔ Rthl.) (6 Mk., mit nur 2 Kpfrn., Taussig, 1907.)
1) der beschwerliche Gast. 2) das Examen des Kadeten. 3) die Hungerkur. 4) die Wunderdose. 5) Größeres und kleineres Desert. — Bd. 3 enth. auch den literar. Nachlaß von Dr. W. Hauff.

§ — — Der Stammbaum in der Klemme; oder: Mehrere Mal Hinein — mehrere Mal Heraus — endlich Garaus — und dennoch ein Hochzeitschmauß. Original-Ritter- und Geistergeschichte der neuesten Zeit. Mit 1 Kpfr. Augsburg u. Leipzig 1827. 8⁰. (In München: P. o. germ. 1251 l.) XII, 332 S. (3 Mk., feuchtfl., Taussig, 1907; 6 Mk. 50 Pfg. Jos. Jolowicz, Posen, 1908.)

Samielas kurze Geschichte. — Des Helden Fata im modernen Babylon. — Max Piccolomini u. Thekla in Hirschau etc.

— der Stammbaum in der Klemme; oder: Mehrere Mal hinein — mehrere Mal heraus — endlich Garaus — u. dennoch ein Hochzeitschmauß. Original-, Ritter- u. Geistergeschichte der neuesten Zeit. Mit 1 Kpf. 8. Augsb. 827. v. Jenisch u. St. 1 ʄ 15 Ngr

— — Sünde und Buße, eine abentheuerliche Geschichte. 2 Bdchn. Berlin, Petri, 1821. 8⁰. (4 Mk. Kühl. Berlin, c. 1882.)

Nur Theil 1 (4 Bl. u. 206 S.) ist erotisch.

—— histor.-romant. Taschenbuch, s. Taschenbuch.

— neuestes Taschenbuch für Reisende durch Bayerns u. Tyrols Hochlande, dann durch Berchtesgadens u. Salzburgs romant. Gefilde, nebst ausführl. Beschreibung der Gastuna (Gasteins) u. des Salzkammerguts; als Fortsetzung seiner Beschreibung des Tegern- u. Schlier-Sees ꝛc. Mit 1 Karte u. 25 Ansichten. A. u. d. T.: Humoristischer Rösselsprung von München nach Partenkirchen, Innsbruck, auf den Ober-Sulzbacher-Venediger, und von dort über Reichenhall nach Salzburg ins Bad Gastein, u. endlich nach der Oesterreich. Schweiz. Mit 1 Tab. gr. 8. München 833. Jos. Lindauer. geb. in Futteral n. 1½ ʄ — 2e umgearb. Aufl. Mit 2 Karten (wovon die eine mit 18 Ansichten umgeben ist), 2 neuen Stahlstichen u. 27 maler. Ansichten, u. 1 Tabelle. gr. 8. Ebd. 836. n. 1⅔ ʄ

—— Taschenbuch f. Reisende durch Bayerns u. Tyrols Hochlande, dann durch Berchtesgaden u. Salzburgs Gefilde, nebst Beschreibn. Hohenschwangaus, Gasteins, d. Salzkammergutes u. Bodensees. 2., umgearb. Aufl. gr. 8. (17 B., 2 Kart., 2 Stahlst., 27 Ansichten u. 1 Tab.) München 836, Lindauer'sche Buchh.

— topograph.-statist. Taschenbuch für Fremde u. Einheimische; od.: neueste kurzgefaßte Beschreib. d. Haupt- u. Residenzstadt München, ihrer Merkwürdigkeiten u. Umgebungen. Mit 5 Ansichten u. 1 Plan. Wohlf. Ausg. gr. 12. Münch. 825. J. Lindauer). 1 ʄ

— unentbehrl. Taschenbuch f. Fremde, oder: neueste Beschreib. d. Stadt Dresden u. ihrer Merkwürdigkeiten ꝛc. 12. Dresd. 821. (Gh. F. Grimmer). 10 gr Hbg. Pr. 4 gr

— unentbehrl. Taschenbuch für Fremde, oder: neueste Beschreibung d. Stadt Dresden u. ihrer Merkwürdigkeiten ꝛc. 12. Dresden 821, Hilscher.

— — Theodora, die Leipziger Jungemagd; ein historisch-romantisches Originalgemälde hellenischen Hochsinnes und türkischer Barbarei, aus der ersten Epoche der gegenwärtigen Insurrection auf Morea. 2 Bde. Mit 2 Portr. (gestoch. von Rosmäsler). Leipzig, 1822. Bei Christian Ernst Kollmann. 12⁰. (4 Mk. Leo Liepmannssohn, Berlin, 1907.)

— Theodor Körner's Tod, oder d. Gefecht bei Gadebusch. Berl. 817. 2e A. 821. (Curths). 9 gr bei Petri 12 gr

— Mozart's Tod. Ein Origin.-Trspl. in 3 Aufz. Mit 1 Kpf. 8. Augsb. 825. v. Jenisch u. St. 16 gr

— — Rochus Pumpernickels Tod oder Cadiz Fall im Jahre 1823. Tragikomischer Roman. 2 Bde. Leipzig, bei Christian Ernst Kollmann. 1824. Kl. 8⁰. (1⅓ Rthl.) VIII 170 u. 183 S. (7 Mk. 50 Pfg. Leo Liepmannssohn, Berlin, 1907; 2 Mk. 50 Pfg. Taussig, Prag, 1907.)

— — Des Mainotenfürsten Tertullian Sarvathy und des deutschen Freyherrn von Maltitz Waffenthaten im heiligen Freiheitskampfe der Hellenen, dann deren anderweitige seltsame Abentheuer und Schicksale zu Wasser und zu Lande; nebst Grundzügen eines neuen tactisch-strategischen Triangelsystems. Romantisches Original-Nachstück. 2 Bde. Mit Arabella's Portr. Leipzig, Kollmann, 1824. 8⁰.

1: 5 Bll., 242 S. 2: (lag nicht vor). — Selten!

— — Graf Wallersee, der unwissend Vermählte. Humoristische Schauergeschichte. Gera, Heinsius, 1830. 8⁰. (1⅓ Rthl.)

Engelmann II. 1846. S. 268.

—— neuester Wegweiser durch d. Haupt- u. Residenzstadt München u. deren Umgebungen. 1. Aufl. 12. (4 B., 21 Ansicht. u. 1 Plan.) 835. ⅔ Thlr., 2., verm. u. verb. Aufl. gr. 12. (4½ B., 4 Stahlst. u. 1 Plan.) München 838, Lindauer'sche Buchh.

—— 10370 od. das große Loos. Humorist. Novelle. 8. (15 B.) Gera 838, [Leipzig, Berger's Buchh.]

— — 10370 oder das große Loos. Humorist. Novelle. Gera, Heinsius, 1838. 8⁰. (1⅔ Rthl.) (l. c.)

—— der Zeitgeist. Humorist. Erzähl. 8. (14½ B.) Gera 828, Heinsius.

Schaden, Carl von, s. Schaden, Karl von

v. Schaden, Emil Aug., Antwort auf den Angriff eines Hrn. E. Apelt in der Jen. Literat.-Zeit. Lex.-8. Erlangen 843, Enke. ⅛ ʄ

Schaden, Emil Aug. v., üb. d. Begriff der Kirche u. seine prakt. Folgerungen. Geflügelte Worte e. Laien an Theologie studier. Jünglinge, die Hoffnung kirchl. Zukunft. gr. 8. (5 B.) Erlangen 811, Palm u. Enke.

v. Schaden, Emil Aug., († d. 13. Juli 1852), über den Gegensatz d. theistischen u. pantheistischen Standpunktes. Ein Sendschreiben an Hrn. Dr. Ludw. Feuerbach. gr. 8. (240 S.) Erlangen 849, Bläsing. n. 1 ʄ

—— über die Hauptfrage der Psychologie für die Gegenwart. Programm zum Eintritt in den akadem. Senat der königl. Friedrich-Alexanders-Universität Erlangen. gr. 8. (49 S.) Erlangen 849, Bläsing.

Schaden, E. A. v., De origine artis. Diss. 1838. 44 S.

—— üb. d. natürl. Princip d. Sprache. gr. 8. (17½ B.) Nürnberg 838, [Geiger.]

v. Schaden, Emil Aug., über das natürliche Princip der Sprache. gr. 8. Nürnberg 838. Stein. 1½ ʄ

—— System d. posit. Logik. gr. 8. (21¾ B.) Erlangen 841, Palm u. Enke.

— Theodicee. Eine Reihe v. Dialogen. 1. Bd. A. u. d. T.: Orion, oder über den Bau des Himmels. gr. 8. Carlsruhe u. Freiburg 842, Herder. 1⅝ ʄ

—— Vorlesungen über akademisches Leben u. Studium. gr. 8. (30¼ B.) Marburg 845, Elwert'sche Universitäts-Buchh.

v. Schaden, Fr., († im Dec. 1783.) s. Reate Epistel an A. Kaufmann.

SCHADEN, Franz Henning: Entwurff und Beschreibung von der Papiermacherey, worinnen der Ursprung des Papiermachens, der Fortgang, wie heutiges Tages das Papier gemachet wird, wie solches viele Mühe und Arbeit hat, benebst denen bey den Papiermachern befindlichen Wörtern, denen kayserlichen Verordnungen und andern dahin einschlagenden Dingen. - Erfurth 1740. - Neudr. Mainz 1962. 33 Bl., m. Abb. Beigedr.: Becker, Johann Michael: Anhang oder alphabetischer Zeiger dererjenigen unterschiedlich gebräuchlichen Nahmen und Wörter, so die Papiermacher sich bedienen, und wie sie ein jegliches Ding in denen Papier-Mühlen heißen.

Schaden, Franz Michael v. (Hrsg.), s. A b d r u c k der Beylagen [Beilagen] welche . . . unter d. Tit.: Sublimis statuum S.R.G. Imperii advocatia. . . herausgekommenen Deduction angezogen u. benutzt worden.

Schaden, Friedr. von: **Nöthige Verwahrung, von einem Particulier ans Publicum. [Unterz.:] Friedrich v. Schaden. [Dat.:] Regensburg den 21. Dec. 1782. 1 Bl. 8°. [Kopftit.]**
Äusserst selten.
Flugblatt, in dem Verf. mitteilt, dass er zwar Subscribenten für Torrubias Schrift „Schildwache gegen die Freymaurer" gesammelt habe, dass er aber keineswegs mit dem Inhalte dieser Schrift einverstanden sei.

Schaden, Johann Caspar. Bedenke Berlin! Das ist des Herrn Jesu dreifaches Zeugniß über Jerusalem u. s. w. Nach der Originalausgabe von 1696. Berlin 1846. 80 S. 8.

Schaden's Joh. Casp., auserlesene Predigten auf die Buß-, Passions- und Osterzeit, zur Förderung häusl. Andacht in den evangelischen Gemeinden und zur Wiederbelebung der Sontagsfeier in den Familien in Stadt und Land, von Neuem bearb. und ans Licht gestellt von Joh. Nic. Reuter. gr. 8. (59 S.) Nürnberg 853, Raw'sche Buchh.

Schaden, Karl von

von Schaden, Karl: Mittheilungen über die topographischen Arbeiten der Königlichen Preussischen Armee. Heft 1. 2. Posen 1826. 2 Bde. 9 Tl.; 9 Tf. 8°

Schäden, die, unserer reitenden Artillerie und deren Beseitigung, insbesondere im Hinblick auf ihre Verwendg. bei den selbständ. Kavallerie-Divisionen. gr. 8. (31 S.) Hannover 888. Helwing's Verl. n. 1. —

Schäden an Dampfkesseln. I. u. II. Hft. hoch 4. Wien (Lehmann & Wentzel). n. 12. —
I. Schäden an Lokomotiv- u. Lokomobilkesseln. Hrsg. v. österreich. Ingenieur- u. Architekten-Vereine. (IV, 47 S. m. Fig.) 891. n. 2. 40
II. Schäden an Stabilkesseln. Hrsg. v. österreich. Ingenieur- u. Architekten-Vereine. (V, 49 S. m. Fig. u. 13 Taf.) 896. n. 9. 60

Schäden, die, der Organisation der preussischen Artillerie u. Gedanken üb. deren Reorganisation v. e. Artilleristen. 1. u. 2., durch e. Vorrede verm. Aufl. gr. 8. (XII, 54 S.) Berlin 871. Luckhardt. n. 1. 20

Schäden der Rübenbesteuerung und damit verknüpfte Steuerausfälle. 2 Thle. 8°. s. l. 1881.

Schäden, die, der Zeit. (1. Bd.) Unsere Schulmeister. gr. 8. (36 Bl. u. S.) Leipzig 892. G. Körner. n. 1. 50

Schadenberg, A., Album v. Philippinen-Typen, } s.: Meyer, A. B.

Schadenberg, A., Beiträge zur Ethnographie v. Nord-Luzon [Filipinen]. [Aus: „Mittheilgn. d. anthropolog. Gesellsch. in Wien".] gr. 4. (7 S. m. 3 Textillustr. u. 1 Lichtdr.-Taf.) Wien 888. (Hölder.) n. 1. 60

Schadenberg, A., d. Mangianenschrift v. Mindoro, s.: Meyer, A. B.

— die Philippinen, s. Meyer, A. B.

Schadenberg, Kurt, Referendar: Der Art. 31 der Verfassung des Deutschen Reichs auf rechtsgeschichtlicher Grundlage. Borna-Leipzig 1909: Noske. 54 S. 8°
Heidelberg, Jur. Diss. v. 11. Jan. 1909, Ref. Jellinek
[Geb. 27. Febr. 84 Berlin; Wohnort: Oranienburg; Staatsangeh.: Preußen; Vorbildung: Friedrichs-Werdersche Oberrealsch. Berlin Reife O. 02; Studium: Berlin 7 S.; Rig. 15. Dez. 08.] [U 09. 1890

Schadenersatz, üb. d., besonders in Kriegszeiten. 8. Altenb. Schnuphase. 807.

Ueber Schadenfeuer und Feuerlöschen. Leitfaden für große und kleine Gemeinden. Von einem Feuerwehrmanne. Prag, 1857. Druck, Papier und Verlag von Karl Bellmann. Leipzig. Adolf Wienbrack. Wien. Jakob Dirnböck. (115 S. 8.)

Schadenfreude, Die. Ein kleines Lustspiel mit Liederchen. Leipzig 1777. Frankfurt a. M. [1782—83]. V: *Weisse, Christian Felix.* (GGr)

Schadenfreude, die, . Lstsp. 8. Lpz. Crusius. 777.

Schadenfreude, die; Lstspl. 8. Leipz. 777. (W. Vogel). 2 ℊ

Schader, Friedrich

Schader, F. Leitfaden f. den Rechenunterricht in den drei untersten Klassen höherer Lehranstalten nebst Aufgabensammlung. [Nach neuer Methode.] 1. Tl. Leitfaden. gr. 8. (70 S.) Hamb. 891, [Fritzsche]. Selbstverlag. * 1 —; geb. ** 1 30

Schader, Friedr. Mathematische Miscellen. S. 129—136. I. Über das Fermat'sche Princip. II. Über das Minimum der Ablenkung beim Prisma. Progr. Wi. G. **Hamburg* 1885.

Schader, F.: Ueber das P o t e n t i a l einer Kreisfläche, wenn die Anziehung der 9. Potenz der Entfernung umgekehrt proportional ist. 1875. 8°
Diss. Jena

Schader, Fr. Über den Rechenunterricht an höheren Schulen. Entwurf eines methodischen Leitfadens. Erster Abschnitt. 32 S. Progr. Wi. G. *Hamburg* 1884.

Schader, Frdr., üb. den Rechenunterricht an höheren Schulen. [Entwurf e. method. Leitfadens. 1. Abschnitt.] gr. 4. (32 S.) Hamburg 884. (Nolte.) n.n. 1. 25

Schader, Karl, Referendar in Hamburg: Die Besitzstörung als eine Voraussetzung des gerichtlichen Besitzschutzes im Römischen, Gemeinen und Bürgerlichen Rechte. *Borna-Leipzig 1902: R. Noske.* (XII, 74 S.) 8° [F.]
Leipzig, Jur. Diss. v. 1902

Schader, Otto, Referendar: Das dingliche Vorkaufsrecht nach B.G.B. Jena 1906: J. Beck in Kahla. (V, 41 S.) 8° [F.]
Jena, Jur. Fak., Ref. Danz, Diss. v. 18. Sept. 1906
[Geb. 16. Nov. 79 Weißenfels; Wohnort: Weißenfels; Staatsangeh.: Preußen; Vorbildung: Gymn. Jena Reife O. 01; Studium: Jena 5, Göttingen 1, Jena 2 S.; Rig. 23. März 06.]

Schaeder, Erich, unsere Aufgaben im Blick auf die drohende Krisis in unserer Kirche, s.: Kirchlich-Positiv. 15. Heft.

Schaeder, Erich (August Christian Theodor) [cand. theol.]: Die Bedeutung des lebendigen Christus für die Rechtfertigung nach Paulus. . . Gütersloh, Druck v. C. Bertelsmann, 1891; 1 Bl., 88 S., 1 Bl. 8°
Greifswald, Theol. Fak., Inaug.-Diss. v. 23. Febr. 1891

Schäder, E., die Bedeutung des lebendigen Christus f. die Rechtfertigung nach Paulus. gr. 8. (VIII, 194 S.) Gütersloh 893. C. Bertelsmann. n. 2. 40

Schaeder, Erich, Christenstand u. kirchliche Lehre. Vortrag auf der pastoralen Gemeinschaftskonferenz im Johannesstift zu Plötzensee bei Berlin. (62 S.) 8. Berlin 906. Vaterländ. Verlags- u. Kunstanstalt. n. — 40
Sonderabdruck aus: „Reformation".

— die Christologie der Bekenntnisse u. die mod. Theologie, s.a. Beiträge zur Förderung christl. Theologie. IX. 5.
das Evangelium Jesu u. das Evangelium v. Jesus (nach den Synoptikern), s.: Beiträge z. Förderung christl. Theologie. X. 6.

Schaeder, Erich: Die Christologie der Bekenntnisse und die moderne Theologie. 2 Vorträge von Erich Schaeder, Prof. Gütersloh: C. Bertelsmann 1905. (S. 159–226.) 8°
= Beiträge z. Förderung christl. Theologie. Jg. 9. H. 5.[1.]

Das Evangelium Jesu und das Evangelium von Jesus (nach d. Synoptikern). Ein Beitrag z. Lösung d. Frage in 3 Vorlesungen von D. Erich **Schaeder**, Prof. Gütersloh: C. Bertelsmann 1906. (64 S.) 8° [F.]
= **Beiträge** z. Förderung christl. Theologie. Jg. 10, H. 6. [06. 15178

— Heiliger Geist u. Kirche, s.a. Salz u. Licht. 17.

Heiliger Geist und Kirche. Vortrag geh. 1910 von D. Erich **Schaeder**, Prof. Barmen: Wuppertaler Traktat-Ges. 1910. 29 S. 8°
(Salz u. Licht. 17.) [11. 5101

— s.: Jesus Christus f. unsere Zeit.

— Kirche u. Gegenwart, s.a. Beiträge zur Förderung christlicher Theologie. XIII, 1.

Kirche und Gegenwart. Vorlesungen von Erich **Schaeder**. Gütersloh: Bertelsmann 1909. 105 S. 8°
(**Beiträge** z. Förderung christlicher Theologie. Jg. 13, H. 1.) [09. 423

— Der moderne Mensch u. die Kirche, s.a. Beiträge zur Förderung christlicher Theologie. XI, 6.

Der moderne Mensch und die Kirche. Vorlesungen von D. Erich **Schaeder**. Gütersloh: C. Bertelsmann 1907. (70 S.) 8° [F.]
= **Beiträge** z. Förderung christl. Theologie. Jg. 11, H. 6. [08. 2170 3

— Natur u. Christentum, s.: Lasson, Geo.

— Die Offenbarung Gottes in der Geschichte der christlichen Kirche, s.a. Hefte f. evangel. Weltanschauung u. christl. Erkenntnis. II, 6.

Schaeder, Erich: Die Offenbarung Gottes in der Geschichte der christlichen Kirche. Von . Gr. Lichterfelde-Berlin: Runge 1907. 22 S. 8°
(Hefte f. evang. Weltanschauung u. christl. Erkenntnis. Ser. 2. H. 6.)

Schriftglaube und Heilsgewißheit. Vorlesungen von D. Erich **Schaeder**, Prof. Gütersloh: C. Bertelsmann 1908. (80 S.) 8° [F.] [08. 17701

Schaeder, Erich, derzeit. Rektor: Modernes Studententum. Kiel: Lipsius & Tischer in Komm. 1909. 8 S. 8°
Kiel, Ansprache z. Feier d. Grundsteinlegung f. d. Studentenhaus Seeburg am 14. Mai 1909 [U 09. 2350

— Modernes Studententum. Ansprache zur Feier der Grundsteinlegg. f. das Studentenhaus Seeburg, am 14. V. 1909 in der Aula der königl. Christian-Albrechts-Universität geh. (8 S.) gr. 8. Kiel 909. Lipsius & Tischer. —30

Schaeder, Erich, s.: Studien, Greifswalder.

Schaeder, Erich, Prof.: Theologie und Geschichte. Kiel: Lipsius & Tischer in Komm. 1909. 20 S. 8°
Kiel, Rede beim Antritt des Rektorats 1909 [U 09. 2349

— Theozentrische Theologie. Eine Untersuchg. zur dogmat. Prinzipienlehre. I., geschichtl. Tl. (V, 197 S.) gr. 8. Leipzig 909. A. Deichert Nachf. 4.—

Schaeder, Erich, über das Wesen des Christentums u. seine modernen Darstellungen. Zwei Vorträge, geh. auf der 6. theolog. Lehrkonferenz in Mölln i. L. (78 S.) 8. Gütersloh 904. C. Bertelsmann. n. 1.—; geb. n. 1.50

Schadewald, Otto (geb. Berlin 12. 4. 1843): Sphygmologiae historia inde ab antiquissimis temporibus usque ad aetatem Paracelsi. Berolini (1866). (30 S.) 8°
Berlin, Med. Diss. v. 30. Apr. 1866

Schadewaldt, Hugo [aus Berlin]: Beitrag zur Lehre von der Sklerodermie . . . . Berlin, Druck v. A. Haack, 1888. (33 + 1 S. + 1 Bl. 8°
Berlin, Med. Fak., Inaug.-Diss. v. 8. Aug. 1888

Die **Schädigung** des Grundbesitzes durch Bergbau. Spandau; Stettin: Grassmann 1909. 16 S. 8°
Aus: Verhandlungen d. 14. ord. Landesverbandstages 1909 in Berlin (Mitteilungen d. Preuss. Landesverbandes d. Haus- u. Grundbesitzer-Vereine. H. 31.) [09. 18316 A

Die **Schaedigung** der Industrie durch die Novelle zum Urheberrechtsgesetz. o. O. [um 1910]. 8°

Schadl, Joh., der Einjährig-Freiwillige. E. Nachschlagebuch f. Unterabtheilungs-Commandanten u. e. Rathgeber f. Einjährig-Freiwillige-Aspiranten, f. nichtactive u. active Einjährig-Freiwillige. 2., verb. Aufl. gr. 8. (62 S.) Pressburg 897. (G. Heckenast's Nachf.) n.n. 1.30

Schadl, Joh., der Einjährig-Freiwillige u. der Reserve-Officier. Ein Nachschlagebuch f. Kanzleien u. Unterabtheilungs-Commandanten u. e. Rathgeber f. Einjährig-Freiwillige-Aspiranten, f. nichtactive u. active Einjährig-Freiwillige, f. Reserveofficiere (Reserve-Cadetten), f. Berufs-Officiers-Aspiranten u. f. Militär-Beamte in der Reserve. III. erweit. u. verb. Aufl. gr. 8. (110 S.) Ödenburg 899. (Wien, J. Eisenstein & Co.) n. 2 —

Schadl, Joh., der Einjährig-Freiwillige u. der Reserveoffizier. Ein verlässl. Ratgeber f. Einjährig-Freiwillige u. Reserveoffiziere des k. u. k. Heeres u. e. Handbuch f. den aktiven Offizier. 4., neu bearb., verm. u. verb. Aufl. 2. Tl. Enth.: Der Präsenzdienst. — Die Ausbildg. — Die Reserveoffiziers-Prüfgn. — Die Prüfungsdokumente u. Berichte. — Die Aktivierungsmodalitäten. Mit 18 Mustern u. 1 Beilage. (VIII, 135 S.) gr. 8. Graz 906. Styria. n. 2.50

Schädla, Ernst, über die Endresultate der Empyembehandlung unter dem Einflusse der Antiseptik. Bericht über 28 Fälle von Empyem aus der chirurg. Klinik zu Göttingen. Inaugural-Dissertation. gr. 8. (28 S.) Leipzig 884. (Göttingen, Vandenhoeck und Ruprecht's Verlag.)

Schädler, Lafteten u. Kriegsfuhrwerke, s. Handbuch für schweizerische Artillerie-Officiere.

Schädler: Das Turnen. Mainz 1863.
Schul- Univ.-Schrift

Schädler, Albert

— Ragatz-Pfäfers. Action et propriétés thérapeutiques de ses thermes. Avec illustrations et cartes. In-8°, 60 p. St. Gallen, Scheitlin & Zollikofer. 1886 1 50

Schaedler, Alb., Ragatz-Pfäfers. Die Heilwirkgn. seiner Therme. Lage u. Klima. Mit Ansichten u. Karten. 8. (64 S.) St. Gallen 886. Scheitlin & Zollikofer. 1.50
Ausgaben in engl. u. französ. Sprache zu gleichem Preise.

— Ragatz-Pfäfers. The lucrative properties of the baths, with maps and views. In-8°, 65 p. St. Gallen, Scheitlin & Zollikofer. 1886 1 50

Schaedler, Andr., Neßlau, Toggenburg: Dissertatio inauguralis medica de peripneumonia vera.
Basel; Med. Diss. 1758.

Schädler, Carl, s. Schädler, Karl

Schädler, Emil, die Homöopathie vernichtet durch Herrn Prof. Dr. Munk. Offenes Sendschreiben an denselben. Bern 868. Heuberger. gr. 8. (50 S.) n. 6 ngr.

— die Homöopathie u. ihre Feinde. Beleuchtung des neuesten Opus von Dr. Munk, betitelt: „Die Homöopathie u. die Homöopathen." Ebend. 869. gr. 8. (88 S.) n. 10 ngr.

Schädler, Emil, Mittheilungen über einige Beobachtungen aus der ärztlichen Praxis. Inauguraldissert. Solothurn 854. (Bern, Jent u. Reinert.) 8. (2 Bl., 60 S.) n. 10 ngr.

Schädler, Franz, Das römische Begräbniswesen. Landau 1888, 8°, 70 S., Progr. d. Studienanstalt.

Schädler, Karl

Schaedler, Carl, kurzer Abriss der Chemie der Kohlenwasserstoffe. Zugleich ein Repetitorium für studirende uud praktische Chemiker, Techniker, Apotheker etc. gr. 8. (202 S.) Leipzig 885, [Baumgärtner's Buchh.] Mendelssohn. *

Schaedler, Carl. Biographisch-litterarisches Handwörterbuch der wissenschaftlich bedeutenden Chemiker. 8. (VI, 162 S.) Berl. 891, Friedländer u. Sohn. * 3 —; geb. * 3 60

Schaedler, Carl, die Technologie der Fette u. Oele des Pflanzen- u. Thierreichs. Mit zahlreichen in den Text gedr. Holzschn. (In ca. 5 Lfgn.) 1—3. Lfg. gr. 8. (S. 1—464 m. 4 chemityp. Taf.) Berlin 822. Polytechn. Buchh. à n. 3. 50

— die Technologie der Fette u. Oele d. Pflanzen- u. Thierreichs. Mit zahlreichen in den Text gedr. Holzschn. 4—6. [Schluss-]Lfg. gr. 8. (S. 465—784.) Ebend. 883. 13. 50 (cplt.: n. 26. —; geb. n. 28. —)

— die Technologie der Fette u. Oele der Fossilien [Mineralöle], sowie der Harzöle u. Schmiermittel. Mit zahlreichen Textillustr. u. mehreren Taf. (In ca. 7 Lfgn.) 1—5. Lfg. gr. 8. (S. 1—624.) Ebend. 884. 86. à n. 4. —

Schaedler, C., die Technologie der Fette u. Oele d. Fossilien [Mineralöle], sowie der Harzöle u. Schmiermittel. Mit zahlreichen Textillustr. u. mehreren Taf. 6. u. 7. (Schluss-)Lfg. gr. 8. (XII u. S. 769—1052.) Leipzig 887. Baumgärtner. à n. 4. — (cplt.: n. 28. —; geb. n. 30. —)

—— Die Technologie der Fette u. Oele d. Pflanzen- u. Thierreichs. 2. verm. u. verb. Aufl., nach dem Tode d. Verf. bearb. v. Paul Lohmann. gr. 8. (XIV, 1373 S. m. 463 Textillustr. u. 10 Taf.) Lpz. 892, Baumgärtner. * 32 —; geb. * 34 —
Zusammen mit Schaedler, Carl. Technologie d. Fette u. Oele d. Fossilen [Mineralöle] sowie d. Harzöle u. Schmiermittel, [Ebd. 1885—1887. * 28 —; geb. * 30 —.] * 48 —; geb. * 52 —.

Schaedler, Carl. Die Untersuchungen d. Fette, Oele, Wachsarten u. der technischen Fettproducte unter Berücksicht. der Handelsgebräuche. 2 Lfgn. gr. 8. Lpz., Baumgärtner. [1. Lfg. (S. 1—128 m. Textfig.) 889. * 3 —; 2. Lfg. (XI, S. 129—251 m. Textfig.) 890. * 2 60.] * 5 60; geb. * 6 —

Schädler, L., die Pflichten des schweizerischen Wehrmannes im innern, Wach-, Vorposten- und Marschsicherungsdienst. 13. Aufl. 16. (162 S.) Aarau 881, Christen. cart.
1.—3. Aufl. waren nicht im Handel.

Schädler, Paul. Geburt, Leben und Schicksale des reisenden Buchhändlers P. Sch. (geb. 1831), aus Arbon, Kt. Thurgau. Von ihm selbst beschrieben. Mit Portrait des Verfassers [Tafel].... 8. Bern 1858.

Schaedler, V., der praktische Hochbau. Eine Sammlg. v. projektirten u. ausgeführten Wohn-, Oekonomie-, Fabrik- u. andern Etablissements-Gebäuden, wie auch v. öffentl. Anstalten, Schul-, Raths- u. Gerichtshäusern etc. in Grundrissen, Balkenlagen, Durchschnitten etc. nebst Vorausmaas u. Kostenberechng. u. theilweise eingeflochtenem Baubeschrieb f. Baumeister, Bauführer, Architekten etc. Jn monatl. Lfgn. 2. Jahrg. 12 Lfgn. gr. 8. (1. Lfg. 6 Steintaf. in gr. 8. 4. u. Fol.) St. Gallen 873. Altwegg-Weber. à Lfg. — 90

Schaedler, V., praktischer Hochbau. Eine Sammlung von projektirten und ausgeführten Wohn-, Oekonomie-, Fabrik- und andern Etablissements-Gebäuden, wie auch von öffentlichen Anstalten, Schul-, Raths- und Gerichtshäusern etc. in Grundrissen, Balkenlagen, Durchschnitten etc. nebst Vorausmass und Kostenberechnung und theilweise eingeflochtenen Baubeschrieben für Baumeister, Bauführer, Architekten etc. 3. Jahrg. 12 Hefte. Fol. (à Heft 4 autogr. Taf. mit 2 Bl. autogr. Text und 1 autogr. Bog. Details in Imp.-Fol.) St.-Gallen 877, Altwegg-Weber. à Heft ℳ 1,70.
Nicht weiter erschienen.

Schädlich & Jakob, die Mineralwasser- und Limonaden-Fabrikation. (136 S.) Bremen (1910)

Schädlich, Bernh., Federzeichnungen. Motivensammlung f. Musterzeichner aller Branchen. gr. Fol. (24 photolith. Taf.) Plauen 893. Ch. Stoll. In Mappe. n. 20. —

Schädlich, Chrn., Gedichte. 16. (IV und 124 S.) Plauen 852, Neupert. *

Schaedlich, Gust., deutsches Münz-, Maaß- u. Gewichts-Hilfsbuch für Kaufleute, Fabrikanten, Gewerbtreibende, Schulen u. Privatgebrauch. Enth.: Tabellen zur Vergleichung der neuen deutschen Reichswährung mit den in den deutschen Staaten bisher gesetzlich gewesenen Geldwährungen u. umgekehrt, sowie die hauptsächlichsten Bestimmungen des Post-, Wechsel- u. Telegraphenwesens. 8. (63 S.) Chemnitz 880. Hager. — 50

Schädliche (Das) der Branntweinsteuer auf die vielfachen von der Befreiung der Consumtionssteuer ausgeschlossenen Verwendungen des Alkohols im Hinblick auf den noch um 50% zu erhöhenden Maischsteuer-Satz, beleuchtet von K. 8°. Berlin 1854.

Schädliche, üb. das, des Predigerordens u. dessen Abänderung (v. Karl Eph. Reiche). 8. Brandenburg 773. Halle. 5 gr

Schädlichkeit, üb. die, des Bierzwanges (v. S. Rottmanner). 8. Münch. 799. Fleischmann. 16 kr

Schädlichkeit, üb. die, der Branntweinbrennereien. 8. Altona 798. (Herold jun. in Hamb.) 8 gr

— üb. d., d. Branntweinbrennerey. 8. Altona. (Vollmer in Hamb.) 798. •

Ueber die *Schädlichkeit* d. Differenzialprinzips in den Getreide-Eisenbahntarifen. Memorandum d. Sozietät nebst ihr erstattetem wissenschaftlichen Gutachten. Mai 1905. (Dorpat 1905). 31 S. 4°.
(Kais. livländische gemeinnützige u. ökonomische Sozietät).

— Etwas üb. die, der Jagd f. den Staat, d. sächs. Landesversamml. gewidmet. 8. Leipz. 799. Rein. 8 gr

— üb. die, der Federbetten, (v. Jh. Geo. Fr. Franz). 8. Lpz. 772.

— üb. die, der Gewöhnung an Tabak. Ein Beitr. z. Erziehungskunde. 8. Siegen 811. Müller. (Leipz., Rein). 6 gr

— üb. die, des Haarabschneidens, u. üb. d. Nutzen d. Schnurr-, Stutz-, Spitz- u. Backenbartes. 8. Lpz. 820. P. Vogel. N. A. 833. Ziegs. 3 gr

Schädlichkeit, über die, des Haarabschneidens u. über d. Nutzen des Schnurr-, Stutz-, Spitz- u. Backenbarts. Aus der Natur u. Erfahrung erläutert. 2e Aufl. 8. Leipz. 833. (Melzer.) 1/8 ℛ

— d. Hauserziehung f. Erzieher, Zöglinge u. Staat., m. Anlagen v. K. Müller. 8. Stendal, Franzen u. Grosse. 783.

— d. Jagd f. d. Staat, d. Sächs. Landesversamml. gewidm. 8. Leipz. Rein. 799.

— üb. die, der Juden in Böhmen. 8. Dresd. 782. Walther. 3 g.

— üb. die, des Kaffees, Tabaks u. Branntweins, an meine Landsleute (v. K. G. Paldamus). 8. Bamb. 788.

Schädlichkeit (Die) des Lotto, besonders für Hamburg, und Vorschläge zur Vertilgung desselben. 8°. Hamburg, Nestler, 1822.

Schädlichkeit, Die, des in hiesiger Gegend gewöhnlichen Pflügens mit vier Pferden . . . [Rinteln] 1775. V: *Wolf, Johann Hermann.* (ML)

— die, des Religionszwanges. 8. Zürich 793. Orell. 16 g.

— üb. die, der Schlafhauben u. Perücken. 8. Wien 806. Wimmer. 2 g.

Über die **Schädlichkeit** der Schnürbrüste. Zwey Preisschriften durch eine von der Erziehungsanstalt zu Schnepfenthal aufgegebne Preisfrage veranlasst. Leipzig, bey Siegfried Lebrecht Crusius 1788
(8 Bl., 192 S.; S. 145–148 in der Zählung ausgelassen) 8
Einleitung von Salzmann. Die erste Abhandlung vom Anatomen Sömmering

— üb. d., d. Schnürbrüste v. Th. Sömmering rc. 8. Leipz. Crusius. (F. C. W. Vogel.) 788.

— des in d. Zeitungen angekündigten Wanzentodes, u. vernünftige Vorschläge, die Wanzen zu vertilgen. 8. Leipz., Knobloch. 2 g.

Schädlichkeit, Die, der Zahlen-Lotterie. Ein Geschenk an das Publicum. O. O. 1774. V: *Hess, Hnr. Ludw. von.* (schr)

Schädlichkeit (Die) der Zahlenlotterie. 8°. Nürnberg, Stein, 1774.

Die Schädlinge des Obst- und Weinbaues. Graz: Verl. des steiermärkischen Landesausschusses 1906. 55 S. — GNB*

Schadloshaltung der jenseits d. Rheins verlier. Reichsstände. 8. Würzb. 798. Köl. 4 g.

Schadn Johann: Die Stoffgeschichte von Johann Christ. Krügers „Herzog Michel".
1906 PN 2211 Diss. Wien Univ. 212

Schadow, Dr. G. Vortrag bei der am 27. Febr. 1850 stattgefundenen Gedächtnißfeier (v. E. H. Tölken). [Abdr. aus d. Preuß. Staats-Anzeiger Nr. 67.] gr. 8. (11 S.) Berlin 850, Decker. 1/6 ℛ

Schadow, Br. Joh. G., zu seinem 50jährigen Maurer-Jubiläum den 24. Mai 1840. C. St. [Berlin 1840.] V: *Stavinsky, Carl* (?). (wolfstieg I, 913)

Schadow, Johann Gottfried. Ausstellg. v. 27. Jan. bis 7. März (1909) [ind.] kgl. Akad. d. Künste. (59. S. m. Abb. u. 28 Taf.) 8°. o. O. [Berlin] o. J. ['09]. Bruno Cassirer. Ppbd. 4.—

Schadow, Verschiedenes aus der Praxis. Die Lokalbehandl. der Respirations-Organe bei Pferden. [Aus: „Rundschau auf d. Gebiete d. Thiermed."] gr. 8. (4 S.) Osterwieck 888. (A. W. Zickfeldt.) — 60

Schadow, Alb., die Villa der Frau Fürstin v. Liegnitz im Garten von Sanssouci. Fol. (3 S. mit 10 Taf., wovon 4 lithogr. und 6 in Kpfrst.) Berlin 862, Ernst und Korn. cart. *

Schadow, Friedrich Wilhelm v.: Katalog hervorragender und ausgewählter Handzeichnungen und Aquarelle erster moderner Meister aus dem Nachlasse des Herrn Friedrich Wilhelm v. Schadow, Dir. d. Akad. zu Düsseldorf; † 1862. Versteig. zu Köln 1902 durch J. M. Heberle (H. Lempertz' Söhne). Köln 1902: M. Du Mont Schauberg. (15 S.) 4°

Schadow, Johann Gottfried

Schadow, Joh. Gfr., s. Eggers, K.

Schadow, Gottfried. Aufsätze und Briefe, nebst einem Verzeichniss seiner Werke. Zur 100jähr. Feier seiner Geburt — 20. Mai 1764 — hrsg. von Jul. Friedlaender. gr. 8. (III und 165 S.) Düsseldorf 864, Buddeus'sche Verlagsh. *

Schadow, Gottfried. Aufsätze u. Briefe, nebst e. Verzeichnis seiner Werke. Zur 100jähr. Feier seiner Geburt, 20. Mai 1764, hrsg. von J. Friedländer. 2., verm. Aufl. gr. 8. (VII, 172 S. m. Abbildgn.) Stuttgart 890. Ebner & Seubert. n. 4. —

Schadow, Gottfried. Bericht über die Vorstellung lebender Bilder, welche im Saale der Königlichen Akademie der Künste am 5. Mai 1843 stattfand. Mit Abbildungen. Berlin. 4°.

Schadow, J. G., Wittenbergs Denkmäler d. Bildnerei, Baukunst u. Malerei, mit histor. u. artist. Erläuterr. gr. 4. Wittenb. 825. Zimmermann. 4 ℛ

Schadow, Gfr., Handzeichnungen, hrsg. von der königl. Akademie der Künste zu Berlin. Text von E. Dobbert. Fol. (40 Taf. Farbenlichtdr. von Alb. Frisch mit 12 S. Text.) Berlin 886, Bette. In Leinw.-Mappe *

Schadow, Joh. Gottfr., Kunst-Werke u. Kunst-Ansichten. gr. 8. (XXVI u. 376 S.) Berlin 849, Decker. 2 ℛ

(Schadow, [Joh.] Gtfr., und F. Berger,) Lehre v. d. Knochen u. Muskeln etc., s. Lehre etc.

Schadow, Joh. Gottfried. Lehre von den Knochen und Muskeln, von den Verhältnissen des menschlichen Körpers und von den Verkürzungen. In 30 Tafeln zum Gebrauch bei der Königl. Akademie der Künste zu Berlin. Berlin 1830. Fol. 2 Exempl.

Schadow, Gottfried. Lehre von den Knochen und Muskeln . . . Berlin 1892. MV: *Berger, Ferd.* (Berl)

—— Lehre v. den Knochen u. Muskeln, v. den Verhältnissen d. menschlichen Körpers u. v. den Verkürzungen. In 30 Taf. zum Gebrauch bei der königl. Akademie der Künste. (Neue Ausg.) gr. Fol. (V, 5 u. 4 S. Text.) Berl. 892, Wasmuth. cart. * 20 —

Schadow, Gottfried. National-Physionomieen oder Beobachtungen über den Unterschied der Gesichtszüge und die äussere Gestaltung des menschlichen Kopfes, in Umrissen bildlich dargestellt auf 29 Tafeln, als Fortsetzung des Polyclet oder Lehre von den Verhältnissen des menschlichen Körpers. (Text und Atlas.) Berlin 1835. 4°.

Schadow, Gfr., Polyclet, oder von den Maaßen des Menschen nach dem Geschlechte u. Alter, mit Angabe der wirkl. Naturgröße nach dem Rheinländ. Zollstocke, u. Abhandlung von dem Unterschiede der Gesichtszüge u. Kopfbildung der Völker des Erdboden, als Fortsetzung des hierüber von Peter Camper Ausgegangenen. Mit (29) Abbildd. — National-Physionomieen, oder Beobachtungen über den Unterschied der Gesichtszüge rc. (Deutsch u. Französisch.) 2 Abthll. Mit 58 Steintaf. Roy.-4. Berlin 834, 35. (Sachse u. Comp.) n. 1 9/12 ℛ

Schadow, Gottfried. Polyclet oder von den Maassen des Menschen nach dem Geschlecht und Alter, mit Angabe der wirklichen Naturgröße. Zweiter unveränderter Abdruck. Berlin, Verlag von Amsler & Ruthardt 1866—1867.
2 Teile. 8°.
Text. 1866. 141 S.
Atlas 1867. Umschlagtitel, 1 Bl., Inhalt, 29 Doppeltaf. in Lithogr.
Titel und Text auch franz.
1. Aufl. 1834.

Schadow, Gfr., Polyclet oder von den Maassen des Menschen nach dem Geschlechte und Alter, mit Angabe der wirklichen Naturgrösse nach dem rheinländ. Zollstock und Metermaass. Mit einem (cart.) Atlas (in Fol.) von 30 (autogr.) Taf. (in qu. gr. Fol.). 3. Aufl. gr. 8. (89 S.) Berlin 877, Wasmuth.

Schadow G, Polyklet oder von den Massen des Menschen nach dem Geschlechte und Alter. 4. Aufl. Text 8°. Atlas fol. Berlin 1882

—— Polyclet oder von den Maassen der Menschen nach dem Geschlechte und Alter, mit Angabe der wirkl. Naturgrösse nach dem rheinländ. Zollstocke und Metermaasse. Mit 1 Atlas von 30 Taf. (Fol. cart.). 4. Aufl. Neuer Abdr. gr. 8. (96 S.) Berlin 886, Wasmuth. *

—— dass. — Mit einem Atlas von 30 Taf. (in gr. 4. cart.). 5. Aufl. gr. 8. (96 S.) Ebendas. 886. *

Schadow, Gottfr., Polycelet od. v. den Maassen des Menschen nach dem Geschlecht u. Alter. 10. Aufl. Mit e. Vorwort v. **Max Schäfer**. (31 Taf. m. V. u. 2 S. Text.) gr. Fol. Berlin 905. E. Wasmuth. Kart. n. 20. —

Schadow, Joh. Gottfried. Eine Reisebeschreibung von Freiwilligen des Berliner Künstler-Vereins. 13. August 1825. Mit 4 Blatt Lithographien. Berlin 1825. Fol.

Schadow, die St. Petri u. Pauli-Kirche zu St. Nicolscoë bei Potsdam, s. Album, architekt., 4. Hft.

—— über einige in den Propyläen abgedruckte Sätze Goethe's, die Ausübung der Kunst in Berlin betr. Nachtrag zu Gottfried Schadow Aufsätze und Briefe, zur 100jähr. Feier seiner Geburt hrsg. gr. 8. (19 S.) Düsseldorf 864, Buddeus'sche Verlagsh. *

Kgl. Akademie d. Künste zu Berlin. Sonder-Ausstellung Johann Gottfried Schadow u. Ausstellung von Werken d. Mitglieder d. Akad. v. 27. Jan. bis 7. März 1909. Berlin. Stuttgart, Leipzig: Union (1909). 85 S. 8°

Scenen aus der Geschichte Friedrich's des Grossen (gezeichnet von G. Schadow [Bl. 1] und C. Hampe [Bl. 2—6], Kupferstiche). Berlin 1799. 4°.

—Die Werkstätte des Bildhauers. Neudruck. Düsseldorf 1863. 8°. 3 Exemplare.

Schadow, Gottfried [aus Berlin]: Ueber die physiologischen Wirkungen des Nitropentan. Leipzig, Druck von J. B. Hirschfeld, 1876. 8. 13 S.

Schadow, Karl Ludw. Phil., Dank-Predigt wegen des am 5. Dec. 1757 bei Borna in Schlesien erfochtenen Sieges. Berlin 4. (16 Seiten).

Schadow, L., u. H. Lange, Billard-Regeln. Hannover 866. Schmorl & von Seefeld. Imp.-Fol. 7½ ngr.

Schadow, Paul [aus Berlin]: Eine Attische Grablekythos ... Jena, Univ.-Buchdr. G. Neuenhahn, 1897; 34 S., 1 Bl., 3 Taf. 8.
Jena, Phil. Fak., Inaug.-Diss. v. [23. Juni] 1896

Schadow, Richard [aus Berlin]: Daniel Specklin. Sein Leben und seine Tätigkeit als Baumeister .... Strassburg, Univ.-Buchdr. v. J. H. Ed. Heitz (Heitz & Mündel), 1885; 60 S. 8°.
Strassburg, Phil. Fak., Inaug.-Diss. v. 1885.

Schadow, Richard, Daniel Specklin. Sein Leben und seine Thätigkeit als Baumeister. Diss. Strassburg i. Els. 1885, Trübners Buchh. u. Antiqu. (E. d'Oleire). 8°. 60 S.

Schadow, Wilhelm

Schadow, W., über den Einfluss des Christenthums auf die bildende Kunst. Vorlesung gehalten am 30. Sept. 1842 vor der Generalversammlung des Congrés scientifique zu Strassburg. gr. 8. (1 B.) Düsseldorf, Buddeus.

Schadow, Wilh. v., der moderne Vasari. Erinnerungen aus dem Künstlerleben. Novelle. Lex.-8. (III und 244 S. mit eingedr. Holzschn. und 1 Holzschnt.) Berlin 854, Hertz. *

Schadowfest, das. Am 20. Mai 1844. Eine Beschreibung der achtzigsten Geburtsfeier Gottfr. Schadow's. Lex.-8. (1¾ B. u. S's. Portr.) Berlin 844, Gropius'sche Buchh. *

Schadowfest, das. Am 20. Mai 1844. Eine Beschreibung der achtzigsten Geburtsfeier Gottfr. Schadow's. Lex.-8. (Mit Schadow's Portr.) Berlin 844, Reimarus. n. ⅓ ℛ

(Schädtler, H. D.,) Additament zu dem Prospectus des Anleihe-Instituts in Hamburg. Als Einleitung einer vaterländ. National-Institution zum Nutzen der deutschen Industrie. gr. 8. (3 B.) Leipzig 846, Gebhardt u. Reisland.

— die Errichtung einer Waaren-Deposito-Bank betreffend. Mit Bemerkungen über Finanzen, Staats-Anleihen, Zölle rc. 8. Hamburg 834. Niemeyer. 1/3 ℛ

— an die Herrn Inhaber v. Wechseln, Deposito-Scheinen u. Actien d. Central-Casse. 8. Hamb. 831. Eric. 1 ℛ

Schädtler, H. D.: „An das mercantilische Publicum Deutschlands, die Errichtung einer Waaren-Deposito-Bank betreffend. Mit Bemerkungen über Finanzen, Staats-Anleihen, Zölle, etc.", Leipzig, Hamburg und Itzehoe 1834. — Vorh.: Com. Bibl. Hamburg.

Schädtler, H. D., an d. mercantil. Publicum Deutschlands. Die Errichtung e. Waaren-Deposito-Bank betreff. Mit Bemerkn. üb. Finanzen, Staats-Anleihen, Zölle rc. rc. gr. 8. (6¼ B.) Hamburg 834, Schuberth u. Niemeyer.

(——) Vergleichs-Vorschlag an alle bei d. Central-Casse Betheiligte, gegründ. auf die sowohl v. den Hren. Curatoren, als den Hren. Deputirten d. Actionisten u. Deponenten ausgesprech. Meinungen, nebst angehängt. Plane zu e. Verlosung d. Grundstücke v. e. Wechsel-Inhaber u. Deponenten. gr. 12. (1½ B.) Hamburg 832, Eric.

-- s. Versuchs-Vorschlag.

—— Vorschlag zur Aufhebung d. Concurs-Verfahrens in Angelegenheiten d. Central-Casse, durch d. Errichtung e. Liquidations-Vereins. 8. (1¼ B. u. 1 Tab. qu. Fol.) Hamburg 832, Eric.

—— welche Umstände haben d. Suspension d. Centralcasse herbeigeführt? 8. ... Hamburg 832, Hoffmann u. Campe.

Schädtler, H. D., üb. d. Wichtigkeit e. vermehrten u. erleichterten Geld-Circulation, mit besond. Bezieh. auf e. allgem. Zollverband Deutschlands. 16. (4 B.) Hamburg 835, [Niemeyer.]

— Zinstabellen od. Berechnung d. Zinsen zu 3, 4 u. 5 Procent auf Capitalien v. 1 Mariengroschen zu 8 Pf. bis 109 Rthlr. durch alle Groschen u. Thaler rc. 8. Hannov. 800. Helwing. 8 ℛ

Schädtler, Heinrich

Schädtler, Hnr., Beschreib. d. königl. Hannöv. Guelphenordens, nebst beigefügten Abbildd., Ordens-Statuten u. Ritterlisten. Mit 15 Kpf. Fol. Hannov. 816. (Hahn). 2 ₰

Schaedtler, Heinrich. Kurze Beschreibung des Koniglich Hannoverschen Gueiphen-Ordens nebst beygefügten Abbildungen, Ordens-Statuten und Ritter-Listen Hannover 1816 Gedruckt in der Koniglichen Hof-Buchdruckerey bey S. L. Lamminger und Rosenbusch 40 S., 15 Taf. in Kupferst. 4°

Schädtler, Otto Heinr. v., allgemein verständliche Psychologie, auf die anerkanntesten und thatsächlichsten Offenbarungen der Phrenologie, Temperamentslehre u. Physiognomik begründet. Mit 9 lith. Taf. Hamburg 858. Hoffmann u. Campe. gr. 8. (VII, 151 S. u. 9 lith. Taf. in 8. u. 4.) 1 ₰. 7½ ngr.

Schadwill, C. L., Abfertigung der mit „J. Lüders, Ingenieur" unterzeichneten Schrift „Wider Herrn Reuleaux!" Gegründet auf Thatsachen und auf eine gemeinfassliche Darstellung der Grundlehren der Reuleaux'schen Kinematik. gr. 8. (80 S.) Leipzig 878, M. Schäfer.

Schady, Ortschafts-Verzeichniß f. die Rhein-Provinz, enthaltend 1. das alphabet. Verzeichniß der Ortschaften, Rittergüter, Höfe, Mühlen ꝛc., mit Angabe der Gemeinde, Bürgermeisterei, des Friedens-Gerichts ꝛc., des landräthl. Kreises, Hypotheken-Amtes, Regierungs-Bezirkes; sowie 2. eine tabellar. Uebersicht des Umfanges u. Zusammenhanges der Verwaltungsbezirke im Ressort der Königlichen Regierungen, der Gerichts-, Steuer- u. Postbehörden. Mit einem Anhang: Einige Bestimmungen über das Hypothekenwesen. Nach amtl. u. anderen zuverlässigen Angaben bearb. u. mit Genehmigung der vorgesetzten Behörde herausg. 4. (IV u. 456 S.) Cöln 851, Bollig in Comm. baar n. n. 2 ₰

Schady, Wilhelm

Schady, Gvilelmvs (geb. am 2 Juli 1844 in Frankfurt a. M.): De Mari Victorini libri I capite IV qvod inscribitvr De orthographia Pars prior [*un.*] ... Bonnae, (Lipsiae typ. B. G. Teubneri) 1869. VI, 49 S., 1 Bl. 8.
Bonn, Phil. Fak., Diss. v. 7 Aug. 1869

Schaf, J. L., d. Verhaltniss des Jacobus Bruder des Herrn zu Jacobus Alphaei. Berl. 1842. 8.

Schaf, Phil., siehe: Schaff.

Schafařik, s. Šafařik.

Schafarzik, Frz., s.: Berichte, mathematische u. naturwissenschaftliche, aus Ungarn.

Detaillierte Mitteilungen über die auf dem Gebiete des ungarischen Reiches befindlichen Steinbrüche. Von Dr. Franz Schafarzik, Prof. Vom Verf. rev. Übertr. aus d. ungar. Orig. (Ungar. ersch. 1904.) Mit 1 Ktbeil. Budapest 1909: Franklin-Verl. 544 S. 4° (8°)
(Publikationen d. Kongl. Ungarischen Geolog. Reichsanstalt.)

— Die Pyroxen-Andesite des Cserhát, s. Mitteilungen aus dem Jahrbuche der königl. ungar. geolog. Anstalt. IX. 7.

Schafarzik, Franz: Reise-Notizen aus dem Kaukasus. (S.-A.) Jahresbericht der Kongl. Ungarischen Geologischen Anstalt für 1886. S. 201—229.) Budapest 1888. 29 S. 8°

Schaf-, Ziegen- und Schweine-Arzt, Der wohlerfahrene etc. gr. 16. (60 S.) Grimma 44. Verlags-Comptoir. M. —.30

Schafberg [Schlagwort]

Schafberg, s.: Alpen, Pichert, R.

Schafberg. Pichert, Rud., Panorama vom Schafberg. Nach der Natur aufgenommen u. gezeichnet. 2 Blatt à 19×60,5 cm. Linz 894. Städtebilder-Verlag. n. — 50

K. F. **Schafberger**'s Darstell. d. Wesens d. Philos. d. Hrn. *F. Köppen;* nebst Darleg. d. eignen Ansicht d. Vf. *Nürnb.*, Schrag. 813. 8° 1 ₰

Schäfberger, Fr., Kritik d. Schrift: Darstell. d. Wesens der Philosophie v. Fr. Köppen. Nebst Darlegung d. eigenen Ansichten des Verfass. gr. 8. Nürnb. 813. Schrag. 1 ₰

Von den *Schafen*, v. ihrer Natur, ihren Krankheiten u. den Heilmitteln dagegen. Nebst e. Anh. v. den Krankheiten u. Seuchen d. Hornviehes u. d. Schweine. Leipz. 1799. 203 S.

Schafen, Von den, ihrer Natur, ihren Krankheiten u. den Heilmitteln dagegen, nebst einem Anhang von den Krankheiten und Seuchen des Hornviehes und der Schweine. 8. Anspach 800. Gassert. M. 1.75

Schäfenacker, Paul, s.: Aucassin u. Nicolete.

Schäfenacker, Paul, Goethe, Götz v. Berlichingen, s.: Walther's, Emil, Erläuterungen zu den Klassikern. 1. Bdchn.

Schäfenacker, Paul, Prof.: Der Rabe von Edgar Allan Poe. Zwei metrische Uebersetzungen d. Gedichtes v. Emil Häusser u. Paul Schäfenacker. (Im Anhang drei Gedichte Poe's, übersetzt von Häusser.) (Mannheim 1900. 20 S.) 4°
Mannheim, großh. RG P 1900 (779)

— Schiller, Wilhelm Tell, s.: Walther's, Emil, Erläuterungen zu den Klassikern. 6. Bdchn.

Schaefer, Arnold, Nekrolog f. ihn, s.: Asbach, J.

Schäfer, Der blöde, ein Lustspiel. Berlin 1745. V: *Gleim, Joh. Wilh. Ludw.* (GGr) (Bibl. litt. Verein. Stuttg. 218, 457.) (Waniek, Gottsched. Leipzig 1897. S. 501.) (Cat. d. Stadtbibl. Zürich. Zürich 1864—97.) »1752« (Mn)

Schäfer, der blöde,. Lstsp. 4. Berl. Lange. 747.

Schaefer, Der blöde. Ein dramatisches Gedicht. Zyrich 1767. V: *Gleim, Johann Wilh. Ludwig.* (Verz. der Meusebachschen Bibl. Berlin 1855. S. 87.) (GGr)

Schäfer, der, der Ebne von Salisbury. gr. 12. (1½ B.) Hamburg 840. (Berlin, J. A. Wohlgemuth.)

Schäfer, Der gebundene. Schäferspiel für Kinder. Leipzig 1777. V: *Weisse, Christian Felix.* (GGr)

— der gebundene,. Schaefersp. für Kinder. 8. Lpz. Crusius. (W. Vogel.) 777.

Schäfer, der, u. seine Lämmer. 16. (47 S.) Cleveland 871. (Philadelphia, Schäfer & Koradi.) geb. n. — 80

SCHÄFER, Lorchen, oder die Folgen einer leichtsinnigen Erziehung, mit einigen eingeflochtenen Bruchstucken uber die heutige Welt .... Leipzig, Solbrig. 1807. 8°.
Volksschrift. 98 SS. Pikant und selten. (1½ Mk., Leihbiblexpl., Kühl, Berlin, c. 1882.)

— der treue,. Schäfersp. a. d. Ital. d. Guarini. m. K. 8. Mietau, Hinz. (Sommer in Lpz.) 772.

Schäfer, Guarinis treuer, eine Tragicomedie, übersetzt von A. Arnold. gr. 12. Gotha, Ettinger. 815.

Schäfer, der, oder Wundermann in Nieder-Empt. 1. Hft. 16. (1½ B.) Linz 842. (Neuwied, Lichtferk.) *

— der zänkische u. doch verliebte; Schäferspl. 8. Frankf. u. Lpz. 783. (Alt., Hellmann). 2 ℋ

Schäfer, s.a. Schäffer

Schäfer, die Armenpflege in Deutschland u. England vor u. nach der Reformation, s.a. Flugschriften, kathol. 137.

Die Armenpflege in Deutschland und England vor und nach der Reformation. Von Dr. Schäfer. Berlin: Germania (1898). (32 S.) 8⁰
= Flugschriften, Katholische, zur Wehr- u. Lehr. No 137.

Schäfer, Dr., Die Armenpflege in Deutschland und England vor und nach der Reformation. 16⁰. Berlin, Germania, 1899. (Katholische Flugschriften zur Wehr u. Lehr', Nr. 137.)

— Christus vincit, Christus regnat, Christus imperat!, s.a. Flugschriften, kathol. 138.

Christus vincit, Christus regnat, Christus imperat! Von Dr. Schäfer. Berlin: Germania (1898). (51 S.) 8⁰ [Ant.u. F.]
= Flugschriften, Katholische, zur Wehr u. Lehr. No 138.

Denkwürdigkeiten aus dem Leben des Frh. S. v. Bruckenthal. [Von Schäfer?] Hermannstadt 1848.
[Allgem. Handbuch d. Frmrei. 3 Aufl. 1 (1900) S. 135.]

Der Einfluss der Baugesellschaften zu ungeteilter Hand auf das Dresdner Baugewerbe in den Jahren 1902 bis 1905. (Verf.: Dr. Schäfer. Dresden 1907: Güntz'sche Stiftung.) 7 S. 8⁰ [Kopft.]
(Ratsdrucksache. 128.)

Schäfer, Geschichte d. Anschauungsunterrichts, s.: Kehr, C., Geschichte d. Methodik d. deutschen Volksschulunterrichtes.

Schäfer's geordneter Haushalt. Rechnungsbuch der täglichen Einnahmen u. Ausgaben in der Haushaltung für alle einzelnen Wirthschaftsgegenstände. Nach einem neuen Plane systematisch zusammengestellt. Mit Beifügung vieler nützlicher Regeln u. praktischer Winke für jede Hauswirthschaft, nebst Beigabe einer Anzahl Wäschtabellen für den häuslichen Bedarf. Leipzig 867. M. Schäfer. gr. 4. (69 S.) cart. n. 15 ngr.

—— dass. — für das J. 1868. Rechnungsbuch der tägl. Einnahmen und Ausgaben in der Haushaltung für alle einzelnen Wirthschafts-Gegenstände. Nach einem neuen Plane systematisch zusammengestellt. Mit Beifügung vieler nützl. Regeln und prakt. Winke für jede Hauswirthschaft, nebst Beigabe einer Anzahl Wäschtab. für den häusl. Bedarf. gr. 4. (70 S.) Ebendas. cart. *

Schaefer, in wie weit schaden mir Alkohol u. Nikotin u. wie befreie ich mich v. deren Folgen? Eine Abhandlg. u. Belehrg. üb. die Wirkg. u. Folgen des Trinkens u. Rauchens auf den menschl. Körper. 8. (IV, 114 S.) Erfurt (901). F. Bartholomäus. n. 2. —

— die kathol. Kirche in Deutschland während des nunmehr abgelaufenen 19. Jahrh., s.a. Flugschriften, kathol. 140.

Die katholische Kirche in Deutschland während des nunmehr abgelaufenen 19. Jahrh. Von Dr. Schaefer. *Berlin: Germania [1900].* (72 S.) 8° [F.]
= Flugschriften, Katholische, zur Wehr u. Lehr. No 140. (01. 3630

Schaefer, deutsche Kurs-Karte. Nach amtl. Quellen bearb. Sommer-Halbjahr 1883. Lithogr. Imp.-Fol. Nebst Text. 16. (16 S.) Dresden, Verlag der deutschen Kurs-Karte. * — 60

Schaefer, Leitfaden zum Unterricht der Wärter u. Wärterinnen an öffentlichen Irrenanstalten. 8. (II, 60 S.) Wien 889. Deuticke. n. 1. —

Schäfer, für kleine Leute, s.: Votteler, Chr.

Schaefer, zur inneren Organisation der Irrenanstalten. Für Irrenärzte u. höhere Verwaltungsbeamte. gr. 8. (19 S.) Hamburg 894. O. Meißner's Verl. n. — 60

— „Qui ceciderit super lapidem istum, confringetur; super quem vero ceciderit, conteret eum", s.a. Flugschriften, kathol. 147.

'Qui ceciderit super lapidem istum, confringetur; super quem vero ceciderit, conteret eum'. Matth. XXI, 42. Von Dr. Schaefer. *Berlin: Germania [1902].* (63 S.) 8° [Ant. u. F.]
= Flugschriften, Katholische, zur Wehr u. Lehr. No 147. (03. 1545

Ueber das Rehgeweih und die Anlage einer diesbezüglichen Sammlung im Museum d. naturw. Vereins d. Rheinpfalz 'Pollichia'. Vortrag geh. bei d. 60. Stiftungsfeier von Dr. Schäfer-Neustadt. *(München 1900: E. Stahl.)* (1 Bl., 1 Taf.) 2° [F.]
Aus: Der Deutsche Jäger.
= Festschrift z. 60jähr. Stiftungsfeier d. Pollichia. 1900. Beilage. (01. 3334 a

Schaefer, das Reichs-Civilrecht, s.: Rudorff, O.

Schäfer's Roman-Blätter zur Unterhaltung im häuslichen Kreise. 1. Jahrg. 1878. 52 Hfte. (3 B.) gr. 4. Berlin, Schäfer. à Hft. — 50

Schäfer's Roman-Blätter zur Unterhaltung im häuslichen Kreise. 1. Jahrg. 1878/79. 60 Hefte (à 2 Bog.) gr. 4. Berlin, Schäfer. à Heft 50 Pf. 30 —
Nicht weiter erschienen.

Schaefer, s.: Rundschau, tierärztliche.

Schaefer, die Schule ohne Religion bringt nur Unheil üb. die menschl. Gesellschaft, s.a. Flugschriften, katholische, zur Lehr u. Wehr.

Die Schule ohne Religion bringt nur Unheil über die menschliche Gesellschaft. Von Dr. Schaefer. Berlin: Germania [1905]. (43 S.) 8° [F.]
= Flugschriften, Katholische, zur Wehr u. Lehr. No 154. (06. 3758

— der moralische Schwachsinn, s.a. Grenzfragen, juristisch-psychiatrische. IV, 4—6.

Der moralische Schwachsinn. Allgem. verständlich dargest. f. Juristen, Ärzte, Militärärzte u. Lehrer von Dr. Schaefer, Oberarzt a. D. d. Irrenanst. Friedrichsberg, Hamburg. Halle a. S.: C. Marhold 1906. (184 S.) 8°
= Grenzfragen, Juristisch-psychiatrische. Bd 4, H. 4/6. (06. 8779 б

Schaefer, Tafel f. den Unterricht üb. das Gewehr 98. Imp.-Fol. Farbdr. Berlin (901). E. S. Mittler & Sohn. n. — 80

Schaefer, Tafel f. den Unterricht üb. das Gewehr 98 u. seine Munition. Ergänzt v. Wolfram. 75×100,5 cm. Farbdr. Berlin (906.) E. S. Mittler & Sohn. n. — 80

— der Vatican in seiner welthistor. Bedeutung, s.a. Flugschriften, kathol. 135.

Der Vatican in seiner welthistorischen Bedeutung. Von Dr. Schäfer. Berlin: Germania (1898). (44 S.) 8⁰
= Flugschriften, Katholische, zur Wehr- u. Lehr. No 135.

Schäfer. Von den Versuchen die bisher gemacht sind, die Höhe unserer Atmosphäre zu bestimmen. 15 S.
Luckau, Progr. 1860

Schaefer, das deutsche Viehseuchengesetz und die dazu erlassene Instruktion, nach ihren wichtigsten Bestimmungen für Landwirthe und Thierbesitzer besprochen, nebst Beschreibung der einschläg. Krankheiten. gr. 8. (24 S.) Darmstadt 886, (Waitz.) *

—— Ein Wort zum Schutze geisteskranker Soldaten, s.a. Schriften zur Heeresreform.

Schaefer. Ein Wort z. Schutze geisteskranker Soldaten, gericht. an d. preuß. Offiz.- u. Sanit.-Offiz.-Korps. Stuttgart 1892.

Schaefer, A., am hl. Abend. Festspiel f. Kinder m. Chorgesang der bekanntesten Weihnachtslieder. Für Volksschulen, Mädchenschulen u. Familienkreise. 8. (16 S.) Düsseldorf 894. L. Schwann. n. — 50

Schaefer, A., (Bauernstolz od.:) In der 2. Instanz. Voltsstück in 3 Aufzgn. Verhochdeutschte Textausg. 16. (63 S.) München 893. Rubinverlag. n. 1. —

Schäfer, A., Die Bedeutung d. Studiums d. alt. Geschichte f. d. Gegenwart. Gel 1871. 11 S.

Schäfer, A., Zur Charakteristik Königs Philipp v. Makedonien. Gel. 1856. 8 S. 4°.

Schäfer, A., Einrichtung u. Betrieb e. Gaswerkes, s.a. Oldenbourg's technische Handbibliothek. 3. Bd.

Einrichtung und Betrieb eines Gaswerkes. Ein Leitfaden f. Betriebsleiter u. Konstrukteure. Bearb. von A. Schäfer, Ingen. Mit 185 Abb. u. 6 Taf. *München & Berlin: R. Oldenbourg 1903.* (XII, 373 S.) 8°
= Handbibliothek, Oldenbourg's Technische. Bd 3. 104. 1983

Einrichtung und Betrieb eines Gaswerkes. Ein Leitfaden f. Betriebsleiter u. Konstrukteure bearb. von A. Schäfer, Dir. zu Ingolstadt. 2. verm. u. verb. Aufl. mit 345 Abb. u. 11 Taf. München & Berlin: R. Oldenbourg 1907. (XIV, 751 S.) 8°
— Handbibliothek, Technische. Bd 3. 108. 1025

Einrichtung und Betrieb eines Gaswerkes. Ein Leitfaden f. Betriebsleiter u. Konstrukteure bearb. von A. Schäfer, Dir., Ingolstadt. Unter Mitw. von Dr.-Ing. R. Witzeck, Chemiker. 3., verm. u. verb. Aufl. Mit 413 Abb. u. 5 Taf. München & Berlin: R. Oldenbourg 1910. (XV, 923 S.) 8°
(Oldenbourgs Technische Handbibliothek. Bd 3.) 10. [illegible]

Schaefer, A., die Examenskneipe. Eine Studentengeschichte m. neuen Commersliedern in 3 Aufzügen. 16. (119 S.) Jena 889. Pohle. n. 1. —

Schaefer, A., die Examenskneipe. Eine Studentengeschichte m. neuen Kommersliedern in 3 Aufzügen. Mit Kompositionen v. Karl Zuschneid. [Aus: „Kommersabende".] hoch 4. (34 S.) Lahr 891. M. Schauenburg. n. 1. —

— die Examenskneipe. E. Studentengeschichte m. neuen Kommersliedern in 3 Aufzgn. M. Kompositionen v. Karl Zuschneid. hoch 4. (34 S.) Lahr 897. M. Schauenburg. n. 1. —

Schaefer, A., vaterländ. Gelegenheits-Gedichte zum Singen u. Deklamieren. Mit Kompositionen v. E. Werner u. K. Zuschneid. 8. (32 S.) Düsseldorf (900). L. Schwann. n. — 50

Schaefer, A., vaterländische Gelegenheits-Gedichte zum Singen u. Deklamieren. Mit Kompositionen v. E. Werner u. K. Zuschneid. 2., reich verm. Aufl. (55 S.) 8. Düsseldorf (906.) L. Schwann. n. — 50

Schaefer, A., vaterländische Gelegenheits-Gedichte zum Singen u. Deklamieren. Mit Kompositionen v. E. Werner u. K. Zuschneid. 2., reich verm. Aufl. (55 S.) 8. Düsseldorf (907). L. Schwann. — 80

— e. nette Gesellschaft. Ein Bilderbuch f. Kinder von 6 bis 10 Jahren. Illustr. v. F. Heiner. gr. 4. (24 Blatt m. farb. Abbildgn.) Elberfeld 891. S. Lucas. Kart. n.n. 3. —

Schaefer, A., Hilfsbuch für den Geschichtsunterricht in Sexta und Quinta der Gymnasien und Realgymnasien. Für den Schulgebrauch bearb. gr. 8. (64 S.) Hannover 885, Meyer. *

Schäfer, A. Landon und sein neuster Biograph. (W. v. Janko.) 8. München 1870.

Schaefer, A., Commentatio de libro vitarum X oratorum. Pr. 1844. 2.—

Schaefer, A., De Cleonis oratione quae est in libro III. Thucydidis. Diss. 1865. 49 S. 1.50
Göttingae.

Schaefer, A. v., deutsch-russisches Vokabular nebst erklär. Anmerkgn. z. Lesebuch f. mittl. Lehranst. v. Chr. Böhm. gr. 8. (64 S.) Reval 895. F. Kluge. n. — 80

Schäfer, Adf., Anleitg. zur deutschen Stenographie, auf Veranlassg. d. phonostenograph. Vereinigg. zu Leipzig bearb. 2. Aufl., vereinf. u. vervollkommnet. gr. 8. (VI, 16 u. 12 autogr. S.) Leipzig 898. Schäfer & Schönfelder. n. 1. —

Schäfer, Adf., Anleitung zur deutschen Stenographie, auf Veranlassg. der phonostenograph. Vereinigg. zu Leipzig bearb. 3. Aufl. gr. 8. (VI, 10 u. IV autogr. S.) Leipzig 898. Schäfer & Schönfelder. n. 1. —

Schäfer, G. A., Entwurf e. Systems d. Stenographie (auf Grundlage d. Stolze'schen Systems) m. buchstäbl. Vokalbezeichnung (Phono-Stenographie). gr. 8. (9 autogr. S.) Leipzig 898. Schäfer & Schönfelder. n. — 25

Schaefer, Adolf *Emil Ludwig* [aus Essen]: Ein Fall von Parotissarkom ... Erlangen, k. b. Hofbuchdr. v. A. Vollrath, 1896; 28 S., 1 Bl., 1 Taf. 8.
Erlangen, Med. Fak., Inaug.-Diss. v. 6. März 1896

Schäfer, Adolf: Ueber die Osteotomie beim Genu valgum. Halle a. S. 1881: Plötz. 31 S. 8°
Halle-Wittenberg, Med. Diss. v. 11. Juni 1881
Geb. Meseritz (Posen) 1. 6. 1855. V.

Schäfer, Adolf [aus Hungen]: Ueber Oxime unsymmetrischer Ketone. ... Tübingen, Druck v. H. Laupp jr., 1891; 28 S., 2 Bl. 8°
Heidelberg, Naturw.-math. Fak., Inaug.-Diss. v. [2. Jul.] 1891

Schäfer, Adolf. I principi della stenografia italiana semplificata ⟨sistema Schäfer⟩ secondo la st' tedesca s' ⟨sistema Stolze-Schrey⟩. Adattata alla lingua italiana da Adolfo Sch', Lugano. 12 p. 8. Wetzikon-Zurigo, H. Bebie, 1905. fr. —.70

— drei Unterrichtsbriefe zur Aneigng. d. Phono-Stenographie (Laut-Schnellschrift). Als Einigungssystem f. d. Vokal-symbolisier. u. Vokal-schreib. Schulen bearb. u. hrsg. gr. 8. (8, 10 u. 16 S. m. 2 liniierten Schreibhftn. à 16 S.) Ebd. 898. n. 1. 60

Schäfer, Adolf, a. Schlüchtern: Untersuchungen über die Keimungsbedingungen der Samen von Rotklee. Eschwege [1908]: R. Himmelreich. (63 S.) 8°
Jena, Phil. Fak., Ref. Edler, Diss. v. 28. Juli 1908
[Geb. 28. Aug. 75 Schlüchtern; Wohnort: Schlüchtern; Staatsangeh.: Preußen; Vorbildung: Progymn. Schlüchtern Einj.-Freiw.-Z. 95; Studium: Jena 7 S.; Coll. 2. Aug. 07.]

Schäfer, Ad., s. Vaterlandsblätter.

Schäfer, Ad., die hannöv. Verfassungsfrage bei d. Ständeversammlung im Königr. Sachsen. Eine Zusammenstell. d. offiz. Documente. 1. Hft. gr. 8. (1¼ B.) Dresden 840. [Stuttgart, Hoffmann'sche Verlh.] *

Schäfer, Ad., die Hannoversche Verfassungsfrage bei der Ständeversammlung im Königreiche Sachsen. Eine Zusammenstellung der offiziellen Documente. 1s Hft. gr. 8. Dresden 840. Walther. n. [illegible]

—— die wahren Verhältnisse d. kathol. Kirche in Sachsen, s. Verhältnisse.

Schäfer, A[dolf]: Über das Vorkommen von Ascaris lumbricoides im menschlichen Körper, ausserhalb des Darmes, besonders in der Leber und in den Gallengängen. *Münster 1900: (Regensberg).* (19 S.) 8°
Rostock, Med. Diss. v. [8. Febr.] 1901

Schaefer, Albert: Beiträge zur Erklärung deutscher Gedichte, zugleich e. Besprechung d. ersten beiden Bände d. Erläuterungswerkes 'Aus deutschen Lesebüchern'. Duisburg 1908: Ewich. 28 S. 4°
Duisburg a. Rh., st. parität. HM OP 1908 [72] [S 08. 397

Schaefer, Alb., Einführung in die Kulturwelt der alten Griechen u. Römer. Für Schüler höherer Lehranstalten u. zum Selbstunterricht. (VIII, 270 S.) gr. 8. Hannover 907. C. Meyer. 3.—; geb. 4.—

Schäfer, Albert, a. Sindelfingen: Aus der chirurg. Abteilung des Karl-Olga-Krankenhauses zu Stuttgart (Chef: Prof. Dr. Hofmeister). Ein Fall von Spontanfraktur der rechten Ulna mit Luxation des Radius auf Grund von Syringomyelie. Tübingen: F. Pietzcker 1907. (22 S.) 8°
Tübingen, Med. Fak., Ref. v. Bruns, Diss. v. 15. April 1907
[Geb. 2. Juli 80 Sindelfingen; Wohnort: Stuttgart; Staatsangeh.: Württemberg; Vorbildung: Seminare Schönthal u. Urach Reife Sommer 98; Studium: Evang.-theol. Seminar Tübingen 5, Univ. 4, München 2, Tübingen 3 S.; Coll. 9. März 07; Approb. 31. März 07.]

Schaefer, A., Die Götterfabeln der alten Griechen. Pr. 1894. 37 S.

Schaefer, A(lbert): Das alte Griechenland und seine Sagen. 1. Alt-Griechenland. *Barmen 1897: D. B. Wiemann.* (3, 25 S.) 4°
Mittelbarmen, st. HM, P 1897**

Schaefer, A., kleiner deutscher Homer. Ilias u. Odyssee im Auszuge. Verdeutscht, m. Anmerkgn. u. Zusätzen. 8. (VIII, 158 S.) Hannover 896. C. Meyer. Kart. n. 1.—

Schaefer, A., kleiner deutscher Homer. Ilias u. Odyssee im Auszuge. Verdeutscht, m. Anmerkgn. u. Zusätzen. 3. Aufl., in alldeutscher Rechtschreibg. 8. (VIII, 158 S.) Hannover 902. C. Meyer. Kart. n. 1.—

Schaefer, Alb., kleiner deutscher Homer. Ilias u. Odyssee im Auszuge. Verdeutscht, m. Anmerkgn. u. Zusätzen. 6. Ster.-Aufl. (VIII, 158 S.) 8. Hannover 907. C. Meyer. Kart. n. 1.—

— Kleiner deutscher Homer. Ilias u. Odyssee im Auszuge. Verdeutscht, m. Anmerkgn. u. Zusätzen. 8. (Ster.-) Aufl. (VIII, 158 S.) 8. Ebd. 910. Kart. 1.20

Schaefer. [C. F.] Albert, Ludwigsburgensis: De hydrope ductuum biliarium. Tur. ex offic. Zürch. et Furr. 1842. 33 S. 8.
Zürich, Med. Diss. v. 12. März 1842.

Schaefer, Albert, Pfarrer in Schinznach, Kt. Aargau: Die Moralphilosophie Auguste Comte's. Versuch einer Darstellung und Kritik. Basel 1906. 124 S. 8°. [2. VI. 06.]
Zürich Phil. Diss. I S. 1905/1906

Schaefer, Alb., die Moralphilosophie Auguste Comte's. Versuch e. Darstellg. u. Kritik. (122 S.) gr. 8. Basel 906. (F. Reinhardt.) n. 2.—

Schaefer, Alb., die Najaden. Märchen-Dichtung (frei nach L. Bechstein's Märchen „Der Dockenteich"). Für 4 Solostimmen, weibl. Chor, Pianofortebegleitg. u. verbind. Dichtg. komponiert v. Ferd. Hummel. Op. 55. Vollständiges Textbuch. 8. (14 S.) Leipzig 890. C. F. W. Siegel. — 60

Schäfer, Alb., die Offenbarung St. Johannis. Eine Weissagung auf das Schicksal der Welt. Mit e. Vorwort: Die letzte Zeit. Nach Worten der Heil. Schrift. 8. (70 S.) Brandenburg 888. Wilh. Schäfer. — 60

Pegasusritte. Auf dem Musenross hinaus in d. Welt. Bilder aus d. Länder- u. Völkerkunde in Gedichten der deutschen u. ausländ. Literatur. Ausgew. u. mit erkl. Anm. vers. von Prof. A[lbert] **Schaefer**, Duisburg. 1, 1. Hannover-List & Berlin: C. Meyer 1907. 8° [J.] [08. 13831 7

Schaefer, A[lbert]. Die Trunksucht und ihre Heilung. [SA. aus dem Aarg. Hausfreund, Jahrg. 1910.] 16 S. 8. Brugg, «Effingerhof A.-G.», 1910.

Schäfer, Alb., chronologisch-systematisches Verzeichnis der Werke Joachim Raff's m. Einschluß der verlorengegangenen, unveröffentlichten u. nachgelassenen Kompositionen dieses Meisters. Unter genauer Angabe der Beschaffenheit, der Umarbeitgn. u. Übertraggn. bearb., sowie m. histor. Anmerkgn. versehen. gr. 8. (VII, 164 S.) Wiesbaden 888. Bechtold & Co. n. 2.—

Schaefer, Alb., historisches u. systematisches Verzeichnis sämtlicher Tonwerke zu den Dramen Schillers, Goethes, Shakespeares, Kleists u. Körners. Nebst einleit. Text u. Erläutergn. f. Darsteller, Dirigenten, Spieler u. Hörer der Werke, unter besond. Berücksicht. der Zwischenaktsmusik. gr. 8. (VIII, 192 S.) Leipzig 886. Merseburger. 3.—

Schäfer, Alfons

Schaefer, Alphons [aus Mohrin]: Zur Lehre vom Erschöpfungsstupor. . . . Jena, Druck v. G. Neuenhahn, 1889; 51 S. 8°
Jena, Med. Fak., Inaug.-Diss. v. 25. März 1889

Schaefer, Alph., zur Lehre vom Erschöpfungsstupor. Inaug.-Diss. gr. 8. (51 S.) Jena 889. Rudolstadt, Dabis. n. — 60

Schaefer, Alfred [aus Inowrazlaw]: Beitrag zur Lehre von den pathogenen Eigenschaften des Bacillus pyocyaneus. . . . Berlin, Buchdr. v. G. Schade, *1891;* 30 S., 1 Bl. 8°
Berlin, Med. Fak., Inaug.-Diss. v. 8. Apr. 1891

Schäfer, Alfred: Die volkstümliche Liviusübersetzung Philemon Hollands. Ein Beitr. z. Geschichte d. engl. Übersetzungsliteratur. Burgstädt 1910: Kästner. 113 S. 8°
Leipzig, Phil. Diss. v. 19. April 1910, Ref. Wülker, Birch-Hirschfeld
[Geb. 7. Dez. 85 Burgstädt; Wohnort: Burgstädt; Staatsangeh.: Sachsen; Vorbildung: Fürstensch. Grimma Reife O. 05; Studium: Leipzig 9 S.; Rig. 18. Jan. 10.] [U 10. 3225

Schaefer, Aloys, üb. die Aufgaben der Exegese nach ihrer geschichtlichen Entwickelung. Rede, bei der öffentl. Feier der Übergabe d. Rektorates der k. Akademie zu Münster i/W. am 15. Oktbr. 1890 geh. gr. 8. (31 S.) Münster i/W. 890. Aschendorff. n. — 70

— die Bücher d. Neuen Testamentes, erklärt. 1. Bd. gr. 8. Ebd. 890. n. 5. 60
Erklärung der 2 Briefe an die Thessalonicher u. d. Briefes an die Galater. (VIII, 361 S.)

Schaefer, Aloys, die Bücher des Neuen Testamentes, erklärt v. A. S. III. u. V. Bd. gr. 8. Münster i/W., Aschendorff. n. 11. 60; geb. n. 14. 6 (I, III u. V.: n. 17. —; geb. n. 20. 80)
III. Erklärung d. Briefes Pauli an die Römer. (XII, 420 S.) 891. n. 6. 60; geb. n. 7. 80
V. Erklärung d. Hebräerbriefes. (VIII, 343 S.) 893. n. 5. —; geb. n. 6. 25

Schaefer, Aloys, die Bücher des neuen Testamentes erklärt. II. Bd. 2 Abtlgn. gr. 8. Münster 903. Aschendorff. n. 8. 25
1. Erklärung der beiden Briefe Pauli an die Korinther. 1. Abtlg. Der 1. Brief. (VII, 350 S.) n. 5. 25
2. dasselbe. 2. Abtlg. Der 2. Brief. (S. 353—553.) n. 3. —

Schaefer, Aloys, die biblische Chronologie vom Auszuge aus Aegypten bis zum Beginne des Babylonischen Exil's mit Berücksicht. der Resultate der Aegyptologie und Assyriologie. Von der Theolog. Facultät zu Würzburg gekrönte Preisschrift. gr. 8. (VIII, 141 S.) Münster 879, Russel's Verlag. * 3 —

Schaefer, Aloys, Einleitg. in d. neue Testament, s.a. Handbibliothek, wissenschaftl., XV.

[F.] Einleitung in das Neue Testament. Von Dr. Aloys Schaefer, ord. Prof. . . . an d. Univ. Breslau. *Paderborn: F. Schöningh* 1898. (VIII, 383 S.) 1 Bd 8.
= Handbibliothek, Wissenschaftliche. Reihe 1. [Bd] 15. 98. 5390

Schäfer, Aloys, Erklärung des Briefes an die Römer. Münster, Aschendorff. 1891, 8°, VIII u. 419 S., 6,50 Mk.

Erklärung der beiden Briefe an die Korinther von Prof. Dr. Aloys Schaefer. (Abt. 1. 2.) *Münster i. W.: Aschendorff* 1903. 2 Bde 8°
1. Der 1. Brief Pauli ... 2. Der 2. Brief ...
= Schaefer: Die Bücher d. Neuen Testamentes erkl. Bd 2, Abt. 1. 2.

Schäfer, Aloys, Erklärung der 2 Briefe an die Thessalonicher und des Briefes an die Galater. Münster, Aschendorff, 1890, gr. 8°, VIII u. 361 S., 5,50 Mk.

Schäfer, Aloys, Erklärung des Hebräerbriefes. Münster, Aschendorff, 1893, gr. 8°, VIII u. 343 S., 5 Mk.

Schaefer, Aloys, die Gottesmutter in der heiligen Schrift. Biblisch-theolog. Vorträge. Festschrift der katholisch-theolog. Facultät an der k. Akademie zu Münster i. W. zur Feier des 50jähr. Priesterjubiläums Sr. Heiligkeit des Papstes Leo XIII. am 31. Decbr. 1887. gr. 8. (VIII, 259 S.) Münster 887, Aschendorff'sche Buchh. *

Schaefer, Aloys, die Gottesmutter in der Heiligen Schrift. Biblisch-theolog. Vorträge. 2., neubearb. Aufl. gr. 8. (VII, 260 S.) Münster 900. Aschendorff. n. 4. 25

—— Die Kaiser-Erlasse vom 4. Febr. 1890 u. die akademisch gebildeten Berufsklassen. Rede, bei der öffentl. akadem. Fest-Feier d. Geburtstages Sr. Maj. d. Kaisers u. Königs Wilhelm II. am 27. Jan. 1891 geh. gr. 8. (23 S.) Ebd. 891. * — 50

— Klerus u. sociale Frage. Schluss-Vortrag d. praktisch-socialen Kursus zu München-Gladbach (20.—30. Septbr. 1892). gr. 8. (16 S.) Ebd. 892. n. — 40

— Stammbuch d. Familie Strecker, s.: Strecker, Wilh.

Schäfer, Alphons, s. Schäfer, Alfons

Schaefer, Andreas [aus Niederich (Rheinl.)]: Ein Beitrag zur pathologischen Histologie des Lungenrotzes ... Würzburg, P. Scheiner's Buchdr., 1892; 34 S., 1 Bl. 8.
Würzburg, Med. Fak., Inaug.-Diss. v. 1892

Schaefer, Anny, Bauernliab, s.: Theater-Bibliothek, Münchener.

— aus die boarisch'n Berg. Gedichte in oberbayer. Mundart. Mit Illustr. von W. Graf Bülow v. Dennewitz. gr. 8. (VII, 82 S.) München 891. Münchener Kunst- u. Verlags-Anstalt Dr. E. Albert & Co. n. 2. —; geb. n. 2. 50

— auf'm Sunnwendhof, s.: Mosenthal, S. H.

Schäfer, Ant., Panorama vom Auersberg, s.: Wanderkarte v. Elbenstock (1. Anhang: Karten u. Pläne).

Schäfer, Ant., Rundschau vom Fichtelberg u. vom Keilberg. [Aus: „Berlet, Wegweiser durch das sächsisch-böhm. Erzgebirge".] 15×45 cm. Annaberg 896. Graser. n. — 30

Schaefer, Apollinaris (geb. Ahrweiler Juli 1800): De partu arte praematuro. Berolini (1833). (40 S.) 8°
Berlin, Med. Diss. v. 11. Nov. 1833

Schäfer, Armin, Anleitung zum deutschen Unterrichte auf der Unterstufe höherer Lehranstalten. gr. 8. (VI, 114 S.) Berlin 882, Gebr. Bornträger. * 1 60

Schaefer, Armin (Augustus Ferd.) (geb. Ratibor 30. 8. 1819): De corporis exercitatione, remedio principe et ad valetudinem bonam parandam conservandamque, et ad morbos plures sanandos. Berolini (1842). (28 S.) 8°
Berlin, Med. Diss. v. 9. Apr. 1842

Schäfer, Armin, Lehrbuch der italienischen Sprache. 6 Thle. gr. 8. Paderborn, Schöningh. In 1 Bde. * 4 —
Inhalt:
Thl. 1. Anleitung zur Erlernung der Anfangsgründe. (94 S.) 874. *M 1.
„ 2. Sprachlehre nach wissenschaftlicher Anordnung. (123 S.) 875. *M 1,30.
„ 3.4. Sprachlich und sachlich geordnete Verzeichnisse von Wörtern und Redensarten. (60 S.) — Uebungen. (36 S.) 876. *M 1.
„ 5.6. Darstellungen aus dem gewöhnlichen Leben. (31 S.) — Lesestücke, nach den Redegattungen geordnet. (147 S.) 875. *M 1.60.

Schäfer, Armin, Lehrbuch der italienischen Sprache. 6 Thle. gr. 8. Paderborn 875. 76. Schöningh. n. 4. 90; in 1 Bd. n. 4. —
1. Anleitung zur Erlernung der Anfangsgründe. (68 S.) n. 1. —
2. Sprachlehre nach wissenschaftlicher Anordnung. (123 S.) n. 1. 30
3. u. 4. Sprachlich u. sachlich geordnete Verzeichnisse v. Wörtern u. Redensarten. (60 S.) — Uebungen. (36 S.) n. 1. —
5. u. 6. Darstellungen aus dem gewöhnlichen Leben. (31 S.) — Lesestücke, nach den Redegattgn. geordnet. (147 S.) n. 1. 60

Schäfer, Armin Über Umfang und Gliederung des deutschen Unterrichts auf höheren Lehranstalten. 18 S. **Progr.** *Birkenfeld* 1880.

Schäfer, Arnim, s. Schäfer, Armin

SCHAEFER, Arno: Ueber Europhenin. Ein neues Antipyreticum.- München: Kastner & Lossen 1898. 35 S. 7.3.1898 - Chr 1897/98,20; Jv 1897/98,219
Diss.Ingolst.-Landsh.-Mchn.

Schäfer, Arnold

Schaefer, Arn., Abriss der Quellenkunde der griechischen Geschichte bis auf Polybios. Leipzig 867. Teubner. gr. 8. (III, 109 S.) n. 20 ngr.

Schaefer, Arn., Abriss der Quellenkunde der griechischen Geschichte bis auf Polybios. 2. Aufl. gr. 8. (111 S.) Leipzig 873. Teubner. n. 2. —

Schaefer, Arnold, Abrisz der Quellenkunde der griechischen und römischen Geschichte. 1. und 2. Abthl. gr. 8. Leipzig, Teubner. *M 5.; geb. * 5 80
Inhalt:
Abthl. 1. Griechische Geschichte bis auf Polybios. 3. Aufl. (III, 112 S.) 882. *M 2.; geb. *M 2,40.
» 2. Die Periode des römischen Reichs. (199 S.) 881. *M 3.; geb. *M 3,40.

Schaefer, Arnold, Abrisz der Quellenkunde der griechischen u. römischen Geschichte. 2. Abtlg. Römische Geschichte bis auf Justinian. 2. Aufl., besorgt v. Heinr. Nissen. gr. 8. (X, 208 S.) Leipzig 885. Teubner. n. 3. 20

Schaefer, Arnold, Abriss der Quellenkunde der griechischen u. römischen Geschichte. 1. Abtlg. Griechische Geschichte bis auf Polybios. 4. Aufl., besorgt von H. Nissen. gr. 8. (VI, 118 S.) Leipzig 889. Teubner. n. 2. —

— die überkommenen Aufgaben des preußischen Staats. Rede zur Feier des Geburtstages Sr. Majestät des Königs am 22. März 1866 gehalten in der Aula der rheinischen Friedrich-Wilhelms-Universität. Bonn 866. Marcus. 8. (22 S.) n. 4 ngr.

— historische Aufsätze u. Festreden. gr. 8. (362 S.) Ebend. 873. n. 7. 20

Schaefer, A. Urkundliche Beiträge zur Geschichte des siebenjährigen Krieges. o. O. (c. 1880). 8°

Schaefer, Arnold, das preussisch-englische Bündniss im siebenjährigen Kriege. Ein Vortrag. gr. 8. (38 S.) Berlin 861, Hertz.

— de causis quibus [illegible] Ludovicum XV. [illegible] regem [illegible] Bonnae [illegible] 4 24 S.
Schul-/Univ.-Schrift 1865

—— **Demosthenes und seine Zeit.** In 3 Bdn. 1. und 2. Bd. gr. 8. (XXVII und 1012 S.) Leipzig 856, Teubner. à Bd. *

—— Demosthenes und seine Zeit. 3. Bd. 2 Abthlgn. gr. 8. (VIII und 744 S.) Leipzig 858, Teubner. *
1. und 2. Bd. Ebendas. 1856. * 5 Thlr. 10 Ngr.

— Demosthenes u. seine Zeit. 2. rev. Ausg. 1. u. 2. Bd. gr. 8. (XVI, 528 u. VII, 566 S. m. 1 Holzschntaf.) Ebend. 885. 86. à n. 10. —

— Demosthenes und seine Zeit. 2., rev. Ausg. 3. (Schluss-)Bd. gr. 8. (X, 496 S. m. 1 Taf.) Ebd. 887. n. 10. — (cplt.: n. 30. —)

—— de ephoris Lacedaemoniis commentatio. gr. 4. (21 S.) Leipzig 863, Teubner. *

—— Geschichte des siebenjährigen Kriegs. (In 2 Bdn.) 1. Bd.: Der Ursprung und die ersten Zeiten des Kriegs bis zur Schlacht bei Leuthen. gr. 8. (XX und 667 S.) Berlin 867, Hertz. *

—— Geschichte des siebenjährigen Krieges. 2. Bd. 1. und 2. Abthl. gr. 8. Berlin, Hertz. * 24 —
Inhalt:
Abthl. 1. Vom Anfange des J. 1758 bis zur Eröffnung des Feldzuges von 1760. (XIV, 583 S.) 870. * M. 9.
" 2. Die drei letzten Kriegsjahre und die Friedensschlüsse. Mit Register. (X, 778 S.) 874. * M. 15.
1. Bd. Ebendas. 1867. * M. 10.50.

Schaefer, Arnold, Geschichtstabellen zum Auswendiglernen. gr. 8. (IV u. 50 S.) Leipzig 847, Arnold. — 2. verb. Aufl. gr. 8. (VI u. 50 S.) Ebd. 847. — 3. Aufl. gr. 8. (VI u. 64 S.) Ebd. 851. n. 1/6 ℳ

—— **Geschichtstabellen** zum Auswendiglernen. 4. Aufl. 1853. und 5. Aufl. gr. 8. (VIII und 64 S.) Leipzig 854, Arnoldische Buchh. *

—— Geschichtstabellen zum Auswendiglernen. 6., verb. und mit einer Geschlechtstaf. verm. Aufl. gr. 8. (VIII und 64 S. mit 1 Tab. in qu. Fol.) Leipzig 857, Arnoldische Buchh. *

— Geschichtstabellen zum Auswendiglernen. 7—9. Aufl. Mit Geschlechtstaf. (in qu. Fol.) Leipzig 859—64. Arnold. gr. 8. (VI, 64 S.) n. 5 ngr.

— Geschichtstabellen zum Auswendiglernen. 10—11. Aufl. Leipzig 865—70. Arnoldische Buchh. gr. 8. (VI, 66 S. mit Geschlechtstaff. in qu. Fol.) n. 5 ngr.

—— Geschichtstabellen zum Auswendiglernen. 12. Aufl. 1870, und 13. verb. und bis auf die Gegenwart fortgesetzte Aufl. Mit Geschlechtstaf. gr. 8. (IV, 66 S.) Leipzig 873, Arnoldische Buchh. — 50

— **Geschichtstabellen zum Auswendiglernen. 14. Aufl. Mit Geschlechtstafeln (in qu. Fol.) gr. 8. (VI, 66 S.) Leipzig 876. Arnold. n. — 50; cart. n. — 75**

—— Geschichtstabellen zum Auswendiglernen. Mit Geschlechtstafeln. 15. Aufl. [nach der neuen Schul-Rechtschreibung]. gr. 8. (IV, 66 S.) Leipzig 880, Arnoldische Buchh. * — 50

— Geschichtstabellen zum Auswendiglernen. Mit Geschlechtstafeln. 16. Aufl. Hrsg. v. Jul. Asbach. gr. 8. (VI, 68 S.) Leipzig 885. Arnold. n. — 50

—— Geschichtstabellen zum Auswendiglernen. 16. Aufl. Hrsg. von Jul. Asbach. gr. 8. (VI, 68 S mit Geschlechtstaf.) Leipzig 885, [Arnoldische Buchh.] Klinkhardt. *

— Geschichtstabellen zum Auswendiglernen. Mit Geschlechtstafeln. 17. Aufl. Hrsg. v. J. Asbach. gr. 8. (VI, 68 S.) Leipzig 889. Klinkhardt. n. — 60

Schaefer, Arnold, Geschichtstabellen zum Auswendiglernen. Mit Geschlechtstafeln. 18. Aufl. Hrsg v. Jul. Asbach. gr. 8. (VI, 68 S.) Leipzig 893. J. Klinkhardt. n. — 60

Schaefer, Arnold, Geschichtstabellen z. Auswendiglernen. 19. Aufl. Hrsg. v. Jul. Asbach. gr. 8. (VIII, 71 S. m. Geschlechtstaf.) Leipzig 897. J. Klinkhardt. n. — 60

Schaefer, Arnold, Geschichtstabellen z. Auswendiglernen. Mit Geschlechtstafeln. 20. Aufl. Hrsg. v. Jul. Asbach. gr. 8. (VIII, 71 S.) Leipzig 902. J. Klinkhardt. n. — 60

Schaefer, Arnold, Geschichtstabellen zum Auswendiglernen. Mit Geschlechtstaf. 21. Aufl. Hrsg. v. Jul. Asbach. (VIII, 71 S.) 8. Leipzig 906. J. Klinkhardt. n. — 60

Schaefer, A. Die Süßenbachischen Handschriften zur Geschichte des siebenjährigen Krieges. (Göttingen 1877.) 8°. (Aus: Forschungen z. deutschen Gesch.)

— die Hansa u. die norddeutsche Marine. Zwei öffentliche Vorträge. Bonn 869. Marcus. 8. (66 S.) n. 7½ ngr.

Die Hohenzollern und die norddeutsche Marine v. Arnold **Schäfer.** Siehe in desselben: Die Hansa und die norddeutsche Marine. Bonn. 1869. 8°.

Schäfer, Arnold, Jugenderziehung und Volksbildung. Eine Schulrede. gr. 8. Dresden u. L. 845, Arnoldische B. n. 4 ngr

—— das macedonische Königthum, s. Taschenbuch, historisches.

— **Norddeutsch, Süddeutsch u. Undeutsch. Rede zur Feier d. Geburtstages d. Kaisers Wilhelm I. am 22. März 1872 geh. in der Aula der rhein. Friedrich-Wilhelms-Universität. 8. (23 S.) Bonn 872. A. Marcus. n. — 40**

— das deutsche Recht an Schleswig-Holstein. Greifswald 863. Akademische Buchhdlg. gr. 8. (23 S.) n. 5 ngr.

Schaefer. Arn.: Das deutsche Recht an Schleswig-Holstein. 2. Abdr. Greifswald 1864.

—— Rede gehalten bei der Feier von Schillers 100jährigen Geburtstage in Greifswald am 10. Novbr. 1859. gr. 8. (19 S.) Greifswald 859, Akademische Buchh.

— de sociis **Atheniensium Chabriae et Timothei aetate in tabula publica inscriptis commentatio. Lipsiae 856. Teubner.** gr. 4. (20 S.) n. 8 ngr.

—— Goethe's Stellung zur deutschen Nation, s. Sammlung von Vorträgen.

—— **Stimmen aus dem Rheinlande vor dessen Vereinigung mit Preußen. Rede, gehalten am 3. Aug. 1875 in der Aula der rhein. Friedrich-Wilhelm-Universität. 8. (26 S.) Bonn 875, A. Marcus.** * — 50

—— Tabelle zur preussischen Geschichte. 2. Aufl. gr. 8. (16 S. mit 1 Geschlechtstaf. in gr. 4.) Leipzig 863, Arnoldische Buchh. *

—— Tabelle zur preussischen Geschichte. 3. Aufl., hrsg. von Jul. Asbach. gr. 8. (16 S. mit 1 Geschlechtstaf.) Ebendas. 885. *

— Tabelle zur preussischen Geschichte. Mit e. Geschlechtstaf. 4. Aufl. Besorgt v. J. Asbach. gr. 8. (16 S.) Ebd. 895. n. — 20

—— Tabelle zur sächsichen Geschichte. gr. 8. (16 S. mit 1 Tab. in qu. gr. 4.) Leipzig 854, Arnoldische Buchh.

— Tabelle zur sachsischen Geschichte. Leipzig 855. Arnold. gr. 8. (16 S. u. 1 Tab. in 4.) 1⅓ ngr.

—— Tabelle zur sächsischen Geschichte. 2. Aufl. gr. 8. (16 S. mit 1 Geschlechtstaf. in gr. 4.) Leipzig 863, Arnoldische Buchh. -

—— Tabelle zur sächsischen Geschichte. Mit 1 Geschlechtstaf. (in qu. gr. 4.). 3. Aufl. 8. (16 S.) Leipzig 880, Arnoldische Buchh. — 15

Schaefer, Arnold, Tabelle zur sächsischen Geschichte. 3. Aufl. 8. Leipzig 880, Klinkhardt. — 15

Ad avdiendam orationem de cavsis, qvibvs societas inter Fridericvm Magnvm Borvssorvm regem et Lvdovicvm XV Franciae regem diremta sit, pro obtinendo loco prof. ord. in ordine phil. vniversitatis Fridericiae Gvilelmiae Rhenanae d. XXVI m. Ivl. ... habendam ... invitat Arnoldvs Schaefer ... → Inest dispvtatio de rervm post bellvm Persicvm vsqve ad tricennale foedvs in Graecia gestarvm temporibvs. Bonnae, (Lipsiae form. expr. B. G. Tevbner) 1865. 24 S. 4. ¶ Erschien zugleich selbständig bei Teubner in Leipzig.

— de rerum post bellum persicum usque ad tricennale foedus in Graecia gestarum temporibus. Leipzig 865. Teubner. gr. 4. (24 S.) n. 10 ngr.

Schaefer, Arthur [Westhausen]: Staatsrechtliche Beziehungen Böhmens zum Reiche von der Zeit Karls des Grossen bis z. Jahre 1212 ... Jena 1886: Neuenhahn. 36 S. 8°
Jena, Phil. Fak., Inaug.-Diss. v. 1886.

Schaefer, Arth., staatsrechtliche Beziehungen Böhmens zum Reiche von der Zeit Karls d. Grossen bis zum J. 1212. gr. 8. (36 S.) Jena 886. (Neuenhahn.) n. 1. —

Schäfer, Arthur, approb. Arzt, aus Elberfeld: Aus d. pathol. Institut zu Greifswald. Ein im Darme einer Frau vorgefundenes Tuch. *Greifswald 1903: J. Abel.* (31 S.) 8°
Greifswald, Med. Diss. v. 27. März 1903

Schäfer, August (Übers.), s. Barthélemy, Auguste Marseille: La Statue de Napoléon.

August Schaefer

De Canali intestinali a prima conformatione in plures partes diviso cum novo hujus monstrositatis exemplo. Wirceburgi 1825: Becker. 13 S. 8°
Würzburg, Med. Diss. v 1825

Schaefer, Aug., Elementar-Gesangschule auf Grundlage eines einfachen, das Verständniß der Notenschrift vermittelnden Tonziffern-Systems (nach Natorp) in stufenmäßiger Fortschreitung vom Leichtesten zum Schwereren, enthld. eine zahlreiche Sammlung von Chorälen u. weltlichen Liedern bearb. für die Schule. 1. Heft. Riga 865. Kymmel. qu. 4. (40 S. mit eingedr. Holzschn.) n. 12 ngr. Ausg. mit Noten-Beilage. (X, 52 S.) n. 24 ngr.

Schäfer, August: Erfahrungen aus der Sexta eines Gymnasiums ohne Vorschule. Rössel 1905: B. Kruttke. (XVII S.) 4°
Rössel, k. G OP 1905 (15)

Schaefer, August: Erfahrungen aus der Sexta eines Gymnasiums ohne Vorschule. (Forts.) Rössel 1908: Kruttke. XIV S. 4° ¶ [Forts. d. P-Beil. 1905.]
Rössel, k. G OP 1908 (16) [S 08. 398

Schaefer, August, a. Cassel: George Gissing. Sein Leben und seine Romane. Marburg 1908 (Cassel: Gebr. Schönhoven). (VIII, 97 S.) 8°
Marburg, Phil. Fak., Ref. Viëtor, Diss. v. 25. April 1908
[Geb. 23. Sept. 82 Cassel; Wohnort: Marburg; Staatsangeh.: Preußen; Vorbildung: Real- und Oberrealsch. Cassel Reife O. 03; Studium: Marburg 1, München 2, Berlin 2, Marburg 5 S.; Rig. 18. Dez. 07.]

– (Übers.), s. Hugo, Abel: Geschichte des Kaisers Napoleon.

– (Übers.), s. Laval, Lottin von: Maria von Medicis.

– (Bearb.), s. Martinez de la Rosa: Auserlesene Schriften.

– (Übers.), s. Mignet, F. A.: Geschichte der französischen Revolution von 1789 bis 1814.

– (Übers.), s. Montesquieu, Charles de Secondat, Baron de la Brède et de: Sämtliche Werke.

– (Übers.), s. Moore, Thomas: Die Geschichte von Irland.

Schäfer, Aug., die Revolution, histor.-romant. Sittengemälde d. neuen Zeit. 2 Bde. gr. 12. (23 B.) Mannheim 835, Hoff.

Schaefer, August [Übers.]
s. Scott, Walter: Elisabeth von Bruce. 1827.

Schaefer, August [Übers.]
s. Scott, Walter: Erzahlungen von den Kreuzfahrern. 1826.

Schaefer, Aug., deutsche Sprach- und Rechtschreibelehre für Elementar- und Bürgerschulen, sowie für die unteren Klassen mittlerer Lehranstalten, in stufenmäß. Fortschreitung vom Leichtesten zum Schwereren bearb. Mittelstufe. 2. umgearb. und verm. Aufl. gr. 8. (VIII, 222 S.) Riga 880, (Kymmel.) cart. * 2 20

Schaefer, Aug., deutsche Sprach- und Rechtschreibelehre für den Elementar-Unterricht in stufenmäßiger Fortschreitung vom Leichtesten zum Schwereren. 1. Stufe. gr. 8. (IV, 71 S.) Riga 868, Kymmel. * 1 —

Schäfer, August: Die Verwandlung der menschlichen Gestalt im Volksaberglauben. Darmstadt 1905: C. F. Winter. (VI, 103 S.) 8°
Darmstadt, großh. R P 1905 (776)

– (Red.), s. Volksbibliothek. – Deutsche Volks- und Familienbibliothek.

– (Übers.), s. Wilson, C.: Tom Cringle's Schiffstagebuch.

Schäfer, Bernhard

Schaefer, B. (Hrsg.), s. Abhandlungen u. Bericht ... des Vereins f. Naturkunde zu Kassel.

Schäfer, Bernh., die religiösen Alterthümer der Bibel. Leitfaden für akadem. Vorlesungen u. zum Selbstunterricht. Mit einer (lith.) Fig.-Taf. gr. 8. (X, 208 S.) Münster 878. Theissing. n. 3. —

Schäfer, Bernh., die religiösen, sowie die wichtigsten häuslichen u. politischen Altertümer der Bibel. Ein Leitfaden f. akadem. Vorlesgn. u. zum Selbstunterricht. 2., verm. Aufl. gr. 8. (XII, 256 S. m. 2 Fig.-Taf.) Münster i/W. 891. Theissing. n. 3. 60

—— Die Apostelgeschichte ist keine Geschichte der Apostel — sondern e. Apologie der Kirche, s. Broschüren, Frankfurter zeitgemäße.

Schäfer, Bernh., Armen-Seelenbuch. Vollständiges Gebetbuch zu Hilf u. Trost der armen Seelen. Auszug aus Kühlender Tau f. das Fegfeuer. (126 S. m. Titelbild.) 16. Kevelaer (908). J. Thum. Geb. in Leinw. — 50

Schaefer, Bernhard [aus Brotterode]: Beitrag zur Entwicklungsgeschichte des Fruchtknotens und der Placenten ... Marburg 1889: Univ.-Buchdr. (R. Friedrich). 45 S. + 1 Bl. 8°
Marburg, Phil. Fak., Inaug.-Diss. v. [30. Dez.] 1889

Schäfer, Bernh., Bibel und Wissenschaft. Zehn Abhandlungen über das Verhältniß der heil. Schrift zu den Wissenschaften. gr. 8. (VIII, 284 S.) Münster 881, Theissing'sche Buchh. * 3 60

Schaefer, Bernh. (Pius Pilgrim), s.: **Commentar, kurzgefasster wissenschaftlicher, zu den hl. Schriften des Alten Testamentes.**

Schäfer, B., das Diluvium in der Bibel. gr. 8. (26 S.) Frankfurt a/M. 883. Foesser Nachf. n. — 50

— das Diluvium in der Geologie, } s.: Broschüren,
— das Diluvium in der Tradition } Frankfurter
der Völker, } zeitgemäße.

Schäfer, Bernhard, Das Diluvium in der Tradition der Völker. Frankfurter (Fösser) zeitgem. Broschüren. N. F. Bd. 1 Nr. 11, 1883, gr 8°, 22 S.

—— Einheit in Liturgie u. Disciplin f. das katholische Deutschland! gr. 8. (IV, 104 S.) Münster i. W. 891, Theissing. * 1 —

Schäfer, Bernh., d. Entdeckgn. in Assyrien u. Ägypten in ihrer Beziehg. zur hl. Schrift. [Aus: „Jahrb. d. Leo-Gesellsch."] gr. 8. (11 S.) Wien 896. (St. Norbertus.) n. — 36

Gebete bei der Wallfahrt nach Kevelaer zsgest. von Prof. Dr. Bernh. **Schäfer**. (Pius Pilgrim.) 66. bis 76. Taus. Kevelaer: J. Thum (1902). (32 S.) 8°

Schäfer, Bernhard: Englische Gedichte in metrischer Übertragung. 26 Sp. 4.
Städt. Progymn. i. E. (mit Ersatzunterr. f. Griech.) *Lünen a. d. Lippe* 1908 (461).
Aus Blackie's Reader. R. Burns. Lord Byron. Th. Campbell. B. Cornwall. Ch. Elliot. F. Hemans. M. Howitt. H. W. Longfellow. Ch. Mackay. M. R. Mitford. Th. Moore. W. Scott. R. Southey. Ch. Swain. J. Taylor. A. Tennyson. J. Thomson. W. Wordsworth. Ch. Wolfe.
Progr.

— s.: Kommentar, kurzgefasster wissenschaftlicher, zu den hl. Schriften des Neuen Testamentes.

— Kreuzweg-Büchlein zum praktischen Gebrauch beim Besuch des Kreuzweges f. die Wallfahrer in Kevelaer. gr. 16. (32 S.) Kevelaer 900. J. Thum. — 10

Schäfer, Bernh., das hohe Lied. Neu untersucht, übers. u. erklärt. gr. 8. (275 S.) Münster 876. Theissing. n. 4. —

Maria Kevelaer. Gesch. d. Wallfahrt, Beschreibung d. Andachtsstätten u. d. Wallfahrtslebens. Von Dr. **Bernhard Schäfer**, Prof. 4. Aufl. *Kevelaer: J. Thum 1900.* (192 S.) 8° [J.] (01. 9370 5

Schäfer, Bernh., Maria, Pforte des Himmels! Gebet- u. Andachtsbuch z. Trösterin d. Betrübten. 16. (432 S. m. Titelbild) Kevelaer 895. J. Thum.
Geb. in Ldr. m. Goldschn. n. 1. 90

Maria, Pforte des Himmels. Gebet- u. Andachtsbuch zur Trösterin der Betrübten hrsg. von Dr. **Bernhard Schäfer**, Prof. 2. Aufl. *Kevelaer. J. Thum 1897.* (431 S.) 8° [J.]

— **Maria, Pforte des Himmels. Gebet- u. Andachtsbuch zur Trösterin der Betrübten. 3. Aufl. (431 S. m. Titelbild.) gr. 16. Ebd. 902. Geb. in Leinw. 1. 25**

— Maria, zu Dir flehen wir! Einsiedler Wallfahrtsbüchlein. Die schönsten u. kräftigsten Gebete zur Muttergottes v. Einsiedeln. Allen Marienverehrern gewidmet. (63 S.) 16. Einsiedeln (908). Eberle, Kälin & Co. — 16

— Maria, zu Dir kommen wir! Wallfahrtsbuch f. Pilger zur Trösterin d. Betrübten in Kevelaer. 16. (291 S. m. Titelbild.) Kevelaer 895. J. Thum.
Geb. in Leinw. n. — 80

— **Maria, zu dir kommen wir! Wallfahrtsbuch f. Pilger zur Trösterin der Betrübten in Kevelaer. 3. Aufl. gr. 16. (293 S. m. Titelbild.) Ebd. (900). Geb. in Leinw. — 75**

— im Myrtenkranz! Zum Traualtar! Unterrichts- u. Andachtsbuch f. d. kath. Braut, Frau u. Mutter. gr. 16. (XV, 488 S. m. Titelbild.) Ebd. 897.
Geb. in Leinw. n. 1. 75; in Kalbldr., gepolstert 4. 50

Im Myrtenkranz! Zum Traualtar. Unterrichts- u. Andachtsbuch f. d. kath. Braut, Frau u. Mutter. Bearb. von Dr. **Bernhard Schäfer**, Prof. 3. Aufl. *Kevelaer: J. Thum (1900).* (XV, 488 S.) 8° [J.] (01. 8969 5

— im Myrtenkranz! Zum Traualtar! Unterrichts- u. Andachtsbuch f. die kath. Braut, Frau u. Mutter. 4. Aufl. 16 (XV, 488 S. m. Titelbild.) Ebd. 902. Geb. in Ldr. n. 2.75

— **im Myrtenkranz! Zum Traualtar! Unterrichts- u. Andachtsbuch f. die kath. Braut, Frau u. Mutter. 5. Aufl. (XV, 488 S. m. Titelbild.) 16. Ebd. 905.
Geb. in Ldr. m. Goldschn. n. 2. 75**

Schaefer, B., Naturdenkmäler der Pflanzenwelt, s. a. Sammlung gemeinverständlicher Abhandlungen üb. Naturschutz.

Naturdenkmäler der Pflanzenwelt, ihre Gefährdung und ihr Schutz, m. besond. Berücks. von Kurhessen u. Waldeck. Vortrag geh. 1910 zu Cassel von Prof. Dr. B[ernhard] **Schaefer**. Cassel (1910): Schneider. 25 S. 8°
(Sammlung gemeinverständl. Abhandlungen über Naturschutz. 2.)

Über Naturdenkmäler m. besond. Rücks. auf d. Aufnahmen im Kreise Herrschaft Schmalkalden. Vortrag geh. 1910 in Schmalkalden von ... B[ernhard] **Schaefer**-Cassel. Schmalkalden 1910: Wilisch. 20 S. 8°
Aus: Thüringer Hausfreund. Jg. 1910, Nr 140. (11. 1737 4

Ueber Naturdenkmalpflege m. besond. Rücks. auf d. Schule. Vortrag in Homberg 1900 geh. von Prof. Dr. B[ernhard] **Schaefer**-Cassel. Homberg 1909: Wiegand. 11 S. 8° [Umschlagt.]
Aus: Homberger Kreisblatt. Jg. 1909. Nr. 130–132. A 12. 7974

— s.: Officium defunctorum.

— s.: Officium parvum Beatae Mariae Virginis.

Schäfer, Bernhard: Prolog zur Feier der Einweihung des Progymnasiums. Dortmund 1910: Meyer. S. 1. 4°
Lünen, st. PG OP 1910 (505) [S 10. 373

— Ruhe am göttlichen Herzen. Gebetsperlen, zumeist aus den Schriften der hl. Gertrud. Ein vollständ. Gebetbuch f. innerl. Seelen. (576 S. m. Titelbild.) 16. Kevelaer 905. J. Thum. Geb. in Leinw. n. 1. 50

Schlüssel zur Pforte des Paradieses. Andachtsbuch f. d. kath. Volk. Von Dr. Bernhard Schäfer, Universitätsprof. Kevelaer: J. Thum 1903 (256 S.) 8° [F.]

Schäfer, Bernh., Schlüssel zur Pforte des Paradieses. Katholisches Andachtsbuch. 2. Aufl. (255 S. m. 1 Stahlst.) schmal gr. 16. Kevelaer 905. J. Thum. Geb. in Ldr. m. Goldschn. n. 2. 40

Schäfer, Bernh., Sehnen u. Frohsinn. Gedichte. (IV, 160 S.) 8. Dresden 906. E. Pierson. n. 2. —; geb. n. 3. —

— seid Männer! Ein Lehr-, Wehr- u. Gebetbuch f. den kathol. Bräutigam, Mann u. Vater. gr. 16. (XVI, 400 S. m. Titelbild.) Ebd. 902. Geb. in Leinw. m. Goldschn. 2. 25

— seid Männer! Ein Lehr- u. Gebetbuch f. den kathol. Bräutigam, Mann u. Vater. 2. Aufl. (VIII, 424 S. m. 1 Stahlst.) 16. Kevelaer 905. J. Thum. Geb. in Leinw. n. 1. 50; in Ldr. m. Goldschn. n. 2. 50

[F.] Siehe deine Mutter. Vollst. Gebetbuch f. ... Verehrer d. jungfräul. Gottesmutter v. Prof. Dr. Bernh. Schäfer ... Kevelaer: J. Thum [1895]. (446 S., 1 Taf.) 1 Bd 8. [96. 7607

— siehe deine Mutter. Vollst. Gebetbuch f. andächt. Verehrer d. jungfräul. Gottesmutter. 32. (446 S. m. 2 Bild.) Ebd. 896. Geb. in Ldr. m. Goldschn. 1. 25

— siehe, deine Mutter. Vollständiges Gebetbuch für andächt. Verehrer der jungfräul. Gottesmutter. 5. Aufl. (448 S. m. Titelbild.) 32. Ebd. 904. Geb. in Leinw. m. Goldsch. n. — 80; in Ldr. n. 1. 20

[F.] Kühlender Thau für das Fegfeuer. Vollst. Gebetbuch ... Von Dr. Bernhard Schäfer, Prof. d. Theol. ... [Ausg. in kleinem Druck.] Kevelaer: J. Thum [1896]. (270 S., 1 Taf.) 1 Bd 8. [96. 7604

[F.] Kühlender Thau für das Fegfeuer. Vollst. Gebetbuch ... Von Dr. Bernhard Schäfer, Prof. d. Theol. ... [Ausg. in grossem Druck.] Kevelaer: J. Thum [1896]. (432 S., 1 Taf.) 1 Bd 8. [96. 7603

— Kühlender Tau f. das Fegfeuer. Vollständiges Gebetbuch zu Hilf u. Trost der armen Seelen. 2. Aufl. (304 S. m. Titelbild.) 16. Kevelaer 902. J. Thum. Geb. in Leinw. — 80

— dasselbe. Ausg. in Grobdr. gr. 16. (464 S. m. Titelbild.) Ebd. 902. Geb. in Leinw. 1. 25

— Trösterin der Betrübten, bitte f. uns! Gebete bei der Wallfahrt nach Kevelaer. 46.—56. Taus. 12. (32 S.) Ebd. (900). — 10; holländ. Ausg. 4. Aufl. (32 S.) — 10

Trösterin der Betrübten, bitte für uns! Gebete bei d. Wallfahrt nach Kevelaer zsgest. von Prof. Dr. Bernh. Schäfer. (Pius Pilgrim.) 55.–56. Taus. Kevelaer: J. Thum (1901). (32 S.) 8°

Schäfer, Bernh., Neue Untersuchungen über das Buch Koheleth. Ein Beitrag zur Erklärung des A. T. Freiburg, Herder. 1870. gr. 8°, X u. 214 S., 3 Mk.
Eine von d. (Tüb.) kath. theol. Fakultät gekrönte Preisschrift. Recens. von Himpel, Theol. Quartalschr. 1871, S. 145; (Mainzer) Katholik 1870, Bd. 2, S. 637.

— ein Vergißmeinnicht im Myrtenkranz. Die schönsten Gebete u. Belehrgn. aus: „Im Myrtenkranz!" „Zum Traualtar!" (XV, 479 S. m. Titelbild.) 16. Ebd. (903). Geb. in Ldr. m. Goldschn. n. 1. 80

Über Ziel und Methode der Naturdenkmalpflege mit besond. Rücks. auf d. Schule. Vortrag von Prof. Dr. B[ernhard] Schaefer, Cassel. Schmalkalden 1909: Wilisch. 14 S. 8°
Aus: Thüringer Hausfreund. Jg. 1909, Nr 85–87.

Schäfer, Berth., 5 Einakter. 8. (109 S.) Wüstegiersdorf 894. W. Jacob. n. 1. 20

Es werde Licht. Bürgerl. Schauspiel in 4 Aufz. von Berthold **Schäfer.** Breslau: E. Morgenstern (1905). (124 S.) 8° [F.] [06. 6876

Schäfer, Berth., es werde Licht. Bürgerliches Schauspiel in 4 Aufzügen. (124 S.) 8. Breslau (906). E. Morgenstern's Sort. n. 2. —; geb. n. 3. —

Schäfer, Berthold, im freien Commando. Schauspiel in 4 Aufzügen. gr. 8. (169 S.) Wüstegiersdorf 893. W. Jacob. n. 2. —

† **BRESLAU'S Markthallen-Epos** (von *Berthold Schäfer*). Breslau, M. Kragen, 1903. 8°. 57 S.

Schäfer, C., s.a. Schäfer, Karl

— s.a. Schäfer, Kurt

Schaefer, C., s.: Archiv f. die Geschichte der Naturwissenschaften u. der Technik.

Schaefer, C. [aus Wiesbaden]: Beitraege zur Kenntniss des Methyl-o-aethyl-p-propylbenzol ... München 1888: K. Hof- u. Universitätsbuchdr. Dr. C. Wolf & Sohn. 40 S. 8°
Freiburg i. B., Phil. Fak., Inaug.-Diss. v. 1888

Schäfer, C. Gedanken über die Reorganisation der bayerischen Landwehr. 8. Kaufbeuren 1866.

Schäfer, C., neuer Rechenknecht. Tabellen zur Vergleichg. d. preuß. Maßes u. Gewichtes m. dem metr. Maße u. Gewichte u. umgekehrt, nebst Preisberechngn., Geldreductionen, Zinsenberechngn. auf Tag, Monat u. Jahr 2c. berechnet. 2. gänzlich umgearb. Aufl. gr. 16. (153 S.) Trier 875. Lintz. n. — 80

Schäfer, C., neuer Rechenknecht. Tabellen zur Vergleichung des preuß. Maßes und Gewichtes mit dem metr. Maße und Gewichte und umgekehrt, nebst Preisberechnungen, Geldreductionen, Zinsenberechnungen auf Tag, Monat und Jahr 2c. berechnet. 3. gänzlich umgearb. Aufl. 16. (V, 153 S.) Trier 877, Lintz'sche Buchh. * — 80

Schäfer, C. H., Vorhängeblätter für den ersten Zeichnen-Unterricht in Bürger- u. Volks-Schulen, nebst einer kurzen Gebrauchs-Anweisung. 1. u. 2. Heft. Glogau 862. Flemming. gr. Fol. 2 ₰ 7½ ngr.
Inhalt: 1. Gradlinige Figuren. (36 lith. Bl.) 1 ₰ 15 ngr. — 2. Krummlinige Figuren. (20 lith. Bl.) 22½ ngr.

Schäfer, C. Otto

Schäfer, C. O., Beitrag zur Methodik des biblischen Geschichts-Unterrichts in oberen Klassen. gr. 8. (35 S.) Heilbronn 877, Gebr. Henninger. * — 50

Schäfer, C. O., Erklärung biblischer Geschichten in Form v. Erzählungen f. Schule u. Haus. 1. Tl. Erzählungen aus der bibl. Geschichte d. Alten Testamentes. [Im Anschluß an dessen „Lehrbuch f. den evang. Religionsunterricht" u. „Biblische Geschichte"]. gr. 8. (XX, 576 S.) Bielefeld 889. Velhagen & Klasing. n. 5. —; geb. n. 5. 60

Schäfer, C. Otto, Erklärung biblischer Geschichten d. Neuen Testamentes in Form v. Erzählungen f. Schule u. Haus. [In Anschluß an dessen „Lehrbuch f. den evang. Religionsunterricht" u. „Biblische Geschichte".] gr. 8. (XVI, 452 S.) Frankfurt a/M. 886. Calw, Vereinsbuchh. In Leinw. cart. n. 4. 50; geb. n. 5. 40

Schäfer, C. Otto, Erziehungslehre. Ein Leitfaden u. Lesebuch. f. Schule u. Haus zusammengestellt u. bearb. gr. 8. (VIII, 180 S.) Frankfurt a/M. 893. M. Diesterweg. n. — 80; kart. n. — 90

Schäfer, C. O., M. Joh. Frdr. Flattich u. sein pädagogisches System. gr. 8. (VI, 121 S.) Frankfurt a. M. 871. Zimmer. n. 1. 50

—— Biblische Geschichte und Bilder aus der Kirchengeschichte nebst Geographie von Palästina. 1. und 2. Sep.-Ausg. für das Großherzogthum Sachsen. 3. und 5. Aufl. von dem kleineren Lehrbuch für den evangel. Religions-Unterricht. gr. 8. (VIII, 228 S. mit 1 Karte von Palästina.) Frankfurt a. M. 881,86, Diesterweg. **

—— dass. — Ausg. B. Mit Anhang. gr. 8. (VIII, 256 S. mit 1 Karte.) Ebendas. 884,86. *ℳ 1.—.; geb. **

— biblische Geschichte, Bilder aus der Kirchengeschichte u. Bibelkunde [nebst Geographie von Palästina]. Ausg. A. [Ohne Anhänge.] gr. 8. (VI, 222 S.) Frankfurt a/M. 887. Diesterweg. n. — 75; geb. n. 1. —

—— biblische Geschichte, Bilder aus der Kirchengeschichte und Bibelkunde [nebst Geographie von Palästina]. 4. Aufl. Ausg. B. [Mit Anhängen.] gr. 8. (VIII, 254 S. mit 1 Karte von Palästina.) Ebendas. 887. *ℳ 1.—.; geb. **

— dasselbe. 7. Aufl. Ausg. B. [Mit Anhängen.] gr. 8. (VIII, 254 S. m. 1 Karte.) Ebd. 889. n. 1. —; geb. n. 1. 25

— biblische Geschichte, Bilder aus der Kirchengeschichte u. Bibelkunde. 8. Aufl. (1. Sep.-Ausg. f. das Fürstent. Schwarzburg-Sondershausen.) Mit 1 (farb.) Karte v. Palästina. gr. 8. (VIII, 256 S.) Ebd. 890. Geb. n n. 1. —

— dasselbe. 9. Aufl. (4. unveränd. Sep.-Ausg. f. das Großherzogt. Sachsen.) Mit 1 (farb.) Karte v. Palästina. gr. 8. (VIII. 228 S.) Ebd. 892. Geb. n.n. 1. —

— dasselbe. 10. Aufl. Ausg. B. (Mit Anhängen.) Nebst 1 (farb.) Karte v. Palästina. gr. 8. (VIII, 254 S.) Ebd. 892. Geb. n.n. 1. 25

— dasselbe. 12. Aufl. (5., unveränd. Sep.-Ausg. f. das Großherzogt. Sachsen.) M. e. Karte v. Palästina. gr. 8. (VIII, 228 S.) Ebd. 894. Geb. n.n. 1. —

— dasselbe. 13. Aufl. (2. Sep.-Ausg. f. das Fürstent. Schwarzburg-Sondershausen.) M. 1 Karte von Palästina. gr. 8. (VIII, 256 S.) Ebd. 895. Geb. n.n. 1. —

Schäfer, C. Otto, biblische Geschichte u. Bilder aus d. Kirchengeschichte (nebst Geographie v. Palästina). 14. Aufl. Ausg. A. Nebst e. (farb.) Karte v. Palästina. gr. 8. (VI, 222 S.) Frankfurt a/M. 895. M. Diesterweg. Geb. n.n. 1. —

— dasselbe. 14. Aufl. Ausg. B. (M. Anhängen.) Nebst e. Karte v. Palästina. gr. 8. (VIII, 254 S.) Ebd. 895. Geb. n.n. 1. 25

Schäfer, C. Otto, biblische Geschichte, Bilder aus der Kirchengeschichte u. Bibelkunde (nebst Geographie v. Palästina). 20 Aufl. Ausg. B. (Mit Anhängen.) Nebst e. (farb.) Karte v. Palästina. gr. 8. (VIII, 254 S.) Frankfurt a/M. 901. M. Diesterweg. Geb. n.n. 1. 25

— dasselbe (nebst der Geographie v. Palästina). 23. Aufl. (In der neuen Rechtschreibg.) (9. Separatausg. f. das Großherzogt. Sachsen.) Mit e. (farb.) Karte v. Palästina. (VIII, 232 S.) gr. 8. Ebd. 903. Geb. n.n. 1. —

Schäfer, C. Otto, biblische Geschichte u. Bilder aus der Kirchengeschichte (nebst Geographie von Palästina). 24., verb. Aufl. (Der Ausg. A 14. Aufl.) Nebst e. (farb.) Karte v. Palästina. (In neuer Rechtschreibung.) (VIII, 266 S.) 8. Frankfurt a/M. 904. M. Diesterweg. n.n. — 75; geb. in Leinw. n.n. 1. —

— biblische Geschichte, Bilder aus der Kirchengeschichte u. Bibelkunde. 25., verb. Aufl. (4. Sonderausg. f. das Fürstent. Schwarzburg-Sondershausen.) Mit e. (farb.) Karte v. Palästina. (VIII, 256 S.) 8. Ebd. 904. n.n. — 80; geb. n.n. 1. —

— dasselbe. 26., neubearb. Aufl. Ausg. C. (Mit Anhängen.) (VIII, 226 S. m. 2 farb. Karten.) 8. Ebd. 905. Geb. in Leinw. n.n. — 90

— dasselbe (nebst Geographie von Palästina). 30. Aufl. Ausg. B. (Mit Anhängen.) (XI, 300 S. m. 2 farb. Karten.) 8. Ebd. 906. n. 1. —; geb. n. 1. 25

Schäfer, C. Otto, biblische Geschichte u. Bilder aus der Kirchengeschichte (nebst der Geographie v. Palästina). 31. Aufl. (11. Sonderausg. f. das Großherzogt. Sachsen.) Mit e. (farb.) Karte v. Palästina. (VIII, 232 S.) 8. Frankfurt a/M. 907. M. Diesterweg. Geb. nn 1. —

— dasselbe. Bilder aus der Kirchengeschichte, Bibelkunde u. Katechismus m. Sprüchen (nebst Geographie v. Palästina). 32. Aufl. Ausg. C. (Mit Anhängen.) (VIII, 226 S. m. 2 farb. Karten.) 8. Ebd. 908. Geb. nn — 90

— dasselbe. Neu bearb. v. Heinr. Schäfer. 35. Aufl. (X, 264 S. m. 7 Abb. auf 2 Taf. u. 2 farb. Karten.) 8. Ebd. 910. Geb. nn 1. 25

— Geschichte der christlichen Kirche in Lebensbildern. Ein Leitfaden beim evangel. Religionsunterricht in Oberklassen von Bürgerschulen bearb. Mit 2 (chromolith.) Karten (in 4.): Palästina; die Reisen Pauli. gr. 8. (79 S.) Frankfurt a/M. 878. Diesterweg. cart. n. — 90

— Geschichte der christlichen Kirche in Lebensbildern. 2., verm. Aufl. Mit 2 Karten: Palästina; die Reisen Pauli. gr. 8. (IV, 91 S.) Ebd. 886. cart. n. — 90

—— Geschichte der christl. Kirche in Lebensbildern. 3. verm. u. verb. Aufl. gr. 8. (IV, 96 S. m. 2 Karten: Palästina u. die Reisen Pauli.) Frankf. a. M. 892, Diesterweg. cart. * — 90

— Geschichte der christlichen Kirche in Lebensbildern. 5. Aufl. Mit 2 Karten: Palästina, die Reisen Pauli. gr. 8. (VI, 105 S.) Ebd. 900. Geb. in Leinw. n. — 90

— Geschichte der christlichen Kirche in Lebensbildern. 6. Aufl. Mit 2 (farb.) Karten: Palästina; die Reisen Pauli. (VI, 105 S.) gr. 8. Ebd. 902. Geb. in Leinw. n.n. — 90

— Geschichte der christlichen Kirche in Lebensbildern. 7. Aufl. Mit 2 (farb.) Karten: Palästina; die Reisen Pauli. (VI, 106 S.) 8. Ebd. 907. Geb. 1. —

— Der kleine Katechismus Dr. Martin Luthers, m. ausgewählten Bibelsprüchen, zugleich als Anh. zu seinem „Lehrbuch f. den evangel. Religionsunterricht" u. „Biblische Geschichte". 5. Aufl. (27 S.) 8. Ebd. 909. —15

— kleineres Lehrbuch für den evangelischen Religionsunterricht. Ausg. A [ohne Anh.]. Biblische Geschichte u. Bilder aus der Kirchengeschichte [nebst der Geographie von Palästina]. Auszug aus den geschichtl. Abschnitten von dessen Lehrbuch für den evangel. Religionsunterricht in 3 Tln. Mit einer (lith. u. color.) Karte von Palästina. gr. 8. (VIII, 208 S.) Frankfurt a/M. 880. Diesterweg. n. — 75; Ausg. B. mit Anh.: Bibelkunde, mit Rücksicht auf bibl. Geographie u. christl. Kirchenjahr. (VIII, 240 S.) n. 1. —

— kleineres Lehrbuch f. den evangelischen Religionsunterricht. Biblische Geschichte, Bilder aus der Kirchengeschichte u. Bibelkunde, m. Rücksicht auf bibl. Geographie u. christl. Kirchenjahr. Auszug aus dessen Lehrbuch f. den evangel. Religionsunterricht in 3 Tln. (Ausg. B. m. Anh.) 2. Aufl. Mit e. Karte v. Palästina. gr. 8. (VIII, 256 S.) Ebend. 884. n. 1. —; Einbd. n.n. — 25

—— Kleineres Lehrbuch f. d. evangel. Religionsunterricht. Bibl. Geschichte, Bilder aus d. Kirchengeschichte u. Bibelkunde. Ausg. A. 7. Aufl. 8. (VI, 222 S.) Ebd. 889. geb. * 1 —

—— dass. — 8. Aufl. (1. Separatausg. f. d. Fürstent. Schwarzburg-Sondershausen.) 8. (VIII, 256 S.) Ebd. 890. geb. ** 1 —

—— dass. — 9. Aufl. (4. Separatausg. f. d. Großherzogt. Sachsen.) 8. (VIII, 228 S.) Ebd. 892. geb. ** 1 —

—— dass. — Ausg. B. m. Anhang. 10. verb. Aufl. gr. 8. (VIII, 254 S. m. Karte v. Palästina.) Ebd. 892. geb. * 1 25

Schaefer, C. O., Lehrbuch für den evangelisch-protestantischen Religionsunterricht in seiner stufenmäßigen Entwickelung bearb. und hrsg. 3 Thle. gr. 8. Ebendas. 878. *

Inhalt:

Thl. 1. Biblische Geschichten für die Unter- und Mittelstufen planmäßig ausgewählt und mit Sprüchen und Liederversen versehen. (VIII, 100 S.) * 60 Pf.

" 2. Lehrbuch und Leitfaden für den biblischen Unterricht. Obere Stufe, I. Mit 1 (chromolithogr.) Karte von Palästina (in 4.) und mehreren (eingedr.) Holzschn. (X, 206 S.) *ℳ 1,60.

" 3. Lehrbuch für den biblischen Unterricht. Obere Stufe, II. Mit 2 (chromolithogr.) Karten (in 4.): Palästina; die Reisen Pauli. (VIII, 215 S.) *ℳ 2.

— Lehrbuch für den evangelisch-protestantischen Religionsunterricht in seiner stufenmäßigen Entwickelung bearb. u. hrsg. 3 Thle. gr. 8. Ebend. 878. 81. n. 4. 20

1. Biblische Geschichten für die Unter- u. Mittelstufen planmäßig ausgewählt u. mit Sprüchen u. Liederversen versehen. 2, verb. Aufl. (VIII, 104 S.) n. — 60; geb. n.n. — 85
2. Lehrbuch u. Leitfaden für den biblischen Unterricht. Obere Stufe I. Mit einer (chromolith.) Karte von Palästina (in 4.) u. mehreren (eingedr.) Holzschn. (X, 206 S.) n. 1. 60
3. Lehrbuch u. Leitfaden für den biblischen Unterricht. Obere Stufe II., planmäßig geordnet u. mit Rücksicht auf Kirchengeschichte, Bibelkunde, Katechismus, christl. Kirchenjahr u. die evangel. kirchl. Perikopen bearb. Mit 2 (lith. u. color.) Karten: Palästina; die Reisen Pauli. 2. Aufl. Ausg. A. (VIII, 214 S.) n. 2. —

Schäfer, C. O., Lehrbuch für den evangelischen Religionsunterricht in seiner stufenmäßigen Entwickelung. 2. verb. Aufl. 3 Thle. gr. 8. Frankfurt a. M., Diesterweg. * 4 30

Inhalt:

Thl. 1. Biblische Geschichten für die Unter- und Mittelstufen planmäßig ausgewählt und mit Sprüchen und Liederversen versehen. (VII, 104 S.) 882. * 60 Pf.

" 2. Lehrbuch und Leitfaden für den bibl. Unterricht, planmäßig geordnet und mit Rücksicht auf Bibelkunde, Katechismus, christl. Kirchenjahr und die evangel. kirchl. Perikopen bearb. Obere Stufe I. (VIII, 200 S. mit 8 Abbild. und 1 Karte.) 883. *ℳ 1,70.

" 3. —— dass. — Obere Stufe II. Mit 2 (lithogr. und color.) Karten: Palästina; die Reisen Pauli. Ausg. A. (VIII, 214 S.) 881. *ℳ 2.

—— dass. — 3. Tl.: Lehrbuch und Leitfaden für den bibl. Unterricht, obere Stufe II. 2. Aufl. Ausg. B. A. u. d. T.: Lehrbuch und Leitfaden für den evangel. Religionsunterricht in den oberen Klassen von Gymnasien und anderen höheren Lehranstalten. Mit Rücksicht auf Kirchengeschichte, Bibelkunde, christl. Kirchenjahr und die evangel. Heilslehre [Glaubens- und Sittenlehre] bearb. Mit 2 (lithogr. und color.) Karten: Palästina, die Reisen Pauli. gr. 8. (X, 272 S.) Ebendas. 881. * 2 20

—— Lehrbuch für den evangelischen Religionsunterricht in seiner stufenmäßigen Entwickelung. 1.—3. Tl. 3. wiederholt durchges. Aufl. gr. 8. Ebendas. *ℳ 4.40.; geb. **

Inhalt:

Tl 1. Biblische Geschichten für untere Klassen. (VII, 104 S.) 886. * 60 Pf.; geb. ** 85 Pf.

" 2. Lehrbuch und Leitfaden für den biblischen Unterricht in mittleren Klassen. (VIII, 199 S. mit 8 Abbild. und 1 Karte.) 887. *ℳ 1.60.; geb. **ℳ 1.90.

" 3. Lehrbuch und Leitfaden für den biblischen Unterricht in oberen Klassen. Ausg. B.: Für die oberen Klassen von Gymnasien und anderen höheren Lehranstalten. (X, 272 S. mit 2 Karten: Palästina; die Reisen Pauli.) 886. *ℳ 2.20; geb. **ℳ 2.50.

— Lehrbuch f. den evangelischen Religionsunterricht in seiner stufenmäßigen Entwickelung. 2. Tl. Lehrbuch u. Leitfaden f. den bibl. Unterricht in mittleren Klassen. 4., verb. u. verm. Aufl. gr. 8. (VIII, 212 S. m. 8 Abbildgn. u. 1 Karte.) Ebd. 890. geb. n.n. 1. 70

— Lehrbuch f. den evangelischen Religionsunterricht in seiner stufenmäßigen Entwickelung. 3 Tle. gr. 8. Ebd. Geb. n.n. 4. 85

1. Biblische Geschichten f. untere Klassen. 4. Aufl. (VII, 104 S.) 891. n.n. — 85
2. Lehrbuch u. Leitfaden f. den bibl. Unterricht in mittleren Klassen. 5. Aufl. (VIII, 212 S. m. 8 Abbildgn. u. 1 farb. Karte.) 893. n.n. 1. 70
3. Lehrbuch u. Leitfaden f. den biblischen Unterricht in den oberen Klassen. Mit 2 farb. Karten: Palästina; die Reisen Pauli. 4., verb. Aufl. Ausg. A. (VIII, 208 S.) 890. n.n. 2. 30

Schäfer, C. Otto, Lehrbuch f. den evangelischen Religionsunterricht in seiner stufenmäßigen Entwickelung. 3. Tl. Ausg. B. Für die oberen Klassen v. Gymnasien u. anderen höheren Lehranstalten. 5., teilweise neubearb. Aufl. Mit 2 (farb.) Karten: Palästina; die Reisen Pauli. gr. 8. (X, 256 S.) Frankfurt a/M. 892. M. Diesterweg. n.n. 2. 50

— Lehrbuch f. den evangelischen Religionsunterricht in seiner stufenmäßigen Entwickelung. 1. Tl. u. 3. Tl. Ausg. A u. B. gr. 8. Ebd. Geb. in Leinw. n.n. 5. 65
1. Biblische Geschichten f. untere Klassen. 7. Aufl. (VII, 105 S.) 902. n.n. — 85
3. Lehrbuch u. Leitfaden f. den biblischen Unterricht in den oberen Klassen. Mit 2 Karten. Ausg. A. Für Real- u. höhere Bürgerschulen, höhere Mädchenschulen u. verwandte Lehranstalten 6., vielfach verb. Aufl. (VIII, 231 S.) 902. n.n. 2. 30
B. Dasselbe f. Gymnasien u. verwandte Lehranstalten. 6., vielfach verb. Aufl. (In neuer Rechtschreibg.) (VIII, 272 S.) 902. n.n. 2. 50

— Lehrbuch f. den evangelischen Religionsunterricht in seiner stufenmäßigen Entwickelung. 1. Tl. Biblische Geschichten f. untere Klassen. 8., verb. Aufl. (VII, 104 S.) 8. Ebd. 904. Geb. n.n. — 85

— dasselbe. 2. u. 3. Tl. Ausg. A. 8. Ebd. Geb. n.n. 4. —
2. Lehrbuch u. Leitfaden für den biblischen Unterricht in mittleren Klassen. Mit 8 Abbildgn. u. 1 Karte. 9., verb. Aufl. (In neuer Rechtschreibg.) (VIII, 248 S.) 903. n.n. 1. 70
3. Dasselbe in den oberen Klassen. Mit 2 Karten. Ausg. A. Für Real- u. höh. Bürgerschulen, höh. Mädchenschulen u. verw. Lehranstalten. 8., m. der 6. u. 7. übereinstimm. Aufl. (VIII, 231 S.) 906. n. 2. 30

— dasselbe. Ausg. B. Für Gymnasien, Real-Gymnasien, Ober-Realschulen u. verwandte Lehranstalten. 2. u. 3. Tl. 8. Ebd. Geb. n.n. 4. 50
2. Lehrbuch u. Leitfaden f. den biblischen Unterricht in unteren u. mittleren Klassen. Mit 2 Abbildgn. u. 2 (farb.) Karten. 10., umgearb. Aufl. (VIII, 256 S.) 905. n. 2 —
3. dasselbe, in den oberen Klassen. Mit 2 (farb.) Karten. 7. Aufl. (VIII, 276 S.) 905. n. 2. 50

— Lehrbuch f. den evangelischen Religionsunterricht in seiner stufenmäßigen Entwickelung. 1. Tl. Biblische Geschichten f. untere Klassen. 9. Aufl. (VII, 104 S.) 8. Ebd. 908. Geb. nn — 95

— dasselbe. Neu bearb. v. Alb. Krebs. 1. Tl., Ausg. C. Biblische Geschichten f. die Mittelstufe höherer Mädchenschulen (Klasse VII u. VI). (Nach Maßgabe der Bestimmgn. vom 12. XII. 1908 zur Neuordng. des höheren Mädchenschulwesens in Preußen.) 10. Aufl. (X, 178 u. 1 S. m. 8 Abb. u. 2 farb. Karten.) 8. Ebd. 909. Geb. 1. 60

Schäfer, C. Otto, Lehrbuch f. d. evangelischen Religionsunterricht in seiner stufenmäßigen Entwickelung. Ausg. D. Biblische Geschichten f. Sexta u. Quinta höherer Lehranstalten. 11. Aufl. (VIII, 178 u. 4 S. m. 8 Abb. u. 2 farb. Karten.) 8. Frankfurt a/M. 909. M. Diesterweg. Geb. 1. 60

— dasselbe. 2. Tl. 8. Ebd. Geb. nn 1. 70
2. Lehrbuch u. Leitfaden f. den biblischen Unterricht in mittleren Klassen. Mit 8 Abb. u. 1 Karte. Ausg. A. Für Real- u. höhere Bürgerschulen, höhere Mädchenschulen u. verwandte Lehranstalten. 10., m. der 9. übereinstimm. Aufl. (VIII, 248 S.) 907. Geb. nn 1. 70

— dasselbe. 3. Tl. Ausg. A, B u. C. 8. Ebd. Geb. 7. 70
A. Lehrbuch u. Leitfaden f. den bibl. Unterricht in den oberen Klassen. Mit 2 (farb.) Karten. Ausg. A. Für Real- u. höhere Bürgerschulen, höhere Mädchenschulen u. verwandte Lehranstalten. 9., verb. Aufl. (VIII, 231 S.) 908. Geb. 2. 50
B. Für Gymnasien, Real-Gymnasien, Ober-Realschulen u. verwandte Lehranstalten. 8., verb. Aufl. (VIII, 276 S.) 908. Geb. 2. 70
C. Neu bearb. v. Alb. Krebs. Lehrbuch u. Leitfaden f. den Religionsunterricht in den Klassen III u. II höherer Mädchenschulen. (Nach Maßgabe der Bestimmgn. vom 12. XII. 1908 zur Neuordng. des höheren Mädchenschulwesens in Preußen.) 10. gänzlich umgearb. Aufl. (XIII, 317 S. m. 1 farb. Karte.) 910. Geb. in Leinw. nn 2. 50

— f.: Lehrplan u. Verteilung des Lehrstoffes f. den evangelischen Religionsunterricht.

— u. Alb. Krebs, biblisches Lesebuch f. d. Schulgebr. Aus d. Büchern d. hl. Schrift nach d. durchgesch. Ausg. d. deutschen Uebers. D. Mart. Luthers. 2 Tle. gr. 8. Ebd. 896. Geb. in Leinw. in 1 od. 2 Bde. n.n. 1. 80
1. Altes Testament. (II, 270 S. m. 8 Abb. u. 5 Karten.) n.n. 1. —
2. Neues Testament. Mit mehr. Anhängen. (II, 232 S. m. Karten.) n.n. — 80

— — dasselbe. I. Altes Testament. M. 8 Abb. u. 3 Karten. 2., nach Bestimmgn. des preuß. Unterrichtsministeriums umgearb. Aufl. (Ausg. B.) gr. 8. (IV, 281 S.) Ebd. 898. Geb. n.n. 1. —

— u. Alb. Krebs, biblisches Lesebuch f. den Schulgebrauch. 1. Aus den Büchern der hl. Schrift Alten Testaments nach der durchgesch. Ausg. der deutschen Übersetzg. D. Mart. Luthers. Mit 8 Abbildgn. u. 3 (farb.) Karten. 4. Aufl. Der Ausg. B 2. Aufl. (nach Bestimmgn. des preuß. Unterrichtsministeriums). gr. 8. (IV, 281 S.) Frankfurt a/M. 901. M. Diesterweg. Geb. n.n. 1. —

— — dasselbe. 5. Aufl. (Sonderabdr. f. das Großherzogt. Sachsen.) (Ausg. B m. durchlauf. Zeilensatz.) gr. 8. (III, 281 S.) Ebd. 901. Geb. n.n. 1. —

— — dasselbe. Mit 8 Abbildgn. u. 3 (farb.) Karten. 8. Aufl. 1. Sonderausg. f. das Herzogt. Oldenburg. (Ausg. B m. durchlauf. Zeilensatz.) (XI, 282 S.) gr. 8. Ebd. 903. Geb. n.n. 1. 20

— u. Alb. Krebs, biblisches Lesebuch für den Schulgebrauch. I. u. II. gr. 8. Ebd. 905. Geb. n.n. 1. 80
I. Aus den Büchern der Hl. Schrift Alten Testaments nach der durchgeseh. Ausg. der deutschen Uebersetzung Martin Luthers. 10. unveränd. Aufl. (Ausg. A.) Mit 8 Abbildgn. u. 3 (farb.) Karten. (III, 274 S.) n.n. 1. —
II. Aus den Büchern der Hl. Schrift Neuen Testaments nach der durchgeseh. Ausg. der deutschen Uebersetzung Martin Luthers. 4., unveränd. Aufl. (Ausg. A.) Mit mehreren Anh. u. (farb.) Karten. (III, 232 S.) n.n. — 80

— — dasselbe. I. Aus den Büchern der hl. Schrift Alten Testaments nach der durchgeseh. Ausg. der deutschen Uebersetzg. Mart. Luthers. Mit 8 Abbildgn. u. 3 (farb.) Karten. 11. Aufl. Der Ausg. B 6. Aufl. (IV, 281 S.) 8. Ebd. 906. Geb. n.n. 1. —

— u. Alb. Krebs, biblisches Lesebuch f. den Schulgebrauch. Mit mehreren Anhängen u. 4 Karten. 13. Aufl. 2. Sonderausg. f. das Herzogt. Sachsen-Meiningen. (IV, 556 S.) gr. 8. Ebd. 907. Geb. nn 1. 80

— — dasselbe. II. gr. 8. Ebd. Geb. nn 1. —
II. Die Bücher der Hl. Schrift Neuen Testaments nach der durchgeseh. Ausg. der deutschen Übersetzung Mart. Luthers. Mit e. Anh. u. mehreren Karten. 11. Aufl. der Ausg. B. 6. Aufl. (nach den Bestimmgn. des preuß. Unterrichtsministerium). (IV, 300 S.) 907. Geb. nn 1. —; m. dem 1. Tl. in 1 Bd. geb. nn 1. 80

— über das Lügen und die Erziehung zur Wahrhaftigkeit, f. Fragen, pädagogische.

— biblisches Spruchbuch f. den evangelischen Religionsunterricht in Kirche u. Schule. gr. 8. (50 S.) Ebend. 883. n. — 40; cart. n. — 45

— biblisches Spruchbuch f. den evangelischen Religionsunterricht in Kirche u. Schule. 2. Aufl. gr. 8. (IV, 76 S.) Ebd. 894. Kart. n. — 44

— Verschiedenheiten der Auswahl und Behandlung des Unterrichts in Knaben- und Mädchenschulen. Gekrönte Preisschrift. gr. 8. (35 S.) [Frankfurt a. M. 876, Zimmer'sche Buchh.] Heilbronn, Gebr. Henninger. *

Schäfer, Carl, s. Schäfer, Karl

Schäfer, Carl Christian, s. Schäfer, Karl Christian

Schäfer, Carl Wilhelm Rudolf, s. Schäfer, Karl Wilhelm Rudolf

Schäfer, Charles, s. Schäffer, Karl

Schäfer, Christian, a. Eppstein i. T.: Zur Syntax Claude Gauchets. Frankfurt a. M. 1908: Gebr. Knauer. (67 S.) 8°
Gießen, Phil. Fak., Ref. Behrens, Diss. v. 29. April 1908
[Geb. 10. Okt. 80 Eppstein; Wohnort: Eppstein; Staatsangeh.: Preußen; Vorbildung: Realgymn. Wöhler-Sch. Frankfurt a. M. Reife O. 01; Studium: Gießen 4, Marburg 4 S.; Rig. 10. Juli 07.]

[F.] **Schäfer,** *Christian Wilhelm Julius* [Dir.]: *Rede zur Nachfeier des Geburtstages Sr. Maj. des Königs 1892 über Kurfürst Moritz von Sachsen.* Rochlitz, Druck v. M. Bode, *1893*; 6—12 S. 4.
Rochlitz, R m. PG, P 1893 (577)

Schäfer, Clemens, s. Schäfer, Klemens

Schäfer, Conrad, s. Schäfer, Konrad

Schäfer, Curt, s. Schäfer, Kurt

Schäfer, D., geb. Martin, s. Loray, Jos., die wohlunterrichtete Frankfurter Köchin.

Schäfer, Dietr. (Hrsg.), s. Abhandlungen, Heidelberger, z. mittleren und neueren Geschichte.

Schäfer, Dietr. (Hrsg.), s. Abhandlungen zur Verkehrs- u. Seegeschichte.

— die agrarii militis des Widukind. (9 S.) Lex.-8. Berlin 905. (G. Reimer.) n. — 50
Sonderabdruck aus: „Sitzungsber. d. preuss. Akad. d. Wiss."

Schäfer, Dietrich, dänische Annalen u. Chroniken von der Mitte d. 13. bis zum Ende d. 15. Jahrh., m. Berücksicht. ihres Verhältnisses zu schwed. u. deutschen Geschichtswerken kritisch untersucht. gr. 8. (VI, 125 S.) Hannover 872. Hahn. n. 1. 60

Schäfer, D., das eigentliche Arbeitsgebiet der Geschichte. Akademische Antrittsrede. gr. 8. (35 S.) Jena 888. Fischer. n. — 80

— s.: Bauernhaus, das, im Deutschen Reiche.

Zur Beurteilung des Wormser Konkordats von Dietrich **Schäfer.** Berlin: Akad. d. Wiss. 1905. (95 S.) 4°
Aus: Abhandlungen d. Kgl. Preuß. Akad. d. Wiss. 1905 [illegible]

— zur Beurteilung des Wormser Konkordats. (95 S.) Lex.-8. Berlin 905. (G. Reimer.) n. 4. —
Sonderabdruck aus: „Sitzungsber. d. preuss. Akad. d. Wiss."

— das Buch d. Lübeckischen Vogts auf Schonen, s. a. Geschichtsquellen, hansische.

Das Buch des lübeckischen Vogts auf Schonen nebst 5 Beilagen. Mit 3 Taf. u. 2 Karten v. **Dietrich Schäfer.** Halle a. S. 1887. 8°

Deutschland, Bremen und der Norddeutsche Loyd v. **Dietrich Schäfer.** (Leipzig 1907.) 8°

—— das neue Deutschland und seine Kaiser, s. a. Bücherei, deutsche.

Schaefer, Dietr., Das neue Deutschland und seine Kaiser. Breslau [188-]. 8°.
(Deutsche Bücherei, 43.)

Schäfer, Dietr., Deutschland zur See. Eine historisch-polit. Betrachtg. gr. 8. (64 S.) Jena 897. G. Fischer. n. 1. —

— Bernhard Erdmannsdörffer †. Gedächtnisrede. gr. 8. (11 S.) München 901. R. Oldenbourg. n. — 25
Sonderabdruck aus: „Histor. Zeitschrift".

— Festrede, geh. zur Bismarckfeier in Tübingen, am 1. Apr. 1895. gr. 8. (24 S.) Tübingen 895. (F. Fues.) n. — 80

Festrede zu der von der Stadt Heidelberg veranstalteten hundert-jährigen Gedenkfeier des Geburtstags Kaiser Wilhelms I. am 22. März 1897 v. Dr. Dietrich Schäfer, Prof. d. Gesch. Heidelberg: Univ.-Buchdr. v. J. Hörning 1897. (24 S.) 1 Bd 8°

— zu Moltkes Gedächtnis. Rede, geh. zur Moltke-Feier in Heidelberg am 11. XI. 1900. gr. 8. (31 S.) Jena 901. G. Fischer. n. — 75

— Geschichte von Dänemark, s. a. Staatengeschichte, allgemeine. 13.

Schäfer, Dietr., Geschichte v. Dänemark, 4. Bd., s. a. Geschichte der europäischen Staaten.
Band 1—3 sind bearb. (1844) v. Dahlmann, F. C.

Schäfer, Geschichte Danemarks. Bd. IV. Gotha 893.
(Bd. I—IV. 30.50.)

Geschichte von Danemark v. **Dietrich Schäfer.** Bd. 5. Vom Regierungsantritt Friedrichs II. ⟨1559⟩ bis zum Tode Christians IV. ⟨1648.⟩ Gotha. 1902. 8°. = Geschichte der europäischen Staaten. hrsg. v. Heeren, Ukert u. a. (13) Bd. 5. 8°.

Deutsche Geschichte. Von Dietrich **Schäfer.** Bd 1. 2. Jena: Fischer 1910. 8°
1. Mittelalter. 2. Neuzeit [10. 14493

— Deutsche Geschichte. 2 Bde. (IX, 469 u. X, 505 S.) gr. 8. Jena 910. G. Fischer. 14.—; geb. 17.—

— Geschichte u. Kulturgeschichte. Eine Erwiderg. gr. 8. (70 S.) Jena 891. G. Fischer. n. 1. 60

— s.: Geschichtsquellen, württembergische.

— s.: Großstadt, die.

— die Hanse, s. a. Monographien zur Weltgeschichte. XIX.

Die Hanse. Von Prof. Dr. Dietrich **Schäfer.** Mit 99 Abb. *Bielefeld & Leipzig: Velhagen & Klasing 1903.* (139 S.) 4°(8°) [F.]
— Monographien zur Weltgeschichte. 19. [03. 9773

Schäfer, Dietr., die Hanse u. ihre Handelspolitik. Vortrag. gr. 8. (32 S.) Jena 885. Fischer. n. — 75

— s.: Hanserecesse.

Schäfer, Dietr., die Hansestädte und König Waldemar von Dänemark. Hansische Geschichte bis 1376. Gekrönte Preisschrift. gr. 8. (XV, 607 S.) Jena 879, Fischer. *

— Kolonialgeschichte, s.a. Sammlung Göschen.

Kolonialgeschichte von Dietrich Schäfer. *Leipzig: G. J. Göschen 1903.* (154 S.) 8° [F.]
(Sammlung Göschen 156.) [04. 3876 4

Kolonialgeschichte von Dietrich Schäfer. 2., rev. u. bis auf d. Gegenwart fortgeführte Aufl. Leipzig: G. J. Göschen 1906. (151 S.) 8° [F.]
(Sammlung Göschen 156) [08. 5026 11

Schäfer, Dietr., deutsches Nationalbewußtsein im Licht der Geschichte. Akademische Antrittsrede. gr. 8. (32 S.) Jena 884, Fischer. *

— Über Reichstagsauflösg. u. Kolonialpolitik, s.: Schmoller, Gust.

— „Solusas" im Strassburger Zollprivileg. v. 831. (5 S.) Lex.-8. Berlin 905. (G. Reimer.) n. — 50

— die Ungarnschlacht v. 955. (17 S.) Lex.-8. Ebd. 904. n. 1. —
2 Sonderabdrucke a.: „Sitzungsber. d. preuss. Akad. d. Wiss."

Schaefer, D. Die Ungarnschlacht von 955. Berlin 1905. 17 S.

— was lehrt uns die Geschichte über die Bedeutung der Seemacht f. Deutschlands Gegenwart? Vortrag, geh. im Auftrage der „Freien Vereinigg. f. Flottenvorträge" in der Philharmonie zu Berlin am 11. XII. 1899. gr. 8. (27 S.) München 900. J. F. Lehmann's Verl. n. — 60

Schäfer, Dietrich. Weltgeschichte der Neuzeit. 2 Bände. 8. Berlin, Ernst Siegfried Mittler & Sohn, 1907. [zus. M. 12.—, geb. 15.—]
Band 1: Von der Reformations- und Entdeckungszeit bis zum Siebenjährigen Kriege. VIII + 382 S.
Band 2: Vom Ende des Siebenjährigen Krieges bis zur Gegenwart. VIII + 418 S.
Darin Band 1, S. 43 f. 57 f. 74. 91/6. 98 f. 108. 116 f. 157. 163 f. 184 f. etc. u. Band 2, S. 8 f. 11 f. 19 f. 43. 77. 83. 113. 213. 204. 208. 275. 283 etc. die Schweiz *und* Schweizer *betr.*

Weltgeschichte der Neuzeit. Von Dietrich Schäfer. 3. Aufl. Bd 1. 2. Berlin: E. S. Mittler & Sohn 1908. 2 Bde 8° [F.]
1. Von d. Reformations- u. Entdeckungszeit bis z. 7jähr. Kriege.
2. Vom Ende d. 7jähr. Krieges bis z. Gegenwart. [08. 6494

— Weltgeschichte der Neuzeit. 3. Aufl. 2 Bde. (VIII, 381 u. VII, 418 S.) gr. 8. Berlin 908. E. S. Mittler & Sohn. 12.—; geb. 15.—

Schäfer, E., Chemisch-technische Analyse der Pottasche und des Salpeters. Braunschweig, 1906. 16 S. mit 1 Abb. [in Db 631

Schäfer. Ueber den Gebrauch der Derivata auf — tor und — trix. P. I. 18 S. — P. II. 24 S. —
Prenzlau, Progr. 1859, 1860

— — s.a. Schäffer

Schäfer, E. Der Handarbeitsunterricht in d. Mädchenschule im Anschlusse an den „Wegweiser zum häusl. Glück". Vortrag. 8. (20 S.) M.-Gladbach 889, Riffarth. * — 20

Schäfer E, die Kraftversorg. d. dtschen Städte durch Leuchtgas. (78 S) München 1894

Schäfer, E. A., Histologie f. Studierende. Nach der 2. engl. Aufl. übers. v. W. Krause. gr. 8. (X, 277 S.) Leipzig 889. G. Thieme. geb. n. 9. —

Schäfer, E. A., s.: Monatsschrift, internationale, f. Anatomie u. Physiologie.

Schäfer, E. Karl

Schaefer, E. K., Anleitung zu architektonischen Skizzierübungen, gezeichnet u. zusammengestellt. 25 Skizzen in Lichtdr., 40 Skizzen in Steindr., 4 in Farbendr. m. erläut. Text. Als 2. Folge v. Anleitgn. zu Skizzierübgn. hrsg. v. F. O. Thieme. Fol. (4 S.) Dresden 892. Stengel & Markert. Geb. in Leinw. n. 5. —
s.a. Thieme, F. O. (1 u. 2.: n. 12. —)

Schäfer, E. Karl, Anleitung zu architekton. Skizzierübungen. 51 Skizzen in Lichtdr., 15 Skizzen in Farbendr. m. erläut. Text nebst 15 Fig. 6., gänzlich neu bearb. Aufl. (12 Taf. m. 12 S. Text.) hoch 4. Leipzig (903). C. Scholtze. n. 4. 50

Schaefer, Edm., Alt-Bremen. 10 (farb.) Orig.-Steinzeichngn. 50×34,5 cm. Cassel (910). C. Vietor. In Umschlag 5.—; auf Karton 8. —

Schäfer, Edm., Leitfaden zur Beispielsammlung für das praktische Rechnen zum Selbstunterricht und für Lehranstalten. 2 Thle. (Die vier Species und der Dreisatz. — Besondere Anwendung des Dreisatzes.) gr. 8. (IV und 135 S.; III und 88 S.) Köln und Neuß 855, Schwann. *

Schäfer, Edm., Leitfaden beim Unterrichte in der deutschen Sprache für die unteren Claßen höherer Lehr-Anstalten. gr. 8. (IV u. 164 S.) Köln 851, Du Mont-Schauberg. n. 1/2 ℳ

— Leitfaden beim Unterrichte in der deutschen Sprache für die unteren Claßen höherer Lehranstalten. 2. verb. Aufl. 854. — 3. Aufl. Köln 857. DuMont-Schauberg. gr. 8. (2 Bl., 168 S.) n. 15 ngr.

Schäfer, Edm., Leitfaden beim Unterrichte in der deutschen Sprache für die unteren Claßen höherer Lehr-Anstalten. 5—7. Aufl. Köln 863—69. Du Mont-Schauberg'sche Buchh. gr. 8. (IV, 168 S.) n. 15 ngr.

Schäfer, Edm., Leitfaden beim Unterrichte in der deutschen Sprache für die unteren Claßen höherer Lehranstalten. 7. und 8. Aufl. 1869,72. *ℳ 1,50., und 9. Aufl. gr. 8. (IV, 168 S.) Köln 874, DuMont-Schauberg'sche Buchh. * 1 60

Schäfer, Edm., Leitfaden beim Unterricht in der deutschen Sprache f. die unteren Claßen höherer Lehranstalten. 9. Aufl. gr. 8. (IV, 168 S.) Köln 874. Du Mont-Schauberg. n. 1. 60

Schäfer, Edm., Leitfaden beim Unterrichte in der deutschen Sprache für die unteren Claßen höherer Lehranstalten. 10. Aufl. gr. 8. (IV, 171 S.) Köln 877, DuMont-Schauberg'sche Buchh. *

Schäfer, Edm., Leitfaden beim Unterrichte in der deutschen Sprache für die unteren Klassen höherer Lehranstalten. 11., nach der vorgeschriebenen deutschen Rechtschreibung verb. Aufl. gr. 8. (IV, 172 S.) Köln 880, DuMont-Schauberg'sche Buchh. *

Schäfer, Edm., Leitfaden beim Unterricht in der deutschen Sprache für die unteren Klassen höherer Lehranstalten. 12. unveränd. Aufl. gr. 8. (IV, 172 S.) Köln 886, Du Mont-Schauberg'sche Buchh. *

Schäfer, Eduard

— Die Arsenikesser in Steiermark. S. 41. [illegible] . . . . vgr.
Separatabdruck

— Die Aufsaugung und Ausscheidung der gebräuchlichsten offizinellen Jodpräparate.
Kreislauf des Jodkaliums.
Die Jodquecksilberpräparate.
Das Quecksilberjodür.
Das Quecksilberjodid. S. 32. 143 . . . . — 30
Separatabdruck

Schaefer, Ed., die Aufsaugung und Ausscheidung der gebräuchlichsten officinellen Jodpräparate. Aus d. Sitzungsberichten d. k. Akad. d. W. Wien 858. Gerold in Comm. gr. 8. (16 S.) 3 *ngr.*

Schaefer, Eduard *Franz Clemens* [cand. med.]: Aus d. geburtshülfl.-gynäkolog. Klinik zu Bonn. Die Methoden der Behandlung asphyktischer Neugeborener ... Bonn, Buchdr. v. A. Henry, 1896; 39 S. 8.
Bonn, Med. Fak., Inaug.-Diss. v. [23.] Mai 1896

Schaefer, Eduard. Über eine Vergiftung mit Mitisgrün nebst einer Reihe chemischer Untersuchungen, die Resorption und Ausscheidung von Arsen und Antimonial-Präparaten betreffend. S. 25. 1857 . . . . — 34
Separatabdruck

— — über eine Vergiftung mit Mitisgrün, nebst einer Reihe chemischer Untersuchungen, die Resorption und Ausscheidung von Arsen und Antimonial-Präparaten betreffend. Lex.-8. (11 S.) Wien 857, (Gerold's Sohn.) *
Vorstehende zwei Schriften des Verf. wurden aus: Sitzungsberichte der k. Akademie der Wissenschaften, Jahrg. 1858 und 1857, besonders abgedruckt.

Schaefer, Emil, aus Darmstadt: Beiträge zur Kenntnis der Wolframverbindungen. *Leipzig 1903: Metzger & Wittig.* (47 S.) 8°
Berlin, Phil. Diss. v. 9. Jan. 1904

Schäfer, Emil. Ende. Schauspiel in fünf Aufzügen. 79 S. 8. Bern, H. v. Kamp-Berger, [1910]. [fr. 1. —]

Schaefer, Aemilius [Rhenanus]: Observationes criticae in M. Annaei Lucani Pharsaliam et P. Papinii Statii silvas .... Monasterii, ex typ. Brunniana, 1886; 49 S. 8°.
Münster, Phil. Fak., Inaug.-Diss. v. 1886.

Schaefer, Aemilius. observationes criticae in M. Annaei Lucani Pharsaliam et P. Papinii Statii silvas. Diss. Münster 1886. H. Mitsdörffer. 8°. 49 S.

Schäfer, Emil, Paulus, der Apostel Jesu Christi. Ein bibl. Lebensbild in 13 Betrachtgn. gr. 8. (154 S.) Leipzig 874. Hinrichs' Verl. 2. 70; geb. n. 3. 50

Schäfer, Emilie, Gedichte. 8. (141 S.) Remscheid (899). (G. Schmidt. n. 1. 60; geb. n. 2. —

Schaefer, Emmerich Felix (Frankfurt/M.) A. S. 163/12

Dissertatio inauguralis de eo quod iustum est circa evictionem in dotis datione praestandam. Präs. Johann Gottfried Sigismund Albrecht Büchner. Giessen (Braun) 17. X. 1789. 36 S.

Gew.: Stadt Frankfurt/M. 29905

Schaefer, Erdm. A., die Erziehung der deutschen Jugend im Auslande. Ein pädagog. Hand- u. Lesebuch f. Eltern, Schulvorsteher, Lehrer, Gouvernanten u. sonst. Erzieher Unter Mitwirkg. hervorrag. Fachmänner hrsg. 8. (XII, 219 S.) Leipzig 900. R. Gerhard. n. 3. 60; geb. in Leinw. n. 4. 60; in Saffian n.n. 6. 50

Schäfer, Ernst, Beiträge z. Geschichte des spanischen Protestantismus u. der Inquisition im 16. Jahrh. Nach den Orig.-Akten in Madrid u. Simancas bearb. 3 Bde. gr. 8. Gütersloh 902. C. Bertelsmann. n. 30. —; geb. n. 33. 50
I. (XVI, 458 S.) n. 7. —; geb. n. 8. —
II. Mit Unterstützung der Bürgermeister Kellinghusens Stiftung zu Hamburg. (IV, 436 S.) n. 8. —; geb. n. 9. —
III. Mit Unterstützung der Bürgermeister Kellinghusens Stiftung zu Hamburg. (III, 808 S.) n. 15. —; geb. n. 16. 50

Schäfer, Er., kurzgefaßte Beschreibung von Harburg im Ries. Nach Quellen bearbeitet. Mit 2 lithogr. Ansichten. 8. Nördlingen 833. Beck. 1/3 ₰

Schäfer, Ernst, kurzgef. Beschreibung v. Harburg im Ries. Nach Quellen bearb. 8. (9¼ B. u. 2 lith. Ansichten, 8. u. 4.) Nördlingen 834, Beck.

— zur Erinnerung an Marco Polo. gr. 8. (21 S.) Hamburg 899. L. Friederichsen & Co. n. 1. —
Sonderabdr. aus „Mitth. d. geogr. Gesellsch. in Hamburg".

Schäfer, Ernst, Erzählungen aus dem Reiche Gottes zur belehrenden Unterhaltung für die Jugendwelt. 8. (148 S.) Augsburg 851, v. Jenisch & Stage. 12 *ngl*

Schaefer, Ernst, Referendar: Die Gegenleistungspflicht des vertragstreuen Teils in den §§ 325, 326 BGB. unter besonderer Berücksichtigung der Reichsgerichtsentscheidung Bd. 50 S. 262 und Bewertung der Gründe zu der Entscheidung. Borna-Leipzig 1910: Noske. 57 S. 8°
Erlangen, Jur. Diss. v. 16. Juli 1910, Ref. Binder
[Geb. 25. Febr. 81 Mayschoß; Wohnort: Bonn; Staatsangeh.: Preußen; Vorbildung: Gymn. Emmerich Reife O. 03; Studium: Berlin 1, München 1, Bonn 5 S.; Rig. 18. Nov. 10.] [U 11. 862

Schäfer, Ernst, Dr.: Zur Geschichtschreibung des Alb. Krantz. *Hamburg 1898: Lütcke & Wulff.* (100 S.) 8° [F.] ¶ (Aus: Zeitschrift d. Vereins f. Hamburg. Geschichte, Bd 10.)
Rostock, Phil. Hab.-Schr. v. 1898

—— die Familie Linden, od. Blicke in d. Leben guter Kinder. Ein religiös. Bildungsb. f. d. denk. christl. Jugend. 8. (23½ B.) Nördlingen 832, Beck.

Schäfer, Ernst [Cand. min.]: Luther als Kirchenhistoriker. E. Beitr. z. Geschichte d. Wissenschaft. Tl 1 ... [Erschien vollst. 1897 im gl. Verl.] Gütersloh, Druck v. C. Bertelsmann, 1896; 2 Bl., 110 S. 8.
Rostock, Phil. Fak., Inaug.-Diss. v. [29. Juni] 1896

Schäfer, Ernst, Luther als Kirchenhistoriker. Ein Beitrag zur Geschichte d. Wissenschaft. gr. 8. (VIII, 515 S.) Gütersloh 897. C. Bertelsmann. n. 9. —; geb. n. 10. —

Schäfer, Ernst, Nepos-Vokabular. 3 Tle. gr. 8. (VI, 38; IV, 43 u. 38 S.) Leipzig 885. 86. Teubner. cart. à n. — 40

Schäfer, Ernst, Nepos-Vokabular. 3 Tle. gr. 8. Leipzig, Teubner. cart. à Tl. * 40 Pf.; *
Inhalt:
Tl. 1. Praefatio. Miltiades. Themistocles. Aristides. Pausanias. Cimon. Lysander. Alcibiades. Thrasybulus. Conon. Dion. 2. bericht. Aufl. von Ortmann. (IV, 33 S.) 887.
2. Iphicrates. Chabrias. Timotheus. Datames. Epaminondas. Pelopidas. Agesilaus. Eumenes. Phocion. (IV, 43 S.) 885.
3. Timoleon. De regibus. Hamilcar. Hannibal. Cato. Atticus. (38 S.) 886.

Schäfer, E., Nepos-Vokabular. 1. u. 2. Tl. Bericht. Aufl. v. Ortmann. gr. 8. Leipzig, Teubner. cart. à n. — 40
1. Praefatio. Miltiades. Themistocles. Aristides. Pausanias. Cimon. Lysander. Alcibiades. Thrasybulus. Conon. Dion. 3. Aufl. (IV, 39 S.) 890.
2. Iphicrates. Chabrias. Timotheus. Datamas. Epaminondas. Pelopidas. Agesilaus. Eumenes. Phocion. 2. Aufl. (IV, 44 S.) 889.

Schäfer, Ernst. Nepos-Vokabular. 3 Tle. gr. 8. Lpz., Teubner. cart. à Tl. * — 40
1. Praefatio. Miltiades. Themistocles. Aristides. Pausanias. Cimon. Lysander. Alcibiades. Thrasybulus. Conon. Dion. 4. Aufl. v. Ortmann. (IV, 39 S.) 893.
2. Iphicrates. Chabrias. Timotheus. Datames. Epaminondas. Pelopidas. Agesilaus. Eumenes. Phocion. 2. Aufl. v. Ortmann. (IV, 44 S.) 889.
3. Timoleon. De regibus. Hamilcar. Hannibal. Cato. Atticus. 2. Aufl. von Ortmann. (IV, 40 S.) 893.

Schäfer, Ernst, Nepos-Vokabular. 1. u. 3. Tl. gr. 8. Leipzig 893. B. G. Teubner. Kart. à n. — 40
1. Praefatio. Miltiades. Themistocles. Aristides. Pausanias. Cimon. Lysander. Alcibiades. Thrasybulus. Conon. Dion. 4. Aufl. v. Ortmann. (IV, 40 S.)
3. Timoleon. De Regibus. Hamilcar. Hannibal. Cato. Atticus. 2., bericht. Aufl. v. Ortmann. (IV, 40 S.) 892.

Schäfer, E., s. **S. Pellico**, Francesca.

— vollständiger evangelischer Religionsunterricht in Fragen und Antworten nach Luther's kleinem Katechismus, zunächst für Familien, welche ihre Kinder selbst in der Religion unterrichten müssen, dann für Kandidaten des Predigtamtes ꝛc. gr. 8. (XII und 748 S.) Augsburg 847, Kollmann'sche Buchh.

Schäfer, Ernst, Friedrich Eberhard v. Rochow, s. a. Greßler's, F. G. L., Klassiker der Pädagogik.

Friedrich Eberhard von Rochow. Ein Bild s. Lebens u. Wirkens von Prof. Dr. Ernst Schäfer, Privatd., Rostock. Gütersloh: C. Bertelsmann 1906. (100 S.) 8°
Aus: Monatsschrift f. Innere Mission. Jg. 26. 1906.

Schaefer, Ernst Die Schlacht an der Elster 15 Oktober 1080. 14 S. **Progr.** *Weissenfels* 1879.

— Sevilla u. Valladolid, die evang. Gemeinden Spaniens im Reformationszeitalter, s. a. **Schriften des Vereins f. Reformationsgeschichte. Nr. 78.**

Sevilla und Valladolid, die evangelischen Gemeinden Spaniens im Reformationszeitalter. Eine Skizze von Ernst Schäfer, Priv.-Doz., Rostock. *Halle a. S.: Ver. f. Reformationsgesch. 1903.* (VIII, 137 S.) 8° [F.]
= Schriften d. Vereins f. Reformationsgeschichte. No 78. [04. 1993 9

Schäfer, Ernst: Vergleichende Untersuchung über die Aufschliessung von arsen-, antimon- und schwefelhaltigen Erzen im Chlor- und Brom- ⟨Kohlensäure⟩-Strome zum Zwecke der quantitativen Analyse. Wiesbaden: Kreidel 1906. 34 S. 8° ¶ Aus: Zeitschrift f. analyt. Chemie. Jg. 45.
München, Dr.-Ing.-Diss. v. 2. 12. 1905

Schaefer, Ernst, Medizinalprakt.: Aus d. Direktorialabt. d. Allg. Krankenhauses Mannheim (Dir.: Volhard). Versuche mit Amylnitrit bei Hypertonikern. Marburg 1910: Koch. 45 S. 8°
Marburg, Med. Diss. v. 28. Juni 1910, Ref. Brauer
[Geb. 15. Sept. 86 Marburg; Wohnort: Mannheim; Staatsangeh.: Preußen; Vorbildung: Gymn. Marburg Reife O. 04; Studium: Marburg 1, Freiburg i. B. 1, München 1, Berlin 1, Marburg 7 S.; Coll. 7. März 10; Approb. 15. Mai 10.] [U 10. 3326

Schäfer, Ernst: Die Völkerschlacht bei Leipzig, s. Als Deutschland erwachte.

Schäfer, Erwin, Geschichte der deutschen Kriegsmarine im 19. Jahrh., s. a. Jahrhundert, das deutsche, in Einzelschriften. 7. Tl.

Schäfer, E. Geschichte der deutschen Kriegsmarine im 19. Jahrhundert. Berlin 1901. 8°. (Das Deutsche Jahrhundert. 7.)

Schäfer, Eugen „Festschrift zur Feier des 50 jährigen Bestehens der k. Realschule Lindau i. B.". Geschichte der Schule und ihrer Vorläufer. pg. 3—40 und Anhang (bearb. von Georg Hoock). pg. 2 11. 8°. Stoffel & Wachter (Gbr. Zeitler)
Lindau, Progr. 1908/09

Schaefer, Ewald [cand. med. aus Baden-Baden]: Ein Fall von Hysteria gravis ... München, Buchdr. Kastner & Lossen, 1896; 38 S. 8.
München, Med. Fak., Inaug.-Diss. v. 1896

Schäfer, F., Geschichte d. deutschen Unterrichts in der Volksschule, s.: Engelien, A.

Schäfer, F., Die Lohnverhältnisse der städtischen Arbeiterschaft in Karlsruhe, im Auftrage des Stadtrates dargestellt. kl. 4°. Karlsruhe, 20. XII. 1900.

Schaefer, Dr. F., Dr. E. Svenson u. Dr. E. Bar. von der Osten-Sacken. Über die Wirkung der japanischen Kriegswaffen im mandschurischen Feldzuge. T. 1. 2. Berlin 1906.

Schäfer, Ferd., der natürliche Fingersatz chromatischer Violinfiguren. Eine Studie. gr. 8. (32 S.) Leipzig 902. H. Seemann Nachf. n. — 60

Schäfer, Ferd., die Jungfrau vom Königsee. Romantische Oper in 3 Akten von Alb. Thierfelder. 8. (32 S.) **Brandenburg 877, Koch's Hofbuchh.** *

Schaefer, Ferdinandus (geb. Myslowitz 9. 2. 1829): De scorbuto. Vratislaviae (1855). (32 S.) 8°
Breslau, Med. Diss. v. 24 Sept 1855

Schäfer, Fr., s. a. **Führer, wissenschaftlicher, durch Dresden.**

Schäfer, F., Wissenschaftlicher Führer durch Dresden. Hrsg. im Auftrage des Rates und in Verbindung mit den Ausschußmitgliedern anläßlich der 79 Versammlung Deutscher Naturforscher und Ärzte 1907 in Dresden. Dresden, 1907. 395 S. mit 28 Taf. u. 1 Plan

Schäfer, Fr., üb. die wichtigsten der heute herrschenden Lesemethoden. Welche verdient den Vorzug? Gekrönte Preisschrift. gr. 8. (67 S.) Frankfurt a/M. 876. Auffarth. n. 1. —

— die allgemeine Volksschule in kleineren Orten. Ein Beitrag zur Organisationsfrage der Stadtschulen. 8. (114 S.) **Langensalza 873. Beyer & Söhne.** n. 1. —

Schaefer, Franz: Die wirtschaftliche Bedeutung der technischen Entwicklung in der Papierfabrikation. Leipzig 1909: Brandstetter. 150 S. 8° ¶ (Ersch. vollst. als: Technisch-volksw. Monographien. Bd 9.)
München, Staatswirtsch. Diss. v. 13. März 1909, Ref. Sinzheimer, Brentano
[Geb. 21. Jan. 85 Mainz; Wohnort: Mainz; Staatsangeh.: Hessen; Vorbildung: Realgymn. Mainz Reife O. 04; Studium: Phil. Marburg 6, Phil. u. Staatsw. München 6 S.; Rig. 13. März 09.] [U 09. 3373

Schaefer, Frz., die wirtschaftliche Bedeutung der techn. Entwicklung in der Papierfabrikation, s. a. Monographien, technisch-volkswirtschaftliche.

Die wirtschaftliche (auf d. Umschlag: volkswirtschaftliche) Bedeutung der technischen Entwicklung in der Papierfabrikation. Von Franz Schaefer. Leipzig: Klinkhardt 1909. 284 S. 8°
[Ein T. erschien als Inaug.-Diss. München 1909.]
(Technisch-volkswirtschaftl. Monographien. Bd 9.) [09. 18325

Schäfer, Frz., die wirthschaftliche Bedeutung des Wassergases f. die Gegenwart. gr. 8. (21 S.) München 899. R. Oldenbourg. n. — 50

Schäfer, Frz., Columbus. Schauspiel in 4 Aufzügen u. e. Prolog. Festspiel zur Jubelfeier der 400jähr. Entdeckg. Amerikas. 2., umgearb. Aufl. 8. (86 S.) Karlsruhe 892. (A. Bielefeld's Hofbuchh.) n. 2. 50

Schäfer, Franz, aus Fredeburg (Westf.): Die Einwirkung der nachfolgenden Unmöglichkeit der Leistung auf Schuldverhältnisse aus gegenseitigen Verträgen. *Berlin 1902: W. Pilz.* (VIII, 76 S.) 8°
Freiburg i. B., Rechts- u. staatswiss. Diss. v. 1902

Schäfer, Frz., Gas od. Elektrizität? E. Studie üb. d. wirtschaftl. Konkurrenz-Verhältnis zwischen Gas u. Elektrizität auf d. Gebieten d. Licht-, Kraft- u. Wärme-Vorsorgg. u. d. Bahnbetriebs. gr. 8. (25 S.) Wiesbaden 896. J. F. Bergmann. Kart. n. 1. —

Schäfer, Frz., das Gas im bürgerlichen Hause. (40 S. m. 18 Abbildgn. im Text u. auf 1 Taf.) 8. München 907. R. Oldenbourg. — 50

— die Gasfragen der Gegenwart. gr. 8. (31 S.) Berlin 901. C. Heymann's Verl. n. — 50
Ergänzter Sonderabdruck aus: „Techn. Gemeindeblatt".

— Mittelbare Gasheizung. (20 S. m. 7 Abb.) gr. 8. Ebd. 908. — 50
Sonderabdruck aus: „Gesundheits-Ingenieur".

Schäfer, Frz., die angebliche Gefährlichkeit des Leuchtgases im Lichte statistischer Tatsachen. (52 S. m. 8 Abb.) gr. 8. München 906. R. Oldenbourg. n. — 60
Sonderabdruck aus: „Journal f. Gasbeleuchtg. etc."

— kein Haus ohne Gas! Im Auftrag des deutschen Vereins v. Gas- u. Wasserfachmännern verf. u. hrsg. 6., durchgeseh. u. ergänzte Aufl. (48 S.) kl. 8. Ebd. 906. n. — 20

— Kein Haus ohne Gas! Zur Belehrg. der Gasverbraucher u. solcher, die es werden wollen, verf. u. hrsg. 8., durchgeseh. u. ergänzte Aufl. (47 S.) 16. Ebd. 909. — 20

— die neuen Concurrenten des Steinkohlengases auf dem Gebiete der centralen Licht-, Kraft- u. Wärmeversorgung (Acetylen, Wassergas, Luftgas). Lex.-8. (15 S.) Ebd. 900. n. — 50
Sonderabdruck aus: „Bericht üb. die 20. Hauptversammlg. d. märk. Ver. v. Gas- u. Wasserfachmännern".

Schäfer, Frz., die Kraftversorgung der deutschen Städte durch Leuchtgas. [Erweit. Sonderabdr. aus: „Journal f. Gasbeleuchtg. etc."] 8. (70 S. m. 1 graph. Taf.) München 894. R. Oldenbourg. n. 1. 20

— Muss der Gasmotor dem Elektromotor weichen? (32 S. m. 12 Abb.) gr. 8. Ebd. 909. — 50
Erweit. Sep.-Abdr. aus: „Journal f. Gasbeleuchtg."

— die Schlacht bei St. Jakob. Vaterländisches Schauspiel in 5 Aufzügen. 8. (II, 101 S.) Basel 894. (A. Geering.) n. — 80

Schäfer, Franz. Die Schlacht bei St. Jakob. Vaterländisches Schauspiel in 5 Aufzügen. In-8°. 101 S. Basel, Selbstverlag des Verfassers. 1 — 1894.

— „Solon". Schauspiel in 4 Aufzügen (8 Verwandlgn.). 8. (100 S.) Karlsruhe 892. (A. Bielefeld's Hofbuchh.) n. 2. —

Schäfer Franz: C. M. Wielands „Stilpon".
H 1909 PN 2618 Diss.Wien, Univ. 283

— Die Verwendung v. Steinkohlenteer zur Herstellung staubfreier Strassen. Reisebericht aus England. (16 S.) 8. Berlin 907. C. Heymann. nn — 25
Sonderabdruck aus: „Techn. Gemeindebl."

Schäfer, Frz., die Wärme- u. Kraftversorgung deutsch. Städte durch Leuchtgas. Fol. (18 S. m. 3 Fig.) München 901. R. Oldenbourg. n. 1. —
Sonderabdr. aus Schillings Journal für Gasbeleuchtung und Wasserversorgung.

— Die Warmwasser-Versorgung ganzer Häuser u. einzelner Stockwerke durch selbsttätige Erhitzer m. Gasfeuerung. (28 S. m. 4 Abb.) gr. 8. München 906. R. Oldenbourg. — 50

— der Wettbewerb des Elektromotors gegen den Gasmotor. gr. 8. (14 S.) Ebd. 899. n. — 25
Sonderadruck aus: „Schilling's Journal f. Gasbeleuchtg. u. Wasserversorgung."

Schaefer, F(ranz) Friedrich: Das Hospital zum hl. Geist auf dem Domhofe zu Köln nebst Notizen zur Geschichte der rheinischen und westfälischen hl. Geisthospitäler. Ein Beitr. z. Geschichte d. Armenpflege d. Mittelalters. [Teildr.] Kreuznach 1910: Cappallo. 91 S. 8° ¶ (Rest ersch. später.)
Münster, Phil. Diss. v. 14. Okt. 1909, Ref. Meister
[Geb. 12. Aug. 85 Cöln; Wohnort: Münster i. W.; Staatsangeh.: Preußen; Vorbildung: Marzellen-Gymn. Cöln Reife O. 05; Studium: Bonn 4, Münster 4 S.; Rig. 28. Juli 09.] [U 11. 3991

Schaefer, Franc. Petrus., Dissertatio de Christo et apostolis in tradenda religione ad hominum captum sese demittentibus. Mainz. 1787. 8°. 86 S.

Schaefer, Frdr., im Ahnenhause der Lehrer. Festdichtung. Gesprochen bei der Diesterwegfeier in Wolfenbüttel. 12. (20 S.) Braunschweig 891. Appelhans & Pfenningstorff. n. — 20

Schaefer, Friedrich [aus Owinsk]: Über Arbeitsparesen. . . . Berlin, Druck v. Carl Hermann Müller (1890); 40 S. 8°
Berlin, Med. Fak., Inaug.-Diss. v. 18. Jul. 1890

SCHAEFER, Friedrich: Über die kirchliche Armenpflege. — (1855) 84 S. 8° (Handschr.) Diss. 114
Diss.Wien, Univ.

Schaefer, Frdr., Arbeitskraft u. Schule. Vier pädagog. Abhandlgn. auf physiolog. Grundlage. (I. Uns. Arbeitskraft. II. D. Jugend u. ihre Schularbeit. III. D. Lehrer u. s. Berufsarbeit. IV. Krankhaft veranlagte Kinder.) 1. u. 2. Aufl. gr. 8. (56 S.) Frankfurt a/M. 896. Kesselring. n. — 80

Schaefer, Fr., die Aufgaben der Gesetzgebung hinsichtlich der Trunksüchtigen, s.a. Grenzfragen, jurist.-psychiatr. I. 5—7.

Schaefer, Fr. Die Aufgaben der Gesetzgebung hinsichtlich der Trunksüchtigen, nebst einer Zusammenstellung bestehender und vorgeschlagener Gesetze des Auslandes und Inlandes. Von Sanitätsrat Dr. Fr. Sch' in Lengerich i. W. 106 S. 8. Halle a. S., Carl Marhold, 1904. (Einzelpreis M. 3.—)
(Juristisch-psychiatrische Grenzfragen. Zwanglose Abhandlungen.... Band 1, Heft 6 7.)
Darin S. 68–75: Schweiz (St. Gallen, Thurgau, Basel-Stadt).

Die Befriedigung des Kreditbedürfnisses der größeren deutschen Städte in den Jahren 1900 bis 1909. Bericht an d. Vorstand d. Deutschen Städtetages ... erstattet von Prof. Dr. Friedrich **Schäfer**, Dir., Dresden. Berlin: Zentralstelle d. Deutschen Städtetages 1909. 50 S. 4°(8°) 10, 18038

Schaefer, Friedrich [aus Darmstadt]: Ueber β = (γ) α-Dioxynaphtalin und seine Beziehungen zur β-Naphtylamin-(γ) α-Monosulfonsäure und β-Naphtol-(γ) α-Monosulfonsäure. . . . Freiburg i. B., Buchdr. v. Chr. Ströcker, 1890; 66 S. + 4 Bl. 8°
Freiburg i. B., Phil. Fak., Inaug.-Diss. v. 1889

Schaefer, F., moderne Bewaffng. u. Kriegssanitätsdienst, s. a. Militär-Wochenblatt. 1907. 3. Beiheft.

Moderne Bewaffnung und Kriegssanitätsdienst. Vortrag geh. zu Berlin 1907 von Oberstabsarzt Dr. F[riedrich] **Schaefer**. Berlin: E. S. Mittler & Sohn 1907. (S. 93–117.) 8° [F.]
= Militär-Wochenblatt. 1907, Beih. 3, [2.] 07. 4586

Schaefer, Frdr., Bismarckliederbuch. Im Auftrage des deutschen Bismarck-Bundes zusammengestellt. (IV, 112 S.) kl. 8. Wolfenbüttel 904. (Heckner.) n.n. — 50

Schaefer, Frdr., Bismarckliederbuch. Im Auftrage des deutschen Bismarck-Bundes hrsg. 2. Aufl. (IV, 112 S.) kl. 8. Goslar a/H. 908. Deutscher Bismarckbund. (Nur direkt.) — 50

Schäfer, Friedrich, aus Fredeburg (Westf.): **Der Darlehnsvorvertrag.** *Berlin 1902: W. Pilz.* (VII, 51 S.) 8°
Freiburg i. B., Rechts- u. staatswiss. Diss. v. 1902

Schaefer, F[riedrich], Dr., Pfarrer in Remscheid: Der frühere und der spätere Döllinger. *Halle a. S.: E. Strien 1900.* (32 S.) 8° [F.]
Jena, Theol. Diss. v. 1900

Schäfer, Friedrich: Die Erwerbsquellen der Überlinger Bürgerschaft in den Jahren 1550–1628 und ihre Bedeutung für den privaten Haushalt ... [Erschien vollst. 1893 u. d. T.: Wirtschafts- u. Finanzgesch. d. Reichsstadt Überlingen ... 1550—1628 ... als Heft 44 d. Unters. z. Deutschen Staats- u. Rechtsgesch., hrsg. v. Gierke.] Breslau, W. Koebner, 1893; 1 Bl., 61 S. 8.
Freiburg i. B., Phil. Fak., Inaug.-Diss. v. 1893

Schäfer, Friedrich (Übers.):

s.: Frank, Joseph: Heilart an der klinischen Lehranstalt zu Pavia. (Ratio instituti clinici Ticinensis... Dt.) Wien: 1797

JB 2.221

Schäfer, Frdr., Fremdenführer durch Bad Nauheim u. Umgegend m. besond. Berücksicht. der letzteren. Mit e. (lith) Strassen-Karte (in Fol.) gr. 16. (42 S.) Frankfurt a/M. 872. Oehler. n. — 50

Schaefer, Frdr., Gedichte. 8. (112 S.) Berlin 892. A. Haack. n. 1. 50

Schaefer, Frdr., Heimatlieder. 8. (111 S.) Wolfenbüttel 902. J. Zwißler. n. 1. 50; geb. in Leinw. m. Goldschn. n. 2. 50

Schaefer, Frdr., „der Helgoländer". Eine psycholog. Studie. 2. Aufl. (III, 31 S.) 8. Bremen (Dobben 44) (905). Dr. F. Schaefer. n. — 80

Schaefer, Fried. (geb. Merseburg 1812): De hepatitide. Berolini 1837. (40 S.) 8.
Berlin, Med. Diss. v. 4. März 1837

Schaefer, Friedrich *(geb. Breslau 18. 1. 1852)*: Zur Casuistik der sectio caesarea bei carcinom der weichen Geburtswege. Breslau 1876. (37 S.) 8°
Breslau, Med. Diss. v. 16. Febr. 1876

— das Köstlichste. Ein Märchen. Ein Erinnerungsblatt an die Jubelversammlg. des braunschweig. Landes-Lehrer-Vereins am 1., 2. u. 3. X. 1900 in Wolfenbüttel. 8. (34 u. 10 S.) Ebd. 901. n. — 50

Schaefer, Frdr., Lesefrüchte aus Sylvester Jordans „Wanderungen". gr. 8. (20 S.) Cassel 893. Th. G. Fisher & Co. — 45

Schaefer, Friedrich, aus Bremen: Georg Christoph L i c h t e n b e r g als Psychologe und Menschenkenner. Eine krit. Untersuchung u. ein Versuch zur Grundlegung einer 'Empirischen Charakterpsychologie.' Jena 1898: B. Vopelius. (57 S.) 8°
Jena, Phil. Diss. v. (19. Nov.) 1898

Schaefer, Frdr., Georg Christoph Lichtenberg als Psychologe u. Menschenkenner. Eine krit. Untersuchg. u. e. Versuch z. Grundlegg. e. „Empirischen Charakterpsychologie". Dem Andenken Lichtenbergs zu dessen 100jähr. Todestage, den 24. II. 1899, geweiht. gr. 8. (52 S. m. 3 Taf.) Leipzig 899. Dieterich. n. 1. —

[F.] Schiller's 'Lied von der Glocke' und seine geistvollsten Parodieen. F. Hausschatz deutschen Humors. Ges. u. hrsg. v. F r i e d r i c h Schaefer. *Berlin: In Comm. bei A. Pritschow (1895).* (4 Bl., 171 S.) 1 Bd 8. 96. 80

Schaefer, Frdr., das M ä r c h e n v. D i d e l m. dem Zauberpfeifchen. Mit Bildern v. Carl Fahringer. (23 S. m. 5 Vollbildern.) Lex. 8. Wolfenbüttel (907). Heckner. Kart. 2. —

— Das M ä r c h e n v. d e n 7 G e s e l l e n. Mit (farb.) Bildern v. Carl Fahringer. (36 S.) Lex. 8. Ebd. (908). Kart. 2. 75

Schafer, Friedr. Materialien für den lateinischen Sprachunterricht. 16 S. **Progr.** Rpg. Marburg II 1885.

Schaefer, Frdr., zur Methode des ersten Schreib- u. Leseunterrichts. (Neubearbeitung seiner gekrönten Preisschrift üb. die Leselehrmethoden.) (133 S.) gr. 8. Frankfurt a/M. 904. F. B. Auffarth. n. 2. —

— Heilige Nacht. Ein Weihnachtsspiel in 3 Aufzügen. Geschrieben f. Vereine u. Liebhaberbühnen. (31 S.) 8. Ebd. 908. —60; 18 Rollenexemplare 9. —

Schaefer, Frdr., zur Pädagogik des ersten Schuljahres. Ein Vortrag. 8. (32 S.) Frankfurt a/M. (901). Kesselring. n. — 60

— s.: Schiller's Lied v. d. Glocke u. seine geistvollsten Parodieen.

Schaefer, Frdr., Schule u. A r b e i t. I. Wie erzieht d. Schule zur Arbeitsfreudigkeit? II. Gegen d. Handfertigkeitsunterricht in d. Schulen. gr. 8. (90 S.) Frankfurt a/M. 898. Kesselring. n. 1. 20

Schäfer, Friedrich [app. Arzt aus München]: Ueber Spasmus glosso-labialis unilateralis hystericus ... München, Buchdr. Kastner & Lossen, 1896; 24 S. 8.
München, Med. Fak., Inaug.-Diss. v. 1896

Schäfer, Friedrich, zu Marburg: Spermatogenese von Dytiscus. Ein Beitrag zur Frage der Chromatinreduction. Naumburg a. S. 1906: Lippert & Co. (48 S.) 8° ¶(Aus: Zoologische Jahrbücher Bd 23 Abt. f. Anatomie. 1906.)
Marburg, Phil. Fak., Ref. Korschelt, Diss. v. 18. Dez. 1906
[Geb. 31. März 84 Marburg; Wohnort: Marburg; Staatsangeh.: Preußen; Vorbildung: Gymn. Marburg Reife O. 02; Studium: Marburg 8 S.; Rig. 28. Apr. 06.]

Schaefer, Frdr., der Streit der Stände. Volksstück. gr. 8. (40 S.) Braunschweig 892. Appelhans & Pfenningstorff. n. — 60

Schäfer, Frdr., Wirtschafts- u. Finanzgeschichte der Reichsstadt Überlingen am Bodensee in den J. 1550—1628, nebst e. einleit. Abriss der Überlinger Verfassungsgeschichte, s. a. Untersuchungen zur deutschen Staats- u. Rechtsgeschichte.

Schäfer, Dr. Frdr. Wirtschafts- und Finanzgeschichte der Reichsstadt Ueberlingen am Bodensee in d. J. 1550—1628 nebst einem einleit. Abriss der Ueberlinger Verfassungsgeschichte. Untersuchungen zur deutsch. Staats- und Rechtsgeschichte, Heft 44. gr. 8°. Breslau 1893.

Schäfer, Frdr., s.: Zentralblatt, deutsches statistisches.

Schäfer, Friedrich August

Schäfer, Fr. A(ugust), Dr.: Goethe in Krankheitstagen. Meißen 1904: C. E. Klinkicht. (52 S.) 8° [F.]
Meißen, R u. PG OP 1904 (670)

Schäfer, Fr. A., Goethe in Krankheitstagen. (63 S.) gr. 8. Meißen 904. (L. Mosche.) n. — 75

Schäfer, Friedrich E.

Schaefer, F. E., elementare Naturlehre f. höhere Bürgerschulen, höhere Mädchenschulen, Präparandenschulen u. verwandte Anstalten. gr. 8. (XVIII, 205 S.) Leipzig 890. Brandstetter. n. 2. 40

Schäfer, Fdr. E., die Pädagogik des Jeremias Gotthelf. Aus den gesammelten Schriften von A. Bitzius zusammengestellt. gr. 8. (V, 192 S.) Leipzig 888, Brandstetter. *

Schäfer, Friedrich Ernst Heinrich [prakt. Arzt aus Wünschelburg i. Schles.]: Ein genesener Paralytiker .... Berlin, Buchdr. v. Gustav Schade (Otto Francke) (1887); 27 + 1 S. + 1 Bl. 8°.
Berlin, Med. Fak., Inaug.-Diss. v. 29. Jan. 1887.

Schäfer, Friedrich Ernst Heinrich. ein genesener Paralytiker. Diss. Berlin 1887, Mayer & Müller. 8°. 27 S.

Schäfer, Friedrich Gottlieb (geb. am 20 Juli 1850 in Kleve): Ueber den Einfluss der arsenigen Säure auf die Wirkung der Verdauungsfermente ... Bonn, Druck v. C. Georgi 1872. 30 S., 1 Bl. 8.
Bonn, Med. Fak., Diss. v. 1 Aug. 1872

Schäfer, [Fritz], Rechtsanwalt, in Tuttlingen: Die Aktivlegitimation bei der actio legis Aquiliae und der § 823 Abs. 1 B. G. B. Tuttlingen 1903: E. Gagstatter. (55 S.) 8° [F. u. Ant.]
Tübingen, Jur. Diss. v. 1903

Schäfer, Fritz [aus Kl. Warkau]: ... Ueber die Einwirkung von Hydroxylamin auf Oxaläther ... Königsberg i. Pr., Druck v. M. Liedtke, 1892; 2 Bl., 33 S., 2 Bl. 8.
Königsberg, Phil. Fak., Inaug.-Diss. v. 22. Dez. 1892

Schäfer, Fritz, üb. die Einwirkung v. Hydroxylamin auf Oxaläther. Diss. gr. 8. (32 S.) Königsberg i/Pr. 892. (W. Koch.) n. — 80

Schäfer, Fritz, der Hahn im Korbe, s.: Album f. Liebhaberbühnen.

Schaefer, Fritz, die Kunst, im Auslande Stellung zu finden, s.: Miniatur-Bibliothek.

Schäfer, Fritz [Pfarramtskand. aus Gemünden, Rheinprov.]: Lotzes Lehre vom Absoluten ... Erlangen, k. b. Hof- u. Univ.-Buchdr. v. F. Junge, 1895; 64 S., 1 Bl. 8.
Erlangen, Phil. Fak., Inaug.-Diss. v. 31. Okt. 1895

Schaefer, Fritz, (Kreistierarzt in Labiau) aus Pogrimmen (Ostpr.): Aus d. Zool. Museum d. Universität Königsberg i. Pr. Ueber die Schenkeldrüsen der Eidechsen. Hierzu 2 Taf. *Berlin: Nicolai 1902.* (40 S.) 8° [Umschlagt.] ¶(Aus: Archiv f. Naturgesch., Jg 68, Bd 1, H. 1.)
Königsberg, Phil. Diss. v. 20. Febr. 1902

Schäfer, G., General-Tarif f. Kohlenfrachten, Zusammenstellung v. Frachtsätzen f. den Transport von Steinkohlen u. Kokes aus dem Ruhr- u. Wurm-Revier in Wagenladgn. in den Local- u. Verbands-Verkehren der Bergisch-Märk., Köln-Mindener u. Rhein-Bahn, nebst Anh., enth.: a. die Zechen-Anschlüsse u. Zechen-Frachten, b. ein Stations-Verzeichniss. Aufgestellt nach officiellen Quellen. Jahrg. 1875. 6 Nrn. 8. (Nr. 1. XXXI, 437 S.) Elberfeld Baedeker. n. 25. —; einzelne Nrn. à n. 8. —

Schäfer, G., General-Tarif für Kohlenfrachten. Zusammenstellung von Frachtsätzen für den Transport von Steinkohlen und Cokes aus dem Ruhr- und Wurm-Revier in Wagenladungen in der Bergisch-Märk., Köln-Mindener, rhein. und Aachener Industrie-Bahn nebst Anhang, enth.: a. die Zechen-Anschlüsse und Zechen-Frachten, b. ein Stations-Verzeichniss. Aufgestellt nach officiellen Quellen. Jahrg. 1876. 6 Nrn. 8. (à Nr. ca. IV, 714 S.) Elberfeld, Baedeker'sche Buchh. *
Einzelne Nrn. à *

Schäfer, G., General-Tarif für Kohlenfrachten. Zusammenstellung von Frachtsätzen für den Transport von Steinkohlen u. Cokes aus dem Ruhr- u. Wurm-Revier in Wagenladungen in den Lokal- u. Verbands-Verkehren der Bergisch-Märkischen, Köln-Mindener, rhein. u. Aachener Industrie-Bahn, nebst Anh. u. Stations-Verzeichniss. Aufgestellt nach officiellen Quellen. 3. Jahrg. 1877. 4 Nrn. 4. (Nr. 1. IV, 255 S.) Elberfeld, Baedeker. n. 25. —; einzelne Nrn. à n. 10. —

—— dass. — Zusammenstellung von Frachtsätzen für den Transport von Steinkohlen und Kokes aus dem Ruhr- und Wurm-Revier in Wagenladungen in den Local- und Verbands-Verkehren der Bergisch-Märk., Köln-Mindener, rhein- und Aachener Industrie-, Dortmund-Gronau-Enscheder und westfäl. Bahn, nebst Zechen-Frachten- und Stations-Verzeichniss. Aufgestellt nach officiellen Quellen. 4. Jahrg. 1878. 4 Nrn. 4. (à Nr. ca. IV, 480 S.) Ebendas. *
Einzelne Nrn. à *

—— dass. — 5. Jahrg. 1879. 3 Nrn. 4. (à Nr. ca. IV, 477 S.) Ebendas. *
Einzelne Nrn. à *

Schäfer, G., General-Tarif für Kohlenfrachten. Zusammenstellung von Frachtsätzen für den Transport von Steinkohlen und Kokes aus dem Ruhr- und Wurm-Revier in Wagenladungen in den Local- und Verbands-Verkehren der Bergisch-Märk., Köln-Mindener, rhein., Aachener Industrie-, Dortmund-Gronau-Enscheder und westfäl. Bahn, nebst Zechen-Frachten- und Stations-Verzeichniss. Aufgestellt nach officiellen Quellen. 6.—10. Jahrg. 1880—1884. à Jahrg. 3 Nrn. 4. (à Nr. ca. 500 S.) Elberfeld, Baedeker'sche Buchh. à Jahrg. *
Einzelne Nrn. à *

Schäfer, G., General-Tarif für Kohlen-Frachten. Aufgestellt nach officiellen Quellen. 11.—14. Jahrg. 1885—1888. à Jahrg. 3 Nrn. 4. (à Nr. ca. 500 S.) Elberfeld, Bädeker. à Jahrg. *
à Nr. *

Schäfer, G. General-Tarif f. Kohlen-Frachten. 15.—17. Jahrg. 1889—1891. à Jahrg. 3 Nrn. 4. (à Nr. ca. 550 S.) Elberf., Baedeker. à Nr. * 15 —; à Jahrg. * 30 —
Folgende Jahrge. u. d. T.:
—— **Zusammenstellung v. Frachtsätzen** f. die Beförderung v. Steinkohlen u. Koks aus dem Ruhr- u. Wurm-Gebiet in Wagenladgn. in den Local- u. Verbands-Verkehren der Eisenbahn-Direktionsbezirke Elberfeld, Köln [rechts- u. linksrheinisch] u. d. Dortmund-Gronau-Enscheder Bahn, nebst Zechen-Frachten- u. Stations-Verzeichniss. (General-Tarif für Kohlen-Frachten.) 18. Jahrg. 1892. 3 Nrn. 4. (à Nr. ca. 550 S.) Ebd. à Nr. * 15 —; * 30 —

Schäfer, G. Grundriss der Stadt **Wetzlar** und ihrer Vorstädte nebst einem Theile ihrer Umgebungen. Wetzlar 18[illegible] 1 Bl. K. v.

Schäfer, G. Das Handbuch der Malerei vom Berge Athos aus dem handschriftlichen neugriechischen Urtext übersetzt, mit Anmerkungen von Didron d. A. und eigenen. Trier 1855. 8°.

Schäfer, G, De sententiarum nexu quo multi interpretes sex priora libri tertii carmina Horatiana iungi opinantur. Diss. 1852. 30 S. 1.20

Schäfer, G., die Philosophie des Heraklit v. Ephesus u. die moderne Heraklitforschung. gr. 8. (III, 139 S.) Wien 902. F. Deuticke. n. 4. —

— Zusammenstellung v. Frachtsätzen f. die Beförderung v. Stein- u. Braunkohlen, Koks u. Brikets aus dem Ruhr- u. Wurm-Gebiet in Wagenladungen in den Local- u. Verbands-Verkehren der Eisenbahn-Direktionsbezirke Elberfeld, Köln [rechts- u. linksrheinisch] u. der Dortmund-Gronau-Enscheder Bahn, nebst Zechen-, Frachten- u. Stations-Verzeichniss. (General-Tarif f. Kohlen-Frachten.) Aufgestellt nach officiellen Quellen. 18.—20. Jahrg. 1892—1894. 3 Bde. 4. (à Bd. ca. VI, 525 S.) Ebd. n. 30.—;
einzelne Bde. à n. 15. —

Schäfer, Zusammenstellg. v. Frachtsätzen f. d. Beförderung v. Stein- u. Braunkohlen, Koks u. Brikets aus d. Ruhr- u. Wurm-Gebiet in Wagenladgn. in d. Local- u. Verbands-Verkehren der Eisenbahn-Direktionsbezirke Elberfeld, Köln [rechts- u. linksrheinisch] u. d. Dortmund-Gronau-Enscheder Bahn, nebst Zechen-, Frachten- u. Stations-Verzeichniss. (General-Tarif f. Kohlen-Frachten.) Aufgest. nach offic. Quellen. 21.-24. Jahrg. 1895—1898. à 3 Bde. 4. (à Bd. ca. VI, 520 S.) Elberfeld, Baedeker. à Jahrg. n. 30. —;
einz. Bde. à n. 15. —

Schäfer, G., Zusammenstellung von Frachtsätzen f. die Beförderung v. Stein- u. Braunkohlen, Koks u. Brikets aus dem Ruhr- u. Wurm-Gebiet in Wagenladungen von Stationen der Eisenbahn-Directionsbezirke Elberfeld, Essen u. Köln, der Dortmund-Gronau-Enscheder Bahn, nebst Zechen-Frachten- u. Stations-Verzeichniss. (General-Tarif f. Kohlen-Frachten.) Aufgestellt nach officiellen Quellen. 28. Jahrg. 1902. 3 Bde. 4. (IV, 604; IV, 604 u. IV, 600 S.) Elberfeld, Baedeker. n. 30. —; geb. n. 33. —; einzelne Bde. n. 15. —;
geb. n. 16. —

Schäfer, G., Zusammenstellg. v. Frachtsätzen f. die **Beförderung v. Stein- u. Braunkohlen,** Koks u. Briketts **aus dem Ruhr-, Inde- u.** Wurm-Gebiet u. dem **linksrhein.** Braunkohlengebiet in Wagenladungen v. **Stationen der Direktionsbezirke** Elberfeld, Essen u. Cöln, der Kreis Bergheimer Nebenbahnen u. Mödrath-Liblar-Brühler Eisenbahn sowie der Station Ermelinghof des Direktionsbezirks Münster, nebst Zechen-, Frachten- u. Stations-Verzeichnis. (General-Tarif f. Kohlen-Frachten.) Aufgestellt nach offiziellen Quellen. 32. Jahrg. 1906. 3 Bde. (1. Bd. IV, 750 S.) 8. Elberfeld, A. Martini & Grüttefien. n. 35. —;
geb. n. 38. —; einz. Bde. n. 17. 50; geb. n. 18. 50

Schäfer, G., Zusammenstellung v. Frachtsätzen f. die Beförderung v. Stein- u. Braunkohlen, Koks u. Briketts aus dem Ruhr-, Inde- u. Wurm-Gebiet u. dem linksrhein. Braunkohlengebiet in Wagenladungen v. Stationen der Direktionsbezz. Elberfeld, Essen u. Cöln, der Cöln-Bonner Kreisbahnen, der Kreis Bergheimer Nebenbahnen u. Mödrath-Liblar-Brühler Eisenbahn sowie der Station Ermelinghof des Direktionsbez. Münster, nebst Zechen-Frachten- u. Stations-Verzeichnis. (General-Tarif f. Kohlen-Frachten.) Aufgestellt nach offiziellen Quellen. 36. Jahrg. 1910. 3 Bde. (IV, 800; IV, 800 u. IV, 1007 S.) 8. Elberfeld, A. Martini & Grüttefien. nn 35.—; geb. nn 38.—;
einz. Bde. nn 17.50; geb. nn 18. 50

— **Zusammenstellung v. Frachtsätzen f. den Transport v. Steinkohlen u. Kokes aus dem Ruhr- u. Wurm-Revier in Wagenladgn., in den Local- u. Verbands-Verkehren der Bergisch-Märk., Cöln-Mindener u. rhein. Bahn nebst** Anh. enth.: a. die Zechen-Anschlüsse u. Zechen-Frachten b. e. Stations-Verzeichniß. [2. verb. u. verm. Aufl.] Im Juli 1871. Aufgestellt nach officiellen Quellen. gr. 16. (III, 235 S.) Ebend. 871. n.n. 3. 50

Schäfer, G., Zusammenstellung v. Frachtsätzen f. den Transport v. Steinkohlen u. Kokes aus dem Ruhr- u. Wurm-Revier in Wagenladgn., in den Local- u. Verbands-Verkehren der Bergisch-Märk., Cöln-Mindener u. rhein. Bahn nebst Anh. enth.: a. die Zechen-Anschlüsse u. Zechen-Frachten, b. e. Stations-Verzeicheichniß. [3. verb. u. verm. Aufl.] Im Juni 1872. Aufgestellt nach officiellen Quellen. 16. (III, 263 S. m. e. Steintaf. in qu. Fol.) Elberfeld 872. Baedeker. n. 4. 50

— **dasselbe. 4. verb. u. verm. Aufl. Im Mai 1873. Aufgestellt nach officiellen Quellen. gr. 16. (XLVI, 292 S. m. 1 lith. Karte in Fol.) Ebend. 873.** n. 5. —

Schäfer, G. A., s. Schäfer, Adolf

Schäfer, G. S., die Grundsätze der freireligiösen Gemeinde. Als Entwurf der allgemeinen öffentl. Kritik, insbesondere der freireligiösen Gemeinde zu Berlin übergeben. 1. Aufl. 1870, und 2. Aufl. gr. 8. (12 S.) Berlin 875, (Rubenow.) * — 20

Schaefer, G. S., die Grundsätze der humanistischen Gemeinde Berlin, Leipziger Str. 135, m. Erläuterungen. gr. 8. (16 S.) Berlin 891. A. P. Luck's Verl. — 30

Schaefer, G. S., vom Rechte, das mit uns geboren. Vortrag gehalten im allgemeinen Rechtsschutz-Verein zu Berlin. Nach stenograph. Aufzeichnung. Berlin 869. Puttkammer & Mühlbrecht. gr. 8. (16 S.) 2½ ngr.

Schäfer, G. S., der Verein f. die Reform der Schule u. Erziehung nach seinen Prinzipien, seiner Geschichte u. nationalen Bedeutung. gr. 8. (V, 70 S.) Berlin 885. (Rubenow.) n. 1. —

— **zehn Wochen in den Vereinigten Freistaaten Nord-Amerikas in Veranlassung meiner Abordnung zur Convention der freien Gemeinden v. Nord-Amerika in Philadelphia den 26. u. 27. Juni 1876. Ein Reisebericht. 8. (20 S.) Ebend. 876.** — 30

Schäfer, Georg, die Deckengemälde in der Pfarrkirche zu Heusenstamm, s. Festschrift zur Jubelfeier des 50jähr. Bestehens der Grossh. Techn. Hochschule zu Darmstadt.

G. SCHAEFER. Die Denkmäler der Elfenbeinplastik des Grossherzoglichen Museums zu Darmstadt in kunstgeschichtlicher Darstellung. Von dem historischen Verein für das Grossherzogthum Hessen herausgegebene Festschrift zur Feier der vom 16. bis 20. September 1872 in Darmstadt tagenden Generalversammlung der deutschen Geschichts- und Alterthumsvereine. Darmstadt. 1872. Buchdruckerei von H. Brill. 8⁰.

Schaefer, G., die Denkmäler der Elfenbeinplastik d. grossherzogl. Museums zu Darmstadt in kunstgeschichtl. Darstellg. Von dem histor. Verein f. das Grossherzogth. Hessen hrsg. Festschrift. hoch 4. (86 S.) Darmstadt 872. (Klingelhöffer.) n. 4. —

Schäfer, Geo., der wilden Frauen Gestühl. (Der welle Fra Gestäuls.) Oberhess. Volksroman aus d Zeiten d. deutschen Befreiungskriege (1807—1814). gr. 8. (VI, 544 S. m. Abb.) Lauterbach 898. H. May Nachf. Geb. in Leinw. 3. —

Schäfer, Geo., der wilden Frauen Gestühl. Oberhessischer **Volksroman aus den Zeiten d. deutsch.** Befreiungskriege **(1807—1814). 2. [Titel-]Ausg. (VI, 544 S. m. Abb.) 8. Gießen [898] 905. v. Münchow.** Geb. in Leinw. n. 4. 50

— die silbernen Glocken v. Mörlenbach u. die Falschmünzer im Weschnitzthale. Odenwälder Volksroman aus d. neunziger Jahren d. vor. Jahrhunderts. (M. 15 Vollbild. v. M. Wehjarg-Wagner.) gr. 8 (VI, 367 S.) Stuttgart 896. Hobbing & Büchle. n. 2. —; geb. n. 2. 75

Ⓡ **Schäfer, Geo., die silbernen Glocken v. Mörlenbach.** 896. (KBL 30.) Jetzt: Gießen, E. Roth.

BINGENHEIM. Schäfer, Georg. Die Hexe von Bingenheim. Oberhessischer Volksroman aus der Zeit der Hexenprozesse. Mit Benutzung der vorhandenen Originalacten (1652–60). Lauterbach (Oberhessen) 1898. 8⁰. (Mk. 2.) (1 Mk. Gust. Pietzsch, 1908; 2 Mk. E. Frensdorff, c. 1905.)

— die Hexe v. Bingenheim. Oberhessischer Volksroman. 2. [Titel-]Ausg. (V, 266 S.) 8. Ebd. [898] 905. Geb. in Leinw. n. 3. —

Schaefer, Geo., s.: Kunstdenkmale im Grossherzogth. Hessen.

Schaefer, Geo., Kunstdenkmäler im Kreis Erbach, Prov. Starkenburg, s.: Kunstdenkmäler im Grossherzogth. Hessen.

Schaefer, Georg, approb. Arzt aus Reichelsheim i. d. W.: **Aus d. Privat-Laboratorium d. Hrn Privatdoz. Dr. Koeppe zu Giessen. Reaktion,** Leitfähigkeit und Gefrierpunktserniedrigung des normalen menschlichen Harns. *(Schotten [1900]: W. Engel.)* (60 S.) 8°
Giessen, Med. Diss. v. 1900

Schaefer, Georg, Gerichtsreferendar a. Königswinter: Die Vereinigung und Zuschreibung von Grundstücken nach § 890 BGB. Borna-Leipzig 1907: R. Noske. (VII, 79 S.) 8⁰
Marburg, Jur. Fak., Diss. v. 13. Jan. 1908

Schäfer, Geo., der letzte Wodanspriester im Odenwald. Roman a. d. Zeit d. Geheimschreibers Eginhard (9. Jahrh.). 6. Geschichtsbild aus der hess. Vergangenheit. Für das Volk erzählt. Mit 2 Zinkätzgn.: Basilika zu Steinbach i. O. u. deren Grundriß. (VII, 440 S.) 8. Schotten (904). Gießen, v. Münchow. Geb. in Leinw. n. 8. 50; erh. Pr. n. 4. 50

Schäfer, Georg Michael Hermann, s. Schäfer, Hermann

Schäfer, Georg Theodor, s. Schäfer, Theodor

Schäfer, Gerhard, approb. Arzt: Über die Untersuchung auf Anisocorie ohne Pupillenstarre. Mit 2 Abb. Altona 1899: Hammerich & Lesser. (24 S.) 8⁰ (Teil einer gekr. Preisschr.)
Giessen, Med. Diss. v. 1899

Schäfer Gisela: Versuch einer kritischen Darstellung neuerer Theorien über das Wesen der Affekte. H. 1902 PN 1550 Diss. Wien, Univ. 94

Schäfer, Gottfried Heinrich

— s. Ammonius de differentia. – Anacreon. et Sapphus Carmina.

— s. Apollonii Rhodii Argonautica.

Schäfer, Gf. Hnr., s. Apparatus crit. et exeget. ad Demosthenem.

— s. Aeschinis Rhetor. Opera. – Aeschyli Tragoediae.

— s. Athenaei Deipnosoph. – F. J. Bast, epistol.

— s. L. de Bos, ellipses. – Coluthus.

Schäfer, Gfr. Hr., Corpus Poëtarum Graecorum. Vol. I. II. vide Homeri Ilias.

— s. Demosthenis, opera.

— s. Dionysii, Halicarn. de compositione. — Etymologicum Magnum. — Euripidis, tragoediae — Hecuba. — Glossarium Livianum. — Gnomici poëtae. — Gregorii, Corinth., de dialectis. — Herodoti, Halicarn. historia l. IX. — Juliani, in Const. oratio. — Livii, histor. c. Ernesti. — Longi pastoralia. — Phalaridis, epistolae. — C. C. Plinius sec. epist. et panegyr. — Plutarchi, vitae parallelae.

— allgem. Register zum 49n u. 69n Bde d. neuen Bibliothek d. schönen Wissenschaften, s. Bibliothek.

Schäfer, Gf. Hnr. I., Diss. meletematum criticorum Spec. I. Dionysii Halicarnassensis rhetoricen tractans. 8maj. Leipz. 806. An: Dionysius Halicarn. de Compositione.

Schaefer, Gottfried Heinrich (Übers.):

s.: Scheele, Karl Wilhelm: Opuscula chemica et physica. Ex Suecico Latine versa. Edidit Ernst Benjam(in) Gottl(ieb) Hebenstreit. Lipsiae: 1788 - 1789

JB 321

Schaefer, (G. H.) **Selectae e profanis etc., s. Selectae.**

— s. Sophoclis, tragoediae. — Theocritus, Bion et Moschus — Thesaurus, critic.

Schäferi, G. H., Thesaurus criticus novus sive Syntagma scriptor. philologicor. rariorum aevi recentioris. Lips. 802. Vol. I. 8. 20gr. Ib. 817. 8. 20gr. Enth. G. L. Mahne Diatribe de Aristoxeno, und E. H. van Eldikii Suspicionum specimen.

Schäfer, G. H., Thesaurus criticus novus. Ed. nova. 8maj. Lipsiae. Sommer. 817. Rthlr. -

— s. K. Valkenaer, opuscula.

Schäfer, G. H., Hochdeutsches Wörterbuch nach den Endsylben geordnet; ein bequemes Hülfsmittel beim Sprachunterricht, bei der Rechtschreibung und dem Reime. Weissenfels 1800. 8.

Schäfer, G. H., hochdeutsch. Wörterbuch n. d. Endsylben geordnet. gr. 8. Weißenfels, Severin. (Baumgärtner in Lpz.) 800.

— s. Xenophontis opera.

Schäfer, Gotthold

Schäfer, G., Theonia, s.a. Theonia.

Schäfer, Gotthold, Theonia. Eine zeitgemäße Anthologie. Den Freunden u. Freundinnen des Wahren, Guten u. Sittlich-Schönen dargebracht. Prischwitz (855.) (Bautzen, Helfer.) 16. (XV, 112 S.) n. 10 ngr.

Schaefer, Gust., s.a. Androclus.

Schaefer, G., les bains de Krankenheil-Toelz dans l'Oberland Bavarois, s.a. l'Europe illustrée.

Schaefer, Gustav. Les Bains de Krankenheil-Toelz dans l'Oberland bavarois. Par Gustave Schaefer. Avec 13 illustrations de J[ohann] Weber [dont 3 planches] et une carte. (L'Europe illustrée. Nº 38. 39.) 8. Zurich [1883].

Schäfer, Gust, s.: Berg- u. Hütten-Kalender.

Schäfer, Gust., Bibelkunde. Die heiligen Schriften Alten u. Neuen Testaments nach Ursprung u. Inhalt dargestellt für Religionslehrer, Seminaristen u. Präparanden. gr. 8. (VIII, 375 S.) Langensalza 882. Beyer & Söhne. geb. n. 3. 20

Schäfer, G., Bibelkunde. Die heil. Schriften Alten u. Neuen Testaments, nach Ursprung u. Inhalt dargestellt f. Religionslehrer, Seminaristen u. Präparanden. 2. Aufl. gr. 8. (VIII, 392 S.) Langensalza 888. Beyer & Söhne. n. 3. 60; geb. n. 4. 80

Schäfer, Gust., Bibelkunde. Die hl. Schriften Alten u. Neuen Testaments, nach Ursprung u. Inhalt dargestellt f. Religionslehrer, Seminaristen u. Präparanden. 3. verb. Aufl. gr. 8. (VIII, 408 S.) Langensalza 902. H. Beyer & Söhne. n. 4. —; geb. n. 5. 20

— die sächsische Einkommen- u. Ergänzungssteuer in Frage u. Antwort, s.: Handbibliothek, juristische. 170. Bd.

Schäfer. das Koniglich Sachsische Einkommensteuergesetz vom 2. Juli 1878 in der durch das Gesetz vom 10. März 1894 theilweise veränderten Fassung. M. Erltgn. 2. Aufl. Leipzig 899.

Schäfer, Gust, Geschichte des sächsischen Postwesens vom Ursprung bis zum Uebergang in die Verwaltung des Norddeutschen Bundes. Nach archivalischen Quellen bearb. gr. 8. (VIII, 248 S. m. 11 zum Theil farb. Steintaf.) Dresden 879. v. Zahn. n. 6. —

Schäfer, Gust., Katechismuslehre. Lehrbuch der christl. Religion nach Ordng. d. kleinen Luther. Katechismus f. Religionslehrer, Seminaristen u. Präparanden. gr. 8. (VI, 330 S.) Langensalza 885. Beyer & Söhne. n. 3. 60

Schäfer, Gust., Katechismuslehre. Lehrbuch d. christl. Religion nach Ordng. d. kleinen Luther. Katechismus f. Religionslehrer, Seminaristen u. Präparanden. 2., verb. Aufl. gr. 8. (VII, 334 S.) Langensalza 896. H. Beyer & Söhne. n. 3. 60; geb. n. 4. 80

— Kirchengeschichte. Der Entwickelungsgang der Kirche Jesu Christi in Umrissen u. Ausführgn., f. Religionslehrer, Seminaristen u. Präparanden dargestellt. gr. 8. (VII, 215 S.) Ebd. 887. n. 2. —; geb. n. 3. —

Kirchengeschichte. D. Entwickelgsgang d. Kirche Jesu Christi in Umrissen u. Ausführgn f. Religionsl., Seminar. u. Präparanden dargest. v. Gustav Schäfer, Archidiakonus ... in Langensalza. 2. verm. u. verb. Aufl. *Langensalza: H. Beyer & Söhne 1896.* (VII, 234 S.) 1 Bd 8. (57. 4816

Schäfer, Gust., Kirchengeschichte. Der Entwicklungsgang der Kirche Jesu Christi in Umrissen u. Ausführgn. f. Religionslehrer, Seminaristen u. Präparanden dargestellt. 3., verm. u. verb. Aufl. (VIII, 260 S.) gr. 8. Langensalza 904. H. Beyer & Söhne. n. 2. 50; geb. n. 3. 50

Schaefer, Gust. (II.), Bad Krankenheil-Tölz im bayerischen Hochlande, s.a. Wanderbilder, europäische.

Schaefer, Gustav. Bad Krankenheil-Tölz im bayerischen Hochlande. Mit 13 Illustrationen von J[ohann] Weber [wovon 3 Tafeln] und einer Karte. (Europäische Wanderbilder. Nº 38. 39.) 8. Zürich. [1883].

Schäfer, Gustav [aus Annen]: Einige interessante Mineral-Vorkommen in Braunkohlengruben der Provinz Sachsen ... Saarbrücken, Druck v. Gebr. Hofer, 1895; 27 S. 8.
Erlangen, Phil. Fak., Inaug.-Diss. v. 28. Nov. 1894

Schaefer, Gust., Rathgeber in Einkommensteuersachen, s.a. Handbibliothek, Leipziger juristische.

Schaefer, Rathgeber in Einkommensteuersachen. Anleitung zur richtigen Deklaration, sowie zur wirksamen Reklamation. 6. Aufl. Leipzig 896.

Schaefer, Gust., Schutz den Tieren. 8. (77 S. m. Abbildgn.) Stuttgart 892. Deutsche Verlags-Anstalt. n.n. — 30

— (Hrsg.), s. Thierschutz-Zeitschrift, Allgemeine.

Schaefer, Gust., Ursprung u. Entwickelung der Verkehrsmittel. Nach geschichtl. Quellen dargestellt. Dresden 1889. gr. 8.

Schaefer, G., Ursprung u. Entwickelung der Verkehrsmittel. Nach geschichtl. Quellen dargestellt. gr. 8. (144 S.) Dresden 890. (Meinhold & Söhne.) n. 3. —

Schäfer, H., die Elektrizität u. ihre Anwendg. in Verbindg. m. der Homöopathie u. Hensel'schen Mitteln bei langwier. Krankheiten. Erfahrgn. u. Erfolge in langjähr. Praxis. gr. 8. (82 S) Braunschweig 898. R. Ehlers. n. — 60

Schaefer, H., Hygiene d. keram. Industrie, s.: Sonne, Wilh.

Schäfer, H., s.: Jahrbuch des Fremdenverkehrs.

Schaefer, H., Jesus in psychiatrischer Beleuchtung. Eine Kontroverse. (178 S.) 8. Berlin 910. E. Hofmann & Co. 2.40; geb. in Leinw. 3. 20

Schaefer, H., deutsches Lesebuch f. höhere Lehranstalten, s.: Kohts, Rob.

Schaefer, H., deutsches Lesebuch f. Vorschulen höh. Lehranst., s.: Kohts, Rob.

Schaefer, Monumenta medica. Orig.-Stellen üb. Medizin aus den alten Klassikern in deutscher Uebersetzg. Kulturhistorisches Bild in laun. Darstellg. (IV, 186 S.) kl. 8. Hamburg 905. Gebr. Lüdeking. n. 1. 20; Luxusausg. n. 3. —

— Populär-Psychiatrie des Sokrates redivivus. Gespräche üb. den kleinen Unverstand. (V, 151 S.) 8. Würzburg 908. C. Kabitzsch. 2. 50

— Allgemeine gerichtliche Psychiatrie f. Juristen, Mediziner, Pädagogen. (256 S.) 8. Berlin 910. E. Hofmann & Co. 3.—; geb. in Leinw. n 3. 60

Schäfer, H., der graue Star u. seine Behandlung, s.: Sonderabdrücke der Deutschen Medicinal-Zeitung.

Schaefer: De Dorismi in tragoediis Graecis usu. 14 S. Cottbus, Progr. 1866.

Schaefer H.: Vegetationsverhaeltnisse von Neuvorpommern und Ruegen. Kiel, 1872. 4°.

Schaeter, H., De Orestis Euripideae versibus 836—1010. (ed. Kirchhoff a. 1855.) Diss. 1871. 72 S. 2.—

Schaefer, H. F. Bonté, s.: Acetylen-Kalender.

Schaefer, H. F. B., s.: Kalender f. Acetyleniker.

Schaefer, H. F. Bonté, Taschenbuch f. Werkführer, Maschinenbauer, Monteure, Mechaniker, Acetylentechniker, Gasmeister u. Installateure. (VI, 178 S. m. 100 Fig.) kl. 8. Leipzig 905. O. Leiner. Geb. n. 2. —

Schäfer, H. W., Anti-Stumm. 1. u. 2., unveränd. Aufl. gr. 8. (24 S.) Göttingen 895. Vandenhoeck & Ruprecht. n. — 60

Schäfer, Hans, a. Breslau: Aus d. chemischen Institut der Universität Breslau: Beiträge zur Charakteristik des Oxalations. Leipzig 1905: Metzger & Wittig. (45 S.) 8°
Breslau, Phil. Fak., Ref. Gadamer, Diss. v. 9. März 1905
[Geb. 25. Nov. 80 Breslau; Heimatsort: Breslau; Staatsangeh.: Preußen; Vorbildung: König Wilhelms-Gymn. Breslau Reife O. 00; Studium: Breslau 2, Heidelberg 1, Breslau 1, Heidelberg 1, Breslau 5 S.; Rig. 22. Febr. 05.]

Schäfer, Hans: Aus d. Kgl. Pathol. Inst. Breslau. Kasuistische Beiträge zur Kenntnis der Sublimatvergiftung. Berlin: Trenkel 1909. 56 S. 8°
Breslau, Med. Diss. v. 12. Okt. 1909, Ref. Ponfick
[Geb. 23. Juli 84 Görlitz; Wohnort: Görlitz; Staatsangeh.: Preußen; Vorbildung: Gymn. Görlitz Reife O. 03; Studium: Innsbruck 1, München 1, Kiel 1, Leipzig 1, Greifswald 1, Breslau 1, München 2, Breslau 2 S.; Coll. 14. Juni 09; Approb. 23. Sept. 09.] [U 10. 587

Schaefer, Hans, Referendar: Untersuchungen über § 869 Satz 1 BGB. Borna-Leipzig 1909: Noske. XI, 52 S. 8°
Leipzig, Jur. Diss. v. 8. März 1909
[Geb. 21. Nov. 82 Harthau; Wohnort: Chemnitz; Staatsangeh.: Sachsen; Vorbildung: Gymn. Chemnitz Reife O. 02; Studium: Leipzig 2, Freiburg i. B. 1, Leipzig 5 S.; Rig. 22. Febr. 06.] U 09. 2659

Schäfer, Hans Reinhard, Referendar am Kgl. Landgericht zu Altona a. Elbe: Der Begriff des Unternehmens im Strafrecht. Wandsbeck-Hamburg 1906: A. B. Ueberwasser. (31 S.) 8°
Freiburg i. B., Rechts- u. staatsw. Fak., Ref. v. Rohland, Diss. v. 1906
[Geb. 2. April 82 Dresden; Wohnort: Altona; Staatsangeh.: Hessen, Sachsen u. Preußen; Vorbildung: Gymn. Altona und Wandsbek; Studium: Lausanne 1, Berlin 1, Freiburg i. B. 3, Kiel 1 S.; Rig. 31. Juli 05.]

Schäfer, Hans Rud., Bismarck in d. schwäbischen Dichtg. gr. 8. (III, 112 S.) Heilbronn 895. Stuttgart, M. Kielmann. n. 1. 50

Schaefer, Hans Rud., s. Preisausschreiben, e.

Schaefer, Heinr., der Ausverkauf im Lichte des neuen Gesetzes gegen den unlauteren Wettbewerb. Dargestellt f. die Praxis des Detaillisten m. dem Texte des Gesetzes üb. den unlauteren Wettbewerb vom 7. VI. 1909, nebst Anmerkgn. u. prakt. Formularen. (69 S.) 8. Tübingen (910). A. & S. Weil. 1.—; geb. in Halbleinw. 1. 50

Schaefer, Heinrich: Methodischer Beitrag zur perspektivischen Geometrie der Kegelschnitte. 4 (S. 41—48, 1 Taf.)
Festschrift zu d. 350jähr. Jubelfeier des grofsh. G. *Heidelberg* 1896.
Nicht im Tauschverkehr
Progr.

Schäfer, Heinr. (H.), Bemerkungen üb. d. Cholera, nebst e. Präservativ-Mittel geg. dieselbe. Mit Vorw. v. (J. N.) Rust. 8. (½ B.) Hamburg 831, Erié.

Schäfer, Heinr., der angebliche ägyptische Bericht üb. die Umschiffung Afrikas, s.: Erman, Adf.

Schäfer, Heinr., ein Bruchstück altägyptisch. Annalen. Mit Beiträgen von Ludw. Borchardt u. Kurth Sethe. gr. 4. (41 S. m. Abbildgn. u. 2 Taf.) Berlin 902. (G. Reimer.) Kart. n. 3. 60
Sonderabdruck aus: „Abhandlgn d. pr. Akad. d. Wiss. Anh."

— Bruchstück e. koptischen Romans üb. die Eroberung Aegyptens durch Kambyses. gr. 8. (18 S.) Ebd. 899. n. 1. —
Sonderabdruck aus: „Sitzungsber. d. preuss. Akad. d. Wiss."

— u. Karl Schmidt, die ersten Bruchstücke christlicher Literatur in altnubischer Sprache. (12 S.) Lex.-8. Be[illegible] 906. (G. Reimer.) n. — 50
Sonderabdruck aus: „Sitzungsber. d. preuss. Akad. d. Wiss."

—— Cholera, das Wesen u. d. ration. Behandl. ders. 8. (4 B.) Leipzig 833, [Böhme.]

Schaefer, Heinr. (I.), ethnograph. Denkmale, s. Denkmale.

— (u. H. W.) Eberhard, Ethnographische Denkmale. 1e u. 2e Lief. Mit 12 Kpft. in qu. Fol. u. 8 Bogen Text in 4. Darmst. 827, Heyer.

Schäfer, Heinrich [Arzt aus Mussbach a. d. Haardt]: Über Diphtherie des Darmes .... Würzburg, Becker's Univ.-Buchdr., 1887; 34 S. + 1 Bl. 8°
Würzburg, Med. Fak., Inaug.-Diss. v. 1887

Schäfer, Heinrich. über Diphtherie des Darmes. Diss. Würzburg 1887, Stahelsche Univ.-Buchh. 8°. 34 S.

Schäfer, Heinr., biblische Geschichte, s.: Schäfer, C. Otto.

Schaefer, K. H., Geschichte der Familie Günther. Ein Beitrag zur rhein. Familien-Geschichte. hoch 4. (IV, 193 S. m. Abb, Taf, Fksms., 20 Stammtaf., 1 Ahnentaf. u. farb. Stammbaum.) Köln 901. (J. & W. Boisserée.) Geb. in Leinw. n n. 30. —

Schäfer, H(einr.), Geschichte von Portugal, s. Geschichte der europäischen Staaten.

Schäfer, Heinr.: Geschichte von Portugal. Hamburg, (Bd 5:) Gotha.
5 Bde
Bd 1. Von der Entstehung des Staates bis zum Erlöschen der echten burgund. Linie, 1383. 1836.
„ 2. Vom Erlöschen der echten burgund. Linie bis zum Schlusse des Mittelalters. 1839.
„ 3. Vom Regierungsantritt des Königs Manuel bis zur Vereinigung Portugals mit Spanien. 1850.
„ 4. Von der Vereinigung Portugals mit Spanien bis zur Absetzung des Königs Affonso VI. 1852.
Bd 5. Von der Absetzung Affonso's VI. bis zum Ausbruch der Revolution i. J. 1820. 1854.
Register von F. H. Möller. 1854.
(Allgem. Staatengeschichte. Abth. 1 hrsg. von Heeren u. Ukert. Portugal.)

Schäfer, Heinr., Geschichte v. Portugal. 1. u. 2. Bd. gr. 8. Hamburg, Fr. Perthes.
Bd. 1. Von d. Entstehung d. Staates bis zum Erlöschen d. echten burgund. Linie, 1383. (32 B.) 836. 2 Thlr. 4 Gr.
„ 2. Vom Erlöschen d. echten burgund. Linie bis zum Schlusse d. Mittelalters. (43 B.) 839. 2 Thlr. 20 Gr.

Schäfer, H., Geschichte von Spanien, s. Geschichte der europäischen Staaten.

— Geo. **Möller** u. Wilh. **Schubart,** ägyptische Goldschmiedearbeiten, s. **Mitteilungen** aus der ägyptischen Sammlg. der königl. Museen zu Berlin. I.

Ägyptische Goldschmiedearbeiten unter Mitw. von Georg Möller u. Wilhelm Schubart hrsg. von Heinrich Schäfer. Mit 212 Abb., 2 Farben- u. 35 Lichtdrucktaf. Berlin: Curtius 1910. 243 S. 2°(4°)
(Kgl. Museen zu Berlin. Mitteilungen aus d. ägypt. Sammlung. Bd 1.) [10.1374 II

— Grab- u. Denksteine des mittleren Reichs im Museum v. Kairo, s.: Catalogue général des antiquités égyptiennes du musée du Caire. (Lange, H. O.)

— Grab- u. Denksteine des mittleren Reichs im Museum v. Kairo, s.: Lange, H. O.

Schaefer, Heinrich [aus Bernshausen (Hessen)]: Die operative G y n ä k o l o g i e des neunzehnten Jahrhunderts . . . Würzburg 1888: Anton Boegler'sche Buchdr. 34 S. 8°
Würzburg, Med. Fak., Inaug.-Diss. v. 1888

Schaefer, Heinrich, die operative Gynäkologie des neunzehnten Jahrhunderts. Diss. Würzburg 1888, Stahelsche Univ.-Buchh. 8°. 34 S.

— u. K. **Schmidt**, die altnubischen christlichen Handschriften der königl. Bibliothek zu Berlin. (12 S.) Lex. 8. Berlin 907. G. Reimer. — 50
Sonderabdr. aus: „Sitzungsber. d. preuss. Akad. d. Wiss."

— Inventare u. Regesten aus den Kölner Pfarrarchiven, s.a. Annalen des historischen Vereins f. den Niederrhein. Heft 83. 84.

(Inventare und Regesten aus den Kölner Pfarrarchiven von Dr. Heinrich **Schaefer**, Hilfsarb. am Stadtarchiv, Köln.) Bd [1]-3. Köln: J. & W. Boisserée 1901-07. 3 Bde 8°
1. 1901. 2. 1903. 3. 1907.
= **Annalen** d. histor. Vereins f. d. Niederrhein. H. 71. 76. 83. (07. 17379

Schäfer, Karl Heinr., Kanonissen u. Diakonissen. Die kanon. Äbtissin. (V, 42 S.) gr. 8. Freiburg i/B. 910. Herder. 1.50
Sonderabdruck aus: „Röm. Quartalschr."

— Kanonissenstifter im deutschen Mittelalter, s.a. Abhandlungen, kirchenrechtliche. Heft 43. 44.

Schäfer, Heinrich. Die Kanonissenstifter im deutschen Mittelalter. Ihre Entwicklung und innere Einrichtung, im Zusammenhang mit dem altchristlichen Sanktimonialentum dargestellt von K H' Sch'.... XXIV + 303 S. 8. Stuttgart, Ferdinand Enke, 1907. (M. 11.—)
Kirchenrechtliche Abhandlungen. Hrg. von Dr. Ulrich Stutz, o. ö. Professor ... zu Bonn. Heft 43 und 44....
Darin S. XXIII. 14. 17 f. 72 f. 78. 80. 85. 99. 101. 107. 111 f. 117. 130. 150. 153. 157. 159. 166. 178. 188. 190. 201. 213/5. 218. 237. 241. 244. 247. 249. 261 f. 264/9 etc. schweizerische Stifter, bes. Fraumünster in Zürich *betr.*

Schäfer, Heinr. Catalonien in malerischer, architectonischer u. antiquarischer Beziehung. Leipzig u. Darmstadt. 4. Atl. Fol.

— die äthiopische Königsinschrift des Berliner Museums. Regierungsbericht des Königs Nastesen, des Gegners des Kambyses, neu hrsg. u. erklärt. Mit 4 Lichtdr.-Taf. u. 1 Textabbildg. gr. 4. (VII S. u. 136 S. in Autogr.) Leipzig 901. J. C. Hinrichs' Verl. n.n. 22.—

— die Lieder e. ägyptischen Bauern. Gesammelt u. übers. (XV, 149 S. m. 13 Abbildgn.) 8. Leipzig 903. J. C. Hinrichs' Verl. n. 2.20; geb. in Leinw. n. 3.—

— die Mysterien des Osiris in Abydos unter König Sesostris III., s.a. Untersuchungen zur Geschichte u. Altertumskunde Aegyptens. IV. 2.

Die Mysterien des Osiris in Abydos unter König Sesostris III. Nach d. Denkstein d. Oberschatzmeisters I-Cher-Nofret im Berliner Museum von Heinrich **Schäfer**. Mit 1 Doppeltaf. *Leipzig: J. C. Hinrichs 1904.* (42 S.) 4°
= Untersuchungen z. Geschichte u. Altertumskunde Ägyptens. 4, 2. (04. 13598

—— Museum Worsleyanum, s. Museum.

Schaefer, Henricvs (geb. am 28 Aug. 1846 in Königswinter): De libri Ratisbonensis origine atqve historia ... Evskirchenae, typ. A. Rabvskii (1870). 2 Bl., 56 S., 2 Bl. 8.
Bonn, Phil. Fak., Diss. v. 16 Juli 1870

Schäfer, *Johannes* **Henricus [Berolinensis]: Commentationes de papyro medicinali Lipsiensi '(Papyrus Ebers)' ... Berolini, typ. expr. G. Schade,** *1892;* **1 Bl., 48 autogr. S., 1 Bl. 4.**
Berlin, Phil. Fak., Inaug.-Diss. v. 14. März 1892

Schaefer, Heinr., **Pfarrkirche u. Stift im deutschen Mittelalter, s.a. Abhandlungen, kirchenrechtliche. 3. Hft.**

Schäfer, Heinrich. Pfarrkirche und Stift im deutschen Mittelalter. Eine kirchenrechtsgeschichtliche Untersuchung von H' Schaefer .... XIV + 210 S. 8. Stuttgart, Ferdinand Enke, 1903. (M. 6.40)
Kirchenrechtliche Abhandlungen. Hrg. von Dr. Ulrich Stutz, o. ö. Professor ... [zu] Freiburg i. Br. Heft 3....
Darin S. 4. 15. 83. 134. 151. 171. 173. 183. 188. 198 f. etc. Basel, Chur, Konstanz *etc. betr.*

Schäfer, Heinr., Priestergräber u. andere Grabfunde vom Ende des alten Reiches bis zur griechischen Zeit vom Totentempel des Ne-User-Rê, s.a. Veröffentlichung, 8., wissenschaftliche, der deutschen Orient-Gesellschaft.

Priestergräber und andere Grabfunde vom Ende des alten Reiches bis zur griechischen Zeit vom Totentempel des Ne-user-rê von Heinrich **Schäfer**, [Dir.Ass. d. Kgl. Museen, Berlin]. Mit 255 Abb. u. 13 Lichtdrucktaf. Leipzig: J. C. Hinrichs 1908. (VIII, 185 S.) 2°
= Ausgrabungen d. Deutschen Orientgesellsch. in Abusir, 1902-04. 2.
= **Veröffentlichungen**, Wissenschaftl., d. Dtsch. Orientgesellsch. 8. (08. 10648

— die altägypt. Prunkgefässe m. aufgesetzten Randverzierungen, s.a. Untersuchungen z. Geschichte u. Altertumskde. Aegyptens. IV. 1.

Die Altägyptischen Prunkgefäße mit aufgesetzten Randverzierungen. Ein Beitrag z. Gesch. d. Goldschmiedekunst von Heinrich **Schäfer**. Mit 117 Abb. *Leipzig: J. C. Hinrichs 1903.* (43 S.) 4°
= Untersuchungen z. Geschichte u. Altertumskunde Aegyptens. 4, 1. (03. 12781

—— die besten u. neuesten Schutz- u. Heilmittel geg. d. Cholera. Für Aerzte u. Laien. Aus eigener Erfahr. aufgest. u. d. Kgl. Preuß. Ministerio d. Medicinal-Angelegenheiten vorgelegt. Publicirt v. (J. N.) Rust. 2. Aufl. 8. (1 B.) Leipzig 831, Klein.

Schäfer, H. H., s. J. Sempere, Betracht.

— The songs of an Egyptian peasant. Collected and translated into German. English ed. by Frances Hart Breasted. (XXIV, 148 S. m. 13 Abbildgn.) 8. Leipzig 904. J. C. Hinrichs' Verl. n. 2.20; geb. in Leinw. n. 3.—

Ueber die S t i r n w a f f e n der zweihufigen Wiederkäuer oder Artiodactylen. Vortrag, geh. 1903 von Dr. med. Heinrich Schaefer, Neustadt a. H. München: E. Pohl (1903). (16 S.) 4° (2°) [F. u. Ant.]
Aus: Der Deutsche Jäger, Jg. 1903.

— s.: Urkunden u. Akten des Essener Münsterarchivs.

— s.: Urkunden des aegyptischen Altertums.

Urkunden der älteren Äthiopenkönige. 1. Bearb. von Heinrich **Schäfer**. Leipzig: J. C. Hinrichs 1905. 4°
= **Urkunden** d. aegypt. Altertums. Bd 3, H. 1. (05. 8917

Schäfer, Henr., de nonnullarum particularum apud Antiphontem usu. Inaugural-Dissertation. 8. (53 S.) Göttingen 877, (Vandenhoeck und Ruprecht's Verlag.) *

Schaefer, Heinrich Wilhelm Die Alchemie. Ihr ägyptisch-griechischer Ursprung und ihre weitere historische Entwicklung. 4 (34 S.). **Progr.** G. u. Rg. *Flensburg* 1887 (260).

Schaefer, H. W., die Alchemie. Ihr ägyptisch-griech. Ursprung u. ihre weitere histor. Entwicklung. 4. (34 S.) Flensburg 887. (Berlin, Calvary & Co.) n. 2.—

Schaefer: Entwicklung der Ansichten des Altertums über Gestalt und Grösse der Erde. 26 S. – Insterburg, Progr. 1868

Schaefer, H. W., Entwicklung der Ansichten des Alterthums über Gestalt u. Grösse der Erde. Leipzig 868. Teubner. gr. 4. (III, 26 S.) n. 10 *ngr.*

Schaefer, H. W., Die astronomische Geographie der Griechen bis auf Eratosth. Pr. 1878. 82 S. 4°. Flensburg.

Schaefer, H. W., die astronomische Geographie der Griechen bis auf Erastosthenes. 4. (32 S.) Berlin 873. Calvary & Co. n. 1. 60

[J.] **Schaefer**, *Henri* [Prof., Dir.]: *Direktor Prof. Julius Radeck, gest. am 12. Apr. 1896.* Hannover, Druck v. A. Grimpe, 1897; 20—21 S. 4.
Hannover, st. G L II, OP 1897 (318)

Schäfer, Hermann, a. Berg.-Gladbach ⟨Rheinland⟩: Über Basenbildung aus Acetophenon, Formaldehyd und Chlorammonium. Göttingen 1900: Dieterich. (48 S.) 8°
Göttingen, Phil. Fak., Ref. Wallach, Diss. v. 26. April 1900
[Geb. 27. Nov. 79 Wien; Wohnort: Göttingen; Staatsangeh.: Preußen; Vorbildung: Gymn. Barmen Reife O. 97; Studium: Bonn 2, Göttingen 14 S.; Rig. 23. Febr. 00.]

Schaefer, Herm. Beiträge zum geographischen Unterricht mit besonderer Berücksichtigung des Kartenlesens und Kartenzeichnens der Schüler. 35 S. **Progr.** *Viersen* 1884.

Schäfer, Hermann [Dr.]: Chanson d'Esclarmonde. Erste Forts. d. Chanson de Huon de Bordeaux nach d. Pariser Hs. Bibl. Nat. frc. 1451 eingeleitet u. hrsg. (Forts. d. Inaug.-Diss. d. Vfs Marburg 1891 u. zu Heft 90 von: Ausgaben u. Abhdlgn aus d. Gebiete d. roman. Philol. veröffentl. v. E. Stengel.) Worms, Druck v. A. K. Boeninger, 1895; 71 S. 8.
Worms, grossh. G u. grossh. R, OP 1895 (659)

Schäfer, Herm., üb. die Pariser Hs. 1451 u. 22555 der Huon de Bordeaux-Sage. Beziehung der Hs. 1451 zur „Chanson de Croissant"; die „Chanson de Huon et Callisse"; die „Chanson de Huon, roi de féerie". s.a. Ausgaben u. Abhandlungen aus dem Gebiete der romanischen Philologie.

Schäfer, Hermann [aus Michelstadt i. O.]: Über die Pariser Hss. 1451 und 22555 der Huon de Bordeaux-Sage. Beziehung der Hs. 1451 zur „chanson de Croissant"; die „chanson de Huon et Callisse"; die „chanson de Huon, roi de féerie". . . . (D. Text ist vollst. ersch. in: Stengels Ausg. u. Abh. H. 90.) Marburg, Univ.-Buchdr. (R. Friedrich), 1891; 2 Bl., 18 S., 1 Bl. 8°
Marburg, Phil. Fak., Inaug.-Diss. v. [13. Aug.] 1891

Schäfer, Hermann: Byron's Childe Harold Canto IV und Rogers' Italy. Görlitz, Druck d. Akt.-Ges. Görl. Nachr. u. Anzeiger, 1893; 18 S. 4.
Görlitz, st. R, OP 1893 (229)

Schaefer, H., bunte Herbstblätter. Gedichte. 12. (VIII, 192 S.) Berlin 900. J. Harrwitz Nachf. n. 1. 60; geb. in Damast n. 2. —

Schaefer, Hermann [Realgymnasiallehrer in Viersen]: Der lamische oder hellenische Krieg, nach den Quellen dargestellt . . . Viersen 1886: Druck d. J. H. Meyer'schen Buchdr. 1 Bl. + 72 S. 8°
Giessen, Phil. Fak., Inaug.-Diss. v. 1886.

Schaefer, Hermann, der lamische oder hellenische Krieg, nach den Quellen dargestellt. Diss. Giessen 1886, J. Rickersche Buchh. 8° 72 S.

Das Königliche paritätische Lehrerseminar zu Montabaur nach seiner Entstehung, Entwickelung und gegenwärtigen Gestaltung. Festschr. z. Feier d. 50jähr. Bestehens d. Anst. am 17. Sept. 1901. Von Dr. Hermann Schaefer, Kgl. Seminardir. Anh.: 1. Verzeichnis der aus d. Seminar hervorgegangenen Lehrer vom Oberl. Jakob Müllers. 2. Beschreibung d. Konzertorgel in d. Anstaltsaula vom Seminarl. Karl Walter. Wiesbaden: P. Plaum 1901. (320 S.) 8°

Schäfer, Hermann: Deux mois en France. Görlitz 1909: Hoffmann & Reiber. S. 3—11. 4°
Görlitz, st. RG, Reform-S P 1909 (295) [S 09. 394

Schaefer, Herm., Rebengold u. Weinrosen. Distichen zum Preis d. deutschen Weines. (128 S.) kl. 8. Kaiserslautern 907. E. Crusius. 1.50; geb. 2. —

Schäfer, [L] Hermann (Worms)
Vergleichende Untersuchungen über die Wirksamkeit des Atropin, Duboisin und Homatropin auf das Auge.
Wiesbaden: J. F. Bergmann 1880. 22 s.
(Separatabdruck aus Knapp-Hirschberg's Archiv für Augenheilkunde, X.)
Diss. med. Giessen 11.10.1880. vorh. 26. 7.

Schaefer, Herm., wie es in Magdeburg in den Kriegsjahren 1864, 1866 u. 1870/71 aussah! Erinnerungen aus meiner Schülerzeit. (52 S. m. 8 Vollbildern.) 8. Magdeburg 910. Creutz. 1. —

Schäfer, J., Basilius des Grossen Beziehungen zum Abendlande. Ein Beitrag zur Geschichte des 4. Jahrh. n. Chr. (VIII, 208 S.) gr. 8. Münster 909. Aschendorff. 5. —
Theol. Inaug.-Diss. von Freiburg i. Br.

Schaefer, J. Boileau, l'art poétique metrisch übersetzt, erklärt und mit Parallelstellen aus Horaz. Attendorn, G., 1881. 24 S. 4. **Progr.**

Schäfer, J., Boileau l'art poétique, metrisch übers., erklärt u. m. Parallelstellen aus Horaz. 4. (24 S.) Attendorn 881. (Leipzig, Fock.) n. 1. —

Schäfer, J. Das Evangelium im Munde deutscher Dichter vor einem Jahrtausend. Festrede. S. 12—16. **Progr.** *Werdau* 1884.

Schaefer, J., gereimte Genusregeln der französischen Substantive, in leichter u. faßlicher Weise dargestellt, für Gymnasien, Real- u. höhere Töchterschulen u. zum Privatgebrauche. Inowraclaw 867. Engel. 8. (IV, 26 S.) n. 5 *ngr.*

Schaefer, J., gereimte Genusregeln der französischen Substantive in leichter u. faßl. Weise dargestellt f. Gymnasien, Real- u. höhere Töchterschulen u. zum Privatgebrauche. 2., vielf. verb. Aufl. gr. 16. (48 S.) Breslau 871. Kern's Verl. n. — 40

Schäfer, J., & Th. Esch, Geschichte der Stadt Recklinghausen. Recklinghausen, 1908. 58 S. mit Abb.

Schäfer, J., das Gewissen. Sieben Fastenpredigten. gr. 8. (100 S.) Paderborn 872. Schöningh. 1. —

Schaefer: Hesiodi scuti Herculis descriptione scuti Achillis comparatur, ut utriusque poetae ars atque ingenium appareant. 16 S. – Inowraclaw, Progr. 1868

Schaefer, J., Hombourg (ès-monts) et ses environs. Traduction de l'allemand par G. Koell. Avec (13) gravures. Darmstadt 865. Lange. Lex.-8. (87 S.) cart. 1 ℛ 7½ *ngr.*

Schaefer, J., Bad Homburg [vor der Höhe] und seine Umgebungen. Mit (7) Stahlst. Darmstadt 864. Lange. Lex.-8. (96 S.) 1 ℛ 7½ *ngr.*

—— Bad Kreuznach und seine Umgebungen. Lex.-8. (63 S. mit 9 Stahlst.) Darmstadt 865, Lange. cart.

Schäfer, J., Naturlehre für Volksschulen. Mit besond. Berücksicht. der im Verlage von W. Crüwell in Dortmund erschienenen Pensenverteilungen und Lesebücher. gr. 8. (IV, 92 S. mit eingedr. Holzschn.) Dortmund 880, W. Crüwell. * geb. *

Schäfer, J., Naturlehre f. Volks- u. Mittelschulen sowie f. Präparandenanstalten. 2., verb. u. verm. Aufl. 8. (102 S. m. 26 Fig.) Dortmund 894. W. Crüwell. Kart. n. — 80

Schäfer, J., Naturlehre f. Volks- u. Mittelschulen sowie f. Präparandenanstalten. 3., verb. u. durch Belehrgn. aus der Chemie verm. Aufl. gr. 8. (120 S.) Dortmund 900. W. Crüwell. Kart. n. — 80

Schäfer, J., der sächsische Prinzenraub. Ein Volks- u. Schulspiel in 4 Aufzügen. gr. 8. (36 S.) Leipzig 893. B. Franke. n. 1. —

Schleswig-Holsteins Recht und des deutschen Volkes Pflicht. Nebst 1 Anh., die Beschlüsse der Versammlung v. Abgeordneten deutscher Landesvertretungen enthaltend. [Verf.: J. Schäfer.] Isenburg b. Frankfurt a. M. 1864. 8°

— Schleswig-Holstein's Recht und des deutschen Volkes Pflicht. Mit dem Bildniß des Herzogs Friedrich VIII. von Schleswig-Holstein (in Stahlst.). 1. u. 2. verm. u. verb. Aufl. Ebend. 864. 8. (32 S.) n. 4 ngr.

Schaefer, J., das alte u. das neue Stadttheater in Fürth. Eine Wanderg. durch die neuere Stadtgeschichte von 1816—1902. Festschrift zur Eröffng. des neuen Stadttheaters am 17. IX. 1902. hoch 4. (100 S. m. 4 Taf.) Fürth 902. (G. Rosenberg.) n.n. 2. —

– (Hrsg.), s. W e i n z e i t u n g , Rheinische.

Schäfer, J., wie wird man Staats-Beamter etc.? s.: K e i t e r , Heinr.

Schaefer, J. A., Über den Charakter des jüngern Plinius. Mehre Progr. Onolzb. 786. folg. 4.

Schäfer, J. A., das Differential-Zollsystem als das Einzige Mittel zur festen Begründung der Zoll- und Handels-Einigung beleuchtet. I. Heft: Die Mißverhältnisse der Besteuerung des Branntweins in Bayern gegenüber von Preußen, Sachsen und den Staaten des thüring. Vereins, ihre Quellen und die Möglichkeit ihrer Abhilfe. gr. 8. (X und 100 S.) München 851, Franz.

Schäfer, J. A., De locis, quibus perfectum coniunctivi pro plusquamperfecto coniunctivi coniunctione quum praecedente scriptum est. Pr. 1874. 14 S. 4°. 1.—

Schäfer, J. A., Sur le Philoctète de Sophocle. Pr. 1867. 11 S. 4°. 2.—
Meseritz.

Schäfer, J. Chr., s. S c h ä f e r , Johann Christian

– s. S c h ä f f e r , Jakob Christian

Schäfer, J. M., s.: L e s e b u c h , deutsches, f. die Schulen des Großherzogt. Hessen.

– R e d e , gehalten bei der Schulfeier 1864. Alsfeld, Schul-/Univ.-Schrift

– R e d e , gehalten bei der Schulfeier 1866. Alsfeld, Schul-/Univ.-Schrift

Schäfer, J. P., Beschreibungen biblischer Bilder nebst biblischem Texte für Taubstummenanstalten, Kleinkinder-Schulen und zum Hausgebrauch bearb. nach Fliedners Schulbilderbibel. gr. 16. (VIII und 100 S.) Frankfurt a. M. 850, Brönner. *

Schäfer, J. P., Ein Hundert Erzählungen aus dem Leben gesammelt. 8. (8½ B.) Friedberg 846. (Frankfurt a. M., Zimmer.)

Schäfer, J. P., Haus-Gesangbuch, s. a. H a u s - G e s a n g b u c h .

Schäfer, J. P., Haus-Gesangbuch. 200 geistliche Lieder insbesondere zum Gebrauche beim Haus-Gottesdienste nach der evangel. Haus-Agende von G. Chr. Dieffenbach. Friedberg 857. Scriba. 8. (XII, 196 S. u. 49 lith. S. Melodien-Büchlein.) n. 10 ngr.

Schäfer, J. P., Lieder-Concordanz üb. die Lieder des Gesangbuchs f. die evangel. Kirche im Großherzogt. Hessen. Mit Vorwort v. Weiffenbach. (IV, 308 S.) gr. 8. Friedberg 903. C. Bindernagel. n. 3. 60

— De quibusdam locis Herodoteis. Diss. 1870. 29 S.

Schäfer, J. P., De quibusdam locis Herodoteis. Pr. 1882. 12 S. 4°. 1.50
Trier.

– – s.a. S c h ä f e r , Peter

Schäfer, Jak., Dr. Heinr. Brück, Bischof v. Mainz. Eine Skizze seines Lebens u. literar. Schaffens. (23 S. m. 1 Bildnis.) gr. 8. Mainz 904. Kirchheim & Co. n. — 30
Sonderabdruck aus: „Der Katholik".

Schäfer, Jak., die Evangelien u. die Evangelienkritik, der akadem. Jugend u. den Gebildeten aller Stände gewidmet. (VIII, 124 S.) 8. Freiburg i/B. 908. Herder. 1.40; geb. in Leinw. 2. —

Schaefer, Jac., Gedichte. 8. (200 S.) Krefeld 876, Klein'sche Buchh. *

— Handbuch zur biblischen Geschichte, s.: S c h u s t e r , J.

— Dr. Joh. Holzammer, Domkapitular u. Geistlicher Rat, Regens des bischöfl. Priesterseminars. Eine Lebens-Skizze. (16 S. m. 1 Bildnis.) gr. 8. Mainz 903. Kirchheim & Co. n. — 30
Sonderabdruck aus: „Der Katholik".

Schäfer, Jak., Dr. Ludwig Joseph Hundhausen, päpstlicher Hausprälat, geistl. Rath, Professor am bischöfl. Seminar zu Mainz. Eine Lebensskizze. gr. 8. (28 S.) Mainz 900. F. Kirchheim. n. — 60
Sonderabdruck aus: „Der Katholik".

Schaefer, Jacob [aus Mainz] : Des Nicolaus von Kues L e h r e vom Kosmos . . . Mainz 1887: Druck v. Fl. Kupferberg. 72 S. + 1 Bl. 8°
Giessen, Phil. Fak., Inaug.-Diss. v. 1887

Schaefer, Jacob, des Nicolaus von Kues Lehre vom Kosmos. Diss. Gießen 1887, J. Rickersche Buchh. 8°. 72 S.

— die Parabeln des Herrn in Homilien erklärt. (XI, 564 S.) 8. Freiburg i/B. 905. Herder. n. 5. —; geb. in Leinw. n. 6. —

Schäfer, Jakob, Das Reich Gottes im Lichte der Parabeln des Herrn wie im Hinblick auf Vorbild u. Verheißung. Eine exegetisch-apologetische Studie. Mainz, Kirchheim, 1897, 8°, XVI, 288 S., 3,50 Mk.

Schaefer, Jak., bunte Schildereien. Erzählende Gedichte. Mit 10 (Holzschn.-)Bildern. 8. (132 S.) Einsiedeln 885. Benziger & Co. geb. m. Goldschn. 4. —

— Das Neue Testament, s.: S c h u s t e r , J., u. J. B. H o l z a m m e r , Handbuch zur biblischen Geschichte.

Schaefer, Johann Adam (Cadolzburg) Erlg. Phil. 1778/2

Animadversiones ad loca quaedam Iobi.
Präs. Wilhelm Friedrich Hufnagel.
Erlangen (Cammerarius) 4. IV. 1778. 18 S.

W. v.: S. D. G. C. Harles, Präs., Johann Friedrich Papst (Opp.). 29906

Muneris scholastici per decem lustra a M. Joanne Adamo Schaefero, Regi a cons. eccles. et literarum gr. et lat. in classe Lyc. Prof., summa fide ac dexteritate administrati annum jubileum cal. Majis 1828 celebrandum indicit Joannes Christophorus Huscherus, lit. hum. in superiore Gym. classe Prof. et Variscorum societatis archaeologicae socius hon. — Praemittitur dissertatio de adolescentum studiosorum moribus ex ipsorum aetatis natura et ratione juste vereque aestimandis regundisque. — Ibid. — S. 3–14.
Progr. Ansbach

Observationes ad aliquot Plinii, Taciti et Horatii locos. Scrips. M. Joannes Adamus Schaefer, Regi a consiliis eccles. et Litterarum Gr. et Lat. in classe Lyceali Prof. — Ansbaci, ex off. typogr. Brueggeliana. 1826. — S. 3—14.
Progr. Ansbach

Observationum ad aliquot Plinii jun., Taciti et Horatii locos continuatio. Scrips. Dr. Joan. Ad. Schaefer, Regi a cons. eccles., lit. Lat. et Hebr. Prof., ordinis regii Ludoviciani eques. — 1831. Ibid. — S. 3—16.
Progr. Ansbach

Schaefer, Io. Adm., Observationum ad aliquot Plinii jun., Taciti et Horatii locos continuatio. 4 maj. (2 B.) Ansbaci 831, Dollfuss.

— s. Plinius, Caj. Cäcil. Sec. (Jun.) Briefe, u. Dess. Lobrede auf Trajan.

Observationes ad aliquot Demosthenis locos. Scrips. Joan. Albert. Carol Schaefer, G. P. — 1829. Ibid. — S. 3—16.
Progr. Erlangen

Schaefer, Joannes Augustus: * Platonis de animo doctrina ex ipsius scriptis adumbrata. 97 S. 2°
Halle-Wittenberg, Phil. Diss. v. 12. Juli 1836
Geb. Potsdam 22. 8. 1813. V.

Schäfer, Joh. Chr.

Schäfer, J. C., homöopathische Thierheilkunst. Ein ganz eigenthümlich eingerichtetes u. dadurch sehr leicht faßliches u. schnell Rath gebendes Hülfsbuch für jeden Viehbesitzer, zunächst aber für den bei vorkommenden Viehkrankheiten meist ohne Rath u. Hülfe dastehenden Landmann, wonach er seine erkrankten Pferde, Rinder, Schafe, Schweine u. Hunde auf die einfachste, schnellste, sicherste u. wohlfeilste Art auf homöopathischem Wege selbst heilen rc. kann. 853. — 2. verb. Aufl. Mit 1 lith. Abbildg. (in gr. 4.). Nordhausen 856. Büchting. gr. 8. (XII, 162 S.) 22½ ngr

Schäfer, J. C., homöopathische Thierheilkunst. Ein ganz eigenthümlich eingerichtetes und dadurch sehr leicht faßliches und schnell Rath gebendes Hülfsbuch für jeden Viehbesitzer, zunächst aber für den bei vorkommenden Viehkrankheiten meist ohne Rath und Hülfe dastehenden Landmann, wonach er seine erkrankten Pferde, Rinder, Schafe rc. auf die einfachste, schnellste, sicherste und wohlfeilste Art auf homöopath. Wege selbst heilen, und worin er vieles Wissenswerthe in Bezug auf diese Thiere erfahren kann. 3. Aufl. 1858. und 4., verb. Aufl. gr. 8. (XII und 162 S. mit 1 Abbild. in Holzschn. in qu. gr. 4.) Nordhausen 861, Büchting. Thlr. -

Schäfer, J. C., homöopathische Thierheilkunst. Ein ganz eigenthümlich eingerichtetes u. dadurch sehr leicht faßliches u. schnell Rath gebendes Hülfsbuch für jeden Viehbesitzer, zunächst aber für den bei vorkommenden Viehkrankheiten meist ohne Rath u. Hülfe dastehenden Landmann, wonach er seine erkrankten Pferde, Rinder, Schafe rc. auf die einfachste, schnellste, sicherste u. wohlfeilste Art auf homöopathischem Wege selbst heilen, u. worin er vieles Wissenswerthe in Bezug auf diese Thiere erfahren kann. 3. Aufl. 859. — 4. Aufl. Mit 1 Abbildg. (in Holzschn. in 4.) 860. — 5. Aufl. 862. — 6. verb. Aufl. Nordhausen 864. Büchting. gr. 8. (174 S.) 22½ ngr

Schäfer, J. C., homöopathische Thierheilkunst. Ein ganz eigenthümlich eingerichtetes und dadurch sehr leicht faßl. und schnell Rath gebendes Hülfsbuch für jeden Viehbesitzer, zunächst aber für den bei vorkomm. Viehkrankheiten meist ohne Rath und Hülfe dastehenden Landmann, wonach er seine erkrankten Pferde, Rinder, Schafe rc. auf die einfachste, schnellste, sicherste rc. Art auf homöopath. Wege selbst heilen kann rc. 5.—8., verb. Aufl. gr. 8. (174 S. mit 1 Abbild. in Holzschn. in qu. 4.) Nordhausen 863—67, Büchting. —

Schäfer, J. C., homöopathische Thierheilkunst. Ein ganz eigenthümlich eingerichtetes und dadurch sehr leicht faßl. und schnell Rath gebendes Hülfsbuch für jeden Viehbesitzer, zunächst aber für den bei vorkomm. Viehkrankheiten meist ohne Rath und Hülfe dasteh. Landmann, wonach er seine erkrankten Pferde, Rinder, Schafe, Schweine und Hunde auf die einfachste, schnellste, sicherste und wohlfeilste Art auf homöopath. Wege selbst heilen und worin er vieles Wissenswerthe in Bezug auf diese Thiere erfahren kann. 9.—11. verb. Aufl. gr. 8. (174 S. mit 1 Abbild. in Holzschntaf. in 4.) Nordhausen 869—73, Büchting. [Leipzig, Dr. Schwabe.] 2 25

Schäfer, J. C., homöopathische Thierheilkunst. Ein ganz eigenthümlich eingerichtetes u. dadurch sehr leicht faßl. u. schnell Rath geb. Hülfsbuch f. jeden Viehbesitzer zunächst aber f. den bei vorkomm. Viehkrankheiten meist ohne Rath u. Hülfe dasteh. Landmann, wonach er seine erkrankten Pferde, Rinder, Schafe, Schweine u. Hunde auf die einfachste, schnellste, sicherste u. wohlfeilste Art auf homöopath. Wege selbst heilen u. worin er vieles Wissenswerthe in Bezug auf diese Thiere erfahren kann. 12. verb. Aufl. Mit 1 Abbildg. (Holzschntaf. in qu. gr. 4.) gr. 8. (174 S.) Leipzig 876. Schwabe. 2. 25

Schäfer, J. C., die homöopathische Thierheilkunst. Ein ganz eigenthümlich eingerichtetes und dadurch sehr leicht faßl. und schnell Rath gebendes Hülfsbuch für jeden Viehbesitzer, zunächst aber für den bei vorkommenden Viehkrankheiten meist ohne Rath und Hülfe dastehenden Landmann, wonach er seine erkrankten Pferde, Rinder, Schafe, Schweine und Hunde auf die einfachste, schnellste, sicherste und wohlfeilste Art auf homöopath. Wege selbst heilen und worin er vieles Wissenswerthe in Bezug auf diese Thiere erfahren kann. 13. verb. Aufl. gr. 8. (XII, 199 S. mit 1 Abbild.) Leipzig 884, Schwabe's Homöopath. Buchh.

Schäfer, J. C. Die homöopathische Thierheilkunst. Ein Hülfsbuch f. jeden Viehbesitzer rc. 14. verb. Aufl. gr. 8. (X, 188 S. m. 1 Abbildg.) Lpz. 892. Schwabe. 2 25; geb. ** 2 75

Schäfer, J. C., die homöopathische Tierheilkunst. Ein Hilfsbuch f. jeden Viehbesitzer, zunächst aber f. den bei vorkomm. Viehkrankheiten meist ohne Rat u. Hilfe dasteh. Landmann, wonach er seine erkrankten Pferde, Rinder, Schafe, Schweine u. Hunde auf die einfachste, schnellste, sicherste u. wohlfeilste Art auf homöopath. Wege selbst heilen u. worin er vieles Wissenswerte in Bezug auf diese Tiere erfahren kann. 15. Aufl. (X, 188 S. m. 1 Abbildg.) gr. 8. Leipzig 907. Dr. W. Schwabe. 2.40; geb. nn 3. —

SCHAFFER, Joh. Christ. Heinr., Lied eines deutschen Mädchens. Wie es nehmlich seyn sollte. Verfaßt von —. O. O. (Leipzig) 1792. 8°.
2 bedruckte Bll., enth. 12 fünfzeil. Str. Mel.: Auf, auf, ihr Brüder und seyd stark. — Selten!

Schäfer, Joh. Chrstn., die Kunst den Taufnamen, den Wohnort, das Wohnhaus, den Charakter, die Lieblingsneigung, das im Sinne Habende, das im Beutel habende Geld u. d. Alter e. Person zu wissen. gr. 8. (2 B.) Leipzig 832, Rein. Verklebt.

—— die Wunder der Kartenzauberey. Eine Zusammenstell. d. überraschendsten, auffallend., dennoch leicht ausführbar. Kunststücke mit Spielkarten. Allen frohen Gesellschaften gewid. 8. (9 B., 2 Stnt. gr. 4. u. Titvign.) Leipzig 833, Rein.

Schäfer, J. Chr., die Wunder der Rechenkunst. Eine Zusammenstell. der räthselhaftest., unglaubl. u. belustigendst. arithmet. Kunstaufgaben zur Beförder. der gesell. Unterhaltung u. des jugendl. Nachdenkens. 8. Ilmenau 830. Voigt. 8 gr

—— die Wunder der Rechenkunst. Eine Zusammenstell. d. räthselhaftest., unglaubl. u. belustigendsten arithmet. Kunstaufgaben zur Beförderung d. gesell. Unterhalt. u. d. jugendl. Nachdenkens. 1. u. 2. Aufl. (à 6 B.) 8. Ilmenau 831, 33, [Weimar,] Voigt. à

Schäfer, Joh. Chrstn., die Wunder d. Rechenkunst. Eine Zusammenstell. d. räthselhaftesten, unglaublichsten u. belustigendsten arithmet. Kunstaufgaben z. Beförder. d. gesell. Unterhalt. u. d. jugendl. Nachdenkens. 3. u. 4. Aufl. (à 6 B.) 839., 5., verm. u. ganz umgearb. A. 841., à 8 Gr., u. 6. A. 8. (à 8 B.) Weimar 842, Voigt.

Schäfer, Jh. Chr., die Wunder der Rechenkunst. Eine Zusammenstellung der räthselhaftesten, unglaublichsten und belustigendsten arithmetischen Kunstaufgaben zur Beförderung der geselligen Unterhaltung und des jugendlichen Nachdenkens. 5. sehr verm. u. ganz umgearb. Aufl. 8. Weimar 841, Voigt. ⅓ ß — 6. Aufl. 8. Ebend. 842. ⅓ ß

Schäfer, Joh. Chr., die Wunder der Rechenkunst. Eine Zusammenstellung d. räthselhaftesten, unglaublichsten u. belustigendsten arithmet. Kunstaufgaben. Zur Beförderung der geselligen Unterhaltung u. des jugendlichen Nachdenkens. 7. durchaus umgearb. u. sehr verm. Aufl. 8. (XVI u. 218 S. m. eingedr. Holzschn.) Weimar 850, Voigt. ½ ₰

— die Wunder der Rechenkunst. Eine Zusammenstellung der räthselhaftesten, unglaublichsten u. belustigendsten arithmetischen Kunstaufgaben. Zur Beförderung der geselligen Unterhaltung u. des jugendlichen Nachdenkens. 8., verb. u. verm. Aufl. Weimar 857. Voigt. 8. (XVI, 227 S. mit Holzschn. im Text.) 15 ngr.

Schäfer, Joh. Chr., poetisches Würfelbuch. Ein Gesellschaftsspiel in 252 Sätzen, welche nach der Würfelnummer vorgelesen zu einer vergnügten Gesellschaftsunterhaltung dienen. Für Jünglinge und Jungfrauen, die sich bei'm heiteren Zusammensein auf eine fröhliche ꝛc. Weise zu belustigen wünschen. 12. (VI und 106 S.) Weimar 851(52,) Voigt.

Schäfer, Johann Conrad, s. Schäfer, Johann Konrad

Schäfer, Joh. Georg, Bewährte Mittel gegen den Milzbrand bei d. Rindvieh und den Pferden, desgl. gegen die Bräune bei den Schweinen und das Aufbläben des Rindviehes, sowie von den Ursachen und der Natur dieser Viehkrankheiten. 8. Frankfurt 795. Varrentrapp. M. —.50

Schäfer, Johann Georg Leonhard August, s. Schäfer, August

Schäfer, Johann Heinrich, s. Schäfer, Heinrich

Schäfer, Johann Heinrich, s. Schäffer

Schäfer, Johann Konrad

Schäfer, Johann Conrad s. [Suter, Joseph Anton.] Chronik oder kurzer Auszug der merkwürdigsten Begebenheiten des Appenzellerlandes. 1798.

Schäfer, Johann Nepomuk, s. Schäffer

Schaefer, Joh. Wilh., Auswahl aus deutschen Dichtern d. 18. u. 19. Jahrh. f. Schule u. Haus. 4., verb. u. verm. Aufl. gr. 8. (XXXVI, 588 S.) Bremen 893. M. Heinsius Nachf. n. 3. 50; geb. in Leinw. n. 4. 50

Schaefer, Joh. Wilh., Auswahl deutscher Gedichte d. 18. u. 19. Jahrh. Nach d. Zeitfolge d. Dichter geordnet u. mit e. literarhistor. Uebersicht eingeleitet. gr. 8. (41 B.) Bremen 838, Heyse. Thlr. *

Schaefer, Joh. Wilh., Auswahl deutscher Gedichte des 18. und 19. Jahrhunderts. Nach der Zeitfolge der Dichter geordnet und mit einer literarhistor. Uebersicht eingeleitet. 2., verb. Aufl. gr. 8. (XVI und 563 S.) Bremen 851(52), Heyse.

Schaefer, Joh. Wilh., Auswahl deutscher Gedichte des achtzehnten und neunzehnten Jahrhunderts. Zum Gebrauch in höheren Lehranstalten. 3. verb. Aufl. gr. 8. (XXI, 516 S.) Bremen 878, Heinsius. *

—— histor. Bericht v. d. Erfindung, Verbreit. u. Vervollkomm. d. Buchdruckerkunst. Eine Festgabe z. diesjähr. vierten Säcularfeier. gr. 8. (6½ B. u. Titbild.) Bremen 840, [Schünemann's Vrlsh.] •

Schaefer, Joh. Wilh., Geschichte der deutschen Literatur des 18. Jahrh., s. Volk, das deutsche, ꝛc.

Schaefer, Joh. Wilh., Geschichte der deutschen Literatur des 18. Jahrhunderts. In übersichtlichen Umrissen und biographischen Schilderungen. 3 Bde. (Wohlfeile Ausg.) Leipzig 859. T. O. Weigel. 8. (VIII, 253 S.; 2 Bl., 249 S.; 2 Bl., 244 S.) 1 ₰ 24 ngr.

Schaefer, Joh. Wilh., Geschichte der deutschen Litteratur des 18. Jahrh. In übersichtl. Umrissen und biograph. Schilderungen. 2. verm. und vollständig umgearb. Aufl., hrsg. von Frz. Muncker. 8. (XV, 782 S.) Leipzig 881, T. O. Weigel. ** geb. **

Schaefer's, Joh. Wilh., Geschichte der deutschen Literatur d. XVIII. Jahrh. in übersichtlichen Umrissen u. biographischen Schilderungen. 2., verm. u. vollständig umgearb. Aufl., hrsg. v. Frz. Muncker. Neue Ausg. in 10 Hftn. 8. Leipzig 885. T. O. Weigel. à n. — 50 (cplt.: n. 5. —; geb. n. 6. —)

1. Innere Geschichte der Literatur. Hagedorn u. Haller. (69 S.)
2. Die vorzüglichsten Dichter der Leipziger Schule. (S. 70—142.)
3. Friedrich Gottlieb Klopstock. (S. 143—203.)
4. Die vorzüglichsten Dichter der Vereine zu Halle, Halberstadt u. Berlin. (S. 204—254.)
5. Gotthold Ephraim Lessing. (S. 255—331.)
6. Christoph Martin Wieland. (S. 332—387.)
7. Innere Geschichte der Literatur bis zu Schillers Tode. Göttinger Dichterbund. (S. 388—508.)
8. Johann Gottfried Herder. (S. 509—597.)
9. Johann Wolfgang Goethe. (S. 598—674.)
10. Johann Christoph Friedrich Schiller. (S. 675—770.)

—— Goethe. Rede, gehalten bei der öffentl. Schulfeierlichkeit zu Goethe's hundertjähr. Geburtsfeste am 28. Aug. 1849. gr. 8. (16 S.) Bremen 849, Heyse.

— s. v. Goethe's Gedichte.

—— Grundriß d. Geschichte d. deutschen Literatur. 1. Aufl. (9 B.) 836., u. 2., verb. Aufl. gr. 8. (11 B.) Bremen 839, Geisler.

Schaefer, Joh. Wilh., Grundriß der Geschichte der deutschen Literatur. 3. Aufl. (11¼ B.) 843. u. 4., verb. Aufl. gr. 8. (12 B.) Bremen 846, Geisler. à –

— Grundriß der Geschichte der deutschen Literatur. 3. verb. Aufl. gr. 8. Bremen 845, Geisler. 5/12 ₰ — 4. verb. Aufl. 846. 5/12 ₰

— Grundriß der Geschichte d. deutschen Literatur. 5. verb. Aufl. gr. 8. (XIV u. 181 S.) Bremen 850, Geisler. — 6. verb. Aufl. gr. 8. (XIV u. 181 S.) Ebd. 852. 5/12 ₰

— Grundriß der Geschichte der deutschen Literatur. 7. Aufl. 854. (XIV, 183 S.) — 8., verb. Aufl. Bremen 858. Geisler. gr. 8. (VIII, 184 S.) 12½ ngr.

— Grundriß der Geschichte der deutschen Literatur. 9., verb. Aufl. Bremen 862. Geisler. gr. 8. (VIII, 197 S.) 12½ ngr.

Schaefer, Joh. Wilh., Grundriß der Geschichte der deutschen Literatur. 10., aufs Neue durchgearb. und verb. Aufl. gr. 8. (VIII und 204 S.) Bremen 866, Geisler. —

Schaefer, Joh. Wilh., Grundriß der Geschichte der deutschen Literatur. 11. verb. Aufl. gr. 8. (VIII, 204 S.) Bremen 870, Geisler. 1 25

—— Grundriß der Geschichte der deutschen Literatur. 12. verb. Aufl. gr. 8. (VIII, 198 S.) Berlin 877, [Oppenheim.] Simion.

Schaefer, Joh. Wilh., Handbuch der Geschichte der deutschen Literatur. 1. Thl. Von d. ältest. Zeit bis auf Opitz. Lex.-8. Bremen 842, Schünemann. 1⅜ ₰ — 2. Thl. Von Opitz bis auf die neueste Zeit. gr. 8. Ebend. 844. 1⅝ ₰

Schäfer, Joh. Wilh., Handbuch der Geschichte der deutschen Literatur. 2., verb. und zum Theil umgearb. Aufl. gr. 8. (X und 550 S.) Bremen 855, Schünemann's Vrlgsh. Thlr. *

—— Goethe's Leben. 2 Bde. gr. 8. Bremen 851, Schünemann's Vrlgsh. [1. (VIII und 387 S.) 2. (III und 344 S.) à Bd. 1 Thlr. 15 Ngr.]

— Goethe's Leben. 2 Bde. 3. Aufl. gr. 8. (VII, 439 u. III, 417 S. m. Goethe's Portr. in Stahlst.) Leipzig 877. Brandstetter. n. 8. —

—— Liebe und Leben. Gedichte. 16. (IV und 115 S.) Bremen 852, Geisler.

—— Liebe und Leben. Gedichte. 2., verm. Aufl. 16. (IV und 121 S.) Bremen 859, Geisler's Verlag.

— Literaturbilder. Darstellungen deutscher Literatur aus den Werken der vorzüglichsten Literarhistoriker. Zur Belebung des Unterrichts und zur Privatlectüre herausg. 2 Thle. Mit dem Bildnisse G. E. Lessing's nach May (in Stahlst.). Leipzig 861. Brandstetter. gr. 8. (XX, 785 S.) 2 ℛ 15 ngr

—— Literaturbilder. Darstellungen deutscher Literatur aus den Werken der vorzüglichsten Literarhistoriker. Zur Belebung des Unterrichts und zur Privatlectüre hrsg. 2 Thle. Mit dem (Stahlst.-)Bildnisse G. E. Lessing's nach May. 2. verb. und verm. Aufl. gr. 8. (XV, 399; VI, 404 S.) Leipzig 874, Brandstetter.

geb. in 1 Bd.

—— zur deutschen Literaturgeschichte. Kleine Schriften. 8. (VIII und 296 S.) Bremen 864, Geisler.

—— zur deutschen Literaturgeschichte. Kleine Schriften. 2. Aufl. 8. (VIII, 296 S.) Hamburg 873, Boyes und Geisler. [Grädener.] 2 40

—— Propylaea. Lateinisches Lesebuch für Realschulen und mittlere Gymnasialclassen. Mit einem vollständ. Wörterbuche. gr. 8. (XVI und 399 S.) Bremen 849, Heyse. *

— s. Sallust Catilina et Jugurtha.

—— Schiller, s. Belehrungen, unterhaltende.

—— griechische Schulgrammatik. 1. Thl. — A. u. d. T.: Formenlehre d. griech. Sprache, vorzügl. d. attischen Prosa-Dialekts f. d. unt. Classen gelehrter Schulen. 1. Aufl. (14 B.) 835. 5/6 Thlr., 2., mit e. Uebersicht d. Abweichungen d. homer. Dialekts verm. Ausg. gr. 8. (14¾ B.) Bremen 840, Geisler.

— Tabellen zur Geschichte der deutschen Literatur. Zum Gebrauch in höheren Unterrichtsanstalten bearb. Leipzig 853. G. Mayer. gr. 8. (IV, 68 S.) n. 12 ngr

Schaefer, Joh. Wilh., Tabellen zur Geschichte der deutschen Literatur. Zum Gebrauch in höheren Unterrichtsanstalten. 2. verb. Aufl. gr. 8. (IV, 68 S.) Altona [Gotha] 869, Haendcke und Lehmkuhl.

—— Uebersicht d. Abweichungen d. homer. Dialekts. gr. 8. (2 B.) Bremen 840, Geisler.
Aus Schafers Griechischer Schulgrammatik bes. abgedr.

Schäfer, Johannes, s.a. Schäfer, Romanus Johannes

Schäfer, Johs., S. V. D., goldenes Beicht- u. Kommunion-Büchlein, besonders f. Wallfahrer. (96 S. m. Titelbild.) 12,5×7 cm. Kevelaer 908. Gebr. v. Danwitz. Geb. in Leinw. — 20

Schäfer, Johannes [aus Hessheim '(Rheinpfalz)']: **Beiträge zur Kenntnis des Quercits** ... München, Druck d. Akad. Buchdr. v. F. Straub, 1896; 32 S., 1 Bl. 8.
Erlangen, Phil. Fak., Inaug.-Diss. v. 3. Juni 1896

— Besuchungen d. allerheil. Altarssakramentes, s.: Liguori, Alphonsus Maria v.

— Der kommunizierende Christ. Kommunion- u. Gebetbuch f. Welt- u. Ordensleute. (Ausg. in großem Druck.) (672 S. m. farb. Titel u. 1 Farbdr.) 16. Steyl 909. Missionsdruckerei. Geb. in Leinw. 2.—; in Ldr. n 2.50; m. Goldschn. n 4. —

— dasselbe. (Grobdr.-Ausg.) (672 S. m. farb. Titel u. Titelbild.) 16. Kevelaer 909. Gebr. v. Danwitz. Geb. in Leinw. 2. —

— dasselbe. 2. Aufl. (Feindr.-Ausg.) (800 S. m. farb. Titel u. Titelbild.) 12,5×7,5 cm. Ebd. 909. Geb. in Leinw. 1. 70

Schaefer, Johs., S. V. D., Fasciculus precum. (448 S. m. 1 Farbdr.) 16. Steyl 902. Missionsdruckerei. Geb. in Leinw. m. Goldschn. n. 2. 50

Schæfer, Johannes [Prof.]: Die Gefässpflanzen des Kreises Altkirch. E. Beitr. z. Flora d. Reichslande. Altkirch, Buchdr. v. E. Masson, 1895; VIII, 73 S. 8.
Altkirch, G, MP 1895 (515)

— der Gottesdienst in der Karwoche. Lateinisch u. deutsch m. Erklärg. der gottesdienstl. Zeremonien. (400 S. m. Titelbild.) kl. 8. Ebd. 905. Geb. in Leinw. n. 1. 50

— Hilf uns Maria! Wallfahrtsbüchlein f. die Pilger nach Kevelaer. (190 S. m. Titelbild.) 12,8×8 cm. Ebd. 909. Geb. in Leinw. — 50

— Jesus meine Liebe. Vollständ. Gebetbuch, zusammengesetzt aus den Gebeten der Kirche, der Heiligen u. anderer gottsel. Personen. 5. Aufl. (768 S. m. 1 Farbdr.) 16. Steyl 907. Missionsdruckerei. Geb. in Leinw. nn 1. 70

Schaefer, Jos., De imitatione Mariae libri quatuor. Accedunt devotiones et preces selectae. 16. (480 S. m. 1 Farbdr.) Steyl 902. Missionsdruckerei. Geb. in Ldr. m. Goldschn. n. 2. 70

— Maria meine Mutter. Vollständiges Gebetbuch zur besonderen Verehrg. der lieben Gottesmutter. Aus den Gebeten der Kirche, der Heiligen u. anderer gottsel. Personen. (798 S. m. 1 Farbdr.) 12,5×7,8 cm. Ebd. 908. Geb. in Leinw. 1.70; m. Goldschn. 2.—; in Ldr. 2.50; m. Goldschn. 3.—; in fein Ldr. m. Goldschn. 4. 50

— Maria, unbefleckt empfangen! Jubiläumsbüchlein. (XXXII, 288 S. m. Titelbild.) 16. Ebd. 904. Geb. in Leinw. n. — 75

— Die Nachfolge Christi, s.: Thomas v. Kempen.

— die Nachfolge Mariä in ihren Tugenden. Nach der lat. Ausg. des Seb. Sailer, O. Praem., bearb. u. m. den gewöhnl. Gebeten versehen. 16. (528 S. m. 1 Farbdr.) Ebd. 900. Geb. in Leinw. n. 1. 50

— Tributum quotidianum ad B. M. V. immaculatam dei genitricem. Tägliche Huldigg. an die unbefleckte Jungfrau u. Gottesmutter Maria, um ihren mütterl. Schutz im Leben u. besonders in der Stunde des Todes zu erlangen. Psalmen u. Gebete f. jeden Tag der Woche. (Lateinisch u. deutsch.) (160 S. m. Titelbild.) 16. Ebd. 905. Geb. in Leinw. n. — 50

Schäfer, Johannes, cand. theol. aus Dresden: Die kirchlichen, sittlichen und sozialen Zustände des XV. Jahrhunderts nach Dionysius Carthusianus. T. 1. Das Leben der Geistlichen. Schkeuditz: W. Schäfer 1904. (85 S.) 8°
Tübingen, Phil. Diss. v. 1904

Schäfer, Johannes Heinrich, s. Schäfer, Heinrich

Schaefer, Jos. [aus Niederloh (Rheinprov.)]: **Beitrag zur Lehre von den Mediastinaltumoren.** ... Würzburg, P. Scheiner's Buchdr., 1891; 27 S. 8°
Würzburg, Med. Fak., Inaug.-Diss. v. 1891

Schäfer, Josef [aus Essen a. d. Ruhr '(Rheinl.)']: **Beiträge zur Kenntnis der Selenverbindungen** ... München, Buchdr. v. M. Ernst, 1893; 29 S. 8.
München, Phil. Fak., Inaug.-Diss. v. 1893

Schäfer, (Joseph): Kurzer Bericht über die Entwicklung der Realschule. Recklinghausen 1908: Neue Druckerei. S. 3—5. 4°
Recklinghausen, st. R i. E. P 1908 (502) [S 08. 400

Schäfer, Jos., zur silbernen Hochzeitsfeier des deutschen Kaiserpaares. Eine Gabe f. Deutschlands Jugend. Mit 34 Portr. u. anderen Abbildgn. (72 S.) 8. Essen 906. Fredebeul & Koenen. n. — 25

Schaefer, *Guilelmus* Josephus [Saxo-Borussus]: Quaestiones criticae et exegeticae ad Silii Italici Punicorum l. I.—IV. spectantes ... Monasterii Guestf., ex typogr. Althoffiana, 1893; 40 S., 2 Bl. 8.
Münster, Phil. Fak., Inaug.-Diss. v. [2. Aug.] 1893

Schaefer, Josef, aus Deutz, Referendar am Kgl. Amtsgericht zu Hamm i. W.: Die richterliche Tätigkeit des Bundesrats auf Grund des Artikels 76 der Reichsverfassung. Hamm i. W. 1903: E. Griebsch. (45 S.) 8°
Erlangen, Jur. Diss. v. 26. Juni 1903

SCHÄFER, JOSEPH: Treue Gott und dem Kaiser. Predigt am Feste des heiligen Namens Mariä. Pressburg 1859. Druck v. Alois Schreiber. 4 S. - 4°

Schaefer, Josef, aus Nikolai, Referendar am kgl. Landgericht zu Gleiwitz: Vergleich zwischen Sachbesitz und Erbschaftsbesitz unter Berücksichtigung der geschichtlichen Entwickelung. Greifswald 1904: Jul. Abel. (72 S.) 8°
Erlangen, Jur. Fak., Diss. v. 7. Juni 1904
[Geb. Nikolai; Wohnort: Gleiwitz; Staatsangeh.: Preußen; Rlg. 7. Juni 04.]

Schäfer, Jos. Ant., Anleitung zur wissenschaftlich-praktischen Registraturführung. Nach den bewährtesten Autoren zusammengestellt. Mit 19 Formularien. gr. 4. (VIII, 167 S. m. e. Cromolith.) München 875. Lindauer. n. 6. —

Schaefer, Isaac [aus Loslau (Ober-Schlesien)]: Zur Behandlung des Asthma bronchiale mit subcutanen Injectionen von Cocainum salicylicum .... Greifswald, Druck v. Julius Abel, 1886; 33 S. 8°.
Greifswald, Med. Fak., Inaug.-Diss. v. 9. Aug. 1886.

Schaefer, Isaac, zur Behandlung des Asthma bronchiale mit subcutanen Injektionen von Cocainum salicylicum. Diss. Greifswald 1886, Jul. Bindewald. 8°. 33 S.

SCHÄFER, JULIUS. Ueber einige alkylirte Azokörper. Ein Beitrag zur Theorie des Färbens. (Basel) Barmen, 1895. 28 S.
Diss.

Schäfer, Just. Chr. Fr., s. Adreßbuch für die Stadt Nürnberg.

Schäfer, K. A.: Ueber die Kultur der Weinberge am Niederrhein. o.O. 1807.
61 S. -- Bo 39°

Schäfer, K. H., s. Schäfer, Heinrich

Schäfer, Karl

Almae literarum parenti Friderico-Alexandrinae ante hos centum annos conditae inaugurataе solemnia saecularia prima his ipsis diebus XXIII. XXIV. XXV. m. Aug. celebranda pie laeteque gratulantur Gymnasii Erlangensis Collegae interprete D. Carolo Schaefer. — Ibid. 1843. — 2. S—10.
Progr. Erlangen

— als die Drossel sang ..! Gedichte. (VI, 109 S.) 8. Darmstadt (906). Müller & Rühle. n. 1. 50

Schaefer, *Carl* Altes und Neues über die attischen Phratrien zur Erklärung von CIA. II, 841 b. 4 (43 S.).
Progr. Landessch. *Pforta* 1888 (231).

Ueber die Aufgabe des Uebersezens von Dr. Karl Schäfer, P. — 1839. Ebend. — S. 3—24.
Progr. Erlangen

Schäfer, Karl, die Bachprinzessin. Erzählung aus Alt-Darmstadt u. dem Mühltale. (94 S.) gr. 8. Darmstadt 903. (E. Bernin.) n.n. 1. —

Schaefer, K., niedersächsische Bauformen. Hrsg. vom Verein f. niedersächs. Volkstum, selbständ. Zweigverein des Bundes Heimatschutz m. dem Sitz in Bremen. 1. Heft. (12 S. m. Abbildgn. u. 6 [2 farb.] Taf.) gr. 4. Bremen 906. (Stuttgart, J. Hoffmann.) n. 2. 50

Schaefer, C., s. a. Bauhütte, die.

Schaefer C., d. Bauhütte. Entwurfe im Stile d. Mittelalt. I-III (je 60 T) fol Berlin 1883-95

Schaefer, Karl, d. Baukunst d. Abendlandes, s. a. Sammlung Göschen.

Die Baukunst des Abendlandes. Von Dr. Karl **Schaefer.** Mit 22 Fig. Neudr. Leipzig: Göschen 1901. 178 S. 8°
(Sammlung Göschen. 74.) [11. 1399 11

Romanische u. gotische Baukunst. Die mustergiltigen Kirchenbauten des Mittelalters in Deutschland. Geometr. u. photogr. Aufnahmen nach Beispielen d. orig. Bemalung hrsg. von Carl **Schaefer**, Prof., Karlsruhe, u. Otto Stiehl, Privatd., Berlin. (In 9 Lfgen.) Berlin: E. Wasmuth (1892—[1901]). (49 S., 100 Taf.) gr. 2° [06. 1196

— Bauornamente der romanischen u. gothischen Zeit. 1. Lfg. Fol. (20 Lichtdr.-Taf.) Berlin 889. Wasmuth. In Mappe. n. 20. —

Schaefer, C., Bauornamente der romanischen u. goth. Zeit. 2.—5. (Schluss-)Lfg. (80 Lichtdr.-Taf. m. 5 S. Text). gr. Fol. Berlin 901. 908. E. Wasmuth. In Mappe à n. 20. —

Schaefer, Karl: Die älteste Bauperiode des Muensters zu Freiburg im Breisgau ... Freiburg i. B., Lorenz & Waetzel, 1894; 44 S., 1 Taf. 8.
Heidelberg, Phil. Fak., Inaug.-Diss. v. [26. Sept.] 1894

Schaefer, Karl, die älteste Bauperiode des Münsters zu Freiburg im Breisgau. gr. 8. (45 S. m. Abbildgn.) Freiburg i/B. 894. Lorenz & Waetzel. n. — 60

Schaefer, Karl, die Bedeutung der Schülerbibliotheken, s. a. Magazin, pädagogisches. 198. Heft.

Die Bedeutung der Schülerbibliotheken und die Verwertung derselben zur Lösung der erziehlichen und unterrichtlichen Aufgabe der Volksschule. Mit e. Zusammenstellung empfehlenswerter Jugendschriften f. d. einzelnen Schuljahre unter Berücks. d. Lehrplanes u. d. Pensenverteilung. Von Karl Schaefer, Lehrer in Hoechst. *Langensalza: H. Beyer & Söhne 1903.* (69 S.) 8°
— Magazin, Pädagogisches. H. 198. [03. 1700 3

SCHÄFER, Carl (Köln): Ein Beitrag zur Casuistik der Multiplen Exostosen. Mit 1 Taf.- München: Kastner & Lossen 1899. 21 S.
24.7.1899 - Chr 1899/1900,12; Jv 1899/1900,208
Diss. Ingolst.-Landsh.-Mchn.

SCHAEFER, Carl: Beitrag zur Casuistik der Verbrennungen des Ohres.- München: Kastner & Lossen 1897. 29 S.
22.7.1897 - Chr 1897/98,18; Jv 1897/98,219
Diss. Ingolst.-Landsh.-Mchn.

Schäfer, Carl, aus Langenbrücken (Baden): Die **Bindegewebsentwicklung** in der Leber bei der cyanotischen Cirrhose. *Würzburg 1899: A. Boegler.* (22 S.) 8°
Würzburg, Med. Diss. v. 1899

Schäfer, Karl, über Biographieen überhaupt u. die Plutarchischen insbesondere, als Grundlage des ersten histor. Unterrichts. Programm. gr 4. Erlangen 833. (Palm u. Enke.) 1/4 rß

Ueber Biographieen überhaupt und die Plutarchischen insbesondere, als Grundlage des ersten historischen Unterrichts von Karl Schäfer, P. — 1834. Ebend. — S. 3—24.
Progr. Erlangen

Schäfer, Karl, über Biographieen überh. u. d. Plutarchischen insbesond., als Grundlage d. ersten histor. Unterr. Progr. gr. 4. (3 B.) Erlangen 834, (Palm u. Enke.)

Schäfer, K., zu Wöllstein auf der Höhe. Eine Odenwaldgeschichte aus großer Zeit. gr. 8. (75 S.) Darmstadt 887. (Schlapp.) cart. n. 1. —

— s.: Braun, d. Hieron., Prospekt d. Stadt Nürnberg v. J. 1608.

Schaefer, Karl, Bremen, s.a. Stätten der Kultur.

Bremen. Von Karl **Schaefer**. Buchschmuck von C. Weidemeyer. Leipzig: Klinkhardt & Biermann [1907]. (135 S.) 8° [F.]
= **Stätten** d. Kultur. Bd 3. 07. 18211

Schäfer, Karl, üb. Bromphenolsulfosäuren, s.: Mittheilungen aus dem chem. Laboratorium der Universität Innsbruck.

Schaefer, Karl, Buchführg. f. Gasanstalten. (VII, 206 S.) gr. 8. München 906. R. Oldenbourg. Geb. in Leinw. n. 7. —

Schäfer, Carl, Denkschrift üb. die Wiederherstellung des Meißner Doms. Hrsg. u. eingeleitet v. dem Vorstand des Meißner Dombauvereins. Fol. (27 S.) Meißen 902. (L. Mosche.) n. 1. —

Schäfer, Carl, die Abtei Eberbach im Mittelalter. Baubeschreibung u. Baugeschichte, untersucht, aufgenommen u. dargestellt. gr. 4. (104 S. m. Abb. u. 20 Taf. in gr. Fol.) Berlin 901. E. Wasmuth. Kart. u. in Mappe n. 36. —

Schäfer, Karl, der Einsiedler v. Auerbach. Erzählung aus d. Zeit Karls d. Großen. 12. (313 S.) Darmstadt 897. Müller & Rühle. Geb. in Leinw. n. 5. —

Schäfer, Karl [aus Rostock]: Die Erklärung der Bewegungsempfindungen durch den Muskelsinn. . . . Jena, Druck v. B. Engau, 1889; 37 S. 8°
Jena, Med. Fak., Inaug.-Diss. v. [12. März] 1889

Schäfer, K., die Erklärung der Bewegungsempfindungen durch den Muskelsinn. Inaug.-Diss. gr. 8. (37 S.) Jena 889. Rudolstadt, Dabis. n. — 40

— der Falkner v. Rodenstein. Ein Sang aus dem Odenwalde. Zeit: von 1483—1500. 8. (VII, 184 S.) Darmstadt 890. v. Aigner. geb. m. Goldschn. n. 3. —

Schäfer, Karl, der Falkner v. Rodenstein. Ein Sang aus dem Odenwalde. Zeit: von 1483—1500. 2. Aufl. 8. (V, 184 S.) Darmstadt 891. G. v. Aigner. Geb. in Leinw. m. Goldschn. n. 3. —

— der Falkner v. Rodenstein. Ein Sang aus dem Odenwalde. Zeit: 1483—1500. 3. Aufl. Mit Buchschmuck v. G. Nitsche. (VII, 184 S.) gr. 8. Darmstadt (Rheinstr. 47) (906). Schröder & Freund. Geb. in Leinw. n.n. 3. 50

Schaefer, Karl, das alte Freiburg. E. geschichtl. Führer zu d. Kunstdenkmälern d. Stadt. 8. (112 S. m. Abb., 1 Lichtdr. u. 1 Planskizze.) Freiburg i/B. 895. Lorenz & Waetzel. Geb. in Leinw. n. 2. —

Schäfer, Carl, die Glasmalerei des Mittelalters und der Renaissance. Im Abriss dargestellt. [Erweit. Abdr. aus: „Centralblatt der Bauverwaltung".] Mit 21 (eingedr.) Holzschn., nach Zeichnungen des Verf. gr. 8. (IV, 47 S.) Berlin 881, Ernst und Korn. cart. *

— u. A. **Rossteuscher**, ornamentale Glasmalereien d. Mittelalters u. der Renaissance, nach Orig.-Aufnahmen in Farbendr. hrsg. (In 3 Lfgn.) 1. u. 2. Lfg. gr. Fol. (à 15 Taf.) Berlin 885. 86. Wasmuth. In Mappe. à n. 50. —

— u. A. **Rossteuscher**, ornamentale Glasmalereien d. Mittelalters u. der Renaissance, nach Orig.-Aufnahmen in Farbendr. hrsg. 3. (Schluss-)Lfg. gr. Fol. (15 Taf. m. 2 Bl. Text.) Berlin 888. Wasmuth. n. 50. — (cplt.: n. 150. —)

—— über das deutsche Haus. Vortrag, gehalten zum Schinkelfest im Architekten-Verein am 13. März 1883. gr. 8. (23 S.) Ebendas. 883. *

Schäfer, C., üb. das deutsche Haus. Vortrag. gr. 8. (23 S.) Berlin 883. Ernst & Korn. n. — 80

Schäfer, Karl, Heiderosen. Gedichte. 2. Aufl. 8. (XI, 187 S. mit 1 Holzschntaf.) Darmstadt 881, (Hoffmann.) geb. mit Goldschn.

—— Heiderosen. Gedichte. 3. verm. Aufl. 8. (VIII, 223 S.) Ebd. 890. geb. m. Goldschn. * 3 —

Schäfer, Karl, das königl. Hofbräuhaus in München. Dessen Geschichte u. Entwicklung bis zu seiner jetz. Bedeutg., sowie e. histor. Darstellg. des bayer. Brauwesens, anschliessend: e. Schilderung des Lebens u. Treibens zur Zeit des Bockbierausschankes u. der Sylvesterfeier im heut. Hofbräuhaus. Hofbräuhauscarricaturen v. Ludw. Hohlwein. Humoristischer Text v. Benno Rauchenegger. (75 S.) 8. München (905). E. Bösenberg. n. — 30

— s.a. Holzarchitektur, die, Deutschlands vom 14. bis 18. Jahrh.

Die Holzarchitektur Deutschlands vom XIV. bis XVIII. Jahrhundert herausgegeben vom Verbande Deutscher Architekten- und Ingenieur-Vereine und dem Gesammtvereine der Deutschen Geschichts- und Alterthums-Vereine unter Leitung von C. SCHÄFER. (Lief. I und II.) Berlin 1886. Ernst Wasmuth. fol.

Die Holzarchitektur Deutschlands vom XIV. bis XVIII. Jahrhundert herausgegeben vom Verbande Deutscher Architekten- und Ingenieur-Vereine und dem Gesammtvereine der Deutschen Geschichts- und Alterthums-Vereine unter Leitung von C. SCHÄFER. (Lief. III—V.) Berlin 1886. Ernst Wasmuth. fol.

Schaefer, Karl, u. Karl **Scheel**, die Hygiene d. Zimmerluft. gr. 8. (67 S. m. Abbildgn. u. 1 Taf.) Halle 899. C. Marhold. n. 1. 50

Schäfer, Karl, Jahresbericht v. d. k. Studienanstalt zu Erlangen in Mittelfranken. Vorausgeschikkt ist: Ueber d. Aufgabe d. Uebersetzens. gr. 4. (4 B.) Erlangen 839, (Palm'sche Verlbuchh.)

— a. Kathedrale v. Reims, s.: Baukunst, die.

Die Kathedrale von Reims von Dr. K[arl] **Schaefer**. Berlin & Stuttgart: W. Spemann [1898]. (18 S., 8 Taf.) 2°
= Baukunst, Die. [Ser. 1.] H. 9.

Schaefer, Carl, die mustergiltigen Kirchenbauten d. Mittelalters in Deutschland. Geometrische u. photograph. Aufnahmen, m. Beispielen der originalen Bemalg. Unter Mitwirkg. v. O. Stiehl, H. Hartung u. A. hrsg. 1. u. 2. Lfg. gr. Fol. (22 Lichtdr.- u. 1 farb. Taf. m. Text S. 1—12.) Berlin 892. E. Wasmuth. In Mappe. à n. 18. —

— die mustergiltigen Kirchenbauten des Mittelalters in Deutschland. Geometrische u. photograph. Aufnahmen nebst Beispielen der originalen Bemalg. Unter Mitwirkg. v. O. Stiehl, H. Hartung u. a. (Romanische u. goth. Baukunst.) 3.—8. Lfg. gr. Fol. (47 Taf.) Ebd. 892—900. In Mappe à n. 18. —

— u. Otto Stiehl, die mustergiltigen Kirchenbauten des Mittelalters in Deutschland. Geometrische u. photograph. Aufnahmen nebst Beispielen der originalen Bemalg. 9. (Schluss-)Lfg. gr. Fol. (12 Lichtdr.-Taf. m. Text S. 13—49.) Ebd. (901). In Mappe n. 18. —

— das Klosterkind. Roman aus der Zeit der Kreuzzüge. (VIII, 335 S. m. Bildnis.) 8. Darmstadt (905). Müller & Rühle. n. 4. —; geb. n. 5. —

Schäfer, Karl, junge Knospen aus Heimath u. Fremde. Gedichte. 8. (99 S.) Darmstadt 874. Rühl in Comm. n. 1. 50

— dasselbe. Wohlfeile Ausg. 8. (99 S.) Ebend. 874. n. 1. 25

— das rumänische Konkursrecht nach dem Gesetz vom 14. III. 1902. Deutsche Textausg. m. Erläutergn. zum prakt. Gebrauche f. den internationalen Verkehr der Konsulate, Handelskammern, Gerichte, Rechtsanwälte, Kaufleute u. Gewerbetreibenden. (X, 215 S.) 8. Dresden 904. E. Pierson. n. 4.—; geb. n. 5.—

Schaefer, Karl, d. Kost d. Gesunden u. Kranken, s.: Bibliothek, medicin., f. prakt. Ärzte.

Schäfer, Carl, von deutscher Kunst. Gesammelte Aufsätze u. nachgelassene Schriften. (XVIII, 477 S. m. 139 Abbildgn., 3 Bildnissen u. 9 Taf.) Lex. 8. Berlin 910. W. Ernst & Sohn. 12.—; geb. 13.50

— s.: Kunst-Ausstellung, nordwestdeutsche, Oldenburg 1905.

Lehrgang der deutschen Schnellschrift '(System d. Stenographie)' zum Selbst- und Schulunterricht. Lehrg. in 6 Std. Von Karl Schäfer, Barmen ... *Barmen: Komm. Verl. v. K. Lehsten; Dr. v. Reck & Turck 1898.* (16 S.) 1 Bd 8. [98. 3215]

Schaefer, K., Mauern u. Thore des alten Nürnberg, s.a. Baukunst, die. II. 8.

Mauern und Thore des alten Nürnberg von K[arl] Schaefer. *Berlin & Stuttgart: W. Spemann [1902].* (17 S., 6 Taf.) 2° = Baukunst. Die. Ser. 2, H. 8. [illegible]

Schaefer, Karl, Meisterwerke deutscher Bildschnitzerkunst, s.: Albrecht, Rud.

Schäfer, Karl, Odenwaldgeschichten. 1. Bd. 12. (VII, 380 S.) Darmstadt (898). Müller & Rühle. Geb. in Leinw. n. 4.—

Schaefer, Karl, s.: Rechtshilfe, die.

Schaefer, K., der kaufmännische Rechtsschutz. Praktische Rechtsbelehrgn. aus dem Gesamtgebiet d. Handels-, Wirtschafts- u. Industrierechts, unter besond. Berücksicht. d. Versicherungs-, Bank- u. Börsen-, Gewerbe- u. Verkehrsrechts. Nebst e. Anh.: Kleine kaufmänn. Rechtsprechung. Zusammenstellung wichtigerer, neuerer, reichsgerichtl. u. oberrichterl. Entscheidgn. Mit ausführl. Sachregister. 4. (XIV, 503 S.) Berlin 890. Verlag f. Sprach- u. Handelswissenschaft. n. 9.—; geb. n. 10.—

— Schriftproben im gotischen Stile zum Unterricht an der techn. Hochschule zu Berlin. (1 Bl. in Farbendr.) 53,5×36,5 cm. Berlin (883). E. Wasmuth. 1.—

Schaefer, Carl, de scribis senatus populique Atheniensium. Dissertatio inauguralis philologica. gr. 8. (41 S.) Gryphiswaldiae 878, (Berlin, Mayer und Müller.) *

— Titurel, s.a. Theater-Bibliothek, Münchener.

Schaefer, K., Titurel. Ein Bühnenvorspiel zur Gralssage. Nach Wolfram v. Eschenbach's gleichnam. Bruchstück frei bearb. 8. (59 S.) München 891. Franz' Sort. n. 1.—

— das Urheberrecht u. das Verlagsrecht an Werken der Litteratur u. Tonkunst, s.a. Miniatur-Bibliothek.

Schaefer, K., Das Urheberrecht u. das Verlagsrecht an Werken der Litteratur u. Tonkunst. (Nach dem Reichsgesetz vom 1. I. 1902.) (54 S.) Leipzig, Verlag f. Kunst u. Wissenschaft. 1902. —.10.
(Miniatur-Bibliothek No. 367.)

Schaefer, Karl, Wegweiser f. Dürkheim u. s. Umgebg. Kurze Beschreibg. d. markierten Wege auf dem erweit. Gebiete d. Drachenfels-Clubs (a. V.) Verschönerungs-Verein v. Dürkheim u. Umgebung. Hrsg. vom Club (D. V. V. D.) 12. (111 S. m. 2 Taf. Farbzeichen.) Dürkheim 896. (G. L. Lang.) n. 1.—

Schäfer, Karl B., s. Schäfer, Karl L.

Schäfer, Karl Christian

Schäfer, Carl Chrstn., gründl. u. durch Erfahr. erpropte Anweisung, sich seine Seife selbst zu bereiten, sowie Vorschriften zu d. vorzügl. Waschmethoden u. Seifensurrogaten, nebst Beschreib. d. neuesten u. vorzügl. Wasch-, Mang- u. Plättmaschinen. 8. (8 B. u. 10 Stnt.) Coburg 840, Riemann'sche Bh.

Schäfer, Karl Heinrich, s.a. Schäfer, Heinrich

Schäfer, Karl Heinrich, approb. Arzt aus Eutin, Fürstent. Lübeck: Ein Beitrag zur Casuistik des primären Tubencarcinoms. *Leipzig 1901: B. Georgi.* (30 S.) 8°
Leipzig, Med. Diss. v. (24. Okt.) 1901

Schäfer, Karl Heinr., Geschichte des Oberhofes Eickenscheidt im Gebiete der gefürsteten Reichsabtei Essen m. besond. Rücksicht auf die rechtlichen u. wirtschaftlichen Verhältnisse. (VII, 123 S. m. 1 Taf. u. 1 Plan.) 8. Essen 909. (Fredebeul & Koenen.) 4.—

Schäfer, Karl Joseph

Schaefer, [illegible]
Berlin, Med. Diss. v. [illegible]

Schaefer, Karl L., musikal. Akustik, s.a. Sammlung Göschen.

Musikalische Akustik von Dr. Karl B. Schaefer, Privatd., Berlin. Mit 35 Abb. *Leipzig: G. J. Göschen 1902.* (158 S.) 8° [F.]
(Sammlung Göschen 21.) [03. 7493]

Schaefer, Karl L., s.: Beiträge zur Anatomie, Physiologie, Pathologie u. Therapie des Ohres, der Nase u. des Halses.

— s.: Bericht üb. den Kongress f. Kinderforschung u. Jugendfürsorge in Berlin.

— s.: Bibliographie der psycho-physiologischen Literatur.

— Farbenbeobachtungen bei Kindern, s.a. Beiträge zur Kinderforschung u. Heilerziehung.

Farbenbeobachtungen bei Kindern. Vortrag geh. auf d. Kongr. f. Kinderforschung u. Jugendfürsorge 1906 zu Berlin von Dr. Karl L. Schaefer, Prof., Berlin. Langensalza: H. Beyer & Söhne 1907. (10 S.) 8° = Beiträge z. Kinderforschung u. Heilerziehung. H. 31. [07. 13321]

— s.: Handbuch der Physiologie des Menschen.

— die Seele des Kindes, s.: Preyer, W.

— Tabellen der Schallgeschwindigkeit u. Tonwellenlängen in Luft bei verschiedenen Temperaturen. (S. 76—87.) gr. 8. Berlin 908. S. Karger. 1.50
Sonderabdr. aus: „Beiträge z. Anat. etc. d. Ohres, d. Nase u. d. Kehlkopfes".

Schaefer, K. L., Tontabellen, s.: Stumpf, C.

Schäfer, Karl Wilhelm Rudolf

Schaefer, Carolus Guilelmus Rudolphus [pastor Cussalinensis]: De quatuor quae in Novo Testamento de coena Domini extant relationum natura ac indole ... (Theil d. eingereichten Abh.: Das Herrenmahl nach Ursprung und Bedeutung m. Rücks. auf d. neuesten Forschgn unters.) Gueterslohae, ex offic. Bertelsmanniana, *1896;* 39 S. 8.
Königsberg, Theol. Fak., Lic.-Diss. v. 1. Aug. 1896

Schäfer, Klemens

Schaefer, Clemens, Dr., aus Köln: Über das ultrarote Absorptionsspektrum der Kohlensäure. *Hildesheim 1903: A. Lax.* (16 S.) 8°
Breslau, Phil. Hab.-Schr. v. 21. Nov. 1903
(Nicht für den Austausch)

Schaefer, Clem., über die Beugung elektromagnetischer Wellen an isolierenden zylindrischen Hindernissen. (S. 326—345 m. Fig.) Lex. 8. Berlin 909. G. Reimer. 1. —
Sonderabdr. a.: „Sitzungsber. d. preuss. Akad. d. Wiss."

Die kritischen Daten und ihre Bedeutung für die Kondensation der Gase. Von Clemens **Schäfer**. *Berlin 1902: (A. W. Schade).* (14 S.) 8° [Umschlagt.]
Aus: Zeitschrift d. Ver. deutscher Ingen. Bd 46. [04. 16749 2

Schaefer, Clemens, aus Köln: Ueber den Einfluss der Temperatur auf die Elasticität der Metalle. *Bonn 1900: K. Drobnig.* (70 S.) 8°
Bonn, Phil. Diss. v. [6. Aug.] 1900

— Einführung in die Maxwellsche Theorie der Elektrizität u. des Magnetismus, s.a. Schriften, mathematisch-physikal. f. Ingenieure u. Studierende. 3.

Einführung in die Maxwellsche Theorie der Elektrizität und des Magnetismus von Dr. Clemens **Schäfer**, Privatd. Mit e. Bildnis Maxwells u. 32 Textfig. Leipzig & Berlin: B. G. Teubner 1908. (VIII, 174 S.) 8°
= **Schriften**, Mathemat.-Physikal., f. Ingenieure u. Studierende. 3. [08. 11961

Ergebnisse der neueren Strahlungsmessungen. Von Dr. Clemens **Schäfer**. *Berlin 1902: (A. W. Schade).* (17 S.) 8° [Umschlagt.]
Aus: Zeitschrift d. Ver. deutscher Ingen. Bd 46. [04. 15590 2

Schaefer, Konrad, Dr.: Über die Absorptionsspektren der Nitrate. Leipzig: J. A. Barth 1910. 56 S. 8° ¶(Aus: Zeitschrift f. wiss. Photogr. Bd 8.)
Leipzig, Phil. Hab.-Schr. v. 7. März 1910 [U 10. 3284

Schaefer, Konrad, aus Elberfeld: Untersuchungen über die Constitution von Quecksilber- und Silbersalzen mittels elektrischer Methoden. *Würzburg 1902: H. Stürtz.* (68 S.) 8°
Würzburg, Phil. Diss. v. 1902

Schaefer, Konr., das Weltsystem. Eine neue Erklärg. üb. die Bewegg. der Planeten. (18 S.) kl. 8. Dresden (908). (R. Schnabel Nachf.) — 25

Schäfer, Conrad: Das Wesen des Rechtes auf Gemeingebrauch öffentlicher Sachen nach gemeinem Recht und preussischem Landrecht. *Berlin 1898: H. Schmidt.* (68 S.) 8° [J.]
Greifswald, Jur. Diss. v. 1898

Schäfer, Kurt

Schaefer, Curt, die wichtigsten syntaktischen Alterthümlichkeiten in der französischen Litteratursprache d. 17. Jahrh. 4. (30 S.) Hamburg 882. (Jena, Deistung.) n. 1. 40

Schäfer, Curt, der formale Bildungswert d. Französischen. Vortrag. [Aus: „Verhandlgn. d. 40. Versammlung deutscher Philologen u. Schulmänner zu Görlitz".] gr. 4. (12 S.) Braunschweig 890. Salle. n. — 80

Schaefer, Curt: Zur trockenen Destillation von Cellulose. Halle a. S. 1909: Waisenhaus. 31 S. 8°
Halle, Phil. Diss. v. 2. April 1909, Ref. Volhard
[Geb. 20. Nov. 82 Halle a. S.; Wohnort: Halle; Staatsangeh.: Preußen; Vorbildung: Oberrealsch. Halle Reife O. 03; Studium: Halle 11 S.; Rig. 16. Febr. 09.] [U 09. 1698

Schaefer, Curt, **Elementarbuch für den französischen Unterricht.** gr. 8. (93 S. und **Begleitwort: Die vermittelnde Methode,** 24 S.) Berlin 885, **Winckelmann und Söhne.** *

— Elementarbuch f. den französischen Unterricht. Ausg. B [ohne interlineare Lautschrift]. gr. 8. (III, 93 S.) Berlin 887. Winckelmann & Söhne. n. 1. —

Schaefer, Curt, Elementarbuch f. den französischen Unterricht. 2., neu bearb. Aufl. gr. 8. (124 S.) Berlin 891. Winckelmann & Söhne. n. 1. —

Schaefer, Curt, Elementarbuch f. den französischen Unterricht. 8., neu bearb. Aufl. gr. 8. (IV, 88 S.) Berlin 902. Winckelmann & Söhne. n. 1. —; geb. in Leinw. n. 1. 40

Schaefer, Curt, Elementarbuch f. den französ. Unterricht. 5., unveränd. Aufl. (IV, 88 S.) gr. 8. Berlin 910. Winckelmann & Söhne. 1.—; geb. 1. 40

Schaefer, Kurt, aus Berlin: Ueber das γ-Amidobutylaldehydacetal und seine Derivate. *Berlin (1902): E. Ebering.* (39 S.) 8°
Berlin, Phil. Diss. v. 9. Aug. 1902

Schäfer, Kurt: Gutachten über d. Einrichtung v. höh. Mädchenschulen ..., s. Groscurth, Ferdinand

Schaefer, Curt: Der substantivierte Infinitiv im Französischen. Erlangen 1910: Junge. IV, 66 S. 8° ¶(Aus: Roman. Forschungen. Bd 29, H. 1.)
Kiel, Phil. Diss. v. 16. April 1910, Ref. Körting
[Geb. 9. Dez. 87 Hamburg; Wohnort: Wandsbek; Staatsangeh.: Preußen; Vorbildung: Gymn. Wandsbek Reife O. 06; Studium: Marburg 1, Rennes 1, Heidelberg 1, Berlin 1, Kiel 4 S.; Rig. 4. Dez. 09.] [U 10. 2527

Schaefer, Curt, Lehrgang für den französischen Unterricht. (Im Anschluß an das Elementarbuch.) I. u. III. Tl. 8. Berlin, Winckelmann & Söhne. n. 3. 60
I. 4. umgearb. Aufl. (VI, 132 S.) 905. n. 1. 20; geb. 1. 60
III. Grammatik. 2., völlig neubearb. Aufl. der „Kleineren französ. Schulgrammatik f. d. Oberstufe I. Tl." (XV, 282 S.) 906. n. 2. 40; Einbd. n.n.n. — 45
Der 2. Tl. ist noch nicht erschienen.

— Lehrgang f. den französ. Unterricht. (Im Anschluß an das Elementarbuch.) II. IV. u. V. Tl. 4. umgearb. Aufl. gr. 8. Ebd. 5. 60
II. (II, 233 S.) 907. 2.—; geb. nn 2. 40
IV. Übungsbuch 1. Hälfte. 2., völlig neubearb. Aufl. der „Kleineren französ. Schulgrammatik f. die Oberstufe II. Tl." (III, 160 u. XXXV S.) 907. 1.60; geb. nn 2. —
Schlüssel dazu, s.: Strypkunas, E.
V. Übungsbuch 2. Hälfte. 2., völlig neubearb. Aufl. Der „Kleineren französ. Schulgrammatik f. die Oberstufe II. Tl." (IV, S. 161—364 u. XXXV S.) 908. 2.—; geb. 2. 60

Schäfer, Curt, Dr.: Die Oberschule. Hamburg 1906: Lütcke & Wulff. (S. 8—15.) 4°
Hamburg, HM St. Johannis OP 1906 [111]

Schaefer, Curt, französische Schulgrammatik f. die Mittelstufen. 3., umgearb. Aufl. d. Schulgrammatik f. d. Unterstufen. gr. 8. (XXXII, 220 S.) Berlin 895. Winckelmann & Söhne. n. 2. —

— französische Schulgrammatik f. die Oberstufen. 1. Tl.: Formenlehre. 2. Aufl. gr. 8. (VIII, 104 S.) Ebend. 886. n. 1. —

Schäfer, Curt, französische Schulgrammatik f. die Oberstufen. 2. Tl. Syntax. gr. 8. (158 S.) Berlin 888. Winckelmann & Söhne. n. 1. 40 (1. u. 2.: n. 2. 40)

—— französische Schulgrammatik für die Unterstufen. 1. Tl. gr. 8. (167 S.) Ebendas. 887. *

— französische Schulgrammatik f. die Unterstufen. 2. Aufl. gr. 8. (IV, 252 S.) Ebd. 889. n. 2. —

— kleinere französische Schulgrammatik f. die Oberstufen. gr. 8. (VIII, 181 S.) Ebd. 890. n. 1. 40

— kleinere französische Schulgrammatik f. die Oberstufen. 2. Tl. Übungsbuch. gr. 8. (282 S.) Ebd. 893. n. 2.40; geb. in Leinw. n. 2.90 (1 u. 2.: n. 3.60; geb. n. 4.50)

— deutsche Sprachlehre, s.: Bock, Max.

— Übungsbuch zur deutschen Sprachlehre, s.: Bock, Max.

— Uebungsbuch zum Uebersetzen aus dem Deutschen ins Französische, im Anschluß an die französ. Schul-Grammatik f. die Oberstufen. 1. Tl.: Formenlehre. 8. (VII, 179 S.) Ebend. 885. n. 1.20

— Übungsbuch zum Übersetzen aus dem Deutschen ins Französische, im Anschluß an die französische Schulgrammatik f. die Oberstufen. 2. Tl. Syntax. gr. 8. (134 S.) Ebd. 888. n. 1.20 (1. u. 2.: n. 2.40)

— der französische Unterricht an der Klosterschule u. seine Stellung zur Reformbewegung. Progr. gr. 4. (S. 4—33.) Hamburg 892. (Herold's Verl.) n.n. 2.50

[F.] **Schaefer,** Curt [Oberl. Dr.]: Der französische Unterricht an unserer Schule und seine Stellung zur Reformbewegung. *Hamburg,* gedr. bei Lütcke & Wulff, *1892;* 4—33 S. 4.
Hamburg, Unterr.-A d. Klost. St. Johannis, HM u. Sm f. Lehrerinnen an HM, OP 1892**

† Schäfer, L., s. Herloßsohn, C.

Schäfer, L., prakt. Anweisung alle Arten Papparbeiten sauber u. geschmackvoll anzufertigen, solche zu vergolden, zu versilbern, zu firnissen, zu bemalen u. zu satiniren. Anhang zum Handb. der Buchbinderkunst. gr. 8. (4 B. u. 8 Taf. Abbild.) Quedlinburg 846, Basse.

Schaefer, L., die Gesetzgebung, betr. die Zwangsvollstreckung in das unbewegl. Vermögen im Reiche u. in Preußen, s.: Fischer, Otto.

Schäfer, L., vollständ. Handbuch der Buchbinderkunst. Mit 8 Taf. Abbild. 8. Quedlinburg 845, Basse. 1/2 ß

—— gründlicher Unterricht im Poliren u. Beizen, sowie im Lackiren, Vergolden, Versilbern u. Bronziren aller Arten von Meubles u. metallenen Geräthschaften. 8. (5 1/2 B.) Quedlinburg 844, Basse.

Schäfer, L. Hermann, s. Schäfer, Hermann

Schäfer, Leopold, Rechtsprakt.: Die Beendigung der Erbengemeinschaft. Bamberg 1909: Gärtner. 115 S. 8°
Würzburg, Jur. Diss. v. 21. Sept. 1909, Ref. Mayer
[Geb. 9. Febr. 84 Forchheim; Wohnort: Bamberg; Staatsangeh.: Bayern; Vorbildung: Gymn. Bamberg Reife Juli 02; Studium: München 1, Berlin 1, Würzburg 6 S.; Rig. 27. Mai 09.] [U 10. 4325

Schaeffer, Louis. Ueber Isomerien bei den Naphtalinabkömmlingen. Leipzig, 1869.

Schäfer, Louis. Ueber Tetranitro- und Tetramido-Derivate des Benzophenons und des Diphenylmethans. Freiburg i. B., 1880.

Schäfer, Louise, s. Schäfer, Luise

Schäfer, Ludwig [aus Mühlhofen in d. Rhein-Pfalz]: Ein Fall von einer Cyste im Ligamentum rotundum aus der Greifswalder gynäkologischen Klinik ... Greifswald, Druck v. J. Abel, 1895; 28 S. 8.
Greifswald, Med. Fak., Inaug.-Diss. v. 28. Nov. 1895

Schäfer, Ludw., Frankfurter Helteradei. Humoristisches Allerhand, Neues u. Altes in frischem Gewand. (72 S.) 8. Frankfurt a/M. 902. Gebr. Frey. n. 1. —; geb. n. 1.30

Schäfer, Ludwig: Über Merkaptane der Anthrachinonreihe. Freiburg i. B.: Speyer & Kaerner 1910. 31 S. 8°
Freiburg i. B., Naturw.-math. Diss. v. 1910, Ref. Gattermann
[Geb. 25. Dez. 83 Mannheim; Wohnort: New York; Staatsangeh.: Vereinigte Staaten; Vorbildung: Columbia Coll. New-York; Studium: New-York Columbia Univ. 4, Freiburg i. B. 4 S.; Rig. 3. Dez. 09.] [U 11. 1179

Schaefer, Ludwig [pr. Arzt aus Hannover]: Zur Methode der Rhinoplastik bei luetischer Sattelnase ... Greifswald 1889: Druck v. Julius Abel. 24 S. u. 2 Taf. 8°
Greifswald, Med. Fak., Inaug.-Diss. v. 12. Jan. 1889

Schaefer, Ludwig, a. Büdingen (Hessen): Die Schlierbacher Mundart. Beiträge z. hess. Mundartenforschung. Halle a. S. 1907 (Waisenhaus). (XI, 66 S.) 8°
Halle, Phil. Fak., Ref. Strauch, Diss. v. 30. Aug. 1907
[Geb. 1. Nov. 82 Büdingen; Wohnort: Halle a. S.; Staatsangeh.: Hessen; Vorbildung: Gymn. Büdingen Reife Juli 01; Studium: Gießen 4, Genf 1, Halle 6 S.; Rig. 7. März 07.]

Schäfer, Ludwig (Assenheim)
Ueber die Veränderungen der Urinmenge bei Blasenfisteln. Giessen: W. Keller 1870. 24 S.
Diss. med. 22.7.1870. vorh. 26. 7.

Schäfer's, Luise, neues Kochbuch f. die bürgerliche u. die feine Küche. Ueber 2000 auf eigene Erfahrg. gegründete Rezepte zur Zubereitg. schmackhafter Speisen, von Back- u. Zuckerwerk, eingemachten Früchten u. Likören nach den Regeln der deutschen, französ. u. engl. Kochkunst. 3. Aufl., durchgesehen u. ergänzt v. Johanna Fischötter. gr. 8. (III, 542 S.) Stuttgart (901). Franckh. n. 2. —; geb. n. 3. —

Schäfer's, Luise, neues Kochbuch f. die bürgerl. u. die feine Küche. Ueber 2000 auf eigene Erfahrg. gegr. Rezepte zur Zubereitg. schmackhafter Speisen, v. Back- u. Zuckerwerk, eingemachten Früchten u. Likören nach den Regeln der deutschen, französ. u. engl. Kochkunst. 4. Aufl., durchgesehen u. ergänzt v. Johanna Fischötter. (III, 542 S. m. 1 Taf.) 8. Stuttgart (903). Franckh. Geb. in Leinw. n. 3. —

Schäfer's, Luise, neues Kochbuch f. die bürgerliche u. die feine Küche. Ueber 2000 auf eigene Erfahrg. gegründete Rezepte zur Zubereitg. schmackhafter Speisen, v. Back- u. Zuckerwerk, eingemachten Früchten u. Likören nach den Regeln der deutschen, französ. u. engl. Kochkunst. 10. Aufl., durchgesehen u. ergänzt v. Johanna Fischötter. (III, 542 S. m. 1 Taf.) 8. Stuttgart (909). Franckh. Geb. in Leinw. 3. —

Schäfer, Louise, neuestes stuttgarter Koch-Buch für alle Stände. Eine auf eigene Erfahrung gegründete Anleitung zur Zubereitung schmackhafter Speisen, Backwerk, Confituren, eingemachter Früchte und Liqueure, nach den Regeln der deutschen, französischen und engl. Kochkunst. 2 Thle. gr. 8. (XII und 845 S.) Stuttgart 855(56,) Gebr. Scheitlin.

Schäfer, Louise, neuestes Stuttgarter Kochbuch für alle Stände. Eine auf eigene Erfahrung begründete Anleitung zur Zubereitung schmackhafter Speisen, Backwerk, Confituren rc., nach den Regeln der deutschen, französischen und englischen Kochkunst. 2. verb. Aufl. von Karl Friedmann. gr. 8. (XII, 308 S.) Stuttgart 869, (Conradi.) geb.

Schäfer, Louise, neuestes Stuttgarter Kochbuch für alle Stände. Eine auf eigene Erfahrung begründete Anleitung zur Zubereitung schmackhafter Speisen, Backwerk, Confituren rc., nach den Regeln der deutschen, französischen u. englischen Kochkunst. 2. verb. Aufl. von Karl Friedmann. Stuttgart 869. Oetinger. gr. 8. (XII, 308 S.) In engl. Einb. 22 1/2 ngr.

Schaefer M. Bauornamente der roman. u gotisch. Zeit. (100 T) fol Berlin 1901-03

Schäfer, M., Triersche Flora, od. kurze Beschreib. der im Regierungsbezirke Trier wildwachsendin Pflanzen. 3 Thle. 8. Trier 826—29. Ldnp. 3 ß 20 gr

Schäfer, (M.,) Trierische Flora, oder kurze Beschreibung d. im Regierungsbezirke Trier wildwachsenden Pflanzen. 2 Thle. 8. Trier 826, Lintz.

Schäfer, M., Trierische Flora, od. kurze Beschreib. der im Regierungsbezirke Trier wildwachs. Pflanzen. 3. Thl. (Cryptogamia.) 8. (30 B.) Trier 827, Lintz.
1. u. 2. Thl. Ebendas. 1826. 2 Thlr. 8 Gr.

— Geschichte der heil. böhm. Landespatrona. Mit 13 Kpf. 8. Prag 796. Buchler.

— Geschichte d. heil. böhmischen Landespatrons, m. K. 8. Ebendas. 806.

Schaefer, M., Karte der Kaukasus-Länder und Klein-Asien. Nach den besten Quellen bearb. 1 : 3,000,000. Lithogr. und color. gr. Fol. Berlin 877, Abelsdorff. — 75

—— neue Karte der Türkei in Europa und Asien. Nach dem Friedens-Vertrag von San Stefano. 1 : 3,000,000. Lithogr. und color. Imp.-Fol. Ebendas. 878. 1 —

Schaefer, M., Karte der Türkei in Europa und Asien. Nach den neuesten und besten Hüfsmitteln bearb. 1 : 3,000,000. Lithogr. und color. Imp.-Fol. Berlin 876, Abelsdorff.

—— dass. — Ausg. 1877. 1 : 3,000,000. Lithogr. und color. Imp.-Fol. Ebendas.

—— dass. — bis zum Caspischen Meere und Persien. Nach den besten Quellen bearb. 1 : 3,000,000. Lithogr. und in 2 Farben gedr. Imp.-Fol. Ebendas. 877.
In 5 Farben

Schaefer, M., Karte der europäischen Türkei. Nach den neuesten und besten Hülfsmitteln bearb. 1 : 3,000,000. Lithogr. und color. gr. Fol. Berlin 876, Abelsdorff. 1 —
—— dass. — Nach den neuesten und besten Quellen bearb. Ausg. 1877. 1 : 3,000,000. Lithogr. und color. gr. Fol. Ebendas. — 50

Beste und billigste Kriegs-Karte der Herzogthümer Schleswig und Holstein. Nach den besten Hülfsmitteln bearb. v. **M. Schäfer.** In color. Flächen. 1 : 900000. Neue Ausg. Berlin. 1864. 1 Bl. Fol. 46,62 cm. zsgef. in Buchdeckel. 8° Farbendruck.

Schäfer, M., Moselfauna od. Handbuch der Zoologie, enthalt. die Aufzählung u. Beschreibung der im Reg.-Bezirke Trier beobachteten Thiere, mit Berücksichtigung der Angrenzung des Moseldepartements u. Belgiens. 1. Thl. Wirbelthiere: Säugethiere, Vögel, Reptilien u. Fische. gr. 8. Trier 844, Lintz'sche Buchh. 2 ₰

— prakt. abgefaßte Predigten auf alle in d. kathol. Kirche gebotenen Festtage des Jahres. 8. Prag 783. Mangold. 1 ₰

— s.a. Schäffer, Matern

Schäfer, M., Predigten f. d. Fasten. 2 Thle. in 4 Cursen. 8. Prag, Buchler. 806.

— Predigten f. die heil. Fastenzeit. 2 Thle in 4 Cursen. 8. Prag 794. Buchler. 1 ₰ 8 gr

— Predigten auf alle Feste des Herrn, d. Mutter Mariä, aller Apostel rc. 4 Thle. 8. Prag 792—94. Barth. 2 ₰ 16 gr

— Predigten auf alle Festtage. 4 Thle. 8. Prag 792—94.

— Predigten auf die Sonntage des Jahres. 4 Bde. 8. Prag 794.

Schäfer, M., Special-Karte des Donau-Laufes von Orsowa bis zur Mündung. Nach den besten Quellen bearb. 1 : 8,000,000. Lithogr. und color. qu. gr. Fol. Berlin 877, Abelsdorff. — 50

Schäfer, Martha, die junge Hausfrau, od. die Kunst gut hauszuhalten. Anleitung zur vortheilhaften Führg. der bürgerl. Haushaltg. 8. (72 S.) Oberhausen 884. Spaarmann. — 40

—— Hausmannskost. Neues bürgerl. Kochbuch. Enthaltend eine leichtfaßl. Unterweisung im Kochen und Zubereiten der im bürgerl. Leben vorkommenden Suppen, Gemüse, Saucen, Fleisch- und Fischspeisen, Klöße, Salate rc. Nach sorgfältig ausgewählten und selbstgeprüften Rezepten hrsg. 8. (VIII, 72 S.) Ebendas. 884.

Schäfer, Martha, Hausmannskost. Neues bürgerliches Kochbuch. Enth. e. leichtfaßl. Unterweisg. im Kochen u. Zubereiten d. im bürgerl. Leben vorkomm. Suppen, Gemüse, Saucen, Fleisch- u. Fischspeisen, Klöße, Salate rc. Nach sorgfält. ausgew. u. selbstgeprüften Rezepten hrsg. 8. Aufl. 12. (VIII, 72 S.) Styrum 895. A. Spaarmann. Kart. — 60

[F.] Hausmannskost. Neues bürgerliches Kochbuch. Enth. e. leichtfassl. Unterweisg im Kochen u. Zubereiten der im bürgerl. Leben vorkommenden Suppen, Gemüse, Saucen, Fleisch- u. Fischspeisen ... Nach sorgfältig ausgewählten u. selbstgeprüften Recepten hrsg. v. Martha Schäfer. 8. Aufl. *Styrum a. d. R. & Leipzig: A. Spaarmann [1896!].* (VIII, 72 S.) 1 Bd 8. [96. 2519

Schaefer, M., einfaches bürgerliches Kochbuch, s.: Volksbücher, neue deutsche.

Schäfer, Martin (Assenheim)
Ueber die Auscultation der normalen Herztöne.
Giessen: Keller 1860. 38 S. + 2 Bl. Thesen.
Diss. med. 23.1.1860. vorh. 26. 7. 11.

Schäfer, Matern., Lehren u. Warnungen aus d. Leidensgeschichte Jesu, in Fastenpredigten vorgetr. 4 Bdchn. 2e A. 8. Prag 803. Buchler. 16 gr Schrbp. 20 gr

Schaefer, Max *Heinrich Gustav* [aus Morgenroth]: **Aus d. medizin. Univ.-Poliklinik zu Bonn. Ueber die Methoden zur Bestimmung der Magengrenzen m. bes. Berücks. d. Magendurchleuchtg ...** Bonn, Buchdr. v. A. Henry, 1896; 39 S. 8.
Bonn, Med. Fak., Inaug.-Diss. v. [16.] Juli 1896

Schaefer, Max, Tierformen. Vergleich. Studien üb. d. Anatomie d. Menschen u. d. Tiere. Für Künstler, Kunst-Handwerker sow. Dilettanten bearb. E. Atlas v. 64 Taf. nebst erläut. Textbd. (In 8 Lfgn.) 1. Lfg. Imp.-4. (8 Taf. m. IV S. u. 4 Bl. Erklärgn.) Dresden 898. G. Kühtmann. Subskr.-Pr. n. 6. —

Schaefer, Max, Tierformen Vergleichende Studien üb. die Anatomie des Menschen u. der Tiere. Für Künstler, Kunst-Handwerker sowie Dilettanten bearb. Ein Atlas von 64 Taf. nebst erläut. Textbd. 2.—8. Lfg. Imp.-4. (57 Taf. m. 17 Bl. Erklärgn. u. IV, VII, 94 S. Text m. 98 Fig.) Dresden (899). G. Kühtmann.
Subskr.-Pr. à n. 6 —; Ladenpr. à n. 9. —;
(kplt. in 2 Leinw.-Bdn. n. 72. —)

Schäfer, Maximilian Rudolf Karl, s. Schäfer, Rudolf

Schäfer, Mor., Ali od. Die Reichstagswahl, s. a. Vereinstheater.

Ali oder Die Reichstagswahl. Schwank in 1 Akt von Moritz **Schäfer.** Mühlhausen i. Th.: G. Danner [1906]. (32 S.) 8° [F.]
= **Vereinstheater.** No 164. [07. 6736 3

Schäfer, Mor., Coeurdame. Ein dramat. Kartenspiel aus dem Spielsalon der modernen Ehe. gr. 8. (50 S.) Frankfurt a/M. 893. F. Honjack & Co. n. 1. —

Schaefer, Mauricius [Silesius]: De iteratis apud Theognidem distichis. . . . Halis Saxonum, typ. A. Seyffaerthi, Berolini, 1891; 2 Bl., 40 S. 8°
Halle, Phil. Fak., Inaug.-Diss. v. 22. Jul. 1891

Schaefer, Mor., de iteratis apud Theognidem distichis. Diss. gr. 8. (37 S.) Halis Sax. 891. (Berlin, Mayer & Müller.) n. 1. —

Schäfer, Mor., der Fremde. Dramat. Gedicht in 2 Aufzügen u. e. Zwischenspiel. 8. (38 S.) Dresden 899. E. Pierson. n. — 75

Schäfer, Mor., die Liebesklavin. Dramatisches Gedicht (Schauspiel) in 3 Aufzügen. 12. (87 S.) München 899. Rubinverlag. n. 1. —

Schäfer, O.: Alt-Heidelberg, s. Kostümfest-Aufführungen.

Schaefer, O., Anleitung zur Errichtung e. physikalischen Lehrmittelsammlung in der Volksschule. Mit erläut. Fig. u. Versuchen. (16 S.) 8. Weinheim (909). F. Ackermann. — 20

— Fahnenweihe der „Blärarla" in Singsanghausen, s.: Kostümfest-Aufführungen.

Schäfer, O., üb. das Lügen u. die Erziehung zur Wahrhaftigkeit, s.: Fragen, pädagogische.

— Schützenfest in Trippsdrill, s.: Kostümfest-Aufführungen.

Schäfer, Oskar, s.a. Schäffer

Schaefer, Oscar [Arzt in Bad Elgersburg]: Beitrag zur Lehre von der künstlichen Frühgeburt bei engem Becken . . .
Jena 1894: Univ.-Buchdr. G. Neuenhahn. 66 S., 1 Bl. 8°
Jena, Med. Fak., Inaug.-Diss. v. [11. Mai] 1894

Schäfer, Bonifacius u. Luther, s.a. Wartburghefte. 84.

Bonifatius und Luther. Ein zeitgemässer Vergleich von Metropolitan [Oskar] **Schäfer**, Gelnhausen. (Leipzig: C. Braun in Komm. 1905.) (29 S.) 8° [Kopft. F.]
— **Wartburghefte.** 34. [07. 8/26 3

Schäfer, Oskar [Dr.]: Die geschichtlichen Grundzüge des Verhältnisses zwischen Kaisertum und Papsttum im Mittelalter. Tl 1: Die Vorgeschichte dieses Verhältnisses. (Erscheint vollst. in Buchform.) Dresden, Druck v. B. G. Teubner, 1893; 3—31 S. 4.
Dresden, Vitzthumsches G, OP 1893 (533)

Schaefer, Oskar, appr. Arzt a. Marburg: Zur Physiologie der Irisbewegung. Berlin 1906: Eckstein & Widenmann. (42 S.) 8°
Marburg, Med. Fak., Ref. Bach, Diss. v. 16. März 1906
[Geb. 1. Juli 81 Marburg a. L.; Wohnort: Charlottenburg; Staatsangeh.: Preußen; Vorbildung: Gymn. Hanau Reife O. 00; Studium: Marburg 4, Berlin 1, Marburg 4 S.; Coll. 13. Febr. 06; Approb. 25. Febr. 05.]

Schäfer, Oskar, Kammergerichtsrefer.: Die Selbsthülfe nach dem Rechte des B.G.B. Berlin 1909: Streisand. 72 S. 8°
Heidelberg, Jur. Diss. v. 26. April 1909, Ref. Wenger
[Geb. 5. Sept. 85 Berka a. W.; Wohnort: Zielenzig; Staatsangeh.: Sachsen-Weimar; Vorbildung: Realgymn. Eisenach Reife O. 05; Studium: Berlin 2, Freiburg i. B. 1, Jena 4 S.; Rig. 6. März 09.] [U 09. 1891

Schäfer, Oskar Leopold

Schäfer, O. L., Das Verhältnis der 3 Geschichtsschreiber des Bauernkrieges: Haarer (Crinitus), Gnodalius u. Leodius. 8°. Chemnitz 1876.

Schäfer, Otto, echte Kameradschaft. Patriot. Schauspiel in 2 Akten aus dem Militärleben. (40 S.) gr. 8. Wustrau (Mark) (906). H. Völker. n. 2. —

— Redlich & Co. Volksspiel in 3 Akten. (32 S.) 8. Ebd. (906). n. 2. 50

Schäfer, Otto, Schulstrafen, s.a. Für die Schule a. d. Schule.

Schulstrafen. Von Otto Schäfer, Elberfeld. Neuwied & Leipzig: Heuser (1902). (25 S.) 8°
Aus: Rhein. Schulmann.
= Schule, Für die, aus der Schule. H. 101.

Schaefer, Otto: Theorie eines hydraulischen Maschinenreglers. Berlin: Dietze 1907. 57 S. 8° ¶ Aus: Dinglers Polytechn. Journal. Jg. 88. Bd 322.
Hannover, Dr.-Ing.-Diss. v. 26. 9. 1905

Schäfer, Otto: D. Traum d. alten Tante, s. Mädchenbühne, 8. Bdchn.

Schäfer, Paul

Schaefer, Paulus Aemilius (geb. Seifershau bei Hirschberg in Schles. 23. 12. 1829): De Aphthonio sophista. Vratislaviae (1854). (55 S.) 8°
Breslau, Phil. Diss. v. 25. Nov. 1854

Schaefer, Paul: Über die Atmungsorgane der tetra[-] und dibranchiaten Cephalopoden. (Breslau) [1905]: (S. Lilienfeld.) (22 S.) 4°
Leipzig, Phil. Fak., Ref. Chun u. Pfeffer, Diss. v. 29. Juli 1905
[Geb. 24. März 81 Peiskretscham i. Schl.; Wohnort: Breslau; Staatsangeh.: Preußen; Vorbildung: Gymn. Breslau Reife f. Prima O. 99; Studium: Breslau 6, Leipzig 3 S.; Rig. 4. Febr. 04.]

Schäfer, Paul, approb. Arzt aus Göbrichen: Ein Fall von Bulbärlähmung mit Beteiligung der Extremitäten ohne anatomischen Befund. *Freiburg i. B. 1899: H. Epstein.* (31, III S.) 8°
Freiburg i. B., Med. Diss. v. 1899

Schäfer, Paul, Naturwissenschaften f. höhere Mädchenschulen, s.: Sprockhoff, A.

Schäfer, Paul: Der Plattenepithelkrebs der Glandula Thyreoidea. München 1907: Hübschmann. (37 S., 1 Taf.) 8°
München, Med. Fak., Ref. v. Bollinger, Diss. v. 23. Mai 1908
[Geb. 17. Nov. 81 Berka a. d. Werra; Wohnort: Berka a. d. Werra; Staatsangeh.: Sachsen-Weimar; Vorbildung: Carl-Friedrichs-Gymn. Eisenach Reife O. 02; Studium: Freiburg i. B. 3, Halle 2, München 1, Berlin 2, München 2 S.; Coll. 23. Mai 08; Approb. 14. Mai 08.]

Schaefer, Paulus: De philosophiae Annaeanae in Senecae tragoediis vestigiis. Weida 1909: Thomas & Hubert. 125 S. 8°
Jena, Phil. Diss. v. 15. Dez. 1909, Ref. Götz
[Geb. 28. Mai 85 Großromstedt; Wohnort: Großromstedt; Staatsangeh.: Sachsen-Weimar; Vorbildung: Gymn. Eisenach Reife O. 04; Studium: Jena 10 S.; Rig. 3. März 09.] [U 10. 2368

Schaefer, Paul, Referendar: Vorläufige Vormundschaft und Pflegschaft. Borna-Leipzig 1909: Noske. VIII, 77 S. 8°
Jena, Jur. Diss. v. 22. Juni 1909, Ref. Danz
[Geb. 10. Aug. 83 Margonin; Wohnort: Bromberg; Staatsangeh.: Preußen; Vorbildung: Gymn. Hohensalza Reife O. 04; Studium: München 1, Berlin 1, Königsberg 4 S.; Rig. 22. Juni 09.] [U 09. 3118

Schaefer, Paul, Ref. am Kgl. Landgericht zu Nordhausen: Das Wiederkaufsrecht nach dem bürgerlichen Gesetzbuch für das deutsche Reich. Quedlinburg 1906: Geßler & Strauß. (60 S.) 8°
Leipzig, Jur. Fak., Diss. v. 22. Febr. 1906
[Geb. 6. März 82 Potsdam: Wohnort: Nordhausen; Staatsangeh.: Preußen; Vorbildung: Gymn. Quedlinburg Reife O. 01: Studium: Freiburg i. B. 1, Berlin 2, Halle 3 S.; Rig. 13. Juli 04.]

Schäfer, Paul Geo., Geländespiele, s.a. Schriften, kleine, des Zentralausschusses zur Förderung der Volks- u. Jugendspiele. 8. Bd.

Schäfer, P. G.: Geländespiele. Leipzig & Berlin 1909. 55 S. m. Abb. (Kl. Schriften d. Zentralaussch. z. Förderung d. Volks- u. Jugendspiele. 8.)

Schaefer, Pet., das geschichtliche Anrecht der Kirche u. d. Staates auf die Volksschule. gr. 8. (84 S.) Köln 892. (Alb. Ahn.) n. 1. —

Denkwürdigkeiten aus dem Leben eines ehemaligen Gymnasiallehrers. (Verf.: [Peter] **Schäfer.**) Trier: Trier. Dr.-Gesellsch. 1910. 78 S. 8°

Schaefer, Peter, Referendar in Bonn: Die Ersitzung des Eigentums beweglicher Sachen. Borna-Leipzig 1904: R. Noske. (IX, 69 S.) 8° [F.]
Leipzig, Jur. Fak., Diss. v. 19. Nov. 1904
[Geb. 19. Sept. 79 Cöln; Wohnort: Bonn; Staatsangeh.: Preußen; Vorbildung: Gymn. Bonn Reife O. 99; Studium: Heidelberg 1, Bonn 5 S.; Rig. 11. Juli 02.]

Schaefer, Peter: Aus d. Prov. Heil- u. Pflege-Anst. zu Bonn. Über die familiären und conjugalen Fälle von progressiver Paralyse u. Tabes dorsalis. Berlin: Trenkel 1909. 60 S. 8°
Bonn, Med. Diss. v. 30. Juni 1909, Ref. Westphal
[Geb. 31. Mai 85 Elberfeld; Wohnort: Frankfurt a. M.; Staatsangeh.: Preußen; Vorbildung: Gymn. Elberfeld Reife O. 03; Studium: Heidelberg 5, Berlin 1, Bonn 4 S.; Coll. 23. Okt. 08; Approb. 15. Mai 09.] [U 09. 367

Schaefer, Pet., über die familiären u. conjugalen Fälle v. progressiver Paralyse u. Tabes dorsalis. (60 S.) gr. 8. Berlin 909. R. Trenkel. 2. —

Humoresken-Kranz. Von Ovior, verdeutscht [Peter] Schaefer. Bdch. 1. 2. Trier: Trierer Dr.-Gesellsch. 1905–06. 8°

Lehrerbesoldungsgesetz und Antrag Arendt. Rede geh. in Essen 1908 von P[eter] **Schaefer.** Cöln. Cöln: Der Klassenlehrer (1908). 23 S. 8°

Schaefer, P., d. Lehrerbildg. in Frankreich währ. d. großen Revolution, s.: Beiträge zur Lehrerbildg. u. Lehrerfortbildg., Hft. 4.

Schäfer, Peter. De quibusdam locis herodoteis. 12 S. G. Trier 1882
Progr.

— s.a. Schäfer, J. P.

Material zu sozialpolitischen und apologetischen Vorträgen. Von Dr. Peter **Schäfer** in Trier. [Bd 1.] Wiebelskirchen: N. Kolportage-Verl. (1909). 8° [10. 14497

Schäfer, Pet., Material zu sozialpolitischen u. apologetischen Vorträgen. 2. Bd. (200 S.) kl. 8. Wiebelskirchen (Bez. Trier) (910). Kolportage-Verlag. (Nur direkt.) 1. —

Schaefer, P., die Ortsschulaufsicht, s. a. Abhandlungen, pädagogische. 65. Hft.

Die Ortsschulaufsicht. Von P[eter] **Schaefer,** Köln. *Bielefeld: A. Helmich [1902].* (112 S.) 8° [F.]
= Abhandlungen, Pädagogische. H. 65. [03. 1441

— Gegen d. geistl. Schulaufsicht u. ihre Vertheidiger, s.a. Abhandlungen, Pädagog., H. 38.

[F.] Gegen die geistliche Schulaufsicht und ihre Verteidiger. Von Peter **Schaefer,** Lehrer in Köln. *Bielefeld: A. Helmich [1897].* (2 Bl., 82 S.) 1 Bd 8.
= Abhandlungen, Pädagogische. H. 38. [98. 1226

— Seminarlehrer u. Volksschullehrer, s. a. Abhandlungen, pädagogische. 45. Hft.

Seminarlehrer und Volksschullehrer. Von P[eter] **Schaefer.** *Bielefeld: A. Helmich [1899].* (23 S.) 8° [F.]
= Abhandlungen, Pädagogische. H. 45. [03. 15197

— Volksbildg. u. Volkswohlfahrt, s. a. Sammlung pädagog. Vorträge, 9. Bd. 1. Hft.

Volksbildung und Volkswohlfahrt. Von P[eter] **Schaefer,** Lehrer in Köln. *Bielefeld: A. Helmich [1896].* (30 S.) 8.
= Sammlung pädagogischer Vorträge. Bd IX. H. 1. [97. 1509

Schaefer, Peter Heinrich, Gerichtsrefer.: Die Abnahmepflicht des Käufers nach dem BGB. Bonn: Georgi 1910. 80 S. 8°
Würzburg, Jur. Diss. v. 27. Juni 1910, Ref. Mayer
[Geb. 25. Dez. 82 Bonn; Wohnort: Bonn; Staatsangeh.: Preußen; Vorbildung: Gymn. Bonn Reife O. 02; Studium: Bonn 7 S.; Rig. 1. Juni 10.] [U 10. 4326

Schaefer, Ph., praktische Aufsatzlehre f. die Oberklasse der Volksschule. 8. (VIII, 76 S.) Speyer 876. Lang. n. — 60

Schäfer, Ph., das Baurecht d. Stadt Mainz, s.: Wagner, W.

Schaefer, Ph., Gesetz betr. die Gewerbegerichte. Vom 29. Juli 1890. Erläutert nach amtl. Quellen unter Berücksicht. der einschlag. Bestimmgn. d. Gerichtsverfassungsgesetzes u. d. Prozeßrechtes. Nebst e. Anh., enth. e. Anzahl Formulare zum prakt. Gebrauche. Ein Rathgeber f. Gemeindevorsteher, Beisitzer u. Gerichtsschreiber an den Gewerbegerichten, Arbeitgeber u. Arbeiter. 8. (XV, 70 u. 42 S.) Mainz 890. V. v. Zabern. cart. n. 1. 50

— die Sonn- u. Festtagsruhe f. Handelsgewerbe, Handwerk u. Industrie in der Stadt Mainz. Auf Grund amtl. Materials systematisch dargestellt. gr. 8. (30 S.) Mainz 899. H. Quasthoff. n. — 40

Schaefer, Philippus (geb. am 31 Dez. 1811 in Königswinter): Descriptio anatomico-pathologica monstri cum eventratione ... Cum tabulis lith. Bonnae, typ. C. Georgii (1837). 2 Bl., 22 S., 3 Bl., 2 Taf. 4.
Bonn, Med. Fak., Diss. v. 31 Jan. 1837

Schäfer, Phil., der Hülfensberg im Eichsfelde. Eine historisch-kritische Abhandlung. Heiligenstadt 853. Dunkelberg in Comm. 8. (55 S.) n. 5 ngr.

Schäfer, Philipp [Dr.]: Das Particip des Aoristes bei den Tragikern. Fulda, Druck d. Fuldaer Actiendr., 1894; 1 Bl., 18 S. 4.
Fulda, k. G, OP 1894 (389)

Schäfer, Philipp [aus Mainz]: Das Particip des Aoristes bei den Tragikern ... [= Progr. v. Fulda 1894.] Fulda, Druck d. Fuldaer Actiendr., 1894; 1 Bl., 18 S. 4.
Erlangen, Phil. Fak., Inaug.-Diss. v. 1894

Schäfer, Philipp, Dr.: Übersicht der bisher erschienenen Programmabhandlungen. (1834–1901.) Marburg 1902: R. Friedrich. (S. 3–4.) 4°
Marburg, k. G., P 1902 (443)

Schäfer, Phil. Otto, Brüderchen u. Schwesterlein auf Reisen, m. Text v. Agnes Schäfer. 4. (10 Chromolith.) Stuttgart 882. G. Weise. cart. 1. 50

— dasselbe. Leinwand-Bilderbuch. 4. (10 Chromolith.) Ebend. 884. geb. 2. —

Schaefer, R., der unfreiwillige Humor der „Ethischen Bewegung". An Hrn. Oberst a. D. v. Gizycki. gr. 8. (46 S.) Graudenz 893. J. Gaebel. n. — 60

Schaefer, R. J., Mitteilungen aus der Geschichte der Privat-Klinik „Fabricius" zu Remscheid, Brüderstr. 34. III. Bericht. (32 S. m. 1 Abbildg.) gr. 8. Leipzig 908. (F. v. Lüpke.) — 70

Schäfer, Raimund, Dr. phil. nat.: Ueber einen Dicephalus. Mit 1 Taf., 1 Röntgenbild u. 5 Fig. im Texte. *Jena: G. Fischer 1899.* (32 S.) 8°
Freiburg i. B., Med. Diss. v. 1899

Schäfer, Raimund. Hochtouren in den Alpen, Spanien, Nordafrika, Kalifornien und Mexiko. Ausgeführt und beschrieben von Raimund Schäfer, Dr. med. et phil. nat. Mit 59 phototypischen Abbildungen und 7 Farbendrucken [Tafeln] nach Originalaquarellen. X + 176 S. gr.-8. Leipzig, J. J. Weber, 1903. ([br.] M. 10. —, geb. M. 12. —)

Schäfer, Raimund William [aus Baden-Baden]: Über die metamorphen Gabbrogesteine des Allalingebietes im Wallis zwischen Zermatt- und Saasthal ... M. 3 Fig. im Texte u. e. geolog. Karte ... (Aus: Tschermak's Mineral. u. petrogr. Mitth. hrsg. v. F. Becke, Bd XV Heft 1./2.) Wien, A. Hölder, k. u. k. Hof- u. Univ.-Buchh., 1895; 48 S., 1 Kt. 8.
Heidelberg, Naturw.-math. Fak., Inaug.-Diss. v. [12. Okt.] 1895

Schaefer, Richard: Beitrag zur Statistik der croupösen Pneumonie. Halle a. S. 1885: Plötz. 32 S. 8°
Halle-Wittenberg, Med. Diss. v. 1. April 1885
Geb. Merseburg 17. 7. 1859. V.

Unsere O r i e n t - R e i s e . Von Berlin nach Urfa, Türkei. Von Richard **Schäfer**, Urfa. Kassel: Ev. Männer- u. Jünglingsverein St. Martin [in Komm.] 1898. 24 S. 8°

Schaefer, Rich., welch' e. Wendung durch Gottes Führung! Festpredigt zum 25jähr. Regierungsjubiläum Sr. Maj. d. Königs v. Preußen u. Kaisers v. Deutschland. gr. 8. (11 S.) Halle 886. Strien. n. — 20

Schäfer, Robert: Ueber die Kondensation von Benzoylameisensäureaethylester mit Ketonen. Würzburg 1908: Becker. 68 S. 8°
Tübingen, Naturw. Diss. v. 5. Mai 1908, Ref. Wislicenus
[Geb. 3. Nov. 79 Stuttgart; Wohnort: Stuttgart; Staatsangeh.: Württemberg; Vorbildung: Realgymn. Stuttgart Reife f. Obersek.; Studium: Stuttgart Techn. Hochsch. 4, Tübingen 5 S.; Coll. 5. Mai 08.] [U 09. 4015

Schaefer, *Romanus* Johannes [app. Arzt aus Oberhausen '(Rheinl.)']: Aus d. Augenklinik zu Kiel. Ein Beitrag zur Blindenstatistik ... Kiel, Druck v. Ch. Donath, 1893; 26 S., 2 Bl. 8.
Kiel, Med. Fak., Inaug.-Diss. v. [8. Aug.] 1893

Schaefer, Rom. Joh., Wilh. Fabricius v. Hilden, s. a. Abhandlungen zur Geschichte der Medicin. 18. Hft.

Wilhelm F a b r i c i u s von Hilden. Sein Leben u. s. Verdienste um d. Chirurgie von Dr. Rom[anus] Joh. **Schaefer** (Remscheid). Breslau: Kern 1904. (43 S.) 8°
= Abhandlungen z. Geschichte d. Medicin. H. 13.

Schaefer, Rud., **Bildermappen fürs deutsche Haus.** I—IV. à 33×26 cm. Potsdam, Stiftungsverlag. 4. 25
I. Frau Musica. 5 Zeichngn. (5 Bl.) (907.) 1. —
II. Grossvater u. Grossmutter. 5 Zeichngn. (5 Bl.) (907.) 1. —
III. Allerlei Lichter. 7 Zeichngn. (7 Bl.) (908.) 1. 25
IV. Allerlei Gärten. 6 (Innentitel: 5) Zeichngn. (6 Bl.) (909.) 1. —

Vom Wandsbecker Boten. Bilder zu Matthias Claudius v. Rudolf **Schäfer**. Hamburg. [1910.] 8°

Allerlei Gärten. 5 Zeichn. von Rudolf **Schaefer**. (Potsdam: Stiftungsverl. [1909].) 6 Taf. 4°
(Bildermappen fürs Deutsche Haus. 4.) [10. 15..]

Großvater und Großmutter. 5 Zeichn. von Rudolf **Schaefer**. (5. Aufl. Potsdam: Stiftungsverl. [1907].) 6 Taf. 4°
(Bildermappen fürs Deutsche Haus. 2.) [10. 15..]

— **Grundwahrheiten f. kathol. u. evangel. Christen.** (36 S.) 8. Elberfeld 909. Buchh. der ev. Gesellschaft f. Deutschland. — 25

[F.] Das Herrenmahl nach Ursprung und Bedeutung in Rücks. auf d. neusten Forschgn unters. v. Rudolf **Schaefer**, Lic. d. Theol. *Güter-loh: C. Bertelsmann 1897.* (VII, 420 S.) 1 Bd 8. [97. 34.]

— 50 Konfirmationsscheine. Mit Bild f. Knaben: „Kämpfe d. guten Kampf d. Glaubens" u. f. Mädchen: „Eins ist not". Serie A—D. 41×27 cm. Hamburg (909). G. Schloeßmann. à Ser. 5. —
A. Mit Raum zum Einschreiben der Sprüche. 25 Scheine m. Bild f. Knaben u. 25 Scheine m. Bild f. Mädchen.
B. Mit 50 eingedr. Sprüchen. 25 Scheine m. Bild f. Knaben u. 25 Scheine m. Bild f. Mädchen.
C. Mit Bild f. Knaben u. 50 eingedr. Sprüchen.
D. Mit Bild f. Mädchen u. 50 eingedr. Sprüchen.

Schaefer, Rud., Philipp Melanchthons Leben, aus den Quellen dargestellt. gr. 8. (VIII, 288 S. m. Bildnis.) Gütersloh 894. C. Bertelsmann. n. 3. 60; geb. n. 4. 50

Schaefer, Rud., ausführliches Lehrbuch der Arithmetik u. Algebra mit Einschluß der niederen Reihen u. der Zinsesrechnung für den Selbstunterricht bearb. Berlin 867. Behrend. gr. 8. (XVI, 428 S.) 1 ℛ 20 ngr.

Allerlei Lichter. 6 Zeichn. von Rudolf **Schaefer**. 2. Aufl. Potsdam: Stiftungsverl. [1908]. 7 Taf. 4° [Umschlagt.]
(Bildermappen fürs Deutsche Haus. 3.) [10. 1599]

Schäfer, Rud., Lösung der v. Hrn. Kaplan Dr. Alb. Fritsch den gläubigen Katholiken u. Protestanten gestellten 56 Preisaufgaben. 8. (96 S.) Düsseldorf 900. C. Schaffnit. n. — 50

Frau Musica. 5 Zeichn. von Rudolf **Schaefer**. (6. Aufl. Potsdam: Stiftungsverl. [1907].) 6 Taf. 4°
(Bildermappen fürs Deutsche Haus. 1.) [10. 15..]

Schäfer, Rud., tragische Novellen. Drei Künstlergeschichten. 8. (VII, 151 S.) Dresden 900. E. Pierson. n. 2. –; geb. n. 3. —

— das Passah-Mazzoth-Fest nach seinem Ursprunge, seiner Bedeutung u. seiner innerpentateuchischen Entwicklung im Zusammenhange m. der israelit. Kultusgeschichte untersucht. gr. 8. (VII, 348 S.) Gütersloh 900. C. Bertelsmann. n. 5. 60; geb. u.n. 6. 50

Schaefer, Maximilian Karl [illegible]
Berlin, Med. Diss. v. [illegible]

— Die S o n n e, die mir lachet ... 12 Zeichngn. (Mit Geleitswort v. Osk. Brüssau.) (12 Bl. m. 7 S. Text.) 37×27,5 cm. Ebd. 908. In Leinw.-Mappe 8. —

— die V e r e r b u n g. E. Kapitel aus e. zukünft. psycho-physiolog. Einleitg. in die Pädagogik. gr. 8. (VIII, 112 S.) Berlin 898. Reuther & Reichard. n. 2. —

Schäfer, Rudolf [aus München]: Über die geologischen Verhältnisse des Karwendels in der Gegend von Hinterriss und um den Scharfreiter. ... München, Druck v. H. Kutzner, 1888; 87 + 1 S. + 1 Bl. u. 2 Taf. 8°
München, Phil. Fak., Inaug.-Diss. v. 1888

— f.: Vom Wandsbecker Boten.

— **Wandbilder fürs deutsche Haus.** Nr. 1—4. (Je 1 Bl. m. Text auf dem Umschlag.) 46×35 cm. Hamburg (908). G. Schloeßmann. à — 75
1. Frohe Botschaft. — 2. Christus am Kreuz. — 3. Der Forscher. — 4. Die Kreuzträgerin.

Schaefer, Rudolf F. C. [aus Berlin] : Ueber den E i n f l u s s des Turgors der Epidermiszellen auf die Funktion des Spaltöffungsapparates ... Berlin 1887: Buchdr. v. Max Bading. 45 + 1 S. + 1 Bl. 8°
Berlin, Phil. Fak., Inaug.-Diss. v. 26. Nov. 1887

Schaefer, Severinus ⟨geb. am 22 Febr. 1820 in Königswinter⟩: De auscultatione in pectoris morbis ... Bonnae, typ. F. P. Lechneri 1846. 3 Bl., 40 S., 2 Bl. 8.
Bonn, Med. Fak., Diss. v. 7 Febr. 1846

Schäfer, Simon Ciceronis de legibus libri I cap. 21 et 22 interpretatio. 13 S. Progr. St. Wendel 1881

[F.] **Schäfer,** Simon ⟨geb. am 22 Mai 1847 in Duisdorf Landkr. Bonn⟩: Zur deutschen Literaturgeschichte des 16 Jahrhunderts ... Bonn, Druck v. K. Georgi 1874. 2 Bl., 28 S., 1 Bl. 8.
Bonn, Phil. Fak., Diss. v. 11 [nach d. Akten v. 7] März 1874

SCHAEFER, TH.
Ueber die Bedeutung der Alchemie. Wissenschaftliche Abhandlung zu dem Programm der Hauptschule zu Bremen. Bremen, 1885. pp. 32, 4to.

Schäfer, Thdr., Agende f. d. Feste u. Feiern der inn. Mission. 3 Abtlgn. gr. 8. Berlin 896. Reuther & Reichard. n. 8. 60; in 1 Bd. n. 7. 50; geb. in Leinw. n.n. 9. —
1. Einleitung u. Kommunion. (IV, 156 S.) n. 3. —
2. Installation. (IV, 102 S.) n. 2. —
3. Benediktion. (IV, 185 S.) n. 3. 60

Die Arbeit der weiblichen Diakonie dargest. von Theodor **Schäfer**, P. 2., sehr verm. u. verb. Aufl. Stuttgart: D. Gundert [übergeklebt: Potsdam: Stiftungsverl.] 1893. (XII, 344 S.) 8° [F.]
= **Schäfer**: Die weibl. Diakonie. Bd 2. [06. 1606

Schäfer, Th., die Bedeutung u. die Bedürfnisse der Rettungshäuser sonst u. jetzt, s.: Flugschriften f. innere Mission.

Schaefer, Thdr., über die Bedeutung der symbolischen Kultusformen des Judentums u. des Christentums. (III, 140 S. m. Abb.) gr. 8. Berlin 909. E. S. Mittler & Sohn. 3.—; geb. 4.50

Schäfer, Theo., Befreiung. Neue Gedichte. (72 S.) 8. Frankfurt a/M. 909. Kesselring. 1.50

Die Bekanntschaft des Lehrers mit der inneren Mission. Vortrag auf der amtlichen Kreis-Lehrerkonferenz zu Altona 13. December 1905 v. Theodor Schäfer. o. O. (1905.) 8°

Schaefer, Theod., de Horati carmine III 27 addito corollario. Dissertatio philologica. Leipzig 868. Teubner. gr. 8. (59 S.) n. 12 *ngr.*

— praktisches Christentum. Vorträge aus der inneren Mission. 8. (VIII, 172 S.) Gütersloh 888. Bertelsmann. n. 2. 40; geb. n. 3. —

Schäfer, Thdr., praktisches Christentum. Vorträge aus der inneren Mission. Neue Folge. 8. (VII, 197 S.) Gütersloh 892. C. Bertelsmann. n. 2. 40; geb. n. 3. —

— praktisches Christentum. Vorträge aus d. inneren Mission. 3. Folge. 8. (VII, 172 S.) Gütersloh 896. C. Bertelsmann. n. 2. 40; geb. n. 3. —

Schäfer, Thdr., praktisches Christentum. Vorträge aus der inneren Mission. 4. Folge. 8. (IV, 203 S.) Gütersloh 901. C. Bertelsmann. n. 2. 40; geb. n. 3. —

Schäfer, Thdr., praktisches Christentum. Vorträge aus der inneren Mission. 5. Folge. (V, 133 S.) 8. Gütersloh 910. C. Bertelsmann. 2.40; geb. 3. —

Schäfer, Thdr. (II.), die weibliche Diakonie in ihrem ganzen Umfang dargestellt. Vorträge. 1. Bd. A. u. d. T.. Die Geschichte der weiblichen Diakonie. gr. 8. (XIV, 237 S.) Hamburg 879, Oemler. *

Schäfer, Thdr., die weibliche Diakonie in ihrem ganzen Umfange dargestellt. Vorträge. 2. und 3. (Schluß-)Bd. gr. 8. [Hamburg, Oemler.] Stuttgart, Gundert. à Bd. * M 4,50. *
Inhalt:
Bd. 2. Die Arbeit der weiblichen Diakonie. (XIII, 320 S.) 880.
" 3. Die Diakonissin und das Mutterhaus. (XIII, 357 S.) 883.
1. Bd. Ebendas. 1879. * M 3,60.

—— die weibliche Diakonie, in ihrem ganzen Umfang dargestellt. 2. sehr verm. und verb. Aufl. 1. Bd.: Die Geschichte der weibl. Diakonie. gr. 8. (XVI, 328 S.) Stuttgart 887, Gundert. *
2. und 3. Bd. Ebendas. 1880,83. à * M 4.50.

— die weibliche Diakonie in ihrem ganzen Umfang. II. u. III. Bd. gr. 8. Stuttgart, D. Gundert. à n. 4. 50 (kplt.: n. 13. 50
II. Die Arbeit der weiblichen Diakonie. 2., verb. Aufl. (XII, 544 S.) 893.
III. Die Diakonissen u. das Mutterhaus. 2., verb. Aufl. (XIV, 330 S.) 894.

Die weibliche Diakonie in ihrem ganzen Umfang dargest. von Theodor **Schäfer**, P. 2., sehr verm. u. verb. Aufl. Bd 1-3. Stuttgart: D. Gundert [übergekl.: Potsdam: Stiftungsverl.] 1887-1894. 3 Bde 8° [F.]
1 = Die Geschichte d. weibl. Diakonie. 1887.
2 = Die Arbeit d. weibl. Diakonie. 1893.
3 = Die Diakonissin u. das Mutterhaus. 1894. [06. 1604

— Die weibliche Diakonie, in ihrem ganzen Umfang dargestellt. 1. Bd.: Die Geschichte der weibl. Diakonie. 3., verb. u. bis auf die Gegenwart fortgeführte Aufl. (VIII, 302 S.) gr. 8. Potsdam 911. Stiftungsverlag. 4.50; geb. 5.50

[F.] Diakonissen-Katechismus. Das Diakonissenleben im Licht d. luther. Katechismus. Von Theodor **Schäfer**, P., Vorsteher d. Diakon.-Anst. zu Altona. *Gütersloh: C. Bertelsmann 1895.* (VII, 199 S.) 1 Bd 8. [95. 1123

— Diakonissen-Katechismus. Das Diakonissenleben im Licht des luther. Katechismus. 2., durchgeseh. Aufl. 8. (XI, 199 S.) Ebd. 899. n. 1. 80; geb. n. 2. 20

—— die Diaconissensache und die Diaconissen-Anstalt zu Altona. Ein Erinnerungsblatt an die Einweihungsfeier des 13. Octbr. 1875. Mit 5 Ansichten, Titelblatt und Situationsplan in autogr. Abdr. nach Federzeichnungen von Rud. Koch. gr. 4. (73 S.) Altona 875. (Breklum, Christl. Buchh.) *

Schäfer, Thdr., die Diaconissensache u. die Diaconissen-Anstalt zu Altona. Ein Erinnerungsblatt an die Einweihungsfeier d. 13. Octbr. 1875. Mit 5 Ansichten, Titelblatt u. Situationsplan in autogr. Abdr. nach Federzeichngn. v. Rud. Koch. gr. 4. (73 S.) Altona 875. Bredtstedt, christl. Buchh. in Comm. n. 2. —

Die Diakonissin und das Mutterhaus dargest. von Theodor **Schäfer**, P. 2. verb. Aufl. Stuttgart: D. Gundert [übergeklebt: Potsdam: Stiftungsverl.] 1894. (XIV, 330 S.) 8° [F.]
— **Schäfer**: Die weibl. Diakonie. Bd 3. [06. 1607

Schäfer, Theo, s.: Dichterbuch, Frankfurter.

[F.] Im Dienst der Liebe. Skizzen z. Diakonissensache v. **Theodor Schäfer**, P., Vorsteher d. Diakonissenanst. zu Altona. *Gütersloh: C. Bertelsmann 1895.* (79 S.) 1 Bd 8. [96. 1504

— im Dienst d. Liebe. Skizzen zur Diakonissensache. 2. Aufl. 8. (79 S.) Ebd. 896. n. 1. —

Im Dienst der Liebe. Skizzen z. Diakonissensache von D. **Theodor Schäfer**, Pastor zu Altona. 3. Aufl. *Gütersloh: C. Bertelsmann 1902.* (79 S.) 8° [F.] [02. 470

Schaefer, Th[eodor], Prof. Dr.: Die **Einwirkung** des Volks der Luceres und der Etrusker auf die Entstehung Roms. *Bremen 1901: A. Guthe.* (36 S.) 4°
Bremen, Handels-S ⟨Abt. d. Haupt-S⟩, OP 1901 (791)

— zur Erinnerung an die Diakonissen-Einsegnung. 8. (X, 125 S.) Gütersloh 884. Bertelsmann. n. 1. 40; geb. n. 1. 80

— zur Erinnerung an die Diakonissen-Einsegnung. 2., durchgeseh. Aufl. 8. (VII, 152 S.) Gütersloh 893. C. Bertelsmann. n. 1. 40; geb. n. 1. 80

Schäfer, Thdr., zur Erinnerung an die Diakonissen-Einsegnung. 8., durchgeseh. Aufl. (VII, 152 S.) 8. Gütersloh 904. C. Bertelsmann. n. 1. 40; geb. n. 1. 80

— Pariser Erinnerungen e. deutschen Pastors. 8. (77 S.) Gütersloh 897. C. Bertelsmann. n. 1. —; geb. n. 1. 50

— Theodor Fliedner. Ein Charakterbild. gr. 8. (74 S.) Kaiserswerth (900). Buchh. der Diakonissen-Anstalt. n. — 60
Sonderabdruck aus: „Allgem. evangel.-luther. Kirchenzeitung".

Schäfer, Th., Führer durch Dresden, s.: Meinhold.

Schäfer, Th.: Kleiner Führer durch Dresdens Umgebung u. die Sächsische Schweiz, s. Wanderbuch, Neues, durch Sachsen.

Schaefer, Thdr. (I.), Führer durch Nord-Böhmen, die Sächsische Schweiz und das Zittauer Gebirge. Mit 1 (lithogr.) Specialkarte (in qu. gr. Fol.) gr. 16. (XIV, 160 S.) Dresden 877, Weiske. cart. *

—— dass. — 2. bedeutend verm. Aufl. Mit 2 (lithogr.) Specialkarten (in Fol.). 16. (XXIV, 204 S.) Ebendas. 878. *

Schaefer, Th., Führer durch Nord-Böhmen, m. Berücksicht. der sächs. Schweiz u. d. Zittauer Gebirges. Mit 2 (lith.) Eisenbahn-Uebersichtskarten u. e. Situationsplan der Umgebg. v. Dittersbach. 3. Aufl. 8. (XVIII, 295 S.) Dresden 883. Meinhold & Söhne. geb. n. 3. —

Schäfer, Th. Führer durch Nord-Böhmen m. Eingangstouren durch die Sächsische Schweiz, das Erzgebirge u. das Lausitzer Gebirge. 4. neubearb. Aufl. 12. (XXIII, 349 S. m. Karten, Plänen etc.) Dresd. 891. Meinhold u. Söhne. geb. * 3 —

— Führer durch Nord-Böhmen m. Eingangstouren durch d. sächs. Schweiz, d. Erzgebirge u. das Lausitzer Gebirge. M. e. Karte, diversen Touren u. Uebersichtskärtchen. 5., neu bearb. Aufl. 12. (XXIII, 408 S.) Dresden 895. C. C. Meinhold & Söhne. Geb. in Leinw. n. 3. —

Schäfer, Thdr., Führer durch Nord-Böhmen m. Eingangstouren durch die Sächsische Schweiz, das Erzgebirge u. Lausitzergebirge. Mit e. Karte, verschiedenen Touren- u. Uebersichtskärtchen. 6., neu bearb. Aufl. 12. (XXIV, 428 S.) Dresden (901). C. C. Meinhold & Söhne. Geb. in Leinw. n. 3. —

— Führer durch Schandau u. s. Umgebung. Mit 1 Karte, 1 Wegskizze u. 16 Illustr. 12. (IV, 85 S.) Ebd. 895. — 60

— Führer durch Schandau u. seine Umgebung. Mit 1 Karte, 1 Wegskizze u. 16 Illustr. (Neue Aufl.) 12. (94 S.) Ebd. (901). — 60

Die Geschichte der weiblichen Diakonie dargest. von Theodor Schäfer, P. 2., sehr verm. u. verb. Aufl. Stuttgart: D. Gundert [übergeklebt: Potsdam: Stiftungsverl.] 1887. (XVI, 328 S.) 8° [F.]
= Schäfer: Die weibl. Diakonie. Bd 1. [c6. 1605

Schaefer, Thdr., Grundzüge der deutschen Metrik. [Aus: „Joh. Wilh. Schaefer, Auswahl aus deutschen Dichtern".] gr. 8. (14 S.) Bremen 893. M. Heinsius Nachf. — 30

— s.: Jahrbuch der Krüppelfürsorge.

— s.: Jugendhain, deutscher.

Schäfer, Th., s.: Kalender, Frankfurter.

— Kalender d. inneren Mission. Für Geschichtsfreunde, Prediger u. Lehrer. gr. 8. (VII, 150 S.) Gütersloh 896. C. Bertelsmann. n. 2. —; geb. n. 2. 50

[F.] Kalender der Innern Mission. F. Geschichtsfreunde, Prediger u. Lehrer. Von D. Theodor Schäfer, Pastor ... zu Altona. *Gütersloh: C. Bertelsmann 1897.* (V S., 1 Bl., 150 S.) 1 Bd 8. [97. 3144

Kein Leben ohne Tod. Von Theod. Schaefer. [Berlin 1880: Mittler & S.] 36 S. 8° [Kopftit.]
Aus: BZC. 9 (1880) S. 75—110.

— s.: Kinderlaube, die.

Schäfer, Theo., Leben u. Träumen. Gedichte. 8. (64 S.) Bern 899. Scheitlin, Spring & Co. n. 1. —

Leben und Träumen. Gedichte von Theo. Schäfer. Bern: Steiger & Cie 1899. (62 S.) 8° [F.] [07. 8765

— Lebenskämpfe. Novellen u. Skizzen. (63 S.) 8. Leipzig 904. Modernes Verlagsbureau. n. 1. —

— Leitfaden der inneren Mission zunächst f. den Berufsunterricht in Brüder-, Diakonen- u. Diakonissen-Anstalten. gr. 8. (XII, 247 S.) Hamburg 887. Agentur d. Rauhen Hauses. n. 3. 60; geb. n. 4. 20

—— Leitfaden der inneren Mission, zunächst f. den Berufsunterricht in Brüder-, Diakonen- u. Diakonissen-Anstalten. 2. verm. u. verb. Aufl. gr. 8. (XV, 252 S.) Hamb. 889, Agentur d. Rauhen Hauses. * 3 60; geb. * 4 20

Leitfaden der inneren Mission zunächst für den Berufsunterricht in Brüder-, Diakonen- und Diakonissen-Anstalten. Von Theodor Schäfer, P., Vorsteher d. Diakonissen-Anstalt zu Altona. 3., verm. u. verb. Aufl. Hamburg: Agentur d. Rauhen Hauses 1893. XVI, 255 S. 8° [11. 16279

Schäfer, Theodor. Leitfaden der Inneren Mission, zunächst für den Berufsunterricht in Diakonen- und Diakonissen-Anstalten. 4., umgearbeitete und sehr vermehrte Aufl. XII + 473 S. 8. Hamburg, Agentur des Rauhen Hauses, 1903. [geb. M. 7. —]
Darin S. 34 f. 59 f. 85—98. 117. 131—133. 141 f. 149. 185. 205. 220—222. 224. 240. 249 f. 259. 273 f. 284. 286. 300. 307 f. 312. 342. 348. 383. 394 etc., sowie manches im Literaturnachweis, S. 411—473, die Schweiz betr.

— Wilhelm Löhe. 4 Vorträge üb. ihn nebst Lichtstrahlen aus seinen Werken. Ein Wegweiser. (VIII, 296 S.) gr. 8. Gütersloh 909. C. Bertelsmann. 3.—; geb. 3. 60

— s.: Meinhold's Führer durch Dresden.

— s.: Meinhold's Wegweiser durch Dresden.

— s.: Mission, die innere, in Deutschland.

— die innere Mission auf d. Kanzel. Ein homilet. Hilfsbuch. gr. 8. (VIII, 385 S.) München 897. C. H. Beck. n. 5. —; geb. in Leinw. n. 6. —

[F.] Die Innere Mission in der Schule. E. Handb. f. d. Lehrer. Von Theodor Schäfer, P., Vorst. d. Diakon.-Anst. zu Altona. 3. unveränd. Aufl. *Gütersloh: C. Bertelsmann [1895].* (VIII, 239 S.) 1 Bd 8. [96. 1505

— dasselbe in d. Schule. Ein Handbuch f. den Lehrer. 3., verb. Aufl. gr. 8. (VIII, 236 S.) Gütersloh 896. C. Bertelsmann. n. 2. 40; geb. n. 3. —

[F.] Die Innere Mission in der Schule. E. Handb. f. d. Lehrer. Von Theodor Schäfer ... zu Altona. 4. verb. Aufl. *Gütersloh: C. Bertelsmann [1897].* (VII, 239 S.) 1 Bd 8. [97. 3145

— die innere Mission in der Schule. Ein Handbuch f. den Lehrer. 5., verb. Aufl. gr. 8. (VIII, 245 S.) Gütersloh 900. C. Bertelsmann. n. 2. 40; geb. n. 3. —

— dasselbe in Schule u. Konfirmanden-Unterricht. Vortrag, geh. bei der 13. Generalversammlg. d. brandenburg. Prov.-Ausschusses f. inn. Mission am 4. XII. 1895 zu Berlin. [Aus: „Monatsschr. f. innere Mission".] gr. 8. (19 S.) Ebd. 896. n. — 30

— s.: Monatsschrift f. innere Mission.

— Jean Louis Nicodé. Ein Versuch krit. Würdigung u. Erläuterung seines Schaffens. (Moderne Musiker.) (40 S. m. 5 Bildnissen u. 5 Fksms.) gr. 8. Berlin (907). Harmonie. 1.—

– Die sächsische Oberlausitz, s. Wanderbuch, Neues, duch Sachsen.

Schaefer, Th., Äschylos' Prometheus u. Wagners Loge, s.a. Festschrift d. 45. Versammlg. deutsch. Philologen etc.

Schaefer, *Georg Theodor*: Aschylos' Prometheus und Wagners Loge. 8 (S. 1–93).
Fest-Schrift der 45. Vers. d. Philol. u. Schulmänner dargeboten von d. öfftl. höh. Lehranstalten *Bremens* 1899.
Nicht im Tauschverkehr
Progr.

— Ratgeber f. Anschaffung u. Erhaltg. v. Paramenten. gr. 8. (58 S.) Berlin 897. Reuther & Reichard. n. — 60

— s.: Reden u. Predigten vom Gebiet der Diakonie u. inneren Mission.

—— deutsches Reisebuch, nach amtl. Quellen bearb. 1. Abthl.: Königr. Sachsen, Thüringen, Nord-Böhmen und Riesengebirge. Sommerhalbj. 1882. 8. (5 lithogr. Karten mit Text auf der Rückseite.) Leipzig, Meinhold und Söhne. cart. **
Nicht weiter erschienen.

Schaefer, deutsches Reisebuch, nach amtlichen Quellen bearb. 1. Abth. Königr. Sachsen, Thüringen, Nord-Böhmen u. Riesengebirge. Sommerhalbjahr 1882. 8. (5 lith. Karten m. Text auf der Rückseite.) Leipzig 882. Rother & Drescher. cart. n.n. — 75

Schäfer, Th. (II.), Sammlung ein- und mehrstimmiger Gesänge zum gottesdienstlichen Gebrauche. 8. (IV, 176 S.) Emmerich 880, Romen'sche Buchh. *

Die sächsische Schweiz, s. Wanderbuch, Neues, durch Sachsen.

— unsre Schwestern. Ein Wort üb. u. f. die Diakonissensache. gr. 8. (VII, 144 S.) Potsdam 903. Stiftungsverlag. n. 1. 60; geb. in Leinw. n. 2. 20

Sehnen und Sterben. Gedichte von Theo. Schäfer. Bern: Steiger & Co 1899. (62 S.) 8° [S.] [07. 876]

Schäfer, Theo., Sehnen u. Sterben. Gedichte. 8. (64 S.) Bern 899. C. Sturzenegger. n. 1.—

Schäfer, Th., s. Skizzen, religiöse, in Novellenform.

Die Symbolik des Kreuzes. Von Theod. **Schaefer.** [Berlin 1875: Mittler & S.] 20 S., 1 Taf. 8° [Kopftit.]
Aus: BZC. 4 (1875) S. 279–298.

Schäfer, Th., Touristenführer durch die Sächsische Schweiz u. die angrenzenden Gebiete. Mit 12 Kartenbeilagen, 4 Aussichtsskizzen etc. 2. Aufl. 8. (XII, 207 S.) Dresden 887. Meinhold & Söhne. cart. 2.—

— Touristenführer durch d. Sächsische Schweiz u. d. angrenzend. Gebiete. Mit Wegekärtchen, Aussichtsskizzen u. 1 (farb.) Karte der sächs. Schweiz. (Umschlag: Meinhold's Führer durch die sächs.-böhm. Schweiz.) (XV, 354 S.) kl. 8. Ebd. (908). Kart. 2.—

Schäfer, Th., Dresdens Umgebg. 160 Ausflüge zu ganzen, halben u. Viertel-Tagen. 6. neu bearb. Aufl. (Meinhold's Führer.) (XII, 261 S. m. 1 farb. Karte.) kl. 8. Dresden (908). C. C. Meinhold & Söhne. Kart. 1.80

Schäfer, Th., Dresdens Umgebung in 72 Ausflügen, s.: Wanderbuch, neues, durch Sachsen.

— s.: Volkslexikon, evangelisches.

– s.a. Wanderbuch, Neues, durch Sachsen.

—— und H. Friedemann, neues Wanderbuch durch Sachsen. 1. Thl.: Die Sächsische Schweiz. Mit 1 Uebersichts- und 3 Specialkarten (lithogr. und chromolithogr.) gr. 16. (XVI, 104 S.) Dresden 879, Meinhold und Söhne.

—— neues Wanderbuch durch Sachsen. 1.—3. Thl. 8. Dresden, Meinhold und Söhne.
Inhalt:
Thl. 1. Touristenführer durch die sächsische Schweiz und die angrenzenden Gebiete. 2. Aufl. (XII, 185 S. mit 9 Karten-Beilagen.) 881. cart. ℳ 1,80.
» 2. Dresdens Umgebung in 72 Ausflügen. (VIII, 196 S. mit 2 Karten-Beilagen.) 880. ℳ 1,50.
» 3. Die sächsische Oberlausitz. Mit Abstechern nach Görlitz und dem Spreewald. (VII, 112 S.) 882. ℳ 1,20.

—— neues Wanderbuch durch Sachsen. 2. Thl.: Dresdens Umgebung in 101 Ausflügen. 2. verm. und verb. Aufl. 8. (X, 218 S. mit 2 Kartenbeilagen.) Ebendas. 885.
Den 1. Thl. bildet der „Touristenführer"; — 3. Thl. Ebendas. 1882. ℳ 1.20.

— neues Wanderbuch durch Sachsen. 1. Tl. 12. Ebd. 890. cart. 2.—
Touristenführer durch die sächsische Schweiz u. die angrenzenden Gebiete. Mit Wegekärtchen, Aussichtsskizzen u. e. Karte der sächs. Schweiz. 3. Aufl. (XII, 255 S.)

— neues Wanderbuch durch Sachsen. 1. Tl. 2. Tl., A. u. B. u. 3.—5. Tl. 12. Dresden, C. C. Meinhold & Söhne. Kart. n. 9. 80
1. Touristenführer durch die Sächsische Schweiz u. die angrenzenden Gebiete. 4. Aufl. (XII, 255 S. m. Wegekärtchen, Aussichtsskizzen u. 1 Karte.) 892. n. 2.—
2. Dresdens Umgebung. A. 70 Ausflüge zu ganzen u. halben Tagen links der Elbe. 3., neu bearb. Aufl. (VIII, 154 S. m. 1 Karte.) 892. n. 1. 60
2. — dasselbe. B. 55 Ausflüge zu ganzen u. halben Tagen rechts der Elbe. 3., neu bearb. Aufl. (VI, 125 S. m. 3 Specialkarten.) 892. n. 1. 20
3. Die sächs. Oberlausitz einschliesslich Görlitz u. Umgebg. 2. Aufl. (VII, 154 S. m. Karten u. Wegskizzen.) 893. 2.—
4. Kleiner Führer durch Dresdens Umgebung u. die Sächsische Schweiz. Bearb. v. Th. Schäfer. [Aus: „Meinhold's Führer durch Dresden etc."] Mit Karte der Sächs. Schweiz. (VIII, 80 S.) 891. n. 1.—
5. Führer zu Wanderungen im Erzgebirge. Mit 1 Karte des Erzgebirges, 1 Routenkarte u. zahlreichen Wegskizzen. (XI, 138 S.) 894. n. 2.—

— neues Wanderbuch durch Sachsen. 1., 2., 4. u. 6. Tl. 12. Ebd. Kart. 5. 60
1. Touristenführer durch die Sächsische Schweiz u. die angrenz. Gebiete. Mit Wegekärtchen, Aussichtsskizzen u. 1 Karte der Sächs. Schweiz. 5. Aufl. (XVI, 308 S.) 896. 2.—
2. Dresdens Umgebg. A. 74 Ausflüge zu ganzen u. halben Tagen links d. Elbe. 4., neu bearb. Aufl. (VIII, 214 S. m. 1 farb. Karte.) 898. Kart. n. 1. 60
4. Kleiner Führer durch Dresdens Umgebg. u. d. Sächsische Schweiz. 3. Aufl. Mit Karte d. Sächs. Schweiz. (III, 126 S. m. Abb.) 898. Kart. n. 1. —
6. Die sächsisch-böhm. Schweiz in 8 Touren. (X, 100 S. m. 4 Karten.) 897. Kart. n. 1.—

— neues Wanderbuch durch Sachsen. 1.—3. u. 5. Tl. 12. Dresden, C. C. Meinhold & Söhne. Kart. 7. 20
1. Touristenführer durch die Sächsische Schweiz u. die angrenzenden Gebiete. Mit Wegekärtchen, Aussichtsskizzen und 1 Karte der Sächs. Schweiz. 7. Aufl. (XII, 332 S.) (902.) 2.—
2. Dresdens Umgebung. B. 63 Ausflüge zu ganzen u. halben Tagen rechts der Elbe. 4. neu bearb. Aufl. Mit 3 Spezialkarten. (VI, 153 S.) (899.) n. 1. 20
3. Die sächs. Oberlausitz einschliesslich Görlitz u. Umgebg. 3. Aufl. Mit Karten u. zahlr. Wegeskizzen. (VIII, 176 S.) (900.) 2.—
5. Führer zu Wanderungen im Erzgebirge und Vogtlande. 2. Aufl. Mit 1 Karte, verschiedenen Touren- u. Uebersichtskärtchen. (XVI, 276 S.) (902.) 2.—

Schäfer, Theod. Vide: Warte (Westphälische).

Was ist Freimaurerei? Eine Darlegung des Inhalts der Freimaurerei und deren Bedeutung für die Gegenwart für Nicht-Maurer. Von Theod. Schaefer. Berlin: Mittler & S. 1885. X, 74 S. 8⁰

[Dasselbe.] 2. Abdr. Ebendas. 1885. X, 74 S. 8⁰

[Dasselbe.] 3. durchges. Aufl. Ebendas. 1894. VIII, 74 S. 8⁰
Recens f. 1. Aufl.: Bh. 28 (1885) S. 205—207 (J. G. Findel); L. 8 (1885) S. 111; BZC. 14 (1885) S. 159—161 (A. Schmidt); f. 3. Aufl.: Bh. 37 (1894) S. 120 (C. Gotthold).
Tt. 1769 a. Gibt die frmrischen Anschauungen des Systems der GrLL. v. D. wieder.

— der Weg zum Leben. Ein Jahrgang Predigten üb. die neue epistol. Perikopenreihe. gr. 8. (VIII, 543 S.) Leipzig 902. G. Strübig. n. 5.—; geb. n. 6. 25
Erschien auch in 10 Lfgn. à n. —50.

— Wegweiser durch Dresden, s.: Meinhold.

— Wegweiser durch Dresden u. Umgebg., s.: Meinhold.

— Johann Hinrich Wichern. Sein Leben u. seine bleib. Bedeutg. Festschrift zu seinem 100. Geburtstag am 21. IV. 1908. (VII, 168 S. m. 1 Bildnis.) 8. Gütersloh 908. C. Bertelsmann. n 1. 20

— dasselbe. Nebst Vorschlägen u. Material f. die Jubiläumsfeier. (VII, 232 S. m. 1 Bildnis.) 8. Ebd. 908. 2.—; geb. n 2. 50

Schäfer, Tony, geb. von Lützow, Schloß Kreuzberg an der Ahr. gr. 16. (163 S.) Trier 878, Groppe. *

Schaefer, Vinc., Chronologie d. deutschen Bankwesens. gr. 8. (III, 64 S.) München 896. G. Franz Verl. n. 1. 50

Schäfer, W., Bilder f. den heimatkundl. Anschauungsunterricht in den Schulen Niedersachsens. Gezeichnet v. Hugo Frdr. Hartmann. 1.—3. Bild. Je 77×105,5 cm. Farbdr. Mit Text. (à 8 S.) kl. 8. Harburg, G. Elkan. Mit Leinw.-Rand u. Oesen à 4. —
1. Ein niedersächs. Bauernhof im Frühling. (905.)
2. Im Wald u. auf der Heide. (905.)
3. Das Feld im Sommer. (906.)

Schäfer, W., Bilder f. den heimatkundl. Anschauungsunterricht in den Schulen Niedersachsens. Gezeichnet v. Hugo Frdr. Hartmann. 4. Bild. Dorfstrasse im Winter. 77×106 cm. Farbdr. Mit Text. (8 S.) kl. 8. Harburg (907). G. Elkan. Mit Lw.-Rand u. Oesen 4. —

Schaefer, W. Ueber die altfranzösischen Doppelrelativsätze und das romanische Relativ überhaupt. Diss. Marburg 1884. 48 S.

Schäfer, W., d. Geheimniß der modernen Reklame. Ein Lehr- u. Nachschlagebuch f. d. Anhänger des Gastwirthsgewerbes u. verw. Branchen, sow. f. alle Inserenten. Nach langjähr. Erfahrgn. hrsg. 8. (146 S.) Leipzig 895. H. Schlag Nachf. Kart. 2. —

Schaefer, W., die Hypothekenversicherung als Mittel zur Hebung des Grundcredits mit besonderer Berücksichtigung der Hannoverschen Verhältnisse. Hannover 863. Helwing. gr. 8. (44 S.) 6 ngr.

Schaefer, W., aus e. anarchischen Idealstaat. Erinnerungen e. Globetrotters. (40 S.) gr. 8. Hannover (906). Göhmann'sche Buchdr. n.n. — 60

Schaefer, W., der gewerbliche Credit. Vom privatökonomischen Standpunkte für Techniker u. angehende Industrielle dargestellt. gr. 8. (VII, 128 S.) Leipzig 882. C. F. Winter. n. 1. 60

Schaefer, W., die Nationalökonomie u. die neuere deutsche Gesetzgebung. Von der philosoph. Fakultät der Universität Breslau gekrönte Preisschrift. gr. 8. (95 S.) Hannover 886. Schmorl & v. Seefeld. n. 1. 50

— s.: Sparkasse, die.

Schäfer, W., Spiele der kleinen Welt m. Orig.-Illustr. 12 Bilder in Farbendr. f. die liebe Jugend. 4. (13 S.) Leipzig 872. Bauer. geb. 2. 50

Schäfer, W., Spiele der kleinen Welt mit Orig.-Illustr. 12 Bilder in Farbendr. für die liebe Jugend. 4. (13 S.) Leipzig 872, Reclam sen. geb.

— die Unvereinbarkeit des socialistischen Zukunftsstaates mit der menschlichen Natur. Ungehaltene Rede, dem socialdemokratischen Wahlverein in Hannover gewidmet. gr. 8. (80 S.) Hannover 878. Schüßler. n. 1. 20

Schaefer, W., die Unvereinbarkeit d. sozialistischen Zukunftsstaates m. der menschlichen Natur. Ungehaltene Rede, der deutschen Sozialdemokratie gewidmet. 1.—5. Aufl. gr. 8. (80 S.) Berlin 890. Oppenheim. n. 1. —

Schaefer, W., die Unvereinbarkeit d. sozialistischen Zukunftsstaates m. der menschlichen Natur. Ungehaltene Rede, der deutschen Sozialdemokratie gewidmet. 6. Aufl. gr. 8. (80 S.) Berlin 891. R. Oppenheim. n. 1. —

Schäfer, W. F., s. Schäffer, Wilhelm Fr.

Schaefer, Walter, a. Dresden: Zur Konstitution der Polymerisationsprodukte des Dicarboxylglutaconsäureesters. Weida i. Th. 1907: Thomas & Hubert. (83 S.) 8°
Leipzig, Phil. Fak., Ref. Hantzsch-Beckmann, Diss. v. 4. März 1907
[Geb. 24. Mai 81 Dresden; Wohnort: Bitterfeld; Staatsangeh.: Preußen; Vorbildung: Gymn. Görlitz Reife O. 01; Studium: Halle 1, Leipzig 10 S.; Rig. 23. Jan. 07.]

Schaefer, Walter: Untersuchungen zum Sprachgebrauch Rimberts in seiner Biographie Anskars. Greifswald 1909: Adler. 138 S. 8°
Greifswald, Phil. Diss. v. 6. Jan. 1910, Ref. Bernheim
[Geb. 29. März 86 Breslau; Wohnort: Hagen i. W.; Staatsangeh.: Preußen; Vorbildung: Gymn. Hagen Reife O. 05; Studium: Bonn 1, Münster 2, Marburg 2, Greifswald 3 S.; Rig. 27. Juli 09.] [U 10. 1638

Schäfer, Wilh., ABC in Reim u. Bild. (8 Bl. m. farb. Abbildgn.) gr. 4. Reutlingen (903). Enßlin & Laiblin. — 60; auf Pappe. (8 S. m. farb. Abb.) Geb. 1. —

Schäfer, Wilh., Anekdoten. 2. u. 3. Aufl. (III, 183 S.) kl. 8. Düsseldorf 908. [Verlag d. „Rheinlande".] München, G. Müller. Geb. 3. —

Schäfer, Wilh., Anton d. Gütige, erster constitution. König d. Sachsen, u. seine Zeit; eine histor. Skizze zu e. Biographie u. Zeitgesch. dies. treffl. Fürsten. 8. (4 B. u. A's. Bildn.) Dresden u. Leipzig 836, Arnoldische Buchh.

Pietro Aretino. Tragikomödie aus d. Renaissancezeit Italiens in 3 Aufz. von Wilhelm Schäfer aus Frankfurt a. M. Zürich 1899: E. Cotti's Wwe. (119 S.) 8°

Schäfer, Wilh., Pietro Aretino. Tragikomödie aus der Renaissancezeit Italien's in 3 Aufzügen. gr. 8. (119 S.) Zürich (I, Schönbergstr. 2. Pension Belmont) 899. Selbstverlag. 3. 60

Schäfer, Wilh., die Aufbewahrung der land- und hauswirthschaftlichen Vorräte, s. Landmanns, des, Winterabende.

— Backe, backe Kuchen. Alte Reime m. neuen Bildern. (9 S. m. farb. Abbildgn. auf Pappe.) gr. 4. Wesel (903). W. Düms. Geb. — 80 u. 1. —; auf Leinw. 1. —

Schäfer, Wilh., backe, backe Kuchen. Alte Reime m. neuen Bildern. (16 S. m. farb. Abbildgn.) 30×21 cm. Wesel (907). W. Düms. Kart. — 60; 6 S., auf Pappe — 70; 8 Bl., auf Leinw. 1.50

Schäfer, Wilh., die Béarnaise. Eine Anekdote. gr. 16. (32 S.) Berlin 902. Schuster & Loeffler. n. 1. —
Sonderabdruck aus: „Rheinlande".

Schäfer, Wilh., Bilder aus der Tierwelt. Mit Erzählgn. v. Therese Focking. gr. 4. (16 S. m. 8 Farbendr.) Wesel 890. Düms. cart. 1. —

Schäfer, Wilh., Bilder aus der Tierwelt. 1. (12 S. m. farb. Abbildgn., auf Pappe.) Wesel 892. W. Düms. Geb. 1. —

Schaefer, Gulielmus, Gerolzhofensis: **Dissertatio de tertio Bacchylidis carmine.** *Erlangae 1901: Jacob.* (64 S.) 8°
Erlangen, Phil. Diss. v. 13. März 1901

Schäfer, Wilh., Chronik der dresdener Elbbrücke nebst den Annalen der größten Elbfluthen von der frühesten bis auf die neueste Zeit. 1. u. 2. Lfg. (4 B. u. 2 Tab.) gr. 8. Dresden 845, Adler u. Dietze. Thlr. *

Schäfer, Wilh., Chronik der dresdener Elbbrücke, nebst den Annalen der größten Elbfluthen rc. 3. (letzte) Lfg. Enth. 5¾ Bog. Text und Tableau III. (in Fol.) gr. 8. Dresden 848, Adler und Dietze. *
1. und 2. Lfg. Ebendas. 1845. * 22 Ngr.

Schaefer, Wilh., beschleun. Einführg. in d. französische Sprache. M. bes. Berücksicht. d. Bedürfnisse der den fremdsprachl. Unterricht mit d. Französischen beginn. Lehranst. gr. 8. (V, 259 S.) Bielefeld 896. Velhagen & Klasing. n. 2. —; Begleitwort dazu (XXXVIII S.) gratis.

Schäfer, Wilhelm [app. Arzt]: Über einige Fälle von congenitalen Defekten an Händen und Füssen ... (Aus: Beitr. z. klin. Chir. VIII. Bd. II. Heft.) Tübingen, H. Laupp, 1891; 2 Bl., 27 S., 1 Taf. 8.
Tübingen, Med. Fak., Inaug.-Diss. v. 1891

Schaefer, Wilhelm [cand. med. aus Hamborn (Rheinprovinz)]: Über vier Fälle von Dupuytren'scher Exostose. ... Würzburg, Paul Scheiner's Buchdr., 1888; 31 S. 8°
Würzburg, Med. Fak., Inaug.-Diss. v. 1888

Faustine, der weibliche Faust. Tragödie in 6 Aufz. nebst Vorspiel u. Prolog von Wilhelm Schäfer aus Frankfurt a. M. *Zürich 1898: E. Cotti's Wwe.* (131 S.) 8° [F.] [o]. 479

Schäfer, Wilh., Faustine, d. weibliche Faust. Tragödie in 6 Aufzgn. nebst Vorspiel u. Prolog. 8. (132 S.) Zürich (V, Mühlebachstr. 55/59, Pension Fortuna) 898. Selbstverlag. 3. 60

Schaefer, Wilhelm, aus Hannover: **Die Feuerrückversicherung.** *Heidelberg 1900: A. Emmerling & Sohn.* (VIII, 122 S.) 8°
¶ (Soll in erweiterter u. verbesserter Form erscheinen.)
Heidelberg, Phil. Diss. v. 1900

Schaefer, Wilh., s.: Feuerversicherungs-Kalender, deutscher.

Schäfer, W., gute Freunde. Tierbilder. (Mit Erzählgn. v. Ferd. Goebel.) 2 Sorten. 8. (à 8 farb. u. 4 S. Text auf Pappe.) Wesel (902). W. Düms. Geb. à — 70

— **Fritz u. Paul auf der höheren Bürgerschule. Humoristische Erzählg. 8. (192 S.) Berlin 894. F. Fontane & Co.** n. 2. —

Schäfer, Wilh., Führer in der königl. Gemälde-Gallerie zu Dresden. Erläuterungen und Andeutungen zum Verständnisse sowie zur Würdigung sämmtl. Gemälde der Gallerie. Nach der Ordnung der Räume nebst Register der laufenden Nummern bearb. 8. (XVI und 344 S.) Dresden 861, Klemm's Verlag. –

—— Galerie d. Reformatoren d. christl. Kirche, ihrer Freunde u. Beschützer u. ihrer geistl. u. weltl. Gegner. Nach d. kirchengeschichtl. Zeitfolge u. in d. abgeschloss. Grenzen d. hauptsächl. Ereignisse u. in Biographieen histor.-pragmat. bearb. u. f. gebild. Leser aller Stände hrsg. 5 Bde. (1—3. à 8 Hfte., 4. u. 5., fortges. v. Eduin Bauer, à 10 Hfte.) 8. (180½ B. u. 69 lith. Portr.) Meißen 838—43, Klinkicht u. Sohn. à Hft. *4 Gr. *
4. u. 5. Bd. a. u. d. T.: Galerie rc. in Biographieen bearb. u. f. Leser aus allen Ständen hrsg. v. Eduin Bauer. 2 Bde. Reformatoren rc. d. 16. Jahrh. 8. (83 B. u. 20 Bildn.) 841—43.

— die zehn Gebote. Erzählgn. des Kanzelfriedrich. 8. (149 S.) Berlin 897. Schuster & Loeffler. 1. 60

Schäfer, W., der Geburtstag, s.: Theater-Repertoir, Wiener.

Schäfer, Wilh., Geleitbrief, s.: Dehmel, Rich., 20 Gedichte.

— die konigliche Gemalde-Gallerie zu Dresden zur Erleichterung eingehender Studien in der Geschichte der Malerei u. deren Kunstkritik allen Jüngern u. Freunden der Kunst nach der Ordnung der Raume beschreibend u. erlauternd vorgefuhrt u. mit einem resumirenden Verzeichnisse der Maler begleitet. 3 Bde. Ebend. 862. gr. 8. (S. 774—1410 u. Zusatze 176 S.) n. 2 Thlr.
1. u. 2. Bd., anonym erschienen, s. Gemälde-Gallerie.

— u. Adelheid **Wette,** guten Kindern zur Freude. M. Bild. v. Sch. u. Reimen v. W. gr. 4. (8 farb. Taf. m. eingedr. Text.) Ebd. 895. Kart. — 50; auf Pappe 1. —; zum Aufstellen 1. —; zusammen m. Pfeifer, dieses Buch, mein liebes Kind, z. Aufstellen 2. —

Schaefer, Wilhelm: Die Haftung des Erben für die Schulden der Erbschaft nach römischem Recht. Speyer 1908: **Jäger. 80 S. 8°**
Speyer, k. G P 1908* [S 08. 401

— Die Halsbandgeschichte, erzählt. 2. Aufl. (137 S.) kl. 8. München 911. G. Müller. Geb. nn 2. 50
1. Aufl. (140 S.) 910. Geb. 2.50

Schaefer, W., der Handel in der Volkswirtschaft. Vortrag, geh. in dem v. der Handelskammer zu Hannover veranstalteten akadem. Vortragszyklus. gr. 8. (38 S.) Berlin 900. Herm. Walther. n. — 50

— die katholische Hofkirche zu Dresden. Gegründet am 28. Juli 1739. Eingeweiht am 29. Juni 1751. Vollendet im J. 1767. Nach den vorhandenen Urkunden u. Acten des Königl. Sächs. Haupt-Staats-Archivs, besonders des Geh. Cabinets-Archivs, sowie des Königl. Sächs. Finanz-Archivs, historisch u. architectonisch dargestellt u. als Gedächtnißschrift bei der Säcularfeier am 29. Juni 1851 hrsg. Nebst einer Einleitung: Die Geschichte der ersten kathol. Hofcapelle am Taschenberge. gr. 8. (VIII u. 96 S.) Dresden 851, Türk. n. ⅓ Thlr.

Schäfer, Wilh., s.: Jahrbuch der bildenden Kunst.

[F.] Wilhelm Schäfer. Jakob und Esau. Drama in 5 Akten u. e. Vorspiel. *Berlin: Schuster & Loeffler 1896.* (122 S.) 1 Bd 8. [96. 8647

Schäfer, W., historisch-kritischer Catolog der königl. Gemälde-Galerie zu Dresden. Mit Nachträgen üb. die neuesten Erwerbgn. versehen von Detleff Frhr. v. Biedermann. gr. 16. (393 S.) Dresden 876. Kaufmann's Sort. n. 3. —

— Kindeslust, m. (farb.) Bildern. gr. 8. (7 S. auf Pappe.) Ebd. (902). Geb. — 50

— dasselbe. gr. 8. (12 S. auf Pappe.) Ebd. (902). Geb. — 80

— Kindeslust, m. Bildern v. Sch. (6 S. m. farb. Abbildgn. auf Pappe.) gr. 8. Ebd. (903). Geb. — 50; (13 S. m. farb. Abbildgn. auf Pappe.) Geb. — 80

— u. Adelh. Wette, für unsere Kleinen. Bilder v. Sch., Reime v. W. Titelzeichnung v. Meta Voigt. (12 S. m. z. Tl. farb. Abbildgn.) gr. 4. Ebd. (903). — 40; neue Ausg. (11 S. m. z. Tl. farb. Abbildgn. auf Pappe.) Geb. — 80

Schäfer, Wilh., u. Adelh. Wette, für unsere Kleinen. (Farb.) Bilder v. Sch., Verse v. W. Titelzeichnung v. Meta Voigt. (16 S.) 30×20,5 cm. Wesel (907). W. Dümo. Kart. — 60; 6 S., auf Pappe — 70; 8 Bl. auf Leinw. 1.50

— Königin Kristine v. Schweden. Drama in 5 Aufzügen. gr. 8. (96 S. m. 1 Plan.) Zürich (I, Schönbergstr. 2, Pension Belmont), 902. Selbstverlag. 3. —

— u. Rud. Klein, internationale Kunstausstellung Düsseldorf 1904. 88 Abbildgn. charakterist. Werke m. Text. (IV u. S. 309—476.) 4. Düsseldorf 904. Berlin, Fischer & Franke. Kart. n. 5. —
Sonderabdruck aus: „Düsseldorfer Monatshefte".

— der deutsche Künstlerbund †. (26 S.) 8. Düsseldorf 905. Verlag d. „Rheinlande". n. — 30
Sonderabdruck aus: „Rheinlande".

—— Lehrbuch der Hauswirtschaft. Ein Leitfaden für den Unterricht an Haushaltungsschulen und zweckverwandten Lehranstalten, und für die oberen Mädchenklassen an Volksschulen, sowie eine Anleitung zur Erlernung und Führung der Hauswirtschaft für Hausfrauen, Haushälterinnen, Köchinnen und solche, die es werden wollen. Mit besond. Berücksicht. der ländl. Verhältnisse bearb. gr. 8. (VII, 263 S. mit 90 in den Text gedr. Holzschn.) Stuttgart 886, Ulmer. * *M* 3.80.; geb. *

Schäfer, Wilh., Lehrbuch der Hauswirtschaft. Ein Leitfaden f. den Unterricht an Haushaltungsschulen u. zweckverwandten Lehranstalten, sowie e. Anleitg. zur Erlerng. u. Führg. der Hauswirtschaft. Mit besond. Berücksicht. der ländl. Verhältnisse bearb. 2. Aufl., bearb. v. Rob. Häcker. gr. 8. (VII, 260 S. m. 110 Holzschn.) Stuttgart 893. E. Ulmer. n. 3. 40; geb. in Halbleinw. n.n. 3. 65

Schäfer's, W., Lehrbuch d. Hauswirtschaft. Ein Leitfaden f. d. Unterr. an Haushaltungsschulen u. zweckverw. Lehranst., sow. e. Anleitg. zur Erlerng. u. Führg. der Hauswirtschaft, unt. bes. Berücksicht. d. ländl. Verhältnisse. 3. Aufl., neu bearb. v. Rob. Häcker. gr. 8. (VIII, 272 S. m. 139 Holzschn.) Stuttgart 897. E. Ulmer. n. 3. 30; geb. n.n. 3. 55

Schäfer's, W., Lehrbuch der Hauswirtschaft. Ein Leitfaden f. den Unterricht an Haushaltungsschulen u. zweckverwandten Lehranstalten, sowie e. Anleitg. zur Erlerng. u. Führg. der Hauswirtschaft, unter besond. Berücksicht. der ländl. Verhältnisse. 4. Aufl., neubearb. v. Rob. Häcker. gr. 8. (VIII, 276 S. m. 140 Abbildgn.) Stuttgart 901. E. Ulmer. Geb. n. 3. 50

Schäfer's, W., Lehrbuch der Hauswirtschaft. Ein Leitfaden f. den Unterricht an Haushaltungsschulen u. zweckverwandten Lehranstalten, sowie e. Anleitg. zur Erlerng. u. Führg. der Hauswirtschaft, unter besond. Berücksicht. der ländl. Verhältnisse. 5. Aufl., neu bearb. v. Rob. Häcker. (VIII, 282 S. m. 149 Abbildgn.) 8. Stuttgart 905. E. Ulmer. Geb. n. 3. 50

Schäfer, Wilh., Lehrbuch der Milchwirthschaft, s. a. Bibliothek landwirthschaftlicher Lehrbücher.

— Lehrbuch der Milchwirtschaft. 2. Aufl. Mit 104 Holzschn. gr. 8. (XII, 158 S.) Ebend. 883. n. 2. 80

—— Lehrbuch der Milchwirtschaft. Ein Leitfaden für den Unterricht an milchwirtschaftl. und landwirtschaftl. Lehranstalten, sowie zum Gebrauch für Landwirte und sonstige Milchviehhalter. Unter besond. Berücksicht. mittlerer und kleinerer Betriebsverhältnisse bearb. 3. verm. und verb. Aufl. gr. 8. (XII, 200 S. mit 128 in den Text gedr. Holzschn.) Ebendas. 888. * *M* 3.—.; geb. *

Schäfer, Wilh. (I.). Lehrbuch der Milchwirtschaft. Ein Leitfaden für d. Unterricht an milchwirtschaftl. u. landwirtschaftl. Lehranstalten 2c. Unter besond. Berücksicht. mittlerer u. kleinerer Betriebsverhältnisse bearb. 4. durchgeseh. u. ergänzte Aufl. von H. Sieglin. gr. 8. (XII, 249 S. m. 156 Abbildgn.) Stuttg. 892, Ulmer. * 3 50; geb. ** 3 75

— dasselbe. 5. Aufl., neu bearb. v. H. Sieglin. gr. 8. (XII, 250 S. m. 146 Abbildgn.) Ebd. 895. n. 3. 50; geb. in Halbleinw. n. 3. 75

SCHÄFER.
Lehrbuch der Milchwirthschaft. Sechste Auflage von H. Sieglin Stuttgart, 1898. 8vo. Ill.

— Lehrbuch d. Milchwirtschaft. Ein Leitfaden f. den Unterricht an milchwirtschaftl. u. landwirtschaftl. Lehranst., sow. z. Gebrauch f. Landwirte, Molkereivorstände u. sonst. Molkerei-Interessenten, unter bes. Berücksicht. mittl. u. kleinerer Betriebsverhältnisse. 6. Aufl., neu bearb. v. H. Sieglin. gr. 8. (XII, 263 S. m. 161 Abb.) Ebd. 899. Geb. n. 3. 50

— Lehrbuch der Milchwirtschaft. Ein Leitfaden f. den Unterricht an milchwirtschaftl. u. landwirtschaftl. Lehranstalten sowie e. Wegweiser f. erfolgreichen prakt. Betrieb. 7. Aufl., neubearb. v. H. Sieglin. gr. 8. (XII, 290 S. m. 175 Abbildgn.) Ebd. 903. Geb. n. 3. 60

Schäfer's Lehrbuch der Milchwirtschaft. Ein Leitfaden f. den Unterricht an milchwirtschaftl. u. landwirtschaftl. Lehranstalten, sowie e. Wegweiser f. erfolgreichen prakt. Betrieb. 8. Aufl., neubearb. v. H. Sieglin. (XII, 345 S. m. 213 Abb.) gr. 8. Stuttgart 908. E. Ulmer. Geb. in Leinw. 4. 20

Schaefer, Guilelmus: De Galeni qui fertur De parvae pilae exercitio libello. Bonnae 1908: Georgi. XIII, 34 S. 8°
Bonn, Phil. Diss. v. 12. August 1908, Ref. Brinkmann
[Geb. 30. Sept. 83 Cöln; Wohnort: Cöln; Staatsangeh.: Preußen; Vorbildung: Friedrich-Wilhelms-Gymn. Cöln Reife O. 01; Studium: Bonn 3, Berlin 3, Bonn 6 S.; Rig. 19. Dez. 06.] [U 09. 439

— Des Kindes Lieblings-Tiere. Mit Text v. Ferd. Goebel. (8 Farbdr. m. 8 S. Text auf der Rückseite.) 20,5×31 cm. Ebd. (907). Kart. — 60; 6 Farbdr., ohne Text, auf Pappe — 70; 8 Farbdr., auf Leinw. 1. 50

— Gottlieb Mangold, der Mann in der Käseglocke. 8. (179 S.) Berlin 901. Schuster & Loeffler. 3. —; geb. 4. —

— s.: Meister, 100, der Gegenwart.

— Die Mißgeschichten. (91 S.) kl. 8. Ebd. 909. Kart. 2. —; geb. 3. —

Schäfer, Wilh., der Montag vor Kiliani vor vierhundert Jahren. Irrungen und Rechtsstreit zwischen Kurfürst Friedrich II. und Conrad von Kaufungen und der dadurch am 7/8. Juli 1455 herbeigeführte Prinzenraub. Nach größtentheils noch ungedr. Urkunden und Acten des Haupt-Staats-Archivs zu Dresden und andern briefl. und actl. Notizen ɪc. bearb. Mit urkundl. und andern Beilagen sowie den Text erläut. Abbildgn. gr. 8. (IV, 136, Beilagen 72 S. und 13 Stnt.) Dresden 855, Meinhold und Söhne.

fein Pap.

Schaefer, Wilhelm, a. Niefernheim in der Pfalz: Ueber die Nachwirkung der Vorstellungen. Gießen 1904: v. Münchow. (44 S.) 8⁰

Gießen, Phil. Fak., Ref. Groos, Diss. v. 15. Nov. 1904

[Geb. 3. Sept. 81 Niefernheim; Wohnort: Gießen; Staatsangeh.: Hessen; Vorbildung: Oberrealschule Darmstadt Reife M. 01; Studium: Darmstadt T. H. 2, Gießen 4 S.; Rig. 2. Aug. 04.]

Napoleon in Moskau. Drama in 1 Aufz. von Wilhelm Schäfer aus Frankfurt a. M., Zürich. Zürich 1905: Juchli & Beck. (33 S.) 8° [F.] [05. 10981

Schäfer, Wilh., Napoleon in Moskau. Drama in 1 Aufzuge. (33 S.) 8. Zürich (V, Zürichbergstr. 15, Pension Plattenhof), 905. Wilh. Schäfer. n. 1. 80

— Der Niederrhein u. das Bergische Land, s. a. Städte u. Landschaften. 5. Bd.

Der Niederrhein und das bergische Land von Wilhelm Schäfer. Mit 8 Vollbild. Stuttgart: C. Krabbe [1907]. (136 S.) 8°
= Städte u. Landschaften. [5.] [07. 10577

— s. Plauderer, der.

— Rembrandt. Schauspiel aus dem Künstlerleben Hollands im 17. Jahrh. in 3 Aufzügen. gr. 8. (75 S.) Zürich (I, Schönbergstr. 2, Pension Belmont) 901. Selbstverlag. 2. —

— s.: Rheinlande, die.

— Rheinsagen. Mit Zeichngn. v. Bernh. Wenig. (VII, 120 S.) 8. Berlin 908. Fischer & Franke. Kart. 3. —

Schaefer, W. Rothbücher des British fire prevention committee. Deutsch-englische Ausgabe. Hannover.

— siehe: Sachsen-Chronik.

—— chronolog. Sammlung d. von d. frühesten Zeiten bis auf uns. Tage in Sachsen u. d. benachbarten Ländern gemachten Beobachtn. üb. d. Erscheinen v. Kometen u. d. davon aufgezeichn. Nachrichten, nebst e. belehr. Einleit. üb. d. Wesen d. Kometen, nach d. neuen Entdeckn. e. Halley, Lambert, Herschel, Olbers, Schröter, Wurmb, Brandes, Gelpke, Littrow, Möbius u. m. And. bearb. f. Stadt u. Land. 8. (8¼ B. u. 1 Stnt.) Dresden u. Leipzig 835, Arnoldische Buchh.

—— die deutschen Herzogthümer Schleswig-Holstein-Lauenburg in ihrem staatlichen Verhältnisse zu Dänemark, in geschichtl. und genealog. Reihenfolge vorgeführt. gr. 8. (VIII und 88 S. mit Titelbild in Holzschn., lithogr. Karte und Wappen in gr. 4.) Dresden 864, Meinhold und Söhne. *

Der Schriftsteller. Von Wilhelm Schäfer. Frankfurt a. M.: Rütten & Loening (1910). 90 S. 8°
(Die Gesellschaft. Bd 39.) [11. 5131

Schäfer, Wilh., Schule des Landschafts-Zeichnens. 5 Hfte. qu. gr. 8. (à 6 lith. Taf.) Wesel 896. W. Düms. à — 40

Schäfer, Wilh., Schule des Landschaft-Zeichnens. 5 Hfte. qu. gr. 8. (à 6 Bl.) Wesel 899. W. Düms. In Mappe n. 2. 50

Schäfer, Wilh. Heinrich Schütz. (Sachsen-Chronik für Vergangenheit und Gegenwart. I. Serie, 6. Heft.) Dresden 1854.

Wilhelm Shakespeare. Schauspiel aus d. Renaissancezeit Englands in 3 Aufz. Von Wilhelm Schäfer aus Frankfurt a. M. *Zürich 1900: E. Cotti's Wwe.* (102 S.) 8° [F.] [00. 10939

Schäfer, W. Wilhelm Shakespeare. Schauspiel aus der Renaissancezeit Englands. In 3 Aufzügen. Gr. 8⁰. 102 S. Zürich, zu beziehen vom Autor. V. Mühlebachstr. 55/59. 4 50

1900.

Wilhelm Schäfer, Deutsche Städtewahrzeichen. Ihre Entstehung, Geschichte u. Deutung, Bd. 1, Leipzig 1858. (Nicht mehr erschienen!)

— deutsche Städtewahrzeichen. Ihre Entstehung, Geschichte und Deutung. 1. Bd. Mit 15 in den Text gedr. Abbildgn. (Holzschn.). Leipzig 858. Weber. 8. (XI, 231 S.) n. 1 ₰.

— Peter Stehauf, s.: Cornelius, A.

— s.: Steinzeichnungen deutscher Maler.

— u. Ferd. Goebel, der kleine Struwwelpeter. Mit (farb.) Bildern v. Sch. u. Reimen v. G. (6 Bl.) kl. 8. Ebd. (908). — 10; auf Pappe (9 S.) — 20

— e. Totschläger. Volksstück in 3 Akten. 8. (76 S.) Elberfeld 894. S. Lucas. 2. —

Schäfer, W., üb. Nacht v. Hause, s.: Wallner's allgemeine Schaubühne.

— Vergangenheit, Gegenwart u. Zukunft der Feuerversicherung in Deutschland. (80 S.) gr. 8. Hannover 910. C. Brandes. 1.20; geb. 1.65

Schaefer, W., die Verstaatlichung des Feuerversicherungswesens, insbesondere der Mobiliarversicherung. gr. 8. (88 S.) Hannover 884, Schmorl und v. Seefeld. * 1 —

—— der Waffenstillstand zu Kötzschenbroda am 27. Aug. 1645. Unter Vergleichung der darüber vorgefundenen Acten im k. sächs. Haupt-Staats-Archiv dargestellt u. zur 2. Säcularfeier hrsg. 8. (3 B.) Dresden 845, Adler u. Dietze.

— u. Ferd. Goebel, was der Jahrmarkt bringt. Ein heiteres Bilderbuch m. 25 Farbendr.-Bildern nach Aquarellen v. Sch. u. Reimen v. G. (Billigere Ausg.) (8 S. auf Pappe.) Fol. Ebd. (903.) Geb. 1. —; auf Leinw. 1.50

— s.: Weihnachts-Bilderbuch, neues, f. die Kleinen.

— Wie entstanden meine Anekdoten?, s.: Mitteilungen der literarhistor. Gesellschaft Bonn. 1910. Nr. 7.

— Zeichen-Schule, s.: Düms.

—— Central-Wörterbuch d. sächs. Gesammtlande, s. National-Encyclopädie.

COURIER, Der auf seiner Reise nach Rom sich kurz expedirende, unter dem Accompagnement eines jungen Barons nebst dessen Hofmeister (von *Wilh. Friedr. Schäfer*). O. O. 1733. Rar!
Anon.-Lex. I. p. 353 (nach Meusel).

Schäfer, Wilhelm Josef, s. Schäfer, Josef

Schäfer, Willy, appr. Arzt a. Berlin: Beitrag zur Lehre der multiplen congenitalen Contracturen. Leipzig 1908: B. Georgi. (34 S.) 8°
Leipzig, Med. Fak., Ref. Trendelenburg, Diss. v. 27. März 1908
[Geb. 21. Juli 77 Berlin; Wohnort: Boxhagen-Rummelsburg b. Berlin; Staatsangeh.: Preußen; Vorbildung: Kgl. Gymn. Spandau Reife O. 98; Studium: Berlin 12 S.; Coll. 28. März 08; Approb. 24. März 03.]

Schäfer-Dittmar, Wilh., Mannsleut. Westerwälder Bauerngeschichten. 12. (VII, 203 S.) Elberfeld 895. S. Lucas. 1. 50; geb. n. 2. 50

— Nora, s.: Studien, kleine.

Schäfer & Hauschner, Berlin. Musterbuch von Beleuchtungs-Gegenständen für Elektrizität. 4° Berlin

(Schäfer-Weiss, Nic[laus] Heinrich.) Die Familie des Orismüllers Johann Jakob Schäfer. [Mit] Beilage: Zwei Briefe des Orismüllers an seinen Sohn Nicolaus aus den Jahren 1815 und 1818. Juli 1899. 4. Basel 1899.

Schäferei, Die, ökonomisch betrachtet, sammt einer Anweisung, wie solche zu verbessern . . . Ulm 1783. V: *Gaum, Joh. Ferdinand.* (Ky) (Engoec) (MGT) (BrMm)

Die *Schäferey* öconomisch betrachtet, sammt einer Anweisung, wie solche verbessert, u. zu allgemeinen Nutzen behandelt werden könne. Ulm, Frankf. u. Leipz. 1783. 216 S.

Schäferei, die, ökonom. betrachtet, sammt Anweis., solche zu verbessern, (v. J. F. Gaum). 8. Ulm 783. Stettin. 8 gr.

Schäfereigerechtigkeit; ein ökonomisch-juristischer Traktat ꝛc. vom Verfass. der Oeconomia forensis, siehe Benekendorf.

Das Würtemberg. Schäferei-Gesez v. April 1828, in sein. Folgen f. d. Besitzstand u. s. w. — Rechtsgeschichtl. u. dogmat. entwickelt. *Stuttgart*, Cotta. 830. gr. 8. (Beilage z. Justiz-, Cameral- u. Polizei-Fama.)

Schäfereiwesen, das würtembergische, s. Mittheilungen aus Hohenheim.

Schäfererzählungen. Das Vorspiel. Ein episches Gedicht. Die gelernte Liebe, ein Lustspiel. O. O. 1742—44. V: *Rost, Johann Christoph.* (Bz) (ADB) (ML) (BGE) (GGr) (Bibl. litt. Verein. Stuttg. 218. S. 451.) (Wahl, Rost. Leipz. 1902. S. 41 ff.) (Cat. d. Stadtbibl. Zürich. Zürich 1867-97.) (JL)

Schäfererzählungen. 8. Berl. 744.

Schäferfest, das; oder die Herbstfreude,. Lustsp. v. Neuberin. 8. Wien. 755.

Schäferfest, das, in Markgröningen in Wort u. Bild von M. u. P. H. gr. 8. (16 S.) Stuttgart (900). Greiner & Pfeiffer. n. — 30

§ **SCHÄFERGEDICHTE.** Aus dem Englisch- Französisch- u. Italiänischen übersetzt (von Joh. Geo. Philipp Müchler, Georg Aug. v. Breitenbauch & Frau Breitenbauch). Mit Titelvignette. Berlin u. Leipzig, bey Joh. Heinr. Rüdigern, 1759. 8°. (In München 2 Expl., 1 Expl. auch im British Museum.)
285 + 1 S. Enth. u. a. Prosa-Uebers. von Sannazars Ekloge 3, 5, 11 u. 12; Dione, e. Schäfer-Trauerspiel, von Gay (a. d. Engl.), S. 129—227; Gedichte a. d. Frz. der Mme. des Houlières etc. etc.
Anon.-Lex. IV. p. 28 (nach Goedeke, Hayn, Maltzahn. Kayser).

— jüdische, s. Breitenbauch.

Schäfergedichte, Juedische, . . . Altenburg 1765. V: *Breitenbauch, Georg August von.* (Mn) (BGE)

SCHÄFER-GESELLSCHAFT. (Gedichte.) O. O. 1754. 8°. (3 Mk. Baer & Co., 1894.) Höchst selten!

Schäfergespräch auf den 4. Sept. 1776. Kopenh. 1776. V: *Krohne, Joh. Wilh. Franz v.* (Bruun, Bibl. Danica III, 451.)

Die Heimat-Kolonie Schäferhof bei Pinneberg in Holstein und ihr Werk. 1904 ff. (Hamburg.) 4°k.

Schäferhütte, Die. Lustspiel in Versen. Rostock 1815. V: *Piper, Johann Christian Friedrich.* (Ky) (GGr)

Schäferhütte, die; Lstspl. in Versen (von J. C. F. Piper). 8. Rostock 815. Stiller. 8 gr.

Schäferhütte, die, Lustspiel. 8. Rostock, Stiller. 816.

Schäferlied, Ein, von Silvander und Coridon, bey Gelegenheit der Wex- und Richterischen Eheverbindung. Leipzig 1746. 4°.

Schäfermägdlein, das im grünen Busch zu Tommeln sich weidende,. 8. Frkft. u. Lpz. 744.

Schäfers, des alten, Prophezeiung f. d. J. 1853 u. 54. 2. Aufl. 8. (8 S.) Hamburg 852. (Altona, Verlags-Bureau.) n. 1 ngr

Schaefers, Adolphvs (geb. am 2 März 1844 in Aachen): De Porphyrii philosophi in Platonis dialogvm, qvi Timaevs inscribitvr, commentario . . . Bonnae, form. C. Georgi 1868. 1 Bl., 44 S., 1 Bl. 8.
Bonn, Phil. Fak., Diss. v. 13 Jan. 1868

Schäfers, Ad. Über ein Fragment aus d. Kommentar d. Porphyrius zu Platos Timaeus. 2 Teile. 20. 18 SS. *Sigmaringen* 1884. 1885. Progr.

Schaefers, Bernhard, a. Aachen: Über den Einfluß des säurebildenden Bestandteiles auf die Absorptionsspectra der Salze des Neodyms. Bonn 1907: E. Eisele. (41 S.) 8°
Bonn, Phil. Fak., Ref. Kayser, Diss. v. 9. Juli 1907
[Geb. 23. Okt. 82 Aachen; Wohnort: Aachen; Staatsangeh.: Preußen; Vorbildung: Realgymn. Aachen Reife O. 01; Studium: T.H. Aachen 2, Univ. München 2, Bonn 4 S.; Rig. 27. Febr. 07.]

Schäfers, Johs., Geschichte des bischöfl. Priesterseminars zu Paderborn vom Jahre der Gründung 1777 bis zum J. 1902. Unter Benutzg. der „Chronik des bischöfl. Priesterseminars" v. Ant. Bieling bearb. Mit 1 Heliograv., 5 Lichtdr.-Bildern, 4 Grundrissen u. 1 Lageplan. (Festschrift zur Einweihg. des neuerbauten Südflügels des bischöfl. Priesterseminars zu Paderborn.) gr. 8. (XVI, 272 S.) Paderborn 902. Bonifacius-Druckerei. n. 3. —

Schäfers, Johannes, a. Ottbergen: Personal- und Amtsdaten der Magdeburger Erzbischöfe (968—1503). Greifswald 1908: H. Adler. (X, 94 S.) 8° [Ᵹ.]
Greifswald, Phil. Fak., Ref. Bernheim, Diss. v. 29. Febr. 1908
[Geb. 8. Juli 81 Ottbergen; Wohnort: Paderborn; Staatsangeh.: Preußen; Vorbildung: Gymn. Paderborn Reife O. 01; Studium: München 1, Freiburg i. Schw. 1, Münster 2, Greifswald 4 S.; Rig. 4. Juli 07.]

Schäferscheid. Der Sch'-Sch'. (Eine Volkshirten-Musterung.) Ein Versuch in berndeutschen Reimen. Als Anschliessung an den rüstigen Wolfsjäger [Carl Schnell]. Verfasser des Büchleins: „Hüte dich Volk, vor den Wölfen im Schafpelz". (A der Heiterg. am Georgstag (23. April) 1831.) 8. *o. O.*

Schäfersfeld, Johann Anton von

Schäfersfeld J. A. v.: Preisschrift üb. die ... Frage: Soll man sich in Steyermarkt auf die Schafzucht ernstlicher, als es dermalen geschiehet, verlegen? ... Wien 1770. 72 S.

v. Schäfersfeld, Jh. Ant., († d. 11. Oct. 1790.) Preisschrift üb. die Schafzucht in Steyermark. 8. Wien 770. Trattner. 4 gr.

— Preisschr.: Welches sind die Ursachen des Brandes im Getreide, u. wie ist selben abzuhelfen? 8. Gräß 772.

Schäferspiel, Ein, Ohne Liebe ... Braunschweig 1747. V: *Gleim, Joh. Wilh. Ludw.* (Gleim - Uz, Briefwechsel. Tübing. 1899. S. 471.)

SCHÄFERSPIEL, welches bey Gelegenheit der feyerlichen Handlung, da der hochw Herr Georg Primes in Oedenburg: nach zurückgelegten 50 Jahren seines Priesterthums, das heil. Meßopfer neuerdings entrichtet, von der allhiesigen Schul in Verein mit zweyen Aufzügen ist aufgeführt worden Oedenburg 1775 Gedr. bey Joh. Jos Siess. 21 · kl 8

SCHÄFERSPIELE, Zwey, Corydon und Sylvia, Jedes in fünf Abhandlungen. Die zweite Auflage. Copenhagen und Leipzig, verlegts Gabriel Christian Rothe. 1746. 8°. 158 S. (3 Mk., Frdr. Kluber, Cat. 142 [1905] no. 2479, wo aber nur „80 S." angegeben.)
Goedeke IV. 80, 41. Zuerst gedr. ebd. 1743.

Schäferspiele, Zwei, Doris oder die zärtliche Schäferinn. ... Neue Aufl. Kempten, Frankf. u. Leipzig 1775. V: *Rost, Johann Christoph.* (Wahl, Rost. Leipzig 1902. S. 55.)

Schäferstunden eines galanten Herrn, od. Leben d. Grafen v. Kreutzborn, m. 1 K. 8. Magdeb. (v. Schütz.) 8og. Rthlr.

Schäferstunden, Marianens. Ein Gemälde aus der wirklichen Welt. Rostock u. Leipzig 1800. V: *Claudius, Georg Carl.* (MGT) (BGE)

Schaff' gute Bücher in dein Haus! Ein Ratgeber und Führer durch die christliche Literatur und Kunst. Ueberreicht von: Evangelische Buchhandlung (Carl Hirsch & Johannes Blanke), Emmishofen (Ct. Thurgau). IV + 64 S. 4. [Dezember 1904.]

Schaff' gute Bücher in dein Haus! Ein Wegweiser zu guten Büchern und Bildern. Weihnachts-Katalog Für das christliche Haus. Ueberreicht von: Evangelische Buchhandlung (Carl Hirsch & Johannes Blanke), Emmishofen (Ct. Thurgau). [Illustriert.] IV + 72 S. 4. [November 1905.]

Schaff' gute Bücher in dein Haus! Ein Ratgeber und Führer durch die christliche Literatur und Kunst. [Illustrierter Weihnachts-Katalog.] Ueberreicht von: Evangelische Buchhandlung (Carl Hirsch & Johannes Blanke), Emmishofen (Ct. Thurgau). IV + 72 S. 4. [November 1906.]

Schaff' gute Bücher in dein Haus! Ein Wegweiser zu guten Büchern und Bildern. Weihnachts-Katalog für das christliche Haus. Überreicht von: Evangelische Buchhandlung (Carl Hirsch & Johannes Blanke) Emmishofen (Ct. Thurgau). [Illustriert.] IV + 80 S. 4. [November 1907.]

Schaff' gute Bücher in dein Haus! Liter. Rundschau. Jg. 1, H. 1. *Leipzig: L. Staackmann 1904.* 4°

Schaff, Adolf [Wirkl. Name], s.a. Crea, Adolf [Pseud.]

Schaff, Königsberger Abgabenbuch. D. Gemeindeabgaben-Ordnungen d. Stadt Königsberg i. Pr. Zum Handgebrauch f. Steuerpflicht. zusammengestellt. gr. 8. (64 S.) Königsberg 896. Hartung. n. — 50

Schaff, Königsberger Abgabenbuch. Die Gemeindeabgaben-Ordng. der Stadt Königsberg i. Pr. Zum Handgebrauch f. Steuerpflichtige zusammengestellt. 2. neu durchgesch. Aufl. (72 S.) gr. 8. Königsberg 903. Hartung. n. — 60

Schaff, Adf., das Kommunalabgabengesetz vom 14. Juli 1893, nebst den ministeriellen Ausführungs- u. Uebergangsbestimmgn. vom 10. Mai 1894 u. das Gesetz wegen Aufhebg. direkter Staatssteuern vom 14. Juli 1893, f. Verwaltungsstellen u. Steuerpflichtige erläutert u. m. Beispielen f. den praktischen Gebrauch hrsg. gr. 8. (IV, 104 S.) Königsberg 895. Hartung. n. 4. —

— das Kommunalabgabengesetz v. 14. VII. 1893 u. das Gesetz wegen Aufhebung direkter Staatssteuern v. 14. VII. 1893, f. Verwaltungsstellen u. Steuerpflichtige erläutert u. m. Beispielen f. den prakt. Gebrauch hrsg. 2., neubearb. u. verm. Aufl. gr. 8. (VII, 176 u. 187 S.) Hannover 901. Helwing. n. 7. 50; geb. n. 8. 50

Die Königsberger Kriegsschuldobligationen. Ein Beitrag z. Gesch. d. Königsb. Kriegsschuld von Adolf Schaff, Stadtr. zu Königsberg i. Pr. Mit 1 Taf. Als Ms. gedr. *Königsberg i. Pr. 1901: Königsb. Allg. Zeitungs-Dr.* (78 S.) 4° [Ᵹ.]
Festschr. d. Magistr. zu der am 8. Dez. 1901 vorzunehmenden Vernichtung d. letzten Kriegsschuldobligation

Deutsches Bürgerliches Recht. Unter bes. Berücks. d. Preuss. Rechts bearb. von Dr. jur. Adolf Crea [d. i. Schaff]. Bdch. 1. 2. Berlin: C. Heymann 1900. 2 Bde 8°
= Vorbereitungsbücher, Heymannsche juristische. 1. 3.

Schaff, Bruno, die Chiromantie od. die Kunst, den Menschen aus den Linien der Hand das zukünftige Schicksal zu weissagen. Allgemein verständl. Darlegg. der Handwahrsagekunst nebst reichen Illustr. gr. 8. (IV, 132 S. m. Bildnis.) Chemnitz 900. (R. Martin.) Geb. in Leinw. 3. —

Schaff, Georg Alban

Schaff, die königl. sächsische Brigade v. Klengel in Kobrin vom 24.—27. VII. 1812. gr. 8. (54 S. m. 2 Karten.) Dresden (899). C. Damm. n. 1. 25

Die Königlich Sächsische Brigade von Klengel in Kobrin vom 24. bis 27. Juli 1812. Von Oberst z. D. [Georg Alban] Schaff. *Dresden: C. Damm [1901].* (54 S.) 8° [Ᵹ.]

Schaff, Max, Handbuch f. Proviant-Offiziere im Frieden u. im Kriege. Prakt. Auszug aus dem einschläg. Vorschriften, auch zum Gebrauche f. Unterabtheilungs-Commandanten u. Truppen-Rechnungsführer. (XIV, 239 S.) 8. Pilsen 901. Wien, L. W. Seidel & Sohn. n. 4. —

Schaff, Phil., Amerika, die polit., socialen und kirchlich-religiösen Zustände der Vereinigten Staaten von Nordamerika mit besonderer Rücksicht auf die Deutschen, aus eigener Anschauung dargestellt. gr. 8. (XXIII und 278 S.) Berlin 854, Wiegandt und Grieben.

Schaff, Phil., Amerika. Die politischen, socialen u. kirchlich-religiösen Zustände der Vereinigten Staaten von Nordamerika mit besond. Rücksicht auf die Deutschen aus eigener Anschauung dargestellt. 2., mit Beilagen verm. Aufl. Berlin 858. Wiegandt u. Grieben. gr. 8. (XXIV, 366 S.) n. 1 ₰. 20 ngr.

— **der heil. Augustinus. Sein Leben u. Wirken für Freunde des Reiches Gottes dargestellt. Berlin 854. Hertz. 12. (VI, 129 S.)** n. 16 ngr.

Schaff, Phil., der Bürgerkrieg u. das christliche Leben in Nord-Amerika. Vorträge gehalten in mehreren Städten Deutschlands u. der Schweiz. 2. u. 3. Aufl. Berlin 866. Wiegand & Grieben. gr. 8. (72 S.) n. 10 ngr.

Schaff, Phpp., die Christusfrage. 16. (39 S.) Berlin 871. **Wiegandt & Grieben.** n. — 50

—— Entwurf eines Katechismus mit Bibelsprüchen für Sonntags-Schulen. 16. (80 S.) Chambersburg, Pa. 861. (Philadelphia, Schäfer und Koradi.) geb. -

--Gedenkbuch d 300 jhr Jubelfeier d Heidelberger Katecnismus in der Dt-ref Kirche der VS . . . Chambersburg, Pa, 1863.

Schaff, Phil., deutsches Gesangbuch. Eine Auswahl geistlicher Lieder aus allen Zeiten der christlichen Kirche. Nach den besten hymnologischen Quellen bearb. u. mit erläuternden Bemerkungen über die Verf., den Inhalt u. die Geschichte der Lieder versehen. Philadelphia 859. (Berlin, Wiegandt & Grieben.) gr. 12. (XIV, 663 S.) n. 1 ₰ 26 ngr.

--(ed). Deutsches Gesang- u Choralbuch. Phila. 1877.

— Gesangbuch für deutsche Sonntagsschulen. Sammt e. Anhang ausgewählter englischer Lieder. Philadelphia 864. (Schäfer & Koradi.) 16. (272 S.) geb. n. 16 ngr.

— Geschichte der alten Kirche. Von Christi Geburt bis zum Ende des 6. Jahrh. Leipzig 867. Hinrichs'sche Verlagsh. gr. 8. (XVI, 1250 S.) 6 ₰

—— Geschichte der alten Kirche. Von Christi Geburt bis zum Ende des 6. Jahrh. 2. Ausg. in 3 Abthlgn. gr. 8. (XVI, 1250 S.) Leipzig 869, Hinrichs' Verlag. à Abthl. ℳ 6.

—— **Geschichte der apostolischen Kirche nebst einer allgemeinen Einleitung in die Kirchengeschichte. 2., verm. und verb. Aufl. gr. 8. (XV und 680 S.) Leipzig 854, Holtze.**

Schaff, Phil., Geschichte der christlichen Kirche von ihrer Gründung bis auf die Gegenwart. 1. Bd.: Die allgem. Einleitung und die erste Periode, vom Pfingstfeste bis zum Tode des heil. Johannes. (a. 30—100.) gr. 8. (XVI und 576 S.) Mercersburg 851. Philadelphia, Schäfer und Koradi. *

— **christliche Glaubens- u. Sittenlehre** f. die mittleren Klassen evangel. Gymnasien u. Realschulen, neu bearb. v. G. Pfleiderer. 8. (XX, 280 S.) Stuttgart 874. E. Müller. geb. n. 1. 60

— christlicher Katechismus. Ein Leitfaden zum Religionsunterricht in Schule u. Haus. In 52 Lectionen. Große Ausg.: Mit Bibelsprüchen u. Erklärungen. Philadelphia 863, (Schäfer & Konradi.) gr. 16. (192 S.) geb. n. 20 ngr.
Kleine Ausg. (83 S.) n. 8 ngr.

—— **der Heidelberger Katechismus. Nach der Ausg. von 1563 revidirt und mit krit. Anmerkungen, sowie einer Geschichte und Charakteristik des Katechismus versehen. (Ein Beitrag zur 300jähr. Jubelfeier im J. 1863. gr. 16. (VIII und 160 S.) Philadelphia 863, Schäfer und Koradi.** geb.

Schaff, Phpp., August Neander. Erinnerungen. Mit e. Bildnis. gr. 8. (VII, 76 S.) Gotha 886. F. A. Perthes. n. 1. 60

— die Person Jesu Christi: das Wunder der Geschichte. Sammt einer Widerlegung der falschen Theorien, u. einer Sammlung von Zeugnissen der Ungläubigen. Gotha 865. Besser. 8. (VII, 234 S.) 24 ngr.

Schaf, Phil., das Princip des Protestantismus. gr. 8. (12 B.) Chambersburg 845. (Halle, Schmidt's Vrlgsh.) *

— der anglo-amerikanische Sonntag. Eine Abhandlung vorgetragen vor der nationalen Sonntags-Convention zu Saratoga, New-York, am 11. Aug. 1863. Aus dem Engl. in's Deutsche übersetzt von Pfarrer J. G. Zahner. New-York 870. (Philadelphia, Schäfer & Koradi.) 32. (116 S.) n. 8 ngr.

Schaf, Phil., die Sünde wider d. heil. Geist u. d. daraus gezog. dogmat. u. ethischen Folgerungen. Eine exeget.-dogmat. Abhandl., nebst e. histor. Anh. üb. d. Lebensende d. Francesco Spiera. gr. 8. (14 B.) Halle 841, [Schmidt's Vrlgsh.]

Schaf, [illegible]
[illegible]

—— das Verhältniß des Jakobus, Bruders des Herrn, zu Jakobus Alphäi, auf's Neue exegetisch u. historisch untersucht. gr. 8. (6½ B.) Berlin 842, J. A. Wohlgemuth, Verl. *

—— systematische Wohlthätigkeit. Eine Abhandlung. gr. 8. (32 S.) Mercersburg, Pa. 852(61). (Philadelphia, Schäfer und Koradi.)

— **die politischen, socialen u. kirchlich-religiösen Zustände der Vereinigten Staaten von Nordamerika mit besonderer Rücksicht auf die Deutschen aus eigener Anschauung dargestellt. Berlin 854. Wiegandt u. Grieben. 8. (XXIII, 278 S.)** n. 1 ₰. 10 ngr.

Schaff-Gotsche, Hans Ulrich.

Hirschberg 1829. V: *Thomas, J. G.* (Mitth. d. Vereines f. Gesch. d. Dtschen in Böhmen XVII, 76.)

Schaff-Gotsche, Hans Ulr., (e. Biographie.) M. 2 Bildn. 8. (4 B.) Hirschberg 829, Krahn.

Schäff, Ernst, Anleitung zum Bestimmen der deutschen Tag-Raubvögel nach den Fängen (Füßen). [Aus: „Deutsche landwirtsch. Presse".] gr. 8. (35 S. m. 21 Abbildgn.) Berlin 893. P. Parey. n. 1. —

Schäff, Ernst, unser Flugwild, s.: Wegweiser, naturwissenschaftl.

Schäff (E.) Unser Flugwild. Mit 4 Taf. u. 27 Abb. im Text. (105 S.) (Wegweiser Naturwissenschaftl. No. 19.) 8°. Stuttgart. 1910. M. 1.— geb. 1.40

Schäff, E., Gebiß-Tafeln zur Altersbestimmung d. Reh-, Roth- u. Schwarzwildes, s.: Nehring, A.

Schäff, Ernst, Jagdtierkunde. Naturgeschichte der in Deutschland heim. Wildarten. Mit 168 fast ausschließlich vom Verf. gezeichneten Abbildgn. (XVI, 680 S.) Lex.-8. Berlin 907. P. Parey. Geb. in Leinw. n. 15. —

— Leitfaden der Zoologie f. Studirende der Naturwissenschaften u. der Medicin. Mit 101 Abbildgn. gr. 8. (VIII, 214 S.) Stuttgart 888. Schweizerbart. n. 3. —

Eine diluviale Periplaneta (von Grossen-Bornholt). Von Ernst Schäff. Separat-Abdruck aus dem „Zoologischen Anzeiger" Nr 410. Leipzig 1893. 8°

— Steinböcke u. Wildziegen. Photographische Darstellg. der Gehörne m. begleit. Text. 10 Taf. in photograph. Lichtdr., ausgeführt v. Sinsel, Dorn & Co., Leipzig. Fol. (4 S.) Leipzig 890. (Gracklauer.) n.n. 8. —

— ornithologisches **Taschenbuch** f. Jäger u. Jagdfreunde. Tabellen zur Bestimmg., sowie Beschreibgn. aller Arten der in Deutschland vorkomm. Raubvögel, Hühner, Tauben, Stelz- u. Schwimmvögel, nebst e. Anh., Rabenvögel u. Drosseln. Mit 18 vom Verf. gezeichneten Abbildgn. gr. 8. (IX, 193 S.) Neudamm 891. Neumann. Geb. in Leinw. n. 3.

Schäff, ornithologisches Taschenbuch f. Jäger u. Jagdfreunde. Tabellen zur Bestimmg., sowie Beschreibgn. aller Arten der in Deutschland vorkomm. Raubvögel, Hühner, Tauben, Stelz- u. Schwimmvögel, nebst e. Anh., Rabenvögel u. Drosseln. M. 18 v. Verf. gezeichneten Abb. 2. (Titel-) Ausg. gr. 8. (IX, 193 S.) Neudamm (891) 896. J. Neumann. n. 2. —; geb. in Leinw. n. 3. —

— ornithologisches **Taschenbuch** f. Jäger u. Jagdfreunde. Tabellen zur Bestimmg., sowie Beschreibgn. aller Arten der in Deutschland vorkomm. Raubvögel, Hühner, Tauben, Stelz- u. Schwimmvögel, nebst e. Anh., Rabenvögel u. Drosseln. Mit 67 vom Verf. gezeichneten Abbildgn. 2. verm. u. verb. Aufl. (XII, 210 S.) 8. Neudamm 905. J. Neumann. n. 4. —; geb. in Leinw. n. 5. —

—— Das Tierreich, s. Hausschatz d. Wissens.

Schaeff, Ernst [aus Itzehoe]: Aus dem Zoologischen Institut zu Kiel. Untersuchungen über das Integument der Lophobranchier . . . .
Kiel, Verl. v. Lipsius & Tischer, 1886; 36 S. u. 1 Taf. 8°.
Kiel, Phil. Fak., Inaug.-Diss. v. 27. Febr. 1886.

Schäff, Ernst. Untersuchungen üb. das Integument der Lophobranchier. [Aus dem zoolog. Institut zu Kiel.] gr. 8. (34 S. m. 1 Steintaf.) Kiel 886. Lipsius & Tischer. n. 1. 20

Schäff, Heinr., abseits, s. a. Bibliothek Langen, kleine.

Abseits. Lieder meines Lebens. Von Heinrich **Schäff**. München: Langen [1910]. 103 S. 8°
(Kleine Bibliothek Langen. Bd 103.)

Schaffarik, Paul Jos., über d. Abkunft der Slawen nach Lorenz Surowiecki. gr. 8. (13¾ B.) Ofen 828. (Pesth, Hartleben.)

Schaffarik, (P. J.,) **Geschichte der slavischen Sprache u. Litt. nach allen Mundarten. gr. 8. Ofen 827**, (Hartleben in Pesth.) 2 Rthl. 16 gr. Schrbp.

Schaffarik, Paul Jos., serbische Lesekörner, od. histor.-krit. Beleuchtung d. serb. Mundart. Ein Beitr. zur slawischen Sprachkunde. Mit Beilagen u. e. Facsimile (gr. 4.) Lex.-8. (8½ B.) Pesth 833, Hartleben. Thlr.

Schaffberg, Henricus Fridericus Robertus (Querfurt)
Dissertatio inauguralis de abscessibus frigidis in hominibus phthisi laborantibus adjunctis morborum historiis tribus.
Giessae: Lichtenberger 1831. 12 S.
Diss. med. 8.8.1831. vorh. 7.

Schaffe in mir, Gott, e. reines Herz. 4 Lilien auf grünem Grunde. Chromolith. 16. Leipzig 883. (Baldamus Sep.-Cto.) n. — 70

Schäffel, J., Ein Wort zur Abwehr des auf Reservefonds der kommunalen Waisenkassen der einzelnen Kronländer geplanten Attentats. 8°. Wien 1895.

Schaffeld, s.: Gesetzbuch, das bürgerliche, m. besond. Berücksicht. der Rechtsprechung des Reichsgerichts.

Schaffeld, H. F., Schlüssel zur Zins- und Disconto-Berechnung oder kurze rc. Anleitung, jede vorkommende Zins- und Disconto-Berechnung, also nach beliebigem Procentsatze, jedem Betrage, auf jedwede Zeit rc. augenblicklich und längstens in einer Minute „ohne Hülfstabelle“ mit Sicherheit zu bewirken. Nebst einem Anhange über Zeitrechnung und schnelle Ausführung der Gold-Cours-Berechnungen. 8. (IV und 89 S.) Erfurt 861, (Neumann.) * -

Schaffeld, H. F., Schlüssel zur Zins- und Disconto-Berechnung oder kurze rc. Anleitung jede vorkommende Zins- u. Disconto-Berechnung, also nach beliebigem Procentsatze, jedem Betrage, auf jedwede Zeit rc. augenblicklich u. längstens in einer Minute „ohne Hülfstabelle“ mit Sicherheit zu bewirken. Nebst einem Anhange über Zeitrechnung u. schnelle Ausführung der Gold-Cours-Berechnungen. Erfurt 861. (Bollbart.) 8. (IV, 89 S.) n. 15 ngr.

* *Michael Schaffelts*, Unterricht vom Proportionalzirkel. Neue durchgehends umgearbeitete und mit einer historischen Einleitung vermehrte Auflage, von *J. C. Scheibel*. Breslau, 1 Alph. 4. mit 8 Kupf., bey Korn dem ältern. 1781. Allg. d. Bibl. Anh. zum 37 — 52. Band. 3te Abtheilung, pag. 1272.

Schaffen und Schauen. Leipzig und Berlin 1909
[Bd] 1. Von deutscher Art und Arbeit.
[Bd] 2. Des Menschen Sein und Werden.

Schaffen u. Schauen. Ein Führer ins Leben. 2 Bde. 8. Leipzig 911. B. G. Teubner. Geb. in Leinw. à 5.—; zusammen in Karton 10. —
1. Von deutscher Art u. Arbeit. 2. Aufl. 7.–13. Taus. (XXIV, 508 S. m. 4 Taf.)
2. Des Menschen Sein u. Werden. 2. Aufl. 7.–12. Taus. (XXXVI, 436 S. m. 4 Taf.)

Schaffer, R. P. Sándor — R. P. Alexander Schaffer. 1908. V: ***Hermann, O.*** (wonisch S. 13)

Schaffer's Chronik v. Rastenburg. Mitgetheilt v. E. Beckherrn. 8. (50 S.) Rastenburg 889. Kowalski. n. 1. —

Schaffer, s.: Lesebuch, deutsches, f. Stadt- u. Landschulen.

Schaffer, Alex., O. S. B., Pfarrer P. Blasius Hanf als Ornitholog. Dargestellt vorzüglich auf Grundlage der Schriften desselben. (XI, 384 S. m. 3 Taf. u. 1 Bildnis.) gr. 8. St. Lambrecht 904. (Graz, Styria.) n. 5. —

Schaffer, D. J., Würdigung der im J. 1848 verordneten Aufhebung der medizinisch-chirurg. Schulen in den k. k. österreich. Staaten. gr. 8. (18 S.) Olmütz 849, (Hölzel.)

Schaffer, E., s. Schaffer, Friedrich

Schaffer, F., siehe: *Rossel, A.*

Schaffer, Franz, s. Schaffer, Franz Xaver

Schaffer, Frz. Jos., die k. k. Finanzwach-Mannschaft in ihrer Stellung und ihren Ansprüchen der Staatsverwaltung gegenüber. 4. bericht. und verm. Aufl. gr. 8. (VI, 198 S.) Wien 881, Manz'sche Hofverlagsb. * 2 40

Schaffer, Frz. Jos., das Hausirgesetz im Zusammenhange mit den seither erflossenen nachträglichen Erläuterungen und den sonstigen auf dasselbe Bezug nehmenden gesetzlichen Bestimmungen. Salzburg 859. Glonner. gr. 8. (44 S.) 15 ngr.

Schaffer, Franz Josef, Das Hausirgesetz im Zusammenh. mit den seither erflossenen nachtr. Erläuterungen u. sonst. gesetzl. Bestimmungen. 3. Aufl. gr. 8. (52 S.) geh. 30 kr.
Wien: Manz 1881.

— das Hausirgesetz, im Zusammenhange mit den seither erflossenen nachträglichen Erläuterungen u. den sonstigen auf dasselbe Bezug nehmenden gesetzlichen Bestimmungen. 4., bericht. u. verm. Aufl. gr. 8. (52 S.) Ebend. 882. n. — 60

—— Hilfsbuch für den Finanz-Dienst überhaupt, und insbesondere zum Dienst-Unterrichte für die k. k. Finanzwache. 2 Abthlgn. Nach amtl. Quellen zusammengestellt. gr. 8. Ebendas. 881. [1. Abthl. 5. Aufl. (VI, 384 S.); 2. Abthl. 4. Aufl. (380 S.).] à Abthl. *M 4. * 8 —

Schaffer, F. J., *k. k. Finanz-Bez.-Comm.* Nachtrag der wesentlichsten Aenderungen und gesetzlichen Bestimmungen, welche seit Erscheinen der 4. Aufl. (April 1857) des von Ignaz E. Moschner herausgegebenen Hilfsbuches zum Dienstunterrichte für die k. k. Finanzwache in Wirksamkeit getreten sind. *Krems.* Druck von *M. Pammer.* 32 S. 8°.

Schaffer, Franz Joseph —. Votiv-Zeilen zur Erinnerung an die Kämpfe und Helden der Jahre 1848 und 1849. Von — —. 8. (18 S.) Wien. Gedruckt bei A. Dorfmeister 1854.

—— die Weg-, Brücken- und Fährten-Mautvorschriften, mit Einschluß der Bestimmungen über die Einrichtung des Fuhrwerkes, die Verpachtung, Behandlung der Cautionen, Einhebung der Mautgebühren in Aerarial-Regie und in Sequestration, nebst einem Nachschlage-Register. gr. 8. (100 S.) Salzburg 859, Glonner. —

Schaffer, Frz. Jos., die Weg-, Brücken- u. Fährten-Mauthvorschriften m. Einschluß der Bestimmungen üb. die Einrichtung d. Fuhrwerkes, die Verpachtgn., Behandlg. der Cautionen, Einhebg. der Mauthgebühren im Aerarial-Regie u. in Sequestration. 3. Aufl. 8. (III, 111 S.) Wien 885. Manz. n. 1. 60

Schaffer, Franz Xaver

Schaffer, Fr. X., Cilicia, s. a. Petermann's, A., Mitteilungen. 141. Erg.-Heft.

Cilicia. Von Dr. Franz X. Schaffer in Wien. Mit 3 Karten auf 2 Taf. *Gotha: J. Perthes 1903.* (110 S.) 4°
= Mitteilungen, Petermanns, aus J. Perthes' Geogr. Anstalt. Erg.H. No 141. [illegible]

Schaffer Franz Xaver, Dr. Die geologischen Ergebnisse einer Reise in Thrakien im Herbste [illegible] K — 50
Separatabdruck

— die geologischen Ergebnisse e. Reise in Thrakien im Herbste 902. (15 S. m. 1 farb. Karte.) gr. 8. Wien 904. (A. Hölder.) n. — 50
Sonderabdruck aus: „Sitzungsber. d. k. Akad. d. Wiss."

Schaffer, Frz. X., geologischer Führer f. Exkursionen im inner-alpinen Becken der nächsten Umgebung v. Wien, s.: Sammlung geologischer Führer. XII.

— dasselbe f. Exkursionen im inner-alpinen Wienerbecken, s.: Sammlung geolog. Führer. XIII.

— Geologie v. Wien. I.—III. Tl. Lex.-8. Wien, R. Lechner's Sort. n. 29. —
I. Mit geolog. Karte im Massstabe 1 : 25,000. (33 S.) 904. u. 5. —
II. III. Mit 1 Karte, 17 Taf. u. 25 Abbildgn. im Texte. (VI, 242 u. III, 128 S.) 906. n. 24. —

— Zur Kenntnis der Miocänbildungen von Eggenburg (Niederösterreich). I. Die Bivalvenfauna von Eggenburg. S. 119. [illegible] — .75
— — 2. Die Gastropodenfauna von Eggenburg. S. 121. [illegible] — 55
— — 3. bis 6. S. 122. [illegible] — .80
Separatabdruck

— Zur Kenntnis der Miöcänbildungen v. Eggenburg (Niederösterreich). I. Die Bivalvenfauna v. Eggenburg. (25 S.) gr. 8. Wien 910. A. Hölder. — 75
Sonderabdr. aus: „Sitzungsber. d. k. Akad. d. Wiss."

Das Miocän von Eggenburg. Die Fauna d. ersten Mediterranstufe d. Wiener Beckens u. d. geolog. Verhältnisse d. Umgebung d. Manhartsberges in Niederösterreich. Von Dr. Franz X. Schaffer. Mit 48 Taf. u. 12 Zinkotyp. Wien: K. k. Geol. Reichsanst.; Lechner in Komm. 1910. 126 S. 2°(4°)
(Abhandlungen der K. k. Geolog. Reichsanstalt. Bd 22, H. 1.) [illegible]

— Reisebilder aus Cilicien, s.: Vorträge des Vereines zur Verbreitung naturwiss. Kenntnisse in Wien. 43. Jbrg. 5. Heft.

SCHAFFER, Franz

Geologische Studien im südöstlichen Kleinasien von Dr. Franz Schaffer. (Mit 2 Kartenskizzen.) (Aus den Sitzungsberichten der kaiserl. Akademie der Wissenschaften in Wien. Mathem.-naturw. Classe; Bd. CIX. Abth. I. Juli 1900.) Wien. 1900 In Comm. Gerold's Sohn Gr.-8°. 28 S. K —.70

SCHAFFER, Franz

Geologische Studien im südöstlichen Kleinasien und in Nordsyrien von Dr. Franz Schaffer. (Mit 5 Textfiguren.) (Aus den Sitzungsberichten der kaiserl. Akademie der Wissenschaften in Wien. Mathem.-naturw. Classe. Bd. CX. Abth. I. Jänner 1901.) Wien. 1901. In Comm. Gerold's Sohn. Gr.-8°. 14 S. K —.40

— Neue geologische Studien im südöstlichen Kleinasien (ausgeführt auf einer Reise im Sommer 1901) [illegible] — 40
Separatabdruck

— neue geologische Studien im südöstlichen Kleinasien (ausgeführt auf e. Reise im Sommer 1901). gr. 8. (15 S. m. 2 Fig.) Ebd. 901. n. — 40
Sonderabdruck aus: „Sitzungsber. d. k. Akad. d. Wiss."

Schaffer, Friedr., über die Abhängigkeit der Blüthenentwicklung der Pflanzen von der Temperatur. Inaugural-Dissertation. gr. 8. (29 S. mit 1 Tab. in qu. Fol.) Bern 878, (Dalp'sche Buchh.) * 1 20

Schaffer, F[riedrich], und Evéquoz, A[drien]. Anträge zur Revision des schweiz. Lebensmittelbuches betreffend Milch und Milchprodukte (exklus. Butter). Dem Schweizerischen Verein analytischer Chemiker zur Beratung vorgelegt von F. Sch' und A. E'. I + 8 S. 8. Bern, Neukomm & Zimmermann. 1904.
Durchschossen.

Schaffer, schematische Eintheilung d. Fleisches nach seiner Bezeichnung am Thier, in der Reihenfolge seines Werthes nummerirt. Lith. Taf. gr. Fol. Bern 890. Nydegger & Baumgart. Lackiert. n. 1. —

—— Einfache Methode zur Prüfung d. wichtigsten Lebensmittel. 8. (70 S.) Bern 890, Kaiser. geb. * 1 50

Schaffer. F. Einfache Methoden zur Prüfung der wichtigsten Lebensmittel. Bern. 1889

— Nährgehalt und Preiswürdigkeit (Nährwerth) der gebräuchlichsten Nahrungsmittel, graphisch dargestellt. (Tabelle). Imp.-fol. Bern, W. Kaiser. 1890. 1 50

— große Wandtabelle zur Veranschaulichung der Zusammensetzung u. des Nährwerthes der hauptsächlichsten Nahrungsmittel. 90×120 cm. Ebd. 890. n.n. 1.50

Schaffer, F., die bernischen Weine Jahrg. 1893. [Aus: „Bern. Blätter f. Landwirthsch."] gr. 8. (6 S. m. 2 Tab.) Bern 894. K. J. Wyß. n. — 40

Schaffer, H. Lichtbilder. Heitere Erzählgn. 2 Bde. 8. (160; 189 S.) Wolfenbüttel 891, Zwißler. à Bd. * — 50; * 1 —
—— dass. — s. Vom Jahrmarkt d. Lebens.

Schaffer, H. (Hedw. Schneider), Noblesse oblige, s.a. Frauenbibliothek, deutsche. 8. Bd.

— noblesse oblige. Erzählung. 12. (170 S.) Wolfenbüttel 891. J. Zwißler. n. 1. —

Schaffer, Hermann

Schaffer, H., Anrede bei der feierlichen Einweihung d. „Notburga-Heim", e. Zufluchts-, Wohn- u. Lernstätte f. weibl. Dienstboten, geh. in Ratibor am Ostermontage 1886. gr. 8. (8 S.) Breslau 886. (Goerlich.) — 30

Anrede bei der Einweihung des Neubaus am St. Notburga-Heim zu Ratibor geh. von [Hermann] **Schaffer** 1902. (Ratibor:) St. Notburga-Verein (1902). (4 S.) 8° [F.] [05. 868: 2

Schaffer, Herm., zur Erinnerung an die Oberin der grauen Schwestern zu Ratibor M. Beatrix Greifeld, † am 6. Octbr. 1873; an deren Grabe gesprochenen Worte des Dankes. gr. 8. (6 S.) Breslau 874. Goerlich. n. — 20

—— katholisches Gesang-Buch für Pfarrgemeinden. 12. (VI, 122 S.) Ratibor 878. (Breslau, Goerlich's Verlag.) * — 50

Schaffer, Herm., katholisches Gesangbuch für Pfarrgemeinden. 2. verm. Aufl. 16. (XV, 230 S.) Breslau 882, Goerlich's Verlag. * — 50

Schaffer, H., katholisches Gesangbuch f. Pfarrgemeinden. 3. Aufl. 16. (XV, 230 S.) Breslau 887. Goerlich. geb. n.n. — 60

Schaffer, Herm., katholisches Gesangbuch. 5. Aufl. 16. (XV, 230 S.) Breslau 897. F. Goerlich. n. — 50; geb. in Leinw. n. — 60

Schaffer, Herm., katholisches Gesangbuch. 6. Aufl. (XV, 230 S.) 16. Breslau (903). F. Goerlich. Geb. in Leinw. n. — 60

—— Geschichte einer schlesischen Liebfrauengilde seit dem J. 1343. Ein Beitrag zu der Geschichte der Gilden und religiösen Bruderschaften. Nach Urkunden und handschriftl. Quellen verf. gr. 8. (XXXVI, 319 S. mit 2 Abbild. in Lichtdr.) Ratibor 883. (Breslau, Goerlich's Verlag.) * 4 50
geb. * 6 —

Schaffer, Herm., die heilige Charwoche und ihre kirchliche Feier, nach dem röm. Missale und Rituale zur Erbauung des kathol. Volks dargestellt. 16. (72 S.) Ratibor 876. (Breslau, Aderholz' Buchh.) ** — 40

Schaffer, Herm., die heilige Charwoche u. ihre kirchliche Feier, nach dem römischen Missale u. Rituale zur Erbauung des katholischen Volkes dargestellt. 16. (72 S.) Ratibor 876. (Breslau, Goerlich.) n.n. — 40

Schaffer, Herm., s.: Kreuzweg-Andacht.

—— Lasset uns beten! Vollständiges Gebet- und Andachtsbuch mit zeitgemäßen Unterweisungen und Ermahnungen für kathol. Christen, theils bearb., theils gesammelt und zusammengestellt. 8. (XXIV, 376 S.) (Ebendas.) 880. 1 50

Schaffer, Herm., lasset uns beten! Vollständiges Gebet- u. Andachtsbuch m. zeitgemäßen Unterweisgn. f. kathol. Christen. 2., verb. Aufl. 16. (XVI, 692 S.) Breslau 894. F. Goerlich. 1. 20; geb. in Leinw. n. 1. 60; in Rossldr. m. Goldschn. n. 2. 50; m. metallener Einfassg. u. Schloß 3. —; in Schaflder. m. Goldschn. n. 3. —; in Juchtenldr. m. Goldhohlschn. 5. —; in Kalbldr. m. Goldhohlschn. 6. —

— lasset uns beten! Vollständ. Gebet- u. Andachtsbuch m. zeitgemäßen Unterweisgn. f. kathol. Christen. 3. Aufl. gr. 16. (XVI, 692 S. m. 1 Stahlst.) Breslau (900). F. Goerlich. Geb. von n. 1. 20 bis 6. —

Die katholische Pfarrkirche zu Ratibor, baulich u. geschichtlich geschildert von Hermann **Schaffer**, Stadtpfarrer. Mit Grundriß u. Ansichten. 2. vervollst., z. Feier d. 700jähr. Jubiläums veranst. Ausg. Ratibor: Literar. Bruderschaft; E. Simmich in Komm. 1905. (54 S.) 8° [F.] [05. 9998

Ratibor, wie es war, ward und ist. Von Dr. HERMANN SCHAFFER, Prälat Geistlichem Rate und emeritiertem Stadtpfarrer. 2. Auflage. Sonderabdruck aus dem VI. Bande der Oberschlesischen Heimat, der Zeitschrift des Oberschlesischen Geschichtsvereins. ib. 1910. — 8°.

— für Treu u. Glauben! Gedichte, nach besond. Auswahl hrsg. 8. (215 S.) Ratibor 886. Lindner. geb. m. Goldschn. n. 3. 25

Schaffer, J.: Entwurf zu einer Kunstakademie, s. Studien aus der Special-Schule von Th. R. v. Hansen.

Schaffer, J., s. Studien aus der Special-Schule von Th. R. v. Hansen.

— Wandarm, s. Studien aus der Special-Schule von Th. R. v. Hansen.

Schaffer, J. Gli., d. Kraft d. Elektricität. 8. Regensburg, Montag u. W. 752.

Schaffer, Johann Friedrich

— erste Anfangsgründe der französ. Sprache, besond. f. Kinder. gr. 8. Oldenb. (Hannov.) 805. Hahn. 6 gr. 2e Aufl. A. u. d. T.: französ. Sprachlehre f. Schulen u. zum Privatunterricht. 1r Curs. gr. 8. Ebd. 810. 7e A. 827. Ebd. 14 gr. 8e A. 830. 16 gr.

Schaffer, J. F., erste Anfangsgründe d. franz. Sprache f. Schulen u. zum Privatunterricht.
Auch unt. dem Titel:
Franz. Sprachlehre f. Schulen. 1r Curs. 4te Aufl. gr. 8. Hannov. Hahn. 815.

Schaffer, J. F., erste Anfangsgründe der französ. Sprache. 5te Aufl. gr. 8. Hannover, Hahn. 820. —
Auch unter dem Titel:
französ. Sprachlehre f. Schulen. 1r Cursus.

— geometrische Aufgaben mit vollständigen Auflösungen zum Selbstunterricht f. Anfänger, mit K. gr. 8. Oldenb. Schulze. 816.

— Aufgaben zum Uebersetzen aus d. Französ. ins Deutsche u. aus d. Deutschen ins Französ. (Aus d. Sprachlehre abgedr.) gr. 8. Hannov. 805. Hahn. 5 gr.

— Darstell. der phoronomischen Geometrie in Vergleichung d. Euclidischen, nebst einer neuen auf jene gegründeten Theorie der Differenzial- u. Integralrechnung. gr. 8. Oldenb. 822, Schulze.

— Darstell. e. neuen Systems d. französ. u. jeder andern Grammatik. A. u. d. T.: erster Unterricht in d. französ. Sprache f. Kinder, od. Vorübungen z. leichten Erlernung d. mündl. Ausdrucks im Französ. rc. gr. 8. Hannov. 814. Hahn. 6 gr.

Schaffer, Jean Frédér., nouveau Dictionnaire français-allemand et allemand-franç. Tom. I. Français-Allemand. — A. u. d. T.: Neues franz.-deutsches u. deutsch-franz. Wörterbuch. 1. Thl. Franz.-Deutsch. gr. 8. (92 B.) Hannover 834, Hahn.

Schaffer, Jean Frédér., nouveau Dictionnaire franç.-allem. et allem.-franç. Tom. II. — A. u. d. T.: Neues franz.-deutsch. u. deutsch-franz. Wörterbuch. 2. Thl. Deutsch-Französisch. 3 Abthln. gr. 8. Hannover, Hahn'sche Hofbuchh. [1. A — J. (63 B.) 836. 1⅚ Thlr., 2. K — R. (43 B.) 837. 1½ Thlr., 3. S — Z. (50 B.) 838. 2⅙ Thlr.]
Tom. I. Ebendas. 1834. 3 Thlr.

— Handbuch der bürgerl. u. kaufmänn. Arithmetik in ihrem ganzen Umfange. 2 Thle. 8. Oldenb. 809—10. Schulze. 3 [Thlr.]

Johann Friedrich Schaffer

Vollständiger Lehrbegriff der höhern, auf Combination der Größen gegründeten, Analysis, und der höhern phoronomischen Geometrie. Von J[ohann] F[riedrich] Schaffer. Oldenburg: Schulze 1824. XVI,638 S. 8°

— Lehrb. d. Arithmetik u. Algebra, der phoronom. Geometrie u. Trigonometrie. Mit 8 Steintaf. gr. 8. Oldenb. 820. Schulze. 2 [Thlr.] 8 [Gr.]

— französ. Lesebuch f. Anfänger, mit analog. Hinweisungen u. e. vollständ. Wörterbuche. gr. 8. Hannov. 806. 2e Aufl. 822. Hahn. 8 [Gr.]

—— französ. Lesebuch, mit erklär. Noten u. e. Wörterbuche. 3., mit mehr. Bruchstücken aus d. neuesten franz. Schriftstellern u. mit Guillaume Tell ꝛc. verm. Aufl. gr. 8. (20¾ B.) Hannover 835, Hahn'sche Hofbuchh.

Schaffer, Jean Frédér., französisches Lesebuch f. Anfänger. Mit e. Wörterverzeichnisse. 4. Aufl. gr. 8. (20½ B.) Hannover 845, Hahn'sche Hofbuchh.

— Rechenbuch für Bürger- u. Landschulen. 8. Oldenb. 816. Schulze. 6 [Gr.]

— Rechenbuch f. Bürger- u. Landschulen. 2. verb. u. verm. Aufl. 8. Oldenburg 841, Schulze'sche Buchh. n. ⅙ [Thlr.]

— Regeln d. Syntax d. französ. Sprache, in Beispielen. gr. 8. Hannov. 820. Hahn. 6 [Gr.]

— ausführlichere französische Sprachlehre für Schulen und zum Privatunterricht. 9e verb. u. stark verm. Aufl. gr. 8. Hannover 833, Hahn. ⅞ [Thlr.] — 10e verb. Aufl. 836. 1 [Thlr.]

—— ausführl. franz. Sprachlehre f. Schulen u. z. Privatunterr. 10., verb. Aufl. (35½ B.) 836., 11., verb. A. gr. 8. (35 B.) Hannover 841, Hahn'sche Hofbuchh. à

— französ. Sprachlehre nach e. neuen Methode f. Lehrer u. Lernende. gr. 8. Hannov. 805. Hahn. 18 [Gr.]

— französ. Sprachlehre f. Schulen u. zum Privatunterricht, s. a. oben: Anfangsgründe, erste.

— franz. Sprachlehre f. Schulen u. zum Privatunterricht. 1r Cursus. gr. 8. Ebend. 810.

— franz. Sprachlehre f. Schulen u. zum Privatunterricht. 2r Cursus. 2te verm. Aufl. gr. 8. Hannov. Gebr. Hahn. 813.

— französ. Sprachlehre f. Schulen u. z. Privatunterricht. 1r Cursus. (A. u. d. Titel: Erste Anfangsgründe d. französ. Sprache) 7e Aufl. gr. 8 Hannov. 827. Hahn

—— franz. Sprachlehre f. Schulen u. zum Privatunterr. 1. Curs. Anfangsgründe, Grammatik, Regeln d. Syntax in Beyspielen ꝛc. 8., verm. Aufl. (27½ B.) 830. 16 Gr., 9., verb. u. verm. A. (34 B.) gr. 8. Hannover 833, Hahn.
2. Curs. 2. Aufl. Ebendas. 1813. 1 Thlr.

—— kleine franz. Sprachlehre, od. erster Unterr. in d. franz. Sprache f. die ersten Anfänger, f. Schulen u. zum Privatunterr. 3., verb. u. verm. Aufl. gr. 8. (14 B.) Hannover 833, Hahn.

—— kleine franz. Sprachlehre, od. erster Unterricht in d. franz. Sprache, f. Schulen u. z. Privatunterr. 3., verb. Aufl. gr. 8. (14 B.) Hannover 838, Hahn'sche Hofbuchh.

—— kleine französische Sprachlehre, oder erster Unterricht in der französ. Sprache f. Schulen u. zum Privatunterricht. 4., verb. u. verm. Aufl. gr. 8. (13 B.) Hannover 844, Hahn'sche Hofbh. -

— s. Staats-Kalender, Oldenburgischer.

— vollständ. Syntax d. franz. Sprache durch Beispiele aus den besten franz. Schriftstellern erläutert, f. Schulen und Privatunterricht. 8. Oldenb. Schulze. 811.

— vollst. Syntax d. französ. Sprache, durch Beispiele aus d. best. französ. Schriftstellern erläutert. 2e Aufl. 8. Oldenburg 824, Schulze.

— erster Unterricht in d. franz. Sprache f. Kinder, od. Vorübungen z. leichten u. schnellen Erlernung des mündlichen Ausdrucks im Französischen ꝛc.
Auch unt. dem Titel:
Darstellung eines neuen Systems d. franz. u. jed. andern Grammatik. gr. 8. Hannov. Gebr. Hahn. 814.

— Versuch e. Beantwortung der v. d. mathemat.-physikal. Classe d. Acad. d. Wissenschn. zu St. Petersburg aufgegeb. Preisfrage üb. d. Licht; bearb. als 1. Thl. e. Systems d. Physik. M. 1 Stnt. gr. 8. (7¼ B.) Bremen 830. (Heyse.)

—— üb. Wittwen-Cassen, besond. üb. d. Oldenburgische. gr. 8. (1½ B.) Oldenburg 835, Schulzesche Buchh.

Schaffer [illegible]
Separatabdruck

Schaffer, J., üb. den feineren Bau fossiler Knochen. [Aus: „Sitzungsber. d. k. Akad. d. Wiss."] Lex.-8. (64 S. m. 2 Taf.) Wien 889. (Tempsky.) n. 1. 80

[illegible]
Separatabdruck

Schaffer, Jos., üb. den feineren Bau der Thymus u. deren Beziehungen zur Blutbildung. (Vorläufige Mittheilung.) [Aus: „Sitzungsber. d. k. Akad. d. Wiss."] Lex.-8. (6 S.) Wien 893. (F. Tempsky.) n. — 20
s. weiter unten: Schaffer, Jos., Thymusanlage.

— [illegible] —.70
Separatabdruck

Schaffer, Jos., üb. e. neuen Befund v. Centrosomen in Ganglion- u. Knorpelzellen. [Aus: „Sitzungsber. d. k. Akad. d. Wiss."] gr. 8. (8 S. m. 1 Taf.) Wien 896. (C. Gerold's Sohn.) n. — 70

— Beiträge zur Histologie und Histogenese [illegible] 3.70
Separatabdruck

— Beiträge zur Histologie u. Histogenese der quergestreiften Muskelfasern d. Menschen u. einiger Wirbelthiere. [Aus: „Sitzungsber. d. k. Akad. d. Wiss."] Lex.-8. (142 S. m. 6 Taf.) Ebd. 893. n. 3. 70

— [illegible] 1.20
Separatabdruck

Schaffer, Jos. Beiträge zur Histologie menschlicher Organe. I.: Duodenum. II.: Dünndarm. III.: Mastdarm. Lex.-8. (42 S. m. 2 Taf.) Wien 891, (Tempsky). * 1 20

4.20
Separatabdruck

— Beiträge zur Histologie menschlicher Organe. IV. Zunge. V. Mundhöhle—Schlundkopf. VI. Oesophagus. VII. Cardia. [Aus: „Sitzungsber. d. k. Akad. d. Wiss.“] gr. 8. (103 S. m. 4 Taf.) Ebd. 898. n. 4. 20 (I.—VII.: n. 5. 40)

— 30
Separatabdruck

— über d. Drüsen d. menschl. Speiseröhre. (Vorläufige Mitteilg.) [Aus: „Sitzungsber. d. k. Akad. d. Wiss.“] gr. 8. (8 S. m. 2 Fig.) Ebd. 897. n. — 30

— 70
Separatabdruck

— die Färbung der menschlichen Retina m. Essigsäurehämatoxylin. [Aus: „Sitzungsber. d. k. Akad. d. Wiss.“] Lex.-8. (12 S. m. 1 farb. Taf.) Ebd. 890. n. — 70

Separatabdruck

— über Roux'sche Canäle in menschlichen Zähnen. [Aus: „Sitzungsber. d. k. Akad. d. Wiss.“] Lex.-8. (9 S. m. 1 Taf.) Ebd. 890. n. — 40

Schaffer, Jos., die Plasmazellen, s. a. Sammlung anatomischer u. physiologischer Vorträge u. Aufsätze. 8. Heft.

Die Plasmazellen. Von Dr. Josef Schaffer, Prof. in Wien. Jena: Fischer 1910. 47 S. 8°
(Sammlung anatom. u. physiol. Vorträge u. Aufsätze. H. 8.)

Separatabdruck

— 20
Separatabdruck

— üb. Sarkolyse beim Menschen. Vorläufige Mittheilg. [Aus: „Sitzungsber. d. k. Akad. d. Wiss.“] Lex.-8. (6 S.) Ebd. 892. n. — 20

4.40
2.40
4.50
Separatabdruck

— u. Hans **Rabl,** das thyreo-thymische System des Maulwurfs u. der Spitzmaus. I. Tl. Abschn. A u. B u. II. Tl. gr. 8. Wien, A. Hölder. 11. 30
I, A. Morphologie u. Histologie. Von Sch. (109 S. m. 10 Fig. u. 4 Taf.) 909. 4. 40
I, B. Morphologie u. Histologie. Von Sch. (47 S. m. 12 Fig. u. 2 Taf.) 909. 2. 40
II. Die Entwicklung des thyreo-thymischen Systems beim Maulwurf. Von R. (80 S. m. 5 Fig. u. 9 Taf.) 909. 4. 50
Sonderabdr. aus: „Sitzungsber. d. k. Akad. d. Wiss.“

— 50
Separatabdruck

— üb. die Thymusanlage bei Petromyzon Planeri. 2. vorläuf. Mittheilg. üb. den feineren Bau der Thymus. [Aus: „Sitzungsber. d. k. Akad. d. Wiss.“] Lex.-8. (8 S. m. 1 Taf.) Ebd. 894. n. — 50 (1 u. 2.: n. — 70)

— 30
Separatabdruck

Schaffer, J., Verhalten fossiler Zähne im polarisirten Lichte. [Aus: „Sitzungsber. d. k. Akad. d. Wiss.“] Lex.-8. (7 S.) Wien 890. (Tempsky.) n. — 30

Schaffer, Karl, moderne Entwürfe f. verschied. Gewerbe. Zum Gebrauche f. den Unterricht im Freihandzeichnen an gewerbl. Lehranstalten. (22 farb. Taf. m. IV S. Text.) 54×38,5 cm. Wien 904. K. Graeser & Co. — Leipzig, B. G. Teubner. In Mappe n. 20. —

Schaffer Karel, Moderní návrhy pro různé živnosti. Wien 1905. Fr. Řivnáč.

Schaffer, Karl, Suggestion u. Reflex. E. kritisch-experimentelle Studie über die Reflexphaenomene des Hypnotismus. gr. 8. (VII, 113 S. m. 11 Abb., 6 Lichtdr.-Taf. u. 6 Bl. Erklärgn.) Jena 895. G. Fischer. n. 6. 50

Schaffer, Karl, anatomisch-klinische Vorträge aus dem Gebiete der Nervenpathologie. Ueber Tabes u. Paralyse. Lex.-8. (XII, 296 S. m. 63 Abbildgn. u. 5 Taf.) Jena 901. G. Fischer. n. 12.—

Schaffer, Leander, kurzes Gebetbuch für katholische Christen. 12. (144 S.) Linz 861, Ebenhöch. *

Schaffer, Ludw., zur Behandlung der ansteckungsfähigen Formen der Bindehaut-Erkrankungen. Als Beitrag, um vor Allem die noch gebräuchl. Lapisätzgn. zeitgemäss zu ersetzen. gr. 8. (52 S.) Wien 883. Seidel & Sohn. n. 1. —

Schaffer, L., Bekämpfung der Fettpressungen im menschlichen Körper [Leibgürtel f. mechanische Entfettung]. gr. 8. (87 S.) Wien 889. (Kubasta & Voigt.) n. 2. —

— die Hygiene u. Aesthetik d. menschlichen Fusses. gr. 8. (V, 132 S.) Wien 886. Braumüller. n. 3. —

—— die Theer-Imprägnirung im Massenquartiere. gr. 8. (32 S.) (Ebendas.) 886. *
Aus: Allgemeine Wiener medicinische Zeitung, besonders abgedruckt.

Schaffer, Paul, approb. Arzt aus Nowag, i. Schl.: Die **Behandlung von Gelenkergüssen mit heisser Luft.** *Greifswald 1902: F. W. Kunike.* (41 S.) 8°
Greifswald, Med. Diss. v. 12. Mai 1902

Schaffer, Schepsohel: Das Recht und seine Stellung zur Moral nach talmudischer Sitten- und Rechtslehre. . . . Berlin, Druck v. H. Itzkowski, 1889; 2 Bl. + 47 S. 8°
Leipzig, Phil. Fak., Inaug.-Diss. v. 26. Apr. 1889

Schaffer, S., das Recht u. seine Stellung zur Moral nach talmudischer Sitten- u. Rechtslehre. gr. 8. (IV, 132 S.) Frankfurt a/M. 889. Kauffmann. n. 2. —

Schaffer, Wenzel, theoretisch-practische Abhandlungen aus dem Gebiete der Wasser- u. Strassen-Baukunde. Wien 867. Gerold's Sohn. gr. 8. (VI, 172 S. mit 3 autogr. Taff. in Imp.-Fol. u. mehreren in den Text eingedr. Holzschn.) n. 2 ℳ

Schäffer, des doppelten Meuchelmörders Biographie. gr. 8. Cöln, Keil. 804.

Schäffer, Peter Joseph, ehemaliger Pfarrer zu Köln. Zweifacher Meuchelmörder. Getreu nach den Criminalacten dargestellt. Leipzig 855. O. Wigand. 32. (149 S.) 5 ngr.

Schäffer, s.a. Schäfer

Schäffer Description d'une machine pour blanchir le linge. 8. Paris et Strasb. Treuttel et W. Rthlr.

— Entwurf der Lehre v. d. 4 Rechnungsarten mit unbenannten u. benannten Zahlen u. Brüche. 8. Leipz. 787. Schwickert. 6 gl 2r Thl. Die Lehre von Verhältnissen u. Proportionen, u. die Regulodetri enthaltend. 8. Ebd. 790. 18 gl

Schäffer, Erleicht. z. Geschwindrechnen od. ausger. Tabellen f. alle im Handel vorkommende Fälle. 12. Frankft. Jäger. 802.

– Die Grundsätze des Lessing'schen Laokoon in Bezug auf bildende Kunst. 27 S. 4°
Iserlohn, Schul-/Univ.-Schrift 1865

Schäffer, Katechismus in 2 Bde 6 Thle. 8. Cöln, Haas d. Sohn. (Fabricius.)

Schäffer Über die christlichen Kunst-Ideale verglichen mit denen der alten Völker. 16 S.
Ratibor, Progr. 1848

SCHAEFFER: Oberförster, Maikäfer oder Kiefer! Ein Mahnruf am Vorabend des Hauptflug-Jahres 1888. - o. O. 1888. 15 S.

Schäffer, Kleinasiens Naturschätze, s.: Kannenberg, Karl.

Schaeffer, Diss. quaedam de influxu assuetudinis in corpus humanum. Stuttg. 4°.
1794

– Die Realschule. Darmstadt, Schul-/Univ.-Schrift 1863

— complettes Rechnenbuch. 7 Stcke. 8. Frkf. a. M. 800. Jäger. 10 gl

— vollständ. Rechenbuch. 8. Ebend. 800.

Schäfer und Maund's Americanischer Stadt- und Land-Calender: 1817
Published by Schaffer & Maund
Baltimore, MD

Schäffer, (Obergeometer), Stunden-Tabelle üb. Straßen-Entfernungen sämmtl. Amts-Sitze des Großherzogth. Baden; sowohl unter sich als von den vier Regierungs-Sitzen u. denen der Hofgerichte u. des Oberhofgerichts. Nebst e. Karte zur Uebersicht der Straßenzuge nach $\frac{1}{300000}$ der natürl. Größe. Officielle Ausg. durch das Hochpreißl. Justiz-Ministerium. 1 Blatt in Imp.-Fol. Carlsruhe 833. Marr. n. 2/3 ₰

Schaeffer, A., Angeboren. Roman. 2 Bde. 8. (236; 215 S.) Berlin 876. Janke. 6 —

Schaeffer, A., s.: Böhme's, A., Rechenbücher.

Deutsche Sektion, Gesellschaft für Soziale Reform. — Die Einzelbetriebe in der Ostschweizerischen Schiffchenstickerei-Industrie. Ein Beitrag zur Frage der internationalen Regelung der Arbeitszeit in dieser Industrie. Von Direktor A. SCHAEFFER. St. Gallen. Sonderabdruck aus der Zeitschrift „Soziale Praxis und Archiv für Volkswohlfahrt" für die 7. Generalversammlung der Internationalen Vereinigung für gesetzlichen Arbeiterschutz. Berlin. Gedruckt bei Julius Sittenfeld, Hofbuchdrucker. 8°.

Schäffer, A., Eisenbahn-Cours-Karte des nordöstlichen Deutschlands. Nebst Angabe der Telegraphen- und Dampfschifffahrts-Verbindungen. Nach officiellen Materialien bearb. Nr. 1. Juni 1858. 1 Bog. in Imp.-Fol. Berlin 858, Barthol und Comp. * —

Schäffer, A., Eisenbahn-Cours-Karte des nordöstlichen Deutschlands. Nebst Angabe der Telegraphen- und Dampfschifffahrts-Verbindungen. Nach officiellen Materialien bearb. Nr. 1. Juni 1859. 1 Bog. in Imp.-Fol. Berlin 859, Nauck'sche Buchh. Thlr. * *

Schaeffer, A. v., siehe: *Erdentage.*

Schaeffer, A
Feenhände. Erzählung. Berlin 1872.
In: Roman-Zeitung, Deutsche. Bd 4.

Schäffer, A., Homerus quid de perfecta corporis humani forma potissimum de deorum formis iudicaverit. Diss. 1874. 37 S. 1.20

A. N. Schaeffer (Alex. Nicol. v. Scherer?) Theophrastus Paracelsus. Gewürdigt in der am 12. Decemb. 1820 gehaltenen Hauptversammlung der pharmaceutischen Gesellschaft zu St. Petersburg. Eine Rede. St. Petersburg (Leipzig) 1822. 8.

Schaeffer, Ad., au déclin de la vie ou de la vie présente et de celle qui est à venir. Histoire précédée d'une lettre de G. Ad. Hirn. 8. (XXVII, 276 S.) Paris 883. (Strassburg, Treuttel & Würtz.) n.n. 2. 80

Schaeffer, A., auf der Neige d. Lebens od. v. dem gegenwärt. u. dem zukünft. Leben. Deutsche, vom Verf. autoris. Ausg. gr. 8. (XXXIV, 254 S.) Gotha 884. F. A. Perthes. n. 5. —

Schaeffer, Ad., un réveillon. 8. (VI, 158 S.) Paris 887. (Strassburg, Treuttel und Würtz.) *

Schäffer, Ad. Was ist Glück? od. Entwurf e. rationellen Apologie des Christentums. Deutsche vom Verf. autoris. Ausg. [Nach der 2. französ. Ausg.] 8. (XXXVIII, 296 S.) Gotha 891, F. A. Perthes. * 5 —

Schäffer, Adalbert Rudolf Reinherz Richard, s. Schäffer, Richard

Schaeffer, Adf., kurze Betrachtungen eines Genesenden. Mit Genehmigg. d. Verf. aus dem Franz. übers. v. W. Holtey-Weber 8. (139 S.) Leipzig 898. E. Sonnenhol. n. 1. 60; geb. in Leinw. n. 2. 50

Schäffer, Adolf: Ueber die Einwirkung konzentrierter Schwefelsäure auf Chinolin bei höherer Temperatur und Gegenwart von Quecksilbersulfat. 1908. 31 S. 8°
München, Dr.-Ing.-Diss. v. 27. 12. 1907

Schaeffer, A., Geschichte d. spanischen Nationaldramas. 2 Bde. gr. 8. Leipzig 890. Brockhaus. n. 16. —
I. Die Periode Lope de Vega's. (XV, 464 S.)
II. Die Periode Calderon's. (VI, 311 S.)

Schaeffer, (Heinr. Nat. Adolph, geb. Berlin 24. 7. 1821): De physiologia menstruationis cum eius analogiae inter hanc et coeundi ardorem in animalem a Bischoff constituta. Berolini (1846). (47 S.) 8°
Berlin, Med. Diss. v. 3. Okt. 1846

Schäffer, Adolph Richard, s. Schäffer, Richard

Schaeffer, Adolphe, non sint ou sus a l'ennemi. gr. 8. (71 S.) Neuchatel Sandoz. n.n. 1. 20

Schäffer, Albert: Beiträge zur Reform des mathematischen Unterrichts. Halberstadt (1910): Koch. 23 S. 8°
Halberstadt, RG OP 1910 (355) [S 10. 374

Schäffer, Albert Über den Gebrauch des Accusativs bei Herodot. 18 S. Progr. Gross-Strehlitz 1881.

Schaeffer, üb. den Gebrauch d. Accusativs bei Herodot. gr. 4. (18 S.) Gross-Strehlitz 884. (Wilpert.) n.n. 1. —

Schaeffer, Albertus Julius: De morbis corneae. Halae (1822): Schimmelpfennig. 61 S. 8°
Halle-Wittenberg, Med. Diss. v. 14. Sept. 1822
Geb. Hirschberg (Schlesien) 25. 10. 1799. V.

Schaeffer, Albert Jul., Sammlung gerichtsärztlicher Gutachten. I. Ausg. (VII und 384 S.) 1848. 2 Thlr. und 2. (Titel-)Ausg. gr. 8. (VIII und 384 S.) Berlin 852, Th. Enslin.

Schäffer, Alex., Dort und Hier. Dichtungen. Ulm 853. Sailer. 16. (VI, 326 S.) n. 1 Thlr. 6 ngr.

Schäffer, Alfons

—: Einführung des neuen Leiters. S. 11—14. 4.
Progr. Städt. paritat. Progymn. i. E. *Berg.-Gladbach* 1907 (531).

Schaeffer, Alfons, Dr.: Die Entwicklung der städtischen höheren Knabenschule zum städt. paritätischen Progymnasium i. E. Berg.-Gladbach 1907: C. Illinger. (S.3—9.) 4°
Berg.-Gladbach, st. parität. PG i. E. OP 1907 (531)

Schaeffer, Alphonsus: Quaestiones Platonicae. *Argentorati 1898 „Str[assb.] N[eueste] N[achrichten]“.* (71 S.) 8°
Strassburg, Phil. Diss. v. 1898

Schaeffer, Alph., Quaestiones Platonicae. Diss. gr. 8. (71 S.) Argentorati 898. (Leipzig, Buchh. G. Fock.) n. 2. —

Schaeffer, Alfons. [Rede bei der Kaisergeburtstagsfeier.] S. 35—37. 4. Städt. paritat. Progymn. i. E. *Berg.-Gladbach* 1907 (531).
Progr.

Schaeffer, Alfred, a. Branitz (Ob.-Schlesien): Über einige Hydrazin- und Merkaptan-Abkömmlinge und deren Bedeutung für die Analyse organischer Stoffe. Würzburg 1906: C. J. Becker. (75 S.) 8°
München, Phil. Fak., Ref. v. Baeyer, Diss. v. 18. Juni 1906
[Geb. 8. Apr. 79 Branitz; Wohnort: Branitz; Staatsangeh.: Preußen; Vorbildung: Gymn. Ratibor Einj.-Freiw.-Zeugn. O. 95, pharmazeut. Staatsexamen Juni 03; Studium: München 9 S.; Rig. 18. Juni 06.]

Schaeffer, Andr., 1400 mathematische Abiturienten-Aufgaben m. 700 Lösungen u. Anleitungen zur Lösung, als Uebungsbuch f. Sekunda u. Prima sowie zum Selbstunterricht zusammengestellt. (XVI, 240 S.) gr. 8. Zabern 910. A. Fuchs. Geb. in Leinw. 3. 80

Schaeffer, Andreas [Dr.]: Beiträge z. mathemat. Didaktik. Der geometrische Unterricht auf psychologischer Grundlage. Strassburg, Druck v. M. DuMont-Schauberg, 1893; 28 S. 4.
Buchsweiler, G, MP 1893 (505)

Schaeffer, Andr., die philosophischen Grundlagen der Herbart'schen Pädagogik. Eine krit. Untersuchg. gr. 8. (55 S.) Strassburg 900. J. H. E. Heitz. n. 1. 20

Schaeffer, Andr., englisches Hilfs- u. Wiederholungsbuch. Ein Repetitorium f. Prüflinge. br. 12. (78 S.) Strassburg 898. Schlesier & Schweikhardt. Kart. n. — 80

Schaeffer, Andreas [aus Strassburg]: Die Schaar ähnlicher Kegelschnitte, welche einem Dreiecke umschrieben sind, synthetisch behandelt ... Buchsweiler, Buchdr. E. Weinhard, 1891; 25 S., 2 Taf. 8.
Rostock, Phil. Fak., Inaug.-Diss. v. [8. Aug.] 1891

Schäffer, Ant., Pestilentiae observatio, explicatio et cura. 4. Götting. 803. Dieterich. 3 gr.

Gerber. Die schöne Gascognerin. Komische Oper in zwei Aufzügen von — —. Musik von August Schäffer. 8. (10 S. Gratz. Druck von A. Leykam's Erben. 1853.

Die Gemälde-Galerie (des Allerhöchsten Kaiserhauses). Alte Meister. M. 120 Ill. in Lichtdr. ausgef. v. k. u. k. Hof-Photogr. J. Löwy in Wien. (Vf.: August Schaeffer, Wilhelm v. Wartenegg, Dr. Hermann Dollmayr.) *Wien: Selbstv. d. Kunsthistor. Sammlgn; Gedr. u. in Comm. bei A. Holzhausen 1896.* (IV, 522 S., 120 Taf., 1 Erl.-Bl., 1 Pl.) 1 Bd 8.
(Kunsthistor. Sammlungen d. Allerhöchsten Kaiserhauses.) (96. 9115

Die Gemäldegalerie. Alte Meister. (2. Aufl.) Mit 200 Abb. (Verf.: August Schaeffer [&] Dr. Gustav Glück.) Wien: A. Holzhausen; Leipzig: K. W. Hiersemann 1907. (IV, 413 S.) 8°
[Umschlagt.:] Katalog d. Gemäldegalerie d. Allerh. Kaiserhauses. Alte Meister.
= Sammlungen, Kunsthist., d. Allerhöchsten Kaiserhauses. [6.] (07 14781

Schaeffer, Aug., die kaiserl. Gemälde-Galerie in Wien. Moderne Meister. Hrsg. m. specieller Genehmigg. d. hohen Oberstkämmerer-Amtes Sr. k. u. k. Apostol. Majestät. Text v. A. S. 1.—4. Lfg. gr. Fol. Wien, J. Löwy. à 15. —
1. (5 Taf. in Heliograv., nebst Text S. 1—8 m. Abbildgn.) 893. — 2. (7 Taf. in Heliograv., nebst Text S. 9—16 m. Abbildgn.) 893. — 3. (7 Taf. in Heliograv., nebst Text S. 17—24 m. Abbildgn.) 894. — 4. (7 Taf. in Heliograv., nebst Text S. 25—28 m. Abbildgn.) 894.

Schaeffer, Aug., die kaiserl. Gemälde-Galerie in Wien. Moderne Meister. Hrsg. mit specieller Genehmigg. d. hohen Oberstkämmerer-Amtes Sr. k. u. k. Apostol. Majestät. Text v. S. 5.—12. Lfg. (à 7 Taf. in Heliograv., nebst illustr. Text S. 33—108.) gr. Fol. Wien 895—898. J. Löwy. à Lfg. 15. —

Schaeffer, Aug., die kaiserl. Gemälde-Galerie in Wien. Moderne Meister. Hrsg. m. specieller Genehmigg. des hohen Oberstkämmerer-Amtes Sr. k. u. k. Apostol. Majestät. Text v. S. 13. u. 14. Lfg. gr. Fol. (14 Taf. in Heliogr., nebst illustr. Text S. 109—156.) Wien 899. 900. J. Löwy. à Lfg. 15. —

Schaeffer, Aug., die kaiserl. Gemäldegalerie in Wien. Moderne Meister. Hrsg. m. specieller Genehmigg. des hohen Oberstkämmerer-Amtes Sr. k. u. k. Apostol. Majestät. Text v. S. 15.—18. (Schluss-)Lfg. (30 Taf. in Heliogr., nebst illustr. Text XII u. S. 157—230.) gr. Fol. Wien 900. 903. J. Löwy. à Lfg. 15. —

Schaeffer, Aug., s.: Katalog der Gemäldegalerie des allerhöchsten Kaiserhauses.

Schäffer, Aug., die städtische höhere Mädchenschule zu Schwelm. 1804. 1904. Festschrift zur Feier des 100jähr. Bestehens der Schule. (56 S.) 8. Schwelm (904.) Rektor A. Schäffer. n. 1. —

Schäffer, August: 1804. 1904. Die städtische höhere Mädchenschule zu Schwelm. Festschrift z. Feier d. 100jähr. Bestehens d. Schule. Schwelm (1904): Scherz. 54 S. 8°

Schaeffer, Aug., Tabelle zur Erleichterung der Praemien-Berechnung von $\frac{1}{6}$‰ bis 15‰, von 5 Thlr. bis 20,000 Thlr. für sämmtl. Versicherungs-Anstalten. gr. 4. (11 lithogr. S.) Breslau 849, Kern.

—— Tabellen zu augenblicklich richtiger Berechnung der Taglöhne in $\frac{1}{4}$, $\frac{1}{2}$ und $\frac{3}{4}$ Tagen von 4 xr. bis 3 fl. Für Bau- und Werk-Leute, Fabrik-Besitzer, Revisoren, Gewerbs- und Geschäfts-Leute jeder Art rc. 16. (45 S.) Heilbronn 847, (Landherr.)

Schäffer, C., s.a. S c h ä f f e r , Karl

Schaeffer, C.: Grundriß des Bürgerlichen Rechts unt. Berücks. des römischen u. gemeinen Rechts. Berlin. 5 Bde
Bd 1. Allgemeiner Teil. 1906.
„ 2. Obligationenrecht. 1906.
„ 3. Sachenrecht. 1906.
„ 4. Familienrecht. 1907.
„ 5. Erbrecht. 1907.

Schaeffer, C., Grundriß des bürgerlichen Rechts unter Berücksicht. des römischen u. gemeinen Rechts. (In 5 Bdn.) 1.—3. Bd. gr. 8. Berlin, Puttkammer & Mühlbrecht. n. 6. 40; geb. in Leinw. n. 7. 60
1. Allgemeiner Tl. (IV, 110 S.) 906. n. 2. —; geb. n. 2. 40
2. Obligationenrecht. (IV, 132 S.) 906. n. 2. 40; geb. n. 2. 80
3. Sachenrecht. (III, 110 S.) 906. n. 2. —; geb. n. 2. 40

Grundriß des Bürgerlichen Rechts unter Berücksichtigung des römischen und gemeinen Rechts. Von C. **Schaeffer**, Düsseldorf. 2. u. 3. Aufl. Bd 1. Berlin: Puttkammer & Mühlbrecht 1908. 8° [⅙] (08. 932

Schaeffer, C., Grundriß des bürgerlichen Rechts unter Berücksicht. des römischen u. gemeinen Rechts. 6 Bde. gr. 8. Berlin, Puttkammer & Mühlbrecht. 15.80; geb. in Leinw. 18. 80
1. Allgemeiner Tl. 4. u. 5. ergänzte Aufl. (IV, 110 S.) 910. 2.—; geb. 2. 40
2. Obligationenrecht. 4. u. 5. ergänzte Aufl. (IV, 132 S.) 910. 2.40; geb. 2. 80
3. Sachenrecht. 4. u. 5. ergänzte Aufl. (III, 110 S.) 910. 2.—; geb. 2. 40
4. Familienrecht. 2.—4. ergänzte Aufl. (III, 95 S.) 910. 2.—; geb. 2. 40
5. Erbrecht. 2.—4. (ergänzte) Aufl. (V, 144 S.) 909. 2.40; geb. 2. 80
6. Grundriß der Civilprozeßordnung in der vom 1. IV. 1910 an geltenden Fassung. Von Sch. u. C. Bähr. (V, 238 S.) 910. 5.—; geb. 6. —

Grundriß der Civilprozeßordnung in der vom 1. April 1910 an geltenden Fassung. Von C. **Schaeffer**, Landrichter in Düsseldorf u. Dr. C[arl] Bähr, Gerichtsass. in Cassel. Berlin: Puttkammer & Mühlbrecht 1910. V, 238 S. 8°
(Schaeffer: Grundriß d. Bürgerl. Rechts. Bd 6.) (10. 563

Schäffer, C., der Heils-Weg oder Gespräche über die Heilsgeschichte u. die Heilslehre des Reiches Gottes auf Erden. Erfurt 866. (Körner'sche Buchh.) gr. 8. (VIII, 112 S.) n. 8 *ngr.*

—— der Missions-Herold oder Gespräche über 1. Die Heilsverkündigung durch die Apostel und Missionare, bis zur Reformation. 2. Die Heilsverkündigung und weitere Ausbreitung des Reiches Gottes nach der Reformation bis auf unsere Zeit ꝛc. gr. 8. (VII und 124 S.) Erfurt 866, (Körner'sche Buchh.) *

Schäffer, C., u. C. Hartmann, die königl. Theater in Berlin. Statistischer Rückblick auf die künstler. Thätigkeit u. die Personal-Verhältnisse während d. Zeitraums vom 5. Decbr. 1786 bis 31. Decbr. 1885. Mit 15 Illustr. in Fcsm.-Reproductionen nach den Orig.-Bildern. gr. 8. (VII, 304 S.) Berlin 886. Berliner Verlags-Comtoir. n. 6. —; geb. n. 7. 50

Schäffer, C. F., Gespräche mit Kindern über das in d. Preuß. Volksschulen einzuführ. Schulbüchlein zur ersten Uebung im Lesen u. Denken. 8. Stendal 805. Franzen u. Gr. 6 *gl*

Schäffer, C. F.: Neues Spielbuch. Berlin 1876. 52 S.

Schaeffer, C. J. Pistoth. Herm., de ratione inter arithmeticam et geometriam. Dissertatio quam in academia Jenensi pro venia docendi d. 27. Maii a. 1850 publice defendet. Smaj. (30 S. und 1 Stnt.) Jenae 850, Frommann.

S c h a e f f e r , (C. Guil. E.,) quaedam de tumoribus cysticis. 4. Lipsiae 825, Göthe.

Schäffer, Carl, s. S c h ä f f e r , Karl

Schäffer, Carl Emil Robert, s. S c h ä f f e r , Karl Emil Robert

Schäffer, Carl F., s. S c h ä f f e r , Karl F.

Schäffer, Cäsar

Schäffer, C., Apterygoten, s.a. Ergebnisse der Hamburger Magalhaens. Sammelreise.

Apterygoten bearb. von Dr. C[äsar] **Schäffer** (Hamburg). Mit 3 Taf. *Hamburg: L. Friederichsen & Co. 1897.* (48 S.) 4° 8°)
— **Ergebnisse** d. Hamburger Magalhaens. Sammelreise. Lfg 2,3. (8. 4.-8.)

— die Collembola d. Umgebung v. Hamburg u. benachbarter Gebiete, s.: Mitteilungen aus dem naturhistor. Museum in Hamburg, XIII.

S c h ä f f e r , Cäsar. Die Collembolen v. Süd-Georgien nach d. Ausbeute der deutschen Station v. 1882/83. Lex.-8. (9 S. m. 1 Taf.) Hamb. 891, (Gräfe u. Sillem). * 1 —
Aus: Jahrb. d. Hamburg. wiss. Anstalten, besonders abgedruckt.

Schäffer, C(äsar): Ausgewählte Kapitel aus der vergleichenden Psychologie. Hamburg 1908: Lütcke & Wulff. 43 S. 8°
Hamburg, OR auf der Uhlenhorst P 1908 (959) [S 08. 102

Schäffer, Cäsar: Dr.: Die Lehre von den Lösungen im chemischen Unterrichte der Oberklassen. Hamburg 1904: Lütcke & Wulff. (42 S.) 4°
Hamburg, OR auf d. Uhlenhorst P 1904 (857)

Schäffer, C(äsar): Über biologische Unterrichtsmittel und Unterrichtsmethoden an der Oberrealschule auf der Uhlenhorst zu Hamburg. Mit 1 Taf. Hamburg 1910: Lütcke & Wulff. 33 S. 8°
Hamburg, OR auf d. Uhlenhorst P 1910 (1007) [S 10. 375

Schäffer, Cäsar [aus Hamburg]: Historische U n t e r s u c h u n g e n an Insektenlarven. (Aus: „Zool. Jahrb., Abth. f. Anat. u. Ont. d. Thiere". Bd. III) . . . Jena 1888: Fischer. 1 Bl. + 26 S. 8°
Freiburg i. B., Phil. Fak., Inaug.-Diss. v. 1888

— üb. d. Verwendbarkeit d. Laubblattes d. heute leb. Pflanzen zu phylogenet. Untersuchgn. [Aus: „Abhandlgn. aus dem Gebiete d. Naturwiss."] gr. 4. (40 S. m. 1 Taf.) Hamburg 895. L. Friederichsen & Co. n. 3. —

SCHÄFFER, CH. A. Cumol und Propybenzol. Göttingen, 1868.

Schäffer, Chrn Ldwg, Beyträge zur Vermehrung der Känntniss der teutschen Alterthümer. Quedlinburg und Leipzig 1761. 8. . . . . (D.)

Schäffer, Chr. Ldw., († d. 7. Nov. 1810.) Beitrr. zur Kenntniß deutscher Alterthümer. 8. Quedlinb. 764. Biesterfeld. 6 *gl*

— s. Biblia. Halberstadt.

— Grundrisse s. Nachmittagspredigten. 8. Quedlinb. Reußner. 763.

Schaeffer, Christel, Referendar: Die Wirkungen der Todeserklärung auf familienrechtlichem Gebiete. Borna-Leipzig 1909: Noske. VI, 33 S. 8°
Leipzig, Jur. Diss. v. 16. Juli 1909
[Geb. 16. Juli 84 Bremen; Wohnort: Bremen; Staatsangeh.: Bremen; Vorbildung: Altes Gymn. Bremen Reife O. 05; Studium: Erlangen 3, Berlin 1, München 1, Jena 3 S.; Rig. 16. Juli 09.] [U 09. 2660

Schäffer, D. C. G., das Soldatenleben. Humoristische Erzählungen militairischer Erlebnisse in der 3. und 7. Artillerie-Brigade in den Jahren 1823 bis 1833. 2. verb. Aufl. Erfurt 864. Vollhart in Comm. gr. 8. (IV, 170 S.) n. 15 *ngr.*

Schäffer, D. C. G., das Soldatenleben. Humoristische Erzählungen militärischer Ereignisse in der 3. und 7. Artillerie-Brigade unter dem Obristen Monhaupt und dem beliebten Obristen v. Tuchsen in den J. 1823 bis 1833, nach einem Tagebuche hrsg. 3. verb. Aufl. gr. 8. (IV, 188 S.) Erfurt 882. (Körner'sche Buchh.) * 2 —

Schäffer, D. F., Afrika, ein unterhaltend. Lesebuch f. Freunde d. Länder- u. Völkerkunde. Mit illum. Kupf. 4. Berl. Neue Soc. Buchh. 813.

— Amerika u. Westindien. Ein unterhaltend. Lesebuch f. Freunde d. Länder- u. Völkerkunde. Mit 8 illum. K. 4. Ebend. 813.

— — dasselbe in franz. Sprache. Traduit par G. Mila. 4. la même. 813.

— Australien, Süd- u. Mittel-Asien. Ein unterhalt. Lesebuch f. Freunde d. Länder- u. Völkerkunde. Mit 8 illum. K. u. 1 Charte. 4. Ebend. 813.

— Beschreibung von Finnland, Lappland, Schweden, Dänemark, Norwegen, Island u. den Färör-Inseln. Ein unterhalt. Lesebuch f. Freunde d. Länder- u. Völkerkunde. Mit 8 illum. K. 4. Ebend. 813.

— Beschreibung des russischen Reichs. 2 Bde. mit Kpf. u. Charten. 4. Ebend. 812. (Ir 4 Rthlr. IIr 3 Rthlr. 12 gr.)

Schäffer, D. F., der Lehrmeister, od. Beitr. zur Erweckung des Nachdenkens edler u. sanfter Gefühle. Mit 6 Kpf. 8. Berl. 790. (Wienbrack in Leipz.) 14 gr.

Schäffer, D. F., d. Lehrmeister od. Beytr. z. Erweck. d. Nachdenkens edler u. sanft. Gefühle, m. K. 8. Berlin, Mever. (Belitz.) 790.

— le Voyageur autour du Monde à l'usage de la jeunesse, trad. de l'allemand par W. Mila. Tom. I., av. fig. color. 4. Berl. 801. (Sander). 4 rthl.

Schäffer, le, Voyageur autour du monde à l'usage de la jeunesse trad. de l'allemand p. Mila. T. I. av. fig. col. 4. Berl. Oehmigke. jun. 804.

— le Voyageur autour du monde, ou Description des cinq parties de la terre contenent un itineraire des principales contrées, des details sur le gouvernement, les moeurs et les usages des differ. peuples; des observations sur l'histoire naturelle etc. Trad. l'allemand par G. Mila. Tom. I. (l'Amerique et les Indes Occidentales, avec 8 planches enlum. 4. la même. 814.

— allgem. Weltgeschichte, e. Lesebuch f. Kinder. 2 Thle. 8. Berl. 789. Meyer. 16 gr.

Schäffer, D. F., der Weltumsegler, od. Reise durch alle 5 Theile d. Erde, mit vorzügl. Hinsicht auf ihre Bewohner, auf die Schönheiten u. Merkwürdigkeiten d. Natur u. Kunst rc. 6 Bde. mit Charten u. illum. K. (Ir enth. Amerika u. Westindien 3 Rthlr. 16 gr. IIr Afrika. 3 Rthlr. 10 gr. IIIr Australien, Süd- u. Mittelasien. 4 Rthlr. 10 gr. IVr das asiat. Rußland. 3 Rthlr. 0 gr. Vr das europäische Rußland. 3 Rthlr. 18 gr. VIr Finnland, Lappland, Schweden, Dänemark, Norwegen u. Island. 3 Rthlr. 3 gr.) 4. Berl. Neue Soc. Buchb. 801—812. Rthlr. s

— d. Weltumsegler, od. Reise d. alle 5 Theile d. Erde m. Hins. auf ihre Bewohner rc. 6 Bde. 4. Ebend. 808–10. (I. II. IV. u. VI. à 3 Rthlr. 22 gr. III u. V. à 4 Rthlr. 12 gr.)

— der Weltumsegler, od. Reise durch alle 5 Theile der Erde, mit Hinsicht auf ihre Bewohner, auf die Schönheiten u. Merkwürdigkeiten d. Natur rc. 6 Bde. Mit illum. Kpf. gr. 4. Berl. 801—10. Oehmigke. 24 rthl. 16 gr. N. Ausg. 7 Bde. Mit 8 ill. Kpf. gr. 4. Ebd. 820. (Sander). 20 rthl. 20 gr. (Auch unter besond. Titeln einzeln.)

Schäffer, D. F., der Weltumsegler, oder Reise durch alle 5 Theile der Erde. 7 Bände mit illum. Kupfern. gr. 4. Berlin, Flittner. 820. herabgesetzt auf
Ir Bd. auch unter dem Titel:
Annehmlichkeiten von Amerika und Westindien in naturwissenschaftlicher, sittlicher und geograph. Rücksicht rc. Mit 8 illum. Kupfert. 2te Aufl. 820.

— — desselben 2r Band.
Auch unter dem Titel:
Natur- und Sittengemälde des Erdtheils und der Bewohner von Afrika rc. Mit 8 illum. Kupfertaf. 2te Aufl. 4. 820.

— — desselben 3r Bd.
Auch unter dem Titel:
Anblicke von Australien, Süd- und Mittelasien rc. Mit 8 illum. Kupfert. und 1 Karte. 2te Aufl. 4. 820.

— — desselben 4r und 5r Bd.
Auch unter dem Titel:
Das russische Kaiserreich. 2 Thle. Mit 19 illum. Kupft. (Ir Theil, das europ. Rußland 2 Rthlr. 14 Gr. 2r Thl., das asiatische Rußland 2 Rthlr. 20 Gr.) 2te Aufl. 4. 820.

— — desselben 6r Band.
Auch unter dem Titel:
Schilderung von Finnland, Lappland, Schweden, Dänemark, Norwegen, Island und den Faröer Inseln rc. Mit 8 illum. Kupft. 2te Aufl. 4. 820.

— — desselben 7r Band.
Auch unter dem Titel:
Großbrittannien und Irland, in physischer, volksthüml. und statistischer Rücksicht rc. Mit 8 illum. Kupfert. 2te Aufl. 4. 820.

Schäffer, E., Ueber den Gebrauch der Derivaten auf tor u. trix. part. I. Pr. 1859. 18 S. 4°. 1.—
— — part. II. Pr. 1860. 24 S. 4°. 1.—

— s. a. Schäfer

Schäffer, E., Nirvana. Dramatisches Gedicht in 3 Akten. 8. (III, 83 S.) Dresden 901. E. Pierson. n. 1. 50

Schäffer, E., das Piasten-Schloß in Brieg, zur Zeit der Herzogin Dorothea Sibylla. Lithogr. Roy.-Fol. Breslau 833. Pelz. n. 1 rthl.

Schaeffer, E. Commentationis de usu praepositionum Terentiano part. I. 34 S. part. II. 18 S. . . .
Stendal, Progr. 1848. 1849

Schaeffer's, Ed., Hand- und Reisekarte der Thüringischen Staaten. 1 : 550,000. Farbendr. 30×39 cm. Gotha 891, C. Glaeser. * — 50

—— die Länder der heiligen Schrift. Mit Benutzung der besten Quellen für den allgemeinen Schulgebrauch unter Leitung von Wilh. Issleib gezeichnet. 6 Bl. Fol. Gera 869, Issleib und Rietzschel. *
aufgez. * M 7.; mit Stäben *

Schäffer, E., die Länder der heiligen Schrift. Für den Schulunterricht entworfen u. gezeichnet. Maassstab 1 : 2,500,000. 6 Blatt. Chromolith. Gotha 869. (Glaeser.) Fol. Auf Leinwand n. 2 rthl.

Schäffer, E., die Länder der heiligen Schrift. Mit Benutzung der besten Quellen für den Schulgebrauch unter Leitung von Wilh. Issleib gezeichnet. (2. Aufl.) 6 Bl. Chromolithogr. Imp.-Fol. Gera 879, Issleib und Rietzschel. * 3 —
Auf Leinw. * M 7.; mit Stäben * 8 —

Schäffer, E., die Länder der heiligen Schrift. Für den Schulunterricht entworfen und gezeichnet. 1 : 2,500,000. 6 Bl. Fol. Gotha 899, (Glaeser.) aufgez. *

Schaeffer, E., Schulkarte von Schleswig-Holstein. gr. 4. Schleswig 876, Bergas. **

Schäffer: Stellenregister zu Nägelsbach's Stilistik. 36 S.– Prenzlau, Progr. 1867.

Schäffer, Ed., Stellen-Register zu Nägelsbach's Stilistik. Auf Grund einer genauen Collation jeder Stelle zusammengestellt. Prenzlau 867. (Uhse.) gr. 4. (36 S.) n. 12 ngr.

Schäffer, E., Wandkarte der Thüringischen Staaten. Für den Schulunterricht entworfen und gezeichnet. Fol. (9 Bl.) Gotha, Glaeser. *M 6.; aufgez. **

Schaeffer, Eduard: Bericht über einen Fall von völliger Durchschneidung des Schlundkopfes mit Ausgang in Heilung bis auf eine dauernde Schluckstörung, aus dem Städtischen Krankenhaus zu Bielefeld. Bielefeld 1910: Siedhoff. 17 S. 8°
Heidelberg, Med. Diss. v. 14. März 1910, Ref. Narath
[Geb. 10. Febr. 84 Halle i. W.; Wohnort: Bielefeld; Staatsangeh.: Preußen; Vorbildung: Gymn. Bielefeld Reife O. 03; Studium: Marburg 5, Tübingen 1, München 2, Freiburg i. B. 1, Heidelberg 2 S.; Coll. 16. Nov. 09; Approb. 11. Febr. 10.] [U 10. 2189

Schäffer, Ed., das deutsche Heerfuhrwesen. Entwickelung und Gestaltung desselben im Laufe der Jahrhunderte. gr. 8. (X, 132 S.) Berlin 881, Mittler und Sohn. * 1 50

Schäffer, E., der Kriegs-Train d. deutschen Heeres in seiner gegenwärtigen Organisation, nebst e. Anh.: Das Feldverpflegungs- u. Transportwesen in den letzten deutschen Kriegen. gr. 8. (VI, 117 S.) Berlin 883. Mittler & Sohn. n. 2. —

[F.] Der Kriegstrain des deutschen Heeres in seiner gegenwärtigen Organisation. Nebst e. Anh.: Das Feldverpflegungs- u. Transportwesen in d. letzten deutschen Kriegen, Nachweis d. etatsmässigen Kriegsstärke d. Trains u. d. Verlustliste im Feldzuge 1870/71. Von E. **Schäffer**, Major z. D. 2. neu bearb. Aufl. *Berlin: E. S. Mittler & Sohn 1897.* (VI, 112 S.) 1 Bd 8. [98. 667

Schäffer, Ed., Wilhelm und Augusta. Gedenkblatt zum goldenen Hochzeits-Jubiläum des Kaisers und der Kaiserin von Deutschland, König und Königin von Preußen, am 11. Juni 1879. gr. 8. (V, 82 S.) Breslau 879, Trewendt und Granier. * 1 —

— Wilhelm u. Augusta. Gedenkblatt zum goldenen Hochzeits-Jubiläum des Kaisers u. der Kaiserin von Deutschland, König u. Königin von Preußen, am 11. Juni 1879. gr. 8. (V, 82 S.) Breslau 879. Woywod. n. 1. —

— Kaiser Wilhelm I. d. Große. Rückerinnergn. aus d. thatenreichen Leben — von d. Wiege bis z. Grabe — uns. in Gott ruh. vielgeliebten Monarchen, als Mensch, Herrscher u. Staatsmann. Gedenkblatt z. 100. Geburtstage am 22. III. 1897. 1. u. 2. Aufl. gr. 8. (84 S. m. Bildn.) Karlsruhe 897. G. Braun'sche Hofbuchdruckerei u. Verlag. n. — 50

Schäffer, Edwin, Register, s.: Gmelin, Leop., u. Karl Kraut, Handbuch d. Chemie.

Schaeffer, Edwin [aus Oppenweiler, Württemb.]: Über p-Nitrosoanilin ... Ulm, J. Ebner'sche Buchdr., 1895; 24 S. 8.
Erlangen, Phil. Fak., Inaug.-Diss. v. 22. Mai 1895

Schäffer, Ehrenfried (Görlitz) A. S. 740/26

Disputatio juridica de collatione sumtuum studiorum. Präs. Heinrich Bodinus.
Halle (Henckel) 16. XI. 1703. 14 Bl.

Gew.: Wolff Abraham von Gersdorff, Joachim Ernst von Nostitz, Johann Christoph von Schweinitz.
W. v.: Präs. 29908

Schaeffer, Ehrenfried (Görlitz) A. S. 122/1

Dissertatio juridica de collatione sumtuum studiorum, Von Abrechnung derer aufs Studiren verwandten Gelder. Präs. Heinrich Bodinus.
Halle (Hendel) 1747. 24 S.

Diss. 16. XI. 1703. 29909

Schäffer, Emil

— das Florentiner Bildnis. (237 S. m. Abbildgn.) gr. 8. München 904. Verlagsanstalt F. Bruckmann. n. 7. —; in Liebhaberbd. n. 9. —

— Botticelli, s. a. Kunst, die. 16. Bd.

Botticelli von Emil **Schaeffer**. Mit 2 Photograv. u. 9 Vollbild. *Berlin: J. Bard [1903].* (69 S.) 8°
= Kunst, Die. Bd 16. [04. 2255 11

Schaeffer, Emil, Botticelli. 2. Aufl. Berlin [1905.] 8°.
(D. Kunst, hrsg. von Rich. *Muther*. Bd 16.)

Schaeffer, Emil, s.: Dyck, van, des Meister Gemälde.

Schaeffer, Emil, Anthonis van Dyk, s. a. Kunstgeschichte in Einzeldarstellungen.

Anthonis van Dyk von Emil Schaeffer. 2. Taus. Breslau, Leipzig: M. Müllern-Schönenbeck [1902]. (43 S.) 8°
= Kunstgeschichte in Einzeldarstellungen. 1.

— die Frau in der venezianischen Malerei. Ein Versuch. Mit 100 erläut. Abbildgn. gr. 8. (188 S.) München 899. Verlagsanstalt F. Bruckmann. n. 7. —; geb. in Leinw. n. 9. —

— Friedrich Karl Hausmann. Ein deutsches Künstlerschicksal. Mit 30 Abbildgn. in Tonätzg. (120 S.) gr. 8. Berlin 907. J. Bard. n. 5. —; kart. n. 6. —

— Das Porträt der italienischen Hochrenaissance, s. a. Porträt, das. 4. Lfg.

Das Porträt der italienischen Hochrenaissance. Eine Umrisszeichnung v. Emil **Schaeffer**. Berlin: J. Bard; B. Cassirer 1907. (8 S., 5 Taf.) gr. 2°
= **Porträt**, Das. Lfg 4. [08. 285

Schaeffer, Emil, über Resorption von Blutextravasaten. Diss. Erlangen 1886, Th. Blaesing. 8°. 36 S.

Schaeffer, Emil [Assistent am pathol.-anatom. Institut Erlangen]: Über Resorption von Blutextravasaten . . . . Erlangen, Druck v. Junge & Sohn, 1886; 36 S. 8°.
Erlangen, Med. Fak., Inaug.-Diss. v. 1886.

Schaeffer, Emil, Andrea del Sarto, s. a. Kunst, die. 35. Bd.

Andrea del Sarto von Emil **Schaeffer**. Mit 1 Heliograv. u. 14 Vollbild. (Berlin): Bard, Marquardt & Co. [1904]. (62 S.) 8°
= **Kunst**, Die. Bd 35. [05. 2716

Schaeffer, Emil: Das Weib in der venezianischen Malerei. *Breslau 1898: Dr. R. Galle.* (103 S.) 8°
Breslau, Phil. Diss. v. 23. Juli 1898

Schäffer, Erich, Volontärarzt an d. pathol.-anat. Anstalt d. städt. Krankenh. am Urban in Berlin: Aus d. Breslauer chirurg. Klinik, Geheimrat v. Mikulicz. Beitrag zur chirurgischen Behandlung der Trigeminusneuralgie. *Breslau 1902: Bresl. Genoss.-Buchdr.* (57 S.) 8°
Breslau, Med. Diss. v. [16. Jan.] 1902

Schäffer, Ernst, aus Hamburg: Beiträge zur Kenntnis der von einigen Schimmelpilzen hervorgebrachten Enzyme. *Erlangen 1901: A. Vollrath.* (56 S.) 8°
Erlangen, Phil. Diss. v. 28. Juni 1900

Schaeffer, Ernscht, werkliche Pälzer Gedichde. Minn meiner Mune. 12. (71 S.) Kaiserslautern 893. E. Crusius. n. — 80

Schäffer (F. R.), Die Bimssteinkörner bei Marburg in Hessen und deren Abstammung aus Vulkanen der Eifel. (Dissertation Marburg.) Marburg 1851. 8.

Schaeffer, Fernand, a. Straßburg: Ueber kumulative Nebenwirkungen bei der Digitalistherapie mit Infus und Pulvern. Straßburg i. E. 1907: C. Müh & Cie. (36 S.) 8°
Straßburg, Med. Fak., Ref. v. Krehl, Diss. v. 3. Juni 1907
[Geb. 25. Febr. 83 Straßburg i. E.; Wohnort: Straßburg; Staatsangeh.: Elsaß-Lothringen; Vorbildung: Lyzeum Straßburg Reife M. 01; Studium: Straßburg 10 S.; Coll. 7. März 07; Approb. 16. Dez. 06.]

Schäffer, Fr., († d. 20. Juni 1800.) s. Jos. Frank, Heilart.

Schäffer, Fr. Chr.

Schäffer, F. C., die gesegnete Reformation. Eine Rede gehalten zu Neu-York dem 31. Oct. 1817. Aus d. Engl. v. Hundt-Radowsky. gr. 8. Berlin, Hayn. 818.

Schäffer, Friedr., Beschreibung u. Abbild. e. Vorricht., durch welche Scheintodte sich aus dem Sarge u. Grabe befreien können. 8. (½ B. u. 1 Stnt.) Landsberg a/W. 839, Wilmsen's Buchh. (?) *

Schäffer, Friedr., Geschichte des frankfurter Waisenhauses von seiner Entstehung im Jahre 1679 bis zum Bezug des neuen Waisenhauses im Jahre 1829, nebst e. ausführl. Darstellung der gegenwärtigen Erziehungs- u. Unterrichts-Weise in demselben. gr. 8. (15 B. u. 2 lith. Zeichnungen.) Frankfurt a. M. 842, (Streng.) *

Schäffer, Friedrich August (Darmstadt)
Abriß der Geographie des Großherzogthums Hessen.
Mainz: Kunze 1843. 31 S.
[An Stelle einer Dissertation eingereicht.]
Dr. phil. Giessen 18.4.1844. vorh. 26.

Schäffer, Friedr. Aug., Abriß der Geographie des Großherzogth. Hessen. Zugleich eine Zugabe zu Schacht's kleiner Schulgeographie. Für d. Volksschulen. 8. (2 B.) Mainz 844, Kunze. *

—— kurze geograph.-histor.-statist. Beschreibung des Großherz. Hessen. gr. 8. (12 B. u. 1 Karte.) Mainz 843, Kunze. *

SCHAEFFER, Friedrich Ulrich Gustav (Lauf): De ophthalmia syphilitica.- Altorfii: Hessel 1835. 15 S.
25.10.1834 - Urk; F 61
Diss. Ingolst.-Landsh.-Mchn.

Schäffer, Fritz [app. Arzt aus Giessen]: Aus d. Univ.-Augenklinik in Giessen. Ein Fall von Sarkom der Thränendrüse ... M. 2 Taf. Giessen, grossh. Hof- u. Univ.-Dr. C. v. Münchow. 1895. 56 S., 2 Taf. 8°
Giessen, Med. Fak., Inaug.-Diss. v. 1895

Schaeffer, G., Anltg. f. Steuerpflichtige, siehe Handbibliothek, Leipz. jur. No. 45.

Schäffer, G., das Leben des Liederdichters Eman. Chr. Glieb. Langbecker. 8. (3¼ B.) Berlin 844, C. H. Schultze.

Schäffer, G., das Leben des Liederdichters Eman. Chr. Gli. Langbecker. 8. Berlin 844. (Wolff u. Comp.) 6¼ ngl

Schäffer, G. A. W., s. Herrich-Schäffer.

Schaeffer, G. B., De angina pectoris vulgo sic dicta. 54 pp. Gott. 4°. *Doering*, I, 123.

1787

Schäffer, [Georg Anton] Ritter von: Brasilien als unabhängiges Reich in historischer, mercantilischer und politischer Beziehung. — Altona: Hammerich 1824. XVI, 464 S.

Schäffer, Geo. Heinr., Bibliotheca Büloviana rc. 3. Thl. (Handschriften.) welcher d. 10. Oct. 1836 zu Eisleben versteigert werden wird. gr. 8. (9 B.) Sangerhausen 836. (Eisleben, Reichardt.) *
Vgl.: Bibliotheca Buloviana.

(**SCHÄFFER,** Georg Jacob.) Abriß des Jauner- und Bettelwesens in Schwaben nach Akten und anderen sicheren Quellen von dem Verfasser des Konstanzer Hanß. Stuttgart 1793. 8°.
Holzmann-Bohatta I, 507.

[**Schäffer,** Gg. Jak. Oberamtm. in Sulz:] Beschreibung derjenigen Jauner, Zigeuner, Mörder, Strassen-Räuber, Kirchen-, Markt-, Tag- und Nachtdiebe, Falschen Geld-Münzer, Wechsler, Briefträger, Spieler u. a. herumvagirenden liederlichen Gesindels, welche von denen verurtheilten 7 Erzjaunern, und Jaunerinnen entdeckt worden sind. Stuttgart: Cotta 1784. (2?) [illegible]

SCHÄFFER, Geo. Jac., Beschreibung derjenigen Jauner, Zigeuner, Strassen-Räuber, Mörder, Markt-, Kirchen-, Tag- und Nacht-Dieben, falschen Geld-Münzern, Wechsler, Spieler und andern liederlichen Gesindels in Schwaben, Schweiz, Baiern, Pfalz, am Rhein, Boden und Züricher See, Frankreich, Tirol ... dahier (Sulz a/Neckar) 1798/99 in Verhaft gelegen. Mit *Anhang* über die hingerichteten u. gestorbenen Erzjauner u. Dieben. Tübingen 1801. Fol.
Wichtiger Beitrag zur deutschen Gauner- und Stromer-Litteratur. — Dr. Franz Schnitzer's Bibl. München 1902, no. 907.

Schäffer, Geo. Jak., Gauner-Liste, od. Beschreib. aller in Schwaben befindl. Gauner rc. Fol. Tübing. 784.

(**SCHÄFFER,** Georg Jacob.) Kostanzer Hanß eine Schwabische Jauners Geschichte aus zuverläß. Quellen geschöpft und pragmatisch bearbeitet. Stuttgart 1789. 8°.

— Zigeuner-Liste. Fol. Tübing. 787.

Schaeffer, Gustav, prakt. Arzt aus Bremen: Zur Frage der Behandlung der Uterusruptur. *Strassburg i. E. 1902: C. & J. Goeller.* (91 S.) 8°
Strassburg, Med. Diss. v. 1902

Schäffer, H., s.a. Schäffer, Johann Heinrich

Schäffer, H., anno Dazumal. Postalische Dichtgn. Illustrirt nach Skizzen d. Verf. v. Emil Reinicke. gr. 8. (68 S.) München 890. Braun & Schneider. n. 1. —

Schäffer, (H.,) 12, sage u. schreibe: Zwölf von den Bestrebungen des Prof. H. C. Oersted dem Vaterlande zu nützen. 8. Kiel 825, (Leipz., Schmidt.)

Schäffer, H., (Bildniß:) Joh. Gensfleisch von Gutenberg. Zur vierten Säcular-Feier 24ten Juni 1840. Lithogr. gr. Fol. Berlin Grovius. n. ½ ß

— De ratione inter arithmeticam et geometriam. 8°
Jena, Habil.-Schrift von 1850

Schaeffer, Hans [Gerichts-Ref. in Zellerfeld i. H.]: Gehört nach dem Reichsstrafgesetzbuch zum Begriff des Vorsatzes das Bewusstsein der Rechtswidrigkeit oder das Bewusstsein der Strafbarkeit der Handlung? E. Beitr. z. Lehre v. dolus ... Osnabrück, Druck v. Meinders & Elstermann, 1897; 4 Bl., 32 S. 8.
Erlangen, Jur. Fak., Inaug.-Diss. v. 1897

Schäffer, Hans, Gerichtsreferendar: Die auswärtigen Hoheitsrechte der deutschen Einzelstaaten. Borna-Leipzig 1908: R. Noske. (XI, 82 S.) 8°
Breslau, Jur. Fak., Ref. Brie-Dahn, Diss. v. 3. Febr. 1908
[Geb. 11. April 86 Breslau; Wohnort: Breslau; Staatsangeh.: Preußen; Vorbildung: Johannes-Gymn. Breslau Reife M. 04; Studium: Breslau 1, Genf 1, Breslau 4 S.; Rig. 14. Nov. 07.]

Schäffer, Hans, die auswärtigen Hoheitsrechte der deutschen Einzelstaaten. (Diss.) (XI, 82 S.) gr. 8. Berlin 908. H. Bahr. nn 1.80

Schaeffer, Hans, Kammergerichts-Ref., aus Siegersdorf, Schles.: Die Unzulässigkeit der Verpflichtung des deutschen Landesherrn, ein von den Kammern angenommenes Gesetz binnen bestimmter Frist zu publizieren. *Frankfurt a. O. [1900]: P. Beholtz.* (37 S.) 8°
Erlangen, Jur. Diss. v. 19. Mai 1899

Schäffer, Heinr., s.: Blaubuch d. Gemeinde Gabelbach.

SCHÄFFER, Heinrich (Speyer): Ueber die Dualität des Schanker und syphilitischen Giftes.- München: Weiss 1866. 47 S.
9.12.1865 - Urk (Titel: De dualitate morbi qui nominatur "chancre" et virus syphilitici.); F 71
Diss. Ingolst. - Landsh. - Mchn.

Die alten Germanen. Ein fröhlicher Sang aus der Väter Zeit von Heinrich **Schaeffer**. Mit vielen lustigen Bild. von Arthur Krüger. Berlin: A. Hofmann & Co. 1905. (123 S.) 8° [F.] (08. 1808

Die alten G e r m a n e n . Ein fröhlicher Sang aus d. Väter Zeit von Heinrich Schaeffer. Mit vielen Bild. von Arthur Krüger. 4. bis 6. Taus. Berlin: A. Hofmann & Co. 1906. 123 S. 8°

— Hokus-Pokus in Vers u. Reim, Jux u. Jocus im eignen Heim. Humoristische Dichtgn. 8. (VIII, 194 S.) Berlin 898. Fischer & Franke. n. 3. —

Hokus-Pokus. In Vers und Reim, Jux und Jocus' im eignen Heim. Humorist. Dichtungen von H e i n r i c h Schäffer. *Berlin: Fischer & Franke [1899].* (VIII, 194 S.) 8° [F.] (01. 6721

Schäffer, H., Magdeburger Leben. Eine Beschreibung der guten alten Stadt Magdeburg u. deren Bewohner, zierlich durchflochten m. e. Reihe sinn. Sagen, die das Volk an der Elbe sich erzählet. In Knüttelverslein gebracht u. m. ergötzl. Bildlein versehen. 8. (148 S.) Magdeburg 890. Neumann. n. 1. —

Schaeffer, Heinr., Leute v. heute. Mit vielen lustigen Bildern v. Arth. Krüger. (III, 112 S.) gr. 8. Berlin 910. A. Hofmann & Co. 2.—; geb. in Leinw. 2. 75

Auf der Walze. Des Deutschtums Werdegang von d. Völkerwanderung bis zu unseren Tagen von Heinrich **Schaeffer**. Mit vielen Bild. von Arthur Krüger. Berlin: A. Hofmann & Co. 1907. (108 S.) 8° [F.] (08. 5518

Heinrich Andreas Schaeffer

Quaedam de erroribus qui committi solent in nosocomiis castrensibus et quanam ratione iisdem sit caute ac prudenter occurrendum. Gryphiswaldiae (1758:) Struck. 32 S. 8°
Greifswald, Med. Diss. v. Juni 1758

Schäffer, Heinrich Christian (Güstrow) A. S. 738/23

Disputatio inauguralis, de teste singulari.
Präs. Alexander Caroc.
Greifswald (Starck) 19. I. 1702. 43 S. 29911

Schäffer, Heinrich Nikolaus Adolph, s. S c h ä f f e r , Adolph

Schaeffer, Hermann, a. Duisburg: Ueber die Fällung der Metallsalze durch Schwefelwasserstoff. Borna - Leipzig [1905]: R. Noske. (X, 64 S.) 8°
Leipzig, Phil. Fak., Ref. Ostwald, Hantzsch, Diss. v. 26. Aug. 1905
[Geb. 13. Febr. 74 Duisburg; Wohnort: Bremen; Staatsangeh.: Preußen; Vorbildung: Realgymn. Magdeburg Reife M. 94; Studium: Gießen 6, Leipzig 2, Tübingen 3, Leipzig 3 S.; Rig. 13. Juli 05.]

Schäffer, Herm., Lehrbuch der Geometrie für Schulen und zum Selbstunterricht. 3. Thl. A. u. d. T.: Lehrbuch der Stereometrie. Mit 16 lith. Taf. Leipzig 857. Brockhaus. gr. 8. (XII, 224 S.) n. 1 ß.

Schäffer, Herm., Lehrbuch der Stereometrie, s. Snell, C., Lehrbuch der Geometrie.

Schaeffer, Hermannus Josephus (geb. am 9 März 1814 in Andernach): De cultris amputatoriis ... Cum tab. IV lapidi incisis. Bonnae, typ. P. F. Lechneri 1842. 3 Bl., 22 S., 2 Bl., 4 Taf. 4. ¶ In Komm. bei Cohen & Sohn in Bonn.
Bonn, Med. Fak., Diss. v. 10 Sept. 1842

Schaeffer, Herm. Jos., de Cultris amputatoriis. Dissertatio inaug. Cum tabulis quatuor lapidi incisis. Imp.-4. Bonnae 842. (Henry et Cohen.) 3/4 ß

Schäffer, Hi., Sulamitische Andachtsstunden üb. d. Briefe Petri, Pauli, Jacobi u. Johannes. 8. Frkft. 712.

SCHÄFFER, HIERONYMUS: Hirtenstimme auß Zion. Die Schafe Gottes zur seeligen Jesus-Freud, und geistlichen Seelen-Weyd zu beruffen: Oder außerlesene Macht- und Krafft-Sprüche Neuen Testaments. Mit einer Vorrede ... Johann Reinhard Hedingers. – Ulm: Kühne 1702.

Schäffer, Hugo, die württemberg. Gewerbeinspektion. Ihre Entwicklg. u. ihre Aufgaben. Im Auftrag der königl. Zentralstelle f. Gewerbe u. Handel bearb. (VII, 249 S.) gr. 8. Stuttgart 906. K. Wittwer. Geb. in Leinw. n. 3. 60

[F.] Die Neugestaltung der gewerblichen Fortbildungsschule in Mittel- und Kleinstädten nach dem Rücklinschen Systeme. Dem Schulvorstande d. Stadt Gotha als Entwurf zu e. Neuorganisation d. Städt. Fortbildgsschule unterbreitet v. J. **Schäffer**, Dir. ... zu Gotha. *Gotha: C. Glaeser 1898.* (2 Bl., 50 S.) 1 Bd 8. (98. 3560

Schäffer J v, Österreich u die englische Nachtragskonvention. Vortrag. Wien 1869

Schäffer, J. E., Beweis, d. Christus am Freytage gestorben. 4. Quedlinburg, Ernst. 736.

Schäffer, J. C., Schriftmäßiger Beweis, daß Christus an keiner Mittwoche, sondern an einem Freitage gestorben. Regensburg, 1746, 8°.

Schäffer, J. Caspar, s. S c h ä f f e r , J. Kaspar

Schäffer, J. H. K., der kölner Dom u. seine Vollendung in ihren Beziehungen zum deutschen Vaterlande, resp. zum Protestantismus. Lex.-8. (3½ B.) Magdeburg 842, [Baensch.]

Schäffer, J. H. K., der Kölner Dom und seine Vollendung in ihren Beziehungen zum deutschen Vaterlande, resp. zum Protestantismus. Lex.-8. Magdeburg 842, Schmilinsky. ¼ ß

Schaeffer, J. J., de claudo a Petro sanato. Act. 3, 1. Jen. 1755. 4.

Schäffer, J. J., Predigtentwürfe üb. die Sonn- u. Festtags-Evangelien. 1r—4r Jahrg. 1802—4. gr. 8. Hamb. 803—6. Bachmann. 4 ß

— Predigtentwürfe über freigewählte bibl. Sprüche. 1e Samml. gr. 8. Hamb. 809. (Campe). 16 gl

— Predigtentwürfe üb. freygewählte bibl. Sprüche. 1ste Samml. gr. 8. Hamburg, Hoffmann. 809.

Schäffer, J. Kaspar

Schäffer, J. Casp., 105 genealog. Tabellen d. fürstl. Hauses Schwarzburg. 8. Sondershausen. 782.

Schaeffer, J. L.: N a c h r i c h t über die Vortheile des Kurtrierischen Brand-Versicherungs-Instituts. Koblenz 1791.

Schäffer, J. W., die Eisenbahn in Kurhessen. Bericht des landständischen Ausschusses für Handel u. Gewerbe. Nebst zugefügten Noten u. zweien Anlagen, enthaltend: 1) Zusammenstellung der bisher. Schriften über Eisenbahnen, 2) Prospektus u. Vorschlag zur Anlage einer großen Continental-Eisenbahn 2c. von demselben Verfasser. gr. 8. Kassel 835. (Luckhardt.) n. 1/3 ß
Hieraus ist abgedruckt:

—— Prospectus u. Vorschlag zu Anlage e. großen Continental-Eisenbahn, zur Verbind. d. Ost- u. Nordsee mit d. Main, d. Donau — dem schwarzen Meere. gr. 8. (2 B.) Kassel 835. (Luckhardtsche Buchh.)

Schäffer, Jakob Christian

— Abbild. u. Beschreib. des beständ. Elektricitätsträgers ꝛc. Mit 2 Kpf. 4. Regensb. 776. — Kräfte, Wirkungen u. Bewegungsgesetze des beständ. Elektricitätsträgers. Ebd. 776. — Fernere Versuche mit d. Elektricitätsträger. Ebd. 777. — Neue Aufl. mit einer 4n Abhandl. verm. unt. d. T.: sämmtl. Versuche mit d. beständ. Elektricitätsträger. 4 Abhandll. Mit 7 Kpf. 4. Regensb. 780. Montag u. W. 2 ₰ — Einzeln unt. folg. Titeln: Abbild. u. Beschreib. des beständ. Elektricitätsträgers. 778. 12 ℊ — Kräfte, Wirkung u. Bewegungsgesetze des beständ. Elektricitätsträgers. 778. 12 ℊ — Fernere Versuche mit d. beständ. Elektricitätsträger, nebst Beantwort. einiger Einwürfe. 778. 12 ℊ — Nachtr. zu d. Versuch mit d. Elektricitätsträger, nebst Nachr. von d. elektr. Pistole. 788. 12 ℊ

Schäffer, Jakob Christian (Gottlieb): Abbildung und Beschreibung des Mayenwurmkäfers als eines zuverlässigen Hülfsmittels wider den tollen Hundebiß. 20 S., gbd., 1 Taf.

Regensburg: Montag 1778

JB 5.188

— Abbild. u. Beschreib. des Mayenwurmkäfers. gr. 4. Regensb. 778. Palm in Erlang. 5 ℊ

— Abbild. u. Beschreib. der elektrisch. Pistole. 4. Erlang. 780. Palm. 10 ℊ

* *J. Chr. Schäfer* Abbildung und Beschreibung einer dreyfach nützlichen Sägmaschine, zum Holz- und Steinschneiden und zur Leibesbewegung. Regensburg, bey Montag, 4. 3 Bog. 2 Kupf.
1769.

— Abbild. u. Beschreib. einer dreifach nützl. Sägmaschine zum Holz- u. Steinschneiden. Mit 2 Kpf. 4. Regensb. 769. Palm in Erlang. 6 ℊ

— Abbild. u. Beschreib. einig. sonderbar. Schwämme. gr. 4. Regensb. 761. Montag u. W. 6 ℊ

Schäfer (J. Chr.), Abbildung und Beschreibung zweyer wahren und falschen Versteinerungen. (Ohne Druckort und -Jahr.) 4.

— Abbild. u. Beschreib. zweier wahren u. falschen Versteinerungen. Mit 1 Kpft. Münch., (G. Franz). 6 ℊ

— Abbild. baier. u. pfälzischer Schwämme, fungorum, qui in Bavaria et Palatinatu superiore circa Ratisbonam nascuntur, icones, nativis coloribus express. lat. et german. IV Tomi. 4. Regensb. 762—75. Ed. nova comment. auct. a C. H. Persoon. V Tomi, cum 330 tabb. pict. 4maj. Erlang. 800. Palm. 56 ₰ Holl. P. 80 ₰ (Persoon commentarius apart, s. *Persoon.*)

— Abhandl. von Insekten. 3 Bde. Mit 48 ill. Kpf. gr. 4. Erlang. 763—79. Palm. 13 ₰ 8 ℊ Daraus apart: Der Afterholzbock, nebst Nachrr. von d. Frühlingsfliegen. 2e A. 763, 10 ℊ — Die Armpolypen in den süßen Wässern um Regensburg. Mit 3 Kpf. 754 u. 763. 10 ℊ — Die grünen Armpolypen, die geschwänzten u. ungeschwänzt. Wasserflöhe u. klein. Wasseraale. Mit 3 Kpf. 755 u. 763. 10 ℊ — Die Blumenpolypen d. süßen Wassers beschrieben u. mit denen d. salz. Wasser verglichen. Mit 3 Kpf. 755 u. 763. 10 ℊ — Die Egelschnecken in den Lebern der Schafe. Mit 1 Kpf. 753 u. 762. 6 ℊ — Der wunderbare Eulenzwitter u. die Baumraupe. 761. Neue Aufl. 771. 6 ℊ — Der fischförm. Kieferfuß in stehend. Wässern. 759 u. 762. 6 ℊ — Der krebsart. Kieferfuß. Mit 7 ill. Kpf. 756. 1 ₰ — Der weichselschal. Kronen- u. Keulen-Käfer. 763. 6 ℊ — Die Mauerbiene. Mit 5 Kpf. 764. 12 ℊ — Neuentdeckte Theile an Raupen u. Zweifaltern. Mit 2 Kpf. 754 u. 763. 9 ℊ — Die Sattelfliege. 2e Aufl. 762. 6 ℊ — Das Zwiefalter- oder Afterjüngferchen. Mit 1 Kpf. 763. 6 ℊ — Verschied. Zwiefalter u. Käfer mit Hörnern. Mit 3 Kpf. 758 u. 763. 10 ℊ

— Abhandl. von Insekten. 3 Bde. m. 48 illum. K. gr. 4. Erlangen, Palm. 764—79.
Daraus ist besond. z. haben:
d. Afterholzbock, nebst Nachr. von der Frühlingsfliege. 763.
d. Armpolypen in d. süß. Wassern um Regensb. 763.
d. grünen Armpolypen, d. geschwänz. u. ungeschw. Wasserflöhe u. kl. Wasseraale. 763.
d. Blumenpolypen d. süßen Wasser beschr. u. m. denen d. salz. Wasser vergl. 755.
d. Egelschnecken in d. Lebern d. Schaafe. 762.
d. wunderb. Eulenzwitter n. d. Baumraupe. 763.
d. fischförm. Kiefenfuß in stehend. Wassern. 761.
d. krebsart. Kiefenfuß m. 7 ill. K.
d. weichschal. Kronen- u. Keulen-Käfer. 763.
d. Mauerbiene m. 5 ill. K. 764.
neuentd. Theile an Raupen u. Zweyfaltern. 763.
d. Sattelfliege. 762.
d. Zwiefalter od. Afterjüngferchen. 763.
versch. Zwiefalter u. Käfer m. Hörnern. 763.

Schäffer, Ja. Ch., der Afterholzbock, s. dess. Insekten.

Jakob Christian Schaeffer

[Epistola ad Réaumur de musca cerambyce seu cerambyce spurio. Deutsch:]Der Afterholzbock. Vormals in e.lat.Sendschreiben an den Herrn von Réaumur etc. itzo in deutscher Sprache beschrieben und mit e.Nachricht von der Frühlingsfliege mit kurzen Oberflügeln begleitet von Jacob Christian Schäffer. Regensburg 1755: Weiß. 20 S. 8°

Schäffer, Jak. Chr., († d. 5. Jan. 1790.) Apus pisciformis, insecti aquatici species noviter detecta, cum tab. aen. picta. 4. Erlang. 752. Edit. II. 757. Palm. 4 ℊ

— die Armpolypen, s. dessen Insekten.

Jakob Christian Schaeffer

Die grünen Armpolypen, die geschwänzten und ungeschwänzten zackigen Wasserflöhe und eine besondere Art kleiner Wasseraale beschrieben von Jacob Christian Schäffer. Regensburg 1755: Weiß. 94 S. 8°

Jakob Christian Schaeffer

Die Armpolypen in den süßen Wassern um Regensburg entdecket u. beschrieben von Jacob Christian Schäffer. Regensburg: Weiß in Komm. 1754. 84 S. 8°

— erleichterte Arzneikräuterwissenschaft; aus d. Lateln. Mit 4 Kpf. gr. 4. Regensb. 759. 2e A. 770. 3e A. 773. 4e verm. A. Mit 6 Kpf. 774. Palm in Erl. 2 ₰ 16 ℊ Ohne Kpf. 1 ₰

Jakob Christian Schaeffer

Jacob Christian Schäffers [Schäffer] erleichterte Arzneykräuterwissenschaft. 2. Aufl. Regensburg: Montag 1770. 176 S. 4°

— vorläufige Beobacht. der Schwämme um Regensburg. Mit 4 Kpf. gr. 4. Erlang. 759, 61 u. 70. Palm. 16 ℊ

Schäffer, Jakob Christian (Gottlieb): Vorläufige Beobachtungen der Schwämme um Regensburg. 2. Aufl. 64 S., gbd., 4 Taf.

Regensburg: Keyser 1770

JB 6.373

— kalkartiges Bergmehl in einer Steinkluft bei Regensburg entdeckt. 4. Regensb. 757. Montag u. W. 4 ℊ

— kalkartiges Bergmehl in e. Steinkluft b. Regensburg entdeckt. 4. Regensburg, Montag u. W. 758.

— Beschr. d. grünen Armpolypen, s. dessen Insekten.

— Beschr. d. Blumenpolypen, s. dessen Insekten.

— botanica expeditior, genera plantar. in tabulis sexualibus et univers. aeri incis. exhibens, cum 1 fig. 4. Regensb. 760 u. 776. Palm in Erlang. 2 ß

— Botanica expeditior; genera plantar. in tabulis sexualibus et univers. aeri incis. exhib. c. 1 fig. 4. Erlang. Palm. 762.

– De Cataracta membranacea, s. Schäffer, Johann Christoph

– — Die Egelschnecke in den Lebern der Schafe, und die von diesen Würmern entstehenden Schafkrankheiten. (II.) gr. 4 to. 6 Bog. Ebd. 762.

— Egelschnecken, s. dessen Insekten.

Jakob Christian Schaeffer

Die Egelschnecken in den Lebern der Schafe und die von diesen Würmern entstehende Schafkrankheit beschrieben von Jacob Christian Schäffer. Regensburg:Weiß in Komm.1753. 46 S. 8°

SCHAEFFER, Jacob Christ.: Einleitung in die Insectenkenntniss. (A. u. d. T.: Elementa entomologica.) - Regensburg 1766. - Nachtr. ebd. 1777. - Neuaufl. Erlangen 1780 u. 1787

— elementa entomologica cum appendice, Einleit. in die Insektenkenntniß, mit e. Nachtr. Mit 135 ill. Kpft. gr. 4. Regensb. 766 u. 77. N. A. Mit Nachtr. u. 140 ill. Kpf. gr. 4. Erlang. 780 u. 87. Palm. 20 ß

— elementa ornithologica iconibus vivis coloribus expressis illustrata. 4. Regensb. 774. 2e A. Mit 70 Kpf. 4maj. ibid. 779. Palm in Erlang. 20 ß

— Empfehlung, Beschreib. u. erweiterter Gebrauch des holzerspar. vortheilhaften Backofens. Mit 5 Kpf. gr. 4. Regensb. Palm in Erlang. 9 gl

— Empfehl. u. Beschr. e. Backofens, m. K. gr. 4. Ebendas. 770.

— Entwurf eines allgem. Farbenvereins. Mit 2 Kpf. gr. 4. Regensb. 769. Palm in Erlang. 8 gl

— epistola de studii botanici faciliori ac tutiori methodo, cum specimine tabularum sexual. 4. Regensb. 758. Palm in Erlang. 4 gl

— epistola de studii botanici faciliori ac tutiori methodo etc. 4. ibid. 760.

— epistola de studii ichthyologici faciliori ac tutiori methodo. 4maj. Regensb. 760. Montag u. W. 8 gl

— Erfolg der Versuche, die Saamenwolle der Schwarzpappel u. des Wollengrases wirthschaftsnützl. zu gebrauchen. München, (G. Franz). 9 gl

— katechet. Erklärung der Sonn- u. Festtags-Evangelien. 8. Regensb. 780. Montag u. W.

— wunderbarer Eulenzwitter, s. dessen Insekten.

Schäffer, Jak. Chr., d. wunderbare Eulenzwitter, nebst d. Baumraupe, aus welcher ders. entstanden, beschrieben u. mit einigen etc. Vorschlägen, sie am leichtesten auszurotten, begleitet. Mit 1 ill. Kpf. 4. Erlangen, 1761. Neue Aufl. 1771. Palm. — 7½

Schäffer, Jakob Christian (Gottlieb): Der Gichtschwamm mit grünschleimigem Hute. 36 S., gbd., 5 Taf.

Regensburg: Montag 1760

JB 6.372

Schäffer, Ia. Ch., icones et descriptio fungorum. gr. 4. Regensb. Montag. 801. Rthlr.

SCHAEFFER, Jac. Christian: Fungorum, qui in Bavaria et Palatinatu superiore circa Ratisbonam nascuntur, icones, nativis coloribus expressae. Natürlich ausgemahlte Abbildungen bayrischer und pfälzischer Schwämme, welche um Regensburg wachsen. IV Tl. - Regensburg 1761-1779. 330 Taf.

Schaeffer (J. C.). Fungorum . . . icones. Ratisbonae, 1762–71. 4 vols. 8°.

Jakob Christian Schaeffer

Jacobi Christiani Schaeffer Fungorum qui in Bavaria et Palatinatu circa Ratisbonam nascuntur Icones nativis coloribus expressae. [Lat. u. deutsch] T. 1. 2. Ratisbonae 1762-63: Zunkel. 4°

[Nebent.:] Schaeffer: Natürlich ausgemahlte Abbildungen bayrischer und pfälzischer Schwämme, welche um Regensburg wachsen.

— fungorum qui in Bavaria et Palatinatu circa Ratisbonam nasc. icones nativ. colorib. express. comment. auct. a C. H. Persoon. 5 Tmi c. 330. tab. pict. gr. 4. Erlangen, Palm. 800.

Holl. Pap.

— icones insectorum circa Ratisbonam indigenorum, coloribus naturam referentibus expressae. Natürl. ausgemalt. Abbildd. Regensburg. Insekten. 3 Thle Mit 140 Kpf. 4. Regensb. 766—779. — Icones insectorum etc. Nova ed. indice systematico auct. a G. W. F. Panzer. IV Tmi, cum 280 tabb. aen. pict. 8maj. Erlang. 804. Palm. 60 ß — Beschreib. dazu, s. G. A. Harrer.

Schäffer, Jak. Chr., 5 neue Insektengeschlechter, zur Einleit. in die Insektenkunde. Mit Kpf. gr. 4. Regensb. 777. Montag u. W. 1 ß

— isagoge in botanicam expeditiorem, cum fig. 8maj. Regensb. 759. Palm in Erlang. 1 ß

— der Kiefenfuß, s. dessen Insekten.

Jakob Christian Schaeffer

Der fischförmige Kiefenfuß in stehenden Wassern um Regensburg. Anfangs in der lat. u. itzo in d. deutschen Mundart beschrieben von Jacob Christian Schäffer. Regensburg 1754: Weiß. 20 S. 8°

— d. Kronen- und Keulen-Käfer, s. dessen Insekten.

— d. Mauerbiene, s. dessen Insekten.

— de Musca-Cerambyce, seu Cerambyce spurio novum insectorum ordinem constituente, cum tab. aen. pict. 4maj. Nürnb. u. Regensb. 757. Palm in Erlang. 4 gl Deutsch, s. oben: Afterholzbock, der, in d. Abhandl. d. Insekten.

— museum ornithologicum, exhibens enumerationem et descriptionem avium, c. 52 tabb. aen. pict. 4maj. Regensb. 779. Palm in Erlang. 16 ß

— Nachricht u. Probe von der Ausgabe seines Insektenwerks. gr. 4. Regensb. 764. Montag u. W. 12 gl

— Nachr. von e. Raupe (phalaenar dispar L.), so etl. Jahre her an manchen Orten in Sachsen vielen Schaden gethan. 4. Regensb. 752.

— nomenclatura system. Panzeri ad hunc libr. etc., s. G. W. F. *Panzer*.

— opuscula entomologica. 4. Regensb. 764. Palm in Erl. 4 gl

Jakob Christian Schaeffer

Jacobi Christiani Schaeffer Piscium Bavarico-Ratisbonensium pentas. Ratisbonae: Montag 1761. 82 S. 8°

— piscium Bavarico - Ratisbonensium pentas, cum tab. IV pict. 4. Regensb. 761. Palm in Erlang. 1 rl 8 gl

— die elektrische Pistole. 4. Ebend. 778.

— der Religionsfriede, als ein Beweis der ewigen Religionsgedanken Gottes üb. sein Volk u. seine Kirche. 8. Regensb. 755.

— Samml. einiger Predigten, meist bei Beerdigungen rc. 8. Regensb. 765. Montag u. W. 16 gl

— d. Sattelfliege, s. dessen Insekten.

— katechet Spruchbuch, nach d. Sonntags- u. Festevangelien. 8. Regensb. 780. Montag u. W.

— Standrede bei Beerdigung Chr. Steiger zu Altdorf. Regensb. 757. (10 Bog.)

— neu entdeckte Theile an Raupen u. Zweyfaltern, s. a. dessen Insekten.

Jakob Christian Schaeffer

Neuentdeckte Theile [Teile] an Raupen und Zweyfaltern nebst der Verwandlung der Hauswurzraupe zum schönen Tagvogel mit rothen Augenspiegeln beschrieben von Jacob Christian Schäffer. Regensburg 1754: Weiß. 54 S. 8°

— Trauerpredigt über den Hingang Franz I. Röm. Kaisers. 4. Regensb. 765. (5 Bog.)

— das fliegende Uferaas oder Haft. 4. Regensb. 757 u. 772. Montag u. W. 4 gl

Jakob Christian Schaeffer

Das fliegende Uferaas oder der Haft, wegen desselben am 11. Aug. an der Donau und sonderlich auf der steinernen Brücke, zu Regensburg ausserordentlich häufigen Erscheinung und Fluges beschrieben von Jacob Christian Schäffern [Schäffer]. [Regensburg] 1757: Zunkel. 34 S. 8°

— d. fliegend. Uferaas od. d. Haft. 4. Regensb. Montag. 758.

— Versuch eines ABC-, Buchstabier-, Lese- u. Schreibbüchleins. 8. Regensb. 779. (Montag u. W.)

— erstere u. fernere Versuche mit Schnecken. 2 Stcke. 4. Regensb. 768, 69. 2e Aufl., nebst Nachtrag. Mit 7 Kpf. 4. Erlang. 770. Palm. 1 rl 4 gl

— **Versuche u. Muster, ohne Lumpen od. nur mit geringem Zusatz Papier zu machen u. das Pflanzenreich dazu u. zu andern Sachen wirthschaftsnützl. zu gebrauchen. 1r u. 2r Bd. Mit 5 ill. Kpf. u. 33 Mustern. 4. Regensb. 765. Neue Versuche u. Muster. 3 Bde. Mit 8 Kpf. u. 44 Mustern. Wiederholte Versuche rc. Mit 10 Mustern 771. 2e Aufl. unt. d. T.: sämmtl. Papierversuche. Mit 14 Kpf. u. 81 Papiermustern. 6 Thle. 4. Regensb. 772. Palm in Erlang. 16 rl**

Schäffer, J. C: Neue Versuche und Muster, das Pflanzenreich zum Papiermachen und andern Sachen wirthschaftsnützlich zu gebrauchen. Bd 1—3. Regensburg 1765—1767
Beigeb.:
Versuche und Muster, ohne alle Lumpen oder doch mit einem geringen Zusatze derselben Papier zu machen. Bd 1. 2. Regensburg 1765
Wiederholte Versuche, auf ordentlichen Papiermühlen aus allerhand Pflanzen und Holzarten Papier zu machen. Regensburg 1771

— sämmtl. Versuche m. d. beständ. Electricitätsträger. 4 Abhandl. m. 6 K. 4. Regensb. Montag u. W. 778-68. Diese 4 Abhdl. sind einz. unt. folg. Tit. zu haben:
Abbild. u. Beschr. d. beständ. Electricitätsträgers. 778.
Kräfte, Wirkung u. Bewegungsgesetze d. beständ. Electricitätsträgers. 778.
fernere Vers. m. d. beständ. Electricitätsträger, nebst Beantw. e. Einwurfe. 778.
Nachtr. zu d. Vers. m. d. Electricitätsträger, nebst Nachr. v. d. elektr. Pistole. 788.

— sämmtl. Vers. u. Muster ohne Lumpen od. nur m. ger. Zusatz Papier z. machen u. d. Pflanzenreich dazu u. z. and. Sachen wirthschaftsnützl. zu gebrauchen, m. 14 K. u. 81 Papiermust. 6 Thle. 4. Erl. Palm. 772.

— erläuterte Vorschläge zu e. gemeinnütz. Ausbesserung u. Förderung d. Naturwissenschaft. gr. 4. Regensb. 763. Montag u. W. 6 gl; (a. Stettin in Ulm). 4 gl

— — dasselbe. 8. Ulm, Stettin. 761.

— **die bequeme u. in der Wirthschaft vortheilhafte Waschmaschine, nebst Briefen, guten u. bösen Nachrr. u. 3n Nachtrag. 4. Regensb. 766—68. Montag u. W. 1 rl 3 gl**

Jakob Christian Schaeffer

Die bequeme und der Wirthschaft in allen Rücksichten höchstvortheilhafte Waschmaschine, wie solche bewährt gefunden und verbessert worden von Jacob Christian Schäffer. 3., u. mit e. Nachtr. verm. Aufl. Regensburg: Montag 1767. 52 S. 8°

— bequeme u. in d. Wirthschaft vortheilh. Waschmaschine, nebst Briefen, guten u. bös. Nachr. u. 3ten Nachtr. 4. Ebend. 767-68.

Schäffer, Jak. Chr., die eingebild. Würmer in Zähnen. Mit 1 Kpf. 4. Regensb. 757. Montag u. W. 10 gl

Schäffer, Jakob Christian (Gottlieb): Die eingebildeten Würmer in Zähnen. Nebst dem vermeyntlichen Hülfsmittel wider dieselben beschrieben und untersuchet. 44 S., gbd., 1 Taf.

Regensburg: typ. Zunkel 1757

JB 4.361

— Zweifel u. Schwierigkeiten, welche in der Insektenlehre noch vorwalten. 2 Stcke. 4. Regensb. 766. Palm in Erlang. 12 gl

— die Zwiefalter, s. dessen Insekten.

Schäffer, Jakob Christian (Gottlieb),
s. S c h ä f f e r , Jakob Christian

Schäffer, Jakob Christian Gottlieb (Übers.u. Bearb.):

s.: Armstrong, (George): Ueber die gewöhnlichsten Kinderkrankheiten und deren Behandlung. (An Account of the diseases most incident to children... Dt.) Regensburg: 1792

JB 6.648

Schäffer, Jak(ob) Christian Gottlieb: Beschreibung und Heilart der gewöhnlichsten Kinderkrankheiten. Neue verm.Aufl. 455 S., gbd.

Regensburg: Montag & Weiss 1803

JB 4.078

— Beschreib. der Zeit- u. Volkskrankheiten d. Jahre 1806 u. 7 in u. um Regensburg. gr. 8. Regensb. 808. Montag u. W. 12 gr.

Schäffer, Jak. Chr. G.i., Briefe auf einer Reise durch Frankreich, England, Holland u. Italien 1787 u. 1788. 2 Thle. 8. Regensb. 794. Montag u. W. 2 ℔

– De Cataracta membranacea. s. Schäffer. Johann Christoph

Jakob Christian Gottlieb Schaeffer

Ueber die gewöhnlichsten Kinderkrankheiten und deren Behandlung. Nach [George] Armstrong [† 1781 An Essay on the diseases most fatal to infants. Deutsch] neu bearb. von Jacob Christian Gottlieb Schäffer. Regensburg: Montag- u. Weißische Buchh. 1792. XXXVIII, 214 S. 8°

— üb. d. gewöhnl. Kinderkrankheiten u. deren Behandl. gr. 8. Ebend. 803.

— Krankheitsgeschichte d. Prinzen Georg, s. Krankheitsgeschichte.

— Diss. inaug. de magnesia. 4. Strassb. 774.

— das 1793 in u. um Regensburg herrschende Nervenfieber. 8. Regensb. 794. Montag u. W. 2 gr.

— Versuch e. medicin. Ortsbeschreibung d. Stadt Regensburg &c. 8. Regensb. 787. Montag u. W. 1 ℔ 4 gr.

Schäffer, Jean, die Behandlung des Unterschenkelgeschwürs, s.a. Klinik, medizinische. 1910. 5. Heft.

Schäffer, J.: Die Behandlung des Unterschenkelgeschwürs. [Beihefte zur medizinischen Klinik. VI. Jahrg. Heft 5.] 8°
Wien: Urban & Schwarzenberg 1910.

Schäffer, Jean [Assistenzarzt an d. kgl. dermatolog. Klinik]: Ueber den Desinfectionswerth des Aethylendiaminsilberphosphats und Aethylendiaminkresols, nebst Bemerkgn ueber d. Anwendg d. Centrifuge bei Desinfectionsversuchen. '(Aus d. dermatolog. Universitätsklinik zu Breslau.)' ... (Aus: Zeitschr. f. Hyg. u. Infectionskrankh., Bd XVI.) Leipzig, Veit & C., 1894; 66 S., 1 Bl. 8.
Breslau, Med. Fak., Inaug.-Diss. v. 22. Febr. 1894

— Der Einfluss unserer therapeutischen Massnahmen auf die Entzündung. Experimentelle Untersuchgn. üb.: Heisse Umschläge, Thermophor, Heissluftbehandlg., Eisblase, feuchte Verbände, Priessnitzsche Umschläge, Spiritusverbände, Jodpinselg., Pflasterbehandlg. u. die Biersche Staug. (Aus der kgl. dermatolog. Universitätsklinik zu Breslau.) (VII, 237 S. m. 11 z. Tl. farb. Taf.) Lex. 8. Stuttgart 907. F. Enke. 8.—

— Erkrankgn. in der Mundschleimhaut, s.: Neisser, Alb., stereoscop. medicin. Atlas, Lfg. 23.

Schäffer, Jean, s.: **Neisser, A.**, stereoscop. medicin. Atlas, Lfg. 2. 6. 9. 17.

Schäffer, Jean. Assist. d. Kgl. dermatol. Klinik zu Breslau:
Die Visceralerkrankungen der Leprösen nebst Bemerkungen über die Histologie der Lepra. (Aus d. dermatolog. Universitäts-Klinik zu Breslau.) Breslau 1898: Bresl. Genossenschafts-Buchdr. (63 S.) 8°
Breslau, Med. Hab.-Schr. v. 25. Okt. 1898

Schäffer, Johann: Nachricht von der Hahnemannschen Weinprobe. Nürnberg 1791. -- 75°

Schäffer, Johann Christian Heinrich

Schäffer, Jh. Chr. Hnr., Siegmund Backtrog, oder das Kind ohne Vater; e. rühr. Lstspl. in 3 Aufz. 8. Weimar 792.

SCHAFFER, J.(oh.) C.(hristian) H.(einr.). Lied der Leipziger Schönen. Verfaßt u. allen eingebornen Töchtern Leipzigs in geziemender Hochachtung gewidmet. Leipziger Jubilate-Messe 1792. Zu haben beym Verfasser. 8°. (1 Mk. 50 Pfg. G. Priewe, 1895; jetzt theurer!)
4 bedruckte Seiten (= 2 Bll.), enth. 13 achtzeil. Stroph. zum Lobe der Leipzigerinnen. — Sehr selten!

MÄDCHEN und Hunde, Die betaxten (!), zu Hamburg und Altona .... (von *Joh. Chrn. Heinr. Schäffer*). O. O. 1807. Sehr rar!
Anon.-Lex. III. p. 101 (nach Schröder u. Goedeke).

— Nichts mehr u. nichts minder sind gute Souffleurs, als Eselsbrücken für faule Acteurs; e. theatral. Gemälde. 8. Deutschland 789.

Schäffer, Jh. Cph., medicin. Bibliothek, s. K. G. T. Kortum.

Johann Christoph Schaeffer

De Cataracta membranacea. Marburgi (1787:) Krieger. X, 78 S. 8°

Marburg, Med. Diss. v. 15. Sept. 1787

Schäffer, Joh. Chrph., der von Gott verfluchte Feuer-Segen, Art, Ursprung und Greuel dieser Kunst. Leipz. 723. 8.

Schaeffer, Joh. Daniel: De corticis chinae Efficacia in gangraena .... s. Detharding, Georg Christoph [Praes.]

Schaeffer, Johann Friedrich (Küstrin) Halle 1755/6

Dissertatio iuridica de effectu legis commissoriae parte pretii soluta ad 1. 4. $1. D. de leg. comm.
Präs. Georg Samuel Madihn.
Halle (Hendel) 24. IX. 1755. 23 S.

W. v.: Präs. 29913

Schaeffer, Johann Gottfried (Dresden) A.S. 800/12

Dissertatio iuridica de legitimo iuramentorum usu.
Präs. Kaspar Achaz Beck.
Jena (Nies) 27. IV. 1720. 22 Bl.

Gew.: Hieronymus Gottfried Behrisch.
W. v.: Burkard Gotthelf Struve, Präs., Johann Gotthelf Rosa, Johann Paul Vockel. 29914

Schaeffer, Johann Gottlieb (Querfurth) A. S. 1310/6

Dissertatio inauguralis medica de causis cur alimenta et medicamenta alium saepe effectum edant in hominibus sanis quam in aegrotis.
Altdorf (Meyer) 3. XII. 1745. 28 S.

W. v.: Johann Nikolaus Weis. 29916

— der Gebrauch u. Nutzen des Rauchtabakklystiers; nebst e. bequemen Maschine. Mit 1 Kpft. 4. Regensb. 757. 2e A. Mit 2 Maschinen. 766. 3e verm. Aufl. 772. Montag u. W. 16 gl.

Johann Gottlieb Schaeffer

Der Gebrauch und Nutzen des Tabackrauchclystiers nebst zwoen dazu bequemen Maschinen beschrieben u. bey dieser 2. Aufl. verm. von Johann Gottlieb Schäffer. Regensburg: Montag 1766. 88 S. 8°

Schäffer, Johann Gottlieb: Der Gebrauch und Nutzen des Tabackrauchclystiers nebst zween dazu bequemen Maschinen. 3.Aufl. 104 S., gbd., 2 Taf.

Regensburg: Montag & Gruner 1772

JB 2.658

Johann Gottlieb Schaeffer

Johann Gottlieb Schäffers [Schaffer] Geschichte des grauen Staares und der neuen Operation solchen durch Herausnehmung der Crystalllinse zu heylen nebst einigen daraus gefolgerten und erörterten Fragen. Regensburg: Montag 1765. 26 S. 8°

— Geschichte des grauen Staars u. der neuen Operation, selchen durch Herausnehmung der Krystallinse zu heilen. 4. Regensb. 766. Montag u. W. 4 gl.

— Haus- u. Reiseapotheke. 8. Regensb. 760. 2e A. 768. 3e A. 785. 4e A. 789. Montag u. W. 6 gl.

Schaeffer, Jo. G., Die Kraft u. Wirkung der Electricität in d. menschl. Körper u. dessen Krankheiten, bes. bei gelähmten Gliedern, aus Vernunftgründen erläutert u. durch Erfahrungen bestätigt. 92 S. Regensb. 1752. 2. Augsb. 84 S. Reg. 1766.
Comm. Lps. II, 635, XV, 46. *Vogel*, Med. Bibl. 1752 S. 135. Gött. Anz. 1753 S. 1271.

Schäffer, Jh. Gtl., († d. 1. Febr. 1795.) die Kraft u. Wirkung der Elektricität in d. menschl. Körper, u. dessen Krankheiten, besond. bei gelähmt. Gliedern rc. 8. Regensb. 752. Montag u. W. 4 gl. N. Aufl. unt. d. T.: die elektr. Medicin, od. die Kraft u. Wirkung d. Elektricität. 4. Ebd. 766. Ebd. 12 gl.

Johann Gottlieb Schaeffer

Die electrische Medicin [Medizin] oder die Kraft und Wirkung der Electricität in dem menschlichen Körper und dessen Krankheiten, bes. bey gelähmten Gliedern... von Johann Gottlieb Schäffer. Regensburg: Montag 1766. 84 S. 8°

Schaeffer, Johann Gottlieb (Querfurth) A. S. 1311/6

Theorema medicum quod alia sensatio alium motum inferat prima hac dissertatione assertum.
Präs. Johann Nikolaus Weiss.
Altdorf (Hessel) 23. XI. 1745. 24 S. 29915

Merck, Heinr. Joh.: Dem geliebten Br. Heinr. Joh. Merck, zur Feier seiner 50jährigen Maurerweihe. Am 6. Juni 1850. [Fest-Cantate. Gedichtet von Karl Gottlieb Prätzel. Musik von Joh. Heinr. **Schäffer.**] Hamburg [1850]: Nobiling. 2 Bl. 8° [Umschlagtit.]
Ohne Noten: „Lasst durch die geweihten Hallen. . . .“

Gesänge zur Fest-Feier des 50jährigen Bestehens des Hamburger Mutterbundes, am 25. Oct. 1852. Verf. von [Christian Andr. Hieron.] Grapengiesser. Comp. von [Joh.] H[einr.] **Schäffer.** Hamburg [1852]: Nobiling. 2 Bl. 8° [Umschlagtit.]
2 Lieder ohne Noten.

Gesänge zum Johannisfest, am 27. Juni 1858. Comp. von [Joh.] H[einr.] **Schäffer.** [Hamburg: 1858.] 2 Bl. 8° [Kopftit.]
3 Lieder ohne Noten.

Gesänge zu der Stiftungs-Feier der ehrw. Loge zum rothen Adler. Am 13. Mai 1843. Arrangirt und in Musik gesetzt vom Br. [Joh.] H[einr.] **Schäffer.** Hamburg [1843]: Anthes. 4 Bl. 8°
4 Lieder ohne Noten.

Gesänge zu der Stiftungsfeier der ehrw. Loge zu den 3 Rosen. Am 11. März 1840. In Musik gesetzt vom Br. [Joh.] H[einr.] **Schäffer.** Hamburg [1840]: Appel. 2 Bl. 8° [Umschlagtit.]
4 Lieder ohne Noten.

Gesänge zu der allgemeinen Trauer-Loge [d. Prov. Grloge von Niedersachsen] am Freitage, den 23. März 1855. [Komp. von Joh. Heinr. **Schäffer.**] Hamburg [1855]: Kümpel. 2 Bl. 8° [Umschlagtit.]
Trauerkantate u. Choral.

Cantate bei der Einweihungs-Feier des neuen Logenhauses der Prov.-Loge von Niedersachsen zu Hamburg am 28. Mai 1854. Musik von J[oh.] H[einr.] **Schäffer.** Worte dazu von F[riedr.] A[ug.] Meyer. Hamburg [1854]: Appel. 3 Bl. 8° [Umschlagtit.]
Ohne Noten: „Nun danket alle Gott . . .“

Cantate zum 16. Febr. 1840. Gedichtet vom Br. [Karl Gottlieb] Prätzel. Comp. vom Br. [Joh.] H[einr.] **Schäffer.** Hamburg [1840]: Nestler & Melle. 2 Bl. 8⁰ [Umschlagtit.]
[Dasselbe.] Zum 6. Febr. 1842. Ebendas. 1842. 2 Bl. 8⁰
Ohne Noten: „Freundlich schmücken sich die Hallen . . .“

Cantate zur Feier des 50jähr. Bestehens der Gr. ☐ zu Hamburg als selbständige Loge. Gedichtet.v[on] [Karl Gottlieb] Praetzel, comp. von [Joh.] H[einr.] **Schäffer.** Den 3. Febr. 1861. [Hamburg 1861: Nobiling.] 4 Bl. 8⁰ [Umschlagtit.]
Abgedr. in: FZ. 15 (1861) S. 71—72.
Ohne Noten: „Der milde Gruss vom Himmelsbogen, . . .“

Cantate zur Feier des 150 jährigen Bestehens der Grossen Mutterloge der alten Freimaurer von England in London. Juni 24, 1867. [Text von Peter Otto Heinr. Pepper. Komp. von Joh. Heinr. Schäffer.] Hamburg [1867]: Nobeling. 2 Bl. 8⁰ [Umschlagtit.]
Ohne Noten: „Jubelfesttag steigt hernieder . . .“

Cantate zur Feier des hundertjährigen Bestehens der sehr ehrw. Loge St. Georg zur grünenden Fichte am 24. Sept 1843. Verf. vom Br. P[eter] O[tto] H[einr.] Pepper. In Musik gesetzt vom Br. J[oh.] H[einr.] **Schäffer.** Hamburg [1843]: Nestler & Melle. 4 Bl. 8⁰ [Umschlagtit.]
Abgedr. in: Archiv f. Frmrei. 2, 3 (1844) S. 86—91.
Ohne Noten: „Steig' empor zu Himmels Höhen, . . .“

Cantate zur Feier des 100jährigen Geburtstages des Br. F. L. Schröder. Am 3. Nov. 1844. Ged. vom Br. [Karl Gottlieb] Prätzel. Comp. vom Br. [Joh. Heinr.] **Schäffer.** Hamburg [1844]: Nobiling & Heidrich. 7 S. 8⁰ [Umschlagtit.]
Ohne Noten: „Nach unerforschten Weiten . . .“ Beigefügt ein Gedicht von P. O. H. Pepper: Erinnerung an F. L. Schröder. „Lebe fort, im Herzen aller Brüder, . . .“

Cantate zur Feier des St. Johannis-Festes in der ehrw. Gr. Loge von Hamburg den 23. Juny 1844. Verf. von P[eter] O[tto] H[einr.] Pepper. In Musik gesetzt vom Br. J[oh.] H[einr.] **Schäffer.** Hamburg [1844]: Nestler & Melle. 4 Bl. 8⁰ [Umschlagtit.]
Ohne Noten: „Steig' empor zu Himmels Höhen, . . .“

Cantate zur Feyer des St. Johannis-Festes 1846. Gedichtet vom Br. [Karl Gottlieb] Prätzel. In Musik gesetzt vom Br. [Joh.] H[einr.] **Schäffer.** [Hamburg 1846: Nestler & Melle.] 2 Bl. 8⁰ [Kopftit.]
Ohne Noten: „Nach unerforschten Weiten . . .“

Cantate zur Feier des 25-jähr. Stiftungsfestes der Loge Boanerges zur Bruderliebe, in Musik gesetzt vom Br. J[oh.] H[einr.] **Schäffer,** gedichtet vom Br. F[riedr.] A[ug.] Meyer. Hamburg, den 18. Mai 1857. Hamburg [1857]: Appel. 2 Bl. 8⁰ [Umschlagtit.]
Ohne Noten: „Entflohen ist die Zeit, dem Traume gleich, . . .“

Cantate und Gesänge zum St. Johannisfeste. Den 23. Juni 1861. Comp. von [Joh.] H[einr.] Schäffer. [Hamburg 1861: Nobiling.] 2 Bl. 8⁰ [Kopftit.]

Cantate [gedichtet von Heinr. Ehrich, komp. von Joh. Heinr. **Schäffer**] und [2] Gesänge zum St. Johannisfeste. Den 22. Juni 1862. [Hamburg 1862: Nobiling.] 2 Bl. 8⁰ [Umschlagtit.]
Ohne Noten.

Cantate zum Johannis-Feste 1839. Gedichtet vom Br. [Karl Gottlieb] Prätzel. In Musik gesetzt vom Br. [Joh.] H[einr.] **Schäffer.** Hamburg [1839]: Nestler & Melle. 2 Bl. 8⁰ [Umschlagtit.]

[Dasselbe.] Ebendas. 1840. 2 Bl. 8⁰

[Dasselbe.] Ebendas. 1845. 2 Bl. 8⁰

[Dasselbe.] Ebendas. 1849. 2 Bl. 8⁰ [Kopftit.]
Ohne Noten: „Freudig stellen wir aufs neue . . .“ 193.

Cantate zum Johannis-Feste 1851. Gedichtet von [Karl Gottlieb] Prätzel. In Musik gesetzt von [Joh.] H[einr.] Schäffer. [Hamburg 1851: Nobiling.] 2 Bl. 8⁰ [Kopftit.]

Cantate zur Jubilarfeier der Aufnahme Friedrich des Grossen, in den Bund der Freimaurer, comp. vom Br. J[oh.] H[einr.] **Schäffer.** L. Absalom [in Hamburg] den 15. Aug. 1838. [Hamburg 1838.] 1 Bl. 8⁰ [Kopftit.]
Ohne Noten: „Einen seltnen König preise, ..."

Cantate zur 50jährigen Maurer-Feier des Brs. H. W. Buek, am 6. April 1870. [Unterz.:] v. H. [Komp. von Joh. Heinr. **Schäffer.**] Hamburg [1870]: Nobiling. 2 Bl. 8⁰ [Umschlagtit.]
Ohne Noten: „Auf Brüder, erhebet in jubelnden Weisen . . ."

Cantate zum maurerischen Säcular-Feste [der Grloge von Hamburg und der Loge Absalom] am 6. Dez. 1837. Gedichtet von K[arl] G[ottlieb] Prätzel. Comp. von J[oh.] H[einr.] **Schäfer** [!]. Hamburg [1837]: Nestler & Melle. 4 Bl. 8⁰ [Umschlagtit.]
Abgedr. in: Neueste ZfFr. 1838 S. 55—60.
Ohne Noten: „Treu dem Mahnspruch höherer Geschickes, . . ." 3. 358 a.

Cantate zum St. Johannisfeste. Den 24. Juni 1847. Musik von [Joh.] H[einr.] **Schaeffer.** Hamburg [1847]: Nobiling & Heidrich. 2 Bl. 8⁰ [Umschlagtit.]
Ohne Noten: „Holdes Fest, uns zu belohnen, . . ."

Cantate zum St. Johannisfeste. Den 25. Juni 1848. Musik vom Br. [Joh.] H[einr.] **Schäffer.** Hamburg [1848]: Nobiling. 2 Bl. 8⁰ [Umschlagtit.]
Ohne Noten.

Cantate zum St. Johannisfeste. Den 23. Juni 1850. Musik vom Br [Joh.] H[einr.] **Schäffer.** [Hamburg: 1850.] 1 Bl. 8⁰ [Kopftit.]
Ohne Noten: „Holdes Fest, uns zu belohnen, . . ."

Cantate zum St. Johannisfeste. Den 26. Juni 1853. Musik von [Joh.] H[einr.] **Schäffer.** [Hamburg: 1853.] 1 Bl. 8⁰ [Kopftit.]
Ohne Noten.

Cantate zum St. Johannisfeste. Den 28. Juni 1857. Gedichtet von [Karl Gottlieb] Prätzel. Comp. von [Joh.] H[einr.] **Schäffer.** [Hamburg: 1857.] 2 Bl. 8⁰ [Kopftit.]
Ohne Noten: „Zum Preis des Höchsten soll..."
Beigefügt 1 Lied ohne Noten: „Am fernen rauhen Meeresstrande, . . ."

[Kantate.] Den geliebten Bdrn J. F. Siemers und P. Calais zu ihrem goldenen Maurerfeste brüderlichst gewidmet. Den 17. Sept. 1861. [Musik v. Joh. Heinr. **Schäffer.** Text v. Peter Otto Heinr. Pepper.] [Hamburg 1861]: Nobiling. 2 Bl. 8⁰ [Umschlagtit.]
Ohne Noten: „Jubelfreude füllt die Herzen, ..."

Cantate comp. vom Br. J[oh.] H[einr.] **Schäffer,** gesungen am Stiftungs-Feste der Loge Boanerges zur Bruderliebe. [Hamburg] o. J. 1 Bl. 8⁰ [Kopftit.]
Ohne Noten.

Moraht, Jak. Daniel Matthias: Cantate zur Trauer-Loge für den verstorbenen Br. J. D M. Moraht. Gedichtet vom Br. K[arl] G[ottlieb] Prätzel. Comp. vom Br. J[oh.] H[einr.] **Schäfer.** Hamburg [1838]: Nestler & Melle. 2 Bl. 8⁰ [Umschlagtit.]
Ohne Noten: „Nachtgebilde, düst'rer Feier ..."

[Lied.] Zum 23. April 1864. Comp. von [Joh.] H[einr.] **Schäffer.** [Unterz.:] W[ill.] Shakspeare. [Hamburg 1864.] 1 Bl. 8⁰ [Kopftit.]
Lied ohne Noten: „Die Art der Gnade weiss von keinem Zwang, . . ."

[Lied.] Dem Br. J. N. Bläsing zur Erinnerung an seine 25jährige Maurerlaufbahn brüderlichst gewidmet von den Brüdern - Mitgliedern. Hamburg, den 29. Aug. 1839. [Komp. von Joh. Heinr. **Schäfer.**] [Hamburg 1839]: Appel. 2 Bl. 8⁰
Ohne Noten: „Für Weisheit, Stärke, Schönheit . . ."

[Lied.] Dem geliebten Br. Dav. Andr. Cords, zur Feier seiner 50jährigen Maurerweihe, am 22. Nov. 1853. [Gedicht von Karl Gottlieb Prätzel. Musik von Joh. Heinr. **Schäffer.**] Hamburg [1853]: Nobiling. 2 Bl. 8⁰ [Umschlagtit.]
Ohne Noten: „Lasst zur frohwillkomm'nen Stunde . . ."

BRIEFTRÄGER, Der Hamburger. Eine Wochenschrift .... von A. F. Bonaventura (d. i. Adam Friedr. Schultze). Hamburg 1791 ff.
Goedeke VII, 367, 31. 8 citirt Jahrg. 4: 2794.
— — (Schäffer, Joh. Heinr.) Eine Priese Spaniol für Bonaventura. 1796. (In Hamburg, Stadtbibl.)
l. c. 15; ebd. 32:
— — — — Ehrenrettung. (Anzeige, dass er [Schäffer] am „Hamburger Briefträger" keinen Anteil gehabt habe noch haben werde): Wöchentl. gemeinnütz. Nachrichten 1809. St. 3 vom 11. Januar. Beilage zu Nr. 1.

Trauer-Loge. Sonnabend, den 29. Dec. 1849. Trauer-Cantate. Musik von [Joh.] H[einr.] Schäffer. [Hamburg 1849: Nobiling.] 2 Bl. 8⁰ [Kopftit.]
3 Lieder ohne Noten: 1. „Tiefe Trauer eint uns hier, ..." 2. „Im Arm d. Liebe ..." 3. „Wie sie so sanft ruhn ..."

Trauer-Loge. Sonnabend, den 28. Dec. 1850. Trauer-Cantate. Musik von [Joh.] H[einr.] Schäffer. [Hamburg 1850: Nobiling.] 2 Bl. 8⁰ [Kopftit.]
3 Lieder ohne Noten: 1. „Tiefe Trauer eint uns hier, ..." 2. „Wir sehn uns wieder, ..." 3. „Wie sie so sanft ruhn, ..."

Schaeffer, Joh.Jakob: De virtutibus intellectus, sapientia et prudentia. (Resp.: Joh.Jakob Bachofen). 11 S.– Basel, Jur.Diss.v. 9.Sept.1760.

Schäffer, Johann Konrad (Nürnberg) Altd. Phs. 24/34

Quaestiones philosophicae.
Präs. Johann Paul Felwinger.
Altdorf (Scherff) o.J. 10 Bl.

W.v.: Sebastian Rigel, Wolfgang Jakob Müller, Pius Petz, Georg Düring. 29919

Schaefer (Schaeffer), Joann. Nep., Ichnographia hermeneutices sacrae. Mainz, 1784, 8°.
Auf der ehemaligen bayerischen Univers. Landshut lange Zeit als Leitfaden für Vorlesungen gebraucht.

Schäffer, I. Np., institut. scripturae sacrae usui auditorum suorum accommodatae. P. I. Isagoge. P. II. Hermeneutica. gr. 8. Mainz, Sartorius. (Andreä, Frcf.) 790–92. (I. 16 gr. II. 22 gr.)

—— Institutiones scripturisticae usui auditorum suorum accommodatae. Mainz, 1790—1792.
Im 1. Bande, der isagoge, werden die allgemeine Einleitung ins A. u. N. und die specielle ins N. T., im 2. Bande die hermeneutica s. generalis und die subsidia hermeneutica behandelt. Siehe § 49.

Johann Ulrich Gottlob von Schaeffer

Beitrag zu einer künftigen wissenschaftlichen Ansicht der Wirkungen mineralischer Wässer, entworfen von Joh[ann] Ulr[ich] Gottl[ob von] Schäffer. Regensburg: Montag & Weiß'sche Buchh. 1824. XVI, 72 S. 8⁰

Schäffer, J. U. Glo., Beytr. z. e. Theorie d. engl. Pockenimpfung. 8. Regensb. Montag u. W. 801.

Schaeffer, Johann Ulrich Theophil (Regensburg)
Erlg. Med. 1775/6

Fetus cum matre per nervos commercium.
Erlangen (Walther) 20. IX. 1775. 56 S., 1 Taf.

Gew.: Stadt Regensburg.
W.v.: Erasmus Ludwig Wernberger (Opp.), I. W. Ian (Opp.). 29920

— Entwurf üb. Unpäßlichkeit u. Krankheitskeime. Mit Gedanken üb. die Würdigung e. Theorie v. K. W. Nose. 8. Frankf. a. M. 795. Gebhardt u. K. 18 gl.

Johann Ulrich Gottlob von Schaeffer

Entwurf über Unpäßlichkeit und Krankheits-Keime von Joh[ann] Ulr[ich] Gottl[ob von] Schäffer. Mit Gedanken über die Würdigung e. Theorie (für Erfahrungswissenschaften) von Karl Wilhelm Nose. Frankfurt a.M.: Gebhard & Körber 1799. 216 S. 8⁰

von Schaeffer, J. Ul. Gtth., Ueb. Sensibilität als Lebensprinzip. Primus gradus-potius irritabilitas muscularis (gegen Girtanner's Abh. üb. Irritabilität als Lebensprinzip) in d. org. Natur. Mit einem Aufsatz üb. Erfordernisse zu Theorien. 126 S. Frkf. 1793. 16°. — Vertheidigung einzelner Sätze dieser Schrift. Herausgegeben von K. W. Nose. Frkf. a. M. 1795. 8°. Salzb. med. chir. Zt. 1793, IV, 248 und in: Auserl. Abh. f. prakt. Aerzte XVI, 125. Auch in: Beschreibung d. Heilart d. gewöhnl. Kinderkrankh. XXVIII. Abschn.: Chorea Viti.

— üb. Sensibilität als Lebensprincip in d. organ. Natur. Mit e. Nachschr. hrsgg. v. K. W. Nose. 8. Frkf. a. M. 793. Gebhard u. K. 8 gl.

— Vertheidig. einzelner Sätze aus d. vorhergeh. Schrift. Mit e. Aufsatze hrsgg. v. K. W. Nose. 8. Frkf. a. M. 795. Gebhard u. K. 5 gl.

Johann Ulrich Gottlob von Schaeffer

Ueber die Stellung der Leibärzte zu ihren Fürsten, und ihre gegenseitige Verpflichtungen;... Von Joh[ann] Ulr[ich] Gottl[ob] v[on] Schäffer. Sulzbach: Seidel 1827. XVI S., S.17–40. 8⁰

— s. Rer. v. Sternberg, galvan. Versuche.

Schäffer, J. U. Glo., Versuch e. Theorie der engl. Pockenimpfung. 8. Nrnb. Grattenauer. 802. Rthlr. ·

— — Versuch einer Theorie der engl. Pockenimpfung. 8. Nürnb. 802. Jetzt Eichhorn. -

— — Versuch eines Vereins d. Theorie u. Praxis d. Heilkunst. 1r theor. Theil. gr. 8. Berlin, Reimer. 817.

— — Dessen 2r oder prakt. Theil. gr. 8. Tübingen, Laupp. 820.

v. Schäffer, (J. U. G.,) Versuch eines Vereines der Theorie u. Praxis in d. Heilkunst, od. einer theoret. Grundlage für die medicin. Praxis. 3r u. letzter Bd. A. u. d. T.: Ansichten üb. die Krankheiten des irritabeln u. sensibeln Lebens. gr. 8 Sulzb. 826, v. Seidel.

Schäffer, Joh(ann) Ulr(ich) Gottl(ob von): Versuche aus der theoretischen Arzneykunde. Erster über Bewegung und Mischung der Säfte, zweiter über Nerven, und einen Theil ihrer Krankheiten. Vers.1 – 2, gbd.

Nürnberg: Grattenauer 1782 – 1784

JB 2.194

— Versuche aus der theoret. Arzneikunde. 2 Versuche. 8. Nürnb. 782, 84. (Eichhorn). 1 ⁄ 4 gl.

Schäffer, Joh. Wolfg., Anweis. z. Rechenkunst. 8. Ansbach. 736.

Schäffer, Johanna, die schöne Großmutter od. Bete u. arbeite. Erzählung. 8. (177 S.) Norden 875. Soltau. n. 2. 40

Johannes Schaeffer

Anthelmintica regni vegetabilis. Altdorfii (1784): J.P.Meyer. 98 S. 8°

Altdorf, Med. Diss. v. 1. Nov. 1784

SCHÄFFER, JOSEF. Die Augustiner-Canonissen-Congregation de Notre Dame. Ihre Entstehung und ihr Wirken in Preßburg. In Preßburger Zeitung. SA. Preßburg 1854. 26 S. - 8°

SCHÄFFER, JOSEF: Die Augustiner-Canonissinen-Congrégation de Notre Dame. Ihr Entstehen und ihr Wirken in Pressburg. Pressburg 1888: C. Angermayer. 26 S. - 4°

Schäffer, Josef, *Religionslehrer.* Ueber die **Erfordernisse einer guten Beichte und einer würdigen heil.** Communion. Exhorten in der Kapelle **des k. k. Militär-Obererziehungshauses** zu Kameniz in Sirmien. *Pressburg* 1858. Druck u. Verl. von *Alois Schreiber*. 39 S., 8°. 12 kr.

SCHÄFFER, JOSEF: Himmelwärts das Herz. Gebet- und Erbauungsbuch für die gebildete katholische Jugend. Preßburg 1854. Druck v. A. Schreiber (vorm. Schmid'sche Buchdruckerei). 216 S. - 170 mm

Schaffer, Joseph —. **Das katholische Kirchenjahr,** seine Feste, Geheimnisse **und heiligen Bräuche.** Für höhere Bildungsanstalten. **Von — —. 1. Heft** Weihnacht- und Osterkreis. 8. (44 S.) **Preßburg.** Alois Schreiber's Buchdruckerei. **Kommissions-**Verlag für Wien: **P. P. Mechitaristen-Buch**handlung, für Preßburg: Schwaiger'sche **Buch**handlung. 1854.

Schäffer, Josef —. Das katholische Kirchenjahr, seine Feste, Geheimnisse und heiligen Bräuche. Für höhere Bildungsanstalten von —. 8. (VIII, 108 S.) Preßburg. Alois Schreiber's Buchdruckrei. 1854.

Schäffer, Josef — Kometen und Kometenfurcht! Exhorte. Vorgetragen von dem Religionslehrer des löbl. k. k. Militär-Obererziehungshauses zu Kameniz, Konsistorialrath — —. Ein Separatabdruck aus dem erscheinenden größern Werke: „Ein Saatkorn fur junges Erdreich." Preßburg, 1857. Druck von Alois Schreiber. Verlag von F. J. Schinders Buchhandlung in Preßburg und Schemnitz. (8 S. 8.)

Schaeffer, Dr. Josef — Kompendium der römisch-katholischen Kirchengeschichte. Von — —. Wien, 1856. Druck und Verlag von Keck & Pierer. (67 S. 8.)

Schäffer, Jos., Compendium der römisch-katholischen Kirchengeschichte. Ler.-8. (III und 68 S. mit eingedr. Holzschn.) Wien 856, Lechner's Universitätsbuchh. *

—— eine **Lanze für das „göttliche Recht" des Königthums. Fünf Exhorten mit dem Refrain der österreich. Volkshymne,** vorgetragen an der **preßburger Ober-Realschule im Beginne des Schuljahres 1854/55.** gr. 8. **(41 S.) Wien 854, Mechitaristen-Congregations-Buchh.**

Schäffer, Josef — Ein Lilienblatt in den Kranz der sündelosen Gottgebärerin als Erinnerungsmal an die am vierten Sonntage nach Ostern 1855 stattgehabte Verkündigung des Dogmas der unbefleckten Empfängniß Mariä. Von — —. Preßburg, 1855. Druck von Alois Schreiber. (2 Bl. 8.)

SCHÄFFER, JOSEF: Die Lauretanische Litanei. Fest cantate (nach einer alten Melodie) zu der am 17. Juli 1854. stattfindenden Säkular-Feier des Notre-Damen-Stiftes in Pressburg. Pressburg 1854: Vormals Schmid'sche Buchdruckerei. 4 S. - gr.8°

SCHÄFFER, JOSEPH: Des Edlen Loos auf Erden. Novellenknospe der gebildeten Jugend zum heil. Christ gepflückt. Freie Bearbeitung des Italienischen »Genio e virtù«. Pressburg 1860: Alois Schreiber. 25 f. - 160 mm

Schaeffer, Jos., des Edlen Loos auf Erden. Novellenknospe der gebildeten Jugend zum heiligen Christ gepflückt. Freie Bearbeitung des italien. „genio e virtù." 12. Preßburg 860, (Wigand.)

SCHÄFFER, JOSEF: Rede bei Gelegenheit des heiligen Weiheaktes der Realschul-Fahne in der Kapelle des tiefen Weges (bei Presburg) am 25. Mai 1853 vorgetragen und den katholischen Schülern der Schule von ihrem Religionslehrer Josef Schäffer gewidmet. (Presburg) 1853: Schnellpressendruck v. Alois Schreiber. 4 S. - 230 mm

Schaeffer, Joseph von (Eichstätt) Altd. lose Jur.

Dissertatio inauguralis de successione in hypothecam ex pacto cum debitore inito.
Altdorf (Meyer) 30. V. 1768. 20 S. 29921

SCHÄFFER, JOSEPH J.: Opfer und Pflicht in den Wechselbeziehungen des Priesters und der Welt dargestellt. Secundiz-Predigt zu Pressburg im Königreich Ungarn bei den ehrwürdigen Kapuziner-Vätern am 30. März 1851 vorgetragen, als der Hochwürdige P. Jacob Füzik des genannten Ordens Priester, die heilige Jubelmesse celebrirte. Wien 1851: J. P. Sollingers Witwe. 15 S. - 8°

Schäffer, Josef Johann Kupertin

Schäffer, Jos. Joh. Cupertin, **diesseitige Berichte** über jenseitige **Zustände. Sechs Fastenreden nebst** einer **Charfreitags**predigt, betitelt „die Königin der Märtyrer;" vorgetragen 1849 zu Wien. gr. 8. (VI und 96 S.) Wien 849, Mechitaristen-Congregations-Buchh.

—— der Liebe Feierabend. Eine Lektüre während der heil. Faste für Alle, die auf den Herrn bauen, an sein Leiden glauben und sich genügen lassen. gr. 8. (VIII und 128 S.) Augsburg 851, (Schmid'sche Buchh.)

—— die Jacobleiter. Ein Gebet- und Erbauungsbuch für die stillen Verehrer der heil. Liebe. 8. (VIII und 376 S.) Wien 850, (Mechitaristen-Congregations-Buchh.)

Schäffer, Jos. Joh. **Kupertin —. Die Jakobleiter. Ein Gebet- und Erbauungsbuch für den stillen Verehrer der heiligen Liebe. Von — —. Zweite Auflage. Mit einem Stahlstiche. Wien. 1855. Druck und Verlag von Karl Ueberreuter. (3 Bl. 376 S. 8.)**

— Joseph u. seine Brüder. **Sechs Predigten als Blätter der Erinnerung.** gr. 8. (63 S.) **Wien 848, Schmidt & Leo in Comm. n. 12** *ngl*. **Velinpap. n. 16** *ngl*.

SCHÄFFER, JOS(EPH) JOH(ANN) KUPERTINO: Die Presburgerinnen. Kanzelrede auf das Fest der heiligen Elisabeth. Pressburg 1853: Schnellpressendruck v. A. Schreiber. 4 S. - 4°

Schäffer, Jul., neue Bearbeitungen Händel'scher Vocalcompositionen von Rob. Franz besprochen und mit nachträglichen Bemerkungen über die Ausführung des Basso continuo versehen. 8. (53 S.) Leipzig 880, Leuckart. * 1 —

Schäffer, Jul., zwei Beurtheiler Robert Franz's. Ein Beitrag zur Beleuchtung des Unwesens musikal. Kritik in Zeitungen und Broschüren. gr. 8. (40 S.) Breslau 863, Leuckart.

Schaeffer, Jul., Choralbuch f. die Prov. Sachsen, im Auftrage d. königl. Consistoriums zu Magdeburg bearb. qu. 4. (XII, 137 S.) Wittenberg 886. Herrosé Verl. n. 6. —; geb. n.n. 7. 50

Schaeffer, Jul., Choralbuch f. die Prov. Sachsen, im Auftrage des königl. Konsistoriums zu Magdeburg bearb. 2. Aufl. qu. gr. 4. (XII, 137 S.) Wittenberg 899. R. Herrosé. n. 4. —; geb. n. 5. 50

—— vierstimmiges Choralbuch, enthaltend sämtl. Melodieen zum Gesangbuch für evangel. Gemeinden Schlesiens. gr. 8. (VIII, 204 S.) Breslau 880, Korn. ℳ 2,50.; geb. ** 3 —

Schäffer, Jul., Friedrich Chrysander in seinen Clavierauszügen zur deutschen Händel-Ausgabe beleuchtet. [Aus: „Allg. deutsche Musikzeitg."] gr. 8. (VI, 43 S.) Leipzig 876. Leuckart. n. 1. 50

— Entgegnung auf Ph. Spitta's Artikel: „Ueber das Accompagnement in den Compositionen Seb. Bach's". [2. Abdr.] [Aus: „Musikal. Wochenbl."] gr. 4. (6 S.) Ebend. 876. — 50

Schaeffer, Julius: De Febri Moldavica. Gryphiae 1818: Kunike. 16 S. 8°
Greifswald, Med. Diss. v. 16. Jan. 1818

— Robert Franz in seinen Bearbeitungen älterer Vocalwerke. 2. durchgeseh. Abdr. [Aus: „Musikal. Wochenbl."] gr. 4. (11 S.) Ebend. 876. 1. —

Schaeffer, Jul., Seb. Bach's Cantate: „Sie werden aus Saba Alle kommen" in den Ausgaben von Rob. Franz und dem Leipziger Bach-Verein kritisch beleuchtet. gr. 8. (77 S.) Leipzig 877, Leuckart. * 1 50

—— die Breslauer Singakademie. Ihre Stiftung, weitere Entwickelung und Thätigkeit in den ersten 50 Jahren ihres Bestehens. gr. 8. (62 S.) Breslau 875, Leuckart'sche Sortimentsh. * 1 –

Schaeffer, K., Anleitung zum Unterricht im Rechnen, s. Böhme, A.

[S.] A. Böhmes Anleitung zum Unterricht im Rechnen, e. meth. Handb. f. Lehrer u. Seminaristen. Umgearb. v. K. Schaeffer, Seminarl. in Berlin. Th. 1. 2. *Berlin: G. W. F. Müller 1897. 98.* 2 Bde 8.
1. Das Allgemeine. 1897. (2 Bl., 84 S.)
2. Das Besondere. 1898. (IV, 85—383 S.) [98. 11661

Schaeffer, K. Aufgaben betr. d. Arbeiter-Versichergn., s. Böhme's, A., Rechenbücher.

Schäffer, K., Bruch der unteren Epiphyse des Radius. Inaugural-Abhandlung. gr. 8. (16 S. mit 2 eingedr. Holzschn.-Abbild.) Würzburg 877, Stuber. * — 60

Schaeffer, K., Fibel, s.: Böhme, A.

Schaeffer, K., die Leberprobe, e. Bestätigung d. Lungenprobe in medicin.-forens. Hinsicht; od. Untersuchungen üb. e. neues Kriterium zur Entscheid. üb. d. Gelebt- od. Nichtgelebthaben e. neugebor. Kindes. Eine gekr. Preisschr. Mit e. Vorw. v. H. Fr. Autenrieth. gr. 8. (7 B. u. 13 Tab. qu. Fol.) Tübingen 830, Fues.

Schaeffer, K., Rechenbücher, s.: Böhme, A.

Schäffer, Karl. Oesterreichisch-schlesisches Adressenbuch der sämmtlichen Industriellen, Handels- u. Gewerbetreibenden, welche an Erwerbsteuer mindestens 4 fl. 20 kr. entrichten, mit Ersichtlichmachung der handelsgerichtlich protokollirten Firmen und mit Angabe des Gerichtsbezirkes, Postamtes und der Einwohnerzahl bei jedem Orte. Auf Grund authentischer Daten verfaßt u. herausgegeben. gr. 8. (201 S.) geh. 1 fl. 40 kr. Mit 25%. Nur baar.
Wien: Wallishausser 1882.

Schäffer, Carl, An sie. Eine Rede mit Unterbrechungen am Jahrestage des Ronge'schen Briefes vor dem deutschen Publikum gehalten. gr. 8. (2½ B.) Darmstadt 845, Leske.

Schaeffer, Carl: Die Bedeutung des Musikalischen und Akustischen in E. T. A. Hoffmanns literarischem Schaffen. ⟨Teildruck.⟩ Marburg 1909: Koch. VI, 55 S. 8° ¶ (Ersch. vollst. als: Beiträge z. dtsch. Literaturwissensch. Nr 14.)
Marburg, Phil. Diss. v. 8. Mai 1909, Ref. Elster
[Geb. 7. Febr. 84 Leipzig; Wohnort: Leipzig; Staatsangeh.: Sachsen; Vorbildung: Thomassch. Leipzig Reife O. 03; Studium: München 1, Leipzig 1, Freiburg i. B. 1, Leipzig 2, Marburg 3 S.; Rig. 15. Juni 08.] [U 09. 3211

Schaeffer, Carl, die Bedeutung des Musikalischen und Akustischen in E. T. A. Hoffmanns literarischem Schaffen, s. a. Beiträge zur deutschen Literaturwissenschaft. Nr. 14.

Die Bedeutung des Musikalischen und Akustischen in E. T. A. Hoffmanns literarischem Schaffen. Von Dr. Carl Schaeffer. Marburg: Elwert 1909. (VIII, 235 S.) 8°.
[Ein Teil erschien als Inaug.-Diss. Marburg 1909.]
(Beiträge z. deutschen Literaturwissenschaft. Nr 14.) [09. 16797

Schaeffer, Karl [pr. Arzt in Dambach i. E.]: Ein bakteriologischer Beitrag zu den Komplikationen des Typhus ... Strassburg i. E., Buchdr. Ch. Müh & C., 1895; 2 Bl., 7—23 S. 8.
Strassburg, Med. Fak., Inaug.-Diss. v. 1895

Schaeffer, Carl, der Briefschüler, enth.: 180 Aufgaben im Briefstyl mit besonders gewähltem Stoff zur leicht zu bildenden Antwort für Kinder. 1. Thl.: Für Töchterschulen. 4., verb. Aufl. gr. 8. (VI und 102 S.) Leipzig 851, Baensch. *

—— dass. — 2. Thl.: Für Knabenschulen. 4., verb. Aufl. gr. 8. (VI und 105 S.) Ebds. 851. *

—— dass. — 3. Thl.: Für Landschulen. 4., verb. Aufl. gr. 8. (VI und 85 S.) Ebds. 851. *

Schäfer, C., der Briefschüler. Eine Auswahl von Aufgaben im Briefstyl. 4. verb. u. verm. Aufl. Als Handbuch zum Uebersetzen aus dem Deutschen ins Französische angenommen u. versehen mit Noten über den Geist u. die Färbungen beider Sprachen. Von G. H. F. de Castres. 1. Thl. Für Töchterschulen. — 2. Thl. Für Knabenschulen. A. u. d. T.: Nouveau recueil de lettres ou Choix d'Exercices gradués sur le Style épistolaire par Ch. Schaefer. 4. édit. revue et corrigée. Ouvrage adopté pour être traduit en français etc. par G. H. F. de Castres. 1. Partie à l'Usage des Demoiselles. — 2. Partie à l'Usage des Garçons. Leipzig 854. Baensch. (Gräbner.) gr. 8. (VI, 86, 86 S.; VI, 105, 97 S.) Jeder Theil n. 18 ngr.

Schäffer's, K., Briefschüler für Knabenschulen, enthaltend stufenweise geordnete Aufgaben im Briefstyl mit besonders gewähltem Stoff zur leicht zu bildenden Antwort, sowie Titulaturen u. Adressen. 5., von L. Wolfram umgearb. u. verm. Aufl. Leipzig 861. Gräbner. gr. 8. (IV, 102 S.) n. 7½ ngr.

— — für Töchterschulen. 5., von L. Wolfram umgearb. u. verm. Aufl. Ebend. 861. gr. 8. (IV, 102 S.) n. 7½ ngr.

Schäffer's, K., Briefsteller f. Mädchenschulen, enth. stufenweise geordnete Aufgaben im Briefstyl m. besonders gewähltem Stoff zur leicht zu bild. Antwort, sowie Titulaturen u. Adressen. 6., umgearb. u. verm. Aufl. gr. 8. (102 S.) Leipzig 872. Klinkhardt. n. — 75

Schäffer, C., die Grundregeln der deutschen Sprache zur schnellen u. sichern Erlernung des Richtigsprechens und der Zeichensetzung für Schulen u. zum Selbstunterrichte, practisch dargelegt. 853. — 2. (Titel-)Ausg. Magdeburg 856. Baensch. (Leipzig, Gräbner.) gr. 8. (IV, 67 S.) 5 ngr.

Schäffer, C., die Grundregeln der deutschen Sprache: Wort-, Rections-, Satz- u. Interpunktionslehre zum Schulgebrauche u. Selbstunterrichte praktisch bearb. 2. gänzlich umgearb. Aufl. Magdeburg 870. Baensch. 8. (VIII, 192 S.) n. 12 ngr.

Schäffer, C., die Grundregeln der deutschen Sprache: Wort-, Rections-, Satz- und Interpunktionslehre, zum Gebrauche in gehobenen Elementar- und Bürger-, wie in den unteren, als mittleren Klassen der Realschulen und Gymnasien, so auch beim Selbstunterrichte, practisch bearb. 3. unveränd. (Titel-)Aufl. 8. (VIII, 192 S.) Magdeburg (870)79, E. Baensch. * 1 20

Schäffer, C., Idee zu Luthers Denkmal mit 2 K. 4. Dresden, Arnold. 806.

Schäffer, Karl I., Ideen zu Luthers Denkmal. Mit 2 Kpf. 4. Dresd. 806. Arnold. 9 g

— Ideen aus d. Skizzen eines Architekten, zum Gebr. für Künstler u. Freunde d. Kunst. 1e Samml. Mit 1 schwarz. u. 5 ill. Kpf. qu. Fol. Leipz. 806, u. 813 mit folg. n. Titel: Samml. architekton. Studien, Entwürfe u. Skizzen. 1s Heft. Ebd., (Brockhaus). 2 ß ill. 2 ß 16 g

— Ideen aus d. Skizzen e. Architekten zum Gebr. für Künstler ꝛc. 1ste Samml. mit K. Quer-Fol. Leipzig, Gleditsch. 806.

Schaeffer, Carl, Leitfaden für den Unterricht in der Orthographie nebst einem Anhange, Schreibung und Bedeutung der gebräuchlichsten Fremdwörter. 1. Aufl. (VIII und 96 S.) 1850. 7½ Ngr. und 2., verm. und verb. Aufl. 8. (VIII und 139 S., wovon 16 lithogr.) Magdeburg 851, Baensch. Thlr. *

—— Leitfaden für den Unterricht in der Orthographie nebst einem Anhange: Schreibung und Bedeutung der gebräuchlichsten Fremdwörter. 3., verm. und verb. Aufl. gr. 8. (VIII und 159 S., wovon 16 lithogr.) Magdeburg 853, [und Leipzig, Gebr.] Baensch. *

—— Leitfaden für den Unterricht in der Orthographie nebst einem Verzeichnisse: die Schreibung und Bedeutung der gebräuchlichsten Fremdwörter. 4. Aufl. 1858. und 5., verb. Aufl. gr. 8. (VIII und 184 S., wovon 16 lithogr.) Leipzig 860, Gräbner. *

Schäffer, C. (I.), Leitfaden für den Unterricht in der Orthographie nebst einem Verzeichnisse: die Schreibung und Bedeutung der gebräuchlichsten Fremdwörter. 6. Aufl. 1865. und 7., aufs Neue durchgeseh. Aufl. gr. 8. (VIII und 184 S., wovon 16 lithogr.) Leipzig 868, Gräbner. *

—— Leitfaden für den Unterricht in der Orthographie nebst einem Verzeichnisse: die Schreibung und Bedeutung der gebräuchlichsten Fremdwörter. 8. verb. Aufl. gr. 8. (IV, 188, wovon 16 lithogr. S.) Leipzig 871, Gräbner. *

—— dass. — 9. Aufl. (IV, 192 S.) 1873, und 10. verm. und verb. Aufl. gr. 8. (IV, 188 S.) Leipzig 875, Klinkhardt. *

Schäffer, C., Leitfaden f. den Unterricht in der Orthographie nebst e. Verzeichnisse der gebräuchlichsten Fremdwörter. 10. verm. u. verb. Aufl. gr. 8. (IV, 192 S.) Leipzig 875. Klinkhardt. n. 1. —

—— Leitfaden für den Unterricht in der Orthographie, nebst einem Verzeichnisse: die Schreibung und Bedeutung der gebräuchlichsten Fremdwörter. 11. und 12. verm. und verb. Aufl. gr. 8. (V, 192 S.) Leipzig 877,79, Klinkhardt. * 1 —

Schäffer, C., Leitfaden für den Unterricht in der Orthographie, nebst einem Verzeichnisse: die Schreibung u. Bedeutung der gebräuchlichsten Fremdwörter. 12., verm. u. verb. Aufl. gr. 8. (V, 192 S.) Leipzig 879. Klinkhardt. n. 1. —

Schäffer, C., Leitfaden f. den Unterricht in den Orthographie, nebst e. Verzeichnisse: die Schreibg. u. Bedeutg. der gebräuchlichsten Fremdwörter. 13. Aufl. gr. 8. (IV, 192 S.) Leipzig 885. Klinkhardt. n. 1. —

— Natur-Paradoxe. Ein Buch f. die Jugend zur Erklärg. v. Erscheingn., die m. der tägl. Erfahrg. im Widerspruch zu stehen scheinen. Nach W. Hampson's „Paradoxes of nature and sciences" bearb. (VIII, 179 S. m. 65 Abbildgn. u. 4 Taf.) gr. 8. Leipzig 908. B. G. Teubner. Geb. in Leinw. 3. —

—— Neujahr. Ein Drama oder ein Gedicht, wie man es will. gr. 8. (3¾ B.) Darmstadt 846, Ollweiler.

Schäffer, Karl, der Neujahr-Gratulant, od. Sammlung v. 51 Neujahrwünschen f. Kinder an ihre Eltern; mit besond. Bezug auf Bildung u. Alter d. Kinder. Für Bürger- u. Landschulen. 8. (6 B.) Magdeburg 832, Rubach.

Schäfer, Charles, nouveau recueil de lettres ou choix d'exercices gradués sur le style épistolaire. 4. Edition, revue et corrigée. Ouvrage adopté pour être traduit en français et enrichi de notes sur le génie et les nuances fines et délicates des deux idiomes. Par G. H. F. de Castres. 2. Parties. (A l'usage des demoiselles. — A l'usage des garçons.) A. s. l. t.: Der Briefschüler. Eine Auswahl von Aufgaben im Briefstyl. 4., verb. und verm. Aufl. Als Handbuch zum Uebersetzen aus dem Deutschen ins Französische ꝛc. Von G. H. F. de Castres. 2 Thle. (Für Töchterschulen. Für Knabenschulen.) gr. 8. (XII und 183 S.) Leipzig 851, [und Magdeburg, Gebr.] Baensch. à Thl. 18 Ngr.

— gegen den Symbolzwang. Mit Rücksicht auf die Extrabeilage z. Frankfurter Journal No. 73 u. auf ihre Entgegnung. (Frankf., bei Körner.) gr. 12. Darmstadt 846, Pabst. 1/6 ß

—— Uebungs-Aufgaben im Briefstyl, mit besond. gewählt. Stoff den Kindern die Antworten zu erleichtern, u. sie im Briefschreiben u. a. schriftl. Arbeiten schnell auszubilden, f. Töchterschulen u. zum Privatunterr. 8. (9 B.) Magdeburg 831, Rubach.

—— Uebungs-Aufgaben im Briefstyl, mit besond. gewählt. Stoff, den Kindern die Antworten zu erleichtern, u. sie im Briefschreiben u. a. schriftl. Arbeiten schnell auszubilden. Für Knaben-Klassen an Bürgerschulen u. zum Privatunterr. 8. (10 B.) Magdeburg 833, Rubach.

Schäffer, Karl, Uebungsaufgaben im Briefstyl mit besond. gewähltem Stoff den Kindern die Antworten zu erleichtern, und sie im Briefschreiben u. a. schriftl. Arbeiten schnell auszubilden, für Töchterschulen u. zum Privatunterricht. 1. Aufl. (8 B.) 835., 2., verb. u. verm. Aufl. 8. (9½ B.) Berlin 840, Rubach. à

— Uebungs-Aufgaben im Briefstyl. Für Knabenschulen. Mit besonders gewähltem Stoff, den Kindern die Antworten zu erleichtern, u. sie im Briefschreiben schnell auszubilden. 3. (Titel-) Aufl. 8. (VIII u. 151 S.) Leipzig (833) 849, Baensch. 5/12 ß

— Uebungs-Aufgaben im Briefstyl für Landschulen. Mit besonders gewähltem Stoff, den Kindern die Antworten zu erleichtern, u. sie im Briefschreiben schnell auszubilden. Nebst e. Anhange, bestehend in Formularen zu Rechnungen, Quittungen ꝛc. u. einigen Musterbriefen. 8. Ebd. 835. 5/12 ß

— dies. Für Landschulen. 3. (Titel-) Aufl. 8. (122 S.) Ebd. (835) 849. 5/12 ß

— dass. für Töchterschulen, mit besonders gewähltem Stoff, den Kindern die Antworten zu erleichtern u. sie im Briefschreiben ꝛc. auszubilden. 2e verb. Aufl. 8. Ebd. 840. 5/12 ß

— dies. Für Töchterschulen. 3. (Titel-) Aufl. 8. (142 S.) Ebd. (840) 849. 5/12 ß

Schäffer, Karl, Referendar: Stillschweigende Willenserklärung, mit besonderer Beziehung auf die stillschweigende Annahme von Schlußnoten und Fakturen. [1908 o. O.] (68 S.) 8° [F.]
Heidelberg, Jur. Fak., Ref. Schroeder, Diss. v. 1908
[Geb. 14. Juni 83 Montigny, Kr. Metz; Wohnort: Sablon, Kr. Metz; Staatsangeh.: Elsaß-Lothringen; Vorbildung: Gymn. Montigny Reife Juli 03; Studium: München 2, Straßburg 1, Genf 1, Straßburg 4 S.; Rig. 21. Juni 07.]

Schäffer, Karl Albert Eugen

Schäffer, Karl Alb. Eugen, Leitfaden zum Unterricht in der prakt. Perspektive, für Gymnasien u. höhere Bürgerschulen. I. Curs., nebst 6 Bl. Steinzeichn. gr. 4. Ratibor 836. n. 1/3 ß
— Neue unveränd. Aufl. gr. 4. Breslau 840. Hirt. 3/8 ß

Schäffer, Karl Albr. Eugen, s. Timoléon.

Schäffer, Karl Emil Robert

Schaeffer, Car. Aemil. Rob. (geb. Berlin 16. 5. 1840): De lege generationis sexuum. Berolini (1866). (32 S.) 8°
Berlin, Med. Diss. v. 12. März 1866

Schäffer, Karl F.

Schäffer, Carl F., Antritts-Rede, gehalten am 10. April 1856 zu Gettysburg. Nebst der an ihn in engl. Sprache gehaltenen Einführungs-Rede, von Joh. Ulrich. gr. 8. (31 S.) New-York 856. (Philadelphia, Schäfer und Koradi.) *

Schäffer, Karl Fr. Ludwig

Schäffer, K. F. L.: „Einige noch unbekannte Bruchstücke zum Robothwesen in Schlesien", Breslau 1804 (Buchheister).

— s. bei Neper, Briefe.

Schäffer, Kupertin, die Erhabenheit des heil. Meßopfers u. des kathol. Priesters hohe Würde. Primizpredigt vorgetr. als der hochwürdige P. Ed. Stöger das erste heil. Meßopfer darbrachte. gr. 8. (1¼ B.) Wien 845. (Grätz, Dirnböck.) *

Schäffer, Kurt

Schäffer, Curt, d. malerische Leipzig. Ausg. A auf weissem Karton. Fol. (12 Farbdr.) Leipzig 897. Verl. d. „Deutschen Moden-Zeitung", A. Polich. In Leinw.-Mappe n. 12.—; ohne Mappe n. 10.—; einz. Blätter 1.—; Ausg. B. auf schwarzem Karton in Mappe zu gleichen Preisen.

Schäffer, Curt v., Meineid? Ein Wahrspruch der Geschworenen. (55 S.) 8. Dresden (907). E. Pierson. 1.—; geb. n 2.—

Schaeffer, Kurt: Die sozialistischen Systeme Theodor Hertzkas und Anton Mengers mit besonderer Berücksichtigung ihrer Entwicklung aus dem ökonomischen Individualismus. Halle a. S. 1907: (G. Schade, Berlin). 50 S. 8° ¶ (Ersch. vollst. in: Sammlung nationalökon. u. statist. Abhandl. d. staatswiss. Sem. zu Halle.)
Halle, Phil. Diss. v. 21. Okt. 1908, Ref. Conrad
[Geb. 21. Dez. 79 Lübben; Wohnort: Halle a. S.; Staatsangeh.: Preußen; Vorbildung: Dorotheenstädt. Realgymn. Berlin Reife O. 00; Studium: Berlin 2, Lausanne 1, Berlin 7, Halle 5 S.; Rig. 1. Aug. 07.] [U 09. 1099

Schäffer, Kurt Ludwig, Referendar: Die verwandtschaftliche Unterhaltspflicht nach dem Bürgerlichen Gesetzbuche für das Deutsche Reich. Borna-Leipzig 1908: Noske. VIII, 76 S. 8°
Leipzig, Jur. Diss. v. 17. Dez. 1908
[Geb. 7. Aug. 80 Zittau; Wohnort: Aue i. Erzgeb.; Staatsangeh.: Sachsen; Vorbildung: Gymn. Zittau Reife O. 00; Studium: München 1, Berlin 1, Freiburg i. B. 1, Leipzig 4 S.; Rig. 9. Juli 03.] [U 09. 3661

Schäffer, L. Ch., Rechenbuch. 8. Ansbach. 738.

Schaeffer, Ludolph (Wismar) A. S. 1183/31

Dissertatio inauguralis medica quae sistit morbi corrupti speciem, i.e. haemoptysin ex infausta consolidatione ulcerum pedum. Präs. Georg Detharding.
Rostock (Adler) XII. 1725. 44 S. 29924

Schaeffer, Ludolph (Wismar) A. S. 1204/11

Specimen manuductionis ad vitam longam, quod tradit regulas generales, circa animi affectus hominibus observandas. Wie überhaupt on Beobachtung der Gemüths-Bewegungen der Mensch sein Leben höher bringen könne. Präs. Georg Detharding.
Rostock (Adler) 29. III. 1724. 16 S.

Gew.: Ludolph Schaeffer. 29923

Schäffer, Ludw. La farce du maistre Pathelin. Grammatische Abhandlung. 38 S. Progr. Rg. *Darmstadt* 1877.

Schäffer, Ludw., Herzog Konrad. gr. 8. (VII, 127 S.) Darmstadt 873. Diehl's Sort. n. 2.—

Schäffer, Ludw., der Raum. Studie zu e. kineto-monist. Weltanschaug. gr. 8. (16 S.) Wien 884. (Konegen.) n. — 60

(Schäffer,) actenmäßige Darstellung d. verbrecherischen Unternehmungen etc., s. a. Darstellung.

[Schäffer, Martin:] Actenmäsige Darstellung der im Gh. Hessen in den J. 1832–35 stattgehabten hochverrätherischen und sonstigen verbrech. Unternehmungen. Darmstadt: Heyer 1839.

Schäffer, Martin, nachträgliche actenmäßige Mittheilungen über die polit. Untersuchungen im Großherzogthume Hessen, insbesondere diejenige gegen Pfarrer Dr. Weidig, eingeleitet durch allgem. Betrachtungen über den Inquisitionsprozeß in Vergleichung mit d. öffentlich-mündlichen Anklageverfahren. gr. 8. Gießen 844, Heyer's Verlag. n. 1/6 Thlr.

Schäffer, Martin Fr.

— s. a. Gesänge, alte geistl.

Schäffer, M. F., alt. geistl. Gesänge, nach d. neuen Mundart verbessert. 4. Breslau, W. G. Korn. 768.

Schäffer, Mart. Fr., († d. 16. Jan. 1791.) kurzgefaßte bibl. Gesch. d. alt. u. neuen Test. f. d. schles. Schulen. 8. Bresl. 768.

— allgem. Handbuch f. die Schulmeister in Schlesien, besond. auf d. Lande etc. 8. Bresl. 767.

— evangel.-luther. Katechismus in Tabellen für d. Landschulen in Schlesien. 8. Bresl. 770.

— das große Lesebuch f. d. Schulen Schlesiens. 8. Bresl. 766.

— das kleine schles. Lesebuch. 8. Bresl. 766.

— s. Polignac, Anti-Lucrez, u. ändere Schäfer in M. F. Schäffer. — Racine, von der Religion u. Gnade, u. ändere Schäfer in M. F. Schäffer. — L. A. Seneeae, flores.

— Traité sur la culture et la transplantement du murier blanc. 8. Bresl. 757.

— kalligraph. Vorschriften zu Schreibübung f. die schles. Landjugend. 8. Bresl. 771.

Schäffer, Matern, praktisch abgefaßte Predigten üb. die sonntägl. Evangelien. 4 Bde. 8. Prag, Barth. 792—94. (à 16 gr.)

— prakt. abgef. Predigten auf alle röm. kathol. Feste. gr. 8. Prag, Mangold. 783.

– – s.a. Schäfer, M.

Schaeffer, Maurice

Schaeffer, M., à travers Obernai. 8. (VIII, 131 S. m. eingedr. farb. Wappen, 12 Lichtdr.-Taf. u. 1 Plan.) Strassburg 887. (Noiriel.) n. 4. —

Schäffer, Max, aus Saargemünd: Über einige 1-Acylcumarone und die Aufspaltung des Acetylcumarons. Rostock 1904: C. Boldt. (51 S.) 8°
Rostock, Phil. Diss. v. [20. Febr.] 1904

Schaeffer, Max, chirurgische Erfahrungen in der Rhinologie u. Laryngologie aus den J. 1875–1885. Mit 7 Abbildgn. gr. 8. (VIII, 99 S.) Wiesbaden 885. Bergmann. n. 3. 60

Schaeffer, Max. Pharyngitis acuta infectiosa phlegmonosa. gr. 8. (2 S.) Berl. 892, Coblentz. * 1 —
Aus: Monatsschr. f. Ohrenheilkunde, besonders abgedruckt.

Schäffer, Mich., augsburg. Confessionskatechismus. 8. Frkf. 728.

Schäffer, auch Scheffer, Mich. Jos., Berechnung d. Getreidearten nach d. Normalpreisen d. Rentämter in d. Provinz Bamberg. qu. Fol. Bamb. 806.

Schäffer Moritz: Die Uebersetzungstechnik in Aelfrics Pentateuch.
1910 PN 2898 **Diss.** Wien, Univ. 1997

Schäffer, Oskar

– Anatomischer Atlas der geburtshülf. Diagnostik u. Therapie, s.a. Lehmann's medizinische Handatlanten.

Anatomischer Atlas der geburtshilflichen Diagnostik und Therapie von Dr. Oskar **Schaeffer**, Privatd., Heidelberg. Mit 160 Abb. u. zahlr. Ill. 2. vollst. umgearb. u. erw. Aufl. *München: J. F. Lehmann 1899.* (XVI, 320 S.) 8°
= Schäffer: Atlas d. Geburtshilfe. Th. 2.
= **Handatlanten**, Lehmann's medicinische. Bd 2. [03. 3183] 11

– Atlas der Geburtshilfe. s.a. Lehmann's medizinische Handatlanten.

Atlas der Geburtshilfe von O(skar) **Schäffer**. Th. 1. (2.) *München: J. F. Lehmann (1897–99).* 2 Bde 8° [Deckelt.]
1 = Atlas u. Grundriss d. Lehre vom Geburtsakt u. d. operativen Geburtshilfe. 4. erw. Aufl. 1897
2 = Anat. Atlas d. geburtshilfl. Diagnostik u. Therapie. 2. vollst. umgearb. Aufl. 1899
= **Handatlanten**, Lehmann's medicinische. Bd 1. 2. [03. 3180] 11

Atlas und Grundriss der Gynäkologie von Oskar **Schaeffer**, Privatd.. Heidelberg. Mit 173 Taf.-Abb. u. 54 Textill. München: J. F. Lehmann 1896. (15, 64, 215 S., 64 Taf.) 8°
= Taschen-Atlanten, Lehmann's Medicinische. Bd 3.

Schaeffer, Osk., Atlas u. Grundriss d. Lehre v. Geburtsakt u. d. operat. Geburtshilfe, s.a. Lehmann's medicin. Handatlanten, Bd. I.

Atlas und Grundriss der Lehre vom Geburtsakt und der operativen Geburtshilfe von Oskar **Schäffer**, Privatd., Heidelberg. Mit 139 Abb. 4. erw. Aufl. München: J. F. Lehmann 1897. (96 S.) 8°
= Schäffer: Atlas d. Geburtshilfe. Th. 1.
= Hand-Atlanten, Lehmann's Medicinische. Bd 1.

Atlas und Grundriss der Lehre vom Geburtsakt und der operativen Geburtshilfe von Oskar **Schaeffer**, Privatd., Heidelberg. Mit 16 Taf. u. 139 Abb. 5. erw. Aufl. *Muenchen: J. F. Lehmann 1900.* (107 S.) 8°
= Schäffer: Geburtshilfe. Th. 1.
= **Handatlanten**, Lehmanns medicin. Bd 1. [03. 4469] 11

– Atlas u. Grundriss der gynäkolog. Operationslehre, s.a. Lehmann's medizinische Handatlanten.

Atlas und Grundriss der Gynäkologischen Operationslehre von Dr. Oskar **Schaeffer**, Privatd., Heidelberg. Mit 42 Taf. u. 21 Textabb. nach Orig. von Maler A. Schmitson. München: J. F. Lehmann 1902. (XVI, 94 S.) 8°
= **Handatlanten**, Lehmann's medizinische. Bd 28. [07. 16017] 11

Schaeffer, Oskar [aus Hamburg]: Ueber die Behandlung der Ruptura uteri mit completem Austritt des Kindes. . . . München, akad. Buchdr. v. F. Straub, 1889; 69 S. 8°
München, Med. Fak., Inaug.-Diss. v. 1889

Schaeffer, O., üb. die Behandlung der Ruptura uteri m. completem Austritt d. Kindes. Inaug.-Diss. gr. 8. (69 S.) München 889. (Leipzig, Fock.) n. 2. —

Einladung zur öffentlichen Probe-Vorlesung, welche Dr. med. Oskar Schaeffer zur Erlangung der Venia legendi bei der medicinischen Facultät der Ruprecht-Carls-Universität zu Heidelberg Donnerstag, d. 10. Dec. . . . abhalten wird. Thema: Einfluss der normalen und pathologischen Anatomie auf die praktische Geburtshilfe und Gynäkologie. *Heidelberg*, Druck v. J. Hörning, *1891;* 1 Bl. 8.
(Nicht für den Austausch)

— über d. „unterbrochene" **Fehlgeburt.** (Verschiedene Formen derselben u. ihre Behandlg.) gr. 8. (64 S.) München 901. Seitz & Schauer. n. 2. —
Sonderabdruck aus: „Deutsche Praxis".

Ⓑ **Schaeffer,** Osk., unterbrochene Fehlgeburt. 901. (KBL 32.) Jetzt: München, Verl. d. ärztl. Rundschau. Erm. Pr. 1.50

—— Der Geburtsakt. s. Lehmann's medicin. Taschen-Atlanten.

Geburtshilfe ... von Dr. O[skar] **Schäffer**, Assist. in München. Th. 1. München & Leipzig: J. F. Lehmann (1892). 8°
= **Taschen-Atlanten**, Lehmann's medicinische. Bd 1. [07. 13331] 0

— die Gesundheitspflege f. Mütter u. junge Frauen, s.: Volksbücher der Gesundheitspflege. 16.

Schaeffer, Osk., Kritik der Wehen erregenden Methoden u. üb. die künstliche Muttermundserweiterung, s.a. Sammlung klinischer Vorträge. Nr. 414.

Kritik der Wehen erregenden Methoden u. über d. künstl. Muttermundserweiterung von O[skar] **Schaeffer**, Heidelberg. Mit 6 Abb. Leipzig: Breitkopf & Härtel 1906. (34 S.) 8°
= **Sammlung** klinischer Vorträge. N. F. No 414. [06. 7644

— neueste **Methoden** zur Bekämpfung akuter sowie häufig auftretender Metrorrhagien. gr. 8. (33 S.) München 899. Seitz & Schauer. n. 1. 50
Sonderabdruck aus: „Deutsche Praxis".

Ⓑ — Methoden z. Bekämpfg. v. Metrorrhagien. 899. (KBL 32.) Jetzt: Ebd.

— u. J. Trumpp, Mutter u. Kind. Aerztlich-hygien. Ratschläge. 2 Tle. in 1 Bd. (123 u. 119 S. m. Abbildgn. u. 1 Taf.) kl. 8. Stuttgart (906). E. H. Moritz.
Geb. in Leinw. n. 2. —

— die Prophylaxe bei Frauenkrankheiten, s.: Handbuch der Prophylaxe. I. 1.

— die Prophylaxe in der Geburtshilfe, s.: Handbuch der Prophylaxe I. Abtlg., 2. Tl.

Schaeffer, Osk., Taschen-Atlas der Geburtshilfe, s.: Lehmann's medicinische Taschen-Atlanten.

—— **Untersuchungen über d. normale Entwicklg. d. Dimensionsverhältnisse des fötalen Menschenschädels m. besond. Berücksicht. d. Schädelgrundes u. seiner Gruben. Mit 50 Abbildgn. u. Tab. u. e. Vorrede v. Johs. Ranke. Ontogenetische. vergleichend-anatom. u. foetal-anthropolog. Studien. gr. 4. (VII, 51 S.) Münch. 892. Lehmann.** * 7 —

Schaeffer, O. Untersuchungen über die normale Entwicklung der Dimensionsverhältnisse des fötalen Menschenschädels mit besonderer Berücksichtigung des Schädelgrundes u. seiner Gruben. Mit 50 Abbildgn. u. Tabellen u. 1 Vorrede v. Prof. Dr. *J. Remke*. In-4°. 51 S. Oberstrass-Zürich, Komm.-Verlag von E. Speidel. 1892. 8 75

Schaeffer, Oskar [Dr.]: Experimentelle Untersuchungen über die Wehenthätigkeit des menschlichen Uterus, ausgeführt mittelst e. neuen Pelotte u. e. neuen Kymographion ... Heidelberg, *gedr. bei L. Schumacher in Berlin*, 1896; 2 Bl., 87 S. 8.
Heidelberg, Med. Fak., Hab.-Schr. v. [20. Dez.] 1894

Experimentelle Untersuchungen über die Wehenthätigkeit des menschlichen Uterus, ausgeführt mittelst e. neuen Pelotte u. e. neuen Kymographion. Von Dr. Oskar Schaeffer, Privatdoc. ... an d. Univ. Heidelberg. M. Wehencurven u. Abb. d. Instrumente. *Berlin: A. Hirschwald 1896.* (2 Bl., 87 S.) 1 Bd 8. [96. 3247

— Ursachen u. Verhütung der Frauenkrankheiten, s.: Bibliothek der Gesundheitspflege. Bd. 16a.

Schäffer, Ottmar, Dichtereien. (VI, 156 S.) 8. Dresden 910. E. Pierson. 2.50; geb. n 3.50

†Schäffer, Otto, (Geo. Carl Ludw. Schöpfer,) der Finkler, od.: Deutliche u. auf Erfahr. begründ. Anweis., die vorzügl. Singvögel zu fangen, zu pflegen, vor Krankheiten zu bewahren u. von dens. zu heilen. 8. (3½ B.) Magdeburg 838, [Baensch.]

Schäffer, Otto, der Finkler, oder: Deutliche und auf Erfahrung begründ. Anweisung, die vorzügl. Singvögel zu fangen, zu pflegen, vor Krankheiten zu bewahren u. von denselben zu heilen. 8. Magdeburg 838. Richter. 1¼ ℳ

Schäffer, Otto [aus St. Gallen]: Ueber die Ursprungsverhältnisse des Nervus hypoglossus ... Erlangen 1889: k. b. Hof- u. Univ.-Buchdr. v. Fr. Junge (Junge & Sohn). 18 S. 8°
Erlangen, Med. Fak., Inaug.-Diss. v. 1889

Schäffer, Otto Art., Gesellenstück e. Bäckers. Meisterstück e. Bäckers, s.: Berufsaufsatz, der, in der Fortbildungsschule.

Schäffer, Peter Christl.

— unpartheiische Gegeneinanderstellung d. Entscheidungsgründe z. Beilegung des Streites üb. symbol. Bücher 2c. 8. Dessau 793.

Schäffer, Pt. Chr., d. geprüfte Prüfung Villaumes d. Rönnberg. Schrift üb. symbol. Bücher in Bezug a. Staatsrecht. 8. Dessau, Müller. (Vollmer in Hamb.) 792.

— unpartheiische Prüfung d. Rönneberg. Schr., in Betreff d. neuen Preuß. Anordnn. im geistl. Fach. 8. Hamb. ... (Herold jun.) 6 gl

— d. biblische Publicist. 8. Zerbst, Füchsel. 794.

— der bibl. Publicist. 8. Zerbst 794. (Kummer). 4 gl

— üb. die Sittenlosigkeit der Kirchendiener u. die schädl. Folgen auf die Moralität ihrer Gemeinden. N. A. 8. Magdeb. 800. Creutz. 4 gl

— der unglückl. Staat, oder apodict. Beweis, daß die von Gott geoffenbart. Religion nur allein im Stande ist, das Wohl d. Länder u. Völker zu beglücken. 8. Magdeb. 800. Creutz. 4 gl

Schaeffer, R. (I.), der einjährig freiwillige Arzt und der Unter-Arzt in der königl. preussischen Armee. Nach amtl. Quellen und den neuesten Bestimmungen zusammengestellt und bearb. gr. 8. (VII, 71 S.) Berlin 869, Loewenstein. [Staude.] *

Schaeffer, R., die elektr. Behandlg. d. Myome d. Uterus, s.: Handbuch der Gynaekologie, II. Bd.

— experiment. Beiträge zur Asepsis bei Laparatomien. [Aus: „Monatsschrift f. Geburtshülfe u. Gynaekol.“] gr. 8. (S. 133—175.) Berlin 898. S. Karger. n. 1. —

Schaeffer, R., zwei offene Sendschreiben an die Redaction des Casseler „Correspondenz-Blatt“. Stettin 868. (Dannenberg & Dühr.) gr. 8. (14 S.) 7½ ngr.

Schäffer, R. Dom., erste Anfangsgründe d. röm.-kathol. Glaubenslehre in Fragen u. Antworten. 12. Cöln 830. Mathieu. Das Dutz. 10 gl 100 Exempl. 1 ℛ 12 gl 13e A. 12. Ebd. ... J. G. Schmitz. ¾ gl

— kurze Verfassung d. röm.-kathol. Glaubenslehre f. d. anwachsende Jugend, um dieselbe zu d. heil. Sakramenten vorzubereiten. 12. Cöln 821. Mathieu. Das Dutz. 18 gl 100 Exempl. 3 ℛ; bei J. G. Schmitz. 2 gl

Schaeffer, Rich., experimentelle u. kritische Beiträge zur Händedesinfectionsfrage. Mit 12 Tab. u. 4 Abb. auf 2 Taf. gr. 8. (110 S.) Berlin 902. S. Karger. n. 3.50

Schaeffer, (Adalb. Rud. Reinherz) Rich. (geb. Boossen bei Frankfurt a. O. 14. 1. 1836): De tetano traumatico. Berolini (1861). (31 S.) 8°
Berlin, Med. Diss. v. 7. Okt. 1861

Schaeffer, (Adolph) Rich. (geb. Berlin 21. 6. 1860): Die Verbreitung der Tuberculose in den Lungen. Berlin (1884). (33 S.) 8°
Berlin, Med. Diss. v. 17. Mai 1884

Schäffer, Rudolf *Friedrich* [app. Arzt aus Altena (Westf.)]: Aus d. chirurg. Klinik in Kiel. Ueber die Erfolge der Unterbindung der vena saphena magna bei Unterschenkelvaricen nach Trendelenburg ... Kiel, Druck v. P. Peters, 1896; 15 S. 8.
Kiel, Med. Fak., Inaug.-Diss. v. [8. Juli] 1896

Schaeffer, Rud. Ed., Kartoffel-Mehl. Beachtungswerthe Worte f. den Landmann! Hinweisung auf den heutigen hohen u. mannigfachen Werth der Kartoffeln u. Angabe eines sehr einfachen Verfahrens nach Liebig, sowohl aus rohen gesunden, als auch erfrorenen oder im Lande überschwemmten Kartoffeln ein gesundes u. viel billigeres Mehl als Kartoffelstärke darzustellen. 16. (2 B) Minden 844, Eßmann.

Schäffer, Rud. Frid. (geb. Altena in Westf. 25. 11. 1820): De ictero causis et natura. Berolini (1841). (27 S.) 8°
Berlin, Med. Diss. v. 28. Juli 1841

Schäffer, S. G., Pabst Eugen III. u. sein Besuch in Trier. Trier 4 37 S.
Schul-/Univ.-Schrift 1865

Schäffer, S. G., Adolph Kolping, der Gesellenvater. Ein Lebensbild. [Mit dem (Stahlst.-)Bilde und 1 Facs. Kolping's.] (VI, 348 S.) 1880; 2. durchges. Aufl. gr. 8. (356 S.) [Münster 882, Nasse'sche Verlagsh.] Paderborn und Münster, F. Schöningh. * 4 50

Schäffer, S. G., Adolf Kolping, der Gesellenvater. Ein Lebensbild. Mit dem Bilde u. 1 Fksm. Kolpings. 3., durchgesch. Aufl. gr. 8. (VIII, 336 S.) Paderborn 894. F. Schöningh. n. 4. —

Schäffer, Th., eiserne Bogenbrücken u. Hängebrücken, s.: Melan, J.

– Die Brücken im Allgemeinen, s. Handbuch der Ingenieurwissenschaften.

Schäffer, Th. Die eisernen Brücken, s. Handbuch d. Ingenieurwissenschaften. 2. Bd.

Schäffer, Th., s.: Brückenbau, der.

Schäffer, Th., u. E. Sonne, Brückenbau, s.: Handbuch der Ingenieurwissenschaften.

Schäffer, Th., s.: Handbuch der Ingenieurwissensch.

– Konstruktion der eisernen Bogenbrücken, s. Handbuch der Ingenieurwissenschaften.

SCHAEFFER, Theodor (Saargemünd): Ein Fall von elephantiasis labiorum minorum. - München: Boeck 1899. 56 S.
3.5.1899 - Chr 1898/99,14; Jv 1898/99,220
Diss. Ingolst. - Landsh. - Mchn.

Schaeffer, Theophil. Handbüchlein zum Konfirmanden-Unterricht. 2 Tle. gr. 8. Münster i. E., (Riotte). * * 2 90
1. Luther's kleiner Katechismus u. Spruchbuch. (132 S. u. Anh. IV S.) 891. * 1 30.
2. Katechismuserklärung. (232 S. u. Anh. VII S.) 892. * 1 60.

[S.] Der Brief an den König. Schausp. in 3 Akten v. W. Schäffer. *Berlin: Dr. v. H. Larsen [1897].* (64 S.) 1 Bd 8. [97. 5921

Schäffer, W., die Elemente der Raumlehre als Lehrstoff für Anschauungs- u. Verstandesübungen. 8. (32 S.) Berlin 872. Th. Thiele. n. — 50

Entwicklung der Ansichten des Altertums über Gestalt und Größe der Erde, s. Schäfer, Heinrich Wilhelm

Schäffer und Budenberg, über Indicatoren und deren Verwendung bei Prüfung von Dampf-Maschinen und Arbeits-Maschinen. Lex. 8. (III, 116 S. mit 62 eingedr. Fig.) Buckau-Magdeburg 882. (Berlin, Polytechn. Buchhandlung.) geb. * * 5 —

—— s. Jordan, Th., Lehrbuch der Geographie.

Schäffer, W., die Maße verglichen mit den bisherigen Maßen nebst Rechenaufgaben zur Einübung derselben. Berlin 869. Steinthal. 8. (16 S. u. Auflösungen. 8 S.) n. $2\frac{1}{2}$ ngr.

Schäffer & Budenberg: Preislisten über Armaturen usw. 1871? ff. Magdeburg-Buckau

—— und Brüllow, Räthselschatz, s. a. Brüllow.

— Räthselschatz. Für die Jugend zur Uebung im Denken u. zur belehrenden Unterhaltung. 2. Thl. Neuer Räthselschatz. Berlin 866, Springer's Verlag. 8. (IX, 156 u. Auflösungen 15 S.) 12 ngr.; cart. 15 ngr.

– Rechenaufgaben, s. a. Belgardt.

Schäffer, W., Rechenaufgaben, zum Schulgebrauch. 4 Hfte. 8. Berlin, [Schroeder's Verl.] [1., 2., H. 1. u. 2. Aufl. (à $7\frac{1}{2}$ B.) 838, 41., 3., 4. H. ($7\frac{1}{4}$ B.) 839. à 2 Gr.]

—— dass. — Beantwortungen d. Aufgaben. 4 Hfte. 8. (..B.) Ebds. 838, 39. [1., 2. 2 Gr., 3., 4. 2 Gr.]

Schäffer, W., Rechnenaufgaben, zum Schulgebrauch. 1. u. 2. Heft. 2. Aufl. 8. Berlin 841, Schroeder. à $\frac{1}{12}$ ℛ — 1. Heft. 3. Aufl. 8. Ebend. 844. $\frac{1}{12}$ ℛ — 4. Aufl. 846. $\frac{1}{12}$ ℛ — 3. Heft. 2. Aufl. 8. Ebend. 846. $\frac{1}{12}$ ℛ

Schäffer, W., Rechenaufgaben. Zum Schulgebrauch. 2. Hft. 3. Aufl. 8. (52 S.) Berlin 847, E. H. Schroeders Verl. $\frac{1}{12}$ ℛ

Schäffer, W., Rechenaufgaben zum Schulgebrauch. 1. Heft. 7. u. 8. Aufl. — 3. Heft. 3. Aufl. — 4. Heft. 2. Aufl. Berlin 854, 56. Schroeder. 8. (63; 64; 64 S.) Jedes Heft $2\frac{1}{2}$ ngr.

— Beantwortung der Rechenaufgaben des 3. u. 4. Heftes. 2. Aufl. Ebend. 854. 8. (30; 32 S.) Jedes Heft $2\frac{1}{2}$ ngr.

Schaeffer, W., Rechenbuch, s.: Dittmers, H.

Schäffer, W., Rechenfibel, s. Belgardt.

— der erste Unterricht in der Geographie. Mit e. (lith.) Planiglob. (qu. 4.) 8. (35 S.) Berlin 873. Th. Thiele n. — 60

Schaeffer, Walter, Referendar: Das Züchtigungsrecht. Breslau 1908: Breslauer Genossenschafts-Buchdruckerei. (X, 74 S.) 8°
Breslau, Jur. Fak., Ref. Fischer-Gretener, Diss. v. 3. März 1908
[Geb. 1. Juli 83 Brieg; Wohnort: Brieg; Staatsangeh.: Preußen; Vorbildung: Gymn. Brieg Reife O. 03; Studium: Breslau 6 S.; Rig. 20. Dez. 06.]

Dichtungen von Trußka v. Bagienski [d. i. Wanda **Schäffer**]. Berlin: W. Schäffer [1905]. (43 S.) 8° [S.] [07. 14781

Schäffer, Guilelmus: De commotione cerebri. Halis Saxonum (1846): Colbatzki. 38 S. 8°
Halle-Wittenberg, Med. Diss. v. 10. Okt. 1846
Geb. Hamburg 3. 12. 1822. V.

Schäffer,* Wilh. Erde oder Feuer. Verwesung oder Verbrennung. Ein Mahnruf zur Lösung der „brennenden" Totenbestattungsfrage. Darmstadt. Selbstverlag. 1888. 8°.

Schaeffer, Wilh., nach welchen Grundsätzen ist die Erika-Fibel [Normalwörtermethode m. Vorkursus] bearbeitet? gr. 8. (18 S.) Harburg 899. G. Elkan. n. — 60; f. Lehrer gratis.

Schäffer, Wilh., deutscher Sprachlehrer. Wortfügung der deutschen Sprache. Method. Anleitung ohne eingehende Kenntniß der Grammatik Sprachfehler zu vermeiden. Ein Buch für Jedermann zum Selbstunterricht. 3. Aufl. 8. (XI, 108 S.) Berlin 887, Th. Thiele. *

Schäffer, W., deutscher Sprachlehrer. Wortfügung der deutschen Sprache. Methodische Anleitg., ohne eingeh. Kenntniß der Grammatik, Sprachfehler zu vermeiden. Ein Buch f. Jedermann, zum Selbstunterricht hrsg. 3. Aufl. 8. (108, XI S.) Berlin 890. Th. Thiele. n. 1. —

Schaeffer, Wilh. Zum lateinischen Unterricht in der Sekunda 24 S. **Progr.** *Prenzlau* 1879

Schaeffer, Wilhelm [Assist. am path.-anat. Inst. zu Heidelberg]: Ueber die histologischen Veränderungen von quergestreiften Muskelfasern in der Peripherie von Geschwülsten .... (Aus: Virchow's Archiv ... 110. Bd. 1887). Berlin, *Druck u. Verl. v. Georg Reimer*, 1887; 62 S. 8°
Heidelberg, Med. Fak., Inaug.-Diss. v. 16. Mai 1887

— die Wortfügung der deutschen Sprache. Neue method. Anleitg., ohne eingeh. Kenntniß der Grammatik Sprachfehler zu vermeiden. Ein Buch f. Jedermann zum Selbstunterricht. 8. (IX, 108 S.) Ebend. 875. n. 1. 50; cart. n. 1. 80

— die Wortfügung der deutschen Sprache. Neue methodische Anleitung, ohne eingehende Kenntniß der Grammatik Sprachfehler zu vermeiden. Ein Buch für Jedermann zum Selbstunterricht. 2. Aufl. 8. (XI, 108 S.) Berlin 877. Th. Thiele. n. 1. 50

Schäffer, Wlh. Fr., († d. 4. Jan. 1831.) christl. Amtsrede bei der Einführung der Hrr. Oberconsist.-Rath u. Gen.-Sup. Dr. Bretschneider. gr. 8. Erf. u. Gotha 817. Hennings. 4 gr.

— Apologie des Eides, Seitenstück zu Härter's Absch. aller Eide vor Gericht. 8. Gotha 809. Ettinger. 5 gr.

Schäfer, W. F., Apologie d. Offenbarung u. ihrer Unentbehrlichkeit gegen eine Abhandlung, die ihre Entbehrlichkeit zu behaupten gesucht hat. gr. 8. Gotha, Ettinger. 815.

— üb. Fichte's Appellation an das Publikum. 8. Gotha 799. Ettinger. 6 gr.

— Erwägungen bei d. Wiederkehr des Friedens, geschlossen zu Tilsit 1807. 8. Gotha 807. Steudel. 2 gr.

— Gedächtnißpredigt auf d. Herzog Ernst II. zu Sachsen-Gotha am 20. Mai 1804. 8. Gotha 804. Steudel. 2 gl.

— Inconsequenzen u. Widersprüche in Kant's Philosophie, besond. d. Kritik d. reinen Vernunft. gr. 8. Dessau, Müller. (Reinicke in Leipz.) 792.

— s. Katholicismus, über.

— zweite Nachrede an das Publikum. gr. 8. Gotha 817. Hennings. 8 gl.

— abgedrungene Nothwehr, od. nöthige Erinnerr., Belehrr. u. Zurechtweisungen pflichtmäßig mitgetheilt. gr. 8. Gotha 818. Hennings. 9 gl.

— Passions- u. Auferstehungspredigten. 8. Magdeb. 784. Scheidhauer. 3 gl.

— Predigt bei Eröffnung des Landtags zu Gotha am 12. Nov. 1799. 8. Gotha 800. Ettinger. 2 gl.

— s. Revision d. Streitsache.

— neue Untersuchung üb. das Erlösungswerk Jesu, u. insonderheit üb. die Lehre von e. stellvertretenden Genugthuung u. von der Erbsünde. gr. 8. Gotha 817. Hennings. 12 gl.

— s. Versuch, d. Streit rc.

Schaeffer, William (geb. Hettstedt 7. 11. 1813): De facultatibus. Berolini (1837). (27 S.) 4°
Berlin, Phil. Diss. v. 19. Aug. 1837

Schaeffer-Wahrmund, Auguste, Phokion. Ein Künstlerdrama in 5 Akten. (III, 121 S.) 8. Wien 908. C. Gerold's Sohn. 2. —

Schäffer & Walcker: Auszug aus den Preislisten über Dampfarmaturen usw. Berlin (1891?)

Schäffer und Walcker: Einrichtung und Betrieb von Desinfektions- oder Durchdämpfungs-Anlagen. 6. Aufl. Berlin 1893

Schäffer & Walcker: Einrichtungen zum Kochen und Heizen mit Gas. 5. Aufl. Berlin 1893

Schäffer & Walcker: Preisliste über gesundheitstechnische Einrichtungen. Berlin (1888?)

Schäffer & Walcker: Preisliste über Gas-Oefen und Kamine. Berlin (1892?)

Schäffer & Walcker: Jll. Preisliste über Armaturen und Strahlapparate für Dampf-, Wasser- und gewerbliche Anlagen. Berlin (1892?)

Schäffer & Walcker: Jll. Preisliste über Dampf-Armaturen usw. (Berlin 1891?)

Schäffer & Walcker: Preislisten über Ventilations-Apparate usw. (Berlin 1891?)

Schaeffers, Willi, alles gestohlen. Ein merkwürd. Gemisch v. Blödsinn, Geschmacklosigkeiten u. geistreich sein soll. Gedichten in 7 Abtlgn. (Umschlagzeichnung von Ant. v. Werner, Titelblatt von Max v. Libermann, Buchschmuck v. Rhold. Beegaß.) (84 S.) 8. Berlin (910). W. Borngraeber. 1. —

Fr. Schaffert, Das Molkereiwesen im Kreise Schwaben und Neuburg. Augsburg 1884

Schaffert, Friedr., der Raubbau u. die Preise der Lebensmittel. Zur Beruhigung für Landwirthe sowohl, wie für die Consumenten. Bremen 866. Heyse's Verlag. gr. 8. (62 S.) n. 15 ngr.

Schaffert J, d. Wagenbauer. Vorlagensamml. v. Wagenzeichn. aller Art. 4° Ravensburg

Schaffert, J., der Wagenbauer. qu. Fol. (14 Taf.) Ravensburg 889. Dorn. In Mappe. n. 5. —

Schaffet, daß wir Doktorinnen der Medicin erhalten! Ein wohlgemeintes Wort bei der bevorstehenden Reorganisation d. Medicinal- u. Schulwesens für Jeden, welchem die Beförderung der menschl. Wohlfahrt in leiblicher, geistiger u. sittlicher Hinsicht am Herzen liegt, insbesondere für hochstehende Männer, Minister, Kammerdeputirte rc. von einem aufrichtigen Patrioten u. Menschenfreunde. gr. 8. (21 S.) Berlin 851, Stuhr'sche Sort.-Buchhandlung. n. 1/6 ₰

Schaffgotsch, Hans Ulrich Frhr. v. Ein Lebensbild aus d. Zeit des 30jähr. Krieges, s. Krebs, J.

Schaffgotsch, Hans Ulrich, od. „Dank vom Hause Oesterreich", s.: Wartburghefte. 14.

Schaffgotsch, F. G., Ermittelung des Eigengewichts fester Körper durch Schweben.

Schaffgotsch, F. G., Synthese ohne Gewichte und Analyse ohne Wage.
Berlin, Ostern 1861.

Schaffgotsch, Graf Frz., Edelrauten u. Immortellen. Gedichte. 12. (VIII, 150 S.) Münster 900. Alphonsus-Buchh. n. 1.20; geb. in Leinw. m. Goldschn. n. 2.50

Schaffgotsch, Maria Gräfin, mystisches Leben des heiligen Franz v. Assisi nach St. Bonaventura. Berlin 869. (Janfen.) 8. (74 S. mit 1 eingedr. Holzschn.) n. 7½ ngr.

Schaffhausen [Sachliches OW]

Schaffhausen and its Environs. Traveller's Guide. Official Edition, published by the General Enquiry Office. (*Umschlag: Guide of Schaffhausen. Hrg. durch die städt. Verkehrskommission.) [Mit Illustrationen, 4 Tafeln, 1 Plan und 1 Panorama.] IV + 24 p. 8. Schaffhausen, H. Meier & Cy., 1901.

Schaffhausen and the Falls of the Rhine, s. a. Europe, illnstrated.

Schaffhausen and the Falls of the Rhine. With 18 illustrations [5 Plates] by H[einrich] Metzger and J[ohann] Weber and a map. (Illustrated Europe. № 17.) 8. Zurich, (Paris,) London [1882].

Schaffhausen und der Rheinfall. Mit 18 Illustrationen [wovon 5 Tafeln] von H[einrich] Metzger (*Umschlag: Mezger) und J[ohann] Weber nebst 1 Karte. (Europäische Wanderbilder. № 18.) 8.
Ausg. A. Zürich. (Paris, London) [1881]
Ausg. B. Mit 18 (*Umschlag: 14) Ill.... Zürich [1881]

Schaffhausen und der Rheinfall. Mit 19 Illustrationen [wovon 8 Tafeln] und einer Routenkarte. 3. Aufl. IV + 38 S. 8. Zürich, Art. Institut Orell Füssli, [1901]. (fr. —.50)
(Europäische Wanderbilder. № 18.)

Schaffhausen and its Surroundings. Travellers' Guide (*Umschlag: Sch' & Umgebung. Fremdenführer...). [With 1 Plan, 1 Map and illustrated Cover.] 8. (Schaffhausen) 1882.

Schaffhausen u. Umgebung. 16. (16 Lichtdr.-Taf.) Schaffhausen 889. Kobor. geb. n. 1.80

Schaffhausen und seine Umgebung. Fremdenführer. (Souvenir de Schaffhouse.) [Mit 1 Plan, 1 Karte und illustriertem Umschlag.] 8. (Schaffhausen 1882.)
[1. Ausg.] Gratis-Ausg. von 1882.
2. Ausg. von 1882.

Schaffhausen und seine Umgebung. Fremdenführer. [Mit 1 Plan, 1 Karte und illustriertem Umschlag.] 5. Ausg. 8. (Schaffhausen) *o. J.* [1882, 90].

Schaffhausen und seine Umgebungen. . . . Schaffhausen 1842. V: *Zehnder, J.* (EDGG)

Schaffhausen u. seine Umgebungen. Ein Wegweiser für Einheimische und Fremde. Mit 1 Karte. gr. 16. Schaffhausen 842, Brodtmann'sche Buchh. 3/8 ₰

Schaffhausen u. seine Umgebungen. — Schaffhouse et ses environs. (10 Ansichten in Aqua tinta.) qu. gr. 8. Schaffhausen 842, Brodtmann'sche Buchh. Thlr.

Schaffhausen wie es ist und war.... Geschildert für Einheimische und Fremde. 8. Schaffhausen 1842.

Schaffhausen [Schlagwort]

Schaffhausen, s. a. Deutschland. Kürschner-Peip.

Schaffhausen, s. a. Europa. Generalkarte.

— s. a.: Europa. Spezialkarte.

— s.a. Schwarzwald. Lorenz.

— s.a. Schweiz. Atlas.Volksatlas.

Schaffhausen. Gerster, J. S., Karte f. die Schulen des Kantons Schaffhausen. 1 : 80,000. 41,5 × 49,5 cm. Farbdr. Zürich 898. Schaffhausen (C. Schoch). Auf Leinw. n. 1. 20

Schafhovse — Le Canton ou Territoire de la République de — en Svisse, levé cy-devant par Mr. Pejer, Capitaine et publié par les Héritiers de Homann l'an 1755. 1: 110,000. 1 Bl.

Schaffhausen — Plan der Stadt — Aufgenommen im Jahre 1822 von J. L. Peyer. A. Tevini fec. 1: 5000. 1 Bl.

Schaffhausen. Plan der Stadt Schaffhausen. 1 : 10,000. 50×35,5 cm. Farbdr. Mit Strassen-Verzeichnis. (1 S.) 8. Zürich (910). Art. Institut Orell Füssli. — 50

Schaffhauser-Blätter. Redig. von F. Zehender. Jahrg. 1860. 52 Nrn. (½ Bog.) 4. Schaffhausen, Brodtmann'sche Buchh. *
Ist nicht fortgesetzt worden.

Der Schaffhauser-Bote f. 1874 Mit Illustr. 80 Stn. 4. Schaffh., Brodtmann. —. 35
1873.

Der Schaffhauser - Bote. Schweiz. Hauskalender auf das Schaltjahr 1876 herausg. von K. Keller. 4. Schaffhausen, Brodtmann'sche Buchhandlung. 1875. —. 35

Der Schaffhauser-Bote. Schweiz. Hauskalender auf das Jahr 1878. 68 S. 4. Schaffhausen, Brodtmann. 1877. —. 30

Schaffhauser-Bote. Schweizer. Hauskalender f. d. J. 1879. In-4°, 69 S. Mit Holzschnitt-Illustrationen. Schaffhausen, Brodtmann. 1878.

Schaffhauser Bote, Schweiz. Hauskalender auf das Schaltjahr 1880. In-4°, 70 S. Schaffhausen, Brodtmann. 1879. — 35

Schaffhauserbote. Der Schaffhauser Bote. Schweizerischer Hauskalender auf das Jahr.... [Illustriert.] 4. Schaffhausen, Kühn & Comp. [à fr. —. 35]
... 1901. IV + 112 S. — ... 1902. Jahrg. 63. IV + 112 S. — ... 1903. Jahrg. 64. IV + 116 S.

Schaffhauserbote. Der Schaffhauser Bote. Jahrg. 65. Schweizerischer Hauskalender auf das Schaltjahr 1904. [Illustriert.] IV + 112 S. 4. Schaffhausen, Kühn & Comp. [fr. —. 35]

Schaffhauserbote. Der Sch' B'. Jahrg. 66. Schweizerischer Hauskalender auf das Jahr 1905. [Illustriert.] IV + 84 [+ 36] S. 4. Schaffhausen, Kühn & Comp. fr. —. 40

Schaffhauserbote. Der Sch' B'. Jahrg. 67. Schweizerischer Hauskalender auf das Jahr 1906. [Illustriert.] IV + 96 [+ 24] S. 4. Schaffhausen, Kühn & Comp. fr. —. 40

Schaffhauserbote. Der Sch' B'. Jahrg. 68. Schweizerischer Hauskalender auf das Jahr 1907. IV + 102 [+ 18] S. 8. Schaffhausen, Kühn & Comp. fr. —. 40

Schaffhauserbote. Der Sch' B'. Jahrg. 69. Schweizerischer Hauskalender auf das Schaltjahr 1908. [Illustriert.] IV + 112 [+ 24] S. 4. Schaffhausen, Kühn & Comp. fr. —. 40

Schaffhauserbote. Der Sch' B'. Jahrg. 70. Schweizerischer Hauskalender auf das Jahr 1909. [Illustriert.] IV + 107 [+ 21] S. 4. Schaffhausen, Kühn & Comp. fr. —. 40

Schaffhauserbote. Der Sch' B'. Jahrg. 71. Schweizerischer Hauskalender auf das Jahr 1910. [Illustriert.] IV + 128 [+ 24] S. 4. Schaffhausen, Kühn & Comp. fr. —. 40

Schaffhauserbote. Der Sch' B'. Schweiz. Hauskalender 1911. Jahrg. 72. [Illustriert.] IV + 109 S. + *Anzeigen*. 4. Schaffhausen, Kühn & Comp. fr. —. 40

Schaffhouse et la chute du Rhin. Avec 18 Illustrations [dont 5 planches] de Heinrich Metzger et J[ohann] Weber et 1 carte. [Nouvelle éd.] (L'Europe illustrée. N° 19.) 8. Zurich, Paris ([18]87).

Schaffhouse et ses Environs. Guide de l'étranger (**Umschlag*: Schaffhausen & Umgebung. Fremdenfuhrer. Souvenir de Schaffhouse). [Avec 1 illustration, 1 plan et 1 carte.] 8. (Schaffhouse) 1882

Schaffhouse et ses Environs. Guide du Voyageur. Publié par la „Verkehrs-Commission" de la ville (**Umschlag*: Guide de Schaffhouse. Hrg. durch die stadt. Verkehrskommission). [Avec 2 vignettes, 5 planches, 1 plan et couverture illustrée.] 8. Schaffhouse 1898

Schaffhouse et ses environs. Guide du voyageur. Edition officiello publiée par la Commission pour le développement do Schaffhouse. (**Umschlag*: Guide de Schaffhouse. Hrg. durch dio städt. Verkehrskommission.) [Avec des illustrations, 4 planches, 1 plan et 1 panorama.] IV + 28 p. 8. Schaffhouse, H. Meier & Cie., 1903.

(Schafirow, Pet.) Raisonnement was für rechtmässige Ursachen S. Czar. Maj. Petrus I. gehabt den Krieg wieder den König in Schweden Carolum XII. ao 1700 anzufangen, u. welcher von diesen beiden Potentaten während solchen Krieges mehr Moderation und Inclination zum Frieden gezeiget. 8. St. Petersburg 1717.

Schäffle, Beitrag zur Methodik d. Rechnens. M. 1 lith. Taf. gr. 8. (9½ B.) Stuttgart 830, Cotta.

Schäffle, d. Urheberrecht. Tübingen 867.

Schaeffle A. zur Abwehr in der Bankfrage gegen M Mohl. Stuttgart 1858

Schäffle, Albert Eberhard Friedrich

Schäffle, Alb. Eberh. Frdr., Abriß der Soziologie. Hrsg. m. e. Vorwort v. Karl Bücher. [Zum Tl. durchgeseh. Sep.-Abdr. aus: „Ztschr. f. d. ges. Staatswiss."] (XVI, 252 S.) gr. 8. Tübingen 906. H. Laupp. n. 4. —

Schäffle, Alb.: Zum hundertjährigen Andenken an Johann Friedrich Frh. von Cotta. (Mit Bildn.) Stuttgart: Cotta 1888. [Neue Aufl. u. d. Tit.:]
— Cotta. (Geisteshelden.) Berlin: Hofmann 1895.

Schäffle, Alb.: Gesammelte Aufsätze. 2 Bde. Tübingen: Laupp 1885. 86.
1: Darwinismus und Socialwissenschaft. Abbruch und Neubau der Zukunft. Vergangenheit und Zukunft der deutschen Gemeinde. Der moderne Adelsbegriff. Gegen die sachliche Priorität der Unfallversicherung. Die neueste badische Agrarenquete. Die Kartelle. Mensch und Gut in der Volkswirthschaft. Die ethische Seite der nationalökonom. Lehre vom Werthe. Die Anwendbarkeit der verschiedenen Unternehmungsformen. Kornzoll, Währung und volkswirthschaftlicher Festlandsverein.
2: Die Wiederherstellung der Metallvaluta in Oesterreich. Die Handelskrisis von 1857 in Hamburg, mit besond. Rücksicht auf das Bankwesen. Der grosse Börsenkrach des J. 1873. Der konstitutionelle Bundesstaat von gross-, mittel- und kleinstaatlichen Erbmonarchien. Zur Theorie der Polizei. Die römische Tabellen- und die englische Ballotfrage zur Geheimen Stimmgebung. Zur Frage der Prüfungsansprüche an die Candidaten des höheren Staatsdienstes. Zur Theorie der Deckung des Staatsbedarfes.

Schäffle, Alb. E. Fr., gesammelte Aufsätze. (In 2 Bdn.) 1. Bd. gr. 8. (VII, 298 S.) Tübingen 885. Laupp. n. 6. —

Schäffle, A. E. Fr., gesammelte Aufsätze. 2. (Schluß-) Bd. gr. 8. (III, 311 S.) Tübingen 887. Laupp. n. 6. — (cplt.: n. 12. —)

—— die Aussichtslosigkeit der Sozialdemokratie. Drei Briefe an einen Staatsmann zur Ergänzung der „Quintessenz des Sozialismus". 1.—3. unveränd. Aufl. gr. 8. (III, 112 S.) Ebendas. 885—87. *
Vgl.: Bähr, Herm., die Einsichtslosigkeit des Herrn Schäffle.

— die Aussichtslosigkeit der Socialdemokratie. Drei Briefe an e. Staatsmann zur Ergänzg. der „Quintessenz d. Socialismus". 2. Aufl. gr. 8. (III, 112 S.) Ebend. 885. n. 1. 80

Schäffle, Alb. E. Fr. Die Aussichtslosigkeit der Sozialdemokratie. Drei Briefe an e. Staatsmann. 4. Aufl. [7.—9. Taus.] gr. 8. (X, 166 S.) Tüb. 891, Laupp. * 2 —

Die Aussichtslosigkeit der Socialdemokratie. 3 Briefe an e. Staatsmann von Dr. Albert E[berhard] Fr[iedrich] Schäffle. 4. Aufl. (Neue Ausg.) *Tübingen: H. Laupp 1893.* (X, 166 S.) 8° [94. 5495 II

Schäffle, Alb. E. Fr., Bau u. Leben d. socialen Körpers. Encyclopädischer Entwurf e. realen Anatomie, Physiologie u. Psychologie der menschl. Gesellschaft m. besond. Rücksicht auf die Volkswirthschaft als socialen Stoffwechsel. 1. Bd. Allgemeiner Theil. gr. 8. (XXIV, 850 S.) Tübingen 875. Laupp. n. 14. —

Schäffle, Alb. E. Fr., Bau u. Leben des socialen Körpers. Encyclopädischer Entwurf einer realen Anatomie, Physiologie u. Psychologie der menschlichen Gesellschaft, mit besonderer Rücksicht auf die Volkswirthschaft als socialen Stoffwechsel. 2—4. Thl. gr. 8. Tübingen 878. Laupp. à n. 10. — (cplt.: n. 44. —)
2. Das Gesetz der socialen Entwickelung. (VIII, 498 S.)
3. 4. Specielle Socialwissenschaft. (XV, 575 u. VIII, 538 S.)

Schäffle, Alb. E. Fr., **Bau und Leben des socialen Körpers.** Neue zum Theil umgearb. Ausg. 30 Lfgn. oder 4 Bde. gr. 8. (XXIV, 847; VIII, 498; XV, 575; VIII, 538 S.) Tübingen 881, Laupp'sche Buchh. à Lfg. * ℳ 1,50.; compl. * 44 —

— dasselbe. Neue zum Thl. umgearb. Ausg. 30 Lfgn. gr. 8. (1. Bd. XXIV, 847; 2. Bd. VIII, 498; 3. Bd. XV, 575 u. 4. Bd. VIII, 538 S.) Ebend. 881. 82. à n. 1. 50 (cplt.: n. 44. —)

Schäffle, A., Bau u. Leben des socialen Körpers. 2. Aufl. In 2 Bdn. gr. 8. Tübingen 896. H. Laupp. n. 25. —; geb. n.n. 29. —
1. Allgem. Sociologie. (XIV, 571 S.) n. 12. —; geb. n.n. 14. —
2. Specielle Sociologie. (VII, 656 S.) n. 13. —; geb. n.n. 15. —

— u. **Paul Lechler,** neue Beiträge zur nationalen Wohnungsreform. gr. 8. (IV, 62 S.) Berlin 897. E. Hofmann & Co. n. — 75 (1. u. 2.: n. 1. 75)

[F.] Neue Beiträge zur Nationalen Wohnungsreform. Von Alb. Schäffle u. Paul Lechler. 2. Aufl. *Berlin: E. Hofmann & C. 1897.* (2 Bl., 62 S.) 1 Bd 8. [97. 2470

— die Bekämpfung der Sozialdemokratie ohne Ausnahmegesetz. [Aus: „Zeitschr. f. die gesamte Staatswissensch."] gr. 8. (III, 73 S.) Ebd. 890. n. 1. —

— Cotta, s. a. Geisteshelden, Bd. 18.

[F.] Cotta. Von Albert Schäffle. *Berlin: E. Hofmann & C. 1895.* (4 Bl., 199 S., 1 Portr.) 1 Bd 8.
= Geisteshelden. Bd 18. (Sammlg ш. Bd 6.) [97. 2296

—— für internationale Doppelwährung. gr. 8. (IV, 146 S.) Ebendas. 881. * 3 —

—— Entwurf eines vollständigen Hülfskassen-Reichsgesetzes. gr. 8. (IV, 92 S.) Ebendas. 884. * 2 —
Aus: Der korporative Hülfskassenzwang, besonders abgedruckt.

—— Encyklopädie der Staatslehre. gr. 8. (VIII, 538 S.) Ebendas. 878. * 12 —

Schäffle, A., die agrarische Gefahr. Hrsg. v. Handelsvertragsverein. 2. durchgeseh. u. verm. Aufl. der „Gefahren des Agrarismus f. Deutschland". gr. 8. (40 S.) Berlin 902. F. Siemenroth. n. — 50

Die Gefahren des Agrarismus für Deutschland. Von A[lbert] **Schäffle.** Hrsg. vom Handelsvertragsverein. Greifswald [1902]: F. W. Kunike. (32 S.) 8°

Schäffle, [Alb.]: Unsere Gemeindereform. Abdruck von Aufsätzen aus dem Schwäb. Merkur. Stuttgart: September November 1890. 2°.

—— die Grundsätze der Steuerpolitik und die schwebenden Finanzfragen Deutschlands und Oesterreichs. gr. 8. (VIII, 658 S.) Ebendas. 880. * 13 60

— s.: Gutachten, wissenschaftliche, üb. die Währungsfrage.

— der korporative Hülfskassenzwang. gr. 8. (III, 126 S.) Ebend. 882. n. 3. —

— der korporative Hülfskassenzwang. 2. durch den Entwurf e. vollständ. Hülfskassen-Reichsgesetzes verm. Ausg. gr. 8. (IV, 216 S.) Ebend. 884. n. 4. —

— die Inkorporation des Hypothekarkredits. gr. 8. (III, 159 S.) Ebend. 883. n. 3. —

Schäffle, Albr. Eberh. Frdr., Kapitalismus u. Socialismus mit besonderer Rücksicht auf Geschäfts- u. Vermögensformen. Vorträge zur Versöhnung der Gegensätze von Lohnarbeit u. Kapital. Tübingen 870. Laupp'sche Buchh. gr. 8. (XVI, 732 S.) n. 4 ⅓

Schäffle A, Kapitalismus und Sozialismus mit besonderer Rücksicht auf Geschäfts- und Vermögensform. Tübingen 1871

— Kapitalismus u. Socialismus mit besonderer Rücksicht auf Geschäfts- u. Vermögensformen. 2., gänzlich umgearb. Aufl. gr. 8. (XV, 575 S.) Tübingen 878. Laupp. n. 12. —

— Deutsche Kern- und Zeitfragen. **gr. 8°. Berlin 1893. N. F. gr. 8°. Berlin 1895.**

Bd. 1. Agrarpolitik. — Sozialpolitik.

N. F. Agrarpolitik: Zur statistischen Grundlegung der agrarpolit. Kern- u. Zeitfragen. — Die Hypothekarverschuldung des landw. Grundbesitzes, insbesond. die Besitzcreditverschuldung. — Die Grenze der wirtschaftl. zulässigen Verschuldung.

— Intestatanerbenrecht u. gesetzl. Verschuldungsgrenze. — Die gesetzliche Verschuldungsgrenze. — Gegen das Intestatanerbenrecht und für die gesetzliche Verschuldungsgrenze. — Die Gesammtreform des Agrarcredits. — Zur Rechtfertigung derselben. — Die preuss. Rentengutsgesetzgebung. — Die active Landpolitik Grossbritanniens. — Die Bodenverstaatlichung der Landreformer.

Socialpolitik: Nationale Wohnungsreform. — Wesen und Bekämpfung des Wuchers.

— deutsche Kern- u. Zeitfragen. gr. 8. (VIII, 472 S.) Berlin 894. E. Hofmann & Co. n. 10. —; geb. n. 11. 50

— dasselbe. Neue Folge. gr. 8. (VII, 500 S.) Ebd. 895. n. 10. —; geb. n. 12. —

— der nächste Krieg in Zahlen. Militär- u. finanzstatist. Studie üb. die Erhöhg. der deutschen Friedenspräsenz. [Aus: „Zeitschr. f. die gesamte Staatswissensch."] gr. 8. (40 S.) Ebd. 887. n. — 50

— dasselbe. 2. Aufl. gr. 8. (40 S.) Ebd. 887. n. — 80

Aus meinem Leben. Mit 6 Bildn. u. 1 Briefbeilage. 2 Bde. Ebd. 1905 [1904].

— aus meinem Leben. Mit 6 Bildnissen u. 1 Briefbeilage. 2 Bde. (XII, 260 u. VIII, 267 S.) gr. 8. Berlin 905. E. Hofmann & Co. Geb. in Halbfrz. n. 20. —

Schaffle, Alb. E. Fr., die Nationalökonomie oder allgemeine Wirthschaftslehre. Für Gebildete aller Stände, insbesondere für den Kaufmann, sowie zum Gebrauch in Akademien, Handels- und Realschulen gemeinfaßlich dargestellt. (O. Spamer's kaufmännische Bibliothek. 10. Bd.) gr. 8. (XVI und 306 S.) Leipzig 861, Spamer. * 1 Thlr.; geb. *

—— die Quintessenz des Socialismus. 2. und 3. unveränd. Aufl. [3. und 4. Abdr.] (VI, 68 S.); 4.—6. Aufl. [5.—7. Abdr.] gr. 8. (VII, 69 S.) Gotha 877,78, F. A. Perthes. * 1 20

Die 1. Aufl. erschien anonym. Vgl. Die Quintessenz des Socialismus.

— die Quintessenz d. Sozialismus. 8. Aufl. [9. Abdr.] gr. 8. (V, 69 S.) Gotha 885. F. A. Perthes. n. 1. 20

Schäffle, A. Die Quintessenz des Sozialismus. 13. Aufl. gr. 8. (VII, 65 S.) Gotha 891, F. A. Perthes. * 1 20

— die Quintessenz des Sozialismus. 14. Aufl. (VII, 64 S.) 8. Gotha 906. F. A. Perthes. n. 1,20

Schäffle, Alb. Eberh. Friedr., über die ethische Seite der nationalökonomischen Lehre vom Werthe. gr. 4. (37 S.) Tübingen 862, (Fues'sche Sortimentsh.) –

– Die Steuern, s.a. Hand- u. Lehr buch der Staatswissenschaften, II, 2.

Die Steuern. Von Dr. Albert Schäffle, k. k. Minister a. D. [1. 2.] *Leipzig: C. L. Hirschfeld 1895–97.* 2 Bde. 8°

[1.] Allgemeiner Teil. [2.] Besonderer Teil.

— Hand- u. Lehrbuch d. Staatswissenschaften. Abt. 2, Bd 2.

—— das gesellschaftliche System der menschlichen Wirthschaft. Ein Lehr- und Handbuch der Nationalökonomie für höhere Unterrichtsanstalten und Gebildete jeden Standes. 2., durchaus neu bearb. und bedeutend verm. Aufl. gr. 8. (XXXI und 584 S.) Tübingen 867, Laupp'sche Buchh. *

— das gesellschaftliche System der menschlichen Wirthschaft, e. Lehr- u. Handbuch der ganzen polit. Oekonomie, einschließlich der Volkswirthschaftspolitik u. Staatswirthschaft. 3. durchaus neu bearb. Aufl. in 2 Bdn. gr. 8. (XXXVIII, 296 u. 604 S.) Ebend. 873. n. 13. 50

—— die nationalökonomische Theorie der ausschliessenden Absazverhältnisse insbesond. des litterarisch-artist. Urheberrechtes, des Patent-, Muster- und Firmenschuzes nebst Beiträgen zur Grundrentenlehre. gr. 8. (X und 286 S.) Tübingen 867, Laupp'sche Buchh. *

— vereinigter Versicherungs- u. Spardienst bei Zwangshülfskassen. gr. 8. (III, 88 S.) Tübingen 884. Laupp. n. 2. —

— ein Votum gegen den neuesten Zolltarif. gr. 8. (VIII, 232 S.) Tübingen 901. H. Laupp. n. 3. 50

— u. Paul Lechler, die staatliche Wohnungsfürsorge aus Anlaß des Reichstagsbeschlusses vom 14. XI. 1899. gr. 8. (52 S.) Berlin 900. E. Hofmann & Co. n. 1. —

— nationale Wohnungsreform, s.: Lechler, Paul.

Schäffle A. nationale Wohnungsreform unter Reichsgarantie. Berlin 1893

— s.: Zeitschrift f. d. ges. Staatswissenschaft.

Schäffler. Dem Andenken Schäffler's. Eine Biographie des Verewigten u. Sammlg. der v. ihm hinterlassenen Gedichte u. Gelegenheits-Schriften. 16. (171 S. m. Bildnis.) Würzburg 892. L. Kreßner. Geb. in Leinw. n. 1. —

Schäffler, Albert, christl. Bilder-Büchlein f. Kinder mit Denkreimen u. Erzählungen. 16. (16 lith. Blätter.) Einsiedeln 844, Gebr. Benziger. $5^1/_2$ ngl — 2. Aufl. Mit Abbild. 16. Ebend. 846. 6 ngl

—— Christenlehren über den ersten Unterricht von Gott fur die lieben Kleinen. 3 Bdchn. 8. ($34^3/_8$ B.) Regensburg 843, Manz.

Bdchn. 1. Die Eigenschaften Gottes.
" 2. Die Lehre von Gott dem Sohne.
" 3. Die Lehre von Gott dem h. Geiste, nebst einem Anhange.

Schäffler, Alb., Christenlehren über den ersten Unterricht von Gott für die lieben Kleinen. 3 Bdchn. 2. verb. Aufl. 8. (XVI, 144; XVI, 228; XVI, 128 S.) Regensburg 877, Manz. 4 —

Schäffler, Alb., Denkreime zum ersten Unterricht von Gott für die lieben Kleinen. 3. Aufl. 16. (16 S.) Regensburg 855, Manz. pro Dutzend

Schäffler, Aug. (Red.). s. Alma Julia.

Schäffler, A., Würzburg's Entwickelung bis in die Zeit des 30jährigen Krieges, s.a. Beiträge zur Entwickelungsgeschichte der Stadt Würzburg.

Schäffler, A., Würzburg's Entwickelung bis in die Zeit des 30jährigen Krieges. gr. 8. (17 S.) Würzburg 886, Stuber's Verlag. *

Aus: Würzburger Adreßbuch für 1986/87, besonders abgedruckt.

Schäffler, Dr. Aug., zur Erinnerung an Joh. Nep. Buchinger. (Sep.-Abdr. aus d. 32. u. 33. Jahresber. d. histor. Ver. von und fur Oberbayern.) Munchen 1872. Roy.-8⁰. 9 S. Cart. *)

Schaffler, Dr. Aug. (k. Kreisarchivar in Wurzburg), die *oberbayerische Landeserhebung im J. 1705.* Neue Aufschlusse aus Archivalien z. Geschichte d. spanischen Erbfolgekrieges. Mit 1 lithogr. Taf. Wurzburg, J. Staudinger, 1880. Roy.-8⁰. Hfrz., etw. gebr.

Titelbild (Schlacht b. Sendling, nach e. gleichzeit. Votivtaf. in d. Kirche zu Egern am Tegernsee). VII—92 S., 1 S. Err.

Schäffler, Aug. Die Legende vom hl. Kilian in 10 lebenden Bildern. Gestellt von Hans Sperlich, m. verbind. Texte von A. Sch. Musik v. W. Ed. Becker. 2. Aufl. Lex.-8. (20 S. m. Illustr.) Würzb. 889, Woerl. * — 25

Schäffler, E., zum Fall u. Auferstehen Vieler. Literar., exeget. u. histor. Beilage z. „großen Nazarener". gr. 8. (28 S.) Vaihingen 895. (Stuttgart, A. Müller.)
Für Käufer d. Hauptwerks unentgeltlich.

Schäffler, E., Handbuch über die Gesetze u. Einrichtungen des evangelischen Volksschulwesens in Württemberg. Stuttgart 865. (Belser'sche Sortimentsb.) gr. 8. (VIII, 216 S.) n. 22 ngr.

Schäffler, E., Handbuch üb. die Gesetze u. Einrichtungen d. evangelischen Volksschulwesens in Württemberg. 2., verb. u. verm. Aufl. gr. 8. (VIII, 206 S.) Stuttgart 876. (A. Müller.) n. 3. —

Schäffler, E., der große Nazarener. Ein Lese- u. Volksbühnenstück. gr. 8. (VII, 79 S.) Vaihingen 894. (Stuttgart, A. Müller.) n. 1.

SCHÄFFLER, Lorenz (München): Ueber Angiome auf der Kehlkopf-Schleimhaut.- München: Wolf 1880. 17 S. 15.7.1880 - Urk (Titel: De angiomatibus in larynge ortis.): Chr 1880/81,13
Diss.Ingolst.-Landsh.-Mchn.

Schäffler, Michael (Memmingen) A. S. 288/40

Commentationum super moralitate legum ceremonialium et forensium deigma VIII.
Präs. Christoph Sonntag.
Altdorf (Kohles) 23. XI. 1707. 21 S.

Gew.: Johann Sigismund Hartlieb von Wallsporn, Georg Wachter.
W. v.: Präs., Michael Christoph Sonntag, Christoph Baur, J. F. P. Nottnagel, Meletaon. 29926

Schäffler, Michael (Memmingen) Altd. Thl. 13/28

Saltus ab extremo ad extremum geminus, sub vigiliam carnisprivii (quae vulgo vocatur Fastnacht) declinandus, disputatio publica, tractatui Teutonico cujusdam anomymi opposita. Präs. Christoph Sonntag.
Altdorf (Kohles) 14. VIII. 1709. 43 S.

Gew.: Stadt Memmingen.
W. v.: Präs. 29927

Schäffler, Steph., Predigt am Vorabend d. 25jähr. Regierungsjubelfeier Sr. Maj. Maxim. Joseph, Königs v. Baiern, d. 15. Febr. 1824, gehalten in d. simultanischen Pfarrkirche zu Vohenstrauß. gr. 8. Sulzb. 824. v. Seidel. 3 gr.

Schäffler, W., neues Berlin. Kochbuch f. alle Stände. 8. (31 B.) Berlin 828, [Hayn.]

Schäffler, W., neuestes Berlinisches Kochbuch f. alle Stände. 8. Berl. 826. Maurers B. (Heinemann in Stolp.) 1 ß

Jahres-Bericht des k. k. akadem. Gymnasiums zu Linz am Schlusse des Schuljahres 1855. Linz. Aus der Eurich'schen Buchdr. (32 S. 4.)
Inhalt: Georg Schafflinger: Blicke auf die Entwickelung der poetischen und historischen Literatur bei den Hauptvölkern Mittel- und West-Europas. Schulnachrichten.

Schaffner, Alexander [app. Arzt aus Meisenheim, Rheinprov.]: Beiträge zur Nephrektomie der Eiterniere . . . Wiesbaden, Hofdr. Gebr. Petmecky, 1891; 62 S. 8⁰
Würzburg, Med. Fak., Inaug.-Diss. v. 1891

Schaffner, Alfr., Lord Byron's Cain und seine Quellen. gr. 8. (48 S.) Strassburg 880, Trübner. * 1 —
Diss.

Schaffner, [Frau] E[mmy]. Steteli. Von E. Sch'. Johanna Spyris «Einer vom Hause Lesa» zweiter Teil. Mit vier Bildern [Tafeln, sowie Illustrationen im Text und illustriertem Umschlag]. VIII + 220 S. 8. Gotha, Friedrich Andreas Perthes. [1905]. [geb. M. 3. —]

Schaffner, Geo., Beiträge zur Geschichte des Marktfleckens Riegel am Kaiserstuhl. 8. (52 S.) Freiburg i. Br. 843, Wangler. 1/6 ß

Schaffner, Gustav [prakt. Arzt in Basel]: Ueber den Lobus inferior accessorius der menschlichen Lunge. Berlin 1898. 25 S. 1 Taf. 8⁰. (Sonder-Abdruck aus Virchow's Archiv für pathologische Anatomie und Physiologie. 152. Bd. 1898.)
Basel. Med. Diss. 1897/98.

Schaffner, G[ustav]. Sanitarische Untersuchung der ersten Primarschulklassen des Kantons Basel-Stadt 1899/1900. (Aus dem von Dr. G. Schaffner an das Tit. Erziehungsdepartement erstatteten Berichte.) 22 S. 8. Basel, Franz Wittmer, 1901.

Schaffner, J. G., der heil. Rosenkranz, od. die 15 Geheimnisse des Rosenkranzes in drei Predigten erklärt. 8. Landsh. 820. Thomann. 3 gr.

Schaffner., J. J., über Erziehung in Haus und Schule. Einladungsschrift zur Promotionsfeier der beiden Gymnasien und der Realschule 1875. 8. Basel, Fr. Wittmer. 1875.

Schaffner, Jacob. Der Altgeselle. Erzählung von Jakob Sch'. Mit Zeichnungen von Wilhelm Schulz. [2 Teile.] gr.-8.
In: März. Halbmonatsschrift für deutsche Kultur.... Jahrg. 1. (Heft 3 u. 4:) Erstes u. Zweites Februar-Heft 1907. München, Albert Langen. je M. 1.20. S. 259—277 u. 368—377.
Auch enthalten in: Sch', J. Die Laterne.... Berlin ... 1907

Schaffner, Jak., die Erlhöferin, s. a. Fischer's Bibliothek zeitgenössischer Romane. 1, 2.

Schaffner, Jacob. Die Erlhöferin. Roman von Jakob Sch'. IV + 184 S. 8. Berlin, S. Fischer, (1908). (geb. M. 1.—)
(Fischers Bibliothek zeitgenössischer Romane. Jahrg. 1, Oktober 1908 — September 1909. Bd. 2....)

— Hans Himmelhoch. Briefe (Umschlag: Wanderbriefe) an e. Weltkind. (181 S.) kl. 8. Berlin 909. S. Fischer, Verl. 2.50; geb. n 3. 50

Irrfahrten. Roman von Jakob **Schaffner**. Berlin: S. Fischer 1905. (231 S.) 8° [F.] [06. 7189

Schaffner, Jacob. Irrfahrten. Roman von Jakob Sch'. 2. [Titel-]Aufl. [Mit illustriertem Umschlag.] 232 S. 8. Berlin, S. Fischer, 1905. [M. 3. —, geb. 4. —]

Schaffner, Jacob. Die Laterne und andere Novellen von Jakob Sch'. 258 S. 8. Berlin, S. Fischer, 1907. [M. 3.—]
2. [unveränderte] Aufl. 1907.

Schaffner, Jacob. Konrad Pilater. Roman von Jakob Sch'. 552 S. 8. Berlin, S. Fischer, 1910. [M. 5.—, geb. 6.—]
[1. Aufl.] — 2. Aufl.

Konrad Pilater. Roman von Jakob **Schaffner**. 3. Aufl. Berlin: S. Fischer 1910. 548 S. 8° [11. 314

Schaffner, Johann George, s. Scheffner

Schaffner, L. F., Versuch e. diagnost. u. therap. Darstell. der Arsenikvergiftung. gr. 8. Berl. 820. (Leipz., Weygand). 12 gr.

Schaffner, Martin, und Bischoff, Joh[ann] Jac[ob]. Antrittspredigt von M' Sch', zweitem Helfer bei St. Theodor [zu Basel], und Einsegnungsrede von Joh. Jak. B'. Pfarrer daselbst. Gehalten den 26. April 1846.... 8. Basel.

Schaffner, Mart., Antrittspredigt als zweiter Helfer bei St. Theodor in Basel und Einsegnungsrede von Pfr. Jh. Jak. Bischoff gehalten den 26. April 1846. 8. Basel 846, F. Schneider. 3 *ngl*

Schaffner, Martin. Leichenrede bei der Beerdigung des ... Herrn Joh(ann) Theodor Zaeslin, gehalten ... den 27. Juni 1849 ... [zu Basel]. 8. [Basel.]

Schaffner Max, Dr. [illegible] — 10
Separatabdruck

Schaffner, Max, üb. die Darstellung v. Thallium im Grossen. [Aus: „Sitzungsber. d. k. Akad. d. Wiss."] Lex.-8. (8 S.) Wien 871. (Gerold's Sohn.) — 15

Schaffner, S., De III. adversus Aphobum oratione vulgo Demostheni addicta. Diss. 1876. 45 S. 2. –

Schaffner, S., gemüthliche Reise durch die Schweiz. Rudolstadt 864. Fröbel. 16. (2 Bl., 106 S.) n. 8 *ngr.*

Schaffner, Samuel (Aarau) A. S. 1117/26

Dissertatio inauguralis medico-chirurgica, de mechanico naturae mediatricis in vulneribus persanandis artificio. Präs. Johann Heinrich Schulze.
Halle (Hendel) XII. 1735. 38 Bl.

W. v.: Johann Michael Böhme (Opp.), J. C. Machatius.

29939

Schaffner, Siegfried: Die Siéyès'schen Entwürfe und die Entstehung der Verfassung des Jahres VIII. Leipzig (1907): Dr. Seele & Co. (VII, 56 S.) 8° [F.]
Leipzig, Phil. Fak., Ref. Brandenburg-Seeliger, Diss. v. 30. April 1907
[Geb. 10. Mai 83 Eisfeld; Wohnort: Eisfeld; Staatsangeh.: Sachsen-Meiningen; Vorbildung: Herzogl. Realgymn. Saalfeld Reife O. 02; Studium: Marburg 1, Leipzig 8 S.; Rig. 12. Dez. 06.]

Schäffner, Katharine, eine neue Sprache? 42 Zeichnungen. Mit e. Besprechg. v. Ferd. Avenarius. Hrsg. vom Kunstwart. (20 Taf. u. VII S. Text m. 3 Abb.) 37×28 cm. München (908). G. D. W. Callwey. In Mappe 6. —

— Sechs Zeichnungen in dekorativem Stil. 48×36,5 cm. Ebd. (910). In Mappe 15. —

Schäffner, Wlh., s. G. Crabb, Geschichte des engl. Rechts.

Schaeffner, Wlh., Entwicklung des internationalen Privatrechts. gr. 8. Frankfurt a/M. 841, Sauerländer. 1 *ℳ*

Schaeffner, Wilh., Geschichte der Rechtsverfassung Frankreichs. 1. Bd. Bis auf Hugo Capet. gr. 8. (26 B.) Frankfurt a. M. 845, Sauerländer's Verl. *

Schaeffner, Wilh., Geschichte der Rechtsverfassung Frankreichs. 2. Bd. A. u. d. T.: Geschichte der Rechtsverfassung Frankreichs von Hugo Capet bis auf die Revolution. 1. Bd.: Staatsgeschichte. Lehnstaat. Königthum. Volksthum. Kirche. gr. 8. (XIX und 671 S.) Frankfurt a. M. 849, Sauerländer's Verlag. *

—— dass. — 3. Bd. A. u. d. T.: Geschichte der Rechtsverfassung Frankreichs von Hugo Capet bis auf die Revolution. 2. Bd.: Rechtsquellen. Privatrecht. Strafrecht. Gerichtsverfahren. gr. 8. (XVI und 627 S. mit 1 lithogr. und ill. Karte in gr. 4.) Ebds. 850. *

—— dass. — 4. Bd. A. u. d. T.: Geschichte der Rechtsverfassung Frankreichs von der Revolution bis auf unsere Zeit. gr. 8. (XVI und 387 S.) Ebds. 850. *
1. Bd. Ebendas. 1845. * 1 Thlr. 20 Ngr.

Schaeffner, Wilh., Geschichte der Rechtsverfassung Frankreichs. 4 Bde. 2. (Titel-)Ausg. gr. 8. (LXVII und 2085 S.) Frankfurt a. M. (845—50)59, Sauerländer's Verlag.

—— das römische Recht in Deutschland während des 12. und 13. Jahrh. gr. 8. (70 S.) Erlangen 859, Blaesing. *

Schaffnit, C. F. (auch: F. C., F. K., K. F.)

– s.a. Atlas für das Königreich Hannover.

Schaffnitt, C. F., Atlas f. das Königr. Hannover, das Grossherzogth. Oldenburg, das Herzogth. Braunschweig, das Fürstenth. Lippe u. die freien Städte Hamburg, Lübeck u. Bremen. In 16 Bl. für Volksschulen etc. Mit Text. qu.-4. (4½ B.) Darmstadt 845, Frommann. *

– s.a. Atlas für das Königreich Preußen.

—— Atlas f. das Königr. Preussen. In 16 Bl. (wovon 14 ill.) f. Volksschulen u. andere Lehranstalten. — Mit (18 Bl.) begleit. Texte. qu.-4. Darmstadt 845, Frommann. *

– s.a. Atlas für das Königreich Sachsen.

—— Atlas für das Königr. Sachsen. In 16 Bl. für Volksschulen u. andere Lehranstalten. Mit begleitendem Texte. (18 Bl.) qu.-4. Darmstadt 845, Frommann. *

Schaffnit, F. K., das Satzgebäude der deutschen Sprache. Nach den besten Quellen für Schulen aufgestellt. (1 Tabelle in Fol.) Darmstadt 844, Kern. 1/12 *ℳ*

—— Sprach- u. Lesebuch f. die mittleren Klassen in Stadt- u. Landschulen u. den Privatgebrauch. 2. Aufl. 8. (12¼ B. u. 7 Abbild.) Darmstadt 843, Jonghaus. *

Schaffnit, F. K., Sprach- u. Lesebuch in Musterstücken u. Bildern f. Schulen. Mit 7 Abbildgn. 3. verm. u. völlig umgearb. Aufl. 8. (318 S. m. Holzschn.) Darmstadt 851, Jonghaus. n. 6¼ *ngl*

Schaffnit, E., die Bekämpfung des Hederichs, s.: Flugblatt, Nr. 6, der Abteilung f. Pflanzenkrankheiten des Kaiser Wilhelm-Instituts f. Landwirtschaft in Bromberg.

Schaffnit, Ernst, a. Messel: Beiträge zur Anatomie der Acanthaceen-Samen. Leipzig: G. Thieme 1905 (69 S.) 8°
Erlangen, Phil. Fak., Ref. Solereder u. Fischer, Diss. v. 22. Febr. 1906
[Geb. 10. Jan. 78 Messel; Wohnort: Erlangen; Staatsangeh.: Hessen; Vorbildung: Gymn. Erlangen bis 7. Klasse Juli 95; Studium: Erlangen 3. Heidelberg 1, Erlangen 3 S.; Rig. 31. Mai 05.]

Der Hausschwamm und die wichtigsten Trockenfäuleschwämme vom botanischen, bautechnischen und juristischen Standpunkte. Von Dr. phil. E[rnst] **Schaffnit**, Baumeister J[oseph] Swensitzky, Rechtsanw. Dr. H[ermann] Schlemm. Mit 21 Textabb. u. 1 Taf. Berlin: Parey 1910. 105 S. 8° [11. 2764

Schaffnit, F. C., s. Schaffnit, C. F.

Schaffnit, F. K., s. Schaffnit, C. F.

Schaffnit, Geo., geometr. Constructionslehre, od. darstell. Geometrie (Géométrie descript.) M. 8 Kpfr. u. Stnt. 8. (15 B.) Darmstadt 828, [Heyer'sche Vrlsbuchh.]

Schaffnit, G., geometr. Constructionslehre od. darstell. Geometrie. (Géometrie descript.) 2., verb. u. verm. Aufl. 8. (16½ B. u. 9 Kpfrt.) Darmstadt 837, Heyer's Verlbuchh.

Schaffnit, K., e. Beitrag zur Christologie d. Alten Testamentes m. Berücksicht. v. J. K. Römheld's theologia sacrosancta. gr. 8. (39 S.) Stuttgart 892. (Rud. Roth.) n. — 60

— dasselbe. 2. (Titel-)Ausg. gr. 8. (39 S.) Düsseldorf 894. C. Schaffnit. — 30

Schaffnit, K. F., s. Schaffnit, C. F.

Schaffnit, Karl

Schaffnit, K., die Kumidee-Sitzung. Schwank in Darmstädter Mundart. 12. (24 S.) Darmstadt 889. (v. Aigner.) n. — 40

Schaffnit, Karl. Die Kumidee-Sitzung. Schwank in Darmstädter Mundart. 12. (24 S.) Darmst. 889. Selbstverl. d. Verf. * — 40

Schaffnit, Karl, **aus Merchingen: Ueber die Nektarien der Ranunculaceen unter Berücksichtigung der Struktur der kronartig gefärbten Blütenteile.** o. O. 1904. (62 S.)
Erlangen, Phil. Fak., Ref. Solereder, Diss. v. 27. Juli 1904
[Geb. 13. Aug. 77 Merchingen (Baden); Staatsangeh.: Preußen; Vorbildung: Ludwig-Georgs-Gymn. Darmstadt u. Kaiser-Friedrich-Gymn. Frankfurt a. M. Reife (f. Obersekunda) 94; Studium: Erlangen 6 S.; Rig. 27. Juli 04.]

Schaffnit, Karl, Schwarzbrot. Gedichte. 12. (VIII, 239 S.) Darmstadt 895. (H. L. Schlapp.) n. 2. —; geb. n. 3. —

Schaffnit, Karl, allerhand Späss'. Gedichte vorablich for Hesse-Darmstädter, awer aach for annern Leit'. 2. Aufl. 12. (VI, 127 S.) Darmstadt 888, (v. Aigner.) * ℳ 1. —.; geb. *

— dasselbe. 2. Bdchn. 12. (VI, 192 S.) Ebd. 889. n. 1. —; geb. n. 1. 50

—— Allerhand Späss'. Gedichte vorablich for Hesse Darmstädter, awer aach for annern Leit. 2 Bdchn. 4. Aufl. 12. (V, 260 S.) Darmst. 891, Schlapp. à Bdchn. * 1 —; * 2 — geb. à Bdchn. * 1 50; * 3 —

Schaffnit, Karl, allerhand Späss'. Gedicht vorablich for Hesse-Darmstädter, awer aach for annern Leit. (1. Bdchn.) 5. Aufl. 12. (VIII, 128 S.) Darmstadt (894). (H. L. Schlapp.) n. 1. —; geb. n. 1. 50

Schaffnit, Karl, allerhand Späss'. Gedicht vorablich for Hesse-Darmstädter, awer aach for annern Leit. 3. Bdchn. 12. (VIII, 136 S.) Ebd. 896. n. 1. —; geb. n. 1. 50

Schaffnit, Karl, allerhand Späss. Gedichte vorablich for Hesse-Darmstädter, awer aach for annere Leit. 2. Bdchn. 6. Aufl. 12. (VIII, 132 S. m. Bildnis.) Darmstadt (902). H. L. Schlapp. Geb. in Leinw. n. 1. 50

Schaffnit, Karl, allerhand Späss'. Gedichte, vorablich for Hesse-Darmstädter, awer aach for annern Leit. 4. Bdchn. Aus dem Nachlaß zusammengestellt. (VIII, 120 S. m. Bildnis.) kl. 8. Darmstadt (906). H. L. Schlapp. n. 1. —

—— De Stammbisch. Lustspiel in 2 Aufzügen in Darmstädter Mundart. 12. (38 S.) Darmst. 889, Selbstverlag d. Verf. * 1 —

Schaffnitt, s. Schaffnit

Schaffraneck, Gustav (geb. Wreschen in Pos. 14. 3. 1843): Beobachtung einer Traubenmole im Zusammenhange mit dem Uterus. Breslau (1868). (30 S.) 8°
Breslau, Med. Diss. v. 31. Juli 1868

Schaffraneck, Jos., Lexicon zur Bergmannssprache oder populäre Erläuterung der beim Bergwerkswesen vorkommenden Kunstwörter behufs Beurtheilung der neuen Bergrechtsfragen begonnen im Interesse der bäuerl. u. gutsherrl. Grundbesitzer u. den Kammermitgliedern gewidmet. Mit dem (lith.) Portr. des Verf. gr. 8. (48 S.) Berlin 850, Schneider & Co. in Comm. n. 1/4 ℛ

Schaffranek, Fridericus Guilelmus (geb. Kostenthal in Oberschl. 26. 6. 1823): De rhinoplastice. Vratislaviae (1847). (39 S.) 8°
Breslau, Med. Diss. v. 4. Sept. 1847

Schaffrath: Einiges über Catull und dessen Übersetzer. 36 S. Bergheim, Schul-/Univ.-Schrift 1864

Schaffrath, Curt, s. Schaffrath, Kurt

Schaffrath, F.: Ueber die konforme Abbildung $Z = z^3$ und $z = \sqrt[3]{Z}$. Marburg, Diss. 1884

Schaffrath, Gerh[ard], aus Geldern: **Ueber Chorea.** *Krefeld 1898: H. Lambertz.* (19 S.) 8°
Würzburg, Med. Diss. v. 1898

Schaffrath, Heinrich Daniel ⟨geb. am 14 Okt. 1846 in Bedburg Rgbz. Köln⟩: Die Euthanasie ... Bonn, gedr. bei J. F. Carthaus (1869). 30 S., 2 Bl. 8.
Bonn, Med. Fak., Diss. v. 17 Apr. 1869

Schaffrath, Henr. Maximilianus ⟨geb. am 7 Sept. 1813 in Niederkrüchten Rgbz. Aachen⟩: De iure vitae et necis quod competere dicunt medico obstetricio ... Bonnae, litt. C. Georgii 1840. 3 Bl., 25 S. 8.
Bonn, Med. Fak., Diss. v. 4 Apr. 1840

Schaffrath, J. A. G., s. Schaffroth, Johann Ad. Gottlieb

Schaffrath, Jh. Ehrfrd., († d. 12. Dec. 1801.) s. Lieder-concordanz, kleine.

Schaffrath, K. J., Südseebilder. Nach Aufnahmen. 74 Lichtdr.-Bilder auf 38 Taf. nebst erläut. Text. (10 S.) Lex. 8. Berlin 909. D. Reimer. Geb. in Leinw. 10. —

Schaffrath, Kurt

Schaffrath, Curt, Referendar in Dresden: **Die gesetzlichen Konkurrenzverbote** im Handelsgesetzbuche **vom 10. Mai 1897 mit einem kurzen Rückblick auf die entsprechenden Bestimmungen des alten Rechts.** *Borna-Leipzig 1904: R. Noske.* (VIII, 52 S.) 8°
Leipzig, Jur. Diss. v. 1904

Schaffrath, Max, Dichtungen. Mit dem (lithogr.) Portr. des Verf. und 8 (lithogr.) Titel-Illustr. nach C. Scheuren. gr. 8. (334 S.) Düsseldorf 875, [Breidenbach und Comp.] Baumann und Comp. * ℳ 8.; geb. * 10 —

Schaffrath, Max, Sulamith. Das Hohelied der Liebe. Metrisch nachgebildet und erläutert. Köln, Dumont-Schauberg, 1868, 12°. VIII u. 68 S., 1,50 Mk.
Recens. von Reusch, (Bonner) Theol. Litt. Bl. 1869, S. 299.

—— aus des Herzens Wunderwelt. Lieder und Gedichte für Geist und Gemüth. Mit dem (lithogr.) Portr. des Verf., sowie 8 (lithogr.) Titel-Illustr. nach C. Scheuren und einem Geleitswort von Rud. Fastenrath. 8. (VI, 334 S.) Bremen 879, Sauernheimer. geb. mit Goldschn. 6 —

Schaffrath, M., aus d. Herzens Wunderwelt. Lieder u. Gedichte f. Geist u. Gemüth. Mit dem Portr. d. Verf. sowie 8 Titel-Illustr. nach C. Scheuren u. e. Geleitswort v. R. Fastenrath. [Titel-Ausg.] gr. 8. (VI, 334 S.) Berlin 890. Sauernheimer. geb. m. Goldschn. n. 5. —

Schaffrath, Wilhelm Michael

— prakt. Abhandlungen aus d. heutigen Römischen u. Sächsischen Privatrechte u. bürgerl. Processe, mit Entscheidungen höher. Behörden herausg. gr. 8. Bautzen 840. Reichel. n. 1 1/2 ℛ

Schaffrath, Wilh. Mich., prakt. Abhandlungen aus d. heut. röm. u. sächs. Civil-Rechte u. Processe, mit Entscheidn. höh. Behörden. gr. 8. (18 B.) Bautzen 841, Reichel. *

— s. a. Codex Saxonicus.

—— Codex saxonicus, od. Handb. d. gesammten, im Königr. Sachsen prakt.-gült. sächs. Gesetze von d. ältesten Zeiten bis z. Schlusse d. J. 1841 nach d. einzelnen Theilen d. Rechtswissenschaft systemat. u. chronolog. geord., mit Anmerkn. u. Repertorien. 1. Bd. — A. u. d. T.: Codex juris saxonici privati rc. gr. 8. (32½ B.) Altenburg 841, Pierer.

—— gehört auch die Verfassungsmäßigkeit von Gesetzen zum Bereich der richterlichen Entscheidung? Ein Votum. gr. 8. (31 S.) Dresden 863, Zeh. *

—— Grund- od. Fundamental-Wissenschaft d. gemeinen teutschen u. sächs. Civil- u. Criminal-Processes, od. dess. Begriff, Wesen, Grund u. höchste u. letzte Grundprincipien, mit e. Philosophie d. posit. Proceßrechts, mit Andeutn. f. Proceßgesetzgebung u. in Vergleichung mit d. preuß. u. franz. Processe. 1. Bd. — A. u. d. T.: Systemat.-krit. u. vergleich. Darstellung d. Begriffes rc. d. gem. teutschen u. sächs. Civil- u. Criminal-Processes. gr. 8. (12½ B.) Leipzig 839, Fest'sche Verlbuchh.

— Grundwissenschaft des Rechts u. insbesond. d. Strafrechts, nach gemeinem deutschen Rechte u. den neuen Strafgesetzbüchern. 1. Heft. gr. 8. Leipzig 841, Fest'sche Verlagsbuchh. ⅔ Thlr.

—— prakt. Handbuch d. sächs. Strafrechts, mit vergleich. Berücksichtig. d. gemein. deutsch., ält. sächs. u. d. neuern Strafgesetzbücher. 3 Hfte. gr. 8. Leipzig, Fest'sche Verlbuchh.
Hft. 1. Grundwissenschaft d. Rechts u. insbesond. d. Strafrechts, nach gem. deutschen Rechte u. d. neuen Strafgesetzbüchern. (11¼ B.) 841. 16 Gr.
Hft. 2. Theorie d. allgem. Thatbestandes d. Verbrechens, nach gem. deutschen Strafrechte u. d. neuen Strafgesetzbüchern. (11¼ B.) 841. 16 Gr.
- 3. Commentar z. ersten od. allgem. Theile d. sächs. Criminalgesetzbuchs. (19¼ B.) 842. 1 Thlr.

— novae legum controversarum practicarum interpretationes. 4 maj. Misenae 837. (Lipsiae, Goethe.) n. ¼ Thlr.

—— novae legum controversar. practicar. interpretationes. 4maj. (3¼ B.) Misenae 837. (Lipsiae, T. O. Weigel.) *

— Commentar zum Artikel XXXI des Sächsischen Criminalgesetzbuchs vom rechtswidrigen Vorsatze. Lex.-8. Leipzig 842, Reclam jun. n. ⅓ Thlr.

— Commentar zum ersten oder allgemeinen Theile d. Sächsischen Criminalgesetzbuchs. 3. Heft d. Handbuchs d. Sächsischen Strafrechts. gr. 8. Ebend. 842. 1 Thlr. (1—3: 2⅓ Thlr.)

Schaffrath, (Wilh. Mich.), Kritik der Entscheidungsgründe d. Königl. Sächs. Oberappellationsgerichts gegen die Kämpfer f. die Reichsverfassung O. L. Heubner u. Genossen. Mit einem Abdrucke jener Entscheidungsgründe. gr. 8. (IV u. 96 S.) Leipzig 851, Ph. Reclam jun. n. ½ Thlr.

—— Kritik d. in erster Instanz geg. neunzehn Mitglieder d. leipziger Burschenschaft gesproch. Urthels, mit d. Belegstellen aus d. Untersuchungsacten, e. kurzen Darstell. der in d. J. 1835—1838 geführten Untersuch. u. d. Urtheln erster u. zweiter Instanz hrsg. Ein Beitrag z. Gesch. d. Justizpflege im Königr. Sachsen. gr. 8. (16½ B.) Altenburg 839, Pierer. Thlr.

— siehe: Recht, das, der Steuerbewilligung.

— die Rechts-Gültigkeit der Reichsverfassung vom 28. März 1849 zur strafrechtl. Beurtheilung der Kämpfe f. dieselbe. gr. 8. (IV u. 78 S.) Leipzig 850, Matthes. n. ⅓ Thlr.

Schaffrath, Rede gehalten vor dem Leipziger Bezirksgerichte in dem Preßprozeß gegen Hrn. J. Kaim am 24. März 1862. gr. 8. (23 S.) Leipzig 862, O. Voigt.
Aus: Der Adler, besonders abgedruckt.

—— die politischen Rede- und Preß-Vergehen in Commentaren zu Art. 81, 84, 94, 110, 115 und 36 des sächs. Criminalgesetzbuchs für Untersuchungsrichter und Geschworne, Vertheidiger und Angeklagte dargestellt. 8. (55 S.) Leipzig 850, Matthes. *

—— Repertorium zum Codex Saxonicus, s. Repertorium.

—— Theorie der Auslegung constitutioneller Gesetze, nach constitut. Staats- u. gemeinem deutschen Rechte. gr. 12. (4⅔ B.) Leipzig 842, Fest'sche Vrlgsbuchh.

— Theorie d. allgemeinen Thatbestandes des Verbrechens, nach gemeinem deutschen Strafrechte u. den neuen Strafgesetzbüchern. 2. Heft. gr. 8. Ebend. 841. ⅔ Thlr.

— das Wahlrecht d. Stadt- u. Landgemeinden gegen die Schreibstubenherrschaft in Sachsen, durch die Rechtswissenschaft u. eine actenmäß. Schilderung seiner Nichtbestätigung zum besoldeten Stadtrathsmitglied vertheidigt. gr. 8. (XXVIII u. 435 S.) Leipzig 848, Blum & Co. (jetzt: Friese). n. 1 Thlr.

—— das Wahlrecht der Stadt- und Landgemeinden gegen die Schreibstubenherrschaft in Sachsen, durch die Rechtswissenschaft und eine actenmäß. Schilderung seiner Nichtbestätigung zum besoldeten Stadtrathsmitgl. vertheidigt. gr. 8. (XXVIII und 435 S.) Leipzig 848, [Matthes.] *

Die Wirksamkeit des Verbandes der Deutschen Baugewerks-Berufsgenossenschaften dargest. infolge Beschlusses v. 3. Sept. 1898 des 13. ordentl. Verbandstages durch A[ugust] Schaffrin. *Berlin 1900: (W. Kohler).* (XX, 126 S.) 8° [ij.] [ol. 5524

Schaffroth, Jh. Ad. Gli., einige Betrachtt. üb. den Nachtheil voreiliger Handlungen aus d. Medicin aufgestellt. 8. Freiburg 809. Herder. 3 gr.

Schaffrath, J. A. G., Beweis, daß die in No. 51. d. Leipzig. Literaturzeitung 1813 enthaltene Recension d. Schrift: Schaffrath's Blicke, weiter nichts als ein gemeines Pasquill sey. 8. Freyb. Herder. 814.

(J. Ad. Gli.) Schaffroth's Blicke auf J. Schelling.-Jacobi. Streitsache, veranl. durch e. Ausfall d. Freiburg. Wochenbl. a. d. Naturphilos. *Tüb.*, Cotta. B. 812. gr 8° 12 gr

— neue Darlegung d. Grundzüge seiner Vorlesungen. gr. 8. Freiburg 814. Herder. 6 gr

— Darstellung d. bis jetzt geschehenen Verhandlungen über die Kuhpockenimpfung. 8. Frankf. Jäger. (a. Macklot in Carlsruh.) 802.

Schaffroth J. A. G.: Darstellung d. bis itzt geschehenen Verhandlungen üb. die Kuhpockenimpfung u. d. Resultate, welche ihr das Recht d. Benennung Schutzpockenimpfung erworben haben. Rastatt 1802. 231 S.

Schaffroth, J. A. G., die Grundzüge seiner Lehrvorträge über spezielle Pathologie und Therapie, Systematik d. Nosologie und über die Klinik. gr. 8. Aarau, Sauerländer. 819.

— Grundzüge seiner Vorlesungen; bei deren Eröffnung seinen Zuhörern dargestellt. 8. Freiburg, Herder. 4 gr.

— Grundzüge sein. Vorlesungen. 8. Freib. Herder. 814.

(Schaffroth, J[ohann] G[ottlieb].) Zum Andenken an Rudolf Niggeler [† 1887]. (Grabrede.) [Mit Porträt.] 8. *o. O.* [1887].

(Schaffroth, [Johann Gottlieb].) Der Dichter Dranmor (Ferdinand Schmid. geb. 1823). Vortrag, gehalten in der sogen. Ursenbacher Lehrer-Versammlung zu Herzogenbuchsee. [SA.] 8. [Bern 1885.]

Schaffroth, J[ohann] G[ottlieb]. Zur Erinnerung an Frau Elise Krebs-Gugelmann, beerdigt den 14. August 1891. Den Hinterlassenen ... gewidmet von J. G. Sch.... Bern 18. August 1891. 8. *o. O.*

(Schaffroth, [Johann Gottlieb].) Gedächtnisrede gehalten am Leichengebet des Herrn R(udolf) F(riedrich) Haller-Goldschach von Bern. Geb.... 1831, gest. den 12. Juli 1893. 8. Bern 1893.

[S.] Geschichte des bernischen Gefängniswesens. Nach d. Quellen bearb. v. J. G. **Schaffroth,** Gefängnis- u. Anstaltsinsp. d. Kantons Bern. *Bern: K. J. Wyss 1898.* (IV S., 1 Bl., 347 S.) 1 Bd 8. [98. 8073

Schaffroth, J. G., Dr. Martin Luther, der Reformator, [a. Schriften des Schweizer. Vereins für freies Christenthum.

Schaffroth, J[ohann] G[ottlieb]. Dr. Martin Luther, der Reformator. Ein Lebens- und Charakterbild. Für das evangelische Volk zusammengestellt von J. G. Sch'.... Schriften für fr. Christenthum. [Heft] 10 (*d. i.* 11). 8. Zürich 1881.

Schaffroth, J. G., der Reformator Niklaus Manuel von Bern. Freier Vortrag, gehalten in der Nikolaikirche zu Strassburg und im Aeussern Stand zu Bern. 8. (51 S.) Basel 885, Schwabe. *

Schaffroth, J[ohann] G[ottlieb]. Die Schutzaufsicht für entlassene Sträflinge. Referat gehalten an der Jahresversammlung der Gemeinnützigen Gesellschaft des Kts. Solothurn ... 14. September 1902. Separat-Abdruck aus dem «Solothurner Tagblatt» vom 23. September bis 2. Oktober 1902. II + 19 S. 8. [Solothurn, Zepfel.]

Schaffroth, J. G. Ein Wort zum Frieden. Predigten. Mit Bildnis. Gr. in-8°. IV. 307 S. Bern, K. J. Wyss. 1894. 4 —; geb. 5 50

Schaffroth, Paul, pract. Arzt von Lützelflüh (Kanton Bern), z. Z. Assistenzarzt der chirurg. Abteilung der kant. Krankenanstalt in Aarau: Beitrag zur Behandlung der Prostatahypertrophie mit parenchymatösen Jodinjektionen. Aarau 1905. 38 S. 8°.
Basel. Med. Diss. 1905/1906.

Schaffroth, Paul. Beitrag zur Behandlung der Prostatahypertrophie mit parenchymatösen Jodinjektionen. 8.
Ausg. A: Diss. Med. Basel. 87 S. Aarau, G. Keller, 1905.
Ausg. B: Beilage zu: 18. Jahresbericht über die Kantonale Krankenanstalt Aarau ... 1904. A', G. K', 1905. 35 S.

Schaffshausen, Bartold Nikolaus (Hamburg) A. S. 296/19

Disputatio juridica de jure assignationis inter mercatores. Präs. Samuel Stryk.
Halle (Gruner) V. 1708. 51 S.

W. v.: Präs., Christian Thomasius, Johann Osterioh, Burchard Johann Uffelmann, Christian Christoph Seelmann. 29941

Schaffshausen, J. N.: „De probatione per libros mercatorum", Gottingae 1795. — Vorh.: Com. Bibl. Hamburg.

Schaffshausen, Matthias Dietrich (Hamburg)
Dissertatio juridica inauguralis sistens parallelismum juris Hamburgensis, cum legibus aliorum populorum.
Gissae 22. März 1706: J. R. Vulpius. (4), 52 S. 4°
pro summis in utroque jure honoribus ... consequendis

Schaffshausen, Nikolaus Lukas (Hamburg) A. S. 740/37

**Disputatio inauguralis iuridica de iure singulari feminarum Hamburgensium.
Präs. Johann Samuel Stryck.
Halle (Gruner) 6. X. 1702. 110 S. 29944**

Schaffshaussen, Nikolaus Lukas (Hamburg) A. S. 808/42

**Disputatio juridica de mutatione et conservatione ultimarum voluntatum. Präs. Samuel Stryk.
Glauchau (Waisenhaus) 1701. 74 S.**

Diss. Halle 30. XII. 1701. 29943

Schaffshausen, Paul (Hamburg) A. S. 1356/8

**Historia Artemonis et Artemonitarum.
Präs. Johann Erhard Kapp.
Leipzig (Langenheim) 25. IV. 1737. 64 S.**

**Gew.: Nikolaus Lukas Schaffshausen (Vater).
W. v.: Präs. 29945**

Schaffshausen, Paul [Praes.], s. Kempf, Kaspar Friedrich: De vera notione vocabuli κοινωνια ad illustrandos varios N. F. locos inprimis. I. Cor. X, 16.

Schaffshaussen, s. Schaffshausen

Schaffstaedt, H., G. m. b. H: Preislisten über gesundheitstechnische Anlagen. Nr 101. 1910 ff. Gießen

Schaffstein's Hausbücher. 1. u. 2. Bd. kl. 8. Köln, H. & F. Schaffstein. 3. —
Starklof, Ludw., Sirene. Eine Schlösser- u. Höhlengeschichte. (Schmuck u. Einbd. v. E. R. Weiß.) (283 S.) (907.) (Bd. 2.) 1.
Weber, Emil, die Traumbuche u. andere Märchen f. große Leute. Zusammengestellt v. W. (Schmuck u. Einbd. v. E. R. Weiß.) (346 S.) (907.) (Bd. 1.) Geb. 2. —

Schaffstein's Volksbücher f. die Jugend. 1.—30. Bd. 8. Köln, H. & F. Schaffstein. Kart. 42 —; Liebhaberausg. 77. —
Andersen, Hans Christian, Märchen u. Geschichten. Ausgewählt v. H. Weitkamp. Für Knaben u. Mädchen v. 11. Jahre an. (Buchausstattung v. E. R. Weiß.) (258 S.) 906. (Bd 17.) Kart. 2. —; Liebhaberausg. 4. —
Bürger, Gottfr. Aug., des Freiherrn v. Münchhausen wunderbare Reisen u. Abenteuer zu Wasser u. zu Lande, wie er dieselben bei e. Flasche im Zirkel seiner Freunde selbst zu erzählen pflegte. Deutsch v. B. Für die reifere Jugend neu hrsg. (Buchausstattung v. E. R. Weiß.) (78 S.) (906.) (Bd. 16.) Kart. 1. —; Liebhaberausg. 2. —
Cervantes-Saavedra, Miguel de, Leben u. Taten des scharfsinnigen Edlen Don Quijote v. La Mancha. Nach der Tieckschen Uebersetzg. f. Schule u. Haus bearb. v. Guido Höller. (Buchausstattung v. E. R. Weiß.) (277 S.) (904.) (Bd. 1.) 2. —; Liebhaberausg. 3. —; erh. Pr. 4. —
Chamisso, Adelb. v., Peter Schlemihls wundersame Geschichte. Für die reifere Jugend neu hrsg. (Buchausstattung v. E. R. Weiß.) (72 S.) (906.) (Bd. 21.) Kart. 1. —; Liebhaberausg. 2. —
Conscience, Hendrik, der Löwe von Flandern. Aus dem Holl. übertr. v. Wilh. Spohr. Für die reifere Jugend. (Buchausstattung v. E. R. Weiß.) (327 S.) (906.) (Bd. 18.) Kart. 3. —; Liebhaberausg. 4. —
Cooper, James Fenimore, Lederstrumpferzählungen. Für die reifere Jugend bearb. v. Wilh. Spohr. (Buchausstattung v. E. R. Weiß.) Der Wildtöter. (375 S.) (905.) (Bd. 13.) 2. —; erh. Pr. 3. —; Liebhaberausg. 4. —
— dasselbe. Der letzte Mohikan. (260 S.) (905.) (Bd. 14.) 2. —; Liebhaberausg. 4. —
— dasselbe. Der Pfadfinder. (315 S.) (906.) (Bd. 15.) Kart. 2. —; Liebhaberausg. 4. —
— die beiden Seelöwen. Für Knaben u. Mädchen vom 13. Jahre an bearb. v. Wilh. Spohr. (Buchschmuck v. E. R. Weiß) (283 S.) (906.) (Bd. 29.) Kart. 2. —; Liebhaberausg. 3. —
Gerstäcker, Fr dr., Seefahrergeschichten. 1. Tl. Der Schiffszimmermann. Die Nacht auf dem Walfisch. Zwei Seefahrergeschichten. Für Knaben u. Mädchen vom 12. Jahre an. (Buchschmuck v. E. R. Weiß.) (73 S.) (906.) (Bd. 28.) Kart. 1. —; Liebhaberausg. 2. —
Grimm, Brüder, Kinder- u. Hausmärchen. Eine Auswahl v. 51 Märchen. (Buchausstattung v. E. R. Weiß.) (208 S.) (906.) (Bd. 19.) Kart. 2. —; Liebhaberausg. 3. —
Hauff, Wilh., Märchen. 1. Tl. Die Karawane. Für Knaben u. Mädchen vom 10. Jahre an. (Buchausstattung v. E. R. Weiß.) (93 S.) (906.) (Bd. 30.) Kart. 1. —; Liebhaberausg. 2. —
Hoffmann, E. T. A., Meister Martin der Küfner u. seine Gesellen. Erzählung. Für die reifere Jugend hrsg. v. W. Spohr. (Buchschmuck v. E. R. Weiß) (63 S.) (906.) (Bd. 23.) Kart. 1. —; Liebhaberausg. 2. —
— Nußknacker u. Mausekönig. Das fremde Kind. 2 Märchen. Für große u. kleine Kinder hrsg. v. Wilh. Spohr. (Buchschmuck v. E. R. Weiß.) (106 S.) (906) (Bd. 22) Kart. 1. —; Liebhaberausg. 2. —
Höller, Guido, der abenteuerliche Simplicissimus. Das ist die Beschreibg. des Lebens e. seltsamen Vaganten, genannt Melchior Sternfeld v. Fuchsheim, wo u. welcher Gestalt er nämlich in diese Welt gekommen, was er darin gesehen, gelernt, erfahren u. ausgestanden, auch warum er solche wieder freiwillig quittiert. Ueberaus lustig u. männiglich nützlich zu lesen. Nach Hans Jak. Christoffel v. Grimmelshausen für Schule u. Haus bearb. (Buchausstattung v. E. R. Weiß.) (174 S.) (906) (Bd. 20.) Kart. 2. —; Liebhaberausg. 3. —
Marryat, Kapit., der Pirat. Seeabenteuer. Nach dem Engl. bearb. v. Wilh. Spohr. Für Knaben u. Mädchen vom 13. Jahre an. (Buchausstattung v. E. R. Weiß.) (161 S.) (906.) (Bd. 26.) Kart. 2. —; Liebhaberausg. 3. —

Mörike, Eduard, ausgewählte Gedichte. Hrsg. v. der Freien Lehrervereinigg. f. Kunstpflege zu Berlin. Für Knaben u. Mädchen vom 13. Jahre an. (Buchausstattung v. E. R. Weiß.) (63 S.) (900.) (Bd. 24.) Kart. 1. —; Liebhaberausg. 2. —

— das Stuttgarter Hutzelmännlein. Märchen. Hrsg. v. der freien Lehrervereinigg f. Kunstpflege zu Berlin. Für Knaben u. Mädchen vom 13. Jahre an. (Buchausstattung v. E. R. Weiß.) (99 S.) (906.) (Bd. 25.) Kart. 1. —; Liebhaberausg. 2. —

Musäus, J. K. A., Volksmärchen der Deutschen. Für die Jugend durchgesehen u. hrsg. v. H. Schaffstein. Für Knaben u. Mädchen vom 10. Jahre an. (Buchausstattung v. E. R. Weiß.) 1. Tl. Legenden v. Rübezahl. (86 S.) (905.) (Bd. 9.) Kart. 1. —; Liebhaberausg. 2. —

— dasselbe. 2. u. 3. Tl. (100 u. 91 S.) (905.) (Bd. 10. 11.) à 1. —; Liebhaberausg. à 2. —

Schaffstein, Herm., ein kurzweilig Buch v. Till Eulenspiegel, geboren im Lande Braunschweig. Was er f. seltsame Streiche betrieben in seinen Tagen, lustig zu lesen. Aus dem niedersächs. Urtext ausgewählt u. neu übers. Für Knaben u. Mädchen vom 9. Jahre an. (Buchausstattung v. E. R. Weiß.) (86 S.) (904.) (Bd. 5.) 1. —; Liebhaberausg. 1. 50; erh. Pr. 2. —

Schwab, Gust., die Schildbürger, f. Jung u. Alt wiedererzählt. Für Knaben u. Mädchen vom 10. Jahre an. (Buchausstattung v. E. R. Weiß.) (50 S.) (901.) (Bd. 12.) 1. —; Liebhaberausg. 2. —

Spohr, Wilh., die schönsten Märchen aus 1001 Nacht. Nach Weils Uebersetzg. aus dem Urtext f. die Jugend ausgewählt u. bearb. Für Knaben u. Mädchen vom 12. Jahre an. (Buchausstattung v. E. R. Weiß.) 1.—4. Bd. (127, 126, 128 u. 119 S.) (904. 905.) (Bd. 3 u. 6—8.) à 1. —; Liebhaberausg. à 2. —

Stevenson, Rob. Louis, die Schatzinsel. Aus dem Engl. übertr. von Sophie v. Harbou. Für Knaben u. Mädchen vom 12. Jahre an. (Buchausstattung v. E. R. Weiß.) (176 S.) (906.) (Bd. 27.) Kart. 2. —; Liebhaberausg. 3. —

Swift, Jonath., Gullivers Reisen nach Lilliput u. Brobdingnag. Nach Fr. Kottenkamps Uebersetzg. aus dem Engl. durchgesehen u. ausgewählt v. H. Schaffstein. Für Knaben u. Mädchen vom 12. Jahre an. (Buchausstattung v. E. R. Weiß.) (121 S.) (904.) (Bd. 4.) 1. —; Liebhaberausg. 1. 50; erh. Pr. 2. —

Weber, Emil, neue Märchen f. die Jugend. Ausgewählt aus den Werken neuerer deutscher Dichter u. hrsg. Für Knaben u. Mädchen vom 10. Jahre an. 2. Aufl. (Buchausstattung v. E. R. Weiß.) (94 S.) (904.) (Bd. 2.) 1. —; Liebhaberausg. 1. 50; erh. Pr. 2. —

— Volksbücher. 1.3.—17.19.20.u.31.—81.Bd.8. Ebd.

Andersen, Hans Christian, Märchen u. Geschichten. Ausgewählt v. H. Weitkamp. 2. Aufl. Für Knaben u. Mädchen vom 11. Jahre an. (253 S.) (907.) (Bd. 17.) 2.30; geb. 2.50; in Leinw. 2.80; in Halbperg. 3. —

Aurbacher, Ludw., Abenteuer der sieben Schwaben. Abenteuer des Spiegelschwaben. Ein Volksbuch. Unveränderte Orig.-Ausg. (96 S.) (909.) (Bd. 71.) —90; geb. 1.—; in Leinw. 1.30; in Halbperg. 1. 50

Behr, Otto, Georg Kresse, der Bauern-General. Eine Geschichte aus dem 30jähr. Kriege. Nach alten Akten und Überlieferg. erzählt. 2. Aufl. (81 S. m. 1 Abbildg.) (910.) (Bd. 77.) —90; geb. 1.—; in Leinw. 1.30; in Halbperg. 1. 50

Biernatzki, J. C., die Schiffbrüchigen auf der Hallig. Bearb. v. Wilh. Lobsien. (81 S.) (910.) (Bd. 79.) 1.20; geb. 1.30; in Leinw. 1.60; in Halbperg. 1. 80

Brentano, Clem., Gockel, Hinkel u. Gackeleia. Märchen. Für Knaben u. Mädchen vom 13. Jahre an. (Buchschmuck v. E. R. Weiß.) (93 S.) (907.) (Bd. 41.) 1.40; geb. 1.50; in Leinw. 1.80; in Halbperg. 2. —

Bürger, Gottfr. Aug., des Freiherrn v. Münchhausen wunderbare Reisen u. Abenteuer zu Wasser u. zu Lande, wie er dieselben bei e. Flasche im Zirkel seiner Freunde selbst zu erzählen pflegte. Deutsch v. B. 2. Aufl. Für die reifere Jugend neu hrsg. (78 S.) (907.) (Bd. 16.) 1.20; geb. 1.30; in Leinw. 1.60; in Halbperg. 1. 80

Burnett, Frances Hodgson, der kleine Lord. Autoris. Übersetzg. aus dem Engl. v. Emmy Becher. Für Knaben u. Mädchen vom 12. Jahre an. (Buchausstattung v. E. R. Weiß.) (141 S.) (907.) (Bd. 35.) 1.40; geb. 1.50; in Leinw. 1.80; in Halbperg. 2. —

Caspari, K. H., der Schulmeister u. sein Sohn. Eine Erzählg. aus dem 30jähr. Kriege. Für die Jugend vom 13. Jahre an bearb. v. J. Baß. (127 S.) (907.) (Bd. 61.) 1.40; geb. 1.50; in Leinw. 1.80; in Halbperg. 2.

Cervantes, Miguel de, Leben u. Taten des scharfsinnigen Edlen Don Quijote v. La Mancha. 2. Aufl. Nach der Tieckschen Übersetzg. f. Schule u. Haus bearb. v. Guido Höller. (277 S.) (907.) (Bd. 1.) 2.30; geb. 2.50; in Leinw. 2.80; in Halbperg. 3. —

Cooper, James Fenimore, der rote Freibeuter. Für die reifere Jugend bearb. v. Wilh. Spohr. (382 S.) (908.) (Bd. 57.) 2.70; geb. 3.—; in Leinw. 3.30; in Halbperg. 3. 50

— Lederstrumpferzählungen. 1. Tl. Der Wildtöter. 2. Aufl. Für die reifere Jugend bearb. v. Wilh. Spohr. (375 S.) (907.) (Bd. 13.) 2.70; geb. 3.—; in Leinw. 3.30; in Halbperg. 3. 50

— dasselbe. 2. Tl. Der letzte Mohikan. 2. Aufl. Für die reifere Jugend bearb. v. Wilh. Spohr. (268 S.) (907.) (Bd. 14.) 2.70; geb. 3.—; in Leinw. 3.30; in Halbperg. 3. 50

— dasselbe. 3. Tl. Der Pfadfinder. 2.—4. Tausd. (315 S.) (907.) (Bd. 15.) 2.70; geb. 3.—; in Leinw. 3.30; in Halbperg. 3. 50

— dasselbe. 4. Tl. Die Ansiedler. Für die reifere Jugend bearb. v. Wilh. Spohr. (Buchausstattung v. E. R. Weiß.) (333 S.) (907.) (Bd. 33.) 2.70; geb. 3.—; in Leinw. 3.30; in Halbperg. 3. 50

— dasselbe. 5. Tl. Die Prärie. Für die reifere Jugend bearb. v. Wilh. Spohr. (323 S.) (907.) (Bd. 34.) 2.70; geb. 3.—; in Leinw. 3.30; in Halbperg. 3. 50

Dehmel, Paula, das grüne Haus. Märchen, Geschichten u. e. Neujahrsspiel. Für Knaben u. Mädchen vom 7. Jahre an. (82 S.) (907.) (Bd. 65.) 1.40; geb. 1.50; in Leinw. 1.80; in Halbperg. 2. —

Droste-Hülshoff, Annette Freiin v., die Judenbuche. Ein Sittengemälde aus dem gebirgigten Westfalen. Für d. reifere Jugend neu hrsg. (Buchausstattung v. E. R. Weiß.) (57 S.) (907.) (Bd. 40.) 1.20; geb. 1.30; in Leinw. 1.60; in Halbperg. 1. 80

Fischer, Wilh., d. Licht im Elendhause, s.: Treue in der Not.

Fouqué, Frdr. Baron de la Motte, Undine. Eine Erzählg. Für Knaben u. Mädchen vom 13. Jahre an. (Buchschmuck v. E. R. Weiß.) (85 S.) (907.) (Bd. 38.) 1.20; geb. 1.30; in Leinw. 1.60; in Halbperg. 1. 80

Gerstäcker, Frdr., Geschichten aus der wilden Welt. 1. Tl. In den Pampas. Eine Erzählg. aus der wilden Welt. Für Knaben u. Mädchen vom 13. Jahre an. (83 S.) (907.) (Bd. 52.) 1.20; geb. 1.30; in Leinw. 1.60; in Halbperg. 1. 80

— Seefahrergeschichten. 2. Tl. Das Wrack. Die Dschunke. Zwei Seefahrergeschichten. Für Knaben u. Mädchen vom 12. Jahre an. (Buchschmuck v. E. R. Weiß.) (87 S.) (907.) (Bd. 43.) 1.20; geb. 1.30; in Leinw. 1.60; in Halbperg. 1. 80

— dasselbe. 3. Tl. Klabautermann! 2 Seefahrergeschichten. Für Knaben u. Mädchen vom 13. Jahre an. (73 S.) (907.) (Bd. 54.) 1.20; geb. 1.30; in Leinw. 1.60; in Halbperg. 1. 80

— Ludw. Tieck u. Jul. Mosen, was die Einsamkeit raunt. Märchen. Für die reifere Jugend hrsg. v. W. Spohr. (Buchausstattung v. E. R. Weiß.) (72 S.) (907.) (Bd. 36.) 1.20; geb. 1.30; in Leinw. 1.60; in Halbperg. 1. 80

Gotthelf, Jerem., Kurt v. Koppigen. Eine Erzählg. aus dem 13. Jahrh. Für die reifere Jugend hrsg. v. W. Spohr. (Buchschmuck v. E. R. Weiß.) (107 S.) (907.) (Bd. 37.) 1.40; geb. 1.50; in Leinw. 1.80; in Halbperg. 2. —

— dasselbe. 3.—5. Taus. Mit (4) farb. Bildern v. Hans Wildermann. Für die reifere Jugend hrsg. v. W. Spohr. (107 S.) (907.) (Bd. 37.) Geb. 2. —

Grillparzer, Frz., u. Adalb. Stifter, Geschichten aus der Wienerstadt. Für die reifere Jugend neu hrsg. (Buchausstattg. v. E. R. Weiß.) (72 S.) (907.) (Bd. 39.) 1.20; geb. 1.30; in Leinw. 1.60; in Halbperg. 1. 80

Grimm, Brüder, Kinder- u. Hausmärchen. 3.—5. Taus. Eine Auswahl v. 51 Märchen. (208 S.) (907.) (Bd. 19.) 1.80; geb. 2.—; in Leinw. 2.30; in Halbperg. 2. 50

— dasselbe. 3.—5. Taus. Mit (6) farb. Bildern v. Luise Kumpa. Eine Auswahl v. 51 Märchen. (208 S.) (907.) (Bd. 19.) Geb. 3. —

Hauff, Wilh., Lichtenstein. Eine romant. Sage. Für Jugend u. Volk neu hrsg. (320 S.) (907.) (Bd. 53.) 2.70; geb. 3.—; in Leinw. 3.30; in Halbperg. 3. 50

— Märchen. 2. Tl. Der Scheik v. Alessandria u. seine Sklaven. Für Knaben u. Mädchen vom 10. Jahre an. (Buchausstattg. v. E. R. Weiß.) (80 S.) (907.) (Bd. 31.) 1.40; geb. 1.50; in Leinw. 1.80; in Halbperg. 2. —

— dasselbe. 3. u. letzter Tl. Das Wirtshaus im Spessart. Für Knaben u. Mädchen vom 10. Jahre an. (Buchausstattung v. E. R. Weiß.) (180 S.) (907.) (Bd. 32.) 1.40; geb. 1.50; in Leinw. 1.80; in Halbperg. 2. —

Henningsen, Nicol., Parzival. Getreu nach Wolfram v. Eschenbach erzählt. Für Knaben u. Mädchen vom 13. Jahre an erzählt. (146 S.) (907.) (Bd. 64.) 1.80; geb. 2.—; in Leinw. 2.30; in Halbperg. 2. 50

Höller, Guido, von losen u. einfältigen Leuten. Kurzweilige Geschichten aus deutscher Vergangenheit. Nach alten Quellen erzählt. Für die Jugend vom 12. Jahre an. (Buchschmuck v. E. R. Weiß.) (86 S.) (908.) (Bd. 66.) 1.40; geb. 1.50; in Leinw. 1.80; in Halbperg. 2. —

Höller, Guido, der abenteuerliche Simplicissimus. D. i. die Beschreibg. d. Lebens e. seltsamen Vaganten, genannt Melchior Sternfeld v. Fuchsheim, wo u. welcher Gestalt er nämlich in diese Welt gekommen, was er darin gesehen, gelernt, erfahren u. ausgestanden, auch warum er solche wieder freiwillig quittiert. Ueberaus lustig u. männiglich nützlich zu lesen. Mit (6) farb. Bildern v. Hans Wildermann. Nach Hans Jak. Christoffel v. Grimmelshausen f. Schule u. Haus bearb. (174 S.) (907.) (Bd. 20.) Geb. 3. —

Hummel, Jak., um Kreuz u. Krone. (Buchschmuck v. E. R. Weiß.) (257 S.) (909.) (Bd. 76.) 2.30; geb. 2.50; in Leinw. 2.80; in Halbperg. 3. —

Kleist, Heinr. v., Michael Kohlhaas. Erzählung. Für d. reif. Jugend hrsg. v. J. Baß. (108 S.) (907.) (Bd. 56.) 1.40; geb. 1.50; in Leinw. 1.80; in Halbperg. 2. —

Lichtenberger, Frz., allerlei vom Leben der Pflanzen. Für Knaben u. Mädchen vom 10. Jahre an. (111 S.) (907.) (Bd. 59.) 1.40; geb. 1.50; in Leinw. 1.80; in Halbperg. 2. —

— dasselbe. 2. Bd. Für Knaben u. Mädchen vom 10. Jahre an. (110 S.) (908.) (Bd. 70.) 1.40; geb. 1.50; in Leinw. 1.80; in Halbperg. 2. —

Maistre, Xavier de, die junge Sibirierin. Deutsch v. Marie Beßmertny. Für Knaben u. Mädchen vom 12. Jahre an. (72 S.) 907. (Bd. 55.) 1.40; geb. 1.50; in Leinw. 1.80; in Halbperg. 2. —

Marryat, Newton Forsters Seeabenteuer. Für die reifere Jugend bearb. v. Wilh. Spohr. (94 S.) (907.) (Bd. 51.) 1.40; geb. 1.50; in Leinw. 1.80; in Halbperg. 2. —

— Der fliegende Holländer. Für die reifere Jugend bearb. v. Wilh. Spohr. (292 S.) (908.) (Bd. 58.) 2.70; geb. 3.—; in Leinw. 3.30; in Halbperg. 3. 50

Mörike, Eduard, Mozart auf der Reise nach Prag. Hrsg. v. der freien Lehrervereinigg. f. Kunstpflege zu Berlin. Für Knaben u. Mädchen vom 13. Jahre an. (68 S.) (908.) (Bd. 67.) 1.20; geb. 1.30; in Leinw. 1.60; in Halbperg. 1.80

Mügge, Thdr., der Retter, s.: Treue in der Not.

— Der Vogt v. Sylt. Erzählung. Für Jugend u. Volk neu hrsg. (240 S.) (907.) (Bd. 60.) 2.70; geb. 3.—; in Leinw. 3.30; in Halbperg. 3.50

— Edg. Allan Poe, Heinr. Smidt, denn die Elemente hassen... 3 Seegeschichten. Hrsg. v. Wilh. Spohr. (79 S.) (910.) (Bd. 78.) —90; geb. 1.—; in Leinw. 1.30; in Halbperg. 1.50

Musäus, J. K. A., Volksmärchen der Deutschen. Für die Jugend durchgesehen u. hrsg. v. H. Schaffstein. 2. Aufl. Für Knaben u. Mädchen vom 10. Jahre an. 1. Tl. Legenden v. Rübezahl. (86 S.) (907.) (Bd. 9.) 1.20; geb. 1.30; in Leinw. 1.60; in Halbperg. 1.80

— dasselbe. 5.—9. Taus. Mit (4) farb. Bildern v. Hans Wildermann. Für Knaben u. Mädchen vom 10. Jahre an. (86 S.) (907.) (Bd. 9.) Geb. 2.—

— dasselbe. 2. u. 3. Tl. 2. Aufl. (78 u. 114 S.) (907.) (Bd. 10. 11.) à 1.20; geb. 1.30; in Leinw. 1.60; in Halbperg. 1.80

Nettelbeck, Joachim, Bürger zu Kolberg. Eine Lebensbeschreibg., v. ihm selbst aufgezeichnet. Für die reifere Jugend neu hrsg. (414 S. m. 1 eingedr. Karte.) (907.) (Bd. 63.) 2.70; geb. 3.—; in Leinw. 3.30; in Halbperg. 3.50

Reineke, der Fuchs, e. Sage aus dem Königreich der Tiere. Nach der niederdeutschen Ausg. v. 1498 übertr. durch Severin Rüttgers. (161 S.) (909.) (Bd. 75.) 1.70; geb. 1.80; in Leinw. 2.10; in Halbperg. 2.30

Rüttgers, Severin, eine schreckliche Geschichte v. Robert dem Teufel, Herzog v. der Normandie, u. wie er sich nachmals bekehrte u. e. Mann Gottes wurde. Nach der Marbachschen Übersetzg. erzählt f. Kinder vom 11. Jahre an. (62 S.) (908.) (Bd. 69.) 1.20; geb. 1.30; in Leinw. 1.60; in Halbperg. 1.80

— Drei Legenden aus den deutschen Volksbüchern v. den unschuldig bedrängten Frauen Genovefa, Hirlanda u. Griseldis. Für das Haus u. die reifere Jugend neu hrsg. (118 S.) (907.) (Bd. 47.) 1.40; geb. 1.50; in Leinw. 1.80; in Halbperg. 2.—

Schaffstein, Herm., ein kurzweilig Buch v. Till Eulenspiegel, geboren im Lande Braunschweig. Was er für seltsame Streiche betrieben in seinen Tagen, lustig zu lesen. 2. Aufl. Aus dem niedersächs. Urtext ausgewählt u. neu übers. (87 S.) (907.) (Bd. 3.) 1.20; geb. 1.30; in Leinw. 1.60; in Halbperg. 1.80

Schwab, Gust., eine schöne u. lustige Historie v. den vier Haimonskindern u. ihrem Roß Baiart, was sie f. ritterl. Taten zu Zeiten Karls des Großen begangen haben. Aus den deutschen Volksbüchern, f. jung u. alt wiedererzählt, neu hrsg. v. Severin Rüttgers. (149 S.) 907. (Bd. 45.) 1.80; geb. 2.—; in Leinw. 2.30; in Halbperg. 2.50

— Die schönsten Sagen des klassischen Altertums nach seinen Dichtern u. Erzählern. In 3 Bdn. neu hrsg., verb. u. verm. v. Nicol. Henningsen. Buchschmuck v. E. R. Weiß. (266, 265 u. 287 S.) (909.) (Bd. 72—74.) à 1.80; geb. 2.—; in Leinw. 2.30; in Halbperg. 2.50

— Die Schildbürger, f. Jung u. Alt wiedererzählt. 2. Aufl. Für Knaben u. Mädchen vom 10. Jahre an. (50 S.) (907.) (Bd. 12.) —90; geb. 1.—; in Leinw. 1.30; in Halbperg. 1.50

— dasselbe. 5.—9. Taus. Mit (4) farb. Bildern v. Hans Wildermann. Für Knaben u. Mädchen vom 10. Jahre an. (50 S.) (907.) (Bd. 12.) Geb. 2.—

Sealsfield, Charles (Karl Postl), mit Lasso u. Kriegsflinte durch Texas. Nach des Autors „Kajütenbuch" f. die Jugend vom 13. Jahre an bearb. v. Wilh. Spohr. (133 S.) (907.) (Bd. 50.) 1.70; geb. 1.80; in Leinw. 2.10; in Halbperg. 2.30

Simrock, Karl, wunderbare Geschichte v. d. edeln u. schönen Melusina, welche e. Tochter des Königs Helmas u. e. Meerwunder gewesen ist. Nach den deutschen Volksbüchern gesammelt und in ihrer ursprüngl. Echtheit wiederhergestellt. Für Kinder vom 13. Jahre an hrsg. von Severin Rüttgers. (100 S.) (907.) (Bd. 48.) 1.40; geb. 1.50; in Leinw. 1.80; in Halbperg. 2.—

Simrock, Karl, zwei Heldensagen. Aus d. deutsch. Volksbüchern gesamm. u. in ihrer ursprüngl. Echtheit wiederhergestellt. Neu hrsg. von Severin Rüttgers. Eine wunderschöne Historie von d. gehörnten Siegfried / was wunderl. Abenteuer dieser teuere Ritter ausgestanden, sehr denkwürdig u. m. Lust zu lesen. — Eine wahrhaftige Historie von dem Wigoleis vom Rade / der e. Ritter aus der hochgerühmten Tafelrunde des edelen Königs Artus v. Britanien gewesen. (113 S.) (910.) (Bd. 80.) 1.20; geb. 1.30; in Leinw. 1.60; in Halbperg. 1.80

— Historia v. Dr. Johann Faustus, d. weitbeschreiten Zauberer u. Schwarzkünstler, wie er sich dem Teufel auf e. benannte Zeit verschrieben, was er inzwischen für seltsame Abenteuer gesehen, selbst angerichtet u. getrieben, bis er endlich seinen wohlverdienten Lohn empfangen. Aus den deutschen Volksbüchern gesammelt u. in ihrer ursprüngl. Echtheit wieder hergestellt. Für das Haus u. die reifere Jugend hrsg. von Severin Rüttgers. (130 S.) (908.) (Bd. 62.) 1.70; geb. 1.80; in Leinw. 2.10; in Halbperg. 2.30

— Eine lesenswürdige Historie vom Herzog Ernst in Bayern u. Österreich, wie er durch wunderl. Unfälle sich auf gefährl. Reise begeben, jedoch endlich vom Kaiser Otto, der ihm nach dem Leben gestanden, wiederum begnadigt worden. Nach den deutschen Volksbüchern gesammelt u. in ihrer ursprüngl. Echtheit wiederhergestellt. Für Knaben u. Mädchen v. 10. Jahre an, neu hrsg. durch Severin Rüttgers. (69 S.) 907. (Bd. 46.) 1.20; geb. 1.30; in Leinw. 1.60; in Halbperg. 1.80

— Zwei Kindergeschichten. Aus den deutschen Volksbüchern gesammelt u. in ihrer ursprünglichen Echtheit wiederhergestellt. Neu hrsg. v. Severin Rüttgers. Der arme Heinrich, e. schwäb. Geschichte aus alter Zeit / sehr lieblich u. rührend zu lesen. — Die wahrhaftige Historie v. Flos u. Blankflos / welche nach langer Trenng. u. hartem Leid doch zuletzt vereinigt u. ehelich verbunden wurden / sehr lustig u. vergnüglich zu lesen. (61 S.) (910.) (Bd. 81.) —90; geb. 1.—; in Leinw. 1.30; in Halbperg. 1.50

— Ein kurzweilig Lesen von Fortunatus m. seinem Seckel u. Wunschhütlein, wie er sie bekommen u. wie ihm u. seinen Söhnen damit ergangen. Aus den deutschen Volksbüchern gesammelt und in ihrer ursprüngl. Echtheit wiederhergestellt. Für die reifere Jugend hrsg. v. Severin Rüttgers. (141 S.) (907.) (Bd. 49.) 1.80; geb. 2.—; in Leinw. 2.30; in Halbperg. 2.50

— Die schöne Magelona. Eine sehr lust. u. kurzweil. Historie v. der schönen Magelona, e. Königs Tochter v. Neapel, und e. Ritter, genannt Peter mit den silbernen Schlüsseln, eines Grafen Sohn aus Provinzia. Nach d. deutschen Volksbüchern gesammelt u. in ihrer ursprüngl. Echtheit wiederhergestellt v. S.; für die reifere Jugend neu hrsg. durch Severin Rüttgers. (52 S.) (908.) (Bd. 68.) 1.20; geb. 1.30; in Leinw. 1.60; in Halbperg. 1.80

Spohr, Wilh., die schönsten Märchen aus 1001 Nacht. Nach Weils Uebersetzg. aus dem Urtext f. die Jugend ausgewählt u. bearb. 1.—3. Bd. 3.—5. Taus. Für Knaben u. Mädchen vom 12. Jahre an. (127, 126 u. 128 S.) (907.) (Bd. 5—7.) à 1.40; geb. 1.50; in Leinw. 1.80; in Halbperg. 2.—

— dasselbe. 4. Bd. 2. Aufl. (119 S.) (907.) (Bd. 8.) 1.40; geb. 1.50; in Leinw. 1.80; in Halbperg. 2.—

Swift, Jonath., Gullivers Reisen nach Lilliput u. Brobdingnag. Nach Fr. Kottenkamps Übersetzg. aus dem Engl. durchgesehen u. ausgewählt von H. Schaffstein. 4.—8. Taus. Für Knaben u. Mädchen vom 12. Jahre an. (121 S.) (907.) (Bd. 4.) 1.40; geb. 1.50; in Leinw. 1.80; in Halbperg. 2.—

Treue in der Not. 2 Erzähl. Fischer, Wilh., das Licht im Elendhause. — Mügge, Thdr., der Retter. Für Knaben u. Mädchen vom 12. Jahre an ausgewählt von Wilh. Kotzde. (Buchausstattung von E. R. Weiß.) (115 S.) (907.) (Bd. 42.) 1.40; geb. 1.50; in Leinw. 1.80; in Halbperg. 2.—

Wundergeschichten, zwei, aus den deutschen Volksbüchern. Durchgesehen v. Severin Rüttgers, für Knaben u. Mädchen vom 12. Jahre an: Eine schöne Historie von dem Zauberer Virgilius, seinem Leben u. Tod u. d. wunderbaren Dingen, die er durch seine schwarze Kunst m. Hilfe des Teufels vollbrachte. Sehr lustig u. vergnüglich zu lesen. Nach d. dtschn. Volksbüchern gesammelt u. in ihrer ursprünglichen Echtheit wieder hergestellt v. Carl Simrock. — Historie, eine lesenswürdige, von dem unschätzbaren Schlosse in der afrikanischen Höhle Xa-Xa. Nach den deutschen Volksbüchern für Jung u. Alt wieder erzählt v. Gust. Schwab. (95 S.) (907.) (Bd. 44.) 1.40; geb. 1.50; in Leinw. 1.80; in Halbperg. 2.—

Schaffstein, Herm., ein kurzweilig Buch von Till Eulenspiegel, s. a. Schaffstein's Volksbücher.

Schaffstein, Herm., ein kurzweilig Buch v. Till Eulenspiegel, geboren im Lande Braunschweig. Was er f. seltsame Streiche betrieben in seinen Tagen. Lustig zu lesen. Mit 39 Illustr. v. J. H. Ramberg. Aus dem niedersächs. Urtext ausgewählt u. neu übers. (114 S.) 8. Köln (906). H. & F. Schaffstein. Kart. n. 2.50

— der kleine Nimmersatt. Ein Bilderbuch m. Märchen, Geschichten u. lust. Schwänken f. Mädchen u. Buben im Alter v. 7 bis 10 Jahren. (47 S. m. z. Tl. farb. Abbildgn. u. 1 farb. Taf.) 4. Ebd. (906). Kart. n. 2.—

— s.: Ruprecht, Knecht.

Schafft uns billige Kohlen! Von D. S. Wien 1863. V: *Spitzer, Daniel.* (ADB 36, 785)

Schafft, Arnold: Ueber Isomerie und Structurtheorie, mit Ruecksicht auf die Bildung und Berechnung der Isomeriefaelle. Halle 1874: Gebauer-Schwetschke 70 S. 8°
Halle-Wittenberg, Phil. Diss. v. 8. Aug. 1874
Geb. Aschersleben 26. 6. 1848. V.

Schafft, Arnold Chemische Übersichtstafeln 16 S. 8. Rg. Gera 1881.
Vgl. des Verf. Übersichtstafeln zum Unterricht in der anorganischen Chemie und Mineralogie. Für die Schule und das erste Studium Bielefeld 1886, Velhagen u. Klasing. 2 Mk 60 Pf.
Progr.

Schafft, Arnold, Übersichtstafeln zum Unterricht in der anorganischen Chemie u. Mineralogie. Für die Schule u. das erste Studium. gr. 8. (VIII, 100 z. Tl. color. S.) Bielefeld 886. Velhagen & Klasing. cart. n. 2.60

Schafft, Arnold, über das Vorhersagen von Naturerscheinungen, s.a. Sammlung gemeinverständlicher wissenschaftlicher Vorträge.

Schaift A, über das Vorhersagen der Naturerscheinungen. (Sammlung gemeinverständlicher wissenschaftlicher Vortrage Neue Folge I, 1) Berlin 1886

SCHAFFT, Otto (Breitenau): Ein Fall von congenitaler Atresie des Oesophagus.- München: Mühlthaler 1901. 18 S.
17.12.1901 - Chr 1901/02,24; Jv 1901/02,278 (Prom.-Datum: 1902)
Diss. Ingolst.-Landsh.-Mchn.

SCHAFFT, Reinhard (Breitenau): Ein Beitrag zur Casuistik der Oesophagus-Perforation.- München: Wolf 1902. 20 S.
22.7.1902 - Chr 1902/03,23; Jv 1902/03,315
Diss.Ingolst.-Landsh.-Mchn

Schaffter, Albert, die ächte Lage des heiligen Grabes. Eine historisch-archäolog. Untersuchung, der philosoph. Facultät der Berner-Hochschule zu Erlangung der Doctorwürde vorgelegt. gr. 8. (95 S. und 1 lithogr. Karte.) Bern 819, (Dalp'sche Buchh.) *

Schaffter, A[ugust] F . Le tison arraché du feu: ou Histoire véritable de la conversion et de la mort de David François Fête, exécuté à Courtelary .. le 2 décembre 1835. 2e éd. 8. Berne 1836.

Schaffter, P. P.

Schaffter, Histoire de la Mission du Tinnévelly. 8. (9⅛ B.) Bâle 844, (libr. Bahnmaier.) *

Schafgotsch, Graf v., Abhdl. üb. d. Berechn. d. Ephemeriden, m. K. 4. Dresden, Walther. 788.

v. Schafgotsch, Ritter Hyneck, oder Heldenmuth und Edelsinn. Eine Erzählung aus den Zeiten Kaiser Karl V., Königs von Böhmen. 2 Thle. 8. Meißen 836. Klinkicht u. Sohn. 1¾ ℔

Schafhaeutl, Carl Emil v. [Nekrolog], s. Böhm, Ludw.

Schafhäutl, C., s. Schafhäutl, Karl Emil von

Schafhäutl, Carl, s. Schafhäutl, Karl Emil von

Schafhäutl, Carl Emil von, s. Schafhäutl, Karl Emil von

Schafhäutl, Karl Emil von

Schafhäutl, (C.), Abbildung und Beschreibung des Universal-Vibrations-Photometers. Aus d. Abhdlgn. d. k. bayer. Akad. d. W. München 854. Franz. gr. 4. (33 S. u. 4 lith. Taf.) n. 11¼ ngr.

Schafhäutl, K. E. Beiträge zur näheren Kenntniss der bayerischen Gebirge. 1861-65

Schafhäutl, K. E. Beiträge zur näheren Kenntniss der Bayerischen Voralpen. 1846? Nicht complet

Schafhäutl, der aechte gregorianische Choral in seiner Entwickelung bis zur Kirchenmusik unserer Zeit. Ein Versuch zur Vermittelung in der Streitfrage: Welche ist die wahre katholische Kirchenmusik. Mit einer Notenbeilage (in qu. 4.). München 869. Lentner. gr. 8. (XXIX, 166 S.) 5 ngr.

Schafhäutl, der aechte gregorianische Choral in seiner Entwickelung bis zur Kirchenmusik unserer Zeit. Ein Versuch zur Vermittlung in der Streitfrage: Welche ist die wahre katholische Kirchenmusik. gr. 8. (XXIX, 166 S. mit 1 Notenbeilage in qu. 4.) München 869, Stahl.

Schafhäutl, Karl, die Geologie in ihrem Verhältnisse zu den übrigen Naturwissenschaften. Festrede für die Feier des Ludwigstages am 25. Aug. 1843, gelesen in der öffentl. Sitzung der k. Akademie d. Wissenschaften zu München. 4. München 843. (Franz.) n. ⅔ ℔

Schafhäutl, Carl. Musikalische Instrumente. (Bericht der Beurtheilungs-Commission bei der allgemeinen deutschen Industrie-Ausstellung zu München 1854.) München (1854).

Schafhäutl (K. Emil), Süd-Bayerns Lethaea geognostica. Der Kressenberg und die südlich von ihm gelegenen Hochalpen, geognostisch betrachtet in ihren Petrefacten. Text und Atlas von 100 Tafeln. Leipzig, London und Paris 1863. 4.

Schafhäutl, Karl Emil, Süd-Bayerns Lethaea geognostica. Der Kressenberg und die südlich von ihm gelegenen Hochalpen geognostisch betrachtet in ihren Petrefacten. Fol. (XVII und 487 S. mit 46 eingedr. Holzschn. nebst 1 Atlas von 2 lithogr. Karten und 98 Stnt. 1758 Orig.-Abbild.) Leipzig 863, Voss. geh. und in Mappe. *

Schafhäutl. Ueber den bei Schönenberg, Landgericht Burgau, gefallenen Meteorstein und sein Verhältniss zu den im mineralogischen Kabinete der Akademie der Wissenschaften befindlichen Aerolithen. (In den Münchner Gelehrten-Anzeigen.) München. 1847. 4.

Schafhäutl. Die Bessemer'sche Methode der Stahlbereitung. Abdruck. Wien. 1864.

— über Phonometrie, nebst Beschreibung eines zur Messung der Intensitat des Schalles erfundenen Instrumentes. Aus d. Abhdlgn. d. k. bayer. Akad. d. W. München 854. Franz. gr. 4. (27 S.) n. 11¼ ngr.

— die Pianofortebaukunst der Deutschen. Repräsentirt auf der allgemeinen deutschen Industrie-Ausstellung zu München im Jahre 1854. Aus dem Berichte der Beurtheilungs-Commission über die musikalischen Instrumente. München 855. Franz. Lex.-8. (41 S.) n. 5 ngr.

Schafhäutl, Karl Emil v., ein physiologisch-medizinisches Räthsel. Die Wassertrinkerin Jungfrau Marie Furtner aus Frasdorf in Oberbayern, welche 50 Jahre hindurch ausschließlich vom Wasser lebte. Wahrhafter Bericht nach gewissenhaften Beobachtungen, welche mit derselben im Krankenhaus zu München vorgenommen wurden. Mit Erlaubniß des Hrn. Verf. hrsg. gr. 8. (15 S. mit Portr., nach einer Photographie mittelst Autotypieverfahren hergestellt.) München 885, Wenger's Sortiment. *

—— Referat über musikalische Instrumente, s. Bericht der Beurtheilungs-Commission zu München.

Schafhäutl, K. E. v., e. Spaziergang durch die liturgische Musikgeschichte der katholischen Kirche. Trost u. Stärkg. f. alle Katholiken, die keine Cäcilianer sind. Mit 4 Notentaf. u. 1 Titelbilde. Fortsetzg. u. Erweiterg. seiner Schrift: „Der ächte Gregorianische Choral. 1869". 8. (XVI, 126 S.) München 887. Lindauer. n. 2 50

Schafhäutl, Dr., Geognost. Untersuchung des südbayer. Alpengebirges. Mit 44 Steintfln., 1 Karte u. 2 Tabellen. München 1851. 8°.

Schafhäutl, s.a. Untersuchungen, geognost., der Bayer. Lande.

Schafhäutl, Geognostische Untersuchung der bayerischen Lande. Lieferung 1. Geognostische Untersuchung des südbayerischen Alpengebirges. Mit 44 Steintafeln und 1 Karte. München 1851. 8.

— Abt Georg Joseph Vogler. Sein Leben, Charakter u. musikal. System, seine Werke, seine Schule, Bildnisse etc. Mit 3 Porträts, Facsimilen u. Notenbeilagen. gr. 8. (XVI, 302 S.) Augsburg 888. Literar. Institut v. Dr. M. Huttler. n. 8.—

Ariana, Traum der Luft, und Hebräische Lieder von Adolf Schafheitlin. Berlin: Rosenbaum 1910. 181 S. 8°
(Schafheitlin: Gedichte eines Lebendig-Begrabenen. Gesamt-Ausg. T. 1.)

— s. Bodensee, Der, in Bildern.

Schafheitlin, Adf., Canzonero. Ein Büchlein der Lieder und Balladen. 12. (IV, 108 S.) Leipzig 882, Liebeskind. * 1 50

Ⓑ **Schafheitlin**, Adolf, Canzonero. 882. (KBL. 22.) Ladenpr. aufgeh.

Schafheitlin, Adf. Elisa. Das Leben e. Seele. Gedicht. 8. (III, 70 S.) Lpz. 891, W. Friedrich. * 1 —

Schafheitlin, Adf., lyrischer Erntegang. Männlichen Geistern gewidmet. gr. 8. (VIII, 197 S.) Berlin 901. S. Rosenbaum. n. 3. —

Ⓑ — Lyrischer Erntegang. 901. (KBL. 32.) Jetzt: Berlin, Ernst Hofmann & Co.

[F.] Frei — unfrei! Schausp. in 4 Akten v. Adolf Schafheitlin ... *Berlin: Rosenbaum & Hart 1897.* (70 S., 1 Bl.) 1 Bd 8. [97. 7850

Ⓑ — Frei — unfrei! 897. (KBL. 30.) Jetzt: Berlin, Ernst Hofmann & Co.

Gedichte von Adolf **Schafheitlin**. 2. verb. Aufl. Berlin: S. Rosenbaum 1899. (VIII, 208 S.) 8°

Ausgewählte Gedichte von Adolf **Schafheitlin**. Berlin: S. Rosenbaum 1905. (IV, 286 S.) 8°
= [Schafheitlin: Gedichte eines Lebendig-Begrabenen. T. 1.]

Ⓑ — Ausgewählte Gedichte. 905. (KBL. 84.) Jetzt: Berlin, Ernst Hofmann & Co.

Schafheitlin, Adf., Gedichte eines Lebendig-Begrabenen. Gesammt-Ausg. 1.—3. Tl. 8. Berlin, S. Rosenbaum. 7. —

1. Ariana, Traum der Luft und hebräische Lieder. (181 S.) 910. 2. —
2. Lazzaronesken, saturnische Phantasien, Oden und Anderes. (296 S.) 910. 2. 50
3. Der Pilger der Sophrosyne, die Zukunfts-Welt u. Anderes. (255 S.) 910. 2. 50

Ⓑ — Gedichte eines Lebendig-Begrabenen. 910. (KBL. 86.) Jetzt: Berlin, Ernst Hofmann & Co.

—— Letzte Gedichte. Nebst Anh.: Moderne Verehrer, Satire. 8. (VII, 352 S.) Berl. 892, Rosenbaum u. Hart. * 4 —

— der Geisterkampf u. neue hebräische Lieder. Nachtrag zu den „letzten Gedichten". gr. 8. (VII, 119 S.) Ebd. 894. n. 1. 50

Ginevra. Dramat. Gedicht in 3 Akten von Adolf Schafheitlin. *Zürich: J. Schabelitz 1903.* (88 S.) 8° [F.] [03. 13930 B

— Ginevra. Dramatisches Gedicht in 3 Akten. (89 S.) gr. 8. Zürich 903. [Verlags-Magazin.] Th. Schröter's Nachf. n. 2. —

— die Götterfarce. gr. 8. (24 S.) Ebd. 894. n. — 50

Die Götterfarce. Ein reichsdeutscher Fastnachtstraum. Von Adolf Schafheitlin. *Zürich: J. Schabelitz 1903.* (31 S.) 8° [F.] [03. 13577 B

Schafheitlin, Adolf. Die Götterfarce. Ein reichsdeutscher Fastnachtstraum. 32 S. 8. Zürich, Th. Schröter, 1903. [fr. —. 60]

Schafheitlin, Adolf. Die Götterfarce. Ein reichsdeutscher Fastnachtstraum. Literarischer Abschied von A' Sch'. 2., verbesserte Aufl. 32 S. 8. Zürich ⟨*und* Leipzig⟩, Th. Schröter, 1906. [fr. 1. —]

— Helios-Phantasien. Gedichte eines Lebendig-Begrabenen. 3. Tl. (III, 124 S.) gr. 8. Ebd. 908. 1. 50

Ⓑ — Helios-Phantasien. 908. (KBL. 86.) Jetzt: Berlin, Ernst Hofmann & Co.

Schafheitlin, Adolf. Johannes Hus. Ein Trauerspiel in fünf Akten. 104 S. 8. Berlin, S. Rosenbaum, 1902. [M. 2. —]

Ⓑ — Johannes Hus. 902. (KBL. 82.) Jetzt: Berlin, Ernst Hofmann & Co.

Schafheitlin, Adf., der große Ironiker u. sein Werk 1. u. 2. Tl. 8. Berlin, S. Rosenbaum. 4. 50

1. Träumereien zwischen Fels u. Meer. (V, 331 S.) 907. 2. —
2. Die Utopie. (VII, 223 S.) 909. 2. 50

Schafheitlin, Adf., Lazzaronesken. Neapolitaner Bilderbuch. Gedichte. 12. (V, 106 S.) Leipzig 890. Friedrich. cart. n. 1. 50

Lazzaronesken, Saturnische Phantasien, Oden und Anderes. Von Adof **Schafheitlin**. Berlin: Rosenbaum 1910. 295 S. 8°
(Schafheitlin: Gedichte eines Lebendig-Begrabenen. Gesammt-Ausg. T. 2.) [11. 466

— aus der Lazzaroniwelt. Neapolitaner Abenteuer u. andere Skizzen. gr. 8. (III, 99 S.) Ebd. 894. n. 1. 50

Ⓑ — Aus der Lazzaroniwelt. 894. (KBL. 28.) Jetzt: Berlin Ernst Hofmann & Co.

—— Mahomet. Religiöses Drama in 5 Akten. 8. (72 S.) Zür. 89?, Verlags-Magazin. * 1 —

—— Peregrin. Ein Berliner Gedicht. 2. verm. Aufl. 8. (224 S) Lpz. 889, W. Friedrich. * 4 —

[F.] Saturnische Phantasien. Gedichte v. Adolf Schafheitlin ... *Berlin: Rosenbaum & Hart 1896.* (3 Bl., 124 S.) 1 Bd 8. [97. 93

— saturnische Phantasien. Gedichte. 2. verb. u. verm. Aufl. gr. 8. (VIII, 156 S.) Ebd. 899. Kart. n. 2. —

Der Pilger der Sophrosyne. Von Adolf **Schafheitlin**. Berlin: S. Rosenbaum 1908. (210 S.) 8° [F.]
= **Schafheitlin**: Gedichte eines Lebendig-Begrabenen. T. 2. [08. 11670

Ⓑ — Der Pilger d. Sophrosyne. 908. (KBL. 80.) Jetzt: Berlin, Ernst Hofmann & Co.

Der Pilger der Sophrosyne, Die Zukunfts-Welt und Anderes. Von Adolf **Schafheitlin**. Berlin: Rosenbaum 1910. 252 S. 8°
(Schafheitlin: Gedichte eines Lebendig-Begrabenen. Gesammt-Ausg. T. 3.) [11. 466

— König Rolaf, der Auferstandene. [Aus altschwed. Geschichte.] Modernes Schauspiel in 5 Akten. 8. (117 S.) Leipzig 891. W. Friedrich. n. 2.

—— Der Schwalbe nach. Lieder u. Gedichte. 8. (158 S.) [Wien 889, Konegen.] Lpz., W. Friedrich. cart. * 1 5)

So ward ich. Tagebuchblätter von Adolf Schafheitlin. Bd 1–3. *Berlin: S. Rosenbaum 1903.* 3 Bde 8° [F.] [03. 809

Ⓑ — So ward ich. 903. (KBL. 32.) Jetzt: Berlin, Ernst Hofmann & Co.

[F.] Die Titanen. E. Phantasie. (Nachtr. zu den 'Saturn. Phantasien') v. Adolf Schafheitlin ... *Berlin: Rosenbaum & Hart 1896.* (2 Bl., 59 S.) 1 Bd 8. [97. 63

— die Titanen. Eine Phantasie. 2., verb. Aufl. gr. 8. (III, 59 S.) Ebd. 902. n. 1. —

Ⓑ — Die Titanen. 902. (KBL. 82.) Jetzt: Berlin, Ernst Hofmann & Co.

Schafheitlin, Adf., Visionäre. Gedichte. 8. (VIII, 124 S.) Zürich 886. Verlags-Magazin. n. 1. 50

Schafheitlin, A., Visionäre. 8°. Zürich, Verlags-Magazin, 1887.

Das Zeitalter der Cyklopen. Dramat. Gedicht in 5 Akten von Adolf **Schafheitlin**. Berlin: Rosenbaum & Hart 1899. (118 S.) 8° [F.] [07. 6311

Schafheitlin, Adf., das Zeitalter der Cyklopen. Dramatische Dichtung in 3 Tln. (in 1 Bde). gr. 8. (268 S.) Berlin 900. S. Rosenbaum. n. 4. —

— dasselbe. 2., vollendete Ausg. gr. 8. (X, 344 S.) Ebd. 901. n. 5. —

Ⓑ – Das Zeitalter der Cyklopen. 899—901. (KBL. 82.) Jetzt: Berlin, Ernst Hofmann & Co.

Schafheitlin, Paul, synthetische Geometrie der Kegelschnitte. Für die Prima höh. Lehranstalten bearb. (VI, 96 S. m. 62 Fig.) gr. 8. Leipzig 907. B. G. Teubner. Geb. n. 1. 80

Schafheitlin, Paul [aus Berlin]: Ueber eine gewisse Klasse linearer Differential-Gleichungen ... Halle a. S. 1885: Druck v. Gebr. Unger in Berlin. 44 S. 4°
Halle, Phil. Fak., Inaug.-Diss. v. [5. Febr.] 1886

Schafheitlin, Paul, über eine gewisse Klasse linearer Differential-Gleichungen. Diss. Halle 1885, Lippertsche Buchh. 4°. 44 S.

Schafheitlin, Paul Über die Produkte der Lösungen homogener linearer Differentialgleichungen. 4 (29 S.)
Progr. Sophien-Rg. *Berlin* 1895 (99)

Schafheitlin, Paul, üb. d. Produkte d. Lösgn. homogener linearer Differentialgleichungen. Progr. gr. 4. (29 S.) Berlin 895. R. Gaertner. n. 1. —

Schafheitlin, Paul, Dr. Einige Sätze der elementaren Raumlehre. Mit 1 Taf. *Berlin: R. Gaertner 1901.* (19 S.) 4°
Berlin, Sophien-RG, OP 1901 (105)

Schafheitlin, Paul, einige Sätze der elementaren Raumlehre. Progr. 4. (19 S. m. 1 Taf.) Berlin 901. [R. Gaertner.] Weidmann. n. 1. —

Schafheitlin, Paul, d. Theorie d. Besselschen Funktionen, s. a. Schriften, mathematisch-physikalische, f. Ingenieure u. Studierende. 4.

Die Theorie der Besselschen Funktionen. Von Prof. Dr. Paul Schafheitlin, Oberl. Mit 1 Figurentaf. Leipzig & Berlin: B. G. Teubner 1908. (V, 129 S.) 8°
= Schriften, Mathemat.-Physikal., f. Ingenieure u. Studierende. 4. (08. 6682

Schafhirt, nur e., s. a. Zehnpfennig-Unterhaltungshefte f. National-Stenographen. Nr. 1.

Nur ein Schafhirt. Liegnitz: Verl. f. Nationalstenogr. 1902. (16 S.) 8°
[Umschlagt.]
= Zehnpfennig-Unterhaltungshefte f. National-Stenogr. No 1. (03 6552

Schafhitl, Melodien zum Rotweiler Gesang- u. Andachtsbuch. 1s—4s Heft in 3 Bdchn. 4. Rotweil, Herder. (à 14 gr.) 2 rf 8 gr.

Schafir, Bened., Schire-Bas-Iehuda. Lieder über die Verfolgg. der Juden in Russland u. den Antisemitismus in anderen Ländern, in der Mundart der Juden Galiziens m. hebr. Uebersetzg. gesungen. gr. 16. (64 S.) Krakau (883). (A. Faust.) — 40

Zehn Festreden für Handwerker- und Arbeitervereine. Dem Arbeiter-Bildungs-Verein zu Hildesheim als Jubiläumsausgabe gewidmet von F. Schäfke. Hildesheim: Gebr. Gerstenberg 1899. (41 S.) 8°

Schafkopf. Gründliche u. praktische Anleitung zu diesem besonders beliebten Kartenspiele, auf Grund reicher Erfahrg. systematisch zusammengestellt v. e. alten Spieler. 8. (15 S.) München (899). Dr. Wild'sche Buchdr. — 30

v. Schafkopf, Etatsrath, s. Frhrr. Ad. v. Knigge.

v. Schafkopf, ..., (A. F. F. L. v. Knigge,) hinterlass. Papiere, s. Ad. v. Knigge, Schriften, 10r Bd.

Schafkopf-Büchlein, das. Ausführl. Anleitg. (A. in Prosa u. B. in Poësie) zum Erlernen u. Verbessern d. „Schafkopfspieles“ m. deutschen Karten. 16. (32 S.) Amberg 895. (Regensburg, H. Bauhof.) n. — 30

Schafkopfspiel, das, s.: Miniatur-Bibliothek.

Schäfle, Matth., Über das religiös-mystische Einheitsprincip des Christentums. Versuch einer Theorie. Schaffhausen, Hurter (jetzt Regensburg. Verlagsanst.), 1857, VIII, 136 S., 2 Mk.

Schäflein, verlorene u. gerettete. (Skarnikat, Auguste, ein Rundgang durch d. Knaben-Waisenhaus in Marasch. — Kerigjan, Garabed, wie Bedros heimging.) (8 S. m. Abbildgn.) 14,5×22,5 cm. Frankfurt a/M. 908. Verlag Orient. — 05

Schäfler, Bened. Gro., s. *Cicero* Epistolae sel. Plinii, Manutii etc.

Schaefler, B. G., Virorum insignium Ciceronis, Plinii, Manutii et Mureti epistolae selectae. Aug. Vind. 777. 8.

— s. a. Samml. wohleinger. Briefe.

Schäfler, Be. G., Samml. wohleinger. Briefe für alle gewöhnl. Fälle. 8. Augsb. Rieger. 794.

— s. Sianda, Handbibel.

Schäfler, Franz Sales

— gründl. Andachtsübungen f. kathol. Christen. 8. Augsb. 790. Rieger. 12 gr.

Schäfler, Frz. Sales, lehrreiche Predigten auf alle Sonn- u. Festtage. 2 Bde. 8. Augsb. 796. 1 rf 12 gr. N. A. 2 Bde. 8. Augsb. 806. Doll. 1 rf 12 gr.

— s. Sendschreiben an Brentano.

Schäfler, Frz. Xav., der Rongesche Deutschkatholicismus oder der öffentliche Abfall von Gott, Christus u. Christenthum. Nachgewiesen u. dargestellt in 2 Predigten. [Mit Erläuterungsnoten im Druck.] 12. (48 S.) Augsburg 849, Herzog. (Regensburg, Manz.) 1/12 rf

— 4 zeitgemäße Predigten über „Freiheit, Fortschritt u. Aufklärung“ 8. (54 S.) Augsburg 848, Doll. (Regensburg, Manz.) 1/8 rf

—— die Weihe des Geistes in der Feier der heil. Zeiten und Feste. Gebet- und Betrachtungsbuch für kathol. Christen. I. Thl. (Vom Anfang des Advents bis auf das heil. Osterfest.) 12. (XXIV und 674 S. und 1 Stnt.) Augsburg 847, (Kollmannsche Buchh.) –

Schäfler, J., Communion-Andacht für Schulkinder. Auch für Erwachsene geeignet. 8. (16 S.) Stadtamhof 879. (Regensburg, Coppenrath.) — 30

Schaefler, J[akob]: Römische Herbsttage (1899). Reiseerinnerungen und Tagebuchblätter. 54 S. 8.
Progr. Kgl. Hum. Gymn. *Rosenheim* 1901.

Schäfler, J. Die sogenannten syntaktischen Gräcismen bei den augusteischen Dichtern. 95 S. 8. **Progr.** *Amberg* 1884.

Schäfler, J., die sogenannten syntaktischen Graecismen bei den augusteischen Dichtern. gr. 8. (95 S.) Amberg 884, E. Pohl's Verlag. * 1 60

Schäfler, **Jh. Nep., (✝ ...) ſ. *Cicero* de officiis.**

Schäfler, Joſ., ſ. Handlexikon der kathol. Theologie für Geiſtliche und Laien.

Schäller, Jos. Situationsplan und Total-Ansicht der Stadt Carlsbad vom rechten u. linken Tepl-Ufer. *Carlsbad.* Verl. der Gebr. ***Franieck.*** 1 Bl. H. 1′ 5″. Br. 1′ 11″. Ohne Angabe des Massst.
Die topogr. Momente dieses Planes sind perspektivisch eingezeichnet. Ackerland ist durch gelben Ton ersichtlich gemacht.

Schäfli. Dr. Alexander Schl' und sein Reise-Unternehmen *s.* (Mousson, Alb[ert]).

Schaflitzl, Carl, s. Schaflitzl, Karl

Schaflitzl, K., Aufſätze für die Mittelklaſſen der Volksſchulen, ſ.: Füßinger, B.

Schaflitzl, Karl

SCHAFLITZL, Carl (Sonthofen): De organis, iisque organismi partibus, quae medicamentis tum recipiendis, tum digerendis praecipue inserviunt, seu inservire possunt.- Monachii: Wolf 1840. 16 S.
24.7.1838 - Urk; F 64
Diss. Ingolst. - Landsh. - Mchn.

Schafott, s. Chavot.

Schafranow, S., Chreſtomathie zum Ueberſetzen aus dem Deutſchen in's Ruſſiſche, für die Lehranſtalten der Oſtſeeprovinzen. Herausg. u. mit Worterklärungen der ſchwierigſten Stellen verſehen. 2. revid. u. verm. Aufl. Reval 864. Kluge. gr. 8. (X, 443 S.) n. 1 ₰ 6 ngr.

Schafrepublik, die, und die Reaction. Ein poetiſch-humoriſt. Zerrbild der Zeit aus dem J. 1848. Zum Theil aus dem Lucifer abgedr. und mit einer Zugabe vervollſtändigt. 8. (32 S.) Gießen 851. (Siegen, Schulz.) *

Schafschur, Die, und die Bärenjagd auf dem Rieschberge in Kärnthen. Brünn 1811. V: *Enzenberg, Frz. Joseph Graf zum Freyen und Jöchelsthurm.* (GGr VI/682, Nr. 8/2) (Biblport)

Schafschwemme, keine, mehr! Belehrende Instruction über die Hétsey'sche Wollvliesswäsche nebst einigen Gutachten bewährter Schafzüchter u. Tuchfabrikanten über die Zweckmässigkeit des Verfahrens u. die Verwendbarkeit der Wolle in der Tuchfabrik u. Spinnerei. [Mit einer die Wascheinrichtung dieser Methode darstellenden Zeichnung (in Holzschn. in qu. 4.)]. Berlin 869. (Behr.) gr. 8. (29 S.) n. 15 ngr.

Schafshausen, **ſ. J. A. *Fabricius*,** bibliographia.

Schafskopf. **Ausführl. Anleitung zur Erlernung des Schafskopfspiels. 16. (36 S.) [Celle 887.] Leipzig, Literar. Anstalt.**

Schafskopf. Ausführliche Anleitung zur Erlerng. des Schafskopfspieles. qu. 16. (40 S.) Leipzig (900). Literar. Anstalt A. Schulze. n. — 35

Schafstädt [Schlagwort]

Schafstädt, s.: Preussen. Messtischblätter.

Schafstaedt [Verfasser]

Schafstaedt, Heinrich, Dr.: Die Mülheimer Bruchstücke von Flors und Blanzeflors. Mülheim-Rh. 1906: C. G. Künstler Wwe. (30 S.) 8°
Mülheim-Rh., G u. R P 1906 (568)

Schafstaedt, *Joannes* **Henricus [Rhenanus]: De Diogenis epistulis ... Gottingae,** *typ. offic. aul. Piererianae Altenburg,* **1892; 63 S. 8.**
Göttingen, Phil. Fak., Inaug.-Diss. v. [20. Mai] 1892

Schafstaedt, Heinr., de Diogenis epistulis. Diss. gr. 8. (63 S.) Göttingen 892. (Vandenhoeck & Ruprecht.) n. 1. 20

Schafstaedt, Heinr(ich), Dr.: Die Festung **Mülheim** am Rhein zu Ende des 16. und zu Beginn des 17. Jahrhunderts. *Mülheim a. Rh. 1899: C. G. Künstler Wwe.* (33 S.) 4° [S.]
Mülheim a. Rh., G, OP 1899 (481)

Schaffstein's Volksbücher f. die Jugend, ſ.: Schaffstein.

Schafstein, Carl, s. Schafstein, Karl

Schafstein, Emil [app. Arzt aus Soest]: **Ueber einen Fall von Mammacarcinom mit Knochenmetastasen. . . . München, Buchdr. v. M. Ernst, 1889; 40 S. u. 1 Taf. 8°**
München, Med. Fak., Inaug.-Diss. v. 1889

Schafstein, Karl

Schafstein, Carl [aus Soest]: Ausdehnung eines die geradlinigen Strahlensysteme betreffenden Problems auf die *n* dimensionale homogene Raumform . . . . Bonn, Univ.-Buchdr. v. Carl Georgi, 1888; 88 S. + 1 Bl. 8°
Bonn, Phil. Fak., Inaug.-Diss. v. 15. März 1888

Schafter, V. O. T., hohe Politik. Krit. Randbemerkgn. z. internat. Leben d. Gegenwart. gr. 8. (III, 81 S.) Berlin 898. H. Walther. n. 1. —

Schafter, V. O. T., hohe Politik. Kritiſche Randbemerkgn. zum internationalen Leben der Gegenwart. 2. umgearb. Aufl., unter Berückſicht. der Haager Konvention von 1899. gr. 8. (III, 173 S) Berlin 902. Herm. Walther. n. 1.50

Schäftner. Vide: Scheu, H.: Der Hochverrathsprocess.

Schaftsbury, ſ. Shaftsbury.

Schaf-Veredlung u. Woll-Verwendung, übr. 8. Leipzig 833. Frohberger. ¾ ₰

Schafy, Mirsa Muhammed, und B. Dorn, Beiträge zur Kenntniss der iranischen Sprachen, s. Dorn, B.

Schafzucht

— Die, oder Unterricht über die Schafe, deren Zucht, Wartung und Benutzung. Nebst Angabe ihrer Krankheiten u. den sichersten Mitteln zur Heilung derselben. 8. Ulm 20. Ebner. M. 2.

Schafzucht, die, in Deutſchland unter dem Einfluß der Wollproduction Auſtraliens. Kurzgefaßtes Handbuch für Schafzüchter, Woll-Producenten, Sortirer ꝛc. nebſt Fingerzeigen zur Erhöhung des Reinertrages der deutſchen Heerden von einem auſtraliſchen Schafzüchter. Mit Vorwort von O. Rohde. Berlin 869. Wiegandt & Hempel. 8. (VII, 87 S.) n. 15 ngr.

Schafzucht, Die, in ihrem ganzen Umfange, oder ökonom.-prakt. Anweis. zur Erziehg., Behandlg. u. vorteilhaften Benutzg. der Schafe, wie auch von d. Krankhtn. derselben u. d. Mitteln dagegen. 8. Ulm 09. Stettin. M. 1.—

FSC
www.fsc.org
MIX
Papier | Fördert gute Waldnutzung
FSC® C083411

Kolibri 360 GmbH
Ferdinand-Jühlke-Straße 7
99095 Erfurt, Deutschland
produktsicherheit@kolibri360.de